DICTIONNAIRE

ENCYCLOPÉDIQUE & BIOGRAPHIQUE

DE

L'INDUSTRIE & DES ARTS INDUSTRIELS

DICTIONNAIRE

ENCYCLOPÉDIQUE ET BIOGRAPHIQUE

DE

L'INDUSTRIE ET DES ARTS INDUSTRIELS

CONTENANT

1º POUR L'INDUSTRIE :

L'étude historique et descriptive du travail national sous toutes ses formes, de ses origines, des découvertes et des perfectionnements dont il a été l'objet.
Le matériel et les procédés des industries extractives, des exploitations rurales, des usines agricoles et des industries alimentaires, des industries textiles et de la confection du vêtement, des industries chimiques.
Les chemins de fer et les canaux, les constructions navales.— Les grandes manufactures.— Les écoles professionnelles, etc.

2º POUR LES ARTS APPLIQUÉS A L'INDUSTRIE :

Le dessin; la gravure; l'architecture et toutes les industries qui se rattachent à l'art. — L'imprimerie.
La photographie. — Les manufactures nationales. — Les écoles et les sociétés d'art.

3º POUR LA STATISTIQUE :

L'état de la production nationale; les résultats comparés de cette production et de celle de l'étranger pour les industries similaires.

4º POUR LA BIOGRAPHIE :

Les noms des artistes, fabricants et manufacturiers français décédés qui se sont distingués dans toutes les branches de l'industrie et des arts industriels.

5º L'HISTOIRE SOMMAIRE DES ARTS & MÉTIERS :

Depuis les temps les plus reculés jusqu'à nos jours ; les mots techniques ; l'indication des principaux ouvrages se rapportant à l'art et à l'industrie.

PAR

E.-O. LAMI

Officier d'Académie
Ancien attaché au service historique et des Beaux-Arts de la Ville de Paris.

AVEC LA COLLABORATION DES SAVANTS, SPÉCIALISTES ET PRATICIENS LES PLUS ÉMINENTS
DE NOTRE ÉPOQUE

TOME I

PARIS

LIBRAIRIE DES DICTIONNAIRES

7, PASSAGE SAULNIER, 7

—

1881

EXPLICATION

DES

ABRÉVIATIONS & DES SIGNES

Terme d'agriculture	. . . . . .	*T. d'agric.*
—	d'apprêt	*d'appr.*
—	d'architecture	*d'arch.*
—	d'armurier.	*d'armur.*
—	d'arquebusier	*d'arqueb.*
—	d'art	*d'art.*
—	d'art héraldique	*d'art hérald.*
—	d'art militaire ancien . .	*d'art milit. anc.*
—	d'artificier	*d'artific.*
—	d'artillerie	*d'artill.*
—	de bijouterie.	*de bijout.*
—	de blanchiment	*de blanch.*
—	de blason.	*de blas.*
—	de bonneterie.	*de bonnet.*
—	de botanique.	*de bot.*
—	de boulangerie.	*de boul.*
—	de bourrelier.	*de bourr.*
—	de brasserie	*de brass.*
—	de carrosserie.	*de carross.*
—	de cartier.	*de cart.*
—	de céramique.	*de céram.*
—	de chapellerie.	*de chap.*
—	de charpenterie	*de charp.*
—	de charpenterie de marine	*de charp. de mar.*
—	de charronnage	*de charron.*
—	de chemin de fer.	*de chem. de fer.*
—	de chimie.	*de chim.*
—	de chimie organique. . .	*de chim. organ.*
Instrument de chirurgie		*Inst. de chirurg.*
Terme de ciselure.		*T. de cisel.*
—	de construction.	*de constr.*
—	de corderie.	*de cord.*
—	de corroierie.	*de corr.*
—	de coutellerie.	*de coutell.*
—	de couture.	*de cout.*
—	de distillerie.	*de distill.*
—	de dorure.	*de dor.*
—	d'ébénisterie.	*d'ébénist.*
—	d'émailleur.	*d'émail.*
—	d'épinglier.	*d'éping.*
—	d'exploitation des mines.	*d'exploit. des min.*
—	de facteur d'instruments de musique	*de fact. de mus.*
—	de filature	*de filat.*
—	de fleuriste.	*de fleur.*
—	de fonderie.	*de fond.*
—	de forgeage	*de forg.*
—	de fortification.	*de fortif.*
—	de fourbisseur.	*de fourb.*
—	de fumisterie.	*de fumist.*
—	de ganterie.	*de gant.*
—	générique	*génér.*
—	de géologie. . . . . . . :	*de géolog.*
—	de géométrie.	*de géom.*
—	de gnomonique.	*de gnomon.*
—	de gravure.	*de grav.*
—	d'horlogerie	*d'horlog.*
—	d'hydraulique	*d'hydraul.*
—	d'hygiène.	*d'hyg.*
—	d'iconographie.	*d'iconog.*
—	d'iconologie	*d'iconol.*

Terme d'impression sur étoffes .		*T. d'imp. s. ét.*
—	d'imprimerie.	*d'imp.*
—	de joaillerie	*de joaill.*
—	de lampisterie.	*de lamp.*
—	de lapidaire	*de lapid.*
—	de librairie.	*de libr.*
—	de luthier.	*de luth.*
—	de maçonnerie.	*de maçonn.*
—	de manufacture	*de manuf.*
—	de marbrerie.	*de marbr.*
—	de maréchalerie.	*de maréch.*
—	de marine	*de mar.*
—	de mécanique.	*de mécan.*
—	de menuiserie	*de men.*
—	de menuiserie en voiture	*de men. en voit.*
—	de métallurgie.	*de métall,*
—	de métier.	*de mét.*
—	de meunerie	*de meun.*
—	de mine	*de min.*
—	de mine militaire.	*de min. milit.*
—	'de minéralogie.	*de minér.*
—	de miroiterie.	*de miroit.*
—	de monnaie	*de monn.*
Instrument de musique		*Inst. de mus.*
Terme d'optique.		*T. d'optiq.*
—	d'orfèvrerie.	*d'orfèv.*
—	de papeterie	*de pap.*
—	de passementerie	*de passem.*
—	de parcheminerie	*de parch.*
—	de parfumerie	*de parf.*
—	de pelleterie.	*de pellet.*
—	de pharmacie	*de pharm.*
—	de photographie.	*de photog.*
—	de physique	*de phys.*
—	de physique nautique . .	*de phys. naut.*
—	de plomberie.	*de plomb.*
—	de plumassier	*de plumas.*
—	de ponts et chaussées . .	*de p. et chauss.*
—	de potier.	*de pot.*
—	de pyrotechnie.	*de pyrotechn.*
—	de raffinerie de sucre . .	*de raff. de sucre*
—	de reliure	*de rel.*
—	de sellerie	*de sell.*
—	de serrurerie.	*de serrur.*
—	de sucrerie.	*de sucr.*
—	de tanneur	*de tann.*
—	de tapisserie.	*de tapiss.*
—	technique	*techn.*
—	de teinturerie.	*de teint.*
—	de télégraphie.	*de télégr.*
—	de tissage.	*de tiss.*
—	de tonnellerie	*de tonnell.*
—	de travaux publics. . . .	*de trav. publ.*
—	de typographie.	*de typogr.*
—.	de vernissage	*de verniss.*
—	de verrerie.	*de verr.*
—	de vitrerie.	*de vitr.*

Mythologie.	*Myth.*

Le signe * indique que le mot qui le porte n'est pas dans le dictionnaire de l'Académie.

LISTE DES AUTEURS

QUI ONT CONTRIBUÉ A LA RÉDACTION DU PREMIER VOLUME

Rédacteur en Chef : E.-O. LAMI

MM. **BARRAULT** (E.), E. B. — Ingénieur civil;
BERGERON (A.), A. B. — Chirurgien;
BLONDEL (S.), S. B. — Homme de lettres;
BOSC (E.), E. B. — Architecte;
BOULARD (J.), J. B. — Ingénieur civil;
BRICE-THOMAS, Professeur à l'Ecole pratique de Carrosserie;
BURTY (Ph.), Ph. B. — Critique d'art;
CAHEN (Alb.), Ingénieur civil, ex-professeur à l'Ecole des mines de Lille;
CHABAT (P.), P. C. — Architecte, professeur à l'École spéciale d'architecture;
CHESNEAU (E.), E. Ch. — Critique d'art;
CLOÜET (J.), J. C. — Professeur à l'Ecole de médecine et de pharmacie de Rouen;
DARCEL (A.), A. D. — Administrateur de la manufacture des Gobelins;
DEPIERRE (J.), J. D. — Chimiste;
DOUMERC (Aug.), Ingénieur civil, ancien directeur des papeteries du Marais et de Ste-Marie,
DROUX, Ingénieur civil;
DU MONCEL (Comte), T. D. M. — Membre de l'Institut;
ERMEL (F.), F. E. — Ingénieur civil, professeur à l'Ecole centrale des Arts et Manufactures;
FALIZE (L.), L. F. — Orfèvre-bijoutier;
FAVRE (F.), Fr. F. — Homme de lettres;
FLAMMARION (C.), C. F. — Astronome;
GAUTIER (Docteur), Dr L. G. — Chimiste;
GAUTHIER (F.), Ingénieur civil;
GOSCHLER (Ch.), Ch. G. — Ancien ingénieur principal du chemin de fer de l'Est, vice-président de la Société des Ingénieurs civils;
GRANDVOINNET, J. A. G. — Professeur de génie rural à l'Ecole nationale de Grignon;
GRANDVOINNET fils, L. J. G. — Ingénieur agricole, professeur départemental de la Loire;
HAYEM (J.), J. H. — Licencié en droit, ès-lettres, lauréat de l'Institut, manufacturier;
IVOLEY (d'), H. I. — Ingénieur civil;
JOUANNE (G.), G. J. — Ingénieur des Arts et Manufactures;
JOURDAIN (René), Manufacturier;
LAURENT (F.), L. — Ingénieur civil;
LA VALETTE (de), A. de L. — Publiciste agronome;
LAVOIX fils (H.), H. L. — De la Bibliothèque nationale, lauréat de l'Institut;
LEGOYT, A. L. — Ancien directeur de la statistique générale de France au Ministère de l'Agriculture et du Commerce;
LETURCQ, avocat;
LHOMME, filateur de laine;
MANTZ (P.), P. M. — Critique d'art, chef de division au Ministère de l'Intérieur;
MARIÉ-DAVY, M. D. — Directeur de l'Observatoire de Montsouris;
MILLET (C. M.), Ancien Inspecteur des forêts;
NOGUÈS, A. F. N. — Chimiste, professeur à l'Ecole Monge;
PIALLAT, Avocat;
PIET (J.), J. P. — Ingénieur-constructeur:
RÉMONT (Alb.), Alb. R. — Chimiste au laboratoire du commerce;
RENARD (L.), L. R. — Bibliothécaire du Ministère de la Marine;
RENOUARD (A.), A. R. — Ingénieur civil, président du Comité de tissage de la Société industrielle du Nord.
ROUS (Michel), M. S. — ancien élève de l'Ecole polytechnique, ex-officier d'artillerie;
SALVÉTAT, A. S. — professeur à l'Ecole centrale des arts et manufactures, ex-chef des Travaux chimiques à la Manufacture de Sèvres;
TERRIER (C.), C. T. — Secrétaire de l'Ecole spéciale d'architecture;
TISSERAND (L.-M.), L.-M. T. — Chef du service historique de la ville de Paris;
TOUAILLON (Ch.), Ch. T. — Ingénieur civil;
VIOLLET-LE-DUC (E.), E. V.-L.-D. — Architecte;
YVER, A. Y. — Chimiste au laboratoire du commerce.

AVANT-PROPOS

Arrivé au terme du premier volume, après avoir consacré à cette entreprise considérable tout son temps, tous ses soins, toutes ses forces, et résolu à les lui consacrer sans interruption jusqu'à l'achèvement définitif, celui qui a fondé ce *Dictionnaire* pense qu'il lui est permis de présenter l'œuvre au public, de lui dire par quelles phases successives elle a passé, sur quelle conception elle repose, quels principes ont présidé à son exécution et présideront à son entier développement.

Si, dans l'ordre pacifique des idées, le seul qui nous intéresse ici, le xvi⁰ siècle, au sortir de l'obscurité du Moyen âge, fut celui de la Renaissance du goût qui s'épanouit bientôt en une floraison tellement glorieuse que le xvii⁰ siècle restera le Siècle des Lettres et des Arts; si le xviii⁰ siècle fut le Siècle de la Philosophie militante, on peut aujourd'hui, après seize lustres écoulés, à juger le xix⁰ par les efforts accomplis, par les résultats obtenus, par les conquêtes nouvelles, certaines, prochaines, imminentes, affirmer que l'Histoire l'appellera le Siècle de la Science.

Le mouvement scientifique, artistique et industriel des vingt dernières années a été prodigieux ; non seulement il a puissamment préoccupé les hommes spéciaux, savants, artistes, inventeurs, financiers, industriels, agriculteurs, commerçants, tous ceux enfin qui, chacun dans leur sphère, ont multiplié les sources de la prospérité publique, mais encore il s'est imposé aux hommes de profession libérale comme aux hommes à qui la fortune a ménagé d'intelligents loisirs. Le besoin d'apprendre s'est à ce point généralisé, la nécessité de savoir est devenue si impérieuse, que nous avons vu jusqu'à la bibliothèque de l'enfance se modifier de fond en comble, et au merveilleux de l'imagination substituer — l'on sait avec quel succès — le merveilleux plus vaste encore de la réalité scientifique.

Passionnément attiré, de longue date, par ce magnifique mouvement, curieux de le saisir par une étude rapide et sûre dans son ensemble et dans ses détails essentiels, je me mis à la recherche des documents indispensables à cet effet, mais je dus aussitôt constater qu'il n'existait point d'ouvrage où fussent présentés, exposés, expliqués, je ne dirai pas d'une façon complète, mais sommaire même, méthodique et substantielle, les progrès accomplis et en voie d'accomplissement, depuis un quart de siècle, dans toutes les branches de notre activité nationale. Ces progrès cependant, j'en avais le sentiment, équivalaient dans leurs résultats à ces immenses et tumultueux phénomènes que Cuvier étudiait, il y a soixante ans, sous le nom de *Révolutions du Globe,* avec cette double différence néanmoins que celle-ci est bienfaisante et consciente, qu'elle est le produit, non d'une force aveugle et brutale, mais du génie même de l'homme.

La constatation de cette lacune me conduisit bientôt à la pensée de la remplir ; de l'idée au fait il n'y avait qu'un pas : il fut franchi.

En de longs tâtonnements, par l'expérience patiente de bien des projets tour à tour abandonnés, j'acquis enfin la conviction que la forme du Dictionnaire était, en raison des facilités et de la rapidité qu'elle offre aux recherches, la seule qui permît d'embrasser du regard le vaste champ de nos connaissances, en même temps que de le parcourir avec un ordre logique dans les innombrables directions que l'industrie humaine y a tracées. Alors je me mis à l'œuvre ; pendant des années je fouillai les bibliothèques, analysai les ouvrages techniques sur quantité de sujets, emplis des cartons de notes, visitai les usines, les ateliers, rédigeai une foule d'articles, de telle sorte qu'un jour vint où je me trouvai en possession d'un nombre considérable de matériaux lentement accumulés, classés, ordonnés, étiquetés, numérotés, n'attendant plus que la mise en œuvre définitive.

Fort de la certitude qu'un tel ouvrage répondait à l'une des plus légitimes exigences du temps présent, ayant conçu le plan du livre, voyant clairement le but à atteindre, allais-je donc aliéner ma liberté d'action en abandonnant l'exécution du *Dictionnaire* à quelque grande maison de librairie? Certes, je me fusse ainsi épargné bien des soucis, mais l'œuvre que je rêvais en pouvait souffrir. Concentrant tous mes efforts, j'engageai tout ce que je possédais, et me fis mon propre éditeur. De premières livraisons parurent, trop lentement à mon gré, si lentement que l'inexorable nécessité se chargea enfin de me rappeler une vieille vérité dont je n'avais pas tenu suffisamment compte : c'est que si concevoir et faire un livre est déjà quelque chose, le publier est tout. D'autre part, l'Exposition internationale approchait, je voyais là une mine d'études nouvelles, infiniment précieuse à exploiter ; en outre, plus de deux cents souscripteurs avaient encouragé mes premiers pas : il me fallait donc assurer l'avenir de la publication en lui donnant une base financière et administrative devenue indispensable. C'est alors que M. Tharel, par ses relations dans le monde industriel, m'apporta un premier concours.

Mais l'ambition du mieux s'accroît en proportion des résultats déjà obtenus. L'Exposition de 1878 avait mis dans nos mains bien des documents nouveaux, d'une importance capitale, dont nous ne pouvions faire usage pour les mots déjà parus dans les premières livraisons sans soumettre la publication à un complet remaniement.

Afin d'élargir notre cadre primitif, contraints de le refondre à nouveau en y introduisant un autre élément, nous dûmes former la Société actuelle. De cette époque date la marche régulière du *Dictionnaire de l'Industrie et des Arts industriels* qui a pris aujourd'hui sa place au premier rang de la littérature encyclopédique. Je suis d'autant plus à l'aise pour le dire que j'en attribue tout le mérite aux éminents collaborateurs qui, dès l'origine, m'ont secondé avec un dévouement et une persévérance dont je ferai mon éternel orgueil.

Plus de deux mille souscripteurs appartenant au public le plus éclairé, le plus compétent, ayant désormais consacré le succès de notre ouvrage, je suis autorisé à penser que c'est bien là ce qu'il fallait faire, et comme il fallait le faire, que ce livre comble effectivement la regrettable lacune plus haut signalée, qu'il résume clairement « d'une façon méthodique, dans leur ensemble et dans leurs détails essentiels » ainsi que je le voulais, tous les travaux merveilleux accomplis dans l'art, la science et l'industrie.

Au terme des étapes déjà franchies, il est possible de jeter les yeux sur celles qu'il nous reste à parcourir. La plus grande partie du travail de rédaction est exécuté, je dirais achevé s'il n'était prudent de prévoir les modifications et additions qui seront exigées par de nouveaux progrès réalisés au cours de l'impression. En effet, je me propose bien, avec l'aide de mes vaillants collaborateurs, de tenir le *Dictionnaire* au courant des découvertes les plus récentes, à la date de la publication de chaque livraison.

Le *Dictionnaire de l'Industrie et des Arts industriels* est encyclopédique, c'est-à-dire qu'il est historique, technique et biographique.

Toutes les grandes questions dont la connaissance s'impose à tout homme un peu instruit y sont traitées, au double point de vue technique et historique et dans leur parallélisme avec la marche incessante de l'esprit humain; le burin leur donne le relief de l'image qui rend les études plus intelligibles et plus attrayantes ; les termes techniques y sont définis dans l'ordre de l'alphabet, et la biographie consacre les noms des hommes qui se sont illustrés dans l'immense domaine que nous explorons. Il est bien entendu que, voulant par dessus tout n'encourir point le soupçon de partialité, j'ai dû renoncer à laisser figurer dans la partie biographique, si grands ou célèbres qu'ils fussent les noms des hommes vivants. Cependant, il va de soi aussi que je ne pouvais ni ne devais m'interdire d'imprimer les noms de quelques-unes des grandes individualités contemporaines au cours des études sur les sciences ou les industries toutes modernes qui leur doivent la vie.

Ai-je besoin d'ajouter que le *Dictionnaire* n'est pas un vocabulaire de la langue française? Dans le choix des mots qui le composent, j'ai été rigoureusement guidé par les expressions qui sont du domaine de l'industrie, dût-on même les classer dans ce que l'on peut appeler la langue verte des métiers. Mais c'est bien de propos délibéré que j'ai laissé dans l'ombre ceux qui appartiennent à la science pure pour m'arrêter seulement aux mots qui relèvent des sciences appliquées. De même en ce qui concerne les arts du dessin ; bien que nous soutenions le principe de l'unité de l'art, je ne me suis occupé de la peinture et de la sculpture que dans leurs applications au décor de l'habitation et de la personne humaines, le seul point par lequel ces deux arts se rattachent à l'industrie. Par contre, je m'efforce scrupuleusement de n'omettre aucun des mots d'outils, de machines et d'appareils dans lesquels prennent une forme vivante, concrète, les perfectionnements admirables de l'outillage industriel, source et moyen du développement incessant de notre fabrication. A cet effet, le *Dictionnaire* s'est mis et se tient en de constants rapports, dans tous les grands centres manufacturiers, avec des hommes spéciaux qui lui apportent sans relâche le concours de leurs études journalières.

On conçoit qu'un travail de cette importance ne saurait s'accomplir sans le secours des ouvrages les plus accrédités ; nous avons dû mettre à contribution les écrivains autorisés et recueillir des documents dans un grand nombre de traités et d'encyclopédies ; parmi les ouvrages le plus souvent consultés, je dois mentionner les dictionnaires de Pierre Larousse, de Littré, de Bescherelle, de Bouillet, de Laboulaye, le Dictionnaire de la Conversation ; les œuvres de J.-B. Dumas, de Berthelot, de Wurtz, de Girardin, de Chevreul, et d'autres encore pour la chimie ; celles de Jamin, de Becquerel, de Du Moncel, d'Arago, d'Ampère, etc., pour la physique ; les traités de Jordan, de Frémy, de Percy, de Flachat, pour la métallurgie ; de Michel Alcan et de Gand, pour les textiles ; nous avons compulsé les ouvrages d'art de Philibert Delorme, de Ph. Lebas, de A. Jal, de Du Sommerard, de Quatremère de Quincy, de Viollet-le-Duc, de Quicherat, de P. Lacroix, du comte de Laborde, etc., puis encore Louis Figuier et Turgan ; enfin nous avons étudié les Recueils de technologie anglaise et allemande, les Registres de la Prévôté de Paris, le Livre des Métiers, les Bulletins des Sociétés savantes et industrielles, une foule d'annales et de mémoires, etc., etc. Dans l'immensité de ces recherches, il est impossible qu'on ne puisse nous reprocher çà et là des omissions, peut-être même quelque erreur, et je saisis avec empressement l'occasion qui s'offre ici d'inviter nos lecteurs à nous les signaler et d'entrer ainsi en communication directe et, si j'ose le dire, amicale avec nous.

J'ai déjà dit quel accueil le public studieux a fait au *Dictionnaire de l'Industrie et des Arts industriels*. En l'honorant de leurs précieux suffrages, les premiers souscripteurs nous ont créé une dette de cœur que tous, rédacteurs et administrateurs, il nous sera doux d'acquitter par de persévérants efforts vers la perfection de notre travail commun. Mais, j'ai dit aussi que je ne me glorifie pas outre mesure du succès obtenu, parce que j'en dois la meilleure part à mes généreux et excellents collaborateurs. C'est à l'autorité de leur nom, à l'appui de leur renommée, que cet ouvrage doit d'avoir vaincu tous les obstacles, et lorsque je vois ces savants, ces écrivains, ces artistes et ces ingénieurs groupés autour de moi, je ne puis me défendre d'une bien légitime fierté, j'oublie les sacrifices du passé, les difficultés du labeur, pour ne considérer que le couronnement d'une entreprise qui a su entraîner de si nobles et vaillants amis. Ne pouvant tous les nommer, je n'en nomme aucun. Mais, si je ne le leur adresse pas individuellement, je les prie néanmoins de recevoir ici collectivement le témoignage éclatant de ma profonde reconnaissance pour avoir bien voulu, depuis quatre années, partager sans arrêt ma ferme confiance dans l'avenir de cette œuvre de conscience et de bonne foi.

E.-O. LAMI.

DICTIONNAIRE

ENCYCLOPÉDIQUE ET BIOGRAPHIQUE

DE

L'INDUSTRIE ET DES ARTS INDUSTRIELS

A

* ABACA. Chanvre de manille dont les fibres peuvent être utilisées dans la fabrication des nattes, des paillassons, des cordons de sonnettes, du papier, et dans celle de quelques tissus de coton.

* ABACO. *T. de min.* Sorte d'auge dont on se sert dans les mines pour laver les métaux et principalement les minerais d'or.

*ABADIE (Paul), architecte, né à Bordeaux en 1783, mort dans la même ville en 1868. — En 1806, il vint à Paris, fréquenta l'atelier de Percier et suivit les leçons de l'école des Beaux-Arts ; il fut au nombre des élèves que Napoléon Ier exempta du service militaire à cause de leur distinction. En 1818, il fut appelé à Angoulême en qualité d'architecte du département de la Charente, où il a exécuté des travaux importants : à Angoulême, le palais de justice, l'hôtel de la préfecture, les abattoirs, la prison, le lycée, le portail de l'église de Saint-André, la petite église gothique attenant au séminaire, etc.; à Ruffec, l'hôtel de la sous-préfecture, le palais de justice, un marché; à Confolens, l'hôtel de la sous-préfecture, etc. En 1853, lors de l'organisation du service des édifices diocésains, il fut chargé des diocèses d'Angoulême et de Périgueux. Il a été fait chevalier de la Légion d'honneur en 1836 et, la même année, membre correspondant de l'Académie des Beaux-Arts.

Son fils, M. Paul ABADIE, architecte, né à Paris, le 10 décembre 1812, officier de la Légion d'honneur, est membre de l'Institut et de la commission des monuments historiques, inspecteur général des édifices diocésains.

ABAISSÉ. *Art hérald.* Se dit du vol des oiseaux, lorsque le bout de leurs ailes est tendu vers la pointe de l'écu : *vol abaissé*. On dit encore : un *pal abaissé*, quand la pointe finit au cœur de l'écu.

— Les commandeurs de Malte qui ont des chefs dans leurs armoiries sont obligés de les *abaisser* sous celui de la Religion. (*Dict.* Trévoux.)

ABAQUE. 1° *T. d'arch.* C'est la partie supé-rieure ou le couronnement du chapiteau de la colonne; sa forme varie suivant les ordres d'architecture : il est carré dans le toscan, le dorique et l'ionique, échancré dans le composite et le corinthien. On le nomme aussi *tailloir*.

— Dans ces deux ordres (le compos. et le corinth.), ses angles s'appellent *cornes*, le milieu se nomme *balai*, et la courbure *arc*; elle a communément une rose en sculpture au centre. (Harris.)

Abaque. — 2° Ce mot désignait, chez les anciens, une table où l'on étendait une poussière très-fine, sur laquelle les mathématiciens traçaient leurs plans et leurs figures. ‖ 3° Instrument qui sert à faciliter les calculs numériques. Il est connu depuis un temps immémorial en Chine sous le nom de *souan-pan;* les Russes l'emploient sous le nom de *schtote;* c'est une des variétés de l'*abacus* des Romains; il a été introduit dans nos écoles primaires sous le nom de *boulier-compteur.* ‖ 4° C'était aussi, dans l'antiquité, une sorte de buffet destiné à différents usages : les Italiens l'ont appelé *credenza.* ‖ 5° *T. de min.* — V. Abaco.

* ABATAGE. 1° *T. d'imp.* Se dit du mouvement que donne l'imprimeur au châssis en fer appelé *frisquette* pour le ramener sur le tympan et celui-ci sur la forme qui, glissant sur le *train*, est conduite à l'aide d'une manivelle sous la *platine*, afin d'en recevoir le foulage nécessaire à l'impression. ‖ 2° *T. d'armur.* Action que le grand ressort détermine quand le chien tombe sur la capsule, dans les armes à percussion. ‖ 3° *T. de min.* Action de détacher le minerai, le charbon ou la roche de la taille ou de la paroi de la galerie.

* ABATANT. *T. de mét.* Pièce du métier à bas, qui fait descendre les platines à plomb.

ABAT-JOUR. 1° Sorte de fenêtre dont le plafond et l'appui sont inclinés en biseau, de dehors en dedans, afin que la lumière qui vient d'en haut soit dirigée sur quelques points obscurs, tels que magasins, ateliers, établis, cuisines, etc. ‖ 2° Réflecteur en papier ou en métal, en forme de cône, adapté à une lampe ou à une bougie pour en rabattre la lumière.

* **ABAT-SON**. *T. d'arch.* Assemblage de lames de bois recouvertes de plomb ou d'ardoises, que l'on établit dans les baies des tours et des beffrois, pour renvoyer le son des cloches vers le sol ; il garantit l'intérieur de la pluie et du vent, de là son autre nom : *abat-vent*. — *V.* ce mot.

ABATTOIR. Établissement public où les bouchers sont tenus d'aller abattre et préparer les animaux dont la viande est destinée à l'alimentation.

La création d'abattoirs publics dans les villes est une des mesures qui intéressent à un haut degré l'hygiène et la salubrité publiques. On prévient ainsi les accidents et les inconvénients résultant du passage dans les rues des bestiaux que les bouchers conduiraient à leurs tueries particulières. On assure le contrôle efficace que l'administration municipale, soucieuse des intérêts de tous, doit exercer sur l'état sanitaire des animaux abattus, sur la qualité et la préparation des viandes livrées à la vente. On peut enfin combattre les causes d'insalubrité qui résultent de l'abandon, de l'accumulation, ou du traitement imparfait des détritus et débris divers, sang, boyaux, peaux, cornes et sabots.

Au point de vue *industriel*, les abattoirs rendent de grands services en permettant de conserver et d'utiliser avantageusement des résidus autrefois perdus.

Tels sont les principaux motifs qui militent en faveur de l'établissement des abattoirs et qui en font désirer la généralisation dans toutes les petites villes aussi bien que dans les grandes.

Plusieurs tentatives faites à différentes époques, et notamment sous le règne de Louis XV, pour créer des abattoirs à Paris, étaient demeurées sans résultat jusqu'au 9 février 1810, date à laquelle Napoléon décréta la construction des abattoirs, qui furent au nombre de cinq, situés dans les quartiers excentriques. C'étaient les abattoirs du Roule, de Montmartre, de Ménilmontant, de Villejuif et de Grenelle. Ils comprenaient en tout 140 échaudoirs et avaient coûté environ 20 millions de francs. Leur aménagement intérieur offrait d'excellentes dispositions, souvent imitées depuis lors.

Le nouvel abattoir construit à La Villette, pour remplacer les cinq anciens, a été établi sur un plan habilement conçu, avec des proportions réellement grandioses. On y a prévu la construction de 347 cases d'échaudoirs, permettant d'abattre par jour jusqu'à 2,500 bœufs ou vaches, 1,800 veaux, 15,000 moutons. La consommation actuelle n'atteint guère que la moitié de ces chiffres. La porcherie a été construite pour suffire à l'abatage de 480 porcs par jour.

Les échaudoirs, bouveries, bergeries, porche-

ries, la triperie et les fondoirs ; le brûloir, le pendoir, et les dégraissoirs, ont coûté. . . . .   22,513,464 fr.
Les bâtiments d'administration, et les services accessoires, et tous détails supplémentaires.   4,739,194
Ensemble des frais de constructions des nouveaux abattoirs de La Villette. . . . .   27,252,658 fr.

L'utilisation des résidus des abattoirs donne lieu à plusieurs industries importantes, parmi lesquelles nous citerons la *tannerie et corroierie*, l'*aplatissage des cornes et sabots*, la *boyauderie* (*V.* ces mots), la fabrication des engrais, celle de l'albumine du sang, de la colle forte, etc.

Abattoir de chevaux. Local spécialement affecté à l'abatage et au dépeçage des chevaux. G. J. — *V.* BOUCHERIE, ÉQUARRISSAGE.

ABATTRE. *T. de mét.* 1° Chez les cartiers, étendre les paquets composés d'étresses. ‖ 2° *T. de corr.* Abattre les cuirs, c'est dépouiller les animaux tués. ‖ 3° *T. de tann.* Abattre les peaux, c'est les pénétrer d'eau. ‖ 4° *T. de chap.* Abattre un chapeau, c'est en aplatir les bords. ‖ 5° *T. d'impr.* V. ABATAGE.

* **ABATTUE**. Dans les salines, travail d'une chaudière remplie d'eau salée, depuis le moment où le feu est allumé jusqu'à celui où on la laisse reposer.

ABAT-VENT. 1° *T. d'arch.* Suite de petits toits posés entre les pieds-droits d'une baie de fenêtre, et inclinés de dedans au dehors, pour garantir de la pluie et du vent les intérieurs où l'air doit circuler librement (V. ABAT-SON). ‖ 2° Dans les sucreries, chaque fourneau des ateliers est couvert d'un abat-vent. ‖ 3° *T. de céram.* Petit auvent qu'on place au-dessus des fours à poteries.

ABAT-VOIX. Dais qui surmonte la chaire à prêcher pour rabattre la voix du prédicateur vers l'auditoire.

* **ABEL DE PUJOL** (ALEXANDRE-DENIS), peintre français, né à Valenciennes, le 30 janvier, 1785, mort le 28 septembre 1861. — Il fut élève de David, et remporta le grand prix en 1811. Parmi ses œuvres les plus remarquables, nous devons signaler le *Clémence de César*, *Achille de Harlay devant les Ligueurs* (musée de Versailles) et surtout *Saint Etienne prêchant l'Evangile* (Eglise Saint-Etienne-du-Mont). Il appartient à notre partie biographique par ses belles grisailles du palais de la Bourse, qui imitent à s'y méprendre des bas-reliefs d'une grande saillie, et par ses peintures décoratives de l'église Saint-Sulpice, à Paris.

* **ABÎME**. 1° *Art hérald.* Centre de l'écu, en sorte que la pièce qu'on y met ne touche et ne change aucune autre pièce.

— Un petit écu au milieu d'un grand est en abime.

‖ 2° *T. de mét.* C'est l'auge dans laquelle les fabricants de chandelles versent le suif fondu.

ABLUER. *T. techn.* Passer légèrement une liqueur préparée avec de la noix de galle broyée dans du vin blanc et distillée au feu, sur du papier ou du parchemin, pour faire revivre l'écriture effacée.

— V. le *Traité des inscriptions en faux et des reconnaissances d'écritures et signatures*, de RAGUENEAU.

ABONDANCE. *Myth.* — Divinité allégorique représentée sous la figure d'une jeune fille qui a beaucoup d'embonpoint, des couleurs vives, et tenant en sa main une corne remplie de fleurs et de fruits. Quelquefois on met à son pied un boisseau d'où sortent des épis de blés et un pavot qui signifie abondance et sécurité. Dans les médailles antiques, elle est représentée de différentes manières : une *médaille* d'Héliogabale nous la montre un pied posé sur un globe, et tenant une corne d'où s'échappent l'or et l'argent; elle a deux cornes au lieu d'une sur une médaille de Trajan.

ABONNIR. *T. de céram.* C'est faire sécher la terre à demi et la mettre en état d'être rebattue.
— V. TOURNASSURE.

* **ABOUCHOUCHOU.** Sorte de drap qui se fabrique dans le midi de la France et qu'on expédie dans le Levant. Il est fabriqué avec partie laine d'Espagne et partie laine de France.

* **ABOUEMENT** ou **aboûment.** *T. techn.* Jonction de deux pièces de menuiserie qui affleurent très-exactement. (C'est le synonyme d'*arrasement.*)

ABOUT. 1º *T. de charp.* Extrémité par laquelle un morceau de bois de charpente ou de menuiserie est assemblé avec un autre. *Mettre en about,* c'est poser une pièce de charpente à embrèvement et d'onglet. || 2º *T. de pap.* Base du cylindre qui broie les chiffons destinés à la fabrication du papier.

* **ABOUTÉ.** *Art hérald.* Se dit des pièces dont les bouts se répondent par les pointes.

* **ABOUTEMENT.** *T. techn.* Etat de deux pièces de bois ou de deux planches aboutées.

* **ABOUTISSEMENT.** *T. de cout.* Pièce d'étoffe que l'on ajoute à une autre qui est trop courte.

* **ABRAS.** *T. techn.* Garniture de fer qui entoure le manche d'un marteau de forge.

ABRAXAS (*Pierre d'*). — Pierre précieuse sur laquelle on gravait des caractères hiéroglyphiques, et qu'on portait en amulette. Aux abraxas ont succédé les talismans.

* **ABRAZITE.** *T. de minér.* Substance pierreuse, composée de chaux, de silice et d'alumine.

ABRÉGÉ. *T. de fact. de mus.* Mécanisme qui, dans l'orgue, par l'assemblage des rouleaux, transmet aux soupapes des sommiers respectifs les mouvements des touches du clavier.

ABREUVER. 1º *T. techn.* Étendre une couche d'huile, de couleur ou de vernis sur un fond poreux, pour en fermer les pores et en rendre la surface unie. || 2º *T. de tonnell.* Emplir d'eau les tonneaux pour s'assurer qu'ils ne fuient point. || 3º *T. de vern.* Première couche de vernis destinée à humecter le bois. || 4º *T. de tann.* Action de verser l'eau ou le jus de tan dans la fosse en quantité suffisante, pour que la masse de cuirs qui s'y trouve soit complétement imbibée.

ABREUVOIR. *T. de maçonn.* Intervalle que laissent les maçons entre les pierres pour y introduire le mortier ou le plâtre ; devenu sec, le plâtre ou le mortier s'attache à la pierre et fait corps avec elle.

ABRÉVIATION. *T. d'impr.* Signe de convention, retranchement d'une ou plusieurs lettres dans un mot, d'un ou plusieurs mots dans une phrase afin d'écrire plus vite et dans le moins d'espace possible. On donne aussi le nom d'abréviation à des signes destinés à représenter des mots. — V. STÉNOGRAPHIE.

— Le système des abréviations remonte à la plus haute antiquité. Les Hébreux paraissent avoir fait usage de sigles; il était connu des Egyptiens qui en couvraient leurs monuments. C'est à l'illustre et savant Champollion et, après lui, à Camille Duteil, un de ses émules, savant ignoré et mort à la peine, que nous devons l'explication des hiéroglyphes dont l'obélisque de Louqsor nous offre un si curieux spécimen des abréviations employées par les Egyptiens. Après les Egyptiens vinrent les Grecs qui firent un fréquent usage des abréviations, et enfin les Latins qui en composèrent un système complet d'écriture.

Avant l'invention des lettres minuscules, on n'employait le plus souvent que des lettres dites *onciales*, d'environ 27 millimètres de hauteur, et dont on se servait pour les inscriptions et les épitaphes : c'est pourquoi les abréviations étaient devenues aussi fréquentes que nécessaires. Parfois, on ne laissait subsister que la première lettre d'un mot; ailleurs on retranchait la dernière, ou celle du milieu : de là sont venus les *ligatures*, les *sigles*, les *monogrammes*, les signes, etc. Ennius inventa, dit-on, onze cents abréviations. Les Romains comprirent bientôt l'utilité des abréviations, mais c'est surtout à Tiron, le célèbre affranchi de Cicéron, qu'on dut leur perfectionnement. Il en augmenta considérablement le nombre, lequel s'éleva jusqu'à cinq mille. Les abréviations prirent alors le nom de *notes tironniennes.*

En 1747, le bénédictin Charpentier en publia un alphabet in-folio. Tous ceux qui ont fait leurs études connaissent le beau discours que Caton prononça devant le Sénat, et dans lequel il combattit énergiquement la fausse humanité de César envers les complices de Catilina. Cicéron, alors consul, voulant recueillir les paroles du célèbre orateur, plaça en divers endroits de l'Assemblée des écrivains habiles qui, à l'aide du système perfectionné par Tiron, reproduisirent ce discours admirable.

Et enfin, on lit dans Martial, livre XIV, épigramme 208, ce distique qui dépeint avec une grande énergie le résultat de cet art :

Currant verba licet, manus et velocior illis;
Nondum lingua suum, dextra peregit opus.

(Les paroles ont beau courir, la main est plus rapide qu'elles; la langue n'a pas achevé son travail, que la main a déjà terminé le sien.)

Quoi qu'il en soit, l'emploi des abréviations est toujours d'un effet désagréable et rend la lecture des anciens manuscrits fort difficile. On s'en servait dans les inscriptions, dans les lettres et même dans les lois et décrets, mais comme cette coutume prêtait aux interprétations fâcheuses, surtout dans les textes juridiques, l'empereur Justinien en proscrivit l'usage, en punissant comme faussaires ceux qui enfreindraient sa défense. Sous les premiers rois, on n'employait les abréviations que dans les diplômes et les chartes, mais sous les Capétiens elles se multiplièrent si fréquemment que, en 1304, Philippe-le-Bel rendit une ordonnance qui interdisait aux tabellions (notaires) de s'en servir dans la rédaction de leurs actes. Cette utile mesure tomba cependant en désuétude, tant il est difficile de détruire des abus invétérés, et durant les xive et xve siècles l'ancien usage reprit le dessus.

Nous nous sommes étendus un peu longuement sur l'historique des abréviations parce qu'elles ont occupé une place importante dans l'imprimerie dont les premiers essais en contiennent un grand nombre fort difficiles à lire. On peut consulter avec fruit, pour les abréviations hébraïques : les savantes recherches de Mercerus, de David de Pornis, de Buxtorff, pour les abréviations romanes ; la collection de Sertorius Ursatus, qui se trouve à la fin des *Tables d'Oxford*, et enfin pour celles plus récemment employées dans les manuscrits et les titres : le *Traité diplomatique* des bénédictins ; le *Lexicon diplomatique* de Walter ; les traités de paléographie de Montfaucon, de Rapp, de Natalis, de Wailly ; l'*Archéologie* de Vermigliosi, et les antiquités françaises de Lacurne de Sainte-Palaye.

Notre législation actuelle interdit expressément les abréviations dans la rédaction des actes civils. La loi du 25 ventôse an XI, sur l'organisation du notariat, remit en vigueur, en le complétant, l'édit de Philippe-le-Bel, et édicta contre les coupables une amende de 100 francs par chaque abréviation relevée, sans préjudice des dommages-intérêts qu'il y aurait lieu d'accorder aux parties intéressées. L'article 42 du Code civil défend que rien soit écrit par abréviation, qu'aucune date soit énoncée en chiffres ; enfin, l'article 84 du Code de commerce interdit aux agents de change et aux courtiers de consigner sur leurs livres aucune opération par chiffres ou par abréviations.

Dans le corps des effets de commerce, billets, lettres de change, traites, etc., les sommes, les dates, les millésimes doivent être écrits en toutes lettres.

Dans le style épistolaire, c'est manquer d'égard et faire preuve de peu de goût que d'employer des abréviations.

Mais si les abréviations sont proscrites des actes de la vie privée, publique ou administrative, elles ont été conservées pour les sciences abstraites, où elles sont d'une grande utilité.

Nous donnons ici, au point de vue industriel et scientifique, une nomenclature de celles qui sont le plus fréquemment employées.

Dans le Commerce :

Accepter, A. — A protester, A. P. — Accepté sous protêt, A. S. P. — Bon pour franc, B. P. F. — Compagnie, Cie. — Compte courant, C. Ct. — Compte ouvert, C. O. — Votre compte, V/C. — Pour cent, c/o.

Dans l'Imprimerie et la Librairie :

Chapitre, Ch. ou Chap. — Article, Art. — *Nota bene*, N. B. — Notre Seigneur, N. S. — Nos seigneurs, NN. SS. — Notre saint père, N. S. P. — Notre très-cher frère, N. T. C. F. — Nos très-chers frères, NN. TT. CC. FF.

Ces deux dernières abréviations sont fréquemment employées dans le langage franc-maçonnique.

Planche, P. ou Pl. — Post-scriptum, P. S. — Précédent, Précédemment, Préc. — Saints, SS. — Verset, V. ou ꝟ. — Volume, Vol. — Titre, T. ou tit. — Tome, T. ou tom.

Titres, Dignités, Qualités :

Baron, Bon. — Chevalier, Chev. — Comte, Cte. — Leurs Altesses, LL. AA. — Leurs Altesses impériales, LL. AA. II. — Leurs Altesses royales, LL. AA. RR. — Leurs Majestés, LL. MM. — Monseigneur, Mgr. — Messeigneurs, MMgrs. — Votre Altesse, V. A.

En Médecine :

Autant de chacune des substances indiquées, A, ãã ou Ana. — Ajouter, Additionner, Add. — Bain de sable, B. a. ou B. S. — Bain-marie, B. M. — Bain de vapeur, B. V. — Résidu, Lotat. — Cuillerée, Cochl. — Cochlet, par Cuillerées. — Faites cuire, Coq. — Tasse ou verre,

Cyath. — Décoction, Déc. — Faites selon l'art, F. s. a — Goutte, Gutt ou Gt. — Faites infuser, infusion, Inf — Mêlez, M. — Poignée, Man. — Bain local pour la main (maniluve), Manil. — Parties égales, P. Æ. — Bain de pied (pediluve), Pedil. — Pincée, Pug. — Poudre, Pulv. — A volonté, Q. V. — Quantité suffisante, Q. S. — R. ou Rec., Prenez.—S. A., Selon l'art.—T., Transcrivez.

℔ Livre ou 16 onces 5 = 500 grammes.
℥ Once ou 8 gros = 31 grammes 35.
ʒ Gros ou 72 grains = 3 grammes 92.
℈ Scrupule ou 24 grains = 13 décigrammes.
ℊ Grain = 5 centigrammes.
ẞ Semi, demi, moitié.
♃ Prenez.

Signes employés en Algèbre :

+ Plus.
— Moins, lorsque les quantités sont écrites des deux côtés $12 - 4 = 8$. — Divisé par, lorsque les quantités sont dessus et dessous $\dfrac{12}{4} = 3$ au quotient.
± Plus ou moins.
= Egal ou égalité.
× Multiplié par.
> Plus grand que.
< Plus petit que.
∴ Est à...
∷ Comme...
÷ Progression par produit.
÷ Progression par différence.
. Placé entre chaque nombre, le point indique une progression arithmétique de rapports égaux.
: Placé entre chaque nombre, le deux-points marque la progression géométrique de rapports égaux.
√ Signe radical ou racine.
∞ Infiniment grand.
ᴕ Infiniment petit.

A, a, S'emploient ainsi que les premières lettres de l'alphabet pour désigner des quantités connues.

X, Y, Z, pour désigner des quantités supposées ou inconnues.

Cos	Cosinus	
Coséc	Coséquente	
Cotang	Cotangente	On ne met pas de point après ces abréviations
Log	Logarithme	
Séc	Sécante	
Sin	Sinus	
Tang	Tangente	

″	Nullité.	
′	Prime ou minute.	Signes qui servent à former les divisions du cercle et des jours. S'emploient aussi dans quelques formules algébriques que nous complétons par l'énumération des signes suivants.
″	Seconde.	
‴	Tierce.	
⁗	Quarte.	

°, Degré. — h, Heure. — m, Minute. — s, Seconde
j, Jour.

En Géographie :

Les abréviations que l'on emploie pour désigner les quatre points cardinaux et leurs subdivisions sont trop connues pour que nous les reproduisions ici.

En Géométrie :

Autrefois on se servait d'abréviations qu'il nous a paru utile de reproduire, afin de faciliter la lecture des anciens plans et des ouvrages spéciaux qui s'y rapportent.

∥ Parallèle.
± Egalité.
⊥ Perpendiculaire.

< Angle.
△ Triangle.
□ Rectangle.
∟ Angle droit..
⋎ Angles égaux.
⊡ Carré.
○ Cercle.
◇ Losange.

On emploie encore aujourd'hui plusieurs de ces signes dans le tracé des plans.

En Astronomie :

a, L'étoile la plus considérable d'une constellation. — A, Austral. — A. M. (*ante méridium*), avant midi. — AR ou Asc. dr., Ascension droite. — B., Boréal. — D. ou Décl., Déclinaison. — L. ou Long., Longitude. — Lat., Latitude. — M., Matin. — P. M. (port méridien), Après midi. — S., Soir.

En Chimie :

Cette partie de notre étude demande des explications plus étendues en ce sens que la chimie joue un rôle important dans l'industrie.

Dans cette science on se sert aujourd'hui de lettres initiales pour indiquer la composition ou la nature chimique des corps, comme par exemple :

Ca pour désigner le *calcium;* — *Au* (*aurum*) pour désigner l'*or;* — *La* pour désigner le *Lanthane.* Ces lettres initiales sont parfois surmontées de signes ou suivies de chiffres posés comme les exposants dans les formules algébriques. Ainsi, Na signifie *protoxyde de sodium;* — K̇, protoxyde de potassium ; C̈u, deutoxyde de cuivre ; — K̇S̈, sulfate de potassium ; Ḣ, l'eau. Cette notation proposée par Berzélius, est aujourd'hui complètement abandonnée, ainsi que l'usage de surmonter les lettres d'un trait horizontal. Ces abréviations varient d'ailleurs suivant que l'on veut représenter le corps en équivalents ou d'après la méthode atomique. Ainsi on trouvera l'eau représentée par les formules suivantes : Ḣ, ou bien HO, ou encore $H^2 O^2$; par $\genfrac{}{}{0pt}{}{H}{H} \}\, O^2$, aussi bien que par H^2O.

Dans les formules qui suivent, CO, CO^2, ClH, indiquent : 1° l'oxyde de carbone ; 2° l'acide carbonique ; 3° l'acide hydrochlorique. Il arrive aussi, ainsi que nous l'avons dit plus haut, que l'on se sert de chiffres placés comme exposants. Selon cette pratique, KS^2 indique la composition du bi-sulfure de potassium, et annonce un composé de un atome de métal et deux atomes de soufre. Pour les combinaisons plus compliquées on a recours à d'autres formules. Ainsi, on désigne le sulfate de potasse par KO, SO^3 ; le sulfate de potasse et d'alumine cristallisé par $Al^2 O^3$, $3 SO^3 + KO$, SO^3, 24HO.

Pour les acides végétaux on emploie des lettres surmontées par un trait ou par leurs éléments. Exemple : Ā annonce l'acide acétique ; — T̄ l'acide tartrique ; — C̄ l'acide citrique. On peut encore employer d'autres formules pour les désigner : l'acide acétique par $C^4 H^4 O^4$; — l'acide tartrique par $C^8 H^6 O^{12}$, — et enfin l'acide citrique par $C^{12} H^8 O^{14}$.

Nous n'entrerons pas dans de plus longs détails sur les signes représentatifs à l'aide desquels on peut expliquer le jeu des éléments ainsi que les transformations multiples qui résultent des diverses combinaisons de la science, et des réactions que subit la nature organique.

Pour désigner les métaux on a employé les signes dont on se sert en astronomie pour désigner les planètes ·

☉ Or.
☾ Argent.
♄ Plomb.

♃ Etain.
♂ Fer.
♀ Cuivre.
☿ Vif-argent ou mercure.

Poids, Mesures et Monnaies :

C., Cent. — Cent., Centième, Centime, Centiare. — Centigr., Centigramme. — Centim., Centimètre. — Centil., Centilitre. — D. ou ?, Denier. — D. ou dol., Dollar. — D., Dixième. — Déc., Décime. — Décigr., Décigramme. — Décim., Décimètre. — Décil., Décilitre. — Décagr., Décagramme. — Décal. Décalitre. — F. ou Fr., Franc. — G., Grain. — Gr., Gramme. — C. Cent. — Hecto., Hecto. — Hectogr., Hectogramme. — Hectol., Hectolitre. — K., Mille. — Kil. ou Kilogr., Kilogramme. — Kilol., Kilolitre. — Km. ou Kilom., Kilomètre. — L., Lieue. — L. ou Lig., Ligne. — L. ou Liv., Livre. — Liv. st. ou £, Livre sterling. — M., Mètre. — M. C., Mètre carré. — M. C., Mètre cube. — Mill., Millième ou Millime. — Milligr., Milligramme. — Millim. ou m/m, Millimètre. — Myria, Dix mille. — Myriam., Myriamètre. — P. ou Pi., Pied. — P. ou Po., Pouce. — Par., Parisis. — R., Rouble ou Réal. — S., Sous. — Sh., Shilling. — T., Toise. — Th. ou Thal., Thaler — Tour., Tournois.

ABRICOT. Fruit de l'abricotier qui entre dans diverses préparations du liquoriste, du confiseur et du pâtissier; le bois de son noyau, infusé dans de l'eau-de-vie donne une espèce de ratafia; en distillant les amandes amères on obtient une huile qui a l'odeur et le goût de l'abricot.

— A Clermont-Ferrand (Puy-de-Dôme), on fabrique, sous le nom de pâte d'Auvergne, une pâte d'abricots très-renommée.

* ABRI-TENTE. Espèce de tente qui fait partie du campement militaire.

ABSIDE. *T. d'arch.* C'est la partie de l'église où se trouvent le chœur et le maître-autel.

— Bien que le mot *abside* ne doive rigoureusement s'appliquer qu'à la tribune ou cul-de-four qui clôt la basilique antique, on l'emploie aujourd'hui pour désigner le chevet, l'extrémité du chœur et même les chapelles circulaires ou polygonales des transsepts ou du rondpoint. (VIOLLET-LE-DUC. — *Dictionn. de l'arch.*)

— Quelques auteurs pensent que ce mot vient d'*abscindere* (séparer, cacher), parce que, dans les premiers siècles du christianisme, les saints mystères se célébraient toujours dans les cryptes, églises souterraines où tout le monde n'était pas admis. Plus tard, lorsque l'exercice de la religion fut libre, cette partie du temple reçut les reliques des saints. — Le corps de saint Gilbert, évêque de Meaux, fut inhumé dans l'église cathédrale, sous les degrés de l'abside. (*Hist. de l'église de Meaux*, tome Ier, page 92.)

— Les absides les plus remarquables se trouvent à Rome, dans les églises de Saint-Jean-de-Latran, de Sainte-Marie-du-Transtévère; à Paris, à Notre-Dame, Saint-Etienne-du-Mont, Saint-Germain-des-Prés, etc.

— V. *Histoire de l'art*, par d'AGINCOURT, section architect.; *Album des arts au moyen âge*, par DU SOMMERARD, pl. XI de la dixième série; *Diction. de l'arch.*, par VIOLLET-LE-DUC, Morel, 1868 : *Instruction du comité des arts et monuments*, d'ALB. LENOIR, Paris, 1842.

ABSINTHE. Plante vivace, fortement aromatique, qui se plaît dans les lieux arides et montagneux de nos climats; vermifuge, stomachique et diurétique, elle est d'un grand usage dans l'économie domestique. On désigne sous le nom d'*Absinthe suisse,* une préparation alcoolique ayant pour base la plante d'absinthe à laquelle on ajoute de l'anis et plusieurs plantes aromatiques ; cette préparation pour l'extrait d'absinthe de première qualité, se fait dans les proportions suivantes : grande absinthe, 2 kilogr. 500 ; anis. 5 kilogrammes ; fenouil, 5 kilogr. 500 ; alcool 85° (de Montpellier) 95 litres. Après une macération de quelques jours dans l'alambic, on procède à la distillation. On colore ensuite dans un vase en cuivre étamé et hermétiquement fermé appelé *colorateur.* Le résultat de la distillation est versé dans ce récipient sur de la mélisse, de l'hysope et de la petite absinthe qui ajoutent encore, en le colorant, un nouveau parfum à l'absinthe suisse.

— On connaissait déjà au moyen âge, une composition connue sous le nom de *vin d'herbes,* dans laquelle il entrait, comme aujourd'hui, de l'hysope, de l'absinthe et de l'anis. Selon Pline, pendant les courses de chars, on donnait au vainqueur une boisson mêlée d'absinthe, pour lui rappeler que la gloire a ses amertumes.

La fabrication de l'absinthe prit naissance en Suisse de là son nom : *Absinthe Suisse* ; mais elle est d'origine française, si nous en croyons l'ouvrage intitulé *Un demi-siècle de l'histoire économique de Neuchâtel.*

« Un réfugié français, dit l'auteur, le médecin Ordinaire. choisit Couvet (Suisse), pour le lieu de son exil et le siège de son activité médicale. Il joignait à l'exercice de la médecine celui de la pharmacie et ne dédaignait pas les panacées. Ordinaire en possédait une en particulier. l'*élixir d'absinthe,* composé de plantes aromatiques dont lui seul avait le secret. Bien des gens, après en avoir fait usage, se déclarèrent radicalement guéris et le médecin ne pouvait guère faire autrement que de s'en féliciter et d'en prescrire l'emploi.

« A sa mort, le médecin Ordinaire légua sa mystérieuse recette à sa gouvernante, Mlle Grandpierre, qui la vendit aux filles de M. le lieutenant Henrion. Cultivant elles-mêmes les herbages nécessaires dans leur jardin, elles les distillaient au foyer paternel. On ne comptait alors la fabrication de l'élixir que par quelques pots qui se vendaient d'abord assez difficilement par le colportage. La recette fut vendue à M. Pernod fils, au commencement de ce siècle, et c'est de cette époque que date l'entrée de l'*extrait d'absinthe* dans le commerce. »

En 1805, pour éviter les droits d'entrée qui pesaient lourdement sur ses produits, Pernod établit une fabrique à Pontarlier. Depuis cette époque, la fabrication de l'absinthe de Couvet et de Pontarlier, continuée et considérablement développée de père en fils dans la même famille, maintient sa vieille réputation par le mérite de ses procédés et l'excellence de sa distillation. On cultive en Suisse, et surtout à Couvet, l'absinthe sur une grande échelle, mais depuis longtemps déjà, le Jura français fournit aux fabricants de Pontarlier, Montpellier, Paris et Lyon d'excellentes plantes que la science de quelques-uns de nos distillateurs prépare avec une supériorité incontestable. Malheureusement, une grande quantité d'absinthe répandue dans le commerce constitue une boisson malfaisante et dont les effets sont désastreux pour la santé publique ; un de nos savants collègues de la *Société française d'hygiène,* le docteur Magnan, dans une étude comparative de l'alcool et de l'absinthe, dit qu'autrefois, pour avoir fait macérer dans l'alcool, pendant un temps plus ou moins long, des tiges, des feuilles et des fleurs de diverses plantes, on distillait la masse pour obtenir la partie essentielle du liquide, mais qu'aujourd'hui, pour aller plus promptement, beaucoup de fabricants préparent leurs liqueurs à froid, sans distillation. Ils se contentent de mettre en présence plusieurs essences qu'ils mélangent

dans une quantité plus ou moins considérable d'alcool ; de là, sans doute, chez certains buveurs d'absinthe, les attaques épileptiques, les vertiges, les délires prématurés, phénomènes distinctifs de l'intoxication absinthique. Si de récentes analyses ont établi que quelques fabricants, âpres au gain, ont recours aux moyens condamnables que nous venons de signaler, nous devons dire aussi que de réels progrès ont été obtenus dans cette distillation ; c'est ainsi que non seulement la fabrique de MM. Pernod, mais encore celle de M. Ed. Joanne, de Paris, sont arrivées à l'aide d'appareils distillatoires perfectionnés, et par l'emploi de la plante seule et de l'alcool de première qualité, à produire une absinthe dépouillée des principes si nuisibles à la santé, et qui n'offre d'autre danger que celui qui résulte toujours des abus alcooliques.

ABSOLU. En terme de chimie, ce mot définit la pureté parfaite d'une substance.

ABSORBANT. *T. de phys.* Le mot absorbant dans la science électrique s'applique à un corps capable d'annuler une charge électrique. Le meilleur des absorbants est le globe terrestre, mais son rôle, dans cette action, n'est pas toujours bien compris. Beaucoup le croient indépendant du pouvoir conducteur et réduit à celui d'une simple action neutralisante ; il n'en est pas ainsi. La terre neutralise une charge électrique parce qu'elle la diffuse dans toute sa masse et dans tous les sens, et rend nul son *potentiel* (V. ce mot). D'un autre côté, elle constitue pour un courant voltaïque un excellent conducteur à travers lequel la propagation électrique s'effectuant dans tous les sens, ne se trouve plus soumise aux lois qui la régissent dans les conducteurs linéaires. Ainsi l'intensité d'un courant transmis par le sol est indépendante de la distance des points où ce courant est mis en communication avec la terre, et ne varie qu'avec la surface des électrodes métalliques servant à établir les contacts, ce qui ferait supposer une neutralisation par la terre des deux fluides dégagés par la pile ; or, cette neutralisation apparente n'est que le fait de la conduction, car en appliquant à ce cas de la transmission électrique les formules des courants voltaïques, on arrive à déduire que *la résistance du sol est alors indépendante de la distance des plaques de communication du circuit* (V. les mots ELECTRODE et RÉSISTANCE). On admet généralement que cette résistance est nulle sur les circuits télégraphiques ; mais par le fait, elle ne l'est pas, et dans les meilleures conditions, elle représente encore de quatre à cinq kilomètres de fil télégraphique. — V. CONDUCTIBILITÉ et TERRE.

— V. la brochure de M. TH. DU MONCEL sur le rôle de la terre dans les transmissions télégraphiques.

* **ABSORBÉ.** *T. techn.* Se dit d'une couleur de fond, sur laquelle on en applique une autre qui la couvre en la modifiant, sans altérer la nuance première. La nuance surchargée peut être ou plus foncée ou plus claire que la couleur du fond, dans les deux cas la nuance la plus claire est absorbée ; ce terme est très-employé dans les industries des tissus teints ou imprimés, dans celle des papiers peints, etc. ; il n'implique pas toujours une réaction chimique ; il peut ne se produire que par des phénomènes optiques.

*ABSTRICHS. *T. de métall.* Nom que l'on donne aux seconds produits pâteux qui surnagent le plomb argentifère fondu dans l'opération de l'affinage de ce métal pour le préparer aux procédés de coupellation ; ils renferment les oxides des métaux plus oxidables que le plomb et l'argent tenus dans le plomb d'œuvre. Ils repassent aux fours à manche avec les abzugs, pour rendre le plomb qu'ils entraînent mécaniquement, et qui se trouve en grande partie à l'état de plomb métallique. — V. Coupellation, Plomb d'œuvre.

*ABZUGS. *T. de métall.* Matières noires pâteuses que l'on retire des fourneaux de coupellation dans la première période de l'affinage du plomb impur. Ce sont les premiers produits qui surnagent le plomb d'œuvre dans le commencement de la coupellation opérée sur les plombs impurs, procédés de la coupellation par la méthode allemande telle qu'elle est pratiquée dans l'usine de Vialas (Ardèche). On en extrait le plomb qu'ils renferment en les faisant entrer dans le lit de fusion pendant le traitement du plomb pour la revivification des litharges sauvages. — V. Plomb argentifère.

ACACIA. Cet arbre, originaire d'Amérique, n'est connu en France que depuis 1650. Les premiers plants ont été élevés au jardin des plantes de Paris, par Vespasien Robin. Le bois de l'acacia, très-dur, jaunâtre et susceptible de recevoir un beau poli, convient aux ébénistes et aux tourneurs ; il se développe rapidement dans nos climats de France. Parmi les principales espèces d'acacia, il faut citer l'acacia du Sénégal ou gommier blanc et l'acacia d'Egypte ou gommier rouge qui fournissent la gomme arabique ; de l'acacia catéchu de l'Inde, on tire un suc employé dans les drogueries : le *cachou.* (V. ce mot.)

ACADÉMIE. Société de savants, d'hommes de lettres ou d'artistes. Il existe en France un très-grand nombre d'académies, une au moins par département, qui publient des *mémoires* locaux intéressants. Les seules dont nous ayons à parler ici sont les cinq académies qui forment les cinq classes de l'Institut de France. Leur but commun est : 1° de perfectionner les sciences et les arts par des recherches non interrompues, par la publication des découvertes, par la correspondance avec les sociétés savantes et étrangères ; 2° de suivre les travaux scientifiques et littéraires qui ont pour objet l'utilité générale et la gloire de la France. Les cinq classes de l'Institut sont :

1° *L'Académie française* composée de 40 membres. Elle fut spécialement fondée pour maintenir la perfection de la langue française et publier un Dictionnaire. La dernière édition de ce dictionnaire date de 1877, elle est la 7° ;

2° *L'Académie des Inscriptions et Belles-Lettres* qui s'occupe des langues savantes, tant mortes que vivantes, de continuer l'histoire littéraire de la France et de surveiller la publication d'autres travaux de même nature ; d'examiner et classer les notices et documents demandés aux préfets sur les anciens monuments de notre histoire et les mesures à prendre pour leur conservation ; de dresser le programme des travaux des membres de l'école d'Athènes. Elle compte 40 membres titulaires, 10 membres libres, 8 associés étrangers et 50 correspondants dont 20 français ;

3° *L'Académie des sciences* qui se divise en 11 sections : géométrie, mécanique, astronomie, géographie et navigation, physique générale, chimie, minéralogie, botanique, économie rurale, anatomie et zoologie, médecine et chirurgie. Cette classe compte 63 membres titulaires, 10 membres libres, 8 associés étrangers et 2 secrétaires perpétuels, l'un pour les sciences mathématiques, l'autre pour les sciences physiques ;

4° *L'Académie des beaux-arts* divisée en 4 sections : Peinture, 14 membres ; Sculpture, 8 ; Architecture, 8 ; Gravure, 4 ; Musique, 6 ; et de plus un secrétaire perpétuel, 10 membres libres, 10 associés étrangers, 40 correspondants titulaires, 10 correspondants libres. — La 4° classe de l'Institut s'occupe des arts du dessin et de la musique, dirige les concours qui ont lieu pour les grands prix de Rome dans chacune des sections, fait un rapport sur les envois annuels des pensionnaires de l'Académie de France à Rome, rédige un Dictionnaire de la langue des beaux-arts et occupe une place importante dans la composition des jurys d'exposition ;

5° *L'Académie des sciences morales et politiques* qui se compose de 6 sections : 1° Philosophie ; 2° Morale ; 3° Législation, droit public, jurisprudence ; 4° Economie politique et statistique ; 5° Histoire générale et philosophique ; 6° Politique, administration, finances. Elle publie des mémoires et décerne des prix. Le nombre de ses membres est de 50, plus 6 académiciens libres, 6 associés étrangers, 44 correspondants et un secrétaire perpétuel.

Chaque académie élit ses membres au scrutin secret, tient une séance publique annuelle et les cinq classes se réunissent une fois chaque année en séance solennelle.

Il n'est pas inopportun de mentionner ici l'Académie de médecine, instituée pour répondre aux demandes du gouvernement sur tout ce qui intéresse la santé publique.

Le mot *Académie* s'applique également aux circonscriptions administratives universitaires et, dans la langue des beaux-arts, à toute figure d'étude dessinée, modelée ou peinte, toujours nue, d'après un modèle déjà exécuté ou d'après le modèle vivant.

ACAJOU. C'est un bois fourni par un arbre de l'Amérique méridionale, de la famille des Cèdrelacées (Swietenia Mahogoni et Cedrela odorata) ; il est très-dur, très-compacte, d'une riche couleur tirant au rouge brun, et l'un des meilleurs pour les ouvrages de charpente, de menuiserie et de tabletterie et surtout d'ébénisterie ; il prend un très-beau poli ; sa couleur est presque inaltérable et se fonce avec le temps. Pour les meubles de luxe, les ébénistes l'emploient soit massif, soit en feuilles plaquées. On distingue l'acajou mâle et l'acajou femelle ; ce dernier est moins estimé.

— Ce n'est que depuis le commencement du siècle dernier que le bois d'acajou est connu en Europe ; apporté en Angleterre par le frère du célèbre docteur Gibbons, il s'est rapidement répandu sur le continent. — V. Bois.

ACANTHE. Plante dont les grandes feuilles élégantes et agréablement découpées ont été de bonne heure appliquées à l'ornement des frises et du chapiteau.

— Vitruve raconte que Callimaque, architecte de Corinthe, conçut l'idée de cet ornement, en voyant l'effet produit par des branches d'acanthe qui s'étaient spontanément développées autour d'une corbeille placée sur la tombe d'une jeune fille.

ACCÉLÉRATEURS. 1° En *mécan.*, se dit du principe ou de la force qui, continuant à agir sur un corps mobile après son départ, exerce ainsi une impression qui lui communique à chaque instant une vitesse nouvelle. || 2° *T. de phys.* Petits appareils appliqués dans l'horlogerie électrique pour avancer successivement l'horloge régulatrice quand elle est en retard, et sans qu'il en résulte aucun trouble dans les transmissions de l'heure qu'elle fournit sur les différents compteurs électro-chronométriques auxquels elle est reliée. Comme complément, ces accélérateurs sont accompagnés de retardateurs pour fournir l'effet inverse. Les plus perfectionnés sont ceux de M. E. Liais et de M. Wolf. —V. *Exposé des applications de l'électricité* de M. Th. du Moncel, t. IV, p. 18.

ACCÉLÉRATRICE. Force. V. le mot précédent. || *Substance accélératrice.* On donne ce nom aux substances qui permettent d'obtenir plus rapidement des épreuves photographiques.

ACCÉLÉRÉ, ÉE. 1° Voiture légère qui permet de faire un trajet quelconque plus rapidement qu'on ne le ferait avec une autre voiture. On dit : *l'accéléré, l'accélérée.* Ce terme est aujourd'hui peu usité. || 2° *T. de mét.* Expression en usage chez les parcheminiers pour désigner le gonflement des cuirs par la chaleur du bain.

ACCESSOIRE. 1° Se dit des parties qui, dans toute production de l'art, servent à embellir et développer le sujet dont elles dépendent. Dans ce cas, ce mot s'emploie plutôt au pluriel qu'au singulier : *ces accessoires sont bien traités.* || 2° Se dit aussi des appareils ou instruments qui, ne faisant pas partie intégrante d'une machine, l'accompagnent dans son fonctionnement.

ACCIDENTS. *T. techn.* 1° Dessins en reliefs que l'on forme sur les perles factices et sur les grains de chapelet. || 2° V. Assurances.

* ACCOINÇON. *T. de charp.* On désigne ainsi la partie de charpente qu'on ajoute à un toit, pour le rendre égal.

ACCOLADE. 1° *T. d'arch.* Courbes qui couronnent les linteaux des portes et fenêtres. || 2° *T. d'impr.* C'est un signe ayant cette forme ⏞ et qui, placé horizontalement ou verticalement, sert à joindre plusieurs choses ayant des rapports d'analogie. On dit alors : *Accolader.*

ACCOLÉ. *Art. hérald.* Se dit des animaux qui ont des couronnes ou des colliers autour du cou,

de deux écus ou des losanges posés l'un contre l'autre sans remplir l'écu.

* ACCOLEMENT. *T. de trav. publ.* Espace de terrain entre les fossés d'un chemin et les bordures du pavé auquel il sert d'encaissement.

ACCOLER. 1° *T. d'arch.* Entrelacer autour d'une colonne des branches ou des feuillages. || 2° *T. de charp.* Joindre des pièces en bois, sans assemblage, pour les fortifier les unes par les autres.

* ACCOLURE. On nomme ainsi la ligature dans la reliure d'un livre.

* ACCOMPAGNAGE. Trame fine dont on garnit le fond d'une étoffe de soie ou de tissu broché d'or.

ACCOMPAGNÉ. *Art hérald.* Se dit des croix, chevrons, sautoirs ou autres pièces également disposées dans les quatre cantons de l'écu.

ACCOMPAGNEMENT. 1° *Art hérald.* Tout ce qui est placé en dehors de l'écu, comme le cimier, les supports et les lambrequins. || 2° *T. d'art.* Objet de décoration, qui relève un édifice, ou entre dans les accessoires d'un tableau, d'un objet d'art.

ACCORDER. Mettre un violon, un piano d'accord, c'est monter les cordes juste au ton où elles doivent être.

ACCORDÉON. Instrument de musique dont les languettes de métal sont mises en vibration par un soufflet. — V. Anche.

ACCORDEUR. Celui qui accorde certains instruments de musique d'un mécanisme compliqué, comme l'orgue, le piano, etc. Il se sert d'un outil qu'on nomme *accordoir.*

— Pour les personnes qui veulent se passer d'accordeur, on a imaginé un petit instrument qui porte lui-même le nom d'*accordeur,* et qui se compose de douze diapasons d'acier disposés sur une planche sonore et donnant avec justesse les douze demi-tons de la gamme, par tempérament égal. (Bouillet, *Diction. univ.*)

— V. le *Manuel de l'accordeur* dans l'*Encyclopédie* Roret, par M. Giorgio di Roma.

* ACCORNÉ. *Art hérald.* Se dit des animaux qui ont des cornes de couleur différente de celle de l'animal.

ACCOSTÉ. *Art hérald.* Se dit des pièces disposées en pal ou en bande, quand elles en ont d'autres à leur côté.

ACCOTEMENT. 1° *T. d'horlog.* Rencontre ou frottement vicieux des pièces l'une contre l'autre. || 2° *Trav. publ.* Espace compris entre le ruisseau et la maison, ou entre la chaussée et le fossé d'une route. || 3° *Chem. de fer.* Espace compris entre les faces extérieures des rails extrêmes et le bord du chemin.

ACCOTOIR. *T. techn.* Ce qui sert à s'appuyer par côté dans un fauteuil, un carrosse, etc.

* ACCOTS. *T. de céram.* On nomme ainsi les poignées de terre ou les fragments d'étuis hors de service dont on se sert pour consolider des files ou piles qui constituent dans leur ensemble l'encastage des produits céramiques. On les place entre les piles et les parois du four et encore entre les piles elles-mêmes, de manière à rendre tout l'enfournement solidaire pour résister à l'intensité du feu. On choisit les terres ou les fragments les plus réfractaires.—V. Encastage et Enfournement.

ACCOUDOIR. *T. d'arch.* Balustrade ou mur à hauteur d'appui entre les piédestaux et les socles des colonnes ou devant une croisée.

ACCOUPLÉES 1° *T. d'arch.* Ce sont deux colonnes s'entre-touchant par leurs bases et leurs chapiteaux. La colonnade du Louvre offre un bel exemple de colonnes accouplées. || 2° *T. de chem. de fer. Roues accouplées*, celles qui sont réunies deux à deux pour augmenter la force du moteur.

ACCOURSE. Galerie extérieure qui sert à établir des communications dans les appartements.

ACCOUTREUR. Ouvrier qui arrondit et polit les trous des filières chez les tireurs d'or et d'argent.

ACCROCHER. 1° *T. de mét.* C'est, dans la fabrication du papier peint, placer sur l'étendoir un rouleau de papier afin de le faire sécher, entre les diverses opérations qu'il doit subir. Cette expression est usitée dans plusieurs métiers pour désigner des opérations analogues. On l'emploie aussi pour dire qu'un travail subit un temps d'arrêt. || 2° *T. d'horlog.* Se dit de tout ce qui arrête le mouvement d'une montre, d'une pendule.

ACCULÉ. *Art hérald.* Se dit de deux canons dont les culasses sont opposées l'une à l'autre, ou du cheval et du lion quand ils sont cabrés.

ACCUMULATEUR. — V. Presse hydraulique, Pile secondaire.

ACCUSER. En termes d'art, c'est faire distinguer la forme et la disposition de certaines parties recouvertes par quelque enveloppe; ainsi on accuse les muscles et les os sous la peau en marquant les insertions des premiers et la saillie et les articulations des seconds, ou bien encore les mouvements du corps sous le vêtement, etc.

ACÉRAIN. Qui tient de l'acier.

ACÉRER. *T. techn.* Garnir d'acier un instrument pour le rendre tranchant, aigu.

ACÉRURE. Morceau d'acier que l'on soude à un outil en fer que l'on veut acérer.

ACÉTATES. *T. de chim.* Combinaison d'une base avec l'acide acétique; sels en général solubles dans l'eau (excepté ceux d'argent et de protoxyde de mercure); traités par quelques gouttes d'acide sulfurique, ils répandent l'odeur agréable et piquante de l'acide acétique. L'acide acétique se combine en plusieurs proportions avec la même base, de sorte qu'il y a des acétates neutres, des acétates basiques et des acétates acides.

Les acétates de potasse et de soude chauffés avec l'oxychlorure de phosphore donnent de l'acide acétique anhydre. Traités à chaud par l'acide arsénieux, il se dégage, outre divers produits hydrogénés, de l'acide carbonique, de l'eau, de l'acétone, une liqueur huileuse, fétide, qui est connue sous le nom de *liqueur fumante de Cadet* (oxyde de cacodyle). L'industrie a su faire l'application de quelques acétates.

1° ACÉTATES MÉTALLIQUES.

Acétate d'alumine. Sel très-soluble dans l'eau, incristallisable, très-astringent, devenant basique et insoluble à l'air.

L'acétate d'alumine, connu sous le nom de *mordant rouge des indienneurs*, est le mordant ordinaire pour l'impression des toiles peintes. On l'obtient pur en traitant le sulfate d'alumine par l'acétate de plomb. Il est employé à froid.

Fabrication de l'acétate d'alumine ou liqueur rouge. L'industrie chimique fabrique l'acétate d'alumine en prenant l'alun octaédrique (potassique ou ammoniacal) pour base de la préparation. Généralement on dissout à chaud 70 parties d'alun dans 50 parties d'eau; ensuite on ajoute peu à peu, en agitant constamment, 100 parties d'acétate de plomb en poudre fine. Il y a double décomposition; il se produit du sulfate de plombin soluble, de l'acétate d'alumine et du sulfate de potasse ou d'ammoniaque, qui restent en dissolution. On sature l'excès d'acide libre par une petite quantité d'un carbonate alcalin. Ensuite on laisse reposer; quand la liqueur est claire, on la décante et on l'introduit dans les vases qui servent à l'expédier au commerce.

On peut aussi fabriquer l'acétate d'alumine : 1° en dissolvant l'alumine dans l'acide acétique; 2° en décomposant l'alun en présence de l'acétate de chaux ou de plomb; 3° en remplaçant l'acétate par le pyrolignite de plomb. — V. Acide pyroligneux pour la fabrication de l'acétate de chaux.

Acétate d'ammoniaque. Sel blanc, très-soluble dans l'eau et l'alcool, fondant à 80°, qui s'obtient en saturant le gaz ammoniac ou le carbonate d'ammoniaque par l'acide acétique; sa solution, connue sous le nom d'*esprit de Mindererus*, sert à combattre les premiers effets de l'ivresse. Le *bi-acétate d'ammoniaque* en aiguilles déliquescentes fusibles à 76° se prépare en traitant l'ammoniaque par un excès d'acide.

Acétate d'argent. Employé quelquefois comme agent de double décomposition, il se prépare en faisant réagir l'acétate de soude sur l'azotate d'argent.

Acétate de baryte. Employé quelquefois dans la préparation de l'acide acétique, il est obtenu en dissolvant dans l'acide acétique le carbonate ou le sulfure de baryum.

Acétate de chaux. On le prépare aujourd'hui en grande quantité pour la fabrication de l'acide acétique. La chaux éteinte ou la craie est saturée par l'acide pyroligneux; on maintient les matières en repos à la température de 50 à 60°, ensuite on évapore dans des chaudières en bois doublées de plomb ou dans des chaudières en tôle chauffées à la vapeur ou à feu nu pour les dernières. On écume pour enlever les matières goudronneuses et clarifie au moyen du sang; lorsque la liqueur est suffisamment concentrée, l'acétate de chaux se précipite en petits cristaux aciculaires, qui sont enlevés et séchés à une chaleur modérée.

Acétate de cuivre. L'acide acétique se combine en plusieurs proportions avec le cuivre, pour donner un *acétate neutre et un acétate ba-sique.*

L'*acétate neutre de cuivre,* connu dans les arts sous le nom de *vert distillé, vert cristallisé, cris-taux de Vénus,* se présente en cristaux d'un vert foncé, très-solubles dans l'eau, légèrement efflo-rescents : on l'obtient en dissolvant dans l'acide acétique le sous-acétate de cuivre ou *vert-de-gris.*

Le *sous-acétate de cuivre, verdet, vert-de-gris* est en poussière grenue, d'un bleu verdâtre, presque insoluble dans l'eau, mais très-soluble dans le vinaigre et les acides.

On le prépare industriellement dans le midi de la France en oxydant à l'air des plaques de cuivre mouillées de vinaigre, ou abandonnées au milieu du marc de raisin.

La fabrication du vert-de-gris est une indus-trie importante de Montpellier, de Narbonne, de Grenoble; le produit est livré au commerce en *boules* ou en *pains,* sec, marchand ou extra-sec.

A Montpellier, la véritable source de l'acide acétique est le marc de raisin; à Grenoble, le verdet est fabriqué par l'immersion réitérée du cuivre dans le vinaigre. Trois muids de marc de raisin (le marc qui a produit 2,100 litres de vin), étendus sur une quantité suffisante de lames de cuivre, donnent en moyenne 41 kilogrammes de verdet humide. Ces 41 kilogrammes, convenable-ment desséchés, donnent à leur tour 27 kilogr. de verdet marchand sec et 20 kilogrammes de verdet extra-sec. Ces 41 kilogrammes de verdet humide ont rongé 8 kilogr. 6 de cuivre. Le prix du verdet, d'ailleurs variable, peut être évalué en moyenne de 180 à 210 francs les 100 kilogrammes. Le département de l'Hérault en fabrique environ 600,000 kilogrammes; chaque ouvrière en pro-duit annuellement 3,000 kilogrammes. La pro-duction de 600,000 kilogrammes exige environ 70,000 muids de marc, résidu acheté de 2 à 2 fr. 25 c. les 100 kilogrammes.

Le *verdet cristallisé* ou *vert en grappe* s'obtient en traitant le vert-de-gris par le vinaigre distillé.

Les acétates de cuivre sont employés comme couleurs vertes dans la peinture à l'huile et dans la teinture en noir sur laine, pour composer certains mordants et faire certaines liqueurs nommées *vert d'eau, vert préparé,* qui servent au lavis des plans, pour la fabrication des papiers peints, etc. Certaines préparations alimentaires renferment quelquefois de l'acétate de cuivre, ce qui occasionne des accidents dont la cause est souvent ignorée, tels sont les *cornichons, les câpres, l'absinthe, l'oseille cuite,* etc.

Les aliments qui sont cuits dans les vases en cuivre, et qui ont séjourné dans ces récipients, ceux surtout qui sont assaisonnés de vinaigre, contiennent trop souvent des traces de cuivre. M. Saint-Pierre, professeur à la faculté de mé-decine de Montpellier, croit que la manipulation d'un poison aussi actif que les sels de cuivre est d'une parfaite innocuité : les ouvrières y plongent leurs mains jusqu'aux coudes sans en ressentir aucun effet fâcheux.

FABRICATION DU VERDET (*acétate de cuivre) par le procédé de Montpellier.* Dans le midi de la France,

le verdet est exclusivement fabriqué par le *pro-cédé de Montpellier,* qui consistait, au siècle der-nier, à mettre du cuivre en contact avec la grappe du raisin, remplacé aujourd'hui par l'action du marc de raisin sur le cuivre.

Le marc de raisin, contenant encore de l'alcool, est capable de s'acidifier. L'acide acétique nais-sant provoque, sous l'influence de l'air et de l'hu-midité, l'oxydation du cuivre; l'oxyde de cuivre formé se combine à l'acide acétique pour produire ces mélanges plus ou moins basiques qui forment le verdet.

Le choix des matières premières est le premier point important de cette fabrication, qui exige du cuivre pur et du marc de raisin de bonne qualité. Le cuivre pur est homogène, par conséquent s'attaque également sur les divers points de sa surface; le raclage au couteau enlève uniformé-ment la couche de verdet sans que la feuille se perce ni se déforme. Le marc de raisin doit pro-venir de vendanges bien faites, de fermentations régulières et ne pas contenir les germes d'une fer-mentation putride.

Le marc de raisin est mis en réserve dans de vastes cuves dont les parois sont recouvertes de briques vernissées en charge pressant sur une hauteur de plusieurs mètres.

Le cuivre est acheté en lames et découpé en plaques minces de quelques millimètres d'épais-seur sur 15 à 20 centimètres de long et 8 à 10 cen-timètres de large environ.

L'hiver paraît l'époque la plus favorable pour la fabrication du verdet, car l'acidification se fait plus lentement dans cette saison. l'attaque du cuivre est plus régulière : l'égalité de température est une bonne condition de fabrication.

Le cuivre et le marc sont disposés alternative-ment par couches sur des claies dans des caves ou des rez-de-chaussée. Les parties élevées de l'établissement sont réservées aux séchoirs et aux magasins.

Le marc de raisin est interposé sur une couche de 5 à 6 centimètres; le cuivre est décapé et préalablement chauffé dans une étuve avant d'être mis en traitement, quelquefois trempé dans une solution d'acétate de cuivre.

Dès que le marc de raisin a le contact de l'air, il s'acidifie en dégageant une odeur de vinaigre caractéristique; l'acide détermine l'oxydation du cuivre, l'oxyde formé s'unit à l'acide acétique pour donner un acétate de cuivre capable de dis-soudre une certaine quantité d'oxyde qui le fait passer à l'état d'acétate basique uni à une cer-taine proportion d'eau variable. Mais on n'a pas encore l'*acétate bibasique* qui constitue le véri-table vert-de-gris théorique. Au bout de trois ou quatre jours, quelquefois plus, le cuivre est re-couvert uniformément d'une couche verdâtre; il faut alors saisir le point précis où il y a avantage à cesser l'opération. Ce point est reconnaissable à l'odeur et à la couleur du marc, à la couleur du métal, à l'épaisseur de la couche de verdet. On retire alors les plaques de cuivre et on les dispose sur des châssis en bois capables d'être trans-portés à la main pour la mise à l'étuve. On place, à cet effet, les châssis dans une salle chauffée à 30 ou 40 degrés environ, en ayant soin tous les 4 ou 5 jours de tremper ces châssis dans une cuve remplie d'eau; le verdet se *nourrit*, c'est-à-dire qu'une nouvelle quantité de cuivre s'oxyde et se combine à l'acétate bibasique. Il faut 15 jours ou un mois pour obtenir ce résultat, dont le fabricant juge par la couleur et surtout par la diminution de l'adhérence du vert-de-gris à la plaque de cuivre.

Ensuite les châssis sont transportés dans un atelier; là, sur des tables de bois, à l'aide de couteaux, les ouvriers détachent le vert-de-gris en raclant la lame successivement sur ses deux faces. Les plaques chauffées de nouveau servent à une nouvelle opération. Le verdet est mis en tas et considéré alors comme *humide* ou *frais*.

Le séchage s'effectue d'abord dans des cours ou sous des hangars, au soleil et à l'air libre. Alors le verdet change successivement de couleur pour prendre une teinte déterminée. L'opération se termine lentement dans les séchoirs où l'on obtient le produit *sec* ou *extra-sec*. Ces deux états se reconnaissent à l'œil ou par le choc, et surtout par l'*épreuve au poinçon* ou *au couteau*, essai qui consiste à enfoncer, sous un effort modéré, un outil pointu dans le pain ou la boule de verdet. La résistance offre des indications qui suffisent, à une main exercée, pour déterminer l'état de siccité.

Ce vert de gris est désigné sous le nom de *vert de gris bleu* ou *français*, pour le différencier de celui préparé en Suède, qui est *vert*, et que l'on obtient en laissant en contact des lames de cuivre avec des morceaux de flanelle imbibés de vinaigre, jusqu'à production de l'acétate.

Le *vert de Schweinfurt*, sel double formé d'acétate et d'arsénite de cuivre, très-vénéneux, connu aussi sous les noms de *vert de Vienne, vert de Neuwied, vert de Mitis, vert impérial, vert perroquet*, etc., suivant qu'il est nuancé par d'autres matières, peut être employé comme couleur à l'huile et à l'aquarelle; il ne couvre pas parfaitement, mais sèche bien. — V. ARSÉNITES.

Acetate de fer. On utilise dans l'industrie plusieurs produits portant ce nom. Leur usage est général dans les ateliers de teinture et d'indiennes pour colorer les étoffes en jaune plus ou moins foncé, et servir de *mordant de noir;* la liqueur appelée *bouillon noir, pyrolignite de fer, liqueur de ferraille* est un mélange d'acétates ferreux et ferrique.

FABRICATION DES ACÉTATES DE FER. Les acétates de fer industriels se rencontrent dans le commerce à l'état de solutions.

L'acétate de protoxyde de fer s'obtient en faisant réagir l'acide acétique ou généralement l'acide pyroligneux sur les tournures de fer, les vieilles ferrailles. Le procédé le plus correct de préparation industrielle consiste à employer l'acide pyroligneux rectifié, que l'on fait réagir sur des morceaux de fer placés dans une chaudière en fonte à une température de 60 degrés maintenue pendant quelques heures. La liqueur, suffisamment con-

centrée ($D=1,120$) est décantée après refroidissement; ensuite on recommence une nouvelle opération.

On peut aussi préparer l'acétate de protoxyde de fer par voie de double décomposition, en faisant réagir une solution d'acétate de chaux ou de plomb sur le sulfate de protoxyde de fer; il se forme de sulfate de chaux insoluble, qui se dépose, et de l'acétate de protoxyde de fer dissous.

L'acétate de peroxyde de fer ou *bouillon noir* du commerce s'obtient en dissolvant le sesquioxyde de fer dans l'acide acétique ou par double décomposition, en faisant réagir, dans l'eau, le sulfate de sesquioxyde sur l'acétate de baryte ou de plomb.

Dans l'industrie, on emploie quelquefois un autre procédé qui consiste à abandonner au contact prolongé de l'air des copeaux de fer immergés dans l'acide acétique. L'opération, qui dure plusieurs semaines, se fait dans des tonneaux munis d'un faux-fond; la liqueur qui s'écoule à la partie inférieure est repassée de temps en temps sur la masse en travail. Enfin, lorsque la solution marque 10 degrés à l'aréomètre, on la concentre à feu nu jusqu'à 15 degrés, ensuite elle est livrée au commerce.

Acétate de plomb. L'acide acétique se combine avec le protoxyde de plomb pour donner deux acétates, savoir: l'*acétate neutre de plomb* ou *sucre de plomb, sel de Saturne;* l'*acétate tribasique de plomb* ou *extrait de Saturne*.

L'acétate neutre de plomb ou *sel de Saturne*, qui s'obtient en faisant réagir la litharge sur l'acide acétique ou en exposant à l'air un mélange de cet acide et de plomb, cristallise en prismes rhomboïdaux obliques, efflorescents, solubles dans l'eau, l'alcool; il a une saveur sucrée, astringente, métallique. L'*acétate tribasique de plomb* s'obtient en faisant digérer la litharge avec une dissolution d'acétate neutre; ses cristaux en aiguilles sont d'un aspect nacré. Cet acétate est un réactif très-utile pour précipiter les dissolutions gommeuses, albumineuses, le tannin, les matières extractives. L'extrait de Saturne est une solution d'acétate tribasique; l'eau de Goulard est un mélange d'eau et d'extrait de Saturne; ils sont employés comme topiques.

Les acétates de plomb sont des sels industriels importants: il s'en consomme des quantités considérables dans la fabrication de la céruse et de l'acétate d'alumine. L'acétate neutre de plomb est usité en teinture pour la préparation du *mordant de rouge* des indiennes, des vernis, des matières colorantes, notamment du jaune de chrome.

FABRICATION DE L'ACÉTATE DE PLOMB. Dans l'industrie chimique on fabrique l'acétate neutre de plomb: 1° par l'oxydation directe à l'air du plomb en contact du vinaigre; 2° par la dissolution dans le vinaigre ou l'acide acétique de l'oxyde de plomb formé.

1° *Fabrication par l'oxydation directe à l'air.* Dans un atelier spécial, sur des étagères, sont placées des terrines en grès contenant chacune de 2 à 3 kilogrammes de plomb grenaillé ou coulé en lames très-minces. Sur ce plomb, on verse environ 500 grammes de vinaigre, on maintient la température de l'atelier entre 20 et 25 degrés centigrades. Le plomb s'oxyde; à mesure que l'oxydation avance, on retourne les lames de plomb deux ou trois fois par jour. De cette manière, l'oxyde formé se dissout dans l'acide acétique, et quand la liqueur ne donne plus de réaction acide, on décante et on verse une nouvelle quantité de vinaigre sur les lames. Les liqueurs, tenant en dissolution l'acétate de plomb, sont réunies et évaporées aux deux tiers, filtrées et puis abandonnées à la cristallisation dans des terrines en grès vernies et recouvertes intérieurement de suif afin d'empêcher l'adhérence des cristaux. La cristallisation s'achève dans l'espace de vingt-quatre heures environ. On décante l'eau-mère et on fait sécher les cristaux que l'on met à l'abri du contact de l'air.

2° *Fabrication par la dissolution de l'oxyde de plomb.* Cette méthode de fabrication consiste à introduire dans une cuve en bois, doublée de plomb, une certaine quantité d'acide pyroligneux rectifié à 7 ou 8 degrés de l'aréomètre Beaumé. L'acide est peu à peu saturé par des additions de litharge pulvérisée; on a la précaution d'agiter continuellement la masse en travail. En général, on emploie un poids de litharge qui correspond aux cinq ou aux six dixièmes de celui de l'acide. Quand la neutralisation est complète ou qu'il ne se manifeste plus d'acidité dans la liqueur, on laisse reposer, puis on décante et on concentre la liqueur claire jusqu'à 32 degrés Beaumé. Cette concentration se fait dans des chaudières en cuivre renfermant quelques lames de plomb. Lorsque la concentration à feu est achevée, on coule la liqueur épaisse dans des terrines où elle cristallise; après deux ou trois jours de repos, on enlève les cristaux qui se présentent en général en masses aciculaires. — V. CÉRUSE, § *Fabrication.*

L'acétate neutre de plomb sert à la préparation des acétates basiques ou sous-acétates, *Extrait de Saturne, Eau de Goulard.*

Acétate de mercure. Ce sel employé en médecine s'obtient par double décomposition en faisant réagir de l'acétate de soude sur le nitrate de mercure.

Acétate de potasse. Employé en médecine comme fondant et diurétique, il se prépare en dissolvant le carbonate de potasse dans l'acide acétique.

Acétate de soude. Sel industriel que l'on fabrique ordinairement au moyen de l'acide pyroligneux et du carbonate de soude, ou bien en décomposant l'acétate de chaux par le sulfate de soude. On le prépare aussi en distillant le pyrolignite de chaux purifié avec de l'acide sulfurique et saturant le liquide distillé par du carbonate de soude. On fait évaporer et l'on obtient des cristaux gris que l'on refond à la température du rouge sombre; finalement, on reprend par l'eau pour obtenir un sel blanc.

2ᵉ ACÉTATES NON MÉTALLIQUES.

Pour compléter cette étude succincte des acétates, nous citerons quelques-unes des combinaisons de l'acide acétique avec certains radicaux non métalliques. — V. RADICAUX.

Les principaux de ces acétates sont : acétate d'amyle, acétate de butyle, de capryle, d'éthyle ou éther acétique, de méthyle, etc. V.— ÉTHERS et ÉTHYLE, MÉTHYLE, etc. — A. F. N.

* **ACÉTIMÈTRE, ACÉTIMÉTRIE.** *T. de chim.* L'acétimètre est une éprouvette graduée qui sert dans l'opération de l'acétimétrie.

L'*acétimétrie* est la méthode qui permet de doser par un alcali titré la force ou le titre de l'acide acétique; le sucrate de chaux ou la soude caustique est la matière alcaline employée.

On a une éprouvette de 1/2 litre, un petit vase à fond plat, un flacon de tournesol, un ballon d'un 1/2 litre, enfin une petite burette graduée. Voici comment on opère pour faire l'essai d'un vinaigre ou d'un acide acétique commercial :

1° On mesure 10^{cc} d'acide sulfurique au 10e (1 gr. d'acide monohydraté) qu'on introduit dans le vase à fond plat, on colore par quelques gouttes de tournesol. D'un autre côté, la burette graduée reçoit jusqu'à son zéro la solution de sucrate de chaux ou de soude caustique; enfin on verse cette liqueur alcaline goutte à goutte dans la solution colorée par le tournesol; on agite, jusqu'à ce que la liqueur ait viré au bleu. Si le nombre de degrés employés est de 50, il faut en conclure que 10^{cc} d'acide sulfurique normal sont saturés par 50 divisions de dissolution alcaline.

2° Si l'on fait l'essai d'un acide acétique concentré, on le réduit au 10e, en plaçant 50 grammes de cet acide dans l'éprouvette d'un 1/2 litre et en ajoutant assez d'eau pour faire 500 ^{cc}. On enlève alors 10^{cc} de ce liquide que l'on introduit dans le vase à fond plat, avec quelques gouttes de tournesol; on sature avec la liqueur alcaline contenue jusqu'au zéro de la burette graduée : supposons que l'acide ait exigé 40 divisions pour être saturé, on a alors :

$$\text{Titre} = 122{,}44 \times \frac{40}{50} = 97{,}95.$$

Ce nombre de 97,95 représente la proportion d'acide monohydraté contenu dans 100 parties de l'acide soumis à l'essai.

L'essai d'un vinaigre se fait de la même manière, seulement on le titre au volume; si 10^{cc} de vinaigre prennent 26 divisions de soude pour se saturer, on aura :

$$\text{Titre} = 12{,}24 \times \frac{26}{50} = 6 \ ^{o}/_{o}.$$

* **ACÉTONE.** *T. de chim.* $C^6 H^6 O^2$. Liquide transparent, d'une odeur agréable, bouillant à 56° 3, d'une saveur forte et pénétrante, d'une densité de 0,814, soluble dans l'éther et l'alcool, qui brûle avec une flamme blanche. Sous l'influence des corps oxydants l'acétone se transforme en acide acétique : on l'obtient en calcinant au rouge un mélange de chaux et d'acétate de plomb.

* **ACÉTYLÈNE.** *T. de chim.* Combinaison de carbone et d'hydrogène $C^4 H^2$, découverte en 1836, par H. Davy et étudiée par M. Berthelot; gaz incolore, combustible, d'une densité de 0,91, d'une

odeur particulière et désagréable, qui n'a pu être encore liquéfié ni par le froid ni par la pression.

Ce gaz donne avec la solution ammoniacale de protochlorure de cuivre un précipité rouge marron caractéristique (acétylure de cuivre).

L'acétylène est soluble dans l'eau, le sulfure de carbone, le pétrole, l'essence de térébenthine, le chloroforme, la benzine, la naphtaline, l'acide acétique et l'alcool. Il résulte de la combinaison directe du carbone et de l'hydrogène sous l'influence de l'électricité. On peut obtenir l'acétylène au moyen de l'éthylène ou gaz oléfiant en lui enlevant la moitié de son hydrogène, soit par l'action de la chaleur ou de l'électricité, soit par une combustion incomplète.

L'acétylène forme de nombreuses combinaisons, soit avec les métaux, soit avec les métalloïdes ; en se combinant avec les éléments de l'eau, il forme un hydrate appelé alcool acétylique $C^4 H^2$, ($H^2 O^2$) qui est un liquide incolore, mobile, volatil, dont la vapeur répand une forte odeur irritante.

* **ACÉTYLE.** T. de chim. $C^4 H^2 O$, radical acide monoatomique qui n'existe qu'en combinaison dans les nombreux composés acétyliques de la chimie organique.

ACHALANDAGE. Ce mot désigne l'ensemble des clients d'un établissement commercial ou industriel. L'achalandage est souvent une partie importante du fonds ; il peut être vendu séparément et subsister après l'enlèvement des marchandises si celles-ci n'ont pas été comprises dans le prix de la vente. — V. PROPRIÉTÉ INDUSTRIELLE.

ACHEMINÉE. T. techn. Glace acheminée, dont on a enlevé les plus fortes aspérités.

* **ACHEVAGE.** T. techn. Dernière façon donnée à une poterie moulée, tournée ou coulée.

* **ACHEVEUR.** T. de mét. Grand vase employé chez les batteurs d'or.

* **ACHEVOIR.** T. techn. Outil avec lequel on termine certains ouvrages. || Atelier où l'on porte certains ouvrages pour les terminer.

ACHILLE. Myth. Fils de Pélée, roi de la Phthiotide, en Thessalie, et de Thétis, est le plus fameux des héros grecs immortalisés par Homère. Suivant quelques traditions, sa mère le plongea dans le Styx pour le rendre invulnérable. Il le fut par tout le corps, excepté au talon, par lequel elle le tenait en le plongeant. La statue antique d'Achille, au musée du Louvre, peut servir de modèle pour les belles proportions du corps humain ; le héros de l'Iliade est représenté nu, coiffé de l'élégant casque grec couvrant ses longs cheveux, et il porte à la jambe droite un anneau au-dessus de la cheville. Cette statue passe pour être une copie antique de l'Achille d'Alcamène, le disciple de Phidias.

ACHROMATISME. T. d'optiq. (a, privatif, chroma, couleur). Décoloration de l'image des objets vus à travers les prismes et les lentilles simples. — Si on regarde un objet à travers un prisme, les rayons lumineux sont déviés vers la base, l'image qui semble avoir remonté vers le sommet, est entourée de bandes colorées. Mais si au prisme en cristal on joint un deuxième prisme en verre en sens inverse du premier, l'image sera déviée,

mais elle ne sera pas colorée, on dit alors que le prisme est achromatisé.

Pour achromatiser les lentilles des lunettes et autres instruments d'optique, on procède de la même manière, c'est-à-dire qu'à une lentille convergente ou convexe en verre ou crown-glass on accole une lentille divergente ou concave en cristal ou flint-glass. Ordinairement les deux lentilles sont réunies par un mastic bien transparent, ou bien elles sont libres dans une monture commune. La coloration des images dans les lentilles est un défaut connu sous le nom d'aberration de réfrangibilité.

On achromatise le microscope en formant l'oculaire de deux lentilles convergentes ou bien en faisant l'objectif avec des lentilles de substances différentes, très-réfringentes. L'objectif des lunettes est achromatique et composé de deux lentilles, l'une bi-convexe en crown-glass, l'autre concave-convexe en flint-glass ; enfin la lorgnette de spectacle s'achromatise en faisant l'oculaire en flint-glass et l'objectif en crown-glass (V. CRISTAL et VERRE), ou bien on achromatise partiellement l'objectif au moyen d'une lentille en flint qui lui est superposée. — V. CHROMATIQUE.

—Newton ne croyait pas à la possibilité de l'achromatisme ; mais, dès 1662, Oldemburgh, dans une lettre à l'illustre physicien anglais, croyait à la possibilité de corriger l'aberration de réfrangibilité. Euler, en 1754, pensa qu'il était possible d'obtenir des lentilles achromatiques, et trouva par le calcul, une loi satisfaisant aux conditions cherchées, loi qui d'ailleurs a été reconnue erronée. Clairaut, d'Alembert, s'occupèrent de l'achromatisme. Enfin, Dollond obtint des lentilles achromatiques en associant un prisme de crown-glass à un prisme de flint-glass. Dès 1733, Hall avait fabriqué des lunettes achromatiques ; mais il avait tenu son procédé secret.

Pour les instruments d'optique achromatisés, il importait d'obtenir de grands disques de verre purs et sans stries. En 1766, l'Académie des sciences proposa un prix, décerné en 1773, pour le meilleur procédé de fabrication de verre pesant ayant toutes les propriétés du flint-glass. Un nouveau concours fut ouvert en 1786 et ne donna aucun résultat. Mais le problème fut résolu par un ouvrier suisse, Pierre-Louis Guinand. En 1839, la Société d'encouragement décerna deux prix, pour le meilleur procédé de fabrication des verres d'optique ; ils furent partagés entre Guinand fils et Bontemps. (V. aux noms GUINAND et BONTEMPS.)

* **ACHTHÉOMÈTRE.** Instrument qui sert à évaluer la surcharge des voitures sur les routes.

ACIDES. T. de chim. (acidum, dérivé d'axis, pointe, aigre), corps électro-négatifs résultant de la combinaison de l'oxygène ou de l'hydrogène avec un métalloïde ou quelquefois un métal ou un radical composé. Les derniers degrés d'oxydation des métaux donnent des acides, et même certains corps métalliques, chrome, étain, etc., produisent de préférence avec l'oxygène des combinaisons acides.

Les acides oxygénés sont appelés oxacides, les acides hydrogénés, hydracides ; ceux qui ne contiennent pas d'eau sont nommés anhydrides.

Par rapport à leur origine, les acides se distinguent en acides minéraux et en acides organiques ; ces derniers sont plus nombreux et plus variés que les acides minéraux. Les acides possèdent les caractères suivants, indiqués par ordre d'importance : 1° ils sont électro-négatifs ou se portent au pôle positif de la pile ; 2° ils se combinent avec les bases pour former des sels ; 3° ceux qui sont solubles ont une saveur aigre et rougissent la teinture bleue de tournesol, le sirop de violettes et les couleurs bleues végétales. Parmi les acides,

les uns sont solides (acides silicique, borique, etc.), les autres gazeux (acides carbonique, sulfureux, etc.), la plupart sont liquides ; enfin un certain nombre peuvent passer par ces trois états (acides nitrique, sulfurique, sulfureux, carbonique, etc.).

Pour la chimie moderne, les acides sont des composés hydrogénés dans lesquels l'hydrogène

Fig. 1. — Fabrication du vinaigre par la méthode dite d'Orléans.

A Magasin où le vin est chauffé à 30° ;
B Tonneaux contenant le vin à chauffer pour sa transformation en acide acétique ;
C Râpe à vin ;

D Tuyau par lequel on amène le vin chauffé sur la râpe ;
E Entonnoir conduisant le vin à la râpe ;
F Robinet de soutirage ;
G Entonnoir pour le remplissage du tonneau ;
H Trous d'aération.

est uni à un radical électro-négatif ; en présence d'un hydrate basique, ils se décomposent : il y a formation d'eau, et le métal de la base se substitue à l'hydrogène.

Acide acétique (d'*acetum*, vinaigre). $C^4H^4O^4$. Produit provenant principalement de l'oxydation des liquides spiritueux au contact de l'air. La distillation du bois donne aussi un acide acétique désigné sous le nom d'*acide pyroligneux*.

L'acide acétique cristallisable est solide au-dessous de 17°, au-dessus il se liquéfie ; odeur piquante, saveur très-acide. L'acide anhydre $(C^4H^3O^3)^2$ est un liquide incolore, d'une odeur forte et agréable, qui bout à 139°, tandis que l'acide cristallisable ou monohydraté bout à 118°.

L'acide acétique s'obtient en oxydant l'alcool par l'oxygène de l'air : étendu d'eau, il constitue le vinaigre ; combiné avec les bases, il forme les acétates, dont quelques-uns ont une grande importance industrielle. — V. ACÉTATES, VINAIGRE.

FABRICATION INDUSTRIELLE. L'acide acétique est un produit de l'oxydation de l'alcool, mais dans l'acidification du vin, outre l'air et l'alcool il intervient d'autres éléments, ce sont les *ferments (mère de vinaigre)*, organismes microscopiques dont le rôle est très-important dans la production de l'acide acétique. En outre, la liqueur alcoolique doit présenter une large surface et se trouver à une température convenablement élevée.

L'acide acétique étendu, sous le nom de vinaigre, est d'un emploi général dans l'économie domestique. Pour le fabriquer on emploie diverses méthodes dont les principales sont : *Méthodes d'Orléans, de Boerhave, des ménages*.

Avec la première méthode (*méthode d'Orléans*), les appareils destinés à la fabrication du vinaigre, sont placés dans de vastes celliers dont les murs portent des ouvertures ou soupiraux susceptibles d'être ouverts ou fermés à volonté. La température ne doit pas dépasser 30 degrés, elle est généralement obtenue au moyen de thermosiphons à circulation d'eau chaude. Le vin est placé dans une série de tonneaux solides, fortement cerclés, appelés *mères*, d'une capacité d'environ 230 litres, disposés horizontalement, les uns à côté des autres sur des chantiers en bois ; on forme trois à quatre rangées superposées. Sur le fond antérieur de chaque tonneau sont percés deux trous, l'un fait pour introduire le vin et soutirer le vinaigre (6 centim. de diamètre), l'autre donne une libre sortie aux gaz (V. fig. 1).

Pour donner au vin la limpidité qui lui est indispensable, s'il n'est pas suffisamment clair, on le filtre dans des tonneaux remplis de copeaux de hêtre.

Tous les vins ne donnent pas des résultats identiques ; leur rendement en vinaigre dépend de leur âge et de leur richesse alcoolique. Les meilleurs vins pour l'acétification sont ceux qui ont une année ; les vins trop riches en alcool doivent être étendus avec de l'eau ou avec des vins faibles jusqu'à ce qu'ils ne contiennent pas plus de 10 0/0 d'alcool en volume.

Au début de l'opération, on remplit les tonneaux jusqu'à moitié, d'un bon vinaigre ; ensuite on y verse, au moyen d'un entonnoir placé dans l'œil, 10 litres de vin ; puis on laisse huit jours en repos ; au bout de ce temps, on ajoute 10 nouveaux litres de vin, ainsi pendant quinze jours. Enfin, huit jours après la dernière addition, la réaction est terminée, on soutire à l'aide d'un siphon 40 litres de vinaigre, on recommence l'addition de 10 litres de vin et on soutire de nouveau 40 litres de vinaigre, et ainsi de suite.

Si le vinaigre est clair, il est livré au commerce au sortir du tonneau, sinon on le filtre au moyen des copeaux de hêtre.

Les vinaigriers, pour s'assurer de la marche de l'opération et voir si la *mère travaille*, ont l'habitude de plonger dans le tonneau un bâton légèrement recourbé à l'extrémité. S'ils le retirent chargé de *fleur de vinaigre*, écume blanchâtre, la réaction va bien dans l'intérieur ; au contraire, si l'écume est rouge, l'opération est en souffrance.

La *méthode de Boerhave* employée quelquefois en Hollande et sur les bords du Rhin, fournit un vinaigre de bonne qualité, très clair. On a deux grandes futailles de 3 mètres de hauteur sur 1 mètre de diamètre placées verticalement l'une à côté de l'autre ; à 35 centimètres du fond de chacune d'elles se trouve un double fond en bois percé de trous. On place sur ce double fond des sarments de vigne, de petites branches, et on achève de remplir avec l'amas de râfles et de pellicules de raisin qui forme le chapeau de la vendange. A la partie inférieure de chaque futaille se trouve une canelle ou robinet en bois.

La première futaille est pleine de vin, la deuxième à moitié ; on les abandonne dans un cellier à la température de 30 degrés ; les fonds supérieurs enlevés, l'air pénètre librement. Au bout de vingt-quatre heures, on soutire la moitié du vin contenu dans le premier tonneau et on le verse dans le deuxième de manière à remplir ce dernier ; vingt-quatre heures après, on fait l'opération inverse et ainsi de suite pendant quelques semaines.

Si le soutirage des futailles est fait toutes les douze heures l'opération marche plus vite, et de plus, si la température est élevée jusqu'à 33 à 35 degrés, la transformation du vin en vinaigre est complète au bout de quinze jours.

La *méthode des ménages* consiste à emplir de vin un tonneau vertical qui, une première fois, a été mouillé et rempli avec du vinaigre ; au fur et à mesure que, par un robinet en bois placé au fond inférieur, on enlève une certaine quantité de vinaigre, on ajoute par la partie supérieure une quantité de vin égale. On couvre la partie supérieure d'un couvercle qui ne ferme pas hermétiquement afin de donner un libre accès à l'air. Toutes les liqueurs alcooliques ou spiritueuses naturelles, c'est-à-dire n'ayant pas subi la distillation, telles que la bière, le cidre, le poiré, etc., sont susceptibles de donner de l'acide acétique. En Angleterre et en Allemagne, la fabrication du *vinaigre de bière*, dit *vinaigre de smalt*, est la base d'une industrie très-importante. D'ailleurs, dans ces pays, on prépare avec le smalt une liqueur fermentée, une bière spéciale destinée à la *vinaigrerie*.

Fig. 2. — *Tonneau de Schuzenbach.*

La transformation de la bière en vinaigre, qui exige de deux à trois mois, se fait dans des tonneaux en plein air ou dans des celliers chauffés à 35 ou 50°, placés horizontalement. La clarification du vinaigre de smalt se fait dans de vastes tonnes dans lesquelles on a accumulé des copeaux, de la paille, de la sciure de bois, etc. Par toutes les méthodes précédentes, la transformation de l'alcool en acide acétique exige un temps assez considérable ; M. Schuzenbach a imaginé une méthode qui permet de transformer en vingt-quatre ou quarante-huit heures au plus, de grandes quantités d'alcool en vinaigre. Cette méthode est aujourd'hui pratiquée en Allemagne, en Angleterre, en France ; elle produit l'acétification rapide des alcools de grains, de pommes de terre, du vin, de la bière, des eaux-de-vie, etc. L'appareil de Schuzenbach consiste en un tonneau de 320 litres fortement cerclé, qui porte à une certaine hauteur un faux fond en bois percé de trous serrés et sur lequel on place des copeaux de hêtre rouge de deux millimètres d'épaisseur, remplissant jusqu'aux deux tiers de la hauteur. Au-dessus se trouve un autre faux fond percé de trous assez étroits dans chacun desquels passe un brin de mèche en coton ou de ficelle ; un tube établit la communication entre l'intérieur du tonneau et l'air extérieur ; enfin un autre tube fait communiquer l'extérieur avec le compartiment intercepté entre le faux fond supérieur et le couvercle de la cuve. L'air pénètre dans le tonneau par une série de trous percés au tiers environ de sa hauteur (V. fig. 2). Ordinairement on réunit ensemble trois tonneaux semblables ; on transvase le liquide du premier dans le deuxième et ainsi de suite. La réunion de ces trois tonneaux constitue un *appareil de graduation*. Cet appareil étant ainsi disposé, on introduit par parties le liquide à acidifier dans le tonneau n°1 ; il suinte le long des ficelles et s'oxyde rapidement. Dans quelques établissements, les tonneaux sont remplacés par de grandes cuves. Le sucre, le glucose, la mélasse, comme les fruits sucrés, sont employés à la fabrication du vinaigre. La fabrication des vinaigres de glucose et de mélasse est entrée dans l'industrie depuis déjà quelques années ; ces produits, à meilleur marché que les vinaigres de vin, sont surtout fabriqués dans les grands centres de consommation. Le *vinaigre radical* ou *aromatique* est de l'acide acétique monohydraté, que l'on obtient en distillant, dans une cornue de grès recouverte d'un lest, l'acétate de cuivre cristallisé. Le produit volatil obtenu est soumis à une nouvelle distillation dans une cornue de verre. D'ailleurs l'acide acétique concentré peut être obtenu : 1° en décomposant l'acétate de soude par l'acide sulfurique ; 2° en chauffant de l'acétate de plomb avec du sulfate de fer ; 3° en traitant par la chaleur le bi-acétate de potasse, etc. — V. Acide Pyroligneux.

Méthode de M. Pasteur pour la fabrication du vinaigre : d'après M. Pasteur, l'acétification a pour cause provocatrice un ferment spécial, un végétal microscopique, le *mycoderma aceti* ou *fleur de vinaigre*, dont l'action produit la fixation de l'oxigène de l'air sur l'alcool. Comme la fleur ou mère de vinaigre provoque assez rapidement l'acétification de l'alcool étendu d'eau, en mettant de l'eau alcoolisée ou des liqueurs alcooliques avec la fleur du vinaigre, on obtient de l'acide acétique étendu. On ajoute à l'eau 2 0/0 de son volume d'alcool et 1 0/0 d'acide acétique, enfin 1 0/0 de phosphates de potasse, d'ammoniaque et de magnésie et une certaine quantité de matière albumineuse. Au bout de deux ou trois jours, la transformation de l'alcool en acide acétique est accomplie : une cuve d'un mètre carré de surface, renfermant 50 à 100 litres de liquide, fournit par jour l'équivalent de 5 à 6 litres de vinaigre.

Acide arsénieux. — V. Arsenic.

Acide benzoïque. $C^{14} H^6 O^4$. Acide aromatique carboné, formé de carbone, d'hydrogène et d'oxygène, qui s'extrait du baume de Tolu, du benjoin ; mais pour l'obtenir en grande quantité on le retire de l'urine des herbivores ; enfin, actuellement,

on prépare industriellement l'acide benzoïque en oxydant le *toluène* $C^{14} H^8$. Cet acide est solide, cristallisé, volatil, fond à 121° et bout à 249° ; il se sublime avant d'entrer en ébullition ; peu soluble dans l'eau froide, très-soluble dans l'alcool et l'éther. — L'essence d'amandes amères $C^{14} H^6 O^2$ par l'exposition à l'air se transforme en acide benzoïque.

Acide borique, Acide boracique. Combinaison du bore avec l'oxygène $Bo O^3$, $3 HO$ (rapport en poids : 21,8 à 48) ; corps en lamelles ou écailles blanches, brillantes ou nacrées, soluble dans l'eau et dans l'alcool auquel il communique la propriété de brûler avec une flamme verte ; fusible au rouge en une masse vitreuse incolore, se vaporise à la chaleur blanche ; dans un courant de vapeur d'eau à 100° il est entraîné. Il est inodore et presque insipide ; il communique à la teinture de tournesol une couleur rouge vineux. En Toscane, dans la vallée circulaire qui entoure les monts de Castel-Nuovo, l'acide borique se produit incessamment dans les *lagoni* ou petits lacs ; il s'en dégage des vapeurs, ou *suffioni*, qui entraînent l'acide borique ; celui-ci se dissout dans l'eau ; on fait évaporer et cristalliser en utilisant la chaleur naturelle. Ciaschi a créé l'exploitation des lagoni ; mais c'est un Français, M. Larderel, qui a donné à cette industrie l'importance qu'elle a acquise. Un autre Français, M. Dorval, a obtenu par forage, des lagoni artificiels qui fournissent annuellement plus de 200,000 kilogrammes d'acide borique. L'exploitation de ce produit occupe plus de douze cents ouvriers et rapporte plus de 2 millions par an. La production annuelle de la Toscane s'élève à environ 33 millions de kilogrammes. Le borate de chaux de la république de l'Équateur est exploité pour en retirer l'acide borique. Cet acide est employé pour la fabrication du borax, le vernissage de certaines poteries, les faïences fines, pour humecter les mèches des bougies stéariques ; pour la mise en couleur de l'or, pour préparer le flint-glass, les pierres précieuses artificielles, le vert émeraude, etc.

On l'a introduit avec avantage dans la composition de glaçures des faïences fines auxquelles il communique dureté, limpidité et brillant : on l'emploie à l'état d'acide brut, d'acide raffiné, à l'état de borate de soude ou de chaux. Il est la base des fondants dans la peinture vitrifiable.

Fabrication industrielle. — Il existe actuellement dans les Maremmes de Toscane, une dizaine de grandes exploitations d'acide borique, qui contiennent de dix à quarante lagoni créés artificiellement.

La préparation en grand de cet acide naturel se divise en trois opérations principales ; la première consiste à enrichir en acide l'eau des lagoni, la deuxième, dans l'évaporation de cette eau, la troisième, dans la cristallisation de l'acide borique.

L'acide borique se dissout

	19°	50°	100°
dans	25,7	10,0	3,0 parties d'eau en poids.

On obtient la dissolution en amenant de l'eau

dans les lagoni artificiels où débouchent les vapeurs. Six ou huit lagoni sont disposés par étages sur la pente d'une colline, de telle manière que le liquide du premier puisse se déverser dans le second, celui-ci dans le troisième, et ainsi de suite. L'eau pure, prise à un ruisseau voisin, n'est introduite que dans le premier ou le plus élevé. L'eau séjourne vingt-quatre heures dans chaque bassin où elle s'enrichit en acide borique — Lorsque les vapeurs des suffioni débouchent dans les lagoni, elles se condensent en abandonnant leur acide borique.

Jusqu'à ces dernières années, la méthode des lagoni en cascades avait été presque exclusivement adoptée ; mais on en est revenu aux lagoni isolés. — La teneur ordinaire de la dissolution en acide borique est d'environ 1/2 0/0. Pour installer une exploitation d'acide borique, on commence par déblayer les orifices de dégagement des suffioni qu'on orne de cheminées en bois de hauteur convenable. Les parois du bassin sont formées d'un mur circulaire en maçonnerie hydraulique de 50 centimètres d'épaisseur à la base et d'environ 2 mètres de hauteur. Les bassins ont ordinairement de 10 à 12 mètres de diamètre et quelques-uns jusqu'à 30 mètres.

Afin d'utiliser les vapeurs des suffioni pour le chauffage des appareils d'évaporation, on les recouvre d'une voûte sphérique portant à son sommet une ouverture qui sert au dégagement de l'excès de vapeur d'eau. A moitié de la hauteur de la voûte s'enchâsse un conduit en poterie enveloppé dans une gaîne en bois qui recueille les gaz destinés au chauffage des appareils d'évaporation. Mais les eaux chargées d'acide borique, avant d'être soumises à l'évaporation, sont clarifiées dans des réservoirs en maçonnerie d'une contenance de vingt à trente mètres cubes où se déposent les boues tenues en suspension ; des robinets placés à une grande hauteur au-dessus du fond permettent de soutirer un liquide clair.

L'évaporation de l'eau des lagoni se fait dans des chaudières en plomb chauffées par la vapeur des suffioni. Ces vases sont disposés de manière à présenter de grandes surfaces de chauffe. — M. Larderel a substitué au chauffage par la vapeur des suffioni le chauffage au bois ; mais ce système est presque entièrement abandonné. Aujourd'hui, on emploie pour le chauffage les vapeurs fournies soit par les suffioni naturels ou artificiels, soit des lagoni couverts. Les appareils d'évaporation ont reçu une disposition spéciale ; entre la citerne à clarifier et le réservoir se trouve une longue plaque de plomb de 85 mètres de long sur 2 mètres de large, inclinée légèrement et munie de cannelures transversales, disposées à 55 centimètres l'une de l'autre ; la hauteur des bords latéraux est de 0ᵐ25. La surface totale, grâce aux cannelures,

est de plusieurs centaines de mètres : le liquide coule sur cette plaque en couche mince et continue (V. fig. 3). Les chaudières, telles qu'on les construit aujourd'hui, exigent une dépense de 12 à 15,000 francs de plomb.

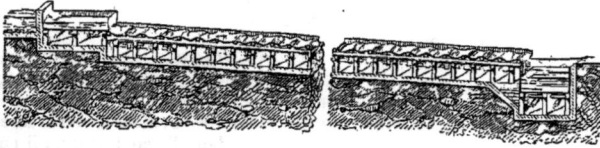

Fig. 3. — *Nappe cannelée en plomb pour l'évaporation des eaux boratées.*

Au sortir de la chaudière, la dissolution borique est recueillie dans un réservoir chauffé où se continue la concentration jusqu'à ce que la densité du liquide soit amenée à 10° Beaumé (poids spécifique 1,075). De là, la liqueur concentrée est dirigée par un conduit en briques, dans les cristallisoirs, formés de cuves en bois légèrement coniques, de 0ᵐ90 de hauteur, sur un diamètre de 0ᵐ75. Au bout de 3 à 4 jours le dépôt des cristaux est terminé ; on fait égoutter ces cristaux dans la cuve elle-même et puis dans les paniers d'osier, enfin on les porte aux étuves de dessiccation. Les étuves sont en maçonnerie et aussi chauffées par les vapeurs des suffioni qui circulent sous un plancher, sur lequel on étend les cristaux d'acide borique. Ces séchoirs affectent la forme d'un rectangle de dix mètres de long et 3ᵐ50 de large recouverts d'une voûte cylindrique d'une hauteur de 1ᵐ50.

Acide carbonique. $C^2 O^4$. Combinaison de carbone et d'oxygène (rapport en poids : 6 à 16) qui se produit lorsqu'on fait brûler du charbon dans un excès d'air où qu'on calcine le carbonate de chaux. On l'obtient en décomposant le marbre blanc par l'acide chlorhydrique faible ou par l'acide sulfurique. L'acide carbonique est très-abondant dans la nature ; il se dégage des volcans en activité et des fissures du sol, des eaux naturelles (Spa, Vichy). Souvent ces dégagements sont utilisés pour la préparation de la céruse, du bicarbonate de soude. L'acide carbonique se trouve en petite quantité dans l'atmosphère ; il se produit dans la respiration, la combustion, la fermentation alcoolique.

L'acide carbonique est un gaz soluble dans l'eau, incolore, inodore, d'une densité de 1,524, irrespirable et incombustible, il colore le tournesol en rouge vineux. Sous une forte pression et une basse température, l'acide carbonique est liquéfiable et solidifiable.

L'acide carbonique gazeux sert à saturer l'eau dans la fabrication des eaux gazeuses artificielles ; cette saturation se fait, soit par un système de fabrication continue où l'eau et l'acide sont refoulés dans un appareil fermé sous une pression de 4 à 6 atmosphères, soit par un système de fabrication intermittente où l'acide carbonique est produit dans l'appareil même où se fait la saturation. — V. EAUX GAZEUSES.

Acide chlorhydrique. HCl. *Acide muriatique, acide marin, esprit de sel.* Combinaison de chlore et d'hydrogène (rapport en poids : 35,5 à 1), découvert par Bazile Valentin; il s'obtient en faisant réagir l'acide sulfurique sur le sel marin. Les deux méthodes au moyen desquelles on applique cette réaction sont appelées, d'après les appareils : *méthode des cylindres* et *méthode des fours* ou *bastringues*. Le gaz chlorhydrique, qui se dégage des cylindres ou des fours, est condensé dans une série de bonbonnes ou d'auges en grès. Le gaz acide chlorhydrique est très-soluble dans l'eau, qui en dissout 600 fois son volume ; l'eau saturée de cet acide à zéro degré a une densité de 1,2109 : c'est cette dissolution qui est la plus fréquemment employée sous le nom d'acide chlorhydrique.

Le gaz chlorhydrique est incolore, il a une odeur vive, une saveur piquante.

L'acide chlorhydrique dissout presque tous les oxydes et attaque la plupart des métaux : il forme ainsi des chlorures.

Les usages de cet acide sont nombreux et importants; son principal emploi est la préparation du chlore et des hypochlorites ou chlorures décolorants, l'extraction de la gélatine des os, la fabrication du chlorhydrate d'ammoniaque; la fabrication du chlorure de zinc, des oxychlorures d'étain, des chlorures d'antimoine, et la teinture qui en consomme des quantités considérables. En outre, cet acide est employé à la préparation de l'acide carbonique pour l'eau de Seltz, pour la décomposition du savon de chaux, pour la régénération du soufre des résidus de soude.

FABRICATION INDUSTRIELLE. La fabrication du sulfate de soude est nécessairement accompagnée d'un dégagement d'acide chlorhydrique, qui devient souvent embarrassant pour les usines. La quantité de sel marin décomposée annuellement en France, en Belgique et en Angleterre ne s'éloigne pas beaucoup de 500,000 tonnes, ce qui donne 200 millions de mètres cubes de gaz chlorhydrique; d'où il résulte que les fabriques de soude sont toujours plus ou moins entourées de nuages formés par des vapeurs acides qui exercent une action destructive sur les végétaux et sur les parties métalliques des usines. Aussi les industriels ont-ils cherché à absorber l'acide chlorhydrique, résidu d'autres fabrications, par le moyen de l'eau. D'ailleurs depuis quelques années, de nouveaux débouchés ont été ouverts à cet acide. Les appareils de condensation de l'acide chlorhydrique par l'eau peuvent être ramenés à quatre types principaux : 1° les *réservoirs d'eau*; 2° les *bonbonnes Wolff*; 3° les *tours à cascades* (système anglais); 4° les *bonbonnes et les tours*. Mais les dispositifs dont on fait généralement usage aujourd'hui pour la condensation de l'acide chlorhydrique sont les tours et les batteries de bonbonnes.

Les *réservoirs d'eau*, dont la capacité atteignait 4000 mètres cubes, avaient une faible profondeur; on ne les remplissait qu'à moitié d'eau; ils étaient divisés par une série de cloisons intermédiaires qui partaient du toit et descendaient au-dessous de l'eau, tout en restant à une certaine distance du fond.

Les réservoirs d'eau sont à peu près abandonnés; aujourd'hui on ne les rencontre que dans quelques usines anglaises.

L'emploi des bonbonnes de Wolff est fondé sur la pratique qui consiste à faire arriver l'acide chlorhydrique sortant des fours, d'abord dans le liquide le plus concentré, puis successivement dans des liquides de plus en plus faibles. Ces bonbonnes ou bouteilles en grès sont munies de deux tubulures latérales destinées à les relier les unes aux autres au moyen de tuyaux courbes en poterie (V. fig. 4). On fait couler dans la première bonbonne un filet d'eau continu convenablement réglé qui détermine un écoulement de chaque bouteille dans la suivante. Le courant gazeux arrivant des fours parcourt successivement les diverses bouteilles d'une batterie dans un sens opposé à celui du mouvement du liquide, et sort définitivement par une tubulure de la première

Fig. 4. — *Condensation de l'acide chlorhydrique dans les bonbonnes.*

bonbonne. Une batterie ne comprend jamais moins de dix-huit à vingt bonbonnes; en général le nombre de ces vases varie de trente à soixante et parfois s'élève à soixante-dix.

Le condensateur à cascades est peu usité; il est composé d'une série de bonbonnes fermées à la partie supérieure par un couvercle luté, qui porte un panier en osier ou un entonnoir en grès percé d'un grand nombre de trous. Cet entonnoir est rempli de coke sur lequel tombe un filet d'eau. Le gaz chlorhydrique circule tout autour de l'entonnoir. Dans quelques localités la condensation du gaz chlorhydrique se fait dans une série d'auges en grès disposées en gradins.

Le système des tours d'absorption, inauguré en 1836 par le manufacturier Gossage, peut être considéré comme l'un des progrès les plus importants réalisés dans la fabrication de l'acide chlorhydrique. Le principe de ce procédé consiste à faire circuler le courant gazeux en sens inverse de l'eau qui est conduite dans un grand état de division sur une colonne formée de coke, briques cassées ou pierres siliceuses. Ces matières exercent l'action d'un filtre sur les vapeurs d'acide chlorhydrique dans leur mouvement ascensionnel. Les tours sont formées en dalles de grès; à une hauteur de $0^m,70$ à $0^m,90$, se trouve une grille sur laquelle on empile les matériaux de garnissage; enfin, à la partie supérieure, elles sont fermées par une plaque en grès munie de dispositifs qui permettent d'introduire l'eau et de laisser écouler le gaz. Sur les côtés de la tour se trouvent des auges en grès dans lesquelles l'acide se rassemble. Généralement on augmente le tirage par l'addition de quelques mètres de tuyaux de poterie posés au-dessus du toit ; l'eau nécessaire à la condensation est amenée par un tuyau spécial ou elle est fournie par des réservoirs établis au sommet de la tour.

D'après Knapp, auquel nous empruntons la plupart de ces renseignements, la forme ordinaire des tours est celle d'un prisme droit à section carrée ; le côté du vide intérieur varie de $1^m,50$ à 2 mètres ; quant à la hauteur elle est de dix, douze, dix-huit mètres et au-delà ; parfois elle atteint trente mètres. L'acide est d'autant plus concentré que la hauteur est plus considérable. Tantôt on fait usage d'une tour unique, tantôt on emploie deux tours accouplées ; elles sont reliées à des auges en grès ; mais dans certains cas elles communiquent avec un grand nombre d'auges.

Le *système mixte*, ou l'association des bonbonnes avec les tours, est encore assez répandu en Belgique, en France et en Angleterre ; mais il est loin de présenter les avantages des tours à cascades.

La capacité des condenseurs est très-variable ; il est assez difficile d'établir le rapport entre cette capacité et la quantité de sel décomposée. Dans les usines de la Tyne, on trouve, pour le volume des condenseurs rapporté à 100 kilogrammes de sel décomposé, des capacités comprises entre $0^{mc},60$ et $6^{mc},80$; le volume total du plus grand atteint 730 mètres cubes ; à Floreffe, la capacité des réfrigérants varie de $0^{mc},430$ à 1 mètre cube, et celle des tours est de $1^{mc},77$. L'acide chlorhydrique destiné au commerce doit être débarrassé de l'acide sulfurique qu'il contient ; à cet effet, on le précipite à l'état de sulfate insoluble à l'aide du chlorure de baryum ou du chlorure de calcium.

Acide chromique. CrO^3. Combinaison de chrome avec l'oxygène (rapport en poids : 26,3 à 24) qui s'obtient sous forme d'aiguilles rouges, en traitant une dissolution de bichromate de potasse par l'acide sulfurique.

L'acide chromique est un corps oxydant énergique qui se combine avec certaines bases pour former des composés industriels importants, rouges ou jaunes, employés dans la peinture, l'impression sur tissus, la fabrication des papiers peints, etc.

FABRICATION INDUSTRIELLE. Dans l'industrie chimique, l'acide chromique est rarement employé à l'état libre ; son importance, au point de vue industriel, repose principalement sur la propriété qu'il a de former des sels colorés, rouges, oranges ou jaunes. La matière minérale naturelle qui sert à leur préparation est le *fer chromé*. Ses principaux gisements se rencontrent en Silésie, en Moravie, en Styrie, en Norwége, en Siberie, dans l'Anatolie, dans les États-Unis, particulièrement à Baltimore, Chester, etc., en Australie et dans la Nouvelle-Calédonie. Le fer chromé contient de 40 à 60 0/0 de sesquioxyde de chrome ; la fabrication industrielle de l'acide chromique et

des chromates est basée sur l'oxydation de l'oxyde de chrome du fer chromé réduit en poudre très-fine.

Dans la fabrication industrielle du chromate de potasse, le minerai, débarrassé de sa gangue, est chauffé au rouge et puis plongé dans l'eau froide ; ensuite il est broyé sous des meules verticales et tamisé : la poudre fine est mélangée avec les matières destinées à opérer sa transformation. A cet effet on emploie le salpêtre ou le carbonate de potasse ou la chaux, même le spath fluor ou le charbon ont été recommandés.

La calcination s'effectue dans des creusets (cas du salpêtre) ou dans des fours à reverbère où la matière est fréquemment brassée au moyen d'un ringard.

La masse calcinée est convenablement refroidie, retirée du four et grossièrement concassée et puis placée dans des cuves en bois ou en tôle munies d'un double fond percé de trous et recouvert d'une toile qui fait fonction de filtre. L'eau qu'on y amène dissout le chromate de potasse et quelques autres matières ; on additionne d'un peu d'acide nitrique. Lorsque l'alumine et la silice se sont déposées, on concentre par évaporation la lessive clarifiée, et le chromate jaune de potasse commence à se déposer pendant l'ébullition ; enfin, une deuxième concentration des cristaux redissous donne par refroidissement le chromate cristallisé du commerce. M. Bouteillier utilise la chaleur perdue des fours à reverbère en faisant l'évaporation dans des chaudières plates disposées en gradins et communiquant au moyen de siphons. D'après Michel et Krafft, un litre de dissolution concentrée, saturée à 15°, renferme 397,3 parties de chromate de potasse. Si on ajoute au chromate de potasse jaune une proportion d'acide nitrique, sulfurique ou chlorhydrique, pour que la dissolution ait une réaction neutre, et qu'on laisse reposer, il se dépose d'abord des cristaux de chromate rouge et ensuite des cristaux de chromate jaune ; donc un excès d'acide est nécessaire pour produire des cristaux de chromate rouge (bichromate de potasse) qui sont purifiés par cristallisation. Un litre de dissolution saturée à la température de 15° contient 88,8 parties de ce sel.

Les chromates de potasse servent à la préparation de l'acide chromique et des autres chromates. Pour obtenir l'acide chromique libre, on décompose, à l'aide de la chaleur, le chromate de plomb ou de baryte, par le spath fluor et l'acide sulfurique concentré, ou mieux encore, en décompose le bichromate de potasse par l'acide fluorhydrique ou par l'acide sulfurique.

Acide citrique. $C^{12}H^8O^{14}$. *Acide du citron.* Cet acide s'obtient en traitant le suc du citron par la craie, et en décomposant ensuite le sel par l'acide sulfurique. Cristaux volumineux, transparents, incolores, solubles dans l'eau. L'acide citrique est employé par les teinturiers pour obtenir le rouge de carthame et aviver les nuances de cette couleur ; pour préparer une dissolution d'étain qui produit, avec la cochenille, de belles couleurs écarlates; pour enlever les taches de rouille, les taches alcalines sur l'écarlate; les médecins l'ordonnent comme limonade ou combiné à l'oxyde de fer comme tonique. Ce citrate sert aussi aux relieurs pour donner aux peaux un aspect marbré.

FABRICATION INDUSTRIELLE. L'acide citrique se fabrique en grand; on l'extrait du jus des citrons fermentés. On enlève d'abord les pellicules vertes qui se séparent du liquide en fermentation. Ce jus acide est ensuite traité par un lait de chaux; l'acide citrique est ainsi précipité à l'état de citrate de chaux, qu'on décompose par l'acide sulfurique hydraté; il se forme du sulfate de chaux et l'acide citrique reste en dissolution. Cette dissolution est évaporée à la vapeur dans des chaudières en plomb : ensuite on fait cristalliser l'acide citrique. Le citrate de magnésie, usité comme purgatif, se prépare en grande quantité pour l'usage des pharmacies.

Acide fluorhydrique. H Fl. Combinaison de l'hydrogène avec le fluor dont le poids est 20, découverte par Scheele en 1771, étudiée en 1810 par Thénard et Gay-Lussac; gaz incolore, très-acide, soluble dans l'eau et alors d'une odeur très-désagréable, volatil et répandant des vapeurs blanches, épaisses à l'air; son point d'ébullition n'est pas bien connu, mais il est compris entre 25 et 30 degrés; il ne se congèle pas, même en le refroidissant au-dessous de 40 degrés; sa densité est de 1,06. Cet acide, un poison violent, a une grande affinité pour l'eau; il se prépare en attaquant le *spath fluor* ou *fluorure de calcium* par l'acide sulfurique. La propriété la plus remarquée de l'acide fluorhydrique gazeux ou liquide, est l'action dissolvante et corrosive qu'il exerce sur le verre; on ne peut donc ni le préparer ni le conserver dans des vases en verre, ni en toute autre matière contenant de la silice ou du silicium. Ordinairement on le prépare dans des appareils en plomb et on conserve les composés fluorés, qui attaquent le verre, dans des vases en gutta-percha.

L'acide fluorhydrique sert à la gravure sur verre, sur pierres siliceuses naturelles et à l'*hyalographie*.

L'art de graver sur verre a été découvert en 1670, par un artiste de Nuremberg nommé Heinrich Schwanhard; les procédés primitifs ont été perfectionnés par Tessié du Motay, Gugnon et Maréchal (de Metz), et Kessler, qui ont fait faire des progrès considérables à l'art de décorer le verre.

Pour graver sur verre, on emploie l'acide fluorhydrique liquide ou gazeux.

Dans les premiers essais, le verre était enduit d'un vernis de cire ou de térébenthine appliqué à chaud à l'aide d'un pinceau; on se servait quelquefois de l'huile de lin siccative. Ensuite on traçait les dessins au burin; la transparence du vernis à l'huile permettait de les décalquer. On faisait mordre l'acide sur le verre, qui n'était attaqué que dans les parties dont le vernis avait été enlevé par la pointe. On lavait à l'eau pour enlever l'acide et ensuite à l'essence ou à l'alcool pour dissoudre le vernis adhérent au verre.

Le procédé de M. Gugnon, dit de *rembossage*, importé en France par la famille Cartisser, consistait à appliquer un dessin découpé à jour, une dentelle métallique ou en papier, sur la plaque de verre enduite d'une légère couche d'essence de térébenthine. On tamisait sur sa surface une poudre fine de bitume de Judée et de mastic en larmes. Le patron était enlevé avec soin, le verre était chauffé jusqu'à ce que la poudre répandue entre les jours du dessin fût fondue; ensuite on faisait mordre l'acide pendant trente ou quarante minutes; celui-ci n'attaquait que le verre recouvert par les parties pleines du dessin. Par ce procédé, deux verriers pouvaient graver dans une journée de travail jusqu'à 20 mètres superficiels de verre à vitre ou à glace.

Mais la gravure sur verre n'est devenue une industrie spéciale que lorsque M. Kessler eut trouvé le premier procédé d'impression et de décalquage de la réserve, qui peut s'appliquer à toutes les formes de dessins et sur toutes les formes de vases. Ce procédé repose sur l'emploi d'une surface gravée en creux qu'on recouvre d'encre-réserve et dont une râcle métallique nettoie tous les reliefs. L'épreuve donnée par la pression d'une surface ainsi encrée sur une feuille de papier se décalque sur le verre et l'abrite contre l'acide fluorhydrique étendu. Cette méthode fut aussitôt appliquée dans les cristalleries de Baccarat et de St-Louis; à la décoration des objets de gobeletterie et d'éclairage; dans la maison Maréchal, Gugnon et Cⁱᵉ, à l'ornementation des verres de couleur, des glaces nues ou étamées. M. Kessler imprime à l'encre grasse un dessin sur une feuille de papier mince, et il applique cette feuille mouillée sur le verre à graver : l'encre adhère au verre et le papier se détache facilement. La pièce est alors plongée pendant quelques heures dans le bain d'acide fluorhydrique qui n'attaque que les parties du verre qui n'ont pas reçu l'encre. Sur les objets blancs on rehaussait l'effet de la gravure brillante obtenue avec l'acide faible en dépolissant mécaniquement les reliefs, soit au sable, soit à la roue, M. Kessler réussit à produire des effets de dépoli au moyen de bains composés avec l'acide fluorhydrique en y associant des fluorures alcalins : il a créé ainsi la gravure mate au bain. Il a perfectionné également la fabrication de l'acide fluorhydrique en employant la fonte de fer au lieu de plomb; enfin, il a trouvé dans les sels ammoniacaux à acides organiques un antidote contre les terribles brûlures de l'acide fluorhydrique. MM. Faure et Kessler transportent aujourd'hui des quantités considérables d'acide fluorhydrique dans des vases de leur invention; ce sont des tonneaux doubles dont l'intervalle est rempli par un mastic résineux.

Pour la gravure et l'écriture mate sur verre, pour l'étiquetage des flacons, des bocaux, des tubes, etc., M. Kessler emploie une encre spéciale dans la composition de laquelle entre le *fluorure d'ammonium*, qui, d'ailleurs, se trouve aujourd'hui dans le commerce sous le nom d'*encre de Kessler*.

La première idée de la gravure sur verre pour être reproduite par impression ou *Hyalographie* appartient à Hann, de Varsovie (1829). Dès 1844 l'impression à l'aide de planches gravées sur verre a été perfectionnée par Böttger, Bromeis et Von Asser, ancien directeur de l'imprimerie impériale de Vienne. Mais l'hyalographie n'est pas entrée dans la pratique de l'imprimerie. Les dessins sur verre sont rendus avec une grande délicatesse; mais ils ont une certaine dureté et une certaine roideur. En outre le verre ne paraît pas très-convenable pour les objets d'art; il peut cependant être employé avec avantage pour quelques usages, comme pour les cartes géographiques. — V. HYALOGRAPHIE.

A consulter : BONTEMPS : *Fabrication du verre;* GIRARDIN : *Leçons de chimie élémentaire;* WURTZ : *Dictionnaire de chimie;* PELIGOT : *Le verre* et *Annales du Conservatoire des Arts-et-Métiers;* WAGNER : *Nouveau traité de chimie industrielle;* BARRESWIL et A. GIRARD : *Dictionnaire de chimie;* TURGAN : *Cristallerie de Baccarat;* NOGUÈS : *Les verres et les cristaux (Etudes sur les expositions de 1867 et 1878).*

Acide gallique (FABRICATION INDUSTRIELLE DE L'). $C^{14} H^6 O^{10}$. Cet acide se prépare en grand au moyen de la noix de galle, bien que le cachou, les écorces de chêne, de grenadier, le sumac, riches en tannin, puissent servir à cette préparation.

La méthode de préparation de Liebig est basée sur l'emploi de l'acide sulfurique. On commence à extraire par l'action de l'eau, le tannin de la noix de galle, ensuite on précipite la solution par l'acide sulfurique. Le précipité obtenu, on le fait bouillir pendant quelques minutes avec l'acide sulfurique étendu de sept à huit fois son poids d'eau. Pendant cette ébullition, le tannin est transformé en acide gallique. Mais cette méthode est peu employée, on lui préfère le procédé de M. Braconnot connu sous le nom de *méthode de fermentation.* Voici comment M. Aimé Girard l'a décrite : Les noix de galle sont d'abord choisies et triées ; les plus estimées sont celles désignées sous le nom de noix de galle vertes; les galles blanches doivent être rejetées; les premières, en effet, fournissent 40 0/0 de leur poids d'acide gallique; le rendement des secondes, au contraire, ne dépasse pas 20 0/0. Les noix sont ensuite broyées, soit dans un moulin, soit sous des meules, puis portées à la chambre de fermentation. Celle-ci est une pièce assez vaste, dont le sol porte un bassin en plomb, mesurant 30 centimètres de profondeur; les dimensions horizontales de ce bassin varient d'ailleurs avec les quantités de matières mises en travail. La masse étalée soigneusement dans le bassin est arrosée avec une quantité d'eau chaude suffisante pour l'humecter; pendant deux ou trois jours, on renouvelle l'addition de l'eau au fur et à mesure que celle-ci est absorbée; puis, lorsque le mouillage est complet, on place les noix de galle en tas, mesurant 1 mètre de largeur sur 80 centimètres de hauteur. Au bout de quelques jours, la fermentation commence, et la température s'élève assez pour atteindre 45 degrés. Un mois après la mise

en train, la température reste stationnaire pendant quelque temps, puis elle décroît jusqu'à 30 degrés. Trois mois environ sont nécessaires pour que la fermentation soit complète, et, pendant tout ce temps, il faut humecter fréquemment la masse ; la fermentation terminée, on soumet les noix de galle à la presse, enveloppées de toiles et placées dans un châssis en bois percé de trous. Il s'écoule un liquide noir, épais, qui contient les matières capables de gêner la cristallisation de l'acide gallique. Les tourteaux sont ensuite à leur tour soumis à une décoction par l'eau, opération qui s'exécute dans une chaudière en bois doublée de plomb et d'abord remplie d'eau, chauffée à la vapeur qu'un serpentin y amène. Lorsque l'eau bout, on y jette les tourteaux et on brasse constamment le mélange au moyen d'une spatule en bois ; enfin, au liquide chaud on ajoute de l'acide sulfurique à 66 degrés Beaumé, dans la proportion d'un millième. Deux heures après l'addition de l'acide, on arrête le courant de vapeur, et on laisse reposer pendant douze heures.

La liqueur claire est enlevée au moyen d'un siphon et filtrée, le résidu de la cuve est soumis à une deuxième décoction.

Les liqueurs claires provenant de ces deux opérations sont évaporées dans des bassins en plomb chauffés par un serpentin à vapeur : on les concentre jusqu'à pellicule, puis on abandonne au refroidissement dans des terrines : on obtient, au bout de 24 heures, une masse d'acide gallique brut que l'on épure par dissolution et que l'on décolore à l'aide du charbon animal et de l'acide chlorhydrique. Ordinairement il faut trois cristallisations successives pour avoir l'acide gallique cristallisé en aiguilles soyeuses et jaunâtres.

Acide gras. — V. CORPS GRAS.

Acide hypochloreux. Cl O. Combinaison de chlore et d'oxygène (rapport en poids : 35,1 à 8), liquide jaune rougeâtre, bouillant à 21°, soluble dans l'eau qui en absorbe cent fois son volume, d'un pouvoir décolorant très-prononcé; il sert à préparer les composés connus sous les noms de chlorures décolorants, poudre des blanchisseurs, eau de Javel, liqueur de Labarraque.

FABRICATION INDUSTRIELLE. Le chlore en réagissant sur les alcalis peut donner naissance : 1° à des chlorures; 2° à des hypochlorites, qui forment la base essentielle des produits décolorants et désinfectants; 3° à des chlorates.

Le chlore, en présence d'une base alcaline, décompose un équivalent de base, s'empare de son oxygène pour former l'acide hypochloreux, et le métal se combine avec l'autre partie du chlore pour former un chlorure. Mais si la dissolution est concentrée et la température un peu élevée, au lieu d'un hypochlorite, il se forme un chlorate. C'est donc à l'état de combinaison que l'on prépare industriellement l'acide hypochloreux. —V. CHLORURES DÉCOLORANTS et DÉSINFECTANTS.

Acide nitrique ou azotique. Az O⁵. *Eau forte.* Combinaison de l'azote avec l'oxygène (rapport en poids : 14 à 40), découvert à la fin du VIIIᵉ siècle par l'alchimiste arabe Geber; il s'obtient en décomposant l'azotate de soude ou de potasse (nitre ou salpêtre) par l'acide sulfurique.

L'acide azotique hydraté est un liquide incolore, quelquefois coloré en jaune, fumant à l'air, d'une odeur légère. On connaît deux hydrates définis d'acide azotique : l'acide monohydraté, bouillant à 86°, dont la densité est de 1,52, et l'acide quadrihydraté, bouillant à 123°, d'une densité de 1,42. Les appareils industriels de production de l'acide sont des cylindres en fonte et les appareils de condensation des bouteilles en grès; les quantités de matières à employer sont : 30 kilogrammes d'azotate de potasse et 29 kilogrammes d'acide sulfurique anglais, ou 14 kilogrammes d'azotate de soude et 14 kilogram. 600 d'acide sulfurique. L'acide azotique anhydre, découvert en 1849, par M. Henri Sainte-Claire-Deville, est un corps cristallisé, incolore, transparent qui fond un peu au-dessous de 30° et bout à 45°. il n'a pas d'usages.

L'acide azotique hydraté est un oxydant énergique; il attaque tous les métaux, excepté l'or, le platine, le rhodium, l'iridium; il agit énergiquement sur les matières organiques : la soie, la laine, la peau, les plumes, la corne sont colorés en jaune; mélangé avec l'acide chlorhydrique, il produit l'*eau régale*, qui dissout l'or, le platine.

Fig. 5. — *Fabrication de l'acide azotique dans les cylindres.*

L'acide azotique sert dans la gravure sur cuivre et sur acier, dans les essais des monnaies, dans le décapage des métaux et des alliages; il est employé pour convertir l'amidon et le sucre en acide oxalique, pour transformer les matières ligneuses en coton-poudre, pour préparer l'acide picrique, propre à l'impression des indiennes; il transforme l'huile d'amandes amères en acide benzoïque, le camphre en acide camphorique, l'indigo en acide indigotique. L'acide azotique est la base de la préparation de l'azotate d'argent, de l'acide arsénique, du fulminate de mercure, de la nitroglycérine, de la dynamite, etc. La consommation annuelle de cet acide en France est d'environ 5 millions de kilogrammes.

FABRICATION INDUSTRIELLE. Le procédé industriel pour la fabrication de l'acide nitrique consiste dans la décomposition des nitrates de potasse ou de soude par l'acide sulfurique. Cependant, le nitrate de potasse, à cause de son prix élevé, ne sert guère aujourd'hui qu'à préparer de petites quantités d'acide à un certain degré de pureté. Dans la grande fabrication, on fait presque exclusivement usage du nitrate de soude, du Chili (*nitratine*), dont le prix est inférieur au nitrate de potasse, et qui, à poids égal, renferme une plus

forte proportion d'acide nitrique, environ 11 0/0; cependant ce sel a l'inconvénient de renfermer beaucoup d'impuretés. Mais, quelle que soit la nature du salpêtre, la décomposition s'effectue dans des *cornues en verre* ou dans des *cylindres en fonte*.

Les cornues en verre prennent deux dispositifs différents : 1° elles forment deux rangées parallèles, établies dans un fourneau de galère, qui comprend deux foyers, séparés par une mince cloison, desservis par une cheminée unique munie d'un registre. Chacune des cornues est entourée d'une couche de sable disposée dans une enveloppe en fonte ou en tôle. Le combustible est placé sur une grille au-dessus du cendrier; la flamme parcourt toute la longueur des fourneaux en léchant les enveloppes et vient déboucher dans la cheminée. Les récipients de grande dimension qui reçoivent les produits de la distillation, sont refroidis par l'action de l'air.

2° Dans la deuxième disposition, plus usitée que la précédente, les cornues de verre, au nombre de 10 à 12, sont accolées sur deux rangs et placées dans des bains de sables; elles sont chauffées par un foyer unique. Lorsque les cornues ont reçu leur charge, on les met en place et l'on introduit leur col dans un premier ballon en verre ou en poterie qui est relié avec une bouteille en grès destiné à recevoir l'acide distillé. Le récipient porte un second goulot, mis en communication, au moyen d'un tube, avec un autre récipient semblable dans lequel se condense l'acide échappé au premier.

Avec ces deux dispositifs on emploie généralement le nitrate de potasse; cependant, dans quelques usines, on décompose le nitrate de soude dans des cornues en verre.

Lorsqu'on emploie deux équivalents d'acide sulfurique pour 1 équivalent de nitrate de potasse, l'acide nitrique produit est incolore et la température se maintient sensiblement à 130°. Si on veut préparer l'acide fumant on élève la température vers la fin de l'opération. Voici d'après Stiéren le rendement industriel : pour l'eau forte ordinaire chaque cornue de 25 litres de capacité reçoit une charge de 12 kilogrammes de salpêtre et 10 kilog. 500 d'acide sulfurique pesant 1,717; l'acide obtenu est étendu d'eau pour le ramener à la densité 1,33 (36° Beaumé); 87,5 parties d'acide sulfurique à 1,717 de densité et 100 parties de nitrate de soude, donnent 125 à 127 parties d'acide azotique à 36° Beaumé et 95 à 96 parties de sulfate de soude. Enfin, 100 parties de nitrate de soude et 66,66 parties d'acide sulfurique monohydraté fournissent 64,32 d'acide nitrique fumant de 1,48 de densité et 96,85 parties de sulfate de soude (Knapp). Aujourd'hui, la véritable fabrication industrielle de l'acide nitrique s'exécute dans des vases en fonte qui prennent le plus souvent la forme de cylindres de dimensions variables; généralement on leur donne $1^m,50$ à $1^m,70$ de longueur, $0^m,65$ de diamètre intérieur et $0^m,025$ d'épaisseur. A l'intérieur, chaque cylindre est muni d'une voûte en terre réfractaire pour soustraire la fonte à l'action de l'acide. Ces cylindres, généralement au nombre de six, sont disposés sur un massif commun où ils sont accolés deux à deux pour un même foyer. Pendant la distillation, chaque cylindre est maintenu hermétiquement fermé à ses deux extrémités par deux couvercles en fonte garnis de terre réfractaire. L'appareil de condensation, relié à chaque cylindre par un tuyau, se compose d'une série de six à huit bonbonnes en poterie ou de touries en verre, reliées entre elles par des tuyaux cintrés; une deuxième série d'appareils, contenant de l'eau, absorbe en partie l'acide hyponitrique qui s'est dégagé. (V. fig. 5.)

Avec les dimensions que nous avons indiquées, chaque cylindre peut recevoir une charge de 80 kilogrammes de nitrate de soude et de 70 kilogrammes d'acide sulfurique; la durée d'une opération est de 14 à 16 heures; pour 100 parties de sel on obtient 129 à 130 parties d'acide nitrique de 1,33 de densité; M. Payen estime ce rendement à 115 parties pour les usines françaises.

Depuis quelques années, certaines usines ont substitué aux cylindres un autre appareil, une espèce de *chaudière de distillation*, en fonte, qui par sa forme se rapproche de la cornue. Cette chaudière, de $1^m,35$ de diamètre, est munie à sa partie supérieure d'une large ouverture destinée à l'introduction du salpêtre. Pendant le travail, cette ouverture est fermée par un couvercle percé lui-même d'un trou de 4 à 5 centimètres par lequel passe le tube d'un entonnoir en plomb, au moyen duquel on verse l'acide sulfurique; la charge faite, on le remplace par un bouchon en terre réfractaire luté. Les vapeurs d'acide nitrique se dégagent par le col de la chaudière et se rendent dans les récipients de condensation qui ne diffèrent pas des bouteilles indiquées pour les cylindres : la décomposition du nitre dure de 14 à 16 heures. La chaudière, une fois refroidie, est vidée et prête à recevoir une nouvelle charge.

Dans ces dernières années, l'appareil de condensation a reçu une nouvelle modification due à MM. Plisson et Devers. Le premier récipient de condensation est relié par un tuyau à la chaudière; les autres sont superposés et contiennent de l'eau fournie par un réservoir supérieur. (V. fig. 6.) Nous ne faisons qu'indiquer ce dispositif avec lequel 100 parties de nitrate de soude et 100 parties d'acide sulfurique à 55 degrés Beaumé, produisent 134 parties d'acide nitrique à 36 degrés Beaumé.

Blanchiment de l'acide. L'acide nitrique ordinaire est presque toujours coloré en rouge ou en jaune par la présence de l'acide hyponitrique.

Le *blanchiment* a pour but de lui enlever cette coloration; cette opération est fondée sur la volatilité de l'acide hyponitrique qui disparaît complétement à la température de 85 degrés. Lorsqu'on opère sur de petites quantités d'acide, on se sert ordinairement de cornues en verre placées

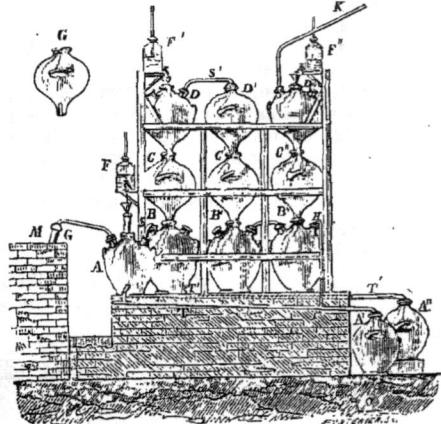

Fig. 6. — *Appareils de MM. Plisson et Devers.*

M Massif ou brique. — G Bouteille isolée. — MG Tube en grès suivi d'un tube en verre. — A A'A" Bouteilles en place. — TT' Tube. — F' F" F"' Flacons contenant de l'eau. — S S' Tube de verre. — B B' B" Bouteilles. — C C' C", D D' D" Bouteilles. — K Tube qui communique avec la cheminée d'appel. — H H' Tubes.

dans des bains de sable; au contraire, quand on opère en grand, on fait usage de bouteilles de grès placées dans des bains d'eau qu'on porte, au moyen de la vapeur, à des températures convenables. (V. fig. 7.)

Le chlore souille quelquefois aussi l'acide nitrique que l'on épure par le nitrate d'argent; le

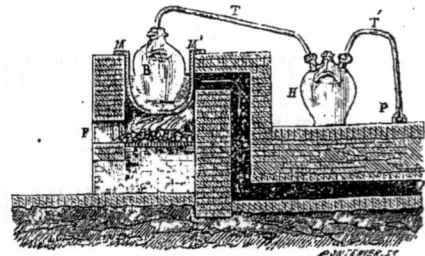

Fig. 7. — *Blanchiment de l'acide azotique*

M M' Marmite en fonte. — B Bouteille pleine d'acide. — TT' Tubes de communication. — P Tuyau en poterie qui conduit à la cheminée d'appel. — F Foyer. — H Bouteille de condensation de l'acide.

nitrate de baryte précipite l'acide sulfurique. D'après Stieren, on peut préparer de l'acide nitrique pur, en rectifiant l'acide nitrique ordinaire sur le salpêtre pur; enfin, on peut retirer directement du nitre, un acide nitrique suffisamment pur, en opérant par distillation fractionnée.

Acide oxalique. $C^4H^2O^8$. (D'oxalis, oseille.) Acide carboneux, acide de sucre, acide saccharin, s'extrait du sel d'oseille, qui provient du jus de la petite oseille (oxalis acetosella) et de la grande oseille (rumex acetosa), cultivées en Suisse et en Souabe pour cette destination. On l'obtient aussi en attaquant l'amidon ou la mélasse par l'acide nitrique étendu de son poids d'eau. C'est un corps blanc, cristallisé, soluble dans l'eau, l'alcool ; vénéneux à la dose de 15 à 20 grammes ; employé comme rongeant dans les fabriques d'indiennes et pour l'avivage des couleurs ; dans les ménages, on en fait usage pour écurer les ustensiles, les instruments, les harnais en cuivre poli, pour faire disparaître du linge les taches d'encre et de rouille. L'eau de cuivre n'est qu'une dissolution d'acide oxalique ; les pastilles contre la soif ont aussi cet acide pour base ; enfin, on s'en sert pour préparer l'oxyde de carbone, pour le titrage des manganèses et dans certaines analyses chimiques.

FABRICATION INDUSTRIELLE. Autrefois on cultivait l'oxalis acetosella et le rumex acetosa (oseille) pour en extraire l'acide oxalique. Le traitement consistait à soumettre le jus de la plante à une concentration convenable pour permettre au bioxalate de potasse de cristalliser ; puis on décomposait le sel de potasse pour mettre l'acide oxalique en liberté. Mais aujourd'hui on prépare industriellement cet acide d'une autre manière, soit en attaquant la mélasse par l'acide nitrique, soit en traitant la sciure du bois par la potasse.

La transformation de la mélasse ou du sucre en acide oxalique s'opère, soit dans des vases en grès chauffés au bain de sable, soit dans de grands bacs, doublés de plomb, chauffés au moyen de serpentins de vapeur qui les traversent. En général, pour obtenir 100 kilogrammes d'acide oxalique cristallisé, on emploie 112 kilogrammes de mélasse de bonne qualité et l'acide nitrique fourni par 320 kilogrammes d'acide sulfurique et 270 kilogrammes de nitrate de soude ; la dépense en combustible est évaluée à 500 kilogrammes de houille. Voici comment s'effectue l'opération :

Dans une cuve en plomb, on verse 375 kilogrammes de mélasse et 5 kilogrammes d'acide sulfurique, ce dernier corps destiné à précipiter toute la chaux de la mélasse et à l'éclaircir. Ensuite on coule le mélange dans une autre cuve en plomb où se trouvent 7,000 kilogrammes d'eaux-mères et 400 kilogrammes d'acide nitrique. On brasse la masse, on fait passer de la vapeur dans le serpentin et on maintient la température à 30° pendant vingt-quatre heures. On ajoute alors 30 kilogrammes d'acide sulfurique concentré, puis peu à peu, 150 kilogrammes à la fois, jusqu'à ce que l'on ait versé 1,000 kilogrammes d'acide nitrique en douze heures.

Lorsque l'opération a marché pendant 60 heures environ, l'acide oxalique est formé. On arrête alors le feu et l'on conduit le liquide aux cristallisoirs, grands bacs en bois, doublés de plomb. Les cristaux égouttés sont redissous et soumis à une deuxième cristallisation.

Aujourd'hui, en Angleterre, on fabrique des quantités considérables d'acide oxalique par l'action des alcalis sur la sciure de bois. Dans un four à reverbère on introduit un mélange de sciure de bois, de potasse, de soude et de chaux vive, que l'on chauffe vers 250°. L'opération terminée, on obtient une masse poreuse de carbonates alcalins et d'oxalate de chaux ; au moyen d'un lessivage, on sépare l'oxalate de chaux insoluble des carbonates alcalins solubles. Les lessives obtenues sont ensuite mélangées avec de la chaux. Lorsque le lessivage est complet on enlève des cuves l'oxalate de chaux restant et on le porte dans d'autres cuves en bois doublées de plomb, où il est décomposé par l'acide sulfurique à 66°, qui met l'acide oxalique en liberté ; finalement, on fait cristalliser l'acide oxalique du commerce.

Ce traitement exige une dépense assez considérable en combustible.

Acide phénique. $C^{12}H^6O^2$. Acide carbolique, phénol. Se trouve dans les huiles provenant de la distillation du goudron de houille, et se présente en masse cristalline fondant à 34° et bouillant à 186°, peu soluble dans l'eau, soluble dans l'alcool et l'éther. Employé comme antiseptique, désinfectant, caustique, pour conserver les bois ; la moitié de l'acide phénique fabriqué sert à la préparation des matières colorantes : acide picrique, brun de phényle, grenat soluble, coraline, azuline, etc.

FABRICATION INDUSTRIELLE. Dans l'industrie, on emploie les goudrons de houille et de lignite à l'extraction de l'acide phénique, qui se trouve principalement dans les huiles lourdes, provenant de la rectification du goudron. Comme l'acide phénique se combine facilement avec les bases alcalines, soude ou potasse, il est facile de le séparer des carbures d'hydrogène qui ne possèdent pas cette propriété. Voilà le principe de la préparation industrielle : on opère généralement par distillation fractionnée préliminaire. — V. ACIDE PICRIQUE).

Les huiles obtenues par la rectification du goudron sont traitées par une dissolution d'alcali caustique (soude caustique ou lait de chaux) à 35 ou 40° Beaumé. La soude et la chaux sont employées quelquefois ensemble ; pour l'extraction de l'acide phénique des huiles de goudron de lignite on se sert d'une lessive de soude.

Le mélange des huiles et de la dissolution alcaline s'effectue dans des vases verticaux en tôle munis d'un agitateur, formé d'un arbre à ailettes, placé dans l'axe vertical du vase, ou bien d'une tige munie inférieurement d'un disque percé de trous que l'on fait mouvoir alternativement de bas en haut et de haut en bas.

Lorsqu'on a de grandes quantités d'acide à préparer, les organes mélangeurs consistent en cylindres de tôle fixés sur un arbre horizontal qui permet de les faire tourner. Ces cylindres sont inclinés d'environ 30°, en sorte que l'arbre ne se trouve pas dans l'axe. Lorsque l'appareil est rempli, à chaque tour que fait le cylindre, le liquide est projeté alternativement vers les deux extrémités du vase, sous l'influence de ce mouvevent on obtient un mélange très-intime. Ensuite le mélange est versé dans des cylindres verticaux et abandonné au repos. Au fond se sépare la solution des acides gras dans l'alcali, tandis que l'huile épurée d'acide flotte à la surface. La solution alcaline, étendue, si elle est trop pâteuse, est saturée avec l'acide chlorhydrique ou sulfurique; dès lors, l'acide phénique se dépose à la partie supérieure sous forme d'un liquide foncé, oléagineux; on le décante et on le soumet à la rectification entre 185° et 195°. — V. Phénol.

Acide picrique. $C^{12}H^3(AzO^4)^3O^2$.

Trinitrophénol, acide trinitrophénique, découvert en 1788, par Haussmann; s'obtient en faisant agir l'acide azotique sur l'acide phénique, sur le sulphénylate de soude cristallisé; il se forme lors de la distillation du benjoin, du xanthorhœa hastilis; c'est le résultat définitif de l'acide nitrique sur l'indigo. Cet acide se présente sous la forme d'une masse composée de lamelles jaunes facilement solubles dans l'eau bouillante et dans l'alcool.

Il teint sans mordant la soie et la laine; il est employé pour la teinture en jaune; et en combinaison avec le vert d'aniline, l'indigo ou le bleu de Berlin pour teindre la soie ou la laine en vert. A Lyon, chez MM. Gillet, Guinon et Marnas, Michel et Piaton, on en fait une consommation considérable.

Sous l'influence du cyanure de potassium, en présence de l'acide picrique, il se forme un sel d'un acide nommé isopurpurique, qui donne des nuances grenat. Ses solutions offrent une belle couleur rouge. M. Casthelaz a exposé en 1867, sous le nom de grenat soluble, un produit qui serait un isopurpurate d'ammoniaque.

Fabrication industrielle. Dans l'industrie, on prépare l'acide picrique en attaquant, par l'acide nitrique, les huiles lourdes de houille. Mais les huiles employées à cette fabrication ne doivent jamais en général marquer moins de 15° et plus de 29° de l'aréomètre; on choisit aussi celles qui bouillent entre 180° et 220°; les meilleures sont celles qui entrent en ébullition entre 190° et 200°. M. Bobœuf a imaginé une méthode qui permet d'obtenir un traitement rationnel; elle consiste à faire agir les alcalis solides ou dissous sur les huiles brutes, séparant ainsi l'acide phénique à l'état de sel de potasse. Voici comment on opère: on agite les huiles lourdes avec une dissolution concentrée (à 36°) de potasse ou de soude; on emploie le tiers du poids si les huiles sont riches en acide phénique, au contraire, un quart, un cinquième ou moins si elles sont pauvres. La couche inférieure renferme les huiles propres à former l'acide picrique, c'est-à-dire l'acide phénique. On soutire cette dissolution alcaline que l'on décompose par l'acide sulfurique ou chlorhydrique: l'acide phénique vient surnager la solution du sel alcalin; à cet état, il est prêt à être attaqué par l'acide nitrique. Mais l'attaque par l'acide nitrique est si vive, le dégagement gazeux est si abondant qu'on ne saurait trop prendre de précaution pour éviter le débordement de la matière. L'expérience a appris que chaque kilo-

gramme d'huile ainsi isolée exige 8 kilogrammes d'acide nitrique à 36°; les huiles lourdes bouillant à 200°, environ 7 kilogrammes; les huiles plus légères, 6 kilogrammes; en moyenne on emploie de 6 à 8 kilogrammes d'acide pour un kilogramme d'huile.

Le traitement se fait de la manière suivante : dans une marmite en fonte, on place, en l'entourant de sable fin ou de cendres, une tourie en grès à deux tubulures, d'une capacité de 60 à 70 litres. L'une des tubulures porte un tube en entonnoir, dont l'extrémité inférieure effilée, descend jusqu'au fond de la tourie; l'autre est munie d'un tube recourbé, en verre ou en grès, destiné au départ des vapeurs nitreuses et communiquant avec un appareil de condensation. Dans cette tourie on verse d'abord 20 kilogrammes d'acide nitrique à 36° Beaumé, et au moyen d'un feu doux on amène cet acide à 50° centigrades environ. Cette température obtenue, on arrête le feu et l'on introduit, par fractions, de deux en deux heures, au moyen d'un tube effilé plongeant dans le liquide, 6 kilogrammes d'huile de houille. La réaction est assez vive pour n'avoir plus besoin d'entretenir le feu. De temps en temps on ajoute une petite quantité d'acide nitrique, qui ne doit pas dépasser trois kilogrammes en douze heures, destinée à refroidir le mélange. La journée de douze heures étant terminée, le lendemain on rechauffe à 50°, on ajoute de nouveau 3 kilogrammes d'acide nitrique. L'action est ainsi continuée jusqu'à ce que l'huile soit entièrement dissoute. La dissolution d'acide picrique est ensuite concentrée dans des touries évaporatoires : lorsque la solution a acquis la consistance sirupeuse, on la verse dans des pots en grès. Par le refroidissement, elle se prend en pâte de couleur jaune. Pour obtenir l'acide picrique en cristaux, on redissout l'acide pâteux et on fait cristalliser.

MM. Guinon et Peter de Lyon ont fait subir quelques modifications à la méthode précédente de fabrication. Les vapeurs nitreuses qui proviennent de l'attaque des huiles, au lieu d'aller dans des appareils de condensation, sont dirigées dans d'autres touries, partiellement remplies d'huile brute de houille. Le liquide des touries, au contact de ces vapeurs, se sépare en trois couches distinctes : à la surface se rendent les huiles les plus légères; au-dessous une couche d'un liquide provenant de la condensation des vapeurs aqueuses et acides; enfin, à la partie inférieure les huiles les plus lourdes à l'état résinoïde qui sont aptes à être de nouveau attaquées par l'acide nitrique et à se transformer en acide picrique. Dans un bain de sable on dispose deux séries de ballons : chaque ballon contient des poids égaux d'acide azotique pesant 1.3; au moyen d'un tube de verre on fait couler goutte à goutte l'acide phénique brut. Tous les ballons sont mis en communication avec un grand vase en grès vers lequel sont dirigées les vapeurs acides. Dès que la réaction est terminée, on arrête l'écoulement de l'acide phénique et l'on chauffe doucement le bain de sable, afin de transformer, à l'aide de l'acide nitrique, la masse résinoïde qui flotte dans les ballons. Le contenu des vases est ensuite versé dans des capsules où l'acide picrique se dépose.

En dehors de l'acide phénique et des huiles de houille, on obtient l'acide picrique : 1° en attaquant la cire du Carauba par l'acide nitrique : le rendement est de 25 à 30 0/0 en acide cristallisé; 2° en traitant la résine acaroïde par l'acide nitrique, ce qui donne 25 à 50 0/0 d'acide picrique.

Acide prussique. — V. CYANOGÈNE.

Acide pyro-gallique (FABRICATION DE L'). $C^{12} H^6 O^6$. L'acide pyro-gallique, d'un emploi usuel en photographie, se présente sous la forme d'aiguilles blanches et brillantes; il résulte de l'action de la chaleur sur l'acide gallique. L'acide pyro-gallique se fabrique industriellement en épuisant, par l'eau, les meilleures qualités de noix de galles. Les galles écrasées sont traitées par l'eau : la liqueur qui résulte de leur compression est évaporée à siccité. Le résidu solide obtenu est pulvérisé ; puis sublimé dans une capsule plate en tôle de 50 centimètres de diamètre, portant un rebord de 10 centimètres ; on recouvre l'appareil d'un cône en papier de 50 à 60 centimètres de hauteur, puis on chauffe au bain de sable. Quand la température atteint 180 degrés, on diminue le feu ; huit heures suffisent pour rendre la distillation complète On obtient ordinairement 25 gr. d'acide pyro-gall que blanc et cristallisé pour 250 gr. d'extrait de noix de galles.

Liebig a perfectionné cette fabrication. On prend de l'acide gallique sec que l'on mêle avec deux fois son poids de pierre ponce; on place ce mélange dans une cornue tubulée remplie aux 3/4 de sa hauteur et mise un bain de sable. Par la tubulure pénètre un tube de verre courbé, qui amène dans l'intérieur un courant de gaz acide carbonique sec, et au col de la cornue s'adapte un récipient en verre où l'acide pyro-gallique en solution concentrée se rend et se condense. On l'évapore avec précaution jusqu'à pellicule et l'on obtient de l'acide pyro-gallique cristallisé, environ 30 à 32 °/₀ du poids d'acide gallique employé.

Acide pyroligneux (FABRICATION DE L'). $C^4 H^4 O^4$. L'acide pyroligneux ou vinaigre de bois est le produit de la distillation du bois en vase clos; selon M. Payen, la quantité d'acide acétique fournie par une essence est d'autant plus considérable, que le bois renferme plus de matières incrus-

tantes et moins de ligneux; en moyenne le rendement en acide est de 3 0/0.

L'industrie de l'acide pyroligneux a été créée par les frères Mollerat (1810) ; de là le nom de Vinaigre de Mollerat. En France, les appareils dans lesquels on opère la distillation du bois sont à cornue mobile ou à cornue fixe (appareil Kestner).

L'appareil à vase distillatoire mobile se compose d'un cylindre fermé par un couvercle mobile, qui porte sur l'un de ses côtés, à la partie supérieure, un ajutage ouvert qui traverse le fourneau et communique au dehors. Cet ajutage se met en communication avec un appareil condensateur formé d'un long tube en cuivre, trois fois recourbé et enveloppé par trois autres tuyaux d'un plus grand diamètre qui sont refroidis par un courant d'eau. Dans le cylindre, on place le bois à distiller, débité en bûchettes de grosseur convenable : cinq ou six heures suffisent pour opérer une distillation (V. fig. 8). Dans l'appareil Kestner, la cornue fixe mesure environ 3 mètres cubes ; les produits de la distillation se dégagent par un tube de tôle quatre fois recourbé et entouré de manchons dans lesquels circule un courant d'eau froide. Les produits condensés se réunissent, comme dans l'autre appareil, dans un récipient, tandis que les gaz viennent se brûler au foyer.

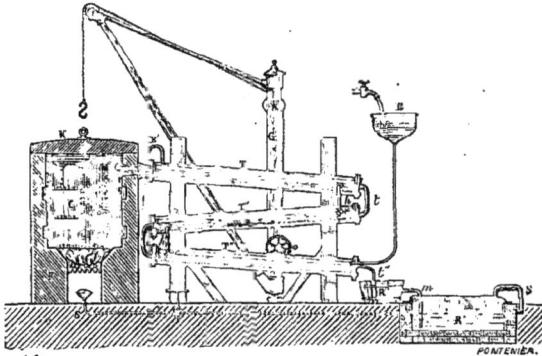

Fig. 8. — *Appareil à cornue mobile pour la distillation du bois.*

F Tonneau. — C Cylindre ou cornue en tôle. — G Grue. — K Couvercle en briques. — t t' —" Tube en cuivre enveloppé par le tuyau T T' T". — E Tube à eau froide. — h h' Tubes de communication. — E' Tuyau d'écoulement. m Tube. — R Bac fermé. — E" Récipient souterrain en briques. — S Tube de dégagement des gaz combustibles.

Dans quelques usines françaises et presque partout en Angleterre, on fait usage pour distiller le bois de grands cylindres qui ont 3 mètres de longueur sur 80 centimètres de diamètre, fermés par des disques en fonte assujettis par un lut argileux. Ces cylindres sont placés par groupes dans un fourneau chauffé à la houille ; les produits de la distillation traversent d'abord des boîtes où se déposent les goudrons, qui de là s'écoulent dans des tonneaux; les composés acides s'échappent par des tuyaux courbés en cuivre et se condensent dans un serpentin contenu dans une grande cuve : les gaz combustibles sont conduits au foyer. Dans ces appareils, la distillation exige 8 heures pour cinq stères de bois (V. fig. 9). L'acide pyroligneux obtenu, toujours coloré, est soumis à une distillation qui sépare l'acide acétique ; mais pour obtenir celui-ci à l'état de pureté et de concentration convenable, on combine l'acide pyroligneux rectifié avec la soude ou la chaux ; enfin, l'acétate de soude est décomposé par l'acide sulfurique à 66°. MM. Astby, Paston Price, Schwartz, Terreil et Château ont indiqué des modifications aux procédés ordinaires.

Le vinaigre de bois reçoit de nombreuses applications dans l'industrie, particulièrement dans la teinture et l'impression des tissus; le produit purifié sert à fabriquer des vinaigres qui font concurrence aux vinaigres de vin, auxquels ils sont inférieurs. La production annuelle des vinaigres en France est d'environ 1,500,000 hectolitres, représentant une valeur de 30,000,000 de francs. Paris en consomme environ 20,000 hectolitres par an; le prix de l'hectolitre de vinaigre varie de 15 à 20 fr. — V. ACIDE ACÉTIQUE.

Acide salicylique. $C^{14}H^6O^6$. Découvert en 1838 par Piria. Le suc de certaines plantes telles que la reine des prés, l'écorce de saule contient de la salicine, laquelle à son tour donne l'acide salicylique par oxydation.

Plus tard, en 1844, Gerhardt et Cahours reconnurent que l'essence de Wintergreen, si recherchée des parfumeurs se composait en totalité d'éther méthylsalicylique; en le décomposant par un alcali caustique, il se forme un salicylate alcalin dont on sépare la base par l'addition d'un acide minéral. Kolbe et Lautemann (1865) ensuite, découvrirent que le phénol traité par le sodium et l'acide carbonique se transforme en salicylate de soude. Mais cette découverte n'était

Fig. 9. — *Appareil anglais à distiller le bois.*

R R' Boîte en tôle destinée à retenir le goudron. — T T' Tonneau. — C Cuve renfermant le serpentin.

le prélude de la véritable synthèse de cet intéressant produit, car l'emploi du sodium était impraticable. Ce ne fut qu'en 1874 que Kolbe, en continuant ses recherches, arriva à produire du phénate de soude anhydre par l'évaporation dans des proportions déterminées d'acide phénique et de soude caustique; en faisant alors réagir sur ce composé de l'acide carbonique sec et chaud, il réalisa un des plus remarquables problèmes de synthèse chimique. Le salicylate de soude se forme d'emblée par cette réaction et l'acide salicylique en est séparé par des acides minéraux, et enfin purifié par des méthodes trop longues à décrire ici.

L'acide salicylique, avant la découverte de Kolbe (1874), n'avait aucune valeur industrielle à cause de son prix élevé qui variait entre 200 et 300 francs. Lorsqu'on put obtenir sa production artificielle dans de meilleures conditions de prix (aujourd'hui il vaut environ 25 fr. le kilogr.), on chercha quels services il était appelé à rendre.

Il fut rapidement reconnu comme le plus rationnel et le plus puissant des antiseptiques. Inoffensif, sans odeur et sans saveur appréciable, il a la faveur particulière d'arrêter instantanément tout commencement de fermentation. De la

viande trempée dans une solution de cet acide peut se conserver des mois entiers sans altération. De la bière, du vin, des confitures, des jus de fruits, auxquels on ajoute des traces de ce corps, sont à l'abri des fermentations secondaires.

Là ne se bornent pas les propriétés de l'acide salicylique. Les salicylates qui en dérivent, et notamment le salicylate de soude et celui de lithine, ont obtenu des effets remarquables dans les applications qui en ont été faites à la guérison des rhumatismes, de la goutte, des névralgies, de la gravelle, etc. (V. le rapport du professeur Germain Sée à l'Académie de Médecine de Paris en juin et juillet 1877).

— C'est à MM. Schlumberger et Cerckel que l'industrie française est redevable de la vulgarisation de l'acide salicylique. Leur usine en a produit de 1877 à 1878 près de 10,000 kilogrammes. Aujourd'hui l'acide salicylique est entré dans la consommation. On l'applique à la conservation des aliments liquides et solides, à la parfumerie, à la médecine.

Acide sulfureux. SO^2. Combinaison gazeuse de soufre et d'oxygène (rapport : 16 à 16 en poids) qui s'obtient par la combustion directe du soufre ou par la décomposition de l'acide sulfurique en présence de certains métaux, mercure ou cuivre, ou du charbon. Il se présente sous les trois états : gazeux, liquide, solide. Industriellement employé à l'état gazeux ou en dissolution dans l'eau, qui en dissout cinquante fois son volume; à l'état liquide on l'utilise pour produire les froids intenses.

L'acide sulfureux, gazeux, incolore, irrespirable, exerce une action suffocante, irritante, sur les voies respiratoires et provoque la toux; c'est un gaz incombustible qui se dégage quand le soufre brûle à l'air : il arrête la combustion, rougit la teinture de tournesol et la décolore ensuite.

L'acide sulfureux, décolorant un grand nombre de substances organiques, est employé pour le blanchiment de la laine, de la soie et d'autres matières animales qui sont attaquées par le chlore qui les jaunit. Il détruit la plupart des couleurs végétales; quelques matières colorantes animales, la cochenille, par exemple, résistent à son action.

Le gaz sulfureux est employé à la guérison de certaines maladies de la peau (gale), à l'assainissement des lieux infestés de miasmes putrides, à la désinfection des hardes des personnes atteintes de maladies contagieuses, à la destruction des insectes qui attaquent les étoffes, les grains; on s'en sert pour soufrer les tonneaux dans lesquels on conserve des liquides fermentescibles ou des fruits et légumes.

L'acide sulfureux sert à la fabrication de l'acide sulfurique, du sulfate d'ammoniaque, à la préparation des moûts de pommes de terre et de maïs, dans la fabrication du papier, à la décoloration des objets d'osier, des tissus de paille, de la gomme adragante. On l'emploie pour enlever les taches des fruits rouges ou du vin sur le linge. Enfin le gaz sulfureux sert à éteindre les incendies des cheminées. On jette de la fleur de soufre dans le foyer ; il se forme de l'acide sulfureux, qui absorbe l'oxygène de l'air de la cheminée, et la combustion s'arrête ; au moyen de draps mouillés, on bouche toutes les ouvertures de la cheminée par lesquelles l'air pourrait avoir accès.

M. Pictet a appliqué l'acide sulfureux liquide à la fabrication industrielle de la glace artificielle. — V. GLACE ARTIFICIELLE.

FABRICATION INDUSTRIELLE. L'industrie emploie le plus souvent l'acide sulfureux à l'état de sulfite et d'hyposulfite (*sulfite* et *hyposulfite de soude*, V. ces mots) ; plus rarement à l'état libre gazeux ou en dissolution. Cependant, aux Gobelins, l'acide dissous est préféré pour le blanchiment de la soie. Pour l'obtenir, on brûle du soufre dans un bon courant d'air ; l'acide sulfureux parcourt un long tuyau en fonte refroidi ; puis il pénètre dans une cuve rectangulaire en plomb à cloisons verticales alternantes, recouverte d'une clôture de même métal : le gaz sulfureux se dissout dans l'eau de la cuve. Mais ce procédé ne permet pas d'obtenir des solutions concentrées. Quand on a besoin d'une dissolution concentrée renfermant, à 20°, cent grammes au moins de gaz par litre d'eau, on décompose l'acide sulfurique par le charbon ou le bois. Dans un fourneau, on place une marmite en fonte au fond de laquelle on dépose un lit de cendres ou de sable, sur celui-ci on dépose une tourie en grès contenant du charbon grossièrement pulvérisé, de la sciure ou des copeaux de bois bien secs. On verse l'acide sulfurique de manière à recouvrir la matière. Au col de la tourie, un tube de grès, de verre ou de plomb, conduit le gaz dans un flacon laveur. De là, celui-ci se rend au fond d'une tourie en grès remplie d'eau jusqu'aux 3/4 de sa hauteur et munie d'un tube de sûreté ; quand l'eau de la première tourie est saturée, le gaz sulfureux se rend dans une deuxième, et ainsi de suite.

Les gaz qui se produisent dans la réaction sont l'acide sulfureux et l'acide carbonique ; mais l'acide sulfureux se dissout seul, l'acide carbonique se dégage à l'extrémité de l'appareil. On arrête le dégagement gazeux lorsque l'eau des touries est arrivée à saturation.

Acide sulfureux anhydre. M. Pictet, de Genève, fabrique industriellement de l'acide sulfureux anhydre liquide pour la fabrication industrielle de la glace ; le gaz sulfureux est amené à l'état liquide par le refroidissement. — V. GLACE ARTIFICIELLE.

Acide sulfurique. SO^3 HO. *Huile de vitriol.* Combinaison de soufre avec l'oxygène (rapport

en poids : 16 à 24), découvert à la fin du xv° siècle par Basile Valentin ; liquide de consistance oléagineuse, très-fortement acide et corrosif. Dans le commerce, on le connaît sous **deux états différents** d'hydratation :

1ᵉ *Acide sulfurique anglais ou des chambres de plomb*, liquide incolore, inodore, onctueux, bouillant à 325°, marquant à l'aéromètre de Beaumé depuis 52° jusqu'à 66°, ayant par conséquent une densité comprise entre 1,566 et 1,842. On le prépare industriellement par plusieurs procédés : 1° fabrication par la combustion du soufre libre ; 2° fabrication par les pyrites : c'est la méthode employée par MM. Perret, de Lyon, dont les fours fonctionnent à Chessy et sur plusieurs autres points du Midi ; ce mode de préparation donne des acides sulfuriques contenant de l'arsenic ; 3° fabrication par la combustion de marnes soufrées et de roches contenant du soufre libre : l'essai en a été fait à Clermont. Quelle que soit la méthode usitée, l'acide sulfureux provenant de la combustion du soufre se rend dans des chambres en plomb où il rencontre des vapeurs nitreuses, de l'air et de la vapeur d'eau. L'acide très-étendu des chambres est concentré d'abord dans des vases en plomb et puis dans des cornues en platine ou dans des appareils partie en plomb, partie en platine, ou dans des appareils en verre, jusqu'à ce qu'il marque 66° au pèse-acide.

Pour la transformation de 1 kilogramme de soufre, en acide sulfurique, il faut 6,199 litres d'air à 0° et 8,114, quand le soufre est à l'état de pyrite ; avec 100 kilogrammes de soufre on obtient de 280 à 300 kilogrammes d'acide sulfurique. La capacité des chambres de plomb doit, pour chaque 20 kilogrammes de soufre transformé en 24 heures, correspondre à 30 mètres cubes ; un espace de 30 mètres cubes produit par heure environ 2 kilogrammes 500 d'acide sulfurique.

2° *Acide sulfurique de Nordhausen, de Saxe ou de Bohême, acide fumant*, liquide brunâtre, dont la densité varie entre 1,89 et 1,90, s'obtient par la décomposition en vase clos du sulfate de fer ou vitriol vert ; la quantité d'acide obtenue est égale à 45 ou 50 0/0 du poids du sulfate de fer déshydraté. En Bohême, on obtient en 36 heures, avec 700 kilogrammes de sulfate de fer fondu, 275 kilogrammes d'acide sulfurique fumant. Le résidu de la distillation est le peroxyde de fer rouge appelé colcothar ou rouge de Paris. L'acide sulfurique fumant marquant 70° à l'aéromètre revient à 25 francs les 100 kilogrammes ; il est principalement employé à la dissolution de l'indigo ; mais aujourd'hui les industriels français ne sont pas forcés d'être tributaires de la Bohême, car MM. Perret préparent un acide extra-concentré qui se vend seulement 4 à 5 francs par 100 kilogrammes plus cher que l'acide ordinaire, et qui sert à la dissolution de l'indigo. L'acide sulfurique est un produit industriel de première importance : on peut évaluer l'état de l'industrie d'un pays par la quantité d'acide sulfurique qu'il consomme.

L'acide sulfurique sert à la préparation : 1° d'un grand nombre d'autres acides (nitrique, sulfureux, chlorhydrique, carbonique, phosphorique,

tartrique, citrique, stéarique, palmitique, oléique);
2° de la soude artificielle, de l'alun, du chlore, du
phosphore, des sulfites, des eaux gazeuses artificielles, des vitriols; 3° des bougies stéariques, de
la garancine, du glucose, du papier parchemin,
du cirage; 4° à l'affinage de l'argent, au décapage
du fer et d'autres métaux, à l'épuration des huiles
à brûler, au débourrage des peaux.

L'acide sulfurique sert encore à la préparation
de l'hydrogène, du nitro-benzol, à la dissolution
de l'indigo; il est employé pour dessécher l'air
des étuves; enfin la galvanoplastie en fait usage
pour donner naissance au courant galvanique.

L'*acide sulfurique anhydre*. SO^3. Solide, n'a pas
été utilisé industriellement.

FABRICATION INDUSTRIELLE. La fabrication industrielle de l'acide sulfurique remonte à la première moitié du
XVIII° siècle. Les premiers procédés reposaient sur la
décomposition du vitriol ou sur la combustion du soufre.
Les vases en verre dans lesquels on opérait d'abord,
furent bientôt remplacés par des chambres de plomb. La
première chambre en plomb fut installée en 1746, par le
docteur Roebuck, à Prestonpans, en Écosse. L'Angleterre
conserva, pendant plusieurs années, le monopole de cette
fabrication. En 1774, Holker l'introduisit en France; la
première usine fut installée à Rouen; c'est dans cette
ville industrielle que prit naissance en 1810, le procédé
actuel de fabrication continue avec plusieurs chambres.
Mais jusqu'en 1838, tout l'acide sulfurique de commerce
était fabriqué au moyen du soufre brut provenant de la
Sicile. Le monopole concédé à la Société Taix et Cie, de
Marseille, fit porter le prix de cette marchandise de
12 fr. 50 à 35 fr. les 100 kilogrammes. En présence d'une
pareille hausse qui élevait considérablement le prix de
l'acide sulfurique du commerce, les chimistes et les industriels se préoccupèrent de trouver une matière première
pour remplacer le soufre natif. On substitua au soufre
les sulfures métalliques, et en particulier, les *pyrites* ou
sulfures de fer. Dès lors, l'emploi de ces matières s'est
répandu, même après la disparition du monopole du
soufre.

*Matières premières employées dans la fabrication
industrielle de l'acide sulfurique.* On emploie donc
ou le soufre ou les pyrites dans la fabrication de
l'acide sulfurique commercial; mais ces deux
matières sont loin d'avoir la même valeur, tant au point de vue de la marche du travail
que de la nature des produits. Le *soufre* donne un
acide plus pur, préférable pour la fabrication de
l'acide concentré; les pyrites fournissent un produit inférieur qu'on utilise dans la préparation
d'autres produits chimiques. Le soufre natif employé provient généralement des solfatares de
la Sicile; mais en Autriche on fait usage de celui
que l'on extrait dans le voisinage de Cracovie;
enfin dans certaines usines de l'Angleterre on
utilise les résidus sulfurés provenant de l'épuration du gaz de l'éclairage.

Les pyrites dont on se sert généralement aujourd'hui (bi-sulfure de fer) dans l'industrie de
l'acide sulfurique, viennent en partie de l'Espagne, du Portugal, de la Belgique, de l'Angleterre, de la Suisse, de l'Italie et des provinces rhé-
nanes, en partie de la France. Les pyrites d'Angleterre ont été en grande partie délaissées; c'est la
péninsule ibérique qui fournit à la consommation
anglaise; elles sont à peu près exemptes d'arsenic
et renferment de 46 à 50 0/0 de soufre avec une

teneur variable de cuivre (de 2 à 4 0/0). L'Angleterre tire aussi des pyrites des provinces rhénane
(Westphalie) contenant 47 à 48 0/0 de soufre.

En France, les principaux gisements de pyrites
exploités sont situés à Chessy, Saint-Bel, l'Arbresle
(Rhône) et aux environs d'Alais (Gard); le rendement en soufre est de 38 à 48 0/0.

Les pyrites espagnoles rendent environ 40 0/0
de soufre et coûtent de 12 à 14 francs la tonne, de
sorte que le soufre ne revient qu'à 3 à 4 francs les
100 kilogrammes, tandis que le soufre brut du
commerce se vend à plus de 16 francs. Les pyrites
du Gard, qui rendent de 40 à 42 0/0, donnent leur
soufre à 83 ou 84 francs la tonne, tandis qu'une
tonne de soufre brut coûte à Marseille plus de
160 francs. Il y a donc économie à employer les
pyrites dans la fabrication de l'acide sulfurique;
mais la marche des appareils est moins régulière
qu'avec l'emploi de soufre.

Fours pour la combustion du soufre. Les formes
à donner aux fours pour la combustion du soufre
sont peu nombreuses; la disposition la plus commune se compose d'un massif en briques relié par
deux voûtes surbaissées supportant une plaque
de fonte épaisse formant la sole du four et qui sert
de base à une chambre de combustion; un large
tuyau de fonte conduit l'acide sulfureux dans les
chambres de plomb. La paroi antérieure du fourneau est percée de trois grandes ouvertures fermées par des portes en fonte; au-dessus s'en
trouvent trois autres plus petites munies de registres qui servent à régler l'introduction de l'air.
Trois parois de ce four sont métalliques et constamment rafraîchies par la circulation de l'air extérieur.

Dans certaines usines on a utilisé la chaleur
produite par la combustion du soufre pour chauffer le générateur à vapeur; mais on a constaté
qu'avec ce mode de chauffage la production de
la vapeur n'est pas régulière.

M. *Kuhlmann* a imaginé une disposition de fours
à soufre qui a donné d'excellents résultats. Chaque
batterie de chambres correspond à un fourneau à
quatre cornues demi-cylindriques. L'extrémité
antérieure de chaque cornue porte des ouvertures
pour l'introduction du soufre et l'admission de
l'air; à l'autre extrémité se trouve le tuyau de dégagement des gaz qui se rendent, avant de pénétrer dans les chambres de plomb, dans une
chambre préparatoire de grandes dimensions.

Dans le *four de Pétrie* on fait couler sur la sole
un jet continu du soufre fondu. La partie supérieure de l'appareil affecte la forme d'une trémie
remplie de soufre : la chambre de combustion est
placée entre la porte et cette trémie. Les deux parties du four sont séparées par une grille inclinée
à travers laquelle agit la flamme; le soufre fondu
coule dans une rainure, pour venir se brûler sur la
sole. Enfin le *four Blair* est divisé en trois parties
distinctes : dans la première, le soufre se volatilise par une combustion incomplète; dans la deuxième, la combustion s'achève; enfin dans la troisième, située au-dessus des deux autres, se fait
la décomposition du salpêtre, qui dans tous les
cas est mélangé d'acide sulfurique.

Fours pour la combustion des pyrites. La combustion des pyrites en petits fragments ou en agglomérés de poussière a nécessité des fours spéciaux dont les formes et les dispositions sont nombreuses et variées, selon les qualités même des pyrites à traiter; les *Kilns* des Anglais présentent des formes et des dimensions assez variables; le plus souvent ils sont sans grille. La cuve a une hauteur d'environ 3 mètres et une section carrée de 1 mètre de côté; sur cette hauteur elle porte cinq séries d'ouvertures; on réunit ensemble six de ces fours disposés sur deux rangs pour

four se compose d'un massif en maçonnerie, dans lequel est ménagé un vide de 1^m,50 de long, 0^m,80 de large et 1 mètre de haut. L'une des parois longitudinales est percée de quatre ouvertures de 0^m,2 de largeur sur 0^m,3 de hauteur, fermée par des portes en fonte percées de trous pour l'introduction de l'air.

A la partie supérieure de l'une des petites faces se trouve une ouverture pour l'introduction des pyrites; enfin le plafond du four porte une ouverture pour l'échappement des gaz qui se rendent dans un carneau muni d'un registre

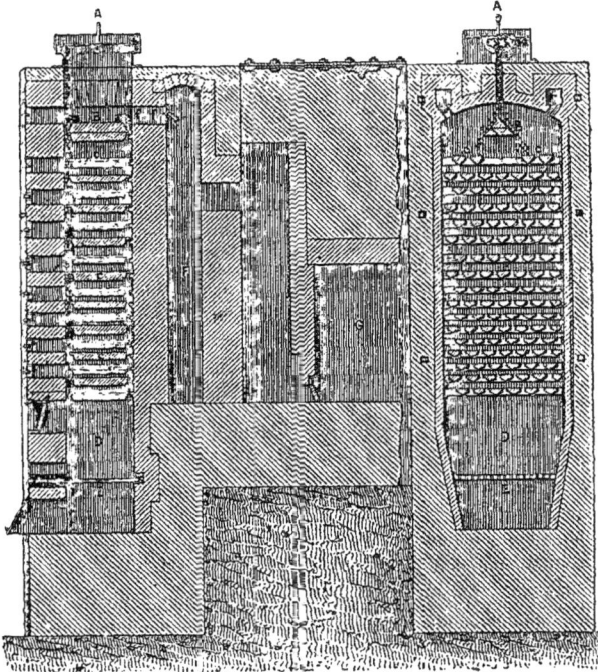

Fig. 10. — *Four de Gerstenhœfer pour le grillage des pyrites, dans la fabrication de l'acide sulfurique par les chambres de plomb.*

A A Distributeur en fonte de la pyrite en poudre. — *B B* Distributeur en terre réfractaire de la pyrite poudreuse. — *c c cc* Barreaux prismatiques en terre réfractaire alternant par séries. — *D D* Collecteur de minerai. — *E E* Grille à combustible pour mettre le four en train. — *ff* Carneaux horizontaux conduisant le gaz sulfureux aux chambres de plomb. — *F* Carneau principal conduisant le gaz dans la chambre *G* placée en avant des chambres de plomb, destinée à retenir les poussières.

alimenter des chambres de plomb d'une capacité totale de 1000 mètres cubes environ. Les *Kilns* sans grilles ont l'inconvénient de rendre très-inégale la répartition de l'air; aussi on tend à adopter les fours munis d'une grille et d'un cendrier. On a imaginé une heureuse disposition qui permet de laisser tomber dans le cendrier les pyrites grillées.

L'invention des grilles à barreaux mobiles, à section carrée, terminées à leur extrémité par des tourillons qui permettent de leur donner un mouvement de rotation, réalise pratiquement ces avantages.

Les fours de Chessy, près de Lyon, servent à griller des pyrites légèrement cuivreuses. Chaque

Les *fours belges* sont analogues à ceux de Chessy, mais ils sont munis de grilles; ils ont en outre des dimensions plus considérables. Les fours employés dans les fabriques des environs de Marseille sont aussi pourvus de grilles.

Pour le grillage et la combustion des pyrites en poudre. on fait usage des *fours à moufle*, qui ont une grande surface; mais dans certaines usines allemandes le grillage des minerais en poussière se fait dans des fours spéciaux nommés Gefässofen, qui sont d'ailleurs très-désavantageux. Dans les fabriques belges, les fours à moufle ont une sole unique de 10 mètres de long sur 2^m,50 de large, formée par des plaques en terre réfractaire de 0ᵐ,08 d'épaisseur; enfin dans les usines anglaises on fait usage pour la combustion des pyrites en poussière du *four de Spence*, dont la sole en terre réfractaire, d'une longueur de 10 à 15 mètres, est chauffée en dessous par la flamme du combustible placé sur la grille, tandis qu'elle reçoit en dessus les pyrites à griller.

Dans ces dernières années, on a imaginé plusieurs dispositions nouvelles pour le grillage des pyrites en poudre : les deux principales sont le *four Gerstenhœfer* et le *four Olivier-Perret*.

Le *four Gerstenhœfer* (fig. 10), a été appliqué en Allemagne en 1864; depuis il s'est répandu en Angleterre et en France; sa cuve, en briques réfractaires, a une section de 1ᵐ3 sur 0ᵐ8, et une hauteur de 5ᵐ,2; à la partie supérieure se trouve une trémie pour distribuer la pyrite en poudre, qui descend sur des prismes distributeurs. Le minerai, après avoir traversé les vides laissés entre les barreaux, arrive dans un collecteur. Le combustible est placé sur une grille; enfin des carneaux horizontaux conduisent le gaz dans des chambres où se condensent les poussières entraînées. Dans un four de cette espèce on peut griller, par vingt-quatre heures, 5,000 kilogrammes de pyrites.

Le *four Olivier et Perret* (fig. 11), qui permet d'effectuer le grillage des pyrites en morceaux et en poussière, se compose : 1° d'un four inférieur en cuve, où se grille le minerai en morceaux; 2° de cendriers; 3° d'un espace supérieur où se grille le minerai en poussière, divisé en sept compartiments par des dalles en terres réfractaires de 0ᵐ,08 à 0ᵐ,10 d'épaisseur. Le premier espace est muni d'une grille composée de barreaux carrés disposés de manière à pouvoir tourner, et entre lesquels passe la pyrite grillée pour se rendre dans le cendrier. Des trous pratiqués dans les parois permettent d'introduire de l'air. L'introduction de la pyrite en morceaux se fait par une ouverture munie d'une porte en fer; la pyrite en poudre est étendue sur les dalles, en couches d'une épaisseur uniforme de 0ᵐ05. Dans un four Olivier-Perret on peut brûler un tiers de pyrite en morceaux pour deux tiers de pyrite en poudre. On peut même utiliser les gaz qui sortent à une température assez élevée pour la concentration de l'acide sulfurique ou pour chauffer le générateur de vapeur.

M. Malétra, de Rouen, a supprimé la cuve; le four construit par Juhel pour cet industriel, se compose d'une série d'étages montés en quinconce, de manière à faire passer la poussière d'un étage à l'étage inférieur, de telle sorte que la couche disposée sur la tablette inférieure tombe dans le cendrier, tandis que la tablette la plus élevée est alimentée par une nouvelle couche de pyrite. Enfin, dans ces derniers temps M. Perret et puis M. Mac Dougal ont inventé des *fours mécaniques* qui diminuent considérablement la main-d'œuvre.

Chambres de plomb. Malgré des essais nombreux faits avec diverses matières minérales et la gutta-percha, le plomb de commerce est la seule substance qu'on puisse pratiquement employer pour le revêtement des chambres. Les feuilles de plomb laminé sont soudées directement les unes aux autres (soudure autogène), sans le secours d'aucun alliage; elles sont maintenues au moyen d'une charpente de bois formée de potelets, de poutres et de solives. Dans les anciennes installations, la chambre se compose de deux parties distinctes, dont l'une constitue le fond, en forme de bassin, dans lequel le liquide forme un joint hydraulique qui assure l'étanchéité.

Fig. 11. — *Four d'Olivier et Perret pour le grillage des pyrites, dans la fabrication de l'acide sulfurique par les chambres de plomb.*

A A Four où se grille la pyrite en morceaux. — B B Cendriers. — b b Portes à vider les cendriers.— C C Grillage de la pyrite en poussière.— c c Grille rotative. — d d·Portes en fer pour introduire la pyrite en morceaux. — a a Dalles en terre réfractaire pour y étendre la pyrite en poudre. — i i Portes en fer servant à charger et à décharger les dalles a a. — f f Carneaux conduisant l'acide sulfurique aux chambres de plomb.

Dans les installations modernes, le fond est soudé aux parois verticales et on ménage des ouvertures qui permettent de faire des prises d'essai. Les grands tuyaux d'arrivée et de sortie des gaz mesurent de 0ᵐ,25 à 0ᵐ,50 de diamètre; les orifices de sortie sont près du plafond; une tuyauterie spéciale amène la vapeur d'eau, qui est lancée dans chaque chambre par un ou trois orifices. Les vapeurs nitreuses sont condensées par l'acide sulfurique qui descend lentement à travers une longue colonne de coke, tandis que les gaz de la chambre pénètrent à la partie inférieure de cette même colonne et sortent à la partie supérieure. Cependant la tour de coke n'est pas le seul appareil pour la condensation des vapeurs nitreuses; dans certaines usines, le coke est remplacé par des boules de terre ou de poterie, ou bien on emploie à cet usage une série de récipients disposés en cascade; enfin certains fabricants font absorber les vapeurs nitreuses par l'eau, en faisant traverser à ces gaz une série de grands flacons de Wolff.

Les acides nitreux que l'acide sulfurique absorbe dans l'appareil à coke de Gay-Lussac, ne peuvent être utilisés de nouveau qu'à la condition d'être séparés de l'acide sulfurique. Pour produire cette séparation, on emploie des appareils assez variés; généralement on a recours à l'emploi de la vapeur d'eau; aujourd'hui, l'usage de la *tour dénitrifiante* s'est répandue dans beaucoup d'usines; celle de Glover permet d'éviter l'emploi de la vapeur d'eau. Les gaz nitreux proviennent de la décomposition du salpêtre ou de l'acide nitrique; autrefois on décomposait le nitrate de soude ou de potasse par l'acide sulfurique; actuellement on emploie directement l'acide nitrique du commerce, reçu dans des vases en terre ou en poterie établis dans l'intérieur d'une chambre.

La disposition des chambres de plomb est elle-même assez variable; à l'origine, l'usine comprenait une seule chambre de plomb; mais le système de trois chambres a bientôt succédé à celui d'une chambre unique Ces trois chambres sont d'inégale capacité, une grande et deux petites; le volume des petites chambres n'est que le dixième ou le quinzième de la grande. La chambre principale est la première, les deux autres viennent à la suite; quelquefois elle est placée entre les deux petites (*tambour de tête* et *tambour de queue*). Enfin, aujourd'hui dans certaines usines, il y a cinq ou six chambres (V. fig. 12). Voici les dimensions de quelques-unes de ces chambres :

Type de trois chambres :

	longueur.	largeur.	hauteur.	capacité.
Grande chambre. . . .	21,6	6,8	5,0	734,4
Petite chambre du milieu	7,0	3,2	2,9	65,0
Petite chambre de queue.	4,9	3,2	2,9	45,5

Type de trois chambres :

Grande chambre. . . .	22,9	6,8	5,5	861,1
Seconde chambre.. . . .	6,7	3,5	3,3	76,8
Dernière chambre. . . .	5,4	3,3	3,3	58,2

Type de cinq chambres :

	longueur.	largeur.	hauteur.	capacité.
Premier tambour.	6,0	3,2	5,2	100,0
Deuxième tambour. . . .	6,0	3,2	5,0	96,0
Grande chambre.	25,0	13,0	6,5	2112,5
Avant-dernière chambre.	7,0	5,5	6,3	252,5
Dernière chambre. . . .	7,0	5,5	6,0	231,0

Concentration de l'acide sulfurique. L'acide sulfurique qui se produit dans le travail des chambres marque à l'aéromètre de 52 à 56° Beaumé; il contient donc 65 à 72 0/0 d'acide sulfurique, monohydraté et de 35 à 28 0/0 d'eau. En outre, il renferme des matières étrangères qui altèrent sa pureté et dont il faut le débarrasser si le commerce exige un acide relativement pur; on en sépare l'arsenic au moyen de l'hydrogène sulfuré ou du sulfure de baryum; on débarrasse l'acide sulfurique des composés nitreux au moyen du sulfate d'ammoniaque.

A la sortie des chambres de plomb, l'opération la plus importante à faire subir à l'acide est sa concentration.

A la température de l'ébullition, l'acide sulfurique à 62° commence à attaquer le plomb, et à partir de ce degré, l'attaque devient très-prononcée; l'acide à 66° à partir de 200° attaque vivement le plomb; aussi n'emploie-t-on des chaudières en plomb, pour la concentration de l'acide, que jusqu'à 60 et 62° de Beaumé. Au-delà de ce point de concentration il faut employer des appareils en verre ou en platine. Dans quelques usines on emploie encore des cornues en verre pour concentrer de petites quantités d'acide sulfurique; mais ce procédé exige une consommation considérable de combustible qu'on évalue à sept ou huit fois la quantité brûlée en faisant usage du platine; en outre, il est difficile d'éviter la rupture

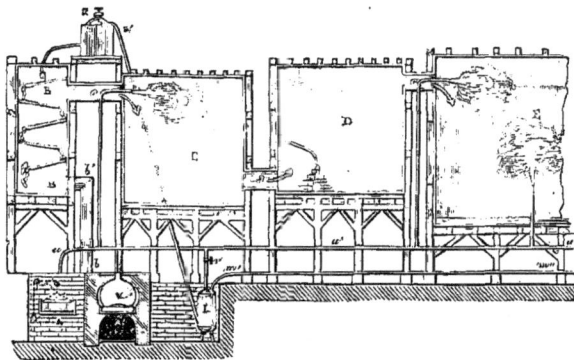

Fig. 12. — *Chambres de plomb (type de cinq chambres) pour la fabrication de l'acide sulfurique.*

A A' Fourneau. — v Chaudière. — B Tambour en plomb où se rend l'acide sulfureux au moyen de la cheminée bb'. — C Première chambre où dénitrificateur. — d Tuyau. — c Passage. — D Deuxième chambre à acide azotique. — E Grande chambre où arrive de la vapeur d'eau par les tuyaux a'a". — F Quatrième chambre. — G Cinquième chambre. — H Grand cylindre à coke. — I Cheminée. — Q Réservoir d'acide sulfurique. — m m' Tubes qui conduisent les gaz nitreux dissous par l'acide sulfurique dans le réservoir L, de là cet acide est poussé par la vapeur dans le réservoir T' d'où il tombe dans le tambour B.

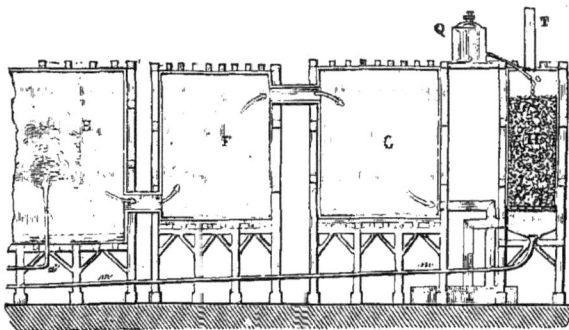

Fig. 12. — *(Suite)*, V. la légende ci-dessus.

des cornues. Les *dimensions de ces appareils de distillation* sont assez variables ; les plus grandes peuvent donner, dans chaque opération, 80 kilogrammes d'acide concentré ; elles fournissent 400 kilogrammes d'acide avant d'être mises hors de service.

Depuis quelques années, dans les fabriques anglaises, on fait usage de grands vases cylindriques en verre qui remplacent avantageusement les alambics en platine. Chaque cylindre, de $0^m,85$ de hauteur sur $0^m,45$ de diamètre, fournit environ 87 à 160 litres d'acide sulfurique concentré.

Dans la plupart des usines, la concentration de l'acide sulfurique des chambres, commence dans une série de 3 à 5 chaudières carrées en plomb,

de $1^m,50$ de côté et de $0^m,40$ à $0^m,50$ de profondeur. Pour faire passer l'acide d'une chaudière à une autre placée plus bas, on fait usage d'un siphon en plomb. Dans quelques usines allemandes la concentration s'accomplit dans un véritable four dont la sole est remplacée par un bassin en plomb à doubles parois entre lesquelles circule un courant d'eau froide.

Dans la généralité des cas de fabrication, l'acide sulfurique est concentré jusqu'à 66° Beaumé, dans un alambic en platine. La *concentration par intermittence* permet d'obtenir l'acide à son maximum de concentration ; la *concentration continue* exige moins de combustible, mais elle ne permet pas d'obtenir un degré de concentration supérieur

Fig. 13. — *Concentration de l'acide sulfurique à 66°*

à 65°,5 de Beaumé. Pour une production de 1,700 à 1,800 kilogrammes d'acide concentré par 24 heures, il se consomme 550 kilogrammes environ de houille de bonne qualité.

Dès 1841, Kulhmann a proposé l'évaporation dans le vide qui permet l'emploi des vases en plomb ; ce procédé a été mis en vigueur par M. de Hemptinner ; en 1860, Kessler a fait connaître une méthode de concentration par le vide dans des vases en plomb.

Appareils à cuvette pour la concentration de l'acide sulfurique. Cette nouvelle disposition remplace avantageusement le procédé de distillation dans le verre ; d'ailleurs la marche de ces appareils est continue ou intermittente.

Il résulte d'un rapport présenté à la Société d'encouragement pour l'industrie nationale, par M. Lamy, professeur à l'école centrale des arts et manufactures, qu'au moyen du nouvel appareil

à cuvette de MM. Faure et Kessler on obtient des avantages incontestables pour la concentration à 66°. Ce procédé réduit de plus de moitié la masse de platine employé, et diminue, sous certaines conditions, les frais de concentration (V. fig. 13).

Ces industriels ont pensé qu'il y avait intérêt à réduire la hauteur de la couche d'acide contenue dans l'ancien alambic, et à le diviser en deux pièces : l'une, la cuvette, et l'autre, son dôme ou couvercle.

Ils construisent la cuvette en platine ; le couvercle peut être aussi en platine, mais ils ont reconnu qu'il pouvait être en plomb refroidi par de l'eau.

La jonction des deux pièces était le point le plus délicat ; elle a lieu hydrauliquement. On fait tremper le bord inférieur du couvercle dans une rigole ménagée au bord de la cuvette que remplissent constamment les liquides condensés contre le dôme. Cette condensation, lorsque le couvercle de plomb ou de platine est refroidi par l'eau, produit des petits acides qu'un tuyau de débordement soudé sur la rigole du joint conduit au dehors.

En 1863, M. Kessler avait déjà fait breveter l'emploi du couvercle en plomb sur une cuvette de platine. Mais l'imperfection du joint hydraulique avait rendu ce système défectueux; ce n'est qu'en 1871 qu'il devint praticable après les perfectionnements qui y furent apportés dans l'usine de MM. Faure et Kessler. Le 1er brevet de 1863 portait aussi l'emploi d'une circulation d'acide dans la cuvette qui servit plus récemment de base à la construction des nouveaux alambics plats de MM. Desmoutis, Quenessen et Lebrun, ainsi que ceux de MM. Johnson Matthey et C°. L'emploi des cloches de plomb réduit le poids de platine au-dessous du cinquième de celui employé dans les anciens alambics.

Tantôt MM. Faure et Kessler emploient plusieurs cuvettes en cascade recevant l'acide l'une de l'autre; tantôt ils remplacent cette disposition par les cloisons précitées qui forcent l'acide à circuler dans l'intérieur du vase en s'évaporant méthodiquement. Le refroidissement du couvercle dispense du réfrigérant des vapeurs. Lorsque les chambres sont à proximité de l'atelier de concentration, MM. Faure et Kessler conseillent de ne pas refroidir le couvercle, ou s'il est en plomb, de ne le refroidir qu'incomplètement, afin de pouvoir envoyer les vapeurs non condensées dans les chambres de fabrication.

Ils rendent à ces vapeurs la tension nécessaire en dirigeant dans le milieu du tube qui les y amène un jet de vapeur sous pression venant du générateur. On économise ainsi l'eau qu'il faudrait employer pour refroidir les vapeurs sortant des cuvettes, et le charbon nécessaire à la formation, dans le générateur, d'une quantité de vapeur d'eau correspondante.

Dans les localités où l'eau est rare, on peut avec ce système, non-seulement pourvoir à la production d'une partie des vapeurs nécessaires pour les alambics, mais encore, si cette eau est trop éloignée, en augmentant considérablement les dimensions du dôme en plomb, et en employant un réfrigérant approprié, concentrer l'acide sans l'intervention de l'eau, soit pour condenser les vapeurs, soit pour refroidir l'acide lui-même.

Le succès de ce nouvel appareil est principalement dû, suivant ses inventeurs, aux avantages suivants :

Une diminution énorme de l'usure de platine; une épargne du poids de ce métal telle que leur appareil revient à la moitié du prix des alambics tout en platine; — notamment une économie de combustible provenant de ce que tout ce qui est condensé par le couvercle est éliminé au dehors et ne retombe plus dans le vase; — une diminution de frais d'avarie et de réparation; la possibilité d'aborder tous les formats (une fabrique, près de New-York, possède un appareil qui produit par jour 15,000 kilogrammes d'acide à 66°); la facilité de pouvoir augmenter la production d'un appareil sans le changer en y ajoutant

une nouvelle cuvette; la suppression des joints à vis et à mastic, qui laissent toujours des fuites; une économie d'eau qui peut aller jusqu'à la suppression; et enfin, l'impossibilité presque complète de tous accidents.

Acide tannique. *Tannin.* $C^{54} H^{22} O^{34}$. Se trouve dans l'écorce de la plupart des arbres, les feuilles et les jeunes rameaux, notamment chez les chênes, les châtaigniers, les sumacs, dans le brou de noix, l'écorce de grenadiers, etc.; c'est un corps solide, inodore, saveur astringente, soluble dans l'eau; il se combine avec les membranes animales.

Lorsque le tannin est abandonné à l'air, il perd de l'acide carbonique et se transforme en *acide gallique* qui, distillé, donne de l'*acide pyrogallique*.

Le tannin sert au tannage des peaux; il est employé comme antiseptique, dans la médecine, en injections, et comme réactif du fer; il sert à faire des encres, mais son emploi principal est dans la teinture en noir et en gris. — V. TANNIN et TANNAGE.

Acide tartrique. $C^8 H^6 O^{12}$. Se trouve dans un grand nombre de fruits, notamment dans le raisin; il s'extrait du tartre des vins; c'est un corps solide, cristallisé, saveur acide, agréable, soluble dans l'eau, l'alcool; on l'emploie dans la préparation de l'eau de Seltz; en teinture, comme rongeant; il réduit les sels d'argent, aussi l'utilise-t-on dans l'argenture des glaces.

FABRICATION INDUSTRIELLE. — L'acide tartrique se fabrique aujourd'hui en grand, car cette matière sert, depuis quelques années, dans la manipulation des vins, à l'avivation artificielle de la coloration de ce liquide. Le procédé de fabrication le plus économique est basé sur la décomposition de la crème de tartre (bi-tartrate de potasse) par les acides. Le tartre brut est d'abord finement pulvérisé au moulin; cette opération terminée, on le porte dans des cuves en bois doublées de plomb, d'une contenance de 4 à 6 hectolitres; on les remplit ensuite avec de l'acide chlorhydrique concentré. On ajuste sur la cuve un couvercle en bois destiné à empêcher le dégagement des vapeurs acides qu'on amène dans les cuves par un serpentin en plomb, qui en contourne le fond. La crème de tartre se dissout rapidement et la matière colorante rouge, insoluble, reste au fond des cuves sous la forme d'un précipité boueux. La dissolution finie, le liquide est décanté dans une seule cuve en bois doublée en plomb de 2 ou 3 mètres cubes de capacité où s'opère, au moyen de la chaux, la décomposition du bi-tartrate de potasse en tartrate neutre de chaux insoluble, et en chlorure de potassium soluble. Un agitateur à palettes, disposé au centre de la cuve, remue la masse d'une manière continue pendant la durée de la décomposition de la crème de tartre. Un serpentin en plomb amène de la vapeur qui élève la température jusqu'à l'ébullition du liquide.

Le lait de chaux se prépare dans de petits tonneaux avec de la chaux éteinte, tamisée et soigneusement préparée. Quand le liquide est en mouvement et en pleine ébullition, on verse un des tonneaux de lait de chaux, puis un second au bout d'un temps assez long, et ainsi de suite. On s'arrête lorsque la liqueur n'est plus alcaline : la précipitation et la trituration durent un jour entier. La décomposition terminée, on laisse refroidir la cuve; on décante au moyen d'un robinet de vidange, on lave plusieurs fois le précipité de tartrate de chaux de manière à lui enlever tout le chlorure de potassium. Enfin, on décompose le tartrate de chaux par l'acide sulfurique hydraté, qui met en liberté l'acide tartrique. Cette dernière décomposition se fait dans des cuves en plomb d'une capacité de 5 à 6 hectolitres dans lesquelles on fait arriver, au moyen d'un serpentin, de la vapeur d'eau qui échauffe la masse. La solution d'acide tartrique est décantée au siphon, puis concentrée dans des chaudières en plomb, longues et peu profondes, sous lesquelles la vapeur circule; enfin, on fait cristalliser dans des cristallisoirs doublés de plomb, en forme de tronc de cône renversé, pouvant contenir de 300 à 400 litres de liquide. Pour obtenir l'acide tartrique en cristaux blancs, il est nécessaire de le soumettre à une deuxième cristallisation. — V. *encore les articles spéciaux dans leur ordre alphabétique.* — A. F. N.

Bibliographie : Dictionnaire de chimie industrielle, par BARRESWIL et A. GIRARD, 5 volumes, Paris, Delagrave; *Dictionnaire de chimie pure et appliquée,* par M. WURTZ, Paris, Hachette; *Nouveau traité de chimie industrielle,* par WAGNER, 2 vol., Paris, Savy; *Traité de chimie technologique et industrielle,* par KNAPP (traduit par MERIJOT et DEBIZE), 2 vol., Paris, Dunod; *Leçons de chimie appliquée aux arts industriels,* par GIRARDIN, 5 vol., Paris, G. Masson; *Précis de chimie industrielle,* par PAYEN, 2 vol., Paris, Hachette; *Traité de chimie organique,* par BERTHELOT, 1 vol., Paris, Dunod; *Carbonisation des bois en vases clos,* par B. VINCENT, 1 vol., Paris, Gauthier-Villars; *De l'industrie du département de l'Hérault,* par SAINTPIERRE, 1 vol., Montpellier; *Traité de chimie élémentaire,* par PELOUZE et FREMY, 7 vol., Paris, G. Masson ; *Traité de chimie élémentaire,* par CAHOURS, 3 vol., Paris, Gauthier-Villars; *Leçons de chimie,* par MALAGUTI, 5 vol., Paris, Delagrave.

ACIDIFICATION. *T. de chim.* Action de se convertir en acide. L'acidification du vin, de la bière, a lieu lorsque ces boissons s'altèrent et se changent en acide acétique par l'oxydation de leur alcool.

ACIER. *T. de métall.* L'acier est un composé de fer et de carbone pouvant subir la trempe, restant malléable à chaud et à froid, s'il n'est pas trempé. L'acier, chauffé au rouge et refroidi brusquement, devient dur et cassant ; c'est cette opération qu'on appelle la *trempe.* Cette dureté, cette fragilité, dépendent de la température à laquelle l'acier a été chauffé et du liquide qui a servi au refroidissement brusque du métal. En réchauffant l'acier trempé jusqu'à une certaine température et le laissant refroidir lentement, il se détrempe; cette opération inverse se nomme le *recuit.* Le métal reprend alors une partie de sa douceur et de sa malléabilité, suivant la température à laquelle a été porté l'acier, ce qui peut lui communiquer des degrés de dureté très différents. Quand l'acier est trempé sans aucun recuit, sans qu'*on le fasse revenir,* comme disent

les praticiens, il est dit *trempé de toute sa force.* Ce cas est rare ; généralement, on opère avec recuit, et on distingue les différents degrés de trempe par la couleur que prend le métal, et qui est due à une oxydation superficielle variant du jaune au bleu foncé, en passant par le brun et le rouge pourpre. — V. RECUIT, TREMPE.

L'acier convenablement trempé devient élastique, inattaquable à la lime ; il est capable, à son tour, d'entamer le fer, la fonte et l'acier moins trempé que lui. On comprend donc tous les services que ce métal a dû rendre à l'humanité.

GÉNÉRALITÉS SUR LES ACIERS. Les progrès de la métallurgie du fer ont montré, dans ces dernières années que, entre le fer chimiquement pur, ou ne renfermant que des traces de carbone, et la fonte, qui peut en contenir jusqu'à 5 et 6 0/0, il y a une série continue, dont l'acier n'est qu'un des termes.

Le carbone, dont une partie est simplement mêlée au fer, et dont l'autre est intimement combinée, ou plutôt à l'état de dissolution, différencie seul ces nuances de métal, soit par la quantité absolue de ce métalloïde, soit par les proportions relatives de celui qui est combiné et de celui qui ne l'est pas. L'acier est donc intermédiaire entre le fer et la fonte, et l'on ne peut dire où commence l'acier et où il finit.

Le carbone combiné est invisible à l'œil ; il se dissout dans les acides en colorant cette dissolution en brun plus ou moins foncé. Ce caractère est assez net pour avoir permis de fonder sur lui un procédé de dosage du carbone ; c'est le procédé Eggertz, usité dans beaucoup d'usines, à cause de sa grande rapidité, plus que par son exactitude absolue. L'attaque se fait à l'acide nitrique à 24° Baumé et toujours à une même température de 80° centigrades dans un bain-marie. On compare la teinte de la dissolution avec des étalons renfermés dans des tubes.

Le carbone non combiné, ou *graphite,* est mécaniquement interposé dans la masse du métal; on le distingue généralement à l'œil. Il provient d'un excès de carbone primitivement en dissolution et devenu subitement insoluble par le refroidissement.

Le fer ne renferme que du carbone combiné, et en très faible proportion, généralement moins de deux millièmes.

L'acier a son carbone presque complètement à l'état combiné, cependant, il peut renfermer un peu de graphite. L'ensemble ne dépasse pas 2 0/0. La *fonte* renferme de 2 à 6 0/0 de carbone entièrement combiné, comme dans la fonte blanche, ou partiellement seulement dans la fonte grise.— V. FER, FONTE.

Autrefois, il n'y avait aucune ambiguïté entre le fer et l'acier. D'abord, telle méthode donnait du fer et telle autre donnait de l'acier ; de plus, en recourant à l'épreuve si simple de la trempe, on arrivait vite à la distinction.

Les procédés modernes, auxquels sont attachés, d'une manière immortelle, les noms de Bessemer, de Martin et de Siemens, permettant de faire à volonté un terme quelconque de la série continue qui existe entre le fer et la fonte, ont introduit une certaine confusion dans les idées acceptées jusqu'alors. Le vulgaire s'est habitué à appeler *acier, tous les produits de l'opération Bessemer ou du four Martin-Siemens,* qu'ils prennent ou non la trempe. Il en résulte que les produits ordinaires de ces industries nouvelles, les rails, les tôles, par exemple, continuent de s'appeler *rails d'acier, tôles d'acier,* et quoique d'une manière générale, ils n'aient pas le caractère distinctif de l'acier et ne prennent ordinairement pas la trempe.

Tout en protestant contre cette appellation vicieuse, nous serons obligés, malgré nous, de nous en servir au cours de cet ouvrage, il y a des courants qu'on ne peut remonter ; et, d'ailleurs, on n'a pas su trouver une bonne dénomination pour ces produits nouveaux : *fer fondu* était impropre, car il pouvait s'appliquer à la fonte ; *métal fondu* était trop vague, car il comprenait, au besoin, tous les métaux qui ont passé par la fusion ; *métal homogène, fer homogène,* n'étaient pas meilleurs, quoique cette dernière appellation nous semble la moins mauvaise. Aucune n'a prévalu. Donc, ce qui caractérise les trois types fondamentaux de la série continue du fer plus ou moins carburé, le *fer,* l'*acier,* la *fonte,* ce sera, en l'absence de la trempe, la proportion de carbone.

Nous dirons que le fer et l'acier doux renfermeront de 0 à 2 millièmes de carbone ; l'acier renfermera depuis 2 millièmes jusqu'à 20 millièmes de carbone, et il sera alors plus ou moins dur, plus ou moins susceptible de prendre la trempe. La fonte aura de 2 à 6 0/0 de carbone. Nous ne nous dissimulons pas tout ce qu'il y a encore d'incorrect dans une semblable classification, mais nous laisserons aux métallurgistes de l'avenir le moyen de faire mieux. Le fer, allié au carbone, a des propriétés qui varient avec la proportion que le métal obtenu en renferme.

La malléabilité à chaud est la propriété que possède un corps de se modeler, de s'étirer, sous le marteau ou au laminoir, sans se rompre, se gercer ou tomber en poussière. On ne connaît pas quelle est la malléabilité à chaud du fer pur, elle doit être considérable ; car, le fer qui s'en rapproche le plus, celui que l'on peut obtenir aussi dégagé que possible des impuretés qui se trouvent dans le minerai qui a servi à le préparer, jouit d'une merveilleuse malléabilité, le métal se forge d'autant mieux qu'il renferme moins de carbone. Il en résulte que l'acier, qui doit surtout nous occuper ici, est d'autant plus malléable à chaud qu'il est moins carburé. Les aciers doux sont donc très malléables, et cette propriété se maintient à toute température, c'est-à-dire, qu'à froid, l'acier doux ou peu carburé se déforme, s'étire en lames, en fils, sous un effort plus ou moins grand, mais sans se rompre ; quand la température s'élève, cette malléabilité augmente pour devenir maxima à la chaleur blanche. A mesure que l'acier renferme plus de carbone, la malléabilité à froid diminue, il faut un effort de

plus en plus grand pour faire subir au métal une déformation sensible ; de plus, la malléabilité, tout en croissant avec la chaleur, disparaît quand la température devient très élevée ; les *aciers durs* ou très carburés ne se forgent pas, et ne se laminent pas à une température supérieure au jaune ou même au rouge vif. A une température plus élevée, l'acier se *brûle* et tombe en morceaux. — V. Brûlé (fer).

Il n'y a de malléable, avec les restrictions que nous venons d'indiquer, que le fer et l'acier ; la fonte ne l'est pas du tout. Donc, pour qu'un terme de la série du fer carburé soit malléable et laminable, il faut qu'il renferme moins de 2 0/0 de carbone. Déjà, dans l'acier à 1,5 0/0 de carbone, la malléabilité est faible ; la température à laquelle on peut la constater est comprise entre des limites très étroites ; les limites extrêmes, très distantes quand il y a peu de carbone, se rapprochent à mesure que la proportion de celui-ci augmente. La fusibilité dans la série carburée du fer est en relation simple avec la proportion de carbone : nous connaissons peu le fer chimiquement pur, mais il est très probablement infusible. Le fer, l'acier doux, qui s'en rapprochent, sont difficilement fusibles, et la fusibilité croît dans l'acier avec la proportion de carbone ; la fonte est encore plus fusible que l'acier.

Lorsqu'on soumet une barre métallique à un effort de traction, la résistance qu'elle éprouve à s'allonger, l'effort sous lequel arrive la rupture, varient d'un corps à l'autre ; il en est de même de l'allongement au moment de la rupture.

D'un ensemble d'expériences faites aux aciéries de Terre-Noire, M. Deshayes a conclu que la charge en kilogrammes, par millimètre carré, qui amène la rupture dans les essais de traction des aciers, pouvait être représentée par la formule

$$R = 30 + 18C + 36C^2$$

où C est la teneur en carbone exprimée en centièmes et peut varier de 0 à 1 0/0 ; l'allongement sur une barre de 100 millimètres de longueur peut être représenté par

$$A_1 = 42 - 36C$$

ou pour une barre de 200 millimètres de longueur

$$A_0 = 35 - 30C.$$

En appliquant ces formules empiriques au fer pur, nous trouvons une résistance à la rupture par traction de 30 kilogrammes seulement par millimètre carré, avec un allongement de 35 à 42 0/0, suivant que la barre a une longueur de 200 millimètres ou seulement de 100 millimètres. Quoique ces nombres ne semblent pas concorder avec l'opinion que se fait le vulgaire sur les propriétés du fer pur, nous trouvons, au contraire, qu'ils sont conformes à sa malléabilité extrême, et qui dit malléabilité à froid, dit allongement facile sous une charge relativement faible, avec rupture rapide, par suite de la diminution de section que présente la barre sous un effort croissant.

Si nous quittons les aciers et que nous passions à la fonte, nous observons, au contraire, que la charge de rupture diminue rapidement en même temps que l'allongement. L'action du carbone en excès se fait sentir et communique une diminution de résistance en même temps qu'une restriction dans l'allongement; la rupture se fait subitement, sans s'annoncer par une déformation.

Voici quelques exemples de la variation, dans les propriétés de l'acier, avec la teneur en carbone :

Aciers carburés, laminés et recuits. Usine de Terre-Noire.

Teneur en carbone pour 100	Limite d'élasticité	Charge de rupture	Allongement pour 100	
			sur 200 m/m	sur 100 m/m
		kilogr.		
0.100	18.50	34.0	32.9	39.4
0.200	20.0	37.0	29.5	35.8
0.300	22.0	48.5	26.7	32.2
0.400	24.0	44.5	23.60	28.6
0.500	25.5	49.0	20.50	25.0
0.600	27.5	54.0	17.40	21.40
0.700	30.0	59.0	14.30	17.80
0.800	32.5	65.5	11.20	14.20
0.900	36.0	74.0	8.10	10.60
1.000	39.5	86.0	5.00	7.00

MM. Vickers, de Sheffield, ont fait une série d'expériences sur des aciers à proportion croissante de carbone, et ont publié en 1861, à la Société des *Mechanical Engineers*, les résultats qu'ils avaient obtenus.

Teneur en carbone	Charge de rupture	Allongement pour 100 (la longueur de la barre étant de 356m/m)
0.33	47.7	9.8
0.43	53.3	9.8
0.48	58.7	8.9
0.53	66.5	8.0
0.58	65.0	5.8 (paille)
0.63	70.3	7.1
0.74	71.3	4.9
0.84	86.4	8.0
1.00	94.0	7.6
1.25	108.0	4.3

Ces essais ne montrent pas une loi aussi évidente que celle qui ressort des essais ci-dessus, mais ils ne sont pas, comme les autres, la moyenne d'un grand nombre d'expériences, de sorte qu'ils présentent quelques anomalies. Ces résultats suffisent pour montrer combien les propriétés de l'acier peuvent varier avec sa teneur en carbone.

Une autre propriété importante, la *soudure*, varie dans les aciers avec la teneur en carbone, et nous en dirons quelques mots.

On donne le nom de *soudure* à l'opération par laquelle deux morceaux de métal, préalablement chauffés, peuvent se réunir en un seul, sous l'action d'une compression brusque, comme un coup de marteau, ou progressive, comme le laminage. Cette propriété d'être *soudant* appartient, avant tout, au fer, mais l'acier la possède aussi, plus ou moins. L'acier est moins soudant que le fer,

et il l'est d'autant moins qu'il est plus carburé. La présence du carbone semble un obstacle à cette opération; cependant, au moyen d'artifices tendant à écarter le contact oxydant de l'air et à faciliter le décapage des morceaux que l'on veut souder, on peut arriver à une soudure convenable entre des morceaux d'acier ayant 1 0/0 de carbone. Le fer, au contraire, se soude à la chaleur blanche sans difficulté ; comme l'acier ne pourrait atteindre cette température sans se décomposer, on est obligé de recourir aux artifices dont nous avons parlé, pour amener le rapprochement des particules métalliques, sans oxyder ou détériorer les surfaces.

L'acier possède encore, au point de vue *magnétique*, des propriétés particulières qui le différencient du fer. Lorsqu'on cherche à aimanter, ou directement par le frottement d'aimants, ou indirectement par le passage d'un courant électrique qui l'enveloppe, un barreau de fer ou d'acier, il se passe le phénomène suivant : plus le métal renferme de carbone, plus le barreau a de peine à se transformer en aimant, mais aussi plus l'action magnétique persiste quand on cesse l'aimantation. Cette force, nulle dans le fer, considérable dans l'acier très carburé et trempé, et qui permet au magnétisme de se conserver, porte le nom de *force coercitive*.

Lorsque le fer est doux, c'est-à-dire, peu ou point carburé, il ne peut former, sous l'action d'un courant électrique que des aimants temporaires ou *électro-aimants*, dont l'aimantation cesse en même temps que le courant qui lui a donné naissance. C'est sur cette propriété du fer doux qu'est fondée en grande partie la télégraphie électrique, et c'est à la force coercitive de l'acier que nous devons l'*aimantation de la boussole*.

Cette manière différente de se comporter, sous l'action d'un solénoïde, suivant la composition du métal, a conduit à une méthode d'analyse encore bien nouvelle pour déterminer la douceur relative des aciers. On peut procéder de deux manières : dans l'une, on place le barreau dans l'intérieur d'un solénoïde parcouru par un courant constant et à distance fixe d'une aiguille aimantée. Sous l'action magnétique développée par le courant, l'aiguille est déviée et l'on comprend que l'on puisse relier l'importance de cette déviation à la nature chimique de l'acier; c'est la méthode employée par M. Hughes; dans l'autre, le barreau, également aimanté par un solénoïde, parcouru par un courant constant, attire une aiguille aimantée qu'une pièce d'acier ramène au zéro, malgré l'action du barreau aimanté. Naturellement, la distance à laquelle il faut placer ce barreau compensateur est d'autant plus grande que le barreau essayé est moins aimanté et agit moins sur l'aiguille ; on comprend, qu'en faisant glisser ce barreau compensateur sur une échelle graduée, on puisse lire en un instant le degré de carburation et de dureté de l'acier expérimenté, si on a bien eu soin d'opérer, toutes choses égales d'ailleurs, dans les *mêmes conditions de volume de la barre, de recuit ou de trempe, etc.* C'est la méthode proposée par M. Osmond.

Quant à la *conductibilité électrique* proprement dite, celle qui est mise en jeu dans l'emploi des fils télégraphiques, par exemple, elle a été encore peu étudiée. Les fils télégraphiques ne doivent pas avoir de force coercitive, aussi, n'a-t-on jamais pensé à les faire en acier dur; mais actuellement qu'on peut obtenir en acier extra-doux des produits comparables aux fers les plus renommés, la question se pose de nouveau. Elle n'est pas encore complètement résolue, mais il semble que deux éléments doivent être réduits dans l'acier, au minimum, le carbone d'abord, et peut-être encore plus le manganèse, qui augmente beaucoup la résistance au passage du courant. Le grand avantage qu'aurait l'introduction de l'acier extra-doux dans la fabrication des fils télégraphiques, ce serait de réduire beaucoup le prix de ceux-ci, tout en leur assurant une résistance à la traction, un peu supérieure, avec une homogénéité parfaite et une meilleure galvanisation.

Coefficient d'élasticité des aciers. Une opinion assez généralement répandue, c'est que la fonte, l'acier et le fer, se comportent d'une manière tout à fait différente sous un effort de traction donné, avant que la limite d'élasticité ne soit atteinte; en d'autres termes, le *coefficient d'élasticité*, dans la série continue qui nous occupe, varierait considérablement. Des moyens perfectionnés d'observation et une analyse plus raisonnée des circonstances dans lesquelles sont faites les expériences, ont montré que, pour les aciers qui nous occupent ici plus particulièrement, *le coefficient d'élasticité est le même pour toutes les nuances d'aciers*, depuis les aciers extra-durs jusqu'aux aciers extra-doux, qu'ils soient obtenus au creuset, par les procédés Bessemer ou Martin.

Ce coefficient est de 2,250,000 kilogrammes. De plus, ce coefficient ne varie pas, soit qu'on opère sur des barres ayant une section circulaire ou rectangulaire; mais il semble, d'une manière générale, plus grand dans le sens du laminage que dans le sens transversal. Ceci s'observe surtout dans les tôles où l'exagération du travail, dans un sens principal, produit une rupture d'équilibre moléculaire, un écrouissage qui diminue la densité.

Limite d'élasticité. Dans la série continue entre le fer et la fonte, la considération de la *limite d'élasticité* n'a d'importance que pour le fer et les aciers. La fonte ne travaillant, en général, que par compression, il n'y a pas lieu de se préoccuper beaucoup du commencement de sa déformation permanente par traction. Pour le fer et l'acier, qui travaillent plutôt par traction, la considération de la limite d'élasticité est d'une grande importance. Celle-ci serait plus grande encore, si l'on pouvait donner aux équations de la résistance des matériaux une autre forme, comprenant la limite d'élasticité et non pas le coefficient d'élasticité. Or, on sait que toutes les questions de déformations élastiques s'obtiennent par une équation différentielle du second ordre, où le coefficient d'élasticité de la matière employée, le moment d'inertie de la figure de la pièce, et une dérivée seconde, sont multipliés entre eux, et ce produit doit être égalé au moment des forces extérieures.

La limite d'élasticité ne s'introduit, en réalité, que comme fraction de la charge de rupture, mais cela lui permet déjà de faire un chemin qui deviendra de plus en plus grand. On commence à comprendre que si on ne construit pas pour que les pièces se brisent, on ne construit pas non plus pour qu'elles se déforment d'une manière permanente, car la déformation permanente est le chemin de la rupture. Cette dernière conclusion dérive de ce fait expérimental, mis pour la première fois en évidence par Fairbairn, qu'un métal, exposé à des mises en charges multipliées, quoique au-dessous de la limite d'élasticité, arrive forcément à la rupture, au bout d'un certain temps. L'étude de la limite d'élasticité des aciers, l'influence que leur teneur en carbone exerce sur elle, n'est pas aussi avancée que celle de la charge de rupture. On peut dire, cependant, que la *limite d'élasticité est en général la moitié de la charge de rupture;* par conséquent, en se servant de la formule citée plus haut, et qui donne la résistance à la rupture en fonction du carbone, on aurait la relation approchée, en appelant L la limite d'élasticité:

$$L = 15 + 9C + 18C^2.$$

INFLUENCE DES CORPS ETRANGERS SUR LES ACIERS. Si l'acier théorique doit être considéré comme composé uniquement de fer pur et de carbone, en pratique, les choses sont loin de se passer ainsi. Comme nous le verrons, l'acier s'obtient par différentes méthodes qui ont, naturellement, pour point de départ le minerai de fer, la fonte ou le fer. Le fer est associé, dans les minerais, à un grand nombre d'autres éléments qu'il serait trop long d'énumérer ici; la plupart se réduisent partiellement en même temps que le fer. C'est ainsi que dans la fonte on trouve du phosphore, du soufre, du silicium, de l'arsenic, du manganèse, et d'autres métaux. Il est donc également naturel que le fer ou l'acier, qui dérivent de l'affinage de la fonte, retiennent également une partie de ces éléments étrangers. Ceux que l'on pourra le plus facilement éliminer, seront ceux qui sont très oxydables et d'une faible affinité pour le fer, comme le manganèse, le silicium et les métaux alcalins, comme le calcium ou alcalino-terreux, comme le magnésium et jusqu'à un certain point seulement, l'aluminium, qui n'est pas aussi oxydable.

Influence du soufre. Ainsi que le montrera notre étude de la déphosphoration (V. DÉPHOSPHORATION), des deux éléments perturbateurs principaux de la qualité des aciers, le soufre et le phosphore, le premier est devenu le plus important, puisqu'on peut se débarrasser du second.

Le soufre, à la dose de un millième, rend le laminage difficile, même dans les aciers extra-doux, et quand on saura qu'en France, notamment, où les cokes sont sulfureux, il nous est difficile, sans artifices spéciaux, de produire des fontes, ayant 2, 3 et jusqu'à 6 millièmes de soufre, on comprendra l'importance de la présence du soufre dans les aciers, et les efforts que font maintenant les métallurgistes pour se débarrasser de cette impureté, devenue prépondérante, maintenant que le phosphore n'est plus en jeu. En général, la présence du soufre, dans les aciers, se décèle par une teinte plus foncée, qu'il est facile surtout de distinguer dans les nuances extra-douces, qui auraient une tendance à donner un grain très blanc. — V. DÉSULFURATION.

Influence du phosphore. Longtemps, le phosphore a été la plaie de la métallurgie. S'il est facile, moyennant une dépense supplémentaire, d'éliminer tout le soufre au haut-fourneau, en le faisant passer dans les laitiers, on ne peut, dans cet appareil, empêcher le phosphore de se réduire en totalité et de se concentrer dans la fonte. En présence de l'impossibilité d'éliminer le phosphore, avant le succès du procédé Thomas et Gilchrist, on avait essayé, à l'usine de Terre-Noire, en 1873, de remédier partiellement aux défauts des aciers phosphoreux.

Conformément à une loi naturelle, dont nous reparlerons plus tard, si le carbone est l'origine des propriétés si précieuses de l'acier et qui ont influé d'une manière indiscutable sur les progrès de la civilisation, c'est à condition que d'autres éléments étrangers n'exercent pas une action secondaire. Le carbone, en effet, semble exalter l'effet des corps qui sont avec lui, mélangés ou combinés au fer, et, malheureusement, cet effet n'est pas toujours bienfaisant. Le phosphore est un des corps dont l'influence est modifiée par la présence du carbone, de la manière la plus importante. En s'appuyant sur ce fait expérimental que du fer, à peine carburé, peut renfermer jusqu'à 6 millièmes de phosphore sans perdre sa malléabilité à chaud, tandis que l'acier, à cinq ou six millièmes de carbone, ne peut se laminer que si la proportion du phosphore qu'il renferme est inférieure à un millième, il était naturel de supposer que de l'acier, n'ayant pas plus de carbone que du fer, pourrait conserver sa malléabilité, malgré une teneur élevée en phosphore.

Cette idée théorique · fut vérifiée par l'expérience, et donna lieu à la fabrication des *aciers doux phosphoreux*, dont on put formuler ainsi, à Terre-Noire, les conditions de fabrication :

« On peut introduire du phosphore, dans l'acier fondu, à la condition d'éliminer le carbone, et moins l'acier contiendra de carbone, plus il pourra contenir de phosphore. »

Voici quelques exemples de coulées phosphoreuses laminées en tôles et fabriquées aux usines de Terre-Noire.

Années	Phosphore	Manganèse	Carbone
1873	0.247	0.746	0.310
	0.273	0.800	0.274
	0.398	0.691	0.300
	0.300	0.666 ·	0.221
1874	0.336	0.600	0.236
	0.388	0.630	0.230
	0.410	0.510	0.267
	0.455	0.506	0.231

Essayés à la traction, en tôles de 10 millimè-

tres, ces aciers donnèrent des résultats très curieux, qui montrent que le phosphore n'influe pas beaucoup sur la charge de rupture et l'allongement final mesuré sur 200 millimètres de longueur.

Phosphore	En long			En travers		
	Limite d'élasticité	Charge de rupture	Allongement pour 100	Limite d'élasticité	Charge de rupture	Allongement pour 100
0.300	33.7	54.75	19.5	33.4	56.6	18.1
0.331	40.7	59.30	20.1	40.2	59.0	19.0
0.388	»	53.0	14.8	»	57.1	15.2
0.410	38.3	57.8	17.0	37.9	58.3	11.2
0.455	33.1	54.7	19.9	33.6	56.3	15.8

Au choc, cet acier résistait aux épreuves imposées par les Compagnies de chemins de fer, et une grande quantité de rails furent fabriqués avec une teneur en phosphore relativement élevée.

Comme on le voit par les analyses ci-dessus, la teneur en carbone était encore assez forte, et il est certain que si on avait disposé, à cette époque, des moyens que l'on a maintenant pour faire des aciers plus doux, l'influence du phosphore se serait fait sentir moins ; la loi de l'incompatibilité du carbone et des éléments durcissants renfermés dans l'acier aurait été mise davantage en évidence.

Les aciers phosphoreux ont eu, à une certaine époque, un assez grand intérêt, et l'influence que le manganèse semblait avoir sur leurs qualités, a été le point de départ de recherches sur l'action que ce corps peut avoir sur l'acier.

Influence du manganèse. C'est encore à la Compagnie de Terre-Noire que l'on doit les études les plus intéressantes et les plus méthodiques, de l'influence qu'exerce le manganèse sur les propriétés de l'acier. En 1878, elle avait exposé une série de cinq coulées d'acier ayant, pratiquement, la même teneur en carbone et en phosphore avec des teneurs en manganèse croissantes. En voici les analyses :

Numéros des coulées	Teneur pour 100		
	Manganèse	Carbone	Phosphore
26	0.521	0.450	0.06
33	1.060	0.467	0.07
30	1.305	0.515	0.06
21	2.008	0.560	0.06
17	2.458	0.593	0.07

Toutes ces coulées (à l'exception de celle qui avait près de 2 1/2 0/0 de manganèse, et qui se montra d'un laminage délicat) se forgèrent et se laminèrent facilement, résistant très bien à toutes les épreuves, mais *avec une tendance à l'aigreur.* Ainsi, à l'état naturel, ces aciers résistaient au choc, mais à la trempe à l'eau, certaines barres éclataient. Voici, du reste, ce que donnèrent les essais à la traction :

Teneur en manganèse.	0.521	1.060	1.305	2.008
État naturel.				
Limite de l'élasticité	26ᵏ3	31ᵏ2	41ᵏ2	47ᵏ7
Charge de rupture.	51.3	61.1	76.5	88.5
Allongement 0/0. . .	24.5	21.4	17.4	10.5
Métal trempé à l'huile.				
Limite d'élasticité. .	41.7	92	fendu	fendu
Charge de rupture. .	76.5	rupture	à la	à la
Allongement 0/0. . .	12.0	au repère	trempe	trempe

Ces essais suffisent à montrer que le manganèse a surtout pour effet d'exagérer l'action de la trempe, tandis que l'on avait observé une inertie complète du phosphore à ce point de vue. De plus, le manganèse augmente la charge de rupture assez sensiblement.

Influence du silicium. Le métalloïde qui est produit par la réduction de la silice, le silicium a beaucoup de chances de se rencontrer dans la métallurgie du fer et de l'acier, car la silice est rarement absente. Le silicium est un des corps dont l'influence sur les aciers est encore méconnue, parce que la présence du carbone multiplie d'une manière considérable l'action qu'il pourrait exercer.

Dans les fers, on a attribué au silicium bien des effets, qui devaient être mis sur le compte de la silice contenue dans le silicate interposé, et Karsten lui-même s'y est trompé. Dans les aciers, la fragilité à froid et à chaud qu'on leur a reprochée, quand ils renfermaient une proportion notable de silicium, est due surtout à la présence simultanée du carbone et du silicium, et nous retrouvons encore ici une application de cette loi naturelle que *le carbone exalte les propriétés durcissantes* des autres corps étrangers ; en un mot, c'est lui qui cause l'*aigreur.*

Le silicium est réhabilité maintenant. C'est lui qui donne la chaleur dans l'opération Bessemer ; c'est lui qui permet d'obtenir des aciers sans soufflures, en empêchant, par son avidité pour l'oxygène, la réaction de l'oxyde de fer sur le carbone dans l'acier liquide, et, par conséquent, la production d'oxyde de carbone. Ce sont les travaux d'un professeur de Przibram, feu Mrazek, qui ont mis en évidence les propriétés inoffensives du silicium. Le siliciure de fer qui ne renferme que des traces de carbone peut, même avec 7,42 0/0 de silicium, se forger parfaitement.

Quant aux aciers, il faut distinguer deux cas :

1° Quand la proportion de carbone est au-dessous de 2 millièmes, l'acier peut, sans cesser d'être laminable, renfermer plus de 1 0/0 de silicium ;

2° Quand la proportion de carbone est de 4 millièmes et au-dessus, la teneur en silicium ne doit pas dépasser 4 à 5 millièmes : à 2 millièmes de silicium, rien n'est changé dans les propriétés de l'acier. Or, quand un affinage ne présente pas

de particularités spéciales, c'est le silicium qui disparaît le premier ; il y a donc peu de chances de rencontrer ce corps dans l'acier, quand on ne l'introduit pas par la recarburation finale. Dans ce cas même, le silicium ne pourra agir qu'en proportion supérieure à 2 millièmes.

Il nous reste, pour résumer cette influence des corps étrangers sur les propriétés de l'acier, à compléter les formules que nous avons déjà données pour le carbone, sur l'autorité de M. Deshayes, et nous aurons ainsi

$$R = 30 + 18C + 36C^2 + 1,8Mn + 1,5Ph + 1,0Si$$

où R est la résistance à la rupture par traction, par millimètre carré ; C, Mn, Ph, Si, étant les proportions de carbone, de manganèse, de phosphore et de silicium, renfermées dans l'acier.

Quant à l'allongement, mesuré sur 100 millimètres seulement, il devient

$$A_t = 42 - 36C - 0,55Mn - 0,60Si.$$

Quelle que soit la valeur de semblables formules, on voit, en résumé, que pour la résistance à la traction, c'est l'influence du carbone qui domine ; le manganèse, le phosphore et le silicium ont bien une certaine action, mais qui est forcément assez faible, puisque chacune de ces impuretés se trouve, en général, moindre que un centième. Pour l'allongement, on remarquera qu'il n'est pas question de phosphore, et que le manganèse et le silicium ont une influence faible relativement à celle du carbone.

DE QUELQUES ACIERS SPÉCIAUX

Comme nous l'avons dit plus haut, le carbone modifie, d'une manière qui n'est pas toujours avantageuse, l'influence qu'exercent les corps étrangers sur le fer. Lorsque l'un de ces corps devient prédominant, cette action du carbone s'atténue, au point de disparaître même. C'est ainsi qu'un acier, à 1 0/0 de carbone et 2 0/0 de manganèse possède une sensibilité à la trempe, qui est accompagnée d'une grande diminution de résistance vive. Il n'en est plus de même, si, avec cette même teneur de 1 0/0 de carbone, la proportion de manganèse s'élève à 20 0/0. La teneur du carbone restant constante, son rapport à la quantité de manganèse devient alors dix fois plus faible, et l'on constate le plein effet du manganèse. C'est sur cette considération théorique, que sont fondés quelques *aciers spéciaux* qui commencent à entrer dans la pratique, et qui ouvrent à l'industrie humaine un nouveau champ, que nous croyons appelé à un certain avenir ; aussi en dirons-nous quelques mots ici. En réalité, ce sont plutôt des *alliages* avec le fer que des *aciers* proprement dits ; cependant nous leur conserverons cette dernière dénomination pour nous conformer à l'usage établi.

Aciers à haute dose de manganèse. Lorsqu'on cherche à incorporer à un acier, d'un degré de carburation donné, des quantités croissantes de manganèse, on arrive à constater une dureté et une fragilité telles, quand on dépasse la teneur de 2 0/0, que ces aciers ne semblent pas présenter un grand intérêt pratique.

Nous citerons, par exemple, une coulée à 3,50 0/0 de manganèse faite à Terre-Noire. Tout en donnant des lingots très sains, à grain extrêmement brillant, elle était si dure et si fragile qu'on pouvait réduire le métal en poudre fine dans un mortier. Cet acier pouvait cependant se laminer, mais sans qu'il fut possible de le travailler, à froid, à l'outil. La trempe, même à l'huile, exagérait encore ces propriétés.

Des essais, faits en Allemagne, en 1880, avaient produit des résultats analogues, qui semblaient décourageants.

Un industriel anglais, M. Hadfield, fabricant de moulages d'aciers à Sheffield, eut l'idée originale, ignorant probablement l'insuccès de ses devanciers, de forcer hardiment la dose du manganèse pour une teneur en carbone donnée.

En fondant de l'acier doux dans des creusets, ajoutant du ferromanganèse à 80 0/0 de manganèse préalablement fondu et agitant, pour obtenir un mélange homogène, il parvint à réaliser des alliages peu carburés, renfermant 10, 20 et même 30 0/0 de manganèse, et qui possèdent des propriétés bien différentes des aciers à 3 0/0 de manganèse dont nous venons de donner une si triste idée. Voilà deux analyses de ces aciers :

Manganèse	11.25	19.90
Carbone	1.00	1.80
Silicium	0.20	0.10
Soufre	0.03	0.04
Phosphore	0.07	0.09

Ces aciers se laminent parfaitement. Ils possèdent une dureté qui croît avec la proportion de manganèse, mais qui n'empêche pas le travail à l'outil pour les teneurs inférieures à 12 0/0.

Ce changement radical dans les propriétés de ce genre d'acier, commence aux environs de 7 à 8 0/0 de manganèse, ce qui correspond, vu le mode de fabrication, à une teneur en carbone de 6 millièmes environ. Ces aciers sont sans soufflures, très liquides, prenant bien l'empreinte des moules, et comme ils jouissent d'une grande résistance, il est probable que leur emploi pour les pièces en acier coulé se développera. Ce qu'il y a de remarquable, en effet, et ce que nous retrouverons dans les aciers chromés, c'est qu'à la traction ces aciers conservent, avec une charge de rupture élevée, un grand allongement; ce qui nous donne l'explication de leur grande résistance au choc, ils se déforment beaucoup avant de rompre.

Un échantillon à 9 0/0 de manganèse, martelé, a donné à l'arsenal de Woolwich, 65 kilogrammes de résistance à la rupture avec 20,85 0/0 d'allongement mesuré sur 200 millimètres de longueur. Lorsqu'on exagère la teneur en manganèse on a un métal excessivement dur, quoique résistant au choc, mais qui peut à peine se travailler à la meule d'émeri. On obtient ainsi, des rasoirs, des haches, d'un tranchant tel que l'on peut couper du fer sans les ébrécher. Ces outils sont coulés et aiguisés à la meule, mais ne sont pas trempés.

Aciers chromés. Les aciers chromés ont fait leur première apparition pratique à l'Exposition universelle de Philadelphie en 1876. Quoique la proportion de chrome qu'ils renfermaient ne fut pas aussi considérable que l'annonçaient les fabricants américains, cependant leurs propriétés attirèrent l'attention de deux usines françaises qui s'en occupèrent tout spécialement, les aciéries Holtzer, à Firminy, et celles de Terre-Noire. En 1878, les aciéries Holtzer avaient exposé un certain nombre d'échantillons d'aciers chromés ainsi que les barrettes ayant servi aux essais de traction. Le tableau suivant donne les chiffres obtenus, mais nous regrettons que les teneurs en chrome et en carbone aient été laissées dans le vague d'une lettre et d'un indice dont nous n'avons pas la clef.

Préparation subie par les échantillons		Composition chimique	Limite d'élasticité	Charge de rupture	Allongement pour 100
			kilogr.	kilogr.	
	A 1		53.50	89.30	8.50
	A 2		46.60	75.00	15.50
Recuits	A 3		57.80	92.00	7.50
non trempés	B 2		73.30	126.00	7.0
	B 3		60.20	91.00	8.0
	B 4		46.10	72.20	15.0
Trempés	A 1		80.0	113.60	6.8
à l'huile et	A 2		100.2	110.40	4.5
recuits	A 3		90.4	96.70	5.50
au	B 2		90.0	114.00	5.50
rouge sombre	B 4		46.0	71.80	15.50
Trempé à l'huile non recuit	B 4		113.3	133.20.	6.00

Le manque de renseignements sur la composition chimique nous empêche de déduire de ce tableau toutes les déductions qu'il comporte. Nous remplirons cette lacune en reproduisant ce que M. Brustlein a communiqué sur les propriétés générales de ces aciers.

« Le chrome a pour effet d'élever dans un acier non trempé, la charge de la rupture et surtout la limite d'élasticité, tout en laissant à cet acier l'allongement correspondant à sa teneur en carbone; c'est-à-dire qu'un acier chromé, tout en présentant la résistance d'un acier dur, est moins cassant qu'un acier de même dureté simplement carburé.

« Le chrome, allié au fer, ne lui communique pas la propriété de prendre la trempe comme le carbone; mais un acier chromé et carburé prend plus vivement la trempe, et devient plus dur qu'un acier à même teneur sans chrome.

« Non trempés, les aciers chromés sont, en général, très difficiles à casser à la main, mais après qu'on les a entaillés à la tranche; ils ont une cassure très nerveuse.

« Par la trempe à une température convenable, ils prennent un grain fin, à tel point que pour de fortes teneurs en chrome et en carbone, la cassure est, pour ainsi dire, vitreuse.

« Un acier à forte teneur de chrome et de carbone, soit à 1,5 0/0 de carbone et 2,3 à 2,4 de chrome, est tellement dur qu'il résiste aux outils ordinaires trempés; mais un pareil acier devient cassant après trempe à l'eau. Des fraises, simplement trempées à l'huile, deviennent suffisamment dures pour faire un très bon usage.

« A la trempe à l'eau, les aciers chromés ne décapent pas, la pellicule d'oxyde reste adhérente.

« Chauffés trop chaud ou trop longtemps pour la trempe, la cristallisation s'accentue et les aciers perdent leur solidité.

« Pour faire les aciers chromés, nous réduisons le minerai dans des creusets en terre, qui servent à la fusion de l'acier. Avec les minerais de Grèce et de l'Oural, nous obtenons un alliage contenant 50 à 60 0/0 de chrome, dont nous ajoutons à l'acier des poids déterminés.

« Pour avoir des alliages plus riches en chrome, nous avons recours au bichromate de potasse.

« Ces alliages fondus, se refroidissant à l'air, se recouvrent d'une couche verte de sesquioxyde.

« La scorie chromée fondue, se recouvre, dans les parties exposées à l'air, d'une pellicule d'un brun de cuir, due probablement à ce qu'au contact de l'oxygène de l'air, il commence à se former un chromate.

« Les aciers contenant du chrome se solidifient à une température plus élevée que ceux qui n'en contiennent pas; cet effet est déjà sensible à une teneur de 1.2 0/0 de chrome. Aussi, pour fondre les aciers chromés faut-il une température plus élevée, ce qui augmente le retrait des lingots, et donne lieu à d'autres inconvénients d'autant plus difficiles à éviter que l'on coule des lingots plus gros.

« Nous considérons la supériorité des aciers chromés comme incontestable, et leur usage comme devant prendre une grande extension, une fois que les difficultés de leur fabrication auront été surmontées. »

Ces résultats et ces propriétés des aciers chromés ont été constatés aussi aux aciéries de Terre-Noire.

Aciers au tungstène. Il y a très longtemps qu'on a essayé d'incorporer à l'acier du tungstène, pour lui communiquer une grande dureté. Ce n'est guère qu'en 1855, cependant, qu'en Allemagne, M. Jacob, ainsi que l'aciérie de Bochum, et en Autriche, M. de Mayr, firent industriellement des aciers renfermant une proportion notable de tungstène. La dureté du métal obtenu croît presque indéfiniment avec la dose de tungstène, qui peut aller jusqu'à 10 0/0. Quant à la ténacité, elle atteint son maximum vers 3 0/0; au delà, arrive la fragilité. Le métal trop chargé de tungstène devient aigre, ce que l'on ne constate pas pour les aciers surchargés de chrome ou de manganèse.

Ce que l'acier au tungstène présentait de très remarquable et ce que l'on observait pour la première fois en métallurgie, c'est que ce métal constituait un acier assez dur pour ne pas nécessiter d'être trempé, et cependant, on pouvait en faire des burins, des crochets de tour, des outils tranchants de bonne qualité. Nous avons vu la même propriété dans les aciers à haute dose de manganèse.

A la traction, ce métal atteignait 102 et même 107 kilogrammes par millimètre carré avant de rompre. La cassure était soyeuse et d'une finesse extrême.

Voici une analyse d'acier au tungstène de la fabrication de Bochum :

Carbone.	1.04
Tungstène	3.05
Manganèse	traces seulement.

Ces aciers se fabriquaient de la manière suivante :

Le minerai de Wolfram est, comme on sait, un tungstate de fer et de manganèse, ayant la composition suivante :

Acide tungstique.	75 à 76
Protoxyde de fer.	9 à 20
Protoxyde de manganèse. . .	5 à 13

On le grille, on l'attaque ensuite par un acide faible pour éliminer le soufre et l'arsenic, puis on le traite pendant 24 heures dans un creuset brasqué. Il se forme du tungstène métallique qui s'allie au fer et au manganèse réduits, et c'est cet alliage que l'on incorpore à l'acier. On peut aussi employer l'acide tungstique et le tungstate d'ammoniaque qui se trouvent dans le commerce. Ces composés proviennent du traitement par l'acide nitrique de certains résidus de préparation mécanique des minerais d'étain en Angleterre.

Ce qui a empêché le développement des aciers au tungstène, c'est d'abord la rareté et le prix élevé de la matière employée, sans compter l'incertitude dans l'incorporation d'une quantité donnée de tungstène. Mais une objection plus grave encore, dérive de la nature même de ces aciers. On a reconnu que par les chaudes successives auxquelles on soumet ce métal pour le travailler, le tungstène s'oxyde peu à peu jusqu'au centre des barres. Cette oxydation a même lieu, sans chauffer, par le simple contact de l'air humide, ce qui ôte à ces aciers une grande partie de leur intérêt.

Dans ces dernières années, aux usines Holtzer et aux aciéries de Terre-Noire, on a recommencé à faire des aciers ayant jusqu'à 8 et 9 0/0 de tungstène, dans le but d'obtenir des projectiles pour percer les blindages. Tous ces essais nous semblent n'avoir pas eu de suite sérieuse.

La solution des alliages à propriétés aciéreuses très développées, nous paraît, jusqu'à présent, devoir être plutôt trouvée par le manganèse dont l'incorporation est facile, économique et sûre, que par d'autres métaux rares et chers. Les aciers au tungstène et au chrome auront eu le mérite de montrer la voie, mais ne nous semblent pas devoir se maintenir dans la consommation.

FABRICATION DE L'ACIER

L'acier ayant, ainsi que nous l'avons dit, une teneur en carbone intermédiaire entre celle du fer et celle de la fonte, pourra se fabriquer par les méthodes suivantes :

1° Addition de carbone au fer ou *cémentation*;

2° Décarburation de la fonte ou *affinage*;

3° Mélange de fer et de fonte ou *réaction*.

Nous ne parlerons pas de la fabrication par le traitement direct du minerai, par la méthode catalane, par exemple, car c'est plutôt du *fer aciéreux* que l'on produisait ainsi. — V. FER.

FABRICATION DE L'ACIER PAR CÉMENTATION. La *cémentation* est une carburation du fer, que l'on obtient en chauffant ensemble, en vase clos, du fer en barres et du charbon de bois.

Des caisses en briques réfractaires, ayant de 3 à 5 mètres de longueur, et au plus 1 mètre de hauteur et de largeur, sont disposées dans un four voûté où la flamme les entoure de toutes parts (fig. 14).

Dans les parois du four, sont ménagés de petits ouvreaux, qui correspondent à des ouvertures pratiquées dans les caisses, de manière à pouvoir retirer, de temps en temps, des barres de fer, qui permettent de juger des progrès de l'opération. Le four est chargé de 20 à 25 tonnes de fer, que l'on range par couches, sur champ, en les écartant de un centimètre environ l'une de l'autre, et remplissant les intervalles par le cément. C'est du charbon de bois pulvérisé et mêlé souvent à des substances alcalines, telles que des cendres de bois, du sel marin, etc. (V. CÉMENT, CÉMENTATION).

Fig. 14. — *Four de cémentation.*

B Canaux entourant les caisses *C*, et dans lesquels circule la flamme. — *E* Registres pour régler le courant de la flamme. — *R'* Ouverture par lesquelles on peut retirer, dans le cours de l'opération, des barres d'essai pour juger des progrès de la cémentation.

Sur ce premier lit, on met environ 2 centimètres de cément, puis un second lit de barres, etc. On chauffe pendant une quinzaine de jours, en y comprenant l'allumage et le refroidissement lent, mais la chaleur rouge n'est maintenue que pendant la moitié de ce temps.

Par une action difficile à expliquer, le carbone solide s'est combiné au fer et en a changé la nature; celui-ci est devenu fragile, à grandes facettes, sa surface s'est couverte d'ampoules, qui proviennent de la réaction de la scorie interposée sur le carbone que renfermait le fer, et qui sont formées d'oxyde de carbone. Cette carburation est due à l'action simultanée du charbon très divisé, de l'hydrogène bicarboné, du cyanogène et des cyanures alcalins, qui se trouvent dans le cément ou se développent pendant le chauffage. Cette action a lieu de proche en proche, et comme par une imbibition du fer par le carbure formé à la surface.

Ce produit, peu homogène, est de l'*acier de cément* ou *acier poule*, à cause des ampoules de sa surface (*blister steel* des Anglais). Il a donc besoin d'être soumis à une opération qui lui donne de l'homogénéité. Pendant longtemps, on a employé dans ce but le *corroyage*. On assortit les barres d'acier cémenté, en alternant celles qui sont très aciéreuses avec celles qui le sont moins (ce que la cassure indique pour un œil exercé), et on forme ainsi un *paquet*, que l'on martèle et que l'on étire en barres. Ce soudage donne lieu à l'*acier une fois corroyé*. C'est un produit à grain serré, susceptible de prendre un

beau poli, et qui peut être employé dans la quincaillerie.

Si on veut plus d'homogénéité encore, on fait avec cet acier de nouvelles barres, que l'on met en paquet, et que l'on soude au marteau. On obtient ainsi l'*acier deux fois corroyé*. Il est plus doux, moins carburé, que l'acier une seule fois corroyé, car une partie du carbone est brûlée dans ces réchauffages.

On n'arrive à la véritable homogénéité, que par la fusion de l'acier cémenté. — V. plus loin ACIER FONDU.

La cémentation est une opération qui tend à disparaître; on la réserve à la fabrication des aciers fondus de première qualité, et on y emploie les fers de Suède les plus purs. En dehors de cet usage restreint, la cémentation sert dans la *trempe en paquet*. — V. TREMPE.

FABRICATION DE L'ACIER PAR DÉCARBURATION DE LA FONTE OU PAR AFFINAGE. 1° *Affinage direct sans fusion.* On oxyde lentement le carbone en chauffant la fonte avec des oxydants solides, tels que l'oxyde de fer. Cette méthode est très imparfaite, car si l'oxydation peut se porter sur les éléments étrangers que renferme la fonte, on ne peut éliminer que ceux dont les produits oxydés sont volatils, tels que le carbone, le soufre et l'arsenic. On obtient ainsi une fonte *malléable, aciéreuse*, ou *acier sauvage*, dont la fabrication est abandonnée actuellement. — V. FONTE MALLÉABLE.

2° *Affinage direct avec fusion plus ou moins pâteuse.* On opère à une température qui n'est pas assez élevée pour que le produit obtenu par la décarburation partielle de la fonte, puisse se maintenir à l'état liquide. Quand on se sert du bas foyer ou des feux d'affinerie (V. AFFINAGE DE LA FONTE), on emploie des fontes manganésées, qui donnent des scories moins oxydantes que les fontes ordinaires, ce qui permet à une certaine proportion de carbone de rester en combinaison avec le fer. On obtient ainsi l'*acier de forge* qui manque généralement d'homogénéité, car il renferme des parties ferreuses trop affinées, et des scories interposées. Cette méthode, autrefois très répandue, et qui ne contenait pas moins de cinq ou six variantes de travail, est à peu près abandonnée maintenant, à cause du prix élevé du charbon de bois et de la concurrence de l'*acier puddlé*.

Puddlage pour acier. On opère le puddlage de la fonte comme on fait pour le fer; en ayant soin d'employer des matières manganésifères, on conserve en combinaison avec le fer, une certaine proportion de carbone, et on produit un acier plus ou moins dur et assez homogène, qui porte le nom d'*acier puddlé*. Nous dirons ici, seulement, que cette opération se fait au four à réverbère, avec chauffage au combustible minéral. — V. PUDDLAGE.

3° *Affinage direct avec produits affinés liquides.* C'est la méthode inventée par sir Henry Bessemer. En insufflant dans un creuset rempli de fonte liquide, tantôt de la vapeur d'eau, tantôt de l'air, ce métallurgiste anglais remarqua que la vapeur d'eau congelait rapidement la fonte, par suite de la grande absorption de chaleur causée par la décomposition de l'eau, tandis que par l'injection d'air, la fonte s'affinait en se maintenant liquide. Il chercha donc à réaliser l'affinage des fontes par insufflation d'air. Le premier appareil dont il se servit avait la forme d'un cubilot (**V.** fig. 42. Affinage de la fonte), ayant de nombreuses tuyères horizontales, placées à la partie inférieure. Une soufflerie puissante permettait de faire traverser la fonte, versée liquide jusqu'à une hauteur de 60 centimètres environ, par de l'air à une pression supérieure à une atmosphère. Sous l'action de ce vif courant d'air, il y a une combustion d'une certaine quantité de fer. L'oxyde de fer, ainsi produit, agit ensuite sur les divers corps que renferme la fonte, et les oxyde successivement, en raison de leur affinité pour l'oxygène. Le silicium, qui s'oxyde le premier, donne de la silice; elle s'empare d'une partie de l'oxyde de fer pour former un silicate de protoxyde de fer ou *scorie*. Pendant l'oxydation du silicium, il n'y a pas de flamme, mais seulement une série d'étincelles, qui sont projetées en gerbe au dehors de l'appareil. Dès que l'oxydation du carbone commence, il se forme une flamme, dont le volume et l'éclat vont en croissant; en même temps, au spectroscope, on observe la raie jaune du sodium; puis, peu à peu, apparaissent des raies brillantes, vertes et rouges, qui s'effacent ensuite dans l'ordre même où elles étaient apparues. Quand la combustion du carbone est terminée, la flamme tombe, les raies disparaissent, et si on continuait l'insufflation, il se formerait d'abondantes fumées rousses d'oxyde de fer. En même temps que le carbone, s'oxyde le manganèse que l'on rencontre presque toujours dans les fontes destinées à l'opération Bessemer; le phosphore est bien également oxydé, mais lorsque la scorie renferme une proportion trop élevée de silice, les phosphates formés sont décomposés par le fer et le phosphore repasse dans le métal (V. Déphosphoration). Pour que l'élimination du phosphore par la scorie puisse avoir lieu, il faut un garnissage basique de l'appareil et des additions basiques.

Ce qu'il y a de caractéristique dans l'opération Bessemer, dont nous venons de donner un aperçu, et dont nous complèterons plus tard la description, quand nous traiterons de la déphosphoration, c'est que l'*acier est obtenu sans combustible*, car la chaleur développée permet au produit de rester liquide. Ceci demande quelques éclaircissements.

Dans l'opération Bessemer, plusieurs conditions sont à remplir, que nous passerons successivement en revue.

Composition chimique de la fonte. Il faut que la fonte renferme un certain nombre de corps dont l'expérience a permis de trouver les meilleures proportions.

Silicium. C'est le corps qui a joué, dans l'opération Bessemer, avant la variante du procédé basique, inventée par Thomas et Gilchrist, le rôle le plus important. Le silicium, par sa combustion, donnant lieu à la production d'un corps solide, la silice, la majorité de la chaleur qui résulte de

cette oxydation, reste dans le bain; 1 0/0 de silicium dans une fonte, ou 10 kilogrammes par tonne demandent, pour être convertis en silice, 11^k,429 d'oxygène qui sont accompagnés dans l'air par 38^k,261 d'azote. Ce gaz, en s'échappant, enlève au bain, supposé à la température de 1,400°

$$38,261 \times 0,244 \times 1,400 = 13,070 \text{ calories,}$$

en prenant 0,244 comme chaleur spécifique de l'azote. D'un autre côté, en admettant 7830 pour le pouvoir calorifique du silicium, il y aura production de 78,300 calories, qui se réduisent à 74,812 calories, à cause de la chaleur nécessaire pour porter la silice produite à la température du bain.

Le gain de chaleur pour 10 kilogrammes de silicium par tonne de fonte est alors

$$74,812 - 13,070 = 61,742 \text{ calories.}$$

Le silicium est donc, avant tout, *l'élément calorifique de l'opération Bessemer*, et cela tient à ce que le produit de sa combustion reste en entier à l'état liquide.

L'expérience a montré qu'une fonte Bessemer, dans de bonnes conditions de traitement, devait renfermer *au moins un et demi pour cent de silicium*. Plus de silicium rend les opérations trop longues, moins de silicium fait craindre les opérations tumultueuses et les projections. Quand les fontes sont peu siliceuses, tout leur carbone est généralement combiné, et alors les fontes sont blanches (V. Fonte). Les fontes pures blanches ne conviennent pas à l'opération Bessemer. L'absence de silicium permet à l'oxyde de fer d'agir sur le carbone, dès le commencement de l'opération, avant que la température du bain ne se soit élevée, et il y a des projections, parce que la masse est pâteuse, que l'air se sépare irrégulièrement, et par soubresauts, du bain qui n'a pas assez de fluidité. Tout cela est la conséquence du peu de chaleur que produit le carbone de la fonte en se transformant en oxyde de carbone.

Carbone. Pour convertir en oxyde de carbone 1 0/0 de carbone ou 10 kilogrammes par tonne, il faut 13^k,33 d'oxygène, qui sont accompagnés dans l'air, de 44^k,66 d'azote, et il se produit 23^k,33 d'oxyde de carbone.

La température étant supposée de 1,400° et la chaleur spécifique de l'oxyde de carbone de 0,247, l'oxyde de carbone entraîne:

$$23,333 \times 0,247 \times 1,400 = 8,092 \text{ calories.}$$

Mais comme les 10 kilogrammes de carbone étaient déjà à 1,400°, il faut en retrancher

$$10 \times 0,241 \times 1,400 = 3,374$$

il y a donc d'entraîné, du fait de l'oxyde de carbone

$$8,092 - 3,374 = 4,718;$$

l'azote de son côté, entraîne

$$44,660 \times 0,244 \times 1,400 = 15,260,$$

ce qui fait, au total:

$$4,718 + 15,260 = 19,978 \text{ calories.}$$

Mais la chaleur produite par 1 kilogramme de carbone en se transformant en oxyde de carbone est 2,473 calories, et pour 10 kilogrammes, 24,730 calories, finalement, il restera donc :

$$24,730 - 19,978 = 4,752 \text{ calories.}$$

C'est-à-dire que *le carbone par sa combustion dans l'opération produit, à égalité de teneur, treize fois moins de chaleur que le silicium*, et l'on voit que cela tient aux produits gazeux résultant de cette combustion. A défaut de silicium, d'autres corps peuvent jouer un rôle calorifique, tels que le manganèse et le phosphore.

Manganèse. En admettant que certaines propriétés du manganèse, peu ou point déterminées actuellement, soient les mêmes que celles du fer, on ne se rend pas assez compte de la grande quantité de chaleur produite par la combustion du manganèse ; il faut supposer, à ce corps, un pouvoir calorifique analogue à celui du silicium, mais un peu moins fort cependant. En pratique, *on peut remplacer un de silicium par deux de manganèse*, et obtenir une bonne opération. Nous devons ajouter, que sauf quelques rares exceptions, il est relativement plus cher d'avoir 3 0/0 de manganèse dans une fonte que 1,5 0/0 de silicium. De plus, les opérations faites avec des fontes très manganésifères sont loin d'être aussi nettes que celles des fontes siliceuses ; il se forme d'abondantes fumées d'oxyde de manganèse qui obscurcissent la flamme et empêchent de déterminer la fin de l'affinage avec suffisamment de précision. L'acier obtenu a une tendance à criquer dans les lingotières, de plus les lingots sont d'un chauffage délicat.

Fer brûlé dans l'opération. Il est intéressant de se rendre compte de la quantité de chaleur qu'apporte la combustion de 1 0/0 de fer ou de 10 kilogrammes de fer par tonne.

En prenant 4205 comme pouvoir calorifique du fer, brûlant avec 1 kilogramme d'oxygène, et calculant que la quantité de ce gaz nécessaire est de $2^k,857$, accompagnés de $9^k,57$ d'azote, on trouve

$$2,857 \times 4205 = 12013 \text{ calories}$$

pour la chaleur produite ; ou 10,493 seulement, si on fait la correction due à la chaleur spécifique de l'oxyde formé.

L'azote en traversant le bain entraîne

$$9,57 \times 0,244 \times 1400 = 3269 \text{ calories}$$

il restera, par suite, par chaque 1 0/0 de fer,

$$10493 - 3269 = 7244 \text{ calories.}$$

En *théorie*, si on doit admettre que l'action de l'air se porte d'abord sur le fer, de manière à produire de l'oxyde de fer, en *pratique*, cet oxyde de fer, qui accompagne comme d'une enveloppe continue chaque jet d'air réagit immédiatement, grâce à l'agitation de la masse sur les corps étrangers en présence dans la fonte. Il en résulte finalement que la majeure partie de l'oxyde de fer ainsi produit se réduit, et que le déchet est peu considérable.

Voici deux exemples de scorie Bessemer :

	Usine de Fagersta (Suède)	Usine de Neuberg (Autriche)
Silice	44.30	47.25
Alumine	10.85	3.45
Chaux	0.68	1.23
Magnésie	0.45	0.61
Protoxyde de manganèse	24.55	31.89
Protoxyde de fer	19.45	15.43

Dans une opération ordinaire, le fer finalement brûlé et resté à l'état d'oxyde soit dans la scorie, soit dans le métal, ne dépasse pas 3 à 4 0/0, tout au plus 5, mais l'ensemble des autres substances, carbone, manganèse, silicium, etc., peut atteindre 9 et même 10 0/0, ce qui donne un déchet de 12 à 15 0/0.

Il y a lieu de distinguer les opérations directes, ou en *première fusion*, dans lesquelles la fonte est prise au fourneau et immédiatement affinée. Le déchet y est de 10 à 12 0/0.

Les opérations en *seconde fusion*, où la fonte est refondue au cubilot ou au four à reverbère, avant d'être affinée, donnent un plus grand déchet, parce qu'il y a, généralement, plus de chance de projections, à moins qu'elle ne soient très siliceuses. Il peut atteindre 15 à 20 0/0.

Nous avons laissé l'opération Bessemer au moment où la flamme tombe et la décarburation est terminée. Quand on a des fontes très riches en manganèse (3 à 4 0/0), on obtient un acier de bonne qualité sans faire aucune addition, c'est ce qu'on appelle la *méthode suédoise*. La présence du manganèse, quand la décarburation est terminée, empêche la dissolution de l'oxyde de fer dans le métal, et celui-ci n'est pas *rouverain*. Si la fonte traitée est peu ou point manganésifère, et que l'on coule l'acier au moment de l'abaissement de la flamme, on obtient un métal détestable, qui ne peut se marteler ni se laminer, il est essentiellement *rouverain*. C'est ce qui est arrivé à sir Henry Bessemer, dans ses premiers essais en grand, et cette circonstance faillit faire échouer à jamais le procédé. Cet état rouverain tient essentiellement, comme on l'a reconnu plus tard, à l'oxyde de fer en dissolution dans le bain d'acier. Un homme inventif, Mushet, qui avait beaucoup travaillé l'influence de certains corps dans l'acier, eut l'idée, pour remédier à ce défaut capital des aciers Bessemer, d'ajouter à la fin de l'*opération*, de la fonte spéculaire (spiegeleisen de Wetsphalie), de manière à introduire ainsi environ 1 0/0 de manganèse. Ce fut le salut de l'invention de sir Henry Bessemer ; l'acier ainsi obtenu se laminait et se forgeait convenablement, la réussite était assurée pourvu que l'on employât des fontes pures.

Mushet ne sut pas tirer parti de son invention qui tomba dans le domaine public ; il ne put même pas expliquer l'action du spiegel, ou du moins il crut à quelque alliage entre le manganèse et le fer. Le véritable rôle réducteur du manganèse, son action sur l'oxyde de fer, ont été donnés par M. Valton qui dirigeait les aciéries de Terre-Noire. Il indiqua la réaction suivante :

$$Mn + Fe^3O^4 = MnO + 3FeO$$

les protoxydes de fer et de manganèse ainsi produits passent dans la scorie. — V. Déphosphoration, Fer brûlé, Ferromanganèse.

D'autres personnes ont proposé plus tard d'autres réactions analogues, mais moins vraisemblables au point de vue chimique :

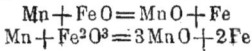

$$Mn + FeO = MnO + Fe$$
$$Mn + Fe^2O^3 = 3MnO + 2Fe$$

elles s'accordent moins avec l'état probable de l'oxyde de fer en dissolution, l'oxyde magnétique étant le plus stable à température élevée. L'analyse permet également de retrouver dans le bain non additionné de manganèse, cet oxygène que les essais à chaud font reconnaître d'une manière si évidente.

L'appareil Bessemer fixe a été surtout employé en Suède, d'où son nom d'*appareil suédois*; mais on y renonça vite à cause de son peu de commodité. S'il venait à se produire quelque arrêt dans la soufflerie, l'opération se trouvait manquée forcément, car il fallait immédiatement couler, sous peine d'obstruer les tuyères ou de congeler le métal.

Il y avait longtemps qu'il n'en était plus ques-

Fig. 15. — Fabrication de l'acier Bessemer.

tion qu'au point de vue historique, quand dernièrement MM. Clapp et Griffith ont fait renaître l'appareil fixe, à la faveur d'une modification très ingénieuse dans la soufflerie. Au moment où on arrête le vent, un tampon s'introduit dans chaque tuyère et y emprisonne de l'air, qui se trouve comprimé par le poids de la colonne de métal liquide en contact. De plus, la rangée de tuyères, au lieu d'être au fond, se trouve à une certaine distance au-dessus. Quels que soient les avantages d'installation économique de ces appareils fixes, il est douteux qu'ils se maintiennent dans la pratique, parce qu'ils ne se prêtent pas au traitement des fontes phosphoreuses et que dans l'affinage des fontes pures ils produisent plus de déchet que les appareils mobiles. Comme nous le verrons en effet, dans ceux-ci, le chemin que parcourt l'air insufflé par en dessous est plus considérable et il en résulte que l'oxyde de fer, produit par l'air et entraîné par lui, a plus le temps de réagir sur les matières étrangères que contient la fonte, avant de passer dans la scorie.

L'appareil Bessemer actuel, ou *appareil mobile*, est combiné au point de vue mécanique d'une manière parfaite, comme le montre la figure 15, la fonte est renfermée dans un vase cylindrique AA' terminé à sa partie supérieure par un *gueulard* ou bec B, qui sert à l'introduction de la fonte, à la sortie de la flamme et à la coulée du métal affiné. C'est le *convertisseur* ou *cornue*, formé d'une enveloppe de tôle garnie de matière réfractaire. A sa partie inférieure, en forme de demi-sphère, se trouve le fond qui est traversé par les *tuyères*. Ce convertisseur est supporté par deux tourillons creux par lesquels arrive le vent comprimé par une machine soufflante. Ce vent pénètre dans une ceinture qui fait le tour de l'appareil, et de là, descend dans la *botte à vent* K pour se rendre ensuite dans les tuyères.

Les tourillons que porte l'appareil, lui donnent une grande mobilité ; au moyen d'eau sous pression et de presses hydrauliques du genre Armstrong, on fait marcher une crémaillère que, pour simplifier, on n'a pas indiquée dans le dessin et qui agit sur un pignon porté par l'un des tourillons. Le convertisseur est d'abord *couché horizontalement pour recevoir la fonte*, puis on le relève, et au moyen d'une came agissant sur la

soupape du vent H, celui-ci entre dans les tuyères au fur et à mesure du redressement de l'appareil. Quand il est dans la position verticale, le vent est dans son plein. Les produits qui sortent par le gueulard, étincelles, projections de scorie, flamme et fumée, etc., se rendent dans la cheminée LL', munie des hottes EE'. Quand l'opération est terminée, on couche le convertisseur et on verse tout le contenu, métal et scorie dans une poche D, placée à l'extrémité d'une grue hydraulique C et équilibrée par le contre-poids F. L'acier renfermé dans la poche est recouvert par la scorie, et au moyen d'un trou bouché par une quenouille, il s'écoule par la partie inférieure dans des lingotières placées en dessous.

C'est en 1856, à Cheltenham, où se trouvait réunie l'Association Britannique que sir Henry Bessemer donna communication de son invention

Fig. 16. — *Gazogène Siemens.*

A Ouverture par lesquelles on introduit le combustible. — B Soupape à contre-poids que l'ouvrier soulève chaque fois qu'il veut charger les grilles. — C Orifice à gas.

merveilleuse, dont le premier brevet avait été pris l'année précédente.

Comme nous l'avons vu, les commencements furent pénibles pour l'inventeur jusqu'au moment où l'emploi exclusif des fontes pures du Cumberland, et l'addition du manganèse sous forme de spiegeleisen, donnèrent un essor immense au procédé. C'est en Suède que commença la réussite.

Actuellement, l'affinage des fontes au convertisseur a subi un élargissement considérable par la possibilité du traitement des fontes phosphoreuses. Le phosphore peut remplacer le silicium par la chaleur que développe sa combustion et par la fluidité qu'il donne au bain. — V. Déphos-PHORATION.

AFFINAGE PAR RÉACTION DU FER OU DU MINERAI DE FER SUR LA FONTE AVEC PRODUITS LIQUIDES. On avait proposé, il y a longtemps, de fondre dans des creusets, un mélange de fonte et de fer pour produire de l'acier. Il y a dissolution du carbone de la fonte et production d'un terme de la série car-

burée, intermédiaire entre le fer et la fonte, suivant la proportion de fer et de fonte employée. L'acier, ainsi produit, est à l'état liquide, mais il peut renfermer la majeure partie des matières étrangères qui se trouvent dans la fonte.

Un officier autrichien, Uchatius, avait même réussi à faire des aciers de bonne qualité en fondant, un mélange de fonte granulée et de minerai en poudre, dans des creusets.

La solution économique de la fabrication de *l'acier par réaction* ne pouvait être trouvée que sur sole. De nombreuses tentatives, pour opérer au four à réverbère à chauffage ordinaire, n'avaient donné que de médiocres résultats, quand MM. Pierre et Emile Martin employèrent le four Siemens.

La houille est d'abord transformée en oxyde de carbone par une combustion partielle dans des gazogènes (fig. 16), et le gaz, qui en résulte, mélangé de l'azote provenant de l'air, est brûlé dans un four Siemens (fig. 17). Au-dessous de la sole, se trouvent deux groupes de chambres ST, S'T', remplies de briques entrecroisées. Les gaz, après s'être brûlés, au-dessus de la sole K, traversent les chambres S et T dont ils échauffent les briques. Au bout d'un certain temps, généralement trois quarts d'heure ou une heure, on renverse le courant par un jeu convenable de vannes. On fait passer le gaz sortant des gazogènes dans la chambre T', par exemple, et l'air dans la chambre S, tandis que les produits de la combustion vont échauffer les chambres S et T. Le gaz et l'air, ainsi portés à une température voisine de 800°, brûlent en produisant dans le four une chaleur très grande, qui permet de maintenir sur la sole K l'acier à l'état liquide.

Voici comment on opère dans le *procédé Martin-Siemens*. Sur la sole, en sable damé, on charge une certaine quantité de fonte qui forme, quand elle est fondue, un bain initial. Dans ce bain de fonte, on jette des débris de fer ou d'acier, qui fondent peu à peu et le carbone se dilue dans la masse liquide; une partie même est brûlée par l'action oxydante de la flamme. Quand la décarburation est arrivée au point désirable, ce dont on s'assure en prenant des éprouvettes de métal, et les ma-

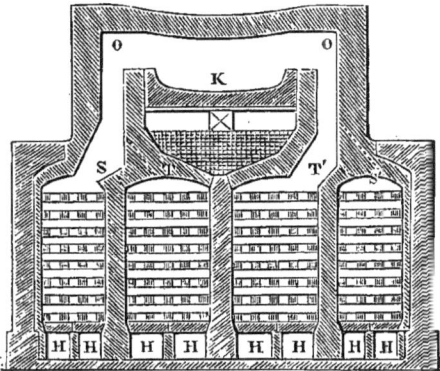

Fig. 17. — *Chauffage Siemens. Coupe du four et des régénérateurs de chaleur.*

telant, on termine, comme dans l'opération Bessemer, par une addition de manganèse métallique sous forme de spiegeleisen ou de ferromanganèse pour faire disparaître l'état rouverain causé par l'oxyde de fer. — V. DÉPHOSPHORATION

Une autre formule de travail sur sole est connue sous le nom de *procédé Siemens-Martin*. Au lieu de faire réagir le fer sur la fonte, on emploie un bain de fonte et du minerai, comme Uchatius opérait au creuset. On l'appelle aussi *ore process* ou *procédé au minerai*, par opposition à l'autre manière qui porte alors le nom de *scrap process* ou *procédé par les ferrailles*.

On a imaginé de rendre la sole du four Siemens mobile, et de la faire tourner autour d'un axe incliné, c'est ce que l'on appelle le *four Pernot*. L'action oxydante y est plus forte que dans le four Siemens à sole fixe, mais la sole est plus sujette à s'user, parce qu'elle reçoit les remous du bain d'acier, ce qui tend à la dégrader.

Fusion de l'acier. La fusion de l'acier au creuset fut réalisée pour la première fois, en Angleterre, par B. Huntsmann, au siècle dernier. Cette opération se fait dans un fourneau à fort tirage, dit *fourneau à vent*, et qui est chauffé généralement au coke. Les creusets sont placés par deux ou par quatre sur des disques de terre réfractaire appelés *fromages*, qui les élèvent au-dessus de la grille. Ils sont fermés par des couvercles, et peuvent être extraits, au moyen de pinces, par une ouverture placée au-dessous (fig. 18). La consommation de coke, nécessitée par la fusion de l'acier, est assez considérable, et varie entre 2 et 4 fois le poids de l'acier. Aussi, a-t-on cherché à opérer cette fusion dans des réverbères chauffés à la houille ou, mieux encore, dans des fours Siemens où le combustible n'est employé

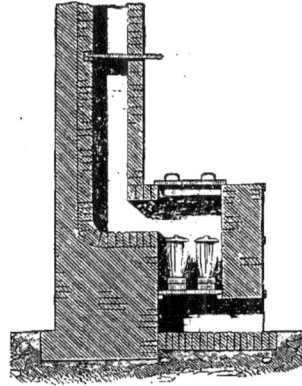

Fig. 18. — *Fourneau à vent pour la fonte de l'acier.*

qu'après avoir été réduit en gaz dans des gazogènes. La *fonderie d'acier* a pris une grande importance dans ces dernières années, les moulages que l'on obtient ainsi ayant une grande résistance. — V. FONDERIE D'ACIER. — F. G.

L'ACIER A L'EXPOSITION DE 1878.

Le caractère frappant de l'Exposition de 1878, en ce qui concerne la question qui nous occupe, c'est le grand développement qu'ont pris l'acier Bessemer et l'acier Martin-Siemens; la prodigieuse facilité, grâce à un puissant outillage, de pouvoir couler ce métal en grandes masses, de le façonner en grandes plaques ou en tubes d'immenses dimensions et d'un poids considérable, enfin, d'avoir su l'appliquer à la fabrication des rails, de la chaudronnerie, de la construction métallique, de la grosse quincaillerie, de l'artillerie, etc. L'acier Bessemer se fabrique aujourd'hui en énormes quantités, car ce métal se prête admirablement à une infinité d'usages, et, ce qui en a facilité le développement c'est le bas prix extrême auquel on est arrivé à le produire. Au moment où l'acier Bessemer apparaissait sur le marché métallurgique au prix de 400 francs la tonne, l'acier au creuset valait cinq fois plus cher, et maintenant on peut faire des rails d'acier à moins de 120 francs la tonne. On a vu à l'Exposition de 1878, des rails de 55 mètres de longueur (Seraing), de 43 mètres (Cammell); de 39 mètres (Brown, Bayley et Dixon); de lourdes chaînes (Denain et Anzin), des accouplements de wagons, des bouchons métalliques taraudés, des chaînes sans soudures (David, Damoizeau et Cⁱᵉ, fabrication de Commentry et Fourchambault), des bandes pour canons (aciéries de Saint-Etienne), des tôles à chaudières, etc., en acier Bessemer.

Le procédé de fabrication Siémens-Martin se prête plus facilement que le procédé Bessemer à la production de grosses et lourdes pièces; aussi les aciéries de la marine (Saint-Chamond) emploient l'acier Bessemer pour les petits canons et l'acier Martin-Siémens pour les canons de gros calibre; le gros lingot du Creusot de 120,000 kilogrammes était aussi en acier Martin-Siémens. Remarquons aussi qu'à l'Exposition, l'acier Martin-Siémens était beaucoup plus employé pour lames, essieux, etc., que le Bessemer.

Le ferro-manganèse est un produit important et nouveau de notre Exposition de 1878; un nombre considérable d'usines en ont exposé des spécimens contenant de 77 à 88 0/0 de manganèse. Le ferro-manganèse a conduit Terre-Noire à l'emploi d'une nouvelle méthode pour transformer et utiliser les vieux rails usés riches en phosphore. — A. F. N.

PRODUCTION DE L'ACIER
dans les principaux États des deux mondes.

Le tableau suivant, dont les éléments ont été puisés aux meilleures sources, récapitule la production de l'acier, aux dates les plus rapprochées, dans les États des deux mondes où l'industrie métallurgique a le plus d'importance. Il est à regretter que les documents qui ont servi de base à ce travail n'aient pas tous été publiés sous la même forme et que, notamment, il ne nous soit pas permis d'affirmer que nos chiffres représentent, pour chaque pays, la totalité de la production. Les quantités sont données en tonnes métriques.

Etats-Unis. Les quantités ci-après, d'après les publications de l'*American iron and steel association*, d'acier Bessemer y ont été produites aux dates ci-après :

	1874	1875	1876
Lingots.......	174,118	340,661	477,171
Rails........	131,490	263,865	374,175

La production de l'acier de cémentation, de 13,845 en 1865, a monté à 64,570 en 1876.

Le prix de la tonne de rails Bessemer a varié comme suit dans les quatre dernières années pour lesquelles ce document a été recueilli :

1873	1874	1875	1876	mai 1877
634 f. 85	496 f. 38	361 f. 95	311 f. 90	255 fr. 35

La fabrication des rails d'acier, de 2,550 tonnes (anglaises) en 1867, a monté progressivement à 432,169 en 1877.

Angleterre. La production de l'acier Bessemer seulement a été de 711,229 tonnes en 1876. On ne connaît pas les quantités fabriquées par les autres procédés.

France. Les documents publiés par le *Comité des forges* attribuent à notre pays la production ci-après :

	1874	1875	1876
Production totale. . .	217,072	239.205	261,888

La fabrication des rails d'acier a suivi approximativement la marche ci-après :

1872	1873	1874	1875
82,000	102,000	156,000	210,000

Allemagne. Les documents officiels divisent la production de l'acier en deux grandes catégories : 1° l'acier brut (rohstahl); 2° l'acier fondu. Voici la part afférente à chacune d'elles pour l'année 1876 :

1° Acier brut.

Acier paddlé	Acier d'affinage	Acier Bessemer	Acier Martin	Acier cémenté	Acier fondu au creuset
30,857	772	110,375	4,408	141	3,544

2° Acier fondu.

72,599	83	177,983	17,637	110	3,544

En résumé, la production de l'acier brut a été de 146,554 tonnes, valant à l'usine 30,750,000 francs. Elle a occupé 4,026 ouvriers répartis entre 41 établissements.

La production de l'acier fondu a été de 243,880 tonnes valant à l'usine 62,500,000 francs. Elle a occupé 15,477 ouvriers répartis entre 45 établissements.

Suède. La fabrication des aciers y est en progrès continu :

	1873	1874	1875
Acier Bessemer. . .	15,685	21,312	19,367
Autres.......	1,308	1,646	2,016

Norwége. La production de l'acier ne nous est connue que pour 1870, soit 240 tonnes.

Russie. De 3,489 tonnes en 1864, la production totale a monté à 8,195 en 1874.

Austro-Hongrie. De 3,500 tonnes en 1865, la production de l'acier Bessemer s'est élevée à 75,000 en 1873.

Belgique. En 1876, il y a été fabriqué 75,258 tonnes d'acier de toute nature.

Italie. D'après un document officiel, publié par l'*Archivis di statistica*, il a été fabriqué, dans ce pays, en 1875, 2,000 tonnes métriques d'acier seulement, pour 50,000 de fer en barres. Rappelons, à ce sujet, que si l'Italie possède des mines de fer d'une certaine importance, elle n'a pas de mines de houille et ne peut ainsi que difficilement utiliser les premières.

Les documents que nous avons sous les yeux indiquent, pour la production de l'acier Bessemer, en 1877, le nombre des établissements et des convertisseurs pour quelquesuns des pays que nous venons d'indiquer :

	Établissements.	Convertisseurs.
Grande-Bretagne . .	21	105
Allemagne.	45	78
France.	8	28
Autriche.	12	30
Suède.	19	38
Belgique.	2	4

Bibliographie : La Métallurgie, l'Iron, les Annales des mines, le Bulletin de l'industrie minérale de St-Etienne, l'Engineering, la Revue universelle des mines, Comptes rendus de l'Académie des sciences (travaux de M. Jordan, de M. Fremy, de M. Caron); l'Echo des mines et de la métallurgie, Mémoires de la Société des ingénieurs civils de Paris et de Londres, le Technologiste, le Journal des mines, Annales du génie civil, etc. Périsse : Sur la fabrication de l'acier, Sur le forno-convertisseur Ponsard pour la fabrication de l'acier; Deshayes : Sur l'emploi du spectroscope dans le procédé Bessemer; Kopp : Fonte, fer, acier; Fairbain : Le fer; Bessemer : Sur la fabrication du fer et de l'acier, 1859 (Société des ingénieurs civils de Londres); Percy : Traité complet de métallurgie, traduit par Petitgand et A. Ronna; Grateau : Mémoire sur la fabrication de l'acier fondu; Jordan : Album des cours de métallurgie, Notes sur le convertisseur Bessemer, Etat actuel de la métallurgie du fer, Sidérurgie; Jullien : Traité pratique et théorique de la métallurgie de fer, Théorie de la trempe; Rougé : De la fabrication de la tôle; Gruner : Métallurgie; Rivot : Traitement des minerais métalliques; Caron : Recherches sur la composition chimique des aciers (1865); Flachat, Petiet et

BARRAULT : *Traité de la fabrication de la fonte et du fer*; RÉAUMUR : *L'art de convertir le fer forgé en acier et l'art d'adoucir le fer fondu* (1722); *Etudes sur les Expositions de 1867 et 1878, fer et acier; Manuel de la métallurgie pratique*, par M. BRUNO KERL; *Etudes sur les combustibles*, par M. LENCAUCHEZ, un volume texte, un atlas, Paris, Lacroix; BARDA : *Etude de l'emploi de l'acier dans les constructions (1875)*.

ACIÉRAGE. Opération qui consiste à déposer galvaniquement une mince couche de fer destinée à protéger les planches gravées spécialement sur cuivre et à permettre un tirage indéfini; il suffit, pour obtenir de belles épreuves, de soumettre la planche à la pile électrique par chaque dix mille exemplaires imprimés. D'après M. H. Bouilhet, « le ferrage s'effectue dans un bain de chlorure double d'ammoniaque et de fer; on l'obtient en dissolvant 20 grammes de sel ammoniac dans 100 grammes d'eau, et en soumettant à l'action d'une forte pile de trois à quatre éléments deux plaques de fer placées aux deux pôles; au bout de quelques heures, la solution ammoniacale est saturée de fer et prête à servir. »

— C'est en 1855, que MM. Salmon et Garnier, eurent pour la première fois l'idée d'appliquer l'aciérage sur des planches en cuivre gravé; à l'aide de ce procédé on obtint une exécution si parfaite des gravures de Calametta (*Françoise de Rimini*), de Henriquel-Dupont, de Martinet et autres, que le succès fut immédiatement assuré. M. Jacquin, acquéreur du brevet, fut longtemps seul à la tête de cette industrie, mais aujourd'hui presque tous les imprimeurs en taille-douce de Paris possèdent un atelier d'aciérage. M. Charles Chardon aîné, entre autres, a organisé des ateliers spéciaux pour l'aciérage des planches, dans des conditions qui lui assurent des épreuves toujours irréprochables.

ACIÉRATION. *T. techn.* Opération par laquelle se produit l'*acier*. — V. ce mot.

ACIÉRER. *T. de maréch.* Travail qui consiste à souder un crampon d'acier sur la face intérieure du fer du cheval. C'est ce qu'on appelle *ferrer à glace*. || Se dit du fer converti en acier.

* **ACIÉREUX.** *T. techn.* Qui peut être converti en acier.

ACIÉRIE. Usine, atelier où l'on fabrique l'acier.

* **ACIS.** *Myth.* Berger de Sicile, fils de Faune et de la nymphe Simœthis. Il fut aimé de Galathée; mais le géant Polyphème, son rival, l'ayant un jour surpris avec son amante, l'écrasa sous un rocher; la nymphe, pénétrée de douleur, pria Neptune de le changer en fleuve. C'est le sujet de la fontaine de Médicis, au jardin du Luxembourg, à Paris.

° **ACLOUET.** Nom que l'on donnait autrefois au ferret des aiguillettes militaires.

* **ACOCAT.** *T. de mét.* Morceau de fer qui facilite le jeu d'un métier à tisser le velours.

* **ACORE.** Genre de plante dont le parfum est utilisé dans la parfumerie.

* **ACOTAY.** *T. de mét.* Pied de chèvre en usage dans la papeterie, pour empêcher la presse de rétrograder.

* **ACONITINE.** *T. de chim.* Alcaloïde naturel, tiré de l'aconit Napel, doué de propriétés vénéneuses énergiques, qui se présente sous la forme d'une matière blanche, pulvérulente ou cristalline, soluble dans l'alcool et l'éther, peu soluble dans l'eau, bouillant à 85°. — V. ALCALOÏDES.

ACOUSTIQUE. *T. de phys.* Du grec *acouo*, j'entends.

L'*Acoustique* a pour objet l'étude du son, sa production, sa propagation et les lois des vibrations des corps sonores. Ce mot s'applique aussi : 1° à plusieurs parties de l'oreille (conduit acoustique, nerf acoustique, etc.); 2° à des instruments destinés à faire entendre(cornet acoustique, etc.); 3° à des remèdes contre la surdité (eau acoustique, baume acoustique, etc.).

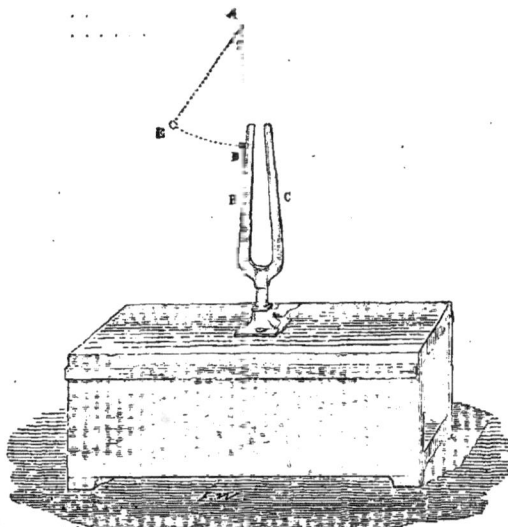

Fig. 19. — *Production des sons par les vibrations des lames d'un diapason.*

B C Diapason. — *D* Bille d'ivoire suspendue à un fil *A D* un peu long.
A E Bille déplacée par les chocs du diapason.

L'acoustique est une science à la fois mathématique, physique, physiologique et artistique; elle est la base scientifique de l'*art musical*. C'est le sens de l'ouïe qui nous donne la notion des sons; il nous fait connaître *leur hauteur, leur intensité* et *leur timbre*.

Le *son* est la sensation produite sur l'organe de l'ouïe par les vibrations des corps sonores, vibrations transmises à l'oreille par l'intermédiaire d'un milieu élastique. L'expérience prouve que le son est le résultat d'un mouvement vibratoire; les cloches, les timbres, les plaques, les cordes, les lames, les colonnes d'air, etc., qui produisent des sons, sont en vibration. (Fig. 19).

Entre les corps vibrants et l'oreille, il existe un

milieu élastique, l'air, susceptible de transmettre à l'organe de l'ouïe l'ébranlement produit par le corps en mouvement vibratoire. Il faut donc réaliser trois conditions pour que la sensation des sons soit perceptible : 1° un corps vibrant ou en mouvement, c'est le stimulant ; 2° un organe capable de recevoir l'impression et d'en avoir conscience, l'oreille ; cet organe se compose de trois parties : *a* l'oreille interne ; *b l'oreille* moyenne ou caisse du tympan ; *c* l'oreille interne, qui comprend les canaux demi-circulaires et le limaçon où se ramifie le nerf acoustique, (fig. 20) ; 3° enfin, un milieu élastique interposé entre le corps vibrant et l'organe sensible, destiné à transmettre les vibrations ; ce milieu peut être un gaz, une vapeur, un liquide ou un solide. On exprime cette dernière condition par cette formule concise : *Le son ne se propage pas dans le vide.*

L'air qui transmet un son est en vibration comme le constate l'expérience, car il suffit d'approcher d'un corps sonore, une membrane tendue, sur laquelle on a mis du sable fin, pour voir aussitôt la poudre sauter et se disposer en lignes régulières et géométriques, dites *lignes nodales ;* deux **diapasons égaux**, montés sur des caisses renforçantes, étant tenus à la main à 20 mètres l'un de l'autre, si l'on fait vibrer l'un d'eux, l'autre vibre aussitôt, par la communication des vibrations de l'air à cette distance.

Le son se propage à travers les liquides et à travers les solides ; en effet, l'eau et les autres liquides transmettent le son avec une plus grande vitesse que les gaz. Dans l'eau la propagation du

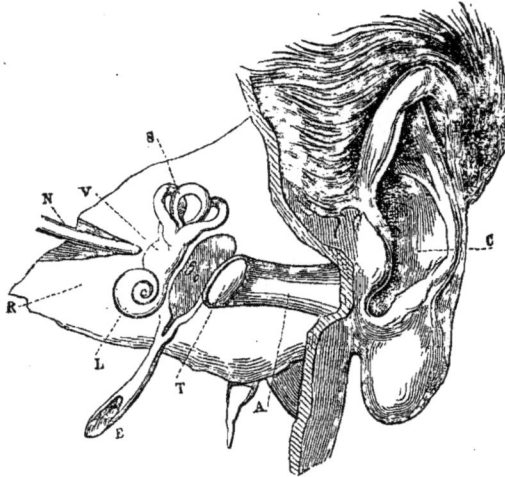

Fig. 20. — *Oreille.*

P Pavillon de l'oreille (oreille externe). — *C* Conque auditive (**oreille externe**). — *A* Conduit auditif externe (oreille externe). — *T* Tympan (oreille moyenne ou caisse du tympan). — *E* Trompe d'Eustache (oreille moyenne ou caisse du tympan). — *L* Limaçon (oreille interne). — *S* Trois canaux demi-circulaires (oreille interne). — *V* Vestibule (oreille interne). — *N* Nerf acoustique (oreille interne). — *R* Rocher (oreille interne).

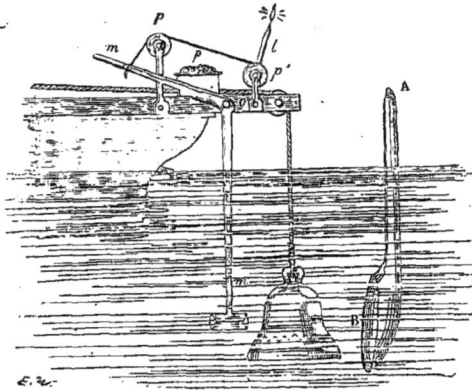

Fig. 21. — *Appareil de Colladon pour mesurer la vitesse du son dans l'eau douce.*

A B Caisse à air ; *A* bouche arrondie pour appliquer l'oreille, *B* tambour. — *m* Marteau pour faire vibrer la cloche placée à 13,487 mètres du tambour B. — *l* Lance à feu destinée à enflammer la poudre *p*. — *P P'* Rondelles ou poulies — *m* Levier qui par son mouvement actionne le marteau *m* et porte la lance à feu sur la poudre.

son est à peu près quatre fois et demie plus rapide que dans l'air ; le son parcourt 1,500 mètres par seconde dans l'eau de la mer, 1,435 mètres dans l'eau douce (fig. 21). Ainsi, un plongeur entend, sous l'eau, les sons produits au dehors ; le choc de deux cailloux sous l'eau se perçoit du rivage ; une montre à réveil renfermée dans une cloche remplie enfoncée sous l'eau s'entend bien au dehors.

Les corps solides propagent encore mieux le son que les liquides ; M. Biot a trouvé une vitesse de 35,385 mètres par seconde dans la fonte. On entend d'une chambre les sons produits dans la chambre contiguë quoique toutes les ouvertures soient closes ; le bruit du canon s'entend à une grande distance quand on appuie l'oreille par terre, deux mineurs qui creusent des galeries opposées s'entendent mutuellement et peuvent ainsi se diriger l'un vers l'autre. Si l'on appuie l'oreille à l'extrémité d'une longue poutre, d'une corde, le plus léger choc s'entend distinctement à l'autre extrémité. La vitesse de propagation du son dans l'air étant prise pour unité, on a pour quelques solides les résultats suivants :

Plomb. .	3,974 à	4,120
Étain . .	7,338 à	7,480
Or. . . .	5,603 à	6,484
Argent. .	7,903 à	8,057
Zinc. . .	9,863 à	11,009
Cuivre. .	11,167	»
Platine. .	7,823 à	8,467
Acier . .	14,361 à	15,100
Fer. . . .	15,108	»
Laiton. .	10,224	»
Verre . .	19,956 à	16,955
Bois d chêne	9,901 à	12,000

De nombreuses expériences ont été entreprises pour mesurer la vitesse du son dans l'air ; les premières qui aient donné des résultats satisfaisants sont celles de Moraldi, Lacaille et Cassini de Thury (1768), faites sur les buttes de Montmartre et de Montlhéry distantes de 29,000 mètres, au moyen de coups de canon tirés alternativement sur les deux hauteurs. En divisant l'espace parcouru par le temps ou le nombre de secondes écoulées entre la vue de la lumière et le coup de canon ou par 84",6, on obtient la vitesse ou 337 mètres 18 par seconde.

En 1822, les membres du Bureau des longitudes entreprirent de nouvelles expériences sur la vitesse du son dans l'air : de Humboldt, Gay-Lussac et Bouvard se placèrent sur la butte de Montlhéry ; de Prony, Mathieu et Arago sur celle de Villejuif : la distance entre les deux stations était de 18,613 mètres ; le son mettait 54",6 pour parcourir cet espace. Ces expérimentateurs ont trouvé que la vitesse du son à 0° est de 331ᵐ,12 par seconde et de 337ᵐ,2 à 10°.

Tout le monde sait d'ailleurs qu'un son ne se transmet pas instantanément, car lorsqu'on voit la lumière d'une arme à feu au loin, on constate qu'il s'écoule un temps appréciable entre la vue de la flamme ou de la fumée et le moment de l'explosion ; mais la vitesse est la même pour tous les sons, car que les sons soient graves ou aigus, ils se propagent avec la même vitesse dans un même milieu. Un air de musique n'est pas altéré quand on l'entend à une grande distance ; la production de ce phénomène prouve que tous les sons qui le composent parviennent à l'oreille dans le même temps.

Euler, en parlant de la nature du son, s'exprime ainsi : « Lorsqu'une cloche est frappée il n'en sort rien du tout qui soit transporté dans nos oreilles, ou bien que tout

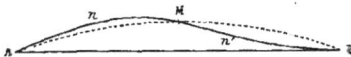

Fig. 22. — *Corde vibrante.*

A n M n' B Corde rendant le premier son harmonique en même temps que le son principal. — *A M B* Son fondamental. — *A n M* et *M n' B* Partie de la corde oscillant autour des lignes mobiles *A M, M B.*

corps qui sonne ne perd rien de sa substance. On n'a qu'à regarder une cloche lorsqu'elle est frappée, ou une corde lorsqu'elle est pincée, pour s'apercevoir que le corps se trouve dans un tremblement ou ébranlement dont toutes ses parties sont agitées. Et tout corps qui est susceptible d'un tel ébranlement dans ses parties, produit aussi un son. Dans une corde (fig. 22), lorsqu'elle n'est pas trop mince, on peut voir ces ébranlements ou vibrations par lesquelles la corde tendue passe alternativement. Ensuite, il faut observer que ces vibrations mettent l'air voisin dans une semblable vibration qui se communique successivement aux parties plus éloignées de l'air, jusqu'à ce qu'elles viennent frapper l'organe de notre oreille. C'est donc l'air qui reçoit les vibrations, qui transporte e son jusqu'à nos oreilles : d'où il est clair que la perception d'un son n'est autre chose que lorsque nos oreilles sont frappées par l'ébranlement qui se trouve dans l'air qui se communique à notre organe de l'ouïe ; et, quand nous entendons le son d'une corde pincée, nos oreilles en reçoivent autant de coups que la corde a fait de vibrations en même temps. Ainsi, si la corde fait cent vibrations dans une seconde, l'oreille en reçoit aussi cent coups dans une seconde, et la perception de ces coups est ce qu'on nomme un son. Lorsque ces coups se suivent également les uns les autres, ou que leurs intervalles sont tous égaux, le son est régulier et tel qu'on l'exige dans la musique ; mais quand ces coups se succèdent inégalement, ou que leurs intervalles sont inégaux entre eux, il en résulte un bruit irrégulier, tout à fait impropre pour la musique..... Ainsi, quand une corde achève cent vibrations dans une seconde, et une autre corde deux cents vibrations dans une seconde, leurs sons seront essentiellement différents entre eux : le premier sera plus grave ou plus bas, l'autre plus aigu ou

plus haut. Il y a des limites au-delà desquelles les sons ne sont plus perceptibles. » (*Lettre à une princesse d'Allemagne* : édition Émile Saisset, 1843.)

Les sons trop *graves* ou trop *aigus*, c'est-à-dire ceux dont les vibrations sont trop lentes ou trop rapides, cessent d'être perceptibles à l'oreille. Sauveur et Despretz ont admis trente-deux vibrations simples par seconde pour le son perceptible le plus grave ; Savart admet quatorze à seize vibrations par seconde.

D'après Savart, le son le plus aigu, perceptible à l'oreille, correspond à 48,000 vibrations simples par seconde ; M. Despretz a trouvé 73,700 vibrations. D'ailleurs ces limites varient avec la délicatesse de l'organe des individus. On constate assez souvent que, étant données deux personnes qui ne sont sourdes ni l'une ni l'autre, l'une se plaint de l'éclat trop pénétrant du son émis, tandis que l'autre déclare ne rien entendre.

La théorie de la propagation ou de la transmission du son explique le mécanisme des instruments destinés à faire entendre, à transmettre la voix à distance, les échos, etc. Le son se

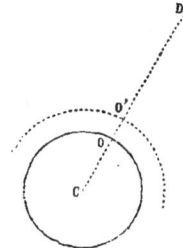

Fig. 23. — *Propagation du son : Ondes sonores sphériques.*

C O Rayon de l'onde intérieure. — *C O'* Rayon de l'onde extérieure.

propage dans un milieu élastique par une série d'ondes alternativement condensées et dilatées. On peut facilement imaginer un cylindre rempli d'air homogène au milieu duquel se meut un piston exécutant un mouvement de va-et-vient. Ce piston en s'avançant refoule devant lui la colonne d'air et la comprime : de là une *condensation*. Cette couche d'air comprimée va se détendre en vertu de son élasticité et comprimera à son tour une deuxième couche, qui en comprimera une troisième, etc. Ce mouvement de condensation va marcher ainsi le long de la colonne d'air en y produisant une *ondulation* ou *onde*; les molécules d'air heurtées par le piston communiqueront ainsi leur mouvement aux suivantes et rentreront ensuite dans le repos. Quand le piston recule, soit à la deuxième seconde, la couche d'air contiguë au piston va se dilater ou se raréfier ; ce mouvement de dilatation se communiquera comme celui de condensation, en sorte qu'après la deuxième seconde nous aurons une *onde condensée* et une *onde raréfiée* ou *dilatée*. On donne donc le nom d'*onde sonore* ou d'*ondulation* à l'ensemble de deux ondes condensées et raréfiées qui forme une *vi-*

bration : *la longueur d'une onde sonore est égale à l'espace que le son parcourt pendant la durée d'une vibration du corps qui la produit.* M. Regnault a constaté que dans une conduite de $0^m,108$ de diamètre, le son produit par un pistolet chargé de un gramme de poudre cesse d'être entendu à 1,150 mètres, à 3,210 mètres dans une conduite de $0^m,3$, à plus de 10,000 mètres dans une conduite d'égout de $1^m,10$. Ce qui vient d'être dit pour un cylindre peut être étendu à la transmission du son dans un espace indéfini. Cependant, quand un son se propage dans un milieu indéfini, les ondes sonores, à mesure qu'elles s'étendent se répandent à la fois sur un plus grand nombre de molécules matérielles. La masse à mouvoir devenant ainsi de plus en plus grande, la vitesse imprimée va en s'affaiblissant graduellement et l'*intensité du son décroît en raison inverse du carré de la distance.*

Dans le cas d'un milieu indéfini, le son se propage autour du centre d'ébranlement par une série d'ondes condensées et dilatées qui s'étendent sphériquement autour du point mis en vibration (fig. 23). Ce mouvement oscillatoire sphérique peut être assimilé jusqu'à un certain point à celui des ondes liquides déterminé par la chute d'une pierre sur la surface de l'eau. Les ondes se développent sous la forme d'anneaux concentriques successivement concaves ou convexes autour du point ébranlé.

Lorsque le son est produit dans une masse d'air indéfinie, il se propage en ligne droite; mais s'il vient à rencontrer un obstacle, il se réfléchit à sa surface, d'après les deux lois suivantes : 1° *L'angle de réflexion est égal à l'angle d'incidence;* 2° *le rayon incident et le rayon réfléchi sont dans le même plan.* Ces lois de la réflexion du son expliquent des phénomènes bien connus.

D'après ces lois de la réflexion, le son réfléchi ou renvoyé par un plan se dirige comme s'il partait d'un point situé de l'autre côté du plan, à une distance égale à celle du point où il a été produit. Si l'on imagine une sorte de voûte elliptique et qu'on produise un ébranlement sonore à l'un des foyers, les ondes réfléchies auront pour centre le second foyer où elles viendront se concentrer et se former. Une personne placée en ce foyer pourra donc entendre un son ou un bruit très-faible produit au premier foyer. Dans la *salle de l'écho*, au Conservatoire des arts et métiers de Paris, deux personnes placées à deux angles opposés de la salle, peuvent converser à basse voix sans être entendues par celles qui sont placées dans l'intervalle. Les abris elliptiques pratiqués sous les voûtes de certaines fortifications, les chapelles de certaines églises, etc., jouissent des mêmes propriétés acoustiques. D'ailleurs ces phénomènes sont la répétition en grand de l'expérience des miroirs conjugués où une personne, dont l'oreille est placée à l'un des foyers, entend distinctement le bruit d'une montre placée à l'autre (fig. 24). Des dispositions mêmes fortuites de cette nature ont amené parfois des révélations curieuses ou graves; Herschel en cite un exemple piquant. Dans une des églises de Sicile, un confessionnal était placé de telle manière, que les confidences du pénitent, réfléchies par les arêtes creuses de la voûte, allaient former un foyer à un point de l'édifice assez distant. Un curieux qui avait découvert ce phénomène allait écouter les aveux que le prêtre seul devait entendre. Un jour que le confessionnal était occupé par sa propre femme, cet indiscret, accompagné de quelques amis, fut initié à des secrets qui n'avaient rien d'agréable pour lui.

L'*écho* ou la répétition d'un son réfléchi par un obstacle assez éloigné s'explique aussi par les lois énoncées plus haut. Pour qu'il y ait écho, il importe que le son réfléchi ne se confonde pas avec le son entendu directement, il faut donc que le son réfléchi frappe l'oreille après la cessation du son direct. Si les deux sons empiètent l'un sur l'autre, le son direct sera prolongé et il y aura seulement *résonnance.* La présence d'un obstacle est absolument nécessaire à la réflexion des ondes sonores. L'écho est monosyllabique quand il ne répète qu'une syllabe, polysyllabique quand il en répète plusieurs. Pour que l'écho répète une syllabe, l'obstacle doit être placé à une distance telle que le son ne revienne à l'observateur que lorsqu'il a achevé de prononcer la syllabe, ce qui porte à 32 ou 33 mètres la distance qui doit séparer l'observateur de l'obstacle. Si la distance devient double, triple, etc., l'écho pourra répéter deux, trois, etc., syllabes. Les échos multiples paraissent dûs à la présence de plusieurs obstacles qui se renvoient successivement le son, comme deux glaces parallèles réfléchissent successivement

Fig. 24. — *Miroirs conjugués pour l'expérience de la réflexion du son.*

Une montre placée au foyer de l'un des miroirs donne un son nettement perçu par l'oreille placée au foyer du deuxième miroir.

les rayons lumineux. Souvent dans une salle, le mélange des voix avec leurs échos forment un chaos de bruit qui empêche d'entendre un orateur.

Quelquefois deux ondes sonores se rencontrent de telle manière que le son est diminué notablement ou même annihilé : on désigne ce phénomène sous le nom d'*interférences des sons*.

Qualités du son. On distingue dans un son trois qualités : 1° la *hauteur* ou le *ton;* 2° l'*intensité* ou l'*amplitude;* 3° le *timbre*.

La *hauteur* d'un son dépend de la rapidité du mouvement vibratoire ou du nombre de vibrations accomplies par le corps sonore pendant un temps donné; un son grave correspond aux vibrations les plus lentes ou les moins nombreuses, les sons aigus, aux plus rapides ou aux plus nombreuses.

L'*intensité* d'un son se traduit par l'énergie avec laquelle l'oreille est ébranlée; elle dépend de l'amplitude des vibrations. Plusieurs causes font varier cette qualité, la distance des corps sonores, l'amplitude des vibrations, la densité du milieu où le son se produit, la direction des courants d'air, le voisinage d'autres corps.

Le *timbre* est une qualité qui nous fait distinguer l'un de l'autre des sons de même hauteur et de même intensité produits par divers instruments. Helmholtz attribue le timbre d'un son à la présence de certains sons harmoniques qui naissent en même temps que lui. On a dit très-justement : le timbre est la couleur du son.

Le nombre précis de vibrations correspondant à un son donné est susceptible d'être mesuré : 1° par la sirène de Cagniard-Latour (fig. 25); 2° par le sonomètre ou monocorde; 3° par la méthode graphique de Young et Duhamel ou du vibroscope, instrument qui consiste en un cylindre pouvant tourner autour d'un axe dont la partie supérieure est filetée et passe dans un écrou, tandis que la partie inférieure peut glisser dans l'ouverture qui la reçoit. Après avoir réglé la longueur de la tige vibrante de manière qu'elle donne le son voulu, on la fait résonner et l'on approche de la pointe du pinceau, le cylindre du vibroscope que l'on fait tourner après l'avoir préalablement recouvert de noir de fumée (fig. 26). La pointe du pinceau trace sur le noir de fumée une ligne en forme d'hélice composée de zigzags très fins. On compte à la loupe, les traits en zigzag et on a le nombre

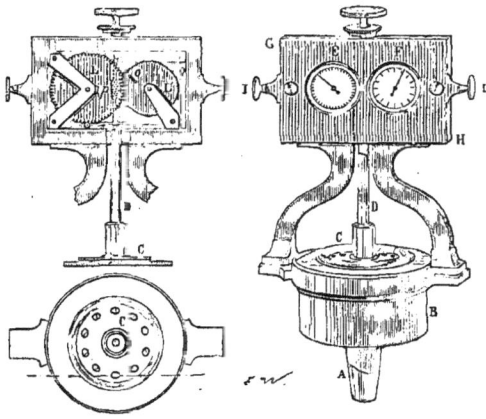

Fig. 25. — *Sirène acoustique de Cagniard-Latour.*

A Porte-vent. — *B* Tambour portant une plaque immobile percée de trous. — *C* Plaque mobile percée de trous obliques. — *D* Axe perpendiculaire au plan de la plaque *C* et fileté à sa partie supérieure où il engrène avec la roue dentée *L*; celle-ci à chaque tour fait avancer la roue dentée *L* d'une dent. — *G H* Cadran. — *E F* Compteur. — *I I'* Boutons pour faire engrener la roue dentée avec l'axe *D*. Chaque tour de la plaque *C* ou de l'axe *D* fait avancer la roue *L'* d'une dent.

de vibrations simples accomplies pendant le temps donné mesuré par un chronomètre. Au moyen de la Sirène double de Helmholtz le ton du son s'abaisse ou s'élève selon que l'on tourne la manivelle de gauche à droite ou de droite à gauche. On peut observer à chaque station de chemin de fer un effet de ce genre au moment du passage d'un train de grande vitesse : lorsque le train s'approche le sifflet rend un son plus aigu, un son plus grave quand il s'éloigne.

Acoustique musicale. Les cordes vibrantes ou sonores sont des fils métalliques ou des membranes animales filiformes, rendues élastiques par tension. Les vibrations des cordes sont *transversales* ou *longitudinales*, c'est-à-dire parallèles ou perpendiculaires à la corde; les premières sont produites en pinçant la corde, comme dans la guitare, les secondes en la frottant au moyen d'un archet enduit de colophane, comme dans le violon.

Il y a une dépendance entre le son d'une corde, sa longueur, sa tension et la rapidité de ses vibrations; par suite le son dépend de quatre éléments, savoir : 1° la densité de la corde; 2° son diamètre; 3° sa tension; 4° sa longueur. Voici les lois des vibrations des cordes, déduites du calcul : 1re loi : *le nombre de vibrations d'une corde est en raison inverse de sa longueur, la tension étant constante et les temps étant égaux.* Si une corde vibrant dans toute sa longueur fait 256 vibrations par seconde, la moitié de cette corde en fera, le double dans le même temps ou 512, le tiers, le triple ou 768. 2e loi : *le nombre de vibrations est en raison inverse du rayon.* 3e loi : *le nombre de vibrations est proportionnel à la racine carrée du poids tenseur.* 4e loi : *le nombre de vibrations est en raison inverse de la racine carrée de la densité de la corde.* La formule suivante renferme les lois des vibrations des cordes :

$$N = \frac{1}{RL} \sqrt{\frac{g P}{\pi D}};$$

N, nombre de vibrations; R, rayon de la corde; L, longueur de la corde; g, gravité; P, poids tenseur; D, densité de la corde; π, rapport de la circonférence au diamètre = 3,1415.

Les cordes en même temps qu'elles vibrent en totalité se subdivisent en parties plus petites qui exécutent des oscillations secondaires tout en obéissant au mouvement général; ces vibrations partielles produisent des *sons harmoniques*; les nombres des vibrations sont entre eux comme la série des nombres naturels 1, 2, 3, 4, 5, 6 D'ailleurs, les verges, les lames, les cloches, les tuyaux d'orgue produisent aussi des harmoniques du son fondamental.

Dans la gamme diatonique, les sept sons ou notes qui la composent sont dans des rapports aussi simples que possible; ce que les musiciens appellent : *intervalle*, est le rapport numérique entre les nombres de vibrations accomplies dans le même temps par deux sons: *accord*, la production de plusieurs sons; on appelle à l'*unisson* les sons produits par un même nombre de vibrations dans le même temps; à l'*octave*, ceux produits par un nombre de vibrations double l'un de l'autre; la *tonique* est la note par laquelle commence un morceau de musique et en détermine le ton; enfin, le *ton* désigne aussi l'intervalle qui existe entre deux sons consécutifs de la gamme. Donc, si deux corps sonores font leurs vibrations en temps égaux, ils sont à l'*unisson;* si les vibrations sont comme 1 à

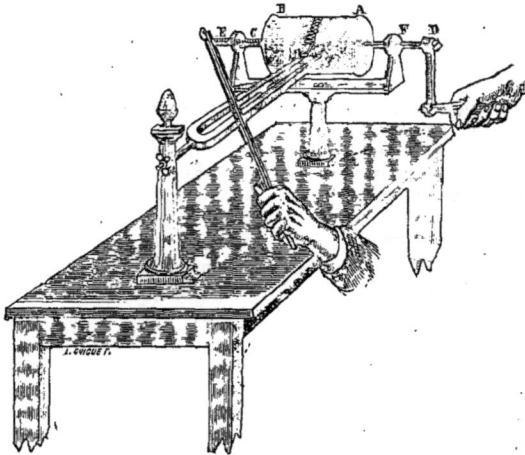

Fig. 26. — *Vibroscope armé d'un diapason vibrant.*
B A Cylindre enduit de noir de fumée, montrant un tracé graphique des vibrations du diapason. — *E F* Axe du cylindre. — *E C* Partie filetée. — *D* Manivelle.

2, la consonnance est l'*octave;* si les vibrations sont comme 2 à 3, la consonnance s'appelle *quinte*; comme 3 à 4, *quarte*; comme 4 à 5, *tierce-majeure;* 5 à 6, *tierce-mineure.*

Si on cherche le rapport entre un son quelconque de la gamme et celui qui le précède immédiatement on ne trouve que trois rapports différents, savoir : comme 9 à 8, c'est le *ton majeur;* 10 à 9, *ton mineur;* 16 à 15 *demi-ton majeur.* La gamme majeure a cinq tons et deux demi-tons, la gamme mineure a aussi 5 tons et 2 demi-tons, mais n'est pas la même en montant qu'en descendant; enfin, dans la *gamme chromatique* on procède par demi-tons, en confondant chaque note diésée avec la suivante bémolisée. On élève certaines notes d'un demi-ton en multipliant leur nombre de vibrations par 25/24, ce qui s'appelle diéser la note; on les diminue d'un demi-ton en les multipliant par 24/25 ce qui s'appelle bémoliser la note.

Le tableau suivant indique les relations entre les longueurs des cordes, correspondant aux notes de la gamme, le nombre des vibrations et les divers intervalles :

Notes	do	ré	mi	fa	sol	la	si	do
Longueurs relatives des cordes	1	8/9	4/5	3/4	2/3	3/5	8/15	1/2
	1^m,000	0^m,888	0^m,800	0^m,730	0^m,666	0^m,600	0^m,533	0^m,500
Nombre relatif de vibrations	1	9/8	5/4	4/3	3/2	5/3	15/8	2
Intervalles		9/8	10/9	16/15	9/8	10/9	9/8	16/15
Nombre absolu de vibrations	130,3	144	160	170	192	214	240	260,6

Un *accord parfait* est produit par trois sons simultanés dont le nombre de vibrations est entre eux comme 4, 5, 6; le plus simple des accords est l'*unisson*, viennent ensuite l'*octave*, rapport 1/2, la *quinte* 3/2, la *quarte* 4/3, la *tierce-majeure* 5/4, la *tierce-mineure* 6/5.

Instruments à cordes. Les instruments à cordes sont de deux espèces différentes. Les uns, tels que les *pianos* et les *harpes*, ont autant de cordes qu'ils doivent donner de notes différentes. Les sons les plus graves sont obtenus par les vibrations de cordes plus longues, plus grosses et plus denses. Les notes aiguës sont rendues par des cordes plus courtes et plus minces. On accorde ces instruments en changeant la tension des cordes par une rotation convenable des chevilles auxquelles elles sont fixées.

Chez les autres, comme les *violons*, les *basses*, les *contre-basses* et les *altos* le nombre de cordes est réduit à quatre. Dans ces instruments, l'inten-

sité et l'éclat du son sont en grande partie réglés par des caisses sonores, des tables d'harmonie au-devant desquelles la corde est tendue. Les parois de ces caisses, l'air qu'elles renferment participent aux vibrations. Le son est élevé ou abaissé selon que l'exécutant, au moyen de ses doigts, raccourcit ou allonge la partie de la corde qui vibre.

Instruments à vent. Dans les instruments à vent, l'air est ébranlé par une *embouchure de flûte* (fig. 27) ou à bouche, ou par une *anche*. Parmi les instruments à embouchure de flûte, nous citerons la *flûte traversière*, le *fifre*, la *flûte de Pan*, le *flageolet*, etc. Les vibrations de la colonne gazeuse sont dues au choc de la lame d'air qui sort de la lumière et vient se briser contre le tranchant du biseau. Parmi les instruments à anche se trouvent la *clarinette*, le *hautbois*, le *basson à bocal*, le *cor anglais* et le *cor de bassette*, mais nous devons dire que le plus parfait des instruments à anche est l'*orgue* de la voix. La voix se forme dans le larynx, qui consiste en un tube fibro-cartilagineux, muni de muscles ; le son est produit par les cordes vocales mises en mouvement comme des lames vibrantes par l'air chassé des poumons (fig. 28).

L'*anche* est une membrane élastique qui ébranle l'air ; le son est dû à la sortie périodique de l'air, alternativement intercepté, et laissé libre par la languette de l'instrument (fig. 29). — V. ANCHE.

Au point de vue de leur construction les instruments de musique peuvent se diviser en sept catégories distinctes : 1° orgues et harmoniums,

Fig. 27. — *Tuyau à bouche.*

A Tube pour l'introduction du courant d'air. — *B* Boîte à air. — *C* Lumière ou orifice de sortie des gaz. — *D E F G* Parois du tuyau. — *D* Lèvre amincie en biseau contre laquelle l'air frappe.

2° instruments à anches libres, 3° pianos, 4° instruments à cordes, à archet et à cordes pincées, 5° instruments à vent, de bois et de cuivre, 6° instruments de percussion, 7° petits instruments de tous genres. — V. INSTRUMENTS DE MUSIQUE.

Communication du mouvement vibratoire. Savart a établi que le *mouvement vibratoire se transmet parallèlement à la direction de l'ébranlement ;* on constate par de nombreuses expériences la réalité de communication des mouvements vibratoires par les supports ou par l'air ; mais la première condition de ces communications c'est que les mouvements

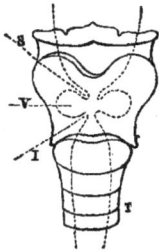

Fig. 28. — *Larynx.*

T Trachée-artère. — *I* Cartilages. — *S V* Cordes vocales.

soient synchrones. Sur une caisse en bois (fig. 30) on place un godet en bois plein de mercure, et sur celui-ci un verre plein d'eau. Si l'on touche la surface de l'eau avec un diapason, le renforcement du son se produit aussi bien que si l'on touchait la boîte elle-même. Les corps solides transmettent le son avec une grande facilité ; le bois, et particulièrement le bois de sapin, conduit très-bien le son. Avec quatre perches de sapin, M. Wheatstone a réussi à faire entendre, à travers plusieurs étages d'une maison, un concert donné dans la cave ; les perches, d'environ deux centimètres d'épaisseur, étaient appuyées par leurs extrémités inférieures sur les instruments et se terminaient supérieurement par une tablette renforçante en bois

mince et élastique : tout ce système vibrait énergiquement lorsqu'on attaquait dans la cave un morceau de musique, et à l'étage supérieur la

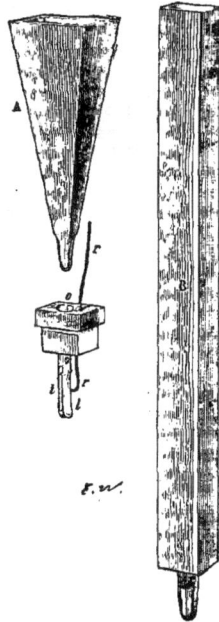

Fig. 29. — *Tuyau à anche.*

B Porte-vent. — *o* Anche. — *A* Cône. — *t* Rigole, canal par lequel l'air s'échappe. — *l* Languette, petite lame qui vibre à l'orifice de la rigole. — *rr* Rasette, destinée à raccourcir ou à allonger la languette.

chambre se remplissait de sons qui semblaient sortir des planchettes : le bois chantait enfin.

Voici un exemple intéressant de la théorie du *mouvement vibratoire :*

C'était pendant la guerre de 1870-71, après la prise du

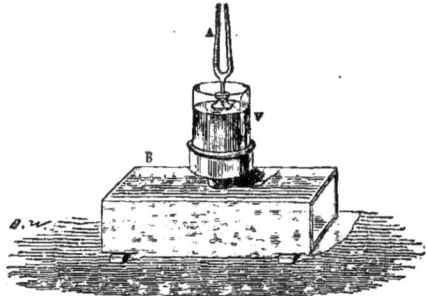

Fig. 30 — *Communication des mouvements vibratoires.*

B Caisse sonore pour renforcer le son. — *V* Vase plein de mercure. *A* Diapason destiné, dès qu'il parle, à toucher la surface du mercure ; aussitôt la caisse sonore renforce le son du diapason.

Mans par les Prussiens. La ville était occupée par l'ennemi victorieux, et le prince **royal** s'était installé à l'Hôtel de Ville.

Une dénonciation perfide apprit au général commandant la place du Mans, que la vie du prince était en danger et qu'une torpille avait été placée dans les caves de l'Hôtel de Ville pour le faire sauter. Vérification faite on trouva effectivement dans un sous-sol, servant de magasin, une torpille qui justifiait pleinement l'odieuse calomnie.

Les Allemands arrêtèrent plusieurs membres de l'administration municipale, en les menaçant de les faire fusiller lorsque l'un d'eux, se rappelant la part qu'avait prise aux travaux du comité de défense le professeur de physique du lycée, M. Guillemare, songea qu'il pourrait peut être fournir des explications suffisantes pour démontrer que la cause première de l'existence de cette torpille était absolument étrangère à toute apparence de complot.

En effet, M. Guillemare, immédiatement appelé auprès du commandant de place, déclara que la torpille avait dû être envoyée dès le début de la guerre par le ministre, afin de servir de type à la commission d'armement pour la construction d'engins semblables, et que ce projet n'avait d'ailleurs reçu aucune exécution.

Le commandant et les officiers prussiens accueillirent avec la plus grande incrédulité les explications de M. Guil-

temare, et le mirent en demeure de faire la preuve de ce qu'il avançait.

Or, il fallait pour cela démontrer que la torpille *n'était pas chargée*, qu'elle ne pouvait par conséquent faire explosion ; et, pour faire cette démonstration, il fallait démonter l'une après l'autre les amorces qu'on voyait en place autour de l'engin meurtrier.

Mais, si la torpille était chargée, l'explosion était inévitable, c'était la mort certaine pour celui qui oserait y mettre la main.

C'est alors qu'une inspiration subite traversa l'esprit du professeur. Il demanda, au grand ébahissement de l'assistance, une longue et fine baguette de sapin, avec un violon et un archet ; puis appliquant l'une des extrémités de la baguette sur le corps de la torpille, l'autre extrémité sur la caisse du violon, il frappa l'une des cordes avec l'archet : aussitôt une vibration sonore et puissante partit de la torpille, et démontra aux assistants, aussi surpris qu'émerveillés de cette ingénieuse leçon de physique, que la torpille était entièrement inoffensive.

La transmission des vibrations du violon, par la tige de sapin à l'enveloppe de fonte, prouvait qu'elle était

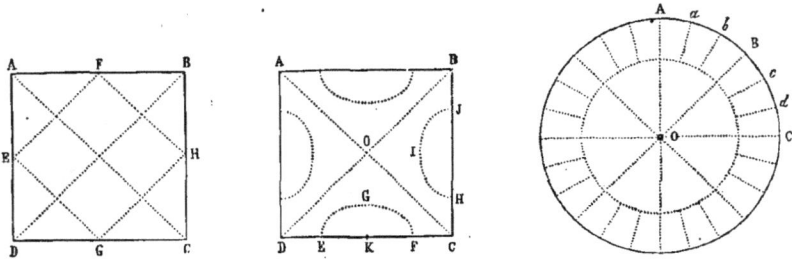

Fig. 31. — *Plaques vibrantes montrant les lignes nodales.*

E F, G H, G E, H F Lignes nodales composées de diagonales et de parallèles obtenues en touchant en *E* et en attaquant au milieu de *G D.* — *A C, D B, E C F, H I J* Lignes nodales obtenues en fixant la plaque à son centre ; on touche en *E* et on attaque en *K.* — Plaque circulaire *O* à lignes nodales en diamètres et cercles harmoniques.

absolument vide, et l'on put dès lors s'en convaincre en la démontant sans courir le moindre danger. Les otages durent ainsi leur salut à la présence d'esprit du professeur et aux lois de l'acoustique si ingénieusement appliquées.

Sons harmoniques. Les *sons harmoniques* sont des sons dont les nombres de vibrations sont entre eux comme la série des nombres entiers ; si on désigne par *do* le son fondamental, les harmoniques sont :

1	2	3	4
do	d₂	sol₂	ut₃
Son fondamental.	Octave.	Octave de la quinte. 12ᵉ majeure	Double octave. 15ᵉ majeure.

5	6	7
mi₃	sol₃	entre la dièze et si-bémol.
Double octave de la tierce. 17ᵉ majeure.	Double octave de la quinte. 19ᵉ majeure.	

Les *diapasons*, verges courbées en forme de U, à sons fixes, qui peuvent rendre divers harmoniques, servent à accorder les instruments entr'eux. Il a fallu convenir d'une hauteur déterminée ; à cet effet, on a imaginé le diapason. La valeur numérique du *la normal* du diapason a été fixée par arrêté ministériel du 16 février 1859 à 870 vibrations simples à la seconde. Ce *la normal* est le son que rend la troisième corde du violon ;

il appartient à la troisième octave de l'échelle musicale, qui a pour son fondamental le *do* du violoncelle au *do¹* qui fait par seconde 130,3 vibrations ; *do³* répond à 522 vibrations simples. — V. Diapason.

Tuyaux sonores. Les *tuyaux sonores* sont des tubes formés par des parois suffisamment rigides contenant une masse d'air qu'on met en vibration au moyen d'embouchures à travers lesquelles on souffle ; ces tuyaux sont fermés ou ouverts. Les lois des vibrations des colonnes d'air renfermées dans des tuyaux ont été découvertes par Bernouilli ; ces lois régissent la construction des instruments à vent, des orgues, etc. ; il faut se rappeler que, dans les tuyaux, c'est l'air qui est le corps sonore.

Plaques. Les plaques, verre, laiton, acier, etc., ébranlées, rendent des sons ; en jetant du sable fin sur leur surface, les parties vibrantes et les parties en repos ou lignes nodales déterminent des *figures acoustiques* (fig. 31). Des plaques symétriques exécutent dans le même temps : 1° des nombres de vibrations inversement proportionnels à leurs dimensions homologues ; 2° proportionnels à leur épaisseur ; 3° inversement proportionnels à leurs côtés homologues.

Acoustique optique. Le son peut se manifester à d'autres sens qu'à l'ouïe; la main sent le frémissement d'un corps sonore, l'œil voit le sable s'agiter sur une plaque vibrante. M. Lissajous a rendu les sons visibles à l'œil, pour ainsi dire (fig. 32). En faisant vibrer un diapason devant un miroir qui renvoie sa lumière sur une lentille, l'image reçue sur un écran figurera les mouvements du diapason; la longueur de la bande lumineuse dépend de l'amplitude de la vibration; elle se raccourcit à mesure que le mouvement du diapason s'éteint. L'expérience de M. Lissajous donne donc une expression optique aux vibrations d'un diapason (fig. 33). M. Tæpler a imaginé un instrument appelé *stroboscope*, pour rendre apparentes à l'œil les vibrations sonores. Si l'on interpose entre l'œil et un corps vibrant un disque percé d'ouvertures équidistantes et qui tourne avec rapidité, les vibrations ne sont visibles que par intervalles.

— C'est encore dans l'acoustique optique que nous pouvons faire rentrer les études concernant les vibrations des couleurs, comparées aux vibrations des ondes sonores. Le célèbre clavecin oculaire, inventé au XVIIIe siècle, par le Père Castel, fut une des plus curieuses applications de ce genre d'observations.

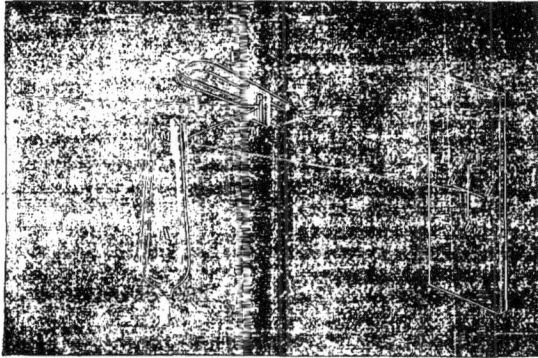

Fig. 32. — *Diapasons traçant des figures acoustiques.*

A et *B* Diapasons vibrant dans des plans parallèles entre eux et dans des directions rectangulaires. — *M M'* Miroirs soudés aux diapasons. — *E F G H* Rayon lumineux. — *T'* Tableau. — *a b c d* Image.

APPLICATIONS DE L'ACOUSTIQUE.

L'acoustique présente de nombreuses applications; un certain nombre de ses appareils de démonstration sont devenus des instruments usuels; dans quelques-uns, tels que le *téléphone*, le *microphone*, le *phonographe* (V. ces mots), les *sonneries*, etc., les phénomènes électriques sont alliés à ceux de l'acoustique.

Concurremment avec les sonneries électriques on emploie dans les administrations et dans les maisons particulières de véritables *télégraphes acoustiques*, appelés *porte-voix*. Un système particulier, fondé sur la transmission de l'air dans les tubes, remplace même souvent les appareils électriques pour les sonnettes d'appartement. Nous allons passer en revue les principales des applications de l'acoustique.

Stéthoscope. « De même, dit le docteur Hoope, contemporain de Newton, que dans une horloge, nous entendons le battement du balancier, la rotation des roues, le frottement des engrenages, les chocs des marteaux et beaucoup d'autres bruits, ne pourrait-on pas découvrir les mouvements des parties intérieures des corps animaux, végétaux ou minéraux, par le son qu'ils rendent; recon-

naître les travaux qui s'accomplissent dans les divers ateliers du corps humain, et apprendre ainsi quels sont les instruments ou les outils qui fonctionnent mal, quels travaux s'exécutent normalement à certains moments, anormalement à d'autres, etc. »

Le *stéthoscope* est un instrument destiné à ausculter, à explorer la poitrine : entrevu par Hoope, il a été imaginé par Laennec, en 1819; il consiste en un cylindre en bois de 36 millimètres de diamètre et de 32 centimètres de longueur, percé d'un bout à l'autre d'un canal central de 7 millimètres de diamètre. — Mais pour rendre cet instrument plus portatif, on le forme de deux portions d'égale longueur, dont l'une présente à une de ses extrémités un tenon garni de fil ciré, et l'autre une cavité adaptée exactement à la forme du tenon, de sorte que les deux pièces se réunissent à volonté. L'une d'elles présente, en outre, à l'extrémité opposée au tenon un évasement de 41 millimètres de profondeur, dans lequel est placé un obturateur percé d'un canal central, comme le cylindre lui-même. Un tube de cuivre qui garnit le canal de l'obturateur, ou *embout*, et qui entre dans la tubulure du cylindre, fixe ces deux pièces l'une à l'autre. — Lorsque les diverses parties du stéthoscope sont ainsi adaptées, il offre la forme d'un tube à parois épaisses qui sert pour la voix et les battements du cœur; mais on retire l'obturateur lorsqu'il s'agit d'explorer la respiration ou le râle.

Diverses modifications ont été faites au stéthoscope. Le stéthoscope de Kœnig, à un ou à cinq tubes, se compose d'une petite capsule hémisphérique dans laquelle s'enfonce un anneau recouvert de deux membranes en caoutchouc. Une ouverture percée dans l'anneau permet de gonfler les deux membranes par insufflation, de manière à lui donner la forme lenticulaire. La petite capsule porte un ou cinq tubes destinés à recevoir les tuyaux en caoutchouc qui mettent l'oreille en communication avec l'air intérieur. — La lentille gonflée s'applique sur le corps sonore à ausculter, se moule sur sa forme, reçoit les vibrations, les transmet à l'air contenu entre les membranes et dans les tuyaux, et cet air les porte à l'oreille. — Cinq personnes peuvent ainsi étudier en même temps les bruits du cœur, de la poitrine, etc.; en outre, ce stéthoscope peut servir de cornet acoustique.

Cornet acoustique. Le cornet acoustique

est un instrument conique très-évasé à l'une de ses extrémités pour rassembler une plus grande quantité d'ondes sonores, et resserré à l'autre extrémité en un conduit étroit afin de pouvoir être introduit dans le canal auditif externe. — Cet instrument, destiné à remédier à la faiblesse de l'ouïe, rassemble et concentre les ondes sonores, en même temps que ses parois, vibrant elles-mêmes, renforcent les sons venus de dehors, qui sont ainsi transmis avec une intensité plus grande à la membrane du tympan et à l'oreille interne. — (V. fig. 20) Les cornets acoustiques les plus simples ont de 19 à 22 centimètres de longueur. — M. J.-D. Larrey a inventé des cornets acoustiques ou plutôt des conques auditives artificielles qui peuvent s'adapter au pavillon de l'oreille et se cacher sous les cheveux. Cependant les parois des cornets ordinaires produisent une espèce de bourdonnement quand les sons se succèdent rapidement. Pour remédier à ces inconvénients, Itard a donné à ces cornets une forme analogue à celle du conduit auditif lui-même. Dans ce cas, un pavillon

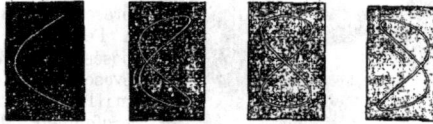

Fig. 33 — *Figures acoustiques données par deux diapasons à l'octave.*

évasé communique par un col étroit à une cavité qui s'ouvre dans un conduit en spire terminé par le tube destiné à s'adapter au méat auditif : deux diaphragmes de baudruche séparent les trois parties principales du cornet : la seule condition générale à remplir, c'est que le pavillon extérieur soit plus large que la partie que l'on introduit dans l'oreille. L'utilité des membranes résulte de ce que ces corps sont sensibles à des vibrations extrêmement faibles et souvent directement imperceptibles par l'oreille. Voici comment s'explique l'effet du cornet acoustique. Les tranches d'air condensées ou dilatées qui arrivent à l'ouverture extérieure transmettent leur compression à des tranches de plus en plus petites ; la transmission se fait alors avec une intensité croissante. Les choses se passent comme dans une série de billes élastiques de plus en plus petites ; si on éloigne la plus grosse pour la lancer sur la suivante avec une certaine vitesse, la plus petite placée à l'extrémité opposée de la rangée partira avec une vitesse beaucoup plus grande (fig. 34).

Le **mégaphone** a pour but d'amplifier les sons ; il s'applique à l'oreille des sourds par son petit bout, tandis que l'autre extrémité du tube porte un large pavillon évasé pour recueillir les ondes sonores.

Porte-voix. Le *porte-voix*, inventé en 1670, par Samuel Morland, sert, comme son nom l'indique, à parler à distance ; il a donc pour but de remédier à l'affaiblissement que le son éprouve

quand la distance augmente ; il consiste en un tube conique en carton ou en métal, d'une longueur qui peut aller jusqu'à 2 mètres. A l'une de ses extrémités, il est muni d'une embouchure qui peut s'appliquer sur la bouche ; à l'autre extrémité est un pavillon évasé d'environ 0^m,30 d'ouverture.

Lambert a imaginé de remplacer le porte-voix conique par une combinaison de surfaces courbes d'un autre ordre ; il faisait suivre l'embouchure d'un ellipsoïde, et celui-ci d'un paraboloïde. Par cette disposition l'onde sonore devenue cylindrique devait conserver une intensité constante à toute distance.

L'effet du porte-voix ne paraît pas dû à la réflexion des rayons sonores sur les parois ; mais simplement au renforcement que les colonnes d'air font éprouver aux sons produits à leur extrémité.

D'après Kirker, le porte-voix était connu d'Alexandre-le-Grand ; il s'en servait pour commander son armée ; le cor du roi lui permettait de rappeler ses soldats lorsqu'ils étaient éloignés de 100 stades (18 kilomètres) ; aujourd'hui on se sert habituellement du porte-voix à bord des navires pour se faire entendre malgré le bruit des vents et des flots.

Tubes acoustiques. Les *tubes acoustiques* sont des tuyaux en caoutchouc ou en cuivre, destinés à se faire entendre à de grandes distances : aujourd'hui on communique entre les différentes parties d'un vaste édifice par le moyen de ces tubes acoustiques dont le téléphone n'est d'ailleurs qu'un perfectionnement ; c'est aussi par ce moyen que l'on transmet les ordres dans le local où se trouve installée la machine des grands navires à vapeur. On sait que dans une colonne cylindrique, l'intensité de son ne doit pas diminuer avec la distance, puisque toutes les tranches sont égales : au contraire les coudes, les angles brusques diminuent l'intensité du son transmis, tandis que les courbes continues ne lui font subir que peu d'altération.

Les **sonneries acoustiques** sont fondées sur le même principe de la transmission des ondes sonores dans les tubes, la compression de l'air fait partir un levier, ce qui permet l'action d'un marteau sur un timbre de sonnerie. Enfin, on a appliqué le principe de la condensation de l'air dans un tube pour obtenir l'*heure unitaire.* — V. Horloge, § *Horloge pneumatique.*

Machines parlantes. Nous avons déjà dit que l'organe vocal est le plus parfait des instruments à anche ; mais on est cependant parvenu à imiter la parole au moyen d'organes spéciaux. Mersenne cite une machine qui prononçait les voyelles et les consonnes ; de Kapelen a fait connaître, en 1791, une machine parlante, à laquelle il faisait prononcer par l'action d'un courant d'air, des mots et de courtes phrases. En ce moment (1879) on montre à Paris, boulevard des Italiens, une machine parlant plusieurs langues ; les oiseaux artificiels qui chantent, les automates qui jouent de la flûte ou de tout autre instrument à vent, sont conformés de maniere a produire des sons au moyen de tuyaux sonores convenablement disposés. — V. AUTOMATE.

Téléphonie ou Télégraphie acoustique.

Un Français, François Sudre, fit connaître, dès 1823, un système de sonneries qu'il appela *téléphonie* ou *télégraphie acoustique* et qu'il destinait principalement aux transmissions d'ordres militaires. Les signaux étaient les notes de l'accord *sol*, *do*, *sol*, avec lesquels il forma un répertoire d'ordres et de phrases militaires, et dont la clef n'était connue que de l'expéditeur et du destinataire. Des expériences faites, en 1829, furent favorables à l'inventeur qui mourut en 1862, au moment où il venait de recevoir de la commission de l'exposition universelle de Londres une médaille d'honneur.

Pendant le siège de Paris, on essaya de correspondre par le son avec les pays non occupés par l'ennemi ; à cet effet, un câble fut noyé dans la Seine ; mais un traître dénonça l'existence de ce

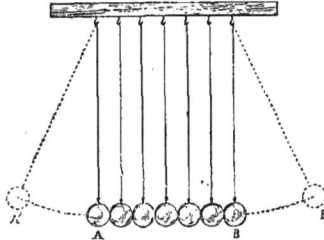

Fig. 34. — *Mode de propagation du son.*

A' A B B' Bille d'ivoire. — B' Bille qui choque la bille B.
— A' Bille déplacée.

câble aux Prussiens. Un ingénieur eut alors l'idée de profiter des propriétés que possède l'eau de transmettre le son à d'assez grandes distances ; les expériences commencées n'ayant pas donné de résultats, elles furent abandonnées. En ce moment, le véritable télégraphe acoustique est le téléphone.

Les signaux sonores sont employés à l'entrée des ports de mer, pour signaler aux navires en temps de brume, le point devant lequel ils passent. Le signal de brume est ordinairement une énorme trompette qui vibre sous l'influence d'un jet d'air comprimé, que lui envoie une pompe de compression actionnée par une machine à vapeur. Les signaux sonores sont d'ailleurs de diverses natures selon les ports de mer ; le plus souvent on se sert d'une cloche : celle de l'île Copeland se fait entendre à 24 kilomètres de distance ; à Boulogne-sur-Mer, on a une cloche installée au foyer d'un réflecteur, trois marteaux la frappent alternativement.

Sirène à vapeur.

La marine et les chemins de fer (sifflets des locomotives) emploient aussi des signaux sonores ; la trompe à air comprimé est remplacée, dans la marine, quelquefois par une sirène à vapeur d'un effet saisissant, basée d'ailleurs sur la sirène acoustique de Cagniart-Latour.

Souffleries.

Les tuyaux sonores des orgues, des harmoniums, parlent au moyen d'une soufflerie dont le soufflet est mis en mouvement par une ou plusieurs pédales : la vitesse du courant est augmentée par la pression. L'air arrive dans une sorte de réservoir appelé. sommier qui porte sur sa face supérieure diverses ouvertures destinées à laisser sortir le gaz qui se rend aux tuyaux sonores. Mais avec cette soufflerie, la vitesse d'écoulement n'est pas constante ; · M. Cavaillé-Coll a imaginé une disposition pour rendre constante cette vitesse d'écoulement de l'air dans la soufflerie. — V. ORGUE.

Acoustique des théâtres.

On sait que le son, repercuté par les murs d'une voûte élevée, revient trop vite pour qu'il y ait un écho sensible et cependant pas assez vite pour qu'il se confonde avec le son direct. Il empiète donc sur ce dernier et le rend confus : il y a alors *résonnance*. Une résonnance trop forte nuit beaucoup à la perception distincte de la voix, tandis qu'elle favorise les instruments d'un concert musical. Dans certains théâtres d'Italie, les orchestres sont disposés sur une caisse en bois léger établie sur un vide avec des arcs-boutants. Vitruve nous apprend que les Grecs employaient pour donner plus de sonorité à leurs vastes théâtres de grandes cloches d'airain renversées sur des supports coniques, et placées dans des niches fermées sous les gradins. L'acoustique des salles de spectacle, amphithéâtres, églises, etc., est un problème épineux qui n'a pas été complètement résolu. Comment faut-il construire une salle pour que le son qui émane d'un point déterminé s'y transmette distinctement dans toutes les directions ? Les anciens avaient des amphithéâtres circulaires ou elliptiques dont les gradins entouraient l'arène, et des théâtres en hémicycle avec une scène sans profondeur entourée de murs épais et solides. Les gradins se développaient suivant la loi d'un cône évasé, en partant de la scène. Tout cela représentait un immense porte-voix qu'embouchaient les acteurs, en sorte qu'on entendait très-bien sur les gradins les plus éloignés (théâtre de la villa d'Adrien à Tivoli, amphithéâtre de Nîmes, cirque de Murviedro, près de Valence (Espagne). Les voûtes circulaires sont en général d'un mauvais effet ; les voûtes ou salles elliptiques n'offrent pas de bonnes dispositions : la forme parabolique se recommande davantage.

Dans nos théâtres modernes l'hémicycle n'est pas compatible avec leur exiguité et la disposition à donner aux stalles et banquettes. Les loges d'avant-scène constituent le défaut le plus apparent de nos salles modernes : mais l'architecte doit malheureusement compter avec les personnes qui vont au théâtre, non pour entendre mais pour se faire voir. Le projet le plus original, et qui ait été imaginé pour améliorer l'acoustique des salles de spectacle est certainement celui que le conseiller intime Langhaus, de Berlin, communiqua à Chladini : « ce projet consiste à diriger « de la scène sur les spectateurs un petit courant

« d'air, qui leur apporterait la parole des acteurs. »
On le produirait par une habile ventilation. —
A. F. N.

Bibliographie : Verdet : *Cours de physique* (œuvres
complètes), 9 vol., Paris, Masson; Jamin : *Cours de
physique de l'école polytechnique*, 4 vol., Paris, Gauthier-
Villars; Privat-Deschanel : *Traité élémentaire de physique*, 1 vol., Paris, Hachette; Daguin : *Traité de physique*,
4 vol., Paris, Delagrave; Boutan et d'Almeida : *Cours
élémentaire de physique*, 2 vol., Paris, Dunod; Pouillet :
Traité de physique, 2 vol.; Biot : *Traité de physique*,
4 vol.; Lamé : *Cours de physique*, 3 vol.; Desains : *Leçons de physique*, 2 vol., Paris, Delagrave; Tyndall : *Le
son*, 1 vol., Paris, Gauthier-Villars; Helmholtz : *Acoustique;* Radau : *L'acoustique ou les phénomènes du son*,
1 vol., Paris, Hachette (Bibliothèque des merveilles);
Gavarret : *Acoustique biologique*, 1877; Savart : *Mémoires divers sur les vibrations, Annales de physique et
de chimie*, de 1820 à 1840; Lissajous : *Etude optique des
sons*, in-8°, 1864; *Comptes-rendus de l'Académie des
sciences.*

ACQUIT-A-CAUTION. 1° Autorisation accordée
par la douane, sur soumission cautionnée, de
faire passer, avec suspension des droits, d'un bureau frontière à un autre bureau désigné, une
marchandise ou un produit destiné à être soit
réexporté à l'étranger, soit réintégré en entrepôt, soit déclaré pour la consommation, dans un
délai déterminé. La non-décharge, dans les délais, d'un acquit-à-caution, entraîne des pénalités
fixées par la loi suivant la nature des marchan-
dises. || 2° Autorisation d'introduire en franchise
provisoire des matières premières ou objets destinés à être transformés en produits manufacturés
par l'industrie nationale, et à ressortir sous cette
forme dans un délai variable, dont le maximum
est de six mois. — V. Admissions temporaires.

* **ACROBATIQUE.** *T. de mécan.* Machine propre à
monter des fardeaux.

ACROTÈRE. *T. d'arch.* Piédestal ou socle sans
base et sans corniche destiné à porter des statues,
des vases, placés au sommet du fronton d'un édifice; les acrotères font quelquefois partie de la balustrade qui couronne le monument.

ACTIF. Dans le bilan d'un industriel, d'un négociant, dans l'état estimatif des fortunes privées,
l'actif est la réunion de tous les biens mobiliers et
immobiliers, de toutes les sommes dues, de toutes
les créances à recouvrer tant en capital qu'en
intérêts, en un mot, de tout l'*avoir*. L'*actif présumé* est celui qui est établi d'après la moyenne
du revenu des années précédentes; l'*actif net* est
celui qui représente le chiffre exact de l'avoir, déduction faite de toutes les non-valeurs.

* **ADAUBAGES.** *T. de mar.* Viandes conservées
dans des barils pour la marine.

ADDITION. 1° *T. d'impr.* Notes, dates ou sommaires d'un texte, placés hors de la justification;
on leur donne le nom de *manchettes*. — Se dit encore d'un ajouté que l'on fait à une page manus-
crite ou imprimée pour en compléter le sens, ou
pour opérer des changements par des corrections.
Sous le nom d'*additions chronologiques*, on désigne
celles qui ont pour objet les millésimes, les dates,

les noms ou les faits historiques formant époque
= Les *additions en hache* sont les notes marginales, narrations.

— Dans nos livres anciens, on rencontre très-souvent
des notes marginales qui entourent des pages in-folio et
in-quarto tout entières, mais la littérature moderne n'y a
que très-rarement recours, à cause de certaines difficultés
qu'elles présentent. C'est en effet, pour le *metteur en
pages*, un travail long et minutieux; il doit veiller avec
soin à ce que l'addition ne puisse être entamée par le
couteau du relieur.

|| 2° Faire une addition à une machine, y
ajouter une pièce destinée à en rendre le fonc-
tionnement meilleur ou plus complet. || 3° Prendre
une addition à un brevet, c'est déposer au bureau
des brevets un dessin ou l'explication d'un procédé nouveau, complétant un brevet précédemment acquis. — V. Brevet d'invention.

* **ADENT.** *T. de charp. et men.* Entaille en forme
de dent exécutée sur les faces correspondantes de
deux pièces de bois pour assurer leur assemblage.

* **ADENTER.** *T. de charp.* Réunir deux pièces de
bois au moyen d'adents ou entailles que l'on fait
en sens inverse sur leurs faces opposées.

* **ADEXTRÉ.** *Art. hérald.* Pièces accompagnées
d'une autre, à leur droite.

* **ADIEU-TOUT.** *T. de mét.* Sorte d'avertissement
que, dans certains métiers, deux ouvriers se donnent entre eux pour l'exécution d'un travail commun.

* **ADIPOCIRE,** c'est-à-dire *cire grasse* ou *gras de
cadavre*, savon ammoniacal, produit par la décomposition des matières animales enfouies dans
la terre humide ou plongées dans l'eau. Les
Anglais en font des chandelles qui ont beaucoup
d'analogie avec les bougies de cire. C'est à tort
que l'on confond l'adipocire avec le *blanc de
baleine.* — V. ces mots.

* **ADMISSIONS TEMPORAIRES.** En matière de
douane, on appelle admission temporaire la facilité accordée aux fabricants de faire entrer en
France, en franchise provisoire de droits, certaines
matières étrangères frappées de droits d'introduction, sous l'obligation de les représenter à la
douane soit par réexportation directe à l'étranger,
soit par voie de réintégration en entrepôt, dans un
délai déterminé; le délai varie suivant la nature
des marchandises.

Ces admissions temporaires sont constatées par
des certificats spéciaux délivrés par l'administration des douanes et qu'on appelle *acquits-à-caution.* Ces acquits-à-caution sont parfois cédés par
l'importateur un tiers exportateur : mais ce
commerce est illicite.

Au point de vue exclusivement métallurgique,
par exemple, une vive polémique s'est élevée, dans
ces dernières années, au sujet des admissions
temporaires et des acquits-à-caution. Leurs adversaires prétendent que les acquits-à-caution
constituent une véritable prime d'exportation, et
qu'ils ne contribuent qu'à enrichir des particu-

liers aux dépens du Trésor; qu'ils rendent illusoire la protection que l'Etat a voulu accorder à la métallurgie nationale; que les fontes anglaises et luxembourgeoises entrent ainsi en France librement, pour être consommées dans des usines proches de la frontière au grand préjudice des producteurs de fonte environnants, tandis que des fabricants du Centre et du Midi font sortir par nos ports leurs fontes travaillées en percevant une prime. C'est surtout dans les groupes de la Haute-Marne que ces plaintes se font entendre. Leurs partisans allèguent la nécessité de procurer à tout prix à la construction métallique des matières premières bon marché qui lui permettent d'affronter sur les marchés étrangers la concurrence anglaise, belge et allemande.

Sans demander la suppression des admissions temporaires, de bons esprits préconisent la substitution du régime de l'*identique* au régime de l'*équivalent :* de là les termes d'*Identistes* et d'*Equivalentistes*. Les identistes demandent que la matière travaillée, fonte, fer, acier, qui sort, soit du moins la même que celle qui est entrée, pour que l'exportateur puisse bénéficier de l'acquit-à-caution. Les équivalentistes se bornent à exiger poids pour poids, sans nulle considération de qualité. L'Etat a passé successivement de l'un à l'autre de ces deux systèmes : identiste jusqu'en 1862, puis équivalentiste jusqu'en 1870, il est revenu en 1870 au système de l'identité, mais partiellement. Le décret du 9 janvier 1870, exige l'identique pour le fer, tout en maintenant l'équivalent pour la fonte. La douane accompagne jusqu'à la porte de l'usine destinataire les fers admis temporairement : mais il est bien difficile d'appliquer rigoureusement cette surveillance.

En somme, les inconvénients des admissions temporaires peuvent être considérés comme la conséquence des droits protecteurs. Si la métallurgie française pouvait lutter avec succès à armes égales avec ses rivales, les acquits-à-caution disparaîtraient avec les droits protecteurs. En attendant, l'avis général des personnes désintéressées est qu'il convient de faciliter les débouchés au fabricant exportateur, et qu'il ne serait pas logique de grever de droits de douane des matières qui transitent seulement en France ou qui n'y séjournent que pour recevoir des façons. Cette polémique n'est qu'un nouvel épisode de la grande lutte entre protectionnistes et libre-échangistes.

***ADONIS.** *Myth.* Jeune homme très-beau, fils de Cynire, que Vénus aima si passionnément, qu'elle quitta le ciel pour le suivre partout, jusque dans les forêts où il fut tué par un sanglier. Plusieurs poëtes de l'antiquité l'ont considéré comme étant le soleil, et lui en ont donné tous les attributs.

ADOSSÉ. *Art. hérald.* Se dit de deux pièces placées dos à dos.

ADOUCI. Première façon donnée aux glaces brutes ou au cristal ébauché par la taille.

ADOUCIR. *T. techn.* || Dans la teinture, rendre une couleur moins vive, l'éclaircir. || En sculpture et en peinture, diminuer ce qui est trop saillant, trop prononcé dans les formes, les contours; fondre plusieurs couleurs ensemble de manière que le passage de l'une à l'autre paraisse insensible. || En architecture, rendre un ornement moins anguleux. || Donner le poli, l'éclat à un métal, à l'aide de diverses substances. *Adoucir l'or*, c'est le séparer des matières étrangères, afin de le rendre plus propre à être travaillé.

* **ADOUCISSAGE.** 1° *T. de teint.* Mélange de substances qui doivent diminuer la vivacité des couleurs. || 2° *T. techn.* Poli qu'on donne aux métaux. || 3° *T. de métall.* Opération qui consiste à soumettre la fonte avec l'oxyde de fer ou l'oxyde de zinc, pendant plusieurs jours, à une chaleur rouge de faible intensité.

ADOUCISSEMENT. 1° *T. d'arch.* Procédé par lequel on raccorde un ornement saillant au nu du mur. || 2° *T. d'art.* Procédé par lequel les teintes sont insensiblement graduées, les traits plus délicats, les contours moins prononcés. || 3° *T. techn.* On obtient l'adoucissement des métaux par les recuits, et celui des glaces par l'aplanissement de leur surface.

* **ADOUX.** *T. de teint.* Pastel qui, après avoir été mis dans la cuve, commence à jeter une fleur bleue.

ADRAGANT ou **ADRAGANTE.** Nom d'une gomme qui découle de certains arbrisseaux de la Turquie d'Asie et de la Perse. Elle a la propriété de donner du lustre et de la consistance; on l'utilise dans les apprêts, la confiserie et la fabrication des couleurs.

* **ADULAIRE.** *T. de min.* Sorte de feldspath. C'est au feldspath et à la variété du feldspath adulaire qu'est due la transparence de la porcelaine. Il n'est pas nécessaire qu'il soit à l'état de pureté; la pegmatite peut le remplacer. Sa couleur blanche et son état nacré lui ont fait donner le nom de *pierre de lune.* — V. FELDSPATH, PEGMATITE.

* **ÆGIPAN** ou **ÉGIPAN.** *Myth.* Divinité champêtre que l'on représente avec des cornes à la tête, des pieds de chèvre et une queue. On donne aussi ce nom aux satyres.

* **ÆLURUS.** *Myth.* Divinité des Egyptiens, représentée sous la figure d'un homme ou d'une femme, avec la tête d'un chat.

* **ÆLOMÉLODICON.** *Instr. de mus.* Instrument du même genre que l'*Æoline*, inventé par Brunner; il n'en diffère que par la construction de la soufflerie, qui est à vent continu.

* **ÆOLINE.** *Instr. de mus.* Semble avoir été un des premiers instruments à vent sans tuyaux et à anches libres du commencement de ce siècle. Il appartient par conséquent au genre dit *Physharmonica*, qui a été remplacé par l'harmonium.

— Il fut inventé vraisemblablement vers l'année 1800, par un certain Eschenbach. Sous le nom de *Ælodion* ou de *Ælodicon* il subit plusieurs transformations, particulièrement d'un nommé Voigt; enfin Sturm, en 1832, construisit un grand œoline à dix octaves dont Welcker donne la description dans son *Magazin Musikalischer Tonwer Kzeuge* (1855).

AÉRAGE, AÉRATION. *T. techn.* Opération qui a pour but de faire affluer ou de renouveler l'air dans un espace déterminé.

Les moyens employés varient suivant qu'il s'agit simplement de remplir d'air pur un local quelconque contenant une quantité équivalente d'air vicié, ou bien de renouveler par un courant continu d'air pur l'air vicié par diverses émanations.

Dans le premier cas, l'aérage s'effectue par substitution d'air pur à la place de celui qui a été chassé du local qu'on s'est proposé d'assainir. Dans le second cas, les méthodes employées sont basées sur l'évacuation continue de l'air vicié et sur l'introduction de la quantité équivalente d'air pur, par aspiration, par appel ou par refoulement. — V. VENTILATION.

Le renouvellement de l'air dans les mines constitue l'une des applications les plus importantes de l'aérage : on a créé dans ce but des appareils puissants, doués de propriétés spéciales, et dont l'installation et le bon fonctionnement constituent l'une des parties essentielles de l'exploitation des gîtes souterrains. — V. MINE, VENTILATEUR.

AÉRIFÈRE. Ce mot signifie conducteur, distributeur de l'air; on l'emploie aussi substantivement : les ventilateurs sont des aérifères.

* AÉRIFICATION. Action de faire passer à l'état gazeux une matière solide eu liquide.

* ÆRÉPHONE. *Inst. de mus.* Instrument à clavier et anches libres qui a précédé l'harmonium.

— Il a été inventé, en 1828, par Dietz, facteur d'orgues à Paris.

* AÉROCLAVICORDE. *Inst. de mus.* Espèce de clavecin dont les cordes étaient mises en vibration par une soufflerie et qui fut inventé, en 1790, par deux facteurs allemands, Schell et Tchirki.

AÉROMÈTRE. *T. de phys.* Instrument au moyen duquel on apprécie la densité ou la raréfaction de l'air.

AÉRONAUTE. Celui ou celle qui parcourt les airs au moyen d'un *aérostat.* Sans parler des aéronautes qui n'ont d'autre but que d'amuser la foule dans les fêtes publiques, la France a fourni un grand nombre de savants qui ont appliqué l'aérostation à la solution de plusieurs problèmes de physique. — V. AÉROSTATION.

AÉROSTAT. Nom scientifique donné à un grand ballon rempli d'un air échauffé ou d'un gaz plus léger que l'air, et au moyen duquel on peut s'élever dans l'atmosphère.

AÉROSTATION. *L'aérostation* ou *navigation aérienne* repose jusqu'ici sur le principe suivant : « *Tout corps plongé dans un fluide y perd une partie de son poids égal au poids du volume du fluide déplacé,* ou, en d'autres termes, *tout corps plongé dans un fluide reçoit sur toute sa surface des pressions qui se composent en une résultante unique, égale au poids du volume du fluide déplacé et appliquée de bas en haut au centre de gravité.* »

Un ballon s'élève dans l'air parceque le poids du ballon, de son gaz, de ses agrès, de sa nacelle et de tout ce qu'il entraîne avec lui pèse moins que le volume d'air qu'il déplace. La nature du gaz qui sert à gonfler l'aérostat influe donc sur la force ascensionnelle :

Ainsi un mètre cube d'air sec à 0° et à 760^{mm} pèse 1^k,293;

Un mètre cube d'hydrogène, 0^k,089^g,7;

Un mètre cube de gaz d'éclairage, 0^k,750;

Un mètre cube d'air chauffé à 200°, 0^k,800;

Un mètre cube de vapeur d'eau à 100°, 0^k,808.

La *force ascensionnelle* d'un ballon est la différence entre le poids de l'aérostat et celui du volume d'air déplacé; dans le cas du gaz d'éclairage, la force ascensionnelle par mètre cube est de 543 grammes, pour la vapeur d'eau, de 405 grammes, pour l'hydrogène, 1^k,204.

Il est d'ailleurs facile à chacun de calculer la force ascensionnelle d'un aérostat. Supposons un ballon sphérique de 5 mètres de rayon rempli d'hydrogène pur, il faut d'abord trouver le volume du ballon, qui est donné en multipliant le cube du rayon, 5 mètres, par $\frac{4}{3} \times 3,1416$; multipliant ensuite le volume du ballon par le poids d'un mètre cube d'air, 1^k,293, on aura le poids de l'air déplacé par le ballon. D'un autre côté, en multipliant le produit $\frac{4}{3} \times 3,1416 \times 1,293$ par la densité de l'hydrogène, 0,069, on aura le poids du gaz contenu dans le ballon. A ce dernier résultat il faut ajouter le poids du ballon, des agrès, etc. La force ascensionnelle du ballon sera la différence de ces deux poids, soit pour l'exemple choisi :

$$\frac{4}{3} \times 3,1416 \times 1,293 - \frac{4}{3} \times 3,1416 \times 1,293 \times 0,069 = 628^k,838$$

— La première idée théorique et non réalisable de l'aérostation appartient à François Lana (1676); Black et Cavallo avaient aussi entrevu le moyen de s'élever dans l'air. Mais l'invention des aérostats est d'origine française. La légende de la science raconte que c'est à l'observation du soulèvement de la jupe de Mme Montgolfier, exposée à la chaleur d'un foyer de cheminée, qu'est due l'idée des *montgolfières* du nom des frères Étienne et Joseph Montgolfier, descendants illustres d'une dynastie de grands manufacturiers établis dans le Vivarais, depuis la Saint-Barthélemy (1572). Malgré l'importance de leur fabrique de papier, dont les produits étaient déjà connus et appréciés de toute l'Europe, les deux frères poursuivaient avec ardeur leurs études scientifiques. Ils avaient pressenti la possibilité de s'élever dans les airs, et ils travaillaient sans relâche à la solution du problème qu'ils s'étaient posé. Après bien des tâtonnements, bien des essais pour la construction d'un appareil propre à réaliser leur rêve, les frères Montgolfier cherchèrent à composer un gaz affectant des propriétés électriques. Ils s'imaginèrent obtenir un gaz de cette nature en faisant un mélange d'une vapeur à propriétés alcalines avec une autre vapeur qui serait dépourvue de ces propriétés.

« Pour former un tel mélange, dit M. L. Figuier, ils firent brûler ensemble de la paille légèrement mouillée et de la laine, matière animale qui donne naissance, en brûlant, à des gaz qui présentent une réaction alcaline due à la présence d'une petite quantité de carbonate d'ammoniaque. Ils reconnurent la combustion de ces deux corps au-dessous d'une enveloppe de toile ou de papier provoquait l'ascension rapide de l'appareil.

« L'ascension de ces petits globes s'expliquait tout simplement par la dilatation de l'air échauffé, qui devient ainsi plus léger que l'air environnant, et tend dès lors à s'élever jusqu'à ce qu'il rencontre des couches d'une densité égale à la sienne. »

Certains du succès, ils construisirent alors un appareil dé grande dimension, et, pour faire connaître et constater leur découverte, ils firent une première expérience publique à Annonay, le 4 juin 1783.

Le 27 août suivant, une autre expérience fut faite au Champ de Mars, à Paris, par le professeur Charles et les frères Robert, constructeurs d'instruments de physique; elle réussit parfaitement. L'aérostat s'abattit à Gonesse, au milieu de paysans effrayés, qui se jetèrent sur l'appareil et le mirent en pièces. Pendant ce temps, Etienne Montgolfier, mandé à Paris par l'Académie des sciences, faisait construire un nouvel aérostat qui comptait vingt-deux mètres de hauteur, sur cinq environ de diamètre. L'expérience eut lieu à Versailles en présence du roi et de la cour, et fut couronnée de succès.

On voulut alors transformer les ballons en appareils de navigation aérienne. Pilâtre de Rozier et le marquis d'Arlandes firent ensemble, le 23 septembre de la même année, le premier voyage dans une Montgolfière construite par Etienne Montgolfier et qui partit des jardins de la Muette.

A la même époque, le physicien Charles, frappé des dangers auxquels étaient exposés les aéronautes par la nécessité d'entretenir le feu sous l'orifice de l'aérostat, sut mettre à profit la légèreté du gaz hydrogène pour le substituer à l'air raréfié par la chaleur. Par ses savantes combinaisons, « il créa tout d'un coup et tout d'une pièce, dit M. Figuier, l'art de l'aérostation.

« En effet, c'est à ce sujet qu'il imagina la soupape qui donne issue au gaz hydrogène et détermine ainsi la descente lente et graduelle de l'aérostat, — la nacelle ou s'embarquent les voyageurs, — le filet qui supporte et soutient la nacelle, — le lest qui règle l'ascension et modère la chute, — l'enduit de caoutchouc appliqué sur le tissu

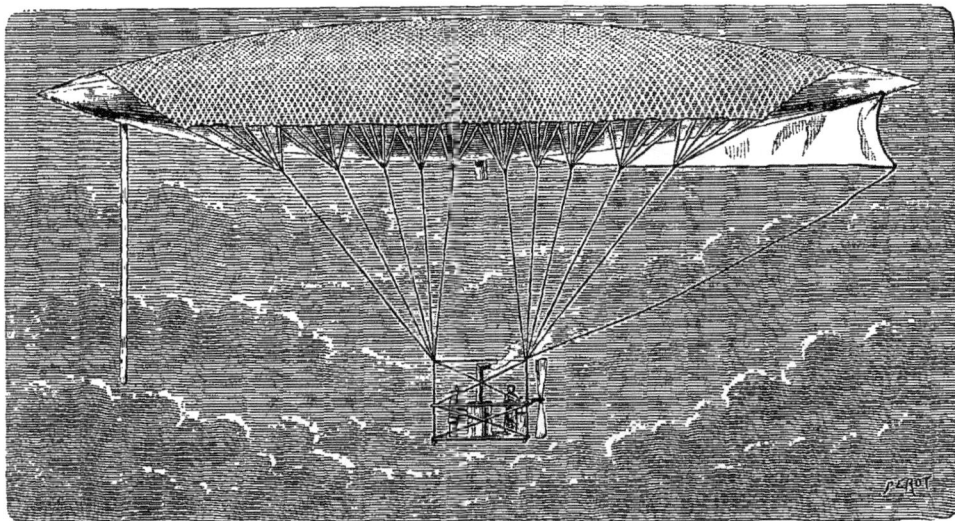

Fig. 35. — *Aérostation à vapeur.*

du ballon, qui rend l'enveloppe imperméable et prévient la déperdition du gaz, — enfin l'usage du baromètre, qui sert à mesurer à chaque instant, par l'élévation ou la dépression du mercure, les hauteurs que l'aéronaute occupe dans l'atmosphère. Pour cette première ascension, Charles créa donc tous les moyens, tous les artifices, toutes les précautions ingénieuses qui composent l'aérostation. On n'a rien changé, et l'on n'a presque rien ajouté depuis cette époque aux dispositions imaginées par ce physicien. »

Les voyages de Blanchard, qui traversa la Manche, en 1785; de Garnerin, l'inventeur du parachute (1797); de Biot et Gay-Lussac, au commencement de ce siècle; de Bixio et Barral, en 1850, et dans ces dernières années, ceux de Fonvielle, Crocé Spinelli, Sivel et Gaston Tissandier, resteront célèbres dans les annales de la science. Parmi les aéronautes victimes de leur intrépidité ou de leur dévoûment, il faut citer Romain et Pilâtre de Rozier, qui périrent sur la plage de Boulogne-sur-Mer, le 15 juin 1785; Mme Blanchard (1819), et enfin, Crocé Spinelli et Sivel, qui, en 1875, sont morts asphyxiés à une hauteur de 8,000 mètres.

M. Paul Bert croit qu'on peut éviter les dangers de

l'insuffisance de l'oxygène à de grandes hauteurs en se munissant dans les ascensions d'une provision suffisante de ce gaz respirable. La consommation nécessaire est de 6 à 7 litres d'oxygène par homme et par minute; la provision totale, lors de l'ascension du 15 avril 1875, était de 150 litres, ce qui ne laissait à chacun des trois aéronautes Crocé Spinelli, Sivel et G. Tissandier que sept minutes de respiration oxygénée.

La recherche de la direction des ballons, abandonnée un instant, est reprise par des esprits sérieux : l'Académie des sciences (23 décembre 1873) a déclaré elle-même que la solution de cette question lui paraissait très-probable.

La forme sphérique des ballons n'est pas certes celle qui convient à la navigation aérienne : quelle est donc la meilleure? cette forme est encore à trouver. On a songé depuis longtemps déjà à employer la vapeur comme moteur aérien; mais la question qui préoccupe surtout les aéronautes c'est la direction des ballons, et non la force motrice. Tant que l'on sera dans l'impuissance d'imprimer une direction déterminée aux aérostats, la navigation aérienne restera dans le domaine des expériences curieuses ou purement scientifiques. En résumé, à l'heure actuelle (février 1879) on n'a pas encore pratiquement résolu le problème de l'aérostation, qui consiste à se diriger dans l'air comme le navire se dirige sur l'océan. Quand un aéronaute partira de Paris pour aller à Pékin ou ailleurs, et qu'il reviendra à son point de départ, alors seulement nous aurons la solution du problème de nautique aérienne. Voyons ce qui a été déjà fait dans cette voie.

Nous citerons, pour mémoire, le *bateau-volant* imaginé en 1780, par Blanchard, qui put à peine s'élever à une hauteur de cinq à six mètres. Le ballon de l'Académie de

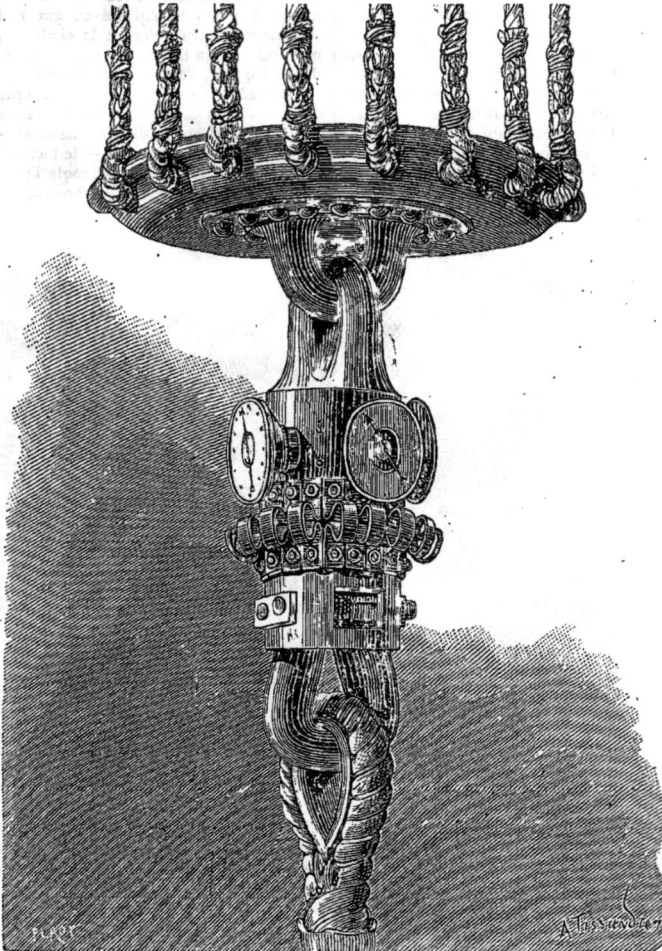

Fig. 36. — *Peson muni de ses cadrans.*

Dijon (1784), grâce au concours de Guyton de Morveau, qui lui donna des organes, un gouvernail, des voiles et des rames, vogua dans une direction voulue sur une longueur d'environ 200 toises. Mais le succès s'arrêta-là. En même temps que Guyton de Morveau à Dijon, Meusnier, ingénieur militaire d'un grand mérite, se livrait à Paris à des recherches sur la direction des ballons. Malgré l'insuccès de sa première tentative, le général Meusnier, mort à Mayence, en 1793, à l'âge de 40 ans, avait consacré dix ans de sa vie à la solution du problème de la navigation aérienne. M. Marey-Monge a repris, en 1847, les travaux de Meusnier et a proposé l'emploi d'un ballon allongé pourvu d'une hélice et d'un gouvernail en adoptant la vapeur comme force motrice de l'hélice. M. Vallée, qui s'est beaucoup occupé de la direction des ballons, a aussi proposé l'emploi de la vapeur.

Dès 1852 et 1855, M. Henri Giffard, savant ingénieur, n'a pas reculé devant l'usage de la vapeur dans la navigation aérienne; la forme de son ballon (fig. 35) allongé dans le sens du mouvement devait diminuer considérablement la résistance de l'air.

Le ballon cubait 2,500 mètres ; il mesurait 44 mètres de longueur, le diamètre n'était au milieu que de 12 mètres; il se terminait par deux pointes à chaque extrémité. Un filet recouvrait toute la partie supérieure, excepté les pointes, et se continuait par des cordes qui venaient s'attacher à une traverse horizontale en bois de 20 mètres de long, munie à l'arrière d'une voile triangulaire formant gouvernail. La machine à vapeur employée pesant 150 kilogrammes avait une force de trois chevaux, elle était capable de faire le travail de 25 à 30 hommes.

Le ballon possédait une force ascensionnelle de 1800 kilogrammes; il pesait 1550 kilogrammes. Lors de l'ascension du 5 septembre 1852, malgré un grand vent, M. Giffard constata que son ballon obéissait parfaitement à l'action du gouvernail En 1855, il renouvela son expérience avec un ballon de 70 mètres de long, qui cubait 2200 mètres le ballon obéit très-bien à l'impulsion : dès ce moment le principe de la direction des aérostats était créé *théoriquement*.

Le 20 octobre 1870, le gouvernement de la défense nationale confiait à M. Dupuy de Lôme la mission de construire un aérostat dirigeable : l'essai de son appareil eut lieu le 2 février 1872 à Vincennes.

M. Dupuy de Lôme pose comme principe fondamental, la nécessité de satisfaire aux deux conditions suivantes :

1° Obtenir la permanence de la forme du ballon sans ondulations sensibles de la surface de son enveloppe ;

2° Donner au ballon porteur ainsi qu'à tout l'ensemble de l'aérostat un axe bien prononcé, de moindre résistance dans le sens horizontal et dans une direction sensiblement parallèle à celle de la force poussante.

La forme choisie par M. Dupuy de Lôme est celle qu'engendre un arc de cercle tournant autour de sa corde; les dimensions adoptées sont : longueur totale de pointe à pointe 36m,12 diamètre au fort de la circonférence 14m,84; volume du ballon porteur 3454 mètres cubes; volume du ballonnet 345m c.,40. Ce ballonnet était mis en communication avec une soufflerie à air, portée et manœuvrée dans la nacelle de manière à maintenir permanente la forme; l'hélice avait deux ailes et le gouvernail se composait d'une voile triangulaire placée sous le ballon ; enfin l'hélice était mise en mouvement à bras d'hommes. Le ballon de M. Dupuy de Lôme, conçu selon toutes les règles de la théorie, a eu un succès d'estime ; mais là se borne le progrès qu'il a réalisé dans la navigation aérienne : la question laisse encore de nombreux points d'interrogation aux chercheurs.

Bibliographie : Histoire et pratique de l'aérostation, traduit de l'anglais, Tibère Cavallo, Paris, in-8°, 1786; *Moyen de diriger les aérostats,* Francallet, Paris, 1849 ; *l'Aérostation ou Guide pour servir à l'histoire et à la pratique des ballons,* par M. Dupuis-Delcour, Paris; 1849; *Histoire de la locomotion aérienne depuis son origine jusqu'à nos jours,* par M. J. Turgan, Paris 1850; *Les Merveilles de la science,* par L. Figuier, Paris, Furne; *Etudes sur l'Exposition de 1878,* Paris, Lacroix.

Aérostation captive. Les ballons captifs utilisés pendant la Révolution (v. Aérostatier) ont inspiré à M. Henri Giffard, la recherche du problème de l'aérostation captive. Le ballon captif, qu'il fit construire en 1867, avait un volume de 5000 mètres cubes et pouvait enlever douze personnes à une hauteur de 250 mètres ; mais celui qu'il fit exécuter, en 1878, d'après les plus savants calculs, peut être considéré comme l'une des merveilles de la mécanique moderne, non-seulement à cause de ses proportions gigantesques, mais encore par les dispositions ingénieuses de tous ses organes et par la puissance de son action. Il cubait 25,000 mètres et son diamètre était de 36 mètres. Sa force ascensionnelle a été évaluée à 25,000 kilogrammes et le poids total de tous ses matériaux était de 14,000 kilogrammes en nombre rond. Il était muni à sa partie supérieure et à sa partie inférieure de deux vastes soupapes; celle du haut pouvait être ouverte par les aéronautes et celle du bas s'ouvrait automatiquement, pour laisser écouler le gaz quand il se dilatait.

La nacelle en bois formait une galerie circulaire de 18 mètres de circonférence ; au centre était ménagé un espace annulaire, au milieu duquel le câble, corde puissante de 0,085 de diamètre; se reliait au cercle d'acier (où aboutissaient les mailles entrelacées du filet) par l'intermédiaire d'un peson, muni de cadrans verticaux, dont les aiguilles indiquaient constamment la force ascensionnelle de l'aérostat (fig. 36).

Le câble s'engageait dans la gorge d'une poulie à mouvement universel (fig. 37) montée sur un axe doublement articulé qui lui permettait de tourner dans tous les sens et de suivre tous les mouvements de l'aérostat. Un contre-poids faisait équilibre à la poulie de fonte et ramenait le système dans la verticale dès que le câble cessait d'exercer une traction. Il est à peine besoin d'ajouter que cette poulie était fixée au sol avec une solidité à toute épreuve.

Le câble circulait ensuite dans un tunnel de 60 mètres d'étendue et allait s'enrouler autour d'un treuil de fonte, commandé par deux roues d'engrenage que deux machines à vapeur de 300 chevaux mettaient en mouvement par l'intermédiaire d'un pignon de petit diamètre (0.25). Quarante personnes pouvaient être ainsi enlevées à une altitude de 600 mètres.

Nous trouvons, dans une étude spéciale publiée par M. Gaston Tissandier, des renseignements intéressants sur la construction de ce ballon captif. Nous allons les résumer :

Depuis l'emploi du gaz d'éclairage pour le gonflement des ballons, on a remplacé par une percaline l'étoffe de soie qui servait autrefois à leur construction, mais cette percaline, très-peu résistante, laisse échapper assez rapidement le gaz hydrogène qu'on y enferme ; il s'agissait donc de trouver un tissu ou une superposition de tissus offrant des conditions de solidité et d'imperméabilité assez grandes pour qu'un ballon colossal pût rester gonflé pendant plusieurs mois. M. Giffard a imaginé une étoffe qui constitue pour l'aéronautique un succès important. La fig. 38 représente cette étoffe formée de tissus adhérents, superposés dans l'ordre suivant en allant de l'intérieur du ballon à l'extérieur : 1° une mousseline *c*, 2° une couche de caoutchouc *b*, 3° un tissu de toile de lin *a* offrant une égale résistance dans les deux sens du fil et de la trame, 4° une deuxième couche de caoutchouc naturel *b'*, 5° une seconde toile de lin *a'*, 6° une couche de caoutchouc vulca-nisé *b''*, 7° une mousseline extérieure *c'*. Un vernis formé d'huile de lin cuite avec une petite quantité de litharge recouvrait cette mousseline extérieure. Le tout était revêtu d'une couche de peinture au blanc de zinc.

Cette étoffe, confectionnée par M. Rattier, a exigé plus de cinq mois de fabrication ; 8000 mètres carrés de toile de lin et la même quantité de

Fig. 37. — *Poulie à mouvement universel.*

mousseline ont dû être enduits de caoutchouc pour former une étoffe à tissus superposés de 4000 mètres carrés.

Le filet et les cordages ont été l'objet de soins particuliers, car il n'était point possible de procéder comme pour les ballons ordinaires ; afin d'éviter des proéminences susceptibles d'user et trouer même l'étoffe de l'aérostat, on a fait passer les cordes du filet les unes dans les autres en les entre-croisant et en les fixant aux points de leur entre-croisement par de solides ligatures faites à l'aide de ficelles goudronnées. Cette ligature empêchait les cordes de glisser les unes dans les autres et arrêtait définitivement la forme des mailles ; puis, pour atténuer le frottement des saillies sur l'étoffe du ballon, on avait fixé des morceaux de peau à tous les points d'entre-croisements ; ceux-ci étant au nombre de 52,000, il a donc fallu 52,000 peaux de gant pour les envelopper.

L'opération du gonflement s'est faite au moyen des appareils perfectionnés par le même inventeur. Pour obtenir l'hydrogène par voie humide, les anciens aéronautes se servaient d'un ou plusieurs tonneaux contenant du fer et de l'eau, puis ils versaient l'acide sulfurique nécessaire pour déterminer la formation de l'hydrogène.

« La réaction, dit M. Tissandier, d'abord trop tumultueuse, devenait d'autant plus lente que le sulfate de fer prenait naissance avec plus d'abondance, le métal s'encroûtant en quelque sorte du sel formé; après le dégagement du gaz, une épaisse cristallisation s'amoncelait au fond des récipients, et souvent il fallait les briser pour en retirer le résidu. Cette méthode était grossière.

M. Giffard, après l'avoir utilisée lui-même, en a immédiatement saisi les inconvénients. Il a compris que pour

Fig. 38. — *Constitution de l'étoffe du ballon captif.*
e' Mousseline extérieure enduite de vernis. — *b''* Caoutchouc vulcanisé. *a'a* Toile de lin. — *b'b* Caoutchouc naturel. — *c* Mousseline intérieure. — *A B* Épaisseur de l'étoffe. Coupe.

obtenir, par cette réaction, un dégagement abondant et continu d'hydrogène, il fallait éliminer, au fur et à mesure de sa naissance, le sulfate de fer résidu de l'opération et mettre sans cesse en présence de nouveaux éléments de la production du gaz. »

L'appareil construit dans la cour des Tuileries pour le gonflement du ballon captif a consommé 190,000 kilogrammes d'acide sulfurique à 52° (acide des chambres de plomb) et 80,000 kilogrammes de tournure de fer. Il pouvait produire 2,000 mètres cubes d'hydrogène à l'heure.

Une rupture du câble n'était guère possible puisqu'il était soumis à une traction bien inférieure à sa résistance, cependant on avait garni le double fond de la nacelle de sacs de lest, de grappins de fer et de guide-rope nécessaires à une ascension libre, et on y avait installé des instruments scientifiques qui ont permis, pour la première fois,

d'explorer, à toute heure du jour, une couche d'air de 600 mètres d'épaisseur.

— V. *Le grand ballon captif à vapeur*, par G. TISSANDIER, Masson, 1878.

AÉROSTATIER ou **AÉROSTIER**. Corps d'ingénieurs qui fut créé et attaché aux armées pendant la Révolution, pour reconnaître en temps de guerre les positions de l'ennemi au moyen de ballons captifs.

— Deux physiciens, Coutelle et Jacques Conté (celui-ci fit, plus tard, sa fortune dans les crayons qui portent son nom), furent chargés par le comité de salut public de l'organisation de l'aérostation militaire. Un arrêté du 13 germinal an II (2 avril 1794) institua les compagnies d'aérostiers. L'aérostat l'*Entreprenant*, commandé par Coutelle, rendit de grands services à la bataille de Fleurus (1794). A son retour d'Egypte, Bonaparte supprima les aérostiers.

Pendant la guerre de sécession, en Amérique, le général Mac-Clellan eut plusieurs fois recours aux ballons et il en obtint d'excellents résultats; enfin lors de l'invasion de 1870-71, il fut question d'imiter les hommes de la Révolution, mais les conditions de la guerre n'étant plus les mêmes, le projet n'eut pas de résulta . On forma cependant à Paris, durant le siège, des aérostiers qui, au moyen de ballons libres, emportaient avec eux les dépêches de la capitale, les voyageurs fuyant la famine.

Bibliographie : Souvenirs de la fin du XVIIIᵉ siècle, Extraits des mémoires d'un officier des aérostiers, aux armées de Sambre-et-Meuse, par le baron de SELLE DE BEAUCHAMP, in-12, Paris, 1853; *Les Compagnies d'aérostiers militaires sous la République*, par DE GAUGLER, Paris, 1857.

AFFÉRON. *T. techn.* Petite pièce de métal qui garnit le bout des aiguillettes et des lacets. On dit plutôt *ferret*.

AFFICHES. Placards ordinairement imprimés en gros caractères que l'on applique dans les endroits publics, afin d'appeler l'attention sur certains actes de l'autorité, ou sur l'industrie privée et le commerce des particuliers.

— A la fin du règne de Charles IX, les affiches étaient encore imprimées en caractères gothiques; les archives de Troyes en possèdent un certain nombre. Elles ne furent autorisées en Angleterre que sous le règne de Charles Iᵉʳ, en 1637; elles parurent à Hambourg, en 1734; à Berlin, en février 1741; dans le Hanovre, en 1730, et à Dresde, en 1732.

— En France, un édit de 1686 conféra le monopole de l'affichage aux libraires, qui paraissent avoir été les premiers à le pratiquer à l'égard des livres nouveaux. L'affichage, au XVIIIᵉ siècle, avait pris un tel développement qu'une ordonnance de police du lieutenant général Lenoir, du 3 décembre 1776, a dû le réglementer dans les termes suivants : « Considérant que quelques marchands annoncent la vente de leurs étoffes et autres marchandises, à un prix inférieur à celui que lesdites marchandises ont coutume d'être vendues par les autres marchands; qu'une pareille contravention, qui est presque toujours la dernière ressource d'un négociant infidèle, etc. Faisons itératives et très-expresses défenses à tous marchands, en gros et en détail, de courir les uns sur les autres pour le débit de leurs marchandises, leur défendons de répandre, ni distribuer aucuns billets, avis ou affiches, etc. (*Archives nat.*)

— Aujourd'hui l'affichage est soumis à des règlements particuliers; ainsi les affiches émanant de l'autorité publique sont seules imprimées sur papier blanc, et ne sont pas sujettes au timbre; celles des particuliers doivent être sur papier de couleur et mentionner le nom et la demeure de l'imprimeur; elles sont de plus soumises à un droit de timbre déterminé par leur dimension. Deux décrets des 25 et 31 août 1852 ont réglementé l'affichage sur les murs et sur les constructions destinés à recevoir des affiches peintes, imprimées ou manuscrites. Aux termes de ces décrets, tout individu qui voudra, au moyen de la peinture ou de tout autre procédé, inscrire des affiches dans un lieu public, sur les murs, sur une construction quelconque, ou même sur toile, est tenu préalablement de payer le droit d'affichage établi par l'article 30 de la loi du 8 juillet 1852, et d'obtenir de l'autorité municipale dans les départements, et à Paris du préfet de police, l'autorisation ou permis d'afficher.

Les affiches ne peuvent être placardées que par les soins d'afficheurs régulièrement autorisés. L'affichage est formellement interdit la nuit.

Cette industrie qui a pris, dans ces dernières années, des développements considérables, exige de grands soins et un personnel nombreux; elle entraine de graves responsabilités, car la moindre infraction aux ordonnances et décrets est rigoureusement punie; il n'y a donc pas lieu de s'étonner qu'elle forme, à Paris, une sorte de monopole accaparé par quelques maisons, et dont l'action s'étend à la France entière, et même à la Suisse et à la Belgique; à l'aide de correspondants établis partout où il y a un centre de population, M. Rénier notamment peut, en cinq jours, placarder un nombre illimité d'affiches dans les 35,937 communes de France, alors qu'il y a vingt ans, on ne pouvait afficher que dans quelques principales villes et encore dans un délai de plusieurs semaines. — V. PUBLICITÉ.

AFFICHEUR. Celui qui affiche des placards dans les rues. Il doit être autorisé par le préfet de police et doit savoir lire et écrire.

AFFILAGE. *T. techn.* Action d'affiler; l'ouvrier qui affile est nommé *affileur.*

* **AFFILE.** *T. de mét:* Nouet de toile plein de graisse pour l'affilage de certains outils de fer.

AFFILER. 1° C'est donner le fil à un tranchant, couteau, canif, rasoir, sabre, etc. || 2° Mettre un lingot dans la filière.

* **AFFILOIR.** 1° Pierre schisteuse avec laquelle on aiguise les instruments tranchants en leur donnant le *fil* lorsqu'ils l'ont perdu par l'usage; ou en leur enlevant le *morfil*, qui les empêche de couper, lorsqu'ils viennent d'être aiguisés à la meule.

— On a récemment inventé un affiloir d'un nouveau genre : c'est un appareil composé de deux cylindres d'acier placés parallèlement sur un plan horizontal, et garnis de cercles d'environ 5 millimètres de largeur qui s'emboîtent légèrement les uns dans les autres, et qui sont striés de manière à former de véritables limes. (BOUILLET.)

* **Affiloir.** 2° Pince avec laquelle on tient l'instrument tranchant qui sert à raturer le parchemin. || 3° Cuir sur lequel on promène le rasoir avant de s'en servir. || 4° Morceau d'acier sur lequel les bouchers affilent leurs couteaux.

* **AFFILOIRES.** *T. de men.* Pierres à aiguiser, fixées dans du bois; on fait de ces pierres artificielles en empâtant des poudres dures dans une sorte de ciment ou de caoutchouc vulcanisé.

AFFINAGE. *T. de chim. et de métall.,* signifie dans son acception générale, *purification;* ordi-

nairement il est suivi du nom du métal à purifier, ainsi on dit: *affinage du cuivre* —V. CUIVRE; *affinage de la fonte,* etc. — V. FONTE, PUDDLAGE, ACIER. Quand le mot affinage est employé seul, il s'applique spécialement aux métaux précieux, à l'or, le platine, l'argent, etc.; en ce cas il est désigné aussi sous le nom de *départ.* — V. ce mot.

— Les procédés d'affinage étaient inconnus des anciens comme le prouvent les analyses des monnaies antiques; on employait souvent pour leur fabrication l'or et l'argent natifs. On remarque à mesure que l'on remonte vers le passé, les objets en argent renferment plus d'or et les objets en or plus d'argent.

L'art de l'affineur dépendait autrefois des hôtels des monnaies et était une prérogative de la couronne. Divers édits, de 1689, 1692, 1721, 1757, etc., réglaient les opérations de manière à offrir des garanties; ainsi l'affinage devait se pratiquer sous l'inspection des officiers des hôtels monétaires. Ces prescriptions durèrent jusqu'au moment où la loi du 19 brumaire an VI supprima la ferme des affinages et rendit libre l'exercice de cette profession.

L'exactitude des opérations de l'affinage est devenue de plus en plus rigoureuse à mesure que la chimie a fait des progrès; la séparation des métaux s'est d'autant mieux effectuée que les arts chimiques ont été plus perfectionnés. Les anciens procédés d'oxydation par la fusion au contact de l'air, la cémentation, la fusion au salpêtre, enfin le soufre, le sulfure d'antimoine, le sublimé corrosif qui servaient à séparer l'or de ses alliages, ont été remplacés par des méthodes plus exactes; l'argent, qui était séparé au moyen du salpêtre ou de la coupellation, a été affiné à l'acide nitrique et plus tard enfin à l'acide sulfurique.

L'affinage des matières d'or et d'argent par l'acide nitrique n'est plus usité aujourd'hui. D'ailleurs, ce procédé de *départ* est fondé sur la solubilité de l'argent dans cet acide, tandis que l'or est insoluble. L'acide le plus apte correspond à une densité de 1,320. L'expérience a appris que la *composition* la plus convenable pour l'attaque complète, correspond à trois parties d'argent en poids pour une d'or; en somme, la dissolution de 100 kilogrammes d'argent exige de 149 à 200 kilogrammes d'acide nitrique; si l'alliage renferme du cuivre, sa dissolution exige une plus grande consommation d'acide.

Dans l'ancien procédé d'affinage à l'acide nitrique, l'argent dissous était ensuite réduit à l'état métallique par des lames de cuivre. Mais dans ce *départ* à l'acide nitrique, l'or retient un peu d'argent et l'argent obtenu renferme un peu d'or.

Enfin, M. Dizé a eu l'idée d'utiliser la découverte de Darcet neveu (1802) et de remplacer l'acide nitrique par l'acide sulfurique qui donne de meilleurs résultats.

D'ailleurs, le procédé actuel d'affinage des matières d'or et d'argent a permis de traiter avantageusement les anciens alliages d'or et d'argent qui se trouvent dans le commerce. On affine avec avantage un alliage d'or contenant 0,020 d'argent ou un alliage d'argent et de cuivre renfermant 0,0004 d'or.

Depuis 1825, grâce à la création de grands ateliers d'affinage, on estime à plusieurs milliards l'argent aurifère qui a été affiné. On sait que les anciennes monnaies d'argent renfermaient 0.001, 0,002 et même 0,003 d'or; leur affinage a donc fait passer dans la fortune publique plusieurs centaines de millions.

Aujourd'hui, on affine annuellement pour une somme de 400 à 500 millions, provenant des piastres du Mexique ou du Pérou, des lingots arrivant de la Chine ou de la Cochinchine, des anciennes monnaies, de l'argent des mines d'Amérique, enfin des déchets d'orfèvrerie.

Des tarifs établis par l'administration indiquent les droits à acquitter pour les frais d'affinage aux hôtels des monnaies; mais, dans l'industrie, ces droits sont discutés avec l'affineur; en général, l'affinage de un kilogramme d'argent revient à environ 0 fr. 90 ou 1 franc.

Affinage des matières d'or et d'argent. Le procédé d'affinage à l'acide sulfurique repose sur les deux observations suivantes : 1° l'acide sulfurique concentré et chaud transforme l'argent et le cuivre en sulfates solubles, sans attaquer l'or; 2° le sulfate d'argent est réduit par le cuivre à l'état d'argent métallique, en produisant du sulfate de cuivre.

Si un alliage soumis à l'affinage renferme trop d'or, tout l'argent n'est pas attaqué; s'il contient trop de cuivre, il produit du sulfate de cuivre très-peu soluble dans l'acide sulfurique concentré. Il importe donc de soumettre l'alliage à un essai préalable, indiquant la composition, avant de l'affiner. L'expérience a appris que l'alliage le plus convenable à traiter devait contenir de 0,800 à 0,950 d'argent et de 0,050 à 0,200 de cuivre et d'or. La première opération consiste donc à ramener autant que possible l'alliage à cette teneur. — V. Essai.

Trois cas peuvent se présenter dans l'affinage des matières d'or et d'argent, savoir : 1° *affinage de l'argent cuivreux;* 2° *affinage des matières d'or tenant argent;* 3° *affinage des matières d'argent tenant or.*

Pour citer comme exemple, l'affinage par l'acide sulfurique de l'argent tenant or; nous allons résumer les cinq opérations principales auxquelles il donne lieu :

1° Sur des fourneaux de 0m,32 de diamètre on place des cornues en platine, ou plus souvent en fonte, chargées chacune de 3 kilogrammes d'argent aurifère granulé et de 6 kilogrammes d'acide sulfurique concentré; on chauffe jusqu'à l'ébullition; au bout de douze heures environ la dissolution est complète;

2° On transvase le sulfate d'argent formé dans un réservoir en plomb et on le dissout dans l'eau pure, en l'étendant jusqu'à 15 ou 20 degrés de l'aréomètre de Beaumé. La poudre d'or non attaquée est lavée avec de l'eau distillée bouillante. Ensuite on précipite l'argent par des lames de cuivre; le précipité est lavé à l'eau bouillante et finalement fortement comprimé;

3° L'argent précipité est desséché et puis fondu dans un creuset et coulé en lingots;

4° L'or est aussi desséché et fondu au nitre;

5° Enfin le sulfate de cuivre est recueilli et porté aux cristallisoirs.

Si l'alliage est cuivreux, on traite également par l'acide sulfurique; certains affineurs ne grenaillent même pas l'alliage et traitent directement des lingots de 30 à 35 kilogrammes, en employant de deux à deux et demi son poids d'acide sulfurique. L'acide sulfureux provenant de la réaction est recueilli dans de petites chambres en plomb où il se transforme en acide sulfurique qui servira ultérieurement.

Dans l'affinage des matières d'or et d'argent, après la dissolution de l'argent et du cuivre, on fait bouillir le contenu de la chaudière avec de l'acide sulfurique à 58° et on laisse reposer.

L'argent d'affinage ne contient que des traces presque insensibles d'or et 0,003 à 0,004 de cuivre; l'or d'affinage est ordinairement au titre de 0,998 et même 0,999; les lingots d'argent d'affinage sont au titre de 0,996 à 0,998.

A Paris, il existe aujourd'hui deux vastes ateliers d'affinage, installés de manière à éviter l'insalubrité provenant des dégagements acides, et outillés de façon à obtenir rapidement et exactement les métaux précieux en lingots affinés. L'un de ces ateliers appartient à MM. de Rothschild; l'autre à Mme veuve Lyon-Allemand.

Les tours de main, les procédés spéciaux à chacun de ces ateliers ne peuvent trouver leur place dans un article général sur l'affinage.

En résumé : 1° si l'affinage se fait sur des *matières d'argent tenant or,* on les attaque par l'acide sulfurique; lorsque la dissolution est faite on siphonne et on traite la liqueur pour argent. D'un autre côté, on recueille immédiatement les boues

Fig. 39. — *Affinage à la forge.*

A Creuset. — E Sole. — B Contrevent. — D Warme. — C Gueuse.

restées dans la chaudière; elles contiennent de l'or, un peu d'argent et de cuivre; on les lave et on les fond au creuset. Le lingot obtenu est plus riche en or que le lingot primitif, mais pauvre en argent et cuivre : c'est un lingot d'*or tenant argent*, que l'on traite définitivement comme dans le cas suivant;

2° Si l'affinage se fait sur des *matières d'or tenant argent,* on les traite également par l'acide sulfurique, dans des chaudières en fonte; la dissolution est siphonnée dans des bacs en plomb, l'or inattaqué reste au fond; mais une certaine quantité est entraînée dans le bac, d'où on le retire lorsqu'il s'est accumulé en quantité suffisante. La décantation achevée, on traite le résidu de la chaudière par une nouvelle quantité d'acide sulfurique *(première poussée);* on enlève l'acide en excès et l'or qui surnageait, et on le soumet à un lavage sur la *table à l'or.* La poudre d'or, bien lavée, est encore soumise à l'action de l'acide sulfurique bouillant *(deuxième poussée).* On recommence le lavage, et finalement on fond la poudre d'or, additionnée de borax ou de nitre, dans un creuset de plombagine. L'argent dissous dans l'acide sulfurique est séparé du cuivre comme nous l'indiquons plus bas ;

3° Si l'affinage porte sur l'*argent cuivreux* (affinage simple), les alliages, additionnés de salpêtre, sont fondus dans de grands creusets, en terre réfractaire, placés dans des fourneaux à vent chauffés au coke. A mesure que la matière fond on enlève les scories, qui d'ailleurs donnent des parties métalliques que l'on retourne à l'affinage. Lorsque les lingots sont en pleine fusion, on les grenaille en projetant le métal dans une cuve pleine d'eau. Le métal grenaillé est placé dans une chaudière hémisphérique en fonte et traité par l'acide sulfurique, qui le dissout complètement. On décante le liquide ; ensuite dans la liqueur décantée on ajoute un grand excès d'une solution de sulfate de cuivre et on fait arriver dans la masse un courant de vapeur. On laisse reposer environ deux heures, puis on décante dans un autre bac en plomb, où l'argent se précipite en présence des lames ou rognures de cuivre rouge.

L'argent qui se présente à l'état d'une masse blanche, spongieuse *(chaux d'argent)*, est ensuite soigneusement lavé, puis fortement comprimé et finalement fondu au creuset et coulé dans des lingotières. On siphonne la dissolution de sulfate de cuivre pour séparer la *chaux d'argent* du liquide ; enfin on reconnaît que tout l'argent s'est déposé quand la liqueur ne donne aucun précipité par l'addition du sel marin.

Affinage du platine. La *mine du platine* est une substance blanche, métallique, en grains petits et lourds, qui se rencontre dans la nature disséminée dans les terrains d'alluvion ; sa composition est très-complexe ; elle renferme, outre du platine, du palladium, du rhodium, de l'iridium, de l'osmium, du fer, de l'or, du cuivre, du sable, etc.

On extrait le platine pur de son minerai complexe *par la voie humide* (méthode de Wollaston, méthode Russe), ou par *la voie sèche* (fusion directe et coupellation), ou par une *méthode mixte.* — V. Platine.

L'affinage du platine se fait en général en dissolvant le minerai dans l'eau régale ; on précipite le métal par les sels alcalins et on le ramène à l'état métallique, puis on le fond ou on l'agglomère.

Lorsque le platine a été obtenu par la voie humide, il contient encore une certaine quantité d'iridium, de palladium, de rhodium ; on redissout l'alliage, les métaux étrangers sont précipités par le cuivre métallique ; ceux-ci sont enfin redissous dans l'eau régale et séparés du platine.

Le platine obtenu directement par la fusion du minerai de platine contient encore de l'iridium, du rhodium, du cuivre et du fer. Pour l'affiner, on procède à une deuxième fusion : le cuivre et le fer brûlent ; lorsque l'affinage est terminé, on coule le métal dans des lingotières.

La coupellation sert aussi à purifier le platine iridifère. MM. Sainte-Claire Deville et Debray obtiennent du platine pur en le dissolvant dans l'eau régale, puis fondant le métal : la masse délayée dans l'eau et lavée laisse entraîner les métaux étrangers.

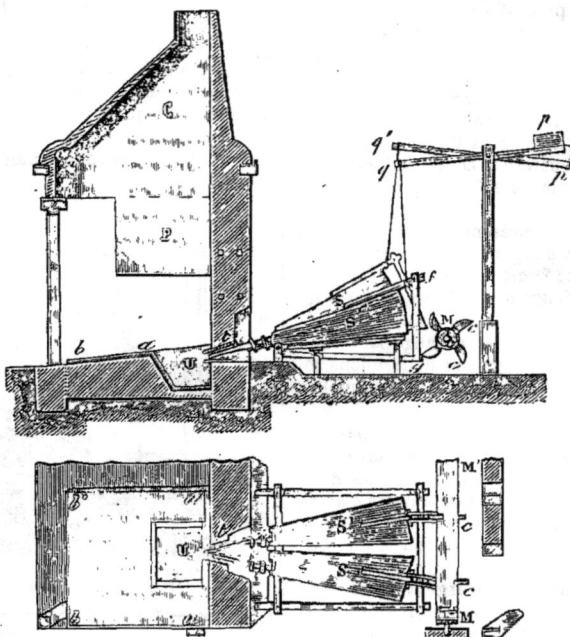

Fig. 40. — *Affinage de la fonte au petit foyer.*

U Creuset rectangulaire formé de plaques de fer recouvertes d'argile. — *t* Tuyère qui y conduit l'air du soufflet à double vent *SS'*. — *ab* Plaque de fonte inclinée. — *P* Hotte de la cheminée *C*. — *M* Jeu de la soufflerie. — *p q'* Leviers pour faire mouvoir la soufflerie.

Affinage de l'étain. L'étain pur résulte d'un raffinage qui se fait industriellement dans la préparation de ce métal. On obtient l'étain affiné par diverses méthodes, savoir : *par liquation, par perchage, par secousse.*

Liquation. Les saumons d'étain ou lingots sont placés sur la sole d'un four modérément chauffé ; l'étain entre le premier en fusion et s'écoule dans un creuset récepteur ; il reste sur la sole un alliage formé des impuretés qui altéraient l'étain.

Perchage. On peut pousser plus loin l'affinage de l'étain en introduisant dans le bain métallique encore très-chaud, des buches de bois vert qui, par leur décomposition, laissent dégager des gaz ; ceux-ci agitent la masse et amènent les scories à la surface ; on les enlève à mesure qu'elles y arrivent. Au bout de quelque temps, l'étain est purifié.

Secousse ou tossing. Pour affiner l'étain par secousse, un ouvrier cueille, dans la masse fondue, au moyen d'une cuiller en fer, une certaine quantité de métal qu'il laisse retomber de toute sa hauteur dans la chaudière contenant le reste de la matière fondue. La masse ainsi agitée laisse monter les scories à la surface : on retire et on enlève ainsi les impuretés de l'étain.

Affinage de l'aluminium.

L'aluminium en sortant des fours contient une certaine quantité de scories dont on le débarrasse par deux ou trois fontes successives. Mais il importe pendant ces opérations de brasser le métal de manière à faire monter les scories à la surface. Ensuite on les enlève avec une cuiller de fer percée de trous.

L'aluminium ferrugineux est affiné par plusieurs refontes dans chacune desquelles il s'opère une liquation. — V. LIQUATION.

Affinage du cuivre.

On affine le cuivre marchand par plusieurs procédés. L'affinage au petit foyer se fait dans un petit creuset brasqué entouré d'un rebord ; le creuset porte une tuyère légèrement inclinée ; enfin une ouverture pratiquée dans le rebord du foyer permet aux scories de s'écouler. Le creuset est rempli de charbons sur lequel on place le *cuivre noir* ou *matte.* On met le feu et on donne le vent. Les métaux étrangers oxydables passent dans les scories que l'on enlève ; enfin le cuivre prend une teinte rouge (*cuivre rosette*) ; on le refroidit ensuite en y projetant de l'eau et on enlève la surface de cuivre solidifiée. On continue ainsi jusqu'à l'épuisement de la matière du creuset.

L'affinage métallurgique du cuivre se fait aussi dans le four à reverbère à sole brasquée sur 3000 kilogrammes environ ; quand le cuivre noir est fondu on donne le vent ; les scories sont enlevées avec un râble et l'opération terminée, on fait des rosettes avec le métal purifié.

Par la méthode anglaise d'affinage on affine à la fois 10,000 kilogrammes de cuivre ; l'opéra-

tion s'exécute dans un grand four où le cuivre fond et s'oxyde peu à peu ; les scories sont enlevées puis on jette du menu charbon de bois dans le four et on introduit dans le cuivre une perche de bois vert qui provoque un bouillonnement dans la masse en fusion : ensuite on coule le cuivre ainsi purifié.

Affinage de la fonte.

La transformation de la fonte (V. FONTE ET PUDDLAGE) en fer malléable ou forgé s'obtient au moyen de plusieurs opérations qui ont pour but d'oxyder le carbone et de faire passer en même temps, dans les scories, les autres métaux, le silicium et le phosphore contenus dans la fonte.

Les fontes provenant des hauts fourneaux ont été fabriquées au charbon de bois ou au coke et à la houille. Les fontes au charbon de bois sont décarburées au moyen de ce même combustible dans des foyers d'affinage ; les fontes au coke ou à la houille sont décarburées dans un foyer d'affinage ou foyer oxydant, puis soumises au puddlage. — V. PUDDLAGE.

Le charbon de bois est un combustible avantageusement employé dans l'affinage parce qu'il est exempt de sulfure de fer et par suite peut être mis sans inconvénient en contact direct

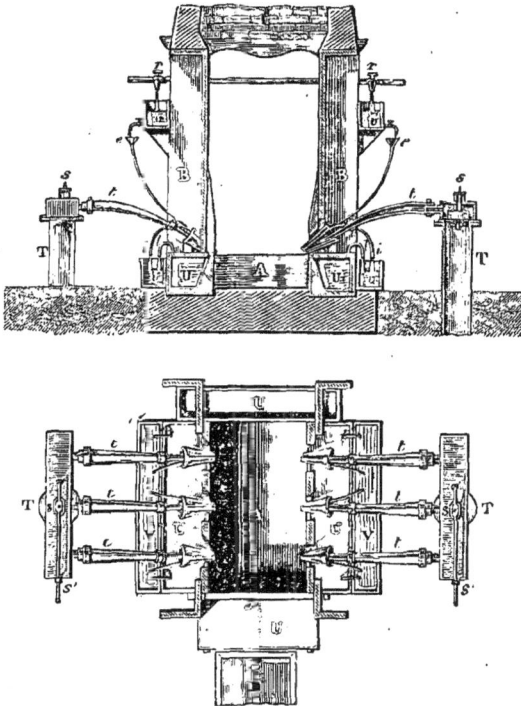

Fig. 41. — *Four de finerie (affinage de la fonte à la houille.)*

C Cheminée. — B B Bâtis qui supportent la cheminée. — r r Tube abducteur d'eau froide. — v v Récepteurs d'eau froide destinée à rafraîchir les tuyères. — t t Tuyères. — v v' Récepteurs de l'eau qui a rafraîchi les tuyères. — t l Tubes abducteurs de l'eau. — U U Caisses de fonte où circule de l'eau froide. — T T Cylindres par où arrive l'air qui alimente les tuyères. — A Creuset. — S Soupapes.

avec la fonte. Dans le puddlage, au contraire, on peut employer le coke, puisque la décarburation s'opère, sur la sole d'un fourneau à reverbère et qu'il n'y a pas de contact immédiat entre le combustible et le métal, par conséquent le charbon minéral ne peut céder du soufre au fer.

L'affinage consiste essentiellement à éliminer le carbone de la fonte, en partie par l'action directe de l'oxygène de l'air, en partie par l'oxygène contenu dans l'oxyde de fer ; en sorte que les scories d'affinage sont des silicates de protoxyde de fer basiques associées à des mélanges de protoxyde et de sesquioxyde de fer en proportions variables.

En principe général, la première opération de l'affinage de la fonte consiste à fondre ce corps dans un bas foyer et à l'y soumettre à une décarburation partielle (*mazéage*) sous l'action d'un violent courant d'air obtenu par un ventilateur ou avec une machine soufflante. Au sortir du foyer d'affinage le métal liquide est partiellement décarburé et coulé en plaques dans de larges moules (*plate métal*). Cet affinage imparfait est suivi du puddlage au fourneau à reverbère. — V. FINAGE et MAZÉAGE.

Les procédés d'affinage sont très-nombreux, nous indiquons ici les principaux d'après M. Tunner :

Procédés à une seule fusion, comprenant: 1° procédé autrichien avec les scories ; 2° procédé styrien au

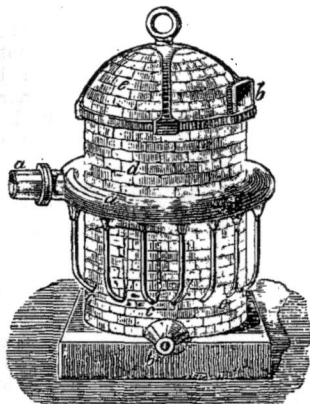

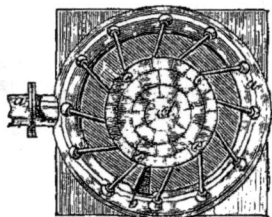

Fig. 42. — *Affinage par le procédé Bessemer.*
d Cubilot. — e Dôme. — b Ouverture. — a Gros tuyau en fonte.
c Tuyaux plus petits qui amènent l'air.

charbon de bois; 3° procédé carinthien au charbon de bois avec disque de fonte; 4°procédé de Siégen à fusion unique; 5° procédé tyrolien; 6° procédé lombard avec scories.

Procédé wallon, comprenant : 1° procédé wallon de l'Eifel ; 2° procédé wallon suédois ; 3° procédé wallon anglais ; 4° procédé wallon styrien.

Procédé allemand avec soulévement, savoir : 1° procédé bohémien ; 2° procédé souabe ; 3° procédé français ; 4° procédé de Bohnitz ; enfin 5° procédé Bessemer.

Affinage dans les foyers à tuyéres. En France l'affinage des fontes dans certaines forges se fait au charbon de bois, ce qui donne un fer d'excellente qualité, plus tenace que le fer puddlé. En vingt-quatre heures, on affine de 400 à 600 kilo-

grâmmes de fonte qui fournissent de 79 à 90 0/0 de fer brut et de 72 à 79 0/0 de barres étirées. Pour l'affinage de 100 kilogrammes de fer, on consomme environ de 70 à 100 kilogrammes de charbon et même jusqu'à 200 kilogrammes.

La forge (fig. 39) d'affinage se compose : 1° d'un creuset formé de cinq plaques en fonte dont celle de devant est percée d'un trou pour l'écoulement des scories ou laitiers; 2° de deux soufflets; 3° d'une tuyère. On commence par remplir le creuset de charbon, de scories basiques et des battitures de fer et on avance dans le feu la *gueuse* ou barre de fonte à affiner. On souffle et à mesure que le lingot fond on l'avance dans le feu; celui-ci fondu, on le remplace par une deuxième, par troisième gueuse. La fonte fondue, en arrivant sur le lit de scories, détermine une réaction qui forme des silicates moins basiques qu'on fait écouler de temps en temps. Les parcelles de fonte en passant devant le courant d'air des tuyères éprouvent un commencement d'oxydation qui s'achève par le soulèvement de la masse au moyen du ringard, ce qui l'expose à l'action oxydante du courant d'air. Une partie du fer s'oxyde, il se forme ainsi des scories basiques qui hâtent la décarburation ; enfin les parties ferreuses affinées se réunissent, s'agglomèrent en une boule ou *loupe* unique ou en plusieurs petites boules ou *lopins*. En cet état, le fer est retiré du feu et amené sous des marteaux, ou des cylindres, ou des presses qui en soudent les parties entre elles et en font sortir le laitier interposé.

Les procédés comtois, champenois, allemand, wallon, styrien ne sont que des modifications de cette méthode générale d'affinage (fig. 40).

Affinage dans les fours à reverbère. Le four à reverbère se compose : 1° d'un foyer suffisamment grand; 2° d'un four dont la sole et les parois sont en maçonnerie, en fer ou en fonte: entre ces parois circule de l'air froid ou de l'eau. On a accès dans le four par une ou deux portières; il importe que la cheminée puisse être hermétiquement fermée; en outre, il faut prendre garde que la fonte à affiner ne touche jamais la sole, dont elle doit être séparée constamment par un lit de scories, de battitures de fer, de vieille ferraille; ces matériaux égalisés par un bon coup de feu forment une épaisseur de 8 à 12 centimètres au moins. Le combustible employé peut être la houille, le coke ou le gaz des hauts-fourneaux ou autres gaz (fig. 41).

Le four est d'abord fortement chauffé, ensuite on y introduit la fonte (150 à 250 kilogrammes); dès que la fusion commence, on ferme le registre, on y introduit des scories ou des battitures de fer, et l'on remue constamment la masse jusqu'à ce que les scories recouvrent la fonte. L'oxyde de carbone qui se dégage produit un fort bouillonnement qui agite la masse fondue, la fait gonfler et amène les scories à la surface. Au bout de quelque temps, le bouillonnement diminue, le métal devient demi-solide, d'un blanc éclatant; on le roule, on l'expose à l'endroit le plus chaud du four, enfin on forme des balles ou *loupes* de 25 à 30 kilogrammes, finalement on le retire et on le porte au cinglage pour en exprimer les scories qu'il contient encore.

Le traitement d'une charge se fait en une heure trois quarts à deux heures et demie; en vingt-quatre heures on peut traiter de 1,300 à 2,000 kilogrammes de fonte; pour 1,000 kilogrammes à traiter, on consomme de 700 à 1,200 kilogrammes de houille et l'on obtient de 885 à 940 kilogrammes de balles ou loupes qui fournissent elles-mêmes 750 à 820 kilogrammes de fer en barres. Ce procédé d'affinage, avec certaines modifications, est très-répandu en Angleterre et en France, dans les centres de production sidérurgique où le charbon de bois n'est pas employé. — V. PUDDLAGE.

Affinage par insufflation d'air : Procédé Bessemer. Depuis quelques années la sidérurgie s'est enrichie d'un nouveau procédé d'affinage par insufflation de l'air dans la fonte fondue; ce procédé, dû à M. Bessemer, mais revendiqué par MM. Marben, Nasmyth, Avril etc., permet d'obtenir un fer dont les qualités ne sont pas à l'abri de certains reproches — V. MÉTAL et ACIER BESSEMER.

Le procédé d'affinage sans combustible est très-simple; il repose sur la haute température développée par la combustion du fer au contact de l'oxygène de l'air. Lorsqu'on insuffle un courant d'air rapide dans la fonte liquide et très-chaude, ses éléments, carbone, silicium et fer se brûlent; il se forme de l'oxyde de carbone, de la silice et de l'oxyde de fer, par suite des scories. La température s'élève excessivement; la combustion s'active, il se produit une violente réaction entre les produits déjà oxydés et le reste de la fonte non encore altérée qui s'affine et se transforme en fer, qui reste liquide et se laisse couler et mouler comme de la fonte.

« En coulant dans les moules de toute espèce » de forme, de grandes masses d'un métal mal- « léable parfaitement homogène, on n'a plus be- » soin d'avoir recours à l'opération lente, coû- « teuse, incertaine du soudage, dont on se sert « actuellement quand on doit obtenir de grandes « masses de fer ou d'acier.

« L'extrême et la grande ductilité du fer Bes- « semer sont prouvées par les expériences faites « ce métal. » (Mémoire de M. Bessemer lu à la Société des ingénieurs civils de Londres en 1859.)

Mais le véritable fer Bessemer n'a pas répondu aux espérances que l'on attendait de ce procédé qui sert à préparer un métal mixte dont l'emploi s'est beaucoup généralisé.

L'affinage de la fonte par le procédé Bessemer se fait dans un temps très court; le travail de 300 kilogrammes n'exige pas plus de dix à quinze minutes. — V. FER BESSEMER, ACIER BESSEMER.

L'appareil où s'exécute l'affinage (fig. 42) se compose d'un petit cubilot en matière très-réfractaire d'environ 1 mètre de hauteur sur 55 centimètres de diamètre intérieur. Il est surmonté d'un dôme mobile pour l'introduction de la fonte liquide et d'une ouverture pour laisser échapper la flamme et les étincelles. Le fond uni est incliné en avant vers l'ouverture qui sert au coulage du métal fondu et affiné. Enfin autour du cubilot se trouve un gros cylindre en fonte duquel partent des petits tuyaux en fer qui amènent l'air d'une soufflerie énergique dans l'intérieur du cubilot et à une petite distance du fond.

Pour opérer l'affinage on remplit d'abord le cubilot de charbons allumés, on ferme l'ouverture d'en haut et on verse de 300 à 400 kilogrammes de fonte liquide dans l'intérieur de l'appareil. Ensuite on insuffle le courant d'air; la réaction se manifeste, la masse se boursoufle, des étincelles s'échappent violemment par l'ouverture supérieure, leur couleur jaune prend bientôt une teinte bleuâtre, le boursouflement diminue; enfin, quand les flammes qui sortent, reprennent la couleur jaunâtre, l'opération est terminée. On débouche alors l'ouverture inférieure et on coule le métal.

M. Bessemer a imaginé un autre four pour l'affinage de la fonte (fig. 43), qui permet aussi un affinage rapide. Jusqu'à présent le procédé d'affinage au charbon de bois est celui qui donne le fer fin de meilleure qualité. — A. F. N.

Fig. 43. — *Four rotatif pour l'affinage du fer.*

C Cheminée fixe. — A Foyer monté sur chariot placé sur rails. — B Four sur chariot placé sur rails. — f Vis sans fin qui s'engrène avec la roue dentée. — g Roue dentée pour mettre le four B en mouvement. — e Registre qui permet à l'air extérieur d'arriver dans le four sans passer par la grille h. — d Conduits d'air ou de vapeur surchauffée.

— V. *Traité complet de métallurgie*, par PERCY; *Dictionnaire de chimie*, de BARRESWIL et GIRARD; *La métallurgie*, de JORDAN.

Affinage. 2° Dernière façon donnée aux aiguilles pour les adoucir et aiguiser leur pointe sur une pierre. || 3° La dernière fonte que l'on donne aux draps. || 4° Action de rendre le chanvre plus long, plus fin et plus doux, au moyen d'*affi-noirs*, peignes de fer très-déliés. || 5° *T. de rel.* Bande de papier collée sur le côté du carton destiné à être passé dans le mors du livre. || 6° *T. de verr.* Opération qui a pour but de faire disparaître les bulles du verre.

AFFINER. *T. techn.* Employé dans un grand nombre de cas; voici les principaux : 1° Purifier les métaux. || 2° Chauffer le verre jusqu'à ce qu'il n'y ait plus de bulle sur le bain. || 3° Opération qui consiste à faire la pointe des clous en les passant sur la pierre. || 4° Rendre le carton plus fort. || 5° Coller une bande de papier sur le côté du carton qui doit passer dans le mors d'un volume à relier. || 6° Rendre le ciment très-fin. || 7° Faire la pointe de l'épingle sur une pierre d'émeri. || 8° Rendre le chanvre, le lin, plus délié, plus doux au toucher. || 9° *Affiner du sucre. Raffiner* est plus usité. — V. RAFFINAGE.

AFFINERIE. Outre la désignation du lieu où l'on affine les métaux, ce mot s'applique à une petite forge où l'on tire le fer en fil d'archal.

— Les ateliers d'affinage étant déclarés insalubres, il est interdit de se livrer à cette profession sans autorisation. Quiconque veut affiner doit en faire la déclaration à l'administration municipale et à celle des monnaies; il ne peut recevoir que des matières essayées par un essayeur public.

AFFINEUR, EUSE. Ouvrier, ouvrière qui affine les métaux, le lin, le chanvre, la dentelle, et, dans les hôtels de monnaies, celui qui affine l'or et l'argent.

AFFINOIR. *T. techn.* Instrument pour affiner; peigne à dent de fer avec lequel on affine le chanvre et le lin.

* **AFFIQUAGE.** *T. de mét.* Opération qui consiste à faire ressortir tous les points de la broderie du point d'Alençon, en y passant l'extrémité d'une grosse patte de homard.

AFFIQUET. Petit instrument de fer ou de bois dont les femmes se servent pour soutenir l'aiguille, lorsqu'elles tricotent.

* **AFFLEURAGE.** *T. de pap.* Action de délayer la pâte qui sert à fabriquer le papier.

* **AFFLEURANTE.** *T. de pap.* Pile qui délaye la pâte à maillet nu; on appelle *affleurée* la pâte qu'elle fournit.

* **AFFLEUREMENT.** 1° Nivellement de deux surfaces. || 2° *T. de min.* Extrémité d'un filon qui se rapproche de la surface du sol. || 3° *T. de phys. Point d'affleurement.* Point qui doit toujours être ramené au niveau du liquide dans l'aréomètre à volume constant et à poids variable. *Mettre à l'affleurement*, c'est charger l'aréomètre de telle sorte qu'il enfonce dans le liquide jusqu'au point d'affleurement. — V. ARÉOMÈTRE.

AFFLEURER. *T. techn.* 1° Réduire deux corps contigus à une même surface, les joindre exactement. || 2° Délayer la pâte du papier. || 3° Mélanger plusieurs farines, telles que celles de froment, de seigle et d'orge. || 4° Niveler un parquet.

* **AFFLOUAGE.** *T. de mar.* Opération qui consiste à *afflouer* un navire échoué, c'est-à-dire le remettre à flot, le redresser pour qu'il flotte.

AFFOURCHER. 1° *T. de charp.* Jonction de deux pièces de bois dont l'une est à languette et l'autre à rainure. || 2° *T. de mar.* Retenir un navire sur deux ancres qui travaillent ensemble dans une direction opposée et dont les câbles forment une fourche.

* **AFFRANCHE.** *T. techn.* Pièce de bois qui soutient les ridelles aux quatre coins d'une voiture.

AFFRONTÉ. *Art hérald.* Se dit des animaux qui se regardent; et, en général, de toutes pièces posées en face l'une de l'autre : *deux lions affrontés.*

AFFRONTER. *T. de mét.* Mettre front à front, de niveau et bout à bout, deux pièces de bois, deux panneaux.

AFFÛT (d'un canon). C'est le système qui supporte le canon dans le tir et permet d'en faire le service. On distingue diverses sortes d'affûts d'après la destination spéciale des bouches à feu : les affûts de campagne, — de siége, — de place, — de côte.

Il y a aussi beaucoup de désignations diverses qui résultent de particularités de la construction pour obtenir des avantages, soit pour la rapidité du tir et la facilité du pointage, soit pour la préservation des servants pendant le chargement des pièces, soit pour diminuer l'ouverture des sabords ou embrasures, etc. Nous devons renvoyer pour ces détails aux traités d'artillerie. — V. ARTILLERIE.

Bornons-nous à dire que les conditions générales auxquelles doivent satisfaire tous les affûts sont fort complexes et que le problème, dont l'étude théorique est récente, n'a été approximativement résolu par le tâtonnements de la pratique que bien longtemps après que la construction des bouches à feu était très-avancée. — V. CANON.

Il y a peu d'années le bois était la matière employée dans la construction de tous les affûts. Pour certaines destinations, notamment l'armement des côtes, comme le bois ne durait pas longtemps, on imagina de construire des affûts en fonte de fer. Avec la nouvelle matière, on put fabriquer des affûts qui ne coûtaient pas trop cher, qui se comportaient bien pendant le tir et qui étaient durables. Mais la fragilité de la fonte sous le choc des projectiles lancés par l'ennemi a fait reconnaître qu'il fallait renoncer à l'emploi de la fonte.

La tôle de fer et d'acier, généralement employée aujourd'hui, donne des résultats complètement satisfaisants, mais avec une augmentation de dépense.

L'emploi de la tôle a eu pour effet d'enlever aux arsenaux de l'État le monopole de la construction des affûts; l'artillerie a pu trouver pour ces travaux des ateliers particuliers bien outillés et offrant toutes garanties.

AFFÛTAGE. *T. techn.* 1° Action d'aiguiser les outils; cette opération se fait à sec ou sur la pierre mouillée, quelquefois huilée ou graissée. ‖ 2° Collection des outils que doit avoir l'ouvrier menuisier; tels que la varlope, le rifflard, le rabot et le guillaume. ‖ 3° *T. de chapel.* Façon donnée à un vieux chapeau pour le remettre à neuf.

AFFÛTÉ. *Art hérald.* Se dit d'un canon dont l'affût est d'un émail différent.

AFFÛTER. 1° Refaire la pointe d'un burin, d'un crayon, ou aiguiser un outil. ‖ 2° Mettre les outils aux fûts qui les maintiennent, dans la position la plus propre pour les rendre plus tranchants.

* **AFFÛTEUR.** *T. techn.* Celui qui affûte, qui aiguise les outils. ‖ Espèce de lime à forme conique qui sert à redresser les scies.

* **AFFÛT-TRAINEAU.** Sorte d'affût d'artillerie de montagne.

* **AGALMATOLITHE.** Minéral de la Chine qui renferme beaucoup de silice et d'alumine, avec un peu de chaux et de potasse; il vient en France sous forme de statuettes et de magots. Il est translucide, d'un blanc mat, légèrement teinté de rose, de jaune ou de vert.

AGARIC. Genre de champignon dont les espèces sont nombreuses; l'*agaric de chêne* ou *amadouvier* sert à préparer l'amadou.

— L'amadouvier est récolté en Suisse, en Italie et dans le midi de la France, et expédié aux fabricants d'amadou proprement dits, après avoir subi diverses opérations.

AGATE. 1° C'est le nom sous lequel on désigne en minéralogie et dans les arts une variété de pierres d'une pâte dure, fine et compacte, généralement demi-transparente et susceptible d'un beau poli. L'agate n'est autre chose que du quartz diversement coloré dans lequel se rencontrent des accidents multiples. Parmi les agates qui n'offrent à l'œil qu'une seule couleur, on distingue : la *cornaline* d'un rouge sang; la *sardoine*, quelquefois appelée *sarde* ou *sardagate*, de teinte fauve, blonde, brune foncée ou orangée; la *chrysoprase* qui est verte; la *saphirine* bleuâtre et la *chalcédoine* d'un blanc laiteux. L'agate offre souvent dans sa structure des couleurs diverses plus ou moins régulièrement disposées; selon la manière dont on débite les blocs de cette pierre, elle présente des bandes capricieusement déroulées en inflexions sensiblement parallèles qui lui font donner le nom d'agates *rubannées*, ou des bandes concentriques, on les appelle alors agates *œillées*, *œil de chat*, *œil de lion*, ou encore des couches superposées de tons différents, ce sont les *onyx* et *sardonyx* (du mot grec : ονυξ, ongle, taie sur l'œil), on compte ainsi quelquefois jusqu'à six ou sept couches, parfaitement nettes, comme si elles étaient composées de tranches de matières différentes collées les unes sur les autres, ce sont les pierres qui sont utilisées pour la gravure en pierre fine, notamment pour les *camées*. On appelle *nicolo* (abréviation italienne d'onicolo, petite onyx), une agate dont la couche inférieure est noire et la surface d'un bleu ardoise très-doux à l'œil; les

Romains se sont beaucoup servis de cette pierre pour des gravures *intailles*, c'est-à-dire en creux. Vues au transparent, à la lumière, les belles onyx et sardonyx sont d'un beau rouge sang, ce sont les matières de première qualité, dites *orientales*, qui présentent ce phénomène.

Quand les couleurs sont irrégulièrement distribuées dans la contexture des agates, on les appelle *jaspées*; le *jaspe* est, du reste, une variété de l'agate. On nomme agates *arborisées* ou *herborisées*, *mousseuses*, les agates qui semblent contenir dans leur pâte des représentations d'arbustes, d'herbes, de mousses.

Les agates unicolores sont utilisées pour la gravure en pierres fines en creux, c'est principalement sur les cornalines et les sardoines que l'on grave en creux des sujets ou des portraits, des inscriptions, devises, blasons, chiffres, etc. On en tire ensuite l'empreinte en relief, en y coulant du plâtre délayé ou du soufre fondu, ou plus simplement, en appuyant la gravure sur de la cire à cacheter fondue ou sur la cire molle, dite cire à modeler. Comme nous l'avons déjà dit, les agates onyx et sardonyx, à deux ou plusieurs couches, servent à faire les gravures en relief que l'on nomme camées. — V. CAMÉE, INTAILLE, GRAVURE EN PIERRES FINES.

— Les autres matières sont employées pour faire des vases, coupes, flacons, boîtes, coffrets, etc. On connaît ces merveilleux ouvrages, dont l'antiquité nous a légué quelques rares échantillons, tels que : le vase de la bibliothèque nationale, donné jadis par Charles III à l'abbaye de Saint-Denis. Il est creusé dans une sardonyx transparente, dont la teinte ne peut mieux se comparer qu'à celle de l'écaille, offrant des parties brun foncé, rouges à la lumière et des parties blondes. La panse est ornée de bas-reliefs représentant des instruments des cultes de Bacchus et de Cérès. Des anses ménagées dans la masse ajoutent à l'ornementation de ce précieux monument.

Au Musée de Naples, la coupe en forme d'assiette creuse à bords relevés et évasés, dite *Tazza Farnese*, est également en sardonix à plusieurs couches. Le travail dû à un artiste grec inconnu en est admirable. Le fond de la coupe représente, en relief, un sujet tiré de l'histoire grecque, dont on peut lire la description et l'explication dans Visconti (*Opere varie*), et sur la face extérieure une magnifique tête de Méduse aux cheveux épars entremêlés de serpents.

Le musée du Louvre, la bibliothèque nationale, le musée des Gemmes du palais Pitti à Florence, le musée de Vienne et le British Museum possèdent aussi des vases, coupes, statuettes et autres objets, exécutés par des artistes de l'antiquité ou de la Renaissance et même des temps plus modernes, dans des blocs de ces matières précieuses.

On a fait entrer ces mêmes pierres dans l'ornementation des meubles, coffrets, miroirs, flambeaux et autres objets, en incrustant des plaques dans l'ébénisterie ou en enrichissant ces objets de colonnettes, de pieds et autres motifs taillés dans ces mêmes matières. C'est surtout en Italie et aux XVe et XVIe siècles qu'ont été exécutés ces sortes de travaux si recherchés des amateurs.

Les pierres dont les couleurs sont les plus brillantes et les plus variées servent à faire des perles, des colliers, des bijoux, des cachets. Taillées en petits cubes, elles servent à la fabrication des mosaïques romaines, et débitées en plaques elles entrent dans la fabrication des mosaïques dites de Florence.

L'agate se rencontre dans beaucoup d'endroits, Pline prétend que cette pierre doit son nom au fleuve Achates, en Sicile, dans le lit duquel on en a trouvé pour la première fois, comme la sardoine aurait emprunté son nom à la ville de Sardes, en Lydie (Asie mineure). C'est, en effet, de l'Asie mineure et de l'Inde que viennent les plus belles matières que pour cette raison on nomme communément *Orientales*. L'Inde et la Chine produisent aussi des agates blondes et blanches tachetées de jaune et de brun qui sont fort belles. Mais il en existe dans bien d'autres contrées, même occidentales, notamment en Bohême, en Suisse, en Allemagne. A Oberstein (Prusse Rhénane), des ateliers importants taillent et polissent ces matières et en font des coupes, des assiettes, des vases, des coffrets, des cachets, des jouets, etc. On emploie les matières les moins avantageuses pour faire des mortiers, des brunissoirs, etc.

On est parvenu à modifier les couleurs primitives des agates. Par le feu et des bains chimiques on fait d'une agate brune une agate onyx à deux couches. On appelle dans le commerce ces pierres, des *pierres baignées*. Cette opération nuit à la transparence de la matière qu'elle rend opaque. Il est facile de reconnaître une pierre qui a subi cette opération, en examinant attentivement sa surface à la grande lumière ; elle présente alors de petits points rouges très-abondants qui viennent de la formation des sels chimiques. Cet accident ne se rencontre jamais dans les pierres naturelles.

Enfin, on a fait des agates artificielles en pâtes de verre coloré qui jouent parfaitement les matières dures.

L'antiquité connaissait ces procédés. Le fameux vase de Portland, conservé au British museum, est une imitation en verre à deux couches d'un vase de la nature de ceux que nous avons décrits plus haut. La couche intérieure est d'un brun qui, transparent, prend une teinte violacée et la couche superficielle est d'un blanc presque opaque, c'est dans cette couche blanche qu'a été sculpté, à l'aide du touret, le sujet composé de plusieurs personnages, animaux, etc., qui en décore le pourtour. Les collections publiques et privées conservent beaucoup de pâtes antiques en creux ou en relief qui ne sont autre chose que des empreintes et des camées ou d'intailles antiques. Dans un esprit d'économie et quelquefois de fraude, on a fabriqué par des procédés divers et avec des substances différentes, de faux camées et de fausses intailles ; mais, dans un but plus sérieux, les fabriques de Bohême et surtout celles de Murano, près Venise, ont exécuté des matières artificielles en pâtes de verre imitant parfaitement les matières que la nature offre à notre admiration.

On a pu voir dans la section italienne de l'Exposition de 1878, des vases en imitation de sardoine et agates travaillées au touret qui peuvent à la vue tromper même un œil exercé.

Agate. 2° Pierre dure qui donne son nom à l'outil dont se servent les brunisseuses sur porcelaine ; on brunit de même la dorure sur bois, sur papier, sur les métaux précieux ; tantôt à plat, tantôt sur certains points seulement, pour obtenir un mariage de dorure mate et de dorure brillante, ce qui se désigne sous le nom de *bruni à l'effet*. — V. BRUNISSOIR, BRUNISSAGE.

* **AGATIFÈRE.** Qui renferme de l'agate.

* **AGE.** L'archéologie distingue trois âges : l'*âge de pierre*, l'*âge de bronze* et l'*âge de fer* ; le premier correspond à l'époque où les peuplades primitives fabriquaient leurs instruments et leurs armes avec la pierre et le silex ; le second marque le temps où l'extraction du cuivre et la composition du bronze furent connues ; et enfin, le troisième caractérise une civilisation plus avancée et l'emploi du fer dans les créations du génie humain.

* **Age.** *Iconol.* Les poètes anciens ont divisé l'âge du monde en quatre périodes différentes que l'on représente ainsi : l'*Age d'or*, règne de Saturne, sous la figure d'une vierge très-belle, couronnée de fleurs, assise auprès d'un olivier et tenant une corne d'abondance dans l'une de ses mains ; l'*Age d'argent* est le temps que Saturne passa dans l'Italie : on le personnifie par une jeune femme avec quelques ornements, s'appuyant sur un soc de charrue, et tenant une gerbe de blé ; lorsqu'après le règne de Saturne, le libertinage et l'injustice commencèrent à régner, ce fut l'*Age d'airain* : on le représente par un homme ayant une peau de lion sur la tête et un javelot à la main ; ou bien encore par une femme richement habillée, à la contenance hardie, casque en tête, bouclier au bras ; l'*Age de fer* est le règne du crime, représenté par un homme dont le regard est féroce et menaçant ; il est coiffé d'un casque qui a une tête de loup pour cimier ; il tient une épée nue d'une main et un bouclier de l'autre. On lui donne aussi la figure d'une femme armée de pied en cap et sur le bouclier de laquelle est gravée la fraude.

AGENCEMENT. 1° *T. d'Art.* Arrangement, disposition des parties d'une figure, des draperies, des accessoires d'un tableau, d'un groupe, d'un bas-relief. || Manière dont sont disposés et mis en rapport certains ornements. || 2° Ensemble du matériel et des dispositions qui constituent l'installation d'une usine, d'un atelier, d'un comptoir, d'une administration.

* **AGÉNORIE** ou **AGÉRONE.** *Myth.* Déesse de l'industrie et de l'activité : on l'appelait aussi *Strenua*, agissante.

AGGLOMÉRÉS. Matières menues ou granuleuses, charbonneuses ou pierreuses, naturelles ou artificielles, réunies entre elles en une masse compacte.

Les agglomérés de charbon sont connus sous les noms de *péras*, de *briquettes*, de *charbon moulé*, etc. — V. CHARBON MOULÉ.

— C'est vers 1833 que le goudron de houille a été appliqué par MM. Ferrand et Marsais à l'agglutination de la houille pour fabriquer des combustibles artificiels. Mais, dès l'année 1842, M. Marsais, frappé des inconvénients de l'emploi du goudron, lui substitua le *brai gras* ou le goudron débarrassé de 25 0/0 de matières volatiles ; enfin, depuis une quinzaine d'années le *brai sec* a remplacé le brai gras dans un certain nombre d'usines pour la fabrication des agglomérés.

Vers 1850, M. Félix Dehaynin, donna une vigoureuse impulsion à l'industrie des agglomérés de houille : acquéreur des brevets pris par un ingénieur de Saint-Etienne ainsi que des brevets des machines Mazeline, du Havre, il fit construire une machine dont il perfectionna le mécanisme en augmentant la solidité. Il en obtint des produits qui lui valurent les plus hautes récompenses aux expositions de Londres et de Paris (1862-1867). Depuis cette époque, ses deux usines de Gosselies et de Marcinelle (Belgique), fabriquent annuellement 150 à 170,000 tonnes de briquettes de charbon. Ces briquettes sont composées de charbons menus, criblés, lavés, mélangés, dans une certaine mesure de brai et de goudron ; elles ont une grande puissance de calorique et elles offrent d'appréciables facilités de transport et d'arrimage.

La fabrication des agglomérés a pris une grande extension depuis quelques années ; on compte en France plus de vingt usines d'agglomérés, non compris les fabriques à charbons de Paris ; dans notre pays, la production annuelle dépasse 650,000 tonnes ; en Belgique on compte sept à huit fabriques d'agglomérés produisant 500,000 tonnes ; en Angleterre cette production dépasse 500,000 tonnes ; enfin, cette industrie est en voie de développement en Allemagne, en Espagne, ainsi qu'en Italie.

FABRICATION INDUSTRIELLE. La fabrication des agglomérés est une industrie moderne créée par la nécessité d'utiliser les menus qui se produisent dans l'exploitation des charbons minéraux. Mais bientôt on est allé plus loin et on a demandé aux agglomérés de fournir des combustibles de qualité supérieure pour des usages spéciaux. En effet, on a pu soumettre les menus à des lavages bien exécutés et mélanger des produits de diverses provenances de manière à obtenir un excellent combustible.

L'agglomération s'obtient, soit par simple compression, soit à l'aide d'un ciment ; remarquons que le ciment, tout en augmentant le prix de revient, altère plus ou moins la qualité des produits. Cependant comme la simple compression exige une température élevée qui détériore rapidement les appareils, la pratique industrielle a dû nécessairement avoir recours à l'emploi des ciments, terre glaise ou goudron.

Mais l'emploi de la terre glaise ou argile comme ciment d'agglutination est tellement restreint que nous ne le citons que pour mémoire. En Belgique, en France, on l'emploie pour fabriquer des briquettes de houille, d'anthracite ou de lignite à l'usage des foyers domestiques : ces produits séchés à l'air donnent de 18 à 20 0/0 de cendres.

Un bon aggloméré doit remplir certaines conditions qu'une bonne fabrication est appelée à réaliser pour satisfaire aux exigences de la consommation. La marine française demande des agglomérés durs, sonores, homogènes, peu hygrométriques, sans odeur, incapables de se ramollir, susceptibles de s'allumer facilement, de brûler avec une flamme vive et claire, sans se désagréger au feu et ne produisant pendant la durée de leur combustion, qu'une flamme vive et claire, enfin ne donnant pas plus de 10 0/0 de cendres.

Ces agglomérés, fabriqués avec des menus de bonne qualité, lavés avec soin, doivent renfermer 8 0/0 de brai sec.

Les compagnies des chemins de fer exigent simplement des briquettes solides, donnant peu de déchet et ne se désagrégeant pas au feu, d'une teneur en cendres de 6,5 à 7,5 0/0.

Les houilles tendres conviennent parfaitement à la fabrication des agglomérés ; elles sont généralement riches en carbone, aussi ont-elles un pouvoir calorifique très-élevé. Les houilles maigres et les anthracites sont, au contraire, d'une agglomération difficile, par suite les briquettes se désagrègent promptement et tombent en poussière au feu de la grille. Pour éviter cet inconvénient, il est nécessaire de les soumettre à une véritable carbonisation ou de mêler aux charbons trop maigres de 20 à 30 0/0 de charbons gras.

M. Pernolet a eu l'idée, pour utiliser les poussières de coke des usines à gaz, de faire avec elles un mortier en les arrosant, sur le sol même de l'usine, avec du goudron ou des huiles lourdes.

Le goudron brut et ses deux dérivés, le brai gras et le brai sec, sont les trois ciments employés pour l'agglomération des charbons.

Le goudron brut, à cause de sa fluidité, permet d'opérer à froid le malaxage et la compression de la pâte ; mais on n'obtient ainsi que des briquettes molles, ce qui rend la calcination indispensable. C'est la méthode employée à l'usine de Givors, et pour la fabrication du charbon de Paris, on ajoute 8 à 10 0/0 de goudron brut aux menus.

Le brai gras fondu est mêlé au charbon dans un malaxeur chauffé ; la pâte ainsi obtenue est pressée à chaud ; la proportion de brai ajouté au menu varie entre 7 et 8 0/0. Le charbon employé, bien lavé, demi-gras et riche en carbone, donne des briquettes dures qui ne se désagrègent pas au feu ; mais elles brûlent avec une fumée noire.

Le brai sec est le ciment le plus employé aujourd'hui, il peut être broyé à froid et mélangé, à l'état de poudre avec le menu de charbon ; les briquettes qu'il donne n'ont besoin d'aucune calcination et brûlent avec peu d'odeur et de fumée.

Quelques inventeurs ont imaginé de cimenter les menus de charbon avec des matières organiques riches en carbone et en oxygène, des débris de féculeries, par exemple, mais l'emploi de ce ciment n'est pas entré dans la pratique industrielle.

La préparation de la pâte destinée à fabriquer les briquettes est une opération qui se fait de plusieurs manières différentes : le broyage est suivi du malaxage. Il importe d'obtenir un mélange de ciment et de charbon aussi intime que possible.

Dans le cas de l'emploi du goudron, le malaxeur se compose ordinairement d'une auge horizontale semi-cylindrique dans laquelle se meut un arbre muni de bras de fer et d'une hélice en tôle. Le goudron est versé dans l'auge par une pompe et le menu de charbon est distribué par une noria. La pâte poussée par l'hélice va tomber dans une trémie qui la conduit dans l'appareil de compression.

Avec le brai gras liquéfié, on chauffe le charbon. M. Evrard a appliqué la vapeur à haute pression au chauffage de la pâte. Le menu est versé dans une trémie en tôle à double paroi ; entre les intervalles circule de la vapeur. Le charbon chauffé vers 100° est également élevé par une noria et versé dans une auge horizontale qui reçoit le brai préalablement fondu dans une chaudière. Dans l'auge, une hélice opère un premier mélange et conduit la pâte dans un cylindre vertical en tôle à double paroi dans lequel passe un courant de vapeur ; comme dans l'auge, le mélange s'effectue par un arbre vertical muni de palettes ; de là, la pâte tombe par des conduits dans les moules de la machine à comprimer (fig. 44).

L'emploi du brai sec exige le broyage, qui se fait, dans certaines fabriques, au moyen d'un broyeur conique en fonte. Le mélange de la poussière de brai et de houille s'effectue au moyen d'un appareil composé de deux trémies d'inégale grandeur ; la plus petite reçoit le brai et l'autre le menu de charbon. Chacune d'elles est fermée à sa partie inférieure par un distributeur horizontal à hélice qui laisse passer les proportions convenables des deux matières. A la sortie des distributeurs, le brai et le charbon passent entre deux cylindres broyeurs et finalement arrivent au malaxeur, disposé d'ailleurs comme celui que nous venons de décrire pour le brai gras. Le mélange doit avoir une température d'environ 80° lorsqu'il arrive aux appareils de moulage. Pour la fabrication au brai sec, le broyeur à cylindre a été remplacé très-avantageusement par le broyeur Carr, qui consiste en deux circonférences armées de barreaux de fer tournant dans un sens inverse et faisant 300 tours à la minute; la dimension est d'environ 1m,20 de diamètre sur 0m,50 de largeur.

La pratique de la fabrication des agglomérés a

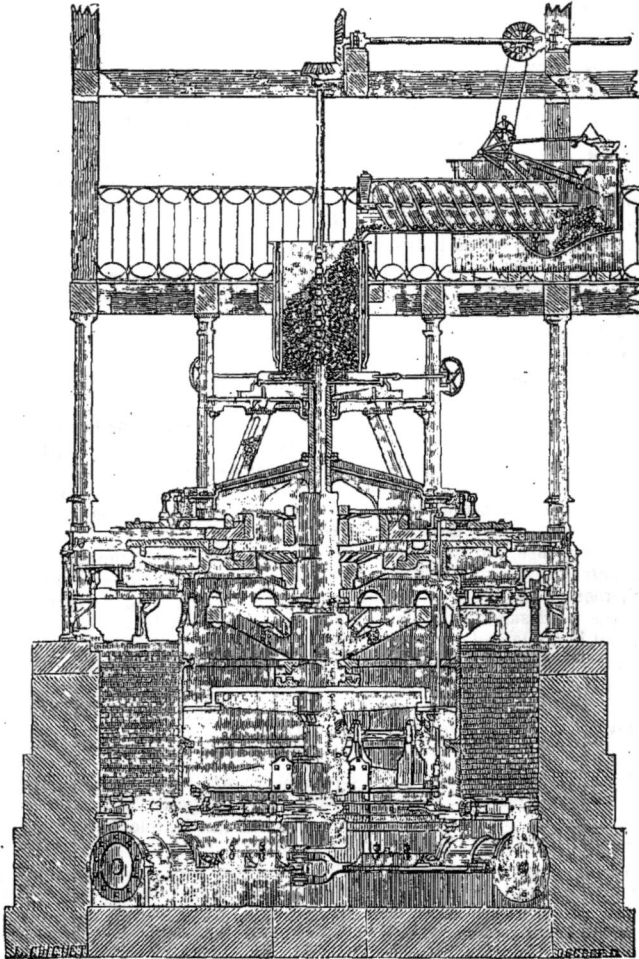

Fig. 44. — *Machine à agglomérer la houille. Type F. Dehaynin.*

permis d'établir les conclusions suivantes : 1° la pression fournie par la machine de compression doit être au moins de 100 kilogrammes par centimètre carré et atteint parfois 140 et 150 kilogrammes ; 2° pour une section transversale de 4 à 500 centimètres carrés, l'épaisseur doit être au-dessous de 0m,15 et ne pas dépasser 10 à 11 centimètres; 3° la forme la plus avantageuse est la forme cylindrique.

Appareils d'agglomération: Compresseurs. Quoique les appareils employés à l'agglomération du charbon soient nombreux, on peut cependant les réduire à trois types principaux de compresseurs, savoir :

1° Compresseurs à pistons et moules fermés, exemples : machines de MM. Marsais, Mazeline, Révollier;

2° Compresseurs à pistons et moules ouverts, exemple : machine de M. Evrard;

3° Compresseurs à roues tangentielles, exemples : machines de MM. David, Jarlot, Verpilleux.

Tous les appareils du premier type reposent sur des pistons foulant la pâte dans ces moules fermés à fonds mobiles.

Dans la *machine Marsais*, qui ne fait qu'une briquette à la fois, la compression est produite par une presse hydraulique ; le moule est un prisme creux en fonte, cerclé de frettes jointives en fer : la section intérieure est celle d'un carré de 0^m,7C de côté, la hauteur est de 1^m,20. Chaque presse Marsais produit, par heure, 2 tonnes 5 de houille agglomérée avec un travail de 5 chevaux par tonne et par heure.

Dans la *machine Mazeline*, le piston compresseur a été remplacé par des tasseaux mobiles établis au fond de chaque moule ; en outre, la compression s'effectue de bas en haut. La production est de 13 à 14 tonnes par heure avec une force de 5 à 6 chevaux par tonne et par heure ; les briquettes ont des dimensions de 0^m,30 sur 0^m,24 et 0^m,11.

La *machine Révollier*, combinaison de la presse hydraulique et du chariot Middleton, se compose : 1° d'un distributeur ; 2° d'une plate-forme tournante et porte-moules ; 3° d'une presse à comprimer ; 4° d'une presse à démouler. Depuis quelque temps, le mouvement circulaire primitif des moules a été remplacé dans cette machine par un mouvement rectiligne.

Cet appareil peut débiter en moyenne 5 tonnes par heure, avec un travail de 6 chevaux par tonne et par heure.

Les machines à agglomérer du dernier type sont fondées sur l'emploi de pistons et de moules ouverts ; la première idée de leur emploi est due à M. Bessemer ; M. Evrard, directeur des mines de la Chazotte, a résolu pratiquement la première application de ce procédé. Chaque appareil comprend en général seize moules, disposés horizon-

talement sur un même plateau, suivant les rayons d'un cercle ; à chacun de ces moules correspond un piston dont la course est de 0^m,14. Au centre du plateau, un arbre vertical, animé d'un mouvement de rotation continue, porte un excentrique dont la bague est reliée par de petites bielles aux tiges des seize moules, qui ont des dimensions de 0^m,12 à 0^m,15.

Les machines à roues tangentielles sont peu employées ; parmi ces machines, la plus usitée est celle de M. David, qui consiste en deux grandes roues verticales de 2^m,50 environ de diamètre, l'une pourvue de moules, l'autre de dents. — La machine de M. Jarlot se compose de deux roues tangentielles semblables, d'un diamètre de 1^m,15 ; les deux jantes sont percées de moules. — Enfin l'appareil Verpilleux est une machine à roues tangentielles unies sans moules, véritable cylindre lamineur donnant un ruban d'une longueur indéfinie, qu'un couteau mécanique divise en briquettes.

La machine David peut débiter 3 tonnes à 3 tonnes et demie par heure avec une force de 4 chevaux par heure et par tonne ; celle de M. Jarlot 5 tonnes par heure, avec un travail de 5 à 6 chevaux par heure et par tonne.

On fabrique aussi des briquettes avec la tourbe ; on emploie généralement la machine Evrard.

On a pensé aussi à comprimer et à agglomérer la houille sans ciment. M. Evrard a eu l'idée, le premier, d'agglomérer le menu de houille à froid par simple compression ; plus tard, M. Bessemer a obtenu des briquettes au moyen du charbon chauffé et comprimé ; enfin M. Baroulier est parvenu à fabriquer des agglomérés en comprimant le menu à froid et en chauffant les briquettes dans les moules.

Le tableau suivant résume les données fondamentales des types de machines à agglomérer le charbon.

TYPES	NOM de la MACHINE	NATURE DU CIMENT	PRODUCTION en tonnes par heure	POIDS de la briquette en kilogr.	FORCE DÉPENSÉE en chevaux		PRINCIPAUX CENTRES ou ELLE EST APPLIQUÉE
					force totale de la machine	force par tonne et par heure	
Compresseurs à moule fermé.	Marsais..	brai sec.	2,5	4,65	12 à 15	5	Givors, usine Marsais.
	Mazeline.	brai sec.	13 à 14	9 à 10	70 à 80	5 à 6	Grand'Combe, Bessèges, Béthune, Charleroi.
	Mazeline (petit type)..	brai sec.	8	5	50	6	
	Popelin-Ducarre.. . .	goudron	»	0,100	15 à 25	»	Charbons de Paris.
	Révollier.	brai sec.	10	10 au plus.	60	6	Blanzy, Anzin, Portes et Sénéchas.
Compresseurs à moule ouvert.	Evrard.	brai gras ou goudron et brai sec..	5 à 6	8 à 10	45 à 50	6 à 7	La Chazotte, St-Etienne, Grand'Combe, Béthune, Nîmes, Givors.
	Evrard (type de M. Dehaynin).	brai gras.	10	8 à 10	70 à 80	7 à 8	Dehaynin à Charleroi.
Compresseurs à roues tangentielles	David (Mazeline). . . .	brai gras, plus rarement brai sec.	2 à 3,5	1	12 à 15	4	Montchanin, Graissessac, Le Havre, Caen, Brest.
	Jarlot.	brai gras.	5	»	25 à 30	5 à 6	Bordeaux, Compagnie du Midi.
	Machine des charbons de Paris.	brai sec. . . . . :	5	0,30	15 à 25	10 à 18	Compagnie des charbons de Paris.

A la fabrique d'agglomérés de M. C. Dehaynin, à Somain (Nord), le compresseur employé est du système Bouriez (principe de la machine Evrard), qui produit un boudin aggloméré continu coupé perpendiculairement à chaque coup de piston. La compression est obtenue par le va-et-vient d'un piston articulé par un arbre coudé qui·se meut dans un moule rectangulaire constamment alimenté d'un mélange de menu et de brai à l'état pâteux. Ce compresseur consomme annuellement 70,000,000 de kilogrammes de charbons menus et 5,000,000 de kilogrammes environ de brai anglais.

Les principaux centres producteurs d'agglomérés sont, en France : la société des houillères de Saint-Étienne, la société de la Chazotte, la compagnie de la Grand'Combe, celle de Portes et Sénéchas, d'Anzin, de Blanzy, la compagnie de Paris-Lyon-Méditerranée, qui a des usines à Chasse, Nîmes, etc.

Le prix de revient par tonne d'aggloméré varie avec les centres de production ; M. Gruner l'a établi ainsi qu'il suit :

Belgique, 12 fr. 50 à 13 fr. ; Valenciennes, Anzin, 18 fr. ; Paris, 25 à 26 fr. ; Dieppe, le Havre, Caen (compagnie de l'Ouest), 25 fr. 40 à 26 fr. 40 ; Nantes, Bordeaux, 28 à 30 fr. ; Brassac, Grand'-Combe, Montchanin, Graissessac, Blanzy, 20 fr. 50 à 21 fr. 50.

Les briquettes ou agglomérés présentent un ensemble de qualités, facilité d'arrimage, dureté, homogénéité, pouvoir calorifique, qui ne se trouvent réunies, au même degré, chez aucun des combustibles naturels auxquels on les a comparés. En France, la plus grande partie de ces combustibles artificiels est absorbée par la marine et les chemins de fer.

Les agglomérés au goudron ou brai, à cause de la mauvaise odeur qu'ils répandent, ne sont pas employés pour le chauffage domestique. L'industrie a cherché à fabriquer des agglomérés sans goudron, en agglutinant les débris de houille au moyen de diverses matières végétales, fécule, débris d'apprêteurs, débris de la fabrication d'huile, tourteaux de diverses provenances, etc. Le desideratum de l'industrie des charbons artificiels, c'est de trouver une matière agglutinante naturelle, minérale, à bon marché, qui ne dégage aucune odeur propre à la faire repousser par le chauffage domestique.

On distingue encore d'autres agglomérés se rapportant aux bétons et aux piles électriques. — V. ces mots.

* AGIAU. *T. de mét.* Sorte de pupitre sur lequel le doreur place le livret qui contient les feuilles d'or.

* AGITATEUR. On donne ce nom, dans divers métiers, à un appareil propre à mélanger ou à remuer un liquide, des substances ; ainsi, dans la fabrication du papier, c'est un cadre en bois, armé de traverses, avec lequel on remue constamment la pâte raffinée pour que le mélange conserve son homogénéité ; dans les brasseries, c'est un appareil armé de crochets en fer destinés à labourer le malt. Dans une baratte, c'est le mécanisme inté-

rieur qui sert à agiter la crème pour en séparer le beurre. || En chimie, baguette en verre plein avec laquelle on remue les dissolutions.

* AGITATION. Nom donné, sous le règne de Louis XVI, à un genre de garniture de robes. Le marquis de Valfond dans ses mémoires, récemment publiés, nous apprend qu'il y avait, à l'époque où il écrivait, deux cent cinquante façons de garnir les robes. Parmi ces deux cent cinquante noms différents, se trouve celui de la garniture *agitation*. Il paraît que ce nom ne s'applique pas seulement aux robes, mais aussi à d'autres objets de la toilette féminine : ainsi nous voyons figurer dans une description faite en 1778 de l'habillement de mademoiselle Duthé, le manchon d'*agitation momentanée*.

* AGLAÉ ou AGLAIA. *Myth.* La plus jeune des trois Grâces. On la représente tenant à la main un bouton de rose.

AGNEAU. *Art hérald.* Symbole de la douceur et de la franchise. || *Agneau pascal*, celui qui tient une croix à laquelle est attachée une banderolle d'argent chargée d'une croisette de gueules.

* AGNELIN. *T. Techn.* Peau d'agneau mégissée à laquelle on a conservé la laine.

* AGNELINE. Laine courte et soyeuse provenant de la première tonte de l'agneau.

* AGNETTE. *T. de mét.* Sorte de burin, tenant le milieu entre le burin·et la gouge.

* AGOMÈTRE. *T. de phys.* L'agomètre est un appareil destiné, comme le rhéostat, à mesurer les résistances électriques. Il a été combiné de plusieurs manières. Les plus connus sont ceux de M. Ed. Becquerel et ceux de MM. Jacobi Poggendorff et Gounelle. — V. Rhéostat.

— V. *Exposé des applications de l'électricité*, de M. du Moncel, t. ii, p. 340, 341 et 342, Lacroix, édit.

AGRAFE. 1° Crochet qui sert à joindre deux objets ou les extrémités d'un seul au moyen d'une porte ou crampon.

Grâce à la mécanique et à la vapeur, la fabrication des agrafes, en France, a pris depuis trente ans des proportions considérables. Une ingénieuse machine, très-remarquée à l'Exposition universelle de 1855, a opéré dans cette industrie une importante révolution ; elle a été, en quelque sorte, le point de départ des progrès accomplis par les fabricants français et étrangers et des nombreuses améliorations de détail qu'ils ont introduites dans les machines actuelles ; celles-ci exécutent avec une régularité parfaite, et en une seule passe, toutes les opérations qui transforment le fil de cuivre en agrafe ; le fil, aussitôt saisi, est entraîné, puis redressé, coupé et doublé, les yeux sont formés, le crochet replié et poussé sous le marteau qui l'aplatit. Ces machines, qui font de soixante-quinze à cent quatre-vingt et même deux cents agrafes à la minute, suivant les dimensions, donnent un produit irréprochable et de soixante ou quatre-vingt pour cent au-dessous des prix anciens. L'encartage et la mise en boîte se font ordinairement dans les prisons.

— L'agrafe dans le sens propre de crochet destiné à attacher les vêtements, les armes, la coiffure, a été connue de toute antiquité.

Cependant, nous n'avons pu trouver en France, aucun vestige d'une corporation d'agrafiers ; suivant leur composition, leur forme, leur substance, les agrafes se rattachaient à différents corps de métiers, mais plutôt à celui des joailliers et orfèvres.

Elles affectaient les formes les plus variées et on les faisait en ivoire, en os, en bronze, en or et en argent ; quant à l'agrafe primitive elle se composait, d'une forte épingle dont la tête s'engageait dans un anneau après que la pointe avait piqué l'étoffe qu'elle était destinée à retenir.

Peu à peu les têtes d'épingles et les anneaux se modifièrent et devinrent des objets artistiques, décorés de pierres précieuses, d'émaux et de camées.

L'agrafe, chez les Romains, se plaçait sur l'épaule et servait à retenir le pallium et le paludamentum ; c'était encore une agrafe qui retenait la chlamyde, pour laisser aux guerriers la liberté de leur bras droit.

Dans l'antiquité, l'agrafe servait surtout à boucler les ceinturons, fermer les pièces d'une armure, attacher une cuirasse ; elle exigeait ainsi une grande force de résistance.

Notre éminent collaborateur, M. Viollet-le-Duc, dans son *Dictionnaire du mobilier*, a reproduit plusieurs dessins d'agrafes anciennes très-curieuses : l'une d'elles représente une momie dont le buste et le corps forment les parties d'une agrafe.

Au moyen âge, l'agrafe fut un ornement fort usité, et nos musées en conservent quelques spécimens fort originaux ; sa forme changea en se pliant aux exigences du costume et se rapprocha de celle des broches dont les femmes se servent de nos jours. — V. BROCHE.

Agrafe. 2° *T. d'arch.* Crampon de fer qui sert à empêcher que les pierres ne se désunissent, ou encore à lier plusieurs membres d'architecture les uns avec les autres ; la console décorative d'un arc qui relie l'archivolte au nu du mur et à la clef est une agrafe. || 3° Boucle en fer au moyen de laquelle on ferme en même temps les fenêtres et les volets.

* **AGRANDISSEMENT.** *T. de photog.* Procédé par lequel on obtient de grandes épreuves tirées sur clichés de petites dimensions.— V. PHOTOGRAPHIE.

AGRÉGAT. *T. de min.* Réunion de plusieurs matières pierreuses agglutinées ensemble à l'époque de leur formation.

AGRÈS. *T. de mar.* On entend par agrès tout ce qui est nécessaire à l'équipement d'un navire, et qui peut en être séparé sans fracture, comme les ancres, les voiles, les cordages, les chaloupes, canots, etc.

* **AGREYEUR.** Ouvrier qui fait passer le fil de fer par la filière.

* **AGUILLOT.** *T. de mar.* Cheville de fer qui réunit deux cordes en une.

AGRICULTURE. Prise dans sa plus large acception, l'agriculture comprend non seulement l'art de cultiver et de fertiliser la terre, mais encore une foule de questions d'un haut intérêt qui n'entrent point directement dans notre cadre Cependant, grâce à l'introduction de la chimie et de la mécanique dans la pratique agricole, l'agriculture étant devenue, au moins dans certaines parties de la France. une véritable industrie, nous consacrerons des études spéciales, soit aux machines ou instruments, soit aux procédés de la culture industrielle. — V. CULTURE INDUSTRIELLE.

*AHUN *(mines d')*. Le bassin d'Ahun (Creuse), d'une longueur de 13 kilomètres sur une largeur de 2 à 3, a une forme elliptique ; on y a reconnu les affleurements concentriques de sept couches en cuvette dont la puissance varie de 0m,35 à 4 mètres, et même davantage. Cette allure en fond de bateau est régulière ; seulement on remarque que les soulèvements ont fortement comprimé la lisière nord. L'ensemble du bassin est coupé par une série de failles transversales dont quelques-unes n'ont qu'une faible amplitude. L'épaisseur des dépôts est d'environ 600 mètres.

La compagnie houillère d'Ahun comprend deux concessions : Ahun-Nord, de 806 hectares (concédée en date du 19 novembre 1817, 20 octobre 1818, 22 février 1854) ; Ahun-Sud, de 1,217 hectares (19 novembre 1817, 27 octobre 1818) ; superficie totale : 2,023 hectares.

Actuellement Ahun possède quatre puits en exploitation et deux en creusement.

— La Société anonyme des houillères d'Ahun a été constituée le 6 mars 1863, et autorisée par décret du 9 du même mois ; le siège social est à Paris, et le siège de la direction et de l'exploitation, à Ahun. Le capital social de 4,000,000 de francs, est divisé en 8,000 actions libérées de 500 francs chacune ; 6,000 ont été déjà émises ; 2,000 restent à la souche. La Compagnie d'Ahun a fait une émission de 12,000 obligations nominatives à 250 francs. De 1863 à 1871, les bénéfices ont été employés aux travaux d'agrandissement ou d'amélioration ; depuis lors, les exercices suivants ont donné des dividendes. L'extraction, pendant l'exercice 1874-1875, a été de 292,612 tonnes.

La Compagnie d'Ahun exploite, outre le charbon, des fours à coke et une fabrique d'agglomérés. Voici la composition de ses charbons :

	Houille friable de bonne qualité.	Agglomérés.
Carbone fixe	75,80	69,90
Matières volatiles	15,90	22,70
Cendres	8,30	7,40

* **AIDEAU.** *T. techn.* Morceau de bois passé dans les barres d'une charrette pour soutenir une charge trop pesante. || Outil de charpentier.

* **AIGLE** (GRAND). *T. de papet.* Papier du plus grand format, après le *Grand-Monde*. Il mesure 75 centimètres sur 101, et s'emploie pour les atlas et la taille-douce. || Le plus grand format des feuilles de carton.

AIGLETTE ou **AIGLON.** *Art. hérald.* Jeune aigle sans bec et sans serres. — V. ALÉRION.

AIGRE. Se dit du métal qui n'est pas ductile, et que ses parties mal liées entre elles rendent sec et cassant.

* **AIGREMORE.** *T. techn.* Charbon pulvérisé de bois tendre, à l'usage des artificiers.

AIGRETTE. 1° Bouquet de plumes effilées et droites dont sont ornés les casques et les schakos dans l'armée ; on l'emploie aussi pour les chapeaux de femme. Ornement placé sur un dais, un lit de parade et sur la tête des chevaux, dans certaines cérémonies. || 2° Faisceau de diamants et de pierreries destiné à la parure. || 3° *Art. hérald.* Se dit de l'oiseau de ce nom placé dans l'écu, de profil et passant. || 4° Emanation lumineuse qui s'échappe d'un conducteur électrisé quand il est taillé en pointe. Quand ce phénomène se produit à l'extrémité d'un paratonnerre, d'un clocher, d'une église ou d'un mât de vaisseau, il prend le nom de *feu Saint-Elme*. — V. ÉTINCELLE.

AIGREUR. 1° *T. de métall.* État d'un métal aigre. || 2° *T. de grav.* Défaut d'harmonie dans le degré du fini; on nomme aussi *aigreurs* les tailles où l'eau-forte a mordu d'une manière disproportionnée ou avec trop d'énergie.

AIGUE-MARINE. 1° Pierre précieuse dont la couleur est indiquée par l'étymologie de son nom (*aqua marina*, eau de mer). C'est une variété de béryl ou quartz hyalin verdâtre. Quelquefois cependant on rencontre des aigues-marines qui offrent tous les caractères du corindon : dureté, pesanteur spécifique et dichroïsme, c'est-à-dire la propriété de la double réfraction. On trouve surtout l'aigue-marine au Brésil et en Russie.

— Cette pierre a été utilisée par les graveurs en pierres fines. On peut voir à la Bibliothèque nationale, l'un des plus précieux échantillons de la glyptique, exécuté à Rome par un graveur grec, du nom d'Evhodus, sur une aigue-marine d'une grande dimension. L'artiste y a reproduit en creux l'intéressant portrait de Julie, fille de Titus. L'intaille est enchâssée dans sa monture antique en or enrichie de saphirs cabochons. L'aigue-marine est aussi employée en bijouterie, mais elle ne jouit pas d'une très-grande faveur. Cependant, il s'est rencontré un échantillon, qu'on a trouvé assez beau pour en former le globe qui surmonte la *couronne des souverains de la Grande-Bretagne.*

* Aigue-marine. 2° *T. de céram.* Produit artificiel obtenu par la fusion du sable, de la soude, de la potasse, de l'oxyde de cuivre et de l'oxyde de plomb, d'une belle couleur turquoise, ou bleu céleste, employé pour décorer les porcelaines tendres Vieux-Sèvres. — V. TURQUOISE.

AIGUIÈRE. 1° Qui vient de *aigue* (eau) en vieux français, est un vase ouvert, à anse et à bec, et dont on se servait autrefois pour mettre l'eau sur les tables.

— Le XVIᵉ siècle vit de belles aiguières fabriquées, soit en émaux, soit en métaux précieux repoussés et rehaussés de pierreries; le musée du Louvre possède une aiguière à tête de Minerve, que l'on attribue à Benvenuto Cellini. A cette époque, on fabriqua aussi beaucoup d'aiguières en terre cuite; Limoges produisit une quantité prodigieuse de ces vases émaillés sur cuivre rouge. « Le musée de Cluny, dit M. Viollet-le-Duc, dans son *Dictionnaire du mobilier français*, possède une belle aiguière du XIIIᵉ siècle, de cuivre fondu, ciselé et doré, qui représente une tête de jeune garçon. La fonte de cette aiguière est d'une légèreté remarquable et d'une seule pièce, sans soudures; les broderies, les cheveux, les yeux et les détails du dragon ailé (formant l'anse) sont retouchés au burin avec une sûreté de main merveilleuse. La hauteur totale est de 25 centimètres.

AIGUILLAGE. *T. de chem. de fer.* Les aiguilles forment la partie mobile des appareils de *changement de voie* (V. ce mot). On les munit souvent d'appareils de sûreté et de calage, tels que les *pédales* (V. ce mot), servant à fixer leur position pendant qu'un train les franchit.

AIGUILLE. 1° Petit instrument pointu employé pour la couture et pour divers autres ouvrages. On distingue, en effet, l'*aiguille à coudre*, qui joue le rôle le plus important dans tous les travaux manuels des femmes; l'*aiguille à tricoter*, l'*aiguille à emballer* et beaucoup d'autres encore d'un usage beaucoup plus spécial et plus restreint. Nous désignerons plus loin les principales sortes d'aiguilles.

— La fabrication des aiguilles a été d'abord l'apanage de l'Angleterre et de l'Allemagne; Aix-la-Chapelle et Borcette étaient les centres de production les plus importants. La première fabrique d'aiguilles créée en France a été établie à Mérouvel, près Laigle (Orne), où elle existe encore. Cette industrie a pris un développement considérable à Laigle et aux environs; les produits français

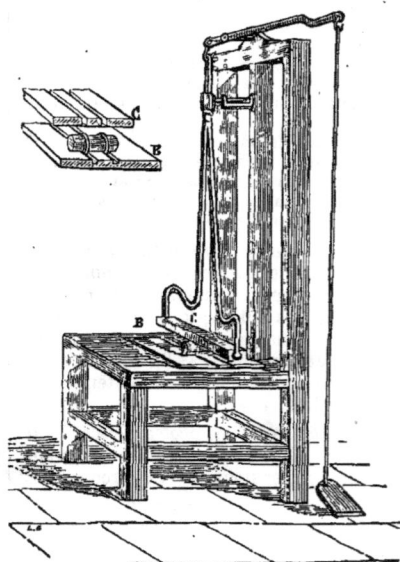

Fig. 45. — *Banc à dresser.*

ont lutté avec succès contre ceux de l'étranger, en même temps que les moyens de production ont reçu de remarquables perfectionnements. Néanmoins, par une singulière bizarrerie de la routine, les fabricants de Laigle ont conservé jusqu'à ces derniers temps l'habitude de mettre sur les paquets qu'ils livrent au commerce des étiquettes libellées en anglais, pour assurer à leurs produits la même faveur qu'à ceux d'importation anglaise, contre lesquels ce subterfuge leur avait d'abord permis de soutenir avantageusement la concurrence. Cependant nous devons dire que quelques-uns n'ont pas craint de rompre avec la routine et d'attaquer résolument ce vieux préjugé. Leurs produits portent leur marque d'origine et l'énonciation du nom du fabricant. Cette innovation hardie relèvera sans doute cette industrie de l'état d'inégalité où l'ont mise la pusillanimité des premiers fabricants. Quoiqu'il en soit, il faut savoir gré aux auteurs de de cette résolution d'être entré ainsi en lutte avec la fabrication anglaise.

Nous allons décrire sommairement la fabrication des *aiguilles à coudre* à Laigle et dans ses environs, centre où se pratique aujourd'hui presque exclusivement cette industrie.

Aiguilles à coudre. Une aiguille, avant d'être en état de servir à la couture, doit passer par les mains de plus de quatre-vingts ouvriers différents. C'est un des plus curieux exemples de la division du travail manufacturier, comme on va le voir par la série des opérations que nous allons énumérer brièvement.

Les aiguilles sont fabriquées généralement avec du fil de fer que l'on acière ensuite par cémentation. Cette méthode est plus économique que l'emploi de fil d'acier, comme on le faisait pour les aiguilles anglaises et pour leurs imitations dès l'origine de cette fabrication.

Calibrage. Le fil de fer sortant de l'atelier de *tréfilerie* (V. ce mot) se trouve en bottes dont on vérifie soigneusement les fils à l'aide d'une jauge précise; on les repasse à la filière jusqu'à ce qu'ils soient parfaitement arrivés au calibre voulu. .

Dévidage. Alors on les dévide au moyen d'une bobine en forme de cône tronqué et d'un rouet à 8 rayons dont une des jantes est mobile pour permettre d'enlever le fil enroulé sur le tambour.

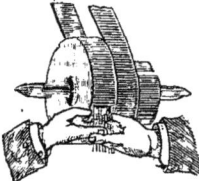

Fig. 46. — *Empointage.*

Coupage. Cette botte de fils est ensuite coupée à la cisaille en deux faisceaux qui sont eux-mêmes subdivisés en morceaux d'une longueur égale à celle de deux aiguilles.

Dressage à chaud. Les petits faisceaux ainsi obtenus ont des brins plus ou moins pliés ou tordus par l'effet de la cisaille et de la pression subie pendant le coupage. Il faut les redresser; ce dressage s'exécute d'une façon aussi prompte que simple, sur un paquet de fils qui sont soumis simultanément à l'opération, après avoir été préalablement recuits.

La figure 45 représente dans son ensemble l'appareil qu'on désigne sous le nom de *banc à dresser* et qu'on emploie pour cette opération.

Le paquet de fils est placé dans deux anneaux en fer, et posé horizontalement dès sa sortie du four à recuire, sur le *banc à dresser*. Ce banc porte une plaque de fonte fixe B, évidée de manière à présenter des intervalles correspondants à la saillie des anneaux qui maintiennent le paquet; une autre plaque de fer C, appelée *râpe*, pareillement évidée suivant la disposition des anneaux, se fixe à la base d'un balancier qui peut recevoir un mouvement de va-et-vient, par suite duquel le faisceau de fils, pris entre les deux plaques évidées, reçoit un mouvement alternatif de rotation sur lui-même dans les deux sens. Les fils se dressent ainsi tous ensemble avec une régularité parfaite.

Empointage. Les morceaux sont alors présentés

à une meule disposée pour faire les deux pointes. L'atelier d'*empointerie* contient un certain nombre de ces meules en grès quartzeux, qui tournent avec une vitesse circonférentielle qu'on évalue à 5,000 mètres par minute. L'ouvrier commence par le *dégrossissage* des pointes, en présentant un faisceau de fils qu'il tient dans ses deux mains étendues l'une sur l'autre, et auxquels il imprime avec dextérité, au moyen de chaque pouce, un mouvement de rotation régulier qui assure l'aiguisage de toutes les pointes ensemble. La figure 46 indique comment se pratique cette opération. La vitesse excessive dont la meule est animée fait que le faisceau soumis à son action lance des gerbes d'étincelles brillantes de fer chauffé au rouge; un garde-vue formé d'une plaque de verre

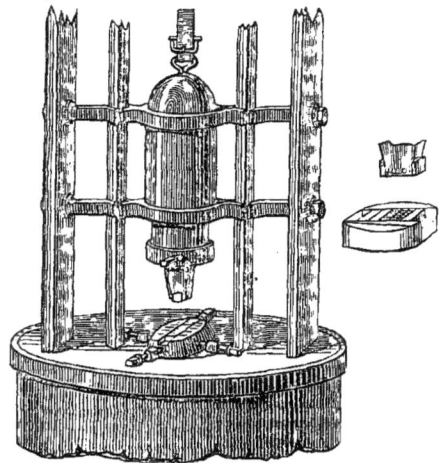

Fig. 47. — *Estampage.*

est disposé en avant de la meule, pour permettre à l'ouvrier de voir son travail sans être exposé aux atteintes des étincelles qui jaillissent autour de lui.

Estampage. Les morceaux empointés des deux bouts prennent le nom de *transons*. Ils correspondent, comme nous l'avons dit, à la longueur de deux aiguilles. On les soumet alors à l'*estampage*, opération qui consiste à imprimer sur le fil de fer, à l'aide d'un mouton et d'une matrice, la forme des têtes juxtaposées des deux aiguilles.

La figure 47 montre la disposition générale du mouton, et l'on voit à côté les deux matrices inférieure et supérieure.

L'empreinte indique nettement la forme de ces aiguilles jumelles, comme nous l'avons dit, à la longueur de laisse de chaque côté et entre les deux têtes accolées l'une à l'autre, une bavure produite par l'aplatissement du métal. L'emplacement du *chas*, ou trou de la tête, est nettement indiqué, mais il n'est pas débouché.

Perçage. C'est le perçage de ce trou qui constitue la première opération à laquelle sont soumis les transons de fer estampés.

Le perçage s'exécute à l'aide d'un petit balancier faisant mouvoir une sorte de poinçon qui débouche le trou déjà préparé par la matrice d'estampage. La figure 48 montre le balancier employé pour cet usage. A côté de lui, nous avons figuré la disposition du poinçon double et de la matrice qui servent à déboucher simultanément les deux trous des aiguilles jumellées.

Enfilage. Les transons sortant des mains de l'ouvrière qui les a percés, sont enfilés par des enfants sur de petites broches d'acier, de manière à former des faisceaux de fils parallèles, juxtaposés, ayant environ dix à douze centimètres de largeur.

Limage. Ces faisceaux sont remis au limeur qui les fixe entre les mordaches d'une sorte d'étau spécial dont un côté est mû par une pédale, et qui abat lestement d'un coup de lime les bavures

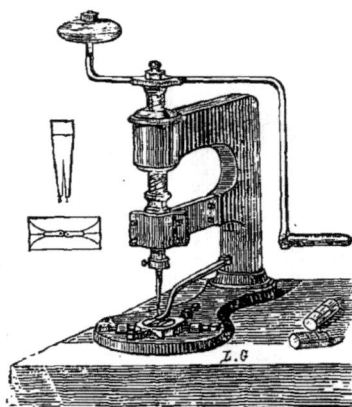

Fig. 48. — *Machine à percer.*

excédant le contour net des deux têtes accolées. Ensuite l'ouvrier par un mouvement brusque détermine la rupture de la petite partie de métal qui retient encore les deux têtes, et il sépare ainsi les transons en deux parties distinctes correspondant chacune à autant d'aiguilles qu'il y avait de brins de fil dans le faisceau, puis d'un coup de lime appliqué sur chaque côté des têtes il en adoucit à peu près le contour par un ébarbage grossier qui est le prélude d'un finissage ultérieur.

La figure 49 représente les aspects successifs des transons, d'abord après l'empointage, puis après l'estampage, et enfin, après la division en deux aiguilles distinctes par le limage.

Cémentation. Alors les morceaux de fer qui possèdent déjà la forme d'aiguilles sont soumis à la cémentation qui les convertit en acier. A cet effet les aiguilles sont rangées par milliers dans une sorte de caisse en fonte, d'environ 40 centimètres de longueur, avec du poussier de charbon de bois. On ferme le dessus de la caisse avec un couvercle en fonte qu'on lute soigneusement, et on place cette caisse dans un four rectangulaire, où elle est entourée complètement de charbons incandescents. On la laisse ainsi exposée pendant 7 à 8 heures à la chaleur intense du four, pour que le carbone se combine avec le fer (V. CÉMEN-

TATION) et on l'abandonne à un refroidissement lent.

Trempe. Les aiguilles cémentées sont réchauffées dans un four spécial destiné à les amener à la température du rouge cerise, qui est la plus convenable pour la trempe.

On les plonge, à leur sortie de ce four, dans un bain d'huile chaude, pour les *tremper*. A cet effet, on les a disposées d'abord dans une sorte d'auget en tôle, appelé *mise*, qui permet d'immerger à la fois un très-grand nombre d'aiguilles.

Ensuite les aiguilles sorties du bain d'huile sont jetées dans une boîte où elles s'égouttent, puis elles sont vannées avec de la sciure de bois et ensuite triées et rangées en ordre par paquets dans d'autres boîtes.

Recuit. Après la trempe les aiguilles seraient trop cassantes, il faut les *faire revenir*, comme disent les ouvriers, c'est-à-dire leur faire subir un recuit qui leur rend la flexibilité qu'elles doivent avoir.

Second dressage à chaud. Les aiguilles ont pu, pendant la série d'opérations qu'elles viennent de subir, être plus ou moins pliées et gauchies, elles ont besoin de subir un nouveau dressage à chaud, qui s'exécute comme celui qui a précédé l'empointage, au moyen du *banc à dresser* que nous avons représenté par la figure 45.

Polissage. Elles sortent des mains du dernier ouvrier plus ou moins couvertes encore de la crasse laissée par la trempe et le recuit. Il faut les polir en les soumettant à une friction exercée d'abord au contact du grès concassé finement, puis du rouge d'Angleterre.

Pour exécuter le polissage on opère simultanément sur un très-grand nombre d'aiguilles, qu'on place dans des toiles grossières avec le grès pulvérisé; on en forme des rouleaux A dont on lie solidement les extrémités, et qu'on place entre les deux plateaux des polissoirs.

Le polissoir, dont la figure 50 indique la disposition générale, se compose de deux tables horizontales, l'une et l'autre mobiles, supportées par des galets, et animées d'un mouvement de va-et-vient au moyen de bielles et de manivelles. La table inférieure se meut entre les côtés d'un bâti en bois, qui porte en même temps les grands galets de roulement sur lesquels passe le plateau mobile; la table supérieure est supportée par de petits galets roulants sur les côtés du bâti, et disposés de manière à exercer une pression, qu'on fait varier à volonté au moyen de leviers ou de contre-poids, sur les rouleaux interposés entre les deux plateaux mobiles. Ces plateaux se meuvent lentement en directions inverses, l'un allant, l'autre venant, de sorte que les rouleaux, maintenus d'ailleurs par des barrettes transversales qui les empêchent de se déplacer, sont obligés de tourner constamment sur eux-mêmes et en sens alternativement différents.

Le polissage ne dure pas moins de 5 à 8 jours. Le fini s'obtient en remplaçant le grès pulvérisé par le rouge d'Angleterre.

Lavage. Les aiguilles retirées des rouleaux où elles sont restées mélangées au rouge, sont lavées à l'eau de savon dans des cuviers, puis placées dans des tonneaux mobiles autour de leur axe horizontal, où elles sont mêlées avec de la sciure de bois qui les sèche complètement par suite du mouvement de rotation imprimé mécaniquement à ces tonneaux. C'est là la dernière opération du polissage.

Triage. Les aiguilles sont alors soumises à un triage soigné, pour éliminer toutes celles qui présentent quelques défauts, et on les range en ordre dans des boîtes pour les envoyer à d'autres ateliers où s'achève leur préparation.

Bronzage. Les aiguilles triées ont encore à subir quelques apprêts ayant pour but de leur donner la perfection que l'on remarque sur les beaux produits de cette industrie.

Le bronzage est la première de ces opérations du finissage Un enfant dispose sur un établi une

Fig. 49 — *Spécimens de transons.*

rangée d'aiguilles la tête tournée en dehors, et l'ouvrier bronzeur applique d'un seul coup cette rangée sur une plaque de fer chauffée au rouge par un foyer ardent placé au-dessous. Les têtes prennent aussitôt une nuance bronzée, et bleuissent fortement dans la partie voisine du trou. Cette teinte foncée a pour effet de rendre ce trou plus apparent à l'œil, afin de faciliter l'enfilage.

Drillage. C'est l'opération qui a pour but d'arrondir et surtout de polir le chas. Le trou est resté jusqu'à ce moment assez imparfait, il couperait bientôt le fil si le métal n'était convenablement adouci; c'est à cet achèvement du chas qu'est destiné le *drillage.* On l'exécute au moyen d'une petite pointe d'acier, sorte de *fraise* excessivement fine, animée d'un mouvement de rotation très rapide. L'ouvrier tient à la main une pincée d'aiguilles qu'il étale en éventail, et avec une dextérité dont on a peine à se faire idée, il présente successivement chaque chas à la drille, et il lui fait fraiser chaque côté successivement.

Brunissage. Le brunissage a pour effet d'atté-

nuer, sur le contour extérieur de la tête, la teinte foncée donnée par le bronzage. En même temps elle complète le poli de la tête. Les aiguilles étalées entre les doigts de l'ouvrier, sont présentées, la tête en avant, à une meule en grès fin d'abord, puis à une petite meule en buffle animée d'une très-grande vitesse.

Mise en paquets. Après cette dernière opération les aiguilles sont encore soumises à un nouveau triage, classées par qualités, et enfin mises en paquets dans des petits carrés en papier préalablement découpés suivant la dimension des aiguilles à empaqueter.

Le comptage des aiguilles, pour les mettre en paquets, est une des parties les plus longues de cette série d'opérations. On l'abrège par des pesages, qui ont surtout l'avantage de contrôler l'exactitude du nombre.

Le pliage des paquets, le collage des étiquettes sont suivis d'autres préparatifs selon que les petits paquets doivent être emballés en quantités et de façons différentes. Les aiguilles arrivées enfin au magasin, prêtes à être livrées au commerce, ont coûté, comme on vient de le voir, une somme de main-d'œuvre et de temps dont on ne saurait se rendre compte quand on considère ce petit instrument de si peu de valeur.

Aiguilles à tricoter. La fabrication de ce genre d'aiguilles est beaucoup moins importante que la précédente. Le fil de fer coupé de longueur est empointé aux deux bouts; les aiguilles ainsi formées sont dressées à chaud, recuites, cémentées, trempées, polies au moyen de rouleaux comme les aiguilles à coudre, dressées à nouveau, frottées pour les rendre brillantes, bronzées vers les pointes, et livrées ensuite au magasin d'empaquetage.

Aiguilles pour tapisserie. Elles diffèrent des aiguilles à coudre en ce que, au lieu d'avoir une pointe aiguë, elles sont au contraire terminées par une pointe émoussée et arrondie. Les aiguilles employées pour raccommoder la dentelle présentent la même particularité.

Aiguilles à bonneterie. — V. Bonnéterie.

Aiguilles de machines à coudre. Ces aiguilles, d'une forme tout à fait différente des aiguilles à coudre ordinaires, sont fabriquées par des moyens analogues à ceux qu'on applique pour celles-ci en ce qui concerne l'empointage et l'estampage; toutefois, cette dernière opération doit présenter plus de difficultés, à cause de la grande différence de longueur qui existe d'un côté à l'autre pour la rainure aboutissant au chas, et à cause aussi du renflement qui se trouve à la partie supérieure de l'aiguille. Le chas, par lequel on enfile l'aiguille, se trouve près de la pointe, et la tige est légèrement courbée dans la portion voisine de cette pointe. Cette fabrication, qui se fait principalement en Angleterre, exige du fil d'acier de très-bonne qualité. — V. l'article Couseuse mécanique.

Aiguilles d'emballeur. On désigne sous ce nom, de petits outils dont on se sert pour coudre, avec des ficelles plus ou moins fines, les toiles d'emballage autour des paquets à expédier. Ces aiguilles sont formées d'une forte tige en fer aciéré, légèrement courbée, dont la tête est analogue à celle des aiguilles à coudre, et dont la pointe est quadrangulaire; c'est ce qui a fait donner à ces instruments le nom de *carrelet*.

Aiguilles de cordonnier, de bourrelier, de sellier. Elles sont de divers genres; les unes ont la tige et la pointe quadrangulaire; elles sont droites ou courbées et portent aussi le nom de carrelets; les autres, particulièrement celles dont on se sert dans la sellerie, ont une pointe arrondie analogue à celle des aiguilles à tapisserie; on les emploie concurremment avec l'alène qui perce d'abord le cuir que l'on veut coudre. — G. J.

On compte encore une grande variété d'aiguilles dont les principales sont : l'*aiguille à passer*, qui est sans pointe et dont on se sert pour passer un lacet dans une coulisse; l'*aiguille à reprises*, à *tranchefiles* de différentes dimensions qui sert aux tailleurs et aux couturières; l'*aiguille de matelassier* avec laquelle on pique les matelas; l'*aiguille à insectes* à l'usage des collectionneurs d'insectes et des naturalistes; l'*aiguille à crochet*, celle qui est terminée par une sorte d'hameçon pour accrocher le fil dans la broderie au crochet; l'*aiguille à linures, à mèche*, à l'usage des chandeliers, la première pour enfiler les chandelles, la seconde pour introduire la mèche dans le moule; l'*aiguille à réseau*, petit morceau d'acier fendu des deux bouts, à l'aide duquel le perruquier fait les réseaux à perruque; l'*aiguille de tête*, longue ai-

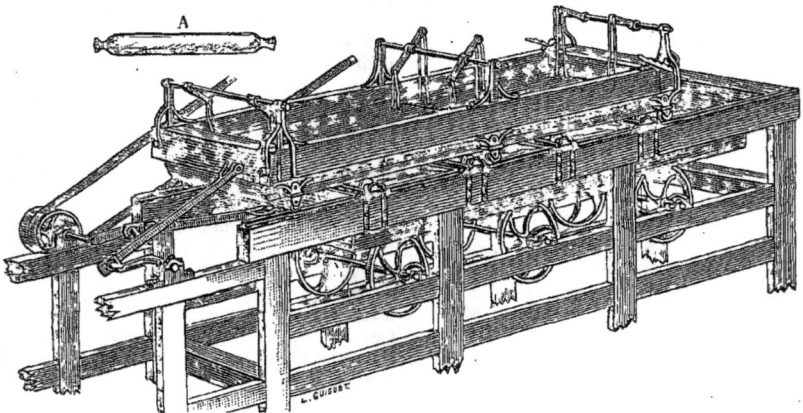

Fig. 50. — *Table à polir.*

guille dont se servent les femmes pour retenir ou orner leurs cheveux. — V. ÉPINGLE.

AIGUILLIERS, ÉPINGLIERS. Autrefois, chaque région fabriquait à peu près tous les objets qui lui étaient nécessaires; ainsi, les *aiguilles* et les *épingles*, dont la fabrication se concentra à Laigle et à Rouen, se confectionnaient auparavant un peu dans toute la France.

Les fabricants étaient appelés *aiguilliers-alesniers*; ils faisaient tous les genres. Cette industrie prit naissance en France au XVIᵉ siècle.

Les anciens faisaient usage des aiguilles à coudre, grossièrement fabriquées avec des épines ou des arêtes de poisson; plusieurs cabinets d'antiquités en conservent de curieux spécimens; cependant, depuis les temps les plus reculés, les aiguilles à coudre et à tricoter étaient connues dans l'Inde et dans l'Orient, d'où elles furent importées vers 1545, en Angleterre, par un Indien. Le procédé de travail y fut perdu; ce ne fut que dans l'année 1560 qu'il fut retrouvé par G. Gruning.

D'après les traditions musulmanes, Enoch serait l'inventeur de l'aiguille.

Aiguilles. 2° Lames métalliques qui indiquent l'heure sur les cadrans. On nomme *aiguille de rosette* celle qui, dans l'intérieur de la montre, sert à faire avancer ou retarder. || 3° Instruments de chirurgie, plus ou moins longs, droits ou courbés.

|| 4° *T. de chem. de fer*. Barres mobiles faisant partie de l'appareil au moyen duquel une voie se bifurque, ou se ramifie en plusieurs autres. – (V. BRANCHEMENT, BIFURCATION). || 5° *Aiguille pendante*, pièce de bois qui sert à soutenir le milieu des entraits par une clef de bois. || 6° Pièce de bois verticale sur laquelle on assemble les arbalétriers d'un comble pyramidal. || 7° Petit instrument à l'usage des graveurs à l'eau-forte et des peintres émailleurs. || 8° Sorte de carrelet long et fort, nommé *aiguille à empointer* et qui sert à arrêter avec le gros fil ou de la ficelle les plis de certaines pièces d'étoffes. || 9° *Aiguille de balance.* — V. BALANCE. || 10° *Aiguille de barrage.* Pièces de bois verticales juxtaposées qui forment une retenue. — V. BARRAGE. || 11° Navette propre à faire les filets de pêche. || 12° Instrument du mineur pour loger la poudre sous la roche. || 13° Outil du tabletier, destiné à forer les tabatières ou autres pièces. || 14° Alène à pointe recourbée dont se servent les couseuses chez les relieurs. || 15° Outil du gaînier pour faire des trous dans les pièces qui doivent recevoir des petits clous d'ornement. || 16° Tige de fer avec laquelle le cirier débouche le trou du

gréloir, quand la cire s'y arrête. || 17° Outil de maçon, pour percer la pierre. || 18° Chez les cartiers, accessoire qui guide la lame mobile des ciseaux. || 19° Instrument avec lequel les voiliers font les coutures des voiles.

Aiguille. 20° *T. de mar.* Massif de charpente, nommé aussi *flèche*, placé à l'avant du navire, en saillie.sur l'étrave, et servant à fendre les flots. || *Aiguille de fanal*, barre de fer coudée, sur le coude de laquelle on établit le fanal de poupe. || *Aiguille de carène*, pièce de bois destinée à soutenir la mature d'un navire lorsqu'on le met en carène.

Aiguille ou flèche. 21° *T. d'arch.* Espèce de pyramide très-aiguë, en pierre ou en bois, élevée sur un édifice, sur une église. C'est un des membres les plus caractéristiques de l'architecture ogivale.

— Les plus belles aiguilles ou flèches qui existent appartiennent aux édifices construits aux XIIIᵉ, XIVᵉ et commencement du XVᵉ siècles. Les plus remarquables sont celles de la Sainte-Chapelle, à Paris, des cathédrales de Strasbourg, de Chartres, de Rouen, de Dijon, d'Amiens, de Reims, de l'hôtel de ville de Bruxelles. Les obélisques prennent aussi. ce nom : l'*aiguille* de Saint-Pierre, à Rome; l'*aiguille* de la place de la Concorde, à Paris.

Aiguille aimantée. 22° *T. de phys.* Aimant en forme d'un prisme rhomboïdal très-aplati, ou lame d'acier aimantée très-mince, allongée, dont les deux faces basiques sont des losanges, pouvant se mouvoir librement sur un pivot qui appuie sur une chape ordinairement en agate.

L'aiguille aimantée horizontale se dirige dans le plan du méridien magnétique du lieu, non pas du nord au sud, comme on le dit par une erreur populaire, mais en faisant avec le méridien astronomique un angle qui varie avec les lieux et sur le même point avec les siècles; dans la même localité il y a quelquefois de faibles variations diurnes Dans nos climats, en ce moment, cet angle est d'environ 17 degrés; à Paris, au mois de juin 1875, la déclinaison moyenne était 17°, 21′, 2″; en 1865 elle était de 18°, 47′, 5′.

L'aiguille aimantée est la base de la boussole dite boussole de déclinaison, qui sert à diriger les marins sur l'Océan, à lever les plans topographiques et particulièrement les plans souterrains des mines. — V. BOUSSOLE.

On distingue deux sortes d'aiguilles aimantées par rapport à la position .qu'elles occupent, savoir : l'*aiguille de déclinaison* et l'*aiguille d'inclinaison*.

La déclinaison est l'angle que fait l'aiguille aimantée, se mouvant sur un pivot vertical, avec le méridien astronomique du lieu, ou plus correctement l'angle dièdre que fait le méridien magnétique avec le méridien astronomique d'un même lieu.

L'aiguille aimantée qui oscille librement sur son pivot se place dans le plan du méridien magnétique; par conséquent, elle est toujours parallèle à ce plan.

L'inclinaison est le plus petit des angles que fait avec l'horizon l'aiguille aimantée placée dans le plan vertical. Cette aiguille se meut sur un pivot horizontal. La valeur angulaire se lit dans la

boussole d'inclinaison sur le limbe gradué vertical; tandis que le limbe gradué est horizontal dans la boussole de déclinaison.

L'inclinaison de l'aiguille aimantée est aussi une valeur variable avec les siècles et les lieux; à Paris elle était, en 1875, de 65°, 37′, en 1865, de 65°, 58′, 2″, en 1671, de 75°, en 1798, de 69°, 51. *Les aiguilles astatiques* sont des aiguilles aimantées, liées entre elles, dont les pôles sont placés inversement, ce qui les soustrait à l'action magnétique de la terre. Si les deux aiguilles sont d'égale intensité magnétique, l'action de la terre sur elles est nulle; mais si l'une a une force magnétique plus grande que l'autre, la terre exerce une action sur le système astatique. *Les aiguilles astatiques* sont la base de la construction des *galvanomètres* ou instruments destinés à mesurer la puissance des courants et à reconnaître leur existence.

AIGUILLER (*s'*). *T. de chem. de fer.* Se dit d'une voie qui se réunit à une autre au moyen des aiguilles.

* **AIGUILLERIE.** Fabrique d'aiguilles.

AIGUILLETTE. Morceau de tresse, de tissu ou de cordon d'or, d'argent, de soie ou de laine, dont les bouts sont terminés par de petites pointes de métal dites *afférons* ou *ferrets*. Le fabricant est dit *aiguilletier* ou *aiguillettier*.

— Un édit de Louis IX enjoignit aux prostituées de porter une aiguillette sur l'épaule, comme marque distinctive; plus tard, les aiguillettes ont servi à attacher les différentes parties du vêtement; abandonnées par le costume civil, les aiguillettes sont devenues un ornement du costume militaire : elles ont été données d'abord à la maréchaussée. Aujourd'hui, les officiers de l'état-major, les aides de camp, les aspirants de marine et les officiers de certains corps portent l'aiguillette d'or sur l'épaule droite; la gendarmerie, la garde républicaine portent également l'aiguillette sur l'épaule gauche. On en fait aussi quelquefois un ornement de grande livrée.

AIGUILLEUR. *T. de chem. de fer.* Employé chargé de la manœuvre et de l'entretien des aiguilles.

— Comme une fausse manœuvre des appareils confiés à ses soins peut occasionner de graves accidents, l'aiguilleur encourt une sérieuse responsabilité qui peut s'élever jusqu'à la condamnation à la prison. Aussi le choisit-on parmi les hommes ayant fait preuve de bonne conduite, de sobriété et de sang-froid. De son côté l'administration ne doit pas le surcharger d'un excès de travail.

AIGUILLIER. 1° Ouvrier qui fabrique les aiguilles. || 2° Petit étui où l'on met les aiguilles.

* **AIGUILLOTS.** *T. de mar.* Gonds ou ferrures qui entrent dans les femelots pour serrer le gouvernail.

AIGUISÉ. *Art. hérald.* Se dit des pièces comme la *fasce*, le *pal*, la *croix*, le *sautoir*, dont les extrémités sont aiguës et terminées en pointes.

AIGUISER. Rendre pointu ou tranchant un instrument, un outil. C'est à tort que quelques personnes prononcent : *aighiser*; on doit faire entendre l'*u* et dire : *aiguiser, aiguisage*.

* AIGUISERIE. *T. techn.* Usine où l'on aiguise et polit les instruments tranchants, armes, couteaux, etc., à l'aide de meules mues ordinairement par la vapeur ou par une roue hydraulique. Des ventilateurs sont installés dans ces manufactures pour entretenir un air pur, et préserver ainsi les ouvriers des maladies de poitrine qu'ils pourraient y contracter.

AIGUISEUR. Ouvrier qui aiguise. ‖ Les aiguiseurs des manufactures d'armes sont sujets à une phthisie particulière causée par la poussière siliceuse et métallique au milieu de laquelle ils vivent. (LITTRÉ.)

* AIGUISOIR. *T. techn.* Outil qui sert à aiguiser.

AILES. 1° *T. d'arch.* Parties latérales d'un bâtiment qui accompagnent le principal corps de logis; elles sont construites, soit sur la même façade, soit en retour d'équerre; les *ailes* d'une église en sont les bas-côtés. ‖ 2° *T. de cord.* Les ailes d'un touret sont les deux planchettes en bois qui servent à retenir le fil sur le touret, lorsqu'il est prêt d'être rempli ‖ 3° *T. d'horl.* Les dents du pignon d'une pièce d'horlogerie. ‖ 4° Petite bande de plomb qui sert à engager les losanges du verre dans le panneau des vitres. ‖ 5° *Art hérald.* Une aile seule signifie demi-vol, deux ailes s'appellent un vol. Les ailes sont *élevées*, lorsque leurs pointes sont tournées vers le haut de l'écu, et *renversées* lorsqu'elles sont tournées vers le bas de l'écu. ‖ 6° Grand châssis couvert de toile, appelé aussi *volant*, et que le vent met en mouvement pour faire tourner la meule d'un moulin à vent. ‖ 7° *T. de chap.* Bord d'un chapeau dont la pente détermine la cambrure. ‖ 8° *T. de serrur.* Petits morceaux de fer à charnières qui servent à faire mouvoir les portes, fenêtres, etc. ‖ 9° *Aile d'hélice*, se dit des branches de l'hélice. ‖ 10° *T. de charp.* Charpentes cintrées qui soutiennent la partie postérieure d'une toiture et l'unissent à la flèche. ‖ 11° *Aile d'un pont.* Elargissement pratiqué sur les culées pour faciliter les abords du pont. ‖ 12° *Ailes de pavé* ou de *chaussée*. Pentes latérales de la chaussée d'une rue.

Ailes (de coiffure). Nom donné, au xvii° siècle, aux touffes de cheveux placées des deux côtés du front et taillées en forme d'ailes. Vers le commencement de ce siècle, la perruque se divisa en trois parties distinctes : les cheveux de derrière, que la mode enferma dans un petit sac de soie appelé bourse; le toupet qui désigna les touffes de cheveux dressés sur le front, et les ailes qui s'appliquèrent aux touffes de cheveux relevés et frisés sur les côtés. Dans l'Encyclopédie perruquière, qui parut en 1757, sous le pseudonyme de Beaumont, il était encore question d'un genre de perruque courte, garnie d'ailes, de toupet et de queue.

Ailes (de robes). Nom donné aux pans d'une robe placés sur les côtés et relevés d'une façon exagérée. Les femmes portaient, dans les premières années du règne de Louis XVI, des robes à paniers ou à jupes relevées de manière à former trois pans : deux sur les côtés, les ailes et la queue par derrière.

AILÉ. *Art hérald.* Se dit des oiseaux dont les ailes sont d'un autre émail que celui du corps.

AILERON. 1° *T. de serrur.* Partie d'une fiche qui entre dans le bois comme un tenon dans sa mortaise. ‖ 2° *T. d'arch.* Petites consoles dont on décore les lucarnes, ou qui accompagnent la partie supérieure d'un portail. ‖ 3° Petits ais adaptés à la roue d'un moulin pour la faire tourner, en recevant le choc de l'eau. ‖ 4° Chacune des extrémités des lames de plomb qui maintiennent les pièces d'un panneau de vitrage.

* AILETTE. 1° *T. d'arch.* Avant-corps ajouté à un corps de bâtiment, et plus petit qu'une aile. ‖ 2° *T. de filat.* Appendices fixés de chaque côté des broches dans les bancs à filer, et qui servent à guider le fil avant son enroulement sur la bobine, canette, fuseau, etc.

AIMANT. Minerai de fer, d'un aspect métallique, brillant, qui a la propriété d'attirer le fer, l'acier, le cobalt et le nickel. On distingue deux sortes d'aimants : les *aimants naturels* et les *aimants artificiels*. L'aimant naturel ou *pierre d'aimant* se compose d'une combinaison de protoxyde et de peroxyde de fer, très-dure, lourde, presque noire, à cassure irrégulière ; cette pierre a relativement une faible puissance magnétique ; elle servait autrefois à préparer les *aimants artificiels* qui s'obtiennent aujourd'hui en soumettant l'acier à une série de frictions avec l'un des pôles d'un électro-aimant, ou bien encore par un contact prolongé. Les aiguilles des boussoles sont toujours des aimants artificiels.

— Bien que le moyen âge connût les propriétés de l'aimant, ce ne fut qu'au xvi° siècle qu'un médecin anglais démontra que l'influence magnétique réside dans le globe terrestre, qui est lui-même un vaste aimant, et que c'est sous son action directrice que l'aiguille aimantée se dirige constamment vers le nord. De nos jours, plusieurs savants ont cherché quels peuvent être les autres corps magnétiques.

Jusqu'au xix° siècle, la mine de fer dite *aimant naturel* et les barreaux d'acier aimanté avaient été, avec le globe terrestre, les seuls corps magnétiques connus. Dans les premières années de ce siècle, on trouva que des métaux autres que le fer, savoir le nickel et le cobalt, partageaient avec celui-ci la vertu magnétique ; mais on avait cru que c'était peut-être parce qu'ils contenaient une certaine quantité de fer. On doit nommer le célèbre chimiste Thénard, avec Sage, parmi ceux qui ont les premiers expérimenté le magnétisme du nickel. Plus tard, Laugier ayant réussi, par une habile analyse, à isoler parfaitement le cobalt du nickel, le magnétisme de ces deux métaux, à l'état de pureté absolue, fut constaté sans indécision, et l'on eut trois métaux magnétiques : le fer, le nickel et le cobalt. — V. DIAMAGNÉTISME.

— V. *De l'aimant et du magnétisme terrestre (Revue des Deux-Mondes*, BABINET), 1857.

* Aimant (Fer d') *T. de bijout.* et de *joaill.* Aimant en forme de fer à cheval qu'on emploie pour retirer la limaille de fer qui se trouve dans la limaille d'or. On dit *aimanter la limaille.*

* Aimant (Armures de l') Plaques de fer doux dont on entoure les pôles d'un aimant naturel ou artificiel, pour recueillir et donner plus d'énergie à sa force d'attraction. — V. ARMATURE.

* AIMANTATION. *T. de phys.* Opération qui a pour but de communiquer les propriétés magnétopolaires aux substances magnétiques. L'aimantation consiste à orienter les courants particuliers dans une substance magnétique et transformer celle-ci en un aimant ayant ses pôles. Ordinairement on aimante le fer et l'acier; mais le fer ne prend qu'une aimantation temporaire, tandis que l'acier, doué de force coërcitive, garde son aimantation et devient un aimant artificiel permanent. Mais le fer peut conserver son aimantation si on lui donne de la force coërcitive, soit par l'oxydation, soit par la compression, le martelage, etc.

On donne aux barres d'acier à aimanter la forme de prismes ou celle d'un fer à cheval, quelquefois d'un cylindre; d'ailleurs la forme dépend de la destination de l'aimant. Le fer aimanté temporairement par les courants constitue un *électro-aimant*. — V. Électro-magnétisme.

On aimante les substances magnétiques : 1° *par l'action des aimants*, touche, frictions, contacts alternatifs; 2° *par l'action de la terre*, qui agit comme un aimant; 3° *par l'action des courants*, soit par l'électricité statique et mieux par l'électricité dynamique; c'est par cette dernière méthode que l'on obtient les aimants puissants de certaines machines.

— V. les mémoires de MM. Jamin et Gaugain sur cette question : *Comptes rendus de l'Académie des sciences* Années 1873, 1874, 1875, 1876.

— Dans le siècle dernier on s'était beaucoup préoccupé des procédés d'aimantation, et certains constructeurs, surtout chez les Hollandais, étaient parvenus à créer des aimants extrêmement puissants, qui portaient plusieurs fois leur poids. De nos jours, on s'était peu préoccupé de cette question, parce que la découverte des électro-aimants avait mis entre nos mains des aimants infiniment plus énergiques; il en est résulté que les bons procédés d'aimantation et surtout de trempe des aciers se sont trouvés oubliés. Cependant, quand les machines *magnéto-électriques* (V. ce mot) sont devenues d'un usage industriel et qu'elles ont pu fournir de la lumière électrique dans des conditions économiques, on commença à étudier de nouveau la question, et les efforts de M. Joseph Van Malderem, de la compagnie l'*Alliance*, ont été couronnés de succès. Mais la question n'a été résolue que dernièrement, à la suite d'études sérieuses faites par M. Jamin sur la manière dont se développe l'aimantation dans les aciers trempés. Grâce à ces recherches, on a pu s'assurer que l'aimantation pénètre peu profondément à l'intérieur des lames d'acier, du moins quand elles sont assez trempées pour garder leur aimantation. Quand elles le sont peu, elles sont mieux et plus facilement pénétrées, mais elles ne gardent pas longtemps leur magnétisme.

Or, pour obtenir des aimants réunissant ces deux qualités, M. Jamin les a constitués avec des lames d'acier très-minces (des espèces de ressorts de pendule) fortement trempées et réunies ensemble à leurs extrémités polaires par des armures de fer. En aimantant énergiquement chacune de ces lames, elles ont pu se laisser pénétrer suffisamment pour fournir une énergie considérable par rapport à leur volume, et, étant en grand nombre, leurs efforts se sont additionnés. De cette manière, on a pu obtenir des aimants d'une énergie plus grande encore que celle des fameux aimants de Harlem. Il y a, du reste, des lois parfaitement définies qui limitent le nombre de lames à superposer pour fournir les effets *maxima* dans des conditions données; on en pourra trouver toutes ces études de M. Jamin dans les comptes rendus de l'Académie des sciences (années 1873, 1874, 1875 et 1876). M. Gaugain, de son côté, a fait des études intéressantes à ce sujet, ainsi que MM. Trève et Durassier, et leurs travaux sont insérés encore dans les mêmes volumes des comptes rendus.

La pénétration du magnétisme dans les aimants artificiels est non-seulement en rapport avec la dureté de leur trempe, mais aussi avec la puissance de l'action aimantante. Il en résulte que, si on prend pour développer l'aimantation une *bobine magnétique* (V. ce mot) animée par une pile très-énergique, on pourra faire pénétrer le magnétisme à une plus grande profondeur que si la bobine n'est animée que par une faible pile; mais si cette bobine réagit en sens contraire de l'action primitive déterminée quand elle avait toute sa puissance, on pourra désaimanter complétement l'aimant à l'extérieur, malgré l'aimantation précédente qui était supérieure. Toutefois, au-dessous de cette couche désaimantée, il en existera une autre due à la première aimantation qui persistera, et qu'on pourra retrouver en dissolvant la partie superficielle de l'aimant dans de l'acide nitrique. Grâce à ce procédé, on a pu s'assurer que, dans les aimants bien trempés, la couche aimantée ne dépasse guère deux ou trois dixièmes de millimètre. Conséquemment la partie centrale des aimants un peu épais est à l'état neutre.

Avant la découverte de l'électro-magnétisme, les procédés d'aimantation étaient de deux sortes : le procédé de la *simple touche* et celui de la *double touche*. Ces procédés sont tellement connus qu'il est inutile d'en parler ici; mais depuis la découverte du pouvoir aimantant des courants électriques, on emploie aujourd'hui de préférence les systèmes basés sur l'emploi des *bobines magnétiques* qui, dans leur définition la plus simple, consistent à introduire les barreaux d'acier trempé dans une de ces bobines, en ayant soin d'armer leurs extrémités d'armatures de fer doux, afin de maintenir développé le magnétisme par une action *condensante*. — V. Condensation magnétique. Quelquefois on joint à l'action de la bobine celle d'un électro-aimant qui agit alors au lieu et place de l'armature de fer. Enfin, quand on veut obtenir un *maximum* d'action polaire suivant l'axe même de l'aimant, on emploie comme armature ou comme pôles de l'électro-aimant excitateur, des pièces de fer angulaires placées dans le prolongement l'une de l'autre, et dont les points de contact avec les extrémités du barreau se trouvent disposés en lignes droites et constituées qu'elles sont par la partie anguleuse. Ce système est employé par M. Duchemin pour ses boussoles à aimants circulaires qui, de cette manière, ont une ligne axiale nettement déterminée.

L'aimantation ne doit être donnée à un aimant que quand le barreau d'acier est convenablement trempé et quand il a été recuit, après la trempe, à la couleur gorge de pigeon. Le *desideratum* serait, en raison de la meilleure conductibilité magnétique de l'acier quand il est chaud, d'effectuer la trempe sous l'influence même de l'action aimantante et alors qu'il est chauffé au rouge, quitte à le recuire ensuite sous la même influence; mais ce *desideratum* n'a pas encore été obtenu d'une manière satisfaisante. — T. D. M.

— V. *Étude du magnétisme au point de vue de la construction des électro-aimants*, par M. Th. du Moncel.

* **AIN.** *T. techn.* Terme de manufacture par lequel on désigne un certain nombre des fils de la chaîne, en sorte que les draps employés pour les troupes étant de dix-huit et de vingt-deux ains dans le même lé, ces derniers sont plus fins. — (Legoarant).

* **AINE.** *T. de fact. de mus.* Morceau de peau de mouton qui sert à joindre une éclisse et une têtière dans un soufflet d'orgue.

AIR ATMOSPHÉRIQUE. *T. de phys. et de chim.* L'air atmosphérique forme une enveloppe gazeuse qui enveloppe la terre à une hauteur de 60 à 80 kilomètres ; c'est dans cette masse aérienne que se passent les phénomènes nombreux qu'étudient les physiciens et les météorologistes. Jean Brun et Bayen ont été des précurseurs de Lavoisier ; mais c'est à ce dernier et à Scheele que l'on doit la connaissance de la composition de l'air atmosphérique. Dès 1630, Jean Rey avait remarqué que l'étain calciné au contact de l'air se transformait en augmentant de poids en un corps nouveau (oxyde d'étain) ; en 1774, Bayen fit la même remarque sur le mercure. Mais c'est à l'illustre Lavoisier (1775) que la chimie est redevable de la détermination de la composition de l'air, formé d'oxygène et d'azote.

En chauffant lentement du mercure dans un ballon de verre à long col en communication avec une éprouvette graduée contenant de l'air, au bout de 12 à 15 jours cet air fut réduit de 50 pouces cubiques à 42 ou 43 pouces : le gaz qui restait avait toutes les propriétés de l'azote. Ensuite Lavoisier chauffa la substance rouge (oxyde de mercure) qui s'était formée : cette poudre rouge se transforma en mercure métallique en même temps qu'elle laissait dégager un gaz, l'oxygène, dont le volume représentait exactement les 7 ou 8 pouces absorbés dans la calcination du mercure. En mélangeant les deux gaz obtenus séparément dans l'expérience, il reconstitua l'air ordinaire. L'air est donc formé de deux éléments, l'un comburant, l'*oxygène*, l'autre, l'*azote*, qui tempère l'énergie du premier. Vers la même époque, un chimiste suédois, l'illustre Scheele, arrivait par une méthode différente, l'emploi des sulfures alcalins, à la composition de l'air atmosphérique.

Mais outre l'oxygène et l'azote, l'air contient une petite quantité d'acide carbonique et une certaine proportion plus considérable de vapeur d'eau. Depuis quelques années on a aussi constaté dans l'air la présence de l'*ammoniaque* (quelques millionnièmes), de l'*ozone* ou *oxygène électrisé*, de l'*acide azotique* et *azoteux*, de l'*iode*, des *carbures d'hydrogène*, enfin des *particules salines* en suspension.

L'air est un gaz inodore, insipide, incolore, compressible, élastique. Sa densité est prise pour unité ; un litre d'air sec, sous la pression de 760 millimètres à la température de zéro degré, pèse 1 gr. 299 ; son coefficient de dilatation est de 0,003 665 ; ses éléments ont été récemment liquéfiés par M. Cailletet et par M. Pictet au moyen d'un abaissement considérable de température et d'une forte pression.

L'air, par son oxygène, est l'agent de la combustion, de la respiration, de l'oxydation et de la fermentation ; aussi la combustion, la respiration s'arrêtent-elles si l'accès de l'air est supprimé.

L'air est un mélange des deux gaz azote et oxygène et non une combinaison chimique, car en mettant en présence ces deux corps, dans les proportions de l'air, il ne se produit aucune élévation de température ; son pouvoir réfringent est sensiblement la moyenne des pouvoirs réfringents de

ses deux composants ; dans l'air, les volumes gazeux d'azote et d'oxygène ne satisfont point à la loi de Gay-Lussac ; enfin chacun des deux gaz se dissout dans l'eau en raison de son coefficient de solubilité propre.

La composition de l'air s'établit au moyen de diverses méthodes que nous ramenons à deux types, 1° la *méthode des absorbants* dans laquelle on combine l'oxygène avec un corps qui n'a aucune action sur l'azote ; 2° la *méthode eudiométrique* qui s'exécute, dans un appareil nommé *eudiomètre*, (V. ce mot) en brûlant de l'hydrogène par l'oxygène de l'air.

Les absorbants employés pour analyser l'air atmosphérique sont le phosphore, l'acide pyrogallique et la potasse. Par exemple, l'air est mis dans une éprouvette graduée en volume et placée sur le mercure : un bâton de phosphore y est introduit : celui-ci absorbe l'oxygène et laisse l'azote en liberté. Si du volume total on retranche le volume restant d'azote on a le volume d'oxygène absorbé. On a trouvé ainsi que sur 100 parties d'air en volume, il y a en nombres ronds : 21 parties d'oxygène et 79 d'azote.

Exemple d'analyse par l'eudiomètre. On fait passer une étincelle électrique dans l'eudiomètre, à travers un mélange de 100 volumes d'air et de 100 volumes d'hydrogène ; après l'explosion, il a disparu 63 volumes qui ont formé de l'eau, contenant 21 volumes d'oxygène ; donc l'air contient 21 volumes d'oxygène et 79 d'azote.

Mais ces diverses méthodes ont l'inconvénient de déduire la composition de l'air de la mesure de volumes très-petits ; M. Brunner a eu le premier l'idée d'appliquer à l'analyse de l'air la méthode de pesées ; mais c'est à MM. Dumas et Boussingault que l'on doit un procédé exact pour déterminer la composition de l'air en poids. D'abord l'air à analyser est dépouillé de son acide carbonique en passant dans une série de tubes en U contenant de la potasse, et de sa vapeur d'eau, en traversant des tubes contenant de la pierre ponce imbibée d'acide sulfurique. L'augmentation des tubes à potasse, donne la quantité d'acide carbonique contenue dans la masse d'air qui les a traversés et celle des tubes à acide sulfurique, le poids de la vapeur d'eau.

L'air dépouillé de son acide carbonique et de sa vapeur d'eau, au moyen d'un aspirateur, est conduit dans un tube en verre dur contenant du cuivre métallique : ce tube communique avec un grand ballon dans lequel on a fait le vide. Le cuivre est chauffé au rouge, alors on fait passer le courant d'air ; l'oxygène se fixe sur le cuivre et l'azote se rend dans le ballon. L'augmentation du poids de l'oxyde de cuivre indique la quantité d'oxygène absorbée, le ballon pesé donne celle d'azote. Ainsi donc MM. Dumas et Boussingault ont exclu toute appréciation de volume dans l'analyse de l'air en dosant directement par la balance l'oxygène et l'azote.

Il résulte des analyses de ces deux derniers savants, que l'air atmosphérique normal est composé sur 100 parties :

	Poids.	Volume.	
Oxygène. . . .	23	20,8	ou environ $\frac{1}{5}$
Azote..	77	79,9	— $\frac{4}{5}$
	100	100,0	

De plus, l'air contient en moyenne en poids de 3 à 6 dix millièmes d'acide carbonique et de 2 à 4 millièmes de vapeur d'eau.

L'air en divers lieux et à diverses hauteurs a une composition sensiblement constante ou présente des différences extrêmement petites, qui, pour l'oxygène, varient entre 20,8 et 21; la proportion d'acide carbonique varie aussi dans des limites très-peu étendues dans l'air libre.

La proportion est plus forte la nuit que le jour; l'air d'une ville contient un peu plus d'acide carbonique que celui de la campagne. M. Boussingault a déterminé approximativement la proportion d'acide carbonique qui se produit à Paris en vingt-quatre heures :

Par la population . . .	336,777	mètres cubes
Par les chevaux	132,370	—
Bois à brûler.	855,385	—
Charbon de bois. . . .	1,250,700	—
Houille.	314,215	—
Cire..	1,071	—
Suif	25,722	—
Huile.	58,401	—
Total.	2,944,641	mètres cubes

— V. Compression, Froid artificiel, Grisou, Ventilation, etc. — A. F. N.

* Air confiné. L'air confiné est de l'air limité et enfermé dans un espace sans possibilité de se renouveler. Tous les phénomènes de combustion, de respiration, de fermentation et d'oxydation altèrent la pureté de l'air : par la respiration la quantité d'acide carbonique augmente rapidement et celle d'oxygène diminue d'une manière sensible ; aussi les personnes qui se trouvent dans un air confiné éprouvent des faiblesses d'estomac, des maux de tête, des gênes dans la respiration, des vertiges, des éblouissements et quelquefois des syncopes. Il faut à l'homme, pour l'exercice normal de la respiration, environ 9 litres d'air par minute ou 530 litres par heure ou 12 mètres cubes pour sa consommation quotidienne.

L'air vicié peut agir sur l'organisme lentement ou promptement d'une manière aiguë, rapide. Dans le premier cas, il exerce une sorte d'intoxication lente qui à la longue détermine l'anémie, la chlorose, les scrofules etc. ; dans le deuxième cas, il produit un malaise général, des céphalalgies, des vertiges, des syncopes, enfin tous les signes d'une asphyxie commençante. Si son action se continue, il survient des accidents plus graves qui finalement déterminent la mort. On cite plusieurs cas de prisonniers enfermés dans un espace étroit qui ont trouvé rapidement la mort dans l'air confiné.

Lavoisier avait trouvé qu'il existe 1 1/2 à 2 0/0 d'acide carbonique dans les salles d'hôpitaux et de théâtres; Leblanc a constaté qu'il y avait dans une salle d'asile 3/1000 d'acide carbonique, dans une salle de la Salpêtrière 6/1000 à 8/1000, dans une salle de la Pitié 3/1000, dans une salle de spectacle 4/1000. Dans les mines la quantité d'oxygène varie de 18 à 15 0/0 en volume, tandis que l'acide carbonique ne dépasse pas 1 0/0. D'ailleurs les autres corps qui altèrent la pureté de l'air varient avec la nature de la mine.

* Air carburé. On donne ce nom à l'air qui a traversé des hydro-carbures liquides et qui s'est chargé et saturé de ces hydro-carbures qu'il détient ainsi en suspension. L'air acquiert de cette manière la propriété de produire une flamme éclairante en brûlant à la manière du gaz d'éclairage.

C'est de là que sont venues les tentatives faites par plusieurs inventeurs pour substituer ce système d'éclairage à l'emploi du gaz, en faisant entraîner des vapeurs d'huiles essentielles (benzine, essences de pétrole) par un courant d'air qui se distribue au moyen de tuyaux et qui se brûle au moyen de becs analogues à ceux qu'on emploie pour le gaz. L'air joue dans ce cas le rôle d'un simple véhicule, se chargeant de vapeurs avec d'autant plus de facilité qu'elles sont plus volatiles; mais par réciprocité ces mêmes vapeurs sont aussi plus susceptibles de se condenser au contact des tuyaux, sous l'influence du moindre abaissement de température; de sorte que le pouvoir éclairant du mélange varie nécessairement avec la température ambiante et la longueur des conduites de distribution. C'est la principale cause qui a empêché jusqu'à présent l'*air carburé* d'entrer dans le domaine de la pratique industrielle. — V. Carburation, Éclairage.

* Air chaud. Il est employé comme agent calorifique dans un grand nombre d'applications à l'industrie et à l'économie domestique. On emploie aussi cette expression dans la dénomination des moteurs qui sont fondés sur la dilatation de l'air. — V. Calorifère, Chauffage, Moteur a air chaud.

* Air comprimé. Air qui a été amené par un moyen quelconque, physique ou mécanique, à une pression supérieure à la pression initiale. On se sert généralement pour comprimer l'air d'appareils dits : *pompes de compression*. L'air comprimé est employé plus particulièrement en remplacement de la vapeur dans les machines motrices, les appareils de ventilation par induction, les fusils à vent. — V. Compression de l'air.

* Air froid (Machines à). — V. Froid.

* AIRAGE. T. techn. On nomme ainsi l'angle que forment les ailes d'un moulin à vent, ou mieux la voile de chaque aile, avec le plan de leur circulation, lequel est perpendiculaire à la direction du vent.

AIRAIN. Les anciens désignaient par ce mot le cuivre pur, mais plus fréquemment ils l'appliquaient aux alliages de ce métal avec l'or, l'argent, le zinc et le plomb. On appelait *airain de Corinthe*, un alliage que les anciens attribuaient à la fusion des statues, des vases et des ornements qui décoraient les temples de Corinthe lors de l'incendie de cette ville par Mummius, en l'an 146 avant

J.-C. Pline a réfuté cette opinion (xxxiv, 4). Quoiqu'il en soit, on distinguait plusieurs espèces d'airain, l'une d'elles était composée de quatre parties d'or et une d'argent, les autres variaient de nature et de couleur, suivant la prédominance de tel ou tel de leurs métaux constituants. Airain n'est plus guère usité que dans le langage poétique; dans l'industrie moderne, il prend le nom de *bronze* (V. ce mot).

AISSELIER. T. de charp. Petite pièce de charpente qui, dans une ferme, relie l'entrait à la jambe de force. — V. Ferme.

AIRE. T. de constr. Enduit de maçonnerie sur lequel on pose le parquet et le carrelage. || Massif de béton ou de ciment qui fait le fond d'un bassin. || Couche de gravier que l'on étend sur la surface d'un chemin. || Enduit de plâtre que l'on fait sur le lattis des planchers. || On nomme *à la vénitienne* l'aire composée de pouzzolane, de brique pilée et de chaux vive. ||' Surface unie et préparée pour le battage des grains. || T. techn. Fond d'un fourneau. — V. Sole. || Partie supérieure et plate d'une grosse enclume. || Dans un marteau, c'est le côté plat avec lequel on frappe. || Surface de la section perpendiculaire d'une cheminée, d'un tuyau, etc. || Petit bassin carré d'un marais salant.

* **AIRURE.** Fin d'une mine de houille ou d'une mine métallique.

AIS. 1° En général planche ou planchette de bois rendue propre à divers usages. || 2° T. de rel. Planchettes de la grandeur du format que l'on travaille. On distingue les ais à endosser qui sont de deux espèces : ceux du milieu se nomment *entre-deux* et sont plus épais du côté du mors; les *membrures* sont les ais qui se placent aux extrémités de la pile ; ils sont plus épais que les *entre-deux*. On nomme *ais à rabaisser* une planche de hêtre sur laquelle on coupe, à la règle, le papier, le carton, la peau, etc. Il y a encore les ais pour glacer, satiner, brunir, etc. || 3° T. d'impr. Panneau de bois sur lequel on range les feuilles du papier trempé, ou sur lequel on desserre les formes avant la distribution des caractères dans les casses. || 4° T. de fond. Planche sur laquelle on pose les châssis du moule. || 5° T. de vitr. Planches feuillées et à rainures dans lesquelles on coule l'étain. || 6° Planches qui ont servi à la construction d'un bateau. || 7° Etabli sur lequel le boucher débite la viande.

* **AISCEAU.** T. de tonnell. — V. Aissette.

* **AISSEAU.** 1° T. techn. Petit ais ou petite planche mince, qui sert à couvrir comme la tuile. || 2° Petite hache de tonnellier.

* **AISSELETTE.** T. de tonnell. Chacune des pièces qui forment le fond d'une futaille. On dit aussi *aisselière.*

* **AISSELIER.** T. de charp. Pièce de bois destinée à la charpente d'une voûte.

* **AISSELLE.** T. d'arch. Partie de la voûte d'un four comprise depuis sa naissance jusqu'à la moitié de sa hauteur.

* **AISSETTE.** T. de mét. Petite hache recourbée du tonnelier qu'on nomme aussi *aisseau.*

* **AJAX.** Myth. Fils d'Oïlée, adroit dans tous les exercices du corps et guerrier valeureux, rendit de grands services aux Grecs pendant le siège de Troie ; mais ayant outragé Cassandre, prêtresse du temple de Minerve, celle-ci, pour l'en punir, fit élever par Neptune une tempête furieuse, dès qu'il fût sorti du port; son vaisseau échoua et il se réfugia sur la pointe d'un rocher, d'où il s'écria : *J'en échapperai malgré les dieux*, en levant contre le ciel un poing menaçant. C'est ainsi que quelques artistes l'ont représenté.

* **AJOINTER.** T. techn. Joindre ensemble deux planches, deux tuyaux.

* **A JOUR.** Genre de monture qu'on adapte aux pierres précieuses dans la joaillerie. *Mettre à jour*, c'est ouvrir avec une certaine méthode les trous des pierres à l'envers d'une pièce.

* **AJOURÉ.** Art hérald. Pièces percées à jour de manière à laisser voir l'émail du champ.

* **AJOUTÉ.** T. d'impr. Addition faite aux manuscrits, épreuves, placards, etc. — V. Addition.

* **AJOUX.** T. techn. Nom donné aux deux lames de fer qui retiennent les filières du tireur d'or.

AJUSTAGE, AJUSTEUR. 1° T. techn. Dans les opérations de l'*ajustage*, l'*ajusteur* est un ouvrier mécanicien qui reçoit de la fonderie et de la forge les pièces brutes, et qui les travaille manuellement ou mécaniquement, de façon à leur donner les formes et dimensions imposées par les dessins de construction : ces pièces, après avoir été ainsi ajustées, peuvent s'assembler et fonctionner les unes par rapport aux autres; cet assemblage constitue le travail d'une autre classe d'ouvriers que l'on désigne sous le nom de *monteurs*. || 2° T. de monn. L'*ajustage* des monnaies consiste à faire donner le poids légal, par l'ouvrier appelé *ajusteur*, aux pièces de métal destinées à passer sous le balancier.

AJUSTER. 1° T. d'art. Disposer les accessoires, les détails d'une œuvre d'art d'une manière agréable. || 2° T. de monn. Donner le poids légal aux pièces de monnaie. || 3° T. de balanc. Mettre les plateaux d'une balance en parfait équilibre.

AJUSTOIR. 1° Petite balance d'une extrême justesse où l'on pèse et l'on ajuste les monnaies. On dit maintenant *trébuchet*. || 2° Atelier des ajusteurs.

* **AJUSTURE.** T. de maréch. Légère concavité donnée au fer pour qu'il soit approprié au pied du cheval.

AJUTAGE. 1° T. d'hydr. Combinaison particulière donnée aux canaux ou orifices de sortie qui s'ajoutent ou s'adaptent aux tuyaux pour diriger l'écoulement d'un liquide. Lorsqu'il est fait avec art, l'ajutage produit des effets très-heureux, tels que gerbes, berceaux, etc.; on le dissimule quelquefois dans le corps de certains animaux pour faire passer le liquide par leurs gueules entr'ouvertes. || 2° T. de chim. Petit tuyau destiné à joindre deux appareils de chimie.

AJUTOIR. — V. Ajutage.

* **ALABANDINE.** Pierre précieuse qui tient le mi-

lieu entre le grenat et le rubis; on la nomme ordinairement *spinelle rouge pourpré*, et elle occupe
le premier rang après le rubis.

* ALABASTRITE. Faux albâtre, que l'on nomme
aussi *biscuit de Florence*, parcequ'on le tire de la
Toscane. — V. ALBATRE GYPSEUX.

* ALADIN (Genre). *T. de teint.* On donne ce nom,
dans l'impression de l'indienne, à un genre obtenu au moyen de la cuve décolorante, sur des
étoffes garancées et savonnées.

ALAIS (Mines, forges et fonderies d'). Le terrain
houiller d'Alais est divisé en deux partie par une
saillie du schiste talqueux qui sépare le bassin de
Portes et la *Grand'Combe* du bassin de *Bességes.*
Au sud du massif primordial, les deux petits bassins se réunissent et le terrain houiller est recouvert de ce côté par les dépôts du trias, du lias et
plus loin par les calcaires néocomiens et le terrain tertiaire. M. Callon estime à dix-huit le
nombre de couches de houille du terrain houiller
du Gard, et à vingt-cinq mètres l'épaisseur moyenne
de toutes les couches réunies; leur puissance varie
de un mètre et même moins à trois ou quatre
mètres.

Le bassin houiller d'Alais ou du Gard comprenant les concessions de la Grand'Combe, Portes,
Sénéchas, Bességes, Rochebelle, Provençal, etc.,
a une superficie de 26,888 hectares. — V. PORTES,
GRAND'COMBE, BESSÉGES, etc.

Dans le territoire d'Alais se trouvent les concessions de Rochebelle, Provençal, Condras, etc. Les
forges de Tamaris qui appartiennent à la Société
de Bességes, La Voulte et Terre-Noire, sont placées
à l'extrémité nord de la bande houillère dont Ro-
belle occupe la pointe méridionale.

— Cette Société métallurgique et minière a été fondée
au capital de 4,450,000 francs, représenté par 8,900 actions ou parts de 500 francs chacune, amortissable en 1930;
le taux de remboursement est de 500 francs. La Société a
exploité directement pendant longtemps les forges d'A-
lais; elle possède, outre les forges, des gisements de
houille qui sont exploités. Par une décision récente, la
Société a loué ses forges à une autre compagnie sidérurgique.

Alais, chef-lieu d'arrondissement du département du
Gard, outre les gîtes de houille, les usines à fer, les
gisements de pyrite, les soies dont l'ensemble constituent
les branches principales de l'industrie de la localité, possède encore une importante usine d'aluminium, une
École de maîtres-mineurs destinée à former des contre-
maîtres, chefs-d'ateliers ou gouverneurs (porions), pour
l'exploitation des mines, enfin un *collège spécial* d'enseignement professionnel.

Voici la production houillère, exprimée en tonnes, du
bassin d'Alais, pendant les années 1873-77 :

1873	1874	1875	1876	1877
tonnes.	tonnes.	tonnes.	tonnes.	tonnes.
1,652,710	1,616,361	1,551,488	1,559,198	1,784,166

L'exportation de la houille du bassin d'Alais se fait
principalement par la Méditerranée.

* ALAISE ou **ALÈSE.** *T. techn.* Planche ajoutée
à une autre pour l'élargir, || Emboîture.

ALAMBIC. Cet appareil distillatoire se compose
de trois parties essentielles : la cucurbite, le chapiteau et le serpentin ou réfrigérant.

Le cucurbite ou chaudière, reposant sur un
fourneau, reçoit le liquide que l'on veut distiller;
le chapiteau recouvre immédiatement la cucurbite, et il communique par un tuyau incliné avec
le serpentin.

Ce serpentin, formé d'un tuyau tourné en spirale, est placé dans un vase métallique qui contient de l'eau froide, afin de maintenir ses parois
à une basse température.

Pour opérer la distillation, on porte à l'ébullition le liquide contenu dans la cucurbite; la vapeur se rend dans le chapiteau et de là dans le
serpentin, où elle se condense par le refroidissement qu'elle éprouve.

On recueille le liquide de condensation par l'extrémité inférieure du serpentin, auquel est fixé un
robinet.

L'eau qui entoure le serpentin s'échauffant très-
vite par la chaleur qu'abandonne la vapeur en se
condensant, il est nécessaire de la renouveler
plusieurs fois quand la distillation doit durer un
certain temps, ce qui se fait à l'aide d'un tuyau
placé verticalement à l'extérieur du vase métallique renfermant le serpentin; lequel tuyau est
surmonté d'un entonnoir et a sa partie inférieure
recourbée, de façon à entrer au fond dudit vase.

On peut se servir de l'eau échauffée par la condensation de la vapeur pour alimenter la chaudière de l'alambic, ce qui économise le combustible. — V. DISTILLATION.

— On attribue aux Arabes l'invention des alambics;
au XIIIe siècle, Arnaud de Villeneuve, en propagea l'usage
en Europe.

* ALANA. *T. de minér.* Terre dure et brillante
que l'on peut utiliser au lieu de tripoli pour polir
l'or.

* ALANDIER. *T. techn.* Bouche ou foyer placé à
la base d'un four. || Dans la cuisson des poteries,
c'est le nom du foyer des fours circulaires. On dit
fours circulaires ou à alandiers pour désigner les
fours à axe de tirage vertical, à foyers en nombres
variés, deux, trois quatre. quelquefois au nombre
de dix, répartis sur la circonférence du four. On
ajoute souvent des alandiers particuliers qui ont
pour effet d'augmenter la chaleur dans le centre
du four.

Ces appareils datent de Wedgwood, qui les appliqua pour la première fois à la cuisson des
faïences fines au moyen de la houille. Ces fours
sont employés aujourd'hui d'une manière générale à la cuisson des pièces de grande dimension
pour une cuisson égale, surtout pour la porcelaine dure.

* ALANINE. — V. ALCALIS.

* ALAQUE. *T. d'arch.* Pièce carrée et plate qui
sert d'assise à la base des colonnes.

* ALAUX (Jean), peintre, né à Bordeaux en 1786,
remporta le grand prix de Rome en 1815. Quelques-unes de ses œuvres ont été destinées à la décoration de nos édifices, entre autres *Pandore descendue sur la terre par Mercure*, qui ornait autrefois l'un des plafonds du palais de Saint-Cloud;
la Justice amenant l'Abondance et l'Industrie sur la

terre, et *la Justice veillant sur le repos du monde*
qui se trouvent au palais du Luxembourg; dans
cette dernière toile, la composition seule lui appartient, l'exécution est de Pierre Frangue. Sous
Louis-Philippe, il exécuta, pour une des salles du
musée du Louvre, un plafond qui lui attira les
critiques les plus acérées; dans l'étude que
G. Planche consacra à cette composition : *le Poussin présenté à Louis XIII par Richelieu*, il écrivit :
« ...La peinture de cette toile serait tolérable dans
une salle de bal ou dans une décoration d'opéra.
Dans un monument comme le Louvre, c'est un
contre-sens. » Outre les tableaux de grandes dimensions qu'il a peints pour les galeries historiques de Versailles, Alaux a été chargé de la mission difficile et délicate de restaurer les peintures
du Primatice à Fontainebleau. Les jugements sévères portés sur la plupart de ses ouvrages ne
paraissent pas avoir amoindri ses succès officiels;
il fut nommé directeur de l'école de Rome en 1847
et membre de l'Académie des Beaux-Arts, en remplacement de Drolling, en 1851. Il est mort en
1864.

ALBÂTRE. Sorte de pierre que l'on emploie dans
les arts ; on en distingue deux espèces : l'*albâtre
calcaire* et l'*albâtre gypseux* ou *alabastrite*.

L'albâtre calcaire est une variété de chaux carbonatée ; il est formé de couches successives qui se
dessinent en veines à la surface; il est d'un blanc
laiteux un peu roux ou jaune de miel; assez dur
pour rayer le marbre, il est susceptible d'un beau
poli, et on en fait des vases, des camées et même
de grandes statues. Les anciens lui donnaient le
nom de *marbre onyx.*

— Les anciens tiraient l'albâtre calcaire de l'Egypte,
de l'Asie-Mineure, de l'Inde, d'où son nom d'*albâtre
oriental*, et l'employaient pour faire des vases, des coupes,
des urnes cinéraires, des statues; on en peut juger par la
statue égyptienne que possède le musée du Louvre.

— Il existe, dans la cathédrale de Narbonne, une statue
de la Vierge, plus grande que nature, en albâtre oriental,
du XIVᵉ siècle, qui est un véritable chef-d'œuvre... Les
artistes du moyen âge polissaient toujours l'albâtre lorsqu'ils l'employaient pour la statuaire, mais à des degrés
différents. Ainsi, souvent les nus sont laissés à peu près
mats et les draperies polies; quelquefois, c'est le contraire
qui a lieu; souvent aussi on dorait et on peignait la statuaire en albâtre, par parties, en laissant aux nus la
couleur naturelle. (VIOLLET-LE-DUC : *Diction. de l'arch.*)

* **Albâtre gypseux.** L'*albâtre gypseux* est
un sulfate de chaux hydraté. Plus tendre que l'albâtre calcaire, il est remarquable par sa blancheur
proverbiale, mais le frottement suffit pour lui
enlever son éclat et son poli ; il sert à fabriquer
des statuettes, des lampes, des vases, des pendules, etc.

* **ALBITE.** Espèce de feldspath. — V. SCHORL.

ALBUM. Sorte de livre, ordinairement relié avec
luxe, et dont les feuilles sont destinées à recevoir
tout ce qu'on veut y laisser comme souvenir : autographes, pensées, musique, dessins, vers, fleurs
ou paysages.

ALBUMINE. *T. de chim.* Matière liquide, inodore et incolore à l'état de pureté, prenant une

teinte opaline quand on la chauffe à 65°, se coa-
gulant et devenant totalement insoluble à 75°.

A l'état naturel elle constitue un des éléments
qu'on rencontre dans un grand nombre de substances animales et végétales. Le blanc d'œuf est
presque uniquement formé d'albumine, ainsi que
les liquides séreux et l'humeur vitrée de l'œil. On
la trouve aussi dans les sucs de diverses plantes.
Sa composition chimique comprend du carbone,
de l'hydrogène, de l'oxygène et de l'azote, avec
quelques traces de phosphore.

On emploie industriellement l'albumine dans la
clarification des sucres, des vins et d'autres liquides. On l'emploie aussi dans la préparation des
apprêts et des couleurs pour impressions sur
étoffes.

Les deux sources principales de production de
l'albumine sont le blanc d'œuf et le sang des
abattoirs.

L'extraction de l'albumine du sang est la seule
opération que nous croyons utile de décrire ici.
Le sang est recueilli dans des vases circulaires à
fond plat, à bords légèrement évasés; après qu'ils
ont été remplis on les laisse reposer pendant
quelque temps dans un endroit frais, jusqu'à ce
que le sang soit entièrement coagulé. La *fibrine*
formant le *caillot* englobe dans son réseau le liquide appelé *serum* qui n'est autre chose que de
l'albumine dissoute dans une grande quantité
d'eau.

Le caillot est alors extrait des premiers vases
et renversé dans d'autres vases de forme analogue, mais dont le fond est percé de petits trous
comme une passoire. On hache le caillot en fragments aussi divisés que possible pour mettre en
liberté le liquide, qu'on laisse égoutter complètement. Lorsque l'égouttage est suffisamment effectué, on soumet ce liquide à une évaporation lente
et soignée, de manière à faire coaguler l'albumine
et à l'obtenir sous forme de pellicules et de poudre
d'une couleur légèrement jaunâtre, qui se dépose
sur les parois et sur le fond de la bassine où se
fait l'évaporation. Lorsque la matière est arrivée
à un état de dessiccation complète, elle est prête à
emmagasiner pour la livrer ensuite au commerce.

Dans la fabrication du sucre on emploie généralement le sang à l'état naturel au lieu d'employer l'albumine pure. On brasse fortement à
une température suffisante pour coaguler l'albumine, le sirop de sucre à clarifier après
l'avoir mélangé avec une certaine quantité de
sang frais provenant des abattoirs, ou de sang
desséché par un procédé qui a été mis en
pratique par M. Bourgeois-Rocques. — V. SUCRE.
Dans l'impression des tissus, l'albumine joue le
rôle d'épaississant pour donner à la couleur la
viscosité nécessaire, en même temps qu'elle agit
aussi comme fixatif des couleurs sur les fibres du
tissu. — V. IMPRESSION SUR ÉTOFFES.

* **ALBUMINIMÈTRE.** *T. de chim.* Appareil qui
sert à déterminer la quantité d'albumine contenue
dans un liquide.

ALCALIMÈTRE. *T. de chim.* Instrument qui sert

à mesurer la quantité réelle d'alcali que contient une soude ou une potasse de commerce, d'après celle d'acide sulfurique qu'il faut employer pour saturer une quantité donnée de l'une ou l'autre de ces substances. LITTRÉ.

— L'alcalimètre a été inventé par Descroisilles, en 1801, puis modifié par Gay-Lussac; une autre méthode est due à MM. Frésénius et Will.

ALCALIMÉTRIE. *T. de chim.* L'alcalimétrie a pour objet de déterminer la quantité réelle d'alcali contenue dans les potasses et les soudes du commerce. La valeur réelle d'une potasse ou d'une soude marchande dépend de sa richesse en alcali libre ou carbonaté. Les procédés alcalimétriques sont fondés sur les faits suivants : si dans une solution étendue d'alcali libre, on verse peu à peu un acide de titre connu, sulfurique ou oxalique, cet acide porte son action uniquement sur l'alcali libre ou carbonaté, et tant que l'alcali n'est pas neutralisé par l'acide versé, la liqueur reste alcaline et le tournesol y garde la couleur bleue. Mais, dès que la base est saturée, une nouvelle petite quantité d'acide fait virer le tournesol au rouge. On peut, au moyen d'une liqueur normale acide dont on connaît la quantité en volume employée, apprécier la quantité d'alcali contenue dans la matière à essayer.

Le *titre pondéral* d'un alcali brut est le nombre de kilogrammes de matière alcaline pure que renferme un quintal. 50 grammes d'acide sulfurique monohydraté saturent 48 gr. 16 de potasse pure anhydre. L'*acide sulfurique normal* s'obtient en dissolvant 100 grammes d'acide sulfurique monohydraté dans une quantité d'eau distillée suffisante pour obtenir un volume de un litre; cette dissolution est capable de neutraliser un volume égal de dissolution de potasse pure renfermant par litre 96 gr. 32. Pour faire un essai de potasse, on en pèse 48 gr. 16 que l'on dissout dans le moins d'eau possible et que l'on recueille dans une éprouvette de un demi-litre. On prend, avec une pipette, 50 centimètres cubes de cette liqueur dans un vase, puis on la colore avec de la teinture de tournesol, on fait ensuite tomber goutte à goutte l'acide normal dans la liqueur alcaline jusqu'à ce qu'elle prenne la couleur rouge vineux : alors on cesse. On lit sur la burette la division laquelle on s'est arrêté : la valeur de la potasse soumise à l'essai est proportionnelle à ce volume.

ALCALIS. *T. de chim.* (de *cal,* le, *kali,* nom de *salsola soda,* plante d'où l'on retire la soude par incinération; *kali* signifie aussi en arabe: préparé par le feu). Corps composés, caustiques, bases énergiques qui verdissent le sirop de violettes et ramènent au bleu les couleurs végétales rougies par les acides, presque tous vénéneux, solides, parfois liquides ou très-solubles et même gazeux (ammoniaque), tels sont : la *potasse,* la *soude,* la *chaux,* la *baryte,* la *lithine,* la *strontiane,* protoxydes des métaux de la première section (Regnault), dits *métaux alcalins* et l'*ammoniaque* (oxyde d'ammonium).

Les alcalis sont des corps électro-positifs ou qui se portent au pôle négatif de la pile ; ils se combinent avec les acides pour former des sels définis et cristallisables; en se combinant avec les acides des corps gras ils forment une série de sels appelés *savons* (V. SAVON, . CORPS GRAS); c'est en raison de cette propriété que les alcalis sont employés dans le lessivage du linge et dans quelques autres opérations industrielles. Les alcalis fixes combinés avec une autre base et la silice donnent des sels transparents, incolores ou colorés, appelés *verres* et *cristaux,* etc. (V. ces mots).

L'ammoniaque est désignée communément sous le nom d'*alcali volatil* (V. AMMONIAQUE) par opposition à la *potasse,* à la *soude,* dits *alcalis fixes* ; la potasse prenait autrefois le nom d'*alcali végétal* à cause de son origine, et la soude celui d'*alcali marin.* Les alcalis sont, ou des *oxydes métalliques* anhydres ou hydratés, ou bien des composés ternaires ou quaternaires, extraits du règne végétal : les premiers sont connus sous le nom d'*alcalis minéraux,* les seconds sous celui d'*alcalis végétaux* ou *alcaloïdes* : quelques-uns s'obtiennent artificiellement.

Les alcalis minéraux, particulièrement la potasse, la soude et la chaux occupent un rang distingué dans les applications industrielles. Voici l'histoire chimique, très-succincte, des principaux alcalis caustiques; nous traiterons de leurs applications industrielles, de leur fabrication, de leur dosage aux mots *chaux, potasse, soude, baryte, ammoniaque.* — V. ces mots.

Alcalis minéraux. 1° *Baryte* ou *oxyde de baryum,* équivalent $76 = BaO$. La baryte est un corps blanc-grisâtre d'une saveur urineuse qui fond à la température du feu de forge; elle est indécomposable par la chaleur, elle est vénéneuse; sa densité est 4; le chlore, le soufre, le phosphore transforment la baryte en chlorure, sulfure et phosphure de baryum. La baryte a beaucoup d'affinité pour l'eau et les acides; l'hydrate de baryte est indécomposable par la chaleur; enfin l'eau en dissout 1/10 de son poids à 100°; 1/20 à 15°; on l'obtient par la décomposition de l'azotate de baryte ou du carbonate naturel, et même du sulfate que l'on décompose par le charbon et la chaleur.

L'eau de baryte est un réactif de l'acide sulfurique qu'il précipite à l'état de sulfate insoluble, ce qui permet de le doser.

2° *Chaux* ou *oxyde de calcium :* équivalent $28 = CaO$. Corps blanc, caustique qui attaque les tissus et les matières animales; sa densité $= 2,3$; elle est infusible au feu de forge; exposée à l'air, la chaux absorbe l'acide carbonique et l'eau et se *délite* ou tombe en poussière; privée d'eau, elle porte le nom de *chaux vive.* Si on fait tomber de l'eau par petites portions sur la chaux vive, la température s'élève, le volume augmente, la masse foisonne et se réduit en une poussière fine ; alors la chaux s'*hydrate* ou s'*éteint* : le produit est de la chaux *éteinte* ou *hydratée,* qui par la chaleur repasse à l'état anhydre.

La chaux est peu soluble dans l'eau; un litre de ce liquide en dissout 1 gr. 280 à 15°; 0 gr. 787 à

100° : le liquide blanc qui tient de la chaux en suspension est le *lait de chaux* ; filtré, il donne *l'eau de chaux* ; la solubilité de la chaux augmente dans l'eau sucrée ; elle diminue par la présence de la potasse, de la soude.

La chaux s'obtient par la décomposition du calcaire à l'aide de la chaleur ou des acides (V. CHAUX, § *Fabrication industrielle*). Cet alcali sert : 1° à la préparation des mortiers ; 2° à la préparation des peaux (v. ÉPILAGE) ; 3° dans la fabrication du sucre (v. DÉFÉCATION) ; 4° des bougies stéariques (v. SAPONIFICATION) ; 5° comme amendement en agriculture ; 6° dans la fabrication de la potasse, de la soude, comme réactif ; et enfin 7° comme absorbant de l'eau, de l'acide carbonique.

3° *Lithine* ou *oxyde de lithium* : équivalent 15 = Li O, alcali qui n'a de l'importance que par quelques-uns de ses sels, d'une saveur caustique, réaction très-alcaline ; mais peu soluble dans l'eau.

4° *Potasse* ou *oxyde de potassium* ; *hydrate de potasse*, équivalent 56 = KO, HO. L'hydrate de potasse se présente sous la forme d'une masse blanche qui fond à 400°, se volatilise vers 1022° ou au rouge-blanc, et jouit de propriétés alcalines très-prononcées ; ce corps très-avide d'eau, attaque les matières organiques ; ramollit la peau et la dissout peu à peu ; enfin il perfore les membranes ; on utilise cette propriété en médecine pour établir des cautères. Dans les laboratoires on emploie la dissolution d'hydrate de potasse pour précipiter les oxydes insolubles.

La potasse se prépare en décomposant à chaud une dissolution de carbonate de potasse par un lait de chaux : on obtient ainsi la *potasse à la chaux*. Mais ce produit n'est pas très-pur ; pour avoir de la potasse pure on redissout la potasse à la chaux dans l'alcool, qui dissout l'alcali sans dissoudre ses sels ; on décante la couche supérieure et on distille. Le produit ainsi préparé est la *potasse à l'alcool*. (V. POTASSE, § *Fabrication industrielle*). Le mot potasse est dérivé de *pot*, pot ; *ashes*, lessive des cendres.

5° *Soude. Oxyde de sodium, hydrate de soude* ; équivalent 40 = Na O ; H O. L'hydrate de soude est un corps blanc qui absorbe l'humidité de l'air, tombe en déliquescence, ensuite absorbe l'acide carbonique, se solidifie et forme un carbonate qui s'effleurit, tandis que la potasse reste, déliquescente ou liquide. La densité de la soude est de 2 ; elle est fusible au rouge sombre, volatile au rouge et décomposée au rouge blanc ; elle est caustique, ramollit la peau et la dissout. Elle se prépare exactement comme la potasse, en traitant le carbonate de soude par la chaux : *soude à la chaux* et en purifiant celle-ci par l'alcool : *soude à l'alcool*. — V. CRISTAL, SAVON, SOUDE, § *Fabrication*, et VERRE.

6° *Strontiane* : *oxyde de strontium*, équivalent 51,75 = Sr O, alcali qui n'a de l'importance que par quelques-uns de ses sels ; masse poreuse, grisâtre, infusible : soluble dans 125 parties d'eau froide et dans 6 parties d'eau à 100° ; sa densité = 3,9 ; la strontiane anhydre au contact de l'eau s'échauffe et se délite ; on la prépare par la calcination de l'azotate de strontiane, sel employé par les artificiers pour produire des feux rouges.

Alcali volatil. — V. AMMONIAQUE.

ALCALOIDES. Alcalis organiques. *T. de chim.* (de alcali, eidos, ressemblance). Synonymie : *alcalis végétaux, bases végétales, bases naturelles*, substances azotées représentant, en général, le principe actif de la plante qui les a fournis, fixes et solides, celles qui sont volatiles ne contiennent pas d'oxygène et sont liquides.

Derosne, en 1803, signala l'alcaloïde de l'opium ; Serturner, en 1817, en démontra l'alcalinité ; Pelletier et Caventou isolèrent la quinine (1820). En 1833, MM. Dumas et Pelouze ont découvert un alcaloïde artificiel en mettant l'ammoniaque en contact avec l'essence de moutarde (*thiosinamine*) ; en 1834, Liébig a obtenu la *mélamine* en distillant le sulfocyanhydrate d'ammoniaque. En 1843, Zinin obtint la *naphtalidame* en faisant passer l'hydrogène sulfuré dans une dissolution alcoolique de nitro-naphtaline.

Les alcaloïdes forment deux groupes : 1° *les alcalis organiques artificiels* azotés, arséniés, phosphorés, etc. ; 2° *les alcalis organiques naturels végétaux* dont les plus importants sont : la *morphine*, la *codéine*, la *thébaïne*, la *papavérine*, la *narcotine*, la *narcéine*, tirés de l'opium ; la *quinine*, la *quinidine*, la *quinicine*, la *cinchonine*, la *cinchonidine*, l'*aricine*, des quinquinas ; la *strychnine*, la *brucine*, des strychnées ; la *nicotine*, l'*atropine*, la *solanine*, des solanées ; la *conine*, de la ciguë, la *pipéridine*, des poivres ; la *caféine*, du café ; la *colchicine*, du colchique, etc.

LISTE DES PRINCIPAUX ALCALOÏDES NATURELS AVEC LEURS FORMULES CHIMIQUES.

A. *Alcaloïdes de l'opium et des papavéracées.*

Morphine	$C^{34} H^{19} Az O^6$
Codéine	$C^{36} H^{21} Az O^6$
Thébaïne	$C^{38} H^{21} Az O^6$
Narcotine	$C^{44} H^{23} Az O^{14}$
Narcéine	$C^{46} H^{39} Az O^{18}$
Chélidonine	$C^{40} H^{20} Az^3 O^6$
Papavérine	$C^{40} H^{21} Az O^8$

B. *Alcaloïdes des quinquinas et des rubiacées.*

Quinine	
Quinicine	$C^{40} H^{24} Az^2 O^4$
Quinidine	
Cinchonine	
Cinchonidine	$C^{40} H^{24} Az^2 O^2$
Aricine	$C^{46} H^{26} Az^2 O^8$
Caféine	$C^{16} H^{10} Az^4 O^4$

C. *Alcaloïdes des strychnées.*
Strychnine, $C^{42} H^{22} Az^2 O^4$; Brucine, $C^{46} H^{26} Az^2 O^8$.

D. *Alcaloïdes des solanées.*
Nicotine, $C^{20} H^{14} Az^2$; Atropine, $C^{34} H^{23} Az O^6$; Solanine, $C^{86} H^{71} Az O^{32}$.

E. *Alcaloïdes des ombellifères.*
Conine, $C^{16} H^{15} Az$.

F. *Alcaloïdes des pipéritées (poivres).*
Pipéridine, $C^{10} H^{11} Az$.

G. *Alcaloïdes des berbéridées.*
Berbérine, $C^{48} H^{20} Az O^{11}$.

H. *Alcaloïdes des bythnériacées.*
Théobromine, $C^{14} H^8 Az^4 O^4$.
I. *Alcaloïdes des colchicacées.*
Vératrine, $C^{64} H^{52} Az^2 O^{16}$; Colchicine, $C^{46} H^{31} Az O^{22}$.
J. *Alcaloïdes des laurinées.*
Bébirine, $C^{19} H^{21} Az O^3$.
K. *Alcaloïdes des légumineuses.*
Spartéine, $C^8 H^{13} Az$.
L. *Alcaloïdes des peganums*
Harmaline, $C^{26} H^{14} Az^2 O^2$; Harmine, $C^{26} H^{12} Az^2 O^2$.
M. *Alcaloïdes des renonculacées.*
Aconitine, $C^{60} H^{47} Az O^{40}$.

Outre ces alcalis organiques, on a aussi la *belladonine*, extraite des feuilles de la belladone; la *capsicine*, du capsicum annuum; la *convolvuline*, du convolvulus scammonia; la *corydaline*, du ccrydalis bulbosa; la *curarine*, du curare, l'*euphorbine*, des euphorbes, etc.; cependant, ces alcaloïdes sont encore peu connus et peu étudiés.

LES PRINCIPAUX ALCALOÏDES ARTIFICIELS SONT :
Alanine, $C^4 H^7 Az O^4$ solide, bouillant à 200°.
Amarine, $C^{21} H^{18} Az^2$ solide.
Aniline, $C^{12} H^7 Az$ liquide, bouillant à 182°.
Berizidine, $C^{24} H^{12} Az^2$ solide.
Créatinine, $C^3 H^9 Az^2 O^4$ solide, très-volatil.
Cyaniline, $C^{26} H^{14} Az^4$ solide.
Cystine, $C^{12} H^{12} Az^2 O^5 S^4$ solide.
Flavine, $C^{18} H^{12} Az^3 O^7$ solide.
Mélamine, $C^3 H^6 Az^6$ solide.
Nitraniline, $C^{18} H^6 (Az O^4) Az$ solide.
Sarcosine, $C^6 H^7 Az O^4$ solide.
Sinapine, $C^{16} H^{23} Az O^5$ solide.
Toluidine, $C^{14} H^9 Az$ solide.

Les alcaloïdes artificiels ont été obtenus par l'action de la potasse sur les hydramides, les éthers cyaniques ou par des substitutions d'ammoniaque ou d'hydrogène, au moyen de corps ethylés; enfin, on peut préparer des alcaloïdes artificiels par la réduction des hydrogènes carbonés, nitrés.

D'une manière générale on obtient les alcaloïdes naturels en traitant à chaud, par l'alcool acidulé, les matières végétales qui les renferment, ajoutant dans la liqueur un excès de chaux. Le résidu de la distillation traité par un acide et ensuite par l'ammoniaque, donne l'alcaloïde isolé.

Plusieurs alcaloïdes ont sur l'économie animale une action très-active; la plupart même sont très-vénéneux; la médecine en emploie quelques-uns comme remèdes héroïques ou spécifiques : la *quinine* contre la fièvre; la *morphine* comme calmant énergique, etc.; enfin, les arts et l'industrie utilisent quelques alcaloïdes artificiels; parmi ceux-ci l'un des plus remarquables est l'*aniline*.—
V. ANILINE, QUININE, CINCHONINE, MORPHINE, BRUCINE, STRYCHNINE, NICOTINE, CONINE, etc.

PROPRIÉTÉS DES ALCALOÏDES. Les alcaloïdes naturels sont liquides et volatils, ou fixes et solides; ils ont une grande ressemblance chimique avec l'ammoniaque; ils se combinent avec les acides sans élimination d'eau; les sulfates, les nitrates les chlorhydrates, les acétates sont généralement solubles; les tartrates, les oxalates, les gallates au contraire, généralement insolubles.

Les alcalis organiques sont décomposés par le bichlorure de platine en formant un chlorure double de platine et de l'alcaloïde; ils sont peu solubles dans l'eau, plus solubles dans l'alcool, l'éther; quelques-uns sont amorphes, d'autres cristallisables; ils verdissent le sirop de violettes et sont doués d'une saveur âcre et amère; enfin, ils se combinent avec le chlore, le brôme, l'iode, pour former les acides chlorhydrique, bromhydrique, iodhydrique et de nouvelles bases.

Les dissolutions des alcaloïdes sont décomposées par le réactif de Schulze (acide phosphorique dans lequel on ajoute, goutte à goutte, du perchlorure d'antimoine), qui les précipite et permet d'en déceler des quantités très-faibles.

On se les procure en traitant à chaud, par l'alcool acidulé, les matières végétales qui les renferment, ajoutant dans la liqueur un excès de chaux. Le résidu de la distillation traité par un acide et ensuite par l'ammoniaque donne l'alcaloïde isolé.

Plusieurs alcaloïdes exercent une action physiologique sur l'organisme et agissent avec énergie sur le système nerveux ou sur la circulation du sang; leur influence se manifeste tantôt sur le cerveau, tantôt sur le cœur, etc. — A. F. N.

* **ALCAN** (MICHEL), ingénieur, né à Donnelay (Meurthe), en 1811. D'abord employé aux plus humbles travaux de culture, il eut de bonne heure le goût de l'étude, et pendant les années qu'il passa, comme apprenti, chez un relieur de Nancy, il travailla sans relâche pour acquérir l'instruction que ses parents n'avaient pu lui donner; une médaille d'argent que lui décerna la *Société des amis du travail* fut le premier encouragement donné à cette nature intelligente et opiniâtre. Les évènements de 1830 l'attirèrent à Paris; après avoir pris une part active aux combats des trois journées, il fut appelé devant la commission des récompenses qui lui offrit une décoration. « Je ne désire que de l'instruction, » répondit-il; et poursuivant avec la même ténacité le rêve de sa vie, il obtint, après trois années passées à l'Ecole centrale des arts et manufactures, le diplôme d'ingénieur civil. En 1848, il fut nommé député. Il était, depuis 1845, professeur de tissage et de filature au Conservatoire des arts-et-métiers; l'industrie lui doit plusieurs découvertes et de nombreux perfectionnements dans les procédés de tissage. Nommé chevalier de la Légion d'honneur, sur la proposition du jury international de l'exposition de 1855, M. Alcan était officier de l'Ordre à l'époque de sa mort, 26 janvier 1877.

Outre une collaboration active au *Dictionnaire des arts et manufactures*, il a publié un travail de premier ordre : *Essai sur l'industrie des matières textiles*, in-8°, Paris, 1859, avec un atlas de 35 planches.

ALCARRAZA ou **ALCARAZAS**. 1° Vase d'une terre très-poreuse, propre à rafraîchir l'eau, qui se fabrique en France sous le nom d'*hydrocérames*; on s'en sert principalement dans les pays chauds. On hâte le refroidissement intérieur en les recouvrant d'un linge humide qui favorise l'évaporation de l'eau, par conséquent le refroidissement. || 2º On donne aussi ce nom à des poteries très-ornées destinées à la décoration des appartements, en Espagne ; il en est d'une perfection remarquable.

— L'alcarraza est d'invention égyptienne, et ce sont les Arabes qui l'ont importé en Espagne.

ALCOOL. T. de chim. (dérivé de l'Arabe al, le ; cohol, très-subtil), synonymie : hydrate d'éthyle, bihydrate d'éthylène, équivalent en poids 46 ; formule chimique ou symbole $= C^4 H^6 O^2$.

ALCOOLS : Corps ternaires composés de carbone, d'hydrogène et d'oxygène capables de se combiner directement avec les acides et de les neutraliser en formant des éthers, avec séparation des éléments de l'eau. Mais les éthers à leur tour peuvent fixer les éléments de l'eau et reproduire l'acide et l'alcool qui leur ont donné naissance (V. FERMENTATION, ÉTHERS, ESPRITS, LIQUEURS). Les principaux alcools sont : alcool vinique, méthylique, amylique, benzoïque, butyrique, etc. L'alcool ordinaire est le produit d'une fermentation du glucose avec accompagnement de production d'acide carbonique, de glycérine et d'acide succinique, en corrélation avec le développement vital du ferment alcoolique.

L'alcool vinique ou alcool ordinaire s'obtient par la distillation du vin (V. DISTILLATION, RECTIFICATION) : le produit le plus fort ou le plus concentré est celui qui passe le premier à la distillation ; le liquide qu'on a distillé une seconde fois au bain-marie est appelé alcool rectifié (fig. 51).

L'alcool anhydre ou sans eau est appelé alcool absolu ; le degré de concentration des alcools est indiqué par l'aréomètre de Beaumé ou l'alcoomètre centésimal de Gay-Lussac (V. ALCOOMÈTRE et ALCOOMÉTRIE). L'alcool pur marque 43 à 44º Beaumé ; l'alcool ou esprit de vin affaibli par plus ou de moins d'eau et qui marque de 30 à 36º, porte le nom de trois-six ; mêlé à environ son poids d'eau, il constitue l'eau-de-vie, dont six parties ne représentent que trois parties de cet alcool.

Les eaux-de-vie les plus répandues sont tirées des liquides usuels, vin, bière, cidre, ou des grains,

des mélasses, des pommes de terre, des betteraves ; en un mot tous les fruits, toutes les racines charnues, tous les tubercules peuvent donner des liqueurs alcooliques. Ainsi l'arak, araki, arrach, sont des eaux-de-vie provenant des sèves fermentées ou du lait des juments ; l'aygua-ardiente des Mexicains s'extrait de la sève de l'agave américain ; le rack égyptien, de la sève des palmiers ; la sève du cacaoyer, le sucre de canne donnent aussi des liqueurs analogues ; les baies de genièvre, les merises écrasées avec leurs noyaux, les couètches ou prunes alsaciennes, les pêches, l'orge, les bananes, le sorgho, le riz, etc., servent à préparer des liqueurs alcooliques fermentées.

Toutes les matières végétales qui contiennent du sucre donnent, par la fermentation, des liqueurs qui fournissent de l'alcool à la distillation : le sucre, sous l'influence du ferment se dédouble en plusieurs produits, dont deux sont très-importants, l'acide carbonique et l'alcool : de là, l'alcool de betteraves, l'alcool de pommes de terre, de fécule, l'alcool de grains, l'alcool de cerise, etc.

Parmi les liqueurs alcooliques, l'alcool de maïs est recherché par les liquoristes, après celui de vin ; les eaux-de-vie industrielles de riz, de betteraves, de mélasse, de pommes de terre sont moins estimées, même quand les cours des eaux-de-vie s'élèvent par l'insuffisance de la production viticole ou agricole, l'industrie s'adresse alors à toutes les ressources alcooliques possibles, aux topinambours, au sarrasin, aux châtaignes, aux asphodèles, à l'alcool méthylique. Les nombreuses applications industrielles de l'alcool exigent une consommation considérable de ce produit : fabrication des liqueurs, des parfumeries, des vernis, des produits chimiques et pharmaceutiques, des vinaigres, etc., aussi la fabrication de l'alcool constitue-t-elle une industrie très-importante. Cette fabrication présente ordinairement trois phases distinctes : 1º préparation d'un liquide sucré fermentescible ; 2º fermentation de ce liquide ; 3º séparation, au moyen de la distillation, de l'alcool du liquide fermenté. — V. DISTILLATION DE L'ALCOOL.

Cette fermentation se fait d'ailleurs aux dépens du sucre ou glucose de la matière à employer ; le ferment particulier ou la levure de bière déter-

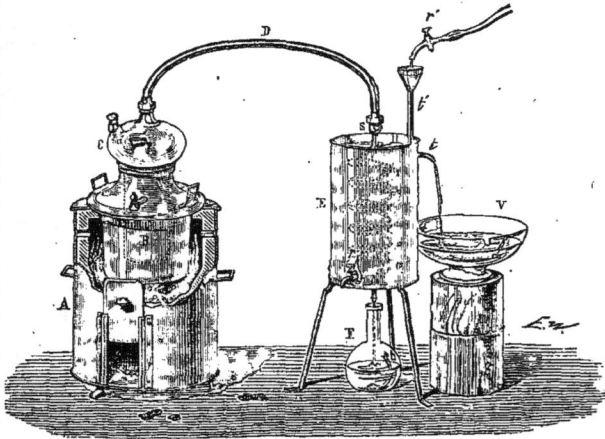

Fig. 51. — Alambic au bain-marie.

A Fourneau. — B Cucurbite. — C Chapiteau. — S Serpentin. — D Tube de dégagement. E Réfrigérant. — r Robinet du réfrigérant. — t Trop plein. — t' Tube introducteur d'eau froide. — F Récipient du produit de la distillation. — V Récipient de l'eau sortant par le trop-plein.

mine la décomposition du sucre; celui-ci disparaît et on trouve de l'alcool dans la liqueur que l'on soumet à plusieurs distillations successives selon le degré de concentration à obtenir.

La principale métamorphose qui se produit répond à la formule suivante :

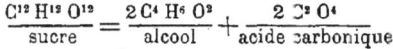

$$\underbrace{C^{12} H^{12} O^{12}}_{\text{sucre}} = \underbrace{2 C^4 H^6 O^2}_{\text{alcool}} + \underbrace{2 C^2 O^4}_{\text{acide carbonique}}$$

L'*alcool anhydre* se prépare en enlevant l'eau à l'alcool hydraté au moyen d'agents chimiques comme la chaux, la potasse, la baryte, le chlorure de calcium. La chaux mise en présence de l'alcool pendant vingt-quatre heures, absorbe l'eau et se délite; en distillant ensuite au bain marie on obtient l'alcool pur et anhydre; mais quand on opère sur une certaine quantité de matière il faut rectifier plusieurs fois, cette opération se fait à l'aide de l'appareil représenté par la figure 52. Cependant lorsqu'on désire de l'alcool parfaitement absolu on a recours à la potasse récemment fondue, au chlorure de calcium, ou mieux encore à la baryte. Dans ce dernier cas, on fait digérer l'alcool dans la baryte jusqu'à ce qu'elle se dissolve, puis on distille au bain-marie et l'on obtient un produit pur et anhydre.

Fig. 52. — *Préparation de l'alcool anhydre.*

S Bain de sable. — C Cornue. — R Réfrigérant. — B Ballon de condensation.
T F Flacon : vase refroidis.

Nous ne prétendons pas, dans cet article sur les alcools, faire une étude chimique complète de ces produits, nous n'avons ici en vue que le côté technique et pratique de leur histoire laissant aux traités spéciaux les théories sur les alcools. (Consulter à ce sujet les ouvrages de MM. Dumas, Lebig, Wurtz, Berthelot, Friedel, Craos, Pean de St-Gilles, Cahours, Hofmann etc.).

M. Berthelot partage les alcools en cinq classes, savoir :

1° **Alcools proprement dits** ou **alcools d'oxydation**, qui dérivent des carbures d'hydrogène par addition d'oxygène, en substituant les éléments de l'eau à un volume égal d'hydrogène ; exemples : *alcool ordinaire, alcool méthylique,* etc.

2° **Alcools d'hydratation** obtenus par voie d'addition en ajoutant à un carbure incomplet les éléments de l'eau, sans qu'il y ait élimination d'hydrogène, exemple : *alcool isopropylique* ou *hydrate de propylène.*

3° **Alcools secondaires et tertiaires** obtenus en fixant de l'hydrogène à un aldéhyde.

4° **Phénols** que l'on obtient au moyen des carbures analogues à la benzine, en substituant l'hydrogène par un volume égal de vapeur d'eau ; exemple : *phénols.* — V. ce mot.

5° **Alcools à fonction mixte** dérivés des alcools polyatomiques modifiés, exemple : *glycérine, monostéarine, saliginine,* etc.

L'**esprit de bois** ou **alcool méthylique** ($C^2 H^4 O^2$ ou $C^2 H^3 O$, $H O$) est un liquide mobile, d'une odeur spiritueuse très-nette, qui bout à 66 degrés, d'une densité de 0,814 à zéro; il brûle avec une flamme pâle peu éclairante et se mêle à l'eau en toutes proportions; il est précipité de sa solution par le carbonate de potasse, enfin il exerce une action physiologique particulière sur l'organisme, ce qui rend dangereux l'emploi de cet alcool dans des préparations alimentaires ou dans les boissons. Il serait donc urgent que l'administration des contributions indirectes défendît l'emploi de cette substance pour dénaturer les alcools destinés à l'industrie.

L'alcool méthylique est un produit de la distillation de bois qui en contient un centième environ. Un stère de bois soumis à la carbonisation donne 2 à 3 litres d'alcool. Le produit obtenu est distillé à plusieurs reprises de manière à lui enlever les corps pyrogénés odorants qui altèrent sa pureté. Après ces distillations successives on ajoute 2 à 2 1/2 d'eau, on décante le liquide aqueux, on additionne de quelques gouttes d'acide sulfurique, et finalement, on distille en recueillant le premier tiers. Quand on veut obtenir un produit marchand, on termine par une ou deux distillations sur la chaux vive.

L'alcool méthylique sert à frauder les liqueurs;

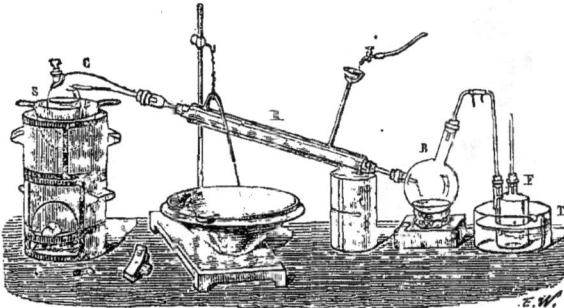

DENSITÉ A NEUF DEGRÉS	ALCOOL MÉTHYLIQUE EN CENTIÈMES
0,8070	100
0,8371	90
0,8619	80
0,8873	70
0,9072	60
0,9232	50
0,9429	40
0,9576	30
0,9709	20
0,9751	10
0,9857	5

il est principalement employé pour brûler et pour la conservation des objets; il dissout les huiles fines et les carbures d'hydrogène, les résines, le soufre, le phosphore en partie, la baryte anhydre, le chlorure de calcium, etc. Le tableau ci-dessus indique la densité à 9 degrès de quelques mélanges d'eau et d'alcool. — V. Distillation des bois (acide acétique).

L'Alcool ordinaire ou **Alcool vinique** est le type des alcools; c'est un liquide transparent, incolore, mobile, inflammable qui brûle avec une flamme pâle peu éclairante et produisant de l'acide carbonique et de la vapeur d'eau; il bout à 78° sous la pression de 760^{mm}; sa tension de vapeur à 20° est de 44^{mm}; sa saveur est âcre et chaude, son odeur est piquante et aromatique,

le froid ne le solidifie pas, mais il devient visqueux à —80°. La densité de l'alcool est de 0,792 à 20° et de 0,793 à 15°,5 et de 0,807 à 0°; sa chaleur spécifique est de 0,60 à 20°; un gramme d'alcool absorbe 214 calories pour se réduire en vapeur à 78°; 46 grammes dégagent en brûlant 321,000 calories. — V. Calorimétrie.

L'alcool se mêle ou se dissout dans l'eau en toutes proportions; mais le mélange éprouve une *contraction*, c'est-à-dire que le volume obtenu est moindre que la somme des deux volumes liquides mélangés. Cette contraction est maximum quand le mélange est fait dans les proportions de 52,3 volumes d'alcool et de 47,7 d'eau à 15°, il en résulte 96,35 volumes au lieu de 100.

Fig. 53. — *Ensemble du diaphanomètre.*

100 VOLUMES DE MÉLANGE A 15 DEGRÉS			
ALCOOL	CONTRACTION	ALCOOL	CONTRACTION
100	0,00	45	3,64
95	1,18	40	2,44
90	1,94	35	3,14
85	2,47	30	2,74
75	3,19	25	2,24
70	3,44	20	1,72
65	3,61	15	1,20
60	3,73	10	0,72
55	3,77	5	0,31
50	3,74	»	»

Le tableau ci-dessus indique le degré de contraction qu'éprouvent les mélanges d'eau et d'alcool absolu.

L'addition d'eau à l'alcool permet de reconnaître certaines substances dissoutes dans ce liquide; c'est ainsi que les huiles contenues dans les alcools de mauvais goût sont décelées par le louche permanent de la liqueur hydratée. Pour reconnaître certaines huiles essentielles contenues dans l'alcool, on verse une petite quantité de cette liqueur sur la main, l'alcool s'évapore d'abord, l'huile essentielle se concentre et son odeur s'exalte; mais c'est là un mode d'appréciation primitif et incomplet. Pour déterminer d'une façon précise les quantités d'huiles et d'impuretés contenues dans l'alcool, M. Savalle a trouvé un réactif chimique qui décèle ces impuretés, et, de plus, il a combiné un nécessaire très-ingénieux, d'un usage commode et prompt, destiné à rendre de réels services à l'industrie, au commerce et à l'hygiène publique. Il a nommé son appareil *Diaphanomètre*. En effet, c'est par le degré de transparence, à l'aide de la *diaphanéité* conservée par l'alcool soumis à l'action du réactif qui dénonce, en les colorant, les plus petites parcelles de résidus non éliminés par la fabrication, que M. Savalle indique avec certitude la qualité du produit.

Ce nécessaire diaphanométrique est renfermé dans une boîte en chêne (fig. 53).

Il consiste en une série de types, au nombre de quinze; et qui sont établis avec la plus grande précision. Ces types servent d'étalons pour la comparaison à faire avec le produit soumis à l'essai, se décomposent de la façon suivante : celui qui porte le signe O est le type de l'alcool parfaitement **pur**; il est blanc et complètement

diaphane. Pour établir ce type, on ne peut se servir que de produits tout à fait supérieurs, chimiquement débarrassés d'huiles essentielles et d'éthers.

Les numéros de 1 à 15 forment une gamme de teintes progressivement colorées, qui décèlent, par des nuances de plus en plus foncées, la quantité des impuretés. Pour atteindre ce but, ces types sont chargés eux-mêmes de 1/10,000 à 15/10,000 d'impuretés ; de plus, ils sont mélangés au réactif chimique, qui a la propriété de teindre l'alcool selon la quantité de souillures qu'il contient.

Ces quinze flacons sont cachetés et ne doivent jamais être débouchés. Ils constituent une échelle ascendante de couleurs qui forment la base des termes de comparaison à faire.

On opère comme il suit pour l'alcool à essayer. Au moyen du tube gradué A, on mesure dix cen-

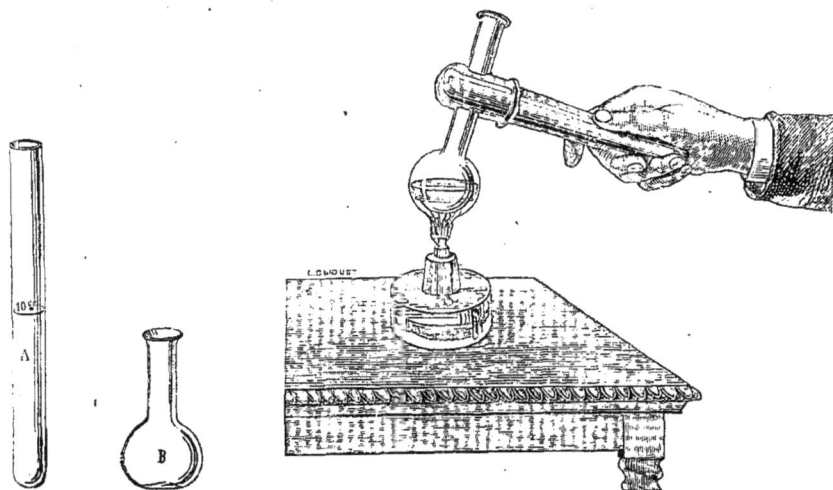

Fig. 54. — *Opération par la chaleur.*

timètres cubes de l'alcool à vérifier et on les verse dans un ballon B (fig. 54). On y ajoute une quantité égale du réactif qui se trouve dans un flacon spécial puis on chauffe le mélange sur la flamme d'une lampe à alcool, en ayant soin de l'agiter constamment. Une minute suffit à porter le liquide à l'ébullition ; aussitôt le premier bouillon jeté, on arrête le chauffage, puis on verse le tout dans une des bouteilles vides qui se trouvent dans le nécessaire, afin de pouvoir faire la comparaison de la nuance produite avec celle de l'un des types; celui qui donne la couleur du mélange obtenu indiquera le degré d'impureté.

Il est bon d'appeler l'attention des fabricants et des négociants sur la propagation de cette méthode, dont l'application entraînera certainement la fixation du prix de l'alcool d'après son degré de pureté.

Voici, à cet effet, un tableau qui présente comparativement le degré de pureté et le prix, en

majoration ou en déduction sur les cours de la Bourse :

VALEUR DES ALCOOLS.

Le type n° 0, alcool parfaitement incolore à l'épreuve, 20 francs au-dessus du cours.

Le type n° 1, alcool légèrement teinté à l'épreuve, 15 francs au-dessus du cours.

Le type n° 2, alcool plus teinté à l'épreuve, 10 francs au-dessus du cours.

Le type n° 3, alcool encore plus teinté à l'épreuve, 5 francs au-dessus du cours.

Le type n° 4, type déposé à la Bourse pour fixer la qualité passant en livraison.

Le type n° 5, alcool à 3 francs au-dessous du cours.

»	6,	»	6	»	»
»	7.	»	9	»	»
»	8,	»	12	»	»

Le diaphanomètre s'applique aux alcools du Midi comme à ceux du Nord ; il sert encore à connaître le degré de pureté des eaux-de-vie.

Certains corps avides d'eau, tels que la potasse

caustique, la baryte, le carbonate de potasse, le sulfate de manganèse, peuvent séparer l'alcool de l'eau.

L'alcool dissout en général les chlorures, les bromures, les iodures, les azotates métalliques, mais ne dissout pas les sulfates, les borates, les silicates, les phosphates; enfin il dissout la potasse, la soude, la baryte, les alcalis. L'alcool exerce une action dissolvante prononcée sur la plupart des substances organiques; il dissout les essences, les résines, les alcalis organiques, les corps gras, les acides gras et les corps neutres ; enfin ce liquide dissout les gaz en plus grandes proportions que l'eau; ainsi un litre d'alcool absorbe à 10° 123 centimètres cubes d'azote, 284 centimètres cubes d'oxygène, 68 centimètres cubes d'hydrogène, 3,500 centimètres cubes d'acide carbonique (Berthelot) (fig. 55).

L'alcool chauffé avec la plupart des acides minéraux ou organiques forme généralement avec ces corps des *éthers*. — V. Éthers.

L'oxygène libre est sans effet sur l'alcool, mais en présence du platine et de certains ferments, ce corps s'oxyde en donnant naissance à des composés variés parmi lesquels dominent l'aldéhyde et l'acide acétique.

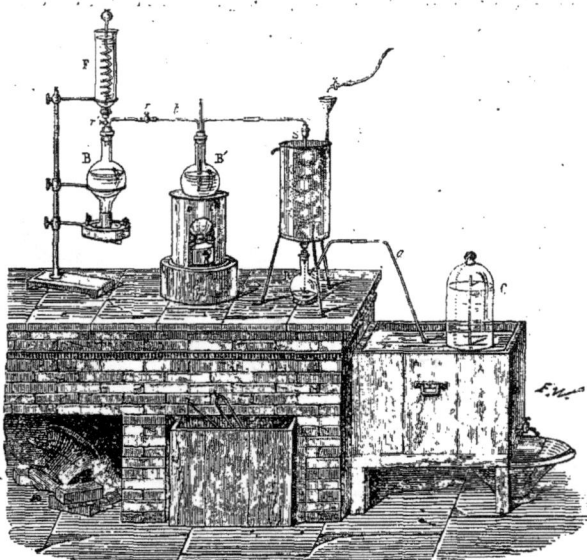

Fig. 55. — *Appareil pour la décomposition de l'alcool.*

B Ballon contenant l'alcool absolu. — *B'* Ballon contenant un mélange d'acide nitrique et d'eau. — *t* Tube de communication — *F* Serpentin. — *rr'* Robinets. — *K* Récipient.— *O* Tube de dégagement de l'hydrogène bi-carboné. — *C* Cloche graduée.

L'alcool *(esprit de vin, eau-de-vie)* ingéré dans l'estomac, est absorbé avec une grande rapidité et passe dans les poumons qui l'éliminent en partie. L'abus des liqueurs fortes produit une affection chronique dite *alcoolisme*: l'ivresse, le *delirium tremens*, la folie, l'épilepsie, les tremblements, etc., sont les effets ordinaires de l'ingestion continue de l'alcool.

— Les liqueurs fermentées sont connues depuis les temps les plus anciens, le *feu liquide* des Grecs, l'*eau ardente* des Latins, la *bière* des Egyptiens, etc., nous en fournissent des preuves. Mais ce n'est qu'au moyen âge qu'on a retiré du vin, par distillation, l'esprit-de-vin ou l'alcool étendu d'eau; cette découverte est attribuée à Aboucasis ou Abulcasis et à Arnaud de Villeneuve; Raymond Lulle a trouvé le moyen de le concentrer par le carbonate de potasse; plus tard Lowitz et Richter sont parvenus à le déshydrater par l'action de la chaux vive.

Raymond Lulle, né à L'Ile-de-Majorque, en 1236, dé-

crit, dans son *Théâtre chimique*, la préparation de l'eau-de-vie ou *eau ardente*. Il recommande de prendre du vin blanc ou rouge limpide et de bonne odeur et de porter le vase sur un feu très-doux; même dans le fumier en fermentation. Dans son *Nouveau Testament*, Lulle donne le moyen de reconnaître quand la rectification est suffisante.

Arnaud de Villeneuve, chimiste français, qui professait au xiiie siècle à l'école de Montpellier, contemporain et ami de Raymond Lulle, dans son *Traité des vins*, a indiqué encore plus clairement que Lulle la préparation de l'alcool et sa distillation.

Thaddée le Florentin (né en 1270), a parlé également de l'esprit-de-vin; au xve siècle, Basile Valentin obtint à l'aide de la chaux vive, de l'alcool anhydre : *aqua vitæ* (eau-de-vie). Au xviie, les jésuites d'Italie fabriquaient avec de l'eau-de-vie des médicaments qu'ils distribuaient aux pauvres ; de là leur nom de *padri d'ell' acqua vita*.

Au xviie siècle, le chimiste allemand Sachs, mentionne la distillation du marc de raisin pour en extraire l'eau-de-vie. C'est à J.-B. Porta, physicien napolitain, que l'on doit la description d'un appareil convenable pour la distillation du vin (1609); vers le milieu du xviie siècle, Nicolas Lefèvre, dans son *Traité de chimie*, a décrit un appareil distillatoire qui ressemble à celui de Porta. Le chimiste Glauber a fait connaître un appareil de distillation qui peut bien avoir, plus tard, donné l'idée de l'appareil de Woolf, lequel a été lui-même modifié par Edouard Adam, et a conduit à la fabrication de nos appareils actuels pour la distillation du vin.

Beaumé, Moline, Demachy imaginèrent des formes à donner aux alambics; enfin, Chaptal, en 1780, a fait connaître un alambic qui a été longtemps en usage dans les brûleries du Bas-Languedoc.

Edouard Adam a découvert le principe de la distillation du vin par la chaleur de condensation du premier produit et a inventé un appareil, breveté en 1805, pour le mettre en application. (V. pour les appareils modernes : Distillation.)

Th. de Saussure a, le premier, fait l'analyse de l'alcool; il a trouvé ce corps composé de gaz oléfiant et d'eau. Enfin, M. Berthelot a obtenu de l'alcool avec le gaz de la houille, mais ce procédé de préparation n'est pas devenu industriel.

Matières alcoolisables et préparation de l'alcool. L'alcool n'existe pas tout formé dans la nature; il est le résultat de la transformation de certaines substances sous l'influence de la fermentation. Les matières végétales alcoolisables sont généralement des *hydrates de carbone* ; mais ces matières doivent satisfaire à une condition irdispensable : il faut qu'elles soient capables de se changer en *glucose* (C¹² H¹² O¹²). Il existe d'ailleurs plusieurs espèces ou variétés de glucoses ou glycoses, savoir : *glucose ordinaire* ou *sucre de raisin* ; *levulose* ou *sucre de fruits* ; *sucre interverti*, mélange des deux espèces précédentes ; *glucose inactif* ou *para saccharose* ; *sucre neutre*, *galactose* ou *sucre de lait*. — V. SUCRE, SUCRERIE, GLUCOSE.

Ces différentes espèces de glucoses jouissent toutes de la propriété de fermenter directement en présence de la levûre de bière.

La *glucose ordinaire* dérive de la fécule de pommes de terre et se prépare en grand dans l'industrie. Quand on veut faire fermenter le sucre

$$2 \ C^{12} \ H^{11} \ O^{11},$$

préalablement on l'intervertit ou on le transforme en glucose

$$2 \ C^{12} \ H^{12} \ O^{12}$$

en lui faisant prendre les éléments de l'eau.

Les *matières amylacées* ou féculentes, fécule, amidon (C¹² H¹⁰ O¹⁰) secrétées par un grand nombre de plantes, sont aussi des sources abondantes de substances alcoolisables, car elles se transforment facilement en glucose au moyen des ferments ou des acides ; dans cette métamorphose il se produit à la fois de la dextrine et de la glucose.

Fig. 56. — Appareil de Laugier.

A B Chaudières. — *a b* Tubes de dégagement. — *R* Rectificateur. — *h h h* Tronçons d'hélice. — *o o o* Voie de retour. — *O* Tube de retour dans la chaudière. — *i* Tube. — *M* Serpentin. — *r l* Robinet.

La glucose, sous l'influence de la levûre de bière, se transforme en alcool (V. FERMENTATION) ; mais l'industrie détermine, par des procédés qui lui sont propres, la fermentation des liquides dont elle veut extraire l'alcool.

— Toutes ces fermentations, dit M. Berthelot, ont lieu soit aux dépens des glucoses du jus de raisin, soit aux dépens des sucres analogues, soit enfin aux dépens des substances transformables en glucose. Pour simplifier, soit du sucre de raisin C¹² H¹² O¹², ajoutons à ce sucre dissous dans l'eau une petite quantité de levûre de bière, c'est-à-dire une matière spéciale constituée par des cellules organisées, qui représentent un végétal cryptogame *(mycoderma cerevisiæ)*. Cette levûre détermine la décomposition du sucre. Un gaz se dégage en abondance, c'est de l'acide carbonique, en même temps que la température de la liqueur s'élève jusqu'à 35° et même 40°. Au bout de quelques jours la fermentation est terminée, on trouve alors de l'alcool dans la liqueur mais le sucre a disparu.

L'équivalent de sucre de raisin étant 180 et celui de l'alcool 46, on voit que pour 180 parties de sucre, il doit se produire à peu près 92 parties d'alcool, c'est-à-dire près de la moitié en poids du sucre. Mais cette équation n'est qu'approximative ; divers produits accessoires, tels que la glycérine et l'acide succinique, se formant en petite quantité. Si au lieu de sucre de raisin, on fait fermenter le sucre de canne, il fixe d'abord les éléments de l'eau et se transforme en un mélange de glucose et de levulose, lesquels éprouvent tous deux la même décomposition dans le phénomène de la fermentation alcoolique.

La fermentation des glucoses achevée, on retire l'alcool en le séparant de l'eau et des autres produits auxquels il est mélangé dans les liqueurs fermentées. Pour cela on a recours à la distillation, en se basant sur l'inégale volatilité des alcools et de l'eau.

Cependant l'alcool en distillant le premier entraîne de l'eau avec lui ; à mesure que la température s'élève, il distille un alcool de moins en moins concentré. Aussi est-il nécessaire de distiller à nouveau les premiers produits obtenus : on peut ainsi obtenir un alcool dont le titre pourra monter jusqu'à 92 à 93 centièmes. Pour obtenir un alcool plus concentré, on pourra abaisser la température à laquelle se forment les vapeurs d'eau et d'alcool en distillant le mélange sous une pression inférieure à la pression atmosphérique. Dans l'industrie, cette opération se fait dans un appareil qui se compose d'une chaudière où l'on fait bouillir le liquide, et d'une suite de récipients superposés sous forme de colonne et communiquant entre eux. La vapeur arrive d'abord dans le récipient inférieur où se condense le mélange d'eau et d'alcool ; une nouvelle quantité de vapeur arrivant, la température du liquide condensé s'élève et finit par déterminer son ébullition, qui se produit à une température plus basse que dans la chaudière, puisque le liquide est plus riche en alcool. La nouvelle vapeur ainsi formée s'élève dans le second récipient et s'y condense, en formant aussi un mélange d'alcool et d'eau, plus riche en alcool que le liquide du premier récipient. A son tour le second mélange, chauffé par l'arrivée de nouvelles vapeurs, entre en ébullition à une température plus basse que le précédent ; il envoie dans le troisième récipient une vapeur encore plus riche en alcool, et ainsi de suite. Voilà en quelques mots l'idée de l'appareil employé dans la fabrication industrielle de l'alcool (fig. 56). —

On peut ainsi obtenir de l'alcool à 95 centièmes. L'industrie des alcools fabrique principalement les alcools suivants : *alcool de vin, alcool de mélasse, de betterave, alcool de grains, alcool de pommes de terre, etc.* — V. DISTILLATION et RECTIFICATION pour la fabrication de l'alcool.

Alcool de vin. Le vin est le premier liquide abondant auquel on a demandé l'alcool. La fabrication de l'alcool de vin a deux buts, savoir : 1° faire des *eaux-de-vie* fines ; 2° fabriquer de l'alcool pour l'industrie. La fabrication des alcools pour eaux-de-vie se fait en distillant des vins de choix ; c'est dans le midi de la France que l'on fabrique principalement les bonnes qualités qui participent de l'arome ou du bouquet des crus ; les *fines champagnes*, les *cognacs* de nos distillateurs méridionaux sont renommés. Les eaux-de-vie dites de Montpellier sont employées à tous usages qui nécessitent des esprits fins. Les alcools ou eaux-de-vie de marc sont répandus dans le midi pour fabriquer des boissons communes ; on s'en sert pour le vinage ; on les ajoute aux vins ou aux cuves en fermentation, pour alcooliser ou rehausser les vins provenant d'une récolte peu sucrée.

Alcool de mélasse. La mélasse, provenant des sucreries de betterave, contenant encore 50 0/0 de matière sucrée, est une substance riche en éléments fermentescibles, mais qui exige l'intervention des acides pour neutraliser les alcalis qu'elle contient. 100 kilogrammes de mélasse à 42° Beaumé fournissent de 28 à 30 litres d'un alcool inférieur à celui donné par la distillation du vin.

Alcool de betterave. La conversion du sucre de la betterave en alcool se fait de diverses manières ; les différentes méthodes peuvent se ramener aux suivantes : 1° râpage de la betterave, pression, fermentation du jus ; 2° découpage de la racine en cossette, macération à chaud ou à froid, à l'eau ou à la vinasse, fermentation du jus ; 3° fermentation des cossettes en présence du jus. En moyenne on obtient 4 à 5 d'alcool à 90° pour 100 kilogrammes de betterave.

Alcool de grains. Tous les grains ne donnent pas la même quantité de sucre et, par conséquent, d'alcool ; ainsi 100 kilogrammes de froment donnent 32 litres d'alcool pur ; de seigle, 28 litres ; d'orge, 25 litres ; d'avoine, 22 ; de sarrasin, 25 ; de maïs, 30 ; de riz, 36. Aussi les alcools de riz, de froment, de seigle et de maïs sont plus fréquemment préparés que les autres ; l'orge et le sarrazin s'ajoutent aux précédents dans certaines proportions ; enfin l'avoine s'emploie pour certaines eaux-de-vie à arome spécial.

Alcool de pommes de terre. La pomme de terre contient de 16 à 20 et même 24 0/0 de fécule ; mais comme elle ne porte pas en elle de ferment, il faut employer l'action des acides ou celle du malt pour transformer la fécule en glucose : 100 kilogrammes de fécule de pommes de terre donnent 45 à 50 litres d'alcool pur, 45 à 55 litres d'alcool à 90 degrés.

En résumé, les principales sources d'alcool sont les matières végétales qui contiennent du sucre (cannes à sucre, betteraves, carottes, navets, potirons, melons, etc.), ou celles qui renferment de la glucose (tiges du maïs, de millet, de seigle ; fruits ; érable ; bois de noyer, d'acacia ; racines de chiendent, de réglisse, etc.), ou des matières féculentes (pommes de terre, grains, riz, haricots, fèves, lentilles, châtaignes, marrons d'Inde, glands, ignames, lichens, dalhias, garance, topinambour, etc. Mais aucune matière alcoolisable ne peut remplacer le vin dans la fabrication des alcools pour la préparation des liqueurs ; les liqueurs préparées avec de l'alcool de vin possèdent un arome, un parfum spécial, un bouquet que ne peuvent leur donner les alcools ayant une autre origine. Les alcools renferment presque toujours des éthers ou d'autres alcools en mélange qui leur communiquent des odeurs particulières. L'alcool de pommes de terre renferme de l'*alcool amylique* doué d'une odeur forte et désagréable ; cet alcool se trouve aussi dans les eaux-de-vie de marc, d'orge, de seigle, de betteraves. L'eau-de-vie de marc de raisin contient en outre de l'acide et de l'éther œnanthique, de l'alcool propylique : l'eau-de-vie de grains renferme aussi des acides gras, une huile très-odorante, etc. On enlève aux alcools leur mauvais goût par rectification et concentration, par des dissolvants et des absorbants, par des réactifs chimiques. Les procédés d'épuration généralement employés sont la *rectification* (V. ce mot) et la méthode de purification au charbon de bois granulé. — V. DISTILLATION, RECTIFICATION, pour la fabrication industrielle des alcools de diverses provenances. — A. F. N.

Alcool de menthe. Préparation menthée alcoolique d'un effet stimulant et apéritif, dont la composition remonte à 1838.

La base de ce produit est l'huile essentielle extraite des glandes contenues dans l'épaisseur des feuilles de la menthe, heureusement mélangée avec d'autres aromates très-recherchés. Ce cordial est très-répandu à cause de ses nombreuses qualités hygiéniques et thérapeutiques. Son emploi est conseillé toutes les fois qu'il est nécessaire d'impressionner vivement l'organisme.

— V. *Dictionnaire de chimie*, *Annales de chimie*, *Bulletin de la Société chimique, Chimie organique*, BERTHELOT ; *Précis de chimie industrielle*, PAYEN ; *Leçons de chimie*, GIRARDIN ; *Merveilles de l'industrie*, FIGUIER ; *Carbonisation du bois*, VINCENT, etc.

STATISTIQUE.

Pour se faire une idée, aussi exacte que le permettent les documents officiels, de la production et de la consommation de l'alcool en France, il est nécessaire de connaître, non-seulement les quantités livrées au commerce ou consommées par les producteurs, mais encore celles qui se trouvent dans les diverses boissons spiritueuses dont le pays fait usage, comme le vin, les liqueurs, les cidres, poirés, hydromels et la bière. Les publications de l'administration des contributions indirectes vont nous fournir les moyens de les déterminer.

Mais, tout d'abord, examinons quelles sont les quantités d'alcool pur fabriquées à l'intérieur, qu'elles soient livrées au commerce ou consommées par les récoltants (*bouilleurs de crû*).

Si nous éliminons les années 1870 et 1871, qui ont vu se produire, dans toutes les branches de l'industrie, une perturbation profonde, nous trouvons les résultats ci-après pour la période 1861-75 (quantités en hectolitres) :

1861. 1,031,000	1866. 1,404,000	1873. 1,402,000
1862. 1,018,000	1867. 1,240,000	1874. 1,543,000
1863. 1,227,000	1868. 1,292,000	1875. 1,810,000
1864. 1,353,000	1869. 1,410,000	
1865. 1,541,000	1872. 1,682,000	

Si le vin servait exclusivement à la fabrication de l'alcool, on devrait trouver une étroite coïncidence entre les quantités produites et l'importance de la récolte. Or, cette coïncidence n'existe pas d'une manière absolue, parce qu'on fait des alcools avec d'autres substances. Cependant, les maxima et minima sont à peu près les mêmes, surtout depuis la fin de l'oïdium. Mais si le phylloxera continuait ses ravages, il faudrait s'attendre à ce que la part, dans la fabrication de l'alcool, de la betterave, de la pomme de terre, des céréales, etc., etc., deviendrait de plus en plus considérable. Voici, au surplus, pour les mêmes années, le produit de la récolte en vins, d'après les renseignements recueillis par les agents des contributions indirectes (quantités en hectolitres) :

1861. 29,738,000	1866. 63,838,000	1873. 35,715,000
1862. 37,110,000	1867. 39,128,000	1874. 63,146,000
1863. 51,372,000	1868. 52,098,000	1875. 83,837,000
1864. 50,653,000	1869. 70,000,000	
1865. 68,943,000	1872. 50,154,000	

On remarquera que la production de l'alcool n'a presque pas cessé de s'accroître dans ces quatre dernières années malgré les pertes territoriales de 1871. Il ne faudrait cependant se hâter d'en conclure a *priori*, que la consommation a augmenté à l'intérieur, nos alcools ayant, à l'étranger, comme nous le verrons plus loin, un débouché important. D'un autre côté, il faut tenir compte de la belle récolte de 1874 et surtout de celle de 1875.

Mais il importe aussi de constater que les droits énormes qui, depuis 1871, grèvent les alcools convertis en eaux-de-vie n'ont pas arrêté le mouvement ascendant de la fabrication ; ce qui permet de conclure dans le sens ou d'un mouvement correspondant dans la consommation à l'intérieur, ou d'un accroissement des exportations. Au surplus, les données recueillis par le ministère des finances sont affirmatifs dans ce double sens.

Quand nous parlons de la consommation, nous n'entendons pas désigner seulement celle des eaux-de-vie et liqueurs, mais encore l'emploi qui est fait de l'alcool pur, dénaturé ou non, dans l'industrie et dans les préparations pharmaceutiques. Or, on sait que le traitement par l'alcool d'un certain nombre de maladies prend un développement très-marqué.

Tous les alcools fabriqués en France ne sont pas atteints par l'impôt. Une notable quantité y échappe, soit par la fraude, soit par l'exercice du droit laissé aux récoltants de consommer en franchise une partie de leur distillation. Ce droit limité à une quantité déterminée de 1872 à 1875, a cessé de l'être à partir de 1875. En 1875, sur une production évaluée à 1,840,000 hectolitres, l'impôt n'en a frappé que 1,019,052 ; ce qui semblerait indiquer que la différence (821,000 hectolitres) y échappe complètement, au grand préjudice des finances de l'État. Il est vrai que l'*exercice* chez les récoltants rencontrait de telles difficultés et soulevait de telles animosités, qu'on a dû y renoncer.

Si nous recherchons les quantités d'alcool réellement consommées en France sous forme de boissons spiritueuses autres que l'eau-de-vie et comprenant le vin, le cidre, le poiré, l'hydromel et la bière, nous trouvons, pour 1875 (la dernière année dont l'administration ait publié les résultats), les données ci-après : vin, 53,837,000 hectolitres ; cidres, 18,227,000 hectolitres ; bière, 7,355,515 hectolitres.

En supposant, avec l'administration, que la force alcoolique moyenne de nos vins soit de 10 0/0, et en admettant que quatre hectolitre de vin sont nécessaires pour fabriquer un hectolitre d'alcool, nous retrancherons de la quantité de vin récolté en 1875 (84 millions d'hectolitres en nombres ronds), 7,360,000 hectolitres, que nous estimerons avoir été brûlés. Il reste 76,477,000 hectolitres de vin consommé comme tel. A 10 0/0 de force alcoolique, ce serait 7,647,700 hectolitres d'alcool absorbé sous forme de vin, si tout ce vin non converti en alcool, était consommé à l'intérieur ; mais il faut en déduire l'exportation, déduction faite de l'importation, soit 3,453,670 hectolitres. Restent alors 73,083,330 hectolitres, ou 7,308,333 hectolitres d'alcool réellement consommés. En ajoutant à ce chiffre celui de l'alcool pur fabriqué dans la même année, déduction faite de l'excédant des exportations sur les importations, soit 1,433,610 hectolitres, on arrive à une consommation totale de 8,741,943 hectolitres ; soit 23,31 litres par habitant sans distinction d'âge et de sexe.

Même année, il a été fabriqué 18,229,000 hectolitres de cidre (quantité exceptionnelle, il est vrai). Le cidre, convenablement préparé, peut contenir jusqu'à 8 0/0 d'alcool ; en abaissant cette proportion à 6, c'est une nouvelle quantité — le cidre ne s'exporte que très-peu — de 147,200 hectolitres d'alcool.

Même année encore, il a été fabriqué 7,355,515 hectolitres de bière ; à 5 0/0 de force alcoolique, c'est un supplément de 36,777 hectolitres.

Ces diverses quantités additionnées donnent un total de 8,925,920 hectolitres ou 23,80 litres par tête.

Cette quantité doit être diminuée de celle qu'emploient l'industrie et la pharmacie ; elle nous est inconnue. Il y a lieu, en outre, pour être aussi exact que possible, de déduire du vin non converti en alcool la portion employée à la fabrication du vinaigre, soit, en 1875, et en tenant compte des quantités non atteintes par l'impôt, 400,000 hectolitres au plus.

Notre commerce d'alcool pur ou converti en eau-de-vie et liqueurs n'est pas sans importance. Pour ne pas multiplier les données numériques, nous ne donnerons que les quantités échangées dans les quatre dernières années (valeurs en millions de francs, quantités en *kilolitres*) :

		1872	1873	1874	1875
Importation,	Valeurs. .	0,2	1,1	0,9	0,5
	Quantités.	4,195	4,914	4,724	5,460
Exportation,	Valeurs. .	74,5	91,5	63,2	71,9
	Quantités.	57,049	53,413	39,002	44,578

Ces documents se rapportent au commerce spécial, c'est-à-dire ne comprennent, pour les importations, que les quantités entrées dans la consommation, et pour les exportations, les produits de notre fabrication.

Nos échanges d'alcool sous forme de liqueurs donnent également lieu à un mouvement commercial d'une certaine importance (valeurs en millions de francs, quantités en *kilolitres*) :

		1872	1873	1874	1875
Importation,	Valeurs. .	5,2	5,2	6,4	7,4
	Quantités.	4,922	5,275	5,714	5,784
Exportation,	Valeurs. .	6,4	6,3	5,8	7,5
	Quantités.	2,561	2,510	2,331	3,013

Parmi les documents soumis au Parlement italien à l'occasion du traité de commerce avec la France, nous trouvons le tableau suivant sur la fabrication de l'alcool en Italie (en *hectolitres*) :

Années.	Alcool de grains (à 90°)	Alcool de vin (à 86°)	Alcool de vin ou de fruits.	Total.
1871	8,931	536	23,617	33,084
1872	14,957	1,565	29,331	45,843
1873	16,239	1,341	30,721	48,301
1874	24,809	2,001	47,783	74,593
1875	35,000	3,563	60,820	99,383
1876	36,111	3,178	40,179	77,468

On voit que ces quantités sont insignifiantes, en supposant qu'elles représentent exactement le total de la production. On sait, d'ailleurs, que dans les pays chauds, comme l'Italie, l'Espagne et le Portugal, le vin est consommé en nature et la quantité convertie en alcool est minime. C'est l'application d'un principe d'hygiène.

En Angleterre, la quantité des spiritueux fabriqués à l'intérieur n'a presque pas cessé de s'accroître, comme l'indique le tableau ci-après (quantités en millions de gallons d'une contenance de 4,54 litres) :

	1871	1872	1873	1874	1875	1876	1877
Quantités imposées	25,1	27,8	29,7	90,7	31,0	30,9	30,7
— non imposées	1,5	1,8	2,2	1,3	1,0	1,2	1.7
— exportées...	2,0	2,3	2,5	1,7	1,3	1,6	2,0
— consommées	24,6	27,3	29,3	30,3	30,6	30,6	30,4

Cette consommation de 30,400,000 gallons (exactement 30,361,163 ou 1,378,397 hectolitres) en 1877, correspond à 4,12 litres par tête seulement.

Mais à la quantité consommée ci-dessus, il convient d'ajouter : 1° l'excédent de l'importation sur l'exportation des spiritueux; 2° l'importation du vin; 3° la consommation de la bière.

Commerce des spiritueux (quantités en millions de gallons) :

	1871	1872	1873	1874	1875	1876	1877
Importation....	14,7	11,7	15,1	13,8	16,1	21,1	13,7
Exportation....	1,6	1,8	1,7	1,2	1,1	1,3	1,5
Excédent de l'importation....	13,1	9,9	13,4	12,6	15,0	19,8	12,2

En prenant la moyenne des sept années, on a un excédant moyen de 13,7, en nombre rond de 14 millions de gallons, qui, réunis aux 30 millions 400,000 gallons fabriqués et consommés à l'intérieur, donnent un total de 44,4 millions de gallons ou 2,015,740 hectolitres.

L'importation du vin a porté, dans les mêmes années, sur les quantités ci-après (en millions de gallons) :

1871	1872	1873	1874	1875	1876	1877
18,2	19,7	21,7	18,2	18,4	19,9	19,6

Les 19,6 millions de gallons importés en 1877 correspondent à 889,840 hectolitres. La force alcoolique des vins consommés en Angleterre étant au moins de 16 0/0, c'est une nouvelle quantité de spiritueux de 142,374 hectolitres.

Quant à la fabrication de la bière, qui est la boisson nationale, tout le monde sait qu'elle se fait, en Angleterre, dans des proportions énormes. Seulement le droit d'accise étant perçu sur les matières premières (malt) et non sur le produit, et, d'un autre côté, le nombre de boisseaux (anglais) d'orge fermentée pour produire une quantité déterminée de bière ou d'ale nous étant inconnu, nous ne pouvons que signaler dans le tableau ci-après, le mouvement ascendant des boisseaux de malt soumis au droit (quantités en millions) :

1871	1872	1873	1874	1875	1876	1877
54,2	61,6	63,5	62,8	63,0	66,1	64,2

Or, d'une part, on sait que la bière anglaise (surtout la bière blanche ou ale) est plus fortement alcoolisée que toutes celles du continent; de l'autre, que le malt employé à la fabrication de la bière de famille, c'est-à-dire à l'intérieur de la maison, est exempt du droit d'accise. Comme il est peu de maisons de quelque importance, en Angleterre, qui ne fasse au moins sa bière des domestiques, la fabrication indiquée par le malt soumis au droit ne donne pas la mesure exacte de la production et de la consommation du pays.

Un ancien fonctionnaire public, M. D. Chadwick, affirmait, au Congrès des sciences sociales, tenu à Chelten-

ham, en septembre 1878, que le peuple anglais *consomme pour 155 millions sterl. (3.875,000,000 francs) de spiritueux par an!*

Dans les États allemands (toute l'Allemagne, moins la Bavière, le Wurtenberg et le Grand Duché de Bade), soumis au régime de l'impôt uniforme sur la fabrication des alcools (*Brennsteuer verein*), la consommation, c'est-à-dire la fabrication moins l'exportation, a varié sensiblement dans les trente-six années de la période 1839-74. Tombée graduellement, de 164,376 hectolitres en 1839, à 94,525 en 1855, elle s'est relevée, par suite de l'accroissement du nombre des membres de l'association, et peut-être aussi de la diminution du droit, à 280,500 hectolitres en 1874.

Si l'on ajoute 140,000 hectolitres pour la Bavière et environ la moitié pour le Wurtenberg et le Grand Duché de Bade, on a, pour l'Allemagne entière, une production totale, en 1874, de 490,500 hectolitres.

Les documents officiels évaluent le produit de la fabrication de la bière ainsi qu'il suit, pour les cinq années de la période 1872-76 (en millions d'hectolitres) :

1872	1873	1874	1875	1876
33,5	37.8	39,2	39,5	39,2

La bière allemande (à l'exception de celle de Bavière) ne contenant pas plus de 6 0/0 d'alcool, les 39,2 millions d'hectolitres fabriqués en 1876, représentent une quantité totale de 235,200 hectolitres qui, réunis aux 490,500 hectolitres d'alcool pur, donnent un total de 725,700 hectolitres.

Quant à la production et à l'importation du vin, elles sont relativement minimes.

Le mouvement commercial des spiritueux et de la bière a plus d'importance, mais sans atténuer sensiblement la consommation intérieure, l'Allemagne, en échange de ses alcools à bon marché, important une certaine quantité d'eaux-de-vie fines de France et de bière blanche d'Angleterre.

On ne peut guère se faire une juste idée de la production de l'alcool en Russie que par le produit de l'impôt. En 1874, cet impôt a rapporté 190 millions de roubles ; à 4 francs le rouble-argent, c'est une somme de 760 millions de francs et le produit le plus considérable du budget des recettes de l'empire. On assure que le droit est très-modéré ; en supposant qu'il soit de 0,25 par litre, cette somme de 760 millions de francs représente une consommation totale d'un peu plus de 3 millions d'hectolitres (3,040); mais, il est vrai, pour une population (Russie d'Europe) de 85 millions d'habitants. Cette quantité de 3 millions d'hectolitres ne représente que celle qui est atteinte par l'impôt; or, d'une part, la loi accorde une franchise pour une certaine consommation par famille, et de l'autre, la fraude se fait sur une échelle considérable.

La production des alcools et leur emploi à la fabrication des eaux-de-vie est importante dans les États scandinaves, où le climat permet de consommer, sans danger pour la santé, des quantités exceptionnelles de spiritueux. Mais, ces spiritueux étant fabriqués presque exclusivement avec des céréales, la production se proportionne à la récolte. C'est ainsi qu'en Danemark, la fabrication, de 44,646,610 pots (ou 43,470 hectolitres) en 1859, année de bonne récolte, s'est abaissée à 41,997,646 en 1860, année de récolte médiocre.

Aux États-Unis, malgré le prosélytisme incessant des Sociétés de tempérance, la fabrication des spiritueux s'accroît sans relâche. Nous trouvons, à ce sujet, dans l'*Oncle Sam* le document ci-après, dont l'auteur garantit l'exactitude. En 1840, il avait été fabriqué dans l'Union, 41,402,627 gallons (de 4 litr. 54) de liqueurs spiritueuses et 23,267,730 de boissons fermentées (bière, ale, etc.), pour une population de 17,009,453 habitants. En 1870, pour une population de 38,558,371 habitants, la fabrication des spiritueux a atteint le chiffre de 71,151,367 gallons et celle des boissons fermentées de 320,789,523 gallons ; c'est-à-dire que, tandis que la population doublait, la consommation de ces boissons devenait quatorze fois plus considérable. — **A. L.**

* ALCOOLAT. Nom donné à toute préparation pharmaceutique ou de toilette, qui résulte de la distillation avec l'alcool sur une ou plusieurs substances aromatiques ou médicamenteuses ; ce nom a remplacé celui d'*esprit*.

Les alcoolats sont simples ou composés, selon qu'ils résultent de l'action de l'alcool sur une seule substance ou sur plusieurs. On les prépare avec des plantes fraîches ou desséchées que l'on fait macérer dans l'alcool ; après macération, on distille à la chaleur du bain-marie. On peut citer parmi les alcoolats, l'eau de Cologne, l'eau de mélisse des Carmes, le baume de Fioraventi, etc.

* ALCOOLATURE. *T. de pharm.* Médicament alcoolique préparé avec des plantes fraîches et par distillation.

* ALCOOLÉ. T. de pharm. Composé alcoolique préparé avec des plantes sèches, sans distillation ; les alcoolés, de même que les alcoolatures, sont souvent désignés sous la dénomination générale de *teintures alcooliques*.

* ALCOOLIFICATION. *T. de chim.* Fermentation alcoolique.

ALCOOLIQUE. Qui contient de l'alcool. On nomme *liqueurs* ou *boissons alcooliques*, celles qui renferment de l'alcool.

ALCOOLISER. *T. de chim.* Action de mêler de l'alcool à un autre liquide ; faire, par la fermentation, un alcool d'une liqueur sucrée.

* ALCOOMEL. *T. de pharm.* Composé formé d'une partie d'alcool et de trois parties de miel.

* ALCOOMÈTRE. Instrument destiné à déterminer la quantité d'alcool contenue dans une liqueur.

* ALCOOMÉTRIE. *T. de phys.* Ensemble de procédés pour reconnaître la quantité d'alcool que contient un liquide ; ces divers procédés reposent sur la densité, le point d'ébullition, la tension de vapeur, la dilatabilité, la capillarité ; mais les deux méthodes dont on fait industriellement usage en France, sont la méthode de l'aréomètre ou alcoomètre et celle de la distillation.

Alcoomètre centésimal. *Méthode des aréomètres.* L'alcoomètre centésimal fut construit en 1820 par Gay-Lussac, sur l'ordre du gouverne-ment, pour substituer aux indications arbitraires de l'aréomètre de Cartier, des indications plus exactes ou réelles. L'alcoomètre centésimal, aréomètre à poids constant, porte son zéro placé au bas de l'échelle, ce qui correspond à la densité de l'eau distillée à 15° ; la division 100, placée vers la partie supérieure de la tige représente celle de l'alcool absolu (0,7947) à la même température : *100* correspond au point d'affleurement dans l'alcool absolu, comme *zéro*, à celui de l'eau distillée. L'intervalle de 0 à 100 est divisé en 100 parties.

Ces points intermédiaires ou *degrés centésimaux* compris entre 0 et 100 ont été fixés directement par l'expérience en déterminant les points d'affleurement dans divers mélanges d'eau et d'alcool à proportions connues. Mais comme il y a contraction dans le mélange, les longueurs des degrés centésimaux sont variables.

Chaque division ou degré représente donc un centième en volume d'alcool pur ; et il suffit de plonger l'instrument dans un liquide spiritueux pour qu'il en donne immédiatement la *force*, c'est-à-dire la richesse en alcool, pourvu cependant que le liquide ne renferme pas de substances étrangères capables de modifier sa densité. Ainsi par exemple, dans un tonneau d'une ca-

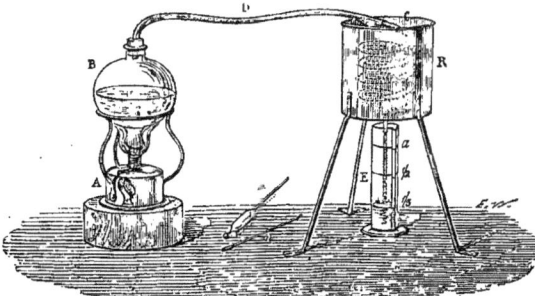

Fig. 57. — *Alambic de Salleron.*

A Lampe. — *B* Ballon contenant le vin à essayer. — *D* Tube de dégagement. *C* Serpentin. — *R* Réfrigérant. — *E* Éprouvette graduée. — *a* Cavité où l'on engage le thermomètre. — *m* Thermomètre. — *n* Thermomètre.

pacité de 1000 litres de liqueur, l'alcoomètre marquant 45 degrés, cela indique qu'il y a 45/100 d'alcool ; or, les 45/100 de 1000 égalent 450 ; la liqueur essayée contient donc 450 litres d'alcool.

Mais la graduation de l'instrument a été faite à la température de 15 degrés centigrades ; la lecture du résultat de toute expérience faite à une autre température nécessitera une correction donnée par les tables de Gay-Lussac, calculées par Collardeau. On peut aussi calculer la correction par la formule suivante due à Francœur :

$$X = C \pm 0,4 \times t ;$$

dans laquelle X est la richesse réelle en alcool, C, celle qui a été donnée par l'instrument, $t \pm$ la température au-dessus ou au-dessous de zéro, 0,4 une constante.

Pour avoir le poids on multiplie le volume de l'alcool trouvé par 0,7955 et on divise le produit par la densité du liquide soumis à l'essai.

La table *a* ci-après, construite afin d'éviter ces calculs, donne la correction correspondante à chaque degré de l'alcoomètre.

Quelquefois on se sert encore des aréomètres de Cartier et de Beaumé pour déterminer la richesse d'une liqueur alcoolique. — **V. Aréomètre.**

a ALCOOL 0/0 en vol. à 15°	DENSITÉS	ALCOOL 0/0 en vol. à 15°	DENSITÉS
0	10.000	55	9.248
5	9.929	60	9.141
10	9.867	65	9.027
15	9.812	70	8.907
20	9.763	75	8.779
25	9.711	80	8.645
30	9.657	85	8.502
35	9.594	90	8.346
40	9.523	95	8.168
45	9.440	100	7.947
50	9.348	»	»

c ALCOOL 0/0 en vol.	ALCOOL 0/0 en poids	DENSITÉ à 15° 5/9	ALCOOL 0/0 en vol.	ALCOOL 0/0 en poids	DENSITÉ à 15° 5/9
0	0	1.0000	55	47.29	0.9242
5	4.00	0.9928	60	52.20	0.9134
10	8.05	0.9866	65	57.24	0.9021
15	12.15	0.9811	70	62.50	0.8900
20	16.28	0.9760	75	67.93	0.8773
25	20.46	0.9709	80	73.59	0.8639
30	24.69	0.9655	85	79.50	0.8496
35	28.99	0.9592	90	85.75	0.8340
40	33.39	0.9519	95	92.46	0.8164
45	37.90	0.9435	100	100.00	0.7946
50	42.52	0.9343	»	»	»

Le tableau suivant *b* établit la concordance entre les aréomètres de Beaumé et de Cartier et de l'alcoomètre centésimal à la température de 15°, en même temps qu'il donne la densité correspondante à chaque degré.

En Allemagne on fait usage des aréomètres de Gilpin et de Tralles qui ont choisi pour température moyenne 60° Fahrenheit (15° 5/9 centésimaux).

L'alcoomètre de Tralles ne diffère de l'alcoomètre centésimal de Gay-Lussac que par la température de graduation. Gilpin (1790-1794) a construit des tables étendues : il a déterminé la densité à des températures variant de 5 en 5 degrés Fahrenheit, depuis 30° jusqu'à 100° de quarante mélanges différents d'eau et d'alcool : l'alcool avait une densité de 0,825 à 60° F. Tralles qui a déterminé la densité de l'alcool absolu à 60° F, et l'a trouvée égale à 0,7946 et à 0,7939 à 4° centigrades, a calculé que

l'alcool employé par Gilpin, d'une densité de 0,825, renferme 82,2 en poids d'alcool absolu pour 10,8 d'eau. A l'aide de ces données, il a transformé les tables de Gilpin, de manière qu'en connaissant la densité d'une liqueur alcoolique on trouve immédiatement en regard la proportion d'alcool en poids et en volume qu'il renferme (V. table *c*).

En Angleterre on se sert de l'aréomètre de Clarke et plus généralement de l'hydromètre de Syke, instrument gradué de telle façon que son zéro se trouve au point d'affleurement dans l'alcool d'une densité de 0,825° à 60° Fahrenheit. Cet appareil est muni de petits poids pour le faire enfoncer dans les liquides plus denses. En ajoutant les nombres inscrits sur l'instrument au point d'affleurement à ceux des poids, on trouve un nombre auquel correspond, dans une table, la proportion en alcool d'épreuve (alcool à 0,92307 à

b DEGRÉS LUS SUR L'INSTRUMENT			POIDS SPÉCIFIQUES	DEGRÉS LUS SUR L'INSTRUMENT			POIDS SPÉCIFIQUES
Pèse-liqueurs de Beaumé	Pèse-esprits de Cartier	Alcoomètre de Gay-Lussac	L'OPÉRATION étant faite à + 15° cent.	Pèse-liqueurs de Beaumé	Pèse-esprits de Cartier	Alcoomètre de Gay-Lussac	L'OPÉRATION étant faite à + 15° cent.
10	10	0	1.000	27	»	69	0.893
11	11	5	0.993	»	26	70	0.891
12	»	10	0.987	28	»	71	0.888
»	12	11	0.986	»	27	72	0.886
13	»	17	0.979	29	»	73	0.884
»	13	18	0.978	»	28	74	0.881
14	»	23	0.973	30	»	75	0.879
»	14	25	0.971	31	29	77	0.874
15	»	29	0.967	32	30	79	0.868
»	15	32	0.964	33	31	81	0.863
16	»	34	0.962	34	32	83	0.857
»	16	37	0.957	35	»	84	0.854
17	»	39	0.954	»	33	85	0.851
»	17	41	0.951	36	34	86	0.848
18	»	43	0.948	37	35	88	0.842
»	18	46	0.943	38	36	89	0.838
19	»	47	0.941	39	37	91	0.832
20	19	50	0.936	40	38	92	0.826
21	20	53	0.930	41	»	93	0.822
22	21	56	0.924	42	39	94	0.818
23	22	59	0.918	43	40	95	0.814
24	23	62	0.911	44	41	96	0.810
25	»	64	0.906	45	42	97	0.806
»	24	65	0.904	46	43	98	0.805
26	»	67	0.899	47	44	99	0.795
»	25	68	0.896	48	»	100	0.791

51° ou à 0,919 à 60°) qui est contenu dans le mélange.

Méthode par distillation. Lorsqu'on veut déterminer la teneur en alcool d'une liqueur fermentée, vin, bière ou autres liquides, on la soumet à la distillation dans un petit alambic. On opère sur une petite quantité de matière, par exemple, sur 300 centimètres cubes. Le liquide distillé qui se condense dans le serpentin est reçu dans une éprouvette graduée en centimètres cubes. On arrête la distillation lorsqu'on a recueilli 100 centimètres cubes ou le tiers du volume employé. Ce tiers renferme, en général, tout l'alcool. On ramène alors la liqueur à 15°, puis on y plonge l'alcoomètre pour déterminer le degré alcoolique. Le tiers du titre trouvé représente la richesse en alcool de la liqueur soumise à l'essai. M. Salleron a construit un petit alambic à lampe d'esprit de vin (fig. 57), qui est fréquemment employé aujourd'hui pour les essais des vins ; cet instrument n'est d'ailleurs que l'alambic de Gay-Lussac perfectionné.

— A. F. N.

Nouvel appareil d'essai des vins indiquant leur richesse alcoolique avec précision. Il est d'une grande importance, pour les distillateurs des pays vignobles, de savoir exactement la richesse alcoolique des vins qu'ils achètent ; mais jusqu'à présent tous les moyens proposés pour arriver à ce résultat ne donnent souvent que des appréciations très-approximatives qui s'écartent parfois beaucoup de la réalité. — Les petits alambics d'essai donnent un produit très-faible en alcool, qu'il est difficile de peser exactement, à cause de la *capillarité* qui fausse l'indication du pèse-alcool dans les faibles degrés, — et aussi à cause des acides qui sont entraînés par la distillation et mélangés au produit.

M. D. Savalle, après avoir étudié cette question, est arrivé à établir un appareil d'essai qui fournit un produit à fort degré, exempt d'acides et facile à titrer comme richesse alcoolique.

Un des défauts principaux des appareils d'essai était d'opérer sur un volume de vin trop minime ; l'appareil, que nous représentons par la figure 58, opère sur cinq ou, à volonté, sur dix litres de vin à la fois, et donne un produit qui pèse en moyenne de 50 à 60° centésimaux. A l'aide de cet appareil, qui donne une appréciation très-minutieuse, on arrive à reconnaître l'alcool contenu dans les vins à une approximation d'un litre d'alcool sur 100.

On procède de la manière suivante : On introduit dix litres de vinasse dans la chaudière par une ouverture ménagée à cet effet sur couvercle.

On met de l'eau froide dans le manomètre, dans l'analyseur et dans le réfrigérant. Puis on allume le gaz de chauffage. Le liquide contenu dans la chaudière se met en ébullition ; les vapeurs traversent la colonne et viennent se condenser dans l'éprouvette de droite, d'où elles retournent à l'état liquide charger les dix plateaux de la colonne. Après quelques instants de distillation intérieure, l'eau se trouve chaude dans l'analyseur qui surmonte la colonne ; les vapeurs les plus riches en alcool passent à la distillation, en se condensant dans le réfrigérant, et s'écoulent ensuite dans l'éprouvette graduée. Le volume du produit obtenu dépend de la teneur alcoolique du liquide soumis à l'épreuve. Si l'on opère sur des vinasses, un produit de 100 centimètres cubes, par exemple, sera l'alcool contenu dans les dix litres sur lesquels on opère. On peut ainsi retrouver facilement un centimètre cube d'alcool dans dix mille centimètres cubes de vinasses.

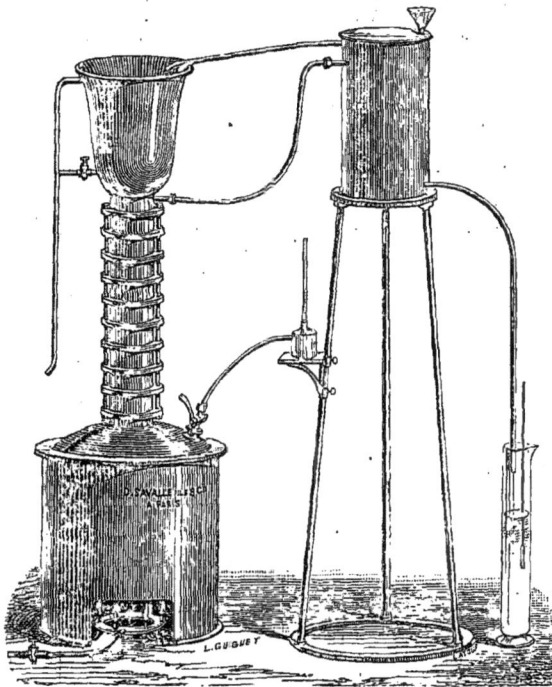

Fig. 58. — *Nouvel appareil d'essai des vins.*

ALCÔVE. Emplacement du lit dans quelques chambres à coucher. On ferme l'alcôve, soit par des portes qui ne restent ouvertes que la nuit, soit par des rideaux d'étoffe.

— L'usage des alcôves remonte à l'antiquité ; on en a trouvé à Pompéi et à la villa Adrienne. Au XVIIe siècle, elles étaient assez grandes pour qu'on pût y admettre et y faire asseoir les personnes les plus intimes. Le Louvre possède une alcôve du temps de Henri II.

° **ALDÉHYDE**. *T. de chim*. Composé de carbone, d'hydrogène et d'oxygène dans les rapports en poids de 24, 4 et 16 (C⁴ H⁴ O²); liquide incolore, très-mobile, d'une odeur suffocante, qui se mélange avec l'eau, l'alcool et l'éther et bout à 21°; sa densité à 0° est de 0,801; on l'obtient, par l'appareil représenté ci-dessous, au moyen de l'alcool, du bichromate de potasse et de l'acide sulfurique étendu. L'aldéhyde se forme aux dépens : 1° de l'éthylène pur; 2° de l'alcool; 3° du glycol; 4° des éthers; et 5° de l'acide lactique.

« Les aldéhydes sont des corps formés de carbone, d'hydrogène et d'oxygène, qui dérivent des alcools, dit M. Berthelot, par élimination d'hydrogène et régénèrent les alcools par fixation inverse d'hydrogène. »

Les chimistes distinguent plusieurs classes d'aldéhyde correspondantes aux alcools générateurs, savoir : aldéhyde butylique, valérique, etc.

* **ALDINES** (Editions). On appelle ainsi les ouvrages sortis des presses de la famille Manuce, et surtout d'Alde Manuce, à la fin du xvᵉ siècle et au commencement du xviᵉ. On dit aussi des *Aldes*.

— Au commencement de ce siècle, et plus tard, du temps d'Augustin Renouard, ce savant libraire qui avait formé une si belle collection des Aldes, les éditions aldines se payaient un prix très-élevé. Aujourd'hui, elles conservent encore une grande valeur, surtout lorsque les exemplaires sont bien conservés et dans leurs reliures primitives.

Comme marque, les Aldes avaient adopté l'ancre; de-

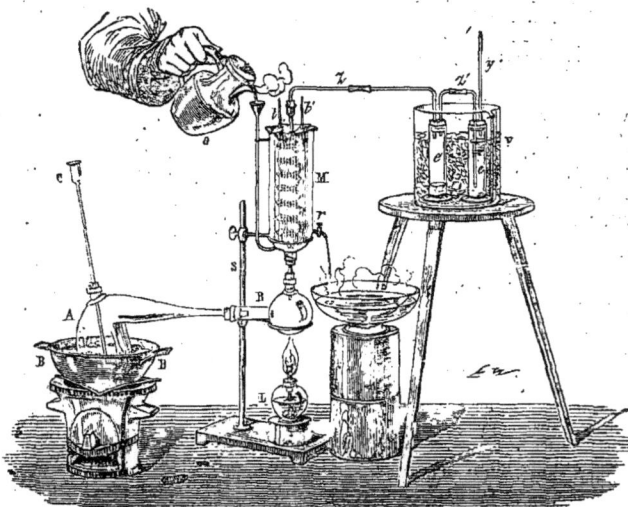

Fig. 59. — *Appareil pour la fabrication de l'aldéhyde. Procédé de Stœdeler.*

A Cornue. — B B Bassine contenant un mélange réfrigérant. — C Entonnoir. — R Récipient. — S Support. — L Lampe à alcool. — M Serpentin. t t' Thermomètres! — V Vase contenant un mélange réfrigérant. — ee' Eprouvettes. — ss' Tubes de communication. — y Tube effilé

puis, elle a été prise par plusieurs imprimeurs, en lui faisant subir quelques modifications, ou même en la copiant.

Feu Ambroise Firmin-Didot, dont la typographie déplore la perte récente, possédait un ouvrage qui montre sous un nouvel aspect les célèbres typographes vénitiens. En voici le titre : *Alde Manuce et l'Hellénisme* de Venise. Paris, 1875, in-8° de LXVIII et 647 pages, avec 4 portraits. M. Didot avait déjà donné une notice très-intéressante sur les Aldes dans la *Biographie* générale.

— V. *Lettere di Paolo Manuzio, copiate sugli autografi esistenti della Bibliotheca Ambrosiana*, correspondance qui jette un grand jour sur la vie intime et si active de Paul Manuce, im. vol. (1834), in-8°, Renouard; *Annales de l'imprimerie des Aldes*, ou *Histoire des trois Manuce et de leurs éditions*, Paris, 1834, in-8°, Renouard; *Aldo Manuzio* 1495-1516, par Armand Baschet, Venise, 1867, in-8°.

* **ALE**. Bière anglaise légère. — V. Bière.

ALEIRON ou **ALÉRON**. *T. techn*. Liteau auquel sont fixées les lisses d'un métier à tisser et qui

sert, au moyen des marches, à les faire jouer pour la fabrication du tissu.

* **ALENÇON** (Point d'). La ville d'Alençon jouit d'une réputation universelle pour sa fabrication de dentelle dite *point d'Alençon*, et pour sa production de tulles, de blondes et de mousselines. La dentelle d'Alençon est la seule dentelle française qui soit entièrement travaillée à l'aiguille; elle unit la richesse des dessins à la perfection du travail et se prête, grâce à l'habileté des mains qui l'exécutent, à la reproduction des motifs les plus riches et des effets des plus somptueux. Capable de résister au temps et au blanchissage plus que toute autre dentelle, destinée à représenter les plus beaux dessins, elle a mérité le surnom de Reine des dentelles.

Ce genre de dentelle se fabrique, comme nous l'avons déjà dit, entièrement à l'aiguille et sur un parchemin doublé d'une grosse toile; les ouvrières exécutent des morceaux de 20 à 30 centimètres. Ces morceaux achevés sont réunis au moyen de coutures imperceptibles et forment la coupe de dentelle.

Le salaire quotidien des ouvrières qui ne travaillent pas en atelier varie de 0 fr. 50 à 3 francs.

La dentelle d'Alençon s'exécute avec des fils de lin d'un prix très-élevé qui, bien que filés à la main, sont retors et d'une extrême finesse. On les tire du département de la Somme et plus particulièrement des environs du Nouvion. C'est à la qualité de ces fils que la dentelle d'Alençon doit sa réputation de beauté et de durée. — V. DENTELLE.

— Ce fut vers 1664 que Colbert fit venir à ses frais trente habiles ouvrières de Venise et les installa dans son château de Lourai. Le 5 août 1675, des lettres patentes consolidèrent l'établissement fondé à Alençon ; neuf ans plus tard les dentelles de Venise, de Gênes et de Flandres furent l'objet d'une prohibition. Vers le milieu du XVIII siècle, Alençon comptait plus de mille femmes occupées à la fabrication du point d'Alençon ; vingt ans plus tard le nombre des ouvrières était devenu dix fois plus important. La prospérité de cette industrie ne dura pas. Le point d'Alençon se vit préférer, sous le règne de Marie-Antoinette, des dentelles plus légères, beaucoup moins riches, partant moins coûteuses. Ce fut seulement sous l'empire qu'on remit en honneur la dentelle d'Alençon dont le succès ne fut qu'éphémère. Aussi, en 1830, on n'aurait, paraît-il, trouvé à Alençon que quelques centaines d'ouvrières produisant environ de 30 à 40,000 francs de dentelles. Mais, depuis cette époque, le nombre des ouvrières a considérablement augmenté et le point d'Alençon continue à être considéré comme le plus propre à servir de trait d'union entre l'industrie et l'art.

— Parmi les plus beaux morceaux fabriqués à Alençon, on cite la robe faite pour le baptême du roi de Rome, en 1810, et, dans ces dernières années, une toilette en point de bride bouclée, exposée à Vienne par M. Verdé-Delisle, reproduisant, comme exécution et comme dessin, une robe ayant appartenu à Mme de Pompadour. C'est un merveilleux objet d'art industriel.

ALÈNE. Espèce de poinçon d'acier droit ou courbé, dont les bourreliers et les cordonniers se servent pour percer le cuir afin de le coudre. Le fabricant d'alènes est appelé *alénier.*— V. AIGUILLE.

* **ALEPASE** ou **ALEPASSE.** *T. de mar.* Pièce de bois liée aux vergues nommées *antennes*, pour les fortifier.

* **ALÉPINE.** Etoffe dont la chaîne est en soie et la trame en laine fine mérinos, qui se fabrique à Amiens, Saint-Quentin, le Cateau et Bohain. C'est un article d'exportation.

— Elle est originaire d'Alep, d'où elle tire son nom.

ALÉRION. *Art. hérald.* Se disait autrefois d'un petit aigle sans bec et sans pattes qui avait les ailes étendues : ce qui indiquait une victoire remportée sur l'étranger.

— La maison de Lorraine portait d'*or à la bande de gueules, chargée de trois alérions d'argent*, et la maison de Montmorency avait seize alérions dans ses armoiries.

* **ALÉRON.** *T. tech.* — V. ALEIRON.

* **ALÉSAGE.** *T. tech.* Action d'agrandir, d'arrondir, de polir au moyen d'un instrument appelé *alésoir.*

ALÉSÉ. 1° *T. tech.* Se dit d'un tube, d'un trou quelconque rendu poli à l'intérieur. || 2° *Art hérald.* — V. ALÉZÉ.

ALÉSER. 1° *T. tech.* Opération qui consiste à agrandir, polir ou ajuster un tube. || 2° *T. de monn.* Aplanir les lés, redresser les bords, rehausser les cornes.

ALÉSOIR. Instrument dont se servent les mécaniciens, horlogers, etc., pour polir, agrandir ou ajuster un trou destiné à recevoir une pièce cylindrique quelconque qui doit y jouer ou s'y emmancher avec précision. Cet instrument consiste en une tige prismatique à arêtes vives, en acier trempé, et terminée par une partie en forme de tronc de pyramide allongée. On donne encore ce nom aux machines à aléser, consistant en un disque tournant sur lequel sont adaptées des lames coupantes en acier trempé, destinées à polir, finir, ou agrandir des cylindres d'un diamètre relativement grand ; par exemple : les corps de pompe, les cylindres de machines à vapeur, de machines soufflantes, etc., etc.

* **ALÉSURES.** *T. tech.* Débris qui tombent d'une pièce qu'on alèse.

* **ALETTE.** 1° *T. d'arch.* Petite aile ou jambage sur le pied droit. || Bord d'un trumeau qui dépasse une glace ou un pilastre. || 3° *T. de cordonn.* Cuir cousu à l'empeigne d'un soulier.

* **ALÉZÉ.** *Art. hérald.* Se dit des pièces honorables qui sont retranchées ou diminuées, ou qui ne vont pas jusqu'au bord de l'écu. On dit aussi : *alezé, pal alizé, croix alésée.*

ALFA. Plante dont le nom véritable est *sparte* ou *spart.* C'est sous cette appellation qu'elle est connue en Espagne et en Angleterre ; les Arabes la nomment el Halfa, et, par corruption, nous en avons fait le mot français *alfa.* C'est une graminée persistante, tribu des phalaridées, qui croît par touffes, principalement dans les terrains rocheux et pierreux des hauts plateaux inférieurs du tuf récent de l'époque quaternaire. La feuille d'alfa affecte la forme du jonc, mais en l'examinant, on s'aperçoit que cette petite tige n'est ni ronde ni fermée et qu'elle possède une légère commissure partant de sa base et se prolongeant jusqu'à sa pointe. Chaque touffe présente, en outre, un nombre plus ou moins grand d'autres feuilles que l'on peut appeler femelles et qui portent la graine ; elles apparaissent en décembre ou janvier et elles atteignent leur maturité complète en mai ou juin ; elles ressemblent à la paille de blé sans être lisses comme celle-ci et dépassent de beaucoup en hauteur les autres feuilles de la touffe. A leur extrémité elles portent un épi qui rappelle celui de la folle avoine.

— A l'origine, l'alfa a dû paraître sur les sommets élevés et rocheux des terrains tertiaires émergés, pour se répandre ensuite sur les tufs quaternaires ; naguère, il s'étendait sur le versant nord du Tell et sur la côte méditerranéenne de l'Espagne ; aujourd'hui il occupe d'immenses régions encore inexploitées sur les hauts-plateaux de l'Algérie.

L'usage de l'alfa remonte à la plus haute antiquité ; les Phéniciens envoyaient leurs vaisseaux en Espagne chercher cette plante pour faire des cordes et des paniers; de tous temps, les Espagnols et les Arabes l'ont utilisée, comme les Phéniciens, pour la confection de cordages, de cordes et de paniers de formes variées, plus tard, ils en ont fabriqué des nattes et des tapis : c'est là l'origine de la *sparterie*. — V. ce mot.

Ce sont les Anglais qui, les premiers, ont employé l'alfa pour la fabrication de la *pâte à papier*, et, jusqu'à présent, ils ont conservé le monopole de cette fabrication; leur consommation qui n'était que de 20,000 tonnes il y a une dizaine d'années, atteint aujourd'hui 200,000 tonnes et tend encore à augmenter. C'est de la province d'Oran principalement qu'ils tirent aujourd'hui cette plante, après l'avoir longtemps demandée à l'Espagne qui n'en produit plus relativement que de faibles quantités. Par une mauvaise exploitation et en surmenant la plante, les Espagnols seront, dans un avenir prochain, privés d'une richesse considérable, car l'alfa disparaît des régions où ils le récoltaient et leurs essais de repiquage sont restés infructueux. Comme disent les Arabes, « il n'y a que le vent qui sache semer l'alfa. »

L'alfa a de nombreuses applications industrielles : on en fait des cordes, des filets, des nattes. On le soumet d'abord à un rouissage de 20 à 25 jours, puis on le bat sous des pilons pour l'écraser et on lui fait subir ensuite le peignage et le filage, de même que pour le chanvre. Mais l'avenir industriel de cette plante consiste surtout dans son emploi pour la fabrication de la pâte à papier, dont les premiers essais remontent à quinze ans.

La pâte d'alfa s'obtient en macérant les feuilles dans un bain de soude; on les triture pour en recueillir les fibres et les débarrasser de la résinoïde, puis on blanchit ces fibres au moyen du chlore; on obtient ainsi la pâte que la papeterie transforme en papier de différentes espèces.

Les Anglais fabriquent avec cette pâte des moulures très-belles, que nos industriels achètent pour leurs moulures fines sans se douter de leur composition et de leur origine. On a pu voir à l'Exposition de 1878 des moulures et des cadres d'alfa d'une extrême blancheur exposés par la Compagnie franco-algérienne, concessionnaire de 300,000 hectares de terrains à alfa, situés sur les Hauts-Plateaux touchant au Sahara. L'exploitation habile de cette plante sur une étendue aussi considérable assure à notre colonie une source de revenus inépuisables.

* **ALFÉNIDE.** Alliage de cuivre, zinc et nickel, sur lequel l'argenture et la dorure adhèrent parfaitement. — V. ARGENTURE, COUVERT.

— Le mot *Alfénide* vient du nom de Halphen (Charles) qui, vers 1850, eut l'heureuse idée de faire entrer le nickel dans la composition du métal destiné à la fabrication des couverts. Jusqu'à cette époque, on appliquait l'argenture sur un alliage composé de environ 30 parties de zinc et de 70 parties de cuivre : c'était le laiton (V. ce mot) facilement fusible, ductible, malléale, et d'un jaune plus ou moins vif, mais lorsque l'usage et les frottements journaliers l'argenture était enlevée, le laiton reparaissait. La découverte de M. Charles Halphen fut un grand progrès pour l'industrie des couverts argentés; son nouvel alliage dota cette industrie d'un *métal blanc* parfaitement homogène, très-malléable, d'une résistance supérieure à celle du laiton et comparable à l'argent par sa couleur et son brillant. La fabrication de l'alfénide en France est assez importante. Bornel, dans le département

de l'Oise, qui comptait, en 1850, une vingtaine de feux, est aujourd'hui un pays riche et prospère, grâce à l'usine de la maison Halphen, qui occupe plus de cinq cents ouvriers honnêtes et laborieux.

* **ALFONSIN.** *Instr. de chirurg.* Instrument avec lequel on extrait les balles.

— Il a été inventé par Alphonse Ferri (1552) : de là son nom.

* **ALGÈBRE** (caract. d'). *T. d'impr.* Caractères typographiques spéciaux. Les compositions algébriques exigent les plus grands soins et une minutieuse attention.

— Autrefois, dans l'ancienne typographie, cette composition présentait de sérieuses difficultés; elle était défectueuse et irrégulière. Aujourd'hui, la fonderie en caractères est parvenue à en simplifier l'assemblage par une grande justesse dans la fonte et une grande précision dans la gravure.

Feu Bailleul, qui fut prote chez M. Bachelier, imprimeur-libraire à Paris, a beaucoup contribué au perfectionnement des signes algébriques, car il joignait à des connaissances typographiques très-étendues une certaine expérience dans la fonderie en caractères.

* **ALGÉRIENNE.** Sorte de tissu, ordinairement à rayures multicolores, que l'on emploie pour couvrir des meubles ou confectionner des rideaux.

ALGUE. Les algues sont des plantes marines qui trouvent des applications nombreuses et variées; dans la science, dans la thérapeutique, dans l'industrie et l'agriculture, elles sont appelées à rendre de grands services.

* **ALICHON.** *T. techn.* Planche de bois sur laquelle tombe l'eau qui imprime le mouvement à une roue de moulin.

ALIDADE. Règle mobile, ayant à ses deux extrémités une pinnule ou plaque percée d'une fente à son milieu; elle sert à tracer, sur un instrument appelé *planchette*, les lignes déterminant la direction des objets visés à travers les pinnules. Dans les intruments de précision, on préfère les lunettes aux alidades, pour pointer au loin avec plus de facilité et mettre plus de justesse dans les observations.

L'alidade des horlogers est une règle mobile sur une plate-forme, destinée à diviser les cadrans.

ALIGNEMENT. 1° *Voirie.* Direction imposée par l'autorité pour l'emplacement d'une construction quelconque le long d'une voie publique. || 2° *Trav. publics.* Partie de la ligne composant le tracé d'une voie de communication. Les alignements droits sont reliés entre eux par des *courbes de raccordement.*

* **ALIGNOIR.** *T. de mét.* Instrument en forme de coin dont on se sert pour fendre les blocs d'ardoise.

* **ALIMENTATEURS.** *T. de mécan.* Appareils destinés à alimenter les chaudières à vapeur. A mesure que l'eau se transforme en vapeur, une nouvelle quantité d'eau doit arriver pour remplacer celle qui s'est vaporisée; ce renouvellement doit être fait avec soin pour que le niveau de l'eau

ne s'élève pas trop haut ni ne descende trop bas. Tantôt l'alimentation est *automatique*, tantôt elle reste sous la dépendance du mécanicien qui l'effectue au moyen de robinets qu'il règle à son gré. Dans beaucoup de machines à vapeur à haute pression, l'alimentation se fait par des pompes foulantes, dites *pompes alimentaires*; dans les locomotives, elle est opérée par une machine spéciale. Depuis quelques années, on emploie de plus en plus un mécanisme direct d'alimentation qui remplace les pompes alimentaires parmi ces alimentateurs, l'*injecteur Giffard* est l'un des plus répandus; l'*alimentateur Macabies* est aussi très-apprécié. — V. CHAUDIÈRE A VAPEUR.

ALIMENTATION. *T. d'hyg.* Action de pourvoir aux besoins de l'organisme et de porter au sang les matériaux qui le confectionnent. Nos tissus et les matières secrétées proviennent du sang : la faim et la soif sont des sensations qui nous avertissent que le fluide nourricier s'appauvrit et qu'il a besoin de recevoir des éléments réparateurs; la faim et la soif sont donc les indices de la destruction d'une partie de nos tissus par l'activité de la vie : les aliments remplacent les parties éliminées ou détruites. La privation d'aliments détermine des faiblesses, du malaise; mais si cette privation de nourriture se prolonge au-delà de la limite de résistance à laquelle peut atteindre l'organisme individuel, les accidents deviennent plus graves et la mort par inanition en est le terrible résultat final.

L'alimentation pour être salubre doit être complète, c'est-à-dire qu'elle doit fournir : 1º des *substances respiratoires* pour l'*entretien de la température du corps ou de la chaleur animale*; 2º des *substances pour réparer les pertes* qu'éprouvent les tissus et pour subvenir à leur accroissement; 3º des *substances pour remplacer les matières entraînées par les sécrétions de toute nature.*

Une bonne alimentation doit contenir à la fois des aliments azotés et des aliments féculents une nourriture exclusivement féculente est affaiblissante; un régime purement azoté est trop excitant. Une alimentation rationnelle sera donc composée de substances végétales et de substances animales mélangées ou séparées; en outre, le régime doit être varié dans la nature et le mode de préparation des aliments. Tous les aliments ne sont pas d'une égale digestibilité; les végétaux sont moins digestibles que les substances animales; les viandes bouillies sont plus difficiles à digérer que les viandes rôties; les volailles noires plus difficiles aussi que les volailles blanches.

Lorsque l'homme doit produire une certaine somme de travail mécanique, il est nécessaire que son alimentation soit en grande partie composée de viande de boucherie; l'influence du régime sur la production du travail est considérable. Citons deux exemples à l'appui de cette affirmation : des ouvriers métallurgistes du Tarn, alimentés par un régime purement végétal, pain, maïs, pommes de terre, etc., perdaient individuellement par maladie ou faiblesse 15 jours de travail par an; les mêmes ouvriers, soumis ensuite à un régime animal, n'ont perdu que trois journées de travail, par maladie, lassitude, fatigue. Des terrassiers français travaillant au chemin de fer de l'Ouest, et soumis au régime végétal, faisaient un travail utile inférieur à celui des terrassiers anglais nourris avec de la viande : les mêmes ouvriers français ont produit autant que les terrassiers anglais lorsqu'ils ont été alimentés par des substances animales.

Quel que soit le régime alimentaire il faut manger avec modération; la sobriété est naturelle; elle est la condition indispensable de la santé : *qui mange beaucoup vit peu.* La modération et la tempérance sont recommandées par l'hygiène. Les excès de toute nature, que commettent les Européens en arrivant dans les contrées chaudes de l'Afrique, de l'Asie, de l'Amérique, sont la cause, bien plus que le climat, des atteintes qu'ils subissent, de la mort qui les frappe.

Les matières grasses jouent un rôle important dans l'alimentation des hommes des pays froids. Les hommes du Nord devant constamment réagir contre les influences réfrigérantes d'un climat rigoureux, la nature leur impose un régime alimentaire propre à donner beaucoup de chaleur par la combustion des substances qui le composent. Aussi leur nourriture consiste-t-elle en grande partie en viandes et en matières grasses. Les Lapons peuvent se nourrir presque exclusivement d'huile de poisson, de beurre de renne, etc. Les Russes consomment des quantités d'alcool qui seraient très-pernicieuses dans un climat moins froid que la Russie septentrionale.

Les législateurs des hébreux, des musulmans, des hindous et de presque tous les peuples des pays chauds, ont été inspirés par les règles de l'hygiène en défendant la viande de porc et les matières grasses qui en dérivent; ils ont en outre jeté la déconsidération sur le vin et les liqueurs alcooliques. La loi civile s'est appuyée sur la loi religieuse pour interdire ce qui portait atteinte à la santé générale. En effet, les viandes grasses, les graisses, les liqueurs alcooliques, constituent autant de sources de chaleur superflues, surabondantes, inopportunes et nuisibles sous les climats chauds; mais les matières grasses nuisibles à l'homme des contrées chaudes sont indispensables à celui des climats froids et rigoureux. Le régime alimentaire est corrélatif à la quantité et à la qualité des aliments; M. A. Becquerel pose les trois principes suivants : .

1º La quantité de nourriture que l'homme est obligé de prendre chaque jour est en raison directe de l'exercice qu'il fait et des efforts musculaires qu'il est obligé de déployer;

2º La quantité d'aliments consommée par l'homme est en raison inverse de l'élévation de la température de l'atmosphère;

3º L'homme n'a besoin, pour vivre, que d'une quantité de nourriture très-inférieure à celle qu'il consomme habituellement.

La résistance à la privation des aliments varie avec l'âge et les sexes : ce sont les enfants, puis les vieillards, ensuite les adultes qui offrent le moins de résistance à la suppression de l'alimentation. La femme a besoin de moins d'aliments que l'homme; un homme petit, faible, délicat, a besoin de beaucoup moins de nourriture qu'un homme grand, fort, robuste.

Un *régime purement animal* convient aux habitants des pays froids ainsi qu'aux personnes de nos régions tempérées qui se livrent à des exercices musculaires énergiques; le *régime végétal* exclusif est affaiblissant, il est plus spécialement approprié aux peuples des pays chauds qu'à ceux des régions froides ou tempérées; enfin le *régime mixte* ou *régime gras*, composé d'une quantité déterminée de substances animales et de substances végétales, est celui qui convient le mieux dans les climats tempérés.

D'ailleurs le régime est modifié par l'âge, le sexe, le climat et les habitudes : dans la vieillesse la nourriture doit être prise en petite quantité et composée de substances facilement digestibles : les femmes peuvent se contenter d'une alimentation dans laquelle dominent les substances végétales. Une alimentation mauvaise ou insuffisante chez les jeunes gens et les enfants détermine trop souvent la formation d'un tempérament lymphatique, quand elle ne produit pas des effets plus désastreux.

Les *aliments sont donc des substances destinées à fournir à l'organisme les éléments de réparation des tissus et les matériaux de la chaleur animale;* ils sont fournis par le règne organique; on les nomme *complets* quand ils contiennent tous les éléments de nos tissus et les matériaux nécessaires à la combustion respiratoire : le lait pour le jeune mammifère, l'œuf pour l'oiseau embryonnaire sont des aliments complets; ils sont dits *incomplets* quand ils ne satisfont pas à cette double condition.

Les aliments doivent leur valeur nutritive aux principes immédiats qu'ils contiennent; les *uns azotés* comme la fibrine, l'albumine, la caséine, la gélatine, les autres *non azotés,* tels que les graisses, le beurre, le miel, la cire, le sucre, les fécules, les huiles, etc.

D'après leur composition générale et leur rôle, les aliments se divisent donc en : 1° *aliments plastiques* ou *azotés* qui servent à la confection et à la réparation des tissus, ils forment les muscles, les os et toutes les parties vivantes; 2° *aliments respiratoires ou féculents* non azotés, qui pourvoient à la respiration en lui fournissant des matériaux combustibles, et par suite à la production de la chaleur animale.

Une *ration normale alimentaire* doit fournir à l'homme, par 24 heures, 310 grammes de carbone et 130 grammes de matière azotée contenant 20 grammes d'azote. C'est dans un poids de 1 kilogramme de pain et 286 grammes de viande que sont renfermées ces quantités de carbone et de matière azotée; par conséquent, une ration normale de pain et de viande sera composée de 286 grammes de viande et de 1 kilogramme de pain. Cette dépense ne constitue que la *ration d'entretien,* mais elle ne pourrait suffire à la plupart des hommes, qui font des travaux fatigants, longs, pénibles : à la ration d'entretien, il est dès lors in-

dispensable d'ajouter la *ration de travail ou de production.* Les équivalents alimentaires sont les quantités en poids des diverses substances, qui peuvent produire les mêmes effets en carbone et en azote, que 286 grammes de viande et 1000 grammes de pain. Ainsi une ration normale de fèves et de riz se composerait de 350 grammes de fèves et de 425 grammes de riz; une ration de riz et de viande contiendrait, riz 590 grammes et viande 500 grammes. Connaissant la composition chimique en azote et en carbone de chaque substance alimentaire, une simple proportion permet de calculer la composition d'une ration normale de telle ou telle substance, soit pour l'homme, soit pour les animaux domestiques.

M. Bixio, dans un mémoire sur l'*alimentation des chevaux* (1878), semble attribuer à M. Grandeau des faits connus depuis longtemps sur la composition des rations normales et exposés avec netteté par M. Payen dans son livre : *Précis théorique et pratique des substances alimentaires* (1865) et résumés dans notre *Traité d'hygiène* (1870) bien avant la publication du mémoire de M. Bixio.

Chez les animaux comme chez l'homme, quel que soit le genre d'alimentation, on doit distinguer la ration d'entretien ou indispensable à l'existence, et la ration de production et de travail. Nourri avec la ration d'entretien seulement, l'animal domestique ne donne pas de produits. Si la quantité d'aliments dépasse la somme des besoins réels, le poids de l'animal s'accroît proportionnellement à cet excédant de nourriture; il grossit, il grandit sous l'influence de cette ration de production ou de travail : on obtient plus de lait, de laine, de graisse, de viande ou de travail : la quantité d'aliments formant la ration d'entretien correspond sensiblement au poids des animaux domestiques. D'après MM. Riedesel et Boussingault, la ration de production doit être par jour de 1/60 du poids vivant s'il s'agit seulement de l'entretien de l'animal; mais s'il faut faire produire à celui-ci de la viande, de la graisse ou du lait, cette ration doit être doublée ou portée à un 1/30. C'est donc six fois à douze fois son poids en fourrages secs qu'un animal doit consommer dans un an suivant sa destination. — A. F. N.

Alimentation des machines à vapeur. — V. LOCOMOTIVES, MACHINE A VAPEUR.

— V. FONSSAGRIVES : *Entretiens familiers sur l'hygiène,* Paris, G. Masson; PAYEN : *Précis théorique et pratique des substances alimentaires,* Paris, Hachette; A. BECQUEREL : *Traité élémentaire d'hygiène;* BIXIO : *De l'alimentation des chevaux,* Paris, Librairie agricole.

ALINÉA T. *d'impr.* Ligne nouvelle dont le premier mot rentre sur les autres lignes. Voici, en typographie, la forme du cadratin, à l'aide duquel on forme l'alinéa :

Depuis quelques années, la typographie française a adopté le système étranger, qui consiste à marquer les alinéas par deux cadratins ou renfoncements, dans les formats in-folio et in-quarto.

— Il y a longtemps que ce mode était déjà en usage à l'étranger, c'est-à-dire en Allemagne et en Italie. On en trouve la preuve dans la *Dissertation qui a remporté le prix à l'Académie royale des sciences et belles-lettres de*

Prusse, sur la nature, les espèces et les degrés de l'évidence. Berlin, 1764, in-4°, imprimé en français, en latin et en allemand.

* **ALIZARINE NATURELLE.** Principe colorant extrait de la garance, qui s'obtient en traitant la poudre de garance par l'acide sulfurique, ce qui donne la *garancine;* celle-ci, sublimée, produit l'alizarine en paillettes jaunes à reflet rouge, solubles dans l'eau, l'alcool, l'ether, etc. — V. GARANCE.

— V. *Les Bulletins de la Société industrielle de Mulhouse,* travaux de MM. KŒCHLIN et Henri SCHLUMBERGER.

* **ALIZARINE ARTIFICIELLE.** *T. de chim.* Lorsqu'on oxyde l'anthracène par l'acide chromique et qu'on dissout le corps obtenu (*oxanthracène*) dans l'acide sulfurique fumant et que l'on décompose le nouveau produit obtenu par l'hydrate de potasse en fusion, on obtient l'*alizarine*, matière tinctoriale très-puissante et très-stable. La fabrication de l'alizarine artificielle est devenue une branche importante de l'industrie. Le prix de cette matière sèche était de 175 francs le kilogramme en 1874 ; la production totale de la garance est de 47,500,000 kilogrammes par année, représentant 54 millions de francs, donc 100 kilogrammes de garance vaudraient 113 fr. 60 c. Dans la garance, il y a environ 1,5 0/0 de matières colorantes pures, 0,755 0/0 d'alizarine et 0,75 0/0 de purpurine, en moyenne il y a 1 0/0 d'alizarine dans la garance. Or pour remplacer cette matière colorante par l'alizarine artificielle, il faudrait produire 367,200 kilogrammes d'alizarine sèche, ce qui exigerait 700,000 à 740,000 kilogrammes d'anthracène.

— L'alizarine commerciale se présente sous forme d'une pâte orangée plus ou moins riche. Ses qualités dépendent de diverses circonstances, notamment de la pureté de l'anthracène, des proportions et de la concentration de l'acide sulfurique qui a réagi sur l'anthraquinone, de la température à laquelle cette réaction s'est accomplie, de la quantité et de la concentration de la lessive de soude qui a réagi sur les acides sulfo-conjugués, enfin de la température à laquelle cette réaction a eu lieu. Cette production d'alizarine artificielle a-t-elle atteint et est-elle de nature à atteindre sérieusement, dans l'avenir, la culture, le commerce, la préparation industrielle et les débouchés de la garance? A cette double question il semble qu'on doive répondre par l'affirmative. Une des fabrications qui employaient le plus de fleur de garance et de garancine, celle du rouge d'Andrinople, trouve de nombreux avantages à remplacer ces produits par l'alizarine artificielle, qui l'emporte par la solidité et l'éclat de la nuance, aussi bien que par la simplicité plus grande des procédés de teinture.

— V. *Rapport* de M. A. WURTZ, *sur les matières colorantes artificielles,* 1873.

PRÉPARATION DE L'ALIZARINE ARTIFICIELLE. La production de l'alizarine artificielle s'est accrue d'une manière considérable, et cela, en partie, au détriment de la culture de la garance; sa production était estimée, dans ces dernières années à 5,000 kilogrammes par jour; son prix, d'abord très-élevé, s'est abaissé bientôt à 25 francs le kilogramme et au-dessous.

On sait que la racine de la garance doit ses propriétés tinctoriales à la fois à l'alizarine et à la

purpurine. Cette dernière matière colorante, qui diffère de l'alizarine par un atome d'oxigène en plus (formule $C^{14} H^8 O^5$), fournit des nuances plus rouges, mais moins violacées que sa congénère l'alizarine (formule $C^{14} H^8 O^4$).

Une légère modification dans la manipulation, au lieu de l'alizarine, fournit un isomère de la purpurine ou l'*isopurpurine.* Enfin, M. de Lalande a transformé, par voie d'oxydation, l'alizarine artificielle en *purpurine* ($C^{14} H^8 O^5$). — V. MATIÈRES COLORANTES.

MM. Graebe et Lieberman ont reconnu les premiers que l'alizarine dérivait de l'*anthracène* ($C^{14} H^{10}$) par oxydation ou addition d'oxygène. En effet, en chauffant l'anthracène avec l'acide chromique ou avec un mélange de bi-chromate de potasse et d'acide sulfurique on produit l'*oxanthracène ou anthraquinone* ($C^{14} H^8 O^2$); à son tour, l'oxanthracène purifié et chauffé avec l'acide sulfurique fumant se transforme en acide *di-sulfoanthraquinonique;* celui-ci, fondu avec l'hydrate de soude se dédouble en sulfate de soude et en *alizarine artificielle;* enfin, l'alizarine oxydée par un mélange de bioxyde de manganèse et d'acide sulfurique donne la purpurine.

Cette réaction a beaucoup d'analogie avec la transformation de l'aniline et de la toluidine en rosaniline ou fuchsine.

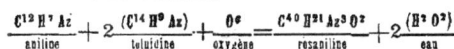

$$\underset{\text{aniline}}{C^{12} H^7 Az} + 2\,\underset{\text{toluidine}}{(C^{14} H^9 Az)} + \underset{\text{oxygène}}{O^6} = \underset{\text{rosaniline}}{C^{40} H^{21} Az^3 O^2} + 2\,\underset{\text{eau}}{(H^2 O^2)}$$

La première méthode industrielle pour préparer l'alizarine artificielle est celle de Graebe et Liebermann, brevetée en 1868. Depuis d'autres brevets ont été pris par divers chimistes pour le traitement de l'anthracène; mais les divers procédés de traitement s'écartent peu les uns des autres. Grâce aux progrès réalisés dans la fabrication par MM. Dale, Schorlemmer, Caro, Broenner, Gutzkow, etc., l'alizarine artificielle est devenue la base d'une industrie importante.

En 1869, Perkin prit un brevet pour la fabrication de l'alizarine par un procédé analogue à celui de MM. Graebe, Liebermann et Caro. Un autre brevet pris en 1870 par ces derniers chimistes modifia leur premier traitement en transformant immédiatement, à l'aide des *oxydants,* l'anthracène en acide *bisulfanthracénique* et ce dernier en acide bisulfanthraquinonique. Le procédé de MM. Dale et Schorlemmer, breveté en 1870, apporta une plus grande simplification à la préparation de l'alizarine artificielle; d'ailleurs il consiste essentiellement à faire bouillir 1 partie d'anthracène avec 4 ou 10 parties d'acide sulfurique concentré; on sature des alcalis, on élimine les sulfates formés, on traite finalement la solution des *bisulfanthracénates* formés par un alcali caustique additionné d'un peu de chlorate de potasse ou de salpêtre, on évapore, on chauffe vers 180° à 260° jusqu'à l'apparition d'une couleur bleue-violet. De la masse fondue on extrait l'alizarine par précipitation avec un acide minéral.

Pour produire un poids déterminé d'alizarine sèche, il faut théoriquement le même poids d'anthracène pur; mais en réalité, dans la pratique, on n'obtient que les 50 à 60 0/0 du poids de l'anthracène : donc pour fabriquer 367,200 kilogrammes d'alizarine, il faudrait consommer 700,000 à 740,000 kilogrammes d'anthracène. En 1871, l'Angleterre a produit 300,000 à 400,000 kilogrammes d'anthracène et, en 1872, 1,500,000 à 1,800,000 kilogrammes.

L'alizarine artificielle, avant d'être employée comme matière colorante, doit être soigneusement purifiée en la dissolvant dans une lessive alcaline un peu alumineuse; ensuite on sépare l'alizarine de la laque au moyen de l'acide sulfurique étendu. L'alizarine ainsi obtenue est lavée jusqu'à ce que le liquide qui passe n'ait plus de réaction acide. Lorsque l'alizarine n'est pas suffisamment purifiée, le teinturier se prépare des mécomptes sérieux, car le tissu peut être altéré par l'acide, ou la matière colorante donne des nuances autres que celles demandées par la consommation. L'alizarine artificielle commerciale se présente sous la forme d'une pâte assez fluide, neutre, d'une couleur jaune tirant plus ou moins sur le bleuâtre: elle est livrée au commerce dans des vases de verre, dans des caisses en zinc ou des barils en bois. — V. GARANCE.

ALIZIER ou **ALISIER**. Arbrisseau épineux assez commun en France; son bois est apprécié à cause de sa dureté par les menuisiers et les luthiers : cès derniers en font des flûtes.

ALKERMÈS. Liqueur de table très-excitante qui tire son nom du kermès végétal employé pour la colorer en rouge. On la prépare avec des feuilles de laurier, du macis, de la muscade, de la cannelle et du girofle; après infusion on distille et on ajoute le sucre.

* **ALLÈCHEMENT.** T. d'art. Se dit du soin que le graveur ou le sculpteur apporte dans l'achèvement de son œuvre pour obtenir une beauté parfaite.

ALLÈGE. 1° T. d'arch. Mur d'appui d'une fenêtre, moins épais que l'embrasure, et sur lequel portent les colonnettes ou meneaux qui divisent la croisée.

— Au xvᵉ siècle, l'allège est souvent décorée par des balustrades aveugles, comme on le voit encore dans un grand nombre de maisons de Rouen, à la maison de Jacques Cœur, à Bourges; au xvᵉ siècle, d'armoiries, de chiffres, de devises et d'emblèmes. (VIOLLET-LE-DUC : Dict. d'arch.)

|| 2° T. de chem. de fer. Chariot d'approvisionnement qui porte l'eau et le charbon. || 3° T. de mar. Chameau ou sorte de machine qui sert à soulever un vaisseau dans les bas-fonds. || 4° Petit bâtiment, dont la fonction ordinaire est d'alléger les grands navires, de porter une portion de leur charge pendant leur armement ou leur désarmement.

— Le navire qui ramena de Luxor l'obélisque de la Concorde était un allège à trois mâts verticaux de trente-cinq mètres de quille environ.

* **ALLÉGEMENT.** T. de grav. Action de la main qui forme les tailles et les hachures en appuyant légèrement dans les endroits indiqués.

ALLÉGER, ALLÉGIR. T. techn. Diminuer le volume d'une poutre, d'un châssis; rapetisser, aiguiser.

ALLÉGORIE. Représentation sous une forme concrète, généralement anthropomorphe d'une idée, d'un être abstrait, d'un objet inanimé. Exemples : on représentera la Chasse sous la figure de Diane; l'Automne sous celle de Bacchus, dieu de la vigne; l'Aurore sous celle d'une jeune déesse effeuillant des roses; un Fleuve sous celle d'un vieillard accoudé sur une urne d'où l'eau s'épanche, etc. L'allégorie manque souvent de clarté; pour la rendre moins obscure, on a recours aux symboles, emblèmes, devises et attributs consacrés par l'usage (V. ces mots).

— Dès sa plus haute origine, nous voyons l'art procéder immédiatement de l'idée religieuse; les artistes représentent les divinités, les mystères et les rites du culte qu'ils observent eux-mêmes; le corps sacerdotal impose aux peintres et aux sculpteurs les formes symboliques, les attributs distinctifs du dieu et les emblèmes de sa puissance. Plus tard, le mode héroïque s'allie au mode religieux, et l'allégorie, qui est le fond même de la mythologie, inspire les belles exécutions de l'art ancien; enfin, l'imitation des formes naturelles devient plus précise et se substitue aux formes conventionnelles; les demi-dieux et les héros ne sont plus les seuls sujets de la peinture et de la sculpture, c'est dans l'expression intime et violente des passions humaines que les artistes cherchent l'inspiration. C'est alors qu'Appelles, le peintre d'Alexandre, peint la Calomnie, où il place les figures allégoriques de la Délation, de l'Envie, de la Fourberie, de la Perfidie, de l'Ignorance, de la Suspicion, de la Repentance et de la Vérité.

Les monuments primitifs de l'art chrétien sont remplis d'allégories qui avaient pour but d'agir avec plus de puissance et d'énergie sur l'âme ou l'esprit des initiés; du xiᵉ au xvᵉ siècle, les artistes, ou plutôt les supérieurs ecclésiastiques qui les dirigeaient, ont inventé d'admirables allégories qui se traduisaient depuis le portail de la cathédrale jusqu'à la verrière encadrée dans l'ogive de ses fenêtres, par des milliers de figures aux formes naïvement belles et élégantes, écrasant les figures hideuses du vice.

L'art contemporain n'a recours à l'allégorie que dans la décoration peinte et sculptée des monuments. Parmi les plus récents exemples qu'il en ait donnés, on peut citer le grand plafond du pavillon de Flore aux Tuileries peint par M. Cabanel, et le beau fronton de la façade sud du même édifice où le statuaire Carpeaux a représenté « La France éclairant le Monde et protégeant l'agriculture et la science. »

* **ALLEMAGNE** (1). Le premier pays dont nous avons à parler, puisqu'il est soumis à l'ordre alphabétique, c'est l'Allemagne. Or, l'Allemagne a reculé devant la lutte

(1) Dans cette multitude de matériaux que nous avons amassés depuis de longues années, pour l'édification du Dictionnaire de l'industrie et des arts industriels, nous avions réuni, sous le mot EXPOSITIONS, les études que nous avons faites, en 1878, au palais du Champ-de-Mars et au Trocadéro; mais l'étendue de notre programme renvoie la publication de ce mot à une époque où le souvenir de la dernière exposition sera déjà un peu effacé; il nous a donc fallu modifier notre plan. Nous avons divisé ce travail d'ensemble, et, en reportant à chacune de nos industries le résultat de nos investigations, nous avons consacré à l'industrie et aux arts des sections étrangères, une esquisse à grands traits que nous publions en respectant l'ordre alphabétique. Nous avons cherché à donner la note caractéristique du génie de chaque peuple, en même temps que nous avons dû établir les rapports industriels et commerciaux de ces pays avec le nôtre. C'était une tâche ardue et délicate, mais nous y avons mis un soin extrême et nous nous sommes adressés aux divers gouvernements pour obtenir des documents statistiques. Nous avons excepté l'Allemagne qui n'a point voulu engager la lutte avec la France et les autres nations, et prendre part à cette manifestation pacifique. Nous espérons que le lecteur lira avec intérêt ces études comparatives.

courtoise qui lui était offerte ainsi qu'à toutes les nations. Elle n'a pris part à l'Exposition de 1878 que dans la section des beaux-arts. Mais, comme à nos yeux, l'art est le générateur absolu de l'art industriel, nous pouvons tirer quelque enseignement du Salon allemand. Tâchons d'être juste. Il est toujours difficile d'être juste. — Quand elle ne procède pas d'une native indifférence voisine de l'apathie nerveuse qui caractérise les animaux à sang-froid, l'impartialité suppose un empire sur soi-même, une force de volonté assez énergique pour triompher de nos plus légitimes ressentiments. Au seuil de la galerie allemande, il nous faut donc oublier les amertumes dont notre cœur est plein, écarter nos préventions, nous souvenir que l'art est une œuvre de paix étrangère à nos griefs et juger les artistes d'outre-Rhin, sans parti-pris comme sans faiblesse. Tel est le sentiment qui animait la plupart des visiteurs français au Champ-de-Mars. Il nous a semblé même que dans leur esprit d'équité, dans leur commun désir de justice, ils allaient plus loin qu'il ne convient; ils poussaient l'impartialité jusqu'aux limites de la complaisance et même au-delà.

Rien ne prouve mieux notre bonne foi en même temps que notre naïve infatuation. Nous sommes comme stupéfaits de rencontrer quelques hommes de talent chez un peuple qui fut l'adversaire heureux de la patrie française. D'une semblable surprise à crier au miracle ou tout au moins au chef-d'œuvre, il n'y avait qu'un pas, beaucoup l'ont franchi. C'est trop. Il ne faut pourtant pas que le sentiment de l'hospitalité, même ici, nous aveugle à ce point. Généreux, nous devons l'être. Dupes, non.

Louons l'excellente installation de la salle. La lumière y était sagement mesurée, ni trop étouffée, ni trop intense; les marbres entourés de feuillages étaient placés dans les véritables conditions où la statuaire doit être montrée; une table couverte de livres invitait à s'approcher, les sièges à s'asseoir; on était là comme dans la galerie d'un opulent collectionneur, on ne s'y heurtait pas aux angles et aux raideurs du génie civil. — Voilà qui est parfait. Mais dans ce salon si bien décoré, y avait-il une peinture capitale, une seule? Y avons-nous vu une œuvre équivalente à celle de l'autrichien Makart, du hongrois Muncaksy, de l'italien Monteverde, des anglais Millais et Jones Burne, du belge Alfred Stevens, car je ne parle pas de la France? — Eh bien, non!

On aura remarqué que seul entre tous les catalogues, celui de l'exposition allemande ne fournissait aucune indication sur le lieu de naissance des artistes. La raison de cette lacune est dans ce fait, que nous avons vu figurer sous le pavillon allemand bien des tableaux, et non les pires, qui étaient l'œuvre d'artistes autrichiens et norwégiens. Ce qui appartient sans conteste à l'Allemagne, c'est l'école de Düsseldorf, dont M. Louis Knaus est le chef bien connu en France. Cette école du petit sujet, qui vit du costume et des mœurs populaires, de la mimique et de l'expression, du rire et des larmes, a fait une fortune rapide en Europe et trouvé partout de nombreux imitateurs. Le visiteur s'arrête à leurs compositions et s'en amuse. Cela suffit et nous n'aurions pas à en parler plus longuement, si M. Knaus, lui-même, n'avait pas exposé cinq tableaux qui, à l'exception d'un seul, l'Enterrement, témoignent d'un sensible affaissement du talent de l'artiste. M. Knaus n'eût pas pris la belle place qu'il occupe dans l'art contemporain s'il ne nous eût jamais montré que de telles œuvres. Autrefois ses compositions procédaient d'une très-fine observation de la nature humaine, surprise à son insu, dans l'intimité de ses sentiments et transportée toute vive sur la toile. Aujourd'hui les personnages de M. Knaus savent trop qu'ils iront aux expositions, dans les musées, qu'on les regardera, qu'ils feront sourire et rire, et d'avance eux-mêmes ils rient de leur propre esprit. Ce ne sont plus des paysans, ce sont des comédiens qui jouent, en le chargeant, le rôle de paysans. Ils disent *jarnigué* et *j'allons* en langage tudesque.

L'affectation est le vice capital de l'art en Allemagne, c'est le vice de son art industriel. Tout y est voyant, criard, boursouflé, enflé, lourd, prétentieux, riche d'une richesse de parvenu. L'Allemagne a prudemment agi en se retirant du concours des nations artistes. Le goût lui manque, elle a la force. Elle eût pu lutter dans le domaine des industries de mort et de destruction, dans celui de la création et de la vie, non! Elle n'a qu'une supériorité, son nom est Krupp.

* ALLEMANDERIE. Forge où l'on réduit le fer en petites bandes.

* ALLEVARD (mines d'). Allevard (département de l'Isère, arrondissement de Grenoble), possède de beaux gisements de minerais de fer d'excellente qualité, encaissés dans le micaschiste et fondus en partie par les hauts-fourneaux de la localité.

Les forges et hauts-fourneaux d'Allevard fabriquent des fontes aciéreuses, des aciers et des fers estimés.

Les filons de minerai de fer d'Allevard, de Vizille, d'Allemont, ont pour orientation dominante E. 30°, S; leur puissance est variable; rarement elle dépasse de 2 à 3 mètres; le minerai est presque partout du *fer spathique* (carbonate de fer ou sidérose cristallisée), transformé à sa surface en hydroxyde de fer ou *mine douce*. Dans ces minerais manganésés, on distingue deux variétés : les *rives* (petites lamelles cristallines) et les *maillats* (grandes lamelles).

— Le quintal métrique de minerai coûte environ 1 fr. 20 d'extraction et 1 fr. 25 de transport, soit 2 fr. 45 sans compter le grillage. On a extrait en :

1873	1874	1875
tonnes.	tonnes.	tonnes.
5,470	4,539	4,771

Ces minerais sont en partie expédiés aux hauts-fourneaux de l'Isère, du Rhône et de Saône-et-Loire.

Les hauts-fourneaux et forges de l'Isère ont produit de 1873 à 1875 :

	1873	1874	1875
	tonnes.	tonnes.	tonnes.
Fontes.	18,694	22,446	20,432
Aciers.	5,807	5,153	5,130
Fers.	10,955	10,971	9,810

C'est sur la commune d'Allevard et dans les communes limitrophes que se trouvent les principales concessions de minerai spathique, dit minerai d'Allevard; ces concessions sont : *La Croix-Reculet, Col-Plumé, les Envers-Nord, les Envers-Sud, l'Eteiller, le Fayard, la Feuillette, Génivelle, Grand-Champ, l'Occiput, Paturel, Planchanet, la Rivoire, Rossignol, Saint-Pierre-d'Allevard, le Taillet, les Tavernes*, etc.

Ces minerais sont en partie fondus à Chasse, à Givors et au Creusot.

ALLIAGES. T. techn. On désigne sous le nom d'*alliages* les produits qu'on obtient par l'union de certains métaux entre eux.

Les caractères généraux des alliages sont analogues à ceux des métaux : ils ont, comme ceux-ci, l'éclat, la dureté, la conductibilité, l'élasticité, la ductilité, la malléabilité, la sonorité, etc... Les alliages tiennent en quelque sorte le rang de métaux nouveaux, doués de qualités particulières qui les rendent propres à des applications spéciales.

On a longtemps considéré les alliages comme de simples mélanges; il paraît plus rationnel de les assimiler à des combinaisons nettement définies, associées avec un excès de l'un ou de l'autre des métaux entrant dans ces combinaisons.

En général, la fusibilité d'un alliage est plus grande que celle du plus fusible des métaux dont il est formé; la densité n'est pas la moyenne des densités des composants, et ce caractère nécessite même des précautions exceptionnelles pour assurer l'homogénéité des alliages, en évitant, par un brassage énergique, la séparation du métal le plus dense; mais lorsque le brassage a produit l'homogénéité voulue, elle subsiste tant que l'alliage reste liquide. Durant la solidification lente il arrive que, pour divers alliages, le métal le plus lourd se rassemble à la partie inférieure du creuset : c'est le phénomène auquel on a donné le nom de *liquation*, et qu'on utilise, dans certains cas, pour séparer des métaux alliés, tels que l'argent et le plomb, quand ils forment un alliage pauvre qu'on ne peut traiter avantageusement par la coupellation.

Considérant les alliages comme des combinaisons chimiques, il faut admettre que les affinités s'exercent avec très-peu d'énergie et qu'elles se détruisent facilement. L'action de la chaleur suffit, en effet, pour décomposer la plupart des alliages. Certains métaux se séparent alors par volatilité, d'autres par oxydation.

Nous bornerons à ces données générales l'énoncé des propriétés des alliages, et nous passerons maintenant rapidement en revue les alliages les plus importants et les plus employés dans les applications industrielles.

Alliages d'or. L'or s'allie avec l'argent, avec le cuivre, l'étain, le plomb, le bismuth.

Les principaux alliages d'or sont ceux qu'on forme avec l'argent et avec le cuivre, et qu'on emploie pour la fabrication de la monnaie et des bijoux. L'argent donne à l'or un ton d'un jaune verdâtre, l'*or vert*; le cuivre, au contraire, en rehausse la couleur et lui donne une teinte plus rougeâtre.

On appel *titre* d'un alliage d'or, la proportion d'or entrant dans un kilogramme de cet alliage, ce poids étant représenté par 1,000 grammes.

Le titre de l'alliage des monnaies d'or est de 900/1000.

Le titre de l'alliage des médailles d'or est de 916/1000.

Les titres des bijoux en or sont de 750/1000, 840/1000 et 920/1000.

On accorde une tolérance de 2/1000 en plus ou en moins pour ces trois derniers titres d'alliages.

Alliages d'argent. L'argent s'allie au cuivre pour la fabrication des monnaies et de l'orfévrerie; il acquiert ainsi plus de résistance et de dureté.

Le titre de l'alliage des monnaies d'argent est de 900/1000.

Celui de la vaisselle d'argent et des médailles d'argent est de 950/1000.

Les titres de la bijouterie d'argent sont de 750/1000 et 800/1000.

La tolérance est de 2/1000 pour les premiers titres, elle va jusqu'à 5/1000 pour les alliages destinés à la bijouterie.

Alliages de cuivre. Le cuivre est de tous les métaux celui qui peut former les alliages les plus variés. Nous venons déjà de le voir entrer dans les alliages d'or et d'argent; mais lui-même joue le rôle de métal principal dans un grand nombre de combinaisons, dont le *bronze* et le *laiton* sont sans contredit les plus importants.

Bronze. Le bronze est en général un alliage de cuivre et d'étain, avec une petite proportion de zinc et parfois de plomb.

La composition du bronze varie avec les applications qu'on veut en faire. L'augmentation de la proportion d'étain rend l'alliage plus sonore et plus dur, mais aussi plus cassant; il présente toutefois la propriété remarquable de devenir malléable, lorsqu'on lui fait subir une trempe plus ou moins forte après l'avoir chauffé à une haute température; c'est cette propriété qu'on utilise dans la fabrication des tam-tams et des cymbales. — V. BRONZE.

Le *bronze industriel*, employé pour les coussinets, tiroirs, glissières, et toutes autres pièces mécaniques se compose de 81 parties de cuivre, 17 d'étain, 2 de zinc.

Le bronze spécial pour la robinetterie est un alliage de 88 de cuivre avec 8 d'étain et 4 de zinc. Toutefois, ces proportions sont susceptibles de quelques variations, surtout quand les fabricants veulent obtenir des alliages dont le prix de revient soit aussi bas que possible.

Laiton. On donne généralement le nom de *laiton* à l'alliage de cuivre dans lequel le zinc domine au lieu de l'étain.

Le laiton employé pour les pièces tournées, pour la robinetterie, par exemple, renferme ordinairement 67 parties de cuivre et 33 de zinc.

Le laiton en planches est composé de façons diverses; les proportions courantes sont de 64,6 à 65,8 de cuivre, 33,7 à 31,8 de zinc, de 1,5 à 2,2 de plomb, et de 0,2 d'étain.

Le laiton, coulé en lingots ou en baguettes spéciales, pour la tréfilerie, qui produit le *fil de laiton*, se compose de 64 à 65 de cuivre, 33 à 34 de zinc, et 0,8 d'étain et de plomb.

Le *similor* est un alliage de 80, 84, 86, 88 de cuivre, avec 20, 16, 14, 12 de zinc; la dureté, l'éclat de la couleur, le brillant, augmentent avec la proportion du cuivre. L'addition d'une très-faible quantité de plomb donne à cet alliage une nuance qui rappelle celle de l'or vert.

Le *chrysocale*, employé par la bijouterie, se compose de 90 à 92 de cuivre, 7,9 à 6 de zinc, et 1,6 de plomb ou 2 d'étain.

Le laiton se fabrique en alliant par fusion dans des creusets le cuivre et le zinc, ou bien aussi en fondant le cuivre avec de la *calamine*, minerai de zinc carbonaté. On le coule ensuite dans des formes ou moules appelés *lingotières*, dont les types les plus parfaits ont été créés vers 1862, par M. Forget, constructeur à Verneuil (Eure), pour couler les planches et surtout les baguettes destinées à la tréfilerie. — V. LINGOTIÈRE.

Alliages de nickel. Ces alliages, dont l'emploi s'est développé dans l'orfèvrerie, ont acquis depuis un certain nombre d'années une grande importance industrielle, sous les noms de *maillechort, argentan, packfong, alféride, métal blanc,* etc. Ce sont des alliages de nickel avec du cuivre et du zinc dans des proportions très-variables.

Le *packfong* ordinaire est composé de 2 parties de nickel, 8 de cuivre et 3 1/2 de zinc. Le *packfong blanc* est formé de 3 parties de nickel, 8 de cuivre et 3 1/2 de zinc; sa teinte blanche est aussi belle que celle de l'argent au titre de 750 millièmes.

Alliages de plomb et d'étain. Ces alliages, dont la série est très-nombreuse, comprennent la *poterie* d'étain, la soudure des plombiers, la robinetterie des fontainiers, etc. La densité de ces alliages est variable suivant leur composition ; ils sont plus durs, en général, que chacun des métaux qui entrent dans leur préparation, et se travaillent mieux sur le tour.

La *poterie d'étain* est formée de 90 à 92 de plomb avec 8 à 10 d'étain ; dans les flambeaux, les robinets et autres objets tournés, on introduit jusqu'à 20 0/0 d'étain.

La *soudure des plombiers* est formée de 2 parties de plomb avec une partie d'étain ; on l'emploie spécialement pour souder le plomb et le cuivre. La soudure pour fer-blanc se compose de 7 parties de plomb et de 1 partie d'étain. — V. SOUDURE.

Alliages d'antimoine. Le principal de ces alliages est celui qui sert à fabriquer les *caractères d'imprimerie.* Il est formé de 75 parties de plomb et 25 d'antimoine.

Un autre alliage, qui a été employé sous le nom de *métal d'Alger* pour la fabrication des couverts, est formé d'étain avec une petite quantité d'antimoine. Quand la proportion d'antimoine est trop forte, le métal devient cassant.

Alliages de bismuth. Le bismuth allié au plomb et à l'étain, constitue divers alliages dont le point de fusion est très-peu élevé. On a tiré parti de cette propriété pour composer des *alliages fusibles,* employés comme moyens de sûreté pour les appareils industriels qui ne doivent pas dépasser une certaine température, et notamment pour les chaudières à vapeur.

L'alliage fusible de Darcet est formé de 8 parties de bismuth, 5 d'étain et 3 de plomb ; il fond à 90°. — L'alliage de Newton contient 5 parties de bismuth, 3 d'étain, 2 de plomb ; il fond vers 100°.

Alliages du fer. Le fer s'unit à l'étain dans la fabrication des *fers-blancs,* la couche d'étain pouvant être considérée comme formant, au contact même de la surface de la tôle, un alliage qui se trouve recouvert d'une mince couche d'étain pur. — V. FER-BLANC.

L'antimoine s'allie au fer et produit des composés d'une grande dureté : l'alliage de 70 parties d'antimoine et de 30 parties de fer est assez fusible, mais une proportion plus grande de fer augmente beaucoup la dureté de cet alliage.

Alliages d'aluminium. Une industrie importante s'est créée depuis peu de temps par les applications multiples de ces alliages, surtout de ceux qu'on obtient en combinant l'aluminium avec le cuivre et avec l'argent.

L'alliage de 95 parties de cuivre et de 5 parties d'aluminium rivalise avec le vermeil comme éclat et comme couleur. Celui de 90 parties de cuivre et 10 parties d'aluminium est d'une nuance d'or pâle. Un alliage de 5 parties d'aluminium avec 100 parties d'argent forme un métal aussi dur que celui des monnaies.

Le *bronze d'aluminium* se prête admirablement à toutes les œuvres de la statuaire, à toutes les productions de l'art en général, ainsi qu'à l'orfèvrerie et à la bijouterie, qui en ont tiré un très-grand parti. — V. ALUMINIUM. BRONZE D'ALUMINIUM. — G. J.

ALLIANCE. — V. ANNEAU.

* **ALLIEMENT.** *T. techn.* Nœud de la corde d'une grue.

* **ALLONGE.** 1° *T. techn.* Morceau de cuir que les cordonniers mettent entre le couche-point et le sous-bout. || 2° Dans certaines opérations chimiques, petit instrument de verre, de grès ou de porcelaine, adapté au col d'une cornue ou d'un ballon. || 3° *Équip. milit.* Chacune des deux bandes de cuir qui supportent le pendant d'un ceinturon. || 4° *T. de mar.* Pièces de bois composant les couples. — V. CONSTRUCTIONS NAVALES.

*** ALLUAUD.** Importante famille du Limousin. Le nom d'Alluaud est intimement lié à l'histoire de la porcelaine à Limoges. François Alluaud, fondateur de la fabrique de porcelaine connue sous la raison sociale de François Alluaud aîné, était né en 1778 dans cette ville, qui le vit mourir en 1865, entouré de l'estime et des regrets de tous ceux qui l'avaient connu. Sa vie fut bien remplie. Il était, au dire de Brongniart, le fabricant le plus instruit et le plus au courant des choses de son industrie ; son activité ne le retint pas toujours à sa fabrique, son courage lui fit accepter les fonctions de maire de la ville de Limoges à l'époque agitée de 1833, fonctions qu'il ne quitta qu'en 1843. Mais il ne déserta pas et resta dans la carrière comme membre du conseil municipal de Limoges, et comme membre du conseil général de la Haute-Vienne. Président de la chambre de commerce, il s'intéressa vivement à toutes les questions à l'ordre du jour ; comme fabricant, il reçut la croix d'officier de la Légion d'honneur en 1858 et la grande médaille d'or. Ami de Brongniart, il échangeait avec lui de savantes correspondances. Habile minéralogiste, il découvrit plusieurs gisements de minéraux rares et fit connaître un phosphate de fer et de manganèse auquel on a donné son nom.

Ses deux fils et l'un de ses gendres lui succédèrent dans la direction de la fabrique de porcelaine.

Victor Alluaud, son fils aîné, né en 1817, est mort en 1873, à l'âge de cinquante-six ans; juge au tribunal de commerce, il était vice-président de la chambre de commerce au moment de sa mort.

Amédée Alluaud, son second fils, était né en 1826; il est mort en 1873.

M. Wandermark, son gendre, est mort en 1874. Directeur des moulins d'Aixe, son nom ne peut être séparé de celui d'Alluaud.

*ALLUAUDITE. *T. de min.* Composé d'acide phosphorique, de protoxyde de fer et d'oxyde de manganèse trouvé près de Limoges par Alluaud. — V. l'article précédent.

ALLUCHON. *T. de mécan.* On donne ce nom à la dent d'une roue d'engrenage, lorsque cette dent n'est pas venue de la même pièce que le corps de la roue, et qu'au contraire elle y est rapportée et ajustée à force dans des mortaises ménagées à cet effet. L'alluchon est composé de 4 parties : la *tête*, le *corps*, le *tenon* et la *clef*. La tête est l'extrémité extérieure, elle est façonnée suivant le tracé adopté pour l'engrenage; le corps est la partie qui vient au-dessous de la tête, jusqu'au tenon, ou extrémité inférieure, qu'on enfonce dans la mortaise de la couronne et qui s'y appuie au moyen de deux épaulements; enfin, la clef est une cheville ronde ou plate qui passe dans la couronne et le tenon pour maintenir l'alluchon en place.

*ALLUME ou ALLUMI. *T. de mét.* Morceau de bois allumé, appelé aussi *flambart* dans quelques ateliers, et dont on se sert pour allumer le feu d'un fourneau, d'un foyer.

Fig. 60. — *Machine à raboter les allumettes.*

A Arbre coudé. — *B* Bielle. — *D* Chariot sur lequel est fixé le rabot. — *E* Carré par lequel se maintient le morceau de bois destiné à être débité en allumettes. — *F* Conduit pour faire tomber les allumettes dans le collecteur.

*ALLUME-FEU. Petite bûche préparée pour allumer le feu.

* ALLUMÉ. *Art hérald.* Se dit de la flamme d'un flambeau, ou des yeux d'un animal quand ils sont d'un autre émail que le reste du corps.

* ALLUMELLE. 1° Fourneau de charbon de bois quand le feu commence à y prendre. || 2° Epée mince et déliée dont on se servait autrefois pour percer l'ennemi au défaut de son armure.

ALLUMETTES CHIMIQUES. Petites tiges de bois ou autre matière aisément combustible, enduites à une extrémité de composition chimique inflammable par friction.

On distingue les allumettes chimiques en deux catégories : les *allumettes en bois* et les *allumettes bougies.*

Allumettes en bois. Elles sont faites avec des bois tendres, tremble, peuplier, bouleau, tilleul et les bois résineux.

Avant d'enduire leur extrémité de la substance chimique, on les trempe sur 15 m/m de hauteur environ dans un bain de soufre en fusion, ou dans de la paraffine.

Les substances chimiques employées se rattachent aux quatre classes suivantes :

1° Phosphore ordinaire émulsionné dans la colle forte;

2° Phosphore ordinaire émulsionné dans une pâte de bioxyde de plomb, qui facilite l'inflammation en fournissant de l'oxygène;

3° Phosphore ordinaire émulsionné dans une pâte de chlorate de potasse. Le chlorate joue le même rôle que le bioxyde de plomb, mais avec encore plus de vivacité; et, de plus, étant peu hygrométrique, il a cet avantage de rendre la pâte chimique beaucoup moins altérable à l'humidité. Cette qualité est éminemment favorable à l'exportation par mer.

Ces trois mélanges s'enflamment par friction sur toute surface un peu rugueuse;

4° Mélange de chlorate de potasse et de matières combustibles sans phosphore,

Ce mélange n'est pas inflammable par friction à moins que la surface de friction ne soit enduite d'une légère couche de phosphore amorphe.

Le phosphore amorphe n'ayant pas les qualités vénéneuses du phosphore ordinaire, n'étant pas inflammable et n'émettant pas de vapeurs aux basses températures, il en résulte que cette dernière composition offre de sérieux avantages pour la santé du consommateur et de l'ouvrier qui la fabrique. Cependant, le fait de ne pas s'enflammer sur toutes les surfaces constituant une gêne en même temps qu'une sécurité, on s'explique pourquoi son usage n'est pas général et ne s'étend qu'à certaines classes de consommateurs.

Les émanations des vapeurs du phosphore ordinaire peuvent amener la carie des os de la machoire chez les ouvriers assujetis à sa manipulation, dans le cas où leurs dents ne seraient pas très-saines. On y remédie par un renouvellement fréquent de l'air des ateliers, par la diffusion dans l'atelier de vapeurs d'essence de térébenthine, et enfin depuis quelque temps, par l'emploi d'engins mécaniques qui dispensent l'homme des manipulations les plus dangereuses, qui sont celles relatives à la fabrication des pâtes chimiques.

La manipulation du chlorate de potasse peut amener des explosions dangereuses si l'on n'a pas soin de l'isoler de toute cause d'inflammation accidentelle. Quelle que soit la pâte chimique employée pour former le *bouton* de l'allumette, la fabrication de l'allumette en bois passe par les phases suivantes :

Découpage du bois. Le bois est amené par une succession de sciages à l'état de tranches ayant une épaisseur égale à la longueur à donner à l'allumette.

Après l'avoir desséché au four, on le soumet à l'action de la machine à découper les allumettes.

Le système de machine représenté (fig 60) est des plus usités.

Il se compose d'un rabot animé d'un mouvement de va-et-vient, et dont le fer est formé de 50 filières tranchantes accolées. A chaque coup, le rabot enlève 50 allumettes dans la tranche de bois soumise à son action.

Le rabot est actionné par un moteur à vapeur ou autre, par l'intermédiaire de poulie, bielle et manivelle. Suivant la forme des filières, on obtient des allumettes de toutes formes, rondes, carrées ou cannelées

Il existe deux autres systèmes pour le découpage des bois : l'un connu plus spécialement en France sous le nom de système de la fente, et l'autre dit système de déroulement ou suédois. Ce dernier consiste à faire tourner le bois découpé en rondelles, en présence d'un couteau contre lequel elles appuient fortement suivant une génératrice. Ce couteau enlève ainsi un ruban continu ayant l'épaisseur d'une allumette, et qu'on achève ensuite de débiter au moyen d'un autre couteau animé d'un mouvement alternatif.

On choisit les divers systèmes suivant la nature des bois et le caractère des allumettes à fabriquer.

Mise en presses. Cette opération consiste à placer les allumettes à des distances régulières les unes des autres, entre des lames de bois mince, qui se superposent en glissant dans les rainures d'un cadre. Lorsque le cadre est plein, on serre fortement le tout avec des vis ou clavettes, pour procéder ensuite au trempage.

La mise en presse qui s'est faite longtemps à la main, se fait aujourd'hui avec la machine Ottmar Walch (fig. 61).

Les allumettes, jetées dans la boîte A animée d'un mouvement oscillatoire continuel, se placent d'elles-mêmes dans les 80 cannelures d'une plaque

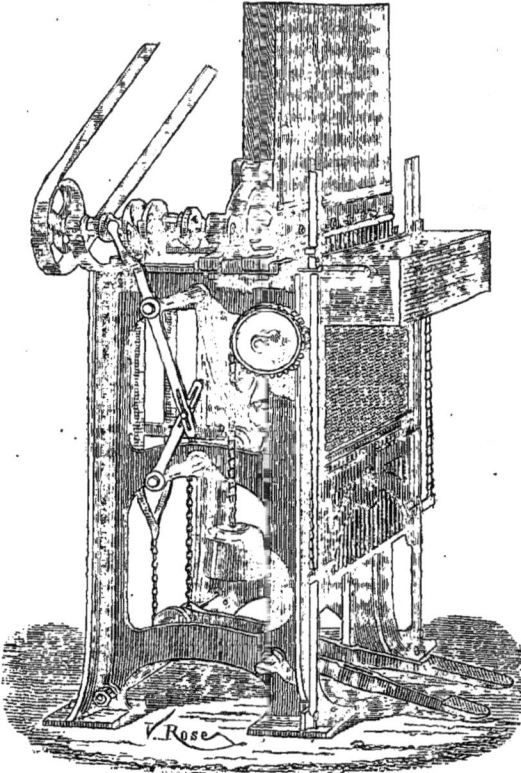

Fig. 61. — *Machine Ottmar Walch pour la mise en presse des allumettes chimiques.*

A Boîte animée d'un mouvement oscillatoire continu où sont placées les allumettes débitées. — *B* Plaques à cannelures où elles viennent se ranger automatiquement. — *C* Cadre à lames se garnissant pour être ultérieurement soumis au trempage. — *D* Auge contenant les plaquettes. — *E* Pédale pour faire avancer une rangée d'allumettes sur la plaquette présentée par l'ouvrier. — *F* Pédale de pression pour la fermeture du cadre. — *G* Contrepoids du cadre et du chariot qui le porte.

B, d'où un peigne à 80 dents les chasse entre les lames du cadre C que la fig. 61 montre à moitié garni. L'ouvrier actionne le peigne avec une pédale, pendant qu'il place les plaquettes dans les rainures du cadre, avec la main. La même opération se fait aussi avec une machine allemande portant le nom de son inventeur Sébold.

Trempage. Il consiste à prendre le cadre garni d'allumettes, et à le tremper dans une bassine contenant en fusion le soufre et la paraffine, ainsi que le montre la fig. 62.

Cette opération est suivie du trempage dans la pâte chimique, (fig. 63).

La pâte est étalée en épaisseur de 3 à 4 millimètres sur une plaque chauffée au bain-marie, ce qui la maintient à l'état semi-liquide. Le cadre rempli d'allumettes déjà imbibées de soufre est appliqué sur la plaque où chaque allumette se charge de pâte chimique sur une hauteur de 2 à 3 millimètres.

Séchage. Cette opération consiste à laisser sécher la pâte chimique qui recouvre l'allumette. Elle a lieu dans des chambres chauffées et ventilées où les cadres sont placés sur des étagères.

Dégarnissage. Il consiste à retirer, après séchage, les allumettes des cadres, ce qui se fait en enlevant les clavettes de serrage, puis, successivement, les lames qui maintenaient l'écartement des allumettes. Cette opération se fait, soit à la main, soit avec une machine de M. Ottmar Walch, dont nous avons cité plus haut la machine à mettre en presse.

Paquetage et emboîtage. Ces opérations consistent à mettre en paquets ou dans des boîtes les allumettes. La mise en boîtes se fait à la main. Nous devons toutefois signaler la création récente

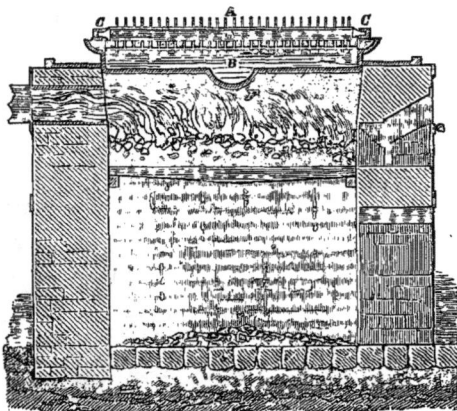

Fig. 62. — *Fourneau et bassin à paraffiner et à soufrer.*

A Allumettes maintenues à distance par les plaquettes. — *B* Soufre fondu par le foyer *F*. — *C C* Cadre réunissant les plaquettes. — *D* Plaquette pour maintenir les allumettes.

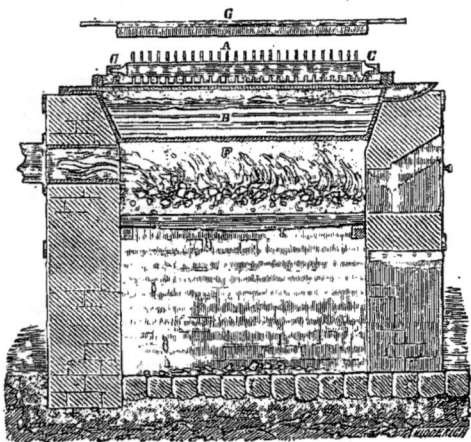

Fig 63. — *Plateau à tremper les allumettes dans la pâte chimique.*

A Allumettes. — *B* Bain-marie. — *C* Cadre. — *D* Plaquette. — *E* Pâte chimique. — *F* Foyer.

d'une machine de M. Ottmar Walch, qui est destinée à cet usage et complète l'ensemble de son système pour la fabrication mécanique des allumettes chimiques.

La confection des boîtes d'allumettes se fait de même soit à la main, soit avec des machines. — V. CARTONNAGE.

Allumettes bougies. Plus communément usitées dans le Midi que dans le Nord de la France, elles servent presque exclusivement à l'usage des fumeurs. Elles se composent d'une mèche de coton filé et tordu, de douze à vingt brins, immergée dans un bain de stéarine et de gomme fondues ensemble. Au sortir du bain, la mèche passe dans une filière qui détermine la grosseur de la bougie. Puis, les mèches, étant coupées uniformément à la longueur que doit avoir l'allumette, suivent toutes les phases de la fabrication décrites plus haut pour l'allumette en bois, sauf bien entendu le trempage dans le soufre ou la paraffine. Les pâtes chimiques employées pour l'allumette bougie sont les pâtes au bioxyde de plomb qui sont naturellement de couleur marron, et les pâtes au chlorate que l'on colore en bleu avec de l'outremer.

Malgré leur peu de valeur intrinsèque, les allumettes chimiques ne laissent pas que d'être l'objet d'un commerce assez important, à raison de leur emploi universel. La consommation annuelle en France est excessivement difficile à apprécier, puisqu'à côté des quantités parfaitement connues vendues par la compagnie concessionnaire du monopole, il faut tenir compte des quantités considérables vendues par la fabrication clandestine. La consommation officielle serait d'environ 30 milliards d'allumettes, nécessitant l'emploi de 20 à 25 mille mètres cubes de bois et de 30,000 kilogrammes de phospore. Les allumettes en bois figurent dans cette consommation pour les neuf dixièmes.

Le nombre d'ouvriers employés par cette industrie est d'environ un millier d'hommes et cinq à six mille ouvrières. Ces dernières occupées particulièrement à la fabrication des cartonnages, à la mise en boîtes et à l'empaquetage des allumettes.

L'importation des allumettes chimiques étrangères se réduit à deux types principaux qui n'entrent d'ailleurs dans la consommation que pour une faible proportion. Ce sont des allumettes de bois autrichiennes et des allumettes de Suède au phosphore amorphe.

Le commerce d'exportation porte principalement sur les allumettes de bois rond et sur les allumettes en cire.

La vogue de ces dernières à l'étranger tient à leur excellente fabrication, et, de plus, aux dispositions ingénieuses et élégantes de leurs boîtes, habituellement décorées de dessins et légendes humoristiques.

Le poids brut de l'exportation annuelle varie de 800,000 à 1,000,000 de kilogrammes d'allumettes de toutes sortes.

Il a été plus considérable dans les années 1872 et 1873, à raison du développement excessif donné à leur production par les usines qui devaient être expropriées par l'État.

En effet, la fabrication et la vente des allumettes chimiques ont cessé, en 1873, d'être des commerces libres.

A la suite de la guerre, un impôt de consommation sur les allumettes chimiques avait été établi par l'Assemblée nationale. (Loi du 4 sept. 1871.) La difficulté de perception de cet impôt et son faible rendement, à cause de la facilité de la fraude, déterminèrent le Ministre des finances à proposer la création d'un monopole des allumettes au profit de l'État. (Loi du 2 août 1872.) Ce monopole qui ressortit à la direction générale des contributions indirectes, est actuellement géré par une compagnie concessionnaire, en vertu d'une adjudication publique faite, avec l'autorisation de l'Assemblée nationale, par le Ministre des finances.

Les types et les prix des allumettes chimiques sont, par assimilation à ceux des tabacs, fixés par des lois et des décrets.

Les allumettes sont fabriquees par la compagnie concessionnaire dans diverses usines, qui sont celles de Marseille au Prado et à la Belle-de-Mai de Paris, à La Villette, Aubervilliers et Pantin de Nantes, Angers, Châlon-sur-Saône, Blénod-les-Pont-à-Mousson, Bordeaux et Saintines.

* **ALLUMETTIER.** Celui qui fabrique les allumettes.

* **ALLUMI.** T. de boul. Petit morceau de bois allumé, appelé aussi *flambart*, avec lequel on éclaire l'intérieur d'un four. — V. ALLUME.

* **ALLUMOIRS-ÉLECTRIQUES.** Les propriétés calorifiques de l'électricité, et particulièrement celles des courants induits de la machine de Ruhmkorff

ont été mises à contribution pour allumer à distance les becs de gaz. Dès l'année 1852, MM. du Moncel et Liais avaient proposé ce moyen pour allumer la mire de nuit de l'Observatoire de Paris, placée à une certaine distance dans le jardin de cet établissement; mais ce n'est qu'en 1874 que l'application de ce moyen si simple d'allumage instantané a été faite sur une grande échelle. C'est à l'éclairage de la salle des séances de l'Assemblée législative qu'il a été adapté, par M. Gaiffe, avec les appareils construits par MM. Chabrié et Jean. A l'aide d'une bobine d'induction et d'un distributeur électrique, ces constructeurs font jaillir un certain nombre d'étincelles au-dessus de chacun des becs de gaz de tous les lustres qui sont successivement allumés en quelques secondes et sans interrompre la séance. Il est probable que l'emploi de ce système d'allumage se répandra de plus en plus et qu'il pourra même être appliqué à l'éclairage des villes, lequel pourra être alors fait instantanément. Le système est du reste très-simple; il suffit d'adapter à chaque bec de gaz deux fils de platine isolés, recourbés devant le jet de gaz et éloignés l'un de l'autre de un ou deux millimètres. Ces fils étant reliés par des conducteurs recouverts de gutta-percha à un appareil d'induction de Ruhmkorff placé en tel endroit qu'il convient, transmettent l'étincelle à tous les becs au moment où l'appareil est mis en action.— V. BRIQUET ÉLECTRIQUE.

— V. *l'Exposé des applications électriques*, de M. TH. DU MONCEL.

* **ALLURE.** 1° T. de métall. Manière dont se comporte le feu d'un fourneau dans une opération métallurgique. || 2° État d'un filon de minerai dans le terrain ou dans la roche qu'il traverse.

ALMANACH. Outre le calendrier qui contient tous les jours de l'année, les fêtes, les lunaisons, etc., on désigne ainsi certains livres publiés au renouvellement de l'année, et qui contiennent des renseignements, des anecdotes, des dessins comiques, etc.

— L'étymologie du mot *almanach* est incertaine. Il se trouve pour la première fois dans un passage de Porphyre, cité par Eusèbe, sous la double forme de *almenacha* ou *almeniacha*. Il est difficile, dit Littré, de chercher l'étymologie du mot au-delà d'Eusèbe. Cependant, le savant lexicographe et les autres auteurs que nous avons consultés enregistrent les étymologies suivantes : en égyptien (copte) *al* veut dire *calcul* et *men*, *mémoire*, d'où a pu être formé le mot *almeneg* : calcul pour aider la mémoire. En hébreu et en arabe, *al* est l'article et *manah* veut dire compter. *Almanach* peut donc dériver de ces sources égyptienne et hébraïque, à moins qu'il ne vienne de l'hébreu *al* (l'article) et du latin *manachus*, cercle tracé sur un cadran solaire et servant à indiquer l'ombre pour chaque mois, ou de l'ancien allemand *monaght*. Quelques étymologistes prétendent, en effet, qu'autrefois — ils ne disent pas à quelle époque — on traçait le cours des lunes sur un morceau de bois carré qu'on appelait *al monaght*, c'est-à-dire contenant toutes les lunes.

Il y a donc des étymologies pour tous les goûts. Il est probable que nous avons affaire à plusieurs mots venant de sources différentes et convergeant en une seule et même forme, qui est celle dont nous nous servons aujourd'hui.

Il ne faut pas confondre l'almanach avec le *calendrier*

l'un se présente dans un sens plus étendu que l'autre. L'indication des jours, des mois et des fêtes, tel est simplement l'objet du calendrier. L'almanach contient, en outre, des observations astronomiques et climatériques, des prédictions, des pronostics, voire des calculs cabalistiques sur les événements de l'avenir.

Pendant longtemps, l'Église se chargea de la rédaction de l'almanach. Chaque année, à Pâques, on rédigeait une nomenclature des jours fériés et on la plaçait sur le cierge pascal. On trouve jusqu'au XVIIe siècle des exemples de ces *tables pascales*. Cependant, à la découverte de l'imprimerie, les almanachs populaires se répandirent, remplis d'anecdotes, de contes, de conseils aux laboureurs, etc. Les almanachs perpétuels naquirent alors.

Le *Grand Compost des Bergiers* (Paris, 1493) passe pour être le premier almanach imprimé en français; c'est un reflet, comme du reste presque tous les almanachs jusqu'à nos jours, de la science astrologique alors à son apogée. Fait spécialement pour les gens qui ne savaient pas lire : tout y était imprimé en signes conventionnels : par exemple, une tête joufflue figurait le vent, un cercle vide le beau temps, une lancette le moment propice pour se faire saigner, une pilule l'époque convenable pour se purger, etc.

Au XVIe siècle, le joyeux curé de Meudon, Rabelais, ne dédaigna pas de faire un *Almanach pour l'année 1553, calculé sur le méridional de la noble cité de Lyon.* Vers la même époque apparut l'astrologue Michel Nostradamus, qui mystifia le plus savamment du monde Catherine de Médicis et tous les souverains de son temps. C'est de lui que date sérieusement en France l'apparition régulière des almanachs, dont ses *Centuries* furent les ancêtres.

A peine monté sur le trône, Charles IX, peut-être effrayé par les prédictions des astrologues auxquels sa mère avait ouvert l'entrée du palais, Charles IX, dis-je, rendit, en 1560, aux États d'Orléans, une ordonnance dans laquelle (article 26) il est défendu, sous peines corporelles, *d'exposer aucuns Almanachs et pronostications qu'auparavant ils n'aient été visités par l'Archevêque ou l'Évêque, ou ceux qu'il commettra.* Ce règlement fut confirmé par Henri III, aux États de Blois (article 36). Mais ces défenses pouvaient-elles produire le moindre résultat alors que les rois eux-mêmes qui les avaient édictées étaient les premiers à recourir à l'astrologie?

Louis XIII renouvela, le 20 janvier 1628, les ordonnances de ses prédécesseurs, mais sans plus de succès. C'est alors que parut Mathieu Laensberg, si connu et si populaire. Mathieu Laensberg, qui vivait au commencement du XVIIe siècle, était un bon chanoine de Saint-Barthélemy, de Liège, mêlant à une véritable science une connaissance assez approfondie de l'astrologie : son premier almanach fut imprimé en 1635 : *Almanach pour l'année bissextile de Notre-Seigneur Jésus-Christ supputé par Mathieu Laensberg.* L'almanach de Mathieu Laensberg ne suivit pas longtemps l'impulsion que lui avait donnée son auteur, et ne tarda pas à devenir un mauvais livre dans toute l'acception du mot. Ce fut pour combattre sa pernicieuse influence qu'on publia, un siècle plus tard, le *Bon Messager boiteux*, de Bâle. Malgré la vogue de ce dernier, le *Mathieu Laensberg*, imprimé sur du papier à chandelles avec des têtes de clous, tirait encore, il y a vingt ans, à 100,000 exemplaires.

Bientôt le cercle de ces modestes publications s'élargit considérablement; la science cabalistique est sur son déclin, elle est reléguée au second plan dans les almanachs, dont la rédaction finit par être l'écho des idées qui dominent les masses. C'est ainsi que nous voyons apparaître, suivant les époques, l'*Almanach royal*, l'un des plus anciens almanachs annuels (ses lettres de privilège datent du 16 mars 1679); l'*Almanach des Muses*, l'*Almanach républicain*, etc., etc.

De nos jours, quelle variété! le nombre des almanachs qui se publient chaque année, en France particulièrement, est très-considérable, et l'usage en est très-répandu. Aussi s'efforce-t-on d'en rendre la lecture profitable au moyen d'articles utiles et de conseils moraux.

— Il se vend, en France, plus de huit millions d'almanachs par an, appartenant à 450 éditions différentes. Comme la lecture de l'almanach exerce une certaine influence sur une partie de la population, plusieurs gouvernements, tels que la Prusse et la Russie, ont cru devoir s'en réserver le monopole. En Angleterre, il y a quelques années, le droit de publier des almanachs était encore le privilège exclusif d'une compagnie (*Stationer's Company*, BULL. DE L'IMPR).

ALOÈS. — V. PITE.

ALOI. Titre légal des matières d'or et d'argent.

ALONGE. — V. ALLONGE.

* ALOYAGE. Sorte d'alliage dont se servent les potiers d'étain.

* ALOYER. 1° Action de donner l'aloi ou le titre voulu aux matières d'or et d'argent. || 2° Chez les potiers, c'est mettre un alliage dans l'étain.

* ALPAGA. Étoffe de laine, faite avec la laine de l'*alpaca*, espèce de ruminant qui habite l'Amérique du Sud. La laine de cet animal est remarquable par sa longueur et sa finesse.

— Malgré les tentatives infructueuses qui ont été faites dans le but d'acclimater en France l'alpaca et le lama, il est permis de croire que de nouveaux essais donneraient de bons résultats, car les animaux de cette espèce importés d'Amérique ont succombé, non pas sous l'influence de notre climat, mais parce qu'ils ont été placés dans de mauvaises conditions d'acclimatation. Cette naturalisation serait une conquête heureuse pour notre industrie.

ALPHABET. 1° *T. d'impr.* Lettres ornées de fleurons et de figures, qui se mettent au commencement des sections, des chapitres, etc. || 2° *T. de rel.* Alphabet en cuivre dont on se sert pour imprimer en or les titres des livres.

* Alphabet Morse. *Télégr.* Cet alphabet, adopté par toutes les administrations télégraphiques pour la transmission des dépêches, est un ensemble de signes de convention d'une grande simplicité.

— Les employés ont une telle habitude de cet alphabet, dit M. Figuier, dans ses *Merveilles de la science*, que presque toujours ils comprennent la dépêche au seul bruit fait par l'armature du récepteur. L'audition peut si bien suffire à l'employé pour saisir le sens de la dépêche qu'il reçoit, que, dans certains pays, on a supprimé le papier tournant et le rouage, et réduit l'appareil à un électro-aimant avec son armature.

Les caractères de l'alphabet Morse étaient d'abord formés simplement en relief sur une bande de papier, au moyen d'une espèce de gaufrage; mais ce système présentait de nombreux inconvénients auxquels on a en partie remédié par l'invention d'un hongrois, M. Thomas John, qui imagina de remplacer la pointe sèche du levier Morse par une petite roue plongeant dans un encrier, et tournant sur son axe, lorsque le papier se déroulait. En 1857, MM. Digney frères, constructeurs à Paris, ont pris un brevet pour une autre disposition qui supprime les défectuosités des systèmes précédents. La fig. 64 représente leur appareil. Ces constructeurs ont remplacé le style, ou pointe sèche de Morse, par une molette qui tourne lorsque le papier se déroule, mais au lieu de suivre les mouvements du levier, comme dans le système John, elle tourne sur place et se charge d'encre en frottant sur le tampon cylindrique qui s'appuie sur elle à frottement libre. Ce tampon en drap ou en feutre est fortement imprégné d'une encre oléique; le moindre frottement peut le faire tourner sur son axe qui, lui-même, est mobile autour de la tige horizontale qui le porte. Le levier se recourbe à son extrémité sous la forme d'un marteau qui amène le papier au contact de la molette, et il se fait un point ou un trait suivant la durée du contact. La facilité du réglage et la netteté de l'écriture qu'on obtient avec cet appareil l'ont fait adopter par toutes les lignes européennes.

— V. *Exposé des applications de l'électricité*, par M. Th. du Moncel, 3ᵉ édition, Lacroix, edit., Paris; *Merveilles de la science*, par M. L. Figuier, Furne, Jouvet et Cⁱᵉ, Paris; *Le télégraphe électro-magnétique américain*, par M. Vail, 1847.

* **ALPHONSIN.** — V. Alfonsin.

* **ALQUIFOUX.** Minerai de plomb sulfuré dont se servent les potiers pour recouvrir les pièces de poterie de l'enduit vitreux appelé *couverte*; cet enduit les rend imperméables aux liquides.

. **ALTO.** *T. de luth.* Instrument de musique qui, par sa taille, son timbre, et l'étendue de son registre, est, dans la famille du violon, l'intermédiaire entre le violon et le violoncelle. Il porte aussi le nom de quinte, parce qu'il est accordé une quinte au-dessous du violon. On l'appelle souvent viole et en effet, il a remplacé tous les instruments à cordes du registre moyen, nommés *Violes* qui, pendant le moyen-âge et jusqu'au xviiiᵉ siècle, exécutaient les parties qui sont confiées à l'alto, depuis que la simplification de l'orchestre à cordes a réduit à quatre le nombre des instruments de cette famille. L'alto est monté de quatre cordes accordées de quinte en quinte; les deux cordes aiguës sont en boyau, les deux plus graves sont filées (V. Corde). La construction de l'alto est absolument semblable à celle du violon, sauf les dimensions; l'alto est d'un quart à peu près plus grand que le violon, quelques altos diffèrent un peu dans leurs proportions, mais ces différences sont peu sensibles et depuis les grands luthiers d'Italie, l'alto a peu changé de forme; cependant, Vuillaume, en 1855, a construit un alto dont les éclisses sont plus élevées que dans les

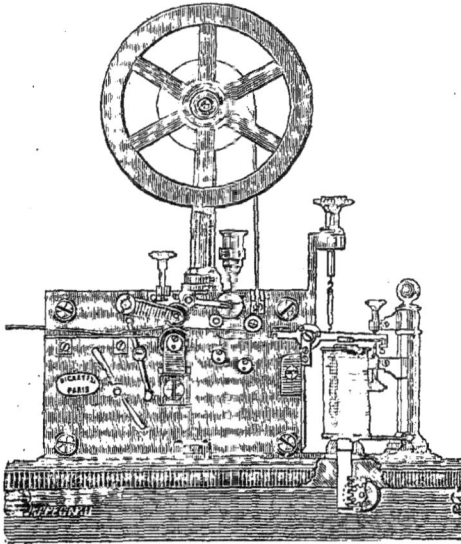

Fig. 64. — *Alphabet Morse simplifié.*

instruments anciens. En 1820, un facteur eut l'idée singulière de faire un instrument à deux tables monté et accordé d'un côté en alto, de l'autre en violon.

Dans la facture instrumentale on donne aussi le nom d'alto à des instruments en cuivre du genre *bugle, saxhorn*, etc., (V. ces mots) qui tiennent dans ces familles la place que tient l'alto proprement dit, entre le violon et le violoncelle.

— L'*alto* nous vient des Italiens, qui excellaient à le fabriquer; on cite principalement ceux sortis des ateliers d'Amati, célèbre luthier de Crémone.

ALUDE. Basane colorée, à l'usage des relieurs.

ALUDEL. *T. techn.* Mot tiré de la technologie espagnole. Assemblage de pots en terre, de forme conique et sans fond, qui s'emboîtent les uns dans les autres de manière à faire un tuyau. On en fait usage aux mines d'Almaden, en Espagne, pour extraire le mercure de son minerai.

ALUMELLE. Lame de couteau ou d'épée, mais plus spécialement lame de couteau aiguisée d'un seul côté, et qui sert à gratter l'ivoire, l'écaille, le buis, etc.

* **ALUMINAGE.** Opération qui a pour but de déposer sur un tissu un oxyde d'alumine.

ALUMINE. Combinaison de l'oxygène avec l'aluminium, qui forme une des parties constituantes de l'alun des teinturiers. Elle forme, avec la silice, des silicates qui constituent l'argile pure, servant à fabriquer la porcelaine ou la poterie commune. Elle peut être obtenue artificiellement sous forme de cristaux octaédriques et colorée en rouge rubis par l'oxyde de chrome. Le rubis artificiel peut être utilisé pour la coloration des pâtes roses au grand feu, dans la fabrication des porcelaines.

L'alumine peut être colorée de même en bleu par l'oxyde de cobalt, pour former le saphir.

Alumine (PROPRIÉTÉS DE L'). L'alumine pure est une matière blanche, poudreuse, légère, happant à la langue, fusible au chalumeau oxyhydrique en un liquide non visqueux, étirable en fils; refroidie, elle forme une masse cristalline qui raye et coupe le verre; calcinée, elle est insoluble dans l'eau, mais dans l'air humide elle absorbe jusqu'à 15 0/0 de son poids d'eau.

L'alumine hydratée est blanche quand elle est.

humide; par la dessiccation elle devient translucide; elle a une grande affinité pour les matières organiques; aussi en présence des matières colorantes elle absorbe peu à peu la couleur et forme des composés insolubles, connus et utilisés sous le nom de *laques*; enfin l'alumine hydratée se dissout facilement dans les acides et les dissolutions alcalines avec lesquelles elle forme des *aluminates* dont quelques-uns existent dans la nature, tels que le *rubis*, la *gahnite*, l'*hercynite*, le *cymophane*. On obtient l'*alumine soluble* en chauffant dans l'eau bouillante une solution étendue de bi-acétate d'alumine; on coagule la dissolution par l'addition d'une petite quantité d'alcali ou d'acide.

L'alumine se trouve dans la nature à l'état de pureté; incolore et cristallisée elle forme le *corindon*; rouge, c'est le *rubis*; jaune, la *topaze orientale*; bleu, le *saphir oriental*; pourpre, l'*améthyste oriental*; l'*émeri* est de l'alumine cristallisée mélangée à l'oxyde de fer; la *bauxite*, la *gibbsite*, le *diaspore* sont des hydrates naturels d'alumine.

L'alumine a été artificiellement cristallisée par MM. Ebelmen, Sainte-Claire-Deville, Caron, Gaudin, Debray, de Sénarmont, Fremy et Feil; ces deux derniers chimistes ont exposé en 1878 de beaux cristaux de rubis artificiel et autres gemmes.

Dans les laboratoires, on obtient l'alumine hydratée gélatineuse en précipitant par l'ammoniaque un sel d'alumine dissous dans l'eau, ou en faisant passer un courant d'acide carbonique dans une solution froide d'aluminate de soude; enfin l'alumine anhydre se prépare par la calcination de l'hydrate ou par la décomposition, à l'aide de la chaleur, de l'alun ammoniacal.

Alumine (SELS D'). Les sels d'alumine ont une importance industrielle considérable, tant par leur emploi direct que comme matières premières de l'aluminium ou des autres composés alumineux. On les reconnaît aux réactions suivantes : 1° par la potasse ou le sulfhydrate d'ammoniaque, ils donnent un *précipité blanc soluble dans un excès de potasse et dans les acides;* 2° humectés avec de l'azotate de cobalt et chauffés au chalumeau, la masse *se colore en bleu de ciel*.

L'alumine se combine avec le chlore, l'iode, le fluor pour donner naissance à des chlorures, iodures, fluorures dont deux ont une importance industrielle, le *chlorure double d'aluminium et de sodium* qui sert à préparer l'aluminium, et le *fluorure double d'aluminium et de sodium* ou *cryolithe* employé à la préparation des savons alumineux et à celle de l'aluminium. — V. CRYOLITHE

Le *sulfate neutre d'alumine* se fabrique aujourd'hui en grande quantité en traitant le kaolin calciné par l'acide sulfurique; ce sulfate d'alumine est employé directement ou sert à la fabrication de l'alun par brevetage.

Le *phosphate d'alumine* se trouve dans la nature en combinaison avec d'autres corps pour former la *wawellite* (phosphate d'alumine et fluorure d'aluminium); l'*amblygonite*, (fluo-phosphate d'alumine, de lithine et de soude); la *turquoise* (phosphate d'alumine et de cuivre); enfin la *topaze* (alumine fluatée siliceuse); l'*allophane* (alumine hydro-silicatée); les argiles, etc., sont des composés alumineux naturels.

ALUMINIUM. *T. de chim.* Métal découvert en 1827 par Wohler; mais ce n'est qu'en 1854 que M. H. Sainte-Claire Deville l'a obtenu à l'état de pureté et a fait connaître les propriétés qui le placent parmi les métaux les plus utiles; il forme avec le cuivre des alliages importants, jaunes d'or, dits *bronzes d'aluminium*, d'une couleur jaune et susceptibles d'un beau poli; ces alliages contiennent de 5 à 10 d'aluminium et de 90 à 95 de cuivre. On en fait des couverts, des bougeoirs, des cuvettes de montre, des objets d'art, etc. L'aluminium s'emploie rarement seul aujourd'hui, on lui préfère ses alliages. Son prix de revient est de 69 fr. 25 le kilogramme; avec les frais généraux il ressort à 80 francs environ le kilogramme. On le vend 100 francs.

L'aluminium a une couleur blanc-gris, une densité de 2,5, aussi dur que l'argent, sonore, flexible, ductile et malléable, fond à 700°, se conserve bien à lair. L'aluminium est presque aussi tenace et aussi dur que l'argent; il est bon conducteur de l'électricité qu'il conduit huit fois mieux que le fer. Même au rouge, il n'a pas d'action sur l'eau; l'acide sulfhydrique ne l'attaque pas; l'acide azotique monohydraté bouillant ne l'attaque que lentement, à froid cet acide n'a pas d'action sur lui; enfin, l'acide acétique le dissout lentement, mais son véritable dissolvant est l'acide chlorhydrique. Les dissolutions de potasse, de soude, d'ammoniaque attaquent rapidement l'aluminium, mais les alcalis fondus n'ont pas d'action sur ce métal.

L'aluminium, ne s'allie pas au mercure, mais il s'unit facilement au cuivre, au fer, à l'argent, à l'étain, au zinc, au potassium, au sodium et au platine. Il s'obtient, dans les usines, en décomposant le chlorure double d'aluminium et de sodium; on l'extrait aussi de la cryolithe. En France, la préparation industrielle de l'aluminium, base de la fabrication de l'aluminium, repose essentiellement sur celle des aluminates alcalins; la matière qui sert de base à cette fabrication est la bauxite, qui contient de 60 à 75 0/0 d'alumine.

Aluminium (FABRICATION DE L'). La préparation industrielle de l'aluminium repose essentiellement sur l'alumine; mais ce corps ne se trouve pas dans la nature à l'état de pureté ou d'agrégation moléculaire convenable pour cet emploi : il faut donc l'obtenir artificiellement. L'alumine résiste aux agents de décomposition, car l'aluminium a beaucoup d'affinité pour l'oxygène; le chlore, à son tour, a de l'affinité pour l'aluminium, cependant il en a davantage pour les métaux alcalins potassium ou sodium. Si on met en présence du chlorure double d'aluminium et du sodium, à une hauteur élevée, il se forme du chlorure de sodium et de l'aluminium métallique. Cette réaction est la base de la préparation industrielle de l'aluminium.

L'alumine pour la fabrication de l'aluminium

a été successivement demandée à l'alun ammoniacal, au sulfate d'alumine, à l'alun épuré, au chlorure d'aluminium provenant de la cryolithe, enfin à la *bauxite*. La bauxite des' environs de Tarascon est très-riche en alumine et pauvre en fer; on l'attaque au four à reverbère par le carbonate de soude; il se produit de l'aluminate de soude, exempt de fer. La solution d'aluminate traitée par l'acide carbonique donne du carbonate de soude et de l'alumine qui se précipite. Cette alumine ainsi obtenue sert à la préparation du chlorure d'aluminium et de sodium.

Le chlorure double d'aluminium et de sodium se prépare en faisant un mélange intime d'alumine, de charbon de bois et de sel marin que l'on humecte peu à peu de manière à pouvoir le façonner en boulettes que l'on dessèche dans une étuve.

Après une dessiccation convenable, ces boulettes, brisées en gros fragments, sont mises dans des cornues cylindriques en terre réfractaire de 18 centimètres de diamètre sur 1^m,25 de hauteur, placées verticalement, dans lesquelles le chlore arrive amené par une tubulure d'un pot en terre cuite où il se produit. La marche de cet appareil est continue; on fait deux charges par vingt-quatre heures : le chlorure défourné est refroidi dans un vase en fonte. La réduction de l'aluminium se fait au moyen du sodium par l'intermédiaire d'un fondant, spath fluor ou cryolithe, en employant les proportions suivantes :

     Chlorure double . . . . 12 parties.
     Sodium 2   »
     Cryolithe 5   »

Le minerai (chlorure double d'aluminium et de sodium) et le fondant pulvérisés sont entièrement mélangés; le sodium coupé en morceaux est ajouté au reste et le tout mélangé de nouveau. Cette masse divisée est introduite dans un four à reverbère porté à une température convenable pour déterminer la réaction. Quand le bruit a cessé, on brasse la masse ou le bain métallique avec sa scorie; finalement, l'aluminium s'écoule par une rigole, il est reçu dans une poche en fer et coulé en lingots. La figure 65 montre le dispositif de ce four à reverbère en plan et en coupe.

Mais cet aluminium contient encore des scories dont on le débarrasse par deux ou trois fontes successives.

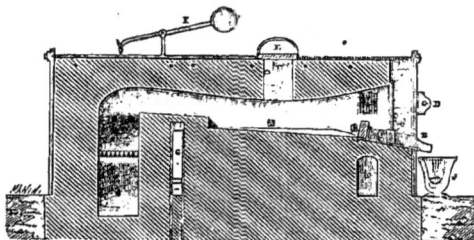

Fig. 65. — *Four pour la fabrication de l'aluminium au moyen de la réduction du chlorure double par le sodium.*

A Sole du four à reverbère, légèrement inclinée. — *B* Rigole en fonte. — *D D* Ouvreaux. — *C* Porte. — *E* Trous pour l'introduction du sodium. — *F* Foyer. — *J* Poche en fonte. — *HH* Communication avec la cheminée. — *I* levier pour ouvrir ou fermer la cheminée.

L'aluminium forme avec le cuivre un alliage précieux, le *bronze d'aluminium*, composé de 1 partie d'aluminium et 9 de cuivre, qui convient pour les pièces frottantes; à cause de sa belle couleur d'or, le bronze d'aluminium sert à remplacer le vermeil; à la dose de 2 à 3 0/0 dans le laiton il donne à cet alliage l'éclat de la dorure. — V. BRONZE D'ALUMINIUM.

ALUNS. *T. de chim.* Sels doubles qui résultent de la combinaison de l'alumine et d'une base alcaline avec l'acide sulfurique; ce sont donc des sulfates doubles d'alumine et de potasse ou d'alumine et de soude, ou d'alumine et d'ammoniaque; de là les aluns *potassique, sodique, ammonique* ou ammoniacal. Comme dans ces sels l'alumine peut être remplacée par un sesquioxyde isomorphe de fer, de manganèse, de chrome, on a encore étendu le sens du mot alun : d'une manière générale, les aluns sont des sels doubles résultant de la combinaison de l'acide sulfurique avec une base alcaline et l'alumine ou un sesquioxyde isomorphe de l'alumine, par conséquent on a une nouvelle série d'aluns; savoir : l'alun de potasse et de fer ou *alun potasso-ferrique*, l'alun de potasse et de manganèse ou *alun potasso-manganique*; l'alun de potasse et de chrome ou *alun potasso-chromique*. La soude, l'ammoniaque, donnent la même série de trois aluns : alun sodoferrique, alun sodo-manganique, alun sodo-chromique; alun ammoniaco-ferrique; alun ammonio-manganique, ammoniaco-chromique.

Les aluns de potasse et de soude sont les plus importants.

L'alun de potasse a une saveur astringente, il est transparent, incolore, légèrement efflorescent, peu soluble dans l'eau froide, plus soluble dans l'eau chaude; il cristallise en octaèdres réguliers.

L'alun est fabriqué de toute pièce, ou bien on l'extrait du sol qui le renferme ou encore des schistes alumineux; il est donc produit industriellement par trois méthodes différentes, savoir : 1° fabrication de l'alun potassique au moyen de l'alunite ou sulfate d'alumine (alun de plume, alun de Roche, alun de Rome, alun natif); 2° fabrication des aluns par les argiles et l'acide sulfurique ou *fabrication de toutes pièces*; 3° fabrication des aluns

au moyen des schistes alumineux et pyriteux. —
V: COUPEROSE.

Dans le commerce on distingue : 1° l'*alun de
Roche*, du nom de la ville de Roche (Rocca), aujourd'hui Edesse, près de Smyrne, en Syrie ;
2° l'*alun de Rome*, venant de la Tolfa, en petits
merceaux cubiques ; 3° l'*alun du Levant* ; 4° l'*alun
d'Angleterre*, 5° l'*alun de Liége*, le plus impur.
Chauffé, l'alun perd son eau ; alors c'est l'*alun
calciné* employé en médecine comme dessicatif
et escharotique.

Les aluns sont d'un emploi presque général
pour la fixation des couleurs ; la teinture et l'impression sur tissus en consomment des quantités
considérables ; ils servent à la fabrication des
laques, à la conservation des gélatines, à la préparation des peaux, à l'encollage de la pâte à papier,
à l'épuration des suifs, etc.

FABRICATION INDUSTRIELLE DE L'ALUN. *1re méthode:
Fabrication de l'alun potassique au moyen de l'alunite.* L'alumine forme avec l'acide sulfurique plusieurs composés qui seraient des minerais d'alun
s'ils étaient suffisamment abondants ; parmi eux,
l'*alunite* est un sulfate d'alumine que l'industrie
utilise pour la fabrication de l'alun. Son gisement
principal est à la Tolfa près de Civita-Vecchia ; on
la trouve aussi dans plusieurs autres localités de
l'Italie, à Montioni ; à Beregszasz en Hongrie ; au
Mont-Dore (France). L'alunite soumise à une calcination modérée se dédouble en deux parties :
l'une soluble, est de l'*alun potassique*, l'autre insoluble, est de l'alumine en excès. C'est sur cette
décomposition qu'est fondée la fabrication de l'a-
lun telle qu'elle se pratique à la Tolfa.

L'alunite, réduite en blocs de la dimension de
la tête, est introduite dans un fourneau chauffé au
bois analogue aux appareils destinés à cuire la
chaux ou le plâtre sans contact du combustible.
Le fourneau est divisé horizontalement en deux
compartiments au moyen d'une sole en voûte percée de trous par lesquels la flamme pénètre dans
le compartiment où se trouve l'alunite. On arrête
l'opération quand les vapeurs dégagées au sommet
du fourneau paraissent blanches. Le minerai défourné est entassé et tous les jours humecté avec
de l'eau jusqu'à ce qu'il tombe en une masse
friable ou pâteuse. Cette masse est ensuite portée
dans des chaudières en plomb et lessivée à l'eau
bouillante : l'eau du lessivage, qui contient l'alun
en dissolution, est soutirée, évaporée et abandonnée à la cristallisation. On obtient ainsi l'*alun de
Rome* cristallisé en *cubes*.

L'alun natif de la solfatare de Pouzzoles s'obtient par un simple lavage, opéré sur les roches
friables et poreuses de cette localité. L'évaporation se fait dans des chaudières en plomb, chauffées par la chaleur naturelle du sol qui s'élève
jusqu'au-delà de 40 degrés.

*2e méthode : Fabrication des aluns par les argiles
et l'acide sulfurique, ou fabrication de toutes pièces.*
On choisit des argiles plastiques exemptes autant
que possible de carbonate de chaux et d'oxyde de
fer (argiles de Vanves, de Gentilly etc., kaolin de
Limoges, de Cornouailles, etc.). La matière bien

lavée est soumise à une calcination modérée dans
des fours à réverbère ; en sortant du four, quand
elle est convenablement desséchée, on la pulvérise dans des meules et ensuite on la soumet à
l'action de l'acide sulfurique.

On fait réagir l'acide sulfurique sur l'argile
calcinée, soit dans des bassins en pierre chauffés
par les gaz du four de calcination, soit dans une
sorte de chaudière ou cuvette en plomb chauffée
par la chaleur perdue du four à réverbère. L'acide
sulfurique est à 52° Beaumé et la température
s'élève de 60 à 80 degrés ; lorsque la décomposition est suffisamment avancée (un jour ou deux),
on porte la masse pâteuse dans un four à réverbère, où elle est soumise pendant 8 à 10 heures à
une température voisine du point d'ébullition de
l'acide sulfurique. Le lessivage qui suit la décomposition s'exécute dans une série de cuviers ou de
tonneaux sciés par la moitié. Lorsque les eaux des
lessives marquent 15 à 18° Beaumé, elles sont
concentrées jusqu'à 80° dans des chaudières plates
doublées de plomb. On les laisse éclaircir pendant
quelque temps dans des citernes avant de les soumettre au dernier traitement.

Avec ces eaux on peut obtenir : du sulfate d'a-
lumine ordinaire, ou bien du sulfate pur à l'é-
preuve du prussiate, ou de l'alun.

1° Pour obtenir du sulfate d'alumine, on concentre les liqueurs éclaircies jusqu'à ce qu'elles
marquent 35 à 40° Beaumé ; ce point obtenu on
décante vivement le liquide et on le fait couler sur
une aire bien dallée ou dans une longue cuvette en
plomb très-peu profonde : le sulfate d'alumine se
solidifie et se prend en masse blanche (*magma
d'alun*), que l'on divise en pains rectangulaires
promptement embarillés pour les mettre à l'abri
de l'humidité ;

2° Pour obtenir le sulfate d'alumine pur, on fait
subir aux eaux éclaircies les mêmes opérations
que dans le cas précédent, seulement on fait usage
du prussiate jaune de potasse pour précipiter
tout le fer qui altèrerait le produit. C'est au sortir du cuvier de lessivage que la dissolution alumineuse est traitée par la solution de prussiate
jaune ;

3° Enfin quand le fabricant veut obtenir de
l'alun, on évapore les lessives (à 40° pour l'alun
potassique, à 25° pour l'alun ammoniacal), on les
mélange avec les quantités convenables de sulfate
de potasse ou d'ammoniaque et on les transforme
en aluns cristallisés.

*3e méthode : Fabrication des aluns au moyen des
schistes alumineux et pyriteux.* Les schistes alumineux, que l'on trouve généralement en couches
dans les terrains primaires supérieurs et secondaires, et même associés à des lignites tertiaires,
sont des mélanges de silicates d'alumine et de
matières charbonneuses, bitumineuses et de pyrites de fer. La Suède, la Norvége, la Bohême, le Hartz, la
Hollande, Whitby (Angleterre), Hurlet et Compsie
(Écosse), Bouxwiller, en France, renferment des
gisements de schistes alumineux exploités pour
l'alun.

Certaines argiles contiennent jusqu'à 3 et 5 0/0

de potasse et donnent 25 à 45 0/0 de leur poids d'alun.

Les schistes alumineux de la Picardie contiennent une proportion notable de sulfure de fer qui, par le grillage, est transformé en sulfate de fer; quelquefois même l'oxydation du sulfure a lieu par l'exposition prolongée à l'air comme pour le schiste de Frienwalde.

Le grillage du schiste se fait en tas sur une aire battue; on dispose sur le sol un lit de fagots recouvert d'une couche de schiste de 60 à 66 centimètres d'épaisseur; le tas se compose de huit à dix couches et se termine par une couche de très-menu : la combustion dure de 40 à 60 jours. Quand le schiste est très-bitumineux, le premier rang de fagots suffit pour opérer le grillage. La potasse que contient la cendre donne du sulfate de potasse; le bois est quelquefois remplacé par de la houille, ce qui produit du sulfate d'ammoniaque.

Trois circonstances principales peuvent donc se présenter selon la nature des minerais dans le traitement des schistes : 1° lorsque les schistes alumineux renferment une proportion de pyrite assez considérable pour qu'ils puissent s'échauffer d'eux-mêmes et déterminer la réaction: on les empile et on arrose les tas de temps en temps; puis finalement on soumet la masse au lessivage; 2° quand le schiste est riche en bitume ou en charbon on procède comme nous l'avons déjà indiqué plus haut; le schiste porte avec lui le combustible nécessaire à la durée de la calcination; 3° enfin, quand le minerai est très-pauvre en pyrite et en charbon, on emploie pour le grillage un combustible étranger. Le lit de fagots a de 2 à 3 mètres d'épaisseur et le tas mesure, quand le schiste est disposé par couche, de 12 à 15 mètres de hauteur; à Whitby, il a jusqu'à 30 mètres de hauteur sur 50 de base.

Les produits du grillage sont très-complexes; mais les produits solubles que l'on cherche surtout à obtenir sont l'alun et le sulfate d'alumine.

Le schiste grillé est soumis à quatre lavages par décantations ou par filtrations; les eaux sont jointes à celles qui proviennent du lessivage naturel ou artificiel des tas en combustion. Les solutions sont contenues dans de grands cuviers en bois doublés de plomb ou dans de vastes citernes en pierre ou en béton. Les solutions marquant 11 à 13° Beaumé sont d'abord évaporées jusqu'à 36°, puis laissées en repos pendant six heures : les sels insolubles se déposent. Les solutions décantées sont versées dans des cristallisoirs où elles abandonnent une grande partie de l'alun déjà formé. On les décante encore, puis on les concentre pour faire cristalliser le sulfate de fer, on laisse refroidir, et l'on obtient une première cristallisation. On reprend les eaux-mères, on les concentre de nouveau, on obtient une nouvelle précipitation en sulfate de fer; enfin on a finalement une liqueur ne contenant que du sulfate d'alumine qu'il s'agit de transformer en alun. Cette opération, qui prend le nom de *brevetage de l'alun*, se fait en mélangeant la dissolution de sulfate d'alumine avec une dissolution de sulfate

de potasse (ou chlorure de potassium) ou d'ammoniaque, selon le sel à obtenir, dans les rapports convenables ou équivalent à équivalent. Le sel qui se précipite est dit *alun en farine*. Pour transformer en alun 100 parties de sulfate d'alumine, il faut 43,5 parties de chlorure de potassium, 50,9 de sulfate de potasse, 47,4 de sulfate d'ammoniaque. Le chlorure de potassium de Stassfurt fait concurrence depuis quelques années au sel d'ammoniaque. L'alun produit par le brevetage est peu soluble; il se précipite sous la forme d'une poudre brunâtre qu'on lave avant de la soumettre à la cristallisation, opération qui se fait dans des cuviers en tronc de cône allongé. On obtient ainsi des blocs de cristaux octaédriques qui ne pèsent pas moins de 5 à 6000 kilogrammes. — A. F. N.

* ALUNAGE. *T. de teint.* Action de fixer les couleurs sur les étoffes, à l'aide de l'alun.

ALUNER. *T. techn.* C'est tremper une étoffe ou un tissu dans une dissolution d'alun, pour que la couleur y adhère.

* ALUNERIE. Fabrique d'alun. On dit aussi *alunière*.

* ALUNITE. *T. de minér.* Roche de sulfate d'alumine d'où l'on tire, en grande partie, l'alun du commerce. — V. ALUN, *fabrication industrielle*.

* ALUTE. Basane molle que l'on emploie pour la reliure des livres. On dit aussi *alude*.

* AMADE. *Art. hérald.* Trois listes parallèles qui traversent l'écu sans toucher les bords.

AMADOU. Substance spongieuse fournie par l'agaric de chêne, et préparée de manière à prendre feu au moyen d'une étincelle produite par un briquet ou une pierre à fusil. A cet effet, on imprègne l'amadou d'une dissolution de nitrate de potasse, puis on le fait sécher. L'usage des allumettes a considérablement diminué la fabrication de l'amadou; on emploie encore l'amadou fin pour arrêter le sang dans les petites hémorragies.

* AMADOUVIER. Nom donné à l'agaric de chêne qui fournit l'amadou.

* AMAIGRIR. *T. techn.* Diminuer l'épaisseur d'une pierre ou d'une pièce de charpente, pour l'ajuster plus aisément à la pièce qui lui est destinée.

AMALGAMATION. On donne le nom d'*amalgame* à la combinaison d'un métal avec le mercure; l'*amalgamation* est l'opération qui consiste à faire un amalgame.

Le tain des glaces est un amalgame d'étain; la dorure non galvanique s'obtient le plus souvent au moyen d'un amalgame d'or.

Mais le mot *amalgamation* désigne le plus souvent une opération métallurgique qui consiste à extraire l'or et l'argent de leurs minerais ou gangues, en les combinant avec le mercure.

L'extraction de l'argent par l'amalgamation n'est employée que pour des minerais très-pauvres en argent. On connaît divers procédés d'amalgamation : 1° l'*amalgamation européenne*; 2° l'*amalgation américaine* usitée au Mexique, au Pérou, au Chili.

L'amalgamation est souvent employée dans les applications électriques pour rendre moins grande l'usure des zincs des piles voltaïques et donner en même temps plus de constance à leur action. Le moyen le plus simple pour ce genre d'amalgamation est d'immerger simplement le zinc dans un liquide composé de nitrate de bioxyde de mercure et d'acide chlorhydrique. Une immersion de quelques secondes suffit pour rendre complète cette amalgamation ; quelque sale que le zinc soit à sa surface, et avec un litre de ce liquide, qui ne coûte pas plus de 2 francs, on peut amalgamer 150 zincs. Voici du reste la préparation de ce liquide : on fait dissoudre à chaud 200 grammes de mercure dans 1,000 grammes d'eau régale ; la dissolution du mercure étant terminée, on y ajoute 1,000 grammes d'acide chlorhydrique.

On emploie encore quelquefois l'amalgamation pour les interrupteurs de courants électriques qui exigent l'immersion de pointes de fer dans du mercure. Pour obtenir cette amalgamation du fer on s'y prend de la manière suivante : sur le fer nettoyé avec soin on verse une solution de chlorure de cuivre dans de l'acide chlorhydrique, et il se dépose une mince couche de cuivre. Sur celle-ci, on applique une solution de bichlorure de mercure dans de l'acide chlorhydrique, et toute la surface se trouve ainsi amalgamée. C'est ainsi que sont amalgamés les interrupteurs des orgues électriques de Saint-Augustin, à Paris.

AMALGAME. Alliage du mercure avec un autre métal. Les amalgames d'or et d'argent servent à dorer et argenter les autres métaux; l'étain amalgamé constitue l'étain des glaces.

* **AMALGAMEUR.** Celui qui fait un amalgame, qui vérifie l'amalgame.

AMANDE. 1° *T. d'arm.* Partie ovale qui occupe le milieu de la branche ou garde de l'épée. || 2° *T. de confis. Amandes pralinées* ou simplement *pralines*, amandes cuites dans du sucre brûlant et aromatisé ; *amandes lissées*, celles qui sont recouvertes d'une couche de sucre. — V. DRAGÉE.

* **AMARANTE** (BOIS D'). Bois exotique qu'on emploie dans certains ouvrages de marqueterie. — V. BOIS.

* **AMARINE.** *T. de chim.* Substance produite par l'action de l'ammoniaque sur l'essence d'amandes amères, insipide ou légèrement amère, insoluble dans l'eau, soluble dans l'éther et l'alcool bouillant. — V. ALCALOÏDES.

AMARRE. Outre le câble servant à retenir un navire, un ponton, etc., on désigne ainsi en *T. de charp.* : deux morceaux de bois percés au milieu d'une ouverture, et par laquelle on fait passer le bout d'un moulinet.

* **AMASSETTE.** *T. de mét.* Palette ou lame flexible dont les peintres se servent pour amasser les couleurs broyées. || Petit instrument pour amasser la pâte.

AMATEUR. Se dit de toute personne qui pratique un art quelconque sans en faire sa profession. Par extension du sens absolu, se dit aussi de celui ou de celle qui a un goût vif pour les arts sans en pratiquer aucun, protège les artistes et les encourage en achetant de leurs œuvres sans arrière-pensée de lucre ni de trafic. On confond souvent les mots *amateur, collectionneur* et *connaisseur.* Un amateur n'est pas nécessairement un collectionneur. Un connaisseur n'est pas nécessairement un collectionneur ni un amateur. Mais un collectionneur, qui peut être indifféremment un prince de la finance, un grand seigneur ou un marchand, devrait toujours être un connaisseur. — Le mot *amateur* se prend aussi en mauvaise part. Ainsi un artiste dira d'un tableau médiocre, trahissant certaines gaucheries d'exécution : « C'est de la peinture d'amateur. »

* **AMATIR.** 1° *T. d'orf.* Rendre mat l'or, l'argent; ôter le poli. || 2° *T. de monn.* Blanchir, rendre les flans mats.

AMAZONE. Longue robe ordinairement en drap que portent les femmes pour monter à cheval.

* **Amazones.** Femmes guerrières de la Cappadoce. La tradition rapporte qu'une fois par an, elles recevaient les hommes des pays voisins pour perpétuer leur race; qu'elles faisaient mourir ou estropiaient leurs enfants mâles, et qu'elles élevaient avec soin leurs filles; auxquelles elles brûlaient le sein droit afin de leur permettre de tirer de l'arc avec plus de facilité. Cette tradition ne repose sur aucun fondement historique, car les médailles, bas-reliefs ou statues de l'antiquité n'offrent point d'exemple de cette mutilation.

* **AMAZONITE.** *T. de minér.* Espèce de feldspath vert, opaque, que l'on trouve sur le bord du fleuve des Amazones.

— Les anciens ont fait avec l'amazonite des vases, des camées, des coupes.

* **AMBALARD.** *T. de pap.* Brouette au moyen de laquelle on transporte la pâte.

* **AMBALEUR.** — V. EMBALLEUR.

* **AMBATTAGE.** *T. techn.* Action de garnir une roue de son bandage, ou d'un cercle de fer qui en tient lieu.

* **AMBITÉ.** *T. techn.* Se dit du verre qui, après l'affinage, a perdu sa transparence, et semble rempli d'aspérités et de taches.

* **AMBITION.** *Myth.* Les anciens en avaient fait une déesse que l'on représente avec des ailes et les pieds nus.

AMBON. *T. d'arch.* Tribune élevée dans le sanctuaire des églises primitives, pour faire au peuple la lecture du graduel, de l'évangile et de l'épitre. Plus tard, l'ambon fut porté à la séparation de la nef et du chœur et prit le nom de *jubé.* — V. ce mot.

* **AMBOUTISSOIR** ou **EMBOUTISSOIR.** *T. techn.* Appareil composé d'un poinçon et d'une matrice de forme et de dimension respectives et variables, employé pour transformer une plaque de métal ou de toute autre matière malléable, à froid ou à chaud, en un objet concave qui a exactement épousé les formes et les dimensions du poinçon et de la matrice. On amboutit les têtes de clous de tapissier, les boutons, les culots de cartouches, les douilles de cartouches métalliques, et une foule de menus objets employés dans la fabrication des articles de Paris. On écrit aussi *Emboutissoir*.

AMBRE. Nom de deux substances différentes : l'*ambre jaune* ou *succin*, et l'*ambre gris*.

L'*ambre jaune* ou *succin* est une sorte de résine fossile, solide, jaune, diaphane, d'une odeur agréable, sa densité est de 1,09 à 1,11. Dans quelques endroits, notamment dans le Gard, on l'extrait de la terre mêlé au lignite, mais on le trouve surtout en assez grandes quantités sur les bords de la mer Baltique, où il est recueilli à l'aide de scaphandres et de dragues. D'après l'analyse de Schrotter, il contient : carbone 78,82, hydrogène 10,23, oxygène 10,90. Il paraît provenir d'une espèce de conifères antédiluviens dont la résine qui en découlait a subi une transformation au sein de la terre.

Les Orientaux, qui en font un grand usage, reconnaissent l'ambre véritable à ce signe que, frotté contre la laine ou la paume de la main, il exhale l'odeur même d'une feuille de citronnier écrasée. Il est facile, d'ailleurs, de distinguer l'ambre naturel des productions analogues et des composés factices que l'on trouve sous le nom d'ambre dans le commerce ; ainsi l'ambre vrai résiste sous la dent, il n'en est pas de même de l'ambre factice ou du copal ; celui-ci ne peut entamer l'ambre qui peut le rayer. L'ambre se coupe, se taille, mais on ne peut ni le recoller ni le souder comme on le fait avec les imitations d'ambre. Enfin l'ambre vrai ne peut se fondre qu'à 400° de chaleur ; l'ambre faux fond à 100°.

— V. *Comptes rendus de l'Académie des sciences*, année 1876.

— La Sicile a fourni presque tout l'ambre aux anciens qui s'en servaient pour orner les murs, les meubles et les bijoux ; ils en faisaient des vases, des statuettes, et l'employaient pour graver l'image de leurs divinités. L'ambre en grec, devient électrique par le frottement : c'est de ce nom grec qu'est dérivé le mot *électricité*.

La production de l'ambre a été, en 1874, de 175,000 kilogrammes. On emploie les belles qualités pour fabriquer des coffrets, des bijoux, des becs de pipes, ces objets de tabletterie, etc. On en fait même des ouvrages de grande dimension. On fabricant a même construit, en 1873, à Vienne, un lustre en ambre que l'empereur Alexandre a acheté 75,000 francs.

L'*ambre gris* est une matière grasse, grisâtre et aromatique, qui se trouve à la surface de la mer sur la côte de Coromandel, au Japon, à Madagascar, et que quelques auteurs croient formée de masses de résine végétale ou de matières fécales provenant d'une espèce de cachalot. Elle est d'un gris cendré, se ramollit par la chaleur et fond comme la cire. Elle est composée d'un corps gras nommé *ambréine* auquel on accordait jadis une vertu aphrodisiaque et antispasmodique. On l'emploie dans la parfumerie.

On connaît encore deux autres variétés : l'*ambre blanc*, moins coloré que l'ambre jaune, et l'*ambre noir*, le jayet. — V. JAYET.

AMBRETTE. Semence ayant l'odeur de l'ambre, que l'on emploie dans la parfumerie.

AMBULANCE. Hôpital militaire mobile qui suit un corps d'armée en campagne, et qu'on établit à peu de distance du champ de bataille pour y transporter les blessés et les malades. On divise les ambulances en deux classes : les *ambulances volantes* et les *ambulances d'attente* ou de *réserve* ; les premières sont formées près du lieu de combat, les secondes restent sur les derrières de l'armée et forment des hôpitaux temporaires ; elles reçoivent, en outre, le matériel nécessaire pour approvisionner les ambulances volantes. Ce matériel est l'objet de constantes études ayant pour but de rendre les secours aux blessés plus prompts et plus efficaces ; les gouvernements, les *sociétés de secours aux blessés* et l'industrie privée, rivalisent d'efforts pour porter au plus haut degré les perfectionnements des divers services qui constituent les ambulances. — V. HYGIÈNE, TENTE, VOITURE.

— Ce n'est guère que depuis Henri IV qu'on a songé à établir un service de ce genre, mais son organisation régulière ne fonctionne réellement que depuis les guerres de la Révolution et de l'Empire. La première ambulance volante a été créée par Larrey à l'armée de Custine, en 1792.

ÂME. T. de luth. 1° L'âme, malgré ses petites dimensions, est une des parties les plus importantes des instruments à cordes. C'est un cylindre allongé en sapin bien sec, placé entre la table et le fond du violon, à deux lignes derrière le pied du chevalet et à neuf lignes juste d'éloignement du point central de la table. Il est bien entendu que les dimensions de l'âme diffèrent suivant les proportions de l'instrument dont elle fait partie, violon, alto, violoncelle, etc.

Les maîtres luthiers du Tyrol et d'Italie avaient merveilleusement appliqué dans la pratique les lois qui président à la place de l'âme dans le violon, et à son rôle dans la structure de l'instrument, mais ce fut Savart qui, le premier, exposa la théorie des fonctions de l'âme. Pendant longtemps on avait cru que non-seulement l'âme servait à soutenir la table supérieure et l'aidait à supporter le poids des cordes, mais aussi que la sonorité de l'instrument dépendait uniquement de cette petite pièce de bois. Savart, par un procédé ingénieux, trouva moyen de fixer l'âme sur la table et non au-dessous ; cette table perdit en solidité, mais la sonorité du violon n'en fut pas diminuée.

Le véritable office de l'âme est de mettre en communication la table et le fond et de rendre leurs vibrations normales.

Une autre fonction de l'âme consiste à rendre immobile le pied droit du chevalet et, de cette façon, le pied gauche peut communiquer ses mouvements à la barre.

— A l'Exposition de 1867, un luthier avait placé deux âmes dans ses violons, l'une à sa place ordinaire, l'autre sous la queue. Il est superflu de démontrer que non-seulement cette seconde âme est inutile, mais qu'elle peut influer d'une manière fâcheuse sur la qualité du son. Les anciens luths des xvɪᵉ et xvɪɪᵉ siècles, contenaient plusieurs âmes, mais celles-ci servaient uniquement à soutenir les éclisses.

On a fait aussi des âmes en bois de différentes essences et même en verre.

On appelle aussi âme de la clarinette, un petit trou, gros comme la tête d'une épingle, percé près de l'embouchure, et qui permet de donner au chalumeau une égalité irréprochable.

|| 2° C'est le creux où la charge est introduite dans les canons, obusiers, etc. || 3° Dans les manufactures de tabac, on nomme ainsi le bâton autour duquel on monte le tabac cordé. || 4° Soupape de cuir par laquelle l'air pénètre dans un soufflet. || 5° Dans un cordage, fils que l'on place au milieu des torons dont le cordage est composé. || 6° Dans un câble sous-marin, l'âme est constituée par le fil de cuivre servant de conducteur et qui se compose de 7 ou 9 brins tordus ensemble. || 7° Principale partie d'une machine. || 8° Massif sur lequel on applique le plâtre, le stuc, etc., qui sert à former une statue, une figure, etc. || Noyau sur lequel on coule une figure ou statue de bronze. || 9° Feuilles de carton recouvertes d'une ou de plusieurs feuilles de papier.

* **AMELET**. *T. d'arch.* Petit filet qui orne les chapiteaux.

AMENUISER. *T. techn.* Rendre plus mince, plus menu une planche, un morceau de bois, une cheville.

* **AMERS**. — V. Balisage.

* **AMESTRER**. *T. de teint.* Action de mêler le carthame lavé avec de la cendre gravelée, en les piétinant par faibles portions.

* **AMÉRIQUE CENTRALE ET MÉRIDIONALE**. (1) Les projets et les vœux d'utilité publique ne sauraient être limités aux bornes d'un État, mais doivent, au contraire, s'étendre sur tous les points du globe. Les manifestations des efforts et des recherches de presque tous les membres de la grande famille universelle doivent amener, sans nul doute, une plus grande somme de bien-être général ; les petites Républiques de l'Amérique l'ont compris, en se présentant à l'Exposition de 1878 ; au contact de la vieille civilisation de l'Europe, elles se sont inspirées des conquêtes qui ont été faites dans le domaine de l'art et de la science, et, elles nous ont fait connaître, en même temps, les produits de leurs industries naissantes. Nous connaissons peu ou mal ces contrées immenses auxquelles la Providence a prodigué tous les trésors ; ce qu'il faut constater dès maintenant, c'est que les transactions commerciales de ces peuples lointains sont dignes de l'attention de l'Europe, et que le plus brillant avenir leur est réservé lorsque l'émigration abandonnant le nord trop plein, se dirigera vers le sud de l'Amérique.

Nous avons eu à regretter l'abstention de l'empire du Brésil, que tant de liens de sympathie et d'intérêt rattachent à la France, et celle d'un certain nombre de Républiques du Sud. Cependant, malgré ces abstentions, le terrain occupé par l'Amérique centrale et méridionale était beaucoup plus considérable, l'année dernière, qu'il ne l'était en 1867.

Grace à l'initiative intelligente, aux efforts et à l'habileté de M. Torres-Caīcedo, commissaire général du syndicat, ces Républiques, groupées dans une sorte de fédération fraternelle et industrielle, offraient une physionomie

(1) V. la note page 117.

d'ensemble très-curieuse pour l'intérêt commercial de l'Europe.

La **République Argentine** est une des plus vastes contrées de l'Amérique du Sud ; Buenos-Ayres, sa capitale, située sur la rive droite du Rio-de-la-Plata est l'un des foyers de civilisation du nouveau monde. La population de cette République, accrue par l'immigration, comptait en 1869, 1,877,490 habitants, occupant une superficie de 4,195,500 kilomètres carrés, y compris les Pampas. De 1857 à 1876, on estime à 60,000 le nombre des Français qui sont allés s'établir dans ce pays.

Cette contrée, fertilisée par de grands fleuves, offre l'aspect d'une végétation luxuriante susceptible d'un très-grand développement agricole ; jusqu'ici c'est l'industrie pastorale qui occupe le premier rang. Les vastes prairies de la Plata, les immenses pâturages de l'intérieur, dits *pampas*, nourrissent d'innombrables troupeaux de chevaux et de bestiaux qui y vivent en majeure partie à l'état sauvage. On évalue à 15 millions le nombre de têtes du gros bétail, celui des chevaux à 4 millions et celui des bêtes ovines à 80 millions. Cette prodigieuse multiplication des races chevaline, bovine et ovine constitue un élément de grande richesse commerciale pour la République. Ce sont les Gauchos, descendants des anciens pâtres, colons espagnols, qui se livrent principalement à l'exploitation du commerce des peaux et de la viande séchée et salée des animaux. Dans ces derniers temps, un navire français, le *Frigorifique*, muni de machines à air froid (V. Froid), est allé s'approvisionner de viandes fraîches pour les amener de Buenos-Ayres en France dans le même état de fraîcheur. Si de nouvelles tentatives réussissent, l'industrie de la Plata se transformera et les marchés européens recevront des viandes fraîches à des prix bien inférieurs à ceux de notre viande de boucherie. On abat environ un million d'animaux par an, les laines sont préparées dans les fermes, et les cuirs sont salés et dirigés sur le littoral, d'où ils sont expédiés en Europe.

Les exploitations minières sont encore pour la plupart dans la période des tâtonnements, mais elles offrent à la spéculation des trésors incalculables. La République Argentine possède plusieurs mines d'or et d'argent, de cuivre et de fer ; malheureusement le manque de bras en arrête l'extraction et l'exploitation. Parmi les beaux marbres de Sierra de Cordova, on extrait un marbre onyx translucide d'une rare pureté.

La République reçoit de France des étoffes de laine et de soie, des calicots, des draps, des vêtements confectionnés, les articles de Paris, la mercerie, les modes, des gravures et des lithographies, des livres, des instruments de précision, des porcelaines et des cristaux, de l'orfèvrerie, de la joaillerie et de la bijouterie, enfin des vins, des liqueurs et des conserves fines. Elle nous expédie des cuirs secs et salés, de la viande salée, les graisses, les os et les ongles de bœuf et de chevaux, les laines et les suifs de ses moutons, des fourrures et des plumes, du guano de Patagonie et du guano artificiel, de la cendre d'os, du cuivre, de l'or et de l'argent en barres, et des bois de diverses espèces.

Dans le commerce général de la République des sept dernières années, la France a figuré pour 670,706,450 francs, occupant ainsi le deuxième rang dans l'échelle du commerce argentin, le premier appartenant à l'Angleterre ; dans le commerce extérieur de la France, la République argentine occupe le onzième rang.

Nos ports de France sont en relations directes et suivies avec ceux de ce pays, et principalement avec Buenos-Ayres, sur la Plata, l'un des plus fréquentés du Nouveau monde.

République du Pérou. La population péruvienne s'élève à 2,704,998 habitants, occupant une superficie totale de 62,376 lieues carrées.

Favorisé par une température exceptionnelle et par

l'abondance des cours d'eau qui distribuent la fécondité et la vie dans la plus grande partie du pays, le Pérou possède une végétation merveilleuse ; la canne à sucre y atteint des grosseurs énormes ; les gros raisins bruns ou dorés de Pisco et de Locumba produisent des vins qui commencent à être répandus en Europe ; les cotonniers fournissent un coton qui le dispute en qualité à ceux de l'Egypte ; et l'on y fait d'abondantes récoltes de céréales et de cafés.

Le règne végétal est d'une extrême richesse : le cèdre, l'acajou, l'ébénier, le bois de fer, l'acacia, le jacaranda et les bois précieux de toutes les essences offrent d'innombrables variétés propres à l'ébénisterie et à la construction. Le coton et le café y croissent presque sans culture ainsi qu'un grand nombre de plantes textiles, balsamiques, médicinales et tinctoriales qui sont, et seront dans l'avenir, une source de revenus inépuisables pour l'exportation péruvienne. Parmi les produits les plus importants à signaler, il faut citer le coca, la plante sacrée des Incas, dont on fait en France, une assez grande consommation, depuis les savantes études de M. Chevrier, de Paris (V. Coca). Le Pérou doit à M. Grégorio Cabello, ancien élève de notre école des mines, l'amélioration de la culture de la vigne, et c'est à ses efforts et à sa persévérance que les vins péruviens s'imposent aujourd'hui à l'attention de l'Europe.

Le règne animal n'est pas moins favorisé, on connaît la supériorité des laines que produisent les nombreux troupeaux de vigognes, d'alpacas, de lamas et de guanacos. Le guano, auquel notre agriculture emprunte les propriétés fertilisantes, constitue aussi l'une des sources les plus productives du Pérou.

L'industrie sucrière prend chaque année de plus grandes proportions. « Un nombre considérable de propriétés rurales, dit M. Luis E. Albertini, où l'on ne semait auparavant que du maïs et du trèfle pour l'élevage des bestiaux, d'autres où l'on ne cultivait que le coton, se sont appliquées à la culture de la canne à sucre. Des capitaux énormes ont été employés à la création d'usines. C'est par des millions déjà que se chiffre la valeur du matériel et des machines qui, de France, d'Angleterre et des États-Unis, ont été envoyés au Pérou, afin de donner une active impulsion à cette industrie, une des plus sérieuses espérances de l'avenir. » L'exportation des sucres qui était, en 1873, de 16,000 tonnes, atteignait, en 1877, 78,000 tonnes et la progression s'accentue encore.

La très-belle et très-ancienne collection du savant professeur A. Raymondi, formée de 652 échantillons, représentait presque tous les types minéraux du Pérou, l'un des pays les plus riches en productions minérales. L'or, l'argent, le cuivre, le plomb, le cinabre, le fer, le nickel, le platine, etc. sillonnent ses montagnes en larges et puissants filons ; ses côtes contiennent d'immenses dépôts de nitrate de soude dont on emploie maintenant, pour les engrais, des quantités considérables en France et en Belgique ; enfin, on a constaté de nombreux gisements de houille, d'anthracite, de plombagine, de tourbe et de pétrole.

République du Salvador.

Parmi les Républiques latines de l'Amérique, le Salvador a pris la tête du mouvement progressif qui s'est produit après leur affranchissement de la domination espagnole ; il a fondé des universités, des académies, des écoles et des bibliothèques, et tous ses efforts tendent à appliquer les progrès de la science moderne à son agriculture et son industrie ; lorsque l'immigration lui apportera le concours des bras qui lui manquent, le Salvador deviendra l'un des pays les plus prospères de l'Amérique centrale.

L'indigo est le produit le plus important de son industrie agricole ; on en récolte environ par an 2,400,000 livres d'une valeur approximative de 1,721,378 piastres ou 8,606,890 francs. La culture du café y est également très-

abondante et tend à se développer rapidement. En 1875, l'exportation du café s'est élevée à 6,042,805 francs et celle de l'indigo à 13 millions environ. L'industrie du tabac est l'objet d'une fabrication importante de cigarettes et de cigares excellents ; enfin, le sucre et le caoutchouc donnent lieu à d'actives transactions.

On fabrique à San-Salvador les rebozos, sorte de tissus de soie ou de coton très-recherchés dans toutes les contrées du Centre-Amérique ; les autres articles fabriqués avec habileté sont les broderies, les dentelles, les fleurs, les ouvrages en coquillages, les chapeaux, la peausserie, la vannerie, la sellerie et quelques objets de luxe et de fantaisie.

La valeur minière du Salvador est inappréciable, l'or, l'argent, le cuivre, le fer, le plomb et le charbon forment de nombreux gisements encore inexploités, mais qui sont pour l'avenir de la République une source de grandes richesses. Parmi les mines en exploitation, celles de l'extraction française, à MM. Pereire, ont pour objet l'extraction des minerais d'argent et de cuivre.

La production agricole et industrielle de la République, en 1876, a été de 8,283,487 piastres ou 41.417,435 francs. Son commerce extérieur progresse dans de notables proportions ; on comptait à l'exportation, en 1864, 8,377,480 francs, et en 1875, 15,897,565 francs. L'importation des articles français, anglais, italien, de 6,168,555 francs qu'elle était en 1864, a atteint, en 1875, 2.689,967 piastres ou 13,449,835 francs.

Parmi les produits exposés, les diverses collections témoignent des efforts que font les personnalités marquantes du Salvador pour initier l'Europe au mouvement intellectuel et commercial de leur pays ; M. Torrès Calcedo avait exposé ses ouvrages personnels et une collection de livres de géographie, de science, de poésie et de littérature des Républiques latines, puis quelques antiquités américaines : idoles, vases, lampes, etc.

Il nous faut encore signaler la laine et la cire végétales, et un bois, la funéraire, qui offre à notre ébénisterie d'art une variété nouvelle et susceptible de prendre un aspect supérieur au palissandre et peut-être à l'ébène.

Les autres Républiques, représentées au Champ-de-Mars étaient : le Mexique avec des onyx remarquables, la Bolivie, le Vénézuela, l'Uruguay, le Nicaragua, Haïti et le Guatemala ; le commissaire délégué de cette dernière a exposé une riche et curieuse collection d'oiseaux multicolores et d'insectes rares, ainsi que divers objets d'antiquités de l'Amérique centrale : statuettes en pierre, poteries, ornements et bijoux en or et en agate.

Arts décoratifs. Il semble au premier abord qu'il n'y ait rien à attendre au point de vue des arts décoratifs de ces pays où la civilisation vient à peine de poser le pied, de ces peuples qui naissent à la vie agricole et industrielle et qui sont voués encore à la vie pastorale. Cependant, aux yeux de l'artiste, ils ont joué au Champ-de-Mars un rôle intéressant. Outre qu'ils nous apportaient d'excellentes matières premières des arts décoratifs, des pierres précieuses, des métaux riches, éléments de l'orfèvrerie, des plumes d'oiseaux magnifiques dont la toilette des femmes fait depuis quelques années un emploi plein de goût, des bois d'ébénisterie de couleurs et de nuances variées à l'infini ; ils ont aussi deux industries artistiques très-spéciales. L'une est affectée au service de l'homme, la seconde à celui de la femme. C'est d'une part la sellerie, de l'autre la broderie.

L'Américain du Sud vit à cheval, aussi attache-t-il une grande et toute naturelle importance au harnais de cheval. Il met sa vanité et son émulation à l'avoir aussi riche que possible. Les grands pâturages lui fournissent d'inépuisables ressources de peaux et de cuirs que l'industrie manufacturière transforme en licous, brides et fouets tressés à la main avec une curieuse adresse, des tissus en peau de vache de la province de Catarmara dont on fait des chabraques richement ornées de broderies.

Parfois l'équipement est fabriqué en cuir de tapir et presque toujours les mors et les étriers en argent. Cette orfévrerie spéciale est ciselée d'une façon brutale qui cependant ne manque pas de caractère. Nous avons trouvé aussi dans cette section d'élégantes chaussures en peau de serpent et des bottes en peau de caïman. Dans le décor des tissus fabriqués à la main avec cette laine que les troupeaux fournissent en si grande abondance, on retrouve la plupart des procédés employés autrefois par les indigènes du Pérou et du Mexique. On peut comparer ces tissus à ceux des anciennes sepultures péruviennes conservées au musée ethnographique. Mais tout le luxe du décor à la main à réservé pour ces pièces d'étoffe dont les femmes s'enveloppent la tête et les épaules. Cette partie du vêtement est chargée de broderies soie sur soie, soie sur laine, ou de broderies en coton, en fil et en or, exécutées avec une habileté merveilleuse et dans la tradition antique. Le même soin et le même art président à la décoration des dessus de lit ornés aussi de broderies et de brillantes passementeries. La femme orne le lit et s'orne elle-même, l'homme orne son cheval. C'est l'art naturel, élémentaire et charmant des peuples pasteurs.

AMÉRIQUE DU NORD. — V. États-Unis.

AMÉTHYSTE. Il y a deux espèces de pierres, toutes deux colorées en violet qui portent ce nom. L'une est un quartz hyalin ou cristal de roche teinté en violet, et l'autre plus précieuse par l'intensité de sa nuance et sa dureté, est un corindon hyalin violet. On appelle aussi cette dernière, améthyste *orientale*. Sa pesanteur spécifique est quatre fois celle de l'eau.

L'améthyste présente quelquefois des dimensions importantes; elle sert alors à faire des coupes, des vases, des colonnettes pour l'ornementation de petits meubles et coffrets.

La joaillerie s'en sert également pour les bijoux, sa couleur se marie parfaitement à celle de l'or. On en fait des bagues, des boucles d'oreilles, des colliers, des boutons.

— L'étymologie de ce nom qui vient du grec (α privatif et μεθύω, *je m'enivre*), indique que les anciens croyaient que cette pierre avait la vertu de préserver de l'ivresse. aussi était-elle consacrée à Bacchus et les graveurs de l'antiquité ont souvent exécuté des portraits de ce dieu sur améthystes.

Cette pierre se prête, en effet, admirablement par sa transparence et sa dureté à la gravure en pierres fines. On peut citer parmi les beaux spécimens de la Glyptique, un portrait supposé de Mécène, gravé en creux sur améthyste, par le célèbre Dioscoride. Une autre intaille, signée de son auteur, Pamphile, représente un Achille Citharède. Ces deux intailles font partie de la collection de pierres gravées de la Bibliothèque nationale. L'améthyste était l'une des douze pierres qui figuraient dans le pectoral du grand prêtre à Jérusalem. Aujourdhui elle forme le chaton de l'anneau pastoral des évêques, ce qui lui a fait donner le nom de *pierre d'évêque*.

Les plus belles améthystes se trouvent dans les Indes, le Brésil; l'Espagne en fournit d'assez belles. On en trouve aussi en Sibérie, en Allemagne, en Suisse, en France, mais celles qui proviennent de ces dernières contrées sont des quartz violets et non plus des corindons.

AMEUBLEMENT. Ensemble des meubles et des tentures nécessaires pour garnir et orner une pièce, un appartement, une habitation.

— L'art oriental, si splendide autrefois, avait imprimé son merveilleux cachet dans toutes les parties de l'ameu-

blement de l'antiquité; les meubles étaient incrustés d'or, d'ivoire et de matières précieuses; les tapis avaient cette puissance de coloration, cette hardiesse de dessin et cette harmonie parfaite que nous cherchons trop souvent dans beaucoup de nos produits modernes. La haute intelligence des Grecs et des Romains, la perception complète qu'ils avaient du beau, leur avaient inspiré un goût sûr dans la décoration de leurs habitations : ils y répandaient à profusion les tableaux, les statues, les vases, les belles mosaïques, des marbres précieux et les plus beaux stucs. Chez les Gaulois, on revêtit les murs et les meubles de peaux de bêtes garnies de leurs fourrures, puis vinrent les joncs tressés et peints que Pontoise fabriqua, à cette époque, avec un art supérieur aux nattes orientales. Les étoffes byzantines et les tissus de toute sorte succédèrent aux nattes, et avec la Renaissance qui développa le goût, toutes les industries qui se rattachent à l'ameublement prirent un rapide essor; des fabriques s'étaient élevées de toutes parts; la céramique, les émaux, les meubles, les tapisseries ne se cédaient point en richesse à ceux de l'Orient, avec plus de souci de la *commodité* et de l'*agrément* des habitations; aux tapisseries qui étaient arrivées à un rare degré de perfection, et l'on peut se rendre compte du chemin parcouru depuis Bayeux jusqu'aux magnifiques Gobelins, on joignait encore, à cette époque, les tapisseries de cuir bouilli, faites de peaux de veau avec des fleurs, des armoiries, des ornements relevés en bosse, dorés, argentés, peints des plus brillantes couleurs. Sous le règne de Louis XIV, l'ameublement se conformait au goût du grand roi, qui comptait pour rien ce qui n'avait que la commodité pour but, aussi Mme de Sévigné recommandait-elle à sa fille, qui venait de Grignan passer l'hiver à Paris, d'apporter une tapisserie pour tendre la chambre où elle devait loger. Au XVIIIe siècle, la mode abandonna les tapisseries, même celles des Gobelins, et on y substitua les tentures en damas, lampas et autres étoffes qui se fabriquaient à Lyon; les appartements étaient boisés et le bois revêtu d'une peinture blanche, vernie. On appliquait de hautes glaces sur les murs et les canapés, les fauteuils étaient semblables aux tentures; les dames délaissèrent les métiers à faire le *gros* et le *petit point* pour les remplacer par le métier à broder et le clavecin. Après 89, l'ameublement fut grec ou romain, et aux jours du romantisme, on s'éprit du gothique. Notre époque n'a pas adopté de style propre; le style Louis XV est plus en rapport avec la disposition de nos habitations, et paraît être le plus répandu; cependant, dans beaucoup de maisons, pour la pénitence des yeux, on entasse des meubles qui sont en dehors de toute convenance et de toute harmonie. « Autrefois, dit M. Guichard, dans ses *Considérations sur l'art industriel*, l'on s'occupait, avant tout, de la destination des choses, et, cette première condition remplie, le plaisir des yeux naissait presque toujours d'un choix d'ornements et de coloration judicieusement combinés avec cette destination. Aujourd'hui, l'on ne se préoccupe plus de ces misères. Aussi le *fabricant*, qui sait cela, ose-t-il encore faire, sans commande, des lits François Ier et Henri II. Il est certain qu'on les lui achètera pour leur faire subir l'humiliation de les dresser souvent au milieu de chambres à coucher qu'on dirait imitées de Lilliput. » — V. Décoration, Ébénisterie, Mobilier, Tapis, Tapisserie, Tenture.

AMIANTE. Substance minérale, formée de silice, de magnésie et d'un peu de chaux, qui se présente sous la forme de filaments nacrés et soyeux, tantôt longs et blancs, tantôt gris et agglomérés ensemble; elle est incombustible et infusible; on la trouve dans les fentes de certains rochers, dans le Piémont, en Corse, en Savoie, en Sibérie et dans les Pyrénées, près de Baréges. Elle paraît s'embraser dans le feu, mais quand elle en est retirée, elle passe promptement de l'état d'incandescence à sa couleur naturelle, sans avoir subi de détérioration. On a essayé d'utiliser l'amiante pour la fabrication du papier, de la dentelle et des vêtements incombustibles, mais son emploi dans l'industrie est jusqu'ici limité à la garniture des presses-étoupes et aux joints de vapeur.

— Les anciens qui faisaient avec l'amiante des linceuls pour leurs morts, afin d'en recueillir les restes intacts, sans qu'ils se mêlassent aux cendres du bûcher, ne nous ont pas transmis le secret de leur fabrication de toiles incombustibles.

AMICT. Linge béni, de forme carrée, que le prêtre met sur ses épaules pour dire la messe.

— Ce mot vient du latin *amictus*, robe des prêtres des douze grands dieux de l'Olympe.

* AMIDES. *T. de chim.* Corps formés par l'union de l'ammoniaque et les acides avec élimination des éléments de l'eau ; ils diffèrent donc des sels ammoniacaux par ces éléments. On peut considérer les amides comme résultant de la substitution d'un radical acide à l'hydrogène de l'ammoniaque. On a donné aussi le nom d'amides à des corps qui résultent de l'action de l'ammoniaque ou des alcalis hydrogénés sur les aldéhydes.

AMIDON. Sous le nom d'*amidon* ou de *matière amylacée*, on comprend une matière organique blanche, pulvérulente, inaltérable à l'air, se présentant au microscope sous forme de petits granules différant d'aspect et de grosseur suivant la plante qui l'a produite et que la chimie classe parmi les substances ternaires avec la formule $C^{36} H^{30} O^{30}$.

Les végétaux nous offrent cette matière dans tous leurs organes mais on la trouve surtout dans les racines et les fruits ; extraite des premières, elle porte plus spécialement le nom de *fécule* et sert généralement à l'alimentation ; extraite des derniers elle porte le nom d'*amidon* et est employée principalement pour les usages industriels.

Les principales sources auxquelles l'industrie s'adresse pour obtenir l'amidon proprement dit, sont :

1° Les fruits des graminées (froment, riz, maïs, sorgho).

2° Les graines des légumineuses (fèves, féverolles, haricots).

3° Les fruits de certains arbres : ceux du marronnier d'Inde par exemple.

La fécule se retire :

1° D'une foule de racines tuberculeuses telles que les pommes de terre, les ignames, les patates, les topinambours, etc. : les tubercules du manioc fournissent le *tapioka*, ceux du *Maranta arundinacea*, l'*arrow-root*.

2° Des bulbes de certains orchis et notamment de l'*orchis mascula* ; elle s'appelle dans le commerce : le *salep*.

3° Des tiges de plusieurs plantes et spécialement d'un palmier qui donne le *sagou*.

4° Enfin, des racines du dahlia on extrait une matière présentant la composition de l'amidon, l'*inuline*, mais qui en diffère par quelques propriétés ; cette substance ne présente d'ailleurs qu'un intérêt secondaire.

Avant 1860 on n'extrayait guère l'amidon que du froment qui en renferme à l'état sec, de 60 à 75 0/0 ; cette industrie était très-prospère en France, si bien que, non-seulement elle suffisait à la consommation indigène, mais elle exportait annuellement 2,000,000 kilogrammes. Depuis cette époque, les céréales, par suite de mauvaises récoltes, étant montées à des prix très-élevés, les amidonniers durent rechercher une matière première moins coûteuse : le riz se présenta tout naturellement à l'esprit, car sa teneur en amidon à l'état sec est de près de 90 0/0 ; il faut ajouter à cela qu'il est amené très-économiquement des Indes par les navires anglais, si bien qu'il fut le point de départ d'une production très-florissante de la part d'usines nombreuses qui se fondèrent à proximité des rizéries de Londres et d'Anvers, dont elles utilisèrent les déchets. Grâce à un droit d'entrée en France peu élevé cet *amidon anglais* envahit rapidement nos marchés où il s'implanta vite, à cause de son bas-prix et de l'avantage qu'il offre pour certains emplois, l'apprêt du linge, par exemple, de pouvoir s'employer à froid tandis que l'amidon de froment a besoin d'être transformé en empois par la chaleur. L'industrie française ne put soutenir la concurrence étrangère et l'amidon de froment dut céder le pas à l'amidon de riz et à l'amidon qu'on commençait à extraire du maïs, en Amérique, où cette plante pousse avec une facilité inouïe tout en donnant un rendement très-avantageux. Le maïs renferme à l'état sec, d'après Payen, 65 à 68 0/0 d'amidon très-blanc, que les Américains emploient en grande quantité pour falsifier les farines qu'ils expédient dans le monde entier ; quelques maisons le livrent, sous le nom de maïzena, pour la préparation de produits alimentaires tels que les pâtisseries.

La France tire maintenant de l'étranger la majeure partie de l'amidon qu'elle emploie ; son importation égale à 4,901,000 kilogrammes en 1876, représentant une valeur de 3,430,000 francs, n'a fait qu'augmenter encore depuis, et en 1878 elle arrive à près de 8 millions de kilogrammes ; c'est la Belgique, où se trouve la plus grande fabrique d'amidon du monde, celle de M. Rémy, à Louvain, où on extrait 40,000 kilogrammes par jour, qui vient en première ligne ; l'Angleterre tient la seconde place. L'exportation d'amidon français en 1876, a été de 887,000 kilogrammes, représentant une valeur de 621,000 francs ; l'Algérie a une part de 168,000 kilogrammes dans ce chiffre, puis viennent : l'Angleterre, la Suisse et quelques autres pays.

La consommation totale de l'amidon en France peut être évaluée à 11 ou 12 millions de kilogrammes.

L'amidon pur, poudre blanche inodore, presque insipide, produisant une impression particulière lorsqu'on le froisse entre les doigts, est formé d'une infinité de petits granules dont Payen a déterminé à 1/1000 de millimètre les plus grandes dimensions des grains des divers amidons : nous reproduisons les principaux résultats de son travail dans le tableau suivant :

Grains d'amidon de grosses pommes de terre. . . . 185
       »   de pommes de terre ordinaires. . 140
       »   de l'Arrow-root 140

Séché à 15° dans le vide sec, l'amidon ne renferme que 10 0/0 d'eau; abandonné à l'air présentant un état hygrométrique moyen et une température de 20°, il en renferme 18 0/0; cette quantité peut s'élever à 35 0/0 si l'air est saturé de vapeur d'eau.

L'amidon n'est pas attaqué par l'eau froide, l'eau bouillante n'en opère pas non plus la dissolution, mais sous son influence, les granules amylacés s'hydratant, ils augmentent de 30 fois leur volume environ et produisent l'*empois*, qui est d'autant plus épais que la température a été amenée plus rapidement à l'ébullition.

L'amidon séché dans le vide peut être porté impunément à la température de 160° sans éprouver d'altération; à 200°, il prend une couleur ambrée et sans changer de poids il éprouve une désagrégation qui le transforme partiellement en *dextrine*, soluble dans l'eau froide. Cette transformation se produit à 160° si au lieu de prendre l'amidon sec on prend l'amidon ordinaire contenant 18 0/0 d'eau, et se produit plus facilement encore si on le chauffe en vase clos; à une température plus élevée, la matière organique se détruit peu à peu et laisse une masse charbonneuse qui, calcinée, laisse en général un résidu minéral qui ne dépasse pas 1 0/0.

Les acides étendus transforment, à chaud, l'amidon en *dextrine* puis en *glucose*; cette réaction est utilisée industriellement pour la préparation du sucre de fécule. L'acide nitrique concentré dissout l'amidon, une addition d'eau précipite une matière détonnante : la *xyloïdine* qui a été employée par Uchatius pour préparer la *poudre blanche*.

La matière amylacée prend en présence de l'iode une coloration bleu-violacé caractéristique qui disparaît par la chaleur, mais reparaît par le refroidissement.

L'amidon se présente dans le commerce sous la forme de prismes irréguliers qu'on appelle *aiguilles*; à volume égal, ces aiguilles sont plus lourdes dans le cas du maïs que dans le cas du froment ou du riz.

Les usages de l'amidon proprement dit sont multiples; on l'emploie pour l'empesage du linge, soit en aiguilles, soit réduit en poudre, bluté et azuré par 1/4 0/0 de bleu de Prusse; les relieurs en font de la colle. Les industries linière et cotonnière en emploient de grandes quantités: la nature de l'amidon, pour l'apprêt des étoffes, n'est pas indifférente, car on a remarqué que l'amidon de riz ne pénètre pas à l'intérieur du tissu comme le fait celui de froment, mais forme plutôt un lustre à sa surface, lustre indispensable dans certains cas.

L'amidon réduit en poudre, ou mieux la *fleur d'amidon*, qui en est la partie la plus fine, sert à faire la *poudre de riz* des parfumeurs; pour cet usage on ne peut employer l'amidon de riz seul, car il est beaucoup trop léger et n'adhère pas assez à la peau; on emploie généralement un mélange d'amidons de riz et de froment, ce dernier donnant de la fixité.

Enfin, l'amidon de maïs, qui est moins cher que les deux autres, sert à préparer le glucose.

FABRICATION INDUSTRIELLE. Autrefois on n'employait que l'amidon de froment; l'extraction s'effectuait par la fermentation poussée jusqu'à la putréfaction. A cet effet, on concassait le grain sec qu'on mélangeait dans quatre à cinq fois son volume d'eau; on laissait fermenter pendant vingt à trente jours suivant la saison, après avoir ajouté au liquide 15 0/0 d'eau sûre d'une précédente opération. Alors, le gluten devenu soluble était parfaitement éliminé par le lavage; l'amidon déposait au fond des baquets dans lesquels il pre-

Fig. 66. — *Amidonnière d'Emile Martin*

A Auge. — B Rouleau cannelé animé d'un mouvement de va-et-vient. — C Arbre moteur. — D Excentrique. — E Poulie. — F F Tamis en toile métallique ou en soie. — G G Auge qui reçoit l'eau chargée d'amidon. — H Tube longitudinal percé de trous, qui déverse l'eau sur la pâte.

naît la consistance nécessaire pour former des pains en état d'être placés sur des aires en plâtre absorbant, puis au séchoir, à l'air, et enfin à l'étuve. Ces trois opérations successives qui constituent le séchage sont toujours en usage.

Ce procédé avait de graves inconvénients; il était insalubre, et le gluten, substance très-riche en azote, était sacrifié. On ne l'emploie plus que lorsqu'on a à traiter des blés ou des farines avariés dont le gluten a perdu ses propriétés agglutinantes.

Aujourd'hui on opère la séparation du gluten et de l'amidon en broyant du blé fortement hydraté, d'abord entre des cylindres, ensuite sous des meules verticales en pierre dure tournant dans une auge circulaire, garnie à la partie inférieure, de châssis recouverts de toile métallique que traverse l'amidon, entraîné par un courant d'eau continu. Le gluten privé d'amidon s'agglomère et se trouve mélangé de son; il devient en cet état un aliment frais et excellent pour les animaux; cette fabrication n'occasionne aucune insalubrité.

Martin a modifié très-heureusement ce système; il est parvenu à séparer plus complètement l'amidon du gluten et à obtenir des produits plus abondants et aussi beaux. On prend de la farine de froment, on en fait une pâte semblable à celle du pain, mais privée de levain et de sel; on la laisse vingt-cinq à soixante minutes, suivant la température, dans des corbeilles pour qu'elle prenne de l'apprêt, on en fait des pâtons allongés, qu'on soumet l'un après l'autre à une machine appelée amidonnière (fig. 66) dans laquelle un cylindre cannelé, en bois dur, animé d'un mouvement de va-et-vient, les roule sur la paroi intérieure de l'auge.

L'eau injectée continuellement par un tube longitudinal placé au-dessus de l'appareil tient l'amidon en suspension et l'entraîne au travers de panneaux recouverts de soie ou de toile métallique, placés sur les côtés de l'auge de l'amidonnière. Quant au gluten il s'agglomère et forme une seule masse qu'on retire lorsque l'eau ne blanchit plus.

Une pompe élève l'eau blanche sur les tables de dépôt, l'amidon se précipite au fond, on l'enlève avec des pelles, quand la couche est suffisamment épaisse, on le lave de nouveau et on continue la transformation comme il est dit pour l'extraction par la fermentation. Ce travail de l'amidonnier se trouve clairement expliqué par la légende de la figure 66.

Mais ce procédé ingénieux, inventé par Martin, n'est applicable qu'au froment qui, seul, contient du gluten ayant la propriété de s'agglomérer. Il a fallu chercher un autre moyen pour extraire l'amidon des autres graines.

Le blé est souvent d'un prix élevé qui oblige l'amidonnier à lui préférer le maïs. le riz, la féverolle, etc., pour fabriquer des amidons qui, sans avoir toutes les qualités de celui du froment, peuvent le suppléer dans certains cas. Ils ont d'ailleurs des propriétés spéciales qui permettent de les employer avantageusement. Alors les moyens de séparation deviennent autant chimiques que mécaniques : on fait tremper les grains dans une eau dans laquelle on a mélangé des acides ou des alcalis; lorsqu'ils sont suffisamment hydratés, on les broie entre des meules horizontales. On tamise le produit des meules à plusieurs reprises et après des lavages réitérés on laisse déposer et on sèche comme l'amidon de froment. Cette extraction exige plus de soin, d'attention et de pratique que celle de l'amidon de blé.

L'amidon, d'où qu'il provienne, se transforme en glucose par l'action de l'acide sulfurique étendu d'eau. Longtemps on a employé exclusivement la fécule de pomme de terre pour fabriquer des sirops et de la glucose massée, mais la maladie qui a diminué considérablement la culture de ce tubercule et en a augmenté le prix, a amené l'emploi de l'amidon du maïs et du riz à la place de la fécule. Depuis quelques années on a créé des fabriques importantes de glucose provenant des matières amylacées extraites de ces deux graminées. — V. Féculerie, Glucose.

Amidon en aiguilles. Nom que les amidonniers donnent au produit livré en prismes de 5 à 6 centimètres de hauteur.

Amidon marron. Produit obtenu par la séparation mécanique du gluten et de l'amidon. On le fabrique principalement en Alsace.

Amidon torréfié. Substance que l'on désigne aussi sous le nom de *Leïocomme.*

* AMIDONNERIE. Lieu où l'on fabrique l'amidon.

— Il ne peut être établi d'amidonnerie dans le voisinage des maisons particulières sans une autorisation de l'autorité.

AMIDONNIER. Fabricant d'amidon.

— Avant le XVIIIᵉ siècle, les amidonniers faisaient partie de la communauté des épiciers-apothicaires, mais, en 1744, ils reçurent des lettres patentes qui les érigèrent en communauté particulière; elles furent enregistrées au Parlement, le 12 janvier 1746, malgré l'opposition des gantiers, des parfumeurs et des épiciers-apothicaires. Aux termes de leurs statuts, l'apprentissage durait trois années, et ils devaient travailler deux ans chez les maîtres avant d'être admis à faire le chef-d'œuvre qui consistait en « un cent d'amidon parfait. »

* AMITIÉ. *Iconol.* Divinité que les Romains représentaient sous la figure d'une jeune personne vêtue d'une tunique, sur la frange de laquelle on lisait : *la mort et la vie.* Sur son front étaient gravés ces mots : *l'été et l'hiver;* elle montrait du doigt son cœur découvert, on y lisait : *de près et de loin.* Quelquefois un chien était placé à ses pieds. Les Grecs lui donnaient les traits d'une jeune fille vêtue d'une robe agrafée, la tête nue, ayant une main posée sur le cœur, l'autre appuyée sur un ormeau frappé de la foudre, ce qui symbolise la constance de l'amitié dans l'infortune.

* AMMOCHRYSE. *T. de minér.* Sorte de mica pulvérulent, de couleur d'or, qui sert à poudrer l'écriture.

* AMMON ou HAMMON. *Myth.* C'est le même que Jupiter. Il était particulièrement honoré à Thèbes, capitale de la haute Égypte. Il était représenté sous la forme d'un bélier, ou seulement avec une tête et des cornes de bélier, en souvenir du miracle qu'il accomplit. On dit que Bacchus se trouvant dans le désert, mourant de soif, il implora le secours de Jupiter qui lui apparut sous la forme d'un bélier, lequel, en frappant le sol du pied, fit jaillir une source d'eau.

AMMONIACAUX (Sels). Combinaison de l'ammoniaque avec les acides ; les sels d'ammoniaque importants au point de vue industriel sont le *chlorhydrate d'ammoniaque* ou *sel ammoniac* (médicament, étamage, zingage, impression des tissus, fabrication des couleurs, etc.) ; le *sulfate d'ammoniaque* (aluns, engrais, etc.) ; le *carbonate d'ammoniaque* (dégraissages, pâtisseries, etc.) ; le *nitrate d'ammoniaque*, sel réfrigérant. Les sels ammoniacaux ont une importance considérable en agriculture ; l'ammoniaque est indispensable dans la formation du salpêtre, mais en outre cette base alcaline est employée, dans beaucoup de cas, à la place de la potasse.

Le *chlorhydrate d'ammoniaque*, chlorure ammonique $Az H^3$, $H Cl$ ou $Az H^4 Cl = 53,43$ est un sel blanc, flexible, fibreux, difficile à broyer, volatil, déliquescent, soluble dans l'eau, l'alcool ; le potassium, le sodium, l'étain, le fer, les oxydes le décomposent et sont transformés en chlorures. Le chlorhydrate d'ammoniaque sert au décapage des métaux et à l'étamage pour faire disparaître les oxydes qui passent à l'état de chlorure.

Autrefois le sel ammoniac provenait de l'Egypte et était obtenu par la combustion de la fiente des chameaux ; aujourd'hui on le prépare en transformant par l'acide chlorhydrique, le carbonate d'ammoniaque en chlorhydrate. La proportion d'acide varie de 10 à 15 0/0 suivant le degré de concentration des liqueurs ammoniacales ; le papier de tournesol accuse une légère réaction acide, dès que la saturation est faite. Le chlorhydrate d'ammoniaque ainsi obtenu est séparé de ses impuretés par cristallisation dans des cuves en bois doublées de plomb de 2 mètres de diamètre sur 1 mètre de hauteur, et finalement épuré par sublimation. Cette dernière opération se fait tantôt dans des chaudières, tantôt dans des pots en grès.

Sublimation dans les chaudières. Dans les grandes fabriques où l'on prépare par semaine plusieurs milliers de kilogrammes de sel ammoniac, les appareils de sublimation se composent de chaudières hémisphériques en fonte recouvertes intérieurement de briques réfractaires (fig. 67). Chaque chaudière munie d'un couvercle en fonte C, C', C' à fermeture hermétique a son foyer spécial A : le sel ammoniac sublimé se dépose sur la surface intérieure du couvercle pourvu du contre-poids P, P', P', P''', ce qui permet très-facilement de les soulever. Le diamètre de ces chaudières varie de 1 à 3 mètres, et leur charge de 1,000 à 9,000 kilogrammes. La sublimation dure au moins une semaine. Le pain de sel ammoniac déposé sur la face intérieure des couvercles a une épaisseur qui va de 5 à 15 centimètres : on le livre au commerce coupé en morceaux.

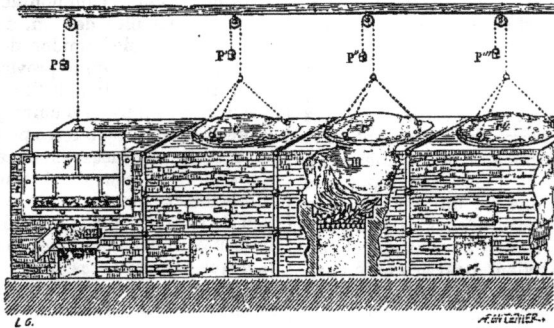

Fig. 67. — *Sublimation du sel ammoniac dans les chaudières.*

A Fourneau. — H Chaudières hémisphériques en fonte. — S Rideau en tôle ou porte de l'étuve. — C C' C'' Couvercles mobiles. — P P' P'' P''' Contrepoids destinés à soulever les couvercles.

Sublimation du sel ammoniac dans les pots. La méthode de sublimation dans les pots en grès est plus ancienne que celle que nous venons de décrire. Les pots (fig. 68) disposés dans un fourneau de galère forment deux rangées parallèles. Chacun d'eux est formé de deux parties, le pot proprement dit, destiné à recevoir la charge de sel ammoniac muni d'un orifice à la partie supérieure, mesurant environ 50 centimètres de hauteur, et le dôme qui le recouvre de 30 centimètres. La voûte est percée d'un certain nombre de trous qui donnent passage aux produits de la combustion du foyer et permettent de pénétrer dans le compartiment supérieur et de venir circuler autour des pots P et M. Sous l'influence de la chaleur, le sel se volatilise et vient se condenser contre la paroi supérieure du pot ; l'orifice de la partie supérieure destinée à introduire la charge, permet aux vapeurs en excès d'aller se condenser sur le dôme. En brisant les pots, une fois la sublimation

Fig. 68. — *Fourneau de galère pour la sublimation du sel ammoniac dans les pots.*

P Pot fermé. — M Pot ouvert.

terminée, on en retire de petites calottes de sel ammoniac de 25 à 30 centimètres de diamètre. Dans quelques usines les pots sont remplacés par des ballons de verre.

On obtient quelquefois le chlorhydrate d'ammoniaque par double décomposition au moyen du sulfate d'ammoniaque et du chlorure de sodium ; il se forme du sulfate de soude et du chlorhydrate d'ammoniaque que l'on épure par sublimation après cristallisation. La formule suivante indique la double décomposition qui se produit dans cette opération :

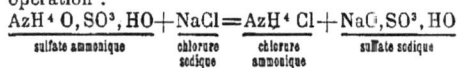

$$AzH^4O, SO^3, HO + NaCl = AzH^4 Cl + NaO, SO^3, HO$$

| sulfate ammoniac | chlorure sodique | chlorure ammonique | sulfate sodique |

Sulfate d'ammoniaque — sulfate ammonique.
Az H³, HO, SO³ ou Az H⁴ O, SO³ = 66. Sel anhydre,

incolore, piquant, efflorescent, soluble dans l'eau, insoluble dans l'alcool, fond à 140° décrépite et se décompose à 180°. Pour le purifier on lui fait d'abord subir un léger grillage, puis on le reprend par l'eau et on le soumet à une ou plusieurs cristallisations : ce sel joue un rôle important en agriculture comme source d'azote.

Le sulfate d'ammoniaque s'obtient industriellement par le lavage du gaz d'éclairage au moyen de l'acide sulfurique étendu et l'absorption, par le même acide, des vapeurs ammoniacales provenant de la rectification des eaux goudronneuses. Un traitement ultérieur permet de retirer le sel à l'état solide et purifié ; ordinairement les eaux de condensation sont soumises en chaudière, à une distillation qui laisse partir les sels d'ammoniaque volatils pour donner le sulfate beaucoup

Fig. 69. — *Appareil de Mallet pour le traitement des eaux de condensation du gaz d'éclairage.*

A A' A" Agitateurs. — B Bac. — C C' C" Chaudières. — F Foyer. — M M' Cylindres. — S S' Serpentins. — K Entonnoir. — P Vase en plomb. R Bassin. — T T' T" Tubes en tôle.

plus fixe. A l'usine de Bondy où l'on distille les eaux vannes provenant des urines putréfiées, on recueille les vapeurs ammoniacales dans une cuve contenant de l'acide sulfurique ; de là, la dissolution brute de sulfate d'ammoniaque est dirigée dans des chaudières en cuivre où elle se concentre jusqu'à 20 à 24° Beaumé ; la concentration s'achève dans des chaudières spéciales de 500 litres de capacité chauffées à feu nu.

M. Mallet a imaginé un appareil pour traiter les eaux de condensation du gaz d'éclairage qui est fondé sur la distillation (fig. 69) et dont voici une description succincte : Trois chaudières en fonte C, C' C" de 800 litres environ de capacité sont disposées en gradins ; la chaudière C qui porte un robinet de vidange repose directement sur le foyer F ; elle porte aussi un tuyau en plomb T qui pénètre dans le liquide de la chaudière C' ; cette disposition se trouve d'ailleurs dans les autres chaudières C' C" ; enfin elles sont munies chacune d'un trou d'homme et d'agitateurs à double manivelle A, A' A". Les deux cylindres M M' munis de

leurs serpentins S et S' et le vase en plomb P forment l'appareil de condensation. L'absorption de l'ammoniaque se fait dans le bassin peu profond, doublé de plomb R. Le bac B laisse circuler du haut en bas, dans les deux cylindres, un courant d'eaux goudronneuses froides. Au début de chaque distillation on introduit dans la cuve C" de la chaux éteinte qui passe dans les chaudières C' C", et décompose les composés ammoniacaux, met l'ammoniaque en liberté ; celle-ci est dirigée dans le bassin R où elle trouve de l'acide sulfurique : il se forme ainsi du sulfate d'ammoniaque qui est soumis ultérieurement à la cristallisation.

Le procédé de M. Figuera, pour le traitement des *eaux vannes*, dans l'établissement de Bondy est aussi fondé sur la distillation ; l'appareil (fig. 70) se compose essentiellement d'une chaudière à vapeur ordinaire V chauffée directement par un foyer ; sa vapeur vient barboter dans deux grandes cuves C, C' en tôle qui reçoivent les liquides à traiter ; le carbonate d'ammoniaque des eaux se volatilise et vient se condenser dans le serpentin

en plomb du réfrigérant A et arrive dans le récipient S où se trouve de l'acide sulfurique qui le.
transforme en sulfate d'ammoniaque.

L'opération dure environ 12 heures; les eaux
vannes fournissent en moyenne de 9 à 12 kilogrammes de sulfate d'ammoniaque par mètre
cube; une distillation donne en général 200 kilogrammes.

La cristallisation du sulfate d'ammoniaque se
fait au moyen de l'évaporation artificielle.

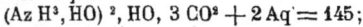

Carbonates d'ammoniaque : 1° sesqui-carbonate
d'ammoniaque
$$(Az\,H^3, HO)^2, HO, 3\,CO^2 + 2\,Aq = 145;$$
2° bi-carbonate d'ammoniaque
$$Az\,H^3, HO, HO, 2\,CO^2 = 79.$$

La distillation des matières animales donne toujours du carbonate d'ammoniaque, sel en masses
blanches, translucides fibreuses, d'une saveur
urineuse, alcalin, volatil, soluble dans l'eau.

Le sesqui-carbonate (sel volatil d'Angleterre),
employé pour faire gonfler la pâte des pâtisseries,
s'obtient en décomposant par la chaleur le sulfate
d'ammoniaque par le carbonate de chaux; on a :

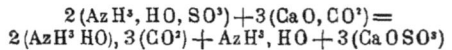

$$2\,(Az\,H^3, HO, SO^3) + 3\,(CaO, CO^2) =$$
$$2\,(AzH^3\,HO), 3\,(CO^2) + Az\,H^3, HO + 3\,(CaOSO^3)$$

Cette réaction se produit dans l'appareil représenté par la (fig. 71) : A. fourneau en briques où
sont couchées des cornues en fonte C semi-cylin-
driques, quelquefois verticales, chauffées par le
foyer F; de chacune d'elles part un tuyau en
plomb T qui se rend dans une chambre en plomb
B B' où le carbonate d'ammoniaque vient se
condenser. Ce sel ainsi obtenu est purifié par
sublimation lente. Les cornues C au nombre de
3 à 5 ont 2 mètres de longueur sur 0m,50 de largeur; les chambres en plomb B, B' ont 2 mètres
de hauteur, 2m,50 de. longueur et 0m,75 de lar-

Fig. 70. — *Appareil de Figuera pour le traitement des eaux vannes.*

A **Vaste cuve** en bois (25 hectolitres). — *C C'* Petites cuves additionnelles. — *V* Chaudière à vapeur (13 hectolitres). — *t t'* Petits tubes.
T T' T'' Gros tubes. — *h h' h''* Conduits. — *S* Cuve ou récipient.

geur. La sublimation s'effectue sans interruption
pendant une période de 14 à 15 jours.

L'azotate d'ammoniaque, Az H³, HO, Az O⁵ ou
Az H⁴ O, Az O⁵ = 80 s'obtient en décomposant le
carbonate d'ammoniaque par l'acide azotique;
c'est un sel d'une saveur fraîche, piquante, soluble
dans l'eau, insoluble dans l'alcool, décomposable
par la chaleur, employée comme réfrigérant; il
renferme 35 0/0 d'azote et se trouve en petite quantité dans les pluies d'orages.

Phosphates d'ammoniaque; on connaît trois phosphates ammoniques, nommés improprement :
1° le *phosphate neutre* =
$$2\,(Az\,H^3, HO), Ph\,O^5 = 133;$$
2° le *phosphate acide* =
$$(Az\,H^3, \underline{H}O), Ph\,O^5 = 116;$$
3° le *phosphate basique* = $3\,(AzH^3, HO), Ph\,O^5 = 150.$

Gay-Lussac proposa de rendre incombustibles
les tissus en les imprégnant de phosphate d'ammoniaque; les toiles sont actuellement rendues incombustibles par les borates.

AMMONIAQUE. T. de chim. (de αμμος, sable).
Synonymie : *alcali volatil, gaz ammoniac, air alca-*
lin, azoture d'hydrogène, découvert par Kunckel
en 1612; s'emploie à l'état gazeux et en dissolution;
gaz incolore, saveur âcre, odeur vive et piquante,
liquéfiable, et solidifiable à la température de.—75°.
Le gaz ammoniac est très-soluble dans l'eau qui
en dissout jusqu'à 500 fois son volume à 0° : cette
dissolution est connue sous le nom d'*ammoniaque*
liquide. Le gaz ammoniac s'obtient en chauffant le
sel ammoniac avec de la *chaux caustique*. Dans l'industrie on utilise les sources ammoniacales suivantes :

1° *Sources minérales* : carbonate d'ammoniaque
naturel, préparation des sels ammoniacaux dans
l'extraction de l'acide borique, chlorure d'ammoniaque volcanique, ammoniaque préparée avec
l'acide azotique dans la purification de la soude,
ammoniaque préparée avec l'azote et l'acide azoteux, l'azote de l'air, etc.;

2° *Les sources organiques* sont l'ammoniaque
fournie par la houille dans la préparation du gaz
de l'éclairage; dans sa transformation en coke,
dans son emploi comme combustible. On obtient
encore de l'ammoniaque de l'urine putréfiée, de
la distillation des os, du jus de betteraves.

Cet alcali, que Priestley retira pour la première fois du *sel ammoniac*, était autrefois importé d'*Ammonie*, en Lybie. Les deux sources principales de production industrielle de l'ammoniaque sont aujourd'hui les eaux de condensation des usines à gaz et les eaux vannes des vidanges.

Les deux formes les plus communes sous lesquelles on trouve l'ammoniaque dans le commerce sont : l'ammoniaque liquide, *alcali volatil*, et le sel ammoniac.

Le *gaz ammoniac* Az H³ = 17 est doué d'une odeur caractéristique pénétrante qui fait larmoyer; il est caustique, corrosif; sa densité = 0,591 à C°; un litre de ce gaz à 0° et à 760 de pression pèse 0 g. 768; il se liquéfie par une température de −40°, et à +10° sous une pression de 6 atmosphères 1/2; par la décomposition du chlorure d'argent ammoniacal, par la chaleur, dans un tube en U on a un liquide incolore, mobile, d'une densité de 0,76; il est incombustible, cependant en le faisant

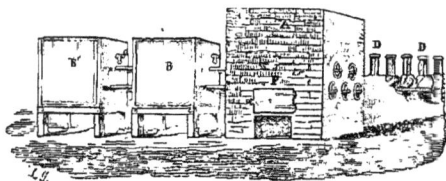

Fig. 71. — *Appareil pour la fabrication du carbonate d'ammoniaque.*

A Fourneau. — *B B'* Chambres en plomb pour la condensation du sel. — *C C'* Cornues. — *D D'* Pots en fer recouverts de dômes en plomb où se place le sel brut. — *F* Foyer. — *T* Tuyau de communication.

arriver dans un flacon d'oxygène, il y brûle avec une flamme jaune; la chaleur chasse le gaz ammoniac de sa dissolution aqueuse.

L'*ammoniaque liquide* ou *alcali volatil* est la dissolution aqueuse concentrée de gaz ammoniac dont elle possède les propriétés; sa densité varie entre 0,87 à 0,90; elle se congèle à − 40°, et abandonne le gaz à + 35°; elle est décomposée par le chlore, le brome, l'iode, et précipite la plupart des oxydes des sels métalliques.

On obtient le gaz ammoniac dans les laboratoires en décomposant dans un ballon un sel ammoniacal par la chaux. On chauffe le mélange de chaux et de sel ammoniac, le gaz qui se recueille sur le mercure, se dessèche en passant dans une éprouvette remplie de fragments de potasse caustique : la formule suivante indique la réaction :

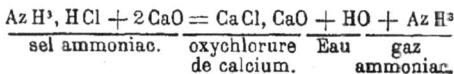

Az H³, H Cl + 2 CaO = CaCl, CaO + HO + Az H³

| sel ammoniac. | oxychlorure de calcium. | Eau | gaz ammoniac. |

L'alcali volatil ou ammoniaque liquide se prépare dans les laboratoires en dissolvant le gaz ammoniac dans un appareil de Wolf contenant de l'eau distillée; les flacons sont à moitié remplis et maintenus froids. Dans l'industrie on prépare en grand l'ammoniaque liquide en utilisant ses propriétés de se dissoudre très-facilement

dans l'eau ; la chaux est aussi l'agent de décomposition des sels ammoniacaux.

L'appareil de Figuera permet de fabriquer industriellement l'alcali volatil au moyen des *eaux vannes*. Le carbonate d'ammoniaque arrive dans des cuves en tôle où il rencontre un lait de chaux; l'alcali est concentré et rectifié et finalement recueilli dans un vase convenable.

L'ammoniaque a de nombreuses applications industrielles : on l'emploie pour extraire l'orseille des lichens, le carmin de la cochenille, pour la préparation du tabac à priser, pour purifier les graisses et les huiles, pour fabriquer le prussiate de potasse (procédé Gélis), dissoudre le chlorure d'argent des minerais, comme antichlore dans le blanchiment, dans la fabrication des laques et couleurs, dans l'extraction du cuivre, de ses sulfures, pour la fabrication artificielle de la glace d'après le procédé Carré (V. GLACE ARTIFICIELLE); pour combattre la tympanite des herbivores et les premiers effets de l'ivresse chez l'homme.

Le gaz ammoniac a été aussi employé comme moteur.

L'*ammoniaque liquide* sert aux teinturiers pour dissoudre ou pour nuancer les matières colorantes; les dégraisseurs en font usage pour nettoyer les étoffes.

Le *sel ammoniac* (chlorhydrate d'ammoniaque) est particulièrement employé par les plombiers pour faire subir une sorte de décapage aux fers à souder.

FABRICATION INDUSTRIELLE. L'organisme animal et végétal est la source à laquelle l'industrie demande la production de l'ammoniaque et des sels ammoniacaux. On utilise comme matières premières, soit les produits de l'organisme eux-mêmes, soit les matières qui en dérivent telles que l'urine, les os, la chair, le cuir, la corne, etc.; enfin plus fréquemment les produits de la distillation de la houille.

La quantité d'ammoniaque qui se trouve dégagée dans la distillation ou la combustion de la houille est très-considérable; en effet, sa teneur moyenne en azote est de 0,8 0/0, ce qui correspond à 1 0/0 d'alcali : on peut évaluer la quantité d'ammoniaque ainsi produite à 20 millions de quintaux. Pour produire 100,000 mètres cubes de gaz on doit employer 350,000 kilogrammes de houille, dont l'azote correspond à peu près à 3,500 kilogrammes d'ammoniaque ou à 11,000 kilogrammes de sel ammoniac. Une partie des composés ammoniacaux se trouve dans les eaux goudronneuses ; l'autre partie est condensée par un lavage convenable. A cet effet, on fait passer le gaz dans une série de bassins (lavoir de Laming), peu profonds, disposés horizontalement les uns au-dessous des autres et alimentés par un courant d'eau circulant en sens inverse du courant gazeux : l'eau est divisée en un grand nombre de jets au moyen d'une tôle percée de trous.

Dans quelques usines, l'absorption de l'ammoniaque se fait soit au moyen d'acides minéraux soit au moyen de sulfates.

La calcination des os, de la corne, etc. fournit, en même temps qu'un liquide goudronneux, une dissolution ammoniacale riche en carbonate d'ammoniaque (*esprit de corne de cerf*). Mais dans ces produits, la proportion d'azote s'élève à 5 0/0 pour les os, à 9 0/0 pour le cuir et à 13 ou 16 0/0 pour la corne et la laine; par suite ils fournissent une eau goudronneuse riche en alcali.

L'urine est aussi une source d'ammoniaque, car le liquide évacué en vingt-quatre heures par un homme contient de 22 à 36 grammes d'urée, soit 13 à 22 grammes d'azote ou 16 à 27 grammes d'ammoniaque. Ainsi une ville d'un million d'ha-

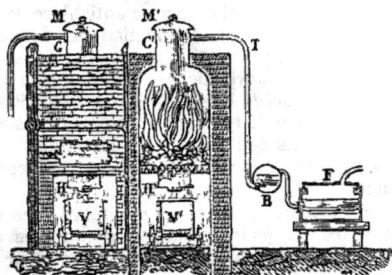

Fig. 72. — *Appareil pour recueillir les eaux ammoniacales provenant de la calcination.*

C C' Cornues verticales en fonte. — *M M'* Couvercles. — *H H'* Plaques mobiles en fonte. — *B* Barillet. — *F* Appareils de condensation. — *V V'* Wagons étouffoirs du charbon.

bitants peut fournir annuellement une quantité d'urée qui correspond à 5,000 tonnes d'ammoniaque.

L'ammoniaque sert à la production d'un nombre important de sels; mais ceux qui sont l'objet d'une fabrication industrielle sont le sulfate, le chlorhydrate, le carbonate et enfin l'alcali volatil lui-même.

Ammoniaque *par la calcination des os.* Dans quelques usines on traite encore les eaux ammoniacales fournies par la calcination des os. Les os sont placés dans des cornues verticales ou horizontales en fonte disposées sur un foyer; les gaz qui se forment passent à travers des barillets et des condensateurs (fig. 72). Ces cornues en fonte placées par séries de 4 ou 6 mesurent environ 2ᵐ,50 de hauteur. Après huit heures de chauffe, les condensateurs renferment, avec les matières goudronneuses, un liquide riche en carbonate d'ammoniaque que l'on transforme en chlorhydrate ou en sulfate.

Ammoniaque *des urines putréfiées.* Les urines placées dans des bassins en argile battue sont mélangées avec une petite quantité de chaux éteinte, puis abandonnées à la putréfaction. Quand elles sont suffisamment putréfiées on les distille dans une chaudière demi-cylindrique en fonte placée dans un fourneau allongé et chauffé par deux ou plusieurs foyers. Au-dessus de la chaudière se trouve un chapeau en plomb en pyramide quadrangulaire dont l'intérieur contient

une gouttière en serpentin. Des robinets placés à la partie supérieure répandent de l'eau froide sur les parois extérieures de l'appareil (fig. 73). La distillation d'un mètre cube d'urine dure environ 8 heures. Les produits de la distillation sont recueillis dans un tonneau où se fait la saturation du carbonate d'ammoniaque. Les eaux vannes sont traitées à Bondy par un procédé dû à M. Figuera. L'appareil se compose essentiellement d'une chaudière à vapeur ordinaire (fig. 70); la vapeur fournie par ce générateur vient barboter dans deux grandes cuves en tôle contenant le liquide à traiter; par l'effet de la chaleur, le carbonate d'ammoniaque se volatilise puis vient se condenser dans un grand serpentin en plomb et arrive finalement dans une solution acide, où il est transformé en sel ammoniacal.

Le serpentin en plomb est établi dans une cuve en bois légèrement conique (25 mètres cubes) que l'on remplit d'eaux vannes qui jouent le rôle de réfrigérant. Le volume de chacune des cuves en tôle est de 10 mètres cubes; le générateur peut contenir 10 à 13 mètres cubes. L'opération dure environ 12 heures. L'usine de Bondy, qui possède 11 appareils en marche, produit journellement 2,500 kilogrammes de sulfate d'ammoniaque, ce qui correspond au traitement de 250,000 à 300,000 litres d'eaux vannes.

Ammoniaque *des eaux de condensation du gaz.* Les liquides retirés des barillets des usines à

Fig. 73. — *Appareil allemand pour la distillation des urines.*

R R' Robinet d'eau froide. — *B* Bac qui reçoit l'eau froide par *B*. — *M* Manivelle de l'agitateur qui pénètre dans la chaudière. — *T* Tonneau de condensation. — *S* Serpentin. — *F F'* Foyer.

gaz, désignés sous le nom d'*eaux de condensation*, servent de matières premières à la fabrication de l'ammoniaque.

Voici le traitement à leur faire subir. Le liquide ammoniacal est chauffé jusqu'à l'ébullition; on conduit la vapeur qu'il fournit dans une autre chaudière chargée également d'eaux ammoniacales. On continue ainsi avec une troisième chaudière. Parmi les différentes dispositions adoptées pour réaliser ces opérations successives, l'appareil le plus usité est celui de M. Mallet (fig. 69). Il se compose de trois chaudières en fonte de 10 hectolitres disposées en gradins; la première est placée directement sur le foyer, un tuyau en plomb recourbé qu'elle porte sur son couvercle pénètre dans le liquide de la deuxième chaudière; celle-ci est chauffée par la chaleur du foyer; enfin de cette deuxième chaudière part également un tuyau en plomb qui pénètre dans le liquide de la troisième, qui n'est pas chauffée par le foyer.

La troisième chaudière est aussi, par un tuyau en plomb, mise en communication avec un serpentin enfermé dans un cylindre en tôle où circule un courant d'eau de condensation froide qui vient d'un bac supérieur. Les produits volatils ou condensés passent successivement dans un deuxième serpentin et puis dans un flacon en plomb, de là enfin dans un bac peu profond en bois doublé de plomb où se fait la saturation de l'ammoniaque.

M. Rose a imaginé un appareil qui fonctionne à Schœningen; il est fondé sur la concentration des vapeurs ammoniacales par une condensation partielle

En Angleterre, les méthodes de concentration des eaux ammoniacales provenant de la distillation de la houille sont un peu différentes des nôtres.

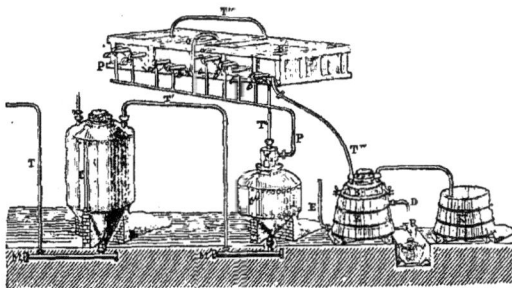

Fig. 74. — *Appareil de Figuera pour la fabrication de l'ammoniaque liquide.*

C C' Cuves en tôle où arrive le carbonate d'ammoniaque conduit par le tube T dans lesquelles il rencontre le lait de chaux. — C" Colonne de rectification. — a b b' b" Serpentins.

A Liverpool, les eaux de condensation, à leur arrivée dans l'usine, sont conduites dans un réservoir souterrain d'une capacité de 8,000 mètres cubes environ. Au moyen de pompes, elles sont ensuite dirigées dans des cuves de 100 hectolitres chacune où se fait la saturation de l'alcali.

Préparation de l'alcali volatil. L'ammoniaque liquide se prépare industriellement: 1° en décomposant les sels ammoniacaux par la chaux vive; 2° au moyen des eaux de condensation du gaz par l'appareil de Mallet; seulement on le modifie en plaçant, à la suite du vase en plomb, une série de vases semblables destinés à servir de condensateurs; 3° par les eaux vannes.

Le carbonate d'ammoniaque brut dégagé d'un appareil Figuera à deux cuves et à un générateur, est amené par un long tuyau dans une cuve à fond conique, où il barbotte au contact d'un lait de chaux (fig. 74). Le gaz ammoniac mis en liberté par la chaux passe dans une seconde cuve contenant de l'eau, puis dans une petite colonne à rectifier et arrive finalement dans un bac de grande dimension où s'opère la condensation de l'eau restée à l'état de vapeur.

Le gaz ammoniac, débarrassé de l'eau entraînée, est conduit dans un appareil de dissolution formé d'une boîte en plomb remplie d'eau distillée. Lorsque cette eau est saturée, on la soutire au moyen d'un robinet. — A. F. N.

Ammoniaques composées. T. *de chim.* Les *ammoniaques composées* sont des produits de substitution qui dérivent du type ammoniaque Az H³ ou d'un type plus condensé Az^n H^{3n}.

Lorsque les radicaux ou ammoniums composés sont négatifs comme l'*acétyle*, les produits qui résultent de leur substitution à l'hydrogène de l'ammoniaque sont appelés *amides;* lorsqu'ils sont, au contraire, positifs, comme l'*éthyle*, ils sont dits *amines;* enfin quand l'hydrogène est remplacé en partie par des radicaux négatifs et en partie par des radicaux positifs, les produits sont appelés alcalamides. De là on divise les *ammoniaques composées* en trois classes, savoir: 1° les *amides* (exemple: acétamide); 2° les *amines* (exemple: éthylamine); 3° les *alcalamides* (exemple: éthylacétamide, phényl-acétamide).

Ammoniaque (Gomme). Gomme résine d'une odeur forte et d'une saveur âcre.

AMMONIUM. T. *de chim.* Radical hypothétique composé, non isolé, qui dans les sels ammoniacaux joue le rôle d'un métal; sa formule est Az H⁴ = 18 (équivalent de l'ammonium); l'ammoniaque basique serait de l'oxyde d'ammonium Az H⁴ O; le chlorhydrate d'ammoniaque, du chlorure d'ammonium Az H⁴ Cl. La théorie de l'ammonium a été imaginée par Ampère et développée par Berzelius, afin de faire entrer dans la règle commune les anomalies que semblent présenter les sels ammoniacaux.

On n'a pas isolé l'ammonium, mais son existence est probable. En effet, si on place de l'amalgame de potassium ou de sodium dans une dissolution concentrée de sel ammoniac, il se produit de l'*ammoniure de mercure* sous la forme d'une masse butyreuse qui surnage. L'ammonium s'est uni au mercure; mais ce corps très-instable se décompose en deux volumes d'ammoniaque et en un volume d'hydrogène.

Que l'ammonium soit isolable ou non, le groupement moléculaire Az H⁴ est isomorphe avec le potassium, le sodium et peut se substituer à ces corps dans les combinaisons chimiques. D'un autre côté, on sait que les oxysels ammoniacaux comme les sels haloïdes sont isomorphes, de même forme cristalline, de même constitution chimique que les sels correspondants de potassium, de sodium; par suite leurs formules sont symétriques et analogues; or, si l'on exprime la composition de ces sels; en considérant l'ammoniaque comme une combinaison ordinaire d'azote et d'hydrogène, on n'aura aucune symétrie dans les formules. En effet, soient:

Sulfate de potasse KO, SO^3
Sulfate de soude NaO, SO^3.
Sulfate d'ammoniaque AzH^3, HO, SO^3
Chlorure de potassium KCl.
Chlorure de sodium $Na\,Cl$.
Chlorhydrate d'ammoniaque $Az\,H^3, H\,Cl$

avec la théorie ordinaire, ces formules des sels ammoniacaux ne présentent aucune symétrie comparativement à celles des sels de potassium et de sodium. Au contraire, si on admet l'existence de l'ammonium $Az\,H^4$ ou Am, l'ammoniaque devient l'oxyde d'ammonium $Az\,H^4\,O$, ou $Am\,O$, et les formules des sels précédents sont :

Sulfate de potassium KO, SO^3.
Sulfate de sodium NaO, SO^3.
Sulfate d'ammonium $Am\,O, SO^3$.
Chlorure de potassium $K\,Cl$.
Chlorure de sodium $Na\,Cl$.
Chlorure d'ammonium $Am\,Cl$.

Les analogies chimiques concordent avec les faits, car les chlorures de potassium, de sodium, d'ammonium sont isomorphes, comme les sulfates de potassium, de sodium et d'ammonium le sont entre eux. Donc quoique l'ammonium n'ait pas été isolé, son existence est probable. D'ailleurs on connaît aujourd'hui, à partir du cyanogène, un nombre assez important de corps composés qui se comportent comme des radicaux ou éléments simples ; les mêmes éléments hydrogène, carbone, azote etc., en se groupant de diverses manières et en diverses proportions, produisent des composés très-dissemblables par leurs propriétés. — A. F. N.

* AMOISE. *T. de charp.* — V. MOISE.

AMORCE. *T. d'arm.* On désignait sous ce nom la poudre que l'on mettait à l'extérieur du canon des bouches à feu, près de la lumière, qu'on enflammait directement avec une mèche allumée et qui communiquait le feu à la charge. Aujourd'hui on appelle quelquefois *amorce* l'ensemble de la capsule et de l'amorce qu'elle renferme.

— En remplaçant les *arquebuses* par les *mousquets*, dans la deuxième moitié du xviᵉ siècle, on employa une poudre spéciale plus fine pour l'amorce qu'on versait dans le bassinet. Cet usage et celui d'une poire à poudre spéciale, nommée *amorçoir*, s'est conservé *très-longtemps*.

Au siècle dernier, on commença à étudier les poudres fulminantes qui étaient, vers 1765, une composition de salpêtre, de sel de tartre et de soufre pilés et mêlés. Depuis, la chimie a découvert beaucoup de composés qui sont *fulminants*, c'est-à-dire qui produisent une détonation violente et instantanée, dite fulminante, par leur décomposition sous l'influence du choc, de la pression ou de la chaleur. Ces poudres sont *brisantes* et ne peuvent pas servir à la projection des projectiles.

Le chlorate de potasse mêlé avec des corps très-combustibles comme le soufre, le charbon, le sulfure d'antimoine et les sulfures, le phosphore, donne une poudre qui s'enflamme par le frottement ou par le choc. Mais il attaque le fer.

Les fulminates d'argent et de mercure ne présentaient pas cet inconvénient. Pourtant le fulminate d'argent dut être abandonné comme présentant trop de dangers.

Mais le fulminate de *mercure* ou *poudre fulminante de Howard*, découvert en 1800, remplissait toutes les conditions.

On comprend que l'arquebuserie ait cherché à utiliser

ces poudres pour l'amorce, en simplifiant l'arme par la suppression de la batterie et de la pierre.

On commença à employer les nouvelles poudres sous forme de petits grains ou de petites boules, et au moyen d'amorçoirs spéciaux. Enfin, à partir de 1820, Deboubert importa l'alvéole en cuivre ou capsule, inventée en Angleterre et qui renfermait l'amorce. On put alors placer l'amorce à la main sur la cheminée.

L'amorce de guerre est de forme tronc-conique avec rebord, emboutie de manière à présenter six fentes suivant les génératrices du tronc de cône ; *l'amorce de chasse*, qui a la même forme mais sans rebord, n'est généralement pas fendue ou ne l'est que suivant quatre génératrices. Ces fentes ont pour but de présenter à la violence de l'explosion le moins de résistance possible ; dans le cas contraire, le cuivre dont est formé l'alvéole peut se déchirer et causer des accidents. — V. CAPSULE, FULMINATE.' ÉTOUPILLE.

Les *amorces au fulminate de mercure* servent aussi à l'explosion de la dynamite. Elles sont essentiellement composées d'une petite douille en cuivre rouge de 4 millimètres de diamètre et d'une longueur variable.

A l'intérieur et dans le fond de cette douille se trouve une charge de fulminate de mercure de 0,250 pour l'amorce simple,
de 0,300   »   »   double,
de 0,340   »   »   moyenne,
de 0,560   »   »   triple. — V. DYNAMITE.

Amorce. 2ᵒ *T. techn.* Dissolution d'or, d'argent ou de platine, dans laquelle on trempe le métal que l'on veut plaquer. ‖ 3ᵒ Mèche soufrée des saucisses avec lesquelles on met le feu aux mines. ‖ 4ᵒ Eau que l'on verse dans une pompe afin qu'elle fonctionne. ‖ 5ᵒ Commencement d'une rue nouvelle qu'on est en train de percer.

Amorces électriques. 6ᵒ Ces amorces servent à l'explosion à grande distance des mines et des torpilles, lorsqu'on emploie la dynamite Nobel.

Elles sont de deux sortes « amorces de tension » et « amorces de quantité. »

Les premières sont basées sur l'usage de l'*électricité dynamique* ou à basse *tension* fournie par les piles électriques. L'amorce contient un fil de platine très-fin qui rougit sous l'influence du courant électrique, enflamme le fulmi-coton qu'il entoure et détermine ainsi l'explosion du fulminate de l'amorce et de la charge dynamite.

L'amorce de quantité, au contraire, est basée sur l'emploi de l'électricité de tension produite par les appareils électro-magnétiques. Cette amorce se compose d'une petite capsule contenant le fil conducteur qui traverse une poudre spéciale peu conductrice de l'électricité. Une interruption existe dans le fil, elle est ordinairement de 1/10ᵉ de millimètre. Quand le courant circule, une étincelle jaillit au point d'interruption, enflamme la poudre de la petite capsule, fait partir l'amorce à fulminate et produit la détonation de la dynamite. — V. DYNAMITE, MINE ÉLECTRIQUE, TORPILLE.

Amorces dites inoffensives. On donne ce nom à des parcelles de matières explosibles par le choc, que l'on fait partir avec des pistolets d'enfant, ou dont on se sert dans certains briquets. Ce n'est que leur petite quantité qui les rend sans danger; en amas considérable elles présentent tous les inconvénients des autres explosifs, ainsi que l'a démontré la catastrophe de la rue Béranger (1878). Il faut pourtant reconnaître que, autant pour les rendre maniables que pour éviter les dangers du frottement, on les enveloppe d'une étoffe légère et gommée qui diminue les chances d'accidents.

La matière explosible employée est généralement le fulminate de mercure dilué dans une gomme épaisse, puis séché. On en fait cependant aussi d'une pâte phosphorée contenant du chlorate de potasse. On n'a nullement avantage à les faire au picrate de potasse comme on l'a cru longtemps. Du reste ce dernier corps n'est pas un explosif; il augmente seulement beaucoup la force de ceux auxquels il est mélangé en leur fournissant une énorme quantité d'oxygène. Le chlorate de potasse joue le même rôle avec moins de danger et est toujours préféré.

AMORCER. *T. techn.* 1° Tremper une plaque de cuivre dans une forte dissolution d'or, d'argent ou de platine. || 2° Remplir un syphon de liquide et le renverser pour en faire plonger la courte branche ; ou encore, faire le vide dans un syphon pour y déterminer l'ascension du liquide. || 3° Verser de l'eau dans le corps d'une pompe qui fait air par de petites fissures. || 4° Commencer à percer, dans une pièce de bois ou de fer, un trou qu'on achève ensuite avec la tarière. || 5° Commencer à ouvrir les dents d'un peigne. || 6° Préparer deux morceaux de fer pour les souder ensemble. || 7° *T. d'arm.* Mettre l'amorce à une arme à feu, à un canon. || 8° *T. de trav. publ. Amorcer une rue,* commencer le percement d'une rue nouvelle.

* **AMORÇOIR.** *T. techn.* 1° Sorte de tarière dont on se sert, dans divers métiers, pour commencer des trous, qu'on achève ensuite avec des outils plus gros : *ébauchoir* est plus usité. || 2° Sorte de poire à poudre. — V. AMORCE.

AMOUR. *Myth.* L'Amour ou Cupidon est le dieu qui avait le pouvoir de faire aimer; il est le type de la beauté de l'enfant et de l'adolescent. On le représente sous la figure d'un enfant ailé, presque toujours nu et les yeux bandés; on lui donne pour attributs un flambeau, un arc, un carquois rempli de flèches, allégories qui rappellent les blessures que l'amour inflige au cœur. Il faut distinguer avec l'Amour, que les Grecs nommaient Erôs, les Amours qui se confondent avec les Jeux, les Ris, les Plaisirs et les Attraits que l'on représente sous la figure de petits enfants ailés.

* **AMOUREUX.** *T. de mét.* Se dit en général, dans quelques métiers, d'une chose qui a de l'affinité pour une autre; ainsi en *T. de pap.,* on dit qu'un papier est amoureux lorsqu'il prend bien l'encre du rouleau d'imprimerie ; en *T. de maçonn.,* on désigne ainsi l'onctuosité du plâtre, qui se fait sentir à la main quand on le touche; en *T. d'étam.,* que le bain d'étain n'a plus d'amour ou n'est plus amoureux, lorsqu'il perd son affinité pour le fer; en *T. de*

peint., on donne ce nom au duvet qui rend la toile plus propre à recevoir la colle.

* **AMOVIBLE.** *T. techn.* Se dit spécialement d'un générateur facilement démontable. — V. CHAUDIÈRE A VAPEUR.

* **AMPÉLITE.** Schiste argileux noir dont on distingue deux espèces : l'*ampélite alunifère*, employée à la fabrication de l'alun et l'*ampélite graphique*, nommée aussi *pierre d'Italie*, avec laquelle on fait les crayons noirs des charpentiers.

* **AMPÈRE** (ANDRÉ-MARIE), né en 1775 à Poleymieux, petit village pittoresque du Mont-d'Orlyonnais. La maison d'Ampère est située au bas du hameau, elle a l'apparence d'une habitation bourgeoise simple et modeste ; d'ailleurs, l'illustre savant dont nous traçons la biographie appartenait à une famille honorable ; son père était un négociant qui fut compromis dans les tourmentes politiques de la première révolution et exécuté en 1793.

Ampère fit de brillantes études ; « il montra, dit M. Bouillet, un goût précoce pour les sciences, enseigna d'abord les mathématiques et la physique à Bourg et à Lyon, devint en 1805 répétiteur d'analyse à l'école polytechnique, fut admis à l'institut en 1814, fut nommé vers 1820 professeur de physique au Collège de France, et enfin inspecteur général de l'Université

Ampère embrassait dans ses études toutes les branches de la science, aussi bien les sciences psychologiques et morales que les sciences mathématiques et naturelles. Ce savant se faisait remarquer par une certaine bizarrerie et par des distractions singulières. « Dès 1816 Ampère a publié un travail de chimie intitulé *Essai sur la classification des corps simples.* Il a proposé de diviser les corps simples en quatorze familles naturelles dont les chefs ont été choisis dans les corps à propriétés les plus nettement tranchées. Cette classification a servi de base à celle de Despretz et de tous les chimistes qui l'ont suivi.

Ampère se rendit célèbre de bonne heure, par les développements qu'il donna à la découverte d'OErsted sur l'électro-magnétisme; il fut le créateur de l'électro-dynamique ; il reconnut dès 1820 que sans aucune intervention de l'aimant, deux courants agissent l'un sur l'autre, et il indiqua dès 1822 l'emploi de la pile pour transmettre des dépêches; il découvrit donc le principe de la télégraphie électrique; en 1826, il publia la théorie des phénomènes électro-dynamiques déduite de l'expérience.

En 1819, OErsted a découvert que, lorsqu'on approche une aiguille aimantée d'un courant, l'aiguille se détourne de sa direction primitive; Ampère a étudié l'action directrice du courant et son action répulsive ou attractive et en a formulé la loi physique. Il a démontré par l'expérience que : 1° le courant dévie à sa gauche le pôle austral de l'aiguille, qu'il tend à mettre en croix avec lui ; 2° deux courants parallèles s'attirent quand ils se dirigent dans le même sens et se repoussent lorsqu'ils sont dirigés en sens opposé.

Ampère a étudié également l'action des courants et des aimants, des solénoïdes; le célèbre physicien a appliqué le calcul à ses expériences et il en a déduit des résultats remarquables que l'expérimentation a confirmés. C'est aussi le même savant qui a introduit dans la science de l'électricité les conducteurs *astatiques*; enfin il a fait connaître un appareil nommé *table d'Ampère* qui sert à vérifier toutes les expériences relatives aux phénomènes électro-dynamiques. L'assimilation des aimants aux solénoïdes est une des plus belles conceptions de la physique relative à l'électro-magnétisme.

La chimie doit à Ampère des vues très-originales; l'ammonium (V. ce mot), dont la théorie a été si féconde par ses conséquences, est due à notre illustre compatriote.

Ampère embrassait dans sa vaste intelligence l'ensemble des connaissances humaines; il était de la nature de ces esprits rares dont les puissantes facultés s'approprient les choses les plus dissemblables en apparence; eux peuvent affirmer que la science est *une* et que tous ses anneaux sont étroitement et harmoniquement soudés. En 1826, Ampère publia un livre remarquable : *Essai sur la classification des sciences.* « Si j'ai atteint « mon but, dit-il, celui qui se proposerait de faire « un cours sur une partie quelconque des con- « naissances humaines ou de l'exposer dans un « traité, trouverait dans la méthode suivant la- « quelle j'ai divisé les sciences, une sorte de plan « tout fait pour disposer dans l'ordre le plus na- « turel les matières qu'il doit traiter. »

Le point de départ d'Ampère est qu'il faut avoir égard à la nature des objets, et au point de vue sous lequel on les étudie, savoir : le point de vue *autoptique, cryptoristique, troponomique* et *crypto-logique.* Nous ne pouvons ici exposer la méthode d'Ampère ni aborder la hiérarchie qu'il a établie dans les sciences prises dans leur ensemble. Personne, parmi ses contemporains, n'était plus que lui capable de grouper les sciences; Ampère a touché à toutes les parties du domaine de la pensée et de l'intelligence. Dans les *Leçons sur la classification des connaissances humaines*, il a émis, sur la théorie de la terre, sur sa géogénie, des théories très-ingénieuses; il semble, en cette matière, s'être préoccupé d'accorder le récit de la Genèse avec la doctrine géologique.

Ce n'est pas l'espace dont nous disposons ici qui nous permettrait de passer en revue les découvertes de toute sorte qu'Ampère a faites dans les sciences et la philosophie; les mathématiques, les sciences physiques et naturelles lui étaient aussi familières que les langues anciennes, l'histoire et la poésie. Ce vaste génie s'est éteint à Montpellier, en 1836, après une carrière utilement et fructueusement remplie. — A. F. N.

AMPHITHÉATRE. 1° Vaste édifice garni de gradins destiné, chez les Grecs et les Romains, à donner au peuple des spectacles divers, tragédies et comédies, luttes d'animaux, combats de gladiateurs. C'est aujourd'hui la partie d'une salle de théâtre qui s'élève en pente vis-à-vis de la scène, soit au-dessus du parterre, soit aux rangs supérieurs des loges. || 2° Lieu garni de gradins où un

professeur donne ses leçons et fait ses démonstrations. || 3° Se dit aussi, par analogie, de la construction de certaines villes : Naples est bâtie en amphithéâtre.

***AMPHITRITE.** *Myth.* Déesse de la mer et femme de Neptune. Elle fut amenée à Neptune sur un char en forme de coquille conduit par deux dauphins ou des chevaux marins. On la représente quelquefois tenant un sceptre à la main pour marquer son autorité sur les flots.

AMPHORE. Vase à deux anses dans lequel les anciens conservaient le vin et l'huile.

***AMURCA** ou **AMURGUE.** Résidu de la fabrication de l'huile d'olives utilisé dans la composition des savons communs.

***AMUSETTE.** Pièce d'artillerie, aujourd'hui abandonnée. C'était un canon de petit calibre, qui lançait des boulets d'une livre, et qu'on employait autrefois dans les guerres de montagnes; on s'en servait aussi comme fusil de rempart.

***AMYGDALINE.** *T. de chim.* $C^{40} H^{27} Az O^{22}$. Principe de l'essence d'amandes amères qui se trouve

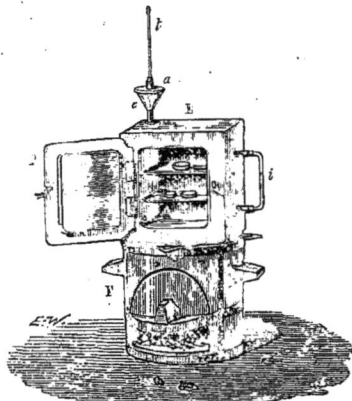

Fig. 75. — *Étuve de Gay-Lussac.*

E Étuve. — P Porte — *i* Tube par lequel on observe le niveau de l'huile. *a* Couvercle de l'entonnoir. — *t* Thermomètre.

dans les amandes d'un grand nombre de fruits à noyau, dans les feuilles de laurier-cerise, dans les jeunes pousses des pruniers, sorbiers, etc. Ce corps se présente en aiguilles cristallines très-solubles dans l'eau bouillante et l'alcool bouillant. Pour l'extraire on épuise par l'alcool bouillant les amandes amères, on distille le liquide et on précipite par l'éther. Par l'action des acides ou des ferments l'amygdaline se transforme en *glucose, en essence d'amandes amères* et en *acide cyanhydrique* ou *prussique.*

***AMYLDIPHÉNYLAMINE.** C'est un liquide oléagineux qui bout entre 335 et 345 degrés. Son caractère basique est presque effacé. Encore moins soluble dans l'alcool que ses homologues inférieurs, l'amyldiphénylamine se dissout comme eux dans la benzine et dans l'éther. Traitée par l'acide nitrique, elle donne une coloration d'un bleu ardoise qui rappelle beaucoup celle de la diphénylamine. Chauffée avec l'acide oxalique, elle donne une matière colorante d'un bleu verdâtre. (*Rapp. de* M. A. Wurtz, 1873).

* **AMYLÈNE.** *T. de chim.* Carbure d'hydrogène obtenu dès 1844 en chauffant une solution de chlorure de zinc avec l'alcool amylique : on le prépare généralement en chauffant l'huile de pomme de terre avec le chlorure de zinc fondu. L'amylène est un liquide incolore, très-mobile et très-léger, d'une odeur éthérée agréable, bouillant vers 35 à 40° ; il brûle avec une belle flamme blanche ; il a été employé comme anesthésique, mais les dangers qu'il présente l'ont fait abandonner par les médecins.

L'amylène donne naissance à un nombre considérable de dérivés et de composés qui n'ont de l'importance que pour les chimistes ; cependant l'*alcool amylique* doit trouver sa place ici.

* **AMYLIQUE.** *Synonymie* : *Hydrate d'amyle, alcool amylique, huile de pommes de terre.* *T. de chim.* Liquide incolore, d'une odeur forte, soluble dans l'eau et l'alcool, non miscible à l'eau, bouillant à 132°, cristallisable à —20°, d'une densité de 0,8184. On l'obtient en distillant l'esprit de pommes de terre ; on recueille les dernières portions dès qu'elles passent à l'état laiteux. On agite le produit avec l'eau qui dissout l'alcool ordinaire seulement, on décante l'huile surnageante et on la rectifie.

L'alcool amylique est employé à la fabrication des composés d'amyle qui servent à la préparation de certaines matières colorantes, à celle des essences de poire et de pomme, enfin à l'extraction de la paraffine des goudrons.

* **AMYOT** (Ferdinand), éditeur, est né à Paris le 20 décembre 1818. — Dès 1843 il dirigeait la maison de son père auquel il succéda en 1854. — La plupart des livres qu'il a édités sont des ouvrages politiques, des mémoires et des voyages. — Parmi ces ouvrages se trouvent les œuvres de Napoléon III. — Il a aussi publié une collection estimée de romans. M. Amyot est mort en février 1876.

* **ANACOSTE.** Étoffe de laine à double croisure que l'on fabrique à Amiens et aux environs. On

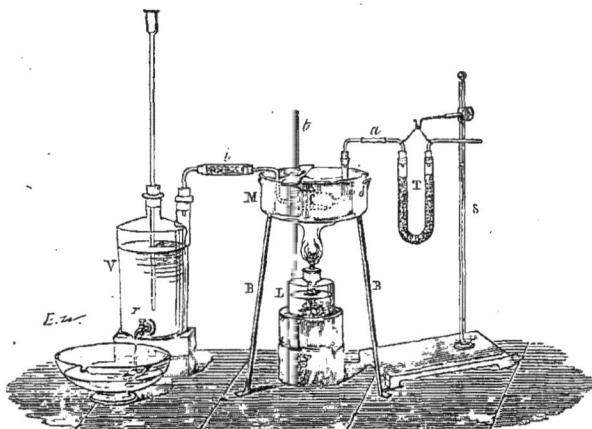

Fig. 76. — *Dessiccateur de Liebig.*

V Flacon d'écoulement. — *r* Robinet. — *i* Tube de communication à chlorure de calcium — *M* Petite chaudière en cuivre contenant de l'eau et de l'huile. — *BB* Support. — *C* Dessiccateur contenant la substance à dessécher. — *L* Lampe à alcool. — *a* Tube de communication. — *T* Tube à ponce sulfurique destiné à dessécher le courant d'air appelé par l'écoulement de l'eau du flacon *V*. — *S* Support du tube.

l'emploie pour robes de religieuses, costumes de bains de mer, etc.

* **ANADYOMÈNE.** *Myth.* Surnom de Vénus. Appelles l'a représentée au moment de sa naissance sortant du sein de la mer.

* **ANAÉROÏDE** (Baromètre). Appareil construit pour remplir l'office de baromètre ; une boîte vidée d'air en est la principale pièce. — V. Baromètre.

* **ANAGLYPHE.** Les anciens donnaient ce nom à tous les ouvrages ciselés, relevés en bosse, aux camées et autres œuvres en relief.

ANALYSE CHIMIQUE. *T. de chim.* Opération qui a pour but de connaître les corps qui entrent dans la composition d'une substance et leurs proportions. :

Dans l'*analyse des matières minérales*, on se propose rarement d'obtenir directement les éléments simples qui entrent dans la composition d'un corps ; mais le plus souvent on désire les obtenir dans l'*analyse organique*, c'est alors l'*analyse élémentaire*. Si, au contraire, on demande la composition des principes composés qui entrent dans une matière, c'est l'*analyse immédiate*.

L'analyse chimique peut se proposer de faire connaître : 1° l'espèce ou la nature des corps qui entrent dans la composition d'une matière ; c'est l'*analyse qualitative* ; 2° ou bien la nature en même temps que les proportions ou les quantités de ce corps ; c'est l'*analyse quantitative*.

Analyser un corps, c'est le décomposer. On obtient cette décomposition : 1° par les *agents physiques* : chaleur, électricité, lumière ; 2° par les *agents chimiques*, en mettant un corps en présence d'un autre qui chassera quelques éléments du premier : il y aura alors *substitution* ; ou bien par *double décomposition*, en engageant le corps réagissant dans une nouvelle combinaison insoluble ou infusible, ou stable.

On peut arriver au résultat que recherche l'analyste soit par la *voie humide*, soit par la *voie sèche*. L'exactitude de l'analyse dépend bien plus de la dextérité manuelle, de l'habileté du chimiste que du procédé opératoire ; on détermine le plus souvent la composition quantitative d'un corps par la *méthode des pesées* ; mais on emploie aussi fréquemment la méthode des volumes ; l'*alcalimétrie*, l'*alcoométrie*, la *chlorométrie*, l'*acidimétrie*, la *sulfhydométrie*, la *sidérométrie.*, la *saccharimétrie*, etc., sont des procédés spéciaux d'analyses volumétriques. Les *essais au chalumeau*, les *essais des métaux précieux* sont autant de procédés particuliers d'analyse.

L'analyste doit avant tout se procurer des réactifs très-purs et une bonne balance bien sensible; les instruments, ustensiles et appareils indispensables à un laboratoire de chimie sont des mortiers, des tamis, des lampes à alcool ou à gaz, des supports, des fourneaux, des creusets, des capsules en porcelaine et en platine, des cristallisoirs, des cornues, des vases à précipités, des verres à pied, des ballons, matras, fioles, des tubes à essais, des entonnoirs, des flacons tubulés, des tubes de verre, des éprouvettes et des tubes gradués, des pipettes jaugées, des burettes, des aréomètres.

« Les méthodes analytiques , dit M. Chancel, peuvent être nombreuses et variées dans la forme, mais elles sont toutes basées sur le même principe et présentent un caractère commun. En effet, dans tous les travaux d'analyse, on fait usage de certaines propriétés ou réactions qui permettent de diviser tous les corps existants, ou ceux que l'on considère, en classes ou en sections parfaitement tranchées. Ces propriétés sont toujours choisies de telle sorte que chacune de ces sections comprenne, autant que possible, un nombre à peu près égal de corps, possédant tous au même degré les réactions qui ont servi à les grouper. Par l'application d'une autre série de caractères on établit ensuite, dans chacune de ces sections, de nouvelles divisions et subdivisions. En procédant de cette manière, on élimine toujours un certain nombre de corps dont on n'a plus à s'occuper; et après quelques essais généralement peu nombreux, on acquiert ainsi la certitude que les éléments du composé, soumis à l'analyse, appartiennent à telle ou telle section, à l'une de ses divisions ou subdivisions. Ce n'est qu'après être parvenu à ce résultat qu'on cherche à déterminer d'une manière spéciale, les corps auxquels on peut avoir affaire, en se servant alors de leurs réactions particulières et de leurs caractères spécifiques. »

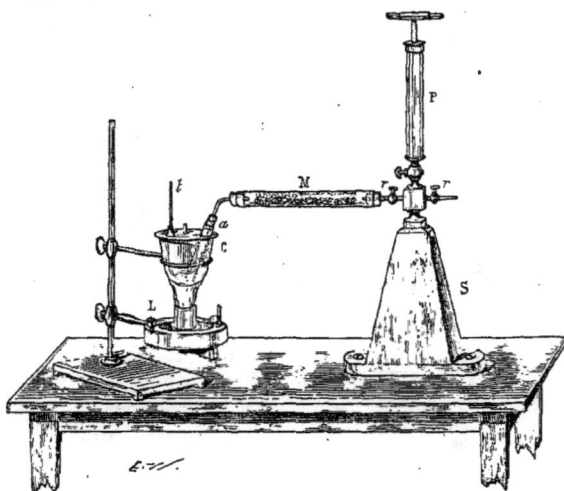

Fig. 77. — *Dessiccateur dans le vide.*

P Pompe à main. — *M* Tube à chlorure de calcium.— *S* Support de la pompe. — *L* Lampe à alcool à double courant d'air. — *C* Creuset en platine ou en argent contenant de l'huile — *t* Thermomètre. — *a* Tube renfermant la matière à dessécher

Les *espèces chimiques* sont douées de propriétés qui n'appartiennent en propre qu'à elles seules, de caractères qui les distinguent et les séparent les unes des autres, tels que la densité, le point de fusion et d'ébullition, la forme cristalline, la couleur des précipités, etc. C'est sur ces *caractéristiques* que se font les séparations des espèces, et que s'établissent les distinctions des types individuels.

Les doubles décompositions sont la base essentielle des procédés pour séparer et doser les corps par *voie humide* ou par *voie sèche*. Dans le premier cas, les réactifs sont employés en dissolution dans l'eau; dans le deuxième, la substance et le réactif sont mis en présence à l'état solide à l'aide d'une forte chaleur. Dans l'analyse quantitative on commence par peser une très-petite quantité de matière, un ou deux grammes suffisent généralement ; puis on la soumet aux traitements successifs dont nous allons sommairement indiquer l'histoire. D'ailleurs, les corps ne se pèsent pas sous la forme dans laquelle ils se trouvent combinés; il faut les engager dans de nouvelles combinaisons définies et bien connues dans les proportions des éléments constitutifs. Par exemple, si on veut doser l'acide sulfurique libre ou combiné, on le transforme en sulfate de baryte formé d'un équivalent, 54 d'acide sulfurique anhydre et d'un équivalent de baryte 78,5. Dès lors il est facile de calculer le poids d'acide sulfurique contenu dans la matière pesée et analysée.

« Il est évident, dit Fresenius, tout d'abord que les recherches d'analyse qualitative supposent la connaissance des corps simples et de leurs principaux composés, ainsi que celle des principes fondamentaux de la chimie; il faut, en outre, savoir se rendre compte de ce qui se passe dans les réactions chimiques et apporter dans la partie matérielle du travail beaucoup d'ordre, une grande propreté et une certaine adresse.

Les principales opérations mécaniques qui précèdent la détermination des corps et leur dosage sont : la pesée, la dessiccation, l'attaque de la matière, la précipitation, le filtrage, le lavage, etc.

Les matières à analyser et les corps à doser doi-

vent être pesés par la *méthode de la double pesée.*
— V. Balance.

La dessiccation à l'air se fait ordinairement à l'étuve de Gay-Lussac, (fig. 75) composée d'une chambre en cuivre à doubles parois entre lesquelles est renfermée de l'huile de pied de bœuf : on peut

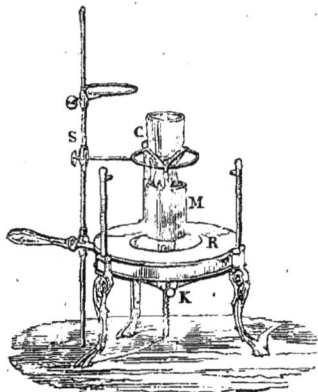

Fig. 78. — *Lampe à alcool de Berzélius.*

R Réservoir d'alcool. — *K* Crémaillère. — *M* Cheminée. — *C* Creuset.
S Support.

hâter la dessiccation au moyen d'un courant d'air dans l'étuve. Mais quand on veut dessécher la matière dans un courant d'air ou de gaz on emploie généralement le dessiccateur de Liebig (fig. 76). Quelquefois on dessèche les matières dans

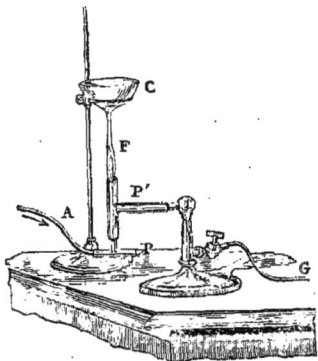

Fig. 79. — *Lampe à gaz.*

G Tube amenant le gaz d'éclairage. — *A* Tube amenant l'air d'un
soufflet. — *P P'* Chalumeau. — *F* Flamme. — *C* Capsule.

le vide de la machine pneumatique ou dans un dessiccateur particulier (fig. 77).

Pour opérer des combustions, des grillages, on fait usage de la lampe à alcool de Berzelius (fig. 78) ou de la lampe-forge de M. Sainte-Claire Deville.

Aujourd'hui on a presque partout du gaz d'éclairage ; aussi la *lampe à gaz* (fig. 79) a remplacé la lampe à alcool de Berzélius.

L'attaque de la matière a pour objet de faire entrer les corps qui la composent dans de nouvelles combinaisons, de la transformer en produits solubles ; le corps réagissant et le produit qui résulte de l'attaque doivent être sans action sur les vases qui servent à l'opération. Généralement on emploie les acides ou les bases pour attaquer les matières à analyser ; le choix des corps réagissants dépend d'ailleurs de la matière soumise à l'analyse.

On sépare ordinairement les corps dissous des parties insolubles par précipitation ou par filtrage ; mais dans tous les cas, il importe que les précipités soient soigneusement lavés ; autant que possible à l'eau chaude. Le lavage se fait sur le filtre (fig. 80) ; le précipité détaché est séché dans une capsule et le filtre brûlé ; finalement le pro-

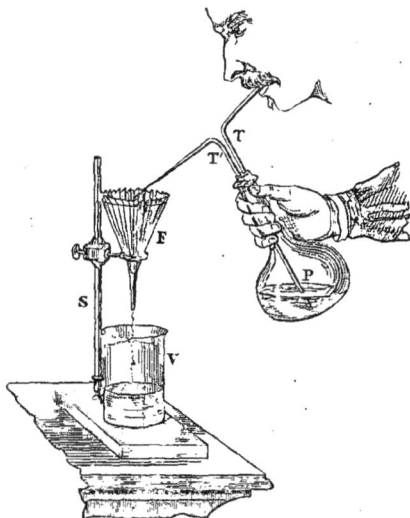

Fig. 80. — *Lavage du précipité.*

P Pissette. — *T* Tube d'insufflation. — *T'* Tube abducteur de l'eau.
F Filtre. — *V* Vase à recueillir les eaux de lavage. — *S* Support.

duit obtenu est pesé avec soin. Un calcul très-simple permet de traduire la composition en centièmes et d'établir la formule chimique.

La *formule chimique* exprime la réaction atomique entre les éléments de l'analyse, et fait ressortir les relations qui existent entre l'oxygène des différents composants. Supposons que le *feldspath orthose* ait donné à l'analyse :

Silice. . .	64,20	contenant	33,35	soit en	12
Alumine.	18,40	en	8,59	rapports	3
Potasse..	16,95	oxygène	2,87		1

Le résultat de cette analyse devra s'écrire

$$KO, SiO^3 + Al^2 O^3, 3 SiO^3.$$

Recherche des bases par la voie humide. Ordinairement on procède à la détermination d'une matière minérale par la voie humide, Pour faciliter ces recherches analytiques, nous diviserons les principales bases en groupes au moyen de quelques réactifs simples. Ensuite nous procéderons par la méthode dichotomique, pour établir le caractère chimique le plus saillant de chacune d'elles.

A. *Métaux dont les sels ne sont précipités ni par l'hydrogène sulfuré ni par le sulfhydrate d'ammoniaque.*

1er groupe. *Sels non précipitables par le carbonate d'ammoniaque :* Potassium, sodium, magnésium.

2e groupe. *Sels précipitables par le carbonate d'ammoniaque :* Baryum, strontium, calcium.

B. *Métaux dont les sels dans une liqueur acide ne sont pas précipités par l'hydrogène sulfuré, mais le sont par le sulfhydrate d'ammoniaque.*

1er groupe. *Sels non précipitables par l'ammoniaque dans un milieu où l'on a ajouté du chlorure* d'ammoniaque en excès : Oxyde ferreux, manganeux, nickel, cobalt, zinc.

2e groupe. *Sels précipitables par l'ammoniaque en présence d'un excès de chlorure d'ammoniaque :* Alumine, oxyde ferrique, oxyde chromique.

C. *Métaux dont les dissolutions salines sont précipitées à l'état de sulfure par l'hydrogène sulfuré dans un milieu acide.*

1er groupe. *Métaux dont les sulfures sont solubles dans le sulfure de potassium ou le sulfhydrate d'ammoniaque en excès :* Antimoine, étain, or, platine, arsenic.

2e groupe. *Métaux dont les sulfures sont insolubles dans le sulfure de potassium ou le sulfhydrate d'ammoniaque :* Cadmium, plomb, cuivre, bismuth, argent, mercure.

Les tableaux qui suivent présentent les caractères distinctifs des principales bases métalliques.

A. Premier groupe.

On ajoute du carbonate de soude à la solution :

Précipité soluble dans le chlorhydrate d'ammoniaque............................	*Magnésie.*
Pas de précipité, on ajoute de l'acide perchlorique hydraté au sel primitif : précipité blanc cristallin...	*Potasse.*
Pas de précipité, flamme jaune au chalumeau.......................................	*Soude.*

Deuxième groupe.

On ajoute de l'acide sulfurique dans les liqueurs étendues :

Précipité. { baryte / strontiane } on traite par l'acide hydrofluosilicique { précipité cristallin ...			*Baryte.*
		pas de précipité......	*Strontiane.*
Pas de précipité..			*Chaux.*

B. Premier groupe.

On ajoute du sulfhydrate d'ammoniaque :

Précipité blanc { zinc	on ajoute de la potasse au sel primitif	précipité soluble dans un excès de potasse........	*Zinc.*
ou { ou		précipité insoluble, brunit à l'air...........	*Oxyde manganeux.*
rouge pâle { manganèse			
{ oxyde ferreux		précipité blanc sale, devenant rouille à l'air ..	*Oxyde ferreux.*
Précipité noir { nickel		précipité vert pâle.............	*Nickel.*
{ cobalt		précipité bleu violacé................	*Cobalt.*

Deuxième groupe.

On ajoute de la potasse :

Précipité soluble dans { le sel primitif et la nouvelle solution incolores	*Alumine.*
un excès de réactif { le sel primitif vert ou violet; la solution potassique verte.........	*Oxyde chromique.*
Précipité insoluble dans un excès de réactif : sel primitif jaune ou rouge; précipité bleu par le ferro-cyanure de potassium..	*Oxyde ferrique.*

C. Premier groupe.

Solution incolore, par l'hydrogène sulfuré, donne :

Précipité jaune orangé	*Antimoine.*
— jaune sale, taches par l'appareil de Marsh	*Arsenic.*
— — pas de taches	*Étain (maximum).*
— brun...	*Étain (minimum).*
Solution jaune, par le chlorure de potassium et l'alcool, donne :	
Précipité jaune cristallin	*Platine.*
Pas de précipité...	*Or.*

Deuxième groupe.

Par l'hydrogène sulfuré, précipité jaune pur.......................	*Cadmium.*
Précipité brun ou noir :	
Le sel primitif traité par l'acide chlorhydrique :	
Précipité blanc, soluble dans l'ammoniaque........................	*Argent.*
— insoluble dans l'ammoniaque, noircit...............	*Oxyde mercureux*
— ne noircit pas....................	*Plomb.*
Pas de précipité; traité par l'acide sulfurique : précipité blanc..................	*Plomb.*
traité par l'ammoniaque : précipité soluble dans un excès de réactif, coloration bleue...	*Cuivre.*
Précipité insoluble dans un excès de réactif :	
Potasse ajoutée à la solution primitive : précipité blanc......................	*Bismuth.*
— — précipité jaune................	*Oxyde mercuriqu*

Recherché des acides par la voie humide. Au moyen de ces caractères, l'analyse détermine l'élément électro-positif ou la nature de la base d'une matière minérale. Il reste donc à indiquer les caractères des corps élecro-négatifs ou acides, par suite des oxysels, azotates, titanates, sulfates, phosphates, carbonates, borates, silicates, tungstates, chromates et des fluorures, chlorures, bromures, iodures, sulfures.

Les tableaux qui suivent présentent les caractères analytiques des principaux acides.

1er groupe. *Acides dont les solutions ne précipitent pas par le chlorure de baryum ni par l'azo-* tate d'argent. Exemple : azotique, azoteux, chlorique.

2e groupe. *Acides dont les solutions ne précipitent pas par le chlorure de baryum, mais précipitent par l'azotate d'argent :* Acides chlorhydrique, sulfhydrique, bromhydrique, iodhydrique, cyanhydrique, acétique.

3e groupe. *Acides dont les solutions neutres précipitent par le chlorure de baryum :* Acides sulfurique, phosphorique, borique, carbonique, chromique, arsenieux, arsenique, fluorhydrique, silicique, sulfureux, oxalique.

Au moyen des réactions qui suivent il est facile de déterminer le genre d'un sel ou l'acide.

A. Acides métalliques colorés.

On ajoute de l'acide sulfureux à la dissolution :

Il y a décoloration : la dissolution primitive etait bleu ou verte	Acide manganique.
— — etait pourpre	Acide permanganique.
Il y a virement de couleur : la liqueur jaune ou orangée passe au vert	Acide chromique.

B. Sels qui fusent.

On ajoute de l'acide sulfureux et de la fécule :

Il y a coloration { jaune .... Acide bromique.
{ bleue .... Acide iodique.

Pas de coloration : on calcine le sel et on traite le résidu par l'azotate d'argent et l'acide azotique, il se produit :

Un précipité blanc soluble dans l'ammoniaque { le sel primitif traité par l'acide sulfurique dégage un gaz jaune .... Acide chlorique.
{ ne dégage pas de gaz .... Acide perchlorique.

Pas de précipité { on ajoute l'acide sulfurique au sel primitif { dégagement de vapeurs rouges .... Acide azoteux.
{ pas de vapeurs : coloration en rouge par la dissolution sulfurique de sulfate de protoxyde de fer .... Acide azotique.

C. Sels a acides gazeux.

On traite par l'acide sulfurique :

Il se dégage un gaz inodore, non fumant	Acide carbonique.
— un gaz odorant, odeur sulfureuse	Acide sulfureux.
— — odeur d'œufs pourris	Acide sulfhydrique.

Gaz fumant { fécule et chlore { pas de coloration, précipité par l'azotate d'argent .... Acide chlorhydrique.
{ — pas de précipité par l'azotate d'argent. Acide fluorhydrique.
{ coloration jaune .... Acide bromhydrique.
{ — bleue .... Acide iodhydrique.

D. Sels précipitables par l'azotate de baryte.

Le précipité est insoluble dans l'acide azotique	Acide sulfurique.

Précipité soluble dans l'acide azotique ou chlorhydrique, on traite par l'appareil de Marsh :

Taches : on ajoute de l'acide chlorhydrique { précipité jaune à froid .... Acide arsenieux.
et sulfhydrique à la solution primitive { pas de précipité à froid, jaune à 70° .... Acide arsenique.

Pas de taches : on traite par l'azotate d'argent :

Précipité noir à chaud	Acide phosphoreux.

Pas de précipité : acide sulfurique et alcool ;

On enflamme : flamme verte	Acide borique.
Pas de flamme verte : résidu insoluble dans l'acide chlorhydrique	Acide silicique.
— solution chlorhydrique du sel sans résidu	Acide phosphorique.

Recherche des bases par la voie sèche. Lorsqu'on se propose de déterminer la base d'une matière insoluble par la voie sèche on la traite par la potasse, la soude ou par l'azotate ou le carbonate de potasse ou de soude dans un creuset de manière à la transformer en un sel soluble : on peut arriver rapidement au résultat cherché par un essai au chalumeau.

Les matières minérales fusibles au chalumeau donnent tantôt un verre transparent, tantôt un émail ou une scorie plus ou moins caverneuse incolores ou colorés. La teinte est spéciale à chaque minéral. On facilite la fusion au moyen de fondants qui rendent en même temps plus sensibles les couleurs propres aux oxydes métalliques ; enfin on emploie dans certaines circonstances des réactifs pour réduire ou pour suroxyder les minerais métallifères. Les réactifs dont on fait usage sont la soude ou le sel de soude (carbonate), le borax, le sel de phosphore (phosphate sodo-ammoniacal), le cyanure de potassium, le bi-sulfate de potasse, le nitre, l'azotate de cobalt, l'oxyde de cuivre, le spath fluor. Outre le chalumeau (fig. 81) l'analyste doit posséder une pince à bout de platine, une lame et un fil de platine, une lame d'argent, un mortier d'agate et d'acier, des tubes pour griller ou chauffer.

On peut diviser, par rapport à la coloration de

la flamme du chalumeau, les principaux corps en cinq groupes :

1° Corps qui colorent la flamme en rouge : *lithine, strontiane, chaux;*

2° Corps qui colorent la flamme en violet : *potasse, ammoniaque, chlorure mercureux;*

3° Corps qui colorent la flamme en bleu : *arsenic, antimoine, silicium, tellure, plomb, chlorure* et *bromure de cuivre;*

4° Corps qui colorent la flamme en vert : *baryte, cuivre, iodures, acide borique;* composés de *phosphore* et du *molybdène;*

5° Corps qui colorent la flamme en jaune : *sels de soude.* — V. Essais au chalumeau.

On détermine aussi par la voie sèche la nature de l'acide d'un sel ; nous indiquerons au mot *Essais au chalumeau* les caractères pyrognostiques des bases et des acides.

Analyse volumétrique.

Dans l'analyse en *volumes* ou par les *liqueurs titrées,* on détermine les quantités des corps à doser à l'aide de liqueurs ayant un *titre* ou une composition exactement connue à l'avance. On n'emploie que juste le volume nécessaire du réactif exactement mesuré à l'aide de tubes gradués ; de là on déduit immédiatement la quantité de corps à doser. L'analyste

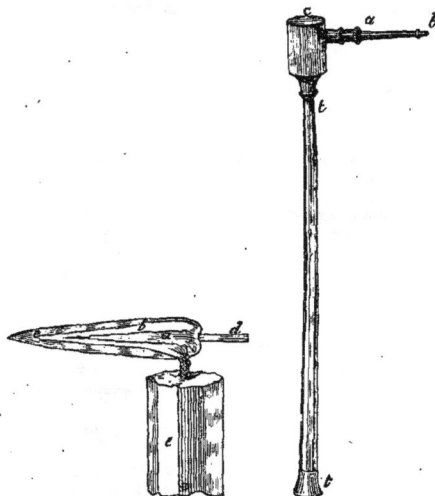

Flamme du dard   Fig. 81.   Chalumeau
du chalumeau.   de Berzélius.

a Flamme bleuâtre.— b Flamme blanche   t t Tube.— c Cylindre creux.
ou réductrice. — c Flamme rouge ou   a b Tube. — b Tube à bec
oxydante.   à lumière étroite.

est averti qu'il a employé la quantité nécessaire de réactif par le changement de couleur, la naissance ou la cessation d'un précipité. Pour faire l'analyse en volume, il faut : 1° une liqueur titrée ou normale ; 2° un échantillon de la substance qui représente la composition moyenne du corps à analyser ; 3° choisir un phénomène qui indique nettement la fin de la réaction. La *chlorométrie,* la *sulfhydométrie,* l'*acidimétrie,* l'*alcoolimétrie,* la *sac-*

charimétrie, etc., sont des procédés d'analyses volumétriques.

Analyse des gaz. Eudiométrie.

Lorsqu'on se propose de déterminer la nature des gaz

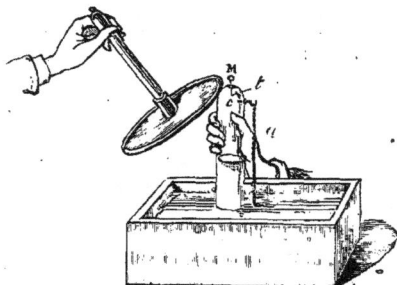

Fig. 82. — *Combustion dans l'eudiomètre par l'étincelle électrique d'un électrophore.*

M Monture en fer. — c Tige de fer. — t Autre tige. — a Chaîne métallique.

on pourra arriver facilement à la solution de ce problème de chimie, au moyen des caractères suivants :

A. Gaz incombustibles.

I. Gaz non absorbables par une dissolution de potasse : oxygène, protoxyde d'azote, bioxyde d'azote, azote.

II. Gaz absorbables par une dissolution de potasse.

a. Incolores : ammoniaque, acide sulfureux, acide carbonique, chlorure de cyanogène.

b. Colorés : chlore, acide hypochloreux, acide chloreux, acide hypochlorique.

c. Incolores et fumants : acide chlorhydrique, bromhydrique, iodhydrique, fluorure de silicium, de bore, chlorure de bore.

B. Gaz combustibles.

I. Gaz absorbables par une dissolution de potasse.

a. Gaz acides : acides sulfhydrique, sélénhydrique, tellurhydrique.

b. Gaz alcalins : méthylamine.

c. Gaz neutres : cyanogène, éther méthylique.

II. Gaz non absorbables par une dissolution de potasse.

a. Gaz donnant par la combustion un acide énergique : chlorure et fluorure de méthyle, phosphure d'hydrogène, arséniure d'hydrogène, siliciure d'hydrogène.

b. Gaz donnant par la combustion de l'acide carbonique : oxyde de carbone, gaz des marais, méthyle, éthyle, acétylène, propylène, butylène, allylène.

c. Gaz donnant par la combustion de l'eau pure : hydrogène.

Ordinairement on détermine la composition d'un gaz en volume ; de cette composition volumétrique on déduit par le calcul la composition centésimale en poids. Les gaz s'analysent généralement dans l'eudiomètre (V. Eudiomètre), par la combustion de l'hydrogène ou par addition d'oxygène. On fait passer dans l'eudiomètre un volume connu du gaz à analyser et un volume connu d'hydrogène ou d'oxygène (fig. 82). Par l'étincelle électrique l'oxygène se combine à l'hydrogène pour former de l'eau dans le rapport de 2 volumes d'hydrogène pour un volume d'oxygène ; l'ascen-

Fig. 83. — *Analyse par les absorbants.*

sion du liquide de la cuve qui pénètre dans l'eudiomètre mesure le volume gazeux disparu ou l'absorption.

On peut aussi combiner un des éléments du gaz ou le gaz lui-même avec un corps capable de l'absorber : le résidu gazeux comparé au volume

Fig. 84. — *Coupe de l'eudiomètre à mercure.*

O Tube en verre à parois épaisses. — M Monture en fer terminée par un bout arrondi b et intérieurement par une petite tige t. — c Tige en fer recourbée intérieurement. — a Chaîne métallique.

primitif permet de déterminer la composition du gaz en volume.

Quelques exemples sont nécessaires pour compléter ces notions succinctes d'analyse eudiométrique. Supposons que l'on mesure dans l'eudiomètre 100 volumes de protoxyde d'azote et que l'on y fasse passer 150 volumes d'hydrogène, on a un volume total de 250 ; on fait passer l'étincelle électrique, après la combustion, il reste 150 divisions ; donc le protoxyde d'azote contient 100 volumes d'azote et 50 volumes d'oxygène ou : volume d'azote et 1/2 volume d'oxygène. De cette

composition en volume on peut facilement en déduire sa composition en poids ; en effet :

Si de la densité du protoxyde d'azote, 1,524, on retranche la densité de l'azote 0,972, la différence donne la demi-densité de l'oxygène 0,555 ; donc un volume de protoxyde d'azote 1,524, renferme un volume d'azote pesant 0,972 et un demi-volume d'oxygène qui pèse 0,555. De là, on passe à la composition en poids par les deux proportions suivantes :

$$\frac{1,524}{0,972}=\frac{100}{x} \text{ et } \frac{1,524}{0,555}=\frac{100}{y} ; \quad x=\frac{97,2}{1,524} \text{ et } y=\frac{15.5}{1,524}$$

On peut aussi absorber un des corps qui entrent dans la composition du gaz par un autre

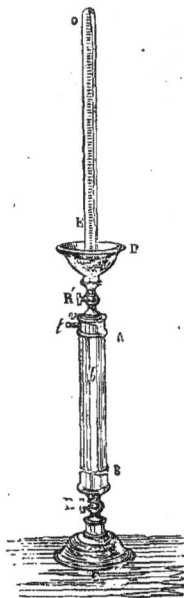

Fig. 85. — *Eudiomètre à eau de Volta.*

A B Cylindre en verre épais gradué en partie d'égale capacité.— B C Monture en laiton. — R Robinet. — A D Autre monture en laiton. — R' Robinet. — b Bande métallique qui fait communiquer les deux montures. — o Petit tube en verre. — t Tige métallique pour le passage de l'étincelle. — C Entonnoir. — D Capsule ou entonnoir inférieur. — O E Tube gradué.

corps, capable de s'y combiner entièrement et rapidement ; dans le cas du protoxyde d'azote, l'absorption se fait par le potassium dans une cloche courbe (fig. 83) ; on trouve comme résidu un volume d'azote.

On établit aussi la composition des corps gazeux par synthèse au moyen de l'eudiomètre : prenons l'eau pour exemple. On amène dans l'eudiomètre un volume d'oxygène et deux volumes d'hydrogène que l'on combine au moyen de l'étincelle électrique ; après la combustion, il ne reste aucun résidu gazeux. Donc l'eau est composée de 1 volume d'oxygène et de 2 volumes d'hydrogène. De là, il est facile de passer à la composition centésimale en poids ; en effet, un volume d'oxygène pèse 1,1056, 2 volumes d'hydrogène pèsent $2 \times 0,069$ ou 0,1384; l'eau produite pèse $1,1056 + 0,1384 = 1,2440$; d'où $\frac{1,2440}{1,1056} = \frac{100}{x}$ et $\frac{1,2440}{0,1384} = \frac{100}{y}$; $x = 88,87$ d'oxygène et $y = 11,13$ d'hydrogène.

Mais comme la densité de la vapeur d'eau est 0,622 au lieu de 1,2440, les deux volumes d'hydrogène et le volume d'oxygène se condensent en deux volumes de vapeur d'eau.

C'est en procédant par la méthode volumétrique que l'on a établi la composition des principaux gaz :

2 volumes de vapeur d'eau = 2 volumes d'hydrogène et 1 volume d'oxygène;

2 volumes de protoxyde d'azote = 2 volumes d'azote et 1 volume d'oxygène;

4 volumes de bioxyde d'azote = 2 volumes d'azote et 2 volumes d'oxygène;

4 volumes d'acide **hypoazotique** = 2 volumes d'azote et 4 volumes d'oxygène;

2 volumes d'acide hypochloreux = 2 volumes de chlore et 1 volume d'oxygène;

4 volumes d'ammoniaque = 2 volumes d'azote et 6 volumes d'hydrogène;

2 volumes d'acide chlorhydrique = 1 volume d'hydrogène et 1 volume de chlore;

1 volume d'acide sulfhydrique = 1 volume d'hydrogène et 1/6 de volume de vapeur de soufre;

1 volume de cyanogène = 2 volumes de vapeur de carbone et 1 volume d'azote;

2 volumes d'oxyde de carbone = 2 volumes de vapeur de carbone et 1/2 volume d'oxygène;

4 volumes d'hydrogène phosphoré = 6 volumes d'hydrogène et 1 volume de vapeur de phosphore.

Dans l'analyse des gaz, il faut avoir le soin de ramener le volume V' mesuré à la température t' et à la pression H', à ce qu'il serait à la température 0° et à la pression normale H; K étant le coefficient de dilatation du gaz; on a

$$\frac{H'}{H} = \frac{V}{V'} = \frac{1+K}{1+Kt}, \text{ou } \frac{H'}{H} = \frac{V(1+Kt)}{V'(1+K)}, \text{ d'où } V' = \frac{HV(1+Kt)}{H'(1+K)}$$

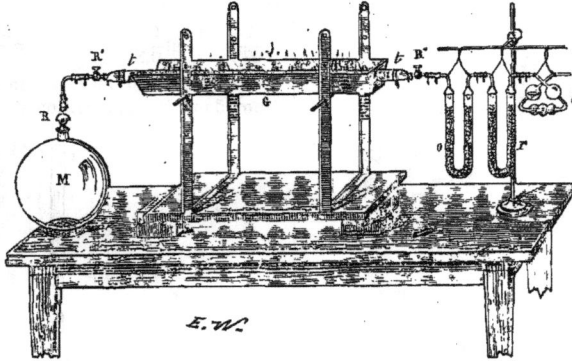

Fig. 86. — *Analyse de l'air par les pesées.*

M Ballon. — *t t* Tube en verre. — *G* Grille. — *i* Épurateur à potasse. — *r* Tube à ponce potassique. — *o* Tube à ponce sulfurique.

Fig. 87. — *Appareil monté pour une analyse organique au moyen du chauffage au charbon.*

a Écran en tôle placé où commence le mélange de la matière organique. — *B* Condensateur de Liebig, à potasse. — *A* Tube à chlorure de calcium ou à ponce sulfurique. — *C* Tube à potasse.

Analyse de l'air. L'analyse de l'air nous offre un exemple du dosage eudiométrique d'un mélange gazeux. Dans l'eudiomètre à mercure ou dans l'eudiomètre à eau de Volta (fig. 85), on introduit 100 volumes d'air et 100 volumes d'hydrogène, on fait passer l'étincelle électrique à travers le mélange : par la combinaison de l'oxygène et de l'hydrogène, il se forme de l'eau. Le mercure monte dans l'eudiomètre et on constate qu'il y a eu une absorption de 63 volumes, par conséquent 21 volumes d'oxygène et 42 volumes d'hydrogène ont disparu. Il reste dans l'eudiomètre 100 — 42 volumes d'hydrogène ou 58 volumes que l'on achève de brûler en introduisant dans l'appareil 29 volumes d'oxygène pur, et il reste finalement 79 volumes d'azote; donc l'air pur est formé en volume de 21 d'oxygène et de 79 d'azote.

De là on peut facilement passer à la composition en poids; mais toutes les mesures ont besoin d'être corrigées au moyen de la formule

$$P = V \times 1^{g},2932 \times \frac{1}{1+0,00367 \times t} \times \frac{H-f}{760}.$$

On peut d'ailleurs peser directement les constituants de l'air (fig. 86).

On analyse rapidement l'air au moyen de l'acide pyrogallique et de la potasse. Dans un tube gradué rempli de mercure on introduit un certain volume d'air sec; ensuite on y fait pénétrer un demi-centimètre cube d'une dissolution de potasse à 1,4 de densité, destinée à absorber l'acide carbonique. Le nombre de divisions occupées par l'air actuel indiquent son volume. Maintenant on fait entrer dans le tube un quart de centimètre cube d'une dissolution d'acide pyrogallique (1 partie d'acide pour 5 à 6 parties d'eau), l'oxygène est absorbé; on mesure le résidu d'azote; s'il reste, par exemple, 79 parties en volume d'azote, sur 100 d'air, il y avait donc 21 volumes d'oxygène.

Au mot *air atmosphérique* nous avons indiqué l'analyse par les pesées.

Analyse organique. L'analyse organique a tantôt pour objet la séparation des principes immédiats d'un corps donné, tantôt la détermination des proportions relatives des divers éléments qui entrent dans sa composition : dans le premier cas, elle prend le nom d'*analyse immédiate,* dans le deuxième celui d'*analyse élémentaire ou ultime.* On sépare les principes immédiats : 1° par les dissolvants neutres comme l'eau, l'alcool, l'éther ; 2° par les acides ou les bases ; 3° par les sels métalliques ; 4° par distillation. Les phases diverses de l'opération de l'analyse élémentaire sont : 1° la dessiccation de la matière ; 2° le pesage ; 3° les apprêts des mélanges ; 4° enfin la combustion des corps à analyser.

Dans le cas d'une substance organique non azotée, on dose le carbone à l'état d'acide carbonique, l'hydrogène sous forme d'eau et l'oxygène par différence. La matière est mélangée avec du chlorate de potasse ou avec l'oxyde de cuivre et placée dans un tube à combustion (fig. 87) en verre vert recouvert d'une feuille de cuivre, puis placé sur la grille à combustion ; vers l'extrémité fermée on place du chlorate de potasse seul afin de pouvoir produire un dégagement d'oxygène à la fin de l'opération pour balayer les gaz du tube à combustion. L'acide carbonique formé est ab-

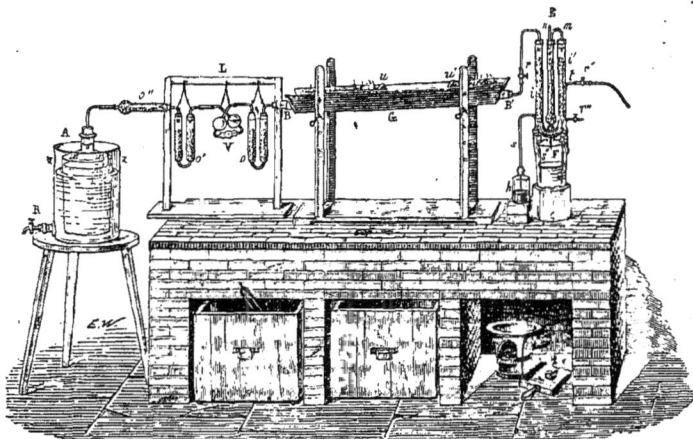

Fig. 88. — *Appareil de M. Piria pour l'analyse organique.*

A Aspirateur. — *x x* Flacon cylindrique. — *z z* Bocal. — *R* Robinet. — *B B'* Tube à combustion. — *E* Épurateur. — *F* Flacon à trois tubulures à potasse. — *i i'* Tube rempli de fragments de chlorure de calcium. — *s s* Siphon. — *h* Récipient à mercure. — *t* Tube. — *r r' r* Robinets. — *n m* Tubes. — *G* Grille. — *L* Support. — *V* Condensateur de Liebig. — *o o'* Tubes absorbants.

sorbé par la potasse d'un tube condensateur de Liebig et la vapeur d'eau par l'acide sulfurique concentré. Une pesée fera connaître le poids de l'acide carbonique condensé, par suite celui du carbone de la matière soumise à l'analyse ; une autre pesée donnera le poids de l'eau absorbée par l'acide sulfurique, par suite le poids de l'hydrogène qui a servi à la former ; en faisant la somme du poids de l'hydrogène, de celui du carbone, puis retranchant le total du poids de la matière, on a le poids de l'oxygène.

M. Piria, en adaptant à l'appareil à combustion un système d'écoulement particulier, a imaginé certaines dispositions avantageuses qui rendent l'analyse élémentaire plus rapide et plus exacte (fig. 88).

Supposons qu'une matière analysée ait fourni, sur 0 gr. 500, un poids de 0 gr. 665 d'acide carbonique et 0 gr, 320 d'eau ; le poids du carbone sera $27,27 \times 0,665 = 0^g,1813$, celui de l'hydrogène $11,11 \times 0,320 = 0^g,3550$.

Dans le cas d'une substance azotée on doit apporter quelques légères modifications à l'analyse élémentaire ; l'azote se dose soit à l'état d'azote gazeux, soit à celui d'ammoniaque. La combustion s'opère dans les mêmes conditions que précédemment, seulement le premier tiers du tube, à partir de l'ouverture, est rempli par des planures de cuivre destiné à décomposer les composés nitreux ; l'extrémité opposée renferme du bicarbonate de soude destiné à donner un dégagement d'acide carbonique pour chasser l'azote du tube à combustion, et le pousser dans une éprouvette renversée sur le mercure et pleine d'une dissolution de potasse (fig. 89).

Lorsque l'on désire doser l'azote à l'état d'ammoniaque, il faut décomposer la matière azotée au moyen de la chaux sodée ; l'ammoniaque est absorbée par de l'acide sulfurique titré ; le balayage du tube se fait par l'hydrogène résultant de la décomposition de l'acide oxalique. Le carbone, l'hydrogène et l'oxygène se dosent comme dans le cas d'une matière non azotée.

Analyse des vins. Les vins sont souvent colorés artificiellement par la fuchsine, la cochenille, le carmin, le campêche, le bois de Brésil, le suc de myrtille, les baies de troëne, de phytalacca, de sureau, d'hièble, les fleurs de roses trémières; en outre on les additionne aussi quelquefois d'alcool, de plâtre, d'acide tartrique. On peut donc se proposer la recherche de l'une ou de plusieurs de ces matières dans un vin donné. Mais l'analyse complète d'un vin est plus complexe, elle se compose de quatre parties : 1° examen de ses propriétés physiques et physiologiques et dosage de son acidité; 2° dosage de l'extrait, de l'alcool, du sucre et du bitartrate de potasse; 3° étude de la matière colorante; 4° dosage des cendres et de leurs éléments.

Le rouge d'aniline ou fuchsine se décèle par les fils de coton ou de soie qui sont rapidement teints en beau rouge; l'alcool ajouté au vin se reconnaît au moyen de l'azotate de mercure; le plâtre avec une liqueur titrée de chlorure de baryum; l'acide tartrique libre se reconnaît par le chlorure de potassium qui détermine la formation rapide d'une poudre blanche, grenue de bitartrate de potasse.

Le tableau suivant, dû à M. Carles, indique les réactions caractéristiques des vins colorés artificiellement :

Conserve sa couleur ou **vire au violet**	est en grande partie décoloré par l'albumine, verdit franchement par l'alcali volatil....................		*Vin pur.*
	par le collage à l'albumine la couleur vineuse devient plus claire et vire au violet améthyste	jaunit par l'alcali................;	*Phytolacca.*
		bleuit par l'alcali..............	*Cochenille.*
		se décolore par l'alcali et se recolore par les acides...............	*Fuchsine.*
Verdit avant ou **après le collage**	devient violet par l'acétate d'alumine	précipité rouge par l'extrait de Saturne........	*Sureau.*
		précipité vert bleuâtre par l'extrait de Saturne....	*Roses tremières.*
	verdit par l'acétate d'alumine...............		*Myrtilles.*

Analyse spectrale. Procédé d'analyse qui permet de déterminer des quantités très-minimes de substances par l'examen des raies et des colorations des spectres lumineux. Cette nouvelle méthode est due à MM. Kirchhoff et Bunsen; elle est fondée sur l'observation des spectres des flammes colorées par la présence de certains corps.

Le spectre des divers métaux est caractérisé par une ou plusieurs raies brillantes dont la couleur et la position sont constantes pour chaque métal particulier. L'appareil employé dans ces analyses est le *spectroscope*, qui consiste essentiellement en une lampe, un prisme et une lunette dont l'objectif sert de collimateur. On obtient ainsi des spectres qui caractérisent les bases dont des fractions très-petites ont été placées dans la flamme du brûleur à gaz ou de la lampe. Les rayons du soleil en traversant le prisme sont divisés et forment le spectre solaire qui présente des lignes obscures connues sous le nom de *raies de Fraunhofer*, irrégulièrement distribuées, mais dont chacune cependant occupe une place fixe et déterminée ; elles sont désignées, en allant du rouge au violet par les lettres A, B, C, D, E, F, G, H. Les lumières artificielles donnent également des spectres lumineux; ceux des corps incandescents sont continus (platine, chaux); ceux des flammes offrent des bandes obscures mal définies et des raies brillantes dues à la présence d'un corps volatilisé.

Les sels de potassium donnent naissance à un spectre presque continu avec deux raies brillantes; ceux de sodium une raie unique d'un grand éclat située dans le jaune et correspondant à la double raie D.

Les sels de lithium donnent deux raies bien limitées. L'une d'un beau rouge, très-brillante, comprise entre les raies B et C, l'autre très-faible, située dans la partie orangée : ceux de strontium produisent huit raies, six rouges, une orangée et une bleue. Les sels de calcium donnent une large raie orangée et une belle raie verte; ceux de baryte un groupe de belles raies vertes. Le cœsium donne deux belles raies bleues, le rubidium une belle raie dans l'extrême rouge sombre bien au-delà du rouge du potassium. Cette nouvelle méthode analytique s'applique à de très-petites quantités de matière; elle permet de reconnaître les métaux en quantités infinitésimales dans les eaux minérales, les cendres. Ce procédé d'investigation a déjà fait découvrir quelques nouveaux corps et a permis de connaître la constitution chimique du soleil et des étoiles. — A. F. N.

Bibliographie : Traité d'analyse chimique, par FRESENIUS (traduction FORTHOMME), 2 vol., Paris, Savy; *Précis d'analyse chimique*, par CHANCEL, 2 vol., Paris, Masson; *Traité d'analyse chimique*, par la méthode des volumes, par POGGIALE, 1 vol., Paris, J.-B. Baillière; *Traité pratique d'analyse chimique*, par WOHLER, Paris, Gauthier-Villars; *Manuel pratique d'essais*, par BOLLEY, 1 vol., Paris, Savy; *Manuel du chimiste agriculteur*, par POURIAU, 1 vol., Paris, Lacroix; *Atlas de chimie analytique minérale*, par TERREIL, 1 vol., Paris, Dunod; *Dictionnaire de chimie*, par WURTZ, Paris, Hachette; *De l'emploi du chalumeau*, par BERZELIUS; *Traité d'analyse chimique à l'aide de liqueurs titrées*, par MOHR, 1 vol., Paris, Savy; *Docimasie ou traité d'analyse des substances minérales*, par RIVOT, 4 vol., Paris, Dunod; *Manuel d'analyse au chalumeau*, par CORNWALL, 1 vol. in-8°, Paris, Dunod; *Guide de minéralogie*, par NOGUÈS, 2 vol. in-12, Paris, Lacroix.

* ANANAS. Nous ne voulons pas parler ici du fruit succulent que tout le monde connaît, lequel donne lieu à un commerce assez répandu et productif, mais bien du textile qui porte ce nom et dont l'importance industrielle ne saurait être méconnue. Ce textile est encore désigné dans les pays de production sous les divers noms de *pina* ou *pigna, corawa* (Guyane angl.), *silkgrass, pine apple* (col. angl.), *benang-nanas* (col. holl.), *pangrang* (Macassar), *wong-lie* (Chine), etc. Les fibres dont nous parlons peuvent être retirées des feuilles de *l'ananassa sativa*, qui fournit l'ananas comestible, mais plutôt des *bromelia ananas, bromelia pinguin, bromelia karatas, bromelia sagenaria, bromelia semierata, bromelia lucida*, etc. Souvent on confond ces plantes ensemble, parce qu'elles appartiennent toutes à la famille des broméliacées ; mais le botaniste anglais Lyndley sépare le genre *ananas* du genre *bromelia*, dont il diffère par la présence de glandes nectarifères (squammes) à la base des divisions du périgone.

Quoiqu'il en soit, les fibres fournies par l'ananas peuvent être classées parmi les plus fines et les plus soyeuses que l'on connaisse, elles sont souples et en même temps transparentes. Ce n'est guère que dans les îles Philippines qu'on en fait des tissus (province de Camarinès, Boulacan, Baïangas, île de Luçon, province de Iloïla et île de Panay). Ces tissus sont extrêmement chers et exportés principalement en Espagne et à Cuba ; on

en fait des mantilles, des broderies, des mouchoirs, des tissus unis, se vendant : pour les mouchoirs de 10 à 100 francs la pièce, pour les tissus unis de 1 à 5 francs le mètre s'ils sont purs et un peu gros, et de 1 à 6 francs le mètre s'ils sont mélangés de soie. Ils offrent cela de remarquable qu'on ne leur fait subir aucune torsion, les filaments sont collés bout à bout, c'est ce qui explique leur transparence.

M. Rondot qui a vu beaucoup de ces tissus aux Philippines, nous donne sur les diverses variétés qu'on en fabrique de curieux renseignements. Ainsi quand l'étoffe est unie et toute de fibre d'ananas, elle est appelée *nipis de pina*, elle a de 35

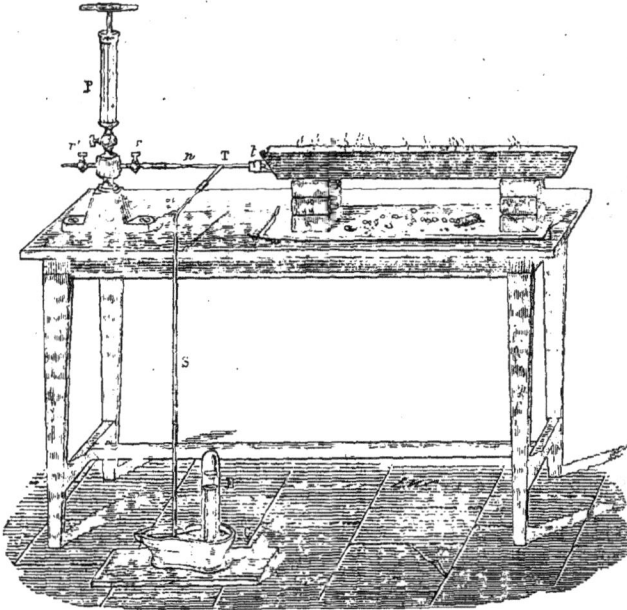

Fig. 89 — *Appareil pour le dosage de l'azote à l'état gazeux.*

P Pompe à main. — rr' Robinets. — T Tube bifurqué. — n Partie étranglée du tube bifurqué. — t Tube à combustion. — S Tube abducteur de l'azote. — E Éprouvette à potasse. — C Cuve à mercure.

à 42 centimètres de large et sa finesse varie de 28 à 42 fils en chaîne et en trame par 5 millimètres. Quand la soie est mariée à l'ananas et y forme des bandes longitudinales de couleurs, l'étoffe porte le nom de *synamay de pina*. La pièce a alors 16 mètres de long et 36 à 45 centimètres de large : le mètre pèse 16 à 20 grammes ; la finesse est de 21/23 fils de chaîne et 15/16 fils de trame par 5 millimètres. Enfin quand cette étoffe à rayures porte des dessins brochés de coton, le tissu reçoit le nom de *palinqué*, il a de 40 à 46 centimètres de large et le mètre pèse de 18 à 21 grammes.

Généralement tous les tissus de fibres d'ananas qui nous viennent en Europe sont fabriqués dans la province de Tondo et les environs de Manille. Ce sont des écharpes, des mouchoirs ou des mantilles, brodés à jour avec du coton le plus fin.

Ce coton est du coton anglais ou du coton filé dans le pays (à Paranaqué, près de Malasé). On connaît ces tissus en France sous le nom de *batiste d'ananas* et en Angleterre on les appelle *pina muslin*.

Mais si l'ananas fournit des filaments fins, ces filaments réunis ensemble ont une force des plus grandes. Forbes-Royles rapporte qu'il est résulté d'essais faits à l'arsenal de Fort-William, aux Indes, sur des cordages divers, qu'alors que la force exigée n'était que de 2,100 kilogrammes, une corde d'ananas de 8 centimètres de circonférence a supporté 2,800 kilogrammes. On a aussi fait les mêmes essais comparativement avec du phormium tenax, celui-ci s'est rompu à 120 kilogrammes, tandis que de deux cordes d'ananas, l'une provenant de Singapoore s'est rompue à 160 kilogrammés, l'autre venant de Madras n'a supporté que 120 kilogrammes.

Il ne nous semble pas nécessaire d'insister sur la description des plantes qui fournissent les fibres dont nous parlons. Ce sont de grandes plantes herbacées et vivaces, dont les feuilles épaisses qui partent de la racine, sont creusées en gouttières et portent sur leurs bords des dents épineuses. Dans certaines espèces, les fleurs sont assez grandes, disposées en épi lâche et alors les baies deviennent isolées à l'époque de la fructification, dans d'autres les fleurs sont groupées en un épi serré, les bases soudées les unes aux autres ne présentent qu'un seul fruit semblable à un cône de pin, couronné d'une touffe de feuilles.

Il faut, pour retirer les fibres des feuilles, que celles-ci soient fraîches ; une fois sèches, elles n'ont plus de valeur. On enlève alors de ces feuilles, étendues sur une planche, au moyen d'un couteau, la pellicule qui en forme la face externe. Les filaments apparaissent alors. On les détache par l'extrémité de la feuille avec le couteau et on les enlève avec la main dans toute la longueur. — A. R.

ANARCHIE. *Iconol.* L'état d'un peuple sans chef et l'instabilité des pouvoirs publics, ont inspiré aux artistes différentes personnifications de l'*anarchie;* on la représente ordinairement sous les traits d'une femme dont toute l'attitude annonce la fureur, ses vêtements sont déchirés et ses cheveux épars; ses yeux sont couverts d'un bandeau; elle foule aux pieds le livre de la loi, d'une main elle brandit un poignard, de l'autre une torche allumée; un sceptre brisé gît à ses côtés. Dans un tableau, le fond représente une lutte entre des citoyens, et, plus loin, une ville incendiée. On lui donne aussi la figure d'un serpent, d'un dragon vomissant du feu, quelquefois la forme d'une hydre aux têtes toujours renaissantes à mesure qu'elles sont coupées.

ANASTATIQUE. *T. techn.* Mot générique appliqué à différents procédés d'impression, de gravure, de décalque, à l'aide desquels on obtient, par un transport chimique, la reproduction des textes et des dessins imprimés.

ANATOMIQUES (Pièces). — V. FIGURE DE CIRE, PIÈCE ANATOMIQUE.

ANCHE. *T. de mus.* L'anche est une languette de métal ou de buis, dont la fonction est de briser en battements réguliers un courant d'air qui, sans cet intermédiaire, s'échapperait sans vibrer. Chaque battement de l'anche produit l'une des vibrations d'un son, d'autant plus élevé que la vitesse des vibrations de l'anche est plus grande. Les anches peuvent vibrer seules ou associées à des tuyaux. Dans l'un et l'autre cas ce ne sont pas les vibrations de l'anche même que nous entendons, mais bien les vibrations de l'air engendrées par le mouvement de l'anche. Les anches, avec adjonction de tuyaux, sont les plus employées dans les grandes orgues, comme dans les instruments tels que le hautbois, le basson, le saxophone, etc.; cependant l'accordéon et les instruments désignés sous le nom d'harmonium, d'orgue expressif, etc., nous offrent de nombreux exemples d'anches sans tuyaux.

Divisions. C'est la *languette*, battant sous l'impulsion de l'air qui caractérise l'anche, quelle que soit sa grandeur, quelle que soit sa forme. La languette se retrouve dans la voix humaine, où les lèvres de la glotte constituent une anche véritable, la plus souple qui soit.

On pourrait aussi comparer au mouvement de l'anche, le jeu des lèvres qui permet de faire résonner les instruments à bocal comme la trompette. Quand à l'anche, proprement dite, elle peut se subdiviser en trois espèces, l'*anche simple* ou *battante*, l'*anche double* et l'*anche libre*.

Anche simple ou **battante.** L'anche simple est la plus employée, elle donne naissance à la riche famille des clarinettes et des saxophones, et à un grand nombre des jeux de l'orgue.

Bien que faisant vibrer la colonne d'air d'après un principe analogue, l'anche de clarinette diffère sensiblement de l'anche des orgues.

L'anche de clarinette est flexible, en roseau, et s'applique par une surface plane, appelée *table*, sur l'ouverture du bec. Elle est pratiquée latéralement sur la moitié environ de la longueur de celui-ci. L'ouverture communique avec la colonne d'air. Le bec se tient dans la bouche de façon à recouvrir presque entièrement la partie vibrante de l'anche. Le souffle met celle-ci en vibration, la colonne d'air s'ébranle et l'anche étant flexible, vibre en harmonie avec les longueurs du tuyau.

Pour que l'anche parle bien, il faut que la table soit absolument plane et que le bec soit dressé de façon à laisser entre les bords de son ouverture et l'anche un intervalle qui prend naissance au commencement de l'ouverture, pour augmenter progressivement jusqu'à l'extrémité du bec. L'intervalle maximum est proportionnel à la longueur de la clarinette ; pour un instrument en si-bémol, cet écartement est d'un peu plus d'un millimètre, il est essentiel aussi que les deux côtés de l'anche soient partout à une égale distance des deux bords de l'ouverture du bec.

L'anche doit être faite avec le roseau canne du Midi, c'est le moins poreux, il est difficile d'en trouver de bons; coupé trop vert, il est spongieux et le son qu'il produit manque d'éclat, coupé trop sec et sans sève le roseau n'offre plus le moelleux désirable. Le morceau de roseau destiné à former l'anche doit être coupé suivant les contours de la taille du bec auquel on veut l'adapter ; égalisé avec soin, il doit conserver une ligne d'épaisseur, sa taille en biseau doit avoir de douze à treize lignes de longueur. Il est difficile de préciser le degré de force que l'anche doit avoir ; cette force doit être réglée par celle des lèvres qui varie suivant chaque individu. L'anche est fixée au bec au moyen d'une ligature armée de deux vis, qui permettent de la serrer ou de la relâcher, si l'on veut plus ou moins diminuer ou augmenter l'intervalle qui sépare l'anche du bec. En général l'anche doit être placée sur le bec de manière à laisser entre ces deux pièces un intervalle d'environ deux tiers de ligne pour servir à l'introduction du volume d'air nécessaire.

Dans l'orgue, une pièce de métal creuse remplit l'office du bec de la clarinette, et sur le côté ouvert de cette pièce de métal appelée *noyau*, la languette vient s'appliquer dans les mêmes conditions que celle de l'anche de clarinette. L'anche montée sur son noyau est soudée dans une boîte et c'est dans le haut de cette boîte que vient s'ajuster le tuyau dont la forme varie suivant le timbre qu'il plaît au facteur de lui donner. L'air qui doit faire battre l'anche s'introduit dans la boîte par l'ouverture du pied. (V. Orgue.) Les anches d'orgue, soumises le plus souvent à une forte pression atmosphérique sont en laiton, les anches simples de clarinettes ou de saxophones sont en buis, leur dimension est de quelques centimètres, les dimensions des anches d'orgues varient suivant le diapason des tuyaux auxquels elles sont adaptées, et la gravité des sons qu'elles doivent rendre. L'anche d'orgue, telle que nous l'avons décrite a porté aussi le nom d'*échalotte*, à cause de sa forme. On trouve des tuyaux à anches dans les orgues dès le xvi° siècle et leur emploi est des plus fréquents; c'est à l'anche que l'orgue doit ses jeux les plus éclatants et les plus sonores, tels que le jeu de *régale*, le plus ancien de tous, aujourd'hui négligé, la *bombarde*, la *trompette*, le *clairon*, le *cromorne*, la *voix humaine*, les jeux plus modernes du *basson* et de la *musette*, etc. .

Les tuyaux adaptés à l'anche battante ne servent pour ainsi dire qu'à renforcer le son, cependant leur forme et leur diapason doivent être soumis à des lois, sans lesquelles les vibrations de l'air seraient altérées; lorsque l'anche a pour but de faire vibrer une colonne d'air, il faut, si elle est en métal, ce qui arrive dans les orgues, que la colonne d'air soit réglée de telle sorte que sa longueur corresponde exactement à la vitesse des vibrations de l'anche. Si le son fondamental, ou si l'un des harmoniques du tuyau n'est pas d'accord avec le son de l'anche, cette dernière résonne seule et l'addition du tuyau reste inutile. Si ce tuyau est d'une longueur suffisante pour que l'une de ses harmoniques soit à l'unisson de l'anche, le renforcement a lieu, parce que, sous l'influence de celle-ci, le tuyau ne vibre pas dans les conditions exigées pour le son fondamental, mais se subdivise pour produire l'harmonique dont la formation est sollicitée par la vitesse correspondante de l'anche. C'est la forme du tuyau qui donne des timbres variés au son produit par les vibrations de l'anche, et le plus souvent l'anche sonne dans des tuyaux évasés.

C'est encore au principe de l'anche simple que se rattache la famille nouvelle des saxophones, due aux ingénieuses inventions de M. Ad. Sax. L'anche des saxophones aigus et graves présente une grande ressemblance avec celle de la clarinette, cependant il y a entre elles quelques différences qu'il est nécessaire de constater ici : la languette est plus forte et plus large et légèrement bombée au centre, le bec de l'instrument n'a pas absolument la même forme.

L'anche simple, ainsi que l'on peut le voir, est d'un grand usage dans la facture instrumentale, puisqu'elle s'applique à toutes les clarinettes, depuis la petite en fa jusqu'à la clarinette contrebasse en mi-bémol, à tous les saxophones depuis le saxophone aigu en mi-bémol, jusqu'au saxophone contre-basse en ut. Elle prête à ces instruments un caractère *sui generis*, très-reconnaissable. En dehors de l'orgue, l'anche battante, montée sur un noyau est d'un emploi très-restreint. Sa sonorité est criarde et perçante, aussi ne s'en sert-on que pour des instruments qui doivent être entendus de très-loin comme les cordes d'appel, ou certains signaux de chemin de fer. Ces anches sont en laiton comme dans les tuyaux d'orgue.

Anche double. L'anche double qui a donné naissance au hautbois et au chalumeau, paraît être, avec le simple tuyau de flûte, le plus ancien engin sonore connu dès la plus haute antiquité. Un tuyau de paille, une simple écorce de châtaignier ont formé la première anche et depuis ce jour l'anche par elle-même a peu changée. Elle se compose de deux morceaux de roseau, dont les bords sont juxtaposés, pas assez cependant pour que l'air ne puisse s'introduire entre les deux languettes à travers un étroit canal. L'anche vient s'adapter au moyen de ligatures dans le tuyau de hautbois ou de basson auquel elle est destinée. C'est par la pression des lèvres que l'exécutant varie la force et le timbre du son. L'anche double est un des plus précieux auxiliaires des musiciens, elle produit des sons dits *anchés* d'un caractère spécial et d'une couleur toute particulière et qui peuvent se prêter aux accents les plus tendres, aux sanglots les plus déchirants de la douleur, ou aux bruyants éclats de la guerre; la forme, la perce, la longueur du tuyau sonore, l'habileté de l'exécutant, peuvent modifier le timbre de l'anche double, mais toujours une oreille exercée reconnaîtra, même au milieu de l'orchestre le plus nombreux, le son *anché* d'un hautbois ou d'un basson, si différent du son produit par l'anche simple, ou par les instruments à bouche comme la flûte, ou à bocal comme la trompette.

L'anche double a de tous temps été appliquée à un très-grand nombre d'instruments dont la nomenclature serait trop longue pour être rapportée ici; aujourd'hui elle sert encore de caractère distinctif au hautbois et à ses dérivés, le cor anglais et le basson. Le facteur Gautrot en a fait un nouvel emploi en l'appliquant à des instruments coniques en cuivre nommés *sarrusophones* (V. ce mot) du nom de l'inventeur, M. Sarrus, chef de musique au 13° de ligne.

Les anches de ces divers instruments ne diffèrent que par les dimensions et voici comment on les construit et les adapte au tuyau sonore : L'anche, nous l'avons dit, se compose de deux languettes de roseau, soigneusement amincies. Les deux languettes sont reliées au bec par une ligature. L'épaisseur de l'anche et sa taille varient suivant la nature du roseau employé, suivant les proportions de l'instrument auquel l'anche est destinée. L'anche ne doit être ni trop faible, ni trop forte et surtout pas trop ouverte, car le son perd sa finesse et sa portée.

Le roseau ne doit pas être spongieux, car étant mouillé il s'imbibe trop facilement.

Pour évider le roseau, on se sert d'un canif et on fait à la main ce petit travail. Plusieurs essais ont été faits pour arriver au même résultat par un procédé mécanique. Henry Brod qui avait trouvé le meilleur n'obtint qu'un demi succès.

Triebert a inventé un moyen d'évider le roseau, qui semble répondre à toutes les conditions exigées pour la confection des anches.

Dans les anciens bassons et hautbois l'anche n'était pas, comme aujourd'hui, à découvert; pour faciliter l'embouchure et permettre à l'instrumentiste de ne prendre entre ses lèvres *que la partie de l'anche nécessaire à la production du son*, on enfermait les languettes dans une boîte en bois appelée *pirouette*, d'où on ne laissait passer au-dehors que quelques lignes de l'anche. De tous temps les anches françaises ont été supérieures aux anches italiennes et allemandes, et c'est en partie à cette supériorité que nos hautboïstes doivent la douceur et le velouté du son qui distinguent notre école.

Anche libre. Notre siècle a fait naître l'usage et même l'abus d'une troisième espèce d'anche qui, en moins de cinquante ans, a pris une extension considérable et fait même l'objet d'un commerce important. Nous voulons parler de l'anche libre. Ici la languette est simple, mais elle n'est pas, comme l'anche battante, posée sur un canal sur lequel elle se meut, *l'anche libre ne touche les bords de la rigole que par sa tête, et elle joue librement*. Que le lecteur imagine une guimbarde perfectionnée; la languette de métal, mise en vibration par l'air, se meut entre les branches du petit instrument, par un mouvement de va-et-vient.

C'est à ce simple mécanisme qu'est dû le principe d'après lequel on a construit un nombre prodigieux d'instruments, qui varient plus par leurs noms que par leurs caractères et qu'on appelle, harmonium, accordéon, orgue expressif, mélophone, harmonista, physarmonica, etc., tous différents de forme et de construction mais se ressemblant en général par leurs timbres, par l'insupportable essoufflement de l'introduction trop fréquente et trop directe de l'air dans les anches.

— C'est au français Grenié que l'on attribue l'invention des instruments à anches libres. Son brevet de l'année 1810 et dans la notice qu'il a publiée lui-même à l'occasion de l'admission de son orgue expressif, il dit, non pas avoir inventé l'anche libre, mais en avoir fait une nouvelle application. En effet, avant lui nous voyons apparaître l'emploi de l'anche libre. Grenié lui-même constate que la première idée de l'anche libre lui avait été fournie par Pierre Bédos dans l'*Art du facteur d'orgues*. A la fin du xviii° siècle, Kraklenstein avait imaginé, à Saint-Pétersbourg, une machine à articuler les voyelles dans laquelle il employait les anches libres. Le célèbre abbé Vogler avait, en 1796, établi un jeu d'anches libres dans un orgue. En 1800, on avait construit en Allemagne, l'*apollonion*, instrument magnifique qui représentait à lui seul cinquante instruments et dans lequel les anches libres avaient une place importante. Ruchwirtz, de Stockholm, en 1798, avait aussi fait usage de l'anche libre; Sanes, en 1803, à Prague, Keber à Vienne, en 1805, avaient tiré parti avant Grenié de cet engin sonore. Enfin, et avant toutes ces diverses inventions, il a existé chez les Chinois, un instrument nommé *chenk*, qui consistait en une petite caisse d'airain en forme de demi-

sphère, sur laquelle étaient implantés une dizaine de tubes cylindriques étroits et longs de quelques pouces, munis à leur extrémité inférieure d'une anche libre. Grenié sut le premier constituer un jeu d'anches d'un diapason de cinq octaves et, par une *ingénieuse soufflerie*, susceptible de rendre toutes les nuances d'expression; il inventa l'*orgue expressif* dont le principe s'appuie particulièrement sur le système de l'anche libre.

Les divers emplois de l'anche ont fait naître un nombre prodigieux d'instruments divers, mais, en résumé, l'anche par elle-même a peu changé, et citer tous les instruments issus de l'anche libre nous entraînerait trop loin. Indiquons donc rapidement les transformations légères, en ce qui regarde particulièrement l'anche, transformations importantes cependant pour les instruments qui en ont été l'objet. — V. ORGUE EXPRESSIF et HARMONIUM.

Grenié avait conservé les tuyaux en faisant usage de l'anche libre, l'invention d'un petit instrument, véritable jouet d'enfant, fit un grand pas à son invention. Un aubergiste de Bade avait construit le *muth harmonica* (harmonica à bouche) qui se composait d'une pièce ronde, contenant trois languettes et donnant la tonique, la tierce et la quinte, par l'aspiration et la respiration. Ce joujou eut du succès, on reprit l'invention, on augmenta le nombre des anches, enfin l'harmonica métallique vint en France. Candide Buffet, dès 1827, le perfectionna et en fit l'accordéon qui est le père de tous les instruments à clavier et anches libres avec soufflets existant aujourd'hui.

Les grands défauts de l'anche libre étaient la lenteur et la monotonie de ses vibrations, Martin de Provins, en 1834, inventa la *percussion*, c'est-à-dire un système grâce auquel l'anche avant d'être mise en vibration par le courant d'air, était préalablement mise en mouvement par un marteau, analogue à celui du piano, qui venait frapper la languette et la préparer ainsi à subir immédiatement l'influence de l'air lancé par les soufflets. Nous verrons au mot HARMONIUM quelles ont été les différentes transformations de l'invention de Martin de Provins, mais la percussion n'ayant rien changé à la forme même de l'anche, nous ne nous y arrêterons pas plus longtemps.

Grâce à Debain, l'anche libre fit un réel progrès. Cet intelligent inventeur avait remarqué que les anches, avec ou sans tuyaux, étaient dures et criardes et il attribuait ces défauts à la boîte qui contenait l'anche; il résolut alors de changer la forme et la matière de ces cases sonores, et fit construire des anches de toutes formes, renfermée dans des boîtes en toute espèce de métal, pur ou mélangé, de toutes les grosseurs et de tous les calibres; c'est ainsi qu'il put imiter la flûte, le hautbois, la clarinette, le cor anglais, etc., et qu'il fit disparaître la monotonie de l'instrument. (V. HARMONIUM.) Le brevet de Debain est de 1842.

De nombreux facteurs ont voulu marier le son de l'anche libre aux résonnances des cordes et quelques-uns ont obtenu des résultats satisfaisants. L'anche ne change pas de forme, mais ces nouvelles applications peuvent donner naissance à de beaux effets sonores. Wiszniewsk, en Prusse, appliqua au piano, en 1836, les lames vibrantes et les cases sonores. En 1839, Pope introduisit un jeu d'orgue dans le piano ainsi que l'avait fait Cavaillé Coll, dans son *poikylorgue*. Jaulin (1846), Debain (1851), Alexandre (1852), Blackwel, à Edimbourg (1852), suivirent cet exemple. On trouvera au mot PIANO des détails sur ces essais plus ou moins heureux.

Accord des anches. Dans l'anche libre, comme dans l'anche battante, les vibrations dépendent de la longueur et non de la largeur de la languette, mais elles dépendent aussi de son épaisseur. Les proportions entre les vibrations et les dimensions des languettes battantes ont été découvertes par un Allemand nommé Weber, et résumées par Savard et Cavaillé Coll, qui ont tous deux communiqué leurs observations à l'Institut. On s'est appuyé sur ces deux propriétés des anches pour pouvoir les accorder; comme il eût été trop difficile de couper toutes les anches pour l'accord, les facteurs ont imaginé une sorte de ressort appelé *rasette* qui, portant sur la tête de l'anche, raccourcit la partie de la languette, mise en vibration par l'air. Un autre inventeur, Schneider, en 1835, armait ses anches de vis mobiles qui remplissaient le même office; l'année suivante, M. Jaulin employait une vis de rappel à pression, dans le même but. Enfin, pour augmenter ou diminuer l'épaisseur de la languette, le facteur Eubenste a qui avait eu la singulière idée de fabriquer tout un jeu de guimbardes en 1825, accordait les tiges de ses guimbardes avec de la cire à cacheter. — H. L.

* **ANCHÉ.** *Art hérald.* Cimeterre recourbé.

* **ANCHEAU.** *T. de mégiss.* Vase dans lequel on détrempe la chaux.

* **ANCHER.** *T. de fact. de mus.* Mettre une anche à un instrument.

* **ANCHIFLURE.** Trou produit par un ver à la douve d'un tonneau.

* **ANCHISE.** *Myth.* Prince Troyen qui épousa secrètement Vénus et en eut Enée. Après la prise de Troie, il sortit de la ville avec peine, à cause de son extrême vieillesse. Enée le porta sur son dos jusqu'aux vaisseaux, tenant son fils Ascagne par la main.

* **ANCORNÉ.** *Art hérald.* Se dit de la corne du bœuf, du taureau et du sabot de cheval, quand cette corne ou ce sabot est d'un autre émail que le corps de l'animal. On dit aussi : *accorné*, *accornée*.

ANCRE. 1° *T. de mar.* L'ancre servant à fixer les navires au fond de l'eau, se compose d'une *verge* ou *tige* dont la partie supérieure est munie d'un gros anneau ou *organeau* sur lequel on attache le câble ou la chaîne; à l'autre extrémité, la tige est recourbée pour former deux *bras* terminés par des *pattes* triangulaires pointues; l'une c'elles mord le fond et s'y fixe quand on laisse tomber l'ancre. Pour forcer l'une des pattes à s'accrocher et empêcher l'ancre de tomber à plat, la partie supérieure de la tige reçoit une pièce transversale, le *jas*, perpendiculaire au plan de la tige et des pattes; par l'action de la chaîne, l'une des pattes drague quelques instants en suivant le navire et ne tarde pas à s'enfoncer dans le sable, ou à se fixer dans une anfractuosité de rocher. Les navires ont plusieurs ancres; selon leurs usages, on les désigne sous divers noms : *ancre de miséricorde* ou de *salut*, *maîtresse ancre* ou *grande ancre*, *ancre d'affourche*, *ancre à jet*, etc.—V. Câble-Chaîne, Cabestan, La Chaussade. || 2° *T. de constr.* Pièce de fer que l'on fait passer dans l'œil d'un tirant pour retenir l'écartement de la poussée d'une voûte, pour soutenir un mur, maintenir les tuyaux de cheminée fort élevés. On leur donne souvent la forme d'une croix ou des lettres S, T, X. || 3° *T. d'horlog.* Pièce d'horlogerie ainsi nommée parce que, autrefois, elle affectait à peu près la forme d'une ancre de navire. Elle existe dans les systèmes d'échappement où une roue lui donne sur son axe un mouvement alternatif circulaire; elle est généralement en acier. Les horlogers emploient ce mot au masculin.

---

* **Ancre.** *Iconol.* On représente l'Espérance appuyée sur une ancre, pour marquer que cette vertu nous soutient dans le malheur.

* **ANCRÉ.** *Art hérald.* Croix et sautoir dont les bouts divisés sont disposés comme les pattes d'une ancre.

* **ANCRURE.** *T. de constr.* Barre de fer passée dans l'anneau d'un tirant, pour s'opposer à la poussée des voûtes. || 2° *T. de manuf.* Pli qui se fait au drap, après une mauvaise tonte.

* **ANCY-LE-FRANC** (Forges d'). — V. Commentry et Chatillon.

* **ANDOUILLE.** 1° *T. de pap.* On donne ce nom aux pâtons qui adhèrent au papier. || 2° Feuilles de tabac préparées et roulées en espèce de corde.

ANDROÏDE. Automate à figure humaine qui, au moyen de ressorts habilement disposés à l'intérieur, exécute quelques-unes des actions particulières à l'homme.

— Les plus parfaits furent le flûteur de Vaucanson et le joueur d'échecs de Kempelen. — V. Automate.

* **ANDROMÈDE.** *Myth.* Elle fut condamnée par Junon à être liée par les Néréides avec des chaînes, et exposée sur un rocher à la fureur d'un monstre marin : mais Persée, monté sur le cheval Pegase, la délivra en tuant le monstre. Ce sujet a inspiré les peintres et les sculpteurs.

ANDRON. — V. Appartement.

* **ÂNE.** *T. de mét.* Étau dont on se sert dans plusieurs métiers. || Outil sur lequel les tabletiers évident les dents de peignes. || Coffre du relieur qui reçoit les rognures. || On nomme *banc d'âne*, le banc qui sert à assujettir les pièces de bois à façonner avec la plane.

* **ANÉLECTRIQUE.** — V. Diélectrique.

* **ANÉMOCORDE.** *T. de mus.* Clavecin dont les cordes sont mues par le vent.

* **ANÉMOGRAPHE.** L'anémographe est un instrument destiné à enregistrer la force, la durée et la direction des différents vents aux divers instants du jour. C'est un appareil *automatique* (V. ce mot) qui a été combiné de plusieurs manières, soit mécaniquement, soit électriquement. Dans le premier cas, la girouette (ou le moulinet à deux systèmes d'ailettes de M. Piazzi Smith) destinée à fournir la direction du vent, est reliée mécaniquement à l'appareil enregistreur qui doit par cela même en être très-rapproché, ainsi que l'appareil anémométrique (moulinet de Woltmann ou de Robinson ou plaque articulée) destiné à indiquer la force du vent. Ce système est d'une application difficile, parce qu'il nécessite un local d'une construction spéciale et appropriée. Les appareils les plus perfectionnés de ce genre sont ceux de MM. d'Ons de Bray, Chazallon, et ceux employés dans certains observatoires d'Amérique. Dans le second cas, c'est-à-dire quand on emploie les moyens de transmission électrique, les conditions d'installation sont très-faciles, et l'appareil enregistreur peut être placé en tel endroit qu'il convient, et aussi éloigné qu'on le veut de l'appareil qui fournit les indications. Le premier appareil de ce genre a été imaginé en 1852 par M. Th.

du Moncel, et depuis lui, on en a fait de beaucoup d'autres modèles dont les principaux sont ceux de MM. Salleron, Hervé Mangon, Hardy, Hough, Yeates, Gordon. Souvent cet appareil fait partie d'un enregistreur plus compliqué appelé *Météorographe* qui fournit toutes les indications relatives à l'étude de la météorologie. On pourra trouver une description complète de tous ces instruments dans l'*Exposé des applications de l'électricité* de M. Th. du Moncel (t. IV, p. 304-420). Quelquefois on donne aux anémographes le nom d'*Anémométrographes;* c'est même ainsi qu'étaient appelés ces sortes d'appareils avant les anémographes électriques qui sont aujourd'hui les plus employés.

ANÉMOMÈTRE. Le nom d'anémomètre s'applique spécialement à un petit moulinet muni d'un compteur qui, par le nombre plus ou moins grand des révolutions qu'il accomplit en une seconde de temps, ou en une minute, indique la vitesse ou la force des courants d'air. Le premier appareil de ce genre a été imaginé par Woltmann, mais les appareils aujourd'hui les plus employés et les plus perfectionnés, sont ceux de M. Combes et du général Morin. Ils sont appliqués surtout pour le contrôle des systèmes mécaniques employés pour l'aération et la ventilation des appartements, pour le tirage des cheminées d'appel, et quelquefois aussi pour mesurer la vitesse des cours d'eau. Ces appareils peuvent être rendus enregistreurs au moyen d'un intermédiaire électrique.

* **ANÉMOMÉTROGRAPHE. — V. ANÉMOGRAPHE.**

* **ANÉMOTROPE.** *T. techn.* Moteur par le vent.

* **ANÉROÏDE.** *T. de phys.* Genre particulier de baromètre. — V. BAROMÈTRE.

ANGÉLIQUE. Plante qui fournit à la pharmacie et à la confiserie un élément important de préparations aromatiques. Ses tiges fraîches macérées avec des amandes amères dans de l'eau-de-vie, donnent une sorte de liqueur de table; on fait entrer le suc de sa racine dans quelques confitures et sirops.

* **ANGIK** ou **ANGIKA** (Bois d'). Bois propre à l'ébénisterie fourni par l'*aylanthus glandulosa*, de la famille des térébinthacées; il présente sur un fond rougeâtre des veines d'un rouge foncé, et il est susceptible d'un beau poli. — V. BOIS.

* **ANGLER.** *T. techn.* C'est former exactement les moulures dans les angles du contour d'une tabatière en métal.

ANGLET. *T. d'arch.* Cavité à angles droits, qui sépare les bossages taillés sur les façades d'architecture rustique.

* **ANGLETERRE** (*Exposition de l'*)(1). La respectueuse sympathie que nous éprouvons, en France, pour le prince de Galles, est plus vive encore depuis la part qu'il a prise au succès de l'Exposition de 1878. Par sa haute et intelligente initiative, il a entraîné la nation anglaise et déterminé un mouvement favorable à l'étranger. Il n'y a

(1) V. la note page 117.

d'exposition possible, à Paris ou ailleurs, qu'avec la participation des Français et des Anglais ; l'abstention des uns ou des autres paralyserait la bonne volonté des exposants des autres pays et condamnerait à l'inaction le gouvernement organisateur. Le concours du prince de Galles a donc été fort utile au nôtre.

De toutes les expositions étrangères, la section britannique était la plus importante et la plus instructive par le nombre des exposants et la variété des produits exposés. S. A. R. ne s'était point contentée de présider les commissions, elle a surveillé elle-même les moindres détails d'une œuvre destinée à résumer la puissance productive du peuple laborieux et persévérant qu'elle est appelée à gouverner.

L'Angleterre proprement dite, l'Écosse et l'Irlande, l'empire des Indes, les colonies anglaises, toutes ces contrées si variées de climats et de produits ont répondu à l'appel du Prince Royal, et nous les avons vues représentées par leurs côtés les plus caractéristiques et les plus intéressants.

La commission royale nommée par la reine d'Angleterre, était composée des plus grands noms du Royaume-Uni : elle avait pour président, nous l'avons dit, Son Altesse Royale le Prince de Galles.

Les comités étaient présidés ainsi : finances : le très-honorable Lyon Playfair; beaux-arts : le duc de Westminster; science et éducation : le comte de Granville; commerce et industrie : le comte de Spencer; arts mécaniques : le duc de Sutherland.

Le secrétaire de la commission royale et des comités était M. P. Cunliffe-Owen, qui a déployé dans l'organisation générale le talent très-remarquable dont il a donné tant de preuves à la tête du *South Kensington*, de Londres.

Statistique. Le nombre des exposants, sans compter les Indes et les Colonies, était de 2,443, parmi lesquels 235 armateurs ont envoyé les objets de leurs collections d'art, 733 artistes et 1,475 industriels et commerçants. Ces exposants étaient répartis entre 256 villes, y compris Londres et ses faubourgs.

Nous empruntons à la statistique générale publiée par la commission royale, les documents qui résument l'importance industrielle et commerciale de la Grande-Bretagne, et celle de ses échanges avec la France.

D'après les derniers recensements, la population du Royaume-Uni qui était en 1867, de . . 30,334,999 hab.
était en 1876, de. . . . . 33,193,439 »

Soit une augmentation de, ... 2,758,440 hab.
en dix années.

	1867	1876
Valeur des importations.	275,183,137 l. s.	375,154,703 l. s.
— des exportations de		
produits britanniques.	180,961,923 l. s.	200,639,204 l. s.

(La livre sterling vaut 25 francs.)

Le commerce entre l'Angleterre et la France pendant cette période de dix ans, est résumé d'après le tableau a de la page 164.

Le commerce entre l'Angleterre et les Colonies françaises, pendant la même période, donne les résultats indiqués au tableau b (p. 164).

La valeur des importations directes en France des possessions britanniques extra-européennes, s'est élevée aux chiffres ci-après, dans les années désignées au tableau c (p. 164).

Les quantités de charbons de terre et de métaux dans chacune des années 1866 et 1875 ont été relevées comme l'indique le tableau d (p. 164).

En 1867, on comptait 14,277 milles de chemins de fer en exploitation; en 1876, il y en avait 16,872

Le nombre des vaisseaux enregistrés comme appartenant au Royaume-Uni était en 1867, pour les vaisseaux à voiles de 25,842, et pour les vaisseaux à vapeur de 2,931, soit un total de 28,773 avec un tonnage de 5,753,973

_a_	IMPORTATIONS DE LA FRANCE		EXPORTATIONS EN FRANCE				
ANNÉES	Marchandises	Lingots et espèces	MARCHANDISES		TOTAL	Lingots et espèces
			Produits anglais	Produits coloniaux et étrangers		
	livres st.	livres st.	livres st.	livres st.	livres st.	livres st.
1867	33.734.000	1.388.000	12.121.000	10.901.000	23.022.000	8.824.000
1868	33.896.000	1.325.000	10.652.000	12.861.000	23.513.000	9.011.000
1869	33.527.000	2.487.000	11.438.000	11.838.000	23.276.000	7.611.000
1870	37.607.000	1.527.000	11.643.000	10.339.000	21.982.000	4.064.000
1871	29.848.000	4.799.000	18.205.000	15.182.000	33.387.000	2.809.000
1872	41.803.000	3.040.000	17.268.000	11.023.000	28.291.000	1.911.000
1873	43.339.000	2.851.000	17.291.000	12.904.000	30.195.000	4.196.000
1874	46.518.000	1.912.000	16.370.000	13.018.000	29.388.000	6.755.000
1875	46.720.000	3.415.000	15.357.000	11.935.000	27.292.000	7.701.000
1876	45.304.000	2.767.000	16.085.000	12.914.000	28.999.000	6.021.000

tonnes; en 1876, il y avait un grand décroissement dans le nombre des vaisseaux à voiles, 21,144, et un accroissement considérable dans les bateaux à vapeur, 4,335;

_b_ ANNÉES	IMPORTATIONS des Colonies françaises	EXPORTATIONS AUX COLONIES FRANÇAISES	
		Produits anglais	Produits étrangers et coloniaux
	livres	livres	livres
1867	56.130	60.566	11.552
1868	109.673	51.830	3.121
1869	134.345	56.543	6.265
1870	355.585	168.617	6.574
1871	509.370	172.569	4.389
1872	425.356	133.575	10.496
1873	501.231	130.197	5.189
1874	703.680	129.276	8.481
1875	693.482	336.404	36.270
1876	663.310	390.317	74.997

ensemble 25,479, réunissant 6,263,333 tonnes. Depuis 1867 jusqu'en 1877, on a construit 5,945 vaisseaux à voiles, mesurant 1,625,887 tonnes et 3,755 bateaux à vapeur

mesurant 2,076,500 tonnes, sans compter les bâtiments construits pour les étrangers.

Les principaux exposants. Bien que limitées par des nécessités impérieuses, l'exposition anglaise occupait un peu plus du quart de l'espace réservé aux nations étrangères.

Sous le vestibule d'honneur, faisant face au Trocadéro, un pavillon indien, construit par M. Clarke, dans le style moderne des palais et des temples de l'Hindoustan, renfermait des châles splendides de cachemire, des coffres en ébène avec de merveilleuses incrustations d'ivoire; des meubles sculptés avec une patience inconnue dans nos contrées, des tapis épais et moelleux, des objets d'orfévrerie travaillés avec un art infini, et enfin, un trône en argent massif, garni de satin rouge, don d'un rajah au prince de Galles. Puis, çà et là, dans le vestibule, sur des chevalets et dans les vitrines, des selles brodées de soie, d'or et d'argent; des armes damasquinées enrichies de diamants et de rubis, des vases rehaussés d'or et d'émaux, des vêtements aux étoffes chatoyantes : objets admirables que le futur empereur des Indes a rapportés de son voyage triomphal à travers l'Hindoustan (1875-76). Puis encore, dans une vitrine spéciale, la couronne impé-

_c_ POSSESSIONS	1872	1873	1874	1875	1876
	livres	livres	livres	livres	livres
Indes	4.568.000	3.532.000	4.648.000	5.980.000	6.200.000
Amérique britannique	216.000	144.000	228.000	156.000	240.000
Afrique　　— 　.	652.000	788.000	316.000	232.000	232.000
Australie	120.000	52.000	24.000	—	12.000
Total	5.556.000	4.516.000	5.216.000	6.368.000	6.684.000

riale du prince de Galles, dont les pierres précieuses étincelaient comme les étoiles du firmament, sous l'aigrette de plumes de ces oiseaux dorés qui, selon la légende

_d_	1866	1875
	tonnes	tonnes
Charbon de terre	101.630.000	133.364.000
Fer en saumons	4.523.000	6.556.000
Cuivre fin	11.153	4.069
Plomb. métalliques	67.390	58.667
Etain blanc	9.990	8.500
Zinc	3.192	6.641
Argent (du plomb)	636.000	483.000

indienne, se nourrissent du parfum des fleurs et de la rosée du soleil.

En entrant dans le Palais, on se trouvait dans la mère patrie anglaise, étalant avec un juste orgueil les fruits de son génie industriel et commercial. Son exposition occu-

pait dans la rue des Nations une façade longue de 164 mètres.

Dans la galerie des machines, les admirables engins de travail exposés par l'Angleterre ont une fois de plus attesté la haute importance qu'elle attache à la question mécanique dans tous ses rapports avec la production. Aussi sa section était-elle la plus intéressante de toutes les sections étrangères et par le nombre et par la variété des machines. Celles destinées à la fabrication du coton ont excité vivement la curiosité du public par la simplicité et la perfection des divers mécanismes mis en mouvement sous ses yeux; « cette classe, dit M. Anderson, a été l'objet d'un plus grand nombre de perfectionnements et de brevets, et elle est le fruit de méditations plus profondes que n'importe quelle autre que l'on puisse nommer. » Par l'examen de ces machines, on a pu se rendre compte des transformations subies par le coton depuis l'heure à laquelle il sort du champ du planteur jusqu'au moment où il devient toile ou bonneterie. Parmi tous ces métiers à ourdir, bobiner, lisser, carder, étirer, renvider, tisser, fouler, calandrer, gaufrer, moirer, métrer, plier, etc., 'l nous serait impossible, faute d'espace, d'en choisir quelques-uns pour en donner une description détaillée,— on trouvera aux articles spéciaux de cet ouvrage des études sur ces sujets, — mais nous devons signaler les métiers automatiques de MM. Blézard et fils; la « Beetling Machine, » de MM. Mather et Platt; les beaux métiers de MM. Hattersley, George et fils, et ceux non moins perfectionnés de M. Hodgson; les égreneuses et les cardes de MM. Dobson et Barlow, et les peignes de MM. Crossley et fils; MM. Ziffer et Walker avaient exposé, en dehors du Palais, une sorte de petite filature dans laquelle fonctionnait une très-curieuse série de machines à travailler le coton.

Les diverses machines à vapeur ont été l'objet d'une sérieuse attention de la part de nos ingénieurs; celles du système Compound à détente par échelons à deux cylindres, ont été particulièrement remarquées à cause des différentes applications qui en ont été faites au Champ-de-Mars. Les chaudières à vapeur ou générateurs présentent des dispositions variées; la chaudière de manufacture, lente à monter en pression, mais à vaporisation régulière se trouvait à côté de la machine de locomotive, ɔar chaque type de générateur doit s'adapter à un genre de travail particulier; les chaudières du système Galloway offraient tous les perfectionnements introduits depuis quelques années : elles ont fourni la vapeur nécessaire à la galerie des machines et à l'annexe agricole de l'Angleterre.

L'Angleterre, qui a produit la locomotive, a présenté divers types qui maintiennent la réputation de ses constructeurs. On sait que la première locomotive : the rochet (la fusée) est sortie des ateliers de Robert Stephenson (1829). Cette création a enfanté l'industrie des chemins de fer dont le trafic aujourd'hui considérable exige des machines de plus en plus puissantes. Toutes les locomotives à grande vitesse sont à deux essieux accouplés, tandis qu'en 1867 elles étaient à roues indépendantes; les spécimens exposés indiquent que le progrès s'est manifesté dans la perfection des détails. On a remarqué un nouveau venu dans la carrière industrielle, le pulsomètre, qui était inconnu en 1867. Cet appareil est destiné à rendre des services importants dans l'emploi qu'on en fait pour élever l'eau.

L'industrie agricole, si prospère en Angleterre, a provoqué un mouvement considérable dans la construction de machines et d'appareils propres à l'agriculture; les locomotives routières de MM. Garrett, déjà connues en France, ont appelé l'attention des spécialistes par leurs ingénieux dispositifs; celles de MM. Fowler, dont l'emploi tend à se généraliser sur les routes et pour le service de grandes industries, ont été vivement remarquées. MM. Aveling et Porter, qui ont poussé très-loin la perfection dans la construction des instruments agricoles, avaient exposé une belle locomotive de huit chevaux de force nominale pouvant tirer une charge de quinze tonnes sur une route ordinaire, et servant au besoin de batteuse et de machine fixe; MM. Burgess et Key avaient une intéressante moissonneuse à régulateur qui confectionnait des gerbes uniformes; MM. Ransomes, Sims et Head ont envoyé, non-seulement leurs locomobiles se chauffant aussi bien avec la houille qu'avec le bois, mais encore leurs batteuses à vapeur et un moulin à vapeur offrant un rendement considérable. Enfin, M. Colman, le grand producteur du Royaume-Uni, avait exposé, outre sa grande variété de produits, un appareil ingénieux démontrant par son fonctionnement le procédé de fabrication de la moutarde anglaise.

En résumé, l'Angleterre a montré quelle était la puissance de son outillage industriel et agricole, et combien ses ingénieurs et ses constructeurs s'efforçaient de reculer sans cesse les bornes du progrès, en se rapprochant davantage de l'idéal de la perfection.

Arts décoratifs. Avant de parler des arts industriels dans le Royaume-Uni de la Grande-Bretagne, il convient de dire quelques mots de l'art anglais en général. C'est une loi aujourd'hui universellement reconnue et proclamée que celle de l'unité de l'art. Qu'il s'agisse de la représentation d'un fait héroïque ou de la décoration d'une étoffe, d'un monument ou d'un meuble, d'une statue ou d'un surtout de table, le principe initial est le même, les modes d'application seuls diffèrent et constituent les degrés d'une sorte de hiérarchie esthétique.

Dès l'Exposition de 1855, la peinture anglaise avait révélé au continent étonné ce phénomène tout à fait ignoré qu'elle existait. La surprise fut subite, en France, lorsqu'on vit au petit palais de l'avenue Montaigne une suite nombreuse de tableaux ne relevant d'aucune école qui nous fût familière. Le succès fut grand, précisément en raison de la surprise. Il fut moindre en 1867. A ce moment l'école anglaise traversait une crise singulière qui l'avait jetée dans une sorte d'exacerbation de colorations suraiguës. Cette fièvre s'est calmée et l'école a retrouvé, bien plus réfléchie qu'en 1855, une véritable vogue à l'Exposition de 1878, non-seulement auprès du public, mais aussi, ce qui est plus précieux, parmi les artistes français.

Ce mot école, que nous conservons pour la rapidité du discours, s'applique pourtant d'une façon bien imparfaite à la peinture anglaise. Il sert à désigner un ensemble de traditions esthétiques et de procédés techniques adoptés par un groupe d'artistes. Or, ce qui ressort très-visiblement de l'étude des tableaux exposés par la Grande-Bretagne et l'Irlande, c'est précisément l'absence de toute tradition pittoresque, l'indépendance absolue et pour ainsi dire l'isolement de chaque artiste. On n'y trouve nulle empreinte d'une méthode commune, d'une éducation collective, d'un enseignement officiel, d'une Académie à Rome, d'une école des Beaux-Arts. C'est un art libre.

Dans sa liberté, comme il relève uniquement du public, il se conforme au goût et aux mœurs des classes éclairées de la nation; il est tour à tour humoriste et distingué, souvent l'un et l'autre, toujours décent. A part une ou deux exceptions il n'y a pas de nu dans la galerie anglaise. Mais de ce que l'école répugne à l'image du nu,—et, pour le dire tout de suite, on n'accepte, on ne peint et on ne sait peindre le nu qu'en France, — il ne faudrait pas conclure que le génie britannique est fermé aux conceptions du grand art. Les belles compositions de M. Jones Burne, *Merlin et Viviane, l'Amour dans les ruines* prouvent bien le contraire. Je ne sais rien de plus noble comme style, rien d'une exécution plus minutieuse. En l'absence de M. Rossetti et de M. Holman Hunt, M. Jones Burne soutient vaillamment le renom de la petite église préraphaélite dont M. Millais fut le grand maître.

M. Millais exposait aussi, et très-justement le jury international lui a accordé une médaille d'honneur; mais il s'est dégagé des procédés un peu archaïques du préraphaélisme pour entrer dans une voie plus accessible à tous. Il nous avait envoyé d'incomparables portraits, des paysages du plus grand caractère, des tableaux de genre d'une intimité pénétrante, de ces menus drames discrets où se complaît le génie britannique. Et c'est là le trait essentiel auquel on reconnaît la peinture anglaise. Si l'art n'escalade pas de sublimes hauteurs, au moins n'y apparaît-il pas comme un métier. Tout y est facile, aisé, de bon ton, accueillant, encourageant; les mœurs d'un peuple épris du *at home* s'y expriment d'une façon toute naturelle. Dans l'art contemporain l'école anglaise *nous donne* l'expression la plus complète de la vie intérieure. Non-seulement avec une constante prédilection elle retrace les mœurs familiales, mais pénétrant plus profondément encore dans l'analyse de l'individu, elle s'applique à traduire la secrète émotion des pensées.

Cette même recherche de l'intime, du discret, de ce qui ajoute du prix à la vie de famille, au bien-être intérieur, de ce qui est d'usage facile, commode, bien en main, à portée du désir immédiat, cette même poursuite des satisfactions d'un égoïsme bien entendu,—car nous ne prenons pas le mot ici dans un sens fâcheux, — domine toute la production de l'art décoratif en Angleterre. C'est ce principe qui préside à l'architecture ajourée en façon de lanterne dans ce pays des longs crépuscules, des brouillards intenses et de lumière avare. C'est lui aussi qui préside à l'ameublement. Chez les grands ébénistes décorateurs, outre la préoccupation constante du « confortable, » on remarque un goût très-particulier pour les combinaisons les plus variées des bois de luxe, citron, thuya, buis, bois de rose, acajou, chêne et noyer solide incrustés. Au premier rang de ces habiles industriels figurait M. Gillow, qui a été chargé de l'aménagement intérieur du pavillon de S. A. R. le Prince de Galles et des commissaires royaux.

Ne pouvant nommer tous les exposants qui ont réussi dans leur effort, nous nous bornerons à signaler MM. Jackson et Graham qui joignent à la richesse des matériaux employés une rare finesse d'exécution; MM. Shoolbred et James qui ont fait, dans un excellent style purement anglais, tout l'ameublement et toute la décoration de la maison de M. Doulton, une des plus charmantes de la rue des Nations. — La passion des bois variés dans l'ébénisterie est telle en Angleterre qu'elle a donné naissance à de curieuses imitations. C'est ainsi que MM. Trollope et fils ont été conduits à inventer un procédé qu'ils désignent d'un nom assez barbare : la Xylatechnigraphie, au moyen duquel on peut appliquer des dessins coloriés sur le bois sans altérer la beauté du grain ni le lustre de la fibre. Deux épreuves de cette application étaient exposées : l'une pour l'imitation du tarsia ou marqueterie, l'autre dans laquelle toute similitude avec la marqueterie était évitée. La teinture ayant une grande force de pénétration est indélébile. MM. Trollope l'emploient d'une façon usuelle pour décorer des salons de paquebots, de yachts, etc., le procédé n'étant pas affecté par les variations de la température.

MM. Trollope ont également inventé un procédé de décoration en plâtre qui rappelle les Sgraffiti en usage fréquent dans l'Italie des xve et xvie siècles. Nous croyons, quelque intéressant que soit ce moyen, que les progrès considérables accomplis depuis vingt ans dans l'art et la céramique ne permettra pas à cette invention nouvelle de prendre un grand développement.

Parmi les céramistes qui occupent une grande situation en Europe par la beauté de leurs produits, il faut nommer au premier rang, la fabrique royale de porcelaine, dirigée par M. Binns, qui exposait d'intéressants échantillons de porcelaine-ivoire, de faïence vitreuse dite « Crown-Ware, » de porcelaine ornée de joyaux et d'émaux de Worcester; M. Copeland pour ses sculptures céramiques; MM. Daniel et fils pour leurs majoliques; MM. Minton pour leurs habiles imitations de la faïence d'Oiron, dite de Henri II, et des faïences indienne et persane. Mais l'exposition la plus originale était peut-être celle des grès de Doulton qui se prêtent avec une singulière souplesse aussi bien à la décoration monumentale qu'à celle des menus objets de poterie. A côté d'une fontaine de six pieds de hauteur sur six pieds de diamètre, on rencontrait des plats décoratifs, des vases ornés de dessins tracés dans la pâte avec un goût charmant par une jeune artiste que les Anglais ont déjà nommée « la Rosa-Bonheur du grès. » La fabrique de Doulton a adopté l'excellent usage de n'offrir aux amateurs que des pièces uniques. Un modèle ne sert qu'une fois ou n'est jamais répété qu'avec l'autorisation du premier acquéreur. De telles pièces prennent ainsi la valeur de rareté des véritables objets d'art.

Nous ne dirons que peu de chose des vitraux anglais. Ils ont eu un grand succès auprès du jury international; ils sont loin cependant d'avoir la grande valeur artistique et même industrielle des vitraux français. L'aspect en est

très-séduisant. Mais toute leur puissance de séduction tient à ce qu'ils sont peints sur un verre strié dans la pâte, ce qui donne à la coloration un jeu particulier de facettes et de paillettes. C'est un procédé charmant pour les vitraux d'appartement qui se suffisent avec une coloration légère, transparente, à tons rabattus. Il a l'inconvénient d'interdire au décorateur l'emploi des tons francs comme le rouge à grandes surfaces qui exige plusieurs cuissons successives. Or, il arrive que dès la seconde mise au feu, le verre anglais perd ses facettes, ses paillettes et se ternit. Les vitraux français, au point de vue de la décoration des églises, sont très-supérieurs à ceux que la Grande-Bretagne nous a envoyés.

L'Angleterre est tributaire de la France pour la tapisserie, car nous ne pouvons considérer comme telle quelques tentatives de peintures à cru sur reps. Il existe cependant une manufacture royale de tapisserie. Il n'est pas de bonne fabrique française qui ne puisse lutter avec cet établissement. Bien entendu nous ne parlons pas de nos manufactures nationales des Gobelins et de Beauvais qui sont hors de pairs.

Un nom résume l'orfèvrerie d'art de l'exposition britannique, c'est celui d'Elkington, qui doit toute sa célébrité à un artiste français, M. Morel-Ladeuil. La pièce principale du salon de M. Elkington était le Bouclier du pèlerin, composé en pendant du Bouclier de Milton, universellement connu. Il se compose d'un grand médaillon central où l'artiste a représenté le pèlerin chrétien combattant de l'épée les puissances du mal. Quatre cartouches en forme d'ellipses irrégulières complètent la composition. Ils sont occupés dans le haut, auprès de la croix rayonnante, par les chœurs des anges, dans le bas par des légions de démons qui ont revêtu toutes les formes de l'animalité la plus hideuse. Cette belle œuvre est faite de deux métaux, le fer et l'argent repoussés et ciselés. — Une autre pièce importante, le Vase de l'Hélicon, ayant déjà paru à l'Exposition de Vienne, nous nous y arrêterons moins longuement. Ce travail de style renaissance se compose d'un plateau allongé contenant entre les deux figures assises de la Musique et de la Poésie, un vase de forme ovoïde surmonté par un groupe de deux génies. Les bas-reliefs ciselés sur le corps du vase et sur le piédestal sont consacrés aux Muses et à Pégase. — Un miroir de style renaissance également composé d'argent oxydé et de bronze incrusté d'or et d'argent, offrait cette particularité intéressante, que la bordure ovale est la pièce la plus importante qu'on ait faite jusqu'à ce jour, en acier damasquiné aux fils d'or de différentes couleurs.

Dans le bronze, nous n'avons rien vu d'exceptionnel à signaler; dans les fers, une belle grille en fer forgé méritait quelque attention. Mais il n'y avait là rien d'essentiellement original.

La grande et véritable originalité de l'exposition des arts décoratifs dans la section anglaise lui venait de l'incomparable collection de trésors appartenant au prince de Galles. Mais ce n'est pas ici le lieu de l'étudier et nous demandons au lecteur la permission de le renvoyer au mot INDE ANGLAISE.

Terminons par une dernière et importante remarque. Dans tous les arts qui empruntent à la couleur le principal élément du décor, les Anglais subissent en ce moment comme la France d'ailleurs l'influence japonaise. Il y a là un fait général curieux à étudier. Nous le ferons au mot JAPON.

Australie. La part que nous devrions faire à l'Australie au point de vue des arts décoratifs serait absolument nulle, malgré quelques jolies fantaisies d'étagère formées avec des œufs vert foncé d'une espèce d'échassier nommé ému et montés en argent, si les organisateurs de cette exposition n'avaient eu l'heureuse pensée d'orner toutes les parois intérieures et extérieures d'un vaste salon, de nombreuses peintures exécutées avec un talent très-suffisant et représentant deux ou trois cents aspects du pays. Il est regrettable que cet excellent exemple n'ait pas été suivi par toutes les nations. Rien n'ajoute du prix et de l'intérêt à l'exhibition des produits d'un peuple, comme de voir l'image du milieu même où ce peuple se meut.

Canada. Des harnais de cheval et des patins très-historiés, c'est à cela que se résumait l'exposition du Canada au point de vue qui nous occupe, à moins que nous n'attachions quelque valeur de renseignement à un damier ingénieusement composé de 21,360 morceaux tirés de trente-deux sortes de bois différents, tous originaires du pays et parfaitement propres à l'ornementation la plus variée du mobilier de luxe. C'est à ce titre seul et comme renseignement utile pour nos fabricants que nous signalons ce détail particulier. On sait, en effet, quel parti d'habiles ornemanistes peuvent tirer de la variété des bois, variété de veines, variété de couleur.

* **ANGLETERRE (Point d').** On donne le nom de point d'Angleterre ou point anglais à un genre de dentelle qui, loin d'être fabriqué dans le Royaume-Uni, est produit en Belgique et plus particulièrement à Bruxelles : le point d'Angleterre n'est autre chose que le *point de Bruxelles.* Le faux surnom donné à cette espèce de dentelle vient de ce qu'en 1662 le Parlement anglais, ayant prohibé l'importation de tout point étranger, les marchands achetèrent par quantités considérables les plus belles dentelles de Bruxelles, les firent entrer en contrebande et les vendirent sous le nom de point d'Angleterre. Ainsi l'on rapporte qu'en 1678, le marquis de Nesmond captura un navire chargé de dentelles de Flandre à destination de l'Angleterre et dont la cargaison se composait de 744,953 aunes de dentelles, non compris les mouchoirs, les cols, les fichus, les tabliers, les jupons, les éventails, les gants, etc., le tout garni de dentelles.

Autrefois la dentelle de Bruxelles comportait deux sortes de fond : le *bride* et le *réseau.* Aussi dans les inventaires anciens on ne manquait pas de désigner la nature du fond.

Nous trouvons dans les comptes de madame du Barry « neuf aunes d'Angleterre à bride ». Depuis plus d'un siècle le fond à bride est abandonné; on ne le fait plus que sur commande. Le fond à réseau se faisait à l'aiguille et au fuseau, en petites bandes larges de 25 centimètres qu'on réunissait ensuite par un point pratiqué seulement par les dentellières d'Alençon et de Bruxelles, connu sous le nom d'*assemblage* ou point de raccord. Depuis l'adoption du tulle mécanique pour les fonds, le fond à réseau, de même que le fond à bride, ne se fait plus guère que sur commande.

Le dentelle de Bruxelles est ornementée de motifs ou de fleurs qui se font ou à l'aiguille ou au fuseau; dans le premier cas, la dentelle s'appelle *point à aiguille*, et dans le second *point plat.* Autrefois le motif et le fond étaient travaillés ensemble; ce n'est que plus récemment que l'application, dite *Application de Bruxelles*, a vu le jour.

Pour cette dernière espèce de dentelle, chaque ouvrière a une fonction spéciale, un travail distinct : à la *brocheleuse* on donne le réseau; à la *pointeuse*, les fleurs à l'aiguille; à la *plateuse*, les fleurs au fuseau; à la *fonceuse*, les jours à ouvrir

dans les fleurs; à l'*attacheuse*, les différentes parties du fond à relier entre elles; enfin, à l'*appliqueuse*, les fleurs à fixer sur le fond.

La dentelle de Bruxelles a sans doute pris naissance vers le commencement du xv° siècle : depuis cette époque, elle n'a cessé de jouir d'une constante faveur; mais c'est surtout au commencement de ce siècle et sous le premier empire, qu'elle a brillé du plus vif éclat.

Le fil employé pour la fabrication du point de Bruxelles est d'une finesse extrême et se vend 6,000 francs le demi-kilogramme. Ce prix s'est même élevé, d'après le rapport sur l'Exposition universelle de 1855, jusqu'à 12,500 et 25,000 francs le kilogramme.

Le fil provient de Hal et de Rebecq, Rognon, en Brabant; on en cultive aussi auprès de Tournai et de Courtrai.

La Belgique attache, et avec juste raison, la plus grande importance au développement de l'industrie dentellière. M. F. Aubry, dans son rapport sur l'Exposition de Vienne de 1873, estime qu'il y a dans ce pays 100,000 ouvrières et, qu'après la France, c'est lui qui occupe le plus de mains. Aussi la Belgique n'épargne-t-elle aucun effort pour maintenir dans sa population le goût de la fabrication des dentelles; elle cherche à le lui inspirer dès l'enfance. C'est ainsi qu'elle introduit l'étude de la fabrication des dentelles dans les écoles, et il paraît qu'il y a aujourd'hui près de 1,000 écoles où l'on apprend à faire la dentelle. Pourquoi la France ne suivrait-elle pas ce bon exemple et n'introduirait-elle pas dans les écoles de nos départements dentelliers l'étude d'une industrie qui jouit de l'heureux privilège de pouvoir être exercée au sein de la famille, et d'être à la fois rémunératrice et morale?

ANGON. Arme du moyen âge dont le fer avait quelque rapport avec celui de la hallebarde et avec la fleur de lys. C'était l'arme la plus noble des Français : le fer de sa lance figurait dans les armoiries des princes et des hauts barons, et c'est à la représentation de cette lance qu'on attribue l'origine des fleurs de lys et leur introduction dans l'art héraldique.

ANGORA. Dans le commerce des laines, ce mot signifie *poil du lapin angora.* Ce poil est généralement filé à la main et lentement en raison des difficultés de l'opération; il fournit un tissu léger et très-chaud dont on fait des gants, des manchettes, des vêtements. Il n'y a guère qu'en France où l'on élève industriellement cette espèce de lapins qui tire son nom d'Angora (Anatolie), son pays d'origine. Le prix de l'angora est très-élevé, parce que l'animal, arrivé à sa grosseur normale, ne fournit environ que quatre cents grammes de poil par an.

* **ANGROIS.** T. *techn.* Petit coin enfoncé dans l'œil d'un marteau pour en assujettir le manche.

ANGULAIRE. T. *d'arch.* Qui se trouve à l'encoignure d'une maison, d'un édifice. *Pierre angulaire*, signifie plus particulièrement la première pierre fondamentale qui fait l'angle d'un édifice.

* **ANHÉLER.** T. *de verr.* C'est entretenir le feu au degré voulu.

°ANHYDRE. *T. de chim.* Qui ne contient pas d'eau.

° ANHYDRIDES. *T. de chim.* Acides anhydres ou privés d'eau ; ces corps sont, par rapport aux acides réels, ce que sont les hydrates par rapport aux oxydes métalliques. En réalité, les anhydrides ne sont pas de véritables acides, puisque, pour réagir soit sur les bases, soit sur les réactifs colorés, ils prennent de l'eau ou de l'hydrogène. Ainsi on dit *anhydride sulfurique* (S O³), *anhydride phosphorique* (Ph O⁴), *anhydride azotique* (Az O⁵), pour désigner les acides sulfurique, phosphorique, azotique anhydres.

° ANHYDRITE. *T. de minér.* Minéral blanc ou gris, à base de sulfate de chaux anhydre, qui se présente généralement en masses demi-cristallines, lamelleuses, saccharoïdes ou compactes, rarement cristallisées ; sa dureté est supérieure à celle du calcaire, sa densité = 2,8 à 3 ; il est insoluble dans les acides. L'anhydrite est très-répandue dans les Alpes où elle forme des amas dans les couches qui renferment du sel gemme ou du gypse. Une variété connue sous le nom de *marbre de Bergame* ou de *Bardiglio* et qu'on extrait de Vulpino, en Lombardie, est utilisée pour faire des tables et des cheminées.

° ANICHE (Mines d'). Gisement de houille faisant partie du bassin du Nord.

La concession houillère d'Aniche renferme :

1° Au nord, un gisement de *houille maigre* encore inexploré ;

2° Au centre, un autre faisceau de seize couches de *houille sèche*, formant un massif de 8ᵐ,50 d'épaisseur en charbon, en exploitation sur une longueur de 4 kilomètres 1/2, et s'étendant vierge jusqu'à Douai, sur 9 kilomètres environ ;

3° Au-dessus de ce deuxième faisceau, un gisement de *houille grasse* renfermant vingt-sept couches, d'une épaisseur totale de 17ᵐ,50, en exploitation sur 6 kilomètres de longueur ;

4° Enfin, au sud, environ 2 kilomètres de terrain houiller dont l'exploration s'achève, s'étendant en direction sur 8 kilomètres et renfermant, selon les présomptions géologiques, les couches les plus gazeuses de la concession.

Les quarante-trois couches, d'une épaisseur totale en houille de 26 mètres, actuellement en exploitation, et les nouveaux gisements découverts ou à découvrir, constituent une richesse immense permettant le développement d'une production régulière pendant une période pour ainsi dire illimitée.

Bien que la Société eût déjà un siècle d'existence, ce n'est guère que depuis trente ans que sa production a pris un certain développement, comme on le verra par les chiffres ci-après :

1780 —	10,000 tonnes.		1868 —	407,725 tonnes.
1800 —	15,000	»	1869 —	471,815 »
1820 —	30,000	»	1870 —	447,677 »
1830 —	33,669	»	1871 —	548,086 »
1840 —	19,200	»	1872 —	568,417 »
1850 —	107,583	»	1873 —	618,462 »
1860 —	289,473	»	1874 —	618,760 »
1865 —	438,532	»	1875 —	625,000 »
1866 —	482,670	»	1876 —	556,303 »
1867 —	447,874	»	1877 —	517,519 »

Comme exemple du capital nécessaire à la création d'une exploitation houillère dans le nord de la France, voici les dépenses de premier établissement faites aux mines d'Aniche, depuis l'origine jusqu'au 31 mars 1876 :

Du 11 novembre 1773 à la fin de 1796. . .	2,200,000 fr.
Du 1ᵉʳ janvier 1797 au 31 mars 1839. . . .	2,000,000
Du 1ᵉʳ avril 1839 au 31 mars 1855.	3,200,000
Du 1ᵉʳ avril 1855 au 31 mars 1876.	9,000,000
Fonds de roulement et de réserve.	4,400,000
Ensemble.	20.800,000 fr.

Le fonds social est représenté par vingt-cinq parts ou *sols* se divisant chacune en 12 *deniers.* Aux termes des statuts, sur les 25 sols, 22 sols et 6 deniers devaient faire face à tous les besoins de l'entreprise, et les 2 sols 6 deniers restant devaient être mis en réserve. Il y a quinze ans, sur les 300 deniers composant l'actif social, 253 appartenaient à des particuliers étaient en circulation, et les 47 autres étaient en réserve dans les caisses de la Société. Depuis quelques années, il a été disposé de 6 deniers sur cette réserve, qui est encore de 41 deniers.

En 1872, 1873 et 1874, les cours moyens des deniers ont été de 198,000 francs ; 193,000 et 313,000 francs. En ce moment, avril 1879, les douzièmes de deniers se traitent à 11,900 francs, il s'ensuit que le prix actuel du denier est de 142,800 francs.

— Vers la fin du xvıᵉ siècle, les mines de houilles, reconnues par leurs affleurements, étaient exploitées dans le pays du *Borinage*, plus vulgairement connu en France sous la dénomination de *Couchant-de-Mons.*

Le traité de Ryswyck, du 20 septembre 1697, en séparant le Hainaut belge du Hainaut français, ne nous laissa plus aucune mine de houille en deçà des nouvelles frontières. Déjà les recherches étaient commencées sur Fresnes et Anzin, depuis un certain nombre d'années, quand la Société des mines d'Aniche fut fondée, le 11 novembre 1773, sous la forme de Société civile et sous l'inspiration du marquis de Traisnel qui s'était assuré le concours de propriétaires nobles et fermiers du pays.

Le contrat primitif n'a subi aucune modification depuis cette époque et forme encore la loi des parties.

Après plusieurs essais de sondage infructueux à Fressin et Monchécourt, on entreprit le foncement du puits ou fosse Sainte-Catherine sur le territoire d'Aniche, et le charbon de terre y fut découvert le 11 septembre 1778.

Ce premier succès encouragea les sociétaires, mais dès 1781, l'exploitation de la houille provenant des premières découvertes ne répondait déjà plus à leurs espérances.

De nouveaux puits furent ouverts sur le territoire d'Aniche, au nord des précédents, et, dès 1788, on y exploitait, avec profit, quatre couches de houille. Malheureusement bientôt survint la Révolution et, avec elle, l'invasion du pays par les Autrichiens, puis l'émigration de la plupart des intéressés.

A partir de 1798, l'exploitation reprit un certain développement, mais de nombreuses difficultés mirent les administrateurs dans la nécessité d'entamer, en 1819, des négociations avec la Compagnie d'Anzin pour la cession, moyennant 300,000 francs, de la moitié des parts d'intérêts de la Société et, plus tard, en 1827, avec des capitalistes pour la cession de tout l'avoir social moyennant 500,000 francs.

La situation fut mauvaise jusqu'en 1837 — époque où tous les charbonnages étaient en faveur ; — la plupart des intéressés, découragés par un insuccès persistant, cédèrent à bas prix, leurs parts d'intérêts à de nouveaux sociétaires.

A partir de cette époque, la situation changea. On ouvrit de nouvelles fosses et on abandonna les anciennes, trop peu productives.

Depuis 1845, l'exploitation a donné des bénéfices qui

vont en augmentant d'année en année et dont une grande partie est employée au développement des travaux.

Jusqu'ici, la Société des mines d'Aniche n'avait exploité que le faisceau des houilles maigres, à très-courte flamme, dont l'usage était limité à la consommation domestique et à la cuisson de la chaux ; mais, dès 1853, de nouveaux puits furent créés près de Douai, sur le gisement des houilles grasses. Cette nouvelle exploitation prit un rapide développement et a acquis, aujourd'hui, une importance égale à celle du village d'Aniche. Elle va prendre encore un très-notable accroissement par la mise en activité de deux nouveaux sièges d'extraction actuellement en creusement. Depuis son origine, la Société des mines d'Aniche a foncé vingt-trois puits.

Beaucoup de ces puits ne sont pas utilisés pour l'extraction ; ainsi, douze ont été abandonnés ; un sert à l'aérage des travaux ; neuf sont en extraction, et les deux derniers sont en creusement.

La concession d'Aniche, primitivement accordée par arrêt du conseil, du 10 mars 1774, pour trente ans, et augmentée par un autre arrêt du 16 août 1779, a été réduite, en exécution de la loi du 28 juillet 1791, à 11,800 hectares.

ANIL. Plante dont on tire l'*indigo*. — V. ce mot.

* **ANILIDE.** *T. de chim.* Se dit des amides que l'on produit avec l'aniline : on les désigne aussi sous le nom de *phényl-amides*.

ANILINE. *T. de chim.* Synonymie : *benzidam, cristalline, phénylamine, amidobenzol ;* formule (C^{12} H^7 Az). Le nom d'*aniline* est dérivé d'une plante du genre *indigofera* (indigotier), l'*indigofera anil*, origine de l'indigo du commerce (anil signifie indigo en Portugais). L'*aniline* dérive de la transformation de la *nitro-benzine* sous l'influence d'un corps réducteur. Le goudron de houille rectifié donne de la benzine, de l'acide phénique, etc. ; l'acide nitrique transforme la benzine en nitro-benzine d'où l'aniline est dérivée. En d'autres termes, lorsqu'on fait agir des corps réducteurs sur les dérivés nitrés de la benzine, il se forme des produits qui varient suivant la nature et la force de l'agent de réduction ; dans ces produits on distingue des bases (bases amidées, ammoniaques composées), parmi lesquelles se trouve l'*aniline*. Ces réactions seront faciles à comprendre en les représentant par des symboles chimiques :

1° Si de la *nitro-benzine* (C^{12} H^5 Az O^4) on élimine tout l'oxygène O^4 on obtient : C^{12} H^5 Az $=$ *azobenzine*, sans importance industrielle ;

2° Mais si de la *nitro-benzine* C^{12} H^5 Az O^4 on élimine l'oxygène O^4, et si on y introduit 2 atomes d'hydrogène H^2, on a C^{12} H^7 Az $=$ *aniline*, corps d'une grande importance industrielle.

— C'est Unverdorben qui, le premier observa l'aniline (1826) ; il l'obtint par la distillation de l'*indigo* : il lui donna le nom de *cristalline* ; Fritsche, qui la prépara aussi avec les produits du traitement de l'indigo et la potasse, l'appela dès lors *aniline*.

Zinin la retira de la nitro-benzine et la nomma *benzidam* ; Runge l'avait extraite de l'huile de goudron et lui avait donné le nom de *kyanol* ; enfin, Hofmann a prouvé que ces divers produits obtenus par des méthodes différentes et avec des matières diverses étaient cependant identiques et qu'ils formaient une seule espèce chimique.

La base actuelle des préparations aniliniques est la benzine et la nitro-benzine ; les matières colorantes dérivées de l'aniline qui donnent des nuances brillantes,

s'emploient non-seulement en teinture sur soie et laine, pour l'impression des tissus, mais aussi pour une foule d'autres applications : papiers peints, laques, crayons, encre : enfin, les fraudeurs en liquides s'en servent pour foncer la couleur des vins.

Aujourd'hui, l'aniline est la base d'une industrie florissante, créée en 1856, par W. Perkin qui a découvert le *violet d'aniline*, vendu à l'origine 4,000 francs le kilogramme. En 1859, Verguin, chimiste lyonnais, découvrit un *procédé industriel pour la préparation du rouge d'aniline (fuchsine)*, dont le prix, d'abord élevé, tomba rapidement de 250 francs le kilogramme à 25 francs. Le *bleu d'aniline* ou *azuline* fut découvert en 1860 par MM. Girard et de Laire ; à la même époque, MM. Guinon-Marnas et Bonnet, de Lyon, fabriquaient aussi un bleu dérivé de l'*acide rosolique*, mais d'une qualité inférieure ; Cherpin découvrit un *vert d'aniline*, Hofmann un *violet*, dont le prix fut très-élevé, 250 francs le kilogramme ; enfin, en 1865, MM. Poirrier et Chappat trouvèrent le *violet de méthylaniline*, dit *violet de Paris*.

Lorsque MM. Poirrier et Chappat prirent l'initiative de la grande industrie de l'aniline, tout était à créer, matériel et matières premières. Bientôt cette industrie se répandit rapidement en France, en Angleterre et en Allemagne. Les fabricants demandèrent la benzine aux usines à gaz ; la fabrication dangereuse de la nitro-benzine n'arrêta pas nos industriels. Enfin, la fabrication de l'aniline fut créée d'après un procédé récent découvert par M. Béchamp. Le prix de l'aniline tombant rapidement, l'emploi des couleurs qui en dérivent prit dès lors le plus grand développement.

A la suite de la découverte du *rouge d'aniline*, par Verguin, dont le procédé fut exploité par MM. Renard frères, teinturiers à Lyon, il y eut de nombreux procès ; d'autres inventeurs avaient trouvé des agents d'oxydation meilleurs que celui de Verguin et obtenu du *rouge d'aniline* sous des noms divers. Aussi la fabrication du rouge d'aniline se répandit-elle en Angleterre, en Allemagne, en Suisse ; ces produits venaient faire concurrence, sur notre marché, au rouge de MM. Renard frères. D'ailleurs le rouge d'aniline a été le point de départ de toutes les autres couleurs : bleu, violet, vert, grenat, etc. MM. Girard et de Laire apportèrent aussi leur *violet* et leur *bleu d'aniline* à MM. Renard ; peu de temps après, M. Lauth obtenait un *bleu d'aniline* instable, au moyen duquel Cherpin parvint à fabriquer un *vert d'aniline* stable.

Le violet Hofmann fut aussi accueilli avec faveur ; mais à cause de son prix élevé son emploi ne se généralisa pas. C'est dans ces circonstances favorables que parut le *violet de Paris*, de MM. Poirrier et Chappat fils.

Faisons remarquer que ce violet n'était pas obtenu, comme ses congénères, en passant par le rouge, mais qu'il dérive directement de l'aniline. Une voie nouvelle s'ouvrit dès lors à l'industrie des matières colorantes dérivées du goudron. Le *violet de Paris* ou *violet de méthylaniline* avait été indiqué, vers 1861, par M. C. Lauth ; mais ce ne fut qu'en 1865 que MM. Poirrier et Chappat fils, avec la collaboration de M. Bardy, parvinrent à obtenir industriellement ce produit à un prix inférieur au violet Hofmann. Pour arriver à cette fabrication, il fallait pouvoir obtenir en grand des alcaloïdes à radicaux alcooliques ; on y parvint en faisant intervenir une donnée purement scientifique indiquée par M. Berthelot. La méthylaniline obtenue, on la transforma, par une action oxydante appropriée, en *violet de méthylaniline*.

La production du *violet de Paris*, chez M. Poirrier, est très-considérable et constitue l'une des plus belles industries de notre pays.

La distillation du goudron, outre la benzine, donne l'*acide phénique*, la *naphtaline*, l'*anthracène* qui peuvent également servir à la préparation de matières colorantes et tinctoriales. — V. Acide picrique, Acide phénique, Alizarine, Anthracène.

Les couleurs d'aniline sont d'un emploi facile car elles ont une grande affinité pour la fibre textile; elles s'appliquent généralement sans mordant, par simple immersion dans la cuve à teinture. Leur prix, qui était très-élevé à l'origine de leur découverte, est aujourd'hui relativement très-bas. Aussi les exporte-t-on dans les contrées les plus éloignées. C'est avec elles que sont produites ces nuances éblouissantes d'une pureté et d'un éclat inconnus jusqu'alors. La valeur des produits tinctoriaux préparés avec l'aniline s'élève à plus de 60 millions par an; il se fabrique

journellement en Europe environ 10,000 kilogrammes d'aniline dont le prix est tombé au-dessous de 5 francs le kilogramme.

L'aniline est un poison énergique; cette substance agit comme un narcotique dont l'action s'exerce sur le système nerveux; mais ses sels sont moins vénéneux qu'elle ne l'est elle-même. Chez les personnes intoxiquées, les gencives et les ongles se colorent en violet; enfin Bolley la recommande comme antidote du chlore.

Les chiffres suivants donnent approximativement le rapport qui existe entre une tonne de houille

Fig. 90. — *Fabrication de l'aniline.*

A Cylindre vertical en fonte, muni à sa partie supérieure d'ouvertures pour recevoir les matières. — *B* Tuyau conduisant la vapeur à l'axe creux en fer, muni des palettes *J*. — *C* Roues coniques dentées qui communiquent à l'agitateur le mouvement donné par la poulie *D*. — *G G* Tube abducteur pour le dégagement des gaz et des vapeurs, et réfrigérant. — *H* Seau disposé pour recevoir les produits volatils condensés dans le serpentin placé à l'intérieur du réfrigérant *G*. — *F* Tube recourbé pour faire écouler l'excédant de nitro-benzine.— *I* Porte servant à la vidange du cylindre *A*.

et le poids de goudron, de benzine et d'aniline, etc., qu'on peut en retirer :

Houille.	1.000 kilogr.	» gr.	
Goudron	100 —	» —	
Benzine.	1 —	» —	
Nitro-benzine.	1 —	400 —	
Aniline.	» —	850 —	
Rouge d'aniline	» —	250 —	

Les produits complexes que l'on retire du goudron et qui sont utilisés pour la fabrication des matières colorantes sont : la *benzine*, le *toluène*, le *xylène*, la *naphtaline*, l'*anthracène*, l'*acide phénique*, l'*aniline*.

La benzine résulte de la réunion de trois molécules d'acétylène en une seule sous l'influence de la chaleur. Cette benzine, à l'aide de l'acide nitrique fumant, est transformée en nitro-benzine

douée d'une forte odeur d'amandes amères, enfin un peu d'acide acétique et de la limaille de fer, de la chaux éteinte et du chlorure de chaux, sous l'influence de la chaleur, métamorphosent la nitro-benzine en *aniline*; il se développe aussitôt une belle coloration bleu violacée, caractéristique. La nitro-benzine sert donc d'intermédiaire à la formation de l'aniline, qui dérive en définitive de la benzine par la substitution de l'ammoniaque à un volume égal d'hydrogène dans le carbure L'aniline se comporte comme une base et se combine avec les acides pour donner des sels.

On reconnaît l'aniline à la coloration bleue qu'elle donne : 1° en faisant agir le chlorure de chaux sur ce corps; 2° ou en la traitant par le bichromate de potasse en poudre avec addition d'acide sulfurique.

Le *toluène* se forme par la réaction de la benzine naissante sur le *forméne* naissant $C^2 H^4$ (gaz des marais) ; l'acide nitrique, en agissant sur le toluène, le transforme en *toluène nitré* ou *nitrotoluène* ; enfin l'hydrogène naissant change le nitro-toluène en toluène mononitré ou *toluidine*, dans les mêmes conditions où la nitro-benzine se transforme en aniline.

Les mélanges d'aniline et de toluidine jouent un rôle important dans la fabrication des matières colorantes artificielles ; en effet, la *rosaniline* résulte de l'union d'une molécule d'aniline et de deux molécules de toluidine, avec perte d'hydrogène, sous l'influence des actions oxydantes. In-

dustriellement cette oxydation se fait au moyen de l'acide arsénique. La *rosaniline* est le type d'un grand nombre de matières colorantes telles que *violet de Paris, vert d'aniline, noir d'aniline, bleu d'aniline*, etc.

La *nitro-benzine*, découverte en 1839 par Mitscherlich, est un liquide huileux, inflammable, d'une odeur d'amandes amères prononcée, d'une densité de 1,209 et bouillant à 213°.

Le *nitro-toluène*, liquide également huileux et inflammable, d'une densité de 1.130, bout à 125°. Le produit commercial vendu sous le nom de nitro-benzine est le plus souvent un mélange de

Fig. 91. — *Cornues employées pour la distillation de la méthylaniline dans l'usine Poirrier, à Saint-Denis.*

ces deux corps nitrés, comme aussi l'*aniline* marchande contient généralement de la *toluidine*.

Propriétés de l'aniline. L'aniline est un liquide incolore, huileux, d'une odeur aromatique, d'une saveur brûlante, bouillant à 182° ; sa vapeur est combustible et brûle avec une flamme fuligineuse ; elle est soluble dans l'alcool, l'éther, les hydrocarbures, le sulfure de carbone, l'esprit de bois, les huiles ; peu soluble dans l'eau froide, elle se dissout mieux dans l'eau chaude, sa densité diffère pe de celle de l'eau, elle est d'environ 1,028. A l'air libre elle s'évapore, et sous l'influence de la lumière et de l'air elle se colore en brun ; enfin elle dissout le soufre et le phosphore. La fabrique la plus importante d'aniline, de fuchsine et des composés qui en dérivent est incontestablement, en France, celle de M. Poirrier, à Saint-Denis ; nous indiquons ci-dessous les procédés généraux de fabrication qui y sont suivis.

FABRICATION INDUSTRIELLE DE L'ANILINE. On fabrique industriellement l'*aniline*, avons-nous dit, en faisant réagir de la nitro-benzine, de l'acide acétique et de la tournure de fer. C'est avec ces anilines commerciales ainsi obtenues que l'on prépare les matières tinctoriales et colorantes artificielles dérivées de l'aniline.

Cette méthode a subi la modification suivante : la réduction de la nitro-benzine par le fer et l'acide acétique étant opérée, au lieu de distiller le tout, on peut séparer par décantation la plus grande partie de l'aniline formée. A cet effet, les cornues sont munies de robinets superposés. On sature par la soude l'acétate d'aniline formé et après avoir agité, on laisse reposer. L'aniline mise en liberté surnage et est soutirée ; après rectification, on peut la livrer au commerce. On retire la portion qui reste dans la cornue par entraînement, à l'aide de vapeur d'eau. On réalise ainsi une économie notable de charbon, on réduit la durée de l'opération et on augmente le rendement. En effet, en distillant le tout à l'aide de la vapeur d'eau, on perd la petite quantité d'aniline qui se dissout dans l'eau condensée.

La fabrication en grand de l'aniline commerciale se fait en réalité aujourd'hui presque partout suivant le principe indiqué par Béchamp. Les diverses modifications que lui ont fait subir les fabricants ont créé deux méthodes principales que l'on désigne sous les noms de *procédé anglais* et de *procédé français*. Le premier est aujourd'hui beaucoup plus répandu que le second.

Procédé anglais. On mélange les matières premières de la fabrication dans les proportions suivantes : nitro-benzine 100, tournure de fer 200 et acide acétique 8 ou 10, quelquefois 5 seulement. L'appareil pour la distillation et la réduction consiste en un cylindre vertical en fonte de 1,000 à 2,000 litres de capacité, ayant ordinairement 1 mètre de diamètre sur 2 mètres de hauteur : un couvercle est fixé à l'aide d'une vis sur le bord saillant du cylindre ; il est muni d'ouvertures pour l'introduction des matériaux et porte le chapiteau ou le col qui sert au dégagement des vapeurs. Au milieu du couvercle se trouve une ouverture pour l'axe creux qui porte supérieurement une roue conique dentée, et inférieurement un agitateur qui peut être mis en mouvement au moyen d'une poulie. Un courant de vapeur peut arriver à volonté dans la partie inférieure du cylindre. La figure 90 représente l'appareil que nous venons de décrire.

Ordinairement on introduit d'abord le fer et l'acide acétique et l'on ajoute une petite portion de la nitro-benzine, 20 kilogrammes environ. Il se produit une vive réaction ; aussitôt qu'elle a cessé, on met l'agitateur en mouvement et en même temps on fait pénétrer les vapeurs dans l'appareil. Au moyen d'un tube recourbé on fait couler le reste de la nitro-benzine contenue dans un vase placé à une certaine hauteur. Dans d'autres fabriques on introduit en même temps la nitro-benzine et le fer et l'on fait couler peu à peu l'acide acétique. Dès que la vapeur arrive, la distillation de l'aniline commence. L'arrivée de la vapeur est réglée de manière à ce que pour 1 partie d'aniline il se condense environ 14 parties d'eau.

On reconnaît si le liquide contient encore de la nitro-benzine en le mélangeant avec un peu d'acide chlorhydrique. Si le liquide reste parfaitement clair, il n'y a plus de nitro-benzine. Bolley et Kopp.

Procédé français. Ce procédé se distingue du précédent par : 1° la réduction et la distillation dans des appareils séparés ; 2° la distillation de l'aniline à feu nu ; 3° l'emploi d'une plus grande proportion d'acide acétique.

MM. Bolley et Kopp le décrivent ainsi : on emploie pour 100 parties de nitro-benzine, 60 à 65 parties d'acide acétique du commerce, et 150 parties de tournure de fer de grosseur moyenne. L'appareil de réduction est un cylindre vertical en fonte dans le couvercle duquel sont pratiquées des ouvertures pouvant être fermées hermétiquement et qui servent pour l'introduction des matériaux ; sur le couvercle est en outre adapté un tube abducteur pour le dégagement des gaz et des vapeurs. Ce tube est en communication avec un réfrigérant et s'élève verticalement, afin que les vapeurs condensées puissent retomber dans l'appareil. A la partie inférieure du cylindre se trouve une porte fermant hermétiquement, par laquelle on enlève le produit de la réaction ; enfin le milieu du couvercle, en ce point est muni d'une garniture, est traversé par un axe en fer à l'extrémité inférieure duquel se trouvent des bras horizontaux et auquel on peut, par son extrémité supérieure, communiquer un mouvement de rotation soit à l'aide d'un mécanisme particulier, soit à l'aide d'une manivelle mue par la main de l'homme ; cet appareil agitateur sert à brasser la masse.

On introduit d'abord la tournure de fer et la nitro-benzine. L'acide acétique est tantôt ajouté en une seule fois, tantôt en deux. Lorsque la réaction a eu lieu, on brasse la masse avec l'agitateur et l'action chimique recommence ; on continue ainsi d'agiter jusqu'à ce qu'il ne se produise plus aucun échauffement ni aucune réaction : l'opération dure de trente-six à quarante-huit heures.

Le produit ainsi obtenu est une masse pâteuse qui est retirée de la partie inférieure, puis versée dans des auges en tôle qui elles-mêmes sont introduites dans des grandes cornues demi-cylindriques horizontales analogues à celles que représente la figure 91. Un tube abducteur fixé à la partie supérieure de la cornue se recourbe pour venir s'adapter à un réfrigérant. Il distille un mélange d'aniline et d'eau qui est additionné d'une petite quantité de sel marin, ce qui facilite la décantation de l'aniline, qui surnage.

Aniline-méthylée *(méthylaniline)*. Ce corps est une *aniline composée* dans laquelle on a substitué une molécule de méthyle à une molécule d'hydrogène de l'aniline. C'est un liquide incolore, oléagineux, transparent, qui se colore en violet au contact des hypochlorites alcalins ; analogue à l'aniline par son goût et sa saveur, bouillant à 192° et formant avec les acides des sels qui ont beaucoup de ressemblance avec ceux d'aniline.

Pour obtenir l'aniline méthylée on chauffe à haute pression un sel d'aniline, le chlorhydrate, par exemple et l'alcool méthylique. L'opération terminée, on laisse refroidir, on a le chlorhydrate de la nouvelle base, qu'on décompose par la chaux. On distille à feu nu, on sépare la couche huileuse que l'on distille une deuxième fois en séparant les parties qui passent entre 190 et 210°. La figure 91 donne une disposition des appareils employés pour cette fabrication.

La méthylaniline est la base du *violet de Paris*, ce violet fabriqué par M. Poirrier, à Saint-Denis, est, ainsi que nous l'avons dit, supérieur au *violet Hofmann* et au *violet d'aniline*, de Perkin. M. Poirrier obtient sans iode, des *violets de méthy-*

laniline, des *violets bleus*, des *verts* d'une grande beauté.

MATIÈRES COLORANTES DÉRIVÉES DE L'ANILINE. Les matières *colorantes* (V. ce mot) dérivées de l'aniline connues jusqu'à ce jour sont variées et nombreuses ; nous les classerons par nuances, savoir :

1° *Matières colorantes rouges :* fuchsine, rosaniline, sels de rosaniline, chrysaniline, cerise, géranosine, safranine, etc. ;

2° *Matières colorantes bleues :* bleu de rosaniline, bleu de Lyón ou de fuchsine, bleu direct, bleu lumière, bleu d'aniline phénylé, bleu de Paris, bleu Coupier, bleu de Mulhouse, inaline, azurine, azuline, sels de mauvaniline, etc. ;

3° *Matières colorantes violettes :* violet impérial, violet Hofmann, violet de Paris, violet Perkin, rosalane mauvaniline, mauveïne, etc. ;

4° *Matières colorantes vertes :* vert d'aniline, vert Usèbe, vert Hofmann, vert de Paris, vert de méthylaniline, etc. ;

5° *Matières colorantes jaunes :* jaune d'aniline, cinaline, sels de chrysotoluidine, etc. ;

6° *Matières colorantes brunes :* brun de rosaniline, brun de phénylène, sels de violaniline, etc. ;

7° *Matières colorantes noires et grises :* noir d'aniline, etc.

Au milieu de cette grande variété de matières colorantes,

Fig. 92. — *Appareil pour la fabrication de la fuchsine brute.*

nous nous bornerons à faire connaître simplement les caractères des plus importantes.

Matières colorantes rouges. Le *rouge d'aniline* ou *fuchsine* (de *fuchsia*, ou mieux de *fuchs*, renard), porte aussi le nom d'aniléine rouge, de magenta, de solférino, d'azaléine, de roséine, de rosaniline ; sa puissance colorante est très-considérable. Cette matière, insoluble dans l'éther, est un peu plus soluble dans l'alcool que dans l'eau — V. FUCHSINE.

Le rouge d'aniline est le sel d'une base énergique que l'on obtient en beaux cristaux d'un vert brillant ; en dissolution dans l'eau ou l'alcool et exposée à l'air, elle se colore en rouge.

L'acide arsénique est maintenant presque généralement employé pour la production de la fuchsine brute : la proportion moyenne est de 160 parties d'hydrate à 76 degrés Baumé pour 100 d'aniline. La matière colorante de la fuchsine brute s'obtient au moyen de l'eau bouillante ou de la vapeur d'eau. Le rendement moyen en fuchsine cristallisée est de 33 0/0 ; 40 0/0 est un rendement excellent ; rarement on obtient 50 0/0. La figure 92 représente un appareil peu compliqué employé à la fabrication de la fuchsine brute. Une chaudière en fonte recouverte d'un couvercle également en fonte est placée dans un foyer et chauffée à feu nu ; le milieu du couvercle est traversé par un axe qui porte en haut une roue dentée qui lui transmet le mouvement ; en bas un agitateur. Un tube abducteur placé à la partie supérieure de la chaudière est mis en communication avec le réfrigérant.

Les résidus de la préparation traités convenablement ont donné à Sopp des matières colorantes diverses : *jaune de Lyon, ponceau de Lyon, brun chataigne de Lyon.* M. Girard, en traitant les résidus solides de la fuchsine, a obtenu trois corps basiques colorants, savoir : violaniline, mauvaniline, chrysotoluidine. La rosaniline se combine avec les acides pour donner des sels dont la solution est rouge cramoisi ; le *tannate de rosaniline* se présente sous la forme d'une masse pulvérulente rouge-carmin ; l'acétate et le picrate de rosaniline forment des cristaux rouges de diverses nuances.

La *leucaniline*, produit de la réduction de la rosaniline, devient rouge au contact de l'air ; chauffée elle se colore en rouge et en présence d'un oxydant, elle se transforme en rosaniline.

La *chrysaniline* en se combinant avec l'acide nitrique forme un azotate de chrysaniline d'une couleur rouge rubis.

La couleur cerise, qui tire sur le ponceau, est préparée avec les résidus de la fuchsine ;

la *coralline* ou *peonine* est une matière colorante rouge obtenue par la réaction de l'ammoniaque sur l'acide rosolique de Runge.

La fabrication de la fuchsine a beaucoup occupé les chimistes et les hygiénistes ; on a cherché à éviter l'emploi de l'acide arsénique. M. Coupier est parvenu à préparer sans arsenic des matières colorantes rouges, savoir : la *rosotoluidine, rouge de toluidine, rouge de xylidine.*

La *géranosine* ou *ponceau d'aniline* est aussi une matière colorante dérivée de la fuchsine ; l'*écarlate d'aniline* est analogue à la géranosine ; la *safranine*, employée dans la teinture de soie, d'une couleur rouge magnifique, se trouve dans le commerce, solide ou en pâte ; elle se dissout facilement dans l'eau et l'alcool, mais elle est insoluble dans l'éther ; bouillie avec l'aniline elle donne une couleur violette. Les sels de safranine ont une couleur rouge plus ou moins orangée. M. Poirrier fabrique à Saint-Denis de la rosaniline et de la safranine.

Matières colorantes bleues. En partant de l'aniline on peut obtenir, par divers procédés, un nombre considérable de matières colorantes bleues, savoir : bleus de rosaniline phénylés, tels que : *bleu de Lyon, bleu direct, bleu purifié, bleu lumière, bleu soluble.*

Le *bleu de Paris*, de Persoz, de Luynes et de Salvétat, s'obtient en faisant réagir le bichlorure d'étain sur l'aniline; le *bleu à l'aldéhyde*, de M. Lauth, teint bien, mais sa couleur n'est pas solide. L'*azurine* s'emploie pour l'impression des tissus; l'*azuline*, dont l'acide rosolique est le point de départ, est soluble dans l'alcool et l'éther et colore en rouge violet les alcalis caustiques.

Matières colorantes violettes. Bolley et Kopp divisent les matières colorantes violettes dérivées de l'aniline en : 1° *matières phénylées*, comme violet impérial rouge et violet impérial bleu; 2° *matières éthylées* ou *méthylées*, *violet Hofmann, violet rouge, bleu, violet lumière, violet de Paris.*

Le *violet de Paris* de MM. Poirrier et Chappat se présente sous la forme d'une masse verte, brillante, soluble dans l'eau en violet très-vif. Cette matière se fixe sur la laine et la soie comme le rouge d'aniline, sans addition de mordant ni d'acide. Le *violet d'aniline*, mauvéine, rosolane, indisine, découvert par Perkin, est un violet rouge, peu brillant, mais assez solide à l'air, obtenu par l'action d'agents oxydants.

Matières colorantes vertes. Les principaux verts dérivés de l'aniline, sont : le *vert à l'aldéhyde* ou *vert Usébe* qui s'emploie pour teindre et imprimer les tissus, le *vert Hofmann, vert d'iode*, le *vert de Paris* préparé par MM. Poirrier, Bardy et Lauth en faisant agir un agent oxydant sur un composé anilinique benziné ou toluiné.

Matières colorantes jaunes. Le jaune d'aniline se présente sous la forme d'une poudre cristalline jaune-brun.

Matières colorantes brunes. On obtient un brun d'aniline par l'action de corps réducteurs sur la rosaniline suivie d'un traitement par l'aniline. On peut également obtenir un brun en faisant agir un *sel d'aniline* sur un *sel de rosaniline;* enfin, le *brun de phénylène* teint la laine et la soie sans mordant.

Matières colorantes noires et grises. Le noir d'aniline prend naissance par l'oxydation lente de cette base; il sert à la fois pour l'impression et pour la teinture.

MM. Coupier, Lightfoot, Kœchlin, Lauth, etc. ont apporté des perfectionnements notables à la préparation du noir d'aniline.

Les sels de vanadium et ceux d'aniline, en présence des chlorates, déterminent la formation du noir d'aniline. Depuis peu de temps, on vient de remplacer dans cette préparation, les sels de vanadium, par le bi-chromate de potasse; 1/10 de milligramme de bi-chromate de potasse, pour 125 grammes de sel d'aniline dissous dans un litre d'eau, développe encore le noir. Les progrès réalisés dans la fabrication des couleurs d'aniline sont incessants; chaque jour les industriels y apportent des perfectionnements ; un nombre considérable d'habiles chimistes sont constamment occupés de rechercher les moyens d'améliorer les procédés de fabrication et les produits.

Bibliographie : Wurtz : *Rapport sur les matières colorantes artificielles*, 1873, *Conférence faite à Clermont* en 1876, *Sur les matières colorantes artificielles, Progrès de l'industrie des matières colorantes artificielles* (1876),

Dictionnaire de chimie : Aniline; Bolley et Kopp : *Traité des matières colorantes artificielles* (1874), *Répertoire de chimie appliquée*, tome IV-VI; *Annales de chimie et de physique*, tome XLII, XXXVIII; *Moniteur scientifique*, 1861, 1864, 1865, 1869, 1870, 1872, etc. ; Berthelot : *Chimie organique; Bulletin de la Société industrielle de Mulhouse*, 1865, 1866, 1868; Girard, de Laire et Chapotant : *Traité des dérivés de la houille; Bulletin de la Société chimique de Paris*, 1868, 1871, 1872; *Le technologiste*, 1861-1866; Turgan : *Les grandes usines :* fabrique de matières colorantes de M. Poirrier. — A. F. N.

* ANILLE. 1° T. techn. Pièce de fer ou de fonte scellée dans l'œillard de la meule courante d'un moulin. Elle reçoit au centre le fer de meule qui tient celle-ci en équilibre. || 2° *T. d'hydraul.* Anneau de fer qui sert à retenir les poteaux de garde posés le long des branches et sur les faces de l'avant-bec des piles. || 3° *Art hérald.* Figure en forme de deux crochets adossés et liés ensemble.

* ANILLÉ. Art. hérald. Se dit des croix et des sautoirs ancrés et dont le milieu est percé en carré, ce qui les fait ressembler à l'anille d'un moulin.

* ANIME. Espèce de cuirasse en usage au moyen âge, et qu'on appelait aussi *garde-cœur.*

* ANIMÉ. 1° Art hérald. Se dit du cheval qui semble prêt à combattre, ou bien encore des yeux du cheval ou de la licorne quand ils sont d'un autre émail que la tête. || 2° *T. de pharm.* Sorte de résine d'un jaune de soufre et très-odorante.

ANIMER. En *T. d'art*, c'est donner une apparence de vie, du mouvement.

ANIS. Plante annuelle dont les graines sont très-aromatiques et exhalent une odeur agréable; originaire de l'Egypte et de l'Italie, où la cultive aujourd'hui dans toute l'Europe. Les principes de l'*anis vert* du commerce se dégagent à chaud dans l'eau, et à froid dans l'alcool ; par la distillation, on en extrait une huile essentielle odorante qui sert à parfumer diverses préparations, et par la compression, on en peut tirer une huile fixe, de couleur verdâtre. On distingue plusieurs sortes d'anis que l'on utilise pour la fabrication de l'anisette, et celle des petites dragées appelées *grains d'anis*; pour aromatiser certains gâteaux, et quelquefois même le pain, comme cela se pratique en Italie et en Allemagne; enfin en médecine, comme stomachique et apéritif. L'*anis d'Italie* et l'*anis étoilé* ou *badiane* de la Chine, servent à la fabrication de l'anisette. On nomme *anis aigre* ou *âcre* le cumin, et *anis de Paris* une variété de fenouil dont la graine est souvent employée au lieu de la graine d'anis. On désigne aussi sous le nom de *bois d'anis* un bois blanc, tendre et odorant, qui provient du laurier avocatier et qui sert dans la tabletterie et la marqueterie.

ANISER. *T. techn.* Donner à une liqueur, à un gâteau, le goût de l'anis; mêler avec de l'anis.

ANISETTE. Liqueur de table fort estimée produite par un mélange d'alcool, de sucre et d'eau, aromatisé avec de l'essence d'anis, un peu de cannelle et de néroli; les anis d'Italie et du Tarn et l'anis étoilé récoltés depuis un an sont choisis de préférence pour obtenir une bonne anisette.

— Les plus renommées sont celles qui se fabriquent à Bordeaux, à la Martinique et en Hollande; l'anisette de la veuve Amphoux a été longtemps en faveur, ainsi que l'anisette d'Amsterdam qui eut de tout temps une grande réputation; mais déjà, vers la fin du xviiie siècle, la France disputait à la Hollande le monopole de la fabrication de cette liqueur, grâce à Marie Brizard, qui de concert avec son neveu, M. Roger, créa l'*anisette de Bordeaux*. Aujourd'hui, les héritiers directs de la créatrice, donnent à cette liqueur des qualités de finesse et de goût qui la font rechercher des gourmets en France et à l'étranger. On expédie l'anisette de Bordeaux dans les quatre parties du monde et elle compte dans nos chiffres d'exportations pour une somme assez considérable.

*ANISSON-DUPÉRON (ALEXANDRE-JACQUES-LAURENT), né en 1776, mort en 1852, était le descendant d'une ancienne famille qui s'était illustrée dans la typographie; son père, directeur de l'imprimerie royale sous Louis XVI, fut condamné à mort en 1794 par le tribunal révolutionnaire. Sous le premier empire, Anisson-Dupéron devint directeur de l'imprimerie impériale, qu'il réorganisa entièrement. Député et pair de France, il fut un ardent défenseur de la liberté commerciale. Économiste distingué, il a laissé plusieurs ouvrages parmi lesquels nous citerons : *De l'affranchissement du commerce et de l'industrie*; et *Essais sur les traités de commerce de Méthuen*, 1847.

*ANNEAU. 1° *T. de luth*. Sorte de clef qui sert à faciliter le doigté dans les instruments à vent, comme les flûtes, les clarinettes, les hautbois, etc. Cette invention est due à l'illustre Bœhm. Lorsqu'il eut achevé la flûte qui porte son nom (V. FLUTE), il s'aperçut que le pouce, servant exclusivement à maintenir l'instrument, l'exécutant ne pouvait plus disposer que de neuf doigts pour boucher quinze trous. Bœhm inventa la clef à anneau. Dans ce système, le doigt qui ferme un trou pousse en même temps un petit cercle en saillie. Ce cercle est attaché à une tringle qui correspond avec une clef ouverte, communiquant avec un autre trou, de telle sorte qu'en abaissant l'anneau on déprime nécessairement la clef et, de cette façon, un doigt, par un seul mouvement fait deux fonctions simultanées. Pour faciliter le glissement, plusieurs tentatives avaient déjà été faites et vers 1824, Janssen avait inventé les *rouleaux mobiles* et les avait employés pour la clarinette.

Les anneaux de Bœhm furent appliqués à tous les instruments du système Bœhm (hautbois 1854, clarinette transformée par Buffet 1844). Le basson fut seul excepté. Lorsqu'on voulut lui adapter ces anneaux, on s'aperçut que les tringles, à cause de leur longueur, produisaient une sorte de clapotement désagréable; de plus, ces longues tiges de métal chargées d'anneaux nécessitaient de fréquentes réparations, il fallut y renoncer presque complètement.

Anneau. 2° Signe d'ornement et de distinction en usage dès la plus haute antiquité.

— On le trouve chez les Égyptiens, les Hébreux et les Grecs desquels il passa aux Romains. Dans les premiers temps de la République romaine, les sénateurs portaient au doigt un anneau de fer, les ambassadeurs étaient les seuls qui eussent le droit de porter l'anneau d'or; ce droit s'étendit bientôt aux chevaliers et enfin à toutes les autres classes; cependant l'anneau de fer est resté le signe caractéristique des esclaves. Au moyen âge, les rois portaient au doigt l'anneau royal, qui leur servait de sceau; à Rome, le sceau avec lequel on scelle les brefs et les bulles apostoliques est l'*anneau du pêcheur*, ainsi nommé parce que la figure de saint Pierre pêchant dans une barque y est gravée. Il doit être rompu à la mort de chaque pontife. L'anneau est, avec la crosse, le symbole du pouvoir pastoral et de l'alliance avec l'Église; il est en or et au milieu est enchâssée une améthyste. L'anneau fut aussi un signe de servitude ou de châtiment : Jupiter ayant détaché Prométhée de son rocher lui passa au doigt un anneau de fer, non comme ornement, selon Pline, mais comme lien. — V. BAGUE.

Anneau nuptial ou **Alliance.** 3° Celui que le prêtre bénit, dans la cérémonie du mariage, et que l'époux passe ensuite au doigt de sa femme, il s'ouvre ordinairement en deux parties et on y grave, à l'intérieur, les noms des époux et la date de leur union.

— Dans l'origine, l'anneau de mariage était de fer, avec chaton d'aimant, pour symboliser l'attraction que les époux exercent l'un sur l'autre et l'union qui doit régner entre eux. Les doges de Venise qui se considéraient comme les époux de l'Adriatique, jetaient, chaque année, le jour de l'Ascension, un anneau d'or du haut du Bucentaure.

La manière de porter l'anneau a beaucoup varié jusqu'au moment où chacun fut libre de le porter à sa guise : les Hébreux l'ornaient leur main droite; les Romains, leur main gauche; les Grecs, le quatrième doigt de la même main, que cette coutume fit nommer le doigt *annulaire*: les Gaulois et les Bretons le portaient au *médius*, ou doigt du milieu. — V. BAGUE.

Anneau. 4° Cercle qui est fait d'une matière dure, et qui sert à retenir, à attacher quelque chose; ils sont en fer et fixés aux murs des quais pour retenir les navires et les bateaux; en cuivre ou en bois pour attacher des rideaux, etc. || 5° Dans une clef, c'est la partie qu'on tient à la main pour introduire la clef dans la serrure. || 6° Se dit particulièrement d'une bague. || 7° Par analogie, boucle de cheveux roulés en spirale. || 8° *Art hérald*. Cercle dont on meuble les écus.

*ANNELÉ. *T. d'arch*. Se dit des anneaux qui divisent horizontalement les colonnes dans leur hauteur; on les appelle aussi *bagues*.

— Un des plus beaux exemples de ce genre de bagues se trouve dans le réfectoire du prieuré de Saint-Martin-des-Champs, à Paris. (VIOLLET-LE-DUC, *Dict. de l'arch*.)

ANNELET. 1° *T. d'arch*. Petit filet ou listel qui se place au chapiteau de l'ordre dorique. || 2° *Art hérald*. Petits anneaux que l'on met dans un écu comme marque de grandeur et de noblesse. || 3° *T. de manuf*. Dans un métier, petits anneaux destinés à préserver les fils contre les effets du frottement.

ANNEXE. Se dit d'un bâtiment qui dépend d'un édifice, d'une chose quelconque unie à un objet principal, sans en faire partie essentielle.

*ANNILLE. — V. ANILLE.

*ANNILLÉ. — V. ANILLÉ.

* ANNONA. *Myth.* Déesse que l'on représentait tenant des épis dans la main droite, et dans la gauche une corne d'abondance; elle présidait aux récoltes et aux provisions de bouche.

ANNONCE. Avis ordinairement inséré dans les journaux pour faire parvenir à la connaissance du public l'existence d'une chose quelconque. L'*annonce anglaise*, empruntée à l'Angleterre, est celle qui est imprimée sur une justification et des caractères uniformes; l'*annonce de fantaisie* est celle qui est livrée à l'imprimeur au moyen d'un cliché reproduisant des dessins et des caractères spéciaux, les *annonces légales* et *judiciaires* sont les insertions exigées par la loi des actes judiciaires du pays; le droit de désigner les journaux qui doivent recevoir ces annonces appartient aux préfets qui règlent les tarifs d'impression. — V. Affiche, Publicité.

* ANNONCIER. Celui qui est chargé des annonces d'un journal; ouvrier compositeur spécialement chargé de la composition et de la mise en pages des annonces d'un journal.

* ANODE. Electrode placé au pôle positif de la pile qui, dans la décomposition électro-chimique, peut être dissous, ou qui, s'il est insoluble, attire l'oxygène et les acides.

ANSE. *T. techn.* 1° Partie saillante, ordinairement recourbée, qui sert à saisir et à porter un vase, un ustensile. ‖ 2° Axe de voûte à plusieurs centres. ‖ 3° Saillie semi-circulaire d'un cadenas. ‖ 4° Anneau de fer placé de chaque côté de l'œil d'une bombe. ‖ 5° Partie d'une cloche qui sert à la suspendre.

* ANTAGONISTE (force ou ressort). *T. de phys.* Une force antagoniste est une force qu'on oppose à une autre, soit pour l'équilibrer, soit pour réagir après que cette autre force a cessé d'exister. Dans ce dernier cas, la force antagoniste doit être plus faible que l'autre, et le problème que l'on cherche à résoudre, surtout dans l'application de cette force aux appareils électriques, est de la rendre la plus faible possible, afin de moins diminuer la force qui est effective. D'autres fois cependant on cherche à obtenir l'effet inverse et même à augmenter successivement la force antagoniste, afin de la faire réagir comme force motrice. Dans ce cas, la force variable dont on dispose est employée avec le concours de certains mécanismes comme moyen d'amplification, soit pour bander successivement un fort ressort qui constitue alors la force antagoniste, soit pour élever un poids à une hauteur de plus en plus élevée, soit pour comprimer un gaz qui réagit alors en raison de sa force élastique, etc., etc. Quand c'est un ressort qui réagit comme force antagoniste, il prend le nom de *ressort antagoniste*. Il joue un rôle très-important dans les appareils électriques, car c'est par son action que l'armature des électro-aimants se trouve sans cesse rappelée à sa position d'attente, au moment où ces électro-aimants cessent d'être actifs, et dès lors il devient possible de faire exécuter à cette armature un mouvement de va-et-vient qui peut

être appliqué de diverses manières. Ce ressort antagoniste est généralement constitué par un ressort à boudin fixé à un petit treuil par l'intermédiaire d'un fil, et en tournant ou détournant ce treuil, on peut en régler facilement la tension. Quelquefois même l'axe du treuil est muni d'une aiguille mobile devant un cadran divisé, afin de connaître le degré de serrage qu'on donne au ressort. — V. Armature.

ANTE. 1° *T. d'arch.* Pilier saillant sur la face d'un mur; se dit aussi de tous les ordres de pilastres d'encoignures. ‖ 2° *T. techn.* Petit manche sur lequel on fixe le pinceau à laver. ‖ 3° Pièce de bois appliquée sur l'avant des ailes d'un moulin à vent.

* ANTE-BOIS. *T. de menuis.* Tringle mise sur le parquet d'une pièce d'habitation, ou baguette continue terminant la partie supérieure d'un soubassement, afin d'empêcher le frottement des meubles contre le revêtement. On dit aussi *anti-bois*.

* ANTÉE. *Myth.* Fameux géant, fils de la Terre et de Neptune, qui massacrait tous les passants pour bâtir un temple à Neptune avec les crânes de ses victimes. Hercule lutta contre lui, et le terrassa trois fois sans pouvoir le vaincre, parce que la Terre, sa mère, lui rendait des forces nouvelles lorsqu'il la touchait. Hercule s'en étant aperçu, prit le parti de l'isoler du sein maternel et, en le soulevant entre ses bras, il l'étouffa sur sa poitrine.

ANTÉFIXE. Ornement qui, dans l'architecture ancienne, s'appliquait au bord ou au faîte d'un toit couvert de tuiles.

— Dans l'antiquité, les édifices étaient couverts par des rangées de tuiles plates et bombées, posées alternativement en suivant la pente inclinée du toit; celles qui aboutissaient au bord ou au faîte du toit laissaient des vides que l'on masquait par des antéfixes, dont le but principal était de s'opposer à l'introduction des eaux pluviales; plus tard, les antéfixes devinrent un motif de décoration; on leur donna les formes les plus variées et leurs ornements peints ou sculptés représentèrent des têtes de lion, des aigles, des feuilles d'acanthe, etc.

ANTENNE. *T. de mar.* Vergue longue, très-inclinée, propre à soutenir une voile latine ou triangulaire. ‖ Rang transversal de gueuses, de barriques ou de caisses, arrimées dans la cale d'un navire. ‖ Fortes aiguilles ou traverses de bois qui appuient et retiennent du côté de terre le mât principal et les bigues d'une machine à mâter.

* ANTÉROS. Sorte de pierre précieuse qui ressemble au jaspe.

* ANTHÉLIES. Les anthélies sont de petits arcs-en-ciel que l'on voit quelquefois autour de l'ombre d'un corps, quand elle est projetée sur un nuage qui s'élève verticalement; si cette ombre résulte d'une personne vivante, l'anthélie constitue alors autour de son corps et surtout de sa tête un cercle irisé qui forme comme une gloire de saint. Ce phénomène se rencontre souvent sur les montagnes, notamment sur le Righi et le Faulhorn, en Suisse, et il est connu sous le nom de *spectre du Righi*. Il paraît dû à un effet désigné en physique sous le nom de *diffraction* et semble avoir pour cause les *interférences* déterminées par les rayons de lumière réfléchis par les vésicules de vapeur des nuages, lesquels rayons ayant leurs ondes en retard sur celles des rayons solaires, d'une demi-ondulation, donne lieu au phénomène bien connu des *réseaux*. C'est probablement un effet du même genre que celui qui se produit quand on regarde la lumière solaire à travers les cils des yeux, et c'est lui qui donne aux opales, aux labradorites, etc., leurs belles teintes irisées. Sous Louis XV, on avait eu recours à ce phénomène de physique pour donner aux boutons de gilet qui étaient en cuivre l'aspect de diamants : pour cela on taillait des boutons en facettes et on rayait très-finement les surfaces de ces facettes; aujourd'hui ces boutons sont désignés sous le nom de *boutons de Barton*. — V. Diffraction, Interférence, Réseau.

* **ANTHRACÈNE.** *T. de chim.* Carbure d'hydrogène que l'on extrait du goudron de houille, en le séparant des diverses matières huileuses qu'on recueille par le fractionnement des produits multiples de la distillation de ce goudron.

On a appliqué le nom d'*anthracène* à deux carbures dont la composition atomique et les pro-

Fig. 93 — *Presse double à chaud, de Morane jeune, pour la fabrication de l'anthracène.*

priétés présentent les plus grandes analogies, la *paranaphtaline* ($C^{15}H^{12}$), et l'*anthracène* proprement dit ($C^{28}H^{10}$).

1° Le premier de ces deux carbures se trouve dans les produits huileux de la distillation du goudron, lorsqu'on laisse ces huiles déposer, à une température n'excédant pas 10° au-dessus de zéro, en une masse cristalline qui se compose de naphtaline et de *paranaphtaline* : ce dépôt, comprimé au moyen de presses hydrauliques (fig. 93) pour le débarrasser des matières liquides interposées parmi les cristaux, est ensuite traité par l'alcool qui dissout la naphtaline et laisse l'*anthracène* (ou *paranaphtaline*) à peu près intacte. On peut la purifier alors par une série de distillations.

A cet état, l'anthracène fond à 180° et entre en ébullition au-dessus de 300°. Par sublimation on l'obtient sous forme de lamelles qui rappellent celles de la naphtaline dont elle paraît être un isomère.

Elle donne avec l'acide sulfurique concentré, par dissolution à chaud, un liquide d'un vert sale.

2° L'autre carbure auquel on applique aussi le nom d'anthracène est extrait principalement des parties huileuses du goudron qui passent à la distillation après celles dans lesquelles se trouve la naphtaline. L'anthracène obtenue ainsi cristallise en prismes rhomboïdaux à six pans, d'une blancheur remarquable à l'état de pureté. Lorsque la purification est incomplète, elle a une légère teinte jaunâtre et possède alors une fluorescence violette assez caractérisée.

Elle fond au-dessus de 200° et cristallise à 210°; cette température reste invariable tant que dure la cristallisation. Elle se volatilise et distille à une température voisine de 360°. A cette température sa composition atomique ($C^{28}H^{10}$) subit une certaine altération qui semble due à ce que le carbure se polymérise sous l'action de la chaleur, de même que sa solution sous l'action de la lumière. Il revient d'ailleurs à l'état primitif en reprenant la température correspondante à sa formation.

Ce carbure produit avec l'acide sulfurique une liqueur verdâtre, et avec le chlore un dérivé tout à fait analogue à celui que fournit la même réaction sur le précédent carbure.

La préparation industrielle et les emplois de l'anthracène ont été depuis quelques années l'objet d'études sérieuses de la part de la Compagnie parisienne du gaz, qui traite en grand tous les carbures dérivés du goudron de houille, dans son usine de La Villette, où elle poursuit ardemment le perfectionnement de tous les procédés qui se rattachent à cette fabrication.

* **ANTHRACIFÈRE.** *T. de minér.* Se dit d'un terrain qui contient de l'anthracite. On dit aussi *anthraxifère*.

* **ANTHRACINE.** — V. Anthracène.

ANTHRACITE. *T. de minér.* L'anthracite ou houille éclatante est essentiellement composée de carbone et de peu de matières volatiles; elle brûle difficilement avec une flamme très-courte, sans fumée ni odeur, ne s'embrase qu'en grandes masses, à une chaleur élevée, ne s'agglutine pas et décrépite; elle est brillante, noir grisâtre et ne tache pas les doigts.

L'anthracite, en brûlant, développe une température très-élevée; son pouvoir calorifique est le même que celui du coke. Elle est employée en France comme combustible ordinaire; rarement on en fait usage dans les fonderies et les usines métallurgiques. En Pensylvanie et dans le pays de Galles, l'anthracite sert à la fusion des minerais. On fait actuellement avec de l'anthracite et de la houille mélangées un bon coke et des agglomérés estimés. — V. Combustible.

— Les gîtes les plus considérables en France, sont ceux des bords de la Loire, et dans les départements du Nord, des Bouches-du-Rhône, de la Mayenne, de l'Isère, du Gard, de la Sarthe et de l'Ille-et-Vilaine. On rencontre l'anthracite en grande abondance au Caucase, surtout dans l'ancienne Colchide et aux environs de la mer Caspienne, enfin, en Bohême et aux États-Unis, où elle forme de puissantes couches. Les Orientaux en font des bracelets et des chapelets, dont les grains sont historiés de sculptures.

Pendant la période triennale 1873 à 1875 la production

1. — Dict. encycl.

en tonnes de l'anthracite a été répartie comme il suit en France :

	Savoie.	Hautes-Alpes.	Isère.	Maine-et-Loire.	Mayenne.	Sarthe.
1873	19,305,	5,895	101,442	47,920	96,465	29,150
1874	24,211	6,265	108,440	50,100	106,199	27,809
1875	19,670	6,975	105,845	49,300	103,726	26,116

— D'après les documents officiels, on compte cent soixante exploitations d'anthracite et de lignite (les chiffres de ces deux combustibles sont relevés ensemble). Leur production s'est élevée, en 1873, à 12,381,681 quintaux métriques, valant en moyenne 1 fr. 30 le quintal, ce qui porte la valeur totale de ce produit à 16,133,563 francs. En 1869, le résultat de l'extraction n'avait été que de 10,756,637 quintaux. Ces exploitations se répartissent dans trente départements et occupent 6,729 ouvriers et 2,349 chevaux-vapeur.

* * **ANTHRACITEUX.** T. de minér. Qui est formé d'anthracite ; qui contient de l'anthracite.

* **ANTHRAQUINONE.** T. de chim. $C^{28} H^8 O^4$; produit qui résulte de l'oxydation de l'anthracène au moyen de l'acide azotique ou chromique ; sa couleur varie du jaune rougeâtre au jaune blanc : solide, stable, fusible à 273° ; soluble dans les acides azotique, sulfurique, insoluble dans les alcalis à froid, attaquable à chaud ; ce corps sert à la préparation de l'alizarine artificielle.

* **ANTIBOIS.** — V. Ante-bois.

* **ANTICABINET.** T. d'arch. Pièce qui précède un cabinet.

ANTICHAMBRE. Pièce d'entrée d'un appartement ; celle que l'on doit traverser pour entrer dans les autres.

* **ANTICHLORE.** T. de chim. Sulfate de soude qui, dans la fabrication du papier, sert à neutraliser le chlore et l'acide sulfurique employés pour le blanchiment de la pâte.

* **ANTICUM.** Nom que les Romains donnaient à la façade d'un édifice, par opposition à porticum.

* **ANTIFRICTION.** T. de mécan. Se dit de tout système destiné à diminuer le frottement des diverses parties d'une machine.

* **ANTIFROTTANT.** T. techn. Se dit des rouleaux destinés à empêcher le frottement dans les roues de voitures.

* **ANTIGORIUM.** T. techn. Émail grossier dont on recouvre la faïence commune.

ANTIMOINE. Stibium. Corps simple ou indécomposable ; son équivalent = 129 = Sb.

L'antimoine est un métal blanc, très-brillant, d'un éclat argentin, un peu bleuâtre, très-cassant, aigre et facile à réduire en poudre, à cassure lamelleuse ; sa densité est de 6,8, sa dureté de 3,5. Quand on le frotte, il dégage une odeur qui rappelle celle de l'ail et de la graisse. Il est fusible à 450° ; il ne se vaporise sensiblement qu'au rouge blanc ; au chalumeau, il fond en émettant des vapeurs blanches ; on peut le distiller dans un courant d'hydrogène.

Lorsque l'on abandonne le métal fondu à un refroidissement lent, il cristallise en rhom-

boèdres (système hexagonal) ; la forme fondamentale de l'antimoine natif est un rhomboèdre de 87° 35' ; des clivages ont lieu suivant les faces d'un rhomboèdre de 117° 8', un autre clivage très-net perpendiculaire à l'axe ou suivant la base du prisme régulier hexagonal.

Les affinités chimiques de l'antimoine le placent à côté de l'arsenic : l'air sec et froid n'a pas d'action sur lui ; l'air humide le ternit ; à une température élevée, il s'oxyde avec dégagement de lumière. Chauffé au rouge vif et versé d'une assez grande hauteur sur une tablette, il jaillit en une multitude d'étincelles brillantes qui se résolvent en une fumée blanche, épaisse, très-dangereuse à respirer, d'oxyde d'antimoine (SbO^3), enfin la surface du métal qui a été fondu présente l'aspect de feuilles de fougères.

Les métalloïdes, à l'exception du carbone, du bore, du silicium, se combinent avec l'antimoine ; dans le chlore, la combustion de ce métal se fait directement à froid avec dégagement de chaleur et de lumière.

L'antimoine se dissout très-lentement dans les acides sulfurique et chlorhydrique concentrés et chauds ; l'eau régale le dissout en donnant du chlorure d'antimoine ; enfin, l'acide azotique l'oxyde et le transforme en acide antimonique (SbO^5).

Les sels oxydants, comme l'azotate et le chlorate de potasse, forment avec l'antimoine des mélanges explosifs à une haute température.

Les composés d'antimoine sont faciles à reconnaître : chauffés sur le charbon avec de la soude, ils donnent un culot métallique très-cassant ; en même temps il se produit des fumées blanches qui se déposent sur le charbon. Le culot se recouvre d'aiguilles blanches d'oxyde antimonique.

La production européenne annuelle de l'antimoine dépasse 500,000 kilogrammes ; la France est le pays qui en produit le plus ; sa consommation annuelle est de plus de 200 tonnes ; combiné aux autres métaux il leur donne de la dureté.

L'antimoine sert : 1° allié au plomb, à la fabrication des caractères d'imprimerie et de musique (plomb, 75 à 80 ; antimoine, 25 à 20) ; voici une autre composition : plomb, 72 parties ; antimoine, 18 ; étain, 25 ; 2° allié à l'étain, à la préparation du métal dit d'Alger ou anglais, qu'on emploie pour couverts, vaisselle, théières (étain, 100 ; antimoine, 8 ; bismuth, 1 ; cuivre, 4) ; 3° du métal du prince Robert ; 4° il sert à la préparation de plusieurs médicaments, tels que : l'émétique (tartrate potassique et antimonique), le kermès officinal, du soufre doré, du verre d'antimoine, etc. ; 5° enfin, certaines préparations antimoniales sont employées comme couleurs, exemple : jaune de Naples (antimoniate de plomb), cinabre d'antimoine, blanc d'antimoine. La plupart des composés d'antimoine portent des noms qui rappellent le langage des alchimistes : le foie d'antimoine est un sulfure double d'antimoine et de potasse ; le verre d'antimoine est un oxysulfure vitreux d'antimoine ; le vermillon d'antimoine, le safran d'antimoine sont des oxysulfures de composition variable.

Le kermès est un mélange de sulfure et d'oxyde d'antimoine, en partie libres, en partie combinés, e premier avec du sulfure de sodium, le second avec de la soude. Le *beurre d'antimoine* est un chlorure à structure cristalline qui tombe rapidement en déliquescence à l'air; en présence de l'eau il se décompose et donne un précipité blanc d'oxychlorure d'antimoine appelé *poudre d'algaroth.*

- Le *régule d'antimoine* est de l'antimoine mélangé encore d'oxysulfure et recouvert par une scorie jaune nommée *crocus,* formée de sulfure de sodium et d'oxysulfure d'antimoine.

L'*antimoniure d'hydrogène* se prépare par l'action de l'acide chlorhydrique sur un alliage d'antimoine et de zinc; ce gaz est décomposable par la chaleur en antimoine et en hydrogène. L'anneau qu'il produit dans l'appareil de Marsh se distingue de l'anneau d'arsenic par sa moindre volatilité.

L'alliage de Cooke (zinc et antimoine),se compose de 57 parties d'antimoine et 43 parties de zinc : cet alliage décompose l'eau à la température de son ébullition en donnant un dégagement d'hydrogène.

Minerais d'antimoine. *Etat naturel.* Les composés antimonifères que l'on trouve dans la nature, sont : l'antimoine natif, l'antimoine arsenié, l'antimoine : sulfuré, l'antimoine rouge ou oxysulfure naturel, l'exitèle ou antimoine oxydé, la stibiconise ou acide antimonique, la zinkénite, la plagionite, la jamesonite, sulfures doubles d'antimoine et de plomb. Mais parmi ces espèces, les véritables minerais d'antimoine sont : 1° la *stibine* ou antimoine sulfuré qui, outre son emploi dans la fabrication de l'antimoine, associée au graphite, entre dans la composition des crayons communs de mine de plomb; 2° la *jamesonite*, minerai d'antimoine et de plomb; 3° l'*exitèle;* 4° la *stibiconise*.

Les filons de *stibine* percent les terrains primaires, schisteux ou calcaires et les roches cristallines, granite et gneiss : Auvergne, Ariége, Aude, Vendée, Lyonnais, Allemagne, Angleterre, Maroc. En Algérie, ce minerai, associé à l'antimoine oxydé se trouve en couches, en rognons, en amas ou en veines dans les calcaires et les argiles bitumineuses de la craie. Dans les mines de Pareta, près de Monte-Cavallo, en Toscane, la stibine, tantôt en filons, tantôt en amas, a pour gangue un quartz calcédonieux éruptif. La jamesonite se trouve en Angleterre, dans les mines de Cornouailles; en Espagne, à Valencia-d'Alcantera (Estramadure); en Hongrie, en Toscane, au Brésil. A Pont-Vaux (Puy-de-Dôme), ce minerai contient une proportion notable d'argent aurifère.

L'*exitèle* se trouve en Algérie, à Sensa (province de Constantine) dans le terrain crétacé; à Hamimate, à 5,700 mètres des affleurements de Sensa. En France, on connaît l'exitèle aux Chalanches-d'Allemont (Isère); en Bohême, en Saxe, au Hartz, en Hongrie. Enfin l'*antimoine natif* se trouve dans les filons qui traversent les terrains anciens et qui renferment des minerais arsenifères; à Sahla, en Suède, on le trouve dans un calcaire saccharoïde; à Allemont, il accompagne l'antimoine arsenifère; enfin on le rencontre à Andréasberg, au Hartz, en Bohême, au Brésil au Mexique.

Voici la quantité d'antimoine sulfuré produite en France, pendant les années 1873, 1874, 1875, provenant principalement de la Corse :

Nombre de mines.	Quantités en tonnes.	Valeur en francs.	Prix moyen par tonne.
1873	6	79	22,979	290 87
1874	5	177	41,364	233 70
1875	3	223	57,479	257 75

Les mines d'antimoine concédées en France (1876) sont situées dans le département de l'Allier, (Nades, arrondissement de Gannat), de l'Ardèche (Malbosc), de l'Aude (Maisons et Palairac), de l'Aveyron, du Cantal (Sainte-Marie, Le Plain, Bonnac), de la Haute-Loire, de la Corse (Ersa,

Fig. 94. — *Traitement des minerais d'antimoine en Hongrie.*

F Foyer. — c c Pots supérieurs. — c' Pots inférieurs. — A Canal de communication.

Luri, Meria, arrondissement de Bastia), de la Creuse, du Gard, de la Loire, de la Lozère, du Puy-de-Dôme, de la Vendée et de Constantine.

— Ce métal a été décrit pour la première fois par Basile Valentin, vers le milieu du xv° siècle, mais on connaissait depuis longtemps ses minerais et ses composés. Son emploi avait même donné lieu à tant d'abus, qu'en 1566, le parlement, sur une décision de la faculté de Paris, crut devoir en proscrire sévèrement l'usage : ce n'est que cent ans plus tard qu'un nouvel arrêté mit fin à cette interdiction.

Quant à l'origine du nom, on conte que Basile Valentin ayant remarqué l'action purgative exercée sur des animaux par une préparation d'antimoine qu'ils avaient avalée par hasard, imagina de s'en servir également pour traiter ses confrères, mais que tous en moururent ; c'est de là, dit-on, que serait venu le nom d'*antimoine,* c'est-à-dire contraire aux moines (BOUILLET). « Mais cette étymologie, dit Littré, ne se fonde absolument sur rien, aucune anecdote de quelque authenticité ne nous apprenant comment un pareil sobriquet aurait pu être donné à ce métal. » D'autres font dériver ce nom d'une autre source : on a cru longtemps que ce métal ne se trouvait *jamais seul* dans la nature, *anti monos,* opposé à la solitude.

TRAITEMENT MÉTALLURGIQUE DE L'ANTIMOINE. Le traitement métallurgique de l'antimoine comprend cinq opérations distinctes : 1° la première a pour objet de séparer l'antimoine de sa gangue par une simple fusion : c'est la préparation de l'*antimoine cru.* Cette opération se fait en chauffant le minerai concassé dans des pots coniques en terre percés de trous à leur sommet et superposés à d'autres pots dans lesquels ils entrent de quelques centimètres (fig. 94). Ces pots en terre cuite mesurent 30 centimètres de hauteur sur 20 centimètres de diamètre, leur capacité leur permet de contenir 10 kilogrammes de minerai.

Les pots sont placés en galère dans une sorte de fossé revêtu de briques ou mieux dans des fours à reverbère qui en contiennent de 50 à 60; ces fours offrent même des dispositions variées, tantôt ils sont à sole unique, tantôt à deux étages ou même à gradins latéraux.

Dans certains fours, particulièrement en Hongrie, les pots inférieurs sont placés extérieure-

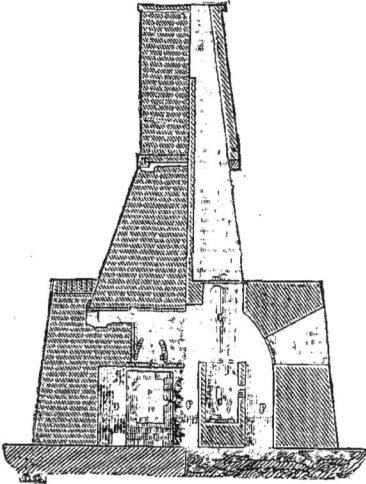

Fig. 95. — *Traitement de l'antimoine aux mines de Malbosc.*

F F F Foyers. — P Porte du foyer. — C C Creusets ou pots. H Cheminée.

ment, ce qui met l'antimoine cru à l'abri des accidents qui pourraient arriver aux pots supérieurs.

On a proposé divers dispositifs pour séparer l'antimoine cru de sa gangue; aux mines de Malbosc (Ardèche) on fait usage de quatre cylindres verticaux en terre cuite, disposés sur deux rangées et chauffés par trois foyers parallèles. Aux quatre cylindres correspondent quatre pots munis inférieurement d'une ouverture par laquelle s'écoule le minerai fondu qui vient tomber dans le pot inférieur, dit *pot à boulet* (fig. 95). Chaque cylindre contient 200 kilogrammes de minerai, la liquation dure environ trois heures.

2° La deuxième opération est le *grillage de l'antimoine cru* : ce corps est d'abord pulvérisé à la dimension de petits pois, puis grillé dans un four à reverbère; on donne un bon coup de feu, il se dégage des vapeurs blanches; alors on abaisse la température et on ne cesse de brasser la masse au ringard en fer; celle-ci, au bout de quelques heures change d'aspect, de grise elle devient rougeâtre; l'antimoine cru rend de 60 à 70 0/0 de son poids en oxyde d'antimoine.

Ce minerai grillé contient de l'oxyde, de l'antimoniate d'antimoine et un peu de sulfure échappé à l'oxydation; Il faut maintenant le transformer en métal.

3° La *troisième opération ou la réduction du minerai grillé à l'état de régule*, s'exécute dans des creusets en terre réfractaire, capables de contenir 5 kilogrammes de matière environ. On mélange le minerai grillé avec du charbon et des fondants alcalins (65 parties de minerai, 8 à 10 parties de charbon de bois arrosé d'une dissolution concentrée de sel de soude). Les creusets rangés à côté les uns des autres dans des fours carrés ou dans des fourneaux de galère, au nombre de six à douze sont chauffés à une bonne chaleur. Lorsque l'opération est terminée, on casse les pots dont on retire le *régule d'antimoine* qui en occupe le fond, puis le *crocus*.

4° La *quatrième opération* consiste à refondre dans des creusets, à l'aide de nitre et de carbonate de soude, le régule impur obtenu; on le purifie en le faisant fondre deux à trois fois successives, en lui ajoutant des scories des opérations précédentes. On obtient ainsi le régule bien cristallisé sous la forme de pains à surface étoilée.

Cette quatrième opération a pour but d'enlever au régule le soufre, les métaux alcalins, le fer et le zinc.

5° La *cinquième opération* consiste à traiter les fumées antimoniales; ce traitement se fait comme celui du minerai grillé.

Le fer est employé en Allemagne dans la fonte directe de l'antimoine cru. L'opération a lieu dans un four à reverbère à atmosphère réductrice; au fur et à mesure de sa production, le métal s'écoule; pour le purifier on le chauffe au creuset de Hesse dans un mélange d'antimoine cru et de sel de soude. — A. F. N.

Antimoine diaphorétique. T. de chim. Composé résultant de l'action du nitrate de potasse à température de fusion sur l'antimoine métallique : c'est de l'antimoniate acide de potasse; lavé, il constitue la base de quelques couleurs jaunes minérales et principalement des couleurs jaunes vitrifiables, propres à la peinture sur porcelaine et sur faïence; on en modifie la teinte par des additions d'oxydes de fer et de zinc, les premiers pour les jaunes foncés, les seconds pour les jaunes clairs. — V. JAUNE DE NAPLES D'ANTIMOINE, DE CADMIUM, etc.

ANTIMONIATE. Combinaison de l'acide antimonique avec une base.

ANTIMONIQUE (Acide). $Sb O^5$. Combinaison de l'antimoine avec l'oxygène dans le rapport en poids de 129 à 40, qui se présente en poudre blanche, capable de saturer les bases.

*** ANTIMONIURE.** T. de minér. Alliage d'antimoine avec un autre métal.

*** ANTINOÜS.** Jeune esclave bithynien, d'une beauté parfaite, qui devint le favori de l'empereur Adrien et se noya dans le Nil pour se soustraire, selon quelques auteurs, à la criminelle affection de son maître. Le Louvre possède deux statues d'Antinoüs; l'une le représente en Hercule, l'autre en Aristée, avec la demi-tunique et les bottines de cuir; celle-ci est admirablement conservée. Le cabinet des médailles possède deux belles intailles représentant Antinoüs.

ANTIPHONAIRE ou ANTIPHONIER. Livre d'Église où les offices, appelés heures canoniales, sont notés avec des notes en plain-chant.

* **ANTIPHONEL.** Mécanisme inventé par Debain, et qui, étant adapté à un orgue ou à un harmonium, permet d'exécuter sur ces instruments, mêmes, les airs les plus variés et les plus difficiles, au moyen d'une manivelle ou d'un levier.

Tous nos grands compositeurs, Auber, Halévy, Ambroise Thomas, Adam, Berlioz ont été unanimes à reconnaître l'utilité de l'antiphonel; Berlioz, dans *les Débats*, en a donné la description suivante :

« L'antiphonel permet à tout enfant de chœur, sachant distinguer une note longue d'une note brève, d'exécuter à première vue, sur l'orgue ou sur l'harmonium, les accompagnements du plain-chant ou toute autre musique d'église.

« M. Debain a remplacé le papier de l'organiste compositeur par une planchette par laquelle les notes sont transcrites à l'aide de petites pointes de fer en saillie et solidement fixées dans le bois. Il a imaginé ensuite un système de bascules qui, par leur partie inférieure, communiquent avec chaque touche du clavier, tandis que, par leur partie supérieure, elles se rapprochent pour communiquer avec les pointes de fer des planchettes. Ce mécanisme est contenu dans une petite caisse recouverte d'une plaque de métal percée dans sa largeur d'une série de petites ouvertures très-rapprochées les unes des autres et laissant passage à des becs d'acier qui garnissent et terminent l'extrémité supérieure des bascules dont je parlais tout à l'heure.

« La fonction de chaque bec est d'abaisser la touche qui lui correspond.

« Cet appareil, placé sur le clavier d'un orgue ou d'un harmonium, est mis en action par un levier qui s'y adapte.

« En lui imprimant un mouvement alternatif d'élévation et d'abaissement, on fait à chaque coup avancer sur la plaque de métal la planchette portant la suite des accords notés par les pointes de fer, la machine fonctionne, choisit elle-même les touches comme feraient les doigts d'un organiste, et le morceau est exécuté avec la plus grande précision.

« Le rythme des morceaux est marqué sur le bord de la planchette. A chaque mouvement de progression de cette planchette, une aiguille fixe indique à la personne qui fait agir le levier la note longue ou brève, double longue ou longue prolongée, prescrivant la durée relative de l'accord qui résonne dans le moment. » (BERLIOZ.) — V. HARMONIUM, ORGUE.

ANTIQUE. 1° Ou désigne ainsi dans les arts, les œuvres ayant le caractère d'une production de l'antiquité, c'est-à-dire des ouvrages les plus remarquables de la Grèce et de l'Italie, jusqu'aux temps de l'invasion des Barbares. Son acception comprend les pierres gravées et les médailles; on dit souvent dans ce cas: *une belle antique.* || 2° *Art héral*. Se dit des couronnes rayonnées, des coiffures ou des objets de décoration d'une forme ancienne.

* **ANTIQUER.** *T. de rel.* Outre le genre de reliure qui rappelle la manière antique, on désigne ainsi le travail d'enjolivements de figures de couleurs sur la tranche d'un livre.

* **ANTIQUITÉ.** On représente l'antiquité sous la figure d'une femme assise sur un trône et couronnée de lauriers; d'une main elle tient les poëmes de Virgile et d'Homère, et de l'autre elle montre les médaillons des grands hommes de Rome et d'Athènes.

* **ANTIQUITÉS.** En général, on comprend sous le nom d'*antiquités*, tout ce qui nous reste des temps anciens, soit en ouvrages d'art, soit en production de l'esprit : ruines, monuments, tombeaux, sculpture, peinture, meubles, ustensiles, inscriptions; objets de toute nature qui méritent d'être étudiés pour connaître les institutions, les croyances religieuses, les mœurs, l'industrie, les arts et la civilisation des peuples qui ont vécu dans des temps fort éloignés de nous.

— Parmi les ouvrages remarquables qui ont été publiés sur les antiquités, il faut citer : les *Antiquités grecques*, de ROBINSON; les *Antiquités romaines*, d'ADAM, de SALLENGRE, de PALINI; les *Trésors d'antiquités sacrées*, d'UGHOLINI; les *Antiquités teutoniques*, de HUMMEL, de GRUPEN; le *Diction. d'antiquités de l'Encycl. méthod.*, par MONGEZ; les *Antiquités britanniques*, de BAXTER; les *Anciens monuments français*, par DU SOMMERARD; les *Antiquités gauloises*, LA SAUVAGÈRE, MARTIN; l'*Atlas des arts en France*, 1 vol. in-folio, Alex. LENOIR, avec la *Description des monuments français*. La partie France est également curieuse à feuilleter dans l'*Univers pittoresque*, publié chez FIRMIN DIDOT.

ANTISEPTIQUE. Etymologie: *Anti-Septón*, c'est-à-dire antiputride, corps dont les propriétés contribuent à la conservation des substances capables de fermentation, d'altération, de décomposition. Si l'étymologie grecque n'indiquait pas clairement la signification de ce mot, on pourrait le traduire par « conservateur ou préservateur. »

Les antiseptiques, par leur utilité incontestable, ont, plus que jamais, besoin d'être appréciés depuis que la science a mis en évidence le rôle qu'ils jouent dans les arts, dans l'économie domestique et dans la médecine.

On peut classer les antiseptiques en plusieurs catégories : ceux qui sont du domaine de la chimie inorganique, tels que le sulfate de fer, chlorure et sulfate de zinc, sulfate de cuivre, chlorure de mercure, acide arsenieux, hyposulfites, borax, acide chromique, sel marin, hypochlorite de chaux, chlore, etc., etc., sont généralement employés pour la conservation ou à l'assainissement des substances qui n'ont aucun rapport à l'alimentation.

Les égoûts des villes, les fosses d'aisance, les urinoirs sont entretenus au moyen du chlore, du sulfate de fer ou du chlorure de zinc et du phénol.

L'acide arsenieux, le bichlorure de mercure, le phénol, la créosote, l'acide chromique dont les propriétés sont entre autres très-toxiques, servent principalement à la conservation des cadavres et des pièces anatomiques.

Les substances alimentaires exigent une autre classe d'antiseptiques et, pour leurs applications, il est avant tout nécessaire de faire choix des corps qui n'ont aucune action nuisible sur l'économie animale; les corps les plus recommandables dans ces cas sont : l'alcool, le sel marin, les bisulfites de chaux ou de soude et l'acide salicylique dont les propriétés remarquables ont été fort appréciées dans ces derniers temps.

Le sel marin, tout le monde le sait, a son emploi tout indiqué dans la conservation des poissons et des viandes salées, mais en raison des proportions considérables auxquelles il doit être mis en œuvre, il ne peut, malgré son bas prix, et à cause de son goût, être mis en comparaison avec l'acide salicylique qui agit par millièmes et par 10/1,000ᵉ. Aussi se sert-on déjà avec avantage de cet antiseptique pour la conservation des bières, des vins, des confitures, du beurre, de la viande, du poisson, des extraits de plantes, des sirops, etc.

L'acide phénique et la créosote sont évidemment d'aussi puissants antiseptiques que l'acide salicylique, mais en raison de leur odeur, de leur goût et de leur action toxique, ils ne peuvent servir que comme moyen d'assainissement des appartements, salles d'hôpital, water-closets; en médecine ils sont fort appréciés pour la cicatrisation et l'entretien des plaies. (Pansements Lister).

Au point de vue médicinal, il y aurait presque un volume à écrire sur les antiseptiques, aussi nous bornons-nous simplement à indiquer sommairement que l'étude de la physiologie nous a permis de classer les maladies générales en deux catégories bien distinctes, les unes sont appelées maladies nerveuses, et les autres maladies septiques. Ces dernières sont celles qui affectent le plus notre organisme, et c'est aussi pour les combattre que l'on a recours aux substances antiseptiques, telles que le camphre, le phénol, la créosote, la quinine, l'acide salicylique, les salicylates, l'acide benzoïque et les benzoates.

Nous devons à Raspail d'avoir démontré un des premiers l'utilité des antiseptiques ; en dernier lieu Pasteur, par ses brillants travaux, a éclairé cette question des ferments en indiquant le moyen de les combattre lorsqu'ils commencent à devenir nuisibles. Son système consiste à détruire les ferments au moyen de la chaleur.

Le froid agit aussi comme antiseptique en ce sens qu'il empêche la formation ou l'éclosion des germes; c'est grâce au froid que l'on maintient en état de conservation toute espèce de substance capable de se décomposer à la température ordinaire. — V. Conserves alimentaires, Froid.

* ANTISTATIQUE. T. de minér. Minéraux dont les cristaux présentent des facettes à figures irrégulières ou symétriques.

* ANTISTIQUE. T. de minér. Minéraux dont les cristaux offrent des rangées de facettes tournées en sens inverse.

* ANTOIT. T. de mar. Sorte de levier coudé et

pointu par une de ses extrémités, dont se servent les charpentiers de marine.

* ANZIN (Mines d'). Les concessions formant l'agglomération des mines d'Anzin renferment toutes les variétés de houille, depuis la houille grasse maréchale, propre aux usages de la forge et à la fabrication du coke, jusqu'à la houille maigre anthraciteuse dont l'usage est limité à la cuisson des briques et de la chaux.

Voici la désignation de ces diverses catégories à partir de la base du terrain houiller, en remontant suivant l'ordre de superposition :

Houille maigre anthraciteuse. Elle sert à la cuisson des briques et de la chaux. On l'exploite à Fresnes et à Vieux-Condé, où quatorze couches réparties sur une épaisseur de terrain de 310 mètres, forment un massif de charbon d'une épaisseur de 8ᵐ,30. Cette houille ne renferme que 7 1/4 0/0 de matières volatiles.

Houille maigre quart-grasse. On l'emploie au chauffage des chaudières à vapeur, aux foyers domestiques, dans les fours à chaux, etc. Elle est exploitée à Fresnes-Midi, où on compte quatorze couches dans une épaisseur de terrain de 480 mètres, donnant une puissance en charbon de 9ᵐ,60. Elle renferme 9 0/0 de matières volatiles.

— D'après les documents authentiques, la houille, ou charbon de terre, était déjà exploitée dans le pays de Liége et dans le Hainaut, dès le commencement du XIIIᵉ siècle, et, à la fin du XVIIᵉ on comptait aux environs de Mons cent vingt fosses ou puits houillers occupant 5,000 ouvriers.

Après que les conquêtes de Louis XIV eurent séparé le Hainaut français du Hainaut impérial autrichien, en vertu du traité de Ryswick, du 20 septembre 1697, la partie du Hainaut réunie à la France ne renfermait aucune mine de houille ouverte.

Aussi les habitants de cette contrée songèrent bientôt à ouvrir des mines comme leurs voisins et de nombreuses recherches, toutes infructueuses, furent faites à proximité de la frontière, pendant les vingt premières années de l'annexion, pour y découvrir la houille.

Cependant, en 1716, à la date du 1ᵉʳ juillet, Jacques, vicomte Desandroin, qui exploitait déjà des mines à Charleroi, forma avec son frère Pierre, maître de verreries à Fresnes ; Taffin et Desaubois, et cela en vertu d'un privilége du roi, une Société pour rechercher la houille dans les environs de Valenciennes.

Les travaux furent immédiatement commencés sous la direction de Jacques Mathieu, ingénieur praticien de Charleroi. Six fosses furent successivement foncées et abandonnées, par suite de l'abondance des eaux, avant d'avoir atteint le terrain houiller. Le charbon ne fut découvert que le 3 février 1720; il était maigre et ne pouvait servir qu'à la cuisson des briques et de la chaux, et, comme si la fatalité s'était attachée à l'entreprise, la veille de Noël de la même année, le cuvelage (V. ce mot) se rompit, les eaux submergèrent les travaux et l'entreprise fut abandonnée.

Jacques Desandroin, ce promoteur des mines d'Anzin, ne se laissa pas abattre et, certain désormais de la présence de la houille, il forma une nouvelle Société dont le but était surtout d'arriver à la découverte de la *houille maréchale.*

Deux nouveaux puits furent ouverts, et en août 1723, on découvrit une belle veine de charbon. Malheureusement c'était toujours de la houille maigre, brûlant presque sans flamme et dont les usages étaient très-limités. Néanmoins l'exploitation de Fresnes était fondée, mais on ne réalisait aucun bénéfice. On fit encore des travaux infructueux et, après bien des tentatives, Pierre Mathieu, fils de Jacques, finit par rencontrer la *houille grasse maréchale*, le 24 juin 1734, à la fosse du Pavé, sur Anzin.

De 1716 à 1735, on avait creusé trente-quatre puits et dépensé 1,413,103 livres, somme énorme pour l'époque. La compagnie Desandroin, aidée par le gouvernement, commença seulement alors à trouver la récompense de ses persévérants sacrifices et, au bout de quelques années, elle commençait à prospérer, quand survint un nouvel adversaire. C'était le droit d'exploiter dont disposaient les seigneurs haut-justiciers, selon la législation féodale. Atteinte dans la propriété de ses concessions par le prince de Croy, qui avait découvert la houille près de Condé, en 1749, et le marquis de Cernay, qui avait ouvert en 1754, des puits sur Raismes et à Saint-Waast-le-Haut, elle était sur le point de succomber, quand intervint, le 18 novembre 1757, un contrat de transaction et d'association perpétuelle, signé au château de l'Ermitage, près Condé, et qui forme encore aujourd'hui la charte de la compagnie d'Anzin.

Cette transaction fut validée, en 1759, par arrêt du Conseil.

A cette époque, la compagnie d'Anzin se trouvait en possession des quatre concessions d'Anzin, de Raismes, de Fresnes et de Vieux-Condé.

L'avoir social fut, selon l'usage assez adopté à cette époque dans la contrée, divisé en 24 sols ainsi répartis :

Au prince de Croy et ses agents	4 sols.
Au marquis de Cernay	8 »
A la compagnie Desandroin et Taffin	9 »
A la compagnie Desaubois et Cordier	3 »
Total	24 sols.

Chacun de ces 24 sols était encore divisible en 12 deniers, ce qui portait à 288 le nombre des parts sociales. Ce nombre de parts est resté le même, bien que par la suite on ait joint aux concessions primitives, reprises pour 22,706 hectares, les concessions de Denain, Saint-Saulve, Odomez et Hasnon, ce qui porte l'étendue totale des concessions à 28,054 hectares, soit à un peu plus de la moitié de l'étendue des concessions formant le bassin houiller du Nord ou de Valenciennes.

Plus tard, les deniers furent divisés en dixièmes et, au commencement de juin 1875, en centièmes de deniers qui se négocièrent à cette époque, à la bourse de Lille, au cours moyen de 12,500 francs.

Revenons à l'historique de la compagnie d'Anzin.

De 1757 à 1791, elle creusa soixante-douze puits, dont quarante-trois seulement réussirent. Si on y joint les quatre-vingt-quatorze puits qui avaient été foncés par les compagnies devancières, on arrive à un total de cent soixante-six puits, dont quatre-vingt-dix seulement purent être utilisés.

En 1791, il restait seulement en activité trente-sept puits, dont vingt-huit pour l'extraction de la houille et neuf pour l'épuisement des eaux.

Les travaux, conduits avec intelligence et activité, se développaient sur la plus large échelle, et il est bon, à ce sujet, de relever quelques chiffres, puisqu'il s'agit de la première Société houillère de France.

En 1783, la compagnie des mines d'Anzin employait déjà plus de 3,000 ouvriers. Elle en utilisait 4,000 en 1789. Elle avait, en outre, douze machines à vapeur et 600 chevaux pour l'extraction et la voiturage. Elle extrayait, de 1779 à 1783, 175,000 tonnes de houille par an, et 280,000 tonnes en 1790.

Cette quantité énorme de houille extraite amena la baisse de prix de ce combustible. En 1734, le charbon belge valait à Valenciennes 15 francs la tonne. La découverte de la houille à Anzin fit baisser ce prix à 12 francs et remonta à 8 francs. En 1756, il était de 9 francs et subsista à ce prix jusqu'en 1782. Il remonta à 10 francs en 1785 et, au

moment de la Révolution, le département du Nord en consommait 300,000 tonnes.

Le salaire du mineur était de 14 sous 1/2 en 1755, de 20 sous en 1734, et de 22 sous 1/2 en 1791.

Les bénéfices de la compagnie des mines d'Anzin étaient, en 1764, de 300,000 livres; en 1775, de 400,000; en 1779, de 700,000, et en 1788, d'après l'estimation du préfet Dieudonné, de 1,400,000 livres.

D'un registre écrit de la main du marquis de Cernay, et déposé au district de Valenciennes, il résulte que : « le marquis de Cernay, propriétaire de 2 sous 1 denier et 5/19es de denier, a reçu pour sa part, dans le profit des mines d'Anzin, année commune, depuis 1764 jusqu'en 1783, 47,474 livres, » soit environ 1,900 livres au denier.

En 1781, le denier d'Anzin se vendait 33,250 livres et, en 1791, sa valeur devait être double.

Le capital représenté par les parts d'intérêts, correspondait donc à 9,576,000 livres en 1781 et à près de 20 millions en 1791.

On a vu plus haut ce qu'il était devenu depuis.

Voici, d'après les relevés du préfet Dieudonné, quelles étaient les recettes et les dépenses des mines d'Anzin en 1789.

<u>RECETTES.</u>

280,000 tonnes de houilles extraites	3,395,010 fr.

Soit 12 fr. 12 par tonne.

<u>DÉPENSES.</u>

4,000 employés et ouvriers à 275 francs en moyenne par an	1,100,000 fr.
40,000 stères de bois pour le soutènement des galeries, puits, etc. à 7 fr. 50	300,000
30,000 tonnes de houille consommée pour le chauffage des machines à feu, d'épuisement, des bâtiments, etc.	270,000
Entretien et achat de chevaux	593,300
Total	2,263,300 fr.

Soit 8 fr. 08 par tonne.

D'où résulte un bénéfice annuel de 1,131,700 francs ou 4 fr. 04 par tonne de charbon.

La Révolution française vint modifier toutes les conditions de la nouvelle industrie des mines de houilles du Nord.

La guerre ravagea ses établissements, le pays fut envahi par les Autrichiens, les magasins furent pillés et les travaux abandonnés. La plupart des sociétaires durent émigrer ainsi que le directeur-gérant. Leurs parts furent confisquées par la République qui fut ainsi substituée à leur place. Enfin, parut la loi du 17 frimaire an III, qui autorisait les citoyens intéressés dans les établissements de commerce ou manufactures, dont un ou plusieurs associés avaient été frappés de confiscation, « à racheter de la nation les portions confisquées sur leurs sociétaires, à la charge d'entretenir ces établissements en activité et de demeurer seuls soumis aux dettes sociales.

Il résulte des pièces visées dans un avis du Directoire du district de Valenciennes, du 18 germinal an III, que « des 24 sous, dont la Société d'Anzin est composée, 14 sous 1 denier et une portion appartiennent à la République par l'émigration des propriétaires, et que, suivant l'état de l'actif et du passif dudit établissement, dressé par les experts-arbitres, l'actif ne dépasse le passif que de 4,105,327 livres 16 sous 5 deniers, dont il revient à la République 2,418,505 livres 18 sous 5 deniers pour les intérêts des émigrés. »

Le 23 prairial an III, l'administration du district de Valenciennes signa, au profit de Desandroin, l'acte d'abandon et de cession par la République des parts d'émigrés, moyennant le paiement de 2,418,505 livres, et l'obligation de maintenir les établissements dans la plus grande activité possible.

M. Desandroin transféra les 14 sous 4 deniers des émigrès, partie à **titre** de restitution, à plusieurs de ses anciens associés, partie à de nouveaux sociétaires.

Le calme succédant à l'orage révolutionnaire, les besoins du commerce se faisant sentir, le travail des mines reprit avec vigueur, de nouvelles fosses furent ouvertes, l'exploitation se développa et recommença à être fructueuse en 1805. Toutefois, les guerres de l'empire arrêtèrent encore son essor, et ce ne fut qu'en 1818 que l'extraction revint au taux qu'elle avait atteint avant la Révolution. En 1820, la production était d'environ 250,000 tonnes.

De grandes difficultés s'opposaient cependant au développement des exploitations de la Société d'Anzin, à l'est et à l'ouest, d'un côté, par une épaisseur considérable de terrains crétacés qui recouvrent la formation houillère et qui donnent un volume d'eau énorme, lors du foncement des puits; et de l'autre, à l'ouest, à la hauteur du village de Saint-Waast, par le *torrent*, qui offre des difficultés d'épuisement inouïes.

Ce *torrent* — pour nous servir de l'expression locale — consiste en une couche de sables grisâtres, à grains opaques, plus ou moins gros, mêlés d'argile plastique provenant de la décomposition des schistes houillers. Cette couche contient de grandes quantités de pyrites, du bois et des végétaux fossiles. Elle paraît appartenir à l'étage inférieur du terrain crétacé.

On la trouve entre Saint-Waast et Denain au-dessous du *tourtia*, reposant sur le terrain houiller, sur une étendue de 8 kilomètres sur 4 kilomètres.

Son épaisseur moyenne est de 7 à 8 mètres; l'eau qu'elle donne est salée, et, quoique séparée du niveau des eaux potables par des *dièves* (argiles imperméables), on ignore si elle n'est pas alimentée par des courants souterrains, parce qu'après quarante-sept ans d'épuisement, pendant lesquels on a enlevé 843 millions d'hectolitres, le niveau de l'eau que l'on avait fait baisser de 54 mètres, s'est relevé de 10 mètres depuis sept ans, époque de la suspension de l'épuisement.

Il y avait là un danger pour les exploitations, et la compagnie se décida, en 1819, à vaincre ce dernier obstacle. Elle mit trois années à préparer le drainage du *torrent* par une longue galerie, en 1822, elle en attaqua résolument l'épuisement par huit fosses munies de machines qui opérèrent presque en même temps que la galerie. Mais, dans la crainte que le résultat ne se fît trop attendre, elle ouvrit un nouveau puits à Abscon; le charbon y fut trouvé en 1822 et elle y créa alors l'établissement de ce nom.

En 1826, le *torrent* est franchi à Saint-Waast, quoique non épuisé. Les fosses nouvelles commencent à donner des produits et un sondage constate le terrain houiller à Denain et l'absence du *torrent*. La fosse Villars est ouverte l'année suivante; le charbon y est découvert le 30 mars 1828 et l'établissement de Denain est fondé.

En 1855, on ouvre la fosse Thiers à Saint-Saulve, et elle forme, aujourd'hui, à elle seule, un établissement très-productif.

En 1866, un nouveau siège d'exploitation a été établi à Haveluy, et les travaux s'y développent avec rapidité.

En 1873, trois puits conjugués ont été ouverts à l'est de Vieux-Condé, ils portent le nom de — le Général-Chabaud-Latour — et déjà cet établissement nouveau donne d'excellents résultats.

Enfin, ces temps derniers, un puits nouveau a été établi à la fosse Renard, de Denain; une installation nouvelle et puissante permettra de tirer parti du riche gîte houiller qui y est connu. On doit, sous peu, ouvrir un établissement nouveau à Wallers pour l'exploitation du faisceau méridional des couches maigres; on le mettra en communication avec une fosse de recherche que l'on doit ouvrir dans la concession d'Hasnon.

Le nombre des puits qui ont été percés dans les diverses concessions qui forment l'apanage de la compagnie d'An-

zin depuis 1716, est de deux cent quatorze, dont cent dix-huit pour l'extraction, quarante-six pour l'épuisement ou l'aérage et cinquante qui ont été improductifs ou ont échoué.

Actuellement, il en reste cinquante-trois ouverts, dont vingt et un en extraction, deux en exécution et vingt-quatre servant à l'aérage ou à l'épuisement.

Les concessions de la compagnie sont au nombre de huit, savoir :

1° La concession de FRESNES, accordée à MM. Desandroin et Taffin, le 8 mai 1717. Elle s'étendait alors sur les terrains concédés depuis à M. de Croy, à Fresnes, et à M. de Cernay, à Raismes. Ses limites, fixées par un arrêté du 29 ventôse an VII (19 mars 1799), lui donnent une surface de.. . . . . 20 kilomèt. 730

2° La concession d'ANZIN, accordée le 8 mai 1717, à MM. Desandroin et Cie et limitée par l'arrêté précité, à . . . . 118 » 518

3° La concession de VIEUX-CONDÉ, accordée à perpétuité à M. de Croy, le 14 octobre 1749 et le 20 avril 1751, d'une contenance de . . . . 39 » 620

4° La concession de RAISMES, accordée à M. de Cernay, le 13 décembre 1754 et le 18 mars 1755. Ses limites, fixées par l'arrêté du 29 ventôse an VII, lui donnent une surface de. . . . . . 48 » 197

5° La concession de SAINT-SAULVE (achat du 31 octobre 1807 et 1808). . . 22 » »

6° La concession de DENAIN, obtenue par ordonnance royale du 5 juin 1831. Elle contient. . . . . 13 » 437

7° La concession d'ODOMEZ (ordonnance royale du 6 octobre 1832). . . . 3 » 360

8° La concession d'HASNON (ordonnance royale du 23 janvier 1840) achetée par la compagnie d'Anzin, le 19 mai 1843 . . . . 14 » 083

         Total. . . . . . 279 kilomèt. 945

Ces concessions sont contiguës, elles ont une surface de 279 kilomètres carrés 945/1000es, soit un peu plus de 20,800 hectares.

Elles existent sur une étendue, de l'est à l'ouest, de 28 kilomètres, depuis la frontière belge jusqu'à la route de Bonchain à Marchiennes, et sur une largeur moyenne de 10 kilomètres.

Nous avons parlé plus haut des terrains crétacés qui recouvrent la formation houillère, terrains qui sont généralement aquifères et qui offrent d'énormes difficultés pour le fonçage des puits. La réunion de ces terrains, de la formation tertiaire et des alluvions, est connue dans le pays sous le nom de *morts-terrains*. Le terrain houiller qu'ils recouvrent dans toute l'étendue des concessions est préservé des infiltrations des eaux pluviales par des couches de terrains imperméables, *dièves* et *fortes-toises* qui se trouvent: à la base du terrain crétacé et dans lesquels on établit la base des cuvelages. — V. CUVELAGE.

L'épaisseur de ces morts-terrains est très-variable: elle est de 6 mètres à la partie orientale des concessions, près de Bonsecours (frontière belge); de 25 à 30 mètres à Vieux-Condé; de 35 à 40 à Fresnes; de 130 au puits Thiers; de 240 à Bruai (Nord); de 40 à 110 à Anzin; de 70 à 80 à Saint-Waast et Denain et de 110 à Abscon.

* **APANON.** *T. de carross.* Morceau de fer qui fixe au train la flèche d'une voiture.

* **APERÇOIR.** *T. de mét.* Plaque de tôle placée de chaque côté du billot sur lequel porte la meule de l'épinglier.

* **APÉRITOIRE.** *T. de mét.* Plaque du tour à empointer les épingles; elle sert à égaliser les fils de laiton.

* APHRODITE. *Myth.* Un des noms de Vénus. Les poëtes disent, d'après Hésiode, qu'elle naquit de l'écume de la mer.

APIÉCEUR, EUSE. *T. de mét.* Celui ou celle qui travaille à la pièce. Chez les tailleurs, on donne ce nom à l'ouvrier qui fait le montage du vêtement.

* APLAIGNER ou APLANER. *T. de métier.* Action de coucher d'un même côté les brins de la laine des draps, couvertures, etc.

* APLAIGNEUR, EUSE. *T. de métier.* Celui ou celle qui aplaigne. On dit aussi *aplanisseur.*

* APLANER. *T. de métier.* Action de polir un morceau de bois avec un outil nommé *plane.* || Ce mot a aussi le sens de *aplaigner.*

* APLANEUR. *T. de mét.* Ouvrier qui aplane le bois. || Ce mot a aussi le sens de *aplaigneur.*

* APLANISSEUR. *T. de mét.* — V. Aplaigneur.

* APLAT. *T. de mét.* Pièce de drap qui se pose à plat sur un vêtement.

APLATISSAGE DE CORNES. Opération qui consiste à préparer les cornes de bœuf, de buffle, pour en faire des feuilles ou *plaques,* c'est-à-dire des morceaux aplatis, plus ou moins grands et plus ou moins épais, suivant la grandeur des cornes. Ces plaques sont ensuite livrées au commerce, pour servir à fabriquer soit des peignes et de la tabletterie, soit de la bijouterie, ou encore une foule d'autres articles de consommation très-usuelle, et dont l'énumération serait trop longue.

L'industrie de l'aplatissage, en tant que métier unique, ne remonte guère plus haut que le commencement de ce siècle. Pendant longtemps le fabricant de peignes était en même temps *aplatisseur.* Il achetait des cornes entières, les préparait en plaques et ensuite taillait dans ces plaques les différents genres de peignes dont il avait la vente. Il y a même encore, dans certaines contrées, des fabricants de peignes qui procèdent de cette manière. Mais l'industrie du fabricant de peignes prenant une plus grande extension, donna naissance à celle de l'*aplatisseur de cornes.*

L'aplatissage comporte plusieurs opérations différentes, que nous allons indiquer :

1° Le *débitage* ou *tronçonnage,* qui consiste à couper la corne en morceaux ou tronçons, suivant sa destination, et de manière à l'utiliser le plus avantageusement possible;

2° L'*ouverture,* qui consiste à redresser chaque morceau, par l'action d'une flamme claire. Après avoir fendu ce morceau, au moyen d'une serpe, on indroduit dans la fente le bout d'une grande pince, dite *pince à ouvrir,* au moyen de laquelle on fait mouvoir le morceau sur la flamme°jusqu'à ce qu'il soit en état d'être mis dans la *presse à redresser.* Après un instant, on le retire de la presse, puis on le met dans l'eau froide pour l'empêcher de reprendre sa forme primitive ;

3° Le *grattage* ou le *dolage.* Ces opérations consistent à enlever la crasse ou croûte existant sur les cornes de bœuf ou de buffle. Ce travail exige préalablement un certain nombre de jours de *trempe* dans l'eau, afin d'amollir la surface de la corne, et de permettre d'enlever plus complétement le déchet. Pour le grattage on se sert d'un *grattoir,* et pour le dolage on se sert d'une doloire ou *tille* en terme de métier, sorte d'outil en forme de petite pioche recourbée et emmanchée très-court;

4° La *mise à vert* ou *aplatissage à vert,* qui consiste à serrer fortement dans une presse, après qu'elles ont trempé pendant huit ou quinze jours, les plaques de corne, grattées ou dolées, de manière à les rendre lisses et, autant que possible, régulières d'épaisseur. En les retirant de cette presse, on les met dans une autre presse à plaques de métal froides, dite *presse à refroidir,* pour les empêcher de se gondoler. Jusqu'à l'année dernière, on se servait, pour la mise à vert, de presses dont les plaques de fer étaient chauffées simultanément sur le feu, et que l'on serrait au moyen d'un levier ou barre en fer ou encore au moyen de volants. Ce travail, excessivement pénible est aujourd'hui bien perfectionné; l'on emploie des

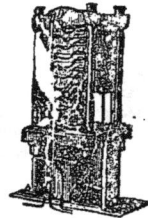

Fig. 96. — *Presse pour l'aplatissage de cornes.*

presses dont les plaques de métal sont chauffées à la vapeur et qui sont serrées au moyen de pompes hydrauliques. Ces presses (fig. 96), construites par M. Morane jeune, ont été appliquées pour la première fois chez MM. Paisseau frères et Perdrizel, à Paris. On obtient par leur usage un produit mieux fini, une grande économie dans la quantité de vapeur employée, en même temps qu'on épargne beaucoup de fatigue à l'ouvrier.

A côté de l'aplatissage à vert, il existe une autre opération que l'on pourrait appeler l'*aplatissage* ou plutôt l'*ouverture à blanc.* Les plaques de corne que l'on choisit comme blanches dans les morceaux tronçonnés, sont seulement redressées et traitées de manière à ce que la couleur blanc mat de ces cornes reste après qu'elles ont été ouvertes. Elles servent alors à faire des peignes blancs, imitation d'ivoire.

Aplatissage d'ergots. L'aplatissage des cornes de pieds de bœuf (ergots) est un travail beaucoup plus simple que le précédent. Après avoir laissé tremper les ergots dans l'eau pendant une quinzaine de jours, on les dole, c'est-à-dire qu'on enlève avec une serpe le peu de crasse ou de déchet qui est sur la surface. On sépare chaque ergot, avec la serpe, en deux morceaux, le dessus et la semelle, puis on aplatit ces morceaux qui sont employés par le fabricant de boutons.

* **APLATISSERIE.** *T. techn.* Atelier de forge où les ouvriers *aplatisseurs* préparent et aplatissent les barres de fer.

APLATISSEUR. Ouvrier qui aplatit le fer || Celui qui aplatit la corne. || *Aplatisseur de grains.* — V. Concasseur.

* **APLATISSOIRE.** *T. techn.* Cylindre qui sert, dans les forges, à étendre et aplatir les barres de fer.

APLOMB. Verticalité. Les ouvriers en bâtiments expriment par ce mot qu'un mur, un par de bois est posé avec justesse, verticalement et perpendiculairement à l'horizon ; ils se servent, pour s'en assurer, d'un plomb suspendu à une corde. On dit plus ordinairement *fil à plomb* ; les ouvriers disent plus brièvement *le plomb*.

— La tour de Pise est un exemple étonnant d'un *hors d'aplomb* ; il a été produit par l'affaissement du terrain et non par la fantaisie de l'architecte. Si du haut de cette tour, haute de 142 pieds, on laisse tomber un fil-à-plomb jusqu'au sol, on trouve 12 pieds de distance entre le plomb et la base de l'édifice.

* **APLOME.** *T. de minér.* Variété de grenat d'une couleur brun foncé.

* **APOGRAPHE.** *T. techn.* Nom d'un instrument qui sert à copier des dessins.

* **APOINTISSER.** *T. de mét.* Faire la pointe.

* **APOLLON.** *Myth.* Fils de Jupiter et de Latone, dieu de la poésie, de l'éloquence, de la musique et des arts. On le nomme aussi Phœbus, parce qu'il conduisait le char du soleil. Dès l'origine de la statuaire grecque, les artistes lui ont donné le type idéal de la beauté juvénile ; on le voit représenté avec divers attributs sur les médailles, les pierres gravées et les peintures qui sont parvenues jusqu'à nous : un fouet dans la main droite et portant la boule du monde dans la gauche ; jouant de la lyre ou tenant l'arc : il est ordinairement couronné de lauriers et monté sur un char traîné par quatre chevaux, parcourant le zodiaque. Raphaël, dans sa belle fresque du Parnasse, l'a placé au milieu des muses ; l'*Apollon lycien* que possède le Louvre nous le montre un bras ployé sur la tête et un serpent à ses pieds. L'*Apollon de Belvédère* est certainement la plus parfaite et la plus célèbre de toutes les figures de ce dieu ; cette admirable statue, chef-d'œuvre d'un artiste de génie dont le nom est inconnu, a été retrouvée à Porto-d'Anzio, où naquit Néron. Elle se trouvait dans la cour du Belvédère au Vatican lorsque Napoléon Ier, après ses victoires en Italie, la fit transporter à Paris : de là son nom. A la chute de l'empereur, elle fut rendue à Rome.

De nos jours, Apollon exerce encore le talent de nos artistes, mais l'œuvre la plus remarquable qu'il ait inspirée dans ces derniers temps est de M. Paul Baudry ; son Parnasse qui décore une des surfaces courbes du plafond de la salle de l'Opéra a fait prononcer le nom de Raphaël par d'enthousiastes admirateurs ; le peintre a représenté Apollon descendant d'un char étincelant dort les coursiers sont retenus par les Heures ; à sa droite les Grâces lui présentent la lyre et le plectre d'ivoire ; sur sa tête vole Eros tenant l'arc qui frappe et le flambeau qui éclaire. Sur la coupole du monument, un groupe en bronze doré aux proportions énormes, représente *Apollon et les Muses* ; il est d'un autre artiste de grand talent, M. Aimé Millet, élève de David.

* **APOLLONICON.** Orgue mécanique. Il fut inventé en 1812 par Flight et Robson, mécaniciens anglais, d'après les plans et les ordres du comte Kirkwal. Les constructeurs mirent cinq années à construire cet ingénieux instrument, qui coûta dix mille livres sterling. Le premier essai fut fait en 1817, et on le fit entendre avec grand succès pendant plusieurs années.

Pour la disposition des jeux et la distribution de l'air dans les tuyaux, l'apollonicon était semblable à l'orgue ; il avait 45 jeux et possédait 1,900 tuyaux dont le plus grand était un sol grave de 24 pieds. Trois cylindres de 2 pieds de diamètre et de 5 pieds de long étaient *piqués* de manière à faire résonner les tuyaux, lorsque ceux-ci n'étaient pas mis en jeu par un organiste. L'apollonicon joua d'abord les ouvertures d'Anacréon, de *Chérubini*, et de la *Clémence de Titus* de Mozart, puis on ajouta à ces deux morceaux l'ouverture de *Prométhée* de Beethoven, de la *Flûte enchantée*, des *Noces*, d'*Idoménée* de Mozart, du *Freyschutz* et d'*Obéron* de Weber, et l'andante de la *Symphonie militaire* d'Haydn.

* **APOLLONION.** Instrument à clavier surmonté d'un automate qui jouait de la flûte. Il fut inventé par un Allemand, en 1800.

* **APOMÉCOMÉTRIE.** Art de mesurer la distance des objets éloignés ; on se sert d'un instrument désigné sous le nom d'*apomécomètre*.

* **APOPHYGE.** *T. d'arch.* Partie d'une colonne qui, sortant de sa base, commence à s'élever. || Moulure qui réunit le fût d'une colonne à la base et au chapiteau.

* **APOPHYLLITE.** *T. de minér.* Substance terreuse qui se présente en masse lamelleuse et souvent à l'état cristallisé ; on la trouve associée à certains dépôts métallifères et principalement au fer oxydulé de la Suède et de la Norvége ; elle est diaphane, de couleur blanche et nacrée, quelquefois teintée rouge de chair.

APOTHICAIRE. — V. Pharmacien.

APOTHICAIRERIE. — V. Pharmacie.

* **APOTRES.** *T. de mar.* Nom donné dans la construction navale aux deux allonges d'écubier placées de part et d'autre de l'étrave.

* **Apôtres.** Dans la céramique, on nomme *cruches aux apôtres*, des cruches en grès, fabriquées en Bavière au xviie siècle, et qui représentent en relief les apôtres et les évangélistes. Les musées du Louvre et de Cluny possèdent de beaux exemplaires de ces cruches décorées d'émaux.

* **APOTUREAUX.** *T. de mar.* Bouts d'allonges de l'avant qui servent à amarrer divers cordages.

APOZÈME. *T. de pharm.* Ce mot, omis par beaucoup de dictionnaires, vient du grec Ἀπόζημα, décoction. On s'en sert pour désigner un médicament qui tient le milieu, comme force, entre les tisanes et les potions, et qui est destiné à un emploi défini, d'après lequel le le qualifie ; ainsi l'on dit : *apozème vermifuge, apozème purgatif.* Parmi les plus connus, on doit citer l'*apozème antiscorbutique*, la *tisane de Feltz*, l'*apozème de santé de Lemaire* employé dans les cas de constipation et de mauvaises digestions, etc.

APPARAUX. *T. de mar.* D'une manière générale, on emploie ce mot comme synonyme d'*appareils*, et plus spécialement pour désigner les appareils formés avec des palans et destinés aux grandes opérations de hissage, de matage, etc. Les agrès et les apparaux d'un navire sont la collection de son gréement et de ses machines.

APPAREIL. Machine, collection d'ustensiles et d'instruments, assemblage de pièces propres à faire quelque opération, une expérience ou une préparation quelconque. Ce mot a, relativement au plan de cet ouvrage, un sens si étendu et des applications si nombreuses, que nous devons renvoyer à chacune des industries, l'étude de ses appareils les plus connus et les plus perfectionnés. Nous ne retiendrons ici que les définitions qui sont soumises à l'ordre alphabétique.

1° *T. d'arch.* Art de tailler, d'assembler et de disposer les pierres ou les marbres, selon leur convenance et leur relation, avec telle ou telle partie d'un édifice, d'une construction. On dit d'un bâtiment qu'il est d'un *bel appareil*, quand toutes les pierres sont de même proportion et disposées avec la même symétrie. || 2° Se dit aussi pour distinguer les pierres sous le rapport de leur épaisseur; elles sont de *grand* ou de *petit* appareil, c'est-à-dire d'une plus grande ou d'une moindre épaisseur. — V. Construction. || 3° *T. de chirurg.* Ensemble des compresses, des bandes ou bandelettes qu'on applique sur une plaie, sur une blessure.

APPAREILLAGE. 1° *T. de mar.* Action de tout disposer dans un navire pour partir à la voile ou à la vapeur. || 2° *T. de manuf.* On emploie aussi ce mot, en parlant des tissus, dans le même sens que *apprétage*.

APPAREILLER. 1° *T. de constr.* Action de tracer la coupe de la pierre à ceux qui la doivent tailler, marquer la place qu'elle doit occuper dans une construction. On appareille aussi les moëllons, les pavés qui doivent être assortis et unis entre eux. || 2° *T. de chap.* Apprêter le mélange des laines et des poils qui doivent entrer dans la confection d'un chapeau. || 3° *T. de manuf. de soies.* Préparer, disposer les soies. || 4° *T. techn.* Réunir les diverses pièces qui doivent être assemblées. || 5° Réunir des planches, des pièces de bois ou de tout autre matière qui doivent avoir la même longueur, la même épaisseur, en un mot joindre un objet à un autre semblable. || 6° *T. de mar.* Disposer un navire pour le départ.

APPAREILLEUR. 1° *T. de constr.* Chef ouvrier qui choisit les pierres, dirige ceux qui les taillent et préside à leur pose, d'après les plans de l'architecte; il doit connaître non-seulement le dessin linéaire et la géométrie, mais encore la nature des matériaux qui sont destinés à une construction. || 2° *T. de manuf.* Ouvrier qui, dans les manufactures de soies, prépare le métier, dispose les soies; qui, dans la fabrication des chapeaux, apprête le mélange des laines, des poils.

*** Appareilleur à gaz.** Nom donné aux patrons et aux ouvriers dont le métier consiste à fabriquer et installer les appareils destinés à l'éclairage au gaz. — V. Éclairage au gaz.

APPARITEUR. — V. Préparateur.

APPARTEMENT. Logement composé de plusieurs pièces d'habitation de grandeurs diverses, et propres chacune à un usage particulier.

— L'habitation des anciens se composait généralement de pièces petites, mais distribuées commodément et bien orientées; les Grecs la divisait en deux appartements : le *gynécée*, réservé aux femmes, se trouvait dans la partie la plus retirée, et l'*andron*, où les hommes seuls étaient admis, occupait le devant du bâtiment. Les architectes de la Renaissance, qui édifièrent les splendides palais de l'Italie et de la France, préoccupés de la vie fastueuse des souverains et des grands seigneurs de cette époque, imaginèrent ces vastes appartements, dont la décoration somptueuse rehaussait l'éclat des fêtes qui s'y donnaient. Le xviiie siècle commença la distribution de la maison en appartements distincts; mais l'accroissement de la population dans les villes a depuis imposé l'obligation de restreindre l'emplacement des maisons et à leur donner en élévation ce que la cherté des terrains leur a fait perdre en étendue; on chercha alors à donner aux appartements des dispositions qui permissent de rendre les pièces confortables et aussi indépendantes que possible les unes des autres. Les appartements des maisons construites dans les nouveaux quartiers de Paris, sont généralement distribués avec goût et commodité.

*** APPARTENANCE.** *T. de sell.* Se dit de tout ce qui ne fait pas partie essentielle de la selle, telles que les sangles, la croupière, etc.

APPAUMÉ, ÉE. *Art hérald.* Se dit de la main, quand on voit la paume.

*** APPAUVRI.** *T. de min.* État d'un filon lorsque le minerai devient moins abondant.

*** APPEL.** 1° Outre les significations étrangères à cet ouvrage, ce mot est usité, en *typographie*, pour indiquer par un signe placé dans le texte que l'auteur a mis une note, soit en marge, soit au bas de la page, soit à la fin du chapitre ou du volume; on dit alors *appel de note.* || 2° *Appel d'air*, Introduction, dans un foyer, de l'air nécessaire à la combustion.

APPENDICE. *Art hérald.* Se dit de la queue, des griffes, des cornes des animaux.

APPENTIS. Petit toit en forme d'auvent appuyé d'un côté à un mur et soutenu de l'autre par des poteaux. L'appentis sert souvent à couvrir des escaliers extérieurs.

*** APPERT (François).** Inventeur du procédé qui porte son nom pour la conservation des viandes. François Appert commença ses expériences en 1796. En 1804 une commission officielle réunie à Brest en constata les résultats. La Société d'encouragement lui décerna des médailles en 1816 et en 1820, et un prix de 2,000 francs en 1822. A l'Exposition de 1827 et à celle de 1835, il obtint une médaille d'or. En 1836, le ministre de l'intérieur lui accorda une récompense de 12,000 francs à la seule condition, pour Appert, de rendre ses procédés publics. Il s'exécuta avec loyauté en publiant vers la fin de 1836 le *livre de tous les ménages* ou *Art de conserver pendant plusieurs an-*

nées toutes les substances animales et végétales. Ce livre fut traduit dans toutes les langues et la divulgation du procédé empêcha Appert de profiter de sa découverte. Ce fut en 1809 que parurent les premiers produits dus à cette méthode, qui constitue un des plus précieux bienfaits dont l'humanité ait été enrichie et une des plus utiles acquisitions de la civilisation moderne.

M. L. Figuier nous apprend que F. Appert était loin d'appartenir à la classe des savants, car il était simple confiseur dans la rue des Lombards, et portait le titre bizarre d'*élève de bouche de la maison ducale de Christian IV.* Le savant écrivain est en contradiction avec le Bottin de 1798, qui place Appert, 21, rue Neuve-Saint-Merri et le fait épicier.

Le frère d'Appert était un auteur de talent et un philanthrope distingué qui s'est occupé avec beaucoup de dévouement de l'amélioration du sort des prisonniers.

Le procédé Appert que Gay-Lussac analysa pour la première fois en 1810, consistait à enfermer dans des vases hermétiquement bouchés les produits à conserver, et à plonger ces vases pendant 8 à 10 minutes dans l'eau bouillante. Appert renfermait les viandes et les légumes dans des vases de terre; ce fut un nommé Collin, épicier, qui, le premier, remplaça les vases par des boîtes de fer-blanc.

François Appert était né à Paris en 1780, il mourut en 1840, à Massy (Seine-et-Oise), dans un état voisin de la misère. — V. Conserves alimentaires.

* **APPLICAGE.** *T. techn.* Action d'appliquer quelque chose pour l'ornement ou la solidité d'un objet; dans la céramique, c'est l'opération qui consiste à rapporter sur une pièce les garnitures qui la complètent et qui sont fabriquées séparément.

* **APPLICATION.** Ce mot désigne une bande d'étoffe, de toute espèce, cousue en biais, quelquefois en droit fil, sur une largeur variable et destinée à être appliquée, en général, sur des articles de toilette.

Au moyen de ces applications fixées aujourd'hui par des piqûres faites à la machine, les fabricants ou confectionneurs obtiennent des effets nouveaux ou des dessins que la mode consacre.

Les applications sont usitées dans l'ameublement, dans la confection pour hommes et pour femmes, et surtout dans la lingerie. On donne aussi le nom d'application à des motifs détachés de broderies ou de dentelles qu'on ajoute ou qu'on adapte à des étoffes. Enfin, on appelle *application,* un genre de dentelle spéciale qui consiste dans l'application sur tulle, de fleurs isolées ou d'autres motifs travaillés au fuseau ou à l'aiguille. — V. Angleterre (Point d'). || 2° *T. techn.* La superposition des matières d'ornement sur la pierre, la brique, le moellon ou le bois, d'un métal sur un autre, le placage des objets d'ébénisterie et de tabletterie, l'étamage des glaces, sont des applications.

APPLIQUE. *T. techn.* Se dit de toute pièce qui s'assemble, qui s'enchâsse ou qu'on ajuste avec une autre. On appelle *pièces d'applique,* toute pièce assemblée par charnières, rivures ou écrous. || Support auquel on a fixé une ou plusieurs branches propres à recevoir un système d'éclairage quelconque, et qu'on applique contre le mur d'une pièce d'habitation || Plaque d'ornement.

* **APPLIQUEUSE.** *T. de mét.* Dans les fabriques de dentelles dites d'*application,* on nomme ainsi l'ouvrière qui applique des fleurs sur la dentelle. — V. Angleterre (Point d').

APPOINT. Ce qui sert à parfaire un payement qui ne pourrait être effectué en entier avec les espèces principales dont on s'est servi pour le faire.

— Aux termes de l'article 2 du décret de 1810, on ne peut employer la monnaie de cuivre ou de billon dans les payements que pour appoint de la pièce de 5 francs, c'est-à-dire pour une somme qui n'atteint pas le chiffre.

* **APPOINTAGE.** 1° *T. techn.* C'est le dernier foulage que l'on fait subir aux cuirs, avant de les mettre au suif. || 2° Action de faire la pointe.

APPOINTÉ, ÉE. *Art hérald.* Se dit des pièces qui se touchent par la pointe, épées, sabres, chevrons, etc.

APPOINTER. *T. techn.* 1° C'est fouler un cuir une dernière fois avant de le passer au suif. || 2° Tailler en pointe un bâton, un crayon, etc. || 3° Coudre les bouts d'une pièce d'étoffe pour qu'elle ne se déroule pas. || 4° Marquer avec soin la pointe des fleurs d'une broderie. || 5° Chez les bourreliers, action de percer deux morceaux de cuir dont on veut joindre les bords par quelques points que l'on nomme *appointures.*

* **APPONDURE.** *T. techn.* Perche qui sert à fortifier un train de bois.

APPRENTI, APPRENTISSAGE. (Contrat d'apprentissage). On appelle apprentissage soit l'enseignement donné par un maître ou toute autre personne à celui qui veut étudier une profession ou un métier, soit le temps pendant lequel est reçu cet enseignement.

C'est en employant le mot avec cette double acception qu'on dit vulgairement : faire son apprentissage, être en apprentissage.

La personne qui apprend les secrets d'une profession et acquiert les connaissances d'un métier s'appelle *apprenti.*

En général, l'apprenti est celui qui s'adonne à l'étude d'une profession manuelle; et c'est à celui qui apprend les arts ou embrasse une carrière libérale qu'est réservé le nom plus élevé d'*élève.*

L'apprentissage est l'un des actes les plus importants, sinon le plus important, de la vie des « gens de métier ». Sans apprentissage l'ouvrier ne peut pas posséder son métier : car un métier pas plus qu'une science ou qu'un art, ne peut s'apprendre sans l'initiation lente et progressive à tous les éléments et à toutes les connaissances dont il se compose.

L'apprentissage se propose un double objet : l'étude d'une profession et l'éducation morale de l'enfant; il fait de l'atelier non pas seulement une école, mais une école de mœurs et comme un second foyer domestique.

M. Mollot, dans son Code de l'ouvrier, a dit de l'apprentissage « qu'il est la pépinière de l'industrie ». Cette image révèle un des caractères les plus élevés de l'apprentissage ; elle nous montre les apprentis grandissant et se développant sur le sol national et répandant la richesse et la fécondité dans les champs de l'industrie. De là on peut conclure que plus il y aura d'apprentis dans un État et mieux leur éducation sera dirigée, plus il y aura d'ouvriers habiles et distingués et plus l'industrie sera prospère. Les nations ne sont pas seules intéressées dans la question de l'apprentissage mais la société, l'humanité tout entière ; aussi, il importe que l'apprenti qui reçoit en même temps et son enseignement professionnel et son éducation morale, ne soit pas traité comme un instrument docile ou une bête de somme par un maître avide de tirer de lui une somme de travail supérieure à ses forces, mais comme une créature humaine d'autant plus digne d'intérêt et de respect qu'elle est plus jeune et plus faible.

Nous aurons, malheureusement, l'occasion de voir combien les idées de justice et d'humanité ont été lentes à se faire jour et à pénétrer dans la pratique de l'apprentissage. C'est cette triste vérité que démontre l'histoire de la condition des apprentis.

— Il est très-rarement question dans les textes hébraïques des professions manuelles et de l'organisation du travail chez les Israélites ; cependant, chez aucun peuple de l'antiquité le travail ne fut tenu en plus grand honneur et, nulle part ailleurs, l'homme de métier n'a joui d'une aussi respectueuse considération. Les hommes les plus illustres dans la Synagogue exerçaient les plus humbles professions, et les docteurs du Talmud prescrivaient à tous les pères de famille de faire apprendre un métier à leurs fils. Les professions se transmettaient dans les mêmes familles ; toutefois, bien que l'hérédité professionnelle fût la règle, il y avait des corps d'arts et métiers, indépendants les uns des autres, presque toujours groupés dans le même quartier et jouissant d'une organisation spéciale. Il résulte des textes très-rares et tout à fait disséminés d'où sont extraits ces renseignements que, s'il y a eu des apprentis chez les Hébreux, ils ont été soumis, de même que ceux qui remplissaient le rôle d'esclaves, à des traitements très-doux et assujettis à une condition dérivant plutôt des usages que des lois et règlements.

Chez les peuples de l'Inde où le travail manuel était l'objet du plus profond mépris et où les artisans étaient parqués dans une caste d'ordre tout à fait inférieur, l'apprentissage était l'objet de dispositions législatives particulières. Une stance du Code de Yajnavalkya était ainsi conçue : « Un apprenti, lors même qu'il sait déjà son métier, demeurera dans la maison du maître jusqu'à la fin du temps convenu, recevant du maître son entretien et lui donnant ce qu'il gagnera. » Ce texte très-net et très-précis contient toute la théorie du contrat d'apprentissage ; il est encore en vigueur aujourd'hui dans la société hindoue et a force de loi auprès des tribunaux purement indigènes, qui échappent à l'application des lois anglaises.

Chez les peuples de l'Orient soumis à la religion musulmane, les classes ouvrières étaient réparties dans les corporations de métiers et les professions étaient héréditaires comme chez les Hébreux. Nous n'avons pas retrouvé de texte spécialement consacré à l'apprentissage mais nous sommes autorisés à croire que l'éducation professionnelle

se ressentait de la douceur des mœurs et de l'humanité des prescriptions contenues dans le Koran, si jaloux du respect dû à l'enfance et des droits des mineurs et des orphelins.

Chardin, dont on connaît le livre si rempli de renseignements intéressants sur la Perse, nous donne quelques détails sur l'apprentissage dans ce pays au XVIIe siècle :

« Quiconque veut lever boutique d'un métier, va au chef de métier, donne son nom et sa demeure qu'on enregistre, et paie quelque petit droit. Le chef n'examine nullement de quel pays est l'artisan, ni de quel maître il a appris son métier, ni s'il le sait bien. Les métiers aussi n'ont point de bornes marquées pour empêcher que l'un n'anticipe sur l'autre. Un chaudronnier fait des bassins d'argent si on lui en donne à faire. Chacun entreprend ce qu'il veut : on ne s'intente point de procès pour cela. *Il n'y a point aussi d'engagement d'apprentissage, et on ne donne rien pour apprendre le métier.* Au contraire, les garçons qu'on met en métier chez un maître, ont des gages dès le premier jour. On fait marché entre le maître et l'apprenti à tant par jour la première année. Deux liards ou un sou par jour, selon l'âge de l'apprenti et la rudesse du métier, et ces gages s'augmentent avec le temps et selon que l'apprenti réussit. La chose est toujours sans engagement réciproque à l'égard du temps, le maître étant toujours libre de mettre son apprenti dehors et l'apprenti de sortir de chez son maître. C'est bien là qu'il faut dérober la science, car le maître, songeant plus à tirer du service de son apprenti qu'à l'instruire, ne se peine pas beaucoup après lui, mais l'emploie seulement par rapport à l'utilité qu'il en peut retirer. »

Chez les Grecs, il n'échappe à personne combien le travail manuel était l'objet d'un profond mépris ; à Sparte, les métiers étaient réservés aux Hilotes ; à Athènes, les Métèques seuls avaient le droit de se livrer au commerce. Cependant une loi de Solon ordonnait au père de faire apprendre un métier à son fils et déclarait déchu du droit de réclamer des aliments pendant sa vieillesse tout homme qui aurait contrevenu à cette obligation. Quelque rares que soient les textes relatifs à l'organisation du travail en Grèce, il est permis de penser que le dédain professé pour les artisans existait plutôt à l'état de principe que dans la réalité. Thémistocle, Périclès et Alcibiade ne reculèrent pas devant la pratique des affaires. Nous trouvons dans Platon beaucoup de pages où les gens de métier sont l'objet d'une appréciation bienveillante. C'est dans la République et dans le Traité des Lois que le disciple de Socrate s'occupe de la classe des artisans ; c'est dans ce dernier ouvrage surtout qu'il trace ou reproduit les règles suivant lesquelles l'enfant doit être initié à la connaissance d'une profession. *« Pour devenir un homme excellent, dit Platon, en quelque métier que ce soit, il faut s'y exercer dès l'enfance...* par exemple, il faut que celui qui veut être un bon architecte s'occupe, dès sa première jeunesse, à bâtir des petits châteaux d'enfant ; que le maître qui l'élève lui fournisse des petits outils sur le modèle d'outils véritables ; qu'il lui fasse apprendre d'avance ce qu'il est nécessaire qu'il sache avant d'exercer sa profession, comme au charpentier à mesurer et à niveler... » « Il n'y a presque pas d'hommes, écrit ailleurs le même philosophe, qui réunisse en soi les talents nécessaires pour exceller en deux arts ou en deux professions, ni même à exercer avec succès un art par lui-même et diriger quelqu'un dans l'apprentissage d'un autre. » Et plus loin : « Le maître qui ne se contente pas de l'exercice d'une profession unique, qui travaille le fer et le bois, ne peut pas dispenser ses soins d'une manière égale à ceux qui, sous ses ordres, apprennent à travailler le fer ou le bois... Si quelque *étranger* exerce deux métiers à la fois, que les magistrats le condamnent à la prison, à des amendes pécuniaires ; qu'ils le chassent même de la cité et le forcent, par la crainte de ces châtiments, à être un seul homme et non plusieurs... » Ces quelques lignes ne peuvent assurément pas jeter sur l'apprentissage chez les Grecs une éclatante lumière, mais elles suffisent à prouver que l'étude sérieuse des métiers avait préoccupé les législateurs et les philosophes et que, malgré les déclarations pompeuses de ses écrivains contre le travail manuel, la Grèce n'en traitait pas moins avec douceur et justice tous ceux de ses enfants qui se livraient aux œuvres serviles !

Chez les Romains, l'existence des corporations ouvrières remonte presque aussi haut que la fondation de Rome elle-même. Ainsi, sous le règne de Numa, on rencontre déjà les corporations des joueurs de flûte, des orfèvres, des ouvriers en bois (menuisiers-charpentiers), des ouvriers en cuir, des forgerons, des potiers, etc. La loi des Douze Tables consacre l'existence des corporations ou collèges et leur reconnaît le droit de se constituer, de s'organiser et de se gouverner comme il leur convient, pourvu que les lois publiques soient respectées. — Les métiers ne sont pas seulement entre les mains des collèges, mais des esclaves; et l'on n'ignore pas que, parmi les esclaves, les uns demeurent attachés à la personne de ceux qui les possèdent et que les autres travaillent pour le public, commercent au profit et sous le nom de leurs maîtres. La concurrence du travail des esclaves toujours redoutable et menaçante pour les corporations ouvrières est considérablement atténuée par la protection particulière qu'accorde Alexandre Sévère aux associations d'artisans. — Devons-nous penser que, à Rome, il n'y ait eu sur l'éducation professionnelle des enfants voués à la pratique des métiers aucune loi, aucun règlement? Tel n'est pas notre avis. Pour les artisans étrangers aux corporations et aux collèges; l'existence de prescriptions relatives à l'apprentissage ne saurait être douteuse; car, dans plusieurs titres du *Digeste*, il est parlé d'enfants apprenant une profession même à leurs maîtres. Ainsi, Julien (1) parle d'un enfant placé chez un cordonnier qui, à la suite d'un acte de violence de son maître, aurait perdu l'œil; et, après avoir observé que le droit de correction peut user le maître envers l'enfant, lors même que ce dernier travaille mal, ne saurait dépasser un léger châtiment (*levis castigatio*), le jurisconsulte décide qu'une action *ex locato* sera accordée au père de l'enfant contre le maître. Ainsi, encore, Ulpien (2) s'occupe du cas où le maître (*magister*) blesse ou tue un esclave (*servus*) durant l'apprentissage; et faisant allusion à l'espèce mentionnée par Julien, il emploie les expressions: *discipulum in disciplina*. Le texte ne répond-il pas à deux ordres de faits bien distincts, à savoir : le travail des ouvriers esclaves et le travail des ouvriers libres; et s'il montre qu'il n'y a pas eu pour désigner l'éducation professionnelle et celui qui était soumis des expressions spéciales, des termes consacrés, ne révèle-t-il pas que l'apprentissage a été connu et usité à Rome, et que, de plus, il a été régi par les lois qui lui étaient propres? Disons, enfin, que d'autres textes des jurisconsultes Paul et Ulpien, dans lesquels il est question de la cruauté du maître et de l'action de la loi Aquilia ouverte au père lorsque son fils est maltraité ou blessé, prouvent, d'une manière éclatante, l'existence de l'apprentissage organisé chez les Romains. Pour les artisans répartis dans les corporations et les collèges (il s'agit, bien entendu, des collèges et corporations licites), il est très-probable que les règlements et les statuts, ceux-mêmes qui fixaient les conditions de réception et les conditions de travail dans le collège, s'occupaient aussi des obligations et du traitement imposés aux apprentis. L'État n'en prenait sans doute pas connaissance, car il se désintéressait volontiers de toutes les questions qui dérivent de la puissance patronale ou dominicale : car il n'aimait pas à intervenir dans les faits et les actes particuliers qui relèvent de l'organisation intime de la famille (et ici nous prenons le mot famille dans son

sens le plus large, s'appliquant non-seulement aux enfants, mais à toutes les personnes, à toute la domesticité, à toute la *gens du pater-familias*). Il devait en être de même pour les corporations : l'État ne voulait point sans doute se mêler à leur administration intérieure. Aussi nous sommes loin de croire que l'humanité et la douceur aient toujours présidé aux leçons données par les membres des collèges (*præceptores-magistri*) aux enfants-apprentis (*discipuli*). La condition des maîtres étant très-dure et très-rigoureuse, combien devait l'être plus encore celle des enfants placés sous leurs ordres !

Dans la Gaule, de même qu'à Rome, on peut regarder l'apprentissage comme un mode de formation et, si je puis dire, de rajeunissement des corporations de métiers et de collèges libres. « Si, dit M. Levasseur (1), les conditions de l'apprentissage, étaient en Gaule, au IVe siècle, ce qu'elles étaient en Orient à la même époque, les parents s'engageaient à fournir tout ce qui était nécessaire à la nourriture et à l'entretien de l'enfant et passaient un contrat par lequel ils abandonnaient au maître son temps et sa conduite pendant un certain nombre d'années.» Et le savant auteur, poussant plus loin son raisonnement par analogie, ajoute: « Le jeune apprenti quittait sa famille pour aller vivre chez son patron, et ne pouvait plus retourner dans la maison paternelle pendant la durée de l'initiation. L'apprentissage commençait de bonne heure... » La vérité de quelques-unes de ces assertions semble être démontrée par une inscription trouvée sur le tombeau d'un jeune esclave, la voici (2) :

« Passant, qui que vous soyez, versez quelques larmes sur l'enfant qui repose ici. Il avait atteint sa douzième année: cher à son maître, cher à ses parents dont il était l'espoir, il a été arraché à eux, et cette séparation a été la cause d'une longue douleur. Il savait de sa main habile fabriquer des colliers et enchasser dans l'or des pierres précieuses. Son nom était Pagus... » Quand l'enfant, après l'apprentissage, était entré dans la corporation, il n'en pouvait plus sortir; sa condition était immuable et la mort seule l'affranchissait des obligations rigoureuses imposées aux membres des corps de métier.

Après l'établissement des Barbares dans la Gaule, la législation sévère qui régissait les artisans fut singulièrement adoucie; en vertu des lois gombette et salique, des amendes, plus ou moins fortes, suivant la nature des métiers, furent prononcées contre ceux qui avaient tué un esclave; ces amendes s'ajoutaient au prix que le maître avait payé pour l'esclave. Ce dernier était tenu de demeurer invariablement dans l'atelier de son maître; il était attaché à ses travaux serviles comme le serf à la glèbe; quelquefois cependant, il obtenait l'autorisation d'entrer en apprentissage chez un ouvrier de renom. Mais cette qualité d'apprenti ne l'affranchissait en aucune manière et la connaissance et la pratique du métier le plus long à étudier ne pouvaient prescrire sa condition.—Il ne devait ni contracter d'emprunt ni se marier sans autorisation, ni rien posséder en son nom propre (3) ; de même que, lorsqu'il travaillait dans l'atelier du seigneur, ses actes n'engageaient point sa responsabilité, ses dettes ne grevaient point des biens que, le plus souvent, il n'avait pas; mais il obligeait son maître qui devait, pour satisfaire les créanciers, ou les rembourser ou leur abandonner le débiteur. De ces divers détails nous croyons pouvoir conclure que c'était le seigneur qui contractait au nom du serf avec l'ouvrier, qu'il fixait lui-même le temps

---

(1) *Digeste*, liv. XIX, tit. II. Locat. cond. leg. 13, § 4.
(2) *Digeste* liv. IX tit. II. Ad. leg. aquil. leg. 5, § 3.

(1) Levasseur, *Hist. des clas. ouv.*, t. 1, p. 55.
(2) Quicunque es, puero lacrimas effunde, viator.
   Bis tulit hic senos primævi germinit (*sic*) annos,
   Deliciæmque fuit domini, spes grata parentum
   Quos malo deseruit longo post fata dolori.
   Noverat hic docta fabricare monilia dextra
   Et molle in varias aurum disponere gemmas.
   Nomen erat puero Pagus...
     (Wall., *Hist. de l'escl.*, t. II, p. 11 et 66.)
(3) Levasseur, *Hist. des clas. ouv.*, p. 117 et 129.

de l'apprentissage, convenait du prix et conservait à sa charge les frais d'entretien et de nourriture. Toutes ces dépenses n'étaient pas faites en pure perte; car le maître devait tirer du serf, après l'apprentissage, des services plus nombreux et plus lucratifs; et, selon toute probabilité, il imputait les sommes déboursées pour l'éducation matérielle de l'esclave sur les gages, déjà si légers, qu'il lui accordait.

Chez les *Wisigoths*, les *Burgondes*, les *Francs*, chez tous les hommes de race gauloise, les lois romaines demeurèrent en vigueur jusqu'au x° siècle. Les corporations ouvrières qui n'étaient plus divisées comme dans la Gaule romaine et dont l'organisation avait été profondément modifiée surent se maintenir jusqu'à l'époque de la féodalité; et, même dans les Codes barbares, quelques-unes. d'entre elles furent l'objet de faveurs particulières : ainsi celles qui s'occupaient de la fabrication des monnaies et du travail de l'or. Saint-Ouen, en effet, nous apprend que le père d'Éloi, voulant développer dans l'esprit de son fils le goût du travail, le mit en apprentissage chez Albon, le plus renommé des orfèvres.

Depuis l'invasion des Germains jusqu'au xII° siècle, l'organisation du travail embrassa les campagnes, les villes et les monastères. Dans de nombreux couvents, les moines se transformèrent en ouvriers et essayèrent de réhabiliter le commerce et l'industrie au nom du christianisme. Cette division tripartite du travail ne lui fut pas favorable et ne donna pas aux professions manuelles un plus considérable développement. En établissant au sein de la société des lignes de démarcation trop profondes, elle rendit les communications difficiles, les échanges pénibles et les relations commerciales en souffrirent.

Du x° au xII°. siècle, la liberté individuelle des artisans demeura, plus étroitement que jamais, confisquée au profit des nobles et des seigneurs qui ne leur accordèrent en échange que de faibles redevances et de maigres salaires. L'apprentissage, pendant cette période, dût être soumis aux mêmes règles que dans la Gaule; toutefois, l'apprenti, au lieu d'être sous les ordres directs du maître, devint le plus souvent le serf de l'artisan, c'est-à-dire l'esclave de l'esclave.

L'affranchissement des communes entraîna l'émancipation des artisans, et c'est à partir du xIII° siècle que l'indépendance des classes bourgeoises et ouvrières fut définitivement fondée et qu'une législation particulière organisa et régit les corporations, les communautés et les corps de métiers. Mais il faut s'empresser de reconnaître que si les corporations ont été une forteresse élevée contre la royauté, les nobles et les seigneurs, un rempart dressé contre l'esprit de la féodalité, elles ont été par rapport à leurs propres membres un instrument d'oppression et de tyrannie; les priviléges et les monopoles passèrent des mains des nobles à celles des chefs des corporations et des maîtres du métier.

C'est à ce point de vue surtout, puisque à partir de cette époque, les apprentis ont une véritable et particulière histoire, que nous devons passer en revue les règlements des corps de métiers.

Les registres des métiers et marchandises de la ville de Paris dûs à Etienne Boileau, prévôt de Paris sous le règne de Louis IX, méritent plus qu'une mention et nous ne craindrons pas de sortir des limites de notre sujet en y recherchant toutes les dispositions intéressantes relatives à la condition des apprentis. L'œuvre, dont l'honneur revient à l'intègre et persévérant prévôt, est d'autant plus digne de notre attention qu'elle a sur tous les règlements postérieurs l'avantage d'émaner en grande partie des corporations mêmes et non de la volonté des souverains et de leurs ministres.

Tous les meuniers de Grand-Pont à Paris (c'est-à-dire tous les meuniers établis dans les moulins flottant sur la Seine auprès du Grand-Pont, appelé maintenant Pont-au-Change) pouvaient avoir autant d'apprentis et de va-

lets qu'ils voulaient; il en était de même des « blœtiers » (marchands de blé), des « vendeurs de toute autre manière. de grains, » des cervoisiers (brasseurs de bière), des potiers d'étain, des fèvres (ouvriers en fer), des morissaux (maréchaux-ferrants), des greffiers (faiseurs de fermetures métalliques), des serruriers.

Nul orfèvre ne pouvait avoir qu'un apprenti « estrange, » c'est-à-dire étranger à sa famille; mais « de son linage ou du lignage de sa femme soit de loing soit de près; » il pouvait en avoir autant qu'il lui plaisait.

Nul ne pouvait avoir d'apprenti de sa famille ou étranger, s'il n'était âgé d'au moins dix ans et mis à même de gagner « cent sols l'an et son dépens de boivre et de mangier. »

Les cardiers de Paris avaient le droit de réunir autant de valets qu'ils voulaient, mais ils ne pouvaient avoir qu'un apprenti, et encore cet apprenti unique ils ne pouvaient le prendre pour moins de quatre ans de service.

Les « ouvriers de toutes menues œuvres que on fait d'estaim ou de plom à Paris » (ce qui correspond aujourd'hui aux bimbelotiers et aux miroitiers) n'avaient droit qu'à un apprenti (à moins qu'il ne s'agit de leurs enfants ou des enfants de leurs femmes « nés de loïal mariage »), mais avaient toute liberté d'engager l'apprenti à « argent et sans argent » et pour un terme quelconque.

Chez les fèvres-couteliers, la durée de l'apprentissage était au moins de six années; et chez les coutelliers faiseurs de manches d'au moins huit ans. Dans ce dernier corps de métier, si l'apprenti quittait trois fois son maître sans congé « par sa folour ou par sa joliveté, » le maître ne pouvait le reprendre ai nul autre. En outre, la règle générale était que l'apprenti devait être engagé en présence de deux prud'hommes ou de trois membres du métier.

Le temps d'apprentissage des boitiers ou faiseurs de serrures à boîtes était de sept années avec vingt sols d'argent ou de huit ans sans argent. En cas de fuite de l'apprenti, le maître devait le faire rechercher un jour à ses frais et les parents de l'enfant une autre journée à leurs frais; si l'apprenti revenait, le maître devait le reprendre et l'apprenti « restorer tout le service que il li auroit lésé » et si l'apprenti ne voulait pas reprendre le métier, il était tenu de le « forfaire et rendre à son mestre toz les cous (coûts) et tous les dommages qui le auroit fez, avant que il meist le main à nul austre mestier en la ville de Paris. »

Chez les tréfliers de fer le maître pouvait prendre autant d'apprenti qu'il voulait de valets qu'il voulait la nuit.

Le maître tréfilier d'archal gardait l'apprenti sous sa direction pendant dix ans, s'il payait « 20 sols et xij ans » sans argent; l'apprenti ne travaillait jamais la nuit si ce n'est pendant le temps de fonderie (qui durait une semaine) et pendant les jours de foire.

Les attacheurs qui faisaient les clous en fer ou en cuivre, employés pour attacher des métaux ou du cuir; les « patenôtriers d'os et de cor » conservaient l'apprenti six ans, moyennant « 20 sols et viij ans » sans argent; ils n'en prenaient qu'un seul, sauf pourtant les attacheurs qui, outre leur apprenti, avaient le privilége de prendre leur enfant ou l'enfant de leur femme, s'ils étaient en leur garde; l'apprenti de l'attacheur ou du patenôtrier ne travaillait pas la nuit; il existait une exception pour l'apprenti attacheur les jours de foire; l'attacheur payait 5 sols à la communauté. Chez les patenôtriers d'os et de cor, s'il arrivait que l'apprenti se rachetât avant son terme ou que son maître le vendit pour son besoin, le maître ne pouvait pas engager un autre enfant avant que le terme pendant lequel l'apprenti devait le servir ne fût accompli. Si l'apprenti s'enfuyait, le maître devait l'attendre un an avant d'en prendre un autre. S'il revenait avant un an et un jour le maître devait le reprendre; et, après avoir fait son terme, l'apprenti devait restituer au maître le temps qui s'était écoulé depuis sa fuite.

Si l'apprenti en fuite laissait s'écouler un an et un jour avant de revenir, il n'appartenait plus au métier à moins qu'il ne montrât « loïale » raison de son escapade.

Chez les fabricants de coites de mailles de fer (haubergiers) le nombre des apprentis n'était pas limité, l'apprenti travaillait la nuit si le métier le voulait. L'apprenti patenôtrier de corail et de coquille était seul, il ne travaillait pas la nuit, il payait 5 sols à la confrérie et devait avoir douze ans en entrant en apprentissage. Le maître patenôtrier de corail et de coquilles ne prenait qu'un apprenti. Chez les patenôtriers d'ambre et de gest, l'apprenti qui ne devait pas avoir plus de dix ans, ne travaillait pas la nuit, le maître patenôtrier prenait ij apprentis, il ne pouvait vendre son apprenti à moins d'aller outre-mer et ne pouvait prendre aucun autre avant que le premier n'eut fini son terme.

L'apprenti cristallier de « pierres matureus » était seul ; il demeurait dix ans en apprentissage avec argent et xij ans sans argent, il payait 5 sols à la communauté. Outre son apprenti, le lapidaire cristallier pouvait prendre ses enfants nés de légitime mariage.

L'apprenti cristallier ne peut se racheter et le maître lui faire grâce du service avant le terme, à moins qu'il n'aille outre-mer « ne gît au lit de langueur » ou ne laisse le métier. L'apprenti ne peut lui-même avoir d'apprenti avant que les dix ans ne soient entièrement accomplis : il ne sait pas encore assez pour apprendre aux autres.

L'apprenti batteur d'or et d'argent ne peut travailler la nuit ni les jours de fête, sauf les jours de foire ; le maître batteur d'or peut prendre à sa volonté tel nombre d'apprentis qui lui plaît.

Chez les « bateurs d'estain » l'apprenti peut travailler la nuit et le maître prendre le nombre d'apprentis qu'il veut ; il en était de même chez les batteurs d'or et d'argent, mais chez ces derniers l'apprenti ne travaillait ni la nuit ni les jours de fête, sauf pourtant les jours de foire ; il devait jurer, avant d'entrer en œuvre, devant au moins « ij du métier qu'il gardera et fera le mestier bien et loïalement. »

Chez les « filaresses de soie à petiz fuiseaus » l'apprentissage durait sept ans ou huit ans, sept ans avec argent ou huit ans sans argent ; la maîtresse « fillaresse » exigeait 20 sols ; elle pouvait en demander davantage et reculer même le terme de l'apprentissage, si les ressources de son commerce le lui permettaient. Il ne lui était pourtant pas permis de vendre son apprentie avant que le temps pendant lequel elle s'était engagée, ne se fût écoulé.

Le « crépinier de fil de soie » prenait un seul apprenti et le prenait pour sept ans ; dans le cas où sa femme était crépinière, on lui en tolérait deux : comme la fillaresse, le crépinier jouissait du privilége de « prendre plus service et deniers si avoir le peut. »

Les ouvrières de « tissuz de soie » avaient fixé à iiij livres le prix de l'apprentissage ; les « braaliers de fil » à Lx sols et les ouvriers de « draps de soye » de Paris à 6 = vj livres ; les ouvrières de « tissuz de soie » faisaient cependant une distinction. Pour 8 livres l'apprentie ne restait que six ans sous leur direction, celle au contraire qui avait payé 40 sols demeurait huit ans en apprentissage ; on gardait même dix ans celle qui n'avait fourni aucune rétribution. Le maître « braalier » pouvait élever le prix de l'apprentissage jusqu'à 10 sols par an, en s'engageant à gouverner l'apprenti comme fils de preud'homme.

Les ouvrières de « tissuz de soie, » les « ouvriers de draps de soye, » les « fremailliers de laiton, » les « patenostriers et faisiers de bouclettes à somlers, » les « teisserandes de queuvrechiers de soie » à Paris, les « lampiers » eux-mêmes ne travaillaient pas la nuit ni les jours de fête à moins « que commun de vile foire ; » il n'en était pas de même des « fondeurs et des molleurs » qui, si les besoins du métier l'exigeaient, continuaient leurs travaux pendant la nuit : les « barilliers » de Paris jouissaient de la même faveur.

L'ouvrier de « draps de soye » prenait deux apprentis ; si l'un de ses apprentis s'enfuyait et demeurait un an et un jour hors de la maison du maître, il était banni du métier et de neuf le maître pouvait le remplacer après l'année et le jour écoulés. L'apprenti, ouvrier de drap de soye, si son maître venait à mourir, avant le terme de l'apprentissage, estait pourvu d'un maître par le conseil des gardes du métier et le gardait jusqu'à ce que le terme fut accompli ; le maître « fremaillier de laitons » qui voulait prendre un apprenti pendant moins d'années et pour moins d'argent que ne le portait l'ordonnance du mestier, devait payer 5 sols au roi. L'apprenti « patenostrier » était seul, comme l'apprenti « fremaillier de laiton ; » son apprentissage durait neuf ans, tandis que le fremaillier et les « teisserandes » faisaient une distinction: pour le fremaillier, le service de l'apprenti était de huit ans avec argent et de neuf ans sans argent ; pour les « teisserandes, » sept ans avec argent et huit ans sans argent. Les lampiers ne pouvaient « ouvrer à fête d'apôtre ni au samedi puis le 1er coq de vespres sonnées à Saint-Merry. »

Le charpentier cessait tout travail le samedi à l'heure où nonne sonnait à Notre-Dame à la grosse cloche ; il ne prenait qu'un apprenti qui demeurait huit ans sous sa puissance et il ne lui était pas permis de le remplacer avant la huitième année, à moins que cet apprenti ne fut son fils, son neveu ou le fils légitime de sa femme.

Les maçons, tailleurs de pierre, les « plastriers, » les « morteliers, » les « toisserans de lange, » les « tapissiers de tapiz sarrasinois » n'engageaient qu'un apprenti ; les « maçons, tailleurs de pierre, plastriers, morteliers » prenaient le leur pour six ans de service, s'ils le pouvaient, on leur permettait aussi de prolonger la durée de l'apprentissage moyennant 20 sols parisis d'amende ; le maçon jouissait même du privilége de prendre un autre apprenti au moment où le premier accomplissait les cinq premières années de son terme, à quelque terme que cet apprenti se fût engagé. On trouve chez les « toisserans de lange » une clause toute différente : tant que le terme de l'apprenti n'était pas écoulé, le maître ne pouvait en prendre un autre, et il n'y avait d'exception à cette règle que dans le cas où l'apprenti venait à mourir ou à quitter le métier pour toujours.

L'apprenti « toisseran de lange » qui abandonnait son maître par « folie ou ioliveté » était tenu de lui restituer ce qu'il avait pu lui coûter : si au contraire, c'était par la faute du maître que l'apprenti se retirait, celui-ci pouvait se mettre sous la protection des maîtres du métier qui enjoignaient au maître de l'apprenti d'avoir à subvenir aux besoins de cet apprenti, et cela avant quinze jours. On prenait même, en faveur de l'apprenti « toisseran de lange, » la précaution de contraindre le maître de cet apprenti, dans le cas où il n'obéirait pas au commandement des maîtres du métier, à procurer lui-même à l'apprenti un emploi chez un autre maître avec rémunération si l'apprenti était capable d'en mériter ; si, au contraire, il en était incapable, c'était aux maîtres du métier eux-mêmes à s'occuper entièrement de lui.

Il ne paraît pas que dans d'autres métiers l'on ait pris tant de mesures utiles pour protéger l'apprenti.

Le « tapissier de tapiz sarrasinois » prenait seulement un apprenti ; le « tapissier de tapiz nostrez, » le « foulon » en prenaient deux, mais au premier comme au second, il était permis d'engager encore en apprentissage leurs enfants légitimes ou les enfants légitimes de leurs femmes.

La veuve du maître foulon pouvait continuer le métier de son mari avec les mêmes priviléges d'apprentissage, mais si elle se remariait avec l'intention de ne pas abandonner le métier, il fallait que ce fût avec un maître foulon.

L'apprenti foulon, qui quittait son maître avant l'expiration du terme, ne pouvait aller offrir ses services nulle part ailleurs avant d'avoir complètement rempli son engagement envers son maître; même après l'avoir fait, il devait, en punition de sa mauvaise foi et avant de travailler comme ouvrier, rester pendant deux années supplémentaires en apprentissage, soit chez son maître, soit chez un maître étranger.

Si un apprenti quitte son maître ou si celui-ci le cède à un autre maître, le second maître ne pourra prendre d'autre apprenti avant que le premier n'ait fini son temps.

Tout maître prenant comme ouvrier un apprenti qui a quitté son maître avant l'expiration du terme d'apprentissage est passible de la même amende.

L'on trouve chez les merciers une clause que l'on rencontre assez rarement dans les corps de métiers : on les laisse libres de fixer eux-mêmes les termes et conditions de l'engagement.

Le gantier engageait autant d'apprentis qu'il lui plaisait. Aucune condition n'était fixée pour l'engagement, c'était au maître à s'entendre avec l'apprenti qu'il engageait. Une fois engagé chez son maître, l'apprenti ne pouvait le quitter pour aller chez un autre sans la permission du premier, sous peine d'une amende de 5 sols pour le maître qui violait cette clause.

Au contraire, dans les différents corps de chapeliers (chapeliers de feutre, de fleurs, etc.), l'apprenti pouvait se racheter s'il était d'accord en cela avec son maître. Le règlement de l'engagement ne fixait que la durée qui devait être au moins de sept ans. Quant à la somme, le maître la fixait à son gré et ne demandait rien s'il lui convenait. La seule redevance obligatoire pour l'apprenti était une somme de 10 sols à verser à la caisse de la confrérie.

On voit d'après cette analyse de l'œuvre d'Etienne Boileau combien, ainsi que l'a fait remarquer M. Henri Martin, l'esprit de corporation était exclusif, égoïste et violent, comme l'esprit de la féodalité elle-même.... « De défensif il devenait facilement agressif et n'avait pas plus de scrupules à exercer la tyrannie qu'à la repousser. La corporation n'était pas moins jalouse que le gentilhomme de ses droits féodaux et elle les maintenait par des moyens tout aussi acerbes... Ce n'était pas seulement contre le dehors, contre les marchands et fabricants étrangers ou contre les acheteurs que la corporation déployait son égoisme; elle opprimait au-dedans d'elle-même ceux de ses membres qui n'étaient, pour ainsi dire, que l'appendice des autres. » Comme nous venons de le voir, les ouvriers et les apprentis obéissaient à des règles sévères et s'élevaient lentement et péniblement de leur humble situation à celle de membres des corps de métiers. Les apprentis, à proprement parler, ne faisaient point partie de la corporation; ils avaient seulement l'espérance d'y entrer, le droit d'y être admis. Ils achetaient ce droit moyennant certaines redevances et ne pouvaient commencer à travailler sous les ordres du maître qu'après les avoir complètement acquittées. Dans tous les métiers leur nombre était fort restreint et fixé limitativement; s'il y avait exception à cette règle, ce n'était qu'en faveur des enfants des maîtres qui pouvaient toujours se faire instruire dans le métier de leurs pères. Un autre privilège, qui consacrait à leur profit une inégalité, une injustice non moins flagrante, consistait dans l'immunité des droits d'entrée. De là, la locution proverbiale : « Jamais fils de maître n'a été apprenti. »

Dans quelques métiers seulement les maîtres pouvaient avoir trois apprentis ; le plus souvent il ne leur était permis que d'en instruire un ou deux. Le temps de l'apprentissage était déterminé, il était de trois ans au moins et le plus souvent de huit, dix ou douze ans. « Les merciers et les potiers d'étain, a fait observer M. Jules Simon (1), avaient seuls la liberté de régler de gré à gré avec les parents la durée de l'apprentissage; dans toutes les autres corporations, les statuts contenaient des stipula-

I. — DICT. ENCYCL.

tions formelles. Ainsi l'apprentissage était de quatre ans chez les cordiers, de six ans chez les batteurs d'archal, de dix ans chez les cristalliers. Et le savant auteur ajoute : « Les maîtres n'étaient pas libres de se contenter de moins; il ne fallait pas que l'intérêt particulier rendît l'accès de la corporation trop facile. On permettait seulement de racheter une ou deux années d'apprentissage, l'argent étant un obstacle aussi sérieux que le temps. Et ce qui achève de prouver que l'esprit des règlements est purement et simplement un esprit de monopole, c'est que la durée de l'apprentissage ne se mesure pas sur la difficulté du métier. Des trois corporations de patenôtriers qui faisaient le même travail avec des matériaux différents, l'un ne demandait à l'apprenti que six ans de son temps pendant qu'une autre en exigeait douze. Il fallait aussi acheter par douze ans d'apprentissage le droit d'exercer le métier facile de tréfileur d'archal. » On pourrait ajouter à ces exemples beaucoup d'autres qu'il est facile de puiser dans le résumé qui précède.

Les engagements avaient lieu verbalement, en présence de plusieurs témoins ; dans certaines corporations, devant deux des maîtres du métier, et, dans d'autres, devant les prud'hommes. Gardons-nous de donner à ce mot la même acception que celle où on l'emploie aujourd'hui ; les prud'hommes dont il est question étaient tantôt des officiers municipaux, tantôt des juges composant les tribunaux ordinaires, tantôt des experts commis par justice. Une ordonnance de Philippe-le-Bel (1285), porte qu' « on élira vingt-quatre prud'hommes de la ville de Paris qui seront tenus de venir au parloir aux Bourgeois, au mandat du prévôt et des échevins, qui consulteront les bonnes gens et iront avec les prévôts et les échevins, chez les mestres, le roi ou ailleurs, à Paris, ou dehors pour le profit de la ville (1). » Les engagements contractés par l'apprenti l'enchaînaient d'une manière invincible. Aussi lorsqu'il quittait l'atelier avant le temps stipulé, il pouvait, aux frais de ses parents, y être ramené *manu militari* (par la force militaire). Nul ne pouvait protéger ni encourager sa fuite à moins d'encourir les peines les plus sévères (2). Après la troisième évasion, l'apprenti ne pouvait plus faire partie de la corporation ni même entrer en apprentissage dans aucun autre corps de métier (3). Le maître pouvait, excepté dans le cas précédent, le vendre à tout autre patron (4). De ce droit naquit un commerce nouveau qui consistait à acheter des apprentis et à les vendre à gros bénéfices, mais qui fut interdit par une ordonnance de 1294.

Le maître contractait certaines obligations vis-à-vis de l'apprenti ; il devait le loger, le nourrir et le vêtir ; et si celui-ci « dedans le terme qu'il a promis à servir » venait à se marier et ne voulait plus « mangier au disner et au souper chus son mestre » il avait droit à un salaire de 4 deniers par jour (5). Le patron s'obligeait à l'aider, à le surveiller dans tous ses travaux et à lui apprendre le métier. — Quand l'apprentissage était terminé, l'ouvrier, rendu à la liberté, pouvait s'engager aux services d'un autre maître ou s'établir pour son compte ou, s'il restait dans la corporation, y devenir *valet*. Les valets, comme les apprentis, étaient soumis à des obligations écrites dans les statuts des corps de métiers : mais à la différence de ces derniers, ils avaient une somme de liberté plus grande. En effet, s'ils étaient tenus de n'offrir leurs services qu'aux maîtres de métiers, ils pouvaient s'engager à la journée, à la semaine ou à l'année (6).

Il est très-probable que le *chef-d'œuvre* destiné à prouver la capacité de l'ouvrier n'était pas encore exigé

(1) Edit de Louis XI (1464). L'institution des prud'hommes fut successivement confirmée par des lettres patentes des rois François Ier, Henri II, Charles IX, Louis XII. Louis XIV et Louis XV.
(2) *Règlements des mestiers*, liv. XXI, 182.
(3) *Règlements des mestiers*, liv. XVII, 49.
(4) *Règlements des mestiers*, liv. XVII, 49.
(5) *Rgl. des mest.*, liv XXXIII, 225.
(6) *Rgl. des mest.*, liv. LIII, 132.

au xiiie siècle, ou ne l'était que dans quelques corps de métiers. Ce fut durant le siècle suivant que tous les apprentis, sans distinction, furent soumis à cette dure et coûteuse épreuve. Ceux-là seuls qui l'avaient victorieusement subie purent désormais ouvrir boutique (1). On avait édicté la nécessité du chef-d'œuvre sous le motif spécieux qu'il y aurait plus de garantie pour les acheteurs et qu'il ne circulerait plus sur les comptoirs des objets mal fabriqués et de qualité secondaire; mais la raison véritable qui avait présidé à cette invention était l'avantage de restreindre le nombre des commerçants établis et de diminuer la concurrence que devaient supporter les maîtres de métiers. A chaque profession différente était imposé un chef-d'œuvre différent, soit d'office par les jurés, soit d'avance par les statuts. L'apprenti durant le temps qu'il l'exécutait, était contraint de travailler seul, et le plus souvent dans la maison d'un des jurés auquel il payait une indemnité locative celui-ci ou quelques-uns de ses collègues venaient de temps en temps visiter l'apprenti. Quand le travail était terminé, il subissait l'examen sévère des jurés qui certifiaient par écrit l'avoir vu et approuvé. Très-souvent l'apprenti n'était point admis à devenir maître après une première épreuve. Quand son chef-d'œuvre n'avait pas été agréé par les jurés, il pouvait, s'il n'était pas renvoyé pendant plusieurs années en apprentissage, courir les chances d'un nouveau concours; il avait toujours le droit d'en appeler de la décision rendue par les jurés à un juge supérieur. Les frais qu'entraînait l'exécution du chef-d'œuvre, les indemnités dues aux jurés, aux maîtres, les banquets obligatoires donnés aux membres des corps de métiers, les procès intentés contre les jurés, en cas d'échecs et de nombreuses dépenses accessoires ne permettaient pas à tous les ouvriers d'affronter l'épreuve ni de la renouveler, après l'avoir subie sans succès. Elle était pour tous hérissée des mêmes difficultés, chargée des mêmes frais, entourée des mêmes dangers; pour les fils des maîtres seuls, elle était plus facile, moins coûteuse et sans péril. On n'exigeait d'eux qu'une simple expérience; les droits de réception étaient diminués de moitié et presque toujours les jurés étaient des amis de leurs pères.

Les corps de métiers, comme nous l'avons plusieurs fois observé, étaient assujettis à des prescriptions si rigoureuses, les maîtres seuls, qui les dirigeaient en avaient si habilement « barricadé l'entrée » (2), que la plupart des ouvriers durent renoncer à la maîtrise. Une nouvelle association se forma, à la fin du xve siècle, sous le nom de compagnonnage et tous ceux qui abandonnaient leurs patrons s'y réfugièrent. — V. COMPAGNONNAGE.

Il ne tarda pas à s'élever entre ces associations des causes de différends, de luttes et de dissensions. Les querelles et les procès des corps de métiers contre les artisans libres, des corporations rivales, des associations d'ouvriers contre les associations de maîtres, des apprentis contre les jurés abondent pendant tout le cours du xve siècle et provoquant des arrêts de Parlement et quelquefois même des décrets royaux. La plupart des villes sollicitent l'honneur de voir leurs métiers érigés en maîtrises et jurandes; et des ordonnances leur accordent ces titres, objets de tant de compétitions, d'intrigues et de manœuvres! Les maîtres de métiers se préoccupent plus de leurs différends que des obligations qui leur sont imposées vis-à-vis des ouvriers qui travaillent sous leurs ordres; ils négligent surtout les apprentis. Victimes de l'indifférence coupable de leurs patrons, les apprentis voient se fermer à jamais pour eux les portes de la maîtrise : seuls les fils des maîtres jouissent impunément du double privilége de l'ignorance et de l'inhabileté. Mais entre les maîtres eux-mêmes, des distinctions s'établissent

(1) Ordon. XX, p. 12. Sept. 1487, art. 7-8.
(2) Henri Martin, Histoire de Fr., t. 13, p. 110.

et l'on peut bientôt énumérer les trois classes des jeunes, des anciens et des modernes!

Un grand nombre d'offices avait été créé par Henri II et s'était encore accru sous le règne de Charles IX (1). La royauté, pour donner plus d'étendue à son pouvoir, imagina de nommer directement les jurés de communauté. Depuis la fin du xve siècle, époque où l'unité politique est le résultat définitif de ses efforts, elle donne tous ses soins à l'unité administrative et cherche plutôt, en accomplissant son œuvre, à servir ses intérêts que ceux du pays, mot dont on ne connaît pas encore la puissance.

Des confréries s'étant établies, malgré une ordonnance de 1498, François Ier, à Villers-Cotterets, en 1539, déclara qu'il prohibe et abolit « par tout le royaume toutes confréries de gens de métiers et artisans, soient maîtres ou compagnons, et leur défend de s'en entremettre sous peine de punition corporelle ».

L'ordonnance de François Ier avait été précédée des ordonnances successives de Blois (1499) et de l'édit de Crémieu (1536); elle fut suivie, sous Charles IX, de l'ordonnance d'Orléans (1561), de l'édit de Roussillon (1565), de la fameuse ordonnance de Moulins et enfin de l'ordonnance de Blois de 1576. Après leur promulgation, Henri III, dans l'édit de 1581, modifia leurs règlements, tantôt en les résumant, tantôt en les étendant.

Tous les historiens se sont plu à reconnaître l'importance de ce monument législatif. Il impose à tous les ouvriers l'obligation, pour travailler à leur compte, de se faire recevoir maîtres; il rend les conditions de la maîtrise moins sévères et moins onéreuses, entoure les artisans de garanties jusqu'alors inconnues et s'occupe surtout de l'intérêt de la royauté dont l'immixtion dans les affaires des corps de métiers devient de plus en plus fréquente. Nous croyons utile de faire pour ce document ce que nous avons fait pour le registre des métiers et de résumer les principales dispositions de l'Édit.

D'après Charondas le Caron, commentateur du Code, « il consiste en un ordre politic qui doit être en tous arts à sçavoir que ceux qui veulent faire profession de quelque art ou mestier, faient premièrement leur apprentissage et après espreuve de ce qu'ils ont appris en servant les maistres et enfin s'ils sont trouvés suffisants au chef-d'œuvre qu'ils font, ils sont reçus maistres, qui est le but et la récompense de leurs labeurs; et si cet ordre n'était observé ce serait jetter en confusion tous les arts et faire usurper par les ignorants la qualité des maistres contre la règle de toute discipline. » Tous les maîtres de métiers et artisans de Paris pouvaient prendre apprentis pourvu toutefois qu'ils fussent sortis de l'Hôpital de la Trinité et eussent été reçus « des mains dudit Hôpital, ou baillis et délivrés par les commissaires des pauvres. » Les directeurs de l'Hôpital et les commissaires obligeaient les enfants envers les maîtres et ceux-ci s'engageaient à apprendre et instruire les enfants de la manière accoutumée (2).

Les conventions devaient être autorisées par le roi et sanctionnées par des lettres de prescription (3). Le temps de l'apprentissage était fixé par les statuts des métiers et les maîtres ne devaient le diminuer « en faveur des prix extraordinaires et excessifs qu'ils leur pouvaient faire payer. » L'apprentissage avait lieu sous un même maître « ou sa veuve sans intermission » et les maîtres ou veuves décédaient « durant iceluy, » les apprentis l'achevaient « sous un autre maistre, ainsi qu'il est accoutumé faire, sus peine d'être déclarés déchus du droit de maistrise et d'y pouvoir parvenir en aucune sorte et manière (4). » Quand le temps fixé par les statuts aura été rempli, les apprentis seront encore tenus de servir les

(1) En 1574, furent établis des offices de jurés-maçons et de jurés-charpentiers.
(2) Art. 8.
(3) Art. 7.
(4) Art. 30.

maistres, leurs veuves ou autres de pareil art ou métier durant trois années « sinon que leurs dits statuts portassent pour leur dit service plus ou moins de temps (1). » Les fils des maistres ne pourront parvenir à la maitrise sans avoir fait apprentissage. Toutefois, à la différence des autres enfants, ils pourront étudier leur profession où bon leur semblera et se présenter à la maitrise dans les villes qu'ils auront choisies (des règles spéciales régissent la ville de Lyon). S'ils exercent le même métier que leurs pères, ils devront faire leur apprentissage entier mais pourront ensuite ne servir les maitres que « la moitié du temps préfix aux autres apprentis » (2). Quand les conditions exigées par les statuts et par l'art. 21 de l'Édit auront été remplies, les maitres seront tenus bailler certification par-devant notaires, ou acte public, à la première requête qui leur en sera faite, sur peine de dix écus d'amende, applicables le tiers au trésor royal, le tiers « au dit apprenti dénonciateur et le tiers aux pauvres du lieu. » Lorsque les certifications ont été obtenues, alors commence la longue et difficile épreuve du chef-d'œuvre. Elle ne consistera point dans la fabrication d'objets « d'impense inutile et non nécessaire ou n'étant plus en usage ou commerce commun ; » elle aura lieu « dans les formes et façons reçues et usitées pour le temps sans immensité ni superfluité des frais et de façon (3). » Les chefs-d'œuvre seront vus et reçus « en la manière accoutumée, » c'est-à-dire examinés par les gardes ou jurés des métiers ; ils sont encore l'objet des mêmes précautions qu'au XIVe siècle, mais la durée du travail ne pourra pas dépasser trois mois. Afin de prévenir le mauvais vouloir des jurés et les exactions qu'ils pourraient commettre, ils seront, quand il y aura lieu, remplacés par les juges ordinaires des lieux, commissaires ou autres officiers « auxquels il appartient de les recevoir, » afin que les députations de maitres de métiers soient nommées « en nombre pareil que les dits jurez (4). » — V. Jurés.

L'Édit dans son art. 27, divise les métiers en trois catégories : les meilleurs, les médiocres et les moindres. Suivant que les apprentis et compagnons aspireront à l'un d'eux et désireront s'établir dans les villes de Paris, Toulouse, Rouen et Lyon, dans les sénéchaussées, dans les villes royales, les bourgades ou les petites villes, ils paieront des droits plus ou moins élevés ; à chaque métier et à chaque ville son tarif spécial. Il est abaissé en faveur des apprentis fils des maitres de métiers ; « en outre les frais tant pour le salaire des juges et leurs greffiers que des jurés et des maitres qui assisteront aux dits chefs-d'œuvre et visitations... » ne pourront être élevés au-dessus du tiers exigé pour les autres apprentis (5). Une règle essentielle et commune à tous est que la réception à la maitrise ne puisse avoir lieu avant l'âge de vingt ans accomplis.

Le privilège particulier accordé le 22 décembre 1608 et (registré au Parlement le 9 janvier 1609) aux ouvriers demeurant aux galeries du Louvre à Paris fut continué à leur successeur. Ainsi ils pouvaient « avoir chacun deux apprentis dont le dernier sera pris à la moitié du temps seulement que le premier aura à demeurer en apprentissage....... pour ensuite lesdits apprentis être reçus maitres tant à Paris qu'à autres villes du royaume, tout ainsi que s'ils avaient fait leur apprentissage sous les autres maitres des dites villes, sans être astreints à faire aucun chef-d'œuvre... » (6).

« Pour que les élèves des galleries du Louvre puissent aspirer fructueusement à la maitrise de l'art qu'ils professent, il faut qu'ils justifient que lorsqu'ils sont entrés en apprentissage ils ont passé devant notaires un

brevet par lequel ils se sont obligés à leurs maitres pour cinq années, et leur temps d'apprentissage une fois fini et parachevé, ils doivent rapporter à leur maitre, un certificat en bonne et due forme qui fasse preuve de leur capacité. »

Sous la minorité de Louis XIV, la détresse financière poussa le pouvoir à transformer les fonctions électives de jurés et de gardes du métier en offices concédés directement par lui (1). Peu lui importait alors que l'acheteur n'eût pas satisfait aux exigences des règlements, subi l'apprentissage, exécuté le chef-d'œuvre, passé les examens de réception ; pour former avec ceux qui aspiraient à la maitrise des contrats lucratifs, le gouvernement oubliait toutes les ordonnances si compliquées et si sévères que promulguaient ses agents et surtout Colbert, le protecteur de l'industrie ; et, pour remplir le trésor, il foulait 1666 jusqu'à 1669, Colbert rédigea plus de 150 règlements nouveaux relatifs à la fabrication des tissus et qui, résumés dans quatre ordonnances, formaient ce qu'on a pu appeler le Code de la Draperie. Le nombre des corporations ne tarda pas à augmenter dans de considérables proportions ; fixé à 60 en 1672, il fut de 83 quelques mois seulement après la publication de l'Édit. Loin d'être libres, tous les corps de métiers ne relevaient que du pouvoir central, y étaient étroitement rattachés et reposaient presque tout entiers entre ses mains. Colbert dans son désir si vif, si ardent, si insatiable de protéger l'industrie, finissait par l'étouffer et par l'embarrasser de mille entraves. Après sa mort son système subsista, et, en raison dans des mains moins habiles devint encore plus tyrannique. Les offices se multiplièrent et dans les corporations qui n'avaient ni maitres ni jurés, des syndics furent créés et pourvus d'offices héréditaires.

Le compagnon qui entrait chez un nouveau maitre devait présenter le congé du maitre qu'il quittait et donner aux jurés son nom et son adresse (2). C'est à son dernier patron que devaient être réclamées ses dettes (3). La journée de travail était de douze heures, et l'ouvrier n'avait le droit de s'absenter qu'à des heures déterminées et pour prendre ses repas : en cas de contravention à cette règle il était soumis à une amende qui pour une demi-journée n'était pas moindre de 3 livres. Pendant la durée du travail aucun propos indécent ou immoral ne pouvait être tenu sous peine d'une amende qui allait de 3 à 6 livres : il était sévèrement défendu de passer d'un atelier à l'autre. Tous les samedis l'ouvrier devait avec l'argent qu'il touchait payer son hôte : il y avait comme un privilège au profit de ce dernier, et, si ce paiement régulier n'avait point lieu, la saisie des hardes et meubles pouvait être effectuée sans retard. S'il y avait quelque secret de fabrication, l'artisan prêtait serment de ne jamais le dévoiler ; il s'engageait solennellement à se bien conduire en dehors de l'atelier, à assister à la messe pendant les jours de fête, à ne rechercher que les honnêtes distractions et à toujours rentrer au logis avant dix heures du soir. Dans cette nouvelle organisation du travail ou, pour mieux dire, dans cette organisation modifiée, le patron et l'ouvrier ne vivent plus à côté l'un de l'autre : de cette séparation doit naitre la division du travail.

En 1657, la royauté supprime les lettres de maitrise mais cette réforme est introduite uniquement dans l'intérêt du trésor, afin d'exiger des corps de métiers des contributions plus lourdes. D'ailleurs cette mesure est appliquée à peine pendant trois ans ; car, dès 1660, les lettres de maitrise sont de nouveau en honneur. Comme elles dispensent de l'apprentissage, du compagnonnage, du chef-d'œuvre, des droits de confrérie, les obtenir à prix d'argent, est, pour parvenir au rang de maitre, le moyen le moins coûteux et la voie la plus courte.

(1) Art. 21, art. 1.
(2) Art. 15-22.
(3) Art. 2.
(4) Art. 23.
(5) Art. 28.
(6) Collect. et décis. nouvelles et de not. relat. à la jurispr. actuelle, par J.-B. Denisart (verbo : serviteurs).

(1) Le travail, p. 89, 97, Jules Simon.
(2) Rec. des Règl., II, 369.
(3) Rec. des Règl., IV, 17.

C'est grâce à Colbert et à ses efforts toujours généreux, mais quelquefois inutiles, que la France était devenue industrielle et avait vu s'établir sur son territoire des manufactures qui pouvaient lutter avantageusement avec celles de l'Angleterre et de la Hollande. Les protestants n'avaient pas peu contribué au développement de notre commerce et à la prospérité de notre pays; et c'est au moment même où nos fabriques faisaient de si remarquables et si rapides progrès, que Louis XIV donna le signal d'une persécution qui les arrêta pour un long temps. Il semble qu'en consultant les documents législatifs, on puisse prévoir, ou au moins pressentir, cet acte d'intolérance, d'inhumanité et de despotisme inouïs qui a ensanglanté la fin du XVIIe siècle. On s'est demandé d'abord si un serviteur ou apprenti catholique se pouvait obliger à un maître de la religion protestante et on n'a pas craint de se décider dans le sens, non-seulement le plus défavorable à l'intérêt de la France, mais le plus contraire à ces grands principes de tolérance dont le triomphe a été si longtemps ajourné. En 1669, le 16 juillet, un jugement rendu au nom du roi, défend aux maîtres brodeurs « d'avoir aucuns apprentis que de leur religion. » Enfin, le 13 mai 1681, une sentence de police au Châtelet de Paris porte défense « à aucun maître artisan de la religion prétendue réformée de faire aucuns apprentis de ladite religion, même d'en prendre de la religion catholique, apostolique et romaine sous les peines portées audit règlement. » Durant les persécutions aussi odieuses qu'injustes qu'entraînait la révocation de l'Édit de Nantes (1685), reculèrent ces milliers de citoyens paisibles, « ce grand troupeau qui broutait de mauvaises herbes, mais ne s'écartait pas » et c'était pour la France une source féconde de précieuses richesses. L'émigration forcée des protestants suspendit subitement le développement de notre industrie; avec eux elle émigra aussi et « les manufactures suivirent les manufacturiers. » De là, à la fin du règne glorieux de Louis XIV, une misère profonde et une décadence certaine de notre commerce, décadence qui dura jusqu'à l'avénement de Louis XVI.

Turgot, intendant de Limoges, depuis 1761, arrive au pouvoir et remplace le ministre Terrai en 1774; sans retard il essaie d'appliquer à toute la France cette maxime « liberté et perfectibilité » qu'il a si bien mise en pratique dans son petit gouvernement. Dès 1775, on parle de la suppression des corporations et, dans le courant du mois de janvier, de l'année suivante, paraissent, entre autres Edits, ceux qui retranchent de nos lois et de notre commerce les jurandes, maîtrises, corps de métiers, et donnent à tout citoyen la pleine liberté d'entreprendre toute espèce d'industrie conformément au droit naturel. Ces mesures bienfaisantes ne s'adressent pas seulement aux Français mais à tous les étrangers. « Il sera libre, dit l'article 1er, à toutes personnes de quelque qualité et conditions qu'elles soient, même à tous étrangers, encore qu'ils n'eussent point obtenu des lettres de naturalité, d'embrasser et d'exercer dans notre bonne ville de Paris telle espèce de commerce et telle profession d'arts et métiers que bon leur semblera, même d'en réunir plusieurs. »

Ainsi Turgot avait renversé l'ancien système et lui avait porté le dernier coup. En vain après lui tentera-t-on de le rétablir. La France ne pourra plus le souffrir et montrera, en revendiquant les droits que Turgot a essayé d'affirmer, qu'il est des biens dont il suffit de jouir pendant le plus court espace de temps pour s'y attacher avec tant d'ardeur qu'à côté de leur perte, le sacrifice de la vie semble léger.

Après que l'honnête et libéral ministre eut quitté le pouvoir, un Edit d'août 1776, créa six corps de marchands et quarante-quatre communautés d'arts et métiers à Paris; en 1777, quarante une furent établies à Lyon et, dans la même année, quatre-vingt-quinze autres villes en reçoivent vingt chacune.

Les abus anciens ne tardèrent pas à s'introduire et à se

faire jour dans les corporations nouvelles et de nombreuses ordonnances de police furent rendues contre les compagnons, les sociétés et les confréries. Enfin, la réunion des États généraux, vint marquer la dernière heure de ce régime dont, pendant la triste expérience et qu'elle était impatiente de voir à jamais détruit. Les cahiers des trois ordres furent presque unanimes à demander la suppression de tous les monopoles et privilèges, l'abolition des jurandes et maîtrises. « Tout citoyen, disaient les faubourgs de Paris, de quelque ordre et de quelque classe qu'il soit, peut exercer librement telle profession, art, métier et commerce qu'il jugera à propos. » Tous les collèges du Tiers-État s'accordèrent à ne conserver des anciennes institutions que les règlements sur l'apprentissage. La nuit du 4 août 1789 fit entrer définitivement et tout d'un coup la France dans l'ère nouvelle où elle devait, après avoir reconquis tous ses droits, les inscrire dans ses lois et les mettre en usage. — L'abolition des jurandes et des maîtrises y fut solennellement proclamée et de la bouche même de ceux qui, autrefois, s'étaient montrés le plus acharnés à les défendre avec les autres privilèges. Toutefois, c'était à l'Assemblée constituante qu'était réservé l'insigne honneur de reprendre et de réaliser cette magnifique pensée de Turgot, que : « Dieu en donnant à l'homme des besoins, en lui rendant nécessaire les ressources du travail, a fait du droit de travailler la propriété de tout homme et cette propriété est la première, la plus imprescriptible de toutes. » La loi du 2 mars 1791, abolit (art. 2) les brevets et lettres de maîtrise, les droits perçus pour la réception des maîtrises et jurandes..... et tous priviléges de profession sous quelque dénomination que ce soit.

A partir de la promulgation de cette loi, « le travail est devenu vraiment libre en France. Chacun peut l'offrir, en débattre, en fixer les conditions à son gré, l'accorder ou le refuser, le consacrer sans l'agrément de personne à un art ou à une profession quelconque, passer d'un métier à un autre ou en exercer plusieurs à la fois, sans aucune condition d'apprentissage. Le droit de chacun n'a d'autre limite que le droit d'autrui. De là naît le principe de la libre concurrence (1). »

Comme il arrive pour toutes les lois issues des révolutions, la loi du 2 mars 1791 ne subit aucune restriction : mais les abus, les excès forcèrent bientôt le législateur à imposer des limites à la liberté du travail et à régulariser ainsi les rapports des maîtres et des apprentis.

Toutefois ce ne fut que le 22 germinal an XI, que fut rendue une loi relative aux manufactures, fabriques et ateliers. Cette loi, pour la première fois, depuis les Edits royaux, s'est occupée de l'apprentissage. Elle a fait revivre sur cette matière quelques-unes des règles salutaires que la législation ancienne contenait, et a cherché à les concilier avec les grands principes qu'avait proclamés la Constituante.

Il suffit de prendre connaissance du texte de la loi du 22 germinal an XI pour reconnaître qu'elle a eu un double but; d'abord la protection de l'apprenti contre les exigences tyranniques du maître; en second lieu, la défense du maître contre la mauvaise foi de l'apprenti. Ainsi, elle ouvre dans beaucoup de cas la faculté de rompre le contrat d'apprentissage; ainsi elle frappe de nullité toutes les stipulations ayant pour objet de prolonger dans l'intérêt du maître l'apprentissage au-delà du terme usité. Il est évident que cette loi constitue un progrès considérable. Mais le bien qu'elle a réalisé ne s'est pas étendu à toutes les parties du territoire français; l'absence des conseils de prud'hommes en fut une des causes principales. Aussi, après comme avant la promulgation de la loi de l'an XI, les mêmes abus ont existé; l'enfant a été, de la part du maître, l'objet de la même exploitation, l'instrument docile et passif des mêmes passions.

(1) *Rapport sur les coalit.*, de M. Emile Olliv., p. 16.

En 1841, une loi réclamée de tous les côtés de la France fut rendue pour porter secours à l'enfant ouvrier; mais ne s'occupa que des enfants gagnant un salaire et obligés de fournir en retour un travail effectif. Elle avait négligé complètement les apprentis, c'est-à-dire les enfants engagés par des patrons pour recevoir l'enseignement du métier et fournir aux maîtres des services le plus souvent gratuits. Dès que la loi de 1841 fut promulguée un grand mouvement d'opinion signala les lacunes de la loi naissante, et ce ne fut que dix ans après que la loi sur les contrats d'apprentissage prit place dans notre législation. Nous nous proposons de l'analyser et de l'expliquer avec tout le soin dont elle est digne et tous les détails qu'elle comporte.

LOI DU 22 FÉVRIER 1851.

Art. 1er. « Le contrat d'apprentissage est celui par lequel un fabricant, un chef d'atelier ou un ouvrier s'engage à enseigner la pratique de sa profession à une autre personne qui s'oblige en retour, à travailler pour lui : le tout à des conditions et pendant un temps convenu. »

On le voit, l'art. 1er est la définition du contrat d'apprentissage. Ce contrat est à la fois synallagmatique et commutatif : synallagmatique parce que chacune des parties s'engage à fournir certain service; commutatif, parce que chacune des parties contractantes s'engage à donner ou à faire une chose qui est regardée comme l'équivalent de ce que l'on lui donne ou de ce que l'on fait pour elle. Le contrat d'apprentissage se rapproche du contrat de louage d'ouvrage et d'industrie en ce que l'apprenti peut être classé parmi les gens de travail qui, en vertu de l'art. 1779 du Code civil, s'engagent au service de quelqu'un : d'autre part, il touche au contrat de vente et au contrat d'échange en ce que le maître s'oblige de donner à l'enfant ses préceptes, ses soins et souvent même à fournir d'autres services en retour de ceux qui lui sont promis. Il résulte de cette assimilation du contrat d'apprentissage à ceux que nous venons de rappeler que, pour tous les cas non prévus par la loi de 1851, le contrat d'apprentissage sera soumis aux règles mentionnées au Code civil au titre des contrats ou obligations conventionnelles.

L'art. 2 nous apprend que le contrat d'apprentissage peut être fait ou par acte public ou par acte sous-seing privé ou verbalement.

Quand il est fait par acte public, les notaires, les secrétaires des conseils de prud'hommes, les greffiers des justices de paix peuvent être appelés à fournir leur ministère. Cet acte a les caractères de l'authenticité et jouit de tous les avantages attachés à l'acte authentique.

Quand il a lieu sous-seing privé l'acte doit être fait double et sur papier timbré. Comme il contient des obligations synallagmatiques et que les deux parties ont un intérêt distinct, un original doit être dans les mains de chacune d'elles; en outre, sur chaque original doit être inscrite la *mention du double*.

L'art. 3 énumère les mentions que doit contenir l'acte d'apprentissage.

1° Les nom, prénoms, âge, profession et domicile du maître;

2° Les nom, prénoms, profession et domicile de ses père et mère, de son tuteur ou de la personne autorisée par les parents et, à défaut, par le juge de paix.

3° La date et la durée du contrat;

4° Les conditions de logement, de convention de prix et toutes autres arrêtées entre les parties.

Enfin, l'acte sera signé par le maître et les représentants de l'apprenti.

L'acte dont l'art. 3 indique les formalités correspond à celui qu'on appelait sous le régime des corps de métiers et des communautés, le *brevet d'apprentissage*; c'est encore de ce nom qu'on se sert à Rouen, à Lyon et dans beaucoup d'autres villes manufacturières.

Pour que le contrat soit valable, il ne suffit pas que l'acte soit rédigé conformément aux conditions de l'art. 3, il faut, aussi et surtout, qu'il ait lieu entre les parties capables de contracter.

Quelles seront les personnes ayant la capacité de contracter? 1° en qualité de maître; 2° en qualité d'apprenti.

DES PERSONNES CAPABLES DE S'ENGAGER EN QUALITÉ DE MAITRE.

En principe, toutes personnes majeures ont cette capacité. Il faut cependant faire exception pour la femme mariée, majeure ou émancipée, à moins qu'aux termes des art. 4 et 5 du Code de commerce, elle ne soit autorisée par son mari à être marchande publique.

Le mineur émancipé, qui fait un commerce et est réputé majeur pour tous les faits de son commerce, est cependant incapable d'engager des apprentis en vertu de l'article 4 de la loi de 1851 qui prescrit que : nul ne peut recevoir des apprentis mineurs s'il n'est âgé de 21 ans au moins.

DES PERSONNES CAPABLES DE S'ENGAGER EN QUALITÉ D'APPRENTI OU AUX LIEU ET PLACE DES APPRENTIS.

En principe, comme tout à l'heure, toutes les personnes majeures peuvent s'engager en qualité d'apprenti; mais ce cas est très-rare. La règle est que l'on s'engage aux lieu et place des apprentis : aussi les personnes qui ont le droit de contracter au nom de ces derniers sont : le père, ou en cas de prédécès de celui-ci, la mère tutrice légale, ou, à défaut de la mère, le tuteur désigné par le conseil de famille. Il peut se rencontrer d'autres représentants légaux tels que : toutes les personnes autorisées par les parents, ou, à leur défaut le juge de paix ; enfin toutes les sociétés charitables et toutes les institutions de bienfaisance autorisées en vue de placer les enfants en apprentissage et de contracter, en leur nom, aux lieu et place des parents.

Si le mineur est un enfant né hors mariage, il faut, suivant nous, accorder le droit de contracter en son nom à celui de ses père et mère naturels qui l'a reconnu.

Les enfants trouvés ou abandonnés sont représentés et mis en apprentissage par les commissions administratives des hospices.

La section II de la loi de 1851 traite des conditions spéciales au contrat d'apprentissage. Il n'est pas douteux que toutes les règles que le Code civil applique aux conventions générales, dans les articles 1108 et suivants, régissent également notre contrat.

Nous avons déjà cité l'article 4 qui prescrit l'incapacité du mineur de 21 ans de prendre des apprentis. Cette prohibition repose non-seulement sur des considérations d'ordre moral mais sur l'inexpérience présumée chez un maître qui n'a pas atteint l'âge de la majorité.

Autrefois, ainsi que nous avons pu le voir, d'après l'analyse des registres des métiers, on attachait une grande importance au nombre d'apprentis que pouvait instruire un seul maître.

Le législateur de 1851 n'a pas voulu limiter le nombre des apprentis ; « il a craint d'interdire à une infinité de personnes l'accès des professions industrielles et de rétablir le système des corporations. » A cette excellente raison, fournie par le rapporteur de la loi, M. Auguste Callet, il convient d'ajouter que, très-souvent, et surtout dans la grande industrie, le maître délègue à un ou plusieurs chefs d'atelier ; la maîtresse à une ou plusieurs contre-maîtresses, la sous-direction des apprentis.

L'article 5 dispose qu'aucun maître, s'il est célibataire ou en état de veuvage ne peut loger comme apprenties des jeunes filles mineures. Il convient de remarquer que tout maître célibataire ou veuf a le droit d'engager des apprenties mineures : mais il ne peut pas les « loger ». Cette interdiction, toute d'ordre moral, prend fin du jour où le célibataire ou le veuf se marie.

L'article 6 déclare incapables de recevoir des apprentis, les individus qui ont subi une condamnation pour crime ; ceux qui ont été condamnés pour attentats aux mœurs ; ceux qui ont été condamnés à plus de trois mois d'emprisonnement pour les délits prévus par les articles 388, 401, 405, 406, 417, 408, 423 du Code pénal. Il est très-certain que tous les individus condamnés pour crimes, ou en qualité de voleurs, de filous, de faussaires, d'escrocs et de banqueroutiers frauduleux, ne sont pas dignes de diriger l'éducation professionnelle et morale d'enfants qui ont besoin d'une saine protection et d'exemples salutaires.

La section III de la loi de 1851 traite dans les articles 8, 9, 10, 11, 12 et 13 des devoirs des maîtres et des apprentis : nous n'imiterons pas les auteurs de cette loi et nous examinerons séparément les devoirs des maîtres et ceux des apprentis. En outre, comme il y a une corrélation très-étroite entre l'idée de devoir et celle de droit et que, de même que les devoirs donnent naissance à des droits, l'exercice de certains droits impose fatalement l'accomplissement de certains devoirs, nous diviserons cette section en deux chapitres : l'un relatif aux devoirs et aux droits des maîtres, l'autre aux devoirs et aux droits des apprentis.

DES DEVOIRS ET DES DROITS DES MAÎTRES.

« Le maître, dit l'article 8, doit se conduire envers l'apprenti en bon père de famille, surveiller sa conduite et ses mœurs, soit dans la maison, soit au dehors et avertir les parents ou leurs représentants des fautes graves qu'il pourrait commettre ou des penchants vicieux qu'il pourrait manifester. » L'expression « bon père de famille » ne laisse pas d'avoir un caractère général et d'être tellement compréhensive qu'elle peut sembler vague et manquer de précision. C'est ce que pensaient les membres de la Chambre ; mais le rapporteur de la Commission, M. Callet, maintenait cette expression à raison même de toutes les obligations qu'elle renferme et de tous les devoirs qu'elle résume. « Votre Commission, disait-il, d'accord avec le Gouvernement, a pensé que cette expression de « bon père de famille » ne serait point déplacée dans une loi sur l'apprentissage et qu'elle éclairerait le maître comme elle éclaire le tuteur sur la nature de ses devoirs et l'étendue de sa responsabilité. » Et il ajoutait : « L'apprenti lui-même peut apporter dans un atelier des germes de corruption dangereux pour ses compagnons d'apprentissage. Dans toutes ces hypothèses, si le Conseil des prud'hommes, sur la plainte d'une des parties, juge dans sa sagesse qu'il y a lieu de briser le contrat, il aura fidèlement interprété le sens moral de l'article 8 et cette expression qui contient l'esprit de l'article et de toute la loi. » Nous aurons lieu plus tard de revenir sur ce point et de voir si, en réalité, le maître peut être absolument, littéralement comparé au père de famille, et s'il n'y a pas entre le maître et le père des différences profondes et que la nature même a tracées d'une manière ineffaçable.

Le maître a-t-il le droit de châtier l'enfant et de lui infliger des punitions corporelles ? Il va de soi, bien que la loi soit muette sur ce point, que le maître n'est pas reprochable quand il édicte des punitions légères, telles que des retenues les jours de sortie ; mais son droit ne va pas jusqu'à la correction. La jurisprudence des Conseils de prud'hommes, avec beaucoup de raison, brise le plus souvent les contrats d'apprentissage lorsque le maître a usé de mauvais traitements ou exercé des voies de fait. Si le maître a contrevenu à l'observation de cette règle et a frappé l'apprenti d'une manière violente et d'où résulte une incapacité de travail, non-seulement le contrat doit être résolu, mais l'auteur des sévices peut encourir l'application des peines portées aux articles 309 et 311 du code pénal.

Le maître doit surveiller la conduite et les mœurs de l'apprenti, soit dans la maison, soit au dehors. Cette obligation morale s'applique non-seulement vis-à-vis de l'enfant qui est logé et nourri chez le maître, mais aussi vis-à-vis de celui qui demeure avec ses parents. Dans ce dernier cas, le maître partage avec les parents le devoir d'exercer une surveillance aussi active que continue. Un des meilleurs moyens pour le maître de remplir cette obligation est de se surveiller lui-même ainsi que ceux qui l'entourent et de ne donner ni de laisser donner aux enfants des exemples ou des conseils pernicieux.

Le maître qui nourrit, loge et entretient l'enfant doit lui fournir une nourriture saine et suffisante, un logement convenable et salubre, exiger une tenue, sinon irréprochable, du moins correcte de corps et de vêtement.

Quand, dans le même atelier ou dans le même logement, il y a des apprentis des deux sexes, le maître doit, autant qu'il dépend de lui, tenir éloignées les filles des garçons ou des hommes ouvriers.

L'article 8, dans son deuxième alinéa, prescrit au maître de prévenir les parents, sans retard, en cas de maladie, d'absence, ou de tout fait de nature à motiver leur intervention.

L'article 8, dans son troisième et dernier alinéa, dispose que le maître n'emploiera l'apprenti, sauf convention contraire, qu'aux travaux et services qui se rattachent à sa profession; qu'il ne l'emploiera jamais à ceux qui seraient insalubres et au-dessus de ses forces. Cet article se propose, entre autres objets, de supprimer un abus criant et malheureusement très-fréquent, qui est le pire fléau de l'apprentissage et qui consiste à faire des enfants les domestiques de leurs maîtres.

L'article 9 s'occupe des devoirs du maître relativement à la durée du temps de travail de l'apprenti, et prévoit certains cas où il aurait été stipulé entre les contractants que des charges spéciales incomberaient à l'enfant :

« La durée du travail effectif des apprentis âgés de moins de quatorze ans ne pourra dépasser dix heures par jour. » — Le travail effectif est celui qui a lieu au profit du patron, dont il tire bénéfice; on compte les heures de travail effectif en déduisant le temps consacré à la nourriture ou au repos, et c'est de ces heures que se compose la « journée de travail » dont parle l'art. 10. Pour les apprentis âgés de quatorze ans, dit l'article 9, la durée du travail effectif ne pourra dépasser douze heures. — Aucun travail de nuit ne peut être imposé aux apprentis âgés de moins de seize ans. Est considéré comme travail de nuit tout travail fait entre neuf heures du soir et cinq heures du matin.

« Les dimanches et jours de fêtes reconnues ou légales, dit l'article 9 dans son quatrième alinéa, les apprentis, dans aucun cas, ne peuvent être tenus vis-à-vis de leurs maîtres à aucun travail de leur profession.

Dans le cas où l'apprenti serait obligé, par suite des conventions ou conformément à l'usage, de ranger l'atelier aux jours ci-dessus marqués, ce travail ne pourra se prolonger au-delà de dix heures du matin.

Les maîtres, en vertu des dispositions de cet article, doivent assurer aux enfants le repos intégral des dimanches et jours de fêtes reconnues ou légales. Tel est le principe, et il est tellement absolu qu'à la différence de la durée du travail effectif et de l'interdiction du travail de nuit, il échappe à l'autorité du Préfet.

Est-ce en vue de l'observation des devoirs religieux ou de la nécessité de prendre un jour de repos sur sept, que le législateur a édicté le repos dominical d'une façon aussi rigoureuse et à ce point inéluctable? Il ne nous appartient pas de le décider et, du reste, ce qui importe le plus, c'est que l'enfant puisse, après six jours de travail, prendre le repos légitime, aussi nécessaire à cultiver son esprit, à élever son cœur qu'à assurer le développement de ses forces physiques.

L'article 10 est entièrement consacré à l'instruction de l'apprenti. « Si l'apprenti âgé de moins de seize ans, dit cet article, ne sait pas lire, écrire et compter, ou s'il n'a pas encore terminé sa première éducation religieuse, le maître est tenu de lui laisser prendre, sur la journée de travail, le temps et la liberté nécessaires pour son instruction. — Néanmoins ce temps ne pourra pas excéder deux heures par jour. » Cet article contient une prescription excellente, mais qui n'a qu'exceptionnellement été mise en pratique. Où, en effet, le patron pourrait-il envoyer l'enfant pendant deux heures pour lui faire compléter son instruction? Quelle école pourrait le recevoir? Quels maîtres le patron pourrait-il et voudrait-il appeler à son aide pour remplir les obligations de l'article 10? Aussi, nous n'hésitons pas à le dire, jusque dans ces dernières années cet article est resté lettre-morte : la loi du 1874 est venue heureusement porter remède à ce mal, et les inspections qu'elle a organisées ont eu pour effet de ne pas permettre aux enfants ignorants ou illettrés de fréquenter l'atelier au mépris de l'école.

L'article 12, dans son premier alinéa, prescrit au maître d'enseigner à l'apprenti progressivement et complétement l'art, le métier ou la profession spéciale qui fait l'objet du contrat. L'enseignement, d'après cet article, doit réunir deux qualités. Il doit être progressif et complet : progressif, c'est-à-dire procéder du simple au composé, commencer par les préceptes rudimentaires pour s'élever aux connaissances les plus difficiles et les plus complexes; — complet, c'est-à-dire ne rien laisser d'obscur ou de secret à l'enfant qui apprend le métier, l'art ou la profession qui fait l'objet du contrat.

Est-il nécessaire que le maître enseigne directement et personnellement son métier à l'apprenti? Bien que notre loi soit muette sur ce point, il convient de décider que le maître, qui est libre d'engager autant d'apprentis qu'il lui plaît, peut se décharger sur autrui du soin de les instruire ; mais le maître seul est et demeure responsable de l'enseignement professionnel.

Le dernier alinéa de l'article 12 énonce que le maître délivrera à la fin de l'apprentissage un congé d'acquit ou certificat constatant l'exécution du contrat. Cette formalité a été empruntée à la loi du 22 germinal an XI. Pendant longtemps on s'est demandé si ce congé d'acquit ou certificat ne devait pas être assimilé au livret de l'ouvrier et si l'apprenti était affranchi de cette obligation : des règlements spéciaux avaient résolu cette délicate question en forçant le maître à faire enregistrer les contrats d'apprentissage à la Préfecture de police et la Cour de cassation avait décidé que l'article 12 de la loi du 22 germinal an XI, relatif au livret de l'ouvrier, ne devait pas s'appliquer aux apprentis, (Crim. rej. 22 février 1839). La suppression du livret obligatoire enlève aujourd'hui tout intérêt à cette controverse. Il est cependant bon de faire remarquer que dans la pratique, beaucoup d'apprentis font usage des livrets : ces livrets, sur lesquels est reproduit le texte de la loi de 1874, sont soumis à la signature du maire.

Quand le maître se refuse à signer le congé d'acquit, le juge aura-t-il le droit de prononcer contre lui des dommages-intérêts.

La loi de germinal an XI disposait qu'au cas de refus du congé d'acquit de la part du maître, les dommages intérêts seraient au moins du triple du prix des journées depuis la fin de l'apprentissage (art 10 et suiv.).

L'article 13 est un complément très-important de l'article qui précède : il est relatif au devoir commun à tous les maîtres de ne pas soustraire les apprentis aux patrons qui les emploient et les instruisent. « Tout fabricant, dit cet article 13, chef d'atelier ou ouvrier, convaincu d'avoir détourné un apprenti de chez son maître pour l'employer en qualité d'apprenti ou d'ouvrier pourra être passible de tout ou partie de l'indemnité à prononcer au profit du maître abandonné. » On le voit, l'indemnité peut être réclamée en même temps à l'apprenti ou aux parents de l'apprenti et au maître ou seulement au maître : c'est une simple question de fait.

DES DEVOIRS ET DES DROITS DES APPRENTIS.

Il est bien évident que tous les devoirs des maîtres que nous venons de passer en revue constituent les droits des apprentis et que, si les premiers essaient de se soustraire aux obligations qu'ils ont contractées, les seconds pourront élever de légitimes réclamations et se plaindre devant les juges compétents. Ainsi l'apprenti aura le droit de demander ou la résiliation du contrat ou des dommages-intérêts quand le maître ne lui apprendra ni progressivement ni complétement son métier;

Quand il ne lui laissera pas prendre sur sa journée de travail le temps nécessaire à son instruction;

Quand il lui imposera des travaux supérieurs à ses forces;

Quand il lui refusera son congé d'acquit, etc.;

De son côté l'apprenti est astreint à des devoirs qui constituent les droits qu'a le maître vis-à-vis de lui. C'est dans l'article 11 que sont énoncés les principaux devoirs de l'enfant : « L'apprenti doit à son maître fidélité, obéissance et respect; il doit l'aider par son travail dans la mesure de son aptitude et de ses forces. Il est tenu de remplacer, à la fin de l'apprentissage, le temps qu'il n'a pu employer par suite de maladie ou d'absence ayant duré plus de quinze jours. » — La fidélité à laquelle est tenue l'apprenti consiste dans la probité la plus stricte : les fautes que l'apprenti infidèle peut commettre sont considérées comme des « vols domestiques » et punies à l'égal des crimes. C'est une conséquence qui dérive de l'art. 386 du Code pénal, ainsi conçu : « Sera puni

de la peine de la réclusion tout individu coupable de vol commis dans l'un des cas ci-après : § 3, si le voleur est un domestique ou un homme de service à gages ou si c'est un ouvrier, compagnon, ou *apprenti*, dans la maison, l'atelier ou le magasin du maître... »

Toutes les détériorations, mal-façons commises sans mauvaise intention et simplement par incapacité ou inhabileté resteront à la charge du maître.

L'apprenti est tenu à l'obéissance et au respect vis-à-vis de son maître; tandis que le Code civil, reproduisant les termes du Pentateuque, énonce que l'enfant doit à ses parents « honneur et respect, » la Loi de 1851 ne prescrit, vis-à-vis du maître, que l'obéissance et le respect. Cette dernière a parfaitement compris qu'elle ne pouvait forcer à honorer des personnes qui ne sont pas liées aux enfants par les liens du sang, et pour lesquels le maître est un père de famille bien plutôt au figuré que d'une façon réelle et absolument exacte.

Les apprentis doivent s'abstenir de tout manquement grave envers leurs maîtres. « Tout délit tendant à troubler l'ordre et la discipline de l'atelier, dit l'art. 4 du décret du 3 avril 1810; tout manquement grave des apprentis envers leurs maîtres, pourront être punis d'un emprisonnement qui n'excédera pas trois jours, sans préjudice de l'art 19, tit. v, de la loi du 22 germinal an XI. »

Nous pensons qu'il convient d'assimiler l'apprenti à l'ouvrier dans tous les cas où le Code pénal édicte des peines prononcées en raison de la violation des règlements relatifs aux manufactures, au commerce et aux arts.

Un des principaux devoirs de l'apprenti consiste, ainsi qu'il est dit dans l'art. 11, à aider, par son travail, le maître dans la mesure de son aptitude et de ses forces. L'apprenti ne pourra donc se soustraire à aucun des travaux et des devoirs qu'impose la profession qui fait l'objet du contrat.

L'apprenti aura le droit de s'intituler *élève* ou *apprenti* de tel maître et de se faire connaître au public sous ce nom lorsqu'il aura reçu d'une façon effective les leçons du maître dont il se dira l'élève. Ainsi le tribunal de la Seine, à la date du 13 octobre 1841, a bien jugé que : les élèves d'un fabricant qui ont payé leur apprentissage soit en argent, soit par l'abandon de leur travail pendant plusieurs années, ont le droit de prendre le titre de : *ses élèves* et de le placer sur leurs enseignes et factures, pourvu, toutefois, que le nom du maître ne soit pas inscrit de manière à établir une confusion entre l'établissement de celui-ci et l'établissement de ses élèves.

DE LA RÉSOLUTION DU CONTRAT.

L'art. 14 de la loi de 1851 est une exception aux principes généraux qui régissent la matière des contrats, il est ainsi conçu :

Art. 14. « Les deux premiers mois de l'apprentissage sont considérés comme un temps d'essai pendant lequel le contrat peut être annulé par la seule volonté de l'une des parties. Dans ce cas, aucune indemnité ne sera allouée à l'une ou à l'autre partie, à moins de conventions expresses. »

Le législateur n'a pas voulu lier d'une façon indissoluble par un contrat immuable, deux personnes qui ne se connaissaient pas et qui, tout d'un coup, se trouvent placées dans des relations intimes et rapprochées par un commerce quotidien et de tous les instants. En faisant du temps d'essai, l'entrée, pour ainsi dire, le vestibule de l'apprentissage, il n'a fait que consacrer un usage très-ancien et presque général. La clause relative au temps d'essai, n'a même plus besoin d'être énoncée dans les contrats; elle est une condition de droit, et, pendant deux mois, l'une et l'autre des deux parties a un droit égal de l'invoquer.

Le temps d'essai commence-t-il à courir du jour de la réception de l'apprenti ou seulement de la date de la signature du contrat?

Le Conseil des prud'hommes de la Seine décide que le temps d'essai ne court qu'à partir du moment où commence le temps convenu pour la durée du contrat d'apprentissage. Les contractants ont la faculté de stipuler une indemnité pour le cas où l'apprenti quitterait la maison de son patron ou serait renvoyé par lui à l'expiration des deux mois d'essai. Mais, il est nécessaire qu'il se soit expliqué sur ce point par une clause expresse.

L'art. 15 énonce les cas de résolution de plein droit du contrat d'apprentissage :

Art. 15. « Le contrat d'apprentissage sera résolu de plein droit :

1° Par la mort du maître ou de l'apprenti ;

2° Si l'apprenti ou le maître est appelé au service militaire ;

3° Si le maître ou l'apprenti vient à être frappé d'une des condamnations prévues de l'art. 6 de la présente loi ;

4° Pour les filles mineures, dans le cas de décès de l'épouse du maître ou de toute autre femme de la famille qui dirigeait la maison à l'époque du contrat. »

Quand l'apprentissage finit par la mort du maître ou celle de l'apprenti, de quelle manière doivent se régler les intérêts du maître, de l'apprenti ou de leurs héritiers?

Certains commentateurs ont pensé qu'il y aurait lieu, vis-à-vis des héritiers de l'une ou de l'autre des parties ou vis-à-vis du maître ou de l'apprenti, à des restitutions. Ces jurisconsultes ont invoqué les art. 1148 et 1722 du Code civil, relatifs au principe qu'une des parties ne doit pas s'enrichir aux dépens de l'autre. Pour nous, nous pensons que la mort étant un cas fortuit ou de force majeure, il n'y a lieu à aucuns dommages et intérêts de la part du débiteur. C'est, selon nous, le principe qui doit dominer, à part quelques distinctions qu'il appartiendra aux juges d'apprécier selon que l'apprentissage aura un prix en argent et qu'il imposera au maître, outre l'obligation d'enseigner, celle de loger, nourrir et blanchir l'apprenti. Afin d'éviter toutes les difficultés auxquelles ces questions peuvent donner naissance, nous conseillons aux

parties de ne jamais oublier de prévoir les cas de décès dans la rédaction du contrat.

L'appel au service militaire est considéré comme un cas de force majeure. La loi du 1er complémentaire an XII, énonçait déjà ce principe : s'il s'agit d'un engagement volontaire, les juges devront régler l'indemnité qui est due à raison de l'inexécution de l'engagement. Quand la résolution du contrat a lieu par suite d'une condamnation, la partie condamnée sera passible de dommages et intérêts.

Le contrat d'apprentissage est résilié pour les filles mineures, non-seulement quand la femme du maître vient à mourir, mais encore en cas de décès de toute autre femme de la famille qui dirigeait la maison à l'époque de l'engagement.

L'art. 16 s'occupe des cas où la résolution du contrat est soumise à l'appréciation du juge.

Les cas où l'une des parties manquerait aux stipulations des contrats, sont presque tous prévus par les articles de la section 3 de la loi de 1851 qui traite des devoirs des maîtres et des apprentis. En voici quelques exemples :

MANQUEMENTS DE LA PART DU MAITRE.

Lorsqu'il donne un enseignement insuffisant ;

Lorsqu'il se livre à des mauvais traitements contre l'apprenti ;

Lorsqu'il met l'apprenti dans l'impossibilité de remplir ses devoirs religieux ;

Lorsqu'il l'empêche de fréquenter l'école ;

Lorsqu'il lui fournit une nourriture mauvaise et des aliments malsains ;

Lorsqu'il le prive d'un repos nécessaire ou ne lui fournit pas de lit ;

Lorsqu'il ne surveille pas sa conduite et ses mœurs, soit dans la maison, soit au dehors ;

Lorsqu'il ne donne pas à l'apprenti le travail promis ;

Lorsqu'il transporte sa résidence dans une autre commune que celle qu'il habitait lors de la convention ;

Lorsqu'il cède son fonds de commerce à un successeur, etc., etc.

MANQUEMENTS DE LA PART DE L'APPRENTI.

Lorsque l'apprenti n'acquitte pas, lui ou sa caution, le prix convenu ;

Lorsqu'il est indocile ou insoumis ;

Lorsqu'il abandonne l'atelier ou se permet des absences non justifiées et trop prolongées ;

Lorsqu'il n'aide pas son maître dans la mesure de son aptitude et de ses forces ;

Lorsqu'il fait preuve de mauvaise volonté ou de négligence intentionnelle ;

Lorsqu'il est incapable, par suite de maladie ou d'infirmités graves, d'exécuter les travaux de sa profession ;

Lorsqu'il se livre à des offenses, à des insultes ou à des voies de fait contre son maître ;

Lorsqu'il commet des abus de confiance ou des infidélités, etc., etc.

Dans tous les cas que nous venons d'énumérer rapidement et dans beaucoup d'autres auxquels la pratique donne l'occasion de se produire, les juges ont le droit de prononcer la résolution en accordant ou en refusant des dommages et intérêts à l'une ou à l'autre des parties.

En cas de résiliation de plein droit ou par jugement, le maître est tenu de restituer à l'apprenti les effets mobiliers qui appartiennent à ce dernier.

Si le maître s'est engagé à payer à son apprenti, à la fin de l'apprentissage, une prime, en cas de progrès notable ou de bonne conduite, il ne pourrait déduire de cette prime les 5 ou 10 0/0 qu'il aurait donnés hebdomadairement à l'apprenti, à titre d'encouragement pendant le cours de l'apprentissage.

L'art. 17 s'occupe du cas où le contrat a été conclu pour un temps excessif.

Art. 17. « Si le temps convenu pour la durée de l'apprentissage dépasse le maximum de la durée consacré par les usages locaux, ce temps peut être réduit ou le contrat résolu. »

DE LA COMPÉTENCE.

L'art. 18 énonce que :

« Toute demande à fin d'exécution ou de résolution du contrat sera jugée par le Conseil des prud'hommes dont le maître est justiciable, et, à défaut, par le juge de paix du canton. »

C'est à la juridiction des prud'hommes qu'est attribuée la connaissance de toutes les contestations relatives à l'interprétation, à l'exécution ou à la résolution du contrat d'apprentissage : c'est devant eux que doit être portée toute difficulté née entre patrons et apprentis. C'est seulement lorsqu'il n'existe pas de Conseil de prud'hommes dans les lieux où le maître est établi, que les juges de paix deviennent compétents: la juridiction des prud'hommes a la priorité sur la juridiction ordinaire.

Le juge de paix, à défaut des prud'hommes, prononce en dernier ressort jusqu'à la somme de cent francs et, en premier ressort, à quelque valeur que la somme puisse s'élever ; en appel, la contestation, soumise au juge de paix, est portée devant les tribunaux civils.

Les tribunaux français sont compétents pour prononcer sur les contestations relatives au contrat d'apprentissage, bien que le père de l'apprenti et le maître soient étrangers et qu'ils n'aient pas été administrativement autorisés à établir leur domicile en France. La loi spéciale à la juridiction des prud'hommes les autorise à se transporter dans une manufacture pour l'instruction des procès qui leur sont soumis; ils auront donc le droit d'aller sur place vérifier les faits allégués par les parties. Ils pourront charger un membre du conseil de veiller à l'exécution des mesures ordonnées; ils auront même le droit d'étendre leur protectorat et d'exercer une surveillance personnelle à laquelle le patron ne pourra se soustraire.

Art. 19. « Dans les divers cas de résolution prévus en la section IV du titre 1er, les indemnités ou les restitutions qui pourraient être dues à l'une ou à l'autre des parties, seront à défaut de stipulations expresses, réglées par le Conseil des prud'hommes, ou par le juge de paix, dans les cantons qui ne ressortint point à la juridiction d'un Conseil de prud'hommes. »

Il est cependant des cas où les juges seront liés par un fait matériel et brutal : la prescription. Ainsi la créance du maître pour la somme représentant la nourriture, le logement et les leçons, ou le prix seulement des leçons se prescrit par le laps d'un an écoulé sans poursuite de sa part depuis l'échéance de chaque terme, lorsque le contrat a été formé verbalement.

Dans le cas de promesse par écrit, la prescription ne s'acquiert que par trente ans : toutefois la prescription peut être interrompue par tous les actes énoncés dans les articles 2242 et suivants du Code civil.

Si le maître a nourri l'apprenti, il peut être assimilé au maître de pension et jouir d'un privilège pour le prix de l'apprentissage, au moins pendant la dernière année.

L'apprenti qui reçoit un salaire peut, de même que l'ouvrier, réclamer le privilège attribué aux gens de service pour l'année échue et ce qui est dû sur l'année courante.

L'article 20 s'occupe de la juridiction disciplinaire des Conseils de prud'hommes. « Toute contravention, dit-il, aux articles 4, 5, 9 et 10 de la présente loi sera poursuivie devant le tribunal de police et punie d'une amende de 5 à 15 francs. » « Pour les contraventions aux articles 4, 5, 9 et 10, le tribunal de police pourra, dans le cas de récidive, prononcer, outre l'amende, l'emprisonnement de un à cinq jours.

En cas de récidive, la contravention à l'article 6 sera poursuivie devant les tribunaux correctionnels et punie d'un emprisonnement de quinze jours à trois mois sans préjudice d'une amende qui pourra s'élever de 50 à 300 francs. »

Les jugements prononcés par les Conseils des prud'hommes en vertu de l'article 20 de la loi de 1851 sont susceptibles d'appel. L'appel doit être porté devant le tribunal correctionnel dans le ressort duquel le conseil a son siége : l'appel, comme en toute matière, suspend l'exécution du jugement (art. 173, C. d'inst. crim.).

La condamnation prononcée par les prud'hommes ne met pas obstacle aux poursuites que le ministère public peut exercer devant les tribunaux de police, soit qu'il s'agisse de délits ou de crimes, soit même qu'il s'agisse de contraventions de simple police. Mais, en sens inverse, l'action publique exercée devant les tribunaux de répression met fin à la juridiction disciplinaire des prud'hommes.

L'article 21 de la loi de 1851 permet aux juges de modérer la peine par l'application du bénéfice des circonstances atténuantes; il s'exprime en ces termes : « Les dispositions de l'article 463 du Code pénal sont applicables aux faits prévus par la présente loi. »

Enfin l'article 22 se propose de débarrasser le terrain législatif et judiciaire de toutes les dispositions de la loi du 22 germinal an XI contraires aux principes nouveaux posés par la loi de 1851.

« Sont abrogés, dit-il, les articles 9 (cas de réso-lution du contrat d'apprentissage), 10 (retenue de l'apprenti à l'expiration de l'apprentissage et congé d'acquit), et 11 (réception d'apprenti sans congé d'acquit), de la loi du 22 germinal an XI. »

Après avoir passé en revue l'histoire et la légis-lation relatives aux apprentis, nous avons examiné et commenté avec tous les détails que comporte un pareil sujet les lois du 22 germinal an XI et du 22 février 1851. Nous avons, par là, présenté une histoire abrégée et un manuel de l'apprentis-sage étudié au point de vue chronologique et lé-gislatif. Notre commentaire serait incomplet si nous n'ajoutions que la loi de 1851 a été, dans quelques-unes de ses parties, abrogée, remplacée et complétée par la loi récente du 19 mai 1874, qui a pour objet le travail des enfants et des filles mineures employés dans l'industrie. L'article 30 de cette dernière loi contient la disposition sui-vante :

Les articles 2, 3, 4 et 5 de la présente loi sont applicables aux enfants placés en apprentissage et employés à un travail industriel. « ** Les dis-positions des articles 18 et 25 ci-dessus se-ront, etc. »

Il résulte de cette énonciation que :

1° Les apprentis ne pourront être employés par des patrons ni être admis dans les manufactures, usines, ateliers ou chantiers avant l'âge de douze ans révolus ; ils pourront toutefois être employés à l'âge de dix ans révolus dans les industries spé-cialement déterminées par un règlement d'admi-nistration publique, rendu sur l'avis conforme de la commission supérieure ci-dessous constituée. (Art. 2 de la loi du 19 mai 1874.)

2° Les enfants, jusqu'à l'âge de douze ans révo-lus, ne pourront être assujettis à une durée de tra-vail de plus de six heures par jour, divisée par un repos.

A partir de douze ans, ils ne pourront être em-ployés plus de douze heures par jour divisées par des repos. (Art. 3 de la loi du 19 mai 1874.)

3° Les enfants ne pourront être employés à aucun travail de nuit jusqu'à l'âge de seize ans révolus.

La même interdiction est appliquée à l'emploi des filles mineures de seize à vingt et un ans, mais seulement dans les usines et manufactures.

Tout travail entre neuf heures du soir et cinq heures du matin est considéré comme un travail de nuit.

Toutefois, en cas de chômage résultant d'une interruption accidentelle et de force majeure, l'in-terdiction ci-dessus pourra être temporairement levée et pour un délai déterminé par la commis-sion locale ou l'inspecteur ci-dessous institué, sans que l'on puisse employer au travail de nuit des enfants âgés de moins de douze ans. (Art. 4 même loi.)

4° Les enfants âgés de moins de seize ans, et les filles âgées de moins de vingt-un ans ne pour-ront être employés à aucun travail, par leurs pa-trons, les dimanches et fêtes reconnues par la loi, même pour rangement de l'atelier. (Art. 5 même loi.)

5° Les inspecteurs auront entrée dans tous les établissements manufacturiers, ateliers et chan-tiers. Ils visiteront les enfants (aussi les apprentis) et pourront se faire représenter le registre pres-crit par l'article 10, les livrets, les feuilles de pré-sence aux écoles, les règlements intérieurs.

Les contraventions seront constatées par les procès-verbaux des inspecteurs, qui feront foi jusqu'à preuve contraire.

6° Enfin les manufacturiers, directeurs ou gé-rants d'établissements industriels et les patrons qui auront contrevenu aux prescriptions de la présente loi (c'est-à-dire aux prescriptions conte-nues dans les articles 2, 3, 4 et 5) et des règle-ments d'administration publique relatifs à son exécution, seront poursuivis devant le tribunal correctionnel et punis d'une amende de 16 à 50 francs.

L'amende sera appliquée autant de fois qu'il y aura eu de personnes employées dans des condi-tions contraires à la loi, sans que son chiffre total puisse excéder 500 francs.

On le voit, il résulte des articles 18 et 25 de la loi de 1874, de graves modifications à la loi de 1851 ; la juridiction des Conseils de prud'hommes est non pas seulement entamée, mais presque en-tièrement battue en brèche. Toutes les infractions aux prescriptions légales relatives à l'âge d'ad-mission des apprentis, à la durée de leur travail, au travail de nuit, au travail des dimanches et jours de fêtes sont désormais constatées par le service de l'inspection et relevées comme des contraventions-délits ; en outre ces contraventions sont non plus poursuivies devant le tribunal de simple police, mais devant le tribunal correc-tionnel.

STATISTIQUE.

Il nous reste à examiner quelle est, dans la pratique, la situation des apprentis et à nous rendre compte de leur condition présente. Nous aurons recours, pour cette partie de notre étude, aux documents officiels.

C'est dans l'enquête industrielle, faite en 1850, par les soins de la Chambre de commerce de Paris, que nous puisons nos premiers renseignements.

En 1850, les apprentis ont été recensés au nombre de 19,114, compris dans la population ouvrière de 342,530 travailleurs. Ces chiffres don-nent une proportion de 5 et 58/100 sur l'ensemble, ou un apprenti pour 16 ouvriers 92/100 salariés de l'un ou de l'autre sexe.

Dans les 19,114 apprentis sont comptés 36 adultes, et 948 sont enfants ou parents de patrons, sans conditions de contrat appréciables : restent donc 18,166 apprentis dont les engagements ont été l'objet d'investigations.

Sur ce nombre, 4,077 ont été engagés par con-trat écrit ; 13,399 engagés par contrat verbal ; 2,690 par contrat de nature inconnue.

« Il résulte des faits ainsi constatés que le con-trat d'apprentissage n'a à Paris ni toute l'impor-tance ni toutes les heureuses conséquences qu'il pourrait avoir. Un cinquième seulement des ap-prentis sont liés par des contrats écrits et dans la plupart des autres cas les conditions re sont pas très-précises et permettent de fréquen:s changements, sóit dans les conditions, soit même dans la durée de la présence d'un apprenti chez un patron ou chez un autre. » C'est en ces termes que le rapporteur de l'enquête apprécie les chiffres que nous avons présentés plus haut. Nous pouvons ajouter, qu'en 1850, au moment où l'enquête était ouverte, la loi relative aux contrats d'apprentissage n'existait pas. Il en résulte que, si l'on peut considérer l'absence d'une loi va ant mieux que celle de germinal an XI, comme la cause de la pénurie des apprentis et de la rareté des contrats, la situation doit être tout autre et les résultats singulièrement modifiés après la mise en vigueur de la loi de 1851. L'enquête faite par la Chambre de commerce de Paris, en 1860, nous permet de vérifier l'exactitude de cette conclusion.

En 1860, à Paris, le nombre total des ouvriers recensés est de 416.811

Qui se décomposent ainsi :

Ouvriers 285.861
Ouvrières 105.410

Enfants au-dessous de seize ans :

Garçons 19.059
Filles. 6.481
                                        416.811

Dans le nombre de 25,540 enfants au-dessous de seize ans figurent pour 19,742, les apprentis des deux sexes.

Tableau indiquant la répartition des apprentis (garçons et filles) dans les différentes industries :

Arrondissements	APPRENTIS	DÉSIGNATION des GROUPES INDUSTRIELS	APPRENTIS		
			Garçons	Filles	Total
1	1.409	Alimentation.	1.183	9	1.192
2	2.322	Bâtiment.	964	»	964
3	5.539	Ameublement. . . .	2.517	54	2.571
4	1.418	Vêtement	498	3.155	3.653
5	735	Fils et tissus. . . .	212	471	683
6	1.042	Acier, fer, cuivre, zinc	1.108	5	1.113
7	475	Or, argent, platine. .	3.017	612	3.629
8	465	Industries chimiques			
9	896	et céramiques. . .	190	2	192
10	1.256	Imprimerie, gravure			
11	2.008	et papeterie. . . .	1.224	159	1.383
12	479	Instruments de pré-			
13	250	cision, de musique			
14	170	et d'horlogerie.. .	994	16	1.010
15	180	Peaux et cuirs.. . .	56	1	57
16	96	Carrosserie, sellerie	834	1	835
17	231	Boissellerie, vanne-			
18	261	nie et brosserie. .	253	18	271
19	271	Articles de Paris . .	1.106	1.078	2.184
20	233	Industries diverses..	5	»	5
	19.742		14.161	5.581	19.742

	Garçons	Filles
Apprentissage de 1 année. . . .	272	326
— 2 —	1.646	2.496
— 3 —	5.092	1.706
— 4 —	5.007	647
— 5 —	1.569	96
Sans durée déterminée.	575	310
	14.161	5.581
		19.742

Le patronage a été l'objet de recherches les plus minutieuses et ces recherches ont permis de constater les faits suivants :

	Garçons.	Filles.
Patronés par parents ou tuteurs .	13.515	5.413
— par associations civiles religieuses.	646	168
	14.161	5.581
		19.742

Voici dans quelle proportion ont été trouvés les engagements avec ou sans contrat :

	Garçons.	Filles.
Engagement avec contrat	3.674	849
— sans contrat	10.487	4.732
	14.161	5.581
		19.742

Le nombre des apprentis logeant chez leurs patrons ou chez leurs parents a donné le résultat suivant :

	Garçons.	Filles.
Logeant chez leurs patrons. . . .	8.904	2.762
— — parents. . . .	5.257	2.819
	14.161	5.581
		19.742

Après avoir attentivement examiné tous les chiffres présentés par l'enquête de 1860, nous sommes frappés de l'arrêt qui s'est produit dans le personnel des apprentis. Tandis que le nombre total des ouvriers s'est accru de près de 80,000 travailleurs, celui des apprentis ne s'est augmenté que de quelques centaines d'enfants ; les engagements avec contrat écrit au lieu d'être de 4,077, se sont élevés seulement au nombre de 4,523. La loi de 1851, sur laquelle philosophes, législateurs et industriels comptaient pour faire refleurir l'apprentissage n'a donc, jusqu'en 1860, produit aucun effet, obtenu aucun résultat, réalisé aucun progrès! Elle a été tout à la fois stérile et impuissante!... Loin de notre esprit la pensée d'énoncer une pareille affirmation. Nous sommes au contraire d'avis, que la loi a porté d'excellents fruits, qu'elle a adouci la condition des enfants et élevé de sérieux obstacles à l'avidité et à la rapacité des patrons ; mais elle a été incomplète et insuffisante. Elle a énoncé des principes utiles et des règles avantageuses, mais elle n'a pas eu le pouvoir d'en imposer l'observation et de rendre les contrats obligatoires. C'est ce qu'a démontré, selon nous, et avec autant de force que sa devancière, l'Enquête de 1872, dont nous extrayons le tableau ci-après (page 205).

Il résulte de ces proportions que le nombre des apprentis pour les vingt arrondissements de Paris était, à cette époque, de 15,064 garçons et 6,186 filles, et pour les arrondissements de Sceaux et de Saint-Denis de 3,063 garçons et 2,716 filles ; ensemble : 18,127 garçons et 8,902 filles.

Nous n'avons malheureusement pas trouvé dans cette dernière enquête un renseignement fort utile qu'avaient fourni les précédentes, à savoir : le nombre des contrats d'apprentissage. La conclusion la plus frappante qu'on peut tirer de l'examen de ces chiffres, est la même que pour l'année 1860; elle consiste dans l'abandon de l'apprentissage. En effet, en 1872, le nombre total des ouvriers répartis dans le département de la Seine s'élève à 826,000; il a, pendant l'espace de dix ans, presque doublé et, dans cette même période le nombre des apprentis ne s'est augmenté que de quelques milliers d'enfants.

Si, d'un autre côté, nous jetons les yeux sur les statistiques des affaires soumises aux Conseils de prud'hommes relativement au contrat d'apprentissage, c'est-à-dire à l'exécution de la loi de 1851, nous voyons le nombre de ces affaires décroître, tandis que la population ouvrière augmente et que les Conseils des prud'hommes se développent et

| GROUPES | PARIS | | SAINT-DENIS et SCEAUX | | DÉPARTEMENT | |
| DÉMONTRANT LES PROPORTIONS DES APPRENTIS DANS L'EFFECTIF DES ATELIERS | ses 20 arrondissements | | 21 et 22ᵉ arrondissem. | | DE LA SEINE | |
	Garçons	Filles	Garçons	Filles	Garçons	Filles
	pour cent	pour cent	pour cent	pour cent	pour cent	pour cent
1er groupe. Alimentation...............................	3.00	1.40	2.79	»	2.97	0.99
2e — Bâtiment..............................	2.01	»	2.29	»	2.07	»
3e — Ameublement...	5.56	4.46	2.21	»	5.39	4.27
4e — Vêtement............................	2.54	2.90	4.72	14.18	2.75	5.90
5e — Fils et tissus.........................	5.21	3.16	2.21	3.12	4.00	3.16
6e — Métaux communs (acier, fer, cuivre)............	6.31	»	6.06	»	6.24	»
7e — Métaux précieux (or, argent, platine)........ ...	15.19	11.41	8.03	»	15.06	11.33
8e — Chimie et céramique....................	5.21	»	4.49	»	4.82	»
9e — Imprimerie, gravure et papeterie..............	6.65	1.36	6.43	6.21	6.63	1.64
10e — 1re partie : Instruments de précision, de musique, d'horlogerie......	4.88	3.03	3.64	»	4.75	2.90
2e — Peaux et cuirs	1.60	»	4.69	»	2.89	»
3e — Carrosserie, sellerie et équipᵗ militaire	5.12	»	6.60	»	5.36	»
4e — Boissellerie, vannerie et brosserie...	7.88	7.57	8.11	»	7.40	6.00
5e — Articles de Paris............... ..	8.60	6.17	10.86	2.37	8.74	6.00
6e — Industries diverses...............	0.08	»	»	»	0.05	»

se multiplient. Nous ajoutons que, lorsqu'il s'agit de l'ensemble des Conseils de prud'hommes, ce n'est plus seulement de Paris qu'il est question, comme dans les trois enquêtes qui précèdent, mais de la France entière.

Vers l'époque à laquelle l'Enquête de 1860 se préparait et suivait son cours, pendant les années 1859 et 1860, les Conseils de prud'hommes (il y en avait à peu près 95) jugeaient :

En 1859, 3,452 questions relatives à l'apprentissage, en 1860, 3,316; en 1859, 823 relatives au livre d'acquit du contrat d'apprentissage, et en 1860, 2,214.

Après 1870, les Conseils de prud'hommes (dont le nombre dépasse 100) examinaient :

En 1871, 1,283 affaires relatives au contrat d'apprentissage
    1872, 1,761   —   —
    1873, 1,613   —   —
    1874, 1,722   —   —
    1875, 2,079   —   —
    1876, 1,962   —   —

Assurément, il y aurait lieu de se féliciter de ces chiffres, s'ils pouvaient démontrer l'observation de la loi, le respect des engagements contractés et l'accord des parties; mais ils ne prouvent malheureusement que la rareté des contrats et la désertion de l'apprentissage. C'est ce résultat qui a constamment frappé les rédacteurs des enquêtes; aussi ont-ils essayé de se rendre compte de ce fait alarmant et ils en ont cherché les motifs en dehors de la loi de 1851. Ils l'ont expliqué dès 1860, par les modifications profondes qu'a subies le travail manuel; par la division de la main-d'œuvre, par l'introduction et le développement des machines; par la puissance des outils chaque jour agrandis, multipliés et perfectionnés. En cela ils ne se sont pas trompés. Suivant nous, il faut

ajouter à ces causes non pas seulement l'imperfection de la loi de 1851, mais l'absence d'institutions de nature à permettre l'observation des prescriptions législatives telles que les écoles du demi-temps, les inspections des ateliers, les écoles primaires annexées aux manufactures, les internats d'apprentis, etc., etc. Il ne suffit pas, en effet, de faire des lois; il ne suffit pas non plus de les faire bonnes; il faut les faire précéder ou les accompagner de mesures et de réformes qui en rendent le respect facile et l'observation possible.

C'est ce que ne doit jamais perdre de vue tout gouvernement soucieux des intérêts de la classe ouvrière et jaloux du bien-être moral et matériel des enfants voués aux travaux de l'industrie. Au surplus, il ne conviendrait peut-être pas de se lamenter et de se désespérer si l'on voyait moins d'enfants dans les ateliers et qu'on en retrouvât en plus grand nombre sur les bancs des écoles! Les manufactures ne sont pas précisément des foyers de lumière et des écoles de mœurs des plus recommandables et il vaut mieux que les enfants soient le plus tard possible, livrés à la contagion de l'exemple et aux dangers des ateliers. Nous avons foi dans l'amélioration des lois existantes, dans les efforts de l'initiative privée, dans l'intelligence qu'auront les maîtres de leurs intérêts pour faire renaître, revivre et se développer l'apprentissage, si jamais il est démontré que l'industrie française est dépourvue et ne peut plus se passer d'apprentis! —V. ÉCOLE D'APPRENT.—J. B.

APPRÊT. *T. techn.* On désigne par ce mot les opérations préparatoires ou finales qu'on fait subir aux étoffes de toutes sortes et aux fils, suivant leur nature, leur mode de fabrication et les usages auxquels on les destine.

Les apprêts constituent une branche importante de l'industrie des tissus, et dans certains cas ils deviennent eux-mêmes la base d'une industrie distincte de toute autre, à laquelle sont exclusivement consacrées des usines considérables, munies d'un outillage spécial, travaillant à façon pour les fabricants de tissus. Ce genre d'établissements existe principalement dans les grands centres de production ou de consommation, et les industriels qui exécutent les opérations diverses et plus ou moins délicates des apprêts sont pour ce motif désignés sous le nom d'apprêteurs.

On peut classer les travaux et procédés des apprêts suivant les résultats qu'on se propose d'obtenir, ce qui nous conduit à la distinction suivante :

1° Apprêts ayant pour but de rendre nette et lisse la surface des tissus : ce sont le grillage et le tondage;

2° Apprêts destinés à resserrer, à feutrer plus ou moins les fibres des tissus : tels sont, par exemple, les foulonnages, que l'on applique aux tissus de laine, aux draps principalement.

Ces deux opérations préparatoires auxquelles on soumet les tissus écrus ou sortant du métier, ne font point partie de l'apprêt proprement dit; elles ont néanmoins leur place dans cette nomenclature puisqu'elles s'accomplissent chez les apprêteurs, mais elles constituent plus spécialement ce qu'on appelle le traitement du tissu. Le mot apprêt est plus particulièrement réservé pour désigner la dernière main-d'œuvre que subit le tissu avant d'être livré au commerce.

3° Apprêts ayant pour but de donner seulement une apparence lisse aux tissus : ce sont le pressage, le calandrage simple et à friction, le cylindrage à chaud ou à froid;

4° Apprêts ayant pour but d'assouplir et de rendre laineux ou pelucheux les tissus : ce sont les tirages à poil;

5° Apprêts ayant pour but de donner aux tissus un certain degré d'humidité, soit en les humectant à froid pour les rendre plus propres à d'autres opérations, soit en les soumettant à l'action de la vapeur pour les gonfler et détendre leur fibres: humectage, vaporisage et décatissage;

6° Apprêts ayant pour but d'étendre les tissus en largeur ou en longueur : ce sont les séchages sur rames, sur rouleaux, sur métiers de Saint-Quentin;

7° Apprêts ayant pour but de raidir, d'affermir par des substances incorporées dans les fibres, certains tissus auxquels on veut donner plus de corps et de lustre pour la vente : tels sont, l'encollage, le gommage, le glaçage, le moirage, le battage ou beetlage;

8° Apprêts ayant pour but d'appliquer au tissu un dessin en relief : le saffnage, le gauffrage.

Ces divers genres d'apprêts s'appliquent séparément ou combinés entre eux, selon la nature des étoffes et le mode de fabrication qu'on veut obtenir. Nous allons passer rapidement en revue, en suivant la classification que nous avons indiquée ci-dessus, les principaux moyens et appareils employés industriellement.

Nous nous bornerons ici à une description succincte et générale des diverses opérations que comporte cette nomenclature, nous réservant d'étudier, à l'article correspondant à chaque genre de tissus, la nature et la série des apprêts qui lui conviennent.

GRILLAGE DES TISSUS. Opération ayant pour objet d'enlever les fibres qui forment un duvet saillant à la surface de l'étoffe sortant du métier à tisser: cette opération s'applique aux tissus de coton,

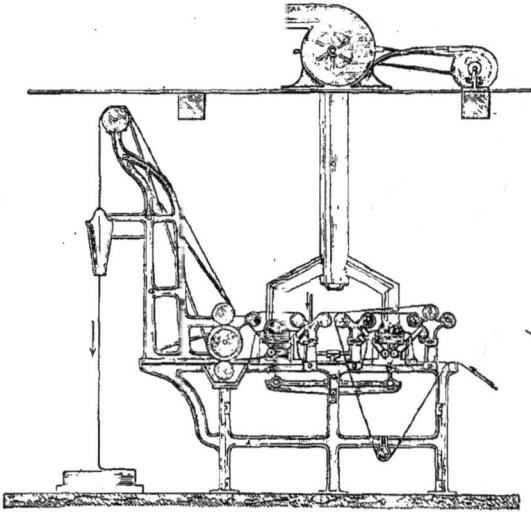

N° 97. — Machine à griller les tissus par le gaz.

de laine, de soie; elle est indispensable surtout pour ceux qui doivent être soumis à l'impression ou à la teinture.

Le procédé le plus ancien consistait dans l'emploi d'une plaque de fonte ou de cuivre, chauffée au rouge, sur laquelle on faisait passer rapidement l'étoffe, par un moyen mécanique quelconque. Plus tard on avait construit des appareils dans lesquels une rangée de flammes produites par l'alcool remplaçait l'action du métal rougi au feu.

Les machines actuellement en usage pour le grillage des tissus, d'après les procédés les plus perfectionnés, sont basées sur l'emploi du gaz. Le tissu, entraîné par les organes mécaniques de l'appareil, passe avec une grande vitesse au-dessus des flammes produites par une ou plusieurs séries de jets de gaz et d'air mélangés, brûlant sans fumée, et dégageant une chaleur très-vive.

Les machines, construites par MM. Tulpin frères, de Rouen, sont employées depuis de longues années pour le grillage par le gaz. La fig. 97

en représente l'ensemble et montre les rouleaux par lesquels l'étoffe est entraînée, amenée au-dessus des rampes à gaz, et enlevée ensuite, après avoir été humectée pour lui rendre le degré d'humidité que la flamme du gaz lui a enlevée, et pour éteindre les particules dont l'inflammation persisterait après le passage sur cette flamme. Plusieurs brosses disposées avant les rampes à gaz relèvent les poils du tissu et les préparent à subir plus complétement l'action de la flamme à laquelle l'étoffe vient présenter l'une de ses faces sur chaque rouleau. On peut régler la marche des rouleaux à volonté. de manière à griller deux fois l'envers et deux fois l'endroit, ou seulement le même côté deux ou quatre fois. L'air mélangé au gaz est fourni par un ventilateur soufflant; et, au-dessus des rampes à gaz sont disposées deux petites hottes en tôle communiquant par deux tuyaux à un aspirateur qui active les jets de gaz et enlève constamment les fibres enflammées à mesure qu'elles se détachent du tissu.

Cette machine peut griller par heure 2,500 à 3,000 mètres de tissus de coton ou 1,500 à 2,000 mètres d'étoffes de laine. Pour des tissus de un mètre de largeur, elle consomme 1,000 litres de gaz à l'heure, et 1,500 litres pour les tissus de 1m,50 de largeur

M. Blanche, de Puteaux, a appliqué avec succès

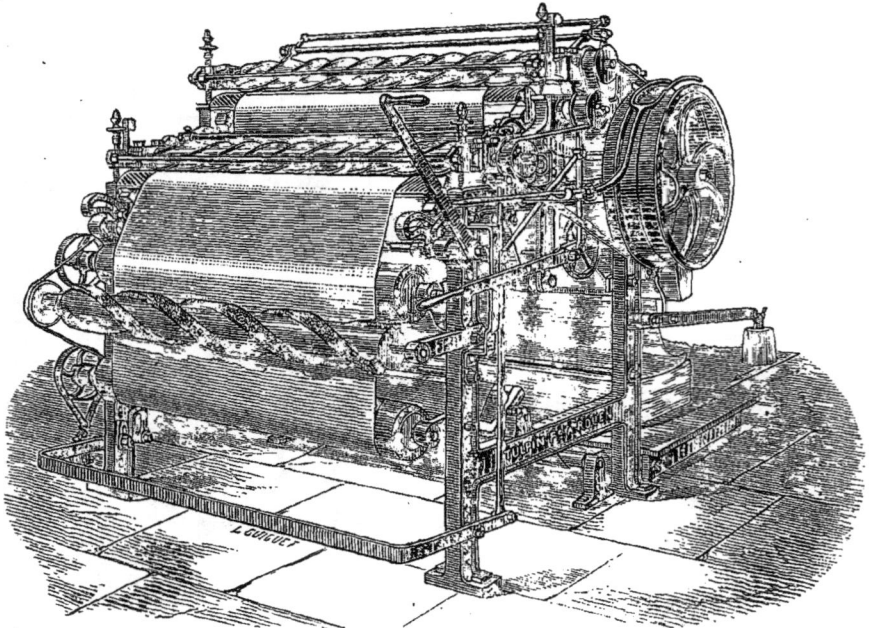

No 98. — *Tondeuse à deux cylindres.*

aux machines à griller, l'emploi de l'air sous pression forcée, d'après le principe du chalumeau de Bunsen, pour effectuer la combustion du gaz dans des conditions économiques.

Un mouvement de bascule instantané lui permet en outre, en cas d'accident, d'isoler le tissu des rampes de gaz, qui peuvent continuer à brûler sans danger d'avaries.

TONDAGE DES TISSUS. Opération mécanique destinée à raser les duvets qui existent à la surface des étoffes.

Dans les *tondeuses*, le tissu passe devant un ou plusieurs cylindres armés de lames en spirale, à l'action desquelles il se trouve exposé avec une légère tension qui favorise la tonte du duvet.

On applique ces machines aux cotonnades, aux lainages, au velours et à la soie.

La figure 98 représente un type de tondeuse à deux cylindres, construit par MM. Tulpin. L'étoffe amenée successivement devant chaque cylindre subit deux tontes dans le même passage. On voit à la partie antérieure de l'appareil le rouleau sur lequel est enroulée l'étoffe, qui passe d'abord devant un premier cylindre muni d'une brosse en spirale, ayant pour but de redresser les filaments pour les mieux préparer à recevoir l'action des couteaux. Le tissu vient ensuite se présenter sous le premier cylindre à lames d'acier également en spirale, puis sous le second qui se trouve à la partie supérieure, et enfin se plier automatiquement à l'arrière de la tondeuse.

Les tondeuses se font avec un, deux, trois ou quatre effets de tondage.

Elles peuvent être construites pour tondre le tissu en longueur ou en travers.

Pour les draps, le *lainage* et le *tondage* s'exécutent alternativement jusqu'à quatre ou cinq reprises différentes, en y apportant des soins en rapport avec la qualité du tissu à apprêter.

FOULONNAGE. Cette opération s'exécute de la même façon, soit qu'il s'agisse de donner aux tissus plus de corps en feutrant plus ou moins leurs fibres, soit qu'il s'agisse plutôt de leur enlever les corps gras dont ils sont imprégnés à la sortie des métiers à tisser.

Les foulons se composent généralement de pilons verticaux ou inclinés, relevés par l'action de cames callées sur un arbre horizontal, et retombant dans une auge appelée *pile*, où l'étoffe est disposée de manière à recevoir les chocs réitérés produits par la chute des pilons. L'extrémité inférieure des pilons, destinée à agir sur le drap, est coupée en biais, de façon à faciliter le mouvement de roulement que l'étoffe doit prendre dans la pile pour présenter successivement toutes ses parties à l'action des pilons.

Ces machines, assez imparfaites d'ailleurs, ont été remplacées depuis quelque temps avec avantage par des machines à cylindres, dont les principaux types sont dûs à MM. Vallery et Delaroque, de Rouen, Desplas, d'Elbœuf, et à M. Benoit, de Nîmes.

PRESSAGE. Cette opération consiste à soumettre les tissus, préalablement pliés, à l'action d'une presse à vis ou d'une presse hydraulique, en interposant entre chaque pièce d'étoffe une plaque de zinc épais ou de bois.

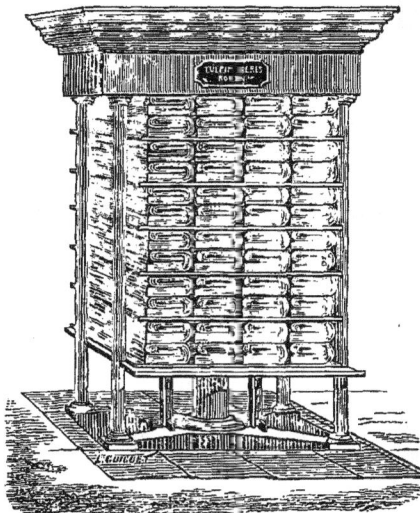

Nº 99. — *Presse hydraulique pour l'apprêt des tissus en pièces.*

Le genre de presse à vis le plus employé pour cet usage est le système dit *à percussion*, qui permet de compléter le serrage par des secousses successives que l'on donne à l'écrou mobile, soit avec des leviers, soit avec un volant. — V. BLANCHISSAGE.

La *presse hydraulique*, employée pour les tissus en pièces, se compose d'un bâti quadrangulaire au-dessous duquel se trouve le piston destiné à soulever le plateau et à opérer la compression contre la traverse supérieure du bâti.

La pompe qui refoule l'eau dans le cylindre où se meut le piston peut être manœuvrée à la main ou par une transmission mécanique.

Le figure 99 représente un des types les plus courants de ce genre de presses.

Les presses de toutes sortes fonctionnent à chaud ou à froid. L'action à froid ne sert en général que pour l'empaquetage et l'emballage des pièces, pour en régulariser et en réduire l'épaisseur. Cependant, sous une forte pression, on peut parvenir à écraser le grain du tissu, et on

obtient un léger brillant. Pour l'apprêt des draps, flanelles et lainages en général, on joint l'action de la chaleur à celle de la presse; ou bien, des cartons chauffés au contact de pièces métalliques portées à une température assez élevée, sont placés entre les plis de la pièce; ou bien, au lieu de cartons, on emploie de grandes feuilles de cuivre qui débordent les pièces; la presse forme alors armoire close, dont les pans sont de vraies boîtes à vapeur; les feuilles de cuivre en contact avec ces surfaces chauffées transmettent la chaleur dans la masse des tissus mis en presse.

CALANDRAGE. Opération qui consiste à presser énergiquement l'étoffe enroulée sur un cylindre de bois très-dur (gaïac ou charme), roulant entre deux surfaces lisses planes, dont l'une est animée d'un mouvement destiné à produire la rotation du rouleau d'étoffe, qui tourne sur lui-même sous la pression qu'il subit.

La *calandre horizontale*, qu'on appelle aussi *mangle*, employée surtout pour les tissus unis, dans les blanchisseries et les teintureries, se compose d'une table fixe horizontale, en pierre polie ou en métal, au-dessus de laquelle se trouve disposée une caisse rectangulaire, de même largeur et de même longueur, dont la surface inférieure opposée à celle de la table fixe est elle-même polie comme celle de cette table. La caisse supérieure étant chargée d'un poids pouvant aller jusqu'à 40 ou 50,000 kilogrammes, reçoit par un mécanisme convenable, un mouvement rectiligne de va-et-vient par suite duquel elle entraîne et fait rouler entre elle et la table fixe et le cylindre sur lequel est enroulée l'étoffe. Les fibres du tissu éprouvent ainsi par ce mouvement de rotation durant l'allée et venue de la caisse mobile une compression qui lisse le tissu.

Si l'opération est prolongée, la surface du tissu subit une modification plus profonde : le tissu étant ainsi comprimé sur lui-même, les fils s'écrasent par parties tandis qu'ils se relèvent en d'autres, et il se produit sur la surface de l'étoffe ainsi lustrée un jeu de lumière qui fait paraître un beau moirage. Ce moirage s'obtient également avec le cylindre à condition de faire passer entre les rouleaux l'étoffe doublée sur elle-même, soit dans sa largeur, soit dans sa longueur.

La *calandre double* est composée d'une caisse mobile entre deux tables fixes, l'une supérieure, l'autre inférieure.

La calandre roulante remplace la table fixe et

la caisse mobile par des rouleaux presseurs entre lesquels l'étoffe est soumise à la compression nécessaire pour obtenir l'effet voulu.

Dans certaines usines on remplace aujourd'hui les calandres horizontales par un bel engin de l'invention de M. Deblon, teinturier à Lille. Le rouleau de bois chargé du tissu enroulé est placé entre trois cylindres de fonte disposés en triangle. Le cylindre d'en haut est mû par une double vis qui le fait monter et descendre mécaniquement, de manière à pouvoir introduire ou retirer le rouleau de bois, et à le soumettre à une pression qui peut aller à 100,000 kilogrammes. Les trois cylindres de fonte tournent simultanément; grâce à un ingénieux mécanisme, après avoir fait une révolution dans un sens, ils en opèrent une autre dans l'autre, ce qui correspond au va-et-vient de la calandre horizontale et produit le mouvement alternatif indispensable pour obtenir les effets de moirage demandés à cet appareil.

CYLINDRAGE A FROID ET A CHAUD. Opérations diverses ayant pour but d'obtenir un lustrage plus ou moins complet de la surface du tissu. Les machines employées à cet effet reposent toutes sur

Fig. 100. — *Cylindre à trois rouleaux, pour le lustrage à chaud des tissus.*

l'emploi de cylindres compresseurs, dont les dispositions varient suivant la nature et le degré du lustre qu'on veut produire.

Les *cylindres à chaud* sont destinés à donner aux tissus un lustrage beaucoup plus brillant qu'on ne peut l'obtenir à froid. Ils se composent de rouleaux superposés, supportés par un solide bâti en fonte. Les anciens appareils étaient chauffés par des barres de fer rougies au feu qu'on plaçait dans l'un des rouleaux. Mais ce système a été remplacé avec avantage par le chauffage à la vapeur et au gaz. Le chauffage à la vapeur est le plus usité.

Citons parmi les spécimens les plus remarquables de ce genre de machines, les cylindres à trois, quatre et cinq rouleaux construits par MM. Tulpin, pour des pressions de 8,000 à 12,000 kilogrammes.

Le cylindre à trois rouleaux comprend un rouleau en papier ou en coton comprimé, interposé entre deux rouleaux en fonte. Ces rouleaux sont chauffés intérieurement au moyen d'un courant de vapeur entrant par l'un de leurs tourillons. La pression est déterminée par des leviers articulés q soulèvent le rouleau inférieur avec une force q l'on gradue à volonté par les poids placés à l'extrmité de chaque levier (fig. 100).

On varie, suivant les besoins, la disposition de ces machines dont les types employés pour les apprêts sont composés généralement de deux à cinq rouleaux. Les rouleaux de papier et de métal alternent généralement. Le passage du tissu est simple, double, triple ou quadruple, selon qu'on lui fait subir le contact de deux, de trois, quatre ou cinq cylindres.

En imprimant aux rouleaux de fonte ou canons une rotation plus rapide qu'aux cylindres de papier avec lesquels ils sont en contact, on obtient une *friction* du tissu qui donne encore plus de brillant au lustre obtenu.

Dans cette catégorie d'appareils mécaniques, il faut ranger encore les *machines à moirer*, à *glacer*, à *gaufrer*, qui sont employées pour des applications spéciales à certains genres de tissus. Nous reviendrons plus loin sur ces opérations.

TIRAGE A POIL. Cette opération a pour but, comme son nom l'indique, de faire ressortir les fibres du tissu, pour rendre sa surface laineuse ou pelucheuse. C'est surtout aux draps qu'elle s'applique. Depuis un certain temps on en fait usage également pour quelques étoffes de coton, telles que finette, moleskine, brillanté, etc.

Le *lainage* ou tirage à poil s'exécute aujourd'hui au moyen de machines spéciales, composées de rouleaux garnis de chardons ou de cardes qui étirent les fibres du tissu et les allongent à la surface de l'étoffe.

La *machine à lainer en long*, agissant par conséquent dans le sens de la longueur de la pièce d'étoffe,

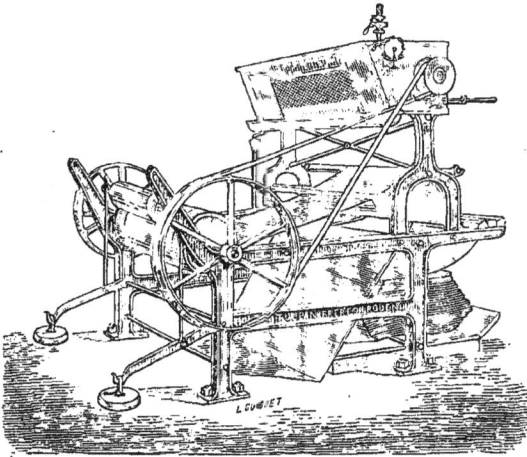

Fig. 101. — *Machine à humecter.*

est disposée de façon que les rouleaux à cardes donnent deux touches dans un seul passage du tissu.

La *machine à lainer en travers* (système Lacassaigne), opère dans le sens transversal sur l'étoffe, à l'aide de quatre porte-cardes mobiles, étirant énergiquement les fibres du tissu qui se trouvent soumises ensuite à l'action d'une cardeuse circulaire tirant les poils en long.

MACHINES A HUMECTER. Ce genre d'opération consiste à donner au tissu qu'on veut apprêter un léger degré d'humidité qui lui est nécessaire pour favoriser la réussite de certains apprêts.

La figure 101 représente une machine à humecter construite par MM. Tulpin. On remarque à la partie supérieure une sorte d'auge horizontale qui est la bassine d'humectage. L'eau y est amenée par un tuyau percé de trous dans sa longueur, par lesquels elle se déverse sur une brosse animée d'un vif mouvement de rotation. Projetée ainsi à travers un tamis, elle tombe en brouillard plus ou moins épais sur le tissu, appelé d'un

mouvement plus ou moins rapide à passer sous cette pluie.

La substitution aux brosses des rouleaux projecteurs métalliques (système Fromm) a permis d'obtenir une régularité beaucoup plus grande dans la projection de l'eau. Enfin, la machine à pulvériser l'eau (type Welter, de Mulhouse), d'application récente, produit un brouillard plus divisé et plus régulier. Une ligne de petits tubes laisse écouler l'eau à l'orifice d'autres tubes, par où l'air est fortement insufflé par un ventilateur. L'eau est littéralement réduite en poussière.

VAPORISAGE, DÉCATISSAGE. Certains tissus, les *coutils* notamment et les *cotonnades* (V. ces mots), sont parfois soumis à l'action de la vapeur, pour les gonfler et leur donner plus de grain.

Cette opération se fait mécaniquement à l'aide d'une machine composée d'un embarrage mobile, avec tension variable, d'un tuyau percé de petits trous lançant des jets de vapeur sur l'étoffe, et de cylindres en cuivre servant de *rafraîchisseurs* au moyen d'un courant d'eau froide.

Les draps sortant de la presse sont soumis au *décatissage*, qui assure la conservation de leur lustre, en les exposant à l'action de la vapeur à basse pression. Cette opération se fait en étalant le drap par couches alternatives avec du feutre, et en faisant arriver des jets de vapeur qui s'imprègnent dans le tissu pendant que celui-ci est soumis à une certaine pression.

SÉCHAGE SUR RAMES. Cette opération a pour but de sécher les tissus apprêtés, en leur faisant subir simultanément plusieurs façons diverses, telles que l'*élargissement à la laize* voulue, la *mise en droit fil*, le *déraillage* qui brise l'apprêt et sépare les fils en régularisant leur direction.

Les machines destinées à ce genre d'opération sont assez nombreuses, et diffèrent entre elles suivant la nature des tissus à étendre et suivant les résultats à obtenir.

La *machine à ramer avec pinces* est composée de deux chaînes sans fin, disposées parallèlement et pouvant être plus ou moins écartées suivant la largeur de la laize du tissu qu'il s'agit d'apprêter. Ces chaînes reçoivent un mouvement continu par des rouleaux de commande qui les entraînent en conservant invariablement le parallélisme et la largeur voulue. Chacune des chaînes est formée de pinces articulées, à mâchoires en cuivre, saisissant les lisières du tissu avec une énergie proportionnée à la tension qu'on a réglée préalablement. La construction des pinces est telle qu'elles s'ouvrent au moment où elles doivent lâcher prise et qu'elles se referment au moment où elles doivent saisir les lisières. Deux ouvriers tenant l'étoffe par ses lisières la présentent à l'action des premières pinces; un cylindre sécheur, chauffé par la vapeur, reçoit cette étoffe quand elle quitte les dernières pinces; son action a pour but de compléter le séchage des lisières, qui ne peut s'obtenir complétement pendant qu'elles sont engagées dans les pinces. Un chauffage par tuyaux avec ventilation ou par plaques à vapeur complète cet ensemble en opérant le séchage du tissu ramé.

Les machines à pinces s'emploient pour les tissus qui ne doivent pas conserver de traces d'élargissement. Elles se divisent en deux types principaux : le premier n'a pour but que d'étendre et d'élargir le tissu; le second effectue, en outre de l'élargissement, l'opération du *déraillage*, qui consiste dans un mouvement mécanique de va-et-vient plus ou moins prononcé pour briser l'apprêt. Ce dernier genre de machines à ramer est employé surtout pour l'apprêt des tissus légers jaconas, mousseline, tulle, etc.

La figure 102 représente un type de machines à ramer avec pinces, construit par MM. Tulpin. Le cylindre ou tambour sécheur y est formé de plaques creuses en tôle constituant autant de compartiments où la vapeur est introduite par des tuyaux distincts; des tuyaux de retour reliés à l'axe cloisonné assurent une circulation continue de vapeur dans ces compartiments.

Le tissu est présenté en avant des pinces par les ouvriers. Les deux rangées de pinces disposées latéralement l'entraînent et l'étirent à la lar-

Fig. 102. — *Machine à ramer avec les pinces pour le séchage et l'élargissement des tissus.*

geur voulue. Puis il vient s'enrouler sur le tambour, qui l'abandonne à l'action d'une plieuse après l'avoir séché.

Un autre genre de machines à ramer dites *machines à picots* s'emploie pour certains tissus. Parmi les diverses formes de *rames à picots*, une des plus en usage est celle destinée à l'apprêt, au séchage et à la mise en droit fil des tissus légers, tels que tulles et mousselines pour rideaux.

Cette machine est composée d'un châssis rectangulaire, porté horizontalement par un bâti en fonte. Les quatre côtés du châssis sont garnis de picots; les deux faces transversales sont fixes, les faces latérales sont mobiles et peuvent être placées à l'écartement correspondant à la largeur que doit avoir le tissu apprêté. Les picots fixés dans la lisière maintiennent l'étoffe tendue pendant son séchage sur le châssis. L'écartement des deux faces longitudinales s'opère au moyen de deux vis sans fin à filets contraires, qu'on met en mouvement avec les engrenages et le volant-manivelle disposés à cet effet à une des extrémités de la machine.

D'autres systèmes d'appareils élargisseurs, appliqués au *séchage sur rouleaux*, se composent de tambours ou cylindres sur lesquels l'étoffe saisie, soit par des pinces, soit par des picots, est enroulée par le mouvement de rotation qu'un mécanisme quelconque imprime à la machine à ramer. On peut en former des appareils distincts, ou les combiner avec les autres types de machines que nous avons décrites, suivant la nature des tissus et les résultats qu'on veut obtenir.

Les appareils désignés sous le nom de *métiers de Saint-Quentin, métiers à rideaux*, se rattachent au genre de machines à ramer avec picots, dont nous avons parlé précédemment. Ils se composent d'un châssis à côtés mobiles, permettant d'apprêter des tissus de largeurs variables, de les étendre et de les sécher sur rames.

ENCOLLAGE ET GOMMAGE. Opération qui consiste à encoller le tissu soit en vue de lui donner plus de soutien ou de rigidité, soit en vue de le rendre plus propre à d'autres opérations, telles que le *glaçage*, le *moirage*, le *gaufrage*, etc.

Cet apprêt est ordinairement fourni à l'aide d'un appareil dit *foulard*, qui se compose d'une auge rectangulaire où l'étoffe, amenée par des rouleaux d'embarrage, se trouve immergée entièrement dans le bain de colle qu'elle traverse, puis elle passe entre des brosses ou des rouleaux exprimeurs régularisant la quantité de colle imprégnée dans les fibres du tissu, dont le séchage peut être ensuite effectué par des cylindres à vapeur placés sur un ou deux rangs. Le *foulard* pour apprêts en plein bain se place généralement en avant d'une machine à sécher dont les dispositions se rattachent toujours à celles que nous avons précédemment indiquées. La fig. 103 donne un spécimen de cet ensemble.

Les agencements d'un foulard peuvent naturellement varier suivant les effets différents qu'il est appelé à produire. Dans l'appareil que nous venons de décrire, le tissu plongeant en plein bain

est apprêté sur ses deux faces. Il arrive souvent qu'un seul des côtés doit être soumis à l'encollage. Trois dispositions principales répondent à ce genre d'apprêt.

Dans la première le tissu est amené, comme dans la précédente, entre deux cylindres comprimeurs. Le cylindre inférieur seul trempe dans la bassine qui contient la colle, et communique cette dernière à la face du tissu avec laquelle il est en contact. Pour faciliter l'opération de l'encollage, ce cylindre, dit cylindre apprêteur, reçoit une gravure en mille points ou à mille raies. La bassine est mobile et le bain est parfois communiqué au cylindre par un fournisseur au lieu de l'être par voie de trempage direct.

Fig. 103 — *Machine à sécher, munie d'un foulard, pour l'apprêt des tissus en plein bain.*

Dans la deuxième disposition l'appareil est le même, sauf la suppression du rouleau supérieur de pression.

Dans la troisième, les rouleaux comprimeurs sont complétement supprimés et remplacés par des râclettes. Un bassin inférieur reçoit l'excédant de la colle, enlevée par ces dernières. La colle est versée au-dessus de l'étoffe soit par un distributeur mécanique, soit simplement à la main, avec une cuillère.

Les matières employées le plus généralement pour l'encollage sont l'empois ou l'amidon, la colle de poisson, la gélatine, le riz en décoction, qui sert principalement pour la soie, la fécule et particulièrement la *dextrine* qui n'est autre chose que de la fécule torréfiée. Sous le nom de *léiocomme*, on a désigné dans le commerce une sorte de dextrine fabriquée tout spécialement pour les apprêts des tissus. Citons encore le Haï-Thao, la colle d'algues, le parement Freppel, qui paraît

être un mélange de décoction de lichen et de glycérine, la stéarine, la glycérine, les savons, la paraffine employée pour les velours, le glucose, la cire blanche, la cire du Japon, etc.

Dans certaines fabrications on remplace la colle par de la gomme arabique. Pour les apprêts des chapeaux de peluche de soie on se sert d'une solution de gomme laque dans l'alcool. L'opération prend alors le nom de *gommage*. On emploie en outre une quantité de substances insolubles destinées à donner soit du poids, soit du toucher; ainsi le kaolin, le talc, le spath pesant, le plâtre, la craie, les sels de zinc, etc., les sels de soude, le chlorure de calcium, les suifs. (V. ces mots). L'adjonction du borax à l'amidon donne l'apprêt dur qui convient à la coiffe des chapeaux.

GLAÇAGE ET CIRAGE. Le glaçage des tissus s'obtient de deux façons différentes : 1° par le passage, sous une grande pression, entre un rouleau de fonte chauffé et un des cylindres en papier de la machine à cylindrer. Le rouleau de fonte entraîné par une plus grande vitesse que le tissu, produit sur ce dernier un effet de friction ou de lustrage plus ou moins brillant; 2° par l'action répétée et le frottement d'un gallet métallique ou en agate, se mouvant avec une pression variable, sur une coulisse en bois, d'une lisière à l'autre du tissu qui obéit à un appel régulier. Ce dernier métier s'appelle un *glaçoir*.

Le tissu gommé, pour être glacé, est souvent au préalable ciré, c'est-à-dire soumis à l'action d'un rouleau enduit de cire vierge ou de cire jaune, animé d'un mouvement de rotation en sens inverse, sous une pression plus ou moins considérable donnée par des leviers.

Moirage. Le moirage s'obtient, comme nous l'avons vu, soit par la calandre soit par le cylindre.

Battage. Opération spéciale que subissent certains tissus de coton, de coton et soie, et de lin, et qu'on exécute méthodiquement au moyen d'une machine dite *maillocheuse* ou machine à beetler. Elle se compose de pilons en bois ou en fonte agissant par leur chute sur l'étoffe enroulée fortement autour d'un rouleau qui a préalablement reçu un apprêt spécial, et qui est animé d'un mouvement régulier de rotation pendant que les pilons battent le tissu. Celui-ci acquiert, par suite de cette opération, plus de brillant et plus de souplesse.

Le battage donne un lustre plus soyeux que le glaçage; prolongé, il peut produire le moirage, sans arriver aux beaux effets de la calandre.

Citons au passage un type de maillocheuse très-perfectionné exposé en 1878 par MM. Mather et Platt, de Manchester, que nous avons déjà signalée dans notre étude sur l'exposition de l'*Angleterre* (V. ce mot).

Gaufrage. Opération qui consiste a appliquer sur un tissu ordinairement gommé un dessin en relief gravé sur un rouleau de cuivre. Le tissu est pressé entre ce rouleau gravé et une contrepartie en papier. Le rouleau de métal est chauffé. On gaufre ainsi en particulier la percaline dite *toile de reliure.*

Pour les tissus ou le dessin ne doit pas paraître à l'envers comme dans les velours frappés, la contrepartie est en métal.

Apprêt des fils. Cet apprêt constitue une des opérations préliminaires les plus importantes du tissage. Il a pour but de donner aux fils la rigidité qui leur est nécessaire pour le travail des métiers à tisser, en leur faisant subir un encollage à l'aide des machines spéciales qu'on désigne sous le nom de *pareuses* ou *machines à encoller les chaînes.* Cette opération sera décrite dans ses détails au mot Tissage. — V. ce mot.

Indépendamment de l'encollage ou *parage* qui s'applique tout spécialement aux fils de chaîne, certaines opérations d'apprêts sont utiles pour la préparation des fils destinés au tissage.

La plus importante que nous signalerons ici est le *grillage des fils*, qui s'est répandu depuis plusieurs années, grâce à une machine inventée par MM. Jules et Joseph Imbs. Les fils passent, avec une très-grande vitesse et alternativement, dans

des flammes de gaz et autour de roulettes qui, par cette double action du feu et de l'enroulement rapide, les égalisent, les rendent lisses et brillants en enlevant les fibres irrégulières. Les tissus obtenus avec les fils qui ont subi ce traitement présentent d'une façon remarquable les mêmes qualités.

Les *gaufrages* des fils, au moyen de cylindres cannelés, convenablement chauffés, produisent des ondulations dont la passementerie tire avantageusement parti pour obtenir certains effets nouveaux d'une réelle originalité. — G. J.

* **APPRÊT** ou **APPRÈS.** *T. techn.* Petit coin de bois destiné à serrer les parties d'un tonneau.

* **APPRÊTAGE.** *T. techn.* Opération qui consiste à donner l'apprêt. Manière d'apprêter.

APPRÊTER 1° *T. techn.* C'est faire subir les diverses opérations de l'apprêt aux tissus, soit pour leur donner un lustre favorable à la vente, soit pour leur donner plus de corps et de fermeté. Ce terme s'applique à de nombreuses fabrications, car outre les tissus de soie, de laine, de fil et de coton qui sont soumis aux manipulations que nous avons décrites au mot Apprêt, et que nous compléterons à l'étude de chacun de ces tissus, on apprête aussi les *cuirs*, les *chapeaux*, la *bonneterie*, les *fleurs artificielles*, le *papier*, l'*or* et l'*argent*. — V. Apprêt, et les mots en italique ‖ 2° *T. de fond.* Dernière façon que l'on donne aux caractères d'imprimerie.

APPRÊTEUR, EUSE. *T. techn.* Bien que ce nom s'applique plus particulièrement à celui qui apprête à façon les tissus de soie, de laine, de fil et de coton, on désigne ainsi, dans divers métiers, celui, celle qui donne l'apprêt. ‖ Ouvrière qui, chez les modistes, ne fait que les accessoires ou ornements des chapeaux. ‖ Celui qui fond, forge et lamine l'or.

* **APPRÊTOIR.** *T. de mét.* Selle de bois dont se servent les potiers pour apprêter l'étain.

APPROCHE. 1° *T. de fond.* Opération par laquelle le fondeur en caractères s'assure, au moyen de quelques lettres de la même sorte, réunies dans un composteur *ad hoc*, de la hauteur, de l'épaisseur, de l'alignement et de la conformation des lettres, afin qu'il n'y ait pas de disparate dans une même fonte. ‖ 2° *T. d'imp.* Signe typographique ayant la forme d'une parenthèse horizontale ⊃⊂ et qui sert, dans la correction des épreuves, à indiquer que des mots ou des lettres doivent être rapprochés les uns des autres. ‖ 3° *Lunette d'approche.* — V. Lunette.

* **APPROCHEUR.** Celui qui amène le bois à l'endroit où l'on construit un train.

APPUI. 1° *T. d'arch.* Pièce de bois ou de fer scellée dans les jambages des fenêtres, et qui permet de s'accouder pour regarder à l'extérieur; on le nomme *barre d'appui.* ‖ 2° Corbeau ou morceau de fer qui sort d'une muraille, pour soutenir une poutre. ‖ 3° *T. de mét.* Pièce du banc du tourneur.

APPUI-MAIN. Baguette sur laquelle le peintre appuie la main qui tient le pinceau.

* **APPUI-TÊTE.** *T. de mét.* Chez les photographes, petit appareil destiné à maintenir dans un état d'immobilité la tête des personnes dont on fait le portrait.

* **APPUYOIR.** *T. de mét.* Outil dont on se sert pour appuyer, et spécialement chez le ferblantier, morceau de bois triangulaire qui sert à presser les pièces qu'il veut souder ensemble.

APSIDE. *T. d'arch,* — V. ABSIDE.

* **APURER.** *T. de chim.* C'est ramener un corps à son état de pureté chimique. || *Apurer l'or,* c'est laver à plusieurs eaux l'or réduit en poudre, après l'avoir amalgamé avec du mercure.

* **APYRINE.** Sorte d'amidon que l'on tire du noyau d'une espèce de cocotier.

* **APYRITE.** *T. de minér.* Tourmaline rouge.

* **APYROTYPE.** *T. d'imp.* Se dit des caractères typographiques fabriqués à froid, par un procédé mécanique. — V. CARACTÈRE D'IMPRIMERIE.

* **AQUAFORTISTE.** Graveur à l'*eau-forte* (V. ce mot).

— Il existe à Paris une Société des aquafortistes, fondée le 1er avril 1868, par l'intelligente initiative de M. A. Cadart. Les membres de cette Société ne sont pas seulement des graveurs reproduisant au moyen de l'eau-forte les œuvres des artistes peintres ou statuaires; ils sont eux-mêmes peintres-graveurs, c'est-à-dire qu'ils gravent leurs propres compositions. Cette Société publie depuis onze ans une livraison de quatre planches originales tous les mois. Ses efforts ont amené une véritable renaissance de l'eau-forte en France. Tous nos éditeurs bibliophiles aujourd'hui qui publient les chefs-d'œuvre de la langue française, ont recours au talent des aquafortistes pour orner et commenter par la gravure le texte de leurs précieuses éditions.— Le mot *aquafortiste* ne figure pas dans le récent dictionnaire de M. Littré, quoiqu'il soit désormais passé dans la langue.

AQUARELLE. Procédé de peinture exécutée au moyen de couleurs légères, très-transparentes, délayées dans de l'eau et appliquées sans empâtement sur la surface qu'il s'agit de couvrir. Cette surface, — papier, soie, peau, ivoire, — est toujours blanche. On appelle aussi ce genre de peinture *lavis,* parce qu'on délave pour ainsi dire les couleurs en les étendant d'eau. Mais aujourd'hui le mot lavis est plus habituellement réservé à l'emploi de l'*encre de Chine* et de la *sépia.* Les Italiens ont appelé l'aquarelle *aqua-tinta,* eau teinte, et les Anglais *water colors,* couleurs à l'eau. La pratique de l'aquarelle exige une grande sûreté de main, parce que la composition une fois arrêtée ne peut plus être modifiée. Beaucoup d'artistes montrent une légitime prédilection pour ce procédé rapide, expéditif, aussitôt fixé qu'employé, qui leur permet d'obtenir une fraîcheur de tons, une légèreté, une netteté que la peinture à l'huile ne saurait atteindre. L'application décorative la plus fréquente de l'aquarelle a pour objet l'ornementation des éventails. Quelques peintres de grand renom ne craignent point de déroger en consacrant leur beau talent à parer cet élégant accessoire de la toilette féminine. Nous citerons au premier rang M. Eugène Lami, le doyen des aquarellistes français et tout un groupe de jeunes artistes à sa suite, MM. Leloir, Vibert, Edouard Detaille, qui excellent à faire courir sur les plis réguliers du large segment de vélin, les jolis caprices de leur imagination et les fantaisies de leurs colorations à la fois puissantes et légères. — V. ÉVENTAIL.

* **AQUARELLISTE.** Peintre d'aquarelles.

— A l'imitation des Sociétés qui existent déjà depuis longtemps en Angleterre et en Belgique, il s'est fondé à Paris, au mois d'avril 1879, une Société des aquarellistes français.

AQUARIUM. Réservoir dans lequel on entretient des plantes ou des animaux d'eau douce ou d'eau de mer; ses dimensions varient depuis le petit bassin ou vase qui reçoit ordinairement des poissons rouges pour orner une pièce d'habitation, jusqu'aux grandes constructions destinées à offrir en miniature la représentation des profondeurs de l'Océan.

—Londres, Bruxelles, Le Havre, Paris, possèdent des aquariums remarquables; celui du Jardin d'acclimatation, au bois de Boulogne, a été l'objet d'améliorations successives qui en font aujourd'hui un des spécimens les plus perfectionnés; les cloisons qui séparent les réservoirs sont en ardoises, et des glaces épaisses permettent d'y étudier la vie des plantes et des animaux d'eau douce ou d'eau salée; le fond est garni de fragments de roche pour les espèces qui recherchent les cavités, et l'eau y est constamment renouvelée; enfin, la lumière et la température, habilement ménagées, réunissent les conditions nécessaires pour que les êtres aquatiques puissent y vivre et s'y développer.

* **AQUA-TINTA.** Gravure à l'eau-forte imitant les dessins au lavis faits à l'*encre de Chine,* au *bistre* ou à la *sépia.* — V. GRAVURE.

* **AQUATINTISTE.** Celui ou celle qui grave à l'aqua-tinta.

AQUEDUC. Canal construit en pierres, sèches ou maçonnées, et destiné à conduire les eaux d'un lieu à un autre.

Toute conduite en bois, en métal ou en maçonnerie, qu'elle soit ouverte ou fermée, qui prend l'eau en un point pour la conduire à un autre, est à proprement parler un *aqueduc,* mais on donne plus spécialement aux tuyaux de bois ou de métal, le nom de *conduites* de distribution, pour conserver la dénomination précédente aux travaux de maçonnerie qui ont pour but principal l'approvisionnement de l'eau dans les villes et dans les centres industriels.

— La construction des aqueducs remonte aux temps les plus reculés. Dans tous les pays du monde, leurs ruines restent comme la trace de l'ancienne civilisation. Chez des peuples aujourd'hui dégénérés, et incapables d'en construire de nouveaux, on trouve des vestiges d'anciens aqueducs, destinés soit à l'assainissement ou à l'embellissement des villes, soit à l'irrigation des campagnes. En Égypte, en Perse, en Grèce, à Rome surtout, on en trouve des débris importants. En Perse, dans le Khousistan, aujourd'hui désert aride, où les bêtes fauves ont de nouveau établi leur séjour, on rencontre des morceaux de meules à écraser le blé ou de moulins à écraser la canne à sucre, qui accusent une richesse agricole expliquée par les amorces d'un aqueduc, alimenté par l'eau du Karoun, qui donnait à la province toute sa fertilité. Partout où les Romains s'établissaient, ils construisaient des arènes et des aqueducs, et l'ancienne Gaule en possède des exemples remarquables à Lyon, à Nimes, à Fréjus et dans d'autres villes ; celui de Nimes était surtout remarquable par un pont fameux nommé *pont du Gard*.

Mais si dans ces temps reculés, on savait déjà apprécier le bienfait d'une abondante distribution d'eau, l'art de l'ingénieur n'avait pas encore atteint sa précision ; il ignorait la connaissance des matériaux et de leur résistance, qui permet d'apporter une économie même dans la répartition du bien-être et de la santé. L'abus considérable des matériaux a entraîné les anciens à de véritables contre sens dans la construction. Presque partout les épaisseurs de murs ou de voûtes sont trop considérables, et ont conduit à des dépenses exagérées. Nous aurions tort de nous en plaindre, puisque grâce à cette circonstance nous pouvons juger encore aujourd'hui de la puissance de leur civilisation, mais autant leurs travaux sont remarquables par leur masse imposante, autant les nôtres se distinguent par la légèreté et l'élégance.

Toute ville doit posséder un système complet d'aqueducs pour amener l'eau, et d'égouts pour enlever les eaux-vannes et les impuretés de toute nature, sous peine de voir sa mortalité s'accroître dans des proportions considérables en comparaison des autres villes.

Le point important dans le calcul des dimensions de l'aqueduc, est que l'eau doit toujours être en quantité suffisante, et non pas se trouver au bout d'un certain temps en quantité supérieure à celle qui est nécessaire.

Pour les calculer on se sert de la formule :

$$RI = 0,0000242651 \, V + 0,000365543 \, V^2$$

dans laquelle R est le rapport de la section d'écoulement au périmètre mouillé, V la vitesse moyenne I la pente. — La vitesse la plus petite que l'on se donne est de 0m25 ou 0m30 par seconde.

Nous avons dit que les aqueducs se font en maçonnerie ; sauf quelques cas exceptionnels on les recouvre d'une voûte. On y trouve plusieurs avantages, entre autres celui d'empêcher le mélange des eaux de l'aqueduc avec les eaux pluviales qui, à la surface du sol, entraînent toujours quelques débris, ou de leur éviter toute autre cause de dépréciations, et de les maintenir à une température très-voisine de celle de la source elle-même.

Quelle que soit du reste la forme de l'aqueduc, il est essentiel que les fondations en soient solides afin d'éviter les tassements, les fissures et les lézardements. On ne saurait trop recommander le soin à apporter aux enduits qui doivent compléter le travail à l'intérieur de l'aqueduc et parer aux imperfections inévitables, même dans la maçonnerie la plus soignée. Il est bon de faire, autant que possible, ces enduits à une température uniforme et la plus voisine possible de celle qu'ils devront conserver plus tard, lors de la mise en eau. On évite ainsi les innombrables fissures et les clocages produits par des dilatations et des contractions, dont la cause unique est la variation de la température.

Cette préoccupation doit guider, même pour la

construction de l'aqueduc, dans toutes les parties où les différentes portions de la maçonnerie ne doivent pas être soumises aux mêmes températures. Lorsque, par exemple, l'aqueduc est tout entier enfoui sous terre, la température de ses différentes parties est à peu près toujours la même, mais s'il s'agit de faire passer au moyen d'arcades, l'eau au-dessus d'une vallée, il est bon de rendre indépendant de l'aqueduc proprement dit, les arches qui le portent et la voûte qui le recouvre. En effet, tandis que ces derniers subissent toutes les variations de température de l'hiver et de l'été, l'aqueduc lui-même est maintenu à une température à peu près uniforme par la circulation d'eau intérieure. On construira donc séparément et sans une lien par aucun lien, d'abord les arcades, puis le radier et les piedroits du canal et enfin la voûte. Le jeu de dilatation et de contraction de l'un d'eux n'entraînera pas, dans ces conditions, de fissures dans la maçonnerie qui retient l'eau.

Les aqueducs sont de toutes formes et de toutes dimensions. A Dijon, le fond de l'aqueduc, ou *radier*, est plat, les parois sont verticales, le ciel seul est cintré ; à Bordeaux on a jugé convenable de cintrer légèrement le radier ; à Paris, pour les eaux de l'Ourcq et d'Arcueil on a ménagé sur le côté un trottoir qui rend le nettoyage facile ; mais les formes intérieures, ovoïdes ou complètement circulaires, sont, de beaucoup, les plus employées. On cherche autant que possible à permettre de parcourir l'aqueduc et de le visiter. A ce point de vue, la forme de l'aqueduc de la Dhuys, à Paris, est vicieuse, car on ne peut le visiter qu'après avoir vidé l'eau. Pour la même raison, il est important également de ménager un accès facile dans l'aqueduc, soit au moyen de regards, soit par des cheminées verticales munies d'échelons en fer.

En France, les récents travaux de ce genre sont nombreux ; parmi les plus remarquables il faut citer sans contredit les aqueducs de Paris et celui qui amène à Marseille les eaux de la Durance, en passant sur ces admirables arcades de Roquefavour, véritable chef-d'œuvre de l'art de la construction. Les eaux de la Durance doivent malheureusement à la partie supérieure du cours de cette rivière, qui a des allures torrentielles, de porter une certaine quantité de sable et de limon, que leur nature rend impropres à tout filtrage, malgré les immenses filtres que l'on a construit.

A Paris, la Ville va bientôt posséder en dehors des eaux de la Seine et de la Marne et de celle des puits artésiens, cinq aqueducs de dérivation : ceux de l'Ourcq, d'Arcueil, de la Dhuys, de la Vanne et enfin de Cochepie, ce dernier étant seulement maintenant (1879), en voie d'exécution.

Les deux aqueducs de la Dhuys et de la Vanne sont des travaux exceptionnels. Le premier prend son origine aux environs de Château-Thierry et arrive à Paris, dans les réservoirs de Ménilmontant, pour alimenter la rive droite de la Seine. L'autre, la Vanne, prend sa source près de Sens, et se déverse dans le réservoir de Montsouris, qui distribue ensuite l'eau à la rive gauche.

L'aqueduc de la Dhuys est de la forme d'un œuf, le gros bout en bas. Sa hauteur sous clef est de 1ᵐ75, sa plus grande largeur est de 1ᵐ40.

L'aqueduc de la Vanne, au contraire, est complétement circulaire. Le diamètre intérieur est de deux mètres, la hauteur maxima de l'eau est de 1ᵐ40. de sorte qu'en temps ordinaire, il est généralement possible de se laisser filer au courant de l'eau, sur un léger batelet, pour faire la vérification de la conduite.

Cette dernière résume les plus récents perfectionnements apportés dans l'établissement de ces sortes d'ouvrages. Les eaux des sources de la vallée de la Vanne sont captées, recueillies avec soin dans de petits aqueducs secondaires et arrivent sur un même point où des pompes les élèvent toutes à la même hauteur, 805ᵐ,70 au-dessus du niveau de la mer. Elles sont alors versées dans l'aqueduc principal, qui a les dimensions indiquées plus haut, et qui, incliné par une pente de 0ᵐ,013 par 100 mètres, leur donne une vitesse uniforme et régulière correspondant à un débit de plus de 100,000 mètres cubes par vingt-quatre heures.

La nécessité d'une inclinaison constante, particulière aux aqueducs, pour que la vitesse de l'eau soit uniforme, et le but que l'on se proposait de ne pas s'enfoncer trop profondément dans le sol, ni de s'élever trop haut pour que la construction fût économique, a forcé de suivre, dans le tracé, des courbes capricieuses épousant toutes les formes et presque toutes les ondulations du terrain. L'aqueduc de la Vanne comporte cependant quatre sortes de travaux. Il suit sur une grande partie de son parcours de vastes plaines qu'il traverse en tranchées; il perce en souterrain des collines de craie, de rochers, de sables mouvants ou de pierres meulières; il franchit de nombreuses vallées sur des arcades de toutes formes et de toutes grandeurs, depuis les petites arches de 6 mètres d'ouverture jusqu'aux ponts de 40 mètres de largeur, et enfin, lorsque ces travaux auraient été trop coûteux, il abandonne ses eaux à un siphon qui les amène de l'autre côté de la vallée.

Pour la construction de l'aqueduc en tranchées, rien n'est plus simple. On ouvre dans la plaine une saignée large et profonde dont on maintient les parois, si elles ne sont pas solides, au moyen d'étais en bois. La maçonnerie se fait à la suite des terrassements et on rejette sur la conduite terminée, à mesure qu'elle avance, la terre que l'on avait enlevée pour permettre les constructions.

Pour les arcades, les difficultés ne sont pas plus grandes : la ligne qu'elles doivent suivre étant indiquée, on exécute une série de ponceaux formant de véritables viaducs et sur ces ponts, on établit la conduite de la même façon que dans les tranchées.

Mais pour les souterrains, le travail est alors plus délicat. Comment, en effet, se diriger sous terre et arriver à faire un tube à pente continue?

Lors du tracé, partout où l'on a reconnu la nécessité d'un souterrain, on a indiqué, au-dessus du sol, le passage sous terre par de grands jalons, ou *balises*, placés sur les collines que l'on devait traverser. Ce procédé est jusqu'ici le même que celui suivi pour les grands tunnels, il est inévitable. Mais alors, pour éviter l'emploi d'instruments très-précis, on procéda d'une façon élémentaire qui, malgré l'étroitesse de la conduite, ne donna que de bons résultats.

Entre deux de ces balises, tous les trois cents mètres environ, on perça un puits vertical sur l'axe du tracé. Puis de chaque côté de ce puits on descendit deux très-longs fils tenus verticaux par des poids et on plaça ces fils, à l'extérieur, exactement dans la ligne des deux balises extrêmes. On avait ainsi au fond du puits, par la ligne qui réunissait ces deux fils à plomb, la direction générale que devait suivre le percement du tunnel.

D'autre part, le niveau extérieur indiqué par des repères était reporté au fond du puits et servait à fixer l'altitude du percement. L'ouvrier mineur pouvait donc marcher à coup sûr, sans crainte d'aller ni trop haut ni trop bas, il ne pouvait que suivre une direction fixe.

Pendant la nuit, un manège mû par des chevaux enlevait au-dehors, à chaque puits, les terres détachées dans les galeries par le mineur, et pendant le jour les maçons venaient garnir le vide laissé par ces percements.

Si la terre était légère, le mineur la détachait à coups de pioche; si elle était plus dure, il se servait d'un levier ou d'une pince. Enfin, si c'était une roche compacte, il employait la poudre.

La partie la plus importante des travaux de la Vanne est, sans contredit, la traversée de la forêt de Fontainebleau, tant à cause de la nature du terrain, que de la difficulté d'approcher les matériaux de leur lieu d'emploi. En entrant dans la forêt par la porte des Sablons, du côté de Moret, on remarque une série de petites arcades basses de 6 mètres, sur lesquels la conduite de la Vanne se déroule sur 1,900 mètres de long. Le terrain se relevant ensuite, l'aqueduc, pour conserver sa même pente, doit plonger légèrement en terre, au lieu-dit le Rocher-Brûlé; mais il ressort bientôt et s'élève jusqu'à 12 mètres au-dessus du sol, pour former l'admirable aqueduc de la Croix-du-Grand-Maître (fig. 104). Là, sur deux kilomètres de long les arcades se succèdent les unes aux autres, de toutes formes, de toutes grandeurs, mais toujours aussi légères, aussi élégantes.

Au delà de ces arcades, on entre dans le souterrain de Bouligny, au-dessous du rocher qui domine le mail Henri IV et sur lequel on voit encore un arbre planté, dit-on, par le Béarnais.

La forêt de Fontainebleau est plantée sur un terrain très-accidenté qui présente de nombreuses gorges et de nombreuses collines, et c'est précisément à l'amas confus des rochers et des arbres, sur ces terrains abrupts, que cette forêt doit son caractère de sauvage grandeur.

Or, l'esprit assez sérieux ou assez froid devant cette beauté, pour pouvoir s'en distraire un instant, est frappé par une remarque originale : c'est que toutes les collines sont de la même hauteur, et que, toutes, elles forment sur l'horizon une ligne parfaitement droite, qui est celle de leur niveau commun.

Cette ligne, cette hauteur, ce niveau sont ceux des Grès.

Il est évident que toute cette région était autrefois établie à cette altitude, et que les eaux ou les glaciers ont tracé plus tard les vallées qui séparent toutes ces collines.

En creusant verticalement l'une d'elles, on rencontre, sous le grès, le sablon jaune de Fontainebleau, mais quelques mètres plus bas ce sablon est complétement blanc et s'étend ainsi sur 70 ou 80 mètres d'épaisseur au moins. Au-dessous on trouve le calcaire grossier qui contient de l'eau.

Les conditions du niveau voulurent que dans toute la forêt de Fontainebleau et même bien au-delà, toute la conduite se trouvât noyée dans le sablon blanc.

Pour la confection de l'aqueduc en lui-même, on peut tirer parti du sablon même pour employer le béton aggloméré dans sa construction, c'est ce qui a été fait; mais la difficulté est ici de passer en souterrain sous ces collines, en ayant au-dessus de sa tête, trente, quarante, cinquante et

Fig. 104. — *Aqueduc de la croix du Grand-maître, dans la forêt de Fontainebleau.*

même soixante mètres de hauteur de sable surchargé d'un énorme banc de grès de quatre mètres d'épaisseur en moyenne.

Comment tenir cette masse mobile assez longtemps pour permettre d'exécuter la maçonnerie qui doit la supporter? On y parvint après de nombreux essais, par une méthode très-simple : au moyen de madriers juxtaposés, tenus fortement serrés sur le sable par des cadres en bois et que l'on abandonnait derrière la maçonnerie, sans courir le risque, en les retirant, de produire des éboulements désastreux.

L'école fut longue pour y réussir; des accidents terribles arrivèrent; on eut des morts à déplorer; à Bouligny notamment, au premier souterrain dans le sable que l'on exécutait dans les environs de Fontainebleau; mais les ouvriers mineurs parvinrent rapidement à une adresse, à une expérience admirable, et ils exécutèrent bientôt leur travail avec une précision tout à fait remarquable.

On traverse à la suite du souterrain de Bouligny, sur une arche magnifique, la route de Nemours, et, après avoir cotoyé les rochers du Mont-Morillon, on arrive bientôt à la route d'Orléans, sur laquelle on trouve encore un autre pont aussi beau que le premier.

Après avoir plongé sous les rochers de la Salamandre, et après avoir passé la route ronde, on touche enfin à Franchard.

Ici il est inutile d'insister sur les difficultés du travail. Elles sautent aux yeux d'elles-mêmes. Il fallut une forêt de bois pour tenir les terres et prévenir les éboulements. Quelquefois on cassait en fragments transportables les énormes grès qui barraient le chemin; d'autrefois on se faisait un passage sous ces roches monstrueuses, et l'on construisait l'aqueduc ayant au-dessus de la tête des blocs considérables tenus seulement en trois ou quatre points.

Tout se passa bien cependant, grâce au talent des ingénieurs, à l'adresse, au courage, et surtout à l'habitude de la difficulté que les ouvriers avaient conquise.

Enfin, on perça le rocher de la Reine, on construisit les arcades de Noisy, la tranchée de Sucremont et l'on arriva ainsi à travers un des plus beaux pays du monde, à la limite des départements de Seine-et-Marne et de Seine-et-Oise.

Les siphons qui doivent, dans beaucoup de cas, remplacer l'aqueduc pour la traversée des vallées, sont des tuyaux de fonte de 1ᵐ,10 de diamètre intérieur. L'eau s'y engouffre et suit avec eux toutes les ondulations du terrain. Elle remonte ensuite en vertu d'un principe de physique, bien connu sous le nom de vases communiquants, et de l'autre côté de la vallée, l'aqueduc la reprend avec sa pente régulière. On met généralement à côté l'un de l'autre deux de ces tuyaux pour éviter les manques d'eau par suite d'accidents ou de réparation de l'un d'eux.

Les eaux arrivent à Paris à une altitude de 80 mètres, après un parcours total de 173 kilomètres et sont ensuite distribuées par le réservoir de Montsouris.

Ces travaux ont été conçus et exécutés par M. Belgrand, le savant ingénieur que nous venons de perdre et qui avait justement acquis dans ces travaux une autorité incontestée. — V. BELGRAND. — L.

* AQUILON. *Myth.* Vent furieux et froid que les poëtes ont représenté sous la figure d'un vieillard ayant les cheveux blancs et hérissés.

* AQUITECTEUR. *T. techn.* Ouvrier qui travaille à l'entretien des aqueducs.

ARABESQUE. *T. d'art.* Ornement très-décoratif, employé par le peintre, le sculpteur et l'architecte. Il consiste en des entre-lacs, des enroulements, des rinceaux formés des branchages de feuilles, ornés de fruits qui supportent des animaux, des chimères et des êtres fantastiques et imaginaires, etc.

— On a attribué à tort ce genre de décoration aux Arabes, ils n'en sont pas les inventeurs comme nous allons bientôt le voir, mais ils l'ont tellement employé et modifié dans ces temps modernes, que l'on a dénommé ce genre d'ornementation, *arabesque.* L'antiquité a connu ce mode de décoration, c'est incontestable; nous en avons, non-seulement des exemples remarquables dans la ville gréco-romaine de Pompéi, mais encore l'architecte romain Vitruve, se plaint de l'abus que les décorateurs de son temps font de cet ornement : « Mais tous ces sujets de peinture que les anciens tiraient des objets véritables de la nature, des habitudes devenues aujourd'hui vicieuses les font réprouver; ce qu'on peint sur nos enduits n'a plus de modèle fixe et régulier. Ce ne sont plus que des monstres; on substitue aux colonnes des roseaux; aux frontons a succédé, je ne sais quelle espèce d'entortillage de formes bizarres et bigarrées. On voit des candélabres soutenir de petits temples, du faîte desquels sortent, comme d'une racine des feuilles délicates et flexibles qui, contre toute vraisemblance portent des figures très-petites, toutes choses qui ne sont point, n'ont point été et ne peuvent être. »

La Renaissance française et italienne a créé dans le genre arabesque des décorations pleines de finesse et de goût, et la ciselure de cette époque a créé sur des armures et sur des bronzes des décorations qui font des travaux du XVIᵉ siècle de véritables chefs-d'œuvre.

ARABIQUE (gomme). Produit d'une espèce d'acacia qui croît en Arabie, en Égypte et sur les côtes d'Afrique; on pratique près du tronc et aux branches de l'arbre des fentes desquelles il découle une liqueur qui forme en se solidifiant un suc en grumeaux, de couleur jaune pâle ou jaune brillant. La gomme arabique se dissout dans l'eau, à laquelle elle donne une viscosité gluante. Les peintres à l'aquarelle s'en servent pour délayer leurs couleurs; les confiseurs, les pharmaciens, l'utilisent dans certaines préparations, le sirop de gomme, par exemple.

ARACHIDE. Plante herbacée de la famille des légumineuses dont la graine est utilisée dans le commerce et l'industrie. L'arachide, que l'on nomme aussi *pistache de terre*, croît vigoureusement au Sénégal et sur la côte occidentale de l'Afrique; dans le midi de l'Espagne on la cultive sous le nom de *cacahouet*. Bien que les graines de l'arachide puissent servir à la préparation de certaines friandises et même à l'alimentation, c'est par l'huile qu'elles fournissent qu'elles sont devenues l'objet d'un commerce important entre l'Afrique et nos ports de la Méditerranée. Cette huile, très-limpide, peut remplacer l'huile d'olive pour les usages culinaires, mais elle est surtout utilisée dans les industries des tissus de laine, de l'éclairage et de la savonnerie. Les pharmaciens et les parfumeurs en font usage également. — V. HUILE.

— On a essayé d'acclimater l'arachide dans le midi de la France, mais les résultats n'ont pas été satisfaisants.

* ARACHIDIQUE. *T. de chim.* Acide gras que l'on obtient avec l'huile d'arachide saponifiée par la soude; il cristallise en petites paillettes, fond à 75°, et il est très-soluble dans l'alcool et l'éther.

* ARACHIS. Synonyme de *arachide.* — V. ce mot.

ARACK, ARAKI, ARRACH. Liqueur fermentée en usage chez certains peuples de l'Asie, de l'Afrique, de l'Amérique et de l'Océanie. On l'obtient soit par la distillation du riz fermenté, soit avec du sucre et du jus de noix de coco qui fermentent ensemble, soit encore avec le jus qui exsude d'incisions pratiquées au cocotier appelé *toddy.* ‖ Par extension, à Bourbon et aux Antilles, nom de l'alcool retiré, par la distillation, du vesou fermenté. — V. ALCOOL.

* ARAGO (DOMINIQUE-FRANÇOIS), naquit le 25 février 1786, à Estagel (Pyrénées-Orientales), et mourut à Paris, le 2 octobre 1853. Cet illustre savant qui restera l'une des gloires du XIXᵉ siècle, fut, après sa sortie de l'école polytechnique, attaché d'abord comme secrétaire au bureau des longitudes qu'il quitta presque aussitôt pour achever, en collaboration avec Biot, la mesure de l'arc du méridien terrestre. Il avait vingt ans lorsque l'empereur Napoléon lui confia cette mission! Le voyage scientifique de Biot et d'Arago fut semé de vicissitudes et d'aventures souvent périlleuses; le jeune Arago, pris pour un espion par les Espagnols, en guerre alors avec la France (1807), s'échappa de leurs mains à l'aide d'un déguisement, et ne fut sauvé que par l'intervention d'un officier de la marine espagnole qui, pour le soustraire à la fureur populaire, le conduisit dans une île voisine de la côte. Ses infortunes n'étaient point finies. A son retour en France, il fut pris par un corsaire espagnol et envoyé sur les pontons de Palamos. Lorsqu'enfin il put regagner sa patrie, il y fut accueilli avec une vive sympathie, inspirée par les dangers qu'il avait courus avec un admirable patriotisme et un profond amour de la science qu'il n'avait point cessé de servir. — A vingt-trois ans, il fut reçu membre de l'Académie des sciences, et l'empereur le nomma professeur de géodésie à l'école polytechnique. Quelque temps après, il fut nommé directeur de l'Observatoire; c'est alors qu'il commença ces admirables cours d'astronomie qui eurent pour auditeurs les plus grands savants des quatre parties du monde. En 1830, il devint secrétaire perpétuel de l'Académie pour les sciences mathématiques, puis député de son département, et en 1848, membre du gouvernement provisoire. Il appartenait à toutes les académies et sociétés savantes de l'Europe; toutes s'honoraient de le compter parmi leurs membres.

Nous empruntons au remarquable dictionnaire de Pierre Larousse l'étude qu'il a publiée sur les principaux travaux d'Arago; nous n'en pouvons donner un résumé plus complet :

« Comme savant, Arago a fait un assez grand nombre de découvertes utiles et ingénieuses, mais qui n'auraient cependant pas suffi à établir et à répandre la popularité vraiment rare attachée à son nom, sans le remarquable talent qu'il avait d'exposer la science avec clarté et attrait, et sans l'ardeur qu'il mettait à la vulgariser. L'optique, dont la connaissance sert de base à toutes les observations astronomiques, fut l'étude de prédilection d'Arago. Il adopta et propagea la *Théorie des ondulations*, théorie qui compare les phénomènes lumineux à ceux du son, et qui les explique par la transmission, à travers l'éther, des mouvements vibratoires dont seraient animées les molécules des corps doués de lumière. Il construisit un *photomètre* qui permet de mesurer les intensités lumineuses des astres, et donne des résultats photométriques plus certains que ceux tirés des lumières artificielles. A l'aide de ce bel appareil, dont Arago dut, à cause de l'affaiblissement de sa vue, confier l'emploi à des mains étrangères, MM. Laugier et Petit purent vérifier ce principe de Fresnel, que : *la lumière polarisée réfractée est complémentaire de la lumière réfléchie*. La réfraction atmosphérique joue un rôle important dans l'observation des globes célestes. Depuis Tycho-Brahé, bien des tentatives avaient été faites pour en corriger les effets, mais toujours avec un succès médiocre. Il fallait mesurer l'*indice de réfraction de l'air*; c'est ce que firent Arago et Biot, au moyen du prisme de Borda. Ils trouvèrent pour cet

indice, à la température de 0° et à la pression de 0m,76 le nombre de 1,000,294. Ils opérèrent de même sur plusieurs autres gaz. — Les résultats déduits des magnifiques calculs de Fresnel sur la polarisation furent pour la plupart vérifiés par Arago, à l'aide de son ingénieux *polariscope*, qui lui fit découvrir que la lumière renvoyée, par l'atmosphère, quand le temps est serein, est fortement polarisée. — C'est à Arago qu'est due l'explication la plus généralement admise de la *scintillation* des étoiles, tirée du principe des interférences, découvert par Young. — La science de l'*électro-magnétisme*, née en 1819, d'une observation d'OErsted, est en partie redevable à Arago de la rapidité de ses progrès. Ayant fait osciller une aiguille aimantée, d'abord sur une plaque de cuivre, puis sur des plaques de différentes substances, il remarqua que l'amplitude des oscillations décroissait très-rapidement sur la plaque de cuivre, et plus rapidement sur les plaques métalliques que sur les autres. Si donc une plaque métallique en repos finit par arrêter les oscillations d'un aimant, ne doit-elle pas l'entraîner et le faire tourner, étant mise elle-même en mouvement? Les nombreuses expériences d'Arago répondirent affirmativement à cette question, et donnèrent naissance au *magnétisme de rotation*, belle découverte qui valut à son auteur la médaille d'or de Copley, décernée par la Société royale de Londres. — Enfin, de concert avec Dulong, Arago entreprit, sur les tensions de la vapeur d'eau, une série d'expériences qui le conduisirent à soumettre à une vérification complète la loi dite de *Mariotte*, sur la compression des gaz. Cette loi fut trouvée exacte, pour l'air, jusqu'à une pression de 27 atmosphères. Les deux savants allaient l'éprouver sur d'autres gaz, quand l'administration des bâtiments leur retira la jouissance du local (la tour du lycée Napoléon), dans lequel ils avaient installé leurs appareils. »

Les œuvres complètes d'Arago ont été réunies en 1856-57, par M. Barral. Elles forment 14 volumes, dont la partie principale est l'*astronomie populaire*.

*ARAIGNÉE. 1° *T. de min.* Branches ou rayons de galeries souterraines, conduits de mine qui, partant d'un puits commun, s'en éloignent en divergeant entre eux pour aboutir chacun à un fourneau. Les dimensions de l'araignée sont variables et se combinent selon l'étendue de terrain qu'on veut faire sauter. || 2° *T. techn.* Crochet de fer à plusieurs branches qui sert à retirer les seaux d'un puits. || 3° *T. de carross.* Sorte de voiture très-légère à quatre roues supportant un siège à deux personnes; ces roues sont tout en fer et plus hautes que celles des autres voitures.

* ARAMER. *T. techn.* Mettre du drap sur un rouleau pour l'allonger par l'étirage.

ARASEMENT. 1° *T. de menuis.* Extrémité d'une planche, à la naissance du tenon. || 2° *T. de constr.* Dernière assise d'une maçonnerie parvenue à un niveau déterminé.

ARASER. 1° *T. de constr.* Mettre de niveau les diverses assises d'un mur ou d'un bâtiment. || 2°

T. de menuis. Scier l'extrémité d'une planche où l'on veut mettre des emboîtures en conservant le bois nécessaire pour faire des tenons.

* **ARASES** ou **PIERRES D'ARRASES.** Pierres de bas appareil, plus hautes ou plus basses que celles dont le mur est formé, pour mettre l'arrasement de niveau.

* **ARAZZI.** — V. TAPISSERIES.

* **ARBALESTRES.** *T. techn.* Cordelettes qui servent à monter le métier des fabricants de gaz, de soie, etc.

ARBALÈTE. 1° Arme de trait dont on se servait avant l'invention de l'artillerie, et qui était composée d'un arc en bois ou en acier monté sur un fût en bois ou *arbrier.*

— On tirait en appuyant le bois sur l'épaule, et non à *l'épaule* comme pour le fusil, et en visant au moyen d'une hausse ou *fronteau de mire* qui avait souvent plusieurs trous pour le tir aux diverses distances. La corde éta

Fig. 105. — *Arbalète à main.*

retenue au bandé par un cran taillé dans une pièce nommée *noix* (c'est de là qu'est venue la noix des platines modernes), et une *gachette* maintenait la noix ; la *clef*, longue pièce de fer placée sous l'arbrier, servait de détente pour faire partir le coup. Le trait était maintenu en place par une pièce nommée *tient-tout*, et souvent il était guidé par une rainure.

Il y eut une distinction marquée entre les arbalètes de guerre et les arbalètes de chasse. On distingue l'*arbalète à main* (qui se bandait à la main) (fig. 105) l'*arbalète à étrier* qui portait en avant de l'arbrier un étrier où le pied s'engageait pour que l'homme put se servir de ses deux mains et de toute sa force pour bander l'arc ; les arbalètes plus fortes s'armaient au moyen d'appareils nommés *bandages* (bandage à griffe, à pied de chèvre, bandage à *cric*, *guindard*, ou bandage à treuil. Ces arbalètes, ban-

dées au moyen de divers mécanismes, étaient longues à préparer pour le tir, mais elles produisaient même sur les armures de fer des effets qui ont balancé longtemps ceux des premières armes à feu, à cause de l'imperfection de la poudre et de l'appareil qui servait à l'employer. L'arbalète à cric, notamment, consistait en une cremaillère à crochet, dans laquelle s'engrenait une roue dentée que l'on tournait au moyen d'une manivelle ; lorsque le crochet de la cremaillère atteignait la corde, on tournait la manivelle en sens inverse et l'on bandait l'arme en ramenant la corde engagée dans le crochet jusqu'au cran d'extrême tension. La figure 106 représente l'arbalète à cric sur le point d'être ramenée par le crochet au cran de bandage.

L'origine de l'arbalète n'est pas bien connue ; elle ne figure pas dans la tapisserie de Bayeux ni dans aucun

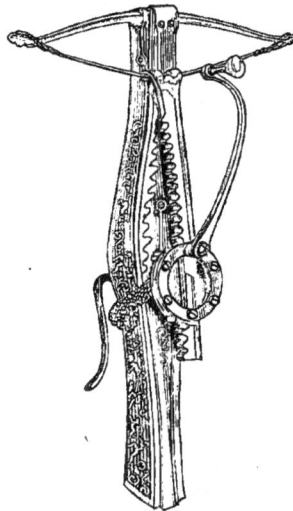

Fig. 106. — *Arbalète à cric*

autre monument du XIe siècle ; cependant une miniature exécutée par Heldric, abbé de Cluny, mort en 1010, représente des soldats armés d'arbalètes. Elle fut proscrite au XIIe siècle (1139) par le concile de Latran, à cause de ses effets trop meurtriers, ce qui n'empêcha pas de s'en servir jusqu'au commencement du XVIIe siècle, mais l'extension que prirent alors les armes à feu la firent abandonner.

La plus ancienne société d'arbalétriers fut fondée à Compiègne, en 1357, les lettres patentes datent du mois d'août 1359, et en 1368, Charles V la prit sous sa sauvegarde. Leur patron était saint Sébastien.

L'arsenal de Zurich possède une arbalète qu'on dit avoir été celle de Guillaume Tell.

L'*Arbalète à jalet* ou *arbalète à balle* (balista globularia) servait à tirer, au lieu de flèches, de petites boules de terre cuite ou desséchées. La balle, qui était contenue dans une poche placée au milieu de la corde, était nommée *fronde.* Elle s'armait généralement sans *bandage* et était plus légère que l'arbalète ordinaire de chasse.

On a aussi construit des arbalètes à jalet qui avaient pour guider la balle un tube fendu dans l'espace que la corde devait parcourir. On les a nommées *arquebuses* et ce nom a été plus tard appliqué à des armes à feu portatives.

Alonzo Martinez de Espinar a publié, en 1644, un traité spécial : *Arte de ballestria y Monteria.*

Arbalète. 2° *T. techn.* Instrument composé de deux lames élastiques d'acier courbées en arc, employé par certains ouvriers en métaux pour rendre moins fatigant le travail de la lime. || 3° Corde avec laquelle on attache la poignée du battant, dans les fabriques de soie. || 4° Sorte de grappin ou de porte-amarre dont on se sert dans la marine. || 5° Dans le blason, l'arbalète est représentée en pal et la corde détendue.

ARBALÉTRIER. *T. de charp.* Pièces de bois qui servent à soutenir le toit d'un bâtiment; elles sont posées obliquement et assemblées d'un côté dans la poutre perpendiculaire appelée *aiguille*, et de l'autre dans la poutre horizontale ou *entrait.*

* **ARBELAGE** ou **ARBELAY.** *T. techn.* Lame de fer aplatie qui sert dans la fabrication de la tôle.

* **ARBITRAIRE.** *T. de mét.* Nom que l'on donne aux outils qui peuvent former la même moulure, bien qu'ils soient faits à contre-sens l'un de l'autre.

ARBORISÉE (Agate). — V. AGATE.

ARBOUSIER. Parmi les différentes espèces du genre arbousier, on distingue l'arbousier des Alpes, arbuste rampant, à fleurs rouges; ses feuilles, semblables à celles du buis, lui ont fait donner le nom de *busserole*; ses fruits rouges, en grappes, sont le régal des ours, d'où son autre nom de *raisin d'ours.* Les feuilles de l'arbousier renferment une grande quantité de tannin et d'acide gallique, qu'on utilise dans le tannage du cuir et la préparation du maroquin.

ARBRE. 1° *T. de mécan.* Pièce d'acier ou de fer prismatique ou cylindrique, pouvant tourner dans des supports ou *paliers*, munis de *coussinets*, et servant dans les machines motrices à transformer en mouvement circulaire continu le mouvement alternatif du piston moteur. On donne le nom d'*arbre de couche* aux grands arbres de première transmission qui reçoivent directement le mouvement de l'arbre du moteur, par l'intermédiaire de poulies et de courroies. Les arbres de couches servent à transporter le mouvement à toutes les machines-outils d'une même usine ou d'un même atelier. || 2° *T. de constr. nav.* Tige, ordinairement en fer forgé, tournant autour d'un axe invariable et qui sert à transmettre le mouvement de rotation qu'elle reçoit de la puissance motrice sur un de ses points. || 3° *Arbre des roues,* celui qui porte les roues d'un navire à vapeur. || 4° *Arbre d'hélice,* celui qui porte l'hélice et agit sur elle par le mouvement du mécanisme établi depuis la machine jusqu'à lui. || 5° *Arbre du tiroir,* axe qui reçoit le mouvement de l'excentrique et sert à le transmettre au tiroir par divers mécanismes. || 6° *T. d'horlog.* Pièce qui a des pivots, et sur laquelle est ordinairement adaptée une roue : l'*arbre* du grand ressort, l'*arbre* de la fusée; dans les montres : l'essieu qui passe au travers du barrillet, et qui sert à bander le ressort. || 7° Outil qui sert à placer ou à déplacer le ressort. || 8° *Art. hérald.* En armoiries, l'*arbre* est ordinairement de sinople; il est *fusté*, lors-

que le tronc et les branches sont d'un émail différent; *effeuillé,* s'il n'a pas de feuilles; *arraché,* si on en sort des racines. || 9° *T. d'impr.* Pièce de fer qui, dans une presse typographique, descend perpendiculairement sur le sommet de la platine et force celle-ci à opérer l'impression de la forme sur le papier. || Pièce qui se trouve entre la vis et le pivot d'une presse d'imprimerie. || 10° *T. techn.* Chez les cartonniers, cylindre placé perpendiculairement et tournant sur une crapaudine au fond de la cuve où se trouve la pâte à broyer. || 11° Partie du rouet à laquelle *est* suspendue la roue par une cheville en fer. || 12° Chez les fileurs d'or, axe de la grande roue qui donne le mouvement aux autres rouages. || 13° *T. de constr.* Pièce la plus forte de la machine qui sert à élever des pierres et des poutres. || 14° On donne enfin le nom d'*arbre* à la verge de fer ou de cuivre à laquelle est suspendu le fléau d'une balance.

Arbre. Dans la production des arts inspirés par la mythologie, on donne aux arbres une signification particulière; le chêne et le hêtre sont consacrés à Jupiter, le frêne à Mars; le laurier à Apollon; le lotus et le myrte à Vénus; le pin à Cybèle; l'olivier à Minerve; le cyprès à Pluton; le pavot à Cérès; la vigne, le pampre et le lierre à Bacchus; le palmier aux Muses; le peuplier à Hercule; le platane aux Génies.

Arbre encyclopédique. Tableau systématique disposé de manière à faire voir l'enchaînement des sciences et des arts et leurs rapports mutuels. Diderot, d'Alembert, et, de nos jours, Ampère, ont laissé d'intéressants travaux à ce sujet, mais malgré les classifications établies par ces illustres savants, il sera toujours difficile de dresser le bilan exact des connaissances humaines, le domaine de l'intelligence n'ayant point de limites et les conquêtes de l'esprit étant susceptibles de transformations et de progrès incessants. — V. AMPÈRE.

* **ARBRIER.** Bois ou fût de bois sur lequel l'arc de l'arbalète est ajusté. — V. ARBALÈTE.

ARC. *T. d'arch.* Construction limitée en dessous par une surface courbe. L'origine de l'arc remonte à une haute antiquité, et dans ces temps reculés, le premier arc a dû être fait au moyen de pierres encorbellées les unes au-dessus des autres, ainsi qu'il en existe encore aujourd'hui dans des ruines fort anciennes situées auprès de Missolonghi. La forme des arcs est extrêmement variable, chacune de ces formes a reçu des noms différents, il existe des arcs à contre-courbure ou infléchis, des arcs aigus, ou *ogives,* des arcs brisés ou *angulaires,* on nomme aussi ces derniers arcs *en mitre* ou *en fronton,* des arcs aplatis, des arcs biais, des arcs bombés ou *segmentaires,* des arcs en chaînette, des arcs concentriques, des arcs déprimés, des arcs en accolades ou en *talon,* des arcs en berceau, des arcs de décharges, des arcs en doucine, des arcs en fer à cheval, dits aussi *arcs outrepassés,* des arcs en plein cintre, des arcs en talus, des arcs rampants, des arcs renversés, des arcs serpentaires, des arcs surhaussés et surbaissés ou arcs en anse de panier, des arcs trilobés, quintilobés, polylobés, zig-zagués, etc. Nous ne dé-

crirons pas ces divers arcs, nous nous bornerons à renvoyer le lecteur le lecteur aux ouvrages spéciaux, mais nous définirons l'arc-boutant et l'arc ogive.
— L'*arc-boutant* très-employé dans la construction des églises, est pour ainsi dire une contre-fiche en maçonnerie qui sert à étayer une construction, dont il reçoit la butée et qui contrebute : de là son nom. — L'*arc ogive* est formé par deux segments de cercle qui se coupent suivant un certain angle, aussi suivant le plus ou moins d'ouverture de ces deux arcs segmentaires, on obtient des arcs ogives *mousses* ou *obtuses*, des arcs ogives en *lancettes* ou *pointues*, des arcs ogives en *tiers point* dite aussi ogive équilatérale, enfin des ogives surhaussées ou surbaissées.

Arc. 2° *Arme de jet* qui a été employée par tous les peuples tant à la chasse qu'à la guerre. Il se compose d'une verge de bois ou d'acier et d'une corde. Lorsque les bois étant maintenu par la main gauche on en éloigne la corde, on augmente sa courbure; l'arc tend à reprendre sa forme première en vertu de son élasticité. Lorsque la corde est abandonnée, il se redresse en se *débandant*, et il pousse violemment en avant le milieu de la corde en décochant la flèche. — V. FLÈCHE.
— C'est en 1633 que la législation anglaise intervint pour la dernière fois en faveur de l'*archerie* militaire. Ainsi l'arc a continué à être employé concurremment avec l'arbalète et son usage a survécu pendant cent cinquante ans à l'emploi des armes à feu portatives pour la chasse, qui date du commencement du XVIᵉ siècle. C'est à la perfection de leurs arcs longs que les Anglais durent leurs victoires décisives de Crécy et de Poitiers. A cette époque la puissance de l'arc assurait déjà la supériorité aux troupes à pied, et elle aurait conduit même sans l'invention de la poudre à la suppression des armures. — Une armure ordinaire pouvait être percée à 400 mètres par la longue flèche des Anglais.
« Un bon archer anglais qui, dans une minute ne tirait pas douze coups et qui, sur ce nombre, manquait un homme à 219 mètres était méprisé. » — Louis NAPOLÉON, *Passé et avenir de l'artillerie.*

Arc. 3° *T. de cuross.* Pièces de fer qui joignent le bout de la flèche à l'essieu des petites roues, et qui ont la forme d'un arc. || 4° *T. de mar.* Dans un navire, on nomme *arc de l'éperon*, la longueur qu'il y a du bout de l'éperon à l'avant du vaisseau, par-dessus l'éperon. || 5° Courbure que prend la quille au produit un changement de forme dans les différentes parties du navire. || 6° *T. techn.* Ressort dont se servent les armuriers, les tourneurs et autres ouvriers, pour communiquer à certains outils un mouvement de rotation alternatif; on donne ordinairement à cet instrument le nom d'*archet* ou d'*arçon*. || 7° Râteau de charbonnier.

Arc de triomphe. On donne ce nom aux monuments formés de grands portiques, ornés de bas-reliefs et d'inscriptions, qui consacrent la gloire d'un conquérant ou le souvenir d'un événement mémorable; les anciens peuples les élevaient en l'honneur des dieux ou des héros; aujourd'hui on les dresse sur le passage du premier venu qui, dans l'ordre politique ou administratif, a su gagner une éphémère popularité, et se

fait habilement décerner ce triomphe en attendant qu'il retourne à son obscurité première.
— Paris possède quatre *arcs de triomphe;* ceux de la porte Saint-Denis, de la porte Saint-Martin, dédiés à Louis XIV; celui du Carrousel, élevé pour consacrer la gloire de Napoléon Iᵉʳ et des armées françaises en 1806, et celui de l'Étoile. Ce dernier, dédié à la grande armée, commencé en 1806 par Chalgrin, a été continué par Huyot, et terminé par Blouet en 1835. Il a 49 mètres de hauteur. Les piédestaux qui font face aux Champs-Elysées sont surmontés de groupes allégoriques dont l'un représente le *Départ* (1792) et l'autre le *Triomphe* (1810). Le premier, sculpté par Rude, est une œuvre magistrale, dont la composition énergique et mouvementée amoindrit la valeur du groupe de Cortot, exécuté suivant les traditions du style académique le plus pur. M. Etex a sculpté les deux groupes qui décorent la façade du côté de Neuilly; l'un représente la *Résistance* (1814), l'autre la *Paix* (1815). L'exécution de ces deux compositions est large et vigoureuse. En France on en possède d'autres qui sont l'œuvre des Romains : ceux d'Arles, d'Aix, de Saint-Remi (Bouches-du-Rhône), d'Orange, de Reims, etc. Celui d'Orange est le monument le plus antique que nous possédions en ce genre.

Arc voltaïque. *T. de phys.* L'arc voltaïque est le flux électrique lumineux qui passe entre les deux extrémités disjointes d'un circuit voltaïque, quand le courant de la pile qui parcourt ce circuit possède une grande tension et une grande intensité, et que les extrémités disjointes du circuit sont constituées par des conducteurs susceptibles de s'échauffer et de se désagréger facilement, comme des morceaux de charbon de cornue, par exemple.
Pour obtenir l'arc voltaïque qui, en somme, fournit ce que l'on appelle la *lumière électrique*, il faut d'abord approcher au contact les deux parties du circuit où il doit se développer, puis les écarter l'une de l'autre et les maintenir à une très-petite distance. Sous l'influence du passage du courant, les charbons mis en contact rougissent précisément au point où ils se touchent, et quand on vient à les séparer, l'air avoisinant étant chauffé au rouge, se trouve avoir acquis une conductibilité suffisante pour compléter le circuit et déterminer le flux lumineux en question, dont l'éclat provient surtout des particules charbonnées entraînées par le courant et qui sont chauffées au rouge blanc. Un corps d'une conductibilité dite secondaire et susceptible de devenir conducteur par la fusion ou l'échauffement peut, étant interposé entre les extrémités disjointes du circuit, développer l'arc voltaïque, et ce moyen a été mis à contribution pour les fusées électriques de mine, et même pour constituer avec deux charbons ce que M. Jabloskoff a appelé *bougies électriques.* — V. BOUGIE ÉLECTRIQUE, FUSÉE ÉLECTRIQUE et LAMPE ÉLECTRIQUE.
L'arc voltaïque une fois formé jouit de la plupart des propriétés de l'*auréole électrique* (V. ce mot). Ainsi il est susceptible d'être influencé par les aimants; et si ceux-ci sont très-énergiques, on peut arriver à le couper et à éteindre la lumière qu'il fournit. Vu au spectroscope, il présente un spectre brillant qui est sillonné par de magnifiques raies colorées dont le nombre et la position peuvent indiquer la nature des corps conducteurs

entre lesquels l'arc est produit. — V. SPECTROS-COPE.

ARCADE. 1° *T. d'arch.* Ouverture en forme d'arc et qui repose sur des colonnes, des pilastres, ou des pieds-droits; on distingue divers genres d'arcades : l'arcade en *plein cintre*, en *ogive*, en *fer à cheval*, etc.; elle est *praticable* ou *réelle* lorsqu'elle est entièrement ouverte; et *aveugle* ou *feinte*, lorsqu'elle est seulement simulée et destinée à l'ornement d'un mur. || 2° Partie d'une rampe d'escalier ou d'un balcon, qui forme le fer à cheval. || 3°. *T. d'opt.* Partie de la monture d'une lunette ou lorgnon, qui embrasse le nez. || 4° *T. de sell.* Partie cintrée qui se trouve devant et derrière une selle.

ARCANE. *T. techn.* Composition métallique employée dans l'étamage des métaux; elle est ainsi nommée parce qu'autrefois les ouvriers gardaient le secret de cette composition.

* **ARCANNE.** *T. de mét.* Craie rouge délayée avec de l'eau, avec laquelle les scieurs de long tracent leur ouvrage sur une pièce de bois; ils trempent, à cet effet, un cordeau dans le liquide et le tendent aux extrémités de la pièce pour le pincer par le milieu et le lâcher vivement; les charpentiers se servent plutôt de blanc.

* **ARCANSEUR.** *T. de mécan.* Appareil qui sert à faire avancer ou reculer une voiture lourdement chargée.

* **ARCANSON.** Résine de couleur brune que l'on obtient en distillant la térébenthine commune; cette matière, fusible, inflammable, à cassure vitreuse, prend aussi le nom de *colophane.*

ARCASSE. *T. de mar.* Charpente horizontale de l'arrière des anciens navires.

ARCATURE. *T. d'arch.* Ornement d'architecture qui consiste en une série de petites arcades réelles ou simulées, portées par des colonnettes ou des consoles; l'arcature sert à décorer soit les surfaces lisses d'un mur, soit le dessous des appuis de fenêtres ou des corniches. Les monuments funéraires, les rétables d'autel, reçoivent souvent des arcades décorées de sculptures ou de peintures.

— La Sainte-Chapelle, le portail de Notre-Dame, à Paris, et le portail de la cathédrale d'Amiens, offrent de beaux spécimens d'arcatures décorées, soit de peintures dans les entre-colonnements, comme à la Sainte-Chapelle; soit de sculptures en rondebosse ou d'arabesques finement fouillées dans la pierre, comme aux portails des cathédrales.

* **ARCAUX.** *T. de mét.* — V. ARCANNE.

ARC-BOUTANT. 1° *T. d'arch.* — V. ARC. || 2° *T. de charp.* Pièces de bois qui servent de soutiens, de contre-forts et qu'on appelle aussi *contre-fiches.* || 3° *T. techn.* Barreau de fer droit ou chantourné servant à bouter une grille, un balcon. || 4° Barre d'une porte cochère, autrement dit *pied-de-biche.* || 5° Verges qui tiennent en état les montants d'un carosse. || 6° Branches de métal qui soutiennent les baleines d'un parapluie, quand il est ouvert.

=7° *T. de mar.* Pièce de bois que l'on place horizontalement dans les hunes pour maintenir l'écartement des galhaubans. || 8° *Arc-boutant affourché,* celui dont les extrémités sont fendues en forme de fourche. || 9° *Arc-boutant rond,* celui dont la forme est arrondie. || 10° Pièce de bois placée verticalement sous le beaupré, pour soutenir les martingales. || 11° Petit mât ferré qui sert à repousser l'abordage. || 12° *Arc-boutant de coites.* Pièces de bois que l'on met entre les coites et les semelles du ber pour consolider son système.

ARCEAU. 1° *T. d'arch.* Ouverture en forme d'arc ou de cintre; elle ne comprend qu'une partie du cercle, un quart au plus. || 2° *T. de métall.* Petits arcs sur lesquels reposent les caisses de cémentation. || 3° Petite arche d'un pont.

ARC-EN-CIEL. 1° L'arc-en-ciel est un arc de cercle lumineux, plus ou moins développé, composé des sept couleurs spectrales et que l'on aperçoit dans le ciel par les temps de pluie. Cet arc, qui est quelquefois blanc s'aperçoit non-seulement le jour, sous l'influence solaire, mais encore la nuit sous l'influence lunaire, et on le retrouve toutes les fois qu'une nappe d'eau projetée dans l'air retombe en gouttelettes éclairées par des rayons lumineux. Tous les traités de physique donnent la théorie de l'arc-en-ciel telle qu'elle a été conçue pour la première fois par Descartes; mais cette théorie ne semble devoir s'appliquer qu'au cas où les gouttelettes sont assez grosses pour que les réflexions des rayons lumineux à l'intérieur de ces gouttes puissent donner lieu à la décomposition de la lumière. Quand ces gouttes sont très-petites, cette décomposition est incomplète et ce serait à cette circonstance, que, suivant la théorie moderne, on devrait rapporter l'origine des arcs-en-ciel blancs. La plupart des chutes d'eau sont accompagnées d'arc-en-ciel. || 2° *Art hérald.* Dans le blason, la forme et les couleurs de l'arc-en-ciel se détachent sur un champ d'azur.

ARCHAÏSME. S'entend dans les arts du dessin d'une certaine imitation ou assimilation du style propre à d'anciennes époques et plus particulièrement aux maîtres primitifs. On dit : « un bel archaïsme, un faux archaïsme. » L'adjectif de ce nom est également usité : « Un style archaïque. »

ARCHAL. — V. FIL D'ARCHAL.

ARCHE. 1° *T. de trav. publ.* Voûte qui porte sur des piliers, des piédroits ou culées de ponts. Une arche, suivant la courbe qui sert à l'engendrer, suivant sa *courbe génératrice,* peut être plein cintre, surhaussée ou surbaissée, elliptique, cycloïdale, etc. On nomme *arche d'équilibre* celle dont toutes les parties supportent la même pression; *arche marinière,* celle qui est plus spécialement réservée au passage des bateaux; on nomme aussi cette dernière *arche maitresse,* parce qu'en général elle se trouve au milieu du pont, et qu'elle est plus large et plus élevée que les autres.

Arche. 2° *T. de charp.* Cintre de charpentes faisant partie d'un toit bombé; on l'appelle *arche d'assemblage.* || 3° *T. de verr.* Cellules en briques, placées autour du four, avec lequel elles communiquent par des lunettes d'un pied de diamètre. Ces fourneaux secondaires reçoivent des dénominations particulières, suivant leur emploi : *arches à pots*, *arches à fritter* ou *arches à calciner*, *arches de recuisson*, celles-ci pour opérer le recuit des pièces fabriquées, etc. — V. VERRERIE. ‖ 4° *T. de mar.* Botte en charpente qui sert à garantir la pompe de toute détérioration. ‖ 5° Se dit encore d'un grand coffre plus long que large.

— A Rome on désignait sous ce nom *arca* le trésor du prince, celui du fisc, du préfet.

— On appelait aussi *arca* le meuble dans lequel on renfermait ce que l'on avait de précieux. C'est aussi de ce mot que dérive l'expression *archive*, et l'*arche* d'Aman, dans laquelle on conservait, sous la coutume de Metz, les minutes des actes, n'avait peut-être pas d'autre origine.

* **ARCHELET.** *T. de mét.* Petit outil en forme d'archet, à l'usage des horlogers, des orfèvres et des serruriers, pour les ouvrages les plus délicats. ‖ Outil de maçon. ‖ Bout de fil de fer courbé du moule à fondre les caractères d'imprimerie.

ARCHET. 1° *T. de luth.* Accessoire indispensable du violon, de l'alto, du violoncelle et de la contrebasse.

— Jusqu'au XVIII° siècle, l'archet conserva sans grand changement la forme d'arc qu'il avait au moyen âge. Ce fut Corelli qui s'aperçut le premier des inconvénients que présentait cette disposition de la baguette, et Tartini continua cette petite révolution. Peu à peu, la baguette perdit sa courbe, se redressa, puis dessina une nouvelle courbe en sens contraire pour donner à l'archet sa forme actuelle. Ce furent les Tourte qui contribuèrent le plus à l'amélioration de la forme de l'archet. Déjà Tourte le père et son fils avaient rectifié la cambrure et égalisé les crins, mais François Tourte apporta de tels perfectionnements qu'on peut l'appeler le Stradivarius de l'archet.

Il employa le bois de Fernambouc, chercha longtemps la courbe et la longueur définitive de la baguette ; aidé par les conseils du célèbre violoniste Viotti, il la trouva en 1790. Depuis cette époque, l'archet n'eut plus à changer de forme. D'instinct, Tourte avait trouvé les proportions et le calibrage de la baguette ; il en fixa la longueur entre 74 et 75 centimètres pour le violon, 74 pour l'alto, 72 et 73 pour le violoncelle. Ce fut le luthier J.-B. Vuillaume qui trouva la formule mathématique des proportions de l'archet suivie par Tourte. En 1834, Vuillaume fabriqua inconsciemment, d'après le système Tourte, des archets dont la baguette était en acier creux et qui eurent du succès.

La mèche de crin dont le frottement fait vibrer les cordes a été l'objet de nombreuses recherches. Pour fixer la mèche et régler sa tension, on avait inventé au XVII° siècle une crémaillère adaptée à la hausse ; cette crémaillère grossière fut remplacée au XVIII° siècle par le bouton et la vis encore employés aujourd'hui. Tourte le père et son fils avaient aussi perfectionné cette partie de l'archet. Mais ce fut encore François Tourte qui inventa les meilleurs perfectionnements en trouvant l'archet à recouvrement. Les crins, au lieu de système, retenus par une virole en métal adaptée à la hausse, ne pouvaient s'enrouler ; la partie de la mèche qui repose sur la hausse est recouverte d'une feuille de nacre. Ainsi construit, un archet de Tourte sans ornement vaut de 200 à 250 francs. Après Tourte, François Lupot appliqua la coulisse à la hausse, et plus tard Vuillaume inventa la hausse fixe.

La fabrication de l'archet a donné naissance à une branche spéciale d'industrie, qui fut autrefois illustrée par les Tury, les Lafleur, les Lupot, les Peccate, les Henri, les Maire, les Vuillaume, et surtout par les trois Tourte. Aujourd'hui Simon, Voirin, l'anglais Dood en sont les seuls représentants.

Tandis qu'on adoptait pour les autres violons l'archet moderne, les contrebassistes se divisèrent en deux camps ; le plus grand nombre prit l'archet droit et court, mais d'autres conservèrent et conservent encore, en Angleterre et en Italie, le vieil archet en forme d'arc de Dragonetti ; cet archet paraît meilleur pour l'attaque du staccato, mais d'après la méthode de Bottesini, le plus brillant virtuose de notre époque sur la contrebasse, il a le défaut d'étouffer le son, et l'archet moderne semble préférable. Cependant il est bon de constater que l'archet à la Dragonetti est encore assez en usage en Belgique et en Allemagne.

Archet. *T. techn.* 2° Arc composé d'une baleine ou d'une lame d'acier et d'une grosse corde de boyau, à l'usage de divers métiers, pour percer les métaux avec le foret ou pour faire tourner les pièces sur le tour ; les tourneurs se servent d'une longue perche attachée au plafond par l'une de ses extrémités. ‖ 3° Scie en fil de fer, dont se servent les ouvriers en mosaïque pour découper le marbre. ‖ 4° Petite scie en fil de laiton avec laquelle on coupe les pierres précieuses au moyen de l'eau et de l'émeri. ‖ 5° Outil du briquetier pour couper la terre. ‖ 6° Fil de fer ou d'acier en forme d'arc attaché au-dessous des moules dans lesquels on fond les caractères d'imprimerie. On dit aussi *archelet*.

ARCHÉTYPE. *T. d'art.* Se dit d'un plâtre moulé sur un bas-relief de pierre ou de bronze.

* **ARCHIER.** Fabricant d'arcs et de flèches.

* **ARCHINE.** *T. techn.* Petite arche ou cintre que forme la charpente qui soutient le ciel d'une carrière.

ARCHITECTE. Artiste dont les travaux consistent à tracer les plans et les devis des édifices publics ou des maisons particulières, et à en diriger les constructions. L'*architecte-paysagiste* est celui qui trace les plans des jardins et des parcs et fait édifier tout ce qui peut concourir à leur décoration, kiosques, pavillons, ponts, etc.

— Ce mot ne semble pas remonter au delà du XVI° siècle. Dans les premiers temps de notre histoire, les religieux seuls, au milieu d'une population barbare et guerroyante, sans industrie et sans commerce, cultivaient les sciences, les lettres et les arts. Les premiers architectes français furent donc des religieux ou des moines.

Les plus anciens et les principaux de ces artistes religieux furent, vers le commencement du V° siècle, saint Agricol, évêque de Châlon-sur-Saône, qui bâtit plusieurs églises de son diocèse, notamment sa cathédrale ; saint Germain, évêque de Paris, qui éleva, vers 550, dans sa ville épiscopale, une église dédiée à saint Vincent, laquelle devint plus tard l'abbaye de Saint-Germain-des-Prés ; pendant le XI° siècle, Hugues, abbé de Montiérender, fit exécuter sous sa direction, en 1002, de grands travaux dans l'église de son diocèse. Dans le XII° siècle, saint Bénezet construisait le pont d'Avignon. Le religieux chargé de la construction ou de l'entretien des bâtiments était qualifié de « magister operis. » (A. LANCE, *Dict. des arch. français*).

Les religieux non-seulement traçaient les plans de leurs édifices, mais ne dédaignaient pas de travailler de leurs mains. — Lors de la construction de l'abbaye du Bec, en 1033, le fondateur et le premier abbé de ce monastère, Herluin, tout grand seigneur qu'il était, prit part aux travaux comme un simple maçon, portant sur le dos la chaux, le sable et la pierre. (A. LENOIR, *Arch. monast.*)

— Au XII⁰ siècle apparaissent les architectes laïques, mais ils ont diverses qualifications, selon les différentes provinces de la France : au XIII⁰ siècle à Amiens, Robert de Luzarches et Thomas de Cormont, chargés de la construction de la cathédrale, étaient désignés chacun comme « maistre de l'ouvraige. » Pierre de Montereau, architecte de saint Louis, est mentionné dans un document avec le titre de « maçon »; Raymond du Temple, architecte de Charles V, était le « maçon du roy »; Simon Lenoir, architecte du bailliage de Senlis, n'avait d'autre titre que celui de « maçon du roy. » Enfin, en 1440, Jean de Beaujeu, était « maistre des œuvres royaux, » à Nîmes, et, en 1457, Pierre Gramain était « maistre des œuvres du roy.» Ce titre de maistre des œuvres ou de maistre de l'œuvre, dit M. Lance, finit par prévaloir et fut employé le plus souvent jusqu'au milieu du XVIII⁰ siècle. Le même auteur dit que le mot *architecte* paraît avoir été employé pour la première fois, en 1545, par Ambroise Paré, qui exprime ainsi l'idée de Dieu : « ce grand architecteur et facteur de l'univers. » Un autre exemple de l'emploi de ce mot se trouve, à la date de 1549, dans un document concernant les travaux du tombeau de *François I⁰ʳ*, élevé dans l'église abbatiale de Saint-Denis. Il s'agit d'une somme de 337 liv. 10 s. tournois « ordonnée par M⁰ Philibert de l'Orme, conseiller, aumosnier du roy et son *architecte*. »

La France fournit au monde un grand nombre d'architectes illustres; si elle enseigna aux autres peuples l'art de parler et d'écrire, elle leur apprit également l'art de bâtir; beaucoup d'édifices civils et religieux portent, à l'étranger, l'empreinte du génie français. (V. *Les artistes français à l'étranger*, par M. DUSSIEUX, Paris, 1856.)

Parmi les plus célèbres architectes, il faut citer, au XII⁰ siècle, Guillaume de Sens; au XIII⁰ siècle, Pierre de Montereau, Robert de Luzarches, Pierre de Corbie, Robert de Coucy; au XIV⁰ siècle, Philippe Bonaventure et Pierre de Boulogne; au XVI⁰ siècle, Philippe de Bourgogne, Androuet du Cerceau, Louis de Foix, Philibert Delorme, Pierre Lescot, Jean Bullant; au XVII⁰ siècle, Salomon de Brosse, les Mansard, Perrault; au XVIII⁰ siècle, Gabriel, Servandoni, Soufflot, Rondelet, Brongniart, Chalgrin; au XIX⁰ siècle, Baltart, Blouet, Duban, Ch. Garnier, Huyot, Lebas, Percier, Lassus, Lefuel, Vaudoyer, Visconti, Viollet-le-Duc, etc.

— V. *Le manuel de droit et de jurisprudence spéciale pour les architectes entrepreneurs*, Paris, 1841, in-16, BRUNET-DEBAINE; *Code des architectes et entrepreneurs de constructions*, 2⁰ éd., 1848, FRÉMY-LIGNEVILLE; *Dictionnaire des architectes*, par Ad. LANCE, Paris, 1871, Morel.

ARCHITECTONIQUE. Qui a rapport à l'architecture. Se dit des découvertes, des procédés qui appartiennent à l'architecture; de l'art de la construction.

* **ARCHITECTONOGRAPHE.** Ecrivain qui s'occupe d'*architectonographie*, c'est-à-dire de l'histoire et de la description des édifices; on l'a aussi nommé *historiographe des bâtiments*.

* **ARCHITECTURAL.** Qui appartient à l'architecture, qui en a le caractère.

ARCHITECTURE (Théorie de l'). L'architecture a été sans contredit le premier art cultivé par l'homme, si toutefois on peut dénommer ainsi, les constructions rudimentaires qui lui ont servi de premier abri. Nous pouvons donner ce fait comme certain, bien que les études préhistoriques modernes aient parfaitement établi, que l'homme,

même avant d'avoir songé à se construire un refuge, a gravé avec des grattoirs de silex des linéaments, des traits et même des figures sur des os de renne, mais ce sont là des exemples isolés, et du reste ces dessins sont si imparfaits, si peu corrects qu'on ne peut les considérer même comme des rudiments de l'art du dessin; tandis que la première cabane de bois ou une construction en pierre renfermaient le premier germe de l'architecture. C'est donc bien celle-ci qui constitue le premier art cultivé par l'homme son apparition sur la terre. Nous n'insisterons pas davantage sur ce point qui touche à l'*histoire* même *de l'architecture*, et nous renverrons le lecteur à l'article de notre confrère et éminent collaborateur M. Viollet-le-Duc. Nous n'avons à nous occuper ici que de l'*art de bâtir* proprement dit, à classer et énumérer ensuite les divers genres d'architecture.

Les grottes et les cavernes creusées par la nature dans le flanc des rochers purent dans le principe suffire à l'homme comme habitation; mais la multiplication des individus et leur dispersion dans les pays de plaines firent que l'homme, se trouvant sans abri, eut sans doute l'idée d'enchevêtrer des branches d'arbre pour former des cabanes de verdure et suppléer ainsi à la rareté ou même à l'absence des grottes. Bientôt après pour donner à ce rudiment de maison une toiture plus sérieuse, plus imperméable, l'homme couvrit sa demeure de roseaux, de chaume et de mousses, le tout amalgamé, aggluliné avec du limon ou de la boue. Ces deux types d'habitations primitives sont le point de départ de nos deux systèmes architectoniques de construction. Les Etrusques, les Grecs et les Romains transformèrent la cabane par une suite de perfectionnements; ils la consolidèrent en employant des matériaux plus solides et plus résistants. Les grottes et les cavernes au contraire inspirèrent aux Indiens et aux Egyptiens leur lourde mais imposante architecture. — Telles sont les origines de l'art de bâtir, de cet art qui devait briller plus tard d'un si vif éclat en Egypte, en Assyrie, en Grèce et en Italie.

La cabane devenant insuffisante, l'homme songea bientôt à perfectionner sa demeure, et cela par tous les moyens en son pouvoir. Les progrès de la civilisation devaient amener fatalement à la recherche de formes plus exactes, plus correctes et plus savantes; le luxe, à son tour, vint achever ce que les exigences de la vie avaient commencé. C'est alors que l'homme édifia, après les avoir conçus, des monuments suivant les règles de la science et les lois du beau, et que l'architecture donna des formes harmoniques à la matière inerte. Ainsi dans le principe, l'homme n'a fait que de la construction pure et simple, nous allons le voir bientôt, mais ce n'est qu'après la formation des sociétés, aussitôt que les exigences collectives se sont produites, que l'*architecture* proprement dite s'est perfectionnée et s'est manifestée dans tout son éclat. Cette double action a été féconde, car c'est elle qui a assigné à l'architecture un rang si élevé. Si nous ajoutons qu'elle est avant tout un art créateur, nous lui aurons accordé le premier rang parmi les arts plastiques. En effet, tandis que le peintre et le sculpteur copient, imitent plus ou moins la nature, l'architecte ne puise ses inspirations que dans la fécondité de son imagination et de son génie.

Nous avons dit précédemment que l'homme a commencé à faire de la construction pure et simple; en effet, quand il prend le bois comme élément de construction, que fait-il? Il plante en terre des pieux, des *poteaux*, au-dessus desquels il pose et il assemble d'une manière quelconque, probablement au moyen de liens faits avec des plantes flexibles, des pièces de bois, des *traverses*; sur ces traverses il superpose d'autres pièces pour former les chevrons de sa toiture. Celle-ci est faite de branches entrelacées, et le tout est recouvert de terre et de gazon. Telle a été sans doute la première manifestation de l'*art de bâtir*. Plus tard, l'homme s'aperçoit que sa maison de bois pourrit facilement, qu'elle peut être détruite par l'incendie, il se décide alors à essayer de construire en pierre; peut-être a-t-il employé auparavant le *pisé*; ceci n'est qu'une supposition, aussi devons-nous la négliger et étudier immédiatement la construction en pierre. L'homme primitif fait-il sa maison rectangulaire ou circulaire? Nous pensons que la difficulté de pouvoir relier entre eux les murs en retour d'équerre, lui fit préférer une forme courbe, il monte ses assises en encorbellement en ayant soin de faire une porte également encorbellée, à moins, ce qui n'est guère supposable, qu'il n'ait eu tout à coup l'idée de placer des pièces en bois pour former le dessus, le *linteau* de sa baie. Pour couvrir sa maison, il dut également former une sorte de voûte encorbellée ou bien il posa sur ses murs des pièces de bois *jointives*, c'est-à-dire placées le plus près possible les unes des autres; il les recouvrit de pierres, de terre et de gazon. Tel a été sans doute le deuxième mode de construction, la *bâtisse de pierre*. Beaucoup plus tard, bien des siècles après, l'art de bâtir se perfectionnant de plus en plus, le poteau de bois est remplacé par le pilier et par la colonne, la traverse par la plate-bande et le linteau de pierre; aux proportions étroites et mesquines de la cabane, l'homme substitua les larges et grandioses proportions que nous pouvons admirer dans l'architecture égyptienne, assyrienne, persepolitaine, proportions qui n'ont pu être dépassées dans ces temps modernes que par l'introduction d'un nouvel élément de construction, le *fer* (V. ce mot) et V. Construction, Poutre métallique Charpente, Ferme, Comble, etc.; qui forment le complément de ce qui précède.

Maintenant si nous considérons l'architecture par rapport à la destination des monuments qu'elle est appelée à créer, on la divise : 1° en *architecture* proprement dite; 2° en *architecture religieuse*; 3° en *architecture civile*, laquelle se subdivise elle-même en *architecture industrielle* et en *architecture rurale*; 4° en *architecture militaire*; 5° en *architecture hydraulique*; 6° en *architecture navale*; 7° en *architecture des jardins*.

I. **Architecture proprement dite.** On désigne sous ce terme l'ensemble de tout ce qui concerne l'art et la science architectoniques, c'est-à-dire l'architecture pratique et l'art monumental. L'*architecture pratique* comprend toutes les constructions économiques et industrielles, qui sont faites sans luxe et sans décorations, telles que les écoles d'instruction primaire et secondaire, les usines, les ateliers, les fabriques, les entrepôts et docks, les écluses, les constructions rurales, etc., etc. L'*art monumental* comprend tous les beaux édifices publics et privés qui, par leur caractère luxueux, réclament de beaux matériaux, une mise en œuvre très-soignée de ces matériaux et une grande richesse décorative, tels sont les palais, les musées, les hôtels, les châteaux, les hôtels-de-ville, les églises, les *villas*, etc., etc. — L'architecture proprement dite embrasse donc dans son vaste ensemble la *théorie de l'architecture* (V. ci-dessus) et l'*histoire de l'architecture* (V. plus loin).

II. **Architecture religieuse.** L'architecture religieuse comprend l'ensemble de tous les édifices consacrés au culte. Les peuples ont eu une ou plusieurs religions, d'où la nécessité de construire des temples pour adorer les dieux. Les premiers monuments de ce genre paraissent avoir affecté la forme de *tumulus* ou *monticule*, de *phallus*, de *tables de pierre*, etc. Ce genre d'édifice se retrouve dans presque toutes les parties du monde : au Mexique, on les nommait *téocalis*; en Russie, *tumbs* ou *dumbs*; dans une grande partie du continent européen, en Afrique et en Asie, des monuments *mégalithiques*, ou mieux des monuments *celtiques*, car souvent ils sont formés par un amas de pierres de dimensions très-ordinaires. On retrouve ce genre d'édifice dans tout le nord de l'Europe, en Danemark, en Suède, en Norwége, en Russie, en Sibérie, dans l'ancienne Germanie, en Angleterre, en Ecosse, en Irlande, enfin dans les îles Hébrides et dans les Orcades, en Grèce, etc. — Ammien Marcellin dit que les Arabes, les Perses, les Scythes et même des peuples plus anciens, *érigeaient des piliers de pierres*. Les Hébreux élevaient également des autels en *pierres brutes*, divers passages de la bible peuvent en témoigner : « Si tu m'élèves un autel de pierres, dit le Seigneur dans l'*Exode*, tu ne le feras point avec des pierres taillées. Si tu emploies le ciseau, il sera souillé. » Et dans le *Deutéronome*, nous lisons : « Tu élèveras un autel au Seigneur, ton Dieu, avec des rochers informes et non polis. » Dans le nouveau-monde, à Campos, près de Rio-de-Janeiro, il existe une énorme pierre, nommée *Pedre de los gentils, pierre des païens*, qui passe pour un monument d'une haute antiquité. Dans l'Inde, beaucoup de monuments religieux étaient creusés en forme de grottes; en Egypte, beaucoup d'hypogées passent pour avoir été des édifices consacrés aux cultes; chez les Grecs et les Romains les temples, sauf quelques modifications de peu d'importance, étaient à peu près construits sur le même plan. Dans les temps modernes l'architecture religieuse embrasse dans son ensemble les abbayes, les couvents, les monastères, les églises, les chapelles et les temples, les évêchés et les archevêchés. Le moyen âge nous a laissé des monuments très-remarquables de l'architecture religieuse, c'est surtout pendant cette époque que ce genre d'architecture a principalement fleuri. —. V. Cathédrale, Église, etc.

III. Architecture civile. L'architecture civile embrasse dans son ensemble tous les monuments qui présentent un caractère civil, tels que bâtiments d'habitation à la ville et à la campagne, les édifices destinés aux services publics et administratifs qui appartiennent à la commune ou à l'État. Cette architecture renferme donc plusieurs catégories de monuments distincts ; de là, *l'architecture civile* proprement dite comprenant les édifices publics ; *l'architecture privée*, qui comprend tous les édifices élevés par les simples particuliers : cette dernière se subdivise en *architecture domestique urbaine, suburbaine, manufacturière, industrielle, agricole et rurale*, mais toutes ces subdivisions ne forment que deux classes parfaitement distinctes : l'architecture industrielle et l'architecture rurale.

A. Architecture industrielle.

Les développements considérables de l'industrie ont fait naître dans ces dernières années une architecture spéciale qui doit puiser ses moyens et ses inspirations dans la science de l'ingénieur. Dans la construction de l'usine, de la manufacture, le bâtiment n'est plus que l'esclave du matériel qu'il est appelé à recevoir, et l'architecte doit observer des dispositions particulières pour l'entrée et la sortie du personnel, pour l'arrivée et l'expédition des marchandises, pour l'eau, le chauffage, l'éclairage et l'aération, pour la transmission de la force motrice, pour l'économie, la stabilité, l'incombustibilité, la surveillance, etc., toutes choses d'une grande importance et que nous traiterons avec le soin qu'elles comportent à l'article Constructions industrielles.

B. Architecture rurale.

Ce genre de construction embrasse tous les bâtiments élevés à la campagne mais qui ne font pas partie de l'usine ou de la manufacture, car, nous venons de le voir, cette catégorie fait partie de *l'architecture industrielle*. L'architecture rurale a une grande importance, elle englobe dans son ensemble une variété de bâtiments très-nombreux, ce sont : l'habitation de l'homme des champs, le logement des animaux domestiques, *écuries, étables, bergeries, porcheries, chenils, lapinières, poulaillers, colombiers* ou *pigeonniers, basse-cours, apiers* ou *ruchers, magnaneries*, etc. Puis les constructions annexes de la ferme, les *hangars, granges, séchoirs, greniers, glacières, laiteries, vendangeoirs, cuviers, celliers, chais*, enfin la *ferme*.

Nous venons de dire que l'architecture rurale a une grande importance, rien n'est plus exact, car un bon ou un mauvais aménagement peut enrichir ou ruiner l'agriculteur ou le fermier ; il y a longtemps que l'utilité de l'architecture rurale est démontrée, Columelle, Varron et Caton, dans les

traités agricoles qu'ils nous ont laissés et dont malheureusement nous ne possédons que des fragments, démontrent l'importance des bâtiments ruraux ; mais sans remonter aussi loin dans l'histoire nous pouvons citer notre compatriote François de Neufchâteau, qui disait : « L'art de loger les hommes, les animaux et les récoltes, avec simplicité, solidité et économie, est le premier problème à résoudre dans la science des campagnes. » Et cet auteur avait bien raison. Mais si dans les grandes villes la science et l'art des constructions ont fait quelques progrès, il est très-regrettable que les constructions rurales n'aient point progressé de même que les constructions urbaines. Cependant, dans ces derniers temps, on a beaucoup étudié ce genre d'architecture, et d'excellents procédés de construction ont été propagés ; nous parlerons plus loin de cet intéressant sujet. — V. Constructions rurales.

Par ce qui précède on peut voir combien sont nombreux les bâtiments de l'architecture civile ; ils sont d'autant plus variables dans leur forme que leurs destinations sont elles-mêmes très-diverses ; aussi peut-on leur imprimer un caractère de grandeur et de noblesse, de simplicité, de solidité, de force ou de richesse, suivant le genre auquel ils appartiennent. C'est dans l'architecture civile qu'il faut ranger les arcs-de-triomphe, les amphithéâtres et les théâtres, les bains et thermes, les cirques, les hippodromes, les gymnases et les palestres, les palais et les portiques, les *villas*, etc. Aussi peut-on dire avec raison que l'architecture civile, la première dans l'ordre des satisfactions humaines, varia selon les temps, le climat et les pays ; c'est pourquoi aucune ne peut peindre avec plus de netteté et de précision les goûts, les mœurs, les usages, les coutumes, en un mot le degré de civilisation d'un peuple, d'une société.

IV. Architecture militaire. Sous ce terme générique, on désigne tous les monuments d'architecture qui concourent à la défense ou à l'attaque d'une place forte. Les premiers genres de fortifications furent *l'acropole* et *l'oppidum*. Les Égyptiens, les Babyloniens, les Mèdes, les Perses, les Assyriens, les Étrusques, les Grecs et les Romains ont possédé de nombreux ouvrages d'architecture militaire. Nous avons peu de renseignements certains et complets sur les fortifications des peuples anciens, il nous faut arriver aux Étrusques, aux Grecs et aux Romains pour avoir des données plus certaines et plus complètes sur le sujet qui nous occupe. Chez les Grecs et chez les Étrusques, les murailles des fortifications étaient faites en gros blocs de pierres brutes, ou de pierres grossièrement équarries ; enfin, si nous avançons vers la civilisation, les murs sont formés de pierres régulièrement taillées. On donnait aux premiers murs anciens, le nom de *murs cyclopéens* ou *pélasgiques*. Nous trouvons ce genre de murs, en Grèce, en Asie mineure, en Italie, en Étrurie et dans tous les pays peuplés par les Hellènes. Dans toutes ces contrées, les fortifications paraissent établies d'après les mêmes données; c'est-à-dire des murs élevés avec des angles saillants et des postes défendus par des tours lourdes et massives, tantôt rondes ou circulaires, tantôt carrées ou rectangulaires. Ce vieux système de fortification a subsisté presque tel qu'il se trouvait à son origine, jusqu'à l'époque où l'on a introduit l'artillerie dans l'attaque et dans la défense des places fortes. La forme, l'épaisseur et le mode de construire les murailles ont certainement varié, mais plutôt dans les détails que dans l'ensemble de la construction. Les colonnes Trajane et Antonine nous fournissent de nombreux renseignements sur l'architecture militaire des anciens, nous en retrouvons aussi sur certains bas-reliefs, surtout sur ceux des arcs-de-triomphe.

Pendant le moyen âge, pour l'escalade des murs, les assiégeants se servaient, comme dans l'antiquité du reste, de grosses tours en bois. Pour l'attaque et la défense des places, on utilisa pendant une grande partie du moyen âge, comme on l'avait fait dans l'antiquité, des *catapultes* pour lancer des pierres et des dards forts lourds, ainsi que des *balistes* pour envoyer des flèches, de lourds javelots et des traits forts longs et d'un grand poids.

Les places fortes du moyen âge possédaient toutes un château qui servait à résister si la ville venait à être prise, et le château lui-même renfermait un donjon qui permettait une dernière résistance désespérée une fois que l'assiégeant s'était emparé du château. Souvent le donjon possédait des souterrains, qui débouchaient au loin dans la campagne, ce qui fournissait le moyen aux assiégés, surtout aux chefs, de pouvoir échapper à un ennemi cruel et barbare et souvent implacable.

A la fin du xvıe siècle, ou plutôt dans les premières années de l'xvıe siècle, par suite de l'emploi des armes à feu, une révolution radicale s'accomplit dans l'art de fortifier les places de guerre. C'est de la fin du xvıe siècle que datent les *bastions*; alors les hautes murailles et les tours disparaissent, les créneaux et les merlons qui couronnaient les murs dès la plus haute antiquité font place aux sacs à terre, les bretèches sont remplacées par les courtines; enfin, tout un système d'engins et de fortifications est inventé et perfectionné, et ces inventions et perfectionnements se poursuivent encore de nos jours.

Les pièces de canons modernes, de gros calibre et de très-longue portée menacent même d'une transformation prochaine tous les travaux d'architecture militaire. — V. ARME, ARTILLERIE, CANON, CHÂTEAU-FORT, FORTIFICATION, etc.

V. Architecture hydraulique. C'est celle qui s'occupe des constructions sous l'eau et dans l'eau, du mouvement de l'eau dans les conduites, telles que : *aqueducs, canaux*, etc.; pour élever et distribuer les eaux dans les villes, soit pour les usages journaliers, soit pour décorer des places et des jardins, au moyen de fontaines, de gerbes, de cascades, de châteaux-d'eau, etc. — On donne plus spécialement le nom d'*architecture hydrau-*

lique à cette partie de l'art de bâtir qui consiste à élever sur pilotis les genres de travaux tels que digues, ponts, ponceaux, jetées, murs de quai, ports, phares, canaux d'irrigation et de navigation, écluses, moulins et grottes, une partie de l'architecture hydraulique se nomme même *architecture navale* (V. l'art. suiv.). — V. AQUEDUC, CANAL, ECLUSE, PONT, PORT.

VI. Architecture navale. Architecture qui embrasse les constructions destinées à la navigation, et celles qui sont situées dans les établissements maritimes, tels que ports, quais d'embarquement, docks, magasins et entrepôts situés sur les bords de bassins ou de ports, avant-port, bassin de retenue, phare, lazaret, hôpitaux maritimes, morgues, bâtiments de douanes, chantiers de constructions navales, navires, etc. — V. CONSTRUCTIONS NAVALES, NAVIRE, PHARE.

VII. Architecture des jardins. Depuis que l'architecture existe, l'homme l'a utilisée comme élément décoratif des jardins. On désigne donc sous le titre générique d'*architecture des jardins*, un genre spécial qui embrasse toutes les constructions qu'on dispose çà et là dans les parcs et dans les grands jardins pour rompre la monotonie des perspectives, pour former un point de vue, pour créer des pavillons de repos, de travail, etc. Ce genre d'architecture comporte des éléments très-divers et l'*architecte-paysagiste* peut mettre en œuvre des matériaux variés : le bois, la brique, la meulière, la rocaille, les pierres de toutes sortes, les terres cuites et les faïences; s'il sait tirer tout le parti que comporte ce genre, il peut obtenir des résultats décoratifs d'autant plus remarquables que la plupart de ces édicules sont utilisés pour divers services que l'on peut placer chacun dans l'emplacement le plus propice. — L'architecture des jardins, qui comporte tous les styles d'architecture depuis le style le plus fantaisiste jusqu'à l'architecture grecque la plus sévère, le *pestum*, comprend les constructions suivantes : pavillons de lecture et de repos, salles de billard, de divers jeux, bains, kioSques, temples, pyramides, obélisques, ponts de pierre et de bois en grume, balustrades, observatoires, labyrinthes, ruines d'édicules, glacières, etc., etc. — V. CONSTRUCTIONS RURALES, PARC. — E. B.-C.

HISTOIRE DE L'ARCHITECTURE.

Art et science à la fois, l'architecture comprend tout ce qui a trait à la construction et, ce n'est que depuis un siècle environ, qu'on a séparé l'architecture des fonctions attribuées à l'ingénieur.

L'architecture ne commence à se développer qu'avec un état quelque peu civilisé, et les hommes ont sculpté le bois, tracé des linéaments sur des os ou des pierres tendres, et se sont servis de matières colorantes avant de disposer des constructions qui puissent être considérées comme des œuvres architectoniques.

A l'origine, et aussi loin que l'on remonte dans l'histoire, on trouve deux systèmes différents de structure : l'un qui dérive de l'emploi du bois, l'autre qui est la conséquence de l'habitation de l'homme dans des cavernes naturelles.

L'empreinte de ces deux principes, pourrait-on dire, se retrouve très-tard dans les édifices élevés par les hommes, bien que les moyens de structure n'aient plus de rapports immédiats avec les formes **adoptées.**

Ainsi, l'Arya qui, à l'origine, élève ses constructions en bois, lorsqu'il se trouve transporté dans des contrées où ces matériaux manquent, en employant la pierre, conserve à celle-ci l'apparence d'une structure de bois.

De même aussi, l'homme qui longtemps s'est abrité dans des cavernes, lorsqu'il vient à bâtir des édifices, leur conserve l'apparence de grottes.

Fig. 107. — *Salle du palais de Khorsabad* (1).

Architecture égyptienne. La plus ancienne architecture connue est certainement celle de l'Egypte, qui déjà, il y a quarante siècles, élevait des édifices de pierre, lesquels avaient été précédés de constructions faites de pisé et de roseaux et d'habitations souterraines.

Les monuments les plus anciens de l'Égypte ne peuvent être que la conséquence d'une longue civilisation, car ces monuments par leur perfection, par la puissance et l'étendue des moyens employés pour les élever, indiquent une série de tentatives et de transformations qui feraient remonter l'existence du peuple égyptien à des

(1) Cette figure et les trois suivantes sont tirées de l'intéressant ouvrage de notre collaborateur, M. E. Viollet-le-Duc : *Histoire de l'habitation humaine*, 1 vol., Hetzel.

époques très-antérieures à toutes les données historiques.

Après l'architecture égyptienne on peut considérer les monuments de l'Assyrie comme les plus anciens parmi ceux qui nous ont été laissés.

Architecture assyrienne. L'architecture assyrienne se compose d'une structure de briques crues et cuites, et semble mieux qu'aucune autre dériver des traditions des troglodytes, bien que dans la décoration apparaisse le souvenir de constructions de bois.

Mais ce qui distingue tout particulièrement l'architecture assyrienne, c'est l'emploi de la voûte, absolument ignorée des Égyptiens et que les Grecs même, plus tard, n'employèrent pas, bien qu'ils la connussent.

La structure concrète ne formant qu'une masse homogène, employée par les habitants des bords du Tigre et de l'Euphrate, se prêtait d'ailleurs à l'adoption de la voûte, et le climat extrêmement chaud de cette contrée rendait ce mode de bâtir nécessaire pour se soustraire aux ardeurs du soleil.

L'exemple que nous donnons plus haut (fig. 107), indique les procédés de *voûtage* des Assyriens

Fig. 108. — *Impluvium grec.*

Architecture grecque. Plus rapprochée des temps modernes, se développe l'architecture grecque dorienne; structure de pierre, mais sans emploi de mortier et avec l'application, sans exception, du système de la plate-bande, c'est-à-dire du linteau de la traverse horizontale de pierre avec plafond de bois portés sur des points d'appuis verticaux — la colonne.

Les édifices grecs ne sont pas élevés sur de grandes dimensions. Préoccupés de la question d'art et de l'harmonie parfaite des proportions, les Grecs de l'Hellade, surtout, pensaient que tout édifice doit présenter un caractère d'unité qui ne peut être obtenu que si les constructions sont embrassées d'un seul coup d'œil. Nous donnons, figure 108, un exemple d'*impluvium* grec appartenant à une habitation.

Architecture romaine. Les Romains adoptent un système mixte et appliquent simultanément à leurs édifices, comme l'avaient fait les Étrusques, leurs maîtres en fait d'art, la plate-bande et la voûte. Mais aussi emploient-ils le mortier dans la construction des voûtes et l'excluent-ils complétement de la structure de pierre.

Avant de pousser plus loin, signalons un fait d'une grande importance. Des monuments de l'Égypte il ne nous reste que des temples, des tombeaux et quelques palais moitié temples moitié habitations souveraines. Des monuments assyriens nous ne connaissons que des ruines de palais immenses ou des amas prodigieux de briques crues qui, peut-être, portaient des sanctuaires. Les Grecs nous laissent voir les premiers, outre les temples, des édifices d'un caractère civil, tel que dès théâtres, gymnases, basiliques. Chez les Romains, se sont les édifices civils qui prennent le premier rang comme étendue et comme importance; basiliques, thermes, portiques, cirques, amphithéâtres, hippodromes, *villæ*, arcs triomphaux; puis les édifices militaires : camps permanents, casernes, défenses.

La civilisation théocratique de l'Égypte et de l'Assyrie avait fait place chez les Grecs et chez les Romains à un état voisin de nos mœurs politiques actuelles; et si, chez les Égyptiens et les Assyriens les populations n'habitaient que des cabanes faites de boue et de roseaux, à l'entour de ces temples et palais somptueux, chez les Grecs et les Romains, l'habitation du citoyen était bien bâtie, confortable, souvent décorée avec luxe et, entre la demeure des empereurs au Palatin et la petite maison du bourgeois de Rome, il y avait toute la gradation architectonique que nous observons aujourd'hui chez les nations européennes.

La figure 109 reproduit la cour d'une *villa* romaine. (V. la description que Pline fait de sa *villa* : le Laurentin.)

Architecture civile. On peut donc affirmer que l'architecture civile a été inaugurée chez les Grecs et développée sous l'influence romaine dans toutes les contrées occupées par les conqué-

Fig. 109. — *Villa romaine, cour.*

rants du vieux monde. En effet, dès que Rome annexait une ville à la République et plus tard à l'empire, ses premiers soins se portaient sur la voirie.

Des voies étaient ouvertes et pavées, des égouts les drainaient, des aqueducs promptement élevés, conduisaient en abondance l'eau dans la cité; des thermes, un théâtre, un amphithéâtre étaient construits; puis la curie, la basilique et des marchés, des casernes, un prétoire.....

Ce fait explique comment, malgré les abus et les spoliations, la conquête romaine prenait pied chaque jour plus avant dans l'Europe, l'Asie et l'Afrique et comment elle se maintenait.

Mais aussi le Romain se souciait assez peu de la question d'art. Il avait ses formules, ses règles administratives et, pourvu que l'édifice remplît exactement sa destination, il ne lui importait guère qu'il fut érigé avec ce goût et cette distinction dans le choix de la forme qui caractérisent l'architecture grecque.

Cependant la vie se retirait peu à peu des extrémités de l'empire romain. Les conquêtes n'étaient plus à faire dans la partie occidentale de l'Europe, celle-ci désormais romanisée, vivant dans un état de paix profonde, non-seulement ne pouvait plus causer d'inquiétudes à Rome, mais lui envoyait ses légions, ses produits, ses bois, ses métaux. Il n'en était pas de même sur les bords du bas Danube et dans l'Asie-Mineure. Là, des populations nombreuses, mal soumises, braves, prétendant conserver leur indépendance, suscitaient chaque jour à l'empire des difficultés qui ne pouvaient être qu'imparfaitement résolues par des guerres sans cesse renouvelées. Rome était désormais trop loin d'une frontière que la lutte contre ces populations menaçantes tendait à éloigner de jour en jour.

Architecture byzantine. L'empire dut changer son centre, et sa capitale fut transférée à Byzance. Ce déplacement eut sur l'architecture une influence considérable. — V. Byzantin.

Désormais, l'empire allait se trouver en contact immédiat avec les populations grecques établies dans ces contrées, avec la Perse et l'Orient. L'architecture se ressentit du nouveau milieu où le gouvernement romain se plaçait. Elle prit à l'Asie, elle prit à la Grèce transformée déjà par le christianisme, et l'art romain devint l'art byzantin, mélange des traditions romaines avec les éléments empruntés à l'Asie. La voûte romaine se modifia au voisinage de la voûte asiatique. Elle devint plus hardie et imposa la forme des édifices plus qu'elle ne l'avait fait en Occident. Les *ordres* grec et romain (c'est-à-dire la colonne avec l'architrave et son entablement) furent abandonnés pour être, sauf de rares exceptions, remplacés par l'archivolte : l'arc sur piles ou colonnes. En un mot, le système de l'architecture à plates-bandes disparaissait, pour faire place au système voûté.

L'ornementation architectonique empruntait à la fois aux traditions grecques et à l'Asie. Aux premières, cette flore découpée, maigre et sèche; à l'Orient, les combinaisons géométriques, les entre-lacs, cet art ornemental dont il faut trouver l'origine dans la passementerie, si fort prisés depuis des siècles, dans tout l'Orient.

Moyen âge. Cependant les populations du Nord envahissaient l'empire romain et les arts étaient noyés sous les flots de barbares qui se succédaient en Occident.

Pendant cette lacune qui dura du ve au viiie siècle, Byzance seule conservait ses écoles d'art, car d'autre part, les invasions arabes faisaient succéder aux lumières qui éclairaient l'Égypte et l'Asie-Mineure, les ténèbres et la ruine.

En Occident, Charlemagne, le premier, tenta une renaissance de l'empire romain, non-seulement par ses conquêtes, mais par les efforts qu'il fit pour renouer la chaîne interrompue des études sur les arts, les lettres et les sciences. L'architecture fut remise en honneur, mais les tentatives du grand empereur d'Occident ne produisirent que des résultats immédiats de peu d'importance. Cet art exige, en effet, une longue série de travaux pour pouvoir atteindre une certaine valeur; il ne s'improvise pas. Cependant le mouvement imprimé par Charlemagne eut plus tard ses conséquences. Les établissements monastiques devinrent des foyers d'enseignement et leurs rapports avec l'empire d'Orient, soit directement, soit par l'intermédiaire de l'Italie, leur permirent de fonder des écoles d'art, qui atteignirent un développement remarquable vers la fin du xe siècle.

Alors, toute lumière venait de Byzance et les moines d'Occident faisaient venir d'Orient, manuscrits, meubles, objets d'art, étoffes, qui devenaient ainsi dans les écoles conventuelles, les modèles auxquels on recourait presque exclusivement.

L'architecture se relevait ainsi peu à peu dans les établissements monastiques. D'ailleurs, bien avant les croisades, des pèlerins en grand nombre parcouraient l'empire grec, la Syrie, la Palestine et rapportaient de ces contrées des méthodes, des exemples qui contribuaient au développement des écoles occidentales; et quand le grand mouvement des croisades se prononça à la fin du xie siècle, les bandes de Pierre l'Ermite ne firent que parcourir des pays déjà connus d'un grand nombre d'Occidentaux et avec lesquels ils étaient depuis plus de deux siècles en relations.

Influences des croisades sur l'architecture. Les premières croisades eurent sur l'art de l'architecture une double influence. Si les pèlerins rapportèrent en Occident des exemples tirés de ces villes voisines d'Antioche et d'Alep, de la Syrie centrale, villes singulièrement riches en monuments d'un style charmant, plutôt grec que byzantin, et si ces exemples, ainsi qu'il est facile de le reconnaître, servirent de modèles à la plupart de nos monuments romans de la Provence, du Poitou, du Languedoc, de l'Auvergne et de la Picardie; les édifices que les croisés construisirent en grand nombre en Palestine, pendant la seconde moitié du xiie siècle, sont identiques à ceux que les monastères — cisterciens surtout — élevaient en France.

Les monuments de Syrie qui dataient des iiie, ive, v^e et vi^e siècles et que les croisés trouvèrent sur leur chemin, furent des types auxquels nos architectes français eurent recours pour constituer la belle architecture romane des Clunisiens et de la Provence, en y mêlant les traditions gallo-romaines qui s'étaient conservées sur le sol.

C'est donc une erreur de croire que notre architecture, dite gothique, soit due aux souvenirs d'Orient. C'est notre architecture romane de la belle époque qui, seule, s'est inspirée des monuments syriaques, et l'architecture dite gothique est au contraire une réaction contre cette influence orientale admise par les écoles monastiques.

Architecture dite gothique. S'il est un art qui ait une autonomie, c'est bien cette architecture gothique, qu'il serait plus naturel de qualifier de française puisqu'elle surgit en France, dans l'Ile-de-France, dès le milieu du xiie siècle, c'est-à-dire soixante ou quatre-vingts ans avant qu'on ne la voie poindre partout ailleurs en Europe; qui surgit par opposition à l'art monastique, et qui est pratiquée exclusivement par des laïques. — V. Ogival.

Les cathédrales de Paris, de Senlis, de Meaux (partie ancienne), de Sens, de Noyon, s'élèvent, de 1160 à 1200, d'après un principe de structure tout nouveau, et qui n'a rien de commun avec le système de structure non plus qu'avec les formes des monuments de la Syrie.

Si l'architecture orientale rappelle parfois notre architecture gothique, c'est pendant les xiv° et xv° siècles. Il n'est guère admissible cependant que nos architectes du xii° siècle se soient inspirés d'édifices bâtis en Orient pendant les xiv et xv° siècles. Mais on n'y regardé pas de si près.

Écoles françaises d'architecture. Et, fait à observer, non-seulement nous avons alors, au milieu du xii° siècle, une architecture bien française, savante, belle de forme et due à des écoles laïques, mais chaque province conserve un caractère spécial, une *école*. Nous possédons une école romane en Auvergne, d'une grande valeur, et dont l'église d'Issoire est un type; une école romane en Normandie, dont l'église de l'abbaye aux Dames est un des bons exemples; une école romane en Bourgogne, sous l'influence des Clunisiens et dont le meilleur spécimen se trouve à Vézelay; une école champenoise, dont Saint-Rémy, de Reims est le modèle le plus complet; une école provençale, brillante et toute empreinte des influences de l'Orient et des traditions romaines.—Saint-Trophime, d'Arles; St-Gilles, etc., une école languedocienne, dont Saint-Sernin, de Toulouse est prototype; une école poitevine — Notre-Dame-la-Grande, à Poitiers; une école périgourdine — Saint-Front, de Périgueux, édifice

Fig. 110. — *Hôtel de la Renaissance française.*

élevé à l'instar de Saint-Marc, de Venise, et dont l'influence se fit sentir dans l'Angoumois, la Saintonge et jusque sur les bords de la Loire.

Mais quand se développe l'architecture gothique, dans l'Ile de France, de 1140 à 1200, ces écoles disparaissent successivement pour adopter le nouveau style, avec certains tempéraments cependant, dus aux matériaux employés, et au caractère des populations. Ainsi, pendant la première moitié du xiii° siècle, on ne distingue plus que trois écoles françaises; celle de l'Ile-de-France, celle de la Champagne et celle de la Bourgogne.

Architecture italienne. L'Italie était alors, au point de vue de l'architecture, fort en

arrière de nous, car pendant que nous bâtissions des monuments tels que les cathédrales de Paris, de Chartres, de Bourges, de Reims, elle n'élevait guère que des édifices petits, bâtards, mal construits, tout empreints encore des débris de la décadence romaine.

L'architecture italienne ne sortit réellement de l'état d'affaissement où elle était tombée, qu'au xv° siècle, lorsqu'elle eut recours à l'antiquité et constitua ce qu'on appelle la Renaissance. Mais aucun principe nouveau n'était trouvé.

Renaissance. Las de notre architecture nationale, nous suivîmes, par mode, les traces de l'Italie, mais notre Renaissance ne laissa pas de conserver un caractère d'originalité remarquable et l'imitation de l'art italien du xvᵉ siècle n'alla pas jusqu'à nous faire oublier ce que nous avaient enseigné trois siècles d'une pratique savante de l'architecture appliquée à notre gérie, à nos mœurs, à notre climat et à nos matériaux.

Pendant le xvıᵉ siècle, nos écoles françaises sont très brillantes et nous possédons sur l'architecture civile de cette époque des exemples remarquables par leur bonnes dispositions autant que par leur élégance. Notre figure 110 présente un de ces hôtels français du milieu du xviᵉ siècle.

Ce ne fut que plus tard que s'éclipsèrent ces qualités qui avaient fait la gloire de notre architecture nationale. — V. Renaissance.

Ce fut sous le règne pompeux de Louis XIV, qu'à ce savoir, à ce bon sens qui avaient présidé si longtemps à cet art, succéda la passion du majestueux, que l'on imita ou que l'on crut imiter l'architecture de la Rome impériale sans en comprendre ni le sens, ni la structure si sage et si économique, et que le grand roi fonda une académie d'architecture dans l'espoir de perpétuer à tout jamais cet art de seconde main faux, qui ne pouvait se prêter ni à nos mœurs, ni à notre climat. Ce fut alors aussi que la main-d'œuvre déclina visiblement. On construisit médiocrement, chez nous qui avions été d'admirables constructeurs, et une ornementation théâtrale, empruntée, croyait-on, à l'antiquité, vint se substituer à notre charmante décoration architectonique française empruntée à la flore de nos champs. Depuis lors, nous n'avons pas, dans l'art de l'architecture, fait de notables progrès. Nous avons quelque peu fouillé le passé, essayé de réunir les éléments nécessaires à la constitution d'un art du xixᵉ siècle. Mais le souffle manque. Les traditions du grand siècle, si funestes à notre pays à tous les points de vue, nous gênent. Nous n'osons résolûment nous servir des matériaux et des moyens fournis par notre industrie. Si bien, que les siècles continuant ainsi quelques années, on pourra dire qu'aucun siècle peut-être n'aura autant bâti que le xixᵉ, mais aussi que notre époque n'a pas su imprimer à son architecture un caractère original conforme à ses tendances, à ses mœurs et à son génie. — E. V.-L.-D.

Bibliographie : Traité d'architecture, Viteuve ; Traité de l'art de bâtir, par Baptiste Alberti, célèbre architecte italien du xvᵉ siècle ; Règle des cinq ordres d'architecture, par Vignole : Livres sur l'architecture, 1538, Philibert Delorme ; Dictionnaire d'architecture, par d'Avilar ; L'art de bâtir (1831), par Jean Rondelet ; Traité d'architecture, de M. L. Reynaud (1851) ; Histoire de l'architecture, par Hope, traduction en français par Baron ; Bulletin monumental, par de Caumont ; Histoire sommaire de l'architecture religieuse, civile et militaire au moyen age, par le même (1837) ; Dictionnaire historique d'architecture, par Quatremère de Quincey (1833) ; L'architecture du vᵉ au xviᵉ siècle, par Gailhabaud ; L'architecture monastique, par Albert Lenoir ; Histoire générale de l'architecture, par D. Ramée ; Revue de l'architecture, par C. Daly ; Dictionnaire de l'architecture du xiᵉ au xviᵉ siècle, par E. Viollet-le-Duc, Paris, Morel ; Dictionnaire raisonné d'architecture et des arts et sciences qui en dépendent, par Ernest Bosc, 1879, Paris, Firmin-Didot ; Histoire de l'habitation humaine, de E. Viollet-le-Duc. 1 vol. in-8º, 1879, Paris, Hetzel.

ARCHITRAVE. 1º T. d'arch. Partie de l'entablement située sous la frise, et qui porte immédiatement sur le chapiteau des colonnes, des pilastres ou sur des piedroits ; il existe des architraves mutilées, coupées ou interrompues. — V. Entablement. || 2º T. techn. Partie lisse, en contre-bas d'une corniche, et qui est terminée par une moulure.

* ARCHIVIOLE. Instrument de musique inusité aujourd'hui ; il était composé d'un clavecin et d'un jeu de viole qui fonctionnait à l'aide d'une manivelle semblable à celle des vielles. || L'archiviole de lyre était un instrument à cordes qui avait de la ressemblance avec la lyre et la guitare ; il était monté de douze à seize cordes.

ARCHIVOLTE. T. d'arch. Moulure plus ou moins large, en saillie, qui règne sur la tête des voussoirs d'une arcade dont elle suit et décore le contour d'une imposte à l'autre, ou qui souvent butte sur des colonnettes et sur des culots ; on nomme archivolte retournée, celle qui se retourne court et forme bandeau au niveau des naissances des arcs.

* ARCHURES. T. techn. Coffre circulaire ou à pans qui entoure la meule d'un moulin à farine.

* ARCILIÈRES. T. techn. Pièces de bois cintrées et tournant sur place, qui entrent dans la construction de certains bateaux.

* ARCOLE. Bride du sabot découvert dans quelques contrées.

ARÇON. 1º T. de sell. Chacune des deux pièces de bois ou de gros cuir disposées en forme d'arc et qui servent à faire le corps d'une selle de cheval ; elles sont unies au moyen d'une branche de fer ou d'acier, et à l'arçon antérieur ou de devant, et l'arçon postérieur ou de derrière. Les selles des chevaux de l'armée reçoivent sur les côtés de l'arçon de devant, des poches ou fontes destinées à contenir des pistolets, dits pistolets d'arçon. || 2º T. techn. Instrument en forme d'archet dont se servent les chapeliers, les bourreliers, et en général, les artisans qui travaillent la laine, le poil et le coton, pour diviser les matières et en séparer les parties étrangères qu'elles contiennent. || 3º Sorte d'archet à l'usage des marbriers.

* ARÇONNAGE. Action de préparer avec l'arçon la laine, le poil, le coton, et résultat de cette action.

* ARÇONNEUR. Ouvrier qui manie l'arçon. La santé des arçonneurs est souvent altérée par la poussière et les émanations dangereuses qu'ils avalent sans cesse, aussi a-t-on cherché, dans les grandes fabriques, à substituer à l'arçon un cylindre tournant mis en mouvement par un mécanisme quelconque.

* ARÇONNIER. Celui qui fabrique des arçons. Sellier est plus usité.

* ARCOT. T. de fond. 1º Parties de métal tombées dans les cendres, d'où on les retire en criblant ces mêmes cendres. || 2º Alliage qui entre dans la fabrication du laiton et qui contient 20 0/0 de zinc.

ARCTIER. Fabricant ou marchand d'arcs et de flèches. On dit aussi *archier*.

ARDIER. *T. de mét.* Grosse corde qui se met autour de l'ensouple du tisserand pour la faire tourner à l'aide d'un levier.

ARDILLON. 1° Pointe de métal qui, dans une boucle, sert à arrêter la courroie que l'on y passe. || 2° Dans une presse typographique, chacune des deux petites pointes qui servent à fixer exactement sur le tympan la feuille qu'on imprime.

ARDOISE. Synonymie : *phyllade, schiste feuilleté, schiste tégulaire.* Roche schistoïde, divisible en feuillets minces, de couleur très-variable, noire, bleue, verte, rouge, etc., peu altérable à l'air, ne se décomposant que très-lentement en une terre onctueuse, terne, rarement luisante, dure; quelquefois pailletée, micacée, maclifère, carburée, bitumineuse, etc.

L'ardoise se trouve à plusieurs étages ou niveaux géologiques : 1° Dans les terrains cambrien et silurien (Ardennes, Angers, etc.); 2° dans le terrain antraxifère des Alpes; 3° dans le permien (Lodève); 4° dans le terrain jurassique (Savoie); 5° et dans le terrain nummulitique (Dauphiné).

L'ardoise d'Angers est composée de silice 57 0/0; alumine, 20,10; protoxyde de fer, 10,98; chaux, 1,23; magnésie, 3,39; potasse, 1,73; soude, 1,30; eau, 4,40.

L'ardoise se distingue par sa facilité à se débiter en feuillets très-minces, longs, larges, droits, sonores et assez durs, quelquefois flexibles et très élastiques, comme dans les ardoisières d'An-

a DÉNOMINATIONS des ARDOISES D'ANGERS EMPLOYÉES POUR COUVERTURE	DIMENSIONS EN MILLIMÈTRES			POIDS MOYENS des 1,040 Ardoises
	Hauteurs	Largeurs	Épaisseurs approximatives	
1re carrée, grand modèle............	0.324 × 0.222		0.0026 à 0.0035.	520 kil.
1re carrée, 1/2 forte................	0.297 × 0.216		0.0026 à 0.0030	410
1re carrée, forte...................	0.297 × 0.216		0.0027 à 0.0040	540
2e carrée, forte...................	0.297 × 0.195		0.0026 à 0.0035	410
Grande moyenne, forte..............	0.297 × 0.180		0.0026 à 0.0035	380
Petite moyenne, forte..............	0.297 × 0.162		0.0026 à 0.0035	330
Moyenne........................	0.270 × 0.180		0.0016 à 0.0035	355
Flamande n° 1...................	0.270 × 0.162		0.0026 à 0.0035	320
Flamande n° 2...................	0.270 × 0.150		0.0026 à 0.0035	300
3e carrée n° 1...................	0.243 × 0.180		0.0026 à 0.0035	310
3e carrée n° 2...................	0.243 × 0.150		0.0026 à 0.0035	265
4e carrée ou cartelette n° 1..........	0.216 × 0.162		0.0026 à 0.0035	260
— — n° 2..........	0.216 × 0.122		0.0026 à 0.0040	200
— — n° 3..........	0.216 × 0.095		0.0026 à 0.0040	150
Ardoises non échantillonnées. { Poil taché.............	0.297 × 0.168		0.0026 à 0.0040	400
{ Poil roux.................	au moins 0.270 × au moins 0.141		0.0026 à 0,0040	300
{ Heridelle................	au moins 0.380 × au moins 0.108		0.0026 à 0.0040	480
Ardoises taillées à la mécanique. { Grande écaille............	au moins 0.296 × au moins 0.198		0.0027 à 0.0040	500
{ Petite écaille.............	0.230 × 0.132		0.0026 à 0.0035	240
{ Ardoise découpée.........	0.300 × 0.170		0.0026 à 0.0035	300
Nos 1........................	0.640 × 0.360		0.0045 à 0.0060	3.100
2........................	0.608 × 0.360		0.0045 à 0.0060	2.900
3........................	0 608 × 0.304		0.0045 à 0.0060	2.450
4........................	0.558 × 0.279		0.0045 à 0.0060	2.020
5........................	0.508 × 0.254		0.0038 à 0.0050	1.460
6........................	0.458 × 0.254		0.0038 à 0.0050	1.330
7........................	0.406 × 0.203		0.0038 à 0.0050	860
8........................	0.355 × 0.203		0.0038 à 0.0050	710
9........................	0.355 × 0.177		0.0038 à 0.0050	630
10........................	0.305 × 0.165		0.0038 à 0.0050	470
11........................	0.360 × 0.254		0.0038 à 0.0050	960
12........................	0.304 × 0.203		0.0038 à 0.0050	620

gers. Cette fissilité est due à une action métamorphique, chaleur ou compression, éprouvée par le schiste ou la roche argileuse.

L'ardoise est employée à couvrir les toits, à faire des dalles, des tables, des planches et planchettes à écrire, qui portent d'ailleurs le nom d'*ardoises*. Depuis quelques années l'industrie et l'emploi des ardoises ont considérablement progressé; les principales applications sont :

Pour le bâtiment : éviers, revêtements, marches d'escaliers, urinoirs, plinthes, carrelages, appuis de croisées, cheminées, fontaines, réservoirs, trottoirs, tables, rayons, dallages, pierres tumulaires, etc.

Pour l'industrie : tables de billards, tablettes, cuves à eaux, à acides, canniveaux, caisses à fleurs, à eaux, bassins, bains, etc.

L'application des ardoises pour la couverture des édifices tend à s'accroître; M. Blavier a fait des expériences sur les propriétés de résistance des schistes ardoisiers d'Angers; les résultats de ces expériences sont favorables à l'emploi des ardoises de grandes dimensions pour toitures.

Des ardoises de 0m,25 sur 0m25 chargées sur une surface égale à 1 décimètre carré ont supporté:

Avec 1 millimètre d'épaisseur 8 kilogrammes.

— 2	—	—	35	—
— 3	—	—	50	—
— 4	—	—	90	—
— 5	—	—	120	—
— 6	—	—	150	—
— 7	—	—	170	—

L'ardoise de 20e carrés et 3m/m d'épais. a supporté 60 kil.

—	25	—	3	—	—	50
—	30	—	3	—	—	45
—	35	—	3,5	—	—	57
—	40	—	4	—	—	65
—	60 carrés sur 36 et à 6m/m d'épais. supp. 130 k.
—	60	—	36	—	7	—	150

La résistance à l'écrasement est aussi très-considérable; la résistance à la rupture augmente rapidement avec l'épaisseur.

MM. Blavier et Brossard de Corbigny, ingénieurs des mines, ont fait des expériences comparatives sur des dalles d'ardoises d'Angers, de marbre et de pierre de Tonnerre, de 1m,00 de longueur environ, sur une largeur de 0m,16 à 0m,50 et une épaisseur de 0,008 à 0,050. Ils ont trouvé comme valeurs du coefficient de résistance à la rupture :

Pour l'ardoise en long, d'Angers . . . 5,621,000
Pour l'ardoise en travers, d'Angers. 2,733,000
Pour le marbre 1,140,000
Pour la pierre de Tonnerre 630,000

L'ardoise d'Angers en long possède donc un coefficient de résistance à la rupture, quintuple de celui du marbre, et neuf fois plus grand que celui de la pierre de Tonnerre. Celui de l'ardoise en travers n'est que deux fois et demi celui du marbre et quatre fois et demi celui de la pierre de Tonnerre.

Le coefficient de résistance à la rupture du bois de chêne, étant de 6,000,000, on voit par les chiffres qui précèdent, la possibilité de substituer au bois, dans beaucoup d'applications courantes le schiste tégulaire d'Angers, car il présente sur le bois avec une égale force de résistance, les avantages essentiels d'un moindre prix de revient et d'une inaltérabilité complète sous l'influence des agents atmosphériques.

Les ardoises doivent être bien échantillonnées, saines, sonores, légères, à grain fin et serré, imperméables à l'eau, planes, unies, d'une teinte égale, sans écorchures ni fêlures.

Le tableau a (page 235), donne les dimensions, le poids et le nom des ardoises d'Angers.

Les ardoises ne doivent pas absorber l'eau; on doit pouvoir les tailler et les percer sans qu'elles se brisent; leur épaisseur doit être suffisante et uniforme, afin qu'elles aient de la solidité et de la durée; elles doivent provenir des meilleurs bancs de carrière et pouvoir résister aux chocs, à l'effet des vents et de tous les météores atmosphériques.

La Commission des ardoisières d'Angers a joint à la fabrication des ardoises pour toitures, celle des dalles d'ardoises de toutes dimensions travaillées mécaniquement sous toutes formes utiles

aux arts et à l'industrie, et dont l'emploi se généralise de plus en plus, grâce aux qualités précieuses et particulières du schiste ardoisier d'Angers.

*ARDOISIER. Ouvrier qui travaille dans une ardoisière. || Celui qui exploite une carrière d'ardoises; celui qui fait le commerce des ardoises.

ARDOISIÈRE. Carrière d'où l'on extrait l'ardoise. L'exploitation des ardoises s'est concentrée, en France, autour des massifs anciens sur lesquels dominent les terrains dits primaires ou de transition (cambrien, silurien et dévonien), et principalement dans les départements du Finistère, d'Ille-et-Vilaine, de la Mayenne, de l'Orne, du Calvados, de la Sarthe, de la Loire-Inférieure, du Maine-et-Loire, des Ardennes (à Fumay, Monthermé, Rimogne, Deville, etc.); plus au sud et dans le midi, autour du plateau central, dans la Corrèze, dans les Pyrénées et en Savoie. Mais ces différents centres de production sont d'une importance fort inégale; ce sont les ardoisières d'Angers et des Ardennes qui fournissent en grande partie à la consommation, les autres ne contribuent que pour une faible part à la production des ardoises. Cependant depuis quelques années les ardoisières de la Savoie et principalement celles de La Chambre ont pris une extension considérable dans la région du midi et du sud-est de la France, quoiqu'elles ne vaillent pas les schistes siluriens d'Angers.

Les schistes ardoisiers qui font généralement partie intégrante des terrains primaires ou paléozoïques, se trouvent nécessairement dans les régions où ces terrains anciens affleurent. C'est donc là que les exploitations se sont établies. En France, les terrains de transition schisteux forment cinq massifs principaux, par suite cinq grandes régions où se trouvent des ardoisières, savoir : le *massif breton et vendéen*, le *massif ardennais*, le *massif vosgien*, le *plateau central* et le *massif pyrénéen*.

Massif breton. Au nord de la Loire, les terrains de transition ou ardoisiers forment trois bassins, ceux de la Manche, de Rennes et du Finistère : c'est dans cette région que se trouvent les gîtes ardoisiers de Châteaulin (Finistère), de Plessis-en-Coesmes et Châteaubourg (Ille-et-Vilaine), de Renazé et Chattemoue (Mayenne), de Saint-Léonard (Orne), de Caumont-l'Éventé (Calvados), de Saint-Germain et Saint-Georges-le-Gaultier (Sarthe), d'Auverné et de Vritz (Loire-Inférieure), d'Avrillé, la Pouëze, Angers (Maine-et-Loire).

Dans les environs de Saint-Lô, *le terrain de transition inférieur* (cambrien), est composé de schistes bleus ardoisiers; dans le Finistère, ce sont les schistes verdâtres satinés, qui donnent des ardoises grossières. Le *terrain de transition moyen ou silurien*, très-développé au nord de la Loire, occupe le centre de chacun des trois bassins nommés plus haut : c'est dans cet étage que se trouvent les schistes purs, bleus, exploités à Angers. Dans la Sarthe et la Manche, on trouve dans ce même terrain des couches d'ampélite exploitées pour faire des crayons. Le *terrain de tran-*

sition *supérieur ou dévonien* forme une grande bande allongée avec couches d'anthracite ; il se trouve aussi sur quelques points du Finistère et de la Manche, où il donne des schistes noirs ardoisiers.

« La superposition du schiste d'Angers sur le grès se voit de la manière la plus positive près des Ponts-de-Cé. Le grès qui, près de Brissac, situé à 3 lieues au S.-E. d'Angers, repose sur le schiste cambrien, se prolonge jusqu'aux escarpements de schiste bleu tégulaire qui couronnent la rive gauche de la Loire. Le schiste se relève vers le grès, sur lequel il repose en stratification concordante. Les couches, quoique très-contournées, ont une direction bien constante, qui est E. 25° S. ; elles plongent de 75° vers le N. 25° E. On marche sur le schiste noir jusqu'aux ardoisières.

« Dans le bourg de Saint-Maurille, situé dans la petite île où sont construits les Ponts-de-Cé, le schiste ressort de tous côtés ; il forme des escarpements dans les rues montueuses de ce bourg, *les couches y sont presque verticales* et se dirigent O. 30° N. A Angers, ce même schiste se montre au jour de tous côtés : il forme de longues arêtes saillantes dans plusieurs rues, et notamment près de la cathédrale, du château et sur les boulevards qui entourent la ville. Dans ce dernier point, les couches de schiste sont presque verticales et se dirigent E. 12° S., O. 12° N. ; on les suit sans interruption jusqu'aux carrières.

« La position des schistes d'Angers est donc bien déterminée ; leur fissilité, quoique accidentelle, se reproduit cependant sur une grande longueur. L'épaisseur de ces schistes tégulaires est également considérable ; ils sont, presque partout, recouverts par du calcaire compact noir, contenant des entroques et des trilobites. » (*Explication de la carte géologique de la France.*) Le gisement des ardoisières d'Angers est remarquable, dit M. Blavier, par l'existence presque exclusive des schistes à l'inverse de ce qui se voit aux Ardennes où les bancs de quartzite ou cailloux de quartz alternent avec les couches schisteuses. L'orientation de la bande ardoisière est de O. 20° N. à E. 20° S. ; elle a été principalement fouillée et exploitée sur les communes de Saint-Barthélemy, Trélazé, et reconnue plus loin, à la Pouèze ; elle se poursuit même dans la Mayenne, à Renazé, Chattemoue, où elle est exploitée.

Cette bande de schiste exploitée aux environs d'Angers renferme quatre couches ou veines distinctes dont deux seulement placées à la distance l'une de l'autre de 350 mètres, la *veine du nord* et la *veine du sud*, sont bien déterminées ; les deux autres, la *veine de l'union* et la *veine de la Porée* sont moins importantes. La veine de l'Union forme les buttes du *Grand* et du *Petit-Noyer*, les *buttes de l'Union* où une exploitation a été ouverte il y a bien des années.

Dans la veine de la Porée, aux environs de Trélazé, les compagnies de l'Union et du Buisson ont tenté des exploitations, qui n'ont pas donné de bons résultats. Le schiste ardoisier y était incliné vers le nord d'environ 65° avec un plan de fissilité à peu près vertical.

La *veine du nord* ou des *Petits-Carreaux* a pour limite, au nord, une couche de schiste ampéliteux désignée sous le nom de la *Charbonnée* ; au midi la limite est moins nette, elle est donnée par un schiste fissile prenant une teinte d'un bleu plus foncé, c'est la *pierre noire* des ouvriers, contenant une plus forte proportion de cristaux cubiques de pyrite. D'après M. Blavier, entre la charbonnée du nord et le grès du sud, il y a une épaisseur de schiste de 160 à 180 mètres.

Ces schistes fissiles sont plus ou moins chargés de pyrites de fer et autres corps étrangers connus sous le nom de *lamproies, mouches, blancs* qui interrompent la fente.

La *veine du sud* ou *Grands-Carreaux*, se trouve placée au milieu des schistes recoupés au nord sur une longueur d'environ 50 mètres et au sud sur une longueur de 180 mètres ; elle présente un pendage de 20 à 25° sur la verticale au sud et se trouve limitée de ce côté par des schistes renfermant en abondance des lamelles de pyrites de fer (*foriaces*) ; au nord, la veine est limitée par les *liches*, petites surfaces douces au toucher qui coupent en tous sens les plans de fissilité de manière à empêcher la séparation du schiste en feuillets de dimensions convenables. L'allure des couches ardoisières a été troublée par des soulèvements postérieurs au dépôt des schistes siluriens ; il en résulte des plans de rupture ou *délits* auxquels les exploitants ont donné le nom de *torsins, chefs, érusses* ou *rembrayures* lorsque ces accidents se poursuivent dans toute l'étendue des terrains fouillés ; lorsque les accidents n'ont aucun caractère de régularité ou de continuité, ils sont désignés sous les noms de *feuilletis, chauves, assereaux, cordes de chat*. Enfin la cosse est la partie supérieure des veines décomposée sous l'influence des agents atmosphériques, en perdant sa coloration bleue, et sa consistance pour prendre la teinte de rouille terreuse : la cosse atteint quelquefois 15 à 18 mètres d'épaisseur.

STATISTIQUE

Ardoisières de l'Anjou. Le schiste ardoisier des environs d'Angers n'était pas connu des Romains ; son exploitation n'est établie d'une manière authentique que par des documents remontant au XII° siècle.

Une légende locale attribue à l'évêque Licinius (VI° siècle), la découverte des propriétés fissiles du schiste des environs de Saint-Léonard, Saint-Barthélemy, Trelazé ; cet évêque, sous le nom de Saint-Lezin, est devenu le patron des ouvriers carriers de cette région.

Dans une fouille pratiquée au milieu d'une vieille exploitation (La Bremandière), on a trouvé des médailles mancelles du XII° siècle. D'après les archives de la mairie d'Angers, en 1376, cette ville tirait de la perrière de Saint-Cierge l'ardoise, pour les édifices publics, quelle payait alors 24 sous le millier. A cette même époque (1372 à 1438), l'évêque Hardouin de Bueil, faisait couvrir son palais épiscopal avec ce même produit tiré du sol du pays.

La carrière du Bouc-Cornu, commune de Saint-Léonard était exploitée dès 1457 ; l'abatage se faisait par bancs de six à sept pieds, et il existait, comme aujourd'hui, plusieurs bancs dans une carrière. L'épuisement de l'eau se faisait au moyen de manèges. « L'artifice par lequel on tire l'eau de ces perrières, dit Bruneau de Tartifume

(1626) est admirable et sans coût, un seul cheval, encore qu'aveugle, est capable de le faire. »

Un siècle après le récit de Bruneau, l'exploitation avait fait des progrès ; dès 1743, les anciens engins qui ne tiraient que l'eau, sont disposés pour élever la pierre et les vidanges ; quant au travail d'abatage au fond et de fabrication au jour, il y a peu de modifications introduites.

Le nombre et la position des carrières en activité a été des plus variables ; en 1725, on comptait cinq exploitations aux environs d'Angers : les Carreaux, la Jouvençière, le Bois, le Petit-Bois et Villechien produisant environ 12 millions d'ardoises par an.

En 1750, on en compte sept : les Carreaux, la Noë, la Paperie, Villechien, Pigeon, Bouillon, la Hacherie.

En 1792, un document officiel constate l'existence de onze carrières : les Carreaux, la Croix, l'Aubinière, la Gravelle, la Paperie, Villechien, la Chanterie, les Persillières, la Hacherie, la Gléardière, le Bouc-Cornu.

En 1808, l'industrie ardoisière avait notablement décliné, en effet, il n'existe que cinq carrières en exploitation et trois en découverte. Ces carrières occupent seulement 1,200 ouvriers dont 500 fendeurs et produisant 52 millions d'ardoises, représentant une valeur de 575,000 fr. environ. Les prix de vente sont 28 livres tournois pour le millier de carrées, 16 de poil taché, 14 de poil roux.

En 1817, les carrières en activité sont encore au nombre de cinq : les Fresnais, la Paperie, le Grand-Bouc, la Gravelle, la Bremaudière ; en 1823, dix exploitations occupent 1,200 ouvriers.

A partir de 1830, la production s'accroît considérablement ; en 1847, la fabrication s'était élevée à 170 millions d'ardoises ; en 1851, à 121 millions seulement.

Le tableau suivant condense les faits d'exploitation depuis 1830 à 1860 :

En 1850, la production du centre d'Angers, s'est élevée en chiffres ronds à 114 millions d'ardoises de toute nature ; en 1855, à 140 millions d'ardoises représentant un poids de 60,000 tonnes ; en 1860, la livraison s'est élevée à 224 millions d'ardoises représentant un poids de 99,000 tonnes. Depuis cette statistique que nous relevons dans l'excellent travail de M. Blavier, l'accroissement de la production s'est toujours accentué.

Massif ardennais. Le massif des terrains primaires ou de transition des Ardennes, des bords du Rhin pénètre en France, en suivant le cours de la Meuse jusqu'aux environs de Mézières ; on y reconnaît les trois divisions signalées dans le massif breton et vendéen. La partie inférieure (cambrien), très-développée dans la vallée de la Meuse, renferme des ardoises luisantes, bleuâtres ou verdâtres, exploitées à Deville, Monthermé, des schistes bleus, rouges, verts ou violets, à un niveau supérieur des précédents, exploités à Fumay. Dans le *silurien* ardennais on exploite aussi pour pavage des grès ardoisiers ou schistoïdes bleus, et dans le *dévonien* des calcaires marbres de diverses nuances. — V. MARBRE.

Voici la description des ardoisières des Ardennes.

D'après M. d'Omalius d'Halloy, la couleur la plus ordinaire de l'ardoise, ou plutôt du schiste du terrain ardoisier, est celle connue sous le nom de bleu ou gris d'ardoise qui passe souvent au verdâtre, au rougeâtre, au gris ordinaire, etc. « Mais quelle que soit la couleur et même l'état d'altération du schiste ardoisier, sa cassure, qui est schisteuse jusque dans ses plus petites parties, fournit presque toujours un moyen de le distin-

guer du schiste argileux. Ce dernier a aussi un état différent de décomposition ; il se transforme ordinairement en une terre argileuse, quelquefois sablonneuse, tandis que l'ardoise présente une altération particulière. Celle qui se trouve à la surface des plateaux est devenue blanchâtre, tendre, friable, douce au toucher, d'un aspect *stéatiteux*, et se réduit en une terre légère, onctueuse, qui ne fait point pâte avec l'eau. Il paraît, au reste, que cette altération est due, comme celle qui a changé le schiste gris en jaune, à un ordre de choses qui n'existe plus actuellement ; car, non-seulement les ardoises employées à la bâtisse n'éprouvent rien de semblable, mais les couches qui se montrent au jour dans les vallées profondes ont encore conservé leur couleur bleuâtre et leur dureté ; or, on sait que, dans les terrains inclinés, les couches du sommet sont les mêmes que celles du fond des vallées. »

L'ardoise exploitable est un état spécial du schiste argileux, sous lequel il est loin de se présenter toujours, même dans le terrain ardoisier. D'après M. Clère, on donne ce nom à un schiste argileux qui a la propriété de se déliter en longs et larges feuillets parfaitement droits, minces et plats. Pour qu'une ardoise soit de bonne qualité, c'est-à-dire qu'à l'usage elle puisse résister le plus longtemps possible à l'action de l'air, il faut qu'elle soit très-homogène, d'une couleur uniforme, d'un grain fin et serré, et surtout très-sonore. Elle n'offre, en général, ni plis, ni inflexion dans ses feuillets, qui sont parfaitement plans, sans éprouver la moindre déviation dans leurs allures ; d'un autre côté, elle n'est jamais micacée, quoique quelques-uns des schistes qui la touchent le soient.

L'ardoise se présente communément sous plusieurs couleurs : le vert, le violet (l'un et l'autre plus ou moins intenses) et le bleu foncé, qui parfois passe au noir. Dans les ardoises bleues, on trouve souvent des taches vertes, dont la plus grande largeur a lieu dans le sens de la pente du banc. A Fumay, la couleur rougeâtre, qui est la nuance générale, passe quelquefois brusquement au gris bleuâtre ; et on peut obtenir ces deux nuances dans un échantillon assez petit.

L'ardoise repose ordinairement sur le schiste argileux, et est recouverte par des grauwackes ou quartzites verdâtres. Les schistes du mur peuvent être violets ou verts, le plus souvent ils sont violets lorsque l'ardoise qu'ils supportent est verte, et *vice versâ*, verts lorsque l'ardoise est violette.

Les exploitations d'ardoises les plus importantes de l'Ardenne sont celles de Fumay, avantage qu'elles doivent aux débouchés que leur ouvre la Meuse, et aux facilités que la profonde vallée de cette rivière procure pour l'extraction. On peut aussi citer les exploitations de Rimogne (Ardennes), des environs de Couvin (province de Namur), d'Herbeumont, de Martelauge et de Vieil-Salm (province de Luxembourg). Les avantages que présente l'Ardenne, tant pour l'extraction des ardoises que pour leur facile exportation, ont été reconnus depuis longtemps. En 1623, on a extrait, à Fays-les-Veneurs (Luxembourg), dès ardoises qui ont été envoyées à Saint-Jacques-de-Compostelle, pour couvrir l'église principale de cette ville.

« Fumay, disait déjà Monnet il y a soixante ans, est une petite ville célèbre par ses grandes couches d'ardoise, exploitées depuis bien longtemps, et par l'industrie de ses habitants, appliqués uniquement à ce genre de travail.

Elle est située sur la pointe d'une petite plaine formée par le contour ou demi-cercle que décrit la Meuse en cet endroit. C'est, si l'on veut, un bassin extrêmement enfoncé entre les côtes de la Meuse, et entouré de bancs de bonne ardoise.

Cette ardoise est particulière en ce qu'elle est souvent tachée de couleur rougeâtre ou couleur lie de vin et d'une couleur verdâtre. Elle est fort bonne, et ne s'effleurit nullement; on y trouve quelquefois des pyrites cubiques; ainsi qu'il est ordinaire d'en trouver dans les ardoises et les schistes. Presque toutes ces ardoises s'embarquent pour le pays de Liége, pour l'Allemagne et la Hollande. »

On compte sept bancs d'ardoise dans la côte de Divers-Monts, située immédiatement à l'ouest de Fumay. Ces bancs, qui alternent avec des bancs de quartzite verdâtre, plongent du côté du midi sous un angle de 15 à 18°. Les veines ou couches d'ardoise ont depuis quatre jusqu'à 35 pieds d'épaisseur. Il n'y en a qu'une, à la vérité, de cette dernière épaisseur, qui est la plus basse, et c'est celle qu'on y exploitait lorsque j'y étais, dit Monnet, en août 1778. On l'avait déjà poursuivie jusqu'à plus de 600 pieds, en suivant son penchant. On en vidait les eaux au moyen de pompes à bras, placées obliquement selon le penchant de cette veine, que des femmes faisaient agir, coutume un peu barbare qui s'est conservée jusqu'à nos jours.

« Il y a, dit encore Monnet, une autre couche d'ardoise en exploitation sous Fumay même, qui est la plus fouillée, et dont l'exploitation a commencé dans les premières années du xviiie siècle. Cette couche a 45 pieds d'épaisseur, son inclinaison est beaucoup plus grande que celle des couches dont nous venons de parler; mais la direction de cette inclinaison est la même, et nous ferons remarquer, à ce sujet, ajoute Monnet, que « nonseulement cette direction est générale pour toutes les couches d'ardoise qui se trouvent dans ce pays, mais encore que les bancs de roche ardoisée affectent la même direction et le même pendage. »

Les ardoisières de Rimogne méritent aussi d'être citées parmi les plus importantes de l'Ardenne; elles sont situées dans le village même dont elles portent le nom. Dans les travaux souterrains, qui atteignent une profondeur variant de plus de 170 mètres, on remarque d'immenses excavations où l'on a extrait du schiste sur une hauteur (perpendiculairement aux couches) de plus de 40 mètres, sans que, dans toute cette épaisseur, il se soit interposé aucune roche différente du schiste ardoisier. Les couches plongent sur onze heures de la boussole.

« Près de Deville et de Château-Regnault, il existe sur les bords de la Meuse plusieurs ardoisières remarquables par la couleur vert bleuâtre des ardoises qu'on en tire, et par la grande quantité de petits cristaux octoèdres de fer oxydulé qui s'y trouvent disséminés. Dans l'une et l'autre localité, les bancs d'ardoise s'enfoncent sous des bancs de quartzite, circonstance qu'on observe aussi à Rimogne. » (*Explication de la carte géologique de la France.*)

Massif vosgien. Dans le massif vosgien, le terrain silurien renferme des schistes tantôt satinés, bleus, violets ou jaunâtres, tantôt ternes, micacés, rouges ou noirs exploités pour ardoises.

Plateau central. Autour du plateau central de la France, le terrain primaire forme une ceinture qui enveloppe le sol primordial et les granites anciens; les divers étages du terrain de transition contiennent des schistes diversement colorés exploités sur beaucoup de points comme ardoises, notamment dans la Corrèze; mais ces schistes généralement micacés, feldspathisés ou pénétrés de diverses substances minérales, donnent des produits marchands qui ne peuvent entrer en comparaison avec les ardoises d'Angers ou des Ardennes.

Massif pyrénéen. Les terrains de transition s'étendent d'un bout à l'autre de la chaîne des Pyrénées en se renflant à la partie centrale; les étages dévoniens, siluriens, etc., de structure feuilletée renferment de nombreuses couches de schistes noirs, bleus, gris, verts qui donnent des ardoises dont l'exploitation a pris peu de développement (Pyrénées-Orientales, Ariége, Hautes et Basses-Pyrénées).

Massif Alpin. Dans les Alpes de la Savoie, du Dauphiné et de la Suisse, on exploite des ardoises provenant de schistes plus récents que ceux des terrains primaires.

Les ardoisières de la Savoie, particulièrement celles de La Chambre, sont ouvertes dans un schiste métamorphique appartenant au *terrain jurassique inférieur ou lias.*

« Dans l'Oisans, le Valbonnais, le Valgaudemar, etc., les schistes argilo-calcaires du lias sont en général très-argileux et d'une fissilité extrême, et ils sont exploités comme ardoises dans un grand nombre de localités. Ces ardoises sont de qualité très-variable; elles contiennent généralement en trop grande abondance deux principes nuisibles à leur conservation, le carbonate de chaux et le sulfure de fer; elles sont d'autant meilleures que ces deux principes altérables s'y trouvent en proportions moindres et que le grain de l'ardoise est plus fin et plus serré. » Lory.

Dans les Alpes du Dauphiné et de la Savoie, on trouve aussi des schistes ardoisiers associés à des grès dans le *terrain nummolitique,* qui fait partie de la période tertiaire inférieure.

En Suisse, dans le Valais, aux environs de Martigny, on exploite des schistes ardoisiers qui font partie des couches carbonifériennes à anthracite. A l'exposition universelle de 1878 (Paris), on a pu voir des échantillons d'ardoises provenant des centres d'extraction que nous venons de parcourir, savoir :

Ardoisière de l'Espérance, à Haybes (Ardennes), ardoises noires; ardoisière de Labassère (Pyrénées), ardoises noires avec petits cristaux jaunes de pyrite, ardoisières de la Corrèze à Alleissac, ardoises noires ; ardoisières de Sainte-Barbe, à Monthermé (Ardennes), ardoises verdâtres, avec grain à aspect feldspathique ou quartzeux ; ardoisières d'Angers, belles ardoises bleues ou noirâtres ; ardoises de Renazé (Mayenne), noires très-fissiles ; ardoises de la Maurienne ; ardoisières de Cévins (Alberville) Haute-Savoie, ardoises noires, unies, lisses ; ardoisières de Truffy et Pierka, à Rimogne, ardoises verdâtres piquées de grains noirs ; ardoisières de Rochefort-en-Terre (Morbihan), ardoises noires ; ardoises vertes et noires des ardoisières de Rimogne (Fosse-aux-Bois) ; ardoisières de Liemery, à Haybes, avec ardoises à nuances vertes rouges et bleues ; ardoisières de Chatte-

moue, en Javron (Mayenne), ardoises noires ; ardoisières de Perthieu-Rouge près Redon (Ille-et-Vilaine), ardoises un peu esquilleuses. Voilà, en quelques lignes, les produits des ardoisières françaises qui ont figuré à l'exposition.

EXPLOITATION DES ARDOISIÈRES DES ENVIRONS D'ANGERS. Les outils dont les ouvriers se servent dans le travail de l'ardoise ou dans l'exploitation sont : 1° la *pointe*, sorte de pic droit à manche mince de 1 mètre de longueur, dont un seul bout est acéré ; 2° les *quilles*, longs coins en fer (0m,80) sur lesquels les ouvriers frappent en cadence avec, 3° le *pic*, lourd marteau dont la longueur est en relation directe avec celle des quilles et le poids variable avec le travail à produire ; 4° les

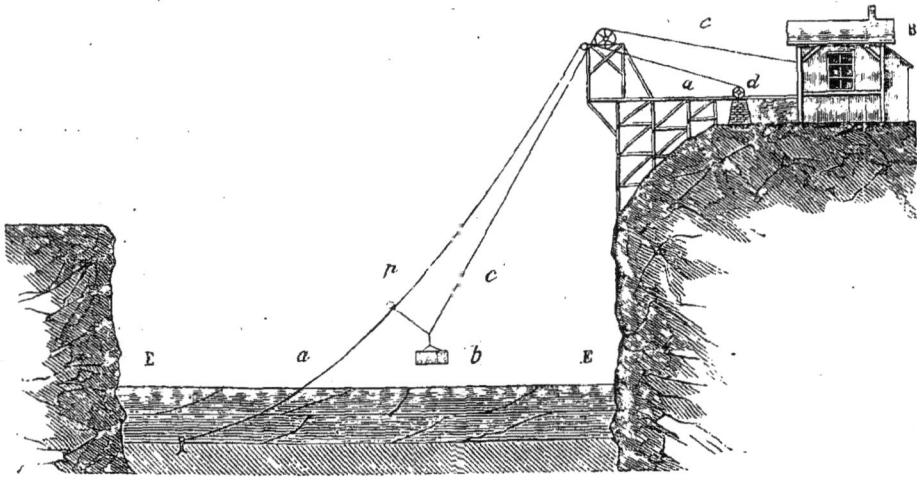

Fig. 111. — *Matériel d'extraction.*

a Billon de conduite. — *b* Bassicot. — *c* Câble d'extraction. — *d* Treuil servant à déterminer la tension du billon de conduite. — *p* Cayorne.
B Bâtiment de la machine et du tambour. — *E* Banc en exploitation.

barres, leviers en fer de longueur convenable ; 5° les *alignoirs*, petits coins.

La première opération pour l'abatage de l'ardoise est le *fonçage*. qui s'opère à la pointe ou à la poudre, en suivant autant que possible les plans naturels de séparation ou *chauves :* chaque foncée a environ 3m,33. C'est quand la foncée existe que l'ouvrier fait la *coupe* ou tranchée verticale, faite à la pointe sur la hauteur du banc ; l'*alignage* de la pierre est l'ensemble des opérations nécessaires pour débiter le schiste en gros fragments qui seront ultérieurement débités par le fendeur. Enfin l'enlèvement à la pointe du talon qui reste après l'abatage des blocs se nomme le *rangement des écots*. L'ouvrier du fond ou *ouvrier d'à-bas* a à exécuter : le fonçage, la coupe, la préparation des mines, le frappage, le renversement des pièces, l'alignage et le rangement des écots.

Les matières utiles abattues sont enlevées au moyen de machines à vapeur ; la caisse d'extrac-

tion ou *bassicot*, de 1m,50 de longueur, 1m,10 de largeur et 0m,65 de hauteur, est fixée au câble, qui s'enroule sur un tambour ; sur un second câble ou *billon de conduite* roule une poulie à gorge ou *cayorne*, reliée au câble d'extraction par une chaîne de petite longueur (fig. 111).

A son arrivée à la surface, le bassicot est reçu sur un chariot à bascule où il est fixé par deux crochets : le chargement est conduit à l'atelier de l'*ouvrier fendeur*.

Au moyen d'un grossier ciseau d'acier et d'un maillet en bois, l'ouvrier divise les gros blocs en morceaux de moindre épaisseur et ceux-ci en fragments nommés *repartons* rectangulaires. Après le *repartonnage*, l'*ouvrier d'à-haut* divise le morceau, placé entre ses jambes, au moyen de ciseaux très-fins, en plaques d'épaisseurs décroissantes ou *fendis*. Enfin ces plaques sont taillées en dimensions voulues au moyen d'un couteau lourd en fer à poignée en bois ou *dolleau*, qui fait cisaille avec le rebord métallique d'un billot en bois ou *chapus*, sur lequel l'ouvrier appuie le côté du fendis à affranchir, tandis que l'autre côté est arrêté par les coches d'une petite tringle en fer qui limite les dimensions des échantillons demandés par la consommation. Cela s'appelle *rondir l'ardoise*. La figure 112 représente l'ensemble de ces divers travaux.

Voici en quelques lignes comment se fait l'exploitation d'une ardoisière des environs d'Angers, où les couches de schiste sont fortement inclinées :

Après avoir fait la découverte on enlève, sur une étendue de 2,000 à 5,000 mètres carrés, la terre végétale et la cosse, on attaque la roche par *foncées* successives ou gradins droits de 3 mètres à 3m,33 de hauteur chaque. On coupe verticalement les deux parois ou *chefs* perpendiculaires à la direction du schiste, en laissant seulement de 3 en 3 mètres environ, une saillie de quelques centimètres pour marquer les foncées. On commence chaque foncée en ouvrant au milieu de la carrière et parallèlement à la direction des feuillets de schiste, une longue tranchée de 3 mètres de profondeur, de 1 mètre de largeur à l'ouverture et se terminant en coin : ce travail se fait avec la pointe. On abat ensuite la roche de manière à former plusieurs gradins sur chacun desquels est disposé un atelier. La tranchée ouverte, on pratique à la pointe, et à une distance de 2 à 5 décimètres du bord supérieur, une série de trous espacés de 3 à 5 décimètres destinés à recevoir les fers (*ferrer*), coins de 20 à 30 centimètres de long. Les fers sont remplacés par les quilles dont il faut quelquefois superposer 5 à 6 rangées. La roche se brise par

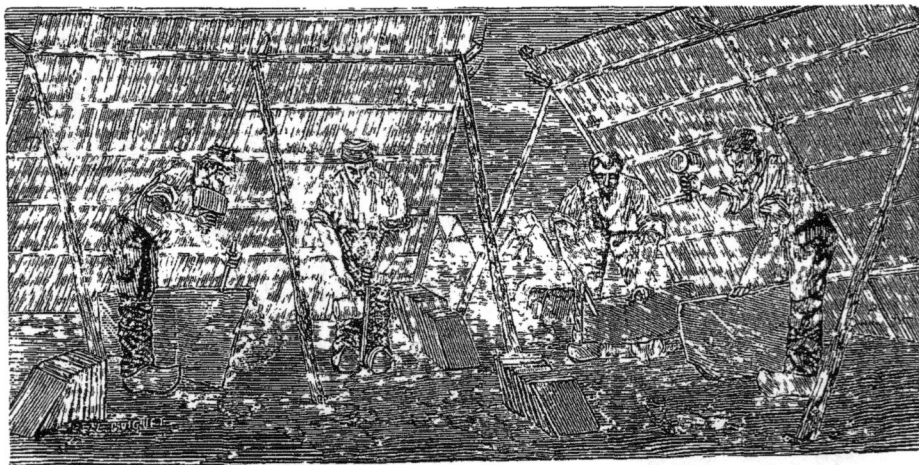

Fig. 112 — *Travail des ouvriers d'à-haut préparation des repartons et fente des ardoises.*

le pied et se détache; le bloc en tombant dans la tranchée s'y brise en blocs plus petits ou *quernons* que l'on subdivise en y faisant des entailles ; enfin les ouvriers abattent ou rangent les écots ou saillies que le bloc en se détachant a laissé adhérents à la masse.

Les blocs d'ardoises et les débris ou *vidanges* sont amenés à la surface du sol au moyen d'engins mécaniques dont nous avons déjà parlé.

Lorsque l'exploitation est parvenue à une certaine profondeur, on donne aux tranchées une pente légère pour faciliter l'écoulement des eaux dans des cuves ou réservoirs creusés dans le rocher, d'où elles sont élevées le jour au moyen de puissantes pompes à vapeur. Les chefs sont toujours taillés verticalement; les parois latérales sont taillées en gradins plus ou moins larges ou en talus pour prévenir les éboulements.

La profondeur des ardoisières à ciel ouvert est généralement limitée à 80 ou 100 mètres, soit par suite des éboulements qui surviennent, soit par suite du rétrécissement du fond exploitable résultant des relais successifs pour en assurer la soli-

dité. Notre figuré 113 reproduit l'ensemble d'une exploitation à ciel ouvert; notre figure 114, une exploitation à ciel ouvert dont la photographie n'a pu prendre que l'ouverture.

Pour suivre la veine en profondeur, on pratique depuis une quarantaine d'années l'exploitation souterraine, et c'est aujourd'hui le mode le plus en usage sur le centre d'Angers.

Cette méthode consiste à creuser des puits verticaux dont la section horizontale a 5 mètres de longueur sur trois mètres de largeur, que l'on pousse jusqu'à la profondeur où l'on veut pratiquer les chambres d'exploitation.

Au fond du puits, on perce quatre galeries à angle droit, de 40 mètres de longueur environ, qui deviennent le point de départ d'une exploitation par foncée, analogue à l'exploitation à ciel ouvert (fig. 115).

On construit ainsi de vastes chambres souterraines qui atteignent souvent une hauteur de 75 mètres sous clef, une largeur de 40 et une longueur de 50 mètres.

Ces dimensions sont compatibles avec la nature

et la solidité exceptionnelles du schiste ardoisier d'Angers, mais nécessitent cependant une grande expérience et une incessante surveillance dans la conduite des travaux.

Pour éclairer ces vastes chantiers souterrains, les exploitants désireux d'assurer à leurs ouvriers la plus grande somme de sécurité possible n'ont point reculé, il y a un grand nombre d'années, devant la création de cinq usines à gaz sur leurs différents sièges d'extraction.

C'est encore dans ce but qu'ils s'occupent aujourd'hui de substituer l'éclairage électrique à l'éclairage au gaz, et qu'ils l'ont installé avec suc-

cès dans une des plus grandes chambres souterraines. (Les Fresnais, puits n° 10.)

Lorsque l'approfondissement du chantier amène des éboulements qui obligent à en abandonner l'exploitation, on remblaye l'excavation, on fonce à nouveau le puits jusqu'à un niveau dépassant de 20 mètres la semelle de l'ancien fond, et on forme un deuxième étage de chambre souterraine au-dessous de la première, la limite en profondeur des couches de schiste ardoisier exploitées par la Commission des ardoisières d'Angers étant inconnue jusqu'à ce jour.

Les progrès industriels et commerciaux accom-

Fig. 113. — *Exploitation à ciel ouvert.*

plis par les ardoisières d'Angers sont dus à la fois, à la fusion des diverses sociétés d'exploitation en un syndicat avec commission de direction unique, et à l'intelligente activité du gérant de la Société, M. Ch. Larivière.

En 1855, la Commission des ardoisières a créé une corderie mécanique avec tréfilerie, et, dans le but de mettre ses ouvriers à l'abri de toutes les chances de rupture pouvant être prévues, elle a fait une étude spéciale de tous les éléments de fabrication des câbles en fils métalliques employés à l'extraction dans ses nombreuses exploitations. Grâce aux garanties de sa fabrication, cet établissement a pris aujourd'hui une extension considérable et ses produits sont d'un emploi général dans la marine et l'industrie minérale. — V. CÂBLE, CORDERIE

Les variétés de gisements d'ardoises ont conduit les exploitants à des méthodes de dépouillement qui peuvent se ramener à six classes, savoir :

1° *Méthode par gradins droits*, employée dans de grandes excavations à ciel ouvert avec machines d'extraction et d'épuisement, exemples : Angers, Renazé, Chattemoue, Nauttle (Angleterre) ;

2° *Méthode par gradins* avec plans inclinés, adoptée dans le pays de Galles (Llamberis) ;

3° *Méthode par gradins inclinés* et grandes chambres à ciel ouvert, adoptée à Festiniog (pays de Galles) ;

4° *Méthode par petites chambres souterraines* (Rimogne) ;

5° *Méthode par grandes chambres souterraines indépendantes* (Angers) ;

6° *Méthode par petites chambres souterraines jux-*

laposées et superposées avec piliers et massifs de soutènement horizontaux (Deville, Monthermé, Fumay).

EXPLOITATION DES ARDOISIÈRES DES ARDENNES. C'est donc le mode de dépouillement indiqué par la 4e et la 6e méthodes qui est en usage dans les Ardennes; la couche principale de Rimogne exploitée à la carrière de la Grande-Fosse, affecte la forme d'un coin; sa puissance qui se réduit à zéro vers l'est, atteint 50 mètres vers l'ouest. Le schiste est enlevé du toit au mur de la couche par massifs carrés appelés *ouvrages* ayant 13 à 15 mètres de côté. Entre les ouvrages, sont réservés pour le soutènement du toit, des piliers carrés de 10 à 12 mètres. L'abatage s'opère par l'emploi simultané de la poudre et de coins en fer (4e méthode).

A Deville, à Monthermé, on fait usage de la 6e méthode d'exploitation; les couches de 4 à 5 mètres de puissance plongent d'environ 50°; elles sont exploitées par ouvrages longitudinaux séparés par des massifs de soutènement n'ayant que 2 ou 3 mètres d'épaisseur, tandis que les ouvrages en ont 11 à 12; ces ouvrages sont attaqués de chaque côté d'un *porche* ou coupement fait suivant le toit, avec une largeur de 3 mètres sur une hauteur de 2 mètres. Enfin, l'abatage se fait à la poudre et au.

Fig. 114. — *Pan de bois, bâtiments des machines et câbles d'extraction d'une exploitation à ciel ouvert.*

pic; les eaux sont épuisées au moyen de pompes mues par des machines.

A Fumay, le banc principal, exploité par les carrières du Moulin-Sainte-Anne, Bellerose, Liemeiry, présente une épaisseur qui n'atteint pas huit mètres et se divise en un certain nombre de couches; l'inclinaison n'est que de 25°; il est exploité en laissant des massifs de réserve ou *nayes* pour soutenir le toit.

A Fumay et à Rimogne, les repartons ont la forme de parallélogrammes ou de trapèzes allongés; le bloc en morceau ou *faix* de 1m,60 à 2m de longueur, sur 0m,35 à 0m,50 de largeur et 0m,30 à 0m,40 d'épaisseur est divisé en deux parties, puis les deux morceaux sont fendus à l'épaisseur convenable : l'ouvrier, avec la pointe d'un couperet, fait les raies et obtient quatre échantillons pointus

appelés *flamandes* et deux échantillons rectangulaires analogues aux carrés d'Angers. Enfin, la taille de ces échantillons s'opère à petits coups au moyen du couperet, en plaçant l'ardoise sur l'angle d'un petit morceau de bois fixé sur le banc ou l'ouvrier s'asseoit.

En Angleterre, les ardoisières les plus importantes sont presque toutes concentrées dans le pays de Galles, principalement dans le Carnarvonshire; en Ecosse, dans le Westmoreland. Généralement en Angleterre, les ardoisières sont placées dans des pays montagneux et exploitées au-dessus du niveau naturel d'écoulement des eaux, par conséquent, on n'a pas besoin de machines d'épuisement ni d'extraction. Les ardoisières de Penrhyn et de Llamberis sont les plus importantes de l'Angleterre.

Toutes les contrées de l'Europe qui renferment dans leur constitution géologique des terrains primaires ou des sédiments argileux plus récents et métamorphisés contiennent des ardoises; en Allemagne, on trouve des ardoisières exploitées dans la Silésie, la Moravie, la Bohême et le Tyrol. En Belgique on retrouve les affleurements des ardoises des Ardennes. En Italie, en Espagne, etc., on trouve des schistes ardoisiers.

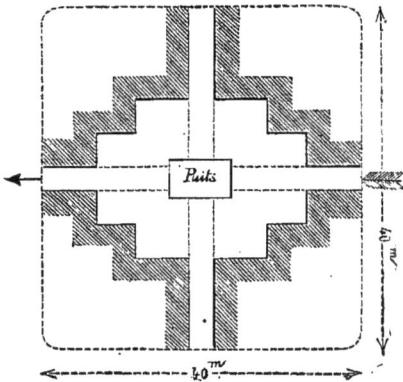

Fig. 115. — *Plan du commencement d'une exploitation souterraine.*

Mais il n'entre pas dans le cadre de cet article de décrire toutes les ardoisières de l'Europe; nous avons insisté sur celles de notre pays et particulièrement sur les belles exploitations d'Angers. — A. F. N.

Bibliographie : Explication de la carte géologique de la France, par MM. Dufrenoy et Elie de Beaumont, 3 vol.; Lory : *Description du Dauphiné*, 3 vol; Dumont : *Mémoire de l'Académie royale de Belgique*, tome XX et XXI; D'Omalius d'Halloy : *Abrégé de géologie et Journal des mines*, 1808; Clère : *Formation ardoisière des Ardennes, Annales des mines*, tome VIII; Monnet : *Description minéralogique de la France*, 1780; Blavier : *Essai sur l'industrie ardoisière d'Angers*, broch., 1865; Brard : *Traité d'exploitation des mines*, Burat : *Les minéraux utiles*, 2 vol.; Raulin, *Éléments de géologie*, 4 vol.; Coquand : *Traité des roches*, 3 vol.; Meunier : *Géologie appliquée*, 1 vol.; Prud'homme : *Cours pratique de construction*, 2 vol., 1870; *Rapport de M. Chatelier sur les ardoisières d'Angers*, 1852.

* **ARDUINNA**. Déesse de la chasse chez les Gaulois; on l'a représentée armée d'une cuirasse et tenant un arc à la main, avec un chien à côté d'elle.

° **ARÉFACTION**. *T. de pharm*. Opération qui consiste à faire subir une dessiccation aux médicaments destinés à être pulvérisés.

ARÈNE. 1° On désigne ainsi l'espace circulaire et sablé, au centre des amphithéâtres des anciens, où s'exécutaient les combats de gladiateurs et de bêtes féroces. Ce mot est appliqué aux centres des cirques modernes, et, par extension, aux amphithéâtres romains dont les restes subsistent encore, on dit ainsi : les *arènes de Nîmes*, les *arènes d'Arles*.

|| 2° *T. techn*. Espèce de sable argileux qui forme un bon mortier hydraulique, lorsqu'il est mêlé avec de la chaux grasse. — V. Arkose. || 3° *T. de min*. Canal destiné à faire écouler les eaux d'une mine.

* **ARÉNER** ou **S'ARÉNER**. *T. de constr*. Se dit d'un bâtiment, d'un édifice qui, mal construit ou bâti sur un fond peu solide, s'affaisse sous son propre poids.

ARÉOMÈTRE, *T. de phys*. Instrument flotteur destiné à faire connaître le poids spécifique des corps liquides ou solides, ou le degré de concentration de certains liquides.

Les aréomètres sont ordinairement en métal ou en verre, lestés avec du plomb ou du mercure, de manière à se tenir en équilibre stable dans les liquides où ils sont immergés. Généralement ils prennent la forme d'un cylindre terminé par une boule ou un tube où le lest est placé. Ils s'enfoncent d'autant plus dans le liquide que celui-ci est moins dense, car tout flotteur pèse autant que le volume de liquide qu'il déplace jusqu'à son point de flottaison. Les conditions d'équilibre à réaliser pour un flotteur sont les suivantes :

1° Il faut que le centre de gravité du corps et celui de la masse déplacée soient sur la même verticale;

2° Que le centre de poussée soit au-dessus du centre de gravité du corps. Le principe d'Archimède exige, d'ailleurs, qu'un corps flotte, que le poids du flotteur soit égal au poids du liquide déplacé par la partie immergée; en effet, lorsqu'un corps a un poids V D plus grand que le poids V'D' du volume du liquide qu'il déplace, il s'enfonce au fond; et quand le poids VD du corps = V'D', poids du volume du liquide déplacé, le corps reste dans la position où on le place; enfin, lorsque le poids du corps VD est inférieur au poids du volume du liquide déplacé V'D', le corps surnage. C'est ce poids du volume du liquide déplacé qui s'appelle la poussée du fluide.

L'aréométrie exige la connaissance des trois principes suivants :

1° Lorsque deux corps ont le même poids spécifique ou densité, leurs poids sont proportionnels à leurs volumes. P = VD et P' = V'D', c'est-à-dire le poids P ou P' s'obtient en faisant le produit du volume V ou V' par la densité D ou D'; on a donc

$$\frac{P}{P'} = \frac{VD}{V'D'}, \text{ faisant } D = D', \text{ il vient } \frac{P}{P'} = \frac{V}{V'}$$

2° Lorsque deux corps ont le même poids, leurs densités sont en raison inverse de leurs volumes. En effet, si nous faisons P = P', on aura

$$\frac{D}{D'} = \frac{V'}{V}$$

3° Lorsque deux corps ont le même volume, leurs densités sont proportionnelles à leurs poids; car si on fait V = V' on aura $\frac{D}{D'} = \frac{P}{P'}$.

Les *volumètres* sont des appareils flotteurs ou des variétés d'aréomètres, appelés aussi *densimètres*, qui servent à déterminer la densité des corps par la considération ou la mesure des volumes déplacés, en se basant sur le principe que deux corps ayant des poids égaux, leurs volumes sont en raison inverse de leurs densités. Plongeons un volumètre dans l'eau, supposons par exemple qu'il déplace 55 centimètres cubes de ce liquide, la densité de l'eau étant 1; plongeons ensuite l'instrument dans l'acide azotique, par exemple, où il déplace 60 centimètres cubes; la densité de l'acide azotique étant x, on a

$$\frac{55}{60} = \frac{x}{1}, \text{ ou } x = \frac{55}{60} = 0,9.$$ — V. DENSIMÈTRE, VOLUMÈTRE.

On divise les aréomètres en deux groupes, savoir ;

1° Les *aréomètres à volume constant et à poids variable*, comprenant l'aréomètre de Nicholson, de Farenheit, etc., qui déplacent constamment le même volume du liquide dans lequel ils sont immergés; pour les forcer à plonger jusqu'à un point d'affleurement fixé à l'avance, on est obligé de les charger de poids qui varient avec la nature du liquide ou du corps dont on veut avoir le poids spécifique ;

Fig. 116. — *Aréomètre de Nicholson.*

2° Les *aréomètres à volume variable et à poids constant*, comprenant les aréomètres de Baumé, de Cartier, les pèse-sels, pèse-acides, pèse-liqueurs, pèse-esprits, l'alcoomètre de Gay-Lussac, etc.; tous ces instruments, chargés d'un même poids constant, leur test, s'enfoncent d'autant plus que le liquide dans lequel ils sont immergés est moins dense.

I. ARÉOMÈTRES A VOLUME CONSTANT ET A POIDS VARIABLE.

1° **Aréomètre de Nicholson.** L'aréomètre de Nicholson se compose d'un cylindre en métal ou en verre terminé par deux cônes (fig. 116); à la partie supérieure se trouve une tige qui supporte un plateau où l'on met des poids et le corps à peser. La partie inférieure porte un plateau ayant la forme d'un cône renversé dans lequel on. met aussi le corps. On plonge l'aréomètre dans une éprouvette contenant de l'eau pure. L'instrument n'affleure pas; on met des poids pour déterminer l'affleurement, soit 80 grammes; on enlève les poids et on place le corps sur le plateau; pour faire affleurer supposons qu'il. faille 50 grammes, le poids du corps sera .donc de 80 — 50 = 30 grammes. Cela fait, on le place dans la capsule inférieure, l'aréomètre remonte; pour déterminer l'affleurement il. faut ajouter, par exemple, 10 grammes sur le plateau supérieur, la densité du corps en expérience sera $\frac{30}{10} = 3$. Cet appareil est

surtout employé pour déterminer 'la densité des minéraux.

2° **Aréomètre de Farenheit.** L'aréomètre de Farenheit est en verre, de forme cylindrique (fig. 117), terminé inférieurement par une boule à l'aide de laquelle il est lesté; à sa partie supérieure il porte une tige avec un point d'affleurement et terminée par un plateau destiné à recevoir des poids marqués. On connaît le poids P de l'instrument, on le plonge dans le liquide dont on veut avoir la densité. Pour le faire affleurer on ajoute un poids p; il est évident que $P + p$ représente le poids du volume du liquide déplacé par l'appareil jusqu'au point d'affleurement. Ensuite on plonge l'aréomètre dans l'eau pure : pour le faire affleurer il faut mettre un poids p' sur le plateau supérieur, $P + p'$ est bien le poids du volume d'eau déplacé; donc $\frac{P + p}{P + p'} =$ densité du liquide.

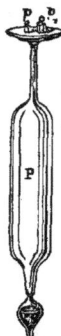

Fig. 117. — *Aréomètre de Farenheit.*

II. ARÉOMÈTRES A VOLUME VARIABLE ET A POIDS CONSTANT.

1° **Aréomètre de Baumé.** L'aréomètre de Baumé a deux destinations; il sert : 1° pour les liquides plus denses que l'eau, on lui donne alors les noms de *pèse-sels, pèse-acides, pèse-sirops*, etc.; 2° pour les liquides moins denses que l'eau, on l'appelle dans ce cas *pèse-liqueurs, pèse-esprits*, etc. L'aréomètre de Baumé se compose d'un tube cylindrique en verre qui porte à sa partie inférieure un tube plus large terminé par une boule lestée.

Pour graduer l'aréomètre destiné aux liquides plus denses que l'eau (fig. 118), on le leste de telle sorte que, plongé dans l'eau pure, il s'enfonce jusqu'à la partie supérieure de la tige, où l'on marque O. Puis on le plonge dans un mélange de 15 parties de sel marin et de 85 parties d'eau pure, on marque 15 au point d'affleurement, puis on divise l'intervalle en 15 parties égales et on continue les divisions sur toute la longueur du tube.

Fig. 118. — *Aréomètre de Baumé.*

Dans le cas des liquides moins denses que l'eau, pour graduer l'instrument, on fait un mélange de 90 parties d'eau pure et de 10 parties de sel marin. On leste l'aréomètre de manière que, plongé dans ce mélange, il plonge jusqu'à la naissance du tube, où l'on place le zéro de l'échelle. On le plonge ensuite dans l'eau pure, il s'y enfonce davantage; on met 10 au point d'affleurement, on divise l'intervalle en dix parties égales que l'on prolonge jusqu'au bout du tube;

Fig. 119. — *Alcoomètre de Gay-Lussac.*

2° Aréomètre de Cartier. L'aréomètre de Cartier, abandonné aujourd'hui, était autrefois employé pour les alcools, on disait alcool à 36°, 40°; mais le degré 10 est sensiblement le même dans l'échelle de Cartier et dans celle de Baumé; le 29° de Cartier correspond à peu près au 31° de Baumé; sa graduation est d'ailleurs tout à fait arbitraire.

Un aréomètre à poids constant peut être gradué de manière à donner immédiatement, soit la *densité d'un liquide,* soit *le volume occupé par l'unité de poids de ce liquide;* l'instrument prend alors le nom de *densimètre* ou de *volumètre.* L'alcoomètre centésimal de Gay-Lussac est un volumètre;

3° Alcoomètre centésimal de Gay-Lussac. L'alcoomètre de Gay-Lussac est destiné à faire connaître les quantités d'alcool en volume contenues dans les liqueurs alcooliques (fig. 119). — V. Alcoomètre, Alcoométrie.

Les alcoomètres du commerce sont gradués par comparaison et non directement comme les alcoomètres-étalons. Pour cela on prend un instrument bien gradué et par les divisions 100 et 0, on mène deux lignes droites qui se coupent; ensuite on dispose parallèlement entre eux les alcoomètres à graduer,

Fig. 120. — *Aréomètre à échelle*

puis on mène des lignes par chacun des degrés de l'alcoomètre et aboutissant au sommet de l'angle formé par les lignes qui passent par 100 et 0; ces lignes coupent les alcoomètres à graduer : à ces points d'intersection on place les degrés correspondants de l'alcoomètre-étalon;

4° Aréomètre à échelle. L'aréomètre à échelle se compose d'un tube portant à son extrémité inférieure une boule sphérique et à son extré-

mité supérieure une capsule (fig. 120), destinée à contenir le corps en expérience. Entre la boule inférieure et le lest se trouve une petite chambre propre à recevoir le corps. Sa tige, d'une longueur variable de 15 à 20 centimètres est divisée en demi-millimètres, ce qui correspond à des volumes égaux. — L'instrument est lesté de telle sorte que, dans l'eau pure, il affleure à 0; on place le corps sur la capsule supérieure, l'aréomètre s'enfonce de *n* divisions, par exemple, le corps a donc un poids égal au poids de ces *n* divisions d'eau déplacée, exprimée en fractions de grammes. On le retire de la capsule et on le place dans la chambre inférieure; alors le flotteur déplace *n'* divisions; $n - n'$ est le poids du volume d'eau déplacé par le corps, donc le rapport

$$\frac{n}{n - nn'} = \text{la densité cherchée.}$$

Les constructeurs donnent des formes variées aux divers flotteurs destinés à apprécier le poids spécifique des liquides ou leur degré de concentration; mais tous ces instruments sont basés sur les principes que nous avons fait connaître plus haut, et s'écartent peu des principaux aréomètres que nous avons décrits. — A. F. N.

* **ARÉOMÉTRIE.** *T. de phys.* Art de déterminer la densité, la pesanteur des liquides au moyen de l'*aréomètre.* (V. l'article précédent.)

* **ARÉOSTYLE.** *T. d'arch.* Système d'entre-colonnement dans lequel l'intervalle qui sépare les colonnes est de trois diamètres et demi, comme dans la colonnade des édifices de la place de la Concorde, à Paris. On écrit aussi *Ærostyle.* — V. Entre-colonnement.

* **ARÉOSYSTYLE.** *T. d'arch.* Système d'entre-colonnement dans lequel les colonnes sont *accouplées,* comme dans la colonnade du Louvre; l'intervalle entre les couples est de trois diamètres et demi, et celui qui sépare les colonnes d'un même couple n'est que d'un demi-diamètre.

* **ARÉOTECTONIQUE.** *T. d'arch. milit.* Art de fortifier, de défendre, d'attaquer les places de guerre.

ARÊTE. 1° *T. d'arch.* Angle saillant formé par deux faces droites ou courbes d'une pièce de bois, d'une pierre. || *Arête d'une voûte,* angle qu'elle forme avec un mur ou une autre voûte. || *Arête vive,* angle bien marqué. || 2° *T. de charp.* On appelle aussi *arête vive* une poutre ou une pièce de bois bien équarrie. || 3° *T. de minér.* Ligne formée par la réunion de deux surfaces inclinées l'une sur l'autre. || 4° *T. de lapid.* Angles de toutes les faces qu'un diamant peut recevoir. || 5° *T. de fortif. Arête de glacis,* ligne formée par deux angles de glacis qui se joignent à un angle de chemin couvert. || 6° *T. d'arm.* Élévation angulaire qui règne tout le long d'une lame d'épée. || 7° Carre d'une lame de baïonnette. || 8° *T. techn.* Extrémité du chapeau, où l'on coud le bord. || 9° Extrémité du bord d'un plat ou d'une assiette, du côté du fond. || 10° Bord d'une enclume. || 11° Fil qui règne sur le manche d'une cuillère ou d'une fourchette.

ARÊTIER. 1° *T. de charp.* Pièce de bois, droite ou courbe dans sa longueur, qui se place à la partie saillante et rampante d'un comble, formée par la rencontre de la face et de la croupe. || 2° *T. de plomb.* Lame de plomb qui, maintenue par des pattes, couvre les angles d'un comble en pavillon ou ceux d'une flèche. || 3° Pavé qui se trouve placé à la rencontre de deux ruisseaux.

* **ARÊTIÈRES.** *T. de constr.* Tuiles spéciales destinées à couvrir la partie où sont les arêtiers. || Enduits de mortier ou de plâtre que l'on met aux endroits d'un comble où se trouvent les arêtiers.

* **ARGAMASSE.** *T. d'arch.* Plate-forme au-dessus d'un édifice.

· · * **ARGAND** (Lampe d'). — V. Éclairage.

* **ARGANEAU.** *T. de mar.* — V. Organeau.

ARGENT. Symb. Ag. Equiv. = 100. 1° L'argent est le plus blanc des métaux, son éclat est très vif surtout lorsqu'il a été poli, il ne le cède sous ce rapport qu'à son alliage avec le cuivre et l'acier. Il conduit bien la chaleur et l'électricité. C'est, après l'or, le plus malléable et le plus ductile des métaux ; avec 0 gr. 05 d'argent, on a pu tirer un fil long de 130 mètres et, par le battage, on peut le réduire en feuilles dont l'épaisseur est moindre de 3/000 de millimètres ; plus mou que le cuivre, il l'est moins que l'or ; sa résistance à la rupture est assez grande, un fil ayant environ 1/4 de millimètre de diamètre supporte 10 kilogrammes 35 avant de se rompre.

Sa densité est de 10,5. Il fond vers 1,000° et se volatilise un peu au-dessus de cette température en émettant des vapeurs verdâtres ; il peut fournir par refroidissement lent des cristaux qui sont des octaèdres réguliers. Si pendant sa fusion il reçoit le contact de l'air, il absorbe une quantité d'oxygène égale environ à 22 fois son volume, mais par le refroidissement il abandonne ce gaz, l'oxygène brise la couche extérieure qui s'est déjà solidifiée et détermine à la surface du métal une sorte de végétation ; on dit alors qu'il y a un *rochage*. L'adjonction d'une petite quantité d'or ou de cuivre empêche ce phénomène, de même que le dépôt d'une couche de charbon en poudre à la surface du métal.

L'argent ne s'oxyde ni dans l'air sec, ni dans l'air humide ; aussi, est-il employé dans la fabrication des instruments de chirurgie, serrefines, fils à ligatures, etc. Il peut-être chauffé au contact de l'air sans subir d'oxydation ; les alcalis caustiques fondus, leurs carbonates, le nitre, le chlorate de potasse sont sans action sur lui ; cette propriété explique son emploi sous forme de creusets et de capsules dans les laboratoires.

Il est attaqué par les acides à des degrés différents ; l'acide azotique, même étendu, l'attaque fortement, l'acide sulfurique n'agit que s'il est concentré et bouillant, l'acide chlorhydrique est à peu près sans action ; le chlore, le brôme, le soufre et la plupart des métalloïdes forment avec lui des combinaisons ; enfin, l'acide sulfhydrique le noircit en formant du sulfure d'argent.

L'argent, soit seul, soit allié à d'autres métaux est très employé dans l'industrie ; dans la fabrication des monnaies, de la vaisselle métallique, des couverts, des bijoux, etc., on l'allie dans de certaines proportions au cuivre afin de lui donner de la dureté ; déposé à la surface des métaux, du bois, du plâtre, du verre, etc., il constitue l'argenture. — V. Argenture, Monnaie, Bijouterie.

Les essais d'argent se font soit par voie sèche (coupellation) soit par voie humide ; dans ce dernier cas l'argent est précipité à l'état de chlorure. — V. Essai

Parmi les composés d'argent nous n'étudierons avec détails que l'azotate.

L'*oxyde d'argent*, le *chlorure*, l'*iodure*, l'*hyposulfite* ne sont utilisés qu'en médecine.

Le *sulfure d'argent* est employé pour produire des dessins noirs à la surface des objets d'orfèvrerie. — V. Niellage. Il entre dans la composition de certaines eaux de teinture pour les cheveux ; pour colorer ceux-ci on les traite d'abord par une solution ammoniacale d'argent, puis par une dissolution de monosulfure de potassium, le sulfure d'argent produit se fixe sur la fibre animale.

L'*azotate d'argent* (nitrate d'argent, sel de Diane), est le plus important des sels d'argent, il se prépare en attaquant le métal par l'acide azotique peu concentré ; la solution est évaporée jusqu'à cristallisation. Le nitrate d'argent ainsi obtenu est en lames transparentes et incolores, il ne noircit à la lumière qu'autant qu'il a le contact des matières organiques. Il est très vénéneux. La dissolution de ce sel est précipitée en blanc par les chlorures, les sulfites, les hyposulfites, les cyanures, etc., un excès de réactif redissout le précipité et fournit des bains incolores constitués par des sels doubles. C'est sur cette propriété qu'est fondée la préparation des bains d'argenture, tant à la pile qu'au simple trempé. — V. Argenture.

L'action de la lumière sur le chlorure d'argent est la base de la *photographie*, aussi l'azotate d'argent est-il très employé dans cette industrie. — V. Photographie.

On l'utilise pour faire une encre à marquer le linge, elle consiste en une dissolution de ce sel additionnée de gomme ; on mouille l'endroit où l'on veut écrire avec une solution de carbonate de soude et de gomme arabique, on sèche, on écrit et on expose au soleil ; on obtient ainsi des caractères indélibiles.

Fondu, le nitrate d'argent constitue la *pierre infernale* des chirurgiens. Le sel étant en fusion tranquille dans un creuset d'argent ou de platine, on le coule dans une lingotière préalablement graissée et chauffée. En maintenant le sel en fusion pendant quelques instants on lui donne beaucoup plus de solidité ; ce point est important pour éviter qu'il ne se brise pendant les opérations chirurgicales ; après l'avoir détaché du moule il a la forme de petits cylindres d'une couleur brune ou ardoisée due à une petite quantité d'argent ramené à l'état métallique. Pour l'usage, ces cylindres sont introduits dans une sorte de porte-crayon appelé *porte-pierre*, on s'en sert comme caustique.

Au point de vue de l'*hygiène industrielle* la manipulation de l'argent ne donne lieu à aucun accident; les batteurs et autres industriels ne présentent aucun phénomène d'intoxication, la colique des apprêteurs d'argent doit être attribuée aux métaux alliés. Il n'en est pas de même de l'emploi des teintures pour les cheveux, l'usage de ces liquides amène quelquefois des accidents très graves.

MÉTALLURGIE DE L'ARGENT

Les principaux minerais d'où l'on retire l'argent, sont : l'*argent natif* que l'on rencontre à Kongsberg et au lac supérieur; l'*argent chloruré* qui constitue les minerais *colorados* du Pérou, du Mexique, du Chili et les *terres rouges* de Bretagne; l'*argent sulfuré*, antimoniosulfuré, arséniosulfuré, etc., que l'on exploite dans l'Amérique du Sud et au Mexique sous le nom de *minerais noirs* ou *négros;* les *plombs* obtenus par le traitement des *galènes argentifères* et des *minerais de cuivre argentifères*, tels que les *cuivres gris* d'Europe, du Pérou, du Chili, du Colorado, du Mexique, etc.

Le rendement des minerais d'argent est : pour les *sulfures*, de 20 à 100 kilogrammes d'argent par tonne de minerai; pour les *chlorures* de 3 à 5 kilogrammes; pour les antimoniures, de 1 kilogramme environ.

Les minerais d'argent sont trop pauvres en cuivre et en plomb pour qu'on puisse avec avantage en extraire ces métaux, on les soumet à l'*amalgamation.*

Les minerais de plomb argentifères sont traités pour plomb. Le plomb retenant tout l'argent est coupellé directement ou après enrichissement par cristallisation.

Les minerais de cuivre argentifères sont traités comme cuivre.

Les dernières mattes et le cuivre noir sont désargentés.

TRAITEMENT DES MINERAIS D'ARGENT

AMALGAMATION A FROID. Les minerais employés sont les colorados et les négros, ces derniers doivent au préalable être soumis à un grillage; ils sont bocardés à sec, puis broyés avec de l'eau jusqu'à ce qu'ils aient acquis une grande finesse; le produit obtenu séché grossièrement est étendu en petits tas sur une aire en pierre, on répand à la surface du sel dans la proportion de 2 0/0 environ, le mélange étant rendu homogène par le piétinement de chevaux ou de mulets, on l'abandonne à lui-même pendant vingt-quatre heures; le magistral est alors ajouté dans la proportion de 1 à 2 0/0, et l'on fait piétiner de nouveau. Le magistral est produit par le grillage à basse température de pyrite cuivreuse, il doit contenir environ 20 0/0 de sulfate de cuivre et de fer. Le sulfate de cuivre provenant de la séparation de l'or et de l'argent par l'acide sulfurique constitue un excellent magistral, en raison de son acidité.

Dans ces opérations le sulfate de cuivre et le sel se décomposent réciproquement, l'argent natif

ramène le chlorure de cuivre à l'état de sous-sel, qui, en dissolution dans l'eau salée, réagit sur le sulfure d'argent et produit du chlorure d'argent et du sulfure de cuivre. Le chlorure d'argent se dissout dans l'excès de sel marin.

On incorpore alors la première dose de mercure, environ quatre fois le poids de l'argent contenu dans le minerai, on fait piétiner et on laisse le tas livré à lui-même en faisant des prises d'essai de temps en temps pour juger des progrès de l'amalgamation, la retarder ou l'accélérer. Si l'amalgamation se ralentit on ajoute du magistral, si le mercure diminue sans que la proportion d'amalgame solide augmente, on incorpore dans la masse de la chaux ou des métaux divisés. Ce fait est dû à ce qu'il se forme trop de chlorure de cuivre, dont l'excès détermine la formation d'un peu plus de protochlorure de mercure qu'il n'y a proportionnellement d'argent amené à l'état métallique. Quand l'amalgame obtenu est solide, on

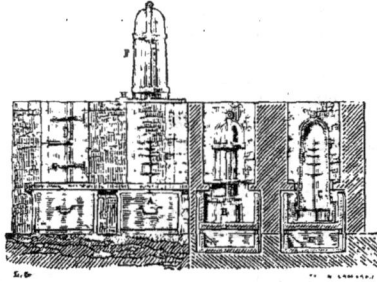

Fig. 121. — *Cloches de distillation.*

répand sur la surface les 3/8 environ de la première dose de mercure employée, on fait piétiner. Lorsque l'amalgamation paraît terminée, on ajoute 1/8 environ du poids primitif de mercure. La durée de l'amalgamation varie entre vingt-cinq jours et trois ou quatre mois.

La matière envoyée dans des cuves est traitée par le mercure pour réunir les grains d'amalgame. On laisse déposer, on décante, le mercure chargé d'argent est filtré, l'amalgame solide obtenu est pressé, puis distillé.

L'appareil (fig. 121), dans lequel se produit la distillation de l'amalgame se compose de fourneaux fixes en maçonnerie, dont chacun porte à sa partie inférieure un tiroir A, roulant sur des galets et dans lequel est disposée une chaudière B cylindrique, en fonte; cette chaudière est remplie d'eau; en son milieu s'élève une tige D portant des rondelles de fer de grosseur progressivement décroissante, au-dessus se place une cloche allongée mobile I, des portes en fonte F ferment chacun des fourneaux. L'amalgame se charge sur les rondelles, la cloche est abaissée, on entretient un feu de charbon dans chaque fourneau, le mercure volatilisé vient se condenser dans la chaudière inférieure.

L'argent obtenu est raffiné par une fusion avec

du borax dans un creuset de plombagine. D'après M. Simonin, ces lingots contiennent environ :

$$
\begin{array}{rl}
947 & \text{d'argent,} \\
42,5 & \text{d'or,} \\
\text{et}\quad 10,5 & \text{de métaux étrangers,} \\
\hline
1000,0 &
\end{array}
$$

Dans ce procédé, une certaine quantité de mercure est perdue ; pour 100 d'argent, on perd environ 187 de mercure, en supposant que ce métal passe à l'état de protochlorure. On a cherché à obvier à cet inconvénient en se servant d'amalgame de cuivre ou de plomb, l'adjonction du sodium au mercure dans la proportion de 1 à 2 0/0 a été également proposée et semble donner de bons résultats.

AMALGAMATION A CHAUD. Ce procédé qui tend à remplacer l'amalgamation à froid, est mis en pratique dans l'Amérique du Sud, principalement vers la chaîne des Cordillières, au Pérou, en Bolivie. Les minerais employés sont les *colorados* ; ils sont d'abord bocardés, puis grillés ; au milieu du grillage on introduit 10 à 15 0/0 de sel marin destiné à la chloruration ; le mélange étant bien intime on finit le grillage. L'opération dure quatre ou cinq heures. Le minerai est jeté dans des chaudières en cuivre, chauffées à feu nu ; l'on introduit de l'eau au 2/3, l'on fait bouillir et l'on ajoute 10 0/0 de sel. La quantité de minerai que l'on introduit dans chaque chaudière est d'environ 150 kilogrammes. Le sel entre en dissolution, l'on agite constamment la matière avec une spatule en bois, lorsque la dissolution est complète, on ajoute dans la chaudière une quantité de mercure égale à deux fois le poids de l'argent contenu dans le minerai. Cette adjonction du mercure se fait par petites portions, elle exige beaucoup de soins pour éviter l'amalgamation de la chaudière.

Le chlorure d'argent, amené par l'agitation continuelle au contact du cuivre, en présence d'une dissolution de sel marin, est décomposé, il se forme un sel de cuivre au minimum et de l'argent ; le chlorure d'argent en solution ou en suspension est ramené à l'état métallique par le sel de cuivre. L'opération est terminée lorsqu'après une dernière addition de mercure on ne voit plus changer la consistance de l'amalgame ; cinq heures suffisent pour cette opération. Le contenu des chaudières est envoyé dans des bassins en maçonnerie, l'on ajoute environ 8 parties de mercure pour rassembler l'amalgame, on lave et l'on continue le travail comme dans la méthode à froid.

Dans certaines usines disposant d'une force motrice considérable, le minerai préparé comme plus haut est introduit dans des tonneaux en bois animés d'un mouvement rotatoire. L'eau additionnée de sel est chauffée au moyen d'un courant de vapeur, le cuivre nécessaire à la réaction est ajouté sous forme de plaques, l'introduction du mercure se fait comme dans le procédé décrit plus haut. La charge pour chaque appareil est d'environ 1,000 kilogrammes de minerai.

PROCÉDÉ DE SAXE OU DE FREYBERG. Le minerai contenant environ 2 millièmes d'argent est grillé dans un four avec 10 0/0 de sel marin. Les acides sulfureux et arsénieux se dégagent, il reste comme résidu, du sel en excès, du perchlorure de fer, du chlorure d'argent, etc. ; ce dernier est produit par la réaction du sulfure d'argent sur le chlorure de sodium en présence de l'air. Le résidu, réduit en poudre, est introduit dans des tonneaux en bois tournant autour de leur axe, on y ajoute le dixième de son poids de tôles en petites plaques et de l'eau de façon à former une boue épaisse. On met la tonne en mouve-

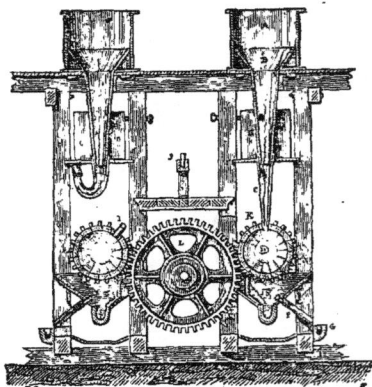

Fig. 122. — *Tonnes d'amalgamation.*

ment pendant deux heures, on ajoute alors une quantité de mercure égale à la moitié du poids du minerai, on tourne pendant une vingtaine d'heures, on remplit d'eau et l'on tourne deux heures. Le fer ramène le perchlorure de fer à l'état de protochlorure et réduit l'argent à l'état métallique. Le mercure dissout l'argent et l'eau sépare l'amalgame produit. Cet amalgame est pressé et distillé.

L'appareil dont on se sert en Saxe est représenté par la figure 122. Il se compose de tonnes D en bois de chêne mesurant un mètre en longueur et en diamètre, et $0^m,06$ en épaisseur. Ces tonnes sont mobiles autour d'un axe horizontal qui est mis en mouvement à l'aide de la roue dentée K. Au-dessus de chacune d'elles se trouve un bassin A ouvert à la partie inférieure et qui se termine par une manche en toile goudronnée *C* destinée à verser le contenu dans chaque tonne. Chaque tonne peut verser son contenu dans une auge prismatique munie d'un premier conduit destiné au départ de l'amalgame, et d'un second *F*, qui conduit les boues dans une rigole spéciale *G*.

Ce procédé qui, comme on le voit, est un perfectionnement à la méthode américaine, a été abandonné en France depuis un certain nombre d'années.

PROCÉDÉ A L'HYPOSULFITE DE SOUDE. Cette méthode a été mise en pratique dans l'Utah ; les minerais utilisés contiennent l'argent à l'état natif ou à l'état de chlorure ; convenablement broyés, ils sont introduits dans un appareil à épuisement et traités par une dissolution d'hyposulfite de soude, qui dissout l'argent et le chlorure. On épuise jusqu'à ce que l'hydrogène sulfuré ne produise plus de trouble dans l'hyposulfite, on traite alors celui-ci par le sulfure de sodium qui régénère l'hyposulfite et forme du sulfure d'argent dont il est facile de retirer le métal ; quelques usines font simplement passer dans la solution un courant d'hydrogène sulfuré.

La *Société aurifère de Paris* a fait connaître récemment un procédé d'extraction de l'argent des minerais ; ceux-ci étant broyés et grillés, on les met en digestion avec de l'acide nitrique ou sulfurique, ils sont ensuite mélangés à une proportion convenable d'acide, puis coulés sur la sole d'un four chauffé ; la réaction s'opère, l'argent passe à l'état de sel soluble, l'excès d'acide s'évapore et est condensé dans des appareils particuliers. Le résidu contient des sels d'argent mélan-

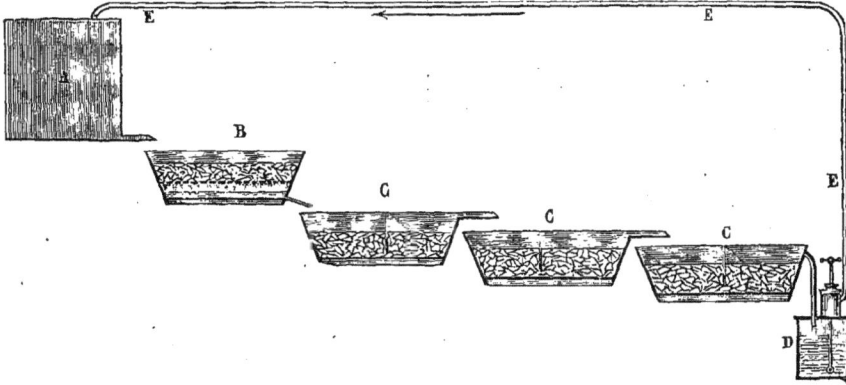

Fig. 123. — Procédé Drouïn.

A Réservoir. — *B* Cuve de dissolution. — *C C* Cuve, précipités — *D* Réservoir final et pompe. — *E* Tuyau ramenant le liquide au réservoir initial.

gés de gangues, on peut alors dissoudre les sels et précipiter l'argent à l'état de chlorure ou par un métal.

PROCÉDÉ DROUÏN. Ce procédé est une chloruration à froid et s'applique à tous les minerais contenant de l'argent et du cuivre, ou seulement l'un ou l'autre de ces métaux. Il permet de traiter avec avantage les *arséniures, sulfoarséniures, sulfoantimoniures* d'argent et de cuivre.

Les minerais ou les mattes sont réduits en poussière fine avant ou après grillage, le grillage est nécessaire si la matière renferme du soufre, de l'arsenic et de l'antimoine. Le minerai est introduit dans une cuve en bois et disposé en couche d'une certaine épaisseur sur un faux-fond percé de trous, la liqueur saline *(sel marin en dissolution acide)*, traverse le minerai et vient sortir par un orifice placé à la partie inférieure. On règle l'écoulement. Au fur et à mesure que la liqueur s'écoule ; elle arrive dans des cuves à précipitation à deux compartiments, contenant les unes du cuivre pour précipiter l'argent, les autres du fer pour précipiter le cuivre (fig. 123). On dispose ces cuves en gradins, et une pompe quel-conque renvoie la liqueur au réservoir initial pour recommencer ou continuer l'opération. La substitution des métaux se faisant rigoureusement d'après la loi des équivalents, 100 kilogrammes de fer suffisent pour précipiter 122 kilogrammes de cuivre, soit 415 kilogrammes d'argent. On vide les cuves à précipitation lorsque la substitution du métal est complète ; on n'a plus qu'à laver à l'eau et à fondre.

Les métaux qui peuvent être contenus dans les minerais, plomb, étain, zinc, etc., restent mêlés à la gangue. Dans le traitement des minerais ferrugineux, pyrite, etc., le résidu est un minerai de fer que l'on peut utiliser pour produire le fer nécessaire à la précipitation.

PROCÉDÉ CLARKE ET SMITH. Le minerai est grillé pour chasser les substances volatiles telles que l'arsenic, le soufre ; on mêle avec un chlorure alcalin et on fait la chloruration dans un fourneau ordinaire. L'on hâte cette opération en injectant dans le four un courant d'air chaud ou froid à volonté.

La matière chlorurée refroidie est lavée avec de l'eau ; les sels d'or, de cuivre, de fer se dissolvent, l'étain reste, une partie seulement du chlorure d'argent est dissoute, et cette quantité dépend de la température de l'eau. La solution chauffée par un courant de vapeur est dépouillée du cuivre qu'elle contient en la faisant digérer avec du fer. Ce cuivre peut contenir un peu d'argent et d'or provenant de la dissolution du chlorure dans l'eau. Le résidu est traité par une solution d'hyposulfite de soude ou une solution de gaz ammoniac, ou bien un mélange des deux. Dans ces liquides, l'argent est soluble ainsi que le cuivre qui peut s'y trouver si la chloruration a été imparfaite; on fait écouler cette solution dans des citernes où sont placées des feuilles de cuivre en contact avec du platine ou un autre métal convenablement arrangé pour exciter l'action galvanique. La citerne est donc disposée en une batterie voltaïque. Le dépôt d'argent se fait rapidement surtout si l'on ajoute de l'ammoniaque, soit dans la citerne de lessivage, soit dans la citerne de précipitation; lorsqu'il contient un peu de cuivre, on peut le laver soit avec la liqueur ammoniacale, soit par de l'hyposulfite de soude; ces liquides sont ensuite réunis à ceux de la citerne. La solution est soutirée, l'ammoniaque est chassée par un jet de vapeur, on peut alors précipiter le cuivre. Si l'on emploie comme dissolvant l'hyposulfite, on peut activer l'opération du dépôt d'argent en chauffant la solution.

TRAITEMENT DES PLOMBS ET CUIVRES ARGENTIFÈRES

Lorsque l'on traite les galènes dans le but d'en retirer le plomb, tout l'argent passe dans ce métal, qui prend alors le nom de *plomb-d'œuvre*. Quand ce plomb renferme plus de 1/1000 de son poids d'argent, on l'en retire par *coupellation*, si la proportion est moindre il faut concentrer l'argent. Cette concentration de l'argent dans un poids faible de plomb riche s'appelle *pattinsonage*, du nom de son inventeur, Pattinson.

Ce procédé est basé sur la propriété que possèdent les alliages de plomb et d'argent soumis à un refroidissement lent d'abandonner le plomb à l'état de cristaux, tandis que l'argent se concentre dans la partie liquide. Cette séparation n'est pas absolue, les premiers cristaux sont très pauvres en argent, mais à mesure que le bain s'enrichit, ils le deviennent de moins en moins. Cependant la séparation du plomb pauvre et du plomb riche peut se faire industriellement par plusieurs cristallisations successives, jusqu'à ce que la presque totalité de l'argent ait été séparée par ces traitements successifs. A chaque nouvelle opération l'on retire les 7/8 du plomb contenu dans les chaudières, lorsque le plomb est pauvre, et les 2/3 lorsqu'il est riche; en répétant ceci d'une part sur des plombs de plus en plus pauvres, et d'autre part sur des plombs de plus en plus riches, on arrive à abaisser la teneur des premiers à 10 ou 15 grammes d'argent par tonne et à élever les seconds jusqu'à 2, 6 0/0. — V. PATTINSONAGE.

La fusion se fait dans des chaudières en fonte pouvant contenir jusqu'à douze tonnes de matière; le brassage du plomb fondu a lieu mé-

caniquement, les cristaux sont retirés au moyen d'écumoires en fonte.

MM. Luce fils et Rozan, désargentent le plomb en envoyant dans la masse de plomb fondu, et par la partie inférieure, un jet énergique de vapeur ou d'air comprimé, ou de tout autre gaz coercible; cette introduction de gaz provoque la cristallisation en oxydant les métaux étrangers; ces derniers viennent se rassembler à l'état pulvérent à la surface du bain, d'où l'on peut facilement les retirer, tandis que l'on peut écouler la partie liquide (plomb riche) dans des lingotières et la coupeller. Ce procédé est très économique.

DÉSARGENTATION PAR LE ZINC. Depuis un certain nombre d'années un nouveau procédé tend à se substituer au pattinsonage. Découvert par Karnsten, métallurgiste allemand, il repose sur ce fait, que si l'on ajoute du zinc au plomb argentifère maintenu en fusion dans une chaudière et qu'on laisse refroidir, le zinc ayant plus d'affinité que le plomb pour l'argent, entraîne celui-ci et vient à la surface de la masse sous forme d'écumes. Ces écumes sont un alliage triple de plomb, de zinc et d'argent. Le zinc est introduit dans la proportion de 1,5 0/0 environ du poids du plomb. L'addition du zinc se fait en une ou plusieurs fois, elle a lieu le plus souvent au moyen de poches en fer percées de trous; le mélange se fait mécaniquement, l'opération dure de quatre à cinq heures; lorsqu'elle est terminée, on retire l'argent de l'alliage triple et l'on affine le plomb pauvre.

Un certain nombre de procédés ont été proposés pour favoriser la séparation de l'alliage triple et pour en extraire l'argent.

M. Sieger porte les écumes obtenues dans un haut-fourneau, elles sont mélangées avec un fondant, le meilleur est celui qui forme une scorie à 3/4 basique; les doses employées sont les suivantes: 18 kilogrammes de coke, 30 kilogrammes de scories de four à puddler, 100 kilogrammes d'alliage riche. Le zinc disparaît par *volatilisation* ou *scorification*, le plomb riche est passé à la coupelle.

Dans le procédé Manès, l'alliage triple est transporté dans un appareil hermétiquement clos et où l'air est sec (fourneau à creuset de construction particulière), le zinc est chauffé à blanc, il distille sans oxydation et à l'état de métal en laissant le plomb et l'argent au fond du creuset.

Dans le procédé Marquez et Millan, le plomb étant fondu et la quantité de zinc nécessaire introduite, on brasse, puis l'on fait passer dans la masse le courant d'un appareil électrique convenable qui produit une trépidation constante et presque insensible pendant cinq à dix minutes, suivant la proportion d'argent contenu dans les plombs, on laisse déposer en diminuant le feu et l'on procède à l'écumage de la croûte superficielle. L'écume ayant été liquéfiée pour la rendre homogène, on la pulvérise et on la traite par l'acide chlorhydrique étendu, on décante, le résidu contient l'argent; la liqueur est précipitée par le carbonate de soude, il se forme du carbonate de zinc que l'on recueille.

Dans le procédé Cordurié, l'alliage triple étant en fusion, l'on envoie dans la masse un courant d'air chaud ou un jet de vapeur surchauffée sous une faible pression pour que les oxydes ne soient pas entraînés ; les oxydes de zinc et de plomb sont séparés du plomb riche par écumage, ce dernier est alors coupellé.

La Compagnie générale des mines de Gênes traite les écumes de la façon suivante : elles sont chargées dans un four à reverbère sur un banc de plomb de quelques centimètres d'épaisseur, on place à la surface de l'alliage triple une couche de litharge provenant d'une opération antérieure, la masse est chauffée jusqu'à fusion, le zinc cède l'argent au plomb et forme à la surface du bain une crasse que l'on enlève pour l'utiliser à nouveau, le plomb est ensuite coupellé.

M. Moroy a indiqué le procédé suivant : sur la sole d'un four à reverbère on fait fondre un mélange de litharge et de triple alliage dans des proportions telles que la litharge puisse fournir au zinc tout l'oxygène nécessaire à sa complète oxydation et qu'il en reste encore assez pour former entre le plomb métallique et l'oxyde de zinc une couche liquide. On obtient ainsi, en raison des différences de densité, 3 couches : du plomb argentifère que l'on coupelle ; de la litharge contenant un peu d'argent, que l'on utilise à nouveau ; de l'oxyde de zinc.

Quelques métaux ont été essayés dans le but de désargenter le plomb. D'après les résultats obtenus par MM. Roswag et de Pauwill, le *magnésium* désargente rapidement et parfaitement, malheureusement son prix est trop élevé, l'*aluminium* donne un résultat moins rapide, le *sodium* est sans action. Allié au zinc dans de certaines proportions l'aluminium présente de grands avantages ; le zinc devient moins oxydable, la remonte du réactif se fait très rapidement dans l'intérieur de la chaudière, les écumes riches d'argent se séparent avec rapidité du plomb. La proportion de zinc et d'aluminium est variable, ou emploie souvent 65 de zinc et 35 d'aluminium, 1/20 de ce dernier métal donne déjà de bons résultats.

Dans tous ces procédés le plomb pauvre retient un peu de zinc, on l'en débarrasse en dirigeant un courant de vapeur d'eau surchauffée dans le bain chauffé vers le rouge. Le zinc est recueilli soit à l'état de crasses, soit dans les chambres à condensation.

La désargentation du plomb par le zinc est plus économique que le pattinsonage, tandis que dans ce dernier procédé le prix de revient est d'environ 25 francs par tonne de plomb traité et peut s'élever jusqu'à 40 francs si les plombs sont impurs, dans le procédé par le zinc, le prix varie de 20 à 25 francs, le traitement du plomb pauvre compris. — V. PLOMB.

COUPELLATION. Le *plomb d'œuvre* riche ou enrichi par l'une ou l'autre des méthodes que nous avons signalée est soumis à la coupellation. Dans cette opération, le plomb converti en oxyde se sépare de l'argent en formant des litharges pauvres et des litharges riches ; ces dernières sont revivifiées et donnent un plomb pauvre que l'on enrichit par cristallisation, puis que l'on coupelle. Le départ de l'argent s'obtient en exposant l'alliage fondu à l'action d'un courant d'air dans un four particulier. L'opération s'exécute dans un four à reverbère, dont le dôme en briques peut s'élever ou s'abaisser à volonté. Quand le plomb d'œuvre est chargé, on baisse le dôme et l'on chauffe. Le bain se recouvre de crasses, on les enlève, puis on donne le vent de deux fortes tuyères. Les litharges noirés (abstrichs) apparaissent puis viennent les litharges pures, elles

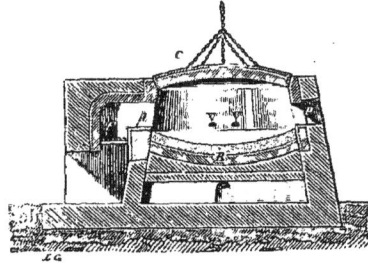

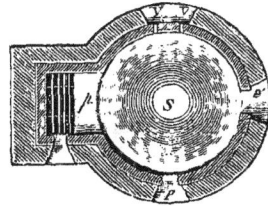

Fig. 124. — *Four de coupellation allemande.*

sont mises à part, soit pour les vendre, soit pour les revivifier.

Lorsque la surface de l'argent couverte jusqu'alors d'oxyde apparaît, c'est-à-dire lorsque l'*éclair* est passé, l'opération est terminée. On refroidit le bain avec de l'eau chaude, et l'on détache le disque métallique solidifié. L'argent brut ainsi obtenu renferme environ 2 0/0 de plomb, mais cette proportion peut quelquefois s'élever jusqu'à 4 et même 8 0/0 ; pour enlever ce plomb, on raffine l'argent par fusion dans une coupelle en os calcinés, chauffée au rouge vif dans un moufle, le plomb s'oxyde et la litharge est absorbée par la coupelle. On fond quelquefois l'argent brut dans un creuset en plombagine découvert, avec un peu de nitre. La figure 124 représente un four de coupellation allemand ; la sole S est concave et ronde ; elle a de 2ᵐ,5 à 3ᵐ,5 de diamètre ; elle est placée au-dessus du fond fixe en briques B ; la voûte est formée par un couvercle en tôle C, revêtu intérieurement d'argile. La paroi circulaire du four est percée d'ouvertures : l'air arrive par les ouvertures VV ; F correspond au foyer ; la porte P sert au travail ; P' est la sortie des gaz et est destinée au chargement du four. Durée pour 10 t. 72 h.

Les frais de coupellation sont variables suivant

es pays, ils ne sont pas moindre de 30 francs par tonne et peuvent s'élever jusqu'à 70 et 75 fr. y compris le travail des litharges.

DÉSARGENTATION DES MINERAIS PYRITEUX. Les pyrites cuivreuses et les cuivres gris argentifères sont traités pour cuivre noir.

Les minerais renfermant du plomb, du cuivre et de l'argent, exigent un traitement plus long. Ce traitement est dirigé dans le but d'obtenir des mattes plombeuses et pyriteuses.

Les premières sont obtenues en fondant des galènes argentifères grillées avec des mattes pyriteuses grillées (fonte riche), ces mattes sont obtenues par la fusion des minerais pyriteux partiellement grillés avec les scories riches de la première fusion ou fonte riche.

La matte plombeuse est grillée et fondue au four à cuve ; on obtient : 1° un plomb d'œuvre riche en argent que l'on coupelle soit directement, soit après l'avoir enrichi par cristallisation ; 2° une matte cuivreuse renfermant du plomb, tout le cuivre et une notable proportion d'argent. Cette matte plombo-cuivreuse est, par des fontes et des grillages successifs, débarrassée de la plus grande partie du plomb et de l'argent qu'elle renferme, et transformée ainsi en matte cuivreuse ; les plombs-d'œuvre obtenus dans ces fontes successives vont rejoindre le premier à la coupellation. La matte obtenue est concassée, grillée et fondue pour obtenir soit un cuivre noir, soit une matte de concentration ; 3° des scories que l'on passe dans le lit de fusion des minerais pyriteux et des scories de la fonte riche.

DÉSARGENTATION DU CUIVRE NOIR. La première méthode a pour base la *liquation* ; elle est actuellement très peu employée.

On fond le cuivre noir avec une proportion de plomb telle que l'alliage contienne 500 fois plus de plomb que d'argent ; on coule sous forme de disques. Ces disques sont placés les uns à côté des autres sur des plaques de fonte, on les chauffe à une température un peu inférieure à la fusion totale. L'alliage se *liquate*, c'est-à-dire se sépare en plomb cuivreux, qui fond et entraîne tout l'argent, et en cuivre contenant un peu de plomb. Le plomb argentifère est coupellé.

Un autre procédé pour désargenter le cuivre noir est l'*amalgamation*.

La matière est pulvérisée au rouge sombre, on la mélange avec 5 0/0 de pyrite de fer et 12 0/0 de sel marin fondu. Le mélange est chauffé pendant sept ou huit heures au rouge sombre. L'oxydation est complète lorsqu'on n'aperçoit plus de cuivre métallique. A la fin de l'opération l'on donne un coup de feu, le sel marin transforme les sulfates, arséniates et antimoniates en chlorures. La masse chlorurée, humectée d'eau et mélangée de gobilles de cuivre pur, est introduite dans des tonneaux tournant autour de leur axe ; au bout de quelques heures on ajoute du mercure, on continue le mouvement de rotation puis l'on ajoute de l'eau pour réunir l'amalgame, celui-ci est distillé ; cette méthode est surtout applicable aux cuivres noirs impurs.

DÉSARGENTATION DES MATTES. 1° *Méthode de*

M. Augustin. Les mattes sont porphyrisées à sec, on les grille sans sel marin : on obtient ainsi une petite quantité de sulfate d'argent, du peroxyde de fer et de l'oxyde de cuivre. Ce mélange est grillé avec du sel marin, qui transforme les sulfates en chlorures. On sépare le chlorure d'argent des autres éléments des mattes en épuisant le produit grillé avec une solution bouillante de sel (22 0/0 de sel). Les eaux chargées de chlorures d'argent et des chlorures métalliques solubles, traversent des cuves contenant du cuivre obtenu par voie humide. Les perchlorures de fer et de cuivre sont ramenés à l'état de chlorures, et l'argent se précipite rapidement.

2° *Méthode de M. Ziervogel.* Les mattes sont grillées sans sel marin : l'on obtient du sulfate d'argent, des oxydes de fer et de cuivre, du sulfate de cuivre, etc. Le mélange après digestion dans l'eau est lessivé méthodiquement par de l'eau chaude, qui dissout les sulfates : dans la liqueur on précipite l'argent par du cuivre.

3° *Méthode de M. Kernsten.* La matte de concentration est grillée assez fortement pour décomposer aussi complètement que possible tous les sulfates. La matte ainsi obtenue est broyée, puis mise en digestion avec de l'acide sulfurique contenant son poids d'eau, on chauffe à 70°. La dissolution abandonne par refroidissement du sulfate de cuivre, le résidu lavé formé d'argent métallique, de sulfate de plomb, etc., est repassé dans la fonte plombeuse.

Le procédé de MM. Farnham, Maxwell Lyte, reposant aussi sur le traitement par voie humide des mattes, est employé en Amérique.

4° *Méthode hongroise. Fonte d'imbibition.* La matte liquide est amenée dans du plomb en fusion ; au moment de la coulée on brasse fortement. On enlève la matte au fur et à mesure de sa solidification, puis on introduit une nouvelle quantité de matte et l'on agite. On introduit du plomb à chaque addition de matte. Le plomb est entièrement remplacé lorsqu'il est suffisamment riche pour être coupellé. La désargentation par cette méthode est imparfaite ; on peut arriver à un meilleur résultat en faisant agir le plomb sur la matte dans le creuset même du four où se fait la fonte de concentration.

M. Cumenge a donné un procédé pour retirer l'argent et l'or du cuivre gris antimonié qui repose sur les principes suivants :

On peut se débarrasser de l'arsenic et de l'antimoine contenus dans un minerai ou dans une matte, en soumettant les corps à l'action de la vapeur d'eau dans une enveloppe fermée et en les chauffant tout au plus au rouge sombre, pourvu qu'ils contiennent une proportion de soufre capable de former une quantité d'hydrogène sulfuré qui puisse suffisante pour entraîner la totalité des corps nuisibles à l'état de combinaison hydratée ; de plus, sous l'action de la vapeur d'eau et avec une addition convenable de pyrites de fer et de cuivre, tout l'argent et l'or sont ramenés à l'état métallique, tandis que les autres métaux sont simplement oxydés.

Le minerai ou la matte est pulvérisé et porphyrisé; l'on grille dans un four particulier, dans lequel la vapeur d'eau arrive par un conduit spécial; la flamme ne doit pas être oxydante, la quantité de vapeur employée est d'environ 100 kilogrammes d'eau vaporisée par heure, le four étant chauffé au-dessous du rouge sombre; au bout de huit heures la moitié de l'argent est ramené à l'état métallique; la matière est de nouveau porphyrisée, puis mélangée avec du nitrate de soude; la masse homogène est grillée à la vapeur d'eau dans le même four, la proportion d'azotate de soude ajouté est de 5 0/0, la charge du four est de 250 kilogrammes; l'on marche a raison de 100 kilogrammes d'eau vaporisée par heure, le four étant chauffé au-dessous du rouge, et l'ouvrier travaillant au rable; l'opération dure quatre heures. Au bout de ce temps l'or et l'argent sont ramenés à l'état métallique. Lorsqu'on soumet un minerai ou une matte contenant de l'arsenic et de l'antimoine suffisamment chargé en soufre, à l'action simultanée de la vapeur d'eau et d'une petite quantité d'azotate de soude intimement mélangé à la matière, dans une enveloppe chauffée au rouge sombre, à l'abri de l'air atmosphérique, l'arsenic et l'antimoine sont expulsés, entraînés, par la vapeur à l'état d'oxydes volatils et de sulfures hydratés. Le résidu contient l'argent et l'or à l'état métallique; il est soumis à l'action du mercure dans un moulin américain; l'amalgame lavé, filtré, pressé, est distillé. Les boues d'amalgamation sont fondues dans un four à manche comme cuivre noir, ou bien attaquées par l'acide sulfurique pour produire du sulfate de cuivre.

Dans une usine de Liverpool, les pyrites cuivreuses d'Espagne, renfermant une petite quantité d'or et d'argent sont traitées de la façon suivante : le minerai broyé, puis grillé avec du chlorure de sodium, est lavé dans une cuve à double fond avec de l'eau aiguisée d'acide chlorhydrique. Dans la liqueur claire on ajoute de l'iodure de potassium, le dépôt est lavé à l'acide chlorhydrique faible, puis traité par le zinc. On obtient une solution d'iodure de zinc et un dépôt métallique renfermant l'or et l'argent.

PRODUCTION DE L'ARGENT. La production de l'argent qui, en 1868, était pour le monde entier de 321,000,000 de francs est descendu de 1869 à 1875 à une moyenne annuelle de 200,000,000 de francs; en 1875, elle s'est élevée brusquement à 400,000,000, répartis comme suit : États-Unis, 250,000,000; Amérique espagnole, 100 millions; autres pays, 50 millions.

Cette augmentation dans la production de l'argent est due à la découverte de gisements importants dans l'État de Névada. La production dans ce pays passa brusquement, en 1875, de 80 à 200 millions. Le filon principal, le Comstoch, trois ans après sa découverte, avait produit 12 millions de dollars, fait qui n'avait aucun précédent et qui détermina une véritable fièvre dans les pays voisins, que les habitants désertèrent en foule pour se précipiter sur les bords du Carson et du lac Washoë.

Ce filon exceptionnel n'est pas la seule mine d'argent de cet État. Vers le nord sont les mines de Humbolt, vers l'est celles d'argent rouge d'Austin, vers le sud celles de Pahranagas, vers le centre celles de White-Pline. Une telle source qui jette sur les marchés 200 millions d'argent par an, est une des causes principales de la dépréciation de ce métal depuis quelques années, cause à laquelle viennent se joindre la suppression de l'étalon d'argent en Allemagne et dans plusieurs autres pays, et l'abondance du papier-monnaie en Autriche, en Italie et ailleurs.

Nous donnons ci-dessous, les fluctuations moyennes par année et pour la France, de la valeur marchande de l'argent au kilogramme :

1863-64	64-65	65-66	66-67	67-68	68-69	69-70	71-72	72-73	73-74	74-75	75-76	76-77
223 fr.	221 fr.	222 fr.	220 fr.	221 fr.	220 fr.	231 fr.	223 fr.	221 fr.	215 fr.	209 fr.	198 fr.	197 fr.

La production française en argent de 1867 à 1875, avec le prix du kilogramme est donnée par le tableau suivant :

	1867	1868	1869	1870	1871	1872	1873	1874	1875
Valeur totale en francs.	8,995,797	2,585,240	10,112,670	8,066,174	6,209,078	5,577,159	8,000,000	10,200,000	9,800,000
Prix moyen de l'argent au kilogramme . . .	219	217	218	214	219	219	223	209	200

Argent amalgamé. — V. MERCURE ARGENTAL.

Argent antimonial. Substance blanche d'un éclat métallique, cassante, un peu malléable, à structure lamellaire; elle cristallise dans le système orthorombique; sa densité varie de 9,4 à 9,8; sa dureté égale 3,5. Cette espèce accompagne ordinairement les minerais d'argent arsénifères à Andréasberg, au Hartz, à Wolfach, à Guadalcanal (Espagne), à Allemont (Dauphiné) à Coquembo (Mexique).

Argent antimonié sulfuré. — V. ARGYRITHROSE.

Argent ardent. Celui qu'on obtient en décomposant de l'azotate d'argent sur un charbon ardent.

Argent arsenical. Substance d'un blanc métallique, grisâtre, aigre, cassante, à cassure grenue, structure amorphe ou molamée, densité = 8; elle contient de 12 à 14 0/0 d'argent, de 35 à 62 0/0 d'arsenic; on la trouve dans la mine d'Andreasberg. C'est le minerai exploité à Guadalcanal (Espagne).

Argent arsenié sulfuré. V. PROCESTITE.

Argent bismuthal. Alliage naturel d'argent et de bismuth; petites masses d'un blanc d'argent dans les cassures fraîches, se ternissant et devenant jaunes à l'air.

Argent blanc. Minerai de plomb argentifère.

Argent bromuré. — V. BROMITE.

Argent corné. Chlorure d'argent naturel d'un blanc grisâtre ou gris-perlé, ou d'un gris noirâtre tirant sur le bleu ou le verdâtre; sa densité = 5,6 ; il est rayé par l'ongle et se coupe au couteau ; il cristallise dans le système cubique ; on le trouve en masses compactes, amorphes, ou en très petites parties disséminées dans les pacos et les colorados de l'Amérique du Sud, et surtout dans les *chapeaux de filons* ; on le rencontre aussi en Sibérie, en Norwège et en Espagne.

Argent fulminant ou **fulminate d'argent.** Petites aiguilles blanches, opaques, vénéneuses, très peu solubles dans l'eau froide, noircissant à la lumière. Ce corps peut être manié quand il est humide, mais il faut le faire avec le plus grand soin et à l'aide de corps comme le bois ou le papier quand il est sec. Il détonne plus vivement que le fulminate de mercure ; la lumière qu'il donne est rouge blanc avec un liseré bleu. On l'obtient en dissolvant 1 partie d'argent dans 10 parties d'acide nitrique ; puis versant la solution dans 27 parties d'alcool à 85°, on porte le mélange à l'ébullition, on retire du feu, on abandonne la liqueur, qui laisse déposer le sel cristallin. On recueille sur un filtre, on lave, on détache humide, on sèche sur une assiette au bain-marie. — V. FULMINATE.

Argent ioduré. — V. IODITE.

Argent natif. Argent allié à de faibles proportions de cuivre, d'or, d'antimoine. Il se rencontre en cristaux le plus souvent cubiques, en lames minces et en masses amorphes, dans les filons ; dans des roches ferrugineuses ; avec le cuivre natif, etc., souvent coloré à la surface en jaune ou en noir.

Argent noir. *Syn. Psaturose.* Antimonio-sulfure d'argent ; cristaux d'apparence hexagonale ou masses compactes d'un gris de fer, à cassure inégale ; se rencontre avec les autres minerais d'argent à Freiberg, en Bohême, en Hongrie, au Harz, au Mexique, au Pérou ; dureté 2 à 2,5 ; densité 6,27 ; poussière grise.

Argent oxydé. Patine qui donne à l'argent une apparence plus artistique. On l'obtient par la *sulfuration* ou la *chloruration.* On plonge les objets argentés dans de l'eau contenant 4 ou 5 grammes par litre de sulfhydrate d'ammoniaque ou mieux de foie de soufre -solide. Au bout de quelques secondes on les retire, on rince à l'eau et l'on gratte-bosse. La teinte obtenue est noir bleu foncé.

Argent rouge. — V. ARGYRITHROSE, PROUSTITE, MIARGYRITE.

Argent sélénié. Séleniure double d'argent et de cuivre (Naumannite) renfermant 65 0/0 d'argent.

Argent sulfuré. — V. ARGYROSE.

Argent sulfuré fragile. — V. PSATUROSE.

Argent telluré. Tellurure d'argent qui renferme jusqu'à 60 et 62 0/0 d'argent. Masses compactes ou cristaux orthorhombiques, d'un gris d'acier ; cassure lisse ; se laisse couper au couteau.

Argent (Vieil). Dans les arts industriels, on désigne ainsi une sorte de patine qui donne aux objets modernes un caractère ancien. On l'obtient au moyen d'une bouillie claire composée de plombagine et d'essence de térébenthine, mêlée d'une faible quantité de sanguine ou d'ocre rouge ; après en avoir enduit l'objet argenté, on laisse sécher, on brosse doucement les reliefs, puis on les décharge avec un linge imbibé d'alcool. Actuellement, on procède d'abord à l'oxydé, puis on décharge la teinte avec une brosse dure imprégnée de ponce fine ou de blanc d'Espagne.

Argent vif ou **vif-argent.** Le mercure.

Argent. || 2° *Art hérald.* C'est le second des métaux ; il signifie pureté, innocence et chasteté. || 3° *Age d'argent.* — V. AGE. || 4° *Argent en feuilles,* Feuilles très minces qui servent à argenter et qu'on obtient par le battage. || 5° *Argent en lames,* celui qui est aplati entre deux cylindres. || 6° *Argent en coquilles,* celui qui est réduit en poudre, mêlé avec du miel et de la gomme arabique, et étendu dans des coquilles à l'usage des peintres. || 7° *Argent trait,* fil d'argent très fin. || 8° *Argent monnayé,* celui qui est converti en monnaie. || 9° *Argent fin,* celui qui a le moins d'alliage. || 10° *Argent faux,* cuivre argenté. || 11° *Argent allié,* lorsqu'il contient en faibles proportions des métaux étrangers || 12° *Argent doré,* vermeil. || 13° *Argent de coupelle,* argent pur. || 14° *Argent tenant or,* celui qui renferme de l'or dans une certaine proportion. || 15° *Argent bas,* qui est inférieur au titre requis. || 16° *Argent en pâte,* celui que l'on a préparé pour mettre au creuset. || 17° *Argent en bain,* lorsqu'il est en fusion. || 18° *Argent de cendré,* poudre que l'on retire après les opérations de l'affinage.

* **ARGENTAL.** *T. de minér.* Qui renferme, qui contient de l'argent métallique ; *mercure argental, or argental.*

* **ARGENTAN** ou **ARGENTON.** *T. techn.* Alliage de nickel, de cuivre et de zinc, dont on fait des couverts de table et une foule d'autres objets ; il a la blancheur et l'éclat de l'argent : de là son nom. — V. ALLIAGES.

ARGENTER. 1° C'est donner l'apparence de l'argent à des ouvrages d'une matière quelconque, en les couvrant d'une mince feuille d'argent ou d'une solution d'argent. — V. ARGENTURE. || 2° Dans la pharmacie, on argente certaines pilules en les roulant dans des feuilles d'argent, afin de dissimuler au malade, le plus souvent, l'apparence des drogues dont elles sont composées.

ARGENTERIE. Meuble, ustensile d'argent. Se dit particulièrement de la vaisselle et des ustensiles de table. || Collectivement, on donne ce nom aux vases d'argent, à la croix, au bénitier, etc., qui servent aux cérémonies du culte catholique.

ARGENTEUR. *T. techn.* Ouvrier dont le travail consiste à fixer l'argent sur des ouvrages de matière quelconque, pour leur donner l'apparence des ouvrages en argent.

ARGENTIER. Ce nom ne fut pas seulement appliqué, autrefois, à celui qui était chargé ou des finances du royaume ou de la distribution de certains fonds chez un prince, on désignait ainsi les orfèvres, fabricants et marchands d'*objets d'argent;* et, en général, tous ceux qui faisaient le commerce d'argent, les banquiers et les changeurs.

ARGENTIFÈRE. Qui contient de l'argent; *plomb argentifère.*

* **ARGENTINE.** 1° On donne ce nom à l'étain précipité par voie galvanique : on l'obtient en mettant des lames de zinc en contact avec une solution étendue de protochlorure d'étain. L'étain ainsi précipité est employé dans l'impression des tissus pour produire des effets d'argenture. On l'épaissit à l'albumine ou au caséum et, après l'impression, on soumet le tissu à une forte pression entre deux rouleaux qui, par le frottement qu'ils exercent sur la poudre mate d'étain, lui donnent un éclat métallique. || 2° *T. de minér.* Variété de chaux carbonatée qui présente un éclat nacré et brillant.

* **ARGENTINE** (République). — V. Amérique centrale et méridionale.

ARGENTIQUE. *T. de chim.* Se dit d'un oxyde et des sels qui ont l'argent pour base.

* **ARGENTO-PHILE.** Nom que l'on a donné à un liquide destiné à rafraîchir les vieilles argentures, et qui n'est autre chose qu'une dissolution de cyanure de potassium.

ARGENTURE. Application de l'argent en couches minces, sur certains métaux et alliages employés dans l'industrie.

Procédés anciens. L'application de l'argent sur les métaux, avant la découverte des procédés galvanoplastiques, se faisait par diverses méthodes que nous allons examiner sommairement.

Plaqué d'argent. L'application de l'argent en placage sur le cuivre remonte à une très-haute antiquité. On a retrouvé des monnaies et des médailles assyriennes faites en cuivre plaqué d'argent; on connaît aussi des statues de la même époque et de la même fabrication. Les ruines de Pompéi nous ont révélé l'existence de divers objets de vaisselle plaqués d'argent. Les Mérovingiens connurent l'emploi du plaqué.

Pendant le moyen âge, les Arabes acquirent une grande habileté dans l'application du plaqué d'argent et de la dorure.

En 1742, un coutelier de Sheffield, Thomas Bolsover, trouva le moyen de souder l'argent sur le cuivre, en les superposant et les faisant adhérer entre eux par l'action du borax à une température suffisante pour opérer la brasure, puis en faisant passer les lingots ainsi soudés et encore chauds entre les cylindres d'un laminoir.

Cette méthode, continuée jusqu'à présent sous le nom de *placage*, avait acquis une certaine importance qu'elle a bientôt perdue dès l'apparition de l'argenture galvanique. Elle avait pour principal inconvénient la perte d'une quantité notable de métal précieux, par les déchets des feuilles argentées dans lesquelles on découpait les différents objets à façonner; de plus elle ne se prêtait qu'à un nombre assez limité de formes, et nécessitait certaines précautions pour dissimuler la tranche du métal découpé qui n'était pas recouverte d'argent.

Le meilleur plaqué du commerce est fait au dixième, c'est-à-dire en appliquant sur un lingot de cuivre qui pèse 9 kilogrammes un lingot d'argent qui pèse un kilogramme, de sorte que si on réduit, par une série de laminages successifs, l'épaisseur totale de la plaque à 1 millimètre, la couche d'argent qui forme le plaqué n'aura qu'une épaisseur d'un dixième de millimètre.

Argenture à la feuille. Ce mode d'argenture ne s'applique qu'aux objets façonnés, au cuivre jaune aussi bien qu'au cuivre rouge.

On commence par recuire les pièces à argenter, puis on les trempe toutes chaudes dans une solution d'acide sulfurique additionnée d'acide chlorhydrique et d'acide azotique, après quoi on les sèche en les frottant avec de la sciure de bois, ou en les passant au feu. L'objet à argenter est alors emmandriné et fixé dans un étau ou sur un tour, suivant sa forme, et chauffé à environ 150° avec du charbon incandescent. Ensuite, au moyen de pinces d'acier faisant ressort, nommées *brucelles* ou *précelles*, l'ouvrier dépose sur un tampon des feuilles d'argent battu, et les applique sur la pièce, en les faisant adhérer par une pression légère d'abord, puis par un frottement énergique au brunissoir d'acier poli. Les fragments de feuilles qui n'ont pas adhéré au métal, ce qu'on appelle en terme de métier les *bractées* d'argent (du mot latin *bracteæ*, par lequel les artistes romains désignaient les feuilles d'or et d'argent battus), sont enlevées à l'aide d'une brosse douce, et on recommence l'application de nouvelles feuilles, de la même manière, jusqu'à ce que la couche de métal ait acquis l'épaisseur voulue; ensuite on termine avec un brunissoir qui polit la surface et la rend brillante.

On a réussi à appliquer ainsi jusqu'à 60 grammes d'argent par douzaine de couverts; on a fabriqué aussi par la même méthode des objets d'orfèvrerie; mais on a peu à peu abandonné ce mode d'argenture, dont le prix de revient était beaucoup trop élevé pour lutter contre la concurrence des procédés galvaniques.

Argenture au trempé. L'ancienne méthode, désignée sous les noms de *bouillitoire* ou *blanchiment d'argent*, n'est employée que pour des objets de minime valeur, qu'on veut recouvrir d'une couche presque impondérable d'argent. On l'emploie, par exemple, pour les œillets métalliques de corsets, les boutons, les boucles de bretelles, les agrafes, les épingles et pour une foule de petits objets similaires à très-bon marché.

On commence par dissoudre une certaine quantité d'argent vierge dans le double de son poids d'acide azotique pur; l'*azotate d'argent* ainsi obtenu, préalablement étendu d'eau, est alors traité par le sel de cuisine ou par l'acide chlorhydrique, qui détermine un dépôt de caillots blancs de *chlorure d'argent*. On reconnaît que tout l'azotate d'argent est décomposé lorsque quelques gouttes d'acide chlorhydrique, ajoutées dans la liqueur qui surnage, n'y produisent plus aucune trace de précipité blanc.

On décante et on lave à plusieurs reprises le dépôt de chlorure d'argent ainsi obtenu. Ensuite, on le mélange intimement, grâce à l'addition d'une certaine quantité d'eau, avec quatre-vingts fois au moins son poids de crème de tartre en poudre fine, et on conserve ce mélange dans un pot de grès si on ne doit pas l'employer immédiatement.

On peut aussi procéder par la formule suivante, qui donne de très-bons résultats :

Au chlorure d'argent précipité de 30 grammes d'argent vierge, on ajoute 2 kilogr. 500 de crème de tartre en poudre, et 2 kilogr. 500 de sel marin. On prend de préférence du sel ayant servi à saler la morue, sans doute à cause de son bon marché plutôt que de son meilleur effet.

La pâte préparée, comme il vient d'être dit, se délaie dans de l'eau bouillante, pour constituer le

Fig. 125.

bain d'argenture. A cet effet, une bassine en cuivre rouge (fig. 125) contient le bain chauffé à l'ébullition ; on y place une seconde bassine moins profonde, dont le fond percé de trous nombreux, reçoit les objets à tremper, durant leur immersion dans le bain. En enlevant cette bassine intérieure et en la laissant égoutter quelques instants au-dessus du bain, on évite ainsi toute déperdition du liquide.

A chaque opération nouvelle, on ajoute une quantité de pâte proportionnée à la masse d'objets à blanchir. Les bains acquièrent plus d'efficacité en vieillissant, et leur couleur devient vert foncé par la présence du cuivre qui se dissout dans ce bain en même temps que l'argent se dépose sur les pièces immergées.

Après leur blanchiment les pièces sont généralement rendues brillantes par le *sassage* à la sciure.

L'*argenture au simple trempé* a remplacé avantageusement dans la plupart des applications le *bouillitoire* que nous venons de décrire.

Ce procédé se divise en deux méthodes : le *trempé à chaud* et le *trempé à froid*.

Trempé a chaud. Nous ne pouvons entrer ici dans tous les détails des préparations et des opé-

rations, qui varient du reste au gré des fabricants. Nous signalerons seulement, comme étant les meilleures qu'on puisse adopter, les formules suivantes, pour la préparation des bains d'argenture au *trempé à chaud*.

1re *formule*. Dans une chaudière de fonte émaillée, verser 9 litres d'eau, y faire dissoudre 500 grammes de cyanure de potassium à 70°. D'autre part, dans une capsule de porcelaine, faire dissoudre 150 grammes d'azotate d'argent fondu (pierre infernale) dans un litre d'eau distillée.

Verser peu à peu cette seconde dissolution dans la première en agitant avec une baguette de verre, jusqu'à ce que le précipité, qui se forme d'abord, se soit redissous. Ce bain, chauffé à l'ébullition, argente instantanément les pièces de cuivre ou de laiton bien décapées, dès qu'on les y plonge.

2e *formule*. Dans une chaudière ou bassine de cuivre rouge, faire dissoudre, à l'action du feu, dans cinq litres d'eau distillée ou d'eau de pluie, 600 grammes de cyanure jaune (cyano-ferrure de potassium, ou prussiate de potasse), et 400 grammes de carbonate de potasse. Quand la dissolution est bouillante, ajouter la quantité de chlorure d'argent obtenue par la précipitation de 30 grammes d'argent vierge (traité comme il a été dit précédemment pour le bouillitoire). Après vingt-cinq à trente minutes d'ébullition, le bain filtré est bon à employer.

Cette préparation donne une belle argenture mate, mais elle laisse déposer sur les parois de la bassine une couche d'argent qu'il faut enlever quand on refait un nouveau bain.

3e *formule*. Dans une marmite émaillée on met ensemble :

Eau distillée	4 litres.
Potasse caustique.	150 grammes.
Bicarbonate de potasse.	100 —
Cyanure de potassium.	60 —

Puis, lorsque le tout est dissous, on ajoute une solution de 20 grammes d'azotate d'argent fondu avec 1 litre d'eau distillée.

C'est par ce moyen qu'on argente généralement les petits objets, la menue bouclerie, les agrafes, les boutons, etc.

Trempé a froid. Ce procédé plus commode que la précédente méthode, puisqu'il n'exige pas le chauffage préalable des bains, produit aussi une argenture plus belle et plus solide. Néanmoins, il est peu employé peut-être à cause de la difficulté de trouver dans le commerce à l'état de pureté suffisante le *bisulfite de soude* qui entre dans la préparation du bain.

Dans un vase de porcelaine ou de grès, on verse jusqu'aux trois quarts la solution de *bisulfite de soude* marquant 22 à 26° au pèse-sels. On y ajoute, en remuant constamment avec une baguette de verre, une solution d'azotate d'argent dans de l'eau distillée. Le précipité de bisulfite d'argent, qui se forme d'abord en caillots blancs, est bientôt dissous par l'excès de bisulfite de soude et se transforme en *sulfite double de soude et d'argent* qui constitue le bain d'argenture.

M. Roseleur, dans son excellent ouvrage publié sous le titre de *Guide pratique du doreur*, de *l'argenteur et du galvanoplaste,* auquel nous avons emprunté une partie des détails qui précèdent, recommande le *trempé à froid* comme une des meilleures méthodes d'argenture qu'on puisse employer.

Argenture à la pâte.

Terminons cet examen des anciens procédés par celui qu'on désigne sous les noms d'*argenture à la pâte,* et aussi d'*argenture au pouce, au bouchon, au pinceau* selon le mode d'application de la pâte employée pour déposer la couche d'argent.

Cette pâte se prépare en broyant à la molette et à l'abri des rayons directs de la lumière, un mélange composé de :

Chlorure d'argent	100 grammes.
Bitartrate de potasse	200 —
Sel marin	300 —

La pâte préparée et conservée dans un flacon opaque pour la soustraire à l'action de la lumière, est délayée à l'état de bouillie, par petites quantités, dans un godet en porcelaine ou en verre, et appliquée au pinceau sur les pièces bien décapées, ou sur des pièces déjà dorées ou argentées. Après dessiccation, la couche d'argenture peut être polie au gratte-bosse et au brunissoir.

Les diverses pâtes, poudres ou liquides, qu'on vend dans le commerce pour produire ou entretenir l'argenture sont basées sur l'emploi de cette préparation, plus ou moins modifiée.

ARGENTURE ÉLECTRO-CHIMIQUE.

L'argenture se pratiquait par les divers procédés que nous venons d'énumérer, lorsque l'argenture galvanique vint opérer dans cette industrie une révolution considérable, et apporter

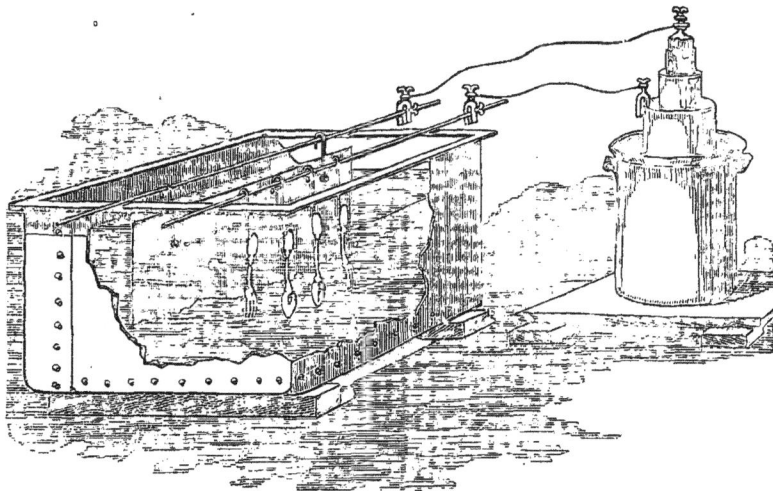

Fig. 126. — *Cuve à argenter.*

à l'orfévrerie un concours précieux, qui devait bientôt engendrer de merveilleuses productions.

Cette remarquable association de la science et de l'art, qui a donné naissance aux diverses branches des industries électro-chimiques, a introduit d'utiles et nombreuses améliorations dans les objets d'usage journalier, aussi bien que dans les objets de luxe et dans les créations artistiques.

C'est à l'argenture électro-chimique qu'on doit ces ustensiles divers, services de table, cafetières, théières, et surtout ces couverts, à la fois hygiéniques et élégants, qui sont aujourd'hui si répandus dans presque tous les ménages ; c'est l'argenture électro-chimique qui a ainsi propagé jusqu'aux plus humbles demeures le confortable à bon marché, tandis qu'elle multipliait d'un autre côté les œuvres d'art vulgarisées et rendues accessibles à un plus grand nombre d'amateurs.

Avant d'aborder l'étude intéressante de cette industrie, donnons place ici à quelques observa-

tions rétrospectives sur l'histoire de l'argenture galvanique.

— Dès 1802, un physicien de Pavie, Brugnatelli, avait signalé un moyen d'obtenir avec la pile électrique, que Volta venait d'inventer, un dépôt d'or ou de platine sur les métaux. De nouvelles recherches entreprises dans le même but par M. de la Rive, à Genève, en 1825, amenèrent ce physicien à trouver un procédé de dorure galvanique, par l'action du courant électrique sur un bain de chlorure d'or. Quoique ses recherches n'aient pas produit de résultat industriel, elles ouvrirent une voie nouvelle, et bientôt, MM. Elkington, de Birmingham, qui avaient déjà perfectionné la *dorure au trempé* par l'emploi de bains alcalins, eurent l'idée de substituer ces bains à ceux que M. de la Rive avait essayés sans succès. Leur réussite fut complète, et les brevets, pris en 1840, par MM. Henri et Richard Elkington, l'un pour la dorure et l'autre pour l'argenture voltaïque, dotèrent définitivement l'industrie des procédés qui sont encore la base de toutes les applications galvaniques d'or et d'argent. M. de Ruolz fit breveter, presque à la même époque, des procédés analogues à ceux de MM. Elkington.

Sans avoir à se préoccuper des questions d'antériorité

de brevets, l'Académie des sciences, le 19 décembre 1842, décerna solennellement un prix partagé entre MM. de la Rive, Elkington et de Ruolz, pour leurs découvertes relatives à l'argenture et à la dorure électro-chimiques. Plus tard, la priorité de l'invention de MM. Elkington fut établie par un arrêt de la Cour de Paris, le 3 février 1852. Néanmoins, les travaux de M. de Ruolz comprenaient plusieurs points intéressants et nouveaux qui ont acquis à cet inventeur une place honorable parmi les créateurs de l'électro-chimie.

M. Charles Christofle, qui dirigeait alors une des principales fabriques de bijouterie de Paris, avait compris tout l'avenir industriel de ces nouvelles découvertes. Il acheta les brevets de MM. Elkington et de Ruolz, et créa bientôt, rue de Bondy, le magnifique établissement où il installa sur la plus vaste échelle la fabrication de l'orfévrerie argentée et dorée ainsi que la galvanoplastie qui, sous son habile impulsion, atteignirent rapidement le haut degré de perfection qu'on remarque dans toutes les œuvres d'art sorties des ateliers de la rue de Bondy. Après une lutte laborieuse, d'abord contre les premières difficultés de la mise en œuvre, puis contre la concurrence et la contrefaçon même, M. Ch. Christofle (V. ce nom) a vu ses efforts couronnés du plus complet succès. Il fut du reste secondé avec ardeur par M. Paul Christofle, son fils, et par son neveu, M. H. Bouilhet, aujourd'hui les dignes continuateurs de cette puissante organisation qui sait maintenir au niveau des progrès de la science et de l'art, l'industrie à la tête de laquelle elle a toujours marché.

La fabrication et l'argenture des couverts de table est une des branches les plus importantes des applications électro-métallurgiques dans les ateliers de MM. Christofle et Cie. C'est par millions de couverts et par milliers de kilogrammes d'argent que se compte la production de cette immense fabrication. Mais l'orfévrerie tient néanmoins la première place dans les produits de cette maison sans égale aussi bien pour les créations artistiques du mérite le plus élevé que pour les plus simples objets du commerce le plus courant.

Nous allons étudier ici l'argenture galvanique au point de vue spécial de l'application électro-métallurgique, c'est-à-dire que nous ne nous occuperons que des procédés employés pour obtenir les dépôts métalliques sur les divers genres d'objets soumis à l'action de la pile.

Quant aux détails de fabrication des objets propres à recevoir ces dépôts, c'est-à-dire à la façon des pièces d'orfévrerie et des couverts de table, nous les étudierons à leur place respective. — V. COUVERT DE TABLE, ORFÉVRERIE.

Nous n'entrerons pas dans l'examen technique de la théorie de l'argenture galvanique. Cette question a été traitée avec autant d'autorité que de talent par M. Henri Bouilhet, dans un mémoire adressé par lui à l'Académie des sciences, et dans un intéressant chapitre du *Dictionnaire de chimie industrielle*, publié par MM. Barreswil et Girard.

Disons seulement qu'il est reconnu aujourd'hui que le dépôt d'argent est toujours dû à la décomposition par la pile du sel double d'argent (*cyanure double de potassium et d'argent*) qu'on forme dans l'une ou l'autre des méthodes employées pour la préparation des bains; et de même pour le dépôt d'or, par le *cyanure double de potassium et d'or*, quand il s'agit de la dorure.

Décapage. Avant d'appliquer le métal précieux sur les pièces de cuivre ou de laiton, il faut mettre à nu leurs surfaces par un *décapage* soigneusement opéré.

Deux moyens sont employés, le décapage chimique et le décapage mécanique.

Le *décapage chimique*, qui s'applique au bronze et au laiton, consiste dans une série d'opérations. Le bronze est soumis d'abord au recuit, puis au *dérochage* dans un bain d'acide sulfurique étendu; le laiton ne peut subir de recuit et est passé directement aux bains acides. En sortant de ces bains les pièces sont séchées avec de la sciure de bois maintenue à une température d'environ 40°.

Le *décapage mécanique*, qui consiste en un ponçage vigoureux avec des brosses dures, à la main, ou à la machine, s'applique à l'argent, au maillechort, et aux autres alliages analogues.

Quand le décapage a mis complètement à nu les surfaces destinées à recevoir l'argenture, on

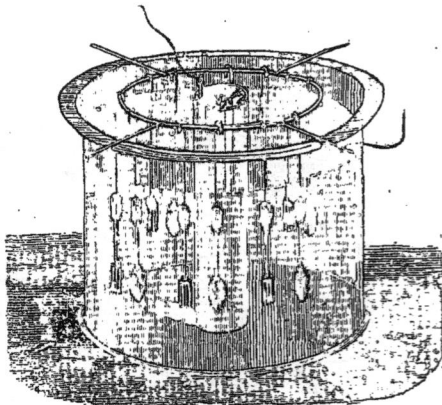

Fig. 127. — *Bain d'argent pour amateur.*

vérifie attentivement la bonne exécution des pièces, pour rebuter celles qui sont reconnues défectueuses, et on soumet celles qui doivent être traitées à une pesée ayant pour but de permettre un contrôle exact et sûr de la quantité d'argent déposé durant le passage au bain d'argenture. Cette opération du pesage est pratiquée avec des soins minutieux pour l'orfévrerie Christofle, et donne à l'acheteur une garantie sérieuse, confirmée par l'apposition d'un poinçon qui indique la quantité d'argent dont les pièces ont été recouvertes.

Bains d'argenture. Les pièces décapées et pesées sont alors placées dans le bain d'argenture, dont nous allons indiquer la préparation.

Ce bain, formé d'un *cyanure double d'argent et de potassium*, s'obtient en employant :

Eau. . . . . 10 litres.
Cyanure de potassium (de première qualité). . . . . 500 grammes.
Cyanure d'argent, produit par 250 grammes d'argent vierge.

Voici, du reste, la manière dont on procède pour composer le bain d'argenture.

1° *Préparation de l'azotate d'argent*. On met d'abord, dans une capsule de porcelaine d'un litre de capacité :

Argent vierge, en grenaille.. .   250 grammes.
Acide azotique pur, à 40°. . . .   500   —

On favorise là la dissolution de l'argent dans l'acide, en plaçant la capsule au-dessus d'un feu doux. Quand les derniers fragments d'argent sont dissous, on active le chauffage et on évapore jusqu'à siccité tout le liquide obtenu, jusqu'à ce que la matière restée au fond de la capsule se boursoufle et se mette en fusion ; on étend ce liquide en fusion sur les parois de la capsule, où il se fige bientôt ; puis, quand celle-ci est refroidie suffisamment, on la renverse sur une feuille de papier ; et au moyen de quelques coups secs donnés sur le bord, on fait tomber sur cette feuille l'azotate d'argent fondu.

2° *Formation du cyanure d'argent*. On fait dissoudre cet azotate d'argent dans 10 à 15 fois son poids d'eau distillée, et on y verse de l'acide cyanhydrique (appelé aussi acide prussique), qui détermine la production d'un dépôt blanc de *cyanure d'argent*, jusqu'à ce que quelques gouttes d'acide, ajoutées dans le liquide clair qui surnage le précipité, n'y produisent plus aucun trouble. On filtre alors, et le dépôt resté sur le filtre est lavé à deux ou trois reprises.

3° *Préparation du cyanure double*. Le cyanure d'argent ainsi obtenu est versé dans le vase où l'on veut préparer le *bain d'argenture*, et délayé

Fig. 128. — *Atelier d'argenture de la maison Christofle.*

dans 10 litres d'eau avec 500 grammes de cyanure de potassium, qui, tout en se dissolvant, se combine avec le premier cyanure, et forme ainsi le *cyanure double de potassium et d'argent* qui constitue le bain destiné à l'argenture.

Pour des bains de peu d'importance on peut simplifier la préparation que nous venons d'indiquer en prenant :

Azotate d'argent fondu. . . . .   100 grammes.
Cyanure de potassium.   250   —
Eau. . . . .   10 litres.

On fait dissoudre et on filtre pour obtenir un bain limpide, car le cyanure de potassium peut laisser déposer un peu de fer, quand il n'est pas à l'état de pureté parfaite.

On peut aussi faire des bains contenant une plus forte proportion d'argent, mais en général la moyenne de 20 à 25 grammes d'argent par litre de bain donne toujours des résultats excellents et réguliers.

Les bains d'argenture peuvent s'employer à chaud ou à froid ; toutefois, l'intervention de la chaleur étant moins utile ici que pour la dorure galvanique, on opère plus généralement à froid.

Dépôt galvanique. Le bain étant préparé convenablement, on y plonge les pièces à argenter, en les suspendant à une tringle de cuivre mise en communication avec le *pôle négatif* d'une pile de Bunsen (V. PILE ÉLECTRIQUE) ; on place, dans le même bain, vis-à-vis des pièces ainsi suspendues, une lame d'argent, qu'on désigne sous le nom d'*anode*, que l'on attache à une tringle communiquant avec le *pôle positif* de la pile. La figure 126 représente une cuve à argenter mise en communication avec la pile.

Sous l'action du courant électrique qui traverse le bain, dès que le circuit est fermé, le cyanure d'argent se décompose en argent naissant dont les molécules se transportent et vont adhérer sur les pièces suspendues au pôle négatif, tandis que le cyanogène mis en liberté se porte au pôle positif, et là, rencontrant l'anode d'argent, l'attaque, le dissout à l'état de cyanure d'argent, et par cette réaction, reproduit constamment une quantité de cyanure équivalente à celle qui a été décomposée. Le bain d'argenture se trouve ainsi toujours maintenu au degré de richesse suffisant pour effectuer le dépôt d'argent sur les pièces soumises à son action.

Tel est le principe essentiel de l'argenture galvanique. Quant aux détails pratiques de cette importante industrie, nous ne pouvons les indiquer ici que d'une manière sommaire, pour les applications diverses de l'argenture aux couverts de table, aux objets d'art, aux pièces d'orfèvrerie de toutes dimensions et de toutes formes. Le principe d'ailleurs est toujours le même, et les différences portent seulement sur les dispositions à donner aux vases contenant les bains, aux tringles de suspension, aux anodes, ainsi que sur les préparations préliminaires et sur les précautions à observer dans l'exécution des manipulations successives.

Dans son *Guide pratique du doreur et de l'argenteur*, M. Roseleur après avoir désigné la formule en usage dans l'industrie de l'argenture signale, en outre, une disposition très simple qui permet de faire à peu de frais un bain suffisant pour de petits objets. Nous le recommandons spécialement aux amateurs, car il ne conviendrait guère dans la pratique industrielle.

Le bain est disposé dans un vase cylindrique en grès ou en verre (fig. 127). Les pièces à argenter sont suspendues au moyen de fils conducteurs à la circonférence d'un cercle de laiton garni de trois ou quatre branches radiales soudées sur cette circonférence. On le relie au pôle négatif de la pile. Au centre du bain, on place un fil rond de platine, ou mieux une feuille d'argent roulée en cylindre, qui forme l'anode soluble et qu'on relie au pôle positif. Les pièces se trouvent ainsi à égale distance de l'anode; toutefois, pour obtenir des dépôts réguliers, il faut les retourner de temps en temps de façon que leurs faces soient successivement présentées du côté de l'anode.

Dans l'industrie, on emploie des bains de grandes dimensions pour l'argenture des couverts de table, et pour les pièces d'orfèvrerie. L'atelier d'argenture de MM. Christofle, représenté par la figure 128, est remarquablement disposé pour l'argenture de pièces de toutes grandeurs.

Les bains destinés à l'argenture des couverts sont placés dans des cuves en bois, de forme rectangulaire, doublées de gutta-percha. Ces cuves doivent avoir des dimensions telles que les pièces qui y sont plongées soient recouvertes d'une couche au moins de 10 centimètres de liquide, en laissant au-dessous d'elles une couche d'égale épaisseur, et à peu près la même distance entre elles et les parois verticales.

C'est une cuve de ce genre que représente la figure 129. Sur les bords de cette cuve sont fixées deux galeries de laiton, qui en suivent les contours, et sont à une certaine distance l'une de l'autre en même temps qu'à une hauteur différente par rapport aux rebords de la cuve; de cette façon, elles se trouvent complètement isolées l'une de l'autre, et les tringles qu'elles reçoi-

Fig. 129. — *Cuve à argenter munie de ses anodes.*

vent transversalement ne peuvent ainsi être appuyées que sur l'une ou sur l'autre séparément. L'une des galeries est reliée au pôle positif de la batterie galvanique, la seconde est reliée au pôle négatif et reçoit par conséquent les tringles supportant les pièces à argenter, tandis qu'on suspend à la première les tringles portant les anodes solubles destinés à entretenir la saturation du bain.

Les couverts sont disposés sur une tringle; une autre tringle, placée vis-à-vis de celle-ci, porte l'anode soluble, formé d'une plaque d'argent; on dispose ces tringles sur le bain de façon qu'une rangée de couverts se trouve entre deux anodes d'argent; cette disposition favorise la distribution régulière du métal sur les pièces à argenter.

Cette précaution ne suffit pas cependant pour assurer la régularité parfaite du dépôt. En effet, la densité du bain varie à mesure que l'opération s'avance; le cyanure de potassium mis en liberté, étant moins dense que le reste de la dissolution, s'élève vers la partie supérieure, tandis que le cyanure d'argent, formé par la décomposition de l'anode, tend à descendre à la partie inférieure; le fond du bain, dans les conditions ordinaires devient plus dense et plus chargé d'argent que les couches de la surface, et l'on observe que la partie inférieure des pièces reçoit un dépôt plus abondant que la partie supérieure. Pour remédier à cet inconvénient, il suffit de déterminer dans les bains une agitation très lente, capable de détruire les courants ascendants ou descendants qui se forment par la différence de densité des couches, et d'entretenir du fond à la surface une homogénéité constante dans la composition du liquide. Sans cette précaution, il y a non seulement à

craindre l'inégalité des dépôts, mais encore une sorte de striage qui produit sur les pièces des raies longitudinales dans le sens des courants. Le moyen employé pour agiter les bains, dans la fabrication en grand des couverts, consiste à opérer, par une transmission mécanique quelconque, telle, par exemple, que celle représentée par la figure 130, un mouvement alternatif d'élévation et d'abaissement qu'on imprime au châssis même auquel sont suspendus les couverts.

Pour les pièces d'orfévrerie la même précaution est utile, et on la réalise de diverses manières, que chaque opérateur peut varier à son gré.

On a quelquefois besoin, particulièrement pour l'orfévrerie, de déposer sur certaines parties des pièces une épaisseur de métal plus ou moins forte: on se sert alors de la propriété qu'a le cou-

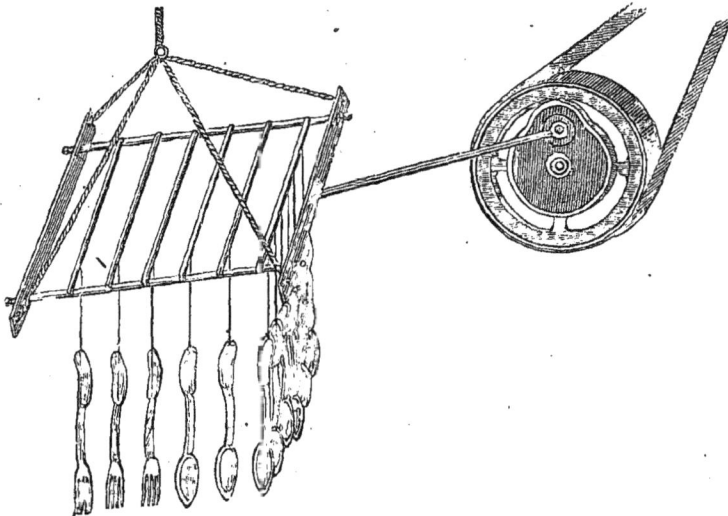

Fig. 130. — *Agitateur mécanique pour couverts*

rant électrique d'agir en raison inverse des distances, d'où il résulte que plus une pièce est rapprochée de l'anode, plus il s'y dépose d'argent; on prend soin de disposer dans les bains les anodes en conséquence.

Les bains d'argenture gagnent en vieillissant, sous le rapport de la régularité des dépôts, mais ils subissent néanmoins diverses altérations, dues au contact de l'air et à l'action du courant électrique; le cyanure de potassium se décompose partiellement en carbonate de potasse et le cyanogène donne naissance à une certaine quantité d'ammoniaque, de sorte que la solubilisation de l'anode d'argent ne suffit pas à entretenir perpétuellement la saturation du bain. On y remédie par l'addition de petites quantités de *cyanure de calcium* qui, s'emparant de l'acide carbonique pour former du carbonate de chaux qui se précipite au fond du bain, régénère une quantité équivalente de cyanure de potassium. Ce moyen, ap-

pliqué avec succès dans les ateliers de MM. Christofle, est dû à M. Duchemin, l'un des ouvriers de cette maison.

Les diverses précautions que nous venons d'indiquer permettent d'obtenir une bonne argenture. Mais il est une condition essentielle à réaliser, c'est l'application d'une couche d'argent *d'une épaisseur convenable*. L'habitude et l'observation peuvent suffire, dans la plupart des cas, pour apprécier le moment où les pièces doivent être retirées du bain. On peut d'ailleurs procéder par pesées, en notant le poids d'une pièce décapée, prête à être mise au bain, et pesant cette même pièce au bout du temps que l'on juge suffisant pour la recouvrir de l'épaisseur voulue d'argent.

Au point de vue de l'argenture des services de table, et surtout des couverts, l'épaisseur de la couche d'argent étant la seule garantie de l'acheteur, il importe de déterminer avec précision le moment de l'opération où cette épaisseur est atteinte.

M. Roseleur a imaginé un ingénieux appareil représenté par la figure 131, qu'il a appelé *Balance argyrométrique* pour régler automatiquement la quantité d'argent déposée sur les objets.

A l'une des extrémités du fléau de cette espèce de balance est adapté le support auquel sont suspendues les pièces plongeant dans le bain de cyanure ; le courant électrique est communiqué à ce support par un contact qui permet le passage du courant tant que le fléau ne dépasse pas une certaine limite d'inclinaison. A l'autre extrémité de ce fléau est suspendu un plateau portant la tare des objets soumis à l'argenture, et le poids juste d'argent qu'on veut leur appliquer. Dès que ce poids est atteint, l'équilibre

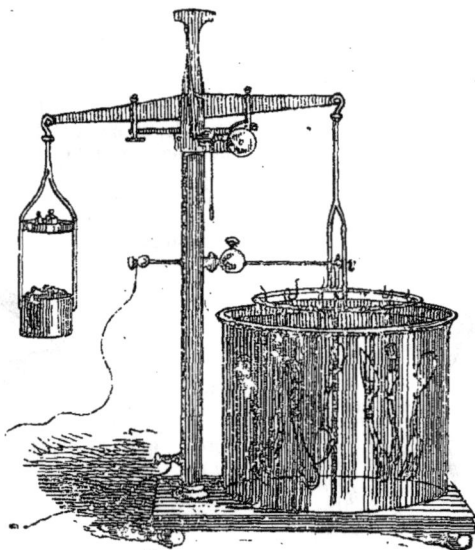

Fig. 131. — *Balance argyrométrique.*

ayant cessé, le fléau oscille au delà de la limite voulue, le contact électrique est rompu, le courant cesse, et le dépôt galvanique s'arrête immédiatement. En même temps un petit timbre résonne et avertit l'opérateur que le dépôt est effectué au poids et au degré voulus.

Cette disposition a été adoptée par plusieurs fabricants de couverts. Dans les ateliers de Christofle on préfère cependant la méthode des pesées successives, à laquelle, du reste, des soins tout particuliers sont attachés pour assurer un contrôle parfait et loyal de la quantité d'argent ou d'or déposée sur les couverts et sur les autres objets d'orfévrerie.

Finissage des pièces argentées. Quand les pièces argentées, couverts ou objets d'orfévrerie, ont reçu la couche d'argent dont elles doivent être recouvertes, leur surface est mate, et pour la rendre brillante il faut les soumettre au *gratte-bossage* et au *brunissage.*

Toutefois disons de suite qu'un peu de sulfure de carbone, ajouté dans les bains, permet d'obtenir du premier coup une argenture brillante pour laquelle l'action du brunissoir est beaucoup moins nécessaire. Il suffit de verser par litre de bain un centimètre cube d'une liqueur préparée d'avance avec 10 grammes de sulfure de carbone mélangés à 10 litres du liquide composant le bain lui-même, et le dépôt de l'argent acquiert un brillant tel que s'il avait été gratte-bossé. Ce phénomène curieux, qui a été découvert par M. Elkington, n'a point d'explication théorique : c'est ce

que la science a désigné sous le nom d'actions catalytiques ou actions de présence, dont on constate le résultat sans savoir déterminer la cause efficiente.

Gratte-bossage. On donne ce nom à l'opération qui consiste à faire disparaître le ton mat des objets argentés ou dorés, par une friction suffisamment prolongée avec une sorte de brosse ou pinceau de fils métalliques. Le *gratte-bosse à main* est formé d'un faisceau de fil de laiton bien récroui et dressé, qu'on attache en forme de pinceau au moyen d'une ficelle solidement serrée. Le pinceau de fils métalliques est attaché à un manche en bois, après que l'extrémité qu'on doit tenir dans la main a été consolidée par une soudure à l'étain qui réunit tous les fils en un seul paquet. — V. Fig. 132, 133 et 134.

On fait encore d'autres genres de gratte-bosses en recourbant en deux un faisceau de fils de laiton, et rapprochant les deux extrémités pour en

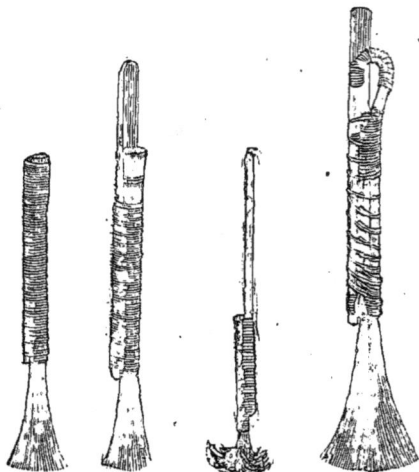

Fig. 132. Fig. 133. Fig. 134. Fig. 135.

former un pinceau qu'on attache sur un manche en bois, comme le montre la figure 135.

Les pièces très fouillées nécessitent l'emploi de petits gratte-bosses capables de pénétrer dans toutes les cavités, on les nomme *grattillons* et *violons*.

Le gratte-bossage ne se pratique généralement que sur des pièces préalablement mouillées par une solution qui, ordinairement, n'a d'autre but que d'adoucir la friction de l'outil, mais qui quelquefois a aussi pour effet de déterminer une réaction chimique. C'est ainsi que lorsque les pièces ont été *sulfurées*, c'est-à-dire noircies par l'action de l'air impur, on peut faire intervenir pour le gratte-bossage une solution de potasse bouillante, ou un bain de cyanure à 4 0/0. Généralement le liquide employé pour mouiller les pièces à gratte-bosser est une solution d'eau vinaigrée, ou de vin tourné, ou encore de crème de tartre et d'alun. D'autres fois on emploie des liquides mucilagineux, tels que la décoction de réglisse, de guimauve, de bois de Panama, de saponaire, qui n'ont d'autre but que de faciliter le glissement du gratte-bosse sur les surfaces métalliques. L'ouvrier opère au-dessus d'un baquet contenant le liquide, en appuyant l'objet sur une planche disposée transversa-

Fig. 136. — *Tour à gratte-bosser.*

lement, et l'humectant de temps en temps avec le liquide contenu dans le baquet.

Pour certaines pièces, le gratte-bossage s'exécute au moyen d'une brosse métallique montée sur un tour, comme le montre la figure 136. Cette brosse (fig. 137) tourne de manière que l'extrémité supérieure de son diamètre vertical revienne sur l'opérateur de façon que les pièces présentées au-dessous, comme on le voit sur la figure 136, reçoivent l'action du faisceau métallique.

Le gratte-bossage est une opération d'autant plus importante qu'elle constitue souvent à elle seule le finissage des pièces avant leur livraison au commerce. Si les pièces ont été mal argentées, et que le dépôt n'ait pas une adhérence suffisante, ce dépôt ne résiste pas à l'action du gratte-bossage.

Brunissage. Lorsque les pièces doivent être parfaitement polies et brillantes, le *brunissage* est l'opération qui a pour but de leur donner le poli qui leur est nécessaire. Cette opération consiste à frotter, au moyen d'un instrument appelé *brunis-*

soir, la surface du dépôt métallique, de manière à effacer toutes les aspérités et rendre la surface unie et brillante comme un miroir. Cette action augmente en même temps l'adhérence de la couche déposée sur le métal sous-jacent, et lui donne, par le rapprochement des molécules, une cohésion qui accroît notablement sa résistance et sa durée.

L'opération du brunissage se divise en deux parties distinctes : la première a pour but d'*ébaucher* et se pratique avec des outils à arête presque vive, dits *trancheurs;* la seconde a pour but de *finir* ou *lisser*, et s'effectue avec les outils appelés *lisseurs*, à arête plus ou moins adoucie.

On opère le brunissage de trois manières : à la main, au tour ou au bras. On mouille les outils et les objets à brunir avec certaines dissolutions, analogues à celles qu'on emploie pour le gratte-bossage ; l'eau de savon noir est généralement la plus employée.

Un beau bruni doit produire l'effet d'une glace pour la réflexion des rayons lumineux; on dit alors qu'il est d'un beau *noir*. Le bruni diffère du poli en ce que ce dernier nivelle la surface par l'enlèvement des aspérités tandis que l'autre les écrase et les aplatit pour unir cette surface. L'argenture galvanique *polie* est d'un aspect plus séduisant peut-être que l'argenture *brunie*, mais la résis-

Fig. 137.

tance supérieure que cette dernière acquiert par l'écrouissage dû au frottement qui augmente la cohésion moléculaire, fait donner au brunissage une préférence bien méritée.

Nous n'entrerons pas ici dans de plus longs détails sur cette belle et grande industrie qui produit chaque jour tant d'objets utiles et tant de chefs-d'œuvre artistiques. Nous avons voulu, dans cette esquisse rapide, donner seulement une idée des travaux immenses auxquels elle a donné lieu. De nombreux fabricants en ont développé avec succès les diverses branches, et l'orfévrerie en a tiré de merveilleuses productions qui, sans son concours, n'eussent pu être multipliées comme elles l'ont été.

L'art a pu faire grand sans être arrêté par l'exagération des dépenses, et ce que l'orfévrerie massive n'aurait osé entreprendre, l'argenture a permis de le réaliser. Depuis le plus simple couvert jusqu'à la plus somptueuse conception des artistes, l'argenture et la dorure électro-chimiques ont tout embrassé, en créant, par une triple alliance, des merveilles d'économie, de bon goût et de solidité. — G. J.

Argenture des glaces. Depuis quelques années on a remplacé l'étamage des glaces (*tain*) au moyen de l'amalgame d'étain, par l'*argenture* c'est-à-dire par le dépôt d'une couche mince d'argent sur l'une des faces de la glace.

Ce procédé beaucoup plus rapide et plus économique a supprimé une des industries les plus insalubres que l'on connaisse.

Le premier dépôt continu, brillant et adhérent d'argent à la surface du verre a été obtenu en 1830, par Liebig, au moyen d'une solution d'argent qu'il réduisait par l'*aldéhyde*. En 1843, Drayton essaya, le premier, l'application industrielle de ces réactions. Il employa comme réducteurs des sels d'argent, les huiles essentielles de girofle et de thym en faisant intervenir la chaleur. Malheureusement les glaces obtenues par Drayton, d'abord nettes et brillantes, se recouvraient de taches brunes ou rougeâtres, provenant de ce que l'argent en se précipitant entraîne avec lui un peu d'hydrocarbures qui, à la longue, s'oxydent à l'air. Ce procédé échoua, et malgré les modifications que M. Drayton y apporta, il fut abandonné. En 1857, Wagner proposa, comme réducteurs, l'emploi des essences de camomille et de rue débarrassées des matières résineuses par le bisulfite de soude.

Liebig a donné un bon procédé d'argenture que l'on a employé pendant longtemps.

On dissout 10 grammes d'azotate d'argent dans 200 grammes d'eau distillée, on additionne d'ammoniaque en quantité strictement nécessaire pour redissoudre le précipité. On ajoute peu à peu à la liqueur 450ᶜᶜ d'une lessive de soude d'une densité de 1,035 et bien exempte de chlore. Il se produit un précipité brun noir que l'on fait disparaître par quelques gouttes d'ammoniaque. On étend la liqueur à 1,450ᶜᶜ. On y verse goutte à goutte une solution étendue de nitrate d'argent jusqu'à formation d'un précipité permanent.

D'autre part, l'on dissout 1 gramme de sucre de lait dans 10 grammes d'eau que l'on mélange immédiatement avant de s'en servir avec huit ou dix fois son volume de la liqueur d'argent.

La surface de la glace que l'on veut **argenter** est nettoyée avec le plus grand soin et lavée à l'alcool ; on la place dans une cuve à environ 1° du fond, en la supportant par des taquets de bois. On verse dans la cuve assez de liqueur pour baigner uniformément la surface inférieure. La réduction commence dès l'introduction du lactose.

Il se dépose environ 2 gr. 2 d'argent par mètre carré ; l'excès tombe au fond de la cuve ou se dépose sur les parois. L'opération terminée on lave soigneusement le verre avec de l'eau distillée en évitant tout frottement.

La couche ainsi obtenue est excessivement mince, elle ne dépasse pas 1/300 de millimètre ; pour la mettre à l'abri de tout accident, on y dépose par voie galvanique une couche de cuivre ou de nickel.

Hill emploie comme réducteur le glucose additionné d'un peu de mannite et d'éther, Delamotte se sert d'une solution potassique de coton-poudre ou bien de nitro-mannite ou encore d'acide nitro-picrique, Massi a recours à l'acide citrique comme agent de réduction, M. Lowe remplace la lessive de soude de Liebig par du glucosate de chaux, qu'il ajoute à 1/6 de son volume de la solution de nitrate d'argent ammoniacal, M. Lavignac se sert de nitrate d'argent, de sel, de matière sucrée (confiture), d'ammoniaque et d'eau distillée.

M. Petitjean a donné, il y a environ vingt ans, un procédé qui, perfectionné par MM. Brossette et Cⁱᵉ, a été mis en pratique aux usines de Saint-Gobain ; il est basé sur l'action de l'acide tartrique sur les sels d'argent en présence de l'ammoniaque. On dissout 100 grammes de nitrate d'argent dans 62 grammes d'ammoniaque de 0,87 à 0,88 de densité, on laisse refroidir et l'on ajoute 500 grammes d'eau distillée. On filtre, et on ajoute goutte à goutte, 7 gr. 5 d'acide tartrique dissous dans 30 grammes d'eau ; on étend ensuite de 2 litres 5 d'eau distillée. On fait, en outre, une seconde liqueur qui ne diffère de la première que par la quantité d'acide tartrique qui est doublée.

Pour nettoyer la glace on délaie de la potée d'étain blanche dans de l'eau et on l'étend sur toute la superficie avec un tampon en peau de chamois ; on laisse sécher. Au bout de quelques minutes, on essuie avec un linge doux ou une peau de chamois. On dépose la glace sur un ratelier à claire-voie et on lave au moyen d'un rouleau de caoutchouc baigné dans l'eau distillée. Ce *décapage* du verre est une opération assez difficile.

La glace, polie et nettoyée, est disposée sur une table horizontale et chauffée entre 40 et 50°. On verse sur toute sa surface la première liqueur, autant que la capillarité peut en retenir sur le verre sans qu'il y ait coulure ; on laisse séjourner quinze minutes. On lève la glace en l'inclinant on lave avec une peau de chamois et un peu d'eau tiède pour enlever la poudre non adhérente.

La glace replacée horizontalement est mise en contact pendant un quart d'heure avec la liqueur n° 2. On lave de nouveau la glace, on la sèche, puis on applique à la surface un vernis alcoolique au copal, puis quand ce vernis est sec, une couche de peinture composée de minium, d'huile siccative et d'essence ; on répète une seconde fois l'application de la peinture afin de mieux préserver l'argent. L'on substitue avec avantage à cette peinture un cuivrage ou un nickelage galvanique.

M. F. Bothe remplace l'acide tartrique par de l'acide tartrique moisi.

Les glaces argentées ont plus d'éclat que les glaces étamées. Les objets réfléchis ont peut-être une teinte légèrement jaunâtre, mais cela tient à la teinte propre de l'argent lorsqu'une pièce polie de ce métal est soumise à des réflexions multiples. On pourrait à la rigueur corriger ce défaut en donnant au verre une légère coloration rose ou bleue.

Le procédé de M. Petitjean est aussi mis en pratique pour transformer en miroirs de toutes formes, des globes, des gobelets, des coupes, des flambeaux, des statues, etc.

Ces pièces sont creuses; on les rince à l'eau distillée, on les remplit à moitié de la liqueur n° 2, on chauffe au bain-marie vers 45°, on agite, et lorsque la couche de métal déposé est assez épaisse pour ne plus se laisser traverser par la lumière on fait écouler le liquide, on rince à l'eau distillée, on laisse sécher et l'on ferme l'orifice.

Les globes argentés de couleur bleue, rouge, jaune, etc., empruntent leur coloration au verre transparent qui a servi à les fabriquer.

Procédé Lenoir. Les glaces argentées à l'acide tartrique ont non seulement une teinte jaunâtre, mais encore l'adhérence de la couche d'argent n'est pas très considérable. Cette couche se détache alors sur une étendue plus ou moins considérable, surtout par l'exposition au soleil. De plus, par le passage des gaz sulfhydriques à travers la peinture, l'argent devient noir. Pour faire disparaître cette teinte et en même temps donner plus d'adhérence à l'argent, M. Lenoir, verse sur elle, aussitôt après l'argenture, une dissolution étendue de cyanure de mercure dans du cyanure de potassium. Une partie de l'argent déplace du mercure qui amalgame immédiatement le reste et lui donne une plus grande adhérence. Pour faciliter l'opération et utiliser tout l'argent employé, en économisant le cyanure double de mercure et de potassium, M. Lenoir, dans un perfectionnement récent, saupoudre la glace, au moment où elle est recouverte de la solution mercurielle, d'une poudre de zinc très fine qui précipite le mercure et régularise l'amalgamation.

La glace qui porte cet amalgame d'argent ne présente plus de reflet jaunâtre et donne des images blanches comparables à celles qui étaient produites par les glaces étamées au mercure dans l'ancien procédé. Cet amalgame résiste mieux que l'argent seul aux émanations sulfureuses.

On recouvre ensuite la glace d'une couche de vernis.

Procédé Pratt. La glace nettoyée est lavée avec une solution de une partie de protochlorure d'étain dans 100 parties d'eau. Si les plaques sont très grandes la solution a la composition suivante : 30 parties de protochlorure d'étain,

10 parties oxalate d'ammoniaque, 190 parties poudre de potée, dans 2 litres d'eau distillée.

Cette solution est étendue sur la plaque au moyen d'un frottoir doux; on laisse sécher. On lave alors avec une solution de 2 parties d'oxalate d'ammoniaque en poudre, 4 parties sucre de raisin, 1 partie de chaux, 1 partie cyanure de potassium, dans 1,000 parties d'eau. La glace ayant été ainsi traitée est prête à recevoir la solution ordinaire d'argent : acide tartrique, ammoniaque et nitrate d'argent.

M. R. Bœttger a décrit, en 1878, un procédé facile d'argenture du verre. Il consiste à employer le tartrate d'argent. Pour procéder à l'argenture, on met en suspension dans l'eau distillée du tartrate d'argent finement pulvérisé, puis on y ajoute avec précaution une solution très étendue d'ammoniaque jusqu'à ce que le tartrate d'argent soit complètement dissous. Il faut avoir soin qu'il reste un petit excès de sel d'argent non dissous et que le liquide n'exhale pas la moindre odeur ammoniacale. On plonge l'objet à argenter, bien nettoyé, dans le bain ainsi obtenu. Il se recouvre déjà au bout de dix minutes d'une couche uniforme et miroitante d'argent.

M. Siemens a modifié l'ancien procédé de Liebig de la façon suivante. On fait passer du gaz ammoniac bien sec dans un vase contenant de l'aldéhyde. On prend 2 gr. 5 de ce liquide et 4 grammes d'azotate d'argent, pour un litre d'eau. On fait dissoudre séparément ces deux substances dans l'eau distillée, puis on mêle les deux solutions et l'on filtre.

L'argenture se fait à la manière habituelle. En Allemagne ce procédé est en grande faveur.

Procédé Browning. On prépare trois solutions normales :

A. *Solution de nitrate d'argent.*

Nitrate d'argent	5 gr. 83
Eau distillée . . , ...	124 gr. 40

B. *Solution d'alcali caustique.*

Potasse caustique à l'alcool. . . .	31 gr. 10
Eau distillée	777 gr. 60

C. *Solution de sucre de lait.*

Sucre de lait.	15 gr. 55
Eau distillée	155 gr. 50

On verse 62 gr. 2 de la solution A, on ajoute goutte à goutte, en agitant avec une baguette de verre, de l'ammoniaque jusqu'à ce que le précipité soit redissous et la solution claire.

On y verse 124 °° 4 de la solution B. Il se forme un précipité, on le redissout dans une quantité juste nécessaire d'ammoniaque.

On parfait avec de l'eau distillée un volume de 467 °° 3. Puis on y fait tomber goutte à goutte de la solution A, jusqu'à apparition d'un léger précipité gris qui ne se redissout plus par l'agitation. On ajoute 467 °° 3 d'eau distillée, on laisse déposer. On décante le liquide clair sans filtrer. Lorsque tout est prêt pour l'argenture et l'immersion de la glace on ajoute 62 °° 3 de la solution C, on mélange bien. L'argenture se fait à froid et exige de cinquante à soixante-dix minutes. L'opération terminée on lave la glace à l'eau distillée, et on la laisse sécher. On polit ensuite la couche d'argent avec une peau très douce et l'on finit avec un peu de rouge.

Dans les dernières formules d'argenture dues à M. Liebig, nous voyons pour la première fois le cuivre intervenir dans la liqueur réductrice, (2 gr. 857 de tartrate de cuivre avec assez de lessive de soude pour dissoudre la poudre bleue, on étend à 500^{cc}). L'intervention du cuivre est indispensable, bien que M. Liebig ne puisse encore s'expliquer le rôle de ce métal. Le dépôt d'argent obtenu sans l'intervention du cuivre est blanc et peu homogène ; mais il est irréprochable lorsqu'on a fait intervenir une trace de cuivre, tandis qu'un excès de ce métal empêche le dépôt d'argent.

Les tables dont on se sert pour l'argenture des glaces ont, en général, 3 mètres de longueur, 2 de largeur et 15 centimètres de hauteur, elles sont en fonte et pèsent environ 3,000 kilogrammes. Sur cette table on étend une couverture de coton préalablement mouillée, on chauffe l'appareil par un courant de vapeur ou par le gaz, on étend la glace sur la couverture et l'on verse la liqueur d'argent.

Dans ce procédé, la vapeur chauffe l'intérieur de la table, et par contact la couverture de coton, celle-ci est bientôt desséchée et brûlée faute d'eau, la glace alors risque de se briser.

La table est quelquefois quadrangulaire, en feuilles de tôle rivées, à double fond, parfaitement plane, elle est remplie d'eau qu'on chauffe à volonté avec des serpentins qui reçoivent la vapeur fournie par une chaudière.

M. Maugin a indiqué la modification suivante : la table est en fonte, fer, tôle, zinc, terre céramique, bois, etc. On fait arriver dans l'intérieur de la table la quantité de vapeur nécessaire pour échauffer la surface supérieure. Cette surface sur laquelle est appliquée la couverture est percée de trous, l'eau en se condensant l'humecte constamment, de plus, les extrémités de l'étoffe baignant dans des rigoles remplies d'eau ; par capillarité elle se mouille.

Ce procédé qui présentait quelques inconvénients, a été, dans la pratique abandonné par son auteur. Il sert aujourd'hui des tables en fonte, sans trous, indiquées par M. Lenoir, et chauffées au gaz. Les rampes circulant sous la face inférieure des tables, permettent, suivant qu'on les règle, d'y entretenir une température constante, tandis qu'une toile cirée placée entre elles et la couverture mouillée sur laquelle reposent les glaces, empêchent cette couverture de sécher trop rapidement.

M. Pratt établit la table sur des tourillons placés soit au milieu soit près d'une extrémité de sa longueur, ou bien, sur une boule ou un joint à rotule, au centre de sa surface inférieure ; la table peut ainsi basculer et s'incliner de manière à forcer la solution d'argent à se répandre uniformément.

Pour argenter à froid, la table est en bois ; à chaud on établit la table en métal et on la chauffe comme ci-dessus.

Procédé de M. A. Martin. Ce procédé est spécialement appliqué à l'argenture des miroirs de télescope, où l'on se propose d'obtenir une couche extrêmement mince et très brillante d'argent, dont le verre taillé n'est que le support. — V. Télescope.

On prépare :

1° Une solution de nitrate d'argent contenant 40 grammes de ce sel pour 1,000 grammes d'eau distillée ;

2° Une solution de 6 grammes de nitrate d'ammoniaque pur dans 100 grammes d'eau ;

3° Une solution de 10 grammes de potasse caustique (bien exempte de carbonate et de chlorures) dans 100 grammes d'eau ;

4° Une solution de sucre interverti, préparée en faisant bouillir pendant un quart d'heure 10 grammes de sucre avec 100 grammes d'eau et 0 gr. 5 d'acide nitrique. On pourrait produire l'inversion avec 3 grammes d'acide tartrique. On y ajoute, après refroidissement, 20^{cc} d'alcool (pour empêcher la fermentation) et on complète 200^{cc} avec de l'eau. L'on met plus d'eau si l'opération doit être faite en été.

Prenons pour exemple l'argenture d'un miroir de 10° de diamètre. On verse à la surface du verre, que l'on a épousseté à l'aide d'un pinceau de blaireau, quelques gouttes d'acide nitrique concentré, et à l'aide d'un tampon de coton cardé exempt de corps étrangers, on nettoie le verre avec soin, on le rince à l'eau et on l'essuie avec un linge fin bien propre. On fait sur la même surface un mélange à volumes égaux de la solution de potasse et d'alcool, et l'on s'en sert pour nettoyer le verre avec du coton. Ce liquide, de consistance un peu sirupeuse, mouille le verre sans se retirer sur les bords. On plonge la face ainsi couverte du miroir dans un vase d'eau pure, on la frotte bien avec un blaireau pour faire dissoudre la couche alcaline, et on renverse la surface nettoyée sur une assiette dans laquelle on a mis de l'eau pure, en ayant soin qu'entre la surface et le fond il y ait au moins un demi-centimètre d'épaisseur d'eau, et par un léger balancement, on entraîne le liquide du lavage précédent.

Dans un premier verre on verse :

15^{cc} de la solution de nitrate d'argent n° 1 ;

15^{cc} de la solution de nitrate d'ammoniaque n° 2.

Dans un second verre :

15^{cc} de la solution de potasse n° 3 ;

15^{cc} de la solution de sucre interverti n° 4, et on verse dans le premier verre.

Ce mélange est introduit dans une petite assiette et l'on y porte rapidement le miroir resté sur l'eau ; on maintient ce dernier à un demi-centimètre du fond, on agite doucement d'une manière continue. Le liquide se colore en jaune rose, jaune brun, puis noir : A ce moment l'argent commence à se déposer sur les bords de l'assiette ; le verre s'argente ensuite, suivant une couche régulière : on continue à agiter de temps à autre et, lorsque le liquide se couvre de plaques d'argent brillant, l'opération est terminée. On retire le miroir, on le lave avec soin sous un filet d'eau, et, après avoir passé rapidement de l'eau distillée à la surface, on le laisse sécher, on la tranche en l'appuyant sur des doubles de papier buvard. On enlève un léger voile existant à la surface à l'aide d'un tampon de peau de chamois et de rouge fin d'Angleterre. Si la potasse est bien décarbonatée et le nettoyage de la surface bien fait, l'*argenture est brillante et polie*.

Argenture sur bois et sur mur. L'argent en feuilles peut s'appliquer, en détrempe et à l'huile, sur bois et sur mur : les procédés de l'argenture sont les mêmes que ceux que l'on emploie pour la dorure; l'usage de l'or étant plus répandu, nous étudierons à l'article Dorure les procédés de ces deux industries.

Argenture du papier. On argente le papier soit en le recouvrant totalement de métal, soit par plaques sur un fond de couleur.

1° Les feuilles de papier sont encollées (V. Papier peint), l'on fait sécher chaque feuille sur des cordes à l'étendoir. Après l'encollage on donne le fond avec du blanc de plomb à la colle; après avoir séché, lissé et satiné, on passe avec un pinceau un mordant formé d'un blanc d'œuf (albumine) délayé dans 200 ᶜᶜ d'eau. On pose de suite l'argent. On met la feuille métallisée sur l'étendoir et on laisse sécher pendant plusieurs jours; après dessiccation, on la brunit au moyen de la lisse à cylindre métallique, en ayant soin de placer une feuille de papier blanc entre le cylindre et l'argent. Un autre procédé consiste à étendre avec un pinceau à la surface du papier une couche de colle de Flandre préparée en dissolvant dans un litre d'eau 125 grammes de colle de Flandre et 30 grammes de miel, on pose l'argent, on sèche et on lisse. On peut encore, après avoir appliqué la couche de colle, saupoudrer de feuilles d'argent ou d'étain broyées, sécher et lisser. — V. Bronzage.

M. Lapeyre emploie le procédé suivant : Le papier dont on se sert est du papier satiné, foncé ou glacé. On étend, au moyen d'un fonçage à la brosse, une colle faible légèrement teintée d'une couleur opposée à celle du fond. Au fur et à mesure de ce fonçage et pendant que l'encollage est humide, on saupoudre par dessus de la poudre d'argent ou d'étain. On ajoute ainsi une troisième nuance aux deux autres. On sèche et on lisse à la pierre.

Quelquefois on saupoudre la feuille de papier de résine, on applique l'argent et on détermine la fusion de la résine au moyen d'un corps chaud, on termine par un lissage.

2° Le papier dont on se sert est le plus souvent coloré, car sur du blanc, l'argent ne paraîtrait pas. On le colle et on passe sur une des faces une couleur aussi conforme que possible à la couleur et à la nuance du papier. On sèche, on lisse au revers et l'on satine à l'endroit. On étend la feuille horizontalement et on la recouvre d'un patron découpé représentant le contour des dessins qui doivent être couverts d'argent. On passe sur ces places, mises à découvert, le mordant (blanc d'œuf dans l'eau). On enlève le patron et

l'on pose l'argent sur les places mordancées, on l'assujettit par du coton et on laisse sécher. Le papier étant sec, on pose dessus une plaque de cuivre modérément chauffée, gravée en relief, et portant les dessins. On porte sous une presse, l'on serre la vis avec lenteur et l'on dépresse sur le champ. L'argent n'est fixé qu'aux places que la gravure a touchées. On enlève l'argent en excès avec du coton et l'on vernit.

On obtient encore des dessins par la fusion partielle de la résine sur laquelle on a appliqué l'argent, au moyen d'une planche gravée chauffée.

Argenture de la porcelaine et du verre. L'argent est quelquefois employé en nature pour la décoration des poteries et du verre; sa malléabilité et son inaltérabilité au feu et à l'air le rendent très propre à cet objet.

On le réduit en poudre excessivement fine soit par la précipitation d'une solution étendue d'un de ses sels au moyen du cuivre métallique, soit en employant l'argent en coquille, obtenu par le broyage de feuilles minces de ce métal avec du miel, du sucre, etc.; la poudre est ensuite broyée à l'essence et appliquée au pinceau. Pour empêcher l'argent de se sulfurer, on le recouvre d'une légère couche d'or.

La cuisson se fait au moufle; après cette opération, le métal est généralement mat, on lui donne l'éclat métallique en le frottant à l'aide de brunissoirs en hématite brune ou en agate. L'on emploie quelquefois les dépôts galvaniques d'argent pour la décoration de la porcelaine et du verre. M. Hansen fait dissoudre du soufre dans l'huile de Lavendula Spica, on évapore jusqu'à consistance sirupeuse; d'un autre côté on fait dissoudre du chlorure d'or ou de platine, on mêle, et l'on évapore de façon à obtenir la consistance des peintures à l'huile, on applique la pâte au pinceau, on cuit, et on recouvre par un dépôt galvanique d'argent.

Dans le procédé Alexandre, on trace le dessin avec une pâte métallique bonne conductrice de l'électricité, délayée dans une huile essentielle, mêlée d'un fondant. Le dessin une fois exécuté, on soumet l'objet (porcelaine ou verre) au feu de moufle ou de four. Après refroidissement, on le trempe dans un bain d'argent, on fait passer sur le dessin un courant galvanique qui précipite le métal; on égalise, on cisèle et on régularise le dessin.

L'on emploie encore l'argent pour l'obtention des *lustres* sur poteries.

Argenture sur tissus. On fixe l'argent en feuilles sur tissus au moyen de vernis gras siccatif faisant l'office de mordant. On enlève à la brosse l'excédant du métal qui tombe sur les parties non mordancées. Quelquefois on étend la feuille métallique sur le fond du tissu saupoudré de résine; en appuyant un moule en relief chauffé, on détermine la fusion locale de la résine et par suite l'adhérence de l'argent.

ARGILE. L'argile est un des corps les plus répandus dans la nature. C'est à coup sûr l'un de ceux que le génie de l'homme peut approprier aux usages les plus divers.

La seule définition exacte et constante de l'argile est de dire qu'elle est produite par la décomposition des roches feldspathiques. Ses éléments essentiels sont la silice, l'alumine et l'eau. Mais elle se trouve presque toujours mélangée à des sels divers qui modifient à la fois sa couleur et ses propriétés. On peut ajouter, d'une manière générale, que c'est une terre grasse, à texture savonneuse, très avide d'eau, qui happe à la langue lorsqu'elle est sèche, et qui, légèrement mouillée, forme une pâte ductile qui durcit au feu.

Le rôle de l'argile dans la nature est des plus considérables. C'est elle qui forme, dans la grande majorité des cas, la couche imperméable sur laquelle coulent les fleuves, et qui retient les mers à la surface du globe terrestre.

C'est elle qui arrête l'eau des glaciers et des nuages, bue par les terrains poreux du sommet des montagnes, et qui l'amène dans les vallées en sources fertilisantes. Malheureusement c'est elle aussi qui, en raison même de son imperméabilité, forme ces grandes couches de glissement sur lesquelles des montagnes entières se déplacent, entraînant dans les précipices les arbres, les maisons, les villages entiers qui les couvrent. C'est elle qui retient l'humidité dans un sol n'ayant pas d'écoulement naturel, et constitue les marais stériles et malsains. C'est elle enfin qui force à faire ces travaux de drainage, sans lesquels bien des pays retomberaient dans la pauvreté et par conséquent dans l'ignorance.

Au point de vue de l'industrie, l'argile est précieuse dans une infinité d'applications diverses. Les sables, les oxydes métalliques, les détritus végétaux auxquels elle est le plus souvent mélangée, en faisant varier ses propriétés, lui ont en même temps valu des noms divers. Elle s'appelle *glaise, marne, terre à potier,* suivant les pays. Cependant on peut plus spécialement distinguer les argiles dans les noms suivants :

La *marne* est une argile contenant en combinaison une certaine quantité de carbonate de chaux. Elle fait effervescence aux acides, et se fond à une température peu élevée. Mais la pâte qu'elle forme avec l'eau est moins liante et plus légère. Son usage est surtout recommandé aux agriculteurs.

L'*argile plastique* est celle des sculpteurs ; elle ne fait pas effervescence aux acides et est très réfractaire.

L'*argile figuline* est moins liante que l'argile plastique. Elle a le plus grand rapport avec les marnes et prend à la cuisson une couleur rouge.

Les qualités de l'argile sont telles qu'elle sert de base à la fabrication de la plupart des poteries. A l'état naturel elle jouit de la propriété de faire pâte avec l'eau quand cette dernière n'est pas en trop grande proportion : après calcination elle perd cette propriété, devient indélayable, dure, quelquefois vitrifiée ; quelquefois elle se transforme en un véritable verre, suivant sa composition calcaire ou ferrugineuse ; selon la chaleur à laquelle on la soumet, elle fond sans conser-

ver la forme que le potier lui a donnée ; elle peut aussi sortir du four avec l'apparence poreuse (terre cuite), ou non poreuse, grès cérame et biscuit de faïence fine, ou biscuit de porcelaine dure ou tendre. Quelquefois elle cuit sans coloration, mais avec une certaine transparence (porcelaine) quand on fait un mélange de kaolin et d'une quantité déterminée de roche incolore et fusible. — V. KAOLIN.

La *brique* (V. ce mot) se fait avec la plus ordinaire et la plus commune des argiles. On verra cependant les choix qu'il faut faire et les précautions qu'il faut prendre pour les briques et les autres objets réfractaires.

Mélangée à de la chaux pure, une petite quantité d'argile la fait passer, après cuisson, à l'état de chaux hydraulique, et lorsque la proportion d'argile est trop forte, une surcuisson fait de cette mauvaise *chaux hydraulique* un excellent *ciment*. — V. ces mots.

L'*argile à foulon,* très tendre, sert dans les manufactures de draps à enlever l'huile employée pour leur fabrication.

On comprend, par la multiplicité de ces applications, le rôle important joué par l'argile dans l'industrie. Un mot les résumera : il n'est pas un seul des objets nécessaires à la vie, depuis la maison en briques jusqu'au pot au feu, que l'homme ne puisse fabriquer au moyen de l'argile.

ARGILEUX. Qui est de la nature de l'argile, qui en contient, qui est formé d'argile.

* **ARGILOLITE.** *T. de minér.* Dénomination donnée à des argiles sédimentaires parvenues à un certain état d'endurcissement, et à des petrosilex décomposés ; leur cassure écailleuse est translucide sur les bords amincis. On écrit aussi *argilolithe.*

* **ARGILOPHYRE.** *T. de minér.* Variété de trachyte silicifère à pâte très fine et d'un aspect terreux.

ARGO. *Myth.* Navire des Argonautes sur lequel Jason alla conquérir la Toison d'or.

ARGUE. *T. techn.* Machine dont se servent les orfèvres et les tireurs d'or, pour dégrossir les lingots d'or, d'argent et de cuivre, en les faisant passer par des trous de filières qui vont toujours en diminuant de grosseur.

— Les orfèvres et les tireurs d'or allaient autrefois faire dégrossir leurs lingots au bureau de l'argue ; il y en avait dans les principales villes de France.

* **ARGUER.** *T. techn.* Action de passer par les trous de l'argue, l'or, l'argent, le cuivre.

ARGUS. *Myth.* Fils d'Arestor, qui avait cent yeux, dont cinquante étaient ouverts, quand les cinquante autres étaient fermés. Après l'avoir endormi au son de la flûte, Mercure le tua. Junon le méthamorphosa en paon.

* **ARGYRINE.** Métal blanc qui présente une grande analogie avec l'argent ; très homogène, ductile et malléable ; il offre une grande résistance, une belle sonorité et une inaltérabilité qui le rendent propre à la fabrication des monnaies divisionnaires. Par la fonte et le poli, il entre dans un grand nombre d'applications industrielles et artistiques: les ornements de carrosserie et de sellerie; les appareils d'éclairage, la serrurerie de luxe et d'art; l'orfévrerie, la bijouterie, etc.; son prix est plus élevé que celui du cuivre et du bronze.

* **ARGYROMÉTRIE.** Méthode à l'aide de laquelle le poids de l'argent déposé sur une pièce d'orfévrerie, couvert de table, médaille, etc., s'accuse de lui-même avec précision. — V. ARGENTURE.

* **ARGYROSE ou ARGENTITE.** *T. de minér.* Minéral argentifère d'un aspect métallique et d'une couleur gris d'acier (sulfure d'argent): il renferme 0,871 d'argent et 0,129 de soufre; il se laisse couper au couteau. On le trouve en filons plus ou moins riches, dans les terrains de cristallisation, ou dans les terrains de sédiment qui les avoisinent, en Hongrie, en Norwège, en Suède, et surtout au Mexique et au Pérou. — V, ARGENT.

* **ARGYRYTHROSE.** *T. de minér.* Dénomination donnée par Beudant à une substance désignée ordinairement par les noms d'*argent rouge* et *argent antimonié sulfuré;* cristaux d'un rouge cerise, transparents en lames minces et laissant passer le rouge. C'est l'une des trois combinaisons naturelles du sulfure d'argent avec celui d'antimoine; il renferme 0,589 d'argent, 0,229 d'antimoine, 0,166 de soufre et 0,016 de scories. On la trouve abondamment au Mexique. — V. ARGENT.

* **ARIANE.** *Myth.* Fille de Minos qui, aimant Thésée, lui donna un peloton de fil au moyen duquel il sortit du labyrinthe, après avoir vaincu le Minotaure, dont il devait être la proie.

* **ARICINE.** *T. de chim.* Alcaloïde découvert par Pelletier. — V. ALCALOÏDES.

* **ARIDE.** Synon. *Antiplastique.* Se dit en *T. de céram.* des substances qui possèdent la propriété de diminuer la plasticité des éléments de la pâte.

* **ARIMER.** *T. d'épingl.* Ajuster sur l'enclume le poinçon de l'épingle.

* **ARION.** Fameux poëte et musicien, qui vivait à la cour de Périandre. Étant sur un vaisseau, les matelots voulurent l'égorger pour avoir son argent; mais avant de mourir, il obtint la permission de jouer de son luth; aussitôt les dauphins, charmés par cette musique, s'attroupèrent autour du navire. Arion se jeta à la mer et l'un de ces dauphins le transporta jusqu'au cap de Ténare. M. Hiolle, sculpteur, a remporté, avec ce sujet, une médaille d'honneur au Salon de 1873.
— C'est aussi le cheval que Neptune fit sortir du sein de la terre, d'un coup de son trident.

* **ARISTÉE.** *Myth.* Fils d'Apollon et de Cyrène; il apprit à cultiver l'olivier et à élever les abeilles. Les bergers bâtirent des temples en son honneur. Il était épris d'Eurydice, qui fuyant ses poursuites le jour de ses noces avec Orphée, fut piquée d'un serpent et mourut sur le champ. Les nymphes touchées de ce malheur, tuèrent toutes les abeilles d'Aristée. Le célèbre Pradier s'est inspiré de ce sujet dans son bas-relief représentant *Aristée pleurant ses abeilles.* Cet ouvrage est au musée de Genève.

* **ARITHMÉTOGRAPHE.** Instrument à calculer au moyen duquel on exécute les opérations ordinaires de l'arithmétique.

* **ARITHMOGRAPHE.** Sorte de règle à calculer.

ARITHMOMÈTRE. Une très ingénieuse machine à calculer, inventée par M. Thomas (de Colmar) (V. ce nom), en 1820, et perfectionnée depuis par M. Thomas de Bojano, fils de l'inventeur, porte le nom d'*arithmomètre.* En renvoyant le lecteur à un article plus général sur la technologie du calcul, nous devons pourtant indiquer ici la différence profonde qui existe entre les tables de calculs faits ou *barèmes,* qui fournissent des résultats limités à certains cas; les *instruments de calcul* qui sont de simples auxiliaires du calculateur ou bien, comme les règles logarithmiques, ne donnent que des résultats approchés; et enfin les *machines à calculer.* Ces dernières effectuent automatiquement des calculs exacts, sans exiger ces efforts d'attention et de mémoire qui fatiguent l'esprit en peu de temps et sont sans profit pour lui. — V. CALCULER (Machine à).

L'idée de faire exécuter par une machine les opérations de l'arithmétique a pu sembler d'abord hardie et même peu réalisable. En réfléchissant on se rend compte au contraire que le calcul est une opération machinale, qu'il n'est que la répétition d'un petit nombre d'opérations simples et que des mécanismes peuvent parfaitement suppléer l'homme dans cette besogne de routine.

Ajoutons que les calculs qui constituent la plus usuelle et la plus indispensable application des sciences exactes sont encore la plus pénible. Les preuves des opérations sont longues, fatigantes et ne garantissent pas toujours l'exactitude des résultats. Les erreurs se multiplient dans le calcul de tête, dans le travail du copiste. Aussi doit-on compter parmi les bienfaiteurs de l'humanité ceux qui consacrent leur temps et leur fortune à créer et à vulgariser les machines à calculer. Le jour viendra peut être où ces efforts généreux profiteront au public et où les machines à calculer seront connues et répandues comme les compteurs. Ces derniers ne sont du reste que des machines à calculer qui forment des nombres par l'addition successive de l'unité.

L'arithmomètre de M. Thomas se compose d'une boîte rectangulaire en cuivre de 70 centimètres de long et 18 centimètres de large sur 10 centimètres d'épaisseur.

La surface supérieure (fig. 138) présente :

1° Une ligne supérieure de petites lucarnes circulaires où apparaissent les chiffres des résultats. Pour chaque lucarne il y a un petit disque ou roulette qui peut tourner autour d'un pivot vertical et qui porte sur le même axe une petite roue dentée conique qui sert à la faire tourner. Chaque roulette porte vers sa circonférence les dix chiffres 0, 1, 2, 3, 4, 5, 6, 7, 8, 9 qui apparaissent successivement à la lucarne, pour marquer les nombres ;

2° Une deuxième ligne de lucarnes semblables dont l'usage sera expliqué ;

3° Au-dessous de ces deux rangées de lucarnes on trouve une ligne de coulisses ou rainures perpendiculaires à la longueur de la boîte et munies chacune d'un bouton mobile. Chaque rainure porte les chiffres de 0 à 9. Ces rainures servent à inscrire les nombres soumis aux opérations en portant à chaque rainure le bouton vis-à-vis du chiffre correspondant à l'espèce d'unité que cette rainure représente ;

4° Une petite coulisse séparée à gauche permet le mouvement d'un gros bouton qu'on doit arrêter en haut à l'indication : addition, multiplication — ou vers le bas où se lit : soustraction, division, suivant l'opération qu'on veut exécuter ;

5° Une manivelle placée à l'angle droit inférieur et dont l'emploi sera expliqué.

Tels sont les organes apparents. Nous commencerons par indiquer comment on procède pour exécuter les opérations.

Inscription des nombres. La machine au repos, tous les boutons et les lucarnes marquant zéro partout, pour inscrire le nombre 3,507, par exemple, on porte successivement vis-à-vis des chiffres 3, 5 et 7 les boutons de la quatrième coulisse à partir de la droite (celle des mille) et les boutons de la coulisse des centaines et de celle des unités simples. Cela est vite fait et on lit aisément les nombres ainsi exprimés. Il suffit de ne considérer à chaque coulisse comme chiffres significatifs que ceux qui sont marqués par un bouton. Quand il y a un zéro on n'a pas à l'écrire puisque tous les boutons sont déjà à zéro.

Si maintenant le bouton indicateur des opérations, étant placé pour l'addition, on fait faire un tour entier à la manivelle, on verra apparaître le nombre 3,507 aux quatre ouvertures de droite de

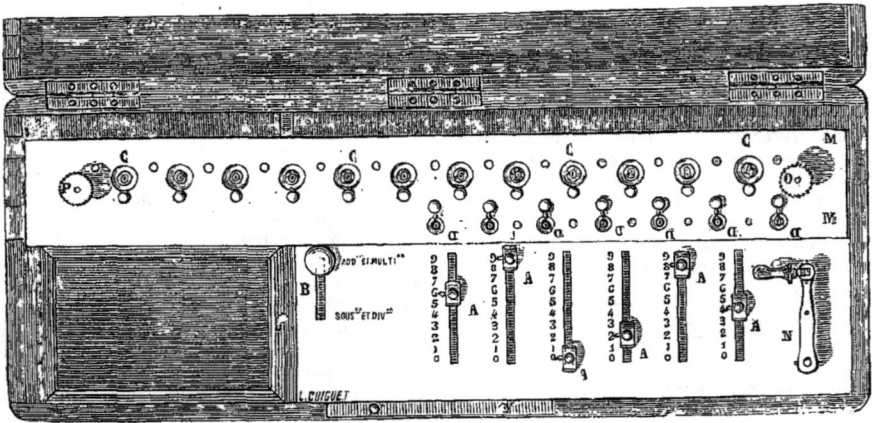

Fig. 158 — *Arithmomètre. Organes apparents.*

A Boutons glissant dans les coulisses pour marquer les chiffres qu'on veut soumettre à l'opération. — B Bouton indiquant l'opération que l'on veut faire. — C Lucarnes où se trouvent les résultats des opérations. — D Lucarnes indiquant le multiplicateur et le quotient. — M Platine mobile qui porte les cadrans. — N Manivelle pour donner le mouvement à la machine. — O Bouton de droite pour remettre les chiffres des lucarnes D à zéro. — P Bouton de gauche pour remettre les chiffres des lucarnes C à zéro. — NOTA. Ces deux boutons servent aussi à lever et à faire glisser la platine M.

la ligne des résultats. Le mécanisme permet donc de transmettre d'un seul coup d'une ligne à l'autre un nombre de plusieurs chiffres.

ADDITION. Effacez le nombre 3,507 à la ligne des coulisses, c'est-à-dire reportez tous les boutons vers le bas à zéro. Inscrivez un deuxième nombre 792, donnez un tour de manivelle et ce nombre sera transmis d'un seul coup, comme le premier 3,507. Vous lirez alors sur la ligne supérieure 3,507 + 792 = 4,299. La machine aura additionné ces deux nombres sans que vous ayez fait autre chose que de donner un tour de manivelle.

La roue des unités qui marquait 7 a tourné de deux crans, marquant d'abord 7 + 1 = 8, puis 7 + 2 = 9 ; le total du chiffre primitif 7 et de 2, s'est formé par l'addition successive au chiffre 7 des unités du nouveau nombre ; au rang des dizaines qui manquaient dans le premier nombre sont venues s'inscrire les neuf dizaines du deuxième nombre. Enfin les sept centaines à ajouter ont fait avancer successivement de 7 crans

la roue des centaines et fait apparaître successivement à la lucarne 6.7.8.9.0.1.2 ; mais au moment où apparaissait le zéro, la roue des centaines ayant fait un tour entier faisait avancer d'une dent la roue des mille et comme dans les compteurs transmettait ainsi la dizaine obtenue aux unités immédiatement supérieures, les mille. Un calculateur aurait dit 7 et 7 quatorze, je pose 4 et je retiens 1 ; puis il aurait ajouté 3 mille et 1 de retenu font 4 mille que j'écris. La machine a fait toutes ces opérations d'un seul coup, sans erreur possible.

On comprend maintenant qu'en reportant les boutons à zéro on peut écrire un troisième nombre, l'additionner au total des deux premiers d'un tour de manivelle et ainsi de suite, pour autant de nombres qu'on voudra, pourvu que le total ne dépasse pas les *centaines de milliard,* ce qui donne une marge suffisante.

SOUSTRACTION. Vous écrivez le plus grand nombre comme il a été dit en le reportant d'un tour de manivelle à la colonne des résultats. Puis vous descendez le bouton indicateur vis-à-vis le mot *soustraction*; vous inscrivez le plus petit nombre sur les coulisses, vous donnez un tour de manivelle, toujours de gauche à droite comme pour l'addition et la ligne supérieure vous donne la différence cherchée. Le déplacement du bouton indicateur des opérations a disposé le mécanisme intérieur de manière que les roulettes qui marquent les chiffres ont tourné en sens contraire, reculé chacune du nombre d'unités de même ordre contenues dans le plus petit nombre, ce qui est l'exécution de la soustraction. Dans le cas où l'un des chiffres du plus petit nombre est plus fort que le chiffre correspondant du plus grand nombre, le mécanisme emprunte 1 à la roulette qui représente les unités d'ordre supérieur qui est à sa gauche, et cela se fait par le même organe qui dans l'addition transmet à la roulette de gauche la dizaine qui s'est formée quand le total des deux chiffres est supérieur à 9.

MULTIPLICATION. C'est une addition abrégée dans laquelle tous les nombres à ajouter sont égaux. Soit à multiplier 23,593 par 7. Toutes les roulettes et boutons des coulisses mis à zéro, le bouton indicateur des opérations étant placé en haut, en face des inscriptions addition, multiplication, vous inscrivez le nombre au moyen des boutons des coulisses; au lieu de faire un tour de manivelle, vous en faites 7, ce qui ajoute 7 nombres 23,593 ou multiplie 23,593 par 7.

Si le multiplicateur était composé de plusieurs chiffres, s'il était par exemple 27, après avoir multiplié par 7, comme nous l'avons indiqué, on déplacerait la ligne supérieure qui donne les résultats en l'avançant d'un rang vers la droite.

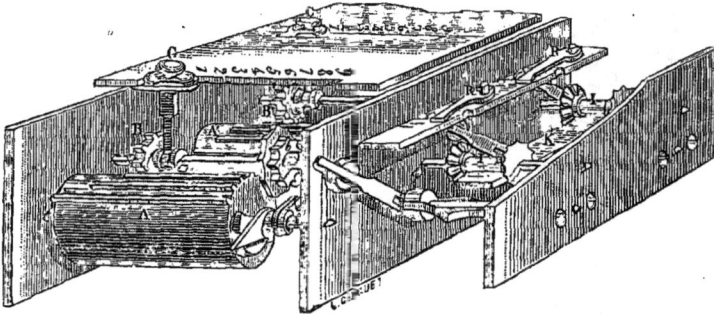

Fig. 139. — *Vue perspective des principaux organes de la machine.*

A Cylindres opérateurs. — B Pignons à dix dents que le cylindre fait tourner et qui transmet la rotation aux roulettes qui indiquent les résultats. — b' Pignon fixe de retenue. — C Boutons servant à inscrire les nombres. — I Manchons qui portent les petites roues dentées verticales. — K Règle qui commande tous les manchons I et sert à les faire avancer ou reculer. — R Leviers qui servent à reporter la dizaine au cylindre suivant.

De la sorte, le premier chiffre de droite du second produit partiel, serait inscrit au rang des dizaines et ainsi de suite. Après ce déplacement (ce qui est le procédé inverse de celui que doivent suivre les calculateurs, mais avec le même résultat), vous donnez deux tours de manivelle. Vous pouvez lire alors sur la ligne des résultats le produit de la multiplication de 23,593 par 27.

DIVISION. Vous indiquez sur la machine, la division, au moyen du gros bouton, après avoir inscrit le dividende à la ligne des résultats. Cela fait vous inscrivez le diviseur de manière que son chiffre le plus élevé puisse être soustrait du chiffre le plus élevé du dividende; je veux dire que si ce dernier chiffre était inférieur à celui du diviseur, il faudrait reculer le diviseur d'un rang vers la droite. Exemple, 288 à diviser par 9 : vous inscrivez 9 non pas au-dessous du chiffre 2, mais au-dessous du chiffre 8, le nombre 28 étant celui que vous sépareriez pour obtenir un premier dividende partiel dans le procédé ordinaire de la division. Puis en tournant la manivelle vous trouvez :

Après le premier tour, 19,8;
Après le deuxième, 10,8;
Après le troisième, 1,8.

Le quotient est 3; puis vous déplacez la ligne des résultats d'un rang vers la gauche pour que 9 puisse être retranché. En donnant deux tours de manivelle vous obtenez zéro. Le quotient est donc 32.

En résumé, vous avez à surveiller la ligne des résultats et à tourner la manivelle autant de fois que vous trouvez au dividende partiel un nombre supérieur au diviseur. Le nombre de tours de manivelle donne le chiffre du quotient, et il est indiqué par la deuxième ligne de lucarnes. Si l'opérateur par inattention donnait un tour de manivelle de trop il en serait averti par la machine elle-même, toutes les lucarnes à gauche marquant à la fois 9, ce qui produit un bruit particulier. Il suffirait pour corriger l'erreur d'ajouter le diviseur une fois après avoir fait en entier le tour de manivelle de trop qui est commencé.

Remarquez que vous procédez à coup sûr, faisant la division par soustractions successives; vous évitez les tâtonnements de l'essai de plusieurs chiffres au quotient; parce que ces soustractions successives se font plus rapidement qu'un seul essai dans le calcul à la plume. On comprend que le procédé est tout aussi simple lorsque le diviseur a plusieurs chiffres, puisque la machine agit d'un seul tour de manivelle sur tous les ordres d'unités à la fois, le diviseur pouvant avoir six chiffres.

Le deuxième rang de lucarnes sert à marquer le nombre de tours de manivelle et le chiffre du quotient.

Il nous reste à expliquer les détails du mécanisme imaginé par M. Thomas pour que les ré-

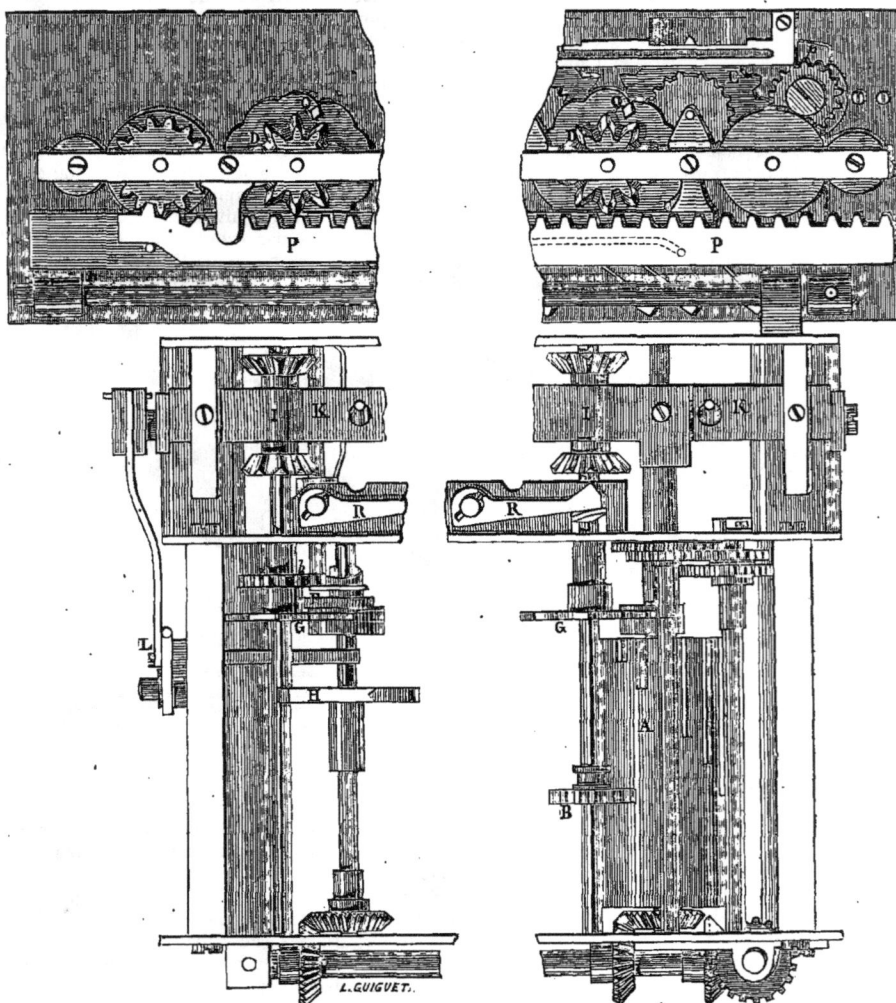

Fig. 140. — *Plan des deux parties extrêmes d'un* **arithmomètre** *indiquant les détails de construction.*

A Cylindre opérateur. — *B* Pignon à dix dents que le cylindre fait tourner et qui transmet la rotation aux roulettes qui indiquent les résultats. — *D* Cadrans indiquant les résultats.— *E* Cadrans indiquant le nombre de tours et le quotient.— *F* Manchon qui porte une dent pour transmettre les dizaines. — *G* Croix de Malte pour arrêter la volée que le cylindre *A* pourrait donner à l'arbre portant le pignon *B*. — *H* Disque portant une échancrure pour empêcher le changement d'opération pendant la marche de la machine. — *I* Manchons qui portent les petites roues dentées verticales. — *K* Règle qui commande tous les manchons *I* et sert à les faire avancer ou reculer. — *L* Levier sur lequel est monté le bouton indicateur des opérations. — *P* Crémaillère servant à remettre à zéro les cadrans des résultats. — *P* Crémaillère servant à remettre à zéro les cadrans de quotient. — *Q* Came placée sous les cadrans des résultats et servant à faire mouvoir le levier *R* des reports de retenue.

sultats indiqués soient obtenus avec certitude, sans erreur possible, c'est-à-dire sans l'emploi d'organes fragiles susceptibles de se déranger.

La machine complète comprend :

§ 1er. Les organes indicateurs des opérations.

§ 2. Les organes d'inscription des nombres.

§ 3. Les organes opérateurs.

§ 4. Les organes récepteurs qui servent à enregistrer les résultats.

§ 1er, 2. Nous avons décrit déjà en commençant ces organes qui sont apparents. Il nous reste à dire pour le § 1 que le bouton indicateur des opérations est lié avec deux systèmes de petites roues d'angle, une paire par chiffre ou par ordre d'unités. Ces deux roues sont parallèles, opposées et placées l'une en avant, l'autre en arrière d'une roue pareille, mais horizontale, qui est fixée sur le même axe que les disques ou roulettes qui portent les chiffres 0, 9 et servent à inscrire les nombres à la ligne des résultats ; ces petites roues verticales sont mises en mouvement lorsqu'on tourne la manivelle. Lorsqu'on porte le bouton en haut de la coulisse pour l'addition, on fait engrener la ligne de pignons inférieurs et les roulettes tournent dans le même sens que la manivelle. Si le bouton est tiré en bas pour la soustraction, on fait engrener la ligne de pignons verticaux qui est du côté extérieur des roulettes. Les pignons verticaux tournant toujours dans le même sens, mais attaquant la roue dentée horizontale du côté opposé, font tourner les roulettes qui portent les chiffres en sens contraire, ce qui produit la soustraction.

§ 3. *Organes opérateurs.* Ils sont la base de la machine à calculer et ils constituent une invention originale. Les figures 139 et 140 les représentent et nous permettent de les décrire aisément.

Pour chaque ordre d'unités un cylindre A porte 9 nervures d'inégale longueur. Si l'on divise en 10 parties égales la longueur du cylindre, la première partie à partir du bas n'a pas de cannelures, la deuxième partie en a *une*, et elle est vis-à-vis le numéro 1 de la graduation des coulisses ; la troisième partie offre *deux* cannelures et se trouve en face du chiffre 2, etc. En d'autres termes si l'on part de l'autre côté du cylindre, les 9 cannelures, également espacées, comme les dents d'un engrenage, ont des longueurs inégales ; la plus courte a 1/10 de la longueur du cylindre ; les autres croissent successivement de 1/10 jusqu'à la dernière, qui a 9/10.

Un pignon B qui peut se mouvoir suivant la longueur de son arbre et qui est fixé par un collier sur le bouton à index qui sert à l'inscription des nombres. On comprend que si le cylindre tourne, il fera tourner le pignon B, à moins que le bouton et le pignon n'aient été tirés vers le bas, où le cylindre n'est pas denté et où la graduation extérieure porte zéro. Si le bouton est porté au chiffre 3, comme vis-à-vis le cylindre à 3 dents, un tour du cylindre fera avancer le pignon B de 3 dents ; et ainsi pour les autres indications de la graduation, les chiffres correspondant à autant de dents du cylindre.

Sur l'arbre du pignon B est placé un manchon I, qui fait corps avec les deux roues d'angle verticales dont nous avons parlé ; le bouton indicateur des opérations agit sur ce collier pour le faire avancer ou reculer le long de son arbre, afin de faire engrener avec la roue d'angle horizontale des roulettes l'une ou l'autre de ces roues verticales, suivant qu'on veut additionner ou soustraire ; c'est ce que nous avons expliqué.

Organes récepteurs. La figure 140 montre relevée la règle mobile qui porte les lucarnes, ce que

nous avons appelé la ligne des résultats. Quand on rabat la charnière, on voit aisément que le cylindre A fait tourner le pignon B, lequel entraîne l'arbre et les deux roues d'angle verticales. Celle de ces dernières qui engrène avec la roue de la roulette fait tourner cette dernière, et elle la fait tourner d'autant de divisions que le cylindre avait de dents en prise avec le pignon B. C'est ainsi que les chiffres sont transmis à la ligne des résultats. Chaque roue du récepteur transmet l'avancement d'une dent à la roue de gauche quand elle a fait un tour entier, c'est-à-dire formé une dizaine ou une unité de l'ordre supérieur.

Pour transmettre d'un seul coup un nombre de plusieurs chiffres, la figure 140 nous montre le mécanisme employé : un arbre horizontal placé le long de la base des cylindres et que la manivelle fait tourner commande tous les cylindres au moyen de roues d'angle. Tous les cylindres tournent donc en même temps quand on tourne la manivelle et avec 6 cylindres on peut transporter d'une ligne à l'autre un nombre de 6 chiffres.

* **ARITHMOMÉTRIE.** Art d'effectuer les calculs au moyen de l'*arithmomètre*. — V. l'article précédent.

* **ARITHMOPLANIMÈTRE.** Instrument avec lequel on effectue rapidement les opérations les plus difficiles de la géométrie et de la trigonométrie, et les calculs des mouvements des terres dans les projets de chemins de fer, de routes et de canaux.

— Cet instrument a été inventé par Léon Lalanne, ingénieur français.

* **ARKOSE.** *T. de minér.* Roche de grès métamorphique, dont la texture est assez variée ; tantôt elle est grenue et composée de quartz hyalin et de feldspath, tantôt elle est compacte ou argileuse. Le quartz domine dans l'*arkose commune*, dans l'arkose granitoïde, c'est le feldspath ; l'*arkose friable* ou *arène* que l'on trouve en Bourgogne et dans le Morbihan sert à faire des mortiers hydrauliques. On emploie plusieurs variétés plus dures ou granitoïdes pour faire des carreaux de dallage, des cheminées, des hauts-fourneaux, etc.

* **ARLÈS** (François-Barthélemy), industriel, est né à Cette (Hérault), en 1797. Son père, officier de fortune, le destinait à la carrière militaire. Après sa sortie du lycée, il s'engagea, en 1813, dans le 4e régiment des gardes d'honneur. L'année suivante, les bandes étrangères se ruaient sur la France et menaçaient Paris. Le jeune Arlès, n'écoutant que son patriotisme, marchait au premier rang parmi les volontaires qui tentèrent de repousser les envahisseurs. La paix signée, il dut, non sans regret, quitter l'uniforme et chercher un emploi ; il eut alors de bien mauvais jours : les dîners étaient rares, les déjeuners inconnus et l'avenir sombre ! Un petit emploi de commis, chez un fabricant de châles de Paris, fut une brillante

éclaircie dans ce ciel de misères, mais, en 1815, Napoléon revenait de l'île d'Elbe, et tous ces jeunes cœurs pleins d'enthousiasme pour le grand capitaine, couraient se ranger sous les drapeaux qu'ils avaient dû abandonner l'année précédente : Arlès partit pour l'armée. Quelques mois après, Waterloo engloutissait l'armée et l'épopée impériales! La carrière militaire du jeune Arlès était terminée, il allait commencer la carrière civile, dont nous allons retracer les principales phases que nous empruntons au *Panthéon de la Légion d'honneur*. Après Waterloo, il était entré dans la fabrique de MM. Laîné frères. — « Envoyé par eux en Allemagne, il épousa, en 1824, Mlle Dufour, d'une famille française, émigrée depuis l'Édit de Nantes; il entra comme commis intéressé dans la maison Dufour frères et Cie, dont il dirigea la succursale établie à Lyon. — Il la transforma, en 1837, en maison principale, sous la raison *Arlès-Dufour*.

Dès 1822, Arlès-Dufour avait commencé à s'occuper d'économie politique avec Henri Fonfrède, de Bordeaux; depuis, il ne cessa de travailler activement à la propagation de la liberté du commerce, qu'il a eu le bonheur de voir triompher en Angleterre en 1847, et en France en 1860.

Il s'enorgueillit aussi d'avoir joui de l'amitié de Richard Cobden pendant trente ans, et jusqu'à la mort de ce grand homme. — Intimement lié, dès 1817, avec Prosper Enfantin, il partagea ses idées; et, sans cependant faire partie de la hiérarchie saint-simonienne, il participa au mouvement économique, philosophique, social et religieux de cette grande école, d'où sont sortis tant d'hommes remarquables.

Le 31 août 1864, il accompagnait à sa dernière demeure son illustre ami, qui l'avait nommé son légataire universel, en le chargeant de la propagation de ses œuvres et de ses idées. — Conséquent avec le grand principe saint-simonien de l'*égalité de l'homme et de la femme*, il demanda et obtint, en 1860, l'autorisation d'ajouter à son nom celui de sa femme, et se nomma dès lors officiellement *Arlès-Dufour*.

La carrière d'Arlès-Dufour peut se résumer ainsi : Enfant de troupe au commencement de ce siècle, il devint successivement : adjoint au maire de Lyon, en 1830; membre de la chambre de commerce de cette ville, en 1832, du conseil général du Rhône, en 1860; membre du jury des expositions nationales de 1839, 1844, 1849 et de l'exposition universelle de 1855. — Il était l'un des fondateurs de l'école centrale lyonnaise et de la société des cours professionnels; sociétaire de la société d'instruction primaire du Rhône; administrateur de l'école de la Martinière; censeur de la succursale de la banque de France; membre de l'académie de Lyon.

Enfin, pour ses divers et nombreux services publics *gratuits*, il a été successivement nommé : chevalier de la Légion d'honneur en février 1835, officier en 1855, commandeur en 1862; officier de l'instruction publique en 1866; commandeur des ordres d'Autriche, de Prusse, d'Italie, de Portugal, de Saxe et de Wurtemberg, etc., etc., après l'ex-

position universelle de 1855, dont il a été le secrétaire général sous la présidence du prince Napoléon.

M. Arlès-Dufour est mort en 1873; sa vie était un grand exemple de ce que peuvent le travail et la loyauté, et elle motivait et justifiait sa devise : *Rien sans peine*.

*ARMAN (Jean-Lucien), constructeur pour la marine, né à Bordeaux, en 1811. — De ses chantiers ont été lancés de nombreux navires, tels que frégates pour la Russie, canonnières et batteries flottantes pour la France. — Cet industriel, qui a remis en activité les ateliers d'Ajaccio, a produit à l'exposition universelle de 1855 un système de vaisseaux en bois et en fer, inconnu à cette époque.

Il a fait partie des membres du conseil général du département de la Gironde et a été envoyé deux fois à la Chambre des députés par les électeurs de ce département, en 1857 et en 1863. — Étant encore pourvu de ces deux mandats, en 1868, M. Arman, pour des raisons personnelles, donna sa double démission de conseiller général et de député.

Chevalier de la Légion d'honneur dès 1852, il a été promu successivement au grade d'officier après l'Exposition de 1855 et de commandeur de cet ordre le 13 août 1864. Il est mort en 1876.

ARMATURE. 1° T. techn. Assemblage de pièces ou de liens de métal pour soutenir ou contenir les parties d'un ouvrage de maçonnerie, de charpenterie, de mécanique, d'un modèle de sculpture, d'une figure de bronze, etc. Les armatures des fondeurs sont composées de pièces jointes au moyen de vis, de boulons et de clavettes. || **2° T. de constr.** On emploie l'armature à relier ensemble plusieurs poutres, afin qu'elles aient plus de force, ou bien encore à fortifier une partie faible. || **3° Charpente cintrée** qui sert à la construction des arcades, des arches, des voûtes.

Armature. 4° T. de phys. On emploie souvent ce mot à tort, pour désigner des organes complètement différents, tels, par exemple, que les garnitures métalliques des bouteilles de Leyde et des aimants, et les pièces de fer qui subissent les effets d'attraction de ces derniers. Cette confusion est illogique et d'autant plus regrettable qu'il existe le mot *armure* (V. ce mot), pour désigner les garnitures métalliques en question. En définitive, le mot *armature* ne doit être appliqué qu'à la pièce de fer qui subit l'action attractive des aimants ou électro-aimants. Cette pièce est la partie essentielle de tous les appareils électro-magnétiques, car c'est par son intermédiaire qu'un mouvement peut être créé instantanément à distance sous l'influence d'aimantations et de désaimantations successives, opérées par le passage ou l'arrêt d'un courant électrique à travers un aimant temporaire ou électro-aimant.

La disposition des armatures a été très-variée ; tantôt elles consistent dans des prismes de fer doux qui, étant articulés par les deux bouts, peuvent se mouvoir angulairement devant les deux pôles d'un aimant qui est alors en fer à cheval, et c'est un ressort antagoniste qui produit les mouvements inverses à ceux provoqués par l'action électrique ; tantôt ces prismes ne sont articulés que par un bout seulement, et le mouvement sensible n'est produit qu'au bout opposé. D'autres fois les armatures, au lieu d'être en fer doux, sont constituées par des aimants afin de ne produire d'effet mécanique que sous l'influence d'un seul sens des courants qui sont transmis. D'autres fois encore ces armatures, tout en étant en fer doux, réunissent les avantages des armatures aimantées, étant polarisées par l'action d'un aimant puissant placé dans le voisinage. On les appelle alors *armatures polarisées*, et elles sont généralement préférées aux *armatures aimantées*, parce qu'elles ne peuvent se désaimanter et qu'elles réagissent plus énergiquement. D'autres fois encore, les armatures au lieu d'être composées de prismes en fer d'une seule pièce, sont composées d'un certain nombre de lamelles de fer juxtaposées, et on les appelle alors *armatures multiples*. Ces armatures ont l'avantage de se désaimanter beaucoup plus promptement que les armatures massives.

La forme et les dimensions des armatures doivent dépendre du genre d'effet qu'elles sont appelées à produire. Si elles doivent fournir une grande force, elles doivent être massives et présenter extérieurement une grande surface. Si elles ne doivent produire qu'une faible force, mais des mouvements rapides, elles doivent être les plus petites possible, afin que leur force d'inertie soit réduite au minimum et que leur désaimantation puisse se faire rapidement. Les armatures, en effet, comme du reste les électro-aimants, sont soumises à une action nuisible appelée *magnétisme rémanent* (V. ce mot) qui est d'autant plus développée que la masse de l'armature est plus grande, et c'est pour cette raison que les armatures multiples produisent de bons effets, quoique leur force soit moindre que celle des armatures massives de mêmes dimensions.

Quelquefois les armatures sont constituées par de véritables électro-aimants, et elles réagissent alors comme des armatures aimantées ; mais elles présentent l'avantage de pouvoir fournir des polarités variables ou annulées suivant que le courant qui les traverse change de sens ou est interrompu. Les besoins de l'application ont fait varier du reste de mille manières différentes la disposition des armatures et leur mode d'action sous l'influence électro-magnétique On pourra en voir les principales dispositions dans les différents ouvrages de M. Th. du Moncel notamment dans son *Exposé des applications de l'électricité*, tome II, et dans son *Etude du magnétisme*.

ARME. On appelle *armes* les instruments et appareils qui servent à l'homme pour attaquer et soumettre les animaux et l'homme lui-même ou pour défendre son existence ; c'est le complément (dans la lutte pour la vie) des ressources en outils et machines que son intelligence a imaginées pour faire servir à la satisfaction de ses besoins multiples la matière insensible et les plantes.

Aux débuts, l'outillage était unique ; l'instrument contondant ou tranchant qui servait aux premiers travaux était aussi une arme ; bien des fois dans l'histoire nous voyons des instruments de travail armer des masses ; encore aujourd'hui la hache est à la fois un outil incomparable et une arme terrible.

A mesure qu'il étendait ses connaissances, l'homme a multiplié et varié ses outils ; comme le corps de l'homme et de la plupart des animaux est moins résistant que les minéraux et le bois, il a imaginé pour la chasse et la guerre des instruments spéciaux plus légers et plus commodes ; il s'est établi une distinction, par la forme et par le poids, entre l'outil et l'arme.

Plus tard, l'invention des *armes défensives*, conduisit à augmenter la puissance et par suite le poids des *armes offensives;* il y eut des armes particulières pour la chasse, plus maniables et plus légères que les *armes de guerre*.

Les divers instruments ou appareils qui constituent les armes peuvent se grouper de plusieurs manières. On les classe d'après leur forme et les effets qu'ils produisent, d'après leur emploi ou leur mise en action.

CLASSEMENT DES ARMES D'APRÈS LEURS FORMES ET LEURS EFFETS.

A ce point de vue on distingue trois classes principales :

1º Les *armes de choc* ou armes contondantes qui opèrent par écrasement ou par compression, comme la massue, le bâton, etc. ;

2º Les *armes de taille* ou armes tranchantes ;

3º Les *armes d'estoc* ou armes perforantes, comme l'épée, le poignard, etc., qui agissent par la pointe. On appelle *arme de hast* les armes d'estoc longues, comme la lance, la pique, etc.

On combine souvent ces éléments pour donner à une arme deux propriétés, exemple : le sabre à faible courbure qui est une *arme d'estoc* et de *taille*.

CLASSEMENT DES ARMES D'APRÈS LEUR MISE EN ACTION.

Armes de main ou armes que le combattant conserve à la main.	Action directe.	La force de l'homme agit seule avec la pesanteur.
Projectiles ou armes projetées.	Action à distance.	*Idem.*
Armes de jet ou armes mécaniques de projection comme l'arc, l'arbalète la fronde, la sarbacane.	Action à distance.	Force de l'homme et forces naturelles, comme la force centrifuge, l'élasticité des solides et des gaz.
Armes à feu.	Action à distance.	Force explosive de la poudre.

Les armes de jet utilisent une série d'efforts qui s'ajoutent pour produire un plus grand effet. Par exemple dans l'arc l'élasticité rend, avec une perte, mais d'un seul coup, les sommes des forces qui ont été emmagasinées pendant qu'on le bandait.

Dans les armes de jet qui emploient l'élasticité de l'air ou la force centrifuge, l'application de la force se fait d'après le même principe. L'homme qui fait tourner la fronde développe, au moyen de ses muscles, la force centrifuge ; celui qui souffle dans une sarbacane fait agir son souffle, comme force accélératrice, pendant toute la durée du trajet du projectile dans le tube.

Les armes à feu, au contraire, ont pour caractère distinctif de multiplier la force, tandis que les armes de jet se bornaient à la concentrer. Là est le progrès. Le projectile est lancé au moyen d'un corps solide, facile à préparer, lequel développe presque instantanément des gaz qui occupent 400 fois son volume et qui sont chauffés à 2,000° par la combustion de la poudre ; une énorme tension est produite sans qu'il ait fallu faire un travail préalable égal ou seulement proportionné à l'effet obtenu, à l'énorme tension d'un ressort incomparable. Il suffit que l'homme produise une étincelle qui enflamme la poudre ; le feu se développe et travaille pour lui.

On distingue les armes aussi en *armes blanches* (et on désigne ainsi généralement par ce mot l'ensemble des armes de main, d'estoc ou de taille) et *armes à feu*, les projectiles lancés à la main et les armes de jet n'étant plus d'aucun usage, en Europe au moins.

Toutes les armes que nous venons d'énumérer sont des *armes offensives*, c'est-à-dire servant à l'attaque. Pour protéger la fragilité du corps humain on a imaginé des *armes défensives* comme les boucliers, les casques, les cuirasses, etc. — V. Armure.

On trouve aussi souvent la dénomination d'*armes portatives* appliquée aux armes tant offensives que défensives par opposition aux engins et machines de guerre de l'artillerie. — V. Artillerie.

Signalons aussi un classement des armes qui a été fait d'après la matière employée pour leur fabrication, et qui a permis d'établir des époques distinctes pour les sociétés humaines anciennes dont notre époque a cherché à faire l'histoire.

On distingue les *armes de pierre;* les *armes de bronze;* les *armes de fer.*

Nous nous bornerons à donner quelques indications sur les armes ainsi désignées, qui renferment les armes des âges préhistoriques et qui ont été l'objet de recherches très-intéressantes depuis quelques années.

Armes de pierre. Les premières armes, dit Lucrèce, furent les mains, les ongles et les dents ; puis on employa les pierres et les branches d'arbre. Quand les hommes primitifs effectuèrent, au milieu des périls, une reconnaissance de la terre qui devait être le domaine de leur espèce, ils durent être d'abord frappés des diverses propriétés physiques des corps ; ils reconnurent la dureté des uns, la flexibilité des autres ; chaque pas dans le monde nouveau leur apportait un enseignement. La chute d'un rocher leur révéla la pesanteur ; les coquilles et les cailloux leur apprirent les propriétés des pointes et des tranchants.

Le jour où l'homme a ramassé un éclat de pierre, qu'il en a essayé sur une branche d'arbre le tranchant qui avait blessé son pied, il a trouvé à la fois un outil et une arme. Jusqu'alors il avait utilisé ce qu'il trouvait. A ce

moment il a fait le premier pas dans une voie nouvelle, la transformation des corps par un travail raisonné, leur adaptation à divers usages ; il a commencé alors à marcher à la domination des animaux et de la matière.

Quoique la nature fournisse en abondance des pierres pointues et tranchantes de formes variées, l'homme ne tarda pas à les modifier pour obtenir les formes et les dimensions les plus convenables. Il procéda d'abord par le choc, enlevant des éclats plus ou moins irréguliers. C'est la première période.

Plus tard (deuxième période, de la pierre polie) les procédés s'améliorèrent, la pierre fut polie par le frottement ; l'ouvrier de cette époque préhistorique savait percer la pierre pour l'emmancher, donner à la hache des formes régulières, des renforcements raisonnés.

L'arme la plus usuelle, celle que l'on trouve le plus souvent dans les fouilles, c'est la hache ; mais dans les restes de la période de la pierre polie on trouve une grande variété d'outils et d'armes, des pointes de flèche, des poignards, etc.

Armes de bronze. Il est historiquement constaté, depuis longtemps, que bien avant de connaître le fer, on a su extraire le cuivre et l'étain de leurs minerais et fondre le bronze. Les anciens savaient le travailler de manière à obtenir la dureté des tranchants.

Posterius ferri vis est œrisque reperta
Et prior æris erat quam ferri cognitus usus.
           Lucrèce : Livre V.

Armes de fer. Les procédés primitifs employés pour dégager le fer de son minerai durent donner un fer aciéreux relativement propre à la fabrication des armes portatives. Dans l'antiquité romaine cette fabrication paraît avoir été portée à un grand degré de perfection et elle s'étendit à divers pays de l'Europe. On a trouvé notamment en Danemarck, dans des tombeaux, avec des monnaies romaines, des épées de fer bien forgées et présentant des formes très-arrêtées. Dans la longue période de barbarie qui suivit la chute de l'Empire romain, l'art de bien travailler le fer se perdit ; la fabrication devint grossière. Nous citerons l'épée du Cid conservée à Madrid qui, à peine dégrossie, est plutôt une arme de choc qu'une arme tranchante.

A l'époque des premières croisades, l'armement était encore très-imparfait. C'est ce qui explique la grande réputation qu'ont eue les lames dites de *Damas*, qui venaient surtout de la Perse et de l'Inde. Les Orientaux se servaient déjà d'acier fondu pour leurs armes portatives et ils savaient alors le produire et le travailler avec un art qu'une ont en partie oublié.

Armes à feu de guerre. La composition de la poudre et ses propriétés explosibles étaient connues en Europe pendant le xiiie siècle ; Marcus Græchus (*liber ignium ad comburandos hostes*) donne la recette du pétard et de la fusée volante. Les Arabes ont employé dans la deuxième moitié du xiiie siècle, non-seulement des artifices incendiaires composés de salpêtre, de soufre et de charbon, mais encore de véritables appareils de projection ; ces armes étaient à la vérité très-élémentaires, très-imparfaites et peu efficaces. Mais ces conceptions primitives constataient la possibilité de maîtriser la force de la poudre, de diriger son action dans un seul sens pour obtenir des effets de projection suivant une direction donnée. C'était le point de départ des armes à feu et de l'artillerie.

Ces premières armes se composaient d'un court tube en fer fermé par un bout. Ce tube nommé *madfaa* était logé dans l'extrémité d'une lance ou dans le massif d'une massue et lançait à faible distance une balle ou une flèche, en laissant éloigné du tireur le récipient de la poudre et le danger de l'explosion.

L'Europe tient-elle l'**invention** des Arabes comme ces

derniers avaient appris les propriétés de la poudre des Mongols qui les connaissaient par les Chinois? Cela est probable. Les Italiens et les Espagnols communiquaient fréquemment avec eux par la Méditerranée.

En 1299, une chanson italienne (attribuée à Guido Cavalcanti, mort en 1301) renferme un passage qui a attiré l'attention :

> Guarda ben, dico, guarda ben
> Ti guarda, non aver vista tarda
> Ch'a pietra di bombarda arme val poco.

« Regarde bien, te dis-je, regarde bien, prends garde, aie le coup d'œil prompt, parce que contre la pierre de bombarde l'armure vaut peu. »

L'autorité de ce passage a été contestée parce qu'il est question de bombardes lançant des pierres et que c'est seulement beaucoup plus tard que l'on constate l'emploi de la poudre pour lancer des pierres. — Il faut remarquer, que dans l'histoire des armes et de l'artillerie les mêmes mots désignent des objets très-différents, perdent leur sens pendant un temps, le retrouvent plus tard souvent avec une application différente. C'est une des grandes difficultés de l'histoire des premières armes à feu.

L'emploi d'armes à feu, en 1299, en Italie n'a du reste rien d'improbable; en 1313, Berthold Schwartz appliquait en Allemagne la force projective de la poudre ; en 1326, l'emploi des armes à feu est formellement constatée à Florence et il s'agit d'armes déjà perfectionnées.

En 1342, Pétrarque (Dialogue : de remediis utriusque fortunæ) parle d'armes à feu qui devaient être très répandues en Italie et étaient montées sur un fût en bois.

L'artillerie du reste, si peu perfectionnée vers cette époque qu'on lançait encore des flèches avec les canons; c'est la preuve du peu d'effet du boulet. Longtemps les bouches à feu portaient moins loin que les balistes.

Dès la fin du XIVe siècle on employait de petites armes à feu que l'on fixait généralement à plusieurs sur des espèces d'affûts à roués et l'ensemble était nommé ribeaudequin. Un inventaire de Bologne (cité par le général Favé : Etudes sur l'artillerie), daté de 1397, leur donne le nom de sclopus, dont on a fait plus tard les mots sclopetti, schioppo et escopettes : — VIII sclopos de ferro de quibus sunt tres a manibus.

La couleuvrine à main (première moitié du XVe siècle) est la première arme à feu portative sur laquelle on ait des données certaines; le canon était lié à un fût en bois par des liens en fer ou même en cordes. Le canon recevait une amorce de poudre sur la lumière et on l'enflammait avec une mèche allumée qu'on tenait à la main. La couleuvrine à main resta en service jusqu'à la fin du XVe siècle. On s'est servi aussi beaucoup à cette époque de l'arquebuse à croc ou à crochet; cette arme se composait uniquement d'un canon nu, portant vers le milieu de sa longueur un crochet, par lequel on le fixait sur un chevalet au moment du tir.

L'arquebuse à mèche adoptée par les Espagnols au commencement du XVIe siècle marqua une nouvelle période dans l'histoire des armes à feu. Elle comprenait un bassinet fixé sur le côté droit du canon pour porter la poudre d'amorce, un couvre bassinet qu'on déplaçait au moment de tirer et qui servait à retenir l'amorce quand on déplaçait l'arme chargée, enfin une pièce de fer, courbée, nommée serpentin, portait la mèche le bout enflammé dirigé vers le bassinet sur lequel on l'abaissait, en pressant une détente. Enfin la monture avait été perfectionnée, la crosse élargie et courbée, pour qu'on pût viser en appuyant l'arme à l'épaule. Pour la première fois l'arme à feu arrivait sur le terrain prête à tirer, avantage que l'arbalète avait seule présenté auparavant. — V. ARQUEBUSE.

En 1523, dit Montluc, il n'y avait pas d'arquebusiers dans notre nation. Les Allemands et les Italiens nous avaient devancés depuis plusieurs années, les Anglais depuis 1521 ; ce ne fut qu'en 1525 que les Français commencèrent à se servir d'arquebuses à la guerre.

L'arquebuse à mèche, sous son propre nom d'abord, puis sous le nom de mousquet fut la seule arme à feu de l'infanterie française jusqu'en 1700. Le mousquet ne différait de l'arquebuse primitive que par son calibre qui était plus fort et par sa charge qui était double. Comme l'invention de l'arquebuse de guerre ce perfectionnement fut dû aux Espagnols. D'après Brantôme (vie de Strozzi) le roi Charles IX fit organiser le nouvel armement d'après ce qu'il avait vu dans les Flandres à l'armée du duc d'Albe. Les premiers mousquetaires parurent en 1572.

Le mécanisme à rouet fut inventé par les Allemands à peu près à la même époque où les Espagnols répandirent l'usage de l'arquebuse à mèche. C'était l'application aux armes du phénomène qui se produit quand on présente à une meule un instrument à aiguiser. Seulement les rôles étaient renversés ; la pierre était fixe et pressée contre une petite roue d'acier cannelé (rouet) mue par un ressort; en tournant rapidement cette roue produisait des étincelles. On avait besoin de conserver le feu, d'aviver la mèche et de la compasser. On supprimait l'odeur et la lueur de la mèche qui révélait la présence des arquebusiers.

Le rouet n'était pas sans présenter des inconvénients ; il était coûteux, exigeant l'emploi d'une clé pour le monter; il nécessitait des soins et des réparations. Aussi il n'a pas marqué dans l'histoire des armes une période définie comme l'arquebuse à mèche et comme plus tard le fusil à silex.

Il n'a guère remplacé l'arquebuse à mèche dans les armées que pour la cavalerie. Les Espagnols imaginèrent une arme courte à rouet qu'ils nommaient à pedernal (pierre à feu), d'où sont venus en France les mots de pétrinal et poitrinal.

Le rouet fut très-répandu parmi les chasseurs et son emploi se continua, au moins en Allemagne, jusqu'au cours du XVIIIe siècle.

La platine de l'arme à feu subit un changement important dans la première moitié du XVIIe siècle sans qu'il soit possible d'en bien préciser l'époque. Vers 1630, les platines espagnoles, dites platines à la miquelet, présentèrent un nouveau mode d'inflammation de l'amorce. On remplaçait la mèche et le rouet par deux pièces nouvelles, le chien et la batterie. Le chien tenant dans ses mâchoires une pierre ou silex, choquait avec force une pièce d'acier mobile à charnière, la batterie, et ce choc donnait des étincelles suffisantes pour enflammer la poudre du bassinet. Le mot italien focile ou fucile qui signifie une pierre à feu était déjà passé dans la langue française pour désigner la petite pièce d'acier du briquet avec laquelle on bat un caillou pour en tirer des étincelles ; on appelait et on appelle encore pierre à fusil, la pierre qui était employée, ordinairement le silex. Le nouveau système plus solide que le rouet et d'un maniement plus rapide donnait aussi plus d'étincelles. Toutefois on en doutait et cette nouveauté ne fut pas admise facilement dans les armes de guerre.

En 1653, il parut deux ordonnances royales proscrivant le fusil pour l'armée; la deuxième, en date du 24 décembre, punissait de mort les soldats qui n'auraient pas quitté le fusil pour reprendre le mousquet. Le fusil s'imposa pourtant malgré la routine. Des ordonnances successives autorisèrent quatre fusils par compagnie (1670), six (1687) et vingt et un (1692). Enfin, en 1700, le fusil remplaça l'ancien mousquet à mèche. En 1708, la pique disparut de nos armées, remplacée par la baïonnette à douille mise au bout du fusil qui devint alors à la fois arme de main et arme à feu. — V. FUSIL, pour détails sur les différents modèles.

Le fusil, devenu l'armement de toutes les armées, fut très-peu perfectionné jusqu'en 1840, où l'adoption du système à percussion rendit le chargement plus prompt, l'inflammation plus certaine, en même temps que les grands progrès de toutes les fabrications permettaient d'améliorer les détails de l'arme et des munitions.

Peu d'années après les rayures, qui depuis 1827, avaient été l'objet de nombreuses expériences, inaugurées par Delvigne, donnèrent un accroissement inespéré de justesse et de portée. — V. RAYURE, FUSIL RAYÉ, CARABINE.

Enfin, après la campagne de 1866, qui se termina par la bataille de Sadowa, les grands effets produits par le fusil prussien à aiguille, forcèrent tous les gouvernements à résoudre la question du chargement par la culasse qui n'avait pas cessé d'être à l'étude et de susciter des inventions. Les nouveaux fusils profitèrent des nouvelles études faites sur la réduction des calibres, sur les poudres perfectionnées et sur les rayures et en même temps que la rapidité du tir, ils donnèrent des portées et une pénétration remarquable et surtout une justesse bien supérieure.

Les premiers fusils, se chargeant par la culasse, tiraient une cartouche combustible, mais bientôt cette cartouche a été remplacée par une autre, à étui métallique, dont l'adoption a permis de simplifier le mécanisme de culasse et augmenter encore la rapidité du chargement. Enfin, aujourd'hui, la question des armes à répétition et des chargeurs rapides est à l'ordre du jour; un grand nombre de modèles ont été essayés dans tous les pays

Le tableau suivant indique les modèles d'armes à feu actuellement en service :

| MODÈLES | PAYS QUI LES ONT ADOPTÉS | CALIBRE | POIDS | | VITESSE INITIALE. |
			de la balle	de la charge	
Chassepot, modèle 1866..... —. transformé au système Gras........	Perse, Japon, Amérique du Sud.	11 m/m »	25gr.,0	5gr.,50	420 mèt.
Gras, modèle 1874.......	France, Grèce.......	11 m/m »	25,0	5,25	450 »
Mauser, modèle 1871.......	Allemagne.......	11 m/m »	25,0	5,00	440 »
Werder, modèle 1869.......	Bavière........	11 m/m ».	22,0	4,30	440 »
Martini-Henry, modèle 1871...	Angleterre,Turquie,Portugal	11 m/m 43	31,1	5,50	416 »
Werndl, modèles 1867 et 1873..	Autriche..........	10 m/m 70	24,0	5,00	438 »
Remington...........	États-Unis, Japon, Chine, Espagne, Suède, Danemark	11 m/m »	27,0	5,00	423 »
Vetterli............	Italie, Suisse........	10 m/m 40	20,0	4,00	430 »
Berdan, modèle 1871.......	Russie.	10 m/m 70	24,0	5,06	442 »

Actuellement, la valeur des différents modèles des nouveaux fusils rayés à tir rapide, est presque pareille et c'est la troupe qui s'en servira le mieux qui gagnera les batailles.

Armes de chasse. Toutes les armes de main et de projection ont été autrefois employées à la chasse. Encore maintenant les tribus restées dans un état primitif de civilisation se servent d'armes d'estoc comme les sagaies ou javelots, de la fronde et de l'arc.

Les Patagons et les Gauchos de la Plata emploient des boules liées par une corde solide qu'ils font tourner avant de les lancer; ils frappent ainsi avec la plus grande justesse l'autruche ou le jaguar. — Ils se servent aussi du lasso ou nœud coulant qu'ils lancent avec une dextérité merveilleuse sur l'animal qu'ils veulent prendre.

Certaines tribus de l'Amérique du Sud emploient aussi la sarbacane.

Au moyen âge l'arc et l'arbalète furent les armes de chasse par excellence. Elles continuèrent à être employées jusqu'au cours du XVIIe siècle. Espinar parle encore de l'arbalète à l'occasion de certaines chasses de Philippe IV, roi d'Espagne, dans son traité de chasse (1644). On s'en servait encore sous Louis XIII, d'après Salnove (traité de vénerie). L'arbalète à baguette munie d'un canon de fusil fendu, pour laisser passer la corde, et lançant un carreau ou une balle, était encore en usage sous Louis XIV.

On continua à se servir de l'arc tout aussi longtemps, surtout en Angleterre où cette arme était devenue nationale. En 1633, Charles Ier nomma une commission chargée d'empêcher d'enclore les champs près de Londres, ce qui devait interrompre le nécessaire et profitable exercice du tir à l'arc.

On peut s'étonner que les armes de jet aient servi, tant à la guerre qu'à la chasse, pendant près de deux siècles après que les armes à feu étaient répandues et déjà très efficaces. Cela tient à la grande perfection qu'elles avaient acquises, à l'absence du bruit qui effraie le gibier et aussi à la lenteur des progrès des armes à feu. Elles disparurent définitivement devant le fusil à silex. — V. ARBALÈTE.

Armes à feu de chasse. C'est seulement vers la fin du XVe siècle que l'on commença à construire des armes de luxe dans lesquelles le canon était fixé sur une monture courbée par s'appuyer à l'épaule et la mèche était fixée sur l'arme même au moyen d'un serpentin que le tireur pouvait abaisser sur l'amorce pendant qu'il visait.

Une très-ancienne arquebuse à mèche, conservée au musée de Berne qui, suivant la tradition, fit partie du butin conquis à Morat (1476), par les Suisses et qui aurait appartenu à Charles le Téméraire, nous montre les débuts de l'invention. L'adoption par les troupes espagnoles de l'arquebuse à mèche dans les premières années du XVIe siècle en répandit rapidement l'usage.

Les arquebuses de chasse ne différèrent pas d'abord de celles qui armaient les soldats. A mesure qu'elles se perfectionnèrent on les allégea et elles purent servir à tirer à la course et au vol. Ce progrès fut réalisé vers la fin du XVIe siècle; il ne nous est signalé à cette époque que par un auteur italien, Cesare Solatio Romano, qui écrivait en 1669. En France on considère le tir au vol comme ayant été inauguré par Louis XIII.

Pendant le XVIIe siècle on trouve employées des armes de chasse à un seul canon, très-longues en général; les trois systèmes d'inflammation de la charge, par la mèche, par le rouet et par la platine à silex furent employés concurremment.

Jusqu'en 1700, les armes à feu de chasse étaient généralement à un seul coup. On a fait pourtant de nombreuses tentatives, pendant les xvi⁰ et xvii⁰ siècles, pour obtenir de pouvoir tirer successivement plusieurs coups. On imagina des armes à *répétition* du coup dans un même canon. Deux ou plusieurs charges superposées étaient séparées par des rondelles de cuir forcées et s'appuyant sur la balle de la charge précédente; il y avait une lumière pour chaque charge. On répétait le mécanisme d'inflammation ou on le déplaçait pour tirer successivement chaque charge.

On construisit aussi des armes à magasins de balles ou d'amorces pour rendre le chargement plus rapide. Plus tard, en 1767, un fusil, exécuté par Bouillet, arquebusier à Saint-Étienne, qui fut présenté à Louis XV, avait trois magasins de charges et pouvait tirer vingt-quatre coups sans être rechargé.

On fabriqua aussi des armes à plusieurs tonnerres tournants comme les revolvers modernes.

On reporte jusqu'à l'époque d'Henri IV, c'est-à-dire au commencement du xvii⁰ siècle, des essais de fusils formés de deux canons parallèles et de deux platines, l'une à droite, l'autre à gauche. Les canons étaient seulement ajustés l'un contre l'autre, maintenus sur le fût commun par des goupilles; chaque canon avait sa visière et son guidon. Le changement de ligne de mire d'un coup à l'autre entraînait une perte de temps.

Aussi ces armes ne furent pas adoptées par le public. Lorsque les premiers fusils à canons tournants furent imaginés sous le règne de Louis XIV, on les préféra parce qu'ils permettaient de passer encore assez rapidement d'un coup à l'autre et surtout de viser, comme on avait l'habitude de le faire, avec un seul canon.

Les auteurs du siècle dernier nous apprennent que Jean Le Clerc (mort en 1739) fut le premier qui ait fait à Paris, vers 1730, des fusils doubles avec canons soudés, réunis par une platebande de dessus et ayant une ligne de mire unique suivant le milieu de la platebande; mais l'invention venait de Saint-Étienne où, à cette époque, il s'en faisait déjà depuis plusieurs années. Ainsi, le fusil double, tel que nous le connaissons date du commencement du xviii⁰ siècle.

A partir de 1820, l'invention de la capsule rendit facile l'emploi des poudres fulminantes, et le système à percussion simplifia le fusil de chasse en produisant l'inflammation de la charge par tous les temps avec régularité.

Enfin, le xix⁰ siècle a vu se reproduire les essais de chargement par la culasse, et cette fois avec succès parce qu'on s'est occupé d'assurer l'obturation de la culasse au moyen d'une cartouche spéciale. — V. CARTOUCHE.

Lefaucheux, dont les premiers brevets datent de 1828, arriva à construire un fusil à bascule qui a été depuis l'arme perfectionnée de chasse par excellence et qui a été adoptée dans tous les pays.

A côté de ces principes nouveaux qui ont transformé l'armement des chasseurs, nous devons signaler l'accroissement des calibres qui nous est venu des Anglais, ainsi que grands perfectionnements dans la fabrication.

Aujourd'hui, une arme de chasse régulièrement éprouvée, sortant d'une fabrique connue, offre toute sécurité au tireur; ajoutons que les armes se chargeant par la culasse suppriment beaucoup de causes d'accidents qu'offrait l'usage des fusils se chargeant par la bouche au moyen d'une baguette.

Le fusil double est maintenant la seule arme des chasseurs; le couteau de chasse est d'un usage très-exceptionnel.

Armes blanches. On appelle *armes blanches* les armes d'estoc et de taille : les poignards, épées, sabres, baïonnettes, etc.

L'épée est l'arme la plus célèbre et l'arme des peuples civilisés, mais ce nom désigne des armes très diverses.

L'épée romaine (*gladius, ensis*) n'avait guère que 0ᵐ,60 de long, y compris 0ᵐ,15 de poignée. L'épée grecque, depuis l'épée des Germains et des Gaulois était plus longue. L'épée des Francs ou *scramasaxe* était très-courte, lourde, à un seul tranchant; c'était plutôt un fort couteau.

Au moyen âge, l'épée dut être allongée pour combattre à cheval; on la fit lourde et massive pour agir sur les armes défensives. Telle fut la flamberge. On nomma *flambard* ou *flammard* une flamberge, dont les tranchants présentaient des sinuosités, le saillant d'un côté correspondant au tranchant de l'autre tranchant.

Nous citerons parmi les variétés d'épées dont le nom est le plus connu : l'*estocade*, dont la *coustille* fut une réduction, la *brette*, la *rapière*.

Au xviii⁰ siècle, l'épée fit partie du costume de cérémonie, même pour les personnes qui ne tenaient pas à l'armée. Elle était triangulaire, très-effilée et très-légère et simple arme d'estoc. Elle n'en était pas moins une arme redoutable dans les duels et sa légèreté amena une transformation dans l'art de l'escrime, dont toutes les passes pouvaient être figurées au moyen du *fleuret*.

L'épée a donc été, suivant les temps, courte ou longue, arme de taille, arme d'estoc ou à la fois d'estoc et de taille. La lame a été pleine ou allégée par des évidements longitudinaux nommés *pans creux* ou *gouttières*. La monture comprenant la *poignée* proprement dite, la *garde* qui préserve la main et le *pommeau* qui fixe la lame à la poignée a eu aussi des formes très-différentes. On a eu longtemps l'usage de faire graver le sceau sur le pommeau; les rois et les chefs militaires scellaient fièrement leurs ordres avec le pommeau de l'épée. La garde s'est composée d'une simple traverse en croix ou de branches partant d'une *coquille* et contournées pour couvrir le poignet. —. V. ÉPÉE.

L'épée a été longtemps tranchante et même à deux tranchants. Le sabre courbé, doué de la faculté tranchante supérieure, nous est arrivé de l'Asie. Les Assyriens et les Perses avaient déjà des lames larges et courbées qui sont devenues les cimeterres des Arabes et des Turcs.

En France, pendant les guerres de l'empire, l'infanterie était armée d'un court sabre courbé dont la poignée n'avait qu'une branche. En 1831, on adopta un sabre droit et court à deux tranchants, construit d'après l'épée romaine qui est remplacé, depuis 1866, par le sabre baïonnette qui peut se mettre au bout du fusil.

Plusieurs modèles de sabres, dont l'énumération présenterait ici peu d'intérêt, arment notre cavalerie.

L'importance des armes blanches a beaucoup diminué dans ces derniers temps avec l'accroissement de la puissance des feux de l'artillerie et surtout de la puissance des feux de l'infanterie. — M. R.

— Il y a, en Europe, plusieurs collections d'armes remarquables; la plus riche et la plus intéressante est assurément celle du musée d'artillerie de Paris. Bien que pillée en 1815 par les Prussiens, elle renferme encore de merveilleux spécimens des armures de différentes époques et de différents peuples; on y trouve les haches celtiques, les plus belles armures de pied en cap des xv⁰ et xvi⁰ siècles, une très curieuse réunion des pièces d'artillerie depuis l'origine de cette arme : les bombardes primitives, les couleuvrines, des canons de Gustave-Adolphe, etc. Le musée de Cluny à Paris; les musées de Londres, Vienne, Dresde; le czar et le roi d'Italie possèdent également d'admirables collections.

— De tous temps, le port public d'armes fut l'objet d'une réglementation rigoureuse. Cependant les gentilshommes, les officiers et les soldats furent d'abord exceptés des règlements prohibitifs; les édits de 1487, 1546, 1559, 1565, 1598, 1603 et 1609 prononcèrent des peines sévères contre les porteurs, détenteurs ou fabricants d'armes à feu. Un autre édit de 1660, en interdisant le port des armes à feu dans Paris, le permit hors de la capitale, aux nobles et aux officiers de justice et de l'armée, mais une nouvelle ordonnance du 23 mars 1728, en réglementant la fabrication, la vente et le port d'armes à feu, sanctionna une prohibition générale qui s'étendit à ceux qui en avaient été dispensés jusque-là; cette même ordonnance réglementa également la fabrication, le commerce, le port des armes telles que pistolets, cannes à épée, poignards, etc., dont l'usage était considéré comme dangereux.

ARMES (Manufactures d'). Nous parlerons d'abord des manufactures d'armes de guerre qui, dans la plupart des pays de l'Europe, sont des manufactures appartenant à l'État et dirigées par le personnel de l'artillerie.

Actuellement, l'Angleterre, la France, l'Allemagne, l'Autriche et la Russie possèdent de très importantes manufactures nationales. En Angleterre pourtant on a respecté le principe de la libre concurrence des industries individuelles. Les Anglais sont persuadés qu'en général le gouvernement ne doit pas établir de manufactures, si ce n'est pour des travaux indispensables et trop peu pratiqués par les particuliers, ce qui rendrait la fourniture incertaine. Ils ont créé la manufacture modèle d'Enfield, qui est importante sans être colossale, comme notre manufacture de St-Étienne; cette manufacture suffit aux besoins ordinaires; en cas d'accroissement de l'armement, le gouvernement donne des commandes aux ateliers libres qui en temps ordinaire savent utiliser leur outillage pour l'exportation.

— D'après Gassendi, dès le xve siècle, il y eut à Saint-Étienne des fabricants d'armes à feu. Mais longtemps, dans tous les pays, cette fabrication était faite par des ouvriers isolés ou de petits groupes d'ouvriers. Longtemps même l'achat des armes à feu fut faite sans contrôle de l'État.

Avant 1720, d'après les besoins du gouvernement, un entrepreneur de Paris faisait des marchés avec les différents fabricants d'armes de Saint-Étienne. Un seul contrôleur canonnier était chargé de l'épreuve et de la visite des armes.

En 1720, le roi prit différents entrepreneurs à Saint-Etienne pour les fournitures d'armes; il y envoya un officier d'artillerie et trois contrôleurs pour inspecter les travaux. On apportait toutes les armes en un même local pour y être examinées. En 1763, tous les entrepreneurs se réunirent en une seule Compagnie, mais ce n'est qu'en 1784 que fut créée une organisation de manufacture d'armes de l'État qui s'est continuée depuis avec quelques modifications.

Le principe qui a généralement dominé est celui de l'entreprise; l'entrepreneur est chargé de réunir et de maintenir un certain approvisionnement de matières premières, d'entretenir les bâtiments et l'outillage, de payer les ouvriers; mais il ne dirige pas la fabrication qui est conduite par des contrôleurs et des officiers du corps de l'artillerie. L'État paie à l'entrepreneur le prix de revient

des armes augmenté d'un tant pour cent pour couvrir ses charges et lui assurer un bénéfice. Le tant pour cent a varié aux diverses époques, suivant les conditions de l'entreprise : à Mutzig, où l'entrepreneur était propriétaire des bâtiments et des machines, il recevait 20 0/0 du prix que coûtaient les armes pour matière et main-d'œuvre, les prix étant fixés par des devis très consciencieusement établis qui tenaient compte d'une certaine moyenne de rebuts de pièces au cours de la fabrication.

Récemment, quand la manufacture de Saint-Étienne fut rebâtie, les constructions et les machines étant fournies par l'État, la prime de l'entreprise était de 7 0/0. Elle a été réduite à peu près de moitié depuis la guerre. Elle a donné encore de beaux bénéfices avec l'extension anormale de la fabrication à la suite des pertes d'armes faites en 1870; il n'est pas sûr que l'entrepreneur y trouve son compte lorsque notre approvisionnement étant complété il n'y aura plus à faire que quelques milliers de fusils par an.

Nous empruntons les chiffres suivants à l'ouvrage de *Charles Dupin* :

	Fusils.
A la fin de 1802 il n'y avait dans les magasins de l'ordonnance que.	177.000
Au commencement de 1803, avant que les manufactures fussent organisées, on acheta à l'étranger.	293.000
De 1803 à 1816, fabriqués en Angleterre. .	2.673.000
TOTAL.	3.143.366

Emploi de ces armes :

Mises hors de service pour l'usage.	230.000
En magasins.	818.282
Entre les mains de l'armée et de la marine.	200.000
Restées aux alliés sur le continent ou perdues	1.995.084
TOTAL.	3.143.366

Ainsi le développement de la fabrication des armes en Angleterre date de la lutte contre Napoléon. Ce développement a persisté; ses perfectionnements ont été continuels et après s'être mise en mesure d'armer l'Europe coalisée, l'Angleterre a jusqu'ici pris la plus forte part de la fourniture des armes pour les pays qui n'en fabriquent pas. Ce résultat très avantageux à son industrie et à son commerce est venu de l'esprit libéral du gouvernement anglais qui a donné du travail aux ateliers des particuliers sans les désorganiser ni les absorber. Avec les idées de notre administration, la fabrication des armes de guerre étant de fait un monopole de l'État, on aurait requis les armuriers, on aurait fait travailler sous la direction d'un personnel officiel et, après la paix, ces manufactures auraient été improductives pour la richesse nationale.

Au siècle dernier, les commandes du gouvernement français, n'étaient guère que de 20,000 fusils ou mousquetons par an. Les manufactures n'en pouvaient fabriquer au plus que le double. En 1808, elles fabriquaient 220,000 à 230,000 par année. Il avait fallu, au cours de la Révolution, multiplier les ressources de fabrication pour suffire aux nécessités qu'une guerre générale longtemps continuée imposait à la France. L'approvisionnement en armes à feu était de 558,000 en 1771 et de 700,000 en 1789.

Il n'est pas sans intérêt de mettre sous les yeux du lecteur le nombre de fusils dont disposèrent nos troupes pendant cette lutte colossale :

Fusils existant en 1803.	800.000
Fusils fabriqués par les manufactures française du 1er vendémiaire an XI au 31 décembre 1814.	2.456.257
Fusils pris à l'ennemi de 1803 à 1814. . . .	700.000
TOTAL. - - - - - . .	3.956.257

En 1808, lorsque les Anglais se préparèrent à engager toutes leurs ressources dans la guerre continentale, i s établirent à Lewisham une manufacture de l'État, en continuant à donner aux fabricants libres de Birmingham toutes les commandes qu'ils pouvaient exécuter. Déjà ils avaient acheté 203,000 fusils à l'étranger. Comme les armées françaises occupaient toute l'Europe, ils durent produire eux-mêmes des armes en quantité inusitée, tant pour leurs propres troupes que pour leurs alliés.

Aux États-Unis d'Amérique, l'invention du revolver moderne, à rotation automatique du tambour, fit créer de grandes manufactures. De 1836 à 1842, le colonel Samuel Colt organisa l'usine de la compagnie des armes brevetée (Patent arm's Company), à Hartfort (Connecticut); il commença à fabriquer les pièces au moyen de machines ce qui permit de faire 250 revolvers par jour en employant 500 ouvriers.

Pourtant la fabrication des fusils de guerre et même celle des armes de chasse ne prit un grand développement aux États-Unis que vers 1863, pendant la grande guerre civile qui éclata entre les États du Sud et ceux du Nord Ces derniers déployèrent d'admirables ressources d'invention et une activité qui n'a jamais été dépassée. Des modèles d'armes nouveaux furent imaginés en grand nombre et il y en eut plusieurs d'excellents; l'emploi des machines fut porté à la perfection; on put ainsi obtenir une très bonne fabrication et la développer rapidement.

Comme tous ces résultats étaient dus à l'initiative privée, les ateliers fondés pendant la guerre pour armer les troupes nationales continuèrent à travailler à la paix pour l'exportation Les Américains du Nord, qui peu d'années avant faisaient venir des armes d'Europe, sont devenus les fournisseurs du monde entier; en même temps leurs cartouches, leurs modèles d'armes à tir rapide et leurs procédés de fabrication s'introduisaient en Europe et exerçaient une influence décisive sur la routine des manufactures de la vieille Europe.

Ainsi, dans trois grands États, la France, l'Angleterre et les États-Unis, la guerre a amené le développement des manufactures d'armes; mais, chez nous, on a développé les manufactures de l'État, stériles ou onéreuses en temps ordinaire; l'initiative privée n'a jamais été encouragée par l'administration de la guerre; même depuis la loi de 1860 qui autorise les particuliers à fabriquer des armes de guerre, la surveillance des autorités a créé toutes sortes d'entraves et cette industrie n'a pas pu s'implanter chez nous. Nous citerons un exemple: depuis 1873, l'État français a vendu près d'un million de fusils démodés de divers modèles qui encombraient ses arsenaux. La vente était faite à charge d'exportation et à la condition expresse que *les armes ne seraient ni réparées, ni transformées en France.* Ainsi les bureaux de la guerre décrétaient que les armuriers de Liège ou de Birmingham auraient du travail et que les armuriers français n'en auraient pas. Espérons que ces vieilles idées n'auront plus cours et que l'administration se montrera à l'avenir plus éclairée et plus libérale. Au contraire, l'industrie et le commerce des objets d'armement a fait gagner des sommes énormes aux fabricants anglais et américains.

Le régime de la liberté a produit en Belgique des résultats aussi avantageux qu'en Angleterre et aux États-Unis. La fabrication des armes de guerre s'est surtout développée dans la ville de Liège et dans la banlieue. Elle a pourtant perdu de son importance depuis que les Américains se sont livrés à cette industrie avec une grande supériorité et qu'à leur exemple on a fondé en Europe des manufactures bien outillées contre lesquelles le travail manuel ne pouvait pas lutter.

Actuellement il y a en France trois manufactures d'armes à feu et d'armes blanches de l'État, à Tulle, à Chatellerault et à Saint-Étienne; cette dernière est plus importante que les deux autres réunies.

En Angleterre, à côté d'une manufacture de l'État établie à Enfield, les ateliers de Birmingham, de Manchester et de Londres peuvent exécuter les commandes les plus importantes.

Les Allemands ont une manufacture importante à Suhl (Prusse), une autre à Saint-Blaise (Grand-Duché de Bade) et à Witten.

Les Autrichiens ont favorisé le grand développement de la manufacture de Steyr.

On compte encore des établissements de second ordre en Suède, en Espagne et en Italie.

La Russie, à côté de la manufacture d'armes blanches de Toula, a fondé une fabrique d'armes à feu outillée a l'américaine.

Pour les armes blanches, les principales manufactures sur le continent, sont Solingen et Klingenthal.

Armes de chasse (Fabriques d'). Elles n'ont nulle part acquis le développement des manufactures d'armes de guerre. En général, les armes de chasse, sont faites dans de petits ateliers qui achètent les canons et les pièces à des fabricants spéciaux. Ces petits ateliers ou les marchands d'armes qui portent le nom d'armuriers (et qui souvent ne sont pas armuriers) montent et finissent l'arme. Beaucoup d'armuriers vendent même des fusils auxquels ils n'ont fait travailler que pour y graver leur marque. C'est ce qui explique la grande importance qu'on a très justement attribuée à certaines personnalités dont la marque inspire confiance. C'est là surtout la cause de la vogue des fusils de Paris, vogue qui date du siècle dernier et qui succéda en France au goût pour les fusils d'Espagne. On paie très cher un fusil de Paris, fourni par un armurier connu et l'on a raison; on ne saurait trouver, dans la fabrication en général dispersée et sans contrôle, une garantie aussi complète.

Arme. *T. techn.* Feuillet de scie très-mince et large dont se servent les facteurs de piano, les ébénistes, etc. || Nom des plaques gravées dont se servent les relieurs pour imprimer les ornements sur les plats des couvertures.

* ARMÉ, ÉE. 1° *Art hérald.* Se dit des ongles, des dents, des griffes et de toutes les défenses d'animaux qui sont d'un autre émail que le corps; des parties du corps de l'homme lorsqu'elles sont protégées par quelques pièces d'armure. On le dit aussi des flèches, lances, etc., lorsque les pointes sont d'un autre émail que le fût. || 2° *T. de constr.* Se dit d'une poutre, d'une solive soutenue, renforcée par une armature ou cercles de fer. || 3°

Jouée de lucarne que l'on couvre d'ardoises maintenues sur un enduit en plâtre.

ARMEMENT. 1° Le mot *armement*, appliqué à la marine, aux places fortes, aux préparatifs de guerre, etc., comprend tout ce qui concerne, non seulement les armes offensives et défensives, l'artillerie et les munitions, mais encore l'équipement et les approvisionnements. C'est la signification la plus générale du mot, et c'est celle que nous adoptons, bien qu'on lui en donne souvent une beaucoup plus limitée et qu'on l'emploie à désigner seulement l'ensemble des objets qui servent à armer les troupes.

L'armement militaire comprendra ainsi les objets suivants qui seront l'objet d'articles séparés : les *armes*, l'*artillerie*, l'*équipement*, l'*habillement*, le *harnachement*.

‖ 2° En langage maritime, on comprend aussi par *armement*, la profession et les opérations de l'armateur; ce mot ne définit pas seulement l'action de munir un navire de tout ce qui lui est nécessaire pour remplir sa destination, mais encore la classe d'individus qui se livre à cette industrie. ‖ 3° *T. de constr.* Ardoises que l'on met sur un mur pour le garantir de l'action de la pluie.

Armement des navires de commerce. L'armement d'un navire signifie la mise en état de ce navire à prendre la mer; l'installation à bord de tous les engins; apparaux, agrès, voilure de rechange, charbon, fourniture et victuailles nécessaires pour effectuer une bonne navigation.

Le navire armé doit être muni de documents officiels établissant sa nationalité, son emploi, sa bonne navigabilité, etc.

On distingue plusieurs classes d'armement :

L'*armement de guerre, en course, de commerce* qui comprend l'*armement au long-cours, au cabotage, en rivière* (ou *bornage*), à la *pêche côtière*, à la *pêche à la baleine* et à la *morue, de plaisance*.

L'armement de guerre est du fait de l'État (V. l'article suivant). Les autres genres d'armements concernent les particuliers.

En thèse générale, un navire doit être muni, s'il est français :

1° D'un acte de francisation constatant que le navire et ses armateurs sont français. La loi admet la participation d'étrangers dans la propriété d'un navire français, tant et autant que leur intérêt n'atteint pas la moitié de la valeur du navire;

2° D'un rôle d'équipage signé et approuvé par l'armateur, énumérant les noms, âge, domicile des marins, constatant officiellement le paiement de leurs gages, leur embarquement, leur débarquement, etc.;

3° D'un acte de visite ou certificat de navigabilité délivré par les capitaines experts des Chambres de commerce.

Si le navire est à vapeur, il doit posséder, en outre, un certificat du bon état de ses chaudières et de ses machines. Ce document est appelé : permis de navigation;

4° D'un certificat de douane, dit inventaire;

5° D'un congé de douane;

6° D'une patente de santé.

D'autres documents sont exigés suivant l'emploi auquel le navire est consacré. L'armement à la pêche, au service des passagers, etc., sont soumis, en outre, à des règlements particuliers. Ceux ayant armes et munitions de guerre, c'est-à-dire montés pour se défendre en cas d'attaque sur mer, sont tenus d'obtenir une autorisation spéciale; ceux armés pour la course, c'est-à-dire les corsaires ennemis étaient soumis, en outre, à une documentation supplémentaire et à des règlements spéciaux. Ils devaient obtenir préalablement, une lettre de marque, mais le congrès de Paris, de 1856, a aboli la course et toutes les puissances, à l'exception des États-Unis, ont adhéré à cette résolution.

Armement des navires de guerre. L'Armement d'un navire de guerre est une opération qui consiste à le mâter, lester, arrimer, gréer, installer; à le pourvoir de son personnel ainsi que de son artillerie et de ses vivres, en un mot à le munir de tout ce que nécessite la navigation à laquelle il est destiné. Dans la marine de l'État, l'armement d'un navire à voiles est exécuté par le maître de manœuvre, le maître canonnier, le capitaine d'armes, le maître de timonerie (le maître mécanicien lorsque le navire est à vapeur), le maître charpentier, le maître voilier, le maître calfat, le maître armurier, le commis aux vivres, le magasinier, l'aumônier, l'officier d'administration, le chirurgien, le commissaire et enfin l'officier commandant. Les objets qui leur sont délivrés, et dont ils prennent charge, varient en nombre et en nature suivant la catégorie du navire à armer. On en trouvera la nomenclature pour nos navires dans un *Règlement* qui porte la date de 1862, et qui, par suite de la variété des types imposée aujourd'hui au génie maritime, compte un assez grand nombre de suppléments.

Lorsqu'un officier est désigné pour commander un bâtiment, ce bâtiment lui est remis par le directeur des mouvements du port. Il reçoit en même temps les plans d'arrimage, d'emménagement, de mâture et de voilure, ceux des machines et de l'appareil évaporatoire, le registre historique et descriptif de la machine, les rôles de toute nature, les notes et devis remis au retour des précédentes campagnes, l'état des lieux, enfin tous les documents qui forment l'historique du bâtiment et en constatent les qualités. Le *Décret sur le service à bord des bâtiments de la flotte*, du 20 mai 1868, donne les modèles des devis d'armement et fixe à chacun la responsabilité qui lui incombe dans l'entretien ou la consommation des divers objets qui lui sont confiés sous la haute surveillance du commandant.

ARMER. *T. techn.* 1° Garnir, fortifier une chose par une autre pour la mettre plus en état de servir. On arme une poutre, une meule de moulin. ‖ 2° *Armer l'aimant*, c'est l'entourer d'une plaque de fer doux afin de conserver ou d'augmenter son énergie. — V. AIMANT. ‖ 3° En termes de forges, c'est garnir d'acier. ‖ 4° *T. de min.* Couvrir le coffre d'un fourneau de mine avec des madriers, quand on l'a chargé de poudre. || 5° *Art héral.* *Armer un écusson,* c'est en composer les armes.

ARMES HÉRALDIQUES. Emblèmes, signes symboliques figurés sur l'écu. *Armes* se dit de telles armes en particulier ou du blason de ces armes; les *armes de France,* les *armes d'Angleterre,* mais on dira *armoiries* pour désigner la science, la connaissance des symboles en général. — V. Armoiries. Les armes sont *parlantes* lorsqu'elles expriment un ou plusieurs objets naturels le nom de la maison qui les porte; elles sont *brisées* lorsqu'elles offrent des brisures, des bordures, pour distinguer les cadets de leurs aînés, ou pour indiquer la bâtardise; elles sont *pleines* quand elles sont entières, sans altérations; elles sont *fausses* ou à *enquerre,* quand elles ne sont pas conformes aux règles du blason, et qu'elles offrent, par exemple, métal sur métal, couleur sur couleur; elles sont *chargées,* lorsqu'on y ajoute d'autres pièces, et *diffamées* lorsqu'on a été obligé de retrancher quelques pièces, en punition d'une forfaiture.

ARMET. Casque de cavalerie en usage depuis 1460 jusqu'au règne de Louis XIII. Les fantassins portaient le *petit armet,* casque léger formant un côte et muni de rebords, tantôt plats, tantôt abaissés. — V. Armure.

ARMILLES. *T. d'arch.* Petites moulures qui entourent le chapiteau de la colonne dorique, immédiatement au-dessous de l'ove.

ARMOIRE. Meuble en menuiserie, garni de tablettes et de tiroirs à l'intérieur, fermé par une ou deux portes et destiné ordinairement à contenir du linge et des objets de ménage. Dans les appartements modernes, l'armoire proprement dite est souvent reléguée dans un endroit quelconque; elle a été remplacée comme meuble apparent par *l'armoire à glace.*

— Les premières armoires (armorium) servirent sans doute à serrer les armes; elles furent aussi employées, dans les abbayes et les églises, à renfermer les livres, les objets précieux et même les reliques, le trésor, les saintes hosties. Dom Doublet, dans les *Antiquités de l'abbaye de Saint-Denis,* dit, qu'auprès de l'autel des saints martyrs, « premièrement au costé droit en une armoire est gardé l'un des précieux clouds... au costé senestre de l'autel en une grande armoire est le sacré chef de saint Denis l'Aréopagite, etc. »

La magnifique armoire Renaissance, en bois de noyer sculpté, que possède le musée de Cluny, et qui fut exécutée par les moines de l'abbaye de Clairvaux, est un véritable chef-d'œuvre, non-seulement par ses belles cariatides et la délicatesse de sa décoration, mais encore en raison d'un travail de menuiserie dont les artisans d'autrefois semblent avoir conservé le secret; le XVIIe siècle vit la confection des armoires en bois précieux : on peut voir au même musée un spécimen remarquable de l'ébénisterie de cette époque: les panneaux de ce meuble représentent *l'Adoration des mages,* celle des *bergers* et les *Évangélistes.*

ARMOIRIES. Signes symboliques qui servent à distinguer les personnes, les familles, les sociétés ou corporations, les villes et les nations. On les portait originairement sur les armures et les bannières. Sous le rapport de leur composition, les armoiries comprennent l'*écu,* les *émaux* et les *figures,* ornements que nous décrirons à l'article BLASON. Sous le rapport de leur signification ou de leur destination on distingue les armoiries suivantes : 1° *Armoiries de domaine* ou de *souveraineté*; elles symbolisent les fiefs, les peuples, les empires; 2° *Armoiries de villes,* destinées à symboliser l'affranchissement de la cité; 3° *Armoiries pleines* ou *primogénes,* qui appartiennent exclusivement aux chefs de la branche aînée; 4° *Armoiries de dignités,* emblèmes se rattachant à certaines fonctions; on les porte indépendamment des armes personnelles; 5° *Armoiries de corporations,* telles que celles des communautés civiles, religieuses, corps d'arts et métiers; 6° *Armoiries d'assomption,* celles auxquelles on a ajouté un quartier pour perpétuer le souvenir d'une action mémorable; 7° *Armoiries de patronage,* lorsque les armes d'une villes sont unies à celles d'un prince, sous le patronage duquel elle est placée : ainsi les armoiries de Paris portent en chef celles des rois de France, pour indiquer la protection toute particulière dont la cité a été l'objet de la part des souverains; 8° *Armoiries de concession,* lorsqu'elles contiennent quelques pièces concédées par le souverain; 9° *Armoiries de prétention,* qui contiennent les signes ou pièces indiquant les droits que l'on prétend avoir sur un fief, un pays : c'est ainsi qu'autrefois les rois d'Angleterre joignaient à leurs armoiries celles des rois de France; 10° *Armoiries de famille,* qui sont dites *légitimes, vraies, parlantes, brisées, pleines, diffamées* ou *à enquérir.* Elles peuvent encore être *substituées,* de *succession* ou d'*alliance*; les premières sont celles d'une famille éteinte dont on est chargé de reprendre le nom et les armes; les secondes celles que l'on prend par droit de succession, et les troisièmes celles qu'on ajoute aux siennes propres pour marquer les alliances contractées par mariage. On nomme *armoiries fausses,* celles qui sont composées contre toutes les règles de la science du blason. — V. Armes héraldiques, Blason.

— Il serait difficile d'assigner une date à l'origine des armoiries, car de tout temps les guerriers illustres ont donné à leurs boucliers des formes particulières ou les ont fait couvrir de peintures et de signes distinctifs propres à les faire reconnaître, mais ce qu'on peut dire, c'est que l'usage d'avoir des armoiries ne remonte guère plus haut que la fin du XIe siècle. « Lorsque les armées occidentales se précipitèrent en Orient, à la conquête du Saint-Sépulcre, leur réunion formait un tel mélange de populations différentes par les habitudes et le langage, qu'il fallut bien adopter certains signes pour se faire reconnaître des siens lorsqu'on en venait aux-prises avec l'ennemi. Les rois, connétables, capitaines, et même les simples chevaliers qui avaient quelques hommes sous leur conduite, afin de pouvoir être distingués dans la mêlée au milieu d'alliés et d'ennemis dont le costume était à peu près uniforme, firent peindre sur leurs écus des signes de couleurs tranchées, de manière à être aperçus de loin.

« Mais lorsque leurs écus armoriés se furent montrés devant les infidèles, lorsque, revenus des champs de bataille de l'Orient, les chrétiens occidentaux rapportèrent avec eux ces armes peintes, ils durent les conserver autant comme un souvenir que comme une marque honorable de leurs hauts faits. Les armoiries devenues héréditaires, il fallut les soumettre à de certaines lois fixes, puisqu'elles devenaient des titres de famille. Il fallut blasonner les armes, c'est-à-dire les expliquer. » (Violet-le-Duc, *Dict. de l'archit.*)

L'Assemblée nationale avait aboli, le 20 juin 1791, les armoiries de famille et de la noblesse, mais en 1804, Napoléon les rétablit en créant une nouvelle noblesse à laquelle il donna de nouvelles armoiries. Elles ont été reconnues par Louis XVIII, et elles ont survécu à la Révolution de 1848.

— V. L'*Armorial de France*, dressé par d'Hozier et continué par de la Chesnaie des Bois; l'*Armorial de l'empire*, par H. Simon; l'*Armorial universel*, de M. Jouffroy d'Eschavannes; la *Vraie et parfaite science des armoiries*, de M. de Magny; le *Nouveau traité historique et archéologique de la science des armoiries*, du même auteur; l'*Armorial du bibliophile*, de Joannis Guigard, chez Bachelin-Deflorenne, 1870-1873.

* **ARMOISEUR.** Ouvrier qui fabrique de l'étoffe appelée *armoisin*.

* **ARMOISIN.** Taffetas léger, peu lustré, ordinairement de couleur rouge, qui se fabrique à Lyon et en Italie, il est aussi appelé *armoise*.

ARMON. *T. de carross.* Les armons sont les deux pièces symétriques de la partie mobile d'un avant-train. Ils sont assemblés dans la sellette, perpendiculairement à celle-ci, et comme ils reçoivent directement l'effort de traction, on les incline de 4 à 5 centimètres dans le sens des traits du harnais. Ils supportent les jantes de rond qui forment la plate-forme du dessous de l'avant-train. Dans toutes les voitures à deux chevaux, attelés de front, le gros bout du timon vient s'assembler entre les armons, dans la partie que l'on nomme *tétar*. Dans les voitures à un cheval, les brancards de limonière s'assemblent à la tête des armons, terminés à cet effet en forme de chape ou de gueule de loup. — V. Tirant, Volée.

ARMORIAL. *Art hérald.* Qui appartient aux armoiries, livre d'armoiries.

— Le plus ancien *Armorial* se trouve à la Bibliothèque nationale : il renferme les armoiries de tous les barons et chevaliers qui firent la première croisade à la fin du XVᵉ siècle.

ARMORIER. Action de peindre, graver ou appliquer des armoiries sur une voiture, de la vaisselle, un cachet, etc.

ARMORISTE. *Art hérald.* Celui qui grave ou peint des armoiries; celui qui enseigne le blason.

* **ARMSTRONG** (canon). Ce genre de canon doit son nom à sir William Armstrong, ingénieur anglais, qui l'imagina vers 1858; aujourd'hui toutes les batteries du littoral anglais sont armées du canon Armstrong. — V. Bouches à feu, Canons.

I. ARMURE. Les armures constituent l'ensemble des armes défensives qui couvrent et garantissent les diverses parties du corps, comme le casque, la cuirasse, le bouclier.

— Tous les peuples guerriers de l'antiquité ont fait usage des armures; mais aucun d'eux n'a connu l'*armure complète* ou *armure de pied en cap*, telle qu'on l'a portée au moyen âge. C'est dans les premières années du XIVᵉ siècle que l'on parvint à donner le dernier degré de perfection à cette carapace métallique, qui enveloppait tout le corps, et dont les diverses pièces se réunissaient entre elles au moyen de courroies, de crochets, etc. Les chevaux eux-mêmes avaient une espèce d'armure particulière que l'on appelait *barde*. Mais ces lourdes masses d'acier

ouvragé furent souvent décorées d'une façon merveilleuse par les ciseleurs, les doreurs et les marteleurs anciens. Nos musées spéciaux sont riches en armures de ce genre, qui rappellent la grande époque de l'orfèvrerie et de la gravure sur métaux.

Aussi loin qu'on remonte chez les peuples helléniques, on trouve que le casque était composé de peaux d'animaux et principalement de peaux de chiens, presque toujours garnies encore de leur poil. Pour donner à ces couvre-chefs un aspect plus terrible, on plaçait à leur sommet les dents et quelquefois les os tout entiers de la gueule de l'animal.

Par la suite, c'est-à-dire au commencement des temps historiques, le casque de l'époque héroïque se transforma :

Fig. 141.

il avait un masque immobile qui s'adaptait à la figure et laissait seulement deux trous pour les yeux, de telle sorte que, quand on le tirait, il couvrait et cachait entièrement le visage. C'est à ce casque qu'Homère donne l'épithète de *long*. Mais ce genre de casque tomba bientôt en désuétude, et alors les casques grecs réguliers se composèrent de plusieurs parties distinctes : 1º le *cimier*, placé en haut du casque et sur lequel l'aigrette était fixée;

Fig. 142

2º l'*aigrette*, consistant en une crinière de cheval (fig. 141); on en mettait quelquefois deux ou trois (fig. 142), dans le but de jeter la terreur au cœur de l'ennemi; 3º les *mentonnières*, attachées de chaque côté du casque par des charnières et fixées sous le menton par un bouton ou un fermoir; 4º le *phalos*, sorte d'ornement brillant formé par quelque figure en relief, telle que celle du griffon, qu'on plaçait de chaque côté du cimier. Sur quelques vases peints, l'aigrette elle-même est supportée par une figure semblable, juste au-dessus du panache, ainsi que le décrit Homère dans l'*Iliade*.

Le premier de ces casques était porté par les troupes pesamment armées, le second par les troupes légères, le troisième par la grosse cavalerie. Les monuments offrent trois types de casques bien distincts. Le musée d'artillerie de Paris possède un des plus beaux casques grecs que l'on connaisse. Il porte au frontal le masque de Méduse, et sur les jugulaires des têtes de cheval en demi-relief, complétement harnachées, et de la plus belle époque de l'art grec. Peut-être est-ce là un ce ces casques ouvragés qui, selon les prix énumérés par Aristophane, coûtaient, au temps du grand comique grec, 1 mine attique (87 francs). Plutarque nous a conservé le nom de *Théophilus*, habile ouvrier qui fabriqua pour Alexandre un casque en fer, dont le poli égalait celui de l'ar-

Fig. 143.

gent, et dont l'exécution répondait sans doute au goût et à la puissance du propriétaire.

Quant aux armures, les premières furent tout simplement composées de peaux de bêtes sauvages. Mais déjà, à l'époque de la guerre de Troie, une noble armure d'airain recouvrait le corps des héros.

Plus tard les Grecs donnèrent aux troupes pesantes une cuirasse maintenue par une ceinture *zona)* portée autour des reins pour couvrir la ligne de jonction de la

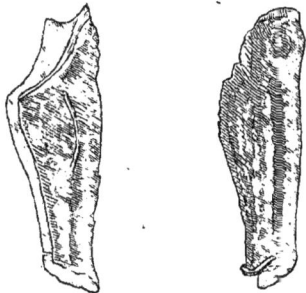

Fig. 144

cuirasse avec la jaquette formée de bandes de cuir, qui s'attachait au bord inférieur (fig. 143). Il s'agit ici du *thorax*, cuirasse de métal modelée de manière à figurer les muscles du buste, et qui s'arrêtait à la ceinture. Elle se composait de deux pièces, réunies par des charnières sur l'un des côtés, et se fermait avec des agrafes. Deux larges courroies de cuir l'assujettissaient sur les épaules.

L'armure du guerrier des temps héroïques n'était pas complète sans les *cnémides* ou jambières d'étain. Les « flexibles cnémides, » selon l'expression homérique, couvraient le genou, descendaient sur le cou-de-pied et

s'attachaient derrière la jambe avec des agrafes. Plus tard on les coula en bronze : elles collaient alors à la jambe et se maintenaient d'elles-mêmes sans agrafes, grâce à l'élasticité du métal (fig. 144). Telles sont celles dont parle Hésiode, dans le *Bouclier d'Hercule*, où il dit que « le héros mit autour de ses jambes ses cnémides d'orichalque brillant, présent fameux de Vulcain. » On voit au musée d'artillerie, trois paires de cnémides grecques en bronze d'une belle conservation.

Passons maintenant au bouclier (*clypeus*), complément indispensable de l'armure. Aux temps héroïques, le bouclier couvrait tout le corps. Lorsque Hector, dans l'*Illiade*, quitte pour un instant le champ de bataille et se dirige vers Troie, « il s'éloigne en rejetant sur ses épaules un vaste bouclier noir dont la surface arrondie frappe à la fois ses talons et sa tête. » Mais à cette époque tous les boucliers n'étaient pas aussi simples, et certains héros en avaient d'excessivement ornés. C'est ainsi que Vulcain fabrique, à la prière de Thétis, pour Achille, un bouclier vaste et solide, l'orne partout avec un art divin et le borde d'un triple cercle d'une blancheur éblouissante. Homère en fait une description splendide trop longue pour trouver place ici. Il en résulte qu'on savait alors argenter, dorer et émailler.

Le bouclier dont les Grecs firent usage par la suite était entièrement rond, convexe, orné d'un bord large et plat, et particulièrement propre à leur infanterie pesamment armée. Dans la partie intérieure du bouclier se trouvait une large boucle de métal, sous laquelle passait

Fig. 145.

le bras, pendant que la main en serrait une autre, plus petite, placée aussi à l'intérieur, au bord de la circonférence.

Quelquefois, comme dans ce dernier cas, le bouclier était entièrement en bronze; mais le plus ordinairement il se composait de branches d'osier entrelacées sur lesquelles se trouvaient étendues des peaux de bœuf superposées ou des plaques de métal, comme on le voit dans les fragments d'Euripide.

Parmi les peuples contemporains de la guerre de Troie qui se sont fait remarquer par leurs armures, il faut citer les Assyriens; ils portaient des espèces de cuirasses en sparterie ou de cordelettes tressées, ainsi que des boucliers ronds, probablement en airain, décorés généralement de cercles concentriques ou d'ornements réticulés. Par la suite, les Assyriens firent usage de cuirasses de lin, puis de cottes de mailles en acier poli qui leur donnaient, suivant Ammien Marcellin, un aspect farouche.

Avec les Romains, les armes se modifient. Contrairement aux Grecs, le casque est chez eux la pièce la moins décorée de l'armure. Il se distingue par son peu de profondeur; la calotte de fer, renforcée par deux bandes de métal croisées, est munie d'une courte gouttière par derrière et par devant d'un bandeau étroit en guise de visière. Des jugulaires l'attachaient sous le menton. C'est ainsi qu'est représenté, sur la colonne Trajane, le casque des légionnaires (fig. 145). Le casque des centurions ressemblait à ce dernier; mais il était muni d'un cimier, quelquefois plaqué d'argent et orné de plumes sombres, comme le montre une des plaques de l'arc de Constantin, qui appartenait primitivement à l'arc de Trajan.

Dans les derniers temps de l'empire, l'art grec devint à la mode, et les casques furent munis d'une longue

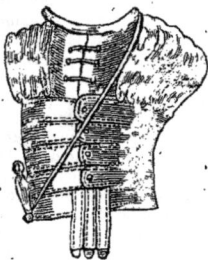

Fig. 146.

visière rabattue. Bientôt enfin, la tradition disparut, le goût s'altéra et toute uniformité se perdit. C'est alors que les Romains adoptèrent des armes de genre et de style différents.

La cuirasse des Romains ressemblait au thorax grec, sauf qu'elle était d'une plus grande dimension et recou-

vrait l'abdomen. Les monuments les plus anciens présentent le thorax allongé, presque toujours ornementé, soit de deux animaux, soit de deux figures placées symétriquement au bas du buste, quelquefois accompagnées de feuillages ou de lignes géométriques. Mais sur les colonnes Trajane et Antonine la cuirasse des soldats s'arrête aux hanches et n'est plus qu'un corselet formé de larges plaques de métal protégeant la poitrine, et de longues bandes d'acier couvrant les épaules et entourant la taille. Elles étaient arrangées de telle sorte que, tout en s'adaptant exactement aux formes et à la taille de celui qui portait la cuirasse, elles pouvaient glisser les unes sur ou sous les autres, quand les bras étaient levés ou le corps courbé, comme le montre le modèle ci-joint, d'après la colonne Trajane (fig. 146). Les Romains employaient encore une autre espèce de cuirasse qu'on retirait, qu'on plaçait à terre toute vide, et qui d'elle-même se tenait debout. Elle était en réalité formée de deux pièces, mais avec un perfectionnement, ces deux pièces étant jointes sur le côté droit au moyen d'une série de charnières traversées par une tige mobile, de façon que les deux plaques pouvaient être écartées ou rapprochées promptement et commodément quand on voulait ôter ou mettre son armure. Il n'y avait plus de boucles et d'agrafes qu'à gauche de la cuirasse. Les jointures sont faciles à apercevoir sur une statue du musée Pio-Clementin et sur la statue équestre de N. Balbus, découverte à Herculanum.

Fig. 147. — *Soldats gallo-romains. Fac-similé de miniatures du manuscrit de Prudentius*
(Bibliothèque nationale de Paris).

N'oublions pas les ocreæ ou jambières dans le genre des cnémides des Grecs. Cette armure défensive couvrait le tibia, depuis la cheville jusqu'au-dessus du genou. Des courroies et des boucles l'attachaient sur la partie postérieure de la jambe. Elle était faite de différents métaux, d'étain ou de bronze, et modelée sur la forme et les dimensions de la jambe de la personne qui la portait. On l'ornait richement de figures en creux ou en relief.

Les Gaulois avaient une telle vénération pour leurs armes généralement incrustées de corail dont, au dire de Pline, le meilleur venait des îles Staecchades (îles d'Hyères), qu'ils se faisaient inhumer tout armés sur leurs chars et avec leurs chevaux. Leurs casques de fer ou d'airain, sillonnés de dessins ciselés à la pointe, comme

le casque de Berru, au musée de Saint-Germain, ou orné à la base et à la visière de cocardes ouvragées et rehaussées de coraux, dans le genre de celui de la Gorge-Maillet (Marne), exposé au Trocadéro, en 1878, par l'auteur de la découverte, M. Fourdrignier, étaient surmontés de grands appendices destinés à servir d'épouvantail, tels que des figures d'oiseaux, des cornes d'animaux, ou de riches aigrettes. Quelquefois, mais rarement, ils protégeaient leur poitrine à l'aide d'une cuirasse composée de mailles de fer, dont Diodore de Sicile leur attribue l'invention. Toujours est-il qu'une inscription latine, récemment découverte à Monceau-le-Comte (Nièvre), mentionne un certain Marcus Alpius Avitus, centurion détaché en Gaule pour diriger ou surveiller les ouvriers en cottes de mailles établis dans le territoire de la cité des Eduens. On connaît d'ailleurs déjà l'existence de cette fabrique par la mention qui en est faite dans la *Nottitia dignitatum*: «(in Galliis) *Augustodinensis loricaria*. » Un passage de Végèce nous apprend, en outre, qu'il y avait pour les légions romaines un certain nombre de ces établissements dont la direction appartenait au *præfectus fabrum*. Les Gaulois adoptèrent ensuite des cuirasses fort légères en bronze, semblables à celles des Grecs et des Romains. Diodore arme en général les Gaulois d'une cuirasse de fer, avec des ceinturons dorés ou argentés; mais il parle aussi de cuirasses d'or, qui naturellement étaient plus propres à servir de parure que de défense. Les spécimens de cuirasses conservés dans les collections, notamment au musée de Saint-Germain, qui possède une fort belle cuirasse gauloise complète trouvée dans la Saône, sont, pour la plupart, d'un travail remarquable.

Les Gaulois portaient également un bouclier d'osier recouvert de cuir ou de planches assemblées, proportionné

Fig. 148. — Le roi *Guillaume*, ainsi représenté sur son sceau, conservé en Angleterre.

à la taille d'un homme, et pour l'orner on y clouait au centre une tête d'animal, ou un fleuron, ou un masque en bronze repoussé.

Telles sont à peu près les armures employées par les principaux peuples depuis l'antiquité jusqu'au v° siècle. Passons maintenant à l'histoire des armures pendant les temps modernes, que nous diviserons en quatre périodes distinctes.

1ʳᵉ PÉRIODE. L'historien Agathias (*Hist. de Justinien*) parlant de l'armée franque qui fut battue par Narsès à la bataille du Casilin, en 554, s'exprime ainsi : « Les Francs ignorent l'usage des cuirasses, des cuissards et des brassards; la plupart ont la tête désarmée, et bien peu portent des casques. » Les Francs, en effet, n'eurent d'abord pour toute arme défensive que le seul bouclier rond ou ovale en bois, garni au milieu d'un umbo ou ombilic espèce de calotte profonde en fer faisant une forte saillie et creusée par derrière. Un capitulaire de Charlemagne ordonne aux comtes d'avoir soin de fournir à leurs soldats des casques et des cuirasses en bon état, et nous voyons les leudes porter la cotte et le capuchon de mailles qu'ils remplacèrent par la *brunia*, espèce de paletot recouvert entièrement de petites plaques de métal plus ou moins rapprochées et cousues sur l'étoffe. Le grand monarque lui-même était recouvert d'une pesante armure. Le moine de Saint-Gall (*Des faits et gestes de Charles-le-Grand*), décrit ainsi le costume de Charlemagne marchant avec son armée pour assiéger Didier dans Pavie. « Enfin, dit-il, parut Charles, cet homme de fer, la tête couverte d'un casque de fer, les mains garnies de gantelets de fer, sa poitrine de fer et ses épaules de marbre

défendues par une cuirasse de fer... L'extérieur des cuisses, que les autres, pour avoir plus de facilité à monter à cheval, dégarnissaient même de courroies, il l'avait entouré de lames de fer. Que dirai-je de ses bottines? Toute l'armée était accoutumée à les porter de fer; sur son bouclier on ne voyait que du fer; son cheval avait la couleur et la force du fer. » Mais si l'on ajoute foi aux témoignages de quelques miniatures que renferment les manuscrits du temps de Charlemagne et de ses successeurs, on retrouve plutôt dans l'armement des hommes de guerre, aux vIIIᵉ et IXᵉ siècles, un constant souvenir des usages romains plus ou moins altérés, résultat du mauvais goût contemporain. Les manuscrits de la Bibliothèque nationale, notamment la *Bible de Metz* et les *Heures de Charles-le-Chauve*, qui remonte à l'an

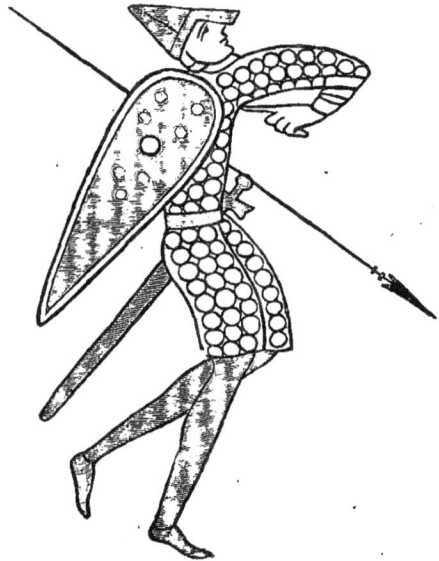

Fig. 149. — Lancier *normand* de l'armée de *Guillaume* (Tapisserie de Bayeux)

850, offrent, en effet, des représentations de soldats complétement habillés à la mode gallo-romaine (fig. 147).

Dans la *Bible de Charles-le-Chauve*, un des gardes de ce prince est représenté non-seulement couvert de la cuirasse romaine, mais encore avec le *pallium*, et l'on voit l'armure défensive, composée de petites bandes verticales ou horizontales, se continuer encore pendant quelque temps.

2ᵉ PÉRIODE. Cette période commence avec l'invasion des peuples du Nord qui s'abattent sur l'Europe, et elle s'arrête à l'instant où commence, avec les grandes croisades de Philippe-Auguste et de Richard-Cœur-de-Lion, le duel entre l'islamisme et la religion chrétienne.

A partir du XIᵉ siècle, le casque romain fut remplacé chez nous, chez les Anglais, les Saxons, etc., par le casque grossier des conquérants du Nord, appelé de son nom *casque normand* (fig. 148). La *tapisserie de Bayeux*, qui représente l'armée du duc Guillaume, à la bataille de Hastings (1066), en fournit de nombreux exemples. Ce casque, en forme de cône pointu, n'a pas, comme celui de la période précédente, de *visière* pour protéger la figure, ni de *jugulaires* destinées à le fixer sur la tête; mais il se fait remarquer par une innovation bizarre qui plus tard forma la *visière*, c'est-à-dire par une pièce de fer rectangulaire, mince et allongée, quelquefois fort étroite, dans d'autres cas au contraire assez large, laquelle descendant du sommet du casque couvre le nez et le protège contre les coups. C'est ce qu'on appelle le *nazal* (fig. 149).

On voit aussi, sur la *Tapisserie de Bayeux*, des guerriers revêtus de chemises de mailles ou de blouses étroites recouvertes d'écailles de fer, soit carrées, soit rondes, soit triangulaires, cousues sur l'étoffe. Leurs boucliers ont également subi une modification notable : ils sont larges et arrondis par le haut, allongés et pointus par le bas. Pourtant sur les vitraux que Suger, ministre de Louis VII, avait fait peindre pour l'abbaye de Saint-Denis, et dont Montfaucon nous a conservé les dessins,

on voit les guerriers des premières croisades armés de petits boucliers ronds assez semblables à ceux des Romains.

Vers le milieu du xiiᵉ siècle, la chemise plaquée ou maillée fut remplacée par une tunique à manches courtes consistant généralement en un tissu de mailles, sous le nom de *haubert*, vêtement que les chrétiens occidentaux avaient emprunté aux Sarrasins après les deux premières croisades (fig. 150). Le haubert était garni par le haut d'un *ventail* ou capuchon également maillé, qu'on pouvait relever sur la tête, et sur lequel on plaçait le casque ou calotte de fer du siècle précédent, dont deux spécimens curieux trouvés dans la Somme figurent au musée

Fig. 150. — *Chevalier revêtu du haubert (d'après Meyrick)*.

d'artillerie de Paris. Le même musée possède aussi un *ventail* bien conservé, qui fait connaître la maille si rare de cette époque.

Par suite d'innovations successives, le haubert s'allongea, le chevalier porta des gants de peau de buffle couverts de mailles, des chausses de mailles et des chaussons de mailles.

Nous n'entrerons pas ici dans le détail des différentes cottes de mailles. Remarquons seulement, avec M. Quicherat, que les forts tissus de mailles, appelés *dobliers* et *treslis*, c'est-à-dire ceux à anneaux, ceux en fil de fer, ceux en pièces de métal, etc., avaient été remplacés par les *tissus en jazeran d'acier*, car c'est à partir de cette époque que la fabrication des tissus métalliques employés alors dans l'armement, fut portée à sa perfection.

3ᵉ Période. Cette période commence vers l'an 1190. Alors s'ouvre pour les armes comme pour les idées une ère de renouvellement, conséquence naturelle de la trans-

fusion qui s'opère entre l'Orient et l'Occident. Les barons chrétiens, ces hommes durs et couverts de fer, s'amollissent au contact des richesses de l'Asie; leurs vêtements brillent de tout le luxe de la cour byzantine, et à leur retour on les voit prodiguer sur leurs armes et dans leurs demeures le faste qu'ils ont remarqué avec tant de surprise dans le palais impérial de Blaquernes, l'ancien faubourg de Constantinople. A partir de ce moment, le casque normand quitte sa forme conique, sur laquelle cependant devaient aisément glisser les coups, pour prendre, sous le nom de *heaume*, celle d'un cylindre arrondi, large au point de couvrir une partie des épaules, mais dont la forme, généralement plate au sommet, offrait tant de prise aux épées et aux masses d'armes. Ce casque e .t néanmoins un avantage sur celui auquel il succéda : ce fut de présenter, au lieu du nazal, dont la confection était si imparfaite, une défense bien plus certaine pour le visage Le heaume, en effet, fut presque toujours fermé par devant, et le guerrier qui en était revêtu ne voyait et ne respirait que grâce à quelques ouvertures très-étroites, composées quelquefois d'une croix double ou simple, comme celui de Hugues, vidame de Châlons, représenté par la fig. 151, d'autres fois de petits trous. Quelques-uns cependant n'étaient fermés que par un grillage, tandis que d'autres avaient une espèce de fenêtre pouvant s'ouvrir à volonté. Le heaume était souvent garni d'une chaînette qui permettait de le suspendre à l'arçon de la selle ou à la ceinture du cavalier. Presque toujours il avait une sorte de *gorgerin* qui le réunissait à la cotte de mailles. C'est avec un casque semblable que Philippe-Auguste gagna, non sans danger, la célèbre bataille de Bouvines (1214), où, suivant la *Chronique de Rains*, on voyait reluire de toutes parts « l'or et l'azur des armeûres. » Guillaume-le-Breton, qui assistait au combat, raconte, dans sa *Philippide*, que le roi, ayant été désarçonné, un grand nombre d'ennemis se précipitèrent sur lui pour le mettre à mort; mais, dit le chroniqueur, leurs poignards s'émoussèrent sans avoir pu se

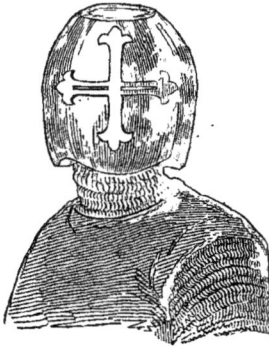

Fig. 151. — *Casque de Hugues, vidame de Châlons.*

frayer un passage à travers l'armure de mailles qui le rendait invulnérable.

L'usage du heaume se prolongea en France jusque vers la fin du XIII° siècle. Un vitrail de la cathédrale de Chartres, représentant Louis IX partant pour la Terre-Sainte, nous le montre à cheval, revêtu du haubert et coiffé du heaume. Toutefois, le casque conique sans visière ni nasal ne fut pas abandonné partout. On peut s'en assurer par celui de Jayme I°r, roi d'Aragon, conservé à l'*Armeria real* de Madrid : il est en fer poli, surmonté d'une tête de dragon et richement doré par places.

On portait alors l'habillement complet de mailles, comme le témoigne le sceau de Jean-sans-Terre. Mais quoique cette armure fût lourde et incommode, on l'alourdit encore davantage à l'époque de Philippe-le-Hardi, successeur de saint Louis, par l'adjonction des *coudières* et des *genouillères*, sortes de demi-boîtes en fer, de forme ronde ou ovale, qui s'attachaient par-dessus le haubert sur l'articulation du coude et du genou, au moyen de courroies et de boucles. Sous Philippe-le-Bel, on y ajouta, — toujours par-dessus le haubert, — les *garde-bras*, plaques de fer qui garantissaient les bras, puis les *trumelières* ou *grevières*, autres plaques de fer qui couvraient les cuisses, et enfin les *gantelets de fer à doigts séparés et articulés*, dont on vit alors le premier exemple. Jusque-là, ces gantelets n'avaient été que des pièces rigides recouvrant le dessus de la main.

Cette troisième période s'écoula à préparer la transition entre la cotte de mailles et l'armure proprement dite.

En effet, on abandonna les tissus maillés vers la fin du XIII° siècle, époque à laquelle ils ne furent plus que des objets de fantaisie.

4° PÉRIODE. La dernière époque de la panoplie du moyen âge est celle où, grâce à l'invention de la poudre et de l'artillerie, s'opèrent les plus grands changements dans l'armure de nos ancêtres. Elle commence, suivant Guillaume de Nangis, sous le règne de Philippe de Valois, et se termine aux premières années du XVII° siècle, dont le milieu vit définitivement disparaître la cuirasse, le casque et le bouclier de métal, devenus tout à fait inutiles comme défenses contre les projectiles modernes.

Le XIV° siècle, avons-nous dit, s'employa entièrement à transformer la cotte de mailles en armure de fer plein ou d'acier poli, appelée aussi *armure plate*. Vers 1340 la transformation fut complète. Cette époque est celle du casque à visière mobile : c'est la période du plus grand perfectionnement auquel parvinrent les armes du moyen âge avant de disparaître pour toujours des champs de bataille. On a vu que le casque des temps antérieurs, par sa forme cylindrique et par sa fermeture immobile qui cachait la figure, offrait de grands inconvénients. On chercha à y remédier ; pour cela on revint à la forme arrondie, qui laissait glisser les coups, et l'on inventa la visière, qui se composait de trois parties distinctes, susceptibles de se mouvoir à volonté vers le

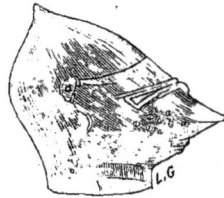

Fig. 152.

sommet ou vers le bas du casque. La première de ces parties, en commençant par le haut, est la *visière* proprement dite, ainsi nommée des trous ou du grillage au travers duquel elle laisse passer la lumière ; la deuxième est le *nazal*, bien différent de celui du casque normand, mais qui couvre cependant le milieu du visage, ce qui dut lui valoir son nom ; enfin la troisième partie est le *ventail* ou la *ventaille*, qui descend depuis le nez jusqu'au menton et offre ainsi des passages à l'air. « La visière et ventaille, qui ont pris le nom de vue et de vent, dit Fauchet (*Traité de la milice*), pouvaient lever et baisser pour prendre vent et haleine. » Quelquefois le *ventail* se composait d'une pièce, entièrement séparée du casque, qui prenait au-dessous du *nazal* et allait s'attacher à la cuirasse sur la poitrine.

L'ensemble de ces diverses pièces, qui souvent n'en formaient qu'une seule, pareille en quelque sorte à un masque, se nommait *mézail* (fig. 152).

Le casque avait souvent encore, au XV° siècle, une pièce accessoire qu'il ne faut pas confondre, comme on l'a fait souvent, avec le *hausse-col* ; nous voulons parler du *gorgerin*, appelé aussi *gorgerette* ou *gorgière*. Le gorgerin se composa d'abord d'un tissu de mailles en acier très-serré qui s'attachait aux deux côtés du heaume, puis plus tard d'une ou de plusieurs bandes d'acier descendant autour du cou vers les épaules et vers la gorge, tandis que le hausse-col était tout simplement une pièce de l'armure du corps tout à fait distincte du casque et ayant la forme d'un cône tronqué, très-surbaissé.

C'est à partir de ce moment que les Espagnols, qui pendant l'invasion arabe avaient suivi dans leurs armes et leurs costumes la marche des autres nations européennes, subirent, par suite de leurs fréquentes communications avec les guerriers maures, l'influence orientale qui distingue les ornements de leurs armes pendant le xive et le xve siècle. Toutefois, s'ils se laissèrent aller, vers la fin de la domination arabe, à quelques imitations mauresques dans le genre de la splendide salade damasquinée d'argent, dite de Boabdil (1491), et exposée par l'Espagne en 1878, au musée rétrospectif du Trocadéro, il y eut, après l'expulsion des Maures de Grenade, une réaction qui ramena les artistes espagnols au caractère de simplicité et de sévérité qui, dans les armes comme dans les autres parties des beaux-arts, est le propre de la Péninsule. Mais ce retour à la nationalité dura peu. Charles-Quint et ses successeurs introduisirent en Espagne le genre italien et flamand. Les armures furent richement ornées dans le goût milanais ; on laissa de côté les trèfles et les découpures des Maures pour prendre, avec la Renaissance, le dessin plus ferme de l'art grec et romain.

Après Charles-Quint, dont l'*Armeria real* de Madrid possède l'armure équestre ainsi que l'armure de tournoi de son fils don Juan d'Autriche, celle du grand duc d'Albe, dont un collectionneur offrit, il y a quelques années, 300,000 francs au gouvernement espagnol, puis enfin celle de Christophe Colomb, toutes exposées en 1878 au Trocadéro, l'art espagnol, comme l'empire lui-même, diminua de grandeur et de majesté.

Fig. 153.

Mais revenons en France. Outre le heaume, il y avait des coiffures militaires moins lourdes, moins gênantes, que les chevaliers faisaient porter derrière eux par un écuyer et qu'ils ne revêtaient que rarement. L'une des plus fréquentes était la *salade*, casque à grande gouttière protégeant la nuque, le derrière du cou et muni d'oreilles carrées. Quelquefois d'une grande beauté de forme, la *salade* formait surtout la coiffure des *stradiots*, soldats albanais qui composèrent en grande partie la cavalerie de Louis XI et de ses successeurs ; elle fut aussi celle des francs archers institués par Charles VII, en 1448, et supprimés par son fils.

La *bourguignote* différait de la *salade* en ce qu'elle n'avait pas de *mézail* et laissait le visage à découvert, comme les casques grecs et romains, auxquels elle ressemble beaucoup. Elle portait, en outre, comme le heaume, une *crête* ou *avance* destinée à protéger les yeux, plus deux plaques nommées *oreillères* et dont le nom indique quelle partie elles devaient couvrir. Parfois la *bourguignote* n'offrait qu'une de ces plaques. Le nom de ce genre de ce casque, qui date du xve siècle, vient de ce que les Bourguignons surtout en faisaient usage.

L'*armet*, ou petit heaume, ressemblait beaucoup à la salade, et, comme la *bourguignote*, avait quelquefois une *avance*. Il fut employé pour désigner le casque vers l'époque de François Ier et de Henri II.

Le *morion* fut la coiffure des gens de pied. C'était un bonnet de fer légèrement conique, sans ornements extérieurs, surmonté souvent d'une crête et offrant un bord large, relevé en forme de bateau. On l'employait particulièrement dans les duels et les combats à outrance. A

l'époque de François Ier, on commença à orner extraordinairement les morions. Il y en eut de finement gravés et dorés (fig. 153).

Nous ne parlerons pas du *bacinet*, casque sans visière, très-léger, qui ne servait qu'au repos, ni du *cabasset*, ni du *chapel de fer*, ni de la *cervellière*, etc. ; nous préférons renvoyer nos lecteurs à l'inventaire fait, en 1316, des armes de Louis-le-Hutin. Ce dernier document donne les détails les plus complets sur l'armure à cette époque. Il a été publié par Du Cange, dans son *Glossaire*, au mot *Armatura*.

Les casques, dont nous venons faire l'énumération, sont très-rares aujourd'hui dans les collections d'amateurs. Néanmoins, M. W. Riggs en a exposé toute une série au Trocadéro, en 1878, la plupart en fer forgé richement gravés, dorés et rehaussés d'incrustations de métaux précieux.

Durant la période qui nous occupe, nous trouvons d'abord, pour les boucliers, le *petit écu*, qui vers la fin du xiiie siècle avait succédé à l'*écu long*. A dater du xvie siècle, on voit paraître la *targe*, dont le nom du reste remonte bien plus loin, puisqu'il se trouve dans Joinville, qui vivait sous saint Louis ; seulement, à l'époque de François Ier, ce terme désignait souvent le grand bouclier des archers, appelé aussi *pavois*. Quant aux chevaliers, ils avaient alors l'écu circulaire ou légèrement ovale nommé *roelle*, *rouelle*, *rondache*, etc., dont la richesse était souvent portée à l'excès.

La collection de M. Spitzer en offre plusieurs exemples. On y voit, entre autres, un bouclier magnifique en fer repoussé représentant le triomphe de Charles-Quint, ainsi qu'un autre bouclier plus merveilleux encore, orné de quatre médaillons ciselés en relief ; ils représentent la *Force*, la *Justice*, la *Victoire*, la *Défaite*. Mais ce sont là de véritables boucliers de parure, trop lourds d'ailleurs pour servir dans les combats.

Il y avait aussi la *rondelle à poing*, qui était tellement petite qu'elle ne servait que pour garantir la main des coups de dague ou de rapière. On l'employait surtout dans les combats singuliers. Le *musée d'artillerie* possède une rondelle à poing dans la cavité de laquelle on plaçait une lanterne, afin de pouvoir se battre la nuit en cas de surprise.

Au moyen âge, l'infanterie, qui était composée de gens pauvres et de basse condition, porta presque toujours des boucliers en bois, sans ornements et de petite dimension. Certains corps seulement firent usage du grand bouclier, soit pour s'approcher des places, soit pour les miner à couvert.

Nous avons vu plus haut que la troisième période de l'histoire des armes ne fut, en quelque sorte, qu'un état transitoire entre la cotte de mailles et l'armure, qui prit définitivement faveur chez nous un peu avant la moitié du xive siècle. On commença d'abord par couvrir le devant du buste avec un fort plastron de fer, appelé par Froissard, *poitrine d'acier*, dans un récit qui se rapporte à l'an 1381. Puis on adopta la demi-cuirasse, sorte de corselet de fer formé de deux pièces réunies par des courroies et ayant pour objet : la première, de protéger la poitrine, comme le plastron d'aujourd'hui ; l'autre, de protéger le dos et les omoplates, comme la *dossière* de notre époque. L'intérieur de ces pièces était garni de drap ou de velours, et leurs points de séparation au sommet et sur les côtés présentaient des échancrures nécessaires pour laisser passer la tête et les bras. Ensuite on attacha à la ceinture de la cuirasse un système de lames circulaires articulées appelées des *fauldes*. Enfin sous Charles VII la cuirasse devient cuirasse entière, montant devant et derrière, enfermant le corps jusqu'au cou. Désormais l'armure est complète. On l'appelait harnais blanc, dit M. Quicherat, lorsque, prise dans son ensemble, elle était de fer ou d'acier poli. C'était la façon préférée pour la guerre. Dans les joutes et tournois on faisait usage de harnais brunis, vernis en couleur ou dorés. L'industrie n'en était pas encore à exécuter de ces belles pièces ciselées ou damasquinées, qu'on voit dans presque toutes les collections d'armes anciennes Quoique les incrustations d'émaux et de pierreries fussent le dernier degré de luxe qu'on sut y apporter, en général, l'armure du temps de Charles VII ne recevait sa décoration que du marteau. Telle est l'armure de Jeanne d'Arc, dans la collection de Pierrefonds, qui appartenait à la Pucelle au moment où elle tomba au pouvoir de l'ennemi, dans une sortie qu'elle fit à Compiègne. Cette armure ressemble de tout point à celle conservée aux Invalides, dont Charles VII fit présent à l'héroïque jeune fille, et que celle-ci vint déposer à Saint-Denis après avoir été blessée sous les murs de Paris. Cette armure historique, composée de lamelles d'acier, pèse environ 25 kilogrammes. Telle est encore, quoique avec plus d'ornementation, l'armure complète de Charles-le-Téméraire, duc de Bourgogne, qui nous servira de type, et dont on peut énumérer ainsi les pièces diverses qui la composent: 1º la *cuirasse* en deux pièces formant boîte; 2º les *épaulières;* 3º les *bras* ou *brassards;* 4º les *coudières* avec les gardes qui couvrent la saignée; 5º les *avant-bras;* 6º les *faudes;* 7º le *haut-bergeon,* sous la cuirasse; 8º les *cuissots* ou *cuissards;* 9º les *genouillères;* 10º les *grevières;* 11º les *souliers* ou *solerets* en lames articulées; 12º les *gantelets,* composés de lames de fer cousues sur un gant de buffle. Comme on le voit, les armures de ce genre étaient solides et plus commodes que celles du XIIIᵉ siècle, surtout par l'admirable jeu des charnières, à ce point, selon les expressions de l'historien Alexis Monteil, qu' « un homme était dans une armure de fer battu comme dans sa peau. »

L'armure ordinaire, sous Charles VIII et François Iᵉʳ, était élégante de forme mais beaucoup plus simple. On en trouve un exemple dans le harnais en fer du temps de la bataille de Pavie, publié par Séré, dans le *Moyen âge et la Renaissance.* La collection d'antiquités du musée d'Ambras, à Vienne (Autriche), renferme plusieurs armures semblables. Il en est une surtout probablement sans analogue: c'est celle d'un paysan de Brida, devenu soldat, qui vivait en 1540. Elle est complète: casque, cuirasse, gantelets,

cuissards, brassards, etc., annonçant un homme de huit pieds, gros à proportion; c'était en effet la taille de l'individu. Les panoplies du XVIᵉ siècle présentent cependant une variété extrême comme façon et comme ornementation. Plusieurs spécimens du musée d'artillerie montrent que les ornements le plus fréquemment employés étaient des fleurs, des bandes, des raies ou des filets en creux, imitant les dessins décoratifs des belles étoffes du temps. Le graveur reproduisait parfois les plis crevés et tailladés qui étaient alors en usage dans le costume civil, tandis que les armures dites à *l'antique* présentaient pour tout ornement des bandes d'écailles repoussées, alternativement dorées et argentées. Mais le talent des artistes armuriers se déploya surtout dans les sujets à figures qu'ils ciselaient avec une délicatesse infinie dans la masse du métal. L'armure aux lions, dite de Louis XII, au musée des Invalides, et dont les dessins sont attribués à Jules Romain (fig. 154), ainsi que l'armure de Henri II, autrefois au musée des souverains, au Louvre, donnent également une idée de la perfection avec laquelle les armuriers du XVIᵉ siècle pratiquaient la damasquinure et la ciselure. Enfin, un véritable chef-d'œuvre de l'art du ciseleur, est l'armure que l'on prétend avoir été exécutée pour François Iᵉʳ, par Benvenuto Cellini.

Mais c'est surtout pendant les règnes de Henri II et de François II qu'éclata la magnificence des armures. « Rien n'est comparable, dit M. Quicherat, à la richesse des armures ciselées qui furent fabriquées alors à l'usage des princes et généraux d'armées. Elles laissent bien loin derrière elles le bouclier d'Achille,

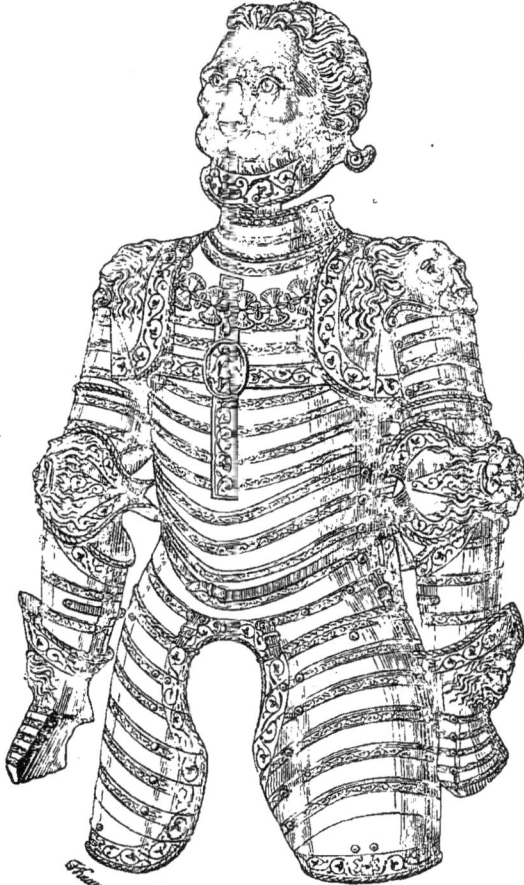

Fig. 154. — *Armure aux lions,* dite de Louis XII.
(Musée d'artillerie de Paris.)

celui d'Enée, et toutes les conceptions des poètes de l'antiquité quand ils ont mis Vulcain à l'œuvre pour le compte de leurs héros. Des milliers de figures, des ornements sans nombre sont dessinés dans un style admirable et combinés sans que leur multitude produise la confusion. Henri II possédait beaucoup de ces merveilleux ouvrages, exécutés pour lui, soit à Milan, soit à Paris, par les deux frères César et Baptiste Gamberti, milanais qu'il avait attirés à son service. Plusieurs pièces de ces panoplies existent au musée du Louvre et dans la collection des Invalides. Malgré ces prodiges de l'art, la carapace chevaleresque n'en était pas moins entrée dans la période de décadence. »

La cuirasse éprouva diverses variations. Sous Louis XII, elle fut presque sphérique par devant, à l'imitation des nombreuses armures *maximiliennes*, qui reçurent leur nom de la mode des cannelures que Maximilien Ier avait introduites en Allemagne (fig. 155). M. Spitzer possède une armure semblable, faite pour l'empereur Maximilien lui-même. Elle est ornée et richement décorée d'une cannelure qui borde *toutes* ses parties, absolument comme celle dont le vaincu de la bataille de Fornoue est revêtu dans un tableau du vieux château de Nuremberg. Après avoir été fortement bombée, surtout au milieu de la poitrine, la cuirasse fut aplatie en haut et s'abaissa en pointe vers la ceinture. Sa troisième forme fut celle du surcot de Charles IX et de Henri III, c'est-à-dire qu'elle suivit le costume civil. En dernier lieu, elle ne fut ni sphérique ni pointue : elle fut polie partout; mais à aucune époque elle ne descendit plus bas que la ceinture. Quant aux brassards et aux cuissards, qui complétaient l'armure, ils varièrent également, mais dans les détails seulement. C'est ainsi, par exemple, que les derniers furent d'abord très-longs et ensuite très-courts.

Les anciens, comme nous l'avons vu plus haut, faisaient usage de chevaux bardés. Au moyen âge, ils sont mentionnés à chaque instant. La tête et le poitrail de l'animal se trouvaient protégés par des mailles ou des lames de fer, qui, pendant un certain temps, couvrirent même le reste du corps. *Les parties de cette couverture portaient* différents noms. Le *chanfrein*, espèce de masque dont on couvrait la tête du cheval, était ordinairement en cuivre, en acier, en fer poli ou en peau. On trouve un chanfrein dans l'inventaire des armes de Louis X. Il y avait encore le le *monéfaire*, le *poitrail*, la *croupière*, les *flançois* ou

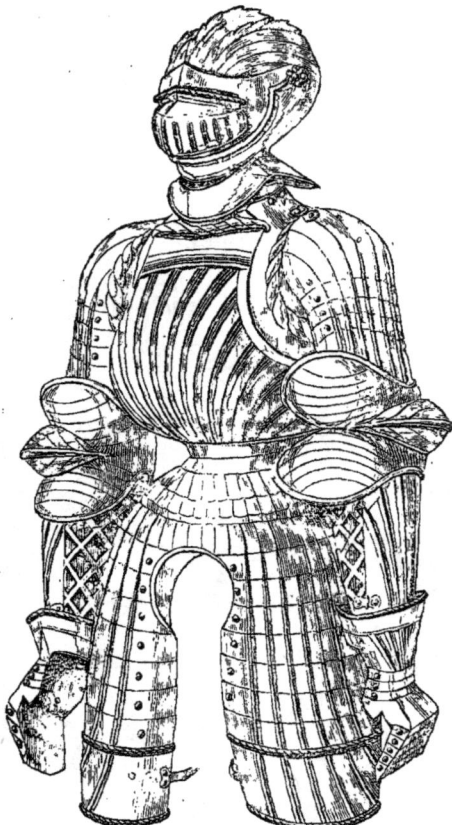

Fig. 155. — *Armure bombée du XVᵉ siècle, dite Maximilienne (Musée d'artillerie de Paris).*

flanchières et enfin les *jambières*, qui couvraient le cou, la poitrine, le dos, les flancs et les jambes du cheval ainsi que le représente la figure 156. Une aquarelle du XVᵉ siècle, conservée à la bibliothèque de Wolfenbüttel, offre une armure de cheval remarquable par ses jambières articulées, que l'on voit aussi sur le portrait de maître Albrecht, armurier de l'archiduc Maximilien, peinture exécutée en 1480 pour l'arsenal de Vienne.

Les chanfreins ont été souvent des objets de grand prix. Celui du cheval du comte de Saint-Pol, au siège d'Harfleur, en 1449, était d'or massif, du travail le plus délicat; on ne l'estimait pas moins de 20,000 couronnes.

Lorsque le comte de Foix entra la même année dans Bayonne, son cheval portait un chanfrein d'acier poli enrichi d'or et de pierreries pour une valeur de 15,000 couronnes d'or. « Les bardes d'acier, caparaçons, flancars de beuffle, de mailles, lit-on dans les *Mémoires de Gaspard de Tavannes*, servoient aux batailles anciennes, qui se démesloient avec l'espée et la lame; le peu de périls rendoient les combats longs. Tel a esté fait en Italie, les hommes et les chevaux si bien couverts, que de deux cens ne s'en tuoit quatre en deux heures. » Le même Tavannes, au combat de Renty, en 1554, commandait une compagnie de gens d'armes « avec des chevaux tous bardés d'acier, retenant encore, dit Brantôme, dans ses *Hommes illustres*, de la mode ancienne qu'il avoit veu soubs M. le grand escuyer, quand il estoit guydon. » Selon le P. Daniel, les chanfreins n'avaient pas cessé d'être en usage à l'époque d'Henri IV. La ville de Lyon en a exposé, en 1878, au Trocadéro, qui sont tout à fait hors de pair.

Nous avons dit que la décadence de l'armure commença vers la fin du XVIᵉ siècle. Déjà, en effet, ceux dont elle était l'attribut, commençaient à se plaindre de son incommodité. De la Noue, célèbre capitaine calviniste du temps de Charles IX, dit dans un de ses *Discours militaires* : « La violence des piques et des arquebuses a fait adopter avec raison une armure plus forte et plus à l'épreuve qu'elle n'était... Mais celles d'aujourd'hui sont tellement pesantes, qu'un jeune chevalier de trente ans en a les épaules entièrement estropiées. »

Néanmoins, on se servit encore d'armures entières à la fameuse bataille d'Ivry (Eure), où Henri IV défit le duc de Mayenne. Le roi lui-même, selon les expressions du poëte Du Bartas, dans la description qu'il a faite de la bataille d'Ivry, ne revêt ni perle ni clinquant :

Il s'arme tout à cru, et le fer seulement
De sa forte valeur est son riche ornement.

Quoi qu'il en soit, à force de vouloir donner aux armures une résistance en rapport avec le perfectionnement des engins nouveaux, leur emploi devint bientôt impossible. C'est alors qu'on commença par supprimer les pièces les moins importantes, puis elles tombèrent peu à peu en désuétude.

En France, l'infanterie qui, dans la seconde moitié du XVIᵉ siècle, avait été démoralisée par les guerres civiles, repoussa les armes défensives et ne voulut plus, suivant

un contemporain, « porter qu'une arquebuze sans morions. » Les armures, abandonnées par l'infanterie ne
tardèrent pas à l'être aussi par la cavalerie. Ce fut en
vain que Louis XIII, en 1638 et en 1639, prescrivit, sous
peine de dégradation, à tous les cavaliers et aux gentilshommes de s'armer d'armes défensives. On aimait
mieux s'exposer à une mort probable que de supporter
tous les jours une fatigue devenue intolérable. Louis XIV,

par une ordonnance du 5 mars 1675, enjoignit également
aux officiers de la gendarmerie et de la cavalerie légère,
de porter des cuirasses. Lui-même donna l'exemple aux
sièges de Douai et de Lille où il assista. Il recommandait
surtout aux officiers de revêtir un casque en allant à la
tranchée; néanmoins, il était difficile d'obtenir que l'on se
soumît à ces prudentes précautions. En 1673, au siège de
Maestricht, Villars, marchant comme volontaire à l'attaque

Fig. 156. — Chevalier armé et monté en guerre, au XVe siècle (Musée d'artillerie de Paris).

d'une demi-lune, rapporte dans ses mémoires, « qu'on lui
avait donné une cuirasse dont la pesanteur ne lui laissait
pas la liberté d'agir; il la jeta en sortant, et entra un des
premiers dans la demi-lune. » Villars raconte encore que,
au commencement d'une action, en 1677, on l'avait
pressé de prendre une cuirasse; mais il dit tout haut, en
présence des officiers et des cavaliers, qu' « il ne tenait
pas sa vie plus précieuse que celle de ces braves gens à
la tête desquels il combattait. » Cependant, en 1703, lorsqu'il prit le commandement de l'armée d'Allemagne, il
insista vivement auprès de Chamillard pour qu'on rendît
à la cavalerie l'usage des cuirasses ou au moins des plas-

trons. En 1712, à la bataille de Denain, il revêtit un
buffle, « seule arme défensive dont il se servait quelquefois, » et la même année, au siège de Denain, il fit prendre
des cuirasses aux officiers; cette précaution, dit-il, en
sauva plusieurs. Il y a tout lieu de supposer, d'après cela,
que l'armure magnifique, dont la République de Venise
fit présent à Louis XIV, en 1668, et que l'on conserve au
musée d'artillerie de Paris, fut une des dernières exécutées en Europe.

La fabrication des armes, qui selon le mot de Platon
« est une division de l'art si important et si divers de
préparer les moyens de défense, » fut très florissante

chez les anciens. Il est permis de croire, sur la foi d'Homère, que l'on connaissait de son temps l'art de combiner les métaux, de les graver, de les ciseler, de les damasquiner, de les émailler. Les Grecs, d'ailleurs, avaient un trop grand sentiment de l'art pour ne pas déployer par la suite une exquise délicatesse dans l'exécution de leurs armures. Le temps n'a malheureusement épargné pour ainsi dire aucune de leurs productions en ce genre.

Les Romains n'eurent pendant longtemps que des armures d'une fabrication grossière; mais plus tard on les rehaussa d'argent, d'or, de perles et même de pierreries. Jules Capitolin rapporte que l'empereur Maximin fit exécuter des casques ornés de pierres précieuses. Claudien, décrivant le faste militaire de son époque, parle de boucliers constellés de perles (*cingula baccis aspera*), de cuirasses ornées d'émeraudes (*virides smaragdis loricæ*), de casques couverts de saphirs étincelants (*galeæ renidentes hyacinthis*), etc. C'étaient là sans doute des armes de parure, dont la splendeur peut donner une idée du développement qu'avait pris, à Rome, l'armurerie de luxe.

Une pareille magnificence n'exista jamais chez les Gaulois. Nos ancêtres se plaisaient cependant à décorer leurs armes, non seulement de brillantes peintures, comme Lucain le dit des Lingons, mais en outre d'ornements ciselés en or ou en argent. Plutarque l'affirme expressément pour leurs boucliers. Un peuple à ce point industrieux, qui savait travailler les métaux et qui apportait dans ses armes un luxe aussi varié qu'éclatant, remarque le baron de Belloguet, dans son *Ethnologie gauloise*, devait certainement avoir atteint un degré de civilisation supérieur à celui qu'on s'est figuré jusqu'à présent.

Les Gaulois étaient effectivement devenus très habiles dans la fabrication des armes défensives. On peut voir au musée d'Alise et au musée d'Agen deux casques en fer forgés en Gaule à l'époque voisine de la conquête. Celui d'Agen, découvert récemment, est à peu près tel que s'il sortait des mains de l'ouvrier. « L'élégance et la pureté des lignes sont frappantes, lit-on dans les comptes-rendus de l'Académie des inscriptions (21 mars 1879). La calotte, de forme sphérique un peu allongée, est d'un beau galbe. La carène à saillie anguleuse et le listel qui en contournent la base, une visière et un couvre-nuque original, enfin un porte-aigrette attirent l'attention des amateurs d'armes antiques. Un ouvrier d'un goût parfait et d'une main exercée a pu seul exécuter une pareille pièce, avec un métal de qualité supérieure, capable de se plier à toutes les sinuosités d'un profil compliqué. Le casque est, en effet, d'une seule feuille de fer travaillée au marteau, sans soudure, sans brasure. A l'époque en question, la métallurgie était donc très avancée en Gaule. L'origine gauloise du casque est établie par le lieu où il a été rencontré; il gisait dans un puits funéraire au milieu d'objets incontestablement gallo-romains. »

Ce n'est guère qu'au moyen âge que l'on commence à avoir des renseignements précis sur la ferronnerie militaire, époque où les pièces forgées devinrent la spécialité exclusive des armuriers européens. Le moindre forgeron, déjà considéré au-dessus des autres artisans, jouissait alors de prérogatives exceptionnelles. Il ne payait, en cas de meurtre, que demi-amende, tandis qu'au contraire, selon les anciennes lois burgondes, l'amende était doublée s'il s'agissait de punir l'homicide commis sur un simple esclave forgeron.

A partir du XIIe siècle, l'armurerie française devint célèbre à Paris, où les marchands de boucliers habitaient le quartier Saint-André-des-Arts. Quant aux *heaumiers* ou fabricants de casques, ils se trouvaient près Saint-Jacques-la-Boucherie, dans la rue de la *Hiaumerie* ou *Heaumerie*, qui reçut ensuite le nom de rue des *Armuriers*. La dénomination de *heaumiers* s'appliqua d'abord précisément à ceux qui faisaient les armes défensives en

général. « Armoyers et fourbisseurs de nostre bonne ville de Paris, » lit-on dans le *Glossaire* de Du Cange, au mot *Armeator*. Leurs statuts dataient de 1409, sous le règne de Charles VI, et ils furent renouvelés en 1451, sous Charles VII. Louis XI, par ses lettres du mois de juin 1467, confirma les *statuts* de *Charles VII* relatifs aux armuriers ou *brigandiniers* (fabricants de cuirasses), par une ordonnance, dont voici le titre III : « Item, seront les dicts armuriers, brigandiniers, et aultres des mestiers dessus dicts, tenuz de faire ouvrage bon, loyal et raisonnable, c'est assavoyr, les dicts armuriers et brigandiniers, harnoys blancs (en fer poli) et brigandines d'espreuve... » Ces statuts, signés par Poton, seigneur de Xaintrailles, ayant été négligés, il en fut dressé de nouveaux en 1562, que Charles IX approuva et confirma la même année.

Quoi qu'il en soit, l'art de l'armurier employait tous les métaux; il comprenait l'art du forgeron, du coutelier, du fourbisseur, de l'orfèvre et même celui du graveur. La dorure sur métaux au moyen du mercure était déjà employée, puisque le moine Barthélemy Glanville, livre XVI *De proprietatibus rerum*, en indique les procédés. Selon les lettres patentes de Charles VI, avril 1412, relatives à la permission donnée aux ouvriers étrangers de fabriquer des armes, les armures de Paris, de Bourges, de Toulouse et de Poitiers étaient considérées comme les meilleures.

Les artistes milanais avaient acquis déjà une très grande célébrité en Europe au XIVe siècle. Froissart rapporte qu'Henri IV, roi d'Angleterre, n'étant encore que comte de Derby, et se préparant à combattre le duc de Norfolk, fit demander des armures à Galéas, duc de Milan, qui les lui envoya, avec quatre armuriers milanais.

La Renaissance artistique, au XVIe siècle, s'étendit à l'armurerie ainsi qu'aux autres arts. Les cuirasses, auparavant simplement polies ou cannelées, se couvrirent d'ornements et de sujets à figures gravés à l'eau-forte ou damasquinés en or ou en argent sur toute leur superficie.

De plus en plus favorisés, les armuriers italiens firent alors partie de la corporation des peintres; ils allaient de pair avec les damasquineurs (*azzizimistes*) auxquels ils furent souvent associés dans leur travail d'armurerie. Louis XI, Charles VIII, Louis XII attirèrent de ce pays plusieurs armuriers, les retenant, les pensionnant auprès de leur personne ou bien les établissant en Touraine. Le XVIe siècle fut aussi l'époque florissante de la fabrication allemande, particulièrement celle d'Augsbourg.

Mais si l'Italie et l'Allemagne marchaient à la tête des autres nations sous le rapport artistique de ces ouvrages où, comme dit le poète, le travail dépasse la valeur de la matière, *materiam superabat opus*, la France ne resta pas longtemps en arrière. Brantôme nous a laissé des détails curieux sur la fabrication, en France, dès corselets et des morions, que pendant longtemps on fut obligé de faire venir de Milan.

A partir de cette époque, la décadence commença pour l'armurerie. Au XVIIIe siècle, il n'y avait plus pour ainsi dire d'armures ni d'armuriers. « La fabrique des corps de cuirasse, dont on se sert encore dans quelques régiments de cavalerie française est présentement établie à Besançon, écrivaient en 1779, Hurtaut et Magny, dans leur *Dictionnaire historique de la ville de Paris*. Le peu d'usage que l'on fait aujourd'hui des armures, a fait réunir à cette communauté celle des arquebusiers, quoique de profession bien différente. »

Nous ne dirons que quelques mots des armures fabriquées en Orient. De tout temps, les divers peuples de l'Asie ont recherché les belles armes; leurs cuirasses, leurs boucliers, leurs casques, toujours décorés de gravures, de dorures et de damasquinures, offrent souvent des ornements et des formes d'une originalité particulière. La cuirasse persane, le bouclier persan et les casques orientaux du musée de l'empereur de Russie, en fournissent des exemples frappants.

Cette originalité se montre dans toute sa bizarrerie surtout en Chine et au Japon, témoin l'armure chinoise ou japonaise envoyée avec d'autres armes, d'après le *Catalogue de don Abadia*, au roi d'Espagne Philippe II par « l'empereur de la Chine et le roi du Japon. »

Les Indiens sont beaucoup plus artistes ; mais pour eux la beauté ne consiste pas tant dans la perfection des ciselures et dans la variété des dessins que dans la richesse de la matière ; comme les Romains de la décadence, ils préfèrent à d'ingénieuses compositions les métaux précieux et les diamants.

La collection indienne du prince de Galles, exposée en 1878 au Champ-de-Mars, le témoigne surabondamment. Les Indiens connaissent d'ailleurs depuis fort longtemps l'usage des armures. « Varouna a revêtu sa cuirasse d'un or éclatant et pur ; des rayons de lumière l'environnent de toutes parts, » dit l'auteur d'un hymne du *Rig-Véda*. L'objet le plus curieux de la collection précitée est une armure complète faite d'écailles de corne provenant du tatou indien, et ornée d'or, de turquoises et de grenats incrustés. Il y a une autre armure complète splendide en maillons de Kaschmyr, d'un travail presque aussi beau qu'un ouvrage de dentelle. Le style en est essentiellement persan et circassien : il est identique à celui des armures qu'on portait en Europe au XIIIe siècle. Le casque damasquiné est surmonté d'un plumet de perles. Il y a beaucoup d'autres armures complètes avec des plastrons damasquines, des gantelets de fer et des jambières, qui vous reportent par la pensée au temps des croisades. La splendeur des armes indiennes est due en général à la prodigalité inouïe avec laquelle sont semés les diamants, les rubis, les émeraudes et autres pierres brillantes et colorées. Le défaut particulier de l'art indien est de tomber dans cet excès et de faire abus des détails décoratifs. — s. b.

Bibliographie : Rich : *Dictionnaire d'antiquités grecques et romaines* ; Meyrick : *Costumes of the original inhabitants of the British Islands from the earliest period to the sixth century*, Londres, 1814-1815 ; Cesare Vecellio : *Habiti antichi et moderni di tutto il mondo* ; Quicherat : *Histoire du costume* ; Bibliothèque de poche : *Curiosités militaires* ; Demmin : *Encyclopédie d'armurerie* ; Lacombe : *Les armes et les armures* ; Le P. Daniel : *Histoire de la milice françoise* ; Fauchet : *Traité de la milice* ; De Belleval : *La panoplie du XVe au XVIIIe siècle* ; A Jubinal : *Les armes de l'Armeria real de Madrid* ; Paul Lacroix : *Les arts au moyen âge et à la Renaissance*, Ch. *Armurerie*.

II. ARMURE. *T. de phys.* On a donné spécialement ce nom aux garnitures métalliques qui se trouvent collées des deux côtés de la lame isolante d'un condensateur électrique ou d'une bouteille de Leyde. Mais par extension on a donné également aux garnitures de fer qui enveloppent les extrémités polaires d'un aimant naturel. Dans ce dernier cas, les armures ont pour effet de concentrer les polarités magnétiques inégalement distribuées sur ces sortes d'aimants, en offrant au magnétisme qu'elles recueillent une meilleure conductibilité que celle qu'il rencontre sur le minerai, et comme le fer doux permet à l'action magnétique de se déplacer très-facilement, on peut faire en sorte, au moyen de deux appendices polaires qui ressortent des garnitures, de créer deux pôles magnétiques de noms contraires assez rapprochés l'un de l'autre pour qu'une armature de fer doux puisse être énergiquement attirée.

Les armures d'un condensateur servent à épanouir la charge électrique sur une grande surface, afin qu'elle puisse s'y accumuler en quantité sous l'influence de la condensation, et donner lieu ensuite au phénomène de la *conduction électrotonique*. — V. Condensateur, Conductibilité électrotonique et Bouteille de Leyde.

III. ARMURE. 1° *T. de manuf.* On donne le nom d'armure à la distribution dans un certain ordre des lisses d'un métier, et à la disposition particulière des fils de l'étoffe, qui résulte de cette disposition des lisses. On dit donc : l'armure d'un métier et l'armure d'une étoffe ; mais c'est dans cette dernière acception, surtout, que ce mot est le plus usité.

L'armure sert à distinguer les étoffes de soie ou de laine, les unes des autres. Ainsi le taffetas est une armure qui résulte de l'entrecroisement régulier, fil par fil, des fils de la trame et de la chaîne. Le satin, le gros de Tours, le reps, pour nous servir des termes autrefois employés, sont trois autres armures de dispositions diverses, parfaitement différenciées entre elles, et qu'on peut reconnaître à première vue. Le fond d'une étoffe brochée ou à ramages, est toujours une armure, plus ou moins brillante, plus ou moins réduite, suivant la richesse de l'étoffe et sa destination.

|| 2° *T. techn.* Pièces de fer qui servent à maintenir, fortifier ou préserver une meule, une charpente, une machine. || 3° Petites pièces de fer qui sont aux deux bouts de la navette du passementier. || 4° Planchette que, dans une verrerie, l'ouvrier souffleur attache quelquefois sur sa canne pour rouler la canne. || 5° Enveloppe des rames de papier. || 6° *T. de mar.* Pièce qui s'endente sur un mât, sur une vergue d'assemblage ; ce mot est dans ce cas synonyme de *jumelle*.

ARMURERIE. Forge ou boutique d'armurier ; magasins d'armes.

ARMURIER. Fabricant ou marchand d'armes. Ce nom s'applique plus particulièrement au fabricant ou au marchand d'*armes à feu* ; celui qui fabrique ou vend des épées, des sabres, des cuirasses, etc. ; est plus communément appelé *fourbisseur*.

— L'art de l'*armurier* embrassait, au moyen âge, plusieurs métiers : ceux du peintre, du graveur, de l'orfèvre, du doreur, du fourbisseur, du forgeron, du coutelier. C'était indispensable pour la bonne fabrication des armures ornées de dorures et de damasquinures, et des boucliers sur lesquels les chevaliers et les hauts barons faisaient peindre leurs armoiries. L'armurier ne fabriquait alors que les armures ou les armes défensives, comme cuirasses, casques, gantelets, etc. (V. Armures) ; les armes de trait ou à feu étaient le privilège des *arquebusiers* qui formaient une corporation particulière avec les *arctiers*, *artilliers*, *arbalestriers* et *artificiers*. — V. Arme, Arquebuse, Arquebusier.

Après la réforme de 1776, *armuriers*, *arquebusiers*, *fourbisseurs* et même *couteliers* formaient un même groupe. Si de nos jours les couteliers sont étrangers au commerce des armes proprement dites, cette réunion d'autrefois eut pour effet, pendant la première révolution, de faciliter singulièrement l'énorme consommation d'armes nécessaires alors. Les couteliers étaient encore à cette époque assez fourbisseurs et armuriers, pour alimenter ces ateliers nationaux qu'il fallut établir dans les églises ou couvents de certaines villes renommées pour leur coutellerie, Thiers, par exemple, et d'où sortirent ces *briquets* et sabres de cavalerie qui devaient armer les défenseurs de la patrie en danger et faire le tour du monde.

* **ARNOUX** (Claude-Jean), ingénieur, est né au Cateau-Cambrésis, en 1792. Fils d'un maître de poste, il s'intéressa de bonne heure à la question des moyens de transport. Il fut reçu en 1811 à l'École Polytechnique, fit comme lieutenant d'artillerie les campagnes de 1813 à 1815, donna sa démission lors de la signature de la paix et retourna près de son pays natal, à Cambrai, où il s'occupa d'industrie. En 1828, il revint à Paris pour occuper la position d'administrateur des Messageries nationales. Là, il put se livrer à des recherches que son esprit ingénieux et pratique lui permit de faire avec succès; il inventa plusieurs machines, fort répandues aujourd'hui, avec lesquelles on peut effectuer mécaniquement des travaux qu'on ne réalisait qu'à bras d'hommes.

En 1834, Arnoux, frappé du grand inconvénient que présentait pour le matériel des chemins de fer la nécessité des courbes à grand diamètre, découvrit son *système de trains articulés*, qui permet de faire parcourir aux trains des courbes de diamètre très faible à l'aide d'un mécanisme perfectionné par l'un de ses fils, et qui consiste essentiellement en un losange à côtes mobiles ramenant continuellement l'essieu, qui en est une des diagonales, dans une direction perpendiculaire aux rails; de plus, les roues sont mobiles autour des essieux, de façon qu'elles puissent parcourir des espaces différents.

Ce système, installé sur un train parcourant environ 1 kilomètre dans un champ d'expériences situé près de Saint-Mandé, valut à l'inventeur le grand prix de mécanique décerné en 1839 par l'Institut. Les grandes Compagnies ayant déjà construit une grande partie de leur matériel à cette époque, n'adoptèrent pas les trains articulés, qui furent installés sur la ligne de Paris à Sceaux, concédée à Arnoux par ordonnance du 6 septembre 1844 et inaugurée en juin 1846.

Administrateur du chemin de fer de l'Est, il devint en 1856 directeur de la Compagnie générale des voitures parisiennes. Il mourut à Paris en 1866.

Il a laissé plusieurs écrits relatifs aux chemins de fer, entre autres : *Système de voitures pour chemins de fer de toute courbure* (1838, in-4° avec pl.); *De la nécessité d'apporter des économies dans la construction des chemins de fer* (1860, in-8°, 5 pl.).

AROMATE. On donne le nom d'aromate à diverses substances d'origine végétale qui répandent une odeur agréable et pénétrante.

On a souvent confondu, comme étant synonymes, les mots *aromate* et *parfum*. D'après M. Littré, la différence entre ces substances est cependant bien grande; l'aromate est la substance qui dégage une odeur, le parfum est l'odeur exhalée. Les aromates sont exclusivement végétaux, la qualité qui les distingue s'adresse au goût, elle leur est propre; les parfums, au contraire, peuvent être empruntés aux trois règnes de la nature, ils exercent surtout leur action sur l'organe de l'odorat, ils peuvent être ajoutés à un corps et sont souvent factices.

Les aromates peuvent être employés de différentes manières : 1° comme médicaments; ils sont utilisés alors pour leurs propriétés carminatives, cordiales, aphrodisiaques et antispasmodiques; 2° comme condiments; l'art culinaire s'en sert pour relever la saveur de certains mets; leur emploi est souvent indispensable dans les pays chauds, alors que l'économie a besoin de lutter contre l'épuisement qu'occasionnent une température élevée et des sueurs abondantes; ils surexcitent le fonctionnement de nos divers organes, et principalement raniment l'appétit; 3° comme cosmétiques; les préparations du domaine de la parfumerie sont toutes basées sur l'emploi de ces substances.

Les aromates sont d'ordinaire d'autant plus forts qu'ils proviennent de pays où la température est plus élevée; on ne compte guère comme indigènes que ceux fournis par la famille des ombellifères. Ils s'emploient rarement seuls; le plus souvent pour en faire usage on mélange plusieurs d'entre eux, pour confectionner des poudres, des pâtes, des sachets, des trochisques, des liqueurs aqueuses, acides ou alcooliques.

La nature du principe particulier qui donne aux substances aromatiques leur qualité spéciale, est variable. Nous renvoyons au mot *arôme* pour en connaître la nature. Ce principe se trouve sous diverses formes dans les végétaux; tantôt tout fait et isolable avec plus ou moins de facilité; tantôt ayant besoin pour se manifester du concours de plusieurs circonstances, amenant la formation de réactions chimiques, ou contribuant simplement à développer l'odeur, sans pour cela modifier la composition du corps.

Les endroits des végétaux dans lesquels on trouve des principes aromatiques sont très divers; il y a des plantes dont toutes les parties sont odorantes, d'autres, au contraire, n'offrent d'odeur que dans un seul organe, voir même certaines parties d'appareil. Quelques exemples suffiront pour le montrer.

Dans l'angélique, la racine, la tige, les feuilles, les fruits sont aromatiques; dans une plante tout à fait voisine, l'anis, le fruit seul est utilisable. Dans l'iris, la valériane, la partie souterraine est seule employée, et encore après que la dessication a développé le principe odorant. Une portion de la fleur est spécialement recherchée dans certains cas, tels sont : le bouton, dans le giroflier; le pistil, dans le safran; parfois ce sont les liquides qui découlent des végétaux qui offrent de l'intérêt : tous les produits désignés sous le nom de baumes sont dans ce cas; citons ici la myrrhe, le benjoin, l'encens, le storax, etc. On pourrait multiplier les exemples à l'infini.

Au point de vue botanique, les principaux aromates sont fournis par les familles des amomées, des laurinées, myrtacées, myristicées, ombellifères, pipéracées, styracinées et térébinthacées, et les plus utilisés d'entre eux sont : l'ambrette, les amômes, la badiane, le benjoin, le bétel, le *calamus aromaticus*, la canelle, le cubèbe, le curcuma, l'encens, le galanga, le genseng, le gingembre, le girofle, les labiées, le laurier, le macis et la muscade, la myrrhe, les piments et poivres, les résines et semences des ombellifères, le schœnanthe, les souchets, le storax, la vanille, la zédoaire, etc.

AROMATIQUE. Qualité que possèdent les corps, lorsqu'ils sont doués d'une odeur pénétrante et agréable.

Série aromatique. On donne ce nom en chimie, à un groupe de composés organiques qui possèdent tous une odeur forte et aromatique et présentent un ensemble de réactions spéciales. Ils ont pour noyau un carbure d'hydrogène, la benzine ($C^{12}H^6$), et proviennent, soit de fixation sur ce principe fondamental de nouveaux éléments,

tel est le cas du phénol ou acide phénique ($C^{12}H^6O^2$), soit de substitution. Si l'on enlève à la benzine un équivalent d'hydrogène, pour le remplacer par un équivalent d'un composé nitré, on pourra obtenir un produit rappelant l'odeur d'essences d'amandes amères, la nitrobenzine
($C^{12}H^5(AzO^4)$).

Les corps qui constituent la série aromatique ont un grand intérêt au point de vue industriel. En outre de la benzine, de l'acide phénique et de la nitrobenzine, on connaît les nombreux emplois de l'aniline, des acides picrique, gallique, tannique, des essences ou huiles volatiles, de la naphtaline, de l'anthracène, de l'alizarine, de l'indigo, etc. Tous ces corps sont actuellement rangés dans la série aromatique, car si la benzine ne donne pas elle-même tous les dérivés que nous venons d'indiquer, ses homologues, c'est-à-dire les hydrocarbures répondant à la formule générale C^nH^{2n-6},

COMPOSÉS AROMATIQUES DÉRIVÉS DE			
LA BENZINE	DU TOLUÈNE		DU FORMÈNE
	par le phényle	par le méthyle	
$C^{12}H^6$ Benzine	$C^{14}H^8$. Toluène ou méthylbenzine.		C^2H^4. Formène ou hydrure de méthyle.
$C^{12}H^5$ Cl. Benzine chlorée.	$C^{14}H^7$ Cl. Toluène chloré.	$C^{14}H^6$ Cl. Benzyle chloré.	C^2H^3 Cl. Chlorure de méthyle.
$C^{12}H^6O^2$. Phénol ou alcool phénique.	$C^{14}H^8O^2$. Crésylol ou phénol crésyl.	$C^{14}H^6(H^2O^2)$. Alcool benzylique.	$C^2H^4O^2$. Alcool méthylique.
$C^{12}H^5AzH^2$. Aniline.	$C^{14}H^9$ Az. Toluidine.	$C^{14}H^9$ Az. Benzylamine.	$C^2H^2(AzH^3)$. Méthylamine.
$C^{12}A^5(AzO^4)$. Nitrobenzine.	$C^{14}H?(AzO^4)$. Nitrotoluène.	$C^{14}H^6O^4$. Acide benzoïque.	$C^2H^2O^4$. Acide formique.

fournissent également des composés aromatiques, ainsi que, par exception, certains autres carbures.

Nous ne nous arrêterons pas ici à donner les caractères de ces corps, dont quelques-uns ont été déjà étudiés — V. Acides, Alizarine, Aniline, Anthracène; les autres seront l'objet d'articles spéciaux. Nous montrerons seulement pourquoi, au lieu de comprendre uniquement les corps qui se rapprochaient de l'acide benzoïque, on range actuellement dans la série aromatique, ceux qui lui sont analogues par la façon dont ils se comportent en présence des agents réducteurs, oxydants ou autres. Dans la benzine, il n'y a pas assez d'hydrogène pour saturer tout le carbone, aussi peut-on enlever facilement un ou plusieurs équivalents de cet hydrogène, pour le remplacer par d'autres corps. On obtient par simple contact, avec le chlore ou le brôme, la benzine mono et bichlorée, mono et bibrômée,... hexachlorée ou hexabrômée, dans lesquelles l'hydrogène cède peu à peu sa place au chlore ou au brôme; — la benzine traitée par l'acide azotique forme de la nitrobenzine, en perdant un équivalent d'hydrogène qui est remplacé par AzO^4, l'acide hypoazotique.

La benzine traitée par l'acide sulfurique, donne de l'acide phénylsulfureux, lequel saturé par une base et décomposé, produit de l'hydrate de phényle

ou phénol, corps jouant le rôle d'un alcool. Tous ces composés, benzines chlorées ou brômées, nitrobenzine, ou phénol, sont des produits aromatiques, qui à leur tour pourront en engendrer d'autres. Enlevons à la nitrobenzine $C^{12}H^5AzO^4$, quatre éléments d'oxigène pour les remplacer par de l'hydrogène, il y aura élimination d'eau, et formation d'un corps $C^{12}H^5AzH^2$ contenant deux équivalents d'hydrogène, et que l'on nomme aniline ou phénylamine, si on la considère comme une ammoniaque composée (la formule précédente pouvant se présenter ainsi $C^{12}H^4(AzH^3)$. Cette matière oxydée par le chlorure de chaux ou par le bichrômate de potasse et l'acide sulfurique, donne naissance à une matière colorante violette. Telle est l'origine de l'industrie des couleurs d'aniline; il y a vingt-cinq ans environ que Perkin a obtenu cette réaction, depuis il se fabrique annuellement en Europe, pour plus de 200 millions de francs de couleurs dérivées du goudron de houille.

Le phénol, traité par l'acide azotique, donne de l'acide picrique, et ce qui prouve bien que la série aromatique doit être étendue ainsi que nous l'avons fait, c'est que le même composé nitré, en présence de l'indigo, du benjoin, de l'aloès, etc., donnera toujours de l'acide picrique. D'ailleurs, tous les composés aromatiques forment toujours comme un des termes ultimes de leur décomposition. le carbure $C^{12}H^6$, autrement dit la benzine.

Jusqu'à présent nous avons vu comment avec de la benzine on pouvait arriver à produire différents corps appartenant tous à la série qui nous occupe, nous allons montrer que les homologues de la benzine donnent les mêmes résultats et doivent être rangés dans la même famille. Ces carbures d'hydrogène sont nombreux, nous ne pouvons les passer tous en revue, citons comme principaux, le *formène* ou *hydrure de méthyle* C^2H^4, le *toluène* $C^{14}H^8$, le *xymène* $C^{16}H^{10}$, le *cymène* $C^{20}H^{14}$, etc. Si on leur fait subir les divers traitements que nous avons indiqués pour la benzine, on engendrera des corps de la série aromatique. Pour montrer d'ailleurs ces analogies, nous n'avons qu'à porter les yeux sur le tableau de la p. 298 qui comprend avec la benzine les deux premiers corps homologues que nous avons cités.

Nous n'insisterons pas davantage sur l'importance de cette série aromatique; comme on peut le voir par le tableau qui précède, elle comprend à la fois des produits organiques naturels et des produits artificiels, mais nous ne pouvons nous empêcher de remarquer, en terminant, qu'elle offre avec la série grasse, les plus nombreux rapports, et que l'on peut même passer de l'une à l'autre avec une grande facilité. C'est ce que l'on montre en chauffant de la glycérine ou un corps gras, à une certaine température; on obtient ainsi de l'aldéhyde acrylique ou acroléine $C^6H^4O^2$, et de l'acide acrylique $C^6H^6O^4$, de même que, en saturant les acides de la série acrylique, par les alcalis fondus, on les transforme en acides de la série grasse. — J. C.

AROME. On désigne par ce mot le principe sapide ou odorant qui se dégage d'un grand nombre de corps d'origine fort variable.

D'après les anciens chimistes, Boerhave en particulier, l'arôme était dû à la présence d'un principe particulier, qu'il désignait sous le nom d'*esprit recteur*, et que l'on pouvait facilement enlever par diverses opérations; Macquer vit bientôt que cet esprit n'était pas unique, et pour expliquer la cause des différents arômes, il admit l'existence d'esprits acides, alcalins et huileux. Lorsqu'à la fin du siècle dernier, la chimie moderne se fonda, et que l'on voulut donner des noms rigoureux rappelant la composition des corps, aux mots que devait utiliser cette science, ces noms d'esprits, d'esprits recteurs, disparurent, et le mot *arome* fut choisi pour distinguer le principe que l'on considérait comme la cause des odeurs.

Fourcroy s'éleva contre cette théorie, et soutint que ce que l'on appelait arôme, n'était qu'un effet dû à la propriété qu'ont les corps aromatiques de se volatiliser plus ou moins rapidement, en tout ou partie, suivant leur nature. Cette opinion n'est que partiellement juste; il est vrai que certaines substances ne sont aromatiques que par suite de leur volatilisation, ou de l'entraînement d'une

partie d'elles-mêmes par l'action des vapeurs aqueuses, alcooliques, ammoniacales, etc., et qu'elles impressionnent plus ou moins suivant la force et la nature de l'arôme, mais cette théorie seule ne peut suffire pour expliquer bien des faits. L'ambre gris, par exemple, est une substance très aromatique, et cependant Guibourt a démontré, que soumise à une dessiccation lente, puis conservée dans une boîte en carton pendant quatre ans, elle avait conservé au bout de ce temps fort exactement son poids, avait augmenté en dureté, mais n'avait rien perdu de son odeur.

L'arôme peut être d'origine simple ou complexe et dû à des causes très différentes.

Il provient : 1° de l'existence dans les produits aromatiques d'une huile volatile toute formée, répandue dans tout ou partie de la plante, et dont la constitution chimique peut elle-même être variable, qu'elle soit d'ailleurs solide ou liquide. Certaines huiles volatiles sont des carbures d'hydrogène, appartenant surtout à la série camphénique; il en est de dimères, comme l'essence de citron ($C^{10}H^8$) ^{2}; de trimères, comme l'essence de copahu ($C^{10}H^8$) ^{3}; d'autres sont des aldéhydes, aldéhydes monoatomiques, comme le camphre ($C^{20}H^{16}O^2$), ou aldéhydes diatomiques, comme l'essence d'anis ($C^{12}H^8O^2$); 2° de matières engendrées par suite de réactions chimiques résultant de l'action de l'eau sur les corps en présence. L'essence d'amandes amères ($C^{14}H^6O$) est de l'aldéhyde benzylique qui se forme seulement lorsque l'amygdaline peut se dédoubler en présence de l'eau, par suite de l'action d'un ferment appelé *émulsine*; il en est de même de l'essence de moutarde, qui est un sulfocyanure d'allyle [$C^6H^4(C^2HAzS^2)$] formé par l'action de myrosine sur le myronate de potasse, toujours en présence de l'eau. L'arôme des vins est dû à la formation lente de certains éthers, dont le plus connu est l'éther œnanthique, et que produisent l'action sur l'alcool, des acides du vin. Nous remarquerons en passant, que l'on emploie un nom spécial, celui de *bouquet*, pour désigner l'arôme des vins.

Certains principes aromatiques augmentent parfois d'intensité par suite de la présence de quelques composés chimiques, sans que pour cela, aucune réaction se trouve engendrée. C'est ainsi que l'on a signalé que le tabac, le musc, l'ambre, exhalent plus d'arôme lorsqu'on les mouille avec une eau légèrement ammoniacale; 3° de la présence d'acides aromatiques volatils, tels que les acides benzoïque, cinnamique, etc. Le premier ($C^{14}H^6O^4$) est le corps qui donne l'arôme au benjoin, au baume de Tolu, au sang-dragon, au bois de Gaïac, au castoréum; le second ($C^{16}H^8O^4$) existe surtout en notable quantité dans le Styrax, les baumes de Tolu et du Pérou.

Plusieurs moyens sont employés pour enlever aux différents corps l'arome qui les caractérise, et les procédés doivent évidemment varier avec la nature du principe aromatique. On peut dire d'une façon générale que l'on doit agir soit par infusion, macération, distillation, digestion, trituration ou déplacement, et que les véhicules

les plus employés sont l'eau, l'alcool, les corps gras solides ou liquides, lorsqu'on veut conserver le principe en dissolution; l'éther, le sulfure de carbone et divers carbures d'hydrogène, lorsque l'on veut isoler ce principe pour le conserver à l'état de pureté.

Arome. Ce mot a encore été employé par Ch. Fourier dans un tout autre sens que celui que nous lui connaissons. Il a attribué ce nom aux principes subtils (qu'il comparaît aux parfums) que, d'après lui, les astres devaient émaner. L'influence prédominante de ces parfums dans un sens ou dans un autre, agissait, toujours d'après cet auteur, sur la distribution des animaux, des végétaux et des minéraux à la surface de notre globe. — J. C.

* **ARON.** Sorte d'armoire dans laquelle les israélites mettent les livres du Pentateuque.

ARONDE (Queue d'). 1° *T. de constr.* Sorte de tenon servant à relier des pièces de charpente ou de menuiserie. Ce mode d'assemblage, connu depuis les temps les plus reculés, rappelle la forme d'une queue d'hirondelle, d'où *queue d'aronde* ou *queue d'hironde.* ‖ 2° *T. de fortif.* On donne ce nom aux ailes ou branches d'un ouvrage à corne ou à couronne, lorsqu'elles vont se rapprochant vers le corps de la place, de sorte que la gorge est moins étendue que le front.

* **ARPANETTA.** *T. d'instr. de mus.* Ancienne harpe qui avait deux rangs de cordes séparées par une double table d'harmonie.

ARPENTAGE. Art de mesurer la superficie des terrains, de lever des plans et de les transporter sur le papier; les opérations de l'arpentage se divisent en trois parties : l'*arpentage proprement dit* qui consiste à prendre les mesures sur le ter-

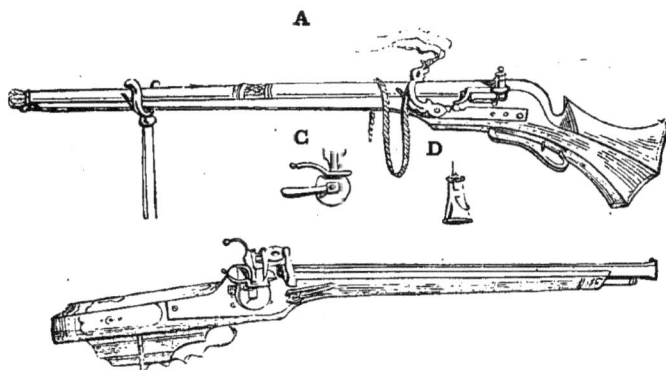

Fig. 157 A *Arquebuse à mèche.* — Fig. 158 B *Arquebuse à rouet.*

rain même; le *levé des plans*, ou les opérations qui ont pour but de transporter ces mesures sur le papier, c'est-à-dire le plan figuratif du terrain; et enfin, le *toisé*, ou les calculs nécessaires pour arriver à la connaissance de la superficie de l'aire du terrain. Ces diverses opérations s'exécutent à l'aide d'instruments spéciaux, tels que *équerre, graphomètre, chaîne d'arpenteur, jalons, boussole d'arpenteur, planchette, niveau*, etc.

ARPENTEUR. Celui dont la profession est d'arpenter, de mesurer les terrains; il est appelé aussi *arpenteur-géomètre.* L'arpenteur ne doit pas seulement connaître superficiellement l'arithmétique et la géométrie pratique; il doit encore avoir de ces deux sciences des notions exactes et étendues, car la simple pratique ne suffit pas toujours et il doit être en état d'exercer les fonctions d'expert.
— V. le *Guide du géomètre-arpenteur,* par M. Guy.

* **ARPON.** *T. de mét.* Grande scie dont se servent les charpentiers de marine.

ARQUEBUSE. C'est le nom de la plus ancienne des armes à feu portatives, qui ait porté un mécanisme pour enflammer la charge.

Arquebuse, en latin *archibugius, archibusus*, en italien : *archibugio, archibuso, arcobugio;* en espagnol :

arcabuz. Remarquons que *arca* veut dire une caisse, une boîte et que *buzano* a été le nom d'un ancien canon; en allemand *büchse;* l'arquebuse à croc s'appelait *haken büchse.*

Il nous a semblé utile de réunir ces dénominations similaires qui ont pourtant des origines différentes.

Le mot est ancien. Laurent-Guillaume de Saona, dans sa *Rhetorica nova* (1480), en parlant d'armes défendues ajoute : *comprehensis etiam archibugûs.* Il s'agissait alors d'une arme de jet. Piobert a fait dériver le mot arquebuse de l'italien *arcobugio* (arc à trou), ce qui est mal défini et incertain. Il faut bien le dire, nous manquons de renseignements positifs. Quant à l'arbalète munie d'un canon pour diriger la pierre qui aurait porté le nom d'*arcobugio*, il est permis d'affirmer que cette arme n'est venue que beaucoup plus tard, quand les armes à feu étaient répandues.

On trouve aussi d'autres expressions, en français *haquebutes*, etc., qui doivent venir de l'allemand *hakenbüchse.*

Quoiqu'il en soit, au commencement du xvɪᵉ siècle, le mot arquebuse avait une signification définie; il désigne la première arme à feu de main portant un système complet d'inflammation de la charge, et une monture à crosse permettant de viser facilement.

La figure 157 A représente une *arquebuse à mèche* appuyée sur la fourchette qui soutenait le canon pendant le tir. La mèche est engagée dans les mâchoires du *serpen-*

tin prête à s'abaisser sur le bassinet qui renferme ω poudre d'amorce, lorsqu'on presse sur la détente.

La figure 158 B,représente une *arquebuse à rouet;* C,le rouet séparé, la pierre appuyée sur sa surface; D, la poire à poudre qui servait d'amorçoir. — V. ARME.

En résumé, pendant les XVIe et XVIIe siècles, jusqu'au *fusil,* le mot *arquebuse* servait à désigner les armes à feu portatives en général, sauf le pistolet.

ARQUEBUSIER. Fabricant, marchand d'armes à feu portatives ; on dit ordinairement aujourd'hui *armurier.*

— Les *arquebusiers* ou fabricants d'arquebuses prenaient aussi autrefois le nom d'*arbalétriers,* parce que, précédemment, ils fabriquaient les arbalètes et qu'ils continuèrent longtemps à en faire après que les armes à feu étaient employées. Henri III leur donna des statuts en 1575 et Louis XIII les confirma en 1634. Louis XV leur accorda, le 2 janvier 1749, des lettres patentes portant règlement pour leurs compagnons et ouvriers.

Fig. 159. — *Atelier d'arquebusier, d'après une ancienne gravure.*

Par ordonnance du 11 août 1776, les arquebusiers furent unis en communauté avec les *fourbisseurs* et les *couteliers ;* ils eurent la faculté de fabriquer et de polir tous les ouvrages d'acier.

Le nom d'*armurier* qui s'applique aujourd'hui à tous ceux qui fabriquent ou vendent, soit des armes à feu, soit des armes blanches, était réservé autrefois aux ouvriers qui faisaient les armures défensives.

L'ancienne organisation du corps des arquebusiers renfermait certaines dispositions fort sages, notamment la visite de toutes les armes par les *jurés,* avant qu'elles pussent être mises en vente. Nous verrons qu'aujourd'hui l'acheteur n'a plus les mêmes garanties.

Les prescriptions indiquées par les règlements du métier avaient amené, au XVIe siècle, l'arquebuserie à un rare degré de perfection; on voit encore dans nos musées de fort belles arquebuses de cette époque décorées de ciselures et de sculptures en plein relief.

Les « harquebusiers » avaient Sainte-Barbe pour patronne. Leur première société fut fondée à Paris en 1523

par un édit de François Ier; mais le tir de l'arquebuse était surtout en honneur à Château-Thierry, où une société avait été constituée en 1548 par lettres patentes de Henri II.

Le lundi de la Pentecôte on tirait « l'oyseau », le chevalier qui l'abattait était roi et exempt de tout impôt pendant un an. Si le même chevalier abattait « l'oyseau » deux années de suite, il devenait empereur et l'exemption d'impôt s'étendait à toute sa vie. En 1761 les collecteurs avaient imposé le roi de l'arquebuse. La société s'étant pourvue auprès de la cour des aides, le 16 juillet 1763, il intervint un arrêt qui fit défense aux collecteurs d'imposer le roi du Papegaut et les condamna aux dépens.

ARQUER. *T. techn.* Courber en arc une pièce de bois, une barre de fer.

* **ARQUÉRITE.** *T. de min.* Substance d'un blanc d'argent, terne à la surface, en grains, éclatante, en plaques ou en cristaux, malléable, susceptible d'être coupée au couteau, cristallise dans le système cubique; sa densité est de 10,85; elle est soluble dans l'acide azotique et composée de mercure et d'argent, $Ag^{12}Hg$: elle constitue le principal minerai d'argent exploité dans les mines d'Argueros, près Coquimbo (Chili).

* **ARQUET.** 1° *T. de tisser.* Petit fil de fer fixé à la brochette et qui retient les tuyaux dans la navette, où il sert de ressort.

* **ARQUIFOUX.** — V. ALQUIFOUX.

* **ARRACHE-CARTOUCHE.** *T. d'arm.* Extracteur que l'on nomme aussi *tire-cartouche.*

* **ARRACHÉ, ÉE.** *Art hérald.* Se dit de tout ce qui paraît en lambeaux et semble avoir souffert quelque violence; principalement des arbres et des plantes dont les racines sont à découvert, comme si elles avaient été arrachées.

ARRACHEMENT. *T. d'arch.* Nom des pierres saillantes laissées dans une construction, pour servir de liaison avec d'autres pierres que l'on voudra y joindre; on les appelle aussi *harpes, pierres d'attente,* ou simplement *attentes.* || *Arrachement d'une voûte,* se dit des premières pierres engagées dans le mur, et qui commencent à former le cintre d'une voûte.

* **ARRACHE-PIEUX.** Lorsque dans les travaux de terrassements, principalement ceux exécutés dans les rivières, les pieux sont enfoncés dans de vieux ouvrages et ne sont pas assez détériorés pour qu'on puisse les draguer, on les enlève un à un à l'aide d'une machine spéciale, dite *arrache-pieux.* Nous ne décrirons ici que celle employée par MM. Couvreux et Hersent, dans les travaux de régularisation du Danube.

L'appareil était monté sur un ponton formé de deux bateaux assemblés et portant une mâture garnie à son extrémité supérieure d'un palan pour lever une forte chèvre.

On posait cette dernière près des pieux à arracher, et on prenait chacun d'eux dans un collier en chaîne de 30 millimètres de diamètre. On tirait verticalement dessus au moyen d'un palan et d'un treuil actionné par une locomobile de 8 chevaux, pouvant produire une traction de 25,000 à 30,000 kilogrammes, suffisante pour arracher des pieux enfoncés jusqu'à 9 mètres et attachés à des bois engagés dans le sol.

Ce procédé étant très long, on songea à employer la dynamite, mais la dislocation produite étant insignifiante, on en revint à l'emploi de l'arrache-pieux.

* **ARRACHER.** 1° *T. de grav.* C'est enlever de dessus le cuivre des parties déjà gravées, pour les corriger. || 2° *T. de chapel.* Eplucher le *jarre* ou poil luisant qui se trouve sur les peaux du castor.

* **ARRACHE-SONDE.** *T. techn.* Outil appelé aussi *accrocheur*, et qui sert à retirer du trou de sonde les fragments d'une tige brisée pendant le travail du forage.

* **ARRACHE-TUYAU.** *T. techn.* Outil de l'ouvrier sondeur et armé de crochets horizontaux pour retirer du trou les tuyaux brisés.

* **ARRACH, ARRACK.** — V. Arack.

* **ARRACHEUR, EUSE.** *T. de mét.* Celui ou celle qui arrache le jarre des peaux de castor, dans les fabriques de chapeaux de feutre.

* **ARRASEMENT.** — V. Arasement.

* **ARRASES.** — V. Arases.

* **ARRASTRE.** *T. techn.* Machine qui sert à réduire en poudre et tamiser le minerai argentifère.

ARRÊT. *T. techn.* 1° Petite pièce qui sert à arrêter le ressort d'une arme à feu et qui l'empêche de se débander. || 2° *Arrêt de cartouche.* Pièce du fusil destinée à empêcher les cartouches de sortir du magasin, tant que l'auget n'est pas disposé pour les recevoir. || 3° Petite pièce qui empêche que le mouvement d'une horloge n'aille trop vite. || 4° Ressort fixé au palastre d'une serrure, et dont l'extrémité libre est terminée par un crochet qui tombe dans les entailles du pêne. || 5° Petite broche en fer au bout d'une chaînette, et qui sert à fixer les persiennes au mur. || 6° Ganse que l'on met à l'extrémité des ouvertures des boutonnières, pour empêcher que le linge ou l'étoffe ne se déchire. || 7° Courroie attachée au harnais de derrière, et servant au cheval à arrêter la voiture. || 8° *Arrêt* ou *arrêtoir d'avant-train.* Petite pièce de fer placée quelque part dans un avant-train, et plus généralement dent de fer enlevée de chaque côté du rond ; l'arrêtoir a pour objet d'empêcher l'avant-train d'accomplir entièrement son mouvement de rotation autour de la cheville ouvrière, comme axe.

* **ARRÊTANT.** *T. de mét.* Morceau de fer du métier à bas qui empêche le crochet inférieur de l'abatant de passer outre.

* **ARRÊTÉ, ÉE.** *Art héral.* Se dit de l'animal posé sur ses quatre pieds, sans que l'un dépasse l'autre.

* **ARRÊTIER.** — V. Arêtier.

* **ARRÊTOIR.** *T. d'arch.* 1° Saillie destinée à arrêter le mouvement d'une pièce sur une autre. || 2° *T. d'arm.* Dent de fer qui surmonte la bague d'une baïonnette. || 3° Dans le fusil, modèle 1874,

on nomme *arrêtoir* une pièce qui termine la planche de hausse à sa partie supérieure. || 4° Petit crochet qui servait à tenir en arrêt la corde d'une arbalète. || 5° *Arrêtoir d'avant-train.* — V. Arrêt.

ARRIÈRE. *T. de mar.* La moitié de la longueur du navire, depuis le grand mât jusqu'à la poupe.

* **ARRIÈRE-BASSIN.** *T. de mar.* Le bassin le plus reculé d'un port.

ARRIÈRE-BEC. L'angle, l'éperon d'une pile de pont du côté d'aval.

ARRIÈRE-BOUTIQUE. Pièce située immédiatement et de plain-pied derrière la boutique.

* **ARRIÈRE-BRAS.** Dans une armure, partie du brassard qui couvrait le bras depuis le coude jusqu'à l'épaule.

* **ARRIÈRE-CHŒUR.** Chœur placé derrière le maître-autel.

ARRIÈRE-CORPS. 1° *T. d'arch.* Partie verticale d'un bâtiment ou d'une façade qui est en retraite d'une autre. || 2° *T. de menuis.* Lambris assemblé en renfoncement avec un autre. || 3° *T. de marb.* Evidement pratiqué sur l'angle d'un socle ou sur tout autre partie du marbre.

* **ARRIÈRE-FENTE.** *T. de gant.* Fente que l'on fait dans un gant du côté de la paume de la main.

* **ARRIÈRE-FLEUR.** *T. de mégiss.* On désigne ainsi le reste de fleur qui n'a pas été enlevé de dessus les peaux en les effleurant.

ARRIÈRE-POINT. *T. de cout.* Point d'aiguille qui empiète sur celui qu'on vient de faire. *Point-arrière* est plus usité.

* **ARRIÈRE-PORT.** *T. de mar.* Partie reculée d'un port où sont amarrés des navires d'une catégorie particulière.

* **ARRIÈRE-RADIER.** Ouvrage que l'on fait en aval, pour prévenir les affouillements aux abords d'une construction hydraulique.

* **ARRIÈRE-SCÈNE.** Partie postérieure de la scène où se trouvent les toiles de fond.

* **ARRIÈRE-TRAIN.** *T. de carross.* Dans une voiture à quatre roues, c'est la partie portée par les roues de derrière.

ARRIÈRE-VOUSSURE. *T. d'arch.* Espèce de voûte pratiquée derrière une fenêtre ou une porte, soit pour couronner l'embrasure, soit pour faciliter le jeu de la porte. On distingue l'*arrière-voussure St-Antoine*, en plate-bande, à feuillure du linteau et en demi-cercle par derrière ; l'*arrière-voussure de Montpellier*, en plein-cintre à la feuillure, et en plate-bande par derrière ; l'*arrière-voussure de Marseille*, en plein-cintre sur le devant et bombée en arrière ; l'*arrière-voussure réglée et bombée*, celle dont l'arc intérieur est beaucoup moindre que le demi-cercle.

ARRIMAGE. *T. de mar.* Opération qui consiste à arranger méthodiquement les objets de toute nature qui composent le chargement d'un navire, et, par extension, dans les chemins de fer, arrangement des colis dans les wagons à bagages.

* ARRIMER. *T. de mar.* Distribuer, arranger, placer convenablement et solidement dans l'intérieur d'un navire les divers objets qui composent sa charge, sa cargaison.

ARRIMEUR. *T. de mar.* Celui qui est chargé de l'arrimage ; l'*arrimeur juré* est celui qui est patenté pour surveiller l'arrimage.

ARRONDI, IE. *Art hérald.* Pièces représentées dans la forme courbe, comme les serpents, ou arrondies par des ombres : un globe *arrondi* d'argent.

ARRONDIR. 1° *T. d'art.* Prononcer les contours, les saillies avec grâce, avec force. || 2° *T. d'horlog.* Rendre rondes les extrémités d'une roue ou d'un pignon ; leur donner la courbure nécessaire. || 3° *T. de chap.* Rogner l'arête du bord d'un chapeau.

* ARRONDISSAGE. *T. de mét.* Action d'arrondir une chose, et en particulier, une lime, les dents d'un peigne, etc. ; l'outil dont on se sert se nomme *arrondisseur.* || Opération du battage d'or. — V. BATTAGE D'OR.

ARROSAGE. *T. techn.* 1° Dans la fabrication de la poudre à canon, action de verser l'eau dans les mortiers, pour lier le salpêtre, le soufre et le charbon. || 2° Action de verser, de distribuer l'eau au moyen d'une pompe, d'un arrosoir. || 3° Opération qui précède l'apprêt des tissus de laine peignée, mérinos et cachemire. — V. TISSUS.

ARROSEMENT. Au point de vue de l'hygiène publique, l'arrosement a surtout pour objet, pendant l'été, d'empêcher la production de la poussière. Dans tous les centres importants, il y a un service d'arrosement réglementé par les autorités locales, mais c'est assurément à Paris que ce service est le mieux fait. On se sert de tonneaux d'arrosage ou de lances de pompe ; les premiers montés sur des voitures munies à l'arrière d'un arrosoir horizontal répandent l'eau en pluie sur une largeur de près de 3 mètres ; on les emploie dans les rues et les grandes voies ; les avenues du bois de Boulogne, l'avenue des Champs-Elysées et les boulevards sont arrosés au moyen de lances de pompes, tenues chacune par un homme et communiquant aux bouches d'arrosage placées de distance en distance sur le bord des trottoirs ; un long tuyau monté sur roulettes permet à l'homme d'arroser un grand espace en s'alimentant aux différentes prises d'eau. — V. BALAYAGE, CHAUSSÉES.

— L'arrosement des rues et des promenades remonte au xviie siècle ; sous Louis XIII, il y eut une ordonnance qui le prescrivit, mais il n'était appliqué qu'aux principales rues et places ; une autre ordonnance de 1777 commença l'organisation de ce service, qui s'est amélioré avec le temps et perfectionné sous le second empire.

* Arrosement. *T. de céram.* Procédé suivi pour la fabrication des poteries composées. La poterie est cuite en biscuit, peu absorbante. Si l'on veut vernir seulement l'intérieur, on y verse une quantité convenable de la glaçure en bouillie plus ou moins épaissie, et on la promène sur les parties de l'intérieur. — V. GLAÇURE.

ARROSOIR. Ustensile de fer-blanc ou de cuivre fait pour arroser au moyen d'un long bec évasé ; on lui donne aujourd'hui des côtés plats qui en rendent l'usage plus facile ; l'*arrosoir à pomme* est terminé par une tête ou pomme percée de plusieurs trous par où l'eau s'écoule en forme de gerbe ; l'*arrosoir à goulot* n'a pas de pomme et produit un seul jet.

* ARROW-ROOT. Nom d'une fécule amylacée que l'on retire de la racine du *maranta indica*, plante originaire des Indes-Orientales et cultivée maintenant à la Guyane, à la Jamaïque (*maranta arundinacea*) et dans toutes les régions tropicales. L'arrow-root est surtout employé dans l'alimentation des enfants ; il s'en fait une assez grande consommation aux colonies et en Angleterre ; son emploi, en France, est relativement beaucoup plus restreint. Il existe de nombreuses variétés d'arrow-root qui diffèrent suivant le climat où la plante est cultivée.

— Ce mot anglais — que l'on prononce *arrô-route* — veut dire *racine à flèche*, parce que les Indiens l'emploient pour détruire l'effet des flèches empoisonnées. Mais pourquoi ce mot anglais dans notre langue, quand il était si simple d'employer le nom scientifique de cette plante.

ARRUGIE. On nomme ainsi dans les mines, un canal destiné à l'écoulement des eaux.

ARSENAL. Ce mot s'écrivait jadis *arsenac* et plus tard *arcenal.* On le fait dériver, soit du radical celtique *sanal*, grenier ; soit du latin *arx navalis*, citadelle navale ; soit de l'italien *arsenale*, lieu où l'on remisait les galères ; soit enfin de l'arabe *darsenna*, port de guerre. Dans son acception la plus générale, *arsenal* signifie une réunion de magasins où l'on fabrique et garde en dépôt des armes et des munitions de toute espèce. On distingue trois espèces d'arsenaux : pour l'artillerie, pour le génie, pour la marine. Les premiers sont de deux sortes : ceux qui reçoivent et conservent les armes de guerre, les munitions et les objets d'équipement, et ceux nommés *arsenaux de construction* qui comprennent de vastes magasins d'approvisionnement de bois, de voitures confectionnées, des ateliers de sciage, de charronnage, de menuiserie, de forge, de serrurerie et de peinture ; des fonderies, des poudrières, des ateliers de pyrotechnie, et enfin, des chantiers et hangars pour les bouches à feu, des parcs où les projectiles sont disposés par calibre ; les seconds sont chargés de l'outillage des pionniers ; ils se composent de magasins et d'ateliers d'ouvriers sachant travailler le bois et le fer ; les troisièmes dont nous nous occupons ici sont les plus importants. Les Grecs disaient νεώριον le lieu où l'on bâtit et radoube les vaisseaux ; les Romains, *armamentarium ;* Louis XIV faisait inscrire sur ses médailles, *navale.* Un arsenal maritime, aussi complet que ceux de Portsmouth, de Devonport, de Brest, de Cherbourg et de Toulon est un port de construction, d'armement et de réparation pour les bâtiments de l'État, qui y sont à l'abri du mauvais temps et des insultes de l'ennemi. Il doit se suffire à lui-même, depuis les clous et les chevilles, qui entrent en si grand nombre dans la construction d'un navire, jusqu'à l'eau douce et aux vivres nécessaires pour l'approvisionner. Il renferme dans son enceinte, outre l'arsenal proprement dit, c'est-à-dire tous les bâtiments nécessaires à l'artillerie : des cales de construction, des formes cu bassins de carénage pour le radoub des bâtiments ; quantité d'ateliers à bois et à métaux, entre autres des scieries, des forges, des fonderies et un atelier de confection ou tout au moins de réparation des machines à vapeur ; des établissements de garniture, de voilerie, de goudrons et de chanvres ; une corderie ; des mâtures ; des dépôts de houille tant pour les navires que pour les ateliers ; un atelier de compression du gaz pour le flambage des bois de navire tel qu'il se pratique actuellement ; une manutention et des fours pour la cuisson des biscuits ; des ateliers ou des magasins de salaisons ; une boucherie ; des caves ; une tonnellerie ; des ateliers de caisses à eau ; des coqueries pour la cuisine des équipages employés dans le port ; des sources ; des magasins d'habillement ; un hôpital ; des casernes. C'est toute une cité militaire, habitée pendant le jour par plusieurs milliers d'ouvriers et de marins qui y entretiennent une activité merveilleuse, fermée la nuit et alors parcourue seulement par les rondes de terre et de mer.

Un port militaire de ce genre renferme donc bien des millions, soit en ouvrages, soit en immeubles : on évalue à plus de deux cents la valeur totale du seul port de Cherbourg. Aussi n'y a-t-il que les nations puissantes qui puissent se donner le luxe de grands arsenaux de mer. Même dans les grands États, ils sont peu nombreux. Les États-Unis en ont sept régulièrement établis ; l'Angleterre en a le même nombre ; la France, cinq seulement, ce sont : Cherbourg, Brest, Lorient, Rochefort et Toulon.

Forteresse, atelier, magasin, l'arsenal maritime, comme le navire de guerre, se présente sous trois aspects qui sembleraient pouvoir être définis et décrits isolément ; mais en l'état actuel, son personnel, sauf quelques exceptions, étant militaire ou assimilé, il n'est pas possible d'en séparer l'élément civil de l'élément combattant. Chacun des corps dont l'ensemble fait mouvoir le mécanisme qui constitue la vie d'un arsenal, en effet, ne fabrique pas seulement son armement ; il l'administre et l'emploie. En les énumérant nous nous étendrons plus longuement sur ceux qui ont un caractère particulièrement industriel.

A la tête de l'arsenal est le vice-amiral, *préfet maritime*, qui représente le ministre sur toute l'étendue de l'arrondissement comme autorité de recrutement, de police et de la navigation ; il est en même temps le directeur général de l'*arsenal-usine*, et le *commandant en chef* de l'arsenal *force militaire* comme de tous les bâtiments qui en dépendent. Sous son autorité la responsabilité du service se répartit entre huit chefs supérieurs qui sont : 1° le *contre-amiral major général*, dépositaire du pouvoir militaire du préfet, ayant sous ses ordres tout le personnel militaire, nautique et scientifique ; 2° le *major de la flotte*, représentant du préfet pour la direction de l'armement des bâtiments ; chargé, de plus, des bâtiments *en réserve* ; 3° le *commissaire général*, gardien des intérêts de l'État dans l'arsenal ; 4° le *directeur des constructions navales*, chargé de la construction de la flotte, de son entretien, de sa réparation ; chef du corps du génie maritime, du personnel des maîtres entretenus qui en dépend ; directeur des écoles d'ouvriers ; 5° le *directeur des mouvements du port*, représentant, surtout dans l'arsenal-usine, l'élément marin ; chargé du mâtement, du lestage, du gréement des navires ; 6° le *directeur de l'artillerie*, chargé de pourvoir l'arsenal, les bâtiments et les troupes de toutes les parties de leur armement (à Lorient, l'artillerie possède, en outre, un établissement spécial d'expériences : le polygone de Gâvres ; à Toulon, elle a une école de pyrotechnie) ; 7° le *directeur des travaux hydrauliques*, ingénieur-architecte de l'arsenal lui-même, chargé de sa construction et de son entretien ; ayant sous ses ordres des ingénieurs et des conducteurs ; 8° le *directeur du service de santé*, chargé de la direction du service médical et de l'école de médecine, lorsqu'il en existe une dans le port.

En dehors de ces chefs de service, un *inspecteur en chef*, indépendant du préfet et correspondant directement avec le ministre, surveille tous les services au point de vue administratif, des intérêts de l'État et de l'application des lois et règlements.

Chacun des directeurs des constructions navales, des mouvements du port et des travaux hydrauliques, et le commissaire général, pour chacun des services des subsistances, des hôpitaux et du magasin général, centre de l'approvisionnement naval, disposent librement pour les travaux, des locaux, de l'outillage et du personnel ouvrier dont ils ont besoin. Ils recrutent ce personnel, le dirigent et l'administrent pour la rémunération et la constatation de ses droits ou titres à la pension de retraite ou à tous autres avantages résultant de ses services. Quant à la matière à mettre en œuvre, ils en ont le choix, mais ils n'en disposent que dans la mesure de son application à un ouvrage actuel, toute matière ou tout objet non en service ni en œuvre formant une richesse réservée en magasin, qui porte le nom d'*approvisionnement*, et qui est placée sous la responsabilité personnelle des garde-magasins relevant du commissaire général. Les magasins correspondent aux divers services ; ceux des constructions navales, des mouvements du port, de l'artillerie et des travaux hydrauliques ont un centre commun : le *magasin général*.

Comme on le voit, les services d'un arsenal ont cinq destinations distinctes. Ils doivent : 1° créer, conserver et défendre l'arsenal lui-même ; 2° créer et entretenir armée la force maritime, surtout la flotte ; 3° conserver la flotte non armée ; 4° assurer aux services d'exécution leurs moyens de fonctionnement en leur procurant leur matériel, en entretenant leur personnel, et garantir à l'État le soin de ses intérêts; 5° enfin, maintenir le personnel de l'arsenal dans l'ordre et déterminer les volontés individuelles à concourir au but commun, par l'encouragement et par la répression.

Comme nous venons de le dire, la création et la conservation de l'arsenal forment le service propre de la *direction des travaux hydrauliques*. C'est elle qui creuse les chenaux et les bassins, qui construit et entretient les quais, les cales de construction, les formes de radoub, les édifices de tout genre. Les installations télégraphiques et l'ameublement des locaux à terre entrent également dans ses attributions. Mais l'appropriation des rades et des eaux des ports au service nautique, concerne exclusivement la *direction des mouvements du port*, laquelle est chargée du curage des fonds; du placement des coffres, ancres et chaînes d'amarrage; du balisage et de l'éclairage des passes pour ce qui est spécial à la marine; des moyens de sauvetage.

La création et l'entretien de la flotte incombent à la *direction des constructions navales*. Ce service, le plus important de l'arsenal-usine a été divisé en quatre sections distinctes, par un règlement en date du 21 décembre 1859 : *sous-direction, constructions neuves, armements et réparations, machines à vapeur*. La première section comprend : la surveillance générale de la comptabilité des travaux ; la formation des états de prévision pour l'approvisionnement des magasins, la commission des marchés, les adjudications; les archives, bibliothèques, laboratoires de chimie et de photographie, musées, salles de modèles; les admissions et congédiements d'ouvriers, la surveillance des matricules; la police générale des chantiers et ateliers, la surveillance des appels, entrées, sorties et de la paie des ouvriers; les écoles de maistrance et des apprentis, les dessinateurs autres que ceux particuliers aux ateliers, les gardiens de bureau, patrons et canotiers; les ateliers de charpentage, perçage, calfatage, étouperie, les journaliers et la distribution de leur personnel entre les sections. La deuxième section comprend : la construction et la transformation de tous les bâtiments de mer, en bois ou en fer, sur cales et dans les bassins; la mise à l'eau de ces bâtiments, leur achèvement à flot et leur premier armement, jusque et y compris les essais; les cales de construction et la salle des gabarits; la réception, l'empilage, la conservation et la délivrance des bois de construction; les ateliers de sciage à bras et de scierie mécanique, gournablerie, sculpture; le chantier des démolitions. La troisième section comprend : l'entretien et la réparation de la coque et du matériel d'armement (machines motrices exceptées) pour tous les bâtiments armés, en commission, désarmés ou en réserve, les armements de tous les navires autres que les bâtiments neufs; les désarmements; les ateliers de menuiserie, mâture, cabestans, gouvernails, embarcations, poulierie, tonnellerie, avironnerie; les grandes forges, serrurerie, tôlerie et caisses à eau, ferblanterie, plomberie, peinture; la corderie ; les bassins de radoub ; la construc-

tion, l'entretien et les réparations des bâtiments de servitude. La quatrième section comprend : la construction, le montage, l'entretien et les réparations de toutes les machines motrices et chaudières à vapeur, tant celles des navires dans toutes les situations que celles des établissements à terre; les ateliers des modèles, la fonderie, les forges spéciales aux machines, l'ajustage, le montage, la chaudièrerie, la chaudronnerie de cuivre; la régulation des compas. — Chacune de ces sections est dirigée par un ingénieur du génie maritime ou un sous-ingénieur, ayant d'autres sous-ingénieurs sous ses ordres.

La *direction des constructions navales*, n'est pas seule à jouer, dans l'arsenal, un rôle industriel; il faut citer encore : 1° celle des *mouvements du port* qui prépare le gréement des navires, leur voilure, leur matériel d'ameublement personnel, de timonerie, de pavillonnerie, et qui en fait le lestage et le délestage; 2° *l'artillerie*, dont le directeur, colonel ou lieutenant-colonel, est chargé : 1° des ateliers de charronnage, forge, armurerie et artifices de guerre, et de tous les autres ateliers affectés au service de l'artillerie; 2° des épreuves des bouches à feu et des poudres; 3° de l'arrangement et de la conservation des bouches à feu, des poudres et des artifices, des bombes, boulets et autres projectiles, des armes et munitions servant à l'armement des navires et des batteries dépendantes de la marine; 4° de la garde, de la conservation, de la délivrance et de la comptabilité des objets ouvrés déposés dans le magasin spécial de sa direction. Il a sous ses ordres les officiers attachés au service de l'artillerie, les compagnies d'ouvriers, d'artificiers et d'armuriers; les gardes d'artillerie, les maîtres canonniers entretenus, les gardiens de batterie et ceux des poudrières, etc.

L'arsenal ayant construit la flotte, il lui faut, lorsque cette flotte n'est pas armée, veiller à sa conservation; le décret du 8 mai 1873, fixe les règles à observer à l'égard des navires placés dans cette situation; cet acte a divisé les bâtiments non armés en quatre catégories : *en achèvement à flot, désarmés, en réserve, en armement*. Il y a peu de choses à dire sur la première et la quatrième de ces catégories. Les bâtiments *en achèvement* restent, comme objet en œuvre, entre les mains des trois directions qui concourent à les munir de leur matériel d'attache. Les bâtiments *en armement*, sur lesquels règne déjà le régime d'ordre et de police des bâtiments armés, sont également, pour les travaux, sous la direction et la responsabilité des services du port. Quant aux bâtiments *désarmés* ou *en réserve*, ils sont l'objet de dispositions plus nombreuses que nous allons analyser. Les bâtiments *désarmés* sont ceux qui ne sont point préparés pour un emploi immédiat. Ils sont dégarnis de leur matériel d'attache, dans toute la mesure que réclame la facile conservation de leur coque et de leurs divers organes. La partie non immergée de leur doublage est enlevée; le gouvernail est démonté; leurs bas-mâts sont quelquefois mis à terre; des bordages peuvent être détachés de leur coque, pour l'aération de la membrure; une toiture permanente recouvre le pont, etc. C'est le directeur des mouvements du port, et, au-dessous de lui, un sous-directeur spécial, à ce préposé, qui est responsable de la garde, de la police et de l'entretien de ces bâtiments; la direction des constructions navales veille cependant aux organes de la machine restée à bord, et la direction d'artillerie, aux pièces de gros calibre qu'il aurait été utile d'y laisser également. Les travaux d'entretien et de réparation sont exécutés à bord par les diverses directions sous leur responsabilité, mais ils sont suivis par le directeur des mouvements du port.— La *réserve* comprend tous les bâtiments tenus prêts, après essais, en vue d'un armement immédiat. Elle relève exclusivement du major de la flotte et se divise en trois catégories. Les bâtiments en première catégorie sont complètement prêts au matériel, ont le noyau de leur équipage, et sont en mesure de suivre toute destination à la mer en huit jours. Chacun d'eux forme à tous égards une unité militaire et administrative personnelle, et est commandé par un officier qui relève directement du major de la flotte. Les bâtiments en deuxième catégorie peuvent prendre la mer en quinze jours; ceux en troisième catégorie, au bout d'un mois. Les bâtiments de ces deux dernières catégories sont réunis sous l'autorité d'un officier supérieur qui relève exclusivement du major de la flotte, et qui commande un établissement spécial, à la fois bâtiment, atelier et centre administratif : le bâtiment central de la réserve, qui possède un équipage propre, et, de plus, un équipage affecté à chacun des navires en deuxième et en troisième catégorie. Ces navires sont réunis par groupes de trois à cinq sous le commandement de lieutenants de vaisseau. L'*atelier central*, accessoire du bâtiment central, exécute toutes les réparations courantes des bâtiments en réserve; il est dirigé par un premier maître mécanicien, sous la surveillance d'un mécanicien principal; il a un outillage déterminé par le ministre et il utilise les services des mécaniciens, charpentiers, calfats et voiliers disponibles à la division. Les travaux non courants, comme les constructions et modifications d'organes, sont exclusivement exécutés, sur la demande du major de la flotte, par les directions de l'arsenal.

Telles sont, en résumé, les grandes lignes de l'organisation de nos arsenaux maritimes. Laboratoire de l'armée de mer et force militaire où la flotte trouve son pivot d'opération, l'arsenal réunit tous les services que réclame cette destination complexe. Sous l'autorité d'un vice-amiral, chef unique, un major général y dirige et commande toute force; quatre directeurs en préparent les éléments matériels; un major de la flotte a le soin des bâtiments non armés, mais disponibles, et préside à leur armement; un commissaire général s'occupe de l'approvisionnement, des subsistances, des services hospitaliers et pénitentiaires, de l'administration de la solde, de la défense des intérêts de l'État, de la centralisation des comptes; enfin, un directeur du service de santé, gouverne le service médical. Nous nous étendrons plus lon-

guement sur les services purement administratifs et militaires lorsque nous aurons à envisager nos arsenaux, non plus comme des usines, mais comme *ports de guerre* et chefs-lieux de nos cinq arrondissements maritimes. — V. PORT. — L. R.

ARSÉNIATES. *T. de chim.* Ce sont les sels obtenus par la saturation de l'acide arsénique As O^5 avec une base. Leur formule générale est M O, As O^5, et par conséquent le rapport de l'oxygène de la base à celui de l'acide est $:: 1 : 5$. Ils sont isomorphes avec les phosphates.

Ce sont des sels fusibles, indécomposables par l'action de la chaleur, mais qui répandent, lorsqu'on les projette sur des charbons ardents, une forte odeur alliacée, en donnant lieu à la formation d'arsenic et d'un arséniure. En général les corps réducteurs agissent sur eux de la même façon.

Les arséniates alcalins sont seuls solubles dans l'eau, ceux métalliques se dissolvent dans les acides concentrés ou dans l'ammoniaque, et leurs solutions précipitent : en blanc par les sels solubles de plomb, de baryte, de chaux; en jaune, par le molybdate d'ammoniaque, surtout si l'on y ajoute un peu d'acide nitrique; en rose violacé, par les sels de cobalt; en jaune, par l'hydrogène sulfuré. Cette dernière réaction, lente à se former à froid, se produit instantanément lorsqu'on fait bouillir avec l'acide chlorhydrique. Ils sont décomposés dans l'appareil de Marsh et alors donnent de l'hydrogène arsénié — V. ARSENIC.

Les arséniates naturels forment une famille nombreuse, dont quelques types sont rares, et ne présentent pas d'applications industrielles. Les principaux sont : comme arséniates de chaux, la *pharmacolite* (à Wittichen, Baden), la *kuhnite* (en Suède); comme arséniates de fer, la *scorodite* (au Brésil), la *pharmacosidérite* (en Cornouailles), la *sidérétine* (en Saxe), l'*arséniosidérite* (à Romanèche, près Mâcon); comme arséniates de cobalt, l'*érythrine* et la *rosélite* (en Saxe, tous deux); comme arséniate de zinc, l'*adamine* (mine de Garonne, Var); comme arséniate de plomb, la *mimétèse* (à Badenweiler); enfin comme arséniates de cuivre, l'*olivénite* (Cornouailles), l'*euchroïte* (Libethen, en Hongrie), l'*érinite* (en Irlande), l'*aphanèse*, la *calchophyllyte* et la *liroconite* (tous en Cornouailles).

Les seuls arséniates qui soient utilisés dans le commerce et l'industrie sont les *arséniates acides de potasse* et de *soude*; ils servent dans les fabriques de toiles peintes et en teinture, soit comme sels à bouser, soit comme fixateurs de mordants, ou pour faire des réserves (genre Lapis, par exemple). Il y a encore quelques années, on préparait ces produits directement dans les fabriques, en calcinant l'acide arsénieux avec de l'azotate de potasse. L'acide arsénieux se changeait en acide arsénique aux dépens de l'oxygène de l'azotate, et s'unissait alors à la potasse. On reprenait la masse par l'eau bouillante, filtrait et amenait à concentration voulue, pour obtenir des cristaux par refroidissement. Aujourd'hui le commerce livre ces sels à un très bas prix, parce que c'est un produit secondaire obtenu dans la fabrication de l'aniline, par la nitrobenzine.

ARSENIC. *T. de chim.* Corps simple, dont l'équivalent est = 75 et le symbole As. Il est solide, d'un éclat brillant, d'une couleur gris d'acier, lorsqu'il vient d'être sublimé; il s'altère rapidement à l'air, aussi doit-on le conserver dans l'eau bouillie, il cristallise en rhomboèdre aigu (85°,4) et a une densité de 5,75. Soumis à l'action de la chaleur, il se volatilise, sans fondre, vers 180°, et l'odeur qu'il répand alors, due, dit-on, à un commencement d'oxydation, est alliacée. Projeté sur des charbons ardents, il répand des vapeurs blanchâtres et dégage la même odeur caractéristique; ce phénomène peut encore se produire sous l'influence d'un choc violent. Il se réduit alors en une poudre grise.

L'arsenic est facilement attaquable; il brûle à l'air, et mieux dans l'oxigène, avec une flamme bleuâtre, en s'oxydant et se transformant en acide arsénieux. Il se combine avec le chlore, avec une telle énergie, qu'il s'enflamme en produisant des vapeurs blanches de chlorure d'arsenic. Ses combinaisons avec l'iode, le brôme, sont brusques; il faut au contraire employer l'action de la chaleur pour l'unir au soufre; avec l'hydrogène, il fait un composé gazeux odorant. Traité par l'acide azotique, il se transforme en acide arsénique As O⁵; fondu au rouge avec l'azotate de potasse, il donne également de l'arséniate de cette base.

Les anciens connaissaient certains composés arsenicaux; mais il n'est fait mention de l'arsenic que dans les ouvrages des premiers alchimistes : Geber, Albert-le-Grand, etc.; Schrœder, en 1694, l'avait isolé par l'action du charbon sur l'arsenic blanc; en 1733, Brandt l'a bien défini, enfin c'est Berzélius qui a fait connaître la composition et la constitution des combinaisons arsenicales.

L'arsenic se rencontre dans la nature à l'état de pureté ou combiné avec différents autres corps. Dans l'industrie les composés artificiels sont le plus généralement employés.

Minerais d'arsenic. L'arsenic *natif* se trouve en masses compactes, fibreuses, et souvent testacées; sa densité est de 5,93; il renferme ordinaire des traces d'argent et d'antimoine. Il se rencontre dans le Hartz, en Saxe et en Bohème; en France, dans les Vosges (Sainte-Marie-aux-Mines) et à Allemont (Isère). Les combinaisons de l'arsenic et du soufre sont au nombre de deux : on nomme *orpiment*, un trisulfure d'un jaune orangé As S³, qui cristallise en prisme rhomboïdal droit, et dont la densité est de 3,48, mais que l'on trouve bien plus souvent en masses compactes, lamellaires ou botryoïdes. Sa poudre est d'un jaune d'or magnifique, elle est utilisée en peinture. Il se trouve en Hongrie, en Bohème, en Chine et au Japon.

Le second composé sulfuré est le *réalgar* As S²; il ne contient que deux équivalents de soufre et est aussi désigné sous le nom d'arsenic sulfuré rouge; il a une densité de 3,55, et cristallise en prisme rhomboïdal oblique; réduit en poudre, il servait comme le précédent dans la peinture, même du temps des Grecs. Les Chinois en font des vases qui, après quelque temps de séjour, donnent aux eaux acidulées, des propriétés purgatives. On le trouve en beaux cristaux en Transylvanie, en Saxe et en Bohème; en stalactites volumineuses dans l'île de Ximo, au Japon. La *dimorphine* As² S³ est un sulfure intermédiaire, de couleur jaune orangé, que l'on a trouvé à la solfatare, près Naples.

Les arséniures ont une plus grande utilité que les corps que nous venons d'indiquer, ceux de fer surtout.

Le véritable minerai d'arsenic est le *mispickel* ou arsenio-sulfure de fer, qui renferme de 46 à 50 0/0 d'arsenic; il se trouve dans les filons stannifères (Cornouailles) et argentifères, et se rencontre aussi souvent associé avec des minerais de nickel et de cobalt. En Silésie, on l'exploite en masses et en veines disséminées dans une serpentine.

La *löllingite* ou arséniure de fer est encore un minerai qui contient de 65 à 70 0/0 d'arsenic : ce corps se trouve accidentellement dans certains filons métallifères, au Hartz, en Saxe, en Silésie; à Löling, en Carinthie. Un autre arséniure de fer, la *leucopyrite*, se trouve abondamment à Reichenstein, en Silésie. Ces trois minerais servent pour l'extraction de l'arsenic et la fabrication de divers composés arsenicaux. Parmi les autres arséniures qu'il faut citer, nous indiquerons la *nickéline*, la *cloanthite*, la *disomose* (arsenio-sulfure), qui sont des composés de nickel recherchés pour l'extraction de ce métal; la *smaltine*, la *cobaltine* et le *glaucodot* (arsenio-sulfures), servant à isoler le cobalt et à préparer ses sels. Ces derniers minerais seront étudiés avec les métaux qu'ils renferment. L'arsenic existe encore dans un certain nombre d'eaux minérales naturelles, celles de Vichy, Plombières, par exemple.

PRODUITS ARTIFICIELS. Leur emploi est bien plus répandu que celui des produits naturels.

L'*arsenic métallique*, ou arsenic noir, se prépare en décomposant l'acide arsénieux par le charbon de bois en poudre; généralement on emploie 100 parties de résidus d'acide arsénieux impur, pour 100 parties de charbon de bois. La décomposition se fait dans des cylindres en fonte surmontés de hausses cylindriques sur lesquelles sont placés des chapiteaux en entonnoir.

On obtient aussi l'arsenic métallique en chauffant directement le mispickel dans des cornues cylindriques en terre; on facilite le départ de l'arsenic en ajoutant un peu de fonte ou de charbon.

L'arsenic pulvérisé et délayé dans de l'eau, constitue ce que l'on appelle la *poudre aux mouches* ou *kobolt*. On s'en sert pour fabriquer des miroirs de télescopes, en l'alliant au cuivre et à l'étain; pour donner de la dureté au plomb de chasse. Il a servi, pendant un certain temps, à faciliter le travail du platine, en formant avec ce métal un alliage assez fusible. Sa combustion dans l'oxygène donne une lumière bleue, connue sous le nom de *feu indien*, et que l'on emploie parfois la nuit pour les travaux de triangulation.

Le soufre forme avec l'arsenic deux sulfures artificiels qui portent les mêmes noms que les minerais dont nous avons parlé ; nous renvoyons pour leurs caractères, aux mots ORPIMENT et RÉALGAR.

Les seuls composés importants que nous ayons à signaler, sont ceux qui résultent de l'oxydation de l'arsenic. Ils portent les noms d'*acide arsénieux* et d'*acide arsénique*.

Acide arsénieux, ou arsenic blanc ou anhydride arsénieux. Composé d'arsenic et d'oxygène, dans le rapport en poids de 75 à 24, équivalent en poids = 99 = As O³ ; équivalent en volume = 1. C'est un corps solide, blanc, inodore, presque sans saveur. Il affecte deux états : l'*état vitreux* et l'*état opaque* ou *porcelanique*. L'acide vitreux a une densité de 3,738 ; l'acide porcelanique de 3,699 ; c'est presque toujours sous cette dernière forme qu'on le trouve,

Fig. 160. — *Four pour la production de l'acide arsénieux.*

car il n'est vitreux que lorsqu'il vient d'être préparé. Vitreux, il est amorphe, il a une forme cristalline sous le second état ; il se trouve alors en octaèdres, mais on peut aussi l'obtenir en prismes, ce qui montre son dimorphisme. L'acide arsénieux est peu soluble dans l'eau, il se dissout mieux dans l'alcool, surtout à l'ébullition ; il se dissout bien dans les liqueurs acides ; ses solutions dans l'acide chlorhydrique, dans l'ammoniaque, le laissent déposer en octaèdres, sans qu'il y ait eu combinaison. Il se réduit en vapeurs sur une plaque chaude, sans dégager d'odeur, il lui faut la présence des corps réducteurs pour répandre l'odeur alliacée. Chauffé avec les acétates alcalins, il donne lieu à la production de *cacodyle*, reconnaissable à son odeur infecte. Saturé par les bases, il forme les *arsénites* — V. ce mot.

L'acide arsénieux, connu vulgairement sous le nom de *mort aux rats*, farine d'arsenic, oxyde blanc d'arsenic, sert dans l'impression des indiennes, à la préparation des composés arsénicaux (arsénites et arséniates), à la transformation de la nitro-benzine en aniline, au brunissage et gris du laiton, à la trempe du fer, à la purification du verre, à la préparation des peaux des animaux, pour l'empaillage. En médecine, on emploie l'acide arsénieux à petite dose, pour combattre

l'asthme et certaines fièvres rebelles à la quinine ; on en donne aux chevaux dans certaines contrées, pour leur donner du lustre et de l'embonpoint. C'est un corps très vénéneux.

PRÉPARATION INDUSTRIELLE DE L'ACIDE ARSÉNIEUX. L'oxydation ou le grillage du mispickel s'opère dans un four à moufle (fig. 160). Le minerai est introduit par une trémie dans le fourneau qui communique avec les chambres de condensation où se rendent les produits du grillage.

L'acide arsénieux se dépose sous la forme de *fleurs d'arsenic*. L'oxydation dégageant beaucoup de chaleur, le feu a besoin d'être modéré. L'opération dure en moyenne douze heures. L'acide n'est enlevé des chambres de condensation que tous les deux mois ; cette opération est très-dangereuse et exige des précautions minutieuses de la part des ouvriers, afin d'éviter l'intoxication arsenicale. L'acide arsénieux en fleurs ou en farine est ensuite raffiné et transformé en acide vitreux.

Le raffinage des fleurs d'arsenic ou sa transformation en acide vitreux, a lieu par sublimation (fig. 161) dans des creusets cylindriques E en fonte, placés chacun sur un foyer F ; ces pots ou creusets sont surmontés de trois hausses D en fonte, munies de trois tuyaux cylindriques ou entonnoirs A, dont le dernier s'ouvre dans la chambre de condensation L.

Les pots reçoivent de 150 à 200 kilogrammes chacun, de fleurs d'arsenic ; l'opération dure environ douze heures ; l'acide vitreux se recueille dans les chambres de condensation et sur les parois des hausses.

Dans certains pays, ce sont les arséniures de cobalt ou de nickel que l'on grille pour faire l'acide arsénieux, mais lorsque l'on a utilisé les arsenio-sulfures, il faut enlever le soufre entraîné lors de la volatilisation de l'acide. Pour cela, on mélange la masse avec de la potasse et on sublime à nouveau.

L'acide arsénieux vaut en moyenne 45 francs les 100 kilogrammes.

Acide arsénique. Composé d'arsenic et d'oxygène, dans le rapport en poids de 75 à 40 ; équivalent = 115 = As O⁵. Il est anhydre ou hydraté. Anhydre, c'est un corps solide, blanc, fusible au rouge et décomposable au rouge blanc en oxygène et acide arsénieux. Hydraté, il est de consistance sirupeuse, et à l'air dépose des cristaux déliquescents à trois équivalents d'eau = As O⁵, 3 HO, qui perdent leur eau d'hydratation par la chaleur.

L'acide arsénique, poison très actif, est réduit par le charbon et par l'hydrogène ; l'acide sulfureux le ramène à l'état d'acide arsénieux.

L'acide arsénique, qui s'obtient ou par l'oxydation de l'acide arsénieux, en faisant bouillir 400 kilogrammes de ce dernier dans 300 kilogrammes d'acide azotique (procédé Kopp), ou encore en traitant par le chlore une solution concentrée d'acide arsénieux dans l'acide chlorhydrique, puis distillant jusqu'à cristallisation du résidu (procédé Girardin), est employé quelquefois à la préparation de certaines couleurs dérivées du goudron, principalement de la rosaniline ou fuchsine. A une époque, il y a eu des fabriques d'aniline qui consommaient plus de 100,000 kilogrammes d'acide arsénique par an; depuis qu'en Allemagne, on a rigoureusement interdit l'oxydation par l'acide arsénique, on a trouvé d'autres procédés, et l'usage de cet acide est considérablement restreint. On a, en maintes circonstances, signalé les accidents occasionnés dans cette fabrication, par l'absorption du composé arsenical, notamment à Lyon, à Pierre-Bénite.

RECHERCHE DE L'ARSENIC DANS LES CAS D'EMPOISONNEMENT. L'arsenic est d'un emploi si journalier

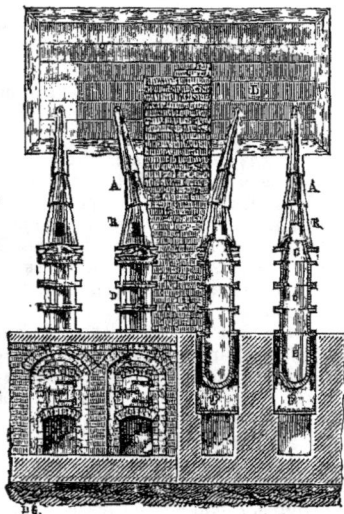

Fig. 161. — *Appareil pour la fabrication de l'acide arsénieux vitreux.*

dans l'industrie, que l'on a fréquemment à constater des accidents occasionnés par l'ingestion de ce corps. L'empoisonnement peut être criminel, il se présente alors sous la forme aiguë, dans la majorité des cas; quelquefois il provient de manipulations faites dans des fabriques, il peut constituer en cette circonstance une maladie chronique, d'autant plus grave, que l'économie se trouve plus ou moins saturée de poison. L'arsenic était jadis le corps qui était le plus fréquemment employé pour commettre des crimes, et pendant une période de douze années, de 1851 à 1863, sur 617 cas d'empoisonnements poursuivis en France par la justice, on n'en comptait pas moins de 232 occasionnés par lui; actuellement, ce chiffre a considérablement diminué, et le phosphore se trouve à la tête de la liste des substances choisies par les criminels pour accomplir leurs forfaits.

L'arsenic est facile à retrouver, lorsque l'on a eu soin de traiter les produits livrés à l'expert, avec toutes les précautions voulues, car étant volatil, ainsi que plusieurs de ses composés, il pourrait avoir été entraîné par l'emploi d'un mauvais procédé, et l'on doit se rappeler qu'il est toxique à très-faible dose, que par conséquent on peut n'avoir à retrouver que quelques centigrammes d'arsenic.

Comme il est fort rare de rencontrer la substance dangereuse en nature, la première opération à faire est de procéder à la destruction de la matière organique. Pour cela diverses méthodes peuvent servir, suivant que les expériences devront porter sur tel ou tel organe (foie, estomac, intestin, muscles, cerveau, etc.), ou que l'on devra faire l'examen de matières alimentaires; de terres, si l'inhumation a eu lieu; etc.

La calcination au moyen de l'acide sulfurique pur, soit seul (procédé Flandin et Danger), soit combiné avec l'action postérieure de l'acide azotique (procédé Lassaigne), est une très-bonne méthode. Les matières convenablement divisées sont traitées dans une capsule, jusqu'à obtention d'un charbon pulvérulent et sec. On peut encore dissoudre les matières organiques : 1° par l'action de la potasse, puis mélanger de nitrate de même base, de façon à obtenir une pâte, que l'on fait déflagrer dans un creuset rouge de feu (procédé Fordos et Gélis); ou 2° les détruire par un courant de chlore gazeux (procédé Jacquelain), jusqu'à production d'une matière blanche d'aspect caséux; ou encore 3° par l'action du chlore naissant, produit, soit au moyen de l'acide chlorhydrique et du chlorate de potasse (procédé Frésénius et Babo), de l'eau régale (procédé Malagutti et Sarzeau), du chlorure de sodium et de l'acide sulfurique (procédé Schneider).

Quelle que soit la méthode qui ait été employée, comme elle a eu pour avantage de rendre soluble dans l'eau le composé arsenical, on reprend la masse obtenue par l'eau distillée (on y ajoute de l'acide sulfurique, si les liqueurs sont à même de contenir des produits azotés, lesquels seraient capables d'amener plus tard une explosion, on chasse ceux-ci par la chaleur), puis on introduit les liqueurs dans un appareil de Marsh.

Celui-ci est basé sur la propriété qu'a l'arsenic de s'unir à l'hydrogène pour faire divers composés, un hydrure solide et de l'hydrogène arsenié (As H³) gazeux, décomposable par un corps froid, ce qui amène le dépôt de l'arsenic et la combustion de l'hydrogène seul. Il fut inventé, en 1836, par James Marsh d'Edimbourg, modifié par Chevalier, et enfin perfectionné, comme on l'emploie aujourd'hui, par une commission de l'Académie des sciences.

L'appareil de Marsh (fig. 162) se compose d'un flacon de Woolf A, contenant de l'eau, du zinc et de l'acide sulfurique, et qui par conséquent dégage de l'hydrogène. Un tube C conduit le gaz dans un second tube D rempli d'amiante qui doit retenir l'eau pouvant être entraînée par le gaz; enfin, un deuxième tube E, à pointe effilée, laisse sortir le gaz en un mince filet. Ce dernier tube E est enveloppé de clinquant sur une partie de sa longueur, là où il doit être chauffé par une lampe à alcool G. Un petit écran métallique F localise l'action de la chaleur. Le tube de sureté B sert en même temps à l'introduction des liqueurs arsénicales.

Quand l'hydrogène s'est dégagé en quantité suffisante pour remplir tout l'appareil, on chauffe la partie enveloppée de clinquant et l'on enflamme le jet d'hydrogène arsénié; on approche du jet enflammé une soucoupe de porcelaine H; il se forme des taches noires qui sont volatiles par la chaleur.

Dans les expertises judiciaires, comme l'on doit souvent déterminer la quantité d'agent toxique ingéré, ou même doser l'arsenic existant dans les viscères, il importe de ne pas perdre d'hydrogène arsénié; on parvient facilement à ce résultat en faisant arriver le gaz dans un tube de verre peu fusible, que l'on étire en un point, et chauffe en cet endroit au moyen d'une lampe à alcool ou d'un

bec de gaz. Sous l'influence de la chaleur, le gaz se dédouble en un anneau d'arsenic métallique, qui se dépose sur la partie froide du tube, et en hydrogène. On pourrait aussi faire arriver le gaz dans une solution d'azotate d'argent; il y aurait formation d'acide arsénieux et réduction de l'argent à l'état métallique.

Il est nécessaire dans toutes les opérations de cette nature, d'être parfaitement sûr de la provenance du corps retrouvé, aussi a-t-on l'habitude, lorsque l'on fait des recherches d'arsenic, non seulement de n'employer que des vases neufs et des produits dont on a contrôlé à l'avance la pureté, mais encore d'avoir à côté de soi un second appareil de Marsh *fonctionnant à blanc*, c'est-à-dire fournissant de l'hydrogène pur, dont la flamme ne donne aucune tache lorsqu'on y interpose une soucoupe froide.

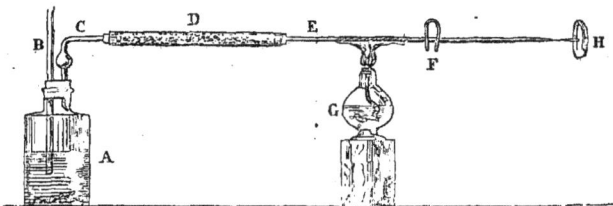

Fig. 162. — *Appareil de Marsh pour la recherche de l'arsenic.*

Il reste maintenant à déterminer la nature exacte des taches que l'on a recueillies, car un autre métal, l'antimoine, donne par suite d'un traitement semblable, des traces fort analogues.

Les taches d'arsenic sont miroitantes, d'un gris noirâtre, blanches si on les a obtenues dans la partie oxydante de la flamme (formation d'acide arsénieux), volatiles par la chaleur, avec production d'odeur alliacée. Elles sont solubles dans l'hypochlorite de soude, dans l'acide azotique; leur solution dans ce dernier acide fournit, lorsqu'elle a été neutralisée par l'ammoniaque, un précipité rouge brique caractéristique, soluble dans l'ammoniaque et régénéré par l'acide azotique.

Lorsque l'opération ne fournit qu'une quantité très-minime d'acide arsénieux, ou que les liqueurs sont trop étendues pour donner avec les réactifs des caractères bien tranchés, on peut fixer le composé arsenical par l'addition d'un peu de potasse; on concentre alors, et comme les arsénites ne précipitent pas par l'hydrogène sulfuré, on ajoute quelques gouttes d'acide chlorhydrique, puis de l'acide sulfhydrique. On obtient ainsi un précipité jaune de sulfure d'arsenic, soluble dans l'ammoniaque et insoluble dans l'acide chlorhydrique, ce qui le distingue du sulfure de cadmium.

Quant aux autres taches analogues, on reconnaîtrait celles d'antimoine à leur peu de volatilité par la chaleur, à la réaction de leur solution azotique qui précipite en blanc par l'azotate d'argent; pour les taches de matière organique, dites taches de crasse, les taches dues à la ré-

duction du sulfate de zinc formé dans l'appareil de Marsh et projeté dans le tube, elles n'ont pas l'aspect luisant et métallique des premières, et ne se déplacent pas, quand on les chauffe.

Il arrive parfois qu'on est appelé à constater un empoisonnement mixte, nous voulons dire, produit à la fois par un composé à base d'arsenic et un autre à base d'antimoine. Il faut savoir isoler les deux produits, car dans ce cas, les anneaux à la simple vue ne donneraient aucun indice; il est nécessaire alors de traiter taches ou anneaux par l'acide azotique, puis d'évaporer à siccité. On a formé de l'oxyde d'antimoine ($Sb^2 O^3$) insoluble, plus un acide arsenical soluble; on reprend par l'eau distillée bouillante, qui laisse le premier corps et dissout le second, on filtre, évapore la liqueur claire, sature par l'ammoniaque, et traite par l'azotate d'argent. On obtient ainsi le précipité rouge brique caractérisant l'arsenic. Le précipité insoluble est à son tour repris par l'acide chlorhydrique, transformé en chlorure, lequel sous l'influence d'un courant d'hydrogène sulfuré, donne un précipité jaune de sulfure d'antimoine.

Arsenic sulfuré jaune. — V. ORPIMENT et ARSENIC (MINERAIS).

Arsenic sulfuré rouge. — V. RÉALGAR et ARSENIC (MINERAIS). — J. C.

* **ARSÉNICOPHAGES.** Nom donné à certains individus et même à certaines peuplades qui consomment régulièrement de l'arsenic. Il est parfaite-

ment démontré par l'emploi journalier des préparations arsenicales, que l'on peut arriver à donner à l'homme des doses très élevées de ce poison. Il ne s'agit pas là d'une tolérance particulière, comme certains animaux peuvent en présenter une, mais d'un effet obtenu progressivement, d'une habitude acquise. M. le docteur Tschudi a publié, à cet égard, des faits très curieux (*Gazette des hôpitaux*, mai 1854), desquels il résulte, que dans les montagnes de la Hongrie, de la Basse-Autriche, dans la Styrie, presque tous les jeunes paysans et paysannes, absorbent de l'acide arsénieux pour se donner de la fraîcheur et de l'embonpoint. Ceux qui font le métier de guides ou de contrebandiers en prennent également pour se rendre plus « volatils », c'est-à-dire, faciliter la respiration pendant la marche ascendante. Ils commencent, pour s'habituer, par une dose de 0 gr. 025 environ, et vont parfois jusqu'à absorber 0 gr. 20 d'acide arsénieux chaque jour ; tant que ce régime est suivi régulièrement, ils ne se développe aucuns accidents, mais dès que l'intoxication cesse, les phénomènes morbides apparaissent et cette habitude devient un besoin qu'il faut impérieusement satisfaire.

Des faits semblables ont été signalés du reste à Vienne, et dans d'autres villes, où les chevaux, au poil bien luisant, ne devaient cette qualité qu'à l'acide arsénieux qu'on leur donnait. Entre les mains d'autres palefreniers, ils perdaient leur belle robe et leur bonne santé.

* **ARSÉNIEUX** (Acide). — V. Arsenic.

ARSÉNIOSIDÉRITE. Arséniate double de fer et de chaux, que l'on trouve en notable quantité à Romanèche (Saône-et-Loire) et qui se présente sous forme de concrétions fibreuses, de couleur jaune, ou jaune brunâtre et qui accompagnent les minerais de manganèse.

* **ARSÉNIOSULFURES.** — V. Arsenic (Minerais).

ARSÉNIQUE. (Acide). — V. Arsenic.

* **ARSÉNIT.** *T. de minér.* On donne ce nom, ainsi que celui d'*arsénolite*, à une variété native d'acide arsénieux, que l'on trouve dans le Hartz et en Bohême.

ARSÉNITES. *T. de chim.* Ce sont les sels que forme l'acide arsénieux, lorsqu'on le sature par des bases. Leur formule générale est Mo, $As^2 O^3$.

A l'exception des arsénites alcalins, ils sont insolubles dans l'eau, quelques-uns sont solubles dans la glycérine, ils le sont tous dans l'acide chlorhydrique. Traités par l'acide azotique ou l'eau régale, ils donnent de l'acide arsénique. Les arsénites sont réduits au chalumeau dans la flamme intérieure, avec dégagement d'odeur alliacée ; chauffés au rouge, ils se décomposent en donnant naissance à des arséniates, avec réduction d'arsenic métallique ; celui de plomb fait seul exception.

Les arsénites sont faciles à distinguer des arséniates, aux caractères suivants : leur solution acidulée par l'acide chlorhydrique, donne : 1° avec l'hydrogène sulfuré, un précipité jaune, soluble

dans l'ammoniaque, la potasse ou les carbonates de ces bases, soluble dans les sulfures alcalins, insoluble dans l'acide chlorhydrique ; 2° avec l'azotate d'argent ammoniacal, un précipité jaune, tandis qu'avec les arséniates, il est rouge brique ; 3° avec le sulfate de cuivre, un précipité vert, soluble dans l'ammoniaque ; le précipité est bleu verdâtre, avec les arséniates ; 4° en présence d'une lame de zinc, la réduction de l'arsenic à l'état métallique (avec les arsénites comme avec les arséniates).

Les arsénites ont de nombreux emplois dans l'industrie. S'ils sont moins utilisés chez les indienneurs que les arséniates (en Angleterre, pour le dégommage, on se sert presque exclusivement de ces derniers), on emploie depuis une quinzaine d'années, l'*arsénite d'alumine* en assez grande quantité. Ce sel, en effet, sert pour préserver les rouges, mais surtout comme mordant avec les couleurs d'aniline ; on le dissout dans l'acide acétique, puis on imprime la couleur avec l'arsénite, sur des tissus préalablement passés en solution faible de tannin. Les couleurs ainsi obtenues résistent bien aux savonnages.

Quelques arsénites métalliques solubles dans la glycérine, au moins en partie, servent à faire quelques genres, en unis.

L'*arsénite de plomb*, remplace quelquefois dans la peinture l'orpiment ; il est d'une couleur jaune très éclatante, est solide et couvre bien.

Les *arsénites de cuivre* utilisés sont au nombre de deux. L'arsénite proprement dit, connu également sous le nom de *vert de Scheele*, qui contient environ 50 0/0 d'acide arsénieux, et l'acéto-arsénite ou *vert de Schweinfurt*, qui renferme 58 0/0 du même acide.

L'importance industrielle de ces produits est telle, qu'en Angleterre seulement, à une époque (1860), une fabrique de papiers utilisait à elle seule, deux tonnes d'acide arsénieux par semaine, et que la production totale de ces verts était de 700 tonnes. L'arsénite de cuivre s'obtient par double décomposition en traitant une solution de sulfate de cuivre par l'arsénite de soude ; l'acéto-arsénite, en faisant réagir une solution d'acide arsénieux et l'acétate de cuivre (c'est un mélange d'arsénite et d'acétate de cuivre).

Les industries qui employaient ces belles couleurs vertes, étaient nombreuses, mais les fréquents accidents qui ont été signalés, ont fait interdire en grande partie l'emploi de ces produits. On connaît des empoisonnements occasionnés par l'usage de fleurs artificielles, de tarlatanes, de lustrines, de papiers de tentures (les veloutés surtout), sur lesquels la couleur verte n'était fixée que par de la colle ; de produits alimentaires, dragées, gâteaux décorés, pièces de charcuterie ; de jouets d'enfants, de couleurs à l'eau, de visières en cuir, etc., dans lesquels aussi, la coloration était due à la présence de ces composés. Ces faits n'ont rien d'étonnant, lors que l'on sait, par exemple, que M. Bacon a trouvé de 35 à 40 grammes de vert arsenical par mètre carré de papier de tenture, correspondant à 500 grammes d'acide arsénieux pour une chambre de grandeur moyenne. Lorsque l'ingestion du produit toxique a eu lieu, l'empoisonnement s'explique facilement, surtout pour les produits alimentaires; pour les autres, il faut admettre que le corps se détachant aisément, surtout en présence de l'humidité et du frottement, des parcelles colorées sont entraînées dans les voies respiratoires, et, qu'en outre, de l'hydrogène arsénié se trouve souvent engendré, par suite de la fermentation des matières organiques, qui réduisant l'acide arsénieux, facilitent la production du gaz arsénié.

D'autres arsénites moins purs et moins beaux, comme les *cendres vertes*, qui sont des mélanges d'arsénite et de sulfate de cuivre, sont quelquefois utilisés en peinture.

En France, une circulaire ministérielle, en date du 16 août 1860, a mis en garde les industriels contre les dangers que présente l'emploi des arsénites de cuivre, et une autre, du 21 avril 1861, prescrit des mesures obligatoires dans les fabriques où l'on se sert de ces substances. — J. C.

*ARSÉNIURES. — V. Arsenic, § *Minerais*.

ART. Application des procédés par lesquels l'homme fait un ouvrage, produit une œuvre, exprime ses sentiments et ses pensées, selon certaines règles et traditions. L'art s'adresse à l'intelligence et aux sens; son but est d'assurer à l'homme son bien-être physique ou de faire naître en lui quelque jouissance intellectuelle ou morale; il subit les transformations incessantes étroitement liées aux transformations de l'esprit humain. De cet ensemble de règles et de principes est née la division de l'art en trois branches: 1° les *Arts mécaniques*, qui ont pour but d'exploiter la nature, de transformer manuellement ou mécaniquement la matière première pour l'approprier aux exigences de la vie matérielle; 2° les *Arts scientifiques*, qui répondent aux besoins de l'esprit, associés aux besoins physiques; 3° les *Arts libéraux* ou les *Beaux-Arts*, qui sont destinés à provoquer en nous des sentiments généreux et élevés, et qui ont pour mission non-seulement de charmer ou d'éblouir, mais encore d'élever l'âme en épurant les passions.

Les arts scientifiques et les arts mécaniques ont de nombreuses affinités, les seconds devant donner une forme utile et saisissable aux idées et découvertes qui sont du domaine des premiers, mais chaque jour de nouveaux progrès rendent cette classification moins rigoureuse en fondant les nuances, en créant de nouvelles distinctions; c'est ainsi qu'on a proposé de ranger sous le nom d'*arts automatiques* ceux qui produisent une chose par le secours d'une machine faisant seule le travail de l'homme. Cette proposition est inacceptable. L'art et l'automatisme sont tellement opposés l'un à l'autre qu'on ne peut les accoupler sans blesser la logique et le bon sens; l'art, ou ses synonymes dans les arts mécaniques : l'adresse, l'habileté, exigent le concours de l'esprit et de la main de l'homme; or, dans le travail de la machine, l'homme n'est rien. Les arts mécaniques sont donc très-exactement définis par les moyens et les procédés qui soumettent les produits de la nature, par la construction de machines et appareils propres à économiser la force de l'homme, pour laisser celui-ci à des travaux plus relevés où son initiative joue un rôle plus ou moins considérable. — V. Industrie.

Les arts mécaniques comprennent aussi les *Arts industriels* ou *décoratifs*, lesquels s'inspirent plus particulièrement des *Beaux-Arts*.

Nous n'avons point à traiter dans cet ouvrage les *Beaux-Arts* proprement dits, mais seulement de leur intervention dans l'industrie; M. Ph. Burty, dont l'autorité en ces matières est incontestée, étudie un peu plus loin cette importante question : l'*Art appliqué à l'industrie*. Nous y renvoyons le lecteur. Nous nous bornerons à dire ici que nous n'admettons point de ligne de démarcation entre les *œuvres d'art* créées par l'industrie, et celles créées par l'imagination du peintre ou du sculpteur, le principe initial est toujours le même, et, comme l'a dit M. de Laborde : « L'art a sa vie propre en dehors de la nécessité de ses applications; mais en l'appliquant à l'industrie humaine, loin de rabaisser sa mission, il l'agrandit. » Les manifestations de l'art sont multiples, mais il n'y a qu'*un art* et c'est lui qui fait les Rubens dans la peinture, les Palissy dans la poterie, les Boulle dans l'ébénisterie; c'est ainsi que l'ont compris Raphaël, Titien, Paul Véronèse et tous les artistes de la Renaissance qui n'ont point dédaigné de mettre le sceau de leur génie aux diverses branches de l'industrie. — V. Artiste.

Cette alliance nécessaire de l'art et de l'industrie enfanta un certain nombre d'œuvres que l'on a rangées dans la classe des *Arts industriels*, puis des *Beaux-Arts appliqués à l'industrie*, sans que ces désignations donnassent satisfaction à la logique de notre esprit. Lorsque nous avons conçu le plan de ce dictionnaire, l'expression *Arts industriels* était la seule consacrée, aujourd'hui l'*Arts décoratifs* semble prévaloir, non sans raison, car la fonction de l'artiste ici n'est point de traduire, au moyen des formes et de la couleur, certaines émotions de l'âme humaine, mais très-exactement d'orner, de décorer des objets utiles et d'ajouter à leur utilité la parure de la beauté.

Les arts décoratifs se divisent en un certain nombre de classes : 1° *Décoration de l'habitation* : *architecture décorative*; décoration des villes, des édifices publics, des demeures privées, des jardins; sculpture ornementale sur marbre, pierre, bois, etc.; menuiserie d'art, marqueterie, marbrerie; fer forgé, fer fondu, quincaillerie d'art, cuivre repoussé; peintures décoratives pour emplacements déterminés; vitraux, stores; 2° *Tentures de l'habitation* : tapis et tapisseries, étoffes d'ameublement en laine, soie, damas, lampas, etc.; papiers peints, cuirs, cartons gaufrés : art du tapissier; 3° *Mobilier* : Meubles exécutés en bois divers, sculptés, dorés, laqués, ornés de bronze, de marqueterie, de faïence ou d'émaux; sièges, caisses d'instruments de musique, cadres; 4° *Métaux usuels* : Bronzes d'art, d'ameublement et d'éclairage, ciselés, dorés, ornés d'émaux, de cristaux, etc.; zinc d'art et d'ameublement; orfévrerie d'église, acier moulé, bijouterie d'acier; 5° *Métaux et matières de prix :* orfèvrerie d'or et d'argent; bijouterie, joaillerie, camées; 6° *Céramique et verrerie :* terres cuites décoratives, poteries d'art, lave et terre cuite émaillée, faïence émaillée, porcelaine peinte; émaux, verrerie, cristaux, glaces; 7° *Etoffes d'usage domestique et vêtements :* châles, cachemires, dentelles, broderies, passementeries, costumes, tissus de laine et de soie; tissus imprimés; toiles ouvrées et damassées.

A cette première énumération, il nous faut ajouter une foule d'objets divers tels que : voitures, armes, coutellerie, tabletterie, maroquinerie, articles de Paris et de Vienne, fleurs artificielles, éventails, reliure, puis tous les procédés de reproduction des œuvres d'art : gravure sur métaux, sur bois, lithographie, lithochromie, autographie, photographie, photochromie, héliogravure, etc. Nous renvoyons le lecteur à ces différents mots, où chacune de ces industries dans leurs rapports avec les arts du dessin sera l'objet d'une étude spéciale.

Adoptant la désignation nouvellement convenue, l'Etat a donné à l'ancienne *Ecole nationale de dessin et de mathématique* le nom d'*Ecole des arts décoratifs.* Dans le même esprit, l'Union centrale des beaux-arts appliqués à l'industrie a ouvert en 1878, au pavillon de Flore, aux Tuileries, un *Musée des Arts décoratifs,* auquel nous consacrons plus loin un article spécial. — V. ÉCOLE.

* **Art** (Ouvrage d'). — V. GÉNIE CIVIL.

* **Art appliqué à l'industrie** (L'). L'expression « beaux-arts appliqués à l'industrie » n'offrait certainement ni la justesse ni la concision désirables. Rigoureusement, elle tend à perpétuer une pure logomachie, car l'industrie étant « l'habileté à faire quelque chose, à exécuter un travail manuel » (Littré), l'application des « beaux-arts » — mots d'une extrême élasticité — modifierait, non pas ce que l'on a en vue, c'est-à-dire, le travail achevé, mais bien l'habileté qu'il faut déployer pour achever ce travail. Mais ne nous arrêtons point à cette querelle de mots. La formule a frappé l'attention du public, l'a fixée sur un ordre de faits qu'il croyait nouveaux et qu'il a sentis être importants. Elle a été trouvée, adoptée par un groupe de hauts industriels, d'artistes, de critiques qui comprenaient que les termes « union des arts industriels, » étaient insuffisants ou impropres; qu'il fallait désigner plus nettement le terrain infiniment vaste et cependant circonscrit sur lequel allait se traiter une question vitale pour notre fortune nationale, pour notre suprématie traditionnelle. C'en était assez pour accepter hardiment sur le drapeau deux ordres de faits supérieurs — les Beaux-Arts, l'Industrie — que les nouveaux engins de production, que la division du travail, que les lois de la commande moderne, que la séparation officiellement constatée entre les expositions d'œuvres d'art et les expositions de produits industriels, enfin que les sophismes d'une esthétique nuageuse avaient habitué le public à dissocier, à regarder même comme des faits antagonistes.

La question, dans ses termes étroits, est toute

actuelle. Elle a été brusquement soulevée en France, il y a quinze ans, et s'est amplifiée depuis, par la constatation, dans les expositions universelles, de l'infériorité de formes et de colorations de produits qui, dans les époques précédentes, avaient toujours uni les conditions de l'agrément à celles de l'utilité. Le Beau, le Bon et l'Utile ne sont que les qualificatifs d'un seul fait, la Convenance. Les rhéteurs ont pu les traiter en trois chapitres, la logique ne les isole pas. Ce sont les conditions inhérentes et tout à fait harmoniques.

Si loin que l'on pénètre dans l'histoire des civilisations, on constate sur les objets les plus vulgaires à l'usage de l'homme, ou sur le corps de l'homme lui-même les effets d'une faculté qui est spéciale à celui-ci, qu'on n'a jamais vu s'exercer chez aucun animal, si élevé que fût son rang parmi les primats : ce sont les effets de la recherche de l'ornementation extérieure. Les animaux, aux époques de la reproduction, subissent, par suite d'une excitation sanguine et nerveuse, une modification qui se traduit par la coloration de l'enveloppe — les taches orangées qui ponctuent le corps de la salamandre — et par la fierté des allures — les combats à mort des cerfs; — mais jamais, au moins dans la captivité, un gorille mâle n'a été vu se barbouillant de couleur, ni une chimpanzée s'ornant de fleurs. Le luxe du mâle est la force, le charme de la femelle est la santé. Au contraire, nous observons que les peuples sauvages se tatouent pour le combat ou pour l'amour, s'ornent de colliers de plumes, peignent leurs pagnes, polissent ou cisèlent leurs armes, augmentent leur taille par la coiffure, etc. Les Hellènes qu'ont chantés les poëtes du cycle homérique se tatouaient encore. Les plus anciennes sculptures égyptiennes nous indiquent des broderies sur la tunique des femmes. Les objets en os de renne des périodes préhistoriques nous arrivent souvent, non pas seulement conçus dans les proportions harmoniques qui sont la grâce de l'utile, mais gravés, mais ornés de bas-reliefs, lesquels, en admettant qu'ils eussent eu pour raison première la résolution de perpétuer un fait de guerre ou de chasse, sont encore traités avec une observation du mouvement, une recherche de la vie qui sont la résultante d'un sentiment très net de ce que nous appelons aujourd'hui l'Art. Une hache n'exigeait pas d'être polie jusque dans les parties qui échappaient certainement à la vue, sous la portion, par exemple, qui devait être serrée par l'encoche du manche ou par des cordelettes d'attache. Une hache aussi soignée avait donc un attrait qui s'ajoutait à ses qualités d'outil, à sa valeur purement industrielle? Toutes celles qu'on découvre ne portent point ces caractères de perfection : il y avait l'outil qui s'altère par l'usage journalier et se remplace, puis l'objet qui, destiné à tel être que l'on voudra concevoir, prêtre ou chef, était le signe manifesté d'une puissance quelconque.

Le goût de l'ornementation sur le corps, sur les vêtements, sur les armes, sur les ustensiles qui aident l'humanité à soutenir le rude et incessant combat de la vie contre les éléments, les animaux, les autres hommes, n'est point propre à certaines familles ou à certains individus. Il s'est accusé avec plus ou moins de souplesse ou de variété, selon que les milieux naturels ou sociaux ont été plus rigides ou plus propices. Procède-t-il primitivement de faits de chasse, de guerre, de commerce, de religion auxquels on voulait imprimer un caractère d'authenticité et de permanence? A-t-on enfilé des coquillages pour les échanger contre d'autres produits avant de les passer à son cou? Les dents de requins, les griffes d'ours ont-elles joué le rôle actuel des sequins, à la fois dot et parure, dans les tresses des Caucasiennes? La symbolique, chère aux enfants, qui vont jusqu'à enfourcher un bâton pour un cheval, et constatée chez toutes les peuplades sauvages, dût relever de bonne heure le caractère des objets embellis par le travail de la main.

Ce que nous voulons dégager clairement, c'est le caractère extérieur de cette ornementation : qu'il s'agisse des yeux peints à l'avant des pirogues, des dents de scie imprimées dans la terre molle des vases que les nègres cuisent à la chaleur du soleil, des têtes de lions des vases de bronze de la Chine, des anses du moindre vase grec, l'ornementation épouse toujours la forme générale, n'altère jamais ni la résistance, ni l'équilibre, ni la commodité des objets. L'artiste et l'artisan ne font qu'un. Le caprice et l'usage ne font qu'un. On peut dire que c'est le moment de la pureté absolue, d'une beauté inconsciente, dégagée de toutes les considérations esthétiques qui, bien plus tard, créera la commande des objets de destination indéterminée et, par conséquent, l'artisan qui n'obéissant plus à un programme strict et correct, ne fera plus parler à son outil qu'un langage intelligible pour les classes seules de la société qui vivent dans la richesse, dans l'admiration politique du passé, dans l'indifférence pour tout ce qui n'est point exclusivement rare et coûteux. L'artisan est donc le pivot de la société productrice.

Les corporations, dont on constate la puissante organisation si haut que l'on remonte dans les annales de l'Égypte, de l'Assyrie, de l'Inde, perpétuaient la loyauté dans la main-d'œuvre, le secret de ces « tours de main » qui jusqu'à l'invention de la machine furent la sauvegarde des métiers d'élite.

Ni la Grèce, ni l'Italie ne firent de distinction nominative entre l'*artisan*, c'est-à-dire, l'homme de métier, et l'*artiste*, c'est-à-dire l'artisan qui se sent assez supérieur pour s'affranchir des obligations de la commande répétée, tyrannique, et qui impose, au contraire, la tyrannie de sa conception isolée à l'État qui lui commande de grands travaux, aux particuliers qui se disputent ses œuvres, aux élèves qui poussent sous son ombre vigoureuse. C'est à la Renaissance italienne que nous devons ce type singulier de l'artiste industriel, dont Benvenuto Cellini fut la personnification vantarde et surfaite. A Athènes, Phidias n'était que le plus éminent, par conséquent le plus recherché, le mieux rétribué, le plus hautement

responsable de la gloire de sa cité, parmi les sculpteurs, les architectes. Le même mot, τεχνίται sert pour désigner sans distinction ce que nous distinguons aujourd'hui. Il en fut de même pendant le moyen âge français. L'expression « Beaux-Arts appliqués à l'industrie » eût donc été alors complètement vide de sens. Une marchande d'herbe, sur le marché, à Athènes, eût rejeté instinctivement un vase de terre qui n'aurait pas été beau, c'est-à-dire harmonieux et commode, comme aujourd'hui une dame de la halle jetterait un pot qui fuirait. Les deux idées de beau et convenable étaient connexes.

Il n'en fut plus ainsi dès qu'au XIIIe siècle, en Italie, les académies eurent substitué des formules à l'enseignement professionnel, que les élèves avaient reçu en quelque sorte inconsciemment, tant qu'ils étaient entrés tout jeunes dans l'atelier des maîtres de leur choix. Léonard de Vinci, Michel-Ange, Raphaël lui même, qui était fort occupé à la cour des papes comme ordonnateur des fêtes, directeur des fouilles, etc., tous ces génies que leurs contemporains admiraient et recherchaient, ont fourni aux corps de métiers de leurs villes, tapissiers, fondeurs de robinet, armuriers, orfèvres, sculpteurs de bois, etc., des modèles dont l'humilité semblerait dégradante aujourd'hui aux artistes arrivés à l'Institut. Les corporations avec leurs statuts, qui ne sauraient plus s'ajuster aux exigences de la liberté moderne, avec leurs années d'apprentissage obligatoire, source de la science de tous les détails aussi bien pour l'ouvrier que pour le patron, avec leurs « chefs-d'œuvre » qui devaient subir l'analyse et la critique rigoureuse des compagnons et des maîtres, les corporations résistèrent longtemps avec succès contre cet envahissement d'une esthétique qui tend sans cesse à immobiliser les résultats acquis, à discréditer les méthodes nouvelles, à stériliser les efforts originaux, à rendre timides et découragées les imaginations.

M. Paul Mantz, dont la compétence en ces matières est bien connue, a publié, dans la *Gazette des Beaux-Arts*, un article de fond sur l'*Histoire des arts appliqués à l'industrie au* XVIIIe *siècle*. Nous ne pouvons qu'y renvoyer. Mais nous citerons, comme très typique, un document qui avait échappé à ce savant critique. C'est un volume in-8°, qui a pour titre : *Corps d'observations de la Société d'agriculture, du commerce et des arts, établie par les États de Bretagne, année 1757 et 1758.* « C'est moins une suite d'instruction qu'une suite d'invitations, qui porteront ceux qui peuvent aider leur patrie à ne pas lui refuser leur secours. »

« ... La Société attend et désire les mêmes secours sur une autre partie de son travail étroitement liée à l'agriculture. C'est celle des *Arts*. Ce serait une carrière très vaste à fournir, si on prenait ce terme dans le sens qu'il présente lorsqu'il est isolé. Par rapport à la Société, on ne doit envisager que les arts qui sont placés entre l'Agriculture et le Commerce de la Bretagne. » Les États, qui l'avaient institué au nom du bien public, la composèrent de membres des trois ordres.

Dans la séance du jeudi 10 février 1757, la commission du commerce répondit aux observations de M. de Gournay, intendant du commerce : « Article 1er. Presque tous les arts, qu'il est si important de perfectionner, ne peuvent faire de grands progrès sans le dessin; c'est principalement par le goût supérieur dans cet art que les manufactures du royaume se sont acquis la préférence sur celle des étrangers. Les villes de Rouen et de Reims ont fondé des écoles publiques de dessin. Nos artistes et nos ouvriers retireraient beaucoup d'avantages d'un pareil établissement. — Sur le premier article, les États ont, conformément à l'avis de la commission, ordonné et ordonnent qu'il sera établi deux maîtres de dessin, un à Rennes et l'autre à Nantes, lesquels seront tenus de donner quatre jours de chaque semaine, et trois heures de chaque jour, des leçons publiques de leur art à tous ceux qui se présenteront, et que celui de Rennes qui aura le moins d'écoliers, sera en outre tenu d'enseigner les élèves de l'hôtel des gentilshommes, aux jours et aux heures qui lui seront indiqués ; et ont nommé et nomment le sieur Causiez pour Rennes et le sieur Volaire pour Nantes, sur lesquels MM. de la Société des arts auront l'inspection, et ont, lesdits États, accordé 500 livres par an à chacun desdits maîtres. »

L'année suivante, la Société publia ce rapport dont l'importance historique est très grande : « Les écoles de dessin de Rennes et de Nantes ayant été mises sous l'inspection de la Société, le premier soin du Bureau de Rennes fut d'examiner sur quelle partie du dessin le maître donnerait des leçons à ses élèves. On crut devoir penser que le vœu de la province était plutôt de former de bons artisans que d'accroître le nombre des artistes. Le fils d'un serrurier, d'un charpentier, d'un maçon qui dessinerait passablement la figure, abandonnerait la profession de son père; il voudrait devenir peintre ou architecte. Le nombre de nos artisans diminuerait : celui des artistes, *qui n'est déjà que trop grand*, augmenterait encore : les ouvriers demeureraient dans l'État d'incapacité d'où les États cherchent à les tirer. » On jugea donc qu'on devait regarder comme les meilleures leçons celles qui deviendraient d'une utilité plus générale. Le maître fut chargé d'apprendre à ses écoliers à tracer des surfaces régulières, des assemblages de charpente, de serrurerie, de menuiserie, de coupes de machines, de machines en pièces comme un moulin à blé, un métier de tisserand, des pièces d'horlogerie, etc., et enfin quelques morceaux d'ornement.

« Les élèves se sont attaché par préférence à dessiner des fleurs et de l'ornement; quelques-uns même ont voulu dessiner la figure. Peut-être eût-il été dangereux de contrarier leur goût avant que l'école de dessin fût assez affermie. » Le Bureau permit au maître de se prêter aux circonstances. Il donna, le 27 août 1757, une liste de quatre-vingt-dix-sept écoliers. »

Cette école atteignit rapidement le chiffre de deux cent cinquante élèves auxquels on enseignait indistinctement la figure, le paysage, l'ornement, la perspective. Les États, par une délibération du 17 février 1759, établirent une école de dessin à Saint-Malo, semblable à celles de Rennes et de Nantes.

La question est posée avec cet admirable bon sens qui fut le propre du xviiie siècle dans toutes les questions philosophiques : « Diminuer le nombre des artistes (des artistes sans vocation supérieure) qui n'est déjà que trop grand ; augmenter le nombre des artisans (des artisans d'élite). »

Mais l'ère moderne, ce mouvement général de la science qui s'ouvre avec la chimie, crée à l'artiste qui applique son génie aux exigences de la production industrielle et commerciale, des difficultés de plus en plus nombreuses. La diffusion des fortunes et de l'éducation, la multiplicité des rapports internationaux, la nécessité d'exécuter plus vite et à meilleur marché que dans le passé, joints à une fusion des classes qui entraîne la fusion des idéals et des besoins, ont jeté un trouble extrême autant chez les producteurs que chez les consommateurs. L'emploi de la machine dans presque tous les corps de métiers, depuis l'orfèvrerie, par exemple, jusqu'à la reliure, a entraîné la division du travail. Tel ouvrier en sera réduit à toujours estamper une plaque d'argent ou à toujours polir une tranche de livre, lorsqu'en revanche tel grand fondeur demandera au sculpteur Klagmann un modèle de fontaine publique monumentale combiné de telle sorte « que chacune des figures ou des parties génératrices des vasques et des soutiens se puisse isoler, fasse un tout et serve à des fontaines publiques pour les petites municipalités. »

Klagmann résolut ce problème. Bien d'autres artistes en résolvent chaque jour d'analogues dans les fabriques du faubourg Saint-Antoine, à l'honneur du génie français. Mais ce génie traverse visiblement une période, non pas d'affaiblissement, mais de trouble. Un cri d'alarme fut poussé, dès les premières expositions universelles, lorsque l'on vit clairement que nos voisins, les Anglais, par exemple, avaient fait, par le mariage de l'Art avec l'Industrie, des progrès qui mettaient en péril la supériorité traditionnelle de la France. Nous ne pouvons, dans ces lignes condensées, que renvoyer au *Rapport* de P. Mérimée, au *Rapport* de Léon de Laborde, aux notes éparses dans les archives de l'*Union centrale*.

On a proposé bien des remèdes. Les plus sûrs seraient : une reconstitution de l'apprentissage qui, en respectant tous les droits de citoyen de l'apprenti, donneraient cependant la sécurité au patron ; dans l'obligation pour l'apprenti de suivre des cours de dessin général et de dessin professionnel qui lui formeraient le goût, la main et la mémoire des styles ; dans la formation, dans les villes industrielles, de musées analogues à ce musée central de *South Kensington*, qui est un des plus grands faits intellectuels et pratiques de notre temps et qui a déjà rendu à l'Angleterre d'immenses services, tant par les richesses d'art et d'industries qu'il exhibe et qu'il fait circuler, que par les cours qu'il ouvre et les contre-maîtres qu'il forme. L'enseignement que distribue notre école des beaux-arts est trop exclusivement académique, la méthode qui s'y professe est trop étroite, la concurrence en est trop jalousement bannie pour que les professeurs à diplômes qui en sortent aient des chances d'exercer sur la renaissance de nos hautes industries d'art une influence heureuse.

L'école prend son mot d'ordre à Rome. Il faut, comme à ces sentinelles pour qui on le change chaque jour, le demander aux besoins, aux aspirations de la société nouvelle, n'exclure rien de ce qui peut fortifier la conception et l'exécution, voir et discuter ce qu'ont fait les peuples de tous les pays et de tous les temps, les Grecs et les Japonais, les Italiens et les Mèdes, les Français surtout, les Français du moyen âge et de l'aube de la

Renaissance. Enseigner aux enfants les éléments du dessin en même temps que l'écriture, interroger avec passion et avec intelligence les modèles de notre architecture, de notre mobilier, de nos arts décoratifs, ouvrir des chaires qui tiennent au courant les artisans et les patrons de tous les progrès généraux ou techniques qui s'accentuent au-delà de nos frontières, favoriser l'initiative personnelle, tels sont les points fondamentaux du programme. On peut le dire plus justement encore que des formes de gouvernement : un peuple a toujours les arts industriels et décoratifs qu'il mérite. — V. DESSIN. — PH. B.

Bibliographie : Dictionnaire des antiquités grecques et romaines d'après les textes et les monuments, par Ch. DAREMBERG et Ed. SAGLIO ; article *Artifices*, par MM. E. CAILLEMER et G. HUMBERT ;
Encyclopédie générale : Articles Artisan, par M. F. DENIS ; *Artiste*, par M. FOUQUIER ;
Les chefs-d'œuvre des arts industriels ;
Histoire sommaire de l'Union Centrale des beaux-arts appliqués à l'industrie, et les *Rapports de ses Jurys* aux expositions bisannuelles de *l'Union des arts et de l'industrie,* par le comte Léon DE LABORDE ;
Corps d'observation de la Société d'agriculture ou commerce et des arts, établie par les États de Bretagne, années 1757-1758.

ARTS DÉCORATIFS (Musée des). Depuis longtemps on avait reconnu, en France, l'impérieuse nécessité de fournir aux artistes industriels les éléments d'étude qui leur manquent pour perfectionner leur éducation. On est étonné en ouvrant un catalogue d'exposition de voir continuellement la répétition des mêmes termes : armoire Henri II, fauteuil Louis XIV, bureau Louis XV, table Louis XVI. Cette imitation est particulière à l'industrie, ses artistes n'ayant point eu jusqu'à ces derniers temps de musée qui, en développant chez eux l'esprit de comparaison, les empêchât de copier servilement les formes des temps passés. Et ce sont précisément les modèles des siècles antérieurs qui sont conservés au musée de Cluny.

Quand un artisan veut se rendre compte de l'art contemporain il va au Luxembourg, mais il n'y trouve rien qui se rattache à sa profession. Tous les dix ans, il est vrai, il peut voir dans les Expositions universelles une immense quantité de produits, mais c'est à la fois trop et trop peu pour son instruction. Trop, parce que le bon y côtoie le mauvais, trop peu, parce qu'en dix ans un apprenti devient ouvrier et que pendant ce temps rien n'a pu le guider dans ses études. Cette lacune est sur le point d'être comblée par la fondation du musée des Arts décoratifs.

C'est surtout à l'enseignement de la jeunesse que le musée rendra de sérieux services, non seulement en mettant à la disposition des écoles des modèles qui bien souvent leur manquent, mais encore en imprimant aux études une direction plus rationnelle et plus artistique. Autrefois l'enseignement se faisait par l'apprentissage pratique. A la fois praticien et artiste, le maître, qui possédait à fond toutes les parties de son métier, les transmettait directement à l'apprenti ; en échange celui-ci lui consacrait tout son temps

pendant un certain nombre d'années. — V. APPRENTISSAGE. Après avoir produit tant de chefs-d'œuvre, ce système n'est plus possible depuis que la division du travail a été introduite dans nos fabriques. La fabrication d'un objet relève maintenant de vingt professions différentes, en sorte que l'élève n'apprend en réalité qu'une partie de son état quand il devrait les connaître toutes pour en comprendre la relation, et établir l'harmonie sans laquelle l'œuvre d'art ne saurait exister.

Le but du peintre étant toujours de traduire la réalité avec la plus grande exactitude, l'enfant ne trouve dans nos musées aucune interprétation décorative. Au contraire en visitant le musée des Arts décoratifs, il aura sous les yeux l'interprétation de la fleur, par exemple, par les maîtres de l'art décoratif ; il comprendra le parti qu'il peut tirer de son étude, quelle que soit sa profession, puisqu'il verra la plante sur émail ou sur faïence, en métal ou en bois, en pierre ou en broderie. Alors il reconnaîtra, malgré les exigences très différentes de la matière employée, que le point de départ est toujours la nature, mais que dans ses applications à la décoration d'un objet, la plante, tout en gardant sa forme typique, n'appartient plus à l'histoire naturelle. Elle se fait ornement, s'enroule en rinceaux, s'épanouit en bouquets imaginaires, s'allonge ou se contourne pour se subordonner aux exigences de la décoration. Quand il voudra comparer ensemble un produit de l'art grec et un produit de l'art de l'extrême Orient, il s'apercevra que la différence réside dans le mode d'application bien plus que dans un principe, puisqu'il trouvera toujours, comme point de départ, l'observation de la nature, et, comme but, la beauté décorative.

Rappelons les faits qui ont provoqué la fondation du musée des Arts décoratifs. A l'Exposition universelle qui eut lieu à Londres en 1851, les Anglais remarquèrent combien les produits français l'emportaient par le goût sur ceux des autres pays et cherchèrent les causes de cette supériorité. Soudant l'idée d'une collection à celle d'un enseignement, ils fondèrent aussitôt le *South Kensington museum.* Ne reculant devant aucun sacrifice, ils comprirent qu'ils ne faisaient pas là une dépense, mais un placement à gros intérêt. Le chiffre toujours croissant des exportations dans les industries d'art leur a montré qu'ils ne se trompaient pas, car le pays retrouve en bénéfices nets des sommes bien supérieures à celles qu'on avait dépensées pour amener un progrès dans la fabrication. La France vit diminuer de jour en jour le chiffre de l'exportation des objets dans lesquels l'art joue le principal rôle. Elle a pour rivale l'Angleterre et partage forcément ce qu'elle était seule à posséder. Le vicomte Delaborde et Mérimée ont voulu, en des rapports célèbres, nous montrer de quels dangers nous étions menacés ; on ne les a point suffisamment écoutés et c'est seulement aux Expositions de 1867 et de 1878 que nous avons vu quel rang avait conquis l'industrie anglaise. Bien que nous gardions toujours la première place, les Anglais qui, il y a trente ans, étaient très loin derrière nous avaient gagné tant de terrain que nos fabricants s'inquiétèrent. Malheureusement la guerre contre l'Allemagne fut déclarée et notre attention fut détournée de cette direction.

L'honneur d'avoir proposé l'établissement du musée des Arts décoratifs revient au journal l'*Art*, qui en 1876 ouvrit une souscription à cet effet dans ses colonnes et s'inscrivit en tête des listes pour 6,000 francs; M. Edouard André, président de l'Union centrale, pour 25,000 francs, et sir Richard Wallace pour 10,000 francs. Les souscriptions reçues au pavillon de Flore, à l'Union centrale, à l'école des Arts décoratifs, dans les bureaux de l'*Art*, de la *Gazette des Beaux-Arts* et du *Moniteur universel*, atteignirent bientôt 200,000 francs.

Un comité directeur se forma alors sous la présidence honoraire de M. le duc d'Audiffret-Pasquier et fut composé de trente membres dont voici les noms : MM. le duc de Chaulnes, président; vicomte de Ganay, vice-président; de Champeaux, secrétaire; Tardieu, secrétaire; Ballu, de l'Institut; F. Barrias; G. Berger; marquis de Biencourt; Em. Bocher; Boucheron; Bouilhet; Paul Dalloz; de Saux; Duc, de l'Institut; Duplan; Dupont-Auberville; Fourdinois; baron Gérard; Gérôme, de l'Institut; comte Henri de Greffulhe, sénateur; Guillaume, de l'Institut; G. Lafenestre; A. de Longpérier, de l'Institut; Louvrier de Lajolais; Manheim; P. Mantz; F. Odiot; baron Adolphe de Rothschild; Sensier; de Sourdeval.

Aussitôt constitué ce comité, par acte passé devant MM** Segond et Aumont-Thiéville, notaires à Paris, le 27 avril 1877, forma l'association du musée des Arts décoratifs. L'association déclara n'avoir aucun caractère commercial et renoncer à tout bénéfice; d'après l'article 3 des statuts, tous les objets d'arts qu'elle aurait réunis feraient retour à l'Etat et deviendraient propriété nationale, dans le cas où elle cesserait d'exister. Beaucoup de bonne volonté et quelques noms illustres ne suffisant pas pour mener à bonne fin une telle entreprise, on fit appel à la société de l'Union centrale des Beaux-Arts appliqués à l'industrie, qui apporta au musée le concours de son expérience et de sa grande popularité.

Assurée de son existence légale, l'association se composa : 1° d'un comité de patronage réunissant les plus grands noms de France; 2° d'un comité directeur dont les membres, au nombre de trente, sont renouvelables au bout de cinq ans d'exercice, c'est-à-dire en 1882; 3° des membres co-fondateurs, acquérant ce titre par une souscription de 500 francs, et qui, réunis en assemblée générale, nommeront tous les cinq ans les membres du comité directeur.

Ainsi constituée, l'œuvre présentait des chances de succès et d'avenir. Le comité directeur se mit au travail avec ardeur et, pour la partie administrative, constitua, sous la présidence de M. Paul Dalloz, dont on connaît la rare habileté et qui s'est dévoué à cette tâche, une commission consultative subdivisée en sections, ayant pour mission d'élucider toutes les questions spéciales.

Seul, le comité directeur a le droit de décider des projets d'achats ou autres qui tous lui sont soumis. Toutes ces fonctions sont essentiellement gratuites et seuls les employés sont rétribués.

On acheta à l'Exposition universelle les plus belles œuvres que les ressources de la société permettaient d'acquérir; on se pourvut de vitrines; des dons en nature tels que meubles, faïence, bijoux, dessins industriels, modèles et moulages, furent offerts par des fabricants. Pour se donner le temps de procéder à l'installation du musée avec les éléments dont on disposait, on organisa une exposition de tableaux de maîtres. Ouverte du 19 août au 20 octobre 1878, elle obtint un très vif succès, vulgarisa le nom du musée et conquit des adhésions. Immédiatement après la clôture de l'Exposition universelle, le comité installa dans les salles du premier et du second étage du pavillon de Flore, aux Tuileries, les chefs-d'œuvre d'art contemporain, acquis ou prêtés, afin de montrer bien nettement le but de l'institution; ces salles furent inaugurées le 6 janvier 1879.

Le musée des Arts décoratifs comprend trois séries d'objets : 1° Les pièces originales qu'il acquiert par achat ou par don. Au début d'une institution, ses ressources étant fort restreintes, cette série ne se complètera que peu à peu; 2° la deuxième catégorie, temporaire et sans cesse renouvelable, comprend des pièces et des collections prêtées. Elle a pour but de faire connaître au public les richesses artistiques contenues dans les collections privées; 3° des moulages ou des reproductions d'objets d'art fameux appartenant aux musées étrangers, forment la troisième série. Utilisant la perfection des nouveaux procédés de moulage et de galvanoplastie, les organisateurs du musée des Arts décoratifs montrent les plus beaux objets du musée de Naples, provenant d'Herculanum et de Pompéi; ils font voir les plus beaux bijoux étrusques ou grecs tirés, les uns des musées de Rome, les autres de ceux de Saint-Pétersbourg; les merveilles contenues dans le trésor impérial de Vienne; l'argenterie des Médicis, qui est à Florence.

Une bibliothèque est jointe au musée. L'importance d'une bibliothèque spéciale comme celle-là n'a pas besoin d'être démontrée.

Si la richesse d'une collection dépend de la beauté et du nombre des objets qui la composent, son utilité et les services qu'elle rend dépendent de leur classement. Le titre du musée des Arts décoratifs imposait un classement dans lequel la matière était subordonnée à la décoration. La place qu'il occupera sera fixée par la destination de chaque objet. Ainsi, d'après le projet d'organisation, une porte de bois sculpté, une porte de fer forgé et une porte de vitrages peints ou gravés, figureront ensemble dans la section du décor architectural, et non séparément dans les sections du bois, du fer et de la verrerie. Le seul grand classement adopté pour le moment, c'est la division en deux parties : décor de la personne, décor de l'habitation. Le premier comprend le vêtement, la parure, les armes, etc.; le second, l'extérieur et l'intérieur de l'édifice et, par conséquent, les tentures, l'ameublement, etc.

Tel qu'il s'annonce, le musée des Arts décoratifs est destiné à exercer une action féconde sur l'éducation artistique de notre pays. — E. G.

ARTS ET MANUFACTURES (Ecole centrale des). L'Ecole centrale des Arts et Manufactures, plus connue sous le diminutif d'*Ecole centrale*, est destinée à former des ingénieurs pour l'industrie et les travaux privés, et pour tous les services publics qui ne sont pas exclusivement réservés aux ingénieurs de l'Etat.

Bien que de fondation relativement récente, l'École centrale a su maintenir si élevé le niveau des études, et les élèves qu'elle a formés ont si dignement et si honorablement tenu leur place dans les progrès de l'industrie moderne, que son nom est aujourd'hui connu du monde entier. Pour bien juger des bienfaits qu'elle a répandus autour d'elle, il suffit de comparer la chétive exposition de 1829, avec la dernière exposition de 1878, et de constater que la plus grande partie des progrès accomplis l'ont été par ses élèves ou par les enseignements qu'elle a été la première à classer, à coordonner et à vulgariser.

L'École centrale est une œuvre d'initiative privée. En 1829, trois savants : Péclet, Ollivier et J.-B. Dumas, et un administrateur habile : M. Lavallée, se réunirent, et associant à la fois des ressources de leur fortune et de leur intelligence, fondèrent l'École centrale, et surent édifier du premier coup une œuvre assez solide et assez durable, pour arriver aujourd'hui, cinquante ans après, à une prospérité remarquable, sans avoir eu besoin pour cela de modifier ni les premiers règlements, ni les programmes de l'enseignement. Les fondateurs consacraient en même temps leur science à leur école. Ollivier enseignait les mathématiques, Péclet professait le premier cours de physique industrielle qui ait été fait, et par ses nouvelles vues et ses nouvelles expériences sur la chaleur, devait ouvrir le plus vaste champ aux découvertes ; enfin, J.-B. Dumas, le chimiste éminent, secrétaire perpétuel de l'Académie des sciences, aujourd'hui le seul survivant des fondateurs, sut faire pour l'étude de la chimie un programme si bien entendu que toutes les découvertes modernes ont su trouver place dans ce cadre général sans altérer le plan de l'œuvre. Lavallée fut le premier directeur de l'École centrale. La première promotion sortit en 1832, et, depuis, chaque année, l'industrie reçoit dans son sein une pléiade d'ingénieurs, qui ont su se distinguer exceptionnellement dans toutes les carrières qu'ils ont embrassées.

Quoique les études soient les mêmes et que les seules différences qui existent soient dans quelques projets qu'ont à faire les élèves, l'École centrale délivre quatre sortes de diplômes d'ingénieurs : ingénieur-mécanicien, ingénieur-chimiste, ingénieur-constructeur, ingénieur-métallurgiste. Dans la pratique, ces distinctions n'ont qu'une très minime importance.

En 1857, l'État fit l'acquisition de l'École centrale, et un décret de 1862 organisa d'une façon définitive son administration, réglementa les travaux des élèves et la remise des diplômes. Un conseil des études arrête toutes les modifications ou augmentations au programme des cours, un conseil d'ordre assure la discipline des élèves.

Les élèves étrangers sont admis au même titre que les français. Tous sont externes. Ils n'ont ni uniforme, ni aucun signe distinctif.

Le programme des cours est excessivement étendu et remplit, avec les diverses applications ou manipulations pratiques, les trois années d'études. Il comprend les mathématiques, les sciences naturelles, physique et chimie, machines à vapeur, exploitation des mines, métallurgie, mécanique rationnelle et appliquée, travaux publics, constructions civiles, tout ce qui concerne enfin l'art de l'ingénieur. On veille avec soin à ce que toutes les nouvelles données de la science, toutes les découvertes figurent dans ce programme, de façon à se tenir toujours au niveau du progrès.

L'École centrale a eu, dès son début, les hommes les plus éminents comme professeurs. Elle cherche aujourd'hui à mettre dans les chaires de ses amphithéâtres, ses anciens élèves, parvenus aux plus hautes positions des carrières qu'ils ont embrassées. Ils ne le cèdent en rien à leurs anciens professeurs.

L'École centrale actuellement installée dans l'ancien hôtel de Juigné, à Paris, sera bientôt transférée dans des bâtiments neufs, spécialement construits pour elle, dans le voisinage du Conservatoire des Arts et Métiers. — L.

ARTS ET MÉTIERS (Ecoles nationales d'). On compte en France trois écoles nationales d'arts et métiers, établies à Aix, Angers et Châlons-sur-Marne. Ces écoles, régies par le ministère de l'Agriculture et du Commerce, étaient particulièrement destinées à former des chefs d'atelier et des ouvriers instruits et habiles pour les industries où l'on travaille le fer et le bois. Malgré cette destination limitée par l'administration supérieure, la plupart des élèves sortant de ces écoles atteignent maintenant aux positions les plus élevées de l'industrie. Il n'est pas en France, pour ainsi dire, d'usines métallurgiques, ni d'ateliers de constructions mécaniques, où les directeurs, les ingénieurs, les chefs d'ateliers, ne soient recrutés parmi les anciens élèves des écoles d'arts et métiers.

Le conseil supérieur de l'enseignement technique en France en compte un certain nombre parmi ses membres les plus actifs.

En un mot, les services rendus par ces écoles à l'industrie nationale, ont été tellement considérables, que le gouvernement français a résolu, en principe, la création d'une quatrième école qui sera probablement établie dans le Nord.

Les auteurs attribuent l'idée première de la création des écoles d'arts et métiers à M. le duc François-Alexandre-Frédéric de La Rochefoucauld-Liancourt qui, en 1780, installa dans son domaine de Liancourt, la première école de ce genre, sous le nom de *« Ecole de la Montagne. »*

Vers l'année 1799, cette école fut agrandie et transportée au château de Compiègne, dont elle prit le nom.

Enfin, un arrêté de Napoléon Ier, en date du 5 septembre 1806, transporta l'école de Compiègne à Châlons-sur-Marne, où elle est restée depuis cette époque, sur l'ancien emplacement des couvents de Toussaint et de la Doctrine.

Déjà, le 19 mars 1804, un décret consulaire avait décidé la création d'une deuxième école d'arts et métiers, qui fut établie à Angers, et à laquelle vint se fusionner une école similaire, précédemment fondée à Beaupréau.

En dernier lieu, le 17 avril 1843, sur la proposition de M. Cunin-Gridaine, alors ministre du commerce, la troisième école d'arts et métiers fut créée à Aix pour desservir la région méridionale de la France.

Actuellement, voici comment sont répartis les départements de la France pour chacune des trois écoles nationales d'arts et métiers.

L'école de Châlons comprend les élèves des départements suivants : Aisne, Ardennes, Aube, Côte-d'Or, Doubs, Eure, Jura, Marne, Haute-Marne, Meurthe-et-Moselle, Meuse, Nord, Oise, Pas-de-Calais, Haute-Saône, Seine, Seine-Inférieure, Seine-et-Marne, Seine-et-Oise, Somme, Vosge, Yonne et arrondissement de Belfort.

L'école d'Angers comprend : Allier, Calvados, Charente, Charente-Inférieure, Cher, Côtes-du-Nord, Creuse, Dordogne, Eure-et-Loir, Finistère, Gironde, Ille-et-Vilaine, Indre, Indre-et-Loire, Landes, Loir-et-Cher, Loire-Inférieure, Loiret, Maine-et-Loire, Manche, Mayenne, Morbihan, Nièvre, Orne, Basses-Pyrénées, Hautes-Pyrénées, Sarthe, Seine, Deux-Sèvres, Vendée, Vienne, Haute-Vienne.

L'école d'Aix est attribuée aux départements suivants :

Ain, Algérie, Basses-Alpes, Hautes-Alpes, Alpes-Maritimes, Ardèche, Ariège, Aude, Aveyron, Bouches-du-Rhône, Cantal, Corrèze, Corse, Drôme, Gard, Haute-Garonne, Gers, Hérault, Isère, Loire, Haute-Loire, Lot, Lot-et-Garonne, Lozère, Puy-de-Dôme, Pyrénées-Orientales, Rhône, Saône-et-Loire, Savoie, Haute-Savoie, Tarn, Tarn-et-Garonne, Var, Vaucluse.

L'enseignement donné dans les écoles d'arts et métiers est, à la fois, théorique et pratique, c'est-à-dire que, chaque jour, une partie du temps est consacrée aux études, et l'autre partie aux travaux manuels.

La durée des études est de trois années.

La partie théorique de l'enseignement comprend : l'arithmétique, la géométrie plane et dans l'espace, l'algèbre, la trigonométrie, la géométrie descriptive, la mécanique, la cinématique, la physique, la chimie, le dessin industriel, la géographie, la comptabilité et la grammaire.

La géométrie descriptive, la mécanique, la cinématique et le dessin, sont les quatre branches que l'on cultive le plus dans ces écoles. Le dessin industriel surtout y est enseigné d'une façon tout à fait supérieure. Nulle part, on n'est encore

arrivé au degré de perfection atteint par les élèves des arts et métiers, dans l'art du dessin des machines.

L'enseignement pratique est donné dans quatre ateliers correspondant aux professions le plus souvent combinées dans toutes les usines de constructions mécaniques.

Ce sont : 1° les *tours et modèles* où l'on prépare les modèles en bois devant servir au moulage des pièces de fonte et de bronze, et où l'on exécute également les travaux de *menuiserie;*

2° La *fonderie*, où l'on se sert des modèles faits par le précédent atelier, pour mouler et couler les pièces de fonte et de bronze;

3° Les *forges*, où l'on exécute toutes les pièces de fer et d'acier;

Enfin 4° l'*ajustage*, dans lequel on travaille les pièces venant des trois autres ateliers pour les *ajuster* aux dimensions rigoureusement fixées par les dessins, et les *monter* de façon à constituer l'ensemble des machines à construire.

Sept heures par jour, pendant trois ans, sont consacrées à ces travaux manuels, et l'on peut dire en toute certitude que c'est grâce surtout à cet exercice que les élèves de ces écoles acquièrent si facilement la grande pratique de l'industrie.

Diverses écoles ont été plus ou moins copiées sur les écoles d'arts et métiers, mais sur une plus petite échelle; il faut citer dans ce nombre : l'école municipale des apprentis, boulevard de la Villette, à Paris; l'école industrielle du Havre; l'institut industriel du Nord, à Lille; l'école industrielle de Moscou; l'école polytechnique de Zurich, etc., etc.

On ne peut terminer ce qui est relatif aux écoles nationales d'arts et métiers sans parler de l'admirable société qui est fondée par les anciens élèves de ces écoles. Cette société, établie en 1846 par Flaud et quelques-uns de ses illustres contemporains, a son siège à Paris; elle compte environ 2,000 membres, résidant tant en France que dans la plupart des pays étrangers. Elle est reconnue d'utilité publique depuis 1860; indépendamment de l'intimité qu'elle a toujours entretenue parmi tous les anciens élèves de ces écoles, elle fait paraître un « *Bulletin mensuel* » et un « *Annuaire* », dont la partie technologique est très goûtée dans le monde industriel. — A. C.

ARTS ET MÉTIERS (Conservatoire des). — V. CONSERVATOIRE.

ARTS ET MÉTIERS (Corps d'). — V. CORPORATIONS.

* **ARTAUD** (JOSEPH-FRANÇOIS), peintre et archéologue, né à Avignon en 1767, mort à Orange en 1830, est l'un des fondateurs du musée de Lyon. Nommé directeur de ce musée, il y réunit un nombre considérable de tableaux et d'objets d'antiquités. Il a laissé plusieurs notices parmi lesquelles : *Cabinet des antiques du musée de Lyon; Galerie des tableaux du musée de Lyon; Les mosaïques de Lyon et des départements méridionaux;* il a laissé, en outre, un manuscrit sur la *Céramique des anciens* et un autre ouvrage intitulé : *Lyon souterrain.*

* ARTELLE. _T. de plomb_. Outil de bois de form: concave qui sert à verser la soudure.

ARTÉSIEN (Puits). Fontaine jaillissante obtenue au moyen d'un forage vertical jusqu'à une nappe d'eau souterraine; celle-ci remonte alors à la surface du sol le long du canal que la sonde lui a ouvert, et jaillit à une hauteur plus ou moins considérable.

— L'expérience démontre que la pluie ne pénètre jamais la terre végétale au-delà d'une limite restreinte. Partant de ce principe qu'ils connaissaient, et admettant ce qui n'est point exact, que l'écorce terrestre est partout et uniformément recouverte d'une couche de terre végétale, les anciens en concluaient que les eaux pluviales ne peuvent alimenter les sources et les rivières qui jaillissent du flanc des montagnes et des entrailles même du sol. Cette erreur a donné naissance aux théories les plus compliquées et les plus bizarres. Nous devons les mentionner en passant puisqu'elles tiennent à l'histoire de notre sujet.

Suivant Aristote, l'air répandu dans les profondeurs de la terre se change en eau. Cette eau sous l'influence de causes diverses s'élève jusqu'à la surface du sol.

D'après Descartes, les eaux marines s'infiltrent à l'intérieur des continents. Conduites par des canaux souterrains dans de vastes réservoirs situés sous les montagnes, elles subissent sous l'influence du feu central une distillation qui dégage le sel dont elles sont chargées et les transforme en vapeurs. Ces vapeurs amenées aux abords du sol, s'y condensent, y passent à l'état liquide, et sortent du flanc des montagnes sous la forme de sources, de fontaines ou de rivières.

D'après Lahire, qui admettait la première hypothèse de Descartes, c'est-à-dire l'infiltration des eaux de l'Océan à travers les continents, la terre agirait comme un filtre, au travers duquel la masse liquide, dégagée de ses principes salins, s'élèverait jusqu'au sol par l'influence de la capillarité.

Ces théories séduisantes, mais absolument fantaisistes, ne résistent pas à l'examen. On rencontre des puits qui ne fournissent point d'eau à la profondeur à laquelle ils descendent soit bien au-dessous du niveau des mers les plus proches. On a trouvé dans les mers de l'Inde une source d'eau jaillissant du fond de l'Océan; le même fait est signalé dans le golfe de la Spezzia (Italie) et sur la côte méridionale de l'île de Cuba où plusieurs sources s'élèvent des profondeurs de la mer et jaillissent à sa surface avec assez de violence pour mettre en danger les barques qui se risqueraient dans leurs parages.

Il existe enfin des contrées entières qui ne sont point inondées bien que leur niveau soit inférieur à celui des lacs ou des Océans voisins. C'est donc ailleurs qu'il faut chercher l'explication du problème qui nous occupe. La théorie moderne des puits artésiens que nous aurons à expliquer au cours de cette étude nous montrera que cette explication est des plus simples.

— Le premier puits foré, connu en France, est celui de Lilliers (Pas-de-Calais): il est situé dans la cour du vieux couvent des Chartreux et semble dater du XIIe siècle. Remarquons, en passant, qu'il fournit depuis sa fondation un débit égal et constant, ce qui est une réponse aux terreurs chimériques de ceux qui pourraient craindre que les fontaines naturelles vinssent à tarir. Les sondages se pratiquent d'ailleurs avec une telle facilité dans l'Artois qu'on y rencontre en quelque sorte à chaque pas des puits forés. C'est à cette circonstance qu'il faut attribuer le nom de _puits artésiens_, consacré dans notre langue pour désigner les fontaines jaillissantes.

Mais l'art de forer les puits remonte à la plus haute antiquité. L'origine du puits de Zemzem, en grande vénération dans la Mosquée de la Mecque, enfoui pendant des siècles et remis au jour par le grand-père de Mahomet, se perd dans la nuit des temps. Les oasis de Thèbes et de Gharb étaient littéralement criblées de puits artésiens que M. Ayme a ressuscités, en 1850, dans les fouilles qu'il entreprit à cette époque pour le vice-roi d'Égypte. Les sources jaillissantes qui fertilisent les oasis parsemées dans les déserts de la Syrie, de l'Arabie, de l'Égypte et du Sahara ne sont autre chose que des fontaines creusées artificiellement, et le nom qu'elles ont conservé à travers les âges atteste qu'elles datent des temps bibliques.

Pour atteindre la roche calcaire, qu'il fallait forer, les anciens orientaux commençaient par creuser un puits carré dont ils se contentaient de maintenir les parois par un solide revêtement en planches. Ce revêtement ne tardait pas à pourrir, et le puits envahi par les sables et par les terres latérales, à être obstrué. Ces procédés défectueux étaient pourtant les seuls qu'employaient encore les Arabes, lorsqu'en 1856, fut entreprise, à l'instigation du général Desvaux, cette magnifique série de travaux qui en cinq années dota le Sahara oriental de cinquante puits, donnant ensemble 53,900 mètres cubes d'eau par vingt-quatre heures, permit de planter 30,000 palmiers, 1,000 arbres fruitiers, de relever de leurs ruines des oasis abandonnées, et de créer deux villages. C'est à M. Charles Laurent, ingénieur, et gendre de M. Degousée, que revient en partie la gloire de cette belle campagne. Il en fit les études, en entreprit les premiers travaux et grand fut le prestige qui en rejaillit sur le nom français parmi ces peuples dont l'imagination est si prompte à s'enflammer au spectacle du merveilleux.

Terminons cette courte excursion à travers l'histoire des puits artésiens par quelques indications sommaires sur les forages les plus importants qui ont été exécutés en France depuis un demi-siècle. Le premier puits artésien établi dans le département de la Seine fut creusé à Enghien, par Péligot, en 1824; les deux entreprises de cette nature qui ont, sans contredit, le plus passionné l'opinion publique sont celles qui ont mis au jour les eaux jaillissantes de Grenelle et la fontaine de Passy.

C'est en 1833 que furent commencés les travaux de sondage du puits de Grenelle. Leur exécution fut décidée par M. de Rambuteau, préfet de la Seine, sur un rapport de M. Héricart de Thury, ingénieur des ponts et chaussées, et confiée à M. Mulot. Après de longues péripéties et une série d'accidents qui en retardèrent l'achèvement, on atteignit le 26 février 1841 la couche liquide à la profondeur de 548 mètres, et l'eau jaillit avec impétuosité. Le 30 novembre 1842 seulement, c'est-à-dire au bout de neuf ans de persévérants efforts, la pose des colonnes d'ascension fut définitive, et les travaux furent complètement terminés. Le sondage et le tubage avaient coûté 362,000 francs. Le débit du puits est de 2,400 litres par minute à la hauteur du sol, dont 1,100 litres seulement à la hauteur de 33 mètres. Une colonne monumentale a été élevée à l'orifice du puits, à travers laquelle le tube d'ascension amène les eaux, jusqu'à l'intervention des pompes, dans un réservoir situé à 34 mètres au-dessus du sol et d'où elle se déversent sur les quartiers avoisinants.

Le sondage du puits de Passy a été commencé en 1855, sous la conduite et d'après un nouveau procédé de M. Kind, ingénieur saxon. Sans avoir à traverser les mêmes péripéties que celui du puits de Grenelle, il dura néanmoins six années, et ce ne fut que le 24 septembre 1861 qu'on atteignit à la profondeur de 586 mètres la couche de sables verts contenant l'eau jaillissante. Son débit, bien inférieur à celui du puits de Grenelle, ne dépasse guère 8,000 litres par vingt-quatre heures, et les eaux qu'il rejette s'élèvent à peine au-dessus du niveau du sol. Leur analyse comparée à celle des eaux fournies par le puits de Grenelle donne d'ailleurs des résultats assez rapprochés pour qu'il y ait lieu d'admettre qu'elles proviennent de la même nappe souterraine. Comme ces dernières, elles sont d'une pureté remarquable, propres à tous les usages domestiques et industriels, à la teinture, à la cuisson des légumes, à l'alimentation des chaudières à .apeur ; leur saveur forte, l'absence d'air, la faible quantité d'acide carbonique et de carbonate calcaire qu'elles tiennent en dissolution les rendent pourtant moins propres à être employées comme boisson.

En dehors des forages que nous venons de signaler nous en pourrions citer nombre d'autres : ceux des puits de la Butte-aux-Cailles, entrepris par MM. Saint-Just et Dru ; de la chapelle Saint-Denis, entrepris par M. Ch. Laurent, ont une importance presque pareille. L'art des sondages a fait de tels progrès depuis un quart de siècle, et les engins mécaniques se sont perfectionnés à tel point, que les puits artésiens se sont multipliés d'une manière très rapide. Les travaux des mines ont beaucoup contribué au développement des richesses aquifères renfermées dans les entrailles du sol. Il existe aujourd'hui sur toute l'étendue de la France des sources jaillissantes en nombre considérable et leurs débits, s'ils étaient additionnés, atteindraient des chiffres énormes.

L'Angleterre, l'Allemagne, la Belgique et l'Italie sont, parmi les pays étrangers, ceux qui ont fait le plus de progrès dans cet ordre d'idées.

Pour que l'eau jaillisse des profondeurs du sol à la surface, il faut, avons-nous dit, qu'à l'aide d'un forage vertical il lui soit ouvert un débouché. Nous n'avons pas à nous occuper ici des procédés employés pour ce forage. (V. Forage, Sondage, Puits.) D'où vient cette eau, comment se fait-il, en un mot, qu'à travers le canal que lui a ouvert la sonde, elle jaillisse spontanément dans l'espace, telle est la seule question que nous ayons à nous poser.

Tout le monde connaît ce principe qu'en hydrostatique on a désigné sous le nom de principe des vases communicants. Prenez deux vases V et A (fig. 163) : réunissez-les par un tube D placé à leur partie inférieure et muni d'un robinet r destiné à les isoler à volonté ou à les mettre en communication l'un avec l'autre. Versez de l'eau dans le premier de ces vases ; ouvrez le robinet r ; spontanément une partie du liquide passera du vase V dans le vase A, et cet échange ne s'arrêtera que lorsque le liquide sera en équilibre, c'est-à-dire lorsqu'il aura atteint le même niveau N dans les deux vases. Remplacez le vase A par le vase B, variez à volonté la forme et les dimensions des deux vases, le même phénomène se reproduira. Substituez enfin au tube B le tube C dont la hauteur est inférieure au niveau que le liquide y devrait atteindre, l'eau s'échappera verticalement dans l'espace, jusqu'à un point qui théoriquement serait le point N ; et si elle ne jaillit pas exactement

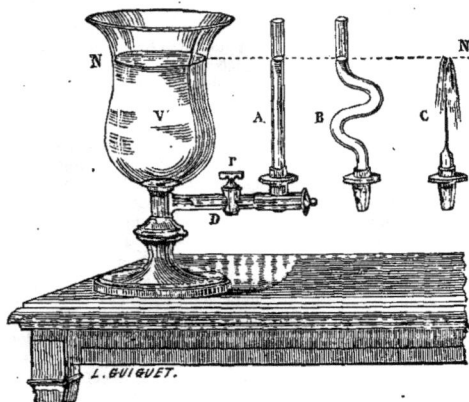

L. GUIGUET.

Fig. 163. — *Vases communicants.*

jusqu'à ce point, c'est uniquement en raison des résistances qu'elle rencontrera de la part de l'air et du poids des molécules qui, après avoir atteint le sommet de leur course, viendront arrêter dans leur élan celles qui jailliront à leur suite. — V. Jet d'eau.

S'il était démontré que, contrairement à l'opinion des anciens, la pénétration des eaux pluviales à travers le sol se produit dans des conditions déterminées, qu'elle s'opère à travers des canaux naturels et imperméables qui descendent du flanc des montagnes pour passer sous les vallons et remonter ensuite vers des parties plus élevées, il est clair que par application du principe que nous venons de citer, il suffirait de creuser un puits au-dessus de la partie la plus basse de leur parcours, de percer l'enveloppe imperméable qui les retient prisonnières, pour créer un véritable système de vases communiquants et obtenir une fontaine jaillissante à l'orifice du puits. Une courte excursion dans le domaine de la géologie va nous prouver que c'est bien ainsi que les choses se passent.

L'écorce terrestre est composée de terrains de natures diverses. Les uns d'origine *ignée* sont le résultat d'un épanchement de la matière centrale d'abord liquide et incandescente et qui s'est solidifiée ; ils constituent la charpente des hautes montagnes. Les autres d'origine aqueuse sont *stratifiés*, c'est-à-dire formés de matières terreuses qui, amenées par les eaux à diverses époques, s'élèvent par nappes superposées, d'une épaisseur sensiblement uniforme mais de caractères bien différents. De ces couches, les unes offrent une *digue infranchissable* à la pénétration des eaux, les autres au contraire sont absolument perméables.

La figure 164 représente la coupe d'un terrain stratifié propre à l'établissement d'un puits artésien. Par suite de dislocations provenant de causes diverses, les couches se sont relevées vers les extrémités formant un vaste entonnoir à fond plat. Chacune des couches, déchirée en quelque sorte, est donc venue *affleurer* sur les flancs du coteau. La couche A B est composée de terrains perméables et comprise entre deux couches F F imperméables. Le niveau du point D étant inférieur à celui des points A et B, si l'on y pratique un forage destiné à percer en E la croûte supérieure imperméable de la nappe A B, l'eau jaillira forcément à la surface.

Le point auquel elle s'élèvera dépend de causes

diverses qui en rendent la fixation à peu près impossible. Théoriquement, si les deux points A et B étaient au même niveau, l'eau devrait jaillir à la même hauteur ; mais en dehors des causes que nous avons signalées plus haut, il en est d'autres qui pourront modifier sensiblement le niveau.

Le mouvement intérieur de la croûte terrestre qui a relevé les extrémités du bassin ne s'est jamais accompli d'une façon uniforme. Les afflerements A et B ne seront donc jamais au même niveau. Dans la figure 164 le point E est inférieur au point A. Il s'établira de A en B un courant souterrain, et l'eau sortira continuellement par le point B qui suivant l'importance de la masse liquide sera la source d'un cours d'eau, d'une rivière ou d'un fleuve. Le puits creusé en A ne constituera donc qu'un canal de dérivation.

Si le puits au lieu d'être creusé au-dessus du point le plus profond du bassin AB était au contraire creusé en un point plus rapproché de A ou de B, il est évident que la puissance d'ascension serait moins grande. Il pourra même arriver que l'eau tout en s'élevant à travers le trou ouvert par la sonde, n'atteigne pas la surface du sol. Dans ce cas il faudra l'aller chercher à l'aide d'une pompe.

Il se trouve parfois que la sonde rencontre successivement plusieurs nappes d'eau situées à des hauteurs diverses. Dans certains forages exécutés pour découvrir des gisements de houille on a rencontré jusqu'à sept nappes d'eau superposées et séparées entre elles par des couches de terrains imperméables.

La théorie et l'observation sont donc d'accord

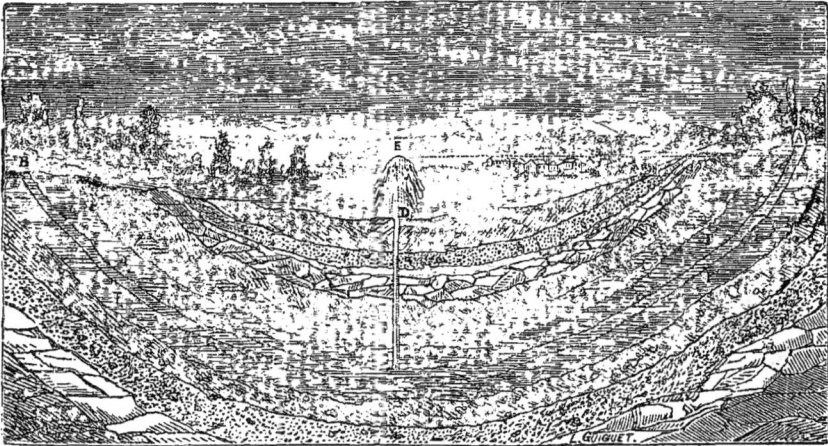

Fig. 164. — Coupe d'un terrain propre à l'établissement d'un puits artésien.

pour établir que l'écorce terrestre est sillonnée en quelque sorte de courants souterrains, et parsemée de cavernes dans lesquelles reposent des lacs immenses qui non seulement donnent naissance au phénomène des puits artésiens, mais encore sont les réservoirs auxquels s'alimentent continuellement les fleuves, dont les eaux bienfaisantes apportent la fertilité à nos champs, la vie à nos usines, un intarissable appoint dans notre alimentation et dans la satisfaction de nos besoins domestiques.

Un fait suffirait à démontrer l'exactitude de cette théorie, c'est la relation constante qui existe entre l'abondance des pluies et le débit des rivières et des fontaines jaillissantes. La célèbre *fontaine de Vaucluse*, immortalisée par les amours de Laure et de Pétrarque, offre un remarquable exemple de cette étroite connexité. Lorsque des pluies abondantes viennent à tomber dans la contrée, le débit de la source augmente presque instantanément dans des proportions énormes, et la petite rivière de la Sorgue à laquelle elle donne naissance se transforme en un véritable torrent.

Ce débit très variable, réduit parfois à 140 mètres cubes d'eau par minute, s'élève jusqu'à 1,400 mètres ; il atteint une moyenne annuelle de 468 millions de mètres cubes, quantité, dit Arago dans ses *Notices scientifiques*, « à peu près égale, à la totalité des pluies qui tombent annuellement dans cette partie de la France, sur une étendue de 30 lieues carrées. »

Il existe d'ailleurs de nombreux exemples de pénétration à travers le sol des eaux qui s'écoulent ou tombent à sa surface. La *Meuse*, à Bazoilles, devient souterraine pendant plusieurs lieues ; la *Dromme* disparaît sans retour dans la fosse de Soucy (Calvados). Le plus curieux phénomène de ce genre, en France du moins, est la *Perte du Rhône*, aux environs de Bellegarde (fig. 165). A mesure qu'il approche de l'endroit où il va momentanément disparaître, le fleuve devient graduellement plus tourmenté. Il traverse d'abord un étroit bassin de verdure puis son lit se resserre encore entre les rochers. Il bondit sur leurs parois, son cours entier se change en un bouillonnement dont les gerbes entrechoquées ne sont plus qu'un amas d'écume, et avec un mugissement indescriptible il se précipite dans un vaste entonnoir de 35 mètres d'ouverture que sa furie a creusé sous ses flots. Quelle est la profondeur de cette caverne et quelles sont ses dimensions; quels ravages ces eaux bondissantes ont-elles fait dans l'antre où elles se précipitent. Toujours est-il que quelques lieues plus loin le *Rhône* apparaît de nouveau; toute trace de bouillonnement a disparu; son cours majestueux et paisible a l'apparence tranquille des eaux d'un lac. On a laissé filer dans ce passage souterrain un câble quatre fois plus long que la portion de rochers qui couvre la perte, on y a jeté des quantités de paille hachée, des tonneaux de couleur rouge, sans que jamais rien n'ait reparu.

Un phénomène, sinon aussi majestueux, du moins plus bizarre encore, est celui que présente

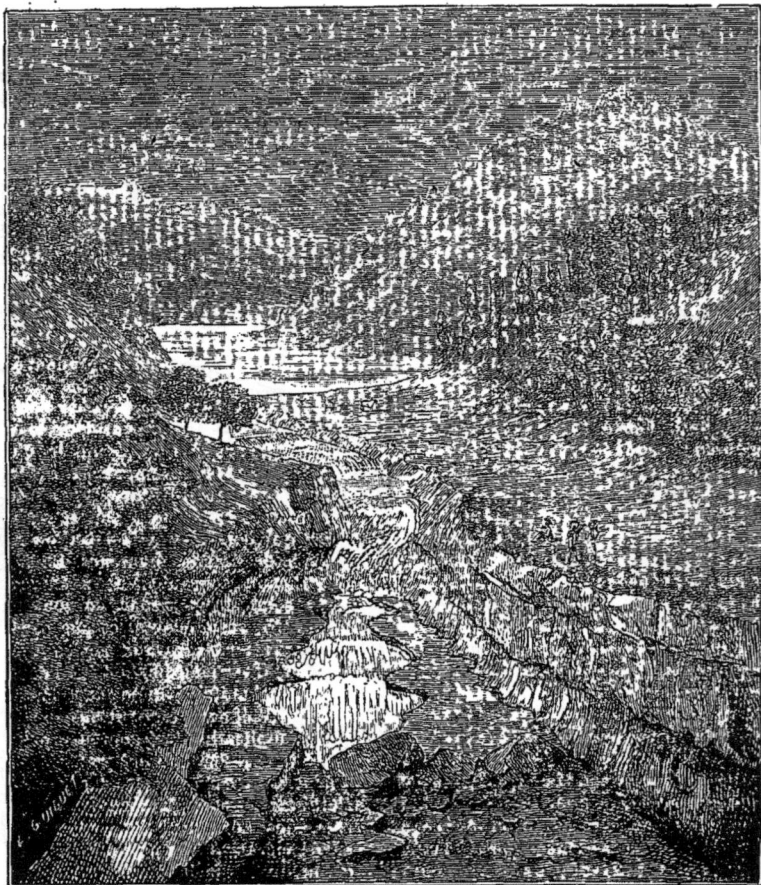

Fig. 165. — *La perte du Rhône.*

le lac de *Zirknitz*, en Carniole (Autriche). Ce lac est formé en quelque sorte de deux nappes liquides superposées; la première, longue de deux lieues environ sur une largeur de deux kilomètres, s'écoule à certaines époques de l'année dans la seconde par des ouvertures qui deviennent parfaitement visibles dès qu'elle est à sec, et se remplit à d'autres époques par le trop plein de cette dernière. Les eaux en revenant ramènent des poissons de différentes sortes, et même des canards, qui au moment où ils viennent au jour présentent ce caractère curieux d'avoir les yeux fermés et d'être en quelque sorte dénués de plumage. Ce fait singulier de l'existence d'animaux vivant dans ces cours d'eau ténébreux n'est d'ailleurs point aussi rare qu'on le pourrait supposer. Humphry Davy donne la description d'un animal étrange, le *Protée* qui vit dans les eaux souterraines de la rivière *Poick*, et qu'on a retrouvé dans celle du *Leybach* et à Sittich. Dans les fouilles entreprises par M. Ayme, directeur général des établissements métallurgiques du pacha d'Égypte, l'eau a rejeté des poissons parfaitement mangeables.

De Humboldt a décrit la célèbre caverne du Guacharo, en Amérique, dont les dimensions sont encore inconnues, et dans laquelle s'écoule une rivière large de dix mètres, que l'on a cotoyée sur une longueur de 800 mètres, sans qu'il soit possible de prévoir où elle s'arrête ni ce qu'elle devient.

Le célèbre voyageur L. Deville a fourni une description intéressante de la *Grotte de Mammouth*, située dans le Kentucky, la plus vaste des cavernes souterraines qui aient été parcourues. Après avoir franchi une série de grottes et de couloirs aux dimensions phénoménales, on arrive à un passage étroit qu'il faut presque franchir en rampant, et à l'extrémité duquel se trouve *l'abîme sans fond*. « C'est un noir précipice, dont la profondeur surpasse toute imagination. Des cornets de papier huilé, que l'on y jette enflammés, s'éteignent avant d'arriver au fond. On raconte que des nègres fugitifs poursuivis à outrance dans ce sombre labyrinthe par leurs persécuteurs se sont précipités dans ce gouffre effrayant. Une corde de 300 mètres n'atteint pas le fond de cet abîme. » En poursuivant l'exploration, on traverse un bassin de huit à dix mètres (*Dead sea, la mer morte*) et l'on arrive à un cours d'eau qui porte un nom significatif, le Styx. On le franchit en canot. Au delà, c'est encore une série de grottes et de galeries dont l'issue est un mystère, bien que ces ténébreux passages aient été parcourus jusqu'à une distance éloignée de plus de cinq lieues de leur ouverture.

On multiplierait à l'infini les exemples de ces réservoirs souterrains, existant tantôt à l'état de nappes tranquilles, tantôt à l'état de courants rapides, pouvant par conséquent donner naissance à des rivières ou à des fontaines jaillissantes. Pour rentrer plus particulièrement dans notre sujet, disons que les terrains qui paraissent les plus propres au forage des puits artésiens, sont les terrains *secondaires* et après eux les terrains *tertiaires*. C'est à cette dernière catégorie qu'appartient le bassin où s'alimentent les eaux jaillissantes du département de la Seine. Il a pour limites extrêmes, Montereau, Laon, Compiègne et Beauvais et repose sur la craie.

Il est aujourd'hui démontré que la température s'élève à mesure que l'on descend à l'intérieur de la terre. (V. EAUX THERMALES.) La température des eaux fournies par les puits artésiens doit donc varier en raison de leur profondeur, et cette circonstance a été, ainsi que nous le verrons tout à l'heure, avantageusement utilisée dans certains cas. Voici, pour quelques-unes des puits artésiens les plus connus, les résultats fournis par l'expérience :

La température du puits de Grenelle à la profondeur de 248 mètres, est de 20°; à la profondeur de 548 mètres, elle est de 27° 7.

La température du puits de la gare de Saint-Ouen à la profondeur de 66 mètres, est de 16° 9.

La température du puits de l'École militaire à la profondeur de 173 mètres, est de 16° 4.

La température moyenne de Paris à la surface du sol, est de 10° 5.

L'élévation de température, à mesure que l'on descend à l'intérieur du globe, est donc sensiblement de 3° par 100 mètres. En admettant, et rien n'autorise à en douter, que cette loi demeure constante quelle que soit la profondeur à laquelle on pénétrera la croûte terrestre, il en faudrait conclure qu'un puits creusé jusqu'à une profondeur de 3,400 mètres, et y rencontrant une nappe d'eau susceptible de jaillir à la surface, fournirait sans frais de l'eau à 100°, c'est-à-dire de l'eau bouillante. On conçoit que ce serait là la plus gigantesque des révolutions industrielles. Mais rien ne prouve d'abord qu'il existe, à une pareille profondeur, des nappes liquides dans des conditions géologiquement convenables, rien surtout, qu'un pareil forage, qu'il faut laisser dans le domaine des utopies, soit pratiquement réalisable.

Terminons cette courte notice par quelques considérations sur les applications utiles des puits artésiens au point de vue qui plus particulièrement nous préoccupe.

Nous emprunterons cette dernière partie de notre travail aux *Merveilles de la science* de M. Louis Figuier :

« Outre leurs applications aux usages domestiques, à la salubrité publique et à l'irrigation des champs, les eaux artésiennes rendent d'utiles services à l'industrie.

« Elles constituent en premier lieu une force motrice plus ou moins considérable, qu'on emploie, soit à faire tourner les meules d'un moulin, soit à mettre en mouvement les différentes machines d'une manufacture, par l'intermédiaire d'une roue hydraulique, soit à actionner une pompe qui doit élever de l'eau ou d'autres liquides à de grandes hauteurs. Elles ont même sur les eaux courantes un avantage considérable : celui de posséder, en tout temps, une température assez élevée, et par conséquent de ne point arrêter les travaux par les froids les plus rigoureux. C'est pourquoi elles sont recherchées comme force motrice, même dans les contrées où les cours d'eau ne manquent pas.

« Une application fort heureuse des eaux artésiennes venant des grandes profondeurs, est celle qui consiste à les faire circuler dans des tuyaux métalliques, et à les faire servir au chauffage des serres, des hôpitaux, des prisons, des grands ateliers, etc. Dans le Wurtemberg, M. Bruckmann a maintenu à + 8° la température de ses ateliers, au moyen d'un courant à + 12°, alors que la température extérieure descendait jusqu'à 18° au-dessous de zéro.

« Les eaux artésiennes sont employées avec avantage dans les papeteries, à cause de leur limpidité constante. En effet, l'eau des rivières est toujours trouble après les grandes pluies, et l'on est contraint d'arrêter les travaux. Avec les puits forés, on n'a pas à craindre de chômage de cette nature.

« Les qualités particulières des eaux artésiennes les ont fait également adopter dans nos départements du Nord, pour le rouissage des lins de choix, destinés à la fabrication des batistes, des dentelles, etc. »

. *Bibliographie* : ARAGO : *Notices scientifiques*, tome III, *Les puits forés;* DEGOUSÉE et Ch. LAURENT : *Guide du sondeur* ou *Traité historique et pratique des sondages*, 2 vol. in-8° (1861); HUMPHERY DAVY : *Derniers jours d'un philosophe ; Louis* FIGUIER : *Les merveilles de la science*, tome IV, *Les puits artésiens*, chez Furne, Jouvet et C¹⁰.

ARTICHAUT. 1° *T. de serrur.* Pièce hérissée de pointes et de clous, dont on garnit une grille ou un mur, pour qu'on ne puisse l'escalader. || 2° *T. d'artif.* Sorte de fusée volante dont les trous de la cartouche sont disposés de manière à la faire tournoyer pendant son ascension.

ARTICLE. Dans le langage commercial et industriel, on désigne par ce mot la fabrication spéciale d'une ville ou d'un centre manufacturier; ainsi, l'on dit : l'*article de Roubaix, de Reims, d'Amiens*, pour désigner les tissus de laine unis ou de fantaisie; l'*article de Rouen* et *de Mulhouse*, pour indiquer la spécialité des indiennes et des toiles peintes; l'*article de Tarare* et de *Saint-Quentin*, c'est-à-dire les rideaux de mousseline brodée ou brochée, les tulles, les gazes, les broderies, les mousselines; les *articles d'Annonay* et d'*Angoulême*, pour marquer l'industrie du papier; enfin l'*article de Paris*, qui embrasse une foule d'industries, petites ou grandes, mais dont le caractère spécial est la recherche constante de la nouveauté. Nous consacrons à l'*article de Paris* (V. l'article suivant) une étude spéciale; ceux que nous venons d'énumérer plus haut sont étudiés dans cet ouvrage à chacune des industries qu'ils désignent. Ce mot s'applique aussi à certains objets de nature diverse, mais appropriés ensemble pour concourir à un but commun; ainsi les hameçons, les cannes à pêche, les lignes, etc., sont compris sous la désignation d'*articles de pêche;* les poires à poudre, les gibecières, les bretelles de fusil, les cartouchières, etc., sont, dans le même sens, désignés sous le nom d'*articles de chasse.* On entend généralement par *articles de ménage* les meubles et les ustensiles de cuisine, mais depuis le développement qu'ont pris certains bazars, on leur a donné une si grande extension qu'une foule d'objets d'ameublement se trouvent à tort compris dans la même catégorie.

Article de Paris. Aucun des dictionnaires que nous avons pu consulter, spéciaux ou généraux, ne donne ces trois mots réunis, et, pour trouver l'explication d'une expression d'un usage quotidien dans le commerce, nous avons dû recourir au volume de *Statistique de l'Industrie de Paris*, contenant les résultats de l'Enquête faite par la Chambre de Commerce, pour l'année 1860.

C'est à cette publication officielle que sont empruntés la plupart des renseignements qui vont suivre. Aucun travail plus récent de statistique n'a été publié; mais, pour la plupart des industries désignées sous la dénomination générale d'*Articles de Paris*, la situation est à peu près la même aujourd'hui qu'il y a vingt ans, sauf les déplacements occasionnés par l'annexion, alors toute nouvelle, de l'ancienne banlieue, et par les embellissements de Paris. Nous aurons soin d'indiquer,

du reste, d'une façon sommaire, sans donner des chiffres qu'une nouvelle enquête pourrait seule fournir avec exactitude, les changements qui ont pu se produire, la prospérité ou la décadence approximative de chacune des branches industrielles qui sont comprises sous la dénomination d'*articles de Paris.*

Ces industries sont au nombre de quinze principales, se subdivisant elles-mêmes pour la plupart, en un certain nombre de spécialités.

En voici la liste exacte, accompagnée de quelques détails statistiques, dont les chiffres, comme on l'a dit déjà, sont empruntés à la grande Enquête de 1860.

Bimbeloterie. Cet article comprend les poupées et les bébés nus et habillés, articulés et non articulés, en peau, en toile, en carton, en porcelaine, et, suivant une invention postérieure à 1860, en bois avec des articulations semblables à celles des mannequins à l'usage des peintres. La confection des vêtements pour poupées est encore comprise dans l'article bimbeloterie, ainsi que les tableaux et sujets mécaniques en relief, les théâtres, les dioramas, les panoramas, les polyoramas; les polichinelles en bois et en carton; les ménages, les paysages, les bergeries, les forteresses, les soldats et les armes et munitions qui les garnissent, les animaux et les personnages de toute espèce, articulés ou non articulés, recouverts ou non de peau, de plumes, de toison, de vêtements de soie, de laine ou de coton. Les petits meubles en bois d'ébénisterie, les jouets militaires tels que coiffures, armes, équipements et instruments de musique; les voitures diverses, les cerceaux, les raquettes, volants, jeux de grâce et jeux d'adresse, jeux de patience et de loto; les cerfs-volants, les toupies, les billes, les mirlitons, les ballons, les balles, les fouets et les cravaches pour enfants; les jouets et les sujets grotesques en carton, en bois, en baudruche, en caoutchouc; les fausses montres; les jeux pour fêtes publiques; les jouets d'enfants qui en sont l'imitation ou la reproduction; les petits articles en nombre infini pour verroterie et tabletterie; les têtes pour modistes, pour lingères, pour coiffeurs; les têtes et les accessoires du cotillon, les masques de toute nature, de toutes formes et de toutes dimensions, font également partie de la bimbeloterie.

Le 3° arrondissement était, en 1860, et est encore aujourd'hui, le siège principal de ces diverses industries. On y comptait 192 fabricants, 34 dans le 2° arrondissement, 49 dans le 11°, 105 étaient disséminés sur d'autres points de Paris; soit, en totalité, 380 patrons, dont 30 occupaient plus de 10 ouvriers. Ces 380 industriels employaient à eux tous 1,608 ouvriers, et leur chiffre d'affaires s'est élevé, en 1860, à 8,534,990 francs.

La nomenclature ci-dessus indique suffisamment que la bimbeloterie et les nombreuses industries qui s'y rattachent occupent un des premiers rangs parmi les Articles de Paris. Depuis 1860, un certain nombre de ces industries ont pris un développement extraordinaire, auquel ont surtout contribué les Expositions universelles de 1867 et de 1878. La supériorité des fabricants et des ouvriers parisiens, leur bon goût, leur esprit d'invention et d'arrangement s'est fait principalement apprécier dans la fabrication des poupées, des bébés, et de tous les accessoires qui les accompagnent.

Les gracieux spécimens que tous les visiteurs ont admiré dans les galeries du Champ-de-Mars en 1878, pouvaient être considérés comme des modèles accomplis d'élégance et de distinction. Les poupées et les bébés vêtus de soie, de drap, de velours, de dentelles, formaient des scènes complètes, des tableaux animés presque vivants, placés dans des milieux décoratifs, un salon, un berceau de verdure, un jardin, qui étaient eux-mêmes des chefs-d'œuvre d'exécution. Dans les contes de fée les plus surprenants ou ne trouve rien de plus merveilleux que ces jouets enfantins, que leur prix élevé met trop souvent hors de la portée du commun des acheteurs.

Mais ce ne sont là que les produits luxueux d'une industrie qui s'adresse, par sa nature même, à tout le monde. Riche ou pauvre, il n'est pas d'enfant qui n'ait été ou qui ne soit encore l'heureux possesseur d'un jouet de deux sous à mille francs et au-dessus; le bimbelotier parisien sait assortir sa marchandise à toutes les bourses et à tous les goûts, et c'est là une de ses grandes qualités. Les fabricants allemands auprès desquels nos marchands se fournissent — un peu trop peut-être — depuis quelques années, font tout sur le même modèle, sans souci de la destination de l'objet. A Paris, le jouet destiné à l'exportation n'est pas le même que celui qui doit être vendu sur place; il est aussi soigné dans sa fabrication, mais il n'est pas de la même façon et il n'a pas la même tournure.

Un nouveau travail de statistique, comme celui qu'a fait exécuter la Chambre de commerce de Paris en 1860, pourrait seul donner exactement le chiffre d'affaires de l'industrie de la bimbeloterie en cette année 1879, et pendant les années précédentes, mais on peut sans exagération, malgré la concurrence allemande, l'évaluer à une somme double du produit de 1860, c'est-à-dire à 16 millions et au-dessus. Dans ce chiffre, la fabrication des poupées et des bébés doit figurer pour la plus forte part.

A la suite de la bimbeloterie vient, par ordre alphabétique, la fabrication des **Boutons** *en corne, en os, en corrozo, en papier verni, en bois durci,* etc.

En 1860, les fabricants de ces divers objets au nombre de 97, étaient particulièrement établis dans les 1er, 3e, 11e et 20e arrondissements. Ils occupaient 1,160 ouvriers et leur chiffre d'affaires annuel était de 4,763,850 francs. Cette industrie doit être restée à peu près stationnaire.

Les fabricants de *boutons en métal et en tissu,* au nombre de 51 seulement, avec 1,899 ouvriers, étaient disséminés dans les 1er, 10e, 11e et 20e arrondissements. Leur chiffre d'affaires annuel s'élevait à 6,463,000 francs. — V. BOUTON.

Le rapport de la chambre de commerce qui nous a fourni quelques-unes des indications qui précèdent, classe ensuite les diverses industries non encore désignées et comprises sous la dénomination générale d'Articles de Paris, dans l'ordre suivant :

Cartonnage. Cette industrie comprend, outre les ouvrages courants, les boîtes à bonbons et tous les cartonnages décoratifs. Les principaux centres de fabrication étaient les 2e, 3e et 4e arrondissements; 392 industriels, occupant 2,346 ouvriers, faisaient un chiffre d'affaires annuel de 8,929,950 francs.

Postiches et ouvrages en cheveux. Cette industrie doit avoir pris, depuis 1860, une grande

extension, par suite de la coiffure actuelle des femmes, qui nécessite l'emploi de plus en plus fréquent et abondant des faux-cheveux. Les coiffeurs sont partout, mais les arrondissements où les affaires ont le plus d'importance sont les 1er, 2e, 3e et 9e. 1,616 industriels, dont 71 seulement sont d'une façon spéciale fabricants d'ouvrages en cheveux, occupent 1,670 ouvriers, et font pour 10,216,377 francs d'affaires.

Les **Éventails** sont un des plus gracieux produits de l'industrie parisienne; les objets similaires importés de la Chine et du Japon leur font concurrence, mais ne les remplacent pas. Un article spécial sera consacré, dans ce dictionnaire, à l'art de l'éventailliste; il suffira de dire ici que l'on comptait à Paris, en 1860, 49 fabricants d'éventails, employant 969 ouvriers, et faisant un chiffre d'affaires annuel de 4,763,440 francs. — V. ÉVENTAIL.

De tous les articles de Paris, celui qui occupe le plus grand nombre d'ouvriers et dont le chiffre d'affaires est le plus élevé, est la fabrication des **Fleurs artificielles** (V. FLEUR). Les fabricants étaient, en 1860, au nombre de 847, occupant 7,831 ouvriers; leur chiffre d'affaires annuel s'élevait à 28,081,010 francs Les fluctuations de la mode ont une grande influence sur cette industrie, qui n'est jamais plus prospère que lorsque l'industrie des plumes, dont nous aurons à parler tout à l'heure, est en souffrance. Les fabricants de fleurs artificielles, qui expédiaient autrefois leurs produits dans le monde entier, ont, depuis quelques années, à soutenir une concurrence de plus en plus ruineuse pour eux avec les fabriques étrangères, qui deviennent chaque jour plus nombreuses, et qui fournissent en Angleterre, en Allemagne, en Russie, en Italie, en Amérique, une grande partie de leurs nationaux. Il n'est donc pas probable que cette industrie ait pris, depuis 1860, beaucoup d'extension.

Gainiers. Cette industrie, dont le siège principal était, il y a vingt ans, dans les 1er et 3e arrondissements, comptait alors 140 fabricants occupant 710 ouvriers. La gaine, d'où les gainiers tirent leur nom, est, comme on le sait, un étui servant à renfermer la lame et, quelquefois, une partie du manche d'un instrument tranchant et aigu, tels que les couteaux de chasse, de table, de cuisine; le fourreau du sabre ou de l'épée est une gaine. Outre les gaines, qui ne sont aujourd'hui que la partie la moins importante de leur fabrication, les gainiers fabriquent encore les boîtes pour couteaux, pour couverts, les étuis pour chirurgiens, les étuis de mathématique, les étuis pour pipes, cigares, cigarettes, pour jumelles; les fourreaux d'armes blanches, et, surtout, les écrins pour la bijouterie, vraie ou fausse. La vogue qui s'est mise depuis quelques années aux bijoux en imitation, a donné une grande extension à cette industrie. Pendant l'année 1860, son chiffre d'affaires a été de 2,810,700 francs. Il doit être beaucoup plus élevé aujourd'hui.

Nécessaires. Les fabricants de cet article, classés à part dans l'enquête, se rattachent aux gainiers par l'emploi du cuir, mais ce produit n'est pour eux qu'un accessoire. La carcasse des boîtes et des coffrets qu'ils fabriquent est en bois; c'est à eux que l'on doit encore certains petits meubles qui servent de jouets aux enfants et qui se distinguent des meubles des bimbelotiers par l'emploi du cuivre. Les fabricants, qui habitent presque tous dans le 3e arrondissement, étaient, en 1860, au nombre de 209, occupant 980 ouvriers et faisant, annuellement, pour 5,086,253 francs d'affaires.

Parapluies et ombrelles. Cette fabrication est une des grandes industries parisiennes; elle demande un article spécial auquel nous renvoyons le lecteur. (V. le mot PARAPLUIE.) En y joignant la fabrication des cannes, des fouets et des cravaches, cette industrie était exercée, en 1860, par 637 fabricants, habitant les 2e et 3e arrondissements, occupant 2,222 ouvriers, et faisant pour 18,344,930 francs d'affaires. Les grandes maisons de fabrication et de vente de parapluies sont aujourd'hui placées sur le boulevard de Sébastopol, aux environs du Conservatoire des Arts-et-Métiers, et leur chiffre d'affaires, depuis vingt ans, s'est considérablement accru.

Les **Peignes** ont été d'abord en bois, puis en corne et en ivoire; on se sert aujourd'hui de la corne de buffle, de l'écaille et de ses imitations; on fait les peignes à charnières, à dos doré, avec gravure au burin ou à l'estampage et incrustations; les grands peignes, à *la Girafe*, qu'on portait aux environs de 1830, étaient découpés à jour, comme les arceaux d'une cathédrale. 135 industriels avaient, en 1860, pour spécialité la fabrication des peignes et employaient 984 ouvriers. La moyenne de leur chiffre annuel d'affaires était alors de 5,360,900 francs.

Plumassiers. Les fabricants plumassiers étaient, il y a vingt ans, au nombre de 94; 699 ouvriers travaillaient dans leurs ateliers, situés, en grande partie, dans le 2e arrondissement. Leur chiffre d'affaires annuel s'élevait à 5,551,900 francs. Les plumes trouvent leur principal emploi dans la coiffure militaire en France et à l'étranger: le surplus va à la coiffure des femmes. Il n'est peut être pas tout à fait hors de propos de remarquer ici que les Européens civilisés, comme les Peaux-Rouges américains et les Nègres barbares de certaines parties de l'Afrique, les chefs et les guerriers principalement, ont une tendance commune à orner leurs têtes de plumes d'oiseaux. La disposition de la coiffure est différente, mais le goût est évidemment le même. Au XVIIIe siècle, la coutume qu'on avait prise, d'offrir aux dames des bouquets de plumes les plus rares, avait momentanément donné un grand essor à l'industrie des plumassiers. De nos jours, sauf la consommation à peu près invariable de l'armée, le commerce et la fabrication des plumes sont plus ou moins prospères, suivant les vicissitudes de la mode; si l'on porte beaucoup de fleurs on vend moins de plumes et réciproquement.

Portefeuilles et articles de maroquinerie. Il semblerait que cette industrie dût être classée dans la catégorie des gainiers; elle forme cependant une spécialité distincte, dont le siège principal est, comme pour la gainerie, dans le 3e arrondissement. Les patrons ou fabricants étaient, en 1860, au nombre de 191 et occupaient 1,163 ouvriers; leur chiffre annuel d'affaires était, au moment de l'enquête, de 7,104,200 francs. Il y a quelques années, la fabrication des étuis à cigares et des porte-monnaies, dont Paris a conservé le monopole jusqu'à 1860 et plus tard encore, avait donné un grand développement à cette industrie. Des fabriques se sont maintenant établies à peu près dans tous les pays, en Autriche principalement; mais la consommation a, de son côté, beaucoup augmenté, et, pour les articles de choix, les produits de l'industrie parisienne continuent à être préférés à tous les autres.

Tabletterie. Cette industrie, la quinzième et la dernière dans la nomenclature qu'on vient de donner, comprend la fabrication des billes de billard, des crucifix et autres objets de piété en ivoire ou en bois, des montures de cannes, de lunettes, de jumelles, de lorgnettes; des touches de pianos; des manches de couteaux; des fiches en os, en bois, en ivoire; des jeux de dominos; de tous les menus objets de toilette ou de jeux en ivoire, en nacre, en os, en corne, en noix de cola, en bois dur; des porte-monnaies en os, des porte-cigares en ivoire, en écaille ou imitation, et des autres usages que les pipes de terre. La tabletterie se divise en tabletiers proprement dits; en fabricants d'articles pour fumeurs; en tourneurs en ivoire et en os, et en sculpteurs sur ivoire. Dans son ensemble, cette industrie comptait, en 1860,

271 fabricants et 1,236 ouvriers; son chiffre d'affaires annuel s'élevait à 11,185,139 francs.

Il résulte des chiffres et des renseignements ci-dessus, que les diverses industries comprises sous la dénomination générale d'articles de Paris étaient exercées, il y a vingt ans, par 5,142 fabricants ou patrons, qu'elles occupaient 25,748 ouvriers et qu'elles ont produit, en 1860, la somme de 127,546,540 francs.

Quelle est leur situation actuelle? Il serait difficile de l'indiquer exactement. Un déplacement d'industrie, dû en partie aux expositions universelles de Londres, de Vienne, de Philadelphie, de Paris, a certainement eu lieu depuis vingt ans. De nombreuses fabriques se sont formées, en Angleterre, en Allemagne, en Autriche; mais, d'autre part, la consommation a augmenté; stimulés par la concurrence étrangère, nos fabricants se sont efforcés de conserver leur ancienne supériorité, et, dans la plupart des cas, ils sont restés vainqueurs.

Une enquête nouvelle donnerait donc, croyons-nous, comme chiffre d'affaires et comme nombre d'ouvriers occupés, des résultats supérieurs aux totaux de 1860. — FR. F.

* **ARTICULATION.** *T. de mécan.* Joint de deux pièces qui exécutent, dans une machine, un mouvement l'une sur l'autre, sans pouvoir se disjoindre. || Assemblage de deux ou plusieurs pièces, qu'elles soient mobiles ou non, les unes sur les autres.

ARTICULER. 1° *T. techn.* Action de joindre, d'unir par des charnières, des anneaux, des chaînons. || 2° *T. d'art.* Marquer les jointures, les attaches.

ARTIFICE. Ce mot s'applique à toute composition de matières faciles à enflammer qui a pour objet, soit de produire, au moyen de combinaisons de formes et de couleurs, des effets brillants et pittoresques; soit de fournir à la guerre des fusées pour faire des signaux, pour éclairer, incendier, etc. Les artifices se divisent en diverses catégories qui seront l'objet d'études spéciales auxquelles nous renvoyons le lecteur. — V. FEU DE JOIE, PYROTECHNIE.

La fabrication des pièces d'artifice est rangée dans la première classe des établissements dangereux, à cause des dangers d'incendie et d'explosion qu'elle présente. Nous allons résumer les prescriptions administratives édictées par les décrets et ordonnances, et notamment le décret de 1810 et l'ordonnance du 7 juin 1856.

— Les ateliers où se confectionnent les artifices seront tous placés dans de petits bâtiments n'ayant qu'un étage ou rez-de-chaussée, et séparés des uns des autres par des espaces de 10 à 12 mètres. Ces espaces seront remplis par des cavaliers ou amas de terre gazonnée d'au moins 2 mètres de hauteur. Quand cette disposition ne sera pas possible, on plantera dans ces espaces des arbres à basse tige n'ayant entre eux qu'un intervalle d'un mètre.

L'atelier où se préparent les artifices aura, au milieu de la pièce, une table divisée par compartiments, avec rebords relevés de 0m,50 de tous côtés, afin d'isoler les ouvriers les uns des autres, et d'éviter que, dans le cas où une inflammation ou explosion particlle viendrait à se manifester, l'incendie ne se communiquât aux pièces d'artifices les plus rapprochées des ouvriers.

. Les portes des ateliers, sauf celles des magasins où on conserve les artifices confectionnés, seront toutes battantes et sans fermeture, et ouvrant en dehors, de manière à permettre, en cas d'accidents, une évacuation rapide.

On n'aura jamais, dans les ateliers, que la quantité de poudre et de pulvérin nécessaire au travail de la journée, et, sous aucun prétexte on n'y conservera des artifices préparés. Aussitôt leur achèvement on devra les porter au magasin ou dépôt, destiné à les recevoir.

On aura soin que les ouvriers n'aient sur eux ni briquets, ni pipes, ni allumettes chimiques.

L'éclairage des ateliers devra se faire par des lampes à réflecteurs placées au dehors, et ils seront chauffés en hiver soit par de l'air chaud, soit par une circulation d'eau chaude.

Les mélanges pour les feux de couleurs attirant facilement l'humidité de l'air, on ne devra, autant que possible, les préparer qu'au fur et à mesure des besoins, et avec des sels très purs, et parfaitement desséchés. Dans le cas où on aurait de ces mélanges à conserver, il faudrait les renfermer dans des flacons bien secs, bien bouchés et bien lutés, soit à la résine, soit au papier d'étain, et les fractionner par masses qui ne dépassent pas 1 kilogramme.

Les magasins où seront déposés les artifices confectionnés seront placés le plus loin possible des ateliers; les fenêtres et ouvertures exposées aux rayons solaires seront garnies de stores en toile, et si elles sont à proximité d'une voie publique, d'un treillis métallique à mailles serrées.

L'arrêté d'autorisation fixera la quantité de poudre qui pourra être conservée en dépôt dans la fabrique.

Les clefs de la poudrière, du magasin aux feux de couleurs, du magasin aux matières chloratées et fulminantes, devront toujours être dans les mains du chef de l'établissement et du contre-maître qui le remplace.

Il devra y avoir toujours dans l'usine une pompe à incendie en bon état.

La toiture des ateliers et de tous les autres bâtiments, si elle est en métal, devra être recouverte, tous les deux ans, d'une forte couche de peinture à l'huile.

Dans le cas où des paratonnerres seraient jugés nécessaires, ils devront être établis suivant les principes contenus dans l'instruction adoptée par l'Académie des Sciences; ils devront de plus être visités chaque année par MM. les inspecteurs des établissements classés, afin de s'assurer s'ils sont en bon état. Un rapport de la visite sera envoyé à l'administration.

Bibliographie : Trébuchet : *Rapport du Conseil d'hygiène et de salubrité de la Seine*, de 1849 à 1858, p. 257 et suivantes; Lasnier : *Rapport du Conseil d'hygiène et de salubrité de la Seine*, de 1862 à 1866, p. 258 et suivantes; Docteur Gintrac : *Rapport du Conseil d'hygiène et de salubrité de la Gironde*, de 1868, p. 25 ; *Ordonnance concernant les feux d'artifices, la vente et le tir sur la voie publique*, du 7 juin 1856 ; *Ordonnance du roi relative à la fabrication et au débit des poudres détonantes et fulminantes*, du 7 juin 1823 ; *Artificier*, par A. D. et P. Vergnaud.

ARTIFICIEL, ELLE. Ce qu'on obtient par le moyen de l'art ou de la science, par opposition à Naturel. — V. Dent, Fleur, Froid.

ARTIFICIER. Celui qui fabrique des feux d'artifice; dans les arsenaux de l'État, la confection des pièces de pyrotechnie est confiée à des artilleurs dirigés par un *maître artificier.*

ARTILLERIE. On désigne par ce mot la réunion de bouches à feu d'une nation, l'art de les fabriquer, de les appliquer aux besoins de la guerre, et enfin le corps d'officiers et de soldats chargé de ce service. Art et science à la fois, l'artillerie a donc pour objet l'établissement et l'emploi des

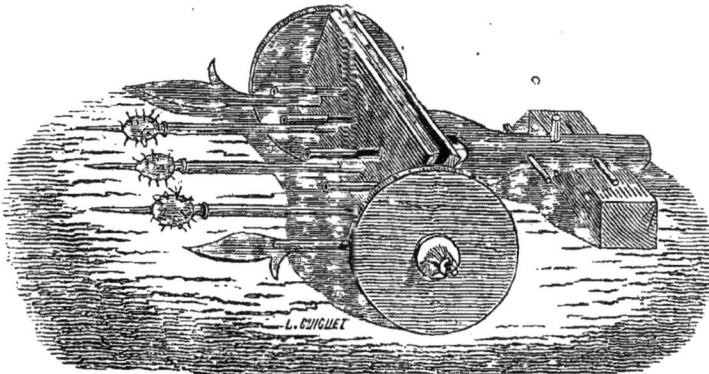

Fig. 166. — *Ribeaudequin du XIVe siècle armé de petits canons et de lances.*

machines de guerre, et ses perfectionnements sont intimement liés au progrès du travail des métaux et de la mécanique industrielle. Les ateliers de construction du matériel, les poudreries, les capsuleries, les raffineries et les entrepôts de salpêtre sont sous la dépendance directe de l'État.

— Le mot *artillerie* est plus ancien que l'emploi de l poudre projective et l'invention des canons.

Artillerie est le charroy
Qui par Duc, par Comte ou par Roy,
Ou par aucun Seigneur de terre,
Est chargé de quarriaux en guerre,
D'Arbalestes, de dards, de lances
Et de targes d'une semblance.

Guillaume Guiart.

On appelait *artillers* ceux qui construisaient les machines ou *engins* de guerre. « Ce mot, dit le dictionnaire de Richelet, comme celui d'artillerie, est dérivé de *ars*, *artis*, parce qu'il y avait beaucoup d'artifice dans la construction de ces machines. » C'est ainsi qu'*engin* vient d'*ingenium* et d'engin, *engeigneur*, *ingénieur*.

Nous citerons, comme plaisante curiosité, l'étymologie imaginée par Noël Taillepied, en 1584, d'après lequel Jean Tilleri aurait découvert la poudre en 1384 et son

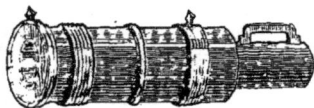

Fig. 167 — *Veuglaire.*

emploi aurait été dénommé *Art de Tilleri*, d'où artillerie.

Le mélange de salpètre, de soufre et de charbon employé par les Chinois pour des artifices de guerre et de réjouis-

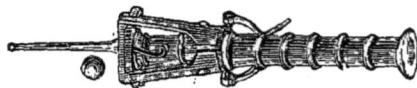

Fig. 168. — *Canon à botte du XIVᵉ siècle.*

sance dans l'antiquité la plus reculée, fut connu des Grecs dès le VIIᵉ siècle et il entrait dans la composition des feux Grégeois. Les Européens connurent au XIIIᵉ siècle non seulement la poudre, mais ses applications au pétard et aux fusées volantes. Dans la première moitié du XIVᵉ

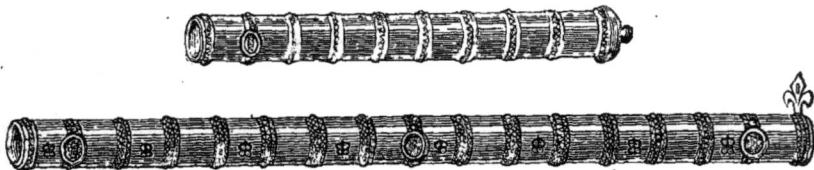

Fig. 169 et 170. — *Canons du XVᵉ siècle.*

siècle l'emploi de la poudre pour lancer des balles ou des flèches, est formellement constaté dès 1326, à Florence; en 1338 en France, et dans le courant du siècle tous les pays d'Europe, y compris la Prusse et la Suède, eurent des armes à feu.

Les premières applications de la force projective de la poudre ne furent du domaine de l'artillerie que dans le sens qu'on donnait anciennement à ce mot comme comprenant la construction et le service de tous les engins de guerre, en y comprenant les machines nevro-balistiques. Ce ne fut que plus tard que les progrès réalisés permirent de construire de véritables bouches à feu capables, non

Fig. 171 a et 172 b. — *Bombardes du XVᵉ siècle.*

seulement de tuer des hommes, mais encore de briser des obstacles résistants, ce qui constitue essentiellement l'artillerie telle que nous la comprenons.

Les premières armes à feu furent généralement de petit calibre, composées :

1º D'un *pot à traire* (*tirer*) ou d'une *botte* (cylindre épais fermé par un bout en fer forgé) qui servait de récipient à la poudre et résistait à l'explosion; on *bouchait* la chambre avec un tampon en bois forcé pour donner

une plus grande tension aux gaz de la poudre qui était à l'état pulvérulent et ne donnait pas une explosion instantanée;

2º Un cylindre servant à donner la direction au projectile et permettant aussi à l'action de la poudre de se continuer plus longtemps. Ce cylindre était placé dans la direction de la chambre à laquelle il était quelquefois relié pendant le tir au moyen d'un étrier ou bride en fer. Ce cylindre ou *volée* fut plus tard prolongé pour supporter la boîte, puis on lui donna des rebords et un talon pour que la boîte pût y être logée et fixée solidement au moyen de coins.

Ces premières pièces d'un poids assez faible qui portèrent bientôt chez nous le nom de *bastons à feu* ou *canons* (de *canna*, tuyau) n'étaient pas des armes portatives en ce sens qu'elles offraient trop de danger pour les tirer en les tenant à la main, mais ce n'étaient pas non plus ce que

nous entendons par le mot *canon*. On y mettait le feu avec un fer rougi au feu qui enflammait une traînée de poudre aboutissant à la lumière, traînée assez longue pour que l'on eut le temps de se mettre à l'abri avant l'explosion. La force de projection était faible, mal employée; aussi fut-on longtemps obligé de lancer, au lieu de balles, des flèches qu'on appelait *garros* ou *quarreaux*, parce que leur fer était une pyramide à base quarrée. On

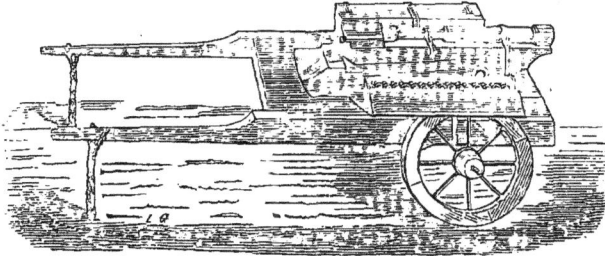

Fig. 173. — *Bombarde de campagne, XVᵉ siècle, à roues et à limonière.*

suppléait ainsi par un projectile d'estoc ou pointu à l'insuffisance du choc.

On pourrait dire que l'artillerie à feu commence avec l'invention de la *bombarde*, invention qui paraît avoir été réalisée ou au moins appliquée d'abord en Flandre, au commencement de la deuxième moitié du XIVᵉ siècle. Il faut pourtant remarquer qu'on a longtemps fait des bombardes de petites dimensions, que ce mot désignait surtout un mode de construction des pièces. On a, plus tard,

particularisé cette expression, en restreignant le sens pour désigner seulement de grosses pièces qui lançaient des boulets de pierre et qui sont les mieux connues de l'espèce.

Marchus Grœchus (XIIIᵉ siècle) appelle *bombax* un projectile incendiaire, probablement à cause du bruit qu'il faisait. Le nom *bombarde*, imitatif du bruit, a bien pu, surtout en pays latin, désigner les premiers engins à feu qui étaient distingués des machines à arc ou à fronde

Fig. 174. — *Fauconneau du XVIᵉ siècle.*

précisément par l'explosion; on conçoit que plus tard on l'ait plus particulièrement appliqué aux plus grosses bouches à feu, aux plus bruyantes qui pour nous sont restées les *bombardes*. Villani appelle bombardes les canons de Crécy qui étaient de très petites pièces du poids de nos fusils de rempart.

Ainsi le mot *bombarde* a servi à désigner des engins de guerre très différents par leurs dimensions. Beaucoup d'autres mots restés en usage dans la langue moderne ont eu également autrefois, comme termes techniques, un sens différent de celui qu'ils ont aujourd'hui ou au moins un sens plus général.

Le mot *baston* ou *bâton* a désigné l'ensemble des armes de main. Quand les croisés furent faits prisonniers et désarmés, Joinville écrit : « Et chacun rend aux Sarrasins les bastons et harnois. »

Ce mot s'appliqua naturellement aux armes de hast armées de feux ou de fusées, dont Biringuccio parle encore en 1572, et qui furent la continuation des pratiques des Grecs et des Arabes. Il servit aussi pour les armes à feu et les ordonnances royales l'emploient souvent pour désigner les armes à feu en général. Quand on commença à faire des pièces plus fortes on les appelait *gros bastons*.

Le mot *canon* vient de *canna* qui signifie *tube, tuyau* et aussi *roseau*. Il en est question en France dès la première partie du xɪvᵉ siècle.

A partir de la deuxième moitié du xɪvᵉ siècle l'emploi de la poudre comme force projective avait fait de grands progrès. On employait beaucoup de petites pièces, soit isolées montées sur des affûts qui résistaient au recul, soit en juxtaposant plusieurs de ces petites pièces sur un même chariot, ordinairement fortifié par des pointes de fer contre l'assaut; ce dernier système, que représente la figure 166, portait le nom de *ribeaudequin, ribaudeau*. Les diverses dénominations : *veuglaires*, ou *crapeaudaux, couleuvres, couleuvrines*, représentent des systèmes de construction différents. La figure 167 représente un veuglaire avec la chambre fixée à la volée pour le tir. Le veuglaire fut, comme solidité et rapidité du tir, un perfectionnement de la bombarde. La figure 168 représente un canon du xvᵉ siècle où la boîte est mieux maintenue. On

ne fut d'abord en état de fabriquer ces divers modèles qu'avec des dimensions réduites et efficaces seulement contre les hommes

La bombarde, que son mode de construction permettait de faire dans de fortes dimensions, fut le premier essai d'une bouche à feu pouvant briser des obstacles résistants. On s'en servait pour lancer des boulets de pierre ; mais comme la boîte à poudre était seule épaisse et que la volée présentait peu de résistance, avec les forts calibres, on ne pouvait tirer qu'avec une charge faible et imprimer une faible vitesse au projectile. C'est surtout pour la défense des villes qu'elles étaient employées. Les bombardes contribuèrent puissamment à la défense d'Orléans contre les Anglais, avant que Jeanne d'Arc fît lever le siège.

Sous Charles VII l'artillerie se développa. Jean Bureau perfectionna la fonte des pièces et tendit à remplacer les grossiers boulets de pierre par des boulets de fonte de

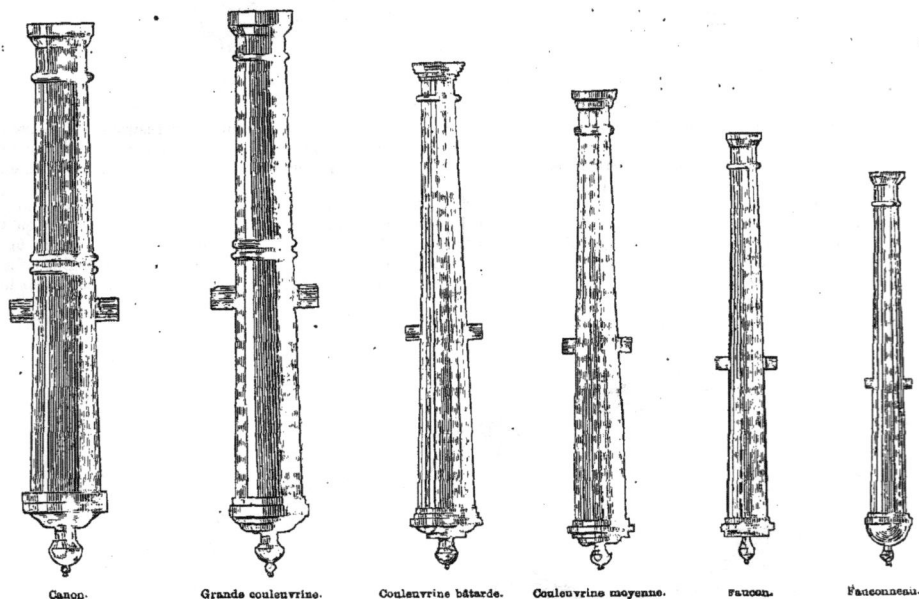

Canon.   Grande couleuvrine.   Couleuvrine bâtarde.   Couleuvrine moyenne.   Faucon.   Fauconneau.

Fig. 175 à 180.

fer. Il en résulta une réduction de calibres, un renforcement des bouches à feu et une augmentation des charges de poudre. Ces perfectionnements amenèrent la suppression de la chambre des bombardes et conduisirent à fabriquer de véritables canons se chargeant par la bouche. Les couleuvrines, pièces longues et de petit calibre, tirant des boulets de fonte prirent place dans cette artillerie améliorée. On continua pourtant à se servir encore des bombardes qui constituaient une partie importante de l'armement construit précédemment.

Jean Bureau améliora les affûts en fixant les bouches à feu entre deux flasques placés de champ. Ces affûts pouvaient recevoir des roues pour les transports. Enfin les calibres furent régularisés et limités aux boulets de 2, 4, 8, 16, 32, 48, 64.

Il y avait alors trois espèces distinctes de bouches à feu :

La *grosse artillerie* comprenant les grosses bombardes de 70 et au-dessus, les canons de 32 à 64 et les longues couleuvrines de 32, 16, 8.

L'*artillerie de campagne* qui suivait les troupes comprenait des canons et des couleuvrines des calibres 2, 4 et 8.

La *petite artillerie* qui tirait des balles de fer ou de plomb des calibres 2 à 1/4 de livre.

De plus les petites couleuvrines de bronze servies par un ou deux hommes ou couleuvrines à main s'étaient fort multipliées.

Cette artillerie régularisée et simplifiée joua un grand rôle quand Charles VII eut à reprendre sur les Anglais la Normandie et la Guienne. Devant le Mans (1447), contre la ville de Caen (1449), devant Honfleur, Cherbourg, etc., elle montra la puissance des nouvelles créations, et il n'est que juste de tirer de l'oubli le nom de Jean Bureau. Les figures 169 et 170 montrent les types de pièces qui se construisaient dans la deuxième moitié du xvᵉ siècle et qui figurèrent encore dans l'artillerie de Charles-le-Téméraire.

Louis XI, qui monta sur le trône en 1461, trouva en France un armement important ; mais l'artillerie était developpée aussi au dehors, chez les Suisses et surtout chez le duc de Bourgogne, dont la puissance était devenue formidable. Un génie aussi calculateur ne devait pas négliger l'artillerie pour assurer la supériorité à l'autorité royale; il s'y appliqua d'autant plus qu'il s'était trouvé inférieur aux Bourguignons à la bataille de Montléry. Jusque là les pièces avaient été transportées sur des chariots et placées pour le tir sur des affûts. La forme et les dimensions de l'affût n'avaient rien d'arrêté. On s'obstinait à vouloir résister au recul, ce qui exigeait des affûts massifs qui étaient toujours très fatigués par le tir, comme l'indique la figure 172 b.

On avait bien fait des essais variés d'affûts permettant de pointer sous divers angles et munis de roulettes qui laissaient reculer le système quand le coup partait. La figure 171 a en reproduit un type curieux et la figure 172 représente un type plus avancé. Cette dernière bombarde était, comme on le voit, munie de deux coffres latéraux portant les munitions; l'un de ces coffres contenait la poudre. l'autre les boulets de pierre. La pièce, pour faire feu, restait sur la voiture, que l'on faisait tourner pour étendre le champ de tir dans le sens horizontal.

Mais sous l'impulsion de Louis XI, l'adoption des tourillons fixés aux pièces, donna les affûts améliorés qui laissaient la liberté de recul pour le tir, permettaient de pointer sous divers angles et donnaient la faculté de transporter aisément les pièces. Ce grand progrès, la simplification des calibres et les perfectionnements apportés à la fabrication, concoururent à une forte organisation dont nous pouvons suivre les effets dans l'histoire de l'invasion de l'Italie par Charles VIII.

L'artillerie de Charles VIII comprenait :

1° Le grand parc, composé de trente-six canons de 32, de cent quatre longues couleuvrines de 16 et de 8. C'étaient des pièces de siège ou de position;

2° Comme pièces de troupes, des calibres 2 et 4 au nombre de plus de deux cents;

3° Plus de 1,200 pièces de petite artillerie préludaient à l'emploi des armes portatives.

Cette artillerie qui devait être le grand moyen d'action dans la conquête du royaume de Naples était servie par 1,200 canonniers, 2,500 ouvriers ou artificiers, traînée par 8,000 chevaux; la garde en était confiée à l'infanterie suisse, comme un poste d'honneur. Ajoutons que tous les progrès acquis à cette époque permettaient de faire tirer aux grosses pièces environ deux coups par heure.

Les perfectionnements qui suivirent eurent pour but la simplification du matériel. Sous Louis XII toutes les

Fig. 181. — Canon avec avant-train, XVIIe siècle.

pièces sont en bronze, tirent des boulets de fonte et le nombre des modèles est réduit à cinq :

Le canon, de 32, désigné par le poids du boulet en livres;

Le demi-canon ou couleuvrine, de 16;

Le quart de canon ou demi-couleuvrine, de 8;

Le huitième de canon ou faucon, de 4;

Le seizième de canon ou fauconneau, de 2.

On fit aussi de doubles canons, mais par exception. On avait appris à se limiter aux dimensions qui rendaient les pièces transportables en leur conservant une puissance balistique suffisante. Comme les pays étaient parsemés de villes fortifiées et de châteaux, la grosse artillerie était souvent employée pour les réduire; elle servait aussi contre les carrés massifs et profonds de l'infanterie.

L'artillerie de campagne était souvent employée contre les petits postes et aussi contre l'infanterie; elle comprenait ordinairement les calibres 8 et 4.

Les fauconneaux, d'abord employés en grand nombre, furent peu à peu abandonnés, à mesure que se répandaient les armes portatives. Il en fut de même des couleuvrines à main, arquebuses à croc, etc., qui formaient la petite artillerie. Au commencement du XVIe siècle on s'appliqua souvent très heureusement à orner de ciselures et de gravures ces petites pièces. La figure 174 représente un des plus jolis modèles des fauconneaux de cette époque. Tel était l'état général de l'artillerie au moment où allaient commencer les grandes guerres de la France contre l'Europe, de François Ier contre Charles-Quint.

Vers 1520, ce puissant souverain renonça à la petite artillerie qui fut remplacée par de gros mousquets tirant des balles de deux onces. En France aussi on se limita à l'artillerie de parc qui était avantageuse à cette époque où les mouvements étaient peu rapides et où les guerres de

siège ou de position étaient les plus fréquentes. C'est vers cette période que dans toute l'Europe on tendit à donner à la royauté le monopole de la possession de l'artillerie et à réunir tous ses services sous la direction d'un corps spécial.

François Ier et Henri II rendirent des ordonnances pour la recherche du salpêtre et la fabrication de la poudre, le tout mis sous les ordres du grand maître de l'artillerie. La poudre qui était jusque là employée à l'état de pulverin fut mise en grains; comme elle produisait plus d'effet la charge fut réduite aux 2/3 du poids du boulet, tandis qu'avant elle pesait autant que le boulet. On augmenta aussi la longueur des pièces en accroissant leur puissance. On commença à s'occuper de la courbure de la trajectoire et de la théorie du tir. Sous Henri II on employa pour les pièces de campagne des gargousses en papier ou en cuir. Tous ces progrès permirent à l'artillerie de produire plus d'effet et d'accélérer son tir. On put tirer quinze coups à l'heure avec le quart de canon (calibre 8) et vingt coups avec le calibre 4.

C'est aussi dans la première moitié du XVIe siècle que fut inauguré le tir à mitraille (1515, bataille de Marignan) et l'emploi des projectiles creux explosifs, qui allaient faire reprendre les mortiers et le tir sous les grands angles.

Tous les affûts étaient alors à rouages, servant pour le transport et pour le tir. Ils étaient pourtant lourds et imparfaits comme toutes les voitures de l'époque. En France on comptait par cheval par 220 livres pour les grosses pièces, et par 170 livres pour les plus légères qu'on voulait pouvoir déplacer plus rapidement. Il en résultait qu'il fallait 23 chevaux pour le canon (de 32) et 9 chevaux pour la pièce de 4. Un seul limonier et des couples de chevaux attelés en avant, traits sur traits, au bras de limonière constituaient l'attelage qui ne pouvait guère aller qu'au pas.

On peut dire que pendant la première moitié du xvie siècle, l'artillerie réduite à un petit nombre de lourdes pièces par la suppression de la petite artillerie, avait perdu de son importance, d'autant plus que l'infanterie avait diminué la profondeur de la formation et se faisait protéger par des mousquetaires. Il est vrai que la cavalerie, disposée en haie, était peu redoutable pour l'artillerie et souffrait beaucoup de ses projectiles. Cet état de choses régna pendant la lutte que la France soutint contre toutes les forces de Charles-Quint.

Après ces guerres, dans la longue période troublée par les guerres de religion, le désordre régna dans les choses militaires. Ce n'est qu'après la paix de Saint-Germain qu'on trouve un nouvel essai d'organisation. L'ordonnance du roi Charles IX, de 1572, fixe à six le nombre des pièces, que représentent les figures 175 à 180 :

Canon, poids du boulet	33 livres	1/2;
Couleuvrine, —	16 —	1/2;
Bâtarde, —	7 —	1/2;
Moyenne, —	2 —	1/2;
Faucon, —	1 —	1/2;
Fauconneau, —	» —	3/4.

Le caractère le plus saillant de cette réorganisation est la remise en service des faucons et fauconneaux, pièces de peu d'effet que la nécessité d'une artillerie plus mobile fit a opter.

Une amélioration plus sérieuse fut réalisée par Sully, quand Henri IV eut assuré son autorité. L'artillerie fut réduite aux quatre calibres de 32, 16, 8 et 4. On fit aussi des pièces de 12 et de petites pièces qui tiraient des boulets de 2 livres, mais qui étaient considérées comme d'un usage exceptionnel. Sully fit les plus grands efforts pour amener l'unité dans la fabrication ; une seule poudre servit pour tous les canons, tandis qu'avant chaque calibre avait sa poudre particulière. En même temps la cartouche à boulet employée pour les pièces de campagne, la régularisation du service de la pièce par le partage des fonctions entre plusieurs canonniers rendaient le tir plus rapide.

La mitraille était fréquemment employée dans les opérations de campagne ; le tir des projectiles creux très pratiqué dans les sièges était rare en campagne et les obusiers peu répandus.

Un an après l'assassinat d'Henri IV, Gustave-Adolphe monta sur le trône de Suède (1611). Ce grand général porta toute son attention sur l'artillerie et il innova beaucoup tant dans son organisation que dans son emploi. Il adopta un petit nombre de gros calibres pour agir contre les villes, des canons de 12 et de 6, courts et assez légers pour servir dans toutes les opérations de la guerre et des pièces de 4 destinées à accompagner les troupes. En 1623, Gustave-Adolphe fit fondre un canon de 4, pesant seulement 625 livres, qu'il destinait surtout au tir à mitraille ; en 1625, il adopta les *canons de cuir* du colonel Wurmbrand. Ces pièces formées par un cylindre de bronze fretté de fer enveloppé de cordes et recouvertes de cuir étaient courtes et légères ; mais elles ne pouvaient tirer qu'à faible charge et avaient peu de portée et de justesse. Cette artillerie lui donna une grande supériorité contre la cavalerie polonaise d'abord et ensuite dans les nombreux engagements de la guerre de 30 ans.

En résumé, dans la première moitié du xviie siècle, on fit beaucoup d'efforts infructueux pour tirer les projectiles creux avec les canons. Les calibres s'étaient multipliés, au moins en France, ce qui compliquait le service. Dans cette période, les Provinces-Unies des Pays-Bas furent le centre des innovations en artillerie. Les calibres y furent réduits à 4 pour l'armée et la marine. Les affûts étaient mobiles avec un seul modèle d'avant-train. Les mortiers, leurs affûts, les charges furent proportionnés ; les bombes à fusée en bois purent être tirées sans danger par le système, dit à *deux feux*, qui consistait à enflammer séparément, d'abord la fusée, puis la charge qui la projetait.

De 1650 à 1700 furent accomplies des améliorations nombreuses et considérables. En France, on adopta les calibres qui furent conservés jusqu'à notre époque, pendant deux cents ans. Les affûts furent tous munis d'avant-trains et devinrent plus mobiles (fig. 181). On varia la forme des affûts d'après leur destination et l'on arriva à créer les affûts de montagne, de place et de côte. La figure 182 représente l'affût marin, créé sous Louis XIV, et qui a été conservé jusqu'à notre époque. Les mortiers exercèrent souvent une influence décisive dans les sièges. Les Hollandais et les Anglais amenèrent, dans cette période, des obusiers

Fig. 182. — *Affût des batteries de côtes et de navires, créé sous Louis XIV.*

sur le champ de bataille ; mais le chargement de ces pièces était compliqué et leur tir de peu d'effet. Les grenades entrèrent dans l'armement d'une partie de l'infanterie. La fonte des pièces de bronze fut portée à la perfection et on leur donnait de beaux ornements en relief qui rappelaient le xvie siècle (fig. 183). Ajoutons qu'un corps de troupes spécial pour l'artillerie fut créé, et nous aurons résumé l'ensemble des innovations, françaises pour la plupart, qui marquèrent le règne de Louis XIV.

En 1732, une ordonnance royale prescrit qu'il ne sera dorénavant fabriqué que des pièces de canon de calibre 24, 16, 12, 8 et 4 ; des mortiers de 12 pouces et de 8 pouces 3 lignes de diamètre ; des pierriers de 15 pouces. La même ordonnance, *fixe pour la première fois*, d'une manière uniforme toutes les dimensions des bouches à feu.

Les dessins et les tables de construction qu furent publiés portent le nom du Duc du Maine, grand maître de l'artillerie ; la postérité n'en a pas moins rendu justice au véritable auteur et elle a donné à l'artillerie ainsi régularisée le nom de *système Vallière*. La figure 184 représente l'affût d'obusier en batterie.

Pour résumer les progrès accomplis dans la première moitié du XVIIIe siècle, nous devons ajouter le tir des bombes à un seul feu et le canon léger de 4, monté sur affût léger avec vis de pointage qui fut construit d'abord en Suède pour suivre tous les mouvements des troupes.

Dès son avènement au trône, Frédéric II fit faire des essais pour alléger les pièces de campagne ; mais les expériences furent mal dirigées ; en 1759, le canon de 6 pesa t

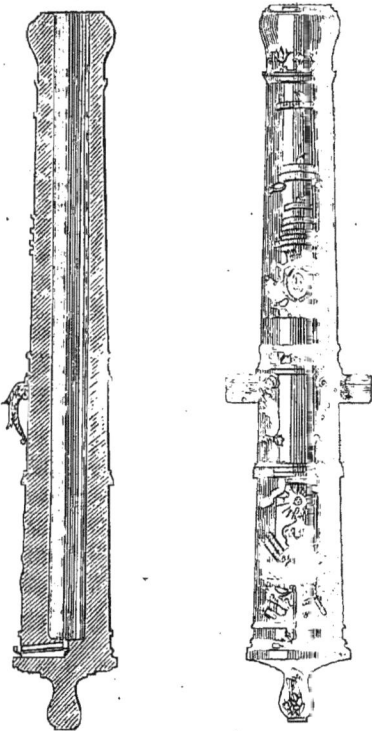

Fig. 183. — *Canon de 24 de l'artillerie de Louis XIV.*

1,400 livres et le canon de 12 pesait 2,900 livres. C'est en Autriche que les meilleurs résultats sous ce rapport furent d'abord obtenus.

En France, dès 1757, on adopta un canon à la Suédoise par bataillon d'infanterie ; l'affût portait un coffre à munitions et était traîné par trois chevaux. Après la guerre de sept ans on avait épuisé le matériel et on avait multiplié au moment des besoins les constructions irrégulières. Ainsi, le maréchal de Broglie, pendant qu'il commandait l'armée d'Allemagne, avait fait forer les canons de 12 au calibre de 16 et les canons de 8 au calibre de 12.

Le général Gribeauval, qui avait été envoyé à l'armée autrichienne pendant la guerre de sept ans, connaissait bien les modifications apportées au matériel, en Prusse et en Autriche pour l'alléger. Il élabora, avec le concours d'officiers d'artillerie, le système qui porte son nom. Il

créa un matériel distinct pour chacun des services de campagne, de siège, de place et de côte. Il sépara nettement de celle qui devait servir aux sièges, l'artillerie de campagne à laquelle il voulut donner une grande mobilité ; pour cela il augmenta le diamètre des roues de l'avant-train, adapta des essieux en fer ; étudia le tracé des flasques et de la crosse ; rendit facile le tir à la prolonge pour faire feu en retraite devant une poursuite de l'ennemi. Il adopta le boulet fixé à un sabot et relié au sac en serge qui renfermait la charge, la boîte à balles pour le tir à mitraille.

L'obusier qui venait des artilleries étrangères et que Vallière n'avait pas admis fit partie de l'artillerie de campagne.

Gribeauval rétablit sur les canons le tracé de la ligne de mire et il ajouta des hausses pour donner les lignes de mire aux différentes distances. C'est de cette organisation que datent la précision et l'uniformité dans les constructions que Vallière avait voulu établir ; on comprend combien cette rigueur était nécessaire pour rendre les réparations faciles.

Le système Gribeauval, adopté en 1765, fut rejeté l'année suivante et donna lieu aux discussions les plus passionnées. La discussion lui fut favorable, et de 1776 à 1789, Gribeauval, étant premier inspecteur général, put appliquer ses idées.

Le nouveau matériel qui servit à nos armées pendant les guerres de la République et du premier empire comprenait deux équipages de ponts militaires.

Au commencement du XIXe siècle, les principes du système Gribeauval avaient été adoptés par toute l'Europe. On a reconnu l'effet que peuvent produire les obus pour rendre une brèche praticable. Schanhorst a posé les principes qui doivent guider l'artillerie.

Nous ne parlerons que pour mémoire de l'ensemble de travaux faits en France, en 1803, pour améliorer l'artillerie ou plutôt de décisions prises à la hâte sur beaucoup de questions, décisions qui ne furent pas exécutées et qui furent annulées en 1814. C'est ce qu'on a appelé le *système de l'an XI*.

Quand l'Angleterre vint prendre part à la lutte du Portugal et de l'Espagne contre les armées impériales, elle inaugura un nouveau matériel qui excita l'attention de nos officiers ; mais ce n'était pas au moment où la lutte gigantesque était engagée qu'on pouvait changer notre matériel et renouveler les imprudences de l'an XI. En 1815, cette artillerie de campagne anglaise était à Paris avec l'armée alliée et elle fut étudiée par le chef de bataillon Parrizot qui en signala les avantages ; simplification des rechanges, grande facilité pour réunir les trains, les séparer et se mettre en batterie, roulage plus facile, transport des canonniers servants sur les coffres.

Ce système modifié dans quelques détails fut adopté par mesures successives, prises de 1825 à 1829, et il porte le nom de *système de 1827*. Cette réorganisation très importante pour le matériel roulant et pour le personnel n'apporta aucune amélioration au canon, ni à son tir. Elle fut donc moins complète que celle de Gribeauval. Peu de temps après pourtant, l'obus Schrapnel ou obus à balles fut adopté et l'étoupille à friction remplaça la lance à feu pour enflammer la charge.

En 1822, quand Paixhans publia son ouvrage, *Nouvelle force maritime*, il luttait depuis 1809, pour faire admettre le tir des obus avec le canon pour le service de la marine. Il réussit enfin à se faire écouter. En 1827, le canon-obusier de 80 fut mis à l'essai et se répandit rapidement. L'emploi de l'obus devait se généraliser trente ans plus tard et reléguer le boulet plein parmi les reliques du passé.

En 1848, le prince Louis Napoléon, depuis Napoléon III, proposa de remplacer les deux pièces de campagne de 8 et de 12 et les deux obusiers de 15 et de 16 centimètres par une pièce unique, un canon-obusier de 12, qui tirerait des boulets de 12 livres ou des obus de 12 centimètres de diamètre.

Tout en reconnaissant l'avantage de la simplification, le corps d'artillerie accueillit mal la pièce proposée qu'elle dut pourtant adopter après 1851. C'est avec cette pièce que notre artillerie eut à faire la guerre de Crimée.

En 1804, le général Congrève importa de l'Inde les *fusées de guerre*, dont l'usage s'était perdu depuis le XVIe siècle. Elles servirent contre Copenhague. On les a beaucoup perfectionnées depuis sans qu'elles aient jamais joué un rôle important dans les sièges ou dans les guerres. Pour terminer cette exposé, il nous reste à parler des *canons rayés* ou de l'artillerie contemporaine.

La nécessité de perfectionner la portée et la justesse des canons s'imposait depuis que les armes rayées portatives étaient devenues d'un chargement facile par l'invention de procédés ingénieux pour produire le forcement de la balle. On pouvait prévoir que des tirailleurs aisément abrités pourraient abattre les canonniers et ralentir ou arrêter leur feu. Dès 1827, Delvigne s'occupa d'expériences sur un canon rayé, de son invention, mais ses idées ne furent pas adoptées.

Après les expériences remarquables qui eurent lieu à Vincennes et qui amenèrent l'adoption de la balle allongée, en doublant la portée et la justesse des carabines, on s'occupa activement chez

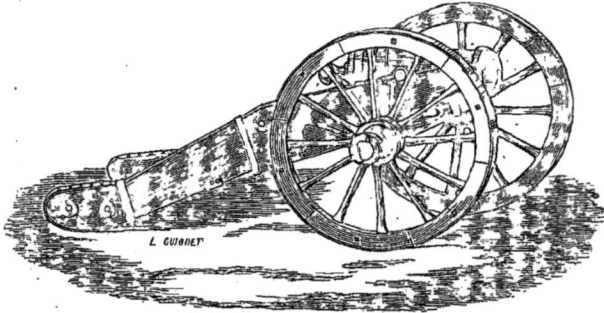

Fig. 184. — *Affût d'obusier (système Vallière).*

nous du problème des canons rayés. Le capitaine Tamisier, qui avait pris une part importante à ces travaux, vit ses idées accueillies favorablement en 1847; mais les expériences, interrompues par les événements de 1848, ne furent reprises qu'en 1850. Le capitaine Tamisier se proposait d'imprimer au projectile un mouvement de rotation au moyen de saillies pénétrant dans des rayures en hélice pratiquées dans la paroi de l'âme; de centrer le projectile en amenant les saillies à toucher le fond des rayures et faire coïncider ainsi son axe avec celui de la pièce. Dans les expériences faites à Vincennes avec une pièce de 6 le forcement réussit; le projectile prenait un mouvement de rotation et frappait toujours le but par la tête. On peut dire qu'à ce moment l'avenir des canons rayés était assuré, et, en 1851, il était certain qu'on réaliserait un progrès important.

Les expériences furent reprises en 1854 et prirent tout de suite un caractère pratique par la proposition du capitaine Chanel sur le tracé des rayures, proposition qui était la plus importante depuis celle de M. Tamisier. Il était observé qu'à cause de la courbure héliçoïdale des rayures les ailettes en zinc du projectile appuyaient toujours d'un côté de la rayure quand on enfonçait le projectile dans l'âme; elles appuyaient sur l'autre côté ou flanc quand le projectile était lancé par la poudre. En traçant ce flanc comme un plan incliné allant rejoindre le fond de la rayure on obtenait le résultat suivant : dans le trajet de sortie, les ailettes tendent à monter sur ce plan incliné et comme cet effet se produit sur toutes à la fois, le projectile se force légèrement par la déformation des ailettes; en même temps il se place de manière que son axe coïncide avec celui de l'âme. En rétrécissant l'une des rayures vers le fond de l'âme on plaçait naturellement les ailettes en contact avec le flanc de sortie. On finit par s'arrêter à un canon de 4 tirant un projectile oblong creux et explosif de 4 kilogrammes; on construisit un canon de campagne et une pièce de montagne plus légère qui fut employée d'abord, en 1857, à l'expédition de Kabylie. Ce nouveau matériel qui était resté dans nos arsenaux, caché même aux officiers d'artillerie, fut mis en service au moment de la campagne d'Italie, en 1859, et il joua un rôle important aux batailles de Magenta et de Solférino.

Ce succès de l'artillerie française excita l'émulation à l'étranger où diverses tentatives faites précédemment avaient échoué. En Angleterre, deux ingénieurs, M. Whitworth et M. Armstrong produisirent des inventions remarquables. En Allemagne le canon Krupp fut adopté. Quoique provoqué par l'adoption du canon rayé en France. ces travaux ne s'inspirèrent pas des idées qui avaient cours en France. Au lieu d'un projectile à ailettes saillantes on adopta généralement un obus couvert d'une chemise de plomb; le chargement par la culasse remplaçait le chargement par la bouche. En même temps le fer et surtout l'acier étaient substitués au bronze comme matière des bouches à feu. Après nos désastres de 1870-71, nous avons modifié notre matériel d'après les données des artilleries étrangères.

On trouvera au mot Canon des détails sur le matériel actuel ; dans un article Artillerie nous n'avons pu qu'indiquer des généralités, nous réservant de compléter les explications aux articles particuliers qui suivront.

Bibliographie : la *Pyrotechnie* ou l'*Art du feu*, par le seigneur Biringuocin, traduit par M. Jacques Vincent. édition de 1526 ; le *Dictionnaire d'artillerie*, 1822-22, de Cotty ; le *Traité d'artillerie théorique et pratique*, de Piobert (1828) ; *Instructions théoriques et pratiques sur l'artillerie*, de Thiroux ; le *Manuel d'artillerie* (1836) ; *Histoire de l'artillerie*, de Brunet (1842) ; *Études sur le passé et l'avenir de l'artillerie*, de Louis Bonaparte (Napoléon III, 1851) ; *Histoire de l'artillerie*, par le général Susane, Paris, 1870. — V. Arme.

ARTIMON. *T. de mar.* Nom du mât qui est placé le plus près de l'arrière. — V. Mature.

ARTISAN. Celui qui exerce un art mécanique. qui exécute des travaux difficiles et considérés comme plus relevés ; son rôle est plus étendu que celui du simple ouvrier et exige plus d'intelligence et une certaine initiative.

L'artisan est un ouvrier, mais l'ouvrier peut n'être pas un artisan, et l'un et l'autre sont audessus du manœuvre. Lorsque l'artisan travaille à son compte sur la matière première qui lui est fournie, ou même sur celle qu'il a achetée, sans poursuivre d'autre gain que la rétribution de son travail, il ne peut être assimilé aux commerçants, mais il cesse d'être un simple artisan et doit être considéré comme un fabricant lorsque la matière première qu'il achète et revend est une occasion de bénéfice en dehors de la rémunération attachée à sa main-d'œuvre. Au mot *ouvrier*, nous donnerons une étude sur la condition des artisans et des ouvriers dans les différentes phases par lesquelles l'humanité est passée. — V. Art appliqué a l'industrie, Atelier, Ouvrier.

ARTISTE. Celui qui cultive, qui exerce un art où l'imagination et la main doivent concourir ; il y a entre l'artisan et l'artiste cette différence que le premier ne peut que servir l'œuvre créée par le second ; l'artisan exécute avec plus ou moins d'habileté telle ou telle partie d'une chose d'art, tandis que l'artiste conçoit et interprète l'œuvre entière et lui donne l'expression de la vie.

Nous empruntons au *Dictionnaire* de Larousse une définition très exacte de l'artiste, telle que nous l'entendons nous-mêmes, nous ne pouvons mieux faire que de la reproduire ici textuellement :

« Les Grecs et les Romains, dit-il, confondaient sous la même dénomination (*technités* en grec, *artifex* en latin) l'artiste et l'artisan. Les lexicographes ne sont pas d'accord sur la différence qui a motivé les deux appellations françaises : selon l'Académie, l'artisan est celui qui travaille dans un art où le génie et la main doivent concourir, qui cultive les arts libéraux.... L'industrie a également ses *artistes :* celui qui invente un dessin, un modèle, destiné à être reproduit sur une étoffe, sur le bois, le métal ou toute autre matière, à l'aide de procédés mécaniques, fait œuvre d'art tout aussi bien que le peintre, qui se sert de la couleur pour fixer une image quelconque sur la toile, aussi bien que le statuaire qui, d'un bloc de marbre, fait sortir une statue ou un vase. On objectera peut-être que le peintre et le statuaire poussent jusqu'au bout la réalisation de leur idée et continuent à être guidés par l'inspiration dans l'exécution de la partie matérielle de leur œuvre, tandis que, le plus souvent, les productions de l'art industriel sont dues à des procédés serviles d'imitation. Nous rappellerons d'abord que beaucoup de peintres et de statuaires célèbres ont abandonné à des praticiens le soin d'exécuter l'œuvre dont ils avaient tracé la composition et façonné la maquette, se bornant à donner euxmêmes les derniers coups de pinceau ou de ciseau qui devaient parfaire un travail, dont nul n'a songé à leur contester la paternité. C'est encore ainsi que procèdent la plupart des sculpteurs de notre temps. Et, d'ailleurs, si l'on faisait une loi à l'*artiste* d'entrer dans tous les détails de la pratique, que faudrait-il penser des architectes? Devrions-nous leur refuser le nom d'*artistes*, parce qu'ils se contentent de donner des plans et d'en surveiller l'exécution? et le monument dont ils auraient conçu toutes les parties ne devrait-il pas être regardé comme leur ouvrage, parce qu'il aurait été construit par d'humbles travailleurs? On voit à quelles absurdités aboutirait cette théorie. Il résulte, de tout ce que nous venons de dire, que l'*artiste* est celui qui traduit l'idée du beau sous une forme sensible. En d'autres termes, c'est faire œuvre d'art, c'est être *artiste*. que de combiner des lignes, des contours, des couleurs, des sons, en vue de produire sur notre imagination, par l'intermédiaire des sens, une impression de beauté. Le praticien qui dégrossit le bloc de marbre, le maçon (1) qui bâtit l'édifice, le fondeur qui coule le métal dans un moule, voilà l'artisan! Est-ce à dire que les deux qualités soient incompatibles, que le même homme ne puisse être à la fois *artiste* et artisan? L'histoire est là pour nous apprendre le contraire : Bernard Palissy, pour ne citer qu'un nom illustre entre tous, ne modelait-il pas et ne faisait-il pas cuire lui-même ses rustiques figulines? Mais, chose singulière, tandis que de nos jours, bon nombre de gens, dont le métier n'a absolument aucun rapport avec l'art, usurpent la qualification d'*artiste*, tandis que nous avons des artistes capillaires, des artistes

(1) Encore faut-il, selon nous, faire ici une distinction entre la *grosse maçonnerie* et la *maçonnerie légère*, celle-ci plus que celle-là exige des ouvriers habiles et d'un ordre plus élevé ; l'ouvrier maçon qui fait le *limousinage* serait impropre à exécuter les plafonds, corniches, etc.

pédicures, des artistes vétérinaires, etc., les plus grandes illustrations des beaux-arts se contentent de s'intituler peintres, sculpteurs, architectes ou musiciens. »

* ARUNDEL (Marbres d'). Marbres antiques trouvés à Paros au commencement du xvii° siècle, et sur lesquels sont inscrites les époques de l'histoire grecque. Ils furent recueillis par John Evelyn et William Petty, envoyés en Italie et en Grèce aux frais de Lord Howard, comte d'Arundel, qui leur donna son nom. La collection entière se composait de trente-sept statues, deux cent cinquante marbres chargés d'inscriptions, cent vingt-huit bustes, des autels, des sarcophages, des bijoux, etc. En 1667 son petit-fils, le duc de Norfolk, fit don à l'Université d'Oxford des tables écrites qu'il reçut en héritage, et depuis cette époque on les désigne aussi sous le nom de *marbres d'Oxford.*

* ARZÉGAIE ou ARZAGAYE. *Art milit.* Arme offensive en usage au moyen âge. C'était un javelot long de trois à quatre mètres garni à ses deux extrémités d'un fer pointu, que les cavaliers lançaient à force de bras. Cette arme disparut au commencement du xvii° siècle.

ASARET. Plante herbacée vivace, à fleur nutante d'un violet livide, à feuilles réniformes, dont une espèce, l'*asaret d'Europe*, appelé aussi *oreillette, cabaret, nard sauvage* est employée comme sternutatoire. On en retire aussi une couleur vert-pomme qui devient d'un brun-clair par ébullition prolongée, et peut servir dans la teinture des étoffes de laine.

ASBESTE. *T. de minér.* Substance minérale à fibres raides, cassantes, composée de silicate de chaux et de magnésie, et qui a, comme l'*amiante*, la propriété d'être incombustible. On rencontre l'asbeste dans les montagnes granitiques en Angleterre, en Savoie, en Corse, dans les Pyrénées, et on lui donne les noms de *cuir fossile, liège fossile, papier fossile, carton de montagne*, etc., selon sa texture et son plus ou moins de dureté. Les anciens réduisaient l'asbeste en fils avec lesquels ils fabriquaient quelques tissus ; de nos jours, on est parvenu à en faire des tissus, du papier et du carton.

* ASCENSEUR. Appareil élévatoire hydraulique dans lequel la pression de l'eau est utilisée comme agent moteur.

— La dénomination d'*ascenseur* a été donnée à cet appareil par son inventeur, M. Léon Edoux, qui, le premier, exposa et fit fonctionner à l'Exposition universelle de 1867, une machine élévatoire très remarquée. Cet ingénieur a, depuis cette époque, apporté et appliqué à la construction de ces appareils de nombreux perfectionnements qui tous ont été réunis dans le grand ascenseur établi au Palais du Trocadéro pour l'Exposition de 1878.

Les progrès accomplis par cette industrie, pendant les dix années qui viennent de s'écouler, peuvent donner une idée du développement qu'elle est appelée à prendre aujourd'hui que l'extension des ressources hydrauliques permet de généraliser son application.

Nous reviendrons au mot *chemins de fer*, sur une ingénieuse application par laquelle M. Edoux a fait de ses appareils la base d'un système de chemin de fer de montagnes, destiné à franchir, quelles que soient les rampes, les régions accidentées et inaccessibles aux moyens ordinaires de locomotion.

Voici l'exposé sommaire de la théorie, de la construction, du fonctionnement et des emplois d'un ascenseur.

L'eau contenue dans les récipients clos, tels que les conduites ou tuyaux composant une canalisation quelconque, est dite *forcée*, c'est-à-dire qu'elle exerce sur les parois de ces récipients, et également dans tous les sens, une pression dépendant de la hauteur, au-dessus de chaque point considéré, de son niveau d'origine.

Cette pression, dans les villes par exemple, est obtenue au moyen de réservoirs généralement élevés, ou châteaux d'eau, approvisionnés, soit par des aqueducs à pentes naturelles ou à syphons, soit par des élévations d'eau mécaniques ; elle s'élève, dans les tuyaux, à plusieurs mètres ou dizaines de mètres (atmosphères), selon la hauteur des niveaux d'alimentation. Chaque atmosphère correspond sensiblement, en raison du poids spécifique de l'eau, à une pression de un kilogramme par centimètre carré de la surface pressée.

L'ascenseur reçoit cette action au moyen d'un cylindre ou corps de pompe E, dont la hauteur est égale à la course que le plateau, ou *véhicule* proprement dit, doit fournir, et dans lequel se meut un piston plongeur B, d'une longueur égale, et d'une section déterminée par la puissance que l'on veut obtenir.

Le plateau est solidement attaché au piston plongeur qu'il surmonte ; l'ensemble est convenablement équilibré par un système de contrepoids qui se meut dans les colonnes qui supportent l'appareil et guident la cabine dans son ascension ou dans sa descente. La pression et par suite le mouvement, sont, à volonté, communiqués au piston par un système d'organes de manœuvre qu'il nous reste à définir.

Un distributeur C (fig. 185) reçoit l'eau en pression par un tuyau A et la fait passer par le tuyau de communication C', suivant qu'il s'agira de faire monter ou descendre le plateau, du tuyau d'arrivée A au cylindre E ou du cylindre E au tuyau de décharge K. Lorsque le levier H du distributeur est horizontal, les orifices intérieurs des tuyaux A et K sont fermés, et l'appareil est au repos ; lorsque le levier est en bas, la communication s'établit par le tuyau C' entre la conduite d'arrivée A et le cylindre E, le plateau monte ; lorsque le levier est en haut, la communication s'établit par le même tuyau C' entre le cylindre E et le tuyau de décharge K, le plateau descend.

A l'extrémité du levier H se trouve une tige rigide F', appelée tige de manœuvre qui longe le plateau dans toute sa course, et extérieurement à la cabine. Cette tige est équilibrée au moyen d'une ou deux poulies de renvoi P et d'une corde *i* passant dans la cabine et au bout de laquelle se trouve le contrepoids d'équilibre F. La corde *i* a donc un mouvement inverse de celui de la tige de manœuvre F'.

Il résulte des dispositions que nous venons de décrire que pour faire monter l'appareil, il suffit au conducteur placé dans la cabine de tirer la corde de manœuvre de bas en haut ; le levier sollicité par le poids de la tige de manœuvre s'abaisse et ouvre le distributeur : pour opérer la descente il suffit au contraire de tirer la corde de manœuvre de haut en bas, cette manœuvre ayant pour conséquence de fermer la conduite d'arrivée A, et d'ouvrir le tuyau de décharge K.

Pour les arrêts automatiques aux extrémités de la course, il existe sur la cabine c une buttée fixe p, qui vient toucher à l'arrivée en haut et en

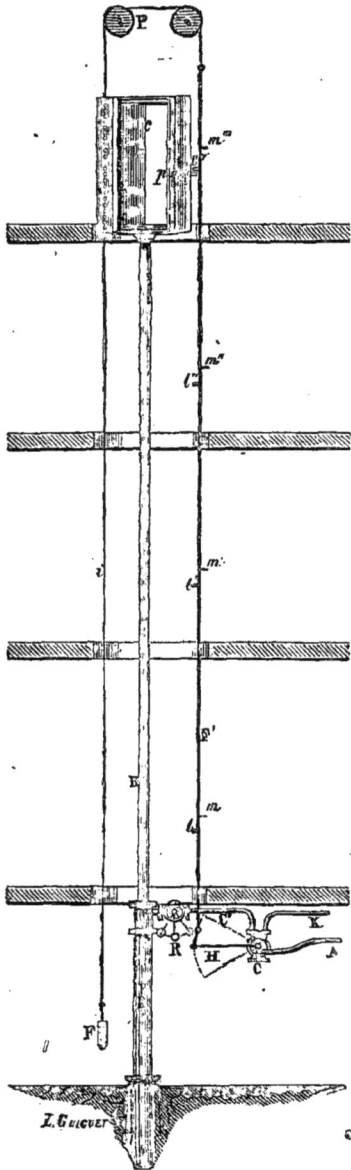

Fig. 185. — *Théorie de l'ascenseur.*

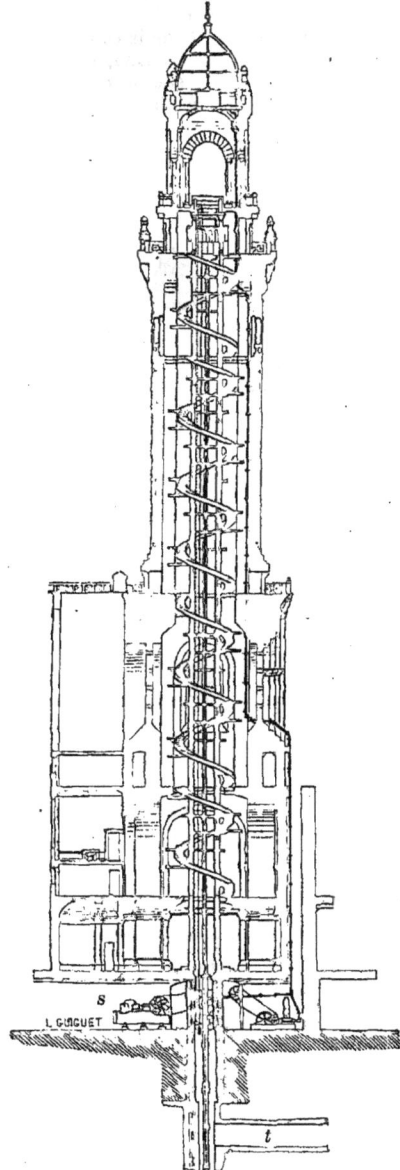

Fig. 186. — *Coupe du grand ascenseur du Trocadéro.*

bas, les taquets *l l'''* qui sont fixés à la tige de manœuvre, de manière à ramener en ces deux points le levier du distributeur dans la position horizontale, c'est-à-dire à mettre l'appareil au repos. Pour les arrêts automatiques intermé-

diaires, il existe, dans la cabine, une boîte à manœuvre *n* qui porte autant de verrous mobiles qu'il y a d'arrêts; ces verrous viennent toucher, comme le fait la buttée fixe, le taquet *l'*, *l''*, qui leur correspond à l'étage où l'on veut arrêter. De telle sorte que, pour provoquer un arrêt à un étage intermédiaire, il suffit, en opérant comme si l'on devait franchir la course entière, de pousser en même temps, dans la boîte de manœuvre n, le verrou correspondant à l'étage où l'on veut stationner. L'ouverture de la porte de la cabine produit la rentrée automatique du verrou, et remet instantanément le plateau en état de monter ou de descendre à la volonté du conducteur.

Une poignée (m, m', m'', m''') fixée à la tige de manœuvre permet enfin, sur le palier de chaque étage, de faire monter ou descendre la cabine, en ouvrant ou fermant le distributeur.

Une valve modère la vitesse de l'appareil, à la montée si la charge est trop faible, comme à la descente si la charge est trop forte, en réglant le débit de l'eau. La modération de vitesse est due au rétrécissement de l'orifice intérieur

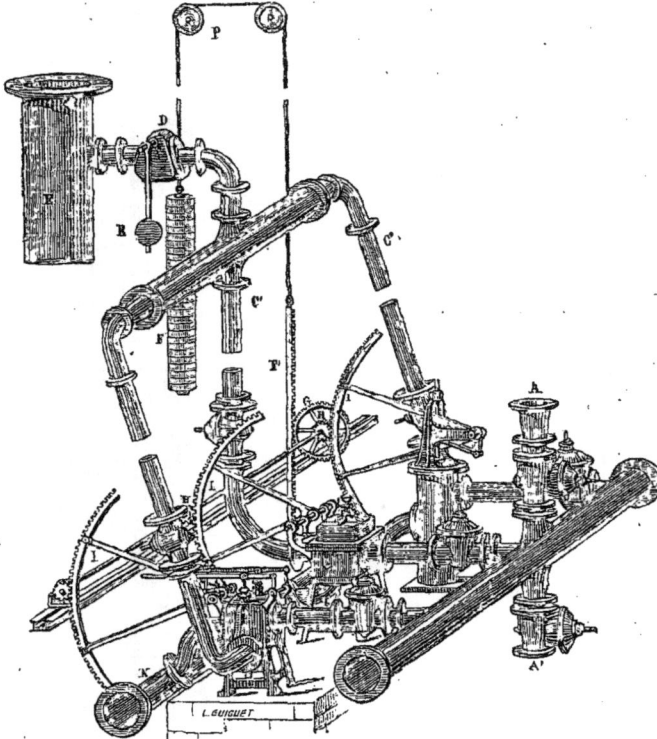

Fig. 187. — *Chambre de manœuvre de l'ascenseur du Trocadéro.*

A A' Tuyaux d'arrivée. — E Tuyau de décharge. — C Distributeurs. — C' C'' C''' Triple conduite amenant l'eau des distributeurs C au cylindre E par l'intermédiaire de la valve régulatrice D. — R Levier régulateur. — F Contrepoids attaché à la corde de manœuvre. — F' Crémaillère fixée à l'extrémité de la tige de manœuvre et actionnant la roue dentée G. — H Pignons calés sur un arbro horizontal fixé à l'axe de la roue G, et manœuvrant les secteurs I qui mettent en mouvement à l'aide de leviers qui leur sont articulés les clapets des distributeurs C. — P Poulies fixées à l'extrémité supérieure de l'appareil et au-dessus de laquelle passe la corde de manœuvre.

produit automatiquement par la vitesse de l'eau agissant sur un secteur mobile qui étrangle la section de passage du liquide. Le contrepoids R placé sur le levier extérieur tend à ramener sans cesse le secteur à la position verticale, aussitôt que la vitesse se trouve réduite ou nulle. Cet appareil joue un rôle analogue à celui du pendule de Watt dans les machines à vapeur. Le fonctionnement étant le même, que le courant d'eau ait lieu dans un sens ou dans l'autre, le réglage est produit à la descente aussi bien qu'à la montée.

Notre figure 186 représente une coupe de l'ascenseur du Trocadéro. C'est l'appareil de ce genre le plus important qui ait été construit. Le plateau

fournit une course de 62m,50, et par suite le piston plongeur pénètre dans le sol à une profondeur semblable. Le cylindre dans lequel il se meut traverse les Catacombes t. Cet appareil a été construit par M. Edoux, pour l'Exposition de 1878.

L'eau en pression est fournie par un réservoir placé au sommet de la tour; elle est introduite dans les distributeurs C (fig. 187) par le robinet A. Un autre robinet A', mis en communication avec les conduites de la ville de Paris, est disposé pour fournir cette eau dans le cas où il y aurait lieu d'arrêter l'arrivée par le réservoir. L'eau est élevée au réservoir par une machine à vapeur installée dans les sous-sols S du monument.

Dans le but de prévenir toute interruption dans le fonctionnement de l'appareil, trois distributeurs C, fonctionnant indépendamment les uns des autres, fournissent l'eau en pression au tube ascensionnel E par trois conduites C' C" C'" qui l'amènent dans une conduite unique où elle rencontre la valve régulatrice D, dont nous avons plus haut défini la fonction. La corde de manœuvre, passant par dessus la poulie P, et portant le contrepoids F, communique comme dans les appareils ordinaires avec une tige; et cette dernière se termine dans la chambre même où se trouvent les appareils distributeurs par une crémaillère F' qui actionne une grande roue dentée G, laquelle manœuvre elle-même un pignon H calé sur un arbre horizontal passant devant trois secteurs dentés. Ces secteurs I mettent en mouvement à l'aide de leviers qui leur sont articulés les clapets des distributeurs C, correspondant à chacune des conduites C' C" C'".

La manœuvre est donc absolument la même que celle que nous avons expliquée plus haut, en ce qui concerne la conduite de l'appareil.

On comprend, d'après les courtes explications que nous venons de donner, quel rôle important les ascenseurs sont appelés à jouer dans les édifices modernes. Par leur emploi, des personnes en nombre quelconque ou les fardeaux les plus lourds peuvent être montés facilement à des points élevés; un effort des plus considérables peut être produit par l'action la plus légère. L'application des ascenseurs s'étend aujourd'hui aux usages les plus divers, tels que : élévation des voyageurs dans les hôtels, des habitants et des visiteurs dans les maisons particulières, des acteurs et employés dans les grands magasins, des malades et des blessés dans les hôpitaux, des personnes infirmes ou âgées dans leurs habitations; transport vertical des marchandises dans les docks, entrepôts, magasins, ateliers; des espèces, papiers, valeurs, dans les banques, au moyen de caisses spéciales se logeant dans des réduits souterrains et inaccessibles; manœuvre de cloisons mobiles, destinées à réunir ou séparer à volonté des locaux quelconques, des décors de théâtres, etc.; accès commode et rapide aux plates-formes des édifices les plus élevés.

L'importance même et le nombre des applications que peut recevoir l'ascenseur ont appelé naturellement l'attention des chercheurs et provoqué diverses modifications sur lesquelles les limites de cette étude ne nous permettent point de nous étendre. Une, entre autres, a pour but de produire à l'aide du même principe initial, des effets répondant au même but, par des moyens différents : c'est l'ascenseur sans puits de M. Samain que nous allons décrire sommairement.

Au lieu d'attacher le plateau au piston plongeur, ce dernier constructeur supprime entièrement ce piston. Le plateau est relié par une chaîne au contrepoids qui lui fait équilibre. Ce contrepoids forme en même temps piston et se meut dans un cylindre en cuivre, placé verticalement et hors terre. Le mouvement se produit donc à

l'inverse de celui de l'ascenseur à piston plongeur. Quand on introduit l'eau sous le piston, il monte et la cabine descend : au contraire, il descend et la cabine monte, lorsque l'on fait évacuer l'eau.

Le nom d'*ascenseur* constitue, ainsi que nous l'avons dit, une qualification spéciale qui s'applique exclusivement aux appareils élévatoires hydrauliques. On réserve plus particulièrement le nom de *monte-charges* (V. ce mot), aux appareils dont la force ascensionnelle a une origine différente, à ceux notamment dans lesquels l'élévation se produit par l'emploi des *treuils* (V. ce mot). C'est dans cette dernière catégorie d'engins que doit être rangé, à proprement dire, l'ascenseur du nouvel Opéra de Paris. Nous croyons toutefois qu'en raison de la qualification qui, dans l'usage, a prévalu, c'est ici la place de donner quelques indications sommaires sur la construction et le fonctionnement de cet appareil.

Le niveau de la cour du nouvel Opéra est inférieur de 11 mètres environ à celui de la scène. Il s'agissait donc, sans établir de machine à vapeur dans cette partie du monument, sans recourir à des rampes d'accès dont l'installation eût été impossible dans l'espace restreint dont on disposait, de construire une plate-forme suffisamment large pour recevoir le matériel et les décors, au besoin même des chevaux montés et attelés, et d'élever cette plate-forme par un moyen mécanique jusqu'à la hauteur de la scène.

Notre figure 188 offre une vue de l'appareil. De solides sommiers en fer double T composent la charpente supérieure, sur laquelle repose en réalité toute la charge; ils sont assujettis au mur de face de la cour. Huit montants G entretoisés et reliés au mur par des solives, viennent s'assembler sur ces sommiers et ont pour fonction de guider la cage E dans son mouvement ascensionnel.

La cage a 10^m,80 de longueur sur 2^m,76 de largeur et 4^m,50 de hauteur. Douze chevaux avec leurs cavaliers peuvent aisément y trouver place. Elle glisse entre les montants G au moyen de seize galets à gorge placés aux angles à la partie supérieure et à la partie inférieure du cadre qui la forme.

Des fers plats disposés en losanges maintiennent les armatures principales de la partie supérieure de ce cadre, sur laquelle s'attachent deux groupes de chaînes se réunissant aux points D de suspension de la cage. A ces mêmes points D s'attachent les chaînes qui correspondent au treuil, et celles qui portent les contre-poids F. La cage pèse 5,000 kilogrammes, les contre-poids 3,000 kilogrammes.

Les chaînes C, qui correspondent au treuil, passent par dessus des poulies maintenues par des poutres en fer reliées aux sommiers et viennent se réunir en un point d'attache, qui, par une chaîne unique B, est en relation avec le treuil.

Ce dernier engin est un treuil à double noix, système Bernier, muni d'un parachute automatique pour prévenir tous les accidents. Son bâti seul pèse 3,000 kilogrammes et est solidement attaché à la fois au sol et au mùr contre lequel repose l'ensemble de l'appareil. Il est mû à bras, mais pourrait être actionné, si on le préférait, par tout autre moteur.

Cinq à six hommes suffisent à la manœuvre de

Fig. 188. — *Ascenseur (monte-charge) du Grand Opéra de Paris.*

l'appareil; il faut 15 à 20 minutes pour élever la charge, et cette dernière peut, sans danger, atteindre un poids de 12,500 kilogrammes.

ASCLEPIAS. On retire de l'arbuste dit *asclepias*

deux sortes de textiles : des graines d'abord, les poils soyeux dont elles sont munies et qui servent à faire de la ouate; ensuite, de la plante elle-même, des fibres qui ressemblent beaucoup à celles du chanvre. Ce sont les *asclepias curassavica, syriaca* et *douglasii*, qui fournissent principalement le duvet, et les variétés *exaltata, syriaca. gigantea, obovata, amœna, tomentosa, phytalaccoïdes* et *quadrifolia*, qui donnent surtout la fibre proprement dite : l'une et l'autre sont employées dar s les Indes Orientales et l'Amérique du Sud et ne sont nullement originaires de l'Asie, malgré le nom de *syriaca* qu'on donne à certaine espèce.

L'asclepias est désignée, dans les pays de production, sous les noms d'*apocyn à ouate soyeuse, plante à soie, coton sauvage, herbe à la ouate,* et d'une manière générale sous le nom d'*asclepias de Cornuti;* elle s'est propagée dans toutes les régions tropicales.

Les asclepias sont de grandes herbes vivaces à tige velue, cylindrique en bas et anguleuse vers le haut, dont les feuilles sont blanchâtres par dessous, d'un vert sombre et glabre par dessus. Elles portent, de juin à août, des fleurs blanches réunies sous forme d'ombelles très fournies.

Le *duvet* est assez peu employé. Decaisne rapporte qu'on a cherché à en tirer parti, autrefois, pour en fabriquer des étoffes, mais que d'un côté le bon marché du coton ordinaire, de l'autre la rareté de la matière fournie par l'asclepias, dont la culture a toujours été fort restreinte, ont arrêté les spéculations manufacturières à son égard. Dans sa patrie, on le file quelquefois cependant, en le mélangeant à d'autres fibres. Cette soie est blanche ou jaune clair.

Il n'en est pas de même, au contraire, des *filaments* que l'on en extrait par rouissage et teillage et qui, dans l'Amérique du Sud et à Sierra-Leone, ont un emploi comparable à celui du chanvre chez nous. Ces filaments sont d'un beau jaune d'or, soyeux, fins, très lisses, d'une longueur uniforme et légèrement frisés. On en voit toujours, à chaque Exposition, s'alliant parfaitement avec la soie, la laine, le coton, dans la fabrication des plus beaux tissus : on en a fait des broderies et des couvertures très solides. Il paraît qu'on a essayé d'acclimater l'asclepias en Europe à titre de plante textile, et on rapporte qu'en 1772 on en voyait, dans ce but, aux environs de Liegnitz une plantation d'environ 100,000 pieds. C'est en Silésie que les principaux essais de culture ont été tentés; aujourd'hui l'asclepias reste un textile des pays chauds. — A. R.

* ASCOT. Serge commune.

* ASPALATH ou ASPALATHE (bois d'). Sorte de bois de couleur sombre à veines longitudinales foncées, et qui nous vient des Antilles, de la Jamaïque et d'Haïti. On l'emploie dans la marqueterie et dans l'ébénisterie.

* ASPE. T. *techn.* Dévidoir sur lequel on place les écheveaux pour les dévider. On écrit aussi *asple.*

* ASPERSION. T. *de céram.* Procédé qu'on emploie pour placer la glaçure sur les poteries composées. La poterie est façonnée et cuite; on verse sur les parties qui doivent être brillantes la glaçure en bouillie épaisse. — V. GLAÇURE.

* ASPHALTAGE. T. *techn.* Action d'asphalter.

ASPHALTE. Syn. : *Bitume.* On donne en minéralogie le nom d'asphalte à une substance amorphe, à cassure conchoïdale, de couleur noire ou brunâtre, qui brûle, après fusion, avec une flamme très fuligineuse. Son éclat est résineux, sa densité 1,1. Cette substance se trouvant dans le sol en amas qui imprègnent des roches calcaires ou siliceuses, on a l'habitude dans l'industrie de désigner la roche sous le nom d'*asphalte,* et de réserver à la substance imprégnante le nom de *bitume.*

Cette matière provient de la décomposition lente des matières organiques; elle est, d'après Boussingault, constituée par deux carbures d'hydrogène, l'un liquide (*pétrolène*), l'autre solide (*asphalténe*). Voici la composition élémentaire de l'asphalte du Puy-de-Dôme, d'après Ebelmen :

Carbone.	76,19
Hydrogène	9,41
Oxygène.	10,34
Azote	3,32
Cendres.	1,80
	101,06

Une autre variété de bitume, dit *bitume élastique* ou *élatérite,* a la mollesse et la consistance du caoutchouc; elle offre à froid et sans frottement l'odeur bitumineuse. C'est un carbure d'hydrogène renfermant des traces d'oxygène, que l'on rencontre dans le Derbyshire. — Le *malthe* est un bitume visqueux, formé d'asphalte et de naphte.

Provenance. On a signalé, en France, un grand nombre de localités possédant des gisements d'asphalte : à Aniche (Nord); à Bastennes (Landes); au puits de la Poix (Puy-de-Dôme); ces gisements sont aujourd'hui épuisés ou abandonnés. En Alsace, les mines de Weissembourg, ont, à un moment, fourni une production importante. Celles de Lobsann (Vosges), fournissent annuellement depuis le 1er janvier 1878, près de 8,000 tonnes d'asphaltes. Le bassin de Seyssel, en pleine exploitation, avec ses dépendances, Pyrimont, Volant, Forens, Gardebois, Lovagny, n'a pas moins de trois myriamètres de longueur. Les vastes dépôts du Val-de-Travers (près Neuchâtel, Suisse), sont également en pleine exploitation.

On importe de l'île de la Trinité, la majeure partie des bitumes que l'on emploie pour la fabrication du *mastic d'asphalte,* dont il sera parlé ci-après. Dans ce dernier pays, le lac de Poix a plus de 5 kilomètres de tour, et on ne connaît pas sa profondeur. Ce bitume à gangue terreuse est dégagé des matières organiques qui le renferment, au moyen d'un lessivage dans un bain de goudron de schiste. On tire également parti des bitumes du lac de Judée, des Abruzzes, de Coxitambo (Pérou), de Murindo (Colombie), de l'île de Cuba, etc.

Le bitume a divers emplois : sous le nom de *momie,* il sert en peinture; c'est le corps qui a été utilisé pour la conservation des cadavres, par le *procédé* des anciens égyptiens; il sert à faire des vernis s'appliquant sur le bois (vernis dit *du Japon,* pour faire les imitations d'objets en laque), les métaux, les pierres; mais son principal emploi est dans la confection des routes ou trottoirs des grandes villes.

— Le bitume ou ciment naturel a trouvé des applications architecturales dès la plus haute antiquité. En effet, il est dit dans le livre de la Genèse, au chapitre VI, verset 4, en parlant de l'arche de Noé, *Bituminabis bitumine*. « Vous l'asphalterez de cet asphalte. » Et au verset 3, IIᵉ chapitre, *Et asphaltus fuit eis vice cœmenti*, et « l'asphalte leur tint lieu de ciment. »

Les Égyptiens se servaient de l'asphalte dans beaucoup de leurs besoins; *nous venons de signaler l'usage qu'ils en faisaient pour la conservation de leurs momies*. « En 1828, on ouvrit et on déposa au musée du Louvre un cercueil de l'ancienne Égypte. Ce cercueil en bois de cèdre, était enrichi d'or et de peintures, dont l'éclat n'était pas encore effacé. Il renfermait depuis quarante siècles les restes de la fille d'un des principaux officiers de Psamméticbos, morte à l'âge de 24 ans, ainsi que l'attestait un papyrus qu'elle tenait dans ses mains croisées sur sa poitrine. Ses traits étaient peu altérés et les fleurs de lotus qui formaient sa couronne funéraire étaient reconnaissables. L'asphalte était la substance qui avait servi à conserver cette momie. ». (Louis FIGUIER, *Merveilles de l'industrie*.) Les Égyptiens se servaient aussi de l'asphalte dans leurs grandes constructions, particulièrement pour l'établissement des citernes et des ouvrages qui devaient *résister à l'action des eaux*.

L'asphalte entrait dans la construction des murs de Babylone et de la plupart des villes anciennes de l'Asie-Mineure ou de l'Orient.

Enfin, dans les fouilles pratiquées à Pompéi on a retrouvé des rues entières dallées en asphalte.

C'est un docteur d'origine grecque, Eireni d'Eyrinis, établi en Suisse, qui le premier découvrit ou du moins mit en lumière l'existence de l'asphalte en Europe. Dans une brochure, qui date de 1721, il s'étend sur *l'asphalte ou ciment naturel, découvert depuis quelques années, a*

Fig. 189. — *Établissement d'une chaussée en asphalte comprimé.*

Val-Travers, la manière de l'employer tant sur la pierre que sur le bois, et les utilités de l'huile que l'on en tire. C'est dans ce même canton de Neuchâtel, qu'un ingénieur suisse, M. Mérian, devait, un siècle et demi plus tard (1849), découvrir la propriété que possède la poudre d'asphalte fortement chauffée et comprimée sous le choc d'outils maintenus eux-mêmes à un haut degré de température, de se solidifier par le refroidissement, de se reconstituer en quelque sorte en roche asphaltique, et de former une chaussée dont la résistance est énergique.

Après les essais infructueux de 1837, aux Champs-Élysées, à l'aide de l'asphalte mélangé au goudron de nouille; après ceux de MM. de Polonceau et Darcy, et la tentative encore insuffisante de M. de Coulaine, à Saumur, avec le mastic d'asphalte et l'asphalte comprimé à froid, on allait renoncer à *l'emploi de cette matière* pour les chaussées, lorsqu'une expérience faite rue Bergère, en 1854, avec le nouveau système de M. Mérian, vint démontrer que l'on était maître enfin de la solution.

Depuis cette époque le nouveau système de pavage n'a cessé de se développer. La ville de Paris qui, en 1858, possédait 80,000 mètres de chaussées en asphalte comprimé, en possédait 275,219 mètres au 1ᵉʳ janvier 1878. Et si l'on ajoute à cette surface celle des trottoirs revêtus d'asphalte coulé, à la même époque, on arrive à une surface totale de près de 3 millions de mètres.

Trois compagnies ont accompli successivement ces grands travaux : la Compagnie des asphaltes de Seyssel, origine de la Société des asphaltes de France, jusqu'en 1872; la Compagnie générale des asphaltes de France, jusqu'au 31 décembre 1877, et depuis cette époque enfin, M. Paul Crochet, adjudicataire actuel des travaux de la ville de Paris.

L'asphalte s'emploie sous deux formes :

En *poudre*, chauffé et comprimé à chaud, pour chaussées en asphalte comprimé.

En *mastic*, c'est-à-dire additionné de bitume, et le plus souvent de sable, pour trottoirs, terrasses, cours, dallages et revêtements verticaux.

Les diverses opérations que l'on fait subir à la roche asphaltique, sont donc de trois natures distinctes :

1° Celles qui ont pour but le broyage et la pulvérisation;

2° Celles qui sont destinées à amener la matière dans l'état où elle peut être employée à pied-d'œuvre ;

3° Celles enfin qui s'accomplissent sur le chantier même où se fait l'application.

La première opération que doit subir le minerai d'asphalte est, dans tous les cas, le broyage qui le réduit en poudre. Elle s'opère généralement dans une usine située sur le carreau même de la mine : le moellon d'asphalte, tel qu'il a été extrait est soumis à l'action d'un concasseur qui le divise en morceaux de la grosseur d'un œuf ; puis ces fragments sont introduits de nouveau dans un moulin à noix, ou mieux dans un *broyeur Carr* ou *Vapart*. Ce broyeur, si la vitesse de rotation

qui lui est imprimée est suffisante, les amène à un tel degré de pulvérisation, que l'on peut se dispenser de passer la poudre au tamis.

Chaussées en asphalte comprimé.

La poudre ainsi obtenue est expédiée par bateau ou par chemin de fer à Paris où elle vient subir les opérations successives qui vont la rendre propre aux divers emplois qu'on en veut faire. Elle est le produit direct de l'asphalte naturel en roche, c'est-à-dire du calcaire poreux imprégné de bitume qu'on extrait des bancs de Seyssel, du Val-de-Travers, de Pyrimont, de Seyssel-Forens, de Lobsann. Elle peut, avons-nous dit, s'appliquer

Fig. 190. — *Établissement d'un trottoir en asphalte coulé ; fusion du mastic d'asphalte sur le chantier.*

directement, sans aucune addition de bitume à la confection des chaussées. Il est nécessaire, pour cela, de la porter tout d'abord à un haut degré de température.

Les appareils que l'on emploie pour cet objet sont d'énormes chaudières cylindriques en tôle, rappelant par leur forme, les torréfacteurs à café. Ces cylindres sont chauffés extérieurement et animés continuellement d'un mouvement de rotation sur eux-mêmes qui a pour effet de mélanger intérieurement la masse, et d'en faire passer successivement toutes les parcelles au contact des parois chaudes. Le mélange acquiert ainsi une température uniforme de 120 à 130°. La poudre d'asphalte amenée à cet état de division et d'échauffement possède la propriété de s'agglomérer facilement par la compression, en formant une **couche compacte** qui reprend, par le refroidis-

sement, la dureté et la solidité de la roche primitive.

Le foyer à l'aide duquel est chauffée la chaudière, est généralement mobile sur des rails. Lorsque la poudre est arrivée au degré de température convenable, la voiture qui doit transporter la matière sur le chantier où elle sera employée vient prendre la place du foyer que l'on écarte et reçoit directement sa charge par une porte à charnière ménagée dans le cylindre.

Arrivée à pied-d'œuvre (fig. 189) la poudre d'asphalte est étendue sur une couche de béton bien damé, et soumise, après son régalage, à l'action de pilons en fonte chauffés, ou mieux de rouleaux compresseurs, également en fonte, et chauffés par un brasier incandescent disposé intérieurement.

Cette couche d'asphalte comprimé est, en général, appliquée sur une épaisseur de 4 à 5 centimètres; il entre, par mètre carré de surface, un poids de 21 kilogrammes de roche bitumineuse. La solidité et la propreté que présentent ces chaussées, l'avantage qu'elles offrent de réduire considérablement le bruit assourdissant des voitures, en font multiplier chaque jour l'utile application. — V. CHAUSSÉE.

Trottoirs, dallages et revêtements en asphalte coulé. La poudre d'asphalte n'est pas employée directement à la confection des trottoirs; elle doit être convertie tout d'abord en mastic d'asphalte, c'est-à-dire en un mélange d'asphalte et de bitume dans des proportions déterminées. La cuisson de ce mastic s'opère dans de grandes chaudières horizontales montées sur des fours en briques, et où la matière amenée à l'état pâteux par l'action de la chaleur, est malaxée par un arbre armé de bras en fer qui remuent continuellement le mélange. La moitié inférieure de la chaudière plonge dans la maçonnerie; la partie supérieure, en tôle, est munie d'une porte par laquelle on introduit graduellement la poudre d'asphalte dans le bitume en fusion. Un tuyau

Fig. 191. — *Établissement d'un trottoir en asphalte coulé, avec emploi des chaudières locomobiles pour la fusion du mastic d'asphalte.*

placé au sommet livre passage à la fumée et aux gaz qui se dégagent.

Lorsque la cuisson est complète, on coule la matière visqueuse dans des moules en fer, où elle se solidifie, en prenant la forme de ces pains de bitume, d'un poids de 25 kilogrammes, sur lesquels on imprime la marque de l'usine, et qui s'expédient non seulement en France, mais à l'étranger.

C'est dans cet état que l'asphalte arrive sur le chantier. Les pains de bitume sont alors soumis à une seconde fusion dans des fourneaux qu'on installe à proximité.

S'il s'agit d'un revêtement vertical, la matière est employée pure. S'il s'agit au contraire de l'établissement d'un trottoir, d'un dallage ou d'une terrasse (fig. 190), on mélange au bitume fondu du sable de moyenne grosseur en propor-

tion suffisante pour former une pâte épaisse qu'on étale sur une aire en béton de chaux ou de ciment préalablement préparée. La couche de bitume est appliquée sur une épaisseur qu'on règle à volonté, suivant les conditions du travail à effectuer. On répand sur cette couche encore chaude du sable fin, et on lui fait subir une sorte de damage léger au moyen de planchettes ou battes, avec lesquelles on unit la surface.

Le procédé que nous venons de décrire est le plus généralement employé. Dans les départements et même dans les quartiers excentriques de la capitale, il est exclusivement en usage. Cependant la fumée noire que produisent les matières en fusion, l'odeur pénétrante qu'elles exhalent, en ont fait proscrire l'emploi dans les grands quartiers de Paris.

On a recours alors à un autre système. La matière est préparée à l'usine telle qu'elle doit être employée à pied-d'œuvre, c'est-à-dire que lorsqu'on fabrique le mastic d'asphalte, on introduit dans la chaudière en même temps que la poudre d'asphalte et le bitume, la quantité de gravier voulue. La deuxième fusion s'opère durant le trajet même de l'usine au chantier. A cet effet, la matière préparée comme nous venons de le dire, est transportée dans des chaudières locomobiles, montées sur chariots (fig. 191), et munies d'un agitateur interne disposé selon leur axe. Cet agitateur est mis en communication avec une manivelle placée extérieurement à l'arrière du chariot. Pendant le trajet, le conducteur tourne fréquemment la manivelle pour brasser le mélange et empêcher le bitume de brûler contre les parois. M. Paul Crochet a apporté à cet appareil un ingénieux perfectionnement. Entre le foyer et le récipient qui contient la matière en fusion, il a disposé une chaudière tubulaire, dont la vapeur alimente une petite machine à vapeur fixée au flanc du chariot. Le piston de cette machine entretient d'un mouvement automatique et régulier la manivelle qui fait tourner le malaxeur.

Carrelages en asphalte moulé. On doit à la compagnie générale des asphaltes de France, la première application d'un nouveau mode de carrelage qui rendra de grands services dans les habitations, les vestibules, écuries, remises, vacheries, etc.

Il consiste dans l'emploi de *carreaux* en asphalte moulé, de diverses épaisseurs, suivant les applications à faire. Ces carreaux peuvent être posés aussi facilement que tous les autres genres de carreaux en terre cuite ou en marbre. Il n'est pas nécessaire de recourir à des ouvriers spéciaux. On place les carreaux sur l'aire en béton, ou sur le sable, en les soudant entre eux au moyen d'un mastic bitumineux chauffé, que le maçon emploie comme il emploierait du mortier de chaux ou de ciment.

Ces dallages, unis ou quadrillés, au choix de l'acheteur, et complètement hydrofuges, seront certainement employés avec avantage dans beaucoup de constructions.

Béton d'asphalte. Signalons encore, avant de quitter ce sujet, une nouvelle application : les *massifs de fondation en béton d'asphalte*, pour machines à vapeur, machines-outils, marteaux-pilon et toutes autres machines puissantes. Le bloc de béton d'asphalte, composé de cailloux et de mastic d'asphalte, coulé dans un moule ou dans une excavation, forme une masse à la fois très solide et suffisamment élastique, qui, en absorbant les vibrations, supprime toute trépidation du sol, et se prête parfaitement aux conditions de la meilleure installation des machines.

Asphalte factice. On fabrique avec un mélange de coaltar, de craie pulvérisée ou de terre a four, des produits qu'on désigne sous le nom d'*asphalte factice*, et qui sont loin de présenter les qualités que possèdent les asphaltes naturels. Les ingénieurs de la ville de Paris en ont complète-

ment proscrit l'emploi pour les trottoirs ou dallages des voies publiques. Ces compositions artificielles ne sauraient se prêter avantageusement aux applications importantes que nous venons de signaler. On vient cependant d'admettre à la série de la ville de Paris, l'emploi d'un mélange composé de bitume et de déchets d'ardoises réduits en poudre. L'avenir dira ce qu'il en faut attendre.

* **ASPHALTÈNE.** *T. de chim.* Principe soluble et fixe qui, mélangé avec le pétrolène, constitue les bitumes glutineux. On l'obtient en chauffant le bitume à 250° pendant deux jours; sous l'action de la chaleur, le pétrolène se volatilise et laisse un résidu noir, brillant, qui forme l'asphaltène. D'après Boussingault, sa formule est $C^{40} H^{33} O^6$. — V. l'article précédent.

* **ASPHALTER.** Couvrir d'asphalte une chaussée, un trottoir.

ASPHODÈLE. Parmi les diverses espèces de cette plante, on distingue l'*aphodèle rameux*, avec lequel on obtient un alcool limpide et incolore, qui brûle sans résidu et dont la flamme est identique à celle de l'alcool pur. L'alcool d'asphodèle est l'objet d'une active industrie, en Algérie principalement. — V. Alcool.

* **ASPIN.** *T. de minér.* Marbre que l'on extrait des carrières d'Aspin (Hautes-Pyrénées).

* **ASPIRAIL.** *T. techn.* Trou pratiqué dans un fourneau, un poêle, etc., afin que l'air puisse y pénétrer.

* **ASPIRATEURS.** Appareils propres à aspirer l'air, les gaz, les vapeurs et les liquides. Les aspirateurs reçoivent, sous des formes très variables, de nombreuses applications.

Les aspirateurs d'air s'appliquent à la ventilation des mines, des salles de théâtre et autres locaux (V. Ventilation). Les aspirateurs de gaz sont surtout employés dans les usines à gaz pour extraire le gaz des cornues et le refouler dans les gazomètres (V. Extracteur). Les aspirateurs de vapeur sont appliqués dans les séchoirs, les papeteries, les étuves, les teintureries, etc., pour enlever la vapeur d'eau dégagée pendant le séchage (V. Séchoir). Les aspirateurs de liquide, fonctionnant spécialement par l'action d'un jet de vapeur ou d'un jet d'air comprimé, sont appliqués à l'élévation de l'eau, à l'épuisement des cales de navires, etc. — V. Pompe.

ASPIRATION. *T. de mécan.* On applique ce mot à diverses opérations mécaniques ayant pour but d'aspirer soit de l'air ou d'autres gaz, soit des liquides.

Dans l'application des pompes à l'élévation des liquides, on appelle aspiration la hauteur verticale entre le niveau du liquide où la pompe aspire et le corps de pompe en action.

On nomme *tuyau d'aspiration*, le tuyau par lequel le liquide est amené à la soupape d'aspiration, et *soupape d'aspiration*, la soupape par laquelle le liquide entre dans le corps de pompe.

* **ASPLE.** *T. techn.* Nom du dévidoir sur lequel on forme les écheveaux de soie; il consiste en

une cage formée de barreaux de bois disposés parallèlement autour d'un arbre qui tourne sur des supports. On dit aussi *aspe*.

* **ASSAGAÏE.** — V. Sagaïe.

* **ASSAILLY (Forges d').** — V. Saint-Chamond.

ASSAINISSEMENT. Application de moyens, ou production d'effets, concourant à assurer, à rétablir, ou à entretenir les conditions hygiéniques et la salubrité, dans toutes les circonstances quelconques où il importe de sauvegarder la santé de l'homme.

L'assainissement comprend l'application générale de toutes les règles, procédés et dispositions se rattachant à l'hygiène et à la salubrité. L'*hygiène* s'applique plus particulièrement aux individus, et la *salubrité* s'applique aux locaux divers habités par eux. — V. Hygiène.

Assainissement des locaux. Partout où il y a agglomération d'hommes, partout où des matières animales ou végétales produisent, par leur *décomposition*, par leur *combustion* ou leur *volatilisation*, un foyer quelconque d'infection, des émanations ou des gaz nuisibles, irrespirables ou dangereux; partout enfin où des causes diverses rendent l'air malsain pour les personnes renfermées dans un local quelconque, atelier, salle de réunion, maison d'habitation; il faut recourir à divers moyens propres à prévenir ou à détruire les causes d'infection et d'insalubrité qui existent ou qui ont existé.

Certaines industries ont des inconvénients, d'autres même ont des dangers pour les ouvriers qui en exécutent les opérations, ou pour le voisinage : des règlements spéciaux prescrivent dans ce cas un ensemble de mesures pour assurer la salubrité tant au dedans qu'au dehors de ces ateliers. — V. Désinfectant, Désinfection, Établissements insalubres.

Parmi les divers moyens que la science a mis à notre disposition pour assainir les espaces clos où doit séjourner un nombre plus ou moins grand d'individus, la *ventilation* est un de ceux qui rend le plus de services, et qui mérite une étude toute particulière. — V. Ventilation.

C'est par la ventilation qu'on renouvelle l'air des salles de spectacle, des salles d'hôpitaux, des prisons, des cales et entreponts d'un navire; c'est par la ventilation qu'on permet aux mineurs de travailler à des profondeurs souterraines de 500 et 600 mètres ; c'est par elle qu'on préserve les ouvriers doreurs des dangers que présente l'inhalation des vapeurs mercurielles ; et beaucoup d'autres industries l'emploient pareillement comme un précieux auxiliaire contre les émanations nuisibles auxquelles sont exposés leurs ouvriers.

Les moyens et les procédés ayant pour but d'assainir des locaux quelconques varient nécessairement avec la nature et la destination de ces locaux : nous ne saurions entrer ici dans l'étude détaillée de tous ces moyens, et chaque cas particulier doit être traité au mot qui s'y rapporte directement.

Assainissement des villes. Envisagé d'une manière générale au point de vue de l'hygiène publique, l'*assainissement des villes* embrasse un ensemble de dispositions, de règlements et de procédés ayant pour but d'assurer, d'une part, un nettoyage suffisant de toutes les parties d'une cité, et, d'autre part, l'enlèvement quotidien de toutes les impuretés, de tous les immondices et détritus rejetés par les habitants.

Pour le nettoyage, les moyens employés généralement sont le balayage, le lavage des ruisseaux et l'arrosage des rues. — V. Arrosage, Balayage, Balayeuse mécanique, Distribution d'eau.

L'enlèvement des immondices et détritus se fait par un service de tombereaux, par les égouts, par les vidanges. — V. Egout, Vidanges.

— L'assainissement des villes avait peu préoccupé les anciens. Dans l'histoire de France, il faut remonter jusqu'à la domination romaine pour trouver les premiers règlements relatifs à la salubrité publique. Une loi de Valentinien, qui avait séjourné quelque temps à Paris, de 365 à 369, défendait de jeter des ordures dans la rivière, et d'y laver les chevaux. Sous les rois de la première race, les arrêtés concernant l'assainissement des villes furent presque sans importance. Toutefois, un capitulaire de Dagobert, rendu en 630, prescrivit d'une façon assez précise des dispositions intéressant l'hygiène publique il défendait d'exhumer les cadavres, de salir les eaux des fontaines, d'interrompre ou d'entraver le cours des rivières, d'enfouir les animaux morts. Du reste, l'usage de la crémation était presque général, et il se perpétua jusqu'à Charlemagne qui le défendit sous peine de mort. De là date la création des cimetières.

C'est surtout depuis la fin du siècle dernier que les mesures prises pour l'assainissement de Paris ont apporté une amélioration considérable dans la situation préexistante. Jusqu'à cette époque les industries les plus insalubres s'établissaient librement jusqu'au centre même des quartiers les plus populeux; les hôpitaux, insuffisants comme étendue, étaient souvent eux-mêmes le foyer de maladies épidémiques.

La suppression ou la réglementation des industries insalubres, l'éloignement des ateliers classés dans cette catégorie, l'élargissement des voies, l'établissement d'une abondante distribution d'eau, et la création d'un vaste réseau souterrain d'égouts, ont fait disparaître *toutes* les causes d'insalubrité du vieux Paris.

Si les égouts sont un des plus puissants moyens que puisse employer une grande ville pour se débarrasser des impuretés qu'elle produit chaque jour, ils n'offrent toutefois qu'une solution incomplète de cette grande question de salubrité publique. Ils ne font, en effet, que déplacer le foyer d'infection en transportant à distance les matières putrescibles; mais quand celles-ci ont été rejetées par la bouche de l'égout, on n'a résolu qu'une partie du problème; reste à trouver la solution de la seconde partie. C'est ce que l'administration municipale de Paris, avec le concours de ses ingénieurs les plus éminents, s'efforce de faire actuellement.

Il y a cent ans, Franklin, parlant aux Anglais de leur pays, avec cette bonhommie astucieuse qui était le propre de son génie, soutenait que l'eau de la Tamise ne se rendait pas à la mer. Il prétendait que toutes les impuretés de la capitale anglaise, versées sans précaution et sans méthode dans le fleuve, formaient un immense piston mobile et liquide, chassé tour à tour dans un sens ou dans l'autre par le courant ou le flux de la mer.

Il touchait ainsi du doigt la plus grande difficulté de ce genre d'entreprise.

En effet, il y a deux points qui dominent aujourd'hui la question de l'assainissement et qui la rendent toujours actuelle, toujours vivante et toujours non résolue malgré les progrès accomplis : ce sont les *vidanges* (V. ce mot) et le choix d'un dépôt pour les immondices entraînés.

Tous les ingénieurs sont d'accord aujourd'hui sur ce fait que, de tous les moyens employés pour se débarrasser des matières fécales, le coulage direct à l'égout est celui qui offre le plus d'avantages au point de vue de l'économie et de la salubrité. Ce procédé de vidange exige seulement une distribution d'eau abondante.

A Londres, jusqu'en 1815, il avait été interdit de laisser couler les vidanges dans les ruisseaux. Mais peu à peu le water-closett s'introduisit dans les usages et on toléra que le trop plein vînt tomber à l'égout public. Les choses en étaient là en 1847, à l'époque du choléra, lorsqu'on reconnut brusquement tous les avantages de la méthode qui consistait à faire entraîner les matières fécales par l'eau courante, et le coulage direct à l'égout qui n'était qu'une tolérance devint une obligation.

Mais les dispositions adoptées étaient loin de répondre aux conditions de salubrité qu'on espérait réaliser; les égouts déchargeaient dans la Tamise, au milieu même de la ville, les impuretés de toutes sortes qu'ils entraînaient. Les déjections promenées à travers la ville par le flux et le reflux, se déposaient le long des quais en couches épaisses et puantes qui, à la basse mer, découvertes par l'eau, avaient créé une situation intolérable.

Les choses en était là, lorsqu'en 1865, on décida d'y remédier par l'exécution de travaux considérables qui furent entrepris en vue de conduire les eaux-vannes à 30 kilomètres en aval, sur un point où la rivière offre une largeur de 700 mètres et qui se trouve assez éloigné de la ville pour que le flux n'y puisse jamais ramener les eaux entraînées par le courant. Le reflux entraîne toutes les impuretés et au point de vue de la salubrité la solution est complète.

A Bruxelles, où la vidange s'opère aussi par les égouts, la situation est exceptionnellement mauvaise. On jette par jour environ 30,000 mètres cubes d'eaux-vannes dans une petite rivière, la Senne, dont le débit est presque nul en été. Cette masse énorme d'immondices abandonnés ainsi à moins de cinq kilomètres de la ville, crée un danger qui préoccupe vivement, et avec raison, la municipalité, mais qui jusqu'ici n'a pas eu d'inconvénients sérieux au point de vue de la santé publique.

Ces deux exemples, qui montrent deux grandes villes, l'une dans la meilleure, l'autre dans la pire des conditions, font assez sentir combien est grave et complexe cette question qui intéresse à un si haut degré de santé publique.

Nous venons de voir qu'à Londres et à Bruxelles, le coulage à l'égout est devenu presque général.

Malheureusement à Paris, il n'en est pas de même. Malgré l'avis des ingénieurs du service municipal, tous favorables à cette méthode, elle ne peut prévaloir. On persiste à conserver le système des fosses fixes, dont le moindre inconvénient est d'être dispendieux et incommode. On garde auprès de Bondy, un établissement dont les émanations se répandent à plusieurs kilomètres et qu'il serait temps enfin de voir disparaître! On conserve surtout dans les maisons une installation qui peut devenir une cause grave d'insalubrité à la moindre négligence des habitants; c'est déplorable.

M. Belgrand considérait la vidange actuelle comme un véritable fléau. Pour lui la seule solution était le coulage direct à l'égout et il citait à l'appui de sa thèse, l'exemple de l'Hôtel-des-Invalides, qui contient deux mille habitants, où cette pratique est suivie depuis longtemps sans avoir jamais soulevé la moindre plainte.

D'ailleurs, les matières fraîches ne renferment pas encore d'ammoniaque, et les parisiens n'en produisent que 25 litres par seconde, soit 2,000 mètres cubes par jour, qui seraient noyés dans 300,000 mètres cubes d'eau sale, débités journellement par les collecteurs.

On aurait tort d'invoquer en faveur du maintien du *statu quo*, le bénéfice que peut y trouver la ville, car en 1877, la voirie de Bondy n'a rapporté que 28,000 francs. Un traité plus avantageux vient d'être passé avec une compagnie, mais sera-t-il exécuté? On n'a pas oublié les déboires d'une compagnie anglaise qui, après avoir offert 6 francs du mètre cube de matières, a abandonné son entreprise, laissant à la ville son cautionnement et le stock intact!

On s'explique d'autant moins cette persistance dans une question où les avis sont unanimes, que dans d'autres où bien au contraire les avis sont très partagés on fait des efforts pour arriver à remédier à une situation évidemment regrettable. Nous voulons parler de l'altération des eaux des rivières dans lesquelles se jettent les eaux d'égout.

Il est certain que les moyen le plus simple et le plus commode pour se débarrasser des immondices des villes consiste à les jeter dans les rivières. En les noyant dans de grandes masses d'eau on fait disparaître la cause la plus énergique d'insalubrité, les émanations fétides.

Mais la méthode semble moins bonne aux riverains dont on déprécie l'approvisionnement d'eau, et aux propriétaires de maisons de campagne sur les jardins desquels on répand une odeur très désagréable. Il est certain du moins qu'il n'y a plus là de danger pour la santé, et il faut bien, enfin de compte, que les villes trouvent un débouché quelconque pour leurs immondices.

A Paris, le collecteur général coupe la bouche du bois de Boulogne et vient déboucher à Asnières avec un raccourci de 15 kilomètres qui permet d'augmenter notablement la pente de l'égout. Ce collecteur verse trois mètres cubes d'eaux-vannes par seconde dans la Seine, qui n'a à cet endroit qu'un débit de quarante mètres cubes par seconde à l'étiage. Les conditions ne sont donc pas bonnes et le fleuve est altéré sur une grande longueur. Il se dégage de l'égout une odeur fade très désagréable. Mais à un kilomètre en aval l'odeur a disparu, et si les eaux ne sont pas plus pures, ce n'est plus que leur usage seul qui peut être une cause d'insalubrité.

La solution la plus efficace de cette situation serait l'augmentation du débit des rivières qui reçoivent les eaux-vannes. Ainsi, les égouts de Rouen, ville de 120,000 âmes, sont sans action sensible sur les eaux de la Seine, quoique les teintureries et les nombreuses fabriques de la ville y versent des eaux absolument noires. De même, les égouts de Lyon sont sans action sensible sur les eaux de la Saône et du Rhône. S'il était possible, à Bruxelles, d'augmenter le débit de la Senne, en y faisant arriver les eaux d'un canal de dérivation, la solution serait complète. A Paris, il en serait de même, si l'on pouvait détourner un des affluents inférieurs du fleuve, l'Oise, par exemple, et le faire déboucher dans la Seine non loin d'Asnières.

Mais devant les difficultés matérielles d'une semblable entreprise, on a dû choisir d'autres solutions et il faut reconnaître que jusqu'à présent elles n'ont donné qu'une bien minime satisfaction.

On a pensé tout d'abord à utiliser les eaux d'égouts en les traitant par des procédés chimiques pour en extraire les engrais qu'elles renferment, et rendre ensuite au fleuve des eaux à peu près pures. Cette méthode est aujourd'hui absolument condamnée; il n'y a rien à en attendre à cause du prix beaucoup trop élevé des opérations. Nous ne citerons, comme exemple, que ce qui a été tenté à Crosness, sur la rive sud de la Tamise, où l'épuration chimique ressort à 0 fr. 41 par mètre cube d'eau traitée et la tonne de dépôt sec, qui coûte 160 francs en frais de fabrication n'a qu'une valeur de 20 francs.

La seconde méthode consiste à employer directement les eaux d'égout à l'irrigation. De nombreux essais ont été faits déjà dans ce sens.

A Édimbourg, toutes les eaux-vannes sont répandues dans la campagne. De même à Leicester. Mais la réussite de l'opération dans des villes relativement peu développées n'implique pas son succès certain dans des centres comme Paris et Londres.

Dans cette dernière ville, une compagnie s'est formée, en 1865, pour l'utilisation de 300,000 mètres cubes d'eaux-vannes qu'elle devait relever de 20 mètres. Les travaux étaient évalués à 80 millions de francs. Jusqu'à ces dernières années on n'arrosait que 65 hectares et on n'employait que 150 mètres cubes d'eau par jour, c'est-à-dire la deux centième partie du volume disponible. Les ingénieurs anglais ne croyaient pas au succès de l'opération.

A Paris, en présence des réclamations fort vives des riverains de la Seine, l'État est intervenu pour sommer en quelque sorte la ville de remédier à cet état de choses. On eut alors la pensée d'utiliser ces eaux d'égouts, soit en les répandant sur le sol des terrains cultivés, soit en les faisant circuler dans des rigoles comme cela se pratique pour les irrigations ordinaires. La presqu'île de Gennevilliers que l'on a choisi pour faire les essais est formée d'un sol graveleux, très perméable et doué d'une puissance d'absorption très grande. On installa sur la rive droite de la Seine, à Clichy, près du débouché du grand égout collecteur, des pompes puissantes chargées d'élever l'eau et qui la refoulent dans une conduite, noyée dans le fleuve, tout à fait semblable au siphon établi au pont de l'Alma, à Paris, pour faire communiquer les égouts des deux rives de la Seine. Ces conduites amènent les eaux impures dans la presqu'île de Gennevilliers. Jusqu'en 1873, on n'utilisait que 12,000 mètres cubes d'eau par jour avec lesquels on n'arrosait que 40 hectares. Depuis, on a fait des travaux qui permettent d'utiliser 80,000 mètres cubes d'eau. Le terrain est éminemment favorable, et pour prouver aux cultivateurs la valeur et la richesse de ces engrais liquides, la ville de Paris a créé sur ce point un jardin modèle, où les arrosements à l'eau d'égout ont amené les légumes à un état de vigueur inouïe, sans altérer leur valeur nutritive, ni leur communiquer aucun goût particulier. De proche en proche, l'exemple donné par la ville, a été imité avec succès par les voisins. Mais les eaux d'égout sont trop abondantes pour les besoins, et il a fallu songer à en envoyer le trop plein dans d'autres localités; des machines élévatoires ont été installées, pour transporter, dans un avenir prochain, ce trop plein dans les plaines situées derrière la forêt de Saint-Germain et jusqu'aux environs du futur cimetière de Méry-sur-Oise.

La ville, pour réussir, s'est imposé un luxe ruineux de précautions. Elle fait couvrir ses rigoles d'irrigation, jusqu'ici à ciel ouvert; elle opère des drainages pour faire écouler dans la nappe souterraine les eaux déjà filtrées par leur première action sur la végétation. Toutefois, malgré ces dispositions recommandables, M. Belgrand qui, jusqu'à sa mort a dirigé ces essais, paraissait craindre que pour faire cesser des émanations désagréables sans doute, mais qui ne sont pas nuisibles à la santé, on créât une cause d'insalubrité réelle. Nous avons déjà dit que l'eau en noyant les matières entraînées était, aussi bien dans les égouts que dans les rivières, le principal agent d'assainissement. Or, dans l'état actuel des choses, aucun homme spécial n'oserait émettre une opinion absolue sur les résultats, au point de vue de la salubrité, d'une opération qui consiste à répandre et à exposer à l'effet de la radiation solaire 300,000 mètres cubes d'eau d'égouts répartis sur une surface de quelques milliers d'hectares de terre.

On paraît croire aujourd'hui que ces craintes sont exagérées.

Il faut noter, en outre, que l'on n'avance qu'avec peine et que, quoi qu'ils n'aient payé jusqu'ici aucune redevance, les cultivateurs daignent à peine employer les eaux-vannes qu'on leur livre gratuitement.

Au nom d'une compagnie dont il était le représentant, M. de Freycinet, qui a étudié la question avec beaucoup de soin en Angleterre, a demandé à la ville de Paris la concession de toutes ses eaux d'égouts. Moyennant une subvention annuelle de 4,300,000 francs, pendant cinquante ans, il se serait chargé de tous les travaux. Ce chiffre est exagéré, mais il donne une idée de l'importance de l'opération et peut ébranler la foi de ceux qui croient à son succès économique.

Il est enfin une autre donnée qui est de la dernière importance pour déterminer la solution à laquelle on s'arrêtera. C'est le climat. Ainsi à Buenos-Ayres, on a suivi l'exemple des grandes villes d'Europe et on essaie de filtrer dans un terrain fertilisable les eaux d'égouts produites par la ville. Si en Europe les cultivateurs de banlieues des grandes villes daignent à peine employer les eaux-vannés qu'on leur livre gratuitement, peut-on espérer plus de succès à Buenos-Ayres, au milieu de terrains d'une fertilité extraordinaire, et que la culture n'a pas épuisés? Les craintes que signale M. Belgrand au sujet des résultats que peut avoir, au point de vue de la salubrité, l'opération de Gennevilliers, ne doivent-elles pas d'autant plus vivement appeler l'attention qu'à Buenos-Ayres, une température tropicale contribue puissamment à transformer le champ d'expériences en un foyer pestilentiel?

Les travaux d'assainissement donnent quelquefois lieu à des entreprises gigantesques et qui exigent non seulement le talent et les connaissances d'un ingénieur, mais le génie d'une individualité puissante et les encouragements d'une population éclairée et riche. Il n'en est pas de plus curieux exemple que celui des travaux entrepris pour l'assainissement de Chicago, en Amérique.

Cette ville qui, par son importance commerciale est devenue la véritable capitale industrielle des États-Unis, est bâtie sur les rives du lac Michigan, sur les bords d'une petite rivière très lente qui est le réceptacle de tous les immondices.

Par suite du faible débit de la rivière, les eaux n'ont pas tardé à croupir, à devenir un foyer pestilentiel, et à verser dans le lac un limon infect qui altérait la pureté des eaux d'alimentation. Les Américains, qui sont gens de ressources, décidèrent de changer le courant de la rivière pour la faire couler en sens inverse. Au lieu de verser son contenu dans le lac, elle devait emprunter ses flots à ce dernier. Un long canal navigable reliait les rivières de Chicago et d'Illinois; on décida de le creuser jusqu'à une profondeur de huit pieds et demi en dessous du lac Michigan. Ce travail, commencé en 1865, fut considérable, car il fallut couper à travers le roc solide sur une longueur de vingt-six milles. Mais, on fut agréablement surpris, le 16 juillet 1870, de voir que la rivière avait renversé son cours et qu'au lieu de ses eaux grasses et noirâtres, elle montrait un courant lent, mais perceptible cependant, d'eau pure qui se dirigeait du lac vers le Mississipi.

Ce renversement d'une rivière est un des exemples les plus frappants des grands travaux qui peuvent être entrepris pour l'assainissement des villes. — L.

* **ASSAMAR.** *T. de chim.* Matière qui se forme lorsque l'on grille jusqu'à brunissement divers produits organiques (pain, viande, café, gluten, farine). On lui attribue la saveur amère du café et des aliments grillés.

* **ASSEAU.** *T. de mét.* Marteau dont la tête est recourbée en portion de cercle; il sert aux couvreurs qui lui donnent aussi le nom de *assette.*

* **ASSÉCHAGE.** *T. de mét.* Opération ayant pour but de faciliter le vernissage par l'absorption, à l'aide du tripoli, de l'huile qui a pénétré dans le bois.

I. **ASSEMBLAGE.** Réunion de pièces de bois ou de pièces de fer au moyen de coupes spéciales ou par l'emploi de divers procédés. On utilise les assemblages dans la charpenterie de bois et dans celle de fer, ainsi qu'en menuiserie. Il existe un très grand nombre d'assemblages, mais qu'on ramène à trois groupes principaux :

Assemblages horizontaux; assemblages verticaux; assemblages obliques.

Assemblages horizontaux. Ceux-ci sont employés pour allonger ou renforcer des pièces

Fig. 192. — *Assemblage à traits de jupiter simples.*

qui, dans la construction, travaillent horizontalement, telles que poutres, poutrelles, solives, sablières, tirants, entraits, sous-entraits, etc.

Pour allonger ou renforcer deux fortes pièces de bois devant former une poutre, on utilise l'*assemblage à traits de jupiter simples* (fig. 192) ou à *traits de jupiter doubles* (fig. 193), avec clefs ou sans clefs; c'est sans contredit un des plus solides, le moins sujet à *travailler* et par conséquent à se

Fig. 193. — *Assemblage à traits de jupiter doubles.*

désunir, à se *désassembler.* Pour les pièces de moindre importance, telles que solives, poutrelles, chevêtres, enchevêtrures, etc., on emploie les *assemblages à mors d'âne*, à *paume*, à *tenon* et à *repos*, à *chaperon* (fig. 194), à *tenon et à mortaise*, à *embrèvement*, à *queue d'aronde* ou d'*hironde* à *queue d'aronde et à mi-bois* (fig. 195), à *double queue d'aronde* ou d'*hironde;* la plupart de ces assemblages peuvent être entaillés à mi-bois, cloués ou chevillés, *frettés*, c'est-à-dire serrés au moyen de bandes de fer méplat, nommées *frettes*. — V. ce mot.

Parmi les assemblages horizontaux nous devons mentionner : 1° celui dit *assemblage de bouts* ou *de rallonge* ou bien encore à *fil de bois*, ainsi nommé parce que les pièces de bois sont assemblées en prolongement. Ce genre d'assemblage n'est guère employé qu'en charpente, il est ordinairement consolidé à l'aide de frettes et en outre il est *boulonné*. Il est dit à *mi-bois*, quand les pièces sont entaillées d'équerre chacune par moitié de leur épaisseur et sur une même longueur

Fig. 194. — *Assemblage à chaperon.*

de part et d'autre, de façon que les entailles de chaque pièce s'emboîtent parfaitement pour former un tout ; *taillé en flûte* ou en *sifflet*, quand les pièces de bois sont entaillées sous un même angle aigu, les faces de l'entaille sont posées *jointives ;* à *trait de jupiter*, quand il est formé par une suite d'entailles en flûte ou en sifflet sur deux ou plusieurs plans parallèles et sur plus ou moins de longueur (fig. 193). On laisse parfois des vides rectangulaires dans le fond des entailles ; ils servent à recevoir de petits coins en bois nommés *clefs* ou *clavettes* qui, enfoncées de force, exercent une grande pression sur les parois des trous qu'ils bouchent, ce qui donne du *raide* ou de la rigidité à l'assemblage, tel est le cas dans l'exemple fourni par nos figures 192 et 193.

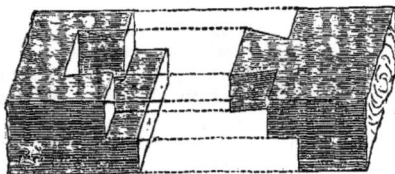

Fig. 195. — *Assemblage à queue d'aronde et à mi-bois.*

2° L'*assemblage de champ*, dans lequel les pièces de bois sont unies par leurs faces latérales, il peut être à *rainure* et *languette*, à *feuillure*, à *mi-bois*, à *clef*.

Quant un assemblage est à la fois horizontal et vertical, par exemple quand il s'agit de réunir une pièce verticale et une traverse, on utilise parfois un assemblage dit à *demi-queue d'aronde* (fig. 196), et afin que l'emmanchement des deux pièces puisse s'opérer il faut que la mortaise, sur la face d'assemblage, soit au moins égale à la plus grande hauteur de la demi-queue d'aronde. Aussi quand cette dernière est en place, il reste un vide dans la partie supérieure de la mortaise ; on le bouche avec une clef légèrement conique que l'on introduit de force, afin de serrer l'assemblage. Cette

clef permet également le serrage dans le cas où le bois en séchant donnerait du jeu à l'assemblage. — V. figure 196.

Assemblages verticaux. Ceux-ci, qu'on nomme également *entures*, sont employés pour allonger des poteaux ou autres pièces de bois qui doivent rester debout. On ente les poteaux à tenon et mortaise, mais quand on emploie ce mode d'assemblage, il faut avoir soin de ne pas dimi-

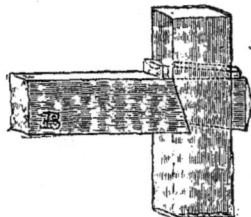

Fig. 196. — *Assemblage horizontal et vertical à demi-queue d'aronde.*

nuer la force du bois. Pour cela le tenon doit toujours être taillé suivant le fil du bois et égaler le tiers de l'épaisseur de la pièce et placé dans son milieu ; les tenons affectent souvent la forme que présente notre figure 197. La mortaise sera, dans l'autre pièce, disposée de façon à ce que ces deux jouées soient égales chacune au tiers de la pièce, ces trois tiers forment la totalité de la pièce ; le tenon et les deux jouées de mortaises ayant toutes la même épaisseur, la même force, auront sensiblement la même résistance.

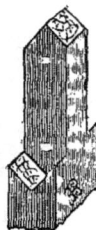

Fig. 197. — *Tenon dans un assemblage vertical.*

On ente aussi les pièces verticales en *sifflet* et à *mi-bois* (fig. 198) : on consolide ces assemblages avec des boulons ou des chevilles. Les trous destinés à recevoir les chevilles d'assemblage doivent être situés au tiers inférieur de la longueur du tenon et dans l'axe de son épaisseur. Les chevilles sont en bois dur et de fil, elles sont légèrement coniques, presque cylindriques ; leur diamètre doit être du quart ou du cinquième de l'épaisseur du tenon dans l'axe duquel on les implante. Dans les entures les chevilles sont indispensables, mais en général, dans beaucoup d'autres parties de la charpente, il ne faut pas oublier que les chevilles ne sont là que pour aider à monter l'assemblage, mais qu'elles n'en font pas partie, car une charpente bien comprise et bien exécutée doit tenir sans chevilles. Il est cependant d'usage de les laisser après la pose, de les enfoncer à force et de scier leur tête à fleur des pièces dans lesquelles elles sont engagées.

Assemblages obliques. Dans la charpenterie, ces assemblages sont souvent utilisés pour réunir, par exemple, des arbalétriers avec des

Fig. 198. — *Enture à sifflet et à mi-bois boulonnée.*

poinçons à leur sommet ou des entraits à leur pied, pour constituer des fermes et des demifermes, pour des jambes de force, etc. Quant une pièce s'assemble dans une autre pièce avec un angle très aigu, l'assemblage se fait à *embrèvement* et à *crans*. Parmi les assemblages obliques nous devons mentionner l'*assemblage anglais* (fig. 199), très employé par exemple pour les charpentes exposées aux intempéries de l'air. Comme celles-ci sont très sujettes à de promptes détériorations, il faut prendre ses mesures pour les construire

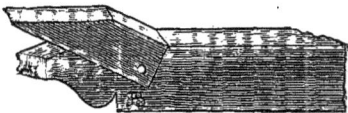

Fig. 199. — *Assemblage anglais.*

avec le moins d'assemblages possibles; et pour ceux qui sont indispensables, on ne devra employer que les assemblages qui peuvent par leur structure même résister le plus à l'humidité, tel est l'assemblage anglais représenté par notre figure 199; la mortaise est en contre-haut, c'est-à-dire dans l'about de la pièce inclinée.

Assemblage à oulices. Dans un pan de bois, on nomme ainsi l'assemblage d'une pièce verticale avec une pièce inclinée; le tenon de l'about de la pièce verticale est triangulaire; on le nomme *tenon à oulices.*

Assemblage en fer et en fonte. De même que les charpentiers, les serruriers em-

ploient des assemblages à *tenon* et à *mortaise*, à *mi-fer* et à *mi-fonte*, à *queue d'aronde*, en *biseau* et à *sifflet*, à *empatement* et par *prisonnier*. Ce dernier assemblage s'obtient au *mattoir* par le sertissage des deux pièces, ou bien on réunit celles-ci au moyen d'un taraudage, l'une des deux pièces est à vis, l'autre taraudée. Les serruriers font aussi des assemblages à l'aide de *rivets*, de *boulons* et de *goujons*, principalement sur les pièces de tôle; en général, pour donner plus de solidité à ces travaux, ils utilisent des fers cornières pour renforcer les pièces, surtout dans les angles. On pratique à la fois des percements dans les tôles et dans les cornières et c'est dans les trous obtenus qu'on place les rivets. — V. CHARPENTE. — E. B.-C.

II. **ASSEMBLAGE.** *T. de broch.* Réunion des feuilles qui doivent former un volume d'après l'ordre des signatures. — V. BROCHAGE.

ASSEMBLER. *T. techn.* Joindre, emboîter les différentes pièces d'un ouvrage de charpenterie, de menuiserie, de mécanique, etc. || Réunir les feuilles qui doivent former un volume.

ASSEMBLEUR, EUSE. *T. de mét.* Celui, celle qui fait l'assemblage des feuilles imprimées. — V. BROCHEUR. || Ouvrière en dentelles qui fait l'assemblage.

*** ASSEOIR.** *T. de mét.* Asseoir l'or, c'est, chez le doreur, le poser sur une première assiette qui lui sert de fond pour augmenter son relief et son éclat.

*** ASSEREAUX.** *T. d'expl. de min.* Nom que l'on donne aux accidents de terrains que l'on rencontre dans une couche ardoisière. — V. ARDOISIÈRE.

*** ASSETTE.** *T. de mét.* Marteau en usage chez les tonneliers, qui le nomment aussi *aissette*, pour polir et arrondir les douves des tonneaux, et chez les couvreurs pour dresser, couper et clouer les lattes et les ardoises, il est formé d'une tête et d'un tranchant; on lui donne aussi le nom *d'asseau.*

ASSIETTE. 1° Vaisselle plate sur laquelle on mange. || 2° Composition que l'on met sur les bois, les moulures, sur la tranche d'un livre avant la dorure. || 3° Pavé placé dans le sens qu'il doit occuper sur le sable. || 4° Chez les teinturiers, cuve remplie des ingrédients nécessaires pour la teinture. || 5° En *T. de chem. de fer*, on entend par *assiette de la voie*, la solidarité qui existe entre les diverses parties de la superstructure d'un chemin de fer.

*** ASSIMILATION.** 1° *T. de chim.* Les végétaux ne se développent qu'en puisant dans le sol et dans l'atmosphère un certain nombre de substances d'une composition simple. Ces substances : l'eau, l'acide carbonique, les phosphates, les azotates, les sels ammoniacaux, etc., éprouvent des modifications plus ou moins complètes, après avoir été élaborés, c'est alors qu'elles sont *assimilées*, c'est-à-dire entrent dans la constitution des principes immédiats des tissus des végétaux et des matières qu'ils renferment.

Le carbone, l'hydrogène, l'azote forment les tissus des plantes; les cendres ou matières minérales existent dans toutes les parties du végétal; il y a donc assimilation de ces diverses substances.

A chacun des articles consacrés à ces mots : *azote, hydrogène, carbone, phosphates,* nous étudierons l'assimilation de ces matières.

|| *T. d'art.* On entend par *loi d'assimilation,* celle qui a pour objet, indépendamment des dessins, et au moyen de diverses couleurs, de produire l'harmonie de tons par la teinte dominante de la coloration.

ASSIS. *Art hérald.* Animaux représentés posés sur leur derrière. C'est le synonyme de *accroupi.*

ASSISE. 1° *T. de constr.* Rang de pierres posé horizontalement ou quelquefois obliquement dans l'*opus spicatum,* par exemple, et qui forme les murs ou les points d'appui d'une construction. *Assise de parpaing* ou *assise parpaigne,* celle dont les pierres traversent entièrement l'épaisseur du mur et qui a ainsi deux *parements; assise de retraite,* le premier rang de pierres posé en retraite sur les fondations, sous un mur à la retombée d'une voûte, sous un pilier, etc.; souvent l'*assise de retraite* est nommée *assise de libage* quand les fondations d'un édifice sont couronnées de libages, c'est-à-dire d'une *assise en pierre dure; assise de revêtement,* l'assise qui n'a qu'un parement, et qui sert à retenir les terres, les murs de quais; les tranchées pratiquées pour le passage d'une voie ferrée, ou de toute autre route, etc., sont formées par des murs n'ayant que des *assises de parement; assise en boutisse,* celle dont les pierres ne forment qu'une longue *queue* dans le mur sans faire *parpaing; assise de retombée,* l'assise qui reçoit la retombée d'un arc, d'une voûte, etc.; *assise en corbeau* ou en *encorbellement,* celle qui fait saillie sur le nu du mur; bâtir par *assises réglées.* c'est élever un mur avec des pierres de même hauteur et de même largeur, et de façon que les joints verticaux de chaque assise correspondent exactement à l'axe des pierres dans les assises placées immédiatement en dessus et en dessous: c'est le contraire de bâtir en *assises irrégulières.* || 2° *T. de bonnet.* Soie qu'on étend sur les aiguilles et qui, dans le travail, forme les mailles du bas.

* **ASSOCIATION OUVRIÈRE.** — V. OUVRIER, SOCIÉTÉ.

* **ASSOCIATION PHILOTECHNIQUE.** — V. ECOLE, ENSEIGNEMENT.

* **ASSOCIATION POLYTECHNIQUE.** — V. ECOLE, ENSEIGNEMENT.

*****ASSOMPTIVES**(Armes). *Art hérald.* Armes qu'on le droit de prendre, de porter, après une action éclat.

ASSORTIMENT. 1° *T. de manuf.* Dans la filature de laine cardée, on appelle *assortiment,* l'ensemble des machines employées au cardage de laine et appelées *cardes.* Ces machines sont au nombre de trois, la *briseuse,* la *repasseuse* et la *boudi-*

neuse. Dans certains centres industriels, il n'est travaillé que des laines extra fines filées et des numéros très élevés, l'assortiment comprend quatre cardes, alors il y a deux repasseuses. Dans d'autres, au contraire, où il n'est travaillé que des gros numéros et des laines tout à fait inférieures, on n'emploie que deux cardes, dans ce cas, il n'y a pas de repasseuse. || 2° *T. d'imp.* Supplément de tous les caractères nécessaires, servant à compléter une fonte dans la proportion voulue pour la composition d'un ouvrage. || 3° *T. de libr.* On entend par *livres d'assortiment,* ceux qu'un libraire tire des autres librairies par achat ou par échange, par opposition à ceux qu'il édite lui-même ou dont la vente lui est confiée et qu'on appelle livres de *sortes* ou de *fonds.*

* **ASSORTIR.** *T. de métall.* Mélange de minerais pour faciliter la fusion.

* **ASSORTISSOIR.** *T. techn.* Espèce de crible qui sert, chez les confiseurs, à déterminer par la dimension des trous, la forme et la grosseur des dragées.

* **ASSOUCHEMENT.** *T. d'arch.* Pierres qui, dans un fronton, forment la base du triangle.

* **ASSOUPLISSAGE.** *T. de mét.* Opération qui consiste à faire passer plusieurs fois les fils de soie dans un bain d'eau bouillante jusqu'à ce qu'ils deviennent spongieux, élastiques et légèrement plucheux.

ASSOURDIR. *T. d'art.* Diminuer l'éclat des tons, des lumières, des reflets, dans la peinture; multiplier les tailles pour forcer les demi-teintes, dans la gravure.

ASSURANCES. SOMMAIRE: I. ASSURANCES CONTRE LES RISQUES PERSONNELS : 1° *Assurance sur la vie par les compagnies;* 2° *Assurances :* (a) contre les accidents; (b) sur la vie par l'État. — II. ASSURANCES CONTRE LES RISQUES MATÉRIELS : 1° *Assurance contre l'incendie;* 2° *Assurances diverses contre les risques matériels :* (a) Assurances contre les risques de guerre; (b) Assurances-transports.

Principe de l'assurance en général. L'assurance contre les risques de toute nature repose sur l'opération qui consiste à répartir entre le plus grand nombre possible de personnes les pertes éprouvées par quelques-unes, de manière à indemniser ces dernières sans préjudice notable pour la masse.

A ce point de vue, on a dit à tort que l'impôt est une prime payable par tous les membres d'une société, pour leur assurer la conservation de leur existence et des fruits de leur travail. En fait, le principe essentiel de l'assurance, l'*indemnité,* n'existe pas ici, l'État ne réparant pas les pertes que subissent les membres de la communauté par le meurtre, par la mort violente ou naturelle, par le vol, par le chômage, par l'action des éléments (foudre, grêle, gelée, inondations, tremblements de terre, etc.). Peut-être serait-il plus exact, au moins dans une certaine mesure, de donner à l'impôt communal le caractère d'une prime d'assurance dans les pays où, comme en France (loi du 10 vendémiaire an IV, toujours en vigueur et dont les tribunaux viennent de faire, sur une large échelle, l'application à la ville de Marseille) et en Angleterre, les communes sont obligées d'indemniser les habitants des pertes que leur ont causé ces actes de violence commis par des bandes armées ou non. Cet impôt serait également une prime d'assurance là où l'assistance par la commune est obligatoire (Angleterre, Allemagne).

Les institutions d'assurance peuvent se diviser en deux grandes catégories : 1° celles qui ont pour objet les risques *personnels*, comme l'assurance en cas de vie et de mort, l'assurance contre les accidents, contre l'incapacité définitive de travail résultant de l'âge ou des infirmités, l'assurance (dans certains pays et notamment en Allemagne) contre la maladie ; — 2° celles qui ont pour objet les risques *matériels*, comme l'assurance contre l'incendie, contre la perte ou l'avarie des produits transportés sur la voie de terre, de fer et d'eau, l'assurance contre les risques agricoles (grêle, gelée, inondations, bétail, maladies de certaines plantes), en un mot, contre les pertes matérielles de toute nature.

I. ASSURANCE CONTRE LES RISQUES PERSONNELS

1° Assurance sur la vie par les compagnies.

La plus importante des assurances de la première catégorie est celle qui est destinée à garantir aux veuves et orphelins, après le décès du chef de la famille, un capital qui les mette à l'abri du besoin, ou, si ce dernier est veuf et sans enfants, à lui garantir, sur ses vieux jours, soit un capital, soit une rente viagère. Ce sont les deux formes les plus usitées de cette nature de contrat.

L'assurance sur la vie, telle qu'elle se pratique de nos jours, est assez récente en France. Dans le cours du dernier siècle, on a vu s'y former, ainsi qu'en Angleterre, en Hollande et dans d'autres pays, des caisses dites *tontinières* (du nom de l'italien Tonti, leur créateur), dont les fondateurs, se basant sur des données inexactes, promettaient aux participants jusqu'au décuple ou vingtuple même de leurs mises s'ils survivaient à l'époque de la liquidation de ces caisses. En réalité, par suite d'une mortalité sensiblement inférieure à leurs prévisions, mais surtout de prélèvements excessifs sur les versements, sous prétexte de frais d'administration, les survivants ne recevaient même pas toujours la totalité de leurs mises. Heureux, quand l'auteur de leur déception ne disparaissait pas avec le capital souscrit, ou ne le compromettait pas par de coupables spéculations.

Il est triste d'être obligé de dire qu'en France la tontine existe encore à côté de l'assurance sur la vie, et qu'un certain nombre de caisses n'ont pas encore été liquidées. Il est vrai qu'elles sont placées, depuis 1848, sous le contrôle du gouvernement, qui surveille — ou, du moins, est censé surveiller — étroitement leurs opérations et a fixé le taux des frais d'administration. D'un autre côté,

l'institution, une fois les dernières répartitions faites, est destinée à disparaître ; car elle constitue, non pas un acte de prévoyance, mais un véritable jeu sur des chances à peu près inconnues. En d'autres termes, la tontine n'est pas autre chose qu'une loterie, et la suppression de la loterie au profit, soit de l'État, soit de particuliers, devait entraîner celle d'une institution analogue.

L'assurance sur la vie comporte trois combinaisons principales : 1° le paiement, en cas de décès, d'un capital au profit d'une personne ou d'une catégorie de personnes désignées dans le contrat ; 2° le paiement de cette somme à l'assuré lui-même, à une époque déterminée, s'il survit à cette époque ; 3° la constitution d'une rente viagère à un âge déterminé, cas dans lequel elle prend le nom de rente *différée*, ou d'une rente viagère à servir dès la signature du contrat, cas dans lequel elle reçoit la qualification de rente *immédiate*.

Mais ces combinaisons ne sont pas les seules que comporte l'assurance sur la vie. Indiquons les plus usuelles.

Les assurances *en cas de mort* se subdivisent comme suit : (a) assurances pour la vie entière sur une tête, à primes temporaires ; (b) assurances pour la vie entière sur une seule tête à primes viagères ; (c) assurances pour la vie entière sur deux têtes (le capital payable au premier décès) ; (d) assurances pour la vie entière sur deux têtes (le capital payable au dernier décès) ; (e) assurances temporaires ayant pour but de garantir un capital payable au décès de l'assuré, si ce décès a lieu dans un espace de temps déterminé ; (f) assurances de survie garantissant un capital ou une rente viagère à une personne désignée au contrat, mais dans le cas seulement où cette personne survivrait à l'assuré ; (g) assurances mixtes, qui se divisent en assurances mixtes à terme variable et assurances mixtes à terme fixe. Dans le premier cas, elles garantissent le paiement d'un capital, après un certain nombre d'années, à l'assuré lui-même, ou à ses héritiers immédiatement après son décès ; — dans le deuxième cas, le capital est payable seulement à l'époque fixée, soit à l'assuré, soit à ses héritiers ; (h) assurances à terme fixe qui garantissent un capital, soit à l'assuré, s'il survit à l'époque indiquée, soit à ses ayants-droit, s'il décède avant cette époque.

Les assurances *en cas de vie* comprennent : (a) les rentes viagères immédiates sur une tête, sans arrérages au décès ; (b) les rentes viagères immédiates sur deux têtes, avec réversion entière et sans arrérages au dernier décès ; (c) les rentes viagères immédiates sur deux têtes, avec réduction au premier décès ou à un décès quelconque ; (d) les rentes viagères différées à court terme sur une tête, sans arrérages au décès ; (e) les rentes viagères différées à long terme sur une tête ; (f) les assurances de capitaux différés, et notamment les assurances sur la tête d'enfants depuis la naissance et pour une durée ne dépassant pas leur majorité ; les assurances sur des têtes âgées d'au moins vingt et un ans et pour une durée attei-

gnant la soixante-cinquième année d'âge; (g) enfin les contre-assurances de sommes versées ou
à verser dans une association tontinière ou pour
une assurance de capital différé.

Les avantages résultant des diverses stipulations ci-dessus sont obtenus en payant une prime
déterminée par l'âge de l'assuré, c'est-à-dire par
la chance de mort afférent à cet âge d'après la
table de mortalité que la compagnie à laquelle il
s'assure a cru devoir adopter.

En France, les compagnies ont adopté la table
de Duvillard pour l'assurance en cas de mort, et
celle de Deparcieux pour les assurances en cas
de vie. Or la première indiquant une mortalité
sensiblement supérieure, et la seconde (construite,
à la fin du dernier siècle, sur des têtes choisies)
une mortalité notablement inférieure à la mortalité réelle, les primes établies d'après les indications fournies par ces deux tables sont évidemment plus élevées qu'elles le seraient si elles
reposaient sur cette dernière mortalité. De là un
bénéfice notable pour les compagnies, qui opèrent
en quelque sorte à coup sûr.

C'est avec le montant de ces primes, placé dans
les meilleures conditions de sécurité et au taux
d'intérêt le plus élevé qui puisse se concilier avec
ces conditions, ainsi qu'avec le bénéfice de la
mortalité, — que les compagnies forment le capital à payer au décès de l'assuré, ou le capital
représentatif de la rente viagère à lui servir.
La différence entre l'annuité réellement nécessaire
pour constituer ce capital, et celle qu'elles per-
çoivent, constitue leur bénéfice, bénéfice auquel
elles associent leurs assurés pour moitié,
mais sous la condition, comme nous le verrons
plus loin, d'accepter sans contrôle, sans discussion, le compte, annuel ou bisannuel, de leurs
opérations et, par suite, la fixation du profit à
partager entre les intéressés.

Le paiement de la prime fixée par les tarifs n'est
pas la condition unique du contrat. L'acte cons-
titutif de ce contrat, appelé *police*, lui impose, en
outre, certaines obligations qu'il est nécessaire
de connaître. Nous les indiquerons le plus succinctement possible.

Il est un péril grave que courent les compagnies, c'est celui d'assurer ce qu'on appelle, en
style technique, une *vie mauvaise*, c'est-à-dire une
tête soumise à des chances de mortalité supérieures à celles qu'indique la table de mortalité
qui a servi de base à leurs tarifs. Cette observation s'applique surtout aux assurances en cas
de décès, qui sont, et de beaucoup, les plus
nombreuses. Pour conjurer ce péril, elles exigent
que : 1° dans l'acte appelé *proposition d'assurance*, qu'il adresse à la compagnie, le candidat
réponde loyalement, sincèrement à un certain
nombre de questions destinées à faire connaître
son état de santé actuel et passé, les infirmités
non extérieures et visibles dont il peut être
atteint, et, même, en cas de décès des parents,
l'âge auquel ils sont morts et la nature de la
maladie à laquelle ils ont succombé; on sait en
effet qu'un grand nombre de maladies, et des plus
graves, sont héréditaires; — 2° que, s'il a un mé-

decin, il joigne à sa demande un certificat de ce
praticien certifiant l'état de santé général de son
client; — 3° qu'il se soumette à l'examen du médecin de la compagnie. Et ce n'est qu'à la suite
d'une déclaration d'admissibilité de la part de ce
dernier, qu'elle accepte, on refuse selon les cas,
l'assurance qui lui est demandée.

Il intervient alors, entre l'assureur et le candidat, un contrat dont voici les dispositions les plus
importantes.

Les déclarations, soit du contractant, soit du
tiers assuré servent de base à ce contrat. *Toute
réticence, toute fausse déclaration qui diminuerait
l'opinion que la compagnie doit se faire de l'intensité
du risque ou qui en changerait le sujet, annulent
l'assurance.* Cette stipulation fondamentale de la
police est trop souvent perdue de vue par les
contractants, à l'attention desquels elle se recommande cependant tout particulièrement.

La prime doit être acquittée d'avance au domicile de la compagnie (ou de son agent en province)
soit pour l'année entière, soit semestriellement
ou trimestriellement; mais, dans ces derniers cas,
sans le bénéfice, pour la compagnie, d'un intérêt
de 4 0/0. — La police n'a d'effet qu'après le paiement de la prime de la première année ou de la
partie de la première année qui a été stipulée au
contrat. Le paiement des primes étant toujours
facultatif, la police ne continue à avoir d'effet que
si la prime entière ou la portion de la prime, en
cas de fractionnements, a été acquittée à l'échéance
fixée, ou, au plus tard, dans les trente jours suivants. Faute de paiement dans ce délai, et, après
constatation sous une forme quelconque (le plus
souvent par lettre chargée de la compagnie), l'assurance est résiliée de plein droit, sans qu'il soit
besoin d'aucune sommation ou mise en demeure.
Dans le cas d'annulation de la police, *les primes
payées sont acquises à la compagnie, si elles n'ont pas
été payées pour les trois premières années.* S'il en a
été autrement, l'assurance est réduite conformément aux tarifs de la compagnie et la somme
ainsi réduite reste payable au décès de l'assuré.

Cette appropriation au profit de la compagnie
des deux premières primes et d'une portion de la
troisième, si le paiement a été fractionné, est une
sorte de compensation du risque qu'elle a couru
d'être obligée de payer, en cas de décès de l'assuré
après le versement de la première prime, le capital
stipulé. Elle se justifie encore par les frais d'administration auxquels la police a donné lieu,
notamment sous la forme de la commission (de
plus en plus élevée) attribuée par la compagnie à
l'agent qui a servi d'intermédiaire à l'assuré.

Si la personne qui a fait l'assurance et sur la
tête de laquelle elle repose, perd la vie par le fait
de celle au profit de laquelle elle a été contractée,
l'assurance est de nul effet, et toutes les primes
payées, quel qu'en soit le nombre, restent acquises
à la compagnie. Cette disposition a pour but de
prévenir toute tentative criminelle sur la vie du
contractant de la part du bénéficiaire de la somme
assurée, trop pressé d'entrer en jouissance de
cette somme.

La compagnie ne répond pas des risques de

duel, *suicide* ou *condamnation judiciaire* (exécution capitale). Aux termes de la jurisprudence qui s'est établie à peu près partout en Europe, le suicide n'est une cause d'annulation de la police, que lorsqu'il a été accompli dans la plénitude des facultés mentales de l'assuré et la preuve en incombe à la compagnie. Dans les trois cas qui précèdent, la compagnie ne s'approprie la totalité des primes que si elles n'ont pas été versées pendant trois années au moins. Dans le cas contraire, elle tient compte aux ayants-droit de la valeur qu'elle aurait payée si elle avait racheté le contrat la veille du décès. Et, à ce sujet, il importe de savoir qu'elle rachète, à la demande des intéressés, toute police sur laquelle les primes de trois années au moins ont été acquittées. Le prix de ce rachat est déterminé d'après les bases adoptées par le conseil d'administration et en vigueur au jour de la demande du rachat. Ce prix n'est pas moindre de 25 0/0 de la totalité des primes payées, sans addition d'intérêts.

La compagnie ne répond pas des risques de voyage et de séjour hors des limites de l'Europe et de l'Algérie, ni des risques de voyages par mer autres que ceux d'un port d'Europe à un autre port d'Europe et d'Algérie, et réciproquement, — à moins d'une convention expresse et spéciale, à défaut de laquelle la police est résiliée de plein droit à compter du jour du départ ou de l'embarquement. Dans ce cas, si les primes de trois années n'ont pas été payées, celles qui l'ont été sont acquises à la compagnie. S'il en a été autrement, la compagnie tient compte aux ayants-droit de la valeur qu'elle aurait payée si elle avait racheté le contrat la veille du départ ou de l'embarquement.

L'assuré est-il ou devient-il marin de profession, militaire ou non, ou fait-il partie, à un titre quelconque, du personnel de la flotte, la police est résiliée de plein droit à partir du jour de l'embarquement, à moins d'une convention expresse et spéciale. En cas de résiliation, si les trois premières primes n'ont pas été payées, celles qui l'ont été sont acquises à la compagnie; l'ont-elles été, elle tient compte aux ayants-droit de la valeur du rachat de la police la veille de l'embarquement. Si l'assuré est ou devient militaire, même par engagement volontaire, la compagnie garantit les risques de tout service militaire *en temps de paix* en France (sauf en Algérie et dans les colonies françaises, à moins d'une convention expresse et spéciale), ainsi que le risque de mort reçue dans la répression d'un attroupement, d'une émeute, d'une sédition ou d'une insurrection. Mais l'assuré est-il appelé à un service de guerre contre une puissance étrangère, l'assurance est de plein droit résiliée du jour de l'entrée en campagne (à moins d'une convention expresse et spéciale), avec versement aux ayants-droit du prix du rachat de la police, en cas de paiement des trois premières primes.

Si, conformément aux dispositions qui précèdent, une convention spéciale est intervenue entre la compagnie et l'assuré, elle a pour base les règles adoptées par le conseil d'administration.

La moitié des *bénéfices produits par les assurances pour la vie entière*, conformément aux inventaires dressés par la compagnie, est répartie entre toutes les polices au prorata du montant des primes payées. Les comptes dressés d'après ces inventaires et approuvés par l'Assemblée générale des actionnaires font loi à l'égard de tous les assurés, et nul n'est admis à les contester. Ne prennent part à la répartition que les polices qui ont au moins une année de date au dernier jour de la période pour laquelle l'inventaire a été établi, et qui se trouvent au cours audit jour. La quote-part de bénéfice attribuée à une police est, au choix de l'ayant-droit, payée en argent comptant, ou convertie soit en une augmentation du capital assuré, soit en une réduction de la prime annuelle, suivant les procédés de calcul adoptés par la compagnie. A défaut de la déclaration d'option dans les six mois de l'approbation des comptes par l'assemblée générale, l'ayant-droit est considéré comme ayant opté pour le paiement en espèces. Si l'assuré vient à décéder avant l'exercice du droit d'option, la quote-part de bénéfice afférente à sa police est également payée en numéraire.

Les sommes dues par la compagnie au décès de l'assuré sont payées à son siège social, dans les trente jours qui suivront la remise de la police et des trois pièces justificatives dûment légalisées ci-après : acte de naissance, acte de décès de l'assuré, certificat de médecin constatant la cause du décès. Si l'acte de naissance attribuait à l'assuré un âge moindre ou plus élevé que celui qu'il avait déclaré, la somme assurée serait élevée ou réduite du montant des primes qu'il aurait dû payer s'il avait fait une déclaration exacte à ce sujet. Lorsque la prime est payable par fractions trimestrielles ou semestrielles, la compagnie déduit de la somme à payer les fractions restant à verser sur l'année en cours au moment du décès.

Le décès de l'assuré doit être notifié à la compagnie par les ayants-droit au bénéfice de l'assurance dans un délai de trois mois, à compter de la date du décès. Ce délai est porté à six mois pour les assurés en voyage ou résidant dans des pays hors d'Europe et d'Algérie, qui ont signé une convention spéciale avec la compagnie.

La personne qui a fait une assurance sur sa vie peut transmettre la propriété de sa police par endossement régulier. S'il s'agit d'une assurance faite sur la vie d'un tiers, le cédant est tenu de le déclarer à la compagnie et de produire le consentement écrit de la personne sur la tête de laquelle l'assurance repose.

Toutes les contestations auxquelles peut donner lieu l'exécution des dispositions qui précèdent sont, de convention expresse, soumises aux tribunaux du département de la Seine. Cette disposition nous paraît d'une rigueur extrême pour les assurés de la province, qu'elle oblige ou dont elle oblige les ayants-droit à venir, en cas de contestation, plaider à Paris et non devant les tribunaux de la circonscription de l'agence qui a été l'intermédiaire du contrat. Si le Conseil d'État, appelé à autoriser de nouvelles compagnies d'assurances sur la vie, supprimait une stipulation aussi léonine, il est très probable que les anciennes cesseraient de l'appliquer.

Nous avons dit que les dispositions qui précèdent s'appliquent à la police *vie entière;* elles s'appliquent également aux autres assurances. Ainsi celles qui sont relatives à la sincérité des déclarations, à l'acquittement régulier des primes, au paiement des sommes dues par la compagnie et à la compétence en cas de contestation, etc., etc., concernent à la fois les assurances *vie entière, temporaires, mixtes, à terme fixe* et *différées*. Il en est de même de celles qui ont pour objet la résiliation en cas d'attentat sur l'assuré, de duel, suicide, condamnation, embarquement ou entrée en campagne.

Les clauses relatives à l'annulation faute de paiement des primes, à la réduction, au rachat, avec certaines distinctions toutefois quant au mode et au taux de la réduction, ainsi qu'aux principes qui régissent la participation des assurés aux bénéfices de la compagnie, s'appliquent aux assurances *vie entière, mixtes* et *à terme fixe*. Les assurances *temporaires*, toujours annulées lorsque le paiement des primes est interrompu, ne comportent ni fractionnement des primes, ni réduction, ni rachat, ni participation. Les assurances *différées* sont réduites au lieu d'être annulées; mais elles n'ont droit ni au rachat ni à la participation.

Il ne nous est pas possible de donner une idée, même approximative, des nombreux tarifs qui correspondent aux diverses combinaisons d'assurances dont nous venons de parler. Nous nous bornerons donc à reproduire, en l'abrégeant sensiblement, celui qui correspond à la plus usuelle de ces combinaisons : l'assurance sur la vie entière à primes viagères, avec participation de moitié dans les bénéfices. Il s'agit de la prime viagère à payer pour assurer le paiement après décès d'un capital de 100 francs.

AGES	PRIMES ANNUELLES	AGES	PRIMES ANNUELLES
20	1 96	45	3 87
25	2 21	50	4 66
30	2 49	55	5 71
35	2 84	60	7 13
40	3 28	65	9 95

Le tarif ne va pas plus loin, les assurances contractées à un âge supérieur à 65 ans étant excessivement rares.

Législation. La législation sur l'assurance-vie en France est d'une extrême simplicité; elle se réduit à deux articles, empruntés, l'un au Code de commerce, et s'appliquant à l'assurance én général, l'autre à la loi du 24 juillet 1867, sur les sociétés anonymes. La première de ces deux dispositions est ainsi conçue : « toute réticence, toute fausse déclaration de la part de l'assuré..... qui diminueraient l'opinion du risque ou en changeraient le sujet, annulent l'assurance. » Voici le texte de la seconde : « Les associations de la

nature des tontines et les sociétés d'assurance sur la vie, mutuelles ou à primes, restent soumises à l'*autorisation* et à la *surveillance* du gouvernement. — Les autres sociétés d'assurance pourront se former sans autorisation. Un règlement d'administration publique déterminera les conditions dans lesquelles elles pourront être constituées. » La surveillance n'a été organisée qu'en 1877; elle a donné lieu aux vives protestations d'un certain nombre de compagnies.

Statistique. Il existe, en ce moment, en France, dix-sept compagnies d'assurance sur la vie à primes fixes. Il ne s'en est encore constitué aucune qui opère sur le principe de la mutualité. Les seize plus anciennes de ces compagnies (nous ne connaissons pas la constitution financière de la dix-septième, formée tout récemment) ont un capital social de 105 millions de francs réparti entre 107,800 actionnaires.

Six compagnies étrangères (dont 2 américaines, 2 suisses, 1 anglaise et 1 espagnole) ont établi des agences à Paris et font concurrence aux nôtres, sans être soumises à l'autorisation du gouvernement — qui, d'ailleurs, ne les a pas invitées à la demander — et sans avoir justifié (une seule exceptée) d'une garantie quelconque de solvabilité.

Le tableau suivant résume les opérations, de 1819 à 1878, des compagnies françaises d'assurance sur la vie. Il ne comprend pas celles, assez importantes, qu'ont faites les six compagnies étrangères (capitaux et rentes assurés en millions de francs) :

ANNÉES	CAPITAUX ASSURÉS		RENTES VIAGÈRES	
	Polices	Capitaux	Polices	Rentes
1819-1859	40.258	354.0	26.900	17.5
1860	5.268	44.3	2.658	1.7
1861	5.520	46.7	2.507	1.7
1862	6.991	60.0	3.150	2.0
1863	8.338	72.2	2.484	1.6
1864	12.441	106.9	2.326	1.5
1865	15.549	134.3	2.709	1.8
1866	19.826	172.2	2.803	1.8
1867	15.327	145.4	3.238	2.0
1868	14.670	198.6	3.818	2.5
1869	14.121	201.8	3.629	2.6
1870	10.162	141.4	2.430	1.6
1871	6.782	89.0	1.394	0.9
1872	13.140	170.6	2.091	1.5
1873	13.250	187.0	2.270	1.6
1874	17.100	237.1	7.400	2.2
1875	24.240	254.6	3.654	2.5
1876	28.164	284.8	3.795	3.0
1877	29.878	278.4	3.925	2.9
	354.256	3.492	83.805	56.4
En vigueur en 1878	183.200	1 778.6	43.994	24.4

A la date ci-dessus (fin 1878), le capital moyen assuré par police était d'un peu moins de 10,000 francs, et la rente viagère moyenne de 566 francs environ. On comptait un assuré (capital et rente compris) pour 163 habitants.

En 1878, les compagnies ont compté 1,485 décès

(vie entière) qui ont exigé le paiement d'une somme de 20,130,000 francs. Cette somme, rapportée au montant des risques courus (1,640 millions, moyenne des années 1877 et 1878), indique une mortalité de 1,23 0/0. Or, la table de Duvillard, qui a servi de base aux tarifs, donnant une mortalité supérieure à 2 0/0, celle que les compagnies ont éprouvée, quoique accidentellement très élevée, leur a laissé un bénéfice notable. En fait, les opérations d'assurance sur la vie sont généralement fructueuses en France et donnent aux actionnaires, par suite aux assurés, des résultats très avantageux.

2° Assurances contre les risques personnels par l'état.

L'assurance contre les risques personnels en France n'est pas un monopole des compagnies; l'État leur fait concurrence dans une certaine mesure, mais — sauf quelques réserves que nous indiquerons plus tard — au profit des classes ouvrières.

(a) *Assurance contre les accidents.* Au nombre des risques qu'il garantit, nous mentionnerons,

tout d'abord, comme le plus important, le risque *accident*, qui se rattache, d'ailleurs, étroitement à l'assurance sur la vie.

Aujourd'hui que l'industrie tend à se concentrer dans de vastes usines où les machines-outils mises en mouvement par des moteurs à feu remplacent, dans une mesure croissante et déjà énorme, la main-d'œuvre humaine, c'est ce risque qui est le plus à craindre pour l'ouvrier. Au travail à l'usine il faut joindre, pour se faire une juste idée de la gravité et de la fréquence de ce risque, le travail dans les mines, sur les chemins de fer et dans les chantiers de travaux publics ou privés. Donnons tout d'abord quelques renseignements peu connus sur le nombre des accidents industriels, tant en France qu'à l'étranger, et tout d'abord sur l'ensemble des accidents sans distinction des lieux où ils se sont produits.

France. Les publications annuelles du ministère de la justice font connaître, non pas le total des accidents, mais seulement des accidents mortels. En voici le nombre pour les trois années les plus récentes :

| | | NOYÉS | ÉCRASÉS PAR | | | | | CHUTES d'un lieu élevé | EXPLOSIONS d'armes à feu | ASPHYXIES |
			des véhicules	des corps durs	explosions de mines	explosions de machines à vapeur	des accidents de chem. de fer			
1875	Hommes....	3.423	1.403	754	117	85	293	1.319	167	621
	Femmes....	843	131	106	22	19	35	195	15	389
1874	Hommes....	2.801	1.090	790	107	115	272	1.205	162	607
	Femmes....	662	160	48	9	5	36	200	16	408
1873	Hommes....	3.395	979	725	135	92	303	1.307	146	516
	Femmes....	770	167	54	28	5	32	216	8	403

D'après ces données numériques, le nombre des individus qui ont succombé à des accidents de toute nature s'est élevé : en 1875, à 8,701, dont 6,892 hommes et 1,809 femmes; — en 1874, à 8,547, dont 7,249 hommes et 1,298 femmes; — en 1873, à 9,281, dont 7,598 hommes et 1,683 femmes. En réunissant les sinistres des trois années, on a une moyenne annuelle de 9,275, dont 7,679 hommes ou 82,79 0/0, et 1,596 femmes ou 17,21 0/0.

Ce sont les accidents par immersion qui sont les plus nombreux pour les deux sexes. Viennent ensuite : les chutes d'un lieu élevé et les écrasements par des véhicules pour les hommes, les asphyxies pour les femmes (qui succombent en nombre exceptionnel à cet accident), les chutes d'un lieu élevé, ainsi que les écrasements par des véhicules et des corps durs pour le même sexe. Si, sur 100 accidents mortels en général, 17,21 seulement frappent des femmes, cette proportion s'élève à près de 40 0/0 pour les asphyxies. Il n'est pas douteux pour nous qu'un certain nombre de suicides se dissimulent derrière ces accidents.

Maintenant, quel est le rapport des accidents mortels au total des accidents? Nous n'avons de

document officiel véritablement exact sur ce point qu'en ce qui concerne les accidents dans les mines; mais ces accidents ne se rapportent qu'à des adultes et exerçant des professions particulièrement dangereuses. Nous ne pouvons donc en déduire un élément certain d'appréciation.

Le document le plus récent publié sur les accidents dans les mines en France remonte à l'année 1872. En voici le résumé :

Le nombre des accidents dans l'ensemble des exploitations minérales a été de 2,222; celui des ouvriers atteints (tués ou blessés) de 2,370; celui des ouvriers employés de 233,569. Le nombre des sinistrés a donc été de 10 p. 1.000. Cette proportion est plus élevée que celle des dernières années avant la guerre.

Le nombre des accidents et leur fréquence (rapport aux ouvriers employés) varie suivant la nature de l'exploitation. Ainsi, sur les 2,370 sinistrés, 1,986 l'ont été dans les mines, 7 dans les minières de fer et 377 dans les carrières; soit, pour 1,000 sinistrés, 838 dans les mines, 3 dans les minières de fer et 159 dans les carrières. Aucun accident n'a été constaté dans les tourbières.

Les 1,986 sinistrés se répartissaient comme suit selon la nature de l'exploitation :

Houille.	1.646
Anthracite.	124
Lignite.	3
Mines de combustible.	1.773
Mines minérales.	213
Total égal.	1.986

Sur 1,000 sinistrés, 893 l'ont été dans les mines de combustible, 81 dans les mines de fer, 16 dans les mines de plomb et d'argent, 6 dans les mines de cuivre, 25 dans les mines de bitume, et 5 dans les mines réunies d'étain, de manganèse et de sel.

Sur 1,000 ouvriers employés dans les mines de toute nature, 19,1 ont été tués ou blessés; même proportion dans les mines de combustibles. Pour les autres mines, on trouve les rapports ci-après : *mines de fer*, sur 5,381 ouvriers, 61 victimes ou 9,9 p. 1,000; — *mines de plomb et d'argent*, sur 2,927 ouvriers, 32 victimes ou 10,9 p. 1,000; — *mines de cuivre*, sur 340 ouvriers, 12 victimes ou 16,2 p. 1,000; — *mines de bitume*, 830 ouvriers et 5 victimes ou 6 0/0; — *mines de manganèse, d'étain ou de sel*, respectivement 2,3, 17,5 et 5 p. 1,000. Sur 1,000 ouvriers tués, 77,2 l'ont été dans les mines; 1,13 dans les minières de fer et 21,5 dans les carrières. Sur 100 tués dans les mines, 93 l'ont été dans les mines de combustibles et 7 dans les mines métalliques.

Sur les 2,370 sinistrés, 1,753 ont été blessés, savoir : 1,557 dans les mines de combustibles, 196 dans les mines métalliques, 3 dans les minières de fer et 312 dans les carrières; soit, sur 1,000 blessés, 84,8 dans les mines, 0,1 dans les minières de fer et 15,1 dans les carrières.

La proportion de 19,1 ouvriers sinistrés, en 1872, dans les mines de houille est très élevée, si on la compare à celle que l'on constate dans les houillères de la Loire, de 1817 à 1832. Pendant cette période de quinze ans, sur 36,879 mineurs, on n'a constaté que 698 sinistrés, soit un peu moins de 19 0/00. Or, la production de ces houillères représente encore aujourd'hui un tiers de la production totale de la France. Il n'a donc été fait aucun progrès dans les moyens de conjurer les périls qui pèsent particulièrement sur l'extraction des combustibles. Toutefois, ce qu'il importerait de comparer, c'est moins le nombre des victimes que celui des accidents, ce dernier permettant seul de se faire une juste idée du degré d'innocuité, à diverses époques, de l'exploitation des houillères.

Dans quelques pays où l'emploi des machines à vapeur est, soit subordonné à une autorisation administrative (Prusse), soit simplement soumis à une inspection spéciale (Angleterre, France), le nombre des explosions de chaudières est assez exactement constaté.

En France, depuis le décret du 25 janvier 1865, qui a supprimé l'autorisation préalable, les ingénieurs de l'État ont constaté le nombre ci-après d'explosions à des époques rapprochées (nous omettons, comme incomplets, les documents afférents aux années 1870 et 1871) :

	1868	1869	1872	1874	1875	1876
Explosions..	24	18	20	32	26	25
Tués.	31	22	9	54	26	28
Blessés.	33	20	31	63	31	51

On voit que le nombre et la gravité des accidents ne suivent pas une marche régulière.

En ce qui concerne les causes des explosions, on a constaté, dans ces trois dernières années, que les conditions défectueuses de construction n'y figurent que trois fois sur 22; tandis que, 19 fois sur 22, l'accident a été déterminé soit par un mauvais entretien, soit par un emploi inintelligent des appareils. En d'autres termes, 19 fois sur 22, il peut être imputé à l'ignorance ou à la négligence des ouvriers.

De toutes les entreprises industrielles, ce sont les chemins de fer qui donnent lieu au plus grand nombre d'accidents; seulement, ici, les ouvriers ne sont pas seuls atteints; les voyageurs paient aussi un lourd tribut aux sinistres. Les documents qui vont suivre prouveront toutefois que, relativement à leur nombre, ce sont les ouvriers et agents de la traction qui sont le plus fréquemment et le plus gravement atteints.

Si l'on divise en deux périodes décennales les accidents survenus sur les chemins de notre pays, on a les rapports suivants (les nombres absolus nous manquent).

Première période (du 7 septembre 1844 au 31 décembre 1854). — Dans cette période on a compté 1 voyageur tué sur 1,955,555 transportés et 1 blessé sur 496,555.

Deuxième période (du 1er janvier 1855 au 31 décembre 1875). — Nous ne trouvons plus qu'un voyageur tué sur 6,171,117 et un blessé sur 590,185.

Dans les trois dernières années de la deuxième période, la situation est presque plus favorable : 1 tué sur 45 millions (?) et 1 blessé sur 1 million.

Nous ne connaissons, pour la Russie, que les résultats de l'exploitation en 1874. Cette année (le réseau exploité étant de 18,115,5 kil.), 1,996 personnes ont été victimes d'accidents, dont 376 tuées et 620 blessées. Comme partout ailleurs, ce sont les agents et ouvriers de la voie qui ont été le plus atteints, comme l'indique le tableau ci-après :

	Tués.	Blessés.	Total.	0/0
Agents et ouvriers de la voie.	225	518	773	78
Voyageurs.	3	22	25	2
Autres.	118	80	198	20
	376	620	996	100

Même année, il a été transporté sur le réseau 22,747,523 voyageurs, soit 1 tué sur 7,582,507 et 1 blessé sur 1,033,979.

Voici pour les États-Unis, le nombre d'accidents dans les cinq dernières années :

	1873	1874	1875	1876	1877
Accidents..	1.283	980	1.201	982	725
Tués.	276	204	234	382	206
Blessés.	1.172	778	1.107	1.097	1.021

La moyenne des cinq années a été de 994 accidents, celle des tués de 260, celle des blessés de 1,035. Le nombre des voyageurs transportés n'est pas connu. La longueur du réseau exploité étant de 118,275 kilomètres au 31 décembre 1876, on a 1 tué pour 454 kilomètres et 1 blessé pour 114. La distinction entre les voyageurs et les autres personnes, tant tuées que blessées, n'est pas faite par les documents officiels.

Ces documents donnent une statistique que nous ne trouvons pas dans ceux de l'Europe, c'est la répartition des accidents par mois.

La voici pour les douze mois écoulés de février 1871 à janvier 1872 :

Mois.	Accidents.	Tués.	Blessés.
Février........	21	21	128
Mars.........	27	3	67
Avril.........	22	13	32
Mai..........	27	9	33
Juin..........	41	63	114
Juillet........	31	35	66
Août.	63	15	49
Septembre......	71	24	104
Octobre.......	90	29	102
Novembre......	103	37	114
Décembre......	112	42	133
Janvier	178	40	199
	786	331	1.141

On voit clairement ici le nombre des accidents s'élever pendant la mauvaise saison et diminuer pendant la bonne. Les rapports officiels expliquent en partie la différence par ce fait que le bris des rails et des essieux est onze fois plus considérable en hiver que dans les autres saisons, par suite de la contraction des métaux sous l'influence du froid.

Si nous rapprochons le nombre des sinistrés de l'étendue exploitée (le défaut d'uniformité dans les documents qui précèdent ne permettant pas d'autre comparaison), nous avons, pour le plus grand nombre des pays qui précèdent, les rapports ci-après :

Pays.	Années.	Kilomètres exploités.	Tués et blessés.	Kilom. pour 1 sinistré.
Allemagne.. . .	1876	24.135	1.835	13.15
Angleterre . . .	1876	26.875	5.969(1)	4.50
Autriche.. . . .	1876	11.046	475	23.25
Russie......	1874	18.115	996	18.19
États-Unis . . .	1876	118.275	1.479	79.90

Si les documents américains étaient exacts — et nous avons tout lieu d'en douter — ce serait, contrairement à l'opinion générale, aux États-Unis que la circulation sur la voie ferrée présenterait le plus de sécurité. Pour nous en tenir à l'Europe, c'est l'Angleterre qui, à longueur égale du réseau, paraît avoir le plus d'accidents.

Existe-t-il au profit des classes ouvrières des assurances spéciales destinées à les mettre à l'abri des conséquences des accidents? En France, nous ne connaissons, en dehors de l'assurance par l'État, dont nous allons faire connaître les conditions, que les sociétés de secours mutuels qui indemnisent, dans la mesure de leurs res-

(1) Sur la voie seulement.

sources, ceux de leurs sociétaires qu'une blessure plus ou moins grave a frappés d'une incapacité momentanée de travail. Quelques-unes — c'est le plus petit nombre — donnent, ou plus exactement promettent des pensions dans le cas d'une invalidité complète par la même cause; mais leur situation financière ne leur permet que très difficilement de tenir cette promesse, et, dans la supposition la plus favorable, de la tenir longtemps. Cela est vrai même pour celles de ces sociétés qui reçoivent une subvention de l'État.

En dehors de l'assurance qui a nous occuper, l'État affecte, en France, une certaine somme à des indemnités au profit des victimes, ou des parents des victimes d'accidents graves ; mais, d'une part, cette somme est relativement minime, et de l'autre, le plus grand nombre des intéressés ignorant l'existence au budget d'un crédit de cette nature, ne demandent pas à en bénéficier. Dans tous les cas, il s'agit ici d'une charité et non d'un acte de prévoyance.

Les compagnies qui font, en France, l'assurance sur la vie ne comprenant pas, à la différence de ce qui se passe en Allemagne, les accidents dans leurs opérations, et les compagnies spéciales d'assurance contre les accidents (en très petit nombre et encore peu actives) n'indemnisant que des pertes matérielles, l'État a eu la pensée de combler cette lacune dans l'ensemble de nos institutions de prévoyance, en se chargeant lui-même de donner, moyennant une prime annuelle, des pensions viagères aux *invalides* définitifs du travail. Tel a été l'objet de la loi du 11 juillet 1868. Cette loi et l'institution qu'elle a créée étant encore peu connues, malgré la publicité que leur a donnée le gouvernement, et, d'un autre côté, le principe même de l'assurance n'étant pas populaire dans notre pays, surtout au sein des classes ouvrières, nous croyons donc devoir en donner une idée exacte.

Aux termes de l'article 1er de la loi, il est créé une caisse d'assurances par l'État, ayant pour objet de servir des pensions viagères aux personnes assurées qui, dans l'exécution de travaux agricoles ou industriels, sont atteintes de blessures entraînant une incapacité permanente de travail, et de donner, en outre, des secours aux veuves et aux enfants mineurs des personnes assurées qui auront péri par suite d'accidents survenus dans l'exécution desdits travaux. Les assurances en cas d'accidents ont lieu par année. L'assuré verse, à son choix, et pour chaque année, 8 francs, 5 francs ou 3 francs. Les ressources de la caisse se composent : 1° du montant des cotisations des assurés; 2° d'une subvention de l'État à inscrire annuellement au budget et qui, pour la première année, a été fixée à un million; 3° de dons et legs (art. 8). Pour le règlement des pensions viagères, les accidents sont distingués en deux classes : 1° accidents ayant occasionné une incapacité absolue de travail; 2° ou seulement du travail de la profession. Dans ce dernier cas, la pension n'est que de la moitié de celle qui est donnée dans le premier (art. 10). La pension est servie par la caisse des retraites pour la vieillesse à laquelle la caisse de l'assurance-accident remet le capital nécessaire à sa constitution. Ce capital se compose : pour la pension de première classe (incapacité absolue de travail) : 1° d'une somme égale à 320 fois le montant de la cotisation versée par l'assuré ; 2° d'une somme égale à la précédente et qui est prélevée sur les ressources autres que cette cotisation. La pension correspondant aux cotisations de 5 francs et de 3 francs ne peut être inférieure à 200 francs pour la première et 150 francs pour la seconde. La deuxième partie du capital ci-dessus est élevée, s'il y a lieu, de manière à atteindre ces minima (art. 11). Le secours à allouer en cas de mort par suite d'accident, à la veuve de l'assuré, et, s'il est célibataire ou veuf, sans enfants, à son père ou à sa mère sexagénaire, est égal aux deux années de la pension à laquelle il aurait eu droit. L'enfant ou les enfants mineurs reçoivent un secours égal à celui qui est attribué à la veuve. Ces secours se paient en deux annuités (art. 12). Les rentes viagères constituées comme il vient d'être dit sont incessibles et insaisissables (art 13). Nul ne peut s'assurer s'il n'est âgé de douze ans au moins (art. 14). Les administrations publiques, les établissements industriels, les compagnies de chemins de fer, les sociétés de secours mutuels autorisées peuvent assurer collectivement leurs ouvriers ou leurs membres par listes nominatives. Les municipalités peuvent assurer de la même manière les compagnies ou subdivisions de sapeurs-pompiers contre les risques inhérents soit à leur service comme tels, soit aux professions des ouvriers qui les composent. Chaque assuré ne peut obtenir qu'une seule pension viagère. Si, dans le cas d'assurances collectives, plusieurs cotisations ont été versées sur la même tête, elles seront réunies, sans que la cotisation ainsi formée pour la liquidation de la pension puisse dépasser 8 ou 5 francs (art. 15).

. Parmi les dispositions générales de la loi, nous devons mentionner les suivantes. Les tarifs de la caisse seront révisés tous les cinq ans à partir de 1870 (1). La caisse est gérée par la Caisse des dépôts et consignations. Une commission supérieure est chargée de l'examen des questions que peut soulever l'exécution de la loi. Cette commission présente, chaque année, au chef de l'État un rapport sur la situation morale et matérielle de la caisse ; ce rapport est communiqué aux deux Chambres. A dater de la promulgation de la présente loi, le gouvernement est mis en demeure de recueillir les éléments d'une statistique annuelle du nombre, de la nature et des causes des accidents qui se produisent dans les différentes professions (2). Les certificats, actes de notoriété et autres pièces exclusivement relatifs à l'exécution de la loi doivent être délivrés gratuitement et sont dispensés des droits de timbre et d'enregistrement (art. 16 à 18).

Un règlement d'administration publique rendu en exécution de cette loi, contient, entre autres dispositions importantes, celles qui suivent :

(1) Nous ne croyons pas que cette disposition ait été exécutée.
(2) Cette statistique, si elle a été recueillie, n'a pas encore été publiée.

Toute personne qui veut contracter une assurance fait à la Caisse des dépôts et consignations à Paris, une proposition contenant ses nom et prénoms, sa profession, son domicile, le lieu et la date de sa naissance, ainsi que le taux de cotisation qu'il choisit. Cette proposition est signée par l'assuré ou par son mandataire spécial, et cette signature est légalisée par le maire de la commune. Les propositions d'assurances sont reçues, à Paris, à la Caisse des dépôts et consignations, et, dans les départements, par les trésoriers-payeurs-généraux, par les receveurs particuliers des finances, par les percepteurs des contributions directes et les receveurs des postes. Elles sont toujours accompagnées d'un versement comprenant la prime entière, si l'assurance a lieu par prime unique, et la première annuité si elle a lieu par primes annuelles. Les propositions faites à Paris, lorsqu'elles sont reconnues régulières, sont immédiatement suivies de la délivrance d'un livret formant police d'assurance. Les autres sont transmises sans retard par le comptable qui les a reçues, à la caisse à Paris, et cette caisse, après les vérifications nécessaires, fait remettre le livret-police à l'assuré, en échange du récépissé provisoire qui lui a été donné au moment du versement. Les primes annuelles autres que la première peuvent être versées par toute personne porteur du livret entre les mains des comptables ci-dessus désignés. Chaque versement est constaté sur le livret-police par un enregistrement signé du comptable entre les mains duquel il a opéré. L'assuré doit le faire viser, dans les vingt-quatre heures, à Paris, par le contrôleur de la Caisse des dépôts et consignations, et, dans les départements, par le préfet ou le sous-préfet. Quant aux versements faits entre les mains des percepteurs et receveurs des postes, leur enregistrement sur le livret-police est visé, dans le même délai, par le maire du lieu du versement. Les propositions d'assurance et les premiers versements, lorsqu'ils sont faits par un même mandataire pour plusieurs assurés, sont accompagnés d'un bordereau en double expédition indiquant la prime afférente à chaque assuré. Les versements subséquents doivent toujours figurer sur un bordereau distinct.

Les propositions d'assurances collectives par les administrations publiques, les établissements industriels, les compagnies de chemins de fer, les sociétés de secours mutuels autorisées, sont faites par les chefs, directeurs ou présidents et déposées chez les comptables dont il a été parlé. Ces propositions sont accompagnées des listes nominatives comprenant les personnes assurées et indiquant la date de la naissance de chacune d'elles. Les assurances collectives ont leur effet à partir du jour où elles sont contractées.

Un comité institué au chef-lieu de chaque arrondissement donne son avis sur les demandes de pensions viagères ou de secours présentées par les assurés domiciliés dans l'arrondissement ou par leurs ayants-droit. Il est composé, sous la présidence du préfet ou du sous-préfet ou de leur délégué, de quatre membres désignés par le préfet, savoir : un ingénieur des ponts et chaussées ou des mines en résidence dans l'arrondissement, un médecin et deux membres de sociétés de secours mutuels, s'il en existe dans l'arrondissement. A défaut de sociétés de secours mutuels, le préfet nomme deux membres pris parmi les chefs d'industries dans l'arrondissement. A Paris et à Lyon, il est institué un comité par arrondissement municipal ; le maire en est président ; les autres membres sont désignés par le préfet qui, à défaut d'ingénieurs choisit, parmi les architectes-voyers.

Lorsqu'un assuré est atteint par un accident grave, le maire, sur l'avis qui lui en est donné, constate les circonstances, les causes et la nature de l'accident. Il consigne, sur son procès-verbal, les déclarations des personnes présentes et ses observations personnelles. Il charge ensuite un médecin de constater l'état du blessé, d'indiquer les suites probables de l'accident, et, s'il y a lieu, l'époque à laquelle il sera possible d'en déterminer le résultat définitif. Le certificat du médecin est remis au maire qui, après l'avoir dûment légalisé, le transmet au préfet ou au sous-préfet avec son procès-verbal. Ces diverses pièces sont transmises, dans le plus bref délai, avec la demande de la partie intéressée, au comité dont il vient d'être parlé. Ce comité donne son avis, dans les huit jours, sur les affaires susceptibles de recevoir une solution définitive ; pour les autres, il surseoit jusqu'à la production d'un nouveau certificat médical. Ce certificat est dressé, après serment prêté devant le juge de paix, soit par le médecin membre du comité, soit par tout autre médecin désigné par le préfet ou le sous-préfet, sur la demande du comité. Avis de la visite du médecin est donné, huit jours à l'avance, au maire de la commune, qui lui-même en avertit le blessé. Celui-ci peut demander l'ajournement de la visite. Les avis du comité sont adressés sans délai au préfet, qui les transmet avec les pièces à l'appui, au directeur général de la Caisse des dépôts et consignations à Paris, chargé de statuer.

Nous n'avons que peu d'observations à faire sur l'institution dont nous venons de faire connaître le mécanisme et le régime légal. Elle nous semble toutefois pouvoir être l'objet de la critique suivante :

Les chances d'accident étant beaucoup plus grandes dans l'industrie que dans l'agriculture, peut être n'y avait-il pas lieu d'appliquer indistinctement le même tarif, bien que les machines avec moteurs à feu tendent à se répandre dans les campagnes. Dans tous les cas, il convenait, avant de créer l'assurance-accidents, d'attendre qu'on eut réuni des documents suffisants pour apprécier les différences qui peuvent, qui doivent même exister, au point de vue du risque, entre les ouvriers industriels et les ouvriers agricoles. D'un autre côté, si nous sommes exactement informé, le risque général a été déterminé uniquement d'après les accidents dans les mines et carrières, où, comme nous l'avons vu, ils ont une gravité et une fréquence particulières. Il est donc à craindre que le taux de la prime ne soit trop élevé par rapport

au risque moyen vrai. Or, l'État ne saurait faire un bénéfice quelconque sur l'assurance qu'il a constituée ; mais aussi il ne doit subir aucune perte ; autrement la masse des contribuables serait appelée à réparer les conséquences financières d'une erreur dans le calcul des primes. Nous croyons donc qu'à ces divers points de vue, la création qui nous occupe a été quelque peu hâtive.

On a dû remarquer, d'ailleurs, que l'assurance instituée par l'État ne s'applique qu'aux ouvriers, parmi lesquels il faut probablement comprendre les contre-maîtres et les agents de surveillance employés dans l'usine, le risque d'accident leur étant commun.

Nous avons dit qu'en France le risque-accident personnel n'est pas assuré par les compagnies, et nous avons ajouté qu'il en est autrement en Allemagne. Bien que l'assurance par l'État semble exclure, en fait, en France, la concurrence de l'industrie privée, nous n'en croyons pas moins devoir faire connaître les conditions dans lesquelles, de l'autre côté du Rhin, les ouvriers sont assurés, soit par des compagnies à prime fixe, soit par des sociétés mutuelles.

En Allemagne, les compagnies ou sociétés assurent aussi bien les entrepreneurs d'industrie contre les conséquences de leur responsabilité légale que les ouvriers eux-mêmes contre les suites de leurs accidents. Par suite, l'assurance comprend les trois grandes divisions ci-après : A. Assurance du patron contre les dommages-intérêts auxquels il peut être condamné en cas d'accidents dans son usine. Cette assurance ne détermine pas d'avance les sommes à payer ; seulement, la compagnie s'engage à acquitter l'indemnité (capital ou rente), que le patron aura été condamné, ou se sera engagé à l'amiable, à payer, soit à la victime, soit à ses ayants-droit. — B. Assurance, avec des sommes déterminées, contre les conséquences des accidents corporels en général dont les ouvriers peuvent être victimes pendant la durée du travail, soit dans l'atelier, soit au-dehors.

Ces deux assurances sont des assurances collectives que le patron contracte en faveur de la totalité des ouvriers de sa maison. Celui qui veut contracter une assurance de cette nature est tenu d'y comprendre non seulement les ouvriers exposés aux chances d'accidents, dans un moment donné, mais encore la totalité des personnes qu'il occupe et occupera plus tard dans l'année. Il assure donc le maximum d'ouvriers qu'il entend ne pas dépasser, et, par suite, en dehors de ceux qu'il occupe au moment de l'assurance, un nombre correspondant d'ouvriers supplémentaires. A cet effet, il doit remettre à la compagnie, vers la fin de chaque mois, un état de ce personnel supplémentaire. Cette dernière condition n'est pas stipulée partout, plusieurs compagnies se contentant de l'état numérique du personnel attesté par la feuille hebdomadaire du paiement des salaires. D'autres conviennent avec le patron d'un nombre moyen d'ouvriers pour toute la durée de l'assurance.

L'assurance B, à la différence de l'assurance A,

stipule, comme nous l'avons dit, des sommes déterminées, ainsi que la nature, également déterminée, de l'accident et de ses suites, qu'il s'agisse
d'un cas de mort, ou d'une *invalidité* complète,
ou d'une incapacité de travail de sept jours à
cinquante-deux semaines, ou des trois cas combinés.

L'assurance par tête, d'une somme déterminée
en cas de décès ou d'invalidité, soit *momentanée*,
soit *définitive*, est la combinaison la plus simple.
Toutefois, il peut être conclu des assurances par
groupes, le patron, dans ce cas, assurant des
sommes diverses correspondant à des groupes
d'ouvriers placés, au point de vue du risque-
accident, dans des conditions également diverses.
En général, les compagnies, après la preuve
faite de l'accident, mettent le montant de l'indemnité à la disposition du patron, le laissant libre
d'apprécier si l'accident donne réellement droit
à une indemnité et d'en régler le montant relativement à la somme assurée pour l'ensemble des
ouvriers d'un groupe. Si, dans certains cas, comme,
par exemple, celui d'accidents survenus à des
ouvriers célibataires ou mariés sans enfants, il
estime que l'indemnité réellement due est inférieure à l'indemnité assurée, la différence lui est
bonifiée par la compagnie comme *réserve à son
profit*, et il a le droit, aussi longtemps qu'il reste
assuré, de disposer, en tout ou partie, de cette
réserve, pour les cas d'une nature plus grave
lui paraissant donner droit à une indemnité plus
élevée que la somme assurée.

Le patron est également libre, lorsqu'il a assuré
un capital pour le cas combiné de mort et d'invalidité, de transformer ce capital en une rente annuelle calculée sur le pied de 10 0/0 dudit
capital.

Il existe une troisième assurance (assurance C) qui
combine les deux premières. D'une part, le patron
s'assure, sans détermination d'aucune somme,
pour le montant de l'indemnité qu'un jugement
ou une convention peut mettre à sa charge; et,
de l'autre, il prend une assurance, avec sommes
déterminées, au profit de l'ensemble de son personnel ouvrier contre les conséquences, également déterminées, de tout accident.

Il va sans dire que les compagnies tiennent
compte, pour le calcul de la prime, de toutes les
circonstances qui peuvent diminuer ou aggraver
le risque. A ce point de vue, les industries sont
le plus souvent, divisées en un certain nombre de
catégories, d'après l'intensité de ce risque et la
prime par tête assurée varie en conséquence.
Pour les mêmes industries, les compagnies atté-
nuent la prime lorsque les ateliers sont solidement
construits, bien éclairés, bien ventilés, les machines convenablement installées et bien entrete-
nues, les ouvriers non agglomérés à l'excès, et
enfin lorsque toutes les mesures de sécurité ont
été prises.

Le Reichstag est, en ce moment, saisi d'une
proposition ayant pour objet de créer une caisse
générale de pensions par l'État au profit des
ouvriers invalidés par les accidents, les infirmités
et l'âge. Dans ce projet, l'assurance serait obligatoire pour tous les ouvriers et les patrons devraient y contribuer par une cotisation proportionnelle à celle des intéressés. Le déficit, s'il
y en avait, serait couvert par l'État. Cette proposition n'a pas encore été discutée; mais elle
échouera probablement, le gouvernement impérial lui étant entièrement défavorable.

(b) Assurance sur la vie.

Il existe en France, depuis 1850, une institution analogue à celle dont le projet a été soumis
au parlement allemand; c'est la caisse des *retraites pour la vieillesse*, administrée par l'État.
Mais l'assurance, qui en forme la base, n'est pas
obligatoire. Dans le principe, l'institution devait
être affectée exclusivement aux salariés et le
législateur avait clairement manifesté son intention dans ce sens en fixant le maximum de la
pension à 600 francs. Plus tard, ce maximum
ayant été élevé successivement à 1,000, 1,200
francs, et, en dernier lieu, à 1,500 francs, la
caisse a perdu sa destination primitive pour devenir accessible aux classes moyennes. Ajoutons
que le tarif des primes ayant été calculé dans
l'hypothèse d'une mortalité supérieure à la mortalité réelle, l'État subit des pertes croissantes
qu'il couvre avec les deniers des contribuables. A
ce point de vue, la caisse n'est plus entièrement
une institution de prévoyance, puisqu'elle reçoit,
sous une forme déguisée, une subvention de l'État,
subvention dont le montant s'élève avec celui des
pertes dont il a accepté la charge.

Voici, au surplus, une analyse succincte des
lois du 18 juin 1850, 12 juin 1861 et 4 mai 1864,
qui ont constitué ou complété l'institution de la
Caisse des retraites.

Le capital de ces retraites est formé par les versements volontaires des intéressés. Les versements
doivent être de 5 francs au moins et sans pouvoir
excéder 4,000 francs au nom de la même personne
dans le courant d'une seule année. Le montant de
la rente viagère est fixé conformément à des tarifs
tenant compte : 1° de l'intérêt composé du capital
à raison de 4 1/2 0/0 par an; 2° des chances de
mortalité en raison de l'âge des déposants et de
l'âge auquel commence la retraite, calculées
d'après les tables dites de *Deparcieux*; 3° du remboursement, au décès, du capital versé, si le déposant en a fait la demande au moment du versement. Les versements peuvent être faits au profit
de toute personne âgée de plus de trois ans. Il ne
peut être inscrit sur la même tête une rente
viagère supérieure à 1,500 francs. Ces rentes sont
incessibles et insaisissables jusqu'à concurrence
de 360 francs. L'entrée en jouissance de la pension peut être fixée, au choix du déposant, à partir
de chaque année d'âge accompli de 50 à 65 ans.
Dans le cas de blessures graves, ou d'infirmités
prématurées entraînant une incapacité absolue de
travail, la pension peut être liquidée même avant
50 ans et en proportion des versements faits à
cette époque. Les versements effectués soit en
vertu de décisions judiciaires, soit par les administrations publiques, par les sociétés de secours
mutuels ou par les sociétés anonymes au profit

de leurs employés, agents et ouvriers, ne sont pas soumis à la limite de 4,000 francs par an.

Le déposant qui a stipulé le remboursement, à son décès, du capital versé, peut, à toute époque, faire abandon de tout ou partie de ce capital, à l'effet d'obtenir une augmentation de rente, sans qu'en aucun cas le montant total puisse excéder 1,500 francs. Le donateur qui a stipulé le retour du capital soit à son profit, soit au profit des ayants-droit du donataire, peut également, à toute époque, faire l'abandon du capital, soit pour augmenter la rente du donataire, soit pour se constituer à lui-même une rente, si la réserve avait été stipulée à son profit.

L'ayant-droit à une rente viagère, qui a fixé son entrée en jouissance à un âge inférieur à 65 ans, peut, dans le trimestre qui précède l'ouverture de la rente, reporter sa jouissance à toute autre année d'âge accomplie, sans que, en aucun cas, la rente augmentée d'après les tarifs en vigueur, puisse excéder 1,500 francs, ni qu'il y ait lieu au remboursement d'une partie du capital déposé.

Au décès du titulaire de la rente, avant ou après l'époque d'entrée en jouissance, le capital déposé, quand son remboursement a été stipulé, est remboursé sans intérêts aux ayants-droit. Les certificats, actes de propriété et autres pièces exclusivement relatives à l'exécution des dispositions dont l'analyse précède, sont délivrés gratuitement et dispensés des droits de timbre et d'enregistrement. Le capital réservé reste acquis à la Caisse des retraites, en cas de deshérence, ou par l'effet de la prescription, s'il n'est pas réclamé dans les trente années qui auront suivi le décès du titulaire de la rente.

Toutes les recettes disponibles provenant, soit des versements des déposants, soit des intérêts perçus par la caisse, sont, successivement, et dans les huit jours au plus tard, employées en achat de rentes sur l'État.

Une commission permanente est chargée de l'examen de toutes les questions relatives à la Caisse des retraites.

Parmi les dispositions réglementaires prises, pour l'exécution des lois du 18 juin 1850 et 12 juin 1861 (décret du 27 juillet 1861) nous remarquons les suivantes :

Tout déposant qui opère un premier versement, déclare : 1° s'il entend faire abandon du capital versé, ou s'il veut que ce capital soit remboursé, à son décès, à ses ayants-droit; 2° à quel âge, à partir de 50 ans, il entend entrer en jouissance de la rente viagère. Si un déposant veut soumettre de nouveaux versements à des conditions autres que celles qu'il a fixées pour ses versements antérieurs, il est tenu d'en faire la déclaration. Si le versement a lieu au profit d'une femme mariée, le consentement du mari doit être produit. Le donataire peut stipuler la condition d'inessibilité et d'insaisissabilité de la totalité de la rente. Il est remis un livret à chaque déposant par la Caisse des dépôts et consignations, chargée de la gestion de la Caisse des retraites. Ce livret porte un numéro d'ordre; tous les versements successifs y sont inscrits. En cas de perte, il est pourvu à son remplacement dans les formes prescrites pour celui d'un titre de rente sur l'État. A l'époque de l'entrée en jouissance de la rente viagère, le montant en est définitivement fixé et inscrit au grand-livre de la dette publique. A cet effet, le titulaire du livret doit en faire l'envoi au directeur de la Caisse des dépôts et consignations, en y joignant son certificat de vie. Toute somme versée au profit d'une personne morte au jour du versement ou atteinte de la maladie dont elle est morte dans les vingt jours du versement, est remboursée sans intérêts.

L'âge du déposant est calculé comme si ce déposant était né le premier jour du trimestre qui suit la date du versement et la rente viagère commence à courir du premier jour du trimestre qui suit celui dans lequel le déposant a accompli l'année d'âge à laquelle il a déclaré vouloir entrer en jouissance de la rente. L'année d'âge est toujours considérée comme accomplie pour les personnes âgées de plus de 65 ans. Les trimestres commencent les 1er janvier, 1er avril, 1er juillet, 1er octobre. L'intérêt de tout versement compte à partir du premier jour du trimestre qui suit le versement.

La caisse des retraites (à la différence de celle récemment instituée dans l'empire allemand, qui fait à la fois l'assurance en cas de vie et en cas de mort) ne fait, comme on vient de le voir, que l'assurance en cas de vie (rente viagère avec ou sans abandon du capital). L'assurance en cas de mort n'était pas moins utile pour l'ouvrier, qui a le plus grand intérêt à assurer à sa veuve et à ses enfants, après son décès, un capital quelque modeste qu'il soit. Or, sauf en Angleterre, où une compagnie, aujourd'hui prospère et même puissante (la Prudential), a entrepris les petites assurances sur la vie, ou assurances ouvrières, nulle part les compagnies ne les acceptent. Dans cette situation, l'État, en France, suivant, au surplus, la voie que lui avait ouverte, quelques années auparavant, la législature anglaise, a fondé, lui aussi, les assurances de cette nature. Tel a été l'objet d'une loi de même date (11 juillet 1868) que celle qui a institué l'assurance contre les accidents. Il nous paraît nécessaire d'en donner une courte analyse.

La caisse instituée par l'État a pour objet de payer, au décès de chaque assuré, à ses héritiers ou ayants-droit une somme déterminée. La participation à l'assurance est acquise par le versement de primes uniques ou annuelles. La somme à payer au décès de l'assuré est fixée conformément à des tarifs tenant compte : 1° de l'intérêt composé à 4 0/0 des versements effectués ; 2° des chances de mortalité, à raison de l'âge des assurés, calculées d'après la table dite de Deparcieux. Les primes établies d'après ces tarifs sont augmentées de 6 0/0. Toute assurance faite moins de deux ans avant le décès de l'assuré demeure sans effet (1). Dans ce cas, les versements effectués sont restitués aux ayants-droit, avec les intérêts simples à 4 0/0. Les sommes assurées sur une tête ne peuvent excéder 3,000

(1) Cette disposition a pour but de suppléer à l'examen médical auquel les compagnies soumettent les candidats à l'assurance.

francs (2,500 francs en Angleterre). Elles sont insaisissables et incessibles jusqu'à concurrence de la moitié, sans toutefois que la partie incessible ou insaisissable puisse descendre au-dessous de 600 francs. Nul ne peut s'assurer s'il n'est âgé de seize ans au moins. A défaut de paiement de la prime annuelle dans l'année qui suit l'échéance, le contrat est résolu de plein-droit. Dans ce cas, les versements effectués, déduction faite de la part afférente aux risques courus, sont ramenés à un versement unique, donnant lieu, au profit de l'assuré, à la liquidation d'un capital au décès; la déduction est calculée d'après les bases du tarif.

Les sociétés de secours mutuels sont admises à contracter des assurances collectives, sur une liste indiquant le nom et l'âge de tous les membres qui la composent, pour garantir, au décès de chacun d'eux, une somme fixe qui, dans aucun cas, ne peut excéder 1,000 francs. Ces assurances sont faites pour une année seulement et d'après des tarifs spéciaux. Elles peuvent se cumuler avec les assurances individuelles. Les tarifs de la caisse doivent être révisés tous les cinq ans (ils ne l'ont point encore été). La caisse d'assurance est régie par la Caisse des dépôts et consignations à Paris. Toutes ses recettes sont, successivement et dans les huit jours au plus tard, employées en achats de rentes sur l'État, et ces rentes sont inscrites à son nom. La commission supérieure chargée de l'examen des questions relatives à la caisse d'assurance contre les accidents, remplit les mêmes fonctions en ce qui concerne l'assurance sur la vie. Elle présente également, chaque année, au chef de l'État, pour être distribué au Parlement, un rapport sur ses opérations. Le gouvernement, chargé par la même loi, de faire préparer de nouvelles tables de mortalité d'après les données de l'expérience, ne paraît pas avoir encore réuni les éléments de cet important travail. La loi ne s'explique pas sur la question de savoir si ces tables doivent s'appliquer à la population générale ou seulement aux assurés de la nouvelle caisse.

Aux termes du règlement d'administration publique du 10 août 1868, les demandes d'assurance doivent être adressées à la Caisse des dépôts et consignations; elles contiennent les nom et prénoms de l'intéressé, sa profession, son domicile, le lieu et la date de sa naissance, la somme qu'il veut assurer, ainsi que les conditions spéciales de son assurance. Ces demandes sont reçues, à Paris, par la Caisse des dépôts et consignations; dans les départements, par les trésoriers payeurs généraux, par les receveurs particuliers des finances, par les percepteurs des contributions directes et les receveurs des postes. Elles sont toujours accompagnées d'un versement qui comprend la prime entière, si l'assurance a lieu par prime unique, et la première annuité, si elle a lieu par primes annuelles. Les primes annuelles sont acquittées, chaque année, à l'échéance indiquée par la date du premier versement. A défaut de paiement dans les trente jours, il est dû des intérêts à 4 0/0, à partir de l'échéance jusqu'à l'expiration du délai d'un an, passé lequel,

comme nous l'avons dit, le contrat est résolu de plein droit. A toute époque, l'assuré peut anticiper la libération de sa police. Dans l'application des tarifs, la prime est fixée d'après l'âge de l'assuré au plus prochain anniversaire de sa naissance. Les sommes dues par la caisse au décès de l'assuré sont payables aux héritiers ou ayants-droit, à Paris, à la caisse générale; dans les départements, à la caisse de ses préposés. Les demandes de paiement sont accompagnées du livret-police, de l'acte de décès et d'un certificat de propriété constatant le droit des réclamants. Les oppositions au paiement des sommes assurées et les cessions de ces sommes dans les limites fixées par la loi sont signifiées au directeur général de la Caisse des dépôts et consignations. En cas de décès par suicide, duel ou condamnation judiciaire, l'assurance est nulle de plein droit.

Nous avons le regret d'être obligé de dire qu'à l'exception de la Caisse des retraites pour la vieillesse, dont les opérations ont pris un assez grand essor, parce que l'institution s'adresse aujourd'hui à presque toutes les classes de la société, les assurances par l'État n'ont eu qu'un médiocre résultat, probablement par suite d'une publicité insuffisante (1).

Quant aux sociétés de secours mutuels, elles jouent sans doute un rôle important dans l'assurance ouvrière; mais elles soulèvent des questions si graves et si variées, qu'elles nous paraissent devoir être l'objet d'une étude spéciale. Nous la renvoyons au mot ouvrier.

Il est, en Allemagne, une assurance, inconnue en France, que les ouvriers pratiquent sur une assez grande échelle, et qu'acceptent volontiers les compagnies d'assurance sur la vie; — c'est l'assurance de funérailles décentes et d'une concession temporaire dans un cimetière (2). Quelques compagnies y joignent le paiement d'une certaine somme à la veuve et aux orphelins pour les frais de deuil et la satisfaction des plus urgents besoins. Cette assurance est également faite par un grand nombre de sociétés de secours mutuels. Plusieurs, et notamment les sociétés de mineurs (3), adoptent la veuve et les enfants et élèvent ces derniers jusqu'à un certain âge. Mais l'énormité de semblables charges a gravement compromis leur situation financière, et aujourd'hui celles qui se reconstituent après liquidation, en diminuent le fardeau en même temps qu'elles élèvent le taux de la cotisation.

Terminons en mentionnant un sinistre contre lequel l'ouvrier aurait le plus grand besoin d'être assuré; c'est le chômage involontaire et imprévu, le chômage qui résulte, non de la faute du sinistré (paresse, ivrognerie, inhabileté, etc., etc.), mais d'un cas de force majeure (crise industrielle). Seulement ce risque présente de tels aleas, renferme de telles inconnues, qu'il échappe au calcul de probabilité sur lequel toute entreprise d'assurance doit être fondée sous peine d'une complète insécurité dans ses opérations. L'assistance publique et privée est donc obligée de suppléer ici à l'absence d'une institution de prévoyance dont il est à peu près impossible de déterminer les bases.

II. ASSURANCES CONTRE LES RISQUES MATÉRIELS.

1° ASSURANCE CONTRE L'INCENDIE.

Organisation de cette assurance. Elle peut être faite, et est faite, en réalité, dans certains pays : (a) par l'État; (b) par des sociétés publiques, relevant de l'État, qui garantit leurs opérations; (c) par la commune; (d) par des associations (sociétés mutuelles); (e) par des compagnies à primes fixes.

L'assurance par l'État, au moins pour les immeubles, et le plus souvent avec le caractère obligatoire, existe en Suisse et notamment dans les cantons de Vaud, de Zurich, de Schaffouse, de Lucerne, d'Argovie, de Fribourg, de Glaris, de Neuchatel, de Berne et dans le demi-canton d'Interwalden.

Elle existe également dans les États allemands ci-après : royaume de Bavière, de Saxe et de Wurtemberg; duchés ou grands duchés d'Oldenbourg, d'Anhalt, de Bade, de Brunswick, de Gotha, de Hesse, de Lippe-Detmold, de Mecklembourg-Schwerin, d'Oldembourg, de Saxe-Weimar-Eisenach; dans la principauté de Waldeck et Pyrmont.

L'assurance par des sociétés publiques relevant de l'État qui garantit leurs opérations, a lieu surtout en Prusse.

Au fur et à mesure de l'expiration du privilège de ces sociétés, il est renouvelé, mais avec des modifications destinées à rendre leur régime plus libéral. Quelques-unes ont été récemment autorisées à faire à la fois l'assurance mobilière et immobilière, mais la première restant libre et la seconde continuant à être obligatoire.

On a fait valoir contre ces sociétés que leurs tarifs sont généralement plus élevés que ceux des compagnies et des associations privées (mutuelles) et qu'à tous autres points de vue, les conditions qu'elles font aux assurés sont moins favorables. Le gouvernement prussien n'en croit pas moins devoir les maintenir, mais en adoucissant progressivement ces conditions.

Les sociétés publiques sont toutes fondées sur le principe de la mutualité. En cas d'insuffisance accidentelle des cotisations, elles sont autorisées à emprunter pour couvrir des déficits momentanés et le remboursement s'effectue sur les bénéfices des années subséquentes.

En Allemagne, l'assurance immobilière est quelquefois faite par la commune. Il en est ainsi notamment à Berlin, à Hambourg, à Lubeck, à Cassel et à Stettin. Dans ces villes, elle est le plus souvent obligatoire pour tous les propriétaires.

En Russie, la ville de Saint-Pétersbourg a sa Société d'assurance, qui est gérée par l'autorité municipale.

L'assurance mutuelle par la commune semble gagner du terrain en Allemagne et en Autriche, malgré les vives attaques dont elle est l'objet de la part des économistes, ennemis naturels du monopole par l'État ou la commune, et des organes des compagnies à prime-fixe ou des sociétés mutuelles, lui reprochant de rester attachée à d'anciennes pratiques, à d'anciennes règles qui ne sont pas en harmonie avec les besoins nouveaux.

En Belgique et en France, deux tentatives pour introduire l'assurance au moins immobilière par l'État ont échoué en 1848. Les adversaires de ces projets avaient surtout fondé leur opposition sur l'inconvénient de faire, de l'État, un spéculateur, un entrepreneur d'industrie, puis sur la dépense considérable qu'exigerait l'expropriation des compagnies existantes, enfin sur les difficultés qu'entraînerait le règlement des indemnités et l'impopularité qui en résulterait pour le gouvernement. Leurs partisans avaient fait valoir : 1° que la prime perçue en même temps que l'impôt, et avec les mêmes facilités pour son acquittement, serait payée sans difficulté; qu'il en serait de même de la liquidation de l'indemnité qui, opérée par les agents financiers de l'État, n'entraînerait également aucune dépense nouvelle; 2° que les assurés se composant de la totalité des propriétaires, et les sinistres se répartissant ainsi sur un grand nombre d'intéressés, l'indemnité ne pèserait sur eux que d'un poids insensible; 3° que l'État n'aurait pas, comme les compagnies et les sociétés mutuelles, des frais d'agences et de gestion, qu'il pourrait donc réduire la prime au strict nécessaire; 4° que, si l'État réalisait un bénéfice, ce bénéfice viendrait en atténuation de l'impôt; 5° que les assurés payeraient la prime avec d'autant plus d'empressement, qu'ils auraient, dans l'État, un assureur d'une solvabilité indiscutable.

En dehors de la Suisse, de l'Allemagne et d'un petit nombre d'autres pays, l'assurance est faite partout par les compagnies à primes fixes et par les sociétés mutuelles.

La préférence à donner à l'une ou à l'autre de ces deux catégories d'établissements étant encore aujourd'hui l'objet de vives discussions, et l'expérience n'ayant pas encore tranché définitivement la question, nous allons résumer rapidement les arguments invoqués de part et d'autre.

Les partisans des *mutuelles* soutiennent : 1° que ces sociétés n'ayant que des frais minimes d'administration et n'étant pas obligées de donner un dividende à des actionnaires, peuvent abaisser leurs primes au-dessous de celles des *compagnies;* 2° que, si les mutuelles réalisent un bénéfice, ce bénéfice — distraction faite des réserves destinées à former le fonds de garantie — est distribué intégralement entre les associés; 3° que les associés étant tenus de pourvoir, au besoin par des cotisations supplémentaires, au paiement des sinistres, ce paiement est toujours assuré; 4° que l'associé étant à la fois assureur et assuré, n'a aucun intérêt à spéculer sur la Société, à tenter de faire sur elle, c'est-à-dire sur lui-même, des bénéfices illicites; qu'au contraire, il doit désirer que les affaires de la Société soient aussi prospères que possible, la diminution de la cotisation devant en être le résultat; 5° la Société, administrée par un directeur de son choix, toujours révocable, et non par un conseil d'administration formé d'actionnaires dont les intérêts ne sont pas toujours identiques à ceux des assurés, a la certitude que ses affaires sont gérées avec autant d'intelligence que d'intégrité; 6° là où le maximum de la cotisation supplémentaire est fixé par les statuts, les associés devant craindre naturellement de n'être pas, en cas de sinistre, entièrement indemnisés, font naturellement tous leurs efforts pour prévenir, par leur vigilance, des sinistres qui resteraient pour partie à leur charge.

Ils font également remarquer que, par suite de circonstances diverses, le nombre des incendies tendant à diminuer, d'une part, et, de l'autre, les secours devenant de plus en plus abondants, rapides et efficaces, les indemnités à payer sont de moins en moins importantes, ce qui permet d'entrevoir une réduction graduelle du taux des cotisations tant ordinaires qu'extraordinaires.

Les partisans de la prime fixe répondent en soutenant : 1° que le prix de l'assurance dans une *mutuelle* peut être, et, en réalité, est souvent plus élevé que dans une *compagnie;* 2° que les sociétés accordent généralement des indemnités inférieures aux pertes éprouvées, tandis que les compagnies indemnisent entièrement les assurés; 3° que les sociétés ne paient que tardivement les indemnités, tandis que les compagnies font immédiatement honneur à leurs engagements.

Et voici comment ils motivent cette triple affirmation.

Dans l'assurance par les compagnies, les incendiés sont indemnisés sur la masse des primes payées d'avance par chaque assuré, et, si les indemnités dépassent le produit de ces primes, le capital social sert à couvrir la différence. Dans l'assurance par les mutuelles, il n'y a ni primes payées d'avance, ni fonds social. Chaque année, les sociétaires sont appelés à se cotiser en raison de l'importance des dommages constatés. C'est cette contribution qui sert à payer, dans une proportion plus ou moins forte, les indemnités liquidées. Elle est entièrement distincte de la *cotisation annuelle* à la charge des sociétaires et spécialement affectée à couvrir les frais d'administration, surtout à constituer les bénéfices du directeur. Ainsi le sociétaire, à la fois assureur et assuré, est exposé, en cas de sinistres extraordinaires, à payer une cotisation très élevée, tandis qu'avec l'assurance par les compagnies, l'assuré paie une prime déterminée par des tarifs et qui est invariable pendant la durée du contrat. Or, en fait (et ici on cite des exemples tirés de la France et de l'étranger (1), des sociétés ont été plusieurs fois obligées d'élever du simple au quintuple le taux des cotisations même pour les risques réputés les moins onéreux.

La position des assurés dans les mutuelles varie selon le mode de répartition. La plupart de ces sociétés ont fixé le maximum que pourra atteindre

la contribution annuelle applicable aux sinistres; ce qui équivaut à dire que les sinistres, quelle que soit leur gravité, ne seront indemnisés que dans la mesure du produit de cette contribution. Mais là où le maximum n'est pas fixé, où, par suite, la totalité du sinistre tombe à la charge de la société, les associés encourent une responsabilité très étendue, surtout lorsque cette société ne dépasse pas le cercle restreint d'une ville ou d'une circonscription de peu d'étendue. D'un autre côté, l'associé qui fait, dans un cas donné, un sacrifice exceptionnel pour payer entièrement un sinistre, n'est jamais certain que ses co-associés seront en mesure d'en faire un semblable à son profit. Enfin le paiement des indemnités est nécessairement tardif dans les mutuelles, surtout quand elles commencent leurs opérations, puisque, dans ce dernier cas, n'ayant pas de capital social et n'ayant pu encore former un capital de réserve, les sinistrés sont obligés d'attendre, pour l'encaissement de leur indemnité, le recouvrement des contributions. Or, le montant de ces contributions (en dehors de la cotisation pour frais d'administration) n'est déterminé et mis en recouvrement que lorsque la Société connaît exactement l'importance des sinistres survenus dans l'année, c'est-à-dire seulement à la fin de chaque exercice.

Nous n'interviendrons dans cette discussion que par cette seule observation : les deux systèmes ont, comme toute institution humaine, leurs avantages et leurs inconvénients, mais en définitive elles réussissent également partout, et leur concurrence, en provoquant l'abaissement des tarifs, est favorable à tous les assurés.

Objets et conditions de cette assurance. Disons d'abord que les compagnies d'assurance à prime fixe contre l'incendie se divisent en deux catégories : celles qui sont syndiquées, c'est-à-dire qui ont les mêmes conditions générales et agissent toujours en commun quand il s'agit de les modifier, — et celles qui opèrent isolément, gardant ainsi leur entière liberté d'action. On a cru remarquer que ces dernières traitent avec le public sur des bases plus larges, plus libérales que leurs rivales. Dans tous les cas, la concurrence qui s'établit entre elles ne peut qu'exercer une influence favorable sur le taux de la prime (1).

1° *Objet de l'assurance.* Les objets à assurer sont à peu près les mêmes dans toutes les compagnies d'assurance à prime fixe. Ce sont les propriétés mobilières (meubles meublants, marchandises, matières premières, outils, etc.), et immobilières (maisons d'habitation, bâtiments d'exploitation, usines, constructions quelconques). Elles excluent généralement des objets mobiliers les pierreries et pierres fines non montées, les lingots, les monnaies, les billets de banque, les va-

---

(1) Incendies de Hambourg en 1842; de Chicago (Etats-Unis), en 1871 ; de Boston en 1872, d'une rue entière de Londres en 1862, etc., etc.

(1) A Paris, le syndicat ou Comité, formé, au début, de huit compagnies n'en comprend plus aujourd'hui que cinq; mais, il est vrai des plus considérables. Cette dislocation des syndicats n'est un fait rare ni en France, ni à l'étranger. En France, en même temps qu'elle se produisait pour l'incendie, elle s'effectuait également pour l'assurance sur la vie. En Allemagne, le syndicat des assurances contre les deux sinistres voit également diminuer le nombre de ses membres. Il en est de même aux Etats-Unis. Nous ignorons si, en Angleterre, les compagnies ont senti le besoin de s'associer dans un intérêt commun.

leurs mobilières (actions, obligations, etc.) et autres titres de cette nature. Elles n'assurent les objets d'art et les objets précieux que lorsqu'ils ont été spécifiés dans la police et qu'une somme a été spécialement affectée à leur garantie. L'assurance s'applique à l'incendie, qu'il ait pour cause le feu du ciel ou l'explosion du gaz et des appareils à vapeur. Elle ne comprend pas, à moins de conventions particulières, les dégâts, autres que ceux provenant de l'incendie, que pourraient causer la foudre, l'explosion du gaz et des appareils à vapeur; et encore la garantie des dégâts amenés par ces trois causes doit-elle être l'objet d'une stipulation et d'une prime spéciales. Elle exclut aussi, mais toujours sous la réserve de stipulations et de primes spéciales, les incendies occasionnés par les volcans et tremblements de terre, les incendies amenés par la guerre, l'invasion, une occupation militaire quelconque, une émeute, une insurrection, une explosion de poudrière.

Les compagnies assurent trois natures de risques peu connues du public; ce sont : 1° *le risque locatif,* c'est-à-dire la responsabilité du locataire vis-à-vis du propriétaire (art. 1733 et 1734 du Code civil) pour les dégâts matériels causés par l'incendie aux locaux et aux objets loués; 2° *le risque de voisinage,* c'est-à-dire la responsabilité de l'assuré envers ses voisins (article 1382, 1383, 1384 et 1386 du Code civil) pour les pertes résultant de l'incendie communiqué à leurs propriétés; 3° *le risque du propriétaire,* c'est-à-dire sa responsabilité envers ses locataires (art. 1721 du Code civil) en cas d'incendie provenant d'un vice de construction ou du défaut d'entretien de l'immeuble loué (1).

Elles ne garantissent pas les objets assurés qui ont été perdus ou soustraits pendant l'incendie.

Toutes les compagnies, dans le cas où les objets assurés sont détruits ou endommagés par suite des mesures prescrites par les autorités pour arrêter les progrès du feu, indemnisent l'assuré comme si la perte ou le dégât avait été causé par l'incendie. Il est une compagnie qui garantit, mais moyennant une prime spéciale, un risque auquel nous croyons que les autres restent étrangères; nous voulons parler des créances hypothécaires inscrites sur un immeuble incendié. Il ne faut pas se dissimuler que ce risque est considérable; car, d'une part, l'immeuble incendié peut n'avoir pas été assuré, et, de l'autre, il peut l'avoir été pour une somme inférieure à sa valeur. Enfin, même dans le cas contraire, l'hypothèque assurée pourrait ne pas venir en ordre utile dans la distribution de l'indemnité.

Quelques compagnies offrent, dit-on, par leurs prospectus, d'assurer le chômage résultant de

(1) L'assurance de ces risques se fait dans les conditions suivantes : (a) recours du propriétaire; l'assurance est basée sur le prix de location. Ainsi un locataire a un loyer de 500 francs et il consent à payer sa prime sur quinze fois la valeur de son loyer (base généralement admise de cette assurance), soit 7,500 francs; la compagnie répond, jusqu'à concurrence de ladite somme, du dommage causé au propriétaire; (b) recours du voisin; l'assurance est faite sur une somme quelconque au choix de l'assuré, et c'est cette somme qui est payée au voisin par la compagnie; (c) recours du locataire contre le propriétaire; l'assurance est faite dans les mêmes conditions que pour le recours contre le voisin; il va sans dire que si les dommages sont supérieurs aux sommes garanties, l'assuré paie la différence.

l'incendie pour le sinistré, et, notamment, pour l'industriel et le négociant, de leur garantir, jusqu'au remplacement des objets incendiés, les bénéfices qu'ils faisaient habituellement d'après leurs livres de commerce; et, pour le propriétaire d'une maison, le revenu qu'il tirait de sa location. Mais nous ne croyons pas que des contrats de cette nature aient encore été faits, peut être par suite du chiffre exceptionnellement élevé de la prime demandée.

2° Conditions de l'assurance. Le contrat d'assurance n'existe que lorsque la police a été signée par les parties et la première prime payée. Toutefois, la garantie de la compagnie ne commence que le lendemain, à midi, du jour de la signature et du paiement. La police est rédigée d'après les seules déclarations de l'assuré et la prime fixée en raison de la valeur qu'il a attribuée aux objets assurés. Mais la compagnie, tout en acceptant cette valeur pour la fixation de la prime, ne l'accepte nullement comme base de l'indemnité. Et, à ce point de vue, un grand nombre d'assurés se font une illusion dangereuse sur les conséquences de leur déclaration, en se figurant, qu'en cas de sinistre, la compagnie leur paiera la valeur qu'elle a agréée pour la fixation de la prime. Ils se causent donc un préjudice notable en déclarant une valeur supérieure à la valeur réelle, puisque, d'une part, l'indemnité ne sera payée que dans le rapport du dommage réellement causé, et que, de l'autre, ils paient une prime qui serait moins élevée s'ils avaient déclaré la valeur réelle.

Les compagnies justifient leur conduite dans cette circonstance par cette disposition de la loi, qui est la base du contrat, que *l'assurance ne doit pas être une cause de bénéfice pour l'assuré.*

En outre de la nature de l'objet, ainsi que du lieu où il existe, et de sa qualité personnelle de propriétaire, d'usufruitier ou de locataire, le futur assuré doit déclarer, sous peine de nullité du contrat, si cet objet est déjà assuré, en tout ou partie, par d'autres compagnies.

Les primes, outre la première, doivent, comme celle-ci, être payées d'avance; mais un délai de grâce de quinze jours est accordé à l'assuré. Si elle n'est pas acquittée dans ce délai, et sans qu'il soit besoin d'une mise en demeure, *l'assurance est suspendue et l'assuré, en cas de sinistre, n'a droit à aucune indemnité;* le tout sans préjudice du droit de la compagnie de poursuivre devant les tribunaux le recouvrement de la prime échue (1). Mais la police reprend son effet le lendemain, à midi, du jour du paiement de la prime arriérée et des frais. Si la prime n'a pas été payée dans le délai d'un an et demi à dater de l'échéance, la police est résiliée de plein droit et les primes déjà payées sont acquises à la compagnie.

Toutes les sociétés mutuelles stipulent, dans leurs conditions générales, qu'en l'absence d'une déclaration de non renouvellement par l'assuré de la police arrivée au terme de sa durée, au moins trois mois avant ce terme, le renouvellement, par une sorte de tacite reconduction, a

(1) Ce droit n'existe que pour les compagnies d'assurance sur la vie.

lieu de plein droit. Cette disposition, que nous jugeons excessive, n'existe pas, croyons-nous, dans les polices des compagnies à prime fixe. La vente, la donation de l'objet assuré, son transport dans un autre lieu, la liquidation ou la faillite de l'assuré doivent être notifiés à la compagnie. En cas de décès de l'assuré, l'assurance continue de plein droit en faveur des héritiers. L'assuré doit également faire connaître à la compagnie toute modification aux bâtiments assurés, tout dépôt de substances ou marchandises dans ces bâtiments, toutes constructions contiguës qui pourraient aggraver le risque. Faute de cette notification, il n'a droit, en cas de sinistre, à aucune indemnité. A la suite de ces diverses notifications, la compagnie se réserve ou de résilier la police ou d'exiger un supplément de prime.

En cas d'incendie, l'assuré doit faire tous ses efforts pour en arrêter les progrès, puis pour sauver et mettre en lieu sûr les objets assurés. Il est tenu, en outre, de donner immédiatement avis du sinistre à la compagnie ou à son agent en province. Il doit aussi le déclarer au juge de paix du canton et consigner, dans sa déclaration, les circonstances dans lesquelles il s'est produit, ses causes connues ou présumées, et le montant approximatif du dommage. Il transmet à la compagnie ou à son agence une copie de cette déclaration et y joint un état estimatif, certifié par lui, des objets détruits, avariés et sauvés. A défaut de la transmission de ces documents dans un délai de quinze jours (à moins d'une impossibilité absolue), l'assuré est déchu de tout droit à une indemnité. *Il est tenu* de justifier, par tous les moyens et documents en son pouvoir, de l'existence et de la valeur des objets assurés au moment du sinistre, ainsi que de l'importance du dommage. Faisons remarquer que cette obligation n'est pas placée sous une sanction pénale, et avec raison, l'assuré, lorsque l'incendie a tout détruit, pouvant être hors d'état de spécifier tous les objets anéantis et encore moins d'en établir la valeur. Tel est le cas, par exemple, où l'incendie aurait détruit un mobilier d'une certaine importance formé par des acquisitions successives à des époques plus ou moins éloignées. Si l'assuré a *sciemment* exagéré le montant du dommage, ou a déclaré avoir été détruits par le feu des objets qu'il ne possédait pas, ou détourné tout ou partie des objets sauvés, ou employé comme éléments de justification de l'existence et de la valeur de certains objets, des documents frauduleux ; enfin, si l'assuré a provoqué ou favorisé l'incendie, il est déchu de tout droit à une indemnité. La preuve de ces différents faits incombe évidemment à la compagnie, la fraude ne se présumant pas.

Du règlement et du paiement de l'indemnité. Le dommage en cas d'incendie est réglé de gré à gré, après évaluation, à la suite d'une enquête, par deux experts au choix des parties. Ces experts, en cas de désaccord, s'en adjoignent un troisième, et opèrent ensuite à la majorité des voix. En cas de difficulté pour la désignation du tiers expert, il est nommé par le président du tribunal de l'arrondissement. Chaque partie paie les frais et honoraires de son expert et l'assuré acquitte, par moitié avec la compagnie, ceux du troisième. Les bâtiments, y compris les caves et fondations, mais distraction faite de la valeur du sol, et les objets mobiliers sont estimés d'après leur valeur vénale au *jour du sinistre*. Il est évident, en ce qui concerne les objets mobiliers, que, si l'incendie a tout détruit, la compagnie, surtout si la bonne foi de l'assuré lui est connue, devra, en l'absence de documents établissant la valeur de ces objets, se contenter de sa déclaration. Pour les immeubles, le propriétaire a presque toujours conservé les pièces établissant les frais de construction, et le double des actes établissant, en cas d'acquisition, le prix d'achat. S'il résulte de l'estimation que la valeur des objets assurés excédait la somme garantie par la police, l'assuré supporte au marc le franc sa part du dommage. Si les objets assurés et d'autres faisant partie du même risque se trouvent garantis en même temps par d'autres assureurs, la compagnie n'est tenue à indemniser l'assuré qu'au prorata de la somme qu'elle a garantie. Rappelons que, si ce dernier n'a pas fait connaître à la compagnie, avant l'estimation des dommages, l'existence des autres assurances, il est déchu de tout droit à une indemnité. La compagnie a la faculté de reprendre, en totalité ou en partie, pour le montant de leur estimation, les objets avariés et les matériaux provenant des bâtiments incendiés. Elle peut aussi, au lieu de payer une indemnité, faire reconstruire ou réparer les bâtiments détruits ou endommagés, et remplacer en nature les objets mobiliers également détruits ou avariés. Mais l'exercice de cette faculté peut et doit soulever de nombreuses difficultés. L'indemnité est payée comptant au bureau de la compagnie ou de l'agence.

Par le seul fait de la signature de la police, la compagnie est subrogée dans tous les droits, recours et actions de l'assuré contre toutes personnes garantes ou responsables du sinistre et même contre leurs assureurs.

Toute réclamation juridique contre la compagnie au sujet du dommage éprouvé (si l'évaluation amiable des experts n'est pas acceptée par l'assuré) doit être intentée dans un délai de six mois à compter du jour de l'incendie ou des dernières poursuites. Ce délai expiré, l'action est prescrite, et la compagnie n'est tenue à aucune indemnité.

Les diverses stipulations qui précèdent peuvent paraître et quelques unes sont, en effet, rigoureuses vis-à-vis de l'assuré, surtout en ce qui concerne les cas de déchéances qui sont nombreux et donnent aux compagnies une situation véritablement privilégiée. Cependant, il faut le reconnaître, elles ne sont que le résultat de leur expérience, c'est-à-dire des fraudes dont elles ont été l'objet et des décisions judiciaires qui leur ont fait quelquefois payer cher leur imprévoyance et une trop grande facilité dans leurs transactions. Considérées au point de vue du droit strict, elles ne sauraient, d'ailleurs, être l'objet de critiques fon... Peut-être pourrait-on dire que l'acceptation de la valeur déclarée par l'assuré comme base de la fixation de la prime, tandis que l'indemnité ne sera réglée que sur la valeur réelle, d'une part, et, de l'autre, sur cette valeur au moment du sinistre, n'est pas absolument conforme à l'équité, la prime restant toujours la même, tandis que la valeur assurée diminue. Il serait peut être préférable que les objets assurés fussent expertisés 'préalablement à l'assurance, et que leur moins-value graduelle fut déterminée par le contrat. Dans ce cas, la prime serait basée sur la valeur réelle et décroîtrait annuellement dans la mesure de la moins-value. Mais nous reconnaissons que ces expertises multipliées entraîneraient des frais d'administration considérables, apporteraient, dans les opérations, des lenteurs préjudiciables à tous les intéressés et amèneraient forcément des élévations sensibles du taux de la prime. Au surplus, les compagnies donnant à leurs conditions toute la publicité désirable, c'est aux candidats à l'assurance à en prendre connaissance avant de s'engager et à agir en conséquence.

(c) *Tarifs.* Ils ne pourraient trouver place que dans une publication d'une certaine étendue; nous ne pouvons donc les reproduire ici. Bornons-nous à faire remarquer, qu'ils varient en raison de l'intensité du risque, depuis 10 centimes par 1,000 francs de valeur assurée pour les maisons construites en pierre et couvertes en zinc (premier risque) jusqu'à 3 0/0 et même au-delà pour les fabriques, les usines, les théâtres, les forêts (surtout de pins et de chênes verts dans le midi de la France), les dépôts de matières susceptibles de fermentation et d'inflammation spontanée.

La durée de l'assurance n'est pas limitée par les conditions générales; mais elle est le plus souvent fixée à dix années.

Statistique. Les trois tableaux suivants résument les opérations de 1871 à 1878 des compagnies à primes fixes :

Capitaux assurés au 31 décembre (valeurs en milliards de francs) :

1871......	71,2	1876...	80,1
1872......	75,2	1877......	87,5
1873......	73,8	1878......	96,4

Primes encaissées :

	Somme (en millions francs).	Rapport par 1.000 francs du capital assuré
1871......	65,0	0,91,5
1872......	67,4	0,89,6
1873......	38,5	0,92,8
1874......	71,3	0,90,9
1875......	76,6	0,96,1
1876......	79,5	0,99,2
1877......	85,1	0,97,2
1878......	89,8	0,93,1

Sinistres :

	Sommes.	Rapport p. 0/0 des prime encaissées.
1871......	28,0	43,13
1872......	28,6	42,42
1873......	31,5	46,02
1874......	34,7	48,63
1875......	33,1	43,25
1876......	37,9	47,62
1877......	39,4	46,70
1878......	42,7	47,59

Au 31 décembre 1878, le capital social des vingt-cinq compagnies par actions, qui font l'assurance-incendie, s'élevait à 182,079,000 francs.

Les cinq compagnies les plus importantes sont les suivantes : *les Assurances générales, le Phénix, la Nationale, l'Union* et *le Soleil.* Voici le résumé de leurs opérations en 1877 :

	CAPITAUX assurés au 31 décembre (en milliards)	RECETTES		TOTAL	SINISTRES en 1877 (en millions)	RAPPORT p. 0 0 des sinistres aux primes	TAUX moyen des primes
		Primes (en millions)	Produits de fonds placés (en millions)				
Assurances générales.....	11.6	11.106	1.016	12.182	4.051	36.27	0.96
Le Phénix..........	8.5	8.788	0.536	9.324	5.259	59.83	1.03
La Nationale........	9.2	7.916	0.377	8.293	3.537	44.68	0.86
L'Union...........	7.0	6.068	0.495	6.563	2.642	45.00	0.86
Le Soleil...........	7.6	6.782	0.551	7.333	2.990	44.10	0.89

Au 1er janvier 1877, on comptait, en France, quarante-huit sociétés mutuelles d'assurance contre l'incendie, dont une seule à Paris, qui remonte à 1816 (*l'Assurance mutuelle immobilière de Paris*). Ces sociétés réunissaient pour 20 milliards environ de valeurs assurées; soit, pour les compagnies et les sociétés réunies, un total de 107 milliards. Il importe de faire remarquer que cette somme ne représente pas complètement des valeurs réelles. Il faut en déduire les risques locatifs, qui sont considérables dans les grandes villes et surtout à Paris. Or, nous l'avons vu, ces risques ne reposent que sur des hypothèses. D'un autre côté, les valeurs déclarées par l'assuré sont toujours, et dans des proportions variables, mais que l'on évalue en moyenne à 30 0/0, supérieures aux valeurs réelles. Enfin, les doubles et triples emplois résultant du recours contre le voisin, le propriétaire, etc. donnent également un total très élevé. Il n'y a donc pas d'exagération à penser que la valeur assurée est supérieure de 50 0/0 à la valeur réelle. Les 107 milliards doivent donc être réduits de moitié si l'on veut avoir une idée juste de la portion de la richesse publique, mobilière et immobilière, garantie en France par l'assurance.

Quel est le rapport de ces 53 ou 54 milliards assurés au total des matières assurables? Ici on est entièrement dans le domaine de l'hypothèse. Voici cependant quelques appréciations qui ne paraîtraient pas s'éloigner trop sensiblement de la réalité.

Il existait, en France, en 1875, 7,710,000 maisons d'habitation d'une valeur moyenne de 8,000 francs. Ces maisons représentaient donc une valeur réelle de 60 milliards, correspondant à une valeur assurable — si l'on tient compte des majorations et des doubles emplois — de 110 millions environ. Aux maisons il convient d'ajouter : les constructions diverses (ateliers, usines, hangars, granges, écuries, édifices publics, etc.) représentant de 10 à 15 milliards ; le mobilier (meubles meublants) soit environ 10 milliards ; les récoltes en meules et en grange, le matériel agricole et le matériel industriel, dont on peut porter la valeur à une somme égale ; enfin, les marchandises et matières premières, dont la valeur — qu'il n'est pas possible de déterminer, même approximativement — n'est certainement pas inférieure à 15 milliards. En tout 110 milliards, ou, avec les majorations et doubles emplois, à peu près le double, et, dans les cas, au moins 200 milliards. La matière assurée en France ne serait donc que la moitié de la valeur assurable.

La classe ouvrière ne participe nulle part à l'assurance contre l'incendie ; les compagnies à primes fixes ou les sociétés mutuelles n'acceptant pas d'assurances pour une somme inférieure à un taux déterminé. Elles ont pensé que les petites assurances entraîneraient des frais d'administration considérables et ne présenteraient par suite aucun bénéfice. L'ouvrier est ainsi exposé à la perte complète de son modeste mobilier et de ses outils. En attendant que cette lacune dans l'assurance soit comblée, une maison d'Alsace, aujourd'hui établie à Paris, la maison Dollfus, Mieg et Cie, a entrepris d'assurer contre l'incendie, aux conditions les plus modérées, les mobiliers des nombreux ouvriers qu'elle occupe. Or, d'une part, cette assurance ne lui est nullement onéreuse, et, de l'autre, elle rend des services signalés aux intéressés.

2° ASSURANCES CONTRE D'AUTRES RISQUES MATÉRIELS.

(a) *Assurances contre les risques de guerre et d'émeutes.* Nous avons vu que l'assurance-incendie exclut les sinistres qui auraient été le résultat d'un fait de guerre, guerre extérieure ou insurrection, et qu'elle ne comprend pas davantage ceux qui seraient dûs à une émeute. Nous avons vu également que la commune, aux termes de la loi du 10 vendémiaire assure, et sans prime spéciale, les pertes résultant des actes de dévastation, de pillage et même des incendies qui se produisent dans le cours d'une émeute. Le risque de guerre appliqué aux choses n'existe donc ni en France, ni, croyons-nous, à l'étranger. Cependant, il s'est formé récemment, dans notre pays, une mutuelle, dont les opérations, modestes encore, ne manqueraient pas de s'accroître si l'horizon politique se rembrunissait. Elle a pour titre : *Assurance mutuelle contre les risques de guerre et d'émeute*, et son siège est à Paris.

(b) *Assurances-transport.* Ces assurances, comme le titre l'indique, ont pour objet d'indemniser les expéditeurs de marchandises en cas de perte ou d'avarie des objets transportés par la voie de terre, fluviale et de mer. Nous ne connaissons pas, en France, de compagnie ou société qui garantisse les transports sur la voie de terre (chemins de fer compris) et sur les cours d'eau. Il en existe, au contraire, en Allemagne et en Angleterre. On sait peu de choses de leurs opérations, leurs comptes rendus n'étant imprimés que pour être distribués aux actionnaires. En Allemagne, l'assurance-transport à l'intérieur est faite surtout par une association de compagnies à prime fixe qui dispose d'un capital de garantie considérable.

Mais, des assurances sur les transports, la plus importante, à une grande distance des autres, et la plus ancienne, puisqu'elle paraît remonter au XVe siècle, est l'*assurance maritime*.

L'assurance maritime repose sur le classement des navires. Dans tous les États qui ont une frontière de mer de quelque importance, il existe une, quelquefois plusieurs sociétés (*Lloyd*, en Angleterre, et en Allemagne ; *Bureau Veritas*, en France et en Belgique, etc.) qui se chargent de classer les navires d'après leurs qualités nautiques, et tout propriétaire ou armateur d'un navire qui veut le faire assurer est tenu de justifier du rang qu'il occupe dans ce classement. Mais quelquefois ce rang n'a été obtenu que par des moyens frauduleux, ou par une coupable connivence avec un des agents de la Société, et on peut dire qu'en général les compagnies d'assurance n'ont pas toujours des éléments certains d'appréciation du risque. Elles ne sont pas non plus exactement renseignées sur la nature du chargement du navire, des matières explosives ou inflammables y étant souvent déposées sous de fausses qualifications. Elles ne le sont guère davantage sur l'expérience du capitaine, sur la valeur de l'équipage, ainsi que sur le poids du chargement, qui peut être excessif et compromettre la marche du bâtiment. Enfin, il est un aléa qu'elles ne peuvent conjurer, c'est celui du temps. Quant aux abordages, aux chances d'incendie en mer, aux actes de baraterie, elles ne peuvent pas davantage les prévoir.

Cependant, un certain nombre de chances mauvaises tendent à s'atténuer. Les observatoires météorologiques transmettent, avec une exactitude croissante, les pronostics du temps aux navires en partance. Des progrès sensibles ont été effectués dans la construction des navires, qui résistent aujourd'hui beaucoup mieux à la mer qu'autrefois. La substitution graduelle de la vapeur à la voile est également un progrès signalé, la vapeur permettant de lutter plus efficacement contre les gros temps et d'arriver plus rapidement à destination. Le remplacement des petits navires par des bâtiments d'un fort tonnage, plus aptes à tenir à la mer, constitue également une amélioration importante. L'adoption par tous les États maritimes de signaux uniformes de jour et de nuit doit avoir nécessairement pour résultat de diminuer les chances de collision. Enfin les routes maritimes sont mieux connues qu'à tout autre époque, et les risques d'égarement diminués d'autant.

Il n'est pas jusqu'à la résolution plus ou moins récente des gouvernements de faire une enquête juridique sur les causes de tous les sinistres et de surveiller les chargements pour s'assurer s'ils ne compromettent pas, par leur poids, par leur nature, la navigabilité du navire, qui ne doive exercer une influence préventive sur le nombre et la gravité des sinistres. Ajoutons que les côtes maritimes de tous les États, non seulement sont mieux éclairées, mais encore que les moyens de sauvetage, organisés concurremment par des sociétés de bienfaisance et les gouvernements, rendent des services signalés.

L'assurance maritime a donc la perspective d'une diminution notable de ses aléas.

France. Nous ne connaissons, pour la France, que les opérations des compagnies de Paris et du Havre. En voici le résumé :

A Paris, le nombre des compagnies est de trente-deux, et le capital social engagé de 72,650,000 francs. La portion versée était, en 1874, de 17 millions; en 1875, de 17 1/2; en 1876, de 18,340,000 francs. Les appels de fonds au-delà du quart primitivement versé n'ont jamais d'autre cause que de nombreux sinistres et la reconstitution de ce quart. Les réserves s'élevaient, en 1874, à 3,551,018; en 1875, à 4,377,985; en 1876, à 5,216,728 francs. Le total des risques éteints soit par l'expiration de la police, soit par le paiement du sinistre, n'a pas varié sensiblement dans les mêmes années. Il était : en capitaux, de 2,048,165,180 francs, en 1874; de 2,252,307,242 francs, en 1875; de 2,311,593,969, en 1876; en primes, de 29,708,805, 32,784,660, 33,763,705 francs. Ainsi la prime moyenne est toujours au-dessous de 1 1/2 0/0. Les sinistres ne présentent pas, non plus, des variations bien sensibles : 24,892,393 francs, 25,715,695, 26,503,472 francs. En 1874, le taux des sinistres avait été de 84 0/0 des primes; en 1875 et 1876, il est descendu à 78 0/0. On voit que le risque maritime est le plus dangereux que l'assurance puisse garantir.

L'assurance maritime au Havre compte treize compagnies ayant un capital nominal de 11,400,000 francs, et libéré de 3,100,000 francs. Les assurances éteintes dans le premier semestre de 1876 ont été de 149,902,965 francs, ayant donné lieu au paiement de 2,417.790 francs, soit une prime moyenne de 1,612 francs. Les pertes ont monté à 16,477, les bénéfices à 102,052 francs; le bénéfice a été de 85,574 francs. Dans le deuxième semestre, les risques éteints ont monté à 161,229,027 francs, ayant acquitté une somme de primes de 2,422,671 francs; soit une prime moyenne de 1,502. Les bénéfices nets se sont élevés à 435,299 francs. Pas un sinistre n'est signalé.

La comparaison des résultats complets de 1875, 1876 et 1877 s'établit comme suit :

	Risques éteints.	Primes.	Prime moyenne.	Bénéfices.	P. 0/0 du capit. versé
1875	318,373,361	4,775,891	1 49	209.823	6 76
1876	311,131,992	4,840,461	1 55	520,774	16 79
1877	337,153,752	4,621,354	1 37	256,519	8 27

Angleterre. Nous ne connaissons, et pour la période 1875-76 seulement, que les opérations de quatorze compagnies, les seules qui donnent à leurs comptes rendus une certaine publicité. Ces opérations représentent environ les deux cinquièmes de celles qui se font dans toute l'étendue du Royaume-Uni. Les quatorze compagnies ont reçu, dans les deux années 1875-1876, pour 103,431,250 francs de primes et payé pour 88,977,050 francs de sinistres. Onze ont réalisé 15,911,200 francs de bénéfices; trois ont perdu 1,437,050 francs. La différence entre les primes reçues et les sinistres payés laisse un excédant de recettes de 14,454,150 francs, auxquels on peut ajouter, déduction faite de 4 0/0 payé sur le capital et les réserves, la somme de 2,826,655 francs formant la différence des intérêts; soit, en tout, 17,200,825 francs. Les dépenses (sinistres et frais) ayant été de 9,330,100 francs, le profit net s'est élevé à 7,950,725 francs ou environ 7 0/0 du capital engagé.

L'écrivain anglais auquel nous empruntons ces détails y ajoute le fait suivant, qui donne une juste idée de l'alea redoutable que présente l'assurance maritime : « Sur les trente-deux compagnies fondées en Angleterre depuis dix-huit ans, quatorze seulement (celles dont nous venons de résumer les opérations), fonctionnent encore avec un certain bénéfice; les autres ou ont liquidé après avoir perdu une grande partie du capital engagé, ou liquideront plus ou moins prochainement. » — A. L.

* **ASSURE.** *T. techn.* Fil d'or, d'argent, de soie ou de laine, dont on couvre la chaîne d'une tapisserie de haute-lisse; ce qu'on appelle la trame dans les étoffes et les toiles.

* **ASTATIQUE** (Aiguille). *T. de phys.* Système d'aiguille aimantée disposée de manière qu'elle cesse d'obéir au magnétisme terrestre. — V. AIGUILLE AIMANTÉE.

* **ASTÉRISER.** *T. de typog.* Faire suivre ou précéder d'une astérisque.

ASTÉRISQUE. *T. de typog.* Petit signe en forme d'étoile (*) qui entre dans l'assortiment général d'une fonte. On s'en sert pour marquer un renvoi, indiquer une lacune, ou appeler l'attention du lecteur sur le mot qu'il accompagne. Dans notre ouvrage, ce signe précède les mots qui ne se trouvent pas dans le *Dictionnaire de l'Académie.*

* **ASTI** ou **ASTIC.** *T. techn.* Gros os de cheval, de mulet ou d'âne, dont se servent les cordonniers pour lisser les semelles des chaussures; ils le remplissent ordinairement de suif pour graisser leurs alènes.

* **ASTIER** (CHARLES-BERNARD). Savant chimiste, mort en 1836. On lui doit le procédé de conservation du bois de construction par le sublimé corrosif.

ASTIQUER. Polir avec un astic.

ASTRAGALE. 1° *T. d'arch.* Moulure ronde embrassant la partie supérieure du fût d'une colonne en se joignant en filet au-dessus du congé. Ce filet est compris par quelques auteurs dans ce qu'on appelle l'astragale et considéré comme un membre d'architecture composé de deux moulures. || 2° *T. de serrur.* Espèce de cordon en fer ou en cuivre qui court en haut des barreaux d'une rampe, d'un balcon, d'une grille. || 3° *Art milit.* On a donné le nom d'astragale à des moulures placées comme ornement à certaines pièces de canons ; *astragale de lumière*, **astragale de ceinture,** *astragale de volée.*

* ASTRAGALÉE. Profil d'une corniche terminée à sa partie inférieure par un astragale.

* ASTRAKAN. Fourrure qui nous vient de la ville d'Astrakhan (Russie d'Europe). On donne le même nom à un genre préparé de façon à imiter la fourrure russe. On écrit aussi *astracan.*

* ASTRÉE. *Myth.* Déesse de la justice, fille de Thémis et d'Astreus, descendit sur la terre au temps heureux de l'âge d'or, que les poètes ont nommé le siècle d'Astrée, et fut forcée par la perversité des hommes de remonter dans l'Olympe. Sous le signe de la vierge, elle occupe une des douze places du Zodiaque. On la représente sous la figure d'une Vierge qui a le regard pénétrant, l'air noble ; d'une main elle tient une balance ou un rameau de palmier, de l'autre une épée nue ou des épis.

ASTRONOMIE. L'astronomie est certainement le plus bel exemple qui existe de l'énergie de la curiosité humaine et de la puissance dont elle est capable. Car, si d'abord, aux beaux jours des pasteurs de l'antique Chaldée, la contemplation du ciel est née de la solitude et de la rêverie ; si ensuite la formation des constellations qui animent l'espace céleste d'une vie mystérieuse et fantastique est née des besoins de la navigation et des remarques naturelles amenées par l'établissement d'un calendrier primitif ; il faut avouer que c'est surtout la curiosité qui a créé, développé et soutenu l'ardeur humaine. C'est elle, en vérité, qui nous a toujours poussés vers l'inconnu avec une force irrésistible ; qui, par l'agglomération et le nombre des faits observés, a transformé l'astronomie des apparences ; qui a montré l'universelle erreur de l'humanité sur la forme de l'univers et la situation de la terre ; qui a déchiré le voile du temple de la nature, et qui, enfin, a permis à l'habitant de la terre de prendre possession du ciel, à l'être attaché au sol par le boulet de la pesanteur de sortir de sa chrysalide, d'ouvrir ses ailes et de s'envoler dans l'infini. C'est toujours l'histoire de la boîte de Pandore, et, comme dans ce mythe charmant de la curiosité féminine, ce qui reste de plus brillant dans le grand travail humain, c'est encore et c'est toujours l'espérance.

Si, par l'importance de ses résultats et la grandeur de ses découvertes, l'astronomie est le plus beau monument de l'esprit humain, elle le doit aux merveilleux instruments de précision que l'imagination ingénieuse, l'amour du beau géométrique, la passion du *mieux*, ont créés et perfectionnés sans cesse. C'est sous cet aspect que la science de l'univers se rattache, en certains points, à un *Dictionnaire de l'industrie et des arts industriels* et c'est sous cet aspect seulement qu'il importe de la considérer ici. Ces instruments peuvent d'ailleurs être regardés comme

les appareils les plus précis qui soient sortis des mains humaines et comme les meilleurs témoignages de l'habileté à laquelle l'ouvrier intelligent peut parvenir. Ils paraissaient déjà si remarquables il y a deux siècles à l'astronome Huygens que dans son *Cosmotheoros*, ouvrage sérieux, écrit sur les conditions de la vie dans les autres mondes, l'auteur se montre très préoccupé de savoir si les habitants de Vénus, de Mars, de Jupiter, de Saturne (dont il venait de découvrir lui-même le merveilleux anneau), ont des mains pareilles aux nôtres, avec le pouce opposable et toutes les particularités utiles ou agréables d'une main bien faite, « car, dit-il, sans les mains, adieu les instruments d'astronomie et l'astronomie elle-même. »

Les appareils à l'aide desquels la science du ciel a atteint ses admirables progrès peuvent être classés en deux catégories : 1° ceux qui permettent de déterminer les *positions* précises des astres dans le ciel ; 2° ceux qui, en agrandissant la puissance de la vue humaine, permettent de faire l'*étude physique* des autres mondes. Les premiers sont les seuls qui aient été à la disposition de l'homme jusqu'au xviie siècle, époque (1609) de l'invention de la lunette d'approche et de l'origine même de « l'astronomie physique » dont les progrès ont été si rapides depuis un demi-siècle surtout ; les anciens ne pouvaient avoir que « l'astronomie mathématique » ; encore l'application des lunettes aux instruments de position a-t-elle donné aux observations une précision incomparablement supérieure à celle qui pouvait être obtenue par les instruments anciens, et d'autre part, les méthodes de calcul ont-elles pris de leur côté des développements magnifiques qui ont transformé l'astronomie mathématique elle-même. Aujourd'hui les deux espèces d'instruments sont réunies, et les lentilles qui centuplent la portée naturelle de la vue humaine sont toujours adaptées aux appareils destinés à déterminer les positions célestes.

Les positions des astres dans le ciel ne peuvent se mesurer qu'en prenant un point de départ quelconque, regardé comme fixe, et en lui rapportant toutes les positions observées. Le seul moyen que nous ayons de connaître les distances de telles ou telles positions célestes à ce point fixe choisi comme repère, c'est de mesurer les distances qui les en séparent. Supposons, par exemple, qu'on admette comme fixe une brillante étoile du ciel, par exemple Sirius, en mesurant les distances des autres astres à celui-là pris pour point de départ et à un cercle quelconque, horizontal ou vertical, passant par Sirius, on obtiendra les deux mesures nécessaires et suffisantes pour faire connaître exactement la position réelle de l'astre dans le ciel.

Longtemps avant l'invention des lunettes, les anciens astronomes se servaient de quarts de cercle divisés en 90°, permettant, à l'aide d'une règle fixée au centre du cercle et mobile le long de la circonférence, de mesurer, soit la hauteur verticale d'un astre au-dessus de l'horizon, soit, en tournant le cercle horizontal sur lequel le quart de cercle était placé, l'angle formé entre l'astre observé et un plan vertical primitif choisi pour origine. C'est ainsi qu'opéraient les plus habiles observateurs du XVIᵉ siècle, notamment Tycho-Brahé et Hévélius, le dernier des astronomes qui aient observé sans lunettes. Ce dernier astronome assurait même que les positions d'étoiles prises ainsi valaient mieux que celles que l'on prenait à l'aide de lunettes : contemporain de cette invention qui devait transformer la science, il refusa jusqu'à son dernier jour de se servir d'aucun instrument d'optique, et, en réalité, il était parvenu à un tel degré d'habileté, ses appareils étaient si précis et sa vue était si perçante, que ses observations ont la même valeur que celles qui ont été faites à la même époque à l'aide des premières lunettes inventées.

Mais c'est à l'astronomie moderne que l'on doit les instruments perfectionnés qui sont, à juste titre, salués comme les trophées de la science et de l'industrie. On peut les diviser en deux classes principales : les *lunettes* et les *télescopes*; les premières étant essentiellement composées de *lentilles*, placées comme objectifs à l'extrémité supérieure d'un tube, dont l'extrémité inférieure est occupée par un oculaire; les seconds étant essentiellement composés de *miroirs* placés comme réflecteurs à l'extrémité inférieure d'un tube vers l'extrémité supérieure duquel le miroir réfléchit l'image de l'astre observé. On peut dire que ce sont là deux espèces inverses d'instruments d'optique; mais l'astronomie est redevable à l'une et à l'autre des magnifiques découvertes qui font sa gloire et sa grandeur. Auquel doit-on donner la préférence du télescope ou de la lunette? Ils ont chacun leurs qualités et leurs défauts. Nous les étudierons en détail lorsque nous en serons là dans la rédaction du *Dictionnaire*.

Les positions absolues ou relatives des astres dans l'espace se déterminent dans les observatoires à l'aide d'instruments placés dans le *méridien* ou hors du méridien (V. ce mot). Les premiers sont aujourd'hui réunis dans un instrument très complet, le *cercle méridien*, que nous décrirons en détail. Les seconds portent le nom d'*équatoriaux* (V. ce mot) et peuvent être dirigés vers tous les points du ciel, tandis que les premiers ne sortent pas du plan du méridien.

Une science qui paraissait bien étrangère à la science du ciel, la chimie, vient de la rejoindre par un chemin détourné et de créer par son alliance la chimie du ciel, la *spectroscopie*.

Enfin, remarquons encore que l'industrie est l'utile servante de l'astronomie par la construction des *globes* et des *cartes célestes*.

Nous pourrions ajouter encore que l'astronomie est la mère de la navigation, c'est-à-dire qu'on lui doit la conquête même de la planète terrestre et le plus beau triomphe de l'art industriel. Mais qui n'apprécie pas aujourd'hui à sa valeur la plus belle, la plus vaste et la plus pure des sciences?
— C. F.

ATELIER. On appelle atelier le lieu où travaillent un certain nombre d'ouvriers ou la réunion

même de ces ouvriers. Ainsi on dit, en parlant de tous les ouvriers d'un atelier : «l'atelier demande une augmentation de salaire. »

Il y a toujours eu, de tout temps et chez tous les peuples, des ateliers; mais le mot est de date plus récente. On l'appliquait autrefois au lieu où l'on prépare les attelles, c'est-à-dire de petites planches, autrement dit, au lieu occupé par un menuisier; de là le sens s'est généralisé et s'est appliqué à toute espèce d'atelier.

Des auteurs attribuent à une autre source l'origine du mot atelier; ils le font dériver des anciennes basses-cours de ferme qu'on appelait originairement « atteliers » parce qu'on y attelait les chevaux et les bœufs.

Aujourd'hui on a l'habitude de distinguer entre les industries et les travaux qui peuvent s'exercer en chambre ou en atelier, et l'on est assez généralement convenu de n'employer le mot atelier que là où il existe une agglomération sérieuse, une masse assez compacte d'ouvriers. — L'atelier est une section, une division de la manufacture ou de la fabrique; il en diffère comme la partie diffère du tout: ainsi, il est ouvert, suivant la nature du travail qui s'y exerce, à des femmes, à des enfants et à des adultes.

Les économistes et les philosophes ont longuement examiné et discuté les avantages et les inconvénients de l'atelier; les uns se sont montrés des avocats ardents, les autres des détracteurs passionnés du régime de l'atelier. Ceux-ci, ont vu en lui un système idéal et parfait; ceux-là, un foyer de débauche et de misère; presque tous ont été trop loin dans l'éloge comme dans le blâme. La vérité est que l'atelier présente d'incontestables avantages à côté de grands dangers et qu'il faut tout mettre en œuvre pour que le mal ne l'emporte pas sur le bien. C'est ce que, fort heureusement, nos législateurs, aidés d'ailleurs par les patrons et les manufacturiers, ont compris, et c'est pour cela qu'une réglementation des ateliers s'est peu à peu établie et a cherché, progressivement et sans trop entamer la liberté, à protéger au sein de l'atelier ceux qui pouvaient être par leur âge ou par leur faiblesse exposés aux dangers et aux écueils que présente la vie en commun et loin de la famille.

Un grand nombre de fabricants qui ne se servent que de procédés simples et d'un personnel peu considérable, n'ont qu'un seul atelier; mais, dans les usines ou manufactures importantes, surtout dans la grande industrie, il y a plusieurs ateliers. De là l'obligation et l'habitude de placer à la tête de chaque atelier un contre-maître qu'on appelle, en général, le *chef d'atelier*, chargé de surveiller, diriger et distribuer le travail et de représenter vis-à-vis des ouvriers le patron dont il a reçu les instructions et dont il est le mandataire.

Le devoir de tout fabricant ou manufacturier consiste à n'oublier, dans la disposition de ses ateliers aucune des conditions exigées pour le bien-être matériel de ses ouvriers. La loi, ainsi que nous l'indiquerons tout à l'heure, n'a pas permis que dans les industries dangereuses ou insalubres la santé de nos semblables fût compromise ou négligée. De là les textes de loi et les règlements sur les établissements dangereux, insalubres ou incommodes. (V. Établissements dangereux, insalubres.) La loi n'a pas permis non plus d'employer aux travaux manuels les enfants ou les filles mineurs sans recourir à des précautions préalables et sans prendre les mesures protectrices qu'inspirent et la fragilité de l'âge et la faiblesse du sexe. De là les lois du 22 mars 1841, du 22 février 1851, du 19 mai 1874 et de nombreux règlements d'administration publique. — V. Apprentissage, Travail des enfants dans les manufactures, etc.

Ce serait une étude fort intéressante et très compliquée que celle de l'histoire des ateliers; mais, le plus souvent, elle se confondrait avec l'histoire du travail lui-même; car il n'est pas douteux que le régime de l'atelier n'ait été connu et pratiqué dès la plus haute antiquité. Quoiqu'il en soit et sans vouloir entrer dans l'étude approfondie et consciencieuse de l'atelier au point de vue historique, passons en revue quelques faits qui nous paraissent dignes d'être mentionnés.

— Chez les Hebreux, chez les Égyptiens, chez presque tous les peuples de l'Orient, où le travail manuel a été le partage de corporations et de corps de métier parfaitement déterminés et régis par des lois spéciales, il est évident qu'il y a eu des ateliers et que des chartes particulières ont fixé la discipline intérieure et organisé le travail dans ces ateliers. — V. Apprentissage.

Chez les Spartiates, c'étaient les Ilotes qui peuplaient les ateliers où se fabriquaient les objets nécessaires, indispensables à la vie, tels que : les sièges, les tables, les lits de repos, les vases à boire.

Chez les Athéniens, il y avait des ateliers très considérables où les esclaves s'adonnaient à la pratique des professions manuelles et dont les bénéfices n'étaient pas dédaignés par des Solon, des Thémistocle, des Périclès. Les plus nobles citoyens de la République athénienne ne rougissaient pas d'exploiter le travail servile et de diriger, sans s'y mêler, les ateliers des artisans.

A Rome, les collèges d'artisans remontent à Numa et il résulte de documents nombreux et irrécusables, que chaque corps de métier a eu ses règles, ses lois et son organisation propres. D'autre part, il n'est pas douteux, que les professions manuelles ont été aussi entre les mains des esclaves et que tous les citoyens riches ou nobles ont trafiqué, de même qu'en Grèce, avec les produits du travail de leurs esclaves. L'histoire romaine est remplie des luttes et des rivalités qui n'ont cessé d'exister entre les ateliers dépendant des collèges et des corporations et les ateliers d'esclaves travaillant au service et pour le profit de leurs maîtres. Ajoutez à ces deux genres d'ateliers ceux qui appartenaient à l'État et qui étaient consacrés à l'exploitation des mines, carrières et salines, à la fabrication des monnaies, des armes, des machines de guerre, etc., et vous aurez une idée générale de l'organisation du travail chez les Romains et du rôle important qu'y ont joué les ateliers.

Depuis l'établissement des Barbares jusqu'au xe siècle, les serfs qui s'étaient substitués aux esclaves furent chargés de peupler les ateliers; ils étaient les ouvriers des manses tributaires et des manses seigneuriales. Dans les manses tributaires les serfs payaient leur redevance en travaux de culture ou en produits agricoles; les femmes serves en produits manufacturés, tels que : lin filé, pièces de toile, nappes, tuniques, chemises ou autres vêtements. Dans les manses seigneuriales, les ouvriers et ouvrières ne s'occupaient pas seulement de la culture des

champs, mais de la filature et du tissage du lin ou de la laine, du blanchissage, de la teinture des étoffes et de la confection de toute espèce de vêtements. C'est vers cette même époque que s'organisèrent les grands ateliers qu'on appelerait avec raison les ateliers ecclésiastiques et qui durent leurs règles et leur organisation à saint Benoît, à saint Colombus, à saint Isidore de Séville et à saint Maur.

A partir du xiie siècle, et jusqu'à la Révolution, l'histoire des ateliers se confond avec celle des corporations d'arts et métiers et des maîtrises et jurandes. Les règlements des corps de métiers, depuis ceux d'Etienne Boileau jusqu'à ceux de Colbert, ont évidemment supprimé tous les grands ateliers et, en limitant le nombre des apprentis et des valets, retardé la naissance et empêché le développement des établissements industriels, si favorables à la prospérité nationale. Cependant, par faveurs spéciales et en vertu de privilèges royaux, il s'est fondé, de temps en temps, quelques manufactures importantes. Ainsi, sous le règne de Louis XV, il n'est pas rare de trouver des usines, telles que des verreries, des faïenceries, des distilleries. Si l'on y pénètre, on peut y compter un grand nombre d'ouvriers et on y remarque une certaine activité; mais à raison de l'imperfection des outils et de la défectuosité des instruments de travail, ces vastes ateliers manquent d'organisation et n'atteignent qu'une médiocre production; ce sont des réunions d'ouvriers et non des établissements industriels comparables à ceux qui existent de nos jours. Il n'y a guère que dans les manufactures royales et privilégiées, que l'ordre et la méthode se font jour et que, grâce à des procédés de fabrication perfectionnés, les ateliers se recommandent par une bonne tenue et une organisation accomplie, mais aussi au prix de combien de sacrifices et grâce à quelles dépenses!

Ce qu'il y a de particulièrement frappant dans l'histoire des ateliers, c'est que, de très longue date, surtout depuis le xvie siècle, il a existé des ateliers publics et que l'État les a employés à venir au secours des indigents et en a fait un moyen d'assistance. Ainsi, un édit de 1545 prescrivit d'employer au travaux publics les indigents valides. Des ordonnances de 1685, 1699 et 1709 complétèrent cette organisation.

Au xviiie siècle, sous le règne de Louis XVI, une crise commerciale avait sévi violemment et s'était aggravée pendant deux hivers exceptionnellement rigoureux; aussi n'hésita-t-on pas à établir dans chaque province des ateliers de charité et on autorisa (ordon. du 11 mai 1786) à prendre dans les bois de l'État les matériaux de travail.

Turgot, dans son intendance de Limoges, organisa pendant une disette, des ateliers de charité, sagement combinés, qui donnaient du pain à ceux qui étaient privés de travail, sans faire concurrence à l'industrie privée. Ainsi, le prix payé dans les ateliers publics était au-dessous du prix courant, de manière à soulager les nécessiteux. Le travail se faisait à la tâche et non à la journée, et, en outre, était payé en nature, c'est-à-dire par des bons de pain, de riz, de légumes, etc.

Après la Révolution de 1789, au lendemain de la prise de la Bastille, il fallut pourvoir à l'existence des citoyens pauvres. Dix-sept mille ouvriers furent employés à élever des fortifications à Montmartre. Il ne fut pas aussi aisé à la municipalité de disperser cet atelier que de le créer; quand elle essaya de diminuer les salaires, les ouvriers répondirent par des menaces. On n'eut raison de l'atelier de Montmartre qu'en fondant d'autres ateliers dans Paris. Chaque district eut son atelier de charité. Necker a évalué à 8,000 le nombre des ouvriers occupés. Une décision de l'Assemblée constituante du 19 septembre 1790, accorda un million à la ville de Paris, afin de le consacrer à des travaux utiles; mais un décret du 16 juin 1791 prononça la dissolution des ateliers de Paris. La crise industrielle qui suivit la journée du 10 août 1792 lança dans Paris une masse turbulente d'ouvriers affamés. On les occupa aux terrassements du camp sous Paris, afin de pouvoir opposer une barrière à l'invasion menaçante des Prussiens victorieux. Quand nos armes eurent remporté des succès décisifs, et en présence d'un travail disproportionné avec les dépenses qu'il entraînait, les ouvriers terrassiers furent renvoyés et leur dispersion amena quelques troubles.

En 1810, en 1817, après la Révolution de 1830, l'État et les municipalités renouvelèrent la triste expérience des ateliers publics.

Mais c'est en 1848 qu'a été faite la plus large et, empressons-nous d'ajouter, la plus malheureuse application du système dont nous esquissons l'histoire. Voici dans quels termes M. Garnier-Pagès essayait de défendre et de légitimer la création des ateliers nationaux. « Fallait-il, disait le membre du gouvernement provisoire, abandonner cette (la) population (de Paris) aux suggestions du désespoir, aux mauvais conseils des passions, aux excitations des ambitieux, aux entraînements des malveillants, aux théories inapplicables, aux désordres de la place publique?... Fallait-il, comme dans la Rome antique, ouvrir les greniers publics, puiser dans le trésor, distribuer à chacun sa ration de blé et sa pièce d'or et donner le salaire sans travail?..... »

C'est le 28 février que fut constituée la Commission du gouvernement pour les travailleurs, ayant pour président, M. Louis Blanc, et pour vice-président, M. Albert, ouvrier: Cette Commission siégea au Luxembourg; de là son nom de « Commission du Luxembourg. »

Le ministre des travaux publics proposa d'employer les ouvriers aux travaux de la gare du chemin de fer de l'Ouest, au prolongement du chemin de fer de Sceaux et au pavage des rues. Tous ces travaux furent insuffisants.

M. Émile Thomas, ancien élève de l'école centrale, fut chargé d'organiser les ateliers. Il *embrigada* les ouvriers et leur nombre qui était le 15 mars de 6,000 s'éleva le 30 mars à 30,000 et à 100,000 à la fin d'août. Les ateliers étaient organisés de la manière suivante : une escouade comprenait douze hommes; cinq escouades une brigade; quatre brigades une lieutenance; quatre lieutenances une compagnie : à la tête de chaque compagnie était placé un chef de service; chaque chef de service était soumis aux ordres d'un des quatorze chefs d'arrondissement.

On comprend facilement les vices d'une pareille institution, dont les principaux sont l'inaptitude des ouvriers, le manque de travail et l'invasion des oisifs accourus de tous les points de la France. On ne tarda pas à diviser les ouvriers en deux catégories : celle des travailleurs en activité qui gagnaient 2 francs par jour et celle des travailleurs en disponibilité dont le salaire était de 1 fr. 50!

Les ateliers nationaux devinrent rapidement des foyers ardents de politique, et le gouvernement, après leur avoir consacré quinze millions pour des travaux sans importance, mit tout en œuvre pour les fermer. M. E. Thomas fut renvoyé à Bordeaux et tous les ouvriers domiciliés depuis moins de trois mois à Paris furent congédiés et obligés à retourner dans leurs départements.

M. Léon Lalanne fut chargé d'appliquer ces mesures, qui donnèrent lieu à de nombreux désordres. Enfin, le gouvernement qui avait annoncé que des embrigadements auraient lieu pour des travaux à exécuter dans les départements, fit paraître un avis du *Moniteur* disposant que les ouvriers de 17 à 25 ans devaient, dès le lendemain, contracter des engagements dans l'armée ou que sur leur refus, ils ne seraient plus reçus dans les ateliers. C'est après la notification de cette mesure qu'éclata la catastrophe qui couvait sourdement depuis l'établissement des ateliers nationaux et que beaucoup de bons esprits attribuent à la création même de ces ateliers.

Chose surprenante. à Lyon et dans quelques autres villes, les ateliers établis sur le type des ateliers nationaux de Paris, furent supprimés sans aucun trouble!

Disons, avant de terminer, quelques mots sur les ateliers auxquels ont été annexées des écoles primaires.

On a beaucoup parlé, dans ces derniers temps, des écoles créées au sein des ateliers et des établissements industriels. Bien que ce ne soit pas le lieu de traiter ce sujet ici et qu'il soit plus convenable de ne l'examiner qu'au moment où il sera question de l'enseignement professionnel et technique, disons cependant que bon nombre d'industriels ont eu l'heureuse idée d'ouvrir des écoles primaires à côté ou au milieu de leurs manufactures. Encouragés par un aussi bel exemple, quelques hardis novateurs ont proposé d'introduire de plus l'atelier dans l'école, c'est-à-dire d'enseigner des professions manuelles à tous les enfants fréquentant les écoles. Le directeur de l'enseignement primaire de la ville de Paris auquel on doit l'admirable organisation pédagogique actuelle, M. Gréard a eu le grand mérite d'appliquer cette théorie et d'essayer d'introduire l'atelier dans l'école en fondant d'abord une, puis deux écoles d'apprentis; il l'a fait avec l'esprit de tact et de sage modération qu'il a toujours apporté en toutes choses et il y aura lieu d'apprécier ailleurs les résultats déjà obtenus. Qu'il nous soit permis, toutefois, de dire qu'il serait imprudent de faire aujourd'hui un bouleversement général et qu'il ne peut pas être sans danger, quelque louable que soit le but poursuivi, d'amoindrir le rôle de l'école pour en faire un atelier plus moral et meilleur. — J. H.

* **ATLANTE.** *T. d'arch.* Ce terme nous vient des Grecs, qui vraisemblablement l'avaient eux-mêmes emprunté à la fable d'Atlas supportant la terre sur ses épaules; il désigne une figure ou une demi-figure d'homme chargée de quelque fardeau; on emploie l'atlante en guise de colonne ou de pilastre pour soutenir un ouvrage d'architecture, tel qu'un balcon, un encorbellement très saillant ou tout autre partie d'architecture semblable. Ces atlantes s'appellent aussi *télamones*. Les figures de femmes s'appellent *cariatides*; quand celles-ci portent des corbeilles, on les nomme *canéphores*.

ATLANTIQUE (Format). *T. de pap.* Format où la feuille entière ne forme qu'un seul grand feuillet ou deux pages. C'est le format *in-plano*.

ATLAS. 1° Recueil de cartes géographiques représentant toutes les parties du monde, et, par extension, toute collection de cartes, de tableaux, de planches, etc., que l'on joint à un ouvrage pour en faciliter l'intelligence. On appelle *atlas maritime* ou *Neptune*, un recueil de cartes marines; *atlas historique* celui qui contient des cartes pour l'étude de l'histoire. — V. CARTE. || 2° *T. de pap.* Sorte de grand papier.

— Ce fut, dit-on, Gérard Mercator qui le premier, au xvi° siècle, employa ce terme de l'ancienne mythologie pour désigner une collection de cartes terrestres, parce que le frontispice de cette collection représentait Atlas supportant la terre sur ses épaules.

* **ATLAS.** *Myth.* Fils de Jupiter et de Clymène ; ayant pris le parti des Titans contre les dieux, Jupiter le condamna à porter la terre sur ses épaules.

* ATMIDOMÈTRE ou **ATMOMÈTRE**: **T.** *de phys.* Instrument destiné à mesurer l'évaporation, c'est-à-dire la quantité de liquide qui, dans un temps donné, passe à l'état de vapeur.

* ATMIDOMÉTROGRAPHE. T. *de phys.* C'est un instrument qui, comme le précédent, mesure l'évaporation, et l'indique en l'absence de l'observateur.

ATMOSPHÈRE. On donne ce nom aux couches gazeuses qui enveloppent le globe terrestre et qui constituent l'*air atmosphérique.* — V. ce mot. || **T.** *techn.* La pression déterminée par l'air atmosphérique à la surface du globe, mesurée au niveau de la mer, a été prise comme *unité*, pour servir de terme de comparaison entre les diverses pressions que peuvent acquérir les fluides, gaz ou vapeurs, sous différentes influences mécaniques ou physiques. De là, par extension, le mot d'*atmosphère* a été appliqué à la désignation de cette unité de pression; c'est ainsi que l'on dit une chaudière a été essayée à dix atmosphères, une machine à vapeur travaillant à cinq atmosphères.

Cette force peut facilement se traduire en poids : la pression d'une atmosphère sur un mètre carré équivaut au poids d'une colonne d'eau ayant un mètre carré de base et $10^m,033$ de hauteur. Pour trouver le poids de l'eau, il suffit de chercher son volume en décimètres cubes ou en litres et remplacer le mot litre par celui de kilogramme. Un mètre carré contient 100 décimètres carrés; cette base multipliée par la hauteur 1,033 décimètres donne pour volume et poids, 10,330 décimètres cubes ou kilogrammes; un mètre carré contient 10,000 centimètres carrés; ainsi la pression d'une atmosphère équivaut à 1 kilogr. 033 sur chaque centimètre carré.

* ATMOMÈTRE. Synon. de *Atmidomètre.*

* ATOMES. On appelle *atomes* les parties infiniment petites et insécables dont se composent les corps.

L'idée des atomes est fort ancienne. Nous en trouvons l'origine dans les discussions qui s'élevèrent, 500 ans avant Jésus-Christ, entre Démocrite et les philosophes de l'école d'Elée.

Démocrite, le premier, considéra la matière comme n'étant pas divisible à l'infini, et Épicure donna aux parties dont sont formées les corps le nom d'*atomes.*

Malgré les observations d'Épicure et de Lucrèce le sujet était fort obscur lorsque les discussions entre Descartes qui niait les atomes et Gassendi qui en admettait l'existence, appelèrent de nouveau l'attention sur ce sujet. Mais ce fut surtout Dalton qui donna à ces notions vagues un sens précis, en admettant que la matière est formée d'atomes possédant chacun une étendue réelle et un poids constant; que les corps simples ne enferment que des atomes de même espèce; que es corps composés se' forment par la juxtaposition des atomes d'espèces différentes.

* ATOMICITÉ. On entend par *atomicité* la capacité de saturation des atomes, en d'autres termes, la faculté que possède un corps d'attirer un ou plusieurs atomes d'un autre corps; l'atomicité est donc différente de l'affinité qui est l'énergie avec laquelle un corps se combine avec un autre corps.

Prenons un exemple :

1 atome de chlore se combine à 1 atome d'hydrogène;

1 atome d'oxygène se combine à 2 atomes d'hydrogène;

1 atome d'azote se combine à 3 atomes d'hydrogène; etc.

Ces corps diffèrent entre eux par leur capacité de combinaison pour l'hydrogène.

L'atomicité est mesurée par le nombre des atomes d'hydrogène ou d'un élément analogue qu'un corps donné peut fixer; c'est ainsi que des corps sont monoatomiques, diatomiques, triatomiques, lorsque leurs atomes s'unissent à 1, 2, 3 atomes d'hydrogène.

C'est en se basant sur l'atomicité que l'on a pu faire une classification rationnelle des corps simples. On réunit comme formant de grandes classes, les corps d'atomicités égales; les propriétés de ces corps diffèrent suivant la nature, l'arrangement, le nombre des éléments qu'ils renferment; de là le groupement des corps d'une même classe par séries, par familles. C'est encore l'atomicité qui intervient dans les réactions chimiques, dans les additions et substitutions moléculaires; enfin, c'est elle qui en déterminant les rapports mutuels entre les atomes, a permis d'interpréter les isoméries.

* ATOMIQUE (Théorie). L'auteur de la *théorie moléculaire* ou *atomique* est Dalton; appuyée sur les observations de Wenzel, de Richter, ses hypothèses peuvent se résumer ainsi : *les poids atomiques des différents corps sont différents ; les proportions définies suivant lesquelles les corps se combinent, reproduisent les poids relatifs de leurs atomes.* Si l'on admet que les corps sont formés de parties infiniment petites, insécables, différant par leurs poids et par d'autres propriétés, on s'explique les dissemblances que les corps présentent entre eux. Si les atomes sont juxtaposés dans les composés, et s'ils reprennent leur liberté quand les composés se détruisent, les combinaisons et décompositions chimiques sont faciles à comprendre. Si les atomes sont insécables, s'ils ont un poids invariable, si les combinaisons résultent de leur juxtaposition, les combinaisons ne peuvent avoir lieu qu'en proportions définies, et dans le cas où deux corps s'unissent pour former plusieurs combinaisons, celles-ci ne s'effectuant que par la juxtaposition de 1, 2, 3, etc., atomes de l'un des corps à 1, 2, 3 atomes du second, si l'on prend le poids de l'un comme constant, les poids du second seront multiples les uns des autres. L'hypothèse des atomes rend donc compte de la loi des proportions multiples. Si les atomes se déplacent et se remplacent, la loi des équivalents est expliquée.

Lorsque Gay-Lussac eût découvert les lois sur les volumes gazeux, il montra qu'en appliquant l'hypothèse de Dalton aux corps envisagés à l'état gazeux, leurs densités étaient proportionnelles aux poids des atomes de ces corps ou a des multiples simples de ces poids.

Avogrado, en 1811, Ampère, en 1814, émirent une opinion nouvelle qui est la base de la théorie atomique. Frappés de la simplicité des lois qui régissent les corps gazeux, et notamment de ce fait que les gaz des densités les plus différentes, simples ou composés, se dilatent et se contractent de quantités sensiblement égales pour les mêmes variations de température et de pression, ils crurent pouvoir attribuer cette constance remarquable à ce que les gaz, quelle que soit leur nature, contiennent sous le même volume le même nombre de molécules, sécables seulement par les moyens chimiques.

De cette hypothèse il résulte naturellement cette conclusion, que si l'on détermine les poids d'un volume égal des divers gaz, c'est-à-dire leurs densités, les nombres obtenus indiqueront aussi les poids des molécules de ces gaz.

L'unité de volume à laquelle on rapporte tous les poids moléculaires est deux volumes, parce que, les molécules étant formées d'atomes, ceux-ci, dans certains cas, auraient été représentés par des fractions. Le poids de la molécule des corps est donc le poids de deux volumes de sa vapeur ou, ce qui est équivalent, la quantité de cette substance qui, réduite en vapeur, occupe le même volume que deux d'hydrogène. Le poids moléculaire se confond, par conséquent, avec la double densité de celle-ci. Ces molécules sont rapportées à l'hydrogène, les densités le sont à l'air; de telle sorte que pour avoir le poids de la molécule d'un corps il faut multiplier la double densité de sa vapeur par 14,44, rapport de la densité de l'air à l'hydrogène. Cette règle s'étend à l'immense majorité des corps; parmi les exceptions nous citerons l'acide sulfurique monohydraté, le perchlorure de phosphore et divers sels ammoniacaux.

L'hypothèse atomique a été fortifiée par les découvertes de MM. Dulong et Petit (loi des chaleurs spécifiques) et de Mitscherlich (isomorphisme). La première établit les relations qui existent entre la chaleur spécifique des corps simples et leurs poids atomiques. La chaleur spécifique des corps simples est en raison inverse de leurs poids atomiques, de telle sorte que si l'on multiplie ces deux quantités l'une par l'autre, on obtient un produit constant. MM. Regnault et Gerhardt ont fait remarquer que cette loi s'applique à tous les corps simples, sauf un petit nombre d'exceptions. La seconde peut s'énoncer ainsi : des corps composés d'un égal nombre d'atomes, disposés de la même manière, cristallisent sous des formes identiques ou presque identiques, et peuvent se mêler dans les cristaux dans des proportions indéfinies sans que la forme de ceux-ci soit sensiblement altérée.

Dalton rapportait les atomes aux poids et c'est ce que l'on appelle aujourd'hui les *équivalents*. Gay-Lussac les a rapportés aux poids relatifs des volumes de gaz qui se combinent : l'équivalent de l'hydrogène est l'unité de poids de ce corps, et c'est à cette unité qu'on ramène tous les équiva-

lents. Le poids atomique de l'hydrogène est le poids de un volume de ce gaz, c'est à cette unité qu'on ramène tous les poids atomiques.

Considérons l'eau, par exemple.

En *équivalents*, elle est formée de 1 d'hydrogène et de 8 d'oxygène; 8 d'oxygène s'unissant à 1 d'hydrogène qui est l'unité.

En *atomes*, l'eau est formée de 2 d'hydrogène et de 16 d'oxygène parce que l'unité est le poids de 1 volume ou 1 atome d'hydrogène, et qu'il y a 2 volumes ou 2 atomes d'hydrogène dans la plus petite quantité d'eau qui puisse exister et qu'on a nommée la molécule de l'eau.

C'est ici que la notation en atomes se sépare de la notation en équivalents, car si, dans l'un et l'autre système, $H = 1$, il n'y a que 1 d'hydrogène dans l'eau lorsqu'on fait usage des formules équivalentes, tandis qu'il y a deux d'hydrogène si l'on se sert des formules atomiques qui ont pour base la composition de l'eau en volumes.

On donne le nom de corps *diatomique* à l'oxygène et à tous les corps qui comme lui, se combinent à 2 atomes d'hydrogène. Ceux qui comme le chlore, le brome, l'iode, le fluor, saturent 1 atome d'hydrogène sont nommés corps *monoatomiques*. 1 v. d'azote, 1/2 v. de phosphore, 1/2 v. d'arsenic s'unissent à 3 v. d'hydrogène, ces corps sont *triatomiques*. Le carbone et le silicium sont *tétratomiques* car 1 de leurs atomes sature 4 atomes d'hydrogène.

Les poids atomiques des corps de la deuxième et de la troisième famille (Fl, Cl, Br, I, Az, Ph, As, Sb) se confondent avec leurs équivalents, et les poids atomiques du carbone et des corps de la première famille (O, S, Se, Te) sont égaux au double de leur équivalent.

Comme on le voit la théorie atomique respecte la division des métalloïdes en familles naturelles.

Pour les métaux, l'atomicité justifie les analogies que l'on fait ressortir entre divers corps qui s'éloignent de la classification de Thénart, mais qui se rapprochent par l'ensemble de leurs caractères.

Le potassium, les métaux alcalins et l'argent sont, comme l'hydrogène, incapables de fixer au delà de 1 atome de chlore, de brome et d'iode. Leurs oxydes sont analogues à l'eau, car ils sont formés de 1 atome d'oxygène pour 2 atomes de métal, ce sont des métaux *monoatomiques*. Dans d'autres métaux l'atome remplace 2 atomes d'hydrogène, car il se combine à 2 atomes de chlore et à 1 atome d'oxygène : ce sont des métaux *diatomiques*. Le baryum, le strontium, le calcium, le plomb sont dans ce cas, il en est de même du magnésium, du zinc, du cobalt, du nickel et du cuivre. Le bismuth et l'or sont *triatomiques*, leurs chlorures étant Bi Cl^3, Au Cl^3. L'étain, le titane, le zirconium sont *tétratomiques*, 1 atome de ces corps s'unissant à 4 atomes de chlore, c'est-à-dire remplaçant 4 atomes d'hydrogène. Le fer, le manganèse, l'aluminium, le chrome, sont *hexatomiques*, 2 atomes de ces corps s'unissent à 6 atomes de chlore.

Les corps composés sont également doués d'atomicités différentes. Ainsi, l'hydrogène bicarboné C^3H^4 un corps diatomique; en effet, si on l'attaque par le chlore il forme un composé en prenant une quantité de chlore double de celle que prend l'atome d'hydrogène. Tous ses dérivés sont également diatomiques. L'hydrogène proto-carboné CH^4 est monoatomique, car il ne remplace qu'un équivalent d'hydrogène. Il en est de même de ses dérivés.

Quoique les formules atomiques soient un peu bizarres, elles ont l'avantage de peindre le rôle des corps, elles permettent de saisir : le rapport entre les acides et les sels, l'analogie de constitution des sels neutres et des sels acides, etc. De plus, la notation en atomes simplifie les calculs, et permet de ne pas surcharger la mémoire d'une foule de nombres, puisque nous avons vu que les poids atomiques se confondent avec les densités et les poids moléculaires avec le double de ces densités, si les densités sont rapportées à 1 d'hydrogène.

Nous venons d'étudier sommairement la *Théorie atomique* en nous réservant de consacrer ailleurs un exposé semblable à la *Théorie des équivalents*. Nous n'avons pas à prendre parti pour l'une ou l'autre de ces théories, car notre mission se borne à l'enregistrement impartial des faits et des découvertes scientifiques de notre époque. Nous espérons que les lecteurs du *Dictionnaire* apprécieront cette impartialité et nous les renvoyons pour une étude plus approfondie de l'*Atomicité* au *Dictionnaire de chimie*, de M. WURTZ et aux livres spéciaux. — V. EQUIVALENT.

*Atomiques (Poids). On appelle poids atomiques les poids relatifs des volumes des gaz qui se combinent.

Le poids atomique de l'hydrogène est le poids de un volume de ce gaz, c'est à cette unité qu'on ramène les poids atomiques.

Le poids atomique d'un élément se déduit de la composition d'une ou plusieurs de ses combinaisons. Les premières déterminations exactes des poids atomiques sont dues à Berzélius. MM. Dumas, Marignac, Erdmann et Marchand, Stas, Pelouze, etc., ont contribué et perfectionné ces recherches.

M. Dumas, dans le but de vérifier l'exactitude de l'idée émise par Proust : que les équivalents des corps simples sont multiples de celui de l'hydrogène, entreprit de nombreuses déterminations d'équivalents. Selon ce savant, deux choses sont rigoureusement nécessaires dans ce genre de recherches : une réaction bien nette, et la pureté de la substance soumise à l'analyse.

Parmi les principales déterminations de poids atomiques, nous devons signaler celles de l'oxygène, du chlore, du brôme, de l'argent, du potassium et du carbone.

Ces poids atomiques servent, en effet, à en fixer d'autres, et les poids relatifs des atomes d'un grand nombre de métaux sont déduits de la composition des oxydes et des chlorures, et la composition de ceux-ci a été calculée d'après la quantité de chlorure d'argent qui leur correspond.

La connaissance des poids atomiques est très importante dans l'industrie; elle permet, en effet, d'établir les formules des réactions qui doivent donner naissance à tel ou tel corps, aussi donnons-nous le tableau des poids atomiques des principaux corps simples :

NOMS	SYMBOLES	POIDS atomiques	NOMS	SYMBOLES	POIDS atomiques
Aluminium .	Al	27.5	Manganèse .	Mn	55.2
Antimoine. .	Sb	120 122	Mercure. .	Hg	200
Argent....	Ag	107.93	Molybdène. .	Mo	92 96
Arsenic. . .	Ar	75	Nickel. . . .	Ni	58 59
Azote	Az	14			
Baryum . .	Ba	137.2	Or.	Au	197
Bismuth. . .	Bi	210	Osmium. . .	Os	200
Bore.	Bo	11	Oxygène. . .	O	16
Brome. . . .	Br	79.95	Palladium. .	Pd	106
Cadmium . .	Cd	112	Phosphore. .	Ph	31
Caesium. . .	Cs	133	Platine. . . .	Pt	198
Calcium. . .	Ca	40	Plomb. . . .	Pb	206.9
Carbone. . .	C	12	Potassium . .	K	39.1
Chlore. . . .	Cl	35.45	Rhodium . .	Rh	104
Chrome. . . .	Cr	52.4	Sélénium.. .	Se	79
Cobalt. . . .	Co	59	Silicium. . .	Si	28
Cuivre. . . .	Cu	63.5	Sodium . . .	Na	23
Étain.	St	116 118	Soufre. . . .	S	32
Fer.	Fe	56	Strontium . .	Sr	87.5
Fluor.	Fl	19	Tellure . . .	Te	128
Hydrogène. .	H	1	Titane. . . .	Ti	50
Iode.	I	126.85	Tungstène. .	W	184
			Uranium. . .	U	120
Lithium. . .	L	7	Vanadium. .	V	51.3
Magnésium .	Mg	24	Zinc.	Zn	65

Il est facile de passer des équivalents aux poids atomiques; on double les nombres qui représentent les équivalents de l'oxygène, du soufre, du sélénium, du tellure, du carbone, du silicium et de tous les métaux, sauf ceux du potassium, du lithium, du sodium, de l'argent, de l'antimoine et du bismuth qui se confondent avec les équivalents, ainsi que les poids atomiques des autres métalloïdes. — V. ÉQUIVALENT. — A. Y.

ÂTRE. Outre la partie de la cheminée où l'on fait le feu, on désigne ainsi, en *term. de verr.*, une pièce de grès couvrant le fond des fours, et en *term. d'émail.*, la pièce ou morceau de terre cuite qu'on place dans le fourneau, à la hauteur du feu de moufle. L'*âtre d'un four* est la partie plane qui se trouve au-dessous de la voûte, l'endroit où le boulanger met le pain à cuire.

* ATRIUM. Chez les Romains, on nommait ainsi une cour carrée entourée de portiques et située dans l'intérieur des édifices et des maisons riches; l'atrium était couvert, ce qui le distinguait du *cavadium* ou de l'*impluvium*. — V. ARCHITECTURE.

* ATROPINE. *T. de chim.*. Alcaloïde naturel qui se trouve dans la belladone; c'est une substance cristalline, très vénéneuse, peu soluble dans l'eau, soluble dans l'alcool; elle est fusible à 90° et volatilise à 140°. L'atropine est employée utilement contre différentes maladies. — V. ALCALOÏDE, VALÉRIANATE.

* ATROPOS. Celle des trois Parques qui avait pour mission de couper le fil de la vie des hommes. Elle était représentée sous la figure d'une femme très âgée, vêtue de noir, avec des ciseaux à la main ; des pelotons de fil plus ou moins gros marquaient la longueur ou la brièveté de la vie de ceux dont ils devaient mesurer l'existence.

ATTACHE. 1° *T. de fond.* Petit morceau de peau qui sert dans la fonderie de caractères, à attacher la matrice au bois de la pièce de dessus du moule. || 2° *T. de vitr.* Petits morceaux de plomb soudés fixant les verges de fer dans les panneaux de vitres. || 3° *T. de bonnet.* Bas de soie qui s'attachait autrefois au haut-de-chausse et qui se fabrique encore pour certains costumes de théâtre, le costume Charles IX par exemple. || 4° *T. de joaill.* L'assemblage de diamants mis en œuvre et composé de plusieurs pièces unies ensemble, est une *attache de diamants.* || 5° *T. de charp.* Grosse pièce de bois qui sert d'axe au moulin à vent. || 6° Fil de fer qui réunit et attache les morceaux de la faïence cassée. || 7° *T. de vann.* Lien d'osier pour consolider ensemble le bois et le corps de l'ouvrage. || 8° Dans les forges, pièces de bois qui servent à retenir le drôme.

ATTACHEMENT. *T. de constr.* On entend par ce mot, le relevé journalier des matériaux employés et des travaux exécutés lorsqu'ils sont encore apparents ; ces relevés quotidiens servent à établir les travaux cachés lors du règlement définitif des mémoires de l'entrepreneur.

* **ATTACHEUSE.** *T. de mét.* Ouvrière qui, dans le travail de l'*application de Bruxelles*, réunit entre elles les diverses parties du fond. || Ouvrière qui attache les cordes des métiers.

* **ATTALIQUES** (Tapis). Tapis de laine et d'or, à grands personnages, dont on attribuait l'invention à Attale Ier, roi de Pergame, et qu'on fabriqua d'abord pour lui. || Les *étoffes attaliques*, étaient des tissus de laine brodés à l'aiguille dont les Romains faisaient des tentures.

* **ATTARGE** (Désiré), ciseleur, est né à Saint-Germain-en-Laye, vers 1820. Il eut les commencements de la plupart des ouvriers de Paris, c'est-à-dire qu'après un long stage comme apprenti chez un ciseleur quelconque, il devint ouvrier et gagna sa vie, mais Attarge n'était pas un ouvrier ordinaire ; il savait que la perfection ne s'acquiert que par un travail incessant, et il travaillait sans relâche. Vers 1840, il entra chez Morel et Duponchel où il se développa rapidement ; un goût très sûr, une rare sûreté de main furent bientôt les marques distinctives d'un talent désormais sûr de lui ; c'est à cette époque qu'il exécuta, entre autres pièces remarquables, un service à thé en repoussé pour le prince de Beauveau, et pour différentes armes de Gastine Renette, des ciselures prises sur pièces et fouillées dans l'acier même qui furent considérées comme des œuvres de premier ordre.

Lors des événements de 1848, Attarge suivit M. Morel à Londres ; à son retour, il entra chez M. Barbedienne, dont il devint, jusqu'à sa mort, l'un des meilleurs collaborateurs. Dans cette maison où l'art tient une si large place, son talent grandit encore et put atteindre les sommets inaccessibles aux artistes et aux artisans qui n'ont

point l'amour du Beau absolu. Attarge fut le dernier grand ciseleur d'une école presque disparue et ses travaux d'incrustations resteront comme des chefs-d'œuvre qui, de longtemps peut-être, ne pourront être égalés. Ces objets en bronze incrusté d'or et d'argent, avec de magistrales ciselures en bosse dans la masse sont rares, car l'artiste, comme les maîtres du passé, consacrait de longs mois au travail d'une pièce, l'examinant avec soin, corrigeant et retouchant jusqu'à ce qu'elle fut parfaite. Parmi ces pièces, au nombre de cinq ou six, nous citerons la *Restauration de la coupe d'Alésia*, trouvée dans le camp de César et commandée par Napoléon III ; une *Coupe* en bronze incrusté d'or et d'argent, avec ornements pris sur pièce, et ciselés en bosse, dont M. Benoît Fould se rendit acquéreur ; enfin, un *Vase* de grandes proportions avec la même richesse d'incrustations et les mêmes merveilleuses ciselures, qui est aujourd'hui au musée de Kensington de Londres. Le dernier objet d'art sorti de ses mains fut un splendide service de table exécuté pour le duc de Chartres.

Attarge a prouvé que l'ouvrier, comme le soldat, peut gagner son bâton de maréchal, mais il faut le vouloir et savoir l'obtenir ; amoureux de son art, travailleur ardent, il se créa seul une position brillante, recueillant des prix et des médailles dans les concours jusqu'au jour où la loyale intervention de M. Barbedienne, en faveur de ses collaborateurs, lui fit obtenir la croix de chevalier de la Légion d'honneur.

Cet excellent artiste est mort en 1877.

* **ATTEL** ou **ATTELLE.** *T. de sell.* Pièce de fer intérieure ou extérieure qui entoure et consolide le collier d'un cheval et à laquelle est attaché le trait. Un collier est muni de deux attelles généralement réunies au moyen d'une courroie par le haut et d'un coulant ou agrafe de fer ou acier par le bas. || *T. de bourret.* Planche, ordinairement de hêtre, qui remplit, dans le collier de charrette, les fonctions de l'attelle dans le collier de voiture.

ATTELLE. 1° *Appar. chirurg.* Lame flexible, mais résistante et garnie de linge, qui sert à maintenir un membre fracturé et à prévenir le déplacement des fragments. On fait des attelles en écorce d'arbre, en baleine, en carton fort épais et mouillé ; ces dernières se moulent sur le membre, auquel on les fixe par un bandage roulé. On donne aussi aux attelles le nom d'*éclisses*. || 2° *T. de pot.* Instrument de bois dont se servent les potiers pour détacher les pièces de dessus la roue.

* **ATTELOIRE.** *T. techn.* Cheville ronde fixant les traits du cheval au timon de l'affût d'une pièce d'artillerie. || Poignée pour saisir un instrument, un outil.

ATTENTE. 1° *T. de const.* On nomme *pierres d'attentes* les pierres saillantes de l'extrémité d'un mur disposées de façon à faire liaison avec un autre mur que l'on pourrait construire à côté. On les appelle aussi *harpes, pierres d'arrachement.* || On dit aussi *table d'attente, plaque d'attente* pour désigner un panneau, une plaque, une pierre, où l'on doit sculpter, graver ou peindre. || 2° Morceau de drap ou de tissu d'or, d'argent, qui sert à retenir les épaulettes sur l'habit militaire.

ATTIQUE. T. d'arch. Ornement d'architecture qui termine la partie supérieure d'une façade et qui a pour objet de dissimuler le toit ; il repose immédiatement sur l'entablement. L'*attique continu* règne au pourtour d'un bâtiment sans interruption et unit les corps et retours des pavillons ; l'*attique interposé* est posé entre deux grands étages avec ou sans pilastres ; le *faux attique* est une sorte de piédestal, placé dans les bâtiments élevés, au-dessus de l'entablement d'un ordre d'architecture, et moins haut que l'attique ; l'*attique de cheminée* est la partie revêtue de plâtre ou de marbre, depuis la chambranle jusqu'à la première corniche ; l'*attique de comble* sert de parapet à une terrasse ou une plate-forme ; il est construit en pierre ou en bois. On pratique aussi des attiques sans ordre et sans croisées, comme ceux des arcs de triomphe ; ils servent alors pour y placer l'inscription et ils prennent le nom de l'ordre de l'architecture qui les reçoit.

— C'est aux Athéniens que les Romains et les modernes ont emprunté l'*attique :* de là son nom.

* **ATTIRAGE** (Poids d'). **T. techn.** Poids du rouet d'un fileur d'or ; la corde qui soutient ce poids s'appelle *corde d'attirage*.

* **ATTISE. T. de brass.** Bois que l'on met dans le fourneau sous la chaudière.

ATTISEUR. Dans une usine, ouvrier chargé de l'entretien du feu

* **ATTISOIR.** Ustensile qui sert à attiser le feu dans quelques métiers. On dit aussi *attisonnoir*.

* **ATTRAPE. T. techn.** Dans les fonderies, sorte de pince coudée qui sert à retirer du fourneau les creusets lorsqu'ils se cassent.

* **ATTREMPAGE. T. techn.** Chauffe graduelle par laquelle on conduit le four au plus fort degré de chaleur.

* **ATTREMPER. T. techn.** Donner la trempe à l'acier. || Conduire au plus fort degré de chaleur le four d'une verrerie. (| En céramique, cuire par degrés insensibles, puis arriver au degré de chaleur convenable pour que l'objet puisse passer dans l'intérieur du four sans se fracturer.

ATTRIBUTS. Représentation dessinée, peinte ou modelée de figures qui servent à caractériser les divinités de la Fable et les héros de l'antiquité ou à symboliser des êtres idéaux : les arts, les vertus, les vices, etc.

— Dès la plus haute antiquité, les artistes ont eu recours aux attributs pour caractériser les dieux ou les héros. Dans les sculptures de l'Égypte ancienne, on voit les dieux tenant la croix ansée (environnée d'un cercle et suspendue à une anse) pour symboliser la vie divine et l'âme immortelle ; chez les Grecs et chez les Romains, les artistes représentaient leurs personnages divins ou héroïques avec les attributs de leur puissance ou de leur vertu particulière : ainsi l'aigle et la foudre étaient les attributs de Jupiter, le maître du ciel ; la lyre, l'attribut d'Apollon, dieu de la poésie et de la musique ; la massue, l'attribut d'Hercule ; le caducée, l'attribut de Mercure ; le paon, l'attribut de Junon ; l'arc, l'attribut de l'Amour, etc. Les artistes chrétiens ont distingué les martyrs qu'ils avaient à représenter en les accompagnant des instruments qui avaient servi à leurs supplices, comme le chevalet de saint Blaise, le gril de saint Laurent, les tenailles de sainte Martine, etc., ou bien encore en figurant à côté des saints, des animaux qui ont joué un rôle quelconque dans leur vie, comme le chien de saint Roch, de saint Hubert ; le cochon de saint Antoine, la vache de sainte Brigitte, le lion de l'évangéliste saint Marc.

L'iconologie est la science des attributs par lesquels chaque être est désigné ; la connaissance de cette science est indispensable aux artistes, car les personnages du paganisme et du christianisme ont souvent plusieurs attributs qui les distinguent, et il est nécessaire de choisir celui ou ceux qui représentent le plus fidèlement ces personnages dans les sujets à traiter.

Le glaive de la Loi, les balances de la Justice, les ailes du Temps, le soleil de Louis XIV, le bonnet phrygien de la première République française, l'aigle de Napoléon, etc., sont autant d'attributs. — V. **Allégorie.**

* **ATWOOD** (Machine d'). Machine inventée par Georges Atwood, physicien anglais, et qui sert à démontrer les lois de la chute des corps. — V. **Pesanteur.**

AUBE. Longue tunique de lin ou de toile blanche que le prêtre porte à l'autel sur la soutane et pardessous la chasuble. Elle est souvent ornée de broderies et de dentelles.

* **AUBERON. T. de serrur.** Petite pièce de fer rivée au morailon d'une serrure, dite *à morailon*, et dans laquelle passe le pêne pour la fermer.

* **AUBERONNIÈRE. T. de serrur.** Plaque ou bande de fer que l'on visse ou que l'on cloue sur un coffre, une boîte, etc., pour porter l'auberon.

AUBES. Planches fixées à la circonférence des roues d'un moulin ou d'un bateau à vapeur, et sur lesquelles s'exerce l'action de l'eau pour les faire tourner. — V. **Navire a vapeur.**

***AUBRY-LECOMTE** (Hyacinthe-Victor-Louis-Jean-Baptiste), dessinateur lithographe, né en 1797, est mort en 1858. Etant attaché au ministère des finances, il prit des leçons de Girodet-Trioson et remporta plusieurs médailles successives aux concours de l'École des Beaux-Arts. Dès 1824, il se présenta au Salon, et il obtint, à toutes les expositions annuelles où il figura jusqu'à sa mort, des succès justifiés par la finesse de ses dessins et une exécution très soignée. On doit à Aubry-Lecomte un grand nombre d'ouvrages parmi lesquels on compte quelques portraits d'un mérite incontesté ; tels sont ceux de Girodet, Granger, E.-J. Delécluze, Larrey, Châteaubriand, Mme Darcier, etc. Au nombre de ses meilleures reproductions, nous devons citer la *Vierge de Saint-Sixte* et l'*Enfant Jésus*, d'après Raphaël ; une *Druidesse*, d'après H. Vernet ; l'*Amour et Psyché*, d'après Gérard ; *Françoise de Rimini*, d'après le tableau d'Ingres ; la *Soif de l'or*, d'après Prudhon ; la *Sainte famille*, d'après Raphaël ; la *Paix du ménage*, d'après Greuze ; l'*Enlèvement de Psyché*, d'après Proudhon, etc.

* **AUBUSSON** (Manufacture d'). Aubusson est une ville d'environ 6,000 habitants, autrefois l'une des principales de l'ancienne Marche limousine, aujourd'hui chef-lieu d'arrondissement du département de la Creuse. Elle est célèbre surtout par ses manufactures de tapis et de tapisserie.

— Cette industrie y aurait été établie, suivant une tradition qui ne supporte pas l'examen, et trop légèrement acceptée de quelques historiens modernes, par les Sarrasins, dès le VIIIe siècle. D'autres en attribuent l'origine à Louis, premier duc de Bourbon, comte de la Marche, qui y aurait attiré, dès le XIVe siècle, des ouvriers tapissiers, venus du pays de sa femme, Marie de Hainaut. Les seuls documents certains datent du commencement du XVIe siècle. A ce moment, la ville d'Aubusson était déjà renommée, suivant les expressions d'un écrivain contemporain « pour ses ouvrages ingénieux de diverses forflures de haute et basse lisse. » Le travail de ses ouvriers était dès lors assimilé à celui des Flandres ; ses tapisseries jouissaient d'une égale renommée. La prospérité d'Aubusson fut rapide. Le procédé de fabrication n'était pas le même qu'aux Gobelins, où l'on n'usait alors que de a haute-lisse ; les Aubussonnais ne se servaient au contraire que de la basse-lisse, qui produit plus vite, par conséquent à meilleur marché. Aussi voit-on, à cette époque, au commencement du XVIIe siècle, les marchands d'Aubusson venir en grand nombre à Paris, pour y vendre leurs tapisseries, et s'emparer, en partie, de la riche clientèle des Églises.

Vers le même temps, des teinturiers ou des ouvriers flamands, vinrent de nouveau s'y établir, apportant des procédés perfectionnés, et, de cette seconde immigration, date un progrès marqué dans la fabrication des tapisseries marchoises. L'ordonnance de 1601, qui défendait l'entrée en France des tapisseries étrangères, fut très favorable à cette industrie. En 1627, on n'y comptait pas moins de 2,000 ouvriers ou apprentis. Les ordonnances de 1665, connues sous le nom de grande charte d'Aubusson, et qui renouvelaient en partie les prohibitions favorables ou les privilèges de l'ordonnance de 1601, contribuèrent à maintenir, pendant quelques années encore, la prospérité de l'industrie aubussonnaise. Mais bientôt, la grande misère des ouvriers, conséquence de l'avilissement de la main-d'œuvre, la révocation de l'édit de Nantes, les persécutions religieuses, l'émigration qui en fut la suite naturelle, les désastres des dernières années de Louis XIV, la pénurie générale de la France, ruinèrent momentanément l'industrie des tapis, à Aubusson. Sous le règne de Louis XV on essaya de la relever, par la confirmation des ordonnances de Colbert, — la grande charte ; — par la fondation de deux écoles gratuites de dessin ; par la nomination de deux inspecteurs royaux ; par l'envoi d'un peintre de talent, Joseph Dumont, dit le Romain, et d'un teinturier habile ; malheureusement, les dernières années du règne de Louis XV furent aussi désastreuses pour la France que la fin du règne de Louis XIV, et les fabriques d'Aubusson se ressentirent du malaise universel. Cependant elles ne chômèrent jamais entièrement, même pendant les années les plus troublées de la Révolution ; les tapis de pied et les tapisseries communes sauvèrent alors cette industrie d'une ruine complète. La fabrication des grands tapis fut reprise sous le premier empire ; elle ne s'est pas arrêtée depuis. Pendant la restauration et surtout sous le règne de Louis-Philippe, l'industrie aubussonnaise reçut une vigoureuse impulsion, sous la direction de M. Sallandrouze de la Mornaix, et depuis cette époque elle est en pleine prospérité ; ses produits, justement recherchés sur tous les marchés du monde, tiennent la tête de l'industrie privée pour les tapisseries fines. — V. TAPIS, TAPISSERIES.

* **AUCHE.** Cavité hémisphérique pratiquée dans la tête du mouton destiné à façonner les têtes des épingles. On l'appelle aussi *tétine*.

* **AUDACE.** *T. du cost.* Du temps de Ménage, on donnait ce nom à une ganse qui relevait le bord du chapeau, ce qui donnait un air résolu aux hommes qui portaient ce genre de coiffure.

* **AUDIBRAN** (ADOLPHE), graveur, a gravé quelques portraits, notamment celui de Louis-Philippe, d'après Winterhalter ; ceux du duc d'Orléans et du duc d'Aumale, d'après Philippoteaux ; des planches pour les œuvres de Béranger, publiées par Perrotin (1846), et a collaboré aux *Galeries historiques de Versailles*, publiées par Gavard.

* **AUDIETTE.** Petit cornet acoustique.

* **AUDOUIN** (PIERRE), né en 1768, mort en 1822, avait appris la gravure sous la direction de Beauvarlet ; il débuta par des portraits de *Louis XVI*, *Necker*, *Mirabeau*, *Bonaparte*, le général *Moreau*. Il a gravé de nombreuses planches pour le *Musée Français* de Robillard et Laurent, et une série de vignettes médiocres, d'après Monnet, pour les *Lettres à Émilie* de Demoustier. Vers la fin de sa carrière, il a exécuté une série de portraits de la famille de Louis XVIII ; le plus élégant et le plus estimé est celui de la duchesse de Berry.

AUGE. *T. techn.* Vaisseau de bois qui sert à mettre le mortier ou à délayer le plâtre, que le manœuvre apporte à l'ouvrier maçon. || Pièce de bois ou de pierre, creusée en dedans, dont on se sert pour abreuver les bestiaux, donner à manger à quelques animaux domestiques, ou même pour épancher les eaux sales dans les cuisines, les basses-cours, etc., pour le même usage, on se sert aussi d'un bassin formé de planches clouées. || Rigole de pierre ou de plomb par laquelle s'écoule l'eau d'une source pour atteindre à un réservoir. || Petit canal qui laisse tomber l'eau sur la roue d'un moulin pour la mettre en mouvement. || *Auge à soupape.* Sorte de caisse employée pour les épuisements et munie au fond d'une petite soupape, qui s'ouvre quand on plonge dans l'eau la partie de l'auge à laquelle elle répond, et qui se referme par la pression intérieure quand on relève l'auge pour rejeter l'eau qu'on a puisée. || Petit coffre qui contient le goudron chaud dans les corderies ; on y trempe rapidement les fils de caret, avant d'arriver au touret voisin. || Sorte de baquet carré placé près de la forge chez les forgerons, serruriers, etc., et dans lequel on puise l'eau pour arroser légèrement le feu, ou pour rafraîchir les outils, quand ils sont trop chauds. || Boîte qui contient la meule à aiguiser et l'eau qui lui est nécessaire. || Dans les papeteries, *auge des trempés*, caisse de bois où l'on fait tremper les rognures de papier ; *auge à rompre*, celle où l'on porte les matières au sortir du pourrissoir. || Vase placé au bout du moule où l'on coule les tables de plomb avant de les laminer. || Vaisseau de bois dans lequel on laisse refroidir le sucre avant de l'enfermer dans les barriques. || Dans la gravure, c'est l'ustensile qui reçoit l'eau forte qu'on jette sur la planche ; on lui donne aussi le nom d'*auget*. || Pièce de bois creusée et remplie d'eau dans laquelle le verrier refroidit ses ferrements. || *Auge galvanique.* Boîte longue qui contient une pile où les couples d'éléments, zinc et cuivre, sont placés de manière à laisser entre eux des vides où l'on peut verser le liquide acidulé.

* **AUGELOT.** *T. techn.* Sorte de cuiller de fer qu'on place entre les bourbons, dans les salines, afin de retenir les écumes qui s'élèvent au-dessus de l'eau en ébullition.

* **AUGET.** 1° *T. de meun.* Petite caisse de bois placée au-dessous de la trémie d'un moulin à farine, et qui reçoit le grain pour le verser sur la meule. || 2° *Hydraul.* Petites auges attachées à la circonférence d'une roue hydraulique pour utiliser la force motrice d'une faible chute d'eau ; elles se remplissent d'eau tour à tour et se vident par le mouvement même de la roue que l'on nomme *roue à augets.* || 3° *T. d'épingl.* Petite auge fermée par un bout servant à introduire les épingles dans la frottoire. || 4° *T. de menuis.* Scellement des lambourdes sur l'aire d'un plancher pour recevoir un parquet. || 5° *T. de maçonn.* Sorte de réservoir de plâtre que l'on fait au bord du joint de deux pierres, dans lequel on verse un coulis qui doit servir à les sceller. || 6° Dans la fabrication du papier peint, vase en bois ou en métal destiné à contenir les différents liquides à employer. On dit aussi *auge.* || 7° Espèce de boîte ouverte d'un côté dans laquelle s'agenouillent les laveuses. || 8° *T. de grav.* — V. AUGE. || 9° Pièce du mécanisme à répétition du fusil Kropatschek.

* **AUGETTE.** *T. techn.* Petite auge. || Vase dans lequel l'amalgameur lave le minerai qu'il vérifie.

* **AUGMENTATION** *T. d'arch.* Nom donné aux ouvrages faits au delà des prix convenus || *Art. hérald.* Addition aux armoiries, accordée comme un témoignage d'honneur particulier.

* **AUGUSTIN** (JEAN-BAPTISTE-JACQUES), miniaturiste, né en 1759, à Saint-Dié (Vosges), se passionna de bonne heure pour la peinture. Après avoir travaillé avec une ardeur sans égale, en prenant pour modèle les chefs-d'œuvre de Petitot, il vint à Paris en 1781, où il conquit rapidement une grande célébrité. On lui doit d'admirables portraits de Napoléon Ier, de l'impératrice Joséphine, du peintre Girodet, du sculpteur Calamon, de la duchesse d'Angoulême, etc. Ces portraits se distinguent par une vive expression des yeux et de la bouche, la vérité des chairs, une ressemblance parfaite et un fini irréprochable. En 1819, il fut nommé premier peintre en miniature du cabinet du roi, et en 1820, chevalier de la Légion d'honneur. Il est mort du choléra, en 1832.

* **AUGUSTIN** (Saint-). Caractère d'imprimerie de la force de douze points. On l'appelle le gros douze.

— Ce caractère servit, en 1466, à l'impression de la *Cité de Dieu,* de saint Augustin : de là son nom.

|| Format de carton ayant de 18 à 19 pouces de largeur sur 24 de longueur.

* **AUGUSTINE.** Espèce de chaufferette dans laquelle on place une lampe à esprit-de-vin.

* **AUMALE.** Sorte de tissu de laine cardée, analogue à l'anacoste, et qui se fabrique dans le département de l'Oise.

AUMONIÈRE. Sorte de bourse qu'on portait autrefois suspendue à la ceinture et qui renfermait l'argent destiné aux aumônes.

AUMUSSE ou **AUMUCE.** Ce fut d'abord au moyen âge la coiffure des femmes, puis celle des clercs et de tout le monde ; c'était un bonnet de peau d'agneau ou de laine filée au rouet, plus tard on fit l'aumusse en étoffe fourrée d'hermine pour les gens riches ; ce dernier bonnet prenait aussi le nom de *chaperon.* (V. BONNETERIE.) Aujourd'hui l'aumusse est la fourrure que les chanoines et les chantres portent sur le bras.

* **AUMUSSIER.** C'était le nom que prenaient autrefois les bonnetiers. Ils fabriquaient des bonnets, des coiffettes, des mitaines. Leur patron était Saint-Sever.

AUNE. Ancienne mesure dont la longueur varie suivant les pays ; l'aune de Paris avait 3 pieds 7 pouces 10 lignes et valait un mètre 18844.

— Sous l'ancienne juridiction, il y avait à Paris, un corps de vingt-quatre jurés auneurs ; ils étaient chargés de l'inspection de l'aunage.

AUNE. Ce mot qu'on écrivait *aulne* désigne un genre d'arbre renfermant plusieurs espèces ; les deux plus importantes sont : 1° l'*aune visqueux* qui ne prospère bien que dans les lieux humides ou baignés d'eau ; son bois est recherché des menuisiers et des sabotiers, il peut recevoir un beau poli et prend facilement la couleur, aussi est-il employé des ébénistes pour le placage ou la fabrication des meubles ; ces qualités d'inaltérabilité le font préférer pour les pilotis, et le charbon qu'il fournit est un des meilleurs pour la fabrication de la poudre ; 2° l'*aune grisâtre* dont le bois est plus blanc et plus dur que l'aune visqueux.

* **AUNER** (Machine à). Appareil muni d'un compteur et qui sert à mesurer et plier une pièce d'étoffe en indiquant exactement le nombre de mètres qu'elle contient.

* **AUREILLON.** *T. techn.* Partie du métier à fabriquer les étoffes de soie ; les oreillons servent à retenir les ensouples.

* **AURÉOLE ÉLECTRIQUE.** *T. de phys.* On a donné ce nom à une sorte de gaine lumineuse qui enveloppe l'étincelle électrique, lorsque celle-ci résulte d'une décharge dans laquelle les fluides sont développés en assez grande *quantité* (V. ce mot), comme cela a lieu avec les machines d'induction de Ruhmkorff dont le fil n'est pas très fin. Cette auréole, que M. du Moncel a été le premier à étudier en 1853 et 1855, est constituée par la couche d'air qui enveloppe l'étincelle proprement dite et qui, servant de véhicule à la plus grande partie de la décharge, rougit comme un fil conducteur de très faible section, obligé de transmettre un très fort courant. Le flux électrique transmis par cette auréole n'a pas de tension, c'est-à-dire qu'il n'est pas susceptible de produire d'effets mécaniques, comme cela a lieu avec l'é-

tincelle proprement dite, que l'on distingue au milieu de la gaine sous la forme d'un trait de feu blanc; mais il possède toutes les propriétés de l'électricité fournie par les piles, c'est-à-dire celles de *produire des réactions chimiques, électro-magnétiques et calorifiques*, propriétés que ne possède pas l'étincelle proprement dite. En revanche cette dernière donne naissance à l'auréole en lui ouvrant la voie à travers le milieu gazeux. Comme l'auréole n'est en définitive qu'un conducteur gazeux traversé par un courant, elle doit subir les effets des actions extérieures qui peuvent influencer les milieux gazeux et les courants transmis. Aussi un fort courant d'air ou l'action d'un aimant peuvent-ils projeter cette auréole, soit sous la forme d'une nappe de feu plus ou moins circulaire, soit sous la forme d'une hélice lumineuse. — V. la *Notice de* M. DU MONCEL *sur la machine d'induction de Ruhmkorff*, 5e édit. p. 64-85.

L'auréole électrique n'est que la représentation en miniature de l'étincelle développée dans le vide; elle peut être augmentée ou réduite suivant que, par un moyen quelconque, on favorise ou on diminue l'écoulement de la charge électrique provoquant l'étincelle; toutefois, cette augmentation et cette diminution s'effectuent au préjudice du développement de l'étincelle proprement dite ou du trait de feu. On peut favoriser le développement de cette auréole, soit au moyen d'un échauffement communiqué au milieu aériforme à travers lequel se produit la décharge, soit par la diminution de la pression atmosphérique sur ce milieu, soit en rendant ce milieu humide ou en le constituant avec les gaz les plus conducteurs, soit en excitant l'étincelle entre deux morceaux de charbon de bois. On a utilisé dans différentes applications électriques, dont nous parlerons, ces diverses propriétés de l'auréole.

Le déplacement de l'auréole sous l'influence des courants d'air, a permis de séparer l'un de l'autre les deux flux électriques composant l'étincelle d'induction, ce qui a permis d'étudier les propriétés particulières de chacun d'eux. Toutefois, cette insufflation, de même que l'action des aimants, ne peut se produire sans diminuer notablement l'intensité des courants transmis par l'auréole.

* AURI-CUIVRE. *T. de métall.* Composé métallique qui imite l'or. || Substance liquide avec laquelle on donne au cuivre l'apparence de l'or.

AURIFÈRE. Qui contient, qui fournit de l'or. Mine aurifère, rivière aurifère.

AURIFICATION. (De *aurum*, or, et *facere*, faire.) Opération qui consiste à obturer avec de l'or convenablement préparé les cavités des dents cariées.

L'aurification était connue depuis les temps les plus reculés. Certains auteurs affirment qu'on a trouvé, dans des mâchoires de momies égyptiennes, des dents aurifiées.

L'or, convenablement préparé, parfaitement pur, battu en feuilles minces et bien recuit est de toutes les substances employées, pour l'obtu-

ration des dents, la seule contre laquelle on ne puisse élever aucune objection. Tous les dentistes du monde font venir leur or, en feuille, d'Amérique; les maisons Abbey, S. White, de Philadelphie, en fabriquent annuellement pour plusieurs millions de francs.

Une dent cariée, convenablement aurifiée, a presque autant de chances de durée qu'une dent parfaitement saine, et il n'est pas rare de trouver intactes dans la bouche d'une personne qui vient consulter son dentiste des dents aurifiées depuis trente ans et plus. Mais c'est à la condition que l'opération sera faite avec soin et par un homme habile. Il y a en Amérique, le pays d'où sont sortis et d'où nous viennent encore tous les progrès dans l'art dentaire, des opérateurs émérites qui se consacrent uniquement aux aurifications.

En effet, pour qu'une aurification soit parfaite, il faut enlever soigneusement toute la partie cariée, préparer la cavité de telle sorte qu'elle retienne le métal, enfin appliquer l'or, le presser, le faire pénétrer dans toutes les anfractuosités, de telle sorte qu'il épouse la forme de la dent, qu'il fasse corps avec elle et soit imperméable aux liquides de la bouche.

L'aurification ainsi pratiquée réussit certainement. Il faut donc s'adresser exclusivement à d'habiles praticiens. Toutes les autres substances, métaux, gutta-percha, amalgames, mastics, dont on a fait usage pour l'obturation des dents présentent toutes des inconvénients, l'or est de tout point préférable et doit être seul employé.

* AURINE. *T. de chim.* Substance colorante qui est d'un jaune d'or.

* AURIPEAU ou ORIPEAU. *T. techn.* Cuivre jaune battu en feuilles minces à l'usage des passementiers; c'est ce qu'on appelle le *clinquant*.

* AUROFERRIFÈRE. *T. de minér.* Minéral qui contient de l'or et du fer.

* AURO-PHILE. Nom d'un liquide contenant du cyanure de potassium, et qui sert à rafraîchir les vieilles dorures.

* AUROPLOMBIFÈRE. *T. de minér.* Qui renferme de l'or et du plomb.

* AUROPOUDRE. *T. de minér.* Aurure de paladium et d'argent, d'une couleur d'or sale, qui se trouve, sous forme de petits grains cristallins, dans la capitainerie de Porpès, au Brésil. Il contient sur 100 parties : 85,98 d'or; palladium, 9,85; et 4,17 d'argent.

* AURORE. L'aurore représente comme tout le monde le sait, l'aspect du ciel au moment du lever du soleil; mais l'aurore solaire n'est pas la seule, et dans les régions hyperboréales de notre globe, il existe des aurores appelées *aurores boréales* et *aurores australes* qui illuminent le ciel de lueurs rouges et blanches d'un aspect fantastique et dont le reflet s'aperçoit même de nos régions tempérées. Les aurores boréales ont été si souvent décrites et représentées qu'il serait superflu de parler ici avec détails de leurs diffé-

rents aspects; mais leur origine est assez intéressante à étudier, et d'après les expériences que M. Delarive a entreprises à ce sujet, il paraîtrait que ce serait à des décharges électriques déterminées dans les hautes régions de l'atmosphère où l'air, est très raréfié, que seraient dues ces lueurs merveilleuses. Les décharges elles-mêmes proviendraient d'un grand courant électrique, émanant des régions équatoriales et qui viendrait se décharger sur la terre dans les régions polaires à l'état de *décharge diffuse*, c'est-à-dire dans les conditions où se trouve une étincelle électrique qui traverse un ballon vide d'air. M. Delarive a fait construire pour la démonstration de cette théorie un appareil très intéressant avec lequel il reproduit la plupart des effets que l'on remarque dans les aurores boréales.

* **AURORE.** *Myth.* Fille de Titan et de la Terre, qui préside à la naissance de toutes choses. On la représente avec des ailes et une étoile au-dessus de la tête, ou sortant d'un palais de vermeil, montée sur un char de même métal, attelé de quatre chevaux blancs aux freins d'or, aux rênes de pourpre. Homère la représente chassant devant elle le sommeil et la nuit, versant la rosée sur la terre et tenant les clés des portes de l'Orient.

* **AURUM MUSIVUM.** *T. de chim.* Bisulfure d'étain obtenu par la sublimation lente d'un mélange de sel ammoniac et de soufre avec un amalgame d'étain. On l'emploie dans la peinture et pour frotter les coussins des machines électriques.

* **AURURE.** *T. de chim.* Alliage de l'or et d'un autre métal en proportions définies. On ne connaît que deux aurures : l'*aurure d'argent* pur, ou l'*or argentifère*, et l'*aurure de palladium et d'argent*, que l'on appelle aussi *auropoudre* ou *or palladifère*.

* **AUSSIÈRE** ou **HAUSSIÈRE.** *T. de cord.* Cordage composé de trois ou quatre torons tordus ensemble; on désigne les aussières par le nombre de torons : deux, trois, quatre et un plus grand nombre. L'*aussière en queue de rat* a un de ses bouts plus gros que l'autre.

I. AUTEL. Table de marbre, de bois, de pierre ou de métal, où le prêtre célèbre la messe. L'autel des chrétiens affecte différentes formes dans sa base, mais celle d'un sarcophage est la plus répandue. Dans les premiers temps du christianisme, les saints mystères se célébraient dans les catacombes, sur le tombeau d'un martyr : c'est en souvenir de ces temps de persécution, que la forme d'un tombeau a été adoptée par l'Eglise catholique. A l'endroit où le prêtre consacre le pain mystique est une pierre consacrée et bénite par l'évêque, et sur laquelle on pose le calice et l'hostie pendant la messe. Lorsqu'il y a plusieurs autels dans une église, l'autel érigé dans le chœur s'appelle le *maître-autel*.

— On trouve l'autel chez tous les peuples et à toutes les époques; les premiers hommes déposaient leurs offrandes et consommaient leurs sacrifices sur des constructions élevées et consacrées à leurs dieux et à leurs héros. Dans les temples des Juifs, il y avait un autel d'or qui servait à brûler des parfums, et un autel d'airain destiné

aux holocaustes; en dehors du temple, ils avaient encore des autels privés, celui des Bethsamites, celui de Manué, celui d'Élie, sur le mont Carmel. Dans les temples païens, l'autel avait la forme d'un piédestal carré, rond ou triangulaire. On y employait le porphyre et les riches métaux; il était orné de bas-reliefs, de sculptures et d'inscriptions et entouré d'une balustrade d'or et d'airain. Les pierres carrées (*dolmen et menhir*) que l'on voit dans plusieurs endroits de la France semblent avoir servi d'autels chez les Gaulois.

II. AUTEL. *T. techn.* Tablette de pierre ou de fonte qui se trouve en avant de la bouche d'un four. || Partie du four à réverbère qui doit isoler le métal du combustible. || Partie en saillie dans la grille d'une chaudière à vapeur.

* **AUTOCLAVE.** *T. de constr. mécan.* Signifie se fermant par lui-même. La fermeture à *joint autoclave* est le mode de fermeture généralement employé pour clore l'ouverture nommée *trou d'homme*, et qui sert à pénétrer dans les chaudières à vapeur, ainsi que dans tous les vases clos soumis à des pressions intérieures, parce que la pression agit d'elle-même sur le joint, et en raison directe de la force d'expansion renfermée dans le vase.

En construction mécanique, et en chaudronnerie, on a étendu l'application du mot *autoclave*,

Fig. 200. — *Joint autoclave.*

qui ne devrait être appliqué qu'au mode de fermeture, au vase lui-même, et au lieu de dire : vase ou appareil à fermeture autoclave, l'on dit, pour exprimer un appareil clos et travaillant sous pression : un *autoclave*.

La fermeture autoclave est à joint intérieur. S'il s'agit d'une ouverture de petite dimension, telle qu'un regard ou une ouverture pour passer la main, elle peut être faite par une simple découpure dans la tôle. Pour la fermer on y introduit un tampon un peu plus grand comme surface, qui se trouve maintenu par un boulon extérieur.

Mais généralement, la fermeture autoclave (fig. 200) est composée d'une pièce en fonte A, rigide, et rivée d'une manière fixe, sur la chaudière ou sur l'appareil.

Vue en plan, cette pièce est toujours de forme ellipsoïdale, afin de permettre l'introduction du tampon T, ou pièce mobile qui formera la fermeture.

Pour faire pénétrer ce tampon T dans la pièce A, on n'a qu'à l'incliner de côté, en le présentant par son petit diamètre.

Ce tampon T est muni de deux boulons E, fixés à angles droits et à demeure dans le tampon. Ce tampon T est également de forme ellipsoïdale et a pour dimensions extérieures, la dimension intérieure de la pièce fixe A, moins quelques millimètres de jeu.

Autour du tampon T, règne une bague destinée à emboîter le vide de la pièce A, et c'est sur la portion restée libre en dehors de cette bague ou gorge que l'on pose la garniture devant former le joint. La surface du contact formant joint étanche est représentée dans le dessin en JJ.

Cette garniture se compose dans les chaudières à vapeur d'une tresse de chanvre garnie de mastic de minium et de céruse, quelquefois même d'une simple tresse de chanvre suiffé, et le plus souvent d'une feuille de caoutchouc découpée suivant la forme du joint.

Quand il s'agit d'appareils autoclaves, la garniture varie naturellement avec le genre de matière à traiter dans l'appareil, elle est formée, par exemple, dans les appareils de stéarinerie d'une simple bague en plomb et dans les appareils où la pression est très considérable, d'une couronne de cuivre rouge d'environ 5 à 6 millimètres de hauteur sur 3 à 4 millimètres d'épaisseur, parfaitement égalisée.

Dans les chaudières à vapeur ordinaires, les surfaces de contact JJ sont brutes de fonte, mais quand il s'agit de maintenir des pressions dépassant 5 à 6 kilogrammes par centimètre carré, il est indispensable que les surfaces soient dressées et parfaitement parallèles.

La garniture étant préparée sur la gorge JJ du tampon T, on introduit ce tampon dans la pièce

Fig. 201. — *Appareil autoclave de L. Droux, employé dans les stéarineries.*

A, en l'inclinant de côté, puis on lui fait faire un demi-tour pour le présenter dans le sens de la pièce fixe A.

En soutenant le tampon par la poignée P, on le fait appliquer également sur toute la surface du joint, puis on place les deux barettes BB, pardessus lesquelles on fixe les écrous EE, de façon à maintenir l'ensemble rigide.

Il est inutile de donner beaucoup de serrage aux écrous EE, il suffit de les serrer sur les barettes de façon à faire bien appliquer le joint.

Quand la chaudière ou l'appareil seront en pression, la force d'expansion agira d'elle-même sous la surface du tampon T, et l'appliquera sur ce point en raison de sa puissance. C'est ce qui fait dire que le joint se fait de lui-même.

Ces fermetures prennent souvent le nom de *trou d'homme*, car elles servent à pénétrer dans les chaudières.

Les dimensions ordinaires des trous d'hommes sont $0^m,380$ à $0^m,400$ au grand diamètre et $0^m,280$ à $0^m,320$ au petit diamètre. L'épaisseur de la fonte à la pièce A est de $0^m,030$. L'épaisseur du tampon T est la même.

Les boulons E ont de $0^m,025$ à $0^m,030$ de diamètre.

Les barettes B sont quelquefois en fonte, mais il est préférable de les faire en fer forgé.

La bague ou gorge sur laquelle doit être appliquée la substance formant joint a généralement $0^m,030$ de largeur.

Une bande de caoutchouc de 4 millimètres d'épaisseur sur 25 millimètres de large suffit pour faire un bon joint.

On a étendu le mot *autoclave* aux appareils clos destinés aux diverses réactions chimiques.

Un grand nombre d'industries emploient les appareils autoclaves.

Nous citerons les appareils à cuire le sucre, ceux employés dans les fabriques de colle et de gélatine, ceux qui servent à la fonte des suifs, les lessiveuses des papeteries, etc., etc.

La forme des appareils autoclaves varie, suivant les cas, mais affecte généralement celle d'un cylindre. Lorsqu'il s'agit de pressions considérables, la forme cylindrique a de nombreux inconvénients, surtout au point de vue de la résistance.

Nous donnons comme type d'un appareil autoclave ceux employés dans les stéarineries pour la saponification des matières grasses.

On en trouvera la description spéciale aux mots : Bougies, Saponification.

La forme sphérique a été choisie comme fournissant le maximum de résistance à la pression intérieure. C'est, en effet, une forme indéformable, tout vase soumis à une pression intérieure tendant à se rapprocher de la forme d'une sphère — si l'on souffle dans une vessie, on la voit de suite prendre la forme sphérique.

L'appareil L. Droux (fig. 201), destiné à opérer la transformation des matières grasses neutres en acides gras, et appliquée dans un grand nombre d'autres cas, supporte des pressions de 15 à 20 kilogrammes par centimètre carré. Il est construit en cuivre rouge (cas spécial aux stéarineries) à doubles rivures.

A la partie inférieure existe une pièce double pour l'introduction de la vapeur et pour la sortie des matières ayant subi la saponification.

A la partie supérieure existe un trou d'homme à fermeture autoclave, ainsi qu'un gros robinet pour l'introduction des matières à traiter.

Sur la pièce fixe du trou d'homme, on a placé des robinets pour la sortie de l'air et pour être reliés à une soupape et à un manomètre ; enfin sur le côté, sont des robinets doubles pour la prise d'échantillon des matières en traitement.

L'ensemble est installé sur un socle en fonte, formant assise, et maintenant la sphère.

On peut encore considérer comme autoclaves, les monte-jus, ou appareils à pression pour remonter les liquides. — V. Monte-jus. — L. D.

* AUTOGRAPHE. C'est-à-dire écrit de la main même de l'auteur : lettre autographe, manuscrit autographe.

— Sous le règne de Louis-Philippe, les autographes constituèrent une branche de commerce, exploitée par MM. Jules Fontaine, Techener, Charon, Lefèvre, Laverdet, et surtout par Jacques Charavay. M. Étienne Charavay, fils et successeur de Jacques, par ses études à l'école des Chartes, et par ses publications historiques, a conquis, depuis, dans cette spécialité, une autorité incontestable et incontestée.

Les autographes ayant acquis historiquement et commercialement une grande importance, quelques faussaires se livrèrent à une habile contrefaçon. On a su, par un procès resté célèbre, qu'un savant, membre de l'Institut, fut la dupe d'un faussaire audacieux. Aujourd'hui, le papier, le filigrane, l'écriture, la moindre particularité, tout enfin est imité avec une grande vérité. Mais heureusement un faux autographe ne peut tromper un expert habile.

L'étranger a suivi de près la France pour le goût et la passion des autographes. On rapporte même que le prince de Metternich s'adressa un jour à Jules Janin pour avoir quelques lignes de sa main ; notre spirituel critique lui répondit par un *reçu de vingt-cinq bouteilles de Joannisberg première qualité*, et le prince, non moins spirituel, lui en envoya cinquante.

La Bibliothèque nationale et les Archives, sans compter les collections particulières, possèdent une grande richesse d'autographes précieux. On supplée à la possession des autographes par des *fac-simile* dont on a publié plusieurs recueils, entre autres l'*Autographe*, qui fut une des curiosités offertes au public par le journal « le Figaro. »

Il existe plusieurs ouvrages sur les autographes. On peut notamment consulter : *Causeries d'un curieux, Variétés d'histoire et d'art, tirées d'un cabinet de dessins et*

d'autographes, par N. Feuillet de Conches, 3 vol. in-8°, Plon, édit. ; *Manuel de l'amateur d'autographes*, par M. Jules Fontaine ; *Isographie des hommes célèbres : Dictionnaire des autographes volés*, par MM. Bordier et Lalanne ; *Le goût des autographes*, par de Lescure ; *l'Amateur d'autographes*, seul journal sur la matière, créé en 1862, par J. Charavay et rédigé par son fils Étienne ; *Faux autographes, affaire Vrain-Lucas, Notice*, par Et. Charavay.

AUTOGRAPHIE. *T. techn.* Procédé au moyen duquel on peut décalquer et transporter sur une pierre lithographique ou sur toute autre matière, les traits de sa propre écriture ou un dessin fait à la plume, et les multiplier par l'impression. Il faut pour cela écrire avec une encre grasse sur un papier préparé, au moyen desquels on fait un *transport sur la pierre*, puis le tirage s'opère comme dans la *lithographie*. L'objet de l'autographie est de reproduire exactement l'écriture ou le dessin, sans qu'aucune partie manque dans le tirage ; l'encre autographique doit donc abandonner entièrement le papier pour se fixer sur la pierre, quelque déliés que soient les traits que l'on a tracés sur le papier. On se sert de ce procédé pour obtenir des *fac-simile*, circulaires, prospectus, tableaux de chiffres, etc., et ce que l'on a en vue, c'est plutôt une prompte reproduction qu'une exécution irréprochable. (V. Lithographie.) C'est aussi par ce moyen autographique que l'on obtient des copies de lettres ; dans ce cas, on se sert d'une encre hygrométrique, dont une partie se décharge sur le papier, tandis qu'une autre partie reste sur la feuille originale et permet de lire l'écriture. Le transport sur le papier se fait au moyen de *presses à copier.*

* AUTOGRAPHIQUES (Appareils). *Télégr.* De même qu'un autographe est un échantillon d'écriture, de même un appareil autographique a pour effet de reproduire une écriture quelconque. Ces sortes d'appareils peuvent être mécaniques, électriques ou chimiques, mais nous ne nous occuperons ici que de ceux qui sont électriques et qui ont été appliqués à la télégraphie et à la gravure, principalement à la gravure des rouleaux pour impressions sur étoffes. Nous commencerons par dire que du moment où un appareil est susceptible de reproduire une écriture quelconque, il peut tout aussi bien reproduire un dessin, de sorte que, pour nous, un appareil autographique n'est autre chose qu'un appareil destiné à reproduire un ensemble quelconque de traits.

Au premier abord il paraît invraisemblable que par l'intermédiaire seul d'un fil on puisse parvenir à reproduire à distance un dessin ou de l'écriture, et pourtant le problème est en lui-même assez simple à résoudre, comme on pourra le voir à notre étude des *télégraphes*. Un grand nombre d'appareils de ce genre ont déjà été imaginés et ont même été en service pendant quelque temps, et si ce service n'a pas été continué, ce n'est pas que les appareils aient manqué, mais c'est surtout parce que le public n'a pas accordé une préférence marquée à ce genre de correspondance qui est plus coûteux et plus lent. Le premier télégraphe autographique a été imaginé en

1851, par M. Backwell, et il s'est trouvé ensuite perfectionné par plusieurs savants, entre autres par MM. Caselli, Meyer, d'Arlincourt, Lenoir, Bonelli, Cross, Cooke, etc. Ces appareils peuvent être divisés en plusieurs classes : 1° les télégraphes autographiques électro-chimiques; 2° les télégraphes autographiques à types moulés; 3° les télégraphes autographiques à maquette; 4° les télégraphes autographiques électro-magnétiques; 5° les télégraphes pantographiques. Nous ferons la description de tous ces télégraphes à l'article *Télégraphie*; disons tout d'abord que ces appareils exigeaient, pour que la transmission se fît sur l'écriture même de l'expéditeur, que la dépêche fût écrite par celui-ci avec une encre particulière et sur du papier métallisé. Dès lors les

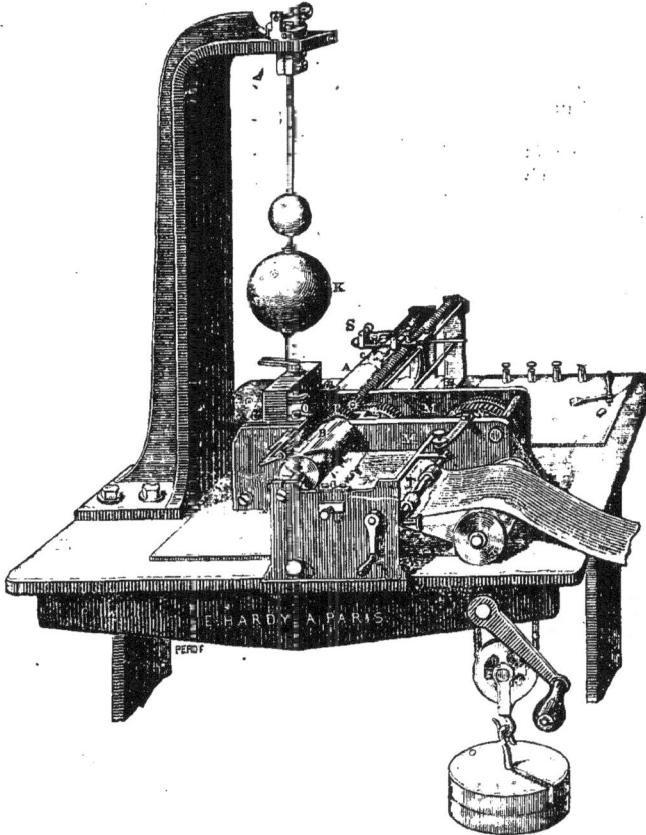

Fig. 202. — *Appareil autographique Meyer.*

A Cylindre expéditeur sur lequel est enroulé le papier métallique où est écrite la dépêche. — *K* Boule fixée à un pendule conique pour établir le synchronisme dans les rouages d'horlogerie *M N O P* qui mettent en mouvement les cylindres *A* et *B* et les divers organes de l'appareil. — *S* Chariot, porteur du style *C* et du plateau *D*, entraîné par une vis sans fin parallèlement au cylindre *A*. — *T* Papier sur lequel s'imprime le *fac simile* de la dépêche.

appareils fonctionnaient comme des télégraphes automatiques. — V. AUTOMATIQUE.

Pour donner une idée de ces transmissions autographiques et des moyens par lesquels elles sont réalisables, nous allons dès maintenant faire la description de l'un de ces appareils, en prenant pour exemple l'appareil Meyer, qui, d'après un rapport approuvé par la commission de perfectionnement des Lignes télégraphiques, paraît avoir résolu le problème de la façon la plus satisfaisante sous le triple point de vue de la régularité du synchronisme, de la sûreté et de la netteté de la reproduction de la dépêche, et de la vitesse de transmission.

L'appareil complet (fig. 202) existe aux postes de départ et d'arrivée. Il se compose essentiellement de deux cylindres A et B, auxquels un mécanisme d'horlogerie communique une même vitesse de rotation à l'aide de pendules coniques à boules très lourdes K qui servent à établir le synchronisme au début et à le maintenir pendant toute la durée de la transmission. Le synchronisme entre la rotation des deux cylindres A et B, tant au poste de départ qu'au poste d'arrivée est la condition essentielle d'une transmission correcte de la dépêche.

Le cylindre expéditeur A (fig. 203) est isolant; la dépêche écrite à l'avance sur papier métallique, avec de l'encre également isolante, est enroulée autour de ce cylindre. Une vis sans fin H placée à côté, et mise en mouvement par un des rouages du mécanisme d'horlogerie que nous venons de décrire, entraîne parallèlement à l'axe du cylindre A un chariot armé d'un pinceau de fils métalliques D et d'un style C qui frottent continuellement sur ce cylindre et sont isolés l'un de l'autre.

Le style C est en relation constante avec la terre. Le pôle positif de la pile est en relation d'une part avec le fil de ligne et traverse les électro-aimants des relais, dont il sera parlé plus loin; il est en relation d'autre part avec le pinceau D et, par son intermédiaire, avec le papier métallique. De sorte que, la pile de ligne fonctionnant toujours, la distribution de son courant variera suivant que le style C se trouvera sur une partie du papier métallique recouverte par l'encre isolante, c'est-à-dire sur un trait de l'écriture ou du dessin, ou qu'au contraire il se trouvera sur une partie non maculée de ce même papier. Dans le dernier cas, il passera par le court circuit formé par le papier métallique, le style C et la terre; il n'y aura pas transmission. Dans le premier cas, au contraire, le court circuit étant rompu par le passage du style C sur l'encre isolante, le courant s'établira nécessairement sur le fil de ligne.

L'appareil est combiné de telle sorte qu'à chaque

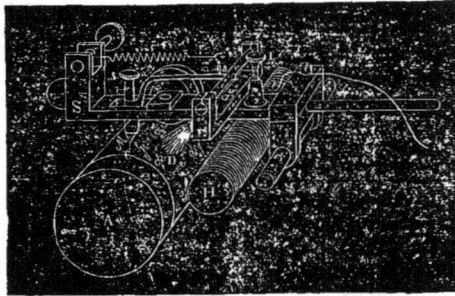

Fig. 203. — *Cylindre expéditeur.*

A Cylindre sur lequel est enroulée la dépêche écrite préalablement sur papier métallique. — H Vis sans fin mettant en mouvement le chariot S qui porte le style C et le pinceau D.

Fig. 204. — *Cylindre récepteur.*

B Nervure hélicoïdale entourant le cylindre récepteur. — G Châssis métallique sur l'arête duquel est entraîné le papier où se transcrit la dépêche. — J Tampon imbibé d'encre. — E Electro-aimant dont le déplacement détermine les mouvements du châssis G. — F Aimant permanent en fer à cheval.

tour du cylindre A, le chariot conduit par la vis H avance d'un quart de millimètre, entraînant avec lui le style C : il en résulte que tous les points de ce cylindre viennent successivement en contact avec le style.

Le cylindre récepteur B (fig. 203) porte sur sa surface une nervure héliçoïdale triangulaire, faisant un tour entier autour de lui, et frottant continuellement contre un tampon J imbibé d'encre. En avant et un peu au-dessous de l'hélice B, un châssis métallique G est disposé de manière à exécuter des mouvements de bascule de très faible étendue de haut en bas. Ce châssis, par suite de ces mouvements de bascule, est en contact avec l'hélice ou s'en sépare. Le papier sur lequel doit se reproduire la dépêche est plié sur l'arête de ce châssis, et vient par suite, selon qu'il y a contact ou séparation, recevoir ou non une impression par l'encre dont est alimentée l'hélice.

Ce mouvement de va et vient du châssis G est produit par un petit électro-aimant E, dont les extrémités du barreau de fer doux font saillie sur la bobine et sont placées en face des pôles d'un aimant permanent en fer à cheval F. Lorsque la bobine de l'électro-aimant E est traversée par un courant, les extrémités du barreau de fer doux prennent des polarités de même nom que les pôles en regard de l'aimant fixe F; la bobine repoussée entraîne dans son mouvement le châssis G dont l'arête s'éloigne de l'hélice. Lorsqu'au contraire le courant est interrompu, l'aimant F attire le barreau de fer doux revenu à l'état neutre, et le papier, mis en contact avec l'hélice, reçoit l'impression d'un point ou d'une hachure.

Le courant qui dans chaque appareil produit le mouvement de bascule du châssis provient d'une pile locale. Cette pile est commandée par un relais, qui se compose lui-même d'un aimant permanent fixe et d'un électro-aimant faisant fonction de palette et est animé par le courant de ligne.

Enfin, la bande de papier fixée sur l'arête du châssis G est entraînée elle-même par un mouvement qui la déplace d'un quart de millimètre pendant l'évolution complète du cylindre B, c'est-à-dire, d'une quantité identique à celle dont le chariot qui porte le style C s'est déplacé par rapport au cylindre A.

Ces diverses dispositions expliquées, le fonctionnement de l'appareil est facile à saisir.

Le synchronisme étant bien établi tout d'abord, supposons que l'on procède à l'envoi d'une dépêche, c'est-à-dire que l'on mette en mouvement le cylindre A. Tant que le style C frottera sur une partie non écrite du papier métallique, le courant passant, ainsi que nous l'avons expliqué, par le court circuit formé par cette surface, le style C et la terre, l'appareil récepteur ne fonctionnera pas ; si le style au contraire rencontre un point du manuscrit, le court circuit étant rompu par l'encre isolante, le courant passera en entier par le pinceau D, le fil de ligne et les électro-aimants des relais ; les palettes des deux relais brusquement repoussées rompront les circuits des piles locales ; les bobines E attirées relèveront l'arête du châssis G et amèneront le papier au contact de l'hélice qui y tracera une hachure.

Au bout d'un tour entier du cylindre expéditeur A le cylindre récepteur B aura lui-même accompli son évolution, et le point reproducteur offert par l'hélice B sera revenu exactement à la position où il avait tracé une première hachure. Le style C entraîné par le chariot se sera déplacé d'un quart de millimètre, la bande de papier fixée au châssis G aura été entraînée de la même quantité. En un mot, chaque hachure tracée par l'hélice sera symétrique aux points du manuscrit rencontrés successivement par le style C sur le cylindre A, et l'ensemble des hachures sera un *fac simile* de ce manuscrit.

Si l'on considère qu'au lieu de traces produites sur une bande de papier, on peut obtenir que les styles traceurs des appareils précédents mettent en mouvement des burins munis de diamants, on comprend aisément qu'il soit possible de reproduire des dessins par la gravure et même de les présenter dans telle proportion qu'il convient. Le problème devient même plus facile dans sa solution mécanique, car l'une des grandes difficultés de la télégraphie autographique, est le synchronisme de marche que les deux appareils en correspondance doivent posséder, et ce synchronisme au lieu d'être obtenu par des moyens électriques, peut être alors produit directement par des moyens mécaniques, puisque la planche gravée peut être placée à côté du modèle à graver. Nous verrons à l'article des applications de l'*électricité* plusieurs modèles de machines de ce genre imaginés par M. Élie Gaiffe.

* **AUTOLABE.** *T. techn.* Pince qui se ferme d'elle-même par l'élasticité de ses branches.

AUTOMATE. Machine qui, par l'effet d'un mécanisme caché, reproduit les mouvements des corps animés ; l'automate se nomme *androïde*, lorsqu'il a pour but d'imiter l'homme et quelques-unes de ses actions. Un ressort d'acier agissant sur des rouages, des leviers, des chaînettes de renvoi, constituent le pouvoir moteur de ce genre de machines qui se montent comme une horloge.

On peut ranger les automates dans trois familles : 1° ceux dont quelques-uns se meuvent par l'action d'une force intérieure invisible ; 2° ceux qui exécutent les fonctions vitales, telles que la respiration et la digestion ; 3° enfin ceux qui imitent le chant des oiseaux ou qui jouent d'un instrument quelconque. Cette dernière famille est la seule sur laquelle s'exercent nos mécaniciens ; nous en parlerons après avoir exposé l'historique des automates les plus célèbres appartenant aux deux autres catégories.

— Les anciens ont cherché à reproduire les mouvements des êtres animés, mais il est difficile de remonter au delà du xiie siècle pour trouver des exemples ou des essais de machines ayant quelque rapport avec les automates ; les premiers progrès de l'horlogerie ont bien provoqué la création de quelques mécanismes ingénieux, entre autres les horloges de Strasbourg, de Lubeck et de Prague, mais les véritables automates ne datent réellement que du xviie siècle : cependant quelques auteurs du moyen âge nous ont donné la description de diverses machines que nous allons mentionner, quoiqu'elles nous paraissent appartenir au monde de la fable.

Gervais, chancelier d'Othon III, dans son livre intitulé : *Octa imperatoria*, nous annonce qu'un évêque de Naples, « fit construire une mouche d'airain qu'il plaça sur l'une des portes de la ville, et que cette mouche mécanique, dressée comme un chien de berger, empêcha qu'aucune autre mouche n'entrât dans Naples ; si bien que pendant huit ans, grâce à l'activité de cette ingénieuse machine, les viandes déposées dans les boucheries ne se corrompirent jamais. »

François Picus rapporte que, « Roger Bacon et Thomas Bungey, son frère en religion, forgèrent, pendant sept ans, une tête d'airain qui devait parler, mais lorsque la tête parla, les deux moines ne l'entendirent pas parce qu'ils étaient occupés à toute autre chose. »

Tortat, dans ses *Commentaires sur l'Enéide*, dit qu'Albert-le-Grand (xiiie siècle) construisit un homme d'airain doué du mouvement et de la parole qui, placé derrière la porte de la cellule du savant, ouvrait aux visiteurs, les saluait et les accueillait par quelques mots ; cette machine contribua si bien à établir la réputation de sorcier d'Albert-le-Grand, que saint Thomas d'Aquin la brisa, le prenant pour une œuvre du diable.

Au xviie siècle siècle, Vaucanson, qui fut un mécanicien de génie, excita au plus haut point la curiosité et l'admiration publiques. Dans un mémoire adressé à l'Académie des sciences, en 1738, il donna une savante description de son *Joueur de flûte*. C'était une statue de bois copiée sur le Faune en marbre de Coysevox exécutant douze airs différents sur la flûte traversière et pour laquelle, dit Fontenelle, dans son rapport, « l'auteur avait su employer des moyens simples et nouveaux, tant pour donner aux doigts de cette figure les mouvements nécessaires, que pour modifier le vent qui entre dans la flûte, en augmentant ou diminuant sa vitesse suivant les différents tons, en variant la disposition des lèvres et faisant mouvoir une soupape qui fait les fonctions de la langue. »

A la même époque il présenta au public un *Joueur de*

tambourin et un Canard artificiel. Ce dernier automate offrait non seulement une imitation parfaite de tous les mouvements de l'animal, mais encore il nageait, mangeait, digérait et rejetait par les voies ordinaires, les produits de la digestion.

L'illustre mécanicien qui avait minutieusement décrit ses divers automates, avait été moins explicite au sujet de son canard, et il mourut en emportant le secret de cette digestion phénoménale. Cette mystérieuse opération fut restée inexplicable sans un hasard qui mit l'automate entre les mains d'un autre célèbre mécanicien : Robert Houdin.

Après avoir émerveillé l'Europe, les œuvres de Vaucanson furent dispersées; le curieux canard lui-même était relégué à Berlin dans un grenier lorsqu'il fut acheté par un mécanicien nommé Georges Tiets qui, après l'avoir mis en état, l'exposa au Palais-Royal, en 1844. — Pendant cette Exposition, l'une des ailes se détraqua et Robert Houdin fut chargé de la réparer. L'habile artiste raconte ainsi dans ses *Confidences*, cette digestion prodigieuse qui n'était qu'une très habile mystification. « On présentait à l'animal un vase dans lequel était de la graine baignant dans l'eau. Le mouvement que faisait le bec en barbotant, divisait la nourriture et facilitait son introduction dans un tuyau placé sous le bec inférieur du canard; l'eau et la graine, ainsi aspirées, tombaient dans une boîte placée sous le ventre de l'automate, laquelle boîte se vidait toutes les trois ou quatre séances. L'évacuation était chose préparée à l'avance; une espèce de bouillie, composée de mie de pain colorée de vert, était poussée par un corps de pompe et soigneusement reçue sur un plateau d'argent, comme produit d'une digestion artificielle. » — Le génie de Vaucanson enfanta encore d'autres automates, notamment une *Veilleuse* et un *Aspic*. Quelque temps avant sa mort (1782), il fit exécuter une chaîne sans fin qui porte son nom, et qui trouve aujourd'hui dans l'industrie d'utiles et importantes applications. — V. Chaîne.

Le succès retentissant des œuvres de cet illustre inventeur provoqua la création d'autres pièces mécaniques du même genre; parmi ces dernières, nous citerons l'*Écrivain*, du viennois Frédéric de Knaus (1760), et la *Jeune fille au clavecin*, des frères Droz, de la Chaux-de-Fonds (1783).

Le fameux *Joueur d'échecs*, de Kempelen, dont on vit un spécimen à l'Ambigu, en 1868, lors des représentations de la *Czarine*, était une pièce mécanique merveilleuse, mais non point un automate. Le lecteur va en juger. Ce pseudo-automate représentait un Turc de grandeur naturelle, assis derrière un coffre en forme de commode monté sur des roulettes; sur le dessus de ce coffre et au centre se trouvait un échiquier. Avant de commencer une partie avec l'amateur qui se présentait, Kempelen, pour démontrer au public que personne n'était caché dans le coffre, ouvrait l'une après l'autre les portes pratiquées des deux côtés du coffre, en laissant un certain temps entre chaque opération; on ne voyait, en effet, que les ressorts, les cylindres, les rouages de la machine; puis il levait la robe du Turc afin que l'on pût voir aussi l'intérieur du corps; enfin il introduisait une clef dans le mécanisme et l'on entendait le grondement des rouages d'une horloge que l'on monte. La partie commençait et le Turc gagnait toujours. Voici la vérité sur ce joueur d'échecs.

En 1776, un officier polonais, nommé Worousky, compromis dans une insurrection, se réfugia blessé, chez un docteur qui dut lui couper les deux jambes; à la même époque Kempelen vint visiter le médecin et touché de l'infortune du proscrit, il chercha un moyen de lui faire gagner la frontière. Worousky était, aux échecs, d'une habileté extraordinaire, Kempelen mit ce talent à profit et il construisit sa machine, de telle façon que l'officier pouvait se blottir dans le buffet pendant que le public examinait le corps du Turc et dans celui-ci quand on regardait le mécanisme; le bruit que faisait le montage de la machine couvrait celui des mouvements de Worousky.

Les savantes combinaisons du *Joueur d'échecs* émerveillèrent les plus forts joueurs de l'époque; son succès fut si retentissant que l'impératrice Catherine II qui se piquait d'une grande habileté aux échecs, manda à Saint-Pétersbourg Kempelen et son automate. L'intrépide officier dont la tête était mise à prix se rendit à l'ordre de la redoutable czarine qui fut complètement battue par le proscrit. On raconte même que Catherine s'étant permis quelques tricheries, le Turc impatienté renversa vivement toutes les pièces sur l'échiquier et aussitôt le bruit d'un rouage qui marchait constamment pendant la partie, cessa de se faire entendre. La machine s'arrêta comme si elle était subitement détraquée. Le joueur d'échecs quitta Saint-Pétersbourg et quelques mois après, Worousky, hors des frontières de la Russie, était sauvé. Plus tard, la machine changea de propriétaire, parcourut l'Europe et l'Amérique, mais l'on suppose que Worousky céda le corps du Turc à un autre joueur, car le succès en Amérique fut discuté.

De nos jours, Robert Houdin père, aux *Confidences* duquel nous avons emprunté la plupart des détails qui précèdent, a construit plusieurs pièces remarquables, entre autres l'*Escamoteur chinois*, le *Danseur de corde*, *Auriol et Debureau*, l'*Oranger mystérieux*, un *Vase de fleurs*, dont le bouquet fleurit instantanément et sur lequel vient se percher un oiseau qui chante; un *Voltigeur* qui fait sur le trapèze les exercices les plus... périlleux; le *Pâtissier* qui distribue des gâteaux et des liqueurs aux spectateurs; mais quelques-unes de ces pièces mécaniques ont été créées pour son théâtre et ne sont point de véritables automates; elles agissent, soit par l'électricité, soit au moyen de ficelles invisibles manœuvrées par quelqu'un qui se tient dans la coulisse. L'automate le plus étonnant qu'ait construit le célèbre artiste fut son *Écrivain dessinateur*. C'était un petit marquis Louis XV, haut de 30 centimètres environ, assis devant une table placée sur un socle contenant diverses tablettes sur lesquelles étaient gravées une douzaine de questions; quelqu'un choisissait une de ces questions et le petit automate y répondait sur une feuille de papier, par un dessin, un nombre ou une phrase; ainsi sur la demande : Quelle est l'emblème de la fidélité? il dessinait une levrette. Quel est ton créateur? il écrivait *Robert Houdin*, en imitant la signature de l'artiste, etc. On doit aussi à M. Robert-Houdin fils, la construction d'un nouvel automate qui, sous le nom de *Sophos*, émerveille les spectateurs par sa façon très remarquable de jouer aux dominos.

Nous ne ferons qu'indiquer les *instrumentistes* dont le mécanisme est le même que celui des boîtes à musique, c'est-à-dire un cylindre noté, pour arriver aux *Oiseaux chanteurs*, qu'on a pu admirer à l'Exposition de 1878, et qui appartiennent à la troisième catégorie que nous avons établie plus haut; ces petits automates sont certainement les plus intéressants que l'industrie moderne ait produits. C'est à M. Bontemps que revient le mérite d'avoir obtenu l'intermittence dans le chant et une imitation parfaite des mélodies brillantes du rossignol, du canari et autres espèces. Nous allons voir par quel ingénieux moyen il arrive à cette reproduction, non seulement du chant, mais encore de quelques-uns des mouvements naturels de ces petits oiseaux.

L'oiseau est renfermé dans une cage que supporte une boîte où se trouve un mouvement d'horlogerie qui sert de moteur; celui-ci fait tourner une roue munie à son pourtour d'une série de crans espacés de façon à produire sur les coups de piston du sifflet les diverses modulations du chant, de sorte que les notes sont longues ou brèves, tenues ou piquées, selon que les crans sont larges ou étroits; en outre, l'axe de cette roue porte une série plus ou moins grande d'excentriques sur lesquels s'appuient des touches fixées à l'extrémité de leviers destinés à produire les divers mouvements de la tête et du corps; ce même axe porte à son autre extrémité, invisible sur notre dessin, un autre excentrique qui, toujours à l'aide d'un levier, actionne le soufflet et provoque, par le jeu du sifflet, la reproduction des sons modulés. Le couvercle supérieur du soufflet reçoit un système de ressorts qui ont pour but : 1° d'éviter un traînement du dernier son (effet qui se produit quand on lâche la manivelle de l'orgue de barbarie) en arrêtant le piston lorsque l'arrêt du mouvement moteur fait retomber le soufflet; 2° au moyen d'une petite soupape qui fait office d'ame, et qui est placée au bout du couvercle, de laisser partir immédiatement tout ce qui reste d'air dans l'intérieur du soufflet. On peut suivre sur la figure 205, à l'aide de sa légende, ce mécanisme très simple qui ne se complique que par la multiplication des divers mouvements à reproduire; ce qui nécessite alors un plus grand nombre de leviers d'excentriques ou de roues à crans, suivant la nature de l'animal à imiter.

Quand on songe aux savantes combinaisons, aux sacrifices qu'il a fallu faire, pour construire la plupart de ces automates dont nous venons de parler, on se demande si le résultat était bien proportionné à tant d'efforts ; assurément non, les machines qui ont étonné le monde par leurs merveil-

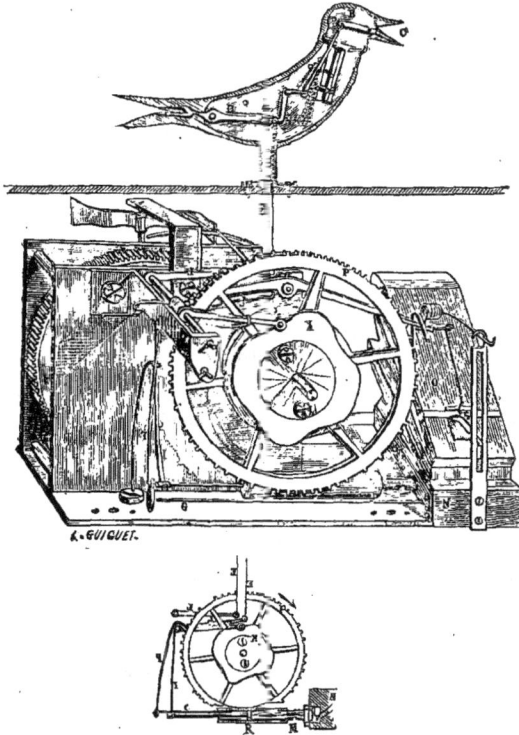

Fig. 205. — *Oiseau chanteur.*

A Corps de l'oiseau. — B Tête. — C Bec. — D Levier manœuvrant le bec et la queue. — E E Fils métalliques recevant leur mouvement des leviers L L et manœuvrant l'un le bec et la queue, l'autre la tête pour la faire tourner à droite ou à gauche. — K Excentrique qui met en mouvement les leviers L L. — F Tige verticale qui, par l'intermédiaire de la tige horizontale G, met en mouvement une soupape intérieure du soufflet O en produisant les diverses modulations à imiter. — H Emplacement de cette soupape dans le soufflet. — I Tige verticale mettant en mouvement le piston du sifflet. — M Orifice d'aspiration du sifflet. — N Réservoir du soufflet. — P Roue à crans, simple, double ou triple suivant les effets à obtenir. — R Piston du sifflet.

leux organes ont eu un succès de curiosité, et puis, rien! Si Vaucanson eût appliqué son génie au progrès de la mécanique industrielle, quelles forces n'eût-il pas créées? Quels services n'eût-il pas rendus à l'humanité?

Nous aurons à étudier **ailleurs une autre série** de petits automates dont la fabrication semblait être le monopole de **la Forêt-Noire et des environs** de Nuremberg, mais que Paris commence à produire avec ce cachet particulier qui est sa marque distinctive. — V. Jouets automatiques.

AUTOMATIQUE. *T. techn.* Cette qualification s'applique en mécanique aux organes ou mouvements de machines qui remplissent leurs fonctions sans aucune intervention de la volonté ni de la main de l'homme.

Les mouvements automatiques se présentent sous une grande variété de formes et d'applications qu'il serait superflu d'énumérer ici: chacune d'elles trouvera naturellement sa place dans la description de l'appareil mécanique au fonctionnement duquel elle concourt.

L'idée qu'on attache au mot *automatique* embrasse un grand nombre d'actions différentes ; elle implique toujours la spontanéité, la possibilité de se mouvoir, de s'arrêter, de se remettre en marche, la faculté de remplir ou de cesser tel ou tel rôle auquel l'organe est spécialement destiné. Quelques exemples pris au hasard préciseront ce qu'on entend en mécanique par un *organe automatique. Le casse-fil* des métiers à tisser produit spontanément l'arrêt complet du métier dès qu'un seul fil vient à casser Dans un autre ordre d'applications, certains *freins automatiques*, employés pour les chemins de fer, déterminent d'eux-mêmes l'arrêt du train lorsque la vitesse dépasse une

—

limite normale. Dans les mines, le *parachute automatique* s'ouvre instantanément en cas de rupture du câble et prévient ainsi la chute de la benne dans le puits d'extraction.

Les moyens employés pour produire et régler les mouvements ou les effets automatiques varient avec le genre d'applications que l'on a en vue. Les uns reposent sur des combinaisons mécaniques plus ou moins ingénieuses, plus ou moins complexes; d'autres sont basés sur l'emploi d'agents physiques, tels que la pesanteur, la dilatation des corps, etc., etc.

Parmi les agents physiques que l'homme peut utiliser pour obtenir des effets automatiques, l'électricité est assurément son plus précieux auxiliaire.

Les appareils automatiques dont l'électricité est le principe moteur sont très nombreux, et les enregistreurs météorologiques en sont les types les plus intéressants. On les emploie aujourd'hui avec beaucoup de succès dans la télégraphie, et ce sont eux qui fournissent les transmissions les plus rapides. Nous en parlerons longuement à l'article *Télégraphie*. Mais pour qu'on puisse dès à présent s'en faire une idée, il nous suffira de dire que les doigts de l'employé télégraphiste sont remplacés dans ces sortes de télégraphes par un mécanisme semblable à celui des boîtes à musique ou des métiers Jacquart. La dépêche se trouve composée d'avance sur une sorte de composteur ou sur une bande de papier; et en introduisant l'une ou l'autre de ces pièces dans le transmetteur télégraphique qui est combiné en conséquence, on obtient le nombre d'émissions et d'interruptions de courants nécessaire pour reproduire cette dépêche sur le récepteur; soit par des traces à l'encre disposées dans le système alphabétique de Morse, soit par des impressions en caractères romains, soit par des traces électrochimiques.

Le plus parfait des télégraphes automatiques de ce genre est celui de M. Wheatstone qui transmet cent vingt dépêches à l'heure. Aujourd'hui la plupart des observations scientifiques de longue haleine se font au moyen d'appareils enregistreurs automatiques. Ainsi les variations de la température, de la pression barométrique de l'humidité, des courants d'air atmosphériques sont indiqués d'une manière continue sur une feuille de papier par des appareils automatiques.

Les mesures de vitesse très grande, la constatation de la marche plus ou moins régulière de machines de précision s'obtiennent également par des moyens analogues. On peut encore obtenir avec des appareils automatiques des effets mécaniques particuliers; ainsi on peut faire en sorte que la température d'un appartement soit maintenue à un degré voulu au moyen d'un appareil automatique qui ouvre ou ferme des bouches de chaleur sous la seule influence de l'élévation ou de l'abaissement de la colonne mercurielle d'un thermomètre.

On peut, au moyen d'appareils électriques, être averti automatiquement quand la pression du gaz devient trop grande aux becs de gaz d'un appartement, ou bien encore quand le niveau de l'eau dans des réservoirs d'alimentation est trop ou pas assez élevé. Les compteurs électro-chronométriques qui transmettent électriquement l'heure dans les différents quartiers d'une ville, sont encore des appareils automatiques, aussi bien que certains systèmes d'électro-sémaphores qui permettent à ceux qui les font fonctionner d'être assurés que leur signal est arrivé à destination. Les moyens automatiques sont aujourd'hui perpétuellement mis en usage, surtout depuis que l'électricité a permis de les appliquer à distance. Nous aurons occasion d'en parler à maintes reprises dans le cours de cet ouvrage.

On a quelquefois substitué au mot automatique le mot *automoteur* en l'affectant spécialement à une fonction mécanique à remplir. Ainsi, par exemple, le *sifflet automoteur* de M. Lartigue appliqué aujourd'hui sur les locomotives du chemin de fer du Nord, n'est qu'un appareil qui fonctionne automatiquement sous l'influence du signal d'arrêt envoyé de la station vers laquelle la locomotive s'avance et qui a été transmis au mât de signaux qui la précède. Quand le disque de signaux est à l'arrêt, un interrupteur que rencontre la locomobile en passant devant le mât de signaux est mis en jeu et ferme un courant électrique à travers le sifflet automoteur qui se met à siffler. Quand au contraire le disque à signaux n'est pas à l'arrêt, l'interrupteur ne peut fermer le courant, et le sifflet reste inactif. Ce système est donc bien automatique. — T. D. M.

* **AUTOMATISTE** ou **AUTOMATURGE**. Celui qui fait des automates.

* **AUTOMÈTRE**. Instrument qui sert à faire les opérations de levée de plans et de nivellement.

* **AUTOMNE**, *Myth*. Saison de l'année que l'on représente sous les traits d'un jeune homme tenant d'une main ine corbeille de fruits, et de l'autre caressant un chien. On lui donne aussi la figure d'une femme aux formes opulentes, parce que selon les poètes, l'automne est l'âge viril de l'année, elle est alors couronnée de pampres, d'une main elle tient une grappe de raisin et son bras est chargé d'une corne d'abondance pleine de fruits. Le parc de Versailles possède une statue de marbre représentant l'Automne sous les traits de Bacchus; il tient une coupe de la main gauche et une corbeille de raisin est à ses pieds. Cette statue est due au ciseau de Regnaudin.

* **AUTOMOBILE**. *T. de mécan*. Qui se meut de soi-même. || *Barrage automobile*. — V. BARRAGE.

* **AUTOMOTEUR**. *T. de mécan*. Qui se meut de soi-même, qui puise en soi-même le mouvement nécessaire. Dans les mines, on établit des chemins de fer sur des plans inclinés ou *plans automoteurs* sur lesquels, par la force naturelle de la pesanteur, les wagons transportent les produits de l'extraction.

* **AUTONOMÈTRE**. Instrument qui sert à prendre soi-même la mesure de ses propres vêtements.

AUTRICHE-HONGRIE. L'Exposition de cette nation était, en 1878, sous la protection de S. A. R. l'archiduc Charles-Louis. Déjà, en 1873, il nous avait été permis d'apprécier les rares aptitudes de ce prince éclairé qui sut donner à l'Exposition de Vienne un caractère de grandeur incontestable; nous avons retrouvé à Paris la marque de sa puissante individualité. En mettant l'Exposition de l'Autriche-Hongrie sous la protection de son frère, l'empereur François-Joseph ne pouvait donner un plus haut témoignage de sympathie à la France.

Soucieux de respecter l'autonomie de chacune des deux parties de la monarchie, le gouvernement avait créé deux commissions distinctes, sous la présidence, à Paris, de S. E. le comte Wimpffen, ambassadeur de l'Autriche-Hongrie en France. Il avait nommé, commissaires généraux, pour l'Autriche : M. le Dr Emile Hornig, conseiller impérial, et M. Antonio de Pretis-Cagnodo, conseiller de section au ministère I. R. de l'agriculture à Vienne; pour la Hongrie : M. Frederic de Harkanyi, député au Reichsrath et vice-président de la commission royale hongroise.

STATISTIQUE ET INDUSTRIES. Les deux États ont publié leurs catalogues respectifs; nous empruntons à chacur. d'eux les détails statistiques intéressants qu'ils nous fournissent, en nous attachant plus particulièrement à faire ressortir l'importance industrielle de la monarchie austro-hongroise.

Les deux territoires de l'Autriche-Hongrie, réunis sous le sceptre de S. M. l'empereur François-Joseph par des institutions communes, renferment une population de plus de 37 millions d'habitants. Au 31 décembre 1869, le nombre des habitants de l'Autriche était de   20,394,980 celui de la Hongrie de. 15.904,435

soit.   35,504,435

mais en tenant compte de l'accroissement qui s'est produit entre les recensements de 1857 et 1869, on évalue que la population, en 1877, était de. . .   21,752,000 habitants pour l'Autriche, et de. . . . . .   15,666,900 habitants

pour la Hongrie, soit un total de   37,418,000 habitants pour l'empire.

L'agriculture et la sylviculture occupent le premier rang dans l'ensemble des travaux de ce pays et procurent au trésor ses plus grands revenus; cependant l'industrie autrichienne a fait, en ces dernières années, de si notables progrès qu'elle deviendra promptement une source de nouvelles richesses pour cette partie de l'empire. Les conditions climatériques et la fertilité du sol donnent à la culture des céréales une importance considérable; l'abondance du rendement, dans les bonnes années, permet une exportation qui s'élève à 9,086,000 quintaux métriques (année moyenne) pour la Hongrie seulement. L'élevage du bétail se fait principalement en Hongrie, grâce à l'étendue et à l'excellence de ses pâturages; la propagation de la race chevaline a été beaucoup améliorée par le croisement des étalons pur-sang anglais et arabes, et l'espèce ovine produit une laine supérieure qui constitue un des principaux articles d'exportation.

L'industrie métallurgique et minière prend chaque jour plus d'extension et tend énergiquement à surmonter les difficultés d'exploitation. Les produits exposés attestaient qu'aucun pays ne peut offrir une plus grande richesse, une plus nombreuse variété de minerais et de métaux. On extrait l'or en assez grandes quantités en Hongrie et en Transylvanie; en 1876, elles ont fourni 1,890 kilogrammes sur les 1,904 kilogrammes recueillis par la monarchie entière: dans la même année, la production de l'argent a atteint 22,784 kilogrammes en Hongrie et 23,750 en Bohême.

La production de la fonte brute, inférieure aux exigences de la consommation, s'est élevée :

En 1876 à   2,730,458 quintaux métriques en Autriche
       et à   1,273,793   —   —   en Hongrie

Ensemble   4,004,251 pour la monarchie.

Les mines de houilles et de lignites qui ne produisaient, en 1860, que 34,900 milliers de quintaux métriques ont donné, en 1876, un total de 133,900 milliers pour l'em-

pire. C'est la Bohême qui fournit le plus fort contingent avec 57 0/0 de la production totale.

Parmi les autres minéraux extraits de l'Autriche-Hongrie, nous relevons les chiffres suivants en quintaux métriques : cuivre brut, 14,670 ; plomb et litharge, 99,483 ; zinc, 45,460 ; manganèse, 74,735 ; graphite, 127,171 ; pétrole, 30,310 ; sans compter l'étain, le soufre, l'alun, l'arsenic, etc.

Le nombre des ouvriers employés aux mines, hauts-fourneaux et salines s'élevaient, en 1876, à 102,824 en Autriche, et à 44,383 en Hongrie, soit un total de 147,207 pour l'empire.

Outre les industries manuelles qui sont les plus nombreuses en Hongrie, les industries agricoles, comme celle des moulins à farine, les raffineries de sucre et les distilleries ont une certaine importance. On compte 28,000 moulins qui produisent un excédant de farines expédiées à l'étranger ; les autres branches de fabrication de cet État, susceptibles d'être signalées, sont la verrerie, la céramique et la papeterie.

L'initiative et l'intelligence des industriels de l'Autriche, secondant les efforts du gouvernement, ont donné une vive impulsion à l'activité nationale et il suffit d'avoir étudié de près la dernière Exposition pour voir combien, dans ce pays, on a poussé loin l'habileté dans tous les procédés de fabrication. Vienne, capitale de l'empire, est le centre d'une contrée florissante qui compte un grand nombre de fabriques de soieries, de tissus de fil et de coton, de papeterie, du cuir et ses applications multiples, de machines diverses, de bière et de cet « article de Vienne » concurrent de l' « article de Paris. »

Par la configuration de son sol, ses conditions hydrographiques, la variété de ses matières premières et l'abondance de ses houilles, la Bohême joue le plus grand rôle dans l'industrie de l'empire; la cristallerie, la céramique, les tissus, la papeterie, le sucre, la bière, la métallurgie et les produits chimiques occupent de nombreux districts dont elles enrichissent les laborieuses populations; les industries textiles, notamment la soie, la métallurgie, la brasserie, la céramique, la tannerie et la fabrication du sucre atteignent un grand développement en Moravie et en Silésie. On compte en Bohême 143 verreries, 25 fabriques de porcelaines, 52 fabriques de papier et 32 moulins à papier. L'industrie de la laine cardée et peignée, comptait, en 1875, dans différentes contrées de l'Autriche, 533,694 broches, 1,906 métiers mécaniques et 22,000 métiers à la main pour le fil cardé ; et 77,410 broches, 4,424 métiers mécaniques et 13,704 métiers à la main pour la laine peignée et les tissus ; le coton employait 1,497,333 broches, 22,877 métiers mécaniques et 55,000 métiers à la main (la Bohême entre pour plus de la moitié dans ces chiffres) ; le lin utilisait (1875) 398,009 broches, 500 métiers mécaniques et 60,000 métiers à la main ; enfin la soie 110,722 broches, 700 métiers mécaniques et 7,800 métiers à la main. La même année, on comptait 31,548 moulins et 213 fabriques de sucre. En 1875-76, l'industrie de la bière, si prospère en Autriche était exercée par 2,249 brasseries et 65,292 distilleries d'eau-de-vie étaient en activité.

Depuis dix ans le chiffre des importations et exportations s'est élevé progressivement; ainsi, en 1876, l'importation en marchandises était :

De. . . . .   534,278,000 florins (1)
En métaux précieux.   35,329,000   —
                         569,607,000 florins.   569,607,000

En 1868, les marchandises importées ont été de. . . . .   387,400,000 florins
Métaux précieux . . .   33,100,000   —
                         420,500,000 florins.   420,500,000

Différence en faveur de 1876.   149,107,000

(1) Le florin autrichien vaut environ 2 fr. 40 de notre monnaie.

Les exportations ont suivi la même marche ascensionnelle; en 1876, les marchandises exportées ont été :

De.......... 595,228,000 florins
Les métaux précieux. 30,929,000 —
              626,157,000 florins. 626,157,000

En 1868, le chiffre des exportations en marchandises s'était élevé :

A: .... 428,900,000 florins
En métaux précieux à. 38,900,000 —
            467,800,000 florins. 467,800,000

Différence en faveur de 1876. 158,357,000

En 1877, le chiffre des marchandises seules donne à l'importation, 574,200,000 florins; à l'exportation, 656,700,000 florins sans compter les métaux précieux.

Au 1er janvier 1878, la longueur totale des voies ferrées était de 17,984 kilomètres sur le territoire austro-hongrois, *qui comptait, en outre*, 93,600 kil. 2 de routes, et 9,063 kil. 7 de voies fluviales.

Par ce qui précède, et malgré les parties importantes de la statistique générale que nous devons omettre, on voit que les peuples de l'Autriche-Hongrie, en se groupant avec patriotisme autour d'un souverain qui veut sa patrie grande et forte, concourent brillamment aux efforts de l'Europe travailleuse et pacifique, et qu'en 1878 comme en 1873, ils sont au premier rang dans ces luttes fécondes pour le progrès et la civilisation.

L'Autriche seule a envoyé à l'Exposition 2,031 exposants répartis ainsi : 126 aux Beaux-Arts, 1858 pour les autres groupes et 47 à l'Exposition des sciences anthropologiques.

Toutes les branches de l'enseignement figuraient avec honneur au Champ-de-Mars; le ministère de l'instruction publique, les écoles et les musées industriels avaient envoyé leurs matériels et leurs moyens d'enseignement, des travaux exécutés par les élèves des deux sexes dans les différentes écoles et aussi des plans et des programmes sur les jardins d'enfants, cette admirable création de Frédéric Fræbel. Notre commissariat général qui n'a rien innové en 1878, aurait bien dû rappeler 1867, aurait bien dû emprunter à l'exposition de Vienne l'idée si heureuse du *Pavillon du petit enfant*. N'y avait-il pas là de belles études comparatives à faire sur les moyens qu'emploient les peuples civilisés pour former et développer l'intelligence confuse de l'enfant?

L'enseignement supérieur était représenté par les grandes institutions du pays, l'*Académie I. R. des Beaux-Arts*, les *Ministères de l'Agriculture et de l'Instruction publique*, la *Commission des monuments historiques et artistiques* et le *Musée des arts appliqués à l'industrie*, avec ses modèles et ses travaux d'élèves. C'est encore à l'initiative de l'empereur, que l'Autriche doit la création de ce musée, qui a pour but de développer et d'encourager l'application de la science et de l'art à l'industrie; on y trouve des collections d'objets d'art, une bibliothèque et une collection d'estampes, des moulages en plâtre, un atelier photographique, etc.

Le meuble ordinaire l'emporte comme importance de fabrication sur l'ébénisterie d'art et le bois courbé principalement est devenu, en Autriche, une industrie considérable. Deux maisons, occupant environ 8,000 ouvriers, fabriquent ces meubles en bois courbé dont l'élégance, la solidité et le bon marché sont aujourd'hui appréciés en France et ailleurs. L'invention en est due à Michaël Thonet qui fit les premiers essais en 1835, mais ce n'est que depuis l'Exposition de Londres, en 1851, où il eut un grand succès, que ce meuble est devenu d'un usage universel; aujourd'hui, les frères Thonet, succédant à leur père, fabriquent journellement 1,700 chaises et 400 meubles de fantaisie. MM. Kohn ont également plusieurs usines, produisant le meuble en bois courbé et le meuble

d'art; les 10,000 meubles qui sortent chaque semaine de leurs ateliers sont, dans une proportion de 90 0/0, destinés à l'exportation.

Dans le groupe de l'habillement, nous avons retrouvé une industrie qui est passée de France en Bohême : c'est celle du fez des mahométans. On raconte que lorsque les Français, sous Napoléon Ier, pénétrèrent à Strakonitz, un soldat, ancien ouvrier de l'une des plus grandes fabriques françaises de calottes grecques, fut logé chez un bonnetier, et qu'il enseigna à celui-ci la fabrication des fez et les meilleurs procédés de teinture. Ce soldat, sans s'en douter, a doté la Bohême d'une industrie importante; aujourd'hui tout l'Orient est tributaire de l'Autriche pour cet article. Deux manufacturiers de Strakonitz; MM. Fürth Wolf et Cie et les frères Weil ont, en quelque sorte, monopolisé cette industrie. Chacune d'elles occupe environ 1,000 ouvriers et produit plus de deux millions de fez par an.

La formation en vastes associations des différentes mines et fonderies de la Bohême et des Alpes a donné une vive impulsion à l'industrie métallurgique de l'Autriche; quelques-unes de ces grandes entreprises ont envoyé des spécimens de leurs produits. Les aciéries de Eibiswald exposaient leurs ressorts, lames de scie, essieux, etc., en acier fondu au creuset dans le four Siemens ; les usines de Innerberg, les plus considérables peut-être de l'empire, ont soumis leurs échantillons de minerais, leurs fers, leurs aciers, etc. M. Mayr, baron de Melnhof, l'un des plus grands métallurgistes de l'Autriche exposait le graphite de ses mines; le prince de Schwarzenberg, que *nous avons retrouvé* dans plusieurs classes, nous avait envoyé le graphite de ses mines de Schwartzbach, exploitées depuis 1812; les mines de Mitterberg avaient une exposition de leur cuivre dont ils exportent annuellement 3,500 quintaux métriques. Kladno, en Bohême, siège de la Société des chemins de fer de l'État, qui possède six hauts-fourneaux et qui emploie 3,000 ouvriers, était représenté au Champ-de-Mars par des tableaux de son exploitation de charbonnages dont la valeur atteint 2,000,000 de florins et par des albums de dessins, de machines; la grande Société de Wordernberg-Kœflach à laquelle appartient un puissant dépôt de bois fossiles et plusieurs hauts-fourneaux, nous a montré ses articles laminés et forgés; enfin les houillères d'Ostrau-Karwin nous ont fait connaître leur importance par des tableaux statistiques, des vues et des plans.

Le prince Schwarzenberg, qui est aussi un haut baron de l'industrie, se trouvait aux exploitations forestières avec ses bois de construction, pour instruments de musique, pour boissellerie, etc.; nous y avons vu également les expositions du prince de Liechtenstein, prince Colloredo-Mansfeld, comte Wladimir, baron de Rothschild, etc. La noblesse n'est pas inactive en Autriche.

La Hongrie, nous l'avons dit, est surtout prospère par sa production agricole, il en résulte que l'une de ses plus grandes industries est celle de la minoterie, la farine hongroise qui trouve des débouchés en Angleterre, en Allemagne, en Suisse et dans l'Amérique du Sud, est très estimée en France pour sa qualité supérieure. Les grands moulins de Budapest produisent annuellement une valeur de 175 millions de francs de farine.

Ses vins, à peine connus il y a trente ans, sont aujourd'hui appréciés le monde entier. Les grands seigneurs propriétaires, les grands vignerons qui ont résolu de répandre leurs vins et spiritueux avaient envoyé à Paris les échantillons de leurs meilleurs crûs. Notre ignorance à l'égard des produits vinicoles nous a fait recourir à l'expérience de l'un de nos collaborateurs, goutmet distingué. Il nous a signalé les vins rosés de Szerem (exposant, M. Gustave Barkacs); les vins de Bude, très estimés comme vins de table; ceux de la famille Teleki, appartiennent aux vins de table et aux vins de dessert; les rouges d'Esztergom, dont quelques-uns sont extrêmement riches (exposants : MM. Bekhof, Clément, Horatseth. Jean Forster, Kakas, Joseph Koller, Louis Malma. Morva, Schwartz et Wiplinger); les vins d'Eger, également estimés (exposants : MM. Fekete, Fulop, Ch. Lieb Steinhauser, comte Szapary et Vozary); les excellents crûs de Bakator, exposés par M. le comte Stubenberg les petits vins blancs de Badacsonyi, dont l'arome est exquis (exposants : MM. Friss et fils, Lessner et Weiner) Les célèbres vins des environs de Tokaj-Hegyalja étaient brillamment représentés au Champ-de-Mars, par les comtes Andrassy et MM. Hammersberg, Schoufeld, Szabo et prince Windischgraetz. Enfin, il faut citer les vins de champagne de Hongrie, dont la fabrication est récente, ils ne peuvent être comparés à notre Cliquot, à notre Moët et Chandon, cependant ils sont fort agréables et une marque, le champagne impérial, est très répandu en Autriche et en Orient.

Parmi les plus grands établissements de la Hongrie nous devons citer la Société autrichienne des chemins de fer de l'État, dont les domaines sont considérables. Cette Société a dû bouleverser une partie du Comitat de Krasso pour arriver à l'exploitation de ses mines et à l'établissement de ses forges; elle dût faire des routes et des chemins de fer, bâtir des villages pour la population qu'elle emploie, créer des écoles et fonder des maisons religieuses et de bienfaisance. L'ensemble de ses propriétés mesure 130,000 hectares, elle emploie 12,000 ouvriers et le chiffre d'affaires de la Société s'est élevé, en 1876, à 804,647 florins. Son exposition comprenait les produits de ses établissements métallurgiques de Resicza qui ont à côté de l'exploitation de la houille, trois hauts-fourneaux donnant environ, par jour, 34 tonnes de fonte grise; la fonte de forge du haut-fourneau de Bogsan : les rails, bandages essieux, tôles fortes, etc., fabriqués dans les usines d'Anina qui renferment deux hauts-fourneaux, un four à acier, une fonderie et une forge; les échantillons de leurs usines à cuivre, plomb et argent de Dognaeska, Szaszka et Csiklova; la collection de ses différents minerais, des végétaux ligneux et des bois de ses forêts, des calcaires de ses carrières; toute la gamme des fontes et des aciers un lingot d'argent d'une dimension respectable et enfin une vaste vitrine comprenant tous les outils fabriqués dans ses ateliers et destinés aux ouvriers de cette colossale entreprise.

Arts décoratifs. Dans nos précédentes études sur les expositions allemande et anglaise (V. ALLEMAGNE, ANGLETERRE), nous avons indiqué quelles sont les affinités de l'art pur et des arts décoratifs, en quelle étroite dépendance ceux-ci sont tenus vis-à-vis de celui-là. Cette loi va se trouver confirmée une fois de plus dans cette étude sur l'Autriche. Un tableau immense, le morceau capital de la galerie autrichienne, résumait tous les caractères esthétiques de la race. Ce tableau représentait l'*Entrée de Charles-Quint à Anvers.* Remarquons tout d'abord que l'auteur, M. Hanns Makart, a fait preuve de bon sens et de patriotisme en s'inspirant, étant Autrichien, d'un motif appartenant à l'histoire de la monarchie autrichienne. Je relève ce fait comme un trait de mœurs général. Voyons l'œuvre. Resplendissant de noble orgueil, de jeunesse et de beauté, dans la magnificence de sa grandeur, portant l'acier des armes, chargé de joyaux, revêtu d'étoffes somptueuses, le prince, au pas de son cheval de parade, traverse la ville en fête qui s'est pavoisée de bannières et tapissée de fleurs jetées en litière pour le recevoir. C'est triomphal! Il est accompagné d'un cortège d'hommes d'église et d'hommes de guerre, précédé par des piquiers et des arbalétriers, routiers à figures de capitans. Devant lui, à la façon des Césars, des ancêtres, entrant dans Rome au retour des guerres victorieuses, marche, portant l'épée impériale, des lauriers, des palmes et des orfèvreries, insignes de la majesté souveraine, un groupe de femmes nues. La foule enthousiaste, seigneurs, bourgeois et peuple, se presse dans les rues et, sur son passage,

encombre les balcons et les fenêtres des vieilles maisons de bois et de briques décorées de fleurs, de feuillages et de tapisseries. Elle acclame ce jeune homme de vingt ans en qui réside la toute puissance humaine, archiduc d'Autriche, roi d'Espagne, empereur d'Allemagne, né à Gand, en pays flamand et, de cœur, malgré la surcharge de ses couronnes, resté Flamand. Tout cela au premier aspect est saisissant et grand. Au second examen les réserves de toutes parts surgissent et j'y insiste parce que ce sont les mêmes que nous aurons à faire à propos des arts industriels. Flamand dans les types, dans les costumes, dans les architectures, scrupuleusement flamand, c'est ce que ce tableau devrait être et ce qu'il n'est point. L'exactitude historique et la vérité locale s'imposaient à l'artiste; il n'en a pris cure. D'une main facile, généreuse féconde, sans effort apparent, mais sans recherche de réalité, sans songer un seul instant à la convenance historique, avec une suprême insouciance du vrai, M. Hanns Makart a écrit une page pompeuse où il a déployé à l'aise la distinction de sa palette et les élégances de son dessin. Une telle peinture ne saurait avoir les grandes et sévères qualités de fond qui assurent la durée des œuvres d'art. Elle ne se grave point sur le cristal de notre intelligence esthétique avec la pointe de diamant qu'ont tenue les maîtres originaux, mais elle y trace passagèrement le bel arabesque d'un crayon d'or. En ce brillant morceau de facture, je vois une des plus charmantes expressions de l'art pompeux et superficiel. En dépit de tout, l'impression héroïque a été ressentie par l'artiste qui dans sa légèreté conserve au moins la solennité de la mise en scène, le mouvement et la flamme de l'idée. C'est bien quelque chose.

Eh bien, toutes les qualités et toutes les lacunes du talent de M. Hanns Makart se retrouvent: les unes à de moindres hauteurs, les autres plus profondes dans l'art décoratif autrichien. Partout ou à peu près nous y avons rencontré la même entraînement pour l'aspect voyant, clinquant, superficiel, tout en dehors et en parade, très séduisant à première vue par d'ingénieuses dispositions de lignes, par des coquetteries de ton qui surprennent et ravissent le regard, mais qui ne résistent pas à l'examen pratique des objets. Nous sommes loin ici des préoccupations utilitaires des fabricants anglais. Des conditions de durée, d'usage, de commodité il n'en est pas question. Le but poursuivi est d'étonner et d'éblouir. On se lance à cette poursuite avec une prodigalité de moyens vraiment amusante, curieuse, aussitôt renouvelés que trouvés, aussitôt dédaignés qu'adoptés par la mode et remplacés par d'autres motifs qui auront le même succès d'un jour, provoqueront le même enthousiasme d'un moment pour retomber à leur tour dans l'oubli. C'est un art d'éphémères, gai, plaisant, souvent spirituel, mais ayant plus d'apparence que de fond et moins de science que d'apparat.

Parmi les exposants dont les innombrables produits relevaient de cette aimable et capricieuse fantaisie, il faut citer en première ligne la maison Klein, qui a su imposer aux Parisiens « l'article-Vienne, » c'est-à-dire les petits bronzes grimaçants, encriers, porte-plumes, porte-cigares, porte-allumettes, porte-monnaies, buvards, carnets, coffrets et boîtes de toute sorte, éventails, etc., toute la jolie futilité d'une table de salon ou d'un petit bureau de femme. C'est dans le même esprit qu'est dirigée l'industrie d'un verrier célèbre, M. Lobmeyr. Dans une fabrication aussi considérable que la sienne tout ne saurait être d'un goût parfait. Il a exposé notamment des pièces de verre opaques imitant la porcelaine, ce qui est méconnaître absolument la loi essentielle des arts décoratifs qui exige que le caractère de la matière soit strictement respecté. Tout objet en verre doit donc demeurer transparent. Il y a là une aberration de goût blâmable. Mais nous pouvons sans réserve faire l'éloge de tous ses verres colorés, émaillés, gravés, sculptés et signaler très spécialement les verres irisés affectant l'ondoyante, multiple et fugitive coloration des bulles de savon. C'est joli, nouveau et l'on en peut tirer le meilleur parti dans l'ornementation.

Nous avons constaté avec regret que les bronziers et orfèvres viennois n'ont fait aucun effort important en vue de notre Exposition; il est vrai que nous avons vu au Champ-de-Mars la plupart des ouvrages qu'ils avaient exécutés pour l'Exposition internationale de Vienne en 1873. Tel est par exemple le beau hanap qui était la pièce capitale du salon de M. Klinkosch; les surtouts de table en argent sculpté et ciselé, les vases de bronze sculptés, le lustre du théâtre de Vienne, exposé par M. Hollenbach. Ces diverses pièces ont été composées et exécutées avec soin, mais dans un style lourd qui leur enlève toute élégance. Ce qu'il y avait de meilleur chez M. Hollenbach, c'est un très remarquable marteau de porte en bronze qui est une merveille de ciselure. Parmi les plus habiles ciseleurs viennois, je citerai encore M. Kolbinger et M. Woschmann. Donnons encore une mention d'encouragement aux Écoles I. et R. qui ont envoyé des faïences et des meubles sculptés intéressants exécutés par de jeunes élèves.

Dans l'industrie des tapis et tentures d'ameublement, nous ne voyons que la maison Philippe Haas et fils, qui dépasse le niveau commun de la fabrication courante. Ses produits réalisent tous les progrès techniques, en même temps que le dessinateur spécial, attaché à la maison, artiste de grand talent, en compose, ressuscite ou combine les modèles avec un goût parfait. Nous citerons notamment deux merveilles : une portière en soie et or tissée à la main à l'imitation des anciens tapis persans qui est un chef-d'œuvre d'exécution, de dessin et de couleur; la seconde pièce d'exception est un tapis de style indien en laine, or et soie, relié avec de l'argent, dont les tons sont d'une douceur exquise. Le propre des maisons vraiment pénétrées du sentiment de l'art, c'est d'apporter le même soin et le même goût, à défaut d'une égale somptuosité, aux produits d'un prix accessible aux petites fortunes. Dans cet ordre d'idées l'exposition de la maison Philippe Haas était riche en tissus d'une piquante originalité. Pour n'en citer qu'un, au hasard, telle était par exemple l'étoffe de tenture pour fumoir. C'est un tissu en bourre de soie noué, bouclé et velouté, d'un ton havane, d'une solidité à toute épreuve. Cette solidité tient précisément à l'emploi de la soie qui seule permet la teinture à peu près inaltérable.

Parmi les étoffes du salon de M. Haas on voyait quelques beaux meubles bien composés, dans un style un peu sévère cependant, par un ébéniste de talent, M. Frantz Michel qui lutte vaillamment avec son rival, M. Irmler.

Dans la section hongroise on remarquait de magnifiques costumes de Magyars, pelisses de peaux de mouton ou de drap doublé de superbes fourrures, disparaissant sous d'inextricables enchevêtrements de broderies et de passementeries aux lacets sans fin; armes d'une magnificence orientale, des sabres aux larges aciers, aux fourreaux de velours brodés d'or, garnis à la garde et à la poignée à la traîne d'orfèvreries d'or et d'argent, d'images de saints, de saintes et de héros d'un beau style byzantin.

Un céramiste hongrois, M. Maurice Fischer, a adopté la curieuse, rare et difficile spécialité de l'imitation exacte de toutes les anciennes fabriques de porcelaines. Le Sèvres ancien et surtout le Saxe avec ses compositions rocailles exubérantes, ses figures, ses groupes, ses fleurs d'un modelé fin et peint avec un soin minutieux, sont ce qu'il réussit le mieux.

A l'actif de la Hongrie il nous faut enfin nommer la très curieuse exposition des mines d'opales et des bijoux précieux où cette pierre infiniment belle, adorable et perfide en ses chatoiements, si tendrement nuancés des couleurs du spectre solaire, joue le rôle capital.

Dans l'art décoratif, la Hongrie représente la première marche de l'Orient, l'Autriche le plus spirituel faubourg de notre Paris.

AUTRUCHE (Plumes d'). Les plumes de cet échassier — auquel les Grecs avaient donné le nom d'*oiseau-chameau* — fournissent au commerce des plumes recherchées pour leurs qualités souples et ondoyantes; celles du dos sont généralement d'un très beau noir, et celles des ailes, d'un ton gris clair, sont susceptibles de recevoir, par la teinture, les nuances les plus belles et les plus variées. — V. PLUMES.

— Les plus belles plumes viennent de la Haute-Égypte, de la régence de Tripoli et du Soudan; celles du Sénégal sont de qualité inférieure.

AUVENT. Petit toit en saillie au-dessus de l'entrée d'une porte ou d'une boutique, pour servir d'abri.

* **AUVERGNE.** *T. tech.* Dissolution de tan dans laquelle on fait macérer les peaux. On dit aussi *chipage.*

* **AUVERGNER.** *T. techn.* Faire tremper les peaux dans une dissolution de tan pour leur donner de l'apprêt. On dit aussi *chiper.*

* **AUVERGNEUR.** *T. tech.* Ouvrier qui auvergne les peaux.

* **AVALAGE.** *T. de métall.* Dernière opération de l'affinage de la fonte dans certaines méthodes.

* **AVALÉE.** *T. de mét.* On désigne ainsi la quantité d'ouvrage que le tisserand peut faire, sans dérouler les ensouples. On dit aussi *levée.*

* **AVALERESSE.** *T. de min.* Se dit d'un puits en creusement qui n'a pas encore atteint le terrain houiller.

* **AVALOIRE.** 1° *T. de céram.* Appareil employé dans l'industrie céramique, on le nomme encore *mâchoire.* C'est une masse de fer, de fonte ou d'acier ayant la forme d'une plaque mobile autour d'un axe, qu'on peut faire tourner au moyen d'un bras de levier actionné par un excentrique. Cette plaque peut alors écraser contre une deuxième plaque solidement fixée toutes les matières dures, roches, minerais, qu'on place entre les deux. Si les deux plaques sont placées verticalement, les fragments s'échapperont par un espace réservé près de l'axe de rotation et pourront être criblés. — V. MÂCHOIRE. || 2° *T. de sell.* Mot vieilli, c'est ce qu'on appelle plutôt aujourd'hui le *reculement* proprement dit, c'est-à-dire la pièce de cuir qui, fixée d'une manière quelconque aux brancards, descend derrière les cuisses du cheval et sert lorsqu'il recule ou retient la voiture dans une descente. || 3° *T. de chapel.* Outil moitié métal et moitié bois dont se servent les chapeliers pour *avaler* la ficelle, c'est-à-dire la faire descendre du haut de la forme jusqu'au bas.

* **AVANCE.** 1° *T. de chem. de fer.* Disposition des tiroirs de distribution de la vapeur, qui permet d'obtenir des machines locomotives un meilleur effet utile que celui donné par la distribution sans *avance,* quand le grand rayon de l'excentrique qui commande la marche du tiroir fait avec la manivelle du piston un angle de 90°.

L'*avance à l'admission,* c'est l'introduction de la

vapeur venant de la chaudière, dans le cylindre avant la fin de la course du piston, du côté de la lumière d'admission. Elle a pour effet de fournir en temps voulu la vapeur au piston, en corrigeant le retard provenant de l'obliquité des bielles d'excentrique, des *temps-perdus* et de la flexion des pièces.

L'*avance à échappement*, corrélative de l'avance à l'admission, donne à la vapeur qui a fonctionné dans le cylindre, la faculté de s'écouler librement dans l'atmosphère avant que le piston ne commence à la refouler. Cette seconde espèce d'avance réduit notablement la résistance exercée contre le piston par la vapeur utilisée.

Ces deux effets d'*avance linéaire* s'obtiennent en calant l'excentrique de manière que son grand rayon fasse avec la manivelle un angle de $90° \pm \alpha$, selon que la transmission du mouvement de l'excentrique au tiroir est directe ou indirecte. L'angle α est l'*avance angulaire*. — V. l'article DISTRIBUTION DE LA VAPEUR DANS LES LOCOMOTIVES. ‖ 2° *T. de carross*. Partie placée en avant du corps de caisse d'une voiture, en saillie sur le coffre. La partie ajoutée à un coupé simple, à deux places, pour former un coupé 3/4 à trois ou quatre places est une avance. Par extension on nomme *avance* non seulement la baie que l'on rapporte transversalement sur le devant d'une calèche, mais encore le cuir qui sert à fermer celle-ci par le haut. ‖ 3° *T. de constr*. Toute partie de bâtiment qui est portée au delà de la ligne principale; tout coude qui excède l'alignement, toute saillie sur le nu d'un mur. ‖ 4° *T. de bourrel. Avances piquées*, dessins faits sur le devant des selles. ‖ 5° *T. d'horlog*. Côté vers lequel on pousse l'aiguille d'une montre, pour accélérer le mouvement.

AVANCER. *T. techn*. On dit *avancer le fil d'or* quand on lui donne le quatrième tirage qui le met en état de subir la dernière opération. L'ouvrier qui fait ce travail est dit *avanceur*.

* **AVANÇON.** *T. de cord*. Bout de planche que l'on place à l'extrémité des ailes d'un touret, afin de retenir le fil de caret qu'on y dévide.

AVANT (L'). On nomme ainsi dans un vaisseau la partie qui s'avance la première à la mer. On entend aussi par l'avant, l'espace du bâtiment compris entre le grand mât et la proue, par opposition à l'arrière, partie postérieure du navire, où se trouve le gouvernail et la poupe.

* **AVANTAGER.** *T. de tiss*. La plupart des tissus, soit de coton, soit de laine, sont présentés aux acheteurs sous leur laize réelle; mais quand la pièce est pliée de telle sorte qu'une part du tissu simulant la moitié représente les 6/10 et l'autre moitié les 4/10 de la largeur, la première partie fait paraître la pièce beaucoup plus large. L'opération qui a pour but de donner cette largeur simulée s'appelle *avantager*.

AVANT-BEC. 1° *T. de constr*. Nom qu'on donne dans les piles d'un pont, aux éperons qui sont en amont. Les avant-becs destinés à fendre l'eau forment ordinairement un angle aigu. ‖ 2° *T. de*

mar. Partie antérieure d'un navire qu'on nomme aussi *avant-bout*.

* **AVANT-CHEMIN-COUVERT.** *T. de fortif*. Second chemin couvert pratiqué au pied de l'avant-fossé, du côté de la campagne, et construit comme le premier chemin mais abaissé de deux pieds environ.

* **AVANT-CHŒUR.** *T. d'arch*. Partie de l'église comprise entre la grille du chœur et celle de l'enceinte.

AVANT-CORPS. *T. d'arch*. Ce qui fait saillie sur la face principale d'une construction. ‖ *T. techn*. Se dit de toutes les pièces qui dépassent la surface de la pièce principale, et qui forment saillie.

* **AVANT-DUC.** *T. de constr*. Pilotage établi à l'entrée ou sur le bord d'une rivière, au moyen de jeunes arbres qu'on enfonce avec le mouton.

* **AVANT-FOSSÉ.** *T. de fortif*. Fossé creusé au pied du glacis d'une position fortifiée.

* **AVANT-GLACIS.** *T. de fortif*. Glacis qui règne au delà d'un avant-fossé.

AVANT-LA-LETTRE. *T. de grav*. Epreuve ou exemplaire d'une gravure ou d'une lithographie, tirée avant qu'on ait gravé sur la planche ou écrit sur la pierre les mots indicatifs du sujet. Les épreuves avant-la-lettre des gravures anciennes, tirées sur la planche d'acier que le maître venait de buriner, offraient, mieux que les tirages successifs, une reproduction plus parfaite de son œuvre; mais aujourd'hui, par le clichage galvanoplastique, la planche primitive avec toutes ses finesses est reproduite avec une fidélité mathématique et l'on peut obtenir des exemplaires aussi bien tirés après qu'avant la lettre. — V. EPREUVE.

* **AVANT-LOGIS.** *T. d'arch*. Corps de logis qui précède la maison d'habitation. S'emploie plus particulièrement pour désigner les maisons des anciens.

* **AVANT-MUR.** *T. d'arch*. Mur adossé à un autre mur. ‖ *Art héral*. Mur crénelé joint à une tour.

* **AVANT-PIED.** Le dessus d'une botte, d'un soulier, d'une bottine, appelé plus communément *empeigne*.

* **AVANT-PIEU.** Morceau de bois que l'on met sur la couronne d'un pieu de pilotis, quand on le bat avec la sonnette pour l'enfoncer.

* **AVANT-PLANCHER.** *T. de charp*. Faux plancher.

AVANT-PORT. *T. de mar*. Partie qui précède l'entrée de certains ports et qui est destinée à l'appareillage des navires ou à servir d'abri.

* **AVANT-PROJET.** Devis descriptif des recettes et dépenses d'une entreprise industrielle; établissement d'un chemin de fer, d'un canal, d'une usine, etc.

* **AVANT-RADIER.** Ouvrage destiné à prévenir les enfouillements et placé en amont de travaux hydrauliques.

AVANT-SCÈNE. Partie du théâtre comprise entre le rideau de la scène et la rampe. || Les loges d'avant-scène sont placées de chaque côté de l'avant-scène du théâtre.

* **AVANT-TERRE.** Chacune des deux arches d'un po nt qui tiennent aux culées.

AVANT-TOIT. Toit en saillie.

AVANT-TRAIN. *T. de carros.* Partie antérieure du train d'une voiture à quatre roues. L'avant-train est divisé en deux parties principales : l'une fixe, reliée à la caisse ou corps de la voiture, que l'on nomme *dessus d'avant-train;* l'autre mobile, tournant librement autour de l'axe de la cheville ouvrière et servant à faire changer la voiture de direction.

Le dessus d'avant-train est principalement destiné à former une plate-forme horizontale servant d'appui au-dessous. Cette plate-forme est composée d'un *rond*, sorte de pièce circulaire d'un seul cercle ou de deux arcs de cercle de différents rayons, ayant leur centre dans l'axe de la cheville ouvrière.

Le rond est ordinairement relié à la caisse au moyen du *lisoir*, forte traverse dans laquelle est fixée la cheville ouvrière ; de *fourchettes*, pièces assemblées dans le lisoir perpendiculairement à celui-ci, et enfin de *supports* en fer ou en bois, fixés à la caisse et aux fourchettes et servant à consolider le rond en différents points.

Le dessous d'avant-train renferme quatre éléments distincts : les *roues* et l'*essieu* qui forment le système de rotation de l'avant de la voiture; les *ressorts* qui sont l'élément de suspension ; la *plate-forme* obtenue avec le dessus des jantes venant coïncider avec le rond et qui constituent, au moyen de la cheville ouvrière, l'élément de rotation circulaire, et enfin les armatures, brancards, timon, volée, tirants, qui forment l'élément utilisé pour la traction.

La cheville ouvrière, fixée au-dessus de l'avant-train, pénètre dans la sellette (pièce principale du dessous de l'avant-train semblable au lisoir par symétrie), et s'y trouve arrêtée en dessous au moyen d'un écrou et d'une clavette. B.-.T

* **AVARICE.** *Icon.* L'avarice est figurée sous les traits d'une femme qui enfouit une corne d'abondance, ou par une femme âgée, maigre, au teint livide, comptant son argent avec une vivacité inquiète.

AVELANÈDE ou **VELANÈDE.** Fruit d'une espèce de chêne qui croît dans l'Asie mineure et aux îles de l'Archipel; il est composé d'une noix et d'une cupule dans laquelle la noix est à demi-enfermée; le gland est beaucoup plus gros que ceux de nos chênes d'Europe. Il est léger et rempli d'une poussière noirâtre produit de la décomposition de l'amande. La cupule est la partie la plus estimée du fruit pour les usages auxquels on l'applique dans les arts, et qui consistent surtout dans la teinture en noir et dans la préparation et le passage des cuirs.

AVENANT. Acte par lequel l'assureur et l'assuré conviennent, d'un commun accord, de mo-

difier ou d'annuler une police d'assurance. — V. ASSURANCES.

* **AVELIES.** Spécifie un genre particulier de toile imprimée et qui nous vient de l'Inde.

* **AVÉNEINE.** Nom donné par M. Serullas à un produit immédiat retiré par lui du péricarpe de l'avoine et qui, par l'action des agents oxydants, produit le parfum de la vanille. A l'état de pureté il est inodore, il est très soluble dans l'eau et dans l'alcool à 20 ou 25° C.

1° *Extraction du principe.* On isole le corps, on le décolore et on le purifie en traitant le son d'avoine, résidu industriel de la fabrication du gruau, par des méthodes connues, soit par celle employée pour préparer la populine, soit par celle indiquée pour obtenir le glucoside des fleurs de chicorée. (Précipitation de la décoction aqueuse par le sous-acétate de plomb, et élimination dans la liqueur filtrée du plomb par l'acide sulfurique ou carbonique.)

2° *Oxydation de l'avéneine.* Cette oxydation fournit le parfum caractéristique de la vanille, et on l'effectue d'après un procédé usité pour la plupart des transformations analogues : celle de la salicine, par exemple, en hydrure de salicyle ou aldéhyde salicylique constituant de l'essence de reine-des-prés. (Oxydation par le bichromate de potasse et l'acide sulfurique.) Seulement, pour que la réaction ait lieu d'une manière complète, il faut maintenir le mélange pendant deux heures et demie à la température d'ébullition.

Après refroidissement, il suffit d'agiter ce mélange avec de l'éther pour en enlever le produit de l'oxydation susceptible d'être recueilli, en chassant le véhicule par distillation, et d'être purifié selon les moyens ordinaires.

AVENTURINE. *T. de minér.* Variété de quartz grenu ou de feldspath, rougeâtre ou jaunâtre, parsemé de petites parcelles minérales vitreuses, de mica ou de fer oligiste qui, lorsque la masse est polie, forment une multitude de points scintillants; on l'appelle *aventurine naturelle* pour la distinguer de l'*aventurine artificielle*, sorte de verre coloré où l'on a mêlé, pendant la fusion, de la limaille de cuivre.

La fabrication de l'aventurine artificielle resta longtemps dans les mains des verriers de Venise qui ne voulaient point divulguer leurs procédés. MM. Fremy et Clémendot ont cependant découvert le secret des Vénitiens. En chauffant une masse vitreuse mélangée de protoxyde de cuivre et de silicate de protoxyde de fer, ils ont obtenu des aventurines semblables à celles de Venise, voici comment ils expliquent l'opération : en chauffant la masse vitreuse, le silicate de protoxyde de fer s'empare de l'oxygène de protoxyde de cuivre et le transforme en silicate de péroxyde de fer, la masse de cuivre revivifiée cristallise en octaèdres réguliers métalliques et brillants. Il faut qu'au moment de la réduction, la masse vitreuse soit à l'état pâteux et que sa décomposition se fasse lentement. M. Pelouze a publié un autre procédé de fabrication de l'aventurine, dont les paillettes sont du chrome cristallisé ; en voici la composition : sable, 250 ; carbonate de soude, 100 ; carbonate de chaux, 50 ; bichromate de potasse, 40.

— L'aventurine est d'origine italienne. On raconte que, vers le milieu du siècle dernier, un ouvrier de Venise ayant laissé tomber par hasard (*par aventura*) de la limaille métallique dans du verre en fusion, fut surpris du résultat de ce mélange, et qu'après avoir recommencé plusieurs fois l'épreuve, il créa ce produit sous le nom d'*aventurine*.

Aventurine. *T. de teint.* Couleur d'un jaune particulier ; la base de la couleur est l'oxyde de fer combiné avec le protoxyde de cuivre que l'on précipite sur l'étoffe et que l'on péroxyde ensuite par les moyens ordinaires, tels que l'aérage, le chlorure de chaux, etc.

* **AVERTISSEUR.** On donne ce nom d'une manière générale à tous les appareils de sûreté qui transmettent à distance des signaux indicateurs, pour permettre aux personnes intéressées de se rendre un compte exact de la marche de tel ou tel appareil industriel. C'est ainsi que les avertisseurs s'appliquent pour révéler au loin : le manque ou le trop plein d'eau, dans les chaudières à vapeur ; les commencements d'incendie ; les températures trop élevées ou trop basses, dans les cuves de teinture, etc. — Pour chaque application particulière, l'avertisseur prend un nom spécial, par exemple : *sifflet, thermomètre avertisseur, manomètre avertisseur*, etc. Nous aurons à nous occuper de ces appareils et de leurs fonctions, aux études des machines qui nécessitent leur emploi.

AVEUGLER. *T. techn.* C'est boucher une ouverture.

* **AVIR.** *T. techn.* Rabattre les bords d'une pièce de ferblanterie ou de chaudronnerie pour l'assembler.

AVIRON. L'aviron est composé d'une poignée, d'un manche et d'une *pelle* ou *palle ;* on se sert des avirons pour diriger une embarcation. Dans le langage ordinaire, on dit plutôt *rame*.

* **AVIRONNERIE.** Atelier où l'on fabrique des avirons.

* **AVIRONNIER.** Fabricant ou marchand d'avirons.

AVISO. *T. de mar.* Petit bâtiment de guerre, d'une allure légère et d'une marche rapide, qu'on emploie à porter des *avis*, des dépêches, des ordres. La force de l'*aviso à vapeur* n'est pas supérieure à 200 chevaux.

* **AVISSEAU** (CHARLES-JEAN), potier, né à Tours en 1796, mort en 1861, eut, dès son enfance, un goût prononcé pour la céramique. Ses premiers essais de peinture sur émail attirèrent sur lui l'attention des connaisseurs et des fabricants et, à force de patience et de travail, il résolut le problème difficile de la fusion des émaux à haute température. Si Avisseau eût vécu de nos jours, la fortune eût sans doute récompensé ses efforts, mais il mourut sans avoir joui des succès que lui méritaient les découvertes qu'il fit dans son art. Reconnaissons toutefois que le genre dans lequel

il excellait ne rencontre plus aujourd'hui la même faveur que de son temps.

* **AVISSURE** ou **AVISURE.** *T. techn.* Rebord d'une pièce de ferblanterie ou de chaudronnerie rabattu sur une autre pièce et qui les unit ensemble.

* **AVIVAGE.** 1° *T. de teint.* Opération que l'on donne aux tissus et aux fils teints en rouge, rose, violet, etc., pour rendre la couleur plus vive. Quand on teignait en garance, on obtenait après teinture des nuances ternes dûes à la présence d'une matière colorante jaune appelée *xanthine*. L'avivage a pour but de détruire ce colorant et de rendre à chaque nuance la pureté qu'elle doit avoir. C'est principalement au savon, au sel d'étain que l'on a recours pour aviver.

D'après quelques auteurs et entre autres Dolfus Ausset, c'est au hasard qu'est dû en partie l'avivage au sel d'étain. Un jeune ouvrier affecté au service de la cuisine aux couleurs de la fabrique de Wesserling (Alsace), ayant un jour à sécher un échantillon imprimé en rose, le laissa par mégarde tomber dans un vase contenant du sel d'étain. Craignant une réprimande il se garda d'en parler ; mais le coloriste, observateur s'il en fût, remarqua une notable différence dans quelques parties de son échantillon : en questionnant le jeune homme, il sut à quoi attribuer la modification apportée à sa couleur, et de ce jour l'avivage au sel d'étain fut pratiqué dans cette fabrique qui créa ainsi le rose brillant, dit *rose de Wesserling*.

Ce terme s'applique aussi à certaines opérations que l'on donne à quelques couleurs sur laine pour les rendre plus vives. De nos jours où l'alizarine fait disparaître la garance, l'avivage ne consiste plus qu'en quelques légers passages au savon, soit seul, soit additionné de sel d'étain, tandis que précédemment avec la garance, on donnait jusqu'à six et huit passages. Cependant, dans la fabrication du rouge turc, c'est encore une opération délicate de laquelle dépend la réussite du genre traité.

Dans les indiennes teintes en violet, fleur de garance ou garancé, on appelait aussi avivage le passage en chlorure de chaux ou de soude (hypochlorite de chaux ou de soude) qui, non seulement rendait la couleur plus vive, mais aussi fixait plus intimement à la fibre les mordants composés généralement de sels de fer.

‖ 2° *T. de miroit.* Première façon de la feuille d'étain qui doit recevoir le vif-argent.

AVIVER. 1° *T. de dor.* Aviver une figure de bronze, c'est la nettoyer et la frotter avec une pierre ponce pour la rendre plus propre à recevoir la dorure. ‖ 2° Étendre l'or après qu'il a été amalgamé. ‖ 3° *T. de bijout.* Donner le dernier poli à un ouvrage avec du rouge d'Angleterre détrempé dans l'alcool, et de pierre-ponce mouillée de vinaigre. ‖ 4° *T. de miroit.* Frotter légèrement de vif-argent la feuille d'étain. ‖ 5° *T. de teint.* Rendre une couleur plus vive, plus éclatante. ‖ 6° *T. de grav.* Donner plus de brillant à une

taille, en la creusant avec un burin plus losangé.
|| 7° *T. de charp.* Tailler une pièce de bois à vive arête.

* **AVIVOIR.** *T. de dor.* Instrument qui sert à étaler l'amalgame d'or.

* **AVOI.** *T. de brass.* Donner un *avoi*, faire couler d'une cuve dans une autre.

* **AVOIR.** La partie d'un compte où l'on porte les sommes dues à quelqu'un.

AVRIL. *Iconol.* On a représenté cette saison sous les traits d'un jeune homme couronné de myrte, dansant au son des instruments.

* **AVRIL** (JEAN-JACQUES), graveur, membre de l'Académie des Beaux-Arts, né à Paris en 1744, mort en 1823, fut un des artistes les plus féconds de son temps. Son œuvre se compose de plus de cinq cents sujets, dont quelques-uns sont de grande dimension, puis des livres de fleurs, de bouquets et de corbeilles, d'une exécution assez lourde, publiés au xviii° siècle chez Chéreau.

* **AVRIL** (JEAN-JACQUES), graveur, fils du précédent, né en 1771, mort en 1831, fut l'élève de son père, dont il a gravé le portrait en 1810. Parmi les planches qu'il a laissées, la *Chananéenne*, d'après Drouain, lui valut une médaille d'or. Il a aussi exécuté les portraits de Ducis et de l'acteur Brizard, d'après Mᵐᵉ Guiard.

AXE. 1° *T. de mécan.* Ligne mathématique réelle ou imaginaire qui passe ou qui est censée passer par le centre d'un corps auquel il sert comme d'essieu. L'*axe de rotation* est la ligne autour de laquelle un corps tourne réellement lorsqu'il est animé d'un mouvement de rotation. || 2° *Axe d'un cadran.* Style qui marque l'heure. || 3° Ligne droite sur laquelle une balance se meut. || 4° *T. d'arch.* L'axe d'un édifice est la ligne droite qui le traverse perpendiculairement et le coupe en deux parties symétriques. || 5° Dans l'impression sur étoffes, on donne ce nom à la pièce métallique sur laquelle tournent les rouleaux de cuivre avec lesquels on imprime la toile peinte. On appelle aussi *mandrin* cette pièce qui se fait aujourd'hui en acier Bessemer et de laquelle dépend souvent la réussite de l'impression au rouleau. || 6° *Axe du barillet. T. d'arm.* Dans un revolver, l'*axe du barillet* est maintenu en place par un *poussoir* logé dans la console qu'il traverse, puis va se loger dans un trou central ménagé dans le rempart.

* **AXAGE.** *T. techn.* Opération qui a pour but de fixer dans un cylindre d'impression, dit *virole*, un axe en fer ou en acier. Cet axe porte aussi le nom de *mandrin*. Quand un rouleau est axé, mais que le mandrin ne traverse pas le rouleau dans toute sa longueur, on donne le nom de *pioche* aux deux pièces de fer qui simulent l'axe et font office de mandrin.

* **AXER** (Machine à). *T. techn.* Machine servant, dans les fabriques d'indiennes, à faire entrer de force les axes ou mandrins dans les rouleaux, dits *viroles*. Cette opération est assez délicate; car il

importe que le centre de l'axe corresponde avec le centre du rouleau, autrement le rapport ou cadrage du dessin sur l'étoffe devient impossible. Il arrive souvent de ce fait que l'on est obligé de recommencer plusieurs fois de suite l'axage d'un rouleau.

AXONGE. *T. techn.* 1° Graisse de porc désignée aussi sous le nom de *saindoux*, et composée d'un mélange de deux principes organiques, l'un liquide, l'*oléine*, et l'autre solide, la *margarine*. Elle se dissout dans 36 parties d'alcool bouillant de 0,816. L'axonge forme la base de presque toutes les pommades et onguents; elle sert aussi aux corroyeurs, aux hongroyeurs pour l'éclairage, etc. || 2° *Axonge de verre*. Espèce d'écume qui se forme sur le verre en fusion. || 3° *T. d'impr. sur étoff.* Cette substance a été assez employée dans la fabrication des couleurs dites *réserves* sur toiles de coton (V. RÉSERVE). On introduit ce corps dans les couleurs, afin de les rendre moins impressionnables à l'eau, et de cette façon le tissu peut être teint dans ses parties non réservées tandis que celles-ci restent intactes.

* **AZEF.** *T. de minér.* Nom de l'alun de plume.

* **AZINCOURT.** Concession appartenant au bassin houiller du Nord et d'une superficie de 2,182 hectares.

. Le charbonnage d'Azincourt, au sud d'Aniche, est régi par une Société anonyme, constituée au mois de juillet 1842; le capital social a été formé au moyen d'une émission de 1,500 titres de 1,000 francs qui ont été souscrits par deux cent vingt actionnaires; ces 1,500 titres qui forment le capital de fondation (1,500,000 francs) sont cotés de 1,200 à 1,600 francs.

En 1873, la Société d'Azincourt a fait un emprunt de 600,000 fr., représenté par 1,335 obligations libérées, émises à 450 fr.; en 1876, la Société anonyme d'Azincourt a fait un deuxième emprunt.

Les premiers concessionnaires d'Azincourt étaient MM. J.-B. Boussut et L.-A.-G. Lanvin; la concession générale de 9 hectares 312 ares était primitivement décomposée en sept petites concessions particulières.

En 1873, Azincourt a extrait 35,156 tonnes de charbon gros et 40,000 tonnes en 1874.

* **AZOCARBURE.** *T. de chim.* Synonyme de *cyanure*. Combinaison de cyanogène et de carbure.

AZOÏQUE. — V. COLORANTES (Matières).

* **AZOTATE.** *T. de chim.* Syn. : *nitrate*. Sel qui résulte de la saturation de l'acide azotique par une base, et dans lequel le rapport de l'oxygène de l'oxyde à celui de l'acide est comme 1 : 5; leur formule générale est MO, AzO^5.

Les azotates sont des sels cristallisés dont quelques-uns sont anhydres; certains sont basiques, mais c'est l'exception; d'ordinaire ils sont neutres, et sont alors toujours solubles dans l'eau. Leur saveur est fraîche et salée. Soumis à l'action de la chaleur, ils offrent des caractères variables: ils fusent sur les charbons ardents, mais chauffés dans un tube fermé, après s'être fondus ils se décomposent, en donnant, suivant leur nature, des produits divers. Ceux alcalins se changent d'abord en azotites, puis finissent par dégager de l'azote et de l'oxygène, ainsi que des vapeurs rutilantes d'acide hypoazotique; le résidu est un oxyde et quelquefois le métal. Chauffés avec ces matières oxydables, ils donnent des composés explosibles (poudre à canon); avec le charbon, ils déflagrent, en donnant naissance tantôt à un carbonate, tantôt à un oxyde, tantôt au métal. L'hydrogène agit sur eux de la même manière. Traités par l'acide sulfurique, ils laissent dégager des vapeurs blanches d'acide azotique hydraté, et avec l'addition de cuivre, produisent de l'acide hypoazotique, gazeux et rouge orangé. Avec l'acide chlorhydrique, ils forment de l'eau régale qui dissout l'or. En présence de la brucine et de l'acide sulfurique, ils donnent une coloration rouge sang; le sulfate ferreux en présence du même acide sulfurique et d'un azotate, se colore en brun en se suroxidant; le sulfate d'indigo se décolore dans les mêmes conditions. Ces dernières réactions sont employées pour reconnaître la présence de petites quantités d'azotates. Ajoutons encore qu'avec la limaille de zinc et un alcali, la chaleur les décompose en produisant de l'ammoniaque, qui colore immédiatement en rouge violacé un papier réactif au campêche; c'est le procédé qui sert d'ordinaire pour retrouver dans les eaux des traces de ces sels.

On utilise dans l'industrie des azotates naturels et d'autres, qui sont le produit de fabrications spéciales.

Parmi les *azotates naturels*, il faut citer : 1° l'*azotate de potasse*, appelé aussi *nitre* ou *salpêtre;* il cristallise en prisme rhomboïdal droit, est alors incolore, blanc et translucide, mais on le trouve le plus souvent sous forme d'efflorescences sur les calcaires et les marnes, dans les cavernes ou les caves. Il est facilement fusible, est soluble dans l'eau. On le trouve un peu dans tous les pays, mais il existe en quantités assez abondantes en Asie, en Espagne et en Hongrie; 2° l'*azotate de soude* ou *nitratine*, qui se trouve en amas considérables, formés par l'assemblage de cristaux rhomboèdriques jaunâtres et translucides, de saveur fraîche et amère. Il sert dans la fabrication de l'acide sulfurique, de l'acide azotique, du nitrate de potasse, et est très abondant au Chili et au Pérou; 3° l'*azotate de chaux* ou *nitrocalcite*, qui, rare à l'état de pureté, est très abondant dans le voisinage des habitations, sur les plâtres vieux et humides. C'est lui, qui pendant fort longtemps, servit à obtenir le salpêtre artificiel par la transformation des efflorescences (*nitre de houssage*) et salpêtré, au moyen de la décomposition par la lessive de cendres.

L'*azotate d'ammoniaque* ou *nitrammite*, l'*azotate de magnésie* ou *nitro-magnésite* sont rares et n'ont pas d'emploi industriel.

Les *azotates artificiels* sont journellement employés, il faut surtout mentionner:

AZOTATES MINÉRAUX.

Azotate d'ammoniaque. $Az H^4 O, Az O^5$. C'est un sel cristallisant en prismes à six pans,

solubles dans l'eau en produisant un froid assez grand (sa fusion dans un poids égal d'eau abaisse la température de 25°). Il fond à 200° et se décompose au delà, en donnant de l'eau et du protoxyde d'azote. On le prépare en saturant l'acide azotique par l'ammoniaque évaporant pour concentrer la liqueur et faisant cristalliser. Il sert comme producteur de froid et pour obtenir le protoxyde d'azote.

Azotate d'argent. $Ag O, Az O^5$. Ce corps cristallise en lamelles rhomboïdales anhydres, c'est un violent caustique qui possède une saveur métallique très âcre. Il fond au rouge sombre, est soluble dans son poids d'eau froide en produisant du froid, est soluble dans l'alcool, mais cette dissolution s'altère par la chaleur pour donner du *fulminate d'argent*. Il est réduit par les matières organiques, la lumière, l'hydrogène, le mercure, et fournit ainsi de l'argent métallique, d'un brun plus ou moins foncé.

Ce sel fondu et coulé dans une lingotière, donne des cylindres, blancs ou noirs, que l'on utilise en médecine sous le nom de *pierre infernale*; ils contiennent de l'argent réduit ou de l'oxyde de cuivre, lorsqu'ils sont colorés.

L'azotate d'argent sert en médecine comme caustique; dans la parfumerie, pour faire des liqueurs destinées à teindre les cheveux ; pour marquer le linge; pour l'argenture du verre, des glaces, des métaux, voiremême des tissus; pour la photographie, etc.

Azotate de baryte. $Ba O, Az O^5$. Ce sel, qui ne s'emploie guère qu'en pyrotechnie, pour obtenir des feux verts, est anhydre et cristallisé en octaèdres; on le prépare en traitant le chlorure de baryum ou le carbonate de baryte, par l'acide azotique étendu.

Azotate de bismuth. L'acide azotique forme avec le bismuth deux combinaisons : un *azotate neutre* $Bi O^3, 3 (Az O^5), 3$ aq., sel cristallisé en prismes, dont le seul emploi est de servir à préparer le *sous-azotate de bismuth*, $Bi O^3, Az O^5$, 2 aq. Lorsqu'en effet on met l'azotate neutre en contact avec l'eau, on obtient une poudre blanche, nacrée, insoluble dans l'eau, insipide, qui se réduit en présence des matières organiques, du glucose (examen des urines diabétiques), de l'hydrogène sulfuré, et donne une poudre noire.

Ce produit est employé en parfumerie sous le nom de *blanc de fard*, mais il a l'inconvénient de noircir, dans les appartements éclairés avec du gaz mal épuré et sulfuré ; il sert à teinter la cire à cacheter en blanc; on l'emploie aussi chez les émailleurs; chez les fabricants de perles artificielles, d'où son nom de *blanc de perles*. La médecine l'utilise fréquemment, surtout pour combattre les dyssenteries.

Azotate de chaux. $Ca O, Az O^5, 4$ aq. Sel efflorescent, attirant l'humidité, se formant sur les vieux plâtras et que l'on obtient par lixiviation. L'industrie nitrière le recherchait jadis, partout où il se trouvait, car il était l'unique source du salpêtre. Il n'a plus d'usages actuellement. On assure que, sec, il est lumineux dans l'obscurité, ce qui expliquerait le nom de *phosphore de Beaudouin* qu'on lui a parfois donné.

Azotate de cuivre. Cu O, Az O⁵, 6 aq. Corps en cristaux prismatiques, d'un vert bleuâtre et efflorescents, que l'on obtient en traitant le cuivre métallique, son oxyde ou son carbonate, par l'acide azotique. Il sert dans les fabriques de toiles peintes pour faire plusieurs réserves. D'après M. Girardin, ce sel pulvérisé et humide, enfermé dans une feuille d'étain, s'enflamme instantanément avec une forte détonation, lorsqu'on le chauffe légèrement.

L'azotate de cuivre ammoniacal est un dissolvant énergique de la cellulose (papier, fibres de coton, chanvre, etc.).

Azotate d'étain. Sn O², Az O⁵. Il est connu des teinturiers sous le nom de *composition*, de *sel de rosage;* il ne sert que dans cette industrie et s'obtient en dissolvant la grenaille d'étain dans l'eau régale. La liqueur ainsi obtenue est donc un mélange d'azotate et de proto et bichlorures d'étain.

Azotate de fer. Fe O, Az O⁵, 12 aq. Le fer se combine à l'acide azotique en diverses proportions, mais le composé qu'emploie l'industrie est l'azotate ferrique. Ce dernier peut varier lui-même dans sa composition suivant le nombre d'équivalents d'eau qu'il renferme; avec 18 ou 20 équivalents d'eau, il est sous forme de cristaux cubiques et incolores; d'ordinaire il est employé en dissolution marquant 38 à 40° Baumé. Cette solution est d'un rouge brunâtre et se prépare dans les fabriques, au moment du besoin, en versant deux parties d'acide à 36° et une partie d'eau, sur de la tournure de fer. On agite pendant quelque temps en ayant soin de remuer fréquemment, et veillant à ce que la température ne s'élève pas trop. Pendant cette opération, il se dégage d'abondantes vapeurs d'acide hypoazotique qui peuvent occasionner de fréquents accidents (V. ACIDE HYPOAZOTIQUE), aussi est-il indispensable d'opérer en plein air, ou mieux sous la hotte d'une cheminée, pour entraîner dans l'atmosphère les vapeurs toxiques.

Ce produit est fort employé dans la teinture sur laine et sur coton, principalement pour faire le noir, et aussi pour les genres chamois et les bleus au prussiate.

Azotate de mercure. Le mercure s'unit en deux proportions différentes à l'acide azotique.

L'*Azotate de protoxyde*, Hg² O, Az O⁵, cristallise en aiguilles blanches, de saveur âcre et désagréable, qui s'altèrent facilement au contact de l'eau chaude, en donnant un précipité jaune d'azotate bibasique 2 Hg² O, Az O⁵, aq., dit *turbith nitreux*, et un azotate acide, soluble. L'azotate de protoxyde s'obtient en chauffant l'acide azotique faible, avec un excès de métal, à une température assez basse.

L'*Azotate de bioxyde*, Hg O, Az O⁵, est difficilement cristallisable, à moins qu'on opère dans le vide. C'est un sel neutre, que l'on obtient

en traitant l'acide concentré, par le métal, et chauffant fortement.

Les azotates de mercure ont de nombreux emplois industriels. Ils servaient jadis d'une façon absolue au *secretage* des poils de lapin et de lièvre, qu'emploient les chapeliers pour faire leurs coiffures; actuellement l'acide azotique peut remplacer ces sels, qui sont tous deux très caustiques et de violents poisons; ils attaquent tellement l'épiderme que les taches brunes qu'ils produisent sont indélébiles. — V. SECRETAGE.

Dans l'essai des huiles d'olives, on se sert sous le nom de *réactif Poutet* d'azotate de mercure qui, par les modifications qu'il fait subir aux corps gras, montre la qualité du produit. (V. HUILES.) M. Lassaigne a encore préconisé ces sels pour reconnaître dans les étoffes de laine la présence du coton qu'on a pu ajouter frauduleusement. La fibre animale imprégnée d'azotate et portée à + 50°, se colore seule en rouge, et les fibres végétales ne se modifient pas. Enfin, ces sels de mercure ont en médecine diverses applications, soit comme caustique, soit pour combattre diverses affections de la peau.

Azotate de plomb. Pb O, Az O⁵. Sel cristallisé en octaèdres blancs et opaques, anhydre, inaltérable à l'air, soluble dans l'eau et insoluble dans l'alcool. On l'obtient en dissolvant le plomb métallique, son oxyde ou son carbonate dans un excès d'acide azotique faible et bouillant.

Il sert dans la teinture et dans l'impression, pour faire les oranges de chrôme, et aussi pour préparer les mèches pour briquets de fumeurs. Il a, en effet, pour propriété spéciale, de rendre la cellulose bien plus combustible, ce qui explique les accidents saturnins que l'on a signalés, chez les ouvrières préparant ces mèches pour briquets.

Azotate de potasse. KO, Az O⁵. Syn. : *nitre, salpêtre.* Corps résultant de la combinaison de l'acide azotique et de l'oxyde de potassium, que les Chinois employaient dès la plus haute antiquité. Gerber en parle au VIIIᵉ siècle, sous le nom de *sel de pierre* (salpêtre), certains auteurs attribuent cependant sa découverte à Roger Bacon. Boyle l'étudia au XVIIᵉ siècle, et Lavoisier en donna la composition.

Nous avons vu qu'il existe tout formé dans certains pays, le suc de plusieurs plantes en contient également, telles sont la bourrache, la pariétaire, le grand soleil, et surtout les amaranthes, qui pourraient peut-être être exploitées (BOUTIN).

C'est un sel incolore, cristallisé en prismes cannelés à six pans et à sommet pyramidal, anhydre, mais contenant souvent de l'eau d'interposition entre ses cristaux. Il est inodore, sa saveur est fraîche et piquante, avec un arrière goût légèrement amer; il est inaltérable à l'air; sa densité est de 2,100; il contient 46,55 0/0 de potasse et 53,45 d'acide azotique. Pris à la dose de 60 grammes, il est toxique pour l'homme.

Il est soluble dans l'eau qui à 0° en dissout 13 parties, 246 à 100° et 335 à + 115°. Lorsqu'on le chauffe à 300°, il fond et constitue alors le produit appelé *cristal minéral;* au delà il se décompose en donnant d'abord un azotite, puis ensuite de l'oxygène, de l'azote et un résidu de potasse. Il fuse sur les charbons ardents, en scintillant et activant la combustion.

C'est le corps oxydant par excellence. Brûlé avec des matières organiques, il transforme le soufre et le phosphore qu'elles contiennent en sulfates et phosphates. Ce sel pulvérisé, mêlé dans la proportion de trois parties, avec une de charbon, constitue la *poudre détonante,* qui projetée dans un vase rouge de feu, fond d'abord, puis détone violemment; mêlé à moitié de son poids de soufre, il brûle avec une flamme des plus vives, employée pour faire des signaux de nuit. Le *fondant de Baumé* qui sert pour fondre les grosses pièces métallurgiques (bronze, argent, etc.) est formé par trois parties de nitre, une de charbon et une de soufre; le point de fusion des métaux se trouve abaissé dans ce cas par la formation de sulfures, jointe à la rapidité de la combustion.

L'azotate de potasse est décomposé par tous les acides plus fixes que l'acide azotique; il attaque les métaux, qu'il oxyde presque tous, même le platine, et fond les vases de verre ou de terre en dissolvant la silice qu'ils renferment.

Jusqu'à présent on ne connaît pas de procédé pour fabriquer artificiellement l'azotate de potasse, et les quantités énormes que l'industrie emploie, proviennent de la double décomposition d'azotates naturels par des sels à base de potasse. Il est donc indispensable de comprendre comment l'acide nitrique, et par suite les nitrates, ont pu se former au sein de la terre.

Théorie de la nitrification. On doit expliquer différemment la production de l'acide nitrique dans la nature, suivant la situation géographique des pays que l'on considère, et la constitution géologique de leur sol; suivant la présence ou l'absence, en un lieu donné, de l'homme et des animaux. On sait que sous l'influence de l'étincelle électrique, l'oxygène et l'azote peuvent s'unir, aussi bien que l'hydrogène et l'azote. La première combinaison forme de l'acide azotique, la seconde de l'ammoniaque. Dans les pays chauds où les orages sont fréquents, cette production d'azotate d'ammoniaque a naturellement lieu au sein de l'air, et la dissolution du sel formé dans la vapeur d'eau, porte, avec les pluies, le nouveau corps à la surface du sol. L'azotate rencontrant au sein de la terre des sels de potasse, de soude, de chaux ou de magnésie, échange sa base avec ces derniers et des nitrates correspondants se trouvent formés, tandis que l'ammoniaque est mise en liberté.

Dans les pays froids ou tempérés, où l'on trouve parfois cependant de grandes quantités de nitrates divers, cette première explication ne peut suffire. On s'est longtemps préoccupé de la manière dont les faits devaient se passer, mais on doit dire qu'actuellement encore, la question n'est pas absolument résolue, si les théories admises rendent bien compte de certains faits.

Ce que l'on sait, c'est que les nitrates se forment abondamment dans les lieux humides et habités. L'azote enlevé au sol par les végétaux, a été assimilé à son tour par les animaux, et les produits de la décomposition de ces derniers, ou leurs déjections, contiennent de l'ammoniaque en forte proportion. Or, l'expérience nous montre que divers corps chauffés en présence de matières poreuses, peuvent aisément s'oxyder. L'alcool chauffé sur de la mousse de platine se transforme en acide acétique; un phénomène analogue ne se passerait-il pas au sein de la terre? En présence de matières poreuses, comme le sol, l'ammoniaque fournie par les végétaux ne pourrait-elle pas échanger son hydrogène contre de l'oxygène, et former ainsi de l'acide azotique? L'expérience réussit dans le laboratoire en dirigeant un mélange des gaz indiqués, sur la mousse de platine chauffée; il peut et doit se passer un phénomène analogue au sein de la terre. Telle est au moins la théorie qu'ont soutenue M. Millon, puis M. Kuhlmann, sans expliquer pour cela comment ces mêmes nitrates se produisent loin de toute habitation, comme dans les grottes, les sables du désert. Pour eux, la nitrification serait le résultat d'une combustion lente de l'ammoniaque, provoquée par celle d'un composé organique. Elle exigerait le concours simultané de l'oxygène et de l'eau, d'un sel ammoniacal, d'une matière humique et enfin d'un carbonate alcalin. L'oxydation de l'humus déterminerait celle de l'ammoniaque, au milieu des matières poreuses du sol, et de l'acide azotique serait ainsi engendré.

Pour MM. Schlœsing et Muntz au contraire, cette réaction ne serait qu'une véritable fermentation, car on peut arrêter la nitrification soit par la calcination de la terre, soit par l'action du chloroforme. Les sols soumis à l'action de la chaleur ou du réactif indiqué, cessent immédiatement de fournir de l'acide azotique et ne donnent plus que de l'ammoniaque, il leur faut recevoir une certaine quantité de nouvelle terre nitratée pour redevenir nitrogènes.

Ces deux dernières théories suffisent pour expliquer la production de l'acide azotique, sur toute la surface du sol, même dans les endroits où il y a fort peu de matières azotées, comme près des nitrières naturelles de Tacunga (États de l'Équateur).

PRÉPARATION DE L'AZOTATE DE POTASSE. Après les diverses indications que nous avons données sur la formation de ce sel, il faut expliquer comment on l'obtient. Les procédés varient suivant que le corps est fabriqué artificiellement ou simplement purifié, après formation spontanée.

1° *Salpêtre de houssage.* En Asie (Chine, Perse, Arabie, Égypte et surtout l'Inde), en Espagne, en Hongrie, il se produit en certains endroits, lorsque le sol contient du feldspath au nombre de ses éléments, des efflorescences blanches, qui sont d'autant plus abondantes que la température est plus élevée. Elles sont dues à du nitrate de potasse. Il suffit pour le recueillir, soit de balayer le sol avec des balais (Inde, bords du Gange) ce qui constitue le véritable salpêtre de houssage, soit de lixiver la terre arable (Hongrie, Espagne); ce dernier procédé est presque abandonné. Le salpêtre est livré au commerce sans purification, il contient de 5 à 20 0/0 de matières étrangères que l'on enlève par le raffinage. Les Indes expédient annuellement en Angleterre, plus de 50 millions de kilogrammes de ce produit; il est en petits cristaux prismatiques, de couleur grisâtre.

2° *Procédé des salpêtriers.* Cette méthode, abandonnée depuis que le commerce reçoit les nitrates de l'Inde et du Chili, a été reprise lors du siège de Paris, pour pouvoir fournir au ministère de la guerre, l'azotate de potasse dont on avait besoin. Elle consiste à isoler des vieux plâtras de démolition, les azotates de chaux et de magnésie qu'ils renferment. Pour cela, on les concasse grossièrement et les lessive avec de l'eau; les liqueurs concentrées sont alors traitées par une solution de potasse du commerce de façon à obtenir, par double décomposition, un azotate de potasse soluble et des carbonates de chaux et de magnésie, qui, étant insolubles, se séparent par le repos. On décante le liquide clair, on le chauffe dans des réservoirs pour isoler les chlorures qui cristallisent et se précipitent, puis on concentre jusqu'à 45° Baumé. Par refroidissement, on obtient des cristaux de salpêtre brut.

3° *Procédé des nitrières artificielles.* Ce procédé réalise les conditions indiquées en parlant de la théorie de la nitrification. Il est surtout employé dans le nord de l'Europe; par exemple, en Suède, où chaque propriétaire doit à l'État une certaine quantité de salpêtre; en Prusse, en Suisse, voir même en France (Longpont, Seine-et-Oise), mais il n'est pas d'un bon rapport, à cause du bas prix du salpêtre obtenu par double décomposition de l'azotate de soude.

Tantôt on construit avec de la terre calcaire et des débris organiques de toute nature, de petits murs que l'on arrose régulièrement avec du purin ou des urines, et sur lesquels on enlève par grattage les efflorescences formées, tantôt on accumule en un seul endroit tous les résidus des étables et les reçoit dans des fosses que l'on remplit avec de la terre poreuse contenant de la chaux, pour favoriser la formation de l'azotate de cette base. En Suisse, où cette méthode est appliquée dans les étables de montagne, on obtient par an 90 kilogrammes de salpêtre en moyenne, par chaque étable, mais l'extraction ne se fait que tous les six ans.

En 1873, on a fabriqué en Suède plus de 100,000 kilogrammes de nitrate de potasse par ce procédé. Dans les carrières de Longpont, on a eu, comme rendement annuel, environ 300 kilogrammes de sel, pour une étable de vingt-cinq têtes de bétail.

4° *Procédé nouveau pour le salpêtre de conversion.* Dans les méthodes actuellement employées, on utilise le nitrate de soude qui se trouve au Chili et au Pérou en amas considérables, ayant une étendue de plus de 30 milles; mais le procédé varie suivant les pays.

(*a*) Dans certaines fabriques on traite le sel de soude par le chlorure de potassium (*sylvine*), que l'on trouve très abondamment en Prusse et en Galicie, ou bien on prépare ce dernier, soit par la

décomposition de la *carnallite* (chlorure double de potassium et de magnésium), soit par le traitement des salins de betterave ou des cendres de varech.

On traite dans de grandes chaudières en fonte, un poids donné de nitrate de soude par l'eau, de façon à obtenir une dissolution marquant chaude 1,20 au densimètre, et on y ajoute le chlorure de potassium (un équivalent égal) de façon à donner au liquide une densité de 1,50. Il se forme du chlorure de sodium, qui étant insoluble dans la liqueur, s'en sépare en entraînant une grande partie des impuretés qui y étaient contenues, et la solution d'azotate, concentrée convenablement, fournit après vingt-quatre heures de repos des cristaux que l'on lave avec des eaux mères, pour les débarrasser du chlorure qu'ils pourraient garder.

100 kilogrammes d'azotate de soude exigent pour leur décomposition 88 kilogrammes de chlorure de potassium, et fournissent 119 kilogrammes de sel de nitre, ainsi que 69 kilogrammes environ de chlorure de sodium.

(*b*) D'autres fabricants traitent le nitrate du Chili par le carbonate de potasse; on obtient ainsi, comme résidu, un carbonate de soude d'un titre très élevé, aussi pur que celui obtenu par le procédé de Leblanc, et assez recherché dans l'industrie.

100 kilogrammes d'azotate de soude traités par 81 kilogr. 4, de carbonate de potasse, donnent 119 kilogrammes d'azotate de potasse et 62 kilogr. 3, de carbonate sec.

Fig. 206. — *Caisse de lavage.*

(*c*) On emploie quelquefois le chlorure de baryum pour décomposer l'azotate. On obtient ainsi de l'azotate de baryte que l'on traite ensuite par le carbonate ou le sulfate de potasse. Le sulfate de baryte obtenu est livré à l'industrie (V. BARYUM, *sulfate de baryte*); lorsqu'on obtient le carbonate on le transforme à nouveau en chlorure pour une nouvelle opération.

100 kilogrammes d'azotate de soude nécessitent l'emploi de 143 kilogr. 5, de chlorure de baryum pour donner 153 kilogr. 5, d'azotate de baryte et 68 kilogrammes de sel marin.

(*d*) On pourrait encore, comme cela se pratique en Angleterre, ajouter à une solution de potasse caustique d'une densité de 1,5, le nitrate de soude, et concentrer. Le nitrate de potasse se précipite, on enlève, et on évapore les eaux mères jusqu'à ce qu'elles marquent à nouveau 1,5; il y a seconde formation de cristaux, et le liquide restant est une solution de soude caustique et de quelques sels étrangers. Les cristaux d'azotate sont purifiés par des lavages avec des eaux mères.

RAFFINAGE DU SALPÊTRE. Les cristaux d'azotate de potasse obtenus par les différents procédés indiqués sont toujours souillés par ces matières étrangères, et ont besoin d'être purifiés. A Lille, dans une seule usine, on raffine plus de 2 millions de kilogrammes de salpêtre par an.

On commence par laver le salpêtre avec de l'eau saturée de sel pur (fig. 206), afin d'enlever

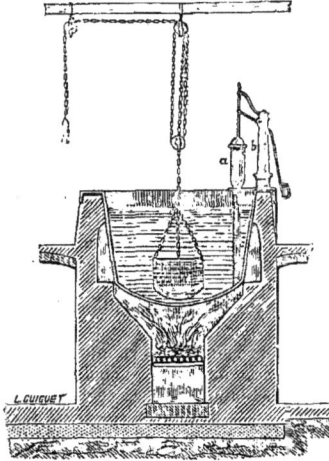

Fig. 207. — *Chaudière de raffinage du salpêtre.*

les produits étrangers; la masse bien égouttée est alors dissoute dans de l'eau, puis traitée par la colle de Flandre (fig. 207). On met 1 kilogramme de colle par hectolitre d'eau, quantité suffisante pour dissoudre environ 100 kilogrammes de salpêtre lavé; on mélange bien le tout, et porte le liquide à l'ébullition. Des écumes se réunissent à la surface, elles contiennent la plus grande

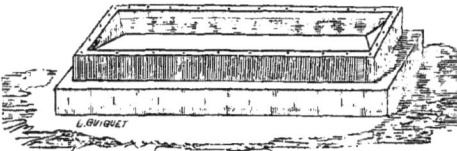

Fig. 208. — *Bassin de cristallisation.*

partie des impuretés; on les enlève et concentre la liqueur pour lui faire marquer 56° Baumé. Arrivée à ce degré, la solution est conduite dans des bassins de cristallisation (fig. 208), où on l'agite continuellement pour la faire refroidir. On obtient ainsi de tous petits cristaux que l'on ramène sur les bords du cristallisoir, au fur et à mesure de leur production, et qu'on laisse égoutter douze heures. On les transporte ensuite dans des caisses en chêne à double fond, où ils sont lavés avec une solution saturée de sel de nitre

pur, tombant en pluie fine (fig. 209); les sels autres que l'azotate sont dissous; les liqueurs de lavage sont réunies dans une cuve souterraine pour être traitées séparément. Les cristaux sont abandonnés pendant six heures, et lorsqu'ils sont bien égouttés, on les lave à nouveau avec de l'eau pure. Après cette opération, ils sont très humides; on les laisse sécher pendant un mois environ, mais comme au bout de ce temps ils contiennent encore 5 0/0 d'eau en moyenne, pour enlever cette dernière, on brise les pains de salpêtre qui se sont formés dans les cristallisoirs, puis on les pulvérise au moyen d'un gros cylindre de bois

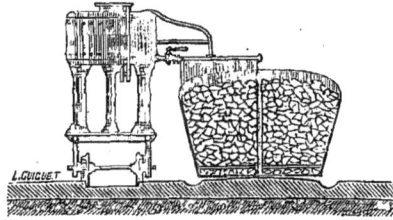

Fig. 209. — *Mode actuel d'arrosage du salpêtre raffiné.*

(fig. 210) et on les dessèche sur la sole d'un séchoir en cuivre rouge chauffé par un foyer. On tamise le sel lorsqu'il ne contient plus que des traces d'eau et on le remet sur le four pour enlever toute humidité. Le nitrate est alors livré au commerce, il n'est pas hygrométrique et peut se conserver longtemps sans aucune altération.

Essai du salpêtre. Suivant les méthodes qui ont servi à sa préparation, le salpêtre peut garder des matières diverses, mais surtout des sulfates et

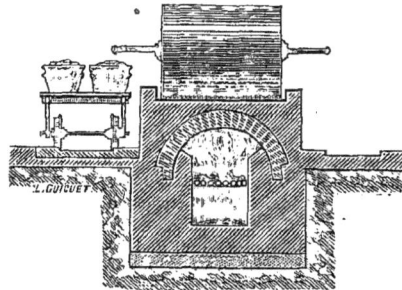

Fig. 210. — *Séchoir pour le salpêtre raffiné.*

des chlorures, des sels de soude, que le raffinage a pour but d'enlever complètement. Lorsque l'opération a été bien conduite, il doit en être ainsi, et sa valeur dépend de son degré de pureté. Les salpêtres achetés par l'État pour la fabrication de la poudre, sont tous soumis à des essais préalables.

Il existe diverses méthodes d'essai, les unes sont basées sur les propriétés physiques du nitrate de potasse, d'autres sur les propriétés chimiques de ce corps.

1° *Méthodes empiriques*. (a) Une méthode employée en France est celle de Riffaut. On prend 400 grammes du salpêtre à essayer, que l'on a desséché préalablement, et on les met dans un flacon avec 500 centimètres cubes d'une solution saturée à 12° de nitrate de potasse pur; on agite un quart d'heure et jette sur un filtre, pour laver le dépôt avec 250°° de la solution saturée, en agissant de la même manière. On recueille le résidu resté sur le filtre et le dessèche au bain de sable jusqu'à ce qu'il ne perde plus de poids. On ajoute 2 0/0 au chiffre fourni par la pesée et la différence en poids, relativement aux 400 grammes pris pour l'expérience, est considérée comme représentant les sels étrangers. Cette méthode peut donner jusqu'à 2,5 0/0 d'erreur.

(b) Le mode opératoire précédent ne peut permettre de reconnaître un mélange de salpêtre et d'azotate de soude; lorsque ce dernier cas se présente, on a recours au procédé de Anthon, basé sur la différence de densité qu'offrent les solutions saturées de nitrate de potasse ou celles qui, saturées de ce même sel, renferment en plus du nitrate de soude. A 16° 5, on a, en dissolvant le sel dans moitié de son poids d'eau : Solution saturée de nitrate de potasse : densité . . . . . = 1,140
la même avec 1 0/0 d'azotate de soude = 1,163

—	5 0/0	—	= 1,210
—	10 0/0	—	= 1,242
—	20 0/0	—	= 1,327
—	40 0/0	—	= 1,436
—	47 0/0	—	= 1,475

au-dessus de 47 0/0 on n'a aucune indication exacte. Cette méthode est encore susceptible de quelques inexactitudes.

(c) Huss a fait accepter en Autriche un procédé basé sur la séparation plus ou moins rapide du salpêtre contenu dans une dissolution chaude et saturée de salpêtre; il a dressé une table indiquant à 1/4 de degré près, la richesse saline en produit pur, faite avec 40 0/0 de sel brut dans l'eau distillée. Il faut, d'après Toel, avoir toujours le même volume d'eau et enlever les matières restées insolubles, en notant toujours la température avec le plus grand soin. Voici un résumé de la table de Huss :

TEMPÉRATURE	RICHESSE de la solution en salpêtre pour 100	POIDS du salpêtre pur pour 100 de salpêtre essayé
8° Réaumur	22.27	55.7
10° —	24.51	61.3
12°, —	26.96	67.4
14° —	29.65	74.1
16° —	32.59	81.5
18° —	35.81	89.5
20° —	39.51	98.8
20°,25° —	40.00	100.0

(d) On tire parti en Suède des caractères fournis par la fusion ignée du sel à essayer. Schwaz a remarqué, que dans ces conditions, le sel pur

cristallise en présentant des rayons très apparents; 2 1/2 0/0 de chlorure de sodium suffisent pour détruire cet aspect. Comme il n'existe pas seulement des chlorures dans les salpêtres, cette méthode est très inexacte.

(e) On peut également utiliser l'hygroscopicité des sels de soude pour apprécier leur quantité dans les nitrates de potasse, en desséchant la prise d'essai dans le vide, ou sur de l'acide sulfurique, avant de faire l'expérience. On a reconnu que l'azotate de potasse pur mélangé d'azotate de soude attire l'humidité dans les proportions suivantes :
Pour 0 gr. 50 de sel de soude, 2 gr. 40 d'eau ;
pour 1 gramme, 4 grammes d'eau; pour 3 grammes, 10 grammes d'eau ; pour 5 grammes, 12 grammes d'eau ; pour 10 grammes, 19 grammes d'eau.

2° *Méthodes chimiques*. (a) Gay-Lussac a proposé de doser le nitrate à l'état de carbonate, en fondant dans un vase de fer, 1 partie du sel à essayer avec 4 parties de chlorure de sodium et 1/4 de partie de charbon de bois. On reprend par l'eau bouillante et fait l'essai alcalimétrique. (V. ALCALIMÉTRIE.) Cette méthode permet de doser l'azotate de soude, comme sel de potasse, et est par suite fautive.

(b) Reich a proposé de doser la quantité exacte d'acide azotique contenu dans l'échantillon soumis à l'expérience. Ce procédé expose aux mêmes erreurs que le précédent. — V. AZOTE, DOSAGE.

(c) Le seul moyen exact est de faire l'analyse chimique complète. On opère sur 10 grammes de sel. La dessiccation donne le poids de l'humidité ; on dissout ensuite le sel dans de l'eau distillée et l'on filtre; le résidu contient l'alumine, le sable, l'oxyde de fer, les matières organiques insolubles. La dissolution amenée à former 500°°, sert à faire cinq parts du produit, qui permettent de doser :
1° le *chlore;* 2° l'*acide sulfurique;* 3° la *chaux;*
4° la *magnésie;* 5° la quantité exacte d'*azotate de potasse pur* en précipitant la soude par les moyens voulus. Nous renvoyons à chacun de ces mots pour connaître le procédé analytique à suivre en pareille circonstance.

Usages. L'azotate de potasse a de nombreux emplois dans l'industrie : il sert pour fabriquer la poudre à tirer; dans la préparation des acides sulfurique et azotique; comme oxydant ou fondant dans les opérations métallurgiques; seul ou mélangé de bitartrate de potasse, il constitue les produits que l'on connaît sous le nom de *flux noir* (mélange de carbonate de potasse et de charbon obtenu par la chaleur) et de *flux blanc* (mélange de carbonate et d'azotate non décomposé, obtenu de la même manière). Le salpêtre est utilisé encore dans l'affinage du verre, du fer (procédé Heaton); pour la conservation du beurre (avec le sucre ordinaire), des viandes, etc.; comme engrais; en médecine, comme diurétique et tempérant, mais à petites doses seulement.

Azotate de soude. Na O, Az O⁵. Sel anhydre, en cristaux incolores ou légèrement teintés de jaune s'il est impur, en prismes rhomboïdaux courts, de saveur fraîche et amère, déliquescent, très soluble dans l'eau, fusant sur les charbons ardents.

Nous avons déjà indiqué qu'il se trouve très abondamment au Pérou et au Chili, mais avant d'être expédié en Europe, il subit diverses opérations. La surface du sol dans les districts d'Atacama et de Tarapaca est constituée par une argile au-dessous de laquelle se trouvent sur une épaisseur de un mètre environ, les couches de sel ayant une étendue considérable (ces dépôts portent le nom de *caliches*, pour le sel; de *costra*, pour la roche). La masse saline est un mélange contenant de 50 à 64 0/0 d'azotate, de 20 à 40 0/0 de chlorure de sodium, plus de petites quantités d'azotate de potasse, de sulfate de soude, de chlorure de magnésium, puis des iodates assez abondants pour permettre l'extraction de l'iode (on en fait 40 kilogrammes par jour à Tarapaca).

Il y a au Pérou environ cent trente et une fabriques s'occupant du traitement de l'azotate de soude brut, et produisant annuellement 350 millions de kilogrammes d'azotate, qui sont expédiés en Europe.

Voici comment on opère : le caliche broyé par des machines est dissous dans de grandes chaudières généralement fermées, au moyen d'eaux mères contenant de l'azotate de soude; après saturation du liquide, on fait couler celui-ci dans des bassins pour le laisser se clarifier; dès que ce résultat est obtenu on envoie la solution dans des cristallisoirs plats, où, sous l'influence de l'air, elle donne des cristaux d'azotate débarrassés de la plus grande partie des chlorures, que les cuves à clarification ont gardés. Le dépôt contenu dans les cristalloirs est lavé avec de nouvelles eaux mères pour le purifier encore plus, puis mis à égoutter et sécher.

Depuis quelques années, au lieu de faire le raffinage sur place, on trouve en certains endroits plus économique de dissoudre seulement le sel dans la plus petite quantité d'eau possible, et de l'envoyer, par des tubes métalliques, à 12 ou 15 kilomètres de là, sur le bord de la mer, où se trouvent les usines qui le livrent ainsi aux navires, en évitant un transport très difficile à réaliser.

L'azotate de soude a de nombreux emplois; il sert à faire l'azotate de potasse, l'acide azotique, l'acide sulfurique, le chlore; dans les fabriques de chlorure de chaux; dans l'industrie du verre, et encore pour faire la régénération du peroxyde de manganèse, et l'extraction de l'iode. C'est un engrais puissant dont l'action est égale à celle de l'ammoniaque; mêlé dans la proportion de 52 parties 1/2, à 20 parties de soufre et 2 1/2 de tan (on humecte le tan avec la solution du sel et y incorpore le soufre), il constitue une bonne poudre de mine appelée *pyronome*. Il faudrait, pour être complet, citer encore beaucoup d'autres usages de ce sel.

Azotate de strontiane. Sr O, Az O⁵. C'est un sel que l'on obtient anhydre par cristallisation à chaud, et qui au contraire, possède cinq équivalents d'eau, lorsqu'il cristallise lentement; il est en octaèdres transparents, de saveur fraîche et piquante, insoluble dans l'alcool et soluble dans l'eau. Mêlé avec les corps combustibles, il brûle en produisant une belle couleur rouge pourpre. Il sert surtout en pyrotechnie. On le prépare en traitant le chlorure de strontium ou le carbonate de strontiane, par l'acide azotique.

AZOTATES ORGANIQUES.

Quelques matières employées dans la teinture ou la fabrication des toiles peintes sont des azotates de diverses bases. Ces couleurs n'ont pas toujours une composition parfaitement définie et nous ne les citons ici que pour mémoire, l'*azotate de rosaniline* est une substance découverte par Gerber-Keller et nommée par lui *azaléine*, elle fournit une nuance rouge, et s'obtient en traitant l'aniline par l'azotate mercurique à 100°.

L'aniline saturée directement par l'acide azotique donne de l'*azotate d'aniline*, sel cristallisé qui traité par l'amidoazobenzole donne l'*induline* ou bleu d'azodiphényle.

MM. Lauth et Depouilly ont donné le nom de *rouge* à un corps qui résulte de l'action de l'acide azotique sur de l'aniline en excès, à une température de 180°.

Nous bornerons là cette énumération, en rappelant que quelques-uns de ces corps sont dangereux à manier, comme l'*azotate de méthyle* qui en se décomposant produit des explosions spontanées (1875 à Saint-Denis). — J. C.

AZOTE. T. de chim. Corps simple dont le symbole est Az et l'équivalent 14. Il fut isolé pour la première fois par Rutherford, en 1772, puis par Scheele; on lui donna alors le nom d'*air vicié*; Lavoisier le désigna sous celui de *mofette atmosphérique*; on l'appela longtemps *nitrogène* pour rappeler qu'il engendre le nitre. Le nom qu'il porte actuellement veut dire « qui n'entretient pas la vie. »

C'est un gaz incolore, insipide et inodore, plus léger que l'air; sa densité est de 0,9713 et un litre pèse 1 gr. 256. Il est permanent. Il est impropre à entretenir la combustion et la vie et se distingue de l'acide carbonique, qui possède les mêmes propriétés, par sa nullité d'action sur les couleurs bleues végétales (tournesol), et parcequ'il ne forme pas avec l'eau de chaux, de précipité blanc.

Il est peu soluble dans l'eau, qui à 19°, n'en dissout que 0,016 de son volume, mais est un peu plus soluble dans l'alcool. Il entre dans la composition d'un très grand nombre de substances animales, végétales ou minérales et joue un très grand rôle dans l'alimentation.

Mélangé à l'oxygène, il constitue l'*air atmosphérique* (V. ce mot) et entre dans la composition de ce dernier dans les proportions suivantes :

En poids...	Oxygène.......	23
	Azote.......	77
		100
En volumes..	Oxygène.......	20.8
	Azote......	79.2
		100.0

Si les animaux ne peuvent vivre dans une atmosphère d'azote, ce gaz n'est pas toxique pour cela, et l'on a prétendu même que sa présence dans l'air ne sert qu'à mitiger l'action trop vive de l'oxygène; la mort n'arrive, en effet, chez les animaux, que par asphyxie, faute d'oxygène, et l'on a remarqué que la résistance vitale est plus grande dans l'azote que dans les autres gaz.

L'azote possède peu d'affinité pour les corps simples. S'il se combine directement à l'oxygène au moyen de l'étincelle électrique, il a besoin de la présence d'un alcali ou d'eau, pour faire des composés oxygénés (V. AZOTATE, *théorie de la nitrification*). Avec l'iode et le chlore, il forme des combinaisons qui détonent fortement lorsqu'on les touche, même sous l'eau (le chlorure), et de nombreux accidents ont été occasionnés par ces produits. Chauffé au rouge sombre avec le bore, il fournit un azoture très stable; l'étincelle électrique le combine à l'hydrogène pour former l'ammoniaque. Avec le charbon il donne trois composés, l'*azoture de carbone* $C^4 Az^3$, le protoazoture ou *mellon* $C^6 Az^4$, et enfin, sous l'influence de la chaleur, le *cyanogène* $C^2 Az$, corps très important, jouant le rôle de corps simple et duquel dérivent les *cyanures* (V. ce mot).

Il se combine aux éléments de l'eau pour former du nitrité d'ammoniaque; c'est ce qui a lieu dans les combustions, dans l'oxydation lente du fer, etc.

On ne connaît aucun moyen d'absorber l'azote.

État naturel. L'azote, avons-nous dit, entre pour les 4/5 dans la composition de l'air, aussi est-ce un produit constant de l'exhalation de l'homme et des animaux; il se trouve en dissolution dans le sang, dans les gaz de l'estomac et de l'intestin, aussi bien dans l'état de santé que dans celui de maladie.

Fourcroy l'a trouvé dans la vessie natatoire des poissons, et il y est en d'autant plus grande quantité, par rapport à l'oxygène, que les animaux vivent plus près de la surface de l'eau.

On a signalé sa présence dans divers produits minéraux. Il était uni au fer, dans le fer météorique de Lenarto (Boussingault); il se dégage pur, ou presque pur, d'un grand nombre de sources thermales, mais surtout des eaux sulfureuses.

Préparation. On peut obtenir l'azote de diverses manières : 1° en le séparant de l'air au moyen de corps facilement oxydables :

(*a*) En faisant brûler du phosphore sous une cloche pleine d'air et reposant sur l'eau. Il se forme de l'acide phosphorique, qui se dissout, et l'azote reste sous la cloche avec des traces d'oxygène, d'acide carbonique et de composés phosphorés; on le purifie au moyen de l'eau de chaux, du chlore, qui forment du carbonate de chaux et du chlorure de phosphore;

(*b*) Tantôt en faisant passer de l'eau sur du cuivre chauffé au rouge; on obtient de l'oxyde de cuivre et de l'azote, qu'il faut purifier.

2° Par la décomposition de combinaisons azotées. Ainsi, en traitant :

(*a*) L'azotite de potasse par du chlorhydrate d'ammoniaque, on forme du chlorure de potassium, de l'eau et de l'azote;

(*b*) L'eau chlorée (8 vol.) par l'ammoniaque (2 vol.), on forme du chlorhydrate d'ammoniaque et de l'azote;

(*c*) L'hypochlorite de chaux en solution à 1,145, par le sulfate d'ammoniaque desséché, et chauffant un peu vers la fin de l'opération. Avec 200 centimètres cubes de la solution, on obtient 192^{cc} d'azote. (CALVERT.)

Il se dégage de grandes quantités d'azote dans beaucoup d'opérations métallurgiques.

Usages. Ce corps n'est pas employé industriellement; on a cherché à l'utiliser en médecine : en injection veineuse, il exerce sur le cœur une action sédative, d'après Nysten; il agirait comme topique sur les tissus, d'après Demarquay et Lecomte. Il est abandonné.

— Nous avons dit que l'azote se combine directement ou indirectement avec l'oxygène; il forme, en effet, avec ce métalloïde, divers composés dont deux sont neutres et trois acides. Un volume d'azote peut se combiner à 1/2 volume, 1 volume, 1 volume 1/2, 2 volumes, 2 volumes 1/2 d'oxygène, pour former les corps que l'on désigne sous les noms de protoxyde d'azote, bioxyde, acide azoteux, acide hypoazotique et acide azotique. L'importance de ces combinaisons est loin d'être la même pour tous les corps.

Protoxyde d'azote. $Az O$. Corps formé par l'union de deux volumes d'azote avec un d'oxygène. Il contient en poids, 63,67 parties du premier et 36,33 du second. On le connaît aussi sous les noms d'*oxyde nitreux*, de *gaz hilarant*. Il a été découvert par Priestley, en 1772.

C'est un corps gazeux, incolore, inodore, de saveur légèrement sucrée; sa densité est de 1,5269 et un litre de ce gaz pèse 1 gr. 975. Soumis à une pression convenable, il se liquéfie, et peut même cristalliser sous 40 atmosphères de pression; lorsqu'il change d'état pour reprendre la forme liquide ou gazeuse, il produit un froid considérable qui solidifie immédiatement le mercure. Il se dissout dans son volume d'eau; l'alcool en dissout 4 volumes.

Il entretient la combustion du soufre, du phosphore, du carbone, en rendant même celle-ci plus vive que dans l'air; il rallume les corps ne présentant plus que quelques points en ignition. Uni à l'hydrogène, il détone sous l'influence de la chaleur ou de l'électricité, en reproduisant ses deux éléments. Il se distingue de l'oxygène, avec lequel il a beaucoup d'analogie, par son manque d'action en présence du deutoxyde d'azote, alors que l'autre corps produit instantanément des vapeurs rutilantes d'acide hypoazotique.

Il est sans effet sur les couleurs végétales, mais agit sur l'économie animale d'une façon variable, en produisant le plus souvent de l'anesthésie.

Préparation. Pour obtenir le protoxyde d'azote, on chauffe dans une cornue de l'azotate d'ammoniaque fondu, en élevant doucement la température jusqu'à 120 à 150°. L'azotate alors se dédouble facilement en eau et en protoxyde, tandis que si l'on opérait trop brusquement, on pourrait obtenir en plus de l'azote, du deutoxyde d'azote et de l'acide hypoazotique. Avec une très forte chaleur, on s'exposerait à avoir une détonation, par suite du dégagement rapide d'une grande quantité de gaz.

Usages. Le protoxyde d'azote est employé en médecine et en chirurgie. A l'intérieur, et dissous dans l'eau, il a été préconisé comme agent capable d'augmenter les oxydations, sans laisser dans l'économie de résidu fixe, comme le font les eaux minérales; l'eau gazeuse, chargée de protoxyde d'azote, constitue ce que l'on appelle l'*eau oxyazotique.* Elle a été vantée par le Dr Schutzemberger, de Strasbourg, dans le traitement de la goutte et du rhumatisme, pour dissoudre, ainsi que chez les malades atteints de calculs uriques, l'excès de cette sécrétion acide.

Dans la chirurgie, pour les petites opérations; ou chez les dentistes, pour obtenir l'anesthésie; on fait aspirer le gaz, au moyen d'un appareil qui se place sur la bouche et permet en même temps de respirer l'air ordinaire. Au bout de quelques minutes, quand le gaz est pur, l'insensibilité est obtenue.

C'est en 1844, que pour la première fois, l'américain Wels, osa employer sur l'homme cet agent anesthésique. Avant lui, en effet, l'action de ce corps était regardée comme très inconstante. Davy l'avait nommé gaz hilariant parce qu'il provoquait, selon lui, une excitation passagère, (c'est le *gaz du paradis* des poètes anglais); mais Thénard trouvait qu'il ne procurait qu'une grande faiblesse, pouvant aller même jusqu'à la syncope; pour Vauquelin, il produisait une suffocation pénible. Proust constata sur lui-même de la défaillance et de la diplopie (vision double). Jusqu'en 1865, il fut abandonné; depuis cette époque, on s'en est très fréquemment servi chez les dentistes; malheureusement quelques opérations suivies de mort ont été signalées, tant en Angleterre qu'en Amérique, et les essais de la Société médicale du 6e arrondissement de Paris, le font regarder comme un corps ne devant être employé qu'avec la plus grande prudence, et ne devant pas souvent être substitué aux autres anesthésiques.

Bioxyde d'azote. Az O². Syn. : *oxyde azotique, nitrosyle.* Gaz incolore, découvert par Priestley, en 1772, dont on ne connaît ni la saveur, ni l'odeur, parce qu'au contact de l'air il se décompose instantément pour former des vapeurs rouges d'acide hypoazotique. Sa densité est de 1,039; il est comburant, peu soluble dans l'eau; il péroxyde les sels de fer au minimum, en les colorant en brun. Il avait été considéré comme permanent jusqu'en 1877, mais à cette époque, M. Cailletet est parvenu à le liquéfier à 104 atmosphères et à —11°; a+8°, il est encore gazeux sous une pression de 270 atmosphères.

Préparation. On traite les métaux, mais d'ordinaire le cuivre, par l'acide azotique, dans un flacon à deux tubulures, et l'on reçoit le gaz sous des cloches pleines d'eau, après avoir perdu les premières parties du gaz dégagé. Avec ce métal, il faut opérer à une basse température pour éviter la formation de protoxyde d'azote; on refroidit le

flacon où se passe la réaction, en le plaçant dans l'eau.

Usages. Ce corps n'a pas d'emplois, mais, par sa formation, il peut amener la production d'acide hypoazotique, composé dangereux, qui provoque souvent dans les usines des accidents redoutables. — V. Acide hypoazotique.

Acide azoteux. Az O³. Corps découvert par Gay-Lussac, liquide, de couleur bleue, mais incolore à — 20°; très instable, bouillant à — 10° et qui forme avec les bases des sels appelés azotites, que la chaleur décompose en acide hypoazotique et en bioxyde d'azote.

Préparation. Le moyen de l'obtenir consiste à faire arriver sous une cloche à mercure, à — 40°, 4 volumes de bioxyde d'azote et 1 volume d'oxygène. (Dulong.)

Usages. Entre dans la composition des azotites.

Acide hypoazotique. Az O⁴. Syn. : *hypoazotide, oxyde d'azotyle, peroxyde d'azote.* Ce composé, le plus stable des produits oxygénés de l'azote, a été découvert par Berzelius. C'est du bioxyde d'azote suroxygéné, qui bien qu'acide, ne forme pas avec les bases d'hypoazotates, mais bien un mélange d'azotites et d'azotates. Il est solide, incolore à — 9°, liquide, jaune plus ou moins foncé jusqu'à + 15°, verdâtre au delà; il émet des vapeurs rougeâtres, est très volatil, bout à + 22°; n'est pas comburant.

Ce corps détruit rapidement tous les tissus animaux, les corps combustibles, simples ou complexes. Il se décompose en présence de l'eau, en acide azotique et en bioxyde d'azote; se combine avec l'acide sulfureux pour former des cristaux constitués par l'union de ces deux corps (*cristaux des chambres de plomb*). Il joue d'ailleurs un très grand rôle dans la fabrication de l'acide sulfurique. — V. Acide sulfurique.

Préparation. Il s'obtient en décomposant l'azotate de plomb par la chaleur. Il se condense sous forme liquide, dans un récipient refroidi, et il reste dans la cornue de l'oxyde de plomb.

Action de cet acide. Recherche. L'acide hypoazotique n'a pas d'emploi direct, mais comme il se dégage dans beaucoup d'opérations industrielles, et qu'il est des plus dangereux, nous devons indiquer les principales réactions qui le fournissent, et les moyens de se mettre à l'abri de ses vapeurs. On a de grands dégagements de cet acide, dans l'oxydation de l'acide arsénieux par l'acide azotique, pour faire l'acide arsénique; dans la fabrication de la nitrobenzine; dans le dérochage du cuivre; dans le nettoyage des chambres de plomb (usines d'acide sulfurique); dans les teintureries en noir, par la fabrication de l'azotate ferreux.

Toutes les fois que des vapeurs rutilantes peuvent se dégager d'une opération chimique, on doit empêcher leur mélange avec l'air ambiant, soit en les recueillant sous une hotte et les brûlant dans le foyer; soit par décomposition, en les faisant passer dans une dissolution de sulfate ferreux, ou bien encore en les entraînant dans l'air au moyen d'une haute cheminée.

L'acide hypoazotique agit aussi bien sur les

végétaux que sur les animaux. On a vu des accidents mortels se produire chez l'homme en trois minutes; alors l'empoisonnement est dû à deux causes : à une action locale irritante, sur la muqueuse des voies aériennes, et ensuite à l'absorption, qui amenant le corps dans le sang, enlève l'oxygène aux globules et rend ainsi le liquide impropre à l'hématose, d'où une congestion pulmonaire, l'engorgement des vaisseaux et l'asphyxie.

Pour rechercher cet acide dans un cas d'empoisonnement, on met le sang, et un poids donné de poumons bien divisés, dans une capsule de porcelaine, avec du carbonate de chaux pur et nouvellement précipité. On chauffe à 50° pendant vingt-quatre heures, puis on fait bouillir quelques instants et on filtre. On concentre la liqueur dans l'étuve à eau, jusqu'en consistance sirupeuse, reprend par l'alcool à 90°, filtre et évapore à siccité. On traite le résidu par l'eau distillée froide, puis décompose après filtration par le carbonate de soude pur. Il se produit un dépôt que l'on enlève par la filtration, et l'on concentre dans le vide la liqueur claire. Après quelque temps, on obtient des cristaux que l'on sépare, lave à l'alcool, puis sèche. Ce sont des cristaux d'*azotate de soude*, qui n'ont pu se former que par suite de la présence d'un composé azoté. On essaie leurs caractères. — V. Azo-TATE.

Acide azotique.

Voir pour les propriétés et la fabrication de ce corps l'article *acides*.

Empoisonnement par l'acide azotique. L'acide azotique étant un caustique violent, qui agit aussi bien sur les tissus vivants, que sur ceux dénués de vie, son action, toujours manifeste, doit être en rapport avec son degré de concentration. Il irrite d'abord les membranes, et lorsque ses effets peuvent être combattus à temps, il faut se hâter d'administrer de la magnésie, de l'eau de savon, de l'eau de cendres; en donnant de préférence les oxydes et non les carbonates, qui par leur décomposition pourraient produire le dégagement d'acide carbonique en quantité telle, que la distention de l'estomac provoquerait des douleurs aiguës. On doit, après ces premiers soins, déterminer les vomissements le plus rapidement possible, afin d'enlever les produits formés par la saturation, et éviter l'absorption qui pourrait introduire dans l'organisme, les éléments qui peuvent être nuisibles.

L'empoisonnement suivi de mort, est généralement facile à reconnaître. L'acide, en se combinant avec la matière organique, amène une coloration jaune des tissus; cette teinte pourrait être confondue avec celle produite par l'acide picrique, mais il est facile de les différencier : l'acide azotique laisse des traces que l'ammoniaque n'enlève pas, mais rend verdâtres; l'eau ne les dissout pas; elles résistent à l'action de la chaleur; celles dues à l'acide picrique sont solubles dans l'eau; celles dues à l'iode sont volatiles. Lorsque l'estomac est rempli de matières alimentaires, cette coloration manque; la muqueuse est simplement rouge, et l'on ne peut essayer les réactions indiquées.

Le meilleur moyen de reconnaître la nature de l'empoisonnement, est de constater d'abord l'acidité des eaux de lavage, si la mort ne remonte pas à une époque trop éloignée; puis de diviser les matières solides en fragments, d'y ajouter de l'eau, et de saturer par le carbonate de chaux précipité. On agite, puis dessèche la masse au bain-marie. Le résidu est alors trituré dans un mortier de verre, repris par l'alcool à 90°, puis chauffé jusqu'à ébullition de l'alcool. La matière est ensuite jetée sur un linge fin, bien lavé à l'alcool, puis le liquide filtré est évaporé au bain-marie à siccité. On reprend par l'eau distillée, et dans la liqueur on recherche les caractères des azotates. (V. ce mot.)

On peut encore prendre le produit de l'évaporation et le traiter par une solution de potasse caustique; on fait dégager ainsi l'ammoniaque libre qui pouvait exister dans les matières, puis on introduit la liqueur dans un tube avec de la limaille de zinc et l'on chauffe. La décomposition de l'azotate amène alors le dégagement d'ammoniaque qui ramène au bleu un papier rouge de tournesol et colore en rouge violacé un papier au campêche. — J. C.

AZOTÉ, ÉE. Se dit d'une substance qui contient au nombre de ses éléments le corps simple azote. Les substances azotées jouent un grand rôle dans la nutrition des plantes et des animaux.

AZOTIMÈTRE. *Instr. de chim.* On désigne sous ce nom les appareils qui peuvent servir à opérer le dosage de l'azote.

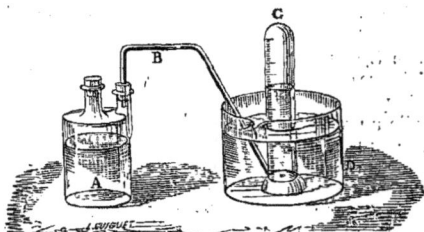

Fig. 211. — *Appareil de Melsens pour mesurer la richesse en azote d'un corps.*

A Flacon. — B Tube recourbé. — C Cloche. — D Cuve à eau.

On trouve à l'article ANALYSE, les notions nécessaires pour comprendre le procédé à employer

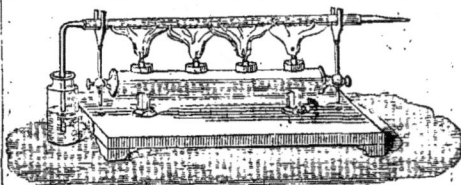

Fig. 212. — *Ammonimètre de Bobierre.*

dans le dosage de l'azote existant dans les matières organiques. Ce procédé ne s'applique que dans les analyses élémentaires.

En bien des circonstances, on a besoin dans l'industrie, de connaître la richesse exacte en azote, d'un engrais, d'un guano, d'une terre arable, du noir des raffineries, du sang desséché, de la poudrette, etc. Diverses méthodes peuvent servir à obtenir ce résultat sans qu'il soit pour cela nécessaire de faire une analyse complète.

(a) Le procédé proposé par Melsens consiste à se servir d'une solution saturée de chlorure de chaux rendue alcaline par son contact avec de la chaux vive. On dispose un flacon d'une capacité de un demi-litre et on y adapte un bon bouchon muni d'un tube recourbé, pour conduire les produits gazeux qui vont se former, dans une cloche pleine d'eau, reposant sur une cuve à eau. On met 250 grammes de liqueur chlorurée dans le flacon et on y projette un gramme de la substance azotée que l'on a finement pulvérisée ; on bouche aussitôt l'appareil (fig. 211). Le gaz se dégage et on en mesure le volume en ayant soin de faire affleurer le niveau du liquide dans la cloche et dans la cuve à eau. La richesse en azote est proportionnelle au volume du gaz recueilli.

Fig. 213. — Azotmètre de Houzeau.

L Lampes à gaz. — G G' Tube à combustion dans sa gouttière en clinquant. — K Liqueur acide titrée. — I Flacon contenant l'eau pour dissoudre l'ammoniaque. — N Éprouvette graduée pour contenir l'acide. — T Tube abducteur du gaz. — M Main en cuivre servant à remplir le tube à combustion. — P Pince en cuivre. — S Tiroir contenant du papier réactif et une série de tubes à combustion chargés à l'avance de matières nécessaires à l'essai.

(b) On se sert fréquemment encore pour le dosage de l'azote, de l'appareil que M. Bobierre a désigné sous le nom d'ammonimètre. Il consiste en un tube de verre effilé à une extrémité, de $0^m,22$ de longueur, et recourbé à angle droit. On y introduit de la chaux sodée pulvérisée (3 centimètres de longueur environ), puis la substance à essayer, finement pulvérisée et mêlée à de la chaux sodée (20 à 30 centigrammes du produit azoté suffisent) ; on remplit ainsi le tube sur une longueur de $0^m,10$ puis on introduit une nouvelle quantité de chaux sodée et un peu d'acide oxalique. L'appareil ainsi disposé (fig. 212) est entouré de clinquant et placé sur deux supports verticaux, qui font partie d'une lampe à alcool, présentant quatre mèches placées sur un même plan. On fait plonger la partie recourbée du tube dans un flacon contenant de l'acide sulfurique normal. On chauffe alors le tube, en commençant par le foyer voisin du flacon d'acide, puis on allume successivement tous les becs et l'on chauffe pour décomposer la matière azotée. On brise la pointe effilée pour laisser rentrer l'air et éviter l'absorption du liquide dans le tube. Il ne reste plus qu'à titrer la quantité d'ammoniaque qui s'est dégagée

pendant l'opération, et s'est condensée dans l'acide.

(c) M. Houzeau a proposé dans ces derniers temps une modification à l'appareil précédent, et qu'il nomme azotimètre. Dans une boîte en bois (fig. 213) se trouvent renfermés le tube à combustion, les becs de gaz ou à alcool, et le flacon dans lequel se dégage l'ammoniaque (que l'on produit toujours par l'action de la chaux sodée). Mais dans ce flacon, on met ici de l'eau pure et un peu de teinture de tournesol, puis on verse dans une burette graduée en dixièmes de centimètres cubes, une liqueur acidulée par l'acide sulfurique, et dosée de telle sorte que chaque dixième de centimètre correspond à un milligramme d'azote. On effectue la saturation, pendant que l'appareil fonctionne, et le tournesol indique le moment précis où tout l'alcali a été neutralisé.

Pour connaître la richesse en azote, il faut lire sur la burette le nombre de divisions employées, en retranchant toutefois un tiers de division pour représenter le volume de la goutte versée en excès.

*AZOTITES. T. de chim. Sels bien définis, résultant de l'action de l'acide azoteux sur les bases. Leur formule générale est MO, AzO^3. Ils sont en général solubles dans l'eau ; sous l'action de la chaleur, ils se décomposent et dégagent un mélange d'azote et d'oxygène, en laissant un oxyde ou le métal. Traités par l'acide sulfurique, ils répandent immédiatement des vapeurs rutilantes.

On les prépare le plus souvent en chauffant les azotates.

Ils n'ont pas d'usages industriels.

* AZOTURES. T. de chim. On désigne sous ce nom des corps qui dérivent de l'union de l'azote avec certains corps. Quelques-uns ont de l'intérêt par leur emploi fréquent, d'autres, par les modifications qu'ils subissent.

L'azoture d'hydrogène, AzH^3, est le composé que l'on désigne ordinairement sous le nom d'ammoniaque (V. ce mot). L'azoture de bore, $AzBo$, est un corps que l'on prétend avoir été trouvé à l'état naturel (?) (Warington) sur l'acide borique venant des îles de Lipari, mais qui existe, bien certainement, en notable quantité, dans le voisinage de certains volcans. Comme l'azoture artificiel se décompose en acide borique et en ammoniaque par la vapeur d'eau, on admet aujourd'hui que l'acide borique que l'on extrait des lagoni, peut avoir pour origine, de l'azoture de bore qui existerait dans le sol, et qui se décomposerait en présence de l'eau thermale. Il y a trop d'ammoniaque formée dans les soffioni pour que cette théorie soit admise seule.

Les autres azotures n'ont qu'un intérêt scientifique. — J. C.

* **AZULEJOS.** Mot dérivé de l'espagnol; ce sont des carreaux de terre cuite à glaçure stannifère, sorte de faïence commune embellie par des ornements ou peintures ordinairement de style mauresque de couleur d'azur. — V. CÉRAMIQUE.

* **AZULINE.** Matière colorante bleue, dérivée de l'acide phénique et de l'aniline.

AZUR. Minéral dont on fait un beau bleu et de fort grand prix; il est connu des minéralogistes sous le nom de *lazulite* (V. ce mot). L'*azur factice* ou *azur de cobalt* employé dans la céramique, est un verre coloré en bleu par l'oxyde de cobalt, et pulvérisé. On donne le nom d'*azur d'émail* à la poudre très fine et celui d'*azur à poudrer* à celle qui l'est moins; on désigne encore par les noms d'*azur de premier feu*, de *second feu* ou de *troisième feu*, les divers degrés de finesse et de nuance. L'*azur de cuivre* est un carbonate de cuivre natif que l'on rencontre dans les gîtes métalliques; il est employé par les peintres. || *Art hérald.* L'azur est le symbole de la justice. C'est une des couleurs héraldiques. Les armes des rois de France étaient trois fleurs de lis d'or en champ d'azur. A défaut de couleur, l'azur est marqué dans le blason par des hachures ou simples lignes qui vont horizontalement de gauche à droite, d'un côté à l'autre de l'écu.

* **AZURAGE.** *T. tech.* Opération qui termine le blanchiment des matières textiles, en fibres, en fils, en tissus, quand elles doivent être utilisées en blanc. Nom tiré de l'emploi primitivement fait de l'*azur* ou *smalt* coloré par l'oxyde de cobalt. Cette addition d'une nuance bleue très pâle a pour but de corriger le ton plus ou moins jaune présenté par les textiles blanchis. On se sert actuellement au lieu d'azur, de sels de cuivre, ou de bleu outre-mer, ou des substances bleues ou rosées tirées de l'aniline ou de ses congénères.

Cette opération complète aussi le blanchiment de la pâte de papier, des plumes d'ornement destinées à la toilette des femmes, etc., etc. — V. BLANCHIMENT, BLANCHISSAGE, BLEUTAGE.

* **AZURITE.** *T. de minér.* Minéral qui se présente sous forme de cristaux ou à l'état terreux et qui renferme environ 69 0/0 d'oxyde de cuivre. On appelle généralement de ce nom le *carbonate bleu de cuivre*.

AZYME. Se dit du pain sans levain que les catholiques occidentaux emploient dans le sacrement de l'Eucharistie, et que les Juifs mangent dans le temps de leur Pâque. || En *méd.* Pain qui sert pour envelopper certains médicaments odorants ou de goût très prononcé. M. Limousin a fait adopter sous forme de cachets, une nouvelle manière d'enrober mécaniquement les matières désagréables au goût.

B

BABA. *T. de pâtiss.* Petit gâteau dans la composition duquel on fait entrer des raisins de Corinthe, du muscat, du malaga, de la crème, du safran, etc.

— Le baba, d'origine polonaise, a été introduit en France par le roi Stanislas.

BABEURRE (Syn. *Lait de beurre*). Des deux mots *bas, beurre*. Liqueur séreuse et blanche qui demeure après le battage de la crème, et la conversion de sa partie grasse en beurre. On l'élimine avec soin, par des lavages à grande eau, du beurre que sa présence altérerait rapidement. En la laissant fermenter on obtient une espèce de fromage.

* **BABILLARD.** *T. techn.* On appelait ainsi un arbre en charpente armé à ses extrémités d'un tourillon et d'une pointe, dans lequel étaient placées deux fortes battes, l'une qui était agitée par une lanterne et l'autre qui communiquait une secousse au bluteau du moulin. — V. BLUTERIE.

* **BABLAH.** Gousse provenant du fruit du *mimosa cineraria*. Elle ressemble à la cosse de nos grands haricots. On appelle aussi le bablah, kantai-bablah. Les espèces qui produisent cet astringent sont l'*acacia vera*, *leg.* W.; l'*acacia arabica*, *leg.* W.; l'*acacia farnesiana*, *leg.* W., on en fait une énorme consommation dans l'Inde où on le désigne sous les noms suivants : en anglais, *baboci tree;* en tamoul, *karu-velam;* en telingua, *nalla-tumma;* en hindoustan, *kali-kikar.*

Cette substance a été introduite en France vers 1825. Elle devait remplacer la noix de Galles; mais elle ne contient que 48 à 55 0/0 de tannin tandis que la noix de Galles en contient jusqu'à 75 0/0. Le bablah se comporte aux réactifs exactement comme la noix de Galles.

On emploie aussi dans l'Inde et sous le nom de *velum-puttay el bablah*, l'écorce de l'*acacia arabica*, les teinturiers et les tanneurs s'en servent comme astringent; les pêcheurs plongent leurs filets dans des bains de bablah, pour empêcher la moissure. Cette matière entre encore dans la composition des couleurs préparées par les *moutchys* ou peintres sur toiles. — J. D.

BÂBORD. *T. de mar.* Côté gauche d'un navire lorsqu'on regarde de l'arrière à l'avant. C'est l'opposé de *tribord* qui est le côté droit et le côté d'honneur.

BABOUCHE. Pantoufle pointue, légèrement relevée par le bout, sans quartier et sans talon, dont l'usage est très répandu en Orient; on la fait en cuir de couleur ou en étoffe de scie chargée de broderies d'or et d'argent. En France, et surtout à Paris, les cordonniers ont ajouté de hauts talons Louis XV aux babouches, ce qui donne à ce genre de pantoufle une grâce particulière.

BAC. Grand bateau plat, principalement destiné à passer les hommes, les animaux, les voitures, etc., du bord d'un fleuve à l'autre.

— Avant la Révolution, les bacs appartenaient aux châtelains qui se chargeaient de passer leurs vassaux, moyennant un droit de péage, lequel variait selon leur bon plaisir. Le décret du 15 mars 1790 leur en laissa la propriété en abolissant toutefois ce que ce droit avait de féodal. Ces droits furent supprimés entièrement par l'article 2 du décret du 25 août 1792. Ce nouvel état de choses amena des abus et donna lieu à la loi du 6 frimaire an VII, aux termes de laquelle l'État, après avoir indemnisé les détenteurs des bacs, mettait en régie le droit d'en faire usage.

Les bacs constituent, en l'absence des ponts, le seul moyen de transbordement, pour les fardeaux lourds et encombrants, entre les deux rives d'un cours d'eau. Ils occupent à cet égard une place importante dans l'économie des transports, et rendent de grands services à l'agriculture et à l'industrie.

Un bac, en raison même de sa destination, doit satisfaire à certaines conditions, qu'il convient d'indiquer tout d'abord. Il doit : 1° être très solide; 2° avoir un faible tirant d'eau; 3° être disposé de façon à présenter de grandes facilités à l'embarquement et au débarquement, aussi bien qu'à l'aménagement des fardeaux encombrants et notamment des charrettes chargées et attelées.

La forme rectangulaire est la seule qui satisfasse à ces diverses conditions : en effet, les deux extrémités du bateau remplissant les mêmes fonctions doivent être semblables, et terminées par une ligne droite, tant pour que l'embarcation puisse, sans opérer une évolution sur elle-même, accomplir alternativement le trajet d'un bord à

l'autre, qu'afin de lui permettre de s'appliquer à l'arrivée, aussi exactement que possible, contre le rivage où elle aborde ; les faces latérales doivent être également parallèles entre elles, afin que les voitures ayant à parcourir l'embarcation dans toute sa longueur, puissent le faire sans dévier de la ligne droite ; enfin, les côtés doivent être plans et verticaux aussi bien par raison d'économie que pour laisser à la surface d'embarquement le plus large développement possible.

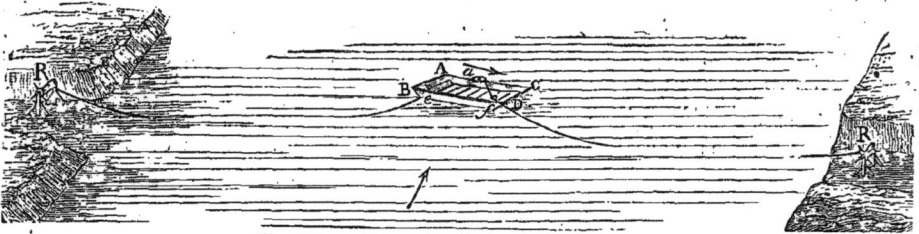

Fig. 214. — *Bac guidé par un câble plongeant.*

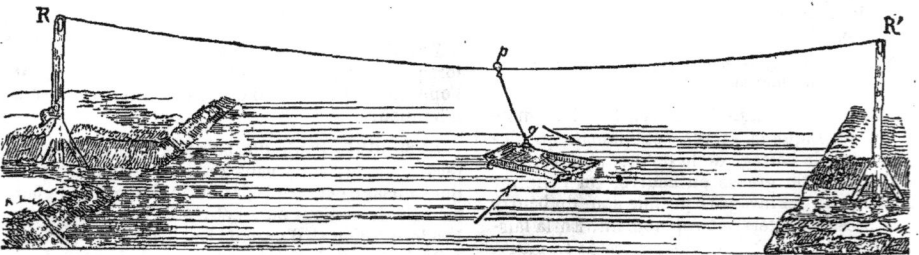

Fig. 215. — *Bac mû par la force du courant à l'aide d'une poulie glissant sur un câble tendu sur deux poteaux fixés au rivage.*

Fig. 216. — *Ensemble d'une traille*

Pour faciliter l'abord au rivage, le dessous du bac est relevé aux deux extrémités suivant une ligne qu'il conviendrait de rendre parallèle, autant que possible, à l'inclinaison du plan d'accès qui généralement est creusé dans la berge. La coupe longitudinale d'un bac serait donc un trapèze dont les deux côtés divergents seraient parallèles au chemin d'accès qui, sur chaque rive, amène les chevaux et les voitures. Le parallélisme dont nous venons de parler étant d'ailleurs impossible à obtenir, ne serait-ce qu'en raison de la variabilité du niveau du fleuve, on y supplée par un *tablier* ou pont levis qui, placé aux deux

extrémités, s'abaisse lorsque le bac est à quai, et se relève pour effectuer la traversée.

La translation d'une rive à l'autre s'opère en général à l'aide d'un câble sur lequel glisse l'embarcation ; on emploie, dans ce but, diverses méthodes, suivant la nature des rives et la rapidité du courant.

La plus généralement employée en France, consiste à enrouler sur un cabestan, à chacun des bords de la rivière, un câble solide qui, pour ne pas entraver la navigation, plonge dans l'eau à une profondeur suffisante. Le câble glisse sur deux poulies *a* et *b*, fixées sur le bord de l'embarcation et dont la gorge est creusée de manière à contenir plus que le demi-diamètre de ce câble Un ou deux bateliers en s'arc-boutant sur le fond du bac tirent le câble de R' en R (fig. 114), et provoquent le mouvement du bateau.

Pour diminuer l'effort accompli par les bateliers, il est bon d'utiliser autant que possible la force du courant. Au lieu de placer les rouleaux sur le même côté et aux deux extrémités du bac, on se sert dans ce cas d'un seul rouleau, mobile sur un axe vertical fixé au centre même du bord opposé à l'action du courant. Deux encoches sont ménagées dans le bord qui reçoit directement cette action. Il suffit dès lors, aussitôt que le bac a quitté le rivage d'incliner l'embarcation dans un sens ou dans l'autre, suivant qu'il s'agit de passer de gauche à droite ou de droite à gauche, jusqu'à ce que le câble qui glisse sur le rouleau

soit venu d'autre part s'enchâsser dans l'une des encoches dont nous venons de parler L'effort des bateliers qui tire le câble, comme dans le cas précédent, est naturellement diminué de toute l'action du courant qui agit dans le même sens.

Le système que nous venons de décrire ne convient en réalité que pour traverser des eaux stagnantes ou d'un cours très lent. Si la force du courant est suffisante pour opérer la translation du bac d'une rive à l'autre, il est préférable de recourir à l'une des deux méthodes suivantes.

La première consiste à établir sur chaque rive du cours d'eau un solide poteau ou une pyramide. Ces poteaux supportent les deux extrémités d'un câble qui traverse d'un bord à l'autre, et sur lequel roule la gorge d'une poulie p rattachée au bac suivant les dispositions de la figure 215. Il convient naturellement de donner au câble une tension

Fig. 217. — *Bac à vapeur, système Powell.*

aussi grande que possible. Des deux cordes eg, et gf rattachées au point fixe g, l'une eg est mobile autour d'une poulie placée en e, ce qui permet au batelier, en diminuant sa longueur, s'il s'agit de passer de R en R', en l'augmentant s'il s'agit de passer de R' en R, de donner au flanc de l'embarcation qui fait face au courant l'inclinaison nécessaire pour que le trajet s'accomplisse dans le sens voulu. Cette méthode présente le grave inconvénient de créer une entrave à la navigation, le câble qui traverse la rivière gênant toujours, à moins qu'on ne le porte à une grande hauteur, le passage des barques mâtées.

On emploie plus particulièrement sur le Pô et sur le Rhin une méthode préférable à toutes celles que nous venons de décrire. La condition essentielle, pour en faire usage, est que le courant soit assez fort pour mettre en mouvement l'embarcation et la transporter d'un bord à l'autre. Le câble est rattaché d'une part à un point fixe A, ancre, pyramide ou pilotis, solidement fixé au centre exactement du fleuve : il est relié d'autre au milieu B du bateau. Une série de flotteurs placés à des distances rapprochées maintiennent au-dessus de l'eau. L'ensemble de ces dispositions porte le nom de *traille* (fig. 216). Deux cordes ef et gf rattachées au câble en f remplissent les mêmes fonctions que dans la méthode précédente, c'est-à-dire, servent à incliner l'embarcation pour que l'action du courant opère dans le sens voulu, à régler la vitesse en variant cette inclinaison, et

à redresser le bac pour aborder au rivage. Le point A étant fixé exactement au milieu du fleuve, il est évident que, si la manœuvre de la corde gf est convenablement exécutée, le trajet s'accomplira par la seule action du courant suivant la circonférence du demi-cercle R R"R'.

Dans les cours d'eau d'une trop grande largeur, l'application des bacs à câble est naturellement impossible. L'effort de traction à déterminer, la grosseur à donner au câble pour que sa solidité soit suffisante bien que sa résistance utile n'en soit point accrue, et par suite l'augmentation de la dépense, sont des impossibilités devant lesquelles la pratique a dû reculer. Pour les mêmes motifs, un bac à câble ne peut dépasser certaines dimensions, parfois trop restreintes pour les services qu'il est appelé à rendre. On est donc réduit dans beaucoup de cas, soit à abandonner complètement ce moyen de transbordement, soit à se contenter des barques à rames dont l'insuffisance n'est pas à démontrer.

Pour combler cette lacune, un constructeur de Rouen, M. Thomas Powell, a innové les bacs à vapeur.

Trois de ces bacs fonctionnent dès maintenant sur la basse Seine, à Duclair, Caudebec-en-Caux, Quillebœuf. Ils ont les dimensions moyennes suivantes :

Longueur, 22 mètres ; chacun des tabliers mobiles, 3 mètres ;

Largeur, en dedans des tambours, 5ᵐ,50; en dehors, 8ᵐ,50;

Creux du dessous du pont au bordage, 1ᵐ,75 au milieu;

Tirant d'eau, 1ᵐ,00, avec 2,000 kilogrammes à bord.

Ils sont en bois, à fonds plats; l'avant et l'arrière sont semblables (fig. 217), comme dans les bacs ordinaires, et ils sont munis chacun de : 1° un gouvernail mobile permettant de marcher dans les deux sens sans avoir à virer de bord ; 2° des queues ou tabliers, mobiles mécaniquement, se rabattant sur les côtes, et permettant l'entrée facile des voitures attelées.

L'appareil moteur (fig. 218) se compose de : 1° deux machines à vapeur horizontales à un seul cylindre chacune, à changement de marche et à détente variable; 2° un générateur à vapeur cylindrique tubulaire. Les deux cylindres placés sur le même bâtis en fonte, posé sur des pièces de bois fixées aux carlingues, actionnent un arbre vilbrequin commandant les roues à aubes à l'aide d'une paire de roues droites.

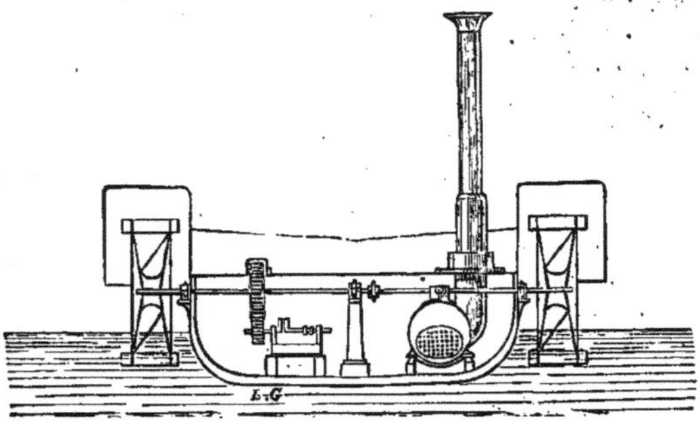

Chaque machine peut développer environ 50 chevaux effectifs de 75 kilogrammètres.

Ces bacs ont remplacé des bateaux ordinaires à rames. Ils sont la propriété de sociétés anonymes subventionnées par le département. Voici quelle a été l'influence du système nouveau :

Fig. 218. — *Machine motrice du bac à vapeur.*

CAUDEBEC-EN-CAUX.

Par les bateaux à rames.

Passagers . . . . 50,000 par an.
Voitures attelées. . . . . . . 450 —

Par les bacs à vapeur.

Passagers . . . . 94,000 par an.
Voitures attelées. . . . . . . 7,450 —

Le bac avec ses apparaux et gréement a coûté 40,000 francs.

DUCLAIR.

Par les bateaux à rames.

Passagers . . . . 50,000 par an.
Voitures attelées. . . . . . . 250 —

Par les bacs à vapeur.

Passagers . . . . 65,000 par an.
Voitures attelées. . . . . . . 4,900 —

Le bac avec ses apparaux a coûté 30,000 francs.

Nous avons cru intéressant de relever les résultats que nous venons de signaler, parce qu'ils permettent de mesurer l'importance d'une innovation qui nous paraît appelée à jouer un rôle

prépondérant dans la question que nous venons de traiter sommairement.

II. BAC ou **BATEAU TRANSBORDEUR**. 2° *T. de chem. de fer.* (En anglais *ferry-boat.*) Bateau servant, à défaut de pont fixe, à mettre en communication, sans déchargement des véhicules, les extrémités de deux lignes de chemin de fer qui s'arrêtent sur les rives opposées d'un cours d'eau, d'un lac, ou d'un bras de mer. Le pont du bac est disposé pour recevoir une ou plusieurs voies que le bateau amène dans le prolongement des voies de terre-ferme, et sur lesquelles on place les wagons destinés à franchir la solution de continuité qui existe entre les deux lignes.

Les eaux qu'il s'agit de traverser sont souvent à niveau variable; le pont du bac ne se trouve donc pas toujours à la hauteur convenable pour recevoir les véhicules à transborder. La différence de hauteur se rachète à l'aide de différents procédés :

1° Le pont du bateau est soulevé, au moyen d'un mécanisme établi dans le bateau, jusqu'à la hauteur des rails fixes; c'était le système appliqué au bac transbordeur du Nil remplacé depuis par un pont fixe;

2° On enlève les véhicules sur un pont, mobile dans le sens vertical, établi au bord de l'eau. A Ruhrort, sur le Rhin, ce pont mobile était mis en mouvement par un piston qui fonctionne sous l'action de l'eau à haute pression (système *Armstrong*);

3° On fait franchir aux véhicules le vide qui sépare le bac des rails de terre-ferme, au moyen d'un pont volant dont l'une des extrémités repose sur la rive et l'autre sur le navire. L'inclinaison de ce pont est variable suivant la hauteur de l'eau. Il y avait de nombreuses applications de ce procédé, notamment sur le Forth et le Tay, en Ecosse; sur le lac de Constance, sur le Rhin (1), sur l'Elbe (2), sur le Danube (3), etc.

III. BAC. 3° *T. de mét.* Baquet en usage dans divers métiers; on le nomme aussi *bachot* dans certains cas. || 4° Sorte de chariot dont les roues sont en fer et qui sert à transporter la houille dans quelques mines du Nord. || 5° *T. de brass.* Vaisseau de bois où l'on fait macérer et fermenter les grains et le houblon. || 6° *T. de sucr.* Vase de bois où l'on met cristalliser le sirop vésou; *bac à chaux,* bassin en massif de brique et de

1) A Rheinhausen.
(2) A Honstorff.
(3) A Ardad-Gombos.

ciment où l'on éteint la chaux dont on a besoin pour les clarifications ; *bac à formes*, cuve de bois dans laquelle on met les formes en trempe ; *bac à sucre*, auge divisée en compartiments où l'on jette les matières triées et sorties des barils. || 7° *Caisse cylindrique* dans laquelle les jardiniers mettent des plantes. || 8° *Bac à piston*. — V. Coke.

* **BACALAS** ou **BACALAR**. *T. de charp. de mar.* Pièce de bois clouée sur la couture de la poupe d'un navire.

* **BACASSON**. *T. de pap.* Auge qui fournit de l'eau aux piles. On dit aussi *bachasson*.

* **BACCARAT** (Manufacture de). Baccarat est une ville de 5,050 habitants, suivant les dernières statistiques, située dans l'ancien département de la Meurthe, aujourd'hui Meurthe-et-Moselle. Ce nouveau département, formé depuis la dernière guerre, emprunte son nom aux deux rivières qui l'arrosent ; il se compose des deux tiers environ de l'ancienne Meurthe et du cinquième de la Moselle. En suivant les bords de la Meurthe, à son entrée dans le département, la première ville que l'on rencontre est Baccarat.

Le nom de Baccarat, aujourd'hui connu du monde entier, n'aurait pas dépassé peut-être les limites anciennes ou nouvelles du département où la ville est située, s'il n'avait été rendu célèbre par la cristallerie qui y est installée, l'une des plus grandes usines de France, et l'une de celles comme le dit avec raison M. Élisée Reclus, dans la *Nouvelle géographie universelle*, qui ont porté le plus loin et qui justifie le mieux la gloire de l'industrie française.

— L'industrie verrière date de loin en Lorraine. Elle y était en pleine prospérité vers le milieu du XVe siècle, puisque M. Henri Lepage, dans ses *Recherches sur les industries de la Lorraine*, cite une charte octroyée par Jean de Calabre, fils de René d'Anjou, aux verriers du duché de Lorraine et de Bar, en 1448. « Par cette charte qui se trouve en double copie au trésor des chartes, dit M. Lepage, les verriers sont assimilés aux nobles de race, déclarés exempts de taille, aides, subsides et subventions, des droits d'ost, de gîte et de chevauchée, droits auxquels les nobles eux-mêmes étaient assujettis. Les produits des usines doivent circuler librement, affranchis de tous impôts ; le bois nécessaire à l'alimentation des verreries est laissé à la discrétion des verriers, à charge seulement de concilier leur plus grand profit avec le moins de dommage possible. »

Ce document indique l'importance qu'attachaient les ducs de Lorraine au développement de l'industrie verrière dans leurs États. Elle y prospéra rapidement, et elle y acquit bientôt un assez haut degré de splendeur pour mériter d'être citée comme une des principales curiosités de la Lorraine.

L'établissement de Baccarat fut fondé dans la seconde moitié du XVIIIe siècle, et créé, en vertu de lettres patentes datées du 1er juin 1765, par un évêque de Metz, Mgr de Montmorency-Laval, dans le but principal d'utiliser les bois des forêts voisines. Le premier directeur fut Antoine Renault, avocat au parlement, conseiller du roi, receveur des bois et domaines de Nancy, et de plus, artiste distingué, suivant ce que rapporte M. Turgan, dans son excellente monographie de Baccarat. M. Renault resta directeur de Baccarat jusqu'à sa mort, arrivée en 1806. En 1816, à l'établissement primitif, vint s'adjoindre la cristallerie de Vanêdre, en Belgique, dont le propriétaire,

M. d'Artigues, qui s'était créé une clientèle en France, lorsque Vanêdre faisait partie d'un département français, et qui voulait conserver ce débouché à ses produits, devint acquéreur, après la séparation des deux pays, de l'usine de Baccarat. En 1822, l'usine fut achetée par une société à la tête de laquelle était M. Godard Desmarest père, qui s'adjoignit comme directeur, M. Toussaint, et, à la mort de celui-ci, en 1858, M. Godard fils prit en main la direction de l'administration ; à M. Godard succéda M. Paul Michaud, l'administrateur actuel.

L'usine de Baccarat, qui portait, dans ses commencements, le nom de verrerie Sainte-Anne, avait été créée, d'abord, comme nous l'avons dit, dans le but d'utiliser les vastes forêts qui, à ses débuts, couvraient en partie l'ancienne châtellenie de Baccarat. Mais, peu à peu, les bois des forêts les plus proches s'épuisèrent. « Dans les premiers temps de l'exploitation, dit M. Turgan, les arbres, achetés presque sans concurrence, abattus, jetés dans la Meurthe ou ses affluents, arrivaient à peu de frais à destination, mais bientôt la forêt vierge n'exista plus, et il fallut aller jusqu'aux forêts escarpées des Vosges acheter, dans les forêts de l'État, des coupes régulières. »

Cette ressource elle-même devint plus rare ; elle occasionnait, du reste, de trop grands frais, et la direction de Baccarat, qui, jusqu'en 1858, n'avait employé d'autre combustible que le bois, se décida alors à suivre l'usage établi partout ailleurs, et à créer un premier four à la houille.

En 1862, ce fut l'usine de Baccarat qui fit en France, la première application des fours à gaz du système Siemens, à la verrerie ; ces fours sont maintenant au nombre de quatre, et uniquement alimentés au bois ; deux fours à la houille leur sont adjoints, et assurent, concurremment avec les quatre fours à gaz, la marche normale de l'usine.

Pour assurer la supériorité de sa fabrication, l'usine de Baccarat fabrique elle-même la plupart des produits qu'elle emploie, et, entre autres, le minium ou plombate de plomb. La potasse achetée dans le Nord ou recueillie dans les cendres de l'usine est de même raffinée dans l'établissement, et les sables tirés des environs d'Éperay, lavés une première fois dans le lieu d'extraction, sont encore, à leur arrivée et avant d'être employés, purifiés avec le plus grand soin.

La description détaillée des opérations multiples par lesquelles passent les produits de la cristallerie de Baccarat, avant d'être livrés à la consommation, dépasserait les limites de cet article. Nous renvoyons à CRISTALLERIE l'étude de l'intéressante fabrication du cristal et de ses procédés les plus perfectionnés.

La cristallerie de Baccarat fabrique, à elle seule, la moitié des cristaux consommés en France, et elle expédie à l'étranger environ les sept dixièmes de sa production, qui peut être évaluée au double de la production de tous les autres établissements réunis. La valeur du cristal fabriqué chaque année, en France, ayant été, en 1876, d'après un document publié par le *Journal officiel*, de onze millions de francs, la cristallerie de Baccarat entre pour six millions environ dans la production totale de nôtre pays. Elle occupe un peu plus de 2,000 ouvriers dans l'usine, et elle emploie, en outre, un nombreux personnel dans sa maison de Paris, vaste exutoire par lequel ses merveilleux produits se répandent dans le monde entier. — Fr. F.

BACCHANALES. *T. d'art.* Représentation de scènes de bacchantes.

* **BACCHANT** ou **BACCHANTE.** *T. d'art.* Représentation d'un prêtre ou d'une prêtresse de Bacchus célébrant les bacchanales. Les monuments de l'antiquité donnent aux bacchantes des traits de jeunes femmes pleines de fougue et d'abandon voluptueux ; on les voit vêtues de robes transparentes blanches ou couleur de raisin au commencement de sa maturité, quelquefois demi-nues et couvertes seulement de peaux de chèvre et de tigre passées en écharpe ; leurs cheveux flottent sur leurs épaules et elles sont couronnées de guirlandes de lierre, de chêne et de laurier. Elles tiennent le thyrse en courant et en poussant des cris, ou bien elles dansent en s'accompagnant du tympanum, des crotales et des cymbales. Le Louvre possède plusieurs bacchantes, en marbre, notamment celle qui vient du château de Lucienne, et qui est représentée par une jeune femme vêtue d'une tunique légère retenue sur une épaule par une agrafe, laissant l'autre épaule à découvert ; elle tient dans sa main droite une coupe pleine de raisins et son attitude est d'une simplicité pleine de grâce.

* **BACCHUS.** *Myth.* Le dieu de l'ivresse et du vin, fils de Zeus et de Sémélé, fut un des dieux les plus en honneur dans l'antiquité et de ceux qui ont le plus inspiré les artistes. On le représentait sous les traits d'un jeune homme joignant à la vigueur virile la beauté de la femme, les cheveux longs, bouclés, entrelacés par une bandelette, avec un diadème de feuilles de vigne et de lierre, et tenant en sa main droite une coupe ou un thyrse. Il est ordinairement nu, mais on le voit aussi drapé dans une peau de chevreuil ou dans une peau de tigre, et chaussé de cothurnes. Le Bacchus barbu de l'Inde est vêtu d'une tunique recouverte d'un large manteau, ou sans manteau et la tunique serrée par une ceinture. On lui voit quelquefois de petites cornes. Le Louvre possède des tableaux, des statues et des bas-reliefs remarquables représentant Bacchus sous des formes et dans des attitudes diverses.

* **BACHASSON.** *T. de pap.* — V. Bacasson.

BÂCHE. 1° Pièce de grosse toile ou de cuir dont on recouvre les wagons, les bateaux, les voitures, etc., pour mettre à l'abri de la pluie les marchandises destinées aux transports. On emploie pour leur fabrication des toiles de chanvre, de lin et de coton, auxquelles on donne une imperméabilisation absolue au moyen de certains agents, le savon métallique par exemple. Les bâches de chemins de fer sont imperméabilisées à l'aide d'un enduit à base d'huile, celles des bateaux et des quais, dites *prélarts*, sont imbibées de goudron végétal.

Cette industrie a pris naissance à Rouen. Un industriel de cette ville, M. Yvose Laurent, en 1828, eut, le premier, l'idée de recouvrir avec des bâches les marchandises placées sur les quais ou ports ; plus tard, après divers perfectionnements obtenus dans sa fabrication, il appliqua ses toiles imperméables aux chemins de fer. Depuis la création de nos réseaux, cette industrie a pris des développements considérables dont l'importance

atteint un chiffre annuel de 5 millions de francs environ. Les différents modes d'imperméabilisation emploient annuellement 500,000 kilogrammes de savon, 250,000 kilogrammes de sulfate de cuivre et de zinc, 2 millions de kilogrammes d'huile, et 2,500 tonnes de goudron végétal de Suède et de Russie. 1,500 ouvriers environ sont spécialement occupés à cette fabrication dont le siège principal est dans le département de la Somme.

Bâche. 2° Grande pièce de cuir avec laquelle on couvre les bagages placés sur l'impériale d'une diligence. ‖ 3° Caisse de bois ou de métal destinée à contenir de l'eau pour l'usage d'une machine à vapeur. ‖ 4° Petite caisse avec laquelle on mesure le minerai. ‖ Caisse qui sert à jeter le minerai dans un haut-fourneau. ‖ Baquet où l'on fait refroidir les scories. ‖ 5° Cuve qui reçoit l'eau puisée par une pompe aspirante, et où elle est reprise par d'autres pompes qui l'élèvent de nouveau.

* **BACHELIER** (Jean-Jacques). Né à Paris, en 1724, sa jeunesse fut active, courageuse, embarrassée de difficultés. En 1747, il sollicita de l'Académie une place d'élève pensionné. Le texte de l'arrêté qui lui accorde une gratification de 200 francs, reconnaît au jeune Bachelier de très grandes dispositions pour peindre les fleurs, et porte que « ce talent est assez rare aujourd'hui, » et que la famille dudit Bachelier, loin de pouvoir l'aider est à sa charge (1).

Il fit tant et si bien, travailla avec une énergie telle qu'en 1751 (il n'avait que 27 ans), il fut agréé de l'Académie comme peintre de fleurs, et en 1763, comme peintre d'histoire. Trois ans plus tard, juste un siècle après la fondation par Colbert de l'école française à Rome, il essaya de mettre en pratique la généreuse pensée de fonder une école de dessin appliqué à l'industrie ; il y consacra toute sa fortune personnelle, 60,000 francs environ, qu'il avait laborieusement amassés. Ce n'était pas chose facile que de mettre un pareil projet à exécution. Les finances royales étaient obérées et l'Académie égoïste et peu sympathique. Il ne fallait rien attendre de l'initiative officielle. Bachelier mit en jeu l'initiative privée. Après avoir su intéresser M. de Sartines, le lieutenant de police, à une fondation municipale profitable au commerce parisien, il fit appel à la bourse d'amateurs intelligents, et obtint avec le prêt d'un local, la permission d'ouvrir, à ses risques et périls, une école où tous les enfants et tous les apprentis des artistes industriels pourraient apprendre gratuitement les éléments du dessin. Comme toujours, quand les preuves furent faites, quand l'établissement fut organisé, quand il fonctionna et se vit apprécié du public industriel, l'État s'empressa de régulariser et de consacrer officiellement, après une seule année d'exercice, la fondation de Bachelier. Installée d'abord au collège d'Autun, rue Saint-André-des-Arts, puis dans l'amphithéâtre de chirurgie de Saint-Côme, rue des Cordeliers, où elle est encore,

(1) Archives nationales.

l'école publique et gratuite de dessin fut déclarée établissement royal en 1767. Le principe des fondations particulières y fut maintenu. Placée sous le haut patronage de l'Académie royale, elle reçut la plus libérale des organisations, où toutes les fonctions pédagogiques s'obtenaient au concours, entre spécialistes appartenant aux Académies de peinture et d'architecture, ou sortis de leurs écoles.

Les meilleurs renseignements que nous puissions recueillir à cet égard sont contenus dans un mémoire de Bachelier.

« Le dessin, dit-il, ne doit pas être considéré comme un art de simple agrément. Les avantages que l'on en peut retirer, par une étude suivie, pour les arts mécaniques, sont infiniment précieux à l'État.

« Il est l'âme de plusieurs branches de commerce; c'est lui qui fait donner la préférence à l'industrie d'une nation; il centuple la valeur des matières premières, et souvent il en fait sortir du néant; lui seul peut verser dans le commerce des richesses immenses : les étoffes, l'orfèvrerie, les bijoux, la porcelaine, les tapisseries et tous les métiers relatifs aux arts, ne doivent opérer que par ses principes; son goût varie leurs productions à l'infini; de la certitude dans le travail naît la promptitude de l'exécution; une exécution rapide facilite les débouchés par le prix modéré qu'une nation met à son industrie en faisant payer à ses voisins une contribution volontaire qui lui assure sa supériorité dans les arts; c'est à cette supériorité que toutes les nations sont forcées de rendre hommage.

« Combien les Balin, Boule, Germain père, Dumier, Roitiez, Lempereur et autres artistes distingués ont-ils eu de peine à déraciner le goût barbare des siècles d'ignorance! Ils ont enfanté des chefs-d'œuvre, mais que d'obstacles n'ont-ils pas rencontrés dans l'exécution de leurs idées! Combien de fois n'ont-ils pas été au moment de se rebuter, faute d'avoir à conduire ces hommes déjà préparés et en état de lire leurs pensées, de suivre l'intelligence de leurs modèles et d'entendre le langage des arts! Il n'est pas un de ces hommes fameux, ni de ceux qui ont parcouru la même carrière qui n'aient eu l'occasion de se plaindre que la routine était la seule boussole des ouvriers. Des plaintes aussi générales et aussi bien fondées amènent nécessairement le désir de voir la main de l'ouvrier guidée par des principes et conséquemment la nécessité de l'établissement d'une école publique, où tout ouvrier puisse être instruit gratuitement des éléments du dessin.

« C'est sur cette base qu'est fondée l'école gratuite de dessin. »

Durant quarante années, Bachelier dirigea la manufacture de Sèvres. Et à ce propos, un grand collectionneur d'estampes, Mariette, qui est encore considéré comme l'amateur le plus éclairé de la France et de son siècle, écrivait : « L'on n'a point à se repentir de ce choix; il s'en acquitte avec le plus grand succès. » Il y fit abandonner le goût par trop fantastique des peintures chinoises, voulut faire de la porcelaine française et

créa ces bouquets frais et légers d'un dessin pur, d'une coloration discrète, d'une symétrie heureuse, modèles de goût, d'harmonie et de sobriété qui depuis ont fait la juste réputation de notre manufacture.

Comme peintre d'histoire, comme peintre d'animaux et de fleurs, il a laissé des tableaux d'une incontestable valeur, très personnels et qui pourraient se passer de signature : on les reconnaîtrait facilement. Au Louvre, la *Charité romaine*, puis une *Chasse à l'ours* et une *Chasse au lion*. En outre, de nombreux tableautins d'oiseaux, de fruits et de fleurs, dispersés dans les collections particulières et que se disputent encore chèrement les amateurs.

Entre autres services rendus par Bachelier aux Beaux-Arts, il aida M. de Caylus à retrouver la peinture à l'encaustique des anciens et peignit plusieurs tableaux à l'aide de ce procédé. On lui doit encore la découverte d'une autre espèce d'encaustique pour enduire les statues de marbre et les préserver de certains lichens qui les détériorent au grand air.

Bachelier mourut en 1805 ayant dépassé 80 ans. Au milieu des nombreux travaux, des études variées, des persistantes recherches de sa longue existence, sa pensée dominante, son œuvre de prédilection fut toujours sa chère école de dessin. — E. CH.

* **BACHOLLE.** *T. de mét.* Grande casserole de cuivre en usage dans les papeteries.

* **BACHON** ou **BACHOU**. *T. de mét.* Sorte de tonneau de bois ouvert par un des fonds et qui sert, chez les boyaudiers, à transporter les boyaux au lavoir.

BACHOT. 1° Petit bateau employé pour la promenade, pour le chargement et le déchargement des grands bateaux, et pour le passage des voyageurs sur les rivières ou de petits bras de mer. || 2° Crible en usage dans la fabrication de l'amidon ; on dit aussi *bac.*

* **BACHOU.** *T. de mét.* — V. BACHON.

BACINET. Sorte de casque du moyen âge. — V. ARMURE.

* **BÂCLAGE.** *T. de mar.* Opération qui consiste à fermer un port au moyen de chaînes, de bateaux, etc., ou d'une rivière à l'aide de hérissons.

BÂCLE. Pièce de bois ou de fer que l'on place derrière une porte, pour la fermer, et dont les extrémités pénètrent dans des trous pratiqués dans l'épaisseur des pieds-droits.

BÂCLER. 1° Action de fermer une porte ou une fenêtre par derrière avec une bâcle. || 2° Fermer l'entrée d'un port, d'une rivière au moyen d'une chaîne, d'un câble ou de toute autre manière.

* **BACLER D'ALBE** (le baron LOUIS-ALBERT-GHISLAIN), peintre et ingénieur géographe, naquit à Saint-Pol (Pas-de-Calais) en 1762. Pendant la Révolution, il s'engagea comme volontaire au bataillon des chasseurs de l'Ariège. Il franchit rapidement les grades inférieurs et se fit remar-

quer de Bonaparte qui, pendant la campagne d'Italie, l'attacha à son état-major comme chef des ingénieurs géographes, puis le nomma, plus tard, général de brigade. En 1813, il fut nommé chef du dépôt général de la guerre. Mis à la retraite en 1815, il se retira à Sèvres où il reprit ses pinceaux et son crayon. Il y est mort en 1824. Bacler d'Albe était un cartographe distingué dont les travaux sont encore recherchés ; il faut citer entre autres la belle carte de cette immortelle campagne d'Italie (54 feuilles, Paris 1802) ; puis des vues pittoresques de la Suisse, des paysages gravés au trait, d'après les maîtres, etc. Comme peintre, il a laissé des paysages, des tableaux de batailles, parmi lesquels la *Bataille d'Arcole* et la *Bataille d'Austerlitz*.

* **BACTRÉOLE**. *T. de mét*. Mot qu'on emploie improprement chez les batteurs d'or pour désigner une feuille d'or défectueuse. — V. BRACTÉOLE.

* **BACUL**. *T. tech*. Bois du harnais de l'âne et du mulet, qui est fait en demi-cercle et placé au-dessus de la croupière. || Croupière qui bat sur les cuisses des bêtes attelées. On écrit aussi *bacule*.

* **BADAMIER**. Genre de la famille des combrétacées qui renferme de grands arbres croissant dans les deux Indes. On distingue, dans les arts, le *badamier-benjoin*, des Indes-Orientales, qui fournit une sorte de résine analogue au benjoin et que l'on emploie quelquefois pour remplacer l'encens ; on utilise son bois pour la construction, et son écorce pour le tannage ; le *badamier-vernis*, qui croît à Java et sur les montagnes de l'Inde et de la Chine, dont le suc résineux, caustique et laiteux donne un des vernis connus sous le nom de *laque de Chine*. Les fruits des *terminalia bellirica, chebula, citrina* sont connus sous les noms de *myrobolans;* ils sont purgatifs et astringents. On les a employés en médecine et en teinture.

* **BADE**. *T. de charp*. Ouverture de compas avec laquelle on mesure les jours entre les parties de deux pièces de construction qui devraient se toucher.

* **BADELAIRE**. 1° *Art hérald*. Se dit d'une épée courte, large et élargie à la pointe.

|| 2° *T. d'art milit*. C'était autrefois le nom d'une épée dont la lame, courte et à deux tranchants, était recourbée et élargie à la pointe. C'est cette arme que l'on figure dans le blason.

BADERNE. *T. de mar*. Tresse faite de fils de caret et employée, sur un navire, pour recouvrir les diverses parties exposées à de grands frottements, câbles, vergues, etc., ou pour empêcher les bestiaux et les ballots de glisser par l'effet du roulis.

BADIANE. *T. de bot*. On donne ce nom au fruit de l'*Illicium anisatum* L., arbrisseau toujours vert, de la famille des magnoliacées, qui croît en Chine; son bois, nommé *bois d'anis*, s'emploie pour des ouvrages de marqueterie ; ses fruits sont généralement connus sous le nom d'*anis étoilé*, et l'huile

volatile, renfermée dans leurs capsules, sert à la fabrication ou à la préparation de diverses liqueurs, notamment de l'anisette, à laquelle elle communique l'arome particulier qui la caractérise ; elle a beaucoup d'analogie, comme odeur, avec celle extraite des semences de l'anis, le *Pimpinella anisum* L., de la famille des ombellifères, plante qu'il ne faut pas confondre avec la précédente.

* **BADIÈRE**. *T. tech*. Se dit d'une table d'ardoise épaisse et irrégulière.

BADIGEON. Peinture en détrempe à l'aide de laquelle on donne aux enduits de plâtre ou de mortier le ton de la pierre. On obtient le badigeon avec de la chaux éteinte, de la pierre calcaire pulvérisée et de l'alun, le tout délayé dans l'eau ; on y ajoute de l'ocre jaune pour le rendre jaunâtre, et du noir de fumée pour le rendre gris ou couleur ardoise. Pour les murs exposés à l'air extérieur, on remplace la chaux ordinaire par la chaux hydraulique et, pour le badigeon des murs intérieurs, on sature de chlorure de soude l'eau dans laquelle on fait éteindre la chaux.

En 1755, Bachelier (V. ce nom) appliqua, sur plusieurs colonnes du Louvre exposées au midi et à l'ouest, un badigeon qui résista si bien aux atteintes de la pluie et aux variations atmosphériques qu'en 1809, le ton de couleur uniforme de ces colonnes tranchait avec l'aspect terreux des parties voisines. Par l'analyse, MM. Bachelier fils et d'Arcet firent connaître ce badigeon, qui est un composé de chaux vive, 28 parties ; plâtre cuit, 12 parties ; céruse, 10 parties. La chaux une fois éteinte est tamisée pour la séparer du liquide, on la malaxe avec du fromage, dit *à la pie*, c'est-à-dire un fromage mou débarrassé du beurre et du sérum jusqu'à ce qu'elle forme une pâte molle, et on ajoute à cette pâte le plâtre et la céruse ; on broie le tout en ajoutant un peu d'eau pour obtenir une bouillie un peu épaisse que l'on délaye au moment de s'en servir. Pour réparer les défauts de certaines pierres et boucher les trous ou défectuosités de celles-ci ou d'une sculpture, les sculpteurs et les architectes emploient une espèce de pâte faite avec un mélange de plâtre et de pierre pulvérisée. Il existe de nombreux badigeons; citons parmi les principaux, le badigeon Lassaigne et le badigeon américain.

BADIGEONNAGE. *T. tech*. Action de badigeonner. Le badigeonnage a pour but la propreté et la conservation des murs, ou de les mettre en harmonie de ton avec ceux qui les avoisinent. A Paris, le badigeonnage des façades des maisons doit être fait tous les dix ans.

BADIGEONNER. *T. tech*. Peindre avec du badigeon. || Réparer les défauts, boucher les trous d'une sculpture, d'un ouvrage de pierre quelconque avec du badigeon.

BADIGEONNEUR. *T. de mét*. Ouvrier qui badigeonne. On donne ce nom, par dénigrement, à un mauvais peintre.

* **BADILLON**. *T. de mar*. Petite brochette cloquée de distance en distance sur le gabarit d'un navire en construction, pour régler la largeur des pièces de bois.

* **BADIN** (Pierre-Adolphe), né le 28 juillet 1805, à Auxerre (Yonne), eut, comme peintre, une incontestable notoriété. Nous n'avons à enregistrer ici que les services qu'il a rendus à l'art industriel dans ses fonctions d'administrateur de nos manufactures nationales des Gobelins et de Beauvais. De 1848 à 1850, il fit exécuter, dans ces deux établissements, d'importants travaux qui lui valurent la croix de la Légion d'honneur.

Un arrêté de 1850 ayant organisé les deux manufactures avec des administrations distinctes, M. Badin fut envoyé à Beauvais comme directeur. L'exposition de 1855 révéla ses hautes qualités, et la croix d'officier de la Légion d'honneur fut la récompense de ses efforts et des progrès réalisés sous sa direction.

En 1860, les deux manufactures furent de nouveau réunies, et leur administration confiée à M. Badin. Il conserva ses fonctions jusqu'en 1871. Après les événements de la Commune, les actes de vandalisme commis aux Gobelins par les insurgés l'ayant profondément affecté, il donna sa démission et retourna à la manufacture de Beauvais, qu'il administra jusqu'en 1876. Il est mort retraité, à Paris, le 18 avril de cette même année.

Les rapports des jurys de 1851, 1855, 1862, 1867 et 1874 font le plus grand éloge de l'habile direction de M. Badin. Il chercha à rendre à la tapisserie son importance au point de vue décoratif, en professant un respect absolu pour les différents styles dans la composition des meubles, des tapis et des tentures. Sous sa direction ont été exécutés aux Gobelins : les *Cinq sens*, avec dessus de portes par MM. Baudry, Pieterle et Chabal ; le *Christ au Tombeau* ; les *Noces de Psyché*, etc. ; à Beauvais, de grands panneaux de décoration, des meubles, etc.

Il avait été membre des jurys des expositions universelles de 1851 et 1862 à Londres, de 1855 et 1867 à Paris. A cette dernière, il était président de sa section. Nommé officier d'académie en 1873, il était encore commandeur de l'ordre du Christ du Portugal, et commandeur de l'ordre de Pie IX. — V. Beauvais, Gobelins.

* **BADINE.** *T. de grav.* On appelle traits en *pointe badine*, dans la gravure en taille-douce, les traits formés par une main légère, et comme s'ils avaient été faits en se jouant, en badinant.

* **BADOURS.** *T. de mét.* Tenailles pour la forge.

BAFFETAS. Grosse toile blanche de coton qui nous vient des Indes. On écrit aussi *bafetas* et *baftas*.

BAGASSE ou **BAGACE.** 1º La bagasse, résidu de la canne à sucre, est utilisée dans les pays de production comme engrais, ou comme combustible pour le chauffage des générateurs de sucrerie. On a reconnu, dans ces derniers temps, que, bien préparée, elle donnait des fibres longues, nerveuses, qui se blanchissaient très

bien et possédaient tous les caractères d'une matière de premier ordre pour la fabrication du papier. On a donc pensé qu'on pourrait peut-être utiliser ce produit pour cette fabrication. Pour le moment, cette idée est encore à l'état d'utopie et, à moins de créer sur place des établissements spéciaux qui convertiraient en une matière fibreuse et desséchée que l'on pourrait transporter en Europe, elle risque fort d'y rester longtemps. Ce produit, en effet, après sa sortie des cylindres écraseurs, n'est pas soumis à une dessiccation ; il représente un volume si considérable que son transport est presque impossible dans cet état, d'autant plus qu'il serait exposé à des altérations résultant de sa fermentation pendant le voyage. La partie véritablement fibreuse qu'il comporte ne s'élève pas d'ailleurs à plus de 40 0/0 du poids total, le reste est formé de cellulose combinée avec des matières agglutinatives et incrustantes inutiles en papeterie et dont il faut, par conséquent, le débarrasser. || 2º Tiges de l'indigo que l'on a retirées de la cuve après la fermentation.

* **BAGNOIRE.** *T. de mét.* Nom de la chaudière employée à faire le sel.

* **BAGNOLET.** *T. de mar.* Prélart goudronné qui sert à couvrir les câbles autour des bittes des navires non pontés.

I. **BAGUE.** 1º Anneau que l'on porte au doigt et qui est fait d'or, d'argent ou de toute autre matière ; il est souvent orné de pierreries. Ce mot qui, dans la basse latinité, selon Du Cange, avait la signification de coffre, et duquel on a également formé le mot *bagage*, s'écrivait autrefois *baghe*. Il s'appliqua d'abord à toute sorte de bijoux et d'objets précieux, aussi bien les habillements que les joyaux et, dans ces joyaux, les anneaux que l'on portait au doigt. Vers le milieu du xve siècle, quand bague commença à signifier, non plus un joyau, mais un anneau, on ajouta *au doigt, à porter au doigt.* Ainsi, dans Jean le Maire des Belges, il est dit : « Tant de chaînes d'or, tant de carquans, tant de brasseletz, tant de bagues aux doigts, que c'est une chose infinie. » L'*Inventaire de Gabrielle d'Estrées* (1599) porte encore les indications suivantes : « Bagues à mettre aux doigts, autres bagues de plusieurs façons. »

— La plus ancienne bague dont les poètes fassent mention, est la bague de fer de Prométhée (V. Anneau), dans le chaton de laquelle était enchâssée une petite pierre prise au rocher du Caucase où l'audacieux mortel qui déroba le feu du ciel avait été enchaîné par Jupiter. D'après la tradition, ce serait à l'imitation de Prométhée que les hommes, dans la suite, auraient porté une bague au doigt. Ce récit, que Pline met avec raison au rang des fables, doit être rejeté ainsi que la légende de l'anneau de Midas, roi de Phrygie, qui, semblable à l'anneau de Gygès, roi de Lydie, rendait invisible celui qui le portait, quand il était tourné dans un certain sens. En effet, bien antérieurement à l'époque du fer, c'est-à-dire à l'*âge de la pierre*, les contemporains des instruments en silex portaient des bagues formées de coquillages usés avec art, comme celles, par exemple, qui ont été découvertes en 1849, à Dijon, par le Dr Louis Marchand, dans une alluvion de cette période (fig. 219).

Au commencement de l'époque du bronze, ce métal, encore assez rare, servit pour la confection des anneaux. Les dolmens de la Lozère, du Gard et de l'Aveyron, nous ont révélé que le bronze, qui ne s'y trouve que comme bijou et matière précieuse, remplaça dès lors les substances primitives, et servit à faire de ces bagues recherchées à cause de leur éclat et de leur solidité. C'est pendant la longue période du bronze que l'on porta pour la première fois des bagues d'or, celles d'argent n'ayant fait leur apparition qu'à l'*âge du fer*, c'est-à-dire avant l'époque celtique ou gauloise.

L'ancienneté des bagues n'a donc pas besoin d'être démontrée. Aussi Pline se trompe-t-il étrangement en leur attribuant une origine assez moderne, lorsqu'il prétend que les Orientaux ne s'en sont pas servis pour sceller. L'emploi des anneaux sigillaires date au contraire des premiers âges du monde et a été suivi par tous les peuples de l'antiquité. — V. CACHET.

Les bagues, regardées par les Égyptiens comme un signe d'autorité, servaient également de signature. C'est pourquoi on avait soin d'y graver quelques lettres pour sceller. Au rapport de Plutarque, les anneaux devinrent d'un

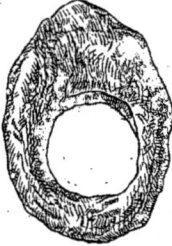

Fig. 219. — *Bague préhistorique.*

usage si commun en Égypte, que les habitants de Lycopolis et de Busiris n'approchaient jamais de leurs divinités sans retirer leurs bagues en signe d'humilité et de respect.

Le *Musée égyptien*, au Louvre, est fort riche en bagues d'or et d'argent à chatons mobiles, soit en cristal de roche, en jaspe ou en lapis, soit en schiste émaillé ou en bronze. Quelquefois le chaton est taillé en scarabée, lequel servait à désigner les membres de la caste militaire. Quant aux bagues proprement dites, c'est-à-dire sans cachet, les tombeaux en ont offert une telle quantité, qu'il est supposable que ce genre de bijou joua de tout temps en Égypte un rôle considérable dans la parure. Ces ornements se portaient aux deux mains, mais particulièrement à la main gauche. On en voit un exemple sur un sarcophage égyptien du *Musée britannique*, représentant une femme couchée ayant les bras croisés sur sa poitrine. Le cachet, — renseignement précieux! — est placé au pouce; trois bagues à chaton plat entourent l'index; deux autres, dont un est à chaton formant rosage, ornent le médius; l'annulaire porte également deux bagues, et enfin un seul anneau brille à l'auriculaire ou petit doigt.

Les autres peuples de l'Orient ont fait également usage de bagues propres à sceller. On lit dans la *Vie d'Apollonius de Thyane*, écrite par Philostrate, que les brahmanes de l'Inde portaient un anneau et un sceptre, auxquels ils attribuaient des vertus surnaturelles. Le *Ramayana*, poème du XIe siècle avant notre ère, fait souvent mention des bagues, « confiées pour signes de reconnaissance. » Cet emploi des anneaux a heureusement servi le poète Kalidasa, dans son beau drame de *Sakountala*, lorsqu'un

pêcheur trouve la bague du roi, ornée d'un diamant plein de feu. Enfin, dans le *Mrichtchakati* ou le *Chariot d'enfant*, drame du roi Soudraka, Tcharoudatta dit à la suivante de la belle Vasantasena : « Une parole avec moi n'est jamais sans récompense, acceptez cette bague. » Au reste, voici la description que Valmiki, l'auteur du *Ramayana*, trace de la ville d'Ayodhya, aujourd'hui Oude : « Il n'y avait pas dans la ville, sans contredit la première des villes, un plébéien de la plus basse extraction ou même un indigent, qui n'eût pas ses pendeloques à soi, qui n'eût pas son aigrette, qu'on ne vît se parer de bijoux étincelants, suspendre un joyau à sa poitrine, et porter des bagues à ses doigts. »

Les Chinois, ainsi que les Indous, emploient les bagues depuis une époque très reculée ; tantôt en forme d'anneau, tantôt en forme de chevalière, elles se placent indistinctement à tous les doigts des deux sexes. On voit dans le *Chi-King* ou *Livre des Vers*, recueil d'anciennes chansons recueillies et mises en ordre par Confucius, que les enfants des riches portaient au doigt, antérieurement au VIe siècle avant notre ère, un anneau en ivoire. Le *Tchéou-li* fait aussi mention des joailliers du palais impérial, lesquels étaient chargés de la fabrication des bagues et autres bijoux à l'usage de la cour.

Parmi les pierres précieuses les plus recherchées en Perse pour la monture des bagues, il faut citer, entre autres, le rubis, l'émeraude et la turquoise. Il paraît qu'à une certaine époque, comme aujourd'hui, cette dernière pierre a joué d'une très grande vogue. Saadi, philosophe persan, reproche aux dames de son temps, dans son *Gulistan*, de la rechercher avec passion.

Lorsque le voyageur français Chardin entreprit, au XVIIe siècle, ses curieux voyages en Asie, les Persans ne mettaient guère leur bague qu'à un des doigts du milieu lequel, dans le *Dictionnaire de Méninski*, porte le nom d'*annulaire*. Mais il est probable que cet usage avait varié depuis le XVIe siècle, car on lit dans le poème des *Amours de Meidjoun et de Leila*, par Djâmy, qui vivait à cette époque, qu'il en est des doigts de la main comme des enfants d'une même famille, c'est-à-dire que le plus petit est toujours le plus préféré.

Pline suppose que l'usage des bagues n'a été adopté par les Grecs qu'après la guerre de Troie. Le fait est qu'Homère ne mentionne point les anneaux ni les cachets, et, dans son dénombrement des objets fabriqués pour les dieux, il parle d'agrafes, de boucles d'oreilles et autres bijoux, mais jamais de bagues. Quoi qu'il en soit, les témoignages les plus précis démontrent que les anneaux, « ces ornements frivoles, » comme les appelle Eschyle, furent assez répandus peu de temps après, puisque Sapho, qui vivait au commencement du VIe siècle avant notre ère, écrit à une de ses amies, dans ses *Fragments* : « Ne sois pas si fière pour une bague ! » A la même époque, florissaient Théodore de Samos et Rhoecus, qui passaient, l'un et l'autre, pour avoir gravé la sardoine ou plutôt l'émeraude du célèbre anneau que posséda plus tard Polycrate. Le comique Aristophane (427 ans avant J.-C.), nous apprend beaucoup de choses curieuses sur les bagues. Ainsi, dans les *Nuées*, on voit par cette phrase de Socrate à Strepsiade : « Ces fats si bien peignés qui chargent leurs doigts de bagues jusqu'aux ongles, » que l'on commençait déjà à faire abus de ces bijoux.

Les Grecs, aux belles époques de leur art, avaient une prédilection marquée pour les bagues ornées d'intailles, gravées en creux ou de camées sculptés en relief sur toutes sortes de pierres fines. Mais malgré les critiques sans nombre que ce luxe souleva, l'abus des bagues n'en continua pas moins avec plus de fureur. On en voit une preuve dans les lettres du rhéteur Alciphron, lorsque Iophron, racontant un rêve qu'il a fait, dit avec orgueil : « Mes doigts étaient chargés d'une multitude de bagues du plus grand prix. »

Dès le temps de Romulus, les Sabins avaient des bagues.

aux doigts. On voit, dans Denys d'Halicarnasse, que la jeune Tarpéia livra au chef des Sabins la citadelle que commandait Tarpéius son père, à la condition qu'il lui donnerait les bagues d'or de ses soldats. Ces anneaux, selon Tité-Live, étaient ornés de pierres brillantes.

On ne peut pas dire d'une manière précise à quelle époque les Romains adoptèrent l'usage des bagues. Toujours est-il que les Étrusques en portaient, puisque Denys d'Halicarnasse, dans son récit relatif à l'histoire de Tar-

Fig. 220. — *Bague romaine.*

péia, fait remarquer que les Sabins aimaient le luxe comme les Étrusques, et qu'ils se servaient comme eux d'ornements d'or.

Sous la République, l'usage des bagues n'était pas général ; il n'y avait que les sénateurs et les chevaliers qui en portassent, et encore ne furent-elles d'abord que de fer. Par la suite, les anneaux se répandirent davantage. Annibal, après la bataille de Trasimène, l'an de Rome 531, en envoya, comme on sait, trois boisseaux à Carthage.

Ce fut seulement sous les empereurs que les formes et l'ornementation des bagues devinrent de plus en plus

Fig. 221 — *Bague celtique.*

riches et variées. Elles étaient massives, lourdes, et se portaient au doigt annulaire de la main gauche. Quelques-unes cependant, à cause de leur grosseur, n'ont pu se porter qu'au pouce. Telle est, par exemple, la bague en cristal de roche reproduite ici, d'après le recueil de Borioni, représentant le buste en relief de l'impératrice Plotina, femme de Trajan, et qui décora probablement la main de quelque membre de la famille impériale (fig. 220).

C'est alors que la simplicité des temps primitifs disparut pour faire place à la plus grande somptuosité. Ainsi, les Romains, à l'exemple des Grecs de la décadence, ne rougissaient pas de mettre une bague à chaque doigt de la main, sauf toutefois à celui du milieu, comme le Stella de Martial. Mais certains vaniteux trouvèrent cette mode par trop vulgaire, et, se chargeant les doigts de patrimoines entiers, selon les expressions de Pline, portèrent des bagues à tous les doigts de la main sans exception.

Les bagues dont il s'agit étaient pour la plupart ornées d'une pierre gravée ; mais quelquefois elles contenaient deux camées au lieu d'un : ces anneaux s'appelaient

bigemmis. On en voit un semblable dans la Dactyliothèque de Gorlaeus.

Les bagues d'or avaient à Rome le premier rang ; celles d'argent étaient réservées pour les simples citoyens. Quelquefois des ornements d'acier se joignaient à ces deux métaux, comme dans les *anneaux constellés*, dits de Samothrace. Selon Isidore de Séville, le laiton, le bronze, le fer et le plomb même servaient également à faire des bagues pour les soldats et les esclaves. Enfin, les anciens employaient encore des bagues d'ambre, d'ivoire et de verre.

Ajoutons que, d'après Pline, les Celtes et les Bretons mettaient un anneau au doigt du milieu (fig. 221). Les Francs portaient aussi des bagues.

On a trouvé dans le tombeau de Childéric son anneau d'or, exposé jadis au *Musée des Souverains*, au Louvre. Sur cet anneau sont gravés ces mots : CHILDERICI REGIS (fig. 222). Celui de Louis-le-Débonnaire, rapporté par Chifflet, avait pour inscription : XPE PROTEGE HELDOVICVM IMPERATOREM.

Quoique les bijoux du moyen âge soient très rares, on sait par quelques spécimens qui nous restent de cette époque, que l'émail entrait souvent dans leur ornementation. Les bagues d'or émaillé des évêques Ethelwulf et Ahlstan, qui vivaient au IXe siècle, en fournissent des

Fig. 222. — *Bague de Childéric.*

témoignages. Mais les anneaux n'avaient pas tous alors la même forme et la même décoration. Les bagues de pouce, par exemple, très usitées en Angleterre sous le nom de *thum-rings*, étaient en général formées d'un anneau d'or massif au milieu duquel se trouvait un médaillon circulaire formant chaton et entouré de deux pierres en cabochon représentant quelques figures. Les personnes qui occupaient une position élevée ou une charge importante en faisaient seules usage. Lorsque Falstaff, dans Shakespeare, rappelle la mince qualité de sa jeunesse, il déclare qu'il ne pouvait avoir de prêt au moyen d'une bague de pouce d'alderman. Les anciens inventaires du moyen âge et de la Renaissance font de fréquentes allusions à ces sortes de bagues, considérées comme un témoignage d'importance et d'honneur.

Le luxe des bagues augmenta avec plus d'effervescence que jamais, du XIe au XVe siècle, époque où les bagues à chatons de pierreries devinrent à la mode. L'*Inventaire du duc d'Anjou* (1360-1368) mentionne plusieurs anneaux ornés de « dyamans, » de « saphirs » et d'« émeraudes. »

Il y avait alors des bagues d'anniversaire, renouvelées des Romains, des bagues de souvenir, des bagues de deuil et des bagues spéciales pour la messe des morts, lesquelles sont souvent décrites dans les *Comptes des ducs de Bourgogne*. Mais il n'est pas prouvé, comme plusieurs auteurs l'ont avancé, qu'il y eût des anneaux différents pour chaque jour de la semaine. « L'annel des vendredis, » cité dans l'*Inventaire de Charles V*, signifie simplement que ce jour-là on portait une bague commémorative en souvenir de la mort du Christ. Enfin, quelquefois le chaton des bagues offrait le portrait du propriétaire. C'est ainsi que les *comptes royaux* de 1493 mentionnent un annel portant le portrait du roi Louis XI **gravé sur** pierre dure. Souvent aussi les anneaux étaient ornés de devises mystiques, ou sacrées, ou galantes ; souvent ce sont des sentences morales ou des devises héraldiques. La collection du Louvre possède deux anneaux du xvie siècle ; le premier est rehaussé d'un saphir gravé sur lequel, de Lusignan, sur le couvercle intérieur on lit : CELLE. Q. JEME. MEM. MERA. Le second anneau offre ces trois mots gravés en lettres gothiques et séparés par des fleurs : PAR BONNE AMOVR. Une autre bague de la collection Londesborough, en Angleterre, a pour épigraphe : SANS VILINIE, et une troisième bague appartenant à M. J. Evans porte sur le jonc l'inscription gothique suivante, qui est pleine de poésie : IE SVI ICI EN LIEV D'AMI.

Ajoutons que la mode exigeait que chaque personne d'un rang distingué possédât un *doit* ou *doittier*, sorte d'écrin sur lequel il y avait apparemment un bâton en forme de doigt pour enfiler les bagues. L'*Inventaire de Charles VI* parle de « six anneaux en un doit. »

La régénération artistique qui signala le commencement du xvie siècle s'étendit à l'ornementation des bagues comme à celle des autres bijoux. Le *Livre des anneaux d'orfèvrerie*, par Pierre Woeiriot, contribua à répandre en Allemagne, en France et en Italie, de charmants modèles de bagues émaillées, niellées et enrichies de pointes naïves, d'émeraudes et de perles. (V. Bijouterie.) Mais les bagues vénitiennes de cette époque sont sans contredit

Fig. 223. — *Bague du Grand Frédéric.*

ce qu'il y a de plus artistique et de plus parfait en ce genre, tant par la beauté du travail que par la finesse des ornements et la pureté élégante des formes.

La même recherche existait dans les fameux *anneaux de la mort*, nom donné à Venise, au xvie siècle, à certaines bagues dont on faisait usage lorsque les empoisonnements y devinrent si fréquents. A l'intérieur de ces bagues se trouvaient fixés deux petites griffes du plus pur acier, et garnies de poches renfermant un poison subtil. Lorsque le porteur de cet anneau fatal voulait exercer sa vengeance contre quelqu'un, il lui serrait la main de façon à exercer sur les griffes une pression assez forte pour faire une légère piqûre. Cela suffisait, et on était sûr de trouver la victime morte le lendemain.

La mode exigeait alors qu'on portât les bagues pardessus les gants. Rabelais le donne à penser au ve livre de *Pantagruel*, lorsque le frère Fredon répond aux demandes de Panurge par les monosyllabes les plus comiques : « Que portent-elles aux mains ? Gants. — Les anneaux de doigt ? D'or. » En effet, le volet droit d'un triptyque de 1594, appartenant au *Musée de Cluny*, offre un personnage du nom de Jean, qui n'est autre que le donateur de ce monument, dont les mains sont gantées et les doigts chargés de bagues.

Au siècle suivant, les bagues devinrent d'un usage général chez les hommes comme chez les femmes. Parmi les bagues célèbres de cette époque, nous citerons celle du grand Frédéric, conservée dans la collection anglaise de sir Waterton. Elle consiste en un anneau d'or, émaillé surmonté d'une large turquoise, au centre du chaton, entourée de six grenats (fig. 223).

C'est vers ce temps que les bagues à portraits émaillés obtinrent la vogue. Le cabinet du joaillier Jacqmin, vendu en 1773, renfermait plusieurs curiosités de ce genre, entre autres une bague représentant le portrait du roi, et garnie de quatre diamants rosés. On connaît l'anecdote relative à la bague de Voltaire. Il s'était empressé, à la mort de la marquise du Châtelet, de réclamer une bague que portait sa savante maîtresse, et qui contenait le portrait de l'amoureux philosophe. On lui apporte la bague, et Voltaire trouve sous le chaton le portrait de Saint-Lambert. « Ciel ! s'écrie-t-il, voilà bien les femmes. J'en avais ôté Richelieu, Saint-Lambert m'en a chassé, cela est dans l'ordre ; un clou chasse l'autre ; ainsi vont les choses de ce monde. »

La Révolution qui créa des bijoux bizarres, d'une simplicité uniforme, contrastant avec ceux de la fin du règne, fit disparaître toutes les élégances du luxe monarchique. On ne porta d'abord que des bagues d'argent ou d'acier, dans le chaton desquelles était serti un fragment de pierre provenant des démolitions de la Bastille. L'austérité du nouveau régime parut cependant vouloir renoncer aux bijoux d'apparat, mais il respecta les anneaux, et, en 1791, on vit paraître les alliances civiques en or. Fermées, ces alliances figuraient un simple anneau : ouvertes, elles montraient leur cercle intérieur émaillé de bleu, rouge et de blanc, et elles portaient la devise consacrée : *La Nation, la Loi, le Roi*, qui, quelques mois après, devait être simplifiée.

Le 3 thermidor, David, ayant dit dans son discours en l'honneur de Viala : « Méprisez l'or et les diamants,... soyez parées des vertus de votre sexe..., » presque toutes les femmes suivirent le conseil du peintre. Mais cette mode par trop sommaire ne dura que quelques mois, et les bijoux d'acier, si recherchés sous le règne de Louis XVI, alors dans tout l'éclat de leur nouveauté, redevinrent en grande faveur, seulement on les façonnait en emblèmes patriotiques. Après la Terreur, qui mit en vogue les bagues de cuivre rouge à *la Marat*, parurent les riches bijoux d'or des Incroyables, ornés de camées et d'intailles, parmi lesquels il faut citer les bagues garnies de pierreries que, dans les bals costumés, quelques dames portaient aux doigts des pieds. Mme Tallien, la reine des fêtes du Directoire, fut une des premières à adopter cette mode renouvelée des courtisanes antiques.

En souvenir de la bataille des Pyramides, le premier empire favorisa le style égyptien. L'orfèvre Mellerio profita de cette circonstance favorable pour répandre ses bagues hiéroglyphiques et lithologiques, qui eurent un grand succès, et auxquelles succédèrent les bagues en corail de Marseille, provenant de la fabrique établie dans cette ville par Rémusat. Concurremment avec ces dernières, on vit, vers la fin de l'empire, revenir les bagues en acier poli et en doublé d'or.

Au commencement du siècle actuel, les *bagues-arlequin* furent à la mode en Angleterre. Ce nom leur avait été donné à cause des couleurs variées qui faisaient ressembler l'anneau au costume d'arlequin. Vers la même époque, la France ne voulut pas rester en arrière dans le genre *curieux*, et elle exporta de l'autre côté de la Manche les *bagues-regard*. Ces dernières portaient enchâssées six pierres précieuses, dont la lettre initiale formait le mot *regard*, de là leur nom : R, *rubis* ; E, *émeraude* ; G, *grenat* ; A, *améthyste* ; R, *rubis* ; D, *diamant*. Les *bagues-regard*, qui se donnaient comme gage d'amitié, eurent bientôt une grande réputation.

Nous dirons un mot, pour finir, des bagues *électriques*, espèces d'anneaux aimantés auxquels on attribue la vertu de préserver de la paralysie et de l'apoplexie, de guérir les maux de nerfs, les étourdissements, les palpitations, la migraine, etc. Mais ce n'est là qu'un cas particulier, et de nos jours, tout le monde ou à peu près porte aux doigts différentes sortes d'anneaux, dont la diversité échappe à toute description. Il n'y a cependant, comme l'a spirituellement remarqué Alphonse Kar-, que les femmes qui sont tout à fait contentes de leurs mains qui ne portent point de bagues. — s. b.

Bibliographie: Licetus : *De annulis,* 1645 ; Kirchmann : *De annuis,* 1672 ; Samuel Pitiscus : *Dictionnaire des antiquités grecques et romaines. — Libro d'anel a d'orifici,* de l'inventione di Piero Woerioto di Lobeno, 1561 ; Reinaud : *Monuments arabes, persans et turcs du cabinet de M. le duc de Blacas* ; l'abbé Barraud : *Des bagues à toutes les époques,* etc., 1864 ; *Rambles of an archeologist among old books and in old places: Being papers on art,* by Fr. William Fairholt, London, 1871.

II. BAGUE. 2° Dans une machine, la bague est un organe en fer rond percé d'un trou et s'appliquant, le plus souvent, devant un pignon, une poulie ou n'importe quel autre organe qui tourne, à mouvement libre sur un arbre quelconque, afin de les maintenir dans leur position de travail : la bague est alors munie d'une vis de pression qui sert à la fixer sur cet arbre. || 3° Dans la filature on donne le nom de bague aux rubans dentés servant à garnir les peigneurs des boudineuses ; ces organes se composent d'un collier en cuir, sans fin, bouté de dentures en fil de fer et dont le travail a pour but de diviser la laine en lamelles destinées à confectionner le boudin. || 4° *T. de mar.* Anneau de fer ou en cordage servant à fixer les focs et voiles d'étai le long de leur drille respective. || 5° *Instr. de mus.* Anneau de plomb soudé sur le corps d'un tuyau d'orgue. || Anneau de métal qui garnit l'extrémité d'un orifice ou qui entoure une tige. || 6° *T. de méc.* Pièce cylindrique creuse, en fer, acier, fonte, bronze ou autre métal, que l'on ajoute sur un arbre central pour y constituer des embases mobiles, ou pour servir d'entretoises au moment du montage de cet arbre sur des supports fixes. || 7° *T. d'arch.* Membre de moulure qui divise horizontalement les colonnes dans leur hauteur. || 8° *T. d'arm. Bague de baïonnette,* anneau aplati qui sert à fixer la douille au canon du fusil, on l'appelle aussi *virole.*||Boursouflure annulaire qui se trouve quelquefois sur la surface intérieure d'un canon de fusil. || 9° *Bague électrique.* — V. l'article précédent.

Bague d'essieu patent. 10° Anneau de bronze se plaçant sur le devant de la fusée, et maintenu par les écrous. La paroi intérieure de la bague est formée d'une partie cylindrique et d'une partie plane, correspondant à une surface identique ménagée sur l'essieu : c'est cette partie plane qui l'empêche de tourner et de s'user par le frottement contre le deuxième écrou. Elle possède en outre en dehors un boudin faisant saillie sur le corps cylindrique de la fusée c'est ce boudin qui retient la boîte et par conséquent la roue ; vu son importante fonction, la bague est une des parties essentielles de l'essieu patent.

Bague ou Virole. 11° *T. de chem. de fer.* Les tubes qui composent la plus grande partie de la surface de chauffe d'une chaudière de locomotive, sont maintenus dans les trous pratiqués à travers les plaques tubulaires au moyen de bagues, ou *viroles,* en fer ou en acier, de 2 millimètres d'épaisseur et de 30 à 37 millimètres de longueur,

coniques à l'extérieur. Enfoncées avec effort dans les tubes au point où ils traversent les plaques tubulaires, elles les serrent énergiquement dans leurs trous et produisent l'étanchéité des joints.

L'épaisseur des viroles diminue un peu le passage des gaz provenant du foyer ; aussi quelques constructeurs supprriment-ils les viroles des tubes du côté de la boîte à fumée. D'autres vont plus loin : ils les proscrivent entièrement et remplacent leur action par un mandrinage énergique des extrémités des tubes, pratique qui a ses inconvénients.

* **BAGUÉ** (canon). *T. d'arm.* Canon de fusil dont la surface intérieure offre une espèce de boursouflure annulaire, provenant d'une mauvaise fabrication, ou d'un coup tiré avec une balle trop forte.

* **BAGUER.** *T. de cout.* Les couturières emploient ce mot pour désigner un ruban étroit sur lequel on fixe un plissé, de manière à en maintenir les plis.

BAGUETTE. 1° *T. d'arm.* Verge d'acier, de baleine ou de bois de chêne, qui sert à presser la charge dans le canon d'un fusil, d'un pistolet.||2° *T. de mar.* Mâtereau placé en arrière des bas-mâts pour recevoir les cornes. || Tige mince de fer, avec laquelle on retire les étoupes des vieilles garnitures et que l'on nomme aussi *tire-étoupes.* || 3° *Instr. de mus.* Petits bâtons terminés en forme d'olive, avec lesquels on bat le tambour. Ces baguettes ont de 42 à 44 centimètres de longueur ; elles se composent de la virole, de la baguette et du bouton ; les *baguettes* du timbalier n'ont que 20 centimètres environ, elles sont terminées par une tête ronde et elles ont un anneau en cuir dans lequel le timbalier passe les deux doigts du milieu pour s'en servir plus facilement. || 4° *T. techn.* Tige de verre dont se servent les chimistes pour remuer ou mélanger les substances qui attaqueraient leurs spatules. || 5° Morceau de bois, renflé au milieu, dont se servent les corroyeurs pour unir les cuirs. || Longue perche sur laquelle on fait égoutter les cuirs.||6° Lingot d'or ou d'argent réduit à une certaine grosseur par la filière. || 7° Moulure de menuiserie, ordinairement dorée, qu'on applique sur les tentures d'un appartement pour les rehausser. || 8° Moulure de longueur variable et qui fournit des cadres de tableaux, de glaces, etc.||9° Rebord pratiqué sur les feuilles de plomb destinées à la couverture d'un bâtiment. || 10° Dans les fabriques de bougies, on se sert de baguettes pour enfiler les mèches quand elles sont coupées de longueur.||11° *T. d'artif.* Tube percé dans sa longueur et qui sert à charger les fusées de matières combustibles, ou encore à diriger l'ascension des fusées volantes. || 12° *T. d'arch.* Petite moulure ronde. || 13° *T. de filat.* Dans les cardes on donne ce nom au peigne détacheur garni en cuir lisse qui, dans les appareils de Rota frotteurs, est chargé de livrer la lamelle de laine à l'appareil de friction qui termine la confection du boudin. Dans les métiers à filer, on appelle *baguette* une tringle en fer faisant partie de l'organe d'envi-

dage des fils sur les broches. || 14° *T. d'habill.*
Ganse ou bande bordée qui couvre la couture
extérieure du pantalon. || 15° *T. de carross.* Nom
qu'on donne quelquefois au plaqué qui simule
une légère moulure sur certaines parties d'une
voiture. || 16° *T. de men, en voit.* Morceau de bois
mince, léger; moulure arrondie. Lorsqu'un panneau en rencontre un autre, ils ne s'assemblent
pas ordinairement à onglet, mais celui de côté
passe par dessus l'autre, on arrondit alors son extrémité en forme de boudin, afin de dissimuler le
joint. Ce boudin s'appelle *baguette.* || 17° *T. de
fleur.* Fil de fer fin, revêtu d'une spirale de papier
et non cotonné. Quand on le cotonne, on le fait
légèrement, on passe quelquefois, en spirale allongée, une aiguille de coton plat ou de soie plate.
Il sert à faire les pédicelles des fleurs délicates
et les pétioles des petites feuilles.

BAGUETTE DE WOLLASTON. Lorsqu'on veut
faire passer un courant électrique en un point
donné d'un liquide, on est obligé d'employer des
fils de platine complètement protégés par une matière isolante et ne présentant à découvert que
leur extrémité libre. Pour obtenir cette isolation,
Wollaston a placé ces fils dans de petits tubes de
verre, et en a soudé l'une des extrémités au verre
lui-même, en effilant au chalumeau l'un des bouts
du tube. En cassant ce bout effilé plus ou moins
haut, il pouvait faire dépasser plus ou moins le
bout du fil, et obtenir le contact du liquide avec
le platine sur une plus ou moins grande surface.
Ces tubes ainsi disposés ont été appelés *baguettes
de Wollaston,* et sont souvent employés dans
les expériences d'électro-chimie, principalement
quand on emploie des courants induits de haute
tension. Souvent pour diminuer la résistance de
ces fils, on remplit de mercure les tubes des baguettes.

BAGUIER. 1° Coffret destiné à serrer les bagues.
|| 2° *T. de bijout.* Série d'anneaux numérotés
correspondant à toutes les grosseurs de doigts;
les bijoutiers s'en servent pour prendre la mesure
des bagues.

* **BAGUISTE.** Ouvrier qui fabrique spécialement
la bague.

BAHUT. 1° Grand coffre dont le couvercle légèrement bombé est recouvert de cuir et, quelquefois, garni de clous rangés avec soin; par extension, vieux meuble en chêne sculpté.

— Le bahut était, dans l'origine, une caisse d'osier
recouverte de cuir qui servait d'enveloppe au coffre du
voyageur; c'était, comme le dit Monteil, une variété du
coffre, une caisse d'emballage, une malle de voyage. Les
chevaux qui servaient à le porter se nommaient *chevaux
bahutiers.* Plus tard, le coffre devint fixe et, du vestibule
où il était placé, il passa dans la chambre; il était alors
sculpté avec beaucoup d'art et assez vaste pour serrer,
comme disent les mémoires du temps, « les habits et les
amants sans les plier. » Ces vieux meubles sont aujourd'hui très recherchés par les collectionneurs.

2° *T. d'arch.* On appelle *pierres taillées en bahut*
celles qui sont bombées par dessus : telles sont
les pierres qui recouvrent les parapets ou les
appuis des quais ou des ponts. || 3° Mur bas destiné à porter un comble au-dessus d'un chéneau,
d'une grille, etc.

BAHUTIER. Ce mot désignait autrefois le fabricant de bahuts, de coffres, de malles. Il est peu
usité aujourd'hui.

— Au moyen âge, on l'appelait *hucher* ou *huchier.* Il
faisait partie des charpentiers de *petite cognée.*

* **BAIART. T.** *de mét.* Auge de maçon.

I. BAIE. T. *d'arch.* 1° Ouverture pratiquée dans un
mur, une cloison, ou un assemblage de charpente
pour y mettre une croisée ou une porte; la baie
en maçonnerie est composée de trois parties
principales : 1° la partie inférieure qui se nomme
seuil pour les portes et *appui* pour les fenêtres;
2° les deux parties latérales et verticales, nommées *montants, pieds-droits, dosserets,* etc.; 3° la
partie supérieure désignée par les noms de *linteau, traverse, plate-forme,* etc, quand elle est horizontale; et par le nom de *arc* quand elle est
cintrée; les baies des constructions en bois sont
composées de deux poteaux ou montants reliés
supérieurement par un linteau.

II. BAIE. 2° *T. de men. en voit.* Ouverture pratiquée dans la caisse de certaines voitures couvertes, telles que les omnibus, et fermée par un
châssis de glace fixe ou mobile ou par une porte.

Par extension on appelle baie d'une calèche,
d'un char-à-bancs, non seulement une ouverture,
mais toute la partie qui ferme le devant; dans
la calèche, la baie se nomme aussi *avance.*

BAIES. On désigne par ce mot des fruits à
une ou plusieurs loges, contenant par conséquent une ou plusieurs semences, et dont l'intérieur est rempli d'une matière pulpeuse, souvent
sucrée.

Les baies sont généralement nues, parfois elles
sont recouvertes par un calice accrescent (alkekenge); elles sont solitaires, où, par leur réunion,
forment des grappes.

On utilise industriellement un grand nombre
de baies. Quelques-unes sont comestibles, telles
sont celles de la vigne *(vitis vinifera, L.),* qui
fournissent les raisins verts et secs, puis par expression le vin et ses dérivés, l'alcool, le tartre,
etc.; celles du groseillier *(ribes rubrum, L.),* avec
lesquelles on fait du sirop, des confitures; de sa
variété dite *cassis,* qui sert à préparer une liqueur
de table; du dattier *(phœnix dactylifera, L.);* de
l'épine-vinette *(berberis vulgaris, L.).* D'autres
servent seulement comme condiments ou aromates, comme les baies de poivrier *(piper nigrum L.);* de divers piments *(capsicum longum et
annuum, L.);* du laurier *(laurus nobilis, L.).* Quelques baies s'emploient comme médicament, telles
sont celles du cubèbe *(piper cubeba, L.),* du nerprun, *(rhamnus catharticus L.).*

Industriellement on utilise les baies pour la
couleur que leur péricarpe possède, ainsi le nerprun fournit une couleur violette qui, par l'action
des alcalis, prend une belle teinte verte. C'est
avec le jus fermenté et épaissi de cette plante, que
l'on fait le *vert de vessie* ou de *sève.* Des teintes

bleues sont surtout fournies par l'airelle *(vaccinium vitis Idœa* et *v. uliginosum, L.)* ; le myrtille (*v. myrtillus, L.*) ; les nuances rouges, plus ou moins foncées par le troëne (*ligustrum vulgare L.*), le mahonid, le sureau (*sambucus nigra, L.*) l'hièble, (*s. ebulus, L.*), l'arbousier (*arbutus unedo, L.*), la phytolaque (*phytolacca decandra*). Les arbres qui fournissent ces baies colorées sont souvent cultivés dans les pays vignobles, pour fournir de la teinte, lorsque le vin n'est pas assez riche en couleur. On mêle tous les fruits avant d'en faire le pressurage. On a ainsi le tort, non seulement d'ajouter au liquide des matières étrangères, mais quelquefois d'introduire des substances plus ou moins énergiques, comme la phytolaque, qui est purgative. Parfois la teinte est obtenue séparément ; ainsi, le liquide connu sous le nom de *teinte de Fimes*, est une composition que l'on fabrique depuis plusieurs siècles en cette ville, et ce, par brevet royal de Louis XIV, et qui est composée, ce qui n'en explique pas la renommée, de :

Baies de sureau.....	250 à 500 grammes.
Alun..........	30 à 60 —
Eau...........	800 à 500 —

Quelques fruits portent à faux le nom de baies, telles sont les baies de genièvre, qui sont des fruits constitués par la réunion de trois achaines. Nous renvoyons pour ces fruits au mot *génevrier*.

BAIGNOIRE. 1° Les *baignoires*, employées pour les bains dans les établissement publics et dans les habitations particulières, se font généralement en zinc, en cuivre étamé, en fonte émaillée; on en fait aussi en marbre, et ce genre est particulièrement répandu en Italie, où l'exploitation du marbre blanc offre pour cela des avantages qu'on ne retrouve pas ailleurs.

— L'antiquité qui avait, comme on sait, poussé à l'excès le luxe des bains publics ou *Thermes*, avait fait des baignoires de véritables objets d'art, aussi remarquables par le travail et l'ornementation que par la rareté et les dimensions, souvent colossales, des matières employées à leur fabrication, telles que les porphyres, les granits, les basaltes et les marbres les plus précieux. Les musées et collections publiques en ont conservé de magnifiques échantillons; à Paris, on peut voir au Louvre, dans les salles consacrées à la sculpture antique trois grandes cuves dont l'une est en porphyre brèche. Les taches vertes qui varient la teinte pourpre du fond rendent la matière plus rare et plus précieuse. On n'y voit d'autres ornements que quatre anneaux sculptés sur les deux faces (V. CLARAC : *Manuel de l'histoire de l'art*, 1re partie, p. 138). A Florence, à Rome, à Naples, il y a aussi de fort belles baignoires antiques dont quelques-unes offrent sur leur pourtour extérieur des bas reliefs remarquables. Mais la plus grande pièce connue est une baignoire en marbre blanc de Carrare, placée sur l'un des points les plus élevés des jardins Boboli, jardins qui forment les dépendances du palais Pitti, sur la rive gauche de l'Arno, à Florence. Cette immense vasque monolithe ornée de quatre anneaux figurés sur les deux côtés a plus de 2 mètres de hauteur et 8 de longueur.

On prétend que ces cuves ont parfois servi de cercueils. La forme des baignoires antiques est toujours oblongue mais régulière, c'est-à-dire qu'elles n'offrent pas de rétrécissement du côté destiné aux pieds.

Aujourd'hui on préfère la forme bateau, dite à

deux têtes, ou la forme à une tête à peu près ovoïde qui diminue la quantité d'eau nécessaire pour un bain tout en ne gênant pas les bras.

Les baignoires en zinc très belles, lorsqu'elles sont neuves (le zinc se polissant bien), ne tardent pas à s'oxyder et à s'encrasser, elles ne sont donc employées que dans peu d'établissements publics et seulement à cause de leur prix peu élevé.

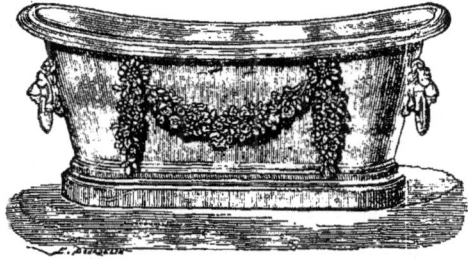

Fig. 224. — *Type de baignoire en zinc poli, pour bains particuliers.*

On fait de très belles baignoires en zinc poli intérieurement et décorées extérieurement (fig. 224), pour des bains particuliers, où les soins que l'on peut leur donner permettent de les conserver propres.

Les baignoires en cuivre étamées à l'intérieur (fig. 225) sont généralement employées pour les bains publics à cause de la facilité des réparations et de la remise à neuf par l'étamage, mais bien que l'étamage soit brillant lorsqu'il vient

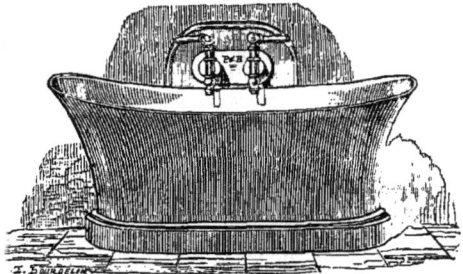

Fig. 225. — *Type de baignoire en cuivre, étamée à l'intérieur, pour bains publics.*

d'être fait, il ne peut être poli, se ternit rapidement et doit être renouvelé souvent.

On fait maintenant des baignoires en cuivre nickelé qui présentent l'aspect brillant de l'argent, mais ces baignoires coûtent cher et ne sont employées que pour des salles de bains luxueuses.

La baignoire en fonte émaillée, lorsqu'elle est bien émaillée, car il y a plusieurs genres de fabrication, peut être considérée comme la meilleure baignoire, pour un emplacement fixe, son poids la rendant peu transportable.

En effet, elle supporte tous les médicaments, sans altération, se nettoie comme de la porcelaine et, bien que son prix de revient soit un peu plus élevé que celui d'une baignoire en cuivre étamé, comme il n'y a pas d'étamage à renouveler, elle revient en somme à meilleur marché.

Les baignoires en fonte émaillée exigent, il est vrai, plus d'eau chaude que les autres baignoires pour obtenir le bain à la température voulue, à cause de l'épaisseur du métal, mais, une fois échauffée, la baignoire conserve mieux la température du bain.

Baignoire. 2° Dans un théâtre, petite loge au niveau du parterre. || 3° Poêle dans laquelle les hongroyeurs font chauffer l'eau d'alun et le suif pour apprêter les cuirs.

BAIL. Se dit, soit du contrat par lequel un individu s'oblige à faire jouir d'une chose une autre personne, pendant un certain temps, à un prix et à des conditions déterminées, soit de l'acte qui constate ces clauses et conditions. Dans la pratique, quand il s'agit d'immeubles, on appelle propriétaire ou bailleur celui qui loue ainsi sa chose à un autre, et ce dernier, locataire ou preneur.

Le bail n'est assujetti à aucune forme particulière et peut être consenti par acte authentique, sous signatures privées, verbalement, même par lettres, excepté pour les lieux destinés au dépôt ou au débit de boissons sur lesquelles la régie peut avoir des droits à réclamer. La loi du 28 avril 1816 et le décret du 5 mai 1866 prescrivent que, dans ce cas, le bail doit être fait par acte authentique.

Lorsque le bail est fait par acte sous seings privés il doit être fait en double original. Les baux doivent être enregistrés à peine d'une amende de 50 francs, encourue par le propriétaire et le locataire. (Pour les locations faites sans bail, il est fait une déclaration de la valeur locative.)

En dehors de toute stipulation et par la nature même du contrat, le bail crée, pour les deux contractants, des obligations qui sont les suivantes : pour le bailleur, délivrer au preneur la chose louée, entretenir cette chose en état de servir à l'usage pour lequel elle a été destinée, et faire jouir paisiblement le preneur pendant la durée du bail; pour le preneur, jouir de la chose louée en bon père de famille et suivant sa destination, payer le prix du bail, restituer la chose à la fin du bail.

* **BAILLARD.** *T. techn.* Chevalet qui sert à faire égoutter les soies et les laines sortant de la chaudière.

BAILLE. 1° *T. de mar.* Grand baquet ayant la forme d'un cône tronqué et qui, sur un navire, sert à différents usages. || 2° *T. de mét.* Baquet de blanchisseuse.

* **BAILLE-BLÉ.** *T. tech.* Appareil qui porte l'auget du moulin et qui permet d'en régler l'alimentation.

BAILLONNÉ. *Art. hérald.* Se dit de tout ani-

mal ayant entre les dents un bâton d'un autre émail que le corps.

* **BAILLOQUE.** *T. de plum.* Plume d'autruche femelle peu estimée, mêlée naturellement de brun et de blanc. On emploie ces plumes telles qu'elles ont été tirées de l'oiseau, après les avoir savonnées pour les rendre un peu vives et leur donner de l'éclat.

BAIN. Immersion plus ou moins prolongée, totale ou partielle, du corps humain dans une substance étrangère, soit liquide, comme l'eau pure ou diversement mélangée, soit réduite à l'état de vapeur.

On donne également le nom de *bain* à l'appareil (V. BAIGNOIRE) ou au lieu dans lequel on se baigne. Les *bains publics* sont des établissements dans lesquels on met à la disposition du public, sous les formes les plus variées, divers moyens de satisfaire aux conditions les plus essentielles de l'hygiène et de la propreté, aussi bien qu'aux soins de la santé et aux ordonnances médicales qui prescrivent des bains, purs ou mélangés, dans le traitement d'un grand nombre de maladies.

— Les bains furent employés comme moyen sanitaire, depuis les temps les plus reculés, chez les Égyptiens, les Indiens, les Chaldéens et les Perses qui en répandirent l'usage en Grèce, lorsque Artaxercès, roi des Perses, occupa l'Hellespont et la plus grande partie de la Grèce, 404 ans avant Jésus-Christ.

L'usage journalier des bains contribuait à fortifier les guerriers Lacédémoniens et Athéniens.

Le célèbre Hippocrate employait les bains pour combattre les maladies.

Les améliorations apportées dans les établissements de bains par les Grecs, qui possédaient des bains froids, chauds et de vapeur, furent transportées dans l'Asie, la Sicile, la Perse et l'Égypte, ainsi que l'indiquent les descriptions des bains de Tripoli, de Damas, de Ptolémaïde, etc.

Les Romains commencèrent à élever des bains publics 260 ans avant J.-C. et en construisirent dans toutes les contrées qu'ils soumirent à leur domination. 146 ans avant J.-C. ils en élevèrent en Espagne et 48 ans avant notre ère dans les Iles-Britanniques, la Germanie et les Gaules. On retrouve encore en Italie et en France des restes indiquant l'importance de ces établissements établis à grands frais et dans de vastes proportions.

Sous Pompée et sous Auguste de vastes gymnases furent annexés aux étuves. Les empereurs Néron, Vespasien et Titus, firent construire des monuments gigantesques où ils prodiguèrent les ornements, ce qui attira la critique de Sénèque qui, en déplorant le luxe de ce siècle, s'écriait : « Que dirai-je des bains des affranchis ! Quelle prodigalité de statues, de colonnes artistement sculptées; nous sommes arrivés à ce point de mollesse que nous ne voulons fouler que des pierres précieuses. »

Les Romains firent grand usage des bains jusqu'au grand Constantin qui les introduisit à Bysance, en 325; mais, lorsque cet empereur embrassa le christianisme, les évêques firent abolir les gymnases et bains publics dans lesquels le luxe effréné avait amené des abus.

L'usage des bains continua cependant dans l'Espagne et les Gaules jusqu'à l'invasion des Arabes, qui les remirent en faveur en 739 de J.-C. en France et en 934 en Espagne et dans l'empire grec.

Les princes chrétiens, après avoir chassé les musulmans, abolirent les bains publics; le christianisme considérant comme une source d'immoralité et d'irréligion ce qui, pour les musulmans, était une pratique essentielle de leur culte et une nécessité hygiénique. ☉

Il resta encore cependant quelques étuves romaines en France, jusque sous le règne de Charles VII, où les bai-

étaient plus vastes et plus luxueux. On comptait plus de huit cents établissements de bains publics dans Rome où l'usage en était journalier.   ☉

La plupart de ces monuments bâtis avec luxe compre-

Fig. 226. — *Le tepidarium.*

gneurs annonçaient en parcourant les rues que l'étuve était chaude.

C'est en 1569 que ces bains furent supprimés à Dijon à la suite d'abus.

Les bains de vapeur, après avoir été abandonnés dans l'Occident, ont reparu en Russie, probablement par suite

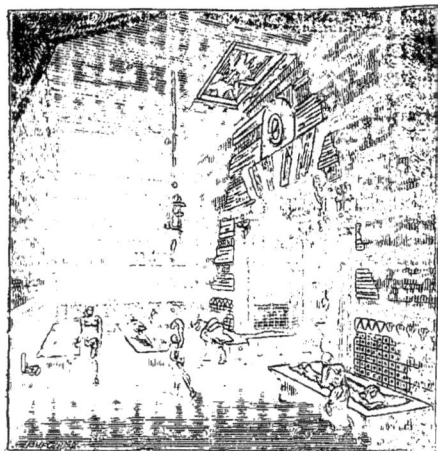

Fig. 227. — *Salle de massage.*

des rapports des Russes avec les Indes, et en 1815, la présence des Russes en Allemagne contribua à préconiser leur usage dans ce pays; mais ce n'est que vers le milieu du siècle qu'ils furent adoptés en France, sous le nom de *bains russes*, bien qu'ils aient été employés primitivement par les Grecs, les Romains et les Orientaux.

Construction. Les étuves grecques et romaines étaient à peu près semblables; cependant les bains romains

Fig. 228. — *Salle de douches.*

naient, avec les écoles et les gymnases, un bassin (*aquarium*) alimentant les divers bains; une salle (*vasarium*) contenant trois vases d'airain, remplis d'eau à diverses températures, pour les immersions; deux salles, placées au-dessus d'un four, servant aux bains de vapeur, l'une pour étuve sèche (*calidarium vellaconium*), l'autre circu-

Fig. 229. — *Salle de repos.*

laire pour étuve humide (*tepidarium vel vaporarium*).

Le four, placé sous les étuves, était voûté, et chauffé avec des plantes sèches et des boules résineuses que l'on faisait brûler sur un sol dallé en briques disposé en pente pour faciliter l'enlèvement des cendres.

La chaleur était amenée à l'étuve sèche par un grand nombre de tuyaux, et la vapeur humide était produite par l'ébullition de l'eau contenue dans des vases d'airain placés immédiatement sur la voûte chaude de l'*hypocaustrum*.

Dans les gymnases de Dioclétien et de Caracalla on produisait la vapeur en projetant de l'eau sur un sol en marbre fortement chauffé.

Les bains égyptiens et indiens, de tout temps très luxueux, se composent : d'un élégant vestibule, avec jet d'eau au centre, entouré d'une estrade couverte de tapis,

sur laquelle les baigneurs déposent leurs vêtements et se reposent après le bain. A la suite de cette salle, un corridor divisé en plusieurs parties, à des températures graduées, conduit à une grande salle garnie de marbre et recouverte d'une coupole munie de verres de couleur qui ne laissent pénétrer qu'un demi-jour ; aux quatre coins de la salle se trouvent des baignoires avec de l'eau à diverses températures.

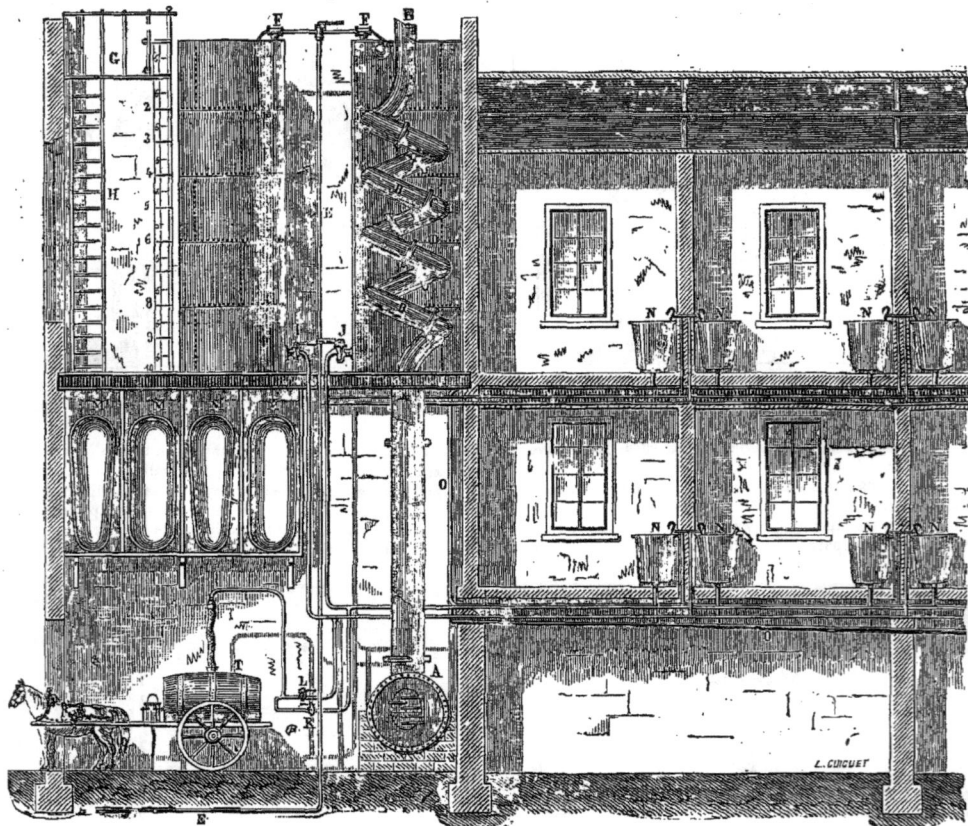

Fig. 230. — *Installation d'un bain public.*

A Chaudière. — *B* Serpentin de fumée traversant le réservoir d'eau chaude. — *C* Réservoir d'eau froide. — *D* Réservoir d'eau chaude. — *E* Conduite d'eau alimentant les réservoirs. — *F* Robinets flotteurs réglant l'alimentation. — *G* Plate-forme donnant accès à la partie supérieure du réservoir. *H* Échelle d'accès à la plate-forme. — *I* Robinet réglant la distribution d'eau froide. — *J* Robinet réglant la distribution d'eau chaude. — *K* Robinet d'arrêt réglant la distribution d'eau chaude pour les bains à domicile. — *L* Robinet d'arrêt réglant la distribution d'eau froide pour le même objet. — *M* Baignoires d'attente pour les bains à domicile. — *N* Baignoires de l'établissement. — *O* Canalisation de vidange. — *T* Tonneau de ville pour les bains à domicile.

Le baigneur, après avoir été frictionné au centre de la pièce, se plonge dans l'une des baignoires, suivant la température qui lui convient, ou se fait verser plusieurs seaux d'eau savonneuse sur la tête, puis s'enveloppe dans un peignoir et retourne dans la première pièce s'étendre sur un sopha pour être massé et se reposer.

Les femmes viennent aux bains voilées et enveloppées dans de longs manteaux qui cachent les riches vêtements qu'elles mettent pour éclipser leurs compagnes.

Les bains russes sont très primitifs; ils se composent d'une seule pièce, construite en bois avec un grand poêle en faïence dans un coin et des banquettes disposées en gradins pour permettre aux baigneurs de s'étendre à des hauteurs différentes suivant la température qui leur con-

vient; des robinets d'eau permettent de remplir des baquets que les baigneurs se font jeter sur la tête lorsqu'ils sont en pleine transpiration.

Les bains turcs ont beaucoup d'analogie avec les anciens bains des Grecs, mais sont plus somptueux.

Le Hammam, construit à Paris, en 1875, par MM. Klein et Duclos, avec tout le luxe oriental, permet de se faire une idée très exacte des bains turcs et romains dont le mode de traitement était peu connu avant la construction de cet établissement; nous donnons les dessins des principales pièces et le résumé du traitement suivi.

Les baigneurs, après avoir déposé leurs vêtements dans les cabinets du vestiaire, traversent la salle de repos (*mustaby*) pour se rendre au *tepidarium* (fig. 226), salle voûtée en plein cintre, éclairée par le haut au moyen de vitraux de couleur, dont la température est maintenue à 50° et autour de laquelle sont disposés des divans de marbre blanc sur lesquels ils s'étendent.

Pour activer ensuite la transpiration commencée, ils passent quelques minutes dans le *caldarium*, étuve chauffée à 70°, ou dans le *laconicum* chauffé à 90°, où des tapis et des sandales permettent de marcher sur les dalles brûlantes.

Lorsque la transpiration est abondante, des massages énergiques sont pratiqués dans l'*elipterium* (fig. 227), salle de massage à 40°, puis les masseurs arabes conduisent les baigneurs dans le *lavatorium*, chauffe également à 40°, et garni de cuvettes en marbre surmontées de robinets d'eau chaude et d'eau froide où ils les lavent avec de l'eau savonneuse.

Une douche prise dans la salle de douches (fig. 228) ou un plongeon dans une piscine d'eau courante à 8° et un repos avec accompagnement de rafraîchissements sur un des divans des petits salons de la salle de repos (fig. 229), terminent les opérations diverses de ce genre de bain très reconfortant.

Aujourd'hui l'usage des bains de toute espèce est largement répandu, et leur salutaire influence, sur la santé publique est universellement appréciée. On ne comptait, en 1832, que soixante-dix-huit établissements de bains publics à Paris; ce nombre est actuellement plus que doublé; de plus une organisation complète a été créée pour le transport des bains à domicile.

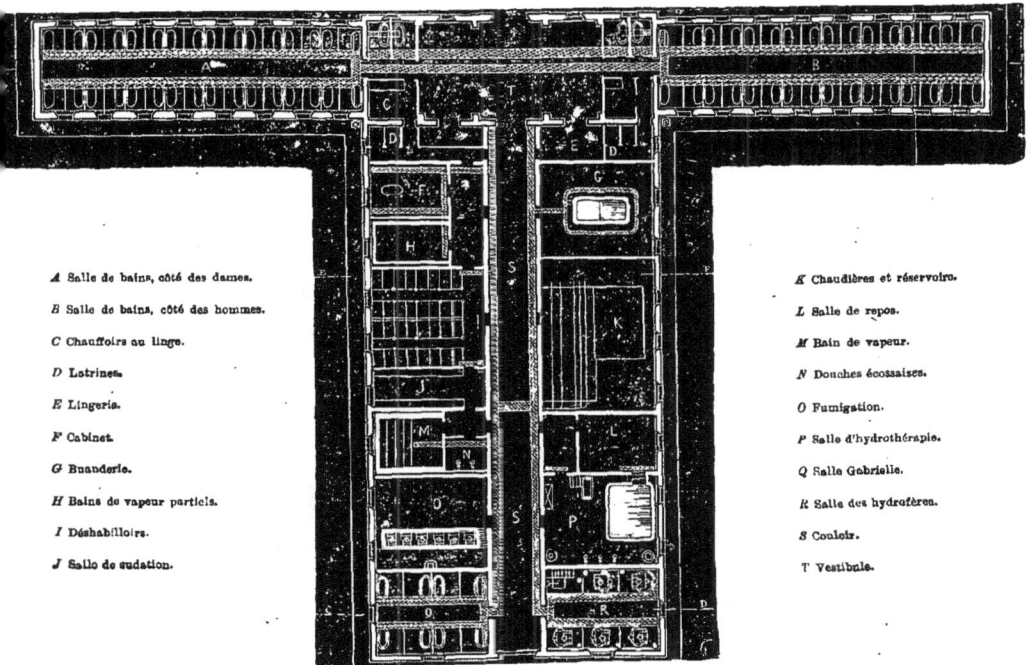

A Salle de bains, côté des dames.

B Salle de bains, côté des hommes.

C Chauffoirs au linge.

D Latrines.

E Lingerie.

F Cabinet.

G Buanderie.

H Bains de vapeur particlis.

I Déshabilloirs.

J Salle de sudation.

K Chaudières et réservoirs.

L Salle de repos.

M Bain de vapeur.

N Douches écossaises.

O Fumigation.

P Salle d'hydrothérapie.

Q Salle Gabrielle.

R Salle des hydrofères.

S Couloir.

T Vestibule.

Fig. 231. — *Bains de l'hôpital Saint-Louis.* — *Plan d'ensemble.*

La science et l'observation ont d'ailleurs perfectionné, sous toutes les formes, les pratiques balnéaires, et donné lieu à la création de nombreux appareils dont la construction et l'installation constituent une branche importante de l'industrie.

Nous ne nous occuperons ici que des bains chauds: *bains ordinaires*, bains de siège, bains de pied, bains médicinaux, bains de vapeur et d'air chaud. L'*hydrothérapie* et l'emploi des *eaux minérales* feront l'objet d'études spéciales pour lesquelles nous renvoyons le lecteur à ces mots.

En Angleterre, en Belgique et en Autriche, on trouve des établissements de bains avec de vastes piscines.

En France, les bains de piscine n'ont pas encore été introduits; les établissements de bains très nombreux comportent tous une série de petits cabinets de bains ordinaires et quelques pièces réservées aux bains de vapeur et à des douches. Le dessin de la figure 230 donne une idée de ces installations.

Il y a à Paris plusieurs établissements de bains de vapeur en commun avec douches, très appréciés par les ouvriers qui, l'hiver, peuvent y passer une partie de la journée en société comme aux bains froids en été.

Les bains les plus complets qui existent en France sont les bains internes de l'hôpital Saint-Louis, exécutés par la maison Bouillon, Muller et Cⁱᵉ et dont notre figure 231 donne le plan d'ensemble; 1,200 malades peuvent y recevoir chaque jour tous les traitements balnéaires simples ou médicaux en usage.

Ces bains comprennent, en effet, **deux grandes**

salles de bains simples (fig. 232), une pour les hommes, une autre pour les femmes, contenant chacune 31 baignoires et des salles séparées contenant 12 baignoires, soit ensemble 74 baignoires, toutes en fonte émaillée, inattaquable aux divers produits employés pour les maladies de peau; des bains et douches de vapeur; des fumigations simples ou aromatisées; des bains à l'hydrofère (fig. 233); un service complet d'hydrothérapie; des douches médicinales.

Les deux grandes salles de bains sont chauffées par la circulation de l'eau alimentant les baignoires; cette eau est elle-même fournie par des réservoirs placés au-dessus de deux vastes

chaudières à circulation (fig. 234) dont les fourneaux sont reliés aux fourneaux des chaudières à vapeur, afin de concentrer les feux sur un même point. Le chauffage des autres parties de l'établissement est fait par des circulations de vapeur.

Dans ces bains destinés à des malades, le service est fait uniquement par des garçons; l'eau froide et l'eau chaude arrivent ensemble par un raccord en forme de champignon à l'extrémité et à la partie inférieure de la baignoire (fig. 235), afin de diminuer, autant que possible, les dégagements de buée, et les manœuvres des robinets d'alimentation et des soupapes de vidange se font aux bouts des baignoires par les garçons, au moyen de clefs

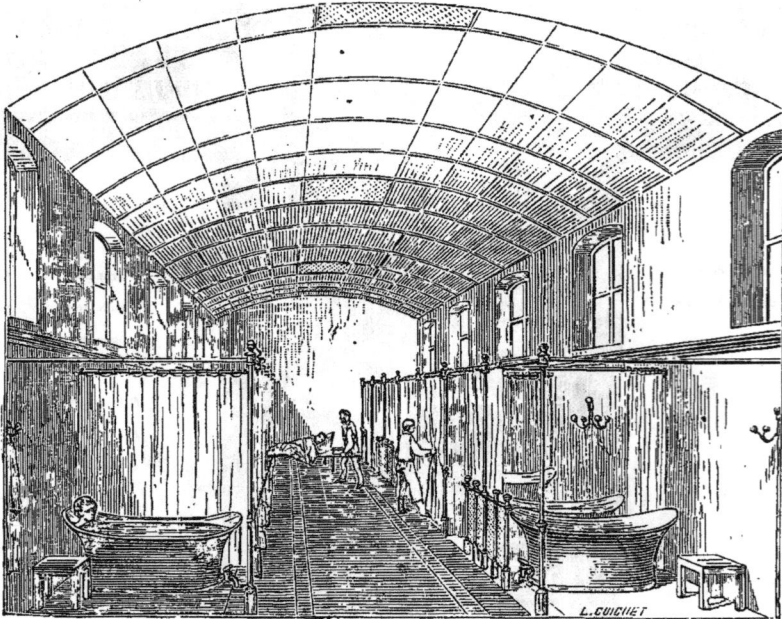

Fig. 232. — *Hôpital Saint-Louis.* — *Grande salle des bains simples.*

passant dans des balustrades servant à la décoration et à soutenir les colonnes supportant les tringles et rideaux de séparation des baignoires.

Installation. Dans les établissements de bains les distributions d'eau et le chauffage de l'eau sont deux points importants.

L'eau, fournie généralement par la ville, moyennant un abonnement qui se règle d'après un compteur enregistrant les quantités employées, est amenée dans un réservoir placé dans un point culminant de l'établissement, d'où elle est distribuée au moyen de tuyaux en fonte, pour les conduites de 60 millimètres de diamètre et au-dessus, et en plomb ou en cuivre pour les conduites secondaires d'un plus petit diamètre.

Pour l'eau chaude, les tuyaux sont à brides et des moyens de parer aux dilatations, coudes en cuivre ou boîtes de dilatation, sont

ménagés pour éviter les ruptures et les fuites. Quant aux embranchements, ils doivent être en cuivre, car le plomb ne convient pas pour l'eau chaude; il se ramollit, se courbe entre les supports et finit par se couper sur les colliers. Pour faciliter les visites et les réparations, les conduites de distribution sont placées dans des caniveaux accessibles; des robinets d'arrêt à la sortie des réservoirs et des robinets de purge placés aux points bas des conduites permettent de vider les réservoirs.

Une partie seulement de l'eau est chauffée à 80° environ, soit directement dans une grande chaudière servant de réservoir, soit par circulation dans un réservoir en élévation au moyen d'une chaudière placée dans le sous-sol, soit enfin au moyen de serpentins de vapeur circulant dans un réservoir, lorsque l'on dispose d'une chaudière à vapeur pour d'autres usages, que l'on veut éviter plusieurs foyers et placer le chauffage à une certaine distance des réservoirs, la vapeur voyageant facilement.

Pour le chauffage direct on emploie des chaudières en tôle ou en cuivre, avec foyer intérieur et serpentin pour le passage de la fumée au milieu de l'eau, ou des réservoirs en tôle chauffés extérieurement au moyen d'un foyer placé dessous et de carneaux en briques enveloppant la chaudière pour faire circuler la fumée autour.

Les chaudières pour le chauffage de l'eau par

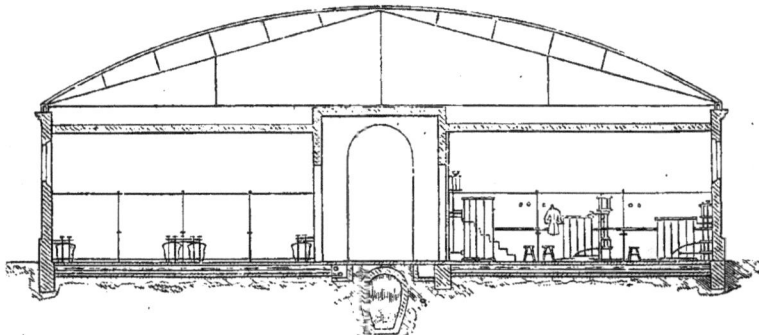

Fig. 233. — *Salle Gabrielle* — *Salle des hydrofères.*

circulation se font sous bien des formes, comme les chaudières à vapeur, mais il est important de ménager des moyens de nettoyage faciles, car elles reçoivent les dépôts de grandes quantités d'eau.

La chaudière tubulaire de MM. Piet et Cie (fig. 236) satisfait bien à cette condition; chaque tube de 0m,150 de diamètre intérieur est muni à ses deux extrémités de tampons maintenus par des étriers qui s'enlèvent facilement et permettent de gratter convenablement et d'extraire les dépôts.

Quelle que soit la chaudière employée elle est reliée au réservoir par deux conduites; l'une par-

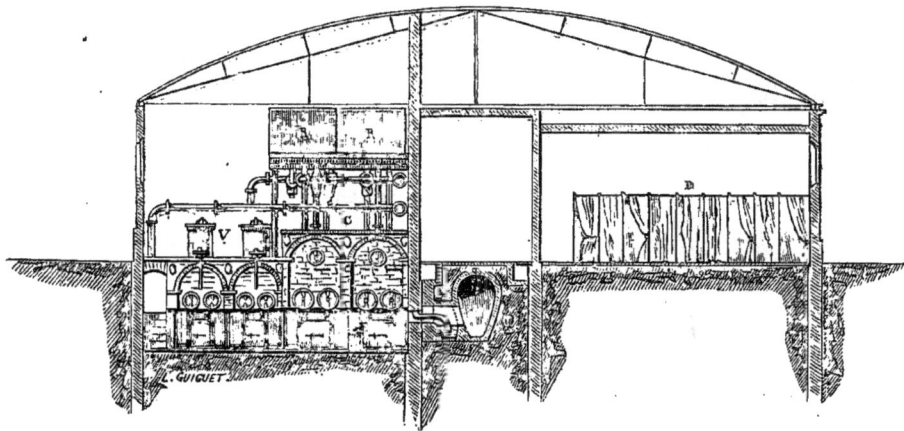

Fig. 234. — *Bâtiment des chaudières.*

tant du sommet de la chaudière, dans laquelle l'eau chauffée, par suite la plus légère, monte au réservoir; l'autre aboutissant à la partie inférieure, dans laquelle l'eau la plus froide du réservoir, soit la plus lourde, descend. C'est par ce mouvement continu de l'eau que toute la masse d'eau du réservoir est échauffée.

On emploie quelquefois un système mixte, comprenant une chaudière placée dans le sous-sol, dont le tuyau de fumée passe au travers du réservoir placé en élévation au-dessus des baignoires, comme l'indique la figure 230 des bains ordinaires de Paris.

Lorsque le chauffage de l'eau a lieu par la vapeur, la chaudière à vapeur doit être aussi simple que possible pour éviter les réparations, les chauffeurs étant généralement peu soigneux dans les établissements de bains.

La chaleur est communiquée à l'eau du réservoir, soit par un serpentin, avec tuyau de retour des eaux condensées à la chaudière, lorsque la différence de niveau est suffisante, soit par la condensation directe de la vapeur dans l'eau à chauffer.

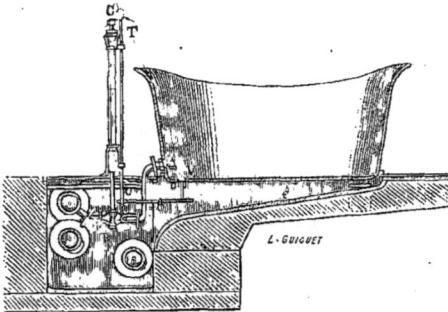

Fig. 235. — *Distribution de l'eau dans les baignoires.*

A Raccord d'introduction. — *V* Soupape de vidange. — *R* Robinet d'alimentation. — *T* Tringle de manœuvre. — *C* Balustrade.

Bains de vapeur. Les bains de vapeur sont, après les bains d'eau chaude, ceux dont l'usage est le plus répandu.

L'installation des établissements publics disposés pour ce genre de bains a été portée à un haut degré de perfection. Les principes sont toujours à peu près les mêmes. Les baigneurs passent successivement dans une série de salles où la température entretenue par l'affluence de la vapeur devient de plus en plus élevée, jusqu'à l'étuve où l'on ne séjourne habituellement que quelques minutes. Après l'action de cette haute température s'appliquent les douches diverses, douches d'eau chaude, douches d'eau froide,

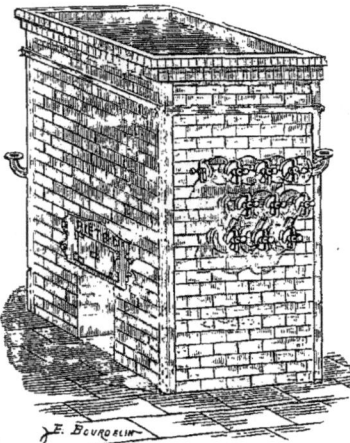

Fig. 236. — *Chaudière tubulaire.*

douches en cercles, en lame, en pluie, suivant la forme des appareils employés à cet effet. — V. HYDROTHÉRAPIE.

Malgré la complication d'une installation générale pour ce genre de bains, les habitations particulières peuvent également être pourvues de ce confortable toujours utile à la santé, parfois même nécessaire au traitement de certaines maladies.

On construit, en effet, des appareils portatifs, pouvant s'installer partout, même dans la chambre d'un malade, pour obtenir à volonté des bains de vapeur.

Notre figure 237 présente un spécimen de ces appareils. La vapeur, produite par l'action d'un fourneau disposé sous une chaudière à dôme sphérique, s'échappe par une lance qui permet de la répandre dans une chambre pour prendre un bain complet, ou de la diriger sur une partie du corps pour obtenir l'effet d'une douche de vapeur.

Bains particuliers. Les bains sont tellement entrés dans les habitudes, que toutes les nou-

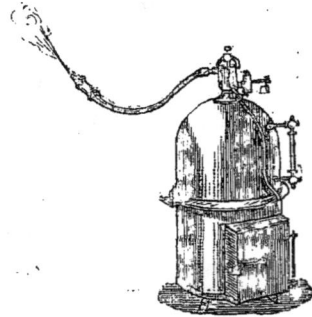

Fig. 237. — *Appareil portatif pour bains de vapeur.*

velles habitations en Amérique, en Angleterre et en France sont pourvues de cabinets de bains.

Les moyens de chauffage employés sont divers suivant les emplacements dont on dispose.

Pour les installations simples, la chaudière est placée dans la même pièce que la baignoire ou dans une pièce contiguë ; on emploie alors, soit un thermosiphon qui, mis en communication avec la baignoire par deux tubulures, chauffe l'eau directement par circulation, soit une chaudière chauffée au charbon ou au gaz, fournissant de l'eau chaude par un robinet de la baignoire.

Le thermosiphon (fig. 238) est le système le plus économique, car il ne nécessite qu'une conduite d'eau froide, un tuyau de décharge de la baignoire et un petit tuyau de fumée ; mais il ne permet pas de réchauffer le bain aussi facilement qu'avec un robinet d'eau chaude.

Les chaudières ordinaires chauffées au charbon (fig. 239) ou au gaz sont plus confortables ; elles permettent de renouveler l'eau froide et l'eau chaude de la baignoire à volonté, mais elles nécessitent des distributions d'eau plus compliquées que le thermosiphon.

Il convient d'alimenter la chaudière au moyen d'un petit réservoir avec flotteur et de placer un robinet d'arrêt à portée de la main sur la conduite, afin de pouvoir en fermant le robinet interrompre l'arrivée de l'eau froide, lorsque l'on veut conserver l'eau de la chaudière bien chaude, ou au contraire, en l'ouvrant, laisser l'eau arriver sans avoir à se préoccuper du moment où la chaudière sera pleine ; malgré le robinet flotteur la chaudière doit être munie d'un trop plein pour éviter toute cause d'accident.

Les chaudières chauffées au gaz sont plus commodes à allumer que les autres, mais elles nécessitent une assez forte conduite de gaz.

Toutes les chaudières d'appartement sont munies de boîtes, pour placer le linge, qui sont chauffées soit par la chaleur du foyer, soit par l'eau de la chaudière ; dans celles chauffées au gaz le chauffage du linge est indépendant du chauffage de l'eau, ce qui permet de chauffer le

Fig. 238. — *Chauffe-bain et linge adapté à une baignoire.*

linge à la fin du bain lorsqu'on n'a plus besoin d'eau chaude.

Dans les habitations qui comportent plusieurs étages il est préférable que la chaudière soit en dehors de la salle de bains, afin d'être plus facilement allumée par les domestiques. Dans ce cas, on emploie, soit une chaudière à circulation, d'une grande surface de chauffe pour un petit volume, chauffant un réservoir placé au-dessus de la baignoire dans la même salle ou à un étage supérieur ; soit une chaudière close, d'une assez grande contenance, placée au rez-de-chaussée ou en sous-sol, recevant l'eau froide à la partie inférieure, et fournissant l'eau chaude aux étages supérieurs par des tuyaux de circulation munis d'un tube d'expansion aboutissant au-dessus du réservoir d'eau froide d'alimentation.

Ce système très employé en Amérique n'est pas encore bien connu en France ; il est cependant très commode et permet de distribuer de l'eau chaude dans tous les étages de la maison lorsqu'il est convenablement disposé.

Lorsque le réservoir est placé dans la même salle que la chaudière ou derrière une cloison de cette salle, le linge est chauffé par l'eau dans une petite armoire pénétrant dans le milieu du réservoir.

Si le réservoir d'eau chaude est à un étage supérieur, un récipient dans lequel passe l'eau chaude est disposé, sur la conduite amenant l'eau à la baignoire, pour chauffer le linge.

Au lieu d'une chaudière à circulation spéciale, on emploie souvent le fourneau de cuisine pour le chauffage du réservoir d'eau, que l'on utilise aux divers services de la maison ; cabinets de toilette, office, etc.

Dans ce but, on place dans le fourneau de cuisine sur un ou deux des côtés du foyer, un bouilleur clos en cuivre communiquant par deux tuyaux de circulation avec le réservoir d'eau chaude placé en élévation.

On utilise également la chaleur perdue du fourneau de cuisine en interposant dans la cheminée, un réservoir qui se trouve chauffé par la

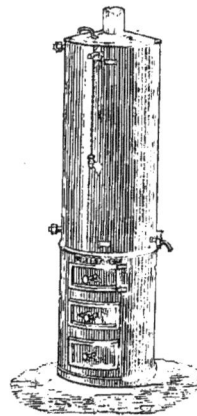

Fig. 239. — *Chaudière au charbon pour le chauffage des bains particuliers.*

fumée du fourneau passant autour du réservoir ou dans un conduit intérieur ; mais, dans ce cas, il est bon d'avoir un foyer spécial pour venir en aide au fourneau en cas de besoin, et de ménager un conduit de fumée direct pour l'allumage du fourneau, la masse d'eau contenue dans le réservoir, environ 200 litres, diminuant le tirage du fourneau.

Nous ne donnons qu'un aperçu des systèmes généraux d'installations qui peuvent varier beaucoup dans les détails, suivant les dispositions des emplacements, et qui demandent à être soigneusement exécutés pour éviter des dégâts.

Un point important dans les installations de bains comme de tout espèce d'appareil qui comporte de l'eau, c'est l'écoulement de l'eau.

On a beaucoup préconisé pendant un certain temps les terrassons en plomb sous les baignoires, pour l'écoulement de l'eau de la baignoire et de l'eau que l'on pourrait jeter au dehors.

Ces terrassons ont un inconvénient ; si le tuyau d'écoulement n'est pas très gros et très en pente, la charge de l'eau de 0,15 à 0,20 dans le terrasson, n'est pas suffisante pour produire un écoulement aussi rapide que celui de l'eau de la baignoire dont la charge est de 0,50 d'eau ; il y a débordement de la cuvette et par suite pénétration dans les plafonds ; de plus, comme ces terrassons ne sont pas faciles à visiter sous la baignoire, ils ne sont pas toujours propres et peuvent donner de mauvaises odeurs.

Il est donc préférable d'écouler les eaux de la baignoire directement dans le tuyau de vidange soudé sur la soupape de la baignoire. — J. P.

— Les établissements de bains sont placés sous la surveillance de la police municipale ; ceux installés sur bateaux sont, au point de vue de la propriété civile, considérés comme des meubles et non comme des immeubles. Les bains d'eaux minérales et des asiles d'aliénés, l'hydrothérapie et la pulvérisation sont soumis à des conditions spéciales. — V. EAUX MINÉRALES, HYDROTHÉRAPIE, PULVÉRISATION.

Bains médicamenteux ou **médicinaux.** Ces bains destinés à la guérison des diverses maladies, sont aussi nombreux que les substances médicinales dont les principes actifs sont reconnus comme solubles ; les progrès constants de la thérapeutique ont rendu ce moyen de balnéation si simple et si facile qu'il est aujourd'hui couramment appliqué, aussi bien chez les particuliers que dans les établissements publics. Nous n'avons point à revenir sur le *bain simple* et le *bain de vapeur* qui font également partie du *bain de santé ;* mais nous indiquerons brièvement quelques-uns de ceux qui sont plus spécialement désignés sous le nom de *bains médicinaux : les bains sulfureux* (bains de Baréges artificiels) que l'on emploie dans diverses maladies de la peau, s'obtiennent avec une dose de 60 à 150 grammes de sulfure de potassium ou de soude, que l'on fait dissoudre dans la quantité d'eau nécessaire pour remplir une baignoire ; 500 grammes de gélatine donnent au bain une certaine onctuosité et empêchent l'irritation de la peau ; *les bains alcalins,* que l'on prépare avec 150 ou 250 grammes de sous-carbonate de soude ou de potasse, et que l'on utilise contre certains rhumatismes, la chlorose, etc. ; *les bains salins* prescrits contre les scrofules, le rachitisme et les débilités générales, et que l'on obtient en ajoutant 125 à 250 grammes de sel de cuisine à chaque seau d'eau que contient la baignoire ; pour éviter l'irritation de la peau on y incorpore au besoin du son ou de la gélatine ; *les bains émollients* que l'on compose avec l'amidon, la colle de Flandre, la pâte d'amande et la gélatine ; *les bains chlorurés* qui contiennent un ou deux hectogrammes de chlorure de soude, et que l'on emploie dans certains cas de scrofule ; *les bains aromatiques,* auxquels on a incorporé une substance aromatique quelconque, thym, menthe, lavande, etc., puis encore *les bains de marc de raisin, de sang, de cendres, de boue, de sable,* etc. qui consiste à se couvrir le corps de ces matières ou à s'y plonger. Les *bains d'eaux minérales naturelles* et les pratiques de l'*hydrothérapie* feront, ainsi que nous l'avons déjà dit, l'objet d'articles spéciaux.

II. **BAIN.** 1° *T. de teint.* On donne généralement ce nom aux dissolutions employées pour certains traitements ; ainsi, dans le *blanchiment,* on se sert du *bain acide,* qui se compose d'acide chlorhydrique ou d'acide sulfurique très dilués ; pour passer les pièces après le lessivage en chaux ou en colophane, on fait usage du *bain de colophane,* qui n'est autre qu'une dissolution de colophane et de soude. (V. BLANCHIMENT). Le *bain de son* s'emploie, soit pour dégommer les étoffes avant la teinture, soit comme avivage des genres garanciنs après la teinture. — Le *bain blanc* ou *bain huileux* est une émulsion faite avec de l'huile tournante mélangée de soude caustique. On prend par exemple 10 à 12 0/0 d'huile tournante et 100 parties d'eau de soude à 1°. Une fois que l'émulsion ne se sépare plus, on y plonge la fibre à mordancer, on tord et on sèche. Cette opération se renouvelle suivant l'intensité à donner à la couleur. Ce bain s'appelle *bain blanc* parce que cette émulsion a tout à fait l'aspect d'un bain de lait. — Le *bain de bouse* est composé de bouse délayée dans de l'eau ; on y passe les pièces à dégommer avant la teinture. La composition du bain à bouser varie suivant les genres d'impression ; on emploie la bouse de vache, la fiente de mouton, le silicate de soude, la gélatine, la craie, l'arséniate de soude, le phosphate de soude, le sel à bouser, etc.

Le bain de bouse se donne dans une cuve à roulettes disposée de telle façon que les tissus passent au large et y restent plongés pendant un temps déterminé. — On donne le nom de *bain de teinture* au liquide dans lequel s'opère la teinture ; la matière colorante s'y trouve, soit en suspension, comme la garancine, soit en dissolution, comme les couleurs d'aniline.

Bain de dégrais. 2° Avant de mettre les laines en œuvre, les fabricants leur font subir l'opération dite du *dégraissage,* destinée à dépouiller la laine du suint et des ordures. Les dissolutions employées portent le nom de *bains de dégrais* et se composent d'urine putréfiée et de cristaux de soude. C'est à cet usage que sont destinés les liquides recueillis par les « marchands d'urines », à Elbeuf.

Bain de savon. 3° Se dit des dissolutions de savon, dans lesquelles on passe les pièces teintes et destinées à être avivées.

Bain bleu. 4° Dénomination usitée dans les fabriques d'indiennes pour indiquer l'acide ferri-cyanhydrique, qui sert à la composition des bleus de France, des bleus coton vapeur et de certains noirs d'aniline.

Bain d'or. 5° *T. de photogr.* C'est le bain qui sert à donner aux épreuves le ton noir-bleu, avant ce passage, elles sont brun-jaune et noircissent dans ce bain par suite de la précipitation de l'or réduit.

Il y a de nombreuses formules de bain d'or, mais la base est toujours le chlorure d'or additionné soit de craie, soit de chlorure de chaux, de phosphate de soude ou d'hyposulfite de soude.

Bain développant. 6° *T. de photogr.* Se dit de la liqueur destinée à faire apparaître l'image sur la plaque après l'insolation. Le bain développant se compose soit de sulfate de fer, soit d'acide pyrogallique, etc.

Bain fixateur. 7° *T. de photogr.* L'image étant développée sur la plaque, il est indispensable d'enlever les parties non isolées. Cette opération se fait par le bain fixateur qui se compose de cyanure de potassium ou d'hyposulfite de soude. Quand il s'agit du tirage des épreuves positives, on se sert aussi d'un bain fixateur qui est généralement le bain d'or; mais on emploie également, pour obtenir le même effet, le perchlorure de fer, le chlorure de platine, les sels d'urane, etc.
— J. D.

Bain. 8° En chimie, on nomme *bain* un liquide ou un milieu quelconque dans lequel on chauffe un vase, sans l'exposer directement à l'action du feu, ainsi on dit : *bain de cendres*, quand au lieu d'eau bouillante on emploie de la cendre; *bain de sable*, quand l'appareil distillatoire est placé dans une chaudière ou un vase rempli de grès en poudre, dans le but d'obtenir une température très élevée et très régulière; c'est principalement à cet usage qu'est employé ce genre de bain, tandis que quand on veut ne pas dépasser la température de l'ébullition, on emploie le *bain-marie* qui consiste à chauffer certains corps d'une façon douce et uniforme, sans les exposer à l'action immédiate et inégale de la flamme. On emploie, à cet effet, un vase rempli d'eau ou de tout autre liquide en ébullition, dans lequel on plonge le vase contenant la matière sur laquelle on veut opérer; le bain-marie sert aussi à distiller les substances volatiles ou aromatiques, à évaporer les extraits; *bain de vapeur*, lorsque le vase qui contient la matière sur laquelle on veut opérer est exposé à la vapeur de l'eau.

|| 9° *T. de plum.* Chez les plumassiers, c'est une poêle de cuivre battu pleine de matière colorante dans laquelle on met les plumes à teindre. On appelle *bain neuf*, une eau de savon n'ayant pas servi et dans laquelle on trempe les plumes pour les blanchir, et *bain vieux*, une eau de savon ayant servi plusieurs fois. On donne ordinairement aux plumes deux bains vieux et trois neufs. || 10° Dans la construction, on appelle *bain de mortier* la pose des pierres, des moellons ou des pavés en plein lit de mortier; on dit aussi *maçonner en bain*, quand on emploie beaucoup de plâtre pour lier les parties d'une maçonnerie. || 11° *Bain de blanc* ou *de blanchiment. T. de mét.* Mélange de vieille eau-forte, d'acide sulfurique, de sel marin et de suie grasse en usage chez les vernisseurs, les doreurs et les argenteurs dans l'opération du décapage. (V. ARGENTURE.) Dans la dorure galvanique, on emploie des *bains d'or* suivant différentes formules dont on trouvera l'exposé au mot DORURE. || 12° *Bain de cuivre.* On l'obtient en faisant dissoudre dans l'eau la quantité de sulfate de cuivre pur qu'elle peut prendre à la température ambiante. — V. GAL._NOPLASTIE. || 13° *Bain de pieds.* Petite bai-

gnoire où l'on ne baigne que les pieds; *bain de siège*, baignoire où l'on ne baigne que le milieu du corps.

BAÏONNETTE. *T. d'arm.* Arme de pointe qui peut se fixer à volonté au bout du fusil, et permet de le transformer en une arme de hast.

— La baïonnette a été, dit-on, inventée à Bayonne ; mais la tradition manque de précision et de date connue. On prétend que les Basques, manquant de munitions, fixèrent leurs couteaux au bout du canon de leurs fusils, et cela est fort possible, et même probable, étant donné l'usage du couteau chez les Basques. — Dans tous les cas (quoique l'orthographe admise ait supprimé l'y), le nom de baïonnette vient de Bayonne, et il est certain qu'en 1671, il s'est organisé dans cette ville une fabrique de baïonnettes (Gassendi). C'est la plus ancienne dont il soit question.

Puységur cite comme employée en 1642, une lance d'un pied de long, munie d'un manche en bois qui entrait dans le canon. Ce système présentait des avantages en donnant aux fusiliers le moyen de se protéger eux-mêmes sans le secours des piquiers ; mais, il ne permettait plus de faire feu quand on s'était disposé pour combattre à l'arme blanche; le fusil, devenu arme de hast, cessait d'être une arme à feu.

Aussi, l'adoption de la baïonnette coudée et fixée au canon par une douille, a été une des plus grandes révolutions dans l'armement; le fusil était alors, vraiment et toujours, à la fois arme à feu et arme de main. C'est en 1703 que Louis XIV se décida, sur l'avis de Vauban, à donner à toute l'infanterie le fusil avec baïonnette.

Jusque-là, le mousquet avait été l'arme à feu employée, et un tiers des soldats d'infanterie avaient conservé la pique; en 1670, il n'y avait que quatre fusils par compagnie ; ce nombre fut porté à six en 1687 et à vingt et un en 1692. L'usage de la baïonnette primitive se généralisa de 1671 à 1678; ce n'est qu'à partir de 1681, que la baïonnette à douille commença à être employée.

La baïonnette se compose de trois parties : la *lame*, qui seule est en acier et a une section triangulaire ou quadrangulaire; la *douille*, cylindre creux en fer, qui emboîte le bout du canon; le *coude*, qui relie la lame et la douille, il est en fer comme la douille et est forgé dans la même pièce, il est soudé à son autre extrémité avec la lame. Deux fentes verticales réunies par une autre fente horizontale sont pratiquées dans la douille, elles servent à engager le tenon qui se trouve à l'extrémité du fusil. Une *virole*, sorte de bague qui entoure la douille, permet dans une certaine position le passage du tenon, tandis que dans toutes les autres elle vient buter contre lui et assure d'une façon complète la fixité de la baïonnette au bout du canon. Ce mode de réunion de deux pièces cylindriques emboîtées l'une dans l'autre a souvent été employé depuis, en particulier pour certains instruments de physique ou de chimie, on lui a donné le nom de *mouvement de baïonnette*.

Lors de la transformation complète, en 1866, de l'armement de l'infanterie (V. FUSIL), la baïonnette fut remplacée par le *sabre-baïonnette* qui était déjà, depuis 1842, entre les mains des chasseurs à pied. A l'imitation de la France, presque toutes les puissances ont successivement abandonné la baïonnette ancienne et l'ont remplacée par le sabre-baïonnette. Le sabre-baïonnette, sorte de couteau ou de yatagan est une arme à plusieurs fins. On peut le fixer à volonté, comme la baïonnette, au bout du canon, s'en servir comme arme de main pour les luttes corps à corps; ou bien encore l'utiliser comme outil tranchant pour couper du bois, appointer des piquets, faire du fagot pour la soupe. Dans quelques armées, l'Angleterre et la Suisse, le dos de la lame est taillé en dents de scie. Enfin, porté au côté dans son fourreau d'acier, il flatte le soldat bien plus que ne le faisait la baïonnette avec son fourreau de cuir mince, et de même placé au bout du canon il a un aspect plus terrifiant.

En revanche, le sabre-baïonnette, beaucoup plus pesant que la baïonnette, 0ᵏ,655 au lieu de 0ᵏ,350, rendait plus fatigante la mise en joue de l'arme, et par suite nuisait à la justesse et à la rapidité du tir. On fut donc forcé de recommander de ne pas laisser le sabre-baïonnette au bout du canon pendant le tir et de ne le mettre en place qu'au moment même de s'en servir. C'était un inconvénient, aussi, bien qu'aujourd'hui les feux aient acquis une importance de plus en plus grande et que le combat corps à corps devienne de plus en plus une exception, la baïonnette a conservé encore un certain nombre de partisans qui se rappellent qu'elle a été une arme éminemment nationale, s'adaptant parfaitement au caractère du soldat français animé de cette fougue que les autres nations avaient désignées sous le nom de *furia francesa*.

Après la guerre, lors de l'adoption en France du nouveau fusil, modèle 1874, on a remplacé le sabre-baïonnette par une *épée-baïonnette*. Cette nouvelle arme à lame beaucoup plus effilée et poignée en bois au lieu d'être en laiton, est assez légère (0ᵏ,560) pour qu'on puisse la laisser au bout du canon pendant le tir, en même temps elle est interchangeable, c'est-à-dire peut s'adapter à n'importe quelle arme. L'expérience de la guerre de 1870-71 avait en effet montré tous les inconvénients qu'il y avait à affecter une baïonnette à chaque arme en particulier, les hommes étant souvent exposés, surtout en cas de surprise, à se tromper de fusil ou bien de baïonnette.

Actuellement, il y a en service trois sortes de baïonnettes : l'épée-baïonnette pour l'infanterie et le génie; le sabre-baïonnette pour l'artillerie et certains corps spéciaux; la baïonnette à douille et à lame quadrangulaire pour les gendarmes à cheval.

* **BAISÉ**. *T. de mét.* 1° Se dit, chez les passementiers, de la partie de l'ouvrage qui a été incomplètement frappée, et où la trame n'est pas serrée. || 2° *Bouts baisés*, fils de soie qui se sont collés en séchant.

BAISSE. Se dit de la descente des choses au-dessous du prix qu'aurait amené la libre concurrence.

— Ceux qui, faisant travailler les ouvriers, emploient des manœuvres tendant à forcer injustement et abusivement la baisse des salaires, manœuvres suivies d'une tentative ou d'un commencement d'exécution, sont punis d'un emprisonnement de six jours à un mois et d'une amende de 200 à 3,000 francs.

Ceux qui auront ainsi amené la baisse du prix des denrées ou marchandises, des papiers et effets publics, au-dessous des prix qu'aurait déterminés la concurrence naturelle et libre du commerce, seront punis d'un emprisonnement d'un mois à un an et d'une amende de 500 à 10,000 francs.

* **BAISSOIR**. *T. techn.* Réservoir en bois de chêne porté par des murs en maçonnerie et qui, dans les salines, reçoit les eaux après qu'elles ont subi un commencement d'évaporation.

BAISURE. *T. de boul.* Endroit par lequel deux pains se sont touchés pendant la cuisson.

BAJOIRE. Ce mot qui doit être une corruption du vieux mot *baisoire* désigne une pièce de monnaie ou médaille qui a pour effigie deux têtes superposées et de profil.

— Il y a à la Bibliothèque nationale des monnaies sur lesquelles ont été gravées de la sorte les têtes de Henri IV et de Marie de Médicis.

* **BAJOUE**. *T. techn.* Chacune des éminences qui se trouvent aux jumelles de la machine employée pour la préparation du plomb des vitraux.

* **BAJOYER**. *T. de constr. hydr.* Mur de revêtement d'une chambre d'écluse dont les extrémités sont fermées par des portes ou des vannes. Par extension, on donne ce nom aux murs ou ailes des culées d'un pont.

BALAI. 1° Ustensile de ménage formé d'un faisceau de joncs, de crins, de bruyères, de plumes ou d'autres matières, et qui sert à enlever les ordures et à nettoyer les objets sur lesquels a séjourné la poussière. — V. Balayage. || 2° Les orfèvres donnent le nom de *balai* à un morceau de linge attaché à un bâton avec lequel ils nettoient l'enclume. || 3° Poignée de brins de bruyère, de buis, etc., qu'on emploie pour faire monter les vers à soie.

BALAIS. *T. de minér.* Sorte de rubis dont la couleur est rouge violacé, avec teinte laiteuse, ou mêlée de rouge et d'orangé; cette pierre a moins de valeur que la spinelle rubis ou spinelle rouge. — V. Rubis.

I. BALANCE. *T. de phys. et de mécan.* (du latin *bis*, deux; *lanx*, bassin). Signe de la justice chez les anciens; l'un des douze signes du zodiaque; instrument de pesage d'un emploi continuel dans les recherches scientifiques et les usages de la vie ordinaire. La *balance*, connue dès la plus haute antiquité est destinée à mesurer le poids des corps; sa forme a subi des modifications nombreuses suivant les temps et les lieux, et surtout suivant les usages auxquels on la destine.

Balance ordinaire. La balance ordinaire (fig. 240) se compose essentiellement d'une barre horizontale, en fer, en acier, en cuivre, etc., qu'on appelle *fléau*, mobile autour d'un axe central formé par l'arête d'un *couteau*, qui partage le fléau en deux parties égales, appelées *bras*, et aux deux extrémités desquelles sont suspendus deux *plateaux* ou *bassins* de même dimension et de même poids.

Le fléau est, en outre, muni d'une aiguille qu'il entraîne dans ses mouvements, et dont l'extrémité, quand le fléau est horizontal, se place devant un repaire appelé zéro.

Le corps à peser est placé dans l'un des bassins; dans l'autre on ajoute successivement des poids jusqu'à ce que l'aiguille se tienne au zéro. Si la balance est *juste* ou *exacte*, la somme des poids posés sur le second bassin est égale au poids du corps posé sur le premier. Cette égalité, toutefois, n'est qu'approchée. Le degré de précision avec lequel on peut faire une pesée dépend d'une autre qualité de la balance, sa *sensibilité*.

Pour s'assurer qu'une balance est juste, on examine d'abord si, les bassins étant vides, l'aiguille se tient au zéro. Elle peut s'en écarter soit parce que les bassins ne sont pas propres, soit parce qu'ils ont été changés de place, ou pour toute autre cause. Ce défaut se corrige aisément par une diminution ou une augmentation de poids de

irréalisable; heureusement Borda nous a appris à nous en passer, au moyen de la *méthode des double pesées* qui porte son nom. Cette méthode consiste à n'utiliser en quelque sorte qu'un des bassins de la balance et, par suite, qu'un des bras du fléau qui reste toujours identique à lui-même. Plaçons le corps à peser dans le plateau de droite, par exemple, et faisons lui équilibre au moyen de grenaille de plomb ou d'autres corps plus légers placés dans le bassin de gauche, et dont l'ensemble constitue la *tare* du corps. L'équilibre étant obtenu, et sans nous occuper autrement de la tare, enlevons le corps et substituons lui des poids marqués jusqu'à ce que l'équilibre soit rétabli. La somme de ces poids marqués sera le poids du corps, obtenu avec un degré de précision qui n'a plus pour limite que la précision de la balance. Cette méthode est modifiée quand on a

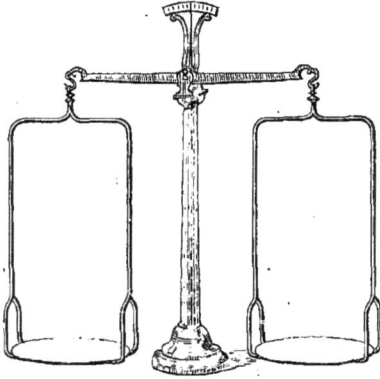

Fig. 240. — *Balance colonne.*

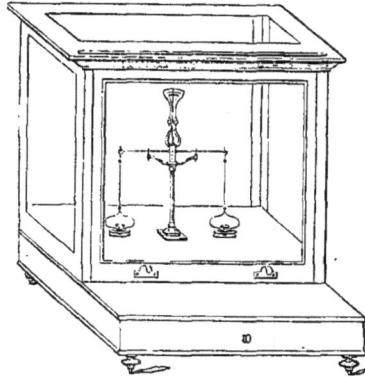

Fig. 241. — *Balance d'essai.*

l'un ou l'autre bras ou bassin. L'équilibre à vide étant rétabli, on prend deux poids égaux et on en place un dans chaque bassin; l'aiguille doit encore se tenir au zéro. Si cette seconde condition est remplie, la balance est juste. Dans le cas contraire, l'instrument doit être rejeté; le constructeur seul pourrait le rectifier tant bien que mal.

Pour apprécier le degré de sensibilité d'une balance chargée des poids qu'elle doit comparer, on place dans l'un des plateaux un poids supplémentaire suffisant pour que l'aiguille s'écarte du zéro d'une quantité appréciable à l'œil. Si, la balance étant en équilibre sous une charge de dix kilogrammes dans chaque bassin, l'addition de un gramme d'un côté fait incliner le fléau d'une manière à peine visible, on dit que la balance peut peser sous cette charge à un gramme près. Il est des balances dites de précision qui pèsent, dans ces conditions, à moins d'un milligramme.

Balance de précision. La valeur pratique d'une balance dépend de la perfection avec laquelle ses diverses pièces sont travaillées et ajustées. La parfaite égalité des bras de levier serait de rigueur absolue; elle est à peu près

plusieurs pesées à effectuer. On prépare à l'avance un certain nombre de tares convenablement graduées et on place dans le plateau de gauche celle de ces tares dont le poids l'emporte sur celui du corps. On ajoute alors à ce dernier les poids marqués nécessaires pour produire l'équilibre. Le corps étant ensuite enlevé, on vérifie la tare, en lui faisant équilibre par un nouvel ensemble de poids marqués. La différence des poids employés dans ces deux pesées est égale au poids cherché du corps.

La sensibilité d'une balance dépend de divers éléments qui se contrarient entre eux. Si nous pouvions admettre, comme nous le ferons d'abord, que le fléau soit d'une rigidité absolue et que les points d'appui de ce fléau et des bassins soient des points mathématiques, le problème serait relativement simple, surtout si on parvenait à placer les trois points d'appui exactement en ligne droite. Dans ces diverses hypothèses, désignons par l la longueur commune des deux bras du fléau, par λ la longueur de l'aiguille indicatrice de ses mouvements, par π le poids du fléau, par d la distance de son centre de gravité en-dessous de son point d'appui, par a le plus petit espace parcouru par l'extrémité de l'aiguille, qui soit nettement visible à l'œil quand on ajoute un poids additionnel p dans l'un des bassins. La sensibilité de la balance sera égale à $\frac{1}{p}$ et nous avons d'autre part l'égalité (1) $\frac{1}{p} = \frac{l\lambda}{a\pi d}$ qui comprend les principales conditions de sensibilité de l'instrument.

Nous voyons, en premier lieu, que plus le poids π du fléau est faible, plus la distance d de son centre de gravité à son point d'appui est courte, plus aussi la sensibilité de la balance est grande. Nous voyons, d'autre part, que cette même sensibilité augmente avec la longueur l des bras de levier du fléau. Toutefois, nous ferons remarquer que cette dernière condition est en quelque sorte en contradiction avec la première. Pour conserver au fléau le même degré de rigidité, il est nécessaire d'augmenter son poids π au moins dans la même proportion que sa demi-longueur l. L'allongement du fléau est donc plutôt une cause de diminution que d'augmentation de la sensibilité. Aussi, certains constructeurs commencent-ils à raccourcir les fléaux de leurs balances. Il est toutefois une limite au-dessous

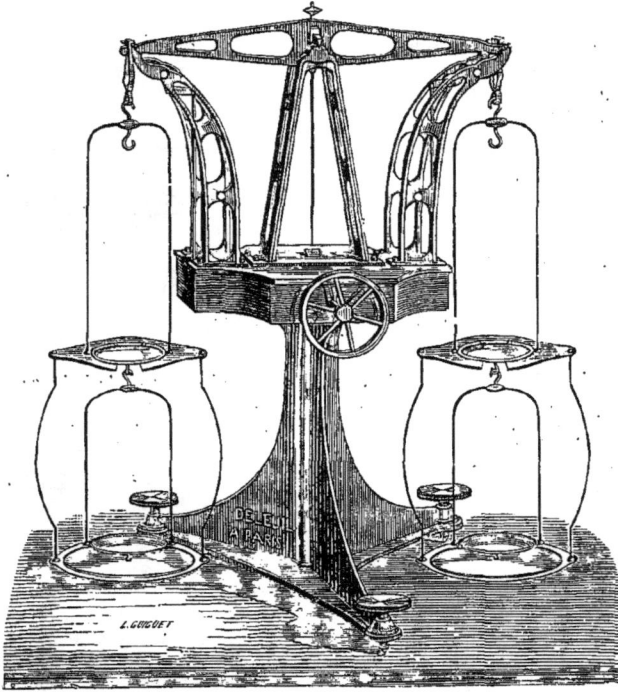

Fig. 242. — *Balance de demi-précision pour 3 et 10 kilos.*

de laquelle il ne faut pas descendre parce que l'imperfection physique des arêtes des couteaux du fléau acquerrait une importance relativement trop considérable. Si au lieu d'envisager des balances devant supporter les mêmes poids, nous descendons aux balances d'essai ou aux trébuchets, comme celui qui est dessiné figure 241, ces balances étant destinées à peser des poids très faibles, leur fléau est très léger; quelquefois même on le construit en aluminium. Il est alors facile de les rendre sensibles au dixième ou au vingtième de milligramme. La difficulté augmente avec la force de la balance. On en construit, cependant, qui sous la charge de 10 kilogrammes dans chaque bassin accusent encore le demi-milligramme. On emploie divers artifices dans la construction des balances de précision. On allège d'abord le fléau, sans diminuer sa rigidité, en lui donnant la forme d'un lozange évidé intérieurement, comme le montrent les fig. 242 et 243. Pour réduire ensuite le plus possible la distance d du centre de gravité du fléau à l'arête de son couteau, on surmonte le fléau d'une tige d'acier filetée sur laquelle on visse un écrou mobile. En soulevant ou abaissant cet écrou, on soulève ou on abaisse le centre de gravité, de manière à le faire presque coïncider avec l'arête du couteau, tout en le laissant toutefois au-dessous de cette arête, afin que la balance ne devienne pas *folle*.

Notre formule (1) renferme deux autres facteurs de la sensibilité dont nous pouvons disposer à notre gré sans rencontrer le même obstacle. La longueùr λ de l'aiguille entre dans cette formule au même titre que la longueur l du bras de levier, et comme cette aiguille n'a rien à porter, elle peut rester très légère et presque sans influence sur le poids ϖ du fléau. Plus λ est grand, plus la balance est sensible. Aussi, l'aiguille est-elle placée alors en-dessous du fléau. La grandeur du déplacement. a de l'extrémité de cette aiguille qui soit sensible à l'œil, peut, d'autre part, être considérablement réduite si la vue est aidée par la loupe ou le mi-

Fig. 243. — Balance d'analyse.

croscope. Il existe à l'Observatoire de Paris une des trois balances construites par Gambey sur le même modèle et qui sont à volonté sensibles au milligramme ou au vingtième de milligramme suivant qu'on suit ses déplacements à l'œil nu ou au microscope.

Par contre, l'inexactitude de nos hypothèses concernant la rigidité absolue des pièces métalliques et la forme des points d'appui tend à réduire la sensibilité des balances.

Une balance très sensible pour une faible charge le devient beaucoup moins pour des charges plus fortes, parce que ces charges faisant plier le levier écartent de son point d'appui, soit le centre de gravité de cette pièce, soit le centre des forces parallèles de tout le système. Il est alors nécessaire, pour rétablir la sensibilité affaiblie, de remonter l'écrou d'une quantité variable avec la charge. C'est pour cela que certains constructeurs laissent toute la série de leurs poids marqués sur

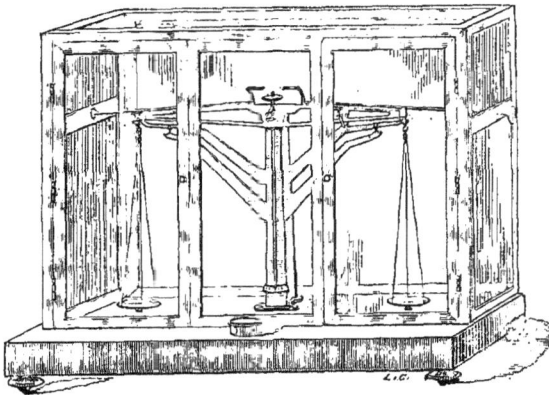

Fig. 244. — Balance à cavalier.

l'un des plateaux de la balance et leur font équilibre à l'aide d'une tare unique placée à demeure sur l'autre plateau. Pour peser un corps, on le place du côté des poids et on enlève de ces derniers ce qui est nécessaire pour rétablir l'équilibre. La somme des poids ainsi retranchés donne le poids cherché. La balance étant ainsi chargée toujours au même degré, l'écrou mobile peut être réglé une fois pour toutes. Mais si on veut changer la charge, la diminuer par exemple, la balance peut devenir folle; il faut alors abaisser son écrou.

Une autre difficulté vient des points d'appui. Les couteaux d'une bonne balance doivent avoir une arête vive et bien rectiligne. Les plans qui les supportent ou qui appuient sur eux doivent être bien polis, bien dressés et d'une dureté très grande. Dans les balances ou les trébuchets communs, le fléau est traversé par une pièce carrée, dont les deux bouts sont taillés en lame de couteau et leurs arêtes reposent sur deux plans d'acier poli ou d'agate aussi bien ajustés que possible, c'est ce qui a lieu dans la balance de demi-précision (fig.242). Dans les balances d'égale force, mais de précision plus grande. ce procédé serait insuffisant; on préfère toujours un prisme triangulaire d'acier dont l'arête occupant toute sa longueur peut être mieux dressée. Le plan d'agate est lui-même d'un seul morceau qui passe dans une ouverture du fléau évidé. La figure 243 en offre un exemple. Les deux extrémités du fléau portent, d'autre part, deux couteaux semblables, mais ayant l'arête dirigée vers le haut. Les bassins sont alors terminés supérieurement par des étriers munis de plans d'agate par lesquels ils reposent sur les couteaux correspondants. Un système de leviers et de crochets que l'on peut mouvoir à volonté au moyen d'une roue ou d'un bouton servent d'ailleurs à soulever le fléau et les bassins de telle sorte que les arêtes d'acier n'appuient sur leurs agates qu'au moment où on veut vérifier si la balance est en équilibre.

Une arête de couteau de balance, avec quelque précision qu'elle ait été construite, étant examinée au microscope, semblera toujours arrondie et cet arrondi s'exagère sous l'influence de la pression. Quand le fléau oscille, chaque couteau *roule* sur son plan d'agate et les génératrices de contact se déplacent. Par suite de cet effet, le bras de levier qui s'incline au-dessous de l'horizon se raccourcit, tandis que l'autre s'allonge. Supposons qu'une balance dont le fléau a 0m,50 de lon-

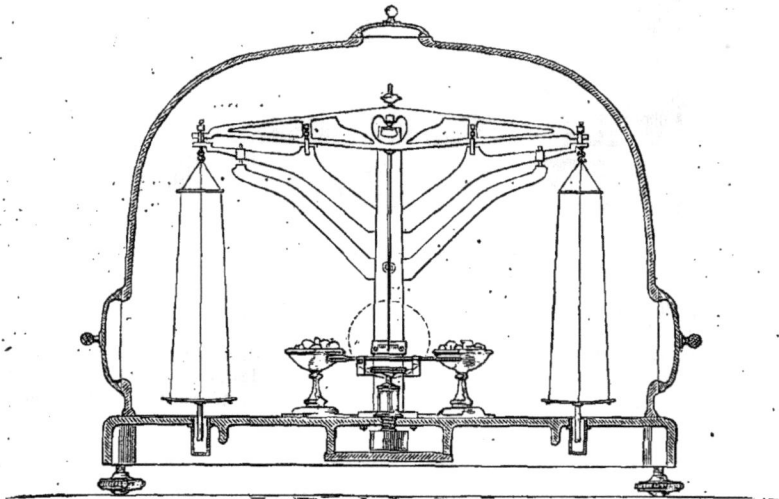

Fig. 245. — *Balance dans le vide.*

gueur s'infléchisse d'un angle tel que, par la cause.indiquée, chaque génératrice de contact se déplace de 1 millième de millimètre, la charge de la balance étant d'ailleurs de 1 kilogramme : les deux poids qui s'équilibreront dans cette position inclinée différeront l'un de l'autre de 8 milligrammes par le seul fait du déplacement des points d'appui. L'influence de ce déplacement est d'autant plus grande que le fléau est plus court, et c'est la cause que nous avons faite touchant la réduction de cette longueur. Il convient de prendre une juste mesure entre les tendances opposées.

Plus une balance est sensible, plus elle redoute, dans son emploi, les courants d'air et les variations de température. Aussi, les balances de précision sont-elles toutes renfermées dans des cages vitrées, qu'on n'ouvre que pour l'introduction des poids. La figure 244 offre un exemple de la modification apportée à ces balances par M. Deleuil, soit pour éviter ces ouvertures, soit pour remplacer les dernières divisions du gramme qui se perdent facilement et sont quelquefois difficiles à distinguer. Deux tiges à bouton et munies de crochets sont placées parallèlement au fléau. Un petit cavalier, composé d'un mince fil d'argent ou de cuivre, peut être saisi par le crochet de chacune des tiges, maintenu, soulevé ou déposé en un point variable de chaque bras de levier. Supposons que le poids du cavalier soit exactement de 10 milligrammes et que la longueur du fléau soit partagée en 10 parties égales par des divisions numérotées de 1 à 10 à partir du centre du fléau: le cavalier posé aux divisions 5 ou 7, par exemple, produira le même effet qu'un poids de 5 ou 7 milligrammes placé dans le bassin correspondant; et on peut de plus fractionner à volonté le milligramme en posant le cavalier entre deux divisions successives. Lors donc que la pesée sera approchée à moins de 10 milligrammes, on fermera définitivement la cage de la balance et on achèvera la pesée avec le cavalier.

Cette cage ne suffit pas encore pour les pesées d'une très grande précision, comme l'étalonnage des poids fondamentaux. On la remplace par une caisse en fonte (fig. 245). On effectue la pesée, la cage ayant d'abord ses ouvertures libres ; puis, quand cette pesée est suffisamment approchée dans ces conditions, on ferme les ouvertures, on fait le vide dans la caisse au moyen d'une forte machine pneumatique, et au bout d'un temps assez long pour que la répartition des températures soit devenue bien uniforme à l'intérieur, on complète l'opération au moyen de bras métalliques analogues aux précédents et passant au travers de boîtes à étoupes.

M. Deleuil a construit pour la monnaie une balance automatique servant à faire le triage des pièces ayant un bon poids, des pièces trop lourdes et des pièces trop légères.

Balance Roberval. Les balances employées dans le commerce courant ont subi depuis plusieurs années une modification de forme qui n'est pas de nature à augmenter leur précision, mais qui facilite leur emploi. Dans les nouvelles balances, système Roberval, les plateaux se trouvent placés au-dessus du fléau au lieu d'être suspendus au-dessous. Ils peuvent donc recevoir librement des corps de toutes formes et de toutes dimensions. Mais pour leur donner la stabilité nécessaire, leur support se prolonge inférieurement par une tige cylindrique qui s'articule à un second fléau de même longueur que le premier

Fig. 247. — *Balance pendule.*

et généralement caché dans l'intérieur du socle de l'instrument. Ce second fléau est souvent remplacé par un système de leviers conduisant au même but sans compromettre autant la précision et la sensibilité de la balance.

La figure 246 nous donne un spécimen de la première disposition adoptée. Le fléau principal F est porté par un long prisme d'acier *cc'* taillé en couteau à ses deux extrémités ; cette longueur du couteau central est destinée à donner plus de stabilité aux plateaux. A ses deux extrémités le fléau s'élargit en une sorte de fourchette dont les deux dents sont munies chacune d'un couteau sur lequel appuie une des extrémités de la lame

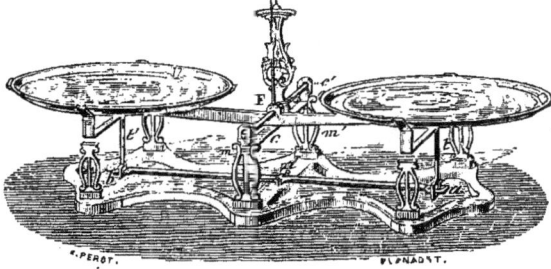

Fig. 246. — *Balance Roberval.*

d'acier supportant le plateau ; ces couteaux sont masqués par les plateaux dans la figure 247. La raison de cette disposition est la même que précédemment : donner de la stabilité aux plateaux dans le sens transversal de la balance. Pour assurer, en outre, leur stabilité dans le sens longitudinal, l'extrémité de la queue de leur support s'articule en *a* et *b* avec les deux extrémités d'un fléau supplémentaire dont le milieu appuie en *d* sur l'un ou l'autre de deux butoirs en acier, suivant que les plateaux tendent, par la position donnée à leur charge, à verser sur la droite ou sur la gauche.

Le système préféré pour les balances plus soignées (fig. 247), consiste à transformer chaque plateau de la balance en une sorte de plate-forme de balance Quintenz, ou, si l'on veut, à accoler deux petites balances Quintenz aux deux extrémités d'un fléau de balance. Il est plus compliqué mais plus exact.

Balance Quintenz, Bascule. C'est la balance usitée dans le commerce pour les fortes pesées qui n'exigent pas une bien grande précision. La figure 248 la représente privée de sa plate-forme, afin de laisser voir la disposition des leviers inférieurs. Elle se compose d'abord d'un fléau BCA dont le point fixe est en C. En B est appuyé le bassin de réception des poids marqués. Je prends la longueur BC égale à 100. En *f*, à une distance C*f* égale à 10, se trouve un couteau sur lequel appuie une tige acciérée H venant l'articuler d'autre part avec le sommet *e'* du triangle IEG. Quand le bassin *p* descend de 100 millimètres, la tige *fe'* monte de 10 millimètres. En A, à une distance CA égale à 50 parties, se trouve un autre couteau, sur lequel appuie une tige aciérée AD. Sur l'extrémité inférieure de cette tige appuie à son tour le sommet D d'un triangle de fer, dont la base est munie d'une tige d'acier terminée en couteau à ses deux extrémités, autour desquelles oscille le triangle. Le bassin ou plateau *p*, descendant de 100 millimètres, les points A et D montent de 50 millimètres ; mais ce mouvement diminue graduellement d'amplitude jusqu'à la base, et en C et C' à un cinquième de la hauteur du triangle à partir de sa base, le déplacement n'est que le cinquième du déplacement du sommet, soit 10 millimètres. C'est là, ainsi que en e', qu'appuient les deux branches et le sommet du triangle en bois portant la plate-forme de la balance. Il en résulte que cette plate-forme se déplace parallèlement à elle-même d'une quantité dix fois moindre que le plateau p. Un poids P égal à 10 placé sur la plate-forme sera donc équilibré par un poids p égal à 1 placé sur le plateau. La plate-forme peut être posée au niveau du sol, recevoir soit des colis, soit des animaux, soit des voitures vides ou chargées. Un poids dix fois plus faible leur fera équilibre. Le rapport au lieu d'être de 10 à 1 est de 100 à 1 dans les fortes bascules. On simplifie encore l'opération en transformant le levier BC en un grand bras de romaine (fig. 249). — V. BASCULE.

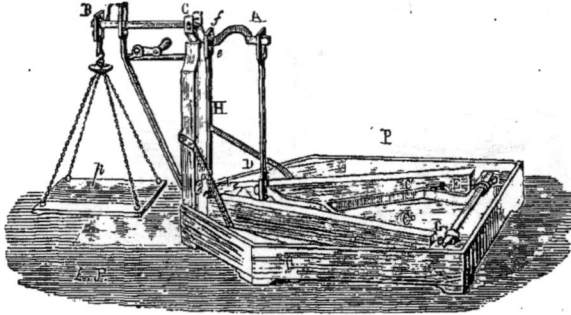

Fig 248. — *Balance Quintenz.*

Balance romaine, Romaine. Elle était très usitée chez les Romains, qui l'appelaient *statera*. Un spécimen en est dessiné figure 250. Elle se compose d'un levier prismatique CAB, mobile autour du point A sur un support que l'on peut tenir à la main ou accrocher au sommet d'un trépied. Sur le bras AC, se trouve un couteau auquel est suspendu un anneau ou crochet destiné à porter le corps à poser. Entre ce crochet et le premier anneau de suspension de la balance, on voit un second qui sert, lorsqu'on retourne le fléau, à peser des poids plus lourds pour lesquels la romaine serait insuffisante dans sa position actuelle. Le long bras BC porte un poids M que l'on peut faire avancer à droite ou à gauche, jusqu'à ce que le levier se tienne horizontalement en équilibre. A ce moment, le poids de l'objet M contient autant de fois le poids de la masse M que la distance de M à A contient de fois la dis-

Fig. 249. — *Bascule romaine.*

tance de A au crochet, si toutefois en enlevant M et l'objet, le levier se tient de lui-même en équilibre. Pour graduer l'instrument de manière à lui faire donner les poids en kilogrammes, on suspendra au crochet un poids de 5 kilogrammes par exemple; on marquera un trait avec la division 5 au point où la masse M doit être placée pour établir l'équilibre; puis on remplacera le poids de 5 kilogrammes par un poids de 10, 20 ou 25 kilogrammes, et aux positions correspondantes de la masse M, on marquera un trait avec le chiffre 10, 20 ou 25. —L'intervalle sera partagé en 5, 15 ou 20 parties égales et les divisions équidistantes seront continuées des deux côtés des divisions extrêmes. Chaque intervalle peut d'ailleurs être partagé lui-même en 10 parties dont chacune donnera l'hectogramme. Des divisions semblables, mais plus rapprochées, sont tracées sur l'arête inférieure du bras de levier et servent quand l'instrument est suspendu par son second anneau. Ce mode d'évaluation est appliqué à beaucoup de bascules, en sorte qu'on n'a aucun poids isolé à manœuvrer et que le travail devient plus rapide. Par contre, la sensibilité de ces balances est très grossière. Elle suffit cependant aux besoins courants.

Balance pèse-lettres. Balance à un seul plateau, destinée à peser les corps, sans poids marqués, et graduée spécialement pour le tarifage des lettres. Notre figure 251 donne l'idée d'un appareil de ce genre, inventé par M. Briais, et qui par la suppression de la série des poids si faciles à égarer, en même temps que par l'avantage qu'il offre de donner automatiquement et par une seule pesée le résultat cherché, rend d'utiles services au commerce et à l'industrie.

Le plateau unique P, destiné à recevoir la lettre à peser, repose sur une tige creuse p, maintenue dans sa position normale, d'une part à l'aide de la chape C, coudée, oscillant autour du point c, et munie, à son extrémité, d'un contre-poids C'; d'autre part à l'aide d'un levier oscillant de même sur un point du bâti de l'appareil et se terminant en P'. Un levier *f* fixé à une petite traverse de la tige *p* est articulé en *a'* à l'axe d'une aiguille *a* qui se meut sur un cadran A, et porte à son extrémité un petit contre-poids qui fait que cette aiguille suit les mouvements de la tige *p*, tout en n'ayant sur ces mouvements aucune influence capable de fausser les indications qu'ils fournissent.

L'appareil est équilibré de telle façon que le plateau P n'étant pas chargé, l'aiguille *a* marque zéro sur le secteur où est imprimée l'échelle des poids. Il en résulte que le contre-poids C' est en réalité l'instrument de pesage, que ses mouvements divers qui résultent du plus ou moins d'abaissement du plateau P, se traduisent par un déplacement du levier *f* et par suite de l'aiguille *a* dont la pointe parcourt sur le cadran des espaces proportionnels aux poids qui chargent ce plateau.

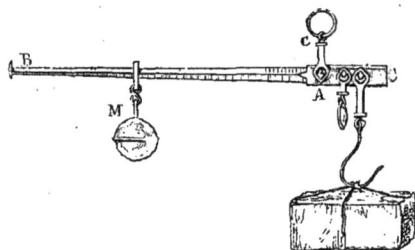

Fig. 250. — *Romaine.*

Il suffit donc que le secteur sur lequel court la pointe de cette aiguille eût été gradué convenablement, pour que le nombre sur lequel s'arrêtera la pointe de l'aiguille traduise le poids exact de la lettre ou de l'objet qui aura été placé sur le plateau.

Balance pèse-grains. Pour se rendre compte de la densité des grains ou du poids de l'hectolitre de grain, les Anglais ont imaginé l'appareil simple dont le dessin est donné figure 252.

Un seau d'une capacité de 1 litre est placé au-dessous d'un entonnoir, par lequel on verse le grain d'une manière uniforme. Quand le seau est plein on affleure le grain à l'aide de la raclette dessinée à droite, puis on accroche le seau à la balance et on déplace le contre-poids mobile sur la règle divisée, jusqu'à ce que l'équilibre soit établi. Le numéro de la division affleuré donne le poids de l'hectolitre de grain. Le contre-poids doit arriver au zéro de l'échelle quand le seau est suspendu vide. La graduation se fait en plaçant un poids de 800 grammes dans le seau vide, en marquant 80 au point où s'arrête le contre-poids quand l'équilibre est obtenu, et en partageant en 80 parties égales l'intervalle compris entre le zéro et la division 80. La figure donne à la fois l'échelle anglaise et l'échelle française.

Balance d'eau. *T. de mécan.* Machine hydraulique très simple qui se compose d'une tonne munie à son fond d'une soupape à queue, s'ouvrant de bas en haut et suspendue à l'extrémité d'un câble qui s'enroule sur un treuil. Sur le même treuil s'enroule, en sens contraire, un second câble, à l'extrémité duquel on attache les fardeaux que l'on veut soulever.

Lorsque la tonne est arrivée au haut de sa course, on y fait arriver un courant d'eau, et dès qu'elle en contient une quantité suffisante pour l'emporter sur le poids qu'il s'agit d'élever, elle descend, en commençant par fermer le robinet du tuyau d'alimentation, et en arrivant en bas elle se vide; alors elle remonte d'elle-même et se remplit de nouveau.

On emploie la balance d'eau dans les fonderies de fer, les hauts-fourneaux, pour élever, sur la

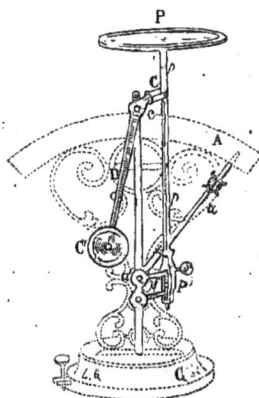

Fig. 251. — *Pèse-lettres*

plate-forme du gueulard, le combustible, la castine et le minerai. On l'emploie aussi pour l'extraction des minerais, des remblais des tunnels, etc.

Balance hydrostatique. — V. Hydrostatique, Densité. — M. D.

II. **BALANCE ÉLECTRIQUE.** 2° Les balances électriques sont des espèces d'appareils mesureurs de l'intensité ou de la tension électrique, au moyen desquels on pèse en quelque sorte l'action électrique comme on pèse le poids d'un corps. La balance électrique de M. Becquerel est un appareil de ce genre; elle se compose d'une balance extrêmement sensible aux plateaux de laquelle sont suspendues deux petites tiges aimantées placées à portée de deux *bobines magnétiques* (V. ces mots) à travers lesquelles passe le courant dont il s'agit de mesurer l'intensité. Sous l'influence du passage de ce courant, l'une des tiges aimantées s'enfonce dans la bobine, l'autre est repoussée, et, pour ramener le système à sa position d'équilibre, il faut placer sur le plateau soulevé des poids qui pèsent la force qui a fait trébucher la balance. Cet appareil a été perfectionné par M. Jacobi, qui a donné en même temps une formule de correction, pour que ces pesées soient bien l'expression de la mesure de l'intensité électrique.

Dans d'autres balances électriques, on emploie la torsion comme force antagoniste destinée à la mesure de l'action électrique; la balance électrique de Coulomb est un appareil de ce genre, et on s'en sert en ramenant l'aiguille qui s'est déplacée sous l'influence électrique à son point de départ, ce que l'on fait en tordant le fil de suspension de cette aiguille jusqu'à ce que l'effet s'ensuive. La force se déduit ensuite de l'angle dont il a fallu tordre le fil pour arriver à ce résultat.

Il existe beaucoup de balances de ce genre qui ne diffèrent les unes des autres que par la nature de la force que l'on oppose à l'action électrique qu'il s'agit de mesurer; mais on peut encore obtenir des balances électriques en effectuant certaines combinaisons de circuits qui, en opposant l'une à l'autre deux actions électriques contraires jusqu'à ce que leur action soit annulée, permettent de prendre l'une pour la mesure de l'autre. Les balances électriques peuvent être encore employées pour la mesure des résistances de circuits, mais il faut alors employer comme indicateur de mesure un appareil à résistance variable appelé *rhéostat* ou *agomètre* (V. ce mot). Le *galvanomètre différentiel* et le *pont de Wheatstone* sont des balances de ce genre. Quand on emploie

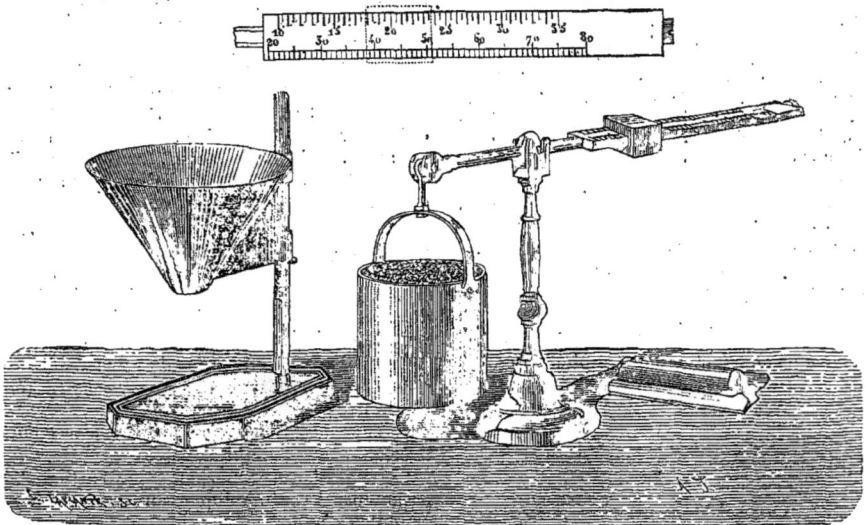

Fig. 252. — *Balance pèse-grains.*

le galvanomètre différentiel, on fait passer le courant d'une pile constante à travers les deux fils de ce galvanomètre, de manière que le courant marche en le traversant dans deux directions contraires. L'un des fils correspond à la résistance inconnue, l'autre au rhéostat, et on développe sur ce dernier appareil une résistance suffisante pour équilibrer l'action électrique dans les deux circuits. Dès lors l'aiguille du galvanomètre arrive à zéro, et la résistance inconnue est donnée par celle qu'on a développée sur le rhéostat. Quand on emploie le pont de Wheatstone on forme un losange dont les côtés sont constitués par quatre sortes de résistances; deux de ces résistances, qui sont voisines, sont représentées par deux jeux égaux de bobines de résistances étalonnées, et les deux autres par la résistance inconnue et un rhéostat. Un galvanomètre est introduit sur un fil qui joint deux des angles

opposés du losange, et les pôles d'une pile constante sont fixés aux deux autres angles. Le galvanomètre dévie alors sous l'influence des courants dérivés non équilibrés qui passent alors à travers son multiplicateur, mais on peut facilement ramener à zéro cette déviation en développant successivement sur le rhéostat une résistance convenable, et c'est quand on a obtenu ce résultat qu'on peut connaître la valeur de la résistance inconnue, car elle est indiquée par celle qui a été développée sur le rhéostat. La sensibilité de ce genre de balance dépend des conditions de résistance des côtés du losange, lesquels doivent toujours être en rapport avec la résistance inconnue. Si celle-ci est considérable, il faut que les autres côtés le soient également, et c'est pour cela qu'on emploie pour ces côtés des jeux de bobines de résistance qui permettent de placer le système dans ses meilleures conditions, suivant les cas. Le galvanomètre lui-même doit être également plus ou moins résistant suivant les conditions de l'expérience.

— V l'*Exposé des applications de l'électricité*, de M. Th. du Moncel, t. ii, p. 326-327; 345-358 et t. ï, p. 448-452.

Balance. 3° *Balance argyrométrique*. Appareil au moyen duquel on peut régler automatiquement la quantité d'argent déposée sur les objets soumis à l'*argenture*. — V. ce mot. ‖ 4° *Balance pneumatique*. Instrument qui sert à déterminer l'état de compression de l'air dans les soufflets d'orgues. ‖ 5° *Balance élastique*. Instrument qui sert aux horlogers à trouver un spiral dans lequel la progression de force réponde exactement à la progression arithmétique pour l'isochronisme.

BALANCE. 6° *Icon.* Attribut de la Justice et de l'Equité. On voit la balance figurée sur une foule de monuments funéraires de l'ancienne Egypte, de la Grèce et de l'Etrurie; sur les médailles romaines, l'Equité paraît avec une balance; Homère donne à Jupiter des balances d'or avec lesquelles il pèse les destinées des Troyens et des Grecs. Les artistes chrétiens du moyen âge, dans leurs scènes du jugement dernier, mettaient une balance dans la main de la Justice divine.

* **BALANCEMENT DES MARCHES.** *T. de charp.* Dans les escaliers dont les cages sont en tour ronde ou en tour ovale, ou dans les escaliers en partie droits et en partie courbes, on nomme *balancement*, ou mieux *gironnement*, la répartition de la diminution de largeur des marches sur le limon tournant ou *noyau*.

En théorie, on effectue cette opération à l'aide de diverses formules et méthodes plus ou moins

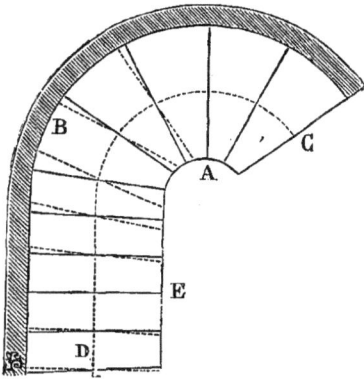

Fig. 253. — *Balancement des marches d'un escalier.*

compliquées; mais, dans la pratique, les charpentiers exécutent ce tracé d'une manière fort simple et sans avoir à se livrer à aucun genre de calcul. Ils commencent à déterminer le nombre de marches *dansantes*, c'est-à-dire des marches plus étroites du côté du quartier tournant que du côté opposé; cette détermination faite, ils divisent le limon tournant et le côté opposé au limon en un même nombre de points, mais comme le côté

du limon a moins de développement, la marche de ce côté est plus étroite, c'est ce qui constitue la *marche dansante* dont le plus petit côté se nomme *collet*. Les charpentiers opèrent ces divisions par le tâtonnement.

Un exemple fera mieux comprendre cette opération. Notre figure 253 montre le plan d'un escalier tournant, A est le quartier tournant, B le côté opposé, C D la *ligne de foulée*. Les lignes pleines montrent les marches établies après le balancement, tandis que les lignes ponctuées représentent les arêtes des marches supposées normales à la courbe du noyau ou de la *ligne de foulée*; au point E, la ligne de balancement et la normale se confondent.

* **BALANCER.** 1° *T. d'art.* Disposer les parties d'une composition, d'une figure, d'un groupe en les équilibrant de manière à former un ensemble harmonieux. ‖ 2° *T. de mécan.* On balance une soupape de sûreté en y adaptant un poids proportionnel à la surface et à la pression qui doit la soulever. ‖ 3° *T. de chem. de fer.* Oscillations qu'éprouve une locomotive dans un sens ou dans un autre. ‖ 4° *T. de manuf.* On dit qu'une lisse balance lorsqu'elle lève ou baisse plus d'un côté que de l'autre.

* **BALANCERIE.** *T. tech.* Art de fabriquer des balances. Action de balancer.

I. **BALANCIER.** *T. d'horlog.* Pièce d'horlogerie dont les mouvements oscillatoires isochrones servent à régulariser l'action du moteur.

On distingue deux genres de balanciers :

1° Les *balanciers rectilignes ou pendules* (pour pièces fixes);

2° Les *balanciers annulaires* (pour pièces portatives).

Les premiers se meuvent sous l'action de la pesanteur et sont appliqués aux horloges et aux pendules d'appartement; les autres, moins encombrants, empruntent leur mouvement à l'action d'un ressort, et sont adaptés aux montres et aux chronomètres.

Balancier rectiligne. Un balancier d'horloge consiste généralement en une masse pesante fixée à l'extrémité d'une tige rigide, et suspendue à un axe fixe de manière à pouvoir exécuter librement autour de cet axe de petites oscillations dans un plan qui lui soit perpendiculaire. A chaque oscillation du balancier, l'action du moteur est suspendue pendant un temps très court, et cette interruption régulière a pour effet de transformer le mouvement accéléré que le moteur tend à communiquer au rouage en un mouvement périodiquement uniforme.

Le fonctionnement de ces balanciers étant basé sur les lois qui régissent les oscillations du pendule, nous croyons utile de rappeler ces lois, découvertes par Galilée :

1° Pour de petites amplitudes et dans un même lieu, les oscillations d'un pendule sont isochrones;

2° Dans un même lieu, les durées d'oscillation de deux pendules différents, sont entre elles comme les racines carrées des longueurs de ces pendules ;

3° Les durées d'une oscillation d'un même pendule en des lieux différents, sont inversement proportionnelles aux racines carrées des nombres qui représentent l'accélération de la pesanteur en ces lieux.

Ces trois lois sont la traduction de la formule

$$t = \pi \sqrt{\frac{l}{g}}$$

dans laquelle :

t représente la durée d'une oscillation exprimée en secondes ;

l la longueur du pendule en mètres ;

g l'accélération de la pesanteur, variable suivant la latitude par suite de l'aplatissement de la terre (plus grande au pôle qu'à l'équateur) ;

$\pi = 3,1415926$ le rapport de la circonférence au diamètre.

A Paris, $g = 9,8088$ et la longueur du pendule qui bat la seconde est $l = 0^m,993512$.

Cette formule n'est exacte qu'autant que l'amplitude des oscillations ne dépasse pas 8 à 10°, et elle a été calculée pour un pendule idéal, dit *pendule simple*, consistant en un point matériel pesant, suspendu à un point fixe par un fil inextensible, sans pesanteur et parfaitement flexible.

Le pendule simple est irréalisable ; le balancier, tel que nous l'avons défini plus haut, constitue ce que l'on appelle *un pendule composé*. Les différentes molécules qui le composent étant inégalement éloignées de l'axe de suspension, tendent, en vertu des lois que nous venons de rappeler, à se mouvoir avec des vitesses différentes ; mais la cohésion qui les unit les force à prendre un mouvement commun. La vitesse des molécules les plus éloignées de l'axe se trouve ainsi accélérée, tandis que celle des molécules les plus rapprochées est retardée. Il existe donc un point intermédiaire dont la vitesse n'est ni accélérée ni retardée, et qui se meut comme s'il était isolé : ce point est le *centre d'oscillation* du balancier, et sa distance à l'axe de suspension est la longueur du pendule simple dont la durée d'oscillation serait la même que celle du balancier.

Galilée eut bien l'idée de se servir des oscillations du balancier, dont il venait de découvrir les lois, pour mesurer le temps ; il en commença même l'application aux horloges, et son fils, après lui, mena à bonne fin la tâche qu'il avait entreprise ; mais il tint secrète l'invention de son père, et c'est à Huyghens que nous devons la première application du pendule ou balancier au réglage des horloges (1656).

Le même physicien démontra que si le centre d'oscillation d'un pendule, au lieu de se mouvoir suivant un arc de cercle, était assujetti à décrire un arc de cycloïde, les oscillations seraient isochrones pour toutes les amplitudes ; mais les difficultés de construction ont fait renoncer à l'emploi du pendule cycloïdal. Cette propriété remarquable de la cycloïde ne présente pas d'ailleurs, au point de vue de la construction des horloges, un grand intérêt pratique, car d'une part, le petit arc de

cercle décrit par le centre d'oscillation d'un balancier ne diffère pas sensiblement d'un arc de cycloïde, et d'autre part, l'amplitude des oscillations ne varie que dans des limites très restreintes.

Le rouage d'une horloge étant donné, on en déduit facilement la longueur que devrait avoir un *pendule simple*, interrompant le mouvement à chacune de ses oscillations, pour que les aiguilles tournent avec une vitesse déterminée ; cette longueur étant connue, on pourra construire un balancier ayant sensiblement les dimensions voulues.

Voyons maintenant quelles conditions devra remplir ce balancier, pour que son fonctionnement se rapproche le plus possible de celui du pendule simple, dont nous supposons qu'on vienne de déterminer la longueur.

Il faut d'abord que l'on puisse déplacer facilement, et de quantités très petites, le centre d'oscillation du balancier afin de pouvoir arriver par tâtonnement à lui donner exactement la position qu'il doit avoir. Il faut, en outre, que les effets de toutes les causes extérieures qui tendent à modifier son mouvement, et dont les principales sont les frottements au point de suspension et la résistance de l'air, soient atténués dans les limites du possible.

Voici les dispositions généralement adoptées pour satisfaire à ces conditions multiples : le balancier consiste en une tige métallique, filetée à sa partie inférieure et munie d'un écrou ; une masse de plomb, coulée dans une enveloppe d'un autre métal susceptible de prendre un plus beau poli, et à laquelle on donne une forme lenticulaire, peut glisser le long de la tige, et repose sur la tête de l'écrou. Le poids de la lentille et sa forme évasée rendent négligeables les effets de la résistance de l'air, tandis que l'écrou, qui est monté sur un pas de vis très serré, permet d'élever ou d'abaisser la lentille de quantités très petites, et par suite, de régler la position du centre d'oscillation avec une grande précision. Quant au mode de suspension du balancier, on a eu recours pendant longtemps à la suspension, dite *à couteau*, analogue à celle qu'on emploie pour suspendre les fléaux des balances de précision ; mais ce mode de suspension offre encore trop de prise au frottement, et on peut craindre les effets de la rouille. On lui préfère aujourd'hui la suspension, dite *à ressort*. Le balancier est suspendu à la traverse inférieure d'un cadre dont les deux montants verticaux sont des lames de ressort d'acier et dont la traverse supérieure est fixe. L'emploi de deux lames de ressorts au lieu d'une a pour objet de s'opposer à la torsion, et d'assurer le mouvement du balancier dans un plan perpendiculaire aux traverses du cadre.

Balancier compensateur. Le balancier, tel que nous venons de le décrire, n'a pas une longueur constante ; il s'allonge en été et se raccourcit en hiver, suivant la température, et ces variations de longueur, bien que minimes, ont cependant sur la durée d'une oscillation une influence assez notable, pour qu'il ne soit pas permis de les négliger dans les horloges de précision. Ainsi, pour un balancier à tige d'acier d'une longueur de 0ᵐ,993512 (pendule battant la seconde à Paris), une différence de température de 25° donnerait lieu à un écart de 20″ par jour environ.

On donne le nom de *balanciers compensateurs* à des balanciers disposés de telle sorte, que la position du centre d'oscillation soit indépendante des variations de la température. On en a construit de beaucoup d'espèces, dont les principales sont connues sous les noms de *balanciers à gril* et de *balanciers à mercure*.

Balancier à gril. Dans ce genre de balanciers, la lentille est suspendue par l'intermédiaire d'un cadre, composé d'une série de tiges verticales, dont les unes ne peuvent se dilater que de bas en

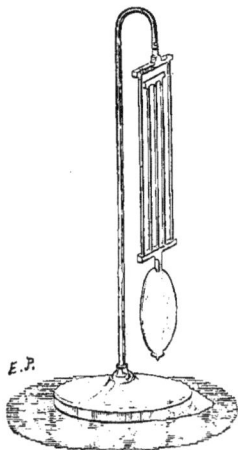

Fig. 254.   Fig 255.

Balanciers à gril.

Fig. 254. Balancier compensateur à cadre et à lentille fixe. — Fig. 255. Balancier compensateur à lentille mobile et à leviers intérieurs.

haut, et les autres de haut en bas. Si toutes les tiges étaient faites du même métal, l'effet de cette disposition serait évidemment nul sur la dilatation totale du balancier; mais si l'on a soin de prendre pour les tiges qui se dilatent de bas en haut, un métal plus dilatable que celui des tiges qui s'allongent de haut en bas, on conçoit qu'on pourra facilement, connaissant les coefficients de dilatation des deux métaux, déterminer le nombre et la longueur des tiges de manière à ce que les deux effets se compensent. La position du centre d'oscillation du balancier restera alors invariable (fig. 254 et 255). On emploie généralement l'acier pour les tiges qui se dilatent de haut en bas, et le laiton pour les tiges qui se dilatent en sens inverse. Le coefficient de dilatation de l'acier est 0,0000124 et celui du laiton 0,0000188.

Balancier à mercure Ce balancier, imaginé par Graham, célèbre horloger anglais du siècle dernier, est basé sur le même principe que le précédent, seulement, le métal compensateur est liquide au lieu d'être solide. Un réservoir contenant du mercure est adapté au balancier; lorsque la température s'élève, le balancier s'allonge, mais en même temps, le mercure s'élève dans son réservoir, et ces deux effets, agissant en sens inverse sur la position du centre d'oscillation, peuvent être combinés de manière à rendre cette position invariable. Le réservoir est en verre (fig. 256), ou mieux en un métal inattaquable par le mercure en acier, par exemple. (Les métaux se mettant plus rapidement que le verre en équilibre de température avec l'air extérieur, la compensation se fait plus vite lorsque le réservoir est en métal.) Afin d'éviter les dénivellations qui se produiraient à la surface du mercure à chaque oscillation du balancier, le

Fig. 256. — *Principe du balancier compensateur à mercure.*

T Tige. — R Réservoir à mercure.

réservoir est terminé par une série de tubes dans lesquels s'élève le mercure.

Balancier à tige de bois. Le bois, et surtout le sapin, ne se dilatant pas d'une manière sensible dans les limites de températures entre lesquelles on emploie les balanciers, on fait quelquefois ces derniers en sapin qu'il faut avoir soin de vernir pour éviter l'action de l'humidité.

Balancier annulaire. Lorsque les appareils d'horlogerie dont il s'agit de régulariser le mouvement sont destinés à voyager, il est bien évident qu'on ne peut plus employer l'action régulatrice d'un pendule. Huyghens, à qui l'horlogerie de précision était redevable déjà de tant de progrès importants, fut encore le premier qui rendit publique l'idée d'utiliser dans ce but les oscillations d'un ressort enroulé en spirale, et auquel on a donné le nom de *spiral réglant* (1675). Hooke, géomètre et mécanicien anglais de la fin du xviiᵉ siècle, avait eu cette idée antérieurement, et l'avait même communiquée à la Société Royale de Londres, qui n'en tint aucun compte. On attribue aussi la priorité de cette invention à Hautefeuille, physicien français contemporain de Hooke.

Depuis lors, Pierre Leroy, célèbre horloger français du siècle dernier, a déduit d'une longue série d'expériences, la loi suivante : « Il y a dans tous les ressorts spiraux d'une longueur suffisante, une longueur pour laquelle toutes les oscillations, grandes ou petites, sont isochrones. Pour une longueur supérieure, les grandes vibrations sont plus lentes que les courtes, et inversement. »

Il est bon d'ajouter que pour qu'un ressort agisse avec une régularité parfaite, il faut que sa courbure soit bien régulière, qu'elle ne présente pas de variations brusques. On remplit cette condition en donnant au ressort la forme d'une *hélice* lorsque la place ne manque pas, comme dans un chronomètre, ou bien en l'enroulant dans un même plan suivant une spirale d'Archimède, s'il doit être adapté à une montre de poche.

Mais le *spiral réglant*, quelle que soit sa forme, aurait une masse bien trop faible pour qu'on puisse utiliser directement l'isochronisme de ses oscillations à régler le mouvement du moteur ; la moindre vibration, le moindre déplacement suffirait pour modifier son action.

On donne le nom de *balancier*, ou volant régulateur, à une roue métallique évidée, montée sur un axe et mobile sur des pivots. L'une des extrémités du spiral est attachée à cet axe, tandis que l'autre est fixée à une platine dormante. Le balancier participe ainsi au mouvement oscillatoire du ressort, dont il a pour effet de ralentir l'action, et de la rendre moins sensible aux influences extérieures.

A chaque oscillation du balancier, comme dans les horloges, l'action du moteur est interrompue pendant un temps très court, et le mouvement du rouage se reproduisant toujours dans les mêmes conditions et à des intervalles de temps égaux, est un mouvement uniformément varié.

Afin de diminuer autant que possible les frottements, les pivots sur lesquels tourne le balancier, sont en acier, très durs, et aussi fins que le comporte la solidité, et ils se meuvent dans de petits trous parfaitement polis pratiqués dans une pierre également très dure, rubis ou diamant.

Pour assurer la régularité de la marche des chronomètres pendant les transports, il faut que le *moment d'inertie* du balancier soit aussi grand que possible, et comme sa masse est nécessairement très petite, on lui donne une grande vitesse ; 4, 5 et même 6 demi-oscillations par seconde, avec une amplitude de 300 à 400°.

Le poids du balancier doit d'ailleurs être en rapport avec la force du spiral.

Balancier compensateur pour chronomètres. Le balancier que nous venons de décrire, se dilate ou se contracte suivant les variations de la température ; son moment d'inertie varie donc d'une saison à l'autre, et la durée de ses oscillations ne saurait être constante.

Voici par quelle disposition on est arrivé à vaincre cette cause de variations :

La circonférence du balancier compensateur (fig. 257) est divisée en deux ou en un plus grand nombre d'arcs, formés de deux lames de métaux très inégalement dilatables, soudées ensemble, et dont la moins dilatable est à l'intérieur. On emploie généralement de l'acier à l'intérieur et du laiton à l'extérieur. Chacun de ces arcs porte une petite masse *métallique*, mobile le long de l'arc, et destinée à produire la compensation.

Lorsque la température s'élève, la lame d'acier, résistant à la dilatation de la lame de laiton, les arcs prennent une plus forte courbure, et les petites masses se rapprochent de l'axe d'oscillation, tandis que les rayons qui portent ces arcs s'allongent, et tendent de leur côté à éloigner de l'axe une autre partie du balancier. Quand au

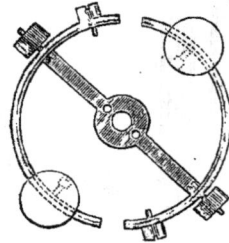

Fig. 257. — *Balancier compensateur pour chronomètre.*

contraire la température s'abaisse, l'effet inverse se produit. On conçoit donc la possibilité, en combinant ces deux effets opposés, de rendre le moment d'inertie du balancier par rapport à l'axe sensiblement constant.

Afin de pouvoir obtenir ce résultat plus facilement, à la suite d'une série de tâtonnements, les petites masses compensatrices ne sont pas invariablement fixées aux arcs du balancier ; elles peuvent glisser sur ces arcs. Le balancier porte, en outre, quatre petites vis symétriquement placées par rapport à l'axe ; on peut, en agissant sur ces vis, les rapprocher ou les éloigner du centre d'oscillation, ce qui donne encore un moyen de faire varier de très petites quantités la durée de l'oscillation du balancier, en modifiant son moment d'inertie.

II. BALANCIER (*Mécan.*). Appareil destiné à exercer une forte pression, et qui se compose essentiellement d'une vis verticale, mobile dans un écrou solidement relié au bâti de la machine, et dont la tête est traversée par un levier terminé par deux masses pesantes. Ce levier constitue, à proprement parler, le *balancier*.

L'extrémité inférieure de la vis et la partie correspondante du bâti étant armées d'outils en rapport avec l'effet que l'on veut produire, on place entre eux l'objet à comprimer, puis on imprime au balancier un mouvement rapide de rotation dans un sens convenable. La vis descendra jusqu'à ce qu'elle soit arrêtée brusquement par l'objet interposé, et la pression exercée à ce moment sera d'autant plus considérable que le mouvement du balancier aura été plus rapide, et que les masses qui le terminent seront plus pesantes et plus éloignées du centre.

Les *balanciers* ont reçu de nombreuses applications dans les arts et dans l'industrie ; c'est avec le balancier qu'on perce l'œil des aiguilles, qu'on poinçonne les métaux, qu'on les découpe en rondelles, qu'on gaufre le papier, le cuir, les feuilles métalliques, etc. La presse à copier est basée sur le même principe. Mais de toutes les applications qu'on a faites du balancier, la plus intéressante est sans contredit le *balancier monétaire*, qui a

servi exclusivement en France, jusqu'à ces dernières années, à la fabrication des monnaies, et qui sert encore aujourd'hui à la frappe des médailles, des jetons, des cachets des grandes administrations, etc.

Balancier monétaire. On attribue généralement l'invention de cet appareil à Nicolas Briot, tailleur général et graveur des monnaies sous Louis XIII, mais ce ne fut guère qu'au commencement du règne de Louis XIV que le balancier monétaire fut définitivement et exclusivement adopté en France.

Avant cette époque, les pièces de monnaie étaient frappées au marteau (d'où l'expression : battre monnaie). Une rondelle de métal, rougie au feu, était placée entre deux coins en bronze gravés en creux, et enchâssée dans un cercle de

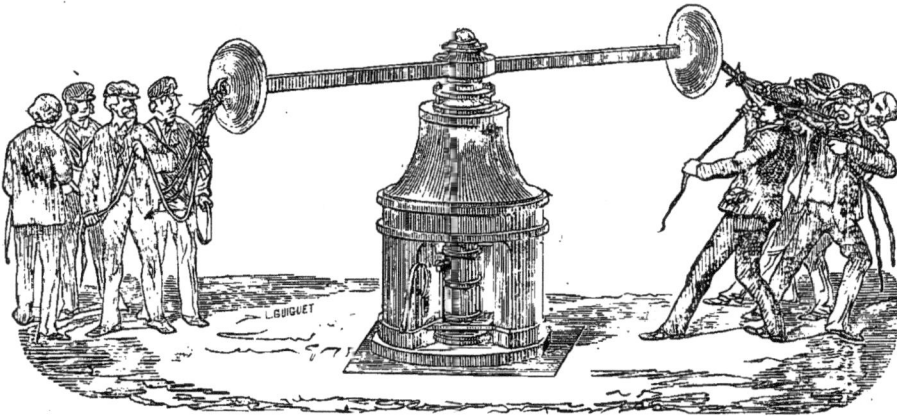

Fig. 258. — *Balancier monétaire de Gingembre.*

fer. Des coups de marteaux, assénés avec force sur la tête du coin supérieur, imprimaient en relief sur la pièce, rendue plus malléable par la haute température à laquelle elle était portée, les caractères gravés en creux sur les coins.

Enfin, les monnaies et médailles antiques étaient simplement coulées dans des moules.

Le balancier monétaire a été l'objet, depuis son apparition, de nombreux perfectionnements, dont les derniers et les plus importants sont dus à M. Gingembre, inspecteur général des monnaies, qui a établi, en 1813, le balancier monétaire, tel qu'il fonctionne encore aujourd'hui.

Nous allons donner une description sommaire de cet appareil, en appelant l'attention du lecteur sur les principales difficultés qui se sont présentées, et sur la manière dont elles ont été résolues (fig. 258).

Les masses pesantes qui terminent le balancier sont en plomb, et on leur a donné une forme lenticulaire, afin qu'elles offrent sous le poids le plus considérable la moindre prise possible à la résistance de l'air.

Aux deux extrémités du balancier sont attachées des cordes ou lanières, qui permettent à plusieurs hommes d'agir à la fois et avec ensemble sur le balancier, pour lui imprimer la plus grande vitesse possible.

La vis est à plusieurs filets carrés, et son pas est assez allongé ; il faut, en effet, que la vis se relève suffisamment après chaque opération, pour permettre la manœuvre des disques métalliques ou flans destinés à être transformés en pièces de monnaie, et il serait désavantageux, d'autre part, que le balancier eût à faire plusieurs révolutions avant la production du choc, car il perdrait ainsi, avant d'arriver au bas de sa course, une partie de sa vitesse, et ne produirait pas son maximum d'effet. Il en résulterait, en outre, une perte de temps.

L'extrémité inférieure de la vis, et la partie correspondante du bâti, sont munies de blocs d'acier ou coins (fig. 259), sur lesquels on a gravé en creux les figures ou caractères qu'on veut obtenir en relief sur la pièce frappée. Un anneau en acier ou virole, également gravé en creux, et dans lequel on place le flan, s'oppose à ce que ce dernier ne s'étende latéralement sous l'action du choc, et imprime en même temps l'exergue sur le contour de la pièce, qui se trouve ainsi complètement frappée d'un seul coup de balancier.

Il importe que les surfaces des deux coins soient parfaitement parallèles au moment du choc; à cet effet, le coin inférieur repose sur le bâti par l'intermédiaire d'une pièce d'acier en forme de calotte sphérique appelée *rotule*, qui peut prendre un petit mouvement dans tous les sens, dans une cavité de même forme faisant corps avec le bâti.

Il importe également que le coin supérieur, tout en participant au mouvement de montée et de descente de la vis, ne partage pas son mouvement de rotation : on a obtenu ce résultat en fixant ce coin à l'extrémité inférieure d'une pièce dite *boîte coulante*, assujettie à se mouvoir entre

Fig. 259. — *Coins sur lesquels sont gravés en creux les figures ou caractères à obtenir en relief sur la pièce frappée.*

deux guides verticaux qui l'empêchent de tourner, et reliée à la vis par une rondelle, qui s'engage dans une rainure pratiquée dans le prolongement de la vis.

La pièce étant frappée, il faut pouvoir la retirer facilement de la virole afin de la remplacer par un flan ; c'est pour remplir cette condition que la virole, au lieu d'être d'un seul morceau, est composée de trois segments égaux, et que sa surface extérieure, légèrement conique, s'engage dans une cavité de même forme pratiquée dans un bloc d'acier reposant sur le massif de la machine. Aussitôt que la vis remonte, la pression cesse et un ressort placé sous la virole soulève cette dernière d'une petite quantité ; les trois segments de la virole s'écartent légèrement, et la pièce frappée cesse d'être pressée latéralement. Au même moment, le coin inférieur suivant automatiquement le mouvement ascensionnel de la vis, soulève la pièce frappée jusqu'au niveau du plan supérieur de la virole. A cet effet, le coin inférieur fait corps avec un plateau horizontal fixé à deux tiges verticales qui traversent toute la machine et viennent se relier à un collier circulaire qui entoure la

tête de la vis au-dessus de sa partie filetée. Ce collier est muni d'échancrures qui peuvent correspondre à un moment donné avec les extrémités des filets de la vis. La vis en remontant soulève le plateau, et par suite le coin inférieur, jusqu'à ce que les filets, s'introduisant dans les échancrures du plateau, cessent de le soulever.

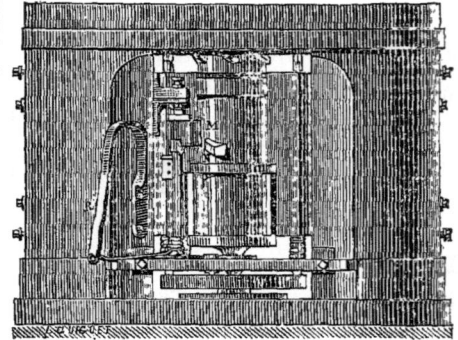

Fig. 260 — *Détails du balancier*

Ce mouvement ascensionnel est suffisant pour élever la pièce de la quantité voulue.

La pièce frappée étant ainsi dégagée, il ne reste plus qu'à l'enlever et à la remplacer par un flan ; cette manœuvre s'est faite longtemps à la main ; dans la machine perfectionnée par M. Gingembre elle est faite automatiquement au moyen d'un organe dit *main-poseur* (fig. 260 et 261), qui se meut dans le plan supérieur de la virole.

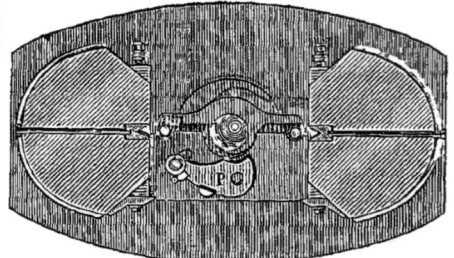

Fig. 261. — *Main-poseur.*

Cet organe se compose essentiellement d'une palette horizontale P calée sur un arbre vertical. Cette palette ou *main-poseur*, est percée d'une ouverture circulaire dans laquelle on peut introduire un flan, et elle est munie d'une échancrure qui saisit la pièce frappée et la rejette à l'extérieur de la machine. L'arbre vertical porte une ailette M qui peut tourner librement sur l'arbre dans un sens, mais qu'un arrêt force à entraîner l'arbre si l'on agit sur elle en sens inverse. Le prolongement de la vis du balancier porte une came héliçoïdale N disposée de telle sorte, que lorsque la vis remonte et que la pièce frappée est venue se placer sur le plan supérieur de la virole, la came rencontre l'ailette M, et entraîne l'arbre et par suite la main-poseur, qui fonctionne comme nous l'avons dit plus haut. La vis continuant à monter, la came perd sa prise sur l'ailette, et un ressort R ramène la main-poseur en dehors de l'axe de la machine. Il faut avoir bien soin de mettre un flan dans la main-poseur à chaque opération ; si, par suite d'un oubli, cette condition ne se trouvait pas remplie, les deux coins d'acier venant en contact avec une grande violence, seraient infailliblement brisés ou détériorés.

Plusieurs tentatives ont été faites pour appliquer au balancier la puissance motrice de la vapeur, mais le mouvement de montée et de descente de la vis, et son mouvement circulaire alternatif opposent à cette application des difficultés qui ont arrêté longtemps les inventeurs.

Depuis plusieurs années, il est vrai, on a renoncé, en France, à l'emploi du balancier pour la fabrication des monnaies, et l'on se sert exclusivement pour cet usage de la *presse monétaire* de M. Thonnelier (V. MONNAIE), basée sur un principe tout différent et qui donne une production plus grande ; mais le balancier est encore en usage pour la frappe des médailles de grand relief, des je-

Fig. 262. — *Balancier de M. Chéret pour l'estampage des métaux, le gauffrage du papier, du carton, etc.*

tons, etc., et il a reçu dans les arts et dans l'industrie de nombreuses applications : estampage des tôles, des métaux précieux, fabrication des couverts, gauffrage du papier, du carton, etc. La solution du problème n'a donc rien perdu de son intérêt.

Depuis longtemps on emploie, à la monnaie de Londres, des balanciers mûs par la vapeur au moyen d'un appareil à réaction pneumatique imaginé par Watt et Bolton. Malgré l'autorité de ces deux noms, cette solution coûteuse et compliquée n'a pas été imitée sur le continent.

En France, le problème a été résolu d'une manière plus complète et plus satisfaisante par M. Chéret.

Le balancier de M. Chéret (fig. 262) ne diffère du balancier ordinaire que par la manière dont le mouvement est communiqué à la vis. Le levier horizontal terminé par deux boules et monté sur

la vis est remplacé par un volant en fonte dont la jante est garnie de cuir.

Un arbre horizontal, reposant sur deux supports, est disposé au-dessus du balancier, perpendiculairement à l'axe de la vis. Sur cet arbre sont calés deux disques en fonte, également garnis de cuir, et dont l'espacement est un peu supérieur au diamètre du volant. L'arbre peut prendre un léger mouvement de translation sur ses coussinets, ce qui permet aux deux disques de venir alternativement en contact avec le volant, et par suite de l'entraîner tantôt dans un sens, tantôt dans l'autre, en faisant monter ou descendre la vis, suivant le sens du mouvement. Deux poulies, l'une fixe et l'autre folle, montées sur l'arbre horizontal, permettent d'embrayer ou de débrayer la courroie de transmission à volonté.

Le mouvement de translation est donné à l'arbre horizontal au moyen d'un système de leviers coudés, et d'une pédale placée en contre-bas de l'appareil, de manière à ce que l'ouvrier qui conduit la machine soit bien en face de son travail. Un contre-poids est adapté au système de leviers, et un galet placé au-dessus du volant, et tournant autour d'un axe horizontal relié au même système de leviers, limite la course ascensionnelle de la vis. (Ce galet n'est pas représenté sur la figure). Nous allons expliquer le rôle de ces deux organes en décrivant le fonctionnement de la machine.

La poulie fixe montée sur l'arbre horizontal étant embrayée, et la pédale au repos, le volant est en contact, *sans pression*, avec le galet et avec le disque de gauche, qui tend à faire descendre la vis. Dès que l'ouvrier appuie sur la pédale, le disque presse sur le volant, et l'entraîne en faisant descendre la vis. Le pied quitte alors la pédale, le choc a lieu, et la vis commence à remonter sous l'effet de la réaction, tandis que l'arbre horizontal, cédant à l'action du contre-poids dont nous avons parlé plus haut, glisse sur ses coussinets, et vient appliquer le disque de droite contre la couronne du volant. Le volant, entraîné par ce disque, continue à monter jusqu'à ce qu'il arrive en contact avec le galet, relié, comme nous l'avons dit, au système de leviers. Il le soulève, et aussitôt le disque de droite s'écarte du volant, tandis que le disque de gauche, qui agit en sens inverse, vient en contact avec lui. A ce moment, l'équilibre s'établit forcément, car par l'effet de la poussée verticale exercée par le volant sur le galet, le disque presse de plus en plus sur le volant, qui ne tarde pas à s'arrêter et commence à descendre. Le galet et le contrepoids suivent ce mouvement de descente, et le disque de gauche cessant de presser sur le volant, celui-ci demeure en repos, jusqu'à ce que une nouvelle pression sur la pédale le mette de nouveau en mouvement.

Une vis de rappel permet d'élever ou d'abaisser le galet, de manière à faire varier la course du volant.

Cet appareil a été très heureusement compris, et mis en pratique par un ouvrier exercé, il fonctionne avec une grande douceur. La pression doit être exercée sur la pédale d'une façon progressive, de manière à ne pas mettre brusquement en contact le volant en repos avec le disque animé d'une grande vitesse. On remarquera d'ailleurs que dans la période de descente, le volant entre en contact avec le disque de gauche en un point assez rapproché du centre, et dont la vitesse est relativement faible ; à mesure qu'il descend, il s'approche davantage des bords du disque, et sa vitesse s'accélère. Inversement, et par une raison toute semblable, lorsque le plateau remonte, sa vitesse diminue progressivement jusqu'à ce qu'il arrive en haut de sa course. Ces deux conditions sont évidemment favorables au bon fonctionnement de la machine.

III. BALANCIER DE MACHINE A VAPEUR. Pièce oscillant autour d'un axe horizontal passant généralement par son centre, et destinée à trans-

mettre le mouvement du piston, soit à un arbre moteur par l'intermédiaire d'une bielle et d'une manivelle, soit directement à une tige de pompe, de sonde, etc.

Les balanciers B A B' des premières machines à vapeur étaient en bois ; ils servaient à faire mouvoir la tige maîtresse d'une pompe destinée à épuiser l'eau d'une mine. Afin de permettre à la tige du piston et à celle de la pompe de conserver une position parfaitement verticale pendant leur mouvement de montée et de descente, le balancier était terminé par deux parties en arc de cercle, ayant leur centre commun sur l'axe A du balancier, et dont l'amplitude était un peu supérieure à celle de l'arc décrit par le balancier dans son mouvement oscillatoire. Une chaîne *cc'*, fixée à l'extrémité supérieure de chacun de ces arcs, s'attachait d'un côté à la tige du piston C, et de l'autre à la tige de la pompe. Cette dernière est remplacée

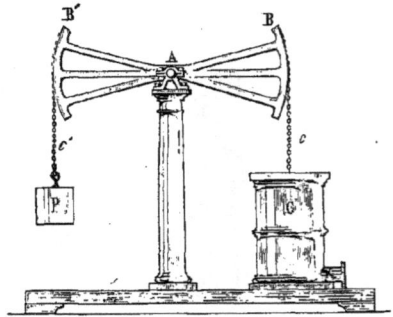

Fig. 263. — *Balancier des anciennes machines à vapeur.*

dans la figure 263 par un contre-poids P représentant l'effort à vaincre par la vapeur.

La machine étant à simple effet le balancier était tiré par les chaînes, tantôt dans un sens par la pression atmosphérique agissant sur la surface supérieure du piston, tantôt dans l'autre par le poids des tiges de pompe et du contrepoids.

Mais on ne construit plus guère aujourd'hui que des machines à double effet, dans lesquelles le piston tire et pousse le balancier alternativement ; on ne peut donc plus relier la tige du piston au balancier par une chaîne s'enroulant sur un arc de cercle, et il a fallu chercher une disposition nouvelle, qui permit à la tige du piston d'agir sur le balancier à la montée comme à la descente, tout en conservant son mouvement vertical. Watt a résolu la difficulté d'une manière approximative, mais bien suffisante pour la pratique, au moyen du parallélogramme articulé (fig. 264) qui porte son nom, et grâce auquel le sommet de la tige du piston décrit un 8 très allongé, et se rapprochant suffisamment d'une ligne droite.

Les balanciers des machines actuelles sont généralement en fonte, et la forme qui leur convient le mieux est celle d'un solide d'égale résistance. Leur contour est formé de deux paraboles ayant leurs sommets aux deux extrémités du balancier, et se raccordant au milieu. Ils se composent d'une plaque centrale ou âme, renforcée sur tout son pourtour par une nervure saillante. Une autre nervure, suivant l'axe longitudinal du balancier, est motivée par les nombreuses ouvertures ou *lumières* pratiquées le long de cette ligne, et qui servent à recevoir les axes des différentes pièces (tiges de pompes, etc.) qui viennent s'articuler sur le balancier.

Calcul des dimensions d'un balancier. On donne généralement au balancier une longueur totale L (fig. 265) égale à 3 fois la course du piston et une hauteur h égale à 1/6 de la longueur (cette règle n'a rien d'absolu), puis on calcule l'épaisseur e de l'âme, sans tenir compte des nervures, au moyen de la formule

$$e = \frac{3\,P\,L}{R\,h^2}$$

qui, pour h 1/6 L se réduit à

$$e = \frac{108\,P}{R\,L}$$

Dans cette formule, P représente l'effort en kilogramme exercé à chaque extrémité du balancier, et R l'effort maximum par mètre carré que l'on veut faire supporter à la matière qui constitue le balancier.

On donne aux nervures une largeur totale égale

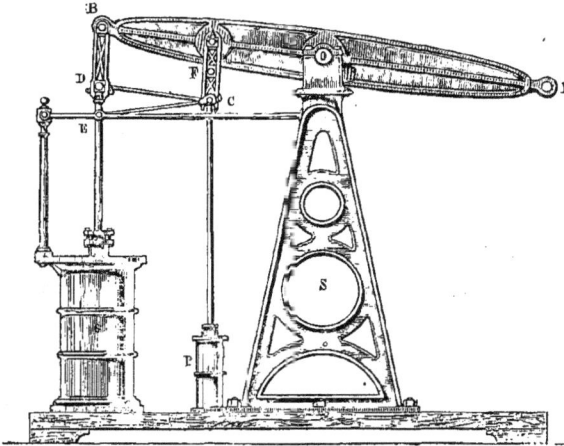

Fig. 264. — *Parallélogramme articulé de Watt.*

A B C D Parallélogramme formé par une portion *A B* de l'un des bras du balancier, et par les bielles *A C, C D, B D* qui en raison des articulations placées à chaque sommet peut se déformer pendant les oscillations du balancier. — *C E* Bielle articulée au bâti de la machine en un point fixe *E* et qui en forçant le point *C* à parcourir l'arc du cercle dont *C E* est le rayon fait décrire au point *D* une ligne droite. — *G* Piston de la machine à vapeur. — *F* Point déterminé de la bielle *A C* qui parcourant dans le mouvement général l'arc d'un cercle dont *O E* serait le rayon, jouit de la même propriété que le point *D* de se déplacer verticalement, circonstance dont on profite ordinairement pour y attacher la tige destinée à mettre en jeu le piston de la pompe alimentaire *P*.

à 4 ou 5 fois l'épaisseur de l'âme. Ces nervures, dont il n'est pas tenu compte dans le calcul, donnent au balancier un surcroît de solidité.

Lorsque la force de la machine dépasse 100 chevaux, on peut être conduit pour le balancier à

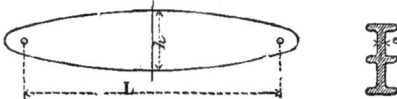

Fig. 265. — *Calcul des dimensions d'un balancier.*

des dimensions telles, qu'il soit difficile de le couler en une seule fois. On a recours alors au balancier dit à deux flasques, qui n'est autre chose que deux balanciers distincts accouplés et réunis par des entretoises et des boulons. Ces balanciers, d'une construction plus compliquée et plus coûteuse que les précédents, sont en outre sujets à des altérations de formes qui peuvent être très nuisibles.

On peut éviter cet inconvénient en faisant le

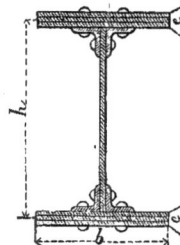

Fig. 266. — *Balancier en tôles et cornières.*

balancier (dans le cas où il serait difficile de le couler en fonte d'une seule pièce), en tôles et cornières.

Ces balanciers ont la même forme générale que les balanciers en fonte; leur section est en forme de double T. Ils se composent d'une âme centrale en tôle de forme parabolique, entourée d'une ou de plusieurs épaisseurs de tôles, suivant l'effort que le balancier doit supporter. Ces tôles sont rivées ensemble, et reliées à l'âme centrale par des fers cornières (Fig. 266).

Calcul des dimensions. Au contraire de ce qui se fait pour les balanciers en fonte, on calcule les dimensions des tôles qui forment les ailes de la section T comme si l'âme centrale n'existait pas. Il en résulte évidemment pour le balancier un excès de solidité.

Comme pour les balanciers en fonte, on choisit arbitrairement la longueur L du balancier, sa hauteur *h* et on se donne également la largeur *b* des tôles. L'épaisseur *e* de ces tôles peut alors se déterminer par la formule

$$e = \frac{P\,L}{2\,b\,h\,R}$$

dans laquelle les lettres P et R ont la même signification que plus haut.

On prend généralement la longueur L égale à trois fois la course du piston,

$$h = \frac{L}{6},\ b = \frac{L}{12}$$

la formule qui donne l'épaisseur des ailes devient alors

$$e = \frac{36\,P}{R\,L}$$

On fait aussi, surtout en Amérique, des balanciers composés d'une croix en fer forgé, dont les bras sont armés d'une ceinture en fer faisant office de tirants.

IV. BALANCIER HYDRAULIQUE. Machine imaginée par Perrault, savant architecte du XVIIᵉ siècle, et destinée à utiliser une chute d'eau. Elle se compose essentiellement d'un levier à bras égaux pouvant osciller autour de son centre, et portant un seau à chacune de ses extrémités.

Lorsque l'un des seaux est en haut de sa course il se remplit d'eau, puis il descend par son propre poids en faisant remonter l'autre seau qui s'emplit à son tour pendant que le premier se vide, et ainsi de suite.

Un système de soupapes permet à chaque seau de se vider quand il arrive au bas de sa course, tandis qu'une disposition facile à imaginer, ouvre le robinet d'arrivée d'eau lorsque le seau est remonté, et le ferme aussitôt qu'il commence à descendre.

On obtient ainsi un mouvement alternatif, qu'on pourrait utiliser à la rigueur; mais cette machine, d'un rendement bien médiocre, si on la compare aux autres moteurs hydrauliques, n'a pas reçu d'application, et nous n'en parlons que pour mémoire. — H. I.

V. BALANCIER. *T. de chem. de fer.* Sans parler des autres conditions, l'allure des locomotives portées par trois essieux ou plus, dépend de la répartition de leur poids sur chaque roue. Cette répartition dépend elle-même de la tension des ressorts en acier interposés entre la machine et les essieux, tension que l'on règle au moment de la mise en service.

Lorsque la machine a effectué un parcours de quelques mille kilomètres, la tension des ressorts se trouve changée et, par suite, la répartition de la charge, d'où peut résulter une fatigue excessive imposée à un bandage ou à une fusée, un désordre dans la marche de la locomotive.

On atténue les inconvénients de cette modification en réunissant les extrémités de deux ressorts voisins par un levier qui oscille comme le fléau d'une balance autour d'un point fixe pris sur le châssis. Les bras de ce levier, auquel on a donné le nom de *balancier*, ont une longueur en rapport avec la charge qu'ils doivent transmettre. Un semblable procédé s'emploie également pour répartir également, sur les fusées d'un même essieu, la portion du poids de la machine qui lui incombe. — V. LOCOMOTIVES (Suspension des).

VI. BALANCIER. 1º *T. de mar. Balancier de lampe, de boussole.* Appareil de suspension, composé de cercles en cuivre, qui tient en équilibre, malgré les mouvements du navire, la lampe de l'habitacle, la boussole. || **2º** *T. de bonnet.* Partie du métier à bas fixée par deux vis aux extrémités des épaulières. || **3º** Dans les écluses, grosse barre qui sert de manivelle pour ouvrir et fermer les vantaux. || **4º** Dans les forges, tige de fer recourbée attachée à une perche élastique à l'aide de laquelle on fait mouvoir le soufflet. || **5º** *T. de pap.* Instrument de fer qui sert à délayer la matière contenue dans l'auge. || **6º** *T. de filat.* Quelquefois on donne ce nom à l'appareil d'envidage des métiers à filer Mull-Jenny, ou bien il s'applique seulement à l'arbre sur lequel sont fixées les aiguilles et la poignée servant à l'envidage. — V. ENVIDAGE.

VII. BALANCIER. *T. de mét.* Celui qui fabrique ou qui vend des balances. Le fabricant retouche et ajuste les différentes pièces qui lui sont fournies par divers artisans; par le chaudronnier, qui façonne les bassins en cuivre; par le serrurier ou le fondeur, qui confectionnent les fléaux, etc. Le *balancier ajusteur* est celui qui reçoit des fondeurs les poids et mesures en fonte de fer ou de cuivre pour les *justifier*, conformément aux étalons établis par la loi, en y ajoutant à l'intérieur la quantité de plomb nécessaire.

* BALARD (ANTOINE-JÉRÔME), chimiste, naquit en 1802, à Montpellier. Après avoir terminé ses études, il entra dans la pharmacie et là, partagé entre ses devoirs professionnels et ceux que lui imposaient ses fonctions de préparateur à la Faculté des sciences de sa ville natale, il trouva encore quelques loisirs pour se livrer à des travaux personnels. Il débuta par la recherche de traces d'iode en présence des corps qui masquent ses réactions. Le réactif qu'il conseilla fut le chlore; celui-ci, en dissolution, déplace l'iode de ses combinaisons, et ce dernier corps peut alors être caractérisé par la coloration bleue très intense qu'il donne en présence de l'amidon. Cette méthode lui permit de signaler l'existence de l'iode dans beaucoup de matières où on l'avait jusque là cherché en vain, telles que les coquilles des mollusques marins, les algues et l'eau-mère des salines alimentées par la Méditerranée. Au cours de ces expériences, il remarqua que l'action du chlore sur l'eau-mère produisait, dans certains cas, le déplacement d'un corps qui colorait en jaune la liqueur et se précipitait partiellement en gouttelettes rouge foncé. Quel était ce corps ? Balard put le séparer de la liqueur au moyen de l'éther et il le combina avec la potasse. Pensant avoir affaire à un produit voisin du chlore, il traita le sel de potasse obtenu par un mélange de bioxyde de manganèse et d'acide sulfurique : le *brome* était découvert. Balard le caractérisa comme corps simple par sa résistance à la décomposition par le feu et l'électricité. Il rédigea, sur cette découverte, un mémoire complet qu'il présenta à l'Académie des sciences en 1826 ; il avait alors 24 ans. Sans l'insistance de ses professeurs, Auglada et Bérard, l'Académie n'eut pas pris en sérieuse considération l'œuvre d'un aussi jeune chimiste. Une commission, composée de Vauquelin, Thénard et Gay-Lussac, fut nommée et, après un examen approfondi, elle déclarait que : « la découverte du brome fait entrer M. Balard, de la « manière la plus honorable, dans la carrière des « sciences. » On peut s'imaginer le retentissement qu'eut cette découverte, faite par un jeune homme qui n'avait à sa disposition que les moyens d'investigation les plus élémentaires. D'abord nommé professeur à Montpellier, Balard eut, quelques années après, l'honneur d'être désigné comme successeur de Thénard à la Sorbonne.

Encouragé par un aussi beau début, le jeune savant poursuivit ses recherches avec une activité nouvelle ; la détermination de la composition exacte des hypochlorites, dont la nature était très discutée, des études de chimie organique sur l'acide oxamique et l'amylène complètent son œuvre scientifique.

Convaincu que la science a pour mission de « rapprocher les hommes de l'égalité par l'uni- « versalité du bien-être, » il porta son attention sur le côté pratique des études chimiques et, après dix-huit années consacrées à la recherche des corps qu'on pouvait extraire des eaux-mères des marais salants, il eut l'heureuse fortune de créer d'importantes industries. Ces eaux-mères, en effet, étaient autrefois rejetées à la mer après dépôt complet du sel marin qu'elles contiennent ; cependant, elles renferment encore des quantités énormes de soude et de potasse combinées à différents acides. Balard trouva des procédés assez perfectionnés pour permettre l'extraction industrielle de deux des sels principaux, le sulfate de soude et le chlorure de potassium, qui servent, le premier dans la fabrication du carbonate de soude, et le second dans celle du salpêtre.

Comme la plupart des inventeurs, Balard ne recueillit aucun bénéfice matériel de ses découvertes et, jusqu'au dernier jour, ayant à supporter les lourdes charges d'une famille nombreuse, il vécut de la vie modeste et digne qui était sa seule ambition.

Balard est mort le 15 août 1876. Il était entré à l'Institut en 1844. Nommé, en 1851, professeur au Collège de France, où il remplaça Pelouze, il fut élevé, en 1868, au titre d'inspecteur général de l'enseignement supérieur. Nommé chevalier de la Légion d'honneur en 1837, puis officier en 1855, il était commandeur depuis l'année 1863.

BALAST. T. *de chem. de fer.* — V. BALLAST.

BALATA (Suc de). Suc laiteux fourni par le *mimusops balata* (famille des *sapotées*).

Cet arbre est très abondant dans les Guyanes anglaise, hollandaise et française. Depuis 1860, on commence à utiliser la sécrétion produite par son écorce. Pour l'obtenir, on racle l'écorce extérieure, qui est ligneuse, puis on fait avec un coutelas des incisions en biais : le suc s'en écoule, et on le reçoit dans un récipient placé au pied de l'arbre.

La quantité de suc donnée par un arbre varie de 425 à 560 grammes qui fournissent à l'état sec 340 à 450 grammes de matière solide.

Le suc de balata sec, a la couleur et l'aspect du cuir. Il est plus lourd que l'eau, il s'enflamme et brûle facilement en répandant l'odeur de fromage brûlé. Il fond vers 145°, comme le *gutta-percha*, et reprend sa solidité par le refroidissement. Il est soluble à chaud dans le chloroforme, l'essence de pétrole et le sulfure de carbone. Il peut être vulcanisé comme le caoutchouc.

Ses propriétés sont intermédiaires entre le gutta-percha et le caoutchouc.

BALAYAGE. Opération qui consiste à enlever la boue, les immondices ou la poussière qui encombrent les voies publiques ou privées, ou le sol des appartements. Nous nous ne occuperons ici que du balayage public.

— Les moyens dont disposaient les anciens pour établir leurs chaussées, comme pour les entretenir, sont peu connus. Les Carthaginois, les premiers, semblent avoir eu l'idée du pavage des rues. A Athènes, il existait des magistrats, nommés *Astynomes*, qui avaient pour mission de veiller à la propreté et à la salubrité de la ville.

A Rome, cette charge était remplie par les *Édiles*. L'importance de ces fonctions qui furent occupées par les plus hauts personnages de la nation montre à quel point les questions d'hygiène et de salubrité publiques y préoccupaient l'esprit du législateur. Les restes de la *cloaca maxima*, vaste égout de sept mètres de largeur, construit par Tarquin l'Ancien, les vestiges que l'on retrouve encore de ces belles voies romaines qui, sans entretien, ont pu braver les siècles, sont des monuments remarquables du génie de ce peuple, habile dans l'art des constructions impérissables.

En 1185, les rues de Paris étaient encore d'immenses cloaques où l'on ne pouvait guère circuler qu'à cheval, et d'où se dégageait parfois une odeur pestilentielle. Philippe-Auguste, le premier, par une ordonnance qui porte cette date, décréta le pavage de la Croisée de Paris, c'est-à-dire de deux larges voies qui traversaient la ville en prenant leur origine aux quatre points cardinaux. Les nombreuses et meurtrières épidémies, celle de 1148 notamment, qui, sous son règne et longtemps encore après lui, décimèrent la population parisienne, attestent à quel point l'entretien et le nettoyage des voies publiques étaient encore imparfaits à cette époque.

Au XIIIᵉ siècle, cette grave question d'hygiène et de salubrité n'a pas encore de règles fixes; l'autorité municipale y est toujours étrangère. Et cependant à mesure que la capitale s'agrandit et que la civilisation se développe, le sentiment de l'importance qui s'y attache se traduit par des édits ou des ordonnances qui reviennent périodiquement, mais que l'incurie ou l'intérêt mal entendu des habitants réduit le plus souvent à l'état de lettre morte. Parmi ces tentatives citons : l'ordonnance de Charles VI (janvier 1404), « défendant aux habitants de Paris de jeter leurs ordures à la Seine, et frappant les délinquants d'une taxe pour le curage de la rivière »; l'ordonnance de Louis XII (1506), « frappant toutes les maisons d'une taxe pour payer les voituriers particuliers, chargés de l'enlèvement des immondices »; l'ordonnance de François Iᵉʳ (1539), enjoignant aux bourgeois « de balayer le devant de leurs portes aux heures marquées et réunir en tas les immondices avant l'arrivée des tombereaux »; l'arrêté d'Henri IV (mai 1599), investissant Sully du titre de « grand voyer de France » et l'édit du même roi (mars 1608), défendant « de jeter aucunes ordures par les fenêtres ni laisser aucunes immondices ou matériaux sur la voie publique plus de vingt-quatre heures. »

A Louis XIV et à son ministre Colbert revient l'honneur d'avoir les premiers doté Paris d'une réglementation efficace. Tandis que les rues de la capitale sont pavées et transformées, un édit royal institue un conseil général de police chargé de proposer au roy toutes les modifications dont le service de salubrité lui paraîtra susceptible. Une charge de lieutenant de police est créée avec attribution exclusive de tout ce qui ressort des questions de sûreté et de salubrité. Enfin, un édit royal, « met le nettoyage des rues à la charge des bourgeois de la capitale qui payent au fisc, lequel en prend charge, un impôt annuel de trois cent mille livres pour le nettoiement et l'éclairage. » Ce système produisit des résultats que plusieurs puissances étrangères demandèrent communication des règlements pour en faire l'application. Il est vrai que par un édit du 1ᵉʳ janvier 1705, le trésor royal épuisé, s'adressa aux mêmes bourgeois et les affranchit moyennant la somme énorme de cinq millions quatre cent mille livres, capital calculé au denier dix-huit, des charges du nettoyage et de l'éclairage qui « sont mis au compte de l'État à perpétuité et irrévocablement. » En présence des taxes actuelles sur le balayage, le pavage et l'éclairage, on pourrait se demander ce qu'est devenu ce dernier édit du grand roi.

A partir de 1789, et pendant toute la période qui embrasse la Révolution, le premier Empire et la Restauration, les taxes et redevances n'existent plus. Le service du balayage est exécuté en grande partie par les habitants eux-mêmes sous forme de prestation en nature. L'article 471 du Code pénal, punit d'amende « ceux qui auront négligé de nettoyer les rues et passages dans les communes où ce soin est laissé à la charge des habitants. » Les ordonnances de 1817, 1834, 1839, 1844, consacrent les mêmes principes, en mettant à la charge de la ville le balayage des places et voies principales et laissant le balayage des rues à la charge des propriétaires et des locataires.

Le fonctionnement souvent défectueux des compagnies salariées par lesquelles les habitants se faisaient généralement remplacer, la nécessité de mettre le nettoiement des rues en harmonie avec les agrandissements de la capitale, le développement de la circulation et les embellissements projetés, commandèrent bientôt l'emploi de mesures plus pratiques et imposèrent à la municipalité une action plus directe sur ce service. L'introduction du macadame (V. ce mot) hâta ces résolutions. En 1853, la commission municipale, sans demander encore la création d'une taxe municipale pour cet objet, décida que le service du balayage serait mis en régie administrative. Par une ordonnance du préfet de police, l'inspecteur général de la salubrité fut autorisé à faire opérer directement, pour le compte des propriétaires riverains, et moyennant un prix modéré, le balayage et l'arrosement des voies, ainsi que le bris des glaces et l'enlèvement des neiges. 21,000 abonnés répondirent dès la première année à cet appel; le produit de cette redevance était estimé à 410,000 francs en 1855.

Aujourd'hui les services du balayage, du pavage et de l'éclairage constituent une dépense publique et sont, pour la partie laissée à la charge des habitants, l'objet d'une taxe municipale. La perception de la taxe de balayage est réglée par un décret du 24 décembre 1873. Cette taxe ne tient pas compte de la valeur des propriétés, mais seulement de la nécessité de la circulation, de la salubrité et de la propreté de la voie publique. Elle ne peut pas dépasser les dépenses réelles que subit la ville pour le balayage de la superficie mise à la charge des habitants. Les rues de Paris sont divisées en sept catégories. La taxe pour la première est de 70 centimes par an et par mètre carré, pour la septième de 10 centimes seulement. Elle a produit en 1874 la somme de 2,925,000 francs, pour une superficie totale en mètres carrés de 13,213,000 mètres environ.

L'obligation de maintenir toujours propres les voies publiques, et de les entretenir, s'est donc imposée de tout temps et chez tous les peuples. Dans nos grandes villes modernes elle est, à proprement parler, une question d'ordre public.

La plupart des épidémies qui ravagent la partie occidentale de l'Ancien Monde, prennent naissance chez certains peuples de l'Asie, dont la malpropreté est proverbiale. L'esprit demeure confondu quand on songe qu'à l'époque où nous vivons, dans certaines parties de l'Amérique, dans les principales villes du Pérou, comme au Mexique, il n'est pris aucun soin pour le nettoyage des rues. L'enlèvement des ordures n'est opéré que par des chiens et des cochons errants, ou, comme à la Véra-Cruz, par d'énormes vautours qui stationnent par les chemins, sans se déranger pour les passants, et sont protégés par un règlement de police qui punit d'amende quiconque leur porte mal.

Quand la boue en décomposition ne séjourne pas sur la chaussée, dit un remarquable rapport présenté sur ce sujet à l'Institut des ingénieurs de Londres, ce n'est pas seulement le piéton que l'on favorise, l'intérieur des ménages en ressent également le bien-être. Les plus pauvres logements deviennent propres et sains et s'entretiennent à peu de frais. — V. ASSAINISSEMENT, HYGIÈNE.

Or, le séjour de la boue et des ordures sur les chaussées n'est pas seulement une source de désagréments et d'insalubrité, il est en même temps l'agent le plus actif de leur destruction. En empêchant l'écoulement des eaux, il entretient une humidité constante qui pénètre jusqu'aux couches de fondation, ramollit l'ensemble et le désagrège. S'il survient un dégel, notamment, il se produit une dislocation complète. Les véhicules par leur poids tracent des frayées, bientôt des ornières, et la route devient rapidement impraticable.

Le roulage et les transports de toute nature sont par suite frappés d'un impôt dont il est facile de se rendre compte par l'échelle de proportion suivante qui donne la mesure des efforts développés par le moteur suivant, l'état de la route :

Pavé	2
Macadam en parfait état	5
— chargé de poussière	8
— chargé de boue	10
Cailloutis en bon état	13
— couvert de boue	32

Le tirage en un mot change du simple au double suivant que la route est propre ou boueuse.

Si le temps est sec, l'absence du balayage n'a pas des effets moins désastreux pour la chaussée, qui, sous le sabot des chevaux et la roue des véhicules, se couvre rapidement de cette poussière siliceuse, agent d'usure tellement actif que les lapidaires et les scieurs de pierre n'en emploient pas d'autre.

PROCÉDÉS DU NETTOYAGE DES CHAUSSÉES.

Balayage à la main. Sur un macadam ordinaire, la boue détrempée et amenée à une demi-fluidité, s'enlève facilement au *balai*. Si elle est en consistance de pâte, il faut employer le *râcloir*, mais l'emploi de cet engin a le grave inconvénient de désagréger les cailloux de la surface, et par suite de causer une rapide détérioration de la chaussée.

L'eau, moins nécessaire avec le pavé, n'en est pas moins utile pour faire sortir la poussière ou la boue d'entre les joints.

La pluie est donc une circonstance favorable à saisir pour le balayage des rues, puisqu'à défaut il faut y suppléer par l'arrosage. Mais l'eau ne doit d'autre part séjourner en aucun cas sur les routes. Aussi voit-on, dès qu'il pleut, les escouades de balayeurs envahir les rues et surtout les voies macadamisées, au grand désespoir des piétons qu'effraye leur voisinage. Elles cherchent à profiter de l'état de fluidité où se trouve passagèrement la boue, et se hâtent de faire écouler dans les égoûts l'eau dont le séjour prolongé serait une cause de destruction rapide.

En sorte que le problème à résoudre, pour réaliser un balayage pratique en même temps qu'un bon entretien des voies publiques, peut se résumer dans les termes suivants : enlever la boue au fur et à mesure qu'elle se produit, ou la poussière à mesure qu'on la transforme en boue par l'arrosage ; emplir les ornières dès qu'elles commencent à se former ; maintenir, en un mot, la voie dans un tel état qu'au premier rayon de soleil, au premier coup de vent, elle prenne la consistance dure et lisse qu'elle doit avoir.

On comprend l'organisation puissante que nécessitent, dans une ville comme Paris, les exigences d'un pareil service.

En 1861, époque qui a précédé la première application du balayage mécanique, cette organisation comprenait un directeur général et deux ingénieurs en chef ayant sous leurs ordres, l'un, la division centrale (ancien Paris), l'autre, la

division suburbaine. Chacune de ces divisions était partagée elle-même en cinq sections différentes, ayant chacune à leur suite un ingénieur ordinaire des ponts et chaussées, et sous les ordres de ce dernier, les conducteurs, piqueurs et cantonniers commandant l'armée des ouvriers et balayeurs.

Actuellement cette organisation est légèrement modifiée. Au lieu qu'il existe dix ingénieurs ordinaires il n'y en a plus que huit, commandant huit sections, dont trois dans la division centrale et cinq dans la division suburbaine.

La dépense du personnel dirigeant peut toujours être considérée comme la même, et s'élève à 600,000 francs environ.

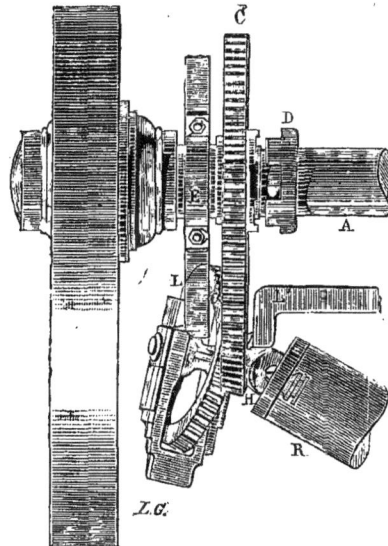

Fig. 267. — *Balayeuse mécanique. Détails de l'appareil et des organes de la transmission du mouvement.*

En 1861, la dépense du balayage et de l'arrosage des voies publiques coûtait environ 3,500,000 francs ; actuellement cette dépense est de 4,500,000 francs. Cette augmentation paraît contradictoire puisque la première époque correspond à l'usage du balayage à la main et la seconde à l'emploi du balayage mécanique. Or, il est irréfutable que le balayage mécanique a permis de supprimer à Paris la plus grande partie de l'effectif des balayeurs, et l'expérience a démontré que le travail d'une machine balayeuse correspond à celui de quinze hommes vigoureux. Cette contradiction, toute apparente, s'explique : 1° par le développement très important qu'ont pris les rues de Paris dans cet intervalle d'une vingtaine d'années ; 2° par l'augmentation considérable du travail lui-même qui est mieux fait et plus rapidement, par ce fait notamment, que des chaussées qui étaient nettoyées une fois par semaine le sont actuellement tous les jours ; 3° par une meilleure rganisation de l'arrosage et l'augmentation du matériel consacré à ce service qui a été développé dans des proportions énormes.

La comparaison entre les deux systèmes serait en tous cas difficile à établir, si un rapport fait au collège échevinal de Bruxelles, en 1875, et dont les résultats reposent sur des observations quotidiennes faites pendant une année entière, ne fournissait à cet égard des données certaines. Ces données les voici :

1° Pour balayer 35 kilomètres, par un temps sec, il faut 60 hommes répartis en cinq brigades, et 120 hommes, en hiver, quand il y a beaucoup de boue.

Or, 60 balayeurs à 2 fr. 25 balais compris,

coûtent 135 francs, c'est-à-dire que le kilomètre coûte 135/35, soit 3 fr 85 ;

2° Pour balayer 35 kilomètres au moyen des machines il faut :

4 chevaux à 6 francs..	24 fr.
4 charretiers à 3 francs	12
12 balayeurs à 2 francs.	24
Usure de 40 heures de balai à 0,35 c. . .	14
Entretien et amortissement à 2 francs. .	8
	82 fr.

C'est-à-dire que le kilomètre coûte 82/35, soit 2 fr. 34.

En d'autres termes le coût du balayage mécanique est, comparativement à celui du balayage

Fig. 268. — Le balayage mécanique. Travail combiné de deux ou p'usieurs machines opérant sur une chaussée boueuse ou préparée par l'arrosage.

à bras, dans la proportion de 2 fr. 34 à 3 fr. 85 ou de 0,60 à 1 franc. Ce qui revient à dire que la ville de Bruxelles a réalisé par l'emploi du premier une économie réelle de 40 0/0 ou des deux cinquièmes.

Balayage mécanique. Le nombre sans cesse croissant des voies de communication, le développement de la circulation dans les grandes villes, la nécessité d'un entretien plus complet à la fois et plus rapide, le manque de bras en temps voulu, devaient exciter l'émulation des inventeurs et les conduire à chercher une application de la mécanique au balayage des rues. Les premiers essais de ce genre datent déjà d'un temps assez reculé.

L'emploi de la *balayeuse* a rencontré dès le début une objection de principe. On a dit qu'il supprimerait le travail des pauvres ; on s'est demandé ce qu'allaient faire les communes et les hospices de ces malheureux qu'ils nourrissaient et employaient généralement à balayer les rues.

On a répondu : « qu'un pareil travail exécuté par des infirmes, en mauvais temps et en mauvaise saison, était une cause de maladies et de dégradation morale ; que les pauvres, comme les esclaves, font moins et coûtent plus cher que les ouvriers libres ; qu'il fallait enfin avoir foi dans cette vérité économique de laquelle il résulte que toute épargne sur le travail correspond à un accroissement de capital et à une extension de consommation ; qu'ainsi les malheureux à qui on enlève un labeur dégradant trouveraient certainement dans d'autres industries beaucoup mieux qu'une compensation. Effectivement, l'enquête a démontré qu'à Manchester, sur le total des ouvriers que remplaçait la machine, 6 0/0 seulement n'ont pas trouvé d'occupation meilleure. Et voici en quels termes conclut le rapport des ingénieurs de l'Institut de Londres : « Les machines produisent vite et moins chèrement l'ouvrage que l'on demandait, il y a quelques années encore, au balayage à la main, ouvrage toujours mal fait, coûteux et qui inspire un juste dégoût. Elles ne déplacent le travail que pour supprimer une classe d'ouvriers démoralisés et offrir à ceux qu'elles conservent des occupations moins rebutantes et de bons salaires. Enfin elles réalisent, à moindres frais, cette perfection de propreté si nécessaire au bon état des routes et au prix économique des transports. »

Nous sortirions du cadre qui nous est imposé si nous entreprenions d'étudier les diverses tentatives qui ont été faites pour balayer *à la machine*. Nous nous contenterons de les signaler. On chercha d'abord à opérer à l'aide d'un chariot sur lequel était monté un balai, tantôt traînant, tantôt rotatif, que l'on abaissait sur la voie d'une manière rigide. On essaya même des appareils ayant pour but à la fois de nettoyer le sol, d'enlever la boue et les détritus et de les transporter aux lieux de dépôt.

Il semble que la fonction de la *balayeuse* doive, pour demeurer dans une pratique vraiment utile, se réduire à rejeter la boue sur le côté des rues, laissant à d'autres moyens, soit le déversement dans les égouts, soit le transport par tombereau, l'enlèvement et l'emmagasinage des boues ainsi rejetées. C'est du moins sur ce principe, mais nous croyons que l'avenir en franchira les limites, que reposent les appareils de ce genre qui donnent aujourd'hui les meilleurs résultats, notamment la balayeuse Léon Blot, qui est la plus généralement employée par la ville de Paris, et dont nous allons donner brièvement la description.

L'appareil offre extérieurement la forme d'une sorte de tilbury (fig. 268) traîné par un cheval de moyenne force, et donnant seulement 37 kilogrammes de traction en travail. Les roues porteuses sont munies d'un appareil particulier permettant le graissage sans démontage.

Entre les roues très robustes et munies d'une large jante pour obtenir l'adhérence nécessaire à l'entraînement du mouvement de rotation, est disposé obliquement le balai cylindrique qui rejette la boue en un seul sillon sur un des côtés de la machine. Notre figure 267 représente le détail de la transmission du mouvement de l'essieu A au rouleau R, au moyen d'une simple roue d'engrenage conique C, commandant le pignon *c* qui transmet le mouvement à l'axe du balai par l'intermédiaire d'un joint universel H. La roue C est montée folle sur l'essieu; quant au pignon *c* il est suspendu entre deux montants en fer forgé LL' qui sont fixés sur l'essieu au moyen de deux colliers tels que E, de sorte que le pignon *c* peut rouler sur la grande roue C autour de l'essieu A. Pour opérer le balayage, le cocher peut, de son siège, abaisser le balai au moyen d'une vis mue par une manivelle placée à portée de sa main droite; il peut par la manœuvre inverse, relever le balai pour cesser le travail; la même manivelle lui permet de régler l'intensité du balayage. L'ensemble des dispositions particulières prises, tant pour la suspension élastique du balai par son centre, que par le système de rotules adaptées aux extrémités de l'axe du balai, permet à celui-ci

d'être très libre afin d'obéir automatiquement à toutes les ondulations du terrain; en un mot, la machine est très souple. Un levier, placé sous la main du cocher, à sa gauche, lui permet d'interrompre la rotation du balai, quand le travail est terminé, en faisant mouvoir convenablement le manchon d'embrayage D. L'axe de traction de cette machine a été déterminé de telle sorte que le cheval tire également des deux épaules; ce point important pour ménager la fatigue de l'animal a été réalisé en rejetant les brancards sur un côté du véhicule.

Notre figure 268 présente l'image d'une rue de Paris balayée à la machine. Une première balayeuse trace un sillon dans la boue qu'elle rejette sur l'un de ses côtés; un second appareil reprend ce sillon qu'il pousse de nouveau vers le trottoir avec la houe qu'il enlève lui-même sur son passage. En multipliant le nombre des appareils qui se suivent de la sorte, on peut, quelle que soit la largeur d'une chaussée, la dégager presqu'instantanément des boues qui l'encombrent.

Le balai, ou plutôt le rouleau-brosse, qui est adapté à la balayeuse, se compose d'un fût cylindrique en bois, percé de trous, dans lesquels sont implantés, en quinconce, des mèches ou laquets de *piassava* (V. ce mot), matière fibreuse, très dure et très élastique, qui se prête merveilleusement à cette application. Cette matière compose le tissu interne des feuilles d'une sorte de palmier nain, qui pousse principalement dans la République de Venezuela, et au Brésil.

— Il y a deux espèces de piassava : celle dite *Bahia*, la plus forte, est employée, soit pour les machines balayeuses, soit pour les balais de cantonniers; l'autre, dite *Para*, du nom de la province dont elle est originaire, est beaucoup plus fine, plus souple, et sert à confectionner la brosserie plus spécialement destinée à l'usage intérieur

L'introduction du piassava en Europe, ou plutôt son emploi pour la confection des balais, ne remonte guère au delà d'une vingtaine d'années. On ne s'en servait autrefois qu'à titre de *garnis* dans les navires, pour protéger les coques contre les parties anguleuses de certains colis de la cargaison; au déchargement, ces garnis, considérés comme sans valeur, étaient jetés à l'eau.

C'est un brossier anglais qui le premier eut l'idée de ramasser, sur les bords de la Tamise, des paquets de cette matière entraînée à la dérive, de les examiner et de les travailler. Le succès qui répondit à son attente fut l'origine d'un commerce aujourd'hui assez important.

Balayage des neiges. A la machine que nous venons de décrire peut s'appliquer, par simple substitution, un rouleau chasse-neige. Celui qu'a inventé M. Blot est composé de cinq hélices en lames d'acier trempé et de trois hélices en piassava, de sorte qu'à une opération de râclage énergique se joint une opération de balayage qui parfait le travail. Cet engin fait aujourd'hui, comme la balayeuse, partie du matériel de nettoiement de la ville de Paris, et a rendu de grands services pendant l'hiver de 1879.

Ce terrible hiver, le plus rigoureux de mémoire d'homme, puisqu'il faudrait remonter jusqu'en 1787, pour en trouver un pareil, a d'ailleurs posé un problème redoutable, et mis la ville de Paris, comme la municipalité de toutes nos grandes villes modernes, en face d'éventualités dont il est indispensable, par une organisation prête à l'avance, de prévoir le retour et de conjurer les dangers. On peut estimer qu'il est tombé à Paris une quantité de neige dont la hauteur moyenne a atteint 0m,50. Cette neige a coûté, tant pour son balayage que pour son enlèvement ou son écoulement dans les égouts, la somme énorme de quatre millions environ.

S'il eût fallu, sans attendre le concours du dégel, enlever toute la masse à l'aide des seules ressources du balayage à bras, le travail aurait duré cinq ou six mois, et la dépense eût atteint 21 millions.

* BALAYEUSE. T. techn. 1º Machine destinée à chasser de la voie publique les boues et autres matières qui la salissent. La balayeuse mécanique remplace aujourd'hui le balayage à la main : elle rejette sur le côté de la voie les matières qu'elle doit enlever, puis le balai à la main intervient pour terminer le travail de la machine et rejeter ces matières jusqu'à l'égout. La balayeuse consiste en un *cylindre-balai* ou cylindre armé d'une brosse en piassava tournant sur son axe, et qui est suspendu sur un bâti à roues traîné par un cheval. — V. BALAYAGE || 2º **T. d'impress.** Nom donné à un genre spécial de tissu de coton imprimé, mi-partie noire en rayures; par suite d'un plissage spécial, le blanc disparaît et ce n'est que par le développement qu'il devient visible, comme par exemple dans l'éventail. On donne aussi le même nom à un tissu blanc, léger, servant de garniture et de soutien au bas des robes.

BALCON. 1º Construction en saillie sur la façade extérieure d'un édifice ou d'une maison particulière, et qui communique avec les appartements ; elle est ordinairement portée par des colonnes ou des consoles avec un appui de pierre ou de fer. Les grands balcons règnent sur toute l'étendue de la façade, et ils sont divisés par des séparations lorsqu'ils doivent servir à plusieurs appartements ; ils sont quelquefois plus petits, c'est-à-dire qu'ils portent en saillie et sont plus larges que les fenêtres ou maintenus seulement entre les tableaux de la fenêtre pour servir d'appui. || 2º Par extension, ouvrage de serrurerie ou de menuiserie servant d'appui pour se mettre à la fenêtre d'un appartement. || 3º Dans les théâtres, c'est le prolongement de la galerie du premier étage, placée en avant et un peu au-dessus des premières loges ; le balcon touche aux avant-scènes et se trouve au-dessus des baignoires et du parterre. || 4º Chez les fondeurs, métal qui se trouve à l'extérieur des pièces coulées, au point de réunion des moules || 5º Galerie couverte ou découverte qu'on établit à l'arrière des grands navires.

BALDAQUIN. 1º Ouvrage d'architecture en bois, en marbre ou en métal, élevé en forme de dôme soutenu par des colonnes, et qui sert de couronnement au maître-autel d'une église, au trône des souverains, des prélats, etc. On dit plutôt *dais* pour désigner la tenture que l'on dresse au-dessus d'une chaire épiscopale, d'un catafalque.

— Le plus célèbre baldaquin est celui de Saint-Pierre de Rome, construit sous le pontificat d'Urbain VIII, par Le Bernin : il est en bronze, porté sur quatre colonnes torses composites, couvertes de magnifiques arabesques richement dorées, au-dessus desquelles s'élèvent quatre statues d'anges en pied ; des guirlandes de bronze s'unissent au milieu; où elles soutiennent un globe portant la croix qui couronne le tout. Ce baldaquin, véritable chef-d'œuvre, a près de cinquante mètres de hauteur et il couvre le maître-autel où le pape célèbre la messe ; on y a employé 93,196 kilogrammes de métal pris au portique du Panthéon, et la façon en a coûté plus de cent mille écus romains (environ 536,000 francs). On cite encore le baldaquin de Sainte-Marie-Majeure, à Rome, et ceux des Invalides et du Val-de-Grâce, mais ce ne sont que des imitations plus ou moins vicieuses de celui de Saint-Pierre.

|| 2º Sorte de dais garni d'étoffes, qu'on suspend au-dessus d'un lit, et auquel tiennent les rideaux.

I. BALEINE. Dans le commerce on donne le nom générique de *baleines* aux fanons ou barbes de la baleine. Ce poisson de mer, d'une grosseur extraordinaire, est un mammifère cétacé, caractérisé par deux évents séparés sur le milieu de la tête.

— Les anciens Esquimaux employaient et ce peuple emploie encore pour la pêche de la baleine un système ingénieux. Ils l'enveloppaient de nombreuses pirogues, lui lançaient des flèches reliées à des ballons de grande dimension, faits de peaux de phoques, d'intestins de cétacés, etc., qui empêchaient l'animal de plonger, et le maintenaient ainsi sous leurs coups.

C'est le peuple basque qui le premier, en Europe, organisa d'une façon réelle la pêche de la baleine. Cette industrie maritime se répandit successivement dans les Flandres, en Normandie et en Norwège. Au xive siècle elle était encore plus particulièrement entre les mains des Basques qui commencèrent à entreprendre dans les mers du Nord de véritables expéditions jusqu'au grand banc de Terre-Neuve, au golfe de Saint-Laurent, aux côtes du Labrador, dans le Groënland et même jusqu'au Spitzberg.

Les Hollandais s'emparèrent bientôt de cette pêche et en conservèrent le monopole jusqu'au xviiie siècle.

Harcelées par une poursuite sans merci, les baleines s'éloignèrent peu à peu et de plus en plus vers le Nord. A partir du xvie siècle on ne les trouva déjà plus que dans les mers du Groënland et du Spitzberg, puis elles gagnèrent les régions des glaces mouvantes pour se réfugier sous le grand banc de glace qui limite au nord-ouest la mer du Groënland. Aujourd'hui, les baleiniers anglais sont forcés de les poursuivre jusqu'au détroit de Lancaster et la baie de Melville.

La chasse à la baleine se fait également à l'autre bout du monde, vers le pôle Sud. La côte ouest d'Afrique, les côtes de Patagonie, la Nouvelle-Hollande, Van-Diemen, la Nouvelle-Zélande et les îles Sandwich sont, dans ces parages, les principaux points fréquentés par les baleiniers des deux mondes. Les Américains ont la plus large part dans cette exploitation.

La pêche de la baleine est une des plus émouvantes à la fois et une des plus curieuses. Le navire armé pour cette pêche emporte toujours avec lui cinq ou six chaloupes dites spécialement *baleinières*. Dès qu'on arrive dans les parages où l'on peut rencontrer les baleines, une vigie est placée sur un point élevé du bâtiment. Aussitôt que la vigie signale une baleine au large, les chaloupes sont mises à la mer ; à l'avant de chacune d'elles, montée généralement par six hommes, est le harponneur, à l'arrière est un officier. Il est toujours difficile d'approcher

de la baleine à la distance voulue pour l'attaque, c'est-
à-dire à une distance de deux ou trois brasses. Le pêcheur
doit tenir compte de la manière dont le monstre a incliné
sa queue pour deviner quelle direction il a prise en plongeant sous l'eau, mesurer la *sonde* ou plongée plus ou
moins longue qu'il va faire. Les manœuvres, en un mot,
doivent varier à l'infini suivant les circonstances : une
erreur dans ces manœuvres présente de grands dangers,
car il suffit d'un coup de queue du terrible animal pour
briser la frêle embarcation.

Lorsque la baleinière est à distance voulue, le harponneur, au commandement de « pique » donné par l'officier,
lance son arme sur la baleine au moment où elle émarge.
Le *harpon* se compose d'une tige de métal d'un mètre
environ de longueur, terminée par une sorte de V renversé, dont les bords extérieurs sont tranchants ou bar-
belés, les bords intérieurs épais et droits. Il est monté
sur un manche percé d'un trou dans laquelle est assujettie
une corde de 400 mètres environ de longueur. Sur cinq ou
six baleines piquées, il n'est pas rare qu'une seule se
trouve bien amarrée. Lorsque le coup a porté juste, le
harponneur habile profite de l'instant d'hésitation pendant lequel l'animal se prépare à fuir pour lancer un
second harpon. Alors commence une course vertigineuse
dans laquelle le monstre, par des sondes successives,
fuit devant le danger, entraînant avec lui le frêle esquif
qui porte ses ennemis. Il faut dès lors profiter de chaque
apparition qu'il fait à la surface pour le cribler de coups
de lances et déterminer sa mort : il faut parfois jusqu'à
dix, vingt et plus de ces blessures pour qu'il soit vaincu.
Deux colonnes de sang s'échappent des évents, s'élèvent
en l'air et dans leur chute rougissent la mer sur une large
surface. La baleine dès lors est tenue pour morte, et pourtant son agonie se prolonge souvent pendant une ou plusieurs heures. Une dernière convulsion l'agite, elle se
renverse et flotte le dos en bas, le ventre à fleur d'eau,
la tête un peu plongeante.

Le navire approche; on la fixe à son flanc le ventre
en l'air, la queue en avant, le nez correspondant au panneau de l'arrière, et on la remorque jusqu'au rivage voisin où on la dépèce.

Les anciens pêcheurs du nord de l'Europe procédaient
à cette opération en enlevant des bandes de lard dans
toute la longueur de la baleine, de la tête à la queue. Les
pêcheurs du Sud découpent au contraire dans le corps
de l'animal une large bande en forme d'hélice, en commençant de même par la tête et en finissant par la queue.
Ces bandes de lard sont divisées en tranches d'un centimètre d'épaisseur et soumises, dans un fourneau placé
sur le pont du navire, où dans un établissement spécial
destiné à leur cuisson, à la fonte qui a pour objet d'extraire l'*huile* (V. ce mot) de cette énorme couenne graisseuse.

Préalablement au dépeçage, on a, à l'aide de pelles
tranchantes, sortes de louchets, sapé tout d'abord la lèvre
inférieure, détaché la langue, puis enfin enlevé la mâchoire supérieure avec ses *fanons*. Les sinus crâniens des
baleines contiennent une huile spéciale dont la partie
concrète constitue le *blanc de baleine* (V. ce mot), mais
qu'en fabrique on n'extrait guère que de la graisse du
cachalot macrocéphale (*physéter macrocéphalus*), qui
seule la renferme en quantité notable, et que l'on rencontre
surtout dans les mers de l'Inde, du Japon, des Mol-
luques et du Corail.

La plus grande longueur des fanons est de
5 mètres; ils atteignent rarement cette dimension
et même 4 mètres. La longueur ordinaire est de
3 mètres environ; la largeur à la racine est de
$0^m,25$ à $0^m,30$, et l'épaisseur moyenne de $0^m,015$
à $0^m,018$.

Ces fanons sont des lames cornées et fibreuses;
on dirait un faisceau de crins liés entre eux par

une matière gommeuse et dure. Par leur composition et leur aspect ils se rapprochent de la nature
du poil. Ils sont parfois d'un noir bleuâtre, parfois rayés de blond et de verdâtre, parfois entièrement blancs. Ils ont généralement la forme
d'un fer de faulx, et, réduits en lames très minces,
sont translucides comme la corne.

C'est du Groënland que viennent en grande
partie les baleines employées dans le commerce.
Elles arrivent directement sur les marchés de
l'Angleterre et des États-Unis, dont nous sommes,
en grande partie, tributaires, comme la plupart
des autres pays, même la Hollande.

On commence par diviser à bord les fanons en
minces feuilles que l'on réunit par paquets de
dix à douze après les avoir nettoyés, en en avoir
ôté toute la chair; puis au retour on leur fait
subir dans l'établissement destiné à la cuisson
du lard, diverses opérations, qui ont pour but de
les rendre absolument propres, de les polir et de
les dessécher complètement.

Les fanons qui proviennent des pêcheries du
Sud, préparés avec beaucoup moins de soin, sont
moins estimés du commerce.

Les fabricants de baleines reçoivent la matière
première dans l'état que nous venons de décrire,
et la soumettent à de nouvelles opérations qui
ont pour but de l'amollir et de la rendre souple
pour subir le travail du *coupage;* la plus importante de ces opérations consiste à placer les fanons dans un bain de sable ou dans un bain de
vapeur où on les fait séjourner pendant vingt-
quatre heures.

Le *coupage* se fait au moyen d'une petite lame
échancrée, fixée contre un morceau de bois que
l'ouvrier tient à deux mains. Le fanon, convenablement ramolli est placé longitudinalement entre
deux planches, qui se serrent au moyen de plusieurs vis latérales; la lame que l'ouvrier ramène
à lui, glisse le long de ces planches et sépare un
long copeau que l'on divise et coupe ensuite à la
longueur voulue.

La force, la légèreté, la souplesse de ces petits
prismes quadrilatéraux permettent de les employer pour les montures de parapluies, d'ombrelles, les chapeaux de femme, les baguettes de
fusil, pour les manches de fouet et surtout pour
les garnitures de corsets.

La baleine ainsi ramollie dans l'eau bouillante
peut d'ailleurs se mouler, comme la corne et l'é-
caille, en tabatières, pommes de cannes et autres
objets que l'industrie parisienne fabrique avec
goût; la surface se polit avec un morceau de
feutre imprégné de pierre ponce finement pulvérisée, et ce polissage se termine avec de la chaux
éteinte à l'air libre et tamisée.

Baleine factice. La rareté toujours croissante des baleines naturelles a conduit l'industrie à chercher un autre produit qui pût répondre
aux mêmes usages. On a résolu ce problème par
l'emploi de la corne et plus spécialement de la
corne de buffle convenablement travaillée.

Les cornes de buffle, dont on se sert à cet effet,
sont de diverses natures, mais proviennent toutes

des Indes, de Calcutta, de Bombay, de Madras, etc. Une série d'opérations assez compliquées est nécessaire pour les approprier à l'usage auquel on les destine.

La pointe, ou l'extrémité pleine, doit être tout d'abord coupée à la scie, ainsi que la base, c'est-à-dire la partie qui se trouve la plus rapprochée de la tête de l'animal.

Ainsi débarrassée de ses deux extrémités la corne de buffle forme une partie méplate cylindrique et creuse, que l'on refend à la scie dans le sens de sa longueur pour en former deux plaques, de même épaisseur à peu près, sur lesquelles le travail du *dolage* (V. APLATISSAGE DES CORNES) doit enlever les rugosités de la surface extérieure, en même temps que les aspérités de l'intérieur.

Ces tronçons sont plongés alors dans de grands bassins remplis d'eau, où on les laisse séjourner pendant deux mois environ et où ils acquièrent la trempe qui leur donne l'élasticité voulue.

C'est seulement lorsque la trempe est jugée suffisante que la corne subit une nouvelle série de manipulations qui l'approprieront plus spécialement à sa destination. La première de ces opérations est la *mise en presse;* elle s'effectue dans un appareil inventé par M. Raux. C'est une presse hydraulique horizontale, garnie de plaques d'acier et de compartiments creux en fonte, au travers desquels on fait circuler de la vapeur d'eau. Sous l'influence à la fois de la haute température et de la pression à laquelle elle est soumise, la matière se ramollit, s'aplatit et est amenée à un état convenable pour le *débitage* qui se fait à l'aide d'un rabot spécial muni de fers régulateurs et de contre-fers.

Avec cet outil, l'ouvrier débite, dans la plaque, des baleines de longueurs et de largeurs différentes, comme un menuisier taille des copeaux. Les grandes baleines viennent tout d'abord, puis les moyennes et enfin les courtes suivant les différences d'épaisseur.

Ces lames de corne sont alors rangées dans des caisses munies d'une disposition particulière qui les maintient droites et où elles se refroidissent insensiblement.

Il ne reste plus pour que la baleine soit entièrement terminée qu'à lui faire subir les diverses opérations du *rognage* à la longueur, du *triage* par largeurs et longueurs identiques, et de la *mise en paquets;* ces travaux sont exécutés par des femmes.

Arrivée à cet état, la baleine de corne est dite *brute,* c'est-à-dire que ses faces sont encore rugueuses; on peut néanmoins l'employer pour les corsets et pour les robes puisqu'elle possède la rigidité et l'élasticité voulues. Pour certains emplois, et surtout pour la vente au détail, on préfère une baleine *lisse* : afin de lui donner cette qualité, on la soumet au *grattage.* A l'aide d'un couteau à lame effilée, sur lequel il appuie fortement et qu'il passe à plusieurs reprises sur les deux faces de la baleine, l'ouvrier enlève toutes les aspérités qui y demeurent et en abat les arêtes vives. Les déchets de cette opération sont em-

ployés pour la confection de matelas et d'articles de bourrellerie.

— La fabrication de la baleine de corne, date d'environ 25 ans; mais elle n'a pris d'essor véritable qu'en 1857, époque à laquelle les procédés de fabrication inventés par M. Raux lui ont fait faire un grand pas. Depuis cette date elle a pris une extension considérable, et les diverses maisons qui s'y livrent actuellement à Paris occupent plus de 700 ouvriers et ouvrières.

C'est une industrie toute française qui a su se créer de grands débouchés; les fabriques de corsets de Paris, de Bar-le-Duc, de Lyon, celles d'Allemagne et d'Angleterre emploient presqu'exclusivement ses produits qui s'exportent jusqu'en Amérique.

Baleines artificielles. On fait également en acier corroyé, recuit et trempé, en caoutchouc durci et depuis peu de temps en *celluloïd* (V. ce mot), des lames destinées aux garnitures de corsets, et qu'en raison de l'emploi auquel elles sont destinées on désigne improprement sous le nom de baleines.

* II. **BALEINE.** *T. de chem. de fer.* Charpente, en forme de poisson, servant de pont-volant pour la décharge des wagons remplis de matériaux destinés à constituer un remblai.

La *baleine* se compose de deux poutres armées reposant, par l'une de leurs extrémités, sur la plate-forme du terrassement achevé, par l'autre, sur un chevalet qui a la hauteur du remblai. Ces poutres portent une portion de voie qui se trouve en prolongement de la voie posée sur la plate-forme. Les wagons chargés s'avancent sur ce pont-volant, déversent les matériaux dans le vide compris entre le terre-plein et le chevalet et retournent chercher un nouveau chargement.

Ce vide comblé, on reporte le chevalet en avant à une distance égale à la longueur de la baleine, puis la baleine elle-même, et l'opération du déchargement se continue.

BALEINIER. 1° *T. de mar.* Navire équipé pour la pêche de la baleine et jaugeant de 400 à 500 tonneaux. Depuis une vingtaine d'années, on construit des baleiniers à vapeur.

* **BALEINIÈRE.** *T. de mar.* Embarcation longue et légère destinée à la pêche de la baleine. || Canot de bord.

* **BALETE.** Nom commercial des fibres du *ficus indica*, plante textile provenant des îles Philippines.

* **BALÊTRE.** *T. de mét.* Bavure d'une pièce fondue qui se trouve aux joints du moule dans lequel elle a été coulée. On dit aussi *balèvre.*

BALÈVRE. *T. d'arch.* Excédant d'une pierre sur une autre, près d'un joint, et occasionné par une trop grande pression. || 2° *T. de fond.* Inégalités qui se trouvent à la surface d'une pièce fondue. || 3° *T. de serrur.* Morceau de fer qui, à l'extrémité d'un barreau, excède la traverse dans laquelle ce barreau est assemblé.

* **BALGUERIE - STUTTENBERG** (PIERRE), naquit près d'Aiguillon (Lot-et-Garonne), en 1778, et mourut à Bagnères-de-Bigorre, en 1825. D'abord petit commis dans une maison de toiles et d'étoffes de Bordeaux, il se montra bientôt supérieur à la modeste position qu'il occupait. En 1807, Balguerie épousa la fille de M. Stuttenberg, riche négociant d'origine allemande, et quelque temps après il succédait à son beau-père. Vers 1817, il conçut l'idée des compagnies destinées à vaincre, par l'association du capital et du travail intelligent, les difficultés qui entravent tant d'utiles entreprises. Cet esprit nouveau inconnu au siècle dernier, Balguerie l'appliqua d'abord à la construction du magnifique pont de Bordeaux, il fit édifier ensuite le beau pont de Libourne et ceux d'Agen, d'Aiguillon, de Bergerac, de Moissac et de Coesmond (Sarthe). Balguerie-Stuttenberg ne s'attacha pas seulement à réaliser le rêve de l'intendant de Tourny qui, de son temps, voulait faire de Bordeaux l'une des plus belles villes de France, il fut aussi le promoteur des grandes entreprises qui devaient donner au commerce bordelais la plus vigoureuse impulsion; il créa successivement l'entrepôt des marchandises et la caisse d'escompte; avec la collaboration des constructeurs de Lormont, Chaigneau et Bichon, il fonda la compagnie des bâtiments à vapeur et des remorqueurs pour le service des navires et le transport des voyageurs entre Bordeaux et la mer, puis enfin il ouvrit à la France de nouveaux débouchés commerciaux en envoyant ses navires au Bengale, au Brésil, sur les côtes du Chili et du Pérou, et dans les mers de l'extrême Orient alors peu fréquentées par notre marine marchande. Il s'occupait, avec l'ingénieur Claude Deschamps, du défrichement des landes et de la création de voies de communication entre Bordeaux et Bayonne, lorsque la mort l'emporta dans la force de l'âge. Balguerie mourut avec le regret de n'avoir pu réaliser les vastes plans qu'il avait conçus, mais il a gravé son nom dans le livre d'or des hommes utiles.

BALISAGE. T. de mar. On donne ce nom à un service public ressortissant, en France, au ministère des travaux publics et dont la mission consiste à placer sur les côtes et à y entretenir des marques destinées à servir, pendant le jour, de points de reconnaissance aux navigateurs. Le balisage comprend quatre sortes d'objets : les amers, les balises, les bouées et les signaux.

Amers. Un phare, un clocher, un moulin à vent, une maison élevée, un rocher de forme particulière, un bouquet d'arbres, une clairière, une plage de sable même, si elle est convenablement limitée, sont autant d'amers qui fournissent au navigateur de précieux repères et jalonnent à ses yeux la direction qu'il doit tenir pour éviter des écueils ou suivre le contour d'un chenal; l'essentiel est qu'ils se voient de loin et ne puissent donner lieu à confusion.

Il faut quatre amers formant deux alignements pour déterminer avec précision le point dont on ne doit pas s'écarter, ou pour signaler la position d'un danger. Les amers sont également nécessaires pour qu'on puisse juger immédiatement si une bouée ou un feu flottant n'a pas dévié de l'emplacement qui lui a été assigné.

Dans la construction des amers, il y a trois choses principales à considérer : les dimensions, la forme et la couleur. — Les dimensions dépendent évidemment, toutes choses égales d'ailleurs, de la distance à laquelle l'objet doit être vu. Mais la portée lumineuse d'un corps varie entre des limites très éloignées, suivant le degré de transparence de l'atmosphère, ainsi que la manière dont ce corps est éclairé et tranche sur le fond qui l'entoure. Toutefois, les navigateurs admettent assez généralement, qu'un moulin à vent de dimensions ordinaires, c'est-à-dire de 7 mètres de diamètre, sur 10 à 11 mètres de hauteur, peut servir d'amer à 7 milles de distance, lorsqu'il se projette sur le ciel ou lorsque, étant peint en blanc, il se détache sur les terres cultivées. De cette donnée on a déduit les dimensions à assigner à une construction qui devait être vue à une plus ou moins grande distance et l'on est arrivé à admettre comme suffisants dans la majorité des cas, des amers dont les dimensions en largeur sous-tendent un angle de 1'51" aux yeux de l'observateur. Il n'en serait pas ainsi si la portée devait être notablement plus grande; il faudrait que l'angle fut un peu plus ouvert, afin de compenser la réduction qu'opère l'éloignement dans la différence des tons, et de remédier aux effets de l'irradiation, quand l'objet se détache en noir sur le fond.

Pour les amers en maçonnerie la forme rectangulaire est celle qui est le plus généralement adoptée. Quand la construction ne doit être vue que dans un espace angulaire très restreint, ainsi que cela a lieu le plus habituellement, elle consiste en un mur dirigé normalement à la bissectrice de l'angle visuel et appuyé par des contre-forts; ces contre-forts doivent être placés du côté des terres, lorsque l'amer se détache en blanc sur le fond, parce que leurs ombres le rendraient moins apparent s'ils occupaient la face tournée vers le large.

On adopte la forme prismatique, à base carrée, dans le cas où la construction doit remplir son objet sur une grande partie de l'horizon ; la forme du cylindre ne convient pas aussi bien, parce que les rayons solaires la décomposent en deux parties; l'une éclairée, l'autre dans l'ombre, et elle devient alors moins visible quelle que soit sa couleur. Le même effet se produit aussi avec le prisme, quand on le voit sur l'angle, mais ce qu'on perd ainsi se récupère par l'accroissement de largeur apparente.

Les formes des amers en charpente sont beaucoup plus variées, le système de construction accordant plus de liberté. Ces ouvrages consistent ordinairement en un échafaudage qui supporte des planches jointives, à recouvrement ou à claire-voie, disposées suivant divers dessins (fig. 269 et 270). La claire-voie a pour elle le double avantage d'être plus économique et d'offrir moins de prise au vent qu'une surface formée de planches jointives; elle a l'inconvénient, toutefois, d'être moins apparente, parce qu'elle ne tranche pas autant sur le fond. Ce défaut est peu prononcé quand le système dont il s'agit s'applique à des sphères ou à des surfaces cylindriques, et lorsque l'objet se détache en noir. Mais l'effet serait tout différent si l'amer devait ressortir en blanc.

Quelques amers en charpente destinés à être vus dans des directions très diverses, ont reçu la

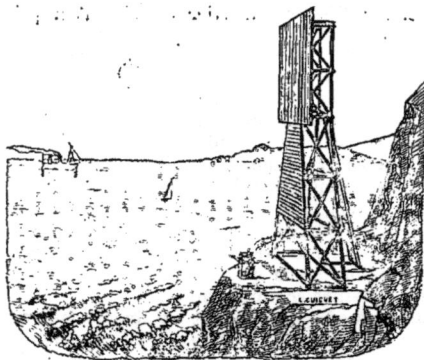

Fig. 269. — *Amer en bois.*

forme de tours rectangulaires, surmontés de *voyants* plus ou moins développés.

En ce qui concerne la coloration, on sait qu'un objet est d'autant plus apparent qu'il est plus clair et que le fond sur lequel il se détache est plus foncé. Quand le fond est de couleur claire, l'objet doit être d'un ton foncé; mais alors se produisent les phénomènes de l'irradiation qui

Fig. 270. — *Autre forme d'amer en bois.*

réduisent la largeur apparente et, par conséquent, la portée visuelle. Dans la pratique, la règle adoptée est la suivante : tous les objets qui se détachent sur le ciel, dont on peut assimiler la teinte au blanc ou au gris clair, sont peints en noir ou couleur foncée, et tous ceux qui se détachent sur les terres (noir ou gris foncé), sont peints en blanc.

Balises. Après avoir reconnu la côte à l'aide des amers et s'en être approché, le navigateur trouve les *balises*, constructions dont le rôle est de signaler les écueils sous-marins sur lesquels

on les édifie. Les balises sont de plusieurs genres. Les unes sont en bois, les autres en fer ou en maçonnerie ; les unes fixes, les autres mobiles; quelques-unes, sur les côtes brumeuses, sont munies de cloches, de sifflets, ou bien encore d'appareils contenant du gaz comprimé qui leur permettent de continuer leur mission bienfaisante pendant la nuit.

Les balises en bois consistent généralement en longues gaules de $0^m,25$ à $0^m,40$ de diamètre. Les dispositions adoptées pour les assujettir dépendent de la nature du fond. Le fond est-il sablonneux ou vaseux, elles portent à leur pied un patin avec contre-fiches, que l'on couvre d'enrochements ou qu'on maintient avec des pieux. Si le fond ne découvre pas, on peut encore avoir recours à un patin posant sur des pieux, qui sont alors recepés au-dessus du niveau des basses-mers. Quelquefois on substitue au patin, un vieux bateau, un caisson à fond plat; la balise y est fixée à son pied à la manière d'un mât et l'on détermine l'échouement en faisant arriver l'eau après avoir maçonné l'intérieur. S'agit-il d'établir une balise sur une pointe de roche? si elle découvre à mer basse, on y creuse un trou d'un diamètre supérieur à celui de la balise, et dont la profondeur varie avec la nature du rocher, mais est rarement *inférieure* à un mètre. Ce trou est plus large par le bas que par le haut, et l'on y coince vigoureusement la balise, de manière qu'elle ne puisse être soulevée. Les cales, dont la tête dépasse un peu la roche, sont fixées au mât par des chevilles en fer; leurs intervalles sont garnis en mortier ou en mastic bitumineux.

Quand la roche est toujours recouverte par les eaux, on la surmonte d'un massif en maçonnerie et l'on y implante un manchon en fonte dans lequel on descend et l'on fixe la pièce de bois. Mais on n'a que rarement recours à ce système; mieux vaut établir une tourelle, dès qu'on est obligé d'en venir à de la maçonnerie pour les fondations, ou d'adopter une balise en fer, si la surface est insuffisante.

Les balises en bois sont surmontées de ballons, de tonnes ou de voyants de diverses formes, destinés à les caractériser et à les rendre plus apparentes. Leur plus grand mérite est d'être peu dispendieuses; mais elles sont fréquemment enlevées par la mer ou par des abordages, et elles ne se voient pas à distance suffisante. Elles conviennent surtout dans les endroits abrités et où il n'est pas nécessaire d'avoir beaucoup de portée. Il y en avait autrefois un grand nombre sur quelques parties de notre littoral; mais aujourd'hui celles qu'il faut remplacer le sont par des ouvrages plus durables et plus visibles.

Les balises flottantes en bois sont établies d'après le même système, avec cette différence, que la base en est attachée à un corps mort par une petite chaîne en fer, ce qui oblige l'autre extrémité à s'élever, à se dresser au-dessus du niveau de l'eau. Ces balises ne s'emploient guère que dans des passes intérieures à fond mobile où des bouées de petites dimensions leur sont préférables sous tous les rapports.

Les balises en fer sont à une seule ou à plusieurs tiges ; elles sont préférables aux balises en bois en ce qu'elles sont de plus longue durée. Il est des circonstances où les balises à une seule tige sont en quelque sorte obligatoires, notamment, quand la tête de roche sur laquelle on veut les établir ne présente pas assez d'étendue pour recevoir une balise à plusieurs branches ou une construction en maçonnerie.

Les balises à plusieurs tiges se composent de branches en fer au nombre de trois, quatre ou cinq, qui sont scellées dans le rocher à la manière des balises simples et sont rendues solidaires par des entretoises et des croix de Saint-André ; elles sont réunies ordinairement à leur partie supérieure par des planches ou des lames de tôle, posées à claire-voie et sont surmontées d'un *voyant* (fig. 271). Elles sont à la fois bien plus solides et bien plus apparentes que les précédentes.

On a exécuté aussi, sur nos côtes, quelques balises en fonte ; mais, ce système est à peu près abandonné. Employée pleine, à la manière du fer forgé, à une ou à plusieurs branches, la fonte est moins avantageuse, parce que, plus fragile, elle oblige de plus fortes sections et présente, par suite, plus de difficultés de montage. Si l'on a recours à des tambours, dont le diamètre est nécessairement assez limité, la balise est moins apparente et elle est plus exposée à être renversée par un abordage.

Les balises en maçonnerie paraissent préférables à toutes les autres, tant sous le rapport de la durée que sous celui de la portée visuelle.

Autrefois, ces sortes d'appareils étaient fort dispendieux. On se croyait obligé de n'y employer que la pierre de taille, au moins pour les parements, et ces pierres étaient maintenues les unes aux autres par des crampons. Aujourd'hui, grâce aux ciments à prise rapide, on a complètement renoncé à la pierre de taille ; c'est en moellons de petites dimensions, bruts à l'intérieur et grossièrement smillés au-dehors, que se construisent toutes nos tours-balises. L'économie de ce système ne porte pas seulement sur la pierre de taille : les débarquements sont plus faciles et s'opèrent plus rapidement ; de simples manœuvres sont suffisants pour faire de la maçonnerie de blocage ; le travail n'est pas interrompu par suite de la perte d'une seule pierre ; enfin, telle tourelle, qui eût exigé autrefois plusieurs campagnes, s'élève maintenant en quelques mois. On a également abandonné le profil concave qu'on donnait quelquefois à la partie inférieure de la tour ; toutes nos balises en maçonnerie ont la forme d'un tronc de cône droit à base circulaire (fig. 272).

Les tourelles du littoral de la Manche et de l'Océan sont construites sur des pointes de roches qui découvrent à basse-mer. Elles s'y encastrent sur une profondeur qui varie avec la nature du rocher et ne descend guère d'ailleurs au-dessous de 0m,20. Cet encastrement ne s'opère que pour le parement ; on se contente, pour le surplus, de piquer la surface de manière à enlever toute trace de végétation maritime et à assurer une bonne

liaison avec l'édifice. On augmente parfois l'adhérence de la maçonnerie au rocher au moyen de quelques forts goujons en fer, en partie scellés dans la roche et en partie noyés dans la construction. Si la roche est peu élevée au-dessus du niveau des plus basses-mers, on maçonne les premières assises en mortier de ciment à prise

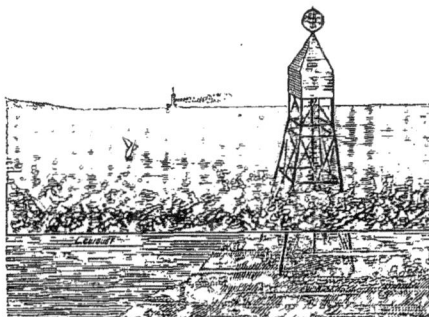

Fig. 271. — *Balise en fer surmontée de son voyant.*

rapide ou même en ciment pur ; à partir du niveau des basses-mers de mortes eaux, ou un peu au-dessus, suivant les circonstances, ce système est réservé pour le parement, sur 0m,60 environ d'épaisseur, et l'on emploie à l'intérieur du mortier de Portland. Enfin, au-dessus des hautes-mers, on se sert exclusivement de ce dernier mortier et l'on se borne à rejointoyer en

Fig. 272. — *Tour balise en maçonnerie.*

ciment avant que la mer vienne couvrir les travaux.

Le diamètre à la base de ces tours est habituellement fixé à la moitié de la hauteur, sans descendre toutefois au-dessous de 3 mètres, et le talus est de 1/10. C'est une proportion que l'expérience a justifiée ; mais il est aisé de reconnaître qu'elle n'est pas exclusive, et que, si le diamètre doit croître en même temps que la hauteur, ce n'est pas dans le même rapport. Toutefois, les hauteurs ne sont pas tellement dissemblables, et *il n'y a pas lieu à telle précision en pareille matière, qu'on doive accorder une grande importance à cette considération.* Il est admis que les tours-balises doivent élever leur sommet à 3 mètres au moins au-dessus du niveau des plus hautes mers. Celles qui doivent être aperçues à grande distance, reçoivent plus de hauteur, ou sont surmontées d'un mât ou d'un échafaudage à trois branches que couronne un voyant.

La plupart des tours-balises portent des poignées et une échelle de sauvetage en fer galvanisé, et sont entourées, à leur partie supérieure, par une balustrade également en fer. Quelques-unes offrent à leur sommet un petit réduit en maçonnerie. Les dépenses de construction augmentent ou diminuent, selon les circonstances locales, des difficultés de l'accostage et surtout de l'état de la mer pendant l'exécution du travail. Elles varient, par conséquent, entre des limites très éloignées. Il est des tourelles qui n'ont pas coûté plus de 30 francs par mètre cube; dans d'autres, cette dépense s'est élevée à 200 francs.

Dans la Méditerranée, les difficultés d'exécution sont généralement plus grandes que sur l'Océan, parce que la plupart des roches à baliser ne découvrent jamais. Les fondations s'exécutent habituellement en béton à prise rapide, qu'on verse dans une caisse sans fond échouée sur la roche, ou dans un coffrage soutenu par des montants en fer scellés sur le fond. On poursuit le massif de béton jusqu'à une certaine hauteur au-dessus du niveau de la mer, et la tourelle s'élève en retraite.

On peut citer, comme exemple de ce mode de construction, les tourelles de l'Aloze, à l'entrée de la rade de Brescou, de la Cassidaigne, sur les côtes de Provence, entre les ports de Cassis et de la Ciotat, et de la Cride, dans la baie de Saint-Nazaire.

Il est très essentiel, dans les ouvrages de ce genre, de bien assurer la liaison de la maçonnerie avec la roche sur laquelle elle repose, et un système, actuellement en usage sur nos côtes de la Méditerranée, mérite d'être signalé. Il consiste à placer un certain nombre de tubes verticaux en fonte dans le massif de béton des fondations, et à s'en servir, lorsque cette première partie du travail est terminée, pour creuser des trous qui reçoivent ensuite de forts goujons en fer qu'on scelle moitié dans la roche, moitié dans le béton.

Quand une balise en fer est placée près d'un port, sur un point où la violence de la mer n'est pas très redoutable, on renonce, à la balustrade du sommet de la tour, et l'on se contente de quelques poignées de sauvetage et d'un petit nombre d'échelons conduisant sur le risberne.

Les balises ont l'inconvénient de ne remplir que fort imparfaitement leur office pendant la nuit puisqu'on les voit à peine et encore pas toujours. On a proposé un perfectionnement qui est appelé à une application générale et qui consiste à les signaler au moyen de cloches dont les marteaux sont mis en mouvement par les ondulations même de la mer. Le mécanisme consiste en un flotteur qui s'élève ou s'abaisse dans un tube vertical encastré sur la paroi de la tour, et qui, par

l'intermédiaire d'un axe armé de rouleaux, agit sur deux leviers coudés portant les marteaux de la cloche.

Nous étudierons à leurs places respectives les systèmes employés pour assurer la navigation à l'entrée des ports. — V. Bouées, Signaux. — l. r.

BALISE. 1° *T. de mar.* Mât ou tige surmonté d'un baril ou de tout autre objet visible de loin et qui sert d'indice à la navigation. — V. Balisage. ‖ 2° Marque faite au moyen d'une étoupe et qui indique l'endroit où le calfat s'est arrêté dans son travail. ‖ 3° *T. de trav. publ.* Mât surmonté d'un drapeau peint de couleurs diverses, et servant à indiquer la direction du tracé d'une voie de communication.

BALISTE. Arme de jet des anciens appelée aussi *catapulte, onagre, scorpion,* etc., et qui, suivant l'époque et les peuples, servait à lancer des grosses flèches, des pierres, des brûlots, etc. Elle était ordinairement composée d'un système de charpente supportant deux écheveaux tendus verticalement et fabriqués avec des crins ou des cheveux (dans l'antiquité, on vit des femmes sacrifier leur chevelure pour servir à la construction des balistes dans les villes assiégées), une tige horizontale supérieure traversait chacun de ces écheveaux, qui avaient une force d'impulsion considérable, et les extrémités de ces tiges étaient jointes par une corde que l'on bandait à l'aide d'un croc ou d'un treuil. Les balistes ont été employées en campagne comme l'artillerie actuellement; mais elles ont surtout été usitées dans la défense et l'attaque des places. On a construit des balistes de très fortes dimensions, douées d'une grande puissance de projection; elles lançaient des pierres de plus de 100 kilogrammes jusqu'à 500 mètres. Les balistes de cette époque, moins compliquées que celles des anciens, précédèrent l'emploi de l'*arbalète.* — V. ce mot.

— On peut voir au musée de Saint-Germain des modèles de balistes qui ont été exécutées après une longue étude des anciens écrivains militaires, et qui présentent un grand intérêt.

BALISTIQUE. *T. d'artill.* De *baliste,* du latin *balista* ou *ballista,* qui vient lui-même du grec βαλλειν, lancer.

La balistique est une science qui a pour objet l'étude des lois du mouvement des projectiles, qu'ils soient lancés par une machine de jet quelconque ou par une bouche à feu.

Les premiers artilleurs, qui n'étaient à proprement parler que des bombardiers ou canonniers, envoyaient leurs projectiles, ou, selon l'expression reçue alors, jetaient leurs bombes un peu au hasard. Pourvu que le canon fut tourné du côté de l'ennemi, on se battait d'assez près à cette époque pour que, dans les batailles, on fût sûr de frapper dans la masse. Toutefois peu à peu, et surtout par les nécessités de la guerre de siège, on fut conduit à pointer réellement la pièce; et lorsqu'on se mit à étudier les conditions du pointage, on fut successivement amené à observer la forme de la trajectoire, à se rendre compte des éléments qui peuvent influer sur cette forme et à chercher à perfectionner les conditions du tir. Pendant le XVIIe et le XVIIIe siècles, l'étude de la balistique est restée dans le domaine des savants, physiciens, géomètres ou mathématiciens, et ce n'est que dans notre siècle qu'elle a commencé à se répandre d'une façon générale parmi les officiers d'artillerie et est devenue réellement une science pratique.

C'est alors que les artilleurs arrivèrent à se demander quelle pouvait être la vitesse du projectile à sa sortie du canon, à étudier l'influence de cette vitesse sur la portée et sur la précision du tir, et logiquement ils furent amenés à chercher à la rendre la plus grande possible. Mais alors ils se trouvèrent en présence d'une étude nouvelle, celle de la résistance de la bouche à feu, résistance qui, quelque grande que l'on suppose l'épaisseur du métal, n'est pas sans limite pour une bouche à feu donnée. Pour bien apprécier les conditions de résistance des pièces, il fallait connaître les efforts qu'elles sont appelées à supporter; on fut donc conduit à rechercher les lois de la combustion de la charge, ainsi que celles du mouvement du projectile dans l'intérieur de l'âme, et étudier les pressions développées par les gaz de la poudre au moment du tir. De là une nouvelle science que l'on a désignée sous le nom de *balistique intérieure* par opposition avec la balistique proprement dite ou *balistique extérieure*.

— A l'origine, les artilleurs admettaient que dans le tir raide, c'est-à-dire lorsque le boulet était animé d'une grande vitesse, il décrivait une ligne droite, tandis que dans le tir courbe, la bombe, commençant par s'élever pour retomber ensuite, suivait les deux côtés d'un triangle isocèle. On supposa ensuite que, la force de projection et la pesanteur ne pouvant agir à la fois, le projectile commençait par se mouvoir en ligne droite, décrivait ensuite un arc de cercle tangent à cette droite et tombait enfin suivant la verticale. Nicolas Tartaglia, célèbre mathématicien de Vérone, est le premier qui ait démontré que la trajectoire était une courbe continue (1537).

C'est à Galilée, qui fit connaître, en 1638, les lois de la pesanteur ainsi que celles de la production et de la composition des forces, que l'on doit d'avoir démontré que la pesanteur agissait sur le projectile de la même manière que s'il était au repos. Lui et son élève Torricelli négligèrent la résistance de l'air, les lois du mouvement des projectiles qu'ils ont donné ne s'appliquent donc qu'au cas des projectiles supposés dans le vide. Blondel, officier d'artillerie qui devint maréchal de camp et membre de l'Académie des sciences, et Bélidor, professeur à l'école d'artillerie de La Fère, firent l'application de ces lois au tir des bombes; l'un, dans son *Traité sur l'art de jetter les bombes* (1699), et l'autre, dans le *Bombardier français* ou nouvelle méthode de jetter des bombes avec précision (1731).

Dès 1667, le géomètre anglais Wallis, et en 1690, Huyghens, célèbre mathématicien hollandais, prouvèrent qu'il était indispensable, lorsqu'on voulait étudier le mouvement des projectiles, de tenir compte de la résistance de l'air. En 1711, Newton fit des expériences sur la chute des corps qui lui permirent de donner, en 1723, la théorie du mouvement des corps dans les milieux résistants; il admit que la résistance de l'air devait être proportionnelle au carré de la vitesse. Robins, savant mathématicien anglais du XVIIIe siècle, contesta la loi énoncée par Newton; il avait inventé le pendule balistique (V. PENDULE), appareil avec lequel il était arrivé le premier à pouvoir mesurer expérimentalement la vitesse des balles de fusil. Ses expériences, qu'il exécuta vers 1742, lui montrèrent que la loi du carré pouvait être adoptée lorsque la vitesse ne dépassait pas 400 mètres environ, mais que pour les vitesses plus grandes la résistance croissait dans une plus forte proportion.

Hutton, autre savant anglais, exécuta plus tard à Woolwich, de 1787 à 1791, des essais analogues aux précédents; après avoir perfectionné le pendule balistique, il s'en servit pour mesurer la vitesse des boulets et arriva aux mêmes conclusions que Robins, mais pas plus que lui il ne put en tirer une expression exacte de la résistance de l'air. Vers la même époque, Borda, savant français et d'Arcy, officier d'artillerie, firent également en France de nombreuses recherches pour établir la loi de cette résistance, mais eux aussi ne purent arriver à la présenter d'une façon satisfaisante.

La plupart des mathématiciens qui s'occupèrent alors de questions balistiques et essayèrent de trouver l'équation de la trajectoire dans l'air furent forcés, ou bien d'avoir recours à la loi de Newton, ou bien de traiter la question dans des hypothèses générales à l'aide de calculs fort longs et peu pratiques. C'est ainsi qu'en 1719, Jean Bernouilli avait ramené le problème aux quadratures, en tenant compte de la résistance du milieu et dans l'hypothèse la plus générale sur la loi de cette résistance. Euler (1753) donna l'expression finie de la longueur d'un arc de trajectoire en supposant, d'après Newton, la résistance de l'air proportionnelle au carré de la vitesse, et il obtint les coordonnées des points de la trajectoire en la divisant en petits arcs qu'il assimilait à des lignes droites. Legendre, professeur de mathématiques à l'école militaire, reprit la méthode d'Euler, en substituant aux lignes droites des arcs de cercle osculateurs. Lambert (1767), membre de l'Académie royale des sciences et belles-lettres de Prusse, Tempelhof, autre savant prussien (1788-89), Français (an XIII), savant français, ont eu recours aux développements en série. Quelques-uns de ces géomètres, Legendre, Borda, Français et Bezout — ce dernier chargé de rédiger un cours de mathématiques à l'usage du corps royal de l'artillerie (1788) — cherchèrent en même temps à rendre les intégrations possibles en modifiant la loi de la résistance de l'air. Il en fut de même des travaux du comte de Graewenitz, en Allemagne (1764), et de l'anglais Brown (1777).

Pendant la paix qui suivit les grandes guerres du premier empire, les sciences physiques et mathématiques vinrent prêter leur concours à la balistique, et c'est alors que le capitaine Piobert (depuis général) entreprit de répandre dans son arme l'étude de cette science qui n'était pas sortie jusque-là du domaine des savants. Reprenant tous les résultats des expériences d'Hutton, il donna une formule qui permit dans les calculs de tenir compte plus exactement de la résistance de l'air. De 1839 à 1840, la *Commission des principes du tir*, établie à Metz et composée d'officiers d'artillerie, fit des expériences qui conduisirent à une expression encore plus exacte de cette résistance. Ces résultats fournirent au général Didion la possibilité d'établir des formules d'un usage plus facile et d'une plus grande précision que toutes celles qui avaient été proposées jusque là. Les mêmes expériences furent reprises à Metz en 1856-57 et exécutées cette fois, non plus avec le pendule balistique, mais avec un appareil électro-balistique (V. CHRONOGRAPHE); elles servirent au général Didion à compléter ses études sur la résistance que l'air oppose au mouvement des projectiles sphériques; en 1860, il démontra que les mêmes lois étaient applicables aux projectiles oblongs. De son côté l'artillerie de la marine faisait des expériences à Gavre qui ont servi de bases aux travaux de M. Hélie, le savant professeur de l'école d'artillerie de la marine à Lorient.

M. Paul de Saint-Robert, officier démissionnaire de l'artillerie italienne, proposa également une nouvelle expression de la résistance de l'air, et en 1869, M. Athanase Dupré, doyen de la faculté des sciences de Rennes, publia son traité de théorie mécanique de la chaleur dans lequel il s'est occupé de la résistance opposée par les gaz et les fluides au mouvement des corps qui y sont plongés.

Enfin, M. Bashfort, professeur de mathématiques appliquées à l'école supérieure d'artillerie de Woolwich, a fait en Angleterre de nouvelles expériences, de 1865 à 1870, avec un chronographe de son invention, et le général russe Mayewski en a également fait de son côté à Saint-Pétersbourg, de 1868 à 1869. Ces dernières expériences ont conduit à considérer la loi du cube comme sensiblement exacte dans la plupart des cas, tout en montrant que dans certains cas on doit considérer la résistance comme variant proportionnellement à la quatrième puissance et même plus.

Robins est le premier savant qui se soit rendu compte (1742) de l'existence dans l'air du mouvement de rotation dont les projectiles sphériques étaient presque toujours animés, et ait démontré que cette rotation donnait naissance à une force oblique qui faisait sortir le projectile du plan vertical dans lequel il avait commencé à se mouvoir. En même temps il donna l'explication de la supériorité des armes carabinées (rayées) et prédit l'avenir qui leur était réservé. Ses idées furent combattues par Euler qui se refusait à admettre les causes d'irrégularité du mouvement des projectiles sphériques signalées par Robins. La grande autorité d'Euler, les services qu'il avait rendus à la balistique firent accepter son erreur comme une vérité, et près de cent ans s'écoulèrent avant qu'il fut fait de nouveaux essais dans la voie que Robins avait ouverte. Dex expériences exécutées en Prusse, par le docteur Magnus, professeur à Berlin, et publiées par lui dans un mémoire, en 1851, sont venues confirmer les idées que Robins avaient émises en 1742, sur les déviations des projectiles sphériques.

Le docteur Magnus essaya ensuite d'expliquer de la même façon, c'est-à-dire par un excès de pression sur un des côtés du projectile, la dérivation des projectiles oblongs. Mais cette théorie, pas plus que celle des frottements imaginée par la commission de La Fère, ne suffit pour expliquer la dérivation, dont le mouvement du gyroscope (V. ce mot) a permis de se rendre compte d'une façon plus exacte. C'est au général Mayewski que l'on doit d'avoir le premier donné une explication suffisamment plausible du phénomène de la dérivation, il a publié la principale partie de ses recherches dans la Revue de technologie militaire, en 1866. Depuis, il les a complétées et réunies dans un traité de balistique, dont une édition française a paru en 1872.

Notons enfin, pour terminer ce qui est relatif aux progrès réalisés dans l'étude de la balistique extérieure, que c'est au général Didion que l'on est redevable d'avoir appliqué, en 1858, le calcul des probabilités au tir des bouches à feu.

La question de la détermination du mouvement du projectile dans l'âme de la bouche à feu, problème encore plus compliqué que celui du mouvement dans l'air a pendant longtemps été laissé de côté, Daniel Bernouilli est le premier qui ait tenté de résoudre la question (1738), mais il négligea la masse des gaz de la poudre, ne tint pas compte du recul de la pièce, et supposa la force élastique des gaz proportionnelle à leur densité. Robins, dans les nouveaux principes des armes qu'il fit paraître en 1742, s'est occupé de la même question en faisant les mêmes hypothèses. C'est Euler qui, dans ses remarques sur l'ouvrage de Robins (1745), reconnut qu'il fallait tenir compte de la masse des gaz et que leur densité n'était pas uniforme dans toute l'étendue de l'âme, mais il renonça à introduire cette circonstance dans les calculs et se contenta de supposer que la moitié de la masse gazeuse est chassée avec le boulet et que l'autre reste au fond du canon. Lagrange fit en 1793, à la demande du gouvernement, des recherches sur la force de la poudre, dans lesquelles il attaqua la question à un point de vue beaucoup plus général; il supposa seulement que les gaz étaient formés avant l'origine du mouvement et que leur tension uniforme dans toute l'étendue de l'âme pouvait être représentée par une puissance de la densité; mais, mé-

content des résultats de son analyse, il ne donna aucune suite à son travail qui ne fut mis au jour qu'en 1832 par Poisson. Ce savant géomètre essaya de rectifier une des formules de Lagrange, mais reconnut bientôt qu'il avait lui-même commis une erreur. Rumfort, dans les expériences qu'il fit à l'arsenal de Munich en 1792-93, chercha à déterminer les données nécessaires pour calculer la plus grande force élastique des gaz produits par l'explosion de différentes charges dans un vase clos. De 1831 à 1836, Piobert fit un grand nombre d'expériences pour déterminer la vitesse de communication du feu dans une charge de poudre et la vitesse de combustion des couches qui forment les grains de poudre, c'est-à-dire la vitesse d'inflammation et la vitesse de combustion. En 1860, il fit faire un nouveau pas à la question en tenant compte de l'inégale distribution de la densité des gaz dans l'âme de la pièce, mais il restait encore à tenir compte de plusieurs circonstances, qui avaient été négligées et particulièrement de la formation successive des gaz pendant la déflagration.

D'un autre côté, on s'était préoccupé de trouver des appareils pouvant donner une idée de la pression exercée par les gaz à l'intérieur de l'âme (V. MESUREUR DES PRESSIONS). De 1857 à 1859, le major américain Rodman fit des expériences avec un appareil qui porte son nom. Depuis lors, ces appareils sont devenus d'un usage général, et sans donner des renseignements d'une exactitude rigoureuse, ils ont fourni de précieuses indications.

En 1857, MM. Bunsen et Schischkoff, reprenant les expériences faites en 1823 par Gay-Lussac et 1825 par M. Chevreuil, cherchèrent à déterminer la nature et les proportions des résidus solides ou gazeux engendrés par l'explosion de la poudre et la quantité de chaleur produite. Des données expérimentales, ils déduisirent ensuite par des considérations théoriques la température maximum, la pression maximum dans un espace clos et le travail total théorique que la poudre est capable d'effectuer sur un projectile. Ces études ont été reprises dans ces dernières années, en Italie, par le général Rosset; en Autriche, par le général Uchatius; en Angleterre, par le capitaine Noble et M. Abel, directeur du laboratoire de chimie de Woolwich; en France, par MM. Roux et Sarrau, ingénieurs des poudres et salpêtres. Enfin il faut encore citer les beaux travaux de M. Berthelot sur la force de la poudre et des matières explosives, et les recherches de M. Résal sur le mouvement des projectiles dans les armes à feu.

C'est grâce à tous ces travaux, que M. Sarrau a pu substituer aux relations empiriques employées jusque-là pour calculer, dans les bouches à feu, les vitesses initiales et les pressions des formules rationnelles déduites des lois aujourd'hui bien connues qui régissent la transformation de la chaleur en travail dans les machines thermiques. Un grand pas a été fait, mais cela ne veut pas dire qu'il ne reste pas encore beaucoup à faire pour arriver à connaître exactement les lois de la balistique intérieure.

Grâce aux procédés d'expérimentation qui, depuis quelques années surtout, ont été l'objet de nombreux perfectionnements et de nombreuses inventions, la balistique expérimentale a pris aujourd'hui une importance capitale et vient puissamment en aide à la théorie.

Voici d'après le cours professé dans ces dernières années à l'École d'application de l'artillerie et du génie de Fontainebleau, un aperçu général de l'état actuel de la question. On a laissé de côté toutes les équations et formules, dont l'établissement et la discussion auraient exigé beaucoup trop de développements; le lecteur désireux d'étudier à fond la question se reportera, dans ce cas, aux ouvrages spéciaux.

Balistique extérieure. Le projectile sortant de la bouche à feu avec une vitesse et dans une direction connues est soumis à l'action de deux forces qui modifient son mouvement primitif, la *pesanteur* et la *résistance de l'air*. D'ordinaire, on traite d'abord la question en faisant abstraction de la seconde de ces forces. Les formules du *mouvement dans le vide*, que l'on obtient ainsi, peuvent donner une première approximation, pour certains cas, du mouvement dans l'air, en particulier pour le tir des lourds projectiles animés de faibles vitesses et tirés sous de grands angles (fig. 273). Elles servent aussi de terme de comparaison et permettent d'apprécier dans chaque cas l'influence propre à la résistance de l'air.

On nomme :

Vitesse initiale, v_0, la vitesse dont est animé le projectile à l'instant où il sort de la bouche à feu;

Trajectoire, la courbe que décrit le centre de gravité;

Ligne de projection, angle de projection, la direction de la vitesse initiale, et l'angle de cette direction avec l'horizon. Dans la pratique le projectile ne partant pas exactement dans la direction du prolongement de l'axe de la pièce, on appelle *angle de relèvement* la différence entre l'angle de projection que l'on appelle aussi *angle de départ* et l'inclinaison de la pièce ou angle de tir, *ligne de tir* et *angle de tir* la direction ou l'inclinaison de l'axe du canon indéfiniment prolongée;

Plan de projection, le plan vertical contenant la direction de la vitesse initiale, *plan de tir* celui qui contient la ligne de tir; ces deux plans ne se confondent pas toujours;

Point de chute, le point où la trajectoire rencontre le plan horizontal passant par l'origine;

Portée, la distance du point de chute à l'origine;

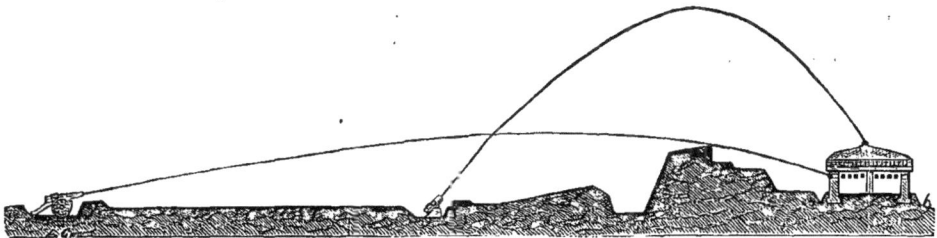

Fig. 273. — *Tir vertical et tir indirect.*

Angle de chute, la valeur absolue de l'angle de la tangente à la trajectoire au point de chute avec l'horizon;

Durée du trajet, le temps mis par le projectile pour arriver au point de chute;

Hauteur du jet, ou *flèche de la trajectoire*, l'élévation maximum du projectile au-dessus du plan horizontal passant par l'origine;

Abaissement de la trajectoire, la longueur de la verticale comprise entre un point de la trajectoire et la ligne de projection;

Mouvement dans le vide. — Le projectile est sollicité par une force unique, la pesanteur, appliquée à son centre de gravité. Le mouvement de ce centre sera donc celui d'un point matériel sollicité par une force constante en grandeur et en direction. Il restera constamment dans le plan déterminé par la direction de la vitesse initiale et par la direction de la force, plan qui est vertical. Si le projectile au sortir de l'âme est animé d'un mouvement de rotation, la pesanteur ne modifiera pas ce mouvement. Si la rotation est nulle ou si elle a lieu autour de l'un des axes principaux du projectile, cet axe restera constamment parallèle à sa direction primitive.

Dans le vide la trajectoire est un arc d'une parabole dont l'axe est vertical (fig. 274), elle est tangente à la ligne de projection au point de départ et toute entière située au-dessous; l'angle de chute est égal à l'angle de tir, le maximum de

projection correspond à l'angle de projection de 45°. La hauteur à laquelle monte le projectile est égale à celle à laquelle il s'élèverait s'il était lancé verticalement avec la même vitesse suivant la verticale.

Mouvement dans l'air. — On sait qu'un corps en repos, plongé dans un fluide, perd une partie de son poids égale au poids du volume du fluide qu'il déplace. Dans les calculs balistiques on néglige en général cette diminution de poids du corps, qui est très faible, le projectile ayant une densité beaucoup plus forte que l'air dans lequel il est plongé. Mais l'air, supposé au repos, oppose au mouvement de translation du projectile une certaine résistance. Si l'on imagine un cylindre tangent au corps et dont les génératrices soient parallèles à la direction de la translation, la courbe de contact partagera la surface du corps en deux nappes dites antérieure et postérieure par rapport au mouvement. Chaque point de la nappe antérieure déplaçant les molécules d'air qu'il rencontre sur son passage, éprouvera une pression plus grande qu'à l'état de repos. L'inverse se produira pour la nappe postérieure dont chaque point tend à s'éloigner des molécules en contact avec lui (fig. 275). La résultante de toutes ces pressions constitue la résistance de l'air au mouvement. Si l'on considère en particulier la résistance éprouvée par la nappe antérieure, on voit qu'elle tient à deux causes : l'effort nécessaire pour vaincre la cohésion des molécules; l'effort nécessaire pour vaincre leur inertie. La première semble indépendante de la vitesse relative du corps par rapport au milieu; la seconde, au contraire, croît nécessairement avec cette vitesse. Dans les milieux fluides la première a peu d'importance et la seconde est prédominante, ce serait le contraire dans les milieux solides, surtout quand leurs molécules ont une forte cohésion.

La résistance de l'air doit donc varier avec la cohésion et la masse de ses molécules, avec leur vitesse relative par rapport au corps, enfin avec la forme des nappes antérieure et postérieure du corps. Pour apprécier la part d'influence de ces causes multiples, il faut s'adresser à l'expérience et étudier séparément l'effet de chacune d'elles.

L'équilibre moléculaire est modifié par la température, par la pression barométrique et par le degré d'humidité. L'action de ces trois causes se traduit par des variations dans la densité de l'air. L'expérience montre que la résistance augmente proportionnellement à cette densité. Cette influence est assez sensible pour qu'il soit indispensable d'en tenir compte dans les expériences de précision.

La résistance de l'air augmente avec la vitesse relative de ses molécules, par rapport au corps; mais celui-ci, en se déplaçant, traverse à chaque instant des couches d'air déjà ébranlées par son mouvement antérieur. Il en résulte que la résistance à chaque instant dépend non seulement de la vitesse actuelle du corps, mais aussi de ses vitesses antérieures. Ainsi, dans le cas du mouvement vertical, il semble évident que, pour des vitesses égales, la résistance doit être plus grande dans la course descendante où le mouvement est

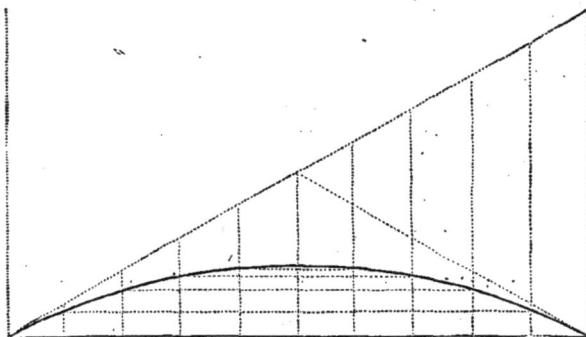

Fig. 274. — *Trajectoire dans le vide.*

accéléré par la pesanteur, que dans la course ascendante où il est retardé par la même force. Par la même raison, dans la trajectoire des projectiles, la résistance, à égalité de vitesse, doit être plus grande dans la branche descendante que dans la branche ascendante. En balistique, on ne tient pas compte de cette circonstance, et l'on admet

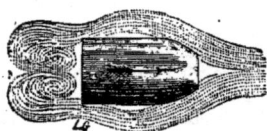

Fig. 275. — *Projectile oblong dans l'air.*

que la résistance est, dans tous les cas, égale à celle que l'on mesure pour la même vitesse aux premiers instants de la trajectoire. L'erreur qui en résulte a peu d'importance, attendu que, la vitesse variant lentement, l'influence des vitesses antérieures est sensiblement la même pour des vitesses égales. La méthode employée pour calculer la valeur de la résistance de l'air repose sur la mesure de la déperdition de vitesse dans le par-

cours d'un arc de trajectoire situé à peu de distance de la bouche à feu. L'arc décrit étant alors sensiblement rectiligne et horizontal, on peut considérer le travail de la pesanteur comme nul; de plus, pour les projectiles oblongs, l'axe de figure coïncidant, au début, à peu près exactement avec la direction du mouvement, on peut admettre que la résistance agit constamment dans une direction contraire à celle du mouvement.

Les expériences faites à différentes reprises en Angleterre, en France et en Russie ont donné lieu aux conclusions suivantes :

1° Pour les projectiles de l'artillerie la résistance croît plus vite que le carré de la vitesse;

2° La loi, suivant laquelle croît la résistance, diffère avec la forme des projectiles; ainsi elle n'est pas la même pour les projectiles sphériques et pour les projectiles oblongs. Pour ces derniers elle change aussi avec la forme de la partie antérieure; toutefois, quand cette forme varie peu, la loi de la résistance varie dans des limites très restreintes;

3° Pour les projectiles sphériques le rapport de la résistance au carré de la vitesse est sensiblement constant pour les vitesses inférieures à

100 mètres. Il augmente pour les vitesses croissant de 100 mètres à 500 mètres. Au delà sa valeur est sensiblement constante et environ le
triple de ce qu'elle était pour la vitesse de 100
mètres. Pour les projectiles oblongs la loi est
sensiblement la même, avec cette différence que
le maximum du rapport correspond à la vitesse
de 400 mètres;

4° Si l'on considère le rapport de la résistance
au cube de la vitesse, on trouve que, pour les
projectiles oblongs, ce rapport commence à décroître quand la vitesse augmente, atteint un
minimum vers 250 mètres ou 260 mètres, croît
ensuite jusqu'à la vitesse de 370 mètres ou 380
mètres où il atteint son maximum. Pour les vitesses supérieures, il va constamment en décroissant. On voit donc que ce rapport, bien qu'il
varie plus irrégulièrement que le précédent, se
rapproche davantage de la constance dans les
conditions de vitesse des projectiles tirés à forte

charge. Aussi, on le fait entrer de préférence dans
les calculs balistiques toutes les fois que l'on a à
considérer des vitesses supérieures à 200 mètres.
Il a de plus l'avantage de ne pas introduire,
comme l'autre, des fonctions transcendantes
dans les intégrations auxquelles conduisent ces
calculs;

5° On n'a pu arriver à représenter par une expression analytique la loi de la résistance de l'air,
ou du moins les expressions empiriques que l'on
a proposées jusqu'ici sont trop compliquées pour
être de quelque utilité dans les calculs;

6° Pour les mêmes vitesses et pour des projectiles semblables, la résistance est proportionnelle
au carré des dimensions homologues; ou, à la surface de la section droite du projectile. Cette loi
n'est pas rigoureusement exacte et l'on a cru reconnaître que le rapport de la résistance à la
section droite était un peu moindre pour les plus
forts calibres. Toutefois. on admet que pour des

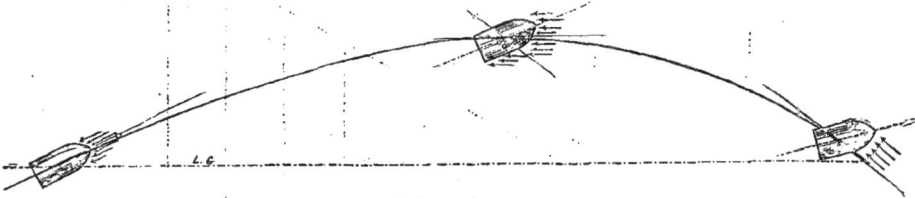

Fig. 276. — *Déplacement d'un projectile oblong dans l'air.*

projectiles de dimensions peu différentes, la résistance R par décimètre carré de section droite
est constante.

Soient, *p*, le poids d'un projectile; *r*, le rayon
de la section droite en décimètres; la résistance
qu'il éprouve sera $\pi r^2 R$; l'accélération ρ, correspondant à cette force, sera :

$$\rho = \frac{\pi r^2 R}{\dfrac{p}{g}} = \frac{\pi r^2 g}{p} R = c v^3$$

en posant :

$$c = \frac{\pi r^2 g}{p} \frac{R}{v^3}$$

On nomme le coefficient, *c, coefficient balistique*,
c'est le nombre par lequel il faut multiplier le
cube de la vitesse pour obtenir l'accélération due
à la résistance de l'air à la densité de 1,208. Ce
coefficient varie avec la vitesse, et avec les dimensions du projectile; pour des projectiles semblables le rapport des coefficients balistiques est
le rapport inverse des calibres.

Les projectiles employés par l'artillerie étant
des solides de révolution, c'est pour ces solides
seulement qu'on a cherché à déterminer la résistance de l'air, soit par l'expérience, soit par le
calcul. Tout d'abord la raison de symétrie montre:
1° que, si l'axe du corps coïncide avec la direction
du mouvement, la résistance agit en sens contraire de cette direction ; 2° que, dans tous les cas,
la résistance agit dans le plan qui contient l'axe

du corps et la direction du mouvement. Ces conclusions supposent bien entendu que l'on fait
abstraction de la composante de la résistance qui
représente le poids de l'air déplacé à l'état de
repos. De plus, l'expérience a appris que, pour
des corps semblables et semblablement dirigés,
le rapport de la résistance au carré des dimensions homologues est constant. Des expériences
faites récemment sur les projectiles oblongs dont
la partie antérieure est pointue ont montré :
1° que, pour une même hauteur de la pointe du
projectile, il y a avantage à remplacer la génératrice rectiligne du cône par un arc de cercle ou
d'ellipse tangent à la génératrice du cylindre;
2° que la résistance diminue quand la hauteur de
la pointe augmente, mais que la diminution cesse
d'être sensible pour des hauteurs supérieures
à trois ou quatre fois le rayon de la base.
On a constaté, en outre, que la résistance
augmente avec la longueur de la partie cylindrique du projectile.

Jusqu'ici on possède peu de résultats d'expériences sur l'influence de la forme postérieure
des projectiles oblongs. Plusieurs constructeurs
ont admis qu'il y avait avantage à remplacer le
culot plat par un culot arrondi, cette disposition
devant diminuer la non pression sur la partie
postérieure. L'expérience a confirmé ces prévisions; mais l'on a reconnu que les projectiles de
cette forme, s'ils gagnent en portée, perdent en
justesse; on peut en dire autant des projectiles

symétriques à l'avant et à l'arrière. Cette diminution de justesse semble venir de ce que le mouvement du projectile à la sortie de l'âme est moins
régulier que dans le cas des projectiles à culot plat.

La supériorité au point de vue balistique des
projectiles oblongs sur les projectiles sphériques
tient : 1° à ce que, à égalité de calibre, les premiers ont une plus grande masse; 2° à ce que la
forme allongée de leur pointe diminue la résistance de l'air par décimètre carré de section
droite. Pour ces deux raisons ils conservent
mieux leur vitesse. Mais cet avantage ne peut être
réalisé qu'autant que leur axe de révolution reste
constamment dans la direction du mouvement ou
s'en écarte fort peu. S'il en était autrement, la
résistance de l'air pourrait augmenter notablement, d'où diminution de portée (fig. 276) : de
plus, elle agirait suivant des directions variables
avec l'inclinaison de l'axe par rapport au mouvement, d'où déperdition de justesse.

La rotation initiale que l'on imprime au projectile par l'intermédiaire des rayures a pour
but : 1° d'assurer la stabilité de l'axe du projectile contre les chocs accidentels qui tendraient
à le dévier; 2° de ramener constamment cet axe
dans le voisinage de la tangente à la trajectoire,
de telle sorte que le projectile présente toujours la pointe en avant. En effet, à partir d'une
certaine distance de la bouche à feu, l'axe de
révolution du projectile, ayant une tendance
à se déplacer parallèlement à lui-même, ne
coïncide plus exactement avec la direction de la
translation. Il en résulte que la résistance cesse
de coïncider en direction avec l'axe, mais elle

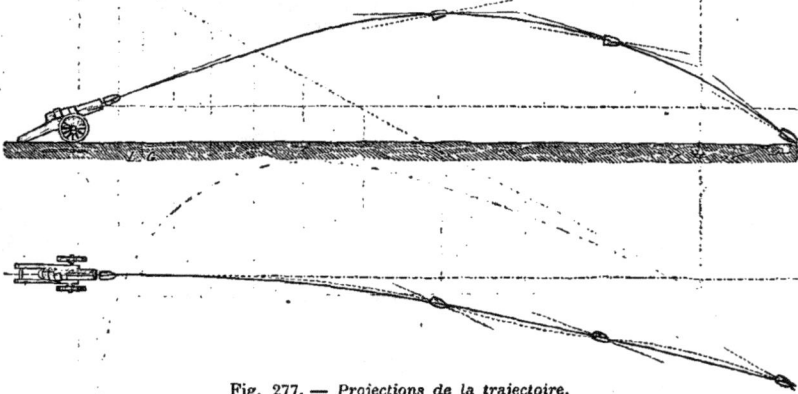

Fig. 277. — *Projections de la trajectoire.*

ne sort pas du plan déterminé par la direction
de l'axe et celle de la translation. Le point où
elle coupe l'axe se nomme *centre de résistance*, il
ne coïncide pas en général avec le centre de gravité et dans les projectiles en usage se trouve en
arrière. Par suite la résistance tend à faire basculer le projectile la pointe en bas. Cette tendance
est combattue par le mouvement de rotation, il
en résulte que l'axe de révolution est pour ainsi
dire courbé suivant la tangente à la trajectoire
(fig. 277).

Par suite de l'action de la résistance de l'air,
qui agit comme force perturbatrice, pendant que
la tangente à la trajectoire se déplace dans l'espace en vertu des forces appliquées au centre de
gravité, l'axe du projectile tend à tourner à chaque
instant autour de cette tangente dans le sens
même de la rotation initiale. Ce déplacement de
l'axe est un mouvement cycloïdal conique engendré par l'entraînement d'un cône roulant sur un
plan perpendiculaire au plan de projection; l'ouverture de ce cône augmente à mesure que la
vitesse diminue. Outre ce mouvement que l'on
nomme *précession*, l'axe est animé d'un mouvement
vibratoire appelé *nutation* autour de sa position
moyenne. Ce mouvement de nutation provient de ce

que l'axe de révolution du projectile ne coïncide pas
exactement avec l'axe de rotation. L'amplitude de
la nutation a pour effet d'augmenter beaucoup la
résistance de l'air; elle est d'autant plus grande
que le projectile est plus allongé et la rotation initiale plus faible. La précession dévie la pointe du
projectile constamment du même côté du plan de
projection, à droite pour les pièces rayées à droite,
à gauche pour celles rayées à gauche. Il en résulte
une résistance composante qui pousse le centre de
gravité du côté où se porte la pointe. Ce mouvement se nomme *dérivation*, et la composante qui
le produit *force dérivatrice*. Les conditions qui
diminuent la dérivation sont les mêmes que celles
qui diminuent l'écart entre l'axe et la tangente.
En outre, à la sortie de l'âme de la bouche à feu,
l'axe du projectile ne coïncide pas exactement
avec la direction du mouvement. Il en résulte que
souvent à l'origine la pointe du projectile et le
centre de gravité sont déviés du côté opposé à la
dérivation, il arrive même que dans le cours de
la trajectoire la dérivation a lieu alternativement
à gauche et à droite; mais ces circonstances ne
modifient pas sensiblement l'écart moyen et la
dérivation moyenne, pourvu que l'écart initial ne
soit pas trop grand.

La trajectoire du projectile oblong sort donc du plan vertical de projection : sa projection sur ce plan est identique à la trajectoire d'un projectile sphérique ayant même coefficient balistique.

La projection horizontale est la courbe décrite par un point sollicité suivant la tangente par une force égale à la projection horizontale de la résistance suivant l'axe, et perpendiculairement à la tangente par la force dérivatrice (fig. 277).

La relation entre la résistance de l'air et la vitesse des projectiles n'a pu jusqu'ici être exprimée par une fonction analytique, ou du moins les fonctions proposées pour la représenter ne se prêtent pas à l'intégration des équations différentielles du mouvement. De plus, la résis-

tance est fonction de la densité de l'air qui varie elle-même suivant la hauteur où se trouve le projectile à chaque instant. On ne peut donc, dans de pareilles conditions, espérer obtenir l'équation balistique sous forme finie. Mais la connaissance que l'on a des lois de la variation de la résistance permet de calculer les éléments de chaque trajectoire avec une approximation aussi grande qu'on voudra. La méthode employée consiste à décomposer la trajectoire en arcs assez petits pour que dans leur intervalle on puisse substituer à la résistance réelle une résistance en différant fort peu, et pouvant s'exprimer par une fonction qui permette l'intégration.

Cependant, s'il n'est pas possible dans l'état

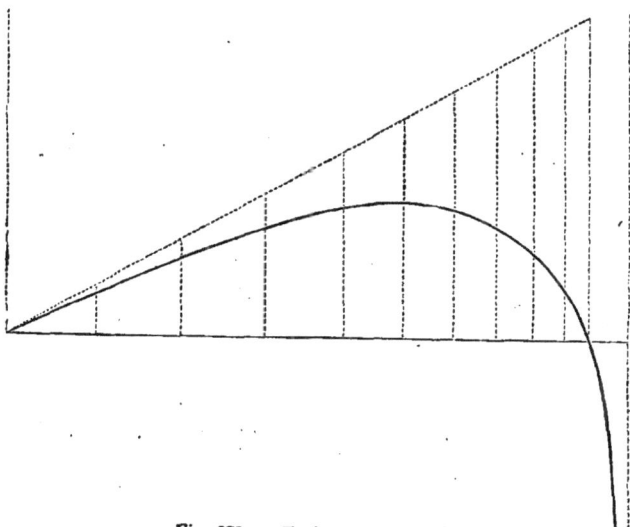

Fig. 278. — *Trajectoire dans l'air.*

actuel de nos connaissances d'obtenir l'équation balistique sous forme finie, on peut du moins en obtenir diverses représentations rapprochées, quand on connaît la portée. La méthode consiste à substituer à la résistance réelle cv^n, dans laquelle, c, est un coefficient variable, une résistance fictive dont l'expression permet l'intégration et qui donne la même portée.

On trouvera dans les ouvrages spéciaux les formules dont on fait généralement usage dans les commissions d'expériences, soit de l'artillerie de terre, à Calais et à Bourges, soit de la marine, à Gavre.

De l'étude de la projection sur le plan vertical de la trajectoire dans l'air on peut tirer les conclusions suivantes :

La trajectoire dans l'air n'est pas, comme celle dans le vide, un arc de parabole ; elle est constamment au-dessous de la trajectoire dans le vide et tourne comme elle sa concavité à l'horizontale ; son inclinaison terminale serait verticale, c'est-

à-dire qu'elle a une assymptote verticale (fig. 278).

L'abscisse et l'ordonnée du sommet sont moindres dans l'air que dans le vide.

Le temps nécessaire pour passer de l'origine au sommet est moindre dans l'air que dans le vide.

Les deux branches de la trajectoire ne sont pas symétriques.

L'inclinaison au point de chute est, en valeur absolue, plus grande qu'à l'origine.

Le sommet est plus rapproché du point de chute que de l'origine.

La vitesse et ses deux composantes sont plus faibles au point de chute qu'à l'origine.

La durée du trajet est plus grande pour la branche descendante.

L'angle de plus grande portée est toujours supérieur à l'angle de projection qui a pour complément l'angle de chute correspondant. Il est en général inférieur à 45° sauf dans certains cas pour les projectiles ayant un faible coefficient balistique.

Pour un même projectile, la différence entre la portée dans le vide et la portée dans l'air, croît sensiblement comme le carré de cette dernière.

Pour deux projectiles différents elle croît environ comme le coefficient balistique.

Si maintenant nous passons de la théorie à la pratique on remarquera, que deux projectiles identiques lancés par la même pièce, dans les mêmes conditions de vitesse initiale et d'inclinaison devraient avoir des trajectoires identiques. Mais les conditions initiales du tir ne sont jamais rigoureusement les mêmes quelque soin que l'on apporte à assurer leur identité. Si avec une même bouche à feu et un même projectile on tire un grand nombre de coups avec la même charge et la même inclinaison, on aura autant de trajectoires différentes s'écartant plus ou moins d'une trajectoire moyenne, qui est celle que l'on a cherché à représenter par le calcul (fig. 279).

Les écarts se nomment *déviations* et les variations des conditions de tir qui les produisent se nomment *causes déviatrices;* les unes agissent à l'intérieur de la pièce, les autres produisent leur effet pendant le trajet extérieur du projectile.

Les causes, qui agissent à l'intérieur de la pièce, peuvent faire varier : soit la direction initiale, soit la vitesse initiale, soit la rotation initiale.

Parmi les premières, on remarque : les erreurs de pointage provenant soit de ce que l'on ne dispose pas la ligne de mire dans la direction exacte qu'elle doit occuper par rapport à l'axe de la bouche à feu, soit de ce qu'on ne dirige pas exactement la ligne de mire sur le but.

La réaction des gaz sur l'arme qui tend à écarter l'axe de la pièce de la direction qui lui a été donnée par le pointage; cet effet commençant à se produire avant la sortie du projectile, dévie sa direction initiale.

Il en est de même des vibrations des parois que l'on constate surtout dans les armes à parois minces.

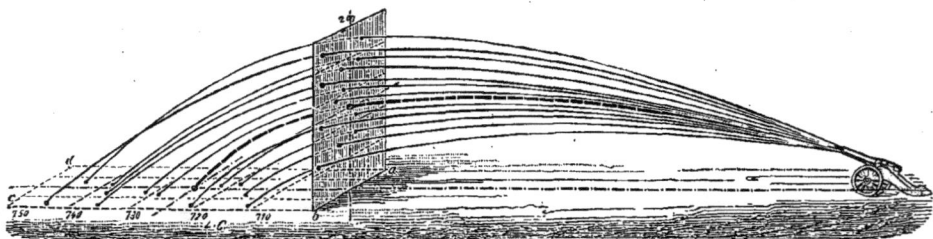

Fig. 279.— *Trajectoire moyenne.*
a b c d   Rectangle contenant 99 0/0 des coups.

Le mode d'inflammation de la charge peut également déranger l'axe de la direction où il avait été placé par le pointage. Peu à craindre avec les canons dont la masse est considérable, il est pour les armes portatives une des causes principales du manque de précision.

La marche irrégulière du projectile à l'intérieur de l'âme, l'excentricité des projectiles oblongs sont autant de causes déviatrices.

Les principales causes qui font varier la vitesse initiale sont :

La variation des propriétés balistiques des charges de poudre de même poids, qui tient à l'imperfection de la fabrication de la poudre, à son état variable de conservation et d'humidité, à l'inégalité de grosseur et de densité des grains.

La variation du poids de la charge d'un coup à l'autre.

La variation de la force du chargement et de son tassement.

La variation de la position respective de la charge et du projectile qui fait varier la *densité de chargement*, c'est-à-dire le rapport du poids de la charge au volume dans lequel elle doit détoner.

La variation du poids ou du diamètre du projectile.

L'état de conservation de la pièce, son échauffement et son encrassement pendant le tir.

Si on passe maintenant aux causes qui peuvent faire varier la rotation initiale, on voit que dans les canons lisses deux causes principales pouvaient imprimer aux projectiles sphériques des rotations accidentelles, variables d'un coup à l'autre, c'étaient : les chocs à l'intérieur de l'âme provenant du *vent* du projectile, c'est-à-dire de la différence entre son diamètre et celui de l'âme, et l'excentricité du projectile. Avec les projectiles oblongs, lancés par les canons rayés, les rotations accidentelles ne peuvent plus se produire à la sortie de l'âme; mais si la forme du projectile est irrégulière, ou si le forcement est défectueux, l'axe du projectile ne coïncide plus avec celui de l'âme. Dans ce cas la rotation n'a plus lieu autour de l'axe de révolution et il en résulte un mouvement initial de précession et de nutation promptement accru par la résistance de l'air. Enfin, des vibrations imprimées au projectile par le frottement des surfaces métalliques en contact à l'intérieur de l'âme résulte une sorte de nutation qui augmente encore la résistance de l'air.

Les principales causes qui agissent durant le trajet extérieur sont les variations du poids et de la forme du projectile, les variations de la densité de l'air, causes qui influent sur la valeur du coefficient balistique.

Le vent atmosphérique a sur les écarts en direction une influence comparable aux effets de la dérivation, aussi rend-il souvent fort difficile l'observation de ces derniers.

Enfin il existe des causes déviatrices qui agissent d'une manière constante et par suite n'ont pas d'influence sur la justesse : ce sont, la latitude du lieu, l'orientation du tir et l'altitude du lieu.

Au premier abord, il semble que les déviations ou écarts dus aux causes d'irrégularité fortuites ne doivent suivre aucune espèce de loi, et que les points de chute se répartissent sur le sol tout à fait au hasard. Mais si on prolonge le tir suffisamment et si on reporte tous les coups sur une feuille de papier quadrillé, on voit ce désordre disparaître peu à peu, et on ne tarde pas à remarquer :

1° Qu'un certain carreau moyen est atteint plus souvent que les autres;

2° Que ceux-ci sont atteints eux-mêmes d'autant plus fréquemment qu'ils s'écartent moins de celui-là;

3° Que la fréquence relative avec laquelle ils sont touchés est une fonction de plus en plus continue de la quantité dont ils s'en écartent.

Ce triple fait s'énonce d'une manière plus sensible en disant que si, en chaque point du sol, on place l'un au-dessus de l'autre tous les projectiles qui y sont tombés, ces projectiles formeront à la longue une surface : 1° continue; 2° ayant un point culminant; 3° s'abaissant régulièrement dans toutes les directions autour de ce point. Le point culminant correspond au point de chute moyen qui lui-même correspond à la trajectoire moyenne.

Il importe de connaître avec quelque précision ce mode de répartition des points de chute, c'est-à-dire la loi des écarts afin de se rendre compte de la justesse de l'arme et des chances que l'on a d'atteindre le but. Si l'on prend la moyenne arithmétique des valeurs absolues, fournies par l'expérience, de tous les écarts, soit en portée, soit en direction, soit en hauteur si les coups sont relevés non pas sur le sol mais sur une cible verticale, on obtient des quantités que l'on désigne sous le nom d'écarts moyens; leur valeur sera d'autant plus exacte que le nombre de coups tirés sera plus considérable parce qu'alors on aura plus de chance pour que toutes les causes fortuites de déviations se soient présentées et combinées de toutes les façons possibles. En appliquant à ces quantités le calcul des probabilités on en déduit d'autres quantités que l'on désigne sous le nom d'écarts probables, et qui sont déduits des écarts moyens correspondants en les multipliant par un coefficient constant qui est égal à 0,8453. Ces écarts probables sont ceux qu'il y a une probabilité 1/2 de ne pas dépasser, c'est-à-dire qu'il y a autant de chances pour que à chaque coup les écarts observés soient au-dessous qu'au-dessus. Ils permettent de se rendre compte de la justesse du tir d'une bouche à feu d'une façon beaucoup plus nette que lorsqu'on se contentait autrefois du pour cent, c'est-à-dire du nombre de coups sur cent qui pouvaient atteindre un but de dimensions déterminées (fig. 280). — V. BOUCHES A FEU, PROJECTILES.

Balistique intérieure. La balistique intérieure a pour objet l'étude des lois du mouvement du projectile à l'intérieur de l'âme d'une bouche à feu.

Lorsqu'une charge de poudre brûle dans un canon, il se produit deux effets différents, mais simultanés, qui rendent très difficile l'étude du phénomène complet : 1° les gaz de la poudre en se répandant dans le volume occupé primitivement par la charge acquièrent une tension qui va en augmentant avec la densité de ces gaz; 2° le projectile se déplaçant, le volume occupé par ces gaz va en augmentant, ce qui tend à diminuer la tension. Pour déterminer sa valeur et mettre le

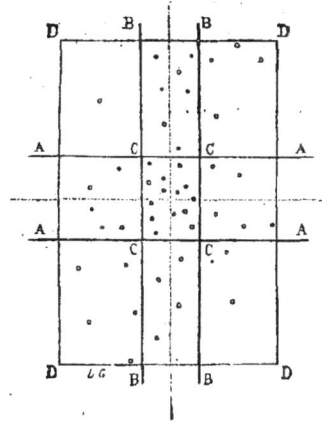

Fig. 280. — *Probabilité du tir.*

A A A A Zone, de longueur indéfinie et de largeur égale à deux fois l'écart probable en direction, contenant 50 0/0 des coups. — *BBBB* Zone, de largeur indéfinie et de profondeur égale à deux fois l'écart probable en portée, contenant 50 0/0 des coups — COCC Rectangle, ayant pour côtés le double des écarts probables en portée et direction, contenant 25 0/0 des coups. — *DDDD* Rectangle, ayant pour côtés huit fois les écarts probables en portée et direction, contenant 99 0/0 des coups.

problème en équation, il faudrait donc connaître la loi de production des gaz et la loi suivant laquelle ils agissent sur le projectile, en tenant compte à la fois de leur vitesse d'émission et de leur détente.

Les lois de la combustion de la poudre sont trop imparfaitement connues pour qu'on puisse espérer obtenir par le calcul les lois du mouvement intérieur des projectiles dans les bouches à feu; aussi semble-t-il préférable de recourir à l'expérience pour trouver les lois de la balistique intérieure, notamment pour déterminer la vitesse initiale du projectile dans des conditions de chargement données. Cependant, on peut, au moyen de notions simples de mécanique, interpréter les résultats d'expérience et faire ressortir l'influence des différentes données de la question sur les pressions intérieures, les vitesses imprimées au projectile ainsi que sur la vitesse de recul de la bouche à feu.

On entend par l'*effet utile* d'une bouche à feu la

quantité de travail qu'elle produit; il est par suite représenté par la somme de la demi-force vive de translation et de la demi-force vive de rotation du projectile à sa sortie de l'âme, c'est-à-dire par

$$\frac{p \, v_o{}^2}{2 \, g} + p \, \frac{u^2 \, \rho^2}{2 \, g}.$$

en appelant u la vitesse de rotation et ρ le rayon de giration du projectile. D'après la définition usitée en mécanique, on appelle *rendement d'une bouche à feu*, le rapport de l'effet utile au travail théorique maximum que la poudre aurait pu produire, ou, en d'autres termes, le rapport de la force vive que possède le projectile, au sortir de l'âme, à la force vive totale que la charge de poudre est capable de produire.

Ce travail théorique maximum n'a pu encore être déterminé exactement; il varie d'ailleurs évidemment suivant la nature de la poudre; en évaluant la chaleur de combustion à 705 calories par kilogramme de poudre, et multipliant ce nombre par l'équivalent mécanique de la chaleur, on trouverait pour le potentiel de la poudre 307,400 kilogrammètres.

En admettant ce chiffre on trouve que le rendement des bouches à feu actuellement en service varie entre 0,16 et 0,20, dans les meilleures conditions il peut atteindre jusqu'à 0,25. Ce faible rendement des bouches à feu tient à plusieurs causes :

1° La charge n'est pas toujours entièrement brûlée;

2° On suppose en évaluant le travail total d'une charge que les produits de la combustion ont été ramenés à la température du zéro absolu; il est loin d'en être ainsi; les résidus solides qui forment une notable partie du poids total restent dans la pièce en conservant une forte quantité de chaleur, et les gaz de la poudre ont à la sortie de l'âme une température bien supérieure à zéro;

3° Une partie de la chaleur s'écoule à travers les parois de la pièce en les échauffant; une autre est transformée en vibrations;

4° Le travail extérieur fourni par la charge de poudre comprend, outre la force vive imprimée au projectile, celle de la bouche à feu et de son affût, et celle des gaz de la poudre; une autre partie est employée à vaincre les résistances passives, telles que le forcement du projectile, la pression atmosphérique, la résistance de l'air au mouvement du projectile.

En outre, une partie des gaz fournis par la combustion de la charge s'échappent, sans produire d'effet utile par le canal de lumière, ou bien encore par le vent du projectile, lorsque celui-ci n'est pas forcé.

On se trouvera dans les meilleures conditions pour utiliser le travail de la charge lorsque la longueur d'âme sera assez grande pour que la charge soit entièrement brûlée, et que la force élastique restante fasse seulement équilibre aux résistances passives.

Il existe encore assez peu de données sur les vitesses des projectiles en chaque point de l'âme d'un canon; en eût-on beaucoup qu'il serait pro-

bablement très difficile d'établir une formule générale renfermant ces données. On peut bien dans chaque cas particulier, faire entrer les résultats d'expérience dans une formule d'interpolation au moyen d'un certain nombre d'indéterminées; mais une pareille formule ne s'applique qu'au cas précis pour lequel elle a été établie et l'on ne peut dégager la signification des constantes qu'elle renferme.

On a proposé diverses formules empiriques plus ou moins compliquées, dans l'état actuel de la question, celles dont les résultats concordent le mieux avec ceux fournis directement par l'expérience, sont dues à M. Sarrau, ingénieur des poudres et salpêtres. Ces formules, qui sont basées sur la thermodynamique et dont la forme générale a été établie théoriquement en faisant certaines hypothèses en particulier sur la variation que la vitesse de combustion de la poudre présente sous pression variable, ont été ensuite transformées et simplifiées, de manière à satisfaire aux données de l'expérience et être d'un usage tout à fait pratique. Ces formules donnent les vitesses initiales et la pression maximum. M. Sarrau en a déduit les lois suivant lesquelles ces quantités dépendent non seulement des divers éléments du tir, mais encore de la nature de la poudre et de la forme des grains qui constituent la charge. On peut ainsi, au moyen d'un petit nombre d'épreuves, obtenir les éléments caractéristiques d'une poudre et s'en servir pour calculer à priori les effets qu'une poudre semblable peut produire dans des conditions de tir différentes de celles des épreuves. — V. Poudres.

Balistique expérimentale. Les tables de tir des bouches à feu sont établies au moyen de méthodes d'observation dont l'exposé appartient à la balistique expérimentale; la théorie balistique ne fait qu'en interpréter et en compléter les résultats.

On cherche d'abord les propriétés du tir pour une charge constante en faisant varier l'angle de tir. Les deux éléments que l'on détermine tout d'abord sont l'angle de relèvement que l'on obtient à l'aide d'un tir à l'écran et la vitesse initiale que l'on obtient en notant, à l'aide d'appareils enregistreurs électriques (V. Chronographe), les instants précis du passage du projectile dans deux cadres-cibles formés d'un réseau de fils métalliques très fins. Le quotient du temps employé par le projectile pour parcourir la distance qui sépare les deux cadres, par cette distance, est pris pour mesure de la vitesse du projectile au moment de son passage au milieu de cette distance. De cette vitesse, à une certaine distance de la bouche de la pièce, on déduit la vitesse initiale par la formule

$$v_o = \frac{v}{\cos \varphi \, (1 - c v x)}$$

φ étant l'angle de projection, x la distance à laquelle a été mesurée la vitesse v et c le coefficient balistique.

On prend ensuite la moyenne des observations données par un certain nombre de coups tirés sous le même angle; pour chaque angle de tir on note la portée moyenne P, l'écart probable en portée E_p, qui s'obtient en multipliant l'écart moyen par 0,845, la dérivation moyenne D, en faisant abstraction autant que possible des écarts occasionnés par le vent, l'écart probable en direction E_d, la durée c'est-à-dire le temps écoulé entre le moment où le projectile sort de la bouche à feu et celui où il touche le sol à son premier point de chute; deux observateurs, placés l'un près de la bouche à feu, l'autre au point de chute, notent ces deux instants.

On peut en outre mesurer, dans l'état actuel de nos procédés d'expérimentation, quelques angles de chute à l'aide de panneaux que traverse le projectile, et quelques vitesses d'arrivée par le même procédé que pour les vitesses initiales; mais ces mesures ne peuvent se faire que pour de petites distances (fig. 281).

On peut encore à l'aide d'appareils spéciaux

Fig. 281 — *Champ de tir d'une commission d'expérience.*

A A A A Cadres-cibles. — *B* Écran en carton. — *C* Panneau en voliges. — *D* Abri pour les chronographes. — *E* Chambre à sable pour recevoir les projectiles. — *F* Butte. — *G* Bande de terrain piquetée pour relever les points de chute. — *HHH* Abris pour les observateurs.

(V. MESUREUR DES PRESSIONS) déterminer directement par l'expérience les pressions développées dans l'âme des bouches à feu; on les évalue soit en atmosphères, soit plus souvent en kilogrammes par centimètre carré de surface, ces nombres sont du reste assez peu différents l'un de l'autre.

Enfin un appareil inventé récemment par le colonel Sebert, de l'artillerie de la marine (V. VÉLOCIMÈTRE), permet la détermination précise du mouvement de recul des bouches à feu pendant les premiers instants qui suivent l'inflammation de la charge de poudre. La détermination de cette loi présentera un grand intérêt pour les artilleurs; parce qu'elle pourra faire connaître, dans de certaines conditions, la valeur des pressions développées dans l'âme de la bouche à feu

et, par suite; guider, soit dans le calcul des formes et des épaisseurs des canons, soit dans le choix de la poudre susceptible de procurer les effets les plus avantageux, c'est-à-dire d'engendrer la plus grande vitesse initiale du projectile, tout en développant dans l'âme de la bouche à feu les plus faibles pressions.

Dans les expériences de tir on doit observer en outre la direction, la force ou la vitesse du vent (V. ANÉMOGRAPHE), et noter également au moment du tir les indications du baromètre, du thermomètre et de l'hygromètre, qui servent à calculer la densité de l'air pendant l'expérience, densité qui intervient dans le calcul du coefficient balistique, dont la détermination se fait au moyen d'un certain nombre de coups pour lesquels on mesure directement la vitesse horizontale du projectile en deux points de la trajectoire assez rapprochés pour que dans cet intervalle ce coefficient puisse être considéré comme constant:

Lorsque l'on a obtenu par l'expérience les divers éléments du tir, nécessaires pour déterminer les trajectoires moyennes correspondant à différentes portées, il s'agit de *compenser* ces résultats, c'est-à-dire d'établir entre les diverses observations relatives à un même élément, une loi de continuité permettant l'interpolation et répartissant les erreurs particulières à chaque observation d'une manière rationnelle sur l'ensemble des expériences. La compensation peut se faire, soit par la méthode graphique, soit par le calcul; dans l'un et l'autre cas, la méthode générale consiste soit à construire une courbe, soit à établir une formule qui exprime la relation qui existe entre la portée et chacun des autres éléments de la trajectoire considérés isolément.

Le plus souvent on se contente, pour l'établissement des tables de tir des bouches à feu, de la compensation graphique, qui est plus simple et moins compliquée que celle par le calcul, mais elle ne tient pas aussi rigoureusement compte du *poids des observations* qui dépend du nombre n de coups tirés et est égal, E étant l'écart probable soit en portée, soit en direction, à $\dfrac{n}{E^2}$ c'est-à-dire à l'inverse du carré de l'*erreur à craindre* qui est représenté par $\dfrac{E}{\sqrt{n}}$

Quelle que soit la méthode adoptée, la compensation permettra d'obtenir par interpolation, pour des portées croissant de 100 mètres en 100 mètres l'angle de tir, la dérivation, la durée, les écarts, probables en portée et en direction. Il reste à calculer les éléments non observés qui sont l'angle de chute, la vitesse restante et quelquefois l'abscisse et l'ordonnée du sommet. On se servira à cet effet des formules qui sont basées, comme on l'a déjà dit, sur la substitution à la trajectoire réelle, entre l'origine et le point de chute, d'une courbe qui en diffère fort peu.

Pour la détermination de la vitesse initiale, de la pression maximum on répète plusieurs fois l'expérience dans des conditions aussi identiques que possible et on prend la moyenne arithmétique.

Bibliographie : Cours de l'école d'application de l'artillerie et du génie : *Balistique extérieure*, par le commandant Astier (1877) ; *Balistique intérieure*, par le capitaine Lachèvre (1877) ; *Sur la probabilité du tir des bouches à feu*, par le capitaine Jouffret (1873) ; *Traité de balistique expérimentale*, par M. Hélie, professeur à l'école d'artillerie de la marine (1865) ; Extraits du *Mémorial de l'artillerie de la marine* (Tanera, édit.) : *Aide-mémoire de balistique expérimentale*, par le capitaine Sebert (1873) ; *Recherches sur les effets de la poudre dans les armes*, par M. Sarrau, ingénieur des poudres et salpêtres (1873-1878); Mémoires de M. Hélie, professeur à l'école d'artillerie de la marine (1874-1878); *Revue d'artillerie; Mémorial de l'artillerie de la marine.*

* **BALIVEAU.** Se dit, en *T. de constr.*, d'une grande perche servant à l'établissement d'un échafaudage.

* **BALLAGE.** *T. de métall.* Corroyage que subit le fer avant l'étirage ; cette opération consiste à réunir en paquets les barres de fer puddlé et à les chauffer jusqu'au blanc-soudant. On dit aussi *réchauffage.*

* **BALLAST.** *T. de chem. de fer.* Nom anglais donné à toute matière lourde servant à lester un navire (V. Lest), matière ordinairement composée de galets, cailloux, gravier et sable, qui se trouve à proximité des ports de mer. Lorsqu'on abandonna le système de pose des rails sur dés en pierre pour adopter celui des voies sur traverses en bois, les constructeurs ne trouvèrent rien de mieux, pour asseoir les traverses sur la plate-forme des terrassements, qu'un mélange de matières dures, cailloux et graviers, le ballast des navires. Par extension, on a donné le nom de *ballast*, à toute matière employée pour asseoir la voie.

Le meilleur ballast est un mélange de cailloux et gravier, exempt d'argile, que l'on trouve dans quelques alluvions anciennes ou récentes. A défaut, on emploie ce qui se trouve à proximité du chemin de fer : pierres cassées ; — briques dures en morceaux, — scories des usines métallurgiques, — sable plus ou moins fin et terreux, etc.

Un bon ballast est dur, élastique et facilement perméable à l'eau : dur, pour ne pas se laisser écraser sous la pression des trains ou sous les coups du *bourrage* (V. ce mot); élastique, pour amortir les vibrations des véhicules en circulation sur la ligne ; perméable à l'eau, afin que la voie repose sur une base toujours sèche et par conséquent immobile et que les traverses ne baignent pas dans un milieu humide, propre à développer leurs dispositions à la pourriture. Il faut enfin qu'il résiste à l'action de la gelée et de l'humidité.

* **BALLASTAGE.** *T. de chem. de fer.* Pose du ballast sur la plate-forme des terrassements d'un chemin de fer.

S'il s'agit d'un chemin de fer en construction, l'opération se fait en deux reprises : on répand d'abord sur la plate-forme, convenablement dressée, une première couche de ballast qui doit servir de fondation, d'assise aux traverses de la voie. Pour cette première couche, on choisit le meilleur ballast dont on puisse économiquement disposer.

Sur cette couche on pose les traverses puis les rails. Ceci fait, on amène le ballast qui doit garnir l'intervalle des traverses et les recouvrir, leur donner l'assiette dont elles ont besoin pour résister aux déplacements que le mouvement des trains pourrait leur imprimer.

Ces deux opérations peuvent s'effectuer par des procédés différents : le ballast étant approvisionné en un point de la ligne le plus voisin possible des *ballastières* (V. ce mot), on le conduit sur la plate-forme, soit avec des tombereaux traînés par des chevaux, soit avec des vagons à *ballast* (V. ce mot), roulant sur une voie provisoire établie sur la plate-forme et remorqués tantôt par des chevaux, tantôt par des locomotives.

Quand cette première couche qui a de 0ᵐ,10 à 0ᵐ,25 d'épaisseur est répandue, *régalée* (V. ce mot) sur la plate-forme, on procède à la pose définitive de la voie. Celle-ci établie, on s'en sert pour amener, par vagons et locomotives, la seconde couche de ballast qui a aussi de 0ᵐ,10 à ᵐ,25 d'épaisseur.

En cours d'exploitation d'un chemin de fer, il faut maintenir l'assiette de la voie en bon état, et, pour ce faire, remplacer le ballast disparu sous l'influence de la pluie, du vent, de la gelée et du dégel, du tassement de la plate-forme, du bourrage, du passage des trains, etc. On effectue ce remplacement au moyen de *trains de ballastage*, composés de vagons chargés de ballast et remorqués par locomotives. La marche de ces trains supplémentaires, intercalés au milieu des trains de voyageurs et de marchandises, est réglée par des ordres de services spéciaux qu'il faut rigou-

reusement observer sous peine des plus graves accidents.

BALLASTER. Poser le ballast sur la voie ferrée.

BALLASTIÈRE. *T. de chem. de fer*. Lieu d'extraction du *ballast* (V. ce mot). Il faut que la ballastière soit située, autant que possible, dans le voisinage du chemin de fer qu'elle doit approvisionner, et facilement accessible aux vagons qui servent au transport du ballast.

BALLAYE. *T. de fleur*. Aigrette touffue servant à imiter le centre des fleurs composées. C'est le pistil des botanistes.

I. BALLE. *T. d'artill*. Du grec βαλλειν, lancer.

Les balles sont les projectiles qu'on lance avec les armes portatives, fusils, carabines, pistolets ou revolvers; elle sont généralement en plomb; ce métal étant parmi tous les métaux usuels celui

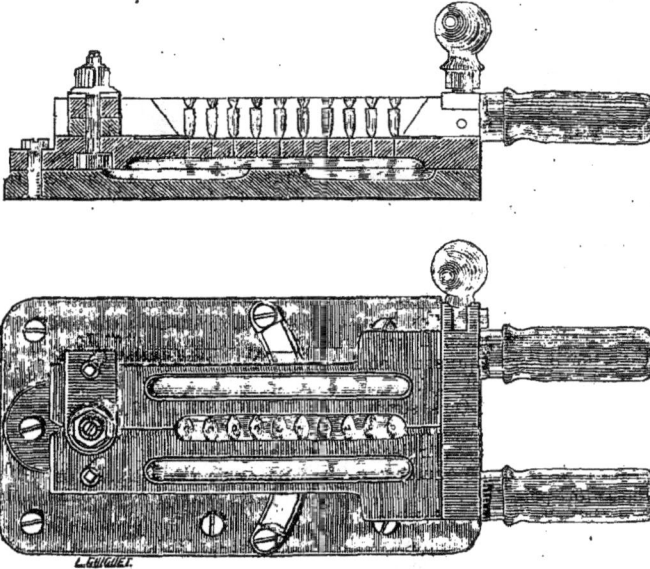

Fig. 282. — *Moule à balles oblongues*.

dont la densité est la plus forte; sa grande fusibilité le rend en outre d'un emploi commode. Jusqu'au milieu du xixᵉ siècle on n'a fait usage que de balles sphériques; pour en désigner le calibre il suffisait d'indiquer le nombre de balles à la livre. Depuis l'introduction, dans l'armement des troupes, à partir de 1846, de carabines puis de fusils rayés tirant des balles oblongues, leur forme et leur poids ont beaucoup varié; pour l'étude de ces différentes formes on se reportera à l'article Fusil. Le rapport entre le diamètre et la hauteur différant d'un modèle à l'autre, on doit, pour les balles allongées, indiquer non seulement leur poids mais encore le diamètre de leur partie cylindrique.

Les balles sont coulées dans des moules en fer composés de deux parties présentant en creux des alvéoles ayant la forme d'une demi-balle. Les balles, modèle 1874, sont coulées l'ogive en bas, le jet est par suite au culot; les moules fixés à demeure sur une table sont pour 30 ou 40 balles; en général ils sont munis d'une plaque cisaille ou coupe-jet. La figure 282 représente un moule de plus petite dimension et sans cisaille. Les différentes parties du moule doivent être ajustées avec beaucoup de soin de façon à tenir compte de la dilatation des pièces au moment de la coulée, et que le serrage des deux demi-moules soit le même d'une extrémité à l'autre.

Une cuillère (fig. 283) sert à puiser le plomb dans le bain et à le verser dans le moule.

Les balles, lorsqu'elles ne sont pas coulées avec beaucoup de soin, peuvent présenter des défauts extérieurs tels que *doublures, gouttes froides, insuffisance de métal*, il est alors facile de les éliminer, mais il peut y avoir aussi à l'intérieur des

Fig. 283. — *Cuillère à mouler.*

soufflures que l'on ne peut apercevoir; il en résulte que le centre de gravité ou l'axe de révolution du projectile ne coïncident plus avec le centre ou l'axe de figure. Ces défauts, de peu d'importance autre-fois vu le peu de justesse des fusils lisses tirant des balles sphériques, sont aujourd'hui fort préjudiciables à la grande justesse des armes rayées. Ces balles, que l'on appelle *folles*, donnent des coups anormaux; avec le fusil modèle 1866 leur nombre était beaucoup trop considérable aussi a-t-on cherché à y remédier. Afin de rendre la masse parfaitement homogène, chaque balle est, après la coulée, comprimée dans une matrice, qui lui donne en même temps sa forme et ses dimensions définitives; pour cette opération on emploie des machines spéciales. Quelquefois, au lieu de couler les balles dans des moules, on les découpe dans des tringles de plomb qui ont été étirées à la filière, puis on leur donne leur forme et leurs dimensions définitives par compression.

Les balles pour revolver sont coulées, l'ogive en haut, dans des moules de douze alvéoles; la plaque de dessous porte les poupées destinées à ménager les évidements (V. REVOLVER); il n'y a pas de coupe-jet. Ces balles ne sont pas comprimées.

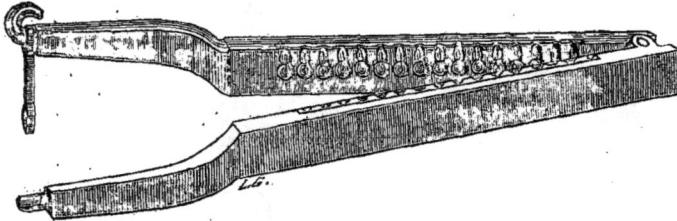

Fig. 284. — *Moules à balles sphériques.*

Balle pour mitraille. On emploie encore des balles sphériques, en plomb pur ou durci, zinc, fer forgé, ou fonte pour le chargement des obus à balles ou des boîtes à mitraille.

Pour le chargement des premiers obus à balles (V. OBUS A BALLES) pour canons lisses ou canons rayés se chargeant par la bouche on utilisa les anciennes balles du fusil d'infanterie ou du pistolet de gendarmerie. Mais avec les nouveaux canons se chargeant par la culasse, tirant avec des charges beaucoup plus fortes que les précédents, des balles en plomb pur se seraient, par suite du choc au départ, beaucoup trop déformées, ou agglomérées en paquets. C'est pourquoi on a remplacé le plomb pur par un alliage de plomb et d'antimoine que l'on désigne sous le nom de *plomb durci;* il comprend 10 0/0 d'antimoine; l'alliage à 15 0/0 plus dur, sans cependant être trop cassant, serait peut être encore préférable; à 20 0/0 le métal devient tout à fait cassant.

Les boîtes à balles (V. MITRAILLE) des anciens canons lisses renfermaient des balles en fer forgé ou en fonte. Ces balles, appelées aussi quelquefois *biscaïens*, étaient de six numéros différents suivant leurs dimensions et leurs poids. On faisait primitivement toutes ces balles en fer forgé, plus tard, pour les cinq premiers numéros on substitua au fer forgé la fonte comme étant moins coûteuse, on ne conserva le fer forgé que pour les balles du numéro six, qui était le plus faible, afin de ne pas diminuer leur poids. Pour la confection des boîtes à mitraille des canons rayés se chargeant par la bouche, on a utilisé les mêmes balles en fonte et fer forgé. Mais pour les boîtes à mitraille des nouveaux canons se chargeant par la culasse, on a donné la préférence aux balles en plomb durci, qui, à égalité de poids, occupent bien moins de volume, ce qui permet d'en mettre un plus grand nombre dans la même enveloppe.

La marine employait également dix numéros de balles en fonte pour la confection des paquets de mitraille et des grappes de raisin destinés aux anciens canons lisses. Les balles qui servent pour le chargement des boîtes à mitraille des canons rayés actuellement en service dans la marine sont en zinc.

Les balles en plomb durci ou en zinc sont coulées comme les balles en plomb dans des moules en fer. Ces moules (fig. 284) sont de construction plus simple que ceux pour balles oblongues, ils n'exigent pas autant de précision. Les balles en fonte sont coulées en sable comme les boulets. Les balles en fer forgé sont fabriquées avec du fer en barreau rond; on porte l'extrémité au blanc soudant, on le place entre deux étampes présentant en creux une calotte sphérique et on le bat fortement jusqu'à ce que la balle soit façonnée.

Balle explosible. On a imaginé dans notre siècle des balles dites *foudroyantes* ou *explosibles*, qui éclatent dans le corps des animaux en y occasionnant de tels ravages que la mort est instantanée. Ces balles, sortes de petits obus, renferment à l'intérieur une certaine quantité de poudre et une amorce fulminante qui prend feu lorsque la balle frappe le but, et enflamme la charge intérieure. Les balles explosibles ne peuvent être employées que pour faire la chasse aux bêtes féroces. Les premières furent présentées par M. Devisme; aujourd'hui les seules employées sont les balles Pertuiset.

Sur la proposition de l'empereur de Russie une commission militaire internationale fut réunie à

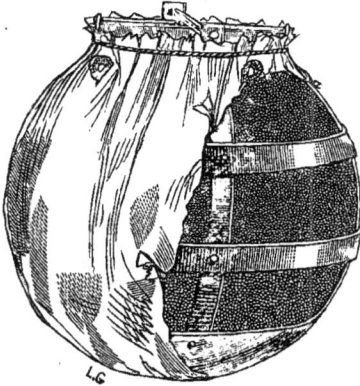

Fig. 285. — *Balle à feu.*

Saint-Pétersbourg, en 1868, et signa, le 11 décembre de la même année, une convention interdisant l'usage entre nations civilisées de pareils engins de guerre. « D'un commun accord il fut décidé que, en cas de guerre, les parties contractantes s'engageaient mutuellement à renoncer à l'emploi, par leurs troupes de terre ou de mer, de tout projectile d'un poids inférieur à 400 grammes, qui serait explosible ou chargé de matières fulminantes ou inflammables. »

Balle à feu. Dans les sièges, on peut employer pour éclairer les travaux de l'ennemi des balles à feu qu'on lance à l'aide des mortiers. Une balle à feu se compose d'un sac en treillis, renforcé par une enveloppe ou carcasse en fil de fer, contenant une composition propre à éclairer; un projectile creux chargé, placé au milieu de la balle, sert à en défendre l'approche. Le tout est recouvert d'une couche de goudron, et muni de trous d'amorce qui servent d'abord à communiquer le feu à la composition, puis à laisser échapper le jet de flamme. Les balles à feu brûlent moyennement pendant huit minutes et éclairent de façon à bien découvrir les travailleurs à

300 mètres. Par suite du peu de résistance de la carcasse en fil de fer incapable de résister aux effets du tir aux fortes charges et du choc contre le sol, on ne peut lancer ces balles à feu que jusqu'à 700 mètres.

Depuis 1876 on a mis en essai des *balles à feu Lamarre*, un peu différentes des précédentes. La composition fusante n'est pas la même, elle est due à M. Lamarre, chimiste à Paris. Ces nouvelles balles à feu (fig. 285) donnent une clarté beaucoup plus vive pendant les premiers instants de la combustion, mais la lumière diminue très rapidement et devient bientôt presque nulle, leur durée n'est que de cinq minutes. L'enveloppe est renforcée par une carcasse en tôle d'acier, ce qui lui permet de mieux résister aux fortes charges. Aussi peut-on lancer avec le mortier de 27° les balles à feu Lamarre jusqu'à la portée limite de 1,400 mètres.

II. **BALLE** 1° Petite pelote, ronde, en caoutchouc ou faite de toute autre matière élastique, recouverte de drap ou de peau, dont on se sert pour jouer en se renvoyant.

— Le jeu de balle était un des exercices gymnastiques que préféraient les anciens; ils employaient différentes espèces de balles, plus ou moins pesantes, et qu'ils lançaient avec le pied ou avec la main armée d'un gantelet. C'est un jeu salutaire pour les enfants parce qu'il développe leur force et leur adresse.

|| 2° *T. d'artif.* Nom d'une espèce de feu d'artifice assez semblable aux étoiles, et qu'on appelle *balle luisante.* || 3° *T. de comm.* On donne aussi ce nom à une certaine quantité de marchandise que contient une même enveloppe : coton, toile, drap, etc. Les *marchandises de balle* sont celles que vendent les marchands forains appelés *porte-balles.* || 4° *T. d'impr.* Sorte de tampon avec lequel on encrait autrefois la forme; on l'a remplacé par le *rouleau* qui donne de meilleurs résultats; les imprimeurs en taille-douce s'en servent encore. || 5° *T. de céram.* — V. l'article suivant.

BALLON. 1° *T. de céram.* Forme sous laquelle la pâte est mise à la disposition des ouvriers mouleurs. Le *ballon* est plus gros que la *balle;* cette dernière est plus particulièrement préparée pour le moulage des pièces de petite dimension. Les balles sont soudées les unes aux autres dans le moule; de là, le *moulage à la balle.* C'est encore sous forme de balle que le tourneur reçoit la pâte qu'il doit façonner; la balle varie alors de grosseur, suivant la dimension de la pièce qu'il doit ébaucher. || 2° On donne ce nom aux grandes caisses, semblables à celles qui servent pour l'emballage des meubles, dont on fait usage pour immerger les bottes de lin dans le rouissage à l'eau courante sur les bords de la Lys. — V. Rouissage. || 3° Globe de percaline ou de soie rempli d'un gaz plus léger que l'air ambiant et avec lequel on peut s'élever dans l'atmosphère. — V. Aérostation. || *Ballon captif.* — V. Aérostation captive. || 4° Corps de forme sphérique, creux, en caoutchouc ou en peau, et rempli d'air, que deux ou plusieurs joueurs se renvoient comme une balle; on le lance avec le poing ou avec le pied. || 5° Grosse bombe en carton qui, dans les feux d'artifices, éclate au point le plus élevé de son ascension. || 6° *T. de min.* Nom que l'on donne au gaz inflammable qui flotte dans les mines de houille sous la forme d'une grosse balle et qui asphyxie, avant de crever, ceux qu'elle atteint. || 7° *T. de chim. et de verr.* Vase sphérique à parois minces, en verre ou cristal, muni d'un col court ou long. Les ballons sont obtenus par soufflage, au moyen d'un verre facilement fusible ou du cristal. On fabrique aussi, pour des usages spéciaux, des ballons en verre vert peu fusibles. Les ballons sont d'un emploi fréquent en chimie; ces vases vont au feu; mais quand ils vont à feu nu, sans liquide intérieur, ceux qui sont fabriqués au moyen de verre fusible fondent rapidement, même au feu de la lampe à alcool. On fabrique aussi des ballons ou sphères soufflées, étamés intérieurement et diversement colorés. || 8° Mottes de terre à pot que, chez les verriers et chez les potiers, on dispose pour être mises en œuvre. || 9° *T. de pap.* Quantité de papier que l'on transporte à la fois de l'atelier à colle à l'étendoir. || 10° *T. carross.* On nomme *ballon d'un break,* la partie mobile, comprenant l'impériale, les baies et les châssis; elle se pose sur les ridelles de cette voiture pour en faire un omnibus.

BALLONNIER. Celui qui fabrique ou vend des ballons à jouer.

BALLOT. Petite balle de marchandises ficelées sous une même enveloppe.

— Ces mots *balle et ballot* ont engendré le verbe *emballer :* mettre en balle, et le substantif *emballeur :* qui désigne l'ouvrier qui emballe.

* **BALOIRE.** *T. de mar.* Longue pièce de bois qui, dans la construction navale, détermine la forme que doit avoir un vaisseau.

* **BALOUANE.** *T. techn.* Masse cylindrique de sel, arrondie aux extrémités.

* **BALSAMO.** Le *balsamo* ou mieux l'*algarobillo* provient du *balsamocarpum brevifolium.*

Les gousses jaunes ont une longueur de 3 à 5 centimètres et un diamètre de 15 à 25 millimètres; on trouve dans l'intérieur jusqu'à six semences en forme de lentille. La gousse est elle-même constituée par un réseau imprégné d'une masse brillante, résinoïde, de couleur jaune et d'une saveur très âpre.

Il contient environ 59,2 0/0 de tannin et ne renferme pas d'acide gallique.

Introduit depuis quelque temps seulement en France, il est employé dans la tannerie, soit seul, soit pour renforcer des jus. Le pays de provenance est principalement le Chili.

* **BALTARD** (Louis-Pierre), peintre, architecte et graveur, élève de Peyre, né à Paris le 9 juillet 1764, et mort dans la même ville le 22 janvier 1846. Son père, attaché à la maison du chevalier de Montville, remarqua les heureuses dispositions de son fils, encore tout jeune, pour le dessin, aussi le fit-il entrer à l'école de dessin fondée par le peintre Bachelier (V. ce nom), connue aujourd'hui sous le nom d'*Ecole des arts décoratifs.*

Après quelques années de séjour dans cet établissement, où Bachelier enseignait gratuitement les arts du dessin à ses élèves, le jeune Baltard fut employé comme dessinateur aux projets d'embellissements de Paris confiés par le roi aux architectes Ledoux et Brogniart; c'est chez ses maîtres que Pierre Baltard se perfectionna pendant quelques années dans l'étude du dessin et de l'architecture. Mais le jeune artiste avait un grand désir, celui de visiter l'Italie et de dessiner les monuments de Rome; malheureusement, il n'était pas riche et à cette époque, un voyage en Italie était une assez grosse affaire. Aussi notre jeune artiste n'aurait pu réaliser de longtemps son rêve, sans la générosité du ministre de la maison du roi, M. de Breteuil, qui lui accorda une pension pour aller étudier en Italie.

Arrivé à Rome, Pierre Baltard s'occupa à la fois de peinture et d'architecture; il peignit des paysages et fit des *relevés* de monuments; il exécuta aussi de belles aquarelles et surtout de magnifiques lavis à l'encre de chine.

Il était à Rome depuis quinze mois environ, quand tout à coup la Révolution éclate à Paris, sa pension est supprimée et Baltard obligé de revenir dans sa ville natale, gagne sa vie en brossant, sous les ordres de Cellerier, des décorations pour l'Opéra. — Bientôt nos frontières sont menacées, la patrie est en danger, aussitôt le jeune artiste échange ses crayons et ses pinceaux contre le sac et le fusil. Il s'engage dans le génie militaire et rejoint l'armée. Les événements se précipitent, la guerre est bientôt terminée, Baltard revient à Paris; il entre dans l'atelier de l'architecte Peyre. Quelques années plus tard, une loi de la Convention, en date du 7 vendémiaire an III (28 septembre 1794), fonde l'*Ecole centrale des travaux publics* dénommée un an après (1er septembre 1795), *Ecole polytechnique,* Baltard y est nommé professeur d'architecture et en 1818, il prend possession de la chaire de théorie à l'école des Beaux-Arts; poste qu'il occupa jusqu'à sa mort, c'est-à-dire pendant vingt-huit ans. Mais pendant ce laps de temps, notre architecte construit les chapelles des prisons de Saint-Lazare et de Sainte-Pélagie, le Palais de justice de Lyon, enfin à Paris il est l'architecte des prisons, de l'hospice de Bicêtre et des halles et marchés. — Il se présenta à l'Institut, mais malgré son réel mérite, il n'y fut point admis; ce fut un grand chagrin pour Baltard, car il avait caressé ce rêve bien longtemps; mais il fut créé chevalier de la Légion d'honneur et occupa longtemps le poste d'inspecteur général des bâtiments civils.

Indépendamment de ses constructions, Pierre Baltard a laissé une œuvre gravée très considérable et frappée au coin d'un talent remarquable; beaucoup de ses planches sont aussi belles que celles de Piranesi et quelques-unes surpassent même celles de ce maître. Ses principaux ouvrages sont: *Paris et ses monuments,* dédié à Napoléon Ier, 2 vol. in-fol., 1803. *Fontainebleau, Ecouen, Saint-Cloud;* l'*Architectonographie des prisons;* la *Colonne de la grande armée,* 145 planches in-folio.

Enfin, il a gravé diverses planches pour les ouvrages suivants : *Voyage dans la haute et basse Égypte,* par Denon ; *Voyage en Espagne,* par de La Borde ; *Voyage à l'oasis de Thèbes,* par Caillaud ; *Antiquités de la Nubie,* de Gau ; enfin, en collaboration avec Vaudoyer, il publia la *Collection des grands prix de Rome,* 3 vol. On peut voir par cette énumération que l'œuvre de Baltard, comme architecte et comme graveur, est très importante et beaucoup de ceux qui lui refusèrent leur voix pour l'Institut n'avaient pas, à beaucoup près, produit de si belles œuvres et en aussi grand nombre.

* **BALTARD** (Victor), fils du précédent, né à Paris, le 19 juin 1805, mort en 1874; fut l'élève de son père, de Guillon, de Lethière et de l'école des Beaux-Arts, où il entra en 1824 et en sortit en 1833, avec le grand prix d'architecture. Le sujet du concours était un projet d'*Ecole militaire.* — Il partit pour l'Italie, d'où il envoya successivement des travaux ; le plus intéressant de ceux-ci fut une restauration du *Théâtre de Pompée,* à Rome.

 A son retour d'Italie, c'est-à-dire en 1839, car à cette époque les pensionnaires passaient cinq années à la villa Médicis, Victor Baltard fut nommé architecte intérimaire de l'arrondissement de Sceaux, mais antérieurement, dès 1827, il avait été conducteur surnuméraire des travaux de l'église de Notre-Dame-de-Lorette; dont Hippolyte Lebas était l'architecte en chef. En 1830, il prit part à la Révolution, il fut même pour cela décoré de juillet et nommé en 1831, inspecteur des fêtes de juillet, et en 1832, sous-inspecteur des travaux de la colonne de la Bastille, dont l'honorable M. Duc était l'inspecteur et devint bientôt l'architecte.

En 1840, Victor Baltard est nommé auditeur au conseil des bâtiments civils, sous-inspecteur aux travaux de la halle aux vins; en 1842, il est suppléant de son père à la chaire de théorie de l'architecture à l'école des Beaux-Arts.

Peu de jours après la Révolution de 1848, il est nommé architecte en chef de la première section des travaux d'architecture de la ville de Paris et des édifices du département de la Seine.

En juin 1853, M. Haussmann fut nommé préfet de la Seine et pendant dix ans, il travailla nuit et jour à organiser l'administration préfectorale; ce travail accompli, il songea aux grands travaux de voirie et d'architecture et, en 1863, cet homme éminent nomma Victor Baltard, directeur des travaux d'architecture des Beaux-Arts et des fêtes; ce service fut alors complètement remanié. C'est dans ce poste important que l'architecte Baltard exécuta un grand nombre de travaux, tels que la restauration des églises Saint-Eustache avec son élève, M. Ancelet, de Saint-Germain-des-Prés, de Saint-Etienne-du-Mont, etc. Il termina l'hôtel du Timbre à peine commencé par Paul Lelong; il construisit, en collaboration de Callet, les Halles centrales d'abord commencées en pierre, mais ce projet fut abandonné à la suite de vives protestations, et une sorte de concours public, donna l'idée à MM. Callet et Baltard, d'utiliser le fer pour ce genre de construction. Les savants architectes puisèrent grandement dans les projets

de M. Flachat et dans ceux de Hector Hareau; enfin, après de longues études et à la suite de voyages exécutés en Angleterre, en Belgique et en Allemagne, en compagnie de M. Husson, chef divisionnaire de la Préfecture de la Seine, et de M. Auger, inspecteur principal des marchés, les architectes créèrent le type de Halles que tout le monde connaît et qui a été reproduit dans certaines villes de l'Europe, notamment à Naples.

Le dernier travail de Victor Baltard a été l'édification de l'église de Saint-Augustin, boulevard Malesherbes.

Peu après sa nomination de directeur des travaux de Paris, Victor Baltard fut admis au sein de l'Académie des Beaux-Arts (9 février 1863); le 15 août de la même année, il fut promu officier de la Légion d'honneur; il était officier de l'aigle rouge de Prusse, décoré de l'ordre de Pie IX, et du Christ du Portugal.

A part ses travaux d'architecture, Victor Baltard a publié quelques ouvrages; une *Monographie de la villa Médicis;* en collaboration avec Callet, la *Monographie des halles centrales de Paris;* enfin, il a publié aux frais du duc de Luynes, l'histoire de la maison de Souabe et de Normandie en Italie, dont le texte a été écrit par M. Huillard-Bréholles. — E. B.-C.

BALUSTRADE. 1° *T. d'arch.* Clôture à hauteur d'appui formée soit à l'aide de balustre, soit de toute autre manière. En général les balustrades sont ajourées; elles sont en pierre, en terre cuite, en béton, en bois sculpté ou tourné. Mais quelle que soit la matière employée à leur construction, elles se composent toujours d'une base ou socle, d'une sorte de colonnette ou *balustre* et d'un bandeau de couronnement qui sert d'appui, la surface de celui-ci est plate ou en forme de bahut, c'est-à-dire convexe.

Les divers styles d'architecture ont tous possédé un genre particulier de balustrade. L'architecture romaine de même que l'architecture grecque ont créé de forts beaux modèles de balustre pour leur balustrade.

Le romano-byzantin improprement dénommé *roman* a imaginé également des balustrades qui souvent étaient formées au moyen d'arcatures tréflées, ou de colonnettes trapues beaucoup plus larges à leur base qu'à leur sommet. — Le style ogival a eu des balustrades formées de roses quadrifoliées ou même à quinte feuille ou bien encore polylobées; à cette époque on les voit courir sur la crête des murs au sommet des édifices, elles servent à cacher les grands cheneaux placés aux pieds des combles et à prévenir les accidents qui pourraient survenir aux couvreurs ou plombiers réparant les couvertures de ces édifices.

La Renaissance a créé des types de balustrades d'une grande élégance formées à l'aide de flammes, d'entrelacs, d'imbrications, des culots de feuilles, de fleurs de lis ou bien encore de chiffres entrelacés; ainsi, beaucoup de balustrades de certains monuments de la Renaissance de l'époque de François Ier, sont formées au moyen de grandes

F fleuronnées, surmontées tantôt d'une couronne royale et tantôt d'une salamandre.

On fait aujourd'hui beaucoup de balustrades en terre cuite dont l'ornementation est extrêmement variée; la grande usine de Monchanin, en Bourgogne, excelle dans ce genre de fabrication.

Balustrade feinte ou aveugle. On désigne ainsi des balustrades pleines mais qui offrent l'aspect de balustrades ajourées, parce que les ornements dont elles sont décorées sont en demi-relief.

BALUSTRE. 1° T. d'arch. On donne ce nom aux petits piliers à hauteur d'appui joints par leur sommet pour former une balustrade; ils sont composés du chapiteau, de la tige et du piédouche. Les balustres servent ordinairement pour terminer une terrasse, un balcon, pour former la clôture d'une estrade, d'un sanctuaire, d'une rampe d'escalier. On les fait, ainsi que la tablette qui les surmonte, en marbre, en bronze, en fer, en pierre, en bois et même en cristal taillé; ceux-ci servent à l'ornement des étalages dans quelques boutiques; les balustres de bois sont tournés ou faits à la main, droits ou rampants et sont employés d'ordinaire pour les escaliers; les balustres de bronze sont massifs ou formés de feuilles de bronze ciselées et à jour; les balustres de fer servent pour les balcons ou les rampes d'escalier; les balustres qui forment la clôture d'un sanctuaire, d'une chapelle, sont le plus souvent, en marbre, en bronze, en fer forgé ou fondu.

Balustre. 2° T. d'arch. Partie latérale du rouleau qui fait la volute, dans le chapiteau de la colonne ionique. || **3° T. techn.** Partie de la monture d'un chandelier. || **4°** Ornement au-dessous de l'anneau de la clef, au bout de la tige. || **5°** Colonnette façonnée qui orne le dos d'une chaise. || **6° T. de menuis. de voit.** Petite pièce de bois tournée qui sert à former une espèce de clairevoie autour d'une rotonde de phaéton, entre les ridelles d'un break, etc. On place encore des balustres fendus en deux dans le sens longitudinal, et comme ornement, sur les panneaux d'une banquette, de mylord ou de victoria, d'une rotonde de phaéton, etc.; quelquefois même sur les portes et panneaux de brisement de landau, dans la frise d'un omnibus, etc. Dans ces derniers cas, au lieu de réels balustres en bois, on fait souvent des imitations en peinture, d'un très joli effet.

* BALZORINE. Espèce de tissu de laine, à long poil, et qui se fabrique spécialement en Angleterre.

BAMBOU. On désigne sous ce nom une herbe gigantesque (*bambusa arundinacea vulgaris*, graminées) qui pousse en masse et avec une rapidité extraordinaire sous les tropiques. Les jeunes rejetons, de la grosseur du bras environ, contiennent à l'état sec de 75 à 80 0/0 de fibres, ils peuvent être rangés parmi les plantes dont les filaments ne sont pas filables, mais qui peuvent rendre de très grands services par leur transformation en pâte à papier. Les vieilles tiges ne jouissent pas de cette propriété, elles servent dans les pays de produc-

tion et particulièrement en Amérique et en Chine, à faire des palissades ou bien des poutres pour la construction des maisons: ces palissades portent en Amérique le nom de *balisage;* en Chine, des villages entiers sont construits en bambou.

Le bambou roseau est originaire de l'Inde, et c'est de là qu'il a été transporté dans les autres pays, jusqu'en Algérie et quelque peu en Provence. On le rencontre dans les pays chauds, dans les forêts, sur les montagnes, dans les plaines, où il recouvre des espaces considérables, se représente sous l'aspect de tiges cylindriques, dont la hauteur, qui atteint quelquefois jusqu'à vingt ou vingt-cinq mètres, le rapproche en quelque sorte des arbres et en particulier des palmiers; ces tiges sont polies, jaunâtres, quelquefois luisantes et striées de distance en distance par une certaine quantité de nœuds d'où naissent un grand nombre de petits rameaux verticillés, chargés de feuilles nombreuses d'un vert clair très agréable. Ces nœuds sont des cloisons internes très chargées de matières siliceuses et d'une dureté excessive; lorsqu'ils sont très étendus, on leur donne le nom de *tabaschir* et on leur attribue des propriétés merveilleuses. Les fleurs du bambou, rameuses et étalées, sont disposées en longues panicules au sommet des tiges.

Quelques voyageurs ont parfois donné une description saisissante des forêts de bambou qu'on rencontre dans certaines contrées du Nouveau-Monde. Lorsque le temps est beau, à la moindre brise, le feuillage léger qui recouvre ces longues tiges s'agite en tous sens; les tiges elles-mêmes, qui semblent pour ainsi dire ne pas tenir au sol, suivent tous les mouvements du vent. Mais quand vient la tempête, on assiste alors à un spectacle qui n'a d'égal en aucun autre lieu, l'ouragan ploie ces roseaux géants jusqu'à terre et les relève aussitôt, les gerbes de bambou se choquent alors avec un bruit particulier, et souvent le frottement réitéré de ces tiges les unes contre les autres est tel que ces incendies éclatent souvent dans ces forêts et y durent plusieurs semaines.

En dehors des usages que nous avons indiqués, le bambou est encore usité dans un grand nombre de cas similaires; avec son bois, on fait des meubles, des ustensiles, des bateaux, etc. Dans nos contrées, des jeunes tiges de bambous servent à faire des cannes, des tiges d'ombrelles et de parapluies, et dans ces dernières années, plusieurs ébénistes ont utilisé le bois de bambou pour fabriquer des meubles de chambres à coucher, des jardinières, etc. En fendant les tiges en lanières plus ou moins menues, on en fait des corbeilles, des paniers, des nattes, etc. Avec les rameaux et les racines, on fait des cannes qui sont importées en Europe et qui y sont très estimées. Avec les tiges coupées en long ou en travers on fait des planches, des claies, des échelles, des lattes, des vases, des boîtes, des tambours, etc. En Chine, on se sert des jeunes pousses comme légumes, on en retire aussi une moelle d'une saveur sucrée, qu'on dit très estimée. Il découle des nœuds des pousses plus avancées une liqueur sucrée qui se coagule au soleil, et qui, lorsqu'elle est recueillie, constitue une boisson agréable. Duhalde mentionne une sorte de bambou qui contiendrait une moelle dont on se servirait en Chine pour la fabrication du papier : cette espèce nous est complètement inconnue. — A. R.

BANANIER. Le bananier fournit, des pétioles de ses feuilles, des fibres qui sont importées en Europe sous le nom d'*abaca* (V. ce mot), *chanvre de manille, plantain*, etc. Ces fibres sont connues, dans les divers pays de production, sous les différents noms de *pisang-oetan* (Malaisie), *kalla-abal* (Amboine), *fana* (Ternate), *caffo, coffo* (Antilles), *agotai, amoquid, sagig* (archipel indien), etc. Il appartient à la famille des musacées, et comprend les différents genres désignés sous les noms de *musa textilis, paradisiaca, sapientium, sinensis, coccinea*, etc.

Le bananier est un végétal herbacé dont la tige, de nuance jaune-verdâtre, simple et très droite, de six à huit pouces de diamètre sur trois mètres de longueur environ, est terminée par un faisceau de grandes feuilles ovales, qui partent toutes d'une même base et s'emboîtent les unes dans les autres. Ces feuilles ont souvent deux mètres de longueur sur cinquante centimètres de largeur, elles sont traversées dans toute leur longueur par une grosse côte médiane et rayées de nervures transversales : très souvent cette feuille est déchirée par les vents, ce qui lui donne l'apparence d'une banderole de rubans. Neuf mois environ après la naissance du bananier, un épi de fleurs d'environ 1m,50 de hauteur s'élève du milieu des feuilles ; ces fleurs sont bientôt remplacées par des fruits et constituent alors une énorme grappe qui peut porter jusqu'à 160 *bananes*, pesant environ 35 kilogrammes et auquel on donne le nom de *régime*. Ce fruit est des plus estimés dans les pays de production, où on le mange sous mille formes différentes : il est regardé dans certaines contrées comme un arbre divin et on attribue l'insouciance qui règne parfois chez certaines peuplades des tropiques aux facilités qui leur sont offertes par le bananier pour la nourriture habituelle et même les besoins de la vie. Plusieurs érudits soutiennent que l'énorme grappe de raisin que Moïse reçut de la terre promise n'était autre qu'un régime de bananes.

Le bananier qui fournit le plus spécialement la banane est le *musa paradisiaca*, ainsi appelé parce qu'il n'était autre, au dire des premiers chrétiens, que le fameux *lignum vitæ* de la Bible. On dit même que ses longues feuilles servirent de vêtement à nos premiers parents pour cacher leur nudité, d'où le nom de *figuier d'Adam*. Mais c'est surtout le *musa textilis*, dont le fruit n'est pas comestible, qui sert principalement à la production des fibres d'abaca. Ces fibres, dont la longueur excède souvent deux mètres, sont des plus employées en Angleterre dans la corderie et commencent à être importées en France en assez grande quantité.

Aux pays de production, et principalement aux Philippines, leur extraction et leur préparation forment la seule industrie de villages entiers, et la plupart des vêtements dont se couvrent les habitants qui travaillent ces fibres sont faits en étoffe d'abaca. « D'après les calculs faits, dit M. Tresca, par un propriétaire qui a l'expérience de dix ans de culture sur une surface de 200 hectares, on trouve, qu'en exploitant le bananier exclusivement pour sa fibre textile, et en négligeant son fruit, on peut obtenir, en deux ans, après trois coupes de huit en huit mois, 11,250 tiges environ par hectare. Chaque tronc pèse de 33 à 34 kilogrammes, et toute sa partie solide consiste en fibres reliées entre elles par du tissu cellulaire. Cette partie solide forme le dixième du poids du tronc ; l'eau y est contenue dans la proportion de 90 0/0, et l'on retire 1 kilogr. 134 de fibre textile propre et 681 grammes de fibre décolorée. On récolterait donc tous les deux ans par hectare de 20 à 21,000 kilogrammes de matière textile, dans lesquels les fibres propres figureraient pour 12 à 15,000 kilogrammes et les fibres décolorées pour 7 à 8,000 kilogrammes. »

Il y a différentes manières d'extraire les fibres du bananier. — A Madras, au dire du Dr Hunter, on étend sur une planche la feuille dont on veut extraire les filaments. On la râcle d'abord d'un côté avec un morceau de fer enchâssé dans une pièce de bois, puis, lorsqu'on a mis à nu les fibres, on retourne le tout, et on râcle de l'autre côté. On lave ensuite à grande eau ou bien on fait bouillir dans l'eau de savon, comme on veut. On étend ensuite les fibres mises à nu en couches des plus minces, en ayant soin de les mettre à l'ombre et de les sauvegarder de la rosée ; celle-ci les blanchit et leur fait perdre de la force, le soleil au contraire les brunit et on ne peut guère ensuite les blanchir.

La méthode employée à la Jamaïque est encore plus barbare. Là, on coupe les feuilles avant que l'arbre n'ait donné ses fruits, et on les empile sous des monceaux de feuillages pour les laisser fermenter à loisir. La sève s'écoule peu à peu, les filaments prennent une teinte des plus foncées, et on procède alors très facilement à leur extraction.

A Manille, pays où on en extrait le plus, on ne détache les feuilles qu'après avoir cueilli les fruits et celles-ci sont coupées au point où commence le limbe. Quelquefois on coupe le pied à ras de terre. Ce n'est qu'au bout de deux ans qu'on commence la coupe, sans laisser pousser la fleur qui, paraît-il, ôte par sa venue de la qualité aux filaments. Puis on fend le tronc et on coupe la tige à fleurs du milieu. On en sépare alors les différentes couches qui fournissent des filaments de finesses très différentes, on les fait sécher à l'ombre durant un jour, puis on les divise en bandelettes. Celles-ci sont ensuite râclées et dépouillées du parenchyme qui les entoure au moyen d'un couteau ou d'une lame de bambou. On les secoue ensuite fortement et on trie souvent les plus fins ; ceux-ci sont mis à part et battus ensuite avec un maillet de bois. — A Manille, la couche extérieure des fibres retirées des feuilles se nomment *bandala*, la couche intermédiaire *tupoz*, la fibre intérieure *lupis*, la qualité supérieure *sorsogon* et *bolosan*, le blanc supérieur *quilot*, l'extra-blanc supérieur *lupis*. Les étoffes qu'on en retire sont désignées sous les divers noms de *midrinaque*, *gumaras* et *sagaran*. C'est une erreur de croire, comme on le dit souvent, que les tissus fins dits *nipis*, importés sous ce nom en Europe et principalement en Espagne, soient faits avec l'abaca, c'est de l'*ananas* (V. ce mot) qu'on retire les fibres qui servent à faire ces tissus. Ceci est d'ailleurs certifié très catégoriquement par M. Rondot : « Des botanistes anglais, dit-il, ont avancé qu'il est incertain si les tissus fins, dits *nipis*, sont faits avec les fibres de l'abaca, *musa textilis*, ou avec celles du pina, *bromelia ananas*. Il n'y a pour nous aucun doute à cet égard. Nous avons vu aux Philippines la préparation des filaments de prix et le tissage avec ces filaments. »

Dans certains pays on retire encore l'abaca des feuilles du bananier en écrasant celles-ci entre des cylindres superposés, puis en faisant bouillir le tout dans une lessive de soude et de chaux, et en lavant finalement à grande eau les filaments qu'on retire de la masse.

Forbes Roybe a fait aux Indes des expériences comparatives entre les cordes de bananier comestible (*musa paradisiaca*), de bananier textile (*musa textilis*) et de chanvre d'Europe (*cannabis sativa*). Il a trouvé que l'un et l'autre étaient beaucoup plus résistants que le chanvre, mais que le bananier textile avait une force supérieure à celle du bananier comestible. Une corde de 45 millimètres de tour a supporté 680 kilogrammes (bananier textile), 560 kilogrammes (bananier comestible) et 540 kilogrammes (chanvre) ; une autre de 80 millimètres, 2,100 kilogrammes (bananier textile), 2,060 (bananier comestible) et 1,750 (chanvre). Le même expérimentateur a constaté que les fibres de bananier sont en général beaucoup plus légères que les filaments du chanvre d'Europe. Dans la première expérience, les poids de ces cordes étaient à longueur égale de 13 pour le chanvre, 9,5 pour le bananier textile et 7,5 pour le bananier comestible ; dans la seconde, le poids des cordes des mêmes textiles était dans la proportion de 39, 28,5 et 19,5. — A. R.

⁎ BANATTE. Sorte de panier d'osier, quelquefois en cuivre perforé, dans lequel on filtre le suif fondu au sortir de la chaudière.

I. BANC. Bâti en fonte ou en bois sur lequel sont fixées des machines-outils employées dans diverses industries ; ce mot est ordinairement accompagné de celui de l'outil auquel il s'applique et forme un mot composé comme dans *banc-à-broches*, *banc-à-emboutir*, *banc-de-tour*, etc. — V. les articles suivants.

⁎ Banc-à-broches. T. de *filat*. On donne ce nom à une pièce de bois, de toute la longueur du chariot des métiers à filer, sur laquelle sont fixées les plates-bandes en fer servant d'embase aux crapaudines. Comme le pied des broches sert de pivot à ces organes et la crapaudine de coussinet, l'ensemble des broches se trouve entièrement porté par cette pièce de bois ; de là, le nom de *banc-à-broches*, qui lui est donné.

Cette machine s'emploie après l'étirage et avant le métier à filer. Elle a pour but de laminer les rubans d'étirage, de les allonger en leur donnant une légère torsion qui est nécessaire pour maintenir entre les fibres une cohésion suffisante.

Dans cet article nous ne pouvons entrer dans la description des diverses sortes de bancs à broches

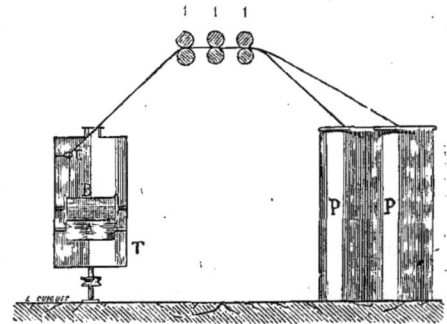

Fig. 286. — *Principe du Jack in the box.*

employés suivant la finesse de la matière première, nous nous bornerons à donner un aperçu historique de cette machine, ainsi que la définition des organes qui ne varient que par les dimensions dans les quatre sortes de bancs à broches employés dans les filatures.

Le principe du banc à broches : « étirer en donnant une légère torsion » fut d'abord appliqué

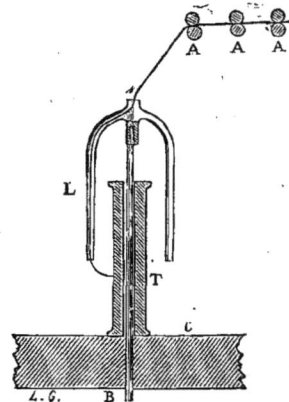

Fig. 287. — *Principe du banc-à-broches.*

dans une machine anglaise qui reçut le nom de *jack in the box*.

En voici (fig. 286) la description sommaire :

P Pots d'étirage.

1 Cylindres lamineurs.

T Pot tournant.

A Cylindre qui par une série d'engrenages développe le même nombre de tours par minute que le cylindre étireur de devant.

B Bobine sur laquelle s'enroule le fil.

C OEil servant de broche. La rotation du pot T donnait la torsion.

C'est de cet appareil primitif que l'on· est parti pour arriver, après de nombreuses transformations, au banc à broches actuel. Nous allons

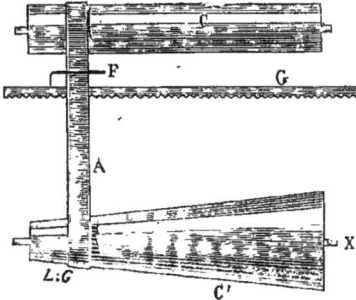

Fig. 288. — *Cône du banc-à-broches*

donner rapidement la description du mouvement de cette machine et de ses principaux organes.

Le banc à broches (fig. 287) se compose :

1° De cylindres étireurs A qui agissent comme dans l'*étirage* (V. ce mot) ;

2° D'une broche ou tige verticale B. Sur cette broche animée d'un mouvement de rotation rapide

on place un tube de bois T, supporté par un chariot C. Ce chariot monte et descend alternativement. L'amplitude de son mouvement égale la hauteur du tube T. Sur ce tube s'enroule le fil · qui sort des cylindres lamineurs ; mais il traverse en son chemin une pièce creuse, dite ailette, L, qui est fixée sur le haut de la broche.

En réglant différemment les vitesses du tube et de l'ailette on obtient une certaine tension de L en T qui ajoutée à la torsion résultant de la rotation de l'ailette donne au ruban la solidité voulue. L'extrémité de l'ailette étant à une hauteur fixe, et le tube T variant verticalement, le fil s'enroule · successivement sur toute la hauteur du tube. Mais une difficulté surgit alors. Les cylindres lamineurs ont une vitesse constante , l'ailette aussi, tandis que le tube T augmentant de diamètre à chaque instant par le départ successif des couches de fil, la vitesse à la surface du tube T s'accroît toujours et il arriverait un moment où la différence entre les vitesses A et L et celle de la circonférence de T serait telle qu'il y aurait rupture des filaments. Il a donc fallu ·trouver un mécanisme qui, ralentissant le nombre de tours du tube à mesure que son diamètre augmente, parvînt à donner une vitesse constante et uniforme à la circonférence de la bobine.

Voici le principe de l'ingénieux appareil (fig. 288) employé à cet effet :

Les organes qui donnent le mouvement. aux

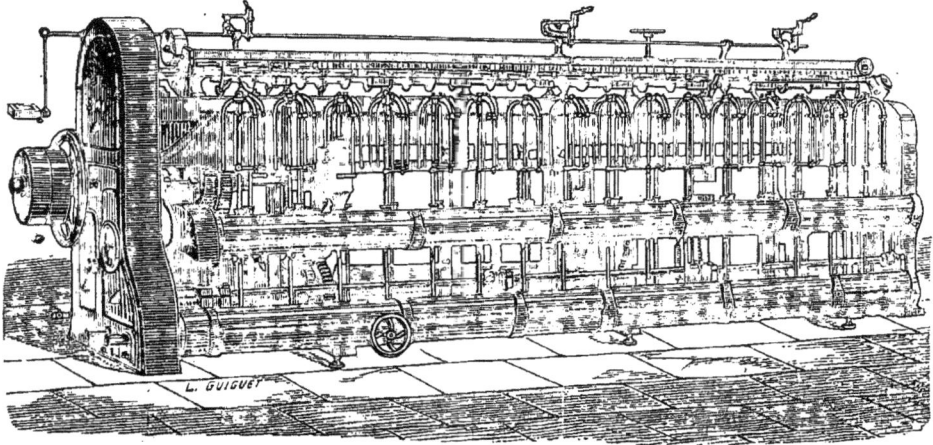

Fig. 289. — *Banc-à-broches en gros.*

bobines, dont le diamètre va'sans cesse en augmentant, sont commandés par l'intermédiaire d'une courroie A qui reçoit le mouvement d'un cylindre C et le transmet à un cône C'. Une crémaillère G munie d'une fourche F se déplace à mesure que le travail se fait et entraîne la courroie A vers le grand diamètre.du cône. La vitesse du cylindre C étant uniforme, à mesure que le diamètre embrassé par la courroie sur le cône augmente, la vitesse de l'axe X diminue et par conséquent aussi la vitesse des bobines.

De nombreuses combinaisons ont été proposées comme variantes ; mais le principe est toujours le même.

Il sera toujours facile, en effet, en partant de cet ingénieux ordre d'idée et à l'aide d'engrenages convenablement disposés, de faire que la vitesse des bobines reste uniforme à la circonférence malgré l'accroissement constant du diamètre.

Tels sont les divers principes sur lesquels repose la machine connue sous le nom de *banc à broches.*

Ces principes sont les mêmes dans toutes les

machines fabriquées par les divers constructeurs.

La figure 289 donne au lecteur la vue perspective du banc-à-broches en gros tel qu'il est actuellement construit par un constructeur de Bolton (Angleterre). — V. Coton, § *Industrie du.*

* Banc à emboutir. Machine analogue au banc à tirer, servant à faire des tubes sans soudure et fermés par un bout.

On transforme d'abord au balancier un disque de métal en une sorte de dé à coudre, en le refoulant par des chocs successifs dans des matrices de profondeurs croissantes; puis on monte ce dé sur l'extrémité d'un mandrin en acier, et on le force à passer dans une série de bagues de diamètres décroissants, jusqu'à ce qu'il ait atteint la dimension voulue. Le mandrin est poussé horizontalement par une forte vis mise en mouvement par un système de roues et de pignons.

On fabrique ainsi des moules à chandelles, à bougies, des tubes de baromètres, de manomètres, etc.

Le tube au lieu d'être tiré est poussé dans la bague, d'où le nom de machine à repousser que l'on donne aussi quelquefois à cette machine. — V. Emboutissage.

* Banc à tirer. Machine outil, servant à fabriquer des fils d'archal de différentes grosseurs, des tiges ou des tuyaux métalliques à section cylindrique ou prismatique parfaitement régulière, en forçant l'objet à étirer à passer successivement par une série d'ouvertures dont la grandeur diminue progressivement.

Cette machine, l'une des plus anciennes que l'on connaisse, paraît d'abord avoir été employée par les orfèvres à la fabrication des fils d'or et d'argent. Depuis, elle a suivi les développements

Fig. 290. — *Banc à tirer.*

de l'industrie, et son application s'est étendue aux fabrications les plus diverses. (V. Chaudronnerie, Étirage, Tréfilerie.) Ses dimensions, dans certains cas, sont devenues considérables; quelques établissements possèdent des appareils exerçant une traction de plus de 30,000 kilogrammes. Les Américains et les Anglais ont obtenu, par son emploi, des arbres de transmission de mouvement; mais le redressage de ces arbres après le tirage au banc doit présenter de grandes difficultés. En France, on n'a encore obtenu aucun produit de ce genre, si ce n'est à titre d'essai.

L'organe dans lequel sont pratiquées les ouvertures au travers desquelles doit passer l'objet à étirer est ce qu'on appelle la *filière*. L'extrémité du fil ou du tube qu'il s'agit de soumettre à son action est d'abord amincie à la lime ou au marteau, puis on l'introduit dans un trou de la filière, et on la saisit au moyen d'une pince ou d'une tenaille qui s'écarte de la filière d'un mouvement lent et régulier, entraînant avec elle le fil ou le tuyau qui s'allonge, en prenant une section plus faible et plus régulière. On recommence ensuite la même opération à travers une ouverture plus petite, et l'on continue ainsi jusqu'à ce qu'on soit arrivé à la section que l'on veut obtenir.

L'objet à étirer doit passer lentement à travers

la filière afin d'éviter les grippements, et sa vitesse doit être d'autant plus faible que sa section est plus grande. Cette vitesse ne doit pas dépasser $0^m,06$ à $0^m,08$ par seconde pour les tuyaux, et elle peut aller jusqu'à $0^m,50$ et même 1 mètre pour les fils de fer ou de laiton de $0^m,008$ de diamètre et au-dessous. On a soin de graisser le fil avant son passage à la filière, et il faut, en outre, le recuire de temps en temps pour lui rendre sa ductilité en partie détruite par l'écrouissage.

Un *banc à tirer* (fig. 290) se compose donc de deux organes principaux : la *filière* et l'*appareil de traction* qui entraîne la pince. Ces deux organes sont montés sur un bâti fixe, en bois ou en fonte, qui constitue à proprement parler le *banc.*

Filière. La filière est une forte plaque d'acier trempé, consolidée quelquefois par une plaque de fer à laquelle on la soude, et que l'on fixe au *banc à tirer.* Les trous de la filière sont percés au poinçon, qui refoule la matière sur elle-même, et augmente sa résistance.

L'entrée de ces trous est évasée, de manière à ce que le changement de section du fil se fasse progressivement.

On fait aussi des filières composées de deux ou d'un plus grand nombre de pièces en acier bien trempé, que l'on assemble dans un cadre au moyen de vis de pression, et qui laissent entre elles le vide dans lequel doit s'engager l'objet à étirer. On peut ainsi affûter les pièces et les rapprocher lorqu'elles commencent à s'user.

Enfin, pour les fils très fins de métaux précieux, les trous de filière sont percés dans une pierre dure, *agate* ou *rubis*. On peut obtenir ainsi des fils n'ayant que quelques centièmes de millimètres de diamètre. Cette limite a même été dépassée au moyen d'un artifice qui consiste à étirer un fil composé d'un fil de platine enfermé dans une gaîne d'argent. Après avoir amené ce fil au plus grand degré possible de finesse au moyen de la filière, on le plonge dans un bain d'acide azotique, qui dissout l'argent sans attaquer le platine. On a pu obtenir ainsi des fils de platine dont le diamètre ne dépasse pas $0^{m/m},00125$ de diamètre. Ces fils d'une tenuité extrême servent à faire les croisements des lunettes astronomiques.

Appareil de traction. Lorsque l'effort à exercer est peu considérable, quand il s'agit par exemple d'obtenir des fils très fins de métaux précieux, la traction s'opère au moyen d'un tambour et d'une manivelle. Une bande de cuir, dont l'une des extrémités est fixée à la circonférence du tambour et dont l'autre est munie d'une pince pour saisir l'extrémité du fil, s'enroule sur le tambour, tandis que le fil est tiré horizontalement par la pince. C'est là le *banc à tirer* des bijoutiers.

Fig. 291. — *Banc de tour.*

Pour les fils métalliques d'un plus gros diamètre, qui exigent une traction à la fois plus puissante, plus lente et plus régulière, la manivelle qui donne le mouvement au tambour est remplacée par un système de roues et de pignons; le fil à étirer est placé sur un dévidoir en avant de la filière, et vient s'enrouler sur le tambour.

Enfin, lorsqu'il s'agit d'étirer des tuyaux, ou des tiges rigides non susceptibles d'être enroulés sur un tambour, la traction s'opère au moyen d'une chaîne sans fin animée d'un mouvement très lent par un système de roues et de pignons. La pince, attachée à l'un des maillons de la chaîne, entraîne le tuyau et l'étire horizontalement.

La longueur de tuyau que l'on peut obtenir par ce procédé, est forcément limitée à l'écartement qui existe entre les deux tambours de la chaîne, ce qui conduit, pour des tuyaux d'une certaine longueur, à des bancs très lourds et très encombrants, et ces bancs exigent un emplacement d'autant plus grand, que le tuyau à étirer doit

pouvoir être présenté horizontalement, en avant de la filière, sur le prolongement du banc.

M. Mazeline a imaginé une disposition de banc à tirer qui remédie à ces deux inconvénients : le banc est en deux parties, qu'on peut écarter plus ou moins suivant les besoins; ces deux parties sont réunies par une entretoise; on obtient ainsi un banc plus léger. De plus, le tuyau à étirer est fixe, et c'est la bague qui se meut d'un bout à l'autre du tuyau; l'emplacement nécessaire est ainsi diminué de toute la longueur du tuyau. Enfin, une autre innovation apportée par M. Mazeline au banc à tirer, consiste dans l'emploi d'une bague double, c'est-à-dire de deux bagues de diamètres différents, montées sur le même support; cette disposition permet de faire deux opérations en une seule passe. Le mouvement de translation est donné à l'outil porte-bagues au moyen de deux vis sans fin parallèles.

Les pinces employées pour saisir les métaux que l'on tire sont assez diverses. Elles sont toutes basées sur le principe du serrage opéré par la traction même, et se rattachent à deux types principaux, les pinces à articulation et les pinces à coins. Ces dernières sont appliquées aux plus grands efforts.

Banc de tour. T. de mécan. (V. Tour.) Le banc B supporte en général tous les autres éléments dont se compose le tour :

La poupée fixe F,

La poupée mobile M ou contre-pointe,

Le chariot S ou support de l'outil.

La poupée mobile et le support à chariot se déplacent longitudinalement sur le banc dont la partie supérieure est parfaitement dressée et calibrée.

Dans les tours ordinaires, on faisait autrefois par mesure d'économie les bancs de tour en bois; les bancs en fonte sont généralement employés aujourd'hui.

Le banc d'un tour à fileter est toujours en fonte, il demande dans son exécution beaucoup de soin pour un bon fonctionnement de la machine.

On distingue trois sortes de banc de tour :

1° Le banc droit, dont le nom indique la forme;

2° Le banc à coupure qui porte près de la poupée fixe une échancrure plus ou moins profonde; cette disposition permet de tourner les pièces dont le diamètre, en regard de cette échancrure, est plus grand que le double de la hauteur de pointes;

3° Le banc mobile qui ne sert de point d'appui que pour le support à chariot et la contre-pointe ; la poupée fixe repose sur un massif en pierres de taille. Le banc et les organes qu'il supporte, peuvent être déplacés suivant la forme et les dimensions de la pièce à tourner.

II. **BANC**. *Outre l'acception que tout le monde connaît, ce mot désigne* : 1° en *techn*. Chez les brasseurs, le plancher qui entoure la cuve. || 2° Grande table qui supporte la pierre sur laquelle on pose les glaces pour les adoucir. || 3° Siège où est placée la manivelle qui fait tourner l'ourdissoir, chez les passementiers, et qu'on nomme *banc* ou *selle à ourdir*. || 4° *T. de bijout. et d'orfèv.* Table plate, longue et étroite, munie à l'une des extrémités d'une sorte de cabestan, soit à aile, soit à manivelle, autour duquel s'enroule une sangle plate ou à chaîne sans fin, et terminée par de fortes tenailles. Cet outil sert à tirer le fil ; on dit : *tirer au banc.* — V. BANC A TIRER. || 5° *T. d'impr.* Table d'environ 1 mètre de longueur sur 80 centimètres de largeur, placée à la droite de l'imprimeur, et sur laquelle on dépose les feuilles avant ou après l'impression. || 6° *T. de fond. en caract.* Table oblongue d'environ 80 centimètres fermée tout autour par un rebord et sur laquelle on reçoit les lettres à mesure qu'elles sont fondues. || 7° *T. de clout. Banc à couper.* Banc de forme carrée garni de rebords plus hauts sur le derrière que sur les côtés, au milieu duquel sont attachées les cisailles. || 8° Outil dont se servent les horlogers pour river certaines roues sur un pignon et qu'ils appellent *banc à river.* || 9° Chez les cardeurs, planche inclinée par un bout qui supporte toutes les parties du rouet. || 10° Siège du verrier pour faire l'embouchure. || 11° Dans la préparation du salpêtre, madriers qui supportent les cuviers des lessives. || 12° Dans les salines, endroit clos et couvert où on laisse le sel pendant dix-huit jours avant de le porter au magasin. || 13° *Banc à dresser.* Appareil qui, dans la fabrication des aiguilles, sert à redresser les fils de fer tordus par la cisaille.—V. AIGUILLES. || 14° *Banc à arrondir*, etabli du brossier. || 15° *Banc de moulage*, celui sur lequel on exécute, chez les fondeurs, le moulage de certaines pièces. || 16° *Banc de forgeron*, celui sur lequel l'ouvrier s'assied pour forger au martinet. || 17° *Banc de botteleur*, celui sur lequel on réunit les barres de fer pour les lier en bottes. || 18° *Banc des écureurs*, établi où l'on blanchit les feuilles de ferblanc. || 19° *Banc de redressage*, celui sur lequel on redresse les barres de fer après l'étirage || 20° *Banc d'âne.* — V. ANE. || 21° *T. d'expl. de min. et de carr.* Terme qui, dans les carrières, désigne les diverses parties d'une couche ou les couches elles-mêmes. || 22° *Banc du ciel*, lit qu'on laisse sur des piliers pour former la voûte de la carrière. || 23° *Banc de volée*, lit inférieur exploité dans la carrière. || 24° *Banc de cassage*, plate-forme sur laquelle on opère le triage du minerai. || 25° *Banc d'épreuve*, assemblage de charpente, de plaques de fonte cannelées où les armuriers mettent les canons de fusils que l'on doit éprouver. || 26° *Banc de diffraction*, appareil de physique, construit par M. Soleil, pour faire les expériences de Fresnel relatives à la réfraction de la lumière. Il consiste en une règle divisée sur laquelle on peut faire glisser divers curseurs qui portent les organes nécessaires aux expériences || 27° *Banc d'Hippocrate*, machine dont on se servait autrefois pour réduire les luxations et les fractures.

* **BANCBROCHEUSE**. Ouvrière employée à la manœuvre du *banc-à-broches*. — V. ce mot.

* **BANCHE**. *T. de constr.* On donne ce nom aux côtés du moule qui sert à construire les murs en pisé, et qui se composent d'un assemblage de planches de sapin maintenues en dehors par des traverses appelées *pare-feuilles*.

* **BANCHÉE**. *T. de constr.* Quantité de matière employée pour faire le *pisé*. — V. ce mot.

* **BANCOUL** (Noix de). *Huile de noix* de Belgaum, *huile de noix* des Moluques, *huile de kékui, huile de noix* chandelle.

Huile retirée d'un fruit provenant du *Croton Moluceanum* (*euphorbiacées*), petit arbre des îles Moluques, naturalisé à Ceylan et à l'île de la Réunion, d'où les semences sont envoyées en France. Le fruit est un gros drupe charnu, contenant deux semences osseuses aussi dures que de la pierre, grosses comme de petites noix, pointues au sommet, arrondies à la base et par le côté externe, aplaties et marquées d'un léger sillon sur le côté interne.

La surface de ces noix est très inégale, bosselée et recouverte d'un enduit blanc, d'apparence crétacée.

L'amande est blanche, très huileuse, d'un assez bon goût lorsqu'elle est récente, bonne à manger ; anciennes elles paraissent un peu indigestes.

Les noix sont formées, sur 100 parties, de : coques, 57 ; amandes, 43.

Par les dissolvants on obtient 61,5 0/0 d'huile, mais avec les presses, on laisse toujours de 5 à 8 0/0 d'huile dans les tourteaux.

Cette huile est plus ou moins colorée et agréable au goût suivant qu'elle provient d'une première, deuxième ou troisième pression, et suivant aussi que le tourteau a été plus ou moins chauffé.

L'huile obtenue à froid est ambrée, très fluide, d'odeur faible, de saveur légère de noix. Sa densité est de 0,940 à 15°. Elle se fige difficilement par le froid ordinaire, elle n'est que modérément siccative.

Cette huile est employée pour l'éclairage et la fabrication des savons.

Les tourteaux contiennent 7 0/0 d'azote.

Les coques extrêmement dures ne sont utilisables que pour le feu.

I. **BANDAGE**. *T. de chirurg.* On devrait, à proprement parler, réserver le nom de *bandages* aux seuls appareils confectionnés à l'aide de pièces de linge arrangées suivant un ordre méthodique sur une partie quelconque du corps ; mais en chirurgie, on a eu besoin d'étendre davantage cette dénomination et de ranger, parmi les bandages, des appareils compliqués destinés à maintenir des organes déplacés et non plus seulement à maintenir un pansement, un topique ou à exercer une certaine compression.

C'est ainsi qu'on y a englobé les bandages ou appareils à fractures, les bandages herniaires et les bandages orthopédiques. Nous ne décrirons ici que les *bandages ordinaires*, les *bandages ou appareils à fractures* et les *bandages herniaires*, renvoyant pour la dernière variété à l'article *Orthopédie*.

Bandages ordinaires. Pour faire les bandages on se sert le plus souvent de *bandes* qui sont des pièces de linge étroites, toujours plus longues que larges, et dont la largeur varie, du reste, suivant les parties du corps sur lesquelles elles doivent être appliquées. Chaque bande a deux extrémités que l'on nomme *chefs;* lorsqu'elle ne présente pas une longueur suffisante on peut l'allonger au moyen d'une seconde bande dont on réunit le chef initial à l'extrémité de la première à l'aide d'une couture faite de telle manière qu'il n'existe pas d'ourlet. La toile est la meilleure étoffe dont on puisse se servir pour faire des bandes, encore faut-il qu'elle ait été rendue souple par l'usage.

Les bandes sont enroulées sur elles-mêmes en forme de cylindre. Cet enroulement facilite leur application et se fait de la manière suivante : on prend la bande par une de ses extrémités, qu'on replie un certain nombre de fois sur elle-même de façon à former un petit rouleau; on prend celui-ci entre les deux pouces d'une part et l'extrémité des deux premiers doigts de chaque main, d'autre part; on l'enroule jusqu'à ce qu'il ait acquis une grosseur suffisante pour offrir une certaine résistance, puis, la partie libre de la bande étant placée du côté gauche, l'angle qu'elle forme avec la partie déjà roulée regardant en bas, on saisit le cylindre avec la main droite, de manière que le pouce corresponde à l'une des extrémités son axe, la pulpe de l'index et du médium à l'autre extrémité; on le place alors dans la main gauche où il est maintenu par le médium et l'annulaire légèrement fléchis, sans changer la position des doigts de la main droite, tandis que la partie encore libre de la bande passe entre le pouce et l'indicateur de la main gauche.

On imprime alors au cylindre, au moyen des doigts de la main droite placés à l'extrémité de son axe, un mouvement de rotation de gauche à droite, pendant qu'on serre entre le pouce et l'index de l'autre main la partie libre de la bande, de manière à l'enrouler bien exactement à la surface du cylindre.

A l'aide de bandes ainsi roulées et dont la longueur est variable, on pratique des bandages que les auteurs ont autrefois longuement décrits mais qui sont pour la plupart, aujourd'hui, quelque peu tombés en désuétude.

Les bandages roulés en spirale, à double spirale, roulés à deux globes avec renversés, en huit de chiffre ne croixe, etc., le spica de l'aine et celui de l'aisselle, bien d'autres encore dont la description ne saurait rentrer dans le cadre d'un article de dictionnaire et que nous nous contentons de signaler, ont été, nous le répétons, en honneur naguère encore et ne sont presque plus employés maintenant.

Partant en effet de ce principe, formulé déjà par Gerdy, dans son traité des bandages, et par lequel on doit toujours donner la préférence au bandage le plus léger, le plus commode à porter, le plus solide, le plus prompt à appliquer et à enlever, les chirurgiens modernes se sont ingéniés à modifier les bandages et à les simplifier le plus qu'il leur était possible.

C'est ainsi que Mayor a multiplié le nombre des bandages pleins faits avec des pièces de linge non divisées, avec des compresses, des mouchoirs, etc., et institué une méthode de déligation dont il a voulu faire un véritable corps de doctrine et qui rend à la chirurgie de grands services qu'il serait injuste de ne pas reconnaître.

Cette méthode présente des avantages, tels que la possibilité de se procurer facilement un ou plusieurs mouchoirs, la rapidité du pansement, la facilité avec laquelle des personnes étrangères à l'art peuvent l'appliquer; mais elle offre par contre certains inconvénients qu'il convient de signaler. Elle est souvent insuffisante, et abuse un peu de l'emploi des nœuds qui blessent souvent les malades et les gênent toujours. Le mouchoir ou la compresse carrée est le type destiné par Mayor à remplacer par ses dérivés tous les liens connus. Ses dérivés sont :

1° Le *carré long*, formé par le mouchoir plié sur lui-même autant de fois qu'il est nécessaire ;

2° Le *triangle*, formé par le mouchoir plié diagonalement ;

3° La *cravate*, qui a la longueur du triangle, mais dont la largeur et l'épaisseur varie suivant les indications ;

4° La *corde*, qui n'est autre que la cravate tordue sur elle-même.

Pour obvier aux inconvénients que nous notions tout à l'heure et que les nœuds entraînent avec eux, M. Rigal (de Gaillac) a proposé un système de déligation qui diffère du précédent en ce que les bandages sont maintenus à l'aide de tissus ou de fils de caoutchouc vulcanisé.

Cet emploi du caoutchouc dans les bandages a, du reste, été souvent mis en pratique dans ces derniers temps et M. Gariel, entre autres, a parfaitement exposé les avantages qu'offrait cette matière pour la confection de bandages contentifs et compressifs.

Le caoutchouc non vulcanisé, quand on le distend, ne revient qu'imparfaitement sur lui-même et reste affaibli dans les points qui ont subi la distension. Il en est tout autrement pour le caoutchouc vulcanisé qui malgré une distension souvent répétée et portée à un degré extrême, reprend toujours sa longueur primitive.

Aussi entre-t-il dans la confection des bas élastiques, des genouillères, des ceintures, etc., joignant, à la propriété que nous venons de signaler, une force de cohésion plus considérable et une plus grande immunité contre les corps gras.

Plusieurs modes de fabrication ont été imaginés pour confectionner ces bandages.

Le caoutchouc découpé en bandelettes extrêmement minces est tissé ou tricoté : par ce moyen on obtient une trame assez serrée pour que l'élasticité naturelle du caoutchouc soit en partie annulée, pas assez cependant pour que ce qui persiste de cette élasticité ne puisse s'exercer dans tous les sens et dans toutes les directions.

Il est préférable toutefois de tailler le tissu élastique en fines bandelettes de 15 millimètres de diamètre, qu'on emprisonne entre deux lames de tissu de toile, de coton, de soie ou de flanelle, qu'on juxtapose et que l'on coud ensemble. De cette manière l'élasticité ne se produit que dans le sens du ruban. Ainsi, pour prendre un exemple, dans un bas, elle s'exerce exclusivement en travers, suivant la direction de la bandelette génératrice qui, enroulée autour de la jambe décrit une spire ; au contraire le tissu est absolument inextensible dans le sens de la hauteur.

Appareils à fractures. On donne le nom d'*appareils réguliers* à ceux qui sont construits expressément pour servir dans les cas de fractures ; on appelle *appareils improvisés* ceux que le chirurgien crée pour ainsi dire de toutes pièces, au moment même du besoin, en profitant du moindre objet qu'il peut avoir sous la main, dans le seul but de maintenir, le moins mal possible, les fragments et d'épargner ainsi au blessé des souffrances souvent intolérables et surtout des complications graves qui pourraient survenir pendant la marche ou pendant le transport. Aussi tout chirurgien doit-il s'ingénier à tirer parti des moindres ressources tout en se guidant, par un travail de son esprit, sur les principaux types d'appareils réguliers qu'il doit essayer d'imiter le mieux qu'il pourra. Tout sert dans ces cas d'urgence.

Les *appareils réguliers* sont de deux espèces ; les uns simplement *contentifs*, se contentent d'immobiliser le membre et par cela même les fragments osseux ; les autres exercent en outre une action spéciale comme, par exemple, les *appareils à extension continue :*

A. Les *appareils contentifs* ou *immobilisants* présentent de nombreuses variétés parmi lesquelles nous choisirons les *appareils à attelles*, les *gouttières*, les *appareils dextrinés*, les *appareils silicatés* et enfin les *appareils plâtrés* dont on fait un si grand usage aujourd'hui. Quelques mots sur ces principales variétés.

(a) APPAREILS A ATTELLES. Les parties constituantes essentielles sont des *coussins*, des *attelles* et des *liens*.

Les coussins sont des espèces de petits sacs de différentes formes, de différentes capacités remplis, soit avec de la laine, du crin, soit avec de la balle d'avoine : les attelles sont des lames de bois ou de carton de dimensions très variables et arrondies sur leurs bords et à leurs extrémités. On se sert aussi d'attelles en toile métallique, en treillis de fer étamé.

Quant aux liens ils sont faits soit avec des morceaux de bande, soit avec des rubans de fil dont on réunit les extrémités par un nœud ou une rosette, soit avec de petites courroies en cuir ou mieux en toile. Les appareils à attelles se dérangent facilement et doivent être surveillés avec le plus grand soin, mais l'avantage précieux qu'ils présentent c'est d'être faciles à fabriquer de toutes pièces et de contenir bien exactement les fragments en place, si le malade peut s'astreindre à garder une immobilité absolue.

(b) GOUTTIÈRES. Les gouttières sont en général construites en fil de fer étamé ou galvanisé ; on en fait aussi en bois, en tôle, en carton. Elles sont concaves pour embrasser facilement une partie plus ou moins grande de la circonférence du membre ; quant à leur forme, elle doit être en rapport avec celle du membre ou du fragment de membre fracturé.

La résistance de la charpente d'une gouttière métallique doit être d'autant plus considérable que la gouttière est plus longue et plus volumineuse ; elle sera toujours plus large que ne l'est le membre sur lequel on l'adapte. Les gouttières peuvent être droites, coudées, et prendre toutes les inflexions nécessaires pour emboîter exactement les parties sur lesquelles elles s'appliquent ; on fait aussi quelquefois usage de gouttières articulées.

Avant d'appliquer une gouttière, il faut la garnir et la matelasser avec de la ouate ou bien avec des coussinets, suffisamment pour que le membre soit solidement maintenu et ne porte pas à faux sur la partie métallique de l'appareil.

Les gouttières sont de bons appareils qui permettent, par exemple, de laisser à découvert une partie de la circonférence du membre fracturé et d'y appliquer les pansements, les topiques nécessaires sans qu'on soit obligé de déranger quoique ce puisse être.

(c) APPAREILS DEXTRINÉS. Velpeau fit usage de la solution de dextrine pour consolider les bandages roulés qu'il appliquait volontiers dans les cas de fracture. Pour préparer cette solution, il délayait 100 parties de dextrine dans 60 parties d'eau-de-vie camphrée ; il obtenait ainsi une pâte molle à laquelle il ajoutait par petites portions, environ 50 parties d'eau chaude : une bande suffisamment longue était déroulée, plongée dans la solution et roulée de nouveau à un globe. Le membre du malade ayant été préalablement entouré d'ouate, on appliquait d'abord une bande sèche et sur cette bande on enroulait à son tour la bande dextrinée. Le temps nécessaire à la dessiccation d'un appareil dextriné varie avec la température et l'état hygrométrique de l'air ; il est au moins de sept ou huit heures et c'est là un grand inconvénient qui a fait qu'on lui préfère les bandages silicatés ou plâtrés.

Pour enlever un appareil dextriné il faut le ramollir avec de l'eau chaude ; le mieux est de faire prendre un bain au blessé et de faire dérouler la bande par une personne compétente et expérimentée.

(d) Appareils silicatés. La seule différence qui existe entre les appareils dextrinés et les appareils silicatés, est que, dans ces derniers, la bande est imprégnée de silicate de potasse au lieu de l'être d'une solution de dextrine. Nous croyons utile d'indiquer ici le mode de préparation du silicate de potasse, produit qu'on rencontre bien dans le commerce, mais qui est souvent impur et jouit alors de propriétés caustiques redoutables pour le malade. On fait fondre ensemble 10 parties de carbonate de potasse et 12 parties de quartz pulvérisé ; le produit de la fusion est coulé, pulvérisé finement et mêlé avec un peu de carbonate de plomb, afin de précipiter le sulfure de potassium qui résulte de la réduction de sulfate de potasse contenu dans le carbonate du commerce.

Il faut six à sept heures au plus pour qu'une bande imprégnée de silicate de potasse et roulée autour d'un membre soit complètement sèche et pour que l'appareil ait obtenu la solidité qui lui est nécessaire. De plus l'appareil ainsi confectionné est très solide et très élégant, lisse, poli, d'un aspect nacré et brillant comme du verre, et chose qui n'est pas à dédaigner, il est peu coûteux.

(e) Appareils plâtrés. Bien que l'on soit quelque peu revenu aujourd'hui de l'enthousiasme avec lequel avaient été accueillis les appareils plâtrés, ceux-ci néanmoins gardent toujours leur avantage si précieux de se dessécher avec assez de rapidité pour que la réduction de la fracture soit maintenue par des aides jusqu'à ce que le bandage soit complètement solidifié.

Nous allons décrire rapidement les divers procédés qui ont été proposés pour l'application de ces appareils :

1° On applique sur le membre blessé des bandes préalablement imprégnées de plâtre en poudre, qu'on mouille immédiatement avant leur application. Les bandes sont en vieux linge usé ou en flanelle ; on étend successivement, sur leurs deux faces, le plâtre pulvérisé que l'on fait pénétrer dans le tissu à l'aide de frictions répétées, puis enroulant ces bandes, on les enferme dans des boîtes jusqu'au moment où l'on doit en faire usage.

On peut faire à l'aide de ces bandes ainsi préparées des bandages roulés, des appareils à bandelettes séparées ou bien encore des appareils bivalves. C'est le procédé de MM. Mathyssen et Van de Loo ;

2° Un second procédé consiste à envelopper le membre fracturé de bandes imprégnées d'une bouillie de plâtre immédiatement avant leur application.

Ces appareils se font de diverses manières. Par exemple, M. Hergott (de Strasbourg) a préconisé l'appareil à attelles plâtrées. On fait avec des morceaux de vieille toile ou mieux encore, avec de la tarlatane pliée en plusieurs doubles, des bandes ayant une longueur variable, selon la longueur des membres fracturés. On trempe ces bandes dans de la bouillie de plâtre et on les applique à nu sur le membre, en leur donnant des dispositions variables selon les indications que l'on veut remplir. Elles forment, quand elles sont sèches, de véritables attelles dont la solidité ne laisse rien à désirer ;

3° Le troisième procédé consiste à appliquer sur le membre, préalablement enveloppé de ouate, un bandage roulé en spirale et à enduire avec la main toute la surface de l'appareil d'une bouillie de plâtre qu'on lisse avant que la dessication ne soit tout à fait complète. Cet appareil est peut être moins solide que les précédents, le plâtre étant moins parfaitement incorporé dans les bandages.

Il arrive que, dans certains cas, cette rapidité de dessiccation, qui constitue le principal avantage des appareils plâtrés, offre de réels inconvénients ; aussi a-t-on imaginé un certain nombre de mélanges dans le but de retarder un peu le moment de cette dessiccation et parmi lesquels je citerai celui de M. Richet. Ce chirurgien emploie un mélange de plâtre et de gélatine et a donné à ces bandages le nom d'*appareils en stuc*. Les proportions choisies par lui sont les suivantes : 2 grammes de gélatine pour 1000 gr. d'eau et quantité suffisante de plâtre en poudre fine. La dessiccation est obtenue en 20 ou 25 minutes ; l'appareil est dur et poli comme du marbre et s'écaille moins que l'appareil plâtré ordinaire.

Du reste, pour éviter que le plâtre ne s'écaille et ne tombe trop rapidement en poussière, a-t-on proposé différentes sortes de vernis dont on enduit la face externe des appareils. Les vernis dont on fait usage sont le verni copal thérébenthiné, le vernis copal anglais, les solutions de différentes résines dans l'éther ou dans l'alcool. Ces substances sont faciles à trouver et d'un prix modéré ; le plâtre s'en imprègne complètement, devient plus résistant, mais il est essentiel d'attendre qu'il soit tout à fait sec avant de commencer l'application du vernis, application qui se fait à l'aide d'un pinceau et en ayant soin de passer en moyenne une dizaine de fois aux mêmes places.

B. Les *appareils à extension continue* présentent de très nombreuses variétés dont la description serait par trop longue. Tous cependant doivent obéir aux règles suivantes posées par Boyer :

1° L'appareil ne doit point comprimer les muscles qui passent sur la fracture et dont l'allongement est nécessaire pour la réduction ;

2° Il faut que les forces extensives et contre-extensives soient distribuées sur la plus grande surface possible et que leur action se rapproche le plus possible de la direction de l'axe du membre dont l'os est fracturé ;

3° Que cette action soit lente et puisse être graduée à volonté et d'une manière presque insensible ;

4° Que les points sur lesquels on place les lacets soient garnis suffisamment pour éviter toute compression trop dure ou inégale.

Les appareils à extension continue ne s'emploient guère que pour les fractures du membre inférieur. Quel que soit celui auquel on donnera la préférence, il faut toujours savoir en limiter l'action et se contenter de tractions modérées, surtout au début de l'application.

Bandages herniaires. On ne saurait trop apporter d'attention à la construction et au choix d'un bandage herniaire, car toute hernie qui n'est pas maintenue, et bien maintenue, est, en dehors de l'infirmité qu'elle procure, la source d'accidents graves et souvent même promptement mortels.

Un bandage herniaire est un ressort d'acier qui, tendant à rapprocher ses deux extrémités, prend son point d'appui en arrière sur une surface osseuse du bassin et en avant soutient, repousse et efface l'orifice normal ou anormal à travers lequel s'échappent les organes que l'on veut maintenir réduits.

D'une manière générale, un bandage herniaire est constitué d'un ruban d'acier trempé, terminé en avant par une plaque en écusson. Cette plaque, dont la forme varie selon les variétés d'hernies à maintenir, est convenablement matelassée, destinée qu'elle est, à s'appuyer sur l'orifice herniaire ; elle porte le nom de *pelote*. Le ruban d'acier forme le *corps de bandage* ; il est également garni pour ne pas blesser le malade et se termine en arrière, à son extrémité libre, par un bout de ceinture molle qui est destiné à se fixer à un bouton de la pelote et à achever ainsi le cercle qui embrasse le bassin du malade. C'est en général avec de la peau de daim qu'on garnit et la pelote et le ruban d'acier ; quant au remplissage de la pelote, on se sert pour le faire de laine cardée, de bourre de soie, etc. Ce remplissage doit être refait tous les six mois.

La pelote, pour qu'elle soit bonne et utile, doit répondre au trajet herniaire qu'elle est chargée d'obturer, par une surface toujours convexe et dont la convexité sera même d'autant plus prononcée que le malade aura plus d'embonpoint. Quant à son volume, il variera suivant celui de la hernie. Nous devons dire toutefois, à ce propos, qu'il est inutile de lui donner de trop grandes dimensions et qu'il faut se tenir au volume strictement utile.

La pelote fait souvent corps avec le ruban d'acier, mais certains bandagistes préfèrent la pelote mobile, qui aurait, d'après eux, l'avantage de se prêter mieux aux mouvements du malade. Quoiqu'il en soit, au point de jonction des deux parties, le ruban d'acier se rétrécit un peu, c'est le *collet*, point très important dans un bandage ; car, à ce niveau, le ressort s'infléchit légèrement en bas, coude un peu et subit un mouvement de torsion qui éloigne légèrement du corps son bord supérieur. On voit combien il est important que ce ressort ou ruban d'acier soit bien construit ; aussi ne saurait-on trop recommander aux bandagistes de ne pas se fier aux bandes d'acier que le commerce leur fournit, mais de tremper eux-mêmes à l'huile leurs ressorts, de les forger pour leur donner du liant et de façonner avec le plus grand soin le collet, qui est, nous le répétons, le nœud de tout l'appareil.

La description que nous venons de tracer est celle du bandage ordinaire, du bandage français ou Brayer à une seule pelote, bandage dont on se sert le plus fréquemment et qui est d'un usage journalier dans nos hôpitaux. Quelques chirurgiens lui préfèrent le bandage anglais, qui est un ressort à lames parallèles, de telle façon que la pression et la contre-pression se correspondent centre pour centre et s'effectuent chacune par une pelote. La pelote de derrière ou de la contre-pression est ronde ; elle repose sur le bas des reins, sur la ligne médiane. La pelote antérieure est ovale, de dimension et de forme variables, comme dans le Brayer ; elle est mobile dans tous les sens. Le corps du bandage passe autour de la hanche du côté opposé à la hernie, de telle sorte que la pelote herniaire agit précisément contre la direction suivant laquelle la hernie tend à sortir, avantage considérable sur lequel il n'est pas besoin d'insister. Le ressort du bandage anglais est construit de telle façon, qu'il ne comprime pas la hanche. M. Wickham a modifié ces appareils en appliquant au ressort une vis de pression au moyen de laquelle il est possible d'augmenter ou de diminuer la compression lorsque le bandage est appliqué et que la pelote antérieure est bien sur le trajet herniaire. — A. B.

Bibliographie : GERDY : *Traité des bandages et appareils et pansements,* Paris, 1826, in-8°, atl. in-4°, — 1837-39, 2 vol. in-8°, atl. in-4°, pl. 20 ; MAYOR : *Nouveau système de déligation chirurgicale,* Paris, 1832, in-8° ; GOFFRES : *Précis des bandages, pansements,* etc., Paris, 1858, in-12 ; SÉDILLOT : *Traité de médecine opérative,* 3e édit., 1815, 2 vol. ; GOSSELIN : *Clinique chirurgicale de la Charité,* 3e édit., 3 vol., 1879.

II. BANDAGE. T. *de chem. de fer.* Bande de fer ou d'acier, en forme de cercle, appliquée autour de la jante des roues de véhicules. C'est la partie de ces roues qui porte sur les rails et leur sert en même temps de guide sur la voie. Comme elle

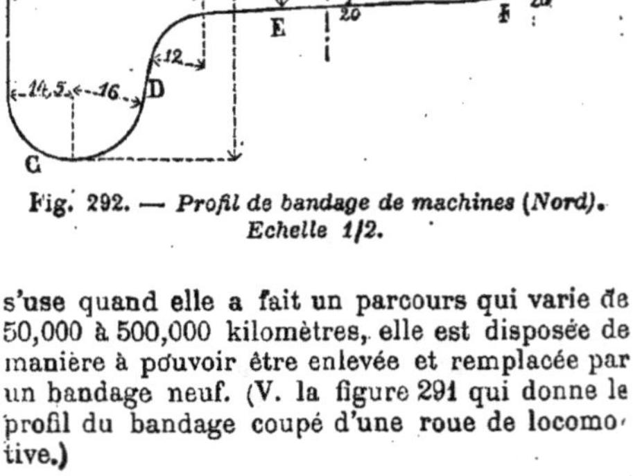

Fig. 292. — *Profil de bandage de machines (Nord). Echelle 1/2.*

s'use quand elle a fait un parcours qui varie de 50,000 à 500,000 kilomètres, elle est disposée de manière à pouvoir être enlevée et remplacée par un bandage neuf. (V. la figure 291 qui donne le profil du bandage coupé d'une roue de locomotive.)

La face intérieure AB, celle qui se trouve cachée quand le bandage est en place, est cylindrique et bien alésée, pour épouser exactement la jante cylindrique.

La face extérieure CDEF, celle qui est en contact avec les rails se compose d'une partie conique EF (V. Conicité) raccordée par un *congé* DE à un rebord CD auquel on donne diverses dénominations : *bourrelet*, *boudin* ou *mentonnet*.

La partie conique repose sur le champignon des rails et lui transmet la pression verticale exercée par le poids du véhicule.

La partie saillante, le boudin, exerce contre la face latérale du champignon du rail une pression horizontale lorsque la roue quittant la ligne droite se porte contre l'un des deux côtés de la voie; la réaction latérale du rail empêche la roue de quitter la voie.

Les bandages sont en fer dur, ou en fer aciéreux, ou en acier fondu au creuset, ou en acier Bessemer. On les fabrique tantôt en enroulant une bande de métal employé sur un mandrin, et en soudant les deux extrémités l'une à l'autre, tantôt en pratiquant au centre d'un cylindre plat de ce métal un trou que l'on agrandit au moyen du marteau-pilon et de plusieurs chaudes successives, jusqu'à ce qu'il ait les dimensions et la forme voulue.

Pour poser un bandage sur sa jante, on le chauffe légèrement afin d'augmenter un peu son diamètre, ce qui permet d'entrer la jante à l'intérieur du bandage. Une fois en place on le baigne dans l'eau. En se refroidissant il se contracte, et prend le *serrage* qui le maintient sur la jante.

Comme le bandage peut se séparer de la roue, on consolide l'assemblage au moyen de boulons qui relient les deux pièces, et même au moyen d'agrafes circulaires destinées à retenir les morceaux de bandages qui éclatent quelquefois sous l'action d'un serrage trop énergique ou d'une très basse température.

Bandage. Plaque, lame ou bande de fer ou d'acier qui sert à protéger une machine, un organe, principalement les roues, ainsi qu'on a pu le voir dans l'article précédent; les fers ou aciers qui s'emploient à cet usage sont désignés sous le nom de *fers* ou *aciers à bandages*.

Se dit aussi du travail lui-même, de la pose ou de la préparation de ces plaques; le chauffage de ces bandages et leur emboîtage est une opération importante. ‖ *T. d'arm.* Pièces qui servent à bander une arme, et toutes choses qui font ressort. ‖ *T. de fond.* Assemblage de bandes de fer plat servant à maintenir les moules des ouvrages qu'on veut jeter en fonte, pour empêcher qu'ils ne se divisent. ‖ *T. de passem.* Grosse noix plate percée de plusieurs trous qui reçoivent les cordes attachées aux châssis du métier, et qu'on appelle *bandage du battant.*

BANDAGISTE. Fabricant ou marchand de bandages.

⋅ BANDANA. *T. d'impr. d'étoff.* Genre de mouchoirs provenant originairement de l'Inde. — Les bandanas sont des fonds rouges à dessins blancs — Les imitations de ce genre ne furent faites qu'en 1818 par des manufacturiers anglais, MM. Monteith.

Ces genres s'obtiennent aujourd'hui d'une façon assez curieuse. On comprime entre des reliefs présentant des figures régulières, l'étoffe destinée à la teinture, les parties pressées sont réservées et restent blanches tandis que le reste de l'étoffe est coloré ou encore, on mordance les tissus, on *les presse,* puis on les soumet à l'action de la teinture; de cette façon, les parties pressées restent blanches et le reste du tissu est coloré.

BANDE. 1° En *T. génér.* Sorte de lien plat et large ou étroit, en fer, cuivre ou autre métal pour renforcer quelque chose. ‖ 2° *T. de manuf.* On donne ce nom, indistinctement, à toutes les courroies servant à la transmission du mouvement, ainsi on dit *bande de nettoyeurs, bande de cylindre,* etc. On les appelle aussi *cuir, cuirasse,* un *cuir de cannelure,* la *grande cuirasse de commande.* ‖ 3° *T. d'arch.* Se dit des membres des architraves, chambranles, imposte et archivoltes qui ont peu de saillie et de hauteur, sur une grande longueur; ils prennent aussi le nom de *fasces,* du latin *fasci.* La *bande de colonnes* est une espèce de bossage qui orne le fût des colonnes rustiques; quelquefois simple comme aux colonnes du Luxembourg, ou pointillé ou vermiculé comme à celles de la galerie du Louvre. ‖ *Bande de briques.* Dans les constructions en briques, bandeau au pourtour ou dans un trumeau de croisée. ‖ 4° *T. d'impr.* Pièces de fer poli, sur lesquelles roule le train de la presse. ‖ 5° *T. de mar.* On nomme *bandes de ris,* des pièces de toile transversales cousues sur les huniers et les perroquets, pour renforcer la toile dans laquelle on perce les œils destinés à recevoir les garcettes. ‖ 6° Dans un billard, côtés élastiques et intérieurs sur lesquelles la bille reçoit une nouvelle force d'impulsion. ‖ 7° *Art hérald.* Pièce honorable de l'écu qui représente le baudrier du cavalier et qui traverse l'écu d'angle en angle; elle prend depuis le chef du côté droit et aboutit à la pointe au côté gauche. Quand elle est seule, elle occupe le tiers de l'écu; elle se nomme *cotice* quand elle ne contient que les deux tiers de sa largeur, et *bâton* ou *bande en devise* quand elle n'est que du tiers; enfin, on spécifie le nombre, quand il y en a plusieurs : bandé de six, de huit pièces, etc. On appelle *péri en bandes,* le bâton qui n'atteint pas les bords de l'écu. ‖ 8° *T. de carross.* Bande de *caisse,* larges ferrures, placées en dedans, de chaque côté des brancards ou bâtis d'une caisse, et posées avec des vis. Consolidant les assemblages, les bandes, surtout dans les voitures à portières de côté, sont les parties d'où dépend principalement la solidité de la voiture.

BANDÉ. *Art hérald.* Se dit d'un écu couvert de bandes; il est toujours de métal et d'émail alternés de six ou huit pièces. ‖ Se dit aussi du chef, de la fasce, du chevron, etc., lorsqu'ils sont divisés en six ou huit espaces égaux dans le sens de la bande. ‖ L'écu est *contrebandé* lorsque les bandes de couleur se trouvent opposées aux bandes de métal.

BANDEAU. 1° *T. d'arch.* Plate-bande unie qui se pratique autour d'une arcade, d'une baie de porte ou de fenêtre et qui tient lieu de chambranle. On donne ce nom à une saillie d'architecture qui a pour but de diviser une façade en parties proportionnelles. ||2° *T. de menuis.* Planche unie et étroite du pourtour des lambris; elle tient lieu de corniche quand il n'y en a pas. || 3° *T. d'ameubl.* Bande d'étoffe qui couronne les draperies d'une fenêtre.

BANDELETTE. *T. d'arch.* Petite moulure plate, plus étroite que la plate-bande. On la nomme *filet* ou *listeau*, suivant la place qu'elle occupe dans les divers genres d'architecture. On lui donne aussi le nom de *ténie.*

BANDER. 1° *T. d'arch.* Assembler les voussoirs sur les cintres de charpente et les fermer avec la clef. || 2° *T. de mar.* Coudre des morceaux de toile sur une voile, pour la consolider. || 3° *T. d'orfèvr.* Redresser une moulure. || 4° *T. de manuf.* Donner au semple une grande tension. || 5° *T. techn. Bander une roue.* Y poser les bandages; cette opération s'appelle *embattage* (V. ce mot). || 6° *Bander un ressort.* Donner de la flèche à un ressort. Cette opération se fait ordinairement en cintrant davantage les petites feuilles, qui, le ressort une fois remonté, agissent alors sur la maîtresse feuille et augmentent sa flèche.

BANDEREAU. Cordon à l'aide duquel on porte un clairon, une trompette en bandoulière.

BANDEROLE. 1° Espèce de flamme longue et étroite, dont on ornait autrefois le mât des galères, et, par extension, bande d'étoffe flottante attachée à un objet quelconque en signe de réjouissance. || 2° On donne improprement ce nom à la bretelle d'un fusil, qui sert à le suspendre à l'épaule ou à le porter à la grenadière. || 3° Bande étroite sur laquelle on inscrivait, dans les anciens tableaux ou dessins, les paroles que les personnages étaient censés prononcer.

BANDINS. *T. de mar.* Plate-forme placée autrefois des deux côtés de l'escalier des galères qu'occupaient à la mer le côme et le pilote, et qui servait, en rade, de lit de camp à la garde.

BANDOIR. *T. techn.* 1° Ressort en métal servant à bander quelque mécanisme. || 2° Bâton qui entre dans le bandage du battant, chez les passementiers. || 3° Roue à bander le battant du métier, chez les rubaniers.

BANDOLINE. *T. de parfum.* Préparation mucilagineuse. Sorte d'huile dont on se sert pour lustrer et fixer les cheveux. On l'obtient en faisant bouillir une bonne cuillerée de pépins de coings dans 500 grammes d'eau qu'on laisse réduire jusqu'à 230 grammes, on y ajoute 6 grammes de gomme adragante, on passe à travers un linge, on y mêle quinze gouttes d'essence de rose ou de citron et l'on remue jusqu'à complet refroidissement le mélange que l'on met ensuite en flacons.

BANDOULIÈRE. Terme générique qui désigne toute bande destinée à supporter de droite à gauche ou de gauche à droite un effet d'armement ou d'équipement.

— C'est au moyen de la bandoulière que l'on suspendait, au moyen âge, l'arbalète des fantassins et le pétrinal des cavaliers. Plus tard, les arquebusiers et les mousquetaires reçurent des bandoulières garnies d'un *coussinet*; elles supportaient le sac à balles, la mèche, etc.; elles furent remplacées, en 1688, par la giberne qui portait la poire à poudre. Jusqu'à la Révolution, la bandoulière ne fut plus qu'un simple ornement qui ne supportait rien, on la couvrait de broderies et de galons qui servaient, soit à distinguer les compagnies, soit à faire connaître l'autorité particulière de laquelle relevaient les militaires qui en étaient revêtus. Sous Louis XVIII, on donnait le nom de bandoulière à la buffleterie qui supportait la giberne, et enfin, on désignait et on désigne encore par ce mot, le baudrier des suisses d'hôtel et d'église.

BANG, BANGHE ou **BANGUE.** Nom donné dans l'Inde au chanvre (*cannabis indica*) séché avec soin et dont on tire le *haschschich.* Récolté principalement dans les parties basses du pays et autour de Hérat (Perse), le *bang* se présente sous la forme de feuilles sèches, accompagnées de quelques fragments de tiges, et d'une grande quantité de fleurs femelles. On y trouve peu de résine.

BANNASSE. *T. techn.* 1° Civière qui sert, dans les salines, à porter les cendres du fourneau. || 2° Grand panier dans lequel on porte les suifs chez les savonniers.

BANNE. 1° Pièce de toile ou de coutil qu'on étend au-dessus d'une boutique pour garantir du soleil les marchandises de l'étalage. || 2° Grande toile dont on couvre les marchandises sur les bateaux et sur les voitures pour les garantir de l'action de la pluie, de la poussière ou du soleil; ce mot est dans ce cas, synonyme de *bâche* (V. ce mot). || 3° Grande toile qu'on étend au-dessus du pont d'un navire pour garantir l'équipage et les passagers. || 4° Panier d'osier servant à emballer et à transporter des marchandises. || 5° Voiture à charbon. || 6° Vaisseau de bois avec lequel on recueille le vin sous le pressoir.

BANNEAU. *T. techn.* Petit tombereau en usage dans les salines. || Petite banne d'osier; on dit aussi *bannette.* || Vaisseau de bois qui sert à transporter les grains, le raisin, etc.

BANNELLE. *T. de mét.* Panier à bouchons.

BANNETON. *T. techn.* Panier d'osier sans anses dans lequel on met lever le pain rond.

BANNIÈRE. Ce mot, d'origine allemande, eut autrefois un sens très large, mais plus spécialement il désignait, dans la langue militaire et religieuse, l'étendard sous lequel marchaient les soldats et les fidèles, pour le service de Dieu et de la patrie; il sert aujourd'hui à indiquer le drapeau sous lequel se rangent les membres d'une corporation, d'une paroisse, etc.

— La bannière primitive des troupes romaines était une botte de foin au bout d'une pique; plus tard, ce fut le *vexillum*, sorte de petite voile carrée soutenue par une traverse horizontale fixée à l'extrémité d'une hampe. Le *labarum* de Constantin, la croix, la chape de saint Martin, l'oriflamme des rois de France, la bannière du patron pour les milices paroissiales, le drapeau de Jeanne-d'Arc, les cornettes et guidons des princes et seigneurs, sont autant de variétés de ce signe extérieur. Il existe des ouvrages spéciaux dans lesquels est exposée l'histoire des diverses bannières, religieuses, civiles et militaires.

La marine et la langue héraldique ont seules consacré au propre l'expression *bannière*, qui s'emploie beaucoup aujourd'hui dans le sens figuré. Ce n'est plus par le mot de *bannière*, mais par celui de *pavillon* qu'on désigne le drapeau flottant au haut du mât et servant à faire connaître la nationalité d'un bâtiment. En revanche on appelle *voile en bannière* celle dont les écoutes, larguées ou cassées, permettent que le vent l'enlève. Dans la science du blason, les armoiries *en bannière* se distinguent des armoiries *en écusson*, et passent pour plus honorables.

Au moyen âge, les seigneurs ayant droit de lever bannière portaient le titre de *bannerets*. Ces mots *une bannière* étaient alors synonymes de *un corps de troupes*.

Les musées et les collections historiques conservent d'anciennes bannières, dont le tissu est de soie ou de laine. La fabrication en était très soignée : l'oriflamme, par exemple, était une pièce de taffetas, couleur de feu, ornée de houppes de soie, forme qui s'est conservée pour les bannières d'églises et d'orphéons.

L'industrie relative à la fabrication des bannières avait autrefois une grande importance. Les villes d'Italie et d'Orient d'abord, et plus tard les cités industrieuses des Flandres en avaient le monopole. De nos jours, cette fabrication donne encore lieu à un travail et à un commerce importants.

Lyon produit des bannières pour tout le monde catholique, mais les plus grandes et les plus riches se fabriquent à Paris, où l'on a poussé très loin cette fabrication artistique. Les drapeaux pour l'armée, les bannières et oriflammes pour les théâtres, pour les fêtes historiques qui se donnent dans les villes à certaines occasions, et pour les sociétés chorales, etc., se font généralement à Paris.

Bannière. *Art hérald.* Se dit des armoiries en carré, rappelant les bannières féodales ; elles sont plus honorables que celles en écusson ou en pointe.

BANQUE. Outre les diverses acceptions de ce mot, étrangères à cet ouvrage, on entend par *banque* en *T. d'impr.*, le paiement des ouvriers : *faire la banque*, payer les ouvriers ; *faire banque*, toucher le produit du travail fait pendant la huitaine, la quinzaine, le mois, suivant les habitudes prises et acceptées à cet égard. || En *T. de passem.*, l'instrument qui porte les bobines. || Le billot qui porte la meule à aiguiser les pointes, chez les épingliers. || Le banc sur lequel s'assied l'ouvrier en peignes.

BANQUETTE. En *techn.*, on donne ce nom : 1° aux bandes de fer que l'on place dans les fourneaux de forges à la catalane, pour soutenir une partie de la charge du minerai et du charbon. || 2° En *carross.* Siège de voiture, garni, possédant un accotoir et une ceinture de bois, à panneau plein ou à balustres, avec ou sans capote. Il y a des banquettes carrées et des banquettes à coins arrondis, ces dernières sont quelquefois appelées *collerettes*. Elles sont fixes, mobiles ou interchangeables avec un siège ordinaire de l'avant à l'arrière d'un phaéton, et *vice versâ*. Les banquettes à panneau sont formées d'un panneau de noyer ou d'acajou ordinairement enrainé, ou encore cloué en feuillures ; il est d'une seule pièce pour les banquettes circulaires, maintenu et collé sur les

barrettes disposées de façon à régulariser la surface. || Impériale d'une diligence, d'un omnibus. || 3° En *arch.*, à un appui en pierre pratiqué dans l'épaisseur d'une fenêtre, du côté de l'appartement. || 4° En *menuis.*, à la boiserie qui garnit le dessus et le devant de l'appui dont il vient d'être question. || 5° A une petite planche sur laquelle s'assied l'ouvrier, dans les manufactures de soie. || 6° En *T. de fortif.*, à la partie du rempart située immédiatement derrière le parapet et d'où les soldats tirent sur l'ennemi. || 7° En *T. de trav. publ.*, au chemin établi le long d'un canal au moyen duquel on peut haler les bateaux et qui prend le nom de *banquette de halage* ; la *banquette de contre-halage* est le chemin destiné aux piétons. || 8° Dans une fouille pratiquée pour la construction d'une fondation quelconque, on donne le nom de *banquette* à des épaulements établis de deux en deux mètres de hauteur, pour faciliter aux ouvriers du fond l'enlèvement des terres. || 9° Au petit chemin qui borde une route, une voie ferrée. || 10° Au sentier pratiqué le long d'un aqueduc.

BANSE. Grande manne d'osier carrée qui sert à transporter les marchandises.

BAPTISTÈRE. *T. d'arch.* Petit édifice qu'on bâtissait autrefois près des cathédrales pour l'administration du baptême, et, par extension, chapelle où se trouvent les fonts baptismaux.

BAQUET. Outre le grand seau de bois qui porte ce nom, on désigne par ce mot : 1° en *T. de mét.* Chez les imprimeurs, une cuve de pierre, de fonte ou de bois dans laquelle on trempe le papier destiné à l'impression, ou qui reçoit les formes pour les nettoyer. || 2° Chez les graveurs à l'eauforte, une caisse dans laquelle on met la planche métallique, pour faire couler et mordre ensuite l'eau-forte sur la planche. || 3° Chez les relieurs et les doreurs, une auge ou cuve où l'on entretient une chaleur douce, au moyen de la cendre chaude, pour faire sécher la dorure. || 4° Chez les marbreurs, une sorte d'auge qui contient l'eau gommée et les matières colorantes avec lesquelles on imite les couleurs et les nuances du marbre sur le papier ou la tranche des livres. || 5° *Baquet de conservation.* Sorte de tonneau dans lequel on dépose les pièces décapées avant l'étamage électro-chimique.

BAQUETAGE. *T. de mét.* Opération qui consiste, chez les argenteurs et les doreurs, à disposer des objets qui ne peuvent être gratte-bossés, dans un baquet suspendu au plafond, et auquel l'ouvrier imprime un mouvement saccadé de va-et-vient qui fait rouler les uns sur les autres les objets à polir.

BAQUETTES. *T. de métier.* Tenailles pour tirer le fil à la filière.

BAQUOI. Nom de fibres fournies par les *pandanus sylvestris, utilis, odoratissimus* et *volubilis*, utilisées aux îles Maurice et de la Réunion pour la confection des sacs. On dit encore *bacquois, vacoua, vacquois*.

BAR. *Art. hérald.* Poisson figuré en pal et un peu courbé.

*BARANGE. *T. techn.* Mur construit dans le fourneau d'une saline, entre les murs sur lesquels porte la poêle.

* BARAQUEMENT. Action de baraquer, de se baraquer et par extension : ensemble de constructions légères (*baraques*) servant à loger des soldats, principalement des cavaliers, par opposition aux *huttes* qui servaient plus spécialement aux logements de l'infanterie. Tel est le sens générique de ce mot. Dans une acception plus restreinte, mais plus usuelle, on désigne aujourd'hui sous ce terme l'ensemble des constructions soit en bois, soit en bois et toile qui servent à

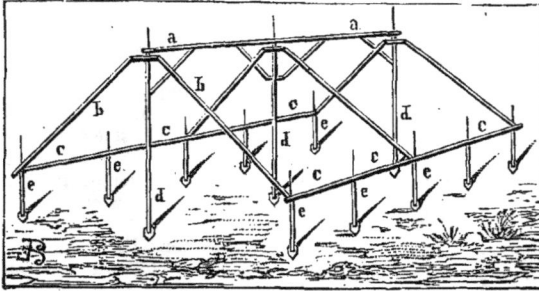

Fig. 293. — *Ossature en fer d'une tente.*

loger des soldats et sont principalement utilisées comme hôpitaux et comme ambulances.

HISTORIQUE.

L'origine des baraquements n'est pas tout à fait moderne. Lors de la peste de 1681, les états de Metz « avaient fait construire à neuf la *cour des Gélines*, non comme une ferme, telle qu'elle était auparavant, mais de manière à pouvoir contenir commodément ceux des bourgeois qui seraient attaqués par la contagion ; ce qui fut exécuté magnifiquement aux dépens de la cité. Chaque malade y avait sa petite chambre à part et tous étaient soignés avec exactitude par des personnes commises et payées par la ville » (1).

Dans l'*Opuscule* ou *Traités divers et curieux en médecine*, par François Ranchin, publié à Lyon, en 1640, nous trouvons plusieurs passages traitant des baraquements ; ainsi, nous voyons page 196, le chapitre XXXVII, intitulé : *Des ais, bois, clous pour faire des huttes* et dans le corps de ce chapitre nous lisons ce qui suit : « c'est une

Fig. 294. — *Tente à doubles parois.*

matière à laquelle peu de gens pensent et qui me semble néanmoins nécessaire et au général et aux particuliers. »

« Il est tout certain que le plus souvent les hospitaux, ni les maisons champestres ne suffisent pas pour recevoir les malades et les infects, et il est expédient de faire des huttes de pierre et de bois à ceux qui ne trouvent pas de logement. »

Ces quelques citations ainsi que d'autres que nous pourrions faire, en puisant, soit dans le même auteur, soit dans d'autres écrits, montrent d'une manière péremptoire que l'origine des baraquements remonte au XVIIe siècle.

DES DIVERS GENRES DE BARAQUEMENTS. La haute utilité, ainsi que les avantages qu'on retire des baraquements, ont amené les constructeurs à en fabriquer divers genres ; ce sont les tentes simples et à doubles parois, les tentes baraques, enfin les baraques en bois proprement dites ; nous allons étudier brièvement ces divers genres en donnant quelques types pour élucider notre texte.

Tentes simples. C'est en Prusse où nous irons chercher les bons modèles de tentes ; du reste à diverses époques leur construction a été

(1) *Histoire générale de la ville de Metz*, par les moines bénédictins.

l'objet d'un règlement spécial, Voici leur description analytique d'après Prager (1). Ces tentes se composent d'une base rectangulaire de 62 pieds de longueur (19m,25) sur 24 de largeur (4m,50) (2). Cette base est divisée en trois parties, une dans

l'axe de la tente qui a 52 pieds de long et une à chaque extrémité longue de 5 pieds. L'espace du milieu est destiné à recevoir les lits, les locaux de côté servent de logement au personnel qui soigne les malades et à leurs ustensiles. Sur la

Fig. 295. — Tente-Baraque (1er type)

ligne centrale, dans le sens de la longueur, sont plantés quatre poteaux de 16 pieds de hauteur, qui supportent une poutre faitière. Le toit est couvert d'une toile à voile fortement tendue, afin que les eaux pluviales puissent glisser sur cette surface sans laisser de gouttières qui pourraient donner des infiltrations dans l'intérieur de la

tente. On emploie pour cet usage de la toile voile qui est préférable aux toiles imperméables. Celles-ci, en effet, ont l'inconvénient d'être plus lourdes, d'empêcher la ventilation et d'augmenter ainsi, dans l'intérieur de la tente, la chaleur d'une manière insupportable. Afin que les vents et la tempête n'aient pas d'action sur les tentes.

Fig. 296. — Tente-baraque (2e type).

les poteaux sont solidement fixés par des cordes attachées à des pieux fichés en terre. Autrefois le sol était planchéié, mais aujourd'hui, on a reconnu qu'il valait mieux ne le recouvrir que de gravier; souvent dans les terrains humides on ré-

pand à leur surface une couche de poussier de charbon ou de cendres, puis on recouvre le tout de gravier.

On creuse enfin autour de la tente, une rigole d'environ 0m,45 à 0m,50 de profondeur, qui est destinée à recevoir l'eau de pluie et qui a encore pour objet d'emmener au loin cette eau à l'aide d'une rigole générale qui a une pente suffisante; sans cette précaution l'eau croupirait autour des

(1) Militär-Medicin-Wesen, Berlin 1864, p. 679. Voyez aussi la brochure allemande intitulée : Vorschriften betreffend Krankenpflte - Baracke s und Desinfection-Verfahren in den Lazarethen, Berlin 1870.

(2) Il s'agit du pied prussien qui vaut environ 0m,30 ou exactement 0m,3138.

tentes. Le toit de celles-ci se prolonge au delà des parois latérales, pour que l'eau puisse s'écouler directement dans la rigole. Afin d'augmenter la ventilation, les toiles ont une disposition qui leur permet de se soulever sous l'action du vent à la manière d'une soupape. On peut superposer deux toiles l'une sur l'autre, afin que la tente soit moins permèable à l'humidité et aux radiations solaires, en un mot aux diverses variations de température.

Voici la description des tentes à doubles parois,

Tentes à doubles parois. La charpente de ces tentes est en fer creux; notre figure 293 en

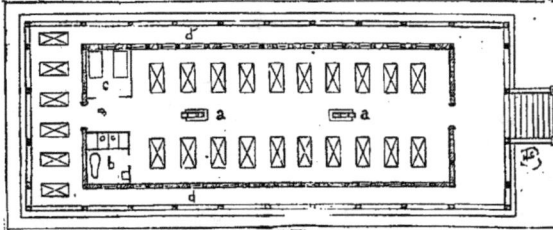

297. — *Plan du Lazaret-baraque de l'hospice de la Charité, à Berlin*

montre l'ossature; c'est sur celle-ci qu'on tend une couverture en toile à voile très forte; ses faces latérales en toile à voile ordinaire sont fixées sur la tringle faîtière au moyen de courroies et de cordons, elles sont rattachées au sol par des piquets fichés en terre; le bas de la tente est garnie d'une bande de toile goudronnée. Les faces des pignons en toile grise ordinaire sont posées à la manière de portières, qu'on soulève à volonté pour la ventilation ou pour entrer ou sortir de la tente; notre figure 294 montre le pignon de la tente tel que nous venons de le décrire.

Sous la couverture à voile en toile forte, on en établit une seconde en toile ordinaire qui descend sur les faces latérales en contre-bas de 0m,33 des barres latérales *cc* (fig. 293); cette toile vient se rat-

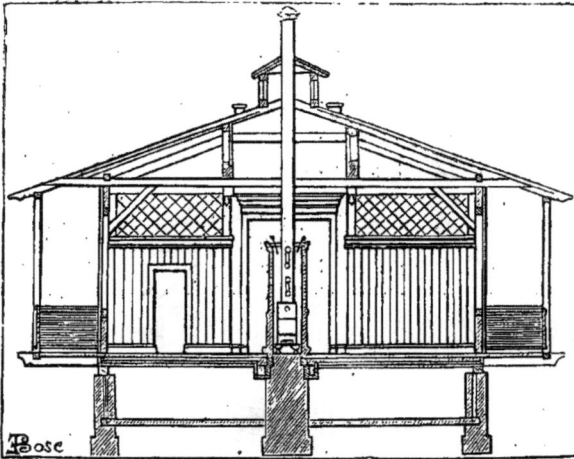

Fig. 298. — *Coupe du Lazaret-baraque de Berlin.*

tacher aux faces latérales pour fermer les ouvertures pratiquées sur la même face; les ouvertures en toile sont retenues de distance en distance par des courroies en cuir; elles servent à la ventilation de la tente, on peut les fermer à volonté par la seconde toile de la couverture pendant la nuit ou en cas de mauvais temps.

A l'aide d'un rideau semblable à ceux des pignons, on forme, à l'une des extrémités de la tente, une petite salle qui sert de chambre aux infirmiers et de dépôt du matériel nécessaire au service. Notre figure 294 montre la tente à doubles parois toute montée; elle est assez grande pour contenir douze lits.

En résumé, une tente telle que nous venons de la décrire et pesant environ 450 kilogrammes, se compose :

1° De deux couvertures de toile ;

2° De trois paires de rideaux en toile à voile ordinaire, deux pour les portières des murs pi-

gnons et la troisième pour la pièce des infirmiers ;

3° De deux pièces de forte toile pour les murs
latéraux ;

4° De l'ossature en fer creux
comprenant (fig. 293), un faitage
a, six arbaletriers bb, portant sur
deux barres de fer articulées à
charnières cc, de trois poinçons
dd, supportant le faitage a ; de
dix barres de fer ee, qui, posées
sur le sol, ont leur partie supérieure taraudée et servent de support aux barres de fer articulées.

En outre, la tente est maintenue par trois cordages avec roi-
disseurs à chaque extrémité, trois
grands piquets ferrés, trente-
deux petits cordages avec roidis-
seurs et trente deux petits piquets
en bois, de quarante-huit petits
piquets qui servent à fixer au sol
les toiles formant les faces latérales de la tente ; enfin, de dix
glands de serrage que l'on visse
à la partie supérieure des montants sur les mêmes faces et de
trois drapeaux dont deux avec la
croix des ambulances et le troisième qui est le drapeau national.

En étudiant l'ossature de ce
genre de tentes à doubles parois
et son économie, il est facile de
se rendre compte du montage rapide de ce système de tente.

De la position des
tentes. Les tentes dans les villes
doivent être placées dans des jardins largement ouverts ou dans
des cours entourées de bâtiments peu élevés. Elles
doivent être distantes les unes des autres d'environ 15 mètres et placées de telle façon que les
courants d'air puissent circuler librement. Leur
orientation doit
être calculée de
façon que le vent
qui règne ordinai-
rement dans la lo-
calité emporte au
loin les miasmes
morbifiques, sans
les rejeter d'une
tente à l'autre. Le
sol doit être solide
et sec, on peut tou-
jours l'assainir au
moyen de gravier
et de sable.

Si les tentes doi-
vent servir longtemps, on doit les déplacer assez
fréquemment, car le sol, quoique souvent balayé
s'imbibe assez rapidement des matières organiques
qui peuvent dégager des émanations préjudiciables à la salubrité du local et par suite aux malades.

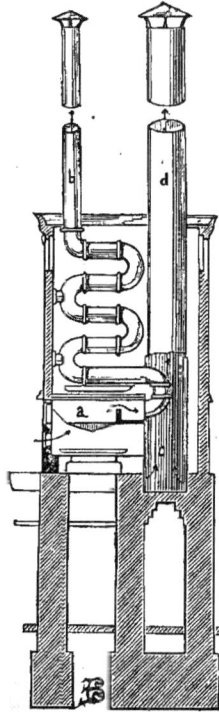

Fig. 299. — Poêle-calorifère.

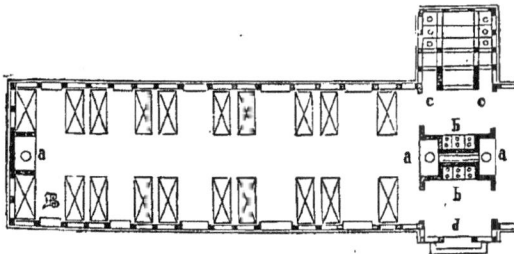

Fig. 300. — Plan d'un baraquement (2e type).

Tentes-baraques. Comme l'indique leur
nom, les tentes-baraques tiennent le milieu entre
la tente et la baraque proprement dite ; nous dé-
crivons un peu plus loin cette dernière.

On distingue deux sortes de
tentes-baraques, l'une qui se rapproche beaucoup de la tente
simple, en diffère seulement par
un toit léger analogue à ceux
qu'on adopte pour les hangars et
les marchés publics. De chaque
côté pignon de ces tentes, il existe
de grandes ouvertures servant
pour la ventilation. Ces ouvertures sont quelquefois protégées
par une sorte d'auvent ; elles sont
fermées par des portières en toile
ou par des lès de même étoffe
qu'on roule comme les stores.
Les faces longitudinales sont
également fermées par des toiles
fixées par le haut à l'aide de li-
teaux de bois cloués sur la toile
et sur la charpente ; on peut relever ces toiles latérales à la
manière de stores à l'italienne ;
notre figure 295 montre un spécimen de ces tentes-baraques et
fait voir un store relevé.

Le deuxième genre de ces tentes ressemble beaucoup plus aux
baraques, puisque la toiture et
les faces latérales sont en planches superposées ou disposées de
toute autre façon. Il entre même
du bois dans la construction des
faces pignons qui soutiennent les
versants des murs goutteraux,
ce n'est que dans le bas de ces
mêmes faces pignons qu'on pose
des rideaux en forme de portières. Notre figure 296
fait voir la disposition de ce genre de tentes-baraques ; dans nos figures 295 et 296 le lecteur
peut voir l'ouverture pratiquée sur le faitage et
qui sert à la ven-
tilation intérieure
de ce genre de ba-
raquement.

Baraques en
bois. Nous em-
prunterons les
quelques types de
baraquement en
bois à la Prusse.

Le Dr Esse, char-
gé par l'adminis-
tration de la guerre
de pratiquer des
essais de baraque-
ments américains, fit construire dans ce but deux
baraques, l'une à l'hôpital militaire de Berlin,
l'autre à la Charité de la même ville. Le plan du
lazaret-baraque de l'hospice de la Charité, à Berlin,
comprend (fig. 297) en a deux poêles calorifères,

dont notre figure 299 montre un ensemble à grande échelle. En *b*, une salle de bains avec deux water - closets ; en *c*, une chambre pour les infirmiers ; en *d*, des galeries couvertes, dans l'une desquelles, celle du fond, on place six lits dans la belle saison.

Notre figure 298 montre la coupe de ce ba-

Fig. 301. — *Baraquement, moitié de l'élévation (2ᵉ type).*

raquement, dans lequel on aperçoit à gauche la porte de la salle de bains, à droite et à gauche les galeries couvertes servant de promenoirs pour les malades ; ces galeries sont protégées par des stores en toile grise. Au milieu de la salle, il y a deux poêles en faïence, qui servent non seulement au chauffage de la salle, mais encore à sa ventilation.

L'air chaud s'échappe de l'enveloppe en faïence par des bouches de chaleur pratiquées d'un côté au milieu de la hauteur du poêle et de l'autre à sa partie supérieure L'air chaud qui se répand dans la baraque et qui s'y est vicié s'introduit dans le vide qui enveloppe la salle, car la baraque est à doubles parois. Cette évacuation s'accomplit par des orifices placés près du plancher ; cet air chaud vicié traverse donc la salle sous le plancher et se rend dans un tuyau d'appel *cd*, qui est enfermé avec le poêle dans l'enveloppe en faïence (fig. 299), ce qui contribue à activer le tirage. Le combustible se trouve dans le foyer *a* ; le tuyau de la fumée *b* est contourné en serpentin. Cette disposition présente donc le double avantage de purifier l'intérieur de la baraque,

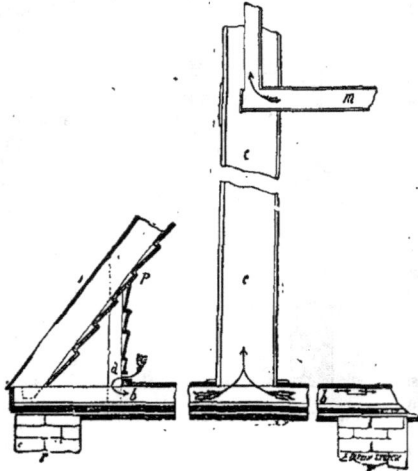

Fig. 302. — *Mode de ventilation d'un baraquement américain.*

et d'en empêcher le refroidissement en l'entourant d'une couche d'air chaud toujours en mouvement. — La toiture de ce baraquement est en ardoise avec triple lattis en planche, afin de rendre plus difficiles les variations de température.

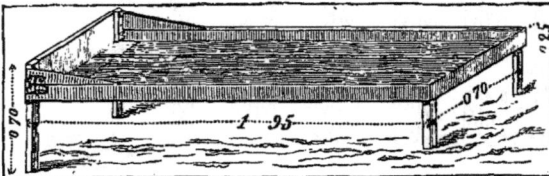

Fig. 303. — *Lit de baraquement.*

Nos figures 300 et 301 montrent un deuxième type de baraquement, dans lequel la ventilation se fait au moyen de vasistas placés dans les portes et les fenêtres. Ce système de ventilation ne vaut pas celui que nous avons décrit précédemment ; mais nous devons ajouter qu'un pavillon pour quarante lits ne coûte environ que 7,800 francs, soit 195 fr. le lit.

Chaque pavillon est élevé au-dessus du sol de trois à quatre marches ; il est isolé. Sa hauteur moyenne est de 4ᵐ,20, ce qui fait que chaque malade a de 28 à 29 mètres cubes d'air, qui se renouvelle d'une manière plus ou moins active suivant la vitesse de l'air extérieur, c'est-à-dire suivant que le vent souffle avec plus ou moins d'intensité.

En *a* (fig. 300), sont les poêles ; en *b*, les fourneaux de cuisine et les tisaneries ; en *c*, les water-closets ; en *d*, la porte d'entrée.

La figure 301 montre la moitié de l'élévation de ce baraquement.

Voici un autre mode de ventilation assez curieux, qui est très usité en Amérique. Sur tout le pourtour du baraquement (fig. 302) on a réservé une canalisation *a* de 0ᵐ,20 environ du niveau du plancher ; elle communique avec l'espace restant libre entre le double plancher *b*. Cet espace communique lui-même avec des cheminées d'appel en tôle *c*, débouchant dans la partie supérieure de la couverture. Dans les cheminées d'appel on fait passer les tuyaux des poêles *m*, dont la chaleur provoque une forte aspiration vers la partie supérieure et rejette au dehors l'air vicié de la salle.

Pour compléter ce qu'il nous reste à dire sur les baraquements, nous ajouterons que le mobilier doit être des plus simples, on emploie génésalement le sapin rouge, car l'odeur résineuse de ce bois éloigne non seulement les insectes des meubles, mais il purifie même l'air des salles. Les tables ont environ 0m,70 de hauteur, les tables de nuit 0m,80 de hauteur sur 0m,45 de largeur; elles sont formées de quatre montants en sapin reliés entre eux par des planches de ce même bois.

Nous ne nous étendrons pas davantage sur le mobilier; nous donnerons cependant (fig. 303) un lit de baraquement, dont la forme, des plus simples, est très commode; nous l'indiquons, afin d'en faciliter la construction à ceux qui voudraient en construire de semblables. — S, B.-B.

*BARATTAGE. Ensemble des opérations qui se font dans la baratte. — V. le mot suivant.

BARATTE. Instrument qui sert à battre le lait ou la crème, pour en retirer le beurre. Connue depuis les temps les plus reculés, elle a dû, depuis sa forme primitive, recevoir de nombreuses modifications, comme tous les objets dont l'usage fréquent entraîne nécessairement les perfectionnements.

C'est ainsi que les instruments actuels sont arrivés à donner des résultats très importants; il n'en est pas moins vrai, que dans tous les concours régionaux et agricoles, les sociétés, les États, décernent encore des récompenses aux meilleurs systèmes de barattes, soumis à leur appréciation.

Il ne sera pas question ici du battage; nous renverrons pour cette opération aux détails donnés au mot beurre, et nous décrirons les principaux systèmes actuellement en usage chez les agricul-

Fig. 304. — *Baratte ordinaire à piston.*

teurs et surtout les éleveurs, tout en tenant compte des instruments employés selon l'importance des exploitations et tâchant, à titre de renseignement, de donner les prix selon les contenances et les rendements que l'on peut obtenir avec chacun d'eux.

En thèse générale, la baratte est construite d'après ce seul principe, qu'il faut pour faire le beurre, agiter en la battant et en la divisant le plus possible, la crème introduite dans un vase clos et maintenu à + 20° en moyenne; de là, l'instrument primitif composé d'un manchon cylindrique en chêne, cerclé de fer, fermé dans la partie reposant sur le sol et dont le couvercle supérieur est mobile pour permettre l'introduction du produit à battre. Dans l'axe de l'appareil existe une ouverture au milieu de laquelle peut se mouvoir le manche d'un piston composé d'une planchette à jeu libre et circulaire, et d'un disque laissant un espace entre ses bords et les parois du manchon; le disque est perforé de place en place.

On élève et abaisse alternativement le piston. C'est là, la **baratte à piston** (fig. 304) que l'on rencontre encore dans les petites fermes de Normandie et qui est la plus ancienne que l'on connaisse. Pour obtenir un beau produit, il faut mouvoir très régulièrement le piston, et n'opérer que sur de petites quantités de crème.

Le barillet est souvent

Fig. 305. — *Baratte normande ou barillet.*

préféré à l'instrument précédent, parce qu'il permet de traiter de plus grandes quantités de matière première, puisqu'il en est qui peuvent recevoir jusqu'à 200 ou 300 litres de liquide; on remplace alors la manœuvre à bras, par un moteur mécanique lequel assure ainsi un mouvement très régulier, toujours indispensable.

Dans les fermes de Normandie, ce procédé est très employé, on y traite à la fois de 50 à 150 litres de crème. Le barillet (fig. 305), dont le nom indique la forme, est monté sur un bâti mobile avec lui, il est percé sur son axe horizontal de

Fig. 306. — Baratte Rowan.

façon à recevoir un arbre de couche garni de palettes échancrées sur leurs bords. Ces palettes battent rapidement suivant le mouvement de l'arbre, et font le beurre bien plus vite qu'avec le premier appareil. L'instrument vaut de 40 à 120 francs suivant sa capacité. Il faut en moyenne 28 litres de lait pour obtenir un kilogramme de beurre.

La baratte écossaise de M. Drummont est construite sur le type de la baratte à piston, mais

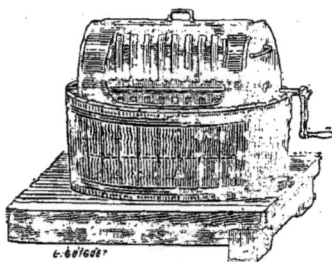

Fig. 307. — Baratte avec bain-marie.

est à double effet. Elle se compose d'une cuve ovale, fermée et séparée dans son axe par une cloison fixe. Des ouvertures sont ménagées à la partie inférieure ainsi que supérieurement, de manière à laisser communiquer le liquide, d'une partie de la cuve dans l'autre. Dans chaque compartiment se meut un piston, lequel peut glisser librement sans toucher aux parois du vase; il reçoit son mouvement d'un balancier qui élève l'un des pistons lorsque l'autre s'abaisse. Par suite de cette manœuvre le liquide se trouve rejeté d'une moitié

de la cuve dans l'autre moitié. Cette baratte donne en peu de temps un bon produit; elle sert surtout en Angleterre, et vaut 44 francs pour une capacité de 9 litres, 100 francs pour 50 litres.

La baratte Rowan (fig. 306) est peu employée, quoique son mécanisme soit simple et avantageux. Elle se compose : 1° d'une cuve ovale partagée par une cloison dans sa partie transversale; cette cloison laisse un espace libre à chaque extrémité; 2° d'un batteur ordinaire placé dans l'un des compartiments, et pouvant être mis en mouvement au moyen d'un pignon commandé par une roue dentée montée sur l'arbre d'un petit volant. Par suite du mouvement produit, le lait est chassé dans le compartiment dépourvu de batteur et tourne très rapidement autour de la cloison pour revenir dans le premier compartiment. On inter-

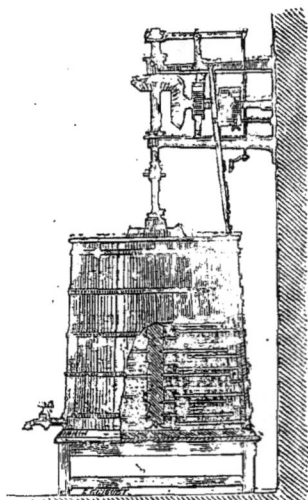

Fig. 308. — Baratte Clyburn, à vapeur.

cepte le passage du beurre en plaçant dans la moitié vide de la cuve et jusqu'au tiers de la hauteur de cette dernière à partir d'en haut, une seconde petite cloison. Le beurre plus léger que l'eau reste à la surface du liquide et est retenu par la cloison, qui, mobile sur des coulisses, peut se hausser ou se baisser suivant le besoin et le niveau du liquide à battre. L'instrument vaut de 25 à 100 francs pour des barattes de 10 à 80 litres de capacité.

Une autre genre de baratte affecte la forme d'un baril, mais est de petit volume, de façon à pouvoir se mettre au bain-marie dans une boîte métallique dont une échancrure reçoit l'arbre où se trouve fixée la manivelle. Cette disposition (fig. 307) permet d'entretenir la température voulue pendant toute la durée de l'opération.

Les barattes flamandes et des Vosges sont construites sur le même principe; le nombre seul des palettes du batteur diffère. Elles sont de quatre dans les premières, de huit dans les barattes des Vosges.

Une des barattes les plus parfaites est la **baratte Clyburn**. Cet instrument (fig. 308) est de forme légèrement conique. En son centre, se meut un axe vertical en bois, garni de deux séries de tiges disposées dans des plans perpendiculaires à l'axe; aux parois internes du réservoir sont placées des séries de tiges semblables, fixes et écartées de telle sorte qu'elles permettent aux tiges du batteur de passer dans leur mouvement entre chacune d'elles. Ce batteur est animé par une force motrice quelconque, et l'opération, vu la rapidité et la division du liquide, donne d'excellents résultats. Cette méthode est à recommander dans les grandes exploitations.

Baratte des ménages. Depuis quelques années, on vend à des prix assez minimes, de petites barattes au moyen desquelles on peut, en peu de temps, préparer soi-même, sur la table, le beurre nécessaire pour un repas. Cette baratte n'est originale que par le moteur qui fait mouvoir le batteur; il consiste, en effet, en une espèce de poulie double autour de laquelle est enroulée une corde dont les extrémités libres sont munies de poignées, et qui tirée alternativement par ces extrémités, produit un mouvement de rotation de droite à gauche, puis de gauche à droite. On est sûr par l'emploi de ce petit appareil, d'avoir ainsi un beurre bien récent et exempt de tout mélange.

On en fait encore de différents modèles, nous ne pouvons les décrire tous, signalons seulement celles qui sont constituées par des cylindres verticaux en verre, dans lesquels tourne un axe muni de palettes percées. On peut avec elles surveiller la fabrication du beurre; le modèle ordinaire vaut 25 francs environ.

BARATTER. C'est agiter le lait dans une baratte, pour faire du beurre.

BARBACANE. 1° *T. techn.* Ouverture étroite et longue en hauteur, que l'on pratique dans les murs de revêtement qui soutiennent des terres, pour ménager une issue à l'écoulement des eaux; on dit aussi *chantepleure*. || **2°** *T. de fortif.* De l'arabe *barbakhanch* (galerie devant une porte). On nommait ainsi au moyen âge un petit tambour crénelé, ayant pour objet de masquer l'entrée d'un château ou d'une forteresse. Par extension, on a donné le nom de barbacanes aux meurtrières des châteaux-forts.

* **BARBANÇON.** Sorte de marbre d'un fond noir moucheté, que l'on extrait dans la commune de Barbançon (Belgique). On le désigne aussi sous le nom de *petit antique*.

BARBE. En *techn.*, on donne ce nom à chacune des saillies placées sur le côté du pêne d'une serrure, sur lesquelles agit le panneton de la clef. || Aux petites inégalités qui restent attachées aux arêtes des pièces de métal et de monnaie. || Aux irrégularités des bords d'une feuille de papier qui

n'a pas été coupée. || Au bois qui excède l'arasement intérieur d'une traverse.

* **BARBÉ, ÉE.** *Art hérald.* Se dit des animaux à barbe; d'une comète, lorsque l'émail de la barbe est différent de celui du corps. || Se dit également pour *frangé*.

BARBELÉ, ÉE. Se dit d'une arme dont le fer est garni de dents ou de pointes, de manière qu'on ne peut les retirer de la plaie sans causer des déchirures.

* **BARBELET.** Outil avec lequel on fait les hameçons.

BARBETTE. *T. de fort. et d'art.* Sorte de remblai qui sert à élever la plateforme sur laquelle doit être placé le canon, de façon que l'on puisse tirer par-dessus le parapet sans être obligé de l'entailler. Autrefois on n'avait recours au tir à barbette qu'exceptionnellement, lorsqu'on voulait avoir un champ de tir horizontal très étendu, c'est pourquoi les barbettes se trouvaient le plus généralement dans l'ancienne fortification aux angles des bastions. Aujourd'hui, au contraire, dans les nouveaux forts, presque toutes les pièces tirent à barbette; on a reconnu, en effet, que depuis que le tir des canons a acquis une si grande précision, on ne pouvait plus songer à tirer les pièces par embrasures. De pareilles ouvertures se détachent, en effet, trop bien sur le ciel, servent de cibles à l'ennemi et sont rapidement démolies, ainsi que tout ce qui se trouve placé en arrière. || *T. de mar.* A bord des navires de guerre, on appelle *batterie barbette*, celle qui, n'étant pas à l'intérieur du bâtiment mais sur le pont des gaillards, n'est pas couverte; les pièces tirent quand même par des embrasures qui sur les navires portent le nom de *sabords*. — V. BATTERIE.

BARBIER. Celui dont le métier est de faire la barbe.

— Il y avait autrefois des *barbiers-chirurgiens* et des *barbiers-perruquiers*.

Les premiers jouissaient, en vertu d'une déclaration royale de 1372, du privilège de fournir des emplâtres et autres médicaments pour guérir les « playes, clouds et autres incommodités. » Dans plusieurs villes ils formaient communauté et leur droit de saigner était sanctionné par lettres-patentes; dans quelques-unes, comme à Carcassonne, ce droit passait même à leurs femmes. Le chef-d'œuvre ne consistait pas seulement à faire une barbe; il leur fallait encore pratiquer une saignée, forger des lancettes, faire la description des veines, connaître les lunes pendant lesquelles la saignée était permise, composer des onguents pour blessures et brûlures.

On les distinguait des perruquiers par le vitrage spécial de leurs boutiques composé de petits carreaux, et la couleur des bassins de cuivre jaune qu'ils avaient pour enseigne. Les perruquiers avaient de grands carreaux, des châssis peints en bleu et des bassins de couleur blanche; le tout à peine de 50 livres d'amende pour Paris et de 10 livres pour la province.

Les uns et les autres étaient placés sous la juridiction spéciale du premier barbier du roi.

En 1659, un édit porte établissement d'une corporation des barbiers, baigneurs, étuvistes et perruquiers de Paris, au nombre de deux cents, distincte de la communauté des barbiers-chirurgiens. Mais cette séparation ne s'étendit aux autres villes du royaume que par une déclaration de 1717, enregistrée au Parlement le 26 janvier 1719.

* **BARBILLE.** *T. techn.* Petite barbe qui reste au flan des monnaies.

* **BARBIN.** *T. techn.* Pièce de l'ourdissoir qui sert à guider le fil.

* **BARBOTEUR.** *T. techn.* Gros tonneau dans lequel un arbre horizontal muni d'ailes opère le mélange de certaines matières qui y sont introduites.

* **BARBOTIN.** *T. de mar.* Couronne en fer, garnie d'empreintes, sur lesquelles engrène la chaîne en passant sur le *cabestan.* On lui donne le nom de *cercle-barbotin* ou *couronne-barbotin* du nom de l'officier auquel est due cette précieuse invention.

BARBOTINE. *T. de céram.* État particulier sous lequel on emploie les pâtes céramiques lorsque l'eau qui la tient en suspension est en trop grande quantité pour conserver à la matière son état *pâteux.* C'est à l'état de barbotine qu'on emploie les pâtes destinées au collage des diverses parties qui constituent un tout. On colle les anses, les becs, en un mot toutes les garnitures saillantes qui complètent ou ornent les pièces de poterie de terre.

La barbotine est la forme sous laquelle il faut employer la pâte pour l'employer par le procédé dit de *coulage.* — V. ce mot.

— On désigne à Limoges sous le nom d'atelier de barbotine, l'atelier des sculpteurs en pâte sur pâte.

* **BARBOU,** famille d'imprimeurs qui remonte au XVIᵉ siècle. Le premier fut JEAN, établi à Lyon; il publia, en 1539, en petit in-8°, une jolie édition des *Œuvres de Clément Marot;* HUGUES, son fils, se fixa à Limoges et publia, en 1581, une belle édition, en caractères italiques, des *Lettres de Cicéron à Atticus.* Le premier des Barbou qui vint s'établir à Paris fut JEAN-JOSEPH, reçu libraire, en 1704, par arrêt du conseil, et qui mourut en 1752. Son frère JOSEPH, imprimeur-libraire en 1717, mourut en 1737, laissant à sa veuve son privilège qu'elle céda, en 1750, à Joseph Gérard, déjà libraire depuis 1746. Il a attaché son nom à la belle *Collection des classiques latins,* que l'abbé Lenglet-Dufresnoy avait eu le premier l'idée de réunir pour suppléer les Elzévirs plus rares de jour en jour. JOSEPH-GÉRARD BARBOU acquit les volumes publiés depuis 1743 et continua la publication en y ajoutant les auteurs latins modernes. En 1789, il céda sa maison à HUGUES BARBOU, son neveu, qui mourut en 1808; ses héritiers cédèrent son fonds à M. Delalain.

BARBOUILLAGE. Action de *barbouiller;* enduit de couleur fait grossièrement à la brosse.

BARBOUILLEUR. Celui qui peint grossièrement à la brosse les portes et les fenêtres, les plafonds, les murailles.

* **BARBOUTE.** *T. techn.* Cassonnade très chargée de sirop. ‖ Gros grains de sucre à refondre.

* **BARBUES.** *T. de fleur.* Surnom des areignes dans les ateliers. Ce sont les petites feuilles allongées qui surmontent le calice.

* **BARBURE.** *T. de fond.* Inégalité sur une pièce fondue qui sort du moule, et qu'il faut réparer au ciseau.

* **BARBUTE.** *Art milit anc.* Partie du casque qui renfermait la barbe, et qu'on appelait aussi *mentonnier* ou *mentonnière.*

BARCELONNETTE. Berceau léger, suspendu et mobile, dans lequel on peut bercer un enfant.

BARD ou **BAR.** *T. techn.* Sorte de grande civière qui sert, dans les chantiers, à transporter les matériaux. ‖ Chariot monté sur roues que l'on emploie, dans les chantiers de construction, au transport, à bras d'hommes, des matériaux d'un certain volume. ‖ *T. de verr.* Chez les verriers, civière sur laquelle ou porte les pots ou creusets pour la fonte du verre; on la nomme *bar à pots.*

* **BARDAGE.** *T. de constr.* Transport, au moyen du bard, des matériaux de construction jusqu'à l'endroit où ils doivent être employés.

BARDE. Ancienne armure défensive faite de lames de fer qui couvrait les membres des guerriers et le poitrail des chevaux de guerre.

BARDÉ. *Art hérald.* Se dit d'un cheval caparaçonné.

BARDEAU. *T. techn.* 1° Ais mince et court dont se servent les couvreurs pour soutenir les tuiles et les ardoises sur les toits. ‖ Dans les appartements, le bardeau sert de support aux carreaux. ‖ 2° *T. d'impr.* Grand casseau dans lequel on déverse le trop plein des casses de chaque caractère. ‖ 3° Petit train de bois.

* **BARDEAUDE.** *T. d'impr.* Expression qui sert à désigner une casse incomplète pour quelques sortes, tandis que d'autres s'y trouvent en abondance. On dit alors qu'elle ressemble à un *bardeau.* — V. le mot précédent.

* **BARDÉE.** *T. de constr.* Ce que contient un bard. ‖ *T. de mét.* Quantité d'eau que l'on met dans une cuve pour faire ou raffiner le salpêtre.

* **BARDELLE.** *T. techn.* Bras du bard. ‖ Sorte de selle faite de grosse toile et de bourre.

BARDEUR. Ouvrier qui traîne les pierres sur un bard ou un chariot dans un chantier de construction; il doit avoir l'habitude de manœuvrer les pierres taillées, de façon à ne point écorner les angles; les bardeurs opèrent ordinairement par *équipe* ou *bretellée* de deux, quatre ou six hommes, sous la conduite d'un *pinceur.*

* **BARDIGLIO.** Sorte de marbre que l'on extrait eu Corse et en Italie: — V. ANHYDRITE, MARBRE.

BARDIS. *T. de mar.* Prolongement intérieur, en planches et calfaté, qu'on fait momentanément aux passavants d'un navire que l'on veut abattre en quille, et pour empêcher l'eau de pénétrer à bord, entre ces passavants, lorsque le pont du bâtiment parviendra à sa plus grande immeraio... On désigne encore par le nom de *bardis* des cloisons établies provisoirement pour séparer diverses sortes de grains embarquées sur un navire de commerce.

* **BARDOT.** *T. de mét.* Se dit, dans certains ateliers, d'un ouvrier sur lequel les autres font peser les corvées les plus rudes, ou qu'ils prennent pour sujet habituel de leurs plaisanteries.

BARÈGE. Étoffe de laine légère et non croisée, dont on fait des robes, des châles et des écharpes.

— Elle tire son nom de Barèges (Hautes-Pyrénées), quoique ce soit plutôt à Bagnères-de-Bigorre qu'on la fabrique.

* **BARETTE.** 1° *T. d'impr. sur étof.* Les planchettes qui garnissent la partie supérieure d'une étente se nomment *barettes*. C'est sur ces pièces de bois, qui ont en moyenne de 3 à 4 centimètres de large, 4 à 5 centimètres de haut sur 5 à 6 mètres de long, que se placent les pièces à sécher. On dispose les barettes de façon qu'il y ait autant de vide que de plein. Quand il s'agit de sécher une étoffe, qui peut facilement être desséchée, on la met sur une barette — on dit alors *sécher en plein*. Quand il y a peu d'air dans l'étente ou que l'aération est difficile, on ne place les pièces que sur trois, quatre ou cinq barettes : on dit alors *sécher sur trois, quatre, cinq barettes*; ce qui implique que l'ouvrier doit laisser trois, quatre ou cinq barettes de libre dans l'opération de l'étendage. || 2° *T. de men. en voit.* Petite barre remplissant en menuiserie les mêmes fonctions que le balustre. || 3° *T. techn.* Pièce de fonte qui, dans un four, ralentit l'activité de la chaleur en modérant la quantité d'air fourni à la combustion. || 4° *T. d'horlog.* Pièce du barillet qui fait adhérer le crochet du ressort à la virole. || 5° *T. de filat.* Petite pièce mobile servant à la formation des grilles d'échardonneuses. Ces pièces ont à peu près la forme d'un barreau de fourneau de machine à vapeur et sont fixées par leurs extrémités sur deux barres de fer cintrées posées parallèlement aux bates de la machine. — V. ÉCHARDONNAGE.

* **BARI.** Nom d'une fibre textile fourni par le *corypha umbraculifera* (Philippines).

* **BARICAUT.** Sorte de petit baril. On écrit aussi *barriquaut*.

BARIL. 1° Petite barrique, petit tonneau, destiné à contenir certaines sortes de marchandises sèches ou liquides, et dont la capacité varie suivant les usages auxquels on l'emploie. Le baril sert généralement de mesure pour la vente de la marchandise qu'il renferme : le baril de savon contient 126 kilogrammes; le baril de poudre contient 50 kilogrammes; il faut 1,000 harengs pour faire un baril. || 2° Réunion de 450 feuilles de ferblanc. || 3° Chevalet ou banc à l'usage des tonneliers. || 4° Petit appareil que les serruriers appellent aussi *tambour* et qui fait fermer une porte.

Baril d'artifice. Sorte de machine infernale employée au XVIIe et XVIIIe siècles pour la défense des brèches. Elle se composait de quatre ou cinq forts barils, traversés par un essieu creux en fer, muni de deux roues. Chaque baril était rempli de grenades, de mitraille, et d'une forte charge de poudre placée au fond; une mèche placée dans l'intérieur de l'essieu mettait en communication les barils. Cette machine était amenée au sommet de la rampe de la brèche; on mettait le feu à la mèche et on laissait rouler le chariot sur les assaillants qu'il couvrait de projectiles et de mitrailles.

Baril foudroyant. Baril de poudre ordinaire cerclé de fer et muni d'une mèche, que l'on précipitait dans les fossés après y avoir mis le feu, pour s'opposer aux travaux d'attaque ou de mine des assiégeants. — V. FEU GRÉGEOIS, POUDRE À CANON.

* **BARILLAGE.** Ce qui concerne la construction des barils.

* **BARILLE.** Nom commun à plusieurs plantes dont les cendres fournissent la soude. Il s'applique aussi à une espèce de soude d'Espagne qu'on employait dans la fabrication du savon avant que l'on eût trouvé l'art de fabriquer la *soude* (V. ce mot). La barille est utilisée également dans la teinture et dans la fabrication du cristal.

* **BARILLERIE.** Art de construire les barils et les barriques. || Atelier du *barilleur*.

BARILLET. 1° Petit baril. || 2° *T. techn.* On désigne sous ce nom, dans les usines à gaz, l'appareil dans lequel le gaz vient barbotter à la sortie des cornues où s'opère la distillation de la houille. C'est dans le barillet que le gaz se débarrasse des parties les plus lourdes des goudrons. || 3° *T. d'horlog.* Cylindre sur lequel s'enroule la corde du poids moteur, dans les horloges. — On appelle aussi *barillet*, dans les pendules et les montres, le cylindre creux qui renferme le grand ressort mettant en mouvement les rouages du mécanisme. Il y a le barillet de la sonnerie et celui du mouvement. || 4° *Hydraul.* Corps de bois arrondi en dedans avec un clapet de bois placé sur le dessus. || Partie de tuyau de plomb ou de cuivre dans laquelle monte et descend le piston d'une pompe. || 5° *T. de filat.* Organe du métier renvideur appelé également *tambourin*, sorte de tambour auquel est attachée l'une des extrémités de la chaîne d'envidage et sur lequel cette chaîne vient s'enrouler durant l'évolution du secteur. — V. RENVIDEUR. || 6° Étui qui contient le cordeau des charpentiers. || 7° Petite boîte en bois, en ivoire ou petit bijou en forme de baril. || 8° Étui de bois renfermant la jauge des cordiers.

* **BARILLEUR.** Ouvrier qui fait des barils; on dit aussi *barrillier*, mais mieux encore *tonnelier*.

* **BARILLON.** *T. techn.* Petit baril en usage dans divers métiers; les potiers s'en servent pour transporter l'eau.

* **BARITE.** — V. BARYTE.

* **BARIUM.** — V. BARYUM.

* **BARLIN.** *T. techn.* On donne ce nom aux nœuds d'une pièce de soie que l'on veut tordre.

*BARLOTIÈRE. *T. techn.* Dans un vitrail, petite traverse de fer du châssis.

* BARNE. Le lieu d'une saline où l'on fait le sel.

* BAROLITE ou BAROLITHE. *Baryte carbonatée.*
— V. BARYUM (MINERAIS DE BARYUM).

BAROMÈTRE. *T. de phys.* (du grec *baros*, poids et *metron*, mesure). Instrument destiné à mesurer la pression que l'atmosphère exerce à la surface du sol. Dans une atmosphère calme et en équilibre, cette pression serait égale au poids de l'atmosphère; en réalité, elle se complique d'influences diverses provenant, soit des vitesses acquises par l'air, soit des changements d'élasticité de cet air dus aux variations de la température ou de la vapeur d'eau qu'il contient.

Dans les temps de perturbations atmosphériques les courbes tracées par les enregistreurs du baromètre accusent non seulement des diminutions ou des accroissements continus et progressifs dans la hauteur de la colonne mercurielle, mais encore des oscillations brusques, ou à très courtes périodes, traduisant des changements correspondants dans la vitesse ou la pression verticale du vent.

D'un autre côté, quand une masse d'air limitée par les couches voisines tend à se dilater ou à se contracter, soit par l'effet d'un changement de température, soit par l'effet d'une variation dans la quantité de vapeur d'eau qu'elle renferme, elle ne peut le faire qu'en changeant ses limites, en refoulant ou appelant les masses environnantes qu'il lui faut ainsi mettre en mouvement. Or, pour mouvoir de l'air en équilibre, il faut exercer sur lui un effort, positif ou négatif suivant le sens du mouvement, et qui changera de signe quand, l'effet étant produit, la vitesse acquise devra être amortie. C'est à cette cause en particulier que sont dues les oscillations barométriques diurnes que les accidents météorologiques de nos climats tempérés masquent d'ordinaire mais qui restent très nets dans les régions tropicales.

Les variations barométriques sont liées d'une manière directe à l'état dynamique de l'atmosphère et servent à nous le faire connaître ou pressentir. Ce dernier lui-même est lié, moins directement il est vrai, à l'état du ciel et à l'apparition des pluies. Le baromètre peut donc fournir, soit au marin, soit à l'agriculteur d'utiles renseignements sur les changements probables du temps. Mais on demanderait à l'instrument plus qu'il ne peut donner si, en se basant sur les indications généralement inscrites sur l'échelle ou le cadran d'un baromètre, on voulait déduire de la hauteur qu'il possède à un moment donné la probabilité du beau ou du mauvais temps, quel que soit d'ailleurs le lieu où on se trouve. Ce sont surtout les changements de la pression constatée qu'il importe de suivre, en fondant ses interprétations sur une connaissance exacte du climat où l'on vit et sur les autres signes du temps qu'on y remarque.

Le baromètre qui remonte à 1643 est dû à l'italien Torricelli. Soupçonnant que l'ascension de l'eau dans les tuyaux des pompes était due à la pression que l'air exerce à la surface de la nappe inférieure, il se dit que, dans ce cas, la hauteur de la colonne liquide soulevée devait être d'autant plus petite que le liquide présenterait un plus grand poids sous le même volume, ou que sa densité serait plus grande. Pour le vérifier, il prit un tube de verre d'environ 1 mètre de long; il le ferma à la lampe à l'une de ses extrémités, le remplit exactement de mercure, puis, plaçant le doigt sur son extrémité ouverte, il le renversa sur un vase plein de mercure. En enlevant le doigt, il vit le métal descendre dans le tube et s'y arrêter à une hauteur équivalente à $0^m,76$, laissant entre sa surface et le sommet du tube un espace vide qu'on nomme *chambre barométrique* (fig. 309).

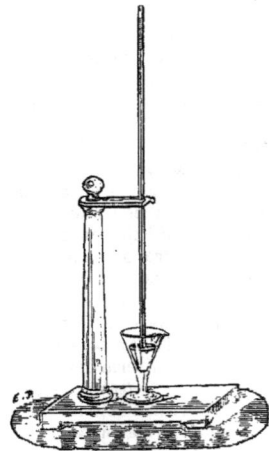

Fig. 309. — *Baromètre de démonstration.*

Cette expérience qui fit alors grand bruit, fut répétée à Paris par Pascal, et à Clermont par Perrier, son beau-frère. Pascal, en s'élevant au sommet de la tour Saint-Jacques, Perrier, en montant sur le sommet du Puy-de-Dôme, constatèrent que la colonne mercurielle baisse à mesure que, s'élevant à une plus grande hauteur dans l'atmosphère, on laisse au-dessous de soi une plus grande épaisseur d'air. Pascal en conclut que le baromètre pourrait devenir un bon instrument de nivellement en pays accidenté. Il reconnut aussi les changements que subit d'un jour à l'autre la hauteur du baromètre en un même lieu, et il constata qu'il existe certaines relations entre ces changements et les changements du temps. Mais il croyait que le baromètre doit se tenir plus haut quand le temps est à la pluie et qu'il devait baisser par le beau temps. L'opinion contraire a prévalu en France et en Europe; mais ni l'une ni l'autre n'est ni absolument, ni partout également vraie. C'est que la pression barométrique est liée surtout à l'état dynamique de l'atmosphère, à la force et à la direction des vents, ainsi qu'à l'étendue, à la nature et au relief des régions sur lesquelles ils s'étendent; et que l'état du ciel dérive de cet état dynamique de l'air suivant une formule complexe changeant avec les temps et les lieux. Pascal n'en a pas moins pressenti les deux ordres de services que nous pouvons demander au baromètre.

Depuis l'invention du baromètre, on a beaucoup changé les formes qui lui sont données, soit dans le but de faciliter sa lecture, soit pour augmenter la précision de sa mesure exacte. D'un autre côté, le baromètre de Torricelli basé sur l'emploi du mercure a été pendant longtemps le seul d'un usage pratique et général. Depuis 1847, l'élasticité

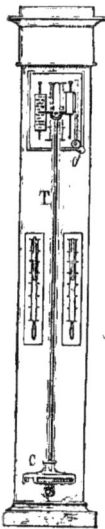

Fig. 310.
Baromètre à cuvette.

Fig. 311.
Baromètre à siphon.

des métaux a été utilisée dans la construction d'une nouvelle classe de ces instruments, et a permis d'en multiplier l'usage presqu'à l'infini.

Baromètre à mercure. D'une manière générale, le baromètre à mercure se compose d'un tube de verre dont le diamètre peut varier de 5 à 30 millimètres, fermé à l'une de ses extrémités, ouvert à l'autre, que l'on a exactement rempli de mercure et que l'on renverse dans une position verticale sur une cuvette renfermant du mercure : c'est le *baromètre à cuvette* (fig. 310) ; d'autres fois le tube, au lieu de rester droit dans toute sa longueur, est recourbé près de son orifice en une courte branche parallèle à la première, et faisant office de cuvette : c'est le *baromètre à siphon* (fig. 311). Dans l'un et l'autre cas, la hauteur de la colonne barométrique s'évalue en mesurant la hauteur verticale du niveau du mercure dans le tube au-dessus du niveau du mercure dans la cuvette ou dans la branche courte et ouverte du siphon.

Une condition, toutefois, doit être exactement remplie. Si nous prolongeons au travers du tube

barométrique le plan horizontal tangent à la surface du mercure dans la cuvette ou dans la branche ouverte du siphon, la pression est la même sur les deux parties du plan. A l'extérieur du tube nous avons la pression de l'atmosphère; à l'intérieur, nous avons la pression de la colonne de mercure augmentée de toute pression qui pourrait s'exercer au sommet de cette colonne et qui s'y produirait inévitablement, si la chambre barométrique renfermait quelque trace d'air ou de vapeur. Cette dernière en diminuant la hauteur du mercure suspendu dans le tube amènerait une cause d'erreur dont il serait d'autant plus difficile de tenir compte, quelle varierait avec la température et avec la pression elle-même. Aussi, les constructeurs de baromètres, après avoir rempli leur tube de mercure pur, ont-ils la précaution d'y faire bouillir le métal pour expulser ainsi l'air et l'humidité qui adhèrent naturellement au mercure et au verre. Pour faciliter cette opération, on souffle à la lampe d'émailleur une ampoule ou renflement à l'extrémité ouverte du tube, afin que le mercure ne soit pas projeté au dehors pendant l'ébullition. Ce tube étant rempli de mercure jusqu'au tiers environ de l'ampoule, on le pose sur une grille inclinée et on entoure son extrémité inférieure, sur une longueur de 10 à 15 centimètres, de charbons allumés. L'air et la vapeur se séparent de la surface intérieure de cette portion du tube et remontent vers les parties supérieures qui s'échauffent elles-mêmes peu à peu. Bientôt l'ébullition du mercure commence et les bulles de vapeur mercurielle montent à leur tour dans la partie supérieure du liquide où elles se condensent. Après quelques minutes d'ébullition, on porte les charbons plus haut, ou on laisse descendre le tube, pour porter l'ébullition dans la partie immédiatement au-dessus de la première. On arrive ainsi progressivement jusque dans le voisinage de l'ampoule. On enlève alors le tube et on le dépose verticalement dans un coin pour qu'il se refroidisse et, en même temps, pour que les parcelles d'oxyde de mercure qui auraient pu se former pendant l'ébullition puissent remonter à la surface. On détache alors l'ampoule après avoir attaqué le verre par un trait fait à la lime, on ferme l'ouverture avec le doigt qui refoule au dehors un peu de mercure en excès, on redresse le tube et on le met en place. C'est ainsi du moins qu'on opère pour le baromètre à cuvette; pour le baromètre à siphon, c'est le siphon lui-même qui sert de réservoir.

Les baromètres à cuvette ou à siphon se distinguent entre eux par la manière dont on mesure la hauteur de leur colonne mercurielle.

Baromètre à cadran. Pour les usages ordinaires, il est commode d'amplifier les mouvements du mercure afin de les rendre visibles à distance. De là est né le *baromètre à cadran*, qui dès le siècle dernier était devenu presqu'un meuble de luxe dans les provinces et qui aujourd'hui est généralement remplacé par les baromètres métalliques, *anéroïdes* ou *holostériques*, qui sont aussi des baromètres à cadran.

L'ancien baromètre à cadran est basé sur le baromètre à siphon dont la petite branche a un diamètre à peu près égal à celui de la grande; quand le mercure monte dans celle-ci, il descend dans celle-là, ou inversement. Sur la surface libre du mercure appuie une petite ampoule de verre lestée par du mercure et portée par un fil de soie qui s'enroule sur une poulie; un petit contrepoids, suspendu à une seconde gorge de la poulie, sert à tendre le premier fil et oblige la poulie à suivre tous ses mouvements. La poulie tournera dans un sens ou dans l'autre au gré des variations du baromètre. On comprend, toutefois, que cette machine doive manquer de sensibilité, à cause

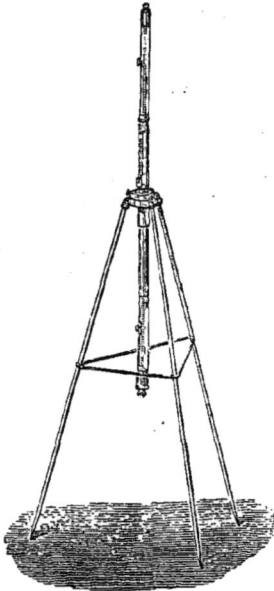

Fig. 312. — *Baromètre. Gay-Lussac et son ancien trépied.*

des frottements de l'axe de la poulie; le choc du doigt est souvent nécessaire pour rectifier ses indications.

Les baromètres, dont le tube et la cuvette sont encastrés sur la face antérieure d'une planche de bois (fig. 310 et 311), ne présentent pas beaucoup plus de précision et sont d'une lecture moins commode. Les vrais baromètres de précision sont ceux du système Gay-Lussac, ou mieux du système Fortin.

Baromètre Gay-Lussac. C'est un baromètre à siphon, dont les deux branches sont de diamètres égaux et qui est logé dans un étui en cuivre que l'on fait porter par un trépied, dont l'usage disparaît peu à peu (fig. 312), ou mieux que l'on suspend à un crochet par son extrémité supérieure, en telle sorte que son poids lui fasse prendre la direction verticale. L'étui de cuivre

porte à chaque bout deux longues fenêtres opposées permettant de voir la colonne de mercure à l'une et à l'autre de ses deux extrémités. L'un des bords de chacune des deux fenêtres du bas et du haut, sur la face antérieure, est denté en forme de crémaillère; l'autre bord porte une échelle millimétrique partant d'un point milieu du tube et marchant vers l'extrémité correspondante. Un curseur mobile à l'aide d'un pignon qui engrène avec la crémaillère, et muni d'un vernier, est affecté à chaque paire de fenêtres. Un thermomètre, dont le réservoir est noyé dans le cuivre de l'étui, sert à donner la température de l'instrument. Ce baromètre très portatif a longtemps servi dans les opérations de nivellement, comme aussi à suivre à poste fixe les variations du baromètre. Dans le premier cas, on le renferme, le siphon retourné vers le haut, dans un étui en cuir muni d'une courroie pour faciliter son transport. Pour s'en servir, on le tire de son étui; on le retourne avec précaution et on le suspend à une vrille plantée dans un arbre ou un volet; on abaisse les deux curseurs de manière que leur plan inférieur paraisse exactement tangent au mercure, puis on abandonne l'appareil à lui-même et à l'ombre pendant quinze à vingt minutes. Quand il a pris son équilibre de température, on lit son thermomètre; on donne avec le doigt ou le crayon quelques coups légers sur le tube pour vaincre les frottements du mercure, puis on vérifie et on rectifie au besoin le pointé des deux curseurs et on note leur position sur la double échelle. La somme de leurs distances au point central donne la hauteur brute de la colonne. Il faut d'abord corriger cette hauteur de l'erreur instrumentale que la comparaison avec un bon baromètre étalon doit toujours avoir fait connaître; puis on cherche dans des tables calculées à l'avance quelle est la correction que la température de l'instrument rend nécessaire pour ramener le baromètre à la température de 0°. Ce que l'on veut mesurer, c'est, en effet, la *pression* de l'atmosphère ou son équivalent, le poids de la colonne mercurielle, lequel est égal au produit, hd, de sa hauteur h par sa densité d. Pour que le produit $ha = h_0 d_0$ puisse être mesuré proportionnellement par un seul terme, il faut que le second terme soit constant; aussi, à la hauteur h correspondant à la température t et à la densité d de l'observation, doit-on substituer la hauteur h_0 correspondant à la densité constante d_0 du mercure à la température fixe de 0°. h_0 est plus petit que h quand la température t est plus élevée que 0° et les tables donnent la différence qu'il faut, dans ce cas, retrancher de h pour avoir h_0. Par des froids au-dessous de 0°, la différence devrait être ajoutée

Baromètre de Fortin. Le baromètre de Fortin est plus lourd que le baromètre de Gay-Lussac, tout en restant transportable; mais, par contre, il est plus facile à nettoyer et à réparer en cas d'accident. Il est généralement préféré aujourd'hui.

C'est un baromètre à cuvette, mais dont la cuvette a un fond mobile, que l'on peut soulever ou abaisser à volonté de manière que le niveau du mercure qu'elle contient puisse affleurer exactement au niveau d'une pointe d'ivoire qui sert de point de départ aux divisions de l'échelle. La gaine de cuivre qui entoure le tube barométrique porte une seule paire de fenêtres laissant voir la colonne mercurielle, et un seul curseur avec son vernier. L'aspect général du baromètre est représenté figure 313, qui donne un exemple de l'installation d'un baromètre d'observation à poste fixe; les détails de sa cuvette sont donnés par la coupe de l'instrument figure 314.

Cet instrument sert, soit aux observations faites à poste fixe, soit, en voyage, aux opérations géodésiques en pays accidentés.

Fig. 313.

Baromètre de Fortin
et son support.

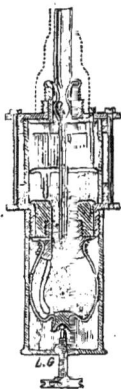

Fig. 314.

Coupe de la cuvette
du baromètre de Fortin.

Pour s'en servir, dans ce dernier cas, on le suspend, comme le baromètre de Gay-Lussac, par l'anneau qu'il porte à son extrémité supérieure. On commence par régler, au moyen de la vis placée au-dessous de la cuvette le niveau du mercure de cette cuvette. Dès que la pointe plonge dans le mercure, la surface de ce dernier est déformée et l'image d'une ligne droite réfléchie dans le voisinage de la pointe y forme autour de celle-ci un ombilic très facile à distinguer. On abaisse le mercure jusqu'à ce que toute trace de cet ombilic soit sur le point de disparaître. L'affleurement peut se faire ainsi à un centième de millimètre. On met alors le curseur de telle sorte que le bord supérieur de son échancrure soit tangent à la surface du mercure dans le tube; puis on abandonne l'appareil à lui-même et à l'ombre pendant quinze à vingt minutes, afin

qu'il prenne la température du lieu où il est placé. Cette précaution nécessaire en voyage ne l'est plus pour un baromètre placé à poste fixe. Alors on commence par lire le thermomètre; on donne au tube quelques petits coups avec l'ongle; on vérifie et on rectifie au besoin l'affleurement à la pointe de la cuvette; on vérifie ensuite, et on rectifie, s'il y a lieu, la position du curseur du tube et on lit la position du vernier de ce curseur. On a ainsi la hauteur brute du baromètre qu'il faut ensuite corriger de l'erreur instrumentale, puis ramener à 0°, au moyen de la correction de température fournie par les tables.

Quand on veut transporter un baromètre Fortin, on soulève le fond mobile de la cuvette de manière à chasser l'air de cette cuvette et à remplir presqu'entièrement de mercure la chambre barométrique; on incline alors doucement l'instrument de manière que le mercure vienne frapper le sommet du tube. Il se produit alors un bruit sec, argentin, auquel on reconnaît que la chambre ne contient pas d'air, puis on achève le renversement de l'instrument qu'on introduit par le sommet dans son étui de cuir. Le réservoir est alors en haut, et c'est dans cette situation qu'on le transporte.

Le baromètre est particulièrement indispensable au navigateur qu'il prévient des changements du temps; mais le baromètre à mercure ordinaire ne pourrait lui rendre aucun service à cause de la mobilité de la colonne mercurielle toujours en mouvement sous l'influence du roulis ou du tangage du bâtiment. Pour éviter cet inconvénient, le tube des baromètres marins est terminé à son extrémité inférieure par une pointe fine qui, tout en permettant à l'équilibre général du mercure de s'établir entre les deux parties de l'instrument, amortit les oscillations qui rendraient toute lecture impossible. La suspension à la Cardan, inutile sur terre, est également indispensable en mer afin de maintenir la verticalité de l'instrument malgré les mouvements du navire.

Baromètres métalliques ou **holostériques**. Les baromètres à cadran et à mercure sont d'un transport souvent difficile; ils sont d'ailleurs très fragiles et c'est un des principaux obstacles à leur diffusion. Les baromètres métalliques le sont au contraire fort peu; ils sont très maniables, très peu volumineux et d'un prix peu élevé, aussi est-ce par dizaines de mille que l'industrie parisienne les livre annuellement au commerce.

Baromètre de Vidi. C'est le plus répandu. Il se compose d'une boîte circulaire très aplatie, dont les deux fonds sont formés de deux lames minces de métal blanc, dit *melchior*, gauffrées circulairement autour de leur centre, afin de les rendre plus flexibles. Une coupe en est représentée figure 315. Le vide est fait dans l'intérieur de cette boîte, non pour la rendre plus sensible aux variations de la pression extérieure : on irait ainsi à l'encontre du résultat cherché; mais afin que les changements de température n'aient aucune influence sur l'élasticité du gaz intérieur et ne puissent lui faire prendre une part variable dans l'équilibre de la pression extérieure. Le vide toutefois n'est pas complet et nous en dirons la raison tout à l'heure. D'un autre côté, la boîte n'est pas, à elle seule, chargée d'équilibrer la pression extérieure; le centre de l'une de ses tables est fixé au fond de la caisse de cuivre qui renferme tout l'appareil; le centre *m* de l'autre table est soutenu par un ressort d'acier R fixé par son autre extrémité à la même caisse. L'élasticité du métal blanc et celle du ressort d'acier interviennent donc chacune pour sa part. Les déplacements que le ressort éprouve sous l'action de la variation barométrique sont transmis au moyen de leviers coudés *l* et *t* et d'une chaîne de montre jusqu'à la petite poulie fixée sur l'axe

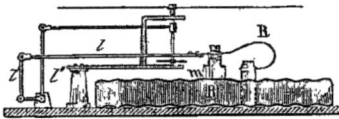

Fig. 315. — *Coupe du baromètre Vidi.*

Fig. 316. — *Baromètre Vidi vu de face.*

de l'aiguille du cadran. L'appareil vu de face est représenté figure 316.

L'expérience démontre que l'élasticité des métaux faiblit à mesure que leur température monte; il en résulte que si le vide absolu pouvait être fait dans la boîte Vidi, le métal fléchirait davantage pour une même pression par une température élevée que par une température basse. C'est un défaut que présentent beaucoup de baromètres métalliques. On peut le corriger en laissant dans la boîte un poids d'air calculé de telle sorte que son accroissement d'élasticité par la chaleur vienne au secours de la diminution de résistance du ressort et la *compense*.

Le grand avantage du baromètre Vidi tient à la rigidité des pièces qui le composent. Les chocs, les déplacements brusques, et par suite les oscillations des navires ont presque sans action sur son aiguille. Cette qualité le rend essentiellement propre à la mer; mais elle a sa contre-partie. Les déplacements du ressort d'acier sont renfermés dans de très étroites limites; pour les rendre sensibles il faut les amplifier au moyen d'un levier coudé dont le petit bras est très court. Le plus

faible déplacement des points d'appui change donc d'une manière sensible le rapport des longueurs des leviers et altère la justesse de l'instrument; et le mode de transmission adopté généralement ne donne pas une garantie suffisante de la fixité de ces points d'appui.

Le zéro des baromètres Vidi est sujet à changer, soit avec le temps, soit par suite d'un transport peu ménagé. A l'arrière de la boîte de cuivre qui renferme l'instrument se trouve une vis d'acier destinée à le rectifier. En tournant cette vis dans un sens ou dans l'autre, on peut avancer ou reculer l'aiguille indicatrice et faire coïncider son indication avec celle d'un bon baromètre à mercure, servant de terme de comparaison.

Fig. 317.

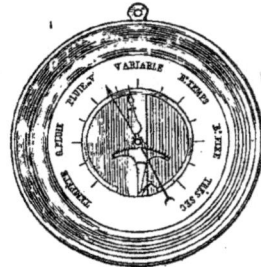

Fig. 318. — *Baromètre Bourdon.*

Baromètre Bourdon. Ce baromètre également métallique est fondé sur un principe tout différent. Un tube en forme de ruban creux *abc*, en cuivre mince et fortement écroui, est enroulé en forme de cercle presque complet. Ce tube est fixé en son milieu *b* sur sa monture; il est fermé à ses deux extrémités; le vide y est presque complet, comme dans le baromètre Vidi et pour la même raison. Dans ces conditions, si la pression exercée par l'atmosphère sur ses deux tables concave et convexe vient à augmenter, ces deux tables se rapprochent; et comme leur longueur absolue n'est pas changée, leur courbure générale augmente et les deux extrémités libres se rapprochent. Dans le cas contraire, l'élasticité du métal écarte les tables, diminue la courbure du tube et éloigne l'une de l'autre ses deux extrémités libres. Pour transmettre ce mouvement à l'aiguille, les deux extrémités du tube sont reliées par deux bielles *l* et *l'* aux deux extrémités d'un levier qui fait corps avec une portion du cercle denté *r* qui engrène avec un pignon *p* dont est muni l'axe de l'aiguille. Ici les leviers sont relativement grands et leurs points d'appui ne changent pas ; mais la grande flexibilité du tube donne à l'aiguille une mobilité qui, sur mer, devient un inconvénient réel (fig. 317 et 318).

Baromètre balance. Le baromètre balance, inventé vers 1680, par Samuel Morland, consiste en un baromètre à cuvette que l'on suspend à l'un des bras d'une balance et qu'on équilibre à l'aide de poids ordinaires placés dans le bassin suspendu à l'autre bras. On pèse donc directement et à la manière ordinaire la pression atmosphérique.

Ce baromètre a été modifié par le P. Cecci, qui en a fait un enregistreur, lequel a été repris ensuite par le P. Secchi. Renflons la partie inférieure du tube barométrique de manière à donner à sa paroi solide, une section égale à celle de la cavité intérieure et cylindrique de ce tube, et équilibrons-le une fois pour toutes au moyen d'une tare placée à l'extrémité opposée du fléau de balance qui le tient suspendu. Dans ces conditions, si la colonne barométrique monte par exemple de cinq millimètres, le tube deviendra plus lourd ; il descendra ; mais à mesure, le tube plongeant davantage dans la cuvette, y développera une poussée verticale croissante. Lorsque le tube aura exactement descendu de 5 millimètres, il aura déplacé dans la cuvette un volume de mercure précisément égal à celui qui se sera surélevé dans le tube, en sorte que le niveau du liquide dans la cuvette sera exactement à son point primitif ; de plus, l'accroissement de la poussée verticale sera précisément égal à l'accroissement de poids du mercure soulevé dans le tube : l'équilibre sera rétabli. Par cette disposition le tube barométrique marchera dans le sens inverse de la pression mais de quantités égales, et si l'on met une aiguille à l'extrémité opposée du fléau, cette aiguille marchera comme la pression agrandie dans une proportion variable à volonté. De là au *baromètre enregistreur* ou *baromètrographe*, il n'y a qu'un pas. Il suffit de placer un cylindre à proximité de l'aiguille, d'imprimer au cylindre un mouvement de rotation régulière et continue au moyen d'une horloge et de disposer, soit l'aiguille, soit la surface du cylindre, de telle sorte que la première laisse la trace de son passage à la surface du second. Mais d'autres dispositions ont été appliquées au même objet. — V. BAROMÉTROGRAPHE.

APPLICATION DU BAROMÈTRE AU NIVELLEMENT. Dans les conditions ordinaires de température et de pression, la densité de l'air est environ 10,000 fois plus faible que celle du mercure. Si donc on monte de 10 mètres, la pression diminuera du poids de la couche qu'on laisse au-dessous de soi et le baromètre descendra d'une quantité équivalente en poids, c'est-à-dire 10,000 fois plus faible en hauteur, soit de 1 millimètre. Toutefois, ce rapport de 10,000 à 1 change, comme

la densité de l'air, avec la température, avec l'humidité, avec la pression ; en sorte que si l'on mesure simultanément les hauteurs *h* et *h'* du baromètre en deux stations différentes, la différence *h h'* de ces deux hauteurs sera liée par une formule complexe à la différence d'altitude des deux stations. Cette formule a été établie par Laplace ; ses coefficients numériques ont été calculés théoriquement, puis légèrement modifiés par l'expérience. Elle suppose l'atmosphère en repos et la pression atmosphérique égale seulement au poids de l'atmosphère, double condition qui n'est jamais complètement réalisée. Il est donc nécessaire de choisir ses heures et ses jours d'opération quand on veut obtenir un très haut degré d'exactitude et l'expérience a démontré, en effet, qu'on peut, avec le baromètre, mesurer des altitudes avec une précision comparable à celle que donne le nivellement géométrique ; mais la précision diminue à mesure que les stations comparées sont plus écartées l'une de l'autre, que l'atmosphère est moins équilibrée et que ses conditions thermométriques s'éloignent davantage de l'état normal.

La formule qui donne la différence d'altitude de deux points d'après les hauteurs du baromètre qu'on y a observées en un même moment, ainsi que d'après les températures de l'air et son degré hygrométrique, nécessiterait des calculs assez longs. Ces calculs faits à l'avance ont donné lieu à des tables qui sont imprimées chaque année dans l'*Annuaire du bureau des longitudes*, auquel nous renvoyons le lecteur.

APPLICATION DU BAROMÈTRE A LA NAVIGATION. En mer l'altitude est invariable et cependant le baromètre y change avec la région traversée. En moyenne, le baromètre se tient vers 760 millimètres dans la région équatoriale ; il monte peu à peu dans la région des alizés et jusqu'à leur limite tropicale ; il atteint 767 millimètres ou 768 millimètres entre les 25e et 35e degrés de latitude nord à la surface de l'Atlantique ; puis, au delà, il baisse de nouveau et, vers le 50e, degré il se tient en moyenne vers 756 millimètres. C'est le résultat de la circulation générale de l'atmosphère qui est ascendante à l'équateur, descendante vers les tropiques, et qui tend à porter constamment dans l'Est aux latitudes un peu élevées. En dehors de ces changements réguliers que la moyenne connaît, le baromètre varie d'un jour à l'autre sous l'influence des accidents météorologiques et des perturbations incessantes qui se produisent en quelque point de l'atmosphère pour se propager au loin suivant des lois généralement connues. Les oscillations barométriques n'ont point partout la même valeur. Dans nos parages, le baromètre peut descendre de 25 à 30 millimètres avant d'annoncer le voisinage d'une tempête ; dans les régions intertropicales, une baisse de 2 ou 3 millimètres éveille déjà l'attention du marin. En s'aidant de la direction du vent, de l'état de la mer et du ciel, il voit sur son instrument l'existence d'une tempête en mer, sa position, la vitesse avec laquelle elle s'approche où s'éloigne. Il en tire des indications sur les manœuvres à faire pour utiliser cette tempête, pour l'affronter ou pour la fuir.

APPLICATION DU BAROMÈTRE A LA VIE CIVILE. Si, en mer, la direction et la force du vent sont l'élément essentiel à connaître, sur terre et dans les conditions ordinaires de la vie, c'est la température et l'état du ciel qui nous intéressent le plus : ce sont eux, en particulier, qui règlent la marche des cultures et le rendement des récoltes. On a souvent à prévoir les changements de temps probables; pour cet usage, le baromètre est d'un grand secours à ceux qui savent l'interroger. Ici, encore, c'est moins sa hauteur à un moment donné que son allure qu'il importe de suivre, concurremment avec la direction du vent et l'aspect du ciel. Ce n'est ni la pluie ni le beau temps qui influent directement sur sa hauteur; ce sont les mouvements d'une atmosphère plus ou moins troublée et la direction dans laquelle marchent les courants atmosphériques. Mais dans chaque pays l'état du ciel est lié à ces mouvements. Dans la plus grande partie de la France, un baromètre en baisse graduelle et continue accuse l'arrivée des vents marins humides ou pluvieux; mais la pluie peut être précédée par de belles et chaudes journées. Un baromètre montant d'une manière graduelle, marque l'éloignement de ces mêmes vents marins, et leur remplacement par des vents des régions du Nord ou Nord-Est, avec retour du beau temps; mais ce retour doit être précédé par des pluies.

En toute saison, l'Europe est sans cesse traversée dans le sens général de l'ouest à l'est par des chapelets de bourrasques, dont la trajectoire assez étroite peut osciller des côtes septentrionales de l'Afrique jusqu'au de là du cap Nord à l'extrémité de la Norwège. Si cette trajectoire est établie au loin dans le nord de la région que nous habitons, le baromètre se tient élevé, les vents soufflent des régions Nord-Est, le beau temps est stable; si elle s'abaisse vers nous, le temps redevient variable. Chaque bourrasque est précédée d'une hausse barométrique. Déjà la baisse reparaît, que le ciel devient clair et chaud; mais bientôt la pluie survient suivie de temps frais avec vent des régions Nord-Ouest, et ces changements se succèdent à des intervalles variant de deux à cinq ou six jours.

En été les orages arrivent le plus souvent par un baromètre moyen. — M. D.

BAROMÉTROGRAPHE. *T. de phys.* Baromètre muni d'un appareil destiné à inscrire automatiquement, d'une manière continue ou à des époques rapprochées, les valeurs successives de la pression atmosphérique. Cet appareil a reçu des formes très variées et généralement très ingénieuses.

Une des solutions les plus remarquables de ce problème a été donnée par M. Théorell, dont l'instrument figurait à l'Exposition universelle de 1867. Cet instrument imprime en chiffres la hauteur du baromètre de 10 en 10 ou de 15 en 15 minutes. C'est l'électricité qui est le moteur des roues des types chargés de l'impression. Le courant est produit par l'immersion d'un fil de platine dans le mercure de la petite branche d'un baromètre à siphon; il est interrompu par la sortie du platine du liquide conducteur. Ce platine est d'ailleurs entraîné a des époques déterminées par un mouvement d'horlogerie. Là est le point faible du barométrographe de M. Théorell.

Le barométrographe de M. Riesselberg fonctionne également par l'électricité et avec l'aide d'un plongeur; mais au lieu d'imprimer en chiffres la hauteur du baromètre, il grave cette hauteur sur une plaque de cuivre au moyen d'un trait buriné dont la longueur lui est proportionnelle.

Fig. 319. — *Baromètre enregistreur de M. Redier*

L'emploi du plongeur donne lieu à une incertitude qui peut aisément atteindre deux ou trois dixièmes de millimètres.

Les barométrographes français et italiens sont généralement fondés sur des principes différents. Un des plus recommandables par son prix peu élevé et par son procédé d'enregistrement, sinon par sa précision, est celui de M. Redier dont nous donnons un dessin figure 319. Le baromètre employé est un baromètre à siphon, porté sur une planchette A, pouvant monter ou descendre sous l'influence de deux mouvements d'horlogerie renfermés dans la même monture CD. Le mouvement C, muni d'un balancier ordinaire, marche d'une manière continue et tend à faire monter la planchette A et son tube barométrique. Dans le mouvement D, le balancier est remplacé par un volant, tantôt à l'arrêt, tantôt libre. Quand le volant est libre, le mouvement D tend à faire descendre la planchette avec une vitesse double de celle avec laquelle C la fait monter; et comme alors les deux mouvements C et D fonctionnent ensemble, il en résulte que la planchette descend comme elle monte quand C marche seul.

Sur la surface libre du mercure de la branche ouverte appuie un flotteur surmonté d'une mince tige de fer, sur lequel repose un levier horizontal terminé par un petit crochet d'acier placé au-dessus du volant. Supposons que la hauteur de la colonne barométrique vienne à augmenter, la surface du mercure descendra dans la branche ouverture; le flotteur et le crochet descendront; le volant sera arrêté; le mouvement C fonctionnera seul et la planchette A montera, faisant en même

temps monter le flotteur et le crochet. Il arrivera donc un moment où le volant deviendra libre. Le mouvement D se mettant alors en marche fera descendre la planchette et son baromètre jusqu'à ce que le crochet arrête de nouveau le volant. Le niveau absolu du mercure dans la petite branche du baromètre oscillera donc dans de très étroites limites autour d'une position fixe, et les mouvements de la colonne barométrique se traduiront par des mouvements correspondants de la planchette A. Or ces derniers sont reliés à ceux d'une grande poulie extérieure E sur la gorge de laquelle s'enroule un fil de soie qui se replie sur une petite poulie dans une direction parallèle à une tringle de fer H, et se termine verticalement à un poids tenseur P. Ce fil, dans sa partie horizontale, est pincé par un porte-crayon appuyant sur une

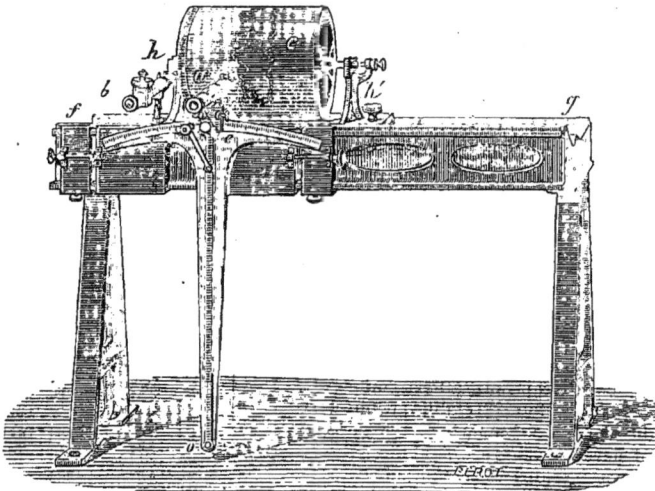

Fig. 320. — *Barométrographe de Breguet.*

feuille de papier qui se déroule d'un cylindre G mis en mouvement par un troisième mouvement d'horlogerie F. C'est donc, en résumé, ce crayon qui trace sur le papier la courbe figurative des variations du baromètre.

Pour donner moins de poids au baromètre, on le forme généralement d'un tube étroit renflé dans sa partie supérieure, où arrive la colonne de mercure, et dans la partie inférieure où se trouve le flotteur. C'est là une disposition vicieuse qui a pour effet de rendre l'instrument presque aussi sensible aux changements de la température qu'un baromètre ordinaire. Le tube doit avoir même diamètre dans toute sa longueur, sauf dans sa courbure inférieure; on allège son poids au moyen de deux contre-poids B et B'. Le baromètre Redier donne les variations du baromètre à un ou deux dixièmes de millimètre près, ce qui est généralement suffisant pour les stations météorologiques; mais on peut aller plus loin avec le baromètre balancé.

M. Bréguet a construit un barométrographe encore plus simple, en y employant le baromètre Vidi (fig. 320). La boîte baroméir.que est quadruple pour obtenir plus d'élasticité dans le métal qui la compose; elle est comprise entre un support fixe et une lame de ressort e qui traduit par ses inflexions les variations de la pression. Les déplacements de e se transmettent en se multipliant à l'extrémité d'une aiguille ab chargée de les enregistrer. Mais comme ici la force motrice est très faible, le crayon ne peut plus être employé. On fait usage d'un cylindre recouvert d'une feuille de papier que l'on noircit à la flamme d'une bougie. L'extrémité de l'aiguille b trace donc une ligne très fine en blanc sur fond noir. Une seconde aiguille fixe non indiquée dans la figure, trace en même temps une ligne de repère au bas du cylindre et y marque au besoin les heures. Une horloge ordinaire met en mouvement le cylindre c. Ce baromètre donne de bons résultats quand l'air qui est laissé dans la boîte D est en quantité convenable pour compenser l'action de la température sur les pièces métalliques.

Les véritables enregistreurs de précision sont fondés sur le baromètre balance. Dans les enregistreurs des PP. Cecci et Secchi, c'est le tube barométrique lui-même qui est porté par le fléau de la balance; la cuvette était fixe. L'enregistrement a lieu à l'aide d'un crayon sur du papier quadrillé. Pour augmenter la force motrice sans augmenter le poids proportionnellement, la chambre barométrique est faite d'un tube de fer large tandis que le corps du tube est d'un diamètre plus étroit. Le cylindre plongeur situé à la base de ce tube a d'ailleurs une section pleine égale à

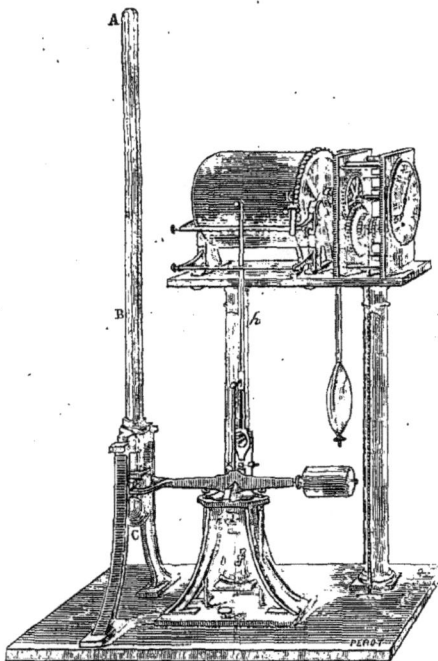

Fig. 321. — *Baromètre enregistreur de Montsouris.*

la section vide de la chambre barométrique. Dans ces conditions, le tube barométrique descend ou monte exactement de 1 millimètre quand la hauteur barométrique monte ou descend de 1 millimètre. Si la distance du crayon au couteau central de la balance est double ou triple du bras qui porte le baromètre, l'enregistrement multiplie par 2 ou par 3 les variations de l'instrument.

Dans le baromètre de M. Crova, le tube n'a pas de plongeur qui compense par la poussée du mercure de la cuvette les variations de poids du baromètre. Cet office est attribué à un contrepoids placé au-dessous du fléau qui devient un véritable peson de précision. L'aiguille destinée à l'enregistrement est complètement libre; mais toutes les minutes ou toutes les cinq minutes un levier mu par l'électricité la prend dans sa posi-

tion et la pousse sur une feuille de papier sur laquelle elle marque sa trace. Cette feuille de papier forme une longue bande qui passe d'un cylindre à un autre mû par un mouvement d'horlogerie ou par un encliquetage électrique. L'enregistrement peut donc se continuer aussi longtemps qu'on veut en l'absence de l'opérateur.

Dans le baromètre enregistreur de l'Observatoire de Montsouris (fig. 321), le tube barométrique A B a même calibre dans toute sa longueur afin d'éviter les corrections dues aux variations de température. Mais comme son poids devient alors très lourd, il est fixe, et c'est la cuvette C qui est portée par la balance. Cette cuvette monte ou descend comme la hauteur barométrique elle-même. L'aiguille *h* est terminée par une pointe d'acier très fine qui appuie sans interruption sur un papier enroulé sur un cylindre et noirci au noir de fumée; elle y trace une ligne très fine accusant toutes les variations les plus délicates du baromètre. Une seconde aiguille fixe *k* trace

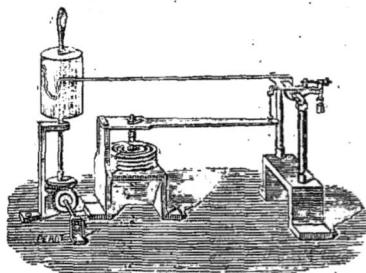

Fig. 322. — *Appareil micrométrique de Montsouris, servant au relevé des courbes barométriques.*

la ligne de repère et marque les heures; elle a été remplacée par une autre aiguille d'un électroaimant remplissant le même office avec plus de précision, et servant, de plus, à marquer les heures. La courbe est ensuite relevée sur le cylindre même au moyen d'un appareil micrométrique (fig. 322). Après quoi, la feuille est enlevée du cylindre, trempée dans une faible dissolution alcoolique de gomme laque qui fixe le noir de fumée, séchée et mise en portefeuille. Cet instrument donne la variation du baromètre à 4 ou 5 centièmes de millimètre.

* **BAROMOTEUR**. *T. de méçan.* Appareil qui permet de combiner la force résultant de la pesanteur de l'homme et celle qu'il peut déployer avec les muscles de ses bras.

* **BAROSCOPE**. *T. de phys.* (de *baros*, pesanteur, *kopien*, examiner); instrument destiné à vérifier le principe d'Archimède dans le cas des fluides gazeux. Il se compose d'une balance portant, au lieu des plateaux, deux boules ou sphères en cuivre d'inégal volume. On arrange l'appareil de telle manière qu'à l'air, la grosse sphère fasse équilibre à la petite. On le place ensuite sous le récipient de la machine pneumatique, on fait le

vide et bientôt l'équilibre est rompu, la balance penche du côté de la plus grosse boule. Si la grosse boule a, par exemple, un volume de 1 décimètre cube ou 1 litre, elle perd dans l'air 1 gr. 3 de son poids; si la petite boule a un volume de 1 centimètre cube, elle ne perd que 1 millimètre 3. Dans le vide, les deux boules n'étant plus soumises à la poussée de l'air ne perdent rien et, par conséquent, la boule la plus grosse entraîne la plus petite.

* **BAROTROPE**. Sorte de véhicule à pédales accouplées au moyen desquelles l'homme imprime avec ses jambes le mouvement aux roues.

— Ce genre de voiture a été inventé, en 1858, par M. Salicis, répétiteur à l'École polytechnique.

***BARPOUR** ou **BARPOOR**. Etoffe. On donne le nom de barpour à l'alépine de bonne qualité. C'est une étoffe, ordinairement noire, à chaîne soie et trame laine.

— Les principales fabriques de barpour sont à Amiens et en Saxe. Dans le nord de l'Europe, cette étoffe n'est guère employée que par les femmes, et l'on en vend beaucoup pour vêtements de deuil; mais en Espagne et dans toutes les anciennes colonies espagnoles de l'Amérique du Sud, les hommes et les femmes de la classe aisée s'en servent indifféremment, et l'on en confectionne des pantalons, des gilets et des vestons pour les hommes; des robes, des tuniques et des manteaux pour les dames. Le barpour a ordinairement 1m,20 de largeur.

* **BARQUE**. 1° Grande cuve carrée, en cuivre, en usage chez les teinturiers en soie; on la fait aussi en terre réfractaire vernissée, mais par l'usage, les acides des bains attaquent le vernis et laissent à nu la terre au travers de laquelle l'eau s'infiltre.

La barque sert aussi pour les teinturiers en laine ou en coton. Cet appareil a subi de nombreuses modifications depuis quelques années. Ainsi, au lieu de chauffer à feu nu c'est-à-dire d'avoir un foyer sous la barque elle-même, on y a introduit un jet de vapeur, puis on a encore modifié l'appareil et on l'a établi à double fond, de façon que le bain de teinture ne s'altère pas par l'effet de l'eau de condensation de la vapeur destinée à chauffer le bain (fig. 323).

D'autres modifications ont encore eu lieu et parmi les plus importantes, nous signalerons

seulement la barque à teindre de M. Corron, de Saint-Etienne (fig. 324).

Divers systèmes analogues, entr'autres celui de Hauboldt à Chemnitz (Saxe) et d'autres ont été préconisés, mais celui que nous indiquons paraît réunir les derniers perfectionnements et les *desi-*

Fig. 323. — *Barque à double fond.*

derata de la pratique. L'appareil Corron permet de sortir et d'entrer les écheveaux à teindre, d'une façon mécanique, très régulière et qui, outre l'économie incontestable de main-d'œuvre, facilite considérablement le travail.

Barque. 2° Nom générique des bateaux qui ont peu de capacité, pontés ou non pontés, ayant un ou trois mâts, et qui servent sur mer à la pêche, au cabotage, à charger et à décharger les navires, au transport des marchandises et des munitions; et, sur les rivières, au transport, à la promenade, à la pêche, etc. ‖ 3° Bassin de forme carrée dont se servent les brasseurs.

***BARQUETTE**. Petite embarcation. ‖ Sorte de vase dans plusieurs métiers.

***BARQUIEU**. *T. techn.* Réservoir en briques ou en pierres en usage à Marseille dans les fabriques de savon pour la préparation des lessives caustiques.

I. **BARRAGE**. On désigne particulièrement sous ce nom les ouvrages exécutés en travers des rivières pour retenir les eaux afin d'alimenter des usines et surtout afin d'améliorer la navigation en assurant aux bateaux une profondeur d'eau suffisante.

Le même mot désigne également les travaux

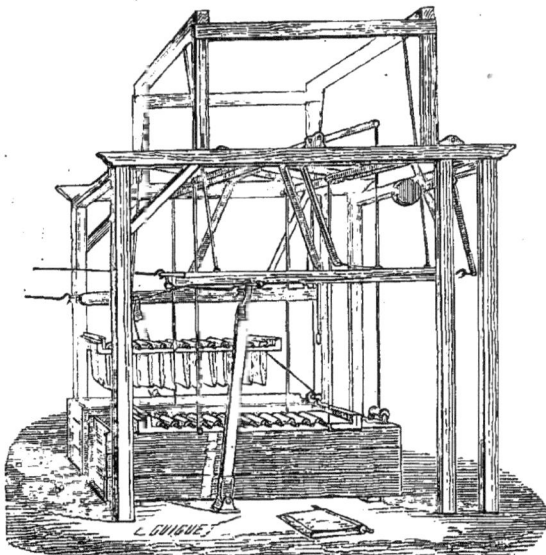

Fig. 324. — *Appareil de Corron.*

en terre ou en maçonnerie établis dans les vallées pour retenir les eaux de source et de pluie d'un bassin et créer des *réservoirs* dans le but d'alimenter des canaux, de se préserver des inondations ou de pourvoir à l'arrosage des cultures, à l'alimentation des villes et au fonctionnement régulier des usines.

Barrage de rivières. On n'a employé pendant longtemps que des barrages fixes en charpente ou en maçonnerie, qui ne pouvaient être utiles à la navigation qu'à la condition d'établir en même temps une dérivation munie d'une écluse, ou d'un canal latéral; ils augmentaient en outre les chances d'inondation et rendaient celles-ci plus désastreuses. On avait bien cherché à y remédier par l'emploi des *poutrelles* et des *aiguilles*; mais il restait toujours l'inconvénient d'un grand nombre de piles qui diminuaient la section d'écoulement et entravaient le passage des glaces. Ce sont les barrages à fermettes mobiles inventés par M. Poirée. et les barrages à hausses mobiles inventés par M. Chanoine, qui ont permis d'entreprendre avec succès

Fig. 325. — *Barrage à aiguilles.*

la canalisation des rivières, parce que pendant les crues, toutes les pièces peuvent être enlevées ou couchées sur le fond et que tout obstacle se trouve ainsi supprimé.

Un barrage se compose de trois parties : 1° une *écluse* établie le long de la rive sur laquelle se trouve le chemin de halage; 2° une *passe* ou *pertuis* navigable, d'une profondeur suffisante pour permettre la circulation des bateaux quand le barrage est couché; 3° un *déversoir* pour régler l'écoulement du trop-plein de la rivière quand le barrage est redressé.

Ces trois parties peuvent être réunies ou isolées, suivant les localités; en général la passe navigable est accolée à l'écluse et doit être perpendiculaire à la direction du courant; le déversoir peut au contraire être placé obliquement pour offrir le débouché nécessaire.

Les barrages sont échelonnés à la suite les uns des autres, à une distance suffisante pour que chacun d'eux assure la profondeur d'eau nécessaire sur le seuil de la porte d'aval de l'écluse du barrage précédent; la hauteur de la retenue ne devrait être limitée que par la hauteur des rives au-dessus de l'eau; malheureusement on reste encore bien au-dessous de cette limite, à cause des dimensions à donner aux appareils de fermeture dont les manœuvres sont alors très difficiles; les retenues les plus élevées atteignent actuellement $3^m,60$.

L'écluse est un bassin en maçonnerie auquel on donne les dimensions nécessaires pour contenir les plus grands bateaux en usage sur la ligne de navigation que l'on veut desservir. Ce bassin est fermé à chaque extrémité par une porte à deux vantaux qui permet de le mettre en communication avec le bief d'amont ou celui d'aval, après l'avoir au préalable rempli ou vidé de façon à égaliser leurs niveaux. — V. Écluse.

La *passe navigable* doit offrir aux bateaux une profondeur d'eau égale au moins à celle des plus hauts fonds de la rivière; elle exige en conséquence des appareils de fermeture de grandes dimensions, et à cause de la dépense qui en résulte, on réduit sa longueur au strict nécessaire, soit trois ou quatre fois la largeur des bateaux.

Le *déversoir* est généralement composé de deux

parties; l'une fixe, en maçonnerie; l'autre munie d'appareils de fermeture mobiles, manœuvrés à la main ou quelquefois au moyen de la force motrice que crée la chute elle-même. Le radier de la partie fixe du déversoir est arasé en dessus ou en dessous de l'étiage, suivant le mode de fermeture adopté.

Les *barrages à aiguilles* (fig. 325) sont constitués par une suite de fermettes ayant la forme d'un trapèze, placées dans la direction du courant; elles pivotent autour de leur base à l'aide de deux tourillons, dont les crapaudines sont solidement fixées sur le *radier*, et peuvent ainsi être couchées à plat; lorsqu'elles sont debout, leurs têtes sont reliées entre elles par deux séries de

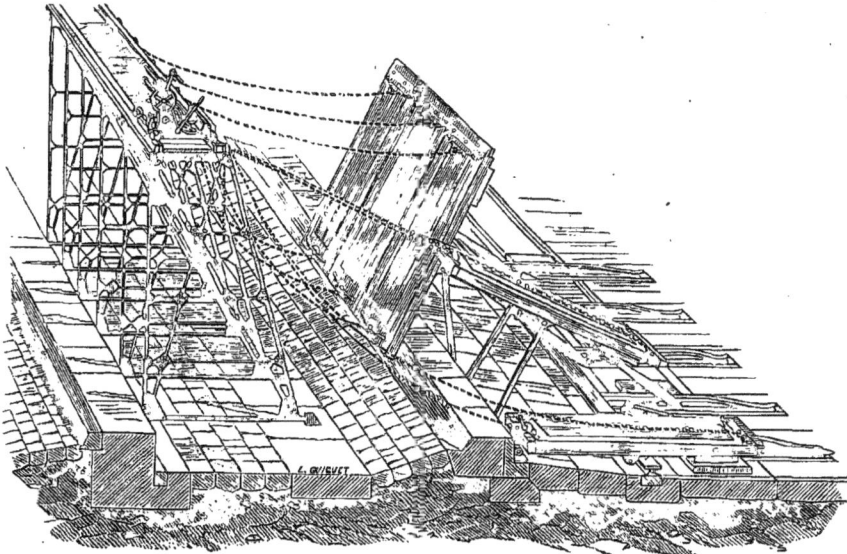

Fig. 326. — *Barrage à hausses mobiles.*

barres sur lesquelles on établit une passerelle de service; les aiguilles s'appuient par le bas contre un seuil encastré dans la maçonnerie et par le haut contre la série d'amont des barres d'assemblage; c'est en plaçant ou retirant un certain nombre des aiguilles que le barragiste règle l'écoulement de l'eau du bief. L'espacement des fermettes est d'environ 1m,20.

Pour les grandes retenues, les fermettes sont reliées par des panneaux en tôle, articulés à demeure sur chacune d'elles et constituant la passerelle de service; la manœuvre est moins longue et l'assemblage plus rigide. On les établit à 50 centimètres au-dessus du niveau de la retenue tandis que les barres sur lesquelles appuient les aiguilles sont en contre-bas de la passerelle et à 0,5 environ au-dessous de l'eau.

Ces barres sont disposées de façon à pouvoir pivoter librement autour d'une de leurs extrémités, tandis que l'autre s'appuie sur un arrêt mobile qui permet de les faire échapper à volonté et de lâcher ainsi d'un seul coup toutes les ai-

guilles qui s'appuient sur une même barre; l'ouverture du barrage s'exécute plus facilement. Les têtes des aiguilles sont naturellement attachées avec un cordage qui permet de les repêcher.

On a pu avec ce système employer sans difficultés des aiguilles de 3m,75 de longueur réalisant des retenues de 3m,10.

Les aiguilles des barrages ne sont jamais complètement jointives, de sorte qu'elles laissent perdre une quantité d'eau souvent très importante; on a essayé bien des dispositions pour remédier à cet inconvénient. La plus simple paraît être réalisée par les rideaux d'étanchement employés par M. Caméré sur les barrages actuels de la basse Seine; ces rideaux sont formés par une série de lames en bois fixées sur une forte toile à bâche et pouvant, grâce à leur flexibilité, se dérouler ou s'enrouler à volonté sur les aiguilles que l'on veut recouvrir, à la façon des stores de fenêtres.

Un *barrage à hausses* (fig. 326) est constitué par

une suite de panneaux en bois ou en fer dont l'axe de rotation est perpendiculaire à la direction du courant; cet axe est fixé sur la tête d'un chevalet en fer qui peut lui-même tourner autour de sa base inférieure; ce double mouvement permet de mettre les hausses en bascule et de les tirer sans effort du fond de la rivière.

Chaque chevalet est muni d'un arc-boutant mobile dont la tête pivote sur le même axe de rotation que la hausse et dont le pied s'appuie sur un heurtoir scellé dans le radier.

On relève les hausses à l'aide d'une chaîne et d'un treuil placé dans un bateau spécial ou sur une passerelle de service supportée par une ligne de fermettes établie un peu en amont.

Pour les abattre, on emploie une barre de fer couchée sur le radier et munie de talons correspondants aux pieds des arcs-boutants; en la fai-sant mouvoir à l'aide d'un treuil vertical, logé dans les piles ou dans les culées, les talons agis-sent latéralement sur les pieds des arcs-boutants qu'ils écartent des heurtoirs; les arcs-boutants glissent alors successivement et chaque hausse correspondante cédant à la pression de l'eau, s'abat et se couche sur le radier.

La hauteur des chevalets, et par suite l'axe de rotation des hausses, varie entre le tiers et la moi-tié de celle des hausses, suivant qu'elles doivent rester immobiles ou bien basculer spontanément lorsque la lame d'eau qui déverse par dessus dé-passe une limite fixée.

Pour des hauteurs de 2 mètres, 3 mètres et 3ᵐ,60, les hausses ont une largeur de 1ᵐ,30, 1ᵐ,20 et 1ᵐ,10; on laisse entre elles un espace libre de 0ᵐ,10.

On a imaginé pour effectuer plus facilement les

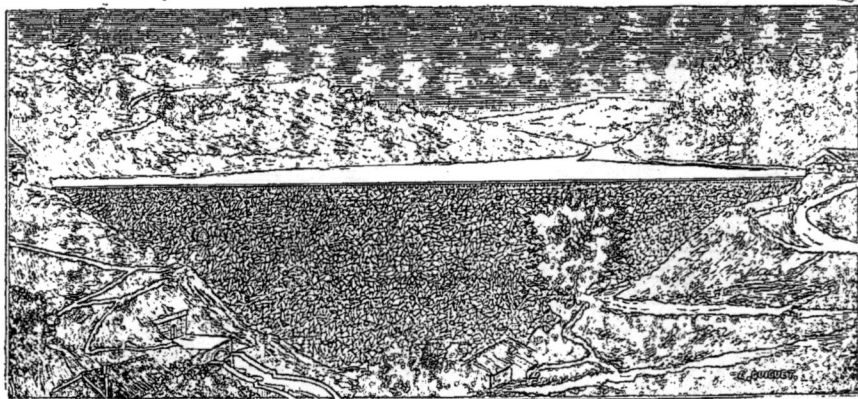

Fig. 327. — *Barrage d'un réservoir*

manœuvres des hausses, d'emprunter à l'eau elle-même la puissance nécessaire. Telles sont les dispositions adoptées pour les hausses à tambour établies par M. Desfontaines sur les barrages de la Marne et les hausses à pontons proposées par M. Krantz pour les barrages de la basse Seine.

Les hausses de grandes dimensions, comme celles du pertuis de Port-à-l'Anglais, exigeaient une passerelle sur fermettes pour leur manœuvre, M. Boulé a proposé de les supprimer et d'installer sur ces fermettes des vannes glissantes super-posées que l'on pourrait placer ou enlever par rangées horizontales, de façon à relever réguliè-rement le niveau de la retenue. Lorsque le barrage doit être entièrement ouvert, on enlève toutes les vannes et on les transporte en magasin.

Enfin, l'Exposition de 1878 contenait plusieurs modèles de systèmes nouveaux, dans lesquels on avait reporté les points d'articulation des hausses ou des aiguilles sur une travée de pont métal-lique établie à cet effet au-dessus du barrage, à une hauteur suffisante au-dessus de l'étiage pour laisser passer les bateaux lorsque le barrage est ouvert.

A ce moment toutes les pièces qui le composent, au lieu d'être couchées sous l'eau et inaborda-bles, sont au contraire relevées et faciles à ré-parer s'il y a lieu; le radier n'a plus à supporter que la butée du pied des engins de fermeture.

Les barrages de navigation sont reliés par une ligne télégraphique qui permet d'indiquer à l'avance les manœuvres à effectuer; ils sont en outre munis d'un *fluviographe* qui enregistre au-tomatiquement les variations de la retenue et avertit les agents lorsque le niveau s'écarte des limites fixées. — V. FLUVIOGRAPHE.

Le barrage éclusé qui existe sur la Seine, à Paris, en face de l'Hôtel des Monnaies, présente un caractère particulier. C'est un déversoir à ni-veau variable établi pour amortir le courant du petit bras de la rivière. Il est constitué par quatre pertuis fermés par des vannes en forme de sec-teurs cylindriques qui se relèvent avec le niveau de la rivière, de façon à maintenir la retenue presque horizontale; ces vannes sont en tôle et à double paroi; elles sont reliées par des bras à des tourillons scellés dans les piles et sont équi-librées par des contre-poids qui se meuvent dans des puits ménagés dans la maçonnerie; on les manœuvre à l'aide de chaînes en fer et de cabestans. Un petit déversoir à aiguilles permet d'écouler le trop plein des grandes crues et une écluse accolée au barrage rachète la chute ainsi formée.

Il existe également sur le Nil un barrage tout à fait spécial destiné à retenir l'eau qui se perdait par les deux bras de Damiette et de Rosette, et à la refouler dans les canaux d'arrosage et de navigation. Il est formé par deux ponts éclusés, l'un de soixante-douze arches et l'autre de soixante-deux. Ces arches sont ogivales et fermées par des poutrelles; la hauteur de la retenue est de 12 mètres. Chaque pont contient une arche marinière avec pont-levis, pour le passage des navires quand le barrage est ouvert. Lorsqu'il est fermé, ce passage s'effectue à l'aide de deux écluses qui servent à racheter la chute.

Barrage de réservoirs. Ces barrages (fig. 327) sont en général établis au point le plus resserré des vallées que l'on veut transformer en réservoirs artificiels. Leur composition dépend de la hauteur d'eau retenue, de la nature du sol et du prix des matériaux dont on dispose.

Les barrages en terre s'emploient de préférence pour des retenues de 10 à 12 mètres, lorsqu'ils peuvent être établis sur un terrain peu compressible et que l'on peut se procurer facilement de la terre argilo-sablonneuse (moitié sable, moitié argile). Cette terre, purgée de pierres, est étalée par couches de $0^m,10$ à $0^m,20$ d'épaisseur, que l'on arrose avec un lait de chaux et que l'on comprime fortement à l'aide de dames ou avec un cylindre en fonte assez lourd traîné par un cheval; on passe la herse sur chaque couche terminée, avant d'en étaler une nouvelle, afin de mieux assurer leur liaison.

On donne au sommet une largeur d'environ 6 mètres, au talus intérieur une inclinaison de 3 mètres de base pour 1 mètre de hauteur et au talus extérieur, 5 mètres de base pour 1 mètre de hauteur. Ce dernier talus est gazonné; celui d'amont est protégé par un perré ou mieux encore par une série de murs indépendants, échelonnés les uns au-dessus des autres, reliés par des risbermes également maçonnées et au besoin recouverts par un mastic bitumineux. Le sommet du barrage, élevé d'environ $1^m,50$ au-dessus du niveau de la retenue, est pavé, et défendu du côté d'amont par un parapet en pierre de taille assez élevé pour empêcher les vagues de passer par dessus le barrage. Il est préférable avec les ouvrages en terre de reporter la prise d'eau, l'aqueduc de vidange et le déversoir en dehors du barrage, toutes les fois que cela est possible.

Pour les retenues de grande hauteur, le barrage est formé par un mur en maçonnerie auquel on donne autant que possible une légère convexité vers l'amont.

L'épaisseur du mur au niveau de la retenue est de 5 à 6 mètres suivant la hauteur et on donne à la paroi intérieure un fruit de 1/10°.

La paroi extérieure doit être calculée pour résister au renversement et à l'écrasement; on admet que tous les points du parement supportent une pression uniforme, évaluée généralement à 6 kilogrammes par centimètre carré; on peut même aller jusqu'à 10 kilogrammes, si on dispose de moellons très résistants et de ciment d'excellente qualité. On raccorde les talus résultants du calcul par une courbe qui est d'un aspect plus élégant et représente mieux la forme d'égale résistance; il convient que le point d'application de la somme des pressions soit compris entre la moitié et le tiers de l'épaisseur du mur, en partant du parement extérieur.

Le sommet du barrage est assez élevé au-dessus de la retenue pour empêcher les vagues de passer par dessus; il est, en outre, protégé vers l'amont par un parapet.

On ménage dans la maçonnerie un puits pour loger et manœuvrer les vannes ou robinets de prise d'eau et de vidange. Il est préférable de prendre l'eau à l'aide de vannes superposées qui sont alors moins chargées et plus faciles à manœuvrer.

Les barrages en maçonnerie remontent assez loin; le mur de barrage d'Alicante, dont la hauteur est d'environ 42 mètres, a été construit en 1580. Parmi les ouvrages les plus récents, on peut citer le barrage du Furens, dont le mur a 50 mètres de hauteur, $5^m,70$ d'épaisseur en couronne et 49 mètres d'épaisseur au fond de la vallée; il est tracé suivant un arc de cercle ayant $252^m,50$ de rayons, 5 mètres de flèche et 100 mètres de corde. — V. RÉSERVOIR. — J. B.

II. BARRAGE. *T. de fact. instr.* On donne ce nom au système de *barres* qui forme pour ainsi dire la charpente de fond des pianos. Le barrage permet au *fond* de l'instrument de résister au tirage des cordes. Le barrage était généralement en bois, mais, depuis quelques années, des facteurs américains et particulièrement M. Steinway, ont eu l'idée de remplacer le bois par le fer. Le système de barrage métallique donne plus de solidité à la charpente du piano et, malgré quelques inconvénients inhérents à l'emploi du métal, comme la dureté du son, le barrage métallique est fort employé même par les premières maisons de France comme Érard, qui l'adopta pour quelques pianos à l'exposition de Vienne en 1873. On fabrique un grand nombre de barrages métalliques en Autriche où le bas prix du fer et de la main-d'œuvre permettent de livrer un système complet de barrage en fer pour 43 florins.

* **BARRAS.** Partie de la résine qui exsude du tronc des pins maritimes auxquels on a fait une ou plusieurs entailles; c'est un corps solide, blanc, d'une adhérence visqueuse, qui reste exposé à l'air et au soleil sous une mince épaisseur et que l'on recueille une ou plusieurs fois dans l'année au moyen d'une gratte en fer nommée *barrasquite*. On distingue le *barras* du *galipot*, celui-ci qu'on emploie dans la fabrication du vernis est plus blanc et plus pur que le premier qu'on utilise dans la fabrication de la chandelle.

* BARRASQUITE. Instrument en fer avec lequel on détache le *barras*.

I. BARRE. En *T. génér.* pièce de fer, de bois ou de toute autre matière étroite et longue. 1° *T. de mar.* Longue pièce de bois ou de fer qui sert à faire mouvoir le gouvernail ; à son extrémité est attachée une corde appelée *drosse*, dont les bouts vont s'enrouler sur un cylindre ou roue qui facilite la manœuvre. || *Barre franche*, barre du gouvernail que l'on manœuvre sans drosse et sans roue. || Pièce de bois qui, dans les anciens navires, fait la largeur de la poupe à la hauteur du premier pont et qu'on appelle *barre d'arcasse*. || *Barre d'hourdy*, barre parallèle, inférieure à la précédente et supérieure à la *barre de pont* qui est à la hauteur du pont. || Charpentes qui, à la tête de chaque mât, portent le mât supérieur et qui en prennent le nom : *barres de hune, de perroquet, de cacatois*. || Pièces de bois carrées servant à faire virer le cabestan, et qu'on appelle *barres de cabestan*. || *Barre d'écoutille*, lattes en fer fixées par des pitons et des cadenas pour fermer une écoutille. || 2° *T. de constr.* Bande de fer, de fonte, de bois ou autre matière sur laquelle on s'appuie et qui couronne un balcon ; on l'appelle *barre d'appui* || *Barre de godet*, barre de fer qui soutient les bords du godet de la gouttière. || *Barre de languette*, barre de fer droite qui soutient la languette de la cheminée ou le devant. || *Barre de linteau*, barre de fer que l'on met aux portes et aux fenêtres en place de linteaux de bois. || 3° *Art hérald.* Trait qui sépare l'écu et qui va du haut de la partie gauche au bas de la partie droite : c'est le contraire de la bande. La *barre simple* est large ; c'est une des pièces honorables de l'écu, parce qu'elle rappelle l'écharpe, le baudrier des chefs de guerre ; la *barre de bâtardise* est étroite et sert à barrer les armes des bâtards. || 4° *T. d'impr.* Tringles de bois qui traversent tout le berceau de la presse dans sa longueur et où sont attachées deux bandes de fer sur lesquelles roule le train de la presse ; on les appelle *barres de châssis*. || 5° *T. de métall.* Produit de la fonte des mines, purifié, affiné et façonné en lingots ; sur chaque barre on indique par quatre marques, le poids, le titre, le millésime et la douane où ont été acquittés les droits. || On donne ce nom à la forme que prennent les massiaux soit par l'étirage au martinet, soit par les laminoirs. || L'argent, ou l'or en barre est celui qui a été tiré de la mine et rendu commercial. || 6° *T. techn.* Pièce de fer longue et grosse qui, dans l'ancien monnayage, passait au travers du balancier et servait à le faire tourner. || 7° Outil du verrier qui lui sert à dégager la grille du four et qu'il nomme *barre à dégager*. || 8° Pièce de bois transversale qui soutient en dehors les fonds d'un tonneau. || 9° Essieu de fer servant à conduire deux roues à la fois. || 10° Morceau de bois sur lequel l'ouvrier tourneur applique ses outils. || 11° Raies de couleur aux extrémités d'une couverture pour servir d'ornement. || 12° *T. de menuis.* Pièce de bois placée en travers d'une porte, d'un contrevent, pour empêcher les planches de se disjoindre. || 13° *T. de*

verr. On donne le nom de *barre à repasser*, dans la construction des fourneaux de verreries, à une barre que l'ouvrier passe par dessus les briques, pour enlever leur excédent. || 14° *T. de chem. de fer. Barre d'attelage*, barre de fer terminée par deux trous qui reçoivent les boulons d'attelage du vagon ou de la machine. || *Barre d'excentrique*, tringle de fer employée pour transmettre le mouvement de l'*excentrique* (v. ce mot) au tiroir de *distribution* de la vapeur. — (V. DISTRIBUTION). || 15° *T. de trav. publ.* Outil en fer rond ayant de 1ᵐ,50 à 2 mètres de longueur et un diamètre de 0ᵐ,020 à 0ᵐ,045 terminé par un biseau qui sert à perforer les rochers pour la préparation des coups de mine ; on l'appelle *barre à mine*. || 16° *T. de menuis. de voit.* On donne le nom de *barres* aux pièces de bois clouées sur deux ou plusieurs montants ou traverses pour en empêcher l'écartement. Elles se fixent parallèlement aux traverses ou aux montants, ou bien en oblique, en croix, etc.

II. BARRE.. *T. de Luth.* 17° La barre a dans la structure du violon une importance égale au moins à celle de l'*âme*. (V. ce mot.) C'est une pièce de sapin de forme allongée parfaitement adhérente à la table supérieure de tous les instruments à cordes et à archet. La barre se place dans le sens de la longueur et du côté opposé à l'âme ; elle est plus élevée à la partie centrale placée sous le chevalet et diminue vers les deux extrémités. La barre de violon a 27 à 28 centimètres de longueur et 12 millimètres de hauteur dans le chevalet.

L'office de la barre consiste à rendre la table plus solide, à égaliser le son, à donner de l'énergie à la sonorité un peu molle de la quatrième corde sous laquelle elle est placée. M. Rambaud, de Paris, tenta de mettre deux barres au violon, mais ce système, qui rendait en effet plus solides les instruments médiocres, n'était d'aucune utilité aux bons. Il est à remarquer qu'il a fallu rebarrer presque tous les instruments anciens ; l'élévation constante du diapason avait rendu le tirage des cordes beaucoup trop lourd pour la table, et on a dû substituer des barres plus fortes aux anciennes.

Le violon, l'alto, le violoncelle et la basse ne possèdent pas seuls des barres, on en trouve aussi dans les guitares et dans les harpes. Dans la harpe, deux barres adhèrent aux deux parties latérales de la table, deux autres sont placées dans le sens de la longueur, une de ces barres, qui est extérieure, porte les boutons qui tiennent les cordes. Ces barres sont en bois de hêtre.

En 1873, M. Ehrbar, facteur autrichien, a exposé un piano, dont la table d'harmonie voûtée était consolidée par des barres analogues à celles du violon. Ces barres sont absolument *indépendantes* du barrage proprement dit. — V. BARRAGE II.

* BARRÉ (J.-JACQUES), graveur général des monnaies, naquit à Paris le 3 août 1793, d'une famille de pauvres ouvriers. A l'âge de 12 ans, resté sans ressources par suite de la mort de son père, il entra dans un atelier de ciseleur. Mais bientôt il aspira à la pratique d'un art moins secondaire et saisit à 17 ans l'occasion de se faire employer comme ouvrier graveur par P.-Joseph Tiolier, graveur général des monnaies, dont il attira bientôt l'attention par son intelligence et ses progrès.

J.-J. Barre s'étant marié à 18 ans, devait travailler sans relâche pour soutenir sa famille. Dans l'impossibilité de suivre les cours de l'Ecole des Beaux-Arts, il prenait sur ses nuits les heures d'étude, dessinait, modelait, et cherchait à se faire une éducation dont les éléments lui avaient été refusés. Il s'était promis de devenir artiste, il y parvint malgré les obstacles de la misère et les difficultés de l'art.

Cette ardeur, cette opiniâtreté, cette énergie, attirèrent bientôt l'attention du public et des dispensateurs des travaux de gravure. Il travailla d'abord longtemps pour une galerie métallique des grands hommes français éditée par M. Bérard, — dont le nom était devenu assez populaire en 1830; on l'appelait Bérard la Charte, — puis pour la monnaie des médailles, alors dans les attributions de la maison du roi et dirigée par M. de Puymaurin. Au concours de la monnaie de Charles X, la pièce d'or de Barre fut remarquée. A la même époque, il grava le revers de la médaille du sacre, les médailles du Dr Gall, le phrénologue, de Boïeldieu, de Larochefoucauld du duc d'Angoulême, pour l'inauguration de la caserne du Trocadéro, du duc de Larochefoucauld; un grand nombre de jetons pour des sociétés industrielles; la médaille de l'entrevue des membres de la famille de Bourbon, à Grenoble, etc.....

En 1830, il disputa le prix du concours pour les monnaies du roi Louis-Philippe. De 1830 à 1843, il grava la célèbre médaille des membres de la famille d'Orléans; celles non moins remarquables du comité des monuments historiques; de Mme Adélaïde à son frère le roi Louis-Philippe; les planches en taille de relief sur acier pour l'impression des billets de la Banque de France, des banques de Rouen, de Lyon, de Toulouse; les monnaies des colonies, du Mexique; les médailles de Menotti et Barelli, victimes de l'indépendance italienne; du comité polonais lithuanien; les beaux jetons du chemin de fer de Saint-Germain, de Strasbourg, de la boulangerie de Paris, etc., etc.; enfin, les médailles du retour des cendres de Napoléon Ier, celles du roi des Belges et du prince Adam Czartoriski.

Cependant M. Tiolier, fils et successeur du premier graveur général de ce nom, chez lequel J.-J. Barre avait fait ses débuts, ayant été atteint dans sa santé, appela ce dernier pour le suppléer dans l'exécution des bigornes et des nouveaux poinçons de garantie servant à marquer et contrôler les matières d'or et d'argent, la bijouterie et l'orfèvrerie. Ce travail, qui ne demanda pas moins de trois années, est resté un chef-d'œuvre de gravure, un modèle inimitable, dont la perfection a rendu impossible les contrefaçons jusque-là fort nombreuses.

En 1842, à la mort de M. Tiolier, Barre, qui depuis un an gérait l'intérim, fut nommé graveur général des monnaies et appelé comme tel à

diriger les ateliers où il était entré comme ouvrier à l'âge de 17 ans. Dans ses nouvelles fonctions, son activité ne se ralentit pas, il grava la série des monnaies de bronze du roi Louis-Philippe, que le rejet d'une loi par les Chambres laissa à l'état de projet. En 1848, quoiqu'il ressentit les premières atteintes du mal qui l'a emporté, il prit part au concours des monnaies de la République, et obtint les trois premiers accessits (pour l'or, l'argent et le bronze); il fut chargé de l'exécution des sceaux de l'Etat et de l'Assemblée nationale, de la médaille des récompenses pour l'exposition de 1851, et de celle du prix de moralité fondé par le duc de Luynes.

En 1852, malgré des souffrances fréquentes, il exécuta les monnaies du Prince président, bientôt suivies de la série de celles de Napoléon III et en particulier de la nouvelle monnaie de bronze.

Cette vie de lutte et de travail, ce talent si laborieusement acquis furent appréciés de bonne heure et noblement récompensés par les faveurs du public et des divers gouvernements. Nommé chevalier de la Légion d'honneur en 1833, il fut promu officier le 2 janvier 1852.

Choisi en 1840 par M. de Salvandy, alors ministre de l'instruction publique, pour faire partie du comité des monuments historiques, il y fut maintenu par M. Fortoul, lors de la réorganisation de ce comité. En 1846, la société d'encouragement pour l'industrie nationale le plaça dans son conseil. M. Haussmann, préfet de la Seine, le nomma, en 1854, membre de la commission municipale des Beaux-Arts, et le prince Napoléon l'avait appelé à siéger au jury de l'Exposition universelle de 1855, lorsqu'il mourut le 10 juin de la même année.

Aux travaux que nous avons énumérés il faut ajouter encore : les Victoires et conquêtes des français; l'offrande à Esculape, la statue de Louis XIV à Montpellier et celle de Louis XVI à Bordeaux; la visite de la famille royale à la Monnaie (1834); la statue du duc d'Orléans (1842); le prince président de la République, etc., et signaler un rapport remarquable sur *les procédés anciens de monnayage en France*, lu en 1851 devant le comité des monuments historiques. J.-J. Barre a laissé deux fils, tous deux connus comme artistes de mérite.

*BARRE (DÉSIRÉ-ALBERT), qui succéda à son père comme graveur général des monnaies, né à Paris le 6 mai 1815, est mort le 21 décembre 1872. Il dirigea ses premières études vers la peinture, traversa l'atelier de Paul Delaroche, visita l'Italie, exposa au Salon des tableaux qui valurent à leur auteur des mentions honorables et des médailles. Mais cette carrière si heureusement commencée s'arrêta tout à coup, ou plutôt Albert Barre prit dans l'art une autre direction. En 1830, son père l'initia à ses travaux et Albert Barre succéda à J.-J. Barre en 1855. Nous lui devons donc toutes les monnaies frappées depuis cette époque. La liste des médailles, des jetons, des timbres-poste, des vignettes dont se compose l'œuvre d'Albert Barre est des plus nombreuses. Il a également gravé les monnaies du royaume de Grèce à l'effigie du roi Georges Ier; celles de la République de l'Equateur, de la Colombie, du Vénézuéla, du Honduras, la médaille des Pupilles de la marine, la médaille d'Isidore Geoffroy-Saint-Hilaire, de M. de Gasparin, du poëte polonais Mickievicz, du peintre polonais Matejko, du comte Potocki, et une médaille de la République frappée par la presse monétaire à l'Exposition universelle de 1878. De tous temps, les étrangers ont eu recours au talent des graveurs français. C'est ainsi qu'Albert Barre fut chargé par la reine Christine de Suède de graver le coin de ses monnaies. Il a laissé en outre un excellent travail sur *Les graveurs généraux et particuliers des monnaies de France*, parmi lesquels on peut dire qu'il occupe avec les siens un des premiers rangs. On sait, en effet, qu'il a été de tradition jusqu'à l'heure présente, de conserver le plus longtemps possible dans une même famille ces fonctions si importantes et si délicates de graveur général des monnaies. C'est l'hérédité du talent et de l'honorabilité. Le dix-septième siècle a eu les Warin ; les Rœttier occupèrent cet emploi pendant près d'un siècle, de 1682 à 1772; Nicolas-Pierre Tiolier succéda à son père, Pierre-Joseph Tiolier (1803-1843).

Cette sage tradition, qui répond des intérêts de l'art et de la sécurité des intérêts de l'Etat, s'est continuée dans la dynastie des Barre. Auguste Barre, le sculpteur célèbre, s'est associé lui aussi aux travaux de son frère Albert, dont il était devenu le collaborateur, à ce point qu'il serait parfois difficile de distinguer les parts de chacun dans l'œuvre commune.

* BARRE (JEAN-AUGUSTE), né à Paris le 4 septembre 1811, est l'aîné du précédent. Il étudia la sculpture sous Cortot. Vers 1830, à ses débuts, il fit un groupe pour le gymnase militaire de Grenelle : un Homme sauvant une femme et un enfant de l'incendie ; en 1831, la Liberté triomphante; en 1832, Ulysse reconnu par son chien. Commandé en marbre par la liste civile, ce groupe fut exposé en 1833. Aux expositions suivantes : l'Ange et l'enfant, David s'apprêtant à tuer Goliath. Vers 1834, M. Barre fait le buste de Berryer, et, en 1837, sa statuette ; depuis cette époque, M. Barre a toujours été honoré de l'affection de l'illustre orateur. On lui doit encore (1838-1839), les statuettes du duc de Fitz-James, de Dreux-Brézé, de Dupin, de Fanny Essler, de Taglioni, etc., etc. ; puis des statues décoratives pour l'Hôtel-de-Ville, l'église Saint-Vincent-de-Paul, le musée de Versailles ; la statue en marbre de Mathieu Molé, pour la salle des séances de la Chambre des pairs (1842); la fontaine des quatre saisons aux Champs-Elysées (1843), et la statue en bronze de Laplace, pour la ville de Caen ; le tombeau de la mère du roi Louis-Philippe, pour la chapelle de Dreux ; la statue du Pape ainsi que sa statuette et celle du père Ventura (1846); un grand bas-relief représentant le mariage du roi Louis-Philippe et de la reine Marie-Amélie (1847). En 1848, M. Barre prit part au concours pour la statue de la République, et fut choisi le second pour exécuter cette statue ; il sculpta la Liberté,

bas-relief en marbre pour le piédestal de la statue de la République. Il concourut aussi pour le monument de Mgr Affre et obtint une 1re mention qui lui valut d'être chargé de l'exécution de la statue en bronze représentant l'archevêque de Paris sur les barricades. Cette statue a été élevée à Saint-Rome de Tarn et a été reproduite en bronze pour Rodez. A la même époque il fit une statue en bronze de Saint-Jean-Baptiste. M. Barre fut chargé, en 1850, d'exécuter le buste du prince Louis-Napoléon, président de la République; reproduit une centaine de fois en marbre et en bronze, il devint le buste officiel de Napoléon III. De 1852 à 1868, les principales œuvres de M. Barre furent les bustes de l'Impératrice, du prince Jérôme, du prince Napoléon, de la princesse Clotilde, des statuettes en ivoire de Mme Delaroche, de Rachel; le maître-autel de l'Eglise Sainte-Clotilde : Jésus-Christ et les apôtres; la Prudence, statue en bronze pour la fontaine Saint-Michel ; des statues décoratives pour le Louvre ; une statue de bacchante dans la cour du Louvre ; la statue en marbre de la princesse Mathilde et de nombreux bustes.

Profitant d'un moment de loisirs, M. Barre envoya un projet au concours ouvert à l'effet d'élever à Schang-Haï un monument à la mémoire de l'amiral Protet, et obtint le prix. Cette statue a figuré au salon de 1869. On a de lui encore : la statuette du comte de Nieuwerkerke; la statue de Berryer pour la place du Palais-de-Justice de Marseille, inaugurée en 1874; la médaille de la princesse Mathilde et du chimiste J.-B. Dumas.

M. Barre obtint une médaille au salon de 1833 et une première médaille en 1840. Il fut nommé en 1852 chevalier de la Légion d'honneur.

Il a succédé à son frère, Désiré-Albert Barre, le 1er janvier 1879 comme graveur général des monnaies à titre provisoire. Pendant sa gestion, M. Auguste Barre a gravé la série composée de six pièces des monnaies destinées à la Cochinchine française et la médaille du Sénat.

Par suite de la nouvelle organisation en régie des monnaies, les fonctions de graveur général ont été supprimées le 1er janvier 1880.

BARRÉ, ÉE. *Art hérald.* Se dit d'un écu couvert de barres alternant de couleurs, ou de toute pièce honorable couverte de barres. Dans l'écu *barré contre-barré*, les barres sont opposées les unes aux autres par rapport à la disposition des couleurs: || *Barré-bandé*, écu chargé de barres et de bandes.

BARREAU. *T. techn.* 1° Barre de bois ou de métal servant de clôture. || 2° *Barreaux à pique*, barreaux d'une grille qui dépassent la travée supérieure et se terminent en pointe. || *Barreaux à flamme*, ceux dont les extrémités ondulent. || 3° *Barreaux dormants*, traverses de fer qui soutiennent la grille d'un fourneau. || 4° *T. d'impr.* Barre de fer qui sert à mettre en mouvement la vis de la presse à bras. || 5° *T. de phys.* *Barreau aimanté*, barre d'acier trempé à laquelle on a communiqué la vertu magnétique. || 6° Petits bâtons qui maintiennent les montants d'une chaise. || 7° Outil du fabricant de pipes.

* **BARREFORT**. On désigne ainsi la plus grosse pièce de bois que l'on tire du sapin.

* **BARREL**. *T. de tonnel*. Nom que l'on donne aux douelles ou douvelles de petites dimensions.

* **BARRES**. *T. d'exploit. de mines*. Fentes remplies de matières sans valeur, qui interrompent et dérangent une couche ou un filon en exploitation. — V. Failles.

* **BARRESWILL** (Charles-Louis), chimiste, né à Versailles en 1817 et mort à Paris en 1871, dirigea pendant de nombreuses années le laboratoire de chimie de Pelouze, devint professeur au collège Turgot, à l'école de commerce, inspecteur du travail des enfants dans les manufactures, chimiste expert du Ministère du commerce, etc. Il a publié un grand nombre de mémoires, entr'autres, sur la *digestion*, sur l'*acide sulfurique*, sur les *phénomènes de la présence du sucre dans le foie*. C'est Barreswill qui, avec M. Blaise, photographe, organisa à Tours en 1870-1871, la préparation des dépêches microscopiques destinées à la capitale. Parmi les ouvrages qu'il a publiés, rappelons d'abord le *Répertoire de chimie appliquée* qui est devenu depuis le bulletin de la Société chimique de Paris, un traité de *Chimie photographique* en collaboration avec M. Davanne (1854), et enfin, un *Dictionnaire de chimie industrielle* en 5 volumes, en collaboration avec M. Aimé Girard.

BARRETTE. Sorte de bonnet noir à trois ou quatre cornes que portent les ecclésiastiques et qui se plie ordinairement dans sa hauteur pour l'aplatir. La barette des cardinaux est de forme quadrangulaire et rouge.

. — Dans l'origine, c'était une espèce de bonnet d'enfant qui couvrait exactement les oreilles; d'abord à l'usage des papes seulement, il se transforma plus tard en bonnet carré et devint une des marques de la qualité de cardinal.

Barrette. *T. d'horl*. Pivot qui se trouve au centre du barillet d'une montre. || Rayon d'une roue de montre. || Petite pièce fixée dans la platine et qui fait mouvoir l'axe et la roue d'une montre. || *T. de bijout*. Petite barre d'or, d'argent ou d'autre métal, avec ou sans clef de montre, au moyen de laquelle on maintient la chaîne à une boutonnière. || Bande de métal placée et soudée à la cuvette d'une tabatière.

. * **BARRIER**. *T. de mét*. Celui qui tourne la barre du balancier dans la fabrication des monnaies.

BARRIÈRE. Engin de clôture, généralement à claire-voie; les barrières sont fixes ou mobiles. Les barrières mobiles sont destinées à permettre l'accès à l'intérieur de lieux enclos. Ce dernier type comprend les barrières établies pour la fermeture des passages à niveau sur les voies de chemins de fer.

Les *barrières de passage à niveau* sont en fer ou en bois; elles comprennent aujourd'hui trois types distincts :

1° Les barrières à pivot;
. 2° Les barrières roulantes;

3° Les barrières oscillantes.

Les *barrières à pivot* se composent de vantaux, généralement en bois, qui se meuvent autour d'un axe vertical placé à l'extrémité de chaque vantail.

Les *barrières roulantes* sont en bois, ou plus généralement en fer. Elles sont formées de vantaux montés sur des roues ou galets, à gorge ou à boudin, et se mouvant sur une pièce métallique longitudinale fixée sur le sol, sous l'aplomb de la barrière et appelée *chemin de roulement*; suivant la forme du galet, le chemin de roulement présente une surface en saillie ou en creux; les barrières roulantes sont guidées à la partie supérieure par des galets-guides, fixés sur des montants verticaux faisant partie d'une barrière fixe appelée contre-barrière.

Les *barrières oscillantes* ou à contre-poids sont celles qui se meuvent dans un plan vertical et autour d'un axe fixé à une de ses extrémités.

Les barrières, par l'intermédiaire d'un fil de transmission, peuvent être manœuvrées d'une certaine distance.

On se sert encore des barrières à *lisse*. Plus rudimentaires, elles se composent d'une pièce horizontale, appelée *lisse*, que l'on déplace transversalement en la faisant glisser dans des ouvertures pratiquées sur des montants verticaux. Ce type est fort peu employé.

* **BARRIQUAUT**. Petite barrique; on écrit aussi *baricaut*.

BARRIQUE. Tonneau ou futaille servant à contenir différentes sortes de marchandises, vins, huiles, eaux-de-vie, etc., et dont la contenance varie suivant les pays.

* **BARROIR**. *T. de mét*. Sorte de tarière à l'usage du tonnelier.

* **BARROT**. *T. de mar*. Petit bau. On donne ce nom aux solives destinées à supporter les ponts d'un navire ; on nomme *faux-barrots* les baux des faux-ponts.

* **BARROTER**. *T. de mar*. C'est remplir la cale jusqu'aux barrots.

* **BARROTIN**. *T. de mar*. Nom des petits barrots.

* **BARRUEL**, chimiste, né en 1798, essayeur à la Monnaie et préparateur à la Faculté des sciences de Paris, est mort en 1863. Il a laissé un intéressant *Traité de chimie appliquée aux arts, à l'industrie, à la pharmacie et à l'agriculture* (Paris, F. Didot, 1863, 7 vol. in-8°).

* **BAR-WOOD**. Variété de bois de Santal ; est quelquefois appelé improprement Cam-wood, mais n'est pas le même bois, car ce dernier, quoique coûtant beaucoup plus, donne des teintures bien moins solides.

Le *bar-wood* a été introduit en 1790, en Europe, par les Portugais — il provient d'un arbre de Sierra-Leone, en Afrique, désigné sous le nom de *baphia nitida*.

Ce bois se trouve dans le commerce sous la forme d'une poudre grossière, d'un rouge vif, sans odeur ni saveur accentuées, semblable du reste au santal ordinaire. Il colore peu la salive. Les réactifs tels que l'acide acétique, l'éther, les solutions alcalines agissent sur lui comme sur le santal. L'eau le dissout à peine, mais l'alcool en dissout 23 0/0 tandis que le santal ne donne qu'environ 16 0/0 de matière colorante. C'est du reste un bois très dur, employé surtout en teinture ; la majeure partie de bar-wood qui n'est autre que le *Pterocarpus angolensis* (D. C.) ou santal d'Afrique provient du Gabon qui peut en fournir des quantités illimitées. Il se livre en billes de 2 kilogr. 500 à 3 kilogrammes qui se vendent de 7 fr. 50 à 10 francs le cent. Les indigènes du Gabon l'appellent *Ezigo*.

Un bois assez analogue de la famille des papilionacées comme le bar-wood, le *baphia laurifolia* (H. Bail) appelé *m'pano* par les indigènes, est très exploité par les anglais sur la côte d'Afrique entre le cap des Palmes et Grand-Bassam. Ce dernier est rare au Gabon.

Les anglais obtiennent avec le bar-wood des nuances rouges et brunes très belles. Le rouge n'est pas aussi stable que celui de la garance et brunit par le savon. Le rouge des *bandanas* (V. ce mot) est obtenu par le bar-wood rendu plus foncé par un passage au sel de fer, on peut en teignant en deux fois obtenir des nuances assez variées, mais il faut naturellement opérer en deux fois. — J. D.

* BARYE (Louis-Antoine), statuaire. Barye est né à **Paris** le 24 septembre 1796, et non en 1795, comme l'a indiqué, par erreur, M. Vapereau, dans son *Dictionnaire des contemporains*. Il est mort dans la même ville, le 25 juin 1875, à l'âge de 79 ans. Son père, d'origine lyonnaise, s'était établi orfèvre à Paris, et, si l'on en juge par l'éducation que reçut son fils, n'était pas sans doute très fortuné. A 13 ans, le jeune Barye fut placé en apprentissage chez le graveur Fourier, qui avait à ce moment l'entreprise des matrices destinées à l'estampage des boutons et des ceinturons de troupes. Il y resta quatre ans, pendant lesquels il apprit à manier le burin, et, en 1812, réclamé par la conscription, qui, alors, n'oubliait personne, il fut incorporé dans la brigade topographique du génie. A la première chute du premier empire, en 1814, il reprit son état de ciseleur, et, bientôt après, cherchant encore sa voie, il partagea son temps entre la peinture et la sculpture, entre les leçons du peintre Gros et celles du sculpteur Bosio.

Admis aux concours de l'École des Beaux-Arts, il n'obtint d'abord, en 1819, que le second prix de gravure en médailles. Le sujet donné, *Milon de Crotone dévoré par un lion*, était rendu avec une vigueur et une vérité qui firent, cependant, une certaine impression, et « l'œuvre se recommande, comme l'a dit M. Gustave Planche, dans un article sur le grand statuaire, par les qualités qui ont assuré, plus tard, la popularité de son talent. »

En 1820, M. Barye reçut encore le second prix au concours de sculpture, dont le sujet était *Caïn entendant la voix de l'Éternel*. Il échoua com-

plètement aux concours des années suivantes, ainsi que dans le concours des coins pour les monnaies de Charles X, qui eut lieu en 1825. Depuis, on ne le vit plus concourir, et, de cette époque jusqu'en 1831, il travailla pour un industriel, M. Fauconnier, orfèvre de la duchesse d'Angoulême. Il aborda, pendant ces six années, la sculpture de genre et la sculpture décorative, et travailla surtout à se perfectionner dans l'art de la fonte et du maniement des métaux, ainsi que dans la science anatomique. Il faisait, en même temps, de l'aquarelle et même de la grande peinture, se préparant ainsi pour la grande lutte artistique, mais ne voulant pas engager le combat, avant d'être armé de toutes pièces.

Les travaux qu'il exécuta pendant cette période de sa vie, pour Fauconnier, sont de véritables petites merveilles, et, plus tard, arrivé à la célébrité, cédant aux sollicitations de la famille de son ancien patron, il consentit à en signer quelques-uns.

Il avait envoyé à l'Exposition de 1827 deux bustes, un jeune homme et une jeune fille, qui passèrent inaperçus, et il n'obtint ses premiers succès qu'en 1831, à l'âge de 37 ans, après 24 ans d'un travail persévérant et même opiniâtre. Le *Saint Sébastien* et le *Tigre dévorant un crocodile* obtinrent, à l'Exposition de cette année, un grand et légitime succès. En 1833, Barye exposa, avec le buste du duc d'Orléans, et onze œuvres diverses de sculpture, parmi lesquelles le *Lion au serpent*, placé depuis aux Tuileries, et la célèbre *Lutte de deux jeunes ours*, sept aquarelles, « tableaux, dit-on de ses meilleurs biographes, M. Genevay, dignes d'être signés de Delacroix. »

A ce moment il avait acquis la renommée, mais, malgré un incessant labeur et le prestige d'un talent incontesté, quoi qu'il se soit fait, plus tard, lui-même l'éditeur et le vendeur de ses œuvres, il n'atteignit jamais à la fortune.

Le surtout artistique du duc d'Orléans, composé de neuf groupes, dont cinq de chasses à cheval, dispersé en 1853, à la vente de la duchesse d'Orléans, date de cette époque. En 1836, il exécuta le *Lion assis au repos*, si admirable de profil, placé encore à gauche de la porte des Tuileries, et auquel on a donné, sous l'Empire, pour pendant, au grand désespoir de l'artiste, alors vivant, une reproduction de la même œuvre, retournée à la mécanique. Successivement il produisit *Thésée et le Minotaure*, « un des plus nobles efforts de l'art » ; le *Centaure et le Lapithe*, exposé en 1850 ; le *Jaguar dévorant un lièvre*, la statue équestre en ronde bosse de Napoléon III ; et, enfin, son dernier ouvrage, qui n'est inférieur à aucun des précédents, l'*Arabe monté sur un chameau*.

D'après une lettre d'un de ses amis, M. Moulin, reproduite dans le journal *l'Art*, par M. Genevay déjà cité : « Barye associait les mathématiques à l'art comme les statuaires antiques ; » il n'exécutait une œuvre qu'après avoir préalablement arrêté et exactement mesuré ses proportions. Ses connaissances profondes en anatomie comparée, lui étaient d'un grand secours ; unies à un procédé de travail qui lui permettait d'atteindre à la plus rigoureuse exactitude, elles donnent à ses œuvres la vérité, le mouvement, la vie, qui les égalent souvent aux chefs-d'œuvre antiques les plus renommés. Aussi, en 1855, M. Achille Devéria, dans son rapport sur les Beaux-Arts à l'Exposition universelle, a-t-il pu dire, « aux applaudissements de tous les artistes, que les bronzes de Barye, étaient dignes, par leur supériorité, d'être mis hors-concours. » « Si ce grand sculpteur, disait M. Herbert, peintre renommé de la Grande-Bretagne, était Anglais, on verrait ses statues dans tous les musées et sur toutes les places publiques de Londres. »

Barye n'était pas seulement, en effet, comme quelques-uns imparfaitement renseignés pourraient le croire, et comme on l'a dit quelquefois, un animalier sans pareil ; il ne faudrait pas juger de son talent de statuaire, uniquement sur le Napoléon à cheval que les événements, pour la gloire de l'artiste, ont enlevé du fronton du Louvre qu'il n'embellissait pas ; sans parler du *Thésée et du Minotaure*, les groupes des *Trois Grâces*, d'*Angélique et Roger*, ses statuettes équestres de *Charles VI*, de *Gaston de Foix*, du *général Bonaparte*, de l'*Amazone;* les quatre groupes colossaux placés au nouveau Louvre : la *Paix*, la *Guerre*, la *Force*, l'*Ordre*, indiquent assez avec quelle supériorité, quelle force, quelle grâce, quelle vigueur et quelle élégance, suivant les cas, il savait traiter la figure humaine.

« C'était, dit un de ses biographes, un caractère libre, entier et désintéressé ; un observateur naïf, studieux et profond, praticien consommé dans les procédés de l'art ; savant naturaliste ; homme sensible et non sentimental ; invinciblement convaincu de sa valeur, mais supérieur à toute vanité ; n'ayant rien de léger dans les affections, et n'oubliant ni ami ni ennemi ; très bienveillant pour autrui et dur envers lui-même. »

Dans le discours prononcé sur la tombe du grand artiste, au nom de l'Institut, M. le vicomte de Laborde, en faisant l'éloge du talent, du caractère, des vertus publiques et privées de son collègue du palais Mazarin, a confirmé ce témoignage.

Barye avait été nommé chevalier de la Légion d'honneur en 1833, officier en 1855. A la suite de l'Exposition de 1855, il avait obtenu la seule grande médaille d'honneur, décernée dans la XVIIe classe, aux bronzes d'art. Il avait fait partie du jury aux Expositions universelles de Londres en 1861, et de Paris en 1867. Il était professeur au Jardin des Plantes et membre de l'Institut. De tous ces titres si bien acquis, il ne reste aujourd'hui que ses œuvres qui ne périront pas. — FR. F.

Bibliographie : Journal l'Art, article M. A. GENEVAY ; *Discours de M. le vicomte de Laborde*, prononcé aux funérailles de Barye, au nom de l'Institut ; *Histoire des artistes vivants*, par Théophile SILVESTRE ; *Dictionnaire des contemporains; Nouvelle biographie universelle.*

BARYTE. T. *de chim.* — V. BARYUM (Oxyde de).

* **BARYTINE**. T. *de chim.* — V. BARYUM (Minerais de).

· ***BARYUM***. T. *de chim.* Corps simple, Ba $=$ 137, découvert en 1808 par Davy, que l'on range parmi les métaux alcalins. Son nom vient du grec βαρυς, pesant.

Ses propriétés ne sont pas encore parfaitement connues, ce qui tient à sa grande altérabilité. Il est d'un blanc d'argent, assez dense, oxydable à l'air, et dans l'eau, avec dégagement d'hydrogène dans le second cas, il fond au rouge sombre et se volatilise au delà.

Il a été obtenu au moyen de l'électrolyse, en faisant arriver dans une coupelle en hydrate de baryte ou en chlorure de baryum, contenant du mercure et placée sur une lame de platine positive, le fil négatif d'une pile de 500 éléments.

Le baryum se combine avec les corps simples, il forme des oxydes qui, saturés, produisent des sels assez importants.

On le trouve à l'état naturel ; quelques-uns de ses dérivés sont obtenus artificiellement.

Minerais de baryum. Les plus importants sont : la *barytine* ou *baryte sulfatée*, ou *spath pesant*, qui se trouve en cristaux tabulaires ou en volumineux octaèdres, et fréquemment aussi en masses saccharoïdes ou lamellaires. Elle est incolore lorsqu'elle est pure, souvent blanche et plus ou moins jaune ; sa dureté est de 3,5, sa densité de 4,72. Elle contient 34,33 d'acide sulfurique et 65,67 de baryte, et est insoluble dans les acides. Une de ses variétés porte le nom de *barytocelestine*. Ce corps se trouve en Bohême, à Przibram ; en Hongrie, à Felsobanya ; dans le Tyrol, la Sibérie, en Angleterre, et en France, dans les départements du Puy-de-Dôme, de la Loire. Sert à faire les sels de baryte ; comme fondant du cuivre ; pour donner du poids aux tissus, pour la verrerie, falsifier la céruse, etc.

La *withérite* est la *baryte carbonatée*. Ce minerai cristallise en prismes hexagonaux formant souvent une double pyramide ou des cristaux mâclés; il est parfois en masses fibreuses, bacillaires ou compactes. Il est transparent ou translucide, d'un blanc plus ou moins pur ; dureté 3 à 3,5; densité 4,3. Il est très abondant au Cumberland. Il sert pour la préparation des sels de baryte, chez les artificiers, dans les manufactures de glaces ; puis, comme il n'a ni goût, ni odeur et est très vénéneux, pour la destruction des rongeurs. La *barytocalcite*, l'*alstonite* sont des carbonates doubles de baryte et de chaux, cristallisant en prismes rhomboïdaux, rappelant les propriétés de la withérite et que l'on a également trouvés au Cumberland ; ils contiennent 66,34 de carbonate de baryte et 33.66 de carbonate de chaux.

Deux autres composés moins abondants offrent encore de l'intérêt : la *psilomélane* qui est un manganate de baryte, que l'on trouve en Saxe et à Romanèche, près Mâcon, sert dans la verrerie et aussi à fabriquer du chlore, de l'oxygène ; puis, l'*harmotome*, silicate double d'alumine et de baryte, que l'on trouve à Andreasberg, dans le Hartz ; à Strontian, en Ecosse, etc.

PRODUITS ARTIFICIELS. Le baryum se combine avec l'oxygène pour faire deux combinaisons, la baryte ou oxyde de baryum et le bioxyde de baryum.

Oxyde de baryum. Combinaison de baryum et d'oxygène $= BaO = 76$, qui se présente sous la forme d'une masse poreuse, de couleur grise, très avide d'eau; elle se combine avec ce liquide en faisant entendre un bruit semblable à celui d'un fer rouge que l'on plonge dans l'eau, en donnant un hydrate qui se présente sous la forme d'une masse blanche pulvérulente. C'est une base énergique très vénéneuse, qui détruit les matières organiques, et forme avec les acides des sels très stables; elle se dissout dans 10 0/0 d'eau et donne alors un hydrate cristallisé $BaO, 9 (H^2 O^2)$, ou en proportion moindre, l'eau de baryte qui sert comme réactif des sulfates.

La baryte caustique s'obtient dans les laboratoires en calcinant dans un creuset de porcelaine l'azotate de baryte au rouge blanc. Mais depuis que ce produit a été employé industriellement dans les raffineries on fait en grand la préparation de la baryte.

PRÉPARATION INDUSTRIELLE. M. Dubrunfaut a montré que l'on pouvait se servir avec grand avantage de la baryte, pour extraire des mélasses le sucre cristallisable qu'elles renferment; aussi, depuis quelques années, certaines raffineries, font-elles la baryte elles-mêmes, comme à Courrières (Pas-de-Calais), par exemple; à Comines, à Asnières, on se livre à la fabrication en grand de cette base, aujourd'hui très demandée depuis les modifications apportées en 1873, au procédé Dubrunfaut, par M. P. Lagrange.

La baryte est obtenue, soit par la calcination du carbonate natif (withérite), soit par celle du sulfate (barytine); mais comme avec le premier corps l'opération exige une très haute température, c'est surtout sur le second minerai que l'on opère.

On pulvérise le produit sous un broyeur, puis le mélange intimement avec 20 0/0 de son poids de poudre de coke ou de houille. On introduit la masse sur la sole d'un four et calcine en ayant soin d'agiter continuellement pendant six heures. On obtient ainsi un sulfure que l'on porte au moyen de chariots fermés dans des cuves à lessiver, lesquelles on remplit ensuite d'eau et de vapeur. On dissout de la sorte les sulfures et sulfhydrates formés, et lorsque les liqueurs marquent 25° Baumé, on les traite par de l'oxyde de zinc à l'ébullition. Se produit un oxyde de sulfure de zinc insoluble et dans la liqueur reste l'hydrate de baryte; on décante après repos, concentre les liqueurs à 24°, puis laisse cristalliser. Le précipité de sulfure est lavé à l'eau, puis grillé; il perd par la chaleur de l'acide sulfureux et l'oxyde de zinc régénéré peut servir pour une nouvelle opération.

Bioxyde de baryum. C'est un corps poreux qui a pour formule BaO^2, est d'une teinte grise verdâtre, insipide, inodore, insoluble dans l'eau. Par la chaleur et l'eau bouillante, il dégage la moitié du poids de l'oxygène qu'il contient.

Thénard, qui a découvert cet oxyde, le prépa-

rait en faisant passer un courant d'oxygène sur de la baryte chauffée au rouge sombre; on peut obtenir ce même résultat avec un courant d'air privé d'acide carbonique.

Le bioxyde chauffé cédera son oxygène et pourra être régénéré à nouveau, on peut ainsi faire un grand nombre d'opérations alternatives.

Le bioxyde de baryum traité par l'acide chlorhydrique fournit du chlorure de baryum et de l'eau oxygénée; c'est là son seul emploi. Ce nouveau corps que l'on nomme aussi bioxyde d'hydrogène $H^2 O^4$, sert dans la peinture pour nettoyer les vieux tableaux ou les gravures noircies. Il dissout le sulfure de plomb formé aux dépens du carbonate, et rend aux tableaux leurs couleurs primitives. C'est avec de l'eau oxygénée que Thénard a nettoyé diverses peintures, notamment un tableau de Raphaël. Ce liquide très instable ne doit être préparé qu'au moment du besoin et ne jamais contenir plus de huit fois son poids d'oxygène.

L'eau oxygénée commence à être employée pour décolorer la soie, tussah, dont la couleur, gris foncé, résiste aux agents chimiques employés jusqu'à présent. On prépare avec elle des eaux pour la décoloration totale ou partielle des cheveux.

M. Bertrand a imaginé un appareil, l'oxybarymètre, qui permet de doser rapidement le bioxyde réel qui existe dans les produits du commerce livrés généralement sous forme de poudres grises prêtant beaucoup à la sophistication. Il a trouvé, en moyenne, sur sept échantillons essayés, de 58 à 82 0/0 de bioxyde de baryum pur.

Azotate de baryte. — V. AZOTATES.

Carbonate de baryte. — V. MINERAIS DE BARYUM.

Chlorure de baryum. Ce sel, $BaCl, 2 (H^2 O^2)$ est en lamelles rhomboïdales, blanc, soluble dans l'eau, de saveur désagréable et vénéneux, fusible au rouge en devenant anhydre, inaltérable à l'air.

On l'obtient de diverses manières: 1° en traitant le sulfure de baryum par l'acide chlorhydrique; il y a dégagement d'acide sulfhydrique, 2° en calcinant le sulfate de baryte avec du charbon et le chlorure de manganèse, provenant de la fabrication du chlore (procédé Kuhlmann); on a comme résidu du sulfure de manganèse et il se dégage de l'oxyde de carbone; 3° en fondant le sulfate pulvérisé avec le chlorure de calcium que l'on obtient encore, comme résidu, dans un grand nombre d'opérations chimiques.

On emploie ce corps comme réactif des sulfates, et en médecine pour combattre les affections scrofuleuses ou dartreuses.

Sulfate de baryte. — V. MINERAIS DE BARYUM. On prépare également dans l'industrie ce corps. Il a pour formule BaO, SO^3; est pulvérulent, blanc, complètement insoluble dans l'eau; inattaquable par un grand nombre de sels ou d'acides.

Il s'obtient par voie de double décomposition

au moyen du chlorure de baryum et d'un sulfate soluble ou de l'acide sulfurique étendu d'eau.

On le préfère au sulfate naturel pulvérisé parce qu'il est plus blanc et plus impalpable. Il se vend en pâte renfermant 30 0/0 d'eau, sous le nom de *blanc fixe* ou de *blanc de baryte*; il sert alors à un grand nombre d'usages. Il donne de la consistance au papier qui sert à faire les imitations de linge, dans la pâte à papier pour tenture; ou pour cartes et cartons satinés ou glacés; dans la peinture à la détrempe ou à l'huile, à cause de son inaltérabilité.

Réduit en poudre et mis en pâte avec de l'eau et de la farine, puis chauffé au rouge, il émet une lueur phosphorescente, ce qui lui avait fait donner jadis le nom de *phosphore de Bologne*.

Sulfure de baryum. Ba S. Corps résultant de l'union du baryum et du soufre, grisâtre, de saveur alcaline, infusible, soluble dans l'eau mais en s'y décomposant partiellement.

On l'obtient en faisant un mélange intime de sulfate de baryte pulvérisé, avec 25 0/0 de son poids de poudre de charbon, de coke ou de houille. On mêle la masse avec de l'huile ou une solution de colle forte, de façon à mouler le produit en forme de briquettes, puis on calcine fortement dans un fourneau à réverbère, après quoi l'on met à refroidir, à l'abri de l'air, dans des vases en fer munis de couvercles. Le produit lessivé et débarrassé par le repos de l'excès de charbon, donne une solution de sulfure que l'on concentre et fait cristalliser.

Ce corps sert à obtenir tous les sels de baryte artificiels.

On reconnaît ces derniers aux caractères suivants :

Caractères des sels de baryte :

Par la *potasse* ou la *soude*, précipité blanc d'hydrate, dans les liqueurs concentrées. Rien par l'*ammoniaque*.

Par les *carbonates alcalins*, précipité blanc.

Par les *sulfates solubles*, l'*acide sulfurique*, précipité blanc, insoluble dans l'acide azotique, non coloré par l'acide sulfhydrique.

Par le *phosphate de soude*, précipité blanc, soluble dans l'acide azotique.

Par les *chromates de potasse*, précipité jaune, soluble dans les acides.

Par le *prussiate jaune de potasse*, précipité blanc, cristallin, dans les liqueurs concentrées.

RECHERCHE DE LA BARYTE. Lorsque des accidents ont lieu par suite de l'ingestion de composés barytiques, on doit les combattre par l'emploi de sulfates solubles ou de limonade sulfurique, d'eau albumineuse, d'iodure d'amidon.

De nombreux accidents ont eu lieu par suite d'erreurs, en livrant des sels de baryte en place d'autres produits, ou en se servant de carbonate pulvérisé destiné à la destruction des rats. Les matières de vomissement ou contenues dans l'estomac sont essayées au papier de tournesol pour en connaître la réaction, puis traitées par l'eau distillée bouillante. On filtre et essaie les caractères des sels de baryte. On peut retrouver ainsi

la présence d'azotate ou de chlorure, mais à la condition qu'il y en ait eu en excès, car ce dernier sel, peut être transformé dans l'estomac en sulfate ou en phosphate. En cas d'insuccès, les matières reprises par l'acide acétique céderaient le carbonate s'il en existait dans les viscères. Si cette opération ne réussit pas mieux, il faut traiter le produit par l'eau régale laisser déposer et refroidir. Il se sépare des matières grasses que l'on enlève; dans la liqueur se trouve du chlorure de baryum, et s'il y avait eu ingestion de sulfate de baryte, un résidu insoluble formé par ce dernier. On précipite le chlorure à l'état de sulfate, mêle ce dépôt à celui déjà existant, puis on calcine avec du charbon et de l'huile pour transformer en sulfure de baryum. Ce corps, décomposé par l'acide azotique étendu, dégagera de l'hydrogène sulfuré, et donnera un azotate qui par la calcination laissera de la baryte. — J. C.

BAS. Vêtement de soie, de laine ou de coton qui sert à couvrir le pied et la jambe.

— Le bas était inconnu des anciens; ce n'est qu'au moyen âge que les gens aisés commencèrent à se couvrir les jambes avec du drap, de la toile ou de la peau, qu'on attachait avec des cordons ou des courroies, laissant encore le pied à découvert. Vers la fin du XVᵉ siècle, on eut l'idée de faire les bas à l'aiguille, ce qui donna naissance aux *bas tricotés*. On assure que le roi de France Henri II fut le premier qui porta des bas de soie tricotés, le jour du mariage de sa sœur Marguerite avec Emmanuel Philibert, duc de Savoie. Quelques années plus tard parut le *métier à bas* ou *machine à tricoter* dont les Français et les Anglais s'attribuent l'invention. Quoiqu'il en soit, il est constant que la France fut la première à exploiter cette branche d'industrie et qu'après un anéantissement presque complet, elle reparut sous Louis XIV. A cette époque, un mécanicien français, nommé Jean Hindret ou Hindres, se rendit en Angleterre, et, après avoir surpris le secret des machines à tricoter, il revint, en 1656, fonder dans le château de Madrid, au bois de Boulogne, une manufacture de bas au métier qui peut être considérée comme l'origine de notre fabrication mécanique du tricot. — V. BONNETERIE.

* Bas élastique. Bas tissés ou tricotés avec un fil de caoutchouc, et destinés à comprimer régulièrement les jambes affligées de varices.

— Ces bas, inventés en 1823 par Le Perdriel (V. ce mot), font aujourd'hui l'objet d'une industrie considérable.

BASALTE. T. *de géol.* Roche plus ou moins compacte, noire ou gris foncé, tirant un peu sur le bleuâtre, composée de feldspath labrador et de pyroxène, très tenace et très dure, quelquefois à structure amygdaloïde et scoriacée. Le basalte taillé en plaques laisse apercevoir sa structure finement cristalline et permet de reconnaître les minéraux cristallisés qui le composent.

Le basalte a une densité comprise entre 2,5 et 3,3; il constitue tantôt des masses isolées, tantôt des nappes qui forment de vastes surfaces. Il affecte, en général, une structure prismatique, qui se trouve d'ailleurs partout dans les coulées, les dykes, les filons; ces prismes, ordinairement hexagonaux, s'élèvent jusqu'à 25 et 30 mètres.

Le basalte est employé comme pierre à bâtir, au pavage et à l'empierrement des routes; mais sa dureté empêche de le tailler; on en fait aussi des pilons, des mortiers, des enclumes, etc. Les basaltes donnent aussi des tufs scoriacés qui fournissent des pouzzolanes. Le basalte est une roche volcanique plus récente que les trachytes, commune en Auvergne, au Cantal, dans l'Ardèche, la Haute-Loire, l'Écosse, les bords du Rhin, l'Islande, l'Italie, etc.

BASANE. *T. techn.* Peau de mouton, de brebis ou de bélier, tannée avec la poudre de l'écorce de chêne, et qu'on emploie dans diverses industries, selon les différentes préparations qu'on lui a fait subir. On fait des gaînes, des fauteuils, des dessus de tables, des garnitures de chapeaux, avec une basane amincie et teinte, glacée, dorée, marbrée ou apprêtée comme le maroquin; on en fait un grand usage dans la reliure. On la prépare plus forte pour les selliers, les bourreliers, les coffretiers, etc. Il y a plusieurs sortes de basanes : les *basanes tannées* ou de *couche*, dont l'emploi le plus ordinaire est de servir à faire des tapisseries de cuir doré; on les obtient en étendant les peaux à plat dans la fosse, comme on le fait pour les peaux de veau, sans cependant les y laisser aussi longtemps; les *basanes coudrées*, sont celles qui n'ont été que rongées dans l'eau chaude avec le tan, après avoir été dépouillées de leur laine par le moyen de la chaux; les *basanes* sont dites *chipées* quand elles ont reçu l'apprêt particulier nommé *chipage;* les *basanes au mesquis*, sont celles pour lesquelles on a employé, au lieu du tan, le *redou* ou *redoul;* enfin, les *basanes aludes*, sont ainsi nommées parce qu'on se sert d'alun dans les différents apprêts auxquels elles sont soumises; elles sont ordinairement teintes en jaune, en vert, en violet, etc., et ne s'emploient guère que pour la reliure.

• BAS-CÔTÉS. Galeries latérales ou nefs secondaires qui flanquent la grande nef d'une église; on les nomme aussi *latéraux, collatéraux, ailes.* — Les anciennes basiliques qui servaient de tribunal avaient des bas-côtés, aussi cette disposition existe-t-elle dans les plus anciennes églises. A l'origine du christianisme, le bas-côté sud était réservé aux hommes, celui du nord était destiné aux femmes, souvent même des tentures suspendues entre les arcades de la nef empêchaient toute communication, même par la vue, entre ces deux classes de fidèles. Jusque vers la fin du xiiᵉ siècle, les églises ne possèdent que deux bas-côtés, mais à partir du xiiiᵉ, beaucoup d'églises importantes ont leur grande nef flanquée de quatre bas-côtés.

Quand les galeries ou collatéraux pourtournent le chœur, bien que coupées par le transsept on les nomme aussi bas-côtés, mais plus généralement *pourtour du chœur;* dans les chapelles ou églises circulaires, la galerie pourtournant la partie centrale de ces édifices prend le nom de *bas-côté.* Beaucoup d'églises ne possèdent pas de bas-côtés, les petites églises romanes, par exemple, en revanche, certaines églises du xiiiᵉ siècle et du commencement du xivᵉ, possèdent jusqu'à six bas-côtés. — V. BASILIQUE, ÉGLISE.

• BASCUL. *T. techn.* Courroie qui est fixée a la sellette d'un cheval limonier, et qui embrasse l'avaloire.

BASCULE. 1° La bascule est disposée pour peser des objets avec des poids dix fois moindres que leur propre poids, en vertu du principe des leviers combinés : 10 kilogrammes posés dans le petit plateau équivalent à 100 kilogrammes posés sur la table de la bascule, ou grand plateau. Pour plus de facilité encore le bras de levier est souvent transformé en bras de romaine, il est alors divisé sur sa longueur, et c'est d'après la position que l'on donne au poids mobile ou curseur que l'on juge du poids de l'objet. Dans ce dernier cas, la bascule devient au centième au lieu d'être au dixième. On n'a pas besoin de poids pour peser jusqu'à 100 kilogrammes, le curseur donnant les résultats; au-dessus de 100 kilogrammes, 1 kilogramme sur le petit plateau, représente 100 kilogrammes sur le grand.

La bascule conserve sa justesse en quelque point de la table que l'objet soit placé; mais à cause de la multiplicité des points de suspension, elle ne saurait présenter la sensibilité des bonnes balances ordinaires. Elle se compose d'un fléau à bras inégaux, oscillant sur un couteau de suspension; le petit plateau est suspendu au grand bras et le grand plateau agit sur le petit bras au moyen d'un système de tiges et de leviers articulés.

Nous avons étudié au mot *balance* (V. ce mot) le principe de la bascule et donné figure 248 un type de bascule portative au dixième et figure 249 un type de bascule portative au centième; nous y renvoyons le lecteur.

M. Suc construit une bascule tout en fer d'une grande simplicité et en même temps d'une grande solidité.

La *bascule Béranger* ou *bascule centésimale* a quatre points d'appui au lieu de trois; le poids de la charge se communique par l'intermédiaire de leviers à mouvance graduée par kilogrammes; 1 kilogramme dans le plateau représente 100 kilogrammes sur le tablier.

Catenot-Béranger a inventé un *peso-mesureur* qui permet de mesurer la capacité en même temps temps que le poids des matières sèches et des liquides.

M. de Taurines a imaginé la *bascule élastique*, fondée sur le même principe que son *dynamomètre à ressort.* A cet effet, il supprime les couteaux et n'emploie que des ressorts très courts, accouplés dans une position verticale. C'est par le jeu de quatre couples de ressorts que l'extrémité d'un levier s'abaisse et fait descendre la tringle verticale suspendue au petit bras de levier d'une romaine.

La pesée à l'aide de la bascule romaine est commode, mais elle peut donner lieu à des erreurs ou à des fraudes, car on peut se tromper sur la lecture du poids de la romaine où le curseur s'est arrêté, et une fois l'objet enlevé du tablier, il n'y a pas de contrôle.

M. Chameroy a eu l'idée de faire imprimer sur

des tickets et par la bascule elle-même le poids de l'objet à peser. Pour cela, la romaine porte sur sa tranche supérieure des poinçons en acier représentant des chiffres en saillie. Dans l'intérieur du curseur se trouve une pièce mobile pouvant à l'aide d'un levier se rapprocher de la romaine. Quand le curseur est arrivé au point où il fait équilibre à l'objet à peser on y introduit un carton analogue à ceux des tickets de chemin de fer ; le levier presse le carton contre la tranche de la romaine et imprime le poids trouvé. Une réglette, dite verrou, qui se déplace dans le curseur et qui porte également à sa partie inférieure des chiffres en relief permet de faire marquer à l'appareil les subdivisions de poids nécessaire.

Ponts à bascule. Dans les grosses pesées, celles des voitures et vagons, par exemple, on se sert d'instruments appelés *ponts à bascule*, qui ne sont autre chose que de grandes bascules.

Ces appareils sont utilisés particulièrement dans les chemins de fer, octrois, poids publics, ateliers, usines, quais, charbonnages, exploitations agricoles, abattoirs, etc. Ils se rattachent à trois types : 1° ceux où le rapport entre le poids placé sur le petit plateau et celui placé sur le pont est dans la proportion de 1 à 100, comme dans les petites bascules romaines, avec ou sans romaine graduée ; 2° ceux où ce rapport est dans la proportion de 1 à 1,000, et dans ce cas la romaine est toujours graduée ; 3° ceux de petite ou grande

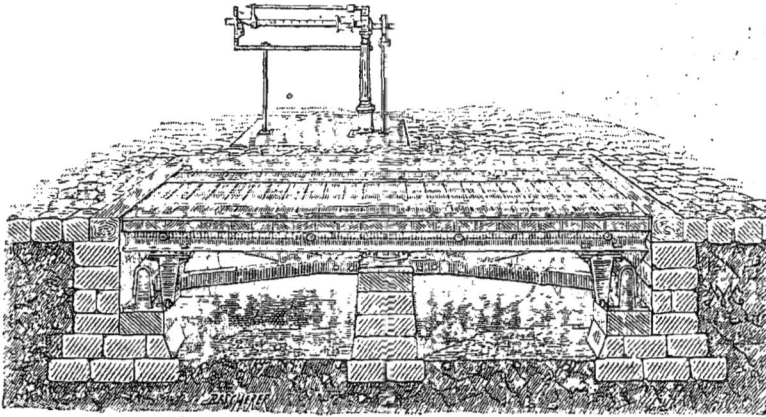

Fig. 328. — *Pont à bascule*

dimension qui sont à double romaine. Ces deux romaines sont disposées pour que l'une marque les grandes et l'autre les petites fractions du poids, de façon à ce que l'on n'ait pas à employer de poids additionnels. Ce dernier système est le plus employé aujourd'hui.

Chacun de ces trois types peut d'ailleurs être monté dans des conditions qui diffèrent suivant les lieux ; le choix du système de montage est subordonné à une foule de circonstances dont il est sage de tenir compte. On peut à ce dernier point de vue ranger les ponts à bascule en trois catégories distinctes.

Dans la première, le mécanisme est fixé sur un châssis spécial, en chêne, en fonte ou en fer. L'appareil par cela même est facilement transportable ; son montage et son démontage n'exigent pas absolument d'ouvriers spéciaux. Il se place généralement le tablier au niveau du sol dans une excavation formée de petits murs en briques ou en moellons recouverts d'un couronnement en bois formant pourtour. Le peu de profondeur de la fouille et la simplicité de la maçonnerie rendent ces fondations très économiques. Ce système convient aux bascules à tablier court, destinées au pesage des véhicules à deux roues ou aux ponts

à bascule à grand tablier qu'il faut expédier au loin. Il convient également dans les endroits où les appareils doivent être déplacés fréquemment. On l'emploie comme bascule portative pour les grosses pesées ; dans les dépôts de betteraves, pour les sucreries, dans les fermes et exploitations agricoles de moyenne importance pour le pesage des charrettes à deux roues, des animaux ; dans les magasins, les gares, les ateliers, les ports pour le pesage des vagonnets et des lourds fardeaux.

Dans la seconde catégorie, le mécanisme est fixé sur des pierres scellées dans la maçonnerie. Notre figure 328 en offre un exemple. Une maçonnerie bien faite peut durer indéfiniment, mais il est nécessaire d'avoir des ouvriers monteurs pour le montage sur place. Ce système est celui que doivent choisir les ateliers, usines, chantiers qui ont besoin d'une bascule fixe.

Dans la troisième catégorie, le mécanisme est fixé dans une cuve en fonte étanche ou non. Ce système convient particulièrement aux chemins de fer. On l'emploie aussi dans les endroits où il n'est pas facile de faire de la maçonnerie, soit à cause de son prix élevé, soit en raison du manque de matériaux ou d'ouvriers, ou du défaut de place.

Ce genre est le plus coûteux; il exige, sinon des fondations complètes, au moins un bon lit inférieur bétonné. Pour la mise en place on peut, à la rigueur, se passer d'ouvriers spéciaux.

Le tablier des ponts à bascule est toujours oscillant; il est monté sur brides extramobiles, c'est-à-dire mobiles dans tous les sens, pour éviter des chocs qui détruiraient les couteaux ou briseraient l'appareil.

Bascule à bestiaux. L'agriculture emploie un instrument de pesage appelé *bascule à bestiaux*, qui est l'intermédiaire entre la bascule ordinaire et le pont à bascule.

Cet instrument est très utile dans les fermes, abattoirs, octrois et marchés aux bestiaux.

Pour les porcs, moutons, veaux et animaux très remuants, on se sert d'une balustrade, mais on la supprime souvent pour les grands animaux tels que bœufs, vaches, chevaux, etc.

Bascule. 2° Grosses poutres qui s'avancent en partie au-dehors d'une porte de forteresse, et qui soutiennent les chaînes attachées au pont-levis par leur bout inférieur; l'autre partie de ces poutres pénètre à l'intérieur et supporte des contre-poids qui font basculer et relever le pont-levis lorsqu'une force quelconque agit sur celle du contre-poids. || 3° *T. d'horl.* Levier dont un bout agit sur le fil de fer qui fait lever le marteau d'une grosse horloge, et l'autre sur la roue de la cheville de la sonnerie. || 4° *T. d'instr. de mus.* Dans l'orgue, on nomme *bascule du positif* ou *du petit orgue*, les réglettes en bois de chêne, plus larges dans le milieu qu'aux extrémités et posées sur un dos d'âne sous le pont qui se trouve entre le grand orgue ou le positif, pour établir la communication entre le clavier du positif et le sommier. || 5° *T. de serrur.* Levier qui sert de fermeture aux vantaux de porte ou d'armoire; il est rivé au milieu par une vis ou un boulon et il porte à ses deux bouts deux tiges de fer qui répondent à deux verrous placés en haut et en bas. || 6° *T. de min.* Appareil pour vider l'eau qui remplit la place des blocs d'ardoise que l'on vient d'extraire. || 7° *T. de fumist.* Appareil qui surmonte l'ouverture supérieure d'un tuyau de cheminée. || 8° *T. de charp.* Système d'assemblage de pièces dont l'une est mortaisée dans l'autre par son extrémité; on dit *pièces assemblées en bascule.* || 9° *T. de caross.* Poignée d'ivoire, de cuivre ou d'argent, etc., placée à l'intérieur des voitures, et servant à ouvrir la portière. Elle est maintenue à la tige de la poignée extérieure de la serrure par un écrou.

* **BAS-DE-CASSE.** *T. de typogr.* Partie inférieure de la casse d'imprimerie. Le bas-de-casse est divisé ordinairement en 54 cassetins de différentes grandeurs, contenant tous des lettres et des caractères. On appelle *lettres bas-de-casse* celles qui sont contenues dans la partie inférieure de la casse, ainsi que celles qui, bien que contenues dans la partie appelée *haut-de-casse*, sont des minuscules ou petites lettres comme celles du *bas-de-casse.*

I. **BASE.** *T. de chim.* On donne le nom de bases à des combinaisons binaires ou ternaires, d'un radical simple ou composé avec l'oxygène. Généralement les bases minérales les plus énergiques sont les protoxydes des métaux alcalins et alcalino-terreux et les protoxydes de manganèse, de fer, de zinc, de plomb, etc. et l'ammoniaque.

Les bases organiques ont une composition plus complexe. — V. ALCALIS, ALCALOÏDES.

Les bases jouissent de la propriété de se combiner avec les acides pour donner des sels définis et cristallisables; celles qui sont solubles ramènent au bleu le tournesol rougi par un acide, verdissent le sirop de violette et rougissent la teinture jaune de curcuma.

Les bases se combinent avec des proportions différentes du même acide; on distingue donc des acides monobasiques, bibasiques, polybasiques.

II. **BASE.** 1° *T. d'arch.* On entend par base tout membre d'architecture qui repose immédiatement sur le sol et en supporte un autre, et, plus particulièrement, la partie inférieure d'une colonne, d'un pilastre; elle varie de forme et d'ornementation selon l'ordre que l'on emploie. || 2° *T. d'optiq.* Distance qui doit exister entre un plan et un verre convexe pour que l'image des objets reçue par ce plan paraisse distincte, ce qui lui fait donner le nom de *base distincte.* || 3° *T. de serrur.* Moulure en cuivre au bas d'une balustrade en fer, et figurant une base de colonne. || 4° *T. de menuis.* Pièce de bois que l'on fixe au bas d'une porte cochère et mordant sur la pièce qui forme le seuil.

* **BAS-FEUILLET.** *T. de mét.* On donne ce nom à l'une des feuilles de la scie du tabletier par opposition à l'autre qu'on nomme *haut-feuillet.*

* **BAS-FOYERS.** *T. de métall.* Constructions généralement de forme conique, munies en dessous de petits ouvreaux pour l'admission de l'air, et en dessus d'une ouverture pour donner passage aux produits de la combustion.

* **BASICITÉ.** *T. de chim.* Propriété qu'a un corps de jouer le rôle de base dans certaines combinaisons.

* **BASILE.** *T. de mét.* Inclinaison du fer d'un rabot, d'une varlope, ou autre outil monté dans un fût.

BASILIQUE. Par son étymologie dérivée du grec, ce terme signifie, *maison royale;* parce qu'en Macédoine, les rois, et en Grèce, l'archonte-roi, rendaient la justice dans ces sortes d'édifices.

— Les Romains, en introduisant la basilique dans leur pays, en firent l'important des contrées que nous venons de nommer, l'employèrent à d'autres usages; elle servit bien de tribunal, mais devint aussi une succursale du forum; elle était du reste construite dans le voisinage de celle-ci quand elle n'en faisait pas partie elle-même, comme à Pompéi, par exemple. Pour les négociants et les commerçants, la basilique était une bourse, pour les rhéteurs, les orateurs et les poètes une sorte de salle de conférences dans laquelle, chacun venait se faire connaître et s'exercer dans l'art oratoire; les poètes y lisaient leur poème et y faisaient ainsi connaître leurs œuvres; enfin, les magistrats, après avoir rendu la justice et de même que les jurisconsultes, y donnaient des consultations à leurs clients.

La première basilique romaine aurait été construite sur le forum, en l'an 186 avant J.-C. ; on la nomma *Basilica Porcia*, du nom de son fondateur, Caton l'*ancien*, c'est-à-dire *Marcus Poricus Cato*. Bientôt ces édifices se multiplièrent et Pline nous informe, que de son temps, il en existait jusqu'à dix-huit à Rome ; du reste sous les empereurs, toutes les villes de quelque importance possédaient ce genre d'édifice. — V. CHRÉTIEN (Art).

En général, on choisissait le forum, nous venons de le voir, et dans l'emplacement le plus abrité pour y construire la basilique, parce que, en effet, les anciennes basiliques étaient ouvertes de toute part. Le seul abri que le Romain trouvait contre la pluie, mais surtout contre les rayons du soleil, c'était un péristyle dont les colonnes supportaient une toiture légère. Plus tard, quand les romains eurent pris l'habitude du bien-être, ils entourèrent ce genre d'édifice de murailles dont ils revêtirent les parcis intérieures de peinture ou de sculpture, mais l'ex-

Fig 329. — *Intérieur de la basilique de Pompéi.*

térieur était d'une grande simplicité. Le plan était un rectangle assez allongé et deux ou quatre rangs de colonnes divisaient en trois ou cinq parties l'intérieur de l'édifice, qui souvent était magnifiquement dallé. Nous ne nous attarderons pas à décrire les magnificences de l'intérieur des basiliques au commencement de notre ère, un simple *coup d'œil* jeté sur notre vignette dira plus au lecteur sur ce sujet que ne pourrait le faire une longue description. Notre figure 329 montre l'intérieur de la basilique de Pompéi, que nous avons restituée telle qu'elle devait être à l'époque de sa splendeur.

Basilique chrétienne. Par ce qui précède on voit que les basiliques païennes étaient fort bien disposées pour le culte des chrétiens ; aussi

dès le IV⁰ siècle et jusqu'à la fin du XI⁰, ceux-ci adoptèrent-ils la basilique. On ajouta une abside dans l'axe de la nef centrale, puis deux absidioles dans les bas-côtés. L'abside centrale était réservée aux prêtres, quand aux absides latérales, l'une servit pour enfermer le trésor *diaconicum* ou *secretarium*, l'autre à la bénédiction du pain : on la nomma *oblatorium* ou *prothesis*. A Rome, on distingue aujourd'hui les basiliques, en *basiliques majeures* et *basiliques mineures*. Parmi les premières, nous mentionnerons : Saint-Pierre du Vatican ; Saint-Paul hors les murs ; Sainte-Marie-Majeure, Sainte-Croix-de-Jérusalem, Saint-Jean-de-Latran, Saint-Laurent hors les murs; parmi les basiliques mineures : Sainte-Marie-in-Transtevère, Sainte-Marie-in-Cosmedin qui date du viie siècle ; Sainte-Marie-in-Monte-Santo, etc.

Beaucoup de nos églises modernes sont construites sur le plan des anciennes basiliques; nous citerons à Paris : Saint-Philippe-du-Roule, Saint-Vincent-de-Paul, La Madeleine, Notre-Dame-de-Lorette. — V. Église.

— V. *Dictionnaire d'architecture*, de M. E. Bosc, Paris, Firmin-Didot.

BASIN. Le basin est une étoffe de coton croisée, ordinairement blanche, et qui se fabrique, le plus souvent, à raies larges ou étroites, mais qui se fait aussi cannelée, cordelée, piquée et unie. Dans ce dernier cas, on laisse flotter le poil, sur l'un des côtés, qui forme l'envers de l'étoffe, et qui reste ainsi velouté.

On tisse le basin de toute largeur; certaines sortes sont très étroites, d'autres très larges, suivant leur destination. La qualité de l'étoffe, fine ou grosse, est également variable.

Les basins rayés de Troyes, dans lesquels le fil de lin ou de chanvre est mélangé, dans la chaîne, de fil de coton, sont les plus répandus en France. Ils sont tissés sur 50 ou 60 centimètres de largeur. Le basin est employé dans les contrées tempérées de l'Europe, pour gilets et pantalons blancs, ainsi que pour robes et pour manteaux de femmes et d'enfants. Dans les pays intertropicaux un vêtement complet de basin blanc constitue l'habillement ordinaire des colons.

— Les principales fabriques de basin sont, en France : à Rouen, Cambrai, Saint-Quentin et dans les Vosges. Les basins les plus estimés sont toujours ceux de Pondichéry et du Bengale. Autrefois, la France avait, en Europe, le monopole de cette fabrication; mais, aujourd'hui, la Suisse, la Belgique, l'Angleterre surtout lui font une rude concurrence sur tous les marchés du monde, et la production du basin a singulièrement diminué dans notre pays.

* **BASINÉ, ÉE.** *T. techn.* Étoffe qui ressemble au basin.

* **BASIQUE.** *T. de chim.* Qui jouit de la propriété des bases; qui produit des sels en se combinant avec les acides, en parlant d'un oxyde; qui contient un excès de base, en parlant d'un sel. Un acide est *monobasique*, *bibasique* ou *tribasique*, suivant qu'il se combine avec un, deux ou trois équivalents de base, pour former un sel neutre.

* **BAS-MÂT.** *T. de mar.* — V. Mâture.

* **BAS-MÉTIER.** *T. techn.* Petit métier que l'on peut poser sur les genoux, et avec lequel on fait de menus ouvrages.

BASQUE. 1° C'était autrefois une partie d'étoffe qui tombait du pourpoint sur la trousse; c'est aujourd'hui un pan d'étoffe lié au corps d'un habit d'homme ou au corsage de certains vêtements de femme. ǁ 2° *T. de plomb.* Pièce de plomb taillée en forme de basque. ǁ 3° *Instr. de mus.* — V. Tambour.

* **BASQUIN** (Hector), né le 24 mai 1824 à Beaumont (Nord), mort à Saint-Quentin, le 16 dé-

cembre 1876, fut l'introducteur à Saint-Quentin, de la fabrication mécanique de la broderie qui se faisait auparavant à la main. Il créa ainsi une forte concurrence à la Suisse et dota la France d'une industrie qui occupe un nombre considérable d'ouvriers, tant au point de vue de la broderie qu'à celui de la fabrication des machines qui lui sont nécessaires.

Ce résultat ne fut pas obtenu sans efforts, et il a fallu toute l'énergie et toute la persévérance dont Hector Basquin était doué, pour triompher des difficultés que rencontre partout l'importateur d'un progrès nouveau, d'une industrie inconnue.

Ses concitoyens le récompensèrent de son succès en le nommant président de la *Société industrielle de Saint-Quentin et de l'Aisne*. Appliquant à la conduite de cette association les qualités qu'il apportait à toutes les tâches qu'il s'imposait, il lui imprima une impulsion considérable et lui donna un éclat qu'elle n'avait pas connu avant lui.

Il recueillit aux diverses expositions françaises et étrangères le fruit de ses efforts d'industriel et de président. L'exhibition de Vienne lui valut le diplôme de mérite et la croix de chevalier de l'ordre de François-Joseph.

Le gouvernement français n'avait pas moins que l'Amérique et l'Autriche reconnu ses efforts et ses services. Il l'avait fait chevalier de la Légion d'honneur et officier d'Académie. Sa Sainteté Pie IX l'avait créé, en 1875, à propos de la fabrication d'un magnifique ornement en broderie, chevalier de l'ordre de Saint-Grégoire-le-Grand.

BAS-RELIEF. Ouvrage de sculpture formant saillie sur un fond auquel il tient, ou sur lequel on l'a appliqué et fixé. Dans le *bas-relief*, les figures doivent être peu saillantes, par opposition au *haut-relief* dont les figures sont détachées du fond et approchent de la *ronde-bosse*. Les premiers offrent aux artistes plus de difficulté que les seconds, surtout pour la composition pittoresque, ou la formation des groupes.

Dans le *demi-relief* ou *demi-bosse* qui tient le milieu entre le *bas-relief* et le *haut-relief*, les figures sont détachées du fond de la moitié de leur épaisseur.

— Dans l'antiquité la plus reculée, le bas-relief a été employé comme décoration des temples, des tombeaux et même des meubles; ce fut la première manière d'écrire, et c'est grâce aux innombrables bas-reliefs de l'Egypte et de l'Asie que les savants ont pu reconstituer l'histoire des différents peuples disparus. Les Egyptiens commencèrent par écrire en creux sur la pierre : tels sont les hiéroglyphes de l'obélisque de Louqsor, à Paris; puis ils exécutèrent des figures relevées en bosse dans le renfoncement de la pierre, avec une saillie inférieure au plan de la surface du bloc; plus tard enfin, ils sculptèrent de véritables bas-reliefs, c'est-à-dire qu'ils détachèrent les figures en les faisant saillir légèrement; chez les Persans, au contraire, le relief était très saillant.

Les Grecs, plus qu'aucun autre peuple, ont excellé dans la sculpture des bas-reliefs; parmi ceux qui sont les plus célèbres, on cite, outre les magnifiques sculptures du fronton du Parthénon, le bas-relief en ivoire du bouclier de la statue de Minerve, à Athènes, exécuté par Phidias; ceux du temple d'Hercule à Thèbes, exécutés par Praxitèle; ceux du temple de Delphes, etc. Si les Romains n'ont pas atteint la perfection des Grecs dans cet art difficile, leurs travaux témoignent néanmoins d'une grande habileté, les bas-reliefs de la colonne Trajane et ceux des arcs Titus et Constantin indiquent leur parfaite connaissance de la perspective.

Le moyen âge fit un grand emploi des bas-reliefs pour la décoration des palais, des églises, des meubles, des tombeaux, etc., mais avec une si grande profusion de figures et de détails qu'on. ne saurait les comparer aux belles productions que l'antiquité nous a léguées; si les artistes de cette époque savaient admirablement fouiller et ciseler la pierre, le bois, l'ivoire, l'albâtre et les métaux, il semble qu'ils étaient plus préoccupés de la délicatesse et du fini de l'exécution que de la bel e simplicité des antiques. Les « maistres de l'ouvraige » ne se contentaient point d'orner de bas-reliefs les portails ou les façades des églises et des abbayes qu'ils construisaient, ils en chargeaient les châsses, les retables, les lutrins, les bancs-d'œuvre, etc. Le musée de Cluny possède plusieurs spécimens de retables et de châsses en bois et en ivoire sculptés avec un art infini.

Les artistes de la Renaissance qui s'inspirèrent de l'art antique, nous ont laissé des bas-reliefs remarquables par l'élégance du dessin et l'harmonie de la composition; tels sont ceux de Jean Goujon dans la cour du Louvre et sur la fontaine des Innocents; les bas-reliefs de la Porte Saint-Denis et de la Porte Saint-Martin furent exécutés au XVIIe siècle pour célébrer les triomphes de Louis XIV; les belles figures en demi-relief de la fontaine de la rue de Grenelle, sculptées par Bouchardon, datent du XVIIIe siècle. De nos jours, il faut citer le magnifique fronton du Panthéon, par David d'Angers; celui de la Madeleine, par Lemaire; les portes de bronze de cette église, par Turqueti; les bas-reliefs de l'Arc de triomphe : le Départ, le Triomphe, la Guerre et la Paix; ceux du chœur de Sainte-Clotilde, par M. Guillaume; puis encore le magnifique bas-relief du Danois Thorwaldsen, exécuté pour la villa Sommariva, sur le lac de Côme et représentant le Triomphe d'Alexandre, etc.

* BASSAGE. T. techn. Dans les tanneries, opération qui produit le gonflement du cuir.

* BASSAT. T. de mét. Sorte de sarrau matelassé dans le dos en usage chez les ardoisiers.

BASSE. T. d'instr. de mus. La dénomination générale de basse est donnée aux instruments graves comme le violoncelle (V. ce mot) dans les familles à cordes, et le bass-tuba, par exemple, dans les familles de cuivre; le premier dans les symphonies, les quatuors et les trios, le second dans les morceaux de musique militaire exécutent la partie basse de l'harmonie. || Contre-basse, autre instrument qui joue les parties de basse.

* BASSE-CONDE. T. techn. Panneau supérieur du soufflet d'un haut-fourneau.

* BASSE-ÉTOFFE. T. de métall. Alliage de plomb et d'étain.

* BASSE-LICE ou mieux BASSE-LISSE. T. techn. La basse-lisse est ainsi nommée en opposition à la haute-lisse. Le mot lisse, dont on trouvera l'explication à sa place alphabétique, a une acception différente, suivant qu'il s'applique au métier à tisser, ou qu'il sert à désigner le mode de fabrication d'une tapisserie; dans ce dernier cas, il est suivi des compléments haute ou basse. On appelle métier à basse-lisse, celui sur lequel la chaîne destinée à la confection du tapis ou de la tapisserie est disposée sur un plan horizontal, et métier à haute-lisse, celui sur lequel la chaîne est tendue verticalement.

— Le métier à haute-lisse, qui sera décrit en son lieu, paraît avoir précédé le métier horizontal. On le voit figuré sur les hypogées de Beni-Hassan, dans l'Heptanomide ou Moyenne Égypte; les ouvriers de Cachemire et de Bagdad, l'employaient depuis les temps les plus reculés et s'en servent encore de nos jours.

Quoique la haute-lisse soit exclusivement destinée, dans la fabrication moderne, à la reproduction des sujets historiques et de grande dimension, ces mêmes sujets pourraient être fabriqués cependant sur le métier à basse-lisse, et celui-ci n'en marque pas moins un progrès, puisqu'il donne une économie de temps et de frais.

Le métier à basse-lisse est, à quelque différence près, le métier ordinaire du tisserand. Comme dans celui-ci, les deux rouleaux, sur l'un desquels s'enroule la tapisserie achevée, tandis que la chaîne est enroulée sur le second, sont placés sur le même plan. Des lisses, semblables à celles du métier à tisser, servent à élever tour à tour les diverses parties de la chaîne. Le basse-lissier, assis sur un banc, devant le métier, les pieds appuyés sur les marches, ordinairement au nombre de deux, qui font mouvoir les lisses, sépare avec les doigts un nombre calculé et variable de fils de chaîne, entre lesquels doit glisser la laine qu'il introduit au moyen d'une broche. Il promène cette broche de droite à gauche et de gauche à droite, formant ainsi un certain nombre de duittes, qui correspondent aux coups de navettes du métier à tisser. Mais, tandis que le tisserand tasse et égalise les fils de la trame avec le jeu régulier de son battant, le tapissier est obligé d'égaliser les duittes au moyen d'un instrument nommé grattoir, et de les tasser à la main, en se servant d'un peigne de buis ou d'ivoire. Le dessin ou patron que l'ouvrier doit reproduire est placé au-dessous de la chaîne, et maintenu par des cordelettes et de minces planchettes de bois. L'ouvrier le copie en proportionnant la longueur des duittes aux contours du dessin, et en imitant les diverses colorations du modèle, au moyen des teintes variées de sa laine, dont chaque nuance, assortie d'avance aux tons de la peinture, est disposée sur une broche différente.

— La basse-lisse a été principalement employée dans les anciennes fabriques de la Marche, à Aubusson et à Felletin; elle l'est encore, de nos jours, à Aubusson et à Beauvais. On ne s'en est jamais beaucoup servi aux Gobelins. En 1825, elle y fut complètement supprimée, et tous les métiers de basse-lisse, parmi lesquels se trouvaient plusieurs métiers perfectionnés par Vaucanson, furent, vers cette époque, transportés à Beauvais.

Vers le milieu du XVIIe siècle, au moment de la décadence de l'industrie tapissière flamande, les industriels aubussonnais, dont les ouvriers ne travaillaient que sur les métiers à basse-lisse, firent une vive concurrence aux hauts-lissiers de Paris, et, en particulier à la fabrique des Gobelins. Pouvant produire plus vite et à meilleur marché que celle-ci, ils venaient alors, en grand nombre, de la Marche à Paris, vendre leurs tapisseries, et ils réussirent à s'emparer d'une partie de la riche clientèle des églises et des monastères.

Les manufactures de Beauvais et d'Aubusson n'ont

aujourd'hui que des métiers à basse-lisse. Les tapisseries de Beauvais sont supérieures, peut-être, par la perfection du tissu, la finesse des laines et des soies employées, la richesse du coloris et l'heureux choix des modèles, mais les tapis et les tapisseries d'Aubusson se vendent en bien plus grand nombre.

On ne doit pas oublier, du reste, en comparant les produits fabriqués dans les deux villes, que Beauvais est une manufacture nationale, placée sous la même direction que les Gobelins, et disposant, comme ceux-ci, des ressources de l'Etat, tandis que les fabriques d'Aubusson dépendent exclusivement de l'industrie privée. La prospérité actuelle de ces dernières date surtout de la Restauration, et elles la doivent en grande partie, à l'intelligente direction de quelques industriels. — V. Aubusson, Beauvais, Felletin, Gobelins. — Fr. F.

* **BASSE-LISSIER.** Ouvrier qui fait de la tapisserie de basse-lisse.

* **BASSE-MARCHE.** T. de tapiss. Pour basselisse, sans doute à cause des pédales que l'ouvrier fait marcher dans le métier de basse-lisse pour faire hausser ou baisser les fils de la chaîne.

* **BASSEMENTS.** T. de tann. Jus de tannée employés dans le travail de la basserie.

' **BASSE-ORGUE.** T. d'instr. de mus. On donne ce nom à un instrument recourbé comme le basson, et qui donne plus de trois octaves.

* **BASSER.** T. tech. Imbiber la chaîne d'une étoffe avec une eau savonneuse qui rend les fils glissants.

* **BASSE-RICHE.** T. de minér. Pierre noire incrustée de coquillages avec laquelle on fait divers objets : coupes, vide-poches, socles, etc. On la trouve dans le Puy-de-Dôme.

* **BASSERIE.** T. de tann. Les peaux sorties du travail de rivière sont mises en travail de basserie ou passerie. Cette opération précède la mise en fosses et s'applique principalement aux grosses peaux (bœuf, vache, veau, etc.)

Elle consiste à faire agir sur les peaux des jus de tannée de plus en plus forts. Au sortir du travail de basserie la peau est tannée; mais on ne la serre, on n'en fait un cuir parfait qu'en la recouchant en fosse; elle acquiert alors toute la solidité qui fait sa plus belle qualité.

La basserie est ordinairement placée dans le sous-sol de l'usine, les cuves destinées à recevoir les jus de bassements sont en chêne ou en briques et ciment. Le sapin n'est jamais employé, car le bordage ne saurait avoir une longue résistance, pour le travail auquel la cuve est soumise.

Les cuves en chêne ont un mètre de profondeur et 1ᵐ,7 de diamètre; elles sortent d'environ 45 à 50 centimètres pour faciliter le travail de l'homme qui coudre. Les cuves en maçonnerie, d'une durée beaucoup plus considérable, ont à peu près les mêmes dimensions et sont disposées de la même façon. Dans le cas des cuves en bois, la basserie est bitumée pour éviter la pourriture au ras du sol, et les entre-cuves sont comblées si la batterie s'appuie au mur.

L'outillage de la basserie se compose : des cuves en activité ou de basserie, des cuves de potée, des cuves de refaisage, des fosses à jus, et dans certaines usines d'une série de filtres sur lesquels les eaux et les tannées, si faibles qu'elles soient, sont dirigées, enfin, de rateliers en chêne sur lesquels on place les peaux à égoutter quand on les sort de la cuve pour bouler le contenu et ajouter le tan nécessaire pour le réencuvage.

Les peaux venant de rivière, après dégorgement dans une cuve spéciale où elles se débarrassent par un flottage et un lavage suffisants de la chaux qu'elles contiennent, sont introduites dans la première cuve d'où elles passent successivement dans les suivantes, où le jus est de plus en plus fort. La peau arrive donc insensiblement et sans transition en jus neuf.

Le séjour dans chaque cuve et la façon dont ces cuves sont montées dépend de la peau que le tanneur travaille et des conditions dans lesquelles il se trouve.

Au sortir de la basserie, les peaux sont mises en potée et en refaisage pour aller de là en fosses, ou dirigées vers ce dernier travail (cuir de Givet par exemple). — V. Tannage.

* **BASSE-TROMPETTE.** T. d'instr. de mus. Instrument en cuivre du registre grave. On donne quelquefois ce nom à la trompette-basse ou même au trombonne qui est, en réalité, une basse de trompette ayant environ 26 centimètres de longueur.

* **BASS-TUBA.** T. d'instr. de mus. Basse de la famille des tubas, inventée ou pour mieux dire perfectionnée et complétée par Sax.

* **BASSE-VERGUE.** T. de mar. Se dit des deux plus fortes vergues. — V. Mâture.

· **BASSE-VOILE.** T. de mar. Se dit de la voile gréée sur les bas-mâts. — V. Mâture.

·**BASSIA.** Le bassia (sapotées) est un arbre commun dans les Indes, où il est fréquemment cultivé en toppes (vergers) au voisinage des hameaux et des pagodes.

Son bois, plus dur et aussi durable que le tek, est très employé; ses fleurs fournissent par fermentation un alcool très aromatique.

Le fruit est un petit drupe allongé, légèrement déprimé, de la grosseur d'une amande, un peu velu, jaunâtre, légèrement pulpeux à la maturité. A l'intérieur est une coque dure, brillante, lisse, crustacée, jaune foncé; elle renferme une amande compacte, charnue, riche en matières oléagineuses.

La récolte se fait vers la fin d'avril et dans le mois de mai; la cueillette a lieu soit à la main, soit au moyen d'un bambou armé d'un crochet.

On sépare la pulpe, qui sert comme aliment; on enlève l'amande de la coque, on la réduit en poudre fine et l'on retire l'huile par l'eau bouillante.

Plusieurs espèces de bassia sont utilisées dans les Indes : 1° le bassia longifolia; 2° le bassia batifolia; 3° le bassia butyracea et 4° le bassia parkii.

Nous devons citer pour terminer le *bassia djavé*, djavé du Gabon, comestible, et le *bassia noungou*, n'gou du Gabon.

*   **BASSICOT.** *T. techn.* Grande caisse d'extraction qui sert à enlever les blocs d'ardoises de la carrière. — V. ARDOISIÈRE.

*   **BASSICOTIER** *T. techn.* Ouvrier qui charge l'ardoise sur les bassicots, au moyen desquels on la monte à la surface du sol.

I. **BASSIN.** *T. de mar.* On entend par *bassin* la partie retirée d'une rade ou d'un port où les navires peuvent se mettre à l'abri du mauvais temps. C'est aussi une vaste enceinte en maçonnerie dans laquelle l'eau de mer est introduite par des portes assez grandes pour permettre le passage des navires, où on les arme et les désarme. C'est enfin une enceinte semblable à celle-ci, ouverte et creusée sur ses bords mêmes et destinée à la construction des vaisseaux ou à leur réparation. On les nomme alors *bassin de radoub* (V. ce mot) et *bassin de construction*.

Dans les ports à marée, le bassin reste plein d'eau ou à sec, suivant qu'on ferme les portes ou vantaux pendant le flot, où lorsque la mer s'est retirée. Dans les autres ports, l'eau est enlevée à l'aide d'une machine à vapeur : quelques heures suffisent pour opérer l'épuisement, qu'on n'obtenait autrefois qu'après trois jours avec des pompes à chapelet, mises en jeu par des forçats.

II. **BASSIN.** 1° *T. d'arch.* Pièce d'eau servant, dans un jardin, dans un parc, d'ornement ou de réservoir. || 2° *T. d'opt.* Disque de cuivre jaune fondu, façonné ou creusé en sphère de divers rayons, de manière à présenter un segment sphérique de révolution, auquel est adapté un appendice à pas de vis qui sert, soit à lui communiquer des mouvements à la main, soit à le fixer solidement au moyen du pas de vis sur un support vertical. Cet instrument sert à tailler ou à polir les verres d'optique. || 3° *T. de chap.* Plaque de fer, de cuivre ou de fonte dont on se sert dans la fabrication des chapeaux. || 4° *T. de maçon.* Espace entouré de mortier ou de sable dans lequel les maçons détrempent la chaux. || 5° Plateau suspendu par des chaînettes au fléau d'une balance, et dans lequel on met ce qu'on veut peser. || 6° Grande casserole à longue queue, à l'usage des boulangers. || 7° Vase de cuivre qui, dans les raffineries de sucre, sert à faire les emplis; à transporter la cuite dans les formes ou à passer la clairée; il prend le nom de l'opération à laquelle il est destiné. || 8° Plat creux de forme ronde ou ovale. || 9° Plat où l'on reçoit les offrandes à la messe. || 10° Grand vase garni de deux anses qui sert, dans les laboratoires de chimie, au lavage, à la lixiviation et à l'évaporation, soit par le feu, soit à l'air libre. || 11° Petit vase de forme ovale, monté sur un pied dans lequel on prend des bains d'yeux, et que, pour cette raison, on nomme *bassin oculaire*. || 12° Dans la fonderie, fond de fourneau à reverbère un peu creux, pour contenir le métal en fusion. || 13° *T. de tann.* Enfoncement que l'on pratique dans le *chapeau* des

fosses à tan et dans lequel on introduit de l'eau afin d'abreuver la fosse. On le comble ensuite.

*   **BASSINS HOUILLERS.** On donne le nom de *bassin*, en géologie, à un groupe de couches de courbure concave, dans lequel le sommet de l'angle curviligne forme le fond du vallon et les côtés, les versants de droite et de gauche. Comme généralement les couches de houille et de schistes, grès, etc., des terrains houillers affectent la forme de fond de bateau ou de grande cuvette, on leur donne le nom de *bassins*, ce qui suppose des lambeaux isolés entre les plis des vallées dont ils occupent le thalweg. Ici nous nous occuperons que des bassins houillers de la France.

La répartition géographique ou dans l'espace des terrains houillers est coordonnée à certaines lignes de fracture qui les ont plaqués autour ou au pied de divers massifs montagneux. Ainsi en France, ils forment une ceinture interrompue autour du plateau central. Dans le Nord et le Nord-Est, le plateau primaire ardennais et rhénan, le massif vosgien ont imprimé une physionomie spéciale à l'allure du terrain houiller; dans le système alpin tout le terrain houiller a été fortement relevé et quelquefois porté à des hauteurs considérables; enfin, dans les Pyrénées, on ne connaît que quelques lambeaux de cet âge.

M. Burat divise les terrains houillers de la France en cinq groupes géographiques distincts, savoir :

1° *Houillères du Nord*, formant une zone longue et étroite qui traverse la Belgique, à découvert, depuis Aix-la-Chapelle jusqu'au delà de Mons; elle marque le littoral du massif primaire et primordial du Rhin. On peut la suivre sur une longueur de plus de 400 kilomètres par Liège, Charleroi, Valenciennes, Douai, Béthune, avec quelques écarts dans le Boulonnais, à Réty, Ferques, Fiennes, Hardinghen, d'où elle s'infléchit vers la Manche pour réapparaître en Angleterre.

La surface de ce grand bassin est d'environ 250,000 hectares; la largeur de la zone houillère est de 6 à 10,000 mètres. Mais la France ne possède qu'une faible partie de cette surface charbonneuse, dans les départements du Nord et du Pas-de-Calais, environ 109,113 hectares, comprenant trente-huit à quarante concessions, que voici avec leur superficie : Fresne, 2,073 hectares; Vieux-Condé, 3,962 hect.; Raismes, 4,819 hect.; Anzin, 11,851 hect.; Saint-Saulve, 2,200 hect.; Denain, 1,344 hect.; Odomez, 316 hect.; Hasnon, 1,488 hect.; Aniche, 11,850 hect.; Douchy, 3,419 hect.; Bruille, 403 hect.; Château-l'Abbaye, 916 hect.; Vicoigne, 1,320 hect.; Nœux, 8,028, hect.; Crespin, 2,842 hect.; Marly, 3,313 hect.; Azincourt, 2,182 hect.; Escautpont, 4,721 hect.; Thivencelles, 981 hect.; Saint-Aybert, 425 hect.; Escarpelle, 4,721 hect.; Dourges, 3,787 hect.; Courrières, 5,460 hect.; Lens, 6,239 hect.; Douvrin, 700 hect.; Bully-Grenay, 5,761 hect.; Bruay, 3,809 hect.; Vendin, 1,166 hect.; Marles, 2,890 hect.; Ferfay, 918 hect.; Cauchy-la-Tour, 278 h.; Ouchy-au-Bois, 1,363 hect.; Fléchinelle, 532 hect.; Ostricourt, 2,300 hect.; Carvin, 1,150 hect.; Meurchin, 1,763; Annœulin, 920 hect., Liévin, 1,444 hect. Dans le Boulonnais : Rety-Ferques-Hardinghen qui a une superficie de 3,431 hectares.

Plusieurs de ces concessions appartiennent à la même compagnie; Anzin en possède huit d'une superficie totale de 28,053 hect. (V. ANZIN); Vicoigne, quatre de 10,667 hect.; Fresne, du Midi, trois de 1,546 hect.; Lens, deux de 6,939 hect.; Farfay, deux de 1,206 hect. Dans le Boulonnais, on extrait de la bonne houille à Réty; la concession de Ferques n'est pas exploitée; on fait en ce moment de nouveaux travaux de recherches à l'ancienne concession de Fiennes, abandonnée depuis longtemps.

2° *Houillères de l'Est*, comprenant le bassin de la Sarre et le bassin de Ronchamp (Haute-Saône). Le bassin de la Sarre, à découvert en Prusse, se prolonge souterrainement sous les terrains secondaires de la Moselle, comme d'ailleurs le grand bassin belge se prolonge sur la rive droite du Rhin pour former le riche bassin de la Ruhr.

Dans la Moselle, plusieurs concessions ont été obtenues depuis une vingtaine d'années, dont quelques-unes sont actuellement exploitées.

Au groupe de l'Est peuvent se rattacher les lambeaux alpins de la Savoie et du Valais, à charbons anthraciteux.

3° *Les houillères de l'Ouest*, comprenant les bassins de la basse Loire, de la Vendée, donnent des houilles anthraciteuses et des anthracites.

Le bassin de la basse Loire forme une zone de 500 à 1,200 mètres de largeur, qui n'a pas moins de 100 kilomètres, depuis Doué jusqu'au delà de Niort; les concessions sont, de l'est à l'ouest : Doué-Lafontaine, Saint-Georges-Châtelaison, St-Lambert, Chalonnes, Chaudefonds, Layon, Saint-Georges-sur-Loire, Montrelais, Mouzeil, Touches, Langeais, etc.

Le bassin de la Vendée commence au sud, par les mines de Saint-Laurs et de Faymoreau, puis se continue en longeant la forêt de Vouvant, jusqu'au delà des mines d'Epagnes, sur une longueur de 20 kilomètres.

Dans l'Ouest, signalons encore le petit bassin houiller de Saint-Pierre-la-Cour, près de Laval; les bassins houillers de Littry, près de Bayeux, et du Plessis.

4° *Les houillères du Centre*, comprenant les riches bassins de *Saône-et-Loire* (bassins d'Autun, du Creusot, de Blanzy avec Montchanin, de Monceaux-les-Mines, d'une contenance de 875 hectares), de l'*Allier et de l'Auvergne* (bassin d'Ahun, 2,200 hect.; de Saint-Eloi, 352 hect.; de Decize, de Brassac, de Commentry, 2,480 hect.; Bézenet); les *bassins de la Loire* (Saint-Etienne, Saint-Chamond, Rive-de-Gier, Firminy, etc.). Le bassin de la Loire a une superficie de 25,000 hect., et celui de Saône-et-Loire, de 42,792 hect.; celui de la Nièvre, 8,010 hect.; de l'Allier, 7,369 hect.; du Rhône, 1,794 hect.; de la Corrèze, 5,430 hect.

Les principales concessions du bassin de la Loire sont : à Rive-de-Gier, Grand'Croix, Reclus, La Cappe, Couzon, etc., d'une contenance de 1,318 hect.; Tartaras, 1,043 hect.; La Faverge, 55 hect.; Plat-Gier, 235 hect.; Combe-Rigol, 190

hect. · Péronnière, 79 hect.; Grandes-Flaches, 172 hect.; Combe-Plaine, 98 hect.; Morillon, 93 hect.; Le Ban, 78 hect. A Saint-Chamond: Saint-Chamond, 3,542 hectares.

La compagnie de Saint-Etienne possède les concessions de Méons et La Roche, 180 hect.; Le Treuil, 199 hect.; Bérard, Chaney, 221 hect.; Terre-Noire, Côte-Thiollière, 641 hect.; total : 1,241 hectares. La Chazotte, 606 hect.; Montcel, 123 hect.; Reveux, 44 hect.; La Baralière, 38 hect.; Le Javon, 215 hect.; Montieux, 71 hect.; Saint-Jean-de-Bonnefonds, 322 hect., appartiennent à des sociétés particulières.

La Société de la Loire exploite les concessions de Montsalmon, 280 hect.; Villars, 327 hect.; Lachana, le Cluzel, Quartier-Gaillard, 1,629 hect.; total : 1,942 hectares.

Firminy et Roche-Molière ont une contenance de 5,856 hect.; Unieux et Fraisse, 702 hect.; Montrambert et La Béraudière, 1,145 hect.; Beaubrun, 289 hect. En outre, la Loire enferme un bassin carbonifère inférieur aux environs de Roanne, donnant des charbons anthraciteux de bonne qualité.

5° *Les houillères du Midi*, situées sur les versants du Lot, de l'Hérault, du Gard, renferment plusieurs bassins parmi lesquels deux sont surtout importants, savoir : le *bassin de l'Aveyron*, d'une superficie de 12,000 hectares, et le *bassin du Gard*, qui possède une surface houillère d'environ 26,888 hect. (Grand'Combe, 1,484 hect., Bessèges, Robiac et Meyrannes, Portes et Sénéchas, Alais, Provençal, etc.). L'Hérault possède les petits bassins de Neffiez, Roujan, Graissessac, 8,800 hect.; Bousquet d'Orb, d'une surface totale d'environ 15,129 hect.; le Tarn, le bassin de Carmaux, de 8,800 hectares.

Dans les Corbières on connaît un petit bassin isolé, celui de Durban et Ségure; enfin, à l'extrémité de la chaîne alpine, à son raccordement avec l'Esterel, se trouve un petit bassin houiller à découvert sur certains points du Var, principalement aux environs de Fréjus.

Ces divers bassins, quoique peu éloignés les uns des autres, ne donnent pas la même nature de charbon; d'ailleurs les qualités du combustible et par suite son emploi dépendent de plusieurs circonstances.

Les divers bassins houillers que nous venons d'énumérer sont isolés les uns des autres, séparés par des massifs montagneux, par des accidents orographiques, des vallées, des terrains appartenant à des époques géologiques différentes et diverses. Cette disposition en lambeaux isolés ou discontinus est très défavorable, tant pour la régularité des couches de houille que pour les conditions économiques de l'exploitation. Mais le plus souvent les bassins houillers sont raccordés souterrainement entre eux et les morts-terrains cachent les rapports qui les unissent; le plus souvent l'apparente indépendance des bassins voisins provient de relations stratigraphiques mal observées.

Un fait assez frappant dans la distribution des terrains houillers est leur accumulation dans l'hémisphère boréal; les plus étendus sont concentrés dans le nord-ouest de l'Europe, entre le quarante-neuvième et le cinquante-sixième parallèles; à mesure que l'on s'avance de cette zone vers le sud, il y a une sorte de décroissance dans l'importance des bassins. La même loi se remarque dans le nouveau monde.

Les bassins houillers, considérés sous le rapport géographique et commercial, peuvent être classés en quatre groupes principaux :

1° *Le groupe de l'Europe occidentale*, dont le marché principal est la France, et qui, outre les terrains houillers du sol français, comprend encore ceux de la Belgique et de la Sarre;

2° *Le groupe de l'Europe orientale*, composé des bassins de la Westphalie, de la Saxe, de la Bohême, de la Silésie, et qui alimentent toute l'Allemagne;

3° *Le groupe des îles Britanniques*, le plus riche de l'Europe, dont les produits alimentent les immenses consommations de la Grande-Bretagne et toutes les contrées qui ont recours aux charbons étrangers;

4° *Le groupe des bassins de l'Amérique du Nord*, les plus vastes du monde, et qui constituent une immense réserve de houille pour l'avenir. — A. F. N.

* **BASSINAGE**. *T. techn.* Façon que le boulanger donne à la pâte pour la bien pénétrer d'eau.

* **BASSINAT**. *T. de mét.* Déchet de soies.

* **BASSINE**. 1° *T. de teint.* Ce mot s'emploie dans deux acceptions différentes : Se dit du réservoir destiné à contenir la couleur qui doit alimenter le rouleau d'impression au moyen du *fournisseur* (V. ce mot). Se dit encore des vases contenant les

Fig. 330. — *Bassine.*

substances destinées à être broyées et dans lesquels on fait mouvoir des boulets. — V. BROYEUR.

Cette expression vient sans doute de l'usage qu'on faisait il y a environ un siècle, d'un appareil ainsi décrit par Hommassel : « On a une bassine de cuivre à deux anses de fer dont le fond est rond comme une boule; au dehors, au milieu et au-dessous du fond est une bosse de cuivre massive qui oblige la bassine à rester toujours sur le côté; on met dans cette bassine l'indigo qui, avant, a été trempé et concassé dans un mortier, l'on met dans la bassine, avec l'indigo, trois ou quatre boulets de canon de douze, suivant la force du poignet de celui qui doit la faire mouvoir; l'on fait rouler dans la bassine les

boulets, jusqu'à ce que l'indigo soit tout à fait réduit en liqueur épaisse » (fig. 330).

Les bassines employées aujourd'hui diffèrent totalement de la bassine primitive; elles sont généralement mues mécaniquement et servent à bassiner les couleurs plastiques, l'indigo, etc.

Bassine. 2° Espèce de chaudière de forme hémisphérique à fond presque plat, ordinairement de cuivre rouge, non étamé, et dont on se sert dans plusieurs professions : pour les préparations pharmaceutiques, la fabrication des confitures, des sirops, etc. Pour l'évaporation des liqueurs on se sert d'une bassine ronde, peu profonde et munie de deux anses. || 3° Dans les imprimeries, on donne ce nom à une caisse rectangulaire, doublée intérieurement en plomb, et qui sert à tremper le papier.

* **BASSINÉE**. *T. de boul.* Quantité d'eau contenue dans le bassin du boulanger. || *T. de constr.* Quantité de chaux employée en une seule fois pour la confection du mortier.

BASSINER. *T. techn.* Chez les boulangers, opération qui a pour but, lorsque la pâte est faite, d'y ajouter une bassinée d'eau pour donner de la légèreté au pain. || Arroser l'osier au moment de l'employer pour le rendre moins cassant || *T. de teint.* Action de broyer les matières colorantes ou les couleurs, dans une bassine, de manière à les rendre impalpables.

BASSINET. 1° *T. d'arm.* Dans la batterie d'un fusil à silex, c'est la pièce creuse dans laquelle on met l'amorce. On donne le nom de *bassinet de sûreté* au demi-cylindre disposé de façon à recouvrir l'amorce pour empêcher l'explosion dans le cas où la détente partirait accidentellement. Ce système est aujourd'hui abandonné. — V. FUSIL. || 2° Sorte de bobèche qui termine le haut des chandeliers d'église et reçoit la cire du cierge allumé. || 3° Bassin où l'on fait le sel.

BASSINET ou **BACINET**. *Art milit. anc.* Calotte de fer, en usage au moyen âge, que l'on portait dessus ou dessous la coiffe de mailles. Il a d'abord été porté par les chevaliers, puis plus tard par les fantassins, mais alors c'était une sorte de casque pointu muni de rebords. — V. ARMURE.

BASSINOIRE. Bassin de métal, ordinairement en cuivre, à manche fixe et à couvercle percé de trous, que l'on emplit de braise ou de cendres chaudes pour chauffer le lit. On fabrique aussi des bassinoires en étain que l'on remplit d'eau bouillante pour le même usage; le manche peut faire place à un bouchon et la bassinoire reste alors aux pieds de la personne couchée. Cet ustensile sert également de chaufferette de voiture.

* **BASSIOT**. *T. de distill.* Baquet en usage chez les distillateurs d'eau-de-vie.

BASSON. *Instr. de mus.* Le basson appartient à la famille des instruments à anche double et sert de basse aux hautbois et au petit orchestre. C'est un des instruments les plus utiles et sa sonorité pleine et pénétrante est une des plus belles couleurs de la palette orchestrale. Le basson se compose de deux branches. L'une, la plus longue, appelée *grand corps* et terminée par un *pavillon*; la plus courte, nommée *branche*, supporte le bocal armé de son anche. Ces deux tuyaux sont reliés à leur base par une pièce mobile qui leur permet de communiquer ensemble et qu'on appelle *culasse*; développés dans toute leur longueur, les deux tuyaux mesurent 2m,47, en comptant la culasse. Comme le hautbois, le basson est à perce conique.

Malgré quelques essais d'améliorations, dont nous parlerons plus loin, le basson a peu profité de la révolution opérée par Bœhm. Il a sept trous bouchés avec les doigts; pour faire concorder la division acoustique avec la place des doigts, les facteurs ont dû percer ces trous obliquement et cette disposition, malgré de grands inconvénients, se retrouve encore dans un grand nombre d'instruments. Le basson est généralement armé de 17 clefs et il en a eu jusqu'à 22. L'étendue du basson est considérable, elle monte du *si bémol* grave au *mi* et même au *fa* (Jancourt — *Méthode de basson*, 1869), mais les compositeurs n'emploient qu'avec une extrême réserve, et pour des effets particuliers, les notes aiguës de l'instrument.

— Le basson a remplacé successivement les instruments graves qui servaient de basses à la famille des hautbois, *bass-pommer*, *bombarde*, etc., en 1539, un chanoine de Pavie, nommé Afranio, eut l'idée de réunir deux de ces basses en les faisant communiquer par leurs pavillons, au moyen d'un grossier système de tuyaux de peau; puis il adapta un soufflet à la machine et créa ainsi le basson qui prit le nom de *fagot*, parce que ces basses ainsi réunies semblaient former un fagot. Ambroise Thésée a décrit l'instrument dans : *Introductio en chaldaïcam linguam* (Pavie, 1539, in-4°). Une trentaine d'années après, Sigismond Scheltzer débarrassait le fagot de ses peaux parasites et en faisait le basson moderne dont on constitua toute une famille de la basse au soprano. Suivant Prœtorius (1619), le basson avait deux clefs et six ou dix trous, suivant son registre. Delusse, en 1780; Adler, en 1809; Almenrœder, Simiot, perfectionnèrent l'instrument et augmentèrent le nombre de ses clefs. Sax, reprenant une idée de son père, régularisa, en 1840, la perce du basson et en fixa les lois; malheureusement le basson de Sax resta presque à l'état de projet. En 1855, Triebert voulut appliquer le système Bœhm au basson. Il parvint facilement aux proportions de la perce et construisit un instrument juste, mais lorsqu'il fallut appliquer le système des tringles et des anneaux, il ne produisit une sorte de clapottement des plus désagréables, par suite de la longueur des tringles; de plus, l'instrument avait besoin de fréquentes réparations, il fallut à peu près renoncer à l'application du système Bœhm. Quoique considérablement amélioré depuis le commencement de ce siècle, le basson est loin d'être arrivé à la perfection.

Le succès des instruments à tuyaux communiquants fut tel au XVIIe siècle que l'on en inventa un grand nombre, tous établis d'après le même principe avec des gammes différentes, les *racketten*, les *cervelas*, les *bassanelli*, les *sourdines*, les *schryari*, les *courtauds* disparus depuis longtemps, rentraient dans cette catégorie.

Aujourd'hui on emploie encore le basson-quinte, le basson-quarte et le contre-basson; mais, dérivés du basson en *si* bémol, ces instruments ne présentent pas d'intérêt spécial au point de vue de la facture.

Le nom de basson est aussi donné à un des jeux d'anches de l'orgue. — H. L.

* **BASSONORE.** *T. d'instr. de mus.* Sorte de basson en cuivre principalement destiné aux musiques militaires.

* **BASSORA** (Gomme de). — V. l'article suivant.

* **BASSORINE.** *T. de chim.* La bassorine est un produit que l'on rencontre dans différentes gommes. Les végétaux qui la fournissent sont de différente nature et vivent sous les tropiques; la *gomme de bassora* provient de plantes de la famille des cactées ou de celle des mesembryanthémées; la *gomme adragante* est la secrétion de divers astragales de la famille des légumineuses.

La bassorine est insoluble dans l'eau chaude ou froide; en présence de ce liquide elle se gonfle considérablement en formant un mucilage très épais, dont on tire parti comme apprêt pour les tissus. Cette gomme a quelque analogie avec la gomme fournie par certains arbres fruitiers de nos pays (merisiers, pruniers, pêchers, abricotiers), mais elle en diffère notablement. On trouvera à l'article Cérasine les caractères de cette autre sorte de gomme.

La bassorine, par une longue ébullition dans l'eau, se transforme en arabine, et chose à remarquer, c'est que la gomme arabique, presque exclusivement formée d'arabine, se transforme en bassorine par l'effet d'une semblable ébullition. Elle est insoluble dans l'alcool. Comme composition, c'est pour M. Berthelot, un triglucoside; on peut également la regarder comme se rapprochant de l'acide métagummique, ce serait alors un isomère du métagummate de chaux, car si par un carbonate alcalin on élimine la chaux, on obtient une gomme soluble analogue à la gomme arabique et qui a pour caractère particulier de précipiter l'acétate de plomb.

La bassorine est inaltérable à l'air sec, ne se colore pas par l'iode; chauffée à $+ 96°$ avec l'acide sulfurique, elle se transforme d'abord en dextrine, puis en glucose; avec l'acide azotique bouillant, elle forme de l'acide mucique $C^{12}H^{10}O^{16}$, caractère propre d'ailleurs à toutes les gommes.

Au sujet de l'iode, il est à remarquer que la gomme de bassora est colorée en bleu par ce métalloïde, mais on en trouve la raison dans la petite quantité d'amidon que renferme ce produit.

* **BASSOTIN.** *T. de mét.* Cuve à indigo, chez les teinturiers.

* **BASTAIN.** Textile de l'Inde. — V. Coir.

* **BASTAING.** *T. techn.* Nom qu'on donne, en *T. de charp. et menuis.*, à des bois de commerce dont l'équarrissage ordinaire est de 0m,054 à 0m,055 d'épaisseur et 0m,160 à 0m,170 de largeur.

* **BASTANT.** *T. de mét.* Frayon de moulin qu'on nomme aussi *bastian*.

* **BASTE.** *T. techn.* Sorte de panier qu'on attache au bât des bêtes de somme. ‖ Nom que l'on don-

nait autrefois aux enchâssures des émaux d'applique.

BASTERNE. Espèce de char attelé de bœufs qui fut le carrosse dont se servaient les dames romaines et qui, plus tard, passa dans les Gaules. On voit figurer la *basterne* au mariage de Clovis avec Clothilde escortée, dit le Père Daniel, par les Français qui se trouvaient à la cour de Chilpéric, roi des Bourguignons.

BASTILLÉ. *Art hérald.* Se dit des pièces qui ont des créneaux renversés vers la pointe de l'écu, ou de l'écu lui-même lorsqu'il est garni de tours.

BASTINGAGE. *T. de mar.* Sorte de parapet qu'on établit autour du pont d'un navire, pour protéger les marins contre le feu de l'ennemi; il reçoit des filets dans lesquels on met, pour les aérer pendant le jour, les hamacs des matelots. On forme, en temps de guerre, des bastingages factices avec des tronçons de câble, des sacs remplis d'étoupe, de bourre, de terre, etc.

BASTION. Littéralement *petite bastille,* partie saillante angulaire à deux faces principales d'une place forte moderne. Les bastions, dans notre système de fortification moderne, remplacent les tours qui flanquaient les anciens remparts. Un bastion se compose de deux faces principales ou pans, de deux flancs entourant un espace découvert nommé *terre-plein,* la ligne bissectrice de l'angle formé par les deux faces se nomme *capitale du bastion* et l'espace intérieur compris entre les deux flancs se nomme *gorge du bastion;* la partie de l'enceinte droite qui réunit deux bastions entre eux se nomme *courtine.* La paroi extérieure verticale ou légèrement en talus se nomme *escarpe,* la partie du fossé située en face et qui soutient le chemin couvert se nomme *contrescarpe,* celle-ci n'est pas ordinairement revêtue de maçonnerie, l'escarpe au contraire a sa paroi maçonnée, soit en meulière, soit en pierre de taille, soit en moellons. Ce revêtement est mis à couvert du feu des assiégeants par le glacis, dont le sommet est couronné d'un parapet ou épaulement en talus fait en terre et gazonnée. La crête de l'épaulement est souvent couronné de sacs à terre entre lesquels on laisse un vide qu'on recouvre d'un sac à terre et qui sert au défenseur à tirer sur l'assiégeant. Ces sacs à terre remplacent donc les merlons et créneaux des fortifications anciennes.

Au moyen de cavaliers, les bastions peuvent présenter deux étages de feux; ils peuvent, en outre, être casematés. A droite et à gauche des bastions et à leur pied, le long de la courtine, sont placées dans des casemates à l'abri des projectiles, des poudrières. La forme générale des bastions est presque invariable, ils sont réguliers, c'est-à-dire que leurs faces et leurs flancs sont égaux entre eux et leurs angles correspondants sont semblables. Quelquefois les bastions sont isolés en avant des murs, leur gorge est alors fermée; ils communiquent avec la place forte par des chemins fermés ou des galeries souterraines; enfin, quelle que soit la forme des bastions attenant aux murs, leurs flancs sont tracés perpendiculairement au prolongement des faces des

bastions voisins, afin que leurs feux viennent en se croisant battre le terrain placé en face de la courtine et se défendre ainsi mutuellement. — E. B.-C.

* BASTISSAGE. *T. de chapel.* Premier degré du feutrage des poils destinés à la fabrication des chapeaux.

* BASTOGNE. *Art hérald.* Se dit d'une bande alésée en chef.

* BASTON. *Art milit.* Nom générique qui désignait autrefois les armes à feu en général. — V. Artillerie.

* BASTRINGUE. *T. de chim.* Chaudière en plomb employée dans la fabrication du sulfate d'alumine et dans laquelle se fait l'attaque de l'argile par l'acide sulfurique.

La chaudière a 30 à 40 centimètres de profondeur et une grande surface; on la ferme par un couvercle de plomb ou doublé de plomb, que l'on lute.

On emploie du bois pour chauffer la chaudière.

La flamme du foyer s'introduit d'abord sous le couvercle, de façon à lécher la surface de la matière; les produits de la combustion entraînant les vapeurs acides produites pendant l'attaque sont ramenés en dessous de la chaudière. On élève la température jusqu'à l'ébullition. L'attaque dure huit à dix heures.

On emploie environ 1,125 kilogrammes d'acide sulfurique pour 800 kilogrammes d'argile brute et l'on obtient 100 kilogrammes de sulfate d'alumine pour 42 kilogrammes d'argile sèche.

BÂT. *T. de sell.* Selle grossière, de forme et d'étendue variables, destinée aux bêtes de somme et munie de chaque côté de deux crochets qui servent à supporter des paniers ou des ballots. Les bâts doivent être faits de façon à ne point presser les côtes de la bête, aussi est-il nécessaire de les confectionner d'après la taille de l'animal qui doit les porter.

* BAT-A-BOURRE. *T. techn.* Instrument du bourrelier pour battre et diviser la bourre.

* BATADOIR. *T. techn.* Banc à laver.

* BATAIL. Battant d'une cloche. ‖ *Art hérald.* Se dit d'un battant dont l'émail est différent de celui de la cloche.

* BATAILLE. *T. de métall.* On donne ce nom aux murs qui couronnent le gueulard d'un haut-fourneau.

* BATAILLÉ, ÉE. *Art hérald.* Cloche dont le battant, nommé *batail,* est d'un émail différent.

BÂTARD, E. *T. techn.* 1° Dans les raffineries, on nomme *bâtard,* le sucre dont le sirop est fourni par les résidus d'un précédent raffinage. ‖ 2° Lime d'horloger dont la taille n'est ni douce ni rude. ‖ 3° Seconde laine levée sur l'animal, appelée *laine bâtarde.* ‖ 4° En *archit.,* une porte est *bâtarde,* lorsqu'elle est plus petite qu'une porte cochère et plus grande qu'une petite porte. ‖ 5° Dans la *boulang., pâte bâtarde,* celle qui n'est ni dure ni molle.

BATARDEAU. *T. techn.* 1° Sorte de barrage qu'on établit généralement d'une façon provisoire, pour détourner ou arrêter l'eau, quand on a besoin de protéger l'exécution de certains travaux sur les cours d'eau, tels que la construction de murs, de quais, de fondations d'usines, de piles et culées de ponts, etc.

Le batardeau se construit ordinairement avec une ou deux rangées de pieux ou pilotis, enfoncés verticalement dans le lit du cours d'eau, et contre lesquels on fixe horizontalement des planches ou des madriers, désignés sous le nom de *palplanches.*

Quand le batardeau est composé d'un seul rang de pieux, on accumule contre la cloison, des terres argileuses qui font obstacle à l'infiltration de l'eau. Quand le batardeau est formé d'une double rangée de palplanches, la terre ou l'argile est battue entre les deux parois parallèles, pour constituer ainsi une couche imperméable à l'eau.

La base et les extrémités du batardeau doivent s'enfoncer jusqu'au terrain solide pour que ces points d'appui soient impénétrables à l'eau comme le barrage lui-même. L'épaisseur du batardeau, l'équarrissage et l'écartement des pieux, ainsi que les dimensions des palplanches varient suivant l'étendue de la clôture qu'on veut faire, et suivant la profondeur de l'eau dont la poussée s'exerce sur la paroi intérieure.

Quand on veut fonder des piles de ponts, le batardeau établi en rivière forme une enceinte continue autour de l'emplacement que doit occuper la fondation de chaque pile. On le désigne souvent alors sous le nom de *caisson,* parce qu'il constitue, en effet, une sorte de caisse étanche dans l'intérieur de laquelle s'exécute la fondation. || 2° Sorte de rempart ou plancher dressé sur le bord d'un navire afin d'empêcher l'eau d'entrer sur le pont, lorsqu'on couche le bâtiment pour le radouber. || 3° Massif de maçonnerie qui sert à retenir l'eau d'un fossé.

BAT-COLLE. T. de mét. Instrument destiné à écraser et à mélanger les diverses parties constituant la colle dont on se sert dans le finissage du veau et des autres peaux cirées.

BATE. T. techn. 1° Petite lame d'or ou d'autre métal plus ou moins épaisse prenant le contour d'une pièce de bijouterie. || 2° Cercle qui porte le mouvement d'une montre. || 3° Ce qui forme les côtés et le contour d'une tabatière, d'un pied de flambeau. || 4° Partie polie d'un corps d'épée sur laquelle on fait la moulure. || 5° Plaque d'étain que les potiers emploient comme pièce de rapport.

BATEAU. Nom générique des embarcations de forme et d'emplois divers, naviguant à la rame, au croc, à la voile ou à la vapeur, aussi bien en mer que sur les fleuves, les rivières et les canaux. La construction des bateaux varie selon les contrées, et les dénominations changent, non seulement suivant les usages auxquels ces bateaux sont destinés, mais encore suivant les localités d'où ils proviennent. On distingue, en conséquence, les *bateaux plats* des différentes rivières, les *bateaux à quille,* les *chaloupes,* les *canots,* les *péniches,* le *bachot,* la *pirogue,* la *yole,* le *youyou,* etc., servant, comme embarcation de plaisance, au transport, à la pêche, etc.

Soumis à l'ordre alphabétique, nous faisons plus bas le rapide exposé des efforts qui ont été tentés pour la navigation à vapeur et la navigation sous-marine, nous réservant d'étudier à leurs places la *construction navale,* les *navires* et les *paquebots;* au mot *sauvetage* nous donnerons un aperçu des différents bateaux qui ont été imaginés pour secourir les naufragés.

On nomme encore *bateau-dragueur,* celui qui est monté d'une machine avec laquelle on opère le curage des ports et des rivières (V. DRAGUAGE); *bateau de passage,* le *bac* (V. ce mot), qui sert à transporter des passagers d'un bord à l'autre d'un cours d'eau; *bateau pilote,* l'embarcation qui guide les navires à l'entrée d'un port, ou dans les passages difficiles; *bateau de loch,* le morceau de bois qui sert à mesurer la vitesse du navire; *bateau-vanne,* celui qui est employé pour le nettoyage d'un égoût et qui, pour cet usage, est muni d'une vanne mobile destinée à chasser devant elle les immondices de l'égout; *bateau de selle,* un grand bateau plat et couvert ayant, le long de chaque bord, des bancs ou selles, sur lesquels les blanchisseuses lavent le linge. — V. CONSTRUCTION NAVALE, EMBARCATION, NAVIRE A VAPEUR, NAVIRE A VOILE, PAQUEBOT.

|| En *T. de mét.,* on nomme *lit en bateau,* un lit dont les montants de la tête et les pieds dessinent une courbe analogue à celle d'un bateau. || Menuiserie d'un corps de carrosse.

Bateau à vapeur. Il est certain que fort longtemps avant l'application de la vapeur à la navigation on avait eu l'idée de faire mouvoir les navires au moyen de roues mises en action par des hommes ou des animaux. Des bateaux à roues à aubes furent employés par les Carthaginois et par les Romains. On trouve en Chine, où elles sont en usage depuis des temps immémoriaux, des jonques à quatre roues, dont le moteur est une ingénieuse manivelle, actionnée par des hommes. Au xvᵉ siècle, on retrouve cette même force sur les bateaux mûs par des palettes et opérant le transport des troupes d'une rive à l'autre des rivières. Mais ce n'est qu'au siècle suivant que vint l'idée de remplacer les bœufs et les chevaux par la vapeur. D'après Navarette, qui cite un document à lui communiqué par le directeur des archives de Simancas, ce premier essai aurait été fait, en 1543, par un capitaine espagnol, nommé Blasco de Garay, qui aurait appliqué son invention, à Barcelone, sur un navire de 200 tonneaux, la *Trinidad,* en présence de grands personnages délégués par Charles-Quint. En quoi consistait cette machine? On ne le sait pas, Garay ayant refusé de la laisser voir; tout ce qu'il fut permis de constater, c'est que deux roues, appliquées aux côtés du navire, fonctionnaient comme des rames, et qu'une grande chaudière pleine d'eau bouillante faisait partie de l'appareil voilé que les commissaires ne purent examiner. Ils durent se borner à constater que la *Trinidad,* munie de l'appareil nouveau, virait de bord deux fois plus vite qu'une galère ordinaire entraînée par les longues rames, et que la marche du navire était d'au moins une lieue à l'heure. Les circonstances politiques empêchèrent Charles-Quint de donner toute l'attention que réclamait l'invention de Blasco de Garay. Il lui fit néanmoins rembourser les frais de son expérience, lui donna une gratification de deux cent mille maravedis et le promut à un grade plus élevé.

Quelque mérite qu'il y ait dans cette découverte, d'ailleurs contestée, non sans apparence de raison, particulièrement par Arago, elle n'offrait rien de pratique. Il était nécessaire, pour atteindre le but que l'on visait : « remplacer le vent comme moteur » que l'utilisation de la vapeur eut été trouvée, c'est-à-dire la venue de Salomon de Caus, de Papin, etc. C'est à ce dernier que l'on doit le premier bateau à vapeur. Il le construisit en 1707, alors qu'il était professeur de mathématiques à Marbourg, et le fit naviguer avec un plein succès sur la Fulda. Mais les bateliers, redoutant la ruine dont ils supposaient que la nouvelle invention ne manquerait pas de frapper leur industrie, mirent en pièces le navire de Papin. Nous renvoyons pour l'histoire de ce regrettable événement aux *Mémoires lus à la Sorbonne*, en 1865, dans lesquels M. de la Saussaye a réuni tous les documents relatifs à la tentative de notre illustre compatriote.

Nous trouvons dans ces mêmes *Mémoires* le récit d'une expérience également inconnue, et qui mérite d'être signalée : celle de Wayringe, mécanicien lorrain et auteur d'une pompe à feu qui amenait l'eau dans les jardins de Lunéville. Sur l'invitation du roi de Pologne, Stanislas, il construisit, en 1738, un bateau, dont le roi fit l'épreuve. « Sa Majesté, étant allée dîner à l'Hermitage, raconte Wayringe, et s'étant embarquée sur la Vezouze, ce bateau remonta la rivière sans chevaux, sans perche et sans avirons, jusqu'à la digue qui soutient les eaux du grand canal de Lunéville. « Ces *Mémoires* mentionnent encore, sur l'application de la vapeur à la navigation, une dissertation d'un autre Lorrain, Jean Gautier, et lue en 1753, à l'Académie de Stanislas.

Après Papin et Wayringe, le premier en date sur la liste des inventeurs de bateaux à vapeur est Jonathan Hull, qui fit patenter, en 1736, un modèle de bateau à vapeur. Les palettes étaient derrière, et le changement du mouvement alternatif en circulaire, était ingénieux mais moins simple que la manivelle. Ne recevant aucun encouragement, Hull ne fit pas construire son bateau. Mais dès lors les idées se portent de ce côté. Pour longtemps, il est vrai, à vaincre les difficultés d'installation dans un espace aussi resserré que celui du navire, et à mettre en rapport convenable la machine et les roues, le moteur et le propulseur ; ces obstacles finirent par être successivement aplanis. En 1774, nous voyons le comte d'Auxiron faire des expériences de navigation à vapeur qui n'eurent pas de suite, mais qui engagèrent Périer à les reprendre en 1775, et à les exécuter, avec un bateau sur la Seine, mais sans beaucoup de succès. Un autre bateau à vapeur est construit en 1780 par le marquis de Jouffroy. Il avait 16 mètres de longueur, 4m,05 de large, et était mû par une machine atmosphérique faisant agir deux sortes de volets s'ouvrant et se refermant pour imprimer le mouvement ; plus tard ces volets furent remplacés par des roues à aubes. Ce bateau fut expérimenté sur la Saône, mais n'atteignit qu'une faible vitesse à cause de l'imperfection de son moteur ; la machine atmosphérique ne pouvait, à cette époque, donner les résultats qu'on en a obtenus depuis. L'abbé d'Arnal fait aussi des expériences sur le même objet, en 1781. Quatre ans plus tard, Joseph Bramah fait breveter une machine rotatoire appliquée à un système de propulsion. En 1787, en Angleterre, Miller essaye un bateau double, avec une roue au milieu, qui fait un voyage sur les lacs de la Suisse. La même année, un bateau également double marchait sur le Firth de Forth. John Fitch, de Philadelphie, obtient, l'année suivante, un brevet pour l'application de la vapeur à la navigation en Pensylvanie. Le bateau était à palettes verticales et alternantes, et faisait 80 milles par jour ; mais, d'après ceux qui l'ont décrit, sa construction reposait sur un principe absolument faux. Avant lui, en 1784, Livingston avait déjà essayé divers propulseurs

et reçu de l'État de New-York une patente qui aurait eu une durée de 20 ans, s'il était parvenu à obtenir 4 milles à l'heure. En 1802, Symington lance la *Charlotte Dundas* sur le Forth et le canal de la Clyde. Le bateau était pourvu d'une machine Wat, à double effet, actionnant une roue à palettes, au moyen d'une transmission sur un bras de levier engagé dans la monture de la roue. Ce fut le premier exemple d'une combinaison semblable. L'inventeur n'avait eu en vue qu'une exploitation sur un canal ; le bateau fut rejeté, comme pouvant endommager les bords des canaux.

A peu près à la même époque, Ramsay employa une machine à vapeur pompant l'eau de manière à la refouler en arrière pour obtenir un mouvement du navire en avant ; il ne put excéder la vitesse de 2 milles et demi.

Vers le même temps, John Stevens, de Hoboken, le constructeur du premier navire cuirassé, commençait avec la protection de Livingston et de Roosevelt, des expériences qu'il fut obligé de suspendre au bout de seize années, par suite de l'envoi de Livingston en France comme ambassadeur. Son premier essai est de 1804. Il lança sur l'Hudson un bateau mû par une machine de Watt, et munie d'un bouilleur tubulaire également de l'invention de Watt ; le propulseur était à hélice et protégé par un tuyau. Au même moment, un de ses compatriotes, Olivier Evans, imaginait une roue à palettes en poupe sur les rivières Delaware et Schuylkill. Son bateau était actionné par une machine à double effet et haute pression, la première de son espèce, et pourvue d'engrenages qui faisaient tourner sur la terre ferme des roues qui amenaient le bateau à flot ; celui-ci marchait ensuite au moyen de la roue à palettes en poupe.

A cette époque, Fulton se trouvait à Paris. L'illustre Américain, à ce que dit Arago, avait assisté aux expérience du marquis de Jouffroy, et vu du premier coup ce qui avait manqué aux inventions de ses devanciers et ce qu'il fallait y ajouter pour réussir. De retour aux États-Unis, et avec l'aide de Livingston, il eut enfin la gloire de résoudre le problème si longtemps cherché, et de construire un bateau qui, en 1807, put entreprendre un service régulier entre New-York et Albany. Il se nommait le *Clermont* et avait 160 tonnes ; il était pourvu de roues latérales à palettes, actionnées par une machine de Boulton et Watt achetée en Angleterre. Vinrent ensuite l'*Orléans* de 100 tonnes ; il avait une roue en poupe et fit le trajet de Pittsburg à la Nouvelle-Orléans en 14 jours ; la *Comète* de 25 tonnes. Ce bateau, fit deux ou trois voyages, fut démonté et sa machine placée dans une manufacture de coton. Quatre autres bateaux furent également construits par Charles Brown sur les plans et pour le compte de Fulton.

La navigation à vapeur parut d'abord devoir être circonscrite aux lacs, aux fleuves ; elle n'y put rester confinée, et c'est à un Anglais, Henry Bell que la gloire de l'avoir fait passer des rivières à l'Océan. En 1812, ayant construit un bateau de 30 tonnes, la *Comète*, muni de roues à palettes latérales, il le fit d'abord naviguer sur la Clyde, puis, s'enhardissant il le lança sur la mer et fit le tour des Iles Britanniques. L'exemple ne fut pas perdu et sept ans après, le *Savannah*, de 380 tonnes, franchissait l'Atlantique, visitait Saint-Pétersbourg, Copenhague et retournait en Amérique. Six mois après c'est l'*Entreprise* qui doublait le cap de Bonne-Espérance et se rendait aux Indes.

Dans le principe on n'osa appliquer aux bateaux à vapeur qu'une force de 40 à 60 chevaux ; on regardait alors 80 chevaux comme une témérité ; mais celle-ci fut élevée peu à peu, et aujourd'hui elle dépasse quelquefois 6,000 chevaux effectifs.

Fulton se servit de roues à aubes, et ses successeurs adoptèrent ce même propulseur ; on doit reconnaître qu'il est doué d'une grande puissance ; en revanche, ces roues et leurs tambours offrent de graves inconvénients, surtout pour la marine de guerre; ils font obstacle à l'installation convenable de l'artillerie, et ils sont trop exposés au feu de l'ennemi. On dut donc se mettre à la recherche d'un système de propulsion moins exposé; on en imagina plusieurs, mais qui ne valaient rien; enfin, on trouva l'*hélice*, admirable propulseur qui a aussi son histoire; nous la ferons plus loin en décrivant les différentes hélices en usage. — V. HÉLICE. — L. R.

Bateau sous-marin. La solution du problème de la navigation sous-aquatique, qui n'est pas encore plus résolu que celui de la navigation aérienne et pour des causes analogues, aurait été cherchée dès les temps les plus reculés. Un historien prétend même qu'Alexandre se hasarda une fois à bord d'une embarcation qui marchait sous l'eau. Il est certain qu'avec le sentiment profond qu'ils avaient de la nature, sentiment qui leur a permis de transporter un si grand nombre de ses procédés dans leurs arts, les anciens durent être frappés du spectacle que leur offraient certains poissons; l'un d'eux surtout (si l'on peut appeler ainsi un cephalopode) très commun dans la Méditerranée et dont plus tard, Fulton prit le nom pour le donner à son bateau sous-marin, le *Nautile*, a souvent servi de thème à leurs méditations. Aristote, Pline, Ælien, Athénée, Oppien, etc., en parlent plus ou moins longuement, toutefois sans l'avoir étudié avec une suffisante rigueur. Leurs écrits le représentent avec une coquille cloisonnée en forme de coque de navire, et doué d'une membrane dont il se servait comme d'une voile, et de bras qu'il employait en guise de rames. Ils ajoutaient qu'il était pourvu d'une vessie qu'il pouvait remplir d'air ou d'eau à son gré. Pleine d'eau, cette poche faisait enfoncer l'animal; pleine d'air, elle le faisait émerger. Il revenait alors à la surface, sur laquelle il se mouvait, soit à la voile, soit à l'aviron. Les anciens ne connaissaient qu'une partie de la vérité. Il existe des recherches auxquelles s'est livré, sur les céphalopodes, un naturaliste distingué, M. Rang, que le nautile, aujourd'hui l'argonaute, est peut-être mieux doté encore que ne le supposaient les devanciers de ce savant. Ainsi, à l'exemple des poulpes et des sèches, il est pourvu d'un tube locomoteur dans lequel il aspire et refoule l'eau tour à tour, ce qui assure à sa navigation une double vitesse. C'est le système de locomotion qu'ont copié MM. Ediard et Rouen frères, Tellier et Coignard, en France, Ruthwen en Angleterre, et qui a été enfin appliqué avec un succès relatif à la canonnière anglaise *Waterwitch*.

C'est seulement vers la fin du XVIᵉ siècle que nous voyons pour la première fois les inventeurs chercher à appliquer d'une façon rationnelle les facultés de l'argonaute à la navigation sous-marine. William Bourne en donne une théorie dans ses *Devises or inventions*, et en 1624, l'inventeur du thermomètre, le Hollandais Cornelius van Drebbel la met en pratique. Il fait à Londres une expérience curieuse : son bateau plongeur, mis en mouvement par douze paires de rames, embarque une douzaine de personnes parmi lesquelles figure Jacques Iᵉʳ. Ce bateau se maintint très bien entre deux eaux, plongeant avec facilité jusqu'à 12 ou 15 pieds. Malheureusement la mort empêcha Drebbel de donner suite à ces intéressantes expériences. Quelques années plus tard, le P. Fournier, dans son *Hydrographie*, le P. Mersenne, dans sa *Phœnomena hydraulica*, le P. Fabre, Borrichius, Wilkins, Morhœsius, Paschius, Sturmius reprennent la théorie de la navigation sous-marine que nous voyons appliquée de nouveau par un Français dont le nom n'est pas arrivé jusqu'à nous. Son bateau, construit à Rotterdam, en 1653, avait 72 pieds de long, 12 de haut et 8 de large; il ne fut pas expérimenté. Un autre navire décrit par Borelli (*De motu animalium*), paraît avoir eu le même sort. Il nous faut descendre jusqu'à 1776 pour retrouver des expériences ayant quelque sérieux. Cette fois c'est un simple ouvrier du Connecticut, David Bushnell qui sollicite l'attention

des savants de son temps. Son bateau, au dire de ces derniers, n'était pas grand, mais il s'enfonçait et remontait très facilement à l'aide : 1º d'une soupape se manœuvrant avec le pied et qui servait à l'introduction de la quantité d'eau nécessaire à l'immersion du bateau. à une profondeur constamment accusée par un manomètre; 2º d'une pompe foulante servant à expulser le liquide introduit. Deux vis, manœuvrées à la main et placées l'une sous l'autre, sous un angle de 45º, produisaient et réglaient le mouvement. L'une d'elles, horizontale, servait à la propulsion; l'autre, produisait la descente ou l'ascension de l'embarcation équilibrée sous l'eau. Le pont présentait en saillie, et sur certaine hauteur, un cylindre garni de regards dans toutes les directions, servant tout à la fois d'entrée dans l'embarcation et d'observatoire à l'homme chargé de sa conduite. Comme le navire de Rotterdam, celui de l'ouvrier américain était une machine de guerre; seulement au lieu de l'éperon dont le premier était armé, Bushnell avait doté le sien d'une caisse de poudre destinée à être vissée sous un navire ennemi. L'expérience réussit parfaitement, c'est-à-dire que le bateau marcha très bien sous l'eau, dans les directions et à la profondeur voulues; mais son équipage n'ayant pu parvenir à visser la caisse de poudre sous un navire anglais vers lequel il avait été envoyé, force fut d'abandonner le bateau qui sauta.

Si malheureux qu'ait été cet essai, on peut le considérer comme le point de départ de la navigation sous-marine. Il eut pour effet immédiat d'attirer l'attention d'un homme dont les inventions, repoussées d'abord, devaient forcément prendre une place importante dans la tactique moderne, de Fulton enfin, qui à proprement parler, n'a rien inventé, mais qui a poussé si loin la perfection des objets dont il s'est occupé, qu'il a laissé très loin derrière lui ceux auxquels il en a pris l'idée première. Ce fut pour le service d'engins de guerre sous-marins, dont il avait certainement emprunté le principe à Bushnell, que Fulton construisit son bateau-plongeur. Il en fournit d'abord le plan au Directoire qui l'accueillit, mais repoussé par le ministre de la marine, il s'adressa à la Hollande qui ne lui donna pas une réponse meilleure. Plus heureux avec Bonaparte, il obtint des fonds avec lesquels il construisit un grand bateau sous-marin qui fut soumis à Rouen et au Havre, à des essais qui ne répondirent pas aux promesses de l'inventeur (1800-1801). Ce bateau était muni de deux hélices parallèles qui lui servaient de propulseurs et en assuraient la direction dans le sens horizontal. Les mouvements d'ascension et de descente s'obtenaient au moyen d'une vis fonctionnant verticalement.

Fulton se remit à l'œuvre et construisit à Paris un bateau plus élégant que le premier et qui reçut le nom de *Nautilus*. Ce nouveau navire affectait la forme d'un ovoïde très allongé, avait des membrures de fer et un doublage de cuivre. A l'une des extrémités du grand axe, il portait un collet propre à maintenir un couvercle, et sur le milieu du pont se trouvait une rigole destinée à recevoir un petit mât à charnières, pouvant se relever. A l'intérieur, qui avait environ 6 pieds de diamètre, étaient rangés des manches de rames en forme d'hélice, propres à produire le mouvement de translation horizontale. Un réservoir dans lequel on introduisait de l'eau permettait de faire, à volonté, plonger le *Nautilus*; une pompe foulante servait à le faire surgir. Terminé en juin 1801, le *Nautilus* fut essayé sur la Seine, à Paris, avec un plein succès. Cette expérience fut renouvelée à Brest une première fois, le 3 juillet de cette même année. Le bateau plongea à une profondeur de 25 pieds et resta sous l'eau durant une heure, se dirigeant à volonté dans tous les sens. Divers perfectionnements consistant en une ouverture pratiquée à la partie supérieure et garnie d'une vitre épaisse ainsi que l'adaptation d'un mât, d'une grand'voile et d'un foc, furent apportés au bateau qui renouvela ses essais avec le même bonheur. L'embarcation obtint, sous l'eau, la vitesse d'un mètre à la seconde; elle gouvernait parfaitement et manœuvrait aussi bien qu'à la surface. Le compas ne perdait, à une profondeur quelconque, aucune de ses propriétés magnétiques. Le 7 août elle demeura quatre heures vingt minutes sous l'eau, grâce à un pied cube d'air comprimé que son inventeur y avait emmagasiné.

Il faut rappeler ici que déjà, en 1796, un de nos compatriotes, Castéra, avait présenté au gouvernement un projet de bateau sous-marin qu'il assurait être propre à détruire les navires anglais qui croisaient sur nos côtes. A l'exposé du résultat obtenu par le *Nautilus*, que publièrent les journaux, le public qui, d'ailleurs, n'avait vu dans les travaux de Castéra, qu'une ingénieuse folie, soupçonna, dans les expériences qui venaient d'avoir lieu publiquement, un résultat provenant de révélations de bureau. L'examen des deux systèmes prouva bientôt que nul autre rapport ne les liait l'un à l'autre grâce à l'exécution d'une idée mère tombée à peu près au même moment dans la *tête de deux hommes doués de l'esprit d'analyse et d'invention*, et qui devait nécessairement leur faire suivre une ligne parallèle.

En dépit de l'incontestable réussite de Fulton le gouvernement français, toujours sujet aux tiraillements administratifs, ne crut pas devoir encourager plus longtemps la navigation sous-marine, à laquelle, du reste, Napoléon ne prenait qu'un très médiocre intérêt. Néanmoins, huit ans plus tard, en 1809, nous voyons l'empereur faire construire par les frères Coëssin un petit bateau-plongeur qui prit le nom de *Nautile* et qui fut essayé au Havre. Cette nouvelle expérience paraît avoir également réussi, car une commission de l'Institut, composée de Biot, Monge et Carnot, chargée de rédiger un rapport sur la forme et les propriétés du nouveau plongeur le terminait en ces termes : « Il n'y a plus de doute qu'on ne puisse établir une navigation sous-marine très expéditivement et à'peu de frais. » Mais les esprits étaient tournés d'un autre côté, et le bateau des Coëssin alla rejoindre celui de Fulton au fond de l'indifférence publique.

Cependant ce dernier n'avait pas perdu courage. Revenu aux États-Unis, il y commença la construction d'un troisième bateau que la mort, survenue le 24 février 1815, l'empêcha malheureusement de terminer. Ce navire avait 80 pieds de longueur; sa largeur était de 22, et sa profondeur de 14. La muraille avait un pied d'épaisseur et le pont était revêtu de plaques de fer forgé. Il devait naviguer habituellement à la surface de l'eau comme les navires ordinaires, mais en approchant de l'ennemi il eût pu s'enfoncer vivement et mettre son bastingage immédiatement au-dessous de cette surface. Un hublot cylindrique eut alors permis à l'officier de quart de mettre, de temps à autre, la tête au-dessus de l'horizon liquide afin de donner la route et de commander la manœuvre. L'équipage était fixé à cent hommes, dont une partie pouvait, en agissant sur une bielle, faire marcher une grande roue à aubes. Celle-ci ne produisait plus aucun bruit perceptible à 5 ou 6 pieds de profondeur, de là le nom de *Mute* ou *bateau-muet*, donné par Fulton à ce navire, qui ne devait recevoir ni mâts ni voiles. Il était destiné à surveiller, la nuit, les côtes et les rades, et à lancer sur les vaisseaux ennemis des bordées sous-marines. Fulton savait alors diriger les bateaux à vapeur, et il est vraisemblable qu'il eut amélioré son *Mute* de manière à le doter d'une grande vitesse.

Pendant qu'en France, Brizé-Frâdin, d'Aubusson de la Feuillade, reprenaient la question de la navigation sous-marine, un anglais, nommé Johnson, formait le projet d'aller enlever à Sainte-Hélène, à l'aide d'un bateau sous-marin ce même Napoléon qui avait montré une si grande indifférence pour cette sorte d'engins. Il construisit, à cet effet, un *diving-boat* de 100 pieds de longueur, mais qui ne put être armé avant la mort de l'homme qui avait fait tant de mal à ses compatriotes. Quelques années plus tard Johnson navigua sous la Tamise dans une embarcation à bord de laquelle plusieurs personnes demeurèrent huit ou dix heures consécutives sans éprouver aucune espèce de malaise.

En 1824, un autre Anglais, Shuldam, essaie à Portsmouth un navire qui lui permet, dit-on, de descendre et de demeurer jusqu'à 30 pieds sous l'eau. L'année suivante c'est un officier de notre marine, de Montgéry qui publie un projet de navire sous-marin, l'*Invisible*, qui n'a pas été exécuté. En 1832, Villeroi, de Nantes, essaie à son tour un bateau sous-marin, à Noirmoutiers qui, assure un journal du temps, le *Navigateur*, a couru à fleur d'eau pendant une demi-heure, et a plongé ensuite à une profondeur de 15 à 18 pieds et s'est dirigé dans divers sens. En 1853, l'anglais James Nasmyth occupe un moment l'attention avec un *mortier flottant* destiné, comme ses aînés, à la guerre sous-marine. En 1855, un mécanicien russe, Bauer, construit d'après les principes exposés par Fulton un bateau-plongeur dirigeable et à bord duquel il put demeurer huit heures sous l'eau. Un Espagnol, Narciso Monturiol, de Barcelone, entre en lice à son tour. « J'ai vu son *Ictineo*, dit un de nos compatriotes les plus honorables, M. Garrido. Il manœuvre à 18 mètres sous l'eau avec la même facilité qu'à la superficie. Quand l'oxygène manque, un appareil le produit à mesure que le besoin s'en fait sentir, et pendant cinq heures, un équipage de dix hommes est resté sous l'eau sans communication avec l'air supérieur. Ce n'est pas tout : le navire est armé de canons et fait la manœuvre de cette arme avec autant de justesse qu'à terre ou à bord d'un autre navire; les coups sont dirigés de bas en haut, contre la partie vulnérable des navires blindés. L'*Ictineo* est, en outre, armé d'une puissante tarière mue par la vapeur et propre à percer la coque de ces navires. »

Au moment où ces expériences avaient lieu sur les bords de la Méditerranée, au delà de l'Atlantique, éclatait la guerre de sécession. Dès le début le gouvernement fédéral, dont le monitor confédéré *Merrimac* gênait si fort les opérations maritimes, avait commandé à un ingénieur français un *plunging torpedo boat* destiné à faire sauter le redoutable bateau sécessionniste. Le navire mis sur chantier était en fer et affectait la forme d'un cigare de 35 pieds de long et de 6 pieds de diamètre; mais son auteur, s'étant sans doute trompé dans ses calculs, ne l'acheva pas, et disparut sans tenir ses engagements.

Le bateau construit vers la même époque (1863) à Mobile, par un Américain, M. Astilt mérite une place meilleure dans l'histoire de la navigation sous-marine. Nous ne croyons pas qu'il ait été essayé, mais nous sommes certains qu'il a été construit. Une cloison en tôle, horizontale. divisait le bateau en deux parties. Le dessus était réservé aux machines, aux deux gouvernails et à des réservoirs d'air comprimé; le dessous comprenait un certain nombre de compartiments destinés à recevoir, suivant les besoins, de l'eau ou de l'air, le charbon, les vivres, etc. La propulsion s'obtenait au moyen d'une hélice mise en mouvement, tantôt par une machine à vapeur, tantôt par deux moteurs électriques. Quand le navire n'avait rien à craindre de l'ennemi il remplissait d'air ses réservoirs et marchait comme un vapeur ordinaire. Mais au moment du danger ou du combat, il faisait rentrer l'eau dans ses réservoirs, plongeait, éteignait ses feux et remplaçait la vapeur par l'électricité. L'équipage était logé tout entier dans la chambre supérieure. Il ne restait dans la guérite vitrée, organisée sur le pont, qu'un seul homme chargé de veiller aux approches et de donner la route. Pour devenir invisible, le navire n'avait qu'à s'enfoncer de 0m,91, et à cette profondeur, les rayons lumineux étaient encore assez intenses pour que l'observateur de la guérite pût faire des tours d'horizon utiles.

Nous l'avons dit, ce bateau n'a pas été essayé. Plus heureux, le dernier en date sur la liste des bateaux sous-marins, le *Plongeur*, de M. le vice-amiral Bourgois, a doublé l'écueil des expériences et s'en est tiré à son honneur. S'il n'a pas résolu le problème, on peut affirmer que de tous ceux qui ont été imaginés, c'est celui qui a touché la vérité de plus près. Et d'abord le principe sur lequel il repose est tout nouveau : son moteur est l'air comprimé, qui n'avait été employé jusqu'alors que pour faciliter la respiration de l'équipage. Les dimensions fixées par M. Bourgois, de concert avec son constructeur, M. Brun, ingénieur de la marine, sont de 44m,50. Il a la forme d'un cigare qui serait légèrement aplati sur le tiers de sa circonférence. Son arrière est évidé de manière à contenir une hélice, un gouvernail vertical et deux gouvernails horizontaux, qui servent, suivant l'inclinaison qu'on leur donne, à faciliter l'immersion du bateau ou son retour à la surface. Intérieurement on remarque une coursive courant de l'avant à l'arrière et divisant ainsi le bateau en deux parties qui renferment : la première, la machine à air comprimé qui est de 80 chevaux ; la seconde, de vastes réservoirs en forme de tubes dans lesquels s'emmagasine cet air, qui est comprimé à douze atmosphères. Immédiatement au-dessous de ces compartiments, on en a placé d'autres chargés de recevoir l'eau qui sert de lest au bateau et aide à son immersion. Pour chasser cette eau et rendre au bâtiment sa légèreté, il suffit de mettre ces tubes en communication avec ceux qui contiennent l'air comprimé.

Ajoutons que le *Plongeur* est doué, en outre, d'un mécanisme particulier à l'aide duquel sa carapace supérieure peut se détacher, et du même coup se transformer en canot de sauvetage pour l'équipage, lequel est de douze hommes. Lancé en mai 1863, ce bâtiment devint aussitôt l'objet d'une série d'expériences sur la Charente, dans le bassin de *Rochefort et en pleine mer*, sous la direction de MM. Bourgois et Brun. Ces expériences ont permis de constater que la construction du navire ne laissait rien à désirer et que tout avait été prévu. Restait la question de stabilité, d'équilibre dans un milieu de densité variable. Cette dernière étude n'a malheureusement pas donné les résultats qu'on espérait. — L. R.

BATÉE. *T. techn.* Terre pétrie dans la caisse du verrier. || Grand plat circulaire et peu profond qui sert dans le lavage des sables aurifères.

BATELET. Petit bateau.

BATELLERIE. *Définition, Histoire, Économie.* On entend par batellerie l'industrie du transport des marchandises sur les cours d'eau, les fleuves, les rivières et les canaux, ainsi que l'ensemble des bateaux employés par cette industrie.

— La batellerie est aussi ancienne que l'homme. Le premier qui s'arrêta sur les bords d'une rivière, et qui vit flotter un tronc d'arbre à la surface de l'eau, eut certainement l'idée d'utiliser cette souche informe pour descendre le courant, sans fatigue ou pour atteindre l'autre rive. Mais le bois mal assuré roulait au gré du vent et du courant ; bientôt après cette imparfaite tentative, deux troncs d'arbre liés ensemble à l'aide des lianes de la forêt assurèrent la stabilité du radeau, qui fut le type primitif de tous les bateaux à voiles, à rame et à vapeur qu'on a vus depuis ; malgré les changements survenus à la suite de ce premier essai, on se sert encore du radeau sur tous les cours d'eau courante, et il est éternellement en usage.

Le tronc de l'arbre fut ensuite creusé en forme de pirogue ou de canot. Dans les contrées où les arbres manquaient ou ne se prêtaient pas à cette transformation, on construisit des nacelles avec de l'osier ou des branches flexibles recouvertes de peaux de bêtes.

Avant leur fréquentation avec les Phocéens établis sur le littoral méditerranéen et le long du bas Rhône, les Gaulois Séguisiens fixés sur les bords de la Loire, de la Saône et du Rhône, tressaient, pour naviguer sur ces trois rivières, des canots d'osier recouverts de la peau des taureaux ou des bêtes féroces. Mais leur système de navigation se perfectionna rapidement à la suite de leurs relations avec les Massaliotes, et la navigation fluviale atteignit bientôt, sur les grands cours d'eau français, un degré de développement et un perfectionnement de l'outillage qui restèrent pendant longtemps sans être dépassés.

Le creusement et la mise en activité des premiers canaux apportèrent quelques légères modifications dans la forme des bateaux, mais les changements furent à peine apparents : le courant, la rame et rarement la voile restèrent les seuls modes de propulsion employés, jusqu'au moment de l'invention des bateaux à vapeur.

Les bateaux construits pour les rivières seules, conservèrent la forme évasée des premiers temps. Dans le haut Rhône et dans la haute Saône, on en fait encore sur ce gabarit qui date des premiers siècles de la navigation fluviale, et on leur donne sur ces deux rivières, le nom de *savoyardes*.

Quelques-unes de ces savoyardes, d'après une méthode également ancienne, ne sont destinées, comme les radeaux, qu'à un seul voyage de descente ; on les dépèce et l'on en vend les matériaux, à leur arrivée à destination.

La navigation du Rhône a précédé celle de tous les autres fleuves de l'Europe. La Seine vient ensuite, comme ancienneté. Mais, pour la fréquence des transports et le perfectionnement de l'outillage, aucune comparaison ne pouvait être établie, avant les chemins de fer, entre le Rhône et la Saône d'un côté, et la Seine de l'autre. La Seine qui, par sa situation et les facilités de ses communications avec la mer, aurait dû avoir un trafic plus considérable et un matériel supérieur, était restée jusque-là dans un état d'infériorité évidente.

Les longs et étroits bateaux à vapeur du Rhône, du port de 500 à 700 tonneaux, qui faisaient, entre Arles et Lyon, le service des voyageurs et des marchandises n'ont jamais eu leurs pareils sur la Seine et sur aucun autre fleuve. A la montée, ces bateaux étaient employés exclusivement comme porteurs, et transportaient des quantités considérables de vins et de denrées méridionales.

Un service régulier de bateaux à vapeur, allant de Lyon à Châlons, existait également, transportant les voyageurs à la montée comme à la descente, non seulement d'un bout de la ligne à l'autre, mais à toutes les stations intermédiaires.

Enfin, les bateaux-mouches ou omnibus, circulaient à Lyon, dans l'intérieur de la ville, longtemps avant qu'on eût songé à les établir à Paris.

Celui qui écrit ces lignes a vu les derniers équipages du Rhône et de la Saône.

Sur cette dernière rivière, les voyageurs étaient transportés au moyen de bateaux d'une forme spéciale, qu'on nommait les diligences, les mêmes qu'on appelait les coches, à Paris. Les chevaux attelés aux diligences ou aux coches montaient ou descendaient la Saône comme la Seine, au trot. La remonte des marchandises se faisait, sur ces deux rivières, au pas des bêtes, mais sans trop de difficultés, et avec une vitesse relative.

Il n'en était pas de même sur le Rhône ; huit ou dix chevaux, souvent relayés, traînaient un certain nombre de bateaux, plus ou moins, suivant l'élévation et la rapidité des eaux du fleuve ; dans les passages difficiles, à ces chevaux devaient être ajoutés deux, trois et jusqu'à quatre paires de bœufs, tirant devant les chevaux, et avec l'aide de tous ces renforts, l'équipage remontait de Beaucaire à Lyon, en trente, quarante et même soixante jours.

Le prix le plus bas payé aux entrepreneurs de ces transports, prix de revient avec des voyages d'une durée moyenne de trente-cinq jours était de 25 francs par tonne. Les bateaux à vapeur ont fait descendre le prix de revient en moyenne à 8 fr. 15 par tonne, soit une diminution de 70 0/0 sur l'ancien prix. Aussi, devant cette concurrence, les équipages n'ont-ils pas tardé à disparaître.

Outre les bateaux à vapeur, faisant le service des voyageurs, et utilisés en même temps comme porteurs, surtout à la montée, le Rhône avait une flotte de remorqueurs d'une construction spéciale, adaptée au fort courant du fleuve et à son lit de galets. Ces remorqueurs portaient le nom de *grappins*, et, au lieu de roues à aubes ou d'hélice, ils étaient munis d'un appareil en fer, revêtu de dents fortes et pointues qui, à chaque tour, s'enfonçaient dans le sol, et donnaient à la remorque un appui et une solidité que l'eau seule ne pouvait lui fournir.

Les chemins de fer, surtout par la vitesse, égale à la montée et à la descente, ont été sans doute un progrès sur les modes de navigation fluviale les plus perfectionnés. Mais on s'aperçoit aujourd'hui, trop tard peut-être, que, pour eux, on a beaucoup trop négligé les transports par canaux et par rivières.

L'eau, comme on l'a dit, est un chemin qui marche tout seul; c'est en même temps le mode de transport le plus économique, et, par une conséquence nécessaire, celui qui devrait toujours être employé pour les marchandises les plus encombrantes et qui peuvent supporter un retard de route, sans dommage pour le destinataire et l'expéditeur.

La France, sous le rapport des voies navigables, est la contrée de la terre la plus favorisée; elle jouit de communications fluviales ininterrompues, reliant entre elles toutes les mers qui la baignent.

Nos fleuves, comme l'a dit récemment M. Leroy Beaulieu, dans l'*Économiste français*, communiquent les uns avec les autres, et il suffirait de régulariser leurs cours pour que la France devînt en quelque sorte perméable aux navires d'un tonnage moyen : ceux de 300 à 500 tonneaux. Cette entreprise permettrait de transporter, à 1 centime 1/2 ou 2 centimes par kilomètre des masses énormes de produits encombrants qui sont actuellement sans valeur. Les minerais, les pierres, les chaux, les ciments, les ardoises, les briques, les tuiles, les produits forestiers, les houilles, le sel; voilà quelques-uns des objets dont la production serait singulièrement stimulée par ces facilités nouvelles et cette économie de transport; les denrées agricoles en profiteraient aussi.

On calcule que l'étendue des canaux et rivières navigables est, en France, de 11,500 kilomètres, et que les transports effectués par ces voies montent à 2,182,957,000 tonnes kilométriques, ce qui est plus du quart du trafic de nos chemins de fer. On a dépensé avant le XIXᵉ siècle, suivant certaines évaluations, environ 116 millions de francs à l'amélioration de la navigation intérieure, et, depuis lors, environ 1 milliard 1/2. Le premier de ces chiffres paraît beaucoup trop faible, car plusieurs de nos principaux canaux avaient été faits sous l'ancien régime; en revanche, le second est beaucoup trop fort: il comprend assurément les dépenses d'entretien. Quant à l'ensemble des dépenses à faire pour transformer ce réseau et le compléter, on l'évalue à 8 ou 900 millions; en chiffre rond à 1 milliard. C'est une

question de budget, qu'on ne peut examiner ici, que se heurtent le perfectionnement et l'achèvement de nos voies navigables de l'intérieur. Les transformations à faire consisteraient dans la canalisation de certains fleuves, comme le Rhône, par exemple; dans l'adoption d'un type uniforme pour les écluses, et d'une même largeur pour tous les canaux; on compléterait ces réformes en faisant communiquer nos canaux tous ensemble.

Mais une autre considération est encore à examiner : le traitement très inégal, au point de vue des charges et des garanties, fait aux chemins de fer et aux voies navigables, aux canaux principalement. On se contente de l'indiquer ici, parce qu'elle comporte des développements trop étendus pour cet article; mais elle mérite un sérieux examen.

D'après ce qui précède, il est facile de comprendre que la batellerie, depuis nombre d'années, soit dans état de décadence qui va toujours en s'aggravant. Les indications les plus récentes fournies par les publications annuelles du ministère des finances, ainsi que les résultats définitifs du relevé général du tonnage des marchandises, transportées sur les cours d'eau pendant l'année 1876, indiquent une situation des plus défavorables. Ce relevé étant établi sur les documents émanés de l'administration des contributions indirectes ne peut être sujet à contestation. Or, ces documents attestent une diminution sensible sur le mouvement des marchandises transportées sur les cours d'eau en 1876, par rapport aux chiffres de l'année précédente.

En 1875, il avait été transporté, tant sur les fleuves, rivières et canaux que sur les rivières assimilées aux canaux, un ensemble de 1 milliard 721,070,945 tonnes de marchandises de toutes classes, et le flottage du bois s'était élevé à un cube de 176,551,434 mètres cubes.

Pour l'année 1876, ces chiffres sont descendus respectivement à 1 milliard 718,826,600 tonnes et 163,919,408 mètres cubes, ce qui fait ressortir une réduction de 2,244,345 tonnes sur les marchandises et de 12,632,126 mètres cubes sur les bois.

Les droits de navigation perçus au profit du Trésor se sont naturellement abaissés dans la même proportion. Leur montant total, qui était de 4,177,940 fr. 12 en 1875, est descendu en 1876 à 4,154,526 fr. 15. Différence en moins : 23,413 fr. 98.

Depuis 1870, principalement cette décadence rapide de l'industrie des transports par eau, a frappé les meilleurs esprits. Les intéressés, possesseurs de mines et métallurgistes, se sont émus les premiers, et, avec eux, les chambres de commerce et les économistes qui, de toutes parts, ont réclamé contre le ruineux délaissement de nos voies navigables.

Une Société s'est récemment formée, composée de sénateurs, de députés, d'industriels, et elle a pris une dénomination qui indique suffisamment son objectif; elle a adopté, après quelques discussions, le titre d'*Association pour l'amélioration et le développement des voies de transport*.

Entre autres buts à atteindre, l'association se

propose de poursuivre l'achèvement et l'amélioration des voies navigables, ainsi que le développement de la navigation maritime et fluviale ; l'une des trois sections entre lesquelles elle a partagé ses travaux porte le nom de section de la navigation maritime et fluviale. C'est par ce côté surtout qu'elle nous intéresse et qu'elle avait droit à une mention dans cet article sur la batellerie. — FR. F.

* **BÂTER.** *T. techn.* Contourner l'un des côtés d'une pièce de bijouterie ou de joaillerie à l'aide d'une bâte.

* **BATEUL.** *T. techn.* Partie des harnais qui bat sur la croupe des bêtes de somme. On écrit aussi *bateuil.*

* **BAT-FILIÈRE.** *T. techn.* Instrument qui sert à battre les fils métalliques.

* **BATHOMÈTRE.** *T. de phys.* On écrit aussi *bathymètre.* Instrument qui permet aux navires de reconnaître sans le secours de la sonde, la hauteur moyenne de la couche liquide sur laquelle ils flottent.

Le principe est la diminution de l'action de la pesanteur sur un corps pesant, suivant la diminution de densité des couches immédiatement sous-jacentes.

Cet instrument dû à M. Siemens, a été essayé à bord du *Faraday*, chargé de la pose d'un câble ; les indications ont concordé avec celles d'une ligne de sonde en acier.

Le bathomètre donne la profondeur moyenne d'une certaine surface dont l'étendue est en raison de la profondeur elle-même, la sonde donne la profondeur immédiatement au-dessous du bateau.

Il se compose essentiellement d'une colonne de mercure enfermé dans un tube vertical en acier terminé par deux évasements. La partie inférieure est fermée au moyen d'un diaphragme formé par une feuille d'acier corroyé. Le poids du mercure est équilibré au centre du diaphragme par l'élasticité de ressorts en acier trempé dont la longueur est la même que celle de la colonne. Les deux extrémités de la colonne mercurielle sont en communication avec l'atmosphère pour que l'influence des variations n'altère pas les lectures.

L'élasticité des ressorts diminuant en raison arithmétique avec l'élévation de la température, et suivant une loi distincte de la dilatation du mercure ; des dispositions particulières ont compensé ces différences. De plus, le diamètre du tube influant sur l'attraction du mercure suivant l'élévation de température.

Le rapport des sections des évasements et du tube est calculé d'après le rapport des diminutions de la densité du mercure et de la puissance des ressorts.

Le tube est étranglé à son extrémité supérieure, pour diminuer les oscillations verticales du mercure par suite du mouvement du navire. Afin que l'appareil conserve une position verticale malgré le roulis, il est porté sur un joint universel, un peu au-dessus de son centre de gravité ; enfin, il

est enfermé dans une caisse fermée pour le dérober aux influences atmosphériques.

La lecture de l'instrument se fait au moyen d'un tube de verre en spirale placé au sommet de l'appareil, et relié au mercure de la cuvette supérieure par l'intermédiaire d'un liquide de moindre densité.

BÂTI. *T. techn.* 1° Massif ou charpente, en fonte ou en bois qui, dans une machine quelconque, sert à supporter toutes les pièces fixes ou mobiles ; ce mot a, dans la construction des machines une fréquente application, et il est encore employé pour désigner certaines parties spéciales de métiers ; ainsi, en *filat.*, on entend par *bâtis* d'une *carde*, les deux pièces en fonte, parallèles, sur lesquelles viennent s'appuyer, dans leurs coussinets, les axes des tambours, peigneurs, etc. Elles sont reliées ensemble par des entretoises boulonnées, qui en maintiennent le parallélisme. Dans le *métier à filer*, on nomme *bâtis*, les différentes pièces de fonte reliées ensemble par le porte-système auquel elles servent de supports et sur lesquelles sont appuyés les ensouples, la tête du métier et les organes de la réception du mouvement. || 2° Assemblage des pièces d'une porte, d'une fenêtre, d'un lambris. || 3° Assemblage faufilé des différentes pièces d'un vêtement. || 4° Gros fil qui sert à joindre ensemble les parties d'un vêtement. || 5° *T. de men. de voit.* Assemblage de pièces de bois formant un des côtés du coffre ou de la caisse d'une voiture. Par extension, pièce de bois qui, n'ayant pas de nom particulier, entre dans la composition d'un assemblage.

BÂTIER. *T. de mét.* Celui qui fabrique des bâtis.

* **BATIFODAGE.** *T. de constr.* Terre grasse et bourre mélangées pour faire des plafonds.

BÂTIMENT. Ce terme a de nombreuses significations ; il sert à désigner un édifice en cours de construction, le gros œuvre, l'œuvre matérielle, la *bâtisse*. On l'emploie également pour désigner l'art pratique de la construction, d'où les expressions, *gens du bâtiment*, *industries du bâtiment* (V. ci-dessous). Enfin, ce terme sert à la masse distincte d'un édifice ; ainsi on dit : le *bâtiment principal* de ce monument est bien construit ; les *bâtiments secondaires* ou *ailes* d'un édifice ; les *bâtiments des communs*, pour désigner les cuisines, les écuries, les remises, les logements des domestiques, etc.

Bâtiment (Industries du). Sous ce terme générique, on englobe tous les différents métiers, toutes les industries qui concourent à la construction des édifices. Les principales industries du du bâtiment sont : la maçonnerie, la plâtrerie, la menuiserie, la peinture, la vitrerie, la serrurerie, les papiers peints, le pavage, le dallage, la marbrerie, la plomberie, la couverture, etc.

* **BÂTIMENTS CIVILS.** (Conseil des). Les bâtiments civils comprennent : les bâtiments de l'État, les monuments historiques, les édifices diocésains, les édifices communaux. Jusqu'en 1789, la cons-

truction et l'entretien des bâtiments civils furent abandonnés aux soins des diverses administrations auxquelles ces édifices appartenaient, et ces administrations construisaient ou bon leur semblait et comme elles l'entendaient. Une loi du 27 avril 1791, confia au ministre de l'intérieur la direction générale des travaux publics; après la promulgation de la *constitution* de l'an III (1794), on organisa définitivement le *conseil des bâtiments civils*, tel qu'il existe aujourd'hui, et qui comprend des inspecteurs généraux, des architectes et des auditeurs, lesquels réunis en conseil donnent leur avis sur les constructions à ériger dans les diverses contrées de la France et font apporter aux projets des architectes de l'État telles modifications qui leur paraissent utiles.

* **BATINE.** *T. techn.* Sorte de selle grossière rembourrée de foin et de poils.

* **BATIPORTE.** *T. de mar.* Bordage de chêne qui empêche l'introduction de l'eau dans la cale.

BÂTIR. *T. techn.* Elever une construction quelconque. || Assembler les diverses pièces d'un vêtement à l'aide du fil nommé *bâti*. || Façonner le feutre destiné à la confection d'un chapeau.

* **BÂTISSAGE.** *T. de chapel.* Action de façonner le feutre d'un chapeau.

BÂTISSE. *T. de constr.* Qui s'applique à la construction toute matérielle d'un bâtiment; on distingue une *bonne bâtisse* d'une *belle bâtisse*, la première indique la mise en œuvre de bons matériaux, et par la seconde on entend plus spécialement celle où l'appareil est bien régulier.

* **BÂTISSOIR.** *T. de tonnel.* Appareil qui sert à maintenir en rond les douves assemblées pour la construction du tonneau.

BATISTE. Sorte de tissu très fin, fait de lin. Dans le sérançage ou peignage du lin, il se forme deux produits bien distincts, l'un restant dans le peigne est appelé *étoupe*; l'autre, beaucoup plus fin, est la *filasse* qui, tissée, donne entre autres tissus de lin, la toile de ménage fine, dite *batiste*. La filature de lin est arrivée aujourd'hui à un tel degré d'habileté que l'on a pu obtenir jusqu'à 117 mètres de fil avec un gramme de filasse fine.

La batiste se fait principalement dans le Nord, à Valenciennes et à Cambrai. || *Batiste d'angnas.* — V. ANANAS.

BÂTON. Par extension, ce mot est appliqué à une foule de choses qui ont une forme cylindrique; sans nous arrêter aux *compositions* qui, chez les parfumeurs, les confiseurs et les pharmaciens sont façonnées sous forme de bâton, nous indiquerons : 1° *T. d'arch.* Moulure en saillie qui s'appelle aussi *tore*, et qui est un ornement de la base des colonnes. || Ornement composé de bâtons entrelacés. || 2° *T. d'orfèvr.* Petit rouleau de bois dont on se sert pour aplanir une plaque de métal sujette à se détacher. || Petit cylindre garni de peau de chien de mer avec lequel on polit certains ouvrages, chez les orfèvres et les formiers. || 3° *Art hérald.* Se dit du tiers d'une colonne en brisure. Il désigne une branche cadette ou un

défaut de légitimité; le bâton *peri en bande* va de droite à gauche; le bâton *peri en barre*, de gauche à droite; *bâton royal*, lame ornée de banderolles. || 4° *T. de lapid.* Morceau de bois tourné, composé d'une tête qui tient le diamant pour l'égriser et d'une poignée pour le tenir. || 5° Morceau de bois qui sert aux lapidaires pour enchâsser les pierres au moyen d'un mortier de ciment et de poix de résine. || 6° *Bâton à cire.* Petit bâton de bois ou d'ivoire enduit de mastic humide par un bout pour happer les petits diamants. || 7° *T. de gant.* Morceau de bois façonné en fuseau à l'usage du gantier; on le nomme *bâton à gant* ou *tournegant*. || 8° *T. de pap.* *Bâton royal*, nom d'un ancien format de papier, aujourd'hui peu usité. || 9° *T. de raffin. de sucre.* Morceau de bois aplati par l'une de ses extrémités et qui sert à battre le sucre dans la chaudière, quand il monte; on l'appelle *bâton de preuve*, parce qu'il sert aussi à faire l'essai de la cuite. || 10° *T. de tapiss.* Bâton rond dont les fabricants de tapisserie se servent pour croiser les fils des chaînes, et qu'ils nomment *bâton de croisure*. || 11° *Bâton de gavassinière*, pièce de l'ourdissoir dans le métier de haute-lisse. || 12° *T. de manuf.* Bâton rond auquel sont attachées toutes les cordes de la semple, et qu'on appelle *bâton de semple*; il est placé au bas du métier. Le *bâton de rames* est celui qui reçoit les cordes de rames. || 13° *T. de passem.* Bâton à tourner, bâton rond d'environ 40 centimètres, servant à faire tourner l'ensouple. || 14° *T. d'ében. Bâton de chaise.* Bois tourné qui maintient les pieds d'une chaise. || 15° *T. de serrur. Bâton rompu.* Morceau de fer coudé en angle obtus. || 16° *T. de mar. Bâton de foc.* Espar prolongeant le mât de beaupré et recevant les points d'attache des focs. — V. MATURE. || *Bâton de flamme.* Celui qui tient la flamme au bout du mât. || 17° *Bâton de vadel* ou *de guipon.* Morceau de bois qui porte le bouchon d'étoupe du calfateur pour goudronner le navire. || 18° *Bâton à pompe.* Tige de la pompe. || 19° *Art milit. Bâton à feu.* Première démonstration des armes à feu. — V. ARTILLERIE. || 20° *Bâtons de Neper.* — V. CALCULER. || 21° *Bâton pastoral.* Crosse que portent les évêques dans certaines cérémonies. || 22° *Bâton cantoral.* Long bâton surmonté d'une masse d'argent que porte le premier chantre dans certaines cathédrales, les jours de grande cérémonie.

* **BÂTONNÉE.** Quantité d'eau élevée par un coup de piston d'une pompe.

* **BÂTONNAGE.** *T. techn.* Opération qui consiste à mettre en bâtons des substances fondues, comme la cire, la réglisse, etc.

* **BÂTONNIER.** *T. de mét.* Ouvrier qui fabrique des sièges et des échelles faits en bois carré et contourné; il confectionne les ceintures de fauteuils et de chaises, tandis que le tourneur en chaises ne doit faire que les bois ronds, assemblés à trous et tenons ronds.

* **BATOURNER.** *T. de tonnel.* Mesurer les douves d'un tonneau pour les égaliser.

*BATRIACE ou **BATRIAU**. *T. de mét.* Outil du fabricant de tuiles.

BATTAGE. *T. techn.* Ce mot indique des opérations différentes en usage dans diverses industries, mais qui toutes se pratiquent en frappant ou en battant les choses à la main ou au moyen de machines : 1° En agriculture, le battage a pour but de séparer le grain de la paille, les graines de leurs épis ou capsules; c'est une des opérations les plus importantes de l'industrie agricole. Nous lui consacrons plus bas une étude historique que le lecteur trouvera à l'article Battre (machines à), où nous donnerons un aperçu des machines employées aujourd'hui pour le *battage*. ‖ 2° *T. de teint.* Action de battre les tissus, chargés soit de matières étrangères, soit de colorants; cette opération se faisait autrefois à la main. Dans les opérations du blanchissage, elle s'exerce encore journellement par les laveuses au moyen du *battoir*. Depuis l'emploi de la vapeur, le battage, dans la grande industrie, n'existe plus, il est remplacé par des machines spéciales. Cependant, dans certaines localités, en Pologne, par exemple, il existe encore de petites usines où l'on bat les tissus avec des fléaux comme on bat le grain sur une aire. ‖ 3° Opération qui consiste à comprimer la pâte du papier soit à la main, soit à la mécanique. ‖ 4° Action de pulvériser la poudre; on obtient cette pulvérisation dans des mortiers de bois et avec des pilons de bois. ‖ 5° Travail des ouvriers *fliers* qui, au moyen de *battes*, soumettent le fil à coudre à des coups successifs pour obtenir le lissage du fil. ‖ 6° *Battage des cocons*, opération qui a pour but, en agitant les cocons dans de l'eau chaude, de dissoudre leur matière gommeuse. ‖ 7° Dans la fabrication du beurre, action d'agiter la crême dans la *baratte* (V. ce mot). ‖ 8° Action de réduire en petites feuilles minces à l'aide du marteau. Le *battage d'or* constitue une grande industrie qui prend aussi le nom de *batterie;* nous en étudions les diverses opérations dans un article spécial. — V. Batteur d'or. ‖ 9° Dans la filature, c'est l'opération qui suit le dégraissage. Nous l'étudions plus loin. — V. Battre (Machines à).

Battage du coton. 10° Opération qui a pour but d'enlever au coton toutes ses impuretés et de le préparer au cardage; autrefois, ce travail se faisait par des femmes, armées de baguettes, frappant le coton étendu sur des claies; aujourd'hui cela se fait à l'aide de machines.— V. Battre (machines à).

Battage du cuir. 11° Cette opération a pour but d'augmenter la fermeté et la consistance du cuir et de régulariser son épaisseur; elle suit le séchage et se fait à sec. Le battage se pratiquait autrefois à la main, quelques petites tanneries seulement travaillent encore par ce procédé. Le cuir est étendu sur une table de pierre ou de bois, puis frappé au moyen de maillets de bois dur ou de marteaux de cuivre. Le battage mécanique a d'abord eu lieu au moyen de marteaux à manche horizontal, mus, le plus souvent,

par une roue hydraulique ; aujourd'hui, les machines employées agissent, soit par percussion, soit par pression. — V. Battre (Machines à).

Battage de la laine. 12° Quand la laine est dégraissée, teinte, lavée et séchée, elle n'est pas encore entièrement préparée pour être mise en filature.

Le dégraissage l'a débarrassée des matières grasses, du suint qu'elle contenait, mais elle est encore chargée des matières végétales qui se trouvaient renfermées à l'intérieur des mèches, puis, le lavage ne l'a que très imparfaitement nettoyée des matières tinctoriales et poussiéreuses dont elle était chargée ; ce sont tous ces corps, étrangers à la matière animale, qu'il faut enlever, et, pour cela, deux opérations sont nécessaires.

La première opération, le *battage,* a pour but d'enlever de la laine, en la désagrégeant les fibres, les matières poussiéreuses et fines, telles que la terre, le sable, les résidus des ingrédients qui ont servi à la teindre, etc. La seconde opération, le *triage,* a pour objet de la débarrasser des matières étrangères d'un certain volume, laissées par le battage, telles que les chardons, gratterons, crémaillons, que la laine peut renfermer. Chacune de ces opérations a nécessité des machines particulières afférentes à leur genre de travail; pour le battage, on emploie la *batterie* (V. ce mot) ; pour le triage, on emploie l'*échardonneuse* (V. ce mot). Aujourd'hui, on essaie même de remplacer cette dernière opération par un triage chimique des laines, nommé *épaillage*, lequel donne déjà des résultats satisfaisants.

Battage des tapis. 13° L'usage des tapis d'appartements a pris une si grande extension qu'il a donné lieu à une branche spéciale du tapissier : le battage, la garde et la restauration des tapis. La poussière et le bruit que font les ouvriers en frappant en cadence et à coups redoublés, les obligent à exercer leur profession loin de toute habitation.

BATTANT. 1° *T. de menuis.* Chacun des vantaux d'une porte qui s'ouvre en deux. ‖ Pièces de bois où s'assemblent les traverses d'une porte, d'une croisée. ‖ 2° *T. de serrur.* Pièce de fer dont l'une des extrémités s'attache à la porte, au moyen d'une vis, et dont l'autre partie va s'enfoncer dans le mentonnet; on la nomme *battant du loquet.* ‖ 3° *T. de meun.* Pièce de bois qui sert à faire tomber le grain sur la meule d'un moulin. ‖ 4° *T. de fond.* Masse de fer, de forme arrondie, qui termine la grosse tige suspendue à l'anse de fer placée sous le cerveau de la cloche, à l'intérieur. C'est par le mouvement imprimé à la cloche que le battant, qui joue librement dans l'anse, la frappe et la fait résonner. ‖ 5° *T. de manuf.* Pièce dont le poids est généralement de 50 kilogrammes et qui sert à resserrer la trame dans l'étoffe, au moyen des dents du peigne entre lesquelles passent les fils de la chaîne. ‖ 6° On nomme *métier battant,* le métier d'un ourdisseur en activité ‖ 7° *T. de men. en voit.* Celui des montants d'une porte qui vient frapper, battre en se fermant, contre le pied, la feuillure d'arrêt, etc.

BATTE. Nom donné en *technol.*, à l'instrument dont on se·sert pour aplanir ou écraser. 1° *T. de filat.* Organe des machines à échardonner, on appelle ainsi la bande de fer en forme de cornière qui est boulonnée sur le tambour de la partie appelée loup ou batteur, et sépare chaque rangée de dents entre elles. — V. ÉCHARDONNAGE. || 2° *Batte de tapissier.* Baguette à l'aide de laquelle le tapissier écharpe la laine et la bourre. || 3° *Batte de tonnelier.* Maillet en bois avec un long manche à l'usage des tonneliers, pour faire sauter le bondon par le contre-coup. || 4° *Batte de maçon.* Masse de bois plate, bandée d'un cercle de fer et garnie.de clous, pour écraser le plâtre et le ciment. || 5° *Batte de blanchisseuse.* Petit banc sur lequel la blanchisseuse bat son linge. || 6° Plaque d'étain dont les potiers se servent pour faire des pièces de rapport. || 7° Rouleau de bois avec lequel on broie les couleurs chez les marbreurs de papier. || 8° Masse en pierre ou en bois, nommée aussi *dame*, munie d'un manche à l'aide duquel on la roule sur le plâtre cuit, pour le réduire en poudre.

BATTE-BEURRE ou **BATTE-A-BEURRE.** *Instr. d'agr.* Long bâton, armé d'un rondin de bois, qui sert à battre le beurre.

* **BATTÉE.** *T. techn.* Quantité d'une chose quelconque, papier, terre, ciment, laine, etc., battue à la fois.

BATTELLEMENT. *T. de constr.* Double rang de tuiles par où le toit s'égoutte ; on l'appelle aussi *égoût* ou *avant-toit*.

BATTEMENT. *T. techn.* Tringle de bois cu de fer qui cache la jonction de deux vantaux d'une porte, d'une fenêtre. || Dans une machine à vapeur, course· simple du piston. || Partie d'une lame de couteau qui porte sur le ressort. || Effet produit par l'oscillation du pendule d'une horloge ou d'une montre.

* **BATTENDIER.** *T. de mét.* Ouvrier qui travaille dans un moulin à battre le chanvre.

* **BATTE-PLATE** *T. de mét.* Outil du plombier.

* **BATTERAND** ou **BATTERANT.** *T. de mét.* Masse de fer, munie d'un manche, pour briser les pierres. || Sorte de marteau, à l'usage du carrier, pour enfoncer des coins dans la roche.

I. BATTERIE. En *techn.*, ce mot a diverses significations ; avant d'aborder les principales études qui rentrent dans le cadre de cet ouvrage, nous allons donner les définitions qui s'appliquent aux divers métiers : 1° En *T. d'arqueb.*, la batterie est la pièce d'acier qui, dans l'ancienne platine à pierre, recouvrait le bassinet et produisait sous le choc du silex les étincelles nécessaires pour enflammer la poudre d'amorce (V. PLATINE) ; se dit aussi quelquefois de la platine tout entière. || 2° Dans plusieurs industries, assemblage des marteaux, des pilons, ordinairement posés en ligne. || 3° Machine pour enfoncer les pieux. ||

4° Chaudière qui sert à battre le sirop, dans les raffineries de sucre. || 5° Lieu où l'on foule les chapeaux, dans les chapelleries || 6° Cuve où se fait la séparation de la fécule et de l'indigo. || 7° Forge où l'on bat et étire le fer, pour faire de la tôle. || 8° Pied ou fond d'un tamis. || 9° En *pyrotechn.*, réunion de pièces d'artifice, disposées généralement en ligne droite, et destinées à partir simultanément.

II. BATTERIE. *T. d'artill.* Le mot batterie sert à désigner d'une façon générale la réunion sous, un même commandement d'un certain nombre de pièces avec le matériel et le personnel nécessaires à leur service. Les batteries peuvent être mobiles, comme celles de *campagne* ou de *montagne* qui agissent sur les champs de bataille, ou fixes, comme les batteries de *siége*, *place* ou *côte*, qui restent pendant un temps plus ou moins long sur le même emplacement. En pareil cas on appelle aussi batterie cet emplacement lui-même, qui est alors disposé de manière à faciliter le service et à protéger autant que possible le matériel et le personnel contre les feux de l'ennemi.

La batterie de campagne ou de montagne est à la fois l'unité administrative et l'unité de combat de l'artillerie dans les armées en campagne ; son organisation et son mode d'action sont exclusivement du domaine militaire, c'est pourquoi nous les laisserons de côté et nous nous occuperons seulement des batteries fixes à la construction et à l'armement desquelles le génie civil peut être appelé à coopérer, comme cela s'est déjà présenté pendant la guerre de 1870-71.

Batteries de siége. On désigne ainsi des ouvrages en terre que l'on construit devant une place assiégée pour recevoir et abriter les bouches à feu, destinées à lutter contre l'artillerie de la place et ruiner les travaux de la défense. Elles se composent le plus généralement de quatre pièces, surtout lorsque ces pièces sont de gros calibre, quelquefois six, rarement plus.

Une batterie comprend trois éléments principaux : le terre-plein, la masse couvrante, les magasins et abris divers.

Le *terre-plein* est l'emplacement occupé par les pièces et par le personnel chargé de les servir ; il peut être relativement au sol naturel, au-dessous (fig. 331), ce qui est aujourd'hui le cas le plus général, au même niveau ou même au-dessus, cette dernière disposition ne doit être adoptée qu'en cas d'absolue nécessité parce qu'alors les pièces reposent non plus sur un terrain rassis mais sur des terres rapportées. La précision du tir exigeant que les affûts reposent sur un sol ferme et uni, on construit pour chacune des pièces une sorte de plancher. — V. PLATE-FORME.

Quand on n'a à craindre que des coups directs la *masse couvrante* est constituée uniquement par l'*épaulement*, masse de terre située en avant des pièces et formée au moyen de terres prises en partie dans l'excavation du terre-plein, si la batterie est enfoncée, et dans un *fossé* creusé en avant. Ce fossé ne doit être considéré que comme un moyen de fournir en tout ou partie les terres de l'épaulement; il n'y en a pas lorsqu'on prend toutes les terres en arrière, ou que, en raison de la nature du sol, on est obligé de construire l'épaulement avec des terres rapportées. On n'a donc pas à s'astreindre comme en fortification à lui donner une forme régulière et une profondeur déterminée. D'après les facilités que l'on a à extraire les terres, on l'élargit ou l'approfondit de façon à avoir les terres en quantité suffisante pour l'épaulement et permettre en même temps à chaque travailleur de jeter commodément la terre dans le coffre.

L'épaulement est limité extérieurement par trois surfaces planes qui sont : le *talus intérieur* qui, devant être aussi roide que possible, pour prendre moins de place, est revêtu (V. REVÊTE-MENTS). La *plongée* qui, au lieu d'être inclinée du dedans au dehors comme sur les remparts des ouvrages de fortification, ce qui enlèverait à l'épaulement une partie de son épaisseur au sommet et par suite de sa solidité, est horizontale. Toutefois lorsque les terres sont argileuses on peut donner à la plongée, une légère inclinaison, tout juste nécessaire pour l'écoulement des eaux pluviales à l'extérieur. Le *talus extérieur*, exposé aux coups de l'ennemi est tenu à l'inclinaison des terres coulantes qui est moyennement 1/1. Les lignes de séparation de ces surfaces sont la *crête*

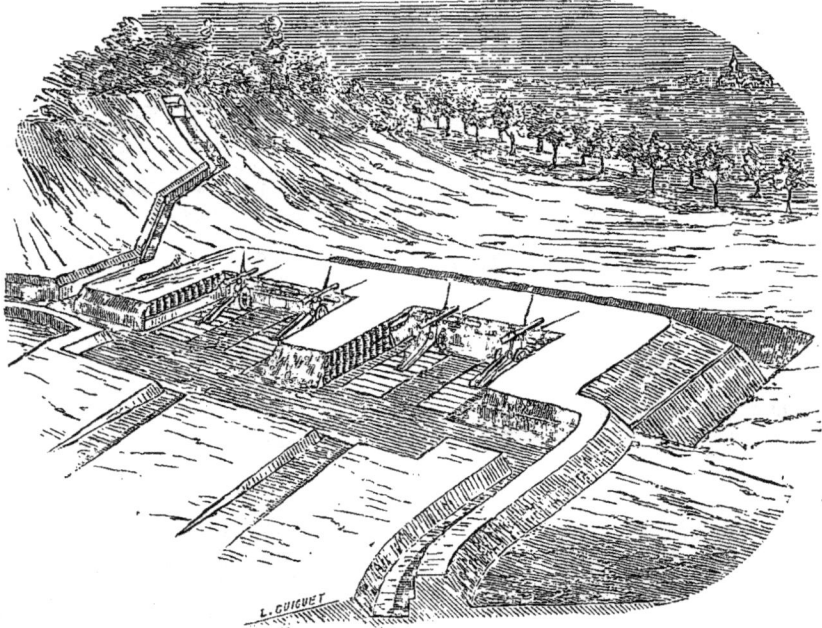

Fig. 331. — *Batterie de siège à terre-plein enfoncé.*

intérieure et la *crête extérieure;* mais ces lignes théoriques, qui servent à la représentation sur le papier du plan de la batterie, n'existent pas en réalité; il faut en effet bien se garder d'accuser par des arêtes saillantes visibles de loin le profil de la batterie, et l'on doit même chercher par tous les moyens possibles à cacher à l'ennemi le massif des terres fraîchement remuées soit en les couvrant de branchages et feuillages, soit en le plaçant derrière un *masque* naturel ou artificiel, tel que une levée de terre, un rideau d'arbres, une tranchée. Cette dernière condition est aujourd'hui d'autant plus facile à remplir, que dans les batteries de siège, vu la distance à laquelle elles sont placées on a presque toujours recours au tir indirect, et que par conséquent il n'est pas indispensable de découvrir de la batterie même le but sur lequel on tire.

L'épaisseur de l'épaulement est la distance horizontale comprise entre les crêtes intérieure et extérieure. Elle n'était autrefois que de 5 ou 6 mètres; mais, eu égard aux pénétrations et aux effets d'éclatement des projectiles actuels, on est forcé maintenant de lui donner 7 mètres lorsque les terres sont légères et sablonneuses, et de la porter à 8 et même 9 mètres lorsque les terres sont argileuses; l'expérience a, en effet, démontré depuis longtemps que ces dernières se laissent traverser beaucoup plus facilement.

Le relief total est égal, dans le cas où la batterie est enfoncée, à l'enfoncement du terre-plein augmenté de la hauteur de la crête au-dessus du sol. Cette hauteur totale doit être telle que les servants manœuvrant les pièces soient autant que possible à couvert; elle dépend de la longueur de la plate-forme, de l'obliquité des coups dangereux et de l'angle de chute des projectiles ennemis ; ces deux dernières données peuvent être évaluées approximativement lorsque l'on connaît la position et la distance à laquelle se trouvent placées les pièces de la défense qui ont des vues sur la batterie. En général le terre-plein est enfoncé de 1 mètre à 1^m,20, 1^m,50 au grand maximum. En tout cas l'enfoncement est limité par la condition de ne pas rencontrer d'eau. La crête intérieure est à 1^{m}40 au-dessus du sol de façon à avoir un relief de 2^m,40 au minimum.

Comme la crête intérieure de l'épaulement doit être sensiblement perpendiculaire à la ligne du tir des pièces qu'il est destiné à couvrir, il peut arriver dans certains cas que les coups dangereux étant très obliques par rapport à l'épaulement, celui-ci ne couvre plus assez le terre-plein, et il faut alors pour arrêter les coups retourner la masse couvrante parallèlement à la ligne de tir de la batterie pour la rapprocher le plus possible de l'espace à couvrir ; c'est ainsi que l'on forme des *retours* pour les pièces extrêmes et des *traverses* pour les pièces intermédiaires. De même que pour l'épaulement, leur talus intérieur est revêtu, celui qui est exposé aux coups doit être à terres coulantes. Bien que l'on puisse, lorsque l'on n'a à craindre que des coups d'écharpe et non d'enfilade, ce qui est le cas le plus général, donner aux traverses une épaisseur un peu moindre que celle de l'épaulement (6 mètres environ), on augmenterait ainsi beaucoup trop le développement des batteries s'il fallait les traverser de pièce en pièce ; on se contente ordinairement de le faire de deux en deux, en resserrant le plus possible les pièces entre deux traverses. On pourrait aussi diminuer le nombre des traverses en augmentant la hauteur de chacune d'elles comme on le fait en fortification permanente ; mais il est mauvais en général d'indiquer la position des pièces d'une batterie par des lignes transversables qui se détachant sur l'horizon sont visibles de loin et servent de points de repère à l'ennemi.

Non-seulement les traverses augmentent le travail et sont encombrantes, mais encore elles rendent la surveillance plus difficile et la circulation moins commode et quelquefois dangereuse dans la batterie. On est forcé quelquefois de pratiquer dans la traverse elle-même contre l'épaulement un passage blindé (V. BLINDAGE) de façon à permettre de circuler pour approvisionner les pièces tout en restant à couvert.

Indépendamment des traverses destinées à protéger le terre-plein contre les feux d'écharpe ou à atténuer un défilement insuffisant, on peut dans certains cas se trouver dans la nécessité, même lorsqu'on n'a à craindre que des feux directs, d'établir de distance en distance des *traverses pare-éclats* destinées à protéger les servants contre les éclats des projectiles creux ou du moins à localiser leurs effets. Ces pare-éclats consistent en une gabionnade rectangulaire reposant sur le sol naturel et dont le centre est rempli de terre. Il n'est pas nécessaire de leur donner une grande épaisseur, mais ils doivent être facilement réparables, et il faut que les servants puissent circuler tout autour.

Les communications de la batterie avec les positions en arrière sont assurées à l'aide de tranchées faites à la sape volante avec des gabions de l'artillerie. Ces tranchées de 1 mètre de profondeur et 1^m,50 de largeur doivent être défilées avec soin parce qu'il faut qu'on y puisse y circuler continuellement à couvert et déboucher le plus près possible de l'épaulement. Il y a avantage quand on le peut à établir deux communications, une à chacune des extrémités de la batterie.

Autrefois on pratiquait le plus généralement dans l'épaulement pour donner passage à la volée de la pièce et pouvoir exécuter le tir direct, des *embrasures* profondes et revêtues. Aujourd'hui, étant donnée la grande justesse du tir des nouvelles bouches à feu, même aux grandes distances, on doit proscrire d'une façon absolue de pareilles embrasures ; en effet, leur ouverture extérieure découpe une échancrure visible de loin et servant de point de mire ; elles forment un entonnoir évasé à l'extérieur qui guide les projectiles dans l'intérieur de la batterie ; enfin, les revêtements sont rapidement détruits et les terres en s'éboulant obstruent l'embrasure. Lorsque l'on est dans la nécessité d'exécuter le tir direct et que l'affût n'élève pas la pièce à une hauteur suffisante pour qu'une simple rigole évasée, ménagée dans l'épaulement, suffise pour dégager ses vues, mieux vaut surélever la plateforme que d'entailler l'épaulement. Pour le tir indirect, le fond de l'embrasure est tenu en contre-pente, c'est-à-dire incliné vers l'arrière. La hauteur de genouillère ou hauteur du fond de l'embrasure, à sa rencontre avec le talus intérieur, est déterminée d'après le modèle des affûts, l'espèce de pièces et l'angle sous lequel elles doivent tirer.

Dans l'épaulement même de la batterie, entre chaque pièce, on creuse une excavation dont les terres sont soutenues par un coffrage en bois et le ciel formé par des lambourdes recouvertes de saucissons croisés sur elles. Le fond en est maintenu à une faible hauteur au-dessus du sol, pour que l'eau n'y entre pas. Cette excavation est destinée à servir de *dépôt* pour les *projectiles chargés* devant suffire à la consommation journalière d'une pièce, soit 60 à 80 projectiles environ, placés debout les uns à côté des autres. L'expérience a montré qu'il n'y avait pas grand danger à placer ainsi, dans la batterie même, les projectiles chargés, l'éclatement de l'un d'eux n'entraînant pas celui des autres, et on évite de cette façon des transbordements toujours dangereux sous le feu de l'ennemi et très fatigants pour les hommes, surtout lorsqu'il s'agit des projectiles de gros calibre. Quant aux *magasins à gargousses* pour la consommation journalière, ils sont en dehors de la batterie, le plus souvent dans les communications. Pour que l'explosion de l'un de ces magasins ne puisse occasionner des dégâts trop sérieux dans la batterie, on doit les construire à 25 mètres au moins en dehors et limiter leur contenance à 300 kilogrammes au plus ; ils sont espacés de 3 à 5 mètres. Les plus simples consistent en une sorte de niche creusée au pied du talus, un peu au-dessus du niveau de la tranchée, dans laquelle on place une caisse à gargousses, coffre en bois doublé de zinc, dont un des côtés peut se rabattre, de façon que l'on puisse prendre les gargousses sans lever le couvercle. Cette caisse restera en place et on la remplira avec d'autres gargousses lorsqu'elle sera vide. Lorsqu'il y aura lieu de modifier les charges qui arrivent toutes préparées du parc, on établira un *abri de chargement* blindé à proximité de la batterie. Plus en arrière, tout à fait à l'abri des vues et des coups de l'ennemi, on construit un magasin à poudre central, qui sera construit en galerie de mine dans une tranchée de 4 mètres de large sur 3 mètres de haut, solidement blindé et recouvert d'une couche de terre de 2 mètres au moins. Autant que possible, les communications avec la batterie doivent être commodes et en même temps l'accès doit en être facile aux convois venant du parc, de façon à éviter les transbordements, qui exigent toujours beaucoup de temps et beaucoup de peine.

Quelque soin que l'on apporte dans la construction des abris blindés (V. Blindage), ils n'ont pas toujours une solidité suffisante pour résister au tir des gros projectiles des bouches à feu actuellement en service, et leur effondrement pourrait entraver le service de la batterie. Aussi renonce-t-on à établir, dans la batterie même, des abris de ce genre pour protéger les servants contre les coups de l'ennemi ; on préfère les disposer de façon que, tout en offrant une protection suffisante, ils servent surtout à garantir les servants lorsqu'ils ne sont pas de service aux pièces, contre les intempéries de la saison ; en hiver, il sera bon d'y installer des poêles, comme l'avaient fait les Prussiens en 1870-71 dans quelques-unes de leurs batteries.

Sur l'un des côtés de la batterie, à une distance plus ou moins grande suivant la disposition du terrain, on établira un poste d'observation d'où l'on puisse apercevoir la chute des projectiles, de façon à pouvoir régler le tir sans être trop exposé à la mousqueterie. Cet *observatoire* consistera, le plus souvent, en une gabionnade surmontée de sacs à terre ou bouts de gîtes, disposés en forme de créneaux pour recevoir la lunette de batterie. Lorsque la distance est assez grande, il sera mis en communication avec la batterie par des signaux ou mieux par des appareils télégraphiques ou téléphoniques, et relié à la communication ou à la batterie par une tranchée qui permette de s'y rendre sans être aperçu de la place.

Avec les anciennes bouches à feu lisses, alors que l'on ouvrait la première parallèle à 600 mètres au plus des dehors et la deuxième à environ 325 mètres des saillants, les *premières batteries* étaient établies quelquefois après la première parallèle, mais le plus ordinairement après la deuxième, à 20 ou 25 mètres en avant. La construction de la troisième parallèle, à 60 mètres des saillants, pouvant masquer en partie le feu des batteries en arrière, on était quelquefois obligé d'établir en avant ou dans cette parallèle elle-même

de nouvelles batteries dites *deuxièmes batteries*. Venaient ensuite les *batteries de brèche* et les *contre-batteries*, établies dans le couronnement du chemin couvert.

Toutes ces batteries, à l'exception de celles pour mortiers et de celles dans les parallèles ou le couronnement du chemin couvert, étaient généralement établies sur le sol naturel, afin de leur conserver un commandement sur les travaux de l'attaque passant sous leur feu et de mieux les défiler contre les vues des ouvrages de la place situés à une petite distance. La construction de ces batteries exigeait en moyenne *trente-six heures* ; commencée la première nuit et assez avancée pour qu'on pût continuer le travail pendant le jour, elle devait être terminée, armée, approvisionnée et en état d'ouvrir le feu à la fin de la deuxième nuit. La construction d'une batterie enfoncée n'exigeait que dix à douze heures ; aussi avait-on recours, de préférence, à ces dernières pour les mortiers. L'adoption des canons rayés a permis de reporter les batteries de l'attaque à une plus grande distance des ouvrages de la place, sans pouvoir, toutefois, les rendre complètement indépendantes des travaux d'approche, au moins dans les dernières périodes de l'attaque. Les *batteries d'investissement*, armées des plus gros calibres, devaient être établies dès l'arrivée de l'armée assiégeante, avant même l'installation des parcs, à 2,000 mètres et quelquefois plus, de façon à gêner l'armement de la place, commencer à inquiéter la garnison, quelquefois exécuter le bombardement. Venaient ensuite les *batteries de première période*, établies dans la nuit même de l'ouverture de la première parallèle et dans son voisinage, c'est-à-dire à 1,000 ou 1,200 mètres, mais complètement indépendantes de son tracé, puis celles de *deuxième période* ou *d'approche*, établies à des distances plus rapprochées, à mesure de l'avancement des travaux de l'attaque, et enfin les *batteries de couronnement*, comme dans le cas précédent.

Les batteries d'investissement, cachées le plus généralement aux vues de la place, pouvaient être construites à loisir, tandis qu'il n'en était pas de même des batteries de première période, qui, établies sous le feu de la place avant tout autre ouvrage d'approche, devaient pouvoir être construites en une seule nuit de travail, et en état d'ouvrir toutes ensemble le feu contre la place. De plus, ces batteries placées à une assez grande distance, et quelquefois sur des positions dominantes, avaient leurs vues beaucoup mieux dégagées. C'est pourquoi on avait donné, dans ce cas, la préférence aux batteries enfoncées, qui ont sur les autres certains avantages. En effet, les terres peuvent être prises à la fois en avant et en arrière, et de plus, l'épaulement ayant déjà pour base une terre vierge, et, par suite, moins de relief au-dessus du sol, exige moins de travail, offre un moindre but aux coups de l'ennemi et, en même temps, est beaucoup plus solide. De nombreuses expériences conduisirent à un mode de construction spécial, qui permet d'exécuter la batterie pendant la nuit la plus courte, c'est-à-dire en *moins de six heures,* ou, du moins, de la mettre en état d'ouvrir le feu, sauf à la consolider et à l'améliorer les nuits suivantes. On se contente de n'excaver du terre-plein que la portion strictement nécessaire à la plateforme et pour le service de chaque pièce. De plus, dans le but d'accélérer le travail, éviter en même temps l'encombrement et pouvoir employer plus de travailleurs, on ménage entre l'emplacement des pièces voisines des parties non excavées, dites *traverses-relais,* destinées à servir de relais pour les terres du terre-plein, qui sont ensuite écoulées sur l'épaulement au moyen de pelleteurs placés sur ces traverses. On accumule surtout les terres en avant des pièces, de manière à leur assurer le plus tôt possible une protection efficace. On peut transformer, plus tard, les traverses en pare-éclats ou les faire disparaître. Aujourd'hui, ce mode de construction, qui se prête difficilement à la bonne organisation du service des pièces, n'est plus employé qu'exceptionnellement, pour les batteries dites *rapides,* dans les cas de plus en plus rares où il ne sera pas possible, par le choix même de la position ou d'un masque convenablement disposé, d'en dérober la construction aux vues de la place.

En effet, les derniers perfectionnements apportés aux bouches à feu, en augmentant leur portée et leur puissance, ont permis de rendre les batteries de l'attaque à peu près complètement indépendantes du tracé des travaux d'approche.

Les *batteries de première position,* construites dès que l'armée assiégeante, maîtresse du terrain extérieur, aura solidement établi ses lignes d'investissement, ont pour but de désorganiser les éléments de la résistance avant qu'on entame les attaques rapprochées. Elles seront généralement placées à 2,000 ou 3,000 mètres au moins des ouvrages attaqués, c'est-à-dire à une distance telle que leur construction, leur armement et leur ravitaillement ne présenteront pas de grands dangers. Ayant toute latitude pour le choix de leur emplacement, il sera facile, en général, de les dérober aux coups d'écharpe, et, par suite, il sera inutile de les pourvoir de traverses. Leur armement devant se composer de bouches à feu de gros calibre, on aura tout intérêt à choisir leur emplacement sur un terrain accessible, à portée des voies de communication, pour en faciliter l'armement et l'approvisionnement, et à les réunir par groupes pour se ménager la possibilité d'en surveiller le tir, sans toutefois trop les rapprocher. On devra chercher, autant que possible, à les disposer de manière que leur tir puisse se continuer pendant toute la durée du siège. Toutes ces batteries devront ouvrir le feu simultanément, afin d'éviter un échec partiel ou un gaspillage inutile de munitions; et dès le point du jour, afin de garder le bénéfice de la surprise et de l'initiative, et de pouvoir rectifier leur tir avant que la défense ait réglé le sien. Elles devront avoir, avant l'ouverture du feu, reçu leur approvisionnement en munitions pour deux jours, compté largement, elles pourront ainsi faire face aux éventualités imprévues et continuer leur feu, lors

même qu'elles ne recevraient pas de nouvelles munitions pendant ce laps de temps.

Les batteries de première position sont trop éloignées pour que leur tir puisse être assez précis pour éteindre complètement le feu de l'attaque ; il faut donc, pour achever de désorganiser les éléments de la résistance et atteindre certaines pièces qui, jusque là, ont pu échapper aux vues et aux coups de l'attaque, établir, après l'ouverture de la première parallèle (à 600 ou 700 mètres des saillants les plus avancés), des *batteries de deuxième position* à une distance comprise généralement entre 600 et 1,500 mètres. Les emplacements de ces nouvelles batteries devront être déterminés exactement par rapport aux lignes et au tracé des ouvrages à battre, et, comme, de plus, ils seront beaucoup plus rapprochés que dans le cas précédent, ils ne pourront pas, le plus souvent, échapper aux feux d'écharpe des ouvrages collatéraux et des batteries intermédiaires construites par la défense sur les flancs de l'attaque. On sera donc forcé, le plus généralement, de placer au milieu une traverse. On a été ainsi conduit à établir deux types de batteries de siège : le n° 1, sans traverses, convenant plus spécialement pour la première période des attaques, le n° 2, avec traverses, applicable surtout pendant la deuxième période, plus un troisième type, le n° 3, ou batterie rapide.

Pour ces trois types on n'admet plus, vu les avantages qu'elles présentent au point de vue de la solidité et de la rapidité de la construction, que des batteries à terre-plein enfoncé. Pour empêcher les terres de l'épaulement de retomber soit dans l'excavation du terre-plein, soit de l'autre côté dans le fossé, on ménage une berne de $0^m,30$ à l'intérieur et 1 mètre environ à l'extérieur. Des *rampes d'armement,* placées à l'arrière, servent à amener les pièces sur le terre-plein; en général, il suffit d'en établir une pour deux pièces. Le terre-plein est légèrement en pente de l'avant vers l'arrière, pour faciliter l'écoulement des eaux pluviales, qui sont ensuite conduites par des canaux, soit dans le fossé en avant, soit dans des puisards que l'on organise tout exprès. Cette dernière précaution n'est pas à négliger, car, par les mauvais temps, la boue pourrait rendre le service dans la batterie très pénible et quelquefois même à peu près impossible.

L'officier chargé de la construction d'une batterie, après avoir fait préalablement la reconnaissance du terrain sur lequel elle doit être établie, et en avoir déterminé exactement la position, en exécute le tracé avec tous les officiers et sous-officiers qui doivent surveiller le travail. Ce tracé consiste à marquer sur le sol, au moyen de cordeaux, de mèche à canon ou de fascine, les lignes principales de la construction : pied des talus intérieur et extérieur qui limitent le coffre dans lequel on doit jeter les terres de l'épaulement, limites de l'excavation du terre-plein et du fossé. Des auxiliaires, soldats d'infanterie ou ouvriers terrassiers, munis chacun d'une pelle et d'une pioche, sont chargés de creuser le fossé ; le terre-plein, les revêtements, les plate-formes, magasins et abris divers sont construits par des canonniers ou ouvriers d'art. La construction d'une batterie de quatre pièces exige environ 200 hommes, dont un tiers seulement d'auxiliaires.

Lorsque l'on a construit la batterie à l'abri derrière un masque naturel ou artificiel, on sera quelquefois forcé, au moment d'ouvrir le feu, d'abattre ce masque pour dégager les vues de la batterie ; toutes les fois qu'on le pourra, il y aura avantage à le conserver, afin de laisser l'ennemi dans l'incertitude sur la véritable position de la batterie et l'empêcher de régler son tir.

On pourra quelquefois utiliser, pour l'armement et l'approvisionnement des batteries, de petits vagonnets sur rails, analogues aux porteurs Decauville. Afin de rendre plus facile la circulation contre l'épaulement, dans l'endroit le plus à couvert, on fera bien de ménager, entre le devant des roues des pièces et le talus, un passage de 50 centimètres.

Lorsque la nature du sol ne permet pas de prendre, sur l'emplacement même de la batterie, les terres de l'épaulement, on construira la batterie au moyen de *sacs à terre*. On ne forme en sacs pleins et fermés que le revêtement du talus intérieur et des côtés. Les terres nécessaires pour l'intérieur du coffre et le talus extérieur sont apportées dans des sacs que l'on vide.

Batteries de place. Dans la défense des places, on peut avoir l'occasion de construire des batteries analogues aux batteries de siège, soit comme batteries intermédiaires entre les forts d'un camp retranché soit pour défendre une position non fortifiée à l'avance. Quant aux batteries de place proprement dites, leur emplacement est déter-

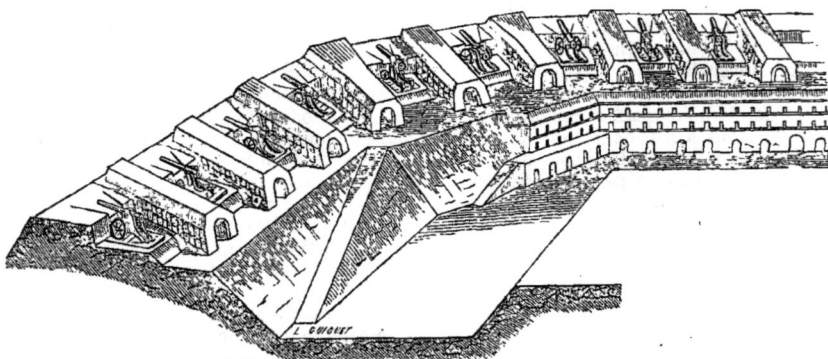

Fig. 332. — *Batterie de place.*

miné à l'avance sur les remparts et préparé pour recevoir les bouches à feu ; une partie des pièces composant l'armement de sûreté, reste même en permanence en batterie. Le service de l'artillerie, au moment du siège, consiste donc seulement à établir les plates-formes pour les pièces autres que celles de l'armement de sûreté, revêtir le talus *intérieur quand cela est nécessaire et mettre les pièces de l'armement de défense en batterie.*

Dans les nouvelles fortifications (fig. 332), la banquette d'artillerie se trouve généralement à $2^m,15$ au-dessous de la crête intérieure ; la hauteur de genouillère sera prise égale à $1^m,65$ au minimum, de façon que les embrasures n'aient pas plus de $0^m,32$ de profondeur, de même que dans les batteries de siège ces embrasures ne seront pas revêtues. Chaque pièce sera ordinairement comprise entre deux traverses de 4 mètres d'épaisseur au sommet et dépasseront de deux mètres la crête intérieure. Les traverses sont le plus généralement, surtout dans les nouveaux forts, pourvues d'abris en maçonnerie, qui servent les unes pour les hommes, les autres pour les munitions. Pour amener les pièces sur les plateformes, qu'elles soient ou non sur leurs affûts, on a recours à l'emploi de cabestans analogues à ceux de carrier.

L'artillerie étant, en général, installée sur le cavalier central qui recouvre les casernes, des escaliers débouchant sous les traverses permettent d'assurer la circulation et les approvisionnements complètement à couvert. En temps de paix, on utilise les locaux sous les traverses pour emmagasiner les bouches à feu et leur matériel à proximité de l'emplacement qu'elles doivent occuper. S'il n'y avait pas d'abris en maçonnerie, on établirait des abris blindés, soit sur le côté non attaquable, soit dans l'intérieur du massif. (V. BLINDAGE). Il sera toujours bon d'établir, entre la plateforme et les traverses, un couloir enfoncé d'environ 1 mètre au-dessous de la banquette ; les terres seront maintenues, du côté de la traverse, par une gabionnade, et on y accédera par quelques marches placées contre le parapet.

Autrefois, on installait quelquefois sur les remparts, autant que possible dans des positions où elles ne pouvaient pas être en prise aux feux directs de l'attaque, des *batteries blindées* (V. BLINDAGE). De pareilles batteries sont fort longues à construire, exigent beaucoup de matériaux et n'offrent plus la moindre garantie de solidité. On préfère placer les pièces sous des *casemates* en maçonnerie (V. CASEMATES) construites à l'avance, soit dans les caponnières pour le flanquement des fossés, soit sous les terre-pleins ou le parados, pour doubler les étages de feu ou exécuter le tir indirect. Les pièces sous casemates devant forcément tirer par des embrasures ouvertes dans le mur de tête, on ne doit y avoir recours que lorsque cette maçonnerie échappe complètement aux coups directs ou plongeants de l'artillerie ennemie ; sans cela, elles seraient certainement détruites avant d'avoir pu être utilisées. On a bien cherché à cuirasser le mur de tête dans lequel est percée l'embrasure, mais l'application de plaques métalliques sur la maçonnerie, même avec l'interposition de matelas en bois, a toujours donné d'assez mauvais résultats, aussi n'a-t-on recours à ce mode de protection que lorsqu'on ne peut pas faire autrement.

Pour abriter une pièce contre le tir direct, tout en lui conservant la possibilité de voir la campagne dans toutes les directions, on préfère aujourd'hui avoir recours à l'emploi de *coupoles* ou *tourelles* cuirassées (V. COUPOLE) mobiles autour d'un axe horizontal. Ces coupoles, placées au saillant de l'ouvrage, renferment généralement deux pièces de fort calibre.

Batteries de côte. Pour s'opposer aux débarquements qui ne peuvent généralement se faire que sur certaines plages se prêtant plus facilement à une pareille opération, toujours difficile et hasardeuse, défendre les passes d'entrée dans les ports de guerre ou de commerce, l'embouchure des grands fleuves, on a construit, sur certains points du littoral, des batteries permanentes.

Ces batteries, pour lutter contre les navires cuirassés, doivent être, comme eux, armées de pièces des plus gros calibres connus. On distingue les batteries de côte en *batteries basses* et *batteries hautes*. Les premières, qui bordent les passes d'entrée dans les ports ou les fleuves, sont destinées à tirer à petite distance contre les murailles cuirassées des navires ; les chances d'atteindre le navire au passage sont d'autant plus grandes que la hauteur de la batterie au-dessus du niveau de la mer est plus faible. Placées le plus près possible de la côte, quelquefois même en pleine mer, sur les môles, digues, brise-lames, il est alors quelquefois indispensable, pour protéger les bouches à feu contre les paquets de lames, la mousqueterie partant des navires ou le commandement de leur artillerie, de les placer sous casemates ou dans des coupoles cuirassées. En pareil cas, étant donnée la difficulté pour l'artillerie navale de répéter les coups à volonté sur un point précis, les embrasures en maçonnerie, absolument prescrites dans les places fortes, sont, dans beaucoup de circonstances, bien suffisantes (V. CASEMATES). Ce n'est que lorsque les pièces doivent pouvoir tirer dans toutes les directions que l'on sera forcé d'avoir recours à l'emploi des coupoles ou tou-

relles tournantes (V. COUPOLE). Les batteries hautes, destinées au tir à grandes distances ou au tir en bombe, sont généralement découvertes, les pièces tirent à barbette ; comme dans les batteries de place, elles sont le plus ordinairement isolées les unes des autres par des traverses, sous lesquelles sont ménagés des abris pour les hommes ou des magasins pour les munitions. Dans les batteries de côte, les pièces doivent être en permanence sur les remparts, de façon à éviter toute surprise ; le poids du matériel employé aujourd'hui rendrait du reste, leur armement fort difficile au moment du besoin. Toutes les fois que la chose sera facile, on devra préférer, pour la manœuvre des bouches à feu et de leurs affûts, la manœuvre à bras à l'emploi de machines qui, exposées aux intempéries sur les bords de la mer, et pouvant rester quelque temps sans fonctionner, sont trop sujettes à se détériorer.

Les batteries de côte étant généralement isolées, pour les mettre à l'abri d'un coup de main, on avait prescrit, en 1843, de construire vis-à-vis le centre et à faible distance de l'épaulement, un réduit en maçonnerie, défendu par des créneaux, comprenant, outre le logement des hommes, un magasin à poudre, et surmonté d'une terrasse avec machicoulis. Aujourd'hui, il serait impossible de garder un réduit de ce genre, même en cachant aux vues les maçonneries visibles de loin, parce qu'il serait atteint par tous les coups trop longs dirigés contre la batterie, et que, ne fût-il pas démoli, les éclats de pierre qui en rejailliraient rendraient la batterie intenable. Ceux qui existent actuellement doivent être enveloppés de terre. La nécessité, aujourd'hui reconnue, d'empêcher l'ennemi de pouvoir faire irruption dans la batterie, pour détruire ou détériorer par la dynamite ou tout autre moyen, le matériel, oblige maintenant à envelopper l'ouvrage d'un fossé en maçonnerie et d'une escarpe, de façon à le mettre à l'abri d'une attaque de vive force seulement, les troupes de débarquement n'ayant ni le temps, ni les moyens d'exécuter les opérations d'un siège régulier. Les batteries de côte se transforment ainsi en de véritables forts côtiers. Lorsque plusieurs batteries se trouvent groupées dans le voisinage les unes des autres, on préfère, par mesure d'économie, entourer seulement les batteries d'une simple enceinte de sûreté et construire en arrière, dans une position centrale, un seul et unique fort chargé d'interdire à l'assaillant l'approche des batteries.

III. **BATTERIE.** *T. de mar.* A bord des navires de guerre on appelle *batterie* l'ensemble des bouches à feu placées sur un même pont et garnissant les sabords percés tribord et babord (V. SABORD). Par extension, on se sert aussi du même mot pour désigner la suite des sabords placés sur une même ligne, de chaque côté du bâtiment, ou bien encore les ponts qui portent l'artillerie, ainsi que les espaces compris entre ces ponts.

Avant l'apparition des navires cuirassés, c'est-à-dire jusqu'à l'année 1855, il n'existait qu'un nombre restreint de types de bâtiments de guerre, et, pour chacun de ces types, la construction même du bâtiment étant la même, la composition et l'installation de l'artillerie à bord étaient établies d'une manière absolument régulière et uniforme. Uniformité d'autant plus grande que, depuis 1849, on était arrivé dans la marine à l'unification presque absolue des calibres, en n'admettant pour l'armement des navires de tous rangs, au lieu des calibres 36, 30, 24 et 18 jusque-là en usage, que des canons de 30 (16 centimètres), dont on avait établi quatre numéros différant par leur longueur et par leur poids, mais utilisant les mêmes munitions. A côté de ces canons on trouvait, seulement sur certains navires, quelques canons de 50 (19 centimètres) et quelques obusiers de 22 centimètres.

Les vaisseaux de premier rang ou à trois ponts avaient trois batteries *couvertes*, prenant rang à partir de la première batterie ou *batterie basse*, qui était la plus voisine du niveau de l'eau et composée primitivement des plus gros canons. Venait ensuite celle du second pont ou *deuxième batterie*, puis au-dessus, la troisième batterie ou *batterie haute*. Sur le pont des gaillards était une quatrième batterie qui, n'étant pas couverte, était dite à barbette, c'était la *batterie des gaillards*, et ne comprenait généralement qu'une artillerie légère ou un nombre restreint de pièces du plus gros calibre. Sur les autres navires de guerre, le

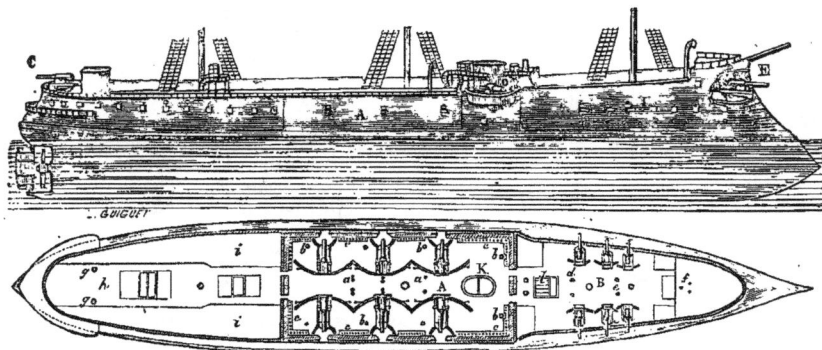

Fig. 333. — *Cuirassé de 1ᵉʳ rang.*

A Réduit central canons de 27 c. — *B* Canons de 14 c. — *C* Canon de 24 c. pour le tir en retraite. — *D* Demi-tourelles fixes pour canon de 24 c. — *E* Canon de 24 c. pour le tir en chasse. — *K* Cheminée. — *a a a* Passage des poudres de 27 c. — *b b b* Passage des projectiles de 27 c. — *c c c* Panneaux pour projectiles. — *d* Passage des poudres de 14 c. — *e* Passage des projectiles de 14 c. — *f* Passage des munitions de 24 c. de tangué. — *g g* Passage des munitions de 24 c. de retraite. — *h* Salon de l'amiral. — *i* Chambres.

nombre des batteries couvertes se réduisait à deux ou même une seule, quelquefois même il n'y avait qu'une batterie barbette. L'armement des navires qui composaient alors la flotte française était le suivant :

Vaisseaux de 1ᵉʳ rang, 3 batter. et gaillards.			116 canons.	
— de 2ᵉ	— 2 —	—	96	—
— de 3ᵉ	— 2 —	—	86	—
— de 4ᵉ	— 2 —	—	74	—
Frégates de 1ᵉʳ	— 1 —	—	60	—
— de 2ᵉ	— 1 —	—	50	—
— de 3ᵉ	— 1 —	—	40	—
Corvettes de 1ᵉʳ	— 1 —	—	30	—
— de 2ᵉ	— 1 seule batter. barbette	24	—

Le premier groupe de cuirassés d'escadre, mis en chantier en 1858 et 1859, forma alors une sorte de transition : il comprenait des frégates et deux vaisseaux qui se rapprochaient beaucoup, en effet, du type des anciens bâtiments en bois ; seulement, les vaisseaux n'avaient que deux batteries couvertes et les frégates une seule. Leur armement devait primitivement se composer de 48 à 52 bouches à feu pour les vaisseaux, 22 à 36 pour les frégates.

Le deuxième groupe, mis en chantier en 1862, ne comprenait que des frégates avec une seule

batterie au-dessous des gaillards, comme les frégates du groupe précédent, mais elles s'en distinguaient, non seulement par l'augmentation de l'épaisseur de la cuirasse, mais encore par l'augmentation de la hauteur de la batterie en charge, c'est-à-dire de la hauteur du seuillet des sabords au-dessus de la flottaison (2ᵐ,5 à 2ᵐ,23 au lieu de 1ᵐ,88 à 1ᵐ,96). Leur armement, analogue à celui des précédents, ne comprenait également que des canons de 16 centimètres, modèle 1858-1860, des obusiers rayés de 22 centimètres et quelques canons lisses de 50.

L'armement des navires de ces deux premiers groupes, qui font encore partie de la liste de la flotte, a été modifié vers 1866. On le composa de canons de plus fort calibre (19 et 24 centimètres, modèle 1864), mais on le réduisit à 10 ou 14 bouches à feu, installées ainsi qu'il suit : sur le pont supérieur, deux canons de 19 centimètres, l'un formant pièce de retraite, installé dans la chambre du commandant, l'autre formant pièce de chasse dans l'hôpital. Sur le pont de la batterie, 6 à 8 canons de 24 centimètres, trois de chaque bord (pour le seul vaisseau existant encore, la batterie basse a été désarmée).

De 1863 à 1865, on créa des corvettes cuirassées

portant sur le pont supérieur des tourelles fixes en saillie sur les murailles. Enfin, en 1865, on mit en chantier de nouveaux cuirassés d'escadre, sur lesquels l'artillerie du bord a été disposée d'une façon toute nouvelle. Le pont des gaillards porte, dans sa partie centrale, quatre tourelles fixes en saillie sur le corps du bâtiment; la partie centrale de la batterie forme réduit cuirassé, pour les pièces de gros calibre, tandis qu'à l'avant se trouvent des chambres de maîtres et à l'arrière des chambres d'officiers. La hauteur de la batterie atteint 3ᵐ,28 à 3ᵐ,52. Le nombre des bouches à feu est encore réduit, mais leur calibre augmenté ; 4 à 6 canons de 27 centimètres seulement dans le fort central de la batterie, 1 canon de 24 centimètres dans chaque tourelle, plus quelques canons de plus faible calibre dans la batterie en dehors du réduit. Enfin, le quatrième groupe de cuirassés de premier rang, qui comprend les bâtiments mis en chantier à partir de 1869, présente les dispositions suivantes (fig. 333): sur le pont des gaillards, au-dessus des angles de l'avant du réduit, se trouvent deux demi-tourelles, fixées en encorbellement, armées chacune d'un canon de 27 centimètres ; l'avant du bâtiment est surmonté d'une tengue, sous laquelle est placée une pièce de 24 centimètres pour le tir en chasse ; à l'arrière est un autre canon pour le tir en retraite. La batterie, avec son réduit central au milieu, a une hauteur de 4 mètres ; les logements et carrés sont à l'arrière, les cuisines et l'hôpital à l'avant. Dans le faux-pont supérieur sont ménagés des passages pour les munitions. Les soutes à poudres et à projectiles chargés ont été placées dans la partie centrale de la cale, à l'abri de la cuirasse du réduit, qui a une plus grande épaisseur, tandis que, jusque-là, on les avait éloignées autant que possible des chaudières et de la machine par crainte d'incendie.

Aujourd'hui les navires cuirassés à batterie semblent devoir être remplacés par des navires portant seulement deux tourelles tournantes, renfermant chacune deux canons de 34 ou 42 centim. Ces quelques bouches à feu de gros calibre formeront à elles seules l'armement du navire avec quelques bouches à feu légères et quelques canons-revolvers pour le tir contre les embarcations.

L'installation de l'artillerie à bord des cuirassés de deuxième rang est analogue à ce qui vient d'être dit pour les cuirassés de premier rang. De construction plus récente que les premiers cuirassés, ils sont tous à réduit central dans la batterie et tours fixes sur le gaillard. Les garde-côtes n'ont pas de batterie, mais, en général, une seule tourelle mobile, dans laquelle sont placés deux canons de gros calibre. Pour les batteries flottantes, voir l'article suivant. Les canonnières, qui sont des bâtiments légers non cuirassés, n'ont ni batterie couverte, ni tourelle, mais seulement une batterie barbette. Les croiseurs de première classe sont d'anciennes frégates ayant une batterie couverte, ceux de deuxième et troisième classe d'anciennes corvettes ou avisos de première classe, dont toute l'artillerie est sur les gaillards ; il en est de même des avisos et des transports, ces

derniers, du reste, n'ont qu'une artillerie de peu d'importance. — V. Navire de guerre.

IV. BATTERIE FLOTTANTE. T. de mar.

On donne ce nom à des bâtiments cuirassés qui peuvent être considérés comme des garde-côtes exclusivement canonniers, c'est-à-dire susceptibles de prendre part, à l'aide de leur artillerie, aussi puissante que le permet leur faible déplacement, soit au bombardement d'un port ennemi, soit à la défense de nos propres ports. Ce sont de véritables forts flottants que l'on remorque dans les environs du lieu de l'attaque ; ils peuvent alors se rendre par leurs propres moyens à leur poste d'embossage, mais sont dépourvus des qualités nautiques nécessaires dans une action navale. Les premières batteries flottantes cuirassées, la *Dévastation*, la *Lave*, la *Tonnante*, la *Foudroyante* et la *Congréve*, qui, aujourd'hui, sont rayées des listes de la flotte, furent mises en chantier en 1854 et se signalèrent, en 1855, au bombardement de Kinburn. Les batteries flottantes cuirassées actuellement existantes, mises en chantier et lancées de 1862 à 1867, sont un perfectionnement du type primitif. Elles sont dotées d'une vitesse plus grande, de 6 à 7 nœuds, strictement nécessaire pour leur permettre de se déplacer d'une manière efficace. On ne met plus en chantier de bâtiments de cette catégorie, et l'on compte faire remplir le rôle de batteries flottantes à des garde-côtes qui sont beaucoup plus puissamment armés et cuirassés, et doués d'une plus grande facilité d'évolution.

Il existe actuellement 7 batteries flottantes cuirassées à flot: l'*Arrogante*, l'*Opiniâtre*, l'*Implacable*, l'*Embuscade*, la *Protectrice*, le *Refuge*, l'*Imprenable*.

La coque de tous ces navires est en fer, elle est protégée par une cuirasse qui a 12 centimètres à la flottaison et 11 centimètres à la batterie pour les trois premières, 14 centimètres à la flottaison et 11 centimètres au-dessus du pont de la batterie pour les autres et repose sur un matelas en bois de 40 centimètres environ. L'épaisseur du pont se compose de 12 centimètres de bois recouvert d'une plaque de fer de 10 millimètres. Chaque batterie possède deux hélices indépendantes à quatre ailes, mues par deux machines à vapeur, dont l'ensemble constitue une force nominale de 120 chevaux. Leur tirant d'eau est, en moyenne, de 3 mètres, leur déplacement de 1,500 tonneaux.

L'armement principal se compose de 2, 3 ou 4 canons de gros calibre (24 ou 19 centimètres), installé dans la batterie qui forme, comme dans les cuirassés, réduit au centre du navire ; elles sont placées sur des affûts à châssis disposés sur une plateforme qui permet de les faire tirer dans plusieurs directions en changeant de sabord ; sur quelques-unes il y a, en outre, dans la batterie, 2 canons de 16 centimètres ; certaines batteries flottantes ont quelques canons de petit calibre qui sont placés soit sur le pont des gaillards, dans le but de protéger le bâtiment contre l'attaque des embarcations, soit destinés à armer les embarcations du bord ; les batteries flottantes ne reçoivent pas, comme les autres navires de guerre, de torpilles. L'effectif normal de l'équipage est de 190 hommes.

V. BATTERIE ou BATTEUSE. Machine employée dans le travail de la laine pour la préparer au triage. Le but de cet engin est de secouer les mèches de la matière première pour en faire sortir la poussière, et les désagréger le plus possible afin de faciliter le travail de l'*échardonnage*.

Dans la fabrication des draps, on nomme encore *batterie*, une machine employée pour l'apprêt des étoffes dites *velours*, *ratinés*, *ondulés*, *frisés*. Cette machine est armée de baguettes en bois qui, au moyen de cames et de ressorts, viennent frapper alternativement sur le drap tendu humide, pour faire relever le duvet de la laine, allongé par le travail de la *lainerie*. — V. Battre (Machine à).

VI. BATTERIE ÉLECTRIQUE. *T. de phys.* On avait dès l'origine de la découverte de la *bouteille de Leyde* (V. ce mot) donné le nom de *batterie électrique* à une réunion de plusieurs bouteilles de Leyde communiquant les unes avec les autres. Ce nom leur est resté, bien qu'à vrai dire une batterie de ce genre ne représente autre chose qu'un *condensateur* à plusieurs lames (V. CONDENSATEUR); toutefois, il a été appliqué de nos jours, principalement à l'étranger, à toute espèce de générateur électrique composé de plusieurs *éléments* (V. ce mot), et, pour qu'on puisse distinguer les uns des autres ces divers appareils, on ajoute au mot *batterie* une épithète qui désigne le genre du générateur. C'est ainsi qu'une pile a pris le nom de *batterie voltaïque*, qu'un générateur déterminé par des effets calorifiques a pris le nom de *batterie thermoélectrique*. Il est certain que le mot *batterie* désigne mieux ces sortes d'appareils que le mot *pile*, qui ne leur a été donné que parce que, dans l'origine, le générateur découvert par Volta se composait d'une *pile* de disques de zinc et de disques de cuivre superposés. Or, aujourd'hui les piles n'ont rien de commun avec cette disposition, et dès lors ce nom n'a plus sa raison d'être.

On a aussi donné le nom de *batterie de polarisation* à des espèces de condensateurs électrochimiques, imaginés par M. Planté, et qui multiplient dans une proportion énorme la force de la pile qui sert à les surexciter; ces appareils sont fondés sur les effets de la *polarisation électrique*. — V. POLARISATION.

BATTEUR. 1° *T. de filat.* Organe des machines à échardonner, cylindre armé de battes et de dents; c'est lui qui est chargé d'enlever la laine aux alimentaires pour la livrer au peigneur (V. ÉCHARDONNAGE). || 2° Nom donné aux ouvriers chargés de conduire le travail des batteries. || 3° Manœuvre qui bat certaines matières comme le plâtre, la soude, pour les pulvériser ou les écraser. || 4° Ouvrier qui prépare la terre pour faire les pipes || 5° Ouvrier relieur qui bat les livres. || 6° *Batteur d'or.* Celui qui bat l'or et le réduit en feuilles très minces (V. l'article suivant). || 7° *Batteur d'étain.* Celui qui prépare les feuilles

d'étain que les miroitiers appliquent sur les glaces. — V. MIROITERIE. || 8° Manœuvre qui bat les gerbes pour en faire sortir le grain. —V. BATTRE LES GRAINS (Machines à).

BATTEUR D'OR. Artisan qui bat l'or et le réduit, à coup de marteau, en feuilles très minces (1/10,000 de millimètre).

— L'art du batteur d'or était connu dans l'antiquité; mais suivant Pline, les Romains ne tiraient d'une once d'or que cinq ou six cents feuilles de quatre doigts en carre. « Les lames d'or les plus épaisses se nommaient *prenestinæ*, dit M. Turgan, dans les *Grandes usines*, parce que c'était avec des feuilles de cette sorte qu'on avait doré la statue de la *Fortune*, à Preneste. Les plus minces s'appelaient *quæstoriæ*; toutes portaient le nom de *bracteœ*, en opposition avec l'*aurum solidum*; c'est-à-dire l'or épais qu'on employait en riches incrustations. L'usage de ces différentes sortes de feuilles d'or était très répandu et les historiens racontent sans étonnement que, pour un seul jour de fêtes offertes à Tiridate, roi d'Arménie, Néron fit dorer entièrement le théâtre de Pompéi. »

De nos jours, le battage se fait encore à la main, bien qu'en 1855, à l'Exposition universelle, M. Favrel, fondateur de la fabrique Philippe Eberlin, ait présenté une batteuse mécanique. Cette machine n'ayant pas offert tous les résultats pratiques qu'on en attendait, on est revenu aux procédés ouvriers auxquels on a apporté de notables perfectionnements.

Les ateliers du batteur d'or ont des dispositions spéciales que nous allons énumérer rapidement : le sol est couvert de claies quadrillées mobiles distantes du plancher où l'on recueille chaque soir les parcelles du précieux métal échappées à la vigilance des ouvriers. Les outils exigent des qualités et des soins exceptionnels sans lesquels il ne saurait y avoir de fabrication parfaite; chez M. Ph. Eberlin, par exemple, ils ont une telle valeur qu'après chaque journée de travail, ils sont soigneusement enfermés dans une armoire de fer incombustible.

L'or qu'on emploie pour le travail doit être parfaitement pur; il est d'abord fondu dans un creuset, puis le lingot est martelé à froid sur une enclume. C'est par l'alliage qu'on lui donne la couleur nécessaire. Par une série de laminages successifs entre deux cylindres en acier fondu, on étire le lingot qui est de 12 centimètres de longueur après le martelage, en une bande d'environ 15 mètres, laquelle après avoir été recuite est coupée en 160 parties égales. Ces 160 pièces, battues sur sur or, sont placées ensuite une à une dans un outil appelé *premier caucher*, composé de 160 feuilles d'un papier parchemin taillé sur 108 millimètres formant un cahier ouvert des quatre côtés et partagé en deux paquets égaux, séparés par des feuilles dites *emplures*; destinées à amortir les coups de marteau.

Après un premier battage méthodique au marteau, les feuilles d'or sont retirées du premier caucher, on les réunit et on contrôle le poids. On fait deux parts de chacune 80 pièces, coupées ensuite en quatre parties égales donnant 320 petits quartiers qui servent à emplir deux nouveaux outils semblables au premier, appelés *deuxième caucher*, et formés chacun de 320 feuilles de papier parchemin. On procède ensuite au *dégrossissage* qui consiste en un battage nouveau et toujours méthodique.

Chacun de ces outils (*caucher*) contient 210 grammes d'or, c'est-à-dire la moitié de 420 grammes du premier caucher.

Après un travail d'une demi-heure, le batteur a chassé de son outil environ 35 grammes et les 320 feuilles rendues au bureau représentent assez exactement 175 grammes.

Les 320 feuilles sont de nouveau divisées en quatre parties égales, ce qui donne 1,280 petits quartiers qui sont placés un à un dans un autre outil appelé *chaudret*, formé de 1,300 feuilles de baudruche préparée spécialement pour le battage d'or.

Dans ce nouveau travail, qui dure environ une heure, le batteur doit encore chasser de son outil environ 40 grammes, ce qui, ajouté aux deux fractions de 35 grammes indiquées plus haut pour chaque caucher, réduit à 270 grammes le poids du lingot primitif.

Chaque chaudret contient donc 135 grammes. Cette dernière opération termine le travail du dégrossissage.

Les feuilles d'or sont retirées du chaudret et coupées pour la troisième et dernière fois, en quatre parties égales; chacune de ces parties représente donc 1/64 d'une pièce du premier caucher.

Les 1,280 feuilles d'or retirées du chaudret et divisées comme il vient d'être dit, soit 5,120 petits quartiers destinés à quatre moules : la *moule* est le quatrième et dernier outil; il est composé comme le chaudret de baudruche et contient de 1,200 à 1,250 de ces feuilles.

Le battage de l'or à ce dernier outil est le plus important et le plus long, il dure environ trois heures et se divise en deux parties : l'*arrondissage* et le *finissage*. L'arrondissage se fait au moyen des coups d'un marteau rond pesant environ 4 kilogr. 1/2, distribués de façon à augmenter la superficie du quartier d'or et lui faire gagner, de 4 à 5 centimètres qu'il a au début, 9 ou 10 centimètres qu'il doit avoir après l'arrondissage.

Le finissage se fait par un ouvrier expérimenté et rapidement de façon à maintenir l'or échauffé par la percussion à une température régulière. Les coups frappés avec un marteau, pesant de 5 kilogr. 1/2 à 6 kilogrammes, doivent avoir uniformément la même force.

Enfin, les feuilles de métal sont retirées de la moule et mises dans de petits cahiers de 25 feuilles, et, après vérification minutieuse des feuilles, lorsque le bureau de contrôle s'est assuré qu'il n'en existe point de défectueuses, les cahiers sont réunis par paquets de 20, lesquels forment 500 feuilles d'or que le batteur d'or livre au commerce.

L'une des conditions essentielles d'une fabrication supérieure réside dans le parfait état des outils, aussi a-t-on dû chercher les moyens de rendre à la baudruche les qualités nécessaires.

Le chaudret et la moule, lorsqu'ils viennent de servir et avant d'être repris de nouveau, exigent deux opérations accessoires très importantes : le brunissage et le *séchage*, parce que la baudruche, dont ils sont formés, est hygrométrique au plus haut degré.

Le brunissage consiste à recouvrir chaque feuille de baudruche, et cela, au moyen d'une patte de lièvre, d'une poussière impalpable obtenue par la calcination, la pulvérisation et le tamisage du gypse transparent.

Le séchage consiste à placer l'outil dans une presse chaude pendant un laps de temps variant de 25 à 30 minutes.

On refroidit alors l'outil; pour obtenir ce résultat on se sert d'un soufflet à levier dans le genre de ceux des petites forges portatives. Le vent chassé entre les feuilles de l'outil les sépare et les rafraîchit.

Le battage du platine, de l'aluminium et de l'argent est soumis aux mêmes phases de travail.

C'est encore le batteur d'or qui pulvérise et tamise ces métaux pour faire de la poudre et les coquilles destinées à la peinture, ainsi que l'or et le platine qu'emploient les dentistes. — V. AURIFICATION.

• BATTIK. On désigne sous ce nom, un genre tout particulier de toiles peintes. Outre les dessins caractéristiques dont ces tissus sont ornés, dessins formés de lignes représentatives n'ayant jamais de relief ou d'ombre, mais offrant toujours la même régularité de points ou de lignes simulant un contour indéfini, ces toiles ont la particularité d'être couvertes d'une foule de petites veines fendillées. C'est cet effet original que l'on désigne sous le nom de *battik* qui en malais veut dire *brisure*.

Cette dénomination a, par extension, été donnée à ce genre spécial, soit à une, soit à plusieurs couleurs.

On sait que la toile peinte se produit de diverses manières, — en imprimant directement sur le tissu; — en teignant un *mordant* (V. ce mot), préalablement appliqué et fixé ou encore — en rongeant la matière colorante déjà fixée sur l'étoffe, enfin — en imprimant une *réserve* (V. ce mot), puis en teignant. C'est par un procédé de ce genre que s'obtiennent les battiks qui sont toujours en coton et qui sont l'objet d'un commerce assez étendu puisque la plupart des habitants de Java, Sumatra, Siam, etc., les Indes hollandaises, ne consomment que ces étoffes, presque toutes fabriquées dans le pays même.

Cette fabrication est basée sur l'emploi de la cire comme couleur réserve. Il est superflu d'ajouter que la cire, trop molle par elle-même, est additionnée en proportions diverses de résine, etc. Par l'effet des manipulations de la teinture qui se fait à basse température, la réserve se fendille et les figures produites laissant pénétrer le bain de teinture produisent ces effets particuliers de brisure.

Outre les fendillés, ce genre offre encore une autre particularité : l'envers ne peut se distinguer de l'endroit, le dessin étant reproduit aussi exactement, d'un côté que de l'autre; c'est aussi ce qui constitue une des grandes difficultés pour ceux qui cherchent à l'imiter.

Les divers genres de vêtements battikés usités aux Indes peuvent se réduire à quatre principaux :

1° Le *Kainpandjang*, principalement destiné aux hommes. Il a 2ᵐ,15 de long sur 1ᵐ,12 de large ou 2ᵐ,35 de long sur 1ᵐ,10 de large. Cette dernière laise est dite en Hollande, du 13/8. Ces mesures sont rigoureusement exactes.

Le caractère du *kainpandjang* est de n'avoir qu'une bordure simplement battikée tout au-

Fig. 334. — *Appareil pour tracer les dessins et les réserves.*

tour du vêtement, cette bordure s'appelle *kain*. Le fond reste en uni;

2° Le *Sarrong*, réservé aux femmes. Il a 2ᵐ,10 de long et 1ᵐ,10 de large. Outre le kain ou bordure, le sarrong a dans le dessin, deux rangées de pointes qui forment la tête du pagne et qui s'appellent *Kapoula*. C'est à cet endroit que se fait la couture qui donne au sarrong la forme d'une jupe sans coulisse;

3° Le *Slenndang* (dérivé de *slinndang* en malais, ceinture) est destiné aux deux sexes. Les hommes

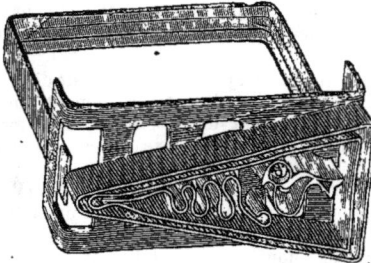

Fig. 335. — *Appareil pour faire les dessins de fond et les kapoula.*

le mettent autour de la taille et les femmes le portent en sautoir; de cette façon, il leur sert à porter leurs enfants, qu'elles peuvent allaiter tout en vaquant à leurs occupations. Le *slenndang* a 2ᵐ,10 de long sur 0ᵐ,60 de large ou 2ᵐ,35 sur 0ᵐ,76. Les deux lisières sont en bordure simple; mais les extrémités sont frangées, quelquefois sans bordure aucune; mais le véritable slenndang est garni de franges nouées qui, eu égard à l'excessive modicité de la main-d'œuvre aux Indes, ne peut se faire que dans ces contrées.

Une des variétés du *slenndang* est le *slenndang-bang* (*bang*, en malais veut dire *rouge*). Ce vête-

ment est considéré comme un article de luxe; c'est le slenndang agrémenté de rouge. Il a généralement 0ᵐ,76 de large;

4° Le *Kofdoek* (venant de *hofd*, tête, et *doek*, toile, dont est probablement dérivé *douk* en hollandais et *tùch* en allemand) est une sorte de foulard servant de coiffure; il est, en général, carré, mais placé en diagonale comme, par exemple, l'as de carreau, — on le nomme *spigel*, — il est bleu clair, jaune ou écru; il y en a de diverses dimensions; la grandeur normale est de 1ᵐ,10 ou 13/8.

Le matériel qui sert à confectionner les battiks est d'une simplicité étonnante : il se compose en tout de quatre ou cinq pièces.

Le premier instrument est une sorte de pipe en cuivre, munie d'une tige de bambou servant de poignée. Dans le foyer de l'appareil, l'imprimeur introduit la réserve fondue; à la partie inférieure se trouvent un ou plusieurs petits tubes par les-

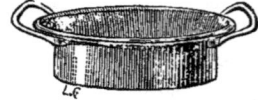

Fig. 336.

Fig. 337.

Appareils pour faire fondre la cire.

quels s'écoule la cire. C'est avec cet appareil des plus simples que le *battiker* trace, d'abord sur papier le dessin qu'il veut obtenir, puis sur toile, le dessin qui doit faire réserve (fig. 334).

Le second instrument est une sorte de planche formée de lamelles de cuivre affectant la forme du dessin à reproduire (fig. 335). Ces lamelles sont soudées entre elles et retenues par une pièce faisant office de poignée. Ce dernier outil sert principalement à faire les dessins de fond et les kapoula ou têtes de sarrongs.

Le troisième appareil consiste dans une casserolle de cuivre dans laquelle on fait fondre la cire et les substances résineuses que l'on incorpore à cette dernière (fig. 336 et 337).

Quant aux ustensiles de teinture, ils se réduisent à une chaudière également en cuivre, dans laquelle se fait le *débouillissage*, le *dégommage*, le *mordançage*, l'*alunage*, la *teinture*, etc.

Le dernier appareil est le *séchoir* (fig. 338). Il est formé de deux montants reliés par une traverse au-dessus de laquelle est une sorte de toit. Les familles aisées, car la plupart des indigènes fabriquent eux-mêmes leurs battiks, font sculpter et enjoliver ce séchoir qui devient alors un objet de luxe. Il est monté sur une planchette à roulettes, de façon à pouvoir être manié facilement. Les dimensions ordinaires sont 1ᵐ,30 à 1ᵐ,40 de long, 1 mètre à 1ᵐ,10 de haut et 0ᵐ,35 à 0ᵐ,40 de large à la base. L'étoffe repose sur la traverse du milieu. Un remarquable spécimen tout surchargé de dorures et de sculptures figurait à l'Exposition de 1878 à Paris.

La femme, car ce ne sont guère que les femmes qui fabriquent des battiks, est accroupie à côté du séchoir; d'une main elle trace sur l'étoffe le dessin à reproduire, au moyen de l'appareil (fig. 334), tandis que l'autre main fait fonction de table à imprimer.

Les dessins de battiks sont exécutés par des artistes spéciaux, qui les vendent aux familles; mais, généralement, chaque ménage possède quelques planches qui font partie du mobilier et desquelles on ne se dessaisit pas. Quant on veut un nouveau dessin, on s'adresse au *battiker* qui, avec les outils servant à peindre sur toile, trace sur papier avec de la cire en fusion, le motif qui doit être reproduit. Ces dessins ont leur spécialité aussi bien comme vente que comme destination. Ils sont, en outre, spécifiés par des noms souvent assez bizarres. Tels dessins s'appellent : « l'air frais du matin » — « les fleurs palpitantes, » etc.

Les principaux dessins, en usage courant, sont désignés sous les noms malais de :

Prang-soender, Gangoen-geraton, Prang menang, Mirak negro, Pari-kesit, Prang roesack, Perak senampan, Tjeplok kedo, Gangang doepara, etc., etc.

Ils ont en général un caractère plus ou moins religieux, c'est-à-dire qu'ils représentent presque toujours des objets sacrés, soit plantes, coquillages, insectes, oiseaux, instruments, etc., lesquels ont chacun leurs formes parfaitement déterminées, si bien que la plus petite variation dans un battik fabriqué en Europe, peut empêcher l'Indien d'y reconnaître son objet sacré et par suite l'empêcher de l'acheter.

Il faut encore remarquer l'influence des castes. Chaque classe est autorisée à porter un certain genre de figures. Ainsi, les *oiseaux complets ne peuvent être portés que par les personnes ayant du sang princier dans les veines*. Tandis que toute la noblesse peut porter des ailes d'oiseaux. Il existe cependant des dessins d'oiseaux imaginaires qui sont intercalés dans les dessins destinés à l'usage général.

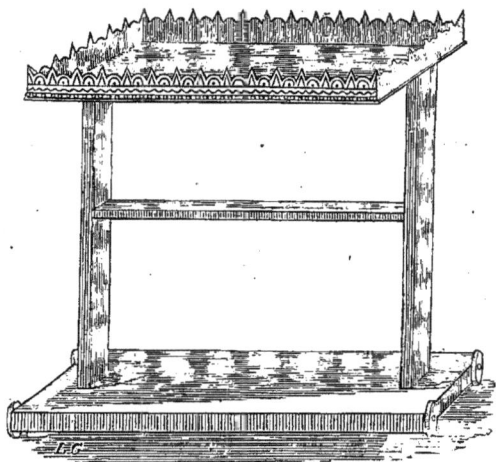

Fig. 338. — *Séchoir*

Signalons encore une singularité assez intéressante. La religion défend absolument le port d'étoffes dont les lisières offrent des déchirures. Ce qui fait que les étoffes tarées ne peuvent être vendues et servent alors comme emballage.

Voici maintenant le mode d'opérer. Le battiker fait fondre de la cire, mélangée aux autres substances nécessaires, dans le vase en cuivre (fig. 336), puis il en verse un peu dans la petite pipe; il promène le bec effilé de cet instrument sur le tissu qu'il appuie sur la main; la cire chaude imbibe l'étoffe qui, exposée au soleil, se pénètre de part en part de cette réserve. Quand l'imprimeur voit que la cire est fondue, il retourne la pièce et la frotte avec le plat de la main pour mieux égaliser l'impression et rendre les lignes plus unies.

L'opération est la même quand on se sert de la planche métallique. On plonge la forme (fig. 335) dans la résine et quand elle s'est suffisamment chauffée et chargée de réserve, on la place sur la toile, la cire s'écoule alors sur l'étoffe suivant les contours des lamelles de la planche.

Le dessin ainsi imprimé et la cire parfaitement sèche, l'ouvrier passe en teinture d'indigo, puis en eau pure, et enfin en eau bouillante pour enlever la résine.

On recommence la même opération d'impression pour chaque couleur; en mettant de la couleur réserve sur le bleu qui doit rester bleu, car autrement il devient noir sous le cachou ou brun sous le rouge, et après chaque teinture de rouge et de cachou, la même réimpression se fait; aussi ne faut-il pas s'étonner quand on saura qu'il faut près de deux mois à une ménagère habile pour faire un sarrong battiké en trois couleurs.

La teinture en bleu d'indigo ne se pratique pas de même dans ces divers pays.

A Samarang, la toile, préalablement peinte, est trempée dans une décoction (?) d'indigo, pendant trois à quatre jours, puis séchée et enfin passée en eau bouillante.

Les bleu et blanc, se font en plongeant l'étoffe le soir dans la cuve d'indigo, on la retire le lendemain pour la faire sécher à l'air. On répète cette opération pendant vingt nuits, après quoi on laisse tremper dans une décoction de *kajoe tingée* qui paraît être la même matière que le benkoeroe de Macassar. Cette opération demande encore une nuit, puis on sèche la pièce et on la trempe une dernière fois en indigo et enfin on la passe en eau bouillante pour enlever la réserve.

A Batavia, on se sert surtout de l'indigo dit *nila*, qui provient de Paddang : on le reçoit en tonneaux; il est mélangé de chaux et d'eau. Les Chinois qui sont les teinturiers du pays montent leurs cuves en mélangeant ce colorant avec du carbonate de potasse, de l'hydrate de chaux, de l'eau, du *tapy* (aussi appelé *kapy* et qui n'est autre qu'une espèce de riz préparé en mêlant du ferment à une pâte d'amidon de riz, et laissant digérer pendant quelques jours) et une certaine quantité du dépôt des cuves précédentes. On remue pendant quelque temps, il s'établit une fermentation avec formation d'écume. Lorsque la dissolution est d'un vert jaunâtre, la cuve est prête pour la teinture. Les Chinois ne mettent pas sur cadre et h'enlèvent pas l'écume, de sorte que l'uni laisse à désirer. On remue chaque soir. Les trempes sont d'une heure, puis on déverdit; cette opération se répète jusqu'à cinq fois, selon l'intensité de la nuance à obtenir.

La teinture en rouge des Indes, à Java, se fait de la façon suivante : on donne aux tissus divers passages en émulsion d'huile et d'alcali comme on pratiquait généralement en Europe dans l'ancien procédé dit *pour rouge turc*. Cette opération, aux Indes, dure près de neuf semaines, les indigènes séchant tout au soleil et ne connaissant ni les séchoirs, ni les chambres à oxyder. Après l'huilage, on peint la réserve; mais, alors le battiker fait tout simplement une pâte composée d'eau, de *men koedoe* et de *djirak* et la frotte sur les parties destinées à devenir rouges.

Le *moenkoudee* est le *moriuda citronifolia* ou *ouangkoudou* et le *djirak* est le *symplocos fasciculata* qui sert comme astringent.

Ces rouges sont très solides et ne contiennent pas de traces d'alumine.

Pour teindre en cachou, les indiens emploient l'*areca catechu* ou *noix d'Arec* (en tamoul, *kottai pakku*, et en telingua, *poka vokka*), ainsi que l'écorce de *soga* ou *coesalpinia ferruginea*. On donne un passage en chaux, en eau froide et enfin en eau bouillante.

Suivant que l'on veut donner plus ou moins de corps à la toile, les battiks sont passés dans un bain d'eau de riz plus ou moins fort. Ce bain contient également des aromates dont l'odeur rappelle celle de l'encens, puis on place l'étoffe bien sèche sur une table unie et on la lustre en la frottant avec une coquille. — J. D.

* **BATTITURES**. *T, techn.* Petites écailles qui se forment dans le travail de la forge. *Battitures de fer*, fragments qui se détachent d'une pièce de fer soumise au martelage pendant le corroyage ou la soudure de pièces de fer. *Battitures de cuivre*, particules d'oxydule de cuivre qui se détachent dans le travail de la chaudronnerie, travaillant le cuivre pur. Ces deux matières, qui représentent des oxydes de fer et de cuivre, sont employées dans les arts céramiques, toutes les fois qu'on veut faire entrer le fer oxydé ou le cuivre oxydulé

dans la composition des fondants vitreux colorés. — V. COULEURS VITRIFIABLES.

BATTOIR. *T. de mét.* Nom générique des instruments qui servent à battre. || Grosse palette de bois à manche court dont se servent les blanchisseuses. || Outil du fabricant de pipes semblable au précédent.

* **BATTRANT**. — V. BATTERAND.

BATTRE. Ce mot est d'un grand usage dans les métiers : 1° En *T. de céram*. *Battre la pâte*, c'est comprimer la pâte céramique pour en chasser tout l'air qu'elle peut emprisonner. On la marche d'abord, puis on la bat en la travaillant comme le font les geindres dans la boulangerie. Cette opération ne se fait pas encore au moyen de machines; les tines à malaxer préparent ce travail qui se termine à force de bras sur un marbre ou toute autre surface plane. || 2° *T. de trav. publ. Battre au large*. Abattre les parois d'une mine ou d'une galerie de tunnel pour en augmenter la section. || 3° *T. de constr.* On bat les pieux pour bâtir sur pilotis; *à refus*, c'est les enfoncer avec une machine, sonnette ou mouton jusqu'à ce qu'ils refusent de pénétrer plus avant. || 4° *T. de typog*. *Battre la lettre*, c'est frapper avec les doigts une forme qui vient d'être imposée, pour abaisser ou redresser les lettres. || 5° *Battre la ligne*, c'est faire vibrer, un cordeau tendu et colorié pour tracer une ligne sur une paroi quelconque. || 6° *Battre un livre*, c'est presser la feuille avec le marteau pour rendre la reliure plus belle. || 7° *Battre la laine*, c'est l'étendre et la frapper à grands coups de baguette pour qu'elle puisse être peignée et cardée. || 8° On bat l'or, l'argent, etc., pour les amener à l'état de feuilles très minces. — V. BATTEUR D'OR. || 9° *Battre la chaude*, c'est étirer sur l'enclume les lames d'or et d'argent, après qu'on les a fait recuire.

I. * **BATTRE LA LAINE** (machines à). L'opération du battage des laines a donné naissance à deux genres de machines différentes : la *batterie ordinaire, à compteur;* la *batterie cône ou continue.*

La **batterie ordinaire**, à compteur, qui est la mieux comprise, la meilleure et la plus employée, se compose comme suit :

Un châssis en bois (fig. 339) construit en forme de parallélipipède creux et en charpente légère ou en fonte, à l'intérieur duquel tourne un tambour garni de dents. Ce tambour est formé de traverses en bois reliées entre elles et fixées sur des croisillons en fonte qui, eux-mêmes, sont clavetés sur un arbre en fer, dont les tourillons sont placés dans deux paliers en fonte garnis de coussinets en bronze. Ce cylindre se pose au milieu du châssis, et les deux paliers sont fixés sur les deux traverses latérales, emmanchées à tenons dans les montants du bâti, et soutenues, en dessous des axes du tambour, par deux pièces légères en bois debout.

Chacune des traverses qui forment le cylindre est munie de dents côniques en fer de 10 à 15 centimètres de longueur, maintenues fixes au moyen d'écrous vissés par le côté opposé à la pointe, lequel est taraudé et traverse le bois.

Dans l'intérieur du châssis sont fixées aux pièces mêmes de ce bâti qui entourent le tambour, d'autres traverses longitudinales en bois, armées de dents coniques semblables à celles garnissant le cylindre, et distancées entre elles, de façon que chaque dent de ce dernier puisse les croiser sans rencontre.

Puis un entourage en toile métallique, assez claire pour laisser passer les ordures, mais assez serrée pour retenir la laine, enveloppe tout ce système.

Le tiers à peu près de la partie inférieure de l'enveloppe métallique est monté sur un cadre en bois, mobile, et rattaché à la partie fixe au moyen de charnières. (Dans cette partie, la toile métal-lique est souvent remplacée par une grille en fer). Quand cette grille est abaissée, l'ouverture qu'elle laisse béante forme l'issue par laquelle est retirée la laine battue, et elle est fermée durant le travail, par une clanche dont le mantonnet est fixé à une traverse parallèle à l'axe du tambour, et sur laquelle sont vissées les charnières, qui rendent mobiles également le tiers environ de la partie supérieure de l'enveloppe, ou la toile métallique est remplacée par un panneau en planches.

Cette nouvelle partie mobile s'ouvre et se ferme à la main ; son ouverture sert à introduire, dans l'intérieur de la machine, la laine à travailler.

A l'une des extrémités de l'arbre du tambour

Fig. 339. — *Batterie ordinaire à compteur.*

A Panneau de la porte garni de toile métallique. — *B* Bâtis. — *C* Panneau convexe garni d'une grille en fer. — *D* Poulies de commande. - *E* Arbre du tambour batteur garni de la vis sans fin *F*. — *G* Pignons engrenant avec la vis *F*. — *H* Petit pignon monté sur la même douille que *G* et engrenant avec le compteur *K*. — *K* Compteur. — *M* Petite poulie sur laquelle s'engrène la corde du contre-poids *N*. — *O* Support mobile du compteur. — *R* Excentrique fixé à l'extrémité de la clanche *P*, qui est fixée elle-même au chassis de la porte *A*. En refermant la porte l'excentrique appuie sur le levier *O* et le fait engrener avec le pignon *H* duquel il est séparé par l'action du bouton *W* sur la clanche *S* qui en se dégageant a dégagé le mantonnet *Y* qui retenait la grille *C* et l'a laissée tomber. — *X* Contre-poids attaché en *Z* à la grille et tendant à la refermer.

se trouve la commande de la batterie, composée de deux poulies, dont l'une tourne à mouvement libre sur cet axe, et l'autre est maintenue fixe par une clavette ou une vis de pression.

L'autre extrémité du même arbre est munie d'une vis sans fin, dont le pas engrène avec un intermédiaire denté oblique et marié à un pignon beaucoup plus petit, fixé sur la même douille, et qui, lui-même, engrène avec la denture d'un compteur.

A ce compteur est fixé un bouton mobile en fer, dont l'emploi est de faire sortir la clanche adaptée à la grille du mentonnet, qui la retient fermée durant le travail.

A l'extrémité du panneau supérieur et du côté du compteur, est attaché un petit appendice en fer en forme d'excentrique, qui sert à faire pression sur un levier communiquant à la bascule du compteur.

Pour le travail, le tambour doit être animé d'une vitesse de rotation d'environ trois cents tours à la minute. Quand la laine à ouvrager a été introduite dans la batterie par le panneau supérieur, en refermant ce panneau, l'excentrique a pesé sur le levier du compteur et l'a fait engrener avec le pignon mû par la vis sans fin. La laine, saisie par les dents du tambour, est obligée de passer entre les dents boulonnées dans les traverses fixes, qui la déchirent, et par ces mouvements brusques et alternatifs de relâchement et de reprise, elle se trouve secouée brutalement, puis, comme dans ce déchirement et ces secousses réitérées, il s'opère une assez grande désagrégation des fibres, ces dernières laissent aller les matières poussiéreuses qu'elles renfermaient et dont les plus légères s'échappent par la toile métallique, pendant que les plus lourdes tombent sur la grille, passent à travers les petits barreaux en fer qui la forment.

Au bout d'un certain nombre de tours du cylindre, fixé par le contre-maître du battage, selon le plus ou moins de travail que doit subir la laine, ce qui dépend de sa nature et de l'état dans lequel elle se trouve, le compteur fait déclancher la grille qui, en s'abaissant par son propre poids, ouvre l'issue qui sert à la sortie de la laine travaillée.

Nous avons beaucoup parlé du compteur et de sa fonction, nous allons examiner maintenant comment il opère. Quand la quantité de tours nécessaire est donnée, ainsi que nous l'avons dit précédemment, le bouton dont ce compteur est muni appuie sur un levier à bascule, lequel pousse la clanche qui maintient la grille fermée et fait sortir cette clanche de son mentonnet; la grille n'étant plus soutenue que par un contre-poids plus léger qu'elle, s'abaisse, et la force de ventilation du tambour chasse la laine battue par l'ouverture qui se présente ; le contre-poids qui se trouve attaché à la grille a pour effet de rendre la fermeture de cet organe moins difficile pour l'ouvrier, qui n'a plus qu'un poids relativement très minime à soulever. Mais, en même temps que la clanche s'est levée, le support du compteur qui est maintenu fixe, par le levier à bascule, au moyen d'une encoche faite dans une pièce de fonte adaptée au bâti, est sorti de cette entaille, et le compteur n'étant plus soutenu, s'est abaissé et s'engrène plus avec le pignon, de sorte que le tambour batteur tourne toujours, mais que le compteur n'agit plus. Pour qu'il recommence à fonctionner, il faut que l'ouvrier, après avoir refermé la grille, ouvre le panneau mobile de la partie supérieure, mette de la laine dans la batterie et referme ce panneau. En refermant ce

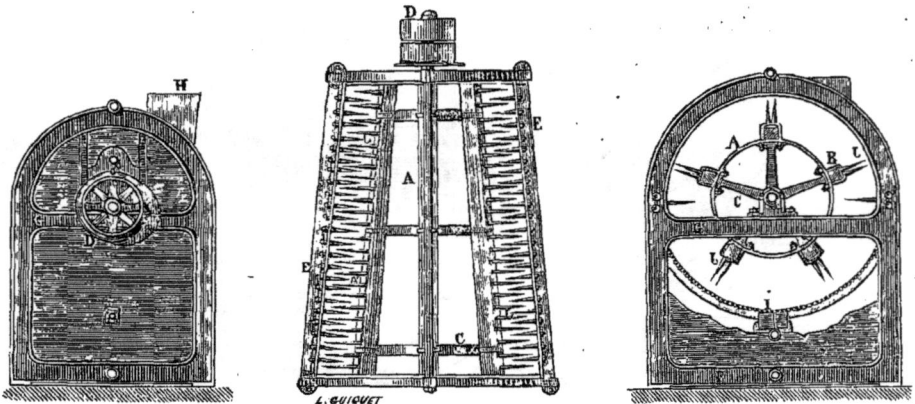

Fig. 340. — Batterie cône ou continue.

A Tambour conique muni de dents. — B Traverses en hêtre. — C Croisillons en fonte reliant les cercles sur lesquels sont montées les traverses. — D Poulie recevant la courroie de commande. — E Traverses en fonte recevant les contre-dents. — F G Boîtes des deux extrémités. — H Boîte d'introduction de la laine. — I Claie à charnière formée d'une toile métallique.

panneau, l'appendice excentrique qui y est fixé fait pression sur un autre levier, lequel, en appuyant sur le support du compteur, le fait retourner dans son encoche et engrène cet organe avec le pignon commandé par la vis sans fin.

Batterie cône ou continue. L'autre système de batterie, nommé indifféremment *batterie cône* ou *batterie continue*, a eu pendant un moment une certaine vogue. Son action de travail continu avait séduit les industriels, mais, à côté de cette légère satisfaction, la pratique a amené la découverte d'inconvénients tellement sérieux que la plus grande partie des batteurs de laine sont revenus au système de la batterie ordinaire, *avec* ou *sans* compteur. Nous disons *avec* ou *sans* compteur, parce que quelques batteurs ont supprimé ce petit mécanisme et préfèrent ouvrir et fermer à la main et à volonté les parties mobiles de leur batterie. Pour nous, ils ont eu grand tort, le battage de la laine, dans ces conditions, est livré au caprice de l'ouvrier et, dans aucun cas, ne peut être régulier; comme conséquence, il se trouve des parties de laine qui sont bien trop battues, pendant que d'autres ne le sont pas assez.

La batterie cône (fig. 340) est ainsi nommée par la forme de son tambour, qui, au lieu d'être cylindrique, comme dans la batterie ordinaire, a la forme d'un cône tronqué. L'arbre du cylindre est en fer et garni de trois croisillons en fonte, d'inégales grandeurs, sur lesquels viennent se boulonner les traverses armées de dents. Ces traverses sont ordinairement au nombre de cinq ou six; comme dans la batterie ordinaire, les dents du cylindre sont disposées pour passer entre des dents semblables, placées sur des traverses en bois fixées au bâti en fonte de la machine.

L'enveloppe qui entoure cet appareil est mi-partie en bois, mi-partie en toile métallique; la partie inférieure est en toile treillagée et la partie supérieure close par des panneaux.

Dans cette partie supérieure est placée une sorte de *trémie*, par laquelle la laine à travailler est introduite à l'intérieur de la machine ; cette trémie est placée sur la partie à plus faible diamètre du tambour, de sorte que les mèches de la laine, chassées par la force centrifuge, passent graduellement du plus faible diamètre au plus fort, pour arriver enfin à l'ouverture ménagée pour leur sortie, qui s'opère par l'action de la même force dynamique. Cette ouverture se trouve placée à la partie inférieure de l'enveloppe de la machine. La laine se trouvant secouée énergiquement durant toute sa course, les matières étrangères détachées de la laine tombent sur la claie métallique, passent par les ouvertures et retombent à terre.

Le principal inconvénient de cette machine est inhérent à son genre même de construction. En effet, par son travail continu, toutes les laines, quelle que soit leur nature, courtes ou longues, quel que soit leur état de propreté, pures ou très chargées, doivent subir un travail égal, ce qui fait que, dans certains cas, elles sont loin d'être assez ouvragées et que, dans d'autres parties, elles sont altérées par trop de travail.

Puis ensuite, cette partie supérieure de la machine qui est composée de panneaux en bois, ainsi que les deux extrémités, empêche la sortie de la poussière; cette poussière développée par la rotation du tambour (5 à 600 tours à la minute), et ne trouvant pas d'issue, se mélange intimement avec la laine et la rend inférieure pour subir les opérations qui suivent.

Les ordures pesantes tombent, il est vrai, par la grille; mais les matières poussiéreuses et légères restent concentrées dans les fibres composant les mèches de la laine.

II. * **BATTRE LES COTONS** (Machines à). Machine employée dans la filature de coton, après l'ouvreuse et avant les cardes. Elle a pour objet d'enlever au coton la poussière et les grosses impuretés, telles que graines, petites pierres, etc.

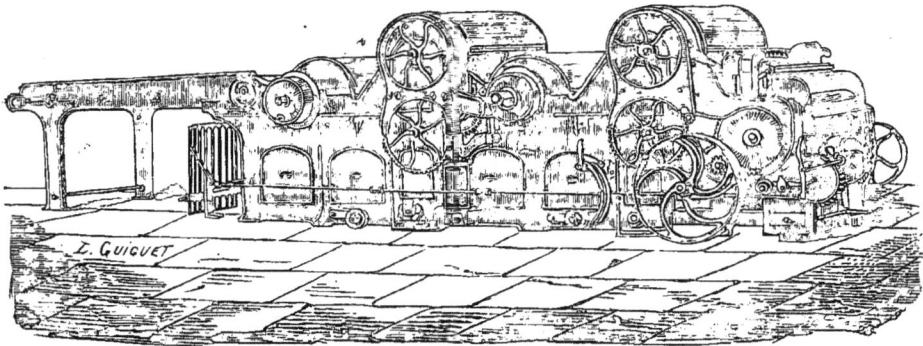

Fig. 341. — *Batteur double Dobson.*

Dans cette machine on agit de deux manières à la fois sur le coton : 1° en le frappant plus ou moins violemment à l'aide d'une sorte de volant ou batte B, pour en détacher les graines et autres impuretés pesantes; 2° en aspirant à travers une toile métallique la poussière et les corps étrangers légers qui salissent le coton.

Généralement le coton subit dans un batteur deux battages et deux ventilations successives. La vue extérieure que nous donnons d'un batteur en montre très exactement l'ensemble (fig. 341). Nous allons entrer dans quelques détails sur le fonctionnement des divers organes de la machine.

Le coton étalé sur une toile sans fin T (fig. 342) est saisi par deux cylindres cannelés CC'. Au moment où il va abandonner les cylindres cannelés pour tomber dans la cavité A il est violemment frappé par les bras de la batte B. Les impuretés lourdes tombent immédiatement et passent à travers la grille G qui forme le fond de la cavité A.

Derrière ces premiers organes se trouvent des tambours en toile métallique M au centre desquels se produit une énergique aspiration.

Le coton vient s'appliquer sur ces tambours et est entraîné par eux de I en L. Pendant ce trajet la poussière disparaît aspirée par le ventilateur. Arrivé au point L, le coton, soustrait à l'influence de la ventilation des tambours M, retombe dans un second système semblable à celui que nous venons de décrire. A la sortie de ce second battage, il est fortement condensé et comprimé entre deux rouleaux de fonte et forme une nappe qui s'enroule autour d'un axe en bois ou en fer. Ces rouleaux, lorsqu'ils ont atteint une certaine grosseur, sont portés derrière la carde.

Suivant que l'on veut travailler des cotons courts ou longs, gros ou fins, on rapproche la batte des cylindres délivreurs ou on l'éloigne de manière à frapper le coton plus ou moins énergiquement.

La batte qui nettoie énergiquement le coton a l'inconvénient d'en affaiblir la fibre. Une très ingénieuse disposition, inventée par MM. Dobson et Barlow, de Bolton, remédie à cet inconvénient.

Les bras des battes (fig. 343), au lieu d'avoir comme longueur à peu de chose près le rayon du cylindre L, sont plus courts d'une dizaine de centimètres. La barre transversale F, qui a ordinairement une forme rectangulaire à arêtes-vives, est remplacée par une barre en fer rond. Sur ce fer rond des poignées ou fléaux L peuvent tourner. Dès que la batte est mise en mouvement la force centrifuge fait tenir les fléaux en dehors et sur la même ligne que le bras de la batte. Mais lorsque les fléaux viennent à rencontrer le coton, bien qu'ils le frappent énergiquement, leur action est moins brusque que celle d'une batte rigide.

Le travail des petits cotons faibles et mous de la Louisiane est ainsi de beaucoup facilité.

Quant aux cotons longs pour lesquels on ne peut employer le batteur qu'avec la plus extrême prudence, les fléaux mobiles les ménagent également beaucoup plus que la batte fixe.

Pour donner à la nappe qui sort du batteur une régularité à peu près parfaite, on pèse le coton destiné à être étalé sur la toile sans fin par por-

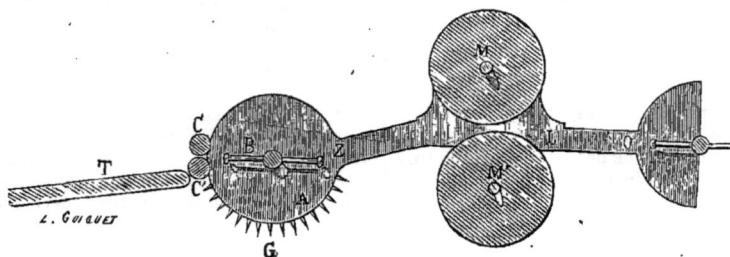

Fig. 342. — *Organes essentiels du batteur.*

tions de 3 à 5 kilogrammes, qui sont réparties par les ouvriers et successivement sur une même longueur de toile sans fin ; il en résulte que le poids d'un mètre de nappe de batteur est à peu près uniforme.

Pour les cotons d'Égypte et les Georgie, longue soie, on n'emploie qu'un seul batteur, et encore n'ayant qu'une seule batte.

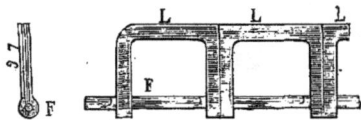

Fig 343. — *Fléau batteur Dobson.*

Quant aux cotons courts au contraire on leur donne deux passages aux batteurs et chacun des batteurs est à double battage.

L'expérience seule apprend le nombre des tours à faire faire à la batte par minute suivant la nature des cotons à nettoyer. Mais dans un batteur bien réglé le coton doit être débarrassé de toutes les impuretés lourdes, de toute la poussière et ne laisser à la carde comme travail que l'enlèvement des feuilles et des écailles qui adhèrent aux fibres.

III. * BATTRE LES CUIRS (Machines à). Ainsi que nous l'avons dit au mot *battage*, on emploie, pour battre les cuirs, diverses machines qui agissent soit par percussion, soit par pression ; nous allons étudier ces deux systèmes.

MACHINES AGISSANT PAR PERCUSSION. Elles se composent d'un marteau à manche vertical ou horizontal, battant sur une enclume placée au-dessous.

Machine Sterlingue. C'est la plus ancienne qu'il y ait eu en France (1830). Le marteau, pesant

350 à 400 kilogrammes, était soulevé par une came à développement, et l'on variait l'intensité du coup, en déplaçant le point d'appui du levier soulevé par la came.

L'enclume étant formée de deux parties hémisphériques s'ajustant l'une dans l'autre, et reliées par des boulons faisant fonction de vis de rappel, on pouvait incliner à volonté la face supérieure de l'enclume qui, par une disposition spéciale, était chauffée.

Machine Flottard et Delbut. Le principe est le même que dans la machine précédente.

Une came commande un bras de levier destiné à soulever le marteau, celui-ci est en fonte ou en fer forgé ; il est plein ou creux suivant sa dimension, et est garni de cuivre au-dessous.

L'enclume se compose de deux parties : l'une fixée au sol portant une grille destinée à recevoir le combustible ; l'autre, mobile qui reçoit le coup, elle est montée sur un certain nombre de ressorts et est garnie de cuivre. Dans la tête du tas se trouve une petite ouverture servant de passage à un courant de vapeur destiné à chauffer l'enclume en cuivre.

L'enclume sur laquelle descend le marteau est placée au milieu d'une table à jour, garnie de rouleaux et reposant sur des rails en fer ; c'est sur cette table que l'on place le cuir à battre.

L'intensité du coup est réglé : 1° par un ressort que l'on élève ou abaisse au moyen d'une vis, et qui en touchant le pilon avec plus ou moins de force au moment de sa montée, fait varier l'énergie du coup ; 2° par un frein servant à créer un frottement ralentissant la chute du marteau.

Machine Raymond et Jean (1854). Dans cette machine, le marteau adapté au milieu d'un long manche horizontal, se trouve en regard de l'enclume fixée au milieu d'une table rigide lui servant d'appui.

Le manche est soulevé à l'une de ses extrémités

et pivote à l'extrémité opposée. Le mouvement lui est communiqué par une came ou une excentrique. Un contre-poids, mobile sur la longueur du manche, sert à faire varier l'intensité du coup. Le tas étant mobile et commandé par un manche que l'ouvrier manœuvre, il peut occuper diverses positions par rapport à la surface du marteau.

Quand la surface de la panne du marteau se superpose exactement au tas, le cuir est battu de toute la surface de la panne; si au contraire on fait tourner le tas de façon à réduire la surface de

contact de la panne sur l'enclume, le coup a plus d'énergie.

MACHINES AGISSANT PAR PRESSION. *Machine Debergue* (1840). Le cuir est soumis à une pression continue au moyen d'un rouleau en cuivre, fixé à l'extrémité d'un levier suspendu et oscillant.

Le levier, **auquel est adapté ce rouleau au moyen** d'une *fourchette*, se divise à la partie supérieure en deux branches, dans chacune desquelles se trouve une coulisse traversée par l'arbre.

En dessus des coulisses, le levier porte deux

Fig. 344. — *Machine a battre les cuirs, système Bérendorf.*

galets, sur lesquels s'appuie un levier, pivotant sur des tourillons, et à l'extrémité duquel est attachée une tringle de fer portant une boîte en fonte dont on peut faire varier le poids à volonté.

Le cuir se place sur une table plus haute d'un côté que de l'autre, le rouleau appuie de tout le poids du levier auquel il est fixé et de toute la surcharge du second levier, il se promène sur le cuir en obéissant au mouvement de va-et-vient imprimé au premier levier par des bielles, et en parcourant par un mouvement spécial toute la surface de la table dans un sens puis dans l'autre.

Par suite de la courbure de la table, le rouleau quitte le cuir à des intervalles rapprochés, qui

sont utilisés par l'ouvrier, pour déplacer la peau afin que la pression s'exerce sur toute la surface.

Machine Cox (1840). Elle présente de grandes analogies avec la précédente.

Le rouleau en cuivre ou en laiton est suspendu par des tourillons à une chappe faisant corps à un levier en fer dont l'extrémité terminée également en chappe, est mobile sur des tourillons fixés à un châssis.

Ce châssis est libre à l'extrémité antérieure et articulé à l'autre bout, de façon à pouvoir s'élever ou s'abaisser; il s'appuie de chaque côté sur deux poutres disposées au-dessous.

Le poids est placé dans une caisse s'appuyant

directement sur la tige du balancier qui est mû à
.'aide d'une manivelle, le mouvement qui lui est
communiqué peut être plus ou moins étendu.

Le sommier sur lequel repose le cuir est creusé
légèrement, les deux extrémités en sont parfaitement planes. Lorsque le cuir est placé sur le
sommier, le châssis remonte, et le poids porte
sur le cuir, parvenu à l'endroit où le sommier est
plat, le rouleau se trouve suspendu par le châssis;
le poids porte donc sur le cuir lorsque le rouleau
est parvenu au milieu de sa course, et est ensuite
soutenu par les poutres placées sous le châssis.

Presse Gandon (1866). Au milieu de la traverse
supérieure d'un bâti en fonte, dont la traverse
inférieure porte une enclume de cuivre, fonctionne
une vis à quatre filets, terminée par un marteau
également en cuivre. Un volant très lourd surmonte cette vis qui, par un mouvement horizontal
qu'on imprime au volant, s'abaisse sur l'enclume
et bat le cuir qui y est placé. Le volant par suite
de la résistance du choc se trouve poussé de nouveau, et va heurter un ressort qui le fait revenir
à sa position première.

Machine Bérendorf. Cette machine (fig. 344),
dont l'invention remonte à 1842, est une des plus
simples et des plus énergiques; aussi, est-elle très
employée. Elle se compose : 1° d'un marteau ou
fouloir en fer forgé, vertical et mobile, effectuant
la pression sur le cuir, et garni sur la face inférieure d'une panne en bronze. La tige cylindrique
du marteau est ajustée dans une douille verticale
faisant corps avec un sommier en fonte. Ce sommier repose par ses extrémités sur deux colonnes
verticales en fonte, il porte à la partie supérieure
une oreille servant de support à l'extrémité d'un
levier qui transmet son action au marteau ;
2° D'une enclume, ou fouloir inférieur, sur
lequel on place le cuir.

Il se compose d'un cylindre en fer dont la
partie supérieure porte une panne en bronze. Le
cylindre passe librement dans la douille d'une
grande traverse, et repose sur un madrier fixé
solidement au pied des colonnes. Il n'appuie pas
directement sur le bois. mais sur un goujon fileté.
En tournant ce goujon à droite ou à gauche, on
le fait monter ou descendre, et avec lui le cylindre. Ce mouvement s'exécute au moyen d'un
volant dont l'axe porte une vis sans fin qui mène
une roue dentée, montée sur le goujon. L'ouvrier
fait tourner plus ou moins le volant, suivant
l'épaisseur qu'il rencontre dans le cuir.

Le cuir est pressé entre les deux fouloirs, mais
à un degré voulu que l'on peut limiter, car le
fouloir inférieur, fait céder sous l'action de la
pression qu'il reçoit, le madrier, qui fléchit et
revient aussitôt à sa position première. Le cuir
est ainsi comprimé avec une force qui atteint
6000 kilogrammes.

De chaque côté de la traverse, dont nous avons
parlé, est placée une table sur laquelle on fait
glisser la peau ;
3° D'un levier qui fait fonctionner le fouloir
mobile ou marteau. Il s'appuie sur un pointal en
acier pivotant sur la tête du fouloir.

Lorsque le levier descend, il s'appuie sur le
pointal, qui peut osciller légèrement sur lui-
même, en forçant le fouloir à descendre verticalement; en remontant, le marteau remonte avec
lui, car ils sont reliés entre eux par deux tringles
qui vont s'accrocher d'une part à un boulon traversant l'épaisseur du levier, de l'autre à un
boulon semblable traversant la tête du fouloir.

Le mouvement du moteur se transmet au levier
par l'intermédiaire de bielles ; l'ouvrier amenant
le cuir sous le fouloir fait marcher la machine
plus ou moins rapidement. La vitesse du marteau varie, suivant l'habileté de l'ouvrier, de 180
à 250 tours par minute. La force motrice de cette
machine est, d'environ un cheval et demi.

BATTRE LES GRAINS (Machine à). Le *battage*,
en agriculture, est, comme nous l'avons dit plus
haut, l'opération qui a pour but de séparer les
grains de leurs épis. Avant d'aborder l'étude des
batteuses dont l'emploi tend à se généraliser dans
toutes les exploitations agricoles, nous allons jeter
un coup d'œil rapide sur les différentes manières
de pratiquer cette opération en usage dans les
temps passés.

PROCÉDÉS DE BATTAGE ANCIENS. L'*égrènage*, le
battage au fléau, le *dépiquage* paraissent avoir été connus
des peuples anciens, « on bat la vesce avec la verge, et
le cumin avec le fléau, » dit le prophète Isaïe en parlant
des Hébreux; Moïse, dans le *Deutéronome*, dit que le
bœuf qui foule le grain doit profiter de la récolte : *Non
alligabis os bovis triturantis.*

Le *dépiquage au rouleau* se perd aussi dans l'antiquité
la plus reculée. Les monuments de l'ancienne Égypte représentaient des images, des descriptions ont été faites par
des agronomes latins et il est facile de les reconnaître
dans certains traineaux dont les mains sont garnis inférieurement d'éclats de silex; ces instruments se trouvent,
d'ailleurs, encore dans plusieurs provinces d'Espagne et
de Sicile et dans une partie de l'Asie; en Espagne le rouleau prend le nom de *trillo*.

Varon et Columelle parlent de cet instrument et l'appellent *plostellum panicum*, ce qui semblerait indiquer
qu'il a été inventé par les Chinois; on le désignait aussi
sous le nom de *terio* (*a terendis frugibus*).

Autrefois, pour battre le blé et les autres plantes à
graines, on prenait une poignée de tiges liées et on les
frappait assez vigoureusement sur un morceau de bois un
peu fort, sur un banc ou sur les bords d'un tonneau dé-
foncé, ou l'on faisait donner à cet effet, le nom de *battage au tonneau*; les grains se détachaient de l'épi avec
les balles et il ne restait plus qu'à séparer la poussière du
grain, ce qui se faisait avec un van à bras, en bois ou en
osier, espèce de corbeille ayant la forme d'une coquille
d'huître. Ce van porte des anses de chaque côté, l'ouvrier
le tient des deux mains et, au moyen du genou, il jette
en quelques gestes le blé un peu en l'air, un peu de terre
se produit et le blé est ainsi séparé de la poussière. On se
sert aujourd'hui de tarares pour ce travail et c'est un grand
progrès réalisé, sous le double rapport du bon nettoyage
du grain, de la suppression d'un travail très fatiguant et
même nuisible à la santé, parce que l'ouvrier absorbait
nécessairement une très grande quantité de poussière.

Ce système de battage est encore en usage dans certains pays pour obtenir les blés des semences, c'est ce
que les habitants des campagnes appellent *ébarber*.

Puis on s'est servi de longues perches et voici comment
on s'y prenait :

Les ouvriers déliaient les gerbes et les étendaient sur
une aire en terre glaise tassée, cette aire était aussi quelquefois pavée ou mieux encore, elle était formée par un

plancher en bois; c'était le moyen d'obtenir un blé beaucoup plus propre. Les ouvriers étaient armés d'une longue perche, d'une gaule flexible dont ils se servaient pour frapper avec force la paille du blé, de façon à faire tomber le grain, et il fallait encore une certaine habileté pour se servir convenablement de cet instrument, beaucoup plus expéditif que le battage à la main. Lorsque les gerbes étendues étaient suffisamment battues d'un côté, on les retournait de l'autre et on continuait à les frapper vigoureusement, jusqu'à ce que l'on ait acquis la conviction qu'il ne restait plus de grains dans les épis et il était souvent difficile d'atteindre ce résultat. Lorsque le battage était terminé, on secouait la paille avec une fourche, puis on l'enlevait et on la mettait en tas, dans un coin de l'aire, les grains et la poussière restés en dessous; il n'y avait plus alors qu'à procéder au vannage, soit avec le panier dont il a été parlé, soit avec un tarare, lorsque cet instrument, d'abord fort incomplet, puis perfectionné, a été introduit dans les fermes.

Dans les pays chauds et secs, particulièrement dans le Midi, le battage des grains qui prend le nom de *dépiquage* a été fait au moyen d'une escouade de chevaux, le plus souvent élevés dans ce but. Ce système de battage, dit à la *rosse* ou au *piétinage* a été longtemps pratiqué en Espagne, en Italie et dans une partie de l'Asie. Le département de l'Aude et celui des Bouches-du-Rhône élevaient encore, il n'y a pas longtemps, des chevaux, par petits troupeaux, pour le dépiquage des grains. Ces espèces de petits haras portaient le nom d'*aigalades* dans l'Aude et de *manades* dans la Camargue. Aujourd'hui le nombre de ces chevaux tend à diminuer sensiblement, par suite de l'adoption du rouleau employé au dépiquage.

Cette opération se pratique de la manière suivante : on prépare une aire assez vaste, en y plaçant une couche d'argile fortement tassée ou plutôt on y établissant un pavé régulier, ce qui est bien préférable. Les ouvriers prennent les gerbes et les délient, puis ils les saisissent du côté de l'épi et les éparpillent le plus possible sur l'aire, en formant un rond de dix, quinze ou vingt mètres de diamètre, suivant l'abondance de la récolte, les ressources et le personnel dont dispose l'exploitation. Lorsque les gerbes sont bien étalées, de façon que la paille reste un peu soulevée, on amène un certain nombre de chevaux : deux, trois, quatre, six, huit et même davantage; plus les chevaux sont nombreux plus va vite et mieux est fait le battage. Ces chevaux sont tenus par une longe commune aboutissant à la main d'un ouvrier placé au centre du cercle formé par les gerbes; cet ouvrier, muni d'un long fouet, excite les chevaux à les faire trotter le plus possible; les pieds de ces animaux, à force de frapper la paille, brisent les épis et font sortir le grain de sa gaîne.

Au bout d'un certain temps, lorsque les ouvriers voient que les gerbes ont été suffisamment triturées, on fait sortir les chevaux du cercle et, avec de grandes fourches en bois ou en fer, on retourne avec beaucoup de soin la paille sur laquelle les animaux recommencent à piétiner et l'opération continue jusqu'à ce que l'on juge que les épis sont assez battus et qu'ils ne contiennent plus de grains.

Ce système était pratiqué, non seulement dans l'Aude et dans les Bouches-du-Rhône, mais encore dans les départements du Midi, même dans le Dauphiné, dans l'Auvergne, etc. On trouvait commode et économique de faire servir au battage, des animaux qui n'avaient pas d'autres travaux au moment où on les employait à cet usage. Il faut dire aussi, qu'il serait aujourd'hui difficile de rester dans la même voie, car partout, même dans le Midi, les cultivateurs ont une tendance à remplacer dans la ferme, les chevaux par les bœufs ou les vaches, et c'est là un grand progrès, car le bœuf et la vache font de la viande et du lait et ces animaux ne diminuent guère de valeur, lorsqu'ils sont arrivés à un certain âge; tandis

qu'il n'en est pas de même pour les chevaux, sujets à toutes sortes d'accidents et dont la valeur va toujours en diminuant.

Donc, sous tous les rapports, il y a lieu de rejeter le système de battage ou de dépiquage pratiqué avec des chevaux, encore fort en usage il y a 40 ou 50 ans ; mais, aujourd'hui, laissé généralement de côté.

Toujours, particulièrement dans les pays chauds, dans lesquels la pluie tombe rarement, le *dépiquage aux chevaux* a été remplacé par le *dépiquage au rouleau*.

Autrefois, on faisait usage en Italie du rouleau en bois à cannelures très larges, ayant la forme d'un cône tronqué. Cet appareil introduit, il y a 70 à 80 ans, dans la Haute-Garonne, le Lot-et-Garonne, le Tarn, le Maine-et-Loire, fatigue peu les animaux, parce que son diamètre moyen est petit ; mais il n'agit pas toujours avec assez d'énergie sur les céréales, ce qui tient à ce que les battes très rapprochées les unes des autres et peu élevées de terre, exercent une pression plus faible sur les épis. Le rouleau squelette permet d'opérer le battage des céréales d'une façon plus économique et plus prompte que le fléau, mais les rouleaux en pierre que l'on préfère dans le Midi ont nui à sa propagation.

Le rouleau en granit, en gneiss ou en pierre calcaire aussi dure que possible a le plus souvent la forme d'un tronçon de cylindre, ayant une longueur de 1 mètre à 1m,20, un diamètre de 80 à 90 centimètres, son poids atteint 2,000 à 3,000 kilogrammes. Lorsque les rouleaux présentent des sections ayant des diamètres différents, le plus grand varie de 0m,70 à 0m,95 centimètres et le plus petit de 0m,60 à 0m,85 centimètres; les rouleaux les plus courts sont les meilleurs parce qu'ils pivotent plus facilement sur eux-mêmes. Les aires sur lesquelles on fait travailler ces rouleaux, doivent être très solides, à cause du poids des rouleaux, et il faut qu'elles aient une largeur de 20, 25 et 30 mètres.

Les rouleaux sont traînés par des chevaux, des mulets ou des bœufs ; mais ce moyen, bien préférable aux divers procédés dont il vient d'être parlé, ne peut être employé que dans les pays secs, les pays dans lesquels le soleil facilite un semblable travail.

M. Vialongue a proposé de remplacer le rouleau ordinaire par un rouleau à manège, composé de trois rouleaux à trous coniques; mais particulièrement les moyens et les petits cultivateurs ont trouvé ce système un peu compliqué et d'un prix trop élevé. D'autres rouleaux divers ont aussi été inventés par MM. de la Martine, de Saint-Amans et de Puymaurens, mais les batteuses mécaniques qui ont fait de si grands progrès ont détourné les cultivateurs de ces inventions.

Il est certain que les rouleaux n'égrènent les céréales ni aussi économiquement, ni aussi bien que les machines à battre qui prennent leur place dans tous les pays, mais ils sont préférables au battage primitif avec des bancs ou des tonneaux défoncés, au battage pratiqué par des gaules ou perches, et au dépiquage fait par des chevaux. Les rouleaux ont rendu de grands services dans le Midi et dans les pays chauds où le soleil, par l'action qu'il exerce sur les épis placés sur les aires, permet de les regarder comme des auxiliaires bien utiles dans l'égrenage des céréales des provinces du Sud et de l'Ouest.

Le *battage aux fléaux* a été pratiqué pendant bien longtemps, non seulement dans les petites exploitations, mais encore dans les grandes. On sait que le fléau est un instrument bien simple; il se compose de deux morceaux de bois ronds ayant 5 à 6 centimètres de diamètre, dont l'un est long de 1m,30 à 1m,50 et l'autre de 60 à 80 centimètres; ces deux morceaux de bois, ces deux bâtons sont unis par une lanière en cuir. L'ouvrier tient à la main le long bout et frappe les gerbes avec l'autre; quatre à cinq hommes, plus ou moins, selon les besoins, se mettent ainsi au travail, et battent en cadence, afin que les petits couts des fléaux ne s'entrechoquént pas les uns les autres.

Comme dans tous les systèmes de battage, lorsque les gerbes sont suffisamment battues, on secoue vivement les pailles avec des fourches, on les met en tas dans les granges, on ramasse le grain en tas, dans un coin de l'aire et on vanne au moyen d'une tarare.

Ce système de battage présente, sans contredit, des inconvénients, mais il donne du blé propre et de la paille qui reste dans un état satisfaisant, cette paille peut être facilement mise en bottes, pour en opérer le transport et pour simplifier la comptabilité dans les fermes : dans toutes les exploitations bien conduites, les foins et les pailles devraient être mis en bottes, car, sans cette précaution, il est impossible de se rendre compte des quantités distribuées aux animaux, mises en litières, et il en résulte alors des pertes assez sérieuses. Mais, avec le fléau, les grains sont rarement tous séparés des épis, et quelques-uns restent dans leur gaîne ; les ouvriers auxquels on donne presque toujours le travail à la tâche et qui reçoivent, pour salaire, une certaine quantité déterminée de blé, de seigle, d'orge ou d'avoine (généralement, ils prennent une mesure toutes les treize), tiennent nécessairement plutôt à aller vite qu'à bien faire la besogne.

Le fléau n'est, d'ailleurs, plus en usage que dans les petites exploitations où les quantités de blés récoltées ne permettent pas d'acheter des batteuses mécaniques ; il faut même croire que le fléau ne tardera pas à disparaître complètement, et les petits propriétaires-cultivateurs, les petits fermiers finiront par former des associations et achèteront en commun les nouveaux instruments, les nouvelles machines agricoles, dont ils se serviront à tour de rôle.

Déjà l'on rencontre dans les campagnes des entrepreneurs de battage, qui transportent des batteuses mécaniques perfectionnées d'une ferme à l'autre ; de cette façon, le battage des blés d'une exploitation même assez importante, peut avoir lieu en peu temps, car ces machines sont toujours accompagnées de locomobiles à vapeur.

Pour cette seconde partie de notre travail qui embrasse l'histoire et l'étude de ce bel engin de la mécanique agricole, nous cédons la plume à notre collaborateur, M. J.-A. Grandvoinnet, le savant professeur de génie rural à l'École nationale de Grignon. — A. DE L.

On désigne par le mot *batteuses* les *machines* destinées à séparer les grains de blé des épis et de leur tige ou paille. Ce genre d'appareils fait partie d'une grande classe de machines que nous avons nommées *égreneuses* ou *égraineuses*, puisqu'elles ont pour but de séparer les graines des diverses plantes de la tige qui les porte.

L'égrènage s'applique surtout aux céréales graminées, puis aux légumineuses à graines alimentaires, tels que les pois, les fèves et les vesces ; ensuite au sarrasin, aux plantes oléagineuses, telles que le colza, la navette, le lin, et aux plantes fourragères cultivées comme porte-graines, etc.

En raison des différences si marquées qui existent entre ces plantes, les machines à égrener forment plusieurs groupes très distincts. Le premier groupe, de beaucoup le plus important, renferme les machines à battre proprement dites : elles sont destinées presque exclusivement à l'égrènage du froment, de l'orge, du seigle et de l'avoine. Ce n'est que par exception, et en subissant quelques modifications, qu'elles peuvent être employées à l'égrènage d'autres plantes. Ce genre de machines est aujourd'hui fort répandu en

France surtout au nord de la Loire et du Rhône.

Le second groupe comprend les égreneuses pour vesces, pois, fèveroles, sarrazin, etc., il est à peine représenté actuellement ; ces plantes sont généralement égrenées au fléau ou avec des batteuses à blé, après le remplacement du batteur ordinaire par un batteur spécial.

Le troisième groupe comprend les égreneuses à maïs, fort répandues dans le Midi et le Sud-Ouest de la France ; elles sont généralement faites pour être mues à bras ; mais, pour les pays grands producteurs de maïs, il y a des égreneuses à manège et à vapeur, d'un système différent des égreneurs à bras.

Un quatrième groupe comprend les égreneuses de plantes oléagineuses ; on en trouve quelques-unes destinées au colza et différant peu des batteuses à blé ; quelques-autres, très différentes, servent à l'égrènage du lin, dont les tiges doivent être tout particulièrement ménagées pendant cette opération.

Le dernier groupe comprend les égreneuses de plantes fourragères, telles que trèfle, luzerne, sainfoin, etc. On ne les rencontre en nombre un peu grand que dans quelques pays spécialement producteurs de graines.

Nous allons étudier les batteuses à blé en renvoyant à l'article *égreneuses* pour les machines des quatre derniers genres.

Pour donner une idée de l'importance des batteuses à blé, il suffit de rappeler que, suivant l'estimation faite par M. Moll, elles peuvent s'appliquer à une récolte d'une valeur de plus de trois milliards et demi. Et comme, de tout temps, les céréales ont été le principal produit de la terre, l'égrènage du blé a toujours été une occupation importante du cultivateur.

Dans les pays bien cultivés, les plus civilisés, le seul des procédés primitifs d'égrènage à bras qui se soit conservé est le battage au *fléau*. Comme cet outil est encore usité forcément pour certaines plantes autres que les blés, et que son travail sert de comparaison pour celui des batteuses mécaniques, nous ajouterons quelques mots à l'historique qui en a été fait précédemment.

Le fléau se compose de deux morceaux de bois, un long et un court, reliés l'un à l'autre par une articulation très libre composée de deux bandes étroites en cuir. Le morceau de bois le plus court est la *batte* ; le plus long est le *manche*. L'ouvrier, soulevant rapidement l'instrument, la force centrifuge (suivant l'expression vulgaire et incorrecte) agit pour éloigner la batte du manche auquel elle est attachée par les courroies : la batte, ainsi lancée en arrière se trouve dans le prolongement du manche et dès que l'ouvrier rabat son fléau contre le sol, ou l'*aire* couverte de blé, chaque point de la batte est animé d'une vitesse circulaire différente : les points les plus éloignés du centre de rotation, ou de l'épaule droite de l'ouvrier, ont la plus grande vitesse, et les points intermédiaires des vitesses proportionnelles à leurs distances au centre de rotation. Lorsque la *batte* est lancée contre le sol, son extrémité arrive la première sur l'aire chargée de gerbes déliées et les frappe avec le maximum de vitesse; il faut donc, pour que le choc soit uniforme sur toute la longueur de la *batte*, que le poids de celle-ci soit d'autant plus faible que le point considéré est plus près de l'extrémité. La décroissance du poids est obtenue par une diminution graduée de la section de la batte; cette diminution peut être calculée comme suit. Le manche, de 26 à 30 millimètres de grosseur, a 1^m,52 de longueur et, avec la longueur du bras plus ou moins infléchi, 2 mètres environ; la batte, de 39 à 31 millimètres de grosseur a, d'autre part, 0^m,838 de longueur.

Soit d la distance d'un point quelconque de la batte au centre de rotation, r le rayon de la section circulaire de la batte en ce point, p la densité du bois; la masse, d'un millimètre de longueur de batte, au point considéré, sera donnée par l'expression $\dfrac{\pi\, r^2 \times 0^m,001 \times p}{9,8088}$ ou $0,00032 \times pr^2$.

Or, pour que le travail moteur soit le même en tous les points de la batte, il faut que la puissance vive soit partout la même.

Si R est le rayon de la section au commencement de la batte distante de 2 mètres du centre de rotation, on a, pour la masse, en ce point, sur 1 millimètre de longueur, $0,00032\, p\, R^2$. La vitesse étant v en ce point et V en un point quelconque de la batte, on a :

$$v : V :: 2^m : d \text{ d'ou } V = v \times \frac{d}{2} \ (1).$$

En exprimant l'égalité de puissance vive en tous les points, on aura donc :

$$0,00032\, p\, r^2 \times \frac{V^2}{2} = 0,00032\, p\, R^2\, \frac{v^2}{2^m}.$$

ou, en supprimant les facteurs communs.

$$r^2\, V^2 = R^2\, v^2 \text{ ou } V^2 = v. \frac{R^2}{r^2}$$

et, en mettant au lieu de V sa valeur (1), on a :

$$v^2. \frac{d^2}{2 \times 2} = v^2. \frac{R^2}{r^2}$$

et en supprimant les facteurs communs :

$$\frac{d^2}{2 \times 2} = \frac{R^2}{r^2}$$

et, en extrayant racine carrée :

$$\frac{d}{2} = \frac{R}{r} \text{ ou } R = r. \frac{d}{2} \text{ ou } \frac{R}{r} = \frac{d}{2}$$

Ainsi, la grosseur, en un point quelconque de la batte, est à la grosseur à l'origine de cette batte, comme la distance au centre de rotation du point considéré est à la longueur du manche augmentée de celle de la courroie, ou 2 mètres Autrement dit, la batte doit avoir une grosseur décroissant régulièrement : si elle a 50 millimètres de diamètre à l'origine, elle n'aura plus au bout ou à 0^m,80 plus loin que 35 millim. 71; si elle a 40 millimètres seulement, l'extrémité n'aurait que 25 au plus.

La batte du fléau étant constamment soumise à des chocs brusques doit être faite d un bois très résistant; ordinairement on adopte le hêtre. Si on a choisi une branche de cet arbre ayant, écorcée

et polie, la grosseur convenable, on peut faire l'articulation avec les deux courroies sans précaution particulière; mais si la batte est tirée d'un madrier de hêtre, il faut faire l'articulation de telle sorte que la batte frappe par le *chan* des couches concentriques du bois; si le choc avait lieu par le plat de ces couches, la batte s'effeuillerait peu à peu.

Pour satisfaire à cette condition de frapper de *chan*, l'assemblage de la batte est fait comme suit: la batte est découpée de façon à présenter deux oreilles saillantes, perpendiculaires du côté sur lequel le batteur doit frapper, et de 31 millimètres de saillie environ pour retenir le bout de la batte dans la courroie : celle-ci a 19 centimètres de longueur et 38 millimètres de large; elle est appliquée sur l'extrémité de la batte, et les deux bouts de cette courroie s'étendent sur les oreilles et au delà; chacun de ces bouts est percé de quatre trous; ils sont liés par une lanière de cuir passant dans les trous et entourant solidement le cou de la batte; le tour supérieur de la lanière attrapant les oreilles dont les saillies empêchent la courroie de glisser en dehors. Cette courroie forme ainsi au bout de la batte un demi-cercle ou bride d'environ 25 millimètres d'ouverture au delà de cette batte. On y passe une courroie plus forte qui passe, en outre, dans un trou percé dans le manche, de sorte que l'articulation est libre tout en forçant la batte à frapper toujours du même côté. Cette seconde courroie est quelquefois en peau d'anguille ou en nerfs (tendons) de bœuf, ramollis.

Quand la batte ne risque pas de s'écailler, on lie, sur le bout de cette batte et sur celui du manche, deux courroies formant deux boucles croisées sur chaque bout, et ces quatre boucles s'engrenant forment joint ou articulation libre en tous sens.

Bien que le battage au fléau soit moins efficace que celui fait par les batteuses modernes, et qu'il devienne impossible dans nombre de localités en France, où l'on ne pourrait trouver aucun ouvrier qui voulut employer le fléau, il persiste encore sur quelques points surtout pour l'égrénage de certaines récoltes. Nous devons donc dire quelques mots de son emploi.

L'homme armé du fléau frappe à intervalles égaux sur une certaine quantité de gerbes déliées et étalées sur une aire qui doit être légèrement élastique. La secousse produite par la batte du fléau abaisse la paille frappée et le grain reste en arrière par inertie en se séparant ainsi de la paille; absolument comme la poussière se détache d'un tapis frappé par une baguette; le tapis cède et la poussière reste en arrière. Le poids de la batte, l'énergie du choc, varient assez peu pour que l'on puisse considérer ce battage comme suffisamment efficace dans presque tous les cas; l'épaisseur de la couche de paille ne permet pas à la batte de briser le grain. La paille ne reste pas absolument intacte, mais cependant un ouvrier soigneux peut effectuer l'égrénage au fléau tout en conservant la paille en bon état et propre à être bottelée. Le principal défaut du battage au fléau, c'est le prix élevé de cette opération. En outre, il laisse moyennement plus de grain dans la paille que les bonnes machines à battre modernes : il peut laisser de 5 à 15 0/0 ; il exige des hommes *robustes*, car l'emploi du fléau est pénible ; il facilite les *détournements* et ôte *de la main* au grain. Comparées au fléau, les bonnes machines à battre ont donc pour avantages de diminuer notablement le prix de revient du battage, en substituant les animaux domestiques, la vapeur, l'eau ou le vent au travail de l'homme ; de rendre cette opération assez rapide pour que le cultivateur puisse profiter des moments favorables de vente ; de faciliter la surveillance ; de conserver, au besoin, la paille parfaitement droite, pour la vente, ou suffisamment froissée ou adoucie pour la faire servir comme fourrage, et de la priver de poussière ; enfin, de donner au grain une meilleure apparence marchande.

La quantité de blé que peut battre en un jour un homme habitué au fléau varie évidemment suivant plusieurs circonstances, l'état et l'adhérence des grains à leurs balles, l'état hygrométrique de l'air, la disposition des épis dans la gerbe (ils peuvent être tous ensemble à un bout de la gerbe ou répandus partout) ; la longueur de la paille ; l'habitude de l'ouvrier à disposer ses gerbes convenablement, et employer le fléau avec le moins de perte de force vive, etc. Toutes ces circonstances font varier la quantité du travail effectué, entre des limites que l'on peut fixer à très peu près à 50 kilogrammes de gerbes au maximum et à 30 kilogrammes au minimum. Comme on bat au fléau surtout en hiver et en temps humide, et qu'alors on reste plus près du minimum que du maximum, la moyenne n'est pas la moitié de la somme des chiffres extrêmes ; elle peut être fixée à 35 kilogrammes, car les trois quarts des jours de battage sont en temps humide. En admettant un rendement moyen en grains de 34 0/0 du poids des gerbes de froment, un homme battrait donc en moyenne 11 kilogr. 9 ou 15 litres de grain par heure ; et, pour une journée de onze heures et demie de travail effectif, dont les trois dixièmes sont occupés à délier les gerbes ou les étaler, les retourner, secouer et lier la paille, ce serait un volume de 120 litres de grain. Ce travail est le plus souvent payé en nature, à raison d'un quatorzième ; soit, par journée d'homme, 8 litres 57 de blé valant en moyenne 20 francs l'hectolitre ou 1 fr. 74 pour la journée du batteur ; et, par hectolitre de grain battu, 1 fr. 45. Il est évident qu'il est peu de localités en France où un batteur puisse se contenter aujourd'hui de 1 fr. 74, pour une journée si laborieuse qu'elle dépasse certainement en fatigue la somme de travail moteur dont dispose un ouvrier moyen. En effet, un homme travaillant régulièrement peut donner son coup de fléau dans une seconde et deux tiers ; et ce temps se décompose ainsi : les 0,475 sont employés à élever le fléau (soit 0″792), les 0,375 à le rabattre (0″625), et le reste, ou 0″250, dans les changements de mouvements ou de direction pour la levée et la descente. Donc, pour élever du sol jusqu'au-dessus de sa tête le fléau, l'ouvrier em-

ploie 0″792 pour lui faire parcourir presqu'un quart de cercle, dont le rayon extrême est d'environ 3ᵐ,4 ; le chemin parcouru d'un mouvement uniformément accéléré est donc de 5ᵐ,34 pour une durée de 0″792. Cela correspond à une vitesse finale acquise de 13ᵐ,5 environ. Or, pour donner à un poids de 1 kilogr. 600 réparti à peu près uniformément sur une droite rayonnante de 0ᵐ,7 à 3ᵐ, de distances extrêmes du centre de rotation, il faut à très peu près 6,732 kilogrammètres pour projeter le même fléau dans 0″625, il faut faire acquérir à son extrémité une vitesse de 17 mètres et, par suite, dépenser en puissance vive acquise 10,67 kilogrammètres ; mais, dans la descente, le poids du fléau, tombant de son centre de gravité ou de 2ᵐ,7 environ, donne un travail moteur de 4 kilogr. 320 : reste, pour la descente, une dépense de 6,35 kilogrammètres seulement et, en tout, montée et descente, 13,08 kilogrammètres. Sur une heure de travail, 40 à 45 minutes sont employées réellement au battage et pendant ce temps, l'ouvrier donne de 1,440 à 1,620 coups de battes dépensant de 18,835 à 21,190 kilogrammètres. En estimant à 3 kilogr. 601 seulement par seconde, le travail dépensé pour le service des gerbes et de la paille dans les 20 ou 15 minutes qu'il exige, ce serait 3,600 à 2,700 kilogrammètres ou, en tout par heure, 22,435 à 23,890, ou, en moyenne, 23,162 kilogrammètres dépensés et, pour les onze heures et demie de la journée de travail, 266,363 kilogrammètres, ce qui est très peu au-dessous du maximum de travail moteur journalier dont peut disposer un fort ouvrier.

Le travail moteur dépensé par le batteur au fléau est donc, comme on voit, de 266,363 kilogrammètres pour 277 kilogrammes de gerbes ou, par 100 kilogrammes, 961.6 kilogrammètres ; c'est notablement plus que ce qu'exigent pour le même poids de gerbes les machines à battre. Si on ne tient pas compte du travail dépensé pour délier, secouer et lier, c'est encore 831 kilogrammètres pour le battage seul.

Cette infériorité du fléau n'a rien d'étonnant, car le principe de la séparation du grain de la paille étant seulement l'inertie du grain, la séparation n'a lieu que par des chocs très énergiques, et très fréquents. Et même, ils ne peuvent suffire lorsque le grain adhère fortement à l'épi, comme cela se présente pour diverses variétés. En revanche, le fléau peut être économique et efficace pour les graines ayant avec leurs épis ou épillets très peu d'adhérence, comme le ray-gras très mûr par exemple, où la moitié des graines peut être perdue par la manipulation trop brutale de la récolte pendant la moisson dans le champ, et où toutes les graines de bonne qualité peuvent être séparées des tiges en soulevant les gerbes la tête en bas et les frappant l'une après sur le châssis supérieur à claire-voie, d'une boîte portée sur une brouette conduite vers les tas, ou douzaines de gerbes : les **graines** mûres se séparent aisément et tombent à **travers** les barreaux dans la caisse qu'ils recouvrent.

Mais l'adhérence des **graines à leurs tiges**

est généralement plus forte que dans le cas précédent. Quand une frêle *cosse* doit être rompue, de façon à permettre l'échappement de son contenu, le battage par chocs doit être considéré comme le mode d'opération qui convient le mieux; de sorte que pour les graines de turneps, de navets, de raves, de colza, de fèves et de pois, il semble qu'il faille employer une machine agissant suivant le principe du fléau, mais les graines de beaucoup de nos plantes cultivées, les céréales entre autres, ne sont pas dans cette catégorie.

Avant l'invention du fléau, qui est un outil perfectionné, exigeant un certain apprentissage, on battait les gerbes avec de simples perches ou gaules, d'une efficacité moindre.

Batteuses mécaniques. Dès que l'augmentation du prix de la main-d'œuvre eut rendu le battage au fléau trop onéreux, dans les pays où ce mode d'égrènage était adopté, on chercha à remplacer le travail manuel par une machine mue par des animaux. La première idée qui pouvait se présenter à l'esprit des inventeurs c'était de faire soulever par une roue à cames des espèces de leviers ou de *gaules* retombant ensuite par leur propre poids sur une plate-forme chargée de gerbes déliées et étalées; ou de faire tourner un tambour armé de fléaux articulés s'élevant et s'écartant radialement par la force centrifuge pour venir, à chaque tour, choquer une plate-forme chargée de gerbes. Le premier de ces systèmes (machines à gaules) a l'inconvénient d'agir par mouvements alternatifs, ce qui entraîne une perte de travail moteur à chaque changement de sens; le second mode est un peu plus rationnel : il représente à peu près une suite de fléaux et peut être employé avec quelque succès.

Les gerbes déliées étaient placées sur une plate-forme tournante : pendant que les gaules ou les fléaux égrènaient le blé étalé sur un quart de la plate-forme, des ouvriers étalaient le blé sur un autre quart; puis on faisait tourner, à la main, la plate-forme pour amener de nouvelles gerbes sous les gaules ou les fléaux; l'alimentation était ainsi intermittente. Ou bien, les gerbes étaient étalées sur une table en toile sans fin marchant très lentement et parallèlement à l'axe du cylindre ou tambour batteur. L'alimentation était alors continue et pouvait être faite par la machine elle-même et réglée suivant le plus ou moins de difficulté de l'égrenage.

Tant que les inventeurs cherchèrent à imiter dans leurs machines les gaules ou les fléaux, ils n'eurent aucun succès; et que l'on ne croie pas que ces imitations n'aient plus lieu de nos jours : elles sont si naturelles que, de temps en temps, les anciennes tentatives se renouvellent : nous avons vu dans les expositions de 1855, 1860, etc., des machines à battre à gaules et à fléaux; et parfois des jurés, ignorant les anciens essais, sont tout prêts à l'admiration de ces prétendues nouveautés.

Pour faire des machines utiles mues par les chevaux ou la vapeur, il est de toute nécessité

de ne plus imiter les outils manuels tels que le fléau. Aussi la vraie machine à battre ne date que de l'invention du *cylindre batteur* écossais, attribuée à *Meikle*, et qui a servi de type à la plupart des batteuses actuelles.

L'organe d'égrenage ou le batteur de la machine à battre *écossaise* se compose de quatre à six barres de bois fixes disposées sur deux ou trois séries de bras rayonnants, de manière à former une espèce de cage cylindrique doublée parfois par une enveloppe en tôle au delà de laquelle saillent les *barres* ou *battes :* ce batteur tourne dans une portion de cylindre à peu près concentrique, appelé *contre-batteur*, muni à l'intérieur, le plus souvent, de barres saillantes dites *contre-battes*. La paille, présentée au batteur rotatif par des cylindres alimentaires, ou directement, est saisie par les battes qui la frappent en l'attirant continuellement et en la forçant ainsi à passer dans l'intervalle laissé entre le batteur et le contre-batteur: dans ce passage, les tiges de blé sont soumises aux chocs répétés des battes et, par suite, le grain se sépare de la paille d'après le même principe que dans le cas du fléau, mais d'une manière plus certaine car le nombre de coups de battes peut s'élever à 4,800 et même 6,000 par minute.

Dans ce genre de machines à battre, la séparation du grain est due à la percussion, au choc comme dans le battage au fléau; mais la supériorité du batteur cylindrique consiste dans la continuité de sa rotation : il n'y a plus de puissance vive perdue, comme dans le fléau ou les machines qui l'imitent, par les changements de direction ou les mouvements alternatifs d'élévation et d'abaissement.

La paille, attirée par les battes, passe en long entre le batteur et le contre-batteur et reçoit dans sa longueur un coup de batte par chaque simple ou double décimètre de parcours de l'extrémité des battes : la paille ne passe pas avec une vitesse aussi grande que celle des battes; à chaque choc la paille est entraînée de quelques millimètres seulement, car elle est retenue par la résistance du frottement et des contre-battes. Mais comme les coups de battes se succèdent sans interruption à de très courts intervalles de temps, on peut dire que les tiges de blé reçoivent un coup de batte tous les 12 ou 13 millimètres de longueur. Or, à chaque coup, même pour une forte épaisseur de tiges, l'ébranlement causé dans la masse fait que le grain se sépare par inertie, c'est-à-dire reste en arrière tandis que *la paille* cède au choc des battes.

Lorsque les tiges passent en *long*, c'est-à-dire quand leur direction en longueur est *normale* à l'axe du batteur, on dit que la batteuse bat en *long* ou en *bout*. On devrait dire le contraire car les coups de batte sont donnés en *travers* de la paille : nous conserverons toutefois la dénomination vulgairement adoptée. Procéder ainsi, c'est-à-dire par chocs en travers de la paille, c'est d'abord vouloir la briser ou au moins la ramollir; ensuite c'est employer à un travail la plupart du temps inutile, le broyage de la paille, une force très supérieure à celle qu'il faudrait pour séparer le grain par une action imitant celle d'un homme tenant dans la main gauche une pincée d'épis et les frappant de la main droite avec une petite baguette.

Si donc au lieu de frapper avec de lourdes battes sur de fortes épaisseurs de paille, pour arriver à en séparer les grains par inertie, on ne frappait que sur les épis, il suffirait de battes légères, et non seulement le travail dépensé serait beaucoup moindre, pour un même poids de blé, mais la paille resterait droite, non froissée et, en certaines circonstances, sa valeur est alors considérable, près des grandes villes surtout.

Jusqu'à présent, on n'a pas trop cherché à imiter ce battage des épis, si ce n'est par une petite machine à bras dont nous parlerons plus loin. Toutefois, c'est à l'idée de ménager la paille, tout en frappant les épis, qu'est due l'invention des machines dites en *travers* où la paille passe entre le batteur et le contre-batteur en restant parallèle à l'axe du batteur : les battes choquent la paille une seule fois puisque celle-ci glisse de toute sa longueur sous les chocs ; elle ne peut donc être brisée : les épis surtout supportent le choc et si la paille reçoit aussi les chocs, ils la font rouler sans la briser. Les machines à battre en travers pures ne datent guère que de 1839 à 1840. Mais, depuis longtemps, dans certaines machines écossaises on égrenait la paille tenue tout à fait en travers, ou au moins obliquement de manière à ménager la paille.

La machine qui nous paraît imiter le mieux l'égrènage par de légers chocs sur les épis seulement est celle de M. Bostel dont nous avons vue à un concours de Saint-Lô. Le batteur se compose de deux ailettes légères fixées radialement par des tiges à un arbre horizontal muni d'un volant. Les deux bras perpendiculaires à l'arbre forment un diamètre terminé par deux ailettes planes. En tournant, ces ailettes décrivent un plan vertical et elles frappent par leur bord ou *chan* les épis qui sont présentés à la main par un ouvrier. Ce dernier tient par la paille une poignée de tiges d'environ

deux kilogrammes et il les passe par un petit guichet à rebord ménagé dans une cloison qui masque les ailettes. Cette machine a beaucoup d'analogie avec les teilleuses à volant ou à palettes : l'ouvrier qui tient les tiges à battre les avance ou les recule, et les retourne jusqu'à ce que l'égrènage soit parfait ; et pendant tout ce temps la paille n'est aucunement froissée ; elle reste forcément intacte ; le grain ne peut être brisé puisqu'il tombe sous le choc sans résister. Ce mode de battage n'exigerait donc que le minimum de travail moteur : malheureusement, dans la disposition que nous venons d'indiquer, le battage est intermittent et l'on fait peu de besogne. Toutefois, il est assez visible que cette petite machine pourrait être munie d'un appareil alimentaire remplaçant la main de l'homme et les volants à ailettes pourraient être en nombre assez grand pour faire beaucoup de besogne.

Le battage à la truie, au banc ou au tonneau, que nous avons décrit plus haut n'a pas été imité mécaniquement ; cela serait pourtant désirable. En réalité, l'égrènage se fait alors par le principe de la précédente machine : la batte est alors immobile, c'est la truie, et c'est le grain qui se meut. Seulement dans le battage à la truie, la force centrifuge seule suffirait à l'égrènage, avec une vitesse un peu plus grande.

Enfin, un dernier mode d'égrènage consiste à *rouler* entre les deux mains légèrement pressées l'une contre l'autre un ou plusieurs épis : c'est l'égrènage par *froissement*. On a imaginé nombre de machines qui imitent assez bien ce mode manuel d'égrènage soit par un roulement alternatif ou par un roulement avec froissement dans un seul sens. Les machines égrènant par froissement, quelques-unes du moins, sont une simple extension des batteuses à percussion en travers, dans lesquelles le nombre des battes est très grand, leur poids et leurs saillies très faibles.

L'historique que nous venons de faire des batteuses en général, nous permet de les classer d'une manière méthodique.

		1° Batteuse à *gaules*.	
		2° Id. à *fléaux*.	
(A) *En travers*		3° Id. à *cylindres batteurs* dits en *bout*.	
		4° Id. à *chevilles*.	
(B) *En long...*		Batteuses à cylindres batteurs dits en *travers*.	
(C) *Obliquement*		Batteuses mixtes dites anglaises.	

1re Classe. BATTEUSES A PERCUSSION

(1) Les battes frappant la paille en MASSE.

(2) Les battes ne choquant que les ÉPIS.
(A) La paille immobile pendant le battage reçoit le choc des ailettes d'un volant.
(B) La batte immobile reçoit le choc des épis.

2e Classe. BATTEUSES A FROISSEMENT
(1) L'égrènage se fait par un roulement continu du même sens.
(2) L'égrènage se fait par un roulement de va-et-vient.

1re CLASSE. BATTEUSES A PERCUSSION. *1er Genre.* Batteuses à gaules. L'organe d'égrènage, ou de percussion, se compose d'une série de *gaules* ou perches, en bois de fil, et cylindriques dans la portion travaillante. Toutes de même longueur, et placées parallèlement bien alignées à égales distances les unes des autres, elles peuvent

tourner isolément autour d'un axe commun, perpendiculaire à leur longueur. Parallèlement à cet axe, se trouve l'organe moteur : c'est un cylindre sur lequel sont disposées, sur une série d'hélices, des cames en bois ou en fonte. L'axe de rotation des gaules est placé très près de leur extrémité voisine du cylindre à cames de sorte que chaque gaule forme un levier de premier genre : le petit bras très court est placé du côté du cylindre à cames ; le grand bras qui doit frapper le blé à égrèner est naturellement du côté opposé ; il peut être le prolongement du petit bras, d'un seul morceau, ou être oblique, ou placé parallèlement ou normalement.

Lorsque l'agent moteur, un homme à la manivelle, ou un cheval au manège, fait tourner le cylindre à cames, celles-ci viennent tour à tour frapper les petits bras des leviers-gaules et par suite soulèvent successivement ces gaules puis les abandonnent en les laissant retomber par leur propre poids : c'est alors qu'elles choquent le blé et l'égrènent. Les chocs se suivent en faisant un roulement continu et régulier. Ces machines n'ont jamais été fabriquées couramment ; elles se sont montrées seulement, par intermittence, dans les expositions agricoles. Nous ne croyons pas devoir nous y arrêter plus longtemps.

2e Genre. Batteuse à fléau. Dans ce genre de machines qui, comme le précédent, ne présente que de rares exemplaires, l'organe d'égrènage se compose de battes de fléaux, droites ou courbes, fixées par articulation à la périphérie d'un cylindre de grand diamètre, plein ou creux, suivant la matière employée à sa construction. Les articulations sont réparties à la surface du cylindre suivant des hélices, de façon que chaque batte vienne, à son tour, seule ou par deux ou trois, frapper sur la plate-forme garnie de gerbes étalées en couche mince. Lorsque le cylindre porte-fléaux est mis en rotation par des hommes à l'aide de manivelles ou par un manège, les battes de fléaux se dressent normalement au cylindre par l'effet de la force centrifuge : elles tournent ainsi, entraînées avec le cylindre, et frappent sur la plate-forme à tour de rôle en produisant une espèce de roulement qui rappelle celui d'une brigade d'ouvriers batteurs en grange.

Une batteuse de ce genre était exposée à Paris en 1855 par M. Delacombe, de Poissy. Le batteur se composait d'un arbre en bois plein, sur lequel étaient fixés par articulations, trois rangs hélicoïdaux de cinq fléaux chacun, en tout quinze fléaux, venant frapper tour à tour, et trois par trois, sur le tiers d'une plate-forme circulaire, pouvant tourner à la main autour d'un axe vertical. Le batteur était mis en rotation à l'aide d'une manivelle sur l'arbre de laquelle était fixée une roue d'engrenage commandant, en multipliant la vitesse angulaire par quatre, un pignon placé sur l'axe du batteur. Cet arbre, du côté opposé au pignon, porte un volant, nécessaire pour permettre à la manivelle de passer les points morts et pour régulariser le mouvement. Tandis que les fléaux frappent sur un tiers de la plate-forme, un second ouvrier range des gerbes déliées sur le second tiers ou en apporte sur le troisième tiers. Le battage achevé sur le premier tiers de la plate-forme, on présente le deuxième tiers chargé d'une couche de blé, et ainsi de suite. L'homme qui tourne la manivelle doit changer d'heure en heure de travail avec celui qui range le blé : et, suivant

l'inventeur, ils peuvent alors faire des journées de onze heures et demie de travail effectif, comme le faisaient autrefois les ouvriers batteurs en grange.

En admettant que les battes des fléaux mécaniques aient le même poids que celui du fléau à bras, ou 0 kil. 600 au plus ; que l'homme à la manivelle puisse faire quarante tours par minute ; le travail moteur pour lancer chaque fléau radialement serait égal à la puissance vive nécessaire pour donner à ce poids de 0 kil. 600 une vitesse moyenne de douze mètres au moins, ou à 4,4 kilogrammètres : et, pour les quinze fléaux, ce serait par tour 66 kilogrammètres, ou par seconde 44 kilogrammètres, sans compter le travail des frottements des axes du cylindre batteur et de l'arbre moteur. Le travail moteur nécessaire par tour serait donc de près de 50 kilogrammètres par seconde ou les deux tiers d'un cheval vapeur : un homme ne pourrait donc entretenir le mouvement de ce cylindre batteur. Quelque soit du reste le moteur, si l'on admet que chaque fléau produise un égrènage proportionnel à sa puissance vive, on pourrait faire par minute 274 kilogrammes de gerbes et, le temps perdu déduit, 3,014 kilogrammes par jour, ou 1,820 litres de blé, ou le travail de plus de dix hommes au fléau. L'inventeur annonçait un battage de 600 gerbes par jour ou de 3,600 à 6,000 kilogrammes de gerbes suivant que l'on sous-entend des gerbes de 6 ou de 10 kilogrammes qui ne sont pas de fortes gerbes : ce serait de 1,530 à 2,550 litres de blé. On voit que notre calcul nous conduit à un chiffre notablement moindre que le minimum qui résulterait des promesses de l'inventeur. A notre avis une machine de ce genre exigerait une force motrice d'un cheval au manège et le service de deux hommes.

M. Bordier présentait à la même exposition deux machines de ce genre ; l'une portée par quatre petites roues et l'autre par trois seulement. La roue d'avant, dans ce dernier modèle, porte un crochet d'où part une corde passant sur une poulie, dont la chape est accrochée après un pieu fixé en terre, et revenant à la batteuse sur l'arbre ou corps d'un treuil à rochet qui permet de faire avancer la machine le long de l'aire à battre, au fur et à mesure de l'avancement de l'égrènage. Sur le bâti, est un axe portant deux tourteaux ou disques entre lesquels sont fixés près de la circonférence des barres rondes en fer qui servent d'axe à quinze fléaux placés sur trois rangs hélicoïdaux de cinq chacun. Chaque fléau est composé de trois arcs en bois collés l'un contre l'autre, en laissant entre eux des vides.

Suivant l'inventeur, « chaque fléau fait plus que l'ouvrage d'un homme et ne brise pas la paille. Conduite par un seul homme, elle ferait donc l'ouvrage de quinze. Elle donne mille coups à la minute évalués à 30 kilogrammètres chacun. » Il est clair que si un homme peut faire mouvoir pendant quelques minutes d'essai une machine de ce genre, il ne pourrait entretenir son mouvement pendant une heure sans dépenser la puissance journalière dont il peut disposer. C'est par cet oubli du principe général du travail mécanique ou de cette maxime vulgaire « *ce qu'on gagne en vitesse on le perd en force* » que beaucoup d'inventeurs se font de si fortes illusions.

Si, dans les concours ou expositions, on essayait au dynamomètre les diverses machines avant de les récompenser, ce que nous demandons vainement depuis 1856, ces erreurs des inventeurs seraient promptement reconnues.

3e genre. Batteuses à cylindre batteur cylindrique, dites en bout ou en long, dérivant de la batteuse écossaise. Le comté de Northumberland paraît, d'après les auteurs anglais, avoir donné naissance, il y a une centaine d'années à peine, aux premiers essais rationnels de battage mécanique. Ils furent faits par Ilderton et Osley d'abord, puis par sir Francis Kinlock, dont les modèles, mis entre les mains d'Andrew Meikle, constructeur de moulins, ont donné à ce dernier le moyen d'établir la première bonne batteuse, à peu près aussi bonne, en ce qui a trait seulement à l'égrènage, que les machines ordinaires actuelles. A Meikle, par suite, a été attribué le mérite de l'invention des machines à battre et, jusqu'à un certain point, avec justice, car les cultivateurs qui lui ont livré leurs plans ou leur idées ne pouvaient résoudre, sans un mécanicien comme Meikle, les problèmes de mécanique qu'entraîne l'*exécution* d'une machine à battre mue par un manège. Cependant, il ne faut pas oublier que les machines des prédécesseurs de A. Meikle paraissent avoir présenté les parties essentielles des batteuses écossaises, les *cylindres alimentaires* et le *batteur*. En Ecosse, on allègue que Meikle obtint la palme pour avoir imaginé le tambour batteur fermé, armé de barres ou battes, attendu que les batteurs précédents étaient à claire-voie; mais l'expérience a prouvé qu'un cylindre fermé n'est nullement nécessaire au battage et que les battes placées sur deux tourteaux ou retenues par des bras et formant ainsi une cage ouverte battent peut être mieux qu'un batteur plein, surtout si ces batteurs à claire-voie tournent avec une vitesse suffisante. Toutefois, le batteur plein, brisant peut être moins la paille, est resté en telle estime aux yeux des fermiers et des constructeurs écossais que, pour eux, ce serait, dit-on, presque un sacrilège qu'en proposer le remplacement.

Le *batteur écossais*, d'après les mêmes auteurs, est toujours fermé. Il se compose de 4 battes portées par deux croisillons réunies à leur extrémités par une jante en quatre morceaux, boulonnée sur les croisillons : le centre des croisillons, assemblés entr'eux à mi-bois, est percé d'un trou carré pour le passage de l'arbre, et le bois est doublé à cet endroit d'une ou deux plaques de fer percées de même. L'arbre est en fer carré de 45 millimètres environ de côté. Les croisillons ou bras doivent être faits de bois solide et sain; leur équarrissage est, au milieu de leur longueur, de 102 millimètres sur 63 1/2 et aux extrémités de 63 1/2 en carré. Les bandes de fer qui renforcent l'assemblage à mi-bois des croisillons servent aussi à supporter la pression des cales de serrage sur l'arbre. La jante qui réunit les croi-

sillons ou les bras a, d'équarrissage, 63 millimètres 1/2 sur 38; son diamètre extérieur est de 711 millimètres. Les deux jantes (une à chaque bout du batteur) servent non seulement à réunir les croisillons, mais à supporter l'enveloppe faite en tôle de moins d'un millimètre d'épaisseur, ne pesant que 7^k,359 par mètre carré. Les bras formant croisillons saillent assez au delà de la jante et de son enveloppe en tôle pour que l'on puisse y fixer les battes à l'aide de boulons; ces battes ont près de 89 millimètres de hauteur sur 51 millimètres d'épaisseur. La face choquante des battes est dirigée suivant un plan diamétral, et garnie d'une bande de fer sur toute sa longueur; cette bande a ordinairement de 88 à 51 millimètres de large et 9 millimètres 1/2 d'épaisseur; elle est aciérée sur le bord battant et solidement fixée sur le bois par des vis ou des boulons à tête fraisée. Les faces verticales ou extrêmes du batteur sont garnies en planches d'environ 29 millimètres d'épaisseur, dont l'extérieur est soigneusement plané sur le tour.

Telle est la manière ancienne et la plus usuelle de faire les batteurs en Ecosse. Cependant on commença, dit J. Stephens à les modifier vers 1851. Un tourteau en fonte d'une seule pièce, muni de *portées* à nervures pour recevoir les battes, remplace le croisillon avec jante en bois. Cette disposition est plus économique et même plus légère. Les bras et la jante ont une section égale à 51 millimètres sur 13 au plus d'épaisseur : les portées ou nervures sont tout entières à l'intérieur des tourteaux; les battes n'ont dans ce cas que 76 millimètres de hauteur. Le diamètre et la longueur du batteur écossais ont subi de nombreuses variantes. De dimensions modérées d'abord, on reconnut assez vite qu'il fallait les agrandir; on alla même si loin dans cette voie que la longueur du batteur était, il y a trente ans, de 1^m,520 à 1^m,824, et son diamètre de 1^m,064. On croyait alors que le seul moyen de faire beaucoup de travail était d'avoir de grands batteurs. Durant les vingt années qui ont suivi, l'opinion est revenue en sens opposé, et le batteur a repris des dimensions moins exagérées. Ce changement est dû surtout à l'emploi de la vapeur : car, si avec une machine de six chevaux vivants on peut à peine battre 1,091 litres par heure, on bat aisément avec six chevaux vapeur 1,636 litres dans le même temps; et cela avec un batteur n'ayant pas plus de 0^m,912 de diamètre et 1^m,064 de long. Aussi paraît-on s'être actuellement arrêté à ces chiffres. Avec la vapeur, un homme peut alimenter de façon à produire 1,624 litres de grain à l'heure et, en cas de nécessité, jusqu'à 2,450; mais, en supposant même cette dernière quantité et un tambour batteur de 1^m,52 de long, la paille ne passe pas sur une largeur supérieure à 1^m,064 et même rarement plus de 0^m,914. En effet, si nous supposons une alimentation bien continue, il passe dans le premier cas 3,852 kilogrammes de gerbes par heure ou 1^{k}07 par seconde et, comme la paille pressée, sous le cylindre alimentaire supérieur pèse au moins 100 kilogrammes le mètre cube et probablement plus et que la vitesse du cylindre alimentaire est alors d'au moins 0ᵐ,37 par seconde, l'épaisseur de paille passant sur 1ᵐ,064 de largeur ne serait que de 27 millimètres. En outre, comme avec un batteur de 1ᵐ,064 de long on peut battre 163 hectolitres par jour de dix heures, le produit total d'une ferme de 200 hectares peut être battu en trente ou quarante jours, ce qui paraît suffisamment rapide.

De sorte que l'on peut admettre les dimensions suivantes : batteur de 1ᵐ,064 pour 6 chevaux-vapeur, 0ᵐ,912 pour 4 chevaux, 0ᵐ,76 pour 2 chevaux-vapeur, et environ 0ᵐ,60 pour deux chevaux vivants, le diamètre étant supposé de 0ᵐ,914 au plus dans ces divers cas. La vitesse du batteur, comptée à l'extrémité des battes, peut varier entre 16ᵐ,72 et 19 mètres par seconde.

Fig. 345. — *Batteuse en bois manœuvrée à bras de Barrett.*

Lorsqu'en Écosse on adoptait des batteurs de 1ᵐ,064 de diamètre, on ne leur faisait faire que 300 tours par minute à la circonférence, soit 16ᵐ,72 par seconde ; avec des batteurs de 0ᵐ,912 de diamètre seulement, il faut faire faire 350 tours pour obtenir la même vitesse et le même travail, et, en faisant 400 tours, on obtient une vitesse de 19 mètres, donnant à peu près 13 0/0 en plus de travail. Cette dernière vitesse paraît, du reste, ne

pas devoir être dépassée si l'on veut éviter des ruptures. La force centrifuge croît, en effet, comme le carré de la vitesse ; de sorte que, une batte pesant environ 8ᵏ,20 et de 0ᵐ,416 de rayon moyen de gyration, la force centrifuge, désignée ici par C, est donnée par la formule : $C = \dfrac{P \cdot V^2}{g \cdot R}$.

P est le poids de la batte ou 8ᵏ,20, **V** la vitesse

Fig. 346. — *Batteuse en bois pour manège à deux chevaux.*

à la circonférence ou 17ᵐ,44 ; *g* l'intensité de la pesanteur ou 9ᵐ,8088 grammes ; R le rayon de gyration de la batte ou 416 millimètres. En mettant ces chiffres au lieu des lettres, dans la formule générale, on a C = 624 kilogrammes, traction ayant lieu dans la direction du rayon et tendant à rompre les bras par extension, ou à faire fléchir les battes.

Si les deux bras supportent chacun moitié de cette traction, c'est 312 kilogrammes, et la section d'un tel bras, en bois, ne doit nulle part être moindre de 156 millimètres carrés pour donner

toute sécurité. Si, faute d'alimentation en blé, le batteur accélère sa vitesse, la force centrifuge croît très rapidement, et l'on comprend que l'explosion de batteurs, par l'effet de la force centrifuge, ne soit pas un fait très rare. Ces explosions peuvent causer de très graves accidents.

Nous croyons donc qu'il est prudent de limiter la vitesse à 20 mètres pour tous les diamètres ; la règle donnée dans le cours de machines agricoles fait à Grignon, depuis 1852, c'est que *le produit du diamètre d'un batteur, par le nombre de tours qu'il fait, doit être constant et égal au nombre 383.*

Une seconde règle, c'est que le nombre des battes doit augmenter avec le diamètre de façon qu'il y ait au moins 1,600 coups de battes par minute. .

Le contre-batteur, en quart de cylindre, peut être placé, par rapport au batteur, en dessous, en dessus ou de côté : de sorte que le batteur peut battre en dessus en montant, ou en dessous en descendant, ou simplement en dessus ou en dessous. La batteuse écossaise bat de bas en haut, et, sauf de rares exceptions, cette disposition est générale en Écosse. Le batteur frappe, de bas en haut, la paille qui lui est présentée par les cylindres alimentaires et l'entraîne sous une enveloppe qui recouvre un quart du batteur comme un couvercle : c'est le contre-batteur, simple enveloppe en planches de 28 millimètres d'épaisseur, fixées sur trois arcs en bois placées extérieurement, et garnies de tôle à l'intérieur.

Ainsi le batteur force la paille à passer contre cette enveloppe unie, distante au bas de 16 millimètres environ de l'extrémité des battes, et en haut de 76 millimètres du côté où la paille s'échappe. Le contre-batteur, large de 686 millimètres et tout uni, paraît avoir assez peu d'effet sur le battage ; en regard de certains contre-batteurs modernes très accidentés, il paraît même sans but autre que de maintenir le blé à égrèner sous le choc des battes. Si, en général, les machines écossaises paraissent assez bien égrèner, il y a toutefois d'assez nombreuses exceptions.

Dans les machines à battre modernes, les batteurs présentent toutes sortes de variantes. Presque tous ont, comme le batteur écossais qui a servi de type, des battes solidaires, fixées sur des tourteaux en fonte ou en fer, des bras en fer ou en bois, de sorte que chaque batte frappe de tout le poids du batteur entier. La plupart ont aussi

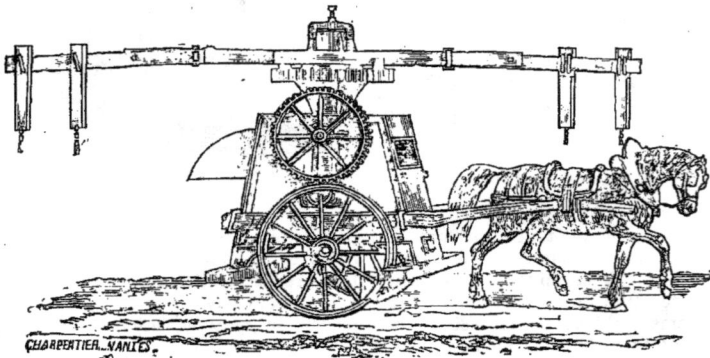

Fig. 347. — *Batteuse de Lotz disposée pour le transport.*

la face battante des battes dans un plan diamétral, c'est-à-dire que les battes frappent normalement la paille. Mais quelques constructeurs adoptent des battes dont la face travaillante fait, en arrière, un certain angle avec le plan diamétral. Le but d'une telle disposition est de choquer la paille obliquement pour la briser moins ; mais alors elle est moins bien entraînée dans le contre-batteur ; la machine ne *s'alimente* pas ; elle fait moins de travail alors pour un même nombre de tours ; il n'y a donc pas d'avantage sensible. D'autres adoptent des battes rondes ou à bord battant arrondi, toujours dans le but de ménager la paille. Outre que les battes à arêtes vives sont promptement arrondies par le travail même, cette disposition de battes rondes ne présente pas plus d'avantages que leur inclinaison et fait naître le même inconvénient. En résumé, les battes doivent frapper normalement et être faites à vives arêtes. Une autre différence de la plupart des batteuses modernes avec le type écossais, c'est l'adoption de batteurs à claire-voie ou non clos. On peut prendre comme type du batteur en bout celui de la batteuse de M. Lotz fils aîné. Il se compose de deux tourteaux pleins supportant

six battes planes, posées de *chan* dans des encoches ménagées sur le pourtour des tourteaux. Destiné à une machine à manège de deux chevaux, ce batteur n'a que 44 centimètres de diamètre et 52 de long ; il fait un grand nombre de tours, car la vitesse de rotation du cheval est multipliée par trois paires d'engrenages, dont les nombres de dents respectifs sont 70 et 8, 54 et 14, 172 et 11. Si on suppose que les chevaux ou les bœufs ne parcourent que 80 centimètres par seconde, avec de longues attèles ils ne feront que deux tours par minute, et le batteur deux fois 528 tours ou 1,056. On a ainsi 6,336 coups de battes par minute, au lieu de 1,600 des anciennes machines écossaises. Le contre-batteur, loin d'être uni, présente six contre-battes saillantes. Un batteur de ce genre est très énergique : il brise la paille et peut-être un peu de grain si le contre-batteur n'est pas réglé avec précision pour l'espèce de blé à égrèner ; mais, en revanche, il ne peut guère laisser de grains dans les épis, forcés de parcourir à peu près un demi-cercle entre le batteur et le contre-batteur, qui sont assez proches l'un de l'autre. La fig. 347 représente la machine à manège direct de Lotz fils aîné, de Nantes, qui a régné en souveraine pendant plus d'un quart de siècle dans l'ouest de la France et s'exportait même dans plusieurs pays étrangers.

Pour ménager la paille, on a fait des batteurs à battes indépendantes : c'étaient des cylindres en bois ou en fer attachés à l'axe du batteur par des courroies que la force centrifuge tient écartés de l'axe lorsque la machine marche. Elles viennent frapper avec une force vive dépendant de leur poids et de leur vitesse seulement ; on ménage ainsi le grain et la paille, mais l'alimentation devient encore plus difficile qu'avec des battes rondes solidaires. Deux machines de ce genre

étaient exposées à Paris en 1855. Dans l'une, française, les battes étaient retenues par des courroies ; dans la seconde, appartenant à l'Autriche, les battes rondes en fer étaient libres de s'écarter ou de se rapprocher de l'axe en glissant dans des trous oblongs dirigés suivant des rayons et percés dans deux plateaux limitant le batteur. Une autre modification consiste à remplacer les batteuses parallèles à l'axe du batteur par des battes obliques à cet axe, et par suite, forcément héliçoïdales. L'inventeur de cette disposition, M. Térolle, de Nantes, l'appelle *obliquangle* et lui attribue l'avantage d'économiser un tiers de la force nécessaire pour battre la même quantité,

Fig. 348. — *Batteuse de Letz disposée pour travailler*

et, en outre, de rendre impossible l'engorgement, parce que *les lames et la pression n'opèrent que sur un cinquième de la longueur des nervures du contre-batteur.* Ce batteur est fermé par de la tôle et les battes sont des lames de fer placées un peu obliquement par rapport aux génératrices. Pour arriver à leur donner cette obliquité, on met d'abord une batte parallèle à l'axe, puis, par dessus, un coin en bois de toute la longueur du batteur, sur lequel est fixée la véritable batte, oblique à l'axe. Le contre-batteur est en fer cornière et en fil de fer, comme celui de la batteuse Pinet.

M. Petit, mécanicien à Niort, emploie comme batteur de graines de trèfle, luzerne, etc., des lames de fer plat mises obliquement sur la surface d'un cylindre et se recouvrant l'une l'autre, comme des ardoises.

Le batteur de M. Térolle fait 490 tours pour un du manége, ou environ 1,200 par minute ; comme il a quatre battes seulement, c'est 4,800 coups de

battes dans le même temps. Destiné à une machine de deux chevaux, il a 60 centimètres de long et 48 de diamètre.

Les batteurs des machines à battre en bout peuvent avoir une longueur quelconque, puisqu'il suffit qu'elle soit en rapport avec la puissance du moteur, qui décide de la quantité de blé que l'on peut fournir par seconde, et, par suite de la largeur de la table d'engrenage et de la longueur du cylindre batteur. Cependant, les plus longs batteurs ont à peine 1^m,50. Le diamètre de ces batteurs est, le plus souvent, assez restreint ; c'est surtout par là qu'ils diffèrent du type écossais. Actuellement, le diamètre est rarement supérieur à 50 centimètres, et le nombre des battes est de 4, 5 ou 6 seulement, tandis que les batteurs écossais modernes ont jusqu'à 914 millimètres de diamètre pour un nombre de tours égal à 400 seulement ; les petits batteurs de quatre battes font, en revanche, jusqu'à 1,200 tours

Les contre-batteurs de ces machines en bout sont presque tous à claire-voie et beaucoup sont formés de barres de bois ou de fer (nommées contre-battes), parallèles à l'axe de rotation et réunies transversalement par de très gros fils de fer ou d'acier formant une grille, au travers de laquelle passe le grain séparé de la paille par le choc. Très peu de ces contre-batteurs sont pleins ou unis. La machine écossaise est peut-être la seule qui présente cette disposition et c'est pour cela qu'elle est aussi, comme nous le verrons, le type d'où dérivent les batteuses en travers.

Les batteuses en bout sont employées, en France, surtout dans l'Ouest et le Sud-Ouest et dans quelques parties de l'Est et du Centre. Elles peuvent être réduites à la plus grande simplicité. c'est-à-dire au batteur et à son contre-batteur,

avec le bâti qui les porte. Le moteur peut être un arbre à deux manivelles qui, par une ou deux paires d'engrenages, donne au batteur une vitesse suffisante. Ces batteuses à bras sont peu recommandables, parce qu'elles exigent des hommes manœuvrant les manivelles un effort trop considérable ordinairement. Aussi tendent-elles à disparaître.

La meilleure batteuse à battre en bout qui ait été faite est certainement celle de la célèbre maison Barrett, Exall et Andrewes, à Reading, Berkshire, Angleterre (fig. 345).

Le batteur se compose de deux tourteaux de fonte sur lesquels sont boulonnées six battes en fer cornière, frappant par leur dos et à plat la paille qu'elles remontent un peu et font passer sur un contre-batteur en demi-cercle, à claire-voie, présentant un grand nombre de contre-

Fig. 349. — *Batteuse Damey à manège direct placé sous la batteuse.*

battes en fer dont le chan est rainuré obliquement. La paille tombe ainsi sous la table alimentaire avec le grain. Un homme, à l'aide d'une fourche, enlève continuellement cette paille.

Le batteur, à l'extrémité des battes, a 36 centimètres de diamètre. Le règlement de l'espace restant entre le batteur et les contre-battes est fait par le moyen le plus ingénieux. Toutes les contre-battes reposent, à chacune de leurs extrémités, dans une coulisse en forme de spirale, dont les rayons vont en croissant uniformément pour chaque degré de rotation de ces rayons. Cette coulisse est ménagée dans des disques. Ces disques, maintenus par quatre guides dans une ouverture du bâti, où ils s'emboîtent exactement, peuvent tourner autour de leur centre et avec leur coulisse spéciale, qui forme une espèce de coin qui, suivant le sens de la rotation des disques, écarte du centre simultanément toutes les contre-battes d'une même quantité, ou, au contraire, les

rapproche. La rotation est donnée aux disques par un arbre portant des pignons qui engrènent avec les dents d'engrenage qui forment le contour extérieur des disques. Il ne nous paraît guère possible d'imaginer un meilleur mode de règlement du contre-batteur.

La même maison fait une batteuse en bout pour manège à deux ou trois chevaux, que représente, installée pour travailler, la figure 346. Le manège très portatif de cette batteuse est un type que nous examinerons au mot MANÈGE.

M. Lotz fils aîné est un des plus anciens fabricants français de batteuses en bout ; il est connu surtout depuis l'invention des batteuses à manège direct locomobiles, à deux chevaux, que la figure 347 représente en voyage et la figure 348 en fonction. Ces machines, simples de construction, faciles à déplacer, battent beaucoup et bien. M. Lotz est aussi un des premiers constructeurs qui aient fabriqué couramment des batteuses à vapeur d'un seul bâti ; elles lui ont valu une renommée européenne.

La batteuse à manège direct de M. Lotz est très ramassée et portée sur deux roues qu'il suffit d'enlever pour que la machine repose solidement sur le sol. Le batteur et le contre-batteur, dont nous avons déjà parlé, sont bien étudiés. Ces machines, destinées à deux chevaux, deux ou quatre bœufs, peuvent faire de 50 à 100 hectolitres de grain par jour, suivant la longueur de la paille et le rendement des gerbes ; dans les essais de 1855, elle a battu 661 kilogrammes de gerbes par heure et par cheval-vapeur ; elle était attelée de deux chevaux. Elle ne secoue ni ne vanne, car ce genre si simple de batteuses est surtout demandé dans l'Ouest et le Sud-Ouest ; mais M. Lotz fournit des appareils nettoyeurs pouvant s'appliquer à ses batteuses.

L'idée de placer sur le bâti même de la batteuse un moteur à vapeur avec sa chaudière a

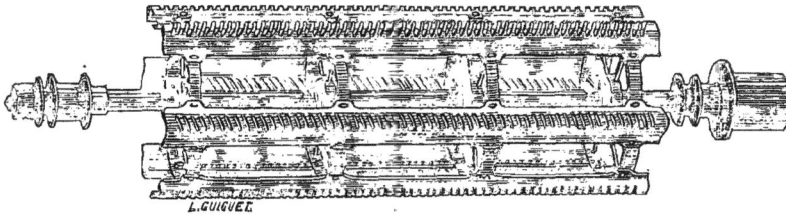

Fig. 350. — *Type de batteur pour machines à grand travail (Barrett).*

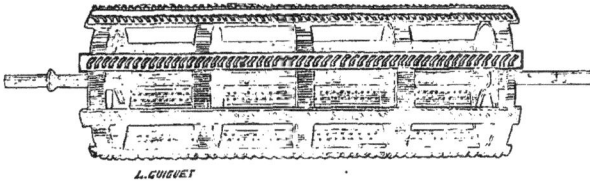

Fig. 351. — *Type de batteur pour machines à grand travail (Ashby).*

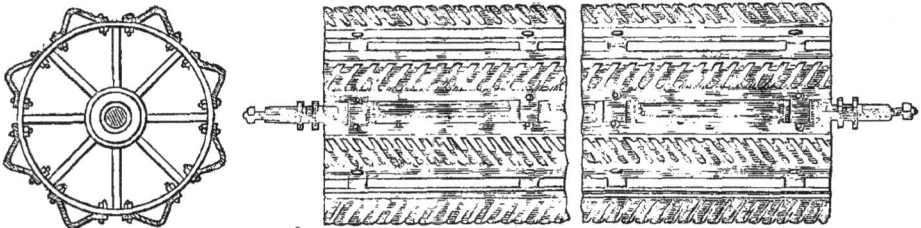

Fig. 352. — *Type de batteur pour machines à grand travail (Gérard).*

été appliquée depuis très longtemps par M. Lotz, et ce genre de machines a rendu de grands services. Le batteur et le contre-batteur sont faits de même que dans la machine à manège ; ils sont seulement de dimensions plus considérables. Le moteur à vapeur était étudié et fait dans le but d'obtenir une extrême simplicité. Le bas prix est une qualité peu recommandable, mais exigée par la clientèle la plus nombreuse. Dans l'essai de 1855, ces batteurs ont égrené environ 797 kilogrammes de gerbes par cheval et par heure.

Les maisons Renaud et Lotz, et P. Renaud, de Nantes, construisent des machines analogues aux précédentes.

Batteuse en bout de Pinet. Le batteur de cette machine est à battes plates, battant normalement, c'est-à-dire par des plans passant par l'axe de rotation. Le contre-batteur est formé de deux arcs en fer cornier, plaqués contre les joues du bâti de la machine, et supportant transversalement d'autres cornières, dont les faces verticales sont percées de trous pour recevoir de gros fils de fer formant une grille solide, au travers de laquelle passent les grains. Les batteuses Pinet sont d'une construction très bien entendue et d'une exécution soignée, comme leur manège, qui a eu, en 1855, un succès tout à fait extraordinaire. La vitesse du batteur est de 835 à 1,000 tours par minute, suivant le diamètre de la dernière poulie, qui peut être changée à volonté, suivant la vitesse désirée pour le battage des divers grains ou suivant que les animaux employés sont des chevaux ou des bœufs.

Batteuses Damey. Ce constructeur s'est surtout fait connaître, vers 1852, par sa batteuse en bout à manège direct, placé sous la batteuse (fig. 349), tandis que, dans la machine Lotz, le manège est, pour ainsi dire, au-dessus de la batteuse.

Toute la batteuse Damey repose forcément sur une espèce de petite colonne supportée elle-même par un croisillon en fonte, solidement boulonné sur les longrines d'un petit chariot à quatre roues. La première roue de ce manège est conique et tourne avec les attelles autour de la colonne centrale, en conduisant un pignon, dont l'arbre porte à l'autre bout une roue cylindrique qui commande ou pignon droit. Ce dernier est placé sur l'arbre d'une très grande poulie, donnant le mouvement à la poulie du batteur et à celle des cylindres alimentaires par une même courroie. Tout cet ensemble est parfaitement étudié et constitue un petit chef-d'œuvre d'habileté mécanique ; il ne pèse que 1,400 kilogrammes environ, et M. Damey ne vendait cette batteuse que 950 francs, soit à peu près 68 centimes le kilogramme. Ce prix serait aujourd'hui plus

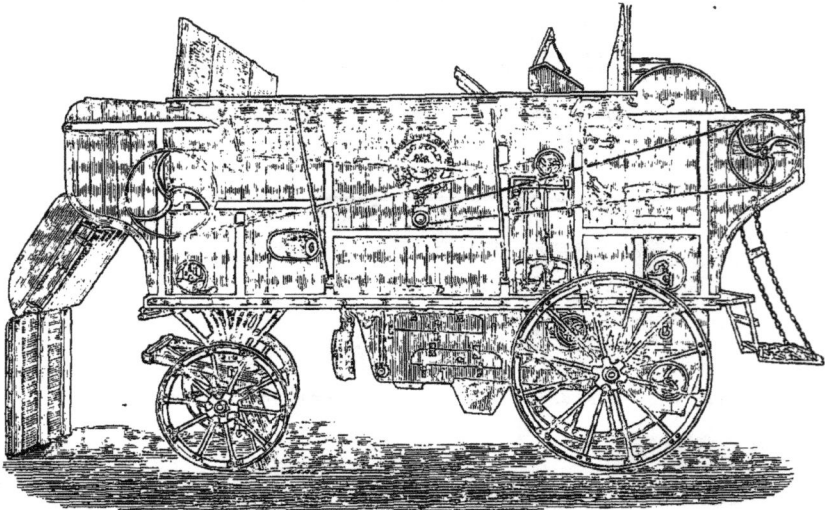

Fig. 353. — *Type de batteuse à grand travail (Hornsby).*

élevé, naturellement. Cette batteuse est, d'après son principe même, d'une grande longueur et d'une grande hauteur ; elle a même une certaine instabilité, plus apparente que réelle, du reste, car M. Damey a su disposer toutes les parties pour obtenir un équilibre parfait autour de la colonne d'appui, et enfin il a consolidé la base, formée par les points d'appui des quatre petites roues, par un bon système d'ancrage. Le mode d'attelage (V. Manège) a été aussi disposé le mieux possible pour parer à la difficulté provenant du principe même de suspension de la batteuse. Cette batteuse est munie d'un tire-paille rotatif, d'un secoueur-sasseur et d'un ventilateur. Le batteur était fait avec des battes de fer armées de saillies assez longues, cylindro-sphériques, venues à la forge même par étampage et placées en quinconce. M. Damey fait aussi des batteuses destinées à être mues par la vapeur. Ce constructeur fournit surtout des batteuses aux fermes de l'est de la France.

Les batteuses en bout étudiées jusqu'ici ont des batteurs à battes en forme de barres droites ; quelques-unes ont leur face battante striée ou armée de saillies. Cette dernière disposition est une transition à des machines battant suivant un principe un peu différent des batteuses précédentes.

4e Genre. Batteuses à chevilles. Supposons, comme cela se présente dans quelques batteuses à bras de Bohême ou de Hongrie, que les battes plates d'un batteur en bout se terminent non par un bord droit, mais par un bord festonné et qu'il en soit ainsi des contre-battes dont les festons engrèneraient avec ceux des battes ; cette disposition entraîne mieux la paille présentée en long, et celle-ci subit, dans son passage à travers le contre-batteur, une espèce de peignage, pendant lequel les épis sont, pour ainsi dire, soumis à un arrachement qui les égrène très énergiquement. De là à supposer que les battes droites soient armées de chevilles en bois ou en fer et que les contre-battes soient faites de même, il n'y a qu'un pas, et l'on a alors les batteuses dites à *chevilles* Ces batteuses paraissent être anciennes en Angleterre, d'où elles ont été exportées au Canada. Elles sont venues de là à l'Exposition de Paris en 1855, où il y en avait de petites, faites toutes en bois, et de grandes à batteur en fer, les machines Pitts. A cette époque, ce genre de machines n'avait pas fait grand bruit, ou du moins l'engouement n'avait pas été durable. En France, M. Nicolais en avait construit de grands modèles à vapeur ou à manège à quatre chevaux, imitées de celles de Pitts; M. Pialoux, à Agen, en faisait de plus petit modèle à batteur en bois. Pendant plusieurs années, il ne fut plus question de ce genre de machines en France, quand, dans ces dernières années, elles nous revinrent de Suisse, et elles sont, depuis quelques années, l'objet d'un très grand engouement que nous aurons à expliquer.

Le batteur à chevilles a été inventé par M. Atkinson. Sur six barres ou battes plates sont fixées en quinconce douze rangées de chevilles cylindroconiques; chacune d'elles en tournant saisit un peu de paille et l'entraîne, pliée en deux au travers des chevilles fixes du contre-batteur; les épis, dans ces passages étroits, reçoivent forcément le choc ou le frottement des chevilles fixes et à un tel point qu'il n'est guère possible qu'il reste du grain adhérent à la paille, même quand l'alimentation se ferait sans soin et sans régularité. Le blé en paille qu'entraîne le batteur en sort donc, à l'état de paille nue, par le seul effet de la vitesse ou de la force centrifuge. Le batteur et le contre-batteur sont à l'intérieur d'une enveloppe en planche ou en tôle. Le contre-batteur est en deux pièces articulées ensemble. Une vis permet de régler l'écartement entre le batteur et le

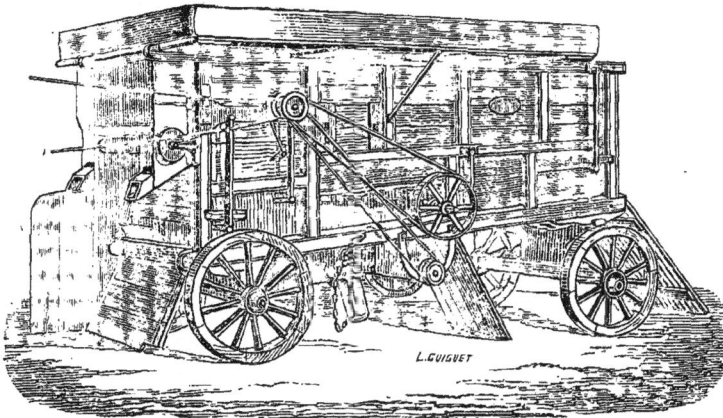

Fig. 354. — *Type de batteuse à grand travail (Barrett).*

contre-batteur suivant le blé à battre. La vis de rappel est articulée et au point de jonction des deux parties du contre-batteur; des bielles articulées toutes deux au point fixe milieu et aux extrémités du contre-batteur sont disposées de façon que si l'on tourne la vis pour éloigner du batteur le point milieu du contre-batteur, ses extrémités s'en écartent aussi; il en est de même lorsque l'on tourne la vis en sens contraire pour rapprocher du batteur les deux parties du contre-batteur. Le mode de règlement de Barrett est plus précis que ce système à vis.

Sur l'axe du batteur sont calés deux tourteaux de fonte sur lesquels sont fixées six battes en bois portant chacune sept chevilles placées en quinconce à 76 millimètres d'intervalle.

Ce genre de batteur est employé dans le Yorkshire. On en fait de la force de quatre chevaux-vapeur dont le tambour a 0^m,608 de diamètre et 0^m,914 de longueur. Une machine de trois chevaux coûte 875 francs. En Amérique, ce genre de batteuses s'est beaucoup multiplié. Dans celles que construisent MM. Moffact et Knight, le batteur a

$0^m,405$ de diamètre et $0^m,76$ de longueur et il fait 1,200 tours par minute. Les chevilles ont 63 millimètres et demi de long et sont à 51 millimètres de distance l'une de l'autre. Il n'y a que quatre rangs de ces chevilles sur le batteur et deux seulement dans le contre-batteur; entre la surface cylindrique du batteur et celle du contre-batteur, il y a un intervalle de 76 millimètres, mesurés suivant le rayon. Le blé qui passe au travers a ses épis arrachés et dépouillés de leurs grains; ils tombent avec la paille sur une espèce de toile sans fin, formée de barres de bois fixées sur deux courroies et formant secoueur : le grain tombe au travers de ce secoueur et une *vis* le conduit au *ventilateur*. Cette machine, du poids de 711 kilogrammes, a $4^m,864$ de long, $1^m,824$ de haut et $1^m,52$ de large; elle est très légèrement construite et quoique solide paraît devoir à peine résister aux durs mouvements de ses parties mobiles elle coûte 1,500 francs.

En 1855, M. Pitts exposait à Paris une machine de ce système. Les chevilles batteuses étaient en fer, à section à peu près lenticulaire, à arête émoussée; ces chevilles ou dents étaient avec juste raison un peu rabattues en arrière afin de ménager un peu la paille et de ne pas briser le grain. Dans le même but et pour éviter l'engorgement, qu'une trop forte alimentation pourrait entraîner, les lignes de chevilles ou de couteaux sur le batteur comme sur le contre-batteur ne sont pas parallèles à l'axe, mais dirigés obliquement à l'axe ou suivant des hélices. Malgré ces précautions, la paille est hachée en morceaux assez courts; mais, comme il y a environ 10 centimètres entre le tambour batteur et le contre-batteur, on peut alimenter presque sans soin et très abondamment, si la force du moteur le permet. Le nettoyage des grains dans cette machine était assez bien établi pour une machine à grand travail. Une table, inclinée pour l'alimentation, est placée devant le cylindre batteur et au-dessus du contre-batteur; la toile sans fin, qui reçoit la paille, les épis et le grain sortant du contre-batteur, emporte le grain entre ses barres et l'élève assez haut pour le jeter enfin sur des cribles sasseurs à grille où il reçoit un courant d'air fourni par un ventilateur; une seconde toile sans fin enlève la paille qu'un petit ventilateur a déjà vannée.

Ce genre de machines brisant beaucoup la paille, et faisant en peu de temps beaucoup de besogne, conviendrait surtout dans les pays où le *dépiquage* est encore employé. En France, deux constructeurs faisaient, dès 1856, ce genre de batteuses; M. Pialoux à Agen, et M. Nicolais à Paris. La force employée par ce mode de battage paraît être plus grande que par les machines en travers. Ainsi, aux essais faits en 1855, au Conservatoire des Arts-et-Métiers, la machine Pitts

Fig. 355. — *Type de batteuse à grand travail (Clayton et Shuttleworth).*

battait et vannait après secouage 331 kilogrammes de gerbes par heure et par cheval vapeur ou pour 270,000 kilogrammètres.

Depuis une dixaine d'années, une petite machine à bras de ce système, faite tout en fer par un fabricant suisse, a paru dans nos concours et y a produit un engouement assez peu justifié. Elle est bien construite, mais comme machine à bras, même sans secoueur, elle est assez dure à faire marcher. Il est de toute nécessité de la faire manœuvrer par un manège à un ou deux chevaux; dans ce cas, cette machine, alimentée avec régularité, peut battre avec précision sans dépenser trop de force et sans trop briser la paille. Plusieurs constructeurs français fabriquent avec succès cette machine. Nous citerons entre autres MM. Millot, dans la Haute-Saône, et M. Boucher, Fumay (Ardennes).

Batteuses en travers. La différence la plus caractéristique entre les batteurs des machines en travers et ceux des machines en bout ou en long, c'est que les premiers ont forcément,

quelque faible que soit la machine, une longueur égale à celle de la paille, soit de 1^m,30 à 1^m,60; en second lieu, ils ont un diamètre plus grand et des battes beaucoup plus nombreuses et moins saillantes.

M. Loriot, père du constructeur actuel des batteuses en travers les plus estimées aux environs de Paris, commença à faire ce genre de machines vers 1834 et se montra supérieur à quelques autres constructeurs qui avaient avant lui essayé cette construction. En 1835, M. Papillon fit des machines analogues et que l'on pouvait croire copiées sur celles de M. Loriot. La ressemblance est plus accentuée dans celle des frères Winter, anglais, venus à Paris, pour la construction d'autres machines, des laveuses de linge. Vers la même époque, M. Duvoir, charron très intelligent, se mit à construire des machines du même genre et les fit mieux que ses concurrents. Plus tard, MM. Cumming, Gérard et Gautreau firent aussi des machines en travers de modèles analogues, mais différant parfois notablement dans les détails. Il nous paraît donc juste de considérer le père de M. Loriot comme l'inventeur des machines à battre en travers, bien que la plupart de ses concurrents aient fait à l'ancien type des améliorations assez importantes pour que leurs machines puissent être considérées comme originales.

M. Loriot fils fait des batteuses en travers pour les environs de Paris, depuis 1841. Le batteur de ces machines porte quinze battes en fer cornier fixées sur quatre cercles en fer plat reliés à l'axe par des bras partant de moyeux calés sur l'arbre. Le contre-batteur est brisé dans sa largeur, en trois parties réunies par des articulations et maintenues en pression modérée contre le batteur par des ressorts dits à pompe, de telle façon que le contre-batteur reste toujours parfaitement concentrique au batteur. On peut régler la tension des ressorts et l'écartement entre le batteur et le contre-batteur de façon à ménager la paille autant que cela peut être désirable tout en opérant un

égrènage complet, suivant l'état et la nature des blés à battre.

Une fois réglé pour un cas donné, le contre-batteur s'éloigne ou se rapproche concentriquement du batteur retenu par les ressorts qui *cèdent* s'il passe trop de blé à la fois, ou laissent le contre-batteur se rapprocher du batteur si l'alimentation est trop faible. Ainsi, dans cette machine à battre, le règlement du contre-batteur se fait *à la main* pour chaque espèce de blé ou chaque cas, et grâce aux ressorts, il se fait spontanément, pour les variations d'alimentation, dans tous les cas. En supprimant l'étranglement qui se trouve à la fin du contre-batteur dans certaines machines, où cette pièce n'est qu'en une ou deux parties seulement, le blé est bien égrené avec la moindre dépense possible de force motrice; la paille reste intacte; et, si la tension des ressorts est bien réglée, il n'y a plus de *grains cassés* comme cela a forcément lieu dans l'étranglement

Fig. 356. — *Type de batteuse à grand travail (Cumming).*

dû au règlement non concentrique du batteur. Dans les essais de concours ou autres, il n'est pas toujours facile de voir si une batteuse casse du grain, car les fragments farineux sont en grande partie projetés avec la menue paille, par la ventilation, dans la poussière, où il faut les rechercher : car on ne les trouvera pas dans le beau grain nettoyé.

Dans la batteuse à vapeur, faite pour l'école nationale d'agriculture de Grignon par M. Loriot, le premier tiers du contre-batteur présente une surface de fonte cannelée en long; le second tiers est une espèce de grille en fonte à trous rectangulaires, et le dernier tiers est percé de trous ronds.

L'ancien batteur Duvoir, pour le froment, porte seize battes et celui destiné à l'avoine, huit seulement. Il a 0m,728 de diamètre extérieur et 1m,583 de long. Les battes en bois, doublées de fer, ont environ 35 millimètres d'équarrissage; elles sont portées par trois cercles de fer cornier reliés à l'arbre par des moyeux à bras très légers et de section lenticulaire pour diminuer la résistance de l'air. Entre ces trois cercles, deux autres, non reliés à l'arbre, consolident les battes. Cet en-

semble forme un batteur assez léger quoique très solide; il ne pèse que 97 kilogrammes environ, l'arbre compris.

Le fer cornier, dont les cercles sont faits, a 21 millimètres de côté et les battes y sont fixées par des boulons, de 7 millimètres de diamètre seulement, et à tête fraisée.

Pour un tour du manège, le batteur fait 136 tours 1/2, les cylindres alimentaires deux fois moins, et le ventilateur du tarare déboureur 59,5 tours pour un du manège. Or, comme le manège peut faire de 2,8 à 3 tours par minute, c'est, pour le batteur, dans ce laps de temps, 382 à 409,5 tours, pour les cylindres alimentaires, 191 à 205 et pour le ventilateur 166,6 à 178,5. La vitesse, à l'extrémité des battes est donc égale à 15m,10, celle de la paille entre les cylindres alimentaires de 1m,55 et celle du bout des ailes du ventilateur 6m,325.

Ce genre de machines, réellement en travers et ménageant parfaitement la paille, était seul autrefois employé dans les environs de Paris et même de là jusque dans le département du Nord. On en retrouve encore de nombreux exemplaires que les cultivateurs sont tentés de remplacer par des batteuses mixtes plus puissantes. Les machines en travers, en effet, n'étaient faites que pour deux à quatre chevaux vivants, moyens ou faibles, et produisaient environ par jour 20 hectolitres de grain (froment) provenant d'environ 4,700 kilogrammes de gerbes. Il n'est guère possible, du reste, de faire des machines de ce genre battant beaucoup par jour, puisqu'il faudrait pour cela régler l'alimentation sur une épaisseur plus forte; l'égrènage exigerait alors des chocs plus énergiques, et la paille ne sortirait plus absolument intacte, ce qui diminue beaucoup sa valeur commerciale.

Dans l'ancienne et vraie machine à battre en travers, le blé passait tige par tige entre le cylindre batteur et le contre-batteur.

Les tiges de blé s'avançaient avec une vitesse de 1m,55 par seconde; or, comme dans ce temps, on obtenait au plus 48 grammes de blé, ou 1,500 grains de froment, ou 50 à 60 épis moyens avec leurs tiges de 1m,55 de long ou de vitesse, la place prise par chaque épi dans cet avancement du blé entre le batteur et le contre-batteur est de 26 à 31 millimètres, ce qui est plus que suffisant pour qu'ils ne se touchent pas.

Dans un essai, ces batteuses pouvaient faire un cinquième de plus, grâce à l'activité intelligente de l'homme chargé d'alimenter la machine et qui

Fig. 357. — *Type de batteuse à grand travail (Gérard).*

doit éparpiller parfaitement le blé devant les cylindres alimentaires. Des engrèneuses mécaniques bien réglées permettraient très probablement de doubler la masse de blé entraînée et battue. Ces *engrèneuses* mécaniques n'ont pas jusqu'ici parfaitement réussi.

Les batteuses en travers ont marqué vers 1855 le maximum de perfectionnement possible au point de vue de l'*égrènage*; depuis cette époque, les cultivateurs ont sacrifié la précision du battage et l'économie de force motrice à la vitesse de l'opération et à la perfection du nettoyage. C'est pourquoi nous sommes forcés d'insister un peu sur les anciennes batteuses; car, il n'est pas douteux, pour nous, que tôt ou tard les cultivateurs reviendront aux anciens *desiderata* : paille intacte toutes les fois qu'elle est demandée sur le marché, économie de force motrice et perfection de l'égrènage.

Dans les machines Duvoir, antérieures à 1855,

le contre-batteur était fixe et formé de plaques de fonte en forme de *douves* et cannelées; l'axe du batteur reposait d'un bout sur l'entre-deux ou croisement de deux grands galets à jantes bien polies destinés à diminuer la résistance des tourillons qui, dans les coussinets fixes, est un frottement de *glissement*, fraction importante du poids du batteur pouvant varier de 7,5 à 10,5 0/0 suivant que le graissage est bien ou mal entretenu. Avec les galets, la résistance au mouvement des tourillons est un frottement de *roulement* excessivement faible, et presque nul même si les galets sont de très grand diamètre.

De l'autre bout, le tourillon du batteur tournait dans un coussinet fixé sur une espèce de *romaine*, placée sur le côté droit de la machine. Une rainure dans les paliers du cylindre alimentaire supérieur, permet à celui-ci de s'élever plus ou moins suivant l'épaisseur de paille entraînée; dans ce vieux modèle, le tourillon droit du batteur, comme nous l'avons déjà dit, tourne dans un palier dont le chapeau est à charnière et qui fait partie d'un fléau de balance romaine dont l'axe de rotation est à l'extrémité d'une petite manivelle; la plus courte branche du fléau porte un contre-poids en fonte qui tend à soulever de bas en haut la branche portant dans son palier l'axe du batteur; mais cette branche est attirée de haut en bas par un ressort à boudin, dont la tension peut être réglée par un écrou à oreilles; enfin, l'extrémité du fléau repose sans y adhérer aucunement, sur la pointe d'une vis à écrou fixe. Tout étant disposé ainsi, lorsque la machine ne fonctionne pas, le ressort presse la balance contre la vis d'appui ou d'arrêt et le batteur attiré ainsi de haut en bas est très rapproché du contre-batteur ou s'y appuie même avec une certaine pression. Dès que le batteur tourne et qu'une certaine

épaisseur de paille est engagée entre le batteur et le contre-batteur, la résistance qu'elle fait naître ou qu'elle oppose à son aplatissement, soulève le batteur, le ressort cédant plus ou moins suivant qu'il passe une épaisseur plus ou moins forte de paille; c'est dire assez que ce règlement instantané et spontané de l'écartement entre le batteur et le contre-batteur par le ressort et le contre-poids, empêche toute rupture, limite la pression, le choc et le frottement des battes sur les épis à ce qui est strictement nécessaire pour séparer le grain des balles sans briser la paille.

Suivant la nature et l'état du blé à battre, on règle par la vis d'appui l'écartement minimum entre le batteur et le contre-batteur, et la tension du ressort. On pourrait même faire varier le contre-poids.

Depuis 1855, M. Duvoir et ses successeurs ont

Fig. 358. — Type de batteuse à manège direct de Gautreau.

supprimé ce régulateur pour adopter un contre-batteur mobile, ce qui permet de faire reposer les deux tourillons de l'arbre du batteur sur des galets, et c'est un avantage important.

Le contre-batteur, sur chaque flanc de la machine, est maintenu à distance du batteur par des vis d'appui, réglables, pour limiter l'écartement minimum entre le batteur et le contre-batteur; et celui-ci est attiré contre le batteur par des ressorts dont la tension peut être réglée. Lorsque l'épaisseur de paille entraînée est trop forte, le contre-batteur s'écarte du batteur, mais la paille reçoit toujours la même pression pendant son passage; si, au contraire, l'épaisseur de paille entraînée est trop faible, le contre-batteur se rapproche et les vis d'appui empêchent que ce rapprochement soit assez faible pour briser les grains ou user les battes.

Ce mode de règlement spontané est nécessaire dans toutes les machines destinées à laisser la paille intacte après l'égrenage, et on le retrouve dans la plupart des machines actuelles à battre

en travers. Dans les machines à battre en bout, que nous avons déjà examinées, le contre-batteur est réglé à la main pour chaque cas de battage, c'est-à-dire pour chaque espèce de blé et suivant l'état de ce blé. Par suite, si l'alimentation est irrégulière, la paille reçoit des chocs énormes et des pressions inouïes lorsqu'elle arrive en trop forte épaisseur; au contraire, elle est à peine touchée par les battes si l'alimentation est insuffisante. L'emploi du règlement spontané est donc utile pour les batteuses en bout et surtout pour les machines mixtes aussi bien que pour les machines en travers. Si on ne l'emploie pas dans ces deux derniers genres, c'est par suite d'un mauvais raisonnement des acheteurs, qui ne voient la plupart du temps qu'une petite économie de frais de premier établissement.

Dans certaines machines faites à un bon marché sordide, le contre-batteur ne peut être rapproché ou éloigné du batteur: il en résulte que tant que les battes sont neuves, les gerbes qui passent sous le batteur sont très énergiquement choquées et la paille brisée nettement ; mais bientôt les chocs continuels de ces battes contre la paille arrondissent les arêtes, même celles des battes en fer, et le battage perd en énergie : l'intervalle entre les battes et les contre-battes diminue d'une fraction de millimètre, ce qui suffit pour que nombre d'épis passent sans être complètement égrènés. Il peut résulter de là une perte importante, dont peu de cultivateurs, malheureusement, se rendent compte. Si le fermier s'aperçoit que la machine laisse du grain dans la paille, ce n'est guère que lorsque la perte monte à une proportion notable, et le seul remède est alors de mettre des battes neuves pour qu'elles aient plus de prise sur la paille ; mais, dans l'intervalle de deux réparations, le battage a lieu d'abord en un *couloir trop étroit*, ce qui casse du grain, brise trop la paille et dépense beaucoup de force motrice ; puis, plus tard, le couloir étant trop élargi, les gerbes y passent sans être complètement égrènées, ou laisse du grain dans la paille ; avec une machine si imparfaite, le cultivateur est toujours entre ces deux écueils : casser du grain ou en laisser dans la paille.

Nous avons déjà vu que, dans les machines bien faites, le contre-batteur peut être rapproché du batteur, au fur et à mesure de l'usure des battes et des contre-battes, ou suivant le plus ou moins de difficultés que présente le blé à l'égrènage, ou selon que l'on bat des froments de diverses variétés, de l'orge ou de l'avoine. Ce règlement à la main, fait de temps en temps, ou quand les circonstances du battage changent, est un grand perfectionnement sur les machines sans règlement ; mais, pour qu'il suffise, il faut que la machine soit entre les mains d'un cultivateur soigneux, attentif ; sinon, on ne songe à régler le contre-batteur que lorsque l'imperfection de battage est d'une rare évidence.

Aussi, croyons-nous, qu'à ce règlement à la main, doit s'ajouter le règlement spontané par la mobilité du batteur ou du contre-batteur réglée par un contre-poids ou un ressort. Les avantages de ce règlement spontané sont très importants :

1° Le batteur choque ou frotte les épis avec une énergie constante quelqu'irrégulière que soit l'alimentation, de sorte que si le règlement à la main a été bien fait, on ne laisse pas de grains dans la paille sans pourtant en casser, et l'on conserve la paille intacte si l'on bat en travers ou obliquement;

2° Le règlement à la main et l'énergie de la pression constante ayant été bien faits pour chaque cas particulier, la dépense de travail moteur peut être la moindre possible. Ce sont des machines ainsi faites qui exigeront le moins de travail moteur mécanique par hectolitre de blé battu ;

3° Ces machines, n'étant jamais soumises aux grands efforts momentanés qu'entraîne une mauvaise alimentation, sont plus durables et d'un entretien presque nul.

Machines mixtes. Nous avons déjà dit que, seules, les machines à battre en travers

avaient été munies de cylindres alimentaires pour assurer une alimentation en nappe mince et uniforme, et de règlements spontanés, pour ménager la paille et économiser la force motrice. Malheureusement, les exigences des cultivateurs se sont, depuis 1855 environ, portées d'un autre côté. Ce que l'on veut aujourd'hui, ce sont des machines dites à grand travail, expédiant rapidement le battage et donnant du grain mis en sac, propre à être conduit et accepté dans les marchés.

Malheureusement cette condition de rapidité de travail ne peut guère être satisfaite sans faire le sacrifice de la précision du battage. Ces nouvelles machines n'ont donc plus de cylindres alimentaires; et, le plus souvent même, on y supprime le règlement spontané. On arrive à un battage convenable par de bons modèles de battes et de contre-battes et surtout une grande vitesse et une grande dépense de force motrice.

Les machines mixtes sont destinées à recevoir la paille un peu obliquement à l'axe du batteur : elles ressemblent pourtant assez aux batteuses en travers, à ce point de vue, pour que la paille qui en sort puisse être bottelée : elle est toutefois moins droite que celle que l'on obtient avec les véritables machines en travers.

Dans ce genre de batteuses qui tend à prendre chaque jour plus d'extension, tout a été fait dans le seul but de battre beaucoup en un temps donné. Comme conséquence même de leur caractère mixte, les batteurs de ces machines tiennent en même temps de ceux des machines en long et en travers ; les battes sont en plus grand nombre que dans les batteuses en bout, mais elles sont moins nombreuses que dans les machines en travers ; huit battes est un nombre qui se rencontre assez souvent. Le diamètre est moyen aussi. Le contre-batteur est garni de plaques en fonte à cannelures parallèles ou obliques à l'axe, ou à saillies de diverses formes ou enfin formées de barres saillantes et toujours partiellement à claire-voie comme dans les batteuses en bout. Il n'y a plus de cylindres alimentaires ; le contre-batteur ne peut se régler qu'à la main et non spontanément pendant le travail, comme dans les vraies batteuses en travers.

L'intervalle entre le batteur et le contre-batteur est très grand à l'entrée et il diminue successivement jusqu'à la sortie ; cet écartement est de 76 millimètres au moins à l'entrée et de 15 à la sortie. La gerbe à battre est déliée puis étalée sur une table fortement inclinée, dont le plan est à peu près tangent au batteur; la paille descend d'elle-même jusqu'à ce qu'elle soit saisie « *au vol* » par les battes et entraînée par le contre-batteur, où elle est de plus en plus laminée et soumise aux chocs des battes pendant un parcours d'environ une demi-circonférence.

La paille, quoique passant en forte épaisseur, est assez bien conservée, surtout si les batteurs sont fermés et si les battes sont à arêtes arrondies ou en demi-cylindre creux avec saillies ou fentes obliques (fig. 350, 351 et 352).

Le nombre de tours du batteur peut atteindre celui que font les batteurs de machines en bout :

c'est-à-dire mille tours par minute pour des batteurs de moins de 0ᵐ,6 de diamètre.

Nombre de batteuses de ce genre mériteraient d'être examinées ici. Citons celles de MM. Hornsby, Barrett, Clayton et Shuttleworth, Holmes, Garrett, Ransomes, Marshall, etc., en Angleterre, et celles de MM. Cumming, d'Orléans; Gérard, Brouhot, F. Del, tous trois de Vierzon; Gautreau, de Dourdan, etc., en France. Nos figures 350 à 352 représentent quelques types de batteurs pour machines à grand travail; nos figures 353 à 358, quelques types de ces machines elles-mêmes.

MACHINES A FRICTION. Ces machines n'ont qu'un intérêt historique ou théorique. Elles ont, du reste, des points de ressemblance avec diverses *égreneuses*, aussi renvoyons-nous à ce mot l'examen des systèmes les plus remarquables de ce genre. Enfin, pour compléter cette article, nous renvoyons aux appareils accessoires des batteuses : CRIBLEURS, EGRÈNEUSES, ELÉVATEURS DE GRAINS, LIEUSES, SASSEURS, SECOUEURS DE PAILLE, TARARES, TRIEURS, VANNEURS, VENTILATEURS, VIS CONDUCTRICES. — J. A. G.

BATTU. *T. de mét.* On dit du brocard qu'il est *battu d'or* ou *d'argent* lorsqu'il y est entré beaucoup d'or ou d'argent. ‖ Défaut du papier qui provient de la pâte mal étalée et qu'on appelle *battu de feutre.* ‖ Trait d'or ou d'argent battu.

BATTUE. *T. de magn.* Opération qui consiste à séparer les cocons; on les place dans une bassine remplie d'eau, et on les bat pour en dégager les fils ou brins. ‖ Quantité de cocons soumise à l'opération du battage.

BATTURE. *T. de dor.* Sorte de dorure qui se fait avec du miel détrempé dans de l'eau de colle et du vinaigre. ‖ *T. de rel.* Opération qui consiste à battre, avec un marteau spécial, les feuilles d'un volume pour en diminuer l'épaisseur.

BAU. *T. de mar.* Fortes poutres transversales qui soutiennent les ponts des navires, maintiennent dans l'écartement voulu les flancs du bâtiment et portent les bordages. Les baux des anciens navires étaient en bois, mais dans la nouvelle construction navale, on a substitué au bois l'emploi du fer lorsque les navires eux-mêmes sont en fer. *Bau de dalle*, c'est le premier bau vers l'arrière; *bau de lof*, le premier à l'avant; *maître bau* ou *grand bau*, celui qui traverse le navire dans sa plus grande largeur, il est plus long et plus fort que les autres; *faux baux*, ceux du faux pont.

* **BAUDELAIRE.** *Art hérald.* — V. BADELAIRE.

* **BAUDET.** *T. de filat.* Avant l'emploi des machines, appelées *cardes*, dans le travail de la laine cardée, le cardage, dit en gros, se pratiquait sur un chevalet devant lequel l'ouvrier assis sur une sellette et les pieds appuyés sur les supports pour les fixer et les rendre immobiles, tirait à lui la carde mobile arrachant ainsi les fibres de la laine que retenait la carde fixe et les rangeant parallèlement entre elles. Ce chevalet était nommé *baudet*, il servait surtout pour l'emploi des *droussettes.* — V. DROUSSAGE. ‖ *T. de mét.* Chez les

scieurs de long, grand chevalet sur lequel on établit les pièces à débiter.

BAUDRIER. Bande de buffle, de cuir ou d'étoffe qui, mise en écharpe, sert à porter l'épée ou le sabre; cette bande est terminée par deux pendants au travers desquels on passe l'arme.

— L'usage du baudrier est très ancien; on voit dans Virgile, qu'Euryale enleva à Rhamnès, pendant son sommeil, un baudrier orné de clous dorés, et qu'Enée reconnut sur l'épaule de Turnus, le baudrier de Pallas. Sur les colonnes Trajane et Antonine, on voit que les chefs portent le baudrier. Au moyen âge c'était une marque de noblesse et de commandement, il était « quelquefois changé en escharpe principalement quand c'estoit en guerre, » dit Faucher dans son *Origine des chevaliers.* Louis XIV le supprima en 1690; remis en faveur dans l'armée par une ordonnance de 1779, il amena la création de l'épaulette pour le retenir et la contre-épaulette. Il a été définitivement abandonné dans l'armée depuis l'introduction du *ceinturon.* — V. ce mot.

BAUDRUCHE. Membrane animale très mince, fournie par le bœuf ou le mouton. Ce nom vient du vieux verbe *baudroyer*, qui signifiait préparer les cuirs pour les ceintures et les baudriers. On l'a nommée encore *peau divine*, parce que, mise sur les blessures, elle en hâtait la cicatrisation.

On trouve, dans presque tous les ouvrages, que la baudruche est préparée par les boyaudiers; il n'en est rien pourtant, du moins en ce qui concerne la véritable baudruche, dont les batteurs d'or font un si grand usage.

Il ne faut pas confondre, du reste, ce que les boyaudiers et les bouchers nomment baudruche, avec la baudruche proprement dite ; ce dernier corps est la membrane externe du cæcum du bœuf ou du mouton, dégraissée à la façon des intestins ordinaires, lavée à l'eau alcaline et séchée à l'étuve.

La baudruche qui doit nous occuper, celle des batteurs d'or, est la membrane péritonéale du cæcum du bœuf, mais doublée artificiellement.

Il est à peu près impossible de la retirer en entier, vu qu'une partie de cette pellicule fait corps avec le suif. Pour l'enlever, l'ouvrier décolle d'abord toute la membrane qui entoure et adhère à la partie fermée du cæcum, en s'aidant, si les doigts ne suffisent pas, du dos d'un couteau ; puis, le décollage fait, jusqu'au point où le suif se confond avec la pellicule, il opère doucement une traction, jusqu'à ce qu'elle se déchire. Il l'obtient alors sur une longueur variant entre 60 à 80 centimètres.

Elle revient sur elle-même après ce déchirement et forme une sorte de ficelle que l'on fait sécher ainsi, pour la remettre ensuite à l'ouvrier spécial chargé de la préparer.

On commence par mettre les membranes dans une terrine contenant une dissolution faible de carbonate de potasse, puis on les laisse tremper jusqu'à ce qu'elles soient bien ramollies et flottent à la surface. Chaque pièce est alors prise, étendue sur une planche, en l'étirant de tous côtés, afin qu'il ne se forme pas de plis et qu'on puisse la ratisser avec un couteau et enlever tout ce qui peut rester de matières graisseuses. L'ouvrier met ensuite à dégorger dans plusieurs eaux, jusqu'à ce que tout corps étranger ait disparu, puis il étend enfin les membranes sur un chassis ayant 1 mètre à 1^m,20 de longueur sur 27 centimètres de largeur. Ce chassis est formé par deux montants en bois reliés par deux traverses ; ce cadre possède, dans sa longueur, une rainure de 5 à 8 millimètres de largeur.

Pour obtenir la baudruche, on pratique alors les opérations suivantes :

1° On met la membrane sur le châssis, de telle sorte que la partie qui avait adhéré à l'intestin, soit du côté de l'opérateur, et l'autre face appliquée sur le bois ;

2° On étire bien de tous les côtés, afin d'obtenir une tension parfaite ;

3° On double avec une pareille membrane, en plaçant la seconde en sens inverse de la première, c'est-à-dire en appliquant la partie qui avait adhéré à l'intestin sur la même surface de la première pellicule. (Cette face est ce que les ouvriers appellent la *fleur du boyau*.) Dès que les deux fleurs sont juxtaposées, elles adhèrent l'une à l'autre et se soudent très vite d'une façon complète. On a soin, pendant cette opération, de ne pas doubler les bords qui dépassent le chassis, afin de permettre d'y souder de nouvelles feuilles et d'avoir ainsi des baudruches de plus grande dimension.

L'opération précédente une fois terminée, on laisse sécher ; l'ouvrier n'a plus qu'à passer un couteau bien aiguisé dans les rainures du chassis, pour enlever les lames membranes, les mettre en paquet et conserver, jusqu'au moment où l'on donnera le dernier apprêt, le *fond* ;

4° Cette nouvelle phase de la fabrication consiste à coller les bandes obtenues sur un nouveau chassis, dépourvu de rainures. On laisse sécher, et, dès qu'elles sont bien adhérentes, on les lave au pinceau ou à l'éponge, avec une solution de 1 à 1 1/2 0/0 d'alun. On laisse sécher de nouveau, puis on enduit la surface avec une solution de 5 0/0 de colle de poisson, dans du vin blanc, aromatisé souvent avec du gingembre, du girofle ou du camphre, dans le but d'éviter la dévastation des larves. Après dessiccation complète, on applique une nouvelle couche de blanc d'œuf. Il ne reste plus qu'à presser les membranes pour effacer les rides qui ont pu être produites par les divers lavages.

La baudruche est ensuite coupée en petits cahiers de 13 centimètres de côté, lorsqu'elle doit servir aux batteurs d'or ; elle est, au contraire, livrée en bandes lorsqu'elle doit être employée à la confection de taffetas pharmaceutiques.

On se sert également de baudruche pour faire des aérostats que l'on gonfle avec de l'hydrogène mais il n'est pas bien certain que, pour ces derniers usages, l'on ne se serve pas de la baudruche constituée par le cæcum même et travaillée à peu près de la même manière.

BAUGE. *T. de constr.* Mortier de terre grasse mêlée de paille, utilisé dans les campagnes pour la construction des murs.

* **BAUGRAND** (Gustave), joaillier-bijoutier, né à Paris en 1827, contribua au succès et à la prospérité de la joaillerie parisienne sous le second empire. Après l'exposition de 1867, il fut créé chevalier de la Légion d'honneur et il mourut en 1870.

* **BAULITE.** *T. de minér.* Silicate naturel de potasse et d'alumine.

* **BAUHINIA.** On donne plus particulièrement ce nom à deux espèces de fibres corticales extraites du *bauhinia racemosa* et *vahilii* (Fabacées), très employées aux Indes, mais qui n'ont encore figuré qu'à titre d'essai dans le commerce européen. La première, très utilisée dans son pays de production, est de couleur rouge brun. La seconde est extraite de la partie périphérique de cette longue plante grimpante (300 pieds) que les Indiens appellent *malas*, qui sert à faire les cordes dont sont construits les ponts suspendus sur la Jumna.

* **BAUMÉ** (Antoine). Chimiste que l'on peut considérer comme l'un des hommes les plus célèbres qu'ait fournis la pharmacie française.

Fils d'un aubergiste de Senlis, il naquit le 26 février 1728, et n'eut, pendant les quinze premières années de sa vie, que l'instruction fort élémentaire qu'il put puiser au sein de sa famille. Placé alors chez un apothicaire de Compiègne, il resta deux ans en apprentissage, puis entra ensuite chez Geoffroy, un des pharmaciens les plus en renom de Paris. Il y fit de sérieuses études, et, en 1752, à l'âge de vingt-quatre ans, subit avec succès des examens qui le firent admettre comme maître en pharmacie.

Il s'établit donc à son compte et dirigea, jusqu'en 1780, une officine, de laquelle sortaient en outre des quintaux de produits, dont il avait, pour ainsi dire, le monopole ; ses sels de mercure, son acétate de plomb, son muriate d'étain, étaient particulièrement recherchés.

Travaillant toujours au laboratoire, son esprit investigateur le conduisit à faire de nombreuses observations pratiques sur les préparations à base de corps gras, sur la congélation, la fermentation, la cristallisation, sur les produits extraits du quinquina et de l'opium. L'industrie, pour laquelle il fabriquait des produits chimiques, le consulta également, et ses recherches firent accomplir de réels progrès. Il fit connaître un procédé pour teindre les draps en deux couleurs, perfectionna (avec Macquer) la fabrication de la porcelaine ; monta la première fabrique de chlorhydrate d'ammoniaque, sel que l'on tirait d'Egypte ; trouva un procédé chimique pour blanchir la soie jaune sans l'écruer ; une méthode économique pour faire le nitre. On lui doit quelques travaux de physique, notamment la construction de l'aréomètre qui porte son nom (V. Aréomètre), et des travaux sur les thermomètres ; il s'efforçait de rendre comparables les échelles de ces derniers. Dans un autre ordre d'idées, il indiqua des procédés propres à conserver le blé ; à faire, avec la farine du marron d'Inde, un pain agréable, dépourvu d'amertume ; à éteindre les incendies, etc.

Ces nombreux travaux, empreints d'un esprit pratique des plus remarquables, attirèrent sur lui l'attention; en 1773, il fut reçu à l'Académie des sciences, en devint pensionnaire en 1785, et fut nommé membre associé de l'Institut en 1796.

Dès 1780 il avait abandonné sa pharmacie, et possesseur d'une très grande fortune, s'était livré à la science pure. Il fut nommé démonstrateur de chimie au Jardin des Plantes, et il y était encore lorsque la Révolution éclata. Il fut alors complètement ruiné et dut reprendre une officine pour se refaire une position. Il mourut à Paris, le 13 octobre 1804, à l'âge de 77 ans.

Comme pharmacien, Baumé jouit d'une réputation méritée et ses ouvrages peuvent encore être consultés avec fruit, au point de vue des observations pratiques ; comme chimiste, sa gloire est moins pure, le théoricien n'était pas à la hauteur du manipulateur, et ses discussions avec Fourcroy lui ont considérablement nui. A une époque où toute l'Europe savante professait les nouvelles théories de Guyton de Morveau et de Lavoisier, lui ne voulait pas abandonner sa théorie du phlogistique, car il n'admettait pas complètement la théorie de Stahl. Il admettait les quatre éléments, mais repoussait la fixité du phlogistique; il ne concevait la manifestation du feu que là où il y avait mouvement, tandis que le chimiste allemand croyait que la combustion n'était qu'un mouvement de verticille communiqué par l'air aux particules très divisées du phlogistique, mouvement qui isolait, sous forme lumineuse, ce dernier du combustible.

Les travaux laissés par Baumé sont fort nombreux. Il publia d'abord plus de cent articles importants dans le *Dictionnaire des arts et métiers*, des notes dans les *Annales de chimie*, dans le *Journal de physique*, dans le *Nouveau Journal de médecine* et les *Mémoires des savants étrangers*. Il a produit, en outre, les ouvrages suivants : *Plan d'un cours de chimie expérimentale*, 1 vol. in-8°, Paris 1757 ; *Dissertation sur l'éther*, 1 vol. in-12, Paris 1757 ; *Manuel de chimie*, 1 vol. in-12, Paris 1766, traduit en allemand, anglais et italien ; *Mémoire sur les argiles*, 1 vol. in-12, Paris 1770 ; trad. all.; *Mémoires sur les constructions en plâtre, sur la nature des terres arables, sur la décomposition des sels marins calcaires, par le moyen de la chaux, de l'alcali fixe et de l'alcali volatil* (son dernier travail), dans les Mémoires de l'Institut; *Éléments de pharmacie théorique et pratique*, 1 vol. in-8°, Paris 1762 (cet ouvrage, sans contredit son meilleur, a eu huit éditions, dont la dernière date de 1797) ; *Chimie expérimentale*, 3 vol. in-8°, Paris 1773, avec traduction en allemand et en italien ; enfin des *Opuscules chimiques*, 1 vol. in-8°, Paris 1798, également traduit en allemand.

Un éloge de Baumé a été publié par Cadet-Gassicourt dans la *Biographie médicale* ; M. Guérard lui a également consacré un article dans la *France littéraire*. — J. C.

BAUMES. Les corps appelés *baumes* sont connus de toute antiquité, mais, jusqu'au développement actuel de la chimie, on confondait sous la même dénomination tout ce qui, de loin ou de près, avait un caractère aromatique, voir même résineux, pourvu que le corps ait une odeur agréable. Ce mot s'était étendu à des substances provenant de mélanges divers, ne contenant souvent pas les véritables baumes, mais cependant à apparence ou à propriétés balsamiques.

De là survint la nécessité de mieux définir les baumes proprement dits, aussi ne comprend-on actuellement sous ce nom, en matière médicale, que des produits naturels, résineux ou oléo-résineux, qui ont comme base de composition deux acides généralement connus, l'acide benzoïque $C^{14}H^6O^4$ et l'acide cinnamique $C^{18}H^8O^4$. Ils ne possèdent quelquefois que l'un ou l'autre de ces acides ou les contiennent tous deux; de là la désignation de baumes benzoïques et de baumes cinnamiques, selon l'acide prédominant.

CARACTÈRES GÉNÉRAUX. Ce sont des corps résinoïdes, secs, visqueux ou quelquefois fluides, selon la proportion d'huile essentielle qu'ils renferment ; leur couleur varie du blond pâle au brun foncé, tirant parfois sur le vert, leur odeur est ordinairement agréable, aromatique ; leur saveur souvent âcre, parfois désagréable. Ils durcissent à l'air, par évaporation de l'huile volatile qu'ils renferment. Ils sont, en général, solubles dans l'éther, dans l'alcool (suivant son degré de concentration), le sulfure de carbone, etc.; quelques-uns se dissolvent dans les corps gras, mais tous insolubles dans l'eau.

Les baumes sont le produit de l'écoulement de sucs oléo-résineux, contenus dans l'écorce de certains végétaux appartenant à des familles diverses : conifères, térébinthacées, légumineuses, balsamifluées, guttifères, clusiacées, diptérocarpées, styracées, etc. Ils découlent spontanément ou sont obtenus à l'aide d'incisions faites à l'écorce des arbres.

Le nombre des baumes véritables est assez restreint, nous les étudierons suivant le groupement que nous avons indiqué, puis nous joindrons à cette étude les produits qui, sans contenir d'acides aromatiques, portent encore dans le commerce le nom impropre de baumes.

1° BAUMES BENZOÏQUES.

(a) **Baume de Calaba**. Ce produit est fourni par divers arbres exotiques, du genre *Calophyllum*, famille des guttifères-clusiacées. Son emploi, assez rare dans nos pays, nous évitera de faire l'étude des diverses variétés de calophyllum.

Le baume de Calaba est secrété par le *C. Calaba*, Jacq., au moins celui qui vient des Antilles; il est fluide, d'une odeur agréable, benzoïnée; quelques auteurs le considèrent comme de la résine tamahaque non solidifiée, parce que son odeur rappelle celle de la tamahaque des Antilles ; sa composition n'est pas la même.

Ce produit sert comme vulnéraire aux Antilles; il y porte également les noms de *baume vert, baume des Indes-Orientales, baume Marie* ou de Marie. Le *baume Focet* est fourni par une plante très voisine, un calophyllum, de Madagascar.

(b) **Liquidambar.** Le baume liquidambar provient du *liquidambar styraciflua*, L., de la famille des balsamifluées. Le suc de cet arbre se sépare, après quelque temps, en deux produits : un liquide, translucide, brun, d'odeur balsamique très forte, se résinifiant à la surface, c'est le *liquidambar liquide;* un autre, blanchâtre, opaque, solide, d'odeur douce et agréable, mais âcre à la gorge, comme le précédent.

Ces deux produits contiennent, en plus de l'acide benzoïque, une autre substance, la *styracine*, qui n'est peut-être pas identique à celle que nous verrons avoir été retirée du styrax liquide.— V. plus loin.

(c) **Benjoin.** Ce baume est très variable dans sa composition, quelques variétés ont été exceptionnellement rencontrées, avec de l'acide benzoïque seul ; le benjoin de Sumatra ne contient que de l'acide cinnamique ; les variétés commerciales contiennent les deux acides. Nous renvoyons, pour ce produit, au mot BENJOIN.

2° BAUMES CINNAMIQUES.

(a) **Benjoin de Sumatra.** — V. BENJOIN.

(b) **Styrax liquide.** Ce baume vient de l'Arabie, de l'Asie-Mineure, l'île de Cobras (mer Rouge) et de la Styrie. On l'obtient en faisant bouillir dans l'eau le produit obtenu en râclant l'écorce interne du *liquidambar orientale*, Mill. (balsamifluées), et celui fourni par l'ébullition de cette même écorce. C'est un liquide épais, de consistance de miel, de couleur plus ou moins foncée, d'odeur forte et fatigante, offrant souvent à sa surface, au milieu des impuretés dues au mode d'obtention, d'abondants cristaux d'acide cinnamique. Traité par l'alcool, il donne par refroidissement de nombreux flocons de *styracine* ($C^{16} H^{16} O^2$).

Il faut ne pas confondre ce baume avec le storax, qui est fourni par la famille des styracinées.

Ce corps n'est guère employé qu'en médecine. On en retire cependant, en le distillant avec une solution aqueuse de carbonate de soude, une huile essentielle nommée *styrolène*, carbure d'hydrogène ayant pour formule $C^{16} H^8$, qui, par oxydation au moyen de l'acide chromique ou du permanganate de potasse, donne de l'acide benzoïque, $C^{14} H^6 O^4$. Il sert comme expectorant et stimulant ; il a été recommandé (1865) mélangé à l'huile de lin, contre la gale. Très usité dans l'Inde, où, de 1866 à 1867, il en a été vendu à Bombay 319 quintaux.

(c) **Storax.** Cette substance, connue depuis la plus haute antiquité à cause de son odeur suave, n'a été bien étudiée qu'en 1865, par Procter, qui a montré qu'elle ne contenait que de l'acide cinnamique. Elle est fournie par le *storax officinale*, L., de la famille des styracinées, et offre beaucoup d'analogie avec le benjoin.

On trouve dans le commerce :

1° Le *storax blanc*, en larmes blanches assez grosses, d'odeur vanillée; c'est le produit que l'on appelait jadis *storax calamite*, parce qu'il nous arrivait enfermé dans des tiges de roseaux (calamus). Cette espèce, rare et très recherchée, découle d'incisions faites à l'arbre ;

2° Le *storax amygdaloïde* se présente en masses sèches, plus foncées que dans l'espèce précédente, mais n'en diffère probablement que par son ancienneté. La saveur, l'odeur en sont plus douces, mais les caractères chimiques sont les mêmes ;

3° Le *storax liquide* s'obtient en enlevant des lambeaux d'écorce au végétal et recevant le produit d'exsudation. On le confond souvent avec le liquidambar liquide ; son odeur est vanillée et agréable.

Cette drogue, dont le prix est assez élevé quand elle est pure, est fréquemment falsifiée avec de la sciure de bois, d'autant plus que Pline l'indique comme étant le mélange du bois et du baume fourni par l'arbre styrax. Comme le storax est entièrement soluble dans l'alcool bouillant, on peut facilement constater la fraude et faire l'examen microscopique du résidu ; il n'en est pas de même quand on a ajouté de la colophane, cette résine donne au mélange plus de friabilité, de sécheresse, une odeur spéciale si la résine est en suffisante quantité et que l'on chauffe un peu le produit.

Le styrax officinal est aujourd'hui cultivé en Italie et dans le sud de la France. Son baume est surtout employé dans les mosquées comme encens.

3° BAUMES MIXTES CONTENANT LES DEUX ACIDES.

(a) **Benjoin.** Les espèces venant de Siam et de Penang offrent ce caractère. — V. BENJOIN.

(b) **Baume du Pérou noir.** Ce baume, qui a une très grande analogie avec le suivant, est fourni par le *myrospermum peruiferum*, Mutis, de la famille des légumineuses; quelquefois on l'attribue au *myroxylon sonsonatense*, Pereira, d'où son nom de *baume Sonsonate*.

Il nous est longtemps parvenu renfermé à l'état syrupeux dans des noix de coco, d'où son nom de *baume en coque ;* il vient du Pérou ou du Mexique, mais surtout du Guatemala et encore plus du San Salvador. Il nous arrive en grandes masses, et, à l'Exposition universelle de 1878, on a pu remarquer, dans les vitrines des Amériques centrales, des échantillons remarquables de ces baumes.

Le baume du Pérou est d'une couleur noirâtre, d'une odeur vanillée très aromatique et très agréable, ce qui le fait employer fréquemment dans la préparation du chocolat pour remplacer la vanille. Il se dissout entièrement dans l'alcool et fournit toujours une solution louche, contenant de l'acide cinnamique. Sa saveur est amère et âcre.

Chaque arbre fournit annuellement $2^k,500$ de baume. Il est acclimaté à Ceylan depuis 1861 ; mais il nous arrive surtout d'Acajutla, dans des caisses métalliques.

Le produit commercial est évidemment altéré dans sa composition par suite des opérations que l'on emploie pour son extraction, ce qui explique la couleur et l'acide libre que n'offrent pas le bois et la gomme résine, d'après Attfield. (*Pharm. Journ.* 1864, p. 248). On le falsifie avec de l'huile d'olives, de la térébentine et quelquefois du baume de copahu. Ces fraudes ne sont pas toujours faciles à déceler : l'huile d'olive, insoluble dans l'alcool, est isolée de cette manière; l'odeur indique le copahu. Le seul moyen d'en évaluer la valeur est de saturer le baume par du carbonate de soude, on forme des benzoates et des cinnamates que l'on estime en se basant sur ce fait que 5,000 parties de baume pur neutralisent, en moyenne, 75 parties de carbonate de soude cristallisé.

Ce baume sert parfois comme stimulant contre les vieux ulcères, puis, à l'intérieur, contre les affections des bronches et du larynx, dans la thériaque, enfin dans la parfumerie, en teinture ou comme arômate de savons.

(c) **Baume de Tolu.** Cette matière nous vient en grande partie de la Colombie, de la Nouvelle-Grenade, enfin de Tolu, près Carthagène, par la voie des Antilles ou de New-York. C'est le *myroxylum Toluiferum.*, Rich. (légumineuses) qui le sécrète. Autrefois, il nous était expédié dans des calebasses où on le coulait encore fluide, actuellement on le reçoit dans des caisses en ferblanc du poids de 3 kilogrammes environ.

Il est cassant, s'éclate en écailles vitreuses, transparentes, de couleur jaune clair, a une odeur particulière, agréable ; au microscope, fondu entre des verres chauffés, il montre de nombreux cristaux. Il se ramollit entre les dents, et sa saveur, douce d'abord, devient ensuite âcre à la gorge. Il cède ses acides à l'eau bouillante, est soluble dans l'alcool et l'éther, mais insoluble dans le sulfure de carbone et les huiles essentielles, ce qui permet de reconnaître ses falsifications par la colophane.

Ce baume sert, en pharmacie, à préparer des sirops et tablettes émollientes, à obtenir les acides cinnamique et benzoïque; il donne aux cires à cacheter fines une odeur agréable, entre dans la composition de quelques vernis. Avec lui, ainsi qu'avec le storax, on fabrique des papiers qui, en brûlant, répandent une odeur agréable.

4° BAUMES SANS ACIDES AROMATIQUES

Dans cette catégorie se rangent différents produits fournis par la matière médicale et que l'on désigne communément sous le nom de baumes. Tels sont :

Le baume du Canada,
Le baume de Copahu ou copahu,
Le baume de Gurjun,
Le baume de la Mecque,
Le baume de momie.

Nous renverrons, pour le baume de Copahu, au mot *copahu*, qui sert plus généralement; pour le baume de momie, à son synonyme *asphalte*.

(a) **Baume du Canada.** Ce produit est fourni par le *Pinus balsamea*, L., de la famille des conifères; c'est, à vrai dire, une térébenthine.

Il est transparent, de consistance de miel, de couleur jaune paille à reflet verdâtre. Il a une odeur aromatique très agréable, une saveur légèrement âcre et amère. Il est soluble en toute proportions dans le chloroforme, la benzine l'éther, l'alcool amylique chauds. Il est constitué par un mélange de résines et d'huiles essentielles, dans la proportion de 24 0/0 d'huile essentielle ($C^{10} H^{16}$), avec un peu d'huile oxygénée, 60 0/0 de résine soluble dans l'alcool bouillant, 16 0/0 de résine soluble seulement dans l'éther.

Le baume du Canada nous vient par Montréal et Québec; il en a été apporté, en 1868, jusqu'à 7,000 gallons en Angleterre et aux Etats-Unis, mais la récolte a un peu diminué depuis. Il sert comme médicament, est utilisé pour la préparation des objets microscopiques, parce qu'il conserve indéfiniment sa transparence; l'industrie l'emploie dans la confection de divers vernis.

(b) **Baume de Gurjun.** Syn. *baume de Capivi,* baume de dipterocarpe. Il découle des divers *dipterocarpus, D. turbinatus,* Gœrt., *D. alatus,* Roxb., de la famille des dipterocarpées. Il est liquide, visqueux, de couleur brun verdâtre, fluorescent, d'odeur rappelant le copahu, de saveur aromatique, âcre et amère. Il n'est soluble en totalité que dans la benzine, le chloroforme, le sulfure de carbone. Il est constitué par une huile essentielle et une résine contenant un acide particulier, l'acide gurjunique, $C^{44} H^{68} O^{3}$; à 130 degrés, il se prend en gelée. Il vient de Singapore, de Siam ; on commence à le rencontrer en Europe, où il sert, ainsi que dans le pays de production, comme succédané du copahu. Seul ou mêlé à des matières colorantes, il sert comme vernis ; on l'utilise encore dans le calfatage des bateaux et pour préserver le bois des fourmis blanches.

(c) **Baume de la Mecque.** Syn. *baume de Judée, du Caire, de Constantinople, baume égyptien.* Il est fourni par le *balsamodendron Gileadensis,* Kunth., de la famille des térébinthacées.

Le baume de la Mecque est liquide, sirupeux, d'un gris jaunâtre. Il se sépare souvent en deux couches, une fluide transparente, une inférieure épaisse et opaque. Il est plus léger que l'eau, de saveur âcre et prenant à la gorge, en outre légèrement amer.

Un caractère très singulier est qu'une goutte jetée sur l'eau s'y enfonce d'abord, puis remonte à la surface pour s'y étendre en une couche mince et laiteuse qui, vue à la loupe, est constituée par de tous petits globules. Si on y enfonce une baguette de verre, cette couche s'y attache et s'enlève avec elle.

Le baume de la Mecque est totalement soluble dans l'éther, les huiles essentielles, partiellement dans l'alcool.

Il nous vient de l'Arabie-Heureuse, dans de petits flacons de plomb dorés. Les orientaux avaient ce baume en telle estime, qu'il faisait presque toujours partie des présents que les souverains s'adressaient entre eux. Comme toutes les choses dont on a exagéré les vertus, il est maintenant tombé en désuétude. Il est fort difficile de s'en procurer.

Baumes. *T. de pharm.* En pharmacie, sous le nom de *baumes*, on désigne à tort les préparations les plus diverses, comme des pommades (B. d'Arcœus, B. nerval, B. Chiron), des teintures alcooliques (B. du commandeur), des alcoolats (B. de Fioraventi), les liniments (B. tranquille, B. Opodeldoch) et de simples solutions, comme celle du soufre dans les essences de térébenthine ou d'anis; ce *baume de soufre térébenthiné* ou *anisé* sert, dans l'industrie, à donner aux objets en cuivre la teinte de l'or. Cette confusion regrettable est consacrée par un long usage.— J. C.

* **BAUQUIÈRES.** *T. de mar.* Bordage d'épaisseur sur lequel portent les baux et les barrots. Il y a une bauquière à la hauteur de chaque pont, de chaque gaillard et du faux-pont.

* **BAUQUIN.** *T. de mét.* Bout de la canne que le verrier met sur les lèvres pour souffler le verre.

* **BAUXITE.** *T. de minér.* Hydrate d'alumine ferrifère contenant, d'après Berthier :

Alumine.	52,0
Peroxyde de fer.	27,6
Eau.	20,4
	100,0

Il se présente en masses granulaires ou oolithiques, quelquefois en amas terreux de couleur variable, allant du blanc grisâtre au jaune et même au rouge brun.

Il tire son nom de Baux (Bouches-du-Rhône), mais a été également trouvé dans les départements du Var, de l'Hérault, de l'Ariège; puis dans la Calabre, en Irlande, en Styrie, dans la Carniole, près Wochein (d'où le nom de *Wocheinite* qu'on lui donne parfois), enfin au Sénégal.

Il sert à l'extraction de l'alumine; dans plusieurs usines de Newcastle et de Salyndres, on l'utilise pour préparer l'alun. On commence par désagréger le minerai, en le chauffant soit avec du carbonate de soude, soit avec du sulfate de soude et du charbon. Dans ces deux procédés, on forme de l'aluminate de soude soluble, que l'on enlève par lixiviation de la masse, et avec lequel on fait de l'alun ou du sulfate d'alumine par les procédés indiqués lors de l'étude de cette fabrication (V. ALUMINE, ALUN). De la soude est également produite dans cette opération.

BAVAROISE. Boisson diversement composée et qui, dans l'origine, était une infusion de thé sucrée avec du sirop de capillaire; on y ajoutait aussi du lait, que l'on remplace ordinairement aujourd'hui par du café ou du chocolat.

— Elle fut mise à la mode, au siècle dernier, par les princes de Bavière qui, pendant un séjour qu'ils firent à Paris, allaient souvent au café Procope prendre du thé qu'ils sucraient avec du sirop de capillaire.

* **BAVAY.** *T. de minér.* Sorte de marbre moucheté de blanc, que l'on extrait aux environs de Bavay.

* **BAVEROLLE.** *Art milit.* Mentonnière du casque ancien. || Pièce d'étoffe qui orne une trompette militaire.

BAVETTE. 1° *T. techn.* Bande de plomb qui couvre les bords et le devant des cheneaux. || 2° *T. de mét.* Chez les boyaudiers, plastron de cuir que l'ouvrier porte suspendu au cou.

* **BAVEUSE.** *T. de typogr.* On nomme *lettres baveuses* celles qui, étant trop chargées d'encre, ne s'impriment pas avec netteté.

BAVOCHER. *T. techn.* Se dit en général de tous les ouvrages de peintres, graveurs, doreurs ou imprimeurs, qui ne sont pas nettement exécutés.

BAVOCHURE. *T. techn.* Défaut des ouvrages bavochés. Dans la gravure à l'eau forte, on est obligé d'ébarber les bavochures avec le burin. || Avarie des bouches à feu.

BAVURE. *T. de fond.* Trace que laissent les joints du moule sur les objets moulés et qu'on enlève avec le ciseau.

* **BAYART.** Grosse civière en usage dans les ports. On écrit aussi *batart.*

* **BAYEUX.** Bayeux est une jolie ville d'environ 10,000 habitants, sur la rivière d'Aure, aujourd'hui chef-lieu d'arrondissement, dans le département du Calvados, autrefois capitale du pays bessin, et résidence intérimaire des ducs de Normandie.

Les principales industries de Bayeux sont les dentelles (V. l'art. suivant) et les poteries réfractaires connues dans le commerce sous le nom de porcelaine de Bayeux. Ces poteries, d'un émail brillant, à fond blanc très légèrement irisé, ornées de dessins en arabesques d'un bleu foncé qui tranche sur le fond, de formes gracieuses, devaient être citées dans ce dictionnaire. Mais l'illustration artistique de la ville de Bayeux tient à une autre cause. Elle a pour origine la célèbre tapisserie attribuée à la reine Mathilde, fille de Baudouin V, comte de Flandre, et femme de Guillaume-le-Conquérant, tapisserie conservée à Bayeux, dont elle a pris le nom.

— Cette toile immense de 10m,34 de longueur sur une hauteur de 58 centimètres, représente les principaux épisodes de la conquête de l'Angleterre par les Normands, en 1066. Le travail, exécuté sur une toile de lin, est une broderie à l'aiguille, imitée des tissus brodés venus de l'Orient et qui, bien avant les croisades, s'étaient répandus en Europe. Au mot *armures* nous avons donné, figure 149, un dessin extrait de cette broderie.

Ces tapisseries, souvent citées dans les inventaires, portaient au moyen âge, et conservèrent pendant des siècles, jusqu'au temps de Charles-Quint, le nom d'œuvres sarrazinoises, œuvres de Damas.

La tapisserie de Bayeux, qu'elle ait pour principal auteur la reine Mathilde ou quelque autre noble dame, sa contemporaine, est une des plus admirables et des plus intéressantes spécimens de la tapisserie sarrazinoise au moyen âge.

Elle fut donnée, dit-on, à la cathédrale de Bayeux, par l'évêque Eude, frère utérin de Guillaume le Bâtard, mari de Mathilde. Aujourd'hui elle est classée au nombre des monuments historiques et enfermée dans une des galeries de la bibliothèque de Bayeux.

Bayeux (dentelles de). Les dentelles de Bayeux se composent généralement de grandes pièces noires, telles que châles, ombrelles, éventails, confectionnées au moyen de bandes ou de morceaux réunis à l'aide du *point* dit de *raccroc*, et se vendent toujours extrêmement cher. Le point de raccroc est un ingénieux procédé inventé par une ouvrière du nom de Cabanet qui, non seulement permet de réunir des morceaux sur une grande pièce d'une façon imperceptible même pour l'œil du fabricant, mais encore amène à réduire le prix déjà très élevé de ces dentelles en employant à leur confection un nombre illimité d'ouvrières.

— La fabrication des dentelles date à Bayeux de 1750, époque à laquelle le sieur Clément installa la première maison de commerce en ce genre. Il trouva des ouvrières dans la ville même, car depuis longtemps on faisait des dentelles au fuseau dans les couvents et les écoles dirigées par les religieuses, dites de la Providence. Il ne s'y fit d'abord que des dentelles en fil de lin, appelées *points de tulle* et encore *blondes de fil*; puis on y travailla de grands morceaux en fil blanc. Ce fut une dame Carpentier qui, en 1827, fit paraître la première à Bayeux des blondes de soie pour la consommation française. En 1851, M. Lefébure, y introduisit la fabrication des blondes mates pour l'exportation. Ce fut à Bayeux que fut inventé le point dit de raccroc, mais ce ne fut qu'en 1833 qu'on le perfectionna et qu'il devint ce qu'il est actuellement. — V. Dentelle.

BAYONNETTE. — V. Baïonnette.

BAZAR. Mot qui vient du persan et qui signifie, dans l'Orient, *marché public* : lieu destiné au commerce. Par extension on a donné ce nom, en Europe, à des endroits couverts où sont réunis des marchands tenant toutes sortes de marchandises Dans ces dernières années, à Paris, les bazars ont pris un grand développement ; quelques-uns vendent depuis l'article de Paris à cinq centimes la pièce jusqu'aux objets de luxe : meubles, bijoux, cristaux, horlogerie, etc.

BAZIN. Sorte de papier grand in-4°, qu'on emploie pour le dessin et la gravure.

BEAU (Le). Le beau, d'après les théories de Platon, adoptées depuis par Winckelmann, qui règnent encore aujourd'hui dans l'école académique, le beau, considéré en soi, est un des attributs de la perfection divine. Dès lors, comme tout absolu, il est un et non divers, par conséquent unique et universel. Il s'impose toujours le même à tous les temps, à toutes les races, à tous les arts.

Le beau, dans son application, serait donc la forme essentielle de toutes les créations diverses avant qu'elles aient pris corps, c'est-à-dire qu'il est le prototype de la création telle qu'elle a dû se présenter dans la pensée du Dieu créateur avant d'avoir subi la dégradation résultant nécessairement de sa réalisation dans la matière.

Se plaçant à ce point de vue, les métaphysiciens ont disserté sur le beau, ont essayé de constituer une science du beau à laquelle ils ont donné le nom d'esthétique.

On a beaucoup écrit sur l'esthétique ; il en est resté bien peu de chose. La plupart des travaux qui ont eu l'esthétique pour objet étaient condamnés d'avance au légitime et profond oubli

dans lequel ils sont tombés. C'est que les hommes qui ont entrepris d'étudier cette branche de philosophie appuyaient tous leurs raisonnements sur un principe erroné et, dès l'abord, se posaient un problème très différent de celui qui devait les occuper. L'esthétique ne leur représentait qu'un seul ordre de phénomènes, qu'un mot à définir et à commenter : le mot *beau*, auquel ils ont voulu ramener et soumettre l'art tout entier. Ils ont entassé tomes sur tomes pour nous dire ce que c'est que le beau ; les uns cherchant et expliquant longuement et confusément en vertu de quelles lois intimes, les autres, un peu mieux inspirés, en vertu de quelles lois plastiques un objet est beau. En conséquence, — l'art et le beau étant pour eux même chose, — les premiers codifiaient l'art ; les derniers lui imposaient un nombre déterminé de combinaisons plastiques ; tous le tenaient enfermé dans un étroit réseau de formes et de formules.

Que d'œuvres, et des plus grandes, échappaient ainsi à travers les mailles de leurs systèmes ! Ils n'avaient pas compris que le beau représente un ordre de faits absolument distinct de celui que représente l'art. Ils n'avaient pas su voir que si l'art emprunte certaines de ses manifestations à la beauté, il ne peut y avoir, néanmoins, entre l'une et l'autre conception, que des rapprochements partiels, des empiétements en quelque sorte, et nullement identité.

L'art et le beau, trop longtemps confondus, ne sont entre eux que comme deux cercles qui se coupent ; ils ont une partie commune, tout en restant distincts. Ils sont l'un à l'autre comme deux nations voisines qui posséderaient en commun quelque portion de territoire ; les peuples perdraient-ils pour cela leur nationalité ? Un philosophe, un historien, un géographe, qui, partant du territoire commun pour étudier l'un des deux peuples, prétendrait son œuvre achevée, les connaître également tous les deux, nous paraîtrait se méprendre étrangement. Jusqu'à ce jour cependant, les esthéticiens n'ont point fait autre chose en réduisant l'étude de l'art à l'étude du beau.

Erreur énorme et singulière qui a exercé à maintes reprises une désastreuse influence sur toutes les Écoles et en particulier sur l'École française aux XVIIᵉ et au XIXᵉ siècle ! Car, il faut bien le reconnaître, si les écrits sont oubliés, les doctrines malencontreuses qu'ils exposaient ont prévalu.

Erreur qui s'explique cependant, malgré son énormité. — Rien n'est mieux fait pour prouver la puissance des mots sur l'esprit de l'homme. C'est un des cas où se vérifie avec le plus d'éclat la justesse de l'opinion philosophique qui réduisait l'art de penser à une langue bien faite. Voyez, en effet : il a suffi de l'usage qui applique le mot *beau* aux phénomènes les plus divers, les plus étrangers l'un à l'autre, pour jeter dans une direction erronée des hommes d'une intelligence incontestable. N'est-il pas admirable, vraiment, que tant de fine analyse, tant de subtilité de raisonnement ait été dépensée pour un si triste résultat et à peu près en pure perte pour la vérité !

Je dis « à peu près en pure perte » et non absolument, car tout n'est pas à dédaigner dans certains traités d'esthétique ; il s'y rencontre des
pages curieuses, de précieuses observations, des
réflexions intéressantes qui n'ont qu'un tort, celui
d'aboutir, partant d'un principe faux, à des conclusions fausses ; et ces pages restent ignorées,
étant entachées, comme elles le sont, d'un vice
originel : la confusion de l'idée de beauté et de
l'idée d'art. Les auteurs de ces écrits ont usé des
trésors de patience, d'érudition, de raisonnement
en faveur des propositions équivalentes à soutenir que le bleu et le jaune sont une seule et
même couleur, parce que ces deux couleurs mélangées produisent la couleur verte. D'hypothèse
en hypothèse, de déduction en déduction, de chimère en chimère n'en sont-ils pas arrivés à comparer, de la meilleure foi du monde, le cours de
l'existence d'un philosophe, de Socrate, par exemple, à un tableau de Véronèse ou à un marbre de
Phidias ! Et comment cela ? sinon parce que la
langue est mal faite, parce que nous employons
indifféremment le même mot pour qualifier deux
ordres de faits qui ne se ressemblent en rien,
parce que nous nous écrions, en lisant un chapitre des *Hommes illustres* de Plutarque, comme
en voyant la *Vénus de Milo* ou les *Noces de Cana* :
« La *belle* vie ! la *belle* statue ! la *belle* peinture ! »
« Les badauds voient le pavé propre, le ciel clair,
et quand un vent bien sec leur coupe les oreilles,
ils appellent cela une belle gelée, c'est comme qui
dirait une belle fluxion de poitrine », a dit Alfred
de Musset.

Ah ! si les lions savaient peindre ! si les peintres
avaient écrit ! Le mal est venu de ce que ce sont
les écrivains qui ont fait la langue de l'art et
qu'ils l'ont mal faite, qu'ils l'ont emplie de mots
vagues et mal définis, confondant à plaisir les
phénomènes les plus contradictoires, substituant
perpétuellement l'idée littéraire à l'idée plastique
et pittoresque. Et ils ont si dogmatiquement
établi l'erreur, si fortement enfoncé le préjugé,
jeté le trouble si avant dans les esprits, que les
artistes eux-mêmes ont accepté leurs doctrines et
s'y sont soumis. Les grands hommes ont été, de leur
vivant, méconnus du grand nombre. Géricault,
Delacroix, nos deux plus grands peintres en ce
siècle, passent encore pour des révoltés. L'ombre
en ces matières est trop épaisse ; la lumière que
devrait y apporter le ridicule des rapprochements
que je citais tout à l'heure, la lumière n'y peut
rien, elle n'y entre pas ; elle s'éteint dès l'abord,
elle meurt étouffée sous le préjugé comme meu-
rent les torches des voyageurs qui pénètrent dans
des grottes longtemps fermées, depuis de longues
années privées d'air et de soleil.

Par suite de la confusion d'idées, résultat d'une
première confusion entre les diverses applications d'un même mot, les esthéticiens ont donc
déplacé le centre essentiel d'observation pour
qui veut réellement comprendre l'art. Exclusivement préoccupés de l'idée du beau, ils n'ont pas
aperçu qu'à toutes les époques de production
originale, l'œuvre d'art a toujours été la manifes-

tation spontanée d'un certain état d'âme particulier à l'artiste, l'expression, par les moyens poéti-
ques, pittoresques ou plastiques, d'une faculté
d'émotion spéciale qui se traduit par l'*image*.

Arrêtons-nous à cette faculté : en quantités
inégales, tous les hommes la possèdent, à de très
rares exceptions près, et encore est-il probable
que ceux qui en paraissent privés l'ont laissée
s'atrophier chez eux en ne l'exerçant jamais, soit
que leur caractère, leur manière de comprendre
la vie, ou la direction très contraire de leurs travaux se soient opposés à son libre développement.
Le cas est rare, je le répète, et l'on peut affirmer
que chacun possède cette faculté à un degré suffisant pour créer un milieu favorable à l'art. De
son nom très simple et très bien trouvé, on l'appelle l'*imagination*. C'est parce que l'imagination
est une faculté généralement quoique inégalement
répandue dans l'humanité, c'est pour cela que
les grands artistes, je veux dire les grands poètes,
les grands imaginatifs trouvent parmi les hommes un public qui les aime, les comprend et les
admire. Ils ne sont pas isolés dans le monde ; ils
ne sont que plus largement doués. Ils enchantent
les siècles et les générations successives, ravies
d'alimenter à ces sources fécondes, à ces grands
fleuves, cette faculté si charmante, cette faculté
si précieuse, — entre toutes la plus désintéressée,
la moins utile (dans le sens propre du mot) et la
moins nécessaire au combat de la vie.

Pénétrez-vous bien de cette vérité que le principal élément de l'art, c'est la faculté d'imaginer,
et vous verrez, avec une facilité qui vous éton-
nera, se dénouer à vos yeux tous les nœuds gor-
diens de l'esthétique.

Parcourez l'histoire de l'art, rattachez-la aux
ensembles historiques, à l'état social et moral des
diverses époques, et vous serez frappés de voir
que chacune des grandes dates de cette histoire
appartient à un peuple, à un siècle, à un état social et moral où s'étaient rencontrées toutes les
conditions favorables au développement très vaste
des facultés d'imagination. Étudiez, en ce sens,
la Renaissance italienne, notre xviiie siècle français ; comparez l'état de l'Amérique à celui de la
Russie. Je ne fais qu'indiquer des points de vue.
Remarquez encore ceci, qu'ayant reconnu que le
principe de l'art réside dans la faculté d'imaginer,
nous pouvons en conclure, avec certitude, un
système complet d'éducation générale pour l'artiste. Assurément, il y a toute une série de questions subsidiaires à examiner en ce qui touche la
pratique de l'éducation ; mais la question la plus
importante se trouvera aisément résolue, puisqu'elle est étroitement liée à la proposition suivante : « Tout ce qui favorise ou entrave le développement de l'imagination, favorise ou entrave
le développement de l'art. » Je ne suivrai pas ici
les conséquences de cette proposition ; je veux
montrer seulement qu'il n'est point de problème
d'esthétique dont elle ne nous donne la clé.

Au nom de l'imagination, il n'y a plus d'école
proscrite ni de genres dédaignés : l'architecture
du moyen-âge et la peinture italienne, la statuaire
grecque et la peinture hollandaise : l'école d'art

qui crée son mode d'expression de toutes pièces et celle qui s'appuie plus timidement sur la réalité nous sont tour à tour expliquées, nous les admettons tour à tour comme des produits différents d'une même faculté, inégalement répartie à telle ou telle époque ou chez tel ou tel maître comme des manifestations sujettes à une certaine subordination, mais se complétant l'une l'autre, et exprimant la série totale des passions et des sentiments de l'humanité.

A ce titre, on ne proscrit, on ne condamne comme étrangères à l'art que les œuvres de convention où se pavane la médiocrité, c'est-à-dire une apparence de talent acquis, servant à dissimuler l'indigence de l'esprit, l'absence d'émotion propre, le manque d'originalité, — et les œuvres d'imitation servile, littérale et plate. — On n'a de réserves qu'en présence des œuvres où l'originalité de la conception est insuffisamment servie par la connaissance pratique des moyens d'expression, quelquefois et à tort dédaignés, où se trahit, dans une haute imagination, les lacunes de l'éducation technique, éducation si essentielle que, fait-elle défaut, la plus vive originalité d'émotions esthétiques est comme perdue, de nulle valeur, réduite à néant.

Telle est la clé, la seule qui ouvre toutes les retraites. Au simple énoncé de cette proposition s'effondrent les deux erreurs capitales des esthéticiens.

Les esthéticiens, amants platoniques du beau absolu, se sont partagé le champ restreint de leurs études, et dans la double direction qu'ils ont suivie, il s'est trouvé qu'ils aboutissaient au même résultat fort pauvre. Les uns se sont attachés à découvrir les principes de la beauté physique des êtres et des choses. Dans leur voie étroite, c'est eux qui risquaient le moins d'égarer les artistes, bien qu'ils ramenassent l'art à n'être plus qu'une affaire de technique et de procédé. Le procédé, en effet, étant l'instrument de l'expression, son rôle a la plus grande importance. — Les autres se sont égarés dans les nuages d'une métaphysique doctrinaire et ont prétendu ramener la beauté à un certain nombre de lois abstraites. Ces derniers, bien plus dangereux, risquent tout simplement de faire perdre la tête au malheureux artiste qui s'attacherait à pratiquer leurs théories.

« Pour qu'un corps soit beau, disent les premiers, il doit avoir telles proportions. » Ils usurpent le rôle du professeur de dessin. — Les seconds nous disent : « Le lis n'est beau que s'il contient les huit éléments que nous allons énumérer, dont la réunion est suffisante et nécessaire pour constituer le beau; ce sont la grandeur, l'unité, la variété, l'harmonie, etc., etc., etc. » Du verbiage de pédants, rien de plus.

Tous les esthéticiens ne sont pas tombés dans cette erreur. Il serait intéressant de parcourir les philosophes modernes sur cette question : Taine, Proudhon, Lamennais. Je ne nomme que les esprits libres. Mais ceux-là n'ont pas l'autorité de l'école philosophique doctrinaire.

Revenons donc à notre proposition, rappelons que l'imagination, cette faculté d'être ému, cette puissance d'émouvoir est en nous et non dans les objets extérieurs. Il est donc très secondaire de chercher et de dénombrer les lois intimes et les lois plastiques qui constituent la beauté d'un homme, d'une montagne, d'une fleur. On peut voir là une recherche intéressante, mais d'un intérêt inférieur, quelque chose d'égal aux problèmes du casse-tête chinois. — Beaux ou laids, cette fleur, cette montagne, cet homme suscitent-ils en nous l'émotion plastique, pittoresque ou poétique, éveillent-ils notre propre imagination en concourant à l'expression d'un sentiment ou d'une passion : cela suffit. Ils rentrent dans le domaine de l'art. Un penseur a formulé cette vérité esthétique dans un mot d'une admirable concision : « Tout ce qui a vie a droit. » Disons de même. Tout ce qui a vie est beau ; tout ce qui a vie est pour l'artiste matière à beauté.

Parmi les théoriciens du Beau, il suffira de rappeler ici Platon, Aristote et Plotin parmi les anciens, Kant, Schelling, Hegel en Allemagne, Tœpffer et Adolphe Petit en Suisse, John Ruskin et Herbert Spencer en Angleterre, et Winckelmann, Jouffroy, Victor Cousin, Lamennais, Ch. Lévêque, Proudhon, Taine, Gauckler et Eugène Véron en France. — E. CH.

* **BEAUMONT** (CLAUDE-ÉTIENNE), architecte mort en 1811, a construit le théâtre des Variétés et fait les plans de la Transformation de l'église de la Madeleine en Temple de la Gloire, mais Pierre Vignon ayant été chargé de la construction de cet édifice, il en ressentit un chagrin qui hâta sa mort.

* **BEAUMONTIA.** On extrait des semences du *beaumontia grandiflora* des poils blancs et soyeux qui servent à divers usages (rembourrage des meubles, aigrettes de fleurs artificielles, etc).

Le *beaumontia grandiflora* appartient à la famille des apocynacées et à la tribu des échidées. C'est une plante grimpante, originaire de l'Inde où elle croît en abondance, à feuilles opposées et oblongues. Son nom lui a été donné par mistriss Beaumont, amateur de plantes ; comme elle porte de grandes fleurs blanches teintées de rose, on y a ajouté l'épithète *grandiflora*.

Il est difficile à l'œil nu de distinguer les poils des semences de l'*asclepias* (V. ce mot) de ceux du beaumontia. Schlesinger prétend que ces derniers ont les extrémités toujours vésiculaires, tandis que, dans un grand nombre de poils d'asclepias, les extrémités ne sont que pointues, bien que d'autres fois elles offrent aussi des renflements vésiculaires, ou bien encore un mélange de ces deux formes : c'est là, dans tous les cas, le principal caractère qui permet de les distinguer au microscope.

BEAUPRÉ. *T. de mar.* Mât couché sur l'avant d'un navire, dans une position oblique ou horizontale, et qui forme à l'horizon un angle de 30 à 40 degrés dans les grands bâtiments, et de 20 à 25 dans ceux de plus petites dimensions ; il reçoit des voiles triangulaires que l'on nomme les *focs.*

Le beaupré est la clef de toute la mâture, car c'est sur lui que s'appuient les étais du mât de misaine, qui sert à appuyer le grand mât, lequel, à son tour, sert d'appui au mât d'artimon.

* **BEAUTEMPS - BEAUPRÉ** (CHARLES - FRANÇOIS), l'une des illustrations scientifiques de la France, est né à Neuville-le-Pont en 1766. Il fut nommé ingénieur à 19 ans, et, en 1791, il reçut la mission d'accompagner, en qualité de premier ingénieur hydrographe, le contre-amiral d'Entrecastaux, envoyé à la recherche de La Pérouse. Les levées de plans et les cartes qu'il exécuta pendant ce long voyage de circumnavigation sont des travaux de premier ordre qui jouissent, aujourd'hui encore, d'une autorité incontestée. De retour en France en 1796, Beautemps-Beaupré fut chargé des missions les plus importantes : il leva le plan du cours de l'Escaut, trouva la passe dite *Française*, qui lui permit de conduire vingt vaisseaux de ligne à Anvers et d'augmenter ainsi considérablement l'importance politique et maritime de cette ville ; il fit connaître exactement les ressources maritimes que présentent les côtes de l'Adriatique et il dressa la carte des côtes septentrionales de la mer d'Allemagne. Ces remarquables travaux lui valurent la confiance entière de Napoléon Ier, qui, l'ayant mandé à Schœnbrunn, le nomma chevalier de la Couronne de fer. Beautemps-Beaupré fut élu membre de l'Académie des sciences en 1810, puis du Bureau des longitudes et de la Société royale de Gœttingue. Sous la Restauration, il fut chargé de la réorganisation du corps des ingénieurs hydrographes. Depuis cette époque jusqu'à sa mort (15 mars 1854), Beautemps-Beaupré, que les Anglais avaient nommé le *Père de l'hydrographie*, a rendu les plus éminents services à la marine de la France. On a de lui le *Neptune de la Baltique*, le *Pilote français ;* l'*Atlas du voyage d'Entrecastaux* (1808), etc.

* **BEAUVAIS** (Manufacture de). La ville de Beauvais se trouve citée dès le XVIe siècle pour les tentures qui, bien qu'elles portent le nom de tapisseries, semblent n'être que de simples tissus brodés peut-être, ou simplement brochés. On les désigne, en effet, par la couleur de leur fond, à laquelle on ajoute celle de leur « brodure », qui devient « bordure » dans des documents des commencements du XVIIe siècle.

Ces tentures devaient être faites d'un tissu de laine, comme tous ceux que Beauvais fabriquait en grand nombre.

Aussi n'est-il pas étonnant que Colbert, en 1664, ait songé à y créer un vaste centre de production de vraies tapisseries, en subventionnant un entrepreneur qui y aurait appelé des ouvriers étrangers, lesquels, après naturalisation, se seraient établis maîtres autour de la manufacture privilégiée. C'est ce qui ressort des divers articles des lettres patentes données en cette année 1664 pour l'établissement d'une manufacture d'ouvrages de haute et de basse lisse dans la ville de Beauvais.

Ces lettres accordent, en faveur du sieur Louis Hinard, marchand tapissier et bourgeois de Paris, également expert dans la fabrication et le commerce des tapisseries de haute et de basse lisse de Flandre, et à ses associés, un privilège de trente années, tant dans la ville de Beauvais que dans toute l'étendue de la province de Picardie, pour y faire seuls toutes sortes de tapisseries de verdure et à personnages, de haute et basse lisse, avec permission de mettre au-dessus de leurs maisons et ateliers les armes du roi et cette inscription : *Manufacture royale de tapisserie.*

Il était fait don aux associés d'une somme de 30,000 livres pour l'achat des bâtiments, et, pour l'achat du mobilier industriel, le prêt, sans intérêts, d'une pareille somme, remboursable au bout de six années.

A ces conditions, le sieur Hinard devait entretenir, pendant la durée du prêt, cent ouvriers, tant français qu'étrangers. On lui accordait une prime de 20 francs par ouvrier venu de l'étranger, mais il lui était interdit d'embaucher ceux, quelle que fut leur origine, qui étaient ou qui seraient employés dans les autres manufactures françaises, existantes ou à créer. Ils pouvaient se recruter parmi les ouvriers de Beauvais, « du consentement mutuel des tapissiers », ce qui semblerait indiquer que des ateliers existaient déjà, s'il ne s'agit pas de ceux dont les produits sont cités plus haut.

Le nombre des apprentis devait être de cinquante pendant cette même période du prêt. Une indemnité annuelle de 30 livres était accordée pour chaque apprenti.

Après ces six années d'apprentissage, les élèves passaient compagnons, et après un service de deux années, ils acquéraient la maîtrise pour Beauvais et la Picardie. Il fallait aux ouvriers étrangers huit années de séjour dans la manufacture pour acquérir les droits de regnicoles.

Étaient exemptés de toutes tailles, subsistances et autres impositions, garde-ville, logements des gens de guerre etc., les entrepreneurs et tous ceux de leurs employés ou ouvriers résidant avec eux dans l'enceinte de la manufacture ; parmi eux étaient compris jusqu'aux peintres, teinturiers, brasseurs de bière pour les ouvriers flamands, et les boulangers.

Les laines et les matières tinctoriales étaient enfin exemptes de tous droits dus aux cinq grandes fermes du royaume.

De plus, les manufactures de Beauvais et de Picardie étaient exemptes de tout droit envers ces cinq fermes pour toute tapisserie vendue dans leur étendue, mais elles devaient payer un droit fixé à 20 livres par tenture de vingt aunes de tour pour toutes celles qui sortiraient du royaume.

Enfin, la propriété de leurs modèles était reconnue aux entrepreneurs, et une marque de fabrique leur était accordée. D'après un document de 1718, cette marque aurait été « un cœur rouge avec un traique blanc dans le milieu et deux B », à l'imitation de la marque de Bruxelles, dont le cœur ou écu est rouge plein.

Malgré le privilège considérable qu'il avait obtenu, le sieur Hinard continuait de faire travailler douze métiers dans la boutique qu'il avait à Paris, rue des Bons-Enfants, concurremment avec l'établissement de Beauvais. Celui-ci semble avoir été dirigé par un certain Philippe Robbins, venu d'Audenarde, mais qui ne put y rester pour cause de santé.

L'établissement de L. Hinard ne doit pas avoir reçu tous les développements annoncés dans les lettres patentes, car, vingt ans après les avoir obtenues, il céda la place (en 1684), à Philippe Behagle, ancien tapissier flamand venu de Tournay, qui obtint un nouveau privilège de trente années, avec une somme de 15,000 livres. En 1698, la manufacture n'employait que 80 ouvriers.

Elle passa, en 1711, aux mains des frères Filleul qui, en 1720, abandonnèrent la haute lisse ; puis, en 1722, on celles de A. Dameron, qui obtint une subvention annuelle de 3,000 livres pour les bâtiments, et la fourniture des tapisseries que le roi offrirait en cadeaux diplomatiques. Il fut déchargé de son privilège en 1733.

La manufacture était en pleine décadence lorsqu'elle fut concédée à Nicolas Bernier et au peintre J.-B. Oudry, qui, depuis 1726, y était attaché en qualité de peintre-dessinateur. Afin de la relever, il leur fut accordé une subvention de 90,000 livres, une indemnité annuelle de

4,000 livres pour l'entretien des bâtiments et 900 livres pour l'école d'apprentissage.

Sous l'impulsion de J.-B. Oudry, qui semble avoir été un homme très volontaire et qui, bien que connu surtout par ses peintures d'animaux, peignait aussi la figure avec talent, la manufacture se développa au point de pouvoir donner des bénéfices considérables.

Jusque là on n'y avait fabriqué que des tentures à personnages en reproduisant parfois celles qui avaient commencé la réputation des Gobelins, comme l'*Histoire du Roy*, d'après Ch. Le Brun et les *Actes des Apôtres* d'après Raphaël. A partir de la direction de J.-B. Oudry, on commença à fabriquer les pièces pour meubles. Comme la manufacture, à l'encontre de celle des Gobelins, travaillait pour le public et exceptionnellement pour le roi, il lui fallait chercher une clientèle et satisfaire au goût du public, qui abandonna les broderies au petit point et les broderies sur étoffe qui jusque là avaient été employées pour garnir les meubles, pour user de vraie tapisserie.

Les tentures de Beauvais, à partir de cette époque, portent souvent dans leur lisière, qui est bleue, le nom de l'entrepreneur à la suite de l'écu de France ou d'un simple fleur de lys en avant de la mention BEAUVAIS.

Un magasin de vente existait à Paris, dès avant l'année 1692, où l'on trouve qu'il était établi rue de Richelieu. Antoine, Charlemagne-Charron, que J.-B. Oudry avait associé en 1753 et qui lui succéda lorsqu'il mourut en 1755, vit son privilège prorogé en 1771 avec une subvention annuelle de 6,900 livres. Il l'exploita jusqu'en 1780 où il passa aux mains de De Menou, venu d'Aubusson. On doit rapporter au premier la marque A, C, C. BEAUVAIS et au second cette autre marque D. M. BEAUVAIS.

On accorda à De Menou une subvention de 11,000 livres et la faculté de fournir à la couronne une tapisserie de 2 aunes 1/2 de hauteur au prix de 500 francs l'aune courante jusqu'à concurrence de 20,000 livres. Il eut, de plus, le droit de fabriquer des tapisseries de toute espèce même des tapis de pied, mais à un prix inférieur à 40 francs l'aune.

Les travaux se poursuivirent avec une grande activité jusqu'en 1791 où l'écoulement des produits se trouvant arrêté, tandis que les ouvriers demandaient une augmentation de salaires, De Menou renonça à son bail et donna sa démission en cédant à la nation les matières premières et les tableaux qui lui appartenaient.

L'établissement fermé en nivôse an II, fut rouvert en prairial an III comme établissement de l'Etat sous l'administration de Camousse, qui avait été régisseur du dernier entrepreneur.

Six ouvriers seulement y travaillèrent jusqu'à l'an VIII où la manufacture fut enfin solidement établie.

Comme les autres manufactures nationales, elle entra dans le service de la maison de l'Empereur à la suite de la loi de floréal an XII, puis successivement dans celle des souverains qui se sont succédé en France, pour rentrer dans le domaine de l'Etat d'abord en 1848 et enfin en 1870.

En 1825 elle reçut les métiers de basse-lisse qui existaient encore à Gobelins et qui en furent enlevés afin de laisser la place à ceux de la Savonnerie, qui y furent transportés.

Les métiers de basse-lisse, transformés par Vaucanson qui imagina de les établir sur un axe autour duquel ils peuvent tourner afin de montrer le travail qui, étant exécuté à l'envers n'était auparavant visible que lorsqu'on démontait la pièce, ont encore été perfectionnés aujourd'hui au point de vue de la mécanique et sont construits en fonte et en fer, ce qui les rend plus maniables.

De plus, une modification importante a été apportée au mode de placer le modèle. Celui-ci était posé jadis au-dessous de la chaîne, et c'était sur lui que le tapissier opérait directement, en suivant ses contours et ses colorations. Le sujet était alors obtenu en contre-épreuve,

c'est-à-dire retourné. Aujourd'hui c'est un calque que l'on couche sous la chaîne, en le retournant, et le modèle est exposé devant le tapissier, de telle sorte que son œuvre est dans le même sens que ce modèle, et qu'il peut mieux qu'auparavant voir l'ensemble de ce qu'il lui est donné à reproduire.

La manufacture de tapisserie de Beauvais, bien que protégée et subventionnée par le roi, fut pendant toute la durée de l'ancien régime, un établissement privé. De là résulte le caractère plus particulièrement commercial de la plupart de ses produits, en ce sens qu'ils s'adressent à un plus grand nombre d'acheteurs, soit par les dimensions plus exigées des tentures à personnages ou par leur caractère plus familier, soit par celui plus exclusivement décoratif des sujets, ou enfin par la distinction des pièces dont on pouvait couvrir des meubles.

Mais rien autre chose que cette nature des sujets et que la destination des tapisseries de Beauvais qui sont fabriquées tantôt sur des métiers à hautes-lisses tantôt à basses-lisses ne les peut distinguer des tapisseries contemporaines des Gobelins, dont plusieurs sont également exécutées sur des métiers à basses-lisses. Quelques détails absolument techniques et que l'on n'aperçoit qu'à l'envers peuvent seuls faire reconnaître le mode de fabrication, lorsque l'on ne s'en aperçoit pas à ce fait que le sujet est pour ainsi dire une contre-épreuve d'une autre tapisserie qui, exécutée sur métiers à hautes-lisses, reproduit le modèle dans le sens où il a été composé. — V. BASSE-LISSE.

Depuis que la manufacture de Beauvais s'est appliquée à la fabrication des tapisseries pour meubles, l'emploi plus exclusif de la soie et, à partir de la fin du XVIIIe siècle, celui de chaînes plus fines, caractérisa ses produits.

La manufacture actuelle, qui ne fabrique plus que des portières et des feuilles de paravent et d'écran ou des sièges, où les ornements et les fleurs interviennent seuls, emploie une chaîne, des laines et des soies qui, étant beaucoup plus fines que celles employées aux Gobelins, donnent un tissu nécessairement plus fin et plus serré. Mais le tapissier pouvant moins souvent se rendre compte de ce qu'il a exécuté, son travail est moins libre et plus littéral. — A. D.

* BEAUVEAU. *T. techn.* Instrument de bois ou de fer, en forme d'équerre, dont les branches sont mobiles ; les géomètres s'en servent pour transporter un angle d'un lieu dans un autre. On dit aussi *beuveau*.

BEAUX-ARTS. On réunit sous ce nom tous les arts qui ont pour objet la culture et la représentation du Beau : les arts du dessin (architecture, peinture, sculpture, gravure), la musique, la danse. — V. ART, ART APPLIQUÉ A L'INDUSTRIE, ARTS DÉCORATIFS, BEAU (Le).

Beaux-Arts (Ecole des). — Jusqu'au moment de la fondation de l'Académie Royale de Peinture et de Sculpture, les maîtres peintres et sculpteurs de Paris, organisés en corporation ou communauté, sous le nom d'Académie de Saint-Luc, enseignaient eux-mêmes et d'une façon exclusive leur art ou leur métier à leurs élèves ou apprentis. En dehors des membres de cette corporation, les rois de France, surtout depuis l'époque de la Renaissance, avaient attaché à leur personne des artistes, dont quelques-uns venus de l'étranger ou des provinces, faisaient partie de leur maison et étaient ordinairement logés au Louvre. En 1647, la communauté des maîtres peintres et sculpteurs de Paris s'adressa à la Cour des aides afin de faire interdire aux peintres et sculpteurs de la maison du roi l'exercice et l'enseignement de leur profession, et le conflit créé par ces prétentions devint l'origine de l'Académie Royale ou Ecole officielle de Peinture et de Sculpture. Celle-ci fut créée par le cardinal Mazarin, à la sollicitation du peintre Charles Lebrun, et en vertu d'un arrêt du conseil du 20 janvier 1648. Réunie pendant quelque temps à l'Académie de Saint-Luc, puis séparée sans esprit de retour à la suite de nouveaux et violents débats, de l'ancienne communauté parisienne, elle fut établie définitivement par lettres patentes du 3 juillet 1655. Après avoir erré pendant quelque temps d'un lieu à un autre, on l'accueillit au Louvre d'abord, d'où elle alla au Palais-Royal ; et elle vint enfin au vieux Louvre où elle resta jusqu'en 1793, époque à laquelle elle cessa d'exister. En 1795, un décret la réunit à l'Académie d'architecture, sous le nom d'Académie des Beaux-Arts, et elle forme, depuis cette époque, la quatrième classe de l'Institut.

Pour remplacer la ci-devant Académie de peinture et de sculpture, la Convention avait décrété la création d'une Ecole des Beaux-Arts. Mais ce décret, comme beaucoup d'autres du même temps, était resté sans application immédiate. L'Ecole n'existait pas encore lorsque le gouvernement de la Restauration, ayant ordonné la dispersion des objets formant le *Musée des monuments français*, le local affecté aux précieuses collections de cet établissement, créé par Alexandre Lenoir, en vertu d'un décret de l'Assemblée nationale, rendu en 1790, fut attribué par une ordonnance de Louis XVIII, du 18 décembre 1816, sur la proposition de M. Laîné, alors Ministre de l'Intérieur, à l'Ecole des Beaux-Arts. L'Ecole occupe aujourd'hui le même emplacement, c'est-à-dire l'ancien couvent des Petits-Augustins, situé dans la rue du même nom, aujourd'hui rue Bonaparte ; elle a remplacé le *Musée des Monuments français*, qui lui-même avait été placé dans les bâtiments du monastère fondé, en 1607, par la reine Marguerite de Valois, première femme de Henri IV.

Une seconde ordonnance royale du 4 août 1819, contresignée de M. Decazes, qui avait remplacé M. Laîné comme Ministre de l'Intérieur, donna à l'Ecole une organisation régulière et ses premiers règlements.

On décida alors la transformation de l'ancienne maison religieuse, afin de l'approprier à sa nouvelle destination, et l'édification de l'Ecole fut confiée à M. Debret, remplacé quelques années plus tard par M. Duban. On ne conserva des constructions primitives que la chapelle conventuelle, ainsi que la petite chapelle qui y est adossée et qui porte le nom de Marguerite de Valois ; tout le reste, sauf quelques bâtisses secondaires, disparut.

Les édifices modernes dont l'ensemble forme l'Ecole actuelle des Beaux-Arts, commencés sous le règne de Louis XVIII, en 1820, ne furent achevés que sous le règne de Louis-Philippe, en 1838. Quelques parties, telles que la façade donnant sur la seconde cour, et la *Cour du Mûrier*, ne sont pas sans élégance, mais le peu de solidité des constructions a donné lieu à de nombreuses et justes critiques.

L'enseignement de l'Ecole comprend la peinture, la sculpture, l'architecture, la gravure en taille douce, la gravure en médailles et en pierres fines. On y compte trois ateliers de peinture, trois ateliers de sculpture, trois ateliers d'architecture, un atelier de gravure en taille douce, un atelier de gravure en médailles et en pierres fines. Ces ateliers constituent l'enseignement spécial de l'Ecole ; ils sont dirigés par des professeurs qui déterminent eux-mêmes les épreuves à subir par les élèves pour être admis à suivre leur enseignement. Ceux-ci doivent préalablement s'être fait inscrire, et avoir justifié de leur âge (15 ans au moins, 30 ans au plus) ; ils peuvent être renvoyés faute d'assiduité ; la formalité de l'inscription doit être renouvelée tous les ans.

Les cours généraux, auxquels toute personne ayant fait une demande et ayant reçu une carte d'admission peut assister, sont au nombre de seize ; en voici la nomenclature : histoire générale ; anatomie ; perspective à l'usage des peintres et des architectes ; mathématiques et mécanique ; géométrie descriptive ; physique et chimie ; stéréotomie et levé des plans ; construction ; législation des bâtiments ; histoire de l'architecture ; théorie de l'architecture ; dessin ornemental ; art décoratif ; littérature ; histoire et archéologie ; histoire de l'art et esthétique.

A propos des cours de physique et de chimie, le directeur de l'École, dans son rapport au conseil supérieur daté de 1879-80, a demandé avec instance que l'enseignement de la chimie pratique des couleurs et des procédés matériels de la peinture occupât, dans l'enseignement, une place plus importante. Il serait également désirable, comme on l'a demandé déjà, que les élèves sculpteurs prissent plus fréquemment en main le ciseau du praticien ou les instruments du ciseleur, devinssent aptes à tailler dans le marbre un buste ou une statue, à suivre les opérations de la fonte, à donner à leurs œuvres les premiers et les derniers tours de main.

Ces vœux méritent d'être pris en sérieuse considération ; car, malheureusement, on ne peut nier que tandis que nos artistes acquéraient une habileté de main prodigieuse et qui n'avait jamais, peut-être, été égalée, qui, tout au moins, n'avait jamais été aussi commune, les procédés matériels et, en quelque sorte, industriels de l'art ne fussent absolument mis en oubli et négligés par le plus grand nombre ; et il est résulté de cette ignorance volontaire, en ce qui concerne la peinture à l'huile principalement, une détérioration rapide des plus belles œuvres.

Les grands artistes de la Renaissance préparaient et quelquefois fabriquaient eux-mêmes les couleurs qu'ils devaient employer ; non seulement Michel-Ange taillait, de ses mains, le marbre de ses statues, mais tous les procédés alors connus de la fonte des métaux lui étaient familiers ; lui-même il savait assouplir et aiguiser le bronze au sortir du moule. Ces soins sont aujourd'hui abandonnés au praticien inconscient, aux machines qui le suppléent depuis quelques années, au ciseleur qui se contente d'ébarber après la fonte, et les œuvres d'art ne se distinguent neuf des produits industriels faits en vue de la décoration courante, ni par le fini, ni par le caractère, ni par l'accent personnel.

On a pu lire dans la nomenclature ci-dessus inscrite des cours de l'Ecole, les mentions se rapportant au dessin ornemental et à l'art décoratif; mais cette partie de l'enseignement, au contraire de ce qu'on aurait pu espérer, n'a eu, jusqu'à présent, aucune influence sur le progrès et le développement de cette branche si importante des Beaux-Arts. On ne voit même pas que les élèves architectes auxquels ces cours généraux s'adressent plus spécialement sans doute, en aient profité à un degré quelconque. Tout paraît sacrifié à l'art officiel, au grand art comme on dit communément, et nulle part le classement des artistes en catégories distinctes n'est plus en honneur qu'à l'Ecole de la rue Bonaparte; la peinture, la sculpture et l'architecture ne sont plus aussi exclusivement classiques qu'elles l'étaient il y a peu années; mais tout ce qui tient aux arts décoratifs y est singulièrement rabaissé, ou plutôt ignoré. Les élèves n'ont qu'un but, vers lequel les entraînent leurs professeurs : obtenir les récompenses et, en premier lieu, le prix de Rome, objet de toutes les convoitises.

Ces récompenses, le prix de Rome excepté, consistent en médailles et en gratifications pécuniaires, accordées par l'Etat ou provenant de fondations particulières et de legs faits à l'école par de riches donateurs.

Les élèves qui remplissent certaines conditions peuvent en outre recevoir : les peintres et les sculpteurs, des certificats d'étude et d'aptitude à l'enseignement du dessin; des diplômes de professeurs de dessin d'art; les architectes, des certificats de capacité, d'aptitude à l'enseignement du dessin scientifique, et des diplômes d'architecte.

La bibliothèque de l'Ecole, qui renferme environ 7,000 volumes, sera, dans ce *Dictionnaire*, l'objet d'un article spécial. — V. BIBLIOTHÈQUE.—FR. F.

Bibliographie : Ordonnances et écrits relatifs à la fondation et à l'organisation de l'école des Beaux-Arts, rapports et règlements, de 1816 à 1880; Histoire de Paris, par DULAURE; Description archéologique des monuments de Paris, par M. DE GUILHERMY; le Vandalisme révolutionnaire, par Eugène DESPOIS; Dictionnaire historique de la France, par Ludovic LALANNE; Dictionnaire des sciences et des arts, par BOUILLET; Dictionnaire des professions, par E. CHARTON; Nouvelle biographie générale ; Guides Joanne, Paris.

* **BEAUXITE**. — V. BAUXITE.

* **BÉBÉÉRU** T. *de bot.* Syn. *Bibiru.* Nom vulgaire donné dans la Guyane anglaise au *nectandra Rodiœi*, Schomb, de la famille des Lauracées

Cet arbre qui croît dans les terrains rocheux bordant les rivières, atteint 24 à 30 mètres d'élévation, et est très estimé pour son bois qui peut se débiter en poutres de 18 à 20 mètres de longueur ; il est recherché en Angleterre pour les constructions navales, pour les travaux d'ébénisterie et de tour. Son écorce blanchâtre et unie, contient divers alcaloïdes: la *bébéérine* isolée en 1834 et proposée en 1843 par Rodie, comme fébrifuge, mais que Walz en 1860 a reconnu être identique à la *buxine* du buis, a pour formule $C^{36} H^{71} A^2 O^6$, et est le plus important de tous, vient ensuite la *sépirine* ; ils sont sans emploi.

L'écorce de bébééru nous arrive en barils de 84 livres environ, ou en sacs contenant un quart ou un demi-quintal ; elle est en morceaux aplatis d'une couleur jaune rougeâtre à la surface, mais plus grise à l'intérieur, est dure, à cassure fibreuse ; sa saveur est amère, sans être aromatique. Elle est recommandée comme tonique amer et comme fébrifuge, mais sert surtout à préparer le sulfate de bébéérine, sel que l'on emploie parfois comme succédané du sulfate de quinine et dont la vertu fébrifuge paraît être, par rapport au dernier, dans le rapport de 6 à 11.

Les fleurs de l'arbre pourraient être utilisées, elles répandent une forte odeur de jasmin.

BEC. Extrémité de certains objets terminés en pointe, ou orifice de diverses sortes de tuyaux ; en technologie, ce mot s'applique à divers outils ou instruments qui ont quelque analogie de forme avec le bec de différents oiseaux ; les chirurgiens, par exemple, ont donné le nom de *bec* à plusieurs espèces de pinces ou tenailles plus ou moins longues et recourbées. Ces instruments que la chirurgie moderne a en partie abandonnés, sont définis à leur ordre alphabétique; || en *T. de lampe*, c'est la partie de la lampe par où sort le bout de la mèche qu'on allume ; dans un sens analogue, on appelle *bec à gaz* l'endroit par où s'échappe le gaz hydrogène dans les appareils d'éclairage. — V. BEC A GAZ. || En *T. de p. et ch.*, c'est l'angle saillant de la pile d'un pont qui fait contrefort et sert à diviser l'eau et à rompre les glaces ; l'*avant-bec* est celui qui se trouve du côté d'amont, l'*arrière-bec* est du côté d'aval. || En *arch.*, petit filet au bord d'un larmier. || En *T. de mar.*, c'est l'extrémité de chaque patte d'ancre; elle est recourbée comme un bec, de manière à enfoncer dans le sol. || En *T. de bonnet.*, c'est l'extrémité pointue et recourbée de l'aiguille du métier à bas. || En *T. de blas.*, ce sont les pendants du lambel qui étaient autrefois faits en pointe. || En *T. d'instr. de mus.*, c'est la partie de certains instruments à vent que l'on se met entre les lèvres lorsqu'on veut jouer de ces instruments; nous lui consacrons plus bas un article spécial. || Par extension, ce mot sert à désigner tout ce qui a une forme allongée et pointue, comme dans la partie avancée d'une aiguière par laquelle l'eau s'écoule ; la partie fendue d'une plume qui sert à tracer l'écriture ou le dessin.

Ce mot s'emploie plus spécialement pour la clarinette et pour les anciennes flûtes.

Dans la clarinette, le bec est la partie de l'instrument que l'on met dans la bouche. Il se compose du *corps*, de la *table* et de la *ligature*. C'est sur la table que s'appuie l'*anche* (V. ce mot) et c'est la ligature, qui permet de fixer l'anche sur la clarinette. La ligature était autrefois une simple ficelle, aujourd'hui cette ficelle est remplacée par un anneau brisé, muni d'une vis de pression. Les anciens becs étaient rétrécis dans le haut, ce qui faisait perdre beaucoup d'air par les coins de la bouche à l'exécutant ; aujourd'hui ils sont plus larges et produisent une meilleure sonorité.

Les becs de clarinettes étaient autrefois en bois d'ébène, aujourd'hui on en fait beaucoup en cristal.

Depuis quelques années, M. Triébert a inventé un nouveau bec en métal et assez mince, plus commode pour l'exécutant ; une pompe sert à allonger cette partie de l'instrument, de plus, la moitié de la table est mobile et une vis de pression lui permet de peser sur l'anche. Une autre vis de pression fixe l'anche sur la partie mobile de la table. Ce système remplace l'ancienne *ligature*.

Les anciennes flûtes, dites *flûtes droites et à bec,* étaient armées d'un bec par lequel l'exécutant introduisait l'air dans l'instrument. Cet air se brisait sur le biseau de la *lumière,* trou pratiqué au-dessous du bec produisait l'air. Les flûtes droites ayant disparu, ce bec n'a plus été employé que pour le flageolet et le galoubet (sopranos de flûtes). Dans la flûte actuelle, c'est la paroi contre laquelle vient se briser l'air introduit par l'embouchure qui tient lieu de biseau.

BEC A GAZ. On désigne généralement sous le nom de *becs* ou *brûleurs,* les appareils au moyen desquels s'effectue la combustion du gaz d'éclairage.

Le brûleur est l'élément essentiel de l'éclairage au gaz ; c'est de lui que dépend la plus ou moins bonne utilisation du gaz ; c'est lui qui produit, avec du gaz d'une qualité déterminée, une plus ou moins grande somme de lumière, une plus ou moins grande économie. On ne saurait donc attacher trop d'importance au choix judicieux des brûleurs, et cependant souvent on ne s'en préoccupe pas assez.

Dans une remarquable étude sur les divers brûleurs employés pour l'éclairage au gaz, MM. Audouin et Bérard ont démontré scientifiquement :

1° Qu'une même quantité de gaz brûlé dans *un bon bec* peut donner *quatre fois plus de lumière* qu'elle n'en donne en brûlant dans un mauvais ;

2° Que les becs les meilleurs sont ceux qui permettent de brûler le gaz sous la moindre pression possible.

Cette condition se réalise au moyen de becs à larges orifices, laissant écouler le gaz sous une faible pression. Mais la conséquence inévitable de l'augmentation de largeur des orifices amène pour les plus minimes différences de pression d'importantes variations de dépense. De sorte que l'emploi des meilleurs brûleurs ne peut procurer les avantages d'une bonne combustion qu'en présentant l'inconvénient d'un débit plus difficile à régulariser. Pour éviter cet inconvénient

on a recours aux appareils qui modèrent ou qui règlent la pression sous laquelle le gaz s'échappe à la sortie des becs. — V. RÉGULATEURS, RHÉOMÈTRES.

Les becs à gaz sont de formes diverses qui se ramènent toutes aux deux types suivants :

Becs à simple courant d'air, dans lesquels le gaz, s'écoulant par un ou plusieurs orifices, brûle librement au contact de l'air ambiant.

Becs à double courant d'air, dont la flamme, enfermée dans une cheminée en verre analogue à celle des lampes à l'huile, est activée par un double appel d'air à l'intérieur et à l'extérieur du courant de gaz enflammé.

L'influence des variations de pression se manifeste toujours sur les brûleurs par trois effets distincts :

Changement des dimensions de la flamme.

Changement de la dépense.

Changement du pouvoir éclairant.

1° Pour les *dimensions de la flamme,* la variation se fait en hauteur et en largeur ; mais, tandis qu'elle se manifeste beaucoup *plus en hauteur qu'en largeur* dans les becs à double courant d'air, elle s'accentue au contraire *plutôt en largeur qu'en hauteur* dans les becs à simple courant d'air ;

2° Pour la *dépense des brûleurs,* les variations sont en général proportionnelles aux racines carrées des diverses pressions exercées sur le courant de gaz ;

3° Pour le *pouvoir éclairant,* les becs à double courant d'air offrent toujours une *intensité croissant plus vite que la dépense,* tandis que dans les becs à simple courant d'air le pouvoir éclairant est proportionnel à la dépense, si les becs sont disposés pour brûler à basse pression, et la proportionnalité n'existe plus pour les becs à forte pression dont l'intensité est loin de croître en même temps que la consommation.

On conçoit donc combien il est important, pour faire un choix judicieux des meilleurs brûleurs, de considérer d'abord les relations qui existent entre les pressions, les dimensions, la dépense et l'intensité, et de comparer entre eux les divers genres de becs au point de vue des résultats obtenus dans leur utilisation pratique.

Il convient, dans ce but, d'étudier ce qu'on appelle le *titre* et le *régime du brûleur.*

Le *titre* est l'intensité qu'on peut obtenir avec 100 litres de gaz dépensés dans les conditions déterminées pour la comparaison des divers brûleurs. Le titre n'est par conséquent autre chose qu'un rapport, qui se calcule en divisant par la dépense en litres la somme de lumière exprimée en bougies, et en multipliant par 100 le quotient de cette division qui représente la part de lumière correspondante à un litre de gaz ; on a évidemment ainsi la valeur de la quantité de lumière produite par 100 litres dans les conditions de l'expérience.

En désignant par B le nombre de bougies équivalent à la lumière fournie par le bec, par N le nombre de litres dépensés, le titre T sera représenté par la formule simple :

$$T = 100 \, \frac{B}{N}$$

Le *régime* est le nombre de litres consommés par bougie, considéré comme unité de lumière; on l'obtient en divisant la dépense que fait un brûleur dans une condition déterminée, par le nombre de bougies obtenu au moyen de cette dépense exprimée en litres.

La consommation des becs ne suit pas la même progression que l'intensité de lumière.

Lorsque les variations de la dépense et de l'intensité sont proportionnelles, le brûleur est à *régime constant.*

Lorsque la production relative de lumière décroît à mesure que la dépense augmente, le brûleur est à *régime rétrograde.*

Enfin, lorsque l'intensité lumineuse augmente plus rapidement que la dépense, le bec est à *régime progressif,* et ses effets s'améliorent à mesure que la consommation s'accroît.

Cette classification a été nettement établie par M. H. Giroud, dans son intéressant ouvrage sur la *Pression du gaz d'éclairage.*

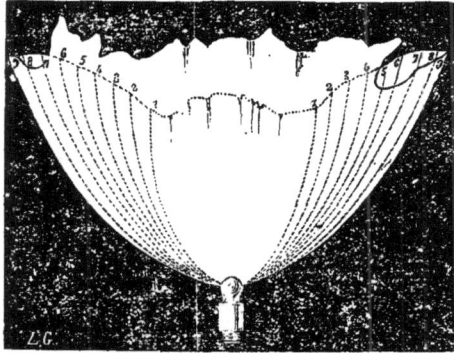

Fig. 359. — *Bec papillon.*

Becs à simple courant d'air. Cette première catégorie comprend :

1° Le *bec bougie,* percé d'un seul orifice central, d'où sort un jet de flamme ressemblant à peu près à celle d'une bougie;

2° Le *bec à fente,* dit *bec papillon,* ou *éventail,* qui produit une flamme aplatie, toujours plus large que haute. Ce bec est formé d'un petit cylindre creux, terminé par un bouton à peu près sphérique, dans lequel est taillée la fente qui donne issue au gaz;

3° Le *bec Manchester,* quelquefois appelé *bec à queue de poisson,* ayant la forme d'un tronc de cône, ouvert à sa base, et fermé à sa partie supérieure par un disque percé de deux orifices inclinés l'un vers l'autre suivant un angle déterminé. Les deux jets de gaz se rencontrant sous cette inclinaison, s'entrechoquent et produisent une flamme plate perpendiculaire au plan des deux axes des orifices. On peut envisager le *bec Manchester* comme la réunion de deux becs bougies dont les flammes inclinées s'aplatissent l'une contre l'autre.

Ces divers genres de becs se font généralement en fonte de fer et en stéatite.

Dans les *becs à air libre,* la combustion du gaz s'effectue d'autant mieux qu'il s'échappe sous une pression plus faible, et que la section d'écoulement est mieux proportionnée; il y a par conséquent un certain débit qu'il convient de maintenir pour obtenir le maximum d'effet utile.

C'est surtout dans les becs papillon, qui sont des *brûleurs à régime constant,* que l'influence de la section d'échappement et de la pression se fait le plus sentir. « La forme d'un bec restant la même, disent MM. Audouin et Bérard, on peut lui faire produire avec une même dépense de gaz une quantité de lumière *quatre fois plus grande* en faisant croître la largeur de la fente de 1 à 7 dixièmes de millimètre. Le diamètre du bouton a moins d'influence que la dimension de la fente.»

Le bec papillon adopté pour les lanternes de Paris a une fente de 6 dixièmes de millimètre; il consomme 140 litres par heure lorsque la flamme atteint 32 millimètres de hauteur et 67 millimètres de largeur.

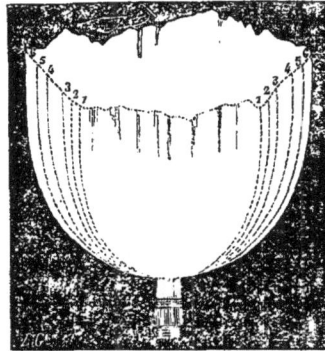

Fig. 360. — *Bec Manchester*

La figure 359 représente la forme de la flamme de ce bec papillon avec les diverses dimensions que cette flamme acquiert sous différentes pressions; cet exemple montre l'intérêt que présente l'étude comparative des variations de pression, de dépense et d'intensité. Nous empruntons, pour cette comparaison, le tableau ci-dessous à l'ouvrage déjà cité de M. H. Giroud :

NUMÉROS de la figure	PRESSION en MILLIMÈTRES	DIMENSION en CENTIMÈTRES	DÉPENSE en LITRES	INTENSITÉ en BOUGIES	TITRE	RÉGIME	RAPPORT
1	2.20	7	124	9.90	7.98	12.52	26.43
2	3.10	8	149	12.40	8.33	12.	26.76
3	4.40	9	178	15.08	8.47	11.80	26.83
4	5.65	10	204	18.10	8.87	11.27	27.14
5	6.65	11	222	19.75	8.89	11.24	27.22
6	7.55	11.5	238	21.25	8.95	11.20	27.39
7	9.80	13	273	24.60	9.01	11.10	27.57
8	12.70	14.5	310	27.70	8.93	11.19	27.51
9	15.15	15	344	30.04	8.73	11.45	27.95

L'examen de ces chiffres fait assez ressortir leur signification sur laquelle nous ne croyons pas devoir insister plus longuement.

Dans les becs Manchester, qui sont en général des *brûleurs à régime rétrograde*, le diamètre des trous influe notablement sur le pouvoir éclairant, et, pour une égale dépense de gaz, ce bec est certainement inférieur au bec papillon au point de vue de la quantité de lumière produite.

Ce qui le fait préférer néanmoins dans beaucoup de cas, c'est que sa flamme s'élargit moins que celle du bec fendu, et qu'elle est beaucoup moins sensible aux variations de pression; c'est pour ce motif qu'on adopte principalement les becs Manchester dans les globes en cristal, transparents ou opaques, qui s'emploient sous tant de formes diverses.

Pour montrer l'effet des variations de pression sur un brûleur de ce genre, prenons pour exemple le bec Manchester, en fonte, ayant deux trous de 1 millimètre de diamètre; c'est le Manchester n° 4, type de 100 litres à l'heure, tel que le représente la figure 360 avec la dimension de sa flamme variant sous diverses pressions.

M. Giroud a dressé pour ce brûleur le tableau suivant :

NUMÉROS de la figure	PRESSION en MILLIMÈTRES	DIMENSION en CENTIMÈTRES	DÉPENSE en LITRES	INTENSITÉ en BOUGIES	TITRE	RÉGIME	RAPPORT
1	10.50	5.5	95	4.72	4.97	20.12	9.27
2	14.80	6.	118	5.28	4.49	22.34	9.69
3	19.90	6.5	131	5.80	4.42	22.60	9.28
4	30.30	7 5	163	6.57	4.03	24.81	9.36
5	40.20	8.	188	6.82	3.61	27.64	9.40
6	48.50	8.5	206	7.30	3.54	28.22	9.35

Ce bec a un régime qui va toujours s'altérant de 20 à 28 litres, et l'on voit qu'il faut augmenter de 43 litres sa dépense pour augmenter d'une bougie son intensité.

Becs à double courant d'air. Le bec à gaz à double courant d'air, ou *bec d'Argand*, est fondé sur le même principe que celui des lampes à huile. C'est un cylindre annulaire dont la partie centrale est creuse et dont l'épaisseur, formée de deux parois verticales concentriques, présente à sa partie supérieure une fente circulaire continue ou une rangée circulaire de petits trous qui forment, par la réunion de leurs jets de gaz, un faisceau lumineux, en dedans et en dehors duquel l'air afflue par l'appel direct de la cheminée en verre enveloppant le brûleur.

Le gaz arrive par un conduit central qui se divise en deux ramifications formant une fourche aboutissant au corps cylindrique du bec. Une enveloppe qu'on appelle *panier*, percée de trous pour donner à l'air un libre accès, entoure la partie inférieure de l'appareil et se raccorde avec la *galerie* en cuivre qui reçoit et supporte le verre.

La partie cylindrique des becs se fait en stéatite ou en cuivre; le panier lui-même se fait en cuivre, en porcelaine, en verre ou en cristal.

Le pouvoir éclairant d'un bec à double courant d'air, pour une égale consommation de gaz, varie avec la pression, et avec la quantité d'air introduite à l'intérieur ainsi qu'à l'extérieur de la flamme.

L'effet utile s'accroît aussi avec le diamètre et le nombre de trous : on fait des becs à 40 jets, avec double rangée de vingt trous disposés suivant deux circonférences concentriques, ils sont avantageux pour une bonne combustion du gaz.

Les becs à double courant d'air sont à *régime progressif*, c'est-à-dire que l'intensité de la lumière s'accroît proportionnellement plus vite que la dépense. On le voit par les chiffres du tableau suivant, tiré de l'ouvrage déjà cité, pour un bec Bengel à 30 jets, avec cône, et avec verre de 18 centimètres (fig. 361) :

PRESSION en MILLIMÈTRES	DIMENSION en CENTIMÈTRES	DÉPENSE en LITRES	INTENSITÉ en BOUGIES	TITRE	RÉGIME	RAPPORT
1.70	5.	101	7.	6.93	14.43	24.49
2.35	5.75	112	8.09	7.22	13.84	23.11
2.80	7.50	124	11.28	9.09	11.	23.43
3.25	9.	137	12.64	9.22	10.83	24.03
3.50	10.75	153	14 20	9.28	10.77	25.86

Le régime se maintient à peu près dans les limites de 11 litres par bougie quand la dépense se maintient de 124 à 153 litres.

NOTATION COMMERCIALE DES BECS A GAZ. Avant de décrire quelques brûleurs qui méritent une mention spéciale, nous allons indiquer par quel indice on reconnaît à l'examen d'un bec la consommation pour laquelle il a été fabriqué.

On détermine généralement cette consommation par une pression moyenne de 20 millimètres d'eau.

Pour les becs papillon et Manchester, en fonte ou en stéatite, la dépense, ou, pour employer le terme des fabricants, le *numéro* des becs, s'indique par des traits pratiqués sur la circonférence extérieure, tels qu'on peut les voir sur les deux types représentés par les figures 359 et 360.

Le débit de gaz par heure augmente de 20 litres d'un numéro à l'autre :

N° 1	porte 1 petit trait, dépense........	60 litres.
N° 2	» 2 petits traits »	80 »
N° 3	» 3 » »	100 »
N° 4	» 4 » ou 1 gros trait, dépense.	120 »
N° 5	» 5 » ou {1 gros trait / 1 petit trait} »	140 »
N° 6	» {2 petits traits / 1 gros trait qui vaut 4 petits} »	160 »
N° 7	» {3 petits traits / 1 gros trait} dépense.......	180 »
N° 8	» 2 gros traits »	200 »
N° 9	» {1 petit trait / 2 gros traits} »	220 »
N° 10	» {2 petits traits / 2 gros traits} »	240 »

Les becs à double courant d'air se classent suivant le nombre de trous ou jets pratiqués sur la circonférence de leur couronne annulaire.

Ainsi on distingue notamment, en fabrication, les becs :

20 jets dépensant de. . . . . 135 à 140 litres.
24 jets, 30 jets, 40 jets, 46 jets, dits
     phares, dépensant de. . . . . . . 150 à 155 litres.
60 jets, 74 jets, 80 jets, dépensant de 280 à 320 litres.

Bec Bengel. L'un des meilleurs types de becs à double courant d'air est le *bec Bengel*, formé d'un double cylindre en porcelaine, monté sur une gaîne en cuivre, terminé par une fourche dont les deux branches se réunissent à leur partie inférieure en un seul tube amenant le gaz dans

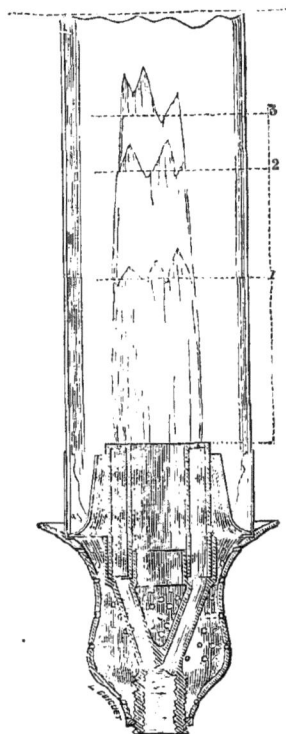

Fig. 361. — *Bec à double courant d'air.*

l'intérieur annulaire du bec. Un panier en porcelaine, enveloppant les branches, est percé d'un certain nombre de trous qui donnent accès à l'air, autour et au dedans de la flamme.

La fabrication des becs à gaz en général a été dès longtemps portée à son plus haut degré de perfection par M. Bengel, qui conserve encore dans ce genre d'industrie la place honorable que ses efforts lui ont justement acquise.

C'est le bec Bengel qui est pris comme type dans les essais photométriques pour l'éclairage de la ville de Paris, d'après les instructions de MM. Dumas et Regnault.

Ce *bec étalon* est construit en porcelaine à 30 jets, avec panier en porcelaine et sans cône

directeur du courant d'air à l'extérieur de la flamme. Il produit avec 105 litres de gaz brûlés par heure une lumière égale à celle d'une lampe Carcel dépensant 42 grammes d'huile à l'heure. Voici quelles sont, d'après le texte officiel de l'instruction, les principales dimensions de ce brûleur :

Hauteur totale du bec. 80ᵐ/ᵐ 0
Hauteur de la partie cylindrique du bec . . 46 » 0
Diamètre extérieur du cylind. en porcelaine. 22 » 5
Diamètre du courant d'air intérieur. . . . . 9 » 0
Diamètre moyen des trous . . . . 0 » 6
Hauteur du verre . . . . 200 » 0
Diamètre extérieur du verre en haut . . . . 52 » 0
Diamètre extérieur du verre en bas. . . . . 49 » 0
Diamètre des trous du panier. . . . . 3 » 0
Nombre des trous du panier. . . . . 109 » 0

Dans les becs dont le panier est en cristal ou en verre, tels que le *bec Monnier,* ce panier est entièrement fermé sur toute sa surface, et présente seulement à son pourtour des échancrures par lesquelles l'air s'introduit sous la calotte conique.

Un fabricant de becs de Langres, M. Vioche, a eu l'idée de combiner le bec porcelaine avec un petit appareil régulateur qui rend la consommation beaucoup moins sensible aux variations de pression dans les conduites d'alimentation.

Le système qu'il a adopté est un *régulateur sec,* à diaphragme métallique (V. RÉGULATEURS) dont les petites dimensions ont permis de placer l'appareil à la base du bec et de le cacher dans le panier en porcelaine. Cette disposition permet d'appliquer avantageusement et économiquement les effets du régulateur à la consommation des becs à double courant d'air. Cette même disposition est appliquée depuis longtemps par M. Giroud dans les constructions de ses becs rhéométriques.

Becs phares. Depuis longtemps déjà on s'était préoccupé d'obtenir avec le gaz des becs puissants, et l'on avait construit sous le nom de *becs phares* divers types qui donnaient une lumière de plusieurs lampes Carcel.

Nous nous contenterons de citer comme un des spécimens les plus intéressants de ce genre de becs à grande lumière, celui que MM. Chabrié et Jean ont construit pour le plafond lumineux de la Chambre des députés, à Versailles.

Le bec est composé de trois couronnes concentriques en tubes de cuivre, percées d'une rangée de petits orifices à leur partie supérieure, et recevant le gaz par leurs supports, formés de plusieurs branches qui se relient à un tube central. Ces branches sont enveloppées d'un panier en cuivre. Chaque bec dépense par heure 800 litres de gaz. Pour l'allumage, on a disposé un petit bec-veilleuse qui, fonctionnant au moyen d'une alimentation spéciale, brûle constamment pendant la séance. Au moment où l'on a besoin d'allumer la rampe du plafond, il suffit de faire arriver le gaz au 576 becs de cette rampe pour qu'ils s'allument tous instantanément, grâce à cette ingénieuse disposition.

Becs intensifs. Tout récemment les essais d'éclairage électrique, créant à l'industrie du gaz .une situation nouvelle, ont excité les gaziers à créer de puissants moyens d'éclairage, dont les becs phares avaient d'ailleurs ouvert déjà la voie. On a construit, sous le nom de *becs intensifs*, des appareils qui peuvent être considérés, en réalité, comme un perfectionnement apporté à ces becs phares, dont nous avons cité tout à l'heure un ·les meilleurs types.

Nous allons décrire succinctement quelques-uns de ces nouveaux brûleurs qui semblent appelés à faire entrer l'éclairage au gaz dans une phase de progrès, en lui permettant de lutter avantageusement contre l'éclairage électrique.

Brûleur intensif de la Compagnie Parisienne. Pour les expériences comparatives de l'éclairage au gaz et de l'éclairage électrique, la Compagnie

de la lanterne déterminent deux courants d'air, l'un à l'intérieur, l'autre à l'extérieur de la couronne de flammes, dont ils activent l'intensité.

Pour appliquer ce brûleur dans les lanternes du type employé par la ville de Paris, on a dû apporter au chapiteau et au fond de ces lanternes des modifications qui ont empêché les verres et la monture métallique de s'échauffer à l'excès. — V. Éclairage des voies publiques.

Le brûleur employé pour l'éclairage de la rue du Quatre-Septembre dépense par heure 1,400 à 1,500 litres de gaz, et donne une lumière de 14 à 15 lampes Carcel.

Pour régulariser l'écoulement d'une si grande quantité de gaz on a eu recours au *Rhéomètre* de M. Giroud, placé au-dessous du point de jonction des six branches coudées. — V. Rhéomètre.

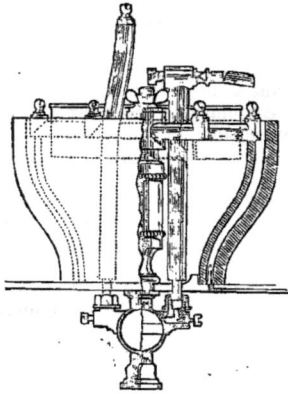

Fig. 362. — *Bec intensif employé par la Compagnie parisienne pour les expériences de la rue du Quatre-Septembre (Paris).*

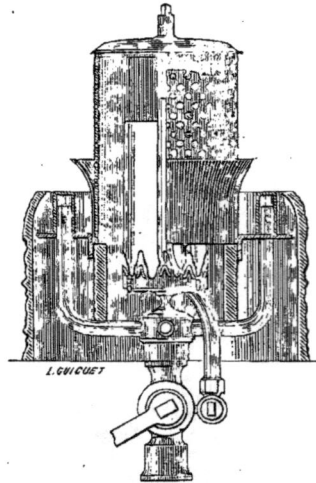

Fig. 363. — *Brûleur intensif de Marini et Goezler.*

Parisienne a fait installer rue du Quatre-Septembre et place du Château-d'Eau des brûleurs à grande consommation qui ont donné de très bons résultats.

L'appareil employé dans ces expériences n'est pas à proprement parler un brûleur spécial ; c'est une réunion de becs semblables à ceux des lanternes de ville, mais disposés de façon que la combustion du gaz, avec une consommation plus grande, soit beaucoup plus active. La figure 362 représente un de ces brûleurs.

Les becs conjugués sont au nombre de six du genre dit *papillon*, à fente de 6/10 de millimètre, montés sur six porte-becs coudés qui se relient à un tube central par lequel le gaz est distribué aux brûleurs. Les six becs sont ainsi groupés sur un cercle de 15 centimètres de diamètre, et leurs flammes sont dirigées suivant des tangentes à ce cercle, de sorte qu'elles se rencontrent et forment une nappe continue : deux cônes ou tulipes en cristal, disposés concentriquement au-dessous du brûleur, et reposant sur le fond ouvert

L'allumage a été rendu facile au moyen d'un petit bec supplémentaire qui remplit l'office d'une veilleuse et, qui, excédant un peu au-dessus des. autres, les allume aussitôt qu'ils sont ouverts. Mais la Compagnie Parisienne voulant que l'éclairage puisse, à partir de minuit, être ramené aux conditions d'un seul bec ordinaire, l'appareil a été muni d'un robinet construit de façon que, dans une première position, il laisse seulement arriver du gaz au bec-veilleuse ; dans une seconde il ouvre les six becs de la couronne et ferme la veilleuse après qu'elle a allumé ceux-ci ; puis enfin, dans sa troisième position, il ferme les six becs, après en avoir ouvert un autre qui s'élève · au-dessus des premiers et qui continue à brûler seul à la manière des becs ordinaires.

Brûleur intensif de Gautier. Dans les essais comparatifs faits au Havre pour l'éclairage de l'avant-port par le gaz et par l'électricité, M. D₁ Gautier, directeur de l'usine à gaz du Havre, a soumis aux expériences de la commission administrative, un nouveau *brûleur à jets horizontaux*, dont les 80 jets, pour une consommation de 1,600 litres à l'heure sont percés latéralement sur le pourtour de deux couronnes concentriques.

L'allumage présente une disposition à noter. Au lieu du bec-veilleuse, qui peut s'éteindre par diverses causes accidentelles, M. D. Gautier a imaginé un tube-allumeur disposé dans le fût du candélabre. Une porte, adaptée au candélabre, donne accès à deux robinets dont l'un livre le gaz au brûleur, et l'autre à un petit tube qui, s'élevant jusqu'auprès du brûleur, est percé de trous de distance en distance sur toute sa longueur, comme une rampe de gaz : dès qu'on ouvre le robinet et qu'on allume le premier jet du tube-allumeur, la flamme se communique aussitôt jusque dans la lanterne et en ouvrant alors le robinet du gros brûleur, celui-ci s'enflamme immédiatement.

Cette manœuvre de deux robinets est moins heureuse que celle du brûleur de la Compagnie Parisienne. Mais il était facile d'y remédier en disposant un robinet unique qui produisît les deux effets voulus, comme on l'a fait depuis pour un appareil destiné à allumer automatiquement les lanternes de ville. — V. ÉCLAIRAGE DES VOIES PUBLIQUES.

M. Gautier a construit sur le même principe des brûleurs de 800, 1,200 et 1,600 litres à l'heure.

Brûleur intensif de Marini et Goetzer. Ce brûleur est un gros bec circulaire, percé de 250 trous d'environ 5 à 6 dixièmes de millimètre. Il peut être construit pour des dépenses de 800 à 2,000 litres à l'heure, en produisant une combustion parfaite de toutes les parties du gaz consommé. L'air afflue en très grande abondance au milieu et autour de la flamme, par des dispositions soigneusement étudiées que la figure 363, qui représente une section verticale de l'appareil, va nous permettre de faire comprendre.

Un chapiteau en cristal, destiné à envelopper les organes divers du brûleur, et s'élevant jusqu'à fleur de la couronne annulaire par laquelle le gaz s'échappe, sert de canal d'amenée pour faire arriver à l'extérieur de la flamme une quantité d'air suffisante, qui se trouve ainsi en contact avec le gaz dès sa sortie des trous du brûleur. A l'intérieur se trouve un cylindre en cuivre, à bord évasé en forme de pavillon de trompe qui dirige aussi le courant d'air et le projette intérieurement vers la naissance de la flamme.

Ce cylindre porte une colonne également cylindrique, en porcelaine percée de trous ou en baguettes de verre, qui s'élève au centre de la flamme et qui, sans être en contact absolu avec elle, lui sert de guide, de tuteur en quelque sorte, pour la maintenir droite et la faire monter à la hauteur voulue sans qu'elle puisse se déformer ni se diviser : cette espèce de cheminée centrale remplit *à l'intérieur de la flamme* le rôle que la cheminée en verre remplit à l'extérieur pour les becs ordinaires à double courant d'air dont nous avons précédemment parlé. Elle repose sur un cylindre en cristal qui forme prolongement du conduit jusqu'à la base de la lanterne,

et sert à diriger au centre du jet enflammé un volume plus que suffisant d'air pur, puisé au dehors de la lanterne ; ce courant, en se divisant par les trous percés dans le cylindre, se mélange plus intimement au gaz et en active énergiquement la combustion.

Pour rendre plus complète encore l'introduction de l'air au centre de la flamme et en régulariser l'écoulement, les inventeurs ont placé, dans l'intérieur du cylindre en tôle, une portion de cheminée montée sur une galerie en cuivre, déterminant un second courant intérieur, dont l'effet s'ajoute au précédent et assure une répartition uniforme de l'air dans toutes les parties de la flamme.

L'allumage peut s'effectuer soit directement,

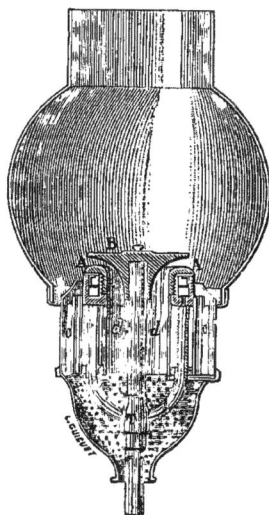

Fig. 364. — *Bec intensif à flamme sphéroïdale de Bengel.*

soit avec un bec-veilleuse disposé de façon à être réglé par le robinet d'alimentation de la lanterne, et relié avec lui par un tube latéral qu'on voit à droite dans la fig. 363. Ce bec-allumeur peut aussi être réglé pour continuer à brûler comme un bec-papillon ordinaire, quand on veut interrompre l'allumage du bec *intensif.*

Brûleur intensif de Bengel. Le brûleur à flamme sphéroïdale construit par M. Bengel présente d'ingénieuses dispositions, qui tiennent à la fois du bec de lampe à schiste (dont la flamme s'étale en frappant sur un disque qui en dévie la direction ascendante), et du bec à gaz à fente circulaire.

Ce brûleur, dont la figure 364 montre la coupe verticale, consiste en une couronne annulaire A A, dans l'intérieur de laquelle le gaz est amené par plusieurs branches partant d'un tuyau central T ; l'émission du gaz se fait par une fente circulaire continue, et la flamme venant rencontrer le disque supérieur B, s'étale et se mélange intimement avec l'air qui afflue par les canaux extérieurs c, c, et intérieur dd, de sorte que les deux faces de la flamme se trouvent, par l'inflexion même du jet gazeux, mises en contact aussi parfait que possible avec les courants ascendants d'air pur puisé en dehors de l'appareil. Le brûleur est entouré d'un verre bombé rappelant celui des lampes à schiste, et se prêtant à toutes les formes de décoration qu'on peut désirer pour l'installation des appareils d'éclairage.

Deux types de becs construits sur ce principe ont donné les résultats suivants :

1° Consommation, 705 à 714 litres.
    Pouvoir éclairant, 8,99 à 9,28 lampes Carcel.
    Consommation par lampe Carcel, 78 à 76 litres.
2° Consommation, 904 à 935 litres.
    Pouvoir éclairant, 11,39 à 12,60 lampes Carcel.
    Consommation par lampe Carcel, 79 à 74,6 litres.

Le brûleur employé pour l'éclairage de la rue du Quatre-Septembre ne produit environ qu'une lampe Carcel par 100 litres de gaz consommé. Celui que nous venons de décrire présente donc une notable économie au point de vue de la dépense de gaz relative à la somme de lumière obtenue.

Bec rhéométrique de Giroud. Nous terminerons cette étude rapide des brûleurs intensifs par la description du *bec rhéométrique* de M. Giroud.

Ce bec, que la figure 365 représente en coupe, produit une lumière de 9 Carcels avec une dépense de 700 litres de gaz, ce qui correspond à 75 litres par Carcel.

Il est monté sur un rhéomètre, qui forme la base de l'appareil, et dont le bassin annulaire B contient une certaine quantité d'huile d'amandes douces dans laquelle plonge la cloche portant le cône régulateur de la pression d'émission du gaz (V. RHÉOMÈTRES). Le bassin du rhéomètre est fixé par l'écrou de rappel E sur la douille supérieure du robinet R qui amène le gaz ; un tube allumeur partant d'un ajutage D placé sur le côté droit du robinet, sert à allumer le bec, comme nous l'expliquerons tout à l'heure ; une vis de réglage V permet de réduire au minimum nécessaire le débit de ce tube-allumeur.

Le gaz s'écoule du rhéomètre par l'ouverture supérieure, dans laquelle le cône de la cloche s'engage plus ou moins, suivant les variations de la pression, et, après sa sortie, le gaz répandu dans la couronne annulaire du brûleur s'échappe en jets verticaux par les trous pratiqués à la surface de la couronne. L'air est amené à l'extérieur de la flamme par un cône analogue à celui des becs ordinaires ; mais, à l'intérieur, une disposition nouvelle a été imaginée pour assurer la division et la répartition, aussi uniforme que possible, d'une grande quantité d'air dans le centre de la flamme. A cet effet, un cylindre en métal, concentrique à la couronne annulaire du brûleur, est fixé verticalement à l'intérieur de la flamme, et plusieurs rangées de trous pratiqués à sa base laissent pénétrer librement l'air qui afflue par les orifices du panier et qui s'engage dans le conduit annulaire ménagé entre les parois du brûleur et le cylindre métallique. Une portion de cet air

traversant les trous à la base du cylindre, va lécher les parois d'un cône en verre qui surmonte le tube central, dans l'intérieur duquel on voit (fig. 365), le tube-allumeur. Ce cône en verre, par son inclinaison, dévie le courant d'air intérieur et le projette en quelque sorte sur la nappe de flamme, avec laquelle son mélange se trouve ainsi plus intime et plus parfait, ce qui assure une meilleure combustion.

Dans la position R de la figure 365, l'allumeur est éteint et le gros bec brûle ; dans la position R'

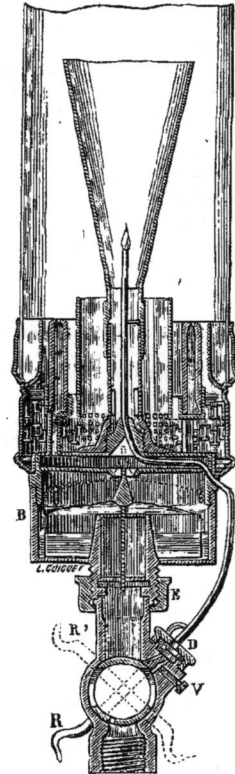

Fig. 365. — *Bec rhéométrique de Giroud.*

le brûleur est éteint et le bec-veilleuse est en fonction. Lorsqu'on manœuvre le robinet pour l'ouvrir, la veilleuse qui, dans l'état de repos, était alimentée par le trou que règle la vis V, se trouve d'abord en rapport avec un second orifice qui augmente la quantité de gaz et fait allonger la flamme pour favoriser l'allumage du gros bec ; en même temps, le robinet laisse arriver le gaz à ce bec, qui s'enflamme aussitôt. Mais, le mouvement d'ouverture du robinet continuant, la clef de ce robinet atteint à une nouvelle position où le gaz cesse d'arriver au tube-allumeur, et la veilleuse s'éteint complètement. Quand on veut fermer le robinet pour éteindre le brûleur, on ramène la clef qui rouvre le passage du gaz dans le tube-allumeur et rallume instantanément la veilleuse, qui continue à brûler dès que le brûleur a cessé de fonctionner.

Ce bec rhéométrique joint à une grande régularité de flamme des conditions avantageuses d'intensité de lumière et d'économie de consommation. La cheminée en verre qui enveloppe la flamme peut être considérée comme un inconvénient pour l'application sur les voies publiques. Cependant la compagnie des chemins de fer du Nord emploie, depuis un certain temps déjà, sur les quais extérieurs de la gare de Paris, des becs à verre placés dans des lanternes exposées à toutes les intempéries ; par conséquent, l'usage des verres ne paraît pas constituer un motif d'exclusion.

Disons même que les becs à verre étant incontestablement les plus économiques et les plus avantageux pour une bonne utilisation du gaz, nous pensons qu'on réaliserait un progrès désirable en les employant pour l'éclairage des voies publiques, comme nous le verrons plus tard en traitant cette question. — G. J.

* **BÉCASSE.** *T. techn.* Espèce de jauge dont on se sert pour mesurer la descente de la charge dans les hauts-fourneaux. || Outil du vannier pour enverger les bottes.

* **BECASSONNIER.** *T. d'arm.* Long fusil de fort calibre dont on se sert pour la chasse des oiseaux aquatiques.

* **BEC-D'ÂNE** (se prononce bédâne). *T. de mét.* Burin taillé en bec effilé et de peu de longueur, servant à tailler des saignées ou rainures préalables dans les pièces de fer, fonte ou autres métaux, pour préparer le travail définitif du burin plat. || Outil de charpentier, de menuisier, de charron, d'arquebusier, pour faire des mortaises dans le bois, et dont le tranchant forme la pointe la plus large, quel que soit le raccourcissement qu'il subit par l'affûtage. || Espèce de poignée de fer avec laquelle on ouvre une serrure ou une porte.

* **BEC-DE-CANE.** 1° *T. de forg.* Pince munie de dents à l'intérieur et qui sert, dans le travail de la forge, pour tenir des petits objets. || 2° *Instr. de chirurg.* Instrument qui servait à extraire les balles ; il avait quelque ressemblance avec le bec d'une cane. || 3° *T. de coutell.* Instrument qui a la forme d'un clou à crochet, nommé aussi *clou à pigeon.* || 4° *T. de serrur.* Petite serrure sans clef qu'on emploie pour les portes d'intérieur et qui agit au moyen de boutons que l'on tourne ; on s'en sert aussi dans la carrosserie ; on lui donne alors un bouton ou un anneau. Cette serrure, presqu'exclusivement employée dans la voiture, avec le loqueteau simple, permet de fermer la porte sans tourner la poignée.

* **BEC-DE-CANON.** *T. de menuis.* Outil pour dégager le derrière des moulures ; il est plus faible de tige que le bec-d'âne, plus étroit et plus allongé.

BEC-DE-CORBIN. 1° *T. techn.* Se dit seulement de ce qui est courbé et terminé en forme de bec plus ou moins aigu, comme le bec d'un corbeau. On a donné cette forme à certaines pommes de cannes faites de différentes matières ; la canne prenait elle-même le nom de *canne à bec de corbin,* et elle était portée autrefois par les financiers ; au théâtre, on s'en sert encore pour jouer les rôles de cette profession. || 2° Ciseau emmanché comme le bec-d'âne et qui sert, dans divers métiers, à nettoyer les mortaises, ou à sculpter des ornements sur les bois de fusil. || 3° Vaisseau en cuivre, à l'usage des raffineurs, pour verser le sirop dans les formes. || 4° Outil qui fait partie de l'arçon du chapelier. || 5° Pièce de fer coudée en saillie. || 6° En architecture, c'est le nom d'un membre de moulure. || 7° *Instr. de chirurg.* Instrument en forme de pincettes, qui sert à retirer des plaies les corps étrangers.|| *T. de mar.* Outil du calfat à lame plate, étroite, recourbée, emmanchée en équerre à une verge de fer ; il sert à arracher les vieilles étoupes des coutures des navires.|| 8° *T. de men. en voit.* Outil tout en fer et recourbé, avec lequel on fait dans le bois une incision qui sert à préparer une feuillure ou une élégie.

— *Art milit.* Arme des gardes du corps de Louis XI et dont la lame rappelait l'ancienne hache d'arme ; la forme était celle d'une hallebarde courte.

* **BEC-DE-CROSSE.** *T. d'arm.* C'est la partie en forme de bec de la crosse du fusil d'infanterie.

* **BEC-DE-FAUCON.** *Art milit.* Arme de demi-longueur, dont le fer avait de l'analogie avec le bec de faucon. Elle était quelquefois garnie d'un fer crochu comme celui de la hallebarde, quelquefois d'une massue, et elle servait aux archers à démonter les gens d'armes pour les assommer ensuite.

* **BEC-DE-GÂCHETTE.** *T. d'arm.* Dans la platine du fusil, c'est la partie prédominante du devant de la gâchette, et dont l'échappement hors des crans de la noix détermine la percussion.

BÊCHE. Instrument formé de fer et d'acier, de forme rectangulaire, tranchant, emmanché comme une pelle, et qui sert à retourner la terre ; il remplace la charrue dans quelques parties de la France et particulièrement dans les cantons vignobles. Les bêches sont fabriquées selon les terres auxquelles on les destine ; si le sol est très léger, le fer est recourbé, de manière à retenir la quantité de terre prise par l'instrument ; s'il est pesant, le tranchant est large et plat, et s'il est pierreux et dur, le fer est un peu courbé et ses deux angles extrêmes sont formés de pointes renforcées.

Pour reconnaître les qualités d'une bêche, on la *sonne,* c'est-à-dire qu'on la suspend par la douille d'une main, tandis que de l'autre on la frappe. Le son doit être plein et la vibration longue.

* **BÊCHETON.** Petite bêche.

* **BÊCHOIR.** Houe carrée à large fer.

* **BECQUÉ.** *Art hérald.* Se dit d'un oiseau qui a le bec d'un autre émail que le reste du corps.

* **BECQUEREL** (Antoine-César), physicien français, est né à Châtillon-sur-Loing (Loiret), le 7 mars 1788. Après de brillantes études, il entra, à l'âge de dix-huit ans, à l'École polytechnique, d'où il sortit en 1808 comme officier du génie. En cette qualité, il fut appelé à prendre une part active aux luttes de cette époque ; après avoir assisté au siège de sept places fortes, il commanda une colonne d'attaque à la prise de Tarragone, et son début fut couronné de succès. Après la campagne de 1814, il fut décoré de la Légion d'honneur ; c'est à cette époque qu'il résolut de quitter le service militaire pour se livrer entièrement à la culture des sciences physiques, vers lesquelles il se sentait attiré, comme s'il pressentait déjà les découvertes qu'il devait y faire et l'illustration qu'il devait y acquérir.

Les travaux par lesquels il débuta dans la carrière scientifique, en 1819, sont relatifs à la minéralogie et à la géologie. D'une part, disciple d'Alexandre Brongniart, il découvre, dans le sol même de Paris, à Auteuil, toute une collection de minéraux, dont la présence, dans des couches aussi récentes, était bien inattendue, notamment la chaux phosphatée et le sulfure de zinc. D'autre part, sous l'influence de Haüy, il étudie, de la manière la plus précise, plusieurs formes nouvelles de la chaux carbonatée qu'il rencontra dans la Nièvre.

C'est dans le domaine de la physique que nous devons chercher les beaux titres de gloire qui lui valurent l'honneur d'être élu membre de l'Académie des sciences, en 1829, et membre correspondant de la Société royale de Londres, en 1837. C'est à peu près à cette époque, en 1838, qu'on créa une chaire de physique au Muséum d'histoire naturelle, pour lui permettre de propager ses belles découvertes. Les phénomènes électrochimiques, peu connus à l'époque où il se lança dans l'étude de la physique, attirèrent plus vivement son attention.

C'est à lui qu'on doit la théorie de la pile électrique et de nombreux perfectionnements de cet instrument, qui a rendu depuis de si grands services et dont il sut rendre l'emploi possible dans l'industrie. A l'aide de la pile, il étudia la façon dont les divers corps se comportent sous l'influence des courants auxquels elle donne naissance ; c'est ainsi qu'il découvrit, en opérant sur des liqueurs renfermant des métaux en solution, divers procédés de déplacement de ces métaux qui sont employés dans la métalloplastie et qui furent mis à l'essai pour le traitement en grand de minerais d'argent, de cuivre et de plomb.

On doit à Becquerel l'invention du thermomètre électrique, de la balance électro-magnétique et du galvanomètre différentiel. Nous retrouvons les traces de son effrayante activité dans le domaine de la météorologie qu'il enrichit de nombreuses observations sur le climat propre aux forêts et la formation des orages. Là encore, nous rencontrons une application pratique de ses recherches ; nous voulons parler de l'assainissement de la Sologne, auquel il s'attacha toute sa vie.

Enfin, la chimie lui doit la synthèse de produits naturels, tels que la pyrite, la galène, etc., etc.

. Tous les travaux de Becquerel ont été publiés dans les principaux recueils scientifiques et surtout dans les *Annales de physique et de chimie* et les *Mémoires de l'Académie*.

Becquerel a laissé des livres fort appréciés, parmi lesquels nous ne citerons que son *Traité d'électricité et magnétisme* (Paris, 1834-1840, 7 vol.) et son *Traité de physique appliqué à la chimie et et aux sciences naturelles* (2 vol. in-8º).

Il a été promu commandeur de la Légion d'honneur en 1865. Il est mort, à Paris, le 18 janvier 1878, dans sa quatre-vingt-dixième année.

* **BECQUET**. Se dit, en général, d'une petite pièce ajoutée ; en *typog.* petite addition à une épreuve ou à une copie ; en *cordonn.*, pièce de cuir introduite sous une semelle, pour la renforcer ; en *carross.*, petite partie de bois qu'on rapporte sur le devant de l'accotoir, et qui sert à cacher la tige d'éventail à fixer le drap sous l'oreille de capote. || On écrit aussi *béquet*.

* **BÉCUANT**. *T. de min.* Délit en pente, dans une exploitation ardoisière.

* **BÉCUL**. *T. de min.* Pièce qui soutient l'échafaud, dans une ardoisière.

* **BÉDANE**. *T. de mét.* — V. Bec-d'ane.

* **BÉE**. *T. de constr.* Synon. de *baie* ; ouverture laissée dans les murs que l'on construit pour ensuite y faire une fenêtre, une porte. || *T. de tonnel.* Tonneau défoncé par l'un de ses bouts : *tonneau à queule bée.* || *Hydraul.* Bée, abée, ouverture par laquelle coule l'eau qui donne le mouvement à un moulin.

* **BEETLAGE**. *T. d'apprêt.* On désigne aussi sous le nom de *maillochage* l'opération du *beetlage* qui consiste à donner un certain lustre aux étoffes de lin et de coton. Dans ces derniers temps on est arrivé à donner au coton le brillant et le toucher de la soie par cette opération qui se fait au moyen de *la machine à beetler.* — V. l'article suivant.

* **BEETLER**. (machine à). Cette machine consiste en une série de pilons en bois, garnis à leur partie inférieure de plaques de métal, lesquels tombent d'une certaine hauteur sur un rouleau autour duquel est enroulé le tissu à beetler. La chute de ces pilons, produite par des cames qui les soulèvent au moyen de mentonnets et les laissent ensuite retomber par leur propre poids, écrase l'étoffe et donne ainsi un certain grain et de la souplesse au tissu. Cette machine est analogue comme construction aux bocards employés dans le traitement des minerais de fer.

Depuis un petit nombre d'années, un anglais, M. Patterson, a imaginé une variété de *maillocheuse* dans laquelle les pilons ne sont pas libres. Ils sont entraînés par un excentrique et le tissu ne peut pas opposer de résistance. (La figure 366 représente l'ensemble de cette machine).

On emploie aussi depuis environ deux ans, en Angleterre, des maillocheuses frappant non sur un rouleau comme les machines précédentes, mais sur une table métallique à l'instar d'un marteau pilou frappant sur son enclume. On place sous ce marteau la pièce préalablement pliée et l'ouvrier la fait mouvoir à la main jusqu'à ce qu'elle soit suffisamment beetlée. — Ces sortes de machines demandent beaucoup de force ; ainsi

Fig. 366. — *Machine à beetler.*

l'appareil ci-dessus a 14 marteaux et exige environ six chevaux vapeur de force. — V. Apprêt, § Battage.

BEFFROI. *T. tech.* Assemblage de charpente destiné à porter des masses considérables ; dans un clocher, pour suspendre les cloches et les isoler des murs ; dans un moulin, pour soutenir les meules, etc. || *Art hérald.* Trois rangées de vair dans l'écu ; le beffroi est considéré comme une des pièces honorables ; il symbolise la grandeur d'une maison puissante.

— Les étymologistes font dériver le mot *beffroi* d'une expression latine unie à une racine saxonne. C'était originairement et dans l'art militaire du moyen âge, une tour de bois mobile servant de machine de guerre dans les sièges. Ménage ajoute que cette tour, placée sur les marches d'un pays, c'est-à-dire à l'extrême frontière, contenait une sentinelle chargée de donner l'alarme en cas de danger. Dans ce sens, beffroi serait donc synonyme de vigie.

Transporté de la frontière au centre des villes et des communes indépendantes, le beffroi est devenu une tour dans laquelle est placée la cloche qui signale les incendies, appelle le peuple à l'assemblée communale et les bourgeois à leur parloir. Ainsi entendus, grosse cloche et beffroi sont synonymes : on dit encore, à Bordeaux, « la grosse cloche » pour désigner une ancienne porte de ville servant de beffroi.

Lorsqu'une commune était affranchie par le roi ou par les seigneurs dont elle dépendait, le beffroi et la cloche étaient, avec la charge d'affranchissement et la bannière communale, le signe extérieur de son indépendance. A défaut de titre écrit, le beffroi suffisait donc pour en justifier.

Par un rapprochement tout naturel, le beffroi était joint à la maison commune, ou hôtel de ville. On le trouve ainsi dans plusieurs villes du Nord de la France, notamment à Compiègne, Saint-Quentin, Arras, etc. Dans les Flandres où les libertés communales ont été en avance de plusieurs siècles, le beffroi se montre partout ; il affecte des formes variées, mais généralement pyramidales, et constitue l'un des monuments les plus curieux des anciennes villes.

Quelquefois le beffroi était isolé : c'était une tour séparée de la maison commune, comme on la voit encore à Beaune et montrant une certaine analogie avec les baptistères et les campaniles de certaines églises, en Italie, en Angleterre et en France : la tour Pey-Berland, à Bordeaux, par exemple. Aujourd'hui, chaque village de France a son petit beffroi, consistant en une sorte de clocheton qui contient une horloge et occupe le fronton de la maison commune.

L'hôtel de ville de Paris avait son campanile, qui constituait une sorte de beffroi. Il avait été réédifié par M. Baltard, dans des proportions plus sveltes, quelques années avant les incendies de 1871, il reparait dans la construction du nouvel hôtel de ville. — L. M. T.

* **BÉGUETTES.** *T. de mét.* Petites pinces à l'usage du serrurier.

* **BEHEN.** *T. de bot.* Nom arabe de diverses racines très estimées autrefois, inusitées aujourd'hui en nos pays, mais servant encore comme condiment en Perse. On distinguait : 1° le *behen blanc* fourni probablement par le *Centaurea behen*, L. (synanthérées qui n'a aucun rapport avec la plante du même nom que l'on rencontre dans nos champs, le *cucubalus behen*, L ; (caryophillées), et 2° le *behen rouge* ou *b. Ackmar*, produit par le statice *limonium*, L ; de la famille des plumbaginées.

Si l'on n'utilise plus ces racines comme médicament, c'est peut être bien à tort que l'on n'emploie pas la dernière dans l'industrie ; les essais de culture que l'on a fait à Tagaurog, ville russe, située à l'embouchure du Don, ont en effet montré qu'elle renferme une assez forte proportion d'acide gallotanique, ce qui permettrait de la faire servir dans le tannage et dans la teinture en noir.

BEIGE. T. *de manuf.* Se dit de la laine qui a sa couleur naturelle ; étoffe ou tissu fabriqué avec de la laine qui n'a pas été teinte.

* **BEIN** (JEAN), graveur, né en 1789, à Gozweiler (Alsace), mort à Paris en 1859, eut, parmi les artistes contemporains, une réputation justifiée par la délicatesse et la netteté de la plupart de ses œuvres. Outre les planches qu'il a gravées pour divers ouvrages classiques et modernes, on lui doit plusieurs gravures d'un mérite exceptionnel, entre autres la *Fornarina* et la *Vierge au Palmier*, d'après Raphaël, la *Vierge Niccolini*, d'après le même ; le *Mariage de la Vierge*, d'après Vanloo; le *Baptême de Saint-Jean*, d'après E. Devéria, etc.

* **BEISSON** (FRANÇOIS-JOSEPH-ETIENNE), graveur; né en 1759, mort à Paris en 1820, a gravé au burin plusieurs planches importantes, entre autres *Sainte-Cécile* et la *Cène*, d'après Raphaël ; *Suzanne au bain*, d'après Santerre ; une *Madone et Bacchus*, d'après le Guide, etc., et divers portraits de Mirabeau, Camille Desmoulins, Louis XVIII, Catherine II, ce dernier d'après un buste de Houdon, etc.

* **BÉJAUNE.** Ce mot désignait autrefois l'ouvrier qui passait compagnon ou maître; on disait qu'il *payait son béjaune* lorsqu'il offrait un régal pour payer sa bienvenue.

* **BÈLE. Art milit.** Sorte de javelot du moyen âge; on le lançait comme un trait.

* **BELGIQUE** (1). La Belgique a immédiatement accepté l'invitation de la France, lorsque celle-ci convia le monde entier au concours universel de 1878. Dès le mois d'octobre 1875, le roi Léopold nommait M. le prince de Caraman-Chimay, président de la commission belge, et le 3 janvier 1877, paraissait au *Moniteur* la liste des membres de cette commission, parmi lesquels nous avons relevé des noms bien connus en France : M. de Sinçay, directeur de la *Vieille-Montagne*; M. Braquenié, le fabricant de tapis d'Aubusson et de Malines; M. J. Kindt, qui occupe de hautes fonctions en Belgique et dont les industriels français ont apprécié, dans les jurys de nos Expositions universelles, la rare compétence et le grand savoir : M. Sadoine, directeur de la Société Cockerill, à Seraing; enfin MM. Portaels, Alfred Stevens, Wilhems, les peintres célèbres qui, à plus d'un titre, appartiennent aussi à l'art français.

L'exposition belge était placée sous la présidence d'honneur de S. A. R. le comte de Flandre. M. le comte d'Oultremont en était le commissaire général, et M. Ch. Evrard en fut le secrétaire général. Le personnel administratif à Paris, était, en outre, composé de MM. Gody, secrétaire

du commissariat; baron de Beeckmann, chargé des beaux-arts, et V. Stevens, chargé de la manutention.

L'ensemble de cette exposition attestait la puissance productive de ce petit pays à la richesse duquel travaille un peuple grand par ses institutions et son génie industriel. Dans l'impossibilité de donner satisfaction à tou. les intérêts, quelques grandes industries ont dû forme des expositions collectives, et il faut rendre cette justice aux commissaires organisateurs qu'ils ont dû surmonter beaucoup de difficultés pour donner à l'industrie belge ce cachet national qui lui est propre.

Par l'examen des différents groupes de la Belgique, il s'est dégagé un grand enseignement. A l'abri des commotions politiques, cette nation a pu développer ses voies de communication et sillonner son territoire de chemins de fer, de canaux et de routes; multiplier ses écoles, former d'excellents ingénieurs et d'habiles ouvriers; enfin par de sages lois économiques, augmenter sa richesse dans d'étonnantes proportions. Les chiffres suivants suffiront à démontrer la vitalité de ce pays : pour une population qui s'élève à 5,300,000 habitants, le chiffre de ses importations et exportations qui était en 1850, de 500 millions de francs, dépasse aujourd'hui 2 milliards 500 millions. Deux milliards d'augmentation en moins de 30 années !

Les arts rétrospectifs de la Belgique étaient brillamment représentés au Palais du Trocadéro. Quel pays d'ailleurs pouvait réunir plus de trésors artistiques et les offrir comme modèles aux générations actuelles! L'art industriel flamand ne s'est-il pas élevé à des hauteurs superbes depuis le moyen âge jusqu'au xviiie siècle, et les meubles sculptés, les tapisseries, les dentelles, les grès, les cuivres et les fers forgés, que nous avons admirés, ne dénotent-ils pas chez les anciens artistes et artisans des Flandres une sûreté de main et un goût merveilleux? Le culte du Beau s'était si bien répandu en France et dans les Flandres, que les artistes les plus illustres ne dédaignaient point, à cette époque, de concourir aux œuvres de l'industrie, aussi l'art marquait-il de son empreinte ineffaçable les objets les plus usuels. Anvers et Harlem ont possédé des enseignes peintes par Rubens.

Les musées archéologiques de Bruxelles, de Gand, de Namur, de Mons, les églises, les hospices et quelques particuliers avaient envoyé les plus beaux objets de leurs collections. Parmi les principaux collectionneurs, nous citerons M. Louis Verboeckhoven fils et M. Th. Bureau, de Gand, qui ont exposé de belles ferronneries; M. Th. Pilette, de Bruxelles, qui avait réuni des plaques et des coffrets ornés de plaques en émail de Limoges (xvie siècle), des objets d'orfèvrerie des xiie, xve, xvie et xviie, et une épinette Louis XV très curieuse; M. le chevalier de Neve de Roden, de Gand, avait offert sa collection de ferronneries et un magnifique coffret en chêne du xve garni d'armatures en fer; M. Henri Vieuxtemps, un Stradiverius et un Guarnerius; M. Wilmotte, d'Anvers, une riche collection de violons des fameux luthiers de Crémone : Amati, Stradivarius, Guarnerius, Guadaguini; MM. Mahillon frères, de Bruxelles, un véritable musée d'instruments de musique des xviie et xviiie siècles; enfin, M. le prince de Caraman-Chimay, plusieurs violons de Decomble, luthier de Tournay.

En visitant le deuxième groupe, qui comprenait l'enseignement, le matériel et les procédés des arts libéraux, on a vu combien la Belgique s'efforce de répandre partout les bienfaits de l'instruction; l'exposition très remarquable du ministère a permis d'apprécier l'excellente organisation de ses écoles primaires et d'adultes. Des plans, des tableaux, des documents de toutes sortes initiaient les visiteurs aux constants efforts et à la sollicitude du gouvernement dans toutes les questions de l'enseignement.

L'exposition de la Société John Cockerill nous a permis de juger de l'importance de Seraing, le Creuzot de la

Belgique. M. E. Sadoine, directeur général, a donné une impulsion vigoureuse à cet établissement qui compte parmi les plus considérables du monde entier. La Société Cockerill a déjà fabriqué 45,000 machines de tous genres et 410 navires de dimensions différentes; elle emploie actuellement 8,850 ouvriers, et, en 1873, son personnel a compté jusqu'à 10,000 individus. Ce qui frappait tout d'abord dans cette exposition, c'était les gigantesques machines d'épuisement pour usines; l'une d'elles, forte de 300 chevaux, agit à 550 mètres de profondeur: cet engin aux bras énormes étonnait le public autant par ses dimensions colossales que par le fini de sa construction. La fabrication des machines d'épuisement a été, de tous temps, l'objet des soins des usines de Seraing; dès 1817, cet établissement se signalait par de grands perfectionnements et les dessins exposés nous ont montré le progrès successifs qu'il a obtenus. Plus loin, nous avons vu une machine avec laminoir à rails qui produit plus de 2 millions de kilogrammes de rails d'acier par semaine; une lomotive destinée à l'Espagne, dont nous avons relevé les caractères principaux: dispositif de l'ensemble du mouvement de distribution à un seul excentrique, permettant l'emploi de bielles motrices et de connexion à tête fermée sur le pivot moteur; dispositif des bielles et des coussinets qui sont entièrement symétriques par rapport à leur plan d'action, et n'exigent pas « droite » ni « gauche » pour les rechanges; dispositif pour passage en courbe par simple jeu latéral aux pièces des essieux et des bielles d'avant et d'arrière, etc.; enfin, les huit roues couplées étaient à plateaux pleins, forgées d'une seule pièce. Seraing exposait encore sa grosse chaudronnerie, ses fontes, ses aciers, ses tôles, ses bandages pour locomotives, ses essieux, ses fers à forte section, etc.; puis une collection de dessins et de plans: dessins de navires, de machines de mines, plans de l'établissement général, de l'hôpital, de la cité ouvrière.

La Compagnie belge pour la construction du matériel et des machines de chemins de fer, dirigée par M. Ch. Evrard, le secrétaire général de l'exposition, avait envoyé une locomotive-tender à dix roues, dont les quatre roues de support étaient montées sur essieux divergents pour le passage des courbes; sa chaudière et ses diverses dispositions étaient du système Belpaire.

Les nombreuses et importantes sociétés houillères des bassins de Charleroi, de Namur, du Centre et de Mons ont exposé les plans et dessins de leurs exploitations: machines d'extraction, appareils d'enfoncement, divers systèmes d'installations de puits, machines d'épuisement, de ventilation, etc. Dans cette classe, nous avons retrouvé M. Chaudron, qui a obtenu le grand prix en 1867 et un diplôme d'honneur à Vienne, pour ses appareils de fonçage; depuis 25 ans, son système et son outillage ont été appliqués à 45 puits.

Dans la mécanique générale, on remarquait les pompes rotatives de MM. Cail, Halot et Cⁱᵉ, de Bruxelles, ainsi que leur machine horizontale à condensation de la force de 50 chevaux; la machine horizontale à condensation, à détente automatique par le régulateur, forte de 30 chevaux, construite par M. Walschaerts, de Saint-Gilles-les-Bruxelles; le broyeur-mélangeur à cuve tournante de M. Ville-Châtel, de Molenbeck-Saint-Jean, que l'on emploie dans les fabriques de produits chimiques, les mines, les hauts-fourneaux; la machine à pointe de M. Qurin, de Nivelles, que le public aimait à voir fonctionner à cause de la rapidité de sa production; enfin les belles machines de M. Longtain, de Verviers. Dans ce centre important de la draperie belge, de grandes améliorations ont été exécutées pour la fabrication et l'apprêt, et c'est à M. Longtain qu'il faut en attribuer le mérite; ses tondeuses, ses sécheuses, ses machines à onduler et à ratiner ont été remarquées des divers jurys et récompensées à Londres, à Paris et à Vienne.

Nous avons encore à signaler parmi les inventions, celle

d'un savant ingénieur de Bruxelles, M. Somzée, le nouveau système d'hélice, adopté par la marine russe. Cette hélice, qui est mobile, offre des facilités d'évolutions inconnues jusqu'à ce jour.

La fabrication des armes de Liège maintient sa vieille renommée par le soin et la variété qu'elle apporte dans ses produits; plusieurs fabricants concourent à justifier cette réputation. M. Galand avec ses fusils et ses carabines de chasse, ses revolvers; MM. Lepage et Chauvot, avec leurs fusils de chasse et leurs belles armes de salon, et Ancion avec ses armes qui se chargent par la culasse et ses différents pistolets et revolvers adoptés par plusieurs gouvernements étrangers.

Les appareils de chauffage et de ventilation nous ont indiqué les perfectionnements apportés par MM. Geneste et Herscher; les dessins qu'ils ont soumis auprès de leurs appareils ont permis d'apprécier les travaux importants qu'ils ont exécutés pour la ventilation et le chauffage des grands édifices de Bruxelles.

Arts décoratifs. En art, l'école belge est assez forte pour avoir droit à l'honneur des jugements sévères. Ses peintres d'histoire connaissent à fond leur métier; ils en pratiquent toutes les ressources avec une habileté extrême; on peut exiger d'eux beaucoup, beaucoup plus qu'ils ne donnent. Ouvriers de talent, il leur manque le génie qui enfante les œuvres originales. Ils jouent toujours sur le vieil échiquier de Gallait, déplaçant et faisant manœuvrer dans les règles, le roi, la reine, les fous, les cavaliers, les tours et les pions; mais ce sont toujours les mêmes pions, les mêmes tours, les mêmes cavaliers, les mêmes fous, la même reine et le même roi qui manœuvrent; personnages de théâtre aux gestes convenus et connus, redondants et faux comme des vers de tragédie. Tout cet art, même et surtout celui de M. Wauters qui a obtenu la plus haute récompense comme peintre d'histoire, n'est art appris; les études manuelles et visuelles du peintre y sont tout, l'imagination rien. Le seul artiste vraiment original et poète de l'école belge est M. Alfred Stevens. Vivre dans un temps, dans un milieu social déterminé, le voir, le comprendre, l'observer, lui emprunter pour faire l'unique objet de son art ce qu'il a de plus charmant, de plus fugitif, de plus délicat à exprimer, la femme, et sa grâce, et sa futilité, et ses passions et ses agitations intérieures; voilà ce qu'a fait M. A. Stevens. Voilà donc un peintre belge bien personnel, bien moderne, absolument original, qui ne doit rien au passé, qui classe l'artiste au rang des petits maîtres du Nord. Seulement M. Stevens n'est Belge que de naissance, il vit à Paris et peint la Parisienne. Il en est de même de presque tout ce qui sort de la moyenne dans les arts décoratifs en Belgique. Tout cela est fait ou s'inspire ici. Bruxelles n'est qu'une province française.

Cependant nos voisins du Nord ont un art qui leur est propre, c'est leur architecture. La façade belge de la rue des Nations était de toutes les façades étrangères la plus importante par la variété et la multiplicité des matériaux mis en œuvre. Sous l'habile direction de l'architecte auteur des plans, M. Emile Janlet, vingt-sept coopérateurs et fournisseurs de matériaux ont collaboré à cette œuvre intéressante qui mit en lumière non seulement le genre de construction spécial au pays, mais encore toutes les ressources dont la Belgique dispose pour l'industrie du bâtiment. Cette façade était conçue dans le style de la Renaissance flamande, on y a fait figurer les matériaux de construction de toute espèce obtenus dans le pays, depuis la brique jusqu'au marbre, en passant par les belles pierres bleues à deux tons qui se prêtent si bien au travail de la sculpture d'ornement, les pierres blanches, grises, brunes, noires même qui, savamment disposées, mettent entre les mains de l'architecte un clavier de tons d'une richesse extraordinaire. M. Emile Janlet en a tiré un excellent parti. — V. Expositions de l'industrie.

Dans le domaine du mobilier et de ses accessoires, le

bois joue un rôle capital et les fabricants belges excellent à l'employer en grandes surfaces comme les parquets et lambris. Les maîtres du genre sont MM. Tasson et Wascher, leurs parquets en mosaïque de bois diversement colorés et incrustés, ainsi que leurs fragments de bordures et milieux sont d'une rare richesse. La Flandre a par tradition la passion du bois sculpté. Tout le monde a admiré ou entendu vanter les stalles du chœur et la chaire de sainte Gudule; les frères Goyers, sculpteurs de Louvain, perpétuent les traditions de ce bel art, comme en témoignait leur chaire de vérité, toute chargée de figurines sculptées avec un talent très sûr et très délicat. Aux richesses du bois travaillé à profusion dans les lambris, panneaux et corniches, les architectes belges ont bien été forcés de joindre le luxe des cheminées de bois ou de marbre. Le style général de ces somptueux intérieurs est celui de la Renaissance flamande. Avec ses colonnes, ses frontons rompus, ses plates-bandes massives il est un peu lourd, il manque de sveltesse et d'élégance, mais conserve un grand caractère d'apparat. Quelques décorateurs ont eu la malencontreuse idée de peindre en tons clairs les diverses parties de cette architecture intérieure en la rehaussant de touches d'or ou d'application de cuivre poli; c'est une grave erreur de goût. M. Bonnefoy et MM. Pohlmann-Dalk et fils qui occupent le premier rang dans leur industrie y ont cependant succombé. Leurs meubles n'affichent aucune prétention à l'originalité. Si l'aspect général est satisfaisant, si l'on y retrouve la recherche de grand luxe qui domine aujourd'hui toute cette industrie à Vienne comme à Bruxelles, à Saint-Pétersbourg comme à Paris, quand on examine les choses dans leur ensemble, on se fatigue à la longue de rencontrer partout les mêmes formes de meubles composés dans un sentiment d'uniformité désespérante. C'est toujours et partout le même meuble Renaissance, Louis XIV, Louis XV et Louis XVI. Ici, l'art — même chez MM. Snyers-Rang, chez MM. Verlat et Deligné — n'a rien d'original et se borne au rôle de copiste.

Nous regrettons d'avoir à critiquer également le goût fâcheux qui préside au choix des sujets dans l'importante manufacture de tapisseries de Flandre d'Ingelmunster. Il faut proscrire sévèrement les scènes où intervient la figure humaine, des tapisseries destinées à décorer des canapes, fauteuils ou chaises. La proscription doit être impitoyable quand le fabricant pousse le rendu de la tapisserie jusqu'au fac-simile du tableau à l'huile, avec la préoccupation des perspectives fuyantes et du clair-obscur. M. Braquenié, le prince de la tapisserie belge, n'est pas toujours tombé dans cette faute, il est bien trop Parisien pour cela. Lui aussi, il réalise avec une extraordinaire perfection le modelé le plus minutieux, mais il a grand soin de laisser à ces reproductions leur planimétrie nécessaire. Il expose dans cet ordre d'idées un portrait de Rubens et une figure d'Arabe d'après Louis Gallait. Malgré le mérite du travail technique, nous ne voulons pas nous arrêter à son fauteuil avec Vue de Malines. Il a cédé là, par exception, au mauvais goût général. Nous préférons nous rappeler les deux admirables panneaux destinés à la salle gothique de l'Hôtel de Ville de Bruxelles. Ces panneaux, exécutés d'après les cartons de M. Willem Geets, représentent : l'une, le Serment de l'arbalète et le Serment des escrimeurs; l'autre, le Serment des arquebusiers et le Serment des archers. Chaque serment est symbolisé par un personnage portant les insignes de la corporation. Ce sont des figures d'une tournure superbe et d'une puissance de coloration merveilleuse. Il y a là des rouges d'une intensité de ton éclatante, comme une fanfare de cuivre. M. Braquenié est l'égal de nos plus célèbres fabricants français.

En papier peint, cette industrie si voisine de la tapisserie, la Belgique est à peu près nulle. Il en est de même de la maroquinerie et tabletterie, et aussi des bronzes d'art à l'exception peut-être du lustre exécuté pour le palais provincial de Liège, par M. Wilmotte fils. Je ne parle pas bien entendu de cette foule de médaillons en surmoulé des personnages de la Renaissance qui encombrent nos rues et se fabriquent partout avec la même facilité peu digne d'intérêt. En fait d'orfèvrerie, je ne vois que quelques objets du culte catholique : calices, burettes, ciboires, ostensoirs, chandeliers, d'un style assez commun. La verrerie belge, très remarquable comme fabrication première, expose peu de vitraux peints et rien qui mérite une mention exceptionnelle. La céramique au contraire compte de nombreux représentants. Leurs produits ont en général le défaut d'une exécution trop minutieuse. En ces compositions, qui doivent avoir le caractère décoratif, toutes choses sont trop lisiblement écrites. On y voudrait plus de souci de l'aspect d'ensemble à distance. C'est du reste une tendance qui leur est commune avec toute l'école de peinture en Belgique et en particulier avec les peintres de genre.

La Belgique, à juste titre, est fière de ses dentelles. Elle avoue avec une certaine complaisance que les dentelles de Bruxelles et de Malines, les valenciennes de Bruges et d'Ypres, les dentelles noires de Grammont occupent cent mille ouvrières et sont recherchées dans toutes les capitales du monde. Cela est vrai. Il y a dans cette section, en effet, des imitations de point à l'aiguille, de point d'Alençon, de véritable dentelle de Bruxelles, de l'antique guipure de Flandre, du point de Venise, et des valenciennes, notamment une robe princesse exposée par M. G. Dreyfus, à faire tourner la tête à la femme du monde la moins coquette. C'est un concours de résultats incomparables entre les grandes maisons comme les De Groote-Vierendeel, Delodder-Lobelle, Gillon-Steyaert, Normand et Chandon, Verdé-Delisle, ces deux dernières maisons toutes parisiennes d'ailleurs. Au même rang, mais pour la broderie d'ornements d'église, nous nommerons MM. Leynen-Guaerts, notamment pour son devant d'autel à fond brodé au point couché, en argent fin, et pour un ornement complet richement brodé d'or fin sur fond liston.

L'exposition belge des écoles de dessin est la seule qui ait été faite avec soin parmi les nations étrangères. Nous aurons sans doute à y revenir au mot dessin. Dès maintenant, nous constatons avec plaisir que les trois villes rivales Bruxelles, Gand et Anvers rivalisent d'efforts pour généraliser et élever cet enseignement. L'une de ces écoles cependant prime toutes les autres par la supériorité de sa pédagogie, si l'on en juge, comme il est naturel, d'après la supériorité des travaux d'élèves; c'est l'école de dessin, peinture, architecture et modelage, dirigée par M. Stroobant, à Molenbeek-Saint-Jean, près de Bruxelles.

D'ailleurs nous devons en terminant féliciter la Belgique sur l'importance de son exposition qui, avec celle de la Grande-Bretagne, tenait la tête parmi les expositions étrangères.

* **BELGRAND** (Eugène), inspecteur général des ponts et chaussées, directeur du service des eaux et égouts de la ville de Paris, membre libre de l'Académie des sciences, né en 1810 à Champigny-sur-Ource (Côte-d'Or), mort à Paris en avril 1878.

Les observations qu'il eut l'occasion de faire, dès le début de sa carrière d'ingénieur, dirigèrent ses études vers la géologie et l'hydrologie et l'amenèrent plus tard à créer l'hydrométrie; grâce à lui, l'étude et la mesure des crues des cours d'eau furent assises sur des bases tellement exactes, que les annonces du service d'avertissement qu'il a organisé ont atteint une précision remarquable et rendent aujourd'hui d'immenses services.

Chargé, depuis 1856, du service des eaux et

égouts de Paris, c'est lui qui amena dans la capitale les eaux de la Dhuys et de la Vanne, assurant ainsi à une population de deux millions d'âmes 70 litres d'eau potable par personne. — V. AQUEDUC.

C'est encore lui qui régularisa et compléta le magnifique réseau d'égouts qui emporte loin de la ville, l'énorme quantité d'eau qui a servi aux usages domestiques et au nettoyage des voies publiques. Le grand collecteur exécuté à 20 mètres de profondeur au-dessous d'une surface couverte d'habitations, le double siphon en tôle noyé dans la Seine, au pont de l'Alma et joignant à travers le fleuve les égouts de la rive gauche et de la rive droite, sont à citer parmi les importants et difficiles travaux de cette ville souterraine, dont l'exploitation n'est pas moins remarquable que la construction. Avec l'emploi des bateaux et vagons munis de Vannes, c'est lui-même qui est chargée du curage et qui chasse jusqu'à la Seine les sables et les détritus qui arrivent de la surface. — V. ASSAINISSEMENT. M. Belgrand avait réussi à faire du réseau des égouts une des merveilles les plus visitées de la capitale, notamment aux époques d'expositions internationales.

Indépendamment de nombreux articles pour les *Annales des ponts et chaussées* et pour l'*Annuaire de la Société météorologique*, M. Belgrand a publié d'importants ouvrages : *Le bassin parisien aux âges antéhistoriques* (1869) ; *La Seine aux âges modernes* (1872) ; *Les aqueducs romains* (1875), et enfin *Les eaux anciennes de Paris* (1877). — J. B.

* **BELIC** ou **BELIF**. *Art. hérald.* Couleur rouge dite aussi *gueule.*

I. * **BÉLIER.** 1° *T. de mar.* Nom donné au navire destiné à agir surtout par le choc contre un ennemi. Les navires de ce genre doivent posséder une assez grande vitesse pour pouvoir atteindre leurs adversaires ; ils doivent jouir d'une grande facilité d'évolutions, c'est pourquoi ils ont presque tous deux machines indépendantes, actionnant chacune une hélice. Les mouvements rapides de leur gouvernail sont assurés par l'emploi d'un *servo-moteur* (V. ce mot). Leur avant est armé d'un éperon très solide. Une tourelle blindée mobile, sur la plupart d'entre eux, soutient un ou deux canons de gros calibre qui leur sert d'arme complémentaire pour l'attaque ou la défense. Leur coque proprement dite est complètement cuirassée, le pont ne s'élève que de 70 centimètres à un mètre au-dessus de l'eau ; il est surmonté d'une superstructure en forme de carapace, en tôle légère, dans laquelle se trouvent les logements du personnel et les divers emménagements. Le rôle de ces bâtiments est celui de garde-côtes, aussi leur donne-t-on le moindre tirant d'eau possible. L'équipage de ces navires étant très réduit, toutes les manœuvres qui exigent un déploiement de forces sont exécutées à l'aide de machines à vapeur ou de machines hydrauliques propres à atteindre le but qui leur est assigné : motion de deux pompes très puissantes pour combattre une voie d'eau, service de l'artillerie, relèvement des ancres, vidage des escarbilles, etc.

Le premier bélier garde-côtes construit en France en 1863, le *Taureau*, a un déplacement de 2,500 tonneaux seulement ; son tirant d'eau ne dépasse pas 5 mètres ; sa vitesse aux essais était d'environ 12 nœuds ; il est cuirassé à 20 centimètres. De même que pour les autres types de cuirassés, les dimensions de garde-côtes en construction ou en projet sont beaucoup plus considérables, les cuirasses passent de 20 à 35 et même 55 centimètres, et les pièces du calibre de 24 centimètres sont remplacées par des canons de 27 et de 34 centimètres. Ces navires sont complètement dépourvus de mâture ou n'en possèdent qu'une très légère. Leurs formes et la capacité de leurs soutes ne leur permettent que des voyages au cabotage et encore est-ce dans des limites assez restreintes.

II. **BÉLIER.** 2° *Art milit. anc.* Machine de guerre des anciens qui, avant l'emploi de la poudre, servait à battre en brèche les murailles et les portes des villes assiégées. Elle était composée d'une poutre plus ou moins longue, armée par un bout d'une masse de fer ou de bronze, à laquelle on donnait ordinairement la forme d'une tête de bélier. Il y en avait de plusieurs sortes ; les plus simples étaient portés à bras d'hommes ; d'autres consistaient en une poutre suspendue par son milieu dans un bâti de charpentes et que les hommes faisaient jouer à l'aide de câbles fixés à l'extrémité opposée à la tête ; quelques-uns de ces béliers atteignaient une longueur de 15 ou 20 mètres ; Plutarque raconte qu'Antoine combattant les Parthes faisait agir un bélier de 25 mètres de longueur ; d'autres encore appelés *béliers-tortues* parce qu'ils étaient recouverts d'une carapace et que leur tête, dans le mouvement de va-et-vient que lui imprimaient les soldats, entrait et sortait pendant l'action, étaient montés sur roues et conduits au pied de la muraille ; une autre sorte enfin perçait les murs en tournant comme une tarière. Les assiégés neutralisaient les effets du bélier de diverses manières ; l'une d'elles consistait à saisir le bélier par la tête et à l'enlever pardessus les murailles ; ce dernier engin avait le nom de *corbeau.*

III. **BÉLIER.** 4° Pièce de fonte ou de bois avec laquelle on enfonce les pieux. ‖ 5° *Art hérald.* Animal héraldique figuré avec des cornes en spirale, de profil et passant. ‖ 6° *Bélier onglé,* lorsque les pieds sont d'un autre émail que le corps ; *bélier sautant,* lorsqu'il est dressé sur ses pieds de derrière.

IV. **BÉLIER HYDRAULIQUE.** 7° On donne le nom général de *bélier hydraulique* à tout appareil destiné à transformer en un travail utile la *puissance vive* rendue disponible par l'arrêt brusque d'une colonne liquide en mouvement.

Le nom de *bélier* a été donné à cet appareil par analogie, à cause du choc qui accompagne l'arrêt brusque de la colonne d'eau.

— Les premières applications de cette idée remontent seulement à la fin du siècle dernier, et elles avaient uniquement pour objet d'élever une partie de l'eau dépensée à un niveau supérieur à celui du bassin d'alimentation ; nous verrons, à la fin de cet article, qu'on est arrivé dans ces dernières années, à donner à cette même force des applications variées.

L'appareil construit en 1772 par l'horloger anglais Whitehurst, élevait l'eau, par sa propre force, à une hauteur bien supérieure à celle du réservoir alimentaire, mais il exigeait la présence continuelle d'un manœuvre continuellement occupé à ouvrir et à fermer un robinet. Aussi, lorsque, quelques années plus tard, en 1796, Montgolfier, l'inventeur des ballons à air chaud, construisit un appareil du même genre, mais fonctionnant automatiquement, fut-il considéré à bon droit comme le véritable nventeur du bélier hydraulique.

Le bélier hydraulique de Montgolfier (fig. 367) se compose d'une partie principale ou *tête du bélier* communiquant d'un côté avec le réservoir alimentaire par un tuyau dit *corps du bélier*, et de l'autre avec un réservoir supérieur au moyen du *tuyau d'ascension*.

Dans la *tête du bélier*, on distingue : 1° la *soupape d'arrêt* S qui doit être un peu plus lourde que l'eau; 2° une cloche en fonte F en partie remplie d'air, au bas de laquelle vient se brancher le tuyau d'ascension ; cette cloche doit être placée aussi près que possible de la soupape d'arrêt; 3° une autre cloche plus petite C, également remplie d'air, concentrique à la première, et communiquant avec elle au moyen d'un ou de plusieurs *clapets de retenue* s s; 4° le *reniflard* r muni d'une soupape s'ouvrant de dehors en dedans, et qui met la cloche C en communication avec l'air extérieur.

Supposons, pour commencer, que la soupape d'arrêt S, vienne de s'ouvrir; l'eau du réservoir, alimentaire, arrivant par le corps du bélier, s'écoulera avec une vitesse croissante par l'ouverture devenue béante, et ira se perdre dans un canal de fuite, tandis que celle contenue dans la cloche F et dans le tuyau d'ascension, retenue par les clapets s s ne pourra s'échapper; mais un moment viendra bientôt où l'eau aura acquis, dans le corps du bélier, une vitesse suffisante pour soulever la soupape et l'appliquer contre son siège; la masse liquide en mouvement se précipite alors sous la cloche C par la seule issue restée libre ; le choc, et l'ébranlement qui en résulterait pour l'appareil tout entier sont amortis par le matelas d'air contenu dans cette cloche ; les clapets de retenue s s cédant à la pression se soulèvent, et le liquide pénètre dans la cloche F, entraînant avec lui une partie de l'air renfermé sous la cloche C. Cette rentrée d'air est indispensable pour remplacer celui qui est dissous ou entraîné dans la colonne d'ascension à chaque coup de bélier. L'eau ayant épuisé le reste de sa puissance vive en comprimant l'air emprisonné dans la grande cloche, un mouvement de réaction tend à se produire. Ce mouvement a pour

effet de fermer les clapets de retenue s s et l'air comprimé sous la cloche, agissant à la manière d'un ressort, fait, en se détendant, monter l'eau d'une manière continue dans le tuyau d'ascension. Le même mouvement de réaction se produit dans la colonne liquide au-dessous de la cloche C, et la pression de l'air sous cette cloche devenant moindre que la pression atmosphérique, une petite quantité d'air rentre par le *reniflard* r pour remplacer celui qui vient d'être entraîné sous la grande cloche. L'eau étant revenue au repos dans la tête du bélier, la soupape d'arrêt S s'abaisse de nouveau par son propre poids, le liquide se remet en mouvement et le même jeu recommence indéfiniment.

Le poids de la soupape d'arrêt et la longueur de sa course ont une grande influence sur la fréquence des battements et, par suite, sur le rendement de la machine ; on remarquera sur la figure qu'une vis de rappel permet de faire varier la course de la soupape, de manière à obtenir le maximum d'effet utile.

On remplace quelquefois la soupape d'arrêt et les clapets de retenue par des soupapes à boulets. Ce sont des boulets creux, d'une densité à peu près double de celle de l'eau, maintenus dans l'axe de l'orifice au moyen d'une sorte de muselière qui leur permet de monter et de descendre, mais les empêche de s'écarter latéralement. On garnit, dans ce cas, l'orifice de la soupape avec du cuir, du caoutchouc ou toute autre matière élastique et compressible. Il faut avoir soin, lorsqu'on emploie des soupapes à boulet, de placer la soupape d'arrêt un peu en arrière du tuyau qui communique avec la cloche à air, de manière à ce que le boulet, quand il est collé contre son siège, n'entrave pas le mouvement de l'eau dans la conduite.

Le diamètre du corps du bélier et celui du tuyau d'ascension sont calculés de façon à ce que la vitesse de l'eau dans ces tuyaux ne dépasse pas 0m,50 par seconde.

L'aire de la soupape d'arrêt doit être un peu supérieure à la section du corps du bélier, et sa course doit être réglée de manière à réserver à l'eau un passage annulaire à peu près égal à l'aire de la soupape.

Le réservoir d'air doit être placé aussi près que possible de la soupape d'arrêt, et on recommande de lui donner une capacité à peu près égale à celle du tuyau d'ascension.

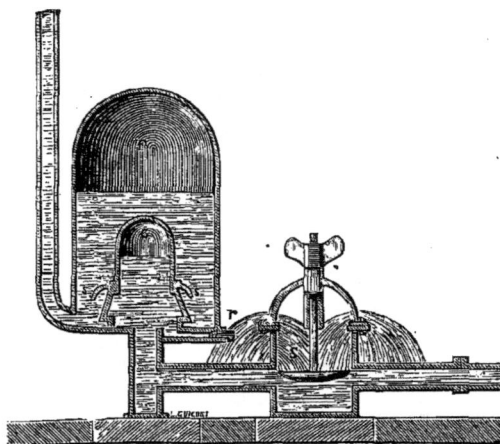

Fig. 367. — *Bélier hydraulique de Montgolfier.*

Il faut éviter de recourber le tuyau d'ascension à son sommet ; cette disposition présentant un obstacle à la libre sortie de l'eau, serait défavorable au rendement.

Enfin, il est bon de faire la tête du bélier aussi lourde et aussi massive que possible, afin d'atténuer les vibrations qui nuisent à la fois au rendement et à la solidité de l'appareil.

La soupape d'arrêt peut être noyée sans grand inconvénient pour le rendement, seulement les chocs dans la tête du bélier sont alors plus violents ; mais il importe évidemment que le reniflard soit toujours maintenu au-dessus des plus hautes eaux.

Le bélier hydraulique de Montgolfier a été l'objet d'un très grand nombre d'expériences, exécutées notamment par l'abbé Bossut, en 1798, par l'ingénieur prussien Eytelwein, en 1822, puis par d'Aubuisson, et plus récemment encore par le général Morin, au Conservatoire des arts et métiers. Ce dernier, mettant à profit les expériences de ses devanciers et les siennes propres, a établi un certain nombre de règles et de formules empiriques relatives à l'établissement des béliers hydrauliques, qu'il a consignées dans son

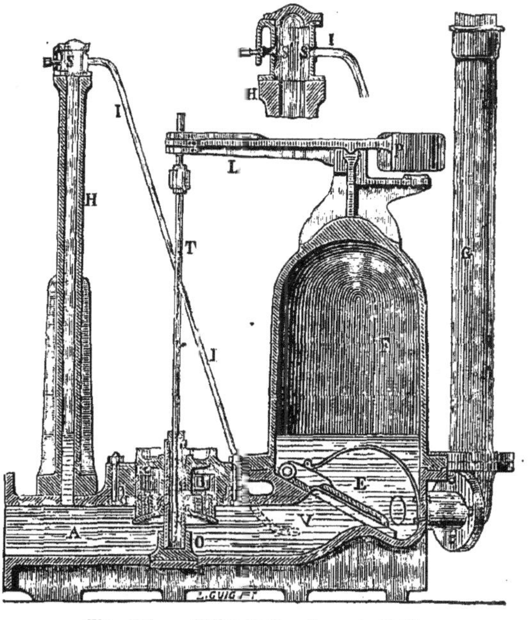

Fig. 368. — Bélier hydraulique de Bollée

ouvrage intitulé : *Des machines et appareils destinés à l'élévation des eaux.*

Le plus petit bélier qui ait été expérimenté consommait seulement 12ˡ,42 par minute (soit 1/5 de litre par seconde) ; la hauteur de chute était de 7 mètres, et il élevait 0ˡ,97 par minute, à une hauteur de 60 mètres : son rendement était de 67 0/0. Le plus grand, celui de la blanchisserie de M. Turquet, près de Senlis, élève 269 litres par minute à 4ᵐ,55 de hauteur, avec une dépense de 1,987 litres par minute et une hauteur de chute de 0ᵐ,979 : son rendement est de 63 0/2 environ.

Le rendement d'un bélier hydraulique, construit dans de bonnes conditions, est bien supérieur à celui d'une pompe, surtout si l'on tient compte de ce fait que la machine est à la fois *motrice* et *opératrice*. La durée d'un appareil de ce genre peut être assez considérable, puisqu'un bélier, celui de Mello, près de Clermont-sur-Oise, construit par Montgolfier au commencement du

siècle et expérimenté en 1860, donnait encore, après 60 années d'existence, les mêmes résultats qu'à l'origine.

Mais ces appareils demandent à être construits très solidement pour ne pas être détériorés par les chocs répétés auxquels ils sont soumis, et, pour la même raison, on ne peut les employer qu'autant que la quantité d'eau dont on veut utiliser la chute est peu considérable : le plus grand bélier expérimenté, celui de Senlis, n'atteint pas comme force 1/2 cheval vapeur. Aussi ces machines sont elles peu répandues.

Bélier hydraulique de M. Bollée. — M. Bollée, ingénieur - mécanicien au Mans, a apporté, dans ces dernières années, au bélier de Montgolfier, un certain nombre de modifications heureuses, qui n'augmentent pas sensiblement son rendement, mais dont les unes ont pour effet de diminuer la violence des chocs, et dont les autres assurent, d'une manière plus parfaite, le fonctionnement régulier de l'appareil.

Nous allons les passer en revue :

1° Le *reniflard* (fig. 368) est remplacé par une colonne creuse verticale H, montée sur le corps du belier A, à proximité de la soupape d'arrêt B, et terminée par une boîte rapportée S. Cette boîte est munie de deux soupapes SS', l'une pour la rentrée de l'air et l'autre pour son refoulement par un tube incliné I qui vient déboucher au-dessous de la cloche à air F, sous le clapet de retenue E. Les oscillations régulières de l'eau dans la colonne creuse aspirent l'air extérieur et le refoulent sous le clapet de retenue, d'où il s'introduit dans la cloche à chaque ouverture du clapet. On donne à la colonne verticale une hauteur suffisante pour qu'elle ne soit jamais submergée ; de cette manière, l'appareil peut fonctionner, même lorsqu'il est complètement noyé, ce qui permet d'utiliser les chutes les plus minimes.

2° La soupape d'arrêt B est *à lanterne*, c'est-à-dire qu'elle est formée d'une sorte de boisseau, percé sur tout son pourtour de fenêtres longitudinales, et pouvant prendre un mouvement de va-et-vient dans l'intérieur d'un cylindre à parois pleines. La tige inférieure de cette soupape descend dans un petit cylindre O, percé latéralemént de deux ouvertures pour l'écoulement de l'eau, et dont le fond est garni de rondelles élastiques qui amortissent le choc lorsque la soupape descend. Quand au contraire la soupape se ferme, son bord supérieur pénètre dans une rainure circulaire K remplie d'eau, ce qui atténue beaucoup le choc de la soupape contre son siège;

3° La soupape d'arrêt est en partie équilibrée par un contre-poids P fixé à l'extrémité d'un balancier L pouvant osciller sur deux couteaux. On peut ainsi, en faisant varier le contre-poids, régler le poids de la soupape, de manière à obtenir le maximum d'effet utile;

4° La tige T de la soupape d'arrêt est reliée au balancier par l'intermédiaire de deux lames de ressort, grâce auxquelles les oscillations du balancier se font aussi sans choc sensible;

5° Le clapet de retenue E est incliné et le corps du bélier, entre la soupape d'arrêt et le clapet de retenue, affecte une forme arrondie; on évite ainsi, pour la colonne liquide, les résistances provenant d'un changement brusque de direction;

6° Un ressort dont on peut faire varier l'effet au moyen d'une vis, appuie sur le clapet de retenue de manière à assurer sa fermeture. L'action de ce ressort est surtout utile lorsque l'eau doit être élevée à une grande hauteur; il arrive, en effet, dans ce cas, que l'eau commence à rétrograder par le clapet entr'ouvert, et que sa vitesse devient assez grande pour s'opposer à sa fermeture rapide;

7° Enfin, un dernier perfectionnement apporté par M. Bollée au belier de Montgolfier, a été d'adapter à la cloche à air une soupape de sûreté, maintenue fermée par un ressort à boudin, et que la pression sous la cloche ferait ouvrir dans le cas où une résistance accidentelle, due à la congélation de l'eau dans le tuyau d'ascension G, par exemple, viendrait à se produire.

Bélier d'épuisement de M. Leblanc. — Cet appareil est une véritable pompe à double effet, fonctionnant automatiquement, et dans laquelle les deux pistons sont remplacés par des colonnes d'eau. Une bâche, formant le prolongement du réservoir alimentaire, a son fond percé de deux orifices, par lesquels l'eau peut s'écouler dans deux tuyaux inclinés. Ces deux orifices sont fermés alternativement au moyen de deux soupapes, reliées aux extrémités d'un balancier pouvant osciller autour d'un axe horizontal passant par son centre, de telle sorte que, lorsque l'une des soupapes est ouverte, l'autre est fermée, et inversement. L'eau se précipitant dans l'orifice laissé libre par l'ouverture de l'une des soupapes, a bientôt acquis une vitesse suffisante pour entraîner cette soupape et l'appliquer contre son siège; la seconde soupape, soulevée par le balancier, donne passage à une nouvelle quantité d'eau et se ferme à son tour, et ainsi de suite. A chaque fermeture de soupape, la colonne liquide continuant son mouvement dans le tuyau incliné correspondant, détermine au-dessous de la soupape un vide relatif qu'on utilise en aspirant par un troisième tuyau, venant déboucher, au moyen d'un jeu de sou-

papes, tantôt dans le premier, tantôt dans le second, l'eau d'un étang ou d'un marais qu'il s'agit de dessécher. L'eau d'épuisement va se perdre avec celle du réservoir, dans un canal de dérivation.

Bélier compresseur. — Cette machine, basée sur le même principe que les précédentes, a été employée par M. Sommelier, lors du percement du tunnel du Mont-Cenis (côté italien). Elle servait à comprimer, dans un réservoir, l'air destiné à l'alimentation des chantiers.

La chute d'eau disponible n'avait que 26 mètres de hauteur, et à l'aide de cet appareil, l'air pouvait être comprimé dans le réservoir à 5 atmosphères, pression bien supérieure à celle correspondant à la hauteur de chute.

L'eau, amenée par un long tuyau dans la tête du bélier, se précipitait avec force dans une colonne montante, comprimait l'air qui s'y trouvait et le refoulait dans un réservoir; à ce moment, une soupape arrêtait l'arrivée de l'eau dans la tête du bélier, tandis qu'une autre soupape permettait à l'eau engagée dans la colonne montante de s'écouler au dehors, en produisant derrière elle un vide relatif aussitôt comblé par une nouvelle rentrée d'air. Les soupapes étant ramenées dans leur positions primitives, un nouveau coup d'eau se produisait et refoulait une nouvelle quantité d'air dans le réservoir. En un mot, la colonne d'eau montait et descendait comme le piston d'une pompe aspirante et foulante, et la pression obtenue dépendait, non de la hauteur de chute, mais de la puissance vive, $1/2 mv^2$ de la masse liquide en mouvement.

On employait simultanément deux, trois et jusqu'à dix appareils de ce genre, suivant les besoins. Le jeu des soupapes n'était pas automatique, il était obtenu au moyen d'une petite machine à air. — H. I.

BELIÈRE. T. *techn.* Anneau mobile de suspension. || Anneau qui suspend une lampe d'église. || Gros anneau auquel on suspend le battant d'une cloche. || Anneau qui porte un pendant d'oreille, une pendeloque; on nomme *bélière du talon*, celle qui reçoit la pendeloque ou le pendant, et *bélière du cliquet*, celle qui retient toujours la boucle du même côté. || Chape d'un fourreau de sabre, d'un ceinturon d'épée.

* **BELIÈVRE.** Nom sous lequel on désigne, en Normandie, l'argile plastique qu'on emploie comme terre à poterie, et comme terre réfractaire pour la construction des fourneaux.

* **BÉLISAIRE.** Habile général de Justinien II que les artistes, d'après le poète Tzetzis, représentent aveugle et réduit à mendier son pain, bien que d'autres auteurs prétendent qu'après avoir été accusé de conspiration et disgracié, l'empereur reconnut son innocence et lui rendit sa faveur.

BELLADONE. Espèce de plante vénéneuse, dont les fruits, cueillis avant leur maturité, produisent une belle couleur verte employée dans la miniature. Les Italiennes s'en servaient pour la composition d'une espèce de fard; c'est même de cet emploi que lui vient le nom de *belladone* (de l'italien *bella donna*, belle dame).

* **BELLE** (Augustin-Louis), peintre, mort à Paris en 1840, fut nommé, en 1793, directeur de la manufacture des Gobelins qu'il dirigea pendant quelques années.

* **BELLE PAGE.** *T. d'impr.* Page impaire, toujours au recto du feuillet, destinée aux livres, aux titres, aux chapitres : faire tomber en *belle page*.

* **BELLIF.** *Art hérald.* — V. Bélif.

* **BELLOC** (Jean-Hilaire), peintre, né à Nantes en 1790, mort en 1869, appartient à notre partie biographique par la part qu'il a prise au succès de l'*École de dessin*, aujourd'hui *École des arts décoratifs* qu'il a dirigée pendant plus de quarante ans. Il était officier de la Légion d'honneur depuis 1864.

* **BELLON.** *T. techn.* Sorte de cuvier de pressoir à cidre. || Cuve à raisins.

* **BELLONE.** *Myth.* Déesse de la guerre, sœur de Mars. C'était elle qui attelait les chevaux de Mars quand il partait pour la guerre. Les artistes la représentent au milieu des combats courant dans les rangs, vêtue d'une tunique courte ou d'une cuirasse, tenant un fléau ou une verge teinte de sang, les cheveux épars, et le feu dans les yeux. Quelquefois, comme Pallas, elle est armée de pied en cap, avec une lance à la main. Le Louvre possède un tableau de Rubens représentant Marie de Médicis avec les attributs de la déesse de la guerre.

* **BELLY.** — V. Bély.

* **BELOUGA** (huile de). Fournie par l'épaulard blanc, porpoise (beluga catodon), de la mer Blanche, du Canada, etc.; l'animal adulte pèse jusqu'à 1,600 kilogrammes et donne 200 kilogrammes d'une huile plus estimée que celle des phoques et des morses; sa peau fournit un cuir excellent.

* **BELOUSE** ou **BELOUZE.** *T. de mét.* Pièce de métal montée sur le four du potier d'étain.

* **BEL-OUTIL.** *T. de mét.* Petite enclume dont l'usage est à peu près le même que celui de la *ligorne*.

BELVÉDER ou **BELVÉDÈRE.** *T. d'arch.* Pavillon ou terrasse qui *couronne* une maison, un lieu élevé d'où la vue s'étend au loin. || Par extension on donne ce nom à un petit bâtiment ou un berceau de verdure *construit* à l'extrémité d'un parc ou d'un jardin et ordinairement élevé sur une plate-forme.

* **BÉLY.** *T. de fil.* Le bély est le métier à filer à sa naissance, c'est lui qui a remplacé le *rouet*. Composé le plus ordinairement de quarante broches, il recevait sur une table inclinée garnie de toile sans fin, quarante des *loquettes* produites par la *carde loquetteuse*, et des enfants, appelés *rattacheurs*, leur en soudaient d'autres les unes au bout des autres, de manière à former quarante loquettes continues correspondant chacune à une des broches du bély. Les loquettes étaient livrées

aux broches en passant entre deux pièces de bois cannelées et disposées de façon à ce que les rainures de l'une entrent parfaitement dans le vide des rainures de l'autre. L'ensemble de ces pièces cannelées était nommé *chasse*. L'ouvrier fileur, en tirant sur lui le chariot du bély, sur lequel étaient placées les broches, tirait également les loquettes; arrivée à une distance déterminée, la chasse supérieure tombait sur la chasse inférieure et les loquettes étant comprimées entre les mâchoires ne livraient plus; l'ouvrier, en continuant de tirer le chariot à lui étirait la loquette, et en tournant la manivelle qui faisait tourner les broches, lui donnait la torsion nécessaire pour son emploi; la torsion donnée, le fil confectionné était renvidé sur chaque broche.

* **BEN.** *T. de bot.* Nom donné à diverses graines appartenant au genre *moringa* de la famille des légumineuses et dont on a extrait une huile douce et inodore utilisée dans la parfumerie et l'horlogerie.

Les espèces les plus employées par l'industrie sont le *ben aptère* ou *moringa aptera*, Gœrtn; et le *ben ailé*, *moringa pterygosperma*, Gœrtn ; plantes originaires des Indes orientales, dont les graines sont arrondies, trigones et diffèrent surtout entre elles par les larges ailes blanches et papyracées, qui, dans la seconde sorte, terminent chacun des angles.

Le ben aptère est seul livré au commerce ; il est grisâtre à la surface, mais on trouve aussi parfois des semences tout à fait blanches. Son amande est recouverte par deux enveloppes que l'on sépare pour l'extraction de l'huile, elle contient environ 36 0/0 de son poids de matière grasse, est de saveur amère, et possède des propriétés purgatives, sans que pour cela on puisse attribuer cette action à la présence des fruits d'une autre plante le *ben magnum* ou noisette purgative qui diffère beaucoup des espèces précédentes et constitue le fruit du *jatropha multifida*, L. (Euphorbiacées).

L'huile que l'on extrait du ben aptère, ordinairement par simple expression, est blanche ou légèrement jaunâtre, de saveur et d'odeur peu marquées ; sa densité est de 0,912. A une basse température et sous l'action du temps, elle se sépare en deux parties dont l'une est épaisse et facilement solidifiable, et dont l'autre reste toujours fluide. C'est ce dernier liquide que l'on utilise surtout en horlogerie, pour adoucir les frottements des montres, concurremment avec l'oléine de l'huile d'olives, parce que ne rancissant que très difficilement elle est sans action sur le cuivre, l'acier etc. Au point de vue chimique l'huile de ben est intéressante en ce sens qu'en outre des acides margarique et stéarique ordinaires aux corps gras, elle fournit de nouveaux acides, les acides bénique ($C^{15} H^{30} O^2$) et l'acide moringique ($C^{15} H^{28} O^2$) (Walter). La plante contient en outre, d'après Brougthon, une huile essentielle d'odeur repoussante, qui permet d'employer la racine, par exemple, comme succédané du raifort.

Dans la parfumerie, l'huile de ben est principalement employée pour extraire le principe odorant des fleurs à parfum fugace, telles que le jasmin, la tubéreuse, etc.

* **BENAR.** Chariot à quatre roues.

BÉNARDE. *T. de mét.* Serrure dont la clef n'est pas forée et qui peut s'ouvrir des deux côtés.

* **BÉNATE.** *T. tech.* Caisse d'osier dont on se sert dans les salines et qui contient douze pièces de sel. || Quantité de sel qui entre dans une de ces caisses.

* **BÉNATIER.** Fabricant de bénates.

* **BÉNATON.** Panier d'osier.

* **BÉNAUT.** Baquet cerclé qui a deux mains de bois.

* **BENGALINE.** *T. d'impr.* Genre de fabrication pour mouchoirs, qui se faisait sur soie et sur coton. Imaginé par les Anglais en 1805, puis perfectionné par les Français qui furent les premiers à le produire par le rouleau (1812), cet article s'obtenait en mettant au foulard un fond uni à base d'alumine ou un mélange d'alumine et de fer, puis on dégommait et on imprimait un enlevage. Après les opérations du dégommage, etc., on teignait en cochenille. Ce genre s'est fait aussi en employant des mordants à base de chrôme. Il n'est plus exploité de nos jours.

BÉNITIER. Sorte de bassin ou de vase placé à l'entrée des églises, et destiné à contenir l'eau bénite dont on se sert pour faire le signe de la croix, pour asperger. On en fait aussi de petites dimensions pour les appartements; ils sont ordinairement surmontés d'un crucifix.

— Dans les premiers siècles du christianisme, le peuple, avant d'entrer dans le temple, se lavait les mains et les pieds dans des piscines établies au dehors, et qui avaient le nom de *bénitiers;* plus tard, ces bénitiers furent placés à l'intérieur pour rappeler aux fidèles qu'ils ne doivent s'approcher de la sainte table qu'après s'être purifiés. Depuis la Renaissance, les bénitiers reçoivent généralement la forme d'un bassin porté sur un balustre, qui repose lui-même sur un socle, ou celle d'une coquille adhérente au pilier ou au mur de l'église. Parmi ceux de cette dernière espèce, on cite les fameux bénitiers de Saint-Pierre, de Rome; ceux de Saint-Sulpice, à Paris, sont remarquables par la dimension des coquilles naturelles dont ils sont formés et par leurs accessoires en marbre blanc, sculptés par Pigalle. Les bénitiers de la Madeleine, exécutés par A. Moyne, et ceux de Saint-Germain-l'Auxerrois, par Jouffroy, sont des œuvres dignes d'être citées.

BENJOIN. *T. de bot.* Baume naturel fourni par le *styrax benzoin*, Dryander, grand arbre de la famille des styracées, qui croit spontanément et est cultivé à Sumatra, Java et quelques autres endroits.

Nous avons vu à l'article *baumes* qu'il existe diverses sortes de benjoin dans lesquelles on peut retrouver, tantôt de l'acide benzoïque seul, tantôt de l'acide cinnamique seul, tantôt les deux acides mêlés; on ne sait à quelles circonstances attribuer la présence simultanée ou l'absence de l'un ou de l'autre de ces produits; mais, commercialement parlant, on fait de grandes différences entre les espèces qui vont maintenant nous occuper.

Benjoin de Sumatra. Cette sorte a été pendant longtemps la plus commune sur nos marchés, on en a expédié en 1871, 6,185 quintaux; elle nous arrive en blocs cubiques, de teinte brun-grisâtre avec nombreuses larmes blanches, si le produit est de bonne qualité; avec larmes moins abondantes ou manquant même, si les sortes sont inférieures ou si le baume vient d'arbres déjà âgés. Le *styrax benzoin* qui donne ce benjoin, n'est exploité qu'à l'âge de huit ans, il produit environ trois livres de résine chaque année et n'est apte à donner un suc bien aromatique que pendant dix à douze ans.

Le benjoin de Sumatra est constitué par diverses résines amorphes d'odeur vanillée, se ramollissant dans la bouche; à la chaleur, les parties brunes fondent à 95°, les larmes blanches à 85°, et par sublimation on en sépare de l'acide benzoïque (18 0/0 environ) et du styrol.

Benjoin de Siam. C'est la sorte la plus estimée en même temps que la plus rare, il n'en a été exporté en 1871 que 405 quintaux et on n'est pas bien sûr qu'elle soit fournie par le même arbre que le benjoin de Sumatra; d'après sir R.-H. Schomburgk, après l'incision, le produit ne s'écoule pas à l'extérieur mais s'accumule entre le bois et l'écorce, ce qui explique l'aspect de certains benjoins de Siam. La masse entière est constituée par des larmes blanches de la grandeur d'une amande, lesquelles sont englobées dans une résine translucide ou opaque de couleur brun-ambré; elle est cassante, d'odeur fine et délicate, se développant par la chaleur, et devenant même irritante, sa saveur est très faible, elle fond à 75°, et comme la première sorte, est presque entièrement soluble dans l'alcool à 90°.

Benjoin de Penang. Cette qualité est assez rare, elle est peut-être fournie par le *S. subdenticulatum*, Miquel, qui habite l'ouest de Sumatra, son odeur diffère sensiblement de celle des benjoins précédents, et sa couleur est un peu plus grise; mais tout ce qui nous vient sous ce nom n'est pas réellement du benjoin de Penang, car ce marché en a reçu en 1871, 4,959 quintaux de Sumatra qui ont été expédiés aussitôt. C'est dans le benjoin de Penang que Kolbe et Lantemann découvrirent, en 1860, pour la première fois, de l'acide cinnamique; Aschoff, par contre, a analysé des échantillons qui ne contenaient que de l'acide benzoïque. Les benjoins de toutes provenances peuvent d'ailleurs offrir ces anomalies.

Le Zanzibar fournit un benjoin, dont quelques spécimens sont venus en Angleterre en 1876, mais n'ont pas encore été bien étudiés.

Usages. Le benjoin sert pour son parfum et à cause de la résine qu'il contient. En pharmacie, on en fait une solution alcoolique, il entre dans la préparation du baume du Commandeur, des pilules de Morton; dans la parfumerie il sert de base au *lait virgina* , mélange d'eau et de teinture de benjoin que l'on emploie comme adoucissant;

les *pastilles du sérail* ou clous fumants sont constitués par un mélange de charbon, de sel de nitre et de benjoin, qu'une eau gommée a permis d'agglomérer en pâte et de diviser en petits cônes; l'odeur qu'ils répandent en brûlant les font employer pour parfumer les appartements.

Le benjoin sert encore à aromatiser les cires à cacheter fines, les papiers; mêlé à l'oliban, au storax calamite et à la poudre d'écorce de cascarille, il constitue l'encens d'église; il entre dans la composition de certains vernis.

* **BENNE.** 1° *T. d'expl. de min.* La benne est une cage d'extraction, une machine ayant généralement la forme d'un tonneau de 4 à 10 hectolitres de capacité, cerclée en fer, et portant à sa partie supérieure trois crochets ou anneaux auxquels s'attachent les chaînes par lesquelles se termine le câble d'enlevage.—V. EXTRACTION. Les grandes bennes belges de 10 à 22 hectolitres de capacité, sont dites *cuffats*; dans le roulage souterrain on fait usage de la benne roulante ou *berline*; les *bennes à patins* sont celles qui sont posées sur des pièces de fer analogues aux patins des chaussures. || *Bennes d'épuisement*, celles qui servent à l'enlèvement des eaux; à cet effet, elles sont munies, sur leur fond, d'une soupape par laquelle l'eau du puisard pénètre dans la benne. || 2° Panier pour le transport du charbon. || 3° Hotte de vendangeur. || 4° Dans le commerce des charbons du bassin de la Loire et du Rhône, on appelle *benne* la mesure d'un hectolitre.

* **BENNEAU.** — V. BANNEAU.

* **BENZINE.** *T. de chim.* Syn. : *bicarbure d'hydrogène, benzol.* Carbure d'hydrogène, découvert par Faraday en 1825, dans les produits de la distillation de l'huile, puis successivement trouvé dans ceux de la distillation de la houille (Hoffmann, 1842), et en général de toutes les matières d'origine organique. Mitscherlich lui donna le nom qu'il porte aujourd'hui, pour rappeler qu'il se forme lorsqu'on fait agir, en présence de la chaleur, un excès d'acide sulfurique sur l'acide benzoïque.

Sa formule est $C^{12} H^6$, et d'après M. Berthelot, c'est de l'acétylène condensé, car en chauffant ce gaz au rouge sombre dans une cloche courbe, on obtient en benzine près de moitié du volume du gaz primitif. On a, en effet, $\underset{\text{benzine.}}{C^{12} H^6} = 3 \underset{\text{acétylène.}}{(C^4 H^2)}.$

C'est le type de la série des carbures benzéniques dont la formule peut s'exprimer par $C^{2n} H^{2n-2}$.

Propriétés. La benzine est un liquide incolore, d'odeur forte lorsqu'il est impur, très réfringent, mobile; sa densité est de 0,85 à $+ 15°$. Pur, il cristallise à 0°, en lamelles se groupant régulièrement, et bout à $+ 80°$. La benzine est insoluble dans l'eau, mais soluble dans l'alcool ordinaire, l'alcool méthylique, l'acétone, l'éther, etc.; elle dissout nombre de corps: des métalloïdes, comme le soufre, le phosphore, l'iode, par exemple; des alcaloïdes, comme la morphine, la quinine, la strychnine; elle dissout encore la cire, le caoutchouc, la gutta-percha, les résines laque, copal, mastic, etc. Elle brûle avec une flamme éclairante,

mais très fuligineuse. C'est un composé fort stable.

Ses propriétés chimiques sont très intéressantes. Elle s'oxyde difficilement, mais chauffée à une haute température avec de l'oxygène, elle forme de l'eau et de l'acide carbonique, de même que lorsque le corps simple est en excès, on peut obtenir sa fixation directe sur le carbure et formation d'acide oxalique :

$$O^{24} + C^{12} H^6 = 3 (C^4 H^2 O^8),$$

ou suivant d'autres circonstances de l'acide phénique ou phénol $C^{12} H^6 O^1$.

Le chlore, le brôme, l'iode peuvent agir sur la benzine de diverses manières : soit par voie de substitution, soit par voie de fixation directe; dans le premier cas, l'hydrogène est remplacé, par du chlore, par exemple, et l'on obtient plusieurs nouveaux produits $C^{12} H^5 Cl$ (benzine monochlorée), $C^{12} H^4 Cl^2$ (benzine bichlorée), jusqu'au terme $C^{12} Cl^6$ (la benzine perchlorée); dans le second cas on forme un véritable chlorure $C^{12} H^6 Cl^6$, lequel avec un alcali engendrerait un des corps précédents, la benzine trichlorée :

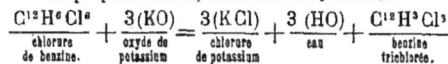

$$\underset{\text{chlorure de benzine.}}{C^{12}H^6Cl^6} + \underset{\text{oxyde de potassium.}}{3(KO)} = \underset{\text{chlorure de potassium.}}{3(KCl)} + \underset{\text{eau.}}{3(HO)} + \underset{\text{benzine trichlorée.}}{C^{12}H^3Cl^3}$$

L'action des acides sur la benzine est très variable, elle dépend de la nature de ces corps; ainsi, tandis que les hydracides n'agissent pas à froid ou même à 200°, on voit l'acide carbonique attaquer facilement la benzine brômée, en présence du sodium, pour former de l'acide benzoïque :

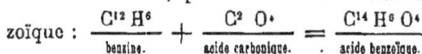

$$\underset{\text{benzine.}}{C^{12} H^6} + \underset{\text{acide carbonique.}}{C^2 O^4} = \underset{\text{acide benzoïque.}}{C^{14} H^6 O^4}$$

L'acide sulfurique ordinaire n'a pas d'action sur la benzine, mais l'acide fumant forme trois produits, un cristallisé, le *benzinosulfuride*, et deux acides sulfoconjugués, les *acides benzinosulfurique* et *benzinodisulfurique*, le dernier chauffé avec la potasse donne du phénate de potasse d'où l'on peut isoler le phénol.

L'acide azotique fumant mêlé à la benzine produit une réaction vive accompagnée d'une élévation très notable de température; si, au contraire, on verse peu à peu de la benzine dans 4 à 5 parties d'acide, le carbure se dissout, il n'y a pas dégagement de gaz et en étendant le mélange d'eau, on voit se séparer un liquide huileux jaunâtre, qui est de la benzine nitrée ou nitrobenzine; il y a eu fixation du composé nitré.

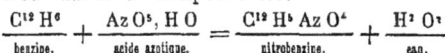

$$\underset{\text{benzine.}}{C^{12} H^6} + \underset{\text{acide azotique.}}{Az O^5, H O} = \underset{\text{nitrobenzine.}}{C^{12} H^5 Az O^4} + \underset{\text{eau.}}{H^2 O^2}$$

— V. plus loin NITROBEZINE.

FORMATION. La benzine se forme dans un très grand nombre de circonstances, dont les unes sont du domaine de la chimie pure, telles que la deshydrogénation du phénol et de l'aniline, l'action du fer sur le bromoforme, ou de la chaux sur l'acide benzoïque, tandis que d'autres peuvent être utilisées pour la préparation de la benzine, telles sont l'action de la chaleur sur les corps gras, la houille, les schistes; sur les vapeurs d'alcool ou d'acide acétique, etc.

Ces divers modes de formation ne peuvent également intéresser ; cependant, nous ferons remarquer que les premiers seuls peuvent donner la benzine pure, produit qu'il faut bien se garder de confondre avec ce que l'on entend dans le commerce par benzine ordinaire, laquelle n'est souvent qu'un mélange de divers hydrocarbures homologues de la benzine, tels que le toluène $C^{14} H^8$, le xylène $C^{16} H^{10}$, etc., et dont on doit la débarrasser pour obtenir la benzine cristallisable.

Benzine pure. La benzine chimiquement pure a été obtenue par M. Berthelot, par la condensation de l'acétylène au moyen de la chaleur $3(C^4 H^2) = C^{12} H^6$; mais, c'est d'ordinaire en distillant au rouge l'acide benzoïque en présence d'un excès de chaux, que l'on prépare ce corps. Il se forme de l'acide carbonique qu'il ne reste plus qu'à enlever :

$$C^{14} H^6 O^4 = C^{12} H^6 + C^2 O^4$$

La benzine ordinaire peut aussi être purifiée par un certain nombre de rectifications, nous renvoyons pour ce procédé au paragraphe suivant.

INDUSTRIE DE LA BENZINE

La préparation industrielle de la benzine date de 1847, et c'est Mansfield qui apprit à l'extraire du goudron de houille, corps dans lequel sa présence avait été signalée cinq ans auparavant par Liegh, de Manchester. C'étaient, jusqu'en 1862, les goudrons, résidus de la fabrication du gaz de l'éclairage, que l'on employait pour la préparation de la benzine, mais depuis que l'industrie des couleurs d'aniline est venue demander une grande quantité de ce produit, les usines à gaz ne peuvent livrer assez de goudrons et l'on recueille précieusement aujourd'hui toutes ces matières, dont la valeur a considérablement augmenté du reste. L'industrie utilise, outre les goudrons de gaz : 1° ceux que l'on obtient avec la houille dans la fabrication du coke métallurgique, ou dans la préparation spéciale de goudrons destinés à la séparation des carbures d'hydrogène en vue de leur transformation en couleurs ; 2° ceux provenant de la calcination directe du bois, ou de la fabrication de l'acide pyroligneux ; 3° ceux engendrés lors de la distillation de la tourbe, susines de Kildare (en Irlande), de Fontaine-le-Comte (département de l'Oise); des schistes (Westphalie); des lignites (Bavière, Bohême).

Les matières que nous venons de citer ne donnent pas une même quantité de produit, ne sont pas également riches en benzine, et surtout n'ont pas la même composition. Ainsi que nous allons l'indiquer, c'est de la partie obtenue à la distillation, et connue sous le nom d'*huiles légères*, que l'on extrait le corps qui nous occupe; les divers goudrons fournissent :

1° Goudron du gaz : — 12 à 29 0/0 d'huiles légères, d'une densité de 0,90 et contenant des moyennes variables de benzine, suivant la nature des charbons employés. Ceux anglais sont les plus riches : le goudron de Boghead donne

12 0/0 de benzine; celui de Cannel, 9 0/0. Ceux de charbons français sont bien plus pauvres;

2° Goudron de coke métallurgique : 5 0/0 d'huiles légères renfermant très peu de benzine;

3° Goudron de bois (carbonisation) : 7,5 0/0 d'huiles d'une densité de 0,96;

4° Goudron de bois (distillation) : 10,5 0/0 d'huiles d'une densité de 1,013; ces deux dernières sortes donnent environ 1 0/0 de benzine;

5° Goudron de tourbe : 14 0/0 d'huiles légères d'une densité moyenne de 0,85 fournissant à peu près les mêmes quantités de benzine.

C'est surtout la préparation avec le résidu de fabrication du gaz de l'éclairage qui va nous occuper, car c'est ce produit qui de beaucoup est le plus abondant. En 1876, il en a été produit en Europe seulement, d'après M. Dehaynin 225 millions de kilogrammes, représentant une somme de 13 millions 1/2 à 20 millions de francs, puisque depuis 1862, le produit a quadruplé de valeur.

Comme on peut le voir dans le tableau suivant, qui certainement est bien inférieur à la production totale, car il est bien difficile d'admettre que l'Europe, à part les pays cités, n'ait produit que le dixième de l'alizarine artificielle consommée à la même époque (V. *Dictionnaire technologique de la garance*, par J. Cloüet et J. Depierre, Rouen, 1879, p. xxxi), la France fournissait à elle seule 40,000 tonnes de goudron, soit pour 7 millions de francs :

Angleterre.	120,000	
France.	40,000	
Allemagne.	30,000	tonnes de goudron.
Belgique.	15,000	
Divers.	20,000	
	225,000	

Le goudron de houille est un produit fort complexe, variable dans sa composition, suivant la température à laquelle on a porté la matière première et dans lequel on peut retrouver plus de quarante corps différents : de l'eau, de l'acide acétique, des carbures d'hydrogène liquides ou solides, qu'il faut isoler les uns des autres pour séparer la benzine. — V. GOUDRON.

FABRICATION. Le goudron sortant des usines à gaz est envoyé aux distillateurs dans de grands réservoirs en tôle d'une tonne environ de capacité et ensuite déversé d'ordinaire dans des citernes, munies de pompes, pour pouvoir conduire le produit dans les chaudières où se fait la déshydratation. C'est ainsi qu'on nomme la première opération que subit le goudron ; elle consiste simplement à chauffer le corps au moyen de la vapeur, dans de grands vases fermés et à double fond. On recueille les produits volatils qui distillent, afin de pouvoir les réunir postérieurement aux huiles, puis l'on soutire, au moyen d'un robinet, l'eau ammoniacale, que la chaleur a séparée et qui s'est réunie à la partie inférieure de la chaudière. La quantité normale d'eau ainsi enlevée est de 1,4 0/0.

Le goudron est alors distillé. Cette nouvelle opération s'effectue dans de grandes chaudières en tôle, placées horizontalement sur des bâtis en maçonnerie et que l'on chauffe à feu nu ou plus rarement à la vapeur. Les cornues, de grandeur variable, n'ont que 1ᵐ,20 de hauteur pour faciliter l'écoulement du résidu, lequel on enlève par un robinet de purge et dont le nettoyage est rendu facile par la présence d'un trou d'homme à la partie supérieure. Un chapiteau qui livre passage aux vapeurs que l'on condensera dans des réfrigérants surmonte le trou d'homme.

Tout ce qui passe au-dessous de 200° est généralement recueilli et mélangé sous le nom d'*huiles légères;* mais on peut aussi séparer directement les produits en dirigeant les vapeurs qui passent à 100°, à 140°, à 150° ou à 200° dans des serpentins

spéciaux. Les huiles légères marquent en général 25° à l'aréomètre, soit une densité de 0.85 ; celles fractionnées, obtenues au-dessous de 150°, marquent de 24 à 26° aréométriques (densité, 0.78 à 0.85), les secondes 15° (densité, 0.83 à 0.89) ; — la quantité d'huiles légères obtenues ne dépasse pas 7 à 8 0/0 du poids du goudron.

Ces huiles, bouillant à une température assez basse et étant facilement inflammables, sont condensées aussi loin que possible du foyer ; comme elles entraînent souvent avec elles des carbures solidifiables, il est utile d'exercer une grande surveillance pendant l'opération, afin d'éviter un trop grand refroidissement des serpentins, d'où

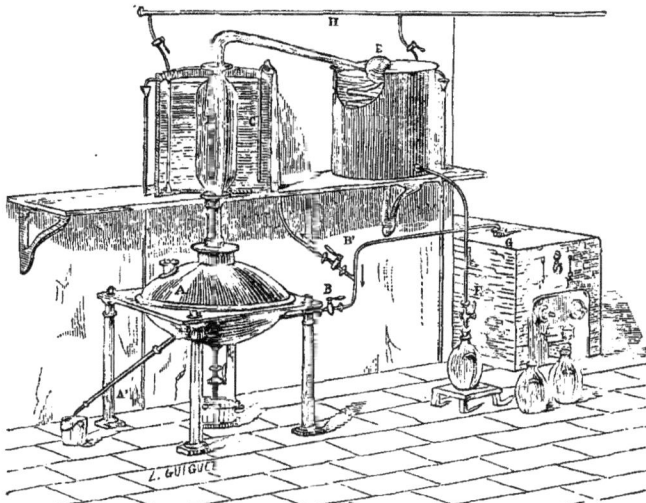

Fig. 369. — *Appareil industriel pour la fabrication de la benzine.*

A Chaudière possédant un réservoir intérieur, lequel contient les carbures et que l'on échauffe par la prise de vapeur *B*, venant du générateur *G*. — *A'* Tuyau pour enlever l'eau de condensation. — *B'* Tuyau destiné à échauffer l'eau du réservoir *C*. — *D* Condensateur. — *E* Réfrigérant. — *F*. Vase recevant les produits condensés. — *H* Conduit d'eau froide.

l'obstruction des tuyaux, ce qui occasionnerait des explosions et des dangers d'incendie.

Il reste dans les cornues, après cette distillation, un produit qui contient encore des principes utilisables pour la fabrication de la benzine ; on rectifie donc à nouveau ces *huiles lourdes,* en recueillant tous les produits qui passent, d'abord jusqu'à 120°, puis ensuite jusqu'à 190°, et on les mêle aux huiles légères.

Le liquide ainsi obtenu est un mélange de carbures de la série benzénique (benzine, toluène, etc.), de carbures de la série éthylénique (hydures d'amyle, de caproyle, etc.), de phénol, d'alcaloïdes, etc. ; il faut le purifier. Pour cela, on le dirige dans de grands vases en bois doublés de plomb, offrant dans leur grand axe un agitateur à palettes également doublées de plomb, et on ajoute 5 0/0 d'acide sulfurique ; après avoir bien mélangé pendant une heure, puis abandonné au repos pendant toute une journée, on décante.

Ce traitement a eu pour but d'enlever les alca-

loïdes et les carbures de la série grasse, la naphtaline, lesquels restent en dissolution dans la couche acide, qu'ils colorent fortement. Les huiles légères, débarrassées de l'acide, sont alors layées à grande eau dans la cuve même, puis on y ajoute 2 0/0 de lessive de soude à 40° Baumé, afin de saturer les phénols et les acides sulfo-conjugués formés dans l'opération précédente. Après agitation et repos convenables, on soutire les huiles légères pour les rectifier, ce qui se fait d'ordinaire par distillation, car parfois on se contente de les purifier par l'action de la chaux éteinte (6 0/0 du poids du liquide).

L'appareil dans lequel s'opère la rectification est l'appareil suivant : il consiste en une vaste chaudière en cuivre A à double enveloppe (fig. 369) et que l'on échauffe au moyen de vapeur venant d'un générateur G. Dès que les vapeurs carburées se produisent, elles sont dirigées dans un condensateur D, placé au centre d'un réservoir C rempli d'eau légèrement échauffée par la vapeur amenée par le tube B ; là, ces vapeurs cèdent à l'eau du vase une certaine quantité de calorique et la température ne tarde pas à s'élever à 100°, sans qu'il soit nécessaire d'amener de nouvelle vapeur d'eau. Tous les carbures qui se liquéfient au-dessous de 100° retombent dans la chaudière A ; ceux volatils au-delà passent dans le serpentin E, où, sous l'influence d'un courant d'eau fraîche, leur liquéfaction se fait rapidement ; ils se rendent, au moyen d'un tube F, dans des flacons destinés à les recevoir.

Mansfield qui, le premier, avait indiqué ce mode de rectification des huiles de houille, avait proposé un appareil portatif, dans lequel on retrouve toutes les parties de l'appareil industriel

que nous venons de décrire et dont nous donnons ci-dessus la figure.

La benzine ainsi obtenue n'est pas encore pure, elle constitue ce que l'on nomme dans l'industrie le *benzol*, peut servir à la préparation de l'aniline, mais contient encore les hydrocarbures analogues de la benzine et surtout du toluène ($C^{14} H^8$), ce qui modifie ses propriétés et rend sa valeur variable, suivant l'usage auquel on destine la benzine, ou l'aniline qui pourra en résulter. Divers procédés peuvent servir à enlever ce toluène :

1° La congélation : la benzine cristallisant seule à une basse température ;

2° L'action de l'acide sulfurique étendu de 1/8e de son volume d'eau (Church) ; il y a par ce

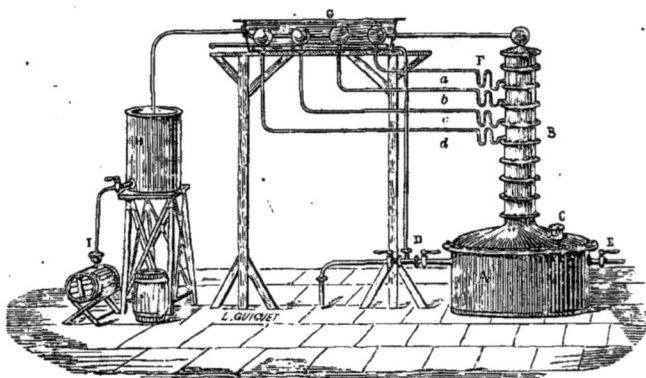

Fig. 370. — *Appareil de Coupier.*

A Chaudière. — C Ouverture pour introduire les benzines à rectifier. — E Robinet amenant la vapeur d'eau pour le chauffage. — B Colonne à plateaux dans laquelle se rendent les vapeurs de benzole. — G Réservoir chauffé par la vapeur amenée par le tube D et contenant les récipients dans lesquels s'effectue la séparation des carbures qui se condensent à 80°. — a, b, c, d tubes conduisant les carbures séparés à la colonne B. — H, Réfrigérant alimenté à l'eau froide. — I Tonneau recevant le liquide purifié.

moyen dissolution de tous les carbures plus carburés que la benzine ;

3° La distillation fractionnée ; c'est le procédé aujourd'hui le plus employé. Il est dû à M. Th. Coupier, et date de 1863. L'appareil dont on fait usage est constitué par une chaudière en tôle A (fig. 370), dans laquelle on introduit les benzols par l'ouverture C, et que l'on échauffe au moyen de vapeur arrivant par le tube E. Lors de l'ébullition, les vapeurs de benzol montent dans la colonne à plateaux B qui surmonte la chaudière et s'y condensent, ou bien se rendent, si elles sont volatiles, dans une cuve G, contenant une solution concentrée de chlorure de calcium, au milieu de laquelle se trouvent plusieurs récipients faisant suite à la colonne verticale. Comme la cuve G est portée à 80°, température à laquelle on a la benzine pure, au moyen de la vapeur amenée par le tube D, il en résulte que les vapeurs condensables à ce degré, comme le toluène, le xilène, etc., sont retenues dans le premier récipient, que les carbures moins volatils sont retenus dans les autres et que le produit pur est condensé dans le serpentin H, lequel est entouré d'eau froide. Les produits sé-

parés dans les récipients de la cuve G, et qui sont d'autant plus lourds qu'ils sont plus près de la colonne, sont renvoyés dans l'appareil distillatoire par les tubes a b c d, à des hauteurs correspondantes à leur densité, tandis que le produit rectifié est reçu dans le vase I.

Cet appareil à distillation fractionnée permet de préparer les carbures que l'on désire, car leur point d'ébullition étant connu, il suffit d'élever la température de la cuve G, et de vérifier si le thermomètre est à quelques degrés au-dessous du point d'ébullition du corps que l'on veut isoler, pour obtenir celui-ci à l'état de pureté. C'est ainsi que l'on sépare la toluène à 108°, le xylène $C^{16} H^{10}$ à 139°, le cumène $C^{18} H^{10}$ à 155°, le cymène $C^{20} H^{13}$ à 175°.

Il sera question aux articles *goudron, paraffine*, etc., des traitements que l'on fait subir aux *huiles lourdes* et *autres résidus* de la distillation du gaz, pour en isoler les divers produits utilisables.

Usages de la benzine. La benzine a de très nombreux emplois : 1° son principal usage est de servir à la préparation de la nitrobenzine, qui, réduite, deviendra l'aniline ; mais le benzol qu'on livre aux fabricants de couleurs est variable suivant les nuances que l'on veut obtenir. Ce n'est pas un produit pur; le benzol à 30 ou 40 0/0, c'est-à-dire contenant de 30 à 40 0/0 de benzine (le reste étant un mélange de toluène et de xylène, sert à faire le rouge d'aniline, celui à 90 0/0 fournit les bleus ou les noirs;

2° La benzine sert pour l'éclairage, non pas seule, car elle produirait alors trop de fumée, mais mêlée avec deux fois son poids d'alcool. Elle donne ainsi une bonne lumière dans les lampes; c'est un éclairage trop coûteux. Elle sert aussi à carburer le gaz de l'éclairage. Ce procédé, proposé dès 1832 par M. Jobard, de Bruxelles, puis essayé à Londres, en France, par MM. Lacarrière, Ador et autres, n'est pas très répandu, bien qu'actuellement on cherche de nouveau à l'utiliser. Il résulte en effet des expériences faites avec le gaz carburé, que ce produit obtenu simplement en forçant le gaz ordinaire à traverser un réservoir contenant de la benzine, fournit avec 58 litres une intensité égale, en pouvoir éclairant, à celle de 125 litres de gaz ordinaire, ce qui ferait réaliser en moyenne une économie annuelle de 12 francs par bec;

3° Les ateliers de dégraisseurs utilisent de grandes quantités de benzine, car ce produit n'altère pas l'apprêt des étoffes et ne modifie pas les couleurs; l'odeur que répandent certaines benzines impures empêche bien quelquefois de s'en servir, mais en choisissant de préférence celles exemptes de toluène on obvie à cet inconvénient. Dans le commerce on nomme *benzines pour dégraissage* n° 1, celles recueillies lors de la rectification du premier fractionnement et passées entre 110 et 127°; celles n° 2 sont obtenues entre 127 et 140°; on donne le nom de *benzines à détacher* à celles obtenues par seconde rectification : le n° 1 entre 120 et 127°, le n° 2 entre 127 et 140°, le n° 3 entre 140 et 150°;

4° En chimie on emploie la benzine comme dissolvant du soufre, du brôme, des alcaloïdes; ce véhicule permet même d'isoler la quinine de la cinchonine, cette dernière y était insoluble. Cette propriété dissolvante est encore utilisée pour faire des feuilles minces de caoutchouc ou de gutta-percha, car une fois la solution faite, il suffit de laisser évaporer le liquide pour obtenir des lames d'épaisseur variable servant, lorsqu'elles sont très minces, pour décalquer des dessins, par exemple, ou isoler certains corps les uns des autres, etc. La benzine dissolvant encore certaines résines, a été utilisée pour la préparation de quelques vernis;

5° La peinture s'est parfois servie du benzol impur pour faire des couleurs séchant très vite et que l'on peut déposer sur le bois, les métaux, qu'elle préserve ainsi d'altérations rapides;

6° On a fait du noir de fumée avec la benzine, mais c'est un procédé fort onéreux;

7° La thérapeutique enfin, dans quelques cas, a employé ce carbure comme insecticide, chez l'homme ou chez les animaux.

ESSAI DE LA BENZINE. Il est souvent indispensable de connaître la nature exacte des benzols que livre le commerce, et les essais de ces produits deviennent surtout nécessaires, lorsque l'on veut obtenir de l'aniline; ainsi un benzol à 20 0/0 est mauvais, tandis qu'à 30 0/0 il est bon pour faire les rouges. C'est en prenant la température d'ébullition que l'on pratique cet essai, au moyen d'un petit appareil distillatoire dans la tubulure duquel passe un thermomètre. Le point d'ébullition de la benzine pure est 80°, celui du toluène 120°; le mélange aura donc un point d'ébullition d'autant plus élevé qu'il renfermera plus du dernier corps. Ce point ne devra pas varier après un traitement alcalin. La densité doit être également prise; celle de la benzine est de 0,850 et celle du toluène de 0,870; la densité du mélange devra par conséquent changer suivant la proportion des éléments constitutifs.

On pourrait consulter pour plus de détails le mémoire publié en 1864 par M. Château, dans le *Bulletin de la Société industrielle de Mulhouse;* disons seulement qu'en dehors des essais que nécessite la fabrication spéciale de l'aniline, on regarde comme bon tout benzol que l'acide sulfurique ne colore que faiblement, et celui qui se transforme complètement en nitrobenzine limpide, sous l'influence d'un mélange d'acide nitrique et d'acide sulfurique.

RECHERCHE DE LA BENZINE. Il peut être utile de savoir retrouver dans un liquide la présence d'une petite quantité de benzine; on y arrive facilement par le procédé qu'a indiqué M. Berthelot en 1866 (*Bulletin de la Société chimique.* VI. p. 292) et qui est d'une extrême sensibilité.

On met dans un tube fermé quelques gouttes du carbure avec quatre fois leur volume d'acide azotique fumant, on agite fortement, puis après quelque temps on étend de dix fois le volume d'eau distillée. La nitrobenzine formée se sépare, on traite par un peu d'éther qui s'empare de la nitrobenzine, et on décante après séparation cette couche éthérée. On l'introduit alors rapidement dans un petit appareil distillatoire, on chauffe pour enlever l'éther, puis on ajoute une trace d'acide acétique et quelques grains de limaille de fer. Par la chaleur la nitrobenzine se réduit, en présence du réactif il y a formation d'aniline, laquelle distille et donne une coloration bleue très manifeste au contact d'une solution aqueuse de chlorure de chaux.

Des millièmes de benzine peuvent ainsi être décelés.

Des dérivés de la benzine le seul qui ait un intérêt industriel est la *Benzine nitrée* ou *Nitrobenzine*, dont nous allons maintenant nous occuper.

DÉRIVÉS NITRÉS DE LA BENZINE. L'acide azotique en agissant sur la benzine forme deux composés bien distincts : un liquide, la *nitrobenzine* dont l'emploi industriel est fréquent; un autre solide, la *binitrobenzine* ou *benzine binitrée* $C^{12}H^4(AzO^4)$, qui n'a qu'un intérêt purement scientifique.

Nitrobenzine. Syn. : *Benzine nitrée, essence de mirbane.* $C^{12}H^5AzO^4$. Corps découvert en 1834 par Mitscherlich, liquide, de couleur jaunâtre, de consistance oléagineuse; sa saveur est douce, il possède une odeur agréable rappelant celle de l'essence d'amandes amères, d'où le nom d'*essence de mirbane* qu'on lui donne souvent dans le commerce; sa densité est de 1,209 à +150, de 1,200 à 0°, elle bout à + 220°, en répandant des vapeurs qui détonnent à la température du rouge sombre; elle se solidifie en longues aiguilles jaunes à + 3°.

La nitrobenzine est presqu'insoluble dans l'eau; elle est soluble dans l'alcool, l'éther, l'acide acétique concentré, l'acide sulfurique, mais ce dernier la décompose à l'ébullition; elle est inattaquable par le chlore, le brôme, à la température ordinaire; par l'ammoniaque, même à l'ébullition; par la potasse, excepté lorsque celle-ci est en solution alcoolique. Les agents réducteurs la transforment en aniline, aussi différents procédés ont-ils été proposés pour obtenir ce dernier corps, tels sont l'action du sulfhydrate d'ammoniaque (Zinin), du zinc et de l'acide chlorydrique (Hofmann), du fer et de l'acide acétique (Béchamp) etc.

Étant connue la composition des benzols, on comprend facilement que ce que le commerce livre sous le nom de nitrobenzine n'est souvent pas un produit pur, c'est un mélange en proportions variables de nitrobenzine, de nitrotoluène et de nitroxylène.

PRÉPARATION. Mansfield a indiqué le moyen de préparer la nitrobenzine, mais c'est Collas, pharmacien à Paris, qui le premier l'a fabriquée industriellement.

L'appareil de Mansfield consiste en un grand serpentin de verre ou de grès, terminé supérieurement par deux tubes évasés en entonnoir, dans lesquels s'écoulent très doucement, d'un côté du benzol (10 parties), de l'autre de l'acide azotique à 48° (12 parties); la réaction commencée dès le contact des deux corps, s'achève pendant que le liquide descend le long du serpentin, et le produit n'a plus besoin que d'être lavé à l'eau, puis traité par une solution étendue de carbonate de soude, pour être livré au commerce.

Collas s'est servi d'un procédé plus simple : il faisait arriver lentement un mélange de deux parties d'acide nitrique monohydraté et de une par-

tie d'acide sulfurique à 66°, dans une partie de benzol (bouillant à 86°), on lavait à l'eau et saturait comme dans l'autre méthode. En se servant des benzols indiqués par lui, on évite la réaction trop vive de l'acide azotique sur les carbures bouillant de 139 à 175° (xylène, cumène, cymène), de l'acide phénique qui donnerait de l'acide picrique, et de la naphtaline qui engendrerait de la naphtylamine.

Cette méthode est encore celle qui sert actuellement dans les fabriques de nitrobenzine, car on a reconnu qu'il vaut mieux faire arriver le mélange acide dans le benzol, que de faire l'opération inverse, on n'obtient pas ainsi de composés binitrés. L'opération s'est faite quelque temps dans des bonbonnes en grès plongées dans l'eau froide et que l'on animait d'un mouvement automatique. On trouve actuellement préférable d'agir dans de grands réservoirs en fonte disposés verticalement et munis d'un agitateur central; de la sorte, la réaction est régulière et très rapide, si l'on refroidit continuellement les appareils au moyen d'un courant d'eau; elle demande au plus une journée au lieu de durer cinq à six jours, comme dans le procédé avec les bonbonnes.

On lave ensuite la nitrobenzine à grande eau et neutralise avec soin avec la solution de carbonate de soude; on doit obtenir environ une fois et demi autant de produit, que de benzine employée, et si la matière première était suffisamment pure, la nitrobenzine n'a pas besoin d'autre rectification. Dans le cas contraire, on peut agir en la traitant par la chaux, ainsi que l'a recommandé M. Ch. Lauth, ce qui évite les chances d'explosion qu'une distillation pourrait amener.

USAGES. La nitrobenzine sert surtout pour la parfumerie et la fabrication des couleurs d'aniline. On trouve dans le commerce diverses sortes de nitrobenzines.

La parfumerie emploie l'essence *légère*, dite *essence de mirbane*. Ce liquide a une densité de 1,200 (24° Baumé), bout entre 205 et 210°, et provient de benzols distillés entre 80 et 95°; il sert à aromatiser les savons, les pommades communes, etc.

	POINT d'ébullition des benzines commerciales	DENSITÉ des benzines à + 15°	POINT d'ébullition des nitrobenzines correspondantes	DENSITÉ des nitrobenzines à + 16°	QUANTITÉ d'aniline obtenue avec 100 parties de nitrobenzine	POINT d'ébullition des anilines	DENSITÉ des anilines à + 16°	QUANTITÉ comparative des couleurs obtenues en prenant pour type la fuchsine cristallisée = 1,000	NUANCES de ces couleurs sur étoffes
1	83 à 84	0.9118	205 à 210	1.1591	59	180 à 185	1.0205	5	Violet sale.
2	80 à 85	0.9263	205 à 210	1.1617	55	180 à 185	1 0199	20	Violet rouge.
3	85 à 90	0.9154	210 à 215	1.1577	56	185 à 190	1.0181	110	Rouge violet
4	90 à 95	0.9210	210 à 215	1.1445	63	185 à 190	1.0139	160	Rouge.
5	95 à 100	0.9089	215 à 220	1.1425	66	190 à 195	1.0109	230	
6	100 à 105	0.9071	220 à 225	1.1365	73	195 à 200	1.0060	270	—
7	105 à 110	0.9048	220 à 225	1.1319	74	195 à 200	1.0018	240	—
8	110 à 115	0.9033	225 à 230	1.1235	69	200 à 205	1.0009	260	
9	115 à 120	0.9022	225 à 230	1.1187	74	200 à 205	0.9975	260	Rouge jaunâtr.
10	120 à 125	0.9009	230 à 235	1.1182	73	205 à 210	0.9943	200	Rouge.
11	125 à 130	0.9001	230 à 235	1.1093	74	205 à 210	0.9925	180	—

Dans les fabriques d'aniline on se sert des *nitrobenzines lourdes* et *très lourdes*. Les premières ont une densité de 1,190 (23° Baumé), entrent en ébullition de 210 à 220° et proviennent de benzols à 30 où 40 0/0 de benzine, elles servent à la fabrication du rouge d'aniline ; les secondes distillent entre 222 et 235°, ont une densité de 1,167 21° Baumé), sont d'odeur très désagréable et se préparent avec des benzols à 90 0/0 ; on obtient avec les bleus ou les noirs d'aniline.

Essai La nitrobenzine du commerce doit avoir une densité comprise entre 1,180 et 1,209 ; elle doit entrer en ébullition entre 205 à 210° et ne pas dépasser 235° ; elle doit distiller en ne fournissant que 3 à 5 0/0 de résidu liquide, sans dégager de vapeurs rutilantes.

Le tableau qui précède, emprunté à M. Krouber, complète nos renseignements ; on y trouvera la valeur des benzines, nitrobenzines et anilines du commerce. — J. C.

* **BENZOÏQUE** (Acide). — V. Acides.

* **BÉQUET**. *T. de mét.* Syn. de *Becquet*. — V. ce mot.

* **BÉQUETTES**. *T. de mét.* Petites pinces à main à l'usage des ouvriers qui se servent de la filière à main : chaînetiers, épingliers, etc. On dit aussi *béguettes*.

BÉQUILLE. La béquille est destinée à faciliter la marche. On s'appuie sur elle soit avec la main, soit avec l'aisselle, et, grâce à son aide, on supplée à la faiblesse des membres inférieurs, que cette faiblesse provienne d'une paralysie ou bien qu'elle soit la conséquence d'une fracture, d'une luxation, ou de toute autre cause qui empêche le parfait fonctionnement des jambes.

Le modèle le plus simplifié consiste en un bâton de hauteur variable et surmonté d'une traverse sur laquelle on appuie la main ou l'aisselle pour marcher. C'est pour ainsi dire le type primordial, mais celui dont on se sert est un peu plus compliqué.

L'appareil se compose de deux tiges en bois tournées et légèrement renflées en leur partie moyenne. Ces deux tiges, écartées de 25 à 30 centimètres à leur partie supérieure et supportant, en ce point, une barre transversale, tendent à se réunir en bas et sont maintenues toutes deux dans une même virole qui s'adapte elle-même à une sorte de cône également en bois.

Ces deux tiges forment les *branches* de la béquille ; la barre supérieure est désignée sous le nom de *crosse* et le cône inférieur porte celui de *pilon* ou de *sabot*. De plus, vers la partie moyenne de l'appareil se trouve une seconde barre transversale, unie aux branches et les maintenant écartées, c'est l'*olive*.

Telles sont les parties constituantes de la béquille. La crosse est rembourrée avec du crin que recouvre une enveloppe de cuir, de maroquin ou de velours. Les branches et l'olive sont faites en bois de charme qui est à la fois léger, souple et solide. Le pilon est en bois de chêne. Sa base qui s'appuie sur la terre est munie d'une rondelle en cuir ou en caoutchouc.

On construit aussi des béquilles à rallonge ; la rallonge est une pièce accessoire en cuivre, située au-dessus du pilon et pouvant donner selon le cas et à volonté une élévation plus ou moins grande à l'appareil. Dans ces derniers temps, on l'a perfectionnée encore en lui adaptant le système à pompe qui prête à la béquille une sorte d'élasticité.

BER ou **BERCEAU**. On nomme ainsi, dans la marine, une sorte de lit formé de fortes pièces de charpente et de cordages, sur lequel on fait reposer un vaisseau qui doit être lancé. Ce ber doit glisser le long du plan incliné qu'offre la cale sur laquelle a été bâti le navire, et l'emporter avec lui à l'eau lorsque les accores, etc., ont été levés ou hachés. Il y a différentes sortes de bers. Nous les décrirons lorsque nous aurons à faire connaître les moyens employés pour le *lancement* des navires. On paraît aujourd'hui vouloir renoncer au ber qui a déjà été abandonné dans plusieurs ports de construction.

* **BÉRAIN** (JEAN), peintre, dessinateur et graveur. Les Bérain sont au nombre de deux principaux, le père et le fils, du même prénom de Jean, et leur place, malgré la date reculée de leur mort, est naturellement marquée dans ce Dictionnaire, car leur œuvre eut, de leur vivant, un grand éclat, et leur influence sur les arts décoratifs s'est perpétuée jusqu'à nous. Tous deux ont rempli les mêmes emplois, portant les mêmes noms, ont eu les mêmes titres ; de sorte que leurs personnes sont souvent confondues par les biographes, et les travaux de chacun sont d'autant plus difficilement distingués aujourd'hui, que le fils fut le continuateur et le disciple fidèle de son père.

Jean Ier, le père, naquit en 1638 et mourut en 1711 ; Jean II, le fils, né en 1674 est mort en 1726. Quelques biographes ont parlé d'un Louis Bérain, fils de Jean Ier, qui ne paraît pas avoir jamais existé ; mais aucun, si ce n'est M. Jal, ne cite Claude Bérain, frère du même Jean Ier, et qui eut, de son temps, une certaine réputation comme graveur.

Les deux Jean furent, l'un et l'autre, attachés au cabinet du roi Louis XIV ; le père en qualité de « peintre-dessinateur, » le fils comme « dessinateur et peintre d'ornements, dessinateur de fêtes, de costumes, de décorations de théâtre. » Après la mort de *Lebrun* (V. ce nom), Jean Bérain le remplaça comme « décorateur de la partie extérieure des vaisseaux du roi. » Tous les travaux de ce genre pour la peinture et la sculpture, qui avaient alors une grande importance, s'exécutaient sous son contrôle. Dans un volume publié par Philippe Caffieri, on retrouve quelques-unes des décorations dessinées par Jean Bérain lui-même et qui devaient orner les navires de la flotte royale. Jean Bérain fut, en outre, dessinateur des jardins royaux ; mais ses compositions pour les tapisseries des Gobelins et de Beauvais, sont la partie de ses œuvres la plus importante après la décoration des appartements du Louvre. Elles sont de deux caractères différents, toutes deux appropriées au genre adopté dans chacune de ces manufactures. Dans les tapisseries des Gobelins faites d'après ses dessins, qui représentent en général des personnages mythologiques : le *Triomphe des Dieux*, le *Triomphe d'Amphitrite*, le *Triomphe de l'Amour*, le *Triomphe de Vénus*, on retrouve l'élève de Lebrun, tandis que les tapisseries de Beauvais, désignées sous le nom de « grotesques », et qui ont donné naissance au « *genre Bérain,* » sont simplement décoratives. Formées de gracieux motifs d'ornements, d'arabesques, d'attributs, de personnages ou d'animaux, elles n'ont rien de « grotesque » dans l'acception vulgaire du mot, et on les retrouve sur certains panneaux de la galerie d'Apollon au Louvre, dont la décoration est, au moins pour une partie, l'œuvre de Jean II.

Bérain père, qui avait succédé à Henri Gissey, « dessinateur ordinaire des plaisirs et des ballets du roi, » était en même temps son élève, mais plus encore celui de Lebrun. Logés dans les galeries du Louvre, tous deux, le père et le fils, étaient naturellement liés avec les grands artistes de leur temps. Une des filles de Jean Iᵉʳ, nommée Catherine, eut pour parrain le peintre Charles Lebrun, et pour marraine Catherine Duchemin, femme de François Girardon, « sculpteur du roi. »

Jean II, en sa qualité de dessinateur des fêtes, donna le plan des cérémonies funèbres qui eurent lieu à Saint-Denis, à l'occasion de la mort du Dauphin, et après la mort de Louis XIV.

L'œuvre des Bérain est considérable ; elle se compose de plus de 400 planches, dont une partie a été gravée par eux-mêmes, entre autres une série de onze planches, représentant les ornements peints dans les appartements des Tuileries et du Louvre.

Bibliographie : Dictionnaire critique de biographie et d'histoire, par A. Jal ; Dictionnaire encyclopédique de la France, par Ph. Le Bas ; Nouvelle biographie universelle, par M. B. Hœfer ; Histoire de la gravure, par Georges Duplessis.

* **BÉRARD** (Auguste-Simon-Louis), ingénieur, né à Paris en 1783, est mort à la Membrolle en janvier 1859. Ancien élève de l'École polytechnique, il créa de grandes entreprises industrielles, notamment la première compagnie d'éclairage au gaz et le vaste établissement des forges d'Alais. Nommé directeur général des ponts et chaussées en 1830, l'indépendance de son caractère ne lui permit pas de conserver ses fonctions et il donna sa démission. Il se retira en Touraine où il fonda une filature de lin et de chanvre. Au commencement de 1839, le ministère Molé l'appela à la recette générale du Cher, qu'il garda jusqu'à la fin de sa vie.

BERCEAU. 1º Petit lit dans lequel on place les enfants dans les premiers mois de leur naissance. Toutes les formes ont été données au berceau, et dans les familles aisées on aime à y jeter à profusion ces mille riens qui le rendent gracieux et élégant.

De toute manière cependant, le berceau doit être assez léger pour qu'il soit facilement trans-

portable et qu'on puisse le placer partout où la nécessité l'exige et là où on est sûr de trouver le plus d'avantages pour l'enfant. Il faut en outre qu'il ne soit ni trop chaud, ni trop froid ; aussi la couchette doit-elle être garnie en laine, en crin ou en balle d'avoine, selon les saisons ; le duvet est généralement proscrit. Des rideaux le garnissent, assez légers pour ne pas gêner la circulation de l'air, assez épais pour filtrer les rayons lumineux et les empêcher de pénétrer avec trop d'intensité, disposés de façon qu'on puisse les enlever facilement.

Il est très important de placer le berceau de manière à ce qu'il ne reçoive la lumière ni par la tête, ni par les côtés ; sans cela les yeux de l'enfant, recherchant continuellement et par instinct les rayons lumineux, qu'ils viennent du jour ou d'un foyer artificiel, ne tarderaient pas à prendre des directions vicieuses, d'où le strabisme permanent pourrait résulter.

Berceau. 2º Appareil qui a servi de point de départ à la construction de machines destinées au lavage de l'or ; il consistait en une table portant sur deux rouleaux de bois, à laquelle on imprimait un mouvement de va-et-vient. || 3º *T. d'impr.* Partie antérieure de la presse à bras sur laquelle glisse le train, quand il est mis en mouvement par la manivelle. || 4º *T. d'arch.* Voûte en plein cintre. || 5º *T. de grav.* Outil d'acier armé de petites dents presque imperceptibles dont on se sert pour obtenir le genre de gravure dite à la manière noire. || 6º *T. de mar.* — V. Ber.

* **BERCELLE.** *T. de mét.* Sorte de pince dont se sert l'émailleur pour manier l'émail.

* **BERCELONNETTE.** Petit berceau ; on dit aussi *barcelonnette.*

* **BERCER.** *T. de grav.* Bercer une planche, c'est la préparer avec le *berceau* pour travailler en manière noire.

* **BERCHE.** *Art milit. anc.* Ancienne bouche à feu à tir direct. || On donnait ce nom dans la marine à une petite pièce en fonte verte, dont on se servait autrefois à bord des navires.

* **BÉRENGÉLITE.** *T. de minér.* Résine minérale trouvée près de San-Juan de Bérengéla (Amérique du sud) : de là son nom.

BÉRET. Toque en laine, ronde et plate qui est la coiffure des paysans basques.

BERGAME. *T. de tap.* Sorte de tapisserie ancienne fort commune.

— Elle tirait son nom de la ville de Bergame (Italie d'où sont venues les premières tapisseries de ce genre ; elle disparut vers le milieu du XVIIIᵉ siècle. Cette étoffe, dit M. Choqueel, était composée d'une trame de fil écru et teint en fausse couleur pour le fond du tissu et d'une seconde chaîne de laine commune, diversement colorée, qui formait sur le tissu de fil des zigzags, des chinés, des mosaïques, les points de Hongrie, des paysages, même des personnages, mais d'une exécution fort médiocre ; au XVIIᵉ siècle, la France en fabriquait d'assez grandes quantités à Tournay, à Rouen et à Elbeuf.

BERGAMOTE. Espèce d'orange dont le zeste sert à faire l'essence de bergamote qui s'emploie dans la parfumerie ; on écrit aussi *bergamotte*.

* **BERGAMOTIER.** Arbre qui produit la bergamote, c'est une espèce de citronnier dont l'écorce desséchée des fruits servait, au x-iiie siècle, à garnir l'intérieur de petites boîtes ou bonbonnières. Cette écorce est encore recherchée par les confiseurs ; on écrit aussi *bergamottier*.

BERGE. 1° Bord relevé, escarpé, d'une voie de communication d'un cours d'eau. || 2° *T. de coutel.* *Couteau à la berge*, couteau dont les lames sont ajustées à tête de compas par leur talon. || *Ciseaux à la berge*, ciseaux dont les branches sont aplaties, et dont la base est une vis.

BERGÈRE. Fauteuil plus large et plus profond que les fauteuils ordinaires, et dont le siège est garni d'un coussin.

* **BERGERET** (Pierre), peintre et graveur, né à Bordeaux en 1780, mort en 1854. Outre un certain nombre de toiles importantes qui ont été placées dans les palais des Tuileries, de Versailles, de Fontainebleau, de Saint-Cloud, dans la cathédrale de Bordeaux, etc., Bergeret a fait les dessins des bas-reliefs de la colonne Vendôme, divers cartons pour la manufacture de Sèvres ; des gravures et des eaux-fortes parmi lesquelles on doit citer la *Charité* d'après Raphaël, l'*Extrême-Onction*, d'après Poussin, le portrait de *Benvenuto Cellini*, etc. Il a laissé un livre instructif intitulé : *Lettres d'un artiste sur l'état des arts en France.*

BERGERIE. Les bergeries sont des locaux destinés au logement des béliers, brebis, moutons boucs, chèvres et chevreaux. Ces animaux sont ordinairement réunis dans le même local ; on se contente de séparer les animaux qu'on élève de ceux qu'on engraisse, ainsi que d'isoler les béliers et les boucs ; de même que les animaux malades.

Dans les grandes fermes cependant, on consacre à chaque espèce d'animaux des locaux séparés afin de pouvoir donner à chaque catégorie les soins spéciaux qu'elle réclame.

Quoique originaire des pays chauds, le mouton peut supporter des froids rigoureux, mais à la condition qu'on ne le dépouillera pas de sa toison avant le mois de mai. Les bergeries doivent être faites en constructions légères, et affecter un caractère provisoire ; car l'économie rurale progressant sans cesse, il faut que les locaux destinés aux animaux puissent profiter des progrès qui s'accomplissent presque chaque jour ; de là, la nécessité de construire avec la plus stricte économie, afin de pouvoir démolir après un laps de temps plus ou moins long ; ce qu'on ne pourrait faire, si l'on avait construit une *bâtisse*.

Les bêtes ovines recherchent encore plus que les autres animaux le soleil en hiver et l'ombrage en été, les bergeries doivent être orientées en sorte, qu'on puisse ouvrir suivant la saison des ouvertures soit au nord, soit au midi ; quant aux dimensions à donner à ces locaux, elles doivent être calculées y compris l'espace réservé aux man-

geoires sur les bases suivantes : il faut donner 1 mètre carré de surface pour chaque bête adulte, $0^m,75$ pour un agneau et $1^m,50$ pour une brebis-mère et son agneau. On doit donc baser ses calculs sur ces chiffres pour obtenir la totalité superficielle d'une bergerie devant contenir un nombre de têtes de bétail déterminé. Il faut ensuite proportionner le nombre et la longueur des crèches à la quantité des animaux logés. On établit le développement total des crèches en multipliant le nombre de moutons par la place que chacun d'eux occupe devant la mangeoire soit $0^m,50$, que l'on multiplie par 2 mètres, longueur du mouton, y compris la largeur de la crèche ; le produit obtenu est la superficie demandée.

Il est donc très facile de calculer l'expression de la surface à donner à une bergerie. Cette expression s'obtient en multipliant la largeur du bâtiment par sa longueur ; le produit obtenu en mètres carrés sera égal au nombre de têtes qu'on pourra y placer.

La moitié de ce produit sera le développement à donner aux crèches, quel que soit le sens dans lequel on les disposera.

Un exemple fera mieux saisir l'opération. Soit une bergerie de 8 mètres de largeur sur 50 de longueur ; nous aurons $50 \times 8 = 400$; c'est-à-dire que cette bergerie pourra contenir 400 moutons. Si maintenant nous prenons la moitié de ce produit, soit 200, pour donner le développement aux crèches, chaque mouton aura bien $0^m,50$ de crèche qui est l'espace nécessaire.

Pour tout ce qui est relatif à la construction, à la ventilation et autres détails techniques concernant les bergeries, nous renverrons le lecteur à notre étude sur les Constructions rurales, § *bergeries*.

* **BERGERON.** — V. Bourgeron.

* **BÉRIL.** — V. Béryl.

* **BERLIN.** *T. de mét.* On donne ce nom, dans les fabriques de velours, à un paquet de fil arrêté par un nœud. || *Laine de Berlin*, laine de diverses couleurs que les dames emploient pour faire de la tapisserie.

BERLINE. 1° Ce mot vient, dit Roubo, de Berlin, où se sont faites les premières voitures de ce genre. Voiture à quatre roues, à deux fonds, fermée, à custodes et avances fixes, à trois ou cinq glaces. La berline ne se fait plus guère pour la ville où elle est remplacée par le landau ordinaire et le landau à cinq glaces, qui offrent le grand avantage de se fermer et de s'ouvrir à volonté. Avant les chemins de fer, la berline était la voiture de voyage par excellence ; elle a quatre ou six places d'intérieur et deux de siège.

Les grandes voitures de gala et les voitures de l'État, richement ornementées et que l'on voit à Versailles, exposées à Trianon, sont des berlines Elles datent du commencement du xviiie siècle.

Une ancienne berline se distinguait d'un *carrosse*, en ce que la caisse en était beaucoup plus simple, et les trains assemblés par deux brancards entre lesquels cette caisse descendait, alors que les trains des carrosses étaient assemblés par une flèche passant sous le milieu de la voiture.

|| 2ʳ Benne roulante qu'on emploie dans les mines de houille pour le transport et le montage du charbon.

BERLINGOT. Berline n'ayant qu'une banquette de fond. || Sorte de bonbon au caramel.

BERME. *T. de fortif.* Retraite de 0ᵐ,60 à 0ᵐ,80 ménagée entre le bord de l'escarpe du fossé et la ligne formant le pied du talus extérieur du parapet. || *T. de trav. publ.* Chemin étroit laissé entre le bord d'un canal et la levée ou dépôt de terre de la berge.

* **BERMIER, ÈRE.** *T. de sal.* Celui, celle qui, dans les salines, tire les eaux salées.

* **BERNARD-PALISSY.** — V. Palissy.

* **BERNAUDOIR.** *T. de mét.* Dans certaines fabriques de bonneterie, panier d'osier où l'on met les brins de laine qui tombent pendant le battage.

* **BERNE.** *T. de mét.* Tonneau où les amidonniers font fermenter le froment avec lequel ils fabriquent l'amidon.

* **BÉRON.** *T. techn.* Endroit du sommier inférieur d'un pressoir à huile ou à cidre, par où le liquide s'écoule au dehors.

BERRET. — V. Béret.

* **BERTHAULT** (Louis-Martin), architecte, mort en 1823. Se rendit célèbre au commencement de ce siècle comme dessinateur de jardins ; les parcs de la Malmaison, de Compiègne, du Raincy, etc., ont été tracés d'après ses plans. Architecte de Napoléon Iᵉʳ, il fut chargé de restaurer le château de Compiègne. Il était chevalier de la Légion d'honneur.

* **BERTHE.** *T. du cost.* Sorte de collet ou de petite pèlerine que l'on met en haut d'un corsage décolleté, ou même sur un corsage montant à la place où ce genre de garniture se met sur le corsage décolleté.

* **BERTHIER** (Pierre), minéralogiste, né en 1782 à Nemours (Seine-et-Marne), fut nommé, après sa sortie de l'École polytechnique, ingénieur des mines, puis, en 1816, professeur de docimasie à l'École des mines. Il est mort en 1861, membre de l'Académie des sciences. Il a laissé un *Traité des essais par la voie sèche, ou des propriétés, de la composition et de l'essai des substances métalliques et des combustibles* (2 vol. in-8°, 1833).

* **BERTHOLLET** (Claude-Louis, comte), célèbre chimiste, naquit le 9 novembre 1848, à Taillore, près d'Annecy. Après avoir fait ses humanités au collège de Chambéry, il étudia la médecine à l'Université de Turin et y fut reçu docteur en 1768.

Quatre ans après il vint à Paris pour compléter ses études. A cette époque encore, les chimistes adoptaient la théorie du phlogistique, malgré les belles découvertes de Lavoisier qui devaient amener une révolution prochaine dans la science.

Berthollet fut présenté à Lavoisier, qui chercha à le convertir à ses idées, mais il n'y réussit pas ; son influence fut cependant assez grande sur l'esprit de Berthollet pour le décider à retarder, en 1778, la publication d'un travail sur *l'action des alcalis sur l'alcool*, qui conduisait le jeune auteur à une théorie qu'il aurait regrettée plus tard.

Cette sorte de parti pris qu'avait Berthollet contre la théorie nouvelle du dualisme lui fit perdre l'occasion, en 1781, de se signaler par la détermination de la constitution de l'acide nitreux qu'il découvrit en étudiant *l'action de la chaleur sur le nitre.* Ce fut Cavendish qui expliqua, peu de temps après, la publication du travail dont on vient de parler : comment l'acide nitreux se forme et quelles sont les causes de son instabilité.

Lavoisier eut enfin en lui un nouvel adepte et un adepte bien sérieux, car Berthollet avait tout fait pour étayer la théorie du phlogistique. Il eut, lui-même, à lutter plus tard contre ses contemporains après la publication qu'il fit, en 1787, d'un travail sur l'acide prussique, où il montra que ce corps à propriétés acides ne renfermait pas d'oxygène. Neuf ans après, c'était l'hydrogène sulfuré qui lui permettait, de nouveau, d'affirmer que la formation des acides ne nécessite pas l'intervention nécessaire de l'oxygène, mais, malgré son influence sur le monde savant de l'époque, il fallut les belles expériences de Thénard et Gay-Lussac pour permettre à la chimie de faire ce nouveau pas.

Berthollet fut admis à l'Académie comme chimiste-adjoint en remplacement de Bucquet, en 1780. Il succéda, en 1784, à Macquer comme directeur des Gobelins. Cette dernière charge l'engagea à étudier les opérations du blanchiment, qui étaient alors fort longues et s'opposaient à l'extension des industries textiles ; ce fut lui qui découvrit le blanchiment rapide au moyen du chlore. Cette belle découverte aurait pu être pour son auteur une source de richesses ; il n'en fut rien, et Berthollet n'accepta de ceux dont il venait de créer la fortune que quelques ballots de toile.

Non content d'étudier le chlore au point de vue de ses applications, il l'étudia au point de vue scientifique et découvrit l'acide chlorique, qu'il appelait acide muriatique suroxygéné, et dont les sels ont la propriété de détoner plus aisément que le nitre. Un agent plus détonant encore fut découvert par Berthollet, c'est l'argent fulminant qui s'offrit à lui pendant ses recherches sur l'alcali volatil ; ces recherches, qui datent de 1785, le conduisirent à la détermination de la vraie constitution de l'ammoniaque.

La même année 1785, l'année la plus remplie de son existence, le vit affirmer que ce qui distingue toutes les matières animales des autres matières organiques est la présence constante de l'azote.

Les années qui suivirent cette belle année 1785 furent consacrées par Berthollet à l'étude des procédés de la teinture, qui étaient plus l'application de formules empiriques dictées par la routine que la mise en pratique de connaissances scientifiques bien établies. Il réunit toutes ses recherches à ce sujet en un ouvrage de 2 vol. qui parut en 1790.

D'autre part, Berthollet collabora avec Guyton de Morveau et Lavoisier, auxquels s'adjoignit plus tard Fourcroy, à la réforme de la terminologie chimique et à la création d'une nouvelle nomenclature qui rendit l'étude de la chimie plus commode et plus rationnelle.

En 1794, Berthollet fut nommé professeur à l'école normale, puis il fut chargé, ainsi que Monge, en 1796, d'aller choisir, en Italie, les chefs-d'œuvre artistiques que la victoire avait livrés à la France. Cette mission très délicate fut remplie avec tant d'habileté que Bonaparte tint à entrer en relations avec l'illustre savant. Le général conçut pour lui une vive affection et lui donna ainsi qu'à Monge, pleins pouvoirs pour la création de l'Institut d'Égypte qui rendit, lors de l'expédition dans ce pays, de si grands services.

En Égypte, se trouvent des lacs dits de Natron qui renferment en solution une forte proportion de carbonate de soude. Berthollet se demanda comment ce corps avait bien pu se former, et il découvrit que les solutions de sel marin que contiennent ces lacs, réagissant sur le calcaire qui en forme le fond, donnent, par double décomposition, du carbonate de soude. Quelle était la loi qui présidait à cette réaction? Berthollet, après de nombreux essais, la trouva et en fit la base de son système de statique chimique qui est un chef-d'œuvre de sagacité et de hardiesse.

Appelé au sénat conservateur après le 18 brumaire, Berthollet fut peu de temps après nommé comte, puis grand officier de la Légion d'honneur. Il sut ne pas se laisser éblouir par tant de grandeurs et se retira dans sa maison d'Arcueil où il vivait modestement ayant pour tout luxe un laboratoire, une bibliothèque et une serre qui lui servait de salon; il eut l'honneur d'accueillir à des hommes tels que Davy, Wollaston, de Humbolt, Thompson, Leslie, Watt, Werner, Berzélius dont la plupart appartenaient à des nations ennemies et qui oubliaient le Français pour venir saluer en Berthollet le savant illustre.

Il consacra les dernières années de son existence à la recherche de procédés permettant l'extraction de la soude, du sel marin et la préparation du mercure fulminant en grand pour la fabrication des cartouches. L'étude de la propriété des carbures d'hydrogène le conduisit à indiquer l'emploi du gaz pour l'éclairage.

Berthollet possédait une constitution robuste qu'il sut conserver par une vie sobre et réglée. Il aurait vécu longtemps encore si la peur d'effrayer ses amis ne lui eût fait dissimuler pendant plusieurs jours les souffrances que lui causait un anthrax. Le jour où il se décida à avouer le mal, il était trop tard et les secours de la médecine furent impuissants. Berthollet mourut le 6 décembre 1822.

Nous ne citerons, parmi ses publications, que les plus importantes : *Elément de l'art de la teinture* avec une *Description de l'art du blanchiment par le chlore*, Paris, Didot, 1804, 2 vol. in-8°;

Essai de statique chimique, Paris, Didot, 1803, 2 vol. in-8°; *Précis d'une théorie sur la nature de l'acier et sur ses préparations*, Paris, 1789, in-8°; *Nouvelles recherches sur les lois des affinités chimiques*, 2° édit., Paris, 1806, in-8°.

Tous ses travaux ont paru, soit dans les *Mémoires de l'Institut*, soit dans le *Journal de l'Ecole polytechnique*, soit dans la *Décade égyptienne*.

Enfin, Berthollet a collaboré à la publication des ouvrages suivants : *Essai sur le phlogistique*, etc., de Kirwan; *Système de chimie de Thomson*, et *Nouvelle méthode de nomenclature chimique*. On trouve de lui dans le *Journal de l'Ecole polytechnique* un cours de *Chimie des substances animales*. — R.

* **BERTHOUD** (Ferdinand), horloger et mécanicien, est né à Plaucemont-Louvett, le 19 mars 1725. Il se sentit de bonne heure un goût prononcé pour la mécanique que son père chercha à développer. Après lui avoir fait enseigner les premiers éléments d'horlogerie il l'envoya à Paris, en 1745. Berthoud, doué d'une grande facilité de travail, excella bientôt dans son art et construisit les premières horloges marines qui prêtèrent un si puissant concours aux navigateurs français, et dont MM. de Fleurieu et Borda, après un temps d'essai assez long, firent le plus grand éloge. Le seul rival qu'ait eu Berthoud, fut l'horloger *Pierre Leroi* (V. ce nom). Les horloges de l'un et de l'autre eurent d'abord le même succès, mais celles de Berthoud furent peu à peu mises au premier rang.

Ces deux célèbres artistes avaient déposé la description de leurs machines au secrétariat de l'Académie des sciences, dans des mémoires cachetés, plus de dix ans avant l'épreuve des horloges de Harrisson. Berthoud fit deux fois le voyage de Londres, en qualité d'adjoint au commissaire chargé d'assister aux explications que Harrisson devait donner sur les principes de construction de ses horloges, mais ce fut peine perdue et Berthoud ne put rien savoir de l'inventeur anglais; il résulte de cela, que la possession entière des inventions des deux horlogers français, doit être reconnue de tous et qu'il est certain que ni l'un ni l'autre n'était au courant des perfectionnements apportés par Harrisson.

Ferdinand Berthoud a laissé des écrits parmi lesquels nous citerons : l'*Essai sur l'horlogerie*, paru en 1763, à Paris (2 vol. in-4°); le *Traité des horloges marines* (1773, in-4°); l'*Histoire de la mesure du temps par les horloges* (1802, 2 volumes in-4°), etc., etc.

Il était membre de l'Institut de France, de la Société royale de Londres et chevalier de la Légion d'honneur.

Il mourut le 20 juin 1807, à Groslay, près de Montmorency.

* **BERTHOUD** (Louis), horloger de la marine, neveu du précédent, mourut à Argenteuil le 17 septembre 1813. Il inventa les châssis de compensation et fit des montres marines que les navigateurs préféraient même à celles de son oncle. On a de lui : *Entretien sur l'horlogerie à*

l'usage de la marine, Paris, 1812, in-12°. Il était membre de l'Institut.

* **BERTRAND**, ingénieur, mort en 1811, avait été nommé ingénieur général des ponts et chaussées en 1787. Il a exécuté le canal du Doubs à la Saône (1783-1790) et commencé celui du Rhône au Rhin.

* **BÉRUBLEAU**. *T. de minér.* Vert de montagne, silicate de potasse et de fer, qu'on emploie comme matière colorante.

* **BÉRUSE**. Sorte d'étoffe lyonnaise.

* **BERVIC** (Clément-Charles), graveur, membre de l'Institut, né en 1756, mort à Paris en 1822, se rendit célèbre par sa méthode originale et par la noblesse et la correction de son dessin. Outre quelques portraits, entre autres ceux de Louis XVI, de Linné et de Louis XVIII, Bervic a gravé plusieurs planches remarquables parmi lesquelles nous citerons *Laocoon*, qui passe pour son chef-d'œuvre; *Saint Jean dans le désert*, d'après Raphaël; l'*Enlèvement de Déjanire*, d'après le Guide; l'*Education d'Achille*, etc.

BÉRYL ou **BÉRIL**. Aigue-marine, variété d'émeraude (silicate alumineux de glucine et de chaux) d'un vert clair ou vert d'eau, passant au jaunâtre et au bleu, parfois rose; sa dureté est supérieure à celle du quartz, entre 7,5 et 8; ses cristaux ont les faces striées longitudinalement, parfois surmontées d'un pointement; leur densité est de 2,678.

Fournet, Lewy expliquent la coloration de l'émeraude par la diffusion d'une matière organique. Les béryls les plus précieux viennent des Indes-Orientales; ceux de l'île d'Elbe sont ordinairement roses, ceux de Salzbourg ont une teinte verte; les béryls sont moins chers et moins recherchés que l'émeraude, dont le prix est presque égal à celui du diamant. — V. Emeraude. Le *béryl de Saxe* est une variété d'apatite ou phosphate de chaux.

— Le béryl sert aux graveurs sur pierre, aux bijoutiers et aux mosaïstes. On le trouve dans l'Inde; en Irlande, dans la chaîne des monts Wicklows; en Ecosse, au Pérou, au Brésil; on en a aussi trouvé en France, en Bretagne et près de Limoges.

* **BERYLLIUM**. *T. de chim.* Un des noms du métal qui fait la base de la glucine.

* **BERZÉLINE**. *T. de minér.* Substance formée de cuivre et de sélénium qu'on a rencontrée à la mine de Skrickerum, en Suède. Elle a été analysée par Berzélius, chimiste suédois, qui lui a donné son nom.

* **BERZÉLITHE**. *T. de minér.* Substance minérale qui raie fortement le verre et étincelle par le choc du briquet. Elle doit son nom à Berzélius, qui en a fait l'analyse.

BESAIGUE. *T. tech.* 1° Outil de charpentier taillant par les deux bouts, dont l'un est en bec-d'âne et l'autre en ciseau. || 2° Outil de bois dont les cordonniers se servent pour lisser ou polir. || 3° Marteau de vitrier à panne en pointe.

* **Besaiguë**. *Art milit. anc.* Arme du moyen âge sur la forme de laquelle les auteurs ne sont point d'accord; on s'en servait tantôt pour frapper de près, tantôt pour la lancer de loin comme les guerriers du v° siècle le faisaient avec la francisque. En 1428, au siège d'Orléans, les défenseurs de la ville se servaient de besaiguës qui avaient d'un côté une hache assez large, et de l'autre un morceau de fer très pointu.

BESANT. *Art hérald.* Pièce d'or ou d'argent que les paladins français mettaient sur leurs écus pour faire voir qu'ils avaient fait tout le voyage de la Terre-Sainte; on écrit aussi *bezant*.

* **BESANTÉ, E**. *Art hérald.* Se dit d'un écu ou d'une pièce principale dont la surface est chargée de besants.

BESICLES. *T. d'opt.* 1° Sorte de lunettes à deux verres que l'on emploie pour corriger les défauts de la vue, et qui sont disposées de façon à pouvoir être établies sur le nez d'une façon permanente.

Une bonne vue distincte permet de lire sans fatigue les caractères ordinaires d'imprimerie à une distance de 25 à 30 centimètres. Si la vue distincte s'exerce à une plus grande distance, l'œil est affecté de presbytie; si, au contraire, il faut rapprocher davantage l'objet, c'est d'un défaut appelé myopie qu'il est atteint.

Les myopes font usage des bésicles à verres concaves divergents, c'est-à-dire minces sur le milieu et épais sur les bords. Ces verres font diverger les rayons lumineux, et de cette manière, l'image de l'objet, qui se formait derrière l'œil, vient se faire sur la rétine elle-même.

Les presbytes, au contraire, emploient des verres convexes ou convergents, ou minces sur les bords et épais au milieu. L'image de l'objet, qui sans eux se formait avant d'arriver à la rétine, au moyen de ces verres, est ramené sur cette membrane sensible.

Les verres des bésicles incolores ou colorés sont parfois de simples conserves qui n'ont d'autre effet que de diminuer l'éclat d'une lumière trop vive.

— Leur invention a été attribuée à Roger Bacon et à Alexandre de Spina, père dominicain de Pise (fin du xiii° siècle ou commencement du xiv°). Elles étaient connues de temps immémorial en Chine.

|| 2° Dans certains métiers on donne ce nom à une sorte de masque garni d'yeux de verre qui sont destinés à garantir les yeux des ouvriers.

* **BESSÈGES**. Commune du département du Gard, à trente-deux kilomètres d'Alais. Bessèges qui, depuis vingt ans, a plus que décuplé sa population, possède de riches mines de houille et de fer, des hauts-fourneaux, des fonderies, des ateliers de construction, de plaques tournantes, de ponts, etc. Un chemin de fer relie ce centre minier et industriel avec la Grand'Combe et Alais.

* **BESSON** (Jean-Séraphin-Désiré), sculpteur, né en 1795, mort à Dôle en 1864, fut l'un des fondateurs du musée de Dôle, dont il devint le conservateur, en même temps qu'il dirigeait l'école de dessin de la même ville.

* **BEST** (Jean), graveur et imprimeur, né à Toul en 1808, mort à Paris en 1879, a fait paraître dans le *Magasin pittoresque* et dans d'autres publications illustrées, des planches qui l'ont placé au premier rang des graveurs. Il était chevalier de la Légion d'honneur.

* **BESTE**. *T. de chim.* Vase de grès qu'on utilise pour la cristallisation des eaux-fortes.

* **BESTION**. Autrefois on nommait *tapisseries à bestions*, celles qui représentaient des figures d'animaux.

* **BÉTAULE**. Huile concrète que l'on tire d'une espèce de palmier d'Afrique.

BÉTEL (*poivre bétel, piper betel*). Espèce de poivre dont les feuilles sont employées en Asie orientale, pour envelopper le mélange de noix d'Arec et de chaux que les habitants mastiquent d'une façon continuelle.

BÉTON. *T. de constr.* Maçonnerie formée d'un mélange de cailloux cassés, et de mortier de chaux grasse ou de chaux hydraulique en quantité suffisante pour que les vides entre les cailloux soient remplis complètement par le mortier. Ainsi composé le béton constitue, après avoir fait prise, une masse compacte, qui offre une grande résistance, et qui rend de nombreux services dans les constructions.

Composition du béton. La bonne qualité du béton dépend du choix et de la qualité des matériaux qui le composent.

La chaux grasse peut être employée pour les mortiers destinés à un terrain sec et solide mais on a plus souvent recours à la chaux hydraulique, dont l'emploi devient obligatoire quand il s'agit de fondations à exécuter dans un terrain humide, et dans les travaux sous l'eau.

Le sable employé dans la préparation du mortier doit être exempt de matières terreuses. La chaux hydraulique doit être employée soit en poudre, soit en pâte, et dans ce dernier cas fusée à l'avance, avec la quantité d'eau strictement nécessaire pour la délayer et en former une pâte ferme bien homogène.

Le mélange s'effectue dans des proportions variant de 0^m,350 de chaux en pâte et 0^m,820 de sable jusqu'à 0^m,450 de chaux en pâte et 1 mètre de sable.

On emploie souvent, sur les grands chantiers des moyens mécaniques expéditifs pour la préparation du mortier. Ce sont les *malaxeurs* (V. ce mot), mûs à bras, par des manèges, ou par des machines à vapeur. Notre figure 371 en offre un type disposé pour être manœuvré à volonté par l'une de ces trois forces. Elle suffit à donner une idée de l'appareil et du genre de travail qu'il accomplit.

Le caillou servant à la confection du béton doit provenir de pierres dures, cassées autant que possible d'une grosseur uniforme, à peu près de la dimension d'un œuf. Quelquefois on l'extrait simplement du gros sable. Dans les grandes entreprises de travaux publics, on prescrit le passage des cailloux à la claie dont les mailles ont de 6 à 7 centimètres de largeur. Le cassage s'opère à la main, au moyen de massettes, comme pour les cailloux destinés aux empierrements des routes, ou bien il s'opère mécaniquement au moyen d'engins spéciaux nommés *casse-pierres*. — V. Casse-pierres, Concasseurs.

De plus, le caillou doit être purgé de matières terreuses, et, si besoin est, on le soumet à un lavage préalable.

Préparation. Quand les matériaux ont été bien choisis, bien préparés, on les dose en proportions qui varient suivant qu'on se propose d'obtenir du *béton gras* ou du *béton maigre*. On les mélange intimement par un brassage effectué à la main ou mécaniquement.

Dans le premier cas on dispose d'abord une aire, généralement plus longue que large, en

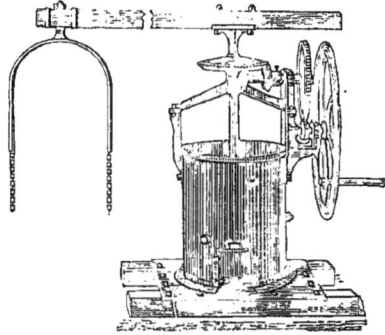

Fig. 371. — *Malaxeur pour la préparation du mortier.*

planches ou madriers, dans une partie du chantier où elle se trouve autant que possible abritée du soleil. A l'une des extrémités longitudinales de ce plancher, on place une couche de mortier hydraulique, sur laquelle on étend une couche de cailloux cassés, convenablement dosée par rapport à la quantité de mortier destiné au mélange. Deux ou trois ouvriers munis de *griffes*, espèces de rateaux en fer au bout d'un long manche, tirent à eux la masse, qu'ils font avancer peu à peu dans le sens de la longueur du plancher, en lui imprimant ainsi un mouvement qui malaxe les pierres et le mortier, jusqu'à ce que le tas de béton soit arrivé à l'extrémité opposée du plancher. Alors se retournant en sens inverse, les ouvriers ramènent le mélange, par un mouvement semblable de brassage, jusqu'au point de départ primitif, en ayant soin, durant le parcours, de relever à la pelle, pour les rejeter dans le tas, les pierres et le mortier qui s'échappent sur les côtés. Quand le béton a été ainsi suffisamment trituré pour former une masse homogène, on le rassemble en un seul tas, qu'on désigne sous le nom de *boulée*.

On peut encore brasser le béton en commençant par faire un tas conique de mortier et de cailloux superposés, autour duquel les ouvriers se placent pour l'étaler graduellement en marchant à reculons, jusqu'à ce que toute la masse soit réduite à une côuche de peu d'épaisseur. Puis, à la pelle, on relève cette couche en procédant depuis la périphérie jusque vers le centre, où le tas conique se trouve reconstitué. On recommence ainsi le brassage jusqu'à ce que le mélange ait acquis une homogénéité parfaite.

Quand une boulée de béton est terminée, on doit l'employer de suite, et pendant qu'on l'emploie, on prépare la suivante.

Fig. 372. — Bétonnière verticale.

Pour fabriquer mécaniquement le béton, on emploie un appareil spécial appelé bétonnière, que représente notre figure 372. Il se compose d'un cylindre vertical que l'on fixe par sa partie supérieure sur un pont de service et à l'intérieur duquel sont disposées une certaine quantité de traverses qui s'entre-croisent. Le caillou et le mortier mélangés dans leur chute forment un mélange homogène.

A la partie inférieure de la bétonnière se trouve une porte que l'on ouvre et ferme à la main pour laisser écouler le béton dans les instruments destinés à le transporter à pied d'œuvre.

Lorsque le puits dans lequel est coulé le béton est profond, il est indispensable qu'à des intervalles déterminés, un ouvrier descende à la corde pour égaliser la couche et la pilonner. M. Boué vient d'appliquer aux bétonnières qu'il a construites pour les travaux des établissements scolaires du bas Montmartre une disposition ingénieuse que nous signalons aux praticiens. La partie supérieure de la bétonnière est installée à la hauteur même de l'orifice du puits. Une tringle est disposée de façon qu'attirée par un anneau qui la termine vers le sol, elle fasse basculer la porte qui, à la partie inférieure, livre passage au béton, et que poussée en sens inverse elle la ferme au contraire.

Un ou plusieurs tubes, suivant la profondeur du puits, s'accrochant les uns à la suite des autres,

Fig. 373. — Vagonnet avec caisse en tôle et à charnière à double bascule, pour le transport du béton.

sont placés au-dessous de la bétonnière et forment une sorte de conduite au béton qui ne s'éparpille pas et permet le séjour au fond du puits d'un homme qui égalise et pilonne la matière à mesure qu'elle tombe et sans que le coulage soit interrompu.

Lorsqu'on veut obtenir des bétons gras les proportions de mortier doivent être telles qu'elles remplissent au moins le volume des vides formés par les interstices des pierres. Or, avec des pierres ne dépassant pas la grosseur d'un œuf, mais de dimensions inégales, les vides ne représentent que les 38 centièmes du cube total, tandis que si les pierres sont de dimensions uniformes, le vide peut aller jusqu'à 48 pour cent.

Comme exemples des divers dosages usités dans les constructions en béton, nous citerons seulement quelques types généraux :

	Mortier.	Caillou.	
Béton gras	0m. cub.,550	0m. cub.,770	pour réservoirs, radiers, etc., soumis à une pression d'eau considérable.
Béton ordinaire.	0m. cub.,520	0m. cub.,780	pour les travaux hydrauliques, les égouts, les fondations de ponts, etc.
Béton ordinaire.	0m. cub.,480	0m. cub.,840	pour fondations en terrains humides, murs de quais, etc.
Béton un peu maigre.. . .	0m. cub.,450	0m. cub.,900	pour fondations d'édifices en mauvais terrains, pour usines, habitations, etc.
Béton maigre.	0m. cub.,380	1m. cub.,000	pour massifs et fondations en terrains secs.

Emploi du béton. Lorsque le béton a été suffisamment trituré, on le transporte dans des brouettes ou dans des wagonnets (fig. 373) à bascule, jusqu'au lieu où il doit être employé.

Lorsque les travaux s'exécutent à sec, on jette le béton à la pelle ou bien on le fait glisser dans des coulottes en bois, inclinées suivant la profondeur des fouilles. On étale ce béton par couches régulières de 20 à 25 centimètres d'épaisseur, qu'on pilonne ensuite avec des dames en bois ou en fonte de fer.

Si le travail a été interrompu, comme par exemple du soir au lendemain matin, et que la surface de l'assise ait eu le temps de sécher plus ou moins, il convient de l'arroser avant de reprendre le coulage du béton, pour faciliter l'adhérence entre l'ancienne et la nouvelle couche.

Quand l'état des parois d'une fouille, ou quand la forme du massif à élever, ne permettent pas d'appuyer directement le béton contre un terrain suffisamment résistant à l'action des pilons, on a souvent recours à des coffres ou *caissons* en planches ou madriers, parfois même en métal, dans

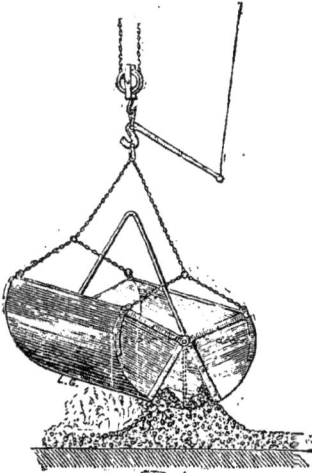

Fig. 374. — *Caisse à couler le béton.*

l'intérieur desquels le béton est coulé, étalé et pilonné comme dans les conditions ordinaires.

Lorsqu'il s'agit de travaux à exécuter dans l'eau, malgré toutes les précautions prises pour le coulage du béton, une certaine quantité de chaux du mortier se délaye et forme une bouillie, qu'on désigne sous le nom de *laitance*, qu'il est important d'éviter et d'enlever.

Pour l'enlever, on réserve dans un coin du massif une partie en contrebas, formant une sorte de puisard où l'on pousse continuellement cette laitance, en commençant le coulage et l'étendage du béton à partir de l'extrémité opposée. De temps en temps, on extrait la laitance avec des louches ou des augets à clapets.

Pour éviter autant que possible la formation de la laitance, on emploie des caisses à fond mobile, nommées *caisses à couler le béton*, qu'on descend jusqu'à 30 centimètres environ de la surface à recouvrir. On fait alors fonctionner le fond articulé, de sorte que le béton s'écoule par l'orifice ainsi ouvert et s'étale sans être lavé par l'eau dans laquelle on opère. Cette opération, en terme de métier, s'appelle *coulage à la boîte*.

Les *caisses à couler le béton* sont de formes diverses, prismatiques, coniques, demi-cylindriques. Parmi ces dernières, citons un des types les meilleurs : c'est une caisse ayant la forme d'un demi-cylindre, dont l'axe est horizontal ; elle est divisée en deux parties égales, symétriques, suivant un plan vertical passant par cet axe. Une anse fixée aux deux extrémités de l'axe est destinée à porter l'appareil pendant qu'on le charge et qu'on en opère la descente : chacune des moitiés est, d'autre part, articulée à charnières sur ce même axe. Le mouvement de descente et de relevage s'opère à l'aide d'un treuil et d'une chaîne ; en un point donné de cette chaîne est fixé un crochet, manœuvré à l'aide d'un levier, par l'ouvrier qui conduit l'appareil ; ce crochet supporte lui-même des chaînes qui sont rattachées aux quatre coins de la caisse. Il résulte de cette disposition, que lorsque la caisse est suspendue par son axe à l'aide de l'anse et du crochet, elle demeure fermée, tandis que dès qu'on opère le déclanchement du crochet d'arrêt, les deux moitiés sollicitées par les chaînes s'ouvrent, suivant l'arête inférieure, et livrent passage au béton qui s'écoule immédiatement.

C'est ce type d'appareil que représente la figure 374 au moment où, après avoir déclanché l'anse de la caisse, on opère à l'aide du treuil le mouvement de relevage qui fait ouvrir les deux côtés et produit l'écoulement du béton. Les lignes pointillées, sur la figure, indiquent la position des deux côtés, lorsque l'appareil est fermé, durant la descente.

Quand la profondeur d'eau ne dépasse pas 1^m,50 à 2 mètres, on pratique généralement l'immersion du béton par le *coulage en talus ou à la pelle*, qui consiste à faire descendre d'abord, à l'aide d'une coulotte en planches, une certaine quantité de béton qui forme un talus jusqu'au niveau de l'eau ; puis, en déposant successivement sur l'arête supérieure de ce talus, de nouvelles quantités de béton, on les pousse progressivement en les étalant et en les forçant à descendre, comme on fait un remblai ordinaire en laissant rouler les terres sur la pente naturelle d'un talus. Le béton en descendant chasse devant lui la laitance qu'on retire avec des écopes ou avec une pompe.

Quand la profondeur d'eau dépasse 2 mètres, il vaut mieux recourir à l'emploi des caisses à couler le béton.

APPLICATIONS. Les applications du béton dans les constructions peuvent être tellement variées qu'il est difficile d'en faire une énumération complète.

Les fondements des maisons, des édifices, des piles de pont, des quais, les aqueducs et les viaducs, tous les travaux publics en général présentent un grand nombre de cas dans lesquels le béton rend d'immenses services.

Les travaux maritimes font aussi un fréquent usage du béton. On y fait souvent une heureuse application d'un genre spécial de béton, à base de ciment, pour mouler d'énormes blocs, que l'on jette ensuite à la mer en les entassant les uns sur les autres, afin de former des enrochements artificiels servant d'assises aux jetées, aux brise-lames, aux phares qui s'élèvent sur des points où le fond de la mer n'est pas accessible.

Bétons agglomérés. On désigne sous ce nom une maçonnerie moulée, formée de matériaux agglomérés par compression, qui constitue après sa prise un véritable monolithe dont la solidité ne le cède en rien aux meilleures maçonneries établies dans les conditions ordinaires.

C'est à M. François Coignet qu'on doit la création de ce genre de maçonnerie.

Les constructions monolithiques en *bétons agglomérés* présentent des avantages particuliers sous le rapport de l'homogénéité, de la résistance à la compression et au frottement, de la conservation à l'air malgré les intempéries et les gelées.

Les bétons agglomérés résistant pratiquement à environ 400 kilogr. par centimètre carré, cette résistance, supérieure à celle des maçonneries ordinaires, permet de réduire les épaisseurs des murs et par conséquent le cube total des constructions.

Les bétons agglomérés sont en général composés d'un mélange de 4 à 5 parties de gravier fin ou de sable, et d'une partie de chaux hydraulique; quand on a besoin d'une grande résistance et d'une prise plus prompte on peut ajouter environ une demi-partie de ciment. — Le sable ou le gravier doit être exempt de matières terreuses; l'emploi d'un sable siliceux bien pur assure l'excellence du béton.

Les matériaux, dosés convenablement, sont jetés dans un malaxeur avec la quantité d'eau né-

Fig. 375. — *Bassin et réservoir de Rentilly, en béton aggloméré.*

cessaire pour les humecter sans les réduire en pâte. Le mélange, convenablement trituré, est jeté entre deux parois de planches, formant une sorte de moule, nommé *bauche*, où on l'étend par couches de 15 à 20 centimètres, puis on le pilonne très fortement avec des dames en bois ou en métal, jusqu'à ce que la masse ait acquis une dureté suffisante. On continue ainsi par assises horizontales, et on élève graduellement la maçonnerie, en relevant au fur et à mesure les bauches qu'on fixe et qu'on maintient en place, pendant le moulage, au moyen d'un système de boulons de serrage ou d'un calage en bois.

Ce travail est, pour la construction des murs, analogue à celui du *pisé*, dont on fait dans certaines parties de la France un fréquent usage pour les constructions ordinaires. — V. Pisé.

A l'aide de bauches de diverses dispositions, et de moules de toutes formes, on peut obtenir avec les bétons agglomérés des pierres artificielles, dont les contours, les saillies, les mou-

lures, ont une très grande netteté. On peut aussi mouler des balustres, des vases, des bas-reliefs, des statues, qui rivalisent, comme durée, avec la meilleure pierre, et qui, ayant l'aspect de la sculpture, offrent de grandes ressources pour certaines décorations.

Une énumération sommaire des principaux travaux exécutés en béton aggloméré, depuis une vingtaine d'années, fera connaître les ressources considérables et variées que présente ce genre de maçonnerie. Déjà au mot Aqueduc, nous avons parlé de l'emploi du béton Coignet, avec lequel ont été construits soixante kilomètres du grand aqueduc d'amenée des eaux de la Vanne, pour la distribution d'eau de Paris. Les parties principales de cet important ouvrage sous le pont-support de la vallée de l'Yonne, qui a une longueur de 1,530 mètres, celui du Loing qui a 570 mètres, et dans la forêt de Fontainebleau l'aqueduc du Grand-Maître, les ponts des routes de Nemours et d'Orléans; quelques arches de ces ponts attei ghent 40 mètres d'ouverture, et sont remarquables à la fois par leur hardiesse et leur légèreté. L'Église du Vésinet, exécutée en 1863, est un des plus curieux exemples de ce qu'on peut faire avec le béton aggloméré. Depuis sa fondation jusqu'au sommet du clocher, cette église entièrement moulée par couches successives, est un véritable monolithe. Le phare de Port-Saïd, en Égypte, exécuté en 1869, mesure 45 mètres de hauteur et forme également un monolithe complet de la base au sommet. Citons dans un autre ordre de travaux, le grand bassin et réservoir exécutés en 1865 au château de Rentilly, dont la figure 375 montre les dispositions grandioses, et l'escalier de l'Avenue de l'Empereur, à Chaillot.

L'Exposition universelle de 1878 offrait des spécimens de beaux travaux en *pierre artificielle*, exécutés par M. Paul Dubos : les marches des perrons de la grande terrasse devant le palais, les marches et cordons moulurés du pavillon de la Ville de Paris. On a pu constater combien est grande la résistance à l'usure, par ces escaliers où la circulation a été si active.

Le béton aggloméré trouve enfin des applications pratiques dans la construction des égouts, dallages, caniveaux, tuyaux moulés ou buses, pierres moulées, telles que seuils, balustres, perrons, pierres d'angle, corniches, balcons, fenêtres, chaperons de murs, dés pour charpentes, et dans l'établissement d'une grande variété d'autres pierres moulées qui s'exécutent toutes prêtes à être mises en œuvre. — G. J.

* **BÉTONNAGE.** *T. de constr.* Travail de maçonnerie fait avec du béton.

* **BÉTONNER.** Construire avec du béton.

* **BÉTONNIÈRE.** Appareil employé pour la fabrication mécanique du béton. Cet appareil se compose d'un cylindre, à l'intérieur duquel sont disposées des traverses en fer. Le mortier et le caillou, que l'on y jette en proportions voulues, se mêlent dans leur chute et forment un mélange compact et homogène qui n'est autre chose que le béton. Une porte, ménagée à la partie inférieure, s'ouvre et se ferme à la main et livre passage au produit fabriqué, que l'on transporte dans des brouettes ou des wagonnets sur le lieu où il doit être employé. — V. Béton.

BETTERAVE. La betterave est une plante bisannuelle de la famille des chenopodées et cultivée principalement pour sa racine. Employée à la nourriture du bétail, à la fabrication du sucre et de l'alcool, elle a joué, à cet égard, un grand rôle dans les progrès agricoles accompli depuis soixante ans.

— Importée d'Italie vers la fin du xvie siècle, elle ne fut pendant longtemps cultivée que dans les jardins ; on ne connaissait alors que la *betterave rouge de Castelnaudary* et une variété *blanche de Silésie.* C'est seulement en 1786 que Vilmorin introduisit la *betterave disette*, et c'est en 1806 que la *betterave sucrière de Silésie* fut importée.

Depuis cette époque, les perfectionnements de l'industrie sucrière et les progrès agricoles, ont marché de front dans le nord de la France ; les fortes fumures, les labours profonds et les soins d'entretien que demande la bette-

rave, ont amené les cultivateurs à fabriquer beaucoup de fumier, à améliorer leurs sols par les amendements et, enfin, à remplacer progressivement la jachère par les récoltes sarclées et fourragères.

La culture de la betterave comme plante industrielle est, comme nous venons de le dire, principalement localisée dans le Nord ; mais c'est surtout comme plante fourragère qu'elle a pris de l'importance et s'est répandue partout. Elle a permis aux cultivateurs de donner une nourriture fraîche à leurs animaux pendant tout l'hiver, et d'entretenir un bétail plus nombreux et en meilleur état ; ils ont pu ainsi augmenter dans une forte proportion la quantité de fumier produite par la ferme. L'industrie sucrière a joué un grand rôle à cet égard, en offrant aux cultivateurs un débouché assuré pour leurs racines, dont le résidu ou *pulpe* pouvait, en outre, servir à la nourriture du bétail. Les développements de cette industrie sont cependant tout récents et dus au concours de circonstances spéciales. C'est, en effet, vers 1747 que Margraff, chimiste allemand, constata le premier la présence du sucre dans la betterave, mais il ne poussa pas plus loin l'étude de sa découverte. Ce n'est que quarante ans après que Achard, autre chimiste allemand, songea à en tirer parti et à extraire le sucre par un procédé pratique ; les essais multipliés auxquels il se livra restèrent longtemps à l'état d'expériences de laboratoire, mais il avait cependant suffisamment réussi pour installer, vers la fin du siècle dernier, une petite sucrerie qui donna quelques résultats. Mais ce n'est guère que vers 1806, quand le blocus continental empêchait le sucre d'arriver chez nous, que l'on commença à faire attention à la betterave et à ses propriétés saccharines. Benjamin Delessert entreprit une série d'essais, dans le but de simplifier les procédés d'Achard ; ses essais, longtemps infructueux, furent enfin couronnés de succès. Napoléon Ier encouragea la nouvelle industrie par des subventions et l'exemption de tout impôt, et Mathieu de Dombasle fonda en France la première sucrerie.

Jusqu'en 1823, la clarification des sirops se faisait au moyen du sang et du lait ; c'est en 1824 que Derosne y substitua le noir animal, d'un emploi plus pratique. La nouvelle industrie commença alors à se développer sérieusement et, en 1830, on comptait déjà en France près de 200 sucreries. Après le blocus continental il y eut un moment de souffrance quand les sucres des colonies arrivèrent en masse sur nos marchés.

La fabrication allait cependant en se perfectionnant quand vers 1837 on imposa le sucre de betterave ; un tiers des usines fermèrent et celles du Nord seules, situées dans un pays où la betterave vient mieux, où la culture est mieux faite et la main-d'œuvre plus abondante, continuèrent leur fabrication.

Vers 1848, Vilmorin commença ses premiers essais pour la culture améliorée de la betterave ; en 1850, dans une communication à la Société impériale et centrale d'agriculture (*Bulletin*, 2e série, t. IV, p. 169), il exposa, pour la première fois, le plan qu'il se proposait de suivre pour augmenter la richesse saccharine de cette plante, et enfin, dans une communication à l'Académie des sciences, lue le 3 novembre 1856, il pût annoncer comme acquis des résultats très importants.

Aujourd'hui, l'industrie sucrière, qui paie des impôts bien plus élevés qu'autrefois, est arrivée à une perfection très remarquable ; elle fournissait, en 1873, plus de 400,000,000 kilogrammes de sucre par an.

Les progrès de la distillation ont marché de pair avec ceux de la fabrication du sucre et, en 1852, quand la maladie sévissait sur nos vignobles et nous menaçait d'un déficit considérable dans la production d'alcool, la betterave heureusement remplaça la vigne ; les distilleries agricoles réalisèrent, à cette époque, de beaux bénéfices.

Diverses variétés de betteraves. La betterave n'était, à son origine, cultivée que dans le jardin potager ; nous n'insisterons pas ici sur cette culture. On peut diviser les variétés connues aujourd'hui en trois classes : 1° les *betteraves potagères* ; 2° les *betteraves fourragères*, et 3° les *betteraves à sucre*.

1° Les *betteraves potagères* ordinairement cultivées comprennent : la *rouge* et la *jaune* de *Castelnaudary* et la *grosse rouge*. Ce n'est que plus tard

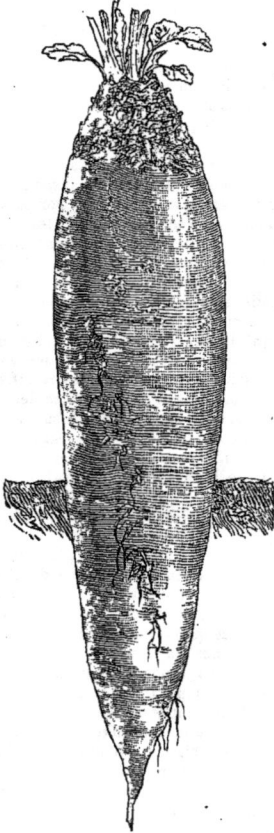

Fig. 376. — *Disette d'Allemagne rose.*

que l'on introduisit les variétés que nous cultivons aujourd'hui en grand. La *betterave disette* ou *champêtre* fut importée par Vilmorin en 1786 et celle de Silésie en 1800.

On en connaît aujourd'hui les variétés suivantes :

2° *Betteraves fourragères :* La *longue rose* ou *disette champêtre* proprement dite (fig. 376) ; elle est à chair rose ou blanche et à peau rose, sort beaucoup de terre et acquiert un volume considérable ; on connaît aussi la *disette blanche* dont la partie située hors du sol est verdâtre, et la *jaune d'Allemagne* qui est longue comme une disette et à peau jaune.

Les *betteraves globes*, d'origine anglaise et comprenant la betterave *globe rouge* et la betterave *globe jaune* supérieure à la précédente comme racine fourragère. Toutes les deux sont presque sphériques, de là leur nom, et sortent presqu'entièrement de terre. On peut encore citer dans la même catégorie la *betterave de Bassano*, aplatie comme un *tumeps*, et la *jaune ovoïde des Barres* (fig. 377), la plus productive peut être de toutes, et celle dont la culture tend le plus à se généraliser ;

3° Parmi les *betteraves à sucre*, dont le type est la betterave de Silésie, on compte deux variétés principales, la *betterave de Silésie* à collet *rose* (fig. 378) et la variété à collet *vert* (fig. 379), les deux à chair blanche et presqu'entièrement enterrées dans le sol ; elles donnent un rende-

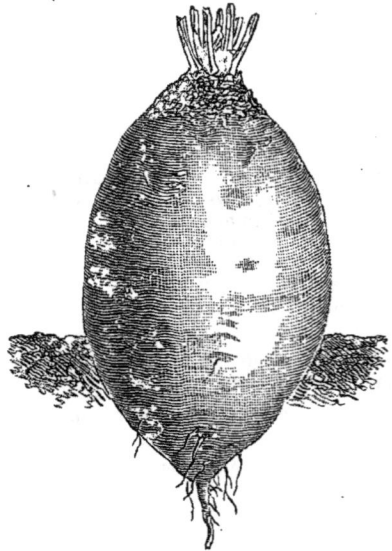

Fig. 377. — *Betterave jaune ovoïde des Barres.*

ment considérable dans presque tous les terrains et contiennent de 10 à 13 0/0 de sucre.

On connaît aussi la *betterave de Magdebourg*, très riche en sucre mais qui fourche facilement ; enfin la betterave *améliorée de Vilmorin* (fig. 380), obtenue par sélection.

Choix des variétés. On ne peut fixer aucune règle absolue à cet égard, et le choix des variétés dépend de la spéculation que l'on a en vue ainsi que de la nature du sol et de sa profondeur, etc... Si l'on a en vue la production du sucre, on choisira la betterave de Silésie et principalement celle à collet rose, de préférence aux betteraves globe fourragères qui rendent davantage en poids mais sont moins riches en sucre.

Dans les sols peu profonds, et si l'on n'a en vue que la production fourragère, on choisira les variétés sortant beaucoup de terre telles que la disette rose longue ou les betteraves globe. Ce choix est évidemment subordonné aux conditions climatériques.

Composition de la betterave. Cette composition, très complexe et variable suivant les espèces, peut cependant se résumer de la manière suivante : Eau 80 à 85 0/0 ; sucre 10 à 12 0/0 ; matières organiques et salines 3,5 à 4,5 0/0.

Au point de vue de sa constitution, la betterave peut se diviser en deux parties : la partie au dessus du sol et celle située au dessous. La portion hors de terre, généralement plus ligneuse, est aussi plus riche en matières salines et azotées ; la partie souterraine, qui se rapproche davantage de la constitution de la racine, est plus riche en sucre, c'est pourquoi les meilleures betteraves à sucre sont celles qui, comme les variétés de Si-

lésie, sont presqu'entièrement enterrées. La partie souterraine de la racine est divisée en zones concentriques colorées en rose ou en jaune ; le tissu de ces zones est cellulaire et assez serré ; il est plus riche en sucre que l'intervalle des zones formé d'un tissu vasculaire lâche ; on a remarqué également que les extrémités grêles de la racine, la queue ou les ramifications fourchues, sont aussi les plus riches en matière sucrée.

Climat. La betterave, quoique venant sous beaucoup de climats, est principalement une plante des régions tempérées. Elle vient bien dans le nord de la France et c'est là qu'elle donne les plus forts rendements.

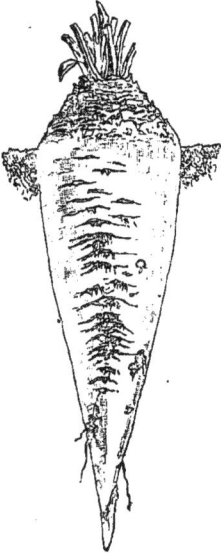

Fig. 378. — *Betterave blanche à sucre à collet rose.*

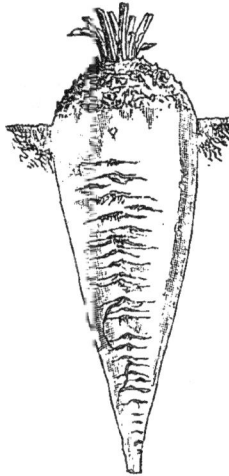

Fig. 379. — *Betterave blanche à sucre à collet vert*

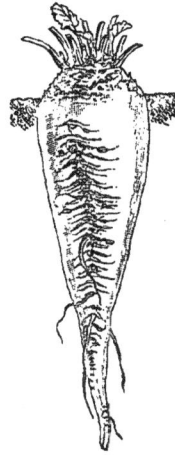

Fig. 380. — *Betterave blanche à sucre améliorée Vilmorin.*

Sol. Sans demander un terrain spécial, la betterave vient dans presque tous les sols pourvu qu'ils soient bien fumés et labourés profondément ; aussi les terres d'alluvion et les sols riches en humus sont-ils très favorables à sa végétation.

Place dans l'assolement. L'introduction de la betterave dans le culture a, comme nous l'avons dit au commencement, contribué pour une large part à la modification de l'assolement en usage jusqu'alors et principalement de l'assolement triennal, or comme l'on tend aujourd'hui à supprimer la jachère, il faut la remplacer par un genre de culture susceptible de maintenir le sol en bon état et net de mauvaises herbes pour la récolte qui doit suivre ; c'est là le but de l'emploi des *plantes sarclées* telles que la betterave, la pomme de terre, etc... qui nécessitent pendant leur végétation des soins d'entretien suffisants pour remplacer la jachère.

On ne peut appliquer directement la fumure

sur les céréales, tandis que la betterave supporte bien l'excès d'engrais et rend en conséquence ; on devra donc mettre la culture de la betterave sur la sole placée en tête de l'assolement et qui reçoit la fumure directement. Quant aux plantes qui suivent, ce sont généralement des céréales de printemps car la récolte tardive de la betterave ne laisse pas toujours au cultivateur le temps de préparer sa terre pour les céréales d'hiver.

PRÉPARATION DU SOL ET TRAVAUX DE CULTURE. Nous avons dit que la betterave aimait un sol bien fumé et profondément labouré, aussi doit-on, dans les sols difficiles à ameublir, y mettre la charrue à l'époque convenable. Le plus tôt possible on doit enlever par un léger labour les traces de la récolte précédente ; le scarificateur peut remplacer la charrue pour ce travail. De cette manière les graines nuisibles ainsi enterrées à une faible profondeur germent facilement, et sont détruites quelques semaines après par un second coup de scarificateur. On fait suivre cette opération d'un labour profond donné avant l'hiver, dans les sols compacts, mais qui peut être reculé jusqu'au printemps dans les terrains légers. Quand au fumier on l'étend entre deux labours et on l'enterre au second.

ENGRAIS ET AMENDEMENTS. La betterave est une plante qui nécessite une forte fumure pour donner des récoltes abondantes; l'engrais préférable à tous est le fumier de ferme bien décomposé : trop pailleux il tient le sol trop soulevé et rend les racines fourchues. On peut cependant répandre sur le sol, et comme un excellent complément du fumier de ferme, les débris organiques de toutes sortes dont on peut disposer; on peut aussi y ajouter du noir animal, des os broyés, des phosphates fossiles, etc....; des engrais de potasse (chlorure de potassium) ou nitrate de soude, etc....

Dans le Nord, les cultivateurs appliquent l'engrais flamand à la betterave et en obtiennent des résultats merveilleux; d'autres, qui les arrosent avec du purin font prendre à leurs racines un développement considérable; il est vrai qu'elles sont souvent creuses à l'intérieur.

Les engrais chimiques tels que le nitrate de soude et les sels ammoniacaux produisent un bon effet sur la végétation, mais leur abus, surtout sur les betteraves à sucre, donnent des sirops tellement chargés de matières salines, qu'ils ne peuvent cristalliser que partiellement et qu'une grande partie du sucre reste à l'état de mélasse.

Cet inconvénient, qui résulte du mode de transaction adopté entre le cultivateur et le fabricant de sucre, n'est que la conséquence naturelle de deux intérêts opposés mis en présence. Les racines étant achetées au poids, le cultivateur a intérêt à pousser la production brute au moyen des engrais, mais au détriment de la qualité; aussi dans les contrats passés entre les cultivateurs et les fabricants de sucre ceux-ci fixent-ils à ceux-là, par hectare, une dose d'engrais chimiques qu'ils ne doivent pas dépasser.

CULTURE DES PORTE-GRAINES. L'origine de la graine de betterave a aussi une grande influence sur la valeur des racines récoltées et sur leur richesse saccharine, aussi les fabricants de sucre se réservent-ils le choix des graines que doit employer le cultivateur. Il est des cas cependant où celui-ci peut avoir avantage à faire lui-même sa graine, comme le font quelques grands agriculteurs du nord de la France et qui sont en même temps fabricants de sucre.

Au moment de la récolte on choisit les betteraves les mieux conformées et qui présentent au plus haut degré les caractères de la variété à multiplier. On coupe les feuilles sans endommager le collet, et on stratifie les racines régulièrement dans un *silo* ou dans une fosse creusée dans un terrain sain; on recouvre le tout de terre pour préserver les racines des gelées d'hiver. On peut aussi conserver les betteraves porte-graines dans un cellier bien sec et bien frais en les disposant verticalement dans du sable; elles se maintiennent ainsi jusqu'au printemps, époque à laquelle on les replante, à un mètre en tous sens, dans une bonne terre de jardin. Les tiges ne tardent pas à sortir et à prendre un grand développement, c'est alors qu'il est nécessaire de les maintenir au moyen d'échalas. La récolte a lieu assez tard, ordinairement en septembre; les pieds porte-graines sont séchés à l'ombre et dégarnis des grains qu'ils portent.

Ce sont celles du milieu de l'épi qui sont le plus convenables, elles valent mieux que celles de la base ou de l'extrémité. Chaque pied peut donner de 150 à 200 grammes de graines sèches.

Il importe, si l'on veut éviter les hybridations, de ne pas laisser fleurir, dans le même endroit, les porte-graines de plusieurs variétés différentes.

SEMIS. Le semis se fait à la volée ou en lignes; ce dernier procédé, beaucoup plus avantageux, est aujourd'hui à peu près le seul employé; on sème quelquefois aussi la betterave en *poquets*. Le semis en lignes s'exécute soit à la main, soit en traçant les lignes au moyen du rayonneur qu'on fait suivre du semoir à brouette; ce système n'est guère suivi que par les petits cultivateurs, mais aujourd'hui les semoirs complets à bon marché sont plus répandus et leur permettent de tout exécuter d'un seul coup. Dans les grandes exploitations, on emploie des semoirs plus perfectionnés qui permettent d'enterrer la graine de betterave à une profondeur uniforme et à la distance convenable; derrière chaque tube semeur se trouve un rouleau pesant destiné à plomber le sol fortement derrière le semoir, afin d'assurer une bonne germination. Quand le semis a lieu en poquets, c'est au moyen du pied que l'on tasse le sol sur les graines semées. La quantité à employer varie de 8 à 10 kilogrammes à l'hectare, quand on sème en lignes distantes de 0m,50 environ, pour faciliter les binages et les façons d'entretien.

SOINS D'ENTRETIEN. Quelques jours après le semis on voit sortir les premières feuilles; c'est quand la jeune plante a pris un peu de développement qu'on procède au premier binage et à l'éclaircissage, dans lequel on ne laisse qu'un plant tous les 0m,50 sur la ligne. Le premier binage est très important et les cultivateurs disent avec raison que s'il est donné trop tard, les betteraves s'en ressentent pendant toute la durée de leur végétation. Le deuxième binage se donne environ trois semaines après le premier et le troisième quand les feuilles couvrent le sol en grande partie.

Maladies et insectes nuisibles à la betterave. La betterave est peu sujette aux maladies comme le sont certaines plantes. On la voit cependant atteinte quelquefois d'une maladie semblable à la pourriture ou *pénétration brune*, reconnaissable aux taches noires et allongées dans le sens des fibres, que porte la betterave à l'intérieur; cette affection n'est pas très répandue.

Quelques insectes, tels que le *ver gris* attaquent aussi la betterave; le remède consiste à passer sur les champs un fort rouleau *Croskill*. Le ver blanc ou larve du hanneton est celui qui cause le plus de dommages; on n'a que la ressource d'arracher les pieds attaqués et de détruire la larve.

Récolte. La récolte des racines a lieu ordinairement en automne à une époque plus ou moins tardive. On la fait le plus souvent en septembre ou au commencement d'octobre, si l'on doit faire des céréales d'hiver, afin de pouvoir préparer le sol en temps convenable. On récolte aussi de bonne heure quand le terrain est compact et que l'on a à craindre les pluies d'hiver qui pourraient rendre difficiles, l'enlèvement et l'arrachage des racines.

L'arrachage se fait, à la main, au moyen d'un *trident* ou d'un *bident*; on se sert aussi, en grande culture, d'une arracheuse spéciale traînée par un ou deux chevaux. Ce n'est autre chose qu'une espèce de charrue sans versoir qui soulève les racines hors de terre; une charrue ordinaire dont on enlève le versoir et le contre remplit à peu près le même office.

Les racines sorties de terre sont dégarnies de leurs feuilles et de la terre qui les recouvre, puis on les met en tas en les recouvrant de feuilles pour éviter les gelées et la pluie; on les ramasse quand elles sont un peu ressuyées.

Conservation des racines. Les betteraves peuvent se conserver tout l'hiver et jusqu'au mois de mai dans un cellier bien frais ou dans des *silos* en plein champ. Dans ce dernier procédé on creuse autour du tas de racines un fossé de 0ᵐ,33 de profondeur environ et d'une largeur telle que la terre extraite puisse servir à recouvrir le tas extérieurement.

Les racines sont d'abord couvertes d'une couche de paille, puis de la terre extraite du trou; on bat celle-ci fortement avec le dos de la pelle pour éviter les fissures; on doit les boucher soigneusement à mesure qu'elles se produisent.

Rendement. On ne peut donner de chiffres absolus du rendement de la betterave; la quantité à l'hectare varie entre 20,000 et 60,000 kilogrammes, suivant le climat, le sol et la culture; c'est en moyenne 40,000 kilogrammes. Dans le Nord, on a vu quelquefois atteindre 60,000, 80,000 et même 100,000 kilogrammes à force d'engrais, mais les betteraves sont souvent creuses dans de pareilles conditions. — L. J. G.

V. *Description des plantes potagères*, par VILMORIN ANDRIEUX et Cⁱᵉ, 1856; *Notices sur l'amélioration des plantes par le semis*, par VILMORIN, Paris, 1859.

* **BETTERAVERIE.** Fabrique de sucre de betterave.

* **BETTIGNIES.** Fabricant de porcelaine tendre à Saint-Amand-les-Eaux (Nord). Le seul qui ait conservé en France la fabrication de la porcelaine tendre *Vieux-Sèvres*. Né en 1790, mort en 1870. La manufacture de Saint-Amand fournit encore la porcelaine qui forme la base des porcelaines tendres exportées en Angleterre, en Russie et en Amérique; ces porcelaines, décorées principalement à Paris, qui a conservé le monopole de cette décoration, représentent une production importante, maintenu au plus haut degré de réputation les porcelaines françaises; c'est une fabrication spéciale qui marque parmi les produits les plus estimés de notre industrie de grand luxe.

* **BÉTULINE.** *T. de chim.* Espèce de camphre ou huile volatile solide qu'on trouve dans l'épiderme du bouleau blanc.

* **BEUDANT** (FRANÇOIS-SULPICE), minéralogiste et physicien, était né le 5 septembre 1787, à Paris. Entré comme élève à l'Ecole normale, il y fit de solides études et devint répétiteur. Il obtint ensuite une chaire de mathématiques spéciales au lycée d'Avignon, et, plus tard, celle de physique au lycée de Marseille. Ses nombreux travaux de recherches l'avaient signalé à l'attention du monde savant, et, en 1824, il était reçu à l'Académie des sciences. Nommé professeur de physique au Collège de France, il apprit que son ami Ampère (V. ce nom) avait désiré cette position pour donner un champ plus large à ses expériences scientifiques; n'écoutant que les conseils de son noble cœur, il sollicita l'annulation de l'ordonnance royale et la nomination d'Ampère à sa place; ne pouvant vaincre la résolution du ministre, il rendit sa démission publique. « Cet acte d'un désintéressement si rare, dit M. E. Merlieux, ouvrit à Ampère les laboratoires de physique du Collège de France, où il fit bientôt après ses belles découvertes sur l'électro-magnétisme; et Beudant, en voyant son ami rendre à la science de pareils services, se sentit heureux d'avoir été la cause première de ses succès, et trouva dans la gloire d'Ampère la récompense du sacrifice qu'il s'était lui-même si généreusement imposé. »

Beudant a laissé de nombreux ouvrages qui ont fait faire de grands progrès à la minéralogie et il a donné à l'enseignement de cette science un caractère de généralité qui manquait jusqu'alors. Il est mort au mois de décembre 1850. Beudant a publié, après un voyage minéralogique qu'il fit en Hongrie aux frais de l'Etat : *Voyage minéralogique et géologique en Hongrie* (3 vol in-4°, 1822); *Traité élémentaire de physique* (in-8°, 1824); *Traité élémentaire de minéralogie* (2 vol. in-8°, 1824); *Cours élémentaire de minéralogie et de géologie* (1842); *Nouveaux éléments de grammaire française* (in-12, 1841). On lui doit aussi un grand nombre de Mémoires insérés dans les *Annales du muséum d'histoire naturelle*, dans les *Annales des mines*, dans les *Annales de chimie*, dans le *Journal de physique*, dans les *Mémoires de l'Académie des sciences*, etc.

* **BEUGLE.** Nom d'une grosse étoffe de laine, nommée plus généralement *bure*.

BEURRE. On donne le nom de beurres à des corps gras, généralement mous entre + 20 et + 36 degrés centigrades, rarement au-delà, et provenant du lait des mammifères ou de certaines graines oléagineuses, tels sont les *beurres de coco*, de *cacao*, de *galam*, de *muscades*, etc.

Leur nom vient du latin *butyrum*, formé de deux mots grecs qui rappellent leur origine et leur composition, βοῦς vache et τυρὸς fromage.

Ce sont des corps saponifiables qui se distinguent des autres substances grasses, par leur nature plus complexe.

Afin de ne point établir de confusion, nous étudierons successivement les différents beurres, en les divisant naturellement en beurres d'essence animale ou végétale, et en faisant remarquer que l'on a encore désigné sous ce nom certains produits chimiques, tels que le *beurre d'antimoine*, le *beurre de zinc*, etc. Nous renvoyons pour ces derniers aux mots ANTIMOINE et ZINC, nous bornant à dire que ces produits n'ont reçu ce nom qu'à cause de leur consistance et de leur toucher gras.

1° BEURRES D'ORIGINE ANIMALE.

Beurre de vache. S'il est un corps important à considérer, à cause de l'ensemble de ses propriétés, c'est assurément le beurre de vache ou *beurre* proprement dit. C'est en effet celui qui sert de type à tous les beurres de mammifères lesquels, disons-le, pour n'y pas revenir, diffèrent à peine les uns des autres au point de vue de leur composition chimique.

Le beurre est caractérisé par un aspect gras spécial, il a une odeur agréable, une saveur douce, sa couleur est plus ou moins jaune. Il est plus léger que l'eau, peu soluble dans l'alcool fort (3,5 0/0), soluble dans l'éther, le sulfure de carbone. Il brûle avec flamme en répandant une odeur âcre; il se saponifie par l'action des alcalis.

Le beurre est un mélange de différents produits qu'en chimie on regarde comme des corps neutres, véritables éthers, auxquels on a donné les noms de *stéarine*, *margarine*, *oléine*, *butyrine*, etc. Chauffé à la température de + 24°, et abandonné à lui-même, le beurre fond; il se fige à + 18° et par le refroidissement on voit se former dans sa masse des grumeaux blancs cristallins, qui ne sont autre chose que de la margarine. Ce corps est d'ailleurs celui qui prédomine dans sa composition, avec l'oléine, car il y entre à peu près pour 69 0/0 et l'oléine pour 30 0/0; le reste se compose d'autres principes dont quelques-uns sont spéciaux aux corps gras fournis par les femelles des mammifères et caractérisent ces produits, tels sont la butyrine, la caproïne et la caprine.

D'après un travail de M. Heintz, le beurre contiendrait, en effet, en dehors de l'oléine et de la margarine, les composés suivants :

Butine.	Capryline.
Butyrine.	Myristine.
Caprine.	Palmitine.
Caproïne.	Stéarine.

Le premier corps serait un principe nouveau, qui donnerait lieu à la formation d'acide butinique $C^{40}H^{40}O^4$, appartenant toujours à la famille des acides gras à 4 équivalents d'oxygène, mais nous ferons remarquer que la palmitine qui figure dans cette liste, est aujourd'hui considérée par les plus éminents chimistes comme identique à la margarine.

Il n'y a rien d'étonnant, étant donnée la composition complexe du beurre, à ce que ce produit soit facilement altérable. Il se fait, lorsqu'il rancit, une saponification qui rend libres les acides butyrique, caproïque, caprylique et ca-

prique. Or, ces acides, ayant une odeur fort désagréable, et une saveur prononcée, font du beurre un aliment impossible. Nous verrons plus loin les procédés à employer pour la conservation du beurre et pour empêcher les causes d'altération; disons cependant qu'il y a moyen de rendre à ce corps altéré sa saveur douce spéciale, en lui enlevant la rancidité due au développement des acides : c'est de le laver dans une solution de bicarbonate de soude à 8 0/0, ou dans de l'eau de chaux, de malaxer jusqu'à ce que la masse ait perdu l'odeur nauséabonde, et de traiter ensuite par l'eau pure jusqu'à ce que toute réaction alcaline ait disparu. Ce procédé ne peut s'appliquer qu'à de petites quantités; pour sa conservation en général, il faut, après la préparation, lui faire subir soit la salaison, soit la fusion, opérations que nous décrirons plus loin.

PRÉPARATION. Le beurre, tel qu'il se trouve à l'état primitif, est un corps gras qui se présente sous forme de globules tenus en suspension dans un liquide particulier, que l'on nomme *lait*, lequel est sécrété par les glandes mammaires des mammifères. Nous renvoyons au mot LAIT pour les caractères spéciaux à ce liquide; le lait et le beurre sont des corps assez importants pour qu'on les traite séparément, aussi ne prendrons-nous, dans ce qui touche au premier, que ce qui nous sera indispensable pour comprendre les procédés employés dans la préparation du beurre.

Lorsqu'on abandonne le lait à lui-même, après la traite de la vache, il se sépare en deux couches : une inférieure, dont nous n'avons pas à nous occuper, est composée du sérum et des sels minéraux (V. LAIT); une couche supérieure blanche et épaisse, constitue ce que l'on appelle *crème*. C'est cette couche que l'on enlève pour la préparation du beurre. En effet, la crème contient toute la partie grasse émulsionnée dans le lait; en raison de sa moindre pesanteur spécifique, elle prend, par le repos, le dessus du liquide. C'est une substance d'un blanc jaunâtre, dont la consistance augmente graduellement par suite de son exposition à l'air. Après quelques jours, on peut parfaitement renverser le vase qui la renferme sans qu'elle se déplace. Si cette exposition se prolonge, elle prend une consistance graisseuse ou de fromage gras, enfin sa surface se recouvre de moisissures; c'est en agissant de la sorte que l'on prépare les petits fromages dits *fromage à la crème*. — V. FROMAGE.

Si la crème est agitée dans un vase et maintenue à une température variant entre + 20 et 25°, elle perd son aspect uniforme et son onctuosité. Il se forme des grumeaux solides, opaques, jaunes, qui se séparent entre eux, c'est ainsi que se sépare le beurre.

La partie qui ne se concrète pas prend le nom de *babeurre* ou lait de beurre, et se présente sous la forme de liquide contenant en suspension intime de la caséine et une petite quantité de beurre.

Après ce que nous venons de dire, il ne faudrait pas conclure que le beurre ne se fait exclusivement qu'avec la crème. Beaucoup de nourrisseurs considèrent comme une perte de temps l'attente de la séparation de la crème d'avec le sérum, et mettent directement le lait dans l'appareil, pour en extraire le beurre. L'opération du battage est un peu plus longue, mais elle donne moins de perte.

Que l'on se serve de la crème ou du lait, voici comment on procède au battage. Dans un appareil appelé *baratte*, instrument que nous avons soigneusement décrit (V. ce mot), on met selon sa capacité, de 50 à 250 litres de lait, ou une plus petite quantité, si l'on emploie de la crème, ayant soin que le liquide soit porté à une température variant entre + 12 à 18 degrés, et soit maintenu tel pendant toute la durée de l'opération ; d'après M. Boussingault, il est préférable d'agir à 15 degrés avec la crème douce, à 17 degrés avec la crème aigre, à 18 degrés avec le lait. Cependant, dans ces derniers temps, on a émis d'autres théories, en recommandant d'agir à une température plus basse. Au Danemark, par exemple, on refroidit le lait entre + 6 et 8 degrés, soit avec de l'eau du service, soit avec de la glace, et l'expérience a prouvé qu'il se sépare ainsi plus de beurre et que ce beurre est plus propre à l'exportation dans les pays chauds, aussi ceux de Danemark et de Suède sont-ils recherchés pour les voyages au long cours ; mais il a été également reconnu que le goût de ces produits est bien inférieur à celui des beurres de Gournay et d'Isigny, qui se mangent frais d'ordinaire, et sont toujours faits à + 15 degrés environ.

Ceci bien indiqué, après avoir fermé avec soin l'obturateur, ou porte de la baratte, l'opérateur met en mouvement soit le piston, soit le moteur qui détermine la rotation des palettes, selon le genre de baratte en usage. Ce mouvement doit se faire avec régularité et sans discontinuer ; un batteur fait en moyenne cent tours par minute, on comprend sans difficulté que cette vitesse ne peut être atteinte avec l'appareil à piston se manœuvrant à la main.

Au bout de quelques minutes le lait passe par différentes transformations, il se sépare, et les grumeaux de beurre se réunissent pour former une masse plus ou moins considérable, selon la quantité de liquide employé, mais un quart du poids du beurre échappe presque toujours à l'agglomération. Le temps de l'opération varie selon la quantité de matière traitée, entre vingt-cinq minutes environ et deux heures ; ainsi que nous l'avons dit à l'article BARATTE, l'appareil est pour beaucoup dans la rapidité de l'opération et dans la qualité du produit.

Quand le battage est terminé, on enlève obturateur et batteur, si ce dernier est mobile, afin de séparer le beurre, que l'on malaxe alors avec une grande cuillère en bois dans de l'eau fraîche et à plusieurs reprises, afin de le priver de tout le sérum qu'il a pu retenir dans sa masse. Il faut éviter de trop pétrir le beurre, car cela altère sa couleur et son arôme ; plus le lavage est soigné, plus le beurre se conserve à l'état frais. Ainsi obtenu il est mis en grosses mottes que l'on entoure de linges imbibés d'eau salée avant de les expédier aux commerçants.

En Normandie on en fait de petits pains allongés, du poids de 500 grammes ou de 1 kilogramme que l'on entoure de feuilles d'oseille ou de vigne. Ce beurre est d'un blanc jaunâtre, variant du blanc au plus beau jaune, et quoique la coloration soit sans importance le public a une telle préférence pour les beurres jaunes, que l'on colore presque toujours artificiellement les beurres trop pâles, bien que cette addition constitue une véritable fraude.

CONSERVATION. Le beurre se conserve difficilement ; malgré les lavages qu'on lui a fait subir, il se produit au bout de peu de jours des phénomènes chimiques dont nous avons indiqué la cause. Il faut donc, pour les besoins du commerce, le garantir de toute altération ; c'est ce que l'on obtient au moyen de la salaison ou de la fonte.

La salaison se fait dans de grandes auges en bois de hêtre, en malaxant le beurre d'abord avec de l'eau, pour bien enlever tout le serum mêlé de caséine, puis y incorporer du sel marin grossièrement pulvérisé, dans des proportions variant entre 6 et 12 0/0, selon que l'on veut des beurres salés proprement dits, ou *demi-sel*. En Bretagne on a cependant l'habitude dans quelques régions, de saler au contraire le lait ou la crème avant le battage. L'opération terminée, on tasse la masse par petites parties dans des pots en grès, afin d'empêcher l'emprisonnement de l'air dans ces endroits, ce qui serait une cause de détérioration. Les pots se remplissent jusqu'à quelques centimètres de l'orifice ; la surface du beurre étant unie, on place dessus un linge fin que l'on recouvre de deux à trois centimètres de sel de cuisine, puis on ferme les pots au moyen d'une grosse toile.

Dans les ménages où l'on conserve le beurre pour son usage pendant l'hiver, on fait une solution concentrée de sel marin, que l'on nomme *saumure*, et on la verse sur le beurre contenu dans les pots de grès, mais seulement après quelques jours de salaison, afin de permettre au beurre de se détacher des parois du vase. Ce retrait est souvent assez complet pour faire flotter le pain de beurre dans la saumure, on est alors obligé de maintenir la masse par un corps pesant, pour préserver du contact de l'air. Le beurre salé se conserve un an et plus, les beurres dits *mi-sel* ont besoin d'être mangés assez vite.

M. Bréon a aussi indiqué un moyen de conserver le beurre pendant quelques mois avec sa saveur première, en le mettant dans des vases en ferblanc, avec une solution légèrement acidulée par les acides acétique ou tartrique (6 gram. $^{00}/_{00}$) et un pareil poids de bicarbonate de soude. En fermant hermétiquement les vases au moyen d'une soudure, on a, dit-on, une très bonne conservation, mais nous n'avons jamais eu l'occasion de vérifier le fait.

La salaison du beurre ne se fait pas toujours avec du sel de cuisine seulement ; une formule qui conserve fort bien le beurre a été donnée dès 1795 par le Dr Anderson : on fait un mélange intime de 2 parties de sel marin, de 1 partie de sucre et 1 partie de nitrate de potasse, et l'on ajoute cette poudre au beurre dans le rapport de

1 partie pour 16 de matière grasse en malaxant comme pour la salaison ordinaire. Bien des marchands ajoutent d'ailleurs une petite proportion de nitrate au sel ordinaire lors de la salaison.

Un procédé proposé tout nouvellement consiste à ajouter dans les pots contenant le beurre une solution de 3 gram. °°/°° d'acide salicylique.

La fonte du beurre consiste à mettre sur un feu doux le produit que l'on veut conserver, et à le chauffer jusqu'à ce qu'il devienne liquide. En cet état, on y ajoute un peu de sel de cuisine pulvérisé et on l'entretient en fusion en l'écumant de temps en temps. Quand il est devenu limpide et qu'il ne se forme plus de couche blanche à sa surface, on le retire du feu et on le coule avec précaution dans des pots de grès, ayant soin que la partie inférieure qui contient le sérum et l'humidité ne se mélange pas au corps gras, puisque cette couche renferme les éléments qui déterminent la fermentation, quoique donnant au beurre frais sa saveur agréable.

Dans l'industrie, où l'on pratique en grand la fonte des beurres, la chaleur se trouve parfois élevée de 150 à 250 degrés, ce qui leur communique une saveur fort désagréable. Il est préférable de faire cette fusion à la chaleur du bain-marie, la température ne dépassant pas alors 100 degrés, il n'y a pas altération du produit. Avec plus de précaution on obtiendrait un beurre bien supérieur encore, car si l'on n'élevait le degré de température qu'à + 36 degrés, cette chaleur ne pourrait agir en rien, tout en facilitant la séparation des corps étrangers. Le beurre ainsi préparé se conserve indéfiniment, il se modifie cependant, comme goût et comme couleur et la composition chimique change, ainsi que le montrent les analyses faites par M. Muller.

	Beurre frais.	Beurre salé.
Eau.	13,00	9,50
Matières grasses. . . .	85,49	86,92
Caséine.	0,82	0,46
Sucre de lait.	0,49	0,36
Cendres.	0,20	2,76
	100,00	100,00

ALTÉRATIONS ET FALSIFICATIONS. L'altération du beurre que l'on désigne généralement sous le nom de *rance* n'est due qu'à la fermentation des corps qui s'y trouvent mélangés, ainsi qu'à l'action simultanée de l'air et de l'humidité sur les corps gras. Il y a mise en liberté de glycérine et des acides gras correspondants aux éthers neutres dont nous avons parlé au début; le plus abondant d'entre eux, et celui qui lui donne sa saveur repoussante, est l'acide butyrique $C^8H^8O^4$.

L'altération du beurre, résultat d'une mauvaise préparation, de lavages insuffisants, est facile à reconnaître. Il n'y a qu'à faire l'analyse du beurre pour s'en rendre compte, en recherchant la proportion de la matière grasse. du caséum, de l'humidité et du sel, s'il en a été ajouté pour la conservation. Voici comment M. Francqui conseille d'agir pour faire cette analyse :

On prend 10 à 15 grammes de beurre, on les fond dans un ballon, et on les traite au moment de la solidification, par un mélange à parties égales d'alcool à 90°, de sulfure de carbone et d'éther. Après solution on jette sur un filtre pesé que l'on lave avec le même véhicule. Toutes les liqueurs sont réunies dans une capsule sèche dont le poids a été pris très exactement; on évapore au bain-marie, d'abord jusqu'à siccité, puis on dessèche le résidu à une température de + 120° à l'étuve; on repèse alors la capsule, pour avoir le poids de la matière grasse. Le filtre contient le caséum, que l'on pèse après l'avoir lavé à l'eau distillée chaude, afin d'en enlever le sel. La quantité d'eau est indiquée par la dessiccation directe du beurre à 120°, et le poids du chlorure de sodium, obtenu par l'incinération du beurre, soit qu'on le dose au moyen de l'azotate d'argent, soit qu'on pèse tout simplement le résidu desséché.

M. Babo a donné un autre procédé pour reconnaître la quantité de matières étrangères contenues dans le beurre :

Avec un tube de verre cylindrique, ouvert par ses deux extrémités, on prélève un volume donné de beurre, que l'on fait ensuite passer dans un tube gradué fermé à l'une de ses extrémités. La graduation du second tube se trouve à la partie inférieure, elle comprend 10 divisions correspondant exactement au volume total du beurre mis en expérience; alors on verse dans l'appareil une certaine quantité d'éther pur et anhydre, dont le volume est marqué par un trait tracé sur le verre, et l'on agite en fermant l'extrémité ouverte avec le pouce. La matière grasse fond immédiatement, tandis que les impuretés flottent dans le liquide et se séparent avec le temps; au bout de 24 heures elles forment au fond du tube une couche que l'on apprécie en lisant le nombre de divisions qu'elles occupent. On peut rapidement séparer ces impuretés, en imprimant à l'appareil un vif mouvement de rotation.

Chaque degré correspond à 10 0/0 d'impuretés, constituées par l'eau et les autres substances. Les beurres de moyenne qualité renferment d'ordinaire 20 0/0 d'impuretés; les beurres mauvais marquant 2 degrés 1/2, ont 25 0/0 de matières étrangères; il est difficile de vendre ceux qui marquent 3 à 4 degrés de l'appareil.

M. Horn a préconisé un autre procédé qui a beaucoup d'analogie avec le précédent.

Les beurres frelatés peuvent l'être : 1° par les *matières minérales* : carbonate de chaux, sulfate de chaux, sulfate et carbonate de baryte, argile, etc.; on a même trouvé des acétate, carbonate et chromate de plomb; des sels de cuivre, dans des beurres qui avaient été fondus dans des vases de métal ;

2° Par les *matières organiques*, telles que l'amidon, la farine, la fécule et la pulpe de pommes de terre, le fromage blanc, etc., ou par des corps gras, comme la moelle de bœuf, le suif de bœuf ou de mouton, la graisse de veau, la graisse d'oie, le beurre rance, les graisses artificielles (oléo-margarine), ou encore certains corps d'origine végétale, comme le beurre de coco, etc.;

3° Par les *matières colorantes*; il faut surtout

citer le rocou, le curcuma, le safran, les sucs de carotte ou de chélidoine, les fleurs de souci, de renoncule; les calices d'alkékenge, puis le chromate de plomb, le jaune victoria et certains produits spéciaux, comme l'aurantia. Ces matières s'ajoutent seules ou préparées à l'état de pâte avec du beurre ou de l'huile;

4° Par l'*eau;* ce liquide est souvent incorporé frauduleusement pour augmenter le poids; on facilite l'absorption par la présence de sels avides d'eau, comme l'alun, le silicate de potasse, le borax; on a trouvé des beurres qui contenaient jusqu'à 51 0/0 d'eau. Le sel marin est également ajouté en excès pour retenir l'eau; on doit considérer comme ajouté frauduleusement tout poids de sel trouvé au-delà de 12 0/0, dose la plus forte pour une bonne conservation.

L'analyse à effectuer pour reconnaître ces diverses fraudes est généralement facile à faire. Pour les corps de nature minérale, la fusion dans une petite quantité d'eau suffit pour précipiter les carbonates et sulfates de chaux ou de baryte. Le précipité recueilli, on en reconnaît la nature d'après les méthodes analytiques ordinaires. Le carbonate de plomb, le chromate et l'acétate de la même base, ont un caractère non seulement de falsification, puisqu'ils servent soit à augmenter le poids, soit à colorer, mais ils sont des poisons dangereux et l'on doit les proscrire rigoureusement. L'incinération du beurre et la reprise des cendres par l'acide azotique donnent lieu à un azotate plombique facile à distinguer (V. Plomb, *caractère des sels).* Pour retrouver l'eau et les sels solubles, on fait fondre le beurre dans un tube fermé avec une quantité connue d'eau distillée; il se forme deux couches dont l'inférieure renferme les sels solubles ainsi que l'eau incorporée dans la matière grasse. On décante la couche supérieure formée par le beurre et on la laisse à l'étuve jusqu'à ce qu'elle ne perde plus d'humidité; ce qui manque à son poids primitif indique la quantité de sels et d'humidité. On reprend la couche aqueuse: par l'évaporation on trouve la proportion d'eau, et le poids du résidu fixe indique la quantité de sels, dont il ne reste plus qu'à constater la nature par les réactifs. Il faut toujours tenir compte, bien entendu, du poids de chlorure de sodium ajouté pour la conservation du beurre.

Les *matières organiques,* amidon, farine et fécule, se reconnaissent en faisant fondre dans un tube le beurre suspect avec un peu d'eau; toute la matière étrangère se dépose et l'eau iodée indique la présence de fécules par la coloration bleue qui en résulte. Un autre moyen consiste à dissoudre la matière grasse par l'éther et à laisser déposer les corps étrangers. Le microscope doit alors être employé pour la détermination des matières restées insolubles dans l'éther. — V. les caractères microscopiques des Fécules, Farines, à ces mots.

Dans le cas de sophistication par du fromage blanc, pour reconnaître la fraude, on traite le résidu par l'ammoniaque, qui dissout le caséum; on filtre la solution, et on évapore à siccité. Le poids dénoncera la quantité de ce caséum, dont on pourra contrôler le caractère par l'action de la chaleur, qui développera une odeur de matière animale.

La falsification la plus fréquente est celle par les *corps gras*; c'est également celle qui demande le plus de recherches pour arriver à la reconnaître avec certitude. Un caractère général est celui de l'onctuosité qu'offre le beurre et qui n'existe pas dans les mélanges graisseux. Ces derniers fondent dans la bouche en laissant percevoir des grumeaux, tandis que le beurre normal, homogène par sa constitution, n'offre pas ce caractère. Le point de fusion du corps examiné est très important à prendre. Voici le point de fusion des principaux corps gras :

Le beurre pur fond à + 24° et se solidifie à + 18°.		
La moelle de bœuf à + 28°	—	à + 24°.
La graisse de porc à + 28°		
Le beurre de coco à + 28°		
Le beurre de palme à + 27° (récent).		
Le beurre de palme à + 32° à 36° (ancien).		
Le beurre de cacao à + 30°		
La graisse d'oie à + 28°		
Le suif de bœuf à + 38°		
Le suif de mouton à + 46°		

Il est évident que les mélanges auront un point de fusion variable, suivant leur nature et la proportion des éléments mêlés, mais toutes les fois qu'un corps gras entre en fusion à une température supérieure à 24°, on peut *à priori* en déduire que ce n'est pas du beurre pur.

Si l'on chauffe un peu fortement un échantillon douteux, l'odeur produite peut mettre sur la voie de la sophistication. Ce caractère peut également être développé en chauffant le produit à essayer avec quelques gouttes d'acide sulfurique ou de potasse caustique; quelquefois on fond avec de l'alcool, ce dernier s'empare alors de la partie aromatique, dont l'odeur suffit pour faire reconnaître la fraude.

Si le corps gras ajouté au beurre contient de la stéarine, on peut avoir recours à la saponification. Cette opération transforme le corps neutre en acide stéarique, lequel est caractérisé par son point de fusion qui est de + 70°.

Une fraude encore en usage, consiste à *fourrer* le beurre, c'est-à-dire à introduire au milieu des mottes de beurre de bonne qualité, des pains plus vieux et rances. La section des mottes au couteau ou avec un fil montre cette fraude et les marbrures ou différences de coloration existant dans la masse.

Examen microscopique. L'examen microscopique du beurre permet souvent d'arriver avec rapidité à reconnaître les sophistications que l'on a pu faire subir à cette denrée. En thèse générale, tout beurre obtenu par le battage est lisse et présente au microscope des globules arrondis de dimensions variables, au milieu desquels se rencontrent, par places, des gouttelettes d'eau contenant de la caséine (fig. 381). Les corps gras fondus, au contraire, ont toujours une apparence cristalline. M. Husson, de Tours, a publié sur ce sujet un récent travail fort intéressant que l'on peut résumer ainsi : la première opération à faire, lors de l'examen d'un beurre, consiste à fondre le corps gras sur une lampe à alcool, dans un tube à essais ; on prend 1 gramme de beurre, de suif ou d'axonge et les mêle avec 10 grammes de glycérine. Par l'agitation, il se fait une émulsion, laquelle se sépare lentement, ce qui permet de la traiter par un mélange de 10 grammes d'alcool à 90° et 10 grammes d'éther à 66°. Le tout est placé dans une fiole à large ouverture, maintenue dans un bain-marie à 25° ; par le repos, le mélange se sépare en deux couches égales, l'inférieure se compose de la glycérine et d'une partie de l'alcool, la seconde d'éther alcoolisé.

Si le *beurre*, par exemple, est pur et bien préparé, il ne se fait aucun dépôt entre les deux couches, la supérieure seulement est jaune, l'inférieure opaline, ce qui provient du caséum et du sérum emprisonnés dans la masse.

Avec le *beurre de margarine*, le résultat est à peu près le même, sauf que la couche inférieure

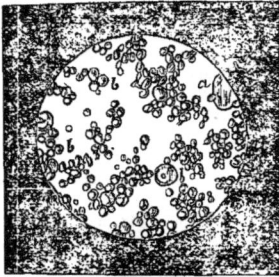

Fig. 381. — *Beurre frais (D = 350).*
a goutte de petit lait. — *b b b* Goutelettes de matière grasse.

n'est pas opaline ; sa coloration est d'un jaune sale.

Avec la *graisse de porc* ou *axonge*, il se forme un dépôt de deux centimètres d'épaisseur, de couleur blanche comme l'axonge, et demi-fluide.

Avec le *suif de mouton*, la couche intermédiaire est floconneuse, assez dense, et a une épaisseur de près de cinq centimètres.

Avec le *suif de veau*, cette couche se dédouble, une reste intermédiaire, la seconde se forme au-dessus de la solution éthérée.

Avec les *matières féculentes*, il se produit entre les deux couches un dépôt, qui par l'addition de 40 grammes d'eau et quelques gouttes d'eau iodée, donne la coloration bleue de l'iodure d'amidon.

Si maintenant on retire les tubes des bains-marie et qu'on laisse refroidir les mélanges à + 18 ou 20 degrés, il se forme entre les couches que nous avons indiquées de légers flocons, lesquels vus au microscope présentent des caractères distinctifs, bien qu'il y ait toujours une certaine analogie entre les caractères fournis par le beurre véritable et ceux offerts par le beurre artificiel.

Le beurre de margarine se comporte, comme le

beurre normal, mais les flocons s'y forment beaucoup plus lentement ; de plus le dépôt est moins abondant et moins floconneux, quelquefois même il se produit deux dépôts, dont l'un d'apparence glaireuse gagne la partie inférieure du tube.

On reconnaîtra au microscope la présence des divers corps étrangers dont nous avons parlé aux caractères suivants :

Suif de mouton : cristaux bien nets de stéarine (fig. 382), en masses rondes, elliptiques ; du centre rayonnent des aiguilles libres par une de leurs extrémités, d'où la forme plus ou moins étoilée. Souvent des cellules adipeuses pleines de matière grasse, que l'éther peut enlever (fig. 383).

Graisse de veau : mêmes cristaux imparfaits. Ecailles pavimenteuses d'où partent des aiguilles mélangées de cristaux de margarine disposées en plumasseaux isolés ou englobés (fig. 384).

Graisse de porc ou *axonge* : globules polyédriques ; paillettes ayant au milieu de petits cristaux de margarine.

Fig. 382. — *Cristaux de stéarine, groupés en étoile ou parallèlement (D = 350).*

Graisse d'oie : mêmes caractères que l'axonge, avec cette différence qu'au lieu de trouver des globules polyédriques, on voit des plaques carrées ou rectangulaires, petites et brillantes.

Beurre frais : longues et fines aiguilles de margarine, réunies en faisceaux ; jamais de stéarine. Les cristaux sont petits et ont un aspect chevelu, si le degré de fusion a été trop élevé.

Margarine Mouriés (beurre artificiel) : cristaux de margarine peu nets ou englobés dans des traînées graisseuses. Le plus souvent le globule gras présente l'aspect d'une goutte de vernis desséchée et fendillée ; cette apparence est due aux aiguilles de margarine.

Pour reconnaître la nature de la matière colorante ajoutée aux beurres trop pâles que le commerce estime moins que ceux bien jaunes, on peut se servir soit du microscope, soit des procédés chimiques.

Au microscope, le *curcuma* se présente sous forme de petites masses granulées, ovoïdes, d'un jaune roux, brunissant sur le porte-objet par l'action des alcalis ; le *safran* montre des débris d'un jaune franc ; la couleur devient bleue, puis violette, sous l'influence de l'acide sulfurique ; le *rocou* est sous forme de plaques rougeâtres ayant des noyaux plus foncés ; le *jus de carotte* laisse voir des cellules végétales et des amas d'aiguilles brisées, d'une belle couleur rouge.

En prenant une certaine quantité de beurre et la fondant en présence de l'eau ou de l'alcool faible, par l'aide de la chaleur, on dissout ou isole la matière colorante ; quelques caractères chimiques pourront alors être utilisés. Le chromate de plomb, convenablement traité, fournira les caractères des sels de plomb ; le curcuma en solution aqueuse deviendra brun, par l'action des alcalis ; la solution alcoolique de rocou, donnera par l'évaporation un extrait d'un jaune rougeâtre qui vire au bleu par le contact de l'acide sulfurique concentré.

Une chose reste à indiquer avant de terminer cette étude, c'est la proportion relative de beurre que

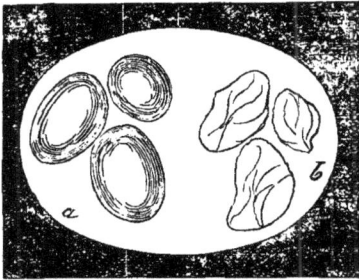

Fig. 383. — *Cellules graisseuses des glandes mammaires (D = 350 fois).*

a Cellules remplies de matière grasse. — b Cellules montrant l'enveloppe ridée après le traitement à l'éther.

fournissent les laits des divers animaux. Voici pour 100 parties leur richesse moyenne en beurre :

Lait de brebis....	8,03	Lait de lama....	3,10
— de chèvre...	4,40	— d'ânesse.....	1,51
— de femme...	3,80	— de jument...	0,55
— de vache....	3,20		

Nous renvoyons à l'article LAIT pour connaître les moyens à employer lors de l'évaluation de cette richesse, mais nous ferons cependant remarquer que ces proportions de beurre varient aux différents instants de la traite ; il y en a plus à la fin qu'au début, et ce fait est si bien connu qu'il n'est pas rare de voir, dans les fermes, éloigner de leur mère les jeunes veaux qui têtent, pour ne recueillir que le lait que l'on sait être le plus riche en crème.

COMMERCE. C'est dans la Normandie et surtout dans les départements du Calvados et de la Seine-Inférieure que l'on fait les beurres les plus estimés ; puis viennent ensuite ceux de l'Orne, de la Manche, de l'Ille-et-Vilaine, du Morbihan, des Côtes-du-Nord, du Finistère, de la Loire-Inférieure, de l'Indre-et-Loire, du Loiret, du Nord et du Pas-de-Calais. En 1874, il a été consommé à Paris seulement 3,748,184 kilogrammes de beurre.

D'après M. Morière, voici quelle a été en 1877 la production des deux principaux départements :

	Calvados.	Seine-Inf™
	fr.	fr.
Beurres vendus sur les marchés.	41,134,724	15,553,284
— exportés.........	27,787,251	4,394,077
— consommés dans le département.......	8,400,000	6,500,000
	77,321,975	26,447,961

Usages. Le beurre sert surtout dans l'économie domestique pour assaisonner les aliments, il s'emploie frais, salé ou fondu ; en médecine, il sert comme adoucissant dans le pansement des exutoires, il forme encore la base de quelques pommades antipsoriques, de pommades ophthalmiques (du régent, de Benedict, Rust, Scarpa, Desmares, Saint-Yves, etc.).

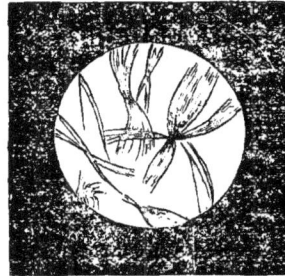

Fig. 384. — *Cristaux de margarine obtenus avec le beurre frais fondu (D = 350).*

Beurre artificiel. Syn. : *Oléomargarine, Margarine-Mége, Beurrine.* En 1872 M. Mège-Mouriès lança dans le commerce parisien un nouveau produit qui, *selon lui*, avait la plus grande analogie avec le beurre et pouvait le remplacer dans ses emplois économiques, tout en étant susceptible de se conserver fort longtemps. C'est en étudiant les travaux de M. Chevreul sur les corps gras, et surtout la graisse de bœuf, que M. Mouriès trouva le procédé qu'il emploie pour faire le beurre artificiel.

Le lait de vache ne contenant pas de stéarine, il fallait d'abord pour faire un produit analogue au beurre ordinaire, trouver un moyen d'isoler ce glycéride ; c'est ce que l'on commence par faire en fabriquant la margarine Mège.

Pour cela on prend de la graisse de bœuf fraîche, on la divise en petits morceaux ou pour mieux dire, on la déchire en la faisant passer entre deux cylindres munis de dents et tournant dans le même sens ; après quoi on la lave à grande eau. On prend alors 1,000 kilogrammes de cette pulpe grasse et on la met dans une cuve contenant une eau légèrement alcaline et un ou plusieurs estomacs de porc ou de mouton divisés en fragments ; 1 kilogramme de carbonate de soude suffit pour 300 kilogrammes d'eau. Au moyen d'un serpentin dans lequel circule de la vapeur, on maintient le mélange à une température de 45° pendant une ou deux heures, en ayant soin d'agiter continuellement. Une sorte de digestion artificielle des membranes se produit alors, la fusion du corps gras s'opère, et le liquide oléagineux vient flotter à la surface de la cuve en fournissant toutefois une écume blanchâtre due à un peu d'eau interposée. Il est urgent de ne pas dépasser cette température de 45°, pour ne pas développer des produits qui feraient prendre à la masse l'odeur de suif, puis on écume, et fait couler la graisse dans une cuve chauffée à 40°, d'où on la fait passer dans des cristallisoirs en fer-blanc d'une contenance de 25 kilogrammes environ ; là elle se fige à une température de 25°.

Les plaques de corps gras ainsi obtenues sont constituées de stéarine, de margarine et d'oléine, les deux derniers corps sont seuls utilisables. Pour séparer ces produits on les soumet à la presse hydraulique, en opérant à une température de 25° et en exprimant dans des sacs de toile. Par suite de la pression, la stéarine, qui ne fond que vers 45°, reste dans les sacs, pendant que les deux autres principes gras s'écoulent dans des réservoirs où ils se solidifient en se refroidissant. On lave bien ce produit et on le livre au commerce sous le nom de *margarine*, ou bien on le transforme en beurre artificiel ; la stéarine obtenue comme résidu est vendue aux fabricants de bougies.

C'est avec l'oléo-margarine préparée dans l'opération précédente que M. Mège fait le beurre artificiel. Ayant remarqué que les glandes mammaires de la vache contiennent un ferment particulier dont le rôle est de faciliter l'émulsion des graisses avec l'eau, il a mis à profit cette observation pour transformer l'oléo-margarine en crème et celle-ci en beurre.

Pour avoir ce dernier résultat, on introduit dans une baratte 50 kilogrammes de matière grasse fondue, 25 litres de lait (représentant environ 1 kilogramme de beurre) et 25 litres d'eau contenant les parties solubles enlevées à 100 grammes de mamelle de vache (par une macération de deux heures environ), puis un peu de rocou. On agite la baratte et au bout d'un quart d'heure l'eau et la graisse se sont transformées en une crème épaisse semblable à celle du lait. En continuant le battage, la crème à son tour se transforme en beurre ; il faut tout au plus deux heures pour achever l'opération. On retire la masse butyreuse obtenue, on la lave sous un jet d'eau pulvérisée, puis on la malaxe entre deux cylindres pour lui donner une homogénéité parfaite.

En 1877, M. Mott a proposé une modification au procédé de M. Mège : on agite l'oléo-margarine pendant un quart d'heure avec du lait aigre et une solution alcaline de rocou ; le corps gras est ensuite introduit dans des cuves contenant de la glace pilée où il séjourne de deux à trois heures, puis mis à égoutter sur des tables inclinées. Lorsque le liquide aqueux est complètement enlevé on bat avec du lait de beurre, puis on sale, on exprime convenablement et on met en pots pour conserver.

Il existe actuellement plusieurs fabriques importantes de beurre artificiel, notamment à Paris, à Vienne, à Hambourg, à Francfort-sur-le-Mein, etc.

2° BEURRES VÉGÉTAUX.

On a classé sous cette dénomination certaines huiles fixes dont l'aspect butyreux rappelle, ainsi que le point de fusion, la constitution du beurre ordinaire. Tous, à peu d'exceptions près, sont tirés des fruits ou des semences de quelques végétaux ; leur extraction se fait généralement en soumettant à la presse, entre des plaques de métal échauffées, les parties de la plante qui contiennent des principes gras ; on les a préalablement divisées, soit au pilon, soit au moulin.

On prépare encore les beurres au moyen de l'ébullition des matières dans l'eau, mais on n'obtient d'ordinaire ainsi que les portions de la substance grasse que l'expression n'a pu enlever, et souvent on préfère le premier procédé parce que le second fournit des produits plus altérables. Dans le premier cas, le beurre végétal se solidifie seul par refroidissement ; dans le second, c'est à la surface du liquide que la masse se fige ; on n'a plus qu'à l'enlever. On purifie ensuite par une nouvelle fusion, en filtrant même sur une toile fine pour enlever tous les produits étrangers.

Après avoir indiqué le mode de préparation, nous allons étudier les principaux beurres végétaux.

Beurre de cacao. Il est fourni par les semences du *Theobroma cacao*, L., et probablement aussi par celles des *T. leiocarpum*, Bern., *T. pentagonum*, Bern., *T. Salzmannianum*, Bern., arbres de la famille des byttnériacées, croissant dans l'Amérique centrale et le nord de l'Amérique méridionale. Quoique ce soit toujours le même végétal qui le fournisse, le rendement en beurre n'est pas le même selon les lieux de provenance ; ainsi le cacao caraque est moins riche que celui des îles ; d'après M. Payen, ce dernier donnerait jusqu'à 50 0/0 d'huile concrète, tandis que la teneur moyenne n'est que de 38, 5 0/0.

Le beurre de cacao tel qu'il se présente dans le commerce, après sa purification, est sous forme de tablettes, d'un jaune brillant, opaques et sèches. Ces plaques se brisent quand on les frappe et la cassure des fragments est cireuse. En vieillissant, elles blanchissent, mais sans acquérir de rancidité. Le beurre de cacao est doux au toucher, d'une odeur et d'une saveur agréable et aromatique, rappelant celles de l'amande grillée ; sur la langue, il fond sans laisser de grumeaux.

Il est complètement soluble dans l'éther et dans l'essence de térébenthine ; dans la benzine, mais difficilement ; dans l'alcool bouillant ; il fond à + 30° et se solidifie à 23° ; cristallisé plusieurs fois de suite après sa dissolution dans l'éther, son point de fusion descend à 29°. Sa densité est de 0,91. Examiné au microscope à la lumière polarisée, il montre de petits cristaux.

L'analyse chimique y révèle la présence d'oléine, d'un peu de margarine ou palmitine, et d'un grand excès de stéarine, que quelques auteurs ont cru spéciale, et alors désignée sous le nom de *cacaostéarine*, enfin peut-être d'arachidine. On y rencontre en outre un principe spécial, la *théobromine* ($C^{14} H^8 Az^4 O^4$), dont la proportion peut varier de 0,38 à 2 0/0, et qui est un véritable alcaloïde.

Le beurre de cacao doit se conserver au frais, enveloppé dans des feuilles de papier d'étain. Il nous arrive en grande partie de Hollande.

Usages. Le beurre de cacao est employé comme adoucissant en pharmacie, dans les gerçures, etc., ou comme excipient dans certaines pilules, dans les suppositoires, etc. ; la parfumerie s'en sert pour la préparation de cosmétiques et de pommades. La confiserie l'utilise dans la confection des fondants, qui doivent avoir le goût du chocolat sans en offrir la coloration.

FALSIFICATIONS. On frelate ce produit avec de la moelle de bœuf, de la cire, du suif de veau, de l'huile d'amandes douces. S'il n'est pas pur, il ne se dissout pas entièrement dans l'éther.

D'après M. Björkland (1869), on peut reconnaître cette falsification en mettant 10 grammes du beurre à essayer avec 20 grammes d'éther dans un tube à essai, que l'on ferme avec un bouchon ; on chauffe au bain-marie à + 18°, on obtient une prompte dissolution par l'agitation, et si le liquide reste trouble, même à chaud, c'est la preuve qu'il y a de la cire. Si au contraire la solution reste limpide, on doit la refroidir à 0° ; alors on peut avoir à constater un mélange avec le suif.

Un mélange avec	5 0/0	de suif se trouble après	8 minutes	et s'éclaircit	à + 22°,0
—	10 0/0	—	7	—	à + 25°,0
—	15 0/0	—	5	—	à + 27°,5
—	20 0/0	—	4	—	à + 28°,5

Il faut cependant ajouter ici que le beurre de cacao pur peut se troubler après 10 à 15 minutes, mais qu'il s'éclaircit à + 20°.

Impur, sa cassure est marbrée et non uniforme, sa couleur est grisâtre ; en général, on ne peut y ajouter plus de 10 0/0 de matières étrangères sans qu'à première vue on ne soupçonne une fraude.

Un bon moyen d'essai est de constater le point de fusion. Le beurre pur fond à + 30° ; — mélangé au suif ou à d'autres corps gras, entre + 26 et + 28° ; — à l'huile d'amandes douces à + 23°.

Beurre de coco. Ce corps gras est retiré du fruit d'un cocotier, le *Coccos butyracea*, L. F., arbre de la famille des palmiers ; plusieurs espèces voisines donnent d'ailleurs des produits analogues, qui portent le nom de *Coprah* lorsqu'on envoie les noix concassées et séchées au soleil, de l'Afrique centrale par le Zanzibar ; ce coprah renferme jusqu'à 80 0/0 de matière grasse dite *huile de palme*. — V. plus loin BEURRE DE PALME.

Le beurre de coco proprement dit est d'un blanc jaunâtre, d'une consistance d'axonge, il rancit à l'air avec la plus grande facilité, ce qui fait qu'il ne peut servir qu'à la fabrication du savon. Son point de fusion est + 20°.

Il contient un certain nombre de principes gras spéciaux ; aussi par la saponification peut-on en obtenir les acides caproïque, caprique, caprilique, laurique, myristique, etc. On peut l'extraire du reste de dix à douze espèces de plantes voisines.

Beurre de ghea. Ce corps est retiré des semences du *Bassia butyracea*, Rox b., et du *B. Parkii*, plantes de la famille des sapotacées originaires d'Asie et venant surtout des Indes, du Kumaon et de la province de Dotie.

Il se présente sous forme de pains d'un blanc sale, souvent rougeâtre, de forme orbiculaire, aplatis vers la base et entourés de lanières en écorce ; pressé entre les doigts, il a une consistance de suif et ressemble à de la graisse de porc qui contiendrait des parties cristallisées moins fusibles. Sa saveur est douce, son odeur légèrement aromatique, mais fugace ; par la fusion, il donne un dépôt rougeâtre, de saveur sucrée et peu abondant, que l'on attribue à la présence de pulpe provenant du fruit. Il fond à + 21°, se solidifie à + 22° et perd un peu de sa coloration par cette purification. Il est insoluble dans l'alcool, partiellement dans l'éther et totalement dans l'essence de térébenthine. En présence des alcalis, il se saponifie facilement.

Usages. Ce produit est assez rare dans le commerce, au moins en France ; il sert dans les pays de production pour tous les usages économiques, et remplace absolument notre beurre, nos huiles d'éclairage, etc., mais en plus il s'emploie comme médicament, en frictions excitantes dans la goutte, le rhumatisme, la gale, etc. Il serait à désirer qu'il nous arrivât en notables quantités, car il formerait d'excellents savons. L'écorce de l'arbre est vermifuge.

Le produit que l'on désigne sous le nom d'*huile d'Illipé* est quelquefois confondu à tort avec le beurre de ghea. Le premier est plus fluide, il est également saponifiable, mais vient de plantes voisines des *Bassia longifolia*, Roxb. (V. Huile d'Illipé) et *B. latifolia*, Roxb.

Ces arbres fournissent d'ailleurs encore bien d'autres produits alimentaires, au nombre desquels il faut citer les gelées et gâteaux faits avec les fleurs, ainsi qu'un alcool qui exerce sur l'estomac une action très nuisible et que l'on considère comme une des causes les plus puissantes de la mortalité des troupes envoyées en garnison dans l'Inde (Dr Waring).

Beurre de Muscade. Cette huile concrète est fournie par les amandes du *Myristica moschata*, Thumb., de la famille des myristicées. Elle a la consistance du suif, une forte odeur de muscade, une couleur jaune rougeâtre assez prononcée pour que 1 gramme colore sensiblement

200ᶜᶜ d'éther; elle présente de nombreuses marbrures.

Le beurre de muscade a une saveur chaude, amère et aromatique, il est soluble à chaud dans l'alcool concentré, soluble dans l'éther; sa densité est de 1,008.

Il est composé en grande partie de myristine, d'oléine et d'une huile hydrocarbonée ayant pour formule $C^{10} H^{16}$ (Cloez) qui s'y trouve dans la proportion de 2 à 3 0/0.

La *myristine* $C^{45} H^{86} O^6$, principe essentiel de ce produit s'extrait par la benzine ou l'éther, en traitant la partie insoluble dans l'alcool froid. Ce corps est cristallisé, fond à $+ 31°$ et fournit par les alcalis de l'acide myristique $C^{14} H^{28} O^2$. Le traitement par l'alcool et la benzine laisse encore déposer un principe gras et une matière colorante rouge qui n'ont pas encore été suffisamment étudiés.

La noix de muscade fournit de 10 à 28 0/0 de beurre.

COMMERCE. Le beurre de muscade nous vient en Angleterre par Singapore, en pains oblongs ou rectangulaires, de 25 centimètres de longueur sur 6 de largeur, d'un poids de 500 à 750 grammes et entourés de feuilles de palmier. Parfois il arrive en barriques.

FALSIFICATIONS. La plus commune a lieu avec les corps gras; on s'en aperçoit facilement par un traitement à l'alcool absolu qui ne dissout pas tout le produit. Une autre fraude moins facile à déceler, consiste à enlever l'huile volatile; la distillation pourrait seule indiquer cette sophistication. On a parfois rencontré des beurres de muscade fabriqués de toutes pièces, avec des corps gras, de la cire, de l'essence de muscade et un peu de curcuma. Le point de fusion devra être pris dans ce cas, on reconnaîtra le curcuma à la coloration brune qu'il donne par les alcalis, la cire à son insolubilité dans l'alcool concentré et froid, etc.

Usages. Il sert comme aromate dans les pays chauds; la pharmacopée française l'emploie également, quelquefois seul, pour frictions, puis dans le baume nerval, le baume céphalique, le baume apoplectique, baume saxon, etc.

Beurre de Palme. Syn : *huile de Palme.* Il est extrait des fruits de l'*Elais Guineensis*, L., de la famille des Palmiers. Il nous vient d'Afrique et surtout des côtes de Guinée et de la Guyane.

Il a une couleur jaune d'or, qui s'atténue en vieillissant, une odeur remarquable de violette, une saveur douce, mais il rancit facilement au contact de l'air. Sa densité est de 0,916; il est peu soluble dans l'alcool froid ; soluble dans l'alcool bouillant, dans l'éther hydrique, l'éther acétique.

Il fond à des températures variables suivant son âge.

Récent il fond à $+ 27°$,

Ancien il fond entre 32, et 37°,

Il contient environ les deux tiers de son poids

de palmitine, puis de l'oléine, de la glycérine, une matière colorante et une huile volatile.

COMMERCE. On trouve dans le commerce diverses sortes d'huile de palme : 1° l'*huile de Lagor* qui est jaune orangé; 2° l'*huile de Cochinchine* qui est jaune brun ; 3° l'huile de palme verdâtre. Cette huile est très employée, surtout en Angleterre, où elle vaut environ 90 francs les 100 kilogrammes, et où l'on en consomme près de 30 millions de kilogrammes par an, surtout pour la préparation des savons de résine.

Il faut bien se garder de la confondre avec l'huile de coco que nous avons vu provenir de variétés différentes du genre Coccos, *C. nucifera, C. butyracea*, etc.

FALSIFICATIONS. Comme le beurre de muscade, le beurre de palme a parfois été fabriqué de toutes pièces avec de la cire et des matières grasses que l'on colorait en jaune et aromatisait avec de la poudre d'iris. Le traitement par l'éther acétique laissera insolubles toutes les matières étrangères. — J. C.

* **BEURRERIE.** Lieu où l'on fait et où l'on conserve le beurre.

BEURRIER. Vase, ordinairement en cristal ou en porcelaine, dans lequel on met le beurre.

* **BEURTIA.** *T. de min.* On donne ce nom, dans le Nord, aux petits puits qui conduisent aux parties extrêmes de l'exploitation et qui partent de la base du cuvelage du puits principal.

* **BEUSE.** *T. de mét.* Boîte verticale destinée à recevoir les bandes provenant de la coupe des tables de cuivre.

* **BEUVEAU** ou **BEVEAU.** Angle formé par deux surfaces contiguës. || Instrument destiné à prendre cet angle || Equerre de fondeur de caractères. — V. BEAUVEAU.

* **BEYLIER.** *T. tech.* Métier qui donne à la laine la première filature.

* **BEYLIEUR.** *T. de mét.* Ouvrier qui donne la première filature à la laine.

* **BEZ.** *T. tech.* Fragment de sel qu'on trouve dans la cendre d'un fourneau de saline.

* **BEZANT.** *Art hérald.* — V. BESANT.

* **BI.** Du latin *bis*. S'emploie dans le langage pour indiquer qu'une chose est double : *bicolore*, qui offre deux couleurs.

La nomenclature chimique fait de ce mot un fréquent usage; le préfixe *bi* s'applique à une combinaison de deux corps, dans laquelle les équivalents d'un des éléments se trouvent en proportion double de ceux de l'autre. Ainsi, *bichlorure* de mercure ou mercure *bichloré*, signifie qu'un atome de mercure est combiné à deux atomes de chlore.

Un acide est *bibasique* lorsqu'il est capable d'absorber deux molécules d'une base pour être neutralisé.

BIAIS. *T. d'arch.* Obliquité qui se rencontre dans une construction par rapport à la face ou à la direction principale. || *Pont biais.* — V. PONT.

* BIAUTY. T. de minér. Nom vulgaire d'une sorte d'ocre rouge qu'on utilise dans le polissage des glaces.

BIBELOT. On donne ce nom, non seulement à des curiosités, à des petits objets de luxe, mais encore aux outils et aux ustensiles de peu de valeur servant dans certains métiers.

BIBERON. Petit vase de porcelaine, de verre ou de métal, pourvu d'un appareil ayant un bec ou tuyau plus ou moins allongé, et avec lequel on fait boire les malades empêchés de boire dans un verre ordinaire, et plus particulièrement les enfants qu'on allaite artificiellement.

— On se servait autrefois d'une fiole aplatie en cuir bouilli, en verre ou en porcelaine, bouchée avec une éponge fine et recouverte d'un linge fixé autour du goulot; mais outre que le lait s'aigrissait facilement, l'enfant pouvait avaler l'éponge, car le linge était susceptible de se déchirer. Il y avait là un inconvénient doublé d'un danger. On a imaginé alors différentes sortes de biberons terminés par un *bout de sein* en ivoire ramolli, en tétine de vache préparée, etc. C'est à feu Charrière que revient le mérite du biberon perfectionné.

BIBLIOTHÈQUE. Edifice ou lieu destiné à recevoir une grande collection de livres, manuscrits, etc. ‖ Dans les maisons particulières, pièce spéciale dans laquelle les livres sont rangés sur des tablettes découvertes, ou bien enfermés dans des armoires à vitraux; la bibliothèque sert aussi de cabinet de travail. ‖ Par extension, on donne le nom de bibliothèque au meuble muni de plusieurs tablettes propres à recevoir des livres.

— Tous les peuples qui ont cultivé, dans l'antiquité, les sciences et les arts ont eu des bibliothèques, soit publiques, soit privées; la plus célèbre parmi les premières fut celle d'Alexandrie, fondée vers 290 avant J.-C., par Ptolémée Soter et détruite l'an 640 de notre ère; elle contenait 700,000 volumes. Sous les premiers temps de la chrétienté et au moyen âge, les bibliothèques anciennes, pillées et détruites par les Barbares, ne laissèrent que des débris recueillis avec soin par les moines. Depuis l'invention de l'imprimerie, les bibliothèques publiques et privées se sont multipliées de toutes parts.

De nos jours, la France est un des pays les plus riches en monuments de ce genre. Paris, notamment, compte un nombre considérable de bibliothèques publiques et privées; la plus importante est la Bibliothèque nationale, dont l'origine remonte à Charles V; elle possède environ 600,000 volumes imprimés, 500,000 brochures, 60,000 manuscrits, 600,000 estampes. 100,000 médailles, camées, etc. Les *Bibliothèques populaires* créées dans ces dernières années rendent d'utiles services à la cause de l'instruction publique. Beaucoup de villes de France possèdent également de riches bibliothèques : les plus importantes sont celles de Lyon, Bordeaux, Lille, Rouen, Toulouse, Marseille, Montpellier, Dijon, Caen, etc.

Quelques bibliothèques publiques offrent aux lecteurs de notre ouvrage des éléments spéciaux de travail et d'étude, nous allons en dire quelques mots en suivant l'ordre alphabétique :

Bibliothèque de la marine. Les différentes branches du département de la marine admettent la culture de toutes les sciences et la pratique de tous les arts, ce qui exige de ses bibliothèques une grande variété d'ouvrages.

Il faut reconnaître, en outre, que plusieurs arts et plusieurs sciences ne s'appliquent qu'à la marine, telles sont l'hydrographie, les constructions, la tactique, les évolutions, l'artillerie navale, la médecine nautique, la législation et la jurisprudence maritimes et coloniales, etc. Il est donc naturel que lors de la grande réorganisation de la France, à la fin du siècle dernier, on ait songé à doter les différents établissements de la marine nationale des bibliothèques nécessaires à leur bon fonctionnement. A l'exception de celle du port de Brest, créée dès 1752 par l'Académie royale de marine, les bibliothèques des ports datent de la Révolution ; elles ont été fondées par le décret du 15 février 1794 (27 pluviôse an II), et celle des hôpitaux de ces ports par l'arrêté du Directoire du 7 février 1798 (19 pluviôse an VI.)

Le département de la marine possède aujourd'hui 11 grandes bibliothèques, savoir : 2 à Paris, 1 dans chacun des ports militaires et 4 bibliothèques d'hôpitaux à Cherbourg, Brest, Rochefort et Toulon. Les bibliothèques des hôpitaux de Brest et Toulon ont comme corollaire un musée et des collections scientifiques.

Il va sans dire que ces bibliothèques sont composées des ouvrages nécessaires aux services en vue desquels elles ont été créées. Celles de Paris (ministère et dépôt des cartes) sont les plus riches. On a rassemblé au ministère, indépendamment des publications techniques, un grand nombre d'ouvrages de jurisprudence et d'administration maritime et coloniale. Au dépôt des cartes et plans, ce sont surtout des voyages, des ouvrages de géographie, d'hydrographie, de science pure et appliquée qui composent le fond de sa bibliothèque. Enfin le ministère et le dépôt possèdent des archives considérables formées de documents historiques, scientifiques et géographiques.

Bibliothèque de la ville de Paris. Le dépôt littéraire installé à l'hôtel Carnavalet est de formation récente : il ne remonte qu'à l'année 1871 ; c'est une résurrection des deux premières bibliothèques que la Ville a perdues à la suite des excès de la Commune révolutionnaire. Antérieurement à l'année 1760, il n'y avait point, à proprement parler, de « librairie » à l'Hôtel de Ville; quelques livres usuels, un certain nombre d'ouvrages consacrés à l'histoire de Paris et offerts au Bureau ou acquis par lui, composaient un noyau que vint grossir plus tard le legs d'Antoine Moriau, procureur du Roi et de la Ville. La bibliothèque de ce premier donateur, augmentée de celle de l'historiographe Bonamy, de l'avocat Fauxier et de l'abbé de Livry, enrichie par divers dons et achats, se composait d'environ trente mille volumes; elle avait été transportée de l'hôtel Lamoignon dans l'ancienne maison professe des Jésuites (aujourd'hui lycée Charlemagne) et comptait de nombreux lecteurs. Elle tenta l'Institut, qui était de création récente et qui n'avait pas de livres. On était au lendemain du 9 thermidor; une réaction vigoureuse se déclarait contre la Commune de Paris, que le Directoire voulait abattre et qu'il ne se fit pas scrupule de spolier. Depuis le 5 pluviôse an V, cette première bibliothèque appartient à l'Institut; transportée d'abord au Louvre, puis au palais des Quatre-Nations, elle est encore aujourd'hui logée sous le même toit que la bibliothèque de Mazarin.

Une seconde bibliothèque formée par Nicoleau, ancien président du directoire exécutif du département, avec les livres des couvents et des collèges, fut placée provisoirement dans une maison de la rue Saint-Antoine et y demeura jusqu'aux premières années de la Restauration, époque à laquelle le comte de Chabrol fit disposer, pour la recevoir, les « salles Saint-Jean », c'est-à-dire les bâtiments dépendant de l'ancienne église de ce nom. Déplacée provisoirement pendant l'exécution des travaux d'agrandissement de l'Hôtel de Ville, elle quitta le quai d'Austerlitz en 1845 et fut installée dans les combles de la façade orientale du nouveau palais, sur l'emplacement de l'église Saint-Jean-en-Grève et de l'hôpital du Saint-Esprit. De nombreuses acquisitions, faites pendant trois quarts de siècle, avaient singulièrement augmenté ce dépôt : en 1871, il ne comptait pas moins de quatre-vingt mille volumes. MM. Rolle, père et fils, s'y étaient succédé comme bibliothécaires. On sait quel a été son destin : dans les derniers jours de l'insurrection communale, il périt misérablement avec les archives, les registres des paroisses, les tableaux, les statues et toutes les richesses d'art que renfermait l'Hôtel de Ville.

Au lendemain de ce désastre, M. Jules Cousin, ancien conservateur à l'Arsenal, entreprit la formation d'une troisième bibliothèque, et, renouvelant l'acte généreux de Moriau, il offrit ses propres livres pour composer un premier noyau. L'administration municipale seconda ses vues; les dons affluèrent; un crédit annuel fut affecté à cette œuvre de réparation et, au bout de quelques années, ce troisième dépôt n'avait rien à envier aux deux premiers. Il s'en distingue par sa spécialité : c'est une *bibliothèque parisienne*, c'est-à-dire limitée aux documents qui ont Paris pour objet. En le circonscrivant ainsi, on lui a donné sa véritable raison d'être, et on lui a, du même coup, assuré une clientèle particulière, celle des érudits, des historiens, des hommes de lettres, de loisir et d'administration, qui aiment à trouver réuni tout ce que les grandes bibliothèques possèdent, à l'état épars, sur l'histoire, si multiple, si variée de notre capitale.

Pour consulter avec fruit une bibliothèque, un catalogue est absolument indispensable; c'est le clavier à l'aide duquel on joue de cet instrument, véritable orgue aux mille registres. Le catalogue de la nouvelle bibliothèque a été rédigé avec le plus grand soin et disposé fort commodément pour les besoins du lecteur. Il est à la fois alphabétique et méthodique, de manière à pouvoir être utilement parcouru par ceux qui savent et par ceux qui ignorent. Dans l'intérêt de ces derniers, qui sont la tribu la plus nombreuse, nous allons indiquer très sommairement les 160 séries entre lesquelles on a réparti toute la bibliothèque parisienne. Quelques-unes n'ont point de rapport direct

avec notre ouvrage; nous les donnons à titre de renseignement pour ceux de nos lecteurs qui voudraient puiser aux « meilleures sources » l'histoire du Paris ancien et moderne.

Les douze premières séries sont consacrées aux généralités : *catalogue des bibliothèques et des collections riches en documents sur Paris, histoire physique et naturelle, carrières sous Paris, catacombes, rivières, sources, canaux, eaux, statistiques, population, histoires générales formant corps d'ouvrage, descriptions, guides, histoires particulières des quartiers de Paris, variétés historiques parisiennes.*

Les seize séries qui suivent, de 13 à 28, ont pour objet *l'histoire chronologique de la capitale, depuis la période préhistorique jusqu'à la troisième république.* Certaines époques sont parfaitement représentées, entre autres la Ligue, la Fronde, le règne de Louis XIV, la Révolution, 1830, le Gouvernement de Juillet, 1848, les événements de 1870-71, etc.

Deux séries importantes, les 29e et 30e, comprennent de nombreux documents relatifs *aux journaux, aux revues, à la biographie et à la généalogie des Parisiens.*

Du numéro 31 au numéro 46, nous voyons défiler les ouvrages descriptifs ayant pour objet la topographie de la capitale, *les plans, les enceintes, les fortifications, les rues, les places, les ponts, les promenades, l'entretien, l'éclairage, le balayage de la voie publique, les curiosités de la rue, charlatans, industriels, cris de Paris, l'iconographie des lieux, les monuments, les édifices publics et privés.*

Avec la série 47, on entre dans la voirie municipale : *travaux d'édilité, améliorations et embellissements, œuvre des architectes, législation et réglementation des constructions à Paris.*

Six séries (50-55), sont consacrées à l'histoire religieuse : *liturgie, sermonnaires, archevêché, confréries, œuvres religieuses, églises, communautés, cultes dissidents, juifs, protestants, mahométans, théophilanthropes, Saint-Simoniens,* etc.

L'instruction publique et tout ce qui s'y rattache ne remplit pas moins de onze séries, de 56 à 66 : *ancienne Université de Paris, petites écoles, lycées et collèges, enseignement supérieur, histoire littéraire, académies, sociétés savantes, bibliothèques, archives, imprimerie, librairie, droits d'auteur, journalisme et journalistes parisiens, langage parisien, argot, style poissard, langue verte, patois,* etc.

Viennent ensuite sept séries (67-72 bis) consacrées à l'art : *histoire de l'art, musées, salons, expositions, galeries d'amateurs, académies et écoles de beaux-arts, biographie et mœurs artistiques, art industriel, Sèvres, les Gobelins,* etc.

Elles sont suivies de quinze séries (74-89), dans lesquelles sont rangées les mœurs et coutumes parisiennes : *généralités, table et cuisine, logement, vêtement, ménage et économie domestique, société parisienne, cercles, clubs, facéties, singularités, romans de mœurs, pièces de théâtre, iconographie, fêtes religieuses et civiles, divertissements, plaisirs parisiens,* etc.

Les théâtres parisiens remplissent les dix-huit séries suivantes; on jugera de leur importance par ces nombreux sous-titres : *architecture, légis-*

lation, police, censure des théâtres, droits des pauvres, droits d'auteur, mémoires dramatiques, pièces célèbres, almanachs et annuaires des théâtres, acteurs et actrices, mœurs, portraits, costumes, Opéra français, Opéra italien, Opéra-comique, Comédie française, Odéon, ancienne Comédie italienne, Conservatoire, petits théâtres, spectacles divers, curiosités, cafés, concerts, bals, ballets, jardins publics, femmes galantes, prostitution, jeux, jouets, sport, courses, canotage, gymnastique, etc.

De 117 à 118, histoire administrative du Paris ancien et moderne : prévôté des marchands et échevinage, commune de Paris, préfecture de la Seine, conseil municipal, conseil général, finances de la Ville, octrois, entrées, impôts, docks, entrepôts, consommation, halles et marchés.

De 119 à 123 : commerce, industrie, arts, métiers, exportations industrielles, rentes, monnaies, assignats, établissements financiers, banques, caisses d'épargne, etc.

Deux séries, 124 et 125, sont consacrées à la poste aux lettres, aux télégraphes, aux voitures, omnibus, bateaux, chemins de fer, ballons, etc.

L'Assistance publique sous toutes ses formes remplit les séries de 126 à 131 : œuvres de bienfaisance publiques et privées, hôpitaux, hospices, etc.

A ce groupe se rattachent naturellement, sous les numéros 132-135, la médecine et les médecins, les inhumations et les cimetières.

Les six séries qui suivent (136-141), ont pour objet la justice à Paris : Palais, magistrature, coutumes et droits ; Châtelet et autres juridictions, officiers judiciaires et ministériels.

L'ordre logique amène ensuite (séries 142-148), la police parisienne sous l'ancien et le nouveau régime : Salubrité, sécurité, morgue, sapeurs-pompiers, sociétés secrètes, franc-maçonnerie ; et, comme complément (séries 149 à 157), la force armée à Paris, le guet, les gardes municipale et nationale, les crimes, prisons, causes célèbres, exécution, gibet, carcan, pilori, guillotine, etc.

Les trois dernières séries (158-160), sont consacrées aux environs de Paris.

Nous venons de présenter l'analyse de la nouvelle bibliothèque de la ville de Paris ; sept ou huit grandes sections en composent la synthèse, et un second catalogue, par ordre alphabétique, permet aux lecteurs de désigner immédiatement le document qu'ils désirent consulter.

La bibliothèque parisienne n'est point encore intégralement réunie à l'hôtel Carnavalet ; mais les cadres sont ouverts, et chaque nouvelle acquisition trouvera sa place. Ce qui fait le mérite et l'utilité d'un dépôt littéraire, c'est moins le grand nombre de livres dont il se compose que le classement et la facilité, pour le public, d'aller droit à l'ouvrage dont il a besoin. Sous ce rapport, la troisième bibliothèque municipale, organisée par M. Jules Cousin, peut être citée comme un modèle. — L. M. T.

Bibliothèque de l'Ecole des Beaux-Arts. La bibliothèque de l'Ecole des Beaux-Arts n'est ouverte au public que depuis le 24 janvier 1864 ; le premier bibliothécaire, M. Ernest Vinet,

avait été nommé le 17 décembre 1862. A ce moment, l'Ecole possédait quelques centaines de volumes provenant de l'ancienne Académie Royale de Peinture et de Sculpture, des souscriptions du ministère de l'Instruction publique et du ministère d'Etat, de la collection achetée par le gouvernement à M. de Chennevières, de dons et de legs particuliers ; mais ce n'était « qu'un amas de livres inaccessibles, inconnus. » Au commencement de 1863 M. Duban, alors architecte de l'Ecole, fut chargé de transformer la galerie du premier étage du Musée des Etudes, galerie dans laquelle étaient placés les modèles d'architecture, en une bibliothèque. Il en fit « une des plus charmantes salles de lecture de l'Europe. » Les livres sont placés dans d'élégantes armoires de chêne, couvrant l'une des parois du long parallélogramme de la salle, ou dans de grands meubles qui, avec les tables de travail, en ornent et en occupent le milieu. Des bustes, des statues, des spécimens d'architecture complètent la décoration de cette gracieuse galerie, qui prend son jour par de grandes baies ouvertes sur la cour, du côté de la rue Bonaparte. Le catalogue, qui porte le millésime de 1873, a été établi par M. Vinet, d'après un nouveau système de classification bibliographique. Comme l'enseignement de l'Ecole, il est formé de deux parties principales : Etudes générales, Etudes spéciales, divisées elles-mêmes, la première en quatre parties, la seconde en cinq parties, numérotées en chiffres romains, et subdivisées en trois sections ou fragments, indiqués par des chiffres arabes, par des capitales, et par des italiques du bas de casse. Les livres se trouvent ainsi méthodiquement classés, et, sans de trop longues recherches, il est facile de les distribuer aux lecteurs, pourvu que ceux-ci puissent indiquer la nature du renseignement qu'ils sont venus chercher à la bibliothèque. De plus, le catalogue, par le fait seul de cette classification raisonnée, indique, mieux qu'un programme, l'ensemble des études et le détail de chacune des branches de l'enseignement. Dans un Appendice, où se trouvent réunies l'iconographie, la gravure, la lithographie et la photographie, un chapitre, renfermant deux subdivisions, est consacré aux livres traitant plus spécialement des Arts industriels. La première subdivision a pour titre : Généralités, et comprend neuf numéros ; dans la seconde, les Arts industriels dans leurs diverses applications, qui comptait vingt-neuf numéros au moment de la publication du catalogue, on rencontre des ouvrages traitant : des tapisseries, des toiles peintes, de la céramique, de l'orfèvrerie, de l'ivoirerie, du mobilier, des gemmes et joyaux, des émaux cloisonnés, du fer forgé ; et, malgré quelques lacunes, cette partie de la bibliothèque offre aux artistes décorateurs de précieux renseignements. Du 24 janvier 1864 aux derniers jours de décembre 1872, la bibliothèque avait reçu trente-deux mille lecteurs. — V. l'article BEAUX-ARTS (Ecole des).

Bibliothèque de l'Union Centrale. Cette bibliothèque est située au siège de la Société de l'Union centrale des Beaux-Arts appliqués à l'industrie, 3, place des Vosges. Elle comprend deux parties distinctes : une Bibliothèque d'art ancien et moderne; un Musée rétrospectif et contemporain. Elle est complétée par des cours spéciaux, par des conférences et par des expositions de collections particulières. Les dons gracieux des auteurs ou des librairies d'art qui ont pris part aux différentes expositions de l'Union centrale ont contribué à la former; les objets composant le Musée : dessins, étoffes, cuirs cordouans, papiers peints, tapisseries, métaux ciselés, repoussés, niellés, meubles, objets céramiques, proviennent, pour la plupart, comme les livres, de la libéralité des artistes ou des amateurs.

La bibliothèque est ouverte au public pendant la journée, et le soir, lorsque les travaux de l'atelier sont terminés. Les lecteurs sont nombreux ; on en a compté 439 pendant le mois de novembre 1876, dont 141 le jour et 298 le soir ; 686 ouvrages ont été consultés pendant la même période. On peut juger, d'après ces chiffres, des services que cet établissement, dû à l'initiative privée, rend aux industries d'art de Paris.

Bibliothèque de l'Ecole des Mines. Cette bibliothèque renferme environ 6,000 volumes ; comme les galeries et les collections, elle est ouverte au public à des jours et des heures déterminés.

Bibliothèque de l'Ecole des Ponts-et-Chaussées. L'Ecole des Ponts-et-Chaussées possède une bibliothèque dont la création remonte à Perronet, son fondateur, qui lui légua ses livres, ses archives, ses modèles et son cabinet de physique. Cette collection s'est enrichie successivement par les dons de plusieurs ingénieurs parmi lesquels il convient de citer Lesage et De Prony, ainsi que par des acquisitions importantes. Elle renferme aujourd'hui plus de 45,000 volumes d'ouvrages se rapportant surtout à la science de l'ingénieur et un portefeuille considérable de dessins.

Un catalogue spécial a été dressé pour faciliter les recherches, et il serait d'un grand intérêt d'en faciliter l'accès à toutes les personnes dont les travaux se rattachent à l'art de l'ingénieur.

Bibliothèque du Conservatoire des Arts-et-Métiers. La bibliothèque du Conservatoire des Arts-et-Métiers est installée dans l'ancien réfectoire du prieuré de Saint-Martin-des-Champs. Elle est ouverte au public le dimanche et tous les jours de la semaine, sauf le lundi, de dix heures à trois heures.

Dans la semaine, elle reste ouverte le soir, de sept heures et demie à dix heures.

La bibliothèque, organisée en même temps que le musée, est actuellement riche de plus de 23,000 volumes, tous relatifs à l'art, aux sciences, à l'industrie ; ses collections spéciales, enrichies de nombreux manuscrits et ouvrages scientifiques remontant jusqu'au xve siècle, présentent une centralisation remarquable de documents pré-

cieux pour l'histoire de l'industrie, et l'accumulation constante des œuvres de nos savants et de nos industriels, ainsi que des publications périodiques des Sociétés savantes, tant nationales qu'étrangères, permet au praticien de suivre pas à pas les progrès des sciences et des arts, dans leurs applications industrielles. Les travaux de haute science, comme les descriptions détaillées et minutieuses des méthodes de travail et des tours de mains en usage dans les ateliers jusqu'à nos jours, sont assidûment consultés par une population laborieuse considérable, au milieu de laquelle le Conservatoire se trouve fort commodément installé.

La variation et la grande quantité des ouvrages techniques, ainsi centralisés à la bibliothèque du Conservatoire, permettent au public travailleur d'y puiser aisément les renseignements les plus utiles par toutes les branches de l'industrie, ou des sciences pures.

Ainsi l'on y trouve entre autres noms célèbres :

Pour la physique ou l'*astronomie :* Arago, Biot, Cassini, Copernic, Descartes, Euler, Gassendi, Galilée, Herschell, Keppler, Laplace. Monge, Ticho de Brahé ; puis, Ampère, Roger Bacon, Bréguet, Gay-Lussac, Borda, Haüy, l'abbé Nollet, Pascal, Volta ; des traductions de Newton, Priestley, Benjamin Franklin ; enfin, plus près de nous, Péclet, du Moncel, Janin, Gustave Lambert, Figuier, Paul Bert, Giffard, etc.

Pour la mécanique, la métallurgie : D'Alembert, Coriolis, Coulomb, Charles Dupin, le général Morin, Navier, Piobert, Poncelet, Tredgold, Vaucanson, Watt ; puis Bazin, Prony, Spineux, Siemens, Bessemer, Oredtenbacher, etc. Citons encore un ouvrage très rare de Bernard-Palissy.

Pour la chimie : Berthollet, Fourcroy, Faraday, Lavoisier ; et de nos jours, Thénard, Wurtz, Boussingault, Dumas, Payen ; puis Péligot, Liébig, etc.

En agriculture, nous trouvons : Mathieu de Dombasle, Olivier de Serres, Parmentier, Pierre de Neufchateau ; puis Hervé Mangon, Darwin, etc.;

L'histoire naturelle nous donne : Buffon, Bernardin de Saint-Pierre, Cuvier, Pline, Humbold, etc.

L'architecture : Rondelet, Vitruve, Coulomb, Ruggieri, une description par Rubbens, Viollet-le-Duc.

La bibliothèque contient, en outre, un nombre considérable de manuels, de dictionnaires techniques, d'encyclopédies, d'ouvrages d'enseignement professionnel ou purement scientifiques, d'annales, d'annuaires, de bulletins et de comptes-rendus de sociétés scientifiques et d'académies de tous pays.

Indépendamment de la bibliothèque proprement dite, le Conservatoire renferme la *galerie du portefeuille* où les constructeurs et tous les industriels trouvent des dessins exacts des machines les plus nouvelles à mesure qu'elles sont produites par l'industrie.

Les archives du Conservatoire renferment des pièces du plus haut intérêt, telles qu'un grand nombre des épures de Vaucanson, une lettre autographe de Fulton, relative à la navigation à la vapeur et dont la date prouve que c'est à tort qu'il passe pour être l'inventeur de ce nouveau mode de navigation.

Bibliothèque du Dépôt central de l'artillerie. Sous l'ancien régime, tous les documents intéressant l'artillerie de terre étaient réunis à l'Arsenal de Paris, à proximité des bureaux du Grand-maître ou de l'Inspecteur général. Depuis la création, en 1795, du Comité de l'artillerie, les archives et la bibliothèque de l'artillerie ont été mises à sa disposition et installées, par arrêté du Directoire du 5 frimaire an VI (27 novembre 1797), dans les maisons et emplacements des Jacobins, rue Saint-Dominique (aujourd'hui *place Saint-Thomas-d'Aquin*).

On y trouve tous les renseignements intéressant l'artillerie depuis les premières ordonnances de Henri II jusqu'à nos jours, ainsi que les principaux ouvrages qui ont paru non seulement en France, mais à l'étranger.

La bibliothèque, qui fait actuellement partie du Dépôt central de l'artillerie, n'est ouverte qu'aux généraux membres du Comité, à faire aides de camp, ainsi qu'à tous les officiers d'artillerie attachés au dépôt central ou au ministère de la guerre. Cependant les personnes qui, dans un cas exceptionnel désireraient consulter quelques-uns des ouvrages, peuvent être admis à le faire dans la salle de lecture, tous les jours de la semaine, de midi à cinq heures, après avoir obtenu l'autorisation de l'officier supérieur secrétaire du Comité, qui est en même temps directeur du matériel du dépôt central sous les ordres du président du Comité, commandant supérieur de l'établissement.

* **BIBLORHAPTE.** Sorte de livre mécanique muni en son milieu d'aiguilles qui servent à réunir des lettres ou des documents à consulter; une tringle à ressort maintient tous ces papiers, qui se trouvent en quelque sorte reliés au fur et à mesure de leur arrivée.

BIBLOT. Autre orthographe de *bibelot*.

BICHE. 1° *Art hérald.* S'est dit pour serpent. || 2° *Pied de biche.* Pinceau de poils courts qui sert à lisser les fonds de couleur dans la peinture sur porcelaine. || 3° On donne aussi le nom de *pied-de-biche* aux instruments ou objets dont l'extrémité est recourbée comme un pied de biche.

* **BICKFORD.** Le *cordeau Bickford* est employé dans les travaux de mine pour communiquer le feu à distance soit à une charge de poudre soit à l'amorce d'une cartouche de dynamite ; il se compose de deux enveloppes de fil de coton goudronnées, dans l'intérieur desquelles existe un petit canal rempli de composition fusante. Ce cordeau brûle lentement et régulièrement de 1 mètre en 90 secondes. Il y en a d'imperméable.

* **BICOCQ** ou **BICOQ.** *T. de constr.* Jambe de force qui sert à soutenir le *chèvre* quand il n'y a pas de muraille pour l'appuyer ; on dit aussi *pied-de-chèvre.*

* **BIDANET.** *T. de teint.* Suie de cheminée qui sert à faire une couleur brune ; on dit aussi *bidauct.*

* **BIDDERY.** *T. de métall.* Nom que l'on donne à des alliages de fer, de zinc, de cuivre et d'étain, inoxydables à l'air et qui trouvent un utile emploi dans l'art et l'industrie.

BIDET. 1° Meuble de garde-robe dans lequel est enfermée une cuvette longue et que l'on enfourche quand on veut s'en servir. || 2° Instrument de bois sur lequel le cirier travaille la cire. || 3° Instrument de bois qui a la forme d'un fuseau, taillé à plusieurs pans, avec lequel on creuse sur un cierge pascal les trous destinés à recevoir les grains d'encens. || 4° Sorte d'étau à mors dormant et à mors à charnière dont se servent les gaîniers. || 5° Sorte d'établi de menuisier.

BIDON. 1° Vase en fer blanc, propre à contenir une provision d'eau ou de tout autre liquide, à l'usage des soldats ; sur les navires, le bidon est en bois. || 2° Vaisseau en fer blanc dans lequel on met l'huile à brûler. || 3° Dans certaines usines métallurgiques, nom donné à des plaques qui résultent du dégrossissage des barres destinées à faire l'acier de la tôle. || 4° Barres d'acier destinées à être étirées au laminoir. || 5° Fer étiré en barres qui sert à la fabrication des canons de fusil.

BIEF ou **BIEZ.** 1° Petit canal qui détourne un cours d'eau pour ménager une chute ou une pente qui augmente le débit de l'eau d'un moulin. || 2° Partie comprise entre deux écluses ou deux pertuis sur un canal de navigation ; on appelle *bief supérieur* la partie supérieure qui se trouve en amont de l'écluse, et *bief inférieur* ou *sous-bief*, celle qui se trouve en aval.

BIELLE. *T. de mécan.* 1° Barre rigide, articulée à ses deux extrémités, et qui sert à transmettre le mouvement d'un point à un autre. Cet organe, d'un usage très fréquent dans les machines, sert le plus souvent à transformer un mouvement alternatif, circulaire ou rectiligne, en un mouvement circulaire continu.

Dans la machine à vapeur à balancier, par exemple, la bielle transforme le mouvement circulaire alternatif de l'extrémité du balancier en un mouvement circulaire continu de l'arbre du volant, tandis que dans les machines sans balancier, le mouvement rectiligne alternatif du piston est transformé directement par la bielle en circulaire continu. La transformation inverse peut s'observer dans les scieries, par exemple, où le mouvement circulaire continu de l'arbre moteur est transformé par une bielle en un mouvement rectiligne alternatif du châssis porte-lames.

En général, les deux points d'articulation d'une bielle sont assujettis à se mouvoir sur des trajectoires déterminées ; or, quelles que soient ces trajectoires, il existe entre les vitesses avec lesquelles elles sont parcourues par les deux extrémités de la bielle, une relation très simple qu'il est utile de rappeler.

Considérons par exemple la bielle MM' (fig. 385) d'une machine à balancier : l'extrémité M articulée au balancier parcourt d'un mouvement alternatif l'arc de cercle A M B, tandis que l'autre extrémité M', articulée au bouton de la manivelle, décrit la circonférence A' M' B'. Prolongeons les normales C M, C' M' aux trajectoires des points M et M' jusqu'à leur rencontre en O : le point O est ce qu'on appelle le *centre instantané de rotation* de la bielle ; c'est le point autour duquel tourne cette bielle lorsqu'elle passe de la position M M' à une position infiniment voisine. On a donc, en représentant par v et v' les vitesses linéaires des points M et M' :

$$\frac{v}{v'} = \frac{O\,M}{O\,M'}$$

Si nous suivons les variations de ce rapport lorsque la bielle parcourt un cycle complet, et si nous remarquons que dans une machine en mouvement, la vitesse de l'arbre moteur, et par suite la vitesse v' de l'extrémité de la bielle articulée au maneton de la manivelle, reste sensiblement constante, nous voyons que la vitesse v de l'extrémité articulée au balancier varie continuelle-

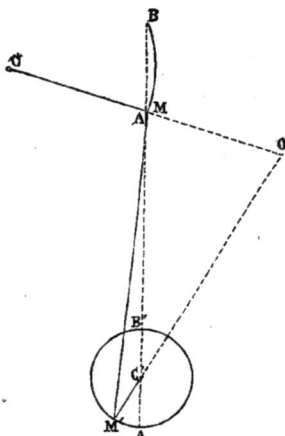

Fig. 385.

ment. En particulier, lorsque la bielle approche d'une position telle que A A' ou B B', dont la direction passe par le centre C' de la manivelle, et qu'elle dépasse cette position, on voit que la vitesse du point M diminue progressivement, passe par zéro, et change de sens.

Les points A', B', sont ce qu'on appelle des *points morts*, et les points A et B qui leur correspondent sont des *points de rebroussement*. Quand un point d'articulation d'une bielle arrive en un point mort, il ne peut le dépasser qu'en vertu de sa vitesse acquise, puisque la bielle agit alors normalement à la trajectoire de ce point.

On voit, d'après ce qui précède, qu'il y a intérêt, pour la régularité du mouvement, à placer l'axe C' de l'arbre de la manivelle sur le prolongement de la corde A B de l'arc décrit par l'articulation du balancier ; à l'aide de cette disposition, en effet, les deux points morts partagent la circonférence décrite par le bouton de la manivelle en deux parties égales.

Enfin, il est bon de remarquer que la vitesse de l'extrémité de la bielle articulée au balancier, diminuant progressivement et passant, par zéro, avant de changer de sens, le changement de direction dans le mouvement du piston a lieu sans choc, et par suite, contrairement à ce que l'on pourrait croire, sans perte de travail.

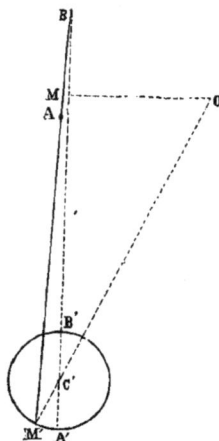

Fig. 386.

Tout ce que nous venons de dire concernant la bielle d'une machine à balancier s'applique aussi au cas d'une machine sans balancier (fig. 386) avec cette différence que l'extrémité M de la bielle articulée à l'extrémité de la tige du piston, au lieu de décrire un arc de cercle, parcourt d'un mouvement alternatif un segment de droite A B, dont la longueur est égale au diamètre de la circonférence décrite par le bouton de la manivelle. C'est sur le prolongement de la droite A B, c'est-à-dire

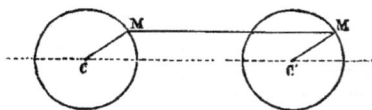

Fig. 387.

sur le prolongement de la tige du piston, qu'il est bon de placer l'axe de l'arbre manivelle, afin que les points morts partagent la circonférence A'M'B' en deux parties égales.

Nous avons vu plus haut que le rapport entre les vitesses des deux extrémités d'une bielle était généralement variable ; il est un cas cependant où ce rapport reste constant, c'est celui d'une *bielle d'accouplement* (V. ce mot). Dans ce cas, en effet (fig. 387), la bielle M M' reste constamment parallèle à elle-même et à la ligne des centres C C', et les normales aux trajectoires décrites par les points d'articulation M M', sont des rayons parallèles C M, C' M', qui se rencontrent toujours à l'infini. Les points d'articulation d'une bielle d'accouplement décrivent des cercles égaux et se meuvent toujours avec la même vitesse.

DIMENSIONS DES BIELLES. Il importe, pour qu'une bielle transmette convenablement l'effort qui la sollicite, que sa longueur soit la plus grande possible. On fait généralement cette lon-

gueur égale à 5 ou 6 fois le rayon de la manivelle.

Les bielles des machines à vapeur se font en fonte ou en fer forgé. La fonte s'emploie de préférence pour les machines à balancier ; dans ces machines, en effet, le poids considérable de la bielle n'est pas un inconvénient puisqu'il sert à équilibrer celui du piston et des différents organes

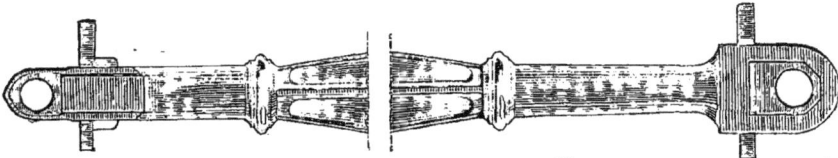

Fig. 388.   Fig. 389.

Bielle en fonte pour machine à balancier.

articulés sur le balancier. Au contraire, lorsque la bielle doit relier directement l'extrémité de la tige du piston au bouton de la manivelle, il y a intérêt à la rendre aussi légère que possible, et on la fait en fer forgé.

Bielle en fonte. Le corps d'une bielle en fonte est formé d'un noyau central à section circulaire, armé de quatre nervures situées dans deux plans perpendiculaires. Les dimensions du

noyau central doivent être calculées de façon à ce que ce noyau puisse résister seul aux efforts de tension et de compression auxquels la bielle peut être soumise ; on peut lui faire supporter un effort de 28 kilogrammes par centimètre carré au milieu, et 35 kilogrammes aux extrémités. Les nervures latérales, dont il n'est pas tenu compte dans le calcul précédent, sont destinées à s'opposer à la flexion qui pourrait tendre à se produire dans le plan du mouvement ou dans un plan per-

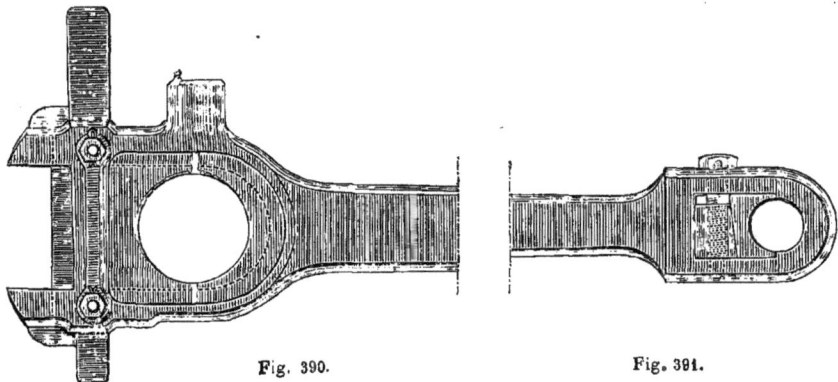

Fig. 390.   Fig. 391.

Bielle en fer forgé pour locomotive, système Crampton.

pendiculaire. La section cruciforme qu'on donne généralement aux bielles en fonte, n'est pourtant pas la plus convenable au point de vue théorique ; il résulte en effet des expériences de M. Hodgkinson qu'une bielle en fonte à section en croix est moins résistante qu'une bielle cylindrique, creuse et de même poids, dans le rapport de 12 à 40.

Bielle en fer forgé. Les bielles des machines à vapeur sans balancier se font ordinairement en fer forgé. Lorsque la machine est à cylindre vertical, on donne à la bielle une section circulaire, et cette section va en croissant depuis

les extrémités de la bielle jusqu'au milieu. Ce renflement au milieu a pour objet d'empêcher la bielle de fouetter. Pour les machines à cylindre horizontal, on préfère donner à la bielle une section rectangulaire, et l'on fait croître cette section depuis le point d'articulation de la bielle avec la tige du piston, jusqu'au bouton de la manivelle ; on a remarqué, en effet, que c'est dans le voisinage de ce dernier point qu'il y a le plus de tendance à la rupture, par suite des chocs provenant des variations brusques dans la résistance opposée au mouvement de l'arbre moteur.

On calcule les dimensions d'une bielle en fer

de manière à ce que le métal ne supporte pas un effort de plus de 100 kilogrammes par centimètre carré dans la section la plus faible, et de 60 kilogrammes dans la plus grande section.

TÊTES DE BIELLE. Les extrémités d'une bielle, qu'on appelle têtes de bielles, doivent être disposées de manière à pouvoir s'articuler d'un côté avec le maneton de la manivelle, et de l'autre avec la tige du piston ou avec l'extrémité du balancier. Lorsque l'articulation se fait avec deux tourillons, la bielle est terminée par une fourchette dont chaque branche s'articule avec un tourillon. L'articulation se fait généralement par l'intermédiaire de deux coussinets en bronze, qui embrassent le maneton ou le tourillon. Il existe, pour fixer ces coussinets à l'extrémité de la bielle, et en opérer le serrage, un très grand nombre de dispositions, et sous ce rapport, les têtes de bielles peuvent se subdiviser en trois classes :

1° les têtes fermées ;
2° les têtes ouvertes ;
3° les têtes à brides.

Les têtes fermées (fig. 389 et 391) sont évidées

intérieurement de manière à ce qu'on puisse y introduire les coussinets, le serrage s'obtient, soit au moyen d'une clavette (fig. 389) soit à l'aide d'un coin sur lequel on agit au moyen d'une vis de rappel (fig. 391).

Une tête ouverte (fig. 390) se compose de deux branches parallèles faisant corps avec la bielle, et laissant entre elles un vide dans lequel on introduit les coussinets ; on en opère ensuite le serrage au moyen d'une clavette et d'une contre-clavette à talons.

Enfin, on peut encore fixer les coussinets à l'extrémité de la bielle au moyen d'une bride en fer forgé qui embrasse les coussinets et l'extrémité de la bielle, et qu'on fixe au moyen d'une clavette et d'une contre-clavette, qui servent en même temps à serrer les coussinets (fig. 388). On remarquera qu'avec les dispositions représentées par les figures 388 et 390, le serrage a pour effet de diminuer tant soit peu la longueur de la bielle, tandis que avec les dispositions des figures 389 et 391, la bielle tend à s'allonger sous l'action du serrage ; il faut toujours avoir soin d'adapter ces

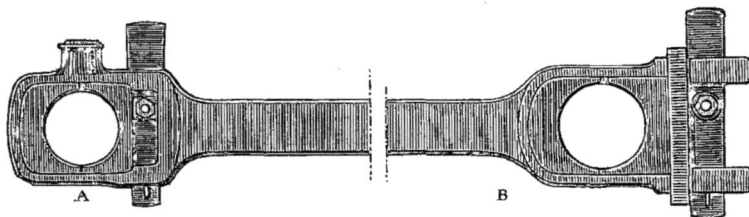

Fig. 392. — *Bielle d'accouplement pour locomotive.*

deux espèces de tête aux extrémités d'une même bielle, afin que la distance des articulations reste sensiblement la même, malgré l'usure des boutons et des coussinets.

Bielle en bois. Lorsque la bielle doit avoir une grande longueur, on peut avoir intérêt à la faire en bois, afin d'en diminuer le poids. C'est le cas, par exemple, des bielles destinées à commander des tiges de pompe.

Une bielle en bois est armée à ses deux extrémités de deux brides en fer qui embrassent entre elles les coussinets et forment têtes de bielles. Les brides sont fixées à la bielle par des boulons, et sont en outre terminées par deux talons qui pénètrent dans le bois, le serrage des coussinets s'opère au moyen d'une clavette et d'une contre-clavette.

Bielle ou barre d'excentrique. Lorsque la longueur de la manivelle est trop courte pour qu'on puisse commodément y fixer le bouton d'articulation de la bielle, on donne à ce bouton, qui prend alors le nom d'*excentrique*, un diamètre suffisant pour qu'il englobe l'arbre tout entier. La longueur de la manivelle est alors représentée par la distance des centres de l'arbre et de l'excentrique.

La bielle ou barre d'excentrique est articulée d'un côté avec l'organe qui doit recevoir ce mouvement alternatif, et de l'autre elle fait corps avec une bague en deux parties, dite *bague d'excentrique*, qui enveloppe l'excentrique. Cette disposition donne lieu à un frottement assez considérable entre la bague et l'excentrique, et ne doit être employée que lorsque les efforts à transmettre sont peu considérables. Elle est généralement adoptée pour donner le mouvement au tiroir qui règle l'admission de la vapeur dans le cylindre d'une machine. — V. EXCENTRIQUE.

Bielle en retour. Lorsque l'emplacement dont on dispose ne permet pas de placer l'arbre moteur à une distance suffisante du cylindre pour donner à la tige du piston et à la bielle tout le développement nécessaire, on a recours à la disposition dite de bielle en retour. La tige du piston est terminée par un cadre trapézoïdal, à l'intérieur duquel tourne la manivelle de l'arbre. La bielle, articulée d'un côté au sommet de ce cadre, *revient* s'articuler par l'autre extrémité avec la manivelle. On arrive encore au même résultat au moyen d'un piston à deux tiges ; ces tiges sont réunies à leurs extrémités par une traverse, et c'est à cette traverse qu'on articule la bielle en retour. Cette disposition est assez fréquemment employée dans les machines marines.

Il existe un autre moyen de transformer un mouvement circulaire continu en rectiligne alternatif : on obtient ce résultat au moyen d'une bielle, glissant horizontalement dans deux coussinets, et munie en son milieu d'une rainure transversale, dans laquelle roule un galet monté à l'extrémité d'une manivelle. Ce mécanisme, dans lequel la bielle elle-même est animée du mouvement rectiligne alternatif, donne lieu à des frottements assez considérables entre le galet et la rainure, et ne doit être employé que lorsque l'on n'a que de faibles efforts à transmettre.

Enfin, une autre disposition permet de transformer au moyen d'une bielle, un mouvement circulaire continu en un mouvement rectiligne alternatif, parallèle à l'axe de l'arbre moteur (dans les exemples précédents, le mouvement alternatif a lieu dans un plan perpendiculaire à cet arbre). A cet effet, un tambour monté sur l'arbre porte une rainure hélicoïdale qui revient sur elle-même de manière à former un circuit sans fin ; une bielle, guidée parallèlement à l'axe du tambour, porte un coulisseau qui s'engage dans cette rainure et reçoit ainsi un mouvement de va-et-vient parallèle à l'axe du tambour.

Cette disposition est adoptée dans certaines machines à imprimer pour donner le mouvement au marbre qui porte les formes.

Bielle d'accouplement. Dans une locomotive, la bielle motrice qui transmet le mouvement du piston au maître-essieu se relie par sa petite tête à la crosse du piston, et par sa grosse tête à la manivelle de ce maître-essieu.

Quand l'*adhérence* d'un seul essieu est insuffisante pour vaincre les résistances d'un train, on utilise l'adhérence des autres essieux à l'aide des bielles d'accouplement (fig. 392), qui, comme les bielles motrices, se composent d'une tige rigide terminée par deux têtes ou articulations.

Quelquefois même, lorsque l'accouplement s'étend à quatre essieux, pour faciliter le passage dans les courbes, on pratique sur la longueur de la bielle une articulation dont l'axe est vertical. Alors la bielle est encore rigide dans le sens vertical, mais lors de la circulation de la machine dans les *courbes* (V. ce mot), elle peut fléchir dans le sens horizontal quand elle obéit au déplacement transversal des essieux accouplés.

La partie A du dessin de la bielle représente la tête de bielle dite *à chape ;* la partie B, la tête de bielle dite *à fourche.*

|| 2° Dans les filatures, on nomme *bielle* les verges en fer qui, dans certains appareils des machines, comme les rota, les frotteurs des cardes les bobinoirs, etc., sont chargés de transformer le mouvement circulaire en mouvement de va-et-vient et *vice-versa.*

* **BIENAIMÉ** (PIERRE-THÉODORE), architecte, né à Amiens, mort à Paris en 1826, remporta le grand prix à l'Académie des Beaux-Arts. Il fit, entre

autres travaux importants, la restauration de l'église Saint-Germain-des-Prés, à Paris.

* **BIENFAISANCE.** *Icon.* Vertu que les artistes représentent sous les traits d'une jeune femme à la physionomie douce et affable, chastement drapée, et présentant la main droite ouverte tandis que l'autre tient une chaîne d'or, une pièce de monnaie, un pain ou tout autre objet destiné à soulager les malheureux. Elle a été quelquefois accompagnée d'un aigle qui laisse manger à d'autres oiseaux la proie qu'il tient dans ses serres.

BIÈRE. La bière est une boisson alcoolique que l'on obtient généralement en faisant fermenter la décoction ou l'infusion de l'orge germée, additionnée des principes amers et aromatiques du houblon.

HISTORIQUE. La bière était connue des anciens; elle aurait été inventée par les Egyptiens, qui sous les noms de *zythum* et de *curmi,* en faisaient un grand usage: elle fut d'abord préparée avec le blé et plus tard avec l'orge; la bière fabriquée à Peluse, que pour cette raison on appelait *boisson pélusienne,* était la plus renommée. De l'Egypte, l'usage de la bière se répandit bientôt en Grèce, où elle était nommée *oînos crithenos* (Théophraste) et *zuthos bruton* (Eschyle et Sophocle); les Romains, les Gaulois, les Germains, les Bretons et les Scandinaves ne tardèrent pas non plus à la connaître, et Tacite dit même, dans son *Histoire des mœurs et des coutumes des Germains,* que l'usage de la bière était pour ces peuples une véritable passion. Suivant Pline, les Gaulois désignaient cette boisson sous le nom de *cerevisia* (vin de Cérès ou de céréales) et ils appelaient *brance* le grain qu'ils employaient pour la préparer; de ces deux expressions sont dérivés le mot *cervoise,* qui était encore usité au XVIe siècle, et les mots *brasser, brasseur* et *brasserie,* qui subsistent toujours.

Il paraît, que dès le principe, on ne s'est pas borné à préparer simplement la bière en faisant fermenter la décoction de l'orge ou du blé, car on y ajoutait une substance aromatique ou amère pour lui donner du parfum, la colorer et l'empêcher d'aigrir, et c'est dans ce but que les peuples du Nord employaient des châtaignes grillées et les Egyptiens l'infusion de lupin ; mais ce n'est qu'à la fin du XIe siecle qu'on découvrit en Allemagne la valeur du houblon comme agent aromatique et conservateur, et à la suite de cette découverte, les Allemands acquirent bientôt, dans l'art de fabriquer la bière, une supériorité marquée, qui s'est conservée jusqu'à nos jours.

Aujourd'hui, on peut dire que la bière est connue dans le monde presque tout entier, mais elle ne constitue la boisson habituelle que dans l'Europe septentrionale, une partie de l'Europe centrale, les Etats-Unis d'Amérique et nos départements du Nord et de l'Est, c'est-à-dire dans les contrées dont les conditions climatériques s'opposent à la culture de la vigne.

Suivant Habich, le premier ouvrage technique sur la bière est dû à la plume de Thaddeus Hagecius, d'Hayck (Bohème), qui, en 1585, dans son livre intitulé : *De cerevisia ejusque conficiendi ratione, natura, viribus et facultatibus,* décrit avec une grande simplicité et une grande clarté les différentes opérations de la brasserie.

Le mot par lequel se désignée la boisson qui nous occupe varie naturellement avec les différents pays : les Anglais lui donnent le nom de *beer,* les Allemands celui de *bier* et les Hollandais la nomment *bir,* d'où serait dérivé le mot français *bière*; les Danois l'appellent *oll* ou *olt,* le Suédois *öl,* les Russes *kwas* et les Polonais *piwo,* les Espagnols *cerveza,* les Portugais *cerveja* et les Italiens *birra.*

STATISTIQUE DE L'INDUSTRIE DE LA BIÈRE. L'industrie de la bière a pris, dans ces dernières années, une importance considérable, par suite de sa consommation toujours croissante. C'est en Bavière, en Wurtemberg, en Belgique, en Angleterre et en Irlande que l'on boit relativement le plus de bière, comme on peut s'en rendre facilement compte par l'examen du tableau suivant, qui indique, pour l'année 1872, la consommation totale et la consommation par tête d'habitant, en Europe et en Amérique :

ÉTATS	POPULATION	CONSOMMATION totale en hectolitres	CONSOMMATION par tête en litres
Bavière.........	4.198.355	9.207.033	219.0
Wurtemberg.....	1.818.484	2.801.085	154.0
Belgique.......	4.829.320	7.000.000	145.0
Angleterre et Irlande.	30.838.210	35.682.591	118.0
Saxe:.........	2.556.244	1.545.279	60.5
Bade..........	1.461.428	418.955	56.0
Alsace-Lorraine....	1.638.546	836.312	51.0
Prusse.........	24.693.066	9.721.902	39.5
Autres États allemands	4.116.551	2.002.989	48.5
Hollande.......	3.652.070	1.355.718	37.0
Autriche-Hongrie....	35.644.858	12.211.999	34.5
Suède et Norwège...	5.860.165	783.400	27.0
Amérique du Nord..	38.650.000	9.981.998	26.0
France.........	36.103.000	7.000.000	19.5
Russie.........	63.658.934	9.740.000	14.0

Lorsqu'on mouille les grains des céréales de façon à les imprégner d'eau dans toute leur masse et qu'on les abandonne ensuite à eux-mêmes à une douce température, ils entrent bientôt en germination, et en même temps il se développe autour du germe une matière azotée, la *diastase* ou *maltose*, qui jouit de la propriété remarquable de transformer en dextrine et en sucre fermentescible (*glucose*) l'amidon renfermé dans le grain ; si, une fois cette métamorphose accomplie, on met le grain en contact avec de l'eau tiède, son amidon est saccharifié par la diastase, et il en résulte un liquide sucré ou moût, qui, sous l'influence d'un ferment, se transforme rapidement en une liqueur alcoolique.

Sur ces principes reposent les différentes opérations de la fabrication de la bière, opérations dont nous allons donner un court aperçu, en le faisant précéder de l'examen des matières premières que le brasseur met en œuvre.

Matières premières. Parmi les matières employées pour la fabrication de la bière, nous citerons tout d'abord l'orge et les autres céréales, par lesquelles elle est quelquefois remplacée entièrement ou partiellement ; viennent ensuite le houblon, l'eau et la glace, puis le ferment ou levure.

De toutes les céréales, l'*orge* est la plus généralement employée, non seulement parce que son prix est ordinairement moins élevé, mais aussi parce que la quantité d'amidon qu'elle renferme ne varie que très peu dans les diverses années et que quand elle est bien germée elle transforme l'amidon en sucre avec bien plus d'énergie que tout autre grain. Pour obtenir une bonne bière, il faut prendre une orge bien compacte, bien pleine, blanche à l'intérieur, riche en amidon, et dont l'enveloppe extérieure est mince, lisse et luisante. L'orge qui a poussé dans une terre calcaire doit être préférée à celle qui provient d'un terrain argileux. D'après Lermer, l'orge desséchée offre la composition centésimale suivante :

Amidon...................	68,43
Substances albuminoïdes ou azotées...	16,25
Dextrine.................	6,63
Matière grasse..............	3,08
Cellulose................	7,10
Substances minérales et autres principes	3,51

Indépendamment de l'orge, on emploie aussi quelquefois pour la fabrication de la bière, le froment, le seigle ou l'avoine ; toutes les matières amylacées susceptibles de fournir du sucre sous l'influence de la diastase, comme les pommes de terre, le maïs, le riz, la fécule, etc., peuvent d'ailleurs servir à cet usage, mais les bières obtenues avec ces substances sont de beaucoup inférieures en qualité à la bière préparée avec l'orge. Le froment, dont le prix est trop élevé pour être employé seul, ne donne une bonne bière que lorsqu'il est mélangé avec l'orge ; les bières de seigle et d'avoine se clarifient difficilement et s'aigrissent rapidement.

Souvent aussi, en France et en Angleterre, on ajoute au moût du sucre tout formé à l'état de mélasse, de cassonade ou de sirop de fécule ; cette addition, qui procure une grande économie et rend le travail plus facile, assure à la bière une conservation plus longue, en diminuant la quantité des principes les plus altérables de l'orge, qui alors est employée en proportion moins grande. Mais l'emploi du sirop de fécule, préparé par saccharification sulfurique, offre l'inconvénient d'introduire dans la bière du sulfate de chaux, et même un peu d'acide sulfurique libre, qui altèrent sensiblement les qualités de cette boisson et la rendent insalubre.

Après l'orge, la matière la plus importante pour la fabrication de la bière est le houblon (V. ce mot). Sous ce nom, on désigne, dans la brasserie, les fleurs femelles (cônes ou chatons) de l'*Humulus lupulus*, plante de la famille des urticées. Le houblon rend la bière plus saine et plus agréable au goût, car les principes qu'il contient en masquent la saveur trop douce et lui communiquent un arôme spécial. Les principes actifs du houblon se trouvent dans toutes les parties du cône, mais surtout dans les petites granulations farineuses qui existent à la base des bractées des folioles dont est formé le cône du houblon ; dans ces granulations, désignées autrefois sous le nom de lupuline, il existe des éléments chimiques assez nombreux, parmi lesquels l'*huile essentielle de houblon* et la *résine de houblon* sont les plus importants ; la première donne à la bière une odeur spéciale et la seconde lui communique sa saveur amère. Avec le temps, le houblon perd beaucoup de sa valeur, par suite de l'altération de son huile essentielle, aussi est-il indispensable de l'employer aussi frais que possible ; mais du houblon d'un an est encore tout à fait convenable, pourvu qu'il ait été récolté et conservé dans de bonnes conditions.

Jusqu'à présent, le houblon n'a pu être remplacé avec avantage par aucune autre substance ; on a bien essayé de lui substituer l'absinthe, le quassia, le trèfle d'eau, la petite centaurée, l'extrait aqueux d'aloës, le coriandre, le lactucarium et même, dans ces derniers temps, l'acide picrique. Au point de vue de la saveur, quelques-unes de ces matières pourraient parfaitement jouer le rôle du houblon, mais le principe aromatique, l'huile essentielle, à laquelle le houblon doit ses propriétés les plus précieuses, ferait toujours défaut, et leur introduction dans la préparation de la bière ne peut être considérée que comme une sophistication. On fabrique cependant des bières de fantaisie dans lesquelles le houblon est remplacé entièrement ou partiellement par d'autres substances aromatiques ; telles sont, par exemple, les *épinettes* et les *sapinettes*, ou *bières de Spruce*, que l'on obtient au Canada et aux Etats-Unis en substituant au houblon des bourgeons de sapin et de pin ; tel est aussi le *ginger beer* des Anglais, où l'on a fait infuser une certaine quantité de graines de gingembre.

L'*eau* (V. ce mot) destinée à la fabrication de la bière doit, en général, présenter les qualités que l'on exige des bonnes eaux potables. Elle ne doit donc avoir ni odeur ni saveur particulières, et ne pas marquer plus de 30 à 40° à l'hydrotimètre, c'est-à-dire qu'elle doit être douce, ou peu chargée en sels ; c'est pourquoi l'on préfère l'eau de rivière ou de source à l'eau de puits, qui offre presque toujours une dureté assez grande ; il faut en outre qu'elle ne tienne aucun corps solide en suspension et qu'elle ne soit pas souillée par des matières organiques. Pour le brassage, mais non pour le maltage, on peut cependant se servir d'une eau fortement séléniteuse (chargée de sulfate de chaux), et malgré cela obtenir une bière d'excellente qualité ; c'est même à la présence d'une grande proportion de sulfate de chaux dans l'eau employée par la brasserie Bass et Cⁱᵉ, à Burton on Trent (Angleterre), que le *burton-ale* fabriqué dans cet établissement doit sa qualité supérieure. Les eaux dont on se sert pour la préparation des célèbres bières de Pilsen (Bohême) renferment aussi des quantités assez grandes de sulfate calcaire. Lorsqu'on n'a à sa disposition que des eaux troubles ou chargées de matières organiques, altérées ou non, il est indispensable de les laisser reposer, avant de s'en servir, dans de grands réservoirs, et si cela ne suffit pas, de les filtrer à travers des couches de sable, de gravier et de charbon, et au besoin on détruira les matières organiques azotées au moyen de l'acide sulfureux, sans que l'on ait à craindre que cet acide exerce une action nuisible sur la fabrication.

La *glace* (V. ce mot) joue maintenant un rôle considérable dans la préparation des bières de qualité supérieure, et c'est surtout en Autriche que l'usage de cette matière est le plus répandu : à Vienne, d'après A. Girard, on évalue à 20 ou 50 kilogrammes, suivant les saisons, la quantité de glace dépensée par hectolitre de bière, tant pour le refroidissement du moût que pour la fermentation et la conservation en cave. En France, cet agent de réfrigération commence aussi à être employé dans les grandes brasseries, soit sous forme de glace naturelle, comme dans les départements de l'Est, à Nancy notamment, soit sous forme de glace produite artificiellement dans de grands appareils Carré, comme cela a lieu à Marseille, dans les deux brasseries de MM. E. Velten et Velten neveu.

Le *ferment* ou la *levûre* est l'agent au moyen duquel on provoque dans le moût le dédoublement du sucre en alcool et en acide carbonique, c'est-à-dire la fermentation. La levûre constitue à la fois une matière première et un produit de la fabrication de la bière, car une fois le moût mis en fermentation, on voit *la levûre se multiplier* avec une grande rapidité pendant toute la durée du phénomène, et c'est la levûre nouvellement produite qui sert pour faire fermenter une nouvelle quantité de moût.

La levûre se compose d'une quantité innombrable de cellules microscopiques désignées sous le nom botanique de *Saccharomices cerevisiæ* ou de *Hormiscium cerevisiæ* ; elle se présente sous forme d'une masse gris-jaune ou rougeâtre sale, d'une odeur désagréable et à réaction acide. On distingue deux sortes de levûres qui donnent chacune lieu à une fermentation particulière. La première, désignée sous le nom de *levûre haute* ou *superficielle*, est le produit d'une fermentation rapide et à une température élevée (12 à 27°), et placée dans les mêmes conditions elle provoque une fermentation de même nature, — *fermentation haute* ou *superficielle* ; — la seconde espèce, la *levûre basse* ou *levûre de dépôt*, prend naissance dans une fermentation lente et à basse température (4 à 11°), et elle donne lieu à une fermentation analogue, — *fermentation basse* ou *avec dépôt*. — La levûre superficielle se sépare à la surface du liquide en fermentation et la levûre basse se trouve au fond du vase après le soutirage du moût. Les deux sortes de levûre paraissent être deux variétés d'une seule et même espèce, présentant chacune à l'examen microscopique une forme spéciale, car les cellules de levûre superficielle sont généralement sphériques, et celles de la levûre de dépôt sont ellipsoïdales et un peu moins grosses que les précédentes. En France, en Hollande et en Angleterre, on emploie presque exclusivement la levûre superficielle, tandis qu'en Bavière et en Autriche, où l'on prépare des bières destinées à être conservées longtemps, on se sert de la levûre de dépôt.

Dans la préparation de certaines bières, comme les bières belges désignées sous le nom de *faro* et de *lambick*, on n'emploie pas de levûre pour provoquer la fermentation, on laisse le phénomène se développer de lui-même (*fermentation spontanée*), sous l'influence des germes répandus dans l'atmosphère, qui trouvant dans le moût un terrain propre à leur végétation, s'y transforment en cellules de levûre.

FABRICATION DE LA BIÈRE. La première opération de la *fabrication de la bière* est le *mouillage de l'orge* ; l'orge mouillée, c'est-à-dire imprégnée d'une quantité d'eau suffisante pour en déterminer la *germination*, est ensuite portée dans de vastes pièces, appelées *germoirs*, sur le sol desquelles on l'étend en couches épaisses de 12 à 15 centimètres, suivant la saison et la température ; là, la graine ne tarde pas à germer, et lorsque, sous l'influence de la germination, il s'est développé une quantité suffisante de diastase, ce que l'on reconnaît lorsque la plumule a atteint une longueur égale aux deux tiers de celle du grain, on arrête brusquement la germination.

Dans ce but, on fait sécher l'orge germée en l'étendant sur le plancher d'un grenier, à l'air libre, puis en la chauffant dans une étuve ; cette étuve, appelée *touraille*, consiste en une vaste chambre où sont disposés l'un au-dessus de l'autre deux planchers en toile métallique ou en tôle perforée, à travers desquels on fait arriver un courant d'air chauffé, suivant les circonstances, de 25 à 70°. Au sortir de la touraille, l'orge germée et desséchée (touraillée) est passée dans une tarare, par laquelle elle est débarrassée de toutes les radicelles séparées du grain ; ces déchets sont désignés sous le nom de *touraillons*.

Par ces opérations, le mouillage, la germination, la dessiccation et le touraillage, l'orge est devenue *malt* ; la première phase de la fabrication de la bière (le *maltage*) est terminée, et c'est alors qu'intervient le brasseur, dont le rôle est d'utiliser le mieux possible les matériaux que renferme le malt. Le maltage, qui sera décrit ultérieurement avec tous les détails nécessaires (V. MALTERIE), constitue fréquemment une industrie spéciale, en Angleterre notamment, où de grandes usines sont exclusivement consacrées à la préparation du malt.

Reprenons maintenant l'orge transformée en malt et suivons les différentes opérations que le brasseur va lui faire subir. Pour que la diastase développée dans le grain par la germination puisse transformer entièrement au contact de l'eau tout l'amidon en sucre (et en dextrine), il faut que le malt soit convenablement divisé ; c'est pour cela qu'on le soumet d'abord, après l'avoir humecté avec de l'eau, à l'action de moulins à farine ordinaires ou mieux de broyeurs à cylindres (*mouture* ou *concassage du malt*), en ayant bien soin de ne pas le réduire en farine, mais seulement de lui faire subir un broyage grossier, car le malt en poudre fine donnerait un moût presque impossible à filtrer.

Le malt moulu est ensuite mis en contact avec de l'eau (*préparation du moût* ou *brassage proprement dit*), dont la température ne doit pas dépasser 72°, car à une température plus élevée la diastase devient inerte et perd, par suite, ses propriétés saccharifiantes. L'addition de l'eau nécessaire ne se fait jamais en une seule fois, mais par portions successives *(trempes)*, et suivant la manière dont ces additions sont faites, on distingue deux méthodes différentes de brassage.

La première méthode, appelée *méthode par infusion*, est employée en Angleterre, en France, en Belgique, dans une grande partie de l'Allemagne du Nord, ainsi que dans quelques localités de l'Autriche et de la Bavière. Dans une grande cuve

(cuve-matière), on commence par délayer le malt avec de l'eau froide (*empâtage* ou *trempe préparatoire*), puis à l'aide de fourches ou fourquets, ou mieux d'agitateurs mécaniques, on le brasse vivement avec de l'eau chauffée à une température telle que le mélange s'échauffe à 52-55° ou à 60-65°, comme en Angleterre, ou même à 70-75°, comme en Allemagne. On abandonne alors la masse à elle-même pendant une demi-heure, afin que le malt s'hydrate, que ses principes se dissolvent et que la diastase commence à faire sentir son action. Au bout de ce temps, on porte la température à 70° en ajoutant encore de l'eau chaude ; on brasse de nouveau, puis on laisse l'action se continuer pendant deux ou trois heures, après quoi on soutire le moût obtenu dans un réservoir particulier appelé *(cuve-reverdoire)*. Après ce premier traitement par l'eau *(première trempe)*, il reste encore dans le malt une notable quantité de matière amylacée non transformée en sucre ; pour achever cette transformation, on procède à un nouveau brassage (*deuxième trempe*) en versant sur le malt resté dans la cuve-matière une nouvelle quantité d'eau chaude, et l'on réunit au premier dans la cuve-reverdoire le second moût ainsi produit. Enfin, on achève d'épuiser le malt avec de l'eau chauffée à 90°, en recueillant le produit à part, afin de l'employer pour la préparation de la *petite bière*. Le résidu de ces différents traitements, c'est-à-dire le malt épuisé, est désigné sous le nom de *drêche*.

Dans la deuxième méthode de brassage, ou *méthode par décoction*, le malt moulu est d'abord empâté, comme dans le procédé par infusion, avec de l'eau froide (trempe préparatoire), puis le mélange est porté à 34 ou 35° avec le reste de l'eau nécessaire pour l'opération toute entière ; c'est la première trempe. Après un brassage énergique et un repos d'une heure environ, on retire de la cuve-matière une portion du mélange pâteux que l'on chauffe à l'ébullition pour le retourner ensuite dans la cuve ; on brasse et la température du liquide est ainsi élevée à environ 50° (deuxième trempe). En répétant cette opération une troisième et une quatrième fois sur une partie de plus en plus faible du mélange, on obtient une troisième trempe à 60-65° et une quatrième et dernière à 72-75°. Cette dernière trempe est enfin soutirée dans un réservoir particulier (*bac à filtration*), duquel, après un brassage énergique et un repos suffisant, on fait écouler le moût clair dans la cuve-reverdoire. La matière pâteuse restée dans le bac à filtration contenant encore une assez grande quantité de sucre, on l'épuise par l'eau bouillante et on réunit le liquide obtenu au moût contenu dans la cuve-reverdoire ; le résidu de cette opération est enfin soumis à un dernier traitement par l'eau bouillante, qui donne un moût faible, que l'on recueille à part pour la préparation de la petite bière ; il ne reste plus alors que la drêche.

C'est à l'aide de la méthode par décoction que sont préparées les bières les plus estimées, et c'est celle que l'on emploie le plus généralement, avec différentes modifications, en Bavière, en Alsace et en Autriche, ainsi qu'en France dans les grandes brasseries.

Le moût obtenu par le brassage, quelle que soit d'ailleurs la méthode employée pour sa préparation, est ensuite cuit et houblonné. La *cuisson* et le *houblonnage* du moût sont faits dans des chaudières en cuivre ou en fer (rarement), à fond plat ou hémisphérique. Ces deux opérations se font quelquefois en même temps, mais généralement on fait bouillir le moût pendant quelque temps avant d'y ajouter le houblon. La première a pour but de transformer en sucre une portion de la dextrine qu'il renferme et de l'amener au degré de concentration nécessaire, et par la seconde on se propose de lui communiquer une légère amertume, qui en rend la conservation plus facile, et de lui donner l'arôme spécial qui caractérise la bière. La quantité de houblon dont on additionne le moût varie avec les différents pays, et aussi avec le temps pendant lequel la bière doit être conservée.

Le moût cuit et houblonné est ensuite refroidi, et, à cet effet, il est dirigé, de la chaudière à cuire dans de grands bacs à bords peu élevés (*bacs refroidissoirs*), où il retombe bientôt à la température ambiante; en hiver, le refroidissement ainsi produit est généralement suffisant pour que l'opération subséquente (la fermentation) puisse s'accomplir dans de bonnes conditions, mais en été il n'en est pas ainsi, et c'est pour cela que dans la saison chaude (et parfois aussi en hiver) le moût est soumis à un refroidissement complémentaire; on emploie dans ce but des appareils de forme variée, qui consistent tantôt en une série de tuyaux horizontaux ou verticaux dans lesquels circule le moût et autour desquels on fait arriver de l'eau glacée (*appareil de Neubecker*), tantôt en tuyaux traversés par un courant d'eau froide et sur lesquels on fait couler le moût (*appareil de Baudelot*).

Le refroidissement du moût est suivi de sa *fermentation*, qui constitue la dernière opération de la fabrication de la bière, dont le but final est de transformer en alcool et en acide carbonique, sous l'influence de la levûre, le sucre contenu dans le moût. La fermentation peut être faite dans deux conditions différentes : à la température ordinaire (à 15 ou 20°), ou à une température relativement très basse (à 4 ou 5°); dans le premier cas on opère par *fermentation haute* en employant de la *levûre superficielle*, et dans le second par *fermentation basse*, que l'on provoque avec de la *levûre de dépôt*, et lorsqu'on veut suivre cette dernière méthode, il faut naturellement pousser le refroidissement du moût beaucoup plus loin que lorsque c'est la première méthode qui doit être suivie. En général, les moûts que l'on soumet à la fermentation haute ont été obtenus par infusion, tandis que ceux qui proviennent du brassage par décoction sont traités par fermentation basse.

Pour faire fermenter le moût, on le transvase, après qu'il a été convenablement refroidi, dans des cuves (*cuves-guilloires*) qui présentent parfois, comme en Angleterre, une capacité énorme,

puis on le met en levain, en ajoutant une certaine quantité de levûre haute ou basse, suivant la nature de la fermentation qu'il s'agit de déterminer. Celle-ci se déclare bientôt et au contact de la levûre le sucre se dédouble en alcool et acide carbonique, dont les bulles gazeuses viennent crever à la surface du liquide. Cette métamorphose de la matière sucrée est accompagnée d'une certaine élévation de température, de laquelle il n'y a pas lieu de s'occuper quand on opère par fermentation haute, mais que, dans le cas contraire, il faut combattre énergiquement en refroidissant constamment le moût. Cette fermentation (la *fermentation principale*) est achevée en trois ou quatre jours pour la bière haute et en douze à quinze jours pour la bière basse; on transvase alors la liqueur dans des tonnes de dimensions moindres que la cuve-guilloire, et dans lesquelles on la laisse s'éclaircir et subir une seconde fermentation (*fermentation secondaire*), après quoi la bière peut être soutirée et livrée à la consommation.— V. BRASSERIE.

COMPOSITION DE LA BIÈRE. La *composition de la bière* est assez complexe; on y trouve de l'eau, de l'alcool, de l'acide carbonique, du sucre non décomposé (glucose), de la dextrine, les principes aromatiques et amers du houblon, des substances albuminoïdes, de la levûre, un peu de matière grasse, de glycérine et d'acide succinique, et les éléments minéraux de l'orge et du houblon (phosphates de magnésie, de potasse, de soude et de chaux, chlorure de sodium, sulfate de potasse et silice). L'acide carbonique communique à la bière une réaction acide qu'après l'élimination de ce gaz par ébullition on retrouve encore à un certain degré, et qui alors est due à l'acide succinique et fréquemment à la présence d'une certaine quantité des acides acétique et lactique; ces deux derniers acides existent en proportions assez notables dans les bières belges appelées faro et lambick, ainsi que dans la bière que, sous le nom de *gose*, on prépare en Saxe avec du froment et addition de sel.

Les principes qui entrent dans la composition de la bière peuvent être partagés en deux groupes distincts : les principes *volatils* et les principes *fixes*; ces derniers restent comme résidu lorsqu'on évapore la bière à siccité, et ils constituent ce qu'on appelle l'*extrait*. L'extrait et l'alcool, qui fait partie des principes volatils, sont les éléments qui influent le plus sur la qualité des différentes bières; de la richesse en alcool et en acide carbonique dépend le ton, le montant de la bière, et de la teneur en extrait dépend cette sensation particulière de plein qu'elle produit dans la bouche, sensation que l'on caractérise en disant que telle bière a ou n'a pas de bouche. Le *poids spécifique* de la bière est un peu plus élevé que celui de l'eau, il oscille entre 1,004 et 1,035.

De nombreuses analyses de bières ont été publiées par différents auteurs. Comme exemple, nous citerons les suivantes, qui se rapportent à quelques bières renommées de Munich, et sont dues à Lermer (R. Wagner et L. Gautier : *Nouveau traité de chimie industrielle*, t. II, p. 249) :

	POIDS spécifique	EXTRAIT p. 100	ALCOOL p. 100	ÉLÉMENTS minéraux p. 100
Bockbier, brasserie royale.	1.02467	7.73	5.08	0.28
Bière d'été, br. royale.	1.0141	4.93	3.88	0.23
Bière blanche, —	1.01288	4.37	3.51	0.15
Bockbier blanc (bière haute de froment). brasserie royale . .	1.0200	4.55	4.41	0.18
Bockbier de la brasserie Spaten.	4.02678	8.50	5.23	—
Salvatorbier.	1.03327	9.63	4.49	—
Bière d'hiver de la brasserie Lœwen. . .	1.0170	5.92	3.00	—

Voici maintenant les résultats auxquels est arrivé plus récemment A. Girard, en analysant des bières provenant des différentes brasseries européennes :

	ALCOOL p. 100	EXTRAIT par litre
Bières françaises :		
Bière de Nancy (Tourtel frères). .	5.7	76.50
Bière de Lyon.	3.5	50.05
Bière du Nord (Trelon).	3.7	32.96
Petite bière (dite de ménage). . . .	3.0	34.00
Bières belges :		
Lambick de Bruxelles.	5.8	36.80
Faro de Bruxelles	4.9	36.30
Bières anglaises :		
Pale ale.	6.5	51.54
Sparkling ale.	7.25	51.54
Extra stout.	9.0	85.00
Bières autrichiennes :		
Export-bier	4.50	78.00
Lager-bier	4.00	70.00
Bières de Bavière :		
Culmbach.	7.50	79.50
Nuremberg.	4.60	66.46
Munich.	4.30	65.50

Dans la bière faite, conservée dans des vases bouchés, la quantité de l'*acide carbonique* est souvent très considérable ; le liquide, qui est alors très mousseux, peut laisser dégager jusqu'à 6 et 8 fois son volume d'acide carbonique, et il n'est pas rare de rencontrer de jeunes bières de Hollande qui fournissent une mousse dépassant de 3 à 4 fois le volume de la bière (*Mulder*) ; cette grande quantité d'acide carbonique provient de la fermentation lente (*fermentation insensible* ou *tertiaire*) qui se produit toujours dans la bière une fois sa fabrication achevée, et comme l'acide carbonique ne peut pas se dégager au fur et à mesure de sa production, les vases étant fermés, il s'accumule dans le liquide. Mais lorsqu'on débouche le vase renfermant la bière et qu'on verse celle-ci, la majeure partie du gaz se dégage en produisant la mousse, et lorsque celle-ci a cessé, le liquide ne renferme plus, au maximum, qu'un volume

d'acide à peu près égal au sien, ce qui représente en poids environ 2 grammes pour 1 litre de bière, ou 0,2 0/0. Lorsque, au lieu d'être en vase clos, la bière se trouve dans un tonneau ouvert, la proportion de l'acide carbonique reste, pour ainsi dire, invariable, parce que le gaz résultant de la fermentation tertiaire se perd dans l'air à mesure qu'il se produit, et comme dans le cas précédent, le liquide ne retient pas plus de 0,2 0/0 d'acide carbonique. On admet généralement que la quantité en poids de l'acide carbonique contenu dans la bière varie entre 0,1 et 0,2 0/0. La proportion du *sucre* oscille entre 0,2 et 1,9 0/0, et celle de la *dextrine* entre 4,6 et 4,8 0/0. Suivant Mulder, 1 litre de bière renferme en moyenne 5 gr. 6 de substances albuminoïdes ou azotées.

Différentes sortes de bières. Les indications que nous venons de donner relativement à la composition de la bière, notamment en ce qui concerne la teneur en alcool et en extrait, prouve déjà qu'il existe entre les bières des différents pays de notables différences, fait qui devient encore plus évident si l'on compare ces bières au point de vue de la *qualité*. A. Girard, dont nous avons cité précédemment les analyses, a fourni sur ce point, à l'occasion de l'Exposition de Vienne (1873), des renseignements très précis, que nous allons donner dans les propres termes de l'auteur.

— Les bières, dit ce chimiste, diffèrent entre elles au moins autant que les vins, et aux habitudes de chaque localité correspondent des produits de goûts et de composition divers.

Les bières que l'on consomme en Bavière, en Wurtemberg et même dans toute l'*Allemagne*, sont généralement fortes, de très bonne qualité, parfois cependant un peu lourdes ; lorsqu'elles sont destinées à la consommation locale, elles renferment de 4 à 4,5 0/0 d'alcool et 60 à 90 grammes d'extrait par litre ; mais très fréquemment les bières consommées en Bavière offrent une richesse alcoolique de 5,6 et même 7 0/0, teneur que l'on rencontre dans les bières destinées à l'exportation, et, en outre, ces dernières ont en général une amertume très grande, due à l'addition d'une plus forte proportion de houblon. Les bières bavaroises sont habituellement de couleur jaune foncé, produite par l'emploi de malt fortement touraillé. Quelquefois elles sont franchement brunes et alors colorées avec du caramel. Toutes ces bières sont obtenues par fermentation basse.

Les bières *belges* sont toutes différentes des bières allemandes par leur goût et leur composition. On en connaît des variétés pour ainsi dire infinies : le lambick, le faro, l'uytzet, etc. ; toutes sont caractérisées par ce fait, qu'elles ne sont pas mises en levain, et que leur fermentation, se déclarant spontanément, abandonnée ensuite à elle-même, va se poursuivant lentement, peu à peu, pendant deux ou trois années, si bien que dans ces conditions, on voit, au bout d'un certain temps, le moût, obéissant aux lois naturelles, passer de la fermentation alcoolique à la fermentation acide, et que toutes ces bières en fin de compte, se présentent au consommateur alors que, déjà, elles sont aigries et renferment, à côté d'une certaine quantité d'alcool non encore détruit, des proportions notables d'acide acétique et d'acide lactique. Les bières de cette sorte se rencontrent également dans le nord de la France.

Les bières *anglaises* sont des bières renommées, et avec raison ; elles sont fortes, alcooliques comme des vins, admirablement bien fabriquées. Mais elles pèchent par l'exagération de leur parfum et l'excès de leur amertume Mais ce sont là précisément, auprès du consommateur anglais, de véritables qualités, qui sont dues à l'emplo. à haute dose des houblons de Kent et de Surrey. On peu ranger les bières anglaises en deux grandes classes : les bières pâles et les bières colorées; les premières sont habituellement désignées sous le nom d'*ale*, les autres sous les noms de *porter* et de *stout*.

Les bières *autrichiennes* sont des bières fines, légères, parfumées, peu colorées, qui lorsqu'on les destine à la consommation locale ne renferment pas plus de 3,5 à 4 0/0 d'alcool, et dont la richesse, lorsqu'elles doivent être exportées, s'élève à 4,5 et même quelquefois à 5 0/C, mais rarement au delà. La proportion des matières extractives y est parfaitement calculée et telle que le produit soit absolument satisfaisant, tant sous le rapport du montant que sous le rapport de la bouche. Comme les bières allemandes, les bières autrichiennes sont obtenues par fermentation basse; mais le maintien des températures aussi près que possible de zéro est peut-être mieux observé en Autriche qu'en Allemagne; leur moindre richesse en alcool vient d'ailleurs s'ajouter à leurs autres qualités pour en faire une boisson parfaite.

Enfin, en *France*, on rencontre les bières les plus diverses. La brasserie, dont l'école était autrefois à Lyon semble vouloir adopter, et avec raison, les procédés allemands et surtout les procédés autrichiens, dont l'emploi commence à prendre un général, et c'est ainsi qu'aux deux extrémités de la France, à Marseille, à Nancy, ainsi qu'à Paris, la fabrication des bières par fermentation basse a pris aujourd'hui un certain développement. Cependant les anciens procédés sont encore en usage dans diverses contrées; à Lyon, on fait encore de la vieille bière française, agréable, mousseuse, mais malheureusement d'une altération très facile; dans le Nord on retrouve les bières acidules, semblables aux bières belges, et à côté de ces bières, sur tout notre territoire, de petites bières pauvres en alcool et en matières extractives, dans la production desquelles le sucre de fécule est employé à la place d'une certaine quantité de malt. Entre ces divers produits, tous de fabrication française, mais obtenus par des procédés différents, existent d'ailleurs les différences les plus grandes, sous le rapport de la richesse alcoolique et de la teneur en extrait.

BIÈRE CONCENTRÉE. Sous le nom de *bière concentrée*, on prépare depuis quelque temps en Angleterre, d'après les indications de E. Lockwood, un produit destiné pour l'exportation, qui renferme sous un très petit volume les éléments constituants de la bière. Pour obtenir ce produit, on évapore la bière dans le vide jusqu'à ce qu'elle soit réduite au huitième ou au douzième de son volume primitif, et transformée en un extrait épais et visqueux ayant à peu près la consistance de la mélasse. Les vapeurs d'eau et d'alcool qui se dégagent pendant l'évaporation sont ramenées à l'état liquide dans un condensateur en communication avec l'appareil évaporatoire, et en rectifiant le produit condensé on en retire l'alcool que l'on mélange à la bière concentrée immédiatement dans les vases où celle-ci doit être expédiée dans un autre moment. L'extrait ainsi préparé est à l'abri de toute fermentation et se conserve parfaitement pendant un temps très long dans tous les climats.

Pour reconstituer la bière avec ses propriétés primitives, il suffit d'ajouter à l'extrait le volume d'eau expulsé par l'évaporation et de faire ensuite

fermenter le mélange avec un peu de levûre; au bout de quarante-huit heures, la bière est régénérée, on peut la soutirer et la boire; on peut aussi la mettre en bouteilles en la chargeant d'acide carbonique.

Sous le nom de *zéllithoïde* ou de *pierre à bière* (*bierstein*), on désigne en Allemagne un produit obtenu en évaporant du moût de bière à consistance solide, qu'il suffit, pour le transformer en bière, de dissoudre dans une quantité d'eau convenable et de faire fermenter.

ANALYSE DE LA BIÈRE. En analysant la bière, on a généralement pour but de déterminer si les principes qui entrent dans sa composition se trouvent dans des proportions convenables; mais il est bon, avant de procéder à cette détermination d'examiner les qualités physiques de la boisson. Pour cet examen, la dégustation joue le rôle principal. Une bonne bière doit être limpide, mousser suffisamment, bien remplir la bouche, avoir l'arôme ou bouquet spécial dû au houblon et au malt, et enfin offrir une saveur fraîche ou acidule, vineuse, douce-amère.

L'alcool, l'extrait, les éléments minéraux et l'acide carbonique, et, dans certains cas, les acides acétique et lactique, étant les éléments qui exercent le plus d'influence sur les qualités des bières, sont ceux dont le plus souvent on se borne à déterminer les proportions.

La richesse en *alcool* peut, comme dans toute autre boisson fermentée, être déterminée par distillation, à l'aide de l'alambic de Salleron ou plus exactement au moyen de l'appareil de D. Savalle. — V. ALCOOMÉTRIE.

Pour déterminer la teneur en *extrait*, on évapore à sec au bain-marie, dans une capsule en porcelaine ou en platine tarée, un volume de bière exactement mesuré (20 ou 25 centimètres cubes), et l'on chauffe le résidu dans une étuve à 110 ou 115°, jusqu'à ce qu'on ne remarque plus de diminution de poids; on laisse alors refroidir la capsule avec son contenu sous une cloche en présence d'acide sulfurique et on la pèse. Le poids trouvé, moins celui de la capsule, représente le poids de l'extrait contenu dans la quantité de bière prise pour l'analyse, et ce poids, multiplié par 50 ou par 40 (suivant que l'on a pris 20 ou 25 centimètres cubes de bière), donne la teneur en extrait par litre. L'opération plus rapide et en même temps plus exacte si l'on effectue l'évaporation dans un tube de verre recourbé en U, que l'on chauffe à 100 ou 130° et à travers lequel on fait passer un courant d'air sec.

En incinérant dans un creuset de platine taré l'extrait provenant de l'opération précédente, dont le poids est exactement connu, et pesant le résidu, on obtient la proportion des *éléments minéraux*.

Le dosage des acides carbonique, acétique et lactique n'offrant ordinairement que peu d'importance au point de vue pratique, nous renverrons pour la détermination de ces éléments aux ouvrages spéciaux et notamment au *Manuel d'essais de* P. Bolley, 2e édition, p. 792. En ce qui concerne l'acide carbonique, on est du reste suffisamment renseigné sur sa quantité par la mousse plus ou moins abondante que produit la bière lorsqu'on la verse, et lorsque la bière ne mousse pas et qu'elle est dépourvue de la saveur acidule, on peut dire qu'elle renferme une proportion insuffisante de ce gaz.

L'analyse de la bière peut aussi être effectuée à l'aide de procédés particuliers, qui sont surtout en usage dans les grandes brasseries. Nous voulons parler des méthodes imaginées par Balling, (*essai saccharimétrique*), par Fuchs (*essai halymétrique*) et par Metz (*essai aréométrique*); la méthode aréométrique de Metz, qui est la plus récente, mérite surtout d'être recommandée à cause de sa simplicité plus grande et elle semble d'ailleurs devoir supplanter les deux autres. Ne pouvant entrer ici dans la description des manipulations assez nombreuses que nécessitent ces méthodes, nous nous bornerons à renvoyer le lecteur au *Manuel d'essais*, de P. Bolley (p. 795 et 807), et au *Traité de chimie industrielle*, de Wagner et L. Gautier (2ᵉ édit., t. II, p. 253).

Altérations de la bière. La bière, comme les autres boissons fermentées, est sujette à différentes maladies ou altérations spontanées; elle peut devenir aigre ou acide, plate ou fade, filante, putride, moisie et amère.

La bière devient *aigre*, lorsqu'elle est conservée dans des vases imparfaitement fermés ou lorsque, pendant son transvasement d'un tonneau dans un autre, on n'a pas eu soin de la maintenir autant que possible à l'abri du contact de l'air; elle subit alors la *fermentation acétique* sous l'influence d'un champignon microscopique désigné sous le nom de *Mycoderma aceti*. (V. Ferment et Fermentation). Dans ce cas, la quantité d'acide acétique est considérablement augmentée et celle de l'alcool, aux dépens duquel s'est formé cet acide (V. Acide acétique), est au contraire diminuée. La bière ainsi altérée offre un goût aigre, tout à fait différent de la saveur acidule due à l'acide carbonique; elle doit alors être rejetée.

On peut, cependant, lorsque l'acidité n'est pas trop prononcée, rendre la bière potable et arrêter l'acidification, en y ajoutant du bicarbonate de soude, puis un peu de moût jeune et de sirop de fécule, afin de provoquer une nouvelle fermentation; on colle ensuite avec addition de tannin et l'on conserve dans des tonneaux bouchés. La bière ainsi traitée doit être débitée rapidement.

On rencontre quelquefois dans la saison chaude des bières qui offrent une acidité particulière, et ressemblent au goût des fruits verts; ce sont les *bières à goût d'été* des brasseurs.

On dit d'une bière qu'elle est *plate* ou éventée, lorsqu'elle offre une saveur fade. Cette maladie est due à l'absence presque complète d'acide carbonique ou d'acide carbonique et de sucre; elle se produit lorsque, la bière étant renfermée dans des vases imparfaitement bouchés, la source de l'acide carbonique, qui remplace continuellement celui qui se perd dans l'air, c'est-à-dire la fermentation insensible vient à s'arrêter par suite du manque de levûre, qui a été entièrement consommée, ou manque de sucre, qui a été complète-

ment décomposé. Pour remédier à ce défaut, on pourrait essayer d'introduire de l'acide carbonique dans la bière, mais on n'obtiendra jamais un bon résultat, parce que la fermeture incomplète des vases a aussi entraîné la perte d'une partie du bouquet.

Les bières plates *moisissent* très rapidement; mais d'autres fois le goût de moisi ou de fût provient de ce que les parois du tonneau étaient couvertes de moisissures; les bières qui présentent ce défaut à un haut degré sont perdues sans remède.

On peut toutefois essayer de les en débarrasser, du moins en partie, en les agitant avec du noir animal, employé à la dose de 30 à 40 grammes par hectolitre.

Dans les brasseries, où les soins de propreté font défaut, la bière devient facilement *putride*; elle offre alors une odeur infecte et est fortement troublée.

La bière devient *amère* lorsque, pendant la fermentation complémentaire, il se sépare une partie de la résine de houblon sous forme de particules extrêmement fines, qui restent en suspension et se déposent ensuite, lorsqu'on boit la bière, sur la langue, où elles laissent un goût amer persistant très longtemps; la bière ainsi altérée perd toujours un peu de sa limpidité. Pour faire disparaître ce défaut, on ajoute au liquide de la bière haute incomplètement fermentée en remplissant le tonneau jusqu'à la bonde; la résine de houblon et le ferment sont alors expulsés par l'acide carbonique (Habich).

Les bières *filantes* sont celles qui ont subi la *fermentation visqueuse* et la *fermentation lactique* (V. Ferment et Fermentation), et c'est ce qui arrive lorsqu'elles renferment beaucoup de gluten, comme les bières préparées avec du froment, ou lorsqu'elles ne sont pas suffisamment houblonnées. Les bières ainsi altérées sont épaisses et visqueuses comme du sirop ou du blanc d'œuf; on peut les verser d'une très grande hauteur sans que la colonne se divise; en même temps elles prennent une vilaine couleur et un goût suret.

On peut guérir cette maladie au moyen du tannin; dans ce but, on ajoute par hectolitre de bière, 15 à 20 grammes de cachou ou de kino, on agite bien, on laisse reposer et l'on soutire.

La *fermentation butyrique* se déclare quelquefois dans la bière, qui prend alors une odeur de beurre rance.

Suivant Habich, on peut détruire cette odeur en agitant la bière à plusieurs reprises avec de l'huile d'olives ou de noix et ajoutant ensuite un peu de moût en fermentation.

D'après Pasteur, la plupart des altérations de la bière sont la conséquence du développement et de la multiplication d'organismes microscopiques ou *ferments de maladie*, dont les germes sont apportés par l'air, et notamment par la levûre, qui en renferme toujours des quantités plus ou moins grandes (V. Pasteur, *Etudes sur la bière*). Il résulte de là qu'en s'opposant à l'introduction de ces ferments pendant le cours de la fabrication de la bière ou en paralysant leur développement ultérieur dans la bière faite on pourra empêcher celle-ci de devenir malade. Il suffit pour cela de suivre le procédé de brassage imaginé par Pasteur (V. BRASSERIE), ou de soumettre la bière au chauffage (d'après la méthode de Pasteur), ou bien encore d'y introduire des substances antiseptiques, comme le sulfite de chaux, et l'*acide salicylique* (V. ce mot). Ce dernier, employé à la dose de 5 à 10 grammes par hectolitre, donnerait d'excellents résultats et ne présenterait pour la santé aucun inconvénient. Pour se servir du sulfite de chaux, qui est livré au commerce à l'état liquide, on remplit d'abord de bière la moitié du tonneau, puis on y verse le liquide conservateur dans la proportion de 1 millième de la capacité entière du tonneau.

Lorsque la bière a séjourné longtemps et s'est refroidie dans des vases en cuivre mal étamés, elle peut contenir une certaine quantité de *cuivre* et l'on peut aussi y découvrir du *plomb* lorsqu'on s'est servi de bacs à repos doublés de plomb, et surtout de corps de pompe faits avec ce métal. La présence de ces deux métaux, très nuisibles à la santé, peut être facilement reconnue dans le résidu de l'incinération de l'extrait ; ce résidu repris par l'acide azotique étendu, donne, dans le cas de la présence du cuivre, une dissolution bleuâtre devenant plus foncée lorsqu'on y ajoute de l'ammoniaque, et qui, s'il y a du plomb, est précipitée en blanc par l'acide sulfurique et en jaune par l'iodure de potassium.

FALSIFICATIONS DE LA BIÈRE. De toutes les falsifications que l'on fait subir à la bière, les plus fréquentes sont celles qui ont pour but de remplacer le houblon, qui est la matière première la plus coûteuse, par des substances amères telles que l'*absinthe*, l'*aloès*, la *coloquinte*, l'*écorce de buis*, le *trèfle d'eau*, la *gentiane*, le *quassia*, la *salicyne* ou l'*écorce de saule*, la *noix vomique* ou la *strychnine*, l'*acide picrique*, etc. La recherche de ces différentes substances peut être effectuée assez simplement d'après la méthode générale indiquée récemment par Dragendorff et Kubicki ; cette méthode, que nous ne pouvons décrire ici, consiste à agiter successivement la bière suspecte, rendue acide ou alcaline, avec de l'éther de pétrole (pétrole rectifié), de la benzine et du chloroforme ; ces dissolvants absorbent les substances en question et les abandonnent ensuite par évaporation sous forme d'un résidu, dans lequel on les reconnaît au moyen de réactions spéciales (V. Bolley, *Manuel d'essais*, p. 817) ; à l'aide de ce procédé on peut également découvrir la présence des *substances narcotiques* (*opium, coque du Levant*, etc.) que l'on ajoute quelquefois à la bière pour augmenter son action énivrante.

Suivant Bolley, si l'on mélange de la bière bouillie avec du sel marin, l'odeur propre au houblon se manifeste d'une manière très caractéristique et les additions de substances autres que le houblon sont assez faciles à reconnaître.

Pour découvrir l'*acide picrique*, qui communique à la bière une amertume très désagréable on fait digérer pendant quelque temps, dans le liquide acidulé par un peu d'acide chlorhydrique

un brin de laine blanche ; on traite ensuite celle-ci par de l'ammoniaque chaude, on filtre, on évapore au bain-marie et l'on verse sur le résidu quelques gouttes de cyanure de potassium, qui donne lieu à une coloration rouge dans le cas de la présence de l'acide picrique. Cette méthode est très sensible (Brunner).

On falsifie aussi la bière avec des *matières colorantes étrangères* : *caramel*, *chicorée*, *suc de réglisse*, etc., dans le but de rehausser sa teinte, avec des *substances aromatiques* ou *acres* : *baies de genièvre, clous de girofle, garou, pyrèthre, gingembre*, etc. On y trouve aussi quelquefois du carbonate de soude ou de potasse, qui a été employé pour détruire l'acidité d'une bière devenue aigre. Enfin, on affaiblit la bière en y ajoutant de l'eau, et on rehausse ensuite sa saveur en y dissolvant un peu de sel marin.

L'emploi du sirop de fécule à la place d'une certaine quantité de malt, dont il a été parlé précédemment (matières premières), ne peut guère être considéré comme une falsification, puisqu'il est toléré par l'autorité.

DE LA BIÈRE AU POINT DE VUE HYGIÉNIQUE. La bière est une excellente boisson ; elle apaise la soif par la grande proportion d'eau qu'elle renferme, elle stimule l'estomac par son alcool, elle rafraîchit par son acide carbonique, et elle est en même temps alimentaire par les substances azotées, la dextrine et le sucre, ainsi que les phosphates et les autres sels qu'elle tient en dissolution ; en outre, les principes amers qu'elle emprunte au houblon la rendent tonique et apéritive. C'est précisément sur ces propriétés qu'est basé l'usage habituel de la bière dans les pays dont le climat ne permet pas la culture de la vigne, et par sa composition elle joue le rôle d'un aliment complet, car elle renferme des principes de calorification (alcool, glucose, dextrine, etc.), des principes azotés (substances albumineuses) et des principes minéraux (phosphates et autres sels).

Prise à dose modérée et à l'heure des repas, la bière exerce une action très favorable sur la digestion et provoque la diurèse, mais ce dernier effet se fait surtout sentir lorsque la bière est bue en grande quantité en dehors des repas. Comme toutes les boissons alcooliques, la bière produit l'ivresse, mais bien moins rapidement que le vin ; certains buveurs en absorbent même des quantités véritablement incroyables avant de perdre la raison. L'ivresse de la bière est une sorte de somnolence hébétée, suivie d'un sommeil lourd et prolongé, et tandis que l'abus du vin détermine la maigreur, l'abus de la bière provoque au contraire l'embonpoint.

Les avantages de l'usage de la bière étaient déjà connus des anciens. L'école de Salerne en fait le plus grand éloge.

Bibliographie : ROHART : *Traité de la fabrication de la bière*, Paris, 1848 ; LACAMBRE : *Traité de la fabrication des bières*, Bruxelles, 1856 ; MULDER : *De la bière*, traduit du hollandais, par Delondre, Paris, 1865 ; BALLING : *Die Bierbrauerei*, Prague, 1865 ; HABICH : *Schule der Bierbrauerei*, Leipzig, 1869 ; L. Wagner : *Die Bierbraue-*

rei, etc., Weimar, 1870; A. GIRARD : *Rapport de la Commission française à l'Exposition de Vienne*, 1873: GRAHAM : *Leçons sur la fabrication de la bière*, traduit de l'anglais, *in Monit. scient*, 1874-1875; PASTEUR : *Etudes sur la bière*, Paris, 1876; BOLLEY : *Manuel d'essais et de recherches chimiques*, traduit par L. Gautier, p. 791, Paris, 1877; SOUTHBY : *Considérations sur la fabrication de la bière*, traduit de l'anglais, *in Monit. scient.*, 1878; LINTNER : *Lehrbuch der Bierbrauerei*, Brunswick, 1878; BLONDEAU : *La science de la brasserie*, Aix, 1878; MAYER : *Lehrbuch der Gærhungschemie*, Heidelberg, 1878; PAYEN : *Précis de chimie industrielle*, t. II, p. 380, Paris, 1878; R. WAGNER et L. GAUTIER : *Nouveau traité de chimie industrielle*, t. II, p. 209, Paris, 1879; PUVREZ-BOURGOIS : *Traité pratique de la fabrication des bières et du maltage des grains*, Lille; CARTUYVELS et STAMMER : *Traité de la fabrication de la bière et du malt*, Bruxelles et Liège, 1879. — Journaux: *Le Moniteur de la brasserie*, Bruxelles; *Revue des bières et des vins*, Bruxelles; *Journal des brasseurs*, Lille; *Le Brasseur*, Sedan; *Der Bierbrauerei*, Liepzig; *Der bayerirche Bierbrauer*, Munich; *Der schwœbische Bierbrauer*, Waldsee; *Allgemeine Zeitschrift für Bierbrauerei und Malzfabrikation*, Vienne; *Der bœmische Bierbrauerei*, Prague; *The Brewers journal*, Londres; *The Brewers Guardian*, Londres; *The american Brewer*, New-York; *The Brevers gazette*, New-York; *Elsaessiche Hopfen-und Brauerzeitung*, Haguenau; *Allgemeine Hopfenzeitung*, Nuremberg; *Saazer Hopfenzeitung*, Saaz. — Dʳ L. G.

* **BIET** (LÉON-MARIE-DIEUDONNÉ), architecte, né à Paris en 1785, mort en 1857, a construit le bel escalier de la bibliothèque Mazarine et la maison de François Iᵉʳ aux Champs-Élysées.

* **BIÉTRY** (LAURENT), fabricant de châles, naquit en 1799, à Bagnolet, près Paris. Entré comme apprenti chez Richard-Lenoir, il devint ouvrier et parvint rapidement à une situation honorable dans l'industrie. En 1834, M. Charles Dupin le proposait comme exemple à ses élèves, et disait à son cours du Conservatoire : « Je suis heureux de pouvoir offrir à votre émulation l'exemple d'un industriel qui commença par être un simple ouvrier, qui s'instruisit par l'expérience et la réflexion, et qui s'éleva par degrés jusqu'à fonder et développer un des plus beaux ateliers de filature dans le département de Seine-et-Oise. » Chevalier de la Légion d'honneur depuis 1839, il avait été nommé officier du même ordre en 1852. M. Biétry fut un grand industriel et un habile commerçant, mais on lui a reproché un trop grand amour de la réclame.

BIEZ. — V. BIEF.

* **BIFFE.** S'est dit pour faux ornement, pierre fausse.

BIFURCATION. T. de chem. de fer. Point où une ligne de chemin de fer se subdivise en deux lignes distinctes, desservant deux directions. Toute bifurcation simple, c'est-à-dire toute subdivision d'une voie unique en deux autres voies, comporte essentiellement un appareil appelé *changement de voie* (V. ce mot), comprenant deux *aiguilles*, dont la position détermine la direction que doit prendre un train circulant par la voie unique et arrivant à la bifurcation. Le changement est complété par un second appareil appelé *croisement* (V. ce mot). Une bifurcation de

lignes à deux voies comprend, pour chacune d'elles, les appareils ci-dessus ; de plus, comme une des voies dédoublées rencontre et traverse la voie voisine, elle le fait au moyen d'un appareil appelé *traversée* (V. ce mot), commandé par deux croisements, l'un dit d'entrée, l'autre de sortie. Toute bifurcation est un point dangereux en ce sens que deux trains marchant soit dans le même sens, soit en sens inverse, sur deux voies différentes, peuvent venir s'y rencontrer. Dans les bifurcations simples, le danger de collision existe au croisement ; dans les bifurcations de lignes à deux voies, le danger existe à la traversée.

Dans quelques bifurcations spéciales, on a pu supprimer la traversée ; dans ce cas, la voie déviée s'abaisse à partir du changement de voie, et au moyen d'un pont biais vient passer sous les voies directes. Comme exemple de cette disposition, on peut citer entre autres la bifurcation d'Epinay, sur la ligne du Nord, entre Saint-Denis et Enghien.

Pour éviter les collisions aux bifurcations, on a recours à une série de signaux qui varient suivant les compagnies, mais qui, sous diverses formes, remplissent comme ensemble le programme suivant :

Tout train arrivant à une bifurcation rencontre tout d'abord un signal avancé qui est généralement un *disque* (V. ce mot) placé à une distance suffisante pour couvrir un train arrêté à la bifurcation ; cette distance, suivant les pentes, les rampes ou les circonstances locales, varie le plus souvent de 700 à 1,000 mètres. Le train rencontre en outre un signal fixe annonçant la bifurcation et placé à 800 mètres environ de la pointe des aiguilles. Ce signal indique d'une façon constante l'approche du point dangereux et commande dans tous les cas le ralentissement du train ; enfin, tout près de la bifurcation et à 60 mètres au moins du point à couvrir se trouve un signal d'arrêt, *sémaphore* (V. ce mot) ou disque qui, en l'état normal, commande l'arrêt absolu et que le train ne peut franchir que lorsque l'aiguilleur préposé à la bifurcation, en effaçant le signal, indique au mécanicien qu'il peut avancer avec toute chance de sécurité.

Le point à couvrir est celui où l'*entrevoie* (V. ce mot) est réduite à 1ᵐ,75.

On accède de trois directions à toute bifurcation de ligne à double voie ; chaque direction est commandée par les signaux ci-dessus.

Les trois signaux d'arrêt ne peuvent être ouverts que successivement et un seul à la fois. Les aiguilles de changements de voies et ces signaux sont généralement rendus solidaires par des systèmes d'*enclenchement* (V. ce mot) rendant en quelque sorte, à l'aiguilleur, toute fausse manœuvre impossible.

Indépendamment des signaux de protection dont il vient d'être parlé, on place à proximité des aiguilles qui peuvent changer la direction du train, un signal particulier, dit *indicateur de direction*, qui indique au mécanicien si les aiguilles sont bien dans la position voulue pour le diriger sur la voie qu'il doit suivre.

* BIGARADE. *T. de bot.* Fruit du *citrus bigaradia*, Duhamel; petit arbre de la famille des aurantiacées, également connu sous le nom d'*oranger amer.*

— Cette plante, originaire du nord de l'Inde, a été introduite en Europe par les Arabes à la fin du IXe siècle; sa culture s'est très vite répandue sur les bords de la Méditerranée, en Afrique, en Italie et en Espagne. Quelques orangers amers sont célèbres, notamment celui du monastère de Sainte-Sabine à Rome, planté, dit-on, en l'an 1,200, par saint Dominique; ceux du jardin de l'Alcazar à Séville; ceux décrits par l'évêque de Saint-Jean-d'Acre, Jacques de Vitry, et qui étaient déjà fameux en Syrie, vers 1234.

Le bigaradier fournit à l'industrie, ainsi qu'à la médecine un grand nombre de produits; c'est également lui que l'on cultive le plus souvent dans les serres de nos pays, sous le nom d'oranger. Ses feuilles, ses fleurs et ses fruits sont utilisés sous cette même dénomination, de préférence à ceux du *citrus aurantium*, Risso, qui donne les oranges comestibles.

Parmi les produits les plus employés, nous citerons :

1° Les *jeunes pousses* qui servent à faire des cannes;

2° Les *feuilles*, qui sont d'un beau vert, ovales lancéolées et de consistance assez dure; elles offrent à la base un pétiole fortement ailé et sont recherchées pour leurs propriétés aromatiques et amères;

3° Les *fleurs* qui servent sous divers états : sèches dans la pâtisserie et la confiserie, fraîches ou conservées avec du sel pour faire l'eau distillée de fleur d'oranger et l'huile essentielle dite *néroli.* Ces deux produits, qui se préparent en même temps, s'obtiennent en distillant, par les procédés ordinaires, une quantité indéterminée de fleurs avec de l'eau, recueillant le liquide qui distille dans un vase de forme spéciale, dit récipient florentin, et obtenant le double du poids des fleurs employées. L'*eau de fleurs d'oranger* laisse séparer dans le vase l'huile essentielle qu'elle ne peut dissoudre, c'est le produit que l'on nomme *néroli.* Ce corps, très recherché en parfumerie, doit son nom à Anne-Marie de la Trémoille, femme du prince de Nérola ou Néroli (1675 à 1685); c'est un carbure d'hydrogène, isomère de l'essence de térébenthine, ayant pour formule $C^{20}F^{16}$, de couleur jaune, brunissant à l'air, neutre, d'une densité de 0,889, donnant, lorsqu'il est en solution alcoolique, une fluorescence violette et déviant à droite la lumière polarisée de 6°. MM. Soubeiran et Capitaine ont prétendu que cette essence était formée de deux corps spéciaux, un soluble dans l'eau et coloré en rouge par l'acide sulfurique, un autre insoluble et inattaquable par l'acide; M. Gladstone a montré que l'un est un hydrocarbure, volatil à 173°, l'autre une huile essentielle oxygénée qui est surtout très aromatique; MM. Boullay et Plisson y admettent en plus l'existence d'un hydrocarbure solide. L'eau de fleurs d'oranger nous vient surtout de Paris, de Cette, Grasse, etc., ainsi que de Néroli;

4° Les *fruits* qui portent, suivant leur âge, des noms bien différents: (*a*) lorsqu'ils tombent peu après la floraison, ils sont petits et constituent ce que l'on nomme *petits grains*, avec lesquels on faisait jadis une essence (Pomet, 1692). Ce que l'on nomme actuellement *essence de petit grain* est obtenu avec les feuilles et les bourgeons, souvent mêlés avec ceux de l'oranger doux; (*b*) les fruits du volume d'une cerise sont nommés *orangettes*, ils servent à faire des pois à cautères; (*c*) les fruits arrivés à parfait développement portent le nom de *bigarades;* ils sont globuleux, à zeste raboteux, jaune-rougeâtres, aromatiques, leur pulpe est acide et amère; ils ne sont pas comestibles. Ces fruits fournissent deux produits, les *écorces d'oranges amères* et l'*essence;* les écorces portent encore le nom de *curaçao.* Lorsqu'elles viennent des Barbades, de Curaçao, on les trouve dans le commerce en quartiers verts à l'extérieur, blancs intérieurement; ils sont épais, durs, compacts, d'odeur forte, de saveur amère; lorsque les fruits non encore mûrs ont été expédiés en Hollande ou en Angleterre, on les monde et les écorces préparées dans ces pays se présentent sous forme de bandelettes plus ou moins épaisses, de coloration jaunâtre, chagrinées à l'extérieur, et très aromatiques.

C'est avec l'écorce d'orange que l'on fait la liqueur de table dite *curaçao;* le bitter et autres apéritifs en contiennent; on prépare encore avec ce produit une teinture alcoolique, un sirop qui sont utilisés comme toniques, stomachiques et vermifuges. L'*essence de bigarade* est d'odeur vive et pénétrante, assez fluide, sa densité est de 0,855, sa composition chimique est analogue à celle du néroli, mais ses propriétés optiques diffèrent, elle dévie à droite la lumière polarisée de 120°. Elle nous vient surtout de Messine et du midi de France et se prépare avec des fruits à peine mûrs. Elle est surtout utilisée en Allemagne pour faire des liqueurs et de la parfumerie.

BIGARRÉ. *Art hérald.* Se dit de ce qui est nuancé de différentes couleurs.

*BIGÉMINÉ, ÉE. *T. d'arch.* Baie divisée en quatre parties.

* BIGE. Dans l'antiquité latine, char attelé de deux chevaux qu'on employait dans les courses et dans les triomphes et qui figure sur **tous** les bas-reliefs et sur toutes les médailles antiques.

BIGORNE. 1° *T. tech.* Petite enclume en fonte, ou plus généralement en fer, dont l'un des bouts a la forme d'une pyramide et l'autre celle d'un cône; au lieu d'être posée sur la *chabotte* comme les grosses enclumes, elle est fixée au moyen d'une tige dans le billot ou *bloc de bigorne.* On lui donne différentes formes appropriées aux ouvrages des divers métiers : chez les bijoutiers, par exemple, elle a deux pointes coniques, l'une plate et l'autre ronde, pour mouvementer ou contourner le métal à l'aide du marteau. Au moyen de signes gravés en creux sur les bigornes des bureaux de garantie, on contre-marque les objets d'or et d'argent; en frappant la marque sur l'objet; on obtient l'empreinte de ces signes, ce qui constitue le contrôle des ouvrages d'orfèvrerie et de bijouterie. || 2° Marteau à pointe en usage dans les verreries pour déboucher les cannes. || 3° Coin de fer dont les calfats se servent pour couper les clous placés dans les joints qu'ils doivent garnir d'étoupe. || 4° Masse de bois avec laquelle les tanneurs foulent les peaux mouillées.

* **BIGORNEAU.** *T. techn.* Petite bigorne que l'on fixe entre les mâchoires d'un étau. || Se dit de l'extrémité de la bigorne ronde.

* **BIGORNER.** *T. techn.* Contourner, arrondir un objet sur la bigorne. || *Bigorner les peaux,* c'est les fouler avec la bigorne.

* **BIGOURELLE.** *T. de mar.* Couture ronde que l'on fait pour réunir les deux lisières d'une toile à voile.

BIGUE. 1° *T. de mar.* On nomme *bigues* : 1° de longues et fortes pièces de sapin qui, dans une machine à mâter, soutiennent les caliornes qui servent à élever un mât ; 2° les montants élevés autour d'un bâtiment en construction, portant à leur tête des poulies destinées à faciliter l'exhaussement et l'arrangement des grosses pièces composantes de ce navire ; 3° de fortes pièces de bois qui servent de leviers pour incliner un petit bateau sur un de ses côtés ; 4° deux pièces de bois assemblées par une de leurs extrémités pour former une espèce de chèvre avec laquelle on peut lever des fardeaux et faciliter ainsi le chargement ou le déchargement d'un vaisseau. || 2° *T. de maçonn.* Assemblage de deux longues pièces de bois dressées et réunies par le haut où se trouve une poulie.

BIJOU. Petit ouvrage de luxe, précieux par la matière ou par le fini artistique de sa fabrication, et qui sert de parure et d'ornement.

— Le goût des bijoux remonte à la plus haute antiquité ; au moyen âge, la noblesse seule avait le droit d'en porter ; aujourd'hui on les trouve dans toutes les classes de la société, soit comme complément de la toilette, soit comme recherche de goût et d'élégance dans la parure ou dans la manière d'afficher la fortune. — V. l'article suivant.

BIJOUTERIE. Cette dénomination embrasse un nombre considérable de produits n'ayant de commun que leur destination, qui est d'orner la personne. Il y a la bijouterie en *or*, en *acier*, en *argent*, en *bronze d'aluminium*, en *corail*, en *imitation de vieil argent*, en *jayet* et *verroterie pour deuil*, en *doré*, en *doublé*, en *fil de fer*, en *écaille*, en *ivoire* et en *nacre*, en *bois durci*, en *buffle* et même en *cheveux.*

La bijouterie en or se sous-divise elle-même en une très grande quantité de produits, aussi divers par l'aspect et par le prix que par les procédés qui concourent à leur fabrication. Ils commencent au bijou précieux dont chaque partie a été soigneusement et directement travaillée par la main de l'ouvrier, et dont le prix de façon est tellement élevé qu'il est toujours supérieur à la valeur intrinsèque de l'or qu'il contient, bien que le métal n'y ait pas été épargné. — V. JOAILLERIE. Puis après avoir parcouru en descendant tous les

degrés de fabrication chromatiquement gradués, nous trouvons, à l'autre extrémité de l'échelle, l'objet dans la fabrication duquel la machine joue le principal rôle. Ici le travail de l'homme n'est plus qu'accessoire, et l'or, bien que parcimonieusement employé, représente une valeur supérieure au prix de la façon. — Notons en passant que l'outillage employé dans ce genre de fabrication a atteint, ces temps derniers, une perfection tout à fait remarquable, principalement chez les fabricants de *bijou doublé,* chez lesquels il s'est élevé à l'état de puissance. — Cette variété infinie constitue, on peut presque dire, autant de métiers différents dans le métier lui-même, car un ouvrier employé dans un genre est presque toujours inapte à travailler dans un autre. L'étendue considérable de métiers que la bijouterie embrasse forme un des caractères distinctifs de la fabrication parisienne.

Les autres nations se confinent, en général, dans un ou plusieurs types déterminés qui répondent à leurs besoins et à leurs affaires.

La nécessité de produire vite et à bon compte a fait naître, de plus, la division du travail. Il y a des ateliers spéciaux pour la fabrication des chaînes, d'autres pour celle des bagues, d'autres pour celle des porte-mousquetons, des anneaux brisés, etc., etc. Cette division va plus loin encore : il y a des ateliers d'apprêts qui livrent aux fabriques des chatons de toute forme et de toute grandeur, des corps de bagues historiés, des charnières, des grains creux, des galeries découpées, etc., etc., tout préparés, mais à l'état brut et susceptibles de recevoir telle destination qui convient.

Dans ces diverses spécialités, l'outillage fait tout. En outre, chaque partie du travail dans la fabrication d'un bijou est accomplie par un ouvrier spécialiste. Il y a, outre le bijoutier proprement dit qui donne la forme à la pièce, le reperceuse, le graveur, le ciseleur, le guillocheur, l'émailleur, le lapidaire, la polisseuse et le sertisseur qui concourent chacun dans sa spécialité à sa confection ou à son achèvement.

En France, l'or employé par les bijoutiers est à 750 millièmes, c'est-à-dire qu'il contient 750 parties d'or fin sur 250 d'alliage. Dans presque tous les autres pays les bijoutiers sont libres de fabriquer à des titres inférieurs. Aussi sur les marchés étrangers se sert-on de l'appellation *or français*, pour distinguer nos produits de ceux des autres nations.

Il y a deux titres pour les bijoux d'argent : 1er titre 950 de fin et 50 d'alliage, 2e titre 800 de fin et 200 d'alliage. Le poinçonnage indique le titre particulier de chaque bijou.

Nous allons étudier les principales branches de cet art décoratif, mais exceptionnellement, nous négligerons l'ordre alphabétique pour nous occuper de suite de la *bijouterie en or,* qui s'impose à la place d'honneur par son ancienneté et son caractère artistique.

Bijouterie en or. HISTORIQUE. Pendant longtemps la bijouterie ne fut qu'une branche de l'orfèvrerie. C'étaient alors les orfèvres seuls qui, depuis l'antiquité jusqu'à la fin du xv⁰ siècle, manufacturaient et vendaient les bijoux en même temps que les ustensiles de table et les objets de toilette ou d'ameublement (V. Orfèvrerie, Miroir). Depuis cette époque, les orfèvres fabriquèrent des bijoux d'or concurremment avec les bijoutiers devenus également joailliers, par suite de la vogue qu'obtinrent les pierres précieuses, particulièrement au xvii⁰ siècle, lorsque les relations commerciales établies en Perse et l'Inde eurent répandu davantage en Europe le luxe des perles et des diamants.

L'origine des bijoux se perd dans la nuit des temps. Naturellement poussé par un penchant invincible, l'homme recherche, dès l'enfance de l'humanité, tout ce qui pouvait concourir à orner et à faire remarquer sa personne. Les objets de parure et les bijoux datent donc des premiers âges du monde.

A l'époque extraordinairement reculée que l'on a appelée l'âge de la pierre, les contemporains des grands pachydermes et des instruments en silex semblent avoir éprouvé une satisfaction intime à se parer d'objets dans lesquels ils entrevoyaient une certaine beauté.

Plus tard, quand les métaux firent leur apparition, l'homme ne se contenta plus d'ornements aussi simples. Vers la fin de l'âge du bronze, ce métal, rare encore chez quelques peuplades éloignées, servit pour la confection des objets de parure et remplaça les substances primitives et vulgaires. L'or lui-même fut mis à contribution, ainsi que l'ambre; mais l'argent ne vint que dans la période suivante, connue sous la dénomination d'âge du fer. Un grand nombre de bijoux de ce genre sont conservés dans le Princess Palais, à Copenhague, au musée de Saint-Germain, et dans les principales collections de l'Europe.

Les Mexicains et les Péruviens, qui jouissaient, à l'époque de la conquête, d'une civilisation relativement avancée, étaient déjà très habiles à travailler les pierres précieuses. Dans les temps de leur prospérité, écrit l'abbé Brasseur de Bourbourg, les femmes s'ornaient les bras de bracelets enchâssés de pierreries, de pendants d'oreilles, de bagues délicatement ciselées, et d'autres bijoux non moins précieux. Plusieurs de ces curieux objets sont devenus la propriété du Musée national de Mexico. On connaît d'ailleurs par la deuxième lettre de Fernand Cortez à Charles-Quint, les superbes ouvrages de bijouterie mexicaine que le conquistador tenait de Montézuma et qu'il envoya à son souverain. Mais ce n'est là que le premier bégayement de l'art à son berceau, et nous avons hâte d'étudier ses progrès chez les nations célèbres de l'Orient et de l'antiquité classique.

Les Orientaux, en général, éprouvent la plus vive passion pour les parures, quelles qu'elles soient. Chez eux, les bijoux de corps sont considérés par les hommes comme les accessoires indispensables du costume; par les femmes, comme le complément obligé de la toilette. Chinois, Thibétains, Indous, Siamois, Cambodgiers, Arabes, Tunisiens, Persans, Turcs, etc., tous, à l'exception des Japonais, connaissent les bagues, les boucles d'oreilles, les bracelets, les broches, les colliers (V. chacun de ces mots), dans la fabrication desquels ils déploient souvent un luxe extraordinaire. On connaît les bijoux du Musée chinois, au Louvre; les uns, tels que les anneaux et les bracelets, ont été taillés à même l'agate, le jade, le lapis-lazuli et la malachite; d'autres, en cuivre ciselé, verni, bruni et doré, tels que les épingles à cheveux, sont en filigrane, montés sur branlants, et rehaussés par les plumes d'un martin-pêcheur, commun dans l'Inde, qui, pour l'effet, remplacent avantageusement l'émail. Quant à leur bijouterie fine, celle-ci est ornée de plumes, de nacre, de brillants, et surtout de beaucoup de perles fausses ou fines, contrastant par leur blancheur avec la chevelure toujours noire des femmes chinoises.

Mais tout charmants que soient ces délicats joyaux,

ils ne sauraient rivaliser avec les merveilles de la bijouterie indienne, dont la variété est infinie. La célèbre collection du prince de Galles, exposée au Champ-de-Mars, en 1878, en a révélé les splendeurs dignes des Mille et une nuits. A côté des riches parures en filigrane de Matheran, qui semblent façonnées avec des herbes coupées et tressées, et que les Anglais appellent parures de gazon, on voyait des colliers en or tailladé, faits de fragments d'or pur en forme de losanges ou affectant la forme cubique; en supprimant les angles, on obtient des octaèdres. et on les enfile sur de la soie rouge : c'est la plus belle bijouterie archéologique de l'Inde.

Ajoutons que les Orientaux emploient encore quelques bijoux dont l'usage est resté jusqu'à présent inconnu en Europe. Citons, entre autres, les anneaux de jambes, dans le genre des khalkhals que les Indiennes portent à la cheville du pied. Les bayadères en ont de très riches;

Fig. 393. — Bague et boucle d'oreille égyptiennes (Musée du Louvre).

elles y attachent souvent de petits grelots également d'or ou d'argent, dont le bruit accompagne agréablement leur danse en marquant la mesure.

Les Egyptiens, dont l'antiquité, au dire d'Hérodote, précéda celle des autres peuples, firent de très bonne heure usage des bijoux. On en trouve un témoignage authentique dans le Papyrus Prisse, qui renferme les œuvres de deux auteurs, dont l'un vivait sous la III⁰, l'autre sous la V⁰ dynastie: Il faut « parer » la femme, lit-on dans ce manuscrit âgé de soixante siècles, parce que « c'est le luxe de ses membres. » Les peintures murales des tombeaux de Beni-Hassan prouvent d'ailleurs que les Egyptiens des hautes classes portaient, à l'époque de leur exécution, des bijoux d'or de toutes sortes, et plusieurs inscriptions parlent déjà d'un grand commerce de pierres précieuses qui se faisait avec l'Arabie méridionale. Les splendides bijoux trouvés dans le cercueil de la reine Aah-Hotep, mère d'Amosis, bijoux déposés dans les vitrines du Musée de Boulaq, au Caire, montrent à quel point de perfection dans le travail, de grâce dans les arrangements, d'harmonie dans les formes, la bijouterie était alors parvenue au commencement du Nouvel-

Empire, c'est-à-dire il y plus de 3,500 ans. Tels sont les charmants pendants d'oreilles, les bagues et les admirables bracelets égyptiens conservés au musée du Louvre, présentant un intérêt historique, la plupart contemporains de Moïse (fig. 393 et 394). « On y voit, dit M. de Rougé, que l'art de ciseler l'or, d'y incruster des pierres fines et de graver les pierres les plus dures, était porté au plus haut degré de perfection au moment où les Israélites habitaient l'Egypte. »

Il fallait qu'à cette époque reculée la mode des bijoux fut bien répandue parmi eux, puisque pendant l'absence de Moïse, au sortir de la terre d'Egypte, Aaron trouva assez de pendants d'oreilles pour en faire un veau d'or, idole imitée du bœuf Apis des Egyptiens.

L'habileté de la race juive dans la bijouterie se manifesta plus encore à partir de David et de Salomon, lorsque les trésors de l'Inde pénétrèrent pour la première fois en Palestine, avec l'or d'Ophir. Le *Cantique des Cantiques* donne des renseignements précieux sur la parure des femmes contemporaines du dernier de ces princes, et les prophéties d'*Amos* fournissent de curieux détails sur les ornements des Israélites avant la chute de Samarie.

Plus tard, le style de la bijouterie se modifia sous l'influence phénicienne et assyrienne. Mais à la prise de Jérusalem par Naboukoudourrioussour (Nabukodonosor), l'art judaïque, complètement *assyrianisé*, perdit son originalité première.

Les Grecs qui reçurent les premières notions des arts par l'entremise de l'Asie, eurent d'abord une bijouterie primitive, dont les fouilles entreprises par M. Schliemann, à Hissarlik, dans la Troade, ont révélé le style particulier. Un vase d'argent renfermait plus de huit mille perles d'or fondu, de formes variées et percées d'un trou pour servir de colliers. Il y avait aussi huit bracelets d'or, plusieurs pendants d'oreilles à lamelles également en or, et cinquante-six boucles d'oreilles finement travaillées généralement en *électron* ou alliage d'or et d'argent. Tous ces bijoux, dont plusieurs avaient été réunis ensemble et soudés par la fusion, font partie aujourd'hui du *Musée de South Kensington*, à Londres. Ce trésor,

Fig. 394. — *Bracelet égyptien (Musée du Louvre).*

attribué à tort à Priam, roi d'Ilion, est beaucoup plus ancien. La Troie présumée d'Hissarlik est une Troie primitive d'époque antihomérique, une Troie incendiée et ruinée de fond en comble avant l'élévation de la ville de Priam.

Ce n'est que plus tard que la bijouterie grecque subit l'influence directe des Asiatiques. L'art Chypriote, propre à éclairer les origines de la formation de l'art grec, prouve que les arts sont venus en Grèce surtout de Phénicie et d'Assyrie. On n'a, pour s'en convaincre, qu'à examiner en détail le *Trésor de Curium*, découvert à Chypre par le général de Cesnola, et devenu la propriété du *Musée métropolitain* de New-York. Bien que renfermant des objets affectés aux usages du culte, ce trésor contient des bijoux nombreux, tels que pendants d'oreilles de toutes formes, anneaux d'or, chaînes, agrafes singulières, colliers superbes, bracelets d'or massif d'un poids énorme figurant des serpents enroulés; on y voit aussi des perles de cristal et d'or reliées encore par un fil d'or.

Mais les bijoux grecs les plus gracieux étaient sans contredit les fibules ou broches et les pendants d'oreilles, dont de charmants spécimens provenant de l'ancienne collection Durand figurent actuellement parmi les précieux antiques du musée du Louvre (fig. 395).

Les Etrusques s'adonnèrent également à la fabrication des bijoux; mais ils surpassèrent les Grecs surtout dans le travail du granulé. Ils portèrent celui-ci à un tel degré de perfection, que l'on peut les regarder comme les pères de la bijouterie antique. Ouvriers incomparables et d'un goût exquis, nul peuple ne les a dépassés pour la délicatesse du travail et l'habileté de l'exécution. Dans les bijoux étrusques, en effet, les parties unies et les fonds sont couverts, avec un art infini, de petits grains d'or imperceptibles, tous d'égale grosseur, semés avec une régularité merveilleuse, surpassant en délicatesse les filigranes de Gênes et les chaînes de Venise. Les bijoux étrusques de la collection Campana et du musée du Vatican, témoignent que les ouvriers de l'Italie centrale, il y a vingt-quatre siècles, savaient travailler l'or avec autant d'adresse que nos meilleurs orfèvres; ils le filaient en perles, le tressaient en chaînes et le réduisaient en feuilles en quelque sorte impalpables. Ils triomphent surtout dans les colliers, les bracelets et les pendants d'oreilles où se révèlent la richesse, la grâce et l'inépuisable abondance de leur imagination.

C'est évidemment par l'intermédiaire des Etrusques que la bijouterie grecque pénétra dans l'ancienne Rome. Dès le règne de Numa, au rapport de Plutarque, le luxe des bijoux s'était assez répandu pour que les orfèvres fussent une des professions exprimées dans la division du peuple faite par ce prince. Cependant l'usage des ornements d'or devait être relativement restreint, car un siècle après, lorsqu'on envoya à Delphes l'offrande que Camille avait promise à Apollon pendant le siège de Véies, une grande coupe fut tout ce que produisit la fusion des bijoux que les dames romaines, de concert unanime, avaient offerts généreusement à la patrie. Cinq ans plus tard, quand il fallut acheter la paix des Gaulois qui s'étaient rendus maîtres de Rome, on ne put trouver que mille livres pesant d'or. Mais à partir de la seconde guerre punique, le luxe romain prit une extension si rapide, que la loi *Oppia* défendit aux femmes de porter sur elles plus d'une demi-once d'or. Alors les femmes s'insurgèrent contre cette loi, et malgré l'opposition de

Fig. 395. — *Fibule grecque.*

Portius Caton, la loi *Oppia* fut abrogée vingt ans après sa promulgation. La mode des bijoux, qui jusque-là avaient été d'une grande simplicité et d'une grande pureté décorative, ne fit qu'augmenter sous le régime impérial, époque où les Romains, plus que tout autre peuple, eurent la frénésie de l'or, des pierreries et de tout ce qui brille. Devenus les esclaves du luxe insensé qui les perdit, l'art se ressentit de cet abaissement, et, à part quelques spécimens d'un bon style, la bijouterie décela une pauvreté de travail et un manque d'élégance tels, que les orfèvres tombèrent dans la lourdeur en voulant racheter ces défauts par une excessive profusion de pierreries. Plus tard, lorsque l'empire fut transféré à Constantinople, la bijouterie emprunta surtout un nouvel éclat aux pier-

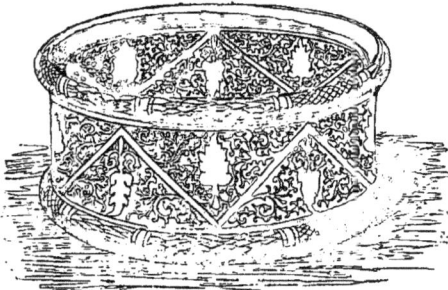

Fig. 396. — *Bracelet gaulois, tiré du Cabinet des antiques (Bibliothèque nationale).*

reries appliquées en relief sur la surface de l'or. Les Byzantins excellèrent aussi dans le bijou filigrané; le filigrane fut très employé dans l'orfèvrerie sarrazine, du XIᵉ ou XIIᵉ siècle.

Pendant la période gauloise, mérovingienne et carlovingienne, l'art de la bijouterie pénétra chez nos ancêtres. Les Gaulois, au dire de Strabon, aimaient les ornements de métal précieux, et Diodore ajoute qu'ils épuraient l'or trouvé dans leurs rivières au moyen du lavage pour l'employer à la parure des femmes et même à celle des hommes, « car ils en font non seulement des anneaux ou plutôt des cercles qu'ils portent aux deux bras et aux poignets (fig. 396), mais encore des colliers extrêmement massifs. » Il s'agit ici des *torques* ou colliers formés de fils d'or roulés en spirale, dont on peut voir quelques riches échantillons au musée de Saint-Germain.

Sous les Mérovingiens, la bijouterie changea de caractère. « A côté des bijoux d'or et d'argent que portaient les Francs, dit notre collaborateur M. Alfred Darcel, il existe des pièces de costume qui, bien qu'exécutées en fer, ont reçu de l'orfèvre leur principale décoration. Ce sont des plaques de ceinture avec ou sans leurs boucles, quelquefois de dimensions considérables, qui sont couvertes de feuilles d'argent repoussé ou qui sont incrustées de filets d'argent formant les entrelacs si caractéristiques de l'ornementation de tous les peuples barbares. » Ces entrelacs sont généralement joints à des galons, à des figures d'animaux fabuleux, le tout formant d'inextricables enchevêtrements, en métal ciselé, se combinant avec des émaux incrustés qui forment des mosaïques, absolument comme sur les fibules mérovingiennes, dont plusieurs spécimens, trouvés par l'abbé Cochet, ont été reproduits dans sa *Normandie souterraine*.

Le luxe des bijoux s'accrut de plus en plus à partir du IXᵉ siècle. A cette époque, si l'on en croit les différents auteurs du *Liber Pontificalis*, on obtenait certains bijoux à l'aide du repoussé; ils étaient ensuite ciselés (*battiles anaglytiphas*); on les reperçait quelquefois à jour (*opus interrasile*), puis enfin on appliquait le nielle (*nigellum*)

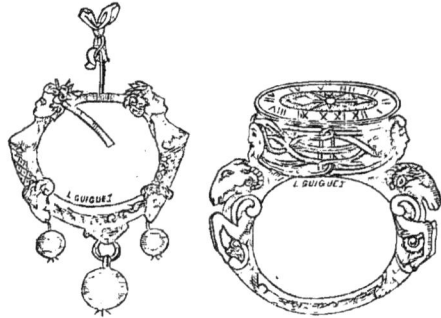

Fig. 397. — *Pendant d'oreille et bague du XVIᵉ siècle (Tiré du recueil de Pierre Woeiriot).*

ou l'émail (*smaltum*), antérieurement appelé *electrum*, et désigné au IXᵉ siècle sous le nom qu'il porte aujourd'hui.

Pendant le règne de Charlemagne, les bijoux se débitaient dans les foires. D'après un capitulaire de l'an 803, il était défendu d'en vendre après le coucher du soleil, de peur que l'acheteur ne fut trompé sur la qualité de la marchandise.

Avec la période romane, l'émail remplaça définitivement les pierreries. On sait par le *Diversarum artium schedula*, sorte d'encyclopédie des arts, écrite par le moine Théophile, vers la fin du XIᵉ siècle, époque où les arts renaissent en Occident et se préparent aux magnifiques épanouissements des XIIᵉ et XIIIᵉ siècles, que les Toscans excellaient alors dans le nielle et les émaux. Mais au XIIIᵉ siècle, les orfèvres parisiens firent entrer la ciselure pour une plus grande part dans l'ornementation des bijoux, dont les plus recherchés étaient particulièrement les bagues ou anneaux, appelés *annelets* par Marie de France; on en portait alors plusieurs à chaque main, comme le prouvent deux vers du *Roman des sept sages*. Viennent ensuite les bracelets ou *armilles*, les *fermaux* ou agrafes, etc.

Effrayé des progrès toujours croissants du luxe, Philippe-le-Bel promulgua, en 1294, une Ordonnance contre « les superfluités de toutes personnes; » mais l'usage des bijoux reprit avec plus d'effervescence que jamais dans le courant du XIVᵉ siècle. Les *Inventaires des joyaux du roi*

Charles V et du *duc de Guyenne*, troisième fils de Charles VI, en font foi. Suivant le *Dictionnaire latin* de Jehan de Garlande, c'étaient les *fermailleurs* (*firmacularii*) qui fabriquaient « des fermoirs grands et petits, ainsi que des beaux colliers et des grelots sonores. » Les orfèvres proprement dits (*aurifabri*), ajoute-t-il, se tiennent sur le Grand-Pont (Pont-au-Change); « ils fabriquent des fermaux, des colliers, des épingles, des agrafes, en or et en argent; ils préparent pour les anneaux des turquoises, des rubis, des saphirs et des émeraudes. Le métier de ces orfèvres consiste à battre, avec de petits marteaux, sur l'enclume, des lames d'or et d'argent, et à enchâsser les pierres précieuses dans les chatons des bagues à l'usage des barons et des nobles dames. »

C'est alors que commença la mode des bijoux ornés de devises. L'*Inventaire de Charles V* nous apprend qu'il y avait à la Cour des anneaux différents pour chaque jour de la semaine, et le *Testament de l'archevêque de Reims* (1389) cite un annel d'or dont la verge émaillée et enrichie d'un saphir portait « escript en la verge : C'EST MON DÉSIR. » Les colliers étaient également rehaussés d'émaux et de pierres précieuses, encadrant de galantes devises, comme le GARDEZ-MOI BIEN, dont parle Guillaume de Machault. Enfin, Eustache Deschamps, dans un poëme écrit vers 1360, donne à entendre que presque toutes les personnes nobles portaient de riches pendants aux oreilles. Plusieurs bijoux de cette époque, tels que bracelets, bagues, épingles, broches et pendeloques, appartenant à Mlle Gabrielle Fillon, ont été exposés en 1878, au musée rétrospectif du Trocadéro.

Ce ne fut réellement qu'à dater du xvie siècle, époque de régénération nouvelle pour tous les arts, que la bijouterie s'épanouit avec le plus d'éclat. Un édit de Louis XII, publié en 1506, régla dès lors les rapports entre les orfèvres et les « jouailliers » non fabricants, qui étaient confondus avec les tabletiers, merciers, etc. Ceux-ci ne pouvaient vendre que « les menus ouvrages d'or et d'argent, comme ceintures, demi-ceints, hochets, bagues, chaînettes d'or. » Du contact de l'art flamand avec l'art italien naquit un art plus délicat. C'est vers ce temps (1541), que Pierre Woeiriot publia ses modèles de bagues et de pendants d'oreilles gravés à l'eau forte, petits chefs-d'œuvre de grâce et d'esprit, dont ont tant profité les bijoutiers de

l'époque (fig. 397). L'émail rouge et blanc devint l'élément essentiel du bijou de luxe, désormais plus élégant et plus riche. Il paraît même que les orfèvres de ce temps abusaient souvent de l'opacité de ces émaux pour les déposer en couches plus épaisses que de raison; aussi, une Ordonnance de 1540, rapportée du reste en 1543, défendit l'emploi des émaux. Quoi qu'il en soit, François Ier encouragea cette rénovation nouvelle en attirant Benvenuto Cellini, qui fit passer dans la fabrication française la délicatesse de son talent (fig. 398). Sous l'influence de ce dernier, plusieurs orfèvres exécutèrent une multitude de bijoux ou *affiquets*, comme les appelle Montaigne, composés dans le goût franco-italien et qui font encore aujourd'hui l'admiration des connaisseurs. On peut citer, à ce propos, la série d'ornements de femmes, en or émaillé avec grosses perles, d'un travail merveilleux, suite de médaillons, croix et autres bijoux du plus beau moment de la Renaissance, qui font partie de la collection de M. le baron Davillier. D'après le chapitre V du *Traité de l'orfèvrerie*, de Cellini, qui enseigne la bijouterie proprement dite (*il lavoro di minuteria*), les objets de ce genre étaient tous travaillés au ciselet; rien n'était fondu ni estampé. Ce travail de *minuteria* comprenait les anneaux, les pendants, les bracelets; mais les bijoux le plus en vogue étaient certains médaillons ou enseignes (*medaglio di piastra d'oro sottilissimo*) qui s'agrafaient au chapeau ou dans les cheveux.

Fig. 398. — *Pendeloque de Benvenuto Cellini (Cabinet des antiques).*

Sous les règnes de Henri II et de ses successeurs, époque où l'art commença à pâlir devant l'éclat des pierres précieuses, les dames portaient, comme par le passé, des bagues, des colliers, des bracelets et autres « petites gentillesses, » pour parler comme Brantôme, composés d'après les modèles d'Etienne Delaulne, d'Androuet Ducerceau, de Théodore de Bry et de Réné Boyvin, ces grands artistes de la Renaissance. L'ensemble de ces bijoux ne manque pas d'ampleur, et les contours en sont largement dessinés; mais par un raffinement inconnu auparavant en France, dû aux Florentins venus à la suite des Médicis, des interstices y furent ménagés pour recevoir des parfums, tels que le musc, l'ambre, etc.

L'introduction des pierres taillées dans la composition des bijoux caractérise la fin du xvie siècle. On en a des exemples dans les deux suites de pendeloques que publia, de 1580 à 1583, le graveur J. Collaert. La première est composée de dix pièces symétriques à contours très découpés, ornées d'une profusion de pierreries taillées en table, accompagnées de perles pendantes, dans la composition desquelles entrent des figures, surtout des divinités marines.

A la cour de Henri IV, hommes et femmes se couvraient les doigts de bagues, les poignets de bracelets et le cou de chaînes à plusieurs rangs ornés de perles et de pierreries. Ce qui faisait dire au ministre Sully : « Ces gens-là portent leurs moulins et leurs champs sur leurs épaules. » L'Inventaire de Gabrielle d'Estrées fournit à chaque ligne des exemples de ces folles somp-

Fig. 399. — Broche ciselée et émaillée, garnie de perles et de diamants (XVIIᵉ siècle).

tuosités. On y trouve, entre autres, la description de l'anneau de mariage de Henri IV, qu'il est assez curieux de rencontrer parmi les joyaux de la favorite rivale de la reine. « Ung diamant en table, que Mᵐᵉ de Sourdis a dit estre celuy duquel le roy a espousé la reyne, prisé neuf cens escus. »

L'importance toujours croissante qu'avaient acquis les diamants, les perles et les pierreries de toute sorte dans la pratique de la bijouterie, arriva à son apogée pendant les règnes de Louis XIII et de Louis XIV, lorsque l'art de tailler et de monter les pierres précieuses eut le pas sur celui de ciseler l'or et l'argent. La perle, déjà très employée au temps de Gabrielle d'Estrées, devint, sous la régence de Marie de Médicis, l'élément principal du bijou, la parure préférée des femmes qui se chargeaient les oreilles de longues pendeloques, les doigts de bagues, la poitrine de chaînes et de colliers, la tête d'épingles ou ferrets d'aigrettes.

Comme on le voit, l'art du commencement du xviiᵉ siècle n'est qu'un prolongement de celui de la Renaissance, avec des formes plus massives et des ornements plus lourds (fig. 399 et 400). Les modèles, publiés par Gille Légaré, à deux dates différentes (1663-1692), en offrent des témoignages. Ses cachets, ses anneaux sont décorés de chiffres et d'emblèmes et parfois même de têtes de mort ; ses chaînes sont formées, le plus souvent, de nœuds qu'il affectionne singulièrement, et que l'on retrouve combinés avec les feuilles d'acanthe dans ses colliers, mais les nielles qu'il dessina pour décorer les médaillons, les montres et les croix, figurent des semis de fleurs qui conservent encore quelque chose d'oriental dans le contour de leurs feuilles. A côté de cet art traditionnel, il en montre un autre plus personnel, qui consiste à couvrir la pièce de fleurs naturelles, tournesols, jacinthes, roses, tulipes, etc., semées avec beaucoup de goût et heureusement agencées sur leurs tiges.

Quoique, le 4 février 1719, la Régence eût défendu de porter des diamants, des perles et des pierres précieuses, la bijouterie, sous Louis XV et sous Louis XVI, avait fait d'incroyables progrès, surtout pour la ciselure, qui

fut poussée à une perfection qu'on n'a pas atteint depuis. A cette perfection vint s'ajouter un élément de décoration quelque peu négligé : nous voulons parler de l'émail. C'est l'époque des portraits en miniature enchâssés dans les bijoux (fig. 401).

Mais un fait important, qui semble bien étranger cependant à l'histoire de la bijouterie, la découverte d'Her-

Fig. 400. — Croix en or ciselé (Travail français du XVIIᵉ siècle).

culanum eut une grande influence sur la transformation de l'art à cette époque. Préoccupés de l'art antique, et lassés du contourné, du rocaillé, du rococo, les ouvriers en métaux précieux créèrent le style Louis XVI, en s'inspirant des œuvres du bijoutier Lempereur, dont quelques-unes ont été gravées par Pouget, son élève, en 1787 et en 1764. « Les formes antiques, dit M. Darcel, même telles qu'on les comprenait alors, se montrent d'une façon très discrète dans ces bijoux de formes balancées d'ailleurs, où les ors de diverses couleurs devaient se marier aux pierres précieuses en figurant encore les attributs des bergerades si chères à l'époque précédente.»

Rien n'égalait la variété, l'originalité, la délicatesse, l'élégance des bijoux qui rehaussaient alors la toilette des femmes, particulièrement les *châtelaines* (fig. 402). Ce fut le règne des bracelets de diamants, des boucles d'oreilles, des colliers, des aigrettes, des nœuds et des plaques placés sur le devant des corsages et des robes. La reine en avait à sa ceinture, à ses épaules, à l'agrafe de son manteau. On se rappelle assez le fameux procès du collier. Ce luxe inouï avait même gagné les hommes. Ceux-ci portaient à tous les doigts de larges bagues appelées *firmaments*, des boutons de pierreries à leurs habits, des boucles d'or à leurs souliers, des boîtes et des étuis d'or dans toutes leurs poches.

C'est alors que, vers 1781, les bijoutiers obtinrent un de leurs plus grands succès, lorsque les femmes, avides de nouveautés, suspendirent à leur cou de petits *dauphins*, allusion transparente à la naissance du fils de Louis XVI. En 1783, les dauphins étaient remplacés par les *croix à la Jeannette*.

Les tempêtes de la Révolution de 1789 anéantirent la bijouterie ainsi que tous les autres arts de luxe, et la civilisation la plus raffinée tomba dans la plus complète barbarie. La coquetterie féminine se contentait alors à peu de frais. La Bastille démolie devint une mine où

Fig. 401. — *Broche à portrait, ouvrage de pierreries signé J. R. F. 1723.*

s'alimenta la bijouterie patriotique; des fragments des pierres de l'ancienne *forteresse* servirent à monter des colliers, des bracelets et des bagues, qu'on appela *bijoux de la Constitution*. Ces bijoux obtinrent une telle faveur que les femmes du meilleur monde en agrémentaient leur toilette. D'après les *Lettres écrites de France à une amie en Angleterre*, par Miss William (1791), « Mme de Genlis porta à son cou un médaillon fait d'une pierre polie de la Bastille. » Cependant l'or devait bientôt reparaître. La même année fut marquée par la mode des *alliances civiques*, ornées de la devise consacrée : LA NATION, LA LOI, LE ROI. Aux bijoux d'or à bas titre succédèrent les bijoux de cuivre et d'acier, façonnés en emblèmes patriotiques. Enfin, au plus fort de la Terreur, la terrible activité de la guillotine donna aux femmes de Nantes l'inconcevable envie de porter à leurs oreilles de petites guillotines de vermeil (fig. 403). Mais, nous le

savons par Mercier, qui le premier a révélé ce fait dans son *Nouveau-Paris*, les Parisiennes refusèrent de se soumettre à cette mode cruelle. Pendant ce temps, les démocrates élégants ornaient leurs doigts de bagues en or ou en cuivre rouge dites *à la Marat*, et portant, estampés en relief, les portraits de Marat, de Challier et de Le Pelletier de Saint-Fargeau. Ces terrifiants joyaux furent appelés *bijoux de la Révolution*.

La bijouterie commença à sortir de son sommeil léthargique après thermidor; elle redevint presque florissante pendant le Directoire, lorsque Paris reprit ses habitudes de faste et de plaisir. Le *Messager des Dames* déclame, en 1797, contre « le luxe impudent, les plaques d'or, les diamants, la bigarrure des pierreries qui pendant quelque temps ont surchargé la tête des nouvelles enrichies.»

Mais les chaînes d'or et les bracelets étaient rares, et, d'après le *Tableau du goût, des modes et des costumes de Paris*, qui paraissait en l'an V, on ne portait guère de boucles d'oreilles, qu'autant qu'elles étaient de perles fines. En messidor de la même année, les chaînes de cou parurent timidement, mais on donna la préférence à « des cœurs de cristal montés en or, qui se suspendaient au cou avec une ganse. » A ces bijoux trop simples succédèrent les cercles diamantés dont les femmes s'entouraient le bas de la jambe. Bientôt enfin le goût de l'antique prédomina, et l'on voit par les *Mémoires* de Mme la duchesse d'Abrantès que Mme Tallien en profita pour porter des bijoux à la grecque, ornés de camées et d'intailles, ainsi que des anneaux d'or aux pieds et aux orteils.

L'an VII de la République, la plupart des bijoux avaient l'apparence de la belle fabrication : chaînes, pendants d'oreilles, médaillons, colliers, broches, tout était en or émaillé noir et bleu avec des ornements en corail; mais les bijoux avec lapis et cornaline étaient réservés aux fashionables.

Pendant les quinze années du Consulat et de l'Empire, la bijouterie produisit des ouvrages d'un genre nouveau, se rattachant toujours néanmoins à ce monde classique dont le pinceau de David venait d'évoquer les souvenirs. On portait alors des armilles en forme de serpents, des bagues pleines, des colliers de corail, de scarabées et de camées, les perles n'étaient employées que dans la grande parure seulement. Mais la plupart des écrits du temps attestent que les bijoutiers de cette époque avaient l'invontion lourde et surtout monotone. Quoi qu'il en soit, de Jouy, dans son *Hermite de la chaussée d'Antin*, année 1811, nous apprend que « Mellerio était le premier homme du monde pour les bagues hiéroglyphiques et lithologiques, Nitot pour le dessin et la monture des boucles d'oreilles, Piteaux pour la magnificence de ses diadèmes et le mobile éclat de ses aigrettes. » — **s. B.**

LA BIJOUTERIE DE NOS JOURS.

Le mouvement qui se produisit dans l'art aux approches de 1827 fut un mouvement de résurrection et de délivrance. On rompit désormais avec les formes pseudo-classiques dont l'Empire et la Restauration avaient tant abusé, on rajeunit les types vieillis, on améliora les conditions de

Fig. 402. — *Châtelaine de montre (XVIIIᵉ siècle).*

l'exécution matérielle, c'était le temps où dans la littérature et les arts, le romantisme substituait aux formes froides de l'antique, le goût et l'imitation des choses du moyen âge et de la Renaissance. Le mobilier et le costume se modifiaient déjà sous cette influence et le premier qui essaya d'appliquer aux bijoux le système décoratif nouveau fut Wagner.

Charles Wagner était un artiste véritable; dessinateur habile, il avait étudié les styles à la bonne école et savait à fond les métiers du bijoutier, du joaillier et de l'orfèvre. En entrant dans l'atelier de M. Mention, dont il devint l'associé, il apportait les procédés de fabrication des *nielles* (V. ce mot), qu'il avait appris des Russes. En même temps qu'il provoquait dans l'orfèvrerie une profonde révolution, il s'adonnait aussi à l'étude du bijou, il l'assouplissait et parvenait à lui rendre des formes plus aimables, à l'orner de ciselures et d'émaux; il appelait à lui des sculpteurs et des

ciseleurs de talent et éveillait de la sorte une salutaire émulation chez ses confrères. Dès lors les bijoutiers comprirent que leur rôle n'est pas seulement de produire des parures d'or pour la toilette des femmes; mais, qu'entre l'orfèvre qui meuble l'autel ou la table, et le joaillier qui enchâsse les diamants dans l'argent pour en faire de riches ornements, il reste à prendre un rôle important.

L'émail, avec ses couleurs inaltérables, si vibrantes ou si douces, — la fonte et la ciselure, le repoussé qui modèle l'or comme une cire, le reperçage qui le découpe comme une dentelle, la nielure qui dessine à deux tons ses capricieux dessins sur les champs unis du métal, la gravure qui l'enrichit de délicieuses arabesques, les pierres enfin dont les facettes et les rondeurs constellent l'or de toutes les couleurs de la palette, mettant le feu du rubis, l'azur du saphir, la

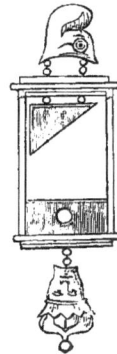

Fig. 403. — *Boucle d'oreille à la guillotine (1793)*

douceur nacrée des perles, l'éclat du diamant ou la verte transparence de l'émeraude au service de l'artiste, toutes ces ressources appartiennent au bijoutier et à nul autre autant qu'à lui. — Il ne se borne pas à fabriquer le bracelet, la bague et l'épingle, il invente et exécute ces riens charmants que caresse la main de la femme, le flacon à odeurs, la bonbonnière, l'étui à ouvrage qui contient les ciseaux d'or. Il sertit de diamants et enchâsse sur une tabatière ciselée le portrait que les rois offrent aux ambassadeurs; il garnit de pierreries les drageoirs et les narghilés d'or du sérail; c'est lui qui modèle et qui fond le manche de l'ombrelle, le pommeau de la cravache, la pomme de canne ou le cachet armorié. Il cisèle la crosse de l'évêque, coquille les couronnes d'or dont on coiffe les madones aux lieux de pélerinage; on lui confie l'exécution des armes de parade, et le premier jouet de l'enfant sort de ses mains, qu'il soit un léger hochet d'argent ou qu'il soit d'or finement ciselé pour un fils de roi.

Wagner donc remit en honneur cet art charmant; bien vite remarqué par le duc d'Orléans et la princesse Marie, il fût encouragé par les amateurs, le duc de Luynes le patronna et il devint le chef d'une école d'où sortirent immédiatement à ses côtés Froment-Meurice et Morel.

Sans doute, les imitations qu'on fit en ce temps-là des orfèvreries et des bijoux des xvᵉ et xviᵉ siècles, nous semblent bien imparfaites à nous qui en voyons aujourd'hui dans nos musées et nos expositions rétrospectives les types authentiques ; mais Wagner et ses confrères ne pastichaient pas des modèles qu'ils avaient à peine entrevus et s'ils avaient trouvé dans les collections privées des Dusommerard, des Sauvageot, des Debruge-Duménil et des Pourtalès, quelques modèles admirables, ils s'en inspiraient seulement comme ils s'inspirèrent surtout de l'œuvre gravée des maîtres, parmi lesquels leurs préférences marquées furent pour Holbein, Virgilius Solis et les petits maîtres allemands. Des artistes de premier mérite ne dédaignaient pas de prêter leur concours à l'orfèvre et au bijoutier, et c'est de Pradier, de Feuchères, de Cavelier, de Klagmann, de Liénard, de Triquety, de Geoffroy de

Chaumes et de Barye, qu'étaient signés les figurines, les mascarons, les animaux, les ornements, les chimères et les grotesques qui s'incrustaient ou se relevaient en bosse sur les bijoux d'alors.

C'est en quoi ils sont restés les meilleurs et l'emportent sur ceux d'aujourd'hui ; — ils avaient une allure plus originale et plus personnelle, et la figure humaine ajoutait son accent à des compositions qui, à défaut d'elle, n'ont qu'une signification banale. — Quoique dise à ce sujet, le savant critique, M. Ch. Blanc, nous croyons qu'à l'exemple des Egyptiens, des Etrusques et des artistes florentins, nos fabricants doivent faire entrer la figure humaine dans la composition de leurs bijoux et que l'ornementation de ceux-ci a d'autres ressources que les images tirées du règne végétal et de la géométrie.

Wagner nous était venu d'Allemagne, mais Froment-Meurice et Morel, deux artistes bien français ceux-là et que nous avons déjà nommés, l'a-

Fig. 404. — *Bijou Froment Meurice*

vaient promptement atteint et dépassé. Froment-Meurice avait le goût plus fin, l'invention plus large, et surtout une faculté d'assimilation surprenante. — Victor Hugo l'a immortalisé dans ses vers et Th. Gautier l'a moulé dans sa prose. Adopté par le faubourg Saint-Germain et par les Tuileries, breveté par la ville de Paris dont il devint l'orfèvre patenté, Froment-Meurice le père tint, pendant vingt ans, la première place que lui avait reconnue, en 1839, le jury de l'exposition nationale ; beaucoup d'artistes lui doivent d'avoir dépassé les zones moyennes du succès : en leur empruntant leur talent, il les encourageait, les instruisait et les rendait aptes à s'élever jusqu'à l'art pur où plusieurs ont atteint. Nous donnons (fig. 404) le croquis d'un de ses premiers bijoux, un bracelet où l'on retrouve le goût de 1835, et nous y ajoutons (fig. 405) un pendant qui démontre combien le fils est resté fidèle aux traditions paternelles.

· Morel, moins artiste, était doublé de Duponchel qui le commandita d'abord et qui continua seul ensuite sa maison. Cet homme qui modifia si profondément notre théâtre et fut le premier metteur en scène de l'Opéra français, fût aussi un novateur dans l'orfèvrerie et la bijouterie ; plus savant que les précédents, il corrigea les écarts

de composition et de style de ceux qui eurent recours à lui ; architecte habile, il avait les saines traditions de l'Ecole et renfermait la fantaisie du dessin dans les règles absolues de la ligne. — Il trouva du reste en Morel un admirable instrument, l'un des plus merveilleux ouvriers de son art. — Morel n'était pas seulement un orfèvre et un bijoutier, c'était un lapidaire sans pareil ; ce métier lui doit la plupart des outils et des procédés qui sont encore en usage et non seulement les bijoux, mais les gemmes montées qui sont sorties de ses mains, sont prisées à l'égal des œuvres du xviᵉ siècle ; — il en est qui en vente publique ont triplé de prix ; quand il quitta Paris, Morel s'en fût porter à Londres les germes d'un goût qui n'a pas encore produit dans l'orfèvrerie et la bijouterie anglaises tous les fruits désirables, mais c'est de 1851, cependant, qu'il faudra dater la renaissance de ces industries comme de celles qui déjà ont fait chez nos voisins de si réels progrès et c'est à notre compatriote qu'en reviendra l'honneur.

Morel, qui était sorti de l'atelier de joaillerie de Fossin, était également habile dans l'art de monter les pierres ; — il aida à la recherche des procédés de l'émail, fit en cette voie des essais heureux et fut grandement secondé par un émailleur, dont la modestie égalait la patience et le talent : Lefournier. — V. Email.

Aux noms que nous avons cités, il en faut ajouter quelques-uns moins connus du public et qui ont droit d'être mis en lumière : Petiteau père, Cahier, Dubuisson, Benière, Robin, Bernauda, Caillot, Paul frères, Calmette, Christofle, Marrel frères, Dafrique, Falize père, Marchard aîné et Dutreih étaient à des degrés différents les inventeurs et les producteurs de cette abondante fabrication dont les échantillons resplendissaient aux étalages des marchands.

La savante recherche de la forme et des styles ne trouvait pas cependant beaucoup d'adeptes parmi ces fabricants et si quelques amateurs

Fig. 405. — *Pendant de Froment Meurice.*

s'intéressaient à la renaissance du bijou, la masse des acheteurs préférait les ingénieuses fantaisies et les capricieuses parures qui, vers 1840, mirent à la mode la boutique de Mme Jannisset.

Les éléments de ces bijoux étaient empruntés à la plante; la feuille et la fleur interprêtées par l'ornemaniste se prêtaient à combinaisons variées, se mariaient aux diamants, aux perles et aux pierres de couleur; — on affectionnait aussi les enlacements capricieux des rubans, des joncs et des branches, et l'or n'allait pas sans un décor de gravure et d'émail. Ces décors habilement traités en ramolayé ou en taille douce, en émaux flinqués ou champlevés rompaient la froide nudité de l'or. — Ce n'est que depuis qu'on a fabriqué des bijoux unis et le goût n'était pas encore venu des ors mats, la majeure partie des parures étaient d'or poli. — V. Email, Gravure, Polissage.

Le style moresque eût une influence bien marquée sur la bijouterie, de 1840 à 1850, et l'on fit de nombreux bijoux dont l'arrangement et les détails étaient évidemment inspirés des ornements de l'Alhambrah. C'était d'un bon choix, l'art arabe prête par toutes ses manifestations à l'emploi de l'or, de la ciselure, des pierreries et de l'émail.

La Révolution de 1848 suspendit brusquement la prospérité du commerce des bijoux, et si nous nous reportons aux chiffres relevés par la chambre de commerce, nous trouvons que les ateliers de Paris qui occupaient en 1847, 4,401 ouvriers, n'en comptaient plus que 1,702 l'année suivante, et ne produisaient que 13,312,000 francs de bijoux au lieu de 41,599,934 francs, chiffre recensé en 1847.

La bijouterie reprit rapidement son essor et nous le pouvons constater dans le rapport très savant et très étudié que fit sur les industries des métaux précieux, le duc de Luynes, après l'Exposition de Londres de 1851.

C'est des premières années de l'empire qu'il faut dater l'introduction du goût anglais dans la bijouterie française — et, par ce nom que l'usage a consacré, il faut entendre une mode qui n'a pas encore disparu et qui a favorisé, par sa facile et banale ornementation, les fabriques allemandes aux dépens des nôtres. Colliers, bracelets, broches, pendants d'oreilles, bagues et crochets de montres prirent l'apparence de massives parures plus semblables au travail du serrurier qu'à celui du bijoutier. Plus de fines ciselures, plus de gravures délicates, l'émail ne sert qu'à marquer d'un filet noir le contours d'une forme, les pierres sont incrustées à fleur d'or dans des champs unis, artificiellement matis et jaunis à l'aide des acides, pour imiter la nuance de l'or fin. — V. Mise en couleur.

C'est avec le genre anglais que furent adoptés, pour la parure des femmes, les joncs, les boulets, le fer à cheval, les courroies, les cadenas, les ferrures avec clous et vis et toutes ces choses banales dont la facile imitation est prise des ustensiles les plus communs de la vie et n'exige, chez celui qui les exécute, ni art, ni goût, ni dessin, ni esprit. Duval et Auguste Halphen furent les initiateurs de cette mode en France, elle envahit toutes les boutiques, occupa tous les ateliers, obtint un égal succès chez la bourgeoise et chez la grande dame et rendit facile aux fabricants d'or bas de Pforzheim et de Hanau, de Stuttgard et de Birmingham la copie des bijoux d'or à 750 millièmes. Aucun travail précieux ne venant enrichir le métal, cette mauvaise quincaillerie d'or pût être livrée à bon marché aux commissionnaires et l'exportation des bijoux allemands s'accrût dans les proportions prodigieuses. — Dès lors des tentatives souvent renouvelées furent faites par un groupe de fabricants pour obtenir l'abrogation de la loi du 17 brumaire an VI, relative aux titres des matières d'or et d'argent. La majorité du commerce s'étant, en 1868, prononcée contre cette prétention, un projet de loi fût élaboré par M. Tirard, qui aurait voulu que le titre de 750 millièmes fût maintenu pour les bijoux de consommation intérieure; mais, que la liberté de fabriquer à 12 et à 14 karats, fût accordée pour l'exportation. Repoussé par l'Assemblée, en 1874, ce projet est repris et soutenu actuellement par un groupe nombreux de bijoutiers qui espèrent obtenir l'appui de M. Tirard, devenu ministre du commerce. — V. TITRE DES MATIÈRES D'OR ET D'ARGENT.

Cependant, une circonstance heureuse amena, quelques années plus tard, une réaction sensible contre le goût anglais — l'empereur Napoléon III ayant acheté du marquis de Campana une partie des collections qu'il avait formées à Rome, les objets acquis furent exposés au Palais de l'Industrie avant de prendre au musée du Louvre la place qu'ils y ont occupée depuis. — Un choix assez considérable de bijoux étrusques faisait partie de la collection. Vers le même temps, M. Castellani, de Rome, banni de son pays pour cause politique, vint à Paris et y apporta les merveilleux ouvrages qui l'ont classé parmi les artistes et les savants et lui ont mérité une place hors ligne dans l'industrie des bijoux. — Cette double cause amena, dans la composition des parures, une profonde modification, déjà la mode était à ce genre grec que le second empire, par imitation du premier, cherchait à mettre en faveur. Les bijoutiers adoptèrent vite ce style qu'on désigna par le mot néo-grec et qui eût, dans plusieurs sections de l'art et de l'industrie, d'heureuses adaptations.

M. Fontenay fut l'un des premiers et certainement le plus habile parmi nos fabricants à s'approprier et à transformer cette expression charmante de la mode nouvelle. Il traduisit à sa manière et d'une façon plus parisienne et plus aimable ces bijoux funèbres des Etrusques qui conviennent mieux aux vitrines d'un musée qu'à

Fig. 407.   Fig. 406.   Fig. 407bis.

la parure des femmes; — il y mit de l'esprit et sut habiller de filigranes délicats, d'ornements fins et toujours appropriés aux sujets de jolis émaux peints aux tons mats, des repoussés mignons où se dessinaient les dieux de l'antiquité et d'ingénieuses allégories.(fig. 406 et 407).

Sa vitrine, à l'Exposition de 1867, fut l'une des plus remarquées. Il faudrait feuilleter les catalogues de cette Exposition et de celles qui eurent lieu à Paris et à Londres, en 1855 et en 1862, pour y copier les noms des bijoutiers français qui tinrent au premier rang notre fabrication — le goût parisien s'y alliait à la plus parfaite exécution; mais déjà la bijouterie proprement dite cédait le pas à la joaillerie.

Cependant, Mellerio, Boucheron, Rouvenat, Baugrand, parmi de riches parures de diamants étalaient des bijoux d'une rare perfection de travail et le jury plus curieux que jadis de découvrir les véritables créateurs de ces travaux, notait les noms de Crouzet, de Falize père, de Baucheron et de Foullé.

C'est en 1867, que furent remarqués les bijoux d'or rouge reperçé, dont la mode devait s'emparer et dont la vogue a duré plus de dix ans. L'innovation en est due à M. Boucheron, par qui furent propagées bien d'autres nouveautés gracieuses (fig. 408). C'est à cette même exposition que Duron fit paraître sa remarquable série de gemmes montées d'après les chefs-d'œuvre de la galerie d'Apollon. La perfection de ses ouvrages le fit classer premier parmi les lauréats de 1867; il est resté l'un des maîtres dans l'art de ces montures délicates et savantes imitées de la Renaissance. Froment-Meurice, le fils, doué d'un sentiment très fin, créa de jolis bijoux où la fleur était amoureusement copiée sur nature et artistement exécutée en or.

Enfin, c'était le temps où le goût des délicatesses du dernier siècle passant du mobilier au bijou, engendrait de gracieuses imitations et où, s'inspirant de Lalande, de Salembier ou de Cauvet, les bijoutiers s'essayaient à ressusciter un art aimable. L'outil du ciseleur plus souple et plus caressant donnait déjà aux ornementations Louis XVI la grâce des ciselures anciennes et cette charmante expression bien française a fait depuis de nouveaux progrès.

Nous ne parlons que pour mémoire des légers oiseaux en diamants, exécutés par Rouvenat, et du monde ailé des papillons et des insectes que les pierreries font aussi brillants et aussi légers que la nature. Nous y reviendrons à l'article JOAILLERIE en parlant des fleurs en diamants et des travaux de M. Massin. — V. JOAILLERIE

Bien qu'il soit plus logique de ranger leurs noms parmi ceux des ciseleurs, il nous paraît juste et utile de parler des frères Fannières. Non seulement, ils ont depuis trente ans prêté l'aide de leur ciselet à toutes les belles œuvres de la bijouterie, mais ils ont aussi dessiné quelques bijoux et les ont embellis de figurines modelées par eux. Il en est dont l'esprit et le précieux ne le cèdent en rien aux bijoux des collections célèbres.

La guerre et la Commune avaient paralysé la

Fig. 408. — Bijou reperçé.

fabrication des bijoux parisiens autant et plus que les autres industries de luxe; elle reprit avec la paix une activité prodigieuse, ce dont fait foi, en 1872, l'enquête sur les conditions du travail en France.

Définir ce qu'a été le caractère des bijoux en ces années dernières n'est point chose aisée. Esclave du caprice, le bijou n'a plus même la durée d'une mode, il subit l'humeur de la femme, obéit au goût variable du fabricant; il copie tous les styles, les mêle, les transforme et n'a d'autre guide en ses métamorphoses qu'une fantaisie mal réglée; *cette fantaisie même est érigée en style* et quelques-uns prétendent qu'elle sera le caractère propre à notre époque.

Insouciant de la coupe du vêtement, de la couleur des étoffes, le bijoutier ne s'occupe pas assez de jouer dans l'art du costume le rôle auquel il a droit — il travaille avec un étrange oubli de l'harmonie et des règles décoratives, mais il se fait le serviteur de la femme en obéissant à ses imaginations bonnes ou mauvaises.

Et cependant il est passé maître en son art; — s'il invente moins il exécute mieux, s'il a perdu l'originalité des formes il a poussé loin la perfection des détails. — On chercherait en vain un homme capable de dessiner, de modeler, de fondre ou de fabriquer au marteau, à la pince et à la lime un bijou, de le ciseler, de le graver, de l'émailler, de le polir; les fabricants sont devenus de véritables entrepreneurs dont quelques-uns seulement dessinent et inventent, mais dont le plus grand nombre achètent les dessins qu'ils font exécuter. Ils ont à leurs ordres des ouvriers qui travaillent les uns en chambre, les autres dans l'atelier commun, mais qui tous libres de leurs agissements offrent tour à tour leurs services à tous ces fabricants. Dès lors plus de personnalité dans l'invention ni dans l'exécution — Quelque part que soit fait un bijou il vient de la même source et passe par les mêmes mains; et si parfois une création mieux inspirée se fait jour elle est servilement copiée par la masse entière des bijoutiers.

Il n'appartient qu'aux maisons de premier ordre dont la coûteuse fabrication est un obstacle à l'imitation facile, d'échapper à cette banalité de production.

C'est dans ces douze années dernières que se prenant d'amour pour l'art japonais, Falize a étudié et reproduit d'abord les dessins de leurs albums dans des émaux cloisonnés et des bijoux d'ors variés, d'argent et de bronze patiné. Ce goût japonais qui était en 1868 le propre de quelques amateurs seulement et que Falize introduisait dans la bijouterie en même temps que Christofle l'appliquait à l'orfèvrerie s'est tellement généralisé depuis, qu'il a sur nos arts décoratifs une influence dont l'avenir seul nous dira les bons ou les mauvais effets.

Quelque habiles que soient au Japon les ouvriers du métal, c'est moins à leurs procédés de fabrication qu'au style de leurs dessins que nos orfèvres et nos bijoutiers ont fait des emprunts— Les Américains mieux avisés ont introduit dans leurs ateliers des ouvriers qu'ils ont été prendre à Kioto et à Kanasawa — et l'orfèvrerie américaine a fait, grâce à cette éducation de l'outil, des progrès que ne pourront égaler en France ni l'orfèvrerie, ni la bijouterie ni les autres métiers par la banale imitation d'un dessin et d'un coloris qui n'aura que l'attrait d'une mode éphémère.

Falize, en introduisant dans sa fabrication le travail des émaux cloisonnés, a copié d'abord les travaux des japonais et des chinois, puis les vieux émaux byzantins aux émaux translucides; il a exercé aux délicatesses de ce travail deux hommes habiles Pye et Houillon, et, sûr de ses procédés, il a créé un art nouveau qui participe autant des ornementations de la Renaissance que des coloris de l'Orient et où la finesse du cloisonné s'allie aux richesses des émaux translucides. — Ces bijoux sont une des plus intéressantes nouveautés de ces années dernières. Un artiste de valeur avait, vers le même temps, fait des essais dans cette voie, qui l'avaient porté au premier rang à l'Exposition de 1867 — Les bijoux de Charles

Lepec sont avec ses émaux dans les mains de quelques amateurs anglais qui les estiment un haut prix – Lepec a abandonné trop tôt un art qui lui devait déjà beaucoup.

Concurremment à eux, Rifaut et Boucheron ont refait l'un après l'autre les curieux émaux à jour dont parle Benvenuto dans ses *Mémoires* et c'est Boucheron encore qui, s'attachant presque exclusivement Alfred Meyer, a monté d'une si gracieuse façon les coquets émaux limousins de l'artiste. — Les bijoux filigranés de Fontenay n'empruntent plus leurs formes aux types étrusques, ils ont un caractère qui leur est propre et leur souple ornementation s'accorde bien avec les torsades menues, les fils tenus et les innombrables petits grains d'or dont le patient assemblage constitue ce curieux travail (fig. 409).

A l'imitation des bijoux d'or repercé dont plus haut nous avons attribué l'introduction à Boucheron et dont la précieuse exécution était due à MM. Baucheron et Guillain, la mode des bijoux ajourés prend une faveur plus grande — l'or rouge remplace l'or mat, cet alliage de l'or au cuivre offre plus de rigidité et rend solides les finesses des dentelles d'or, le poli acquiert par cette combinaison un éclat plus grand et contraste agréablement avec les parties d'argent serties de diamants. — On marie les ors de couleurs non plus seulement dans des ornementations Louis XVI, mais avec des patines et des décors à la façon japonaise. — L'acier même revient en faveur et on monte en bijoux des damasquines et des incrustations comme l'avait fait en 1842 M. Falize père quand il emprunta à l'arquebuserie le talent du liégeois Falloize. — C'est aujourd'hui Zuloaga, l'artiste espagnol, qui dessine en traits d'or sur le fer et l'acier ses capricieuses arabesques.

Le bracelet longtemps délaissé est enfin remis à la mode : étroit d'abord comme le corps d'une

Fig. 409. — *Bracelet filigrané.*

bague, il se porte au poignet entre la manchette et le gant — le gant s'allonge et le bracelet remonte avec lui, il s'élargit un peu et devient sous la forme d'un anneau carré le vulgaire *porte-bonheur* — il s'enrichit de diamants, il se développe, il s'élargit encore et rend enfin à l'inspiration du dessinateur un thème des plus heureux.

La *broche* et le *collier* sont longtemps remplacés par le *médaillon*, puis par le *pendant de col* (le pent-à-col du xv° siècle), la longue et incommode *chatelaine* aux breloques sonnantes se réduit aux proportions du *crochet de montre* (fig. 410); les *bagues* (V. ce mot) aux saillantes montures ne surchargent plus les doigts mais si la monture n'y est plus un prétexte à ciselure elle enchâsse des pierres d'une beauté plus rare. Les *pendants d'oreille* (V. ce mot), qui s'étaient augmentés jusqu'à atteindre une grandeur et un poids considérables sont ramenés à des proportions mieux appropriées à l'usage.

Plus de grands diadèmes à la grecque, mais d'étroits bandeaux, des peignes légers, des aigrettes mobiles dont la forme varie suivant que la coiffure est haute ou que la femme diminue l'édifice de ses cheveux.

Pour l'homme le bijou se fait plus discret, les chaines ont des façons délicates et le métier difficile du chainiste trouve en Lion, en Moche et en Refauvellet des gens habiles à découvrir des combinaisons nouvelles alors que tous les systèmes d'enmaillage semblaient connus et épuisés — Garreaud taille la pierre dure avec une perfection rare, et tient en réserve pour le jour où la fantaisie en reviendra le péridot, l'aigue-marine, la topaze, l'olivine, le jaspe, la chrysoprase, le jade et l'agate; Bissinger enfin, délaissant le grand style des camées anciens, s'applique à graver des pierres où le fini du détail l'emporte sur la beauté des lignes. — V. LAPIDAIRERIE, CAMÉE, GLYPTIQUE.

Mais un danger menace l'art du bijoutier : la découverte des champs de diamants au Cap a jeté sur le marché européen des quantités considérables de pierres dont la spéculation s'empare. Chaque bijoutier devient joaillier, les ateliers se transforment, les deux métiers qui avaient des traditions distinctes se mêlent, ils emploient les mêmes ouvriers et peu à peu l'un absorbe l'autre. — Le diamant entre dans la toilette de toutes les femmes, et cette subite abondance des brillants contribue à rendre la perle plus enviée et plus coûteuse — mais elle amène aussi l'abandon des parures d'or.

C'est pourquoi la production des bijoux ne prospère plus que dans les maisons les plus extrêmes de la fabrique parisienne, dans celles où la recherche de la forme et la perfection du travail conservent aux bijoux une valeur d'art qui les fait aimer d'une clientèle de choix — ou dans celles qui approvisionnent les comptoirs de la commission.

La galerie de la classe 39 à l'Exposition a rendu

évidente aux yeux du public cette situation de la bijouterie française de même que dans les sections étrangères on constatait l'absence presque complète de cette industrie. — Ce sera matière à l'une des considérations particulières du rapport dont s'est chargé M. Martial Bernard.

Fig. 410. — *Crochet de montre*.

— La bijouterie parisienne a créé une chambre syndicale et une école professionnelle de dessin qui rendent d'importants services, nous aurons à en parler à propos des *Écoles* et des *Sociétés*. — L. F.

Bijouterie d'acier. L'industrie des parures en acier, née primitivement en Angleterre, se répandit d'abord en Belgique, vers l'année 1740. La mode de ces nouveaux bijoux ne prit une réelle importance en France qu'à partir de 1767, époque où les diamants commencèrent à disparaître du costume. « On employait en achats de petits grains d'acier et de verre, dit Mme de Genlis, dans son *Dictionnaire des étiquettes*, l'argent que contaient jadis les pierres précieuses, qui, ayant une valeur intrinsèque, restaient dans les familles et faisaient partie de l'héritage des enfants. » Effectivement, vers 1776, les bijoux d'acier poli obtinrent un succès incroyable qui se continua jusqu'à la Révolution. Cette vogue profita à Buffon; une partie des fers de ses mines de Montbard y passa à un bon prix. Le bruit courait, d'ailleurs, selon la *Correspondance secrète* de Métra, que le grand naturaliste avait beaucoup aidé à mettre en faveur les boutons, les chaînes et autres bijoux d'acier poli.

Quoi qu'il en soit, le grand pourvoyeur de la mode était Granchez, mercier-bijoutier, établi à la descente du Pont-Neuf, entre la rue Dauphine et celle de Nevers. Sa manufacture, située à Clignancourt, avait du reste été l'objet de deux articles élogieux insérés dans le *Mercure* d'avril et d'août 1775. La boutique de cet industriel, avec son enseigne : *Au petit Dunkerque*, eut une réputation européenne; aussi devint-elle bientôt le rendez-vous de la noblesse et de la riche bourgeoisie. Voltaire lui-même, lors de son dernier séjour à Paris, se plaisait beaucoup à visiter cet établissement, et Mercier, dans son *Tableau de Paris*, ne peut s'empêcher d'admirer ces étagères où « le crystal, l'émail, l'acier, brillaient comme des miroirs taillés à facettes. » Ce fut au point qu'au moment des étrennes il fallait mettre des gardes aux abords de ce magasin féérique, tant il était envahi par la foule.

Un arrêt ayant accordé à Granchez la protection du roi pour polir l'acier, il s'entendit, en 1783, avec un habile ouvrier nommé Jean-Joseph Dauffe, afin de transformer sa fabrique à l'instar de celles de l'Angleterre. A cet effet, il fournit son local de Clignancourt, et l'outillage fut complètement renouvelé par Dauffe. Ce dernier, d'après les *Archives de la Chambre du commerce*, prit d'abord l'engagement de ne point travailler pour d'autres marchands. Les produits du nouvel établissement eurent du succès, mais recevant peu de commandes de Granchez, qui probablement se fournissait en grande partie à Londres, Dauffe crut s'apercevoir que son associé n'avait eu d'autre but que de paralyser son talent; il s'adressa donc au gouvernement et lui demanda de le mettre à même de travailler, soit pour son propre compte, soit pour celui du roi. Les procédés employés par le postulant pour tremper l'acier et pour le polir, son outillage, ses marchandises, furent l'objet d'un rapport favorable à l'Académie des sciences ainsi que d'un article publié dans le *Mercure* d'octobre 1785, et Dauffe obtint, cette même année, les fonds nécessaires pour établir une manufacture aux Quinze-Vingts, près le cloître Saint-Honoré, avec une gratification annuelle, à la condition de fournir dix élèves chaque année. Il transporta ses ateliers de Clignancourt au faubourg Saint-Antoine, et il put bientôt livrer au commerce des boutons, des boucles de toute espèce, des chaînes, des plaques de ceinture, des bagues, des ganses de chapeau, des tabatières, et une foule d'objets de quincaillerie en acier. Si les produits communs et ordinaires de la manufacture royale étaient inférieurs aux ouvrages d'origine anglaise, sous le rapport du prix et de la beauté, en revanche les objets soignés défiaient toute concurrence étrangère.

D'après le *Journal de Paris*, 18 juillet 1787, Dauffe fabriquait notamment de superbes boutons d'habit, repercés à jour, véritables bijoux ornés de perles enfilées et de diamants à vis, « le tout en acier, » qui se vendaient à raison de vingt-cinq louis la pièce. Louis XVI, enchanté de ces boutons, lui en avait commandé une garniture à titre d'encouragement.

La mode des bijoux d'acier se prolongea jusqu'à l'époque du Directoire. Selon de Jouy, on en parle avec éloge dans son *Hermite de la chaussée d'Antin*, le *Petit Dunkerque* avait même conservé sa vogue sous le premier Empire. Parmi les industriels qui, à cette époque, essayèrent de relever la bijouterie d'acier, il faut citer le sieur Schey, de Paris. Le *Moniteur*, an X, et le *Bulletin de la Société d'encouragement* (1820) ont enregistré, l'un et l'autre, les récompenses obtenues par ce fabricant aux expositions de 1802, de 1806 et de 1819, où il obtint enfin la médaille d'or.

Le *Dictionnaire de l'industrie manufacturière, commerciale et agricole*, publié à Paris en 1834, cite parmi les bijoutiers en acier un sieur Frichot, rue des Gravilliers. « Parmi les objets de bijouterie d'acier poli qui lui ont valu une médaille d'or et un rappel, à notre exposition de 1823 et 1827, on admirait surtout une garniture de

cheminée composée d'une pendule et de deux candélabres
Ces beaux produits, du prix de 25,000 francs, résultaient
de l'assemblage de 91,000 morceaux d'acier, qui présentaient 1,028,300 facettes, et dont le montage avait exigé, 2,053,000 opérations. »

Depuis cette époque, la bijouterie d'acier a été beaucoup moins recherchée, sauf toutefois en 1864, où cette industrie a eu pendant quelque temps une véritable renaissance.

Bijouterie en cheveux. L'usage des bijoux en cheveux paraît remonter seulement à l'époque de la Renaissance. Dans le roman de la *Dame de Fayel*, qui date du XIVe siècle, lorsque celle-ci donne au châtelain de Coucy plusieurs tresses de sa chevelure, il lui promet de garder ce précieux gage de sa tendresse jusqu'à son retour de la terre Sainte, mais il n'est pas question de les faire monter en bijoux.

C'est au XVIe siècle que l'on voit paraître pour la première fois, les bracelets de cheveux, portés indistinctement par les femmes comme par les hommes. Le poète Théophile Viau, dans sa *Plainte à un sien amy*, pendant son emprisonnement dans la tour de Montgommery, dit, en parlant des plaisirs de la campagne :

> Là, d'une passion, ny ferme, ny légère,
> J'avrois donné ma flamme aux yeux d'une bergère,
> Dont le cœur innocent eust contenté mes vœux
> D'un bracelet de chanvre avecques ses cheveux.

On trouve à ce sujet dans les mémoires de d'Aubigné un trait qui mérite d'être rapporté. Durant les guerres de Henri IV, d'Aubigné, dans une bataille, combattait corps à corps contre le capitaine Dubourg. Au plus fort de l'action, d'Aubigné s'aperçut qu'une arquebusade avait mis le feu à un bracelet des cheveux de sa maîtresse, qu'il portait à son bras; aussitôt, sans songer à l'avantage qu'il donnait à son adversaire, il ne s'occupa que du soin d'éteindre le feu et de sauver ce précieux bracelet, qui lui était plus cher que la liberté et la vie. Le capitaine Dubourg, touché de ce sentiment, le respecta; il suspendit ses coups, baissa la pointe de son épée, et se mit à tracer sur le sable un globe surmonté d'une croix.

Tallemant des Réaux parle de ces bijoux dans plusieurs de ses *Historiettes*, et le même auteur, à propos de Souscarrière, fameux galant du temps de Louis XIII, raconte que la belle Anne Rogers « avoit donné un brasselet de cheveux à Villandry, et qu'il y avoit eu des rendez-vous. »

Mais c'est à partir du siècle actuel que la bijouterie en cheveux prit le plus d'extension. « Notre époque est si sentimentale, dit à ce sujet Mme de Genlis, dans son *Dictionnaire des étiquettes*, qu'il n'y a rien à certainement jamais eu où l'on ait tant fait de bracelets, de bagues, de chiffres, de chaînes de cheveux. On a vu des femmes porter des ceintures des cheveux de leurs amants. Nos grands-pères et nos grand'mères étaient loin de cette touchante prodigalité de cheveux. »

La mode de porter, par affection ou par superstition, des bracelets de toute sorte, est assez ordinaire en Russie parmi les hommes. C'est ainsi que le grand duc Constantin porte constamment, même en voyage, un bracelet au poignet, fait avec les cheveux de sa femme, la grande duchesse Alexandra. — S. B.

Bijouterie en doublé. Le doublé se compose de deux plaques : l'une mince, qui est d'or; l'autre plus ou moins épaisse selon que l'on veut le doublé plus ou moins élevé en titre, qui est d'un métal composé. Posées l'une sur l'autre, ces deux plaques sont rendues complètement adhérentes au moyen de la pression à chaud, et le *doublé* est fait.

La plaque ainsi formée d'or et de métal que nous nommerons *chryso*, en terme de métier, est passée sous le laminoir où elle s'allonge indéfiniment en conservant dans toute sa longueur la même proportion d'or et de chryso. Ce ruban se nomme *plané*.

On donne au plané les formes les plus diverses, soit en l'estampant sur matrices, soit en le tirant en charnières, ou en le façonnant à la main pour les bijoux dits de fantaisie.

Le fil doublé se fait au moyen d'un tube en plané fort ayant une légère couche de soudure à l'intérieur, et dans lequel on introduit une baguette de chryso le remplissant complètement; ces deux pièces, tube et baguette, sont soudées par la fusion de la soudure qui revêt l'intérieur du tube.

Les bijoux en doublé sont généralement formés de deux coquilles estampées réunies par une soudure invisible.

— Le doublé date de 1827 ou 1828.

M. Huiart, à cette même époque, mit à profit les essais tentés avant lui, et il commença à fabriquer en doublé quelques articles de campagne, anneaux ronds d'oreilles, bagues, croix et cœurs. Sa fabrication fut entravée par la longue lutte qu'il eut à soutenir avec le bureau de la garantie qui s'opposait à la fabrication des bijoux en doublé, dont la similitude avec ceux en or devait, selon lui, encourager la fraude. M. Huiart, avec une louable énergie, soutint la cause du progrès, qui, en industrie, consiste à mettre les produits à la portée de tous; assurément les craintes inspirées à l'administration par l'industrie nouvelle étaient chimériques ; enfin M. Huiart obtint gain de cause, et le doublé put se produire au grand jour.

Mais ce qui fut pour le doublé le commencement d'une ère de grande prospérité, ce fut l'application à sa fabrication de l'estampage par la matrice en acier, substitué à l'estampage par le poinçon en fer sur le plomb. Ce système, appliqué à grands frais par M. Savard, de 1845 à 1850, diminuait des cinq sixièmes au moins le prix de revient en perfectionnant le travail, aussi valut-il à son auteur de longues et préjudiciables grèves, tant l'ouvrier comprend difficilement que le bon marché de la production est le principe des grandes affaires. Le système toutefois triompha, et depuis lors il est adopté par tous les fabricants de doublé, toute concurrence devenant impossible sans son emploi.

On compte à Paris plus de vingt fabriques de doublé parmi lesquelles il convient de citer Mme veuve Savard, MM. C. Murat, Hémon et fils, Dunand et Dobbé qui exercent la plus heureuse influence sur le goût et le développement de cette intéressante industrie. Actuellement le doublé fait une vive concurrence à l'or qu'il imite à tromper l'œil le plus exercé, et il se vend dix fois, vingt fois moins cher : aussi son usage est-il répandu dans le monde entier.

En 1830, le doublé comptait à peine quelques ouvriers : aujourd'hui, leur nombre se chiffre par trois à quatre mille, y compris les femmes qui ont dans cette fabrication la spécialité du polissage.

Dans ce nombre des ouvriers, entrent pour un quart à peu près les estampeurs, découpeurs, ciseleurs, graveurs, mécaniciens. Les hommes gagnent en moyenne 7 à 8 francs par jour, les femmes 4 à 5 francs.

Bijouterie dorée ou imitation. La fabrication du bijou doré a pour base un mélange de deux cuivres, le rouge et le jaune, qui acquièrent par la fusion une grande fermeté. Le principal rôle de cette fabrication appartient aux graveurs, estampeurs qui fournissent aux fabricants des cuivres frappés, des bâtes repercées avec lesquelles le bijoutier compose des motifs, soit que l'estampé serve d'accessoire au motif principal, soit qu'il forme le bijou tout entier.

— La bijouterie dorée. qui remonte à la plus haute antiquité, est entrée aujourd'hui dans les parures des femmes de toutes les classes de la société; l'industrie parisienne, qui excelle dans la fabrication des objets où le goût doit dominer, a su, par des efforts successifs, donner à l'imitation un cachet, un fini susceptible de tromper quelquefois l'œil le plus exercé. La dorure ou le nickel, l'argenterie, le vieil argent, l'oxydé ou les ors de couleur sont autant de variétés imposées par la mode ou le goût de quelques bijoutiers artistes. Parmi ceux-ci, il faut mentionner M. Piel, qui a fait faire de notables progrès à la bijouterie dorée, par une constante préoccupation de la forme artistique. L'Angleterre, l'Allemagne et l'Amérique nous font une concurrence acharnée, mais c'est en copiant nos modèles, en tirant de chez nos graveurs-estampeurs les bâtes préparées ou les cuivres frappés, qu'ils peuvent entamer notre chiffre d'exportation, toujours considérable; il y a là cependant un danger contre lequel la bijouterie doit lutter sans relâche, et, nous ne saurions trop le répéter, ce sont les écoles de dessin seules qui fourniront les armes, car elles développeront chez les jeunes générations les grandes qualités qui font la supériorité de notre pays dans les industries d'art.

. La bijouterie d'imitation occupe, à Paris seulement, un grand nombre d'ouvriers et d'ouvrières; les graveurs, estampeurs, doreurs, sertisseurs, lapidaires, reperceuses, peintres en miniature, brunisseuses, polisseuses et graveurs-ciseleurs forment environ un total de cinq mille personnes, dont les salaires varient de 3 fr. 50 à 5 francs pour les femmes, et de 5 francs à 8 francs pour les hommes.

Bijouterie de corail. Ce genre de bijouterie, bien que suivant les fluctuations de la mode, jouit toujours d'une certaine faveur. Le corail (V ce mot), susceptible d'un très beau poli, se prête merveilleusement à la sculpture et au façonnage on en obtient des colliers, des bracelets, des broches et des boucles d'oreilles qui forment une des plus charmantes variétés de la parure des femmes. Le bijou de corail se distingue par sa légèreté, son élégance, sa solidité dans le collage et la façon de le fixer dans les montures; on l'accompagne d'émaux, de perles fines ou de diamants. Le bijou ordinaire est monté solidement et défie toute concurrence comme bon marché, grâce à l'outillage qui se perfectionne sans cesse.

— Les Italiens, qui ont presque le monopole de la pêche du corail, ont aussi la spécialité de la taille; c'est à Naples et dans ses environs que le corail est façonné pour l'usage de la bijouterie; de là, il est expédié sur les grands marchés européens, principalement à Paris et à Londres. En France, il est monté à Paris, à Lyon et à Marseille. Dans les bijoux anglais, le corail est monté solidement, mais sans grâce; en Allemagne, les fabricants copient le genre français.

Bibliographie : Histoire de l'orfèvrerie-joaillerie, par Paul LACROIX, LEROUX DE LINCY *et* Ferd. SÉRÉ; *Recherches sur l'histoire de l'orfèvrerie française, par* Paul MANTZ; *Histoire des arts industriels,* article *Orfèvrerie,* par Jules LABARTE; *Emaux et bijoux du Louvre,* chap. *Orfèvrerie et bijouterie, par* Alfred DARCEL; *Dictionnaire d'orfèvrerie,* par l'abbé TEXIER; *Catalogue des bijoux du musée Napoléon III* (collection Campana), par MM. CLÉMENT *et* SAGLIO; *Orfèvrerie mérovingienne; Les œuvres de saint Eloi et la vernoterie cloisonnée,* par Ch. de LINAS; *Encyclopédie des arts plastiques,* ch.

Orfèvrerie, par Aug. DEMMIN; *Histoire du costume, par* J. QUICHERAT; *Recherches sur l'orfèvrerie et la bijouterie, par* F. POUY; *Les bijoux des peuples primitifs, par* S. BLONDEL; *Lithiaka, Gems and Jewels,* etc., by Mme de BARRERA, London, 1860; *Rambles of an archeologist among old books and in old places : Being papers on art,* by Fred. FAIRHOT; *Statistique de l'industrie à Paris pour l'année 1860,* chap. *Fabricants d'objets en acier.*

BIJOUTIER. Celui qui fait ou qui vend des bijoux. Il convient de distinguer entre le *bijoutier,* le *joaillier* et l'*orfèvre.* Ce dernier qui, comme son nom l'indique, était jadis l'ouvrier de l'or par excellence et pratiquait les deux autres métiers, produit maintenant beaucoup moins d'ouvrages d'or que d'argent et de cuivre. C'est à lui qu'appartient la fabrication des vases du culte, des services de table et généralement de tous les instruments d'ameublement et d'usage. Les objets d'or, d'argent et de cuivre qui sont du domaine du costume, sont fabriqués par le bijoutier et par le joaillier. Le joaillier se borne à employer l'or et l'argent comme un moyen de monture pour sertir les diamants et les pierres : le métal joue le rôle secondaire et les diamants ou les pierreries en épousent la forme et le couvrent entièrement. Le bijoutier, au contraire, s'aide de toutes les ressources que nous avons énumérées à l'article *bijouterie;* il décore l'or et l'argent, ou les façonne en mille manières, y ajoute des diamants ou des pierres, de l'émail ou d'autres ornementations et use de tous les procédés que l'art et le métier offrent à sa fantaisie.

BILAN. Etat de l'actif et du passif d'un commerçant, d'un industriel, qui a cessé ses paiements et qui par suite est en état de faillite.

Il doit contenir l'énumération et l'évaluation de tous les biens mobiliers et immobiliers du failli, l'état des dettes actives et passives, le tableau des profits et pertes et celui des dépenses. Il doit être certifié véritable, daté et signé par le failli.

Il est déposé au greffe du tribunal de commerce du domicile du failli ou du lieu où se trouve le siège social, s'il s'agit d'une Société, et ce, au moment où est faite la déclaration de cessation de paiement; on doit indiquer les motifs qui en empêchent le dépôt, s'il en existe.

Si le bilan n'a pas été déposé, le syndic le dresse à l'aide des livres et papiers du failli et des renseignements qu'il peut se procurer auprès des parents, des employés ou de toute autre personne. Lorsqu'un commerçant ou un industriel aura été déclaré en faillite après son décès, ou qu'il sera décédé au moment de la déclaration de faillite, sa veuve, ses enfants, ses héritiers pourront se présenter ou se faire représenter pour le suppléer dans la formation du bilan.

Le défaut du dépôt de bilan est un des cas pour lesquels le failli peut être poursuivi pour banqueroute simple.

* **BILBERGIA.** On retire, au Brésil, du *Bilbergia Leopoldi* des fibres assez longues qui peuvent être tissées. Le bilbergia appartient, comme l'*ananas*

(V. ce mot), à la famille des broméliacées, et son port rappelle celui de cette plante : feuilles raides, étroites, souvent armées sur leurs bords de dents épineuses et réunies en touffes à la base de la tige. Il a d'ailleurs longtemps été décrit comme *bromelia*. Les fibres se retirent de la plante comme nous l'avons indiqué pour l'ananas.

BILBOQUET. 1° Jouet composé d'une boule de bois ou d'ivoire percée d'un trou et attachée par une ganse ou cordelette à une pièce pointue par un bout et concave par l'autre, que le joueur tient à la main ; il doit chercher, en la lançant, à faire retomber la boule et à la recevoir soit sur la partie concave, soit par le bout pointu entrant par le trou de la boule. C'était le jeu favori de Henri III. || 2° *T. d'impr.* Petits ouvrages de ville, tels que têtes de lettres, billets de faire part, avis, etc. || 3° *T. de constr.* C'est le nom qu'on donne au carré de pierre qui, provenant du sciage, reste dans le chantier. || 4° *T. de monn.* Morceau de fer en forme d'ovale très allongé dans lequel le monnayeur ajuste le flan des monnaies. || 5° *T. de perruq.* Morceau de bois tourné, arrondi par les extrémités et un peu aminci au milieu, dont se servent les coiffeurs pour friser les cheveux destinés à faire des perruques. || 6° *T. de dor.* Outil avec lequel le doreur place l'or dans les endroits les plus difficiles à atteindre, comme dans les filets carrés, les gorges et autres endroits creux.

BILE. La bile est un liquide de l'organisme, sécrété du sang par le foie. On le rencontre en quantités variables dans la vésicule du fiel de la plupart des animaux. C'est un fluide généralement jaune, vert ou brun, excessivement amer et d'une odeur particulière.

La bile de l'homme contient 10 0/0 à 18 0/0 de matières solides, consistant en mucus, un principe azoté neutre appelé *taurine*, des sels, chlorures, phosphates, carbonates, etc., à base de chaux, de magnésie, de soude, des sels à acides organiques résineux, désignés sous le nom de tauro-cholates et glyco-cholates, une matière grasse insaponifiable, dite *cholestérine*, et enfin quatre matières colorantes, la *biliverdine*, la *bilirubine*, la *bilifuscine* et la *biliprasine*.

La bile est employée par les dégraisseurs, les peintres à l'aquarelle, les enlumineurs, etc. On en fait un extrait appelé *fiel de bœuf* concentré et qui se délaye dans l'eau pour l'usage. Ce n'est autre chose que le fiel ordinaire réduit par l'évaporation. Quelquefois on y ajoute de l'éther acétique.

BILLARD. Table rectangulaire portée sur quatre pieds solides, parfaitement horizontale et immobile, ayant environ, pour les meilleurs billards modernes, 2ᵐ,85 de longueur, 1ᵐ,55 de largeur et 0ᵐ,84 de hauteur ; le dessus, généralement en ardoise, est recouvert d'un tapis de drap vert sans couture et très tendu ; il est entouré de quatre bandes élastiques qui lui servent d'encadrement et contre lesquelles les billes reçoivent une nouvelle impulsion pour produire des effets voulus par le genre de partie que l'on joue. Les accessoires indispensables du jeu de billard sont les billes d'ivoire et les *queues*, ordinairement en bois de frêne, munies à l'extrémité qui frappe la bille d'un petit rond en bufle nommé *procédé*.

— Le jeu de billard dérive du jeu de boules et l'on peut supposer, non sans raison, que c'est par imitation du gazon qu'il se joue sur un tapis vert. On ne sait pas bien à quelle époque et dans quel pays il a été inventé ; cependant, il était connu depuis longtemps en Angleterre lorsqu'au XVIᵉ siècle, il a été introduit en France. Louis XIV à qui les médecins avaient prescrit cet exercice après ses repas, le mit définitivement à la mode. On sait que Chamillard, conseiller au Parlement, qui, trois fois par semaine, faisait la partie du roi, dut sa haute fortune politique à l'adresse qu'il déployait à ce jeu. Les premiers statuts des *billardiers-paulmiers* remontent à 1610 ; depuis cette époque, divers règlements confirmés par lettres-patentes ont été rendus sur le privilège de tenir billard public.

* **BILLARDIER.** Fabricant de billards.

* **BILLAUD.** *T. de cisel.* Outil pointu d'un bout et recourbé de l'autre.

BILLE. *T. techn.* 1° Outre la bille d'ivoire qui sert au jeu de billard, et la petite boule de pierre, de stuc ou d'agate avec laquelle jouent les enfants, ce mot a diverses significations dans l'industrie ; on nomme ainsi : 2° la pièce de bois de toute la grosseur de l'arbre destinée à être équarrie ; 3° en *T. de ch. de fer*, une pièce de bois, longue de 5ᵐ,40, que l'on divise en deux parties pour faire des traverses ; 4° en *T. de cham.*, un morceau de fer ou de bois long et arrondi dont les ouvriers se servent pour tordre les peaux et pour en faire sortir l'eau ou la graisse qu'elles peuvent contenir ; 5° en *T. de bijout.*, un outil destiné à donner au fil une forme spéciale et déterminée qu'on ne peut obtenir à l'aide de la filière. Cette forme est obtenue à la lime sur un petit morceau d'acier mobile qui, maintenu à l'aide d'une vis dans la bille, permet de s'en servir comme d'une filière ; on dit alors *tirer à la bille* ; 6° à un morceau d'acier carré destiné à être travaillé : *bille d'acier* ; 7° en *T. d'orfèv.*, à un morceau de fer plat modelé dans l'empreinte duquel on tire l'or et l'argent pour y faire des moulures ; on le nomme *bille à moulure* ; 8° à bâton très fort qui sert aux emballeurs pour serrer les cordes de leurs ballots ; 9° au rouleau dont les boulangers se servent pour aplatir la pâte.

* **BILLER.** *T. techn.* Tordre les peaux au moyen de la bille. || Serrer avec la bille les cordes d'emballage ou celles d'un camion. || Étendre et aplatir la pâte.

BILLET. Ce mot a, par extension, plusieurs significations que notre *Dictionnaire* a le devoir de mentionner ; toutefois, nous négligerons le *billet à ordre*, le *billet de crédit* et autres, qui sont étrangers à notre programme, pour ne parler que de ceux qui exigent le concours de l'art et de l'industrie.

Billet de Banque. Le billet de banque, créé en France par la loi du 24 avril 1802, est un papier qui tient lieu d'argent monnayé. C'est un effet au porteur qui offre la garantie d'une société autorisée par le gouvernement. Le texte même du billet indique qu'il est remboursable en espèces à la demande du porteur.

Quelques émissions de billets faux signalées dans la première moitié du siècle ont amené la Banque de France à perfectionner la fabrication de ses billets ; c'est par son papier spécial et une parfaite impression qu'elle les garantit de la contrefaçon. Elle employait autrefois un papier fabriqué à la cuve, composé de deux feuilles superposées pendant la fabrication ; l'une était obtenue avec du chiffon de toile aussi bon que possible, l'autre était faite de chanvre vierge ; plus tard, on a remplacé ces deux feuilles par une seule, fabriquée avec une pâte composée de deux éléments chiffon et chanvre.

Le filigrane, c'est-à-dire le dessin qui se voit par transparence dans la feuille de papier à billet était, dans l'origine, très simple ; on l'a ensuite modifié et remplacé par un filigrane ombré aussi parfait que possible ; on est même arrivé à obtenir un filigrane artistique composé d'une tête ombrée ; exemple la tête de Mercure que l'on voit dans les billets de 50 francs et de 100 francs ; ceux de 500 francs et de 1,000 francs portent en papier filigrané les mots « Banque de France » et la valeur du billet en chiffres et en lettres.

Quant aux vignettes des billets de la Banque de France, elles sont composées et gravées par nos plus habiles artistes ; c'est par le caractère artistique de la composition et la perfection de la gravure que l'on arrive à décourager les faussaires.

L'impression des billets se fait dans l'hôtel même de la Banque par un personnel choisi, et sous la direction d'ingénieurs et d'employés expérimentés. La couleur adoptée pour les billets français est le bleu d'azur, qui n'a pas de pouvoir photogénique, les progrès de la photographie ayant fait abandonner la couleur noire primitivement employée. Enfin, pour éviter le report sur pierre des billets, la Banque se sert d'un vernis particulier appliqué sur ses vignettes.

Chaque billet de la Banque de France est numéroté ; il possède, comme une personne, son état civil, c'est-à-dire qu'à sa mise en émission, on dresse son extrait de naissance, tandis qu'au moment de son retrait de la circulation, on dresse son extrait mortuaire.

Les billets de banque sont très différents suivant le pays qui les met en circulation. Ainsi en France, en Belgique et en Italie, on cherche à rendre les billets artistiques par l'emploi de filigranes et de vignettes composés par des artistes de talent ; dans d'autres pays, comme l'Angleterre, on a adopté des dispositions très simples pour les vignettes, et le papier est complètement couvert de filigranes clairs. Ces billets ressemblent beaucoup à des lettres de gage. Enfin, en Russie, en Allemagne, en Autriche et aux Etats-Unis, on a adopté un papier sans filigrane et des vignettes plus ou moins compliquées et gravées à la machine. On y intercale quelquefois des portraits de souverains également gravés à la machine ; dans ces derniers pays, l'impression se fait en tailledouce, tandis que dans les autres, l'impression est généralement typographique.

Billet ou **Ticket.** Morceau de papier ou de carton qui donne à la personne munie de cette pièce le droit d'occuper dans un train, un bateau à vapeur, etc., une place de la *classe* indiquée par cette carte.

|| Dans les compagnies de chemins de fer, sans parler des permis de *libre parcours* délivrés par les agents supérieurs à certaines personnes nominativement désignées sur le billet, chaque billet (en anglais *Ticket*) est vendu par un agent de l'administration à toute personne qui, moyennant payement du prix de parcours, veut se faire transporter par un train du chemin de fer.

On s'est longtemps servi et l'on se sert encore, mais très rarement, de billets en papier détachés d'un registre à double souche nécessaire pour le contrôle.

Chaque billet, de couleur spéciale suivant la classe à laquelle il donne droit, est revêtu de deux estampilles, l'une apposée à sec par l'administration centrale et l'autre appliquée à l'aide d'un timbre humide au moment de la remise du billet au voyageur par l'employé à la vente des billets.

Ce genre de billets a fait place aux billets en carton, système *Edmondson*, du nom de son inventeur. Chaque classe a son carton de la couleur adoptée pour la désigner. Aussi, à l'inspection seule de la couleur du billet, on reconnaît si le porteur a pris place dans un véhicule appartenant à la classe pour laquelle il a payé le prix du tarif.

Ces billets délivrés par l'administration centrale aux receveurs de chaque station sont autant de billets au porteur ayant une valeur déterminée. C'est de l'argent dont les receveurs doivent rendre compte.

Voici comment fonctionne le mécanisme de cette comptabilité. Chaque billet porte les indications suivantes :

1° Un numéro de série imprimé par une machine depuis A 000 jusqu'à A 9999, depuis B 000 jusqu'à B 9999, et ainsi de suite ; ou bien de 000001 à 199999, et ainsi de suite ;

2° Un espace réservé à l'empreinte appliquée par un *composteur* (V. ce mot) indiquant la date et le numéro du train, pour lequel le billet est seulement valable.

Cette empreinte appliquée quelquefois sur le *verso* du ticket permet d'utiliser cette face qui reste ordinairement inoccupée, ou maculée par l'empreinte d'un B (bagages) ;

3° Le nom, le numéro ou la lettre de la station de départ ;

4° Le nom, le numéro ou la lettre de la station d'arrivée ;

5° Quelquefois le prix du billet, indication qui devrait être obligatoire.

Chaque station est autorisée à délivrer des billets en destination d'autres stations déterminées, pour lesquelles les prix sont fixés par les tarifs. Ces billets, remis au receveur qui en est responsable, sont distribués dans les compartiments d'un casier, chaque compartiment étant affecté à une classe spéciale.

Le receveur inscrit dans son registre les numé-

ros des billets destinés aux stations avec lesquelles il correspond.

Après le départ de chaque train, il relève les
numéros des billets restant au casier, numéros
qui lui donnent le nombre de billets vendus.

Chaque jour il adresse au caissier central de la
ligne le relevé des billets vendus et les sommes
encaissées, de sorte qu'à tout moment l'administration peut contrôler la situation de caisse de
chaque station.

Le nombre de tickets délivrés dans une année
par les chemins de fer français, par exemple, est
de 300 millions, en nombre rond. La fabrication
de ces billets a donc une certaine importance.

* **BILLETTÉ, ÉE.** *Art hérald.* Se dit d'une pièce
honorable chargée de billettes.

BILLETTE. 1° *T. d'arch.* Nom donné à de petits
parallélogrammes ou portions de cylindres disposés de manière à présenter alternativement des
saillies et des vides. || 2° *T. de pot.* Rouleau qui
sert à aplatir la pâte. || 3° *T. de min.* Pièce de
charpente destinée à soutenir le plafond d'une
mine de houille. || 4° *Art hérald.* Pièce d'armoirie
en forme de carré long, qui figure soit comme
pièce principale, soit comme chargement, soit
comme accompagnement; elle peut être *ajourée*,
percée en rond; *couchée*, placée horizontalement;
évidée, en forme de cadre; *renversée*, c'est-à-dire
dans une position oblique.

* **BILLON.** *T. techn.* 1° Outre la pièce de cuivre
ou de bronze qui sert de monnaie, on donne ce
nom à l'argent fondu par des procédés qui lui
donne un titre inférieur. || 2° *Billon de conduite.*
Sorte de câble. — V. ARDOISIÈRE.

BILLOT. *T. techn.* Gros tronçon de bois à hauteur d'appui, dont la partie supérieure présente
une surface plane, et sur lequel l'enclume est
placée. On emploie le billot dans un grand nombre de métiers; il varie de forme et de dimensions selon les usages. Les meilleurs sont faits
en orme ou en frêne. || 1° Tronçon d'arbre sur
lequel les orfèvres placent leur enclume; il a en-
viron 85 centimètres de hauteur. || 2° Tronc
d'arbre sur lequel les cordonniers battent leurs
cuirs. || 3° Cylindre de bois à l'usage des ferblan-
tiers pour placer leurs bigornes. || 4° Morceau de
bois qui sert d'enclume aux chaînetiers. || 5° Mor-
ceau de bois qui, chez les artificiers, tient lieu
d'enclume et qu'on appelle *billot à charge.* ||
6° Dans la fabrication des orgues, on donne ce
nom aux petits morceaux de bois dans lesquels
on fait entrer les pivots des rouleaux de l'abrégé,
ou le porte-vent du sommier.

BIMBELOT. Petit objet propre à amuser les enfants. — V. l'article suivant.

BIMBELOTERIE. L'étude sur la *Bimbeloterie* que
nous avons donnée à l'ARTICLE DE PARIS nous dispense de refaire ici la nomenclature des produits
qui se rattachent à cette importante branche de
l'industrie française; nous ferons seulement remarquer que les ouvriers qui exercent cette profession s'inspirent des arts les plus variés, tels

que ceux de l'ébéniste, du tourneur, du menuisier, du cartonnier, du costumier, du mouleur,
du sculpteur, de l'opticien, du potier, etc., etc.,
et que c'est par l'ingéniosité, le bon goût et l'élégance qu'ils se sont emparés d'une fabrication
qui fut longtemps le monopole des Allemands.
La science elle-même n'est point étrangère à cette
industrie qui reproduit en petit, d'une manière
plus ou moins grossière, les grandes et les petites
choses de l'industrie humaine, depuis la locomotive et le télégraphe jusqu'à la poupée en carton
et au traditionnel soldat de plomb. Le *bimbelotier*
est essentiellement inventif et industrieux; son
objectif n'est pas seulement « l'amusement des
enfants et la tranquillité des parents, » mais encore de produire à bas prix ; c'est en cela que la
bimbeloterie française, parisienne surtout, l'emporte sur la bimbeloterie allemande, par le bon
marché aussi bien que par le cachet qui distingue
cette fabrication spéciale. — V. JOUET.

BIMBELOTIER. Fabricant ou marchand de bim-
belots et de jouets. — V. BIMBELOTERIE.

BINARD ou **BINART.** Fort chariot à quatre roues
d'égale hauteur qui sert principalement au transport des lourds fardeaux ou des pierres dans les
chantiers.

* **BINEAU** (JEAN-MARTIAL), ingénieur en chef des
mines, né à Gennes (Maine-et-Loire) en 1805,
mort en septembre 1855. Il remporta le prix de
mathématiques en 1821. En sortant de l'Ecole
polytechnique, il entra à l'Ecole des mines et fut
nommé ingénieur en 1830, puis ingénieur en chef
en 1840. A cette époque, il fut chargé de diriger
la partie des chemins de fer au ministère des travaux publics. Nommé en 1841 député d'Angers,
il prit à la Chambre une situation exceptionnelle
dans toutes les questions de travaux publics et
de finances qu'il sut traiter avec autant d'autorité que de talent. En 1849, il devint ministre
des travaux publics, et, en 1852, ministre des
finances. On lui doit un certain nombre de
réformes, entre autres le rachat de plusieurs canaux, la refonte des monnaies de cuivre, la conversion des chaussées pavées des grandes voies
de la capitale en chaussées empierrées, les lois
sur la Caisse des retraites, la réduction des taxes
postales, les comptoirs d'escompte, l'organisation
du Crédit foncier de France et le premier emprunt
national.

On a de M. Bineau plusieurs mémoires et rapports publiés dans les *Annales des mines* sur le
travail du fer et de la fonte, et sur les divers procédés pour franchir à grande vitesse les courbes
de petit rayon (1835-1838-1841), etc., et un ouvrage remarquable ayant pour titre : *Chemins de
fer d'Angleterre* (1840).

** **BINET** (JACQUES-PHILIPPE-MARIE), mathématicien et astronome, né à Rennes en 1786, est mort
en 1856. Elève de l'Ecole polytechnique, il y devint
successivement répétiteur, examinateur, professeur de mécanique et inspecteur général des
études. Le gouvernement de Juillet le destitua en
lui laissant cependant sa chaire d'astronomie au

Collège de France. Il a laissé un grand nombre de mémoires importants qui se trouvent dans les *Comptes-rendus de l'Académie des Sciences* et dans le *Journal de l'École polytechnique.*

* BINIOU. Sorte de cornemuse.

BINOCLE. 1° T. *d'opt.* Sorte de besicles qu'on tient à la main et dont les deux verres se replient ordinairement l'un sur l'autre ; par extension, on donne le même nom au *pince-nez.* ‖ 2° *T. de chirurg.* Bandage destiné à maintenir un appareil sur les deux yeux et qu'on nomme aussi *diophthalme.*

* BION. T. *de verr.* Outil dont l'ouvrier se sert pour inciser et détacher de la canne le verre soufflé.

* BIOT (JEAN-BAPTISTE), naquit à Paris le 15 juillet 1774. Après avoir terminé brillamment ses études, au collège Louis-le-Grand, il s'engagea dans l'artillerie ; mais il ne tarda pas à s'apercevoir qu'il n'était pas fait pour la carrière militaire. Il se remit au travail et se présenta, après quelques mois d'études soutenues, à l'École polytechnique où il entra dans un bon rang. Au sortir de cet établissement il alla professer les sciences à l'École centrale de Beauvais ; il ne resta pas longtemps dans cette ville ; en 1800, il fut rappelé à Paris pour occuper la chaire de physique générale au Collège de France.

Peu d'années après cette nomination, en 1803, Biot, âgé de vingt-huit ans, eût l'honneur de succéder, à l'Académie des sciences, à Delambre qui venait d'être nommé secrétaire perpétuel.

Il était membre du Bureau des longitudes depuis 1804 lorsqu'en 1806 il fut désigné pour faire partie de la commission, présidée par Arago, (V. ce nom), qui allait terminer en Espagne la mesure de l'arc du méridien terrestre, opération commencée par Delambre et Méchain ; il fut chargé par ses collègues de présenter à l'Institut un rapport complet sur la question. Treize ans plus tard il réunit toutes ses observations en un livre qu'il fit paraître sous le titre de : *Recueil d'observations géodésiques, astronomiques et physiques, exécutées par ordre du Bureau des Longitudes, en Espagne, en France, en Angleterre et en Écosse, pour déterminer les variations de la pesanteur et les degrés terrestres sur le prolongement du méridien de Paris* (1821). En 1809, Biot fut nommé professeur d'astronomie physique à la Faculté des sciences.

On doit à cet homme éminent de nombreux mémoires qui ont trait surtout à l'astronomie et à l'étude des phénomènes optiques. Nous citerons les recherches qu'il fit avec Arago sur les pouvoirs réfringents des gaz et les phénomènes de coloration produits par le passage de la lumière polarisée à travers les lames cristallines biréfringentes ; puis, dans le même ordre d'idées, son beau travail sur les propriétés optiques rotatoires du quartz ; sur les pouvoirs rotatoires de l'essence de térébenthine, de l'acide tartrique et des solutions sucrées qu'il eût l'heureuse idée d'appliquer à la distinction des différentes espèces de sucres. C'est dans les mémoires qu'il a lus à l'Institut, à

ce sujet, que Biot a fait preuve d'une noble impartialité en proclamant à plusieurs reprises l'exactitude des travaux et des recherches de Raspail à l'égard duquel l'Académie des sciences s'était laissée aller à des préventions peut-être injustes.

Rappelons que Biot suivit avec beaucoup d'intérêt les études de Daguerre dont il fit l'objet de plusieurs communications à l'Académie.

Biot est aussi auteur de travaux littéraires qui ont motivé son admission, en 1856, à l'Académie française ; les plus intéressants se rapportent à l'histoire de l'astronomie ancienne ; ils ont été publiés en 1858 sous le titre de *Mélanges scientifiques et littéraires* (3 vol. in-8°).

Biot a été promu commandeur de la Légion d'honneur le 3 mai 1849. Il est mort le 2 février 1862.

Parmi ses ouvrages nous ne citerons que les plus importants : le premier qui parut fut une *Analyse du Traité de mécanique céleste de Laplace* (1801), puis, en 1802, Biot publia son *Traité analytique des courbes et des surfaces du second degré* qu'on a réimprimé sous le titre d'*Essai de géométrie analytique appliquée aux courbes et surfaces de second ordre* (8° édition, 1834). Par ordre chronologique nous trouvons, l'*Essai sur l'histoire des sciences depuis la Révolution française* (1803) ; le *Traité élémentaire d'astronomie physique* (1805, 2 vol. in-8°) ; les *Tables barométriques portatives* (1811 in-8°) ; le *Traité de physique expérimentale et mathématique* (1816, 4 vol. in-8°) ; le *Précis élémentaire de physique expérimentale* (2 vol. in-8°, 3° édition, 1824) ; les *Notions élémentaires de statistique* (1828, in-8°) ; enfin, une traduction annotée de la *Physique mécanique de Fischer* (1830, 4° édition).

* BISAGE. T. *de teint.* Nouvelle couleur donnée à une étoffe qui a déjà été teinte ; se dit surtout du mattage appliqué aux pièces déjà terminées et qui ne doivent pas rester blanches ; on les charge d'une couleur chamois très clair ou bis, d'où le nom de *bisage.*

* BISAIGUË. T. *techn.* Outil de bois avec lequel les cordonniers lissent ou polissent le devant des semelles ; on le remplace aussi par un outil en fer chauffé. ‖ *Art milit. anc.* ― V. BÉSAIGUE.

BISCAÏEN. Grosse balle ou petit boulet de fer qui entre dans la charge à mitraille. ― V. BALLE. ‖ Sorte de gros mousquet de rempart, aujourd'hui abandonné, dont la portée était plus longue que celle du fusil ordinaire.

I. BISCUIT. 1° Pâtisserie faite avec des œufs, de la farine et du sucre, aromatisée quelquefois avec de l'eau de fleur d'oranger, de l'anis, etc. ; c'est le *biscuit à la cuiller.* Le *biscuit de Savoie* est une pâtisserie de dessert qui se divise par tranches. Les *biscuits de Reims*, qui ont eu autrefois une grande renommée, sont plus épais, plus mous que ceux de Paris ; ceux-ci sont légèrement glacés, un peu secs et très délicats ; ils sont généralement préférés. ― V. PATISSERIE.

II. BISCUIT. 2° *T. de céram.* Etat dans lequel se présentent certaines poteries ; terme assez vague, car la faïence en biscuit représente une poterie sans glaçure perméable, poreuse, et la porcelaine cuite en biscuit est une poterie imperméable, complètement cuite, mais sans glaçure, presque vitrifiée, translucide. Dans le premier cas, le nom semblerait tirer son origine de l'état particulier que la poterie présente, analogue au biscuit de pâte de farine, biscuit de Reims ; dans le second cas, le nom pourrait dériver des procédés de fabrication — cuit deux fois — et cependant on

peut obtenir le biscuit de pâte dure et le biscuit de porcelaine tendre à un seul feu, c'est-à-dire par un unique passage au four. — V. Dé-GOURDI.

Biscuit de porcelaine. 3° On donne ce nom aux objets de sculpture : bustes, figures, groupes en ronde-bosse ou bas-reliefs, obtenus par moulage en pâte de porcelaine mate ou légèrement lustrée, ordinairement blanche, rarement colorée. Cette pâte composée de matériaux choisis est un peu plus fusible que celle de la porcelaine

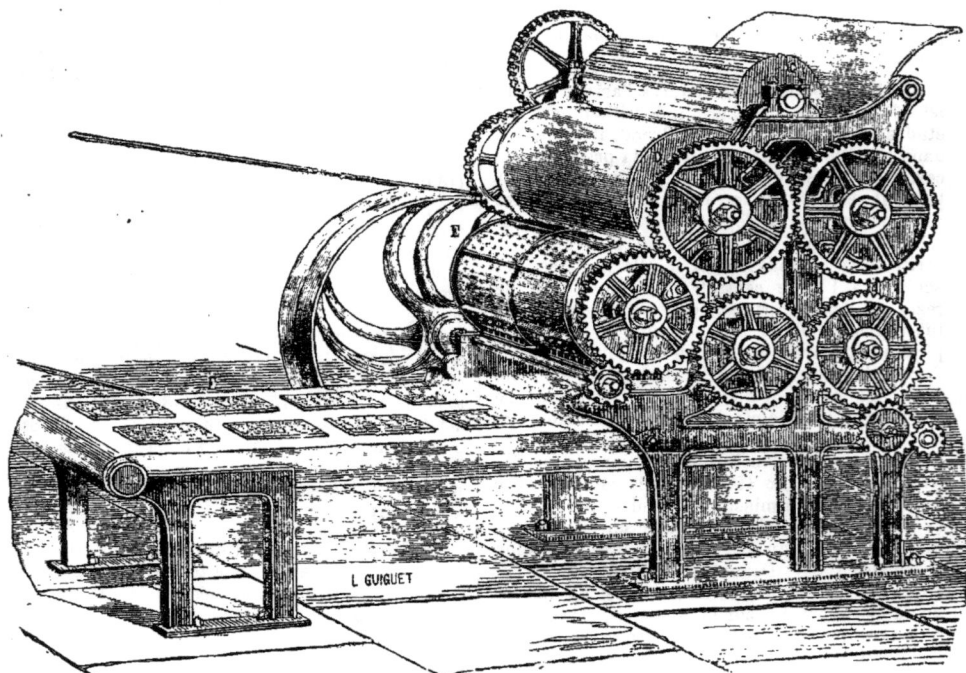

Fig. 411. — *Machine à fabriquer les biscuits de mer.*

ordinaire. Les biscuits les plus estimés sont ceux qui se rapprochent des plus beaux marbres blancs qu'on a en vue d'imiter pour le ton et la transparence. Ceux de l'ancien Sèvres en pâte silico-alcaline et calcaire sont des plus recherchés par les amateurs, lorsqu'au mérite du modèle s'ajoutent une bonne retouche et la réussite au feu. On a donné le nom de *parian* à une variété de biscuits d'origine anglaise, en pâte très feldspathique, ayant la prétention d'imiter le marbre de Paros, mais qui, malheureusement, a le plus souvent l'aspect cireux et désagréable de la stéarine durcie. Cette variété essayée en France a eu peu de succès. Par exception, la plupart des biscuits en vieux Saxe sont émaillés et ornés de peintures ; ils sont l'objet d'une grande contrefaçon.

III. BISCUIT DE MER. 4° Galette ronde ou carrée faite avec de la pâte de farine de froment, mélangée quelquefois de produits provenant des autres céréales. Ce qu'on a cherché dans le biscuit, c'est un aliment riche sous un petit volume et d'une longue conservation. Malgré l'ancienneté de son introduction dans le régime alimentaire des troupes de terre et de mer et de la marine marchande, le biscuit est bien loin de posséder les qualités qu'on lui attribuait dans le principe, et il serait remplacé certainement, depuis longtemps, sans l'indifférence blâmable de l'administration et des armateurs.

En effet, la farine de froment ne s'assimile bien qu'autant qu'elle est fermentée et transformée en pain léger et d'une grande extensibilité. C'est dans cet état seulement, qu'elle se combine avec les liquides sécrétés par les organes de la digestion. Les pâtes, non fermentées et seulement étuvées, de toutes sortes et de toutes formes, les vermicelles, les macaronis, les nouilles, le gluten même, ne s'assimilent qu'en très faible partie. Or, le biscuit est formé d'une pâte sans levain, très compacte, seulement étuvée; il est consommé dans les plus mauvaises conditions : trop dense, on est forcé de le broyer pour qu'il absorbe le liquide sans lequel on ne pourrait l'avaler; s'il n'est pas suffisamment cylindré, il s'y développe, dans les vides, des insectes dont les déjections et les dépouilles rendent l'aliment dégoûtant.

Les procédés de fabrication sont très simples : On verse sur la farine de blé la quantité d'eau rigoureusement indispensable pour l'humecter; ce mélange forme des mottes que l'on soumet à des cylindres compresseurs qui les laminent. La nappe est ensuite passée entre d'autres cylindres qui découpent les biscuits, les transpercent de nombreux trous destinés à faciliter et régulariser l'étuvement. Ensuite on les enfourne.

On les laisse vingt à vingt-cinq minutes dans le four, puis on les porte à l'étuve où ils perdent le plus possible de l'eau qui leur reste : 100 kilogrammes de farine ne doivent donner en moyenne que 90 à 92 kilogrammes de biscuits.

Cette fabrication peut se faire à bras, mais il est préférable d'employer un moteur hydraulique ou à vapeur, même un manège; alors la transformation est plus industrielle et conséquemment plus économique. Dans tous les cas, quel que soit le mode d'entraînement, il faut surtout s'attacher à ne pas replier la nappe de pâte sur elle-même, dans le but d'en augmenter la densité; car, alors, la mie sera toujours feuilletée et formera des logements pour les parasites.

La meilleure machine à fabriquer les biscuits est représentée figure 411. Elle se compose d'un plan incliné A sur lequel on place une motte de farine humide frasée, soit à bras, dans une maie, soit dans un pétrin mécanique semblable à ceux qui servent pour élaborer la pâte à vermicelle. Cette motte est étirée entre les deux premiers cylindres C et D, dont l'un est à joues. Les biscuits sont moulés entre les deux derniers cylindres, dont l'un est plein; l'autre, le cylindre découpeur et piqueur E est recouvert de douze moules dans lesquels fonctionnent douze barres transversales garnies de goujons, de galets et de plaques qui repoussent les biscuits découpés et les étendent sur la toile sans fin F de laquelle on les enlève pour les mettre au four. .

Au moyen d'autres procédés, on fabrique des biscuits de luxe de toutes dimensions et formes. Les Anglais et les Américains en consomment beaucoup avec le thé. La composition de ces biscuits est très variée. Il y entre des condiments de haut goût et plus ou moins digestifs auxquels il faut être habitué; l'usage commence à s'en répandre en France où des fabriques importantes ont été créées récemment. — CH. T.

— L'usage du biscuit pour les troupes était connu des

Romains. C'est au temps des Antonins qu'il fut introduit dans les armées comme approvisionnement de campagne.

IV. BISCUIT. *T. techn.* 5° Les tuiliers donnent ce nom aux tuiles trop cuites. || 6° Partie dure et pierreuse qui reste dans le bassin après que la chaux est éteinte. || 7° Os de la seiche dont on se sert dans les arts pour polir les métaux précieux, et qu'on appelle aussi *écume de mer.* On le donne aux oiseaux en cage, pour aiguiser leur bec. || 8° *Biscuit de Florence.* — V. ALABASTRITE. || 9° *Biscuit vermifuge, biscuit dépuratif.* On donne ce nom à des biscuits auxquels on a incorporé des substances médicamenteuses actives, des vermifuges, des sels mercuriels, etc., pour faire prendre plus facilement ces médicaments aux malades ou aux enfants.

* **BISCUITER.** *T. de céram.* Faire cuire pour la durcir une pièce de poterie ou de porcelaine à laquelle on veut conserver un aspect mat.

BISEAU. *T. techn.* 1° Plan incliné commençant à la surface d'un objet plat, avec laquelle il forme un angle obtus, et aboutissant à la surface opposée avec laquelle il forme un angle aigu; se dit de la taille des glaces de voiture et d'appartement, du tranchant d'un outil, de l'arête d'un bois équarri, etc. Dans les arts et métiers, on distingue les outils à un biseau, à deux biseaux, à biseaux contrariés. Les outils à couper le bois forment un angle qui varie entre 34° et 38°; les outils à couper le fer ont ordinairement 45°. || 2° Outil d'acier, qui diffère du ciseau, à l'usage du tourneur et de quelques autres métiers. || 3° *Instr. de mus.* || Petit morceau d'étain ou de plomb taillé en sifflet qui recouvre un tuyau d'orgue. || 4° *T. de joaill.* Les principales faces qui environnent la table d'un diamant. || 5° *T. d'impr.* Morceau de bois dont un côté est taillé obliquement pour recevoir les coins qui servent à maintenir les pages dans les formes. || 6° *T. d'arch.* Plate-bande pratiquée au dessus d'une corniche en imposte; on dit mieux *chanfrein.*

* **BISEAUTAGE.** *T. techn.* Action de tailler en biseau.

BISER. *T. de teint.* Reteindre et repasser une étoffe.

BISETTE. Espèce de petite dentelle commune très étroite faite avec du fil de lin.

* **BISETTIÈRE.** Ouvrière qui fabrique la dentelle nommée *bisette.*

BISMUTH. *T. de chim.* Bi = 210. Corps simple, le plus généralement classé dans les métaux, mais que quelques chimistes modernes considèrent comme devant être mis parmi les métalloïdes.

C'est un corps connu depuis lontemps, puisqu'Agricola en parle dans un ouvrage datant de 1529, mais on ne sait à qui attribuer sa découverte; Beccher, Pott et Geoffroy le jeune, firent connaître ses principales propriétés. Il est dur, fragile et cassant; se pulvérisant assez facilement, il n'est guère malléable. Sa couleur est blanche, teintée de rose, ce qui le fait distinguer de l'antimoine, lequel offre des reflets bleuâtres ; sa densité est de 9.792 ; il fond à là flamme d'une bougie, à 247° et se solidifie à 242°, il est diamagnétique, mais ne conduit pas bien la chaleur.

Il cristallise en larges lamelles rhomboédriques très voisines du cube et se surperposant en trémies ; on obtient facilement des cristaux fort réguliers, en fondant du bismuth *pur* dans une capsule, puis crèvant la pellicule qui se forme à la surface du bain métallique, afin de faire écouler la partie liquide. Il se dépose sur les cristaux une très légère couche d'oxyde, qui donne à la masse une teinte irisée. Le bismuth s'altère à l'air humide et sous l'influence de la chaleur ; il brûle avec une flamme bleuâtre. Il s'allie facilement à divers métaux.

Le bismuth s'unit directement au chlore, au brôme, à l'iode ; les acides chlorhydrique et sulfurique ont sur lui peu d'action à froid, mais le dernier l'attaque à chaud en dégageant de l'acide sulfureux ; l'acide azotique le dissout rapidement, à moins qu'on ne touche le métal avec du platine ; ce contact le rend passif et l'influence de l'acide est interrompue tant que les deux métaux se touchent.

Etat naturel. Le bismuth se rencontre dans la nature sous un assez grand nombre d'états, et dans bien des pays.

Le *bismuth natif* se trouve en Saxe, en Cornouailles, dans un jaspe rouge brun, ou dans le granit, le gneiss, le schiste micacé ou le schiste cuivreux, sa densité est de 9.72, sa dureté = 2. Il est en amas cristallins formés par des rhomboèdres peu nets, ou en dendrites, et est alors rarement pur, il contient souvent de l'arsenic, de l'argent, du cobalt. C'est un des principaux minerais employés pour l'extraction du bismuth. Le *bismuth oxidé* ou *bismuthocre*, se rencontre en Saxe, avec d'autres minerais de bismuth, il est jaune et pulvérulent ; sa formule est Bi O³, il renferme 89.9 0/0 de métal. On nomme *bismuthine* le bismuth sulfuré ; ce corps pur a pour formule Bi S³, on le trouve en Bohème, en Suède, en Cornouailles, en masses bacillaires ou grenues, constituées par des prismes rhomboïdaux droits, quelquefois allongés en aiguilles ; il est opaque, gris métallique, sa densité de 6,4 ; sa dureté 2 ; il renferme 80,98 0/0 de métal. La plupart du temps le sulfure de bismuth contient des métaux étrangers : les variétés dites *chiviatite* (de Chiviato, au Pérou), *cosalite* (de Cosala, Mexique), *retzbanite*, sont des sulfures plombifères ; l'*emplectite*, la *wittichénite*, la *klaprotholite*, que l'on rencontre en Saxe et en Souabe, contiennent du plomb ; la *patrinite* (dans l'Oural,) l'*aikinite* du plomb et du cuivre ; la *kobellite* (Huena, Suède) du plomb et de l'antimoine.

On connaît encore un oxysulfure appelé *karélinite*, qui vient de l'Oural.

Le bismuth carbonaté ou *bismuthite*, est assez abondant en Saxe, en Cornouailles ; il est amorphe, opaque et jaunâtre. M. Carnot, en 1873, dans le gisement de minerais de bismuth qu'il a trouvé à Meymac (Corrèze), a rencontré de l'hydrocarbonate, mêlé à du sulfure, du bismuth natif

du Wolfram, etc ; plusieurs variétés de ce corps portent les noms de *grégorite*, *agnésite*, *népaulite*, *walthérite*.

Le bismuth silicaté est nommé *bismuthoferrite*, lorsqu'il contient une certaine quantité de silicate de fer (Schneeberg, Saxe) ; il cristallise en tétraèdres réguliers ; une autre variété est appelée *eulytine*.

Parmi les minerais de bismuth que l'on trouve rarement, citons encore le *bismuth arsenié*, (mines de Neuglüch et de Adam-Heber, en Saxe), le *bismuth telluré* ou *tetradymite* (Schubkan, en Hongrie), le *bismuth chloroarseniaté*, le *bismuth chloro-antimoniaté*, le *bismuth oxy-chloruré*, découverts tous les trois, récemment, dans les mines de Tarna, Chorolque et Oruru, en Bolivie.

EXTRACTION. Les procédés métallurgiques que l'on emploie pour extraire le bismuth, varient nécessairement avec les minerais que l'on doit traiter :

1° Dans les mines de Freyberg (Saxe) deux procédés servent. Lorsque l'on agit par voie sèche, on concasse le minerai, et s'il y a une suffisante quantité de gangue alcaline, on se contente de mettre les petits fragments dans des creusets que l'on entoure de bois. Par l'action d'un feu doux, le bismuth impur se liquéfie ; on ajoute parfois un fondant terreux à la masse, quand il n'y a pas assez de gangue.

Lorsque l'on opère par voie humide, on fait un mélange de litharge, de cendres de coupelle et de minerai pulvérisé, on traite par l'acide chlorhydrique étendu, et l'on précipite par l'eau. Le produit insoluble est alors recueilli, desséché, et mêlé avec du carbonate de soude, du charbon et du verre pulvérisés. On chauffe dans des creusets en fer, pour obtenir la réduction à l'état métallique ;

2° A Schneeberg, dans l'Erzgebirge (Saxe), le minerai renfermant de 4 à 12 0/0 de bismuth, on se contente de le diviser en petits fragments du volume d'un dé à jouer, et on l'introduit dans des tuyaux en fonte disposés transversalement dans un fourneau et inclinés. L'extrémité supérieure étant munie d'un couvercle en tôle, on bouche la partie inférieure au moyen d'argile, au milieu de laquelle on ménage une petite ouverture. Sous l'influence de la chaleur le bismuth fond ; on le reçoit dans une capsule en fer contenant un peu de poussier de charbon, afin d'éviter autant que possible, l'oxydation due au contact de l'air, laquelle se ferait d'autant plus vite que l'on continue à chauffer le bain de métal, pour volatiliser l'arsenic qu'il renferme le plus souvent. Cette méthode ne donne jamais de bismuth pur et laisse encore dans les scories environ un tiers du métal que l'on voulait isoler ;

3° A Meymac, on traite le minerai convenablement divisé, par l'acide chlorhydrique, sous l'influence d'une douce chaleur ; on filtre et on fait encore subir au produit deux autres opérations semblables. Les liqueurs acides réunies sont alors mises dans des vases contenant des barreaux de fer ; en présence de ce corps, le bismuth métallique se précipite sous forme d'une poudre noire que l'on lave à l'eau pure et comprime en longs boudins, avant de les faire sécher à l'étuve. La poudre bien privée d'humidité est enfin tassée dans des creusets de plombagine que l'on achève de remplir avec du charbon en poudre, puis on chauffe au rouge sombre pendant 45 minutes environ; on obtient ainsi du bismuth que l'on coule immédiatement en lingots, mais qui contient encore de l'arsenic, de l'antimoine et du plomb ;

4° Les minerais de Bolivie qui sont envoyés en France sont traités par la méthode indiquée en 1874 par M. Valenciennes. Ce sulfure de bismuth contenant du sulfure de fer et de cuivre, puis de petites quantités de plomb, d'antimoine et d'argent, est d'abord pulvérisé, puis grillé pendant vingt-quatre heures sur la sole d'un four; pour faciliter la réduction, on y projette de temps en temps du charbon pulvérisé et l'on brasse la masse. Le mélange est alors additionné de 3 0/0 de son poids de charbon en poudre et d'un fondant, puis mis au four et chauffé avec précaution pour réduire le bismuth à l'état métallique, sans l'oxyder; après deux heures, on fait écouler le liquide dans des creusets où il se solidifie, en se partageant en trois couches assez nettes. L'inférieure est constituée par du bismuth contenant à peu près 4 0/0 d'impuretés (antimoine, plomb, cuivre et argent); la partie médiane est un mélange de sulfure de bismuth et de cuivre, retenant de 5 à 8 0/0 du premier métal; enfin à la surface sont les scories.

PRÉPARATION DU BISMUTH PUR. Aucune des méthodes d'extraction ne donne le métal pur; lorsque l'on veut préparer celui-ci, on fait subir au bismuth du commerce les opérations suivantes : on pulvérise le métal et on le fait déflagrer dans un creuset rouge de feu avec le dixième de son poids de nitrate de potasse; les corps facilement oxydables sont ainsi enlevés; par ce procédé on sépare l'antimoine, le soufre et l'arsenic. On prend alors le culot refroidi et on le dissout dans un acide; on enlève l'argent par l'acide chlorhydrique qui forme du chlorure d'argent insoluble, on décante et on ajoute à la liqueur de l'acide sulfurique, pour précipiter le plomb. Le liquide ne contenant plus alors que du bismuth, on isole ce dernier à l'état d'oxyde au moyen d'une solution de potasse, puis on réduit la poudre sèche en la chauffant avec du charbon.

La production totale du bismuth est annuellement d'environ 25,000 kilogrammes, dont 18,000 nous viennent de Saxe.

En vertu des propriétés qu'il possède, le bismuth donne un certain nombre de composés artificiels qui vont maintenant nous occuper L'oxygène forme avec le bismuth plusieurs combinaisons peu employées : l'oxyde bismuthique Bi O^5, obtenu en calcinant le sous-azotate de cette base, l'oxyde intermédiaire Bi O^3, Bi O^5=Bi^2 O^6, formé en précipitant l'azotate par une solution de potasse ou d'ammoniaque et en chauffant pour le déshydrater, enfin l'acide bismuthique Bi O^5 préparé en calcinant l'oxyde avec du chlorate de potasse et de la potasse caustique, puis en mettant

à digérer sur de l'acide azotique étendu, pour enlever l'excès d'oxyde.

Le sulfure Bi S^3, s'obtient en fondant un mélange intime de poudre de bismuth et de soufre. C'est également en mettant en contact le métal pulvérisé avec du chlore, des vapeurs de brôme, de l'iode, que l'on prépare les chlorure, bromure et iodure de bismuth. Ces corps se décomposent au contact de l'eau, le premier donne ainsi un oxychlorure Bi O^3, Bi Cl^3, qui est employé comme blanc de fard et est généralement connu sous le nom de blanc de perle.

Le carbonate de bismuth Bi O^3, CO^2, est sous forme de poudre blanche, il s'obtient en versant une solution d'azotate de bismuth dans une dissolution de carbonate de soude en excès. Il a été employé en médecine pour les mêmes usages que le sous-azotate.

L'acide azotique dissout facilement le bismuth et forme avec ce métal deux composés principaux. L'azotate neutre Bi O^3, 3 Az O^5, 3 (H^2 O^2), est en gros cristaux incolores et déliquescents, cristallisés en prismes à quatre pans. Il se dissout dans l'acide azotique ordinaire, mais est décomposé par l'eau en donnant une liqueur acide et un précipité blanc, qui est l'azotate basique ou sous-azotate de bismuth, corps que l'on désigne aussi sous les noms de magistère de bismuth, de blanc de fard, et qui a été découvert par Lemery. Il est insipide, inodore, a pour formule Bi O^3, Az O^5, 2 (H^2 O^2), mais sa composition peut varier, ainsi un lavage à l'eau bouillante le prive encore d'une certaine quantité d'acide azotique et donne un mélange de sous-azotate et d'oxyde que l'on emploie plus spécialement en parfumerie et qui constitue le blanc de fard ; il a l'inconvénient de noircir en présence de quelques gaz et d'abimer la peau. — V. AZOTATE.

Le sous-azotate est très employé en médecine comme antidiarrhéique (Monneret), et dans les névroses de l'estomac (L. Odier de Genève) même à des doses très élevées, 70 grammes par jour et plus. Orfila avait prétendu (Traité des poisons, 1re éd. t. I, p. 603, et Traité des poisons, 4e éd., t. II, p. 11 et suivantes), qu'il était réellement vénéneux et déterminait promptement la mort par excitation du système nerveux ou peut être par une action directe sur le cœur. C'est une erreur dont le temps a fait justice; les accidents étaient occasionnés par l'arsenic que contenait le sous-azotate et non par ce corps.

Pour préparer convenablement ce sel, voici comment on doit opérer: On met dans un matras 150 parties d'eau distillée avec 450 parties d'acide nitrique pur à 1,42, puis on y ajoute peu à peu 200 parties de bismuth purifié, réduit en poudre grossière. Lorsque l'effervescence a cessé, on porte la liqueur à l'ébullition, pour que la dissolution soit complète; on laisse déposer, on décante et on évapore dans une capsule de porcelaine jusqu'à réduction aux deux tiers, puis on verse dans le liquide 40 à 50 fois son poids d'eau, en agitant le mélange. Le précipité se dépose, on le lave à plusieurs reprises par décantation, puis on le recueille sur un filtre et on fait égoutter et sécher (Codex).

Caractères des sels de bismuth. Les sels de bismuth sont solubles dans les acides étendus et précipités par l'eau; ce précipité est insoluble dans l'acide tartrique. Avec les réactifs, ils fournissent les caractères suivants:

Par l'hydrogène sulfuré, précipité noir, insoluble dans l'acide chlorhydrique étendu et dans le sulfhydrate d'ammoniaque.

Par la potasse, la soude ou l'ammoniaque, précipité blanc, insoluble dans un excès de réactif.

Par les carbonates alcalins, précipité blanc insoluble dans un excès.

Par le ferrocyanure de potassium, précipité blanc insoluble dans l'acide chlorhydrique.

Par le ferricyanure de potassium, précipité jaune sale, soluble dans l'acide chlorhydrique.

Par les sulfates solubles, l'acide sulfurique, pas de précipité.

Par l'infusion de noix de galles, précipité jaune orangé.

Par l'iodure de potassium, précipité brun, soluble dans un excès de réactif.

Par le chromate de potasse, précipité jaune.

Par le fer, le zinc, le cuivre, précipité noir de bismuth métallique.

RECHERCHE TOXICOLOGIQUE DU BISMUTH. Nous avons déjà dit, en parlant du sous-azotate de bismuth, qu'Orfila avait considéré ce corps comme un composé très dangereux; il relate, en effet, dans ses ouvrages (V. loc. cit.) différents cas d'expériences suivies de mort. Ne partageant pas cet avis au sujet de la nocuité des sels de bismuth, nous devons, devant une personnalité aussi grande que celle d'Orfila, en fait de toxicologie, indiquer les raisons qui nous font considérer comme erronée l'opinion de l'illustre savant. Les accidents qu'il relate ont d'abord, presque tous, la plus grande analogie avec ceux produits par l'ingestion des composés arsenicaux; en second lieu, la mort peut s'expliquer très facilement par l'asphyxie occasionnée par la ligature de l'œsophage; les expériences récentes de MM. Boullay, Raynal et Follin, démontrent surabondamment le fait; enfin, en troisième lieu, on ne peut assimiler les expériences dans lesquelles on injecte dans les organes une solution d'azotate neutre de bismuth, à l'ingestion d'une quantité correspondante de sous-azotate. Toutes ces raisons nous font regarder comme sans valeur les expériences citées, et l'emploi journalier du sous-azotate montre bien que le produit est inoffensif.

Quoi qu'il en soit, si l'on admet que des composés à base de bismuth ont pu occasionner parfois des accidents involontaires,' en acceptant même qu'ils aient agi par les corps étrangers qu'ils renfermaient, il peut être utile de savoir reconnaître la présence du bismuth dans les organes, alors que dans des recherches médico-légales, on doit isoler tous les corps que l'on retrouve dans les viscères. Le sous-azotate de bismuth, fréquemment prescrit dans les troubles intestinaux, se rencontre fort souvent dans le tube digestif; il y est alors en petites masses, noircies à la surface par le contact de gaz sulfurés et qui, sous la pression du doigt, s'écrasent en montrant une poudre blanche à l'intérieur. On peut l'isoler et en rechercher de suite les caractères. On fera alors bouillir les organes pendant deux heures avec de l'eau distillée, puis on évaporera le liquide à siccité, pour le reprendre après par l'acide azotique faible, et rechercher dans la liqueur les caractères des sels de bismuth.

Le résidu insoluble sera ensuite repris et calciné, en présence de l'acide azotique; on évaporera à siccité pour chasser l'excès d'acide, on reprendra par l'eau distillée, puis on fera passer dans le liquide un courant d'hydrogène sulfuré qui précipite le bismuth à l'état de sulfure; ce corps est enfin transformé en sel soluble, dont on vérifie toutes les propriétés.

Usages du bismuth. Le bismuth métallique a jadis été préconisé comme médicament, mais il est actuellement abandonné d'une façon complète. La propriété qu'il possède de s'allier à divers métaux le fait entrer dans la composition de certains mélanges, utiles à cause de leur point de fusion très peu élevé. On connaît plusieurs *alliages fusibles*, dont la composition est la suivante:

Numéros	NOM DES ALLIAGES	Bi	Pb	Cu	Cd	Sb
1	Alliage de Darcet (fusion à 93°)..	2	1	1	»	»
2	— (fusion à 91° 6)..	5	2	3	»	»
3	— de Newton (fusion à 94° 5).	8	5	3	»	»
4	— de Rose (fusion au-dessous de 100°,	4.2	2.3	2	»	»
5	mais état pâteux bien avant).. . . .					
6	— de Wood (fusion entre 66 et 71°). . . .	7 à 8	2	2	1 à 2	»
7	— de Lipowitz (fusion à 62°)	15	8.5	4	3	»
8	— de Homberg (fusion à 122°).	1	1	1	»	»
9		10.5	32	48.9	»	9
10	— de Rouen et Dussard.	1	1	»	»	»

Dans l'industrie on se servait fréquemment de l'alliage n° 1 pour confectionner des rondelles que l'on adaptait aux soupapes de sûreté des machines à vapeur; cette pratique est abandonnée depuis que l'on a reconnu qu'au bout d'un certain temps, la composition de l'alliage se modifiait; la partie la plus fusible ne tardait pas à s'écouler, et la rondelle ne fondait plus que bien au-delà du degré primitif. Les alliages 2, 8 et 9 servaient surtout dans l'industrie des toiles peintes, lorsque l'on faisait l'impression à la planche; l'alliage n° 2 servait plus particulièrement pour faire des clichés, qui permettaient de reproduire indéfiniment un même dessin, c'est ce que l'on nommait le *polytypage;* les formules 8 et 9 servaient à faire des planches d'impression pour la perrotine. L'alliage n° 3, additionné de un neuvième de mercure, devient complètement liquide à + 53° ; on l'a avantageusement employé pour faire des injections anatomiques très fines, comme celles des lymphatiques par exemple; quelques dentistes l'ont, en outre, utilisé pour remplir des dents cariées. L'alliage n° 10 sert à faire des crayons métalliques; les autres sont parfois employés dans les laboratoires de chimie, comme bain, lorsque l'on veut maintenir un corps à une température déterminée. — V. ALLIAGE.

Le bismuth métallique a encore servi pour l'étamage des glaces, d'où le nom d'*étain de glace* qu'on lui a jadis donné; il peut remplacer le plomb, dans l'affinage de l'argent, mais est plus cher que lui; ajouté à la soudure d'étain, il lui communique plus de dureté.

Le composé le plus utilisé après le métal, est le sous-azotate : en dehors des usages que nous lui connaissons déjà, il faut encore indiquer l'emploi que l'on en a fait pour remplir les fausses perles, d'où le nom de blanc de perles; il sert à faciliter la fusion de quelques émaux, tout en ayant l'avantage de ne pas les colorer, aussi est-il employé comme véhicule d'autres couleurs; il sert pour la même raison à teinter les cires à cacheter fines. — L'oxychlorure de bismuth a d'ailleurs les mêmes emplois.—Indiquons encore l'oxyde de bismuth, qui bien lavé, sert pour la peinture sur porcelaine; on l'ajoute à l'or dans la proportion de un quinzième. — J. C.

BISOC ou **BISSOC.** Charrue à double soc. — V. CHARRUE.

BISQUAIN. Peau de mouton garnie de sa laine préparée à l'usage des bourreliers qui s'en servent pour couvrir les colliers des chevaux de harnais.

* **BISSEL** (Train de). *T. de chem. de fer.* Disposition de *bogie* (V. ce mot) inventée en 1857 par un américain, M. Bissel, et dans laquelle la liaison du *truck* (V. ce mot) avec le véhicule à porter s'opère par l'intermédiaire d'un cadre ou d'une *bielle* (V. ce mot) articulée d'une part à un pivot fixé dans l'axe de la machine, et de l'autre à la cheville ouvrière du truck. Avec cette articulation, le groupe d'essieux mobiles se déplace en masse, peut avoir son centre sur la courbe moyenne, et se placer normalement à la courbe parcourue, avantage que n'a pas le bogie simple. On réduit souvent le train Bissel à un seul essieu dirigé par la bielle d'articulation; le pivot se trouve tantôt en avant, tantôt en arrière de l'essieu articulé.

BISTORD. — V. BITORD.

* **BISTORTIER** ou **BISTOTIER.** *T. de pharm.* Pilon de bois à long manche destiné à mélanger les substances molles et à préparer les électuaires dans un mortier de marbre.

BISTOURI. *Instr. de chir.* Petit couteau avec le-

quel on fait des incisions dans les chairs; il y en a de plusieurs sortes : on les distingue soit par leur forme, soit par le nom de leurs inventeurs, soit encore par le genre d'opérations auxquelles ils sont destinés.

BISTRE. 1° Couleur brune employée principalement comme couleur à l'eau. On la prépare avec de la suie de bois, principalement du hêtre. Après pulvérisation et tamisage au tamis de soie, on lave la suie d'abord à l'eau froide, puis à l'eau chaude pour enlever les sels solubles. On retire de la suie lavée par levigation et décantation une pâte très fine, que l'on mêle avec un peu d'eau gommée. On coule dans des moules, on sèche et on livre au commerce. || 2° *T. de teint.* On obtient des bistres au manganèse en imprimant un sel de manganèse sur le tissu, et en le faisant passer, après dessiccation, dans un bain de soude caustique; on donne aussi à cette couleur les noms de *solitaire, tête de maure.*

BITORD. *T. de mar.* Cordage composé de deux ou trois fils de caret, quelquefois de quatre, goudronnés et tortillés ensemble. Il est, à bord, d'un usage continuel pour amarrer, renforcer, rattacher les cordages, etc.

* **BITTE.** *T. de mar.* Assemblage de charpentes formé de deux montants perpendiculaires et d'une troisième pièce qui les croise; les bittes sont placées sur l'avant du navire et servent à amarrer les câbles lorsque les ancres sont au fond de la mer; *bitter le câble,* c'est le rouler, le tourner sur la tête de la bitte.

* **BITTER** ou **AMER.** Liqueur amère et apéritive dont la préparation se fait à chaud et à froid. Lorsqu'on opère par la chaleur on se sert d'appareils en cuivre étamé parfaitement clos, et il suffit d'une heure pour obtenir le résultat; mais dans la préparation à froid, on laisse infuser pendant quinze jours avant de procéder au soutirage. D'ailleurs le mode de fabrication n'a pas de règles fixes : chaque fabricant a sa recette et sa manière d'opérer. Le curaçao, le calamus, la gentiane, l'aloès, la rhubarbe sont généralement employés avec l'eau et l'alcool, mais on obtient avec ce mélange des bitters ordinaires que l'on colore avec du campêche effilé. Les bitters supérieurs ne peuvent être fabriqués qu'avec des ingrédients de premier choix et à l'aide d'un outillage perfectionné.

BITUME. *T. techn.* Corps solide, noir, mou ou liquide, composé essentiellement de carbone et d'hydrogène; les bitumes s'enflamment très facilement et brûlent avec une flamme plus ou moins vive, souvent avec fumée et odeur, sans laisser de résidus charbonneux bien sensibles. La plupart ont une origine végétale incontestable, d'autres une origine végétale indirecte; certains, enfin, se sont formés sous l'influence des forces physiques et ont une origine minérale; les principales espèces de bitumides sont la *naphthaline,* l'*idrialine,* l'*élatérite,* le *naphthe,* l'*asphalte,* le *pétroléne,* l'*asphalténe,* etc.

Les bitumes imprègnent souvent des roches

compactes ou se trouvent isolés en masses plus ou moins poisseuses ; on les rencontre principalement sur les bords du lac Asphaltite, à la Trinité, au Pérou, en Auvergne, dans les Landes, à Seyssel (Ain), à Rochebraun (Alsace). — V. ASPHALTE, PÉTROLE.

Voici la composition de différents bitumes :

	Carbone.	Hydrogène.	Oxygène et azote.	
Pétrolène.	87.3	12.1		
Asphaltène.	74.2	9.9		
Asphalte de Bastennes. .	78.5	8.8	2.6	1.6
— d'Auvérgne. . .	76.1	9.4	10.3	2.3
— des Abruzzes. .	77.6	7.9	8.3	1.0
— de Pontnavey. .	67.4	7.2	24.0	1.1
— de Cuba.	81.4	9.6	9.0	
— de Coxitambo. .	88.6	9.7	1.6	

D'après M. Boussingault, le bitume compacte est constitué principalement par un mélange de deux substances définies, l'asphaltène et le pétrolène.

« En général, dit M. Huguenet, les bitumes fossiles peuvent être ramenés à deux espèces uniques : l'une, comprenant la réunion des carbures liquides et que nous appellerons *naphthes* ; l'autre, composée de carbures solides colorés en brun ou en noir, par un excès de charbon, recevra la dénomination d'*asphalte*. »

La chaleur fait éprouver aúx bitumes fossiles deux sortes de décomposition : les uns donnent des carbures d'hydrogène sans précipitation de carbone ; les autres occasionnent une série de dédoublement avec séparation de carbone.

Les minerais bitumineux, tels que la molasse bitumineuse de Vaucluse, le schiste bitumineux d'Apt, le cannel-coal d'Ecosse, le calcaire de Val-de-Travers (Suisse), l'asphalte de la Trinité, etc., donnent à la distillation des produits analogues à ceux des bitumes.

Le bitume n'a cessé, depuis la plus haute antiquité, d'être employé dans la construction ; mais, depuis quelques années, cette substance a trouvé de nombreuses applications : on en a fait des mastics inaltérables dans l'eau et imperméables. Ces mastics sont utilisés, soit pour former le fond des bassins, citernes, réservoirs, soit pour cimenter les objets en pierre. Aujourd'hui nos places publiques, nos trottoirs, les rez-de-chaussée de nos maisons sont bitumés, nos routes même sont macadamisées avec des roches bitumineuses.

Enfin, le bitume entre dans la composition des vernis noirs appelés *vernis du Japon*, qui servent à couvrir les boîtes à thé. On prépare un beau vernis en dissolvant douze parties de succin fondu, deux parties de résine, deux parties de bitume dans six parties d'huile de lin siccative et douze parties d'essence de térébenthine.

L'emploi des bitumes s'est fort généralisé depuis quelques années ; on en recouvre non seulement les fontes, les tôles, mais aussi le carton, le papier, les tissus. On fabrique des toiles bitumées, des cartons bitumés imperméables et façonnés en tuyaux ou disposés en d'autres formes, selon leur destination. En résumé, le bi-

tume s'emploie à des usages très divers, aux fondations maritimes, fondations humides, silos, chapes, sols d'écurie, planchers, toitures, terrasses.

— Le bitume ou ciment naturel était, ainsi que nous l'avons dit plus haut, connu et apprécié des anciens : au mot ASPHALTE, nous avons signalé les emplois nombreux qu'ils en faisaient dans leurs constructions, pour la conservation de leurs momies et pour le dallage de leurs rues.

— La *statistique de l'industrie minérale*, publiée par l'administration des mines (de 1865 à 1869), contient les renseignements suivants sur le bitume :

En 1865, il y avait trente et une mines de bitume ou schiste bitumineux en exploitation ; en 1866, leur nombre monte à trente-deux, mais il descend bientôt après à vingt-neuf, en 1867, et il n'est plus, en 1868 et 1869, que de vingt-huit, parmi lesquelles dix dans le département de Saône-et-Loire, cinq dans le département de la Haute-Savoie, quatre dans le département de l'Allier, trois dans le département du Bas-Rhin, deux dans chacun des départements du Gard et du Puy-de-Dôme et une dans les départements de l'Ain et de l'Ardèche.

Le total de leur production a été : en 1865, de 2,123,210 quintaux métriques valant 1,113,655 francs.

En 1866 de 2,297,942 quintaux, valant 1,222,487 fr.			
1867	1,639,315	— —	854,175
1868	1,105,790	— —	994,371
1869	1,972,244	— —	978,988

C'est le département de Saône-et-Loire qui occupe le premier rang parmi les départements producteurs. Il a fourni à lui seul, en 1869, 1,138,891 quintaux sur une production totale de 1,972,246 quintaux métriques. Le second rang appartient au département de l'Allier, dont l'extraction a atteint, pendant la même année, 516,828 quintaux métriques ; à la suite se présentent le Bas-Rhin et la Haute-Savoie dont la production a été respectivement de 93,663 et de 85,729 quintaux métriques.

Le prix moyen du quintal de minerai bitumineux pour toute la France a été successivement de 0 fr. 53 c., en 1866 ; 0 fr. 52 c., en 1867 ; 0 fr. 50 c., en 1868, et 0 fr. 49, en 1869. Les prix constatés dans chaque département dépendent naturellement de la richesse et de la nature du minerai. En 1866, le quintal métrique du calcaire asphaltique se vendait 1 fr. 74 c., dans l'Ain ; 1 fr. 61 c., dans la Haute-Savoie, et 0 fr. 70 c., dans le Gard. Le quintal de grès et schistes bitumineux était estimé à 1 fr. 02 c., dans le Puy-de-Dôme ; les schistes bitumineux 0 fr. 60 c., dans l'Ardèche ; 0 fr. 47 c., dans l'Allier ; 0 fr. 31 c., dans Saône-et-Loire.

Bibliographie : HUGUENET : *Asphaltes et naphtes*, 1 v. in-8° ; Léon MALO : *Guide pratique de l'asphalte et des bitumes*, 1 vol. in-12 ; NOGUÈS : *Guide pratique de minéralogie*, 2 vol. in-12 ; QUATREMÈRE DE QUINCY : *Encyclopédie méthodique*, au mot ARCHITECTURE ; DUFRENOY : *Traité de minéralogie*, 5 vol. in-8°. — A. F. N.

* **BITUMÉ** (Papier, carton). Papier ou carton auquel on a mêlé du bitume pour le rendre propre à divers usages.

* **BITUMER** ou **BITUMINER**. Couvrir de bitume un trottoir, une cour, etc.

* **BITUMIER**. Ouvrier qui enduit de bitume les chaussées, tuyaux, etc.

* **BIVEAU**. T. *techn*. Sorte d'équerre à côtes mobiles à l'usage des tailleurs de pierre pour mesurer les angles de toute ouverture. || Équerre du même genre employée par les fondeurs de caractères d'imprimerie.

BIXINE. La matière commerciale appelée *rocou* ou *roucou* contient deux matières colorantes, l'une jaune, dite *orelline*, et l'autre rouge, dite *bixine*. Ce corps, à l'état sec, est peu soluble dans l'eau, soluble dans l'alcool, l'éther, qu'il colore en rouge, mais il est surtout soluble dans les liquides alcalins. La bixine, qui demande à être étudiée à fond, a la propriété de devenir d'un beau bleu par le contact de l'acide sulfurique concentré; mais on n'a pas encore pu isoler cette matière colorante bleue; à l'air, cette dissolution devient vert, violette, puis brune.

On prépare la bixine en traitant le rocou du commerce par une dissolution de carbonate de soude ou de soude caustique; la dissolution opérée, on précipite par l'acide acétique, on filtre et on lave un certain nombre de fois, puis on sèche. Etti a obtenu la bixine sous forme de lamelles cristallines, rouge foncé, avec reflets violets et éclat métallique. La bixine fond à 175° et se détruit en noircissant. Sa formule est, d'après Bolley, $C^5 H^6 O^2$, et d'après Etti, $C^{36} H^{34} O^{10}$, d'après Kerndt, $C^{16} H^{13} O^2$. Ce sont les deux premières formules qui paraissent les plus concordantes.

La bixine, base du rocou, sert pour la teinture des soies, des cotons; c'est une des rares substances teignant la cellulose sans aucun mordant. On s'en sert également pour aviver les couleurs, ou, comme on dit, pour les *fleurer* (donner de la fleur, du brillant). On s'en sert également pour donner un pied à la soie, au coton, au lin, au coton, qui doivent être teints en rouge ou en *bleu* d'indigo.

Une des particularités de la bixine est de ne pas résister à l'action de l'air, tandis qu'elle est plus solide aux savons et aux acides et encore plus résistante au chlore. Dans ce dernier cas, le rouge garance est détérioré à intensité égale avant le jaune ou orange de rocou.

On se sert également du rocou ou bixine pour la coloration des beurres, pommades, huiles grasses, vernis, fromages, etc.; les sauvages s'en servent encore pour se teindre le corps, particulièrement les paupières.

On a vendu dans le commerce un produit dénommé *bixine*, qui n'est autre qu'un rocou concentré. M. Du Montel, français établi à Cayenne en 1848, prépare ce produit en remplaçant, dans la manipulation de la graine du rocouyer, l'écrasement et la pression, par le lavage, puis supprimant la fermentation par des agents chimiques. De cette façon, il obtient un précipité excessivement fin, d'un très beau rouge, d'une odeur agréable et ne contenant que la pulpe extérieure des graines. D'après M. Girardin (*Mémoire sur la bixine, Journal de Pharmacie*, 3e série, tome xxi, page 174), cette substance a un pouvoir tinctorial trois à quatre fois plus considérable que le rocou en pâte; les nuances aurore et orangé sont plus vives et plus brillantes.

Un autre industriel de Cayenne, M. Daubriac, a expédié en 1857 du rocou double ne donnant que 5 0/0 de cendres, mais renfermant 65 à 70 0/0 d'eau.

On falsifie souvent le rocou avec des ocres, du colcothar, de la brique pilée, du rocou déjà traité et par conséquent ne contenant plus de matière colorante.

Sur tissu, on vire facilement les nuances obtenues par le rocou en les traitant par un bain légèrement acide soit d'acide citrique ou tartrique. — J. D.

BLACK (JOSEPH), chimiste, né à Bordeaux en 1728, mort à Edimbourg vers 1808, étudia d'abord la médecine, puis s'occupa principalement de chimie. C'est à lui qu'on doit deux découvertes capitales : l'une sur la nature des alcalis carbonatés et des alcalis caustiques, l'autre sur la chaleur latente. Il détermina aussi la nature de la magnésie, et publia entr'autres, des *Leçons de chimie* qui parurent en anglais en 1803. Il fut le professeur de l'illustre James Watt.

BLAIREAU. L'animal de ce nom fournit une fourrure grossière; ses poils sont utilisés pour faire des pinceaux et des brosses, ce qui a fait donner le nom de *blaireau* au pinceau en poils très-fins, avec lequel on savonne la barbe avant de la raser, ainsi qu'à une sorte de brosse, employée chez les doreurs, pour épousseter les pièces dorées.

BLAISE. Soie qui enveloppe le cocon et qu'on enlève au moment du décoconnage.

I. BLANC. *T. de phys.* Le blanc n'est pas une couleur simple; c'est, au contraire, la plus complexe de toutes les couleurs composées, lesquelles sont elles-mêmes dues à des mélanges en proportions variées de toutes les couleurs *complémentaires.*

Pour produire le blanc parfait, le concours de tous les rayons du spectre est indispensable. Partant de là, on nomme *couleurs complémentaires* toutes celles qui, par leur mélange, produisent du blanc. Il y a un nombre indéfini de groupes de deux couleurs susceptibles de former du blanc parfait par leur simple mélange, ainsi : violet et jaune verdâtre, indigo et jaune, bleu et orangé, bleu verdâtre et rouge, donnent du *blanc parfait.*

Ces résultats ne s'obtiennent naturellement qu'avec des couleurs franches, c'est-à-dire, qui ne soient pas altérées par une proportion quelconque de noir, car dans ce dernier cas, on n'obtiendrait que des gris plus ou moins foncés.

Des tables toutes spéciales, analogues à la table de Pythagore, ont été récemment construites pour faciliter la démonstration de la composition des couleurs; nous renvoyons, pour ce qui les concerne, au mot COULEUR.

II. BLANC. *T. de blanch.* Suivant les genres de textiles et les qualités de tissus, on leur fait subir des opérations diverses de blanchiment qui permettent ainsi de classer, en France, les diverses espèces de *blanc* dans les cotons :

1° *Les blancs d'impression,* qui se subdivisent en *blanc d'impression non garanti,* pour les genres qui ne passent pas au garançage; dans ce cas, on ne cherche qu'à donner un blanc vif sans décreuser complètement par les lessives : *blanc d'impression garanti,* spécialement destiné aux genres vapeur et qui supporte les opérations d' garançage;

blanc d'impression extra, qui subit des opérations supplémentaires et qui est, par conséquent, propre à toutes les fabrications ;

2° Les *blancs d'Algérie,* qui servent comme blanc seul et sont terminés après le blanchiment. Ce sont les genres analogues que fabrique l'étranger, principalement l'Angleterre et l'Allemagne, mais alors ils portent d'autres dénominations et subissent divers apprêts ; ils sont consommés en blanc, soit pour la confection ou l'ameublement, la doublure, etc (power-looms, shirtings, etc.).

Ces sortes de tissus, quant au blanchiment, ne subissent que peu de lessivages, mais surtout des chlorages et sont traités de plusieurs façons pour les opérations finales d'apprêt et autres ;

3° Les *blancs ménage* qui se divisent en : *blanc naturel, blanc fleur simple, blanc fleur soutenu.*

Le *blanc naturel* s'obtient par les opérations ordinaires du blanchiment sans aucune addition ultérieure ; le *blanc fleur* reçoit un léger azurage obtenu soit par l'outre-mer, le bleu de prusse, etc., suivant les acheteurs ; le *blanc fleur soutenu,* se fait comme le précédent, mais subit en outre un léger apprêt, qui ne doit pas être apparent et surtout doit laisser au tissu le toucher souple du blanc naturel, tout en lui donnant plus de force, de main et de poids.

Dans la laine, on produit principalement le blanc *de vente* ou d'*ivoire* ou encore d'*orient* qui est légèrement jaunâtre, puis les *blancs d'impression* qui sont généralement décreusés plus à fond et légèrement azurés.

Il en est de même pour la soie qui, suivant qu'elle est plus ou moins colorée, subit des traitements plus ou moins énergiques.

Les blancs de soie sont dits *blanc d'argent* ou d'*azur* quand ils sont légèrement colorés en bleu par de l'indigo en poudre ou du carmin d'indigo, et *blancs de chine* quand ils ont été passés au bain de rocou excessivement faible. — J. D.

III. BLANC. *T. de chim.* Les couleurs utilisées en grand pour la peinture ne sont pas très nombreuses. La façon dont elles se comportent lorsqu'on les broie à l'huile permet de les diviser en deux catégories : *les couleurs qui couvrent et celles qui ne couvrent pas.* On dit d'un blanc qu'il *couvre,* lorsqu'il conserve son opacité au sein de l'huile, et que, lorsqu'on l'étend sur une surface, il cache les dessous.

Les blancs qui ne *couvrent pas* à l'huile, couvrent à l'eau, ce sont : la *chaux hydratée,* le *carbonate* et le *sulfate de chaux,* et le *sulfate de baryte,* soit *naturel* soit *artificiel.*

Les principaux *blancs couvrant* à l'huile sont : l'*oxyde et le sulfure de zinc,* le *carbonate,* l'*oxychlorure et le sulfate basique de plomb,* l'*oxyde d'antimoine* et les *sels basiques de bismuth.*

Parmi ces couleurs, la *céruse* ou *carbonate de plomb,* était, il y a 30 ans la seule employée ; mais sa fabrication et son emploi exposent les ouvriers qui le manient à de graves accidents dus au métal qui en est la base, aussi a-t-on cherché à la remplacer par des blancs inoffensifs et spécialement par l'oxyde de zinc, dont la fabri-

cation prend de jour en jour une importance plus grande. L'oxyde de zinc, soumis aux émanations sulfurées telles que celles qui s'échappent des fosses d'aisances, par exemple, ne change pas de teinte car le sulfure de zinc qui se forme est blanc lui-même tandis que le sulfure de plomb qui se forme dans les mêmes circonstances avec la céruse est noir.

En dehors du blanc du zinc et de la céruse, l'oxyde d'antimoine et le sous-sulfate de plomb sont devenus, en Angleterre surtout, l'objet d'une fabrication sérieuse.

Blanc d'argent en coquille. On l'obtient en réduisant l'argent en poudre fine au moyen de certains véhicules comme le miel ou le sucre de fécule. L'argent en coquille forme une couleur d'une très grande solidité employée surtout dans l'enluminure.

Blanc de baleine. Le *blanc de baleine* ou *spermaceti* (V. BALEINE) est une matière grasse solide particulière provenant de plusieurs cétacés, notamment du cachalot (*Physeter macrocephalus*) qui habite principalement les mers du Sud et quelquefois les côtes du Brésil et de la nouvelle Galles du sud. Dans le corps de l'animal vivant il se trouve dissous, sous l'influence de la chaleur animale dans un autre corps gras liquide, *l'huile de blanc de baleine.* La solution, le blanc de baleine liquide, remplit des cavités et des tubes particuliers, qui se trouvent sur les os du crâne, au-dessous de la peau depuis la tête jusqu'à la queue et qui sont disséminés dans la chair ou le lard.

Après la mort de l'animal, le blanc de baleine se fige et devient solide, on sépare le blanc de baleine de l'huile en le comprimant plusieurs fois au moyen d'une presse hydraulique, et l'on fait bouillir le gâteau pressé à froid et à chaud avec une lessive de soude assez concentrée, qui élimine le reste de l'huile, après quoi le liquide décanté, clair comme de l'eau, se prend, par le refroidissement, en une masse blanche cristallisée. Un cachalot pourrait fournir 5,000 kilogrammes d'huile de blanc de baleine et 1,500 à 3,000 kilogrammes de spermaceti.

Tel qu'il se rencontre dans le commerce, le blanc de baleine est sous forme d'une masse blanche, nacrée, cristalline, feuilletée, demi-transparente, onctueuse et grasse au toucher ; il a un poids spécifique de 0,943, il fond à 45°, il peut être distillé à 360°, en majeure partie sans altération. Il se dissout dans environ 30 parties d'alcool bouillant. Il devient légèrement jaunâtre au contact de l'air et il peut être facilement pulvérisé

La composition chimique du blanc de baleine est très complexe, mais il renferme principalement de la cétine ou palmitate de cétyle $C^{16}H^{31}(C^{16}H^{37})O^2$ associée à des éthers stéarique, palmitique, cétique, myristique et cocinique du léthal, du méthal, de l'éthal et du stéthal.

Le blanc de baleine est employé en grande quantité en Angleterre pour la fabrication des bougies de luxe, qui, à cause de leur couleur blanc brillant et de leur demi-transparence les faisant ressembler à l'albâtre, constituent les bougies les plus belles mais aussi les plus chères. Pour diminuer la tendance qu'a le blanc de baleine à cristalliser lorsqu'il se refroidit, on y ajoute, lorsqu'on le moule en bougies, de 5 à 10 °/₀ de cire blanche ou une certaine quantité de paraffine ou de belmontine.

Blanc de chaux. Eau dans laquelle on a délayé de la chaux; on s'en sert pour peindre les murailles.

Blanc d'Espagne. Nom donné à une argile blanche différente de la craie et qu'on trouve dans le commerce sous forme de gros pains carrés de 5 à 10 kilogrammes.

Ce blanc est employé pour la détrempe, le blanchiment des appartements, la fabrication des papiers peints communs et, dans certains cas, pour l'impression en couleurs.

Blanc de fard, Blanc de perle. Ces deux noms s'appliquent au sous-nitrate de bismuth, qu'on obtient en ajoutant une grande quantité d'eau à une solution de bismuth dans l'acide nitrique : le sous-nitrate se dépose, on le lave à plusieurs reprises pour enlever l'acide en excès puis on le laisse déposer. La pâte qui se précipite est convertie par un procédé très simple en petits cônes appelés *trochistes* qu'on fait sécher dans une étuve avant de livrer au commerce.

Le sous-nitrate de bismuth a été en grande vogue il y a quelques années et il était fort employé pour la préparation de poudres de riz, d'émulsions et de fards qu'on obtient en le mélangeant, soit à un corps gras, soit à de la glycérine. — V. BISMUTH.

Maintenant il est beaucoup moins employé, à cause de son prix élevé. L'auteur de cet article a eu l'occasion d'analyser 16 échantillons de fards répandus dans le commerce; il en a trouvé la moitié à base d'oxyde de zinc, deux à base de talc, autant à base de calomel, deux seulement à base de sous-nitrate de bismuth et enfin, ce qui est plus grave, trois renfermant du carbonate de plomb.

Il est fâcheux que l'autorité, qui s'occupe tant des couleurs employées pour la décoration des jouets d'enfants, ne s'oppose pas à la préparation de produits qu'on étend sur le visage et qui peuvent être la cause d'accidents graves dus à l'absorption du métal toxique qu'ils renferment.

Blanc fixe, Blanc minéral, Blanc nouveau. Sulfate de baryte naturel ou artificiel. — V. BARYUM, § *Sulfate de baryte.*

Blanc de Meudon, Blanc de Bougival, Blanc de Troyes et de Champagne, Blanc de marbre. Tous ces produits sont formés essentiellement de carbonate de chaux; toutefois, l'aspect, les propriétés plastiques et notamment la blancheur différent pour chacun d'eux.

A Meudon l'extraction du blanc des carrières a lieu par galeries. La matière brute est délayée et broyée à l'eau, puis, après tamisage, abandonnée au repos; la pâte compacte qui se dépose

est divisée en blocs qu'on essuie en les déposant sur des plaques épaisses de plâtre sec. Lorsque l'absorption de l'eau est suffisante on pétrit la masse et on la partage en pains de 200 à 500 grammes qu'on fait sécher.

Le *blanc de Troyes* est plus blanc et plus compacte que celui de Meudon; par le sciage, cette pierre est divisée en prismes connus sous le nom de *craie à tableau.*

Tous ces blancs s'emploient, délayés dans de l'eau, pour le blanchiment des appartements et la peinture à la fresque.

Blanc de plomb, Blanc d'argent, Blanc de Hollande, Blancs de Krems ou de Kremnitz, Céruse. Tous ces blancs sont des hydrocarbonates de plomb, de qualité plus ou moins supérieure. — V. CÉRUSE.

Blanc de Venise. Mélange à parties égales de céruse et de sulfate de baryte bien blanc et finement pulvérisé.

Blanc de zinc. Syn. : *Blanc de neige, blanc de trémie.* Combinaison de zinc et d'oxygène ayant pour formule ZnO. — V. pour les propriétés physiques et chimiques ZINC (Oxyde de).

— A la fin du siècle dernier, Guyton de Morveau, magistrat de la cour de Dijon, qui s'occupait, pendant ses loisirs, de recherches chimiques, s'émut des accidents nombreux qui résultaient de l'emploi des diverses couleurs blanches, jaunes, grises, vertes, à base de plomb, de cuivre et d'arsenic dont on se servait alors. Aidé de Courtois, chimiste de la même ville, il chercha une matière inoffensive qui pût, soit seule, soit combinée à des agents également inoffensifs, donner des couleurs pouvant remplacer s'avantageusement avec les chromates existantes. Ils s'arrêtèrent à l'oxyde de zinc; mais, de nombreuses difficultés s'opposèrent à l'adoption de leurs produits. Indépendamment de la qualité forcément inférieure propre à des substances nouvelles, dont la fabrication n'avait pu être étudiée à fond et qui avait à lutter contre des produits dont la préparation industrielle datait de fort loin et qui étaient très répandus dans le commerce, le prix de la matière première, le zinc, était trop élevé, de sorte que le blanc de zinc qui n'avait d'avantages qu'au point de vue hygiénique tomba dans l'oubli.

Vers 1849, un peintre en bâtiments, de Paris, Leclaire, reprit la question et, après de nombreux essais, parvint à la résoudre. Il est vrai qu'il était dans d'excellentes conditions pour réussir : comme praticien, il connaissait les qualités que doit avoir une bonne couleur; d'autre part, s'il était dépourvu de connaissances scientifiques assez étendues pour se livrer à des recherches chimiques, il trouva, à l'Institut, des savants qui s'intéressèrent à son œuvre et qui furent toujours disposés à l'aider de leurs conseils. Enfin, les ressources matérielles ne lui firent jamais défaut; la Compagnie de la Vieille-Montagne, qui entrevoyait avec plaisir un nouveau débouché pour le métal qu'elle produit, ne ménagea pas à Leclaire les avances pécuniaires.

Le prix de la matière première, une grande économie dans la production du blanc de zinc par des procédés qu'inventa Leclaire, permirent à celui-ci de livrer le nouveau blanc à des prix fort rapprochés de ceux de la céruse.

D'autre part, à l'aide du blanc de zinc, Leclaire prépara des jaunes et des verts qui purent lutter avantageusement avec les chromates de plomb et les verts à base de cuivre et d'arsenic.

Enfin, une autre découverte compléta son œuvre, c'est celle d'un siccatif spécial. La plupart des couleurs à l'huile exigent, pour sécher, que la substance oléagineuse ait été préparée avec un siccatif; le siccatif généralement employé est obtenu à l'aide d'une dissolution faite à chaud, soit d'oxyde de plomb, soit d'acétate de plomb dans l'huile de lin. Si on se servait d'un tel siccatif dans la peinture aux couleurs à base de zinc on retomberait toujours dans l'inconvénient résultant de l'emploi de produits renfermant du plomb.

Leclaire imagina de cuire l'huile, non plus avec le plomb oxydé ou son acétate, mais avec de l'oxyde de manganèse qui est tout à fait inoffensif.

M. Latry a contribué, plus récemment, par les nombreux perfectionnements qu'il a apportés dans la fabrication des produits du zinc, à généraliser ces produits et à les faire adopter par les industries qui employaient encore les couleurs vénéneuses.

Préparation industrielle du blanc de zinc. Cette préparation, basée sur la facile oxydation à l'air du zinc porté à l'ébullition, se fait le plus souvent en partant du métal raffiné; cependant, quelques usines métallurgiques traitant les minerais de zinc l'oxydent immédiatement au sortir des fours de réduction.

La fabrication du blanc de zinc en partant du métal est très simple : le zinc distillé dans des creusets ou des cornues s'enflamme en présence

Fig. 412. — *Fabrication du blanc de zinc dans les usines de la Vieille-Montagne.*

d'un courant d'air qui entraîne l'oxyde formé dans des chambres. Les cornues AA (fig. 412), d'un mètre de longueur environ, sont disposées par paires au-dessus d'un foyer alimenté à la houille; elles sont soutenues seulement en avant et en arrière de sorte que la flamme puisse les entourer. Chaque paire de cornues est isolée par deux cloisons des cornues voisines de façon que le nettoyage, le remplissage et même le chargement de une ou plusieurs cornues puissent s'effectuer sans arrêter la marche du four.

Les ouvertures des cornues débouchent dans un conduit vertical dont la figure donne la section médiane et qui, par sa partie inférieure, communique avec l'atmosphère tandis que sa partie supérieure s'emboîte dans un tuyau en tôle C qui donne accès dans les chambres, elles-mêmes mises en communication avec une cheminée d'appel produisant le courant d'air qui règne dans tout l'appareil. Le conduit vertical, dont nous venons de parler, peut être fermé par une trappe se rabattant de façon à arriver au niveau du bas de la cornue inférieure; cette trappe est amenée dans

cette position lorsqu'on veut effectuer l'enlèvement des crasses, par exemple; dans ce cas, l'ouvrier, ainsi que le montre la figure, ouvre la porte verticale placée devant les ouvertures des deux cornues et peut opérer à son aise sans rien laisser tomber dans le conduit. Une fois le chargement opéré à l'aide de lingots neufs, il ferme la porte verticale et soulève la trappe à l'aide d'une chaînette de façon qu'elle vienne s'appuyer contre la porte; les vapeurs de zinc qui ne tardent pas à se former rencontrent un courant d'air énergique au contact duquel elles s'enflamment. Le produit qui se dépose de B à C n'est pas blanc mais gris; cela est dû à ce qu'il est souillé de zinc métallique; il est reçu dans des vases D qu'on vide dans les cuves de lévigation. Le procédé Lhuillier consiste à projeter, sur ce produit, de l'eau bouillante : une effervescence assez vive se produit, l'oxyde vient surnager tandis que les parties métalliques plus lourdes tombent au fond; on décante rapidement la portion surnageante, on l'égoutte et on la met à sécher.

Le canal C, qui est le débouché de tous les

luyaux de tôle est, dans beaucoup de cas, mis en communication, à chacune de ses extrémités, avec une sorte de serpentin vertical adossé à la paroi extérieure du bâtiment, dont la figure 412 montre la disposition intérieure. Le refroidissement graduel des gaz à lieu ; du blanc de zinc se dépose et tombe à la partie inférieure des tuyaux qui forment le serpentin. Les ouvertures inférieures de ces tuyaux sont fermées par de fortes manches en toile qu'on serre en bas à l'aide d'une ficelle ; quand ces sacs sont pleins on les décroue et on reçoit l'oxyde dans des tonneaux.

La queue du serpentin communique avec le dernier compartiment que montre la figure 412, c'est-à-dire le plus éloigné du foyer. Les compartiments des chambres sont au nombre de 24 ; la température moyenne qui y règne ne doit pas être supérieure à 50° ; les parois sont tapissées d'étoffes pelucheuses de coton facilitant le dépôt des matières en suspension qui se rendent dans de vastes trémies terminées par des sacs semblables à ceux dont nous avons parlé.

Avant de se rendre dans la cheminée, les gaz, après avoir parcouru une longueur de 800 mètres, se dépouillent des dernières portions d'oxyde par leur passage au travers d'une toile métallique.

Un fourneau ayant une grille de 3 mètres, permet de chauffer, à droite et à gauche, 10 paires de cornues, soit 40 en tout où on peut distiller 12,000 kilogrammes de zinc par vingt-quatre heures. La houille consommée est de 40 à 45 kilogrammes par 100 kilogrammes de zinc. Théoriquement, 100 kilogrammes de zinc produisent 125 kilogrammes d'oxyde ; industriellement, le rendement est de 5 à 8 0/0 inférieur à ce chiffre.

Le procédé que l'on vient d'exposer nécessite l'emploi de zincs assez purs ; si on avait affaire à de vieux zincs qui renferment toujours de la soudure ou à des zincs provenant de minerais cadmifères, les blancs obtenus seraient colorés, soit en jaune, soit en vert.

M. Bruzon, directeur des usines de Portillon, près Tours, emploie des zincs de qualité très inférieure qu'il peut utiliser grâce à l'usage des fours Siemens.

Emplois du blanc de zinc. Nous avons dit que le blanc de zinc tendait de plus en plus à remplacer la céruse. On a longtemps allégué, en faveur de cette dernière, qu'elle couvrait mieux que l'oxyde de zinc : cela est vrai si on emploie directement les *blancs de trémie*, par exemple, qui se déposent dans les dernières chambres et qui sont très légers. Ces blancs ont, en revanche, l'avantage de se délayer dans l'huile sans broyage préalable ; si l'on vient à humecter d'eau ces blancs et qu'on les moule en pains qu'on fasse sécher, ils acquerront des qualités nouvelles ; il faudra, il est vrai, les broyer avant de les mélanger à l'huile, mais ils couvriront alors aussi bien que les blancs lavés ou la céruse. Cette sorte d'agrégation qu'on fait subir aux blancs peut être obtenue également par la calcination.

Le *blanc de neige* qu'on rencontre dans le commerce est l'oxyde de zinc préparé avec un métal

pur ; il remplace le *blanc d'argent*, qui est la fine fleur de la *céruse*.

Les *gris de zinc* sont les premiers produits de la condensation des blancs de zinc : leur couleur grise est due au métal non oxydé.

Beaucoup de fabricants aiment mieux oxyder complètement ces produits, par une calcination ménagée, que de les livrer au commerce, qui a d'ailleurs renoncé à leur emploi à raison de leur faible pouvoir couvrant et de la facilité qu'on a de préparer des gris meilleurs en mélangeant, à l'oxyde de zinc, du noir de fumée.

Les *jaunes de zinc* sont des chromates de zinc qui sont d'autant plus foncés qu'ils contiennent moins d'oxyde de zinc.

Les *verts de zinc* sont de deux sortes : ou ce sont des mélanges de jaunes de zinc et de bleu de Prusse, ou ce sont des produits dans le genre du vert de Rinmann, qu'on obtient par la calcination de mélanges d'oxydes de zinc et de cobalt.

Toutes ces couleurs, ainsi que les blancs de zinc, s'emploient à l'huile, pure ou mélangée d'essence, à la colle, au vernis à l'alcool, au vernis gras, au vernis à l'essence de térébenthine, soit pour la peinture en bâtiments, soit pour la peinture d'art.

L'industrie des papiers peints en consomme d'énormes quantités ; on l'a introduit avec succès dans la préparation des fards et de la poudre dite de riz.

Signalons son emploi pour la glaçure des *papiers dits de porcelaine*. On évite ainsi l'usage de la céruse pour la fabrication de papiers qui servent à faire les cartes de visite qu'on laisse à la portée des enfants, qui peuvent les porter machinalement à leur bouche et s'exposer à des accidents très graves. On a bien essayé de remplacer la céruse par le carbonate de baryte, mais ce dernier corps est vénéneux lui-même.

On a remplacé, en peinture, la céruse par l'oxyde de zinc, on a cherché également à remplacer le minium par ce dernier produit dans la préparation du cristal. Le silicate double de zinc et de potasse étant très peu fusible, M. Maës a eu l'heureuse idée de l'additionner d'un peu d'acide borique ; le boro-silicate qu'on obtient est encore moins fusible que le cristal ordinaire, mais il a l'avantage d'être très dur et plus brillant.

Sorel, ayant reconnu que l'oxyde de zinc mélangé à du chlorure de zinc en solution concentrée fait prise plus ou moins rapidement par suite de la formation d'un oxychlorure de zinc insoluble, a pu appliquer cette propriété à la préparation de couleurs à l'oxychlorure de zinc, sans huile et à la préparation d'un ciment employé pour le masticage des dents. — ALB. R.

IV. **BLANC**. *T. de mét.* 1° Chez les doreurs, plâtre broyé très fin sur lequel on appose la dorure. || 2° En céram., *passer au blanc*, c'est mettre une pièce dans l'émail blanc que doit recevoir une couverte, avant de la faire passer au feu. || 3° Mélange de colle, d'eau et de blanc d'Espagne, dont les facteurs d'orgue se servent pour blanchir les parties qu'ils veulent souder. || 4° Chez les batteurs d'or, argent mêlé à l'or comme alliage. ‖ 5° Chez les amidonniers, dépôt qui se forme au fond des tonneaux. ‖ 6° En typogr. se dit des espaces occupés par les cadratins, cadrats, interlignes, etc., et qui, dans la composition, représentent les parties destinées à rester en blanc au tirage. ‖ Intervalle qui sépare deux lignes ou deux mots et qui est plus grand que l'interlignage ordinaire. On dit, dans le même sens, qu'une lettre *porte du blanc* lorsque, dans la composition, elle laisse de l'espace entre elle et les caractères contigus. ‖ *Tirer en blanc*, c'est imprimer la feuille d'un seul côté. ‖ On nomme *petits blancs*, les fonds et têtières. ‖ 7° Dans le pap., on désigne par ce mot, une sorte de chiffon. ‖ 8° On entend par *blanc*, toutes les étoffes en fil ou en coton, toiles, calicots, mousselines, etc. ‖ 9° Terre dont le salpêtre a été extrait. ‖ 10° Morceau de craie dont on frotte le bout de la queue qui sert au jeu de billard.

* **BLANCHARD** (Jean-Pierre), aéronaute, né en 1753, aux Andelys, était fils d'un tourneur. Son application aux travaux mécaniques lui inspira, dès sa jeunesse, l'idée de s'élever et de se diriger dans les airs. Il construisit une machine munie d'un gouvernail et de six ailes, mais il reconnut l'impossibilité de s'en servir. Accablé d'épigrammes il se décida à tenter une expérience publique, en 1782; il ne put s'élever qu'à quelques mètres. Montgolfier ayant trouvé le problème de l'*aérostation* (V. ce mot), Blanchard appliqua des ailes à une montgolfière et fit sa première ascension le 2 mars 1784 à l'École militaire, traversa la Seine et descendit à Sèvres. Il fit une seconde ascension à Rouen et sa troisième à Londres, où il se servit des ailes de sa machine perfectionnée. Le 7 janvier 1785, il s'enleva à Douvres, en compagnie du docteur anglais Jefferies, traversa la Manche, et, après avoir couru les plus grands dangers, vint atterrir près de Calais. Cette ascension lui valut, en même temps que le surnom de *Don Quichotte de la Manche*, des honneurs et des présents de la ville de Calais, une gratification de 12,000 livres et une pension de 1,200 francs que lui accorda Louis XVI. Blanchard inventa vers la même époque le parachute, perfectionné ensuite par Garnerin. Il fit environ soixante ascensions, tant en France qu'en Angleterre, en Allemagne, en Hollande, en Belgique et aux États-Unis; dans la dernière qu'il fit, au château du Bois, près de La Haye, en 1808, il fut frappé d'apoplexie et tomba de 20 mètres de haut. Le roi de Hollande, Louis Bonaparte, le fit transporter à Paris où il mourut le 7 mars 1809. Sa femme, Marie-Madeleine Armant, née en 1778, prit part à ses voyages aérostatiques. Le 6 juillet 1819, au milieu d'une fête à l'ancien Tivoli, elle s'éleva dans un ballon richement pavoisé d'où elle devait, à une certaine hauteur, lancer un feu d'artifice. Par des causes encore ignorées, le ballon s'enflamma, et l'intrépide voyageuse tomba avec sa nacelle sur une maison dont elle enfonça le toit, au coin des rues de Provence et Chauchat.

* **BLANCHE-BLEUE.** Sorte d'ardoise qui réunit ces deux couleurs.

* **BLANCHER.** *T. de tann.* Ouvrier qui tanne les petits cuirs.

BLANCHERIE. *T. techn.* Atelier où l'on nettoie les feuilles destinées à faire du ferblanc.

* **BLANCHE-ROUSSE.** Sorte d'ardoise d'un blanc roux.

* **BLANCHET.** 1° *T. d'impr.* Ce mot désigne plusieurs sortes d'étoffes écrues fabriquées spécialement pour la garniture des tympans, des presses à bras et des cylindres de presses mécaniques. Le blanchet a pour but de rendre le foulage de l'impression plus égal, d'amortir le coup de la platine et de garantir en même temps l'œil du caractère. Le travail si complexe de l'imprimerie exige l'emploi de blanchets différents, depuis le cachemire très fin jusqu'aux draps feutrés de près de 3 millimètres d'épaisseur, selon les travaux plus ou moins soignés ou le genre de machine.

— Cette fabrication spéciale, que M. Léon Lecerf a perfectionnée, a acquis de nos jours une certaine importance et l'imprimerie apprécie la supériorité des blanchets nouveaux sur ceux dont elle disposait autrefois.

‖ 2° *T. de raff.* Pièce de gros drap longue de 20 mètres environ, dont on se sert pour filtrer le sucre. ‖ 3° Morceau d'étoffe qui sert, chez les confiseurs et chez les pharmaciens, à filtrer les sirops et divers autres liquides.

BLANCHIMENT. Historique. L'art du blanchiment remonte à la plus haute antiquité. Les documents les plus anciens nous prouvent que les agents employés permettaient, non seulement d'obtenir d'excellents résultats, mais que ces agents forment encore aujourd'hui la base de la majeure partie des procédés usités.

Les principales substances employées étaient la terre à foulon, les alcalis, l'urine décomposée, l'acide sulfureux, certaines plantes mucilagineuses. (Pline, xix, livre ii; Pline, xxxv, ch. l et *Apulée*, *Métamorphoses*, chap. xlii.) L'exposition des fibres au soleil était généralement usitée.

Le procédé primitif de blanchiment, soit du lin, du chanvre, du coton, etc., consistait à tendre sur pré la toile écrue, puis à l'humecter soir et matin; on alternait l'exposition sur pré avec des passages en lessives alcalines.

Ce n'est qu'en 1784 que Berthollet utilisa le premier la découverte qu'avait faite Schéele en 1774, du chlorure de chaux; il montra que ce corps était éminemment propre au blanchiment des tissus. Les données de cet illustre chimiste sont suivies pour la plupart aujourd'hui et sa théorie subsiste encore. — V. Berthollet. (V. *Annales de chimie*, 1789, page 151.)

Le procédé de Berthollet est le suivant : enlever l'apprêt des tissus par l'eau chaude; après quoi, passer en lessives bouillantes pour dissoudre les matières rendues solubles par l'action de l'air et le rouissage, puis passer en eau de chlore qui — agit comme l'exposition des toiles sur le pré; — passer de nouveau en lessive et en eau de chlore et alterner ces deux passages jusqu'à complète décoloration. Berthollet indique aussi l'emploi du chlore gazeux ainsi que de la dissolution du chlore dans la soude.

Ainsi qu'il arrive souvent, les étrangers (entre autres l'Écossais Watt qui avait assisté aux expériences de Berthollet) furent les premiers à mettre ce nouveau système en pratique; ce n'est que plus tard, une fois que ses heureux résultats furent constatés par les Anglais, que les blanchisseurs de France s'en servirent.

Un perfectionnement important fut fait, en 1798, par Ch. Tennant, qui prépara le premier le chlorure de chaux en dissolution ; peu après on arriva à obtenir directement ce corps à l'état sec ; on le désignait en anglais sous le nom de *bleaching powder*.

Ce nouveau procédé de blanchiment fut bientôt le seul employé, et depuis, aucune découverte capitale n'est venue le remplacer. Cependant, de nombreux perfectionnements surgirent. En 1825, Wright essaya de blanchir les étoffes sous pression, ce qui déjà constitue une économie considérable de temps ; puis vers 1835, on commença à se servir en France, du savon de colophane. Ce moyen de lessivage était employé, d'après Dolfus-Aussel, depuis un temps immémorial, dans le lessivage domestique, mais n'avait pas encore été essayé dans la pratique industrielle. D'après cet auteur, il avait connaissance de ce procédé dès 1816, et il raconte dans ses *Matériaux sur la coloration des étoffes* que, dans un voyage dans le Haut-Rhin, en prenant gîte la nuit dans un village des environs d'Altkirch, il vit la femme de ménage ajouter de la résine de pin à de la lessive de cendres pour lessiver le linge. C'est une dame Bruckboek, de Ratisbonne, près d'Augsbourg qui, des premiers, employa la colophane dans le blanchiment et se fit, à cet effet, breveter en 1827. Le procédé passa en Ecosse par un nommé Heinzelmann et ne fut connu en France que vers 1835 ou 1836.

On employait généralement pour les lessives, la chaux caustique ; par suite de nombreux accidents, dont M. Edouard Schwarz a donné des explications très claires (V. *Bulletins de la Société industrielle de Mulhouse*, années 1834 et suite), on sut que l'emploi de cette substance n'avait absolument rien de dangereux, mais qu'il fallait éviter le contact de l'air en présence de l'eau. Un nommé Fort, de Cawenshaw avait essayé, en 1823, l'emploi de la soude et avait réussi. Presque toutes les usines l'employaient, lorsqu'en 1837, par suite d'une interprétation erronée d'une lettre adressée à M. Dana, chimiste de la maison Prince, à Lowell, près Boston, celui-ci employa la soude carbonatée au lieu de l'alcali et obtint des résultats supérieurs. Depuis, l'emploi de ce sel s'est généralisé et on n'emploie plus que le mélange dit *sel de soude*, contenant du carbonate et de la soude caustique.

Tessié du Motay et Maréchal imaginèrent, en 1835, un nouveau mode de blanchiment, au moyen d'un permanganate alcalin ; leur procédé consiste à traiter les tissus dégraissés par un bain de permanganate alcalin, puis à décomposer le peroxyde de manganèse formé par une solution d'acide sulfureux ou d'eau oxygénée. Mais ce procédé n'a pas eu la sanction de la pratique (V. Girardin, *Traité de chimie*, tome VI, page 168).

Depuis peu, on emploie en Irlande et dans quelques fabriques du Continent, l'hypochlorite de magnésie, dont le rendement, surtout pour le lin, parait être de beaucoup supérieur à celui du chlorure de chaux.

Parmi les perfectionnements introduits dans le blanchiment de la laine et de la soie, nous signalerons l'emploi du bisulfite de soude, imaginé par Dreuett (1862) ; puis l'application de l'acide hydrosulfureux, de Schutzenberger, préconisé par Kallab (1877). °

L'emploi du permanganate de potasse, pour le blanchiment de la soie, est dû à M. Tessié du Motay. On a aussi *employé* ce sel en alternant avec le bioxyde de baryum.

Enfin, nous signalerons encore, comme procédé nouveau applicable à la soie, l'emploi de l'ammoniaque très diluée, puis l'hypochlorite d'ammoniaque et l'eau oxygénée.

Beaucoup d'autres procédés ont encore été indiqués : nous ne les mentionnerons que tout à fait sommairement : pour le coton, le blanchiment au silicate de soude, au chlorure de chaux et à l'acide oxalique, et pour la laine,

l'emploi simultané de bisulfite de soude et de l'acide oxalique.

GÉNÉRALITÉS. On désigne sous le nom de *blanchiment*, la série des opérations par lesquelles, non seulement on décolore les fibres, mais aussi par lesquelles on les dépouille de toutes matières étrangères.

La plupart des fibres textiles renferment naturellement des impuretés ; les opérations de la filature et du tissage en introduisent d'autres, et c'est à l'ensemble des traitements qui ont pour but de les éliminer que l'on donne le nom de *blanchiment*.

Il est évident que suivant la nature des substances à blanchir, les procédés à employer doivent différer. Pour ce qui est des fibres textiles, nous pouvons admettre deux grandes catégories, savoir : les fibres d'origine végétale, telles que le coton, le lin, le chanvre, le jute, le phormium, etc.; les fibres d'origine animale, telles que la laine, la soie. Nous ne pouvons ici donner les divers moyens permettant de reconnaître ces diverses fibres ; nous renvoyons le lecteur à l'article FIBRES TEXTILES. — V. aussi Vétillard, *Etudes sur les fibres végétales textiles*, 1876, et *Mikroskopischen Untersuchungen der Gespinnst-Fasern von Schlesinger*, 1873. et le même ouvrage, traduit par notre collaborateur L. Gautier, 1875.

Nous allons d'abord exposer le blanchiment du coton sous toutes ses formes, puis celui de la laine, de la soie, enfin le blanchiment des huiles, de l'ivoire, de l'asbeste, de la cire, des cheveux, des plumes, etc.

Blanchiment du coton. Le coton, en laine, c'est-à-dire tel qu'on le récolte, renferme : 1° une matière colorante ; d'après certains auteurs il y en aurait même deux (V. Girardin, *Chimie appliquée*, tome IV, page 119) ; 2° des résines particulières à la fibre — résines insolubles dans l'eau et difficilement solubles dans les alcalis — c'est sur ces dernières et sur la matière colorante que doit principalement s'exercer l'action du blanchiment, car les autres substances s'enlèvent assez facilement ; 3° des matières grasses ; 4° une substance neutre, indéterminée ; 5° des matières salines et terreuses provenant de la fibre ou introduites accidentellement par les récoltes, le transport, les manutentions, l'emballage, etc.; enfin 6° la cellulose qui forme la base du coton et qui est précisément la substance que l'on cherche à purifier.

Quand le coton a subi les opérations de la filature et du tissage, il renferme, en outre : 1° des matières amylacées, amidon, fécule, etc., provenant de l'encollage ; 2° de la gélatine ; 3° des alcalis ; 4° du gluten ; 5° des matières grasses ou cireuses ; 6° des sels de cuivre ou de zinc provenant du parement ; 7° des matières siliceuses ou terreuses introduites frauduleusement pour donner plus de poids aux tissus (V. *Bulletin de la Société industrielle de Rouen*, note de M. Benner, année 1873, page 23).

Les opérations du blanchiment doivent donc occasionner une perte assez sensible qui se traduit par une diminution de poids du tissu blanchi qu'on peut évaluer en moyenne à 25 0/0 du poids de l'écru ou le 1/4. Dans ce chiffre, se trouvent environ 5 0/0 de substances susceptibles de se dissoudre dans les alcalis, le reste est éliminé par les lavages et les opérations du chlorage et des acidages.

On ne blanchit pas le coton en laine, quoiqu'il soit d'un emploi général pour les usages pharmaceutiques, ou encore à l'état d'ouate, destinée à l'industrie du vêtement.

La ouate blanche se fait avec du coton

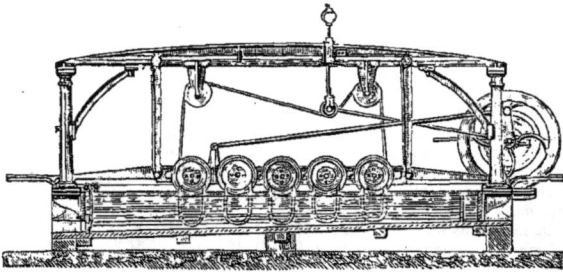

Fig. 413. — *Machine à laver à dix bobines, système Rickli.*

de choix tandis que les ouates de couleur, qui servent pour les emballages, la bijouterie, etc., sont simplement trempées dans des bains de matières colorantes. Dans ce cas, on ne cherche que la vivacité des couleurs, la solidité étant absolument accessoire.

Les opérations que comporte le blanchiment en général peuvent, sauf les cas particuliers que nous verrons avec détails, se résumer ainsi :

OPÉRATIONS CHIMIQUES. 1° Dégraissage de la fibre. On soumet le coton à l'action des lessives de chaux, dont le principal but est de saponifier les matières grasses ou résineuses, en formant des combinaisons à base de chaux;

2° Passages en bains acides

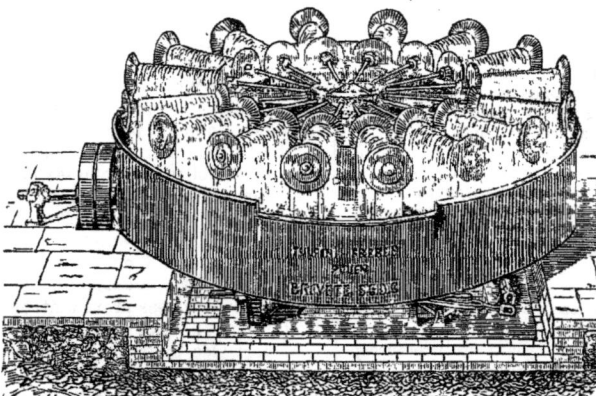

Fig. 414. — *Laveuse circulaire pour écheveaux.*

destinés à mettre en liberté les acides gras, par la décomposition des savons calcaires formés précédemment;

3° Lessives de carbonate de soude et de savons de colophane ou de résine, qui opèrent la dissolution des acides gras, pour former des savons solubles, et en même temps, dissolvent certaines matières résineuses, inhérentes à la fibre du coton, insolubles dans les alcalis et jouissant de la propriété de fonctionner comme mordants.

Dans ces conditions, la fibre doit être complètement dépouillée de toutes les matières étrangères, sauf la matière colorante qu'il s'agit de détruire. C'est la dernière phase au point de vue chimique;

4° Destruction de la matière colorante où la décoloration se fait au moyen du chlore. Le textile est imprégné d'une solution de chlorure de chaux, puis on expose à l'air. Une décomposition a lieu; il se forme du carbonate de chaux, de l'acide hypochloreux lequel réagit sur la matière colorante, l'oxyde ou la transforme en matière soluble dans l'eau et les alcalis. Ceci est une des hypothèses admises; car, au point de vue théorique, il est encore assez difficile d'expliquer très clairement le rôle que joue le chlore, et nous devons citer, à titre de documents, les principales hypothèses émises sur le rôle du chlore dans le blanchiment.

D'après Wilson, le chlore agit sur l'hydrogène de la matière colorante pour former de l'acide chlorhydrique et de cette déshydrogénation résulte la décoloration. Cette opinion est basée sur ce fait que le chlore même sec décolore rapidement le tissu sous l'influence solaire. Davy, au contraire, établit que le chlore sec n'agit pas sur la matière colorante.

Une autre hypothèse admet que le chlore se substitue à l'hydrogène et forme des composés chlorés incolores.

Ou encore, l'oxygène brûle une partie de la matière colorante; il se forme de l'eau, de l'acide carbonique et un corps incolore.

Ou bien, l'oxygène se combine à la matière colorante et donne naissance à des corps *oxydés*, incolores, qui restent fixés sur le tissu. Cette hypothèse permettrait d'expliquer le *jaunissage*, par la vapeur, de certains blancs. La vapeur d'eau étant réductrice, le corps oxydé incolore reviendrait à son état primitif.

Le chlore forme des composés oxydés solubles lans l'eau et les alcalis.

Enfin, d'après Kolb, le chlorure de chaux se 'écompose, la matière colorante lui enlève son ·xygène et le transforme en chlorure de calcium.

Fig. 415. — *Essoreuse ou hydro-extracteur.*

Anciennement, la décoloration se faisait par exposition sur pré. Trois éléments indispensables concourraient à cette action : l'air, l'eau et la lumière. On admet, jusqu'à un certain point, que l'eau agisse comme véhicule mettant en contact

intime l'air avec la fibre ; l'air, par son oxygène, modifie la matière colorante et la rend soluble dans l'eau, mais la présence de la lumière est indispensable ; c'est elle qui doit déterminer l'action chimique, soit que l'on admette la destruction de la matière colorante par l'oxygène de l'eau, soit que l'on admette la formation d'eau oxygénée par l'air et l'eau, laquelle produirait un effet analogue. Cette question est encore assez obscure et demande à être élucidée. Cependant, R. Wagner a démontré que l'oxygène ordinaire est inactif. Ainsi un mélange d'acide chromique et d'eau oxygénée ordinaire dégage de l'oxygène, mais ne décolore pas ; ce qui prouverait que l'ozone seul blanchit (Handbuch, *der Technologie*, 1861, tome IV, page 383).

Opérations mécaniques. Les opérations mécaniques sont limitées et n'ont d'autre but que d'enlever par battage, lavage, friction, etc., les substances solubles et insolubles qui se trouvent dans ou sur le tissu. Nous traiterons de ces appareils spéciaux suivant qu'ils se présenteront à notre examen.

Blanchiment des bobines. Ce n'est que depuis quelques années que l'on est arrivé à blanchir, d'une façon à peu près satisfaisante, les bobines de fil de coton écru. Les résultats laissent encore à désirer ; cependant nous croyons devoir en dire quelques mots.

Plusieurs industriels, entre autres M. Daniel, de Rouen ; Toussaint, de Flers, et Sam Mason, de Manchester, se sont préoccupés de cette question. Voici très sommairement les traitements employés.

Fig. 416. — *Cuve pour le passage au chlore.*

Les bains de lessive, de chlore, d'acide, etc. sont les mêmes que pour le *blanchiment des fils* (V. ce mot). Il n'y a que les appareils qui soient modifiés. Au sortir de la filature, on introduit les bobines dans des appareils qui permettent d'établir un courant continu, sous pression,

quand il s'agit des lessives, et où on peut faire le vide quand il y a à laver, acider ou chlorer. Ce ne sont, en somme, que des appareils de déplacement.

Les bobines anglaises, faites généralement sans tubes de papier, se prêtent mieux au blanchiment que les bobines françaises qui sont toutes enroulées sur des tubes.

Blanchiment des fils de coton. Les écheveaux à blanchir sont réunis en paquets auxquels on donne le nom de *pentes*, puis marqués au nom des clients, au moyen de rubans attachés à chacune d'elles. On commence par faire bouillir dans l'eau ordinaire pendant deux heures, ou encore,quand on a de grandes quantités, on fait simplement macérer dans de l'eau chaude pendant quatre à cinq heures, puis on lave. Cette opération s'appelle *décreuser* et on donne, au lavage qui suit, le nom spécial de *dégorgeage*. On fait ensuite bouillir dans une lessive de sel de soude,

caustifié par la chaux et marquant alors de 1° à 2° Baumé. Cette opération se donne en chaudière et sous une pression allant jusqu'à 1 1/2 atmosphères, mais on ne dépasse pas ce terme, car les fils se feutreraient. On rince bien alors, dans les laveuses mécaniques, telles que celle figurée (fig. 413) ou dans la laveuse circulaire (fig. 414).

Nous nous dispensons de donner des explications sur ces appareils, que la simple inspection des figures fera très bien comprendre.

On tord les pentes au moyen de l'*espart* (V. ce mot), sorte de cheville cylindrique en bois, enclavée dans un poteau vertical. L'ouvrier y passe la pente, puis traverse la même pente avec un bâton dit *cheville* et opère une forte torsion. Le li-

Fig. 417. — *Clapot sans tension.*

quide s'écoule et l'écheveau n'en retient presque plus. Dans certaines usines, on remplace l'*espart* par la *machine à tordre*. Cette dernière se compose essentiellement de deux crochets en fer placés au-dessus d'un bassin. L'un deux est animé par un moteur quelconque d'un mouvement de rotation ; l'autre a un mouvement de va-et-vient dans le sens horizontal, et il est garni d'un levier à pédale qui fait varier le degré de torsion et qui engrène la machine lorsque l'ouvrier appuie sur ce crochet au moment où il pose la pente à tordre. Quand ce crochet tournant a tordu la pente avec assez de force, le levier est soulevé, et au même instant part un déclanchement qui fait passer la courroie de la poulie fixe à la poulie folle (V. l'appareil de Nicolet et Blondel in *Bulletin de la Société industrielle de Rouen*, année 1876, page 169). Cette machine exécute le travail de

trois ouvriers au minimum, et les écheveaux sont tordus beaucoup plus régulièrement qu'à la cheville.

Les grandes blanchisseries de fils remplacent maintenant les chevilles et les machines à tordre par les *essoreuses* ou *diables*. Récemment, M. Corron a inventé une essoreuse à fil droit qui, tout en conservant aux fils leur position respective, enlève la presque totalité de l'eau de lavage. —V. in *Bulletin de la Société industrielle de Rouen*, année 1880, page 113.

Les *essoreuses* (V. ce mot) sont des sortes de tambours dans lesquels on place les fils à essorer ; l'appareil (fig. 415) est mis en mouvement et sèche en 7 ou 8 minutes, avec une vitesse de 1,500 à 1,800 tours par minute, les écheveaux qui se trouvent placés dans l'intérieur ; on peut mettre jusqu'à 24 pentes dans une essoreuse.

Après le lessivage, on donne un chlore dans des cuves dont notre figure 416 offre un type.

Au-dessous de ce cuvier se trouve un réservoir en ciment dans lequel s'écoule le chlore ou l'acide, lesquels sont déversés dans la cuve par le moyen de la pompe rotative placée sur le côté; on emploie aussi des pompes à piston; dans ce cas, ces dernières sont en caoutchouc et gutta-percha; les tubes destinés au service de l'acide sont généralement en plomb.

L'appareil ci-dessus sert indifféremment pour les écheveaux, les tissus, la bonneterie, les bas, etc.

Quelques fabricants suspendent les pentes après le passage au chlore. Cette opération s'appelle *déverdir*. Puis on lave à fond, on exprime et on sèche quand le fil doit être livré aux teinturiers.

Si le fil doit être bleuté, on le prend au sortir de l'hydro-extracteur, on trempe les écheveaux dans des baquets dans lesquels, suivant l'intensité et le ton à obtenir, on a délayé soit de l'outre-mer, du violet d'aniline, etc.; on tord à la main ou à la

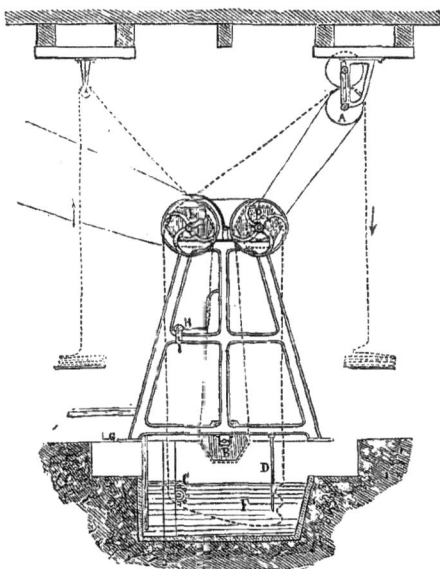

Fig. 418. — *Traquet double.*

cheville, on remet à l'hydro-extracteur, puis on sèche à l'air soit sur des lattes, ou à l'étente chaude, ou encore dans les sécheuses mécaniques. — V. SÉCHEUSE.

Quand les fils sont destinés aux impressions *chinées*, on donne un bain de savon à la colophane après les bains de chlore et d'acide, et on termine comme pour les fils ordinaires.

Blanchiment des tissus de coton. Les pièces de coton, à leur arrivée dans l'usine, sont généralement vérifiées, soit pour reconnaître les métrages, s'assurer de la qualité du tissage, de la laise, en un mot, voir si la marchandise est conforme au type acheté. Le magasinier donne alors à chaque pièce une marque au moyen d'un timbre garni d'une encre spéciale à base soit de goudron ou de noir de fumée et de caoutchouc, d'encre lithographique; quelques-uns se servent de noir d'aniline; puis les pièces sont cousues ensemble et prêtes à subir le grillage. Nous parlons ici d'une usine travaillant ses pro

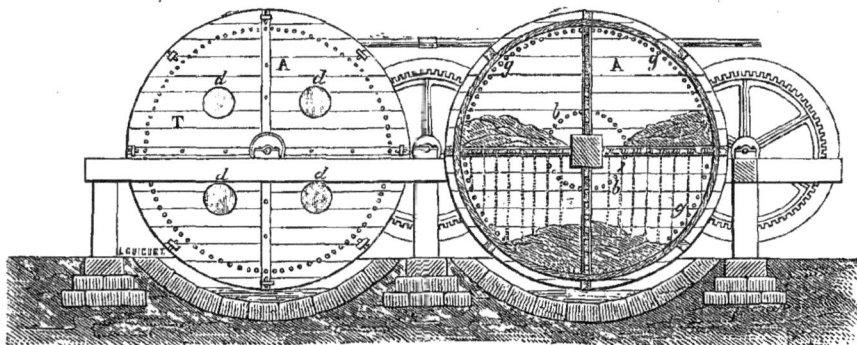

Fig. 419. — *Roue à laver ou dash-wheel.*

près tissus; chez un blanchisseur à façon, on marque simplement l'étoffe de façon à pouvoir reconnaître à quel client elle appartient sans plus se préoccuper de la qualité.

Dans les grandes usines, on se sert maintenant d'un appareil qui, en même temps, coud, élargit

les bouts de la pièce sur un tambour fixe et estampille. Les bouts à coudre sont assujettis par des épingles sur un tambour tournant, ce qui conserve à la pièce une tension uniforme, et le tambour passant au-dessous de la machine donne une couture parfaitement droite. L'appareil fait le point dit de chaînette et est muni d'une estampille automotrice. Une seule machine de ce genre, avec une personne et un enfant, produit environ 80 coutures à l'heure, soit près de 1,000 pièces par journée de 12 heures de travail.

Les pièces subissent alors une première opération dite *flambage* ou *grillage*, par laquelle on enlève au tissu toutes les peluches, nœuds, duvets, etc., qui recouvrent la surface de l'étoffe et feraient réserve dans la manipulation de l'impression. Les opérations du blanchiment donnent lieu aussi à un léger duvet, mais celui-ci est alors enlevé par les machines dites *tondeuses*, (V. APPRÊT, figure 98, *Tondeuses*), et cette

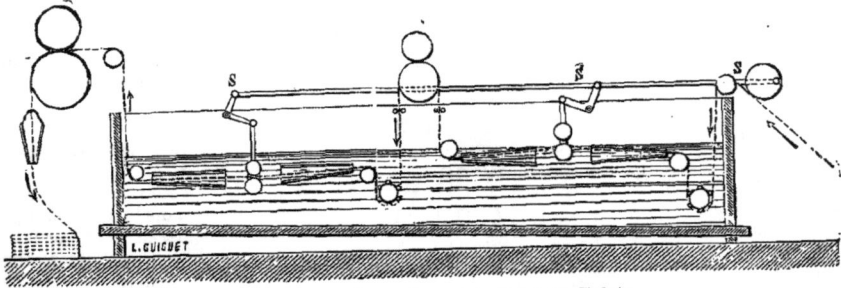

Fig. 420. — *Machine à laver à batteries de Tulpin.*

opération ne se fait qu'une fois le blanc complètement terminé, tandis que le grillage se fait avant le blanchiment. Il y a 50 ans, on grillait les pièces sur des plaques en fer ou en cuivre ; plus tard, on les a flambées à l'alcool ; maintenant on se sert d'appareils dans lesquels on injecte un mélange d'air et de gaz d'éclairage (V. APPRÊT, figure 97). Dans certains systèmes nouveaux, on prépare même un gaz spécial pour la grilleuse.

Nous ne nous étendrons pas davantage sur cette opération. — V. GRILLEUSE, FLAMBAGE.

Cependant, nous devons mentionner ici que dans le grillage bien mené et lentement, il se forme une importante modification des résines naturelles du coton, au point que quelques industriels prétendent obtenir un blanc parfait en soignant le grillage et sans avoir recours au savon de colophane.

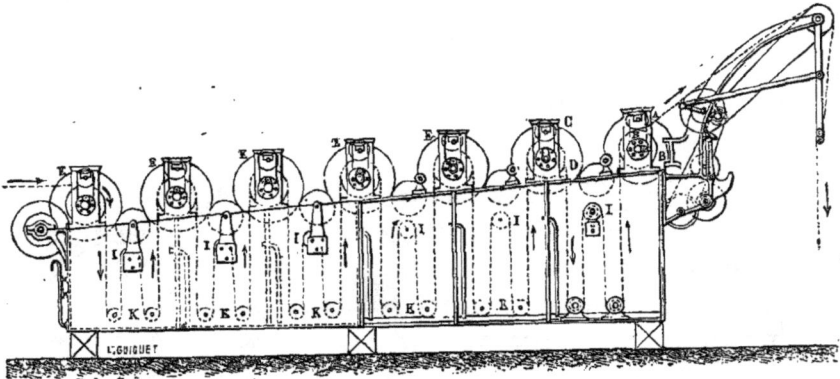

Fig. 421. — *Machine à laver, système Depierre.*

Les grilleuses aujourd'hui sont toutes munies d'un appareil humecteur destiné d'abord à éteindre les parcelles de feu entraînées par l'appareil et ensuite à ramollir l'étoffe. Malgré cela les toiles ne se mouillent qu'imparfaitement et il est nécessaire de les passer à l'eau. On donne cette opération soit dans un clapot soit dans un appareil à laver. Nous allons, avant de nous occuper des lessivages, passer en revue les divers appareils à laver employés dans le blanchiment. Disons encore qu'avant d'introduire les pièces dans les

machines, on a l'habitude dans certains pays, en Angleterre, par exemple, et en Russie, de mettre les écrus dans de grands réservoirs pleins d'eau où on les laisse tremper 15 à 20 heures et où se produit une sorte de fermentation malheureusement très irrégulière ; c'est pour cette raison qu'en Alsace, après avoir essayé le procédé de M. Mathias Paraf, on a renoncé à l'employer pour revenir au lavage ou trempage par le clapot. Le moyen préconisé par M. Paraf consiste à passer pendant 20 minutes les pièces dans une dissolu-

tion d'orge germée, ou encore à les laisser séjourner du soir au matin dans des cuves où ce produit est en suspension. La conversion de l'apprêt
se faisant d'une manière trop irrégulière et par
suite trop dispendieuse, on a repris l'usage du
clapot. Outre la difficulté de régler cette fermentation, il fallait encore tenir compte de l'influence
de cette opération qui, à un moment donné, pouvait attaquer le tissu ou altérer les matières
grasses dont la saponification par les lessives ultérieures n'eut pu, dès lors, se faire que très difficilement.

Des diverses machines à laver employées dans
le blanchiment, le *clapot* est certainement la plus
simple. Nous en donnons une description très

sommaire, d'autant mieux que nous allons indiquer d'autres machines qui ne sont que des modifications du *clapot* simple. Il se compose de deux
rouleaux cylindriques en bois de trente à quarante
centimètres de diamètre, et de largeur variant de
un à cinq mètres. Ces deux rouleaux, dont l'inférieur est généralement plus grand que celui du
haut, tournent en sens inverse sur leurs axes
placés dans les rainures pratiquées dans l'épaisseur du bâti. Au-dessous se trouve un réservoir
d'eau de lavage dans lequel est placé un petit
rouleau d'appel qui sert à tendre les pièces qu'on
lave et à les maintenir sous l'eau. Enfin, au-dessous et sur le devant du cylindre inférieur est
placée une traverse sur laquelle on implante hori-

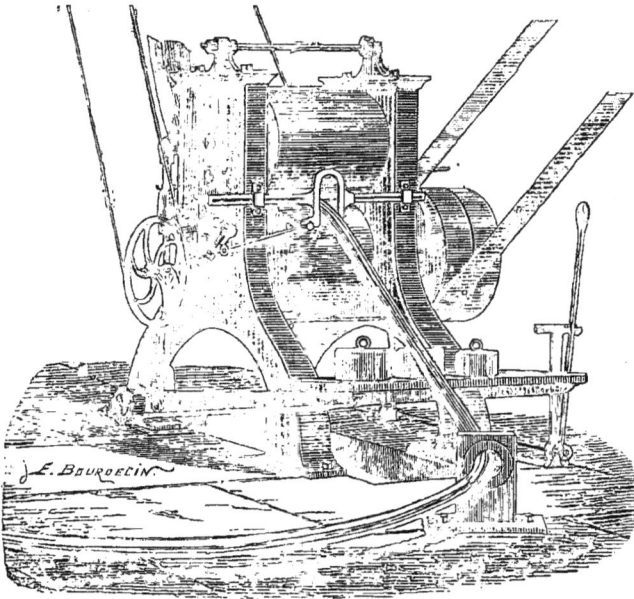

Fig. 422. — *Presse à exprimer.*

zontalement des chevilles plus ou moins espacées, selon le nombre de tours que l'on veut faire
faire aux pièces qui passent en spirale autour des
cylindres ou rouleaux laveurs. Quand plusieurs
clapots sont réunis ensemble, on les désigne sous
le nom de *batterie*.

La machine à laver dite *clapot sans tension*
(fig. 417) est une modification du clapot. Il n'y a
pas de vis de pression au-dessus du rouleau supérieur, de sorte que quand il passe des nœuds, le
rouleau s'élève et n'écrase pas le tissu.

Les chevilles sont derrière la machine ; elles
ne guident pas la pièce à l'*entrée* et par conséquent lui enlèvent moins d'eau : les plis ayant
moins de tension amènent plus d'eau et subissent
mieux l'écrasage ou la dépression du clapot.

Le gros rouleau cylindrique B placé dessous le
tissu, reçoit son mouvement d'une poulie P fixée
sur l'axe de ce cylindre, qui fait environ 80 tours

par minute et a $0^m,60$ de diamètre. Le rouleau
placé sur le tissu marche par entraînement et
sert à exprimer la pièce qui passe entre les deux
rouleaux.

De chaque côté du bâti supportant tout l'appareil se trouvent des tournettes T permettant de
faire sortir la pièce ou de la faire entrer du côté
que l'on juge nécessaire. D est une tournette sur
laquelle passent les pièces qui ainsi ne sont pas
tendues. Il y en a une de chaque côté de l'appareil.

Un tube en cuivre U donne l'eau nécessaire au
lavage. Au-dessous du clapot se trouve un réservoir R dans lequel la pièce prend l'eau nécessaire à son dégorgeage, d'où elle passe sous le
clapot où elle est exprimée, puis sur la deuxième
tournette pour redescendre dans le réservoir, en
passant par des chevilles qui ne sont pas figurées
sur notre dessin. Du réservoir elle recommence le

même parcours, jusqu'à ce qu'elle soit arrivée à la dernière cheville, puis elle est exprimée et enlevée hors de l'appareil par une des tournettes T. La pièce entre en A et sort en Z.

Au-dessous du cylindre se trouve un bassin en bois destiné à recueillir les eaux sales qui s'écoulent par le côté, de sorte que le tissu est toujours passé dans de l'eau propre. Le tube R sert à l'écoulement de l'eau sale.

L'eau nécessaire au lavage, fournie par le robinet U, est donc déversée dans le réservoir infé-

rieur et est toujours propre, tandis qu'après le lavage l'eau employée tombe dans la bâche placée au-dessous du dépôt, et, après s'être saturée des sels ou impuretés du tissu, s'écoule par le tuyau R.

P est la poulie motrice qui fait fonctionner l'appareil.

Une pièce ne passe que 16 fois sur le rouleau, mais on donne généralement deux ou trois passages, ou on établit plusieurs appareils l'un à côté de l'autre, ce que nous avons déjà désigné

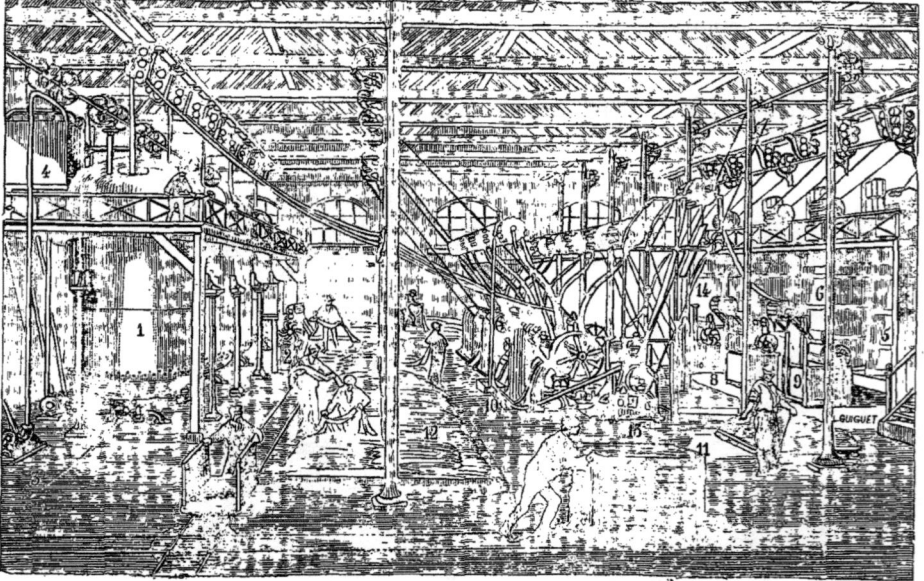

Fig. 423. — *Ensemble d'un blanchiment moderne.*

1. Cuves en tôle pour lessiver sous forte pression ; la figure en indique quatre, dont deux pour les lessives de soude et deux pour les lessives de chaux. — 2. Petite cuve à clapot pour passer les pièces en bain de chaux. — 3. Pompe élévatoire remplissant le réservoir 4 et quelques autres non figurés sur la planche, lesquels sont plus en avant et du même côté. — 4. Réservoirs d'eau alimentant, soit les cuves à lessiver, soit les réservoirs destinés à préparer les dissolutions de soude ou de savon de colophane. — 5. 6. Cuves à chlorer. — 7. Cuve à acide, pour passer les pièces après le passage en chlore. — 8. Cuve à clapot pour imprégner les pièces. — 9. Petite cuve à acide destinée à passer les pièces après le passage en lessive de chaux et lavage. — 10. Série en batterie de trois clapots sans tension. C'est avec ces trois appareils que se donnent toutes les opérations de lavage et de dégorgeage. — 11 Chariot pour transporter les pièces lavées aux étendoirs ou aux séchoirs. — 12. Bancs sur lesquels on dépose la marchandise en attendant qu'elle subisse un traitement ultérieur. — 13. Skeezer ou machine à exprimer. — 14. Cuve à acider après la chaux. Des systèmes particuliers de pompes permettent d'élever l'acide chlorhydrique au-dessus du tissu, puis le laissent s'écouler sur l'étoffe.

sous le nom de *batterie*. Notre figure 423 en offre un exemple.

Un autre appareil de ce genre excellent pour le blanchiment est le *traquet double*. Cette machine (fig. 418) lave, non pas par compression, mais par le battage. Elle se compose de deux traquets B B, à six pans, placés aux deux côtés d'un bâti.

Dans le milieu et dans le bas de ce bâti est placé un autre traquet B', également à six pans, dont la moitié plonge dans l'eau. Notre figure représente le traquet inférieur B' à son plus haut point. Un système à vis permet de le faire plonger plus ou moins, suivant la quantité d'eau dans laquelle on veut l'immerger. Des chevilles H séparent les plis de la pièce et sont disposées de

telle façon que si les plis venaient à s'enchevêtrer ou à s'accrocher, un mécanisme arrête immédiatement la machine. Un rouleau d'appel A exprime la pièce en même temps qu'elle est appelée hors de la machine.

Une tournette fixe C se trouve dans le réservoir d'eau F et une planchette de séparation D sert à guider la pièce qui se rend de B sous la tournette C.

Cette laveuse marche à une vitesse de 80 à 100 tours à la minute et donne en un seul passage un très bon lavage. Comme les traquets sont relativement petits, puisqu'ils n'ont que 0m,50 de diamètre, le tissu en est beaucoup moins fatigué; en outre, les angles étant obtus, ces derniers agissent moins que dans les autres appareils du même genre où ils sont généralement droits.

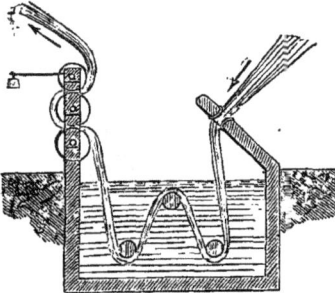

Fig. 424. — *Cuve pour le passage en chaux.*

Quand il s'agit de tissus très légers, on emploie la *roue à laver*, ou *dash-wheel*. Cette machine (fig. 419) se compose d'un tambour creux T fait de

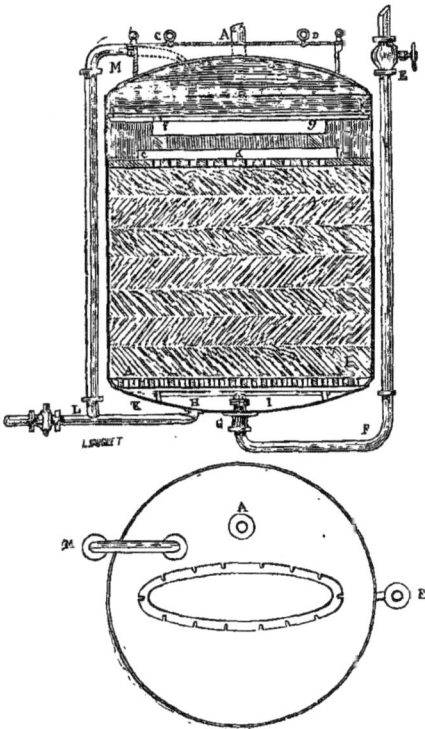

Fig. 425. — *Appareil à lessiver les tissus de coton, à basse pression (élévation, coupe et plan).*

planches et de douves, soutenues par un axe horizontal, autour duquel il peut facilement se mouvoir à l'aide d'un moteur quelconque. Les dimensions que l'on donne généralement sont de deux mètres

vingt-cinq centimètres de diamètre, sur une épaisseur de 75 centimètres. L'intérieur de la roue à laver est partagé par quatre cloisons à claire-voie qui se coupent à angles droits. Des ouvertures circulaires $d\,d\,d\,d$ pratiquées sur l'une des faces correspondent à chacun des compartiments formés par ces cloisons. C'est par ces ouvertures que l'on introduit les étoffes et qu'on les retire lorsque le lavage est fini. La face opposée du cylindre ou tambour, présente une ouverture circulaire, ou un certain nombre de trous, $b\,b$, disposés de la même manière, et de cinq centimetres de diamètre, vis-à-vis desquels on ajuste, à une très petite distance, l'orifice d'un robinet qui termine un tuyau amenant l'eau propre. Cette eau destinée à laver les étoffes se trouve projetée à travers les

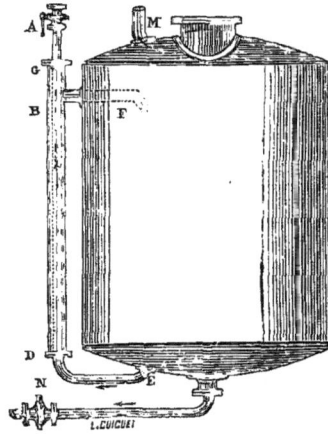

Fig. 426. — *Autre disposition de cuve pour lessiver les tissus de coton à basse pression.*

trous dans l'intérieur du cylindre. Vers la circonférence, on pratique de chaque côté un rang de trous g pour la sortie de l'eau sale.

Le mouvement peut se donner de toutes manières. Quelquefois, les roues sont garnies à leur circonférence d'aubes pour recevoir l'impulsion que leur imprime alors directement un cours d'eau ; d'autres fois, c'est le cas de notre fig. 419, trois ou quatre roues ou plus encore sont soumises simultanément à l'action d'un moteur, et des engrenages établissent la communication entre les cylindres et le moteur.

Chaque roue est munie d'un débrayage pour que l'on puisse à volonté suspendre son mouvement sans interrompre celui des roues voisines.

Quand on lave des tissus très légers, on a soin de les mettre dans des sacs qui empêchent les pièces de s'emmêler. Une fois les pièces parfaitement dégorgées, ce qui arrive au bout de 15 à 20 minutes de lavage, elles sont débrouillées par des ouvriers spécialement affectés à ce travail.

Le lavage des tissus épais se fait au moyen d'autres machines. Nous n'en indiquerons ici que deux : l'une, la machine à battoirs de Tulpin (fig. 420), qui se compose d'une cuve très longue munie de trois ou quatre paires de rouleaux. Dans la cuve se trouvent des sortes de battoirs. La pièce passe au large dans les rouleaux exprimeurs et dans ces petits battoirs où elle subit

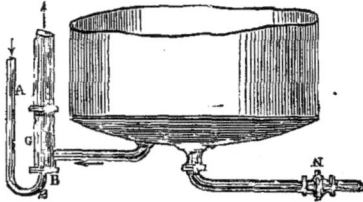

Fig. 427. — *Autre disposition de cuve.*

alternativement l'effet du battage et de la compression. Un système spécial en S permet de donner autant de jeu qu'il est nécessaire aux battoirs pour que ceux-ci rendent suivant les tissus.

Un autre appareil est celui de Pierron et Dehaitre, système Depierre. On peut y laver les tissus lourds aussi bien que les tissus les plus légers. Cette machine (fig. 421) se compose d'une

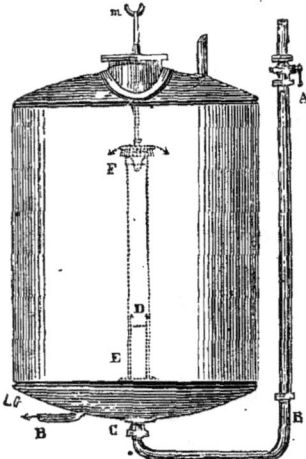

Fig 428. — *Autre disposition de cuve.*

série de cuves (2 ou 3) surmontées de clapots A B, C D, E, garnis de caoutchouc. Chaque jeu de clapots est muni d'un organe spécial placé sur l'axe de la commande et permettant à volonté de donner de l'avance ou du retard à toute la pièce, de sorte que suivant les besoins le tissu peut être très lâche ou très tendu. Un système rationnel d'entrée et de sortie de l'eau produit à l'entrée l'eau la plus chargée et à la sortie le liquide le plus propre. Un autre avantage consiste dans l'application des garnitures en caoutchouc qui permettent de passer soit au large soit en plis.

Mais la principale destination de l'appareil est le lavage au large, tant pour le blanc que pour l'indienne.

Il existe une foule d'autres machines à laver, telles que le fouloir, le plateau à battoirs, le clapot à lanières, la laveuse à excentrique, la laveuse à pilons, la machine Whitacker, le traquet continu, la machine Witz et Brown, la machine Farmer, la machine Conseil, etc. Pour plus de détails, voir le mot LAVER (machines à) et aussi la *Monographie des machines à laver,* par Depierre, in *Bulletin de la Société d'émulation de Rouen,* chez Lecerf, Rouen, 1876.

Avant de décrire tous les appareils spéciaux du blanchiment, il est indispensable de parler de l'appareil à exprimer. Nous avons vu dans le blanchiment des fils de coton qu'une fois les opé-

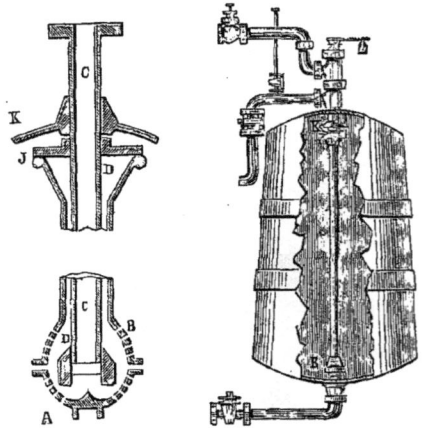

Fig. 429 et 430. — *Autre disposition de cuve, appareil Bracewall.*

rations terminées, on passait les pentes dans des hydro-extracteurs ou appareils destinés à éliminer la plus grande quantité d'eau possible ; dans le cas des tissus, on cherche, après chaque lavage, à enlever le plus de liquide pour ne pas diminuer la force des bains dans lesquels va passer le tissu. On emploie, à cet effet, la machine à exprimer qui n'est autre qu'une sorte de clapot, mais où, au lieu de chercher à produire un effet de lavage, il s'agit simplement d'exprimer le liquide pour que le tissu arrive dans les bains, les cuves ou les étendages, à l'état le plus sec possible.

La *presse à exprimer* (fig. 422) se compose de deux rouleaux superposés et soumis à une certaine pression. Il est indispensable de garnir les rouleaux, soit de coton, soit de corde. Comme un long usage altérerait le cylindre et donnerait un creux, on a imaginé de mettre au devant une lunette mobile qui modifie l'entrée de la pièce et par conséquent, use les rouleaux exprimeurs de la même façon sur toute la largeur : la *presse à exprimer* ou *skeezer* est employée après chaque opération de lavage.

Avant d'aller plus loin, nous croyons que c'est ici la place de renvoyer le lecteur à notre figure 423 qui reproduit l'ensemble d'un blanchiment moderne, avec tous ses appareils. Elle représente un atelier modèle, pouvant facilement blanchir 40,000 pièces de 100 mètres ou 4,000,000 de mètres en un an.

L'agencement général étant bien compris, il sera facile de substituer à volonté, aux appareils désignés dans la légende qui accompagne cette figure, ceux que nous aurons occasion d'examiner plus loin, la marche des opérations restant à peu de choses près exactement la même.

Le tissu préparé par les opérations préliminaires que nous avons examinées jusqu'ici, marquage, grillage, trempage, etc., subit la première opération chimique, indispensable à un bon blanchiment : le passage en chaux. Voici comment on opère : les étoffes après trempage sont passées dans une cuve à roulettes (fig. 424), surmontées de deux rouleaux, comme un clapot. Les deux rouleaux ont pour but d'enlever l'excédent de lait de chaux que pourrait entraîner le tissu, en même temps que, par la pression, le liquide est forcé de pénétrer dans les pores du textile. On emploie, suivant les qualités de tissus, des quantités variables de chaux. Les données sont assez élastiques et varient de 4 à 8 0/0 de chaux caus-

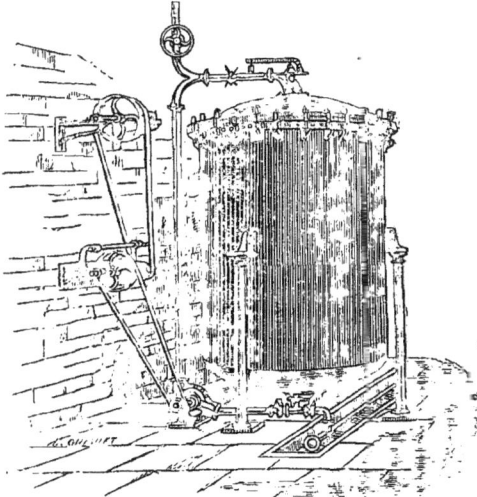

Fig. 431. — *Cuve à pompe à basse pression.*

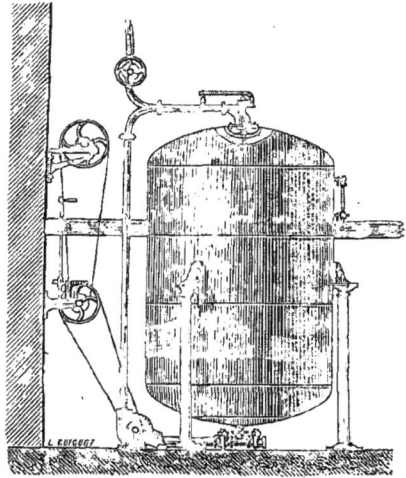

Fig. 432. — *Cuve à pompe à haute pression.*

tique pour 100 kilogrammes de tissu, suivant qu'il est plus ou moins serré de tissure. Le passage en lait de chaux se donne à froid généralement. Comme il arrive que souvent la chaux contient des matières siliceuses ou des petits cailloux, il importe de bien tamiser le lait de chaux avant de le mettre dans la cuve; à cet effet, on place un tamis au-dessus de la cuve, à l'endroit où l'on verse le bain. Dans certaines fabriques, on prépare la chaux dans une cuve et on la laisse écouler par un orifice assez grand, mais muni de tamis.

Bien que le passage en chaux se donne généralement à froid, quelques manufacturiers le donnent vers 40 ou 50° centigrades; il faut, dans ce dernier cas, avoir soin de laisser la pièce se refroidir avant de la faire entrer dans le cuvier à lessive.

Les tissus, ainsi imprégnés de lait de chaux, sont alors soumis à une ébullition prolongée qui a pour but la décomposition des matières grasses et leur transformation en savons calcaires. Comme

le nombre d'appareils dans lesquels a lieu cette opération, ainsi que celle du lessivage à la soude est très grand, nous allons d'abord examiner ces divers systèmes applicables d'ailleurs aux deux cuissons (chaux et soude); nous reprendrons ensuite la série des opérations de blanchiment.

Deux systèmes généraux sont employés, l'un dit à basse pression, l'autre à haute pression. Dans le premier, les opérations sont plus longues, moins délicates, et la durée en rend le blanchiment plus dispendieux. Dans le blanchiment à haute pression, le temps de cuisson est considérablement réduit, la saponification se fait plus facilement, mais il y a quelquefois affaiblissement du tissu.

Les praticiens les plus émérites ne sont pas encore d'accord dans leurs appréciations sur ces divers systèmes et il est difficile de formuler une opinion exacte sur leur valeur.

Parmi les systèmes à basse pression, nous citerons d'abord la cuve en bois, dans laquelle les pièces sont entassées et où le liquide est chauffé au moyen d'un tube amenant de la vapeur. Ce système n'est plus employé ou du moins très peu.

On s'est servi de préférence du cuvier à projection, imaginé par Vidmer de Jouy. Cet appareil a été perfectionné par Bardel, Descroizilles fils, Duvoir, etc. (V. Girardin, *Leçons de chimie élémentaire*, tome IV, page 117). Il se compose d'un cuvier en bois, dont le fond est percé de trous ; il repose sur une maçonnerie au centre de laquelle est un bouilleur avec son foyer. Un tuyau central ouvert par ses deux bouts est placé au centre du système et met en communication le fond du bouilleur avec la partie supérieure du cuvier. C'est par ce tube que le liquide échauffé passe, pour ensuite se répandre uniformément sur le tissu à blanchir, la vapeur qui se forme acquiert une certaine tension et force le liquide à s'élever par le tube central. La lessive redescend en s'infiltrant à travers les tissus contenus dans la cuve de bois et s'écoule par le fond percé de trous pour revenir dans le bouilleur, d'où, par la pression, elle est à nouveau renvoyée sur le tissu.

La cuve de Descroizilles n'est qu'une modification de l'appareil précédent; au lieu d'avoir un tube central, cette cuve est adaptée à une chaudière munie d'un tube plongeant dans l'eau à évaporer. Par la pression le liquide monte dans ce tube et se déverse sur le tissu, puis après avoir passé sur le tissu, il revient dans le bouilleur et l'opération continue ainsi par suite de la circulation formée par le liquide et la vapeur.

Un autre appareil, dit *cuve à circulation*, est

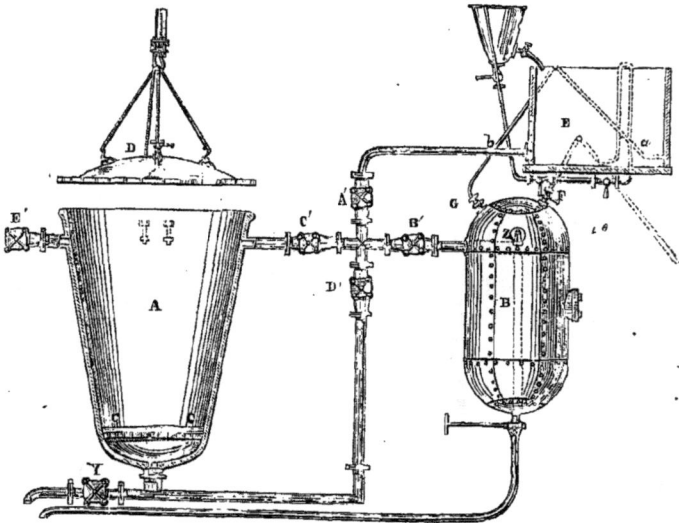

Fig. 433. — *Appareil de Waddington pour le lessivage des tissus de coton à haute pression.*

basé sur le même principe, mais est légèrement modifié quant à sa construction. Il se compose d'une chaudière et de plusieurs cuves reliées à cette chaudière. Ces vases sont de même niveau et communiquent entre eux, en haut et en bas par des tubes horizontaux munis d'un certain nombre de robinets. Quand on veut faire fonctionner l'une des cuves, on chauffe le liquide de la chaudière qui se déverse dans une des cuves; on ouvre les deux robinets de communication et le liquide revient dans la chaudière; puis, en se dilatant et sous l'influence de la pression, il s'élève par le tuyau supérieur, se déverse à nouveau sur les toiles et une quantité correspondante de lessive retourne dans la chaudière par le tube inférieur. Le mouvement continu du liquide produit l'action pour laquelle on en fait usage.

Les cuves employées en Normandie, appelées *citadelles* sont encore des cuves à circulation.

Les appareils à basse pression reposent sur le principe de l'entraînement du liquide par un jet de vapeur, ou de la circulation, soit par la chaleur, soit par divers systèmes de pompes. Un des systèmes les plus usités est le suivant (fig. 425) : Il se compose d'une cuve en tôle renfermant le tissu qui repose sur un grillage en fonte A B. Des madriers en bois *cde* et des traverses en fer *f g* maintiennent le tissu à l'aide d'une cornière rivée aux parois de la chaudière. On peut laisser la cuve ouverte, ou la fermer à l'aide d'un couvercle CD. — EFG est le tuyau de vapeur; il pénètre par le fond et se termine par une partie percée de trous. Lorsque la vapeur a amené à l'ébullition le liquide contenu dans le bas de la cuve, elle passe en KLM et entraîne la lessive à la partie supérieure de la cuve. Il se produit ainsi une circulation continue.

Dans une autre disposition (fig. 426) la vapeur arrive par un tuyau central A B. Le tuyau-enveloppe communique, par sa partie inférieure, avec le bas de la cuve en E et par le haut en F où le liquide se déverse sur les pièces.

La figure 427 représente une modification du système précédent. Le tuyau qui communique avec le générateur arrive en A B, entre en B dans le tuyau-enveloppe et se termine en G par une ouverture conique.

Dans quelques blanchiments on se sert de cuves où le tuyau de vapeur A B C (fig. 428) pénètre directement dans celles-ci, par le bas, se termine en D, puis est muni d'un tuyau-enveloppe E F au sommet duquel se déverse la lessive.

Un anglais, Bracewall, a imaginé un système (fig. 429 et 430) permettant un fonctionnement très régulier, condition qui généralement est assez difficile à obtenir. Dans le milieu de la cuve passe un tube C garni d'une enveloppe D, laquelle en B est percée de trous comme un pommeau d'arrosoir; en J est une platine reposant sur le bord du tube D, et K est une plaque courbe. La vapeur vient en C, chauffe le liquide qui est au fond de la cuve, lequel passe ensuite dans l'enveloppe et se déverse par la platine J, en allant se lancer contre le disque K qui alors le répartit également sur les pièces.

Un système tout autre repose sur l'emploi du vide. Cet appareil, imaginé par M. Berjot, de Caen, se trouve décrit en détail dans la *Chimie* de Girardin, tome IV, page 125. D'autres inventeurs anglais, Banks et Grisdale, ont également imaginé un appareil du même genre (V. *Dingler Polytechnisches Journal*, chap. VII, page 357 et CLXIII, page 450).

Comme transition entre les appareils à basse et ceux à haute pression nous donnons, figures 431 et 432, le dessin d'une cuve fonctionnant au moyen de la pompe centrifuge de Gwyne. La pression est absolument dépendante de l'enveloppe, suivant que celle-ci sera forte ou faible. On pourra dans le même appareil lessiver à volonté à haute ou basse pression.

La vapeur arrive dans le haut, chauffe le liquide, et la pompe établit la circulation. Cet appareil n'est que le dérivé de celui imaginé par M. Scheurer-Rott, de Thann, vers 1865. Cet habile industriel emploie une cuve munie d'un système de tuyauterie dans lequel est une pompe très primitive; c'est un simple tuyau de fonte, alésé dans la partie inférieure où se meut le piston et portant à sa partie supérieure un tuyau déverseur. Il n'est pas indispensable que le piston joigne hermétiquement puisque toute la pompe est noyée dans

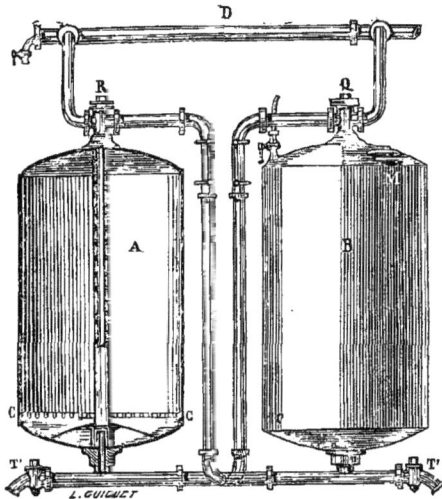

Fig. 434. — *Appareil de Barlow pour le lessivage à haute pression.*

le liquide, ce qui évite de fréquentes réparations.

Un autre système, dû à MM. Ducommun, de Mulhouse, repose sur l'emploi d'un injecteur au lieu de pompe. La lessive qui se trouve dans la partie inférieure de la cuve est appelée par cet injecteur et déversée dans la partie supérieure par un tube garni d'un pommeau d'arrosoir.

Les véritables cuves à haute pression sont employées, en France, depuis un certain nombre d'années; c'est en 1825, qu'un Anglais, nommé Wright, prit le premier brevet pour blanchir sous pression.

Le système, dit de Waddington frères, fut breveté le 3 février 1838. Il se compose (fig. 433) d'une cuve en fonte de forme conique. Une grille C est recouverte de *charriers*, puis on met le couvercle D qui se boulonne. Le liquide est dans le réservoir E qui se chauffe par le tuyau *a*; quand il est bouillant, on ouvre les robinets A' et B' afin de le faire passer dans le bouilleur B muni d'un robinet Z par où s'échappe l'air. On fait passer la vapeur dans la cuve A par les robinets E' et Y. Lorsque la liqueur paraît en Z, on ferme les robinets A' B', E' et Y; on ouvre alors F afin de faire arriver la vapeur du générateur. Lorsque le manomètre a atteint l'indication fixée, on ouvre B' et C' dans le but de faire passer la lessive sur les tissus. Le passage est terminé lorsqu'il n'y a plus de filtration de liquide à travers les robinets. Après cinq ou six minutes on ferme C' puis F; on fait agir la lessive en ouvrant E'; on fait échapper la vapeur qui se trouvait dans B en manœuvrant le robinet G, et on chauffe l'eau que l'on a soin de mettre dans le réservoir E. En ouvrant de temps à autre Z, on s'assure que la tension de la vapeur est descendue au degré voulu; lorsque ce résultat est obtenu, on laisse encore séjourner durant un quart d'heure et l'on ouvre D'; B' est resté ouvert. La vapeur introduite par E' chasse de nouveau la lessive dans le bouilleur. On s'aperçoit au début, si on ouvre Z, qu'il y a absorption par suite de la condensation de la vapeur. Le passage de la lessive est terminé lorsqu'en Z il y a écoulement d'air, on ferme alors E' et D', on attend quelques minutes et on ouvre F. La vapeur agit, puis on ouvre C'. La lessive repasse sur les tissus et ainsi de suite.

On pratique ainsi trois passages par heure durant huit ou dix heures. Pour terminer on ferme

C' et D' lorsque le liquide imprègne les tissus, on ouvre Y et l'écoulement a lieu.

L'appareil Pendlebury est analogue à celui précédemment décrit (V. *Bulletin de la Société Industrielle de Mulhouse*, 1868, pages 611 et suivantes). Une des conditions essentielles de bon fonctionnement de ces deux systèmes est l'opération préalable du vide; car, alors, la porosité du tissu et sa pénétrabilité par les agents sont considérablement augmentées.

M. Gaudry, de Rouen, a perfectionné cet appareil qui présente ainsi la plus grande similitude avec l'appareil Barlow (fig. 434): seulement, dans l'appareil Gaudry, il y a un réservoir et deux cuves fonctionnant alternativement, tandis que dans le système Barlow, c'est d'une cuve à l'autre qu'est envoyée la lessive. Il y a deux chaudières A et B, de forte construction; les pièces sont em-

Fig. 435. — *Cuve à acider ou à chlorer.*

pilées sur le gril C. On a soin de bien les tasser pour empêcher la formation des nœuds. Quand lès chaudières sont chargées, on ferme les cuves par le trou d'homme M et on ouvre le robinet Q, on fait arriver la vapeur par la cuve A. Les robinets R Q sont construits de telle sorte qu'ils puissent mettre la cuve en communication avec le tuyau D amenant la vapeur, ou en fermant la vapeur, mettre la partie *supérieure* d'une cuve en °communication avec la partie *inférieure* de l'autre. La vapeur chasse l'air devant elle et sort par le tuyau T' que l'on ferme alors. On fait la même opération dans l'autre cuve, puis les deux cuves purgées, on fait rentrer la vapeur dans la cuve A et on met le bas de cette chaudière en communication avec la cuve B au moyen du robinet. La vapeur agit sur le liquide condensé, le chasse par le tuyau R dans la chaudière B; puis on tourne le robinet Q et on ouvre la vapeur en R; on renouvelle cette série d'opérations pendant six, huit et même dix heures.

Il y a encore d'autres systèmes, Mason et Alcok, etc., pour lesquels nous renvoyons aux ouvrages spéciaux (V. *Textile manufacturer*, 1877).

Nous avons indiqué les quantités de chaux employées par 100 kilogrammes de coton; la durée

du lessivage est quinze à dix-huit heures à basse pression et six à huit heures à haute pression, c'est-à-dire trois ou quatre atmosphères.

Une fois l'opération du lessivage terminée, il faut avoir bien soin de noyer immédiatement les pièces dans de l'eau froide pour empêcher le contact de l'air chaud qui altérerait la fibre. On sort ensuite les pièces, on leur donne un premier dégorgeage ou deux à la machine à laver, puis on les passe en acide.

Ce passage se donne de deux manières, ou bien, après le dégorgeage, on exprime bien les pièces, puis on les passe dans une cuve que nous avons représentée, figure 416; elles y sont empilées et on pompe de l'acide dessus, ou bien encore on les passe à la continue dans une cuve analogue aux cuves à teindre (fig. 435). Le bain, généralement à 2°, doit être surveillé de près et vérifié, mais *non à l'aréomètre*, car se chargeant de chlorure de calcium, il marque à un moment plus de degrés qu'au commencement de l'opération et ne contient presque plus d'acide. On l'essaie au moyen d'une liqueur de soude fortement bleutée au tournesol et préparée de façon à ce qu'un volume d'acide corresponde à un volume de soude. Par les quantités relatives de l'un ou de l'autre, on voit ce qu'il faut ajouter d'acide pour avoir exactement le degré voulu.

La cuve que représente notre fig. 435 doit être garnie, soit en plomb, soit en mastic de colophane pour ne pas être attaquée par l'acide. Les clapots sont quelquefois en granit ou garnis de caoutchouc.

Après cet acidage, les pièces subissent un nouveau dégorgeage qui doit être complet; puis on les encuve dans les chaudières à lessive où elles subissent le bouillon alcalin.

Nous avons décrit précédemment les appareils qui servent à ce traitement, nous remarquerons seulement que si nous avons indiqué la presque totalité des appareils à lessiver à propos de la chaux, ils ne sont généralement employés que pour les lessives alcalines et c'est principalement pour ces dernières que servent les appareils à haute pression.

On donne deux sortes de lessivage suivant que l'on veut avoir un blanc plus ou moins parfait. Quand il s'agit de couleurs vapeur, un lessivage à la soude suffit et quand il s'agit de pièces à garancer, on donne un blanchiment à fond avec lessive de colophane. Voici, approximativement, les quantités employées:

Blanchiment ordinaire : pour 100 kilogrammes coton, 3 à 3 kil. 750 sel de soude à 80-82° ou 2 kil. 250 à 3 kil. 200 sel de soude à 87-90° : ce qui fait à peu près, pour une cuve de 100 pièces de 100 mètres à 8 kilogrammes, de 24 à 30 kilogrammes de sel de soude ordinaire à 82°, ou 22 à 25 kilogrammes de sel de soude à 90°.

Blanchiment pour garance : pour 100 kilogrammes coton, 3 à 3 kil. 5 sel de soude ordinaire ou 2 kil. 8 à 3 kil. 2 sel de soude à 90° et 1 à 2 kilogrammes de colophane ou galipot; soit pour une cuve de 100 pièces de 100 mètres à 8 kilogrammes la pièce, 24 à 28 kilogrammes de sel de soude ordinaire, 22 kil. 400 à 25 kil. 6 de sel de soude Kestner et 8 à 16 kilogrammes de colophane.

La soude est d'abord dissoute dans l'eau, dans un réservoir spécial pouvant se chauffer à la vapeur, puis on introduit la colophane en menus morceaux; il faut deux ou trois heures pour que la dissolution soit parfaite, il faut aussi avoir grand soin de bien écumer le bain, car souvent le galipot et la colophane contiennent des impuretés qui pourraient occasionner des taches. Il n'est pas indifférent de se servir de l'un ou l'autre des sels de soude. En effet, le sel fort est beaucoup plus carbonaté et est exempt de fer et d'alumine, tandis que, d'après A. Scheurer-Kestner, les soudes ordinaires en contiennent d'assez notables quantités.

On se sert aussi maintenant de soude de Solvay; ce dernier produit est beaucoup moins caustique que les sels ordinaires et a l'avantage de ne contenir ni sulfates ni chlorures. Il faut également tenir compte du degré alcalimétrique qui n'est plus le même que pour les soudes ordinaires; la densité de la soude Solvay étant autre que celle des sels de soude ordinaires, il faut faire les comparaisons au poids et non au volume.

Le temps de lessivage varie suivant les pressions auxquelles on opère. A basse pression, on donne un premier lessivage de huit à dix heures, puis après acidage et lavage, un second lessivage avec colophane, de quinze à dix-huit heures, tandis qu'à haute pression un lessivage unique de huit à dix heures suffit. On admet que le tissu est parfaitement lessivé quand le bain de lessive a passé plus de vingt fois. Cela dépend donc beaucoup des genres d'appareils, et ceux à pompe ou à injecteurs peuvent être considérés comme des meilleurs.

Quelques observations sont indispensables relativement à la manipulation; il faut veiller à la régularité de la circulation de la lessive, autrement on trouverait des parties de tissu mal blanchies et ne prenant pas la couleur. Il faut aussi avoir soin d'étendre le savon de colophane avec de l'eau bouillante, autrement il se forme sur les pièces un précipité assez difficile à enlever. Enfin, le lessivage terminé, on vide les chaudières et on rince les étoffes avec de l'eau chaude, puis avec de l'eau froide.

On donne un ou deux passages au clapot et on procède à la décoloration. On passe les pièces soit en clapot, soit dans une cuve contenant du chlorure de chaux à 1/2° Baumé, quelquefois on passe à 1/4°, mais le bain a alors 30 ou 40° de température; en général on préfère le bain froid. Après le bain on empile les pièces pendant un certain temps pour qu'elles soient bien pénétrées et on les passe ensuite en acide chlorhydrique à 1 ou 1/2° Baumé. Après ce dernier passage on lave fortement au clapot (deux ou trois passages) et le blanchiment est terminé.

Outre le procédé de chlorage au clapot, il y a le chlorage à la cuve que nous avons décrit précédemment, page 712. Au lieu de passer les pièces, on les entasse dans la cuve, puis on pompe du chlore

par dessus; on les laisse bien égoutter, on les passe dans un skizer pour bien les exprimer et ensuite on les empile dans une autre cuve où on les acide, puis on lave.

Le chlorure de chaux doit être bien dissous: sans cette précaution, il peut se produire des accidents déjà signalés par Persoz (Traité de l'impression, t. II, p. 61).

On a essayé dans ces derniers temps l'hypochlorite de magnésie, qu'on peut avoir aujourd'hui à très bon compte et qui rend mieux que le chlorure de chaux. Un lavage ou un acidage imparfait donne des taches calcaires, très difficiles à enlever, tandis que les sels magnésiens, dans les mêmes conditions, ne tachent pas. — V. Moniteur scientifique 1878, p. 723 et 912.

On peut aussi après les opérations du lavage, dans la crainte qu'il ne soit resté du chlore, donner un passage en eau bouillante ou en hyposulfite de soude ou en ammoniaque ou encore en savon, mais ces traitements ne sont pas indispensables.

En résumé voici les opérations du blanchiment:

	A BASSE PRESSION	A HAUTE PRESSION à ou 1 atmosphères
Bouillissage. .	Chaux, 18 heures.	Chaux, 8 heures.
Lavage. . . .	2 clapots.	2 clapots.
Acidage. . . .	A 2° Baumé.	2° Baumé.
Lavage. . . .	2 clapots.	2 clapots.
Soude	12 heures.	8 h., soit en sel de soude ou sel et résine.
Lavage. . . .	2 clapots.	
Acidage. . . .	A 1°.	
Lavage. . . .	2 clapots.	
Bouillissage. .	18 heures.	
Lavage. . . .	2 clapots.	2 clapots.
Chlore. . . .	A 1/2°.	A 1/2° Baumé.
Acide.. . . .	A 1/2°.	A 1/2° Baumé.
Lavage	2 clapots.	2 clapots.

Nous ne pouvons entrer ici dans le détail des opérations que l'on fait subir aux diverses espèces de tissus si nombreuses aujourd'hui. Ajoutons que les tissus lourds tels que les moleskines, les velours, sont entourés de précautions particulières. On donne toutes les opérations au large, jusqu'à l'essorage, qui se fait dans des machines ad hoc.

Les tissus légers sont lavés dans des laveuses dites traquets, ne tendant pas; quant à la cuisson, elle se fait dans les mêmes appareils, mais on met les tissus, comme aussi les dentelles, les rideaux, la bonneterie, dans des sacs. Dans le blanchiment des bas, on les noue par douzaines, le lavage se fait au moyen de battes; on donne, à la fin du blanchiment, un léger passage en savon à base de suif de mouton, pour les rendre plus onctueux.

Récemment, M. Clément (V. Moniteur scientifique de Quesneville, juin 1880), a proposé un nouveau mode de blanchiment que nous ne faisons que citer, les données étant trop vagues et n'ayant pas encore reçu la sanction de la pratique.

Blanchiment des déchets de coton.

Depuis quelques années, cette industrie a pris un assez grand développement. Les déchets, servant dans les filatures, tissages, ateliers de construction, etc., et par conséquent, très chargés de matières grasses, sont fortement lessivés à la soude pendant dix-huit ou vingt-quatre heures. Cette opération se donne en deux ou trois fois; la première lessive ne dure que cinq à six heures, on lave à la main dans un cours d'eau; on donne une deuxième, une troisième lessive de six heures et enfin on donne en cuve un léger chlorage. Ces déchets sont utilisés dans l'industrie du coton où ils sont filés à nouveau; les parties non susceptibles d'être traitées en filature sont vendues aux fabricants de papier. — V. Déchets.

Blanchiment du lin et du chanvre.

Les fibres végétales, telles que le coton, le lin, le chanvre, présentent tant d'analogies, que l'on peut dire qu'il est possible d'appliquer à tous ces textiles le même procédé de blanchiment, à quelques légères modifications près. Mais comme ces dernières fibres sont plus chargées de matières résineuses que celles du coton, il faut répéter un plus grand nombre de fois l'action des agents dissolvants et décolorants. Voici d'après M. Girardin (*Chimie élémentaire*, t. IV, page 140), les diverses opérations usitées pour le lin :

1° Macération;	9° Acidage;
2° Dégorgeage;	10° Lessivage à la soude,
3° Lessivage à la soude	comme précédemment;
caustique;	
4° Dégorgeage;	11° Lavage;
5° Exposition sur le pré;	12° Pré;
6° Acidage 1 1/2° acide	13° Acidage 1/2°;
sulfurique;	14° Débouillissage au savon noir;
7° Lessivage, 3 kilogram.	
sel de soude par 100	15° Dégorgeage;
kilogrammes tissu;	16° Apprêt, séchage, et
8° Chlorage à 1/3° Baumé;	cylindrage.

La plupart de ces opérations étant exactement les mêmes que celles que l'on donne au coton, nous n'y reviendrons pas et nous ne parlerons ici que de la *macération* et de l'*exposition sur pré*.

La première opération ou macérage a pour but de détruire le parement. A cet effet, on entasse les pièces dans des cuves. On recouvre d'eau tiède et on y ajoute un peu de son ou de farine pour favoriser la fermentation. On laisse pendant quatre ou cinq jours. Par suite de la fermentation, il se dégage de l'hydrogène et du gaz acide carbonique; le bain devient assez épais, tout en exhalant une odeur désagréable et des plus caractéristiques. La fermentation terminée, on dégorge les pièces *à fond*. Si l'on continuait, le tissu ne manquerait pas d'être altéré, aussi est-il essentiel d'arrêter la macération à temps pour ne pas *attendrir* le tissu.

Pour l'exposition sur pré, il faut avoir soin de choisir convenablement le terrain, qui doit être partagé en sections parallèles, entrecoupées de rigoles ou canaux dans lesquelles coule l'eau destinée à arroser les pièces.

On doit choisir autant que possible une eau pure, peu calcaire et ne déposant pas. Les tissus sont posés sur des cordes tendues de façon à ce que les pièces ne puissent toucher l'herbe qui occasionne des taches et aussi pour que l'air puisse facilement circuler au-dessous.

Nous n'avons pas parlé du rouissage qui est une des opérations qui se fait avant la filature du lin; pour cette étude nous renvoyons le lecteur aux mots Rouissage et Teillage.

Parmi les nombreux procédés proposés pour le blanchiment du lin, nous mentionnerons seulement le procédé Maier qui utilise la soude brute (*Wurtembergisches Gewerbeblatt*, 1855, n° 2) et l'emploi de l'hypochlorite de sodium mélangé au sel de soude proposé par Jennings (*Journal of Arts*, London, 1856, page 239). Nous avons déjà signalé l'emploi de l'hypochlorite de magnésie qui avait été déjà proposé par Claussen; mais celui-ci employait un mélange de sel de soude et d'hypochlorite de magnésie, tandis qu'aujourd'hui ce dernier sel sert seulement en remplacement du chlorure de chaux ordinaire.

Enfin, M. Kolb (V. *Dictionnaire de chimie*, de A. Wurtz, p. 631), propose d'immerger les toiles dans le bain de chlorure de chaux, sans exposition à l'air. D'après lui, la décoloration se fait, soit à la lumière diffuse, soit dans l'obscurité; elle a lieu sans le moindre dégagement de gaz et en l'absence de toute trace d'air; il y a transformation de l'hypochlorite en chlorure de calcium.

Rappelons aussi l'emploi des permanganates alcalins, d'après MM. Tessié du Motay et Maréchal. On plonge les tissus bien nettoyés et dégraissés dans un bain de permanganate de soude additionné de sulfate de magnésie, puis après un certain temps de trempage, on passe en acide sulfurique dilué. M. Mérat avait proposé l'emploi du prussiate rouge, mais dans ces deux procédés, la fibre perd sa solidité aussitôt qu'elle est traitée par un alcali, ce qu'a constaté M. Jeanmaire.

Blanchiment de la laine. Généralités.

Les matières animales les plus employées dans l'industrie, la laine, la soie, étant d'une toute autre composition que les fibres que nous venons d'étudier ne peuvent se blanchir de même. Toutefois, comme elles contiennent également des matières grasses, des résines, des matières colorantes, etc., il faut procéder aussi à un dégraissage et à une décoloration. Les alcalis attaquant la laine et la soie, il faut employer des bains de savon ou de carbonates alcalins très légers et répéter souvent les opérations; pour la décoloration, on se sert encore du procédé antique déjà signalé dans Apulée, le *soufrage* (Apulée, *Métamorphoses*, chap. XLII). On avait admis la destruction des matières colorantes par l'acide sulfureux; les expériences de Leuchs ont établi que l'acide SO^2 formait des combinaisons solubles dans l'eau et les alcalis; mais l'emploi du soufre doit être limité, car en prolongeant cette action, outre mesure, on produit une matière jaune qu'il est très difficile d'enlever.

Pour le *dégraissage*, on se sert de savons et de cristaux de soude; quelquefois on ajoute un peu d'ammoniaque (Dingler). Comme l'opération est assez dispendieuse, on a cherché à les remplacer par d'autres corps : Saiglan a proposé le sulfure de sodium; Potery, un mélange par un tiers de glycérine, sulfate et carbonate de soude; Artus, un mélange de savon de soude et de sulfite de sodium. Les anciens blanchissaient au moyen de la saponaire; les indiens se servent encore de la racine d'un rorak ou savonnier; dans l'Amérique du Sud, on emploie encore le liber du bois de Panama, qui sert aussi en Europe à détacher, etc. Outre ces procédés qui n'ont pas été admis dans la pratique, un autre mode qui est plutôt une teinture, a été indiqué par Dullo, de Berlin; il emploie le sulfate de magnésie et le bicarbonate de sodium; on chauffe le mélange; le sel de sodium se décompose et il se précipite du carbonate de magnésium sur la laine.

Kallab, chimiste hongrois, a proposé, en 1878, l'emploi de l'acide hydrosulfureux : après avoir dégraissé la laine, on la plonge dans un bain d'eau pure contenant de 0,5 à 1 gramme d'indigo en poudre très fine (pour 100 litres de liquide) on tord et on met dans le bain de blanchiment, composé d'une solution fraîche d'hydrosulfite de soude de 1,007 à 1,030 de densité, suivant les besoins. On ajoute par litre de solution 5 à 20 centilitres d'acide acétique à 50 0/0; on y plonge l'étoffe et on ferme l'appareil pour empêcher le contact de l'air. On enlève au bout de douze à vingt heures, on laisse égoutter et on expose à l'air. L'indigo réduit s'oxyde et bleute l'étoffe; on rince soigneusement et on sèche (V. *Deutsche Industrie Zeitung*, 1878). Par ce moyen, on bleute en même temps que l'on blanchit.

Nous ne parlerons pas ici du nettoyage des tissus de laine, c'est-à-dire de l'élimination des fibres ou parcelles végétales contenues accidentellement dans la laine. Nous renvoyons, pour cette opération, au mot EPAILLAGE ou EPOUTILLAGE.

Blanchiment des toisons. L'industrie utilise peu la laine en toison parfaitement blanchie, mais il en faut quelques quantités pour certains objets de luxe dans lesquels on tient à avoir le blanc parfait. A cet effet, on donne donc à la laine en toison, plusieurs savonnages successifs, puis on la passe en acide sulfureux liquide ou plutôt en dissolution dans l'eau; quelquefois même on expose encore sur pré. En multipliant les opérations on arrive à un blanc parfait, mais toujours la fibre est un peu altérée. A Cachemire, où l'on blanchit le mieux la laine en toison, on se sert d'une préparation de farine de riz; mais nous manquons de données plus précises.

Blanchiment des laines en écheveaux. Les opérations pour le blanchiment des pentes se confondent avec celles des tissés que nous allons décrire en détail.

Blanchiment des tissus de laine. Après un grillage analogue à celui que l'on emploie pour le coton, les pièces sont passées à l'eau tiède; puis on dégraisse au moyen d'un mélange de savon et de sel de soude. Il faut bien tenir compte de l'épaisseur des tissus et des diverses qualités de laine qui sont plus difficiles à blanchir les unes que les autres; aussi varie-t-on la température et la force des bains; cependant il ne faut pas dépasser 30° C. à 40°. D'après Persoz, on peut avec un bain de cristaux de soude seul, aller jusqu'à 60° C. On prend à peu près par 100 kilogrammes de tissu, 5 à 6 kilogrammes de sel de soude; puis on donne un bain tiède de carbonate de soude, et un lavage à l'eau tiède. Il est bon d'employer une bonne eau; car, avec les eaux calcaires, on forme des savons de chaux très nuisibles et dont il est très difficile de se débarrasser. On enroule les pièces; généralement ces opérations se font dans les cuves à roulettes et au large; on a soin d'éviter les plis, et on évite de refroidir rapidement, la laine deviendrait dure au toucher et perdrait son brillant.

Après le dégraissage, on suspend les pièces dans les soufroirs qui ne sont que des chambres ordinaires dont le haut est garni de *barettes* (V. ce mot); après avoir hermétiquement clos, on brûle du soufre. Les pièces s'imprègnent d'acide sulfureux; on les laisse, dans les soufroirs, pendant douze ou dix-huit heures, suivant les cas. Il faut à peu près 2 kilogrammes de soufre par 100 kilogrammes de laine. Il est évident que le volume de la chambre ou soufroir doit être en relation avec la quantité d'étoffes à sécher. Les pièces doivent être pendues mouillées. On a aussi employé le sulfite de soude additionné d'acide chlorhydrique (Pion), ou encore le bisulfite de soude (Dreuett); mais, c'est encore au gaz sulfureux que l'on a cru devoir donner la préférence.

Aussitôt soufrées, les pièces sont passées en eau chaude, quelquefois en un léger bain d'acide sulfurique, puis un lavage. Voici un résumé des opérations, d'après Gonfreville (*Art de la teinture des laines*, page 592) :

1° Passage en carbonate;	5° Passage en carbonate;
2° Soufrage;	6° Soufrage;
3° Passage en carbonate;	7° Savonnage.
4° Soufrage;	

D'après Grison (V. *le Teinturier au XIXe siècle*, 1860) :

1° Lessive de sel de soude à raison de 5 0/0 du poids de la laine. Ce traitement doit durer une heure au plus et ne pas dépasser 30° C.;	3° Seconde lessive à 3 0/0 de sel de soude;
	4° Second soufrage, également sans lavage;
2° Soufrage de 12 heures, sans lavage;	5° Passage en acide sulfurique à 2° Baumé;
	6° Dégorgeage à fond;
	7° Passage en savon léger.

Pendant que les pièces sont encore mouillées, on les passe en bain d'azurage, soit carmin d'indigo, acétate d'indigo, bleus d'aniline, etc., puis on sèche.

Blanchiment de la soie. La soie, de même que la laine ne peut être utilisée directement sans subir quelques opérations; elle est, en effet, toujours accompagnée de matières grasses, de résines, de matières colorantes et d'une sorte de cire soluble dans l'eau. On emploie divers moyens pour blanchir la soie grège ou la soie écrue suivant les qualités; les soies brillantes destinées aux étoffes riches et solides et celles destinées à la teinture sont traitées tout autrement que les soies légères ou celles destinées à la fabrication des gazes, des blondes, etc. Pour les étoffes solides, celles composées de la meilleure soie, on donne le blanchiment dit des *soies cuites;* pour les autres on donne le traitement des *soies souples;* on emploie un troisième procédé pour les soies ordinaires destinées à être teintes en couleurs foncées; on appelle ce traitement celui de la *demi-cuite,* et enfin un quatrième pour les soies dites *fermes,* destinées aux étoffes qui doivent conserver leur raideur.

Soies cuites. La première opération consiste à enlever cette sorte de vernis qui recouvre la fibre; pour cela, on *dégomme,* on plonge les écheveaux dans un bain chaud environ 90° C, *mais non* 100°, fait avec 30 0/0 du poids de la soie, de bon savon blanc et de l'eau en quantité suffisante; on doit avoir soin d'employer l'eau aussi pure que possible. Après dix minutes de lisage, on tord à l'espart et on donne un second bain, mais seulement à 15 0/0. Le savon joue ici le même rôle que dans le blanchiment du coton; il se décompose, sous l'action de l'eau, en acides gras et sous-sels; les acides gras se combinent aux matières résineuses et de cette combinaison il résulte des savons beaucoup plus solubles dans les alcalis.

Quelquefois, d'après Guinon, il se forme des taches qui s'étendent au cylindre; elles proviennent de la chaux que renferme toujours la soie; il se forme en présence des matières grasses un savon insoluble qui se fixe et qui forme tache laquelle tend toujours à s'agrandir.

On a cherché à remplacer le savon par la graine de lin additionnée de cristaux de soude (Gillet et Tabourin), ou par le silicate de soude (Tabourin et Lemaire): mais sans grand succès.

Après le dégommage, on donne la *cuite* ou *décreusage;* on enferme dans des sacs de grosse toile, la soie par portions de 15 kilogrammes, et on donne un passage d'une heure dans un bain de savon *bouillant* à 15 0/0; on dégorge ensuite; puis on donne un passage en acide sulfurique très faible; on dégorge de nouveau à l'eau chaude, puis à l'eau froide et on sèche.

Par ces deux opérations, les soies, suivant leur provenance perdent de 20 à 35 0/0 de leur poids. Les *France* et *Italie* perdent le moins, les *Chine* et *Bengale* perdent le plus. On varie les proportions de savon suivant la destination des tissus. Quand on veut teindre des couleurs foncées, il suffit de 15 0/0 de savon; si, au contraire, on veut faire des gris, bleus, cerise, ou autres couleurs délicates, on va jusqu'à 30 0/0; mais il faut autant que possible restreindre l'emploi du savon, car la soie devient terne, roide, cassante; ce n'est que quand il s'agit d'obtenir du blanc parfait qu'on peut forcer la dose de savon.

Les soies qui ne doivent pas être décolorées sont ainsi terminées; on cheville et on sèche.

Pour les étoffes, on opère comme pour les fils, en prenant 250 grammes savon par kilogramme

de tissu. On les fait bouillir deux heures, dégorger et décreuser dans un bain semblable. On les passe ensuite pendant 10 à 15 minutes dans une eau contenant 15 grammes de cristaux de soude par pièce. On dégorge et on donne un acidage dans une eau chaude et enfin un rinçage.

On donne généralement un léger soufrage, comme pour la laine. Le soufre donne à la soie le *cri,* aussi appelé *maniement.* On le donne encore en passant les pièces dans un léger bain d'acide tartrique ou de bichlorure d'étain.

Les pièces destinées à la teinture doivent toujours être légèrement acidées pour enlever le soufre ou encore recevoir un passage en eau chaude. — V. TEINTURE.

Guinon remplace le soufre par l'acide azoto-sulfurique. Un manufacturier de Lyon, M. Michel, imprègne les pièces de savon (25 0/0 du poids de la soie) et les vaporise sous pression de 2 atmosphères pendant une heure à une heure et demie.

Baumé avait proposé un mélange d'alcool et d'acide chlorhydrique, dans les proportions de 100 litres d'alcool et 500 grammes d'acide. Wagner a repris ces expériences et obtenu de bons résultats avec 23 parties d'alcool et 1 d'acide. Tessié du Motay a employé le bioxyde de baryum. Une maison de Paris, M. Lebouteux, se sert d'eau oxygénée avec addition d'ammoniaque très diluée ou d'hypochlorite d'ammoniaque, et M. Duport (brevet 118,073) blanchit les soies Tussores par le bioxyde de baryum et le permanganate de potasse employés alternativement.

Les Chinois, qui sont très habiles, décreusent la soie dans un bain composé de 25 parties d'eau, 6 de farine de blé, 5 de sel marin et 5 d'une espèce particulière de fèves blanches lavées, (Michel de Grubbens).

Soies souples. On passe tout simplement dans une eau régale marquant 15° Baumé et formée de 80 parties acide chlorhydrique et 20 parties acide nitrique. La soie, devenue grise est sortie du bain, bien rincée et soufrée plusieurs fois. On donne ensuite un passage en savon à raison de 12 0/0. Si elles sont trop cassantes, on les assouplit en les passant plusieurs fois en eau bouillante. Quand ce sont des soies blanches, on donne un passage de deux heures en bain de savon à 10 0/0 à 30° C., un lavage à l'eau, un soufrage de quarante-huit heures et un assouplissage par une eau à 3 grammes par litre de crème de tartre.

Soies demi-cuites. Ces qualités ne servent que pour les tissus à teindre en couleurs foncées. On cherche à perdre le moins de poids possible, et on donne par conséquent très peu d'opérations. On passe pendant une demi-heure à 100° dans un bain renfermant 10 à 12 0/0 de soude caustique, puis on donne un lavage. On donne aussi à certaines soies très communes et difficiles à blanchir un traitement à la soude caustique à 110° dans un autoclave. Ce procédé devrait être tenté pour les soies *pongées* que jusqu'à présent on n'a pu blanchir.

Soies fermes. On ne décreuse point les soies destinées à faire les blondes, les étoffes fermes, etc. Mais on prend les écrus les plus blancs, on les passe en eau tiède, on les soufre et on les azure. On renouvelle cette série d'opérations.

Les soies une fois blanchies sont azurées, suivant la demande des acheteurs. Il y a les blancs de Lyon, blanc de pâte, blanc d'argent, blanc d'azur, qui s'obtiennent au moyen de l'acétate d'indigo, carmin d'indigo ou de l'indigo en poudre excessivement fine, ou encore de cochenille ammoniacale, d'orseille, de couleurs bleue ou violet d'aniline. Les blancs de chine s'obtiennent par une immersion dans un léger bain de rocou.

Blanchiment d'argent. — V. ARGENTURE, § *Argenture au trempé.*

Blanchiment de l'amiante. L'amiante ou *asbeste* est la seule substance minérale naturelle qui puisse être tissée. Quand des étoffes d'amiante sont ou imprégnées de matières grasses ou recouvertes de substances étrangères, il suffit de les passer au feu. Mais il faut avoir soin que ce dernier ne soit pas trop violent, car, sans cela, l'amiante est décomposée et se pulvérise très facilement.

Blanchiment de la cire. La cire se blanchit de diverses manières : en la fondant avec de l'essence de térébenthine, environ un cinquième de son poids, puis en l'exposant à la lumière ; ou encore en la soumettant aux rayons solaires en présence de l'humidité, mais alors il faut qu'elle soit en tranches très minces ; ou enfin au moyen du chlore, ou d'un mélange d'acide sulfurique et de bichromate de potassium.

Blanchiment de la colle. — V. l'article suivant BLANCHIMENT DE LA GÉLATINE.

Blanchiment de la gélatine, blanchiment de la gomme adragante. On obtient de très bons résultats en traitant ces corps par l'acide sulfureux gazeux. L'exposition à l'air agit assez efficacement sur la gomme adragante.

Blanchiment de la gomme laque. On dissout la gomme laque dans du carbonate de soude ou dans l'alcool, puis on ajoute de l'hypochlorite de soude. Après un contact d'une vingtaine de minutes au plus, on ajoute au bain une quantité d'acide chlorhydrique telle qu'il ne puisse se former de précipité, puis on expose à la lumière. Après décoloration, on filtre et on ajoute du sulfate de sodium et enfin la quantité d'acide voulue pour précipiter la gomme laque.

Blanchiment de la paille. On dégraisse d'abord au savon, puis on lave à l'eau, et on plonge dans un bain à 1/12 d'hyposulfite de sodium, on laisse quelques minutes. On allonge le bain, on laisse encore quelques instants et on la sort pour la sécher. Le soufre sert également, comme dans le blanchiment de la laine ; on emploie aussi le sel d'oseille et le chlore gazeux.

Blanchiment de la paraffine. Après purification de la paraffine par l'expression à travers un filtre, on la traite par le bichromate et l'acide chlorhydrique ou encore par plusieurs cristallisations dans le sulfure de carbone, ou enfin par dissolution dans l'alcool amylique, puis précipitation par l'acide sulfurique.

Blanchiment de l'ivoire. Certaines sortes d'ivoire jaunissent très facilement. Voici comment on opère pour leur rendre leur blancheur primitive. On brasse, avec de la pierre ponce très fine et délayée dans de l'eau, l'objet à blanchir, puis on l'expose, tout humide, aux rayons du soleil, en le maintenant sous une cloche, de façon à éviter la poussière et la dessication.

Un autre procédé plus rapide est celui de Cloëz. On immerge l'ivoire dans un bain d'essence de térébenthine ou d'essence de citron et on expose au soleil. Il faut au plus quatre jours par un beau temps. Par un ciel couvert, l'oxydation ne se fait pas aussi rapidement, et il faut plus de temps. Dans ce procédé, il est essentiel de ne pas laisser l'ivoire plonger dans le bain décolorant, car celui-ci devient acide et attaquerait l'objet à blanchir.

Blanchiment des buffleteries. Les buffleteries se blanchissent de diverses manières, le procédé primitif consistait à les frotter de blanc d'Espagne mélangé de gomme arabique, mais il avait l'inconvénient de tacher les habits. On a employé depuis la terre de pipe délayée dans l'eau et ensuite une pâte faite de craie bouillie dans du lait jusqu'à consistance pâteuse.

Blanchiment des cheveux. Pour obtenir de beaux cheveux blancs, on les imbibe de sulfite de soude et ensuite d'acide chlorhydrique dilué. Mais il convient de ne prendre à cet effet que des cheveux roux. On peut aussi arriver à un assez bon résultat par la simple exposition à l'air très humide et au soleil, ou encore en soufrant plusieurs fois de suite les cheveux humides ; il est évident qu'il faut toujours d'abord les dégraisser par de légers bains de savon et à basse température.

Blanchiment des épingles. On donne le nom de blanchiment à l'opération qui consiste à recouvrir d'étain les épingles ou autres menus articles. Voici comment on opère : on décape les épingles dans de la lie de vin ou dans une dissolution de crème de tartre. On place alors dans une bassine des couches alternatives d'étain pur en grenaille, puis de crème de tartre, et ainsi de suite ; on verse de l'eau sur le tout et on fait bouillir pendant environ une heure. Au bout de ce temps les épingles, qui ne sont autre chose que des fils de laiton, sont recouvertes d'une couche très légère d'étain métallique obtenu par précipitation.

Blanchiment des éponges. Les éponges contenant généralement des substances calcaires, sont traitées d'abord par l'acide chlorhydrique, puis bien lavées ; on les plonge ensuite dans un bain d'hyposulfite de soude légèrement acidulé. D'après Wagner, on obtient de bons résultats en les traitant par de l'acide chlorhydrique, puis un passage alcalin et enfin un dernier passage en acide oxalique.

Blanchiment des estampes. Les estampes ou gravures jaunies par le temps se blanchissent tout simplement par une immersion dans une légère dissolution de chlore ou de chlorure de chaux, puis on donne un grand lavage à l'eau pour enlever les dernières traces de chlore. Il est évident que ce procédé ne peut s'appliquer qu'aux estampes faites avec de l'encre d'imprimerie ou l'encre lithographique à base de noir de fumée.

Blanchiment des garances. — V. Chlorage.

Blanchiment des gravures. — V. Blanchiment des estampes.

Blanchiment des huiles. Les huiles, en général, se blanchissent par l'action simultanée de l'air et de la vapeur d'eau bouillante, et de la lumière. On les met dans des réservoirs très bas, dans lesquels circule un serpentin en plomb chauffé par la vapeur. Le fond du vase est rempli d'eau, sur laquelle nage l'huile après l'ébullition. Après une exposition à l'air de douze à quinze heures, cette dernière se décolore. On peut aussi employer le chlore gazeux, ou, d'après Engelhardt, un mélange de bichromate de potasse et d'acide chlorhydrique ou encore, d'après Dietrich, un mélange de permanganate de potasse et d'acide chlorhydrique. On lave à l'eau chaude et on filtre. Brunier recommande d'émulsionner les huiles avec de l'eau de gomme contenant 2 de charbon pour 1 d'huile ; on obtient une pâte que l'on sèche à 100° et qui, après dissolution convenable, laisse une huile parfaitement incolore.

Blanchiment des métaux. Opération qui consiste à recouvrir certains métaux, facilement attaquables par l'air et l'eau, d'une couche préservatrice obtenue par le dépôt d'un autre métal moins oxydable que le premier.

Le blanchiment reçoit des dénominations différentes, suivant la nature du dépôt métallique qu'on se propose d'effectuer.

Quand on veut appliquer une couche d'étain sur le fer, sur la fonte, ou sur le cuivre, on emploie les divers procédés d'*étamage* qui seront décrits à ce mot. — V. Etamage.

La fabrication du *ferblanc* est une sorte de blanchiment des feuilles de tôle soumises au décapage et ensuite à l'action d'un bain d'étain. — V. Ferblanc.

Le *zincage* du fer, pratiqué sur une grande échelle depuis les beaux travaux de M. Sorel, a donné lieu à une importante industrie connue sous le nom de *galvanisation*. Les pièces de fer à galvaniser sont, après un décapage préalable, plongées dans un bain de zinc fondu. — V. Galvanisation.

La galvanoplastie, en fournissant le moyen d'obtenir, par les courants électriques, des dépôts métalliques variés, a fait faire un grand progrès au blanchiment des métaux.

Enfin, un procédé de blanchiment qui s'est perfectionné et développé considérablement depuis peu de temps, est le *nickelage* du cuivre et du fer, qui consiste à recouvrir leur surface d'un dépôt de *nickel*, susceptible de recevoir un poli très brillant et d'offrir en même temps une très grande résistance à l'influence oxydante de l'atmosphère. — V. Nickelage.

Blanchiment des pâtes à papier. Opération par laquelle on décolore les chiffons ou les fibres textiles pour les rendre aptes à être employés dans la fabrication du papier. — V. Papier.

Blanchiment des peaux. Un des procédés anciens est celui qui consiste à employer simultanément l'air et la lumière. Le permanganate de potassium et après fort lavage, une exposition aux vapeurs de soufre ont été recommandés par Barreswill ; ou encore, un passage en hypochlorite de sodium, suivi d'un bain de savon.

Blanchiment des plumes. Après une exposition au four pour détruire les germes animaux, ou un vaporisage prolongé, on passe les plumes dans un bain de savon à 45° pour bien les dégraisser, puis telles que, on les expose au soufroir comme la laine, on donne ensuite encore un savon blanc et on sèche. On peut aussi employer le bisulfite de soude ; mais il faut éviter de l'employer trop concentré.

Quelques praticiens les passent ensuite dans des bains contenant de l'amidon cru surfin.

Blanchiment du verre. Lors de la préparation du verre, il arrive toujours que les matières premières contiennent des parties charbonneuses qui le colorent par la cuisson. Pour remédier à cet inconvénient, on emploie dans les verreries, le peroxyde ou bioxyde de manganèse qui, pour cette raison, a été appelé *savon des verriers*. Par la cuisson, il abandonne une partie de son oxygène et en devenant protoxyde, il perd la propriété de colorer le verre. Pour blanchir les pâtes, on projette une très petite quantité dans les creusets, au moment de la fusion.

On se sert aussi d'acide arsénieux qui a, en outre, la propriété de rendre le verre fusible. — J. D.

Bibliographie : Alcan : *Essai sur l'industrie des matières textiles ;* Armengaud : *Publication industrielle,* Barreswill et Girard : *Dictionnaire de chimie industrielle ;* Blachette : *Traité du blanchiment,* 1826 ; Chevreul : *Chimie appliquée à la teinture,* 1814 ; Crace Calvert : *Dyeing and Calico printing,* 1876 ; W. Crookes: *Handbook of Dyeing and Calico printing,* 1876 ; D*** : *Dictionnaire de l'industrie,* an IX ; Dumas : *Traité de chimie appliquée aux arts,* 1846 ; Dolfus-Ausset : *Matériaux pour la coloration des étoffes,* 1864 ; Fol : *Guide du teinturier ;* Girardin : *Chimie élémentaire appliquée aux arts industriels,* 1875 ; Gonfreville : *Art de la teinture des laines,* 1848 ; Grison : *Le teinturier au XIXe siècle,* 1860 ; Grune : *Müster Zeitung,* 1850 et suivantes ; Hommassel : *Art de la teinture,* 1818 ; Kaeppelin : *Blanchiment,* 1869 ; Kaeppelin : *Impression des étoffes de soie,* 1869 ; Laboulaye : *Dictionnaire des arts et manufactures ;* E. Lacroix : *Etudes sur l'Exposition de 1878 ;*

LEUCHS : *Matières colorantes*, V. *Blanchiment*, 1829 ; LEVRAULT : *Dictionnaire des sciences naturelles* ; MUSPRATT : *Chemistry* ; O'NEILL : *Dictionnary of Chemistry* ; 1860 ; PELOUZE et FREMY : *Traité de chimie générale*, 1872 ; PERSOZ : *Traité de l'impression des tissus*, 1846 ; PERSOZ fils : *Du conditionnement des soies*, 1878 ; REIMANN : *Faerber Zeitung*, 1872 ; M. ROYET : *Teinture des soies*, 1878 ; SCHUTZENBERGER : *Traité des matières colorantes*, 1869 ; SANCEREY : *Blanchiment*, 1873 ; SERGUEFF : *Études sur le blanchissage*, 1879 ; Dr SPIEK : *Bleicherei et Farberei*, 1868 ; STOHMANN'S CHEMIE. : *Bleicherei*, 1860 ; THILLAYE : *Manuel du blanchisseur*, 1834 ; URE : *Dictionnary of arts. Bleaching* ; WURTZ : *Dictionnaire de chimie*, 1868. — *Publications périodiques* : *Bulletin de la Société industrielle de Mulhouse* ; *Bulletin de la Société industrielle de Rouen* ; *Bulletin de la Société industrielle d'Amiens* ; *Bulletin de la Société industrielle de Saint-Quentin* ; *Bulletin de la Société industrielle du Nord de la France* ; *Technologiste* ; *American Chemist* ; *Textile manufacturer* ; *Textile colourist* ; *Moniteur scientifique* ; *Dingler Polytechnisches journal* ; *Deutsche Industrie zeitung* ; *Revue des Industries chimiques* ; *Annales du génie civil*.

Blanchiment. On désigne aussi par ce mot le lieu où se pratiquent les opérations décrites dans l'article précédent. || On entend encore par *blanchiment*, l'impression des plafonds et des murs en détrempe.

BLANCHIR. *T. techn.* 1° Dépouiller, par des moyens appropriés, les matières textiles des substances colorantes dont elles sont imprégnées à l'état brut. — V. BLANCHIMENT, BLANCHISSAGE. || 2° Donner la première façon à un ouvrage, le dégrossir. || 3° Chez les *boyaud.*, action de nettoyer une dernière fois les boyaux qui ont été dégraissés. || 4° Chez les *confis.*, enlever des fruits, cette espèce de duvet qui les recouvre, en les passant à une lessive spéciale. || 5° Étamer, couvrir d'une couche d'étain. || 6° Chez les *dor.*, opération par laquelle on enduit de plusieurs couches de blanc une pièce qu'on veut dorer. || 7° Action de passer à la lime ou à la meule une pièce de métal. || 8° Chez les *argent.*, on nomme *poudre a blanchir*, le chlorure d'argent. || 9° Chez les fabricants de fromage de Gruyère, *blanchir le petit lait*, c'est jeter une certaine quantité de lait fraîchement trait, dans le petit lait dont on veut composer le second fromage. || 10° Chez les *typogr.*, c'est augmenter, dans la composition, le nombre des interlignes afin d'obtenir des blancs.

BLANCHISSAGE. On désigne par ce terme général la série des opérations que doit subir le linge pour être blanchi.

Le blanchissage, qui occupe dans l'économie domestique une place importante, a donné lieu à une industrie dont le développement est considérable, surtout autour des grandes villes, et qui roule aujourd'hui sur des chiffres atteignant chaque année plusieurs centaines de millions. A côté de Paris, une grande partie des habitants de Boulogne, Sèvres, Saint-Cloud, Rueil, Nanterre, Chatou, etc., doivent au blanchissage leur travail et leur prospérité.

Les procédés anciens, insuffisants et imparfaits, qu'on emploie encore dans beaucoup de ménages, ont été tour à tour étudiés et améliorés par des savants illustres, tels que Chaptal, Berthollet, Bosc, Montgolfier, et leurs recherches, éclairées par la science, mises à profit pratiquement par des constructeurs instruits et expérimentés, ont facilité puissamment la création des nombreux établissements industriels qui appliquent aujourd'hui les appareils et les méthodes perfectionnées que nous allons examiner.

Les opérations successives qui constituent le blanchissage sont :

1° Le *trempage*, ou immersion dans l'eau froide pour imprégner le tissu et préparer la dissolution des matières solubles dans l'eau ;

2° L'*essangeage*, qui, à l'aide de frictions au savon, auxquelles s'adjoint souvent l'usage de la brosse ou du battoir, a pour but d'enlever les matières que l'eau peut dissoudre sans le secours d'agents chimiques ;

3° Le *lessivage* ou *coulage*, opération importante qui consiste à faire agir sur le linge à blanchir une dissolution alcaline, à un degré de concentration et à une température suffisante pour opérer la saponification et par suite la dissolubilité des corps gras qui salissent le linge ;

4° Le *lavage* ou *savonnage*, qui enlève par immersion et par frottement dans une quantité d'eau suffisante, avec l'emploi du savon, les taches que le coulage n'a pas fait disparaître ;

5° Le *rinçage*, destiné à extraire du tissu l'eau savonneuse dont l'opération précédente l'avait imprégné ;

6° L'*azurage* ou *passage au bleu*, qui a pour effet de donner au linge une teinte agréable à l'œil ;

7° L'*essorage*, destiné à enlever la majeure partie de l'eau contenue dans les tissus sortant du lavoir ;

8° Le *séchage*, opération qui se fait à l'air libre ou au moyen d'étuves, produisant par évaporation l'enlèvement complet de l'eau dont le linge avait été imprégné ;

9° L'*apprêt*, qui comprend diverses opérations, suivant le résultat qu'on veut obtenir : *calandrage, pliage, pressage, repassage, gaufrage, tuyautage*, etc.

LESSIVAGE. Après le trempage et l'essangeage sur lesquels nous n'avons pas à nous arrêter, le *lessivage* est l'opération capitale du blanchissage ; c'est celle qu'on s'attache à exécuter avec le plus de soin et de perfection.

La théorie du lessivage est assez simple. Le linge sale contient plusieurs sortes d'impuretés : les unes, solubles dans l'eau, ou bien interposées à l'état pulvérulent dans les fibres du tissu, s'enlèvent facilement par l'essangeage ; d'autres, telles que les taches de fruits, de vin, de rouille, nécessitent l'emploi de certains réactifs chimiques ; les plus intéressantes, au point de vue du lessivage, sont les matières grasses, insolubles dans l'eau, qui ne peuvent être éliminées qu'après avoir subi l'action d'un alcali qui doit les saponifier complètement. C'est cette saponification qui est l'objet principal du lessivage. Elle se fait généralement au moyen du carbonate de soude (*sel de soude du commerce*) ou du carbonate de potasse; c'est ce dernier agent qui constitue le principe actif des lessives faites avec les cendres de bois, que l'on emploie encore dans beaucoup de ménages.

La perfection du blanchissage dépend essentiellement d'un bon lessivage; cette opération, mal conduite, peut donner des résultats très défectueux; l'emploi des alcalis, fait avec plus ou moins de discernement et d'attention, influe d'une façon plus ou moins préjudiciable sur la conservation des tissus.

Pour que la saponification s'effectue d'une manière complète, il importe que la lessive ne dépasse pas un certain degré de concentration, et qu'elle atteigne progressivement une température de 100°; mais trop caustique ou trop chaude, la lessive altère rapidement le linge le plus solide; trop faible, ou chauffée à une température insuffisante, elle n'opère qu'imparfaitement la dissolubilité des corps gras qui salissent le linge. ·

Tous les procédés employés jusqu'à ce jour

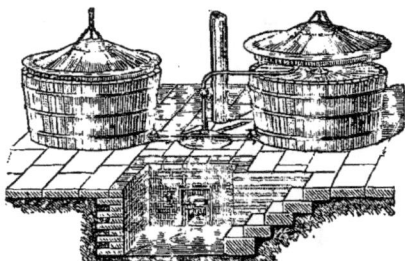

Fig. 436. — *Appareil à lessiver par pression
de vapeur.*

pour effectuer le lessivage se rapportent aux types suivants :

1° Lessivage par aspersions à la main;

2° Lessivage par *affusions intermittentes* résultant de la pression de la vapeur sur la lessive;

3° Lessivage par *circulation continue* de la lessive;

4° Lessivage par l'action directe de la vapeur;

5° Lessivage par immersion dans la lessive sans circulation;

6° Lessivage par affusions à des températures graduellement croissantes.

Nous allons passer rapidement en revue ces diverses méthodes, en indiquant les détails principaux qui les caractérisent.

Lessivage par aspersions à la main. C'est le procédé ancien, dont la simplicité d'installation fait conserver l'usage dans beaucoup de maisons particulières.

Le linge essangé est placé dans un *cuvier* muni d'une grille en bois fixée à peu de distance du fond; une grosse toile nommée *charrier* s'étend au-dessus du linge après que le cuvier a été rempli à peu près aux trois quarts; on étend sur cette toile une couche épaisse de cendres de bois. Quand le cuvier est ainsi préparé, on puise, à l'aide d'une poche à long manche, l'eau mainte-

nue à l'ébullition dans une chaudière installée près du cuvier. Cette eau bouillante dissout le carbonate de potasse contenu dans les cendres, et forme avec lui une lessive alcaline qui s'infiltre dans la masse du linge et y opère peu à peu la saponification nécessaire pour rendre solubles les matières grasses. Ce sont ces aspersions de lessive bouillante, répétées à de fréquents intervalles pendant une durée de quinze à vingt heures, qui constituent le *coulage*. La lessive descendant à travers le linge s'écoule par un orifice ménagé au fond du cuvier, et retourne à la chaudière, pour être de nouveau portée à l'ébullition et rejetée sur le linge, jusqu'à ce que le coulage soit complètement effectué.

Cette vieille méthode est, comme on le voit, longue et pénible, et présente, quand elle n'est pas employée avec tous les soins nécessaires, de nombreuses imperfections.

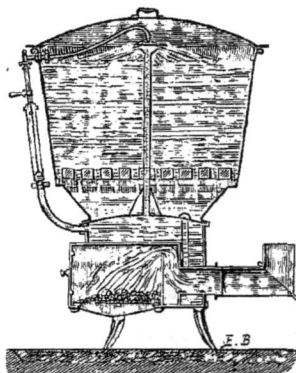

Fig. 437. — *Appareil à lessive portatif par affusion
à température graduée.*

Lessivage par affusions intermittentes à l'aide de la pression de la vapeur.

Le principe de cette méthode, due à Widmer de Jouy, consiste à faire refouler la lessive bouillante par la pression même de la vapeur que l'ébullition dégage en quantité suffisante pour opérer ce refoulement. Cette pression s'exerçant sur la surface du liquide le force à s'élever dans un tube qui le fait déverser en nappe au-dessus de la surface du linge; puis, ce même liquide redescend au bas du cuvier, quand il a traversé la couche de linge, pour se réchauffer à nouveau et remonter encore, et ainsi de suite à intervalles à peu près égaux qui dépendent uniquement du temps nécessaire pour que la lessive revienne au fond du cuvier et que la vapeur qu'elle dégage reprenne une tension suffisante pour reproduire les mêmes aspersions.

M. René Duvoir d'une part, et M. Decoudun d'autre part, ont apporté à ce système d'importants perfectionnements en séparant le cuvier de la chaudière où se produit l'ébullition.

Dans l'appareil Decoudun, dont la figure 436 montre un spécimen complet, la chaudière à ébullition est échauffée par un fourneau placé à côté des deux cuviers qu'elle doit desservir.

La lessive refoulée par la pression de la vapeur s'élève par le tube fixé sur le dôme de la chaudière, et va se déverser par le champignon qui termine ce tube, et qui l'étale uniformément sur toute la surface du linge. Quand elle est descendue au bas du cuvier, un tuyau, muni d'un robinet et d'un clapet de retenue, permet de ramener le liquide dans la chaudière, pour le réchauffer jusqu'à ce que la tension de la vapeur le refoule à nouveau, et reproduise l'aspersion qui se renouvelle chaque fois dans les mêmes conditions.

La tuyau par lequel la lessive se déverse dans les cuviers peut être à volonté dirigé vers celui de droite ou celui de gauche, de sorte que la même chaudière sert pour les deux cuviers alternativement.

Dans cette méthode de lessivage, la lessive est projetée bouillante sur le linge, ce qui peut rendre les taches indélébiles malgré la précaution que l'on prend de jeter des seaux d'eau tiède au commencement de l'opération et d'opérer souvent à cuvier découvert.

Certains blanchisseurs, pour opérer plus promptement, emploient des sels très caustiques, et beaucoup même ont la mauvaise habitude de jeter le sel à la volée sur le cuvier, pour le laisser dissoudre par l'eau chaude, au lieu de préparer à l'avance la dissolution alcaline. Le linge, en contact direct avec les cristaux, est alors immédiatement attaqué, et peut être complètement altéré si la dissolution du sel ne s'effectue pas rapidement par une quantité d'eau suffisante pour neutraliser ses effets destructifs.

Lessivage par circulation continue. Ce procédé, essayé sans succès dans plusieurs hôpitaux de Paris et abandonné maintenant, consistait dans l'emploi d'une chaudière et d'un cuvier, placés l'un près de l'autre, et contenant la même hauteur de liquide. Un tube reliait à la base les deux parties de l'appareil, et un autre tube les reliait

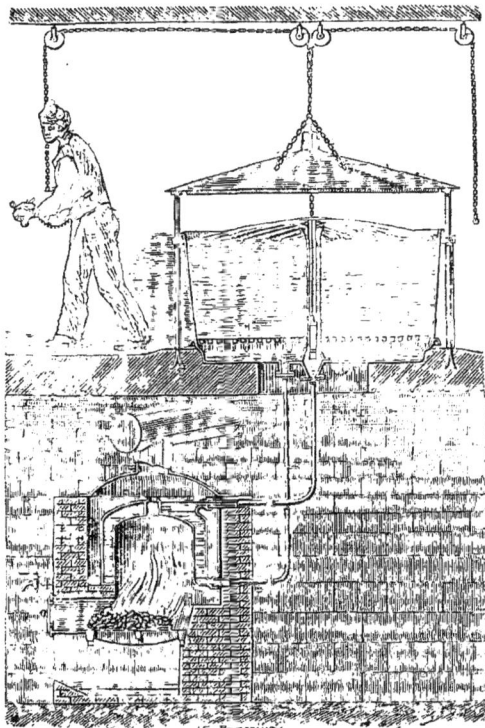

Fig. 488. — *Appareil fixe à lessive par affusion à température graduée.*

pareillement à quelques centimètres au-dessous du niveau du liquide. L'échauffement de ce liquide produisait, en vertu du changement de densité et de la dilatation, un courant qui passait dans le cuvier par le tube supérieur pour revenir à la chaudière par le tube inférieur; ce système exigeait l'emploi d'une grande quantité de lessive pour remplir simultanément la chaudière et le cuvier; il en résultait une grande dépense d'alcali et de combustible, tandis que, d'autre part, la température atteignait très difficilement un degré suffisant pour la saponification des corps gras. Malgré les efforts de Darcet, de Descroisilles père, de Chevalier, ce procédé n'a pas reçu de consécration pratique.

Lessivage par l'action directe de la vapeur. Ce système, imaginé par Chaptal, essayé par Bosc, Cadet de Vaux, Curaudeau, et plus récemment, par Mlle Mercier, sous le nom de Charles et Cie, n'a pas donné les résultats qu'il promettait d'abord.

Le linge était soumis à une immersion prolongée dans la lessive froide, puis placé dans un cuvier disposé au-dessus de la chaudière destinée à produire la vapeur. Cette vapeur d'eau s'élevant graduellement à travers le linge imprégné de lessive, en élevait progressivement la température tout en se condensant dans la dissolution alcaline dont elle déterminait la réaction sur les corps gras; puis toute la masse liquide redescendait à travers le linge, et l'opération était terminée.

On croyait trouver dans ce système un avantage sur la méthode des affusions par la pression de la vapeur, à laquelle on attribuait le défaut de faire repasser plusieurs fois à travers le linge une lessive déjà chargée des impuretés dont elle avait opéré la saponification. C'était une erreur, en ce sens que les affusions successives sont d'une efficacité incontestable, parce que l'action dissolvante qu'elles exercent sur les corps gras se complète par l'action même du savon alcalin formé aux dépens des matières que la lessive saponifie.

En outre de l'inconvénient que présentait le trempage préalable dans une lessive concentrée, avant la mise au cuvier, l'action de la vapeur brûlante, qui pouvait s'exercer sur certaines parties de tissus n'étant pas suffisamment imprégnées de lessive, risquait de produire une altération rapide du linge.

Il aurait fallu, pour que cette méthode donnât de bons résultats, prendre des précautions minutieuses qu'il est impossible de réaliser dans les ateliers de blanchissage.

Lessivage par immersion dans la lessive-bouillante. Ce système, dû à M. Sol, repose sur l'emploi d'une *roue à laver* à claire-voie, tournant sur son axe horizontal dans un tambour complètement fermé. Nous reviendrons tout à l'heure sur l'appareil qu'on appelle *roue à laver.* Le linge placé dans cette roue suivait son mouvement de rotation, et venait à chaque révolution se tremper dans la lessive que contenait la moitié inférieure du tambour fixe enveloppant la roue ; cette lessive était maintenue à l'ébullition par la vapeur d'une chaudière. De sorte que la moitié supérieure du tambour était remplie de vapeur, et le linge en-

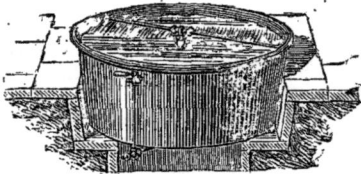

Fig. 439. — *Appareil à lessiver à vapeur.*

traîné par le mouvement de rotation de la roue passait alternativement dans la vapeur et dans le bain de lessive bouillante.

La grande quantité de lessive, et par conséquent d'alcali, que ce procédé exige ; la dépense de vapeur et de force motrice ; et enfin, une action destructive assez marquée sur les fibres du tissu, ont fait abandonner, presque complètement en France, cet appareil, qui s'emploie en Angleterre sous le nom de *Wash-Wheel*, principalement pour le lavage du linge lessivé.

Lessivage par affusion à température graduée. Ce système de coulage, qui donne les meilleurs résultats, a été perfectionné par plusieurs constructeurs, notamment par M. Piet et par M. Decoudun.

Chacun d'eux obtient d'ailleurs les affusions par des moyens absolument différents. Le premier utilise la force d'entraînement de la vapeur s'échappant d'un liquide dès qu'on le chauffe ; le second emploie un jet de vapeur qui, en se condensant, élève la lessive comme le Giffart pour l'alimentation des chaudières.

On doit à M. Piet des appareils portatifs et des appareils fixes qui se chauffent, soit au moyen d'un foyer, soit par un serpentin de vapeur.

Les appareils portatifs permettent d'opérer sur des quantités de linge variant de 20 à 300 kilo-

grammes. Ils se composent d'une chaudière (fig. 437) avec fourneau en fonte surmontée d'une cuve en tôle galvanisée, en bois ou en cuivre ; une petite pompe, placée sur le côté pour les petits appareils, et au centre du tube d'affusion pour les grands, sert à élever et répandre la lessive sur le linge avant qu'elle soit chaude.

Quand la lessive a été préparée en proportions voulues dans la chaudière, quand le linge préalablement trempé d'eau douce a été placé sur la grille en bois qui surmonte la chaudière et forme

Fig. 440. — *Stalle en bois pour les laveuses.*

le fond de la cuve, on allume le feu ; puis, en attendant les affusions spontanées, et pour imbiber le linge de lessive, on arrose la masse de quart d'heure en quart d'heure au moyen de la pompe qui puise la lessive dans la chaudière. A la température de 50 ou 60° les bulles de vapeur commencent à se former sous le disque conique placé aux deux tiers de la chaudière et surmonté d'un tube d'affusion, puis elles se rassemblent au sommet de ce cône, s'élèvent dans le tube en poussant la lessive, qui en occupe la partie inférieure, jusqu'au sommet où rencontrant une

Fig. 441. — *Stalle en fonte pour les laveuses*

plaque en forme de champignon elle se déverse en s'étalant sur le linge.

La lessive, après avoir traversé les tissus, tombe dans le fond du cuvier ou partie supérieure de la chaudière, et par circulation, en raison de la différence de température descend, par un tube de retour entièrement libre, à la partie inférieure de la chaudière pour s'échauffer de nouveau, monter sous le plateau cône, puis dans le tube et tomber de nouveau sur le linge.

Ces affusions spontanées sont d'abord rares ; puis, la température s'élevant et la vapeur se formant en plus grande quantité, elles se produisent plus rapidement et à des températures croissantes, jusqu'à ce que la lessive atteigne 100°.

En même temps que les tissus sont arrosés, par le haut, de la lessive provenant de la chaudière, la vapeur qui s'élève du fond du cuvier monte à travers le linge et facilite l'élévation de la température

Fig. 442. — *Tricycle pour le transport du linge.*

rature de toute la masse, de sorte que le *coulage* est terminé en quatre ou cinq heures.

Les appareils fixes (fig. 438 et 443) peuvent contenir jusqu'à 1,000 kilogrammes de linge. On les construit avec fond en fonte et côtés en bois, ou tout en fonte. Ils sont chauffés directement par des chaudières séparées, à circulation, renfermées dans des fourneaux en brique, ou au moyen de serpentins de vapeur placés dans le fond des cuviers.

La pompe, placée au centre, qui doit fonctionner seulement au commencement de l'opération est mue, à la main, par une chaîne passant sur deux poulies, ou par une petite transmission.

Fig. 444. — *Roue à laver à bras.*

Un petit treuil sert à manœuvrer à volonté le couvercle.

L'opération se fait dans les appareils fixes comme dans les appareils portatifs. Seulement, pour les appareils avec foyer, la chaudière, beaucoup plus importante, au lieu d'être fixée au cuvier et placée directement dessous, est séparée pour être placée dans un sous-sol, et reliée par

Fig. 443. — *Vue de la buanderie de l'hospice Lariboisière.*

deux tuyaux qui servent à établir sa communication avec le fond du cuvier.

Dans ces appareils, les conditions essentielles pour donner des résultats avantageux sont remplies. Le linge préalablement imbibé d'eau douce est arrosé d'eau de lessive à des températures qui vont en augmentant; les effets sont donc progressifs jusqu'à ce que la lessive arrive à la température de 100°, température qui est, avons-nous dit, obtenue au bout de quatre à cinq heures, par suite du chauffage combiné en dessus et en dessous et du couvercle, qui concentre la chaleur,

évite les déperditions de vapeur et par suite les dégradations des murs et les dangers de maladie pour les ouvriers.

Ce procédé réalise ainsi d'excellentes conditions de célérité et d'économie, aussi a-t-il été adopté dans tous les hôpitaux.

La dépense moyenne du lessivage par cette méthode, pour 1,000 kilogrammes de linge de famille, correspond à :

100 kilogrammes de charbon ;

20 kilogrammes de sel de soude.

Ce sel de soude s'emploie en dissolution, dont

le degré de concentration ne doit jamais dépasser 3° à l'aréomètre de Baumé.

L'appareil de M. Decoudun, destiné à produire des affusions continues, est représenté par la figure 439. Une prise de vapeur, amenée dans le double fond du cuvier par un tuyau qu'on ouvre au moyen d'un robinet placé sur le côté, refoule par sa pression la lessive qui s'élève dans un tube central et vient se déverser par les deux branches d'un tuyau horizontal, articulé à l'extrémité du tube vertical, et fonctionnant à la manière du tourniquet hydraulique, par la réaction de la poussée du liquide sur la paroi opposée aux petits orifices d'échappement. Cette disposition ingénieuse produit une aspersion régulière; les premiers jets de vapeur entraînent le liquide du double fond avant même de l'avoir complètement échauffé, et sa température augmente graduellement, par la condensation de la vapeur, jusqu'à l'ébullition.

Elle a reçu des applications importantes à la grande blanchisserie de Courcelles, et plus

Fig. 445. — *Roue americaine à double enveloppe.*

récemment, à la nouvelle blanchisserie installée pour les hospices de Lyon.

Elle est facile à appliquer dans les établissements industriels qui disposent de vapeur, une simple prise suffisant. Peut-être présente-t-elle en échange l'inconvénient d'allonger la durée de la lessive et par suite la dépense en sel de soude et combustible, par suite des condensations de vapeur dans la lessive qui diminuent la force de cette dernière au fur et à mesure de l'opération, des pertes de vapeur dans la buanderie, qui sont la conséquence de la division des jets de lessive chaude et de la difficulté d'appliquer un couvercle à cause de la surveillance continuelle que nécessite la marche du tourniquet.

LAVAGE. Après le lessivage, le linge est lavé et savonné, soit à la main, à l'aide du *battoir* ou de la *brosse*, soit mécaniquement, dans des *machines à laver*. Le lavage à la main, lorsqu'il est fait avec soin, use moins le linge que le lavage par des machines qui frottent les parties propres autant que les parties sales.

Le lavage comprend deux opérations principales : le *savonnage* et le *rinçage*, et deux opérations secondaires : le *passage au blanc* et *au bleu*.

Le mode de lavage trop généralement répandu, consistant à savonner et à rincer en même temps le linge lessivé dans une eau froide et courante est des plus vicieux. Il est facile de comprendre qu'au moment où le linge vient d'être soumis à l'opération du lessivage les fibres du tissu encore chaud sont ouvertes et, par cela même, toutes disposées à abandonner les corps saponifiés qui le salissent. S'il est immergé dans l'eau froide, aussitôt les fibres se contractent brusquement, se resserrent et retiennent les saletés; en sorte que toutes les opérations que l'on fait subir au linge ne donneront qu'un blanchissage superficiel, tout à fait incomplet, et les taches reparaîtront au bout de quelque temps à l'action de la chaleur.

Lavage à la main. Dans les lavoirs publics, le lavage se fait dans des baquets; dans les hôpitaux et les buanderies particulières, il se fait dans des bassins où l'eau est maintenue chaude par un serpentin de vapeur ou d'eau chaude, et où elle peut être renouvelée par un robinet d'eau chaude. Ces bassins sont longs, étroits et peu profonds afin de contenir un petit volume

Fig. 446. — *Machine à laver à ouverture libre.*

d'eau, juste la quantité nécessaire pour laver commodément sans user trop de savon et de chauffage; ils sont ordinairement à côté des bassins à rincer, afin qu'il n'y ait qu'à lancer le linge dans le bassin à rincer quand il est lavé.

L'eau arrive aux bassins par des robinets placés sur les cloisons : ces cloisons reçoivent l'eau en dessous, au moyen de tuyaux traversant la maçonnerie, qui est en pierre, en brique ou en ciment ; des bandes de trop plein et de vidange entourées de grilles en cuivre, permettent de laisser échapper l'eau, sans que le linge puisse être entraîné.

Les laveuses placées autour des bassins sont protégées contre les éclaboussures par des stalles en bois ou en fonte, avec porte-savon (fig. 440 et 441), dans lesquelles elles se tiennent debout, ce qui est beaucoup moins fatigant que de se tenir à genoux comme cela se pratique souvent au bord des cours d'eau, où l'on ne peut faire d'installation fixe. Le linge est amené près des laveuses dans de petits chariots ou *tricycles* (fig. 442) qui servent également, ainsi que des bancs fixes placés derrière les laveuses, à déposer le linge pour le laisser égoutter avant de le conduire au séchoir.

La vue de la buanderie de l'hospice Lariboisière, à Paris, que représente notre figure 443, donne une idée de l'installation des appareils à lessive et des lavoirs.

Lavage mécanique. Il existe plusieurs systèmes de machines à laver qui abrègent la main-d'œuvre, mais ne peuvent cependant remplacer complètement le travail de la main et de l'intelligence.

Les machines les plus généralement employées sont les *roues* ou *tonneaux* et les *aides-laveuses*.

Fig. 447. — *Aide-laveuse.*

Les *roues* ou *tonneaux à laver* comprennent trois genres : 1° les roues dans lesquelles le linge est battu avec le liquide; 2° les roues dans lesquelles le linge est alternativement plongé dans le liquide et abandonné par lui; 3° les roues ou tonneaux ouverts à chargement alternatifs et à chargement continu.

1° Les roues du premier genre se font en bois ou en tôle galvanisée, sous bien des formes, rondes ou à pans, et de diamètres différents, suivant

Fig. 448. — *Essoreuse à pression.*

qu'elles doivent être mues à bras, par un manège ou par une machine; elles sont montées sur un axe horizontal reposant sur deux coussinets portés par un bâti en bois ou en fonte. Celles mues à bras n'ont généralement pas plus de 1 mètre de diamètre (fig. 444), et sont munies intérieurement d'une petite cloison qui empêche le linge de rouler constamment et le force à tomber à chaque tour de la hauteur de la roue; une porte placée sur l'un des côtés ou sur la circonférence permet d'introduire et de retirer le linge, et une bonde ou robinet disposé sur le pourtour sert à faire écouler la lessive après chaque lavage.

On met quelquefois des boules pesantes dans les petites roues pour augmenter l'effet de la chute, mais il est préférable de faire la roue d'un plus grand diamètre pour que le linge tombe seu de plus haut.

Les roues employées avec un manège ont généralement 1m,30 de diamètre et sont à 5 pans, ce qui augmente la hauteur de chute en supprimant la cloison, mais dans ces roues, la porte, étant sur l'un des pans, est soumise à des chocs et se détériore promptement de sorte qu'il se produit des fissures et qu'une partie du liquide est projeté au dehors au détriment du lavage et de la propreté de l'atelier.

Enfin lorsque l'on dispose d'une force mécanique on se sert de roues à trois ou quatre compartiments de 1m,80 à 2m,00 de diamètre sur 0m,80 de largeur environ, dans lesquelles le linge frotte

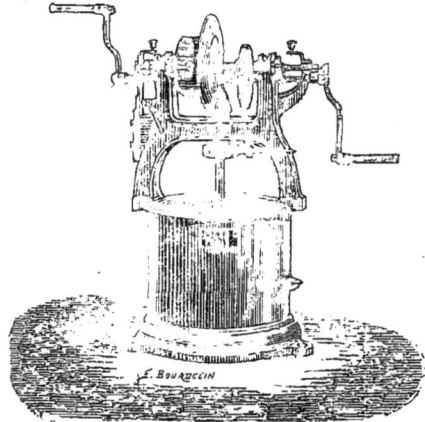

Fig. 449. — *Essoreuse.*

contre l'enveloppe extérieure garnie de tasseaux et se trouve relevé par une cloison de séparation pour tomber sur l'autre. Des portes placées sur l'un des côtés entre chaque compartiment servent à l'introduction du linge, et des valves placées extérieurement permettent de faire écouler le liquide.

L'arbre sur lequel tourne la roue est terminé par deux poulies, l'une fixe, l'autre mobile recevant le mouvement par une courroie avec un débrayage permettant d'arrêter la roue à volonté.

Pour faciliter le service de ce genre de roue on fait souvent arriver par l'axe, l'eau de savon, l'eau chaude ou l'eau froide, ce qui permet de laver le linge d'abord à l'eau savonneuse chaude, puis de le rincer progressivement à l'eau chaude, tiède et froide sans le sortir de la roue.

2° Les roues du second genre que l'on désigne sous le nom de *roues américaines* comportent deux enveloppes cylindriques (fig. 445); une première divisée en quatre compartiments dans lesquels on place le linge et une seconde fixée sur un bâti en fonte dans laquelle on verse le liquide qui peut être échauffé par un jet de vapeur.

La première enveloppe est munie de quatre portes placées sur l'un des côtés pour le chargement du linge, et le pourtour est percé de trous pour le passage du liquide contenu dans le fond de l'enveloppe extérieure, munie elle-même d'une porte à la partie inférieure du même côté que les portes de la roue, et d'une soupape de vidange.

Pour opérer le chargement et le déchargement du linge, on amène chaque porte de la roue intérieure juste en face celle de l'enveloppe extérieure au moyen d'une roue engrenant avec une vis calée sur un arbre terminé par une manivelle. Lorsque tous les compartiments sont chargés de linge et la roue mise en mouvement, le liquide contenu dans la portion inférieure de l'enveloppe fixe, pénètre dans chaque compartiment qui vient y plonger; soit à travers les trous de la paroi extérieure, soit par des augets;

Fig. 450. — *Séchoir à air libre.*

une partie imprègne le linge avec lequel il est entraîné et s'échappe ensuite par les séries de trous, lorsque le linge retombe.

Un jet de vapeur permet de chauffer le liquide à volonté et comme l'enveloppe est fermée la température se maintient facilement et favorise le lavage qui se fait très bien dans ce genre de roue.

3° Les tonneaux ouverts à chargement alternatif sont semblables aux roues du premier genre, mais la porte est supprimée et le diaphragme intérieur est incliné convenablement de manière à retenir, pendant le mouvement de rotation, le liquide et le linge sans qu'aucune partie puisse être projetée au dehors. Quand on veut vider l'appareil, il suffit de le faire tourner en sens inverse, et dès le premier tour, le linge lavé retombe en glissant sur la pente inverse du diaphragme.

Le tambour est porté par un bâti en fonte, et le mouvement peut être communiqué par une manivelle ou par une poulie avec débrayage et renversement de courroie, pour changer à volonté le sens de la rotation.

Dans ces roues (fig. 446), le chargement est simple mais on ne peut obtenir facilement la température désirable pour le lavage et il se produit un assez grand refroidissement.

Dans les blanchisseries importantes, certaines roues servent au lavage et d'autres au rinçage, pour les premières l'eau savonneuse pénètre par l'un des axes et s'échappe ensuite avec le linge lors du renversement.

Dans les secondes, l'eau froide est introduite par l'un des axes et sort d'une manière continue par l'autre axe en passant entre les deux parois du diaphragme, servant à retenir le linge dans la roue pendant le mouvement circulaire.

Les tonneaux à chargement continu ont la forme d'un octogone de $1^m,20$ de côté et $2^m,50$ de longueur, à pans coupés garnis intérieurement de barettes inclinées suivant le sens de la longueur; ils sont soutenus et guidés d'un côté par trois galets et de l'autre côté par un tourillon passant dans un palier. Un entonnoir en fonte pénètre au centre du côté des trois tourillons et l'un des côtés de l'octogone est ouvert à l'autre extrémité. Le linge introduit avec le liquide par l'entonnoir, se trouve entraîné par le liquide et par l'inclinaison des barettes vers l'extrémité du tonneau, où il

Fig. 451. — *Séchoir mobile.*

tombe sur une planche en pente. Le mouvement est communiqué au tonneau par l'intermédiaire d'une grande poulie qui l'enveloppe.

Ces appareils débitent par jour 4 à 5,000 kilogrammes de linge et peuvent servir, soit à laver, soit à rincer le linge, mais ils consomment beaucoup d'eau environ 27,000 litres pour le lavage et 50,000 litres pour le rinçage.

M. Piet a imaginé pour les petites installations de blanchissage, une machine qu'il appelle *aide-laveuse* (fig. 447), dont le principe diffère essentiellement de la roue à laver.

Dans un bac ovale en bois sont disposées deux cloisons verticales à claire-voie, et un fond plein; une sorte de battoir compresseur, également à claire-voie, est suspendu à un châssis articulé à la partie supérieure de la machine, avec un axe horizontal qui lui permet d'osciller librement. Dans ces mouvements oscillatoires que lui imprime l'ouvrière, le compresseur vient alternativement refouler contre les cloisons à claire-voie le paquet de linge qu'on met de chaque côté; le linge est successivement pressé, puis écarté, à droite et à gauche du compresseur, dont le va-et-vient produit au bout de cinq à six minutes un lavage ou un savonnage satisfaisant, économique et rapide.

ESSORAGE ET SÉCHAGE. Après le *rinçage* et l'*azu-*

rage, opérations qui suivent immédiatement le lavage et sur lesquelles il n'y a pas lieu d'insister, le linge contient une grande quantité d'eau qu'on enlevait par la torsion à la main, avant l'emploi des moyens mécaniques qui sont aujourd'hui répandus partout.

Les machines, dont on fait usage pour extraire la majeure partie de l'eau contenue dans le linge, portent le nom d'*essoreuses*. Elles sont basées sur la pression ou sur l'application de la force centrifuge.

L'essoreuse à pression se compose de deux cylindres garnis de caoutchouc entre lesquels passe le linge mouillé; on les met ordinairement en mouvement au moyen d'une manivelle fixée sur l'axe de l'un des deux rouleaux entre lesquels s'exerce la compression.

Ce genre d'appareil, dont notre figure 448 offre un des types, est utilisé pour des petites quantités de linge uni, car on ne peut faire passer qu'une seule pièce à la fois, sans boutons ni agrafes, qui seraient cassés entre les deux cylindres.

Le système le plus pratique est l'*essoreuse à force centrifuge* (fig. 449), imaginée naguère par Pentzoldt, et perfectionnée par divers constructeurs. Ces machines, qu'on désigne souvent sous le nom d'*hydro-extracteurs*, sont analogues à celles qu'on emploie dans les sucreries et dans quelques autres industries pour l'extraction des liquides par la force centrifuge, et dont nous nous sommes occupés déjà. — V. BLANCHIMENT (fig. 415) et ESSOREUSE.

Les essoreuses de ce genre se composent toutes d'un tambour à parois perforées, mobile sur son axe vertical et tournant avec une vitesse qu'on fait varier de 800 à 1,200 tours par minute, suivant son diamètre. Ce tambour est enveloppé d'une sorte de cuve en fonte qui porte le mécanisme moteur, lequel se compose d'engrenages ou de cônes de friction pour accélérer la vitesse, placés en dessous ou en dessus et mus à bras par une manivelle, ou par transmission généralement au moyen d'une poulie.

La force centrifuge qui se développe par la rotation rapide, tend à écarter les corps de l'axe, et

en comprimant le linge contre la paroi perforée fait échapper l'eau dans l'enveloppe, d'où elle s'écoule au dehors par un tuyau.

MM. Buffaut frères ont, les premiers, imaginé d'appliquer directement la force motrice de la vapeur à l'arbre qui commande la poulie callée sur l'axe vertical du tambour. Ils avaient, à cet effet, disposé sur le côté de la cuve une petite machine à vapeur réduite aux organes les plus élémentaires, actionnant avec une simplicité extrême, le tambour de l'essoreuse.

SÉCHAGE. Le linge essoré est séché à l'air libre, au soleil, sur des fils de fer galvanisé (fig. 450), ou sous des séchoirs couverts où l'air circule avec la plus grande facilité possible.

Mais ce moyen présente de nombreux inconvénients par le temps qu'il emploie et l'espace qu'il exige, par son irrégularité et ses difficultés suivant l'état de l'atmosphère et les saisons.

Le *séchage à air chaud*, quoique plus dispendieux, est adopté néanmoins dans toutes les blanchisseries bien organisées. Il est basé, en général, sur l'emploi de calorifères chauffant à un degré convenable l'air

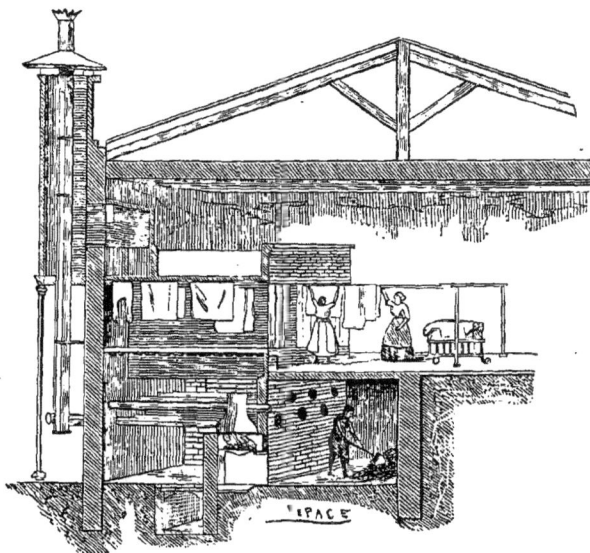

Fig. 452. — *Séchoir fixe à tringles.*

qui se répand dans une sorte d'étuve close avec soin, n'ayant d'autres issues que les conduits nécessaires pour faire évacuer au dehors l'air entièrement saturé d'humidité.

De nombreuses dispositions ont été employées pour les séchoirs à air chaud. Celles qui doivent être préférées sont celles qui économisent le plus de main-d'œuvre et d'emplacement.

Les séchoirs de M. Piet sont mobiles (fig. 451) ou fixes (fig. 452). On peut y obtenir l'évaporation de 3 à 4 kilogrammes d'eau par kilogramme de charbon, et la place y a été soigneusement ménagée; la façade de l'étuve est divisée en une série de petites lames verticales, qui constituent autant de portes correspondant à une tringle fixe en fer sur laquelle glisse un tube en cuivre. Le linge placé sur le tube s'enfonce dans l'étuve en poussant à la main ce tube mobile, et l'on referme aussitôt la porte étroite qui correspond à cette tringle. Ce système a pour but d'économiser la chaleur en donnant le moins d'ouverture possible à la chambre chaude.

Le système en usage dans la plupart des blanchisseries des environs de Paris est une sorte de chariot monté sur rails en fer et composé lui-même de tringles métalliques; chaque étuve contient deux tiroirs placés à côté l'un de l'autre, occupant chacun une moitié de l'emplacement.

Fig 453 — *Séchoir à chariot.*

La devanture de l'étuve est en tôle, et l'une des moitiés glisse devant l'autre de manière à permettre d'ouvrir seulement un des deux côtés quand on veut charger ou décharger l'un des deux tiroirs.

C'est le type Decoudun, représenté par la figure 453.

APPRÊTS DU LINGE. Les opérations qui terminent le blanchissage sont : le *pliage*, effectué à la main; le *pressage*, qui donne du lustre aux

Fig. 454. — *Machine à repasser à la vapeur.*

tissus unis, en les soumettant à l'action d'une presse à percussion (V. APPRÊT); le *cylindrage* ou *calandrage*, qui consiste à faire passer le linge entre des rouleaux ou cylindres, soit à froid, soit avec l'emploi de la vapeur chauffant l'un des cylindres métalliques creux qui composent la calandre. Cette machine est analogue à celle qui est employée sous le nom de *calandre à vapeur* pour l'apprêt des tissus en pièces, lorsqu'ils ont été blanchis. — V. APPRÊT.

Enfin, la dernière opération est le *repassage*, qui s'effectue en général à la main, et qui se

complète par le *tuyautage*, le *gaufrage*, etc. Nous ne nous arrêterons pas sur ces opérations manuelles, que tout le monde connaît, ni sur les divers appareils qui servent à les exécuter.

Ici la mécanique est encore venue suppléer à la main de l'ouvrière en opérant mieux et plus vite le travail.

Mais le progrès le plus important et le plus intéressant que nous ayons à signaler est la *machine à repasser* de M. Decoudun, dont la figure 454 représente l'ensemble.

Cette machine se compose d'une portion de cylindre en métal, poli sur sa face interne, contre laquelle vient s'appuyer, comme dans une enveloppe adhérente, un rouleau recouvert d'une épaisse couche de tissu de laine. Ce rouleau est mis en mouvement à bras ou par transmission à courroie; il entraîne la pièce à repasser contre la face concave du fer cylindrique qui est chauffé extérieurement, soit par un fourneau au charbon de bois, soit par une rampe de plusieurs jets de gaz, soit par une circulation de vapeur comme dans le spécimen représenté par la figure 454.

Avec cette machine à repasser, qui rend de réels services partout où elle est employée, le repassage du linge uni s'effectue instantanément, dans des conditions de perfection et de célérité qui dépassent de beaucoup tout ce que pourrait faire la main la plus habile.

Nous n'entrerons pas dans d'autres considérations sur les détails du blanchissage, dont nous venons d'étudier sommairement les principales opérations. Cette industrie a acquis aujourd'hui, surtout à Paris et dans les grandes villes, une importance considérable, et de très vastes établissements, installés avec tous les perfectionnements les plus récents, nous permettent d'en constater chaque jour les améliorations et les progrès remarquables. — J. P. et G. J.

BLANCHISSERIE. Établissement où l'on blanchit la toile, le linge, etc. — V. BLANCHIMENT, BLANCHISSAGE.

BLANCHISSEUR, EUSE. Celui, celle qui blanchit les fils, les toiles, etc., qui nettoie le linge sale. ‖ On nomme aussi *blanchisseuse*, une cuve qui sert dans divers ateliers.

*BLANCHŒUVRIER.** Fabricant de gros outils tranchants blanchis à la meule et portant le nom d'*œuvres blanches.*

BLANC-PLOYANT. T. de métall. État ou défaut d'un fer qui le rend peu propre à passer à la filière.

BLANC-RHASIS ou BLANC-RAISIN. T. de pharm. Onguent composé d'huile rosat, de cire blanche et d'oxyde de plomb, employé pour les brûlures et quelques maladies de la peau.

BLANC-SOUDANT. T. de métall. Dernière teinte que prend une barre de fer avant la fusion.

BLANQUETTE. Sorte de soude qui se prépare aux environs d'Aigues-Mortes et qu'on obtient par l'incinération des plantes diverses qui croissent sans culture sur les bords de la Méditerranée.

* **BLANQUIER. T. de mét.** Ouvrier qui ébauche des mouvements d'horlogerie.

* **BLANZY (Mines de).** Les concessions formant l'agglomération des mines de Blanzy (Saône-et-Loire) renferment des *houilles demi-grasses à longue flamme*, des *houilles maigres à longue flamme*, des *houilles anthraciteuses et quelques couches de houilles grasses.* Ces charbons sont capables de se substituer au Newcastle, et évaporent de 6 kilogr. 10 à 6 kilogr. 60 d'eau à l'heure.

Les principales concessions possédées par la compagnie de Blanzy sont celles de Montcharin, Montceau-les-Mines, Blanzy, d'une superficie de 8,753 hectares; le bassin houiller de Blanzy est en grande partie recouvert par des dépôts appartenant au trias.

Dans le bassin de Saône-et-Loire, auquel appartient Blanzy, la houille présente des puissances très variables; les couches du Creuzot et de Montchanin éprouvent des renflements dans lesquels leur épaisseur atteint 30 et même 40 mètres et au delà. A Montceau, l'étage supérieur, comprenant les trois couches de Montmaillot, représente une puissance moyenne de 5 mètres; l'étage inférieur contient deux couches, l'une de 12 mètres, l'autre de 14 mètres. Si l'on réunit ces deux étages, on arrive à 29 mètres de houille reportés sur 500 mètres de dépôt, ou 1/18. Le bassin de Saône-et-Loire est donc un des plus riches en couches puissantes; mais il offre beaucoup d'inconnues à cause des morts-terrains secondaires qui le recouvrent; il présente aussi les plus grandes espérances pour l'avenir. En 1863, il a donné 615,210 tonnes et 870,000 en 1865; en 1876, 115,849 tonnes de houille.

Le bassin de Blanzy et du Creuzot est accusé par deux lisières d'affleurements parallèles; sa surface est peu accidentée; les pendages dominants de ces affleurements houillers formant une zone de 8 à 12,000 mètres de large, tendent l'un vers l'autre. — La forme du bassin est encore assez nettement dessinée par les encaissements granitiques qui dominent les affleurements latéraux; il a une longueur d'environ 40 kilomètres des Perrots à Charrecey. En ne tenant compte que des affleurements, on peut assurer au bassin une étendue d'environ 60,000 hectares, et, avec des probabilités de prolongements souterrains, on peut encore en ajouter 15,000, ce qui ferait un total de 75,000 hectares.

Les bassins houillers de Blanzy et du Creuzot offrent des preuves en faveur de la doctrine de l'extension des terrains houillers que nous soutenons depuis longtemps.

C'est à Blanzy et à Montceau-les-Mines que les exploitations ont pris une étendue considérable et une puissance productive immense. Quatre cités ouvrières sont groupées autour de Montceau avec une population de plus de six mille âmes; 40 kilomètres de galeries pourvues de chemins de fer amènent, avec divers puits d'extraction, la houille

extraite par plus de deux mille ouvriers mineurs. Le gîte de Blanzy est d'ailleurs un des plus remarquables, sa partie principale se compose de deux couches de 20 mètres de puissance; les deux couches de Montceau sont découpées par des failles. Aussi les houilles de Blanzy ont dépassé une production de 400,000 tonnes par an.

Les concessions actuelles de la Société de Blanzy ont une superficie de 8,753 hectares. — A.-F. N.

— Les *premiers documents* relatifs à l'exploitation de la houille dans le bassin de Saône-et-Loire remontent aux années 1528, 1610 et 1640; des actes authentiques montrent que le tiers et même les deux tiers des produits extraits étaient réservés aux seigneuries de Montcenis, du Plessis et de Torcy. En 1769, le baron de Montcenis obtenait le droit exclusif d'exploitation pendant cinquante ans, sur trente lieues carrées de superficie; mais, cette exploitation ne prit d'importance qu'en 1782, époque de la fondation du Creuzot qui, à cette époque, n'était qu'un petit hameau de cinquante à soixante habitants. Les recherches faites pour la concession donnée au baron de Montcenis révélèrent l'existence d'un gîte puissant de houille. En 1782, une société de capitalistes, désignée sous le nom de *Société de Saint-James*, se constituait sous le patronage de Louis XVI, pour créer une fonderie aux Charbonnières. A partir de cette époque, l'exploitation de la houille de Saône-et-Loire, principalement dans le bassin du Creuzot, prit une grande extension. Pendant que l'exploitation de la houille se développait de ce côté, elle se développait aussi sur la lisière opposée du bassin, vers Montchanin et Blanzy, par le commerce et la navigation du canal du Centre.

BLASON. L'expression est complexe: elle désigne tout à la fois l'ensemble des pièces qui composent un écu, *la connaissance de la science héraldique*, c'est-à-dire des règles fixées par les anciens hérauts d'armes, en matière d'armoiries, et l'explication du symbolisme des couleurs en matière héraldique. Un grand nombre d'ouvrages ont été consacrés au blason entendu dans ces trois acceptions: la liste en est longue; elle constitue à elle seule toute une bibliographie.

Au point de vue de l'industrie et des arts industriels, le blason a eu et garde encore sa part d'influence.

De nos jours, la peinture, la dorure, la ciselure, la gravure héraldique, sur papier, sur parchemin, sur soie, satin ou velours, sur voitures, panneaux, portes, dessus de portes, buffets, bibliothèques et autres meubles, occupent un grand nombre d'ouvriers-artistes dont le talent dépasse de beaucoup l'éducation et les connaissances spéciales. Un cours de science héraldique leur serait indispensable pour les aider à distinguer les pièces presque similaires, les animaux fantastiques et autres créations des héraldistes d'autrefois. Lorsque les couleurs et les émaux sont remplacés par des hachures conventionnelles, l'ignorance de ces conventions amène de regrettables erreurs, et peut jeter un élément de confusion dans les généalogies. L'art héraldique appliqué est éminemment un art industriel. — V. ARMOIRIES.

— Au moyen âge, la figuration des armoiries sur les diverses pièces composant l'armure du chevalier, de ses suivants et hommes d'armes, était une des formes de l'art et occupait une légion de peintres, de doreurs et d'enlumineurs. L'excellence de leur travail, attestée par ce qui nous en reste, témoigne de leur habileté de main et de la bonté de leurs procédés.

Lorsque cette figuration devait se faire sur un tissu, comme une bannière, une tapisserie de haute ou basse lisse, elle entrait dans le domaine industriel et artistique et occupait, sous le nom d'artisans, des ouvriers et des artistes. Cette distinction, toute contemporaine, n'existait pas au moyen âge : en ce temps, beaucoup plus égalitaire qu'on ne le croit généralement, l'art ne faisait point bande à part et ne se distinguait pas de la main-d'œuvre. Le *Livre des métiers*, rédigé au XIIIe siècle, par Étienne Boileau, contient les règlements industriels des « tapissiers nostrez et sarrasinois » qui étaient de véritables artistes.

— V. *Le manuel du blason*, de PAUTET; *Le dictionnaire héraldique*, de GRANDMAISON, 1853, et différents traités spéciaux, entre autres celui du P. MÉNESTRIER et celui de BOREL D'HAUTERIVE, 1846; *La science du blason*, par L. DE MAGNY.

BLASONNER. Peindre, représenter des armoiries selon les règles du blason. ‖ En *T. de grav.*, lignes et points que l'on nomme *hachures*, et qui représentent les métaux et les couleurs dont les peintres blasonnent les armoiries.

* **BLÉMOMÈTRE.** *T. techn.* Instrument qui a été imaginé pour déterminer la force des ressorts dans les petites armes à feu.

* **BLENDE.** *T. de minér.* Sulfure de zinc, jaune, brun ou noir par altération, transparent, qui cristallise dans le système cubique; sa densité varie de 3,9 à 4,2, sa dureté est de 3,5.

La blende jaune est la plus pure; la variété brune est plus commune que la précédente, la blende noire est plus rare.

La blende est répandue ou disséminée dans les filons plombifères et argentifères (Hartz, Saxe), où elle accompagne dans leur épanchement les roches granitoïdes. La blende est un minerai de zinc que traitent nos usines; l'Angleterre et la Prusse rhénane traitent aussi cette matière zincifère.

BLESSURES. La substitution du travail mécanique au travail manuel, dans les manufactures, est souvent la cause de graves accidents; sans rechercher si l'autorité administrative, en s'interdisant le droit d'intervenir pour réglementer la police des ateliers dans l'intérêt de la sûreté des ouvriers, n'a pas poussé trop loin le respect de la liberté du contrat qui intervient entre le patron et l'ouvrier lorsque celui-ci met son travail au service de celui-là, nous pensons qu'il y aurait lieu d'imposer certaines prescriptions et d'en surveiller l'exécution.

— La garantie des ouvriers réside dans l'application des articles 1383 et 1384 du Code civil qui disposent: que chacun est responsable du dommage qu'il a causé non seulement par son fait, mais encore par sa négligence, ou par son imprudence; que cette responsabilité est encourue non seulement en raison du dommage que l'on cause par son propre fait, mais encore de celui qui est causé par le fait des personnes dont on doit répondre ou des choses que l'on a sous sa garde.

Il y a surtout en pareille matière, nous le savons, une question d'examen des circonstances dans lesquelles l'accident s'est produit qui ne peut donner lieu à un règlement quelconque et dont l'appréciation appartient aux tribunaux. Malgré la variété infinie des accidents industriels qui peuvent se produire, il est cependant quelques règles précises que l'on peut poser.

En principe, le patron est responsable, toutes les fois que l'accident est dû à ce que l'ouvrier a été installé dans des conditions vicieuses pour l'exécution de son travail, qu'il lui est donné de mauvais outils, de mauvais matériaux, de mauvais auxiliaires. Mais si l'ouvrier entreprend un travail dangereux, sans y être obligé, ou lorsque ce travail présente des risques inévitables qu'il a pu prévoir, il ne peut y avoir de responsabilité pour le patron.

Il y a donc là une question d'appréciation des circonstances dans lesquelles l'accident s'est produit, qui est laissée toute entière aux tribunaux. — V. CHAUDIÈRES A VAPEUR, MINES.

BLEU. *T. de phys.* Le bleu est une des sept couleurs considérées comme primitives. En décomposant la lumière solaire au moyen du spectroscope, le bleu se trouve placé entre la raie F de Frauenhofer et va jusqu'à la raie G qui le sépare de la couleur dite indigo.

Le bleu est la couleur naturelle d'un ciel pur, l'intensité varie selon les climats et les époques de l'année. La mer présente, sous certaines latitudes, au Cap de Bonne-Espérance par exemple, le ton bleu d'une façon très accentuée et paraît alors semblable à un bain concentré de sulfate de cuivre.

Les matières ayant cette couleur sont assez nombreuses : les unes sont d'origine inorganique tandis que les autres dérivent de composés carbonés.

1° **Bleus d'origine minérale.** Ces produits se rattachent en général à la classe des métaux, sauf l'*outremer*, tant naturel qu'artificiel, dont la coloration est due à une combinaison oxygénée du soufre. Au métal cobalt se rattachent le *smalt* ou *bleu d'azur*, le *bleu Thénard* ou de *Leithener* et le *Cœruleum*.

Du cuivre dérivent des hydrocarbonates naturels tels que l'*azurite* ou *bleu de montagne* qu'on reproduit artificiellement depuis longtemps et qu'on vend sous les noms de *bleus de cuivre*, de *Hambourg* etc. Enfin, une série de couleurs artificielles très importantes qui sont autant d'origine minérale que d'origine organique se rattachent au fer dont elles sont les combinaisons cyanurées ; ce sont les *bleus de Prusse*, de *France*, de *Berlin* et de *Turnbull*.

2° **Bleus d'origine organique.** Tous les bleus employés dans l'industrie, il y a seulement 20 ans, étaient extraits des végétaux; c'étaient *l'indigo*, le *pastel* et le *tournesol*.

Depuis 1860, époque à laquelle MM. Girard et de Laire ont découvert le *bleu de Lyon* par l'action de la phénylamine sur la rosaniline, les couleurs dérivées de l'aniline se sont multipliées et ont remplacé toutes les matières tinctoriales végétales, sauf cependant l'indigo.

Les *bleus de Lyon* avaient l'inconvénient de nécessiter, pour la teinture, l'emploi de l'alcool; mais, grâce à M. Nicholson, cette difficulté a été éludée par la préparation d'acides sulfo-conjugués qui, eux, sont solubles à l'eau.

MM. Girard et de Laire, en 1866, trouvèrent un moyen pratique pour obtenir industriellement la *diphénylamine* qui, par oxydation, donne des bleus se rapprochant beaucoup des bleus de Lyon.

Enfin les *bleus de naphtyle* et *d'anthracène* sont venus encore s'ajouter aux bleus précédents.

L'indigo lui-même va pouvoir être remplacé, grâce à la synthèse qui vient d'en être faite par un chimiste allemand, M. Baeyer.

Pour tous ces différents bleus, nous suivrons l'ordre alphabétique afin de faciliter les recherches.

Bleu anglais. Nom donné à plusieurs matières colorantes très différentes, provenant de ce que l'Angleterre a lancé dans le commerce des produits peut-être mieux préparés qu'ailleurs, et auxquels elle a donné cette dénomination. V. BLEU DE MONTAGNE, BLEU D'AZUR, BLEU D'INDIGO.

Bleu antique ou **égyptien**. Ce bleu, que l'on rencontre en boules dans les anciennes ruines de la vallée du Nil était préparé suivant Vitruve en mélangeant du sable, du natron, de la chaux et de la limaille de cuivre, et frittant dans un fourneau.

M. de Fontenay a pu reproduire le bleu antique en mettant à profit les fours de demi-grand feu de la manufacture de Sèvres.

Bleues (Cendres). Mélange de chaux et d'oxyde de cuivre hydraté. Ce produit s'obtient en précipitant une dissolution de sulfate de cuivre par de la chaux pure, puis triturant le précipité, lorsqu'il est presque sec, avec de la chaux afin de lui donner une couleur bleu velouté.

1° *Cendres bleues en pâte*. A une dissolution chaude de sulfate de cuivre marquant 35° B, on ajoute une solution bouillante de chlorure de calcium marquant 4° B, (60 litres de la première solution et 45 de la seconde). On brasse fortement et on laisse en repos; lorsque le sulfate de chaux est complètement déposé, on décante la liqueur claire, le dépôt est jeté sur des filtres et après égouttage est lavé jusqu'à ce que les eaux de lavages ne marquent plus que 2 à 3° B. Ces eaux réunies au liquide constituent la *liqueur verte*.

Cette liqueur verte est additionnée de 20 kilogrammes d'une bouillie de chaux obtenue en délayant de la chaux dans trois fois son poids d'eau. On agite fortement et on laisse déposer. Si la précipitation du cuivre n'était pas complète, ce que l'on reconnaît au moyen de l'ammoniaque qui ne doit donner à la liqueur qu'une teinte bleue très faible, on ajouterait une nouvelle quantité de chaux, mais il faut se rappeler que la beauté du produit est en raison inverse de la quantité de chaux employée. Le dépôt, après des lavages par décantation, constitue la *pâte verte*; les eaux servent au lavage du sulfate de chaux dans la première opération.

Suivant la quantité de matière solide contenue dans la pâte, on en prend plus ou moins en se basant sur une prise de 12 kilogrammes pour une richesse de 27 0/0. Cette pâte, introduite dans un baquet, est additionnée d'une certaine quantité de bouillie de chaux (1 kilogramme) on agite et l'on ajoute trois quarts de litre d'une lessive de potasse à 15° B. On agite et l'on passe le tout dans un moulin à couleurs en opérant rapidement. Cette pâte est reçue dans des bouteilles, on l'additionne de 500 grammes de sulfate de cuivre en solution dans 3 litres d'eau et de 250 grammes de chlorhydrate d'ammoniaque dissout dans 4 litres d'eau, on bouche et l'on agite.

Après un repos de quelques jours, on vide le contenu des bouteilles dans un vase en bois (futailles, etc.), on verse de l'eau en quantité suffisante et l'on mélange intimement, on laisse déposer, on décante l'eau claire et l'on lave par décantation. Le papier de curcuma ne doit plus virer dans la seconde eau. Le dépôt est jeté sur des filtres et égoutté; le plus souvent ce bleu est livré tel quel aux fabriques de papiers peints.

Les diverses qualités de bleus diffèrent par la quantité de chaux employée dans la dernière opération, le *bleu superfin* est celui dans lequel on en emploie le moins.

2° *Cendres bleues en pierres*. Il suffit de sécher la pâte précédente à une douce chaleur.

Bleu d'azur. *Bleu de safre, echel, smalt, Bleu anglais.* Cette matière est un silicate de potasse et d'oxyde de cobalt dans lequel ce dernier entre pour une proportion de 6 0/0 environ.

Elle a été découverte par le verrier bohémien Christophe Schürer, au seizième siècle. Il vendit son secret aux Anglais, qui firent venir le cobalt de Saxe, seul pays où on le produisait à cette époque, et ils installèrent des usines. L'électeur de Saxe, Jean 1er, comprenant qu'il laissait ainsi échapper les bénéfices d'une industrie très importante, interdit l'exportation du cobalt et fonda la fabrique de bleu de Schneeberg, qui existe encore.

Le smalt s'obtient par fusion, dans des creusets placés dans un four de verrerie, d'un mélange de deux parties de sable quartzeux, de une partie de carbonate de potasse et d'une quantité variable de *safre* ou minerai de cobalt grillé. Le verre qui se forme est refroidi brusquement et subit de la sorte une trempe qui fait qu'au moindre choc il se brise en mille miettes, ce qui facilite le broyage. Ce broyage s'effectue d'abord à sec sous des bocards, puis sous des meules après humectation d'eau. La poudre obtenue mélangée d'eau est abandonnée au repos; les parties les plus lourdes et partant, les moins fines, se déposent d'abord; on les sépare; généralement on les fait repasser sous les meules; quelquefois, on les vend telles quelles sous le nom de *gros bleu* ou *bleu à poudrer*. Dans le liquide trouble se déposent peu à peu la *couleur* (poudre grossière) l'*echel* et l'*echel clair*; tous ces produits sont essorés et desséchés. Le plus beau smalt porte le nom de *bleu royal*.

La manufacture royale des produits du cobalt, de Saxe, a presque le monopole de la fabrication du bleu de smalt; cependant, grâce aux travaux de M. Jourdin, attaché à la maison Marquet-Huillard, la France peut lutter assez sérieusement avec l'Allemagne. Les bleus de plusieurs nuances que livre cette maison sont employés par les Banques de France, de Belgique et d'Italie pour l'impression des billets.

Usages. Le bleu de safre est employé pour passer le linge au bleu, pour colorer en bleu le cristal et les émaux. On l'employait avant la découverte de l'outremer artificiel et on l'emploie même encore pour l'azurage du papier, mais il a l'inconvénient, à raison de sa dureté, d'émousser la plume.

Bleu de Brême. Couleur employée dans l'aquarelle et la peinture à la colle et ayant une teinte qui tire généralement sur le vert; cette teinte verte s'accentue énormément si le bleu est broyé à l'huile, à cause de la combinaison de l'oxyde de cuivre qui en est la base, avec les acides oléique et palmitique de l'huile; on a alors le *vert de Brême*. La matière première employée dans la fabrication du bleu de Brême est le chlorure de cuivre qu'on obtient en faisant séjourner des plaques de cuivre décapées dans une bouillie de chlorure de sodium (sel marin) et de sulfate de cuivre. Au bout de 2 ou 3 mois, il s'est déposé un oxychlorure de cuivre vert qu'on dissout dans l'acide chlorhydrique; la solution obtenue est additionnée d'une lessive de potasse caustique qui, par double décomposition, donne du chlorure de potassium soluble et de l'oxyde de cuivre hydraté bleu qui se dépose. Le précipité, après lavages, est desséché à 30-35° et livré au commerce.

Bleu de campêche. Bleu employé dans la teinture de la laine et qui est produit par l'action du sulfate de cuivre sur la matière colorante du bois de campêche, l'*hématoxyline*.

Il paraît que les draps teints à l'aide de ce produit ont l'avantage, sur ceux teints en pièces avec l'indigo, de ne jamais blanchir par le frottement et l'usure.

Bleu de Cobalt, Bleu Thénard, Bleu de Leithener. Combinaison d'alumine et d'oxyde de cobalt. On l'obtient en ajoutant une solution d'aluminate de sodium à une liqueur de chlorure de cobalt, lavant l'aluminate qui se dépose et le calcinant rapidement, après dessiccation. On arrive au même but en mélangeant de l'alun et un sel de cobalt et précipitant par du carbonate de soude. Louyet, ayant remarqué que les acides phosphorique et arsénique favorisent la réaction et permettent d'obtenir des produits plus beaux, conseille de calciner une pâte formée, en proportions convenables, d'arséniate et d'oxyde de cobalt.

Le bleu Thénard aussi beau que l'outremer à la lumière du jour partage l'inconvénient de presque toutes les couleurs à base de cobalt, de paraître violet sale à la lumière artificielle. Malgré cela, comme cette couleur est inaltérable à l'air et au feu, on s'en sert dans la peinture à l'aquarelle, dans la peinture à l'huile et dans la décoration de la porcelaine.

Bleu cœruleum ou cœline. Ce bleu est préparé depuis quelques années en Angleterre;

il possède la propriété remarquable de ne pas paraître violet à la lumière artificielle. C'est un stannate de protoxyde de cobalt ayant pour formule Sb O, Sn O² mélangé avec un excès d'acide stannique et du sulfate de chaux, dont la teneur en oxyde de cobalt ne dépasse guère 11 0/0. On l'emploie dans la peinture à l'huile et l'aquarelle.

Bleu de cuivre. — V. Bleu de Montagne.

Bleu de cuve ou Indigo. Ce nom vient de ce que, pour teindre en indigo, on procède à la dissolution préalable de la matière colorante dans des *cuves*.

Cette dissolution se fait de deux façons : soit par réduction, soit par mélange avec l'acide sulfurique. — V. Indigo et Bleu de Saxe.

Bleu cyanine, Bleu de chinoline ou de lépidine. Lorsqu'on distille la cinchonine, alcaloïde sans emploi qu'on rencontre dans le quinquina, avec un excès d'hydrate de soude il distille un mélange de bases tertiaires ayant pour formule $C^n H^{2n-11} Az$ parmi lesquelles dominent la *chinoline* et la *lépidine*. Qu'on chauffe ce produit brut avec de l'iodure d'amyle, il se formera surtout de l'*iodure d'amyllépidine*; en reprenant par la soude on séparera une magnifique couleur bleue, la *cyanine* ($C^{30} H^{19} Az^2 I$). La cyanine cristallise facilement; elle est soluble dans l'eau et l'alcool.

Bleu de Dôle. Les bleus dont la fabrication est centralisée surtout dans cette ville sont employés pour l'azurage des tissus. Ils sont de deux sortes : 1° les bleus à base d'outremer qui sont très beaux, mais qui ont l'inconvénient d'être altérés par la lumière et qui conviennent spécialement aux tissus qu'on doit blanchir souvent; 2° Les bleus à base d'indigo sont plus solides que ceux qui précèdent; on les emploie pour l'azurage des toiles et des draps surtout. Ces bleus sont livrés en boules, tablettes et médailles, etc.

Bleu d'empois. C'est tout simplement du bleu d'azur ou smalt qu'on mélange à l'empois pour l'apprêt du linge.

Bleu Guimet. *Outremer artificiel.* Cette belle matière bleue fut observée pour la première fois, en 1814, par Tassaert dans un des fours à soude de St-Gobain; Kuhlmann, la rencontra plus tard dans un four à sulfate de soude. Tous deux soumirent les échantillons qu'ils purent détacher à Vauquelin, qui en fit l'analyse et découvrit que leur composition se rapprochait beaucoup de celle de l'*outremer naturel* qu'on extrait du *lapis lazuli*.

Cette nouvelle eut beaucoup de retentissement et la Société d'encouragement, comprenant que la synthèse de l'outremer pouvait être réalisée en grand en se mettant dans les conditions où elle avait réussi en petit, fonda, en 1824, un prix de 6,000 francs qu'elle décernerait à celui qui parviendrait à fabriquer de l'outremer livrable au prix maximum de 400 francs le kilogramme.

Ce prix qui nous paraît encore fort élevé n'est

cependant pas surprenant lorsqu'on sait que le lapis lazuli est un minéral assez rare et qu'il ne donne au plus que la moitié de son poids de couleur bleue si bien, qu'il y a 60 ans, cette matière valait jusqu'à 4,000 francs le kilogramme.

La question fut résolue presque simultanément, en 1827, par Gmelin et J.-B. Guimet, mais ce fut ce dernier qui obtint la récompense, ses produits étant plus beaux que ceux de son concurrent. Guimet garda son procédé secret et eut pendant de longues années le monopole de la fabrication de l'outremer; mais, comme le prix de ses produits était fort élevé, plusieurs industriels comprirent que la concurrence pouvait être fructueuse et se mirent à la recherche de perfectionnements au mode de préparation qu'avait publié Gmelin. Grâce aussi aux travaux de nombreux savants parmi lesquels beaucoup d'Allemands, plusieurs usines s'installèrent à partir de 1835 et depuis cette époque l'industrie de l'outremer a pris une telle extension, qu'elle peut livrer ses bleus à 1 fr. 50 et 2 fr. le kilogramme.

De plus, comme nous le verrons plus loin, le bleu d'outremer étant le résultat de l'oxydation de l'outremer vert et pouvant être changé lui-même, par une oxydation plus complète, en outremers violet, rose et rouge, on commence à utiliser ces divers produits de transformation.

FABRICATION DE L'OUTREMER. Les éléments essentiels de la préparation de l'outremer sont la silice, l'alumine, la soude et le soufre : les substance qu'on rencontre, en outre, dans l'outremer naturel ne jouent aucun rôle.

Voici la composition centésimale de quelques outremers du commerce comparée à celle de l'outremer naturel.

	OUTREMER NATUREL Analyse de Warentrapp	OUTREMERS ARTIFICIELS D'APRÈS		
		Warentrapp	Brunner	Breunlin
Silice	45.40	46.60	32.54	40.90
Alumine.	31.67	23.30	25.25	34.18
Soude.	9.09	21.46	16.91	16.17
Acide sulfurique . . .	5.89	3.08	2.37	0.85
Soufre.	0.95	1.68	11.63	10.65
Chaux.	3.52	1.02	»	»
Fer.	0.86	1.06	3.24	»

Les matières premières employées pour fournir ces éléments diffèrent suivant qu'on suit tel ou tel procédé. M. R. Hoffmann, directeur de la fabrique de Marienberg, classe de la manière suivante les procédés actuellement employés dans la préparation de l'outremer :

1° Procédé traitant des mélanges de kaolin ou terre à porcelaine, sulfate de soude et charbon ;

2° Procédé employant le kaolin, le sulfate et le carbonate de soude, le charbon et le soufre ;

3° Procédé semblable au précédent mais avec addition de silice au mélange.

1er *Procédé de fabrication* dit au *sel de Glauber* (sulfate de soude); ce procédé est le plus ancien.

Voici la composition d'un mélange assez employé :

Kaolin calciné. 100
Sulfate de soude calciné. . . . 83 à 100
Charbon. 17

Le kaolin et le sulfate de soude doivent être aussi exempts que possible d'oxyde de fer; la chaux et la magnésie qu'ils peuvent contenir ne gênent pas. Le charbon est, soit de la houille pauvre en cendres, soit du charbon de bois.

Les matières sont pulvérisées et mélangées de façon à former un tout bien homogène qu'on introduit dans 150 ou 200 creusets pouvant contenir chacun de 12 à 15 kilogrammes. Ces creusets, en terre réfractaire, sont placés, les uns au-dessus des autres, dans un four semblable à ceux où on cuit la porcelaine et dont la température, portée peu à peu au rouge vif doit être maintenue de 7 à 10 heures après quoi on abandonne au refroidissement. La masse solide, vert-jaune, spongieuse, qui se trouve dans les creusets est broyée et lavée à l'eau : il reste une poudre verte insoluble, qui, bien préparée, peut rivaliser comme éclat avec les plus belles couleurs à base de cuivre et qu'on rencontre dans le commerce sous le nom d'*outremer vert.*

Cet outremer va être maintenant transformé en bleu.

Mais examinons quelles sont les réactions opérées dans cette première partie de la fabrication. Le sulfate de soude, en présence du charbon, donne de l'oxyde de carbone et du sulfure de sodium qui, à son tour, réagit en partie sur l'alumine et la silice du kaolin en donnant un silico-aluminate de soude avec déplacement d'une portion de soufre lequel en se reportant sur le sulfure de sodium intact donne des polysulfures. Ces polysulfures peuvent réagir à leur tour mais la majeure partie est enlevée par les lavages de la masse calcinée. Le caractère chimique spécial de l'outremer vert c'est que, additionné d'un acide fort, il laisse dégager de l'acide sulfhydrique seulement, tandis que l'outremer bleu dégage un mélange de ce même acide sulfhydrique et d'acide sulfureux. Cette différence vient du traitement qu'on fait subir à l'outremer vert et qui consiste à le griller avec du soufre au contact de l'air ; de cette façon, il se forme des composés oxygénés du soufre, qui, en se fixant sur la soude et l'alumine, produisent la couleur bleue.

Quels sont exactement ces composés du soufre; à quel élément, soude ou alumine, sont-ils attachés? Voilà ce qu'on ne sait pas encore d'une manière positive, mais nous pensons que le moment où on résoudra ce problème est proche.

Le grillage du mélange d'outremer vert et de soufre se fait, soit dans un cylindre métallique chauffé, à l'intérieur duquel se meut un agitateur à ailettes, soit dans des fours à moufle où la masse peut être remuée en tout sens à l'aide de ringards. Dans l'un et l'autre cas le soufre est ajouté peu à peu jusqu'à ce qu'une prise d'essai montre qu'on est arrivé à la nuance désirable. Dans ce grillage une portion du soufre passe au maximum d'oxydation en donnant de l'acide sulfurique qui se combine à la soude pour donner du sulfate de soude. La masse bleue est concassée et lavée, comme l'outremer vert, pour la débarrasser des sels solubles qu'elle renferme, puis, elle subit des broyages suivis de lévigations qui permettent de diviser la poudre obtenue en plusieurs portions qui seront classées dans le commerce d'après leur finesse sous les numéros 0/0, 0, 1, 2, 3, etc. On abandonne les eaux qui les tiennent en suspension, au repos; la couleur se dépose et lorsqu'elle est encore en bouillie épaisse on l'introduit dans des sacs de chanvre qu'on porte sous une presse afin d'éloigner la majeure partie de l'eau. Les pains d'outremer après dessication sur des claies dans des chambres chauffées sont pulvérisés à nouveau et tamisés. Les bleus clairs sont obtenus par le mélange, lors de la lévigation, de kaolin, au bleu foncé.

Les bleus obtenus par ce procédé sont en général plus clairs que ceux dont nous allons exposer la fabrication; ils renferment, en moyenne, de 6 à 8 0/0 de soufre.

2ᵐᵉ *Procédé de fabrication. Emploi de carbonate de soude.* Cette méthode, sans contredit la plus répandue, agit sur des mélanges dont voici quelques formules :

Kaolin.	100	100	100
Sulfate de soude. . . .	»	41	41
Carbonate de soude. .	100	41	60
Charbon.	12	17	21
Soufre.	100	13	50

Si on veut obtenir un bleu très foncé on augmente la proportion de sulfate de soude et on conduit l'opération de façon à fixer le plus possible de soufre; la proportion de ce dernier varie de 10 à 12 0/0 dans les bleus fabriqués par ce procédé.

La préparation mécanique du mélange a lieu comme dans le premier procédé; la calcination se fait soit dans des creusets, soit, ce qui vaut mieux, dans un four à reverbère. Au début de la chauffe, lorsque le soufre commence à brûler, la masse est brune puis enfin et à mesure que la combustion avance sa couleur passe au vert. Généralement on s'arrête là; pendant le refroidissement, l'outremer vert, poreux, très friable, s'oxyde à la surface et donne du bleu. Pour obtenir uniformément cette teinte on grille la masse, préalablement pulvérisée, avec ou sans soufre, dans des moufles en terre réfractaire.

En ajoutant au mélange de matière première des quantités plus fortes de carbonate de soude et de soufre et opérant la calcination dans un four où règne un courant d'air, on arrive immédiatement à la teinte bleue. L'outremer bleu, dans ces conditions, commence à se former vers 700°; on doit surveiller avec soin la température car si on la laisse trop s'élever, la nuance vire de plus en plus au violet, puis passe au rose et finalement on a un produit blanc. Ces changements sont dus à l'oxydation de plus en plus complète du soufre; en effet, si on chauffe l'outremer blanc avec un corps réducteur, le charbon, le produit devient d'abord rose, puis violet, puis bleu et enfin brun après passage au vert.

Ces couleurs, au point de vue industriel, commencent à être utilisées; il est certain qu'elles prendront de jour en jour une importance croissante si elles ont les qualités que possède l'outremer.

Le bleu d'outremer subit naturellement les lavages et lévigations, dont nous avons parlé plus haut, avant d'être livré au commerce.

3ᵐᵉ *Méthode de fabrication. Emploi de la silice.* Cette méthode est une variante de la précédente. Elle consiste à ajouter au kaolin de 1 à 10 0/0 de son poids de silice et à augmenter la dose de carbonate de soude aux dépens du sulfate.

L'outremer obtenu est toujours bleu tirant un peu sur le violet et présente une grande résistance aux agents chimiques.

Propriétés de l'outremer. L'outremer artificiel est une poudre bleue ne devant rien abandonner à l'eau et qui est inattaquable par les solutions alcalines. Les acides forts, tels que l'acide chlorhydrique, donnent, tant avec les outremers naturels qu'avec les artificiels un dégagement d'acide sulphydrique et sulfureux (Schützenberger), accompagné d'un dépôt de soufre, et la poudre se décolore. Les outremers naturels se distinguent des autres en ce qu'ils sont inattaquables par les acides faibles, comme l'acide acétique, et les sels à réaction acide tels que l'alun.

Les bleus Guimet résistent plus ou moins bien à une solution saturée d'alun; les uns se décolorent immédiatement, tandis que d'autres gardent leur teinte pendant 1, 2 et 3 heures. En général, les bleus à teinte violacée résistent le plus longtemps; il n'en est pas de même des bleus verdâtres qui passent plus vite.

USAGES. Comme couleur bleue, l'outremer à remplacé presque complètement les produits à base de cobalt et en partie les bleus de Prusse. Il sert principalement pour peindre et badigeonner sur fond de chaux, ainsi que dans la stéréochromie; l'impression des tissus, l'imprimerie et la lithographie en emploient de grandes quantités.

La couleur bleue de l'outremer corrige les teintes blanc sale par complémentation. On *passe au bleu* ou *azure* la toile, la pâte à papier, le linge, l'amidon, la stéarine et la paraffine destinées à la préparation des bougies, ainsi que les couleurs blanches, telles que le sulfate de baryte.

On a craint que son emploi ne soit dangereux pour l'azurage du sucre en pains, mais, outre que l'outremer est formé de produits inoffensifs la proportion qu'on mêle au sucre est si faible (1,250 grammes environ pour 50,000 kilogrammes de sucre) qu'elle ne peut avoir aucune conséquence grave.

La quantité d'outremer fabriquée annuellement dans les diverses usines d'Europe peut être évaluée à 10,000,000 de kilogrammes.

La France entre pour un bon tiers dans cette production. L'usine fondée par J.-B. Guimet à

Fleurieu-sur-Saône et dont la savante direction est entre les mains de son fils, M. Emile Guimet, livre au commerce par an, 1,000,000 de kilogrammes. — V. GUIMET.

Bleu de montagne. Syn. : *azurite, malachite bleue, chessylite.* Sesquicarbonate cuivrique que l'on rencontre dans la nature soit en beaux cristaux brillants, soit en masses compactes ou terreuses d'un beau bleu, accompagnant souvent les autres minerais de cuivre. A l'air, l'azurite verdit, bouillie avec de l'eau elle se décompose. Cette substance réduite en poudre est dite *cendre bleue naturelle,* et s'emploie dans l'impression des papiers peints. On la remplace ordinairement par la cendre bleue artificielle. On fabrique artificiellement en Angleterre, par un procédé secret, une substance qui a la même composition que le bleu de montagne.

Bleu de Prusse (ferrocyanure ferrique) Syn. : *bleu de Paris, de Berlin, de Saxe, de Louise d'huile, nouveau, de mer, d'Hortense.* En solution dans l'acide oxalique, on le désigne sous les noms de : *bleu en liqueur, encre bleue, teinture pour bleuir le linge.* Ce corps s'obtient par le mélange d'un sel ferrique avec du ferrocyanure de potassium. Sa découverte est due à Diesbach, fabricant de couleurs, et Dippel, pharmacien (1704).

PROPRIÉTÉS. Le bleu de Prusse bien sec se présente en masses plus ou moins compactes, d'un bleu foncé, insipide et inodore, à cassure terne, prenant par le frottement un reflet bronzé analogue à l'indigo. A l'air il brûle difficilement en répandant une odeur désagréable et donne du peroxyde de fer. Il est insoluble dans l'eau, l'alcool, l'éther et les acides étendus. L'acide oxalique le dissout en donnant une liqueur bleue, l'acétate d'ammoniaque donne une liqueur violette.

L'acide sulfurique concentré l'attaque en donnant une masse pâteuse blanche donnant par l'eau du bleu de Prusse inaltéré. A chaud, l'acide sulfurique et l'acide azotique l'attaquent en l'oxydant.

L'acide chlorhydrique le décompose lentement. La potasse, la soude et leurs carbonates, la baryte, la strontiane, la chaux caustique, donnent de l'hydrate ferrique et un cyanure double soluble.

Le fer et l'étain en fils ou en limaille, en contact du bleu de Prusse en présence de l'eau, le convertissent en cyanure ferreux.

PRÉPARATIONS. Le bleu de Prusse peut s'obtenir : en précipitant un sel ferrique par le cyanoferrure de sodium ou de baryum, ou par l'acide ferrocyanhydrique, en faisant agir sur la solution d'un sel ferroso-ferrique le cyanure de potassium, par le mélange d'un sel ferrique et du cyanure ferreux, par l'action de l'acide cyanhydrique sur l'hydrate ferroso-ferrique, en faisant agir l'eau de chlore ou les agents oxydants, soit sur le cyanure ferreux, soit sur l'acide ferrocyanhydrique, soit sur le cyanure ferroso-ferrique.

Wagner précipite du sulfate ferreux par du ferro-cyanure de potassium et transforme le pré-

cipité blanc en bleu de Prusse par le brôme, ou bien, il mélange une solution de sulfate ferreux avec du brôme et il précipite avec du ferro-cyanure.

Dans l'industrie on distingue les bleus purs ou de *Paris,* et les bleus mélangés d'alumine ou *bleus de Berlin.* Pour les qualités les plus fines on emploie le prussiate de potasse purifié; pour les bleus communs on se sert de la dissolution brute de prussiate de potasse ou même quelquefois des eaux-mères de la fabrication du prussiate cristallisé.

Le sulfate de protoxyde de fer que l'on emploie ne doit pas contenir de cuivre, ce corps donnerait un précipité brun-rougeâtre, on le laisse quelque temps à l'air avant de l'employer. On emploie pour les bleus très fins du nitrate de peroxyde de fer.

La dissolution brute de prussiate et même le prussiate purifié par une cristallisation, renferment du carbonate de potasse qui a pour effet de précipiter de l'oxyde jaune de fer. On remédie à cet inconvénient en ajoutant de l'acide sulfurique à la solution de sulfate de fer ou à celle de prussiate. Pour les bleus communs on neutralise le carbonate de potasse par de l'alun que l'on ajoute en quantité déterminée à la solution de sulfate de fer avant de verser celle-ci dans le prussiate. Le bleu de Prusse obtenu est mélangé d'alumine qui en augmente le poids sans en diminuer notablement la teinte. Les bleus qui contiennent de l'alumine présentent par le frottement d'autant moins l'éclat cuivreux qu'ils en renferment une plus grande quantité.

Lorsque le bleu de Prusse est déposé, on décante le liquide clair et on le remplace par de l'eau pure, on agite pour mettre le précipité en suspension, on laisse déposer, on décante et l'on lave ainsi un grand nombre de fois afin d'enlever les substances solubles et de foncer la couleur, par l'absorption de l'oxygène; quelquefois ce précipité est oxydé, soit par l'action de l'acide azotique, de l'anhydride chromique, du chlore, des chlorures décolorants, etc.; on jette ensuite le dépôt sur des chausses en laines, on égoutte, on comprime doucement et on divise en petits pains qu'on sèche à l'ombre. Le bleu de Prusse contient souvent du ferricyanure ferrico-potassique possédant aussi une couleur bleue et produit dans le cours de l'oxydation.

On l'emploie souvent en pâte, principalement dans les papiers peints (V. TEINTURES, IMPRESSIONS); il est employé dans l'aquarelle, mais non dans la peinture à l'huile.

En 1878, la maison Gauthier-Bouchard, dirigée maintenant par ses gendres, MM. Levainville et Rambaud, avait exposé du bleu de Prusse extrait des matières d'épuration du gaz, hors de service Ils ont créé, à cet effet, une usine à Aubervilliers de laquelle il est sorti, en 1877, 150,000 kilogrammes de bleu en pâte destiné surtout à l'azurage du papier. — V. CYANURE.

On a conseillé de préparer le bleu de Prusse par le procédé suivant : on mélange une solution de 6 parties de sulfate de fer dans 15 parties d'eau avec 6 parties de ferrocyanure dissous dans

15 parties d'eau ; on ajoute au mélange, en agitant continuellement, 1 partie d'acide sulfurique concentré et 24 parties d'acide chlorhydrique fumant. Après quelques heures, on verse par petites portions une dissolution de chlorure de chaux, on laisse reposer le dépôt, on le lave et on le dessèche.

Bleu de Prusse soluble. Lorsqu'on précipite du chlorure ferrique par un excès de ferrocyanure de potassium, on obtient un précipité bleu qui se dissout en partie dans l'eau, en communiquant au liquide une couleur bleue. On obtient ce composé avec le degré de solubilité le plus élevé, en précipitant une molécule de ferrocyanure de potassium par une solution d'iodure ferrique contenant un ou plusieurs atomes d'iode en plus de celui qui est combiné. Berzélius et Robiquet l'ont considéré comme formé de bleu de Prusse et de ferrocyanure de potassium ; suivant Kékulé, ce serait un ferrocyanure de fer et de potassium.

MM. Stéphen et Nax ont fait breveter en 1837 un procédé pour dissoudre le bleu de Prusse. Il consiste à faire digérer le bleu de Prusse du commerce, pendant vingt-quatre à quarante-huit heures, avec de l'acide hydrochlorique ou sulfurique concentré, on étend le mélange de son poids d'eau, le précipité est lavé soigneusement d'abord par décantation, puis sur un filtre, on dessèche le résidu, on le broie avec de l'acide oxalique, et le mélange est soluble dans l'eau. M. Karmarsch a déterminé les proportions les plus convenables pour obtenir un bleu soluble en solution concentrée, susceptible d'être filtrée sans résidu et de se conserver longtemps sans donner lieu à aucun dépôt, ces proportions sont : 8 parties de bleu de Prusse traité par l'acide sulfurique, puis bien broyé avec 1 partie d'acide oxalique et dissous dans 256 parties d'eau.

Bleu de Saxe. Syn. : *bleu chimique, bleu de composition, bleu en liqueur, bleu distillé, carmin d'indigo, indigo soluble.*

Tous ces noms désignent l'*acide sulfindigotique* qu'on obtient en dissolvant 1 partie d'indigo dans 4 ou 5 parties d'acide sulfurique de Nordhausen. Cette solution sert pour teindre la laine en bleu. Si on neutralise l'excès d'acide par un carbonate alcalin, il se forme un précipité bleu foncé, soluble dans 140 parties d'eau froide qui porte pour cette raison le nom d'*indigo soluble* ou de *carmin d'indigo*. Ce carmin est employé dans la peinture à l'aquarelle. Moulé en tablettes à l'aide d'une substance agglutinante, il constitue le *bleu pour linge* qui, de même que l'outremer, est employé pour passer le linge au bleu.

Bleu de tournesol. Cette couleur n'est pas employée en teinture, mais on s'en sert pour bleuir la chaux et colorer le vin de champagne en rose, grâce à la propriété qu'elle a de virer au rouge en présence des acides. Cette propriété est mise à profit pour la préparation de papiers réactifs.

On l'extrait des lichens qui servent à préparer l'orseille ; seulement, tandis que pour obtenir cette dernière on arrête la fermentation au moment où la matière colorante rouge, l'orcine, s'est formée, pour avoir le tournesol on pousse plus loin encore la fermentation et on a l'*azolithmine* en pâte bleue, qu'on additionne de plâtre et de craie et qu'on moule en cubes soumis à la dessiccation avant d'être livrés au commerce.

Bleu de Turnbull. Le bleu de Turnbull est du ferricyanure ferreux ; on l'obtient par double décomposition du ferricyanure de potassium avec un sel de protoxyde de fer. Sa formule est $Cy^{12} Fe^3$; il faut le laisser digérer quelque temps avec un excès de sel de fer, si l'on tient à ce qu'il ne renferme pas de potasse. On le lave ensuite avec de l'eau bouillante.

La nuance du bleu de Turnbull sec est plus belle que celle du bleu de Prusse. Il présente comme ce dernier des reflets violets quand on le frotte.

Par ébullition avec de la potasse caustique ou du carbonate de potasse, il est transformé en ferrocyanure de potassium et hydrate de protoxyde de fer. Dans les mêmes conditions, le bleu de Prusse donne de l'hydrate ferrique.

Le bleu de Turnbull peut être obtenu sous forme soluble et insoluble. Il est très employé dans la teinture du calicot.

BLEUS DÉRIVÉS DE LA HOUILLE.

Le nombre des dérivés colorés de la houille est extrêmement considérable.

On peut classer ces produits en 4 groupes en se basant sur la matière qui en est l'origine :

1° L'*aniline*, la *toluidine*, leurs *isomères* et leurs *dérivés* ;

2° Les *phénols* ;

3° La *naphtaline* ;

4° L'*anthracène*.

I. Bleus dérivés de l'aniline. Le bleu a été la première couleur obtenue avec l'*aniline* (V. ce mot). Il a été découvert par Runge en faisant agir une solution très diluée de chlorure de chaux sur une solution de chlorhydrate d'aniline (*bleu de Runge*). On précipite la matière colorante par le sel marin, on la lave et on la purifie. Elle se dissout dans l'alcool et teint la soie en bleu ou bleu violet.

En 1860, l'apparition de l'*azuline*, de la maison Guinon, Marnas et Bonnet, de Lyon, commença la brillante série de ces bleus que l'industrie emploie presque exclusivement aujourd'hui et qui sont venus remplacer les bleus au ferrocyanure et au carmin d'indigo.

A partir de cette époque, de nombreux travaux furent publiés relativement à l'obtention de matières colorantes bleues, nous ne ferons que citer les plus importants, nous réservant de décrire ceux qui ont été l'objet de grandes applications industrielles.

Béchamp fait passer un courant de chlore dans de l'aniline et chauffe ensuite le produit de la réaction aux environs de 170°.

Ch. Lauth traite la rosaniline par l'aldéhyde en prolongeant la durée du contact de l'aldéhyde (*bleu à l'aldéhyde*). Ce bleu n'est pas employé à cause de son peu de solidité, il est la base de la fabrication du vert.

Kopp opère comme ci-dessus en remplaçant le sel soluble de rosaniline par le tannate.

Schaeffer et Gros-Renaud obtiennent le *bleu de Mulhouse* en ajoutant à une dissolution bouillante de gomme laque et de carbonate de soude une solution de rouge d'aniline dans un mélange à parties égales d'eau et d'alcool.

Ménier traite par des agents oxydants l'*inaline*, nouvel alcaloïde qu'il obtient en réduisant une nitrobenzine spéciale produite par la réaction sur la benzine d'acide nitrique pur, exempt de vapeurs nitreuses et d'acide chlorhydrique.

Colemann fait réagir le perchlorure d'antimoine sur l'aniline.

Delvaux chauffe en vases clos, vers 200°-250° le chlorhydrate d'aniline.

Vohl chauffe à 200° un mélange de chlorhydrate d'aniline et de nitrate mercureux.

Schad chauffe de 180°-185° un mélange d'aniline, de rosaniline et de sulfate de quinine. Il obtient encore un bleu par l'action de l'aniline sur un mélange de violet éthylénique et d'acétate de sodium.

Nicholson chauffe en vases clos vers 180°, un mélange de dahlia impérial et d'aniline, etc., etc.

Bleu de rosaniline. Syn. : *Bleu de Lyon, bleu de fuchsine.* Le bleu de rosaniline a été découvert en 1860 par MM. Girard et de Laire en chauffant vers 170° un mélange d'aniline et de chlorhydrate de rosaniline ; il se dégage de l'ammoniaque et il se forme une substance bleue que M. Hofmann a montré avoir pour base la rosaniline triphénylée

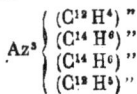

$$Az^3 \begin{cases} (C^{12}H^4) \,'' \\ (C^{14}H^6) \,'' \\ (C^{14}H^6) \,'' \\ (C^{12}H^5) \,'' \end{cases}$$

Quelques mois après la découverte du bleu de Lyon, MM. Perzoz, de Luynes et notre collaborateur Salvétat firent connaître un nouveau bleu auquel ils donnèrent le nom de *bleu de Paris*. Un mélange de bichlorure d'étain et d'aniline chauffé pendant trente heures à 180°, donne naissance à un bleu très vif, soluble dans l'eau.

Ce bleu est le chlorhydrate d'une base organique que les alcalis précipitent de sa solution en poudre bleue purpurine. Il est soluble dans l'eau, l'alcool, l'esprit de bois, l'acide acétique.

Il teint la soie promptement et la nuance résiste à la lumière.

Cette matière est considérée généralement comme identique ou probablement identique avec le bleu de Lyon, la solubilité dans l'eau indique cependant une différence.

Ce bleu est malheureusement difficile à fabriquer sur une grande échelle et il n'a pas été introduit dans le commerce.

On a aussi décrit sous le nom de *bleu d'aniline* ou d'*azurine* une substance colorante bleue, obtenue en faisant réagir un mélange de chlorate de potasse et d'acide chlorhydrique sur une solu-

tion de chlorhydrate d'aniline dans l'eau alcoolisée.

Ce bleu est insoluble dans l'eau, l'alcool, l'alcool méthylique. Il n'est pas employé en teinture à cause de son insolubilité. On le fixe sur les tissus par l'impression, en appliquant sur le coton un mélange épaissi de chlorhydrate d'aniline, de chlorate de potasse et d'acide acétique, on expose à l'air pendant quelques heures, puis l'on passe dans un bain alcalin ou de bichromate de potasse.

PRÉPARATION DES BLEUS DE ROSANILINE. La beauté de la nuance du bleu de Lyon dépend essentiellement de plusieurs circonstances, telles que la qualité de l'aniline et le choix particulier du sel de rosaniline qu'on emploie pour l'obtenir. L'expérience a démontré que l'aniline doit être aussi pure que possible, exempte de tout mélange de toluidine, et que le sel de rosaniline doit contenir un acide faible.

La préparation des bleus de rosaniline s'effectue aujourd'hui dans des chaudières en fonte émaillée de 250 litres, qu'on chauffe au bain d'huile ; le couvercle de chaque chaudière est solidement assujetti par des crampons, et au centre est un orifice muni d'une boîte à étoupes que traverse la tige d'un agitateur. Il est, en outre, percé de deux trous dont l'un, simplement fermé par une cheville de bois donne le moyen de suivre les progrès de l'opération ; l'autre sert de point d'insertion à un tube recourbé qui débouche par son autre extrémité, dans un tube collecteur, c'est-à-dire dans un long tuyau destiné à recevoir l'aniline en excès qui pendant l'opération distille, pour la conduire dans un serpentin où elle se condense. On introduit dans la chaudière 20 kilogr. de rosaniline cristallisée présentant une teinte grenat, et 4 à 8 kilogrammes d'aniline suivant la nuance qu'on veut produire. On ajoute environ 10 0/0 d'acide benzoïque cristallisé, quelques fabricants emploient le benzoate d'éthyle. On chauffe vers 180°. Suivant les proportions d'aniline employées et la durée de l'opération, on obtient un mélange de rosaniline mono-bi-triphénylée, et le bleu sera d'autant moins rouge que la phénylation sera plus complète. Pour juger de l'avancement de l'opération et de la nuance obtenue, on traite sur une plaque de verre ou de porcelaine un peu de la matière par l'alcool, en déposant à côté et traitant de même un échantillon servant de type. On compare ainsi facilement les nuances. L'opération terminée, on interrompt l'action de la chaleur, le contenu visqueux de la chaudière est chassé par des dispositions spéciales dans une cuve munie d'agitateurs et renfermant de l'acide chlorhydrique étendu. On enlève ainsi à l'état de chlorhydrate d'aniline l'aniline en excès. On brasse le tout, le bleu se dépose, on le recueille sur des filtres et on le lave dans des cuves à l'eau bouillante acidulée par l'acide chlorhydrique. Ce traitement enlève ce qui reste de chlorhydrate d'aniline et les matières grises. Le bleu est recueilli sur des filtres, disposés au-dessous des cuves.

Les eaux acides des lavages sont neutralisées,

après concentration, on les traite par un excès de chaux qui met l'aniline en liberté.

Bleus purifiés. Pour obtenir des bleus très purs, on fait subir à la matière visqueuse brute des chaudières, un traitement à l'alcool ou à la benzine qui dissout la rosaniline non phénylée, ainsi que les dérivés mono et diphénylés, le tout est coulé par filets dans l'eau acidulée par l'acide chlorhydrique. L'opération s'exécute dans de grandes cuves, lorsqu'elle est terminée on filtre pour recueillir le bleu insoluble. La solution acide et alcoolique laisse déposer après neutralisation un bleu impur que l'on recueille. Le liquide neutralisé est soumis à la distillation pour en séparer l'alcool, puis chauffé avec un excès de chaux dans le but de retrouver l'aniline.

Bleus lumière. Le bleu lumière est formé par le chlorhydrate de rosaniline triphénylée à peu près pur. Il est tout à fait privé de violet et conserve à la lumière la teinture bleu de ciel. Il s'obtient en lavant le bleu purifié de bonne qualité à l'alcool chaud, en dissolvant le résidu dans un mélange d'aniline et d'alcool bouillant et en précipitant dans la liqueur rendue ammoniacale ou sodique le bleu par de l'acide chlorhydrique.

Monnet et Dury ont modifié le procédé Girard. Ils chauffent 1 partie de rosaniline avec 4 parties d'une combinaison d'acide acétique et d'aniline (60 parties d'aniline, 20 parties d'acide acétique).

M. Bardy a indiqué le procédé suivant : on mélange au chlorhydrate d'aniline 30 0/0 d'acétate de soude et l'on évapore à sec. On ajoute la quantité d'aniline déterminée, plus 10 0/0 au poids de la fuschine en acétate de potasse. On chauffe vers 175° jusqu'à bleu franc. Le produit est retiré de la chaudière et dissous à chaud dans 1 partie 5 d'acide chlorhydrique concentré; le bleu insoluble est recueilli, lavé et traité par 5 fois son poids de soude caustique à 32°, on chauffe et l'on étend le mélange de 15 parties d'eau bouillante. Le produit obtenu est traité par l'alcool tiède qui dissout les traces de rosaniline mono et diphénylée. On reprend par l'acide sulfurique étendu, on fait bouillir, on filtre et on lave le sel obtenu.

Par des additions calculées d'eau on précipite des solutions chlorhydriques, d'abord la rosaniline diphénylée, puis la rosaniline monophénylée. Des eaux de lavages on peut extraire du chlorhydrate d'aniline.

Bleus solubles. Les bleus obtenus comme nous venons de le dire sont insolubles dans l'eau. Ils ne peuvent être employés en teinture qu'en solution alcoolique. Cette solution est versée petit à petit dans le bain de teinture, procédé qui donne lieu à la perte de l'alcool et par suite augmente pour le teinturier le prix de revient de cette couleur, et présente de grandes difficultés pour la production de teintes uniformes. Léonhart (1864) a obtenu une modification du bleu de Lyon, en dissolvant cette couleur dans l'alcool et précipitant par l'eau. Le produit obtenu se délaye très bien dans l'eau et y reste dans un grand état de ténuité favorable à la teinture; de plus, par ce procédé, l'alcool est récupéré. L'on a remédié à ces inconvénients par la préparation des *bleus*

solubles, due à Nicholson (1862), et fondée sur la propriété que possède la rosaniline triphénylée de former avec l'acide sulfurique divers dérivés sulfo-conjugués.

Le procédé employé à l'origine par Nicholson consistait à chauffer vers 140°, dans des chaudières à double fond, 10 kilogrammes de sulfate de rosaniline triphénylée et 40 kilogrammes d'acide sulfurique. L'opération était arrêtée lorsque le produit se dissolvait entièrement dans l'ammoniaque. Après refroidissement, on coulait la masse par petites portions dans 8 ou dix fois son poids d'eau en agitant continuellement. Le bleu précipité, recueilli sur un filtre et lavé jusqu'à commencement de dissolution (il est insoluble en liqueur acide), était introduit après dessiccation dans un vase en fonte émaillée et traité par un léger excès d'ammoniaque, le sel ammoniacal était recueilli à la surface et séché. Ce produit n'a d'abord été accepté que difficilement par l'industrie, les teintes résistant moins à la lumière que les nuances obtenues par les bleus à l'alcool. Aujourd'hui, grâce aux perfectionnements apportés à la fabrication, ces bleus sont très employés. Max-Vogel (1866) a modifié les proportions ci-dessus; il chauffe pendant 6 heures à 130°, 1 partie de bleu et 8 parties d'acide fumant. Monnet et Dury dissolvent le bleu de Lyon, à froid, dans l'acide sulfurique et précipitent par l'eau. Dans ces conditions, signalées aussi par Rangot-Péchiny (1866), il n'y a pas production d'acide sulfo-conjugué, mais une simple dissolution.

PRÉPARATION DES ACIDES SULFO-CONJUGUÉS. En faisant varier la proportion d'acide, le temps de sulfatisation et l'action du refroidissement on obtient des produits qui offrent une composition différente, ce sont les rosanilines mono, di, tétrasulfurique. Suivant la quantité d'acide sulfurique combiné la solubilité dans l'eau augmente, mais la solidité à l'air et à la lumière diminue. Le produit obtenu primitivement par Nicholson était de la rosaniline triphénylée tétrasulfurique; jusqu'en 1869 les combinaisons riches en acide étaient principalement fabriquées, ce sont les plus solubles, mais aussi les moins fixes en teinture, l'on emploie actuellement les combinaisons mono et disulfurique.

Pour préparer les acides sulfo-conjugués, l'on introduit le bleu en poudre, par petites portions, dans de l'acide sulfurique soit pur, soit mélangé avec de l'acide sulfurique fumant, contenu dans des vases en grès placés eux-mêmes dans des vases en cuivre en cas de rupture. L'on agite continuellement, la température s'élève, elle ne doit pas dépasser 40° lorsqu'on veut obtenir la combinaison monosulfurique, 50° pour la combinaison disulfurique, 60° pour la combinaison trisulfurique. La durée de la réaction est de quatre à douze heures, suivant le degré de sulfatation que l'on veut obtenir. L'on profite de la différence de solubilité des 3 acides sulfo-conjugués pour les séparer dans le produit fabriqué.

L'acide monosulfo-conjugué est insoluble dans l'eau, son sel de soude est soluble. L'acide disulfo-conjugué est soluble dans l'eau, insoluble dans l'eau acidulée par l'acide sulfurique. L'acide trisulfo-conjugué est soluble dans l'eau, l'eau acide ou alcaline.

1° *Acide monosulfo-conjugué.* L'on procède comme il a été dit plus haut; on emploie deux parties d'acide sulfurique ordinaire exempt de produits nitreux. La réaction terminée, on verse la matière dans l'eau et l'on filtre. Le produit obtenu, pressé et lavé, est traité par une lessive de soude en quantité insuffisante pour dissoudre le tout. La solution filtrée est évaporée à consistance pâteuse, puis séchée. Ce sel de soude sert à teindre la laine, on le désigne sous le nom de *bleu Nicholson*. — V. plus loin APPLICATION DES BLEUS D'ANILINE.

2° *Acide disulfo-conjugué*. Pour l'obtenir on emploie une quantité d'acide plus considérable (4 parties), on prolonge la durée de l'opération et l'on maintient la température vers 50°. On précipite la matière par l'eau acide et on la lave en maintenant dans la pâte une petite quantité d'acide sulfurique. Par addition d'un excès d'ammoniaque, on obtient le sel ammoniacal de cet acide disulfo-conjugué, il est soluble dans l'eau et est employé pour la teinture de la soie.

3° *Acide trisulfo-conjugué*. Il se forme dans les mêmes conditions que le précédent, l'on élève la température vers 60° et l'on emploie un mélange de 4 parties d'acide sulfurique ordinaire et 2 parties d'acide fumant. La liqueur est débarrassée de l'excès d'acide sulfurique, et l'acide trisulfo-conjugué, à l'état de sel de chaux ou de baryte, est transformé en sel de soude soluble dans l'eau. La solution est évaporée et desséchée. Il est employé pour la teinture du coton. L'acide *tétrasulfo-conjugué* a été obtenu primitivement par Nicholson, il prend naissance en employant un grand excès d'acide sulfurique et opérant à une température supérieure à 100°. Il est soluble dans l'eau, ainsi que ses combinaisons avec les bases.

Bleu Coupier, violaniline. Le bleu Coupier est le sel de soude d'un acide sulfo-conjugué dérivé de la violaniline. On obtient la violaniline comme produit secondaire dans la préparation de la rosaniline. Cette substance est fabriquée en faisant réagir pendant huit à dix heures, vers 190°, un mélange d'aniline, de nitro-benzine, d'acide chlorhydrique et de fer. L'opération s'exécute dans des chaudières en fonte émaillée, d'une capacité de 90 litres environ; le chapiteau de chaque chaudière est formé par une voûte fixée au moyen de pinces et lutée, par le centre de la voûte passe un agitateur. Un large tube abducteur sert au dégagement des vapeurs qui se forment pendant l'opération.

Le produit brut obtenu est chauffé de 50° à 90° pendant 4 heures, dans des chaudières en fonte, avec 5 fois son poids d'acide sulfurique. L'eau précipite de cet acide sulfo-conjugué une matière bleue qu'on recueille sur des filtres. Après lavage, on la dissout dans la soude caustique pour la rendre soluble, le sel de soude est évaporé à sec. Le bleu insoluble peut servir directement en impression pour faire des noirs et des gris. 12 kilogrammes de

produit brut en solution sulfurique donnent environ 60 kilogrammes d'acide sulfo-conjugué.

Tel que le commerce le livre il est en petites masses sèches, amorphes, d'un bleu noirâtre, il se dissout dans l'eau et est très employé pour la teinture de la laine.

Ce bleu est aussi employé pour le dosage de l'oxygène dans les eaux (méthode Schutzenberger et Gérardin).

Bleu de toluidine. Ce bleu a été préparé pour la première fois par Collin, en faisant réagir pendant cinq ou six heures de 150 à 180°, 100 parties de toluidine cristallisée et 100 parties de rouge d'aniline. M. Hofmann l'obtient en chauffant pendant plusieurs heures de 150 à 180°, 2 parties de toluidine et 1 partie d'acétate de rosaniline. Il est soluble dans l'alcool avec une belle coloration bleue. Le bleu de toluidine est un sel de tritoluyl-rosaniline.

Bleu de diphénylamine. Le bleu de diphénylamine a été découvert par Girard et de Laire (1864), en oxydant la diphénylamine obtenue en chauffant sous pression de l'aniline et un sel d'aniline. Antérieurement, Hoffmann avait constaté la production d'une matière colorante bleue en faisant réagir divers agents sur la diphénylamine produite par la distillation du bleu de Lyon. La réaction signalée par MM. Girard et de Laire a été généralisée et appliquée non seulement à la préparation économique de la diphénylamine, mais aussi à la série entière des monamines aromatiques secondaires. Ces dernières s'obtiennent en faisant réagir, à une température élevée, une monamine primaire (aniline, toluidine, etc.), sur le sel d'une monamine primaire.

En variant les procédés qui ont servi à transformer les monamines primaires en matières colorantes, on peut arriver à obtenir des couleurs par la transformation des monamines secondaires.

(a) PRÉPARATION DE LA DIPHÉNYLAMINE ET DES MONAMINES ANALOGUES. Dans le procédé indiqué par MM. Girard, de Laire et Chapoteau, en 1866, on chauffe sous pression, à 3 ou 4 atmosphères et vers 250°, du chlorhydrate d'aniline (1 molécule 1/2) avec de l'aniline (1 molécule). L'opération, qui dure environ vingt-quatre heures, s'exécute dans un autoclave en fonte émaillée. En opérant ainsi, le rendement est mauvais et atteint à peine 25 0/0 du poids de l'aniline. En ouvrant de temps en temps le robinet de manière à chasser l'ammoniaque formée dans la réaction on améliore le résultat et le rendement peut s'élever à 50 0/0 du poids de l'aniline. L'excès d'ammoniaque a pour effet de diminuer la production de diphénylamine en reconstituant la phénylamine.

La réaction terminée, le produit est retiré de l'autoclave et traité par l'acide chlorhydrique concentré. Il se forme du chlorhydrate de diphénylamine et d'aniline. On ajoute à la masse six à dix fois son volume d'eau, le chlorhydrate d'aniline reste en solution, le chlorhydrate de diphénylamine est décomposé et la diphénylamine mise en liberté est recueillie à la surface du liquide où elle vient se solidifier par le refroidissement. Après lavage à l'eau bouillante, puis à l'eau alcaline, elle est pressée et distillée. Elle se présente alors sous la forme d'une masse solide, cristalline, d'un blanc jaunâtre. Elle fond vers 50-55° et distille vers 310°.

La diphénylamine ainsi obtenue est, soit transformée en matières colorantes bleues en profitant de la propriété qu'elle possède de former avec l'acide sulfurique des combinaisons sulfo-conjuguées, soit employée à la préparation des dérivés alcooliques.

Acide sulfo-conjugués de la diphénylamine. Pour les préparer, on chauffe pendant douze heures environ, vers 130-140°, un mélange de 3 parties de diphénylamine et 2 parties d'acide sulfurique à 66°. Le produit obtenu est repris par l'eau bouillante et saturé par le carbonate de baryte. L'inégale solubilité des sels de baryte des deux acides sulfo-conjugués sert à les séparer. Les acides mono et disulfo-conjugués isolés, soumis à l'action d'agents oxydants, donnent naissance à des matières colorantes bleues.

(b) PRÉPARATION DES DÉRIVÉS ALCOOLIQUES DE LA DIPHÉNYLAMINE, MÉTHYLDIPHÉNYLAMINE, ÉTHYLDIPHÉNYLAMINE, AMYLDIPHÉNYLAMINE, BENZYLDIPHÉNILAMINE. En 1869, MM. Girard et de Laire firent une addition au brevet concernant la diphénylamine pour préparer les dérivés alcooliques de diphénylamine, méthyldiphénylamine, éthyldiphénylamine, etc., etc., et les matières colorantes qui en dérivent. Presque à la même époque, M. Bardy prit un brevet pour la préparation de la méthyldiphénylamine et sa transformation par les agents oxydants en couleurs bleues et violettes.

Méthyldiphénylamine. Plusieurs procédés peuvent être employés pour la préparation de la méthyldiphénylamine :

1° Action de la méthylaniline sur le chlorhydrate d'aniline (Girard et de Laire);

2° Action de l'alcool méthylique sur le chlorhydrate de diphénylamine anhydre (Berthelot, Bardy);

3° Action de l'iodure ou du nitrate de méthyle sur la diphénylamine à une température inférieure à 100°;

4° Action d'un mélange d'acide chlorhydrique et d'alcool méthylique sur la diphénylamine (Girard).

L'on utilise principalement cette dernière réaction pour la préparation industrielle de la méthyldiphénylamine.

PRÉPARATION. Dans un autoclave en fonte émaillée pouvant supporter une forte pression et d'une contenance de 300 litres, on chauffe au bain d'huile vers 200-250° pendant huit à dix heures: 100 kilogrammes, diphénylamine; 68 kilogrammes, acide chlorhydrique (1,2); 24 kilogrammes, alcool méthylique.

La pression, dans le cours de l'opération, ne dépasse pas 10 atmosphères.

La réaction est la suivante : l'acide chlorhydrique se combine à la diphénylamine à la tem-

pérature ordinaire, mais se dissocie à une température élevée; l'acide libre agit sur l'alcool méthylique pour former du chlorure de méthyle et de l'eau. Le chlorure de méthyle et la diphénylamine, réagissant l'un sur l'autre, il se forme de l'acide chlorhydrique et de la méthyldiphénylamine.

La réaction terminée, on laisse refroidir et l'on traite la masse dans un vase en fonte émaillée par une lessive de soude chaude. La méthyldiphénylamine qui se sépare est décantée, on la traite par son poids d'acide chlorhydrique en chauffant légèrement, la diphénylamine non transformée se sépare par le refroidissement à l'état de chlorhydrate de diphénylamine. On filtre et l'on étend d'eau, le chlorhydrate de méthyldiphénylamine est décomposé; la base insoluble mise en liberté est décantée, après lavage à l'eau alcaline on la distille. On obtient ainsi un liquide presque incolore, bouillant entre 282-286°; elle est soluble dans l'alcool, l'éther et la benzine, les sels sont décomposables par l'eau. Elle se colore au contact des agents oxydants en bleu violet. Chauffée avec de l'acide oxalique, elle fournit une matière colorante bleue.

Éthyldiphénylamine. Cette base s'obtient dans les mêmes conditions que la précédente en substituant l'alcool éthylique (alcool ordinaire) à l'esprit de bois. C'est un liquide oléagineux bouillant entre 295 et 300°, soluble dans l'éther et la benzine, les sels sont décomposables par l'eau. Elle se colore en violet-rouge au contact de l'acide nitrique et fournit avec les agents déshydrogénants des couleurs bleues. Chauffée avec l'acide oxalique elle se transforme en une belle matière colorante bleue.

Amyldiphénylamine. Elle s'obtient comme les précédentes, l'on élève seulement un peu la température.

Liquide oléagineux, bouillant entre 335 et 345°, peu soluble dans l'alcool, soluble dans l'éther et la benzine. L'acide nitrique lui communique une teinte bleu ardoise. Chauffée avec l'acide oxalique elle donne une matière colorante bleu verdâtre.

Benzyldiphénylamine. Cette base s'obtient en faisant agir le chlorure de benzyle sur la diphénylamine. Elle est solide et se dissout dans l'alcool, l'éther et la benzine; par les agents oxydants elle fournit des matières colorantes d'un beau bleu vert.

FABRICATION DES BLEUS DE DIPHÉNYLAMINE. Les bleus solubles de diphénylamine sont aujourd'hui obtenus par l'emploi des acides sulfo-conjugués; on peut varier les nuances en substituant à la diphénylamine ses divers dérivés alcooliques.

Les procédés que nous allons décrire pour l'obtention de ces bleus, s'appliquent indifféremment à la diphénylamine ou à ses dérivés alcooliques.

Bleus solubles dans l'alcool, insolubles dans l'eau. Plusieurs procédés permettent de les obtenir :

1° Action du nitrate de cuivre ou d'un mélange de sulfate de cuivre et de chlorure de sodium sur la diphénylamine, la phénylcrésylamine ou les bases analogues;

2° Action de l'acide oxalique sur la diphénylamine et ses dérivés alcooliques. On maintient un excès d'acide oxalique et on ne dépasse pas 125°.

3° Action du sesquichlorure de carbone sur la diphénylamine.

Ces bleus peuvent être transformés en acides sulfo-conjugués solubles dans l'eau. Ces acides sulfo-conjugués s'obtiennent en traitant les bleus par l'acide sulfurique concentré, et variant la température (40 à 120°), suivant les combinaisons qu'on veut obtenir.

Bleus solubles dans l'eau. On chauffe dans une cornue en fonte émaillée en ne dépassant pas 130° ; 1 partie d'acides sulfo-conjugués de la diphénylamine et 2 parties d'acide oxalique. L'opération dure de dix-huit à vingt heures; on laisse refroidir, on reprend la masse par l'eau et l'on neutralise par l'ammoniaque. On filtre, dans la liqueur filtrée on ajoute de l'acide sulfurique pour séparer le bleu insoluble en liqueur acide des acides sulfo-conjugués non transformés. Le précipité bleu est recueilli, lavé à l'eau acidulée et dissous en le saturant exactement par l'ammoniaque, la soude ou la chaux, suivant le sel qu'on veut obtenir. La solution est évaporée et le résidu desséché. Le sel ammoniacal est employé pour la soie, le sel sodique pour la laine, le sel de chaux pour le coton.

Le bleu soluble se prépare encore (Kopp, 1874; Girard) en chauffant vers 130°, de la diphénylamine, de l'acide sulfurique et de l'acide oxalique.

Parmi les produits secondaires qui accompagnent le bleu, MM. Villm et Girard ont trouvé un composé, le formodiphénylamine, que l'on obtient directement par l'action de l'acide formique sur la diphénylamine.

Cette base chauffée avec de l'acide oxalique donne un bleu qu'on solubilise par l'acide sulfurique.

APPLICATION DES BLEUS D'ANILINE. Nous ne décrirons pas les nombreuses applications des bleus d'aniline, nous donnerons seulement quelques renseignements sur leur emploi en teinture.

Bleus à l'alcool. Ces bleus sont dissous dans 40 à 50 fois leur poids d'alcool.

On les emploie rarement sur laine, ils sont utilisés pour la teinture de la soie, du coton, des chapeaux, la fabrication des encres, des vernis.

Teinture du coton. Le coton blanchi est plongé dans un bain de savon chaud (1 kilogramme savon pour 10 kilogrammes de coton), on le manœuvre quelque temps, puis on le passe dans un bain froid d'acétate d'alumine, on le passe de nouveau dans le bain de savon puis dans le bain d'alumine; on répète trois fois cette double opération. Après mordançage, le coton est tordu puis introduit dans un bain tiède de bleu. On chauffe peu à peu jusqu'à l'ébullition, en ajoutant du colorant par portion, pour obtenir la nuance.

Le bain est préparé en versant la dissolution alcoolique dans l'eau tiède.

Après teinture le coton est rincé puis passé dans un bain très faible de savon tiède.

Bleus Nicholson. Teignant sur bain alcalin.

Pour utiliser tout le colorant, on délaie le bleu avec une petite quantité d'eau bouillante, on ajoute de l'eau chaude, et lorsque la dissolution est complète on étend de la quantité d'eau nécessaire.

Teinture de la laine. La laine dégraissée et lavée est introduite dans un bain de colorant rendu alcalin par du borax ou du silicate de soude et chauffé vers 90°. Au sortir du bain, la laine est lavée et passée dans un bain d'eau acidulée faiblement par l'acide sulfurique.

Teinture du coton. Le coton est mordancé par le passage dans un bain formé de tannin, sulfate de cuivre, sel d'étain. On égoutte et l'on passe dans un bain chaud de colorant. Après teinture, on égoutte, puis l'on passe dans un bain froid d'eau acidulée par l'acide sulfurique.

Les *bleus solubles*, teignant sur bain acide, sont peu employés sur coton.

Teinture de la laine. Après dégraissage et lavage, on teint dans un bain garni des 2/3 du colorant nécessaire pour obtenir la nuance demandée, et acidulé par l'acide sulfurique. Lorsque la couleur semble monter on lève la laine et l'on ajoute le restant du colorant. On donne dix minutes de bouillon, et on lave.

Suivant les nuances que l'on veut obtenir on ajoute de l'acide acétique ou de l'acide sulfurique, soit isolément, soit successivement.

Les gris bleutés s'obtiennent avec des solutions très diluées, acidulées par l'acide sulfurique.

Teinture de la soie. On passe dans un vieux bain de savon mélangé d'acide sulfurique étendu, à ce bain on ajoute la moitié de la dissolution de bleu nécessaire pour la nuance demandée, au bout de quelque temps, on ajoute le reste du bleu, on maintient au bouillon vingt minutes.

Teinture des cuirs et peaux. On teint, soit à la brosse, soit au bain. Les mordants employés sont variables (alun, bichromate de potasse, etc.).

Teinture du papier. La pâte à papier se colore dans la pile en versant une solution étendue de bleu, acidulée par l'acide sulfurique.

Les bleus solubles sont employés aussi pour le remontage et l'avivage des bleus d'indigo sur laine et sur coton.

Bleus coton. *Bleus spéciaux.* On mordance le coton blanchi, soit dans un bain de sumac, soit dans un bain de savon puis de sumac, soit au tannin puis dans un bain de bichlorure d'étain.

Le bain de colorant est additionné, suivant le mordant employé et le résultat cherché, soit d'acide sulfurique, soit d'acide et de sel marin, soit d'alun.

COMPOSÉS AZOÏQUES. *Bleu d'azodiphényle. Indulines, Rhodindines.* Par l'action de l'amidoazobenzol sur l'azotate d'aniline, M. Griess a obtenu une matière colorante bleue. La même substance a été préparée par MM. Hofmann et Geyger, en chauffant à 160°, en vases clos et à parties égales, du chlorhydrate d'aniline et de l'amidoazobenzol en solution alcoolique.

$$C^{12} H^7 Az + C^{24} H^{11} Az^3 = C^{36} H^{15} Az^3 + Az H^{3}$$

Le produit purifié donne par les alcalis une base brune $C^{36} H^{15} Az^2$, formant avec les acides des sels bleus, devenus industriels sous le nom d'*indulines*.

Les substances désignées sous le nom de *rhodindines* se rattachent aux indulines par leur constitution.

Ces corps sont solubilisés en les changeant en acides sulfo-conjugués.

Bleus de méthylène. Ces bleus que l'on a pu admirer à l'Exposition de 1878 dans les vitrines de la Compagnie parisienne du gaz, ont été découverts récemment par M. Caro. Il est dérivé de la diméthyl-paraphénylène-diamine; il contient du soufre et appartient à une classe de corps violets découverte par M. Lauth; ce chimiste les a obtenus à l'aide des diamines aromatiques préparées en nitrant et puis réduisant le produit acétylé. On chauffe la diamine avec son poids de soufre à 150-180°, le produit obtenu traité par l'acide chlorhydrique est filtré, puis oxydé par le perchlorure de fer.

M. Caro prépare d'abord la nitroso-diméthylaniline par l'action du nitrite de soude sur le chlorhydrate de diméthylaniline, puis il la réduit par l'hydrogène sulfuré en amidodiméthylaniline qu'il oxyde par le perchlorure de fer. On peut oxyder d'abord et traiter ensuite par l'hydrogène sulfuré. Le mélange est saturé par du chlorure de sodium, et on précipite la matière colorante par du chlorure de zinc, on filtre et par lavage à l'eau on sépare le bleu très soluble.

Il se dissout dans l'eau, l'alcool et l'acide acétique. Il est réduit facilement surtout par les sulfures alcalins.

Pour l'employer en impression, on le fixe au moyen de l'acide tartrique et tannique; par un fort vaporisage on obtient un bleu très beau résistant bien au savonnage, à la lumière et au chlore.

Ce corps peut être associé aux couleurs d'alizarine, mais il ne se laisse pas chromer, sa couleur passant au vert.

II. **Bleus dérivés des phénols.** *Azuline.* Matière colorante bleue, dérivée de l'acide phénique et de l'aniline. Ce corps a été obtenu en 1860 par MM. Guinon, Marnas et Bonnet, de Lyon. Sa préparation, restée secrète pendant plusieurs années, est aujourd'hui abandonnée, tant à cause du prix élevé de la matière colorante, que de la découverte de nouveaux bleus. On l'obtient en traitant par la naphtylamine ou l'aniline à l'ébullition, l'*acide rosolique* ou la *péonine* (acide rosolique modifié par l'ammoniaque). On peut l'envisager comme l'anilide de l'acide rosolique. En effet, lorsqu'on décompose l'azuline par la potasse, on la dédouble en aniline et en acide rosolique (C. GIRARD).

PRÉPARATION DE L'ACIDE ROSOLIQUE (*coralline jaune*). Cet acide a été découvert en 1860 par Persoz. MM. Dale et Schorlemmer, d'une part, M. Frésénius, de l'autre, ont démontré que l'acide rosolique est un mélange de deux corps. Ils en

ont isolé une matière colorante jaune-orange (l'*aurine*).

Pour préparer l'acide rosolique ou coralline jaune, on mélange dans une terrine de grès, à froid : 8 kilogrammes d'acide phénique et 3 kilogr. 200 d'acide sulfurique à 66°. Au bout de six à huit heures, on ajoute : 4 kilog. 800 d'acide oxalique. On chauffe le mélange au bain d'huile, à 110°, et l'on maintient cette température pendant vingt-quatre heures. La masse obtenue est versée dans des chaudières en fonte émaillée, remplies d'eau, et soumises à l'ébullition. On décante l'eau et l'on répète plusieurs fois ce lavage. La coralline déposée est recueillie et séchée. Ce produit est employé non seulement pour l'obtention de l'azuline, mais aussi en teinture, en impression, dans la fabrication des laques pour papiers peints, etc.

PRÉPARATION DE LA PÉONINE OU CORALLINE ROUGE. On chauffe au bain d'huile de 125 à 140°, dans un autoclave, un mélange de 2 parties de coralline et de 1 partie d'ammoniaque. L'opération terminée, l'on verse la masse dans de l'eau additionnée d'acide sulfurique. On agite et on laisse reposer. Le produit recueilli est séché. Cette matière colorante est employée en teinture.

PRÉPARATION DE L'AZULINE. On chauffe vers 180° un mélange de 5 parties d'acide rosolique et de 6 à 8 parties d'aniline : au bout de quelques heures, l'opération est terminée. L'azuline est purifiée par des lavages à l'huile de naphte chaude, puis par des lavages alcalins, suivis d'un lavage acide, enfin en la dissolvant dans l'alcool et précipitant par l'eau alcalinisée. L'addition d'une petite quantité d'acide benzoïque ou d'un acétate aide beaucoup à la transformation de la coralline en azuline. On obtient ainsi des bleus très purs (*bleus-lumière*). La toluidine, la naphtylamine, la cumidine, se comportent comme l'aniline.

Les produits obtenus avec la péonine sont beaucoup moins beaux.

L'azuline est une poudre amorphe, d'un brun doré, insoluble dans l'eau, soluble dans l'alcool et l'éther avec une belle coloration bleue. L'eau précipite l'azuline de ses solutions. On peut la rendre soluble dans l'eau en la traitant par l'acide sulfurique concentré et chaud pendant quelques heures.

Elle était surtout employée dans la teinture de la soie.

L'azuline est dissoute dans l'alcool faible, on acidule avec de l'acide sulfurique et l'on manœuvre la soie dans ce bain. Lorsque la nuance est assez foncée, on porte le bain à l'ébullition et on y manœuvre de nouveau la soie, on lave avec soin, on passe dans un bain de savon, on lave et l'on finit en passant dans une eau légèrement acide.

Bleus de résorcine. On a signalé en 1878 la production d'un bleu de *résorcine*, mais jusqu'à ce jour ce corps n'a pas été introduit dans le commerce. Il donne sur soie une teinte bleue-rougeâtre avec une très belle fluorescence. MM. Bindschcdler et Busch, auxquels l'on doit sa découverte, ont éprouvé des difficultés sérieuses dans sa préparation en grand.

III. **Bleus dérivés de la naphtaline.** La naphtaline n'a fourni qu'un petit nombre de matières colorantes et n'a pas réalisé les espérances qu'on était en droit de fonder sur elle.

IV. **Bleus dérivés de l'anthracène.** *Bleu d'alizarine ou d'anthracène.* Cette substance qu'on propose comme succédané de l'indigo, a été découverte par M. Prud'homme en 1875. Il l'a obtenue en traitant la nitroalizarine(1) par un mélange de glycérine et d'acide sulfurique. M. Bruck a réussi à la préparer industriellement. M. le Dr Kock l'obtient d'une façon industrielle par le procédé suivant : on chauffe vers 200°, part es égales d'acide sulfurique très concentré et de glycérine anhydre avec un cinquième de leur po ds de nitroalizarine desséchée. Le bleu se forme déjà à 100°. Le produit dissous dans de l'eau alcaline, est chauffé avec de la poudre de zinc qui e réduit. On filtre et on fait passer dans la liqueur un courant d'air qui précipite le bleu. Le bleu doit encore être purifié. D'après M. Graebe, la glycérine n'agirait pas seulement comme réducteur en présence de l'acide sulfurique, mais elle effectuerait une synthèse très originale.

$$C^{28} H^7 (Az O^4) O^2 + C^6 H^8 O^6 = C^{34} H^9 Az O^6 + 3 H^2 O^2 + O^4$$

Nitroalizarine.	Bleu d'alizarine.

On livre cette matière colorante au commerce sous forme d'une pâte fluide de couleur violet-brunâtre, d'une teneur maximum de 10 0/0, qui s'emploie à peu près de la même manière que l'alizarine. En faisant cristalliser le bleu desséché dans la benzine, on obtient des aiguilles violettes d'un éclat métallique, fusibles à 270°, se sublimant en cristaux noirs, insolubles dans l'eau, mais solubles dans l'alcool et la benzine, et facilement dans l'acide acétique cristallisable. Suivant MM. Prud'homme et Koechlin, ce corps se fixe très bien en impression en employant comme mordants le ferro-cyanure de potassium ou d'ammonium ou l'acétate de chrome concurremment avec le chlorure de magnésium. L'addition d'acide acétique à la couleur, comme dissolvant, est peu avantageuse. La couleur est imprimée sur tissu préparé en acides gras. On obtient après vaporisage une nuance bleue se rapprochant beaucoup du bleu solide foncé, avec une couleur renfermant 1 partie d'alizarine bleue pour 4 parties d'épaississant. Pour la teinture, la matière colorante étant peu soluble dans l'eau, on ajoute au bain une petite quantité de savon ou d'acide sulforicinique. Elle ne commence à teindre que vers 70° et les teintures demandent à être poussées à l'ébullition. Les mordants de fer se teignent en bleu verdâtre, ceux d'alumine en bleu violacé, ceux d'étain en violet rougeâtre. Par les mordants de nickel et de cobalt on obtient des bleus foncés très francs.

La laine se teint sans mordant sur bain acide. Les nuances obtenues par teinture ou par application ne sont altérées ni par le savon, ni par le chlore ; à la lumière la stabilité diminue un peu.

Comme l'indigo, elle est réductible en cuve alcaline, par le zinc en poudre, l'acide hydrosulfureux ou le glucose, mais avec coloration rose. Les étoffes non mordancées, manœuvrées dans cette cuve, se teignent en bleu à l'air et l'on obtient des nuances se rapprochant beaucoup de l'indigo.

Nous devons rapprocher de cette matière colorante le *bleu d'anthrapurpurinamide*, obtenu par M. Perkin en chauffant l'anthrapurpurine en vase clos à 100° avec l'ammoniaque. La solution bleue résultant de la réaction donne par les acides un précipité d'une matière violet rouge, soluble de nouveau dans l'ammoniaque. Ce corps teint les mordants d'alumine en violet-rougeâtre, les mordants de fer faibles en bleu indigo. Il est peu stable et régénère facilement l'anthrapurpurine.

Ce bleu présente sans doute des analogies avec le précédent.

Deux autres matières colorantes bleues ont été obtenues de l'anthracène et désignées sous le nom de *bleus d'anthracène.* On n'a trouvé aucune valeur pratique à ces produits, aussi n'en dirons-nous que quelques mots. En chauffant le carbazol avec du perchlorure de mercure ou divers agents oxydants, on obtient une matière colorante bleue. La substance, qui a été décrite par M. Springmühl sous le nom de bleu d'anthracène était probablement obtenue avec de l'anthracène contenant du carbazol. Le carbazol s'obtient en distillant de l'anthracène pressé à chaud, avec de la potasse caustique, jusqu'à ce qu'il ne passe plus d'anthracène. Le résidu, débarrassé de la potasse par lavage et distillé, donne du carbazol.

Nous ne devons point quitter l'étude des bleus dérivés de la houille sans parler de la synthèse de l'*indigotine* ; nous le ferons en quelques mots.

Il nous est impossible d'entrer ici dans le détail du mécanisme au moyen duquel on peut préparer le *bleu d'indigo* ; nous dirons seulement : que l'acide orthonitrophénylacétique, soumis aux agents de réduction, fournit l'oxindol identique avec celui qu'on obtient avec l'indigo ; que l'oxindol a été changé par M. Baeyer, en nitrosoxindol, que celui-ci a fourni par réduction l'amidoxindol, que ce dernier donne l'isatine par l'action des réactifs oxydants, et enfin que MM. Baeyer et Emmerling ont obtenu l'indigotine en faisant réagir sur l'isatine un mélange de trichlorure de phosphore, de chlorure d'acétyle et de phosphore. — ALB. R. et Y.

BLEU, E. Dans le blanchissage, *passer au bleu*, c'est donner une teinte légèrement azurée au linge blanc, déjà lessivé ou savonné. || *Pierre bleue*, sorte de calcaire d'un gris bleuâtre que l'on tire de la Belgique. Ces pierres résistent parfaitement aux influences atmosphériques, se polissent et se prêtent aux plus charmantes compositions architecturales ; on a pu en juger à l'Exposition de 1878 par la belle façade de la Belgique, édifiée dans la rue des Nations.

(1) La nitroalizarine s'obtient en soumettant l'alizarine étalée en couches minces, à l'action des vapeurs nitreuses. Elle se vend en pâte à 10, 15 et 20 0/0. — V. ALIZARINE ARTIFICIELLE.

* **BLEUEUR.** *T. de mét.* Ouvrier qui trempe et affine les pointes des aiguilles pour leur donner un poli bleuâtre.

BLEUIR. *T, techn.* Chauffer un métal jusqu'à ce qu'il prenne une couleur bleue.

* **BLEUISSOIR.** *T. de mét.* Outil dont on se sert pour faire prendre à l'acier la couleur bleue.

* **BLEUTAGE.** *T. de blanch. et de teint.* On donne ce nom à l'opération qui a pour but de rehausser l'éclat du blanc. Quand une pièce de coton est terminée, elle subit l'opération finale de l'apprêt. Mais, avant ou en même temps, on lui donne une légère teinte de bleu qui sert à masquer la teinte rose, jaune ou grise que peut avoir l'étoffe suivant le genre de fabrication.

Dans le blanchissage, on bleute le linge de corps pour lui donner un aspect plus agréable. On se sert généralement d'outremer ou de bleu de Prusse ou encore d'indigo en dissolution sulfurique.

* **BLEU-PRUSSIATE.** *T. de chim.* Couleur bleue qu'on obtient avec le bleu de Prusse, et que, dans la teinture, on applique sur la soie, la laine et le coton.

* **BLIN** ou **BELIN.** *T. de mar.* Sorte de bélier avec lequel on frappe les coins, lorsqu'il s'agit d'ébranler un navire pour lui faire quitter le chantier et le lancer à la mer. || 2° *T. techn.* Pièce de l'ourdissoir.

BLINDAGE. *T. de fort.* On désigne sous ce nom des abris faits avec des pièces de bois, ou des rails de chemin de fer et du fascinage, et recouverts de terre. On les établit au moment du besoin dans les places fortes qui n'ont pas un nombre suffisant d'abris voûtés, ou dans les ouvrages de fortification passagère afin de se préserver contre les feux verticaux. On construit ainsi des magasins soit pour les munitions, soit pour les vivres, des abris pour les hommes, autrefois même, on construisait des batteries blindées, mais de pareilles batteries ne pourraient plus aujourd'hui résister au tir de la nouvelle artillerie.

Les blindages doivent être assez solides pour résister non seulement à la chute mais encore à l'explosion des bombes ou des obus; on les fait horizontaux ou inclinés. Les blindages horizontaux résistent mieux à l'explosion des bombes sphériques que les blindages inclinés, mais résistent fort mal à la pénétration des obus ogivaux, aussi préfère-t-on souvent aujourd'hui, surtout pour les abris ou magasins des batteries de siège les toitures inclinées dans le sens de la chute des projectiles.

Autrefois un blindage horizontal, composé de poutres de chêne de 0^m,30 d'équarrissage, espacées de 0^m,20 et recouvertes d'un lit de saucisson de 0^m,32 de diamètre ou de poutres semblables jointives ou placées transversalement avec une mince couche de terre uniquement destinée à garantir les saucissons des matières incendiaires ou les empêcher d'être déplacés, était considéré comme pouvant résister aux effets de chute et

d'explosion des bombes, lancées par les anciens mortiers lisses; aujourd'hui un pareil blindage serait complètement insuffisant contre les effets de la nouvelle artillerie; on est donc forcé de les construire d'une façon beaucoup plus solide.

Lorsque les abris sont recouverts de 1^m,50 à 2 mètres de terre au minimum il suffit de les construire en galerie de mine, sinon on peut former le ciel de rails jointifs ou de deux rangs de corps d'arbres de 0^m,30 de diamètre, recouverts d'au moins 1 mètre de terre. Entre le ciel et les terres il est bon, quand on le peut, de placer une toile goudronnée pour empêcher les eaux infiltrées de tomber dans l'abri. La charpente qui soutient le ciel doit être d'autant plus résistante, que la couche de terre dont elle sera recouverte, aura une épaisseur moindre; toutefois il y aura le plus souvent avantage, tant au point de vue de la rapidité d'exécution que du moindre relief des abris, à augmenter l'épaisseur des charpentes pour diminuer celle des terres. L'interposition de fascines entre la charpente et les terres de recouvrement, de même que celle d'un lit de fascines ou de gazons entre les deux rangs de corps d'arbres superposés produit le même résultat qu'une augmentation de l'épaisseur du remblai.

Pour assurer la conservation du blindage on doit avoir soin de combler immédiatement les entonnoirs produits par l'explosion des projectiles, et avoir pour cela sous la main une provision de sacs à terre pleins que l'on n'ait plus qu'à vider dans les entonnoirs.

|| 2° *T de mar.* On blindait également autrefois le pont et les flancs des anciens vaisseaux en bois au moment de l'action et on se servait à cet effet de matelas ou de vieux cordages. De là l'expression de *plaques de blindage* employée pour désigner les plaques métalliques qui servent à renforcer non seulement le pont mais aussi les flancs des nouveaux navires de guerre cuirassés ou servent à revêtir les embrasures des batteries casematées. — V. CUIRASSEMENT. || 3° *T. d'expl. de min.* Appareil en charpente au moyen duquel on garantit des éboulements les ouvriers mineurs.

BLINDER. *T. techn.* Protéger, revêtir, recouvrir les contours de certains objets pour les mettre à l'abri des effets d'un choc et plus spécialement du choc des projectiles. On l'emploie souvent, en marine, comme synonyme de *cuirasser.* || Empêcher les éboulements qui peuvent se produire dans un puits, une tranchée, au moyen d'un blindage.

BLOC. *T. techn.* 1° Billot de plomb de sept à huit centimètres de hauteur, dont les graveurs se servent pour fixer leur travail, et qu'ils nomment *bloc de plomb.* || 2° *Bloc d'échantillon,* bloc de pierre ou de marbre taillé à la carrière selon les dimensions demandées. || 3° Masse de métal formant la base d'une presse hydraulique et qui reçoit le cylindre faisant corps avec elle. || 4° Billot de bois sur lequel le raffineur de sucre frappe doucement la forme pour en détacher le pain. || 5° Base d'une grosse enclume. || 6° Sorte de presse à l'usage des tabletiers. || 7° Mandrin en bois de l'ouvrier ciseleur. || 8° Planches en bois portant en relief les dessins qui doivent servir à l'impression des étoffes. || 9° Table garnie de morceaux de bois arrondis sur lesquels on bat les peaux.

BLOCAGE. 1° *T. d'impr.* Lettre retournée ou renversée, *lettre bloquée*, que le compositeur met provisoirement à la place de celle qui manque dans la casse ; ainsi n'ayant pas d'*a*, il composera ainsi le mot *blaireau* : *blaireru* ; lorsqu'un mot est illisible sur la copie, il le *bloque* dans la composition par un autre mot retourné. || 2° *T. de constr.* Menus moëllons, pierrailles, qui servent à remplir des fondations, à combler un vide, à recouvrir une route, une chaussée.

***BLOCHET.** *T. de charp.* Pièce de bois, aux angles d'une toiture, qui réunit l'arbalétrier à la sablière, *blochet mordant*, celui qui est assemblé en queue d'aronde avec le chevron ; *blochet de recrue*, celui qui est droit dans les angles.

BLOCKHAUS. Ce mot, qui vient de l'allemand *block*, bloc, billot, tronc d'arbre ; *haus*, maison, désigne, en *T. de fortif.*, un petit ouvrage isolé, une redoute, un fortin détaché, ordinairement construit en bois, n'ayant point d'issue apparente, et communiquant sous terre à un ouvrage principal ; le blockhaus est quelquefois une palanque à ciel ouvert, à fossés, à meurtrières, couverte d'une plate-forme armée de quelques canons ; ses éléments de construction, disposés à l'avance, sont facilement transportables et rapidement dressés sur un point menacé.

— La construction des blockhaus paraît remonter à une date fort éloignée de nous ; d'après le général Bardin, « Charles VI, en 1385, ayant projeté une descente en Angleterre, fit dresser à l'Écluse une grande ville de bois, pour mettre l'armée française à couvert dès qu'elle aurait débarqué. Cette ville se composait de pièces de charpente qu'on chargeait sur les vaisseaux et qui devaient être dressées et assemblées sur les côtes d'Angleterre. » En 1830, on construisit à Paris un grand nombre de blockhaus en bois de chêne, destinés à l'expédition d'Alger ; quelques-uns étaient à étage débordant le rez-de-chaussée pour permettre des feux verticaux. Ce genre de fortifications a rendu de grands services à notre armée d'Afrique qui continua de l'employer dans la plupart de ses opérations militaires.

* **BLOCK-SYSTEM.** *T. de chem. de fer et de télégr.* On a donné ce nom, qui est anglais, à un mode d'exploitation des chemins de fer reposant sur le système suivant : diviser la ligne en sections plus ou moins longues suivant le degré de fréquence des trains, et maintenir, entre les trains qui se suivent sur une même voie, une distance minima, en ne laissant entrer un train dans une section que lorsque le train précédent en est sorti.

La section ainsi protégée est dite *bloquée*, fermée.

Le block-system est dit *absolu* quand il est ainsi appliqué ; il donne la sécurité la plus complète, mais il a l'inconvénient d'amener une perturbation dans le service des trains, si l'un d'eux s'arrête indéfiniment à l'entrée d'une section, et

de réduire, par conséquent, la capacité de circulation d'une ligne.

On lui substitue, en France, le *block-permissive-system*, qui consiste à laisser entrer un train dans la section bloquée, après un arrêt d'une certaine durée à l'entrée de cette section, mais en réglant sa marche avec prudence, de manière à pouvoir l'arrêter à volonté et sur place, pour ainsi dire, jusqu'à l'autre extrémité de la section bloquée. Arrivé à ce point, s'il n'y a pas de signal d'arrêt, le train peut reprendre sa marche normale.

La durée de l'arrêt imposé aux mécaniciens qui abordent une section bloquée est très variable : certaines compagnies l'ont réduite à *cinq* minutes, d'autres l'ont élevée à *vingt*. En outre, le mécanicien donne généralement le numéro de sa machine au stationnaire du poste où il s'est arrêté.

Pour que les prescriptions précédentes puissent être réalisées, il faut nécessairement qu'en tête de chaque section, se trouvent des appareils d'avertissement qui guident les mécaniciens, et dont le fonctionnement confié à des agents spéciaux ne doit être effectué que sur l'avis, transmis électriquement de la station suivante que la section où va s'engager le train est libre ou encombrée. De cette manière, une station ne peut laisser passer sans arrêt ou expédier un train avant d'être certaine que le train qui a précédé est arrivé au poste suivant. Sur les lignes à voie unique, cette condition se complique de la certitude où l'on doit être qu'un autre train n'est pas engagé en sens inverse. Avec un pareil système, qui a été combiné pour la première fois en Angleterre par M. Cooke et qui a été perfectionné ensuite par MM. Regnault, Tyer, Preece, Walker, Spagnoletti, Siemens, Lartigue et Daussin, l'intervalle de temps réglementaire pour la succession des trains sur la voie n'a plus sa raison d'être, et le trafic de la voie ferrée peut être considérablement augmenté ; car, en réduisant suffisamment la longueur des sections, les trains peuvent se succéder à un intervalle de distance aussi faible que l'on voudra, ce qui n'a pas lieu lorsqu'on admet que deux trains ne doivent pas se suivre à moins de dix minutes d'intervalle, c'est-à-dire quand on conserve l'ancienne règle du temps.

Généralement les appareils composant le dispositif du *block-system*, consistent : 1° dans des appareils indicateurs à signaux optiques ou *Sémaphores*, d'un type généralement distinct des disques-signaux qui précèdent les gares pour indiquer aux convois que la station vers laquelle ils se dirigent est libre ou encombrée ; 2° d'appareils électriques qui indiquent à l'agent chargé de la manœuvre de ces sémaphores le signal qu'ils ont à produire est celui de la voie libre ou de la voie fermée. Comme il importe que l'on soit assuré que ce signal est arrivé à destination, les appareils sont généralement combinés de manière que le signal, en se produisant, transmette automatiquement à l'agent qui l'a envoyé un nouveau signal qui devient alors un signal de contrôle.

On peut établir une différence entre les appareils les plus anciens (Regnault, Cook, Preece, Tyer) dans lesquels le signal électrique envoyé à l'agent du poste, doit être répété à la main par cet agent au moyen d'un disque ou sémaphore s'adressant aux mécaniciens ; et les appareils, plus récents et plus sûrs, dans lesquels les signaux optiques sont solidaires des indications électriques (Siemens et Halske, Lartigue, Tesse et Prudhomme, Saxby et Farmer).

Tous ces appareils ont été très ingénieusement combinés, mais ceux qui dans l'origine ont montré tout le parti qu'on pouvait en tirer, sont les appareils de M Regnault (du chemin de fer de l'Ouest), qui dès l'année 1847 fonctionnaient sous le nom *d'appareils indicateurs de la marche des trains*, et qui, appliqués ensuite à la combinaison du *block-system*, ont fourni d'excellents résultats. Toutefois, le système le plus répandu est celui de M. Tyer qui se rapproche du reste beaucoup de celui de M. Regnault, mais qui est moins complet, parce qu'un poste peut toujours ramener l'aiguille de son appareil à la voie libre, sans que le poste correspondant puisse intervenir.

Le système de M. Siemens, aujourd'hui adopté sur la plupart des lignes allemandes et de Belgique, appartient, comme nous venons de le dire, au second groupe d'appareils dans lesquels le fonctionnement des appareils indicateurs à signaux optiques est rendu solidaire de celui des appareils à signaux électriques, et les signaux une fois faits ne peuvent plus être changés par le poste qui les a transmis.

Le système de M. Lartigue, appliqué sur les lignes françaises du Nord, sur le réseau d'Orléans et prochainement sur celui de l'Est, réalise non seulement les avantages du système de M. Siemens, mais est disposé de manière que les signaux optiques sont produits sous l'influence électrique elle-même. Toutes les fonctions des appareils, sauf celles qui doivent être effectuées par les agents, au moment du passage des trains devant les postes, sont produites indépendamment de leur intervention, et les appareils eux-mêmes, étant disposés de manière à ne pas être sujets aux inconvénients des instruments de précision, sont d'une application tout à fait pratique.

Les appareils du *Block and interlocking system*, partout appliqués en Anglerre, présentent une combinaison des appareils qui réalisent le cantonnement des trains et des appareils d'enclenchement, qui empêchent d'effacer les signaux si les aiguilles de la voie ne sont pas bien dirigées.

Le block-system, dans son application, a été combiné de deux manières différentes : tantôt on a voulu que la voie fût constamment *bloquée* et qu'un train ne pût s'engager sur une section qu'autant qu'on lui en aurait donné la permission, c'est-à-dire que le signal de la voie fermée aurait fait place au signal de la voie libre. En conséquence, tous les sémaphores sont, dans ce système, à l'arrêt en temps normal, et ce n'est qu'au moment du passage d'un train devant chacun d'eux, que le signal d'arrêt étant soulevé lorsqu'il n'y a pas d'empêchement, le train reçoit ainsi avis qu'il peut continuer sa marche ; c'est la formule an-

glaise. Tantôt on maintient la voie libre en temps normal, et on n'envoie le signal de la voie fermée que lorsqu'il y a lieu. Sur les lignes à une seule voie, le block-system n'a encore été appliqué qu'en Russie avec les appareils Lartigue qui, pour ce cas, sont transformés d'une manière toute spéciale, et en Angleterre avec les appareils Saxby et Farmer.

V. *Exposé des applications de l'électricité*, de M. Th. du Moncel, tome IV, p. 417-521 ; *Traité d'entretien et d'exposition des chemins de fer*, par M. Ch. Goschler, t. IV, 1ʳᵉ édit., et t. VI, 2ᵉ édit. ; *Études sur l'Exposition de 1878*, tome 1ᵉʳ, p. 143-157 ; *Note sur les appareils du block-system*, par A. Sartiaux, Dunod, éditeur.

BLONDE. Espèce de dentelle fabriquée avec de la soie plate, et qui, dans l'origine, se faisait exclusivement avec de la soie écrue : de là son nom. — V. Dentelle.

BLONDEL (Merry-Joseph), peintre, né à Paris en 1781, remporta le premier grand prix de Rome en 1803, et fut élu, en 1832, membre de l'Académie des Beaux-Arts, en remplacement de Lethière. Ses tableaux sont répandus dans les musées et les églises de province, et quelques-uns de nos monuments ont de lui de grandes peintures décoratives, notamment une suite de sujets mythologiques dans la galerie de Diane, au palais de Fontainebleau et la *Justice protégeant le commerce*, et six grisailles dans l'ancien Tribunal de commerce, à la Bourse et plusieurs plafonds au Louvre. Il est mort en 1855.

BLOQUER. 1° *T. de const.* Construire et lever des murs avec des moellons d'une grande épaisseur sans les aligner au cordeau ; remplir de blocage ou de moellons et de mortier les vides d'un ouvrage quelconque. || 2° *T. de typ. Bloquer une lettre*, mettre à dessein, dans la composition, une lettre retournée et du même caractère à la place de celle qui devrait y être, mais qui manque dans la casse. || *Bloquer un mot*, composé avec des lettres renversées un mot illisible sur la copie (V. Blocage). || 3° *T. de mar.* Mettre de la bourre sur du goudron entre deux bordages quand on double un navire.

BLOT *T. de mar.* Instrument dont on se sert pour mesurer la marche d'un navire.

BLOT (Maurice), graveur de talent, né en 1754, mort en 1818, a gravé plusieurs œuvres importantes d'après le Guide, Raphaël, le Titien, N. Poussin, Fragonard, etc., et des vignettes pour les œuvres de Voltaire, de Racine, de La Fontaine.

BLOUET (Guillaume Abel), architecte, né à Passy, le 6 octobre 1795, mort à Paris le 17 mai 1853 ; entre en 1814 à l'atelier de Jules Delespine et fut admis l'année suivante à l'école académique d'architecture. Deux ans plus tard il remportait le second grand prix, enfin en 1821 le prix de Rome sur un projet de « Palais de Justice pour le chef-lieu d'un département. » Son envoi de Rome de quatrième année, la *Restauration des thermes de Caracalla* fut si apprécié qu'en 1826, il fut publié aux frais du gouvernement. Cette même année, son maître Delespine étant mort, il ouvrit un atelier qui continua pour ainsi dire celui de son maître ; en 1829, il dirigea la partie artistique de l'expédition de Morée. Au mois de juillet 1831, Blouet fut chargé de terminer l'Arc-de-Triomphe de l'étoile, dont Huyot avait été dépossédé par diverses intrigues. Plus heureux que ses nombreux prédécesseurs : Chalgrin, Raymond, Goust et Huyot, Blouet put terminer cette œuvre colossale en 1836 ; il put aussi assister à son inauguration pour l'anniversaire de la révolution de Juillet. — A la fin de la même année 1833, Blouet fut envoyé en Amérique avec un magistrat du nom de Demetz pour y étudier les pénitenciers. A son retour il publia un volume intitulé : *Rapport sur les pénitenciers des Etats-Unis.* Cet ouvrage le fit nommer inspecteur général des prisons de France.

En 1837, 1838 et 1839, il dirigea la décoration des fêtes de juillet, et en 1840 les travaux de la colonie pénitentiaire de Mettray dont il avait rédigé les plans. L'œuvre de Blouet est considérable ; en 1848 il fit des travaux de restauration très-importants au château de Fontainebleau. Au Père-Lachaise il éleva un grand nombre de monuments funéraires ; parmi les principaux, nous mentionnerons par rang de date ceux du Marquis de Saint-Thomas (1837), de Bellini (1839), de Seurre (1840), de Casimir Delavigne (1845), de Lenglet (1848), de Delpech (1852).

En 1846, Blouet fut nommé professeur de théorie de l'Architecture en remplacement de Pierre Baltard (V. ce nom) ; en 1847, il publia un supplément à l'*Art de bâtir,* l'ouvrage ou plutôt le chef-d'œuvre de Rondelet. Dès 1837 il était élu membre de l'Institut des architectes Britanniques, tandis qu'il ne fut élu à l'académie des Beaux-Arts de France qu'en 1850, c'est-à-dire à l'âge de 55 ans, trois ans seulement avant sa mort.— E. B.-C.

BLOUSE. 1° Espèce de sarrau de toile bleue ou grise que les paysans et les ouvriers mettent par-dessus leurs vêtements pour les préserver ; dans quelques contrées, on dit *blaude ;* certains artisans et les jeunes garçons portent la blouse comme vêtement de dessus.

— La blouse est l'ancien sayon des Gaulois.

‖ 2° Appareil nommé *blouse contre l'asphyxie* ou *appareil Paulin,* du nom de son inventeur, et qui est composé d'une casaque en cuir munie d'un capuchon dont le devant est fermé par un masque de verre, pour permettre aux pompiers ou à d'autres travailleurs de se diriger dans les lieux où l'air est devenu irrespirable. ‖ 3° Chez les potiers d'étain, pièce qui sert de moule.

* **BLOUSSE.** Déchet de laine peignée employée dans l'industrie de la draperie, surtout pour la confection des draps noirs à prix très modérés.

BLUTAGE. *T. techn.* Les différents moyens de broyage ne rendent pas le corps régulièrement divisés, comme cela est nécessaire dans beaucoup de cas ; il faut donc tamiser les matières après qu'elles ont été soumises, soit à des noix, soit à des meules verticales, soit à des meules horizontales, soit à des pilons, etc.

Autrefois, on passait, à bras, les produits de ces appareils, ou de tous autres, dans des tamis ronds, dont le fond était en toile. Ces tissus, dès le principe, étaient composés de crins d'animaux; qu'on n'emploie plus maintenant que pour les matières liquides. Mais, pour les matières sèches, on prenait des toiles de chanvre (étamine), de laine (quintin), de soie ou de fils métalliques.

Ce mode était coûteux, donnait peu et fatiguait beaucoup les ouvriers ; il compromettait souvent leur santé par des absorptions délétères. On a cherché des moyens plus énergiques, plus sains, plus économiques et plus industriels, on en a trouvé trois qui sont :

Le *bluteau,* la *bluterie* et le *blutoir.*

Ces systèmes, quoique désignés par des noms presque identiques, sont cependant très différemment conformés.

Le *bluteau* est un conduit en étamine ou en soie, incliné et renfermé dans une caisse en bois appelée *huche.* Il est secoué par un babillard qui l'agite vivement au moyen d'un bras et d'une lanterne qui, en se rencontrant, produisent ce tic-tac, annonçant l'existence d'un moulin à farine à des distances assez grandes. Le bluteau a disparu presque entièrement.

La *bluterie,* qui l'a remplacé généralement, est également renfermée dans une caisse en bois, dite le *coffre.* C'est une carcasse à pans, tournant sur son axe et recouverte de tissus de soie ou de toile métallique, dont les nombreux numéros correspondent aux degrés de finesse qu'on veut atteindre. Lorsque les matières à bluter sont lourdes, comme la céruse, le sulfate de baryte, etc., on établit deux carcasses, l'une concentrique à l'autre. Elle est garnie de toile métallique d'un numéro ouvert (8 à 12). Elle a pour objet de diviser la charge et de protéger la soie ou la toile métallique, qui recouvre la carcasse la plus éloignée du centre. On laisse entre ces deux chemises de 12 à 16 centimètres de distance.

Quant au *blutoir,* il se compose d'un cylindre fixe, incliné, recouvert toujours de tissus *métalliques.* Un arbre central armé de brosses, tourne dans son intérieur ; celles-ci pressent les matières à tamiser contre la paroi intérieure du cylindre, et obligent les poudres assez fines à traverser l'enveloppe. Ce système, né en Angleterre, y est resté en usage plus généralement que dans les autres contrées de l'Europe. Cependant, les Anglais, eux-mêmes, commencent à donner la préférence à la bluterie. Ce sont ces trois systèmes, *bluteau, bluterie* et *blutoir* qui constituent le *blutage.*

Si on ne blutait que les produits de la mouture des grains, nous aurions réservé cette spécification pour la comprendre dans la *meunerie;* mais des industries nombreuses ont besoin également de substances très régulièrement divisées. Les phosphates et autres engrais minéraux, le *sulfate* de baryte, l'albâtre, les chaux, les ciments hydrauliques, le talc, la céruse, la garance, beaucoup de produits pharmaceutiques et de matières à l'usage de la parfumerie, se transforment au moyen d'appareils semblables à ceux employés par la meunerie ; c'est pour cela que nous avons traité, dans cet article, du *blutage* en général. Il y a lieu, très souvent, d'apporter des modifications dans la construction, dans les dimensions des organes de ces trois systèmes, et dans les numéros des tissus qui les recouvrent. Ces modifications spéciales indiquées par la nature des matières premières à travailler, et par le rendement à obtenir des produits à bluter, se trouvent signalées à chaque industrie. — CH. T.

BLUTEAU. *T. de meun.* Appareil qui servait à diviser les produits de la mouture ronde, dite Française. — V. BLUTAGE. || *T. de corr.* Morceau de vieille couverture avec lequel on essuie la fleur de la peau avant de la passer à l'épinevinette. || *T. de cart.* Signe qui indique sur l'enveloppe le nom de chaque jeu de cartes.

BLUTERIE. *T. de meun.* — V. BLUTAGE.

BLUTOIR. 1° *T. tech.* — V. BLUTAGE. || 2° Appareil servant dans la papeterie à extraire la poussière des chiffons ; c'est généralement un cylindre ou un tronc de cône garni à l'extérieur de toile métallique plus ou moins large, suivant le nettoyage que l'on veut opérer; il est animé d'un mouvement de rotation, autour de son axe. || 3° Cylindre couvert d'une étamine de crin, dans lequel les fabricants de laiton passent la calamine, après qu'elle a été pulvérisée.

* **BOARI.** Nom d'une fibre textile qui est employée à Mozambique et que l'on prétend être fournie par le *sanseviera guineensis.* On l'appelle encore en Europe *chanvre d'Afrique.*

BOBÈCHE. 1° Pièce cylindrique mobile et à rebord, en verre, en cristal, en métal, que l'on adapte aux lustres, bougeoirs ou flambeaux pour recueillir la matière fondue. || 2° Petit coin d'acier fin, d'environ trois centimètres de long, qui sert dans la fabrication des instruments tranchants.

BOBÈCHON ou **BOUCHON.** *T. de carross.* Partie d'une lanterne de voiture et faisant suite au canon; le bobèchon se décroche ou se dévisse dans certaines lanternes pour qu'on puisse y introduire la bougie qui est poussée vers le haut par un ressort; lorsqu'elle est en place, le bobèchon n'en laisse passer que la mèche. Dans d'autres cas le bobèchon est fixe et sert seulement à retenir la bougie qu'on introduit en dévissant le canon.

* **BOBILLE.** *T. d'éping.* Cylindre de bois dont l'axe est formé par un arbre de fer, et qu'on fait tourner à l'aide d'une manivelle.

* **BOBIN.** Nom que l'on donnait autrefois à une sorte de tulle de coton.

* **BOBINAGE.** *T. de filat.* Lorsque la bobine de fil, chaîne, confectionnée sur le métier à filer est enlevée des broches, une opération est encore nécessaire avant l'ourdissage, à moins toutefois que l'ourdissoir ne soit disposé pour travailler à la fusée. Cette opération se nomme le *bobinage,*

et consiste à enrouler le fil sur des petits tubes en bois appelés *bobineaux.* — V. ce mot.

Ce travail se fait soit à la main avec un rouet, soit au moyen de machines appelées *bobinoirs* ou *bobineuses.* — V. BOBINOIR.

Pour bobiner au rouet, le bobineau est enfilé sur une broche en acier armée d'une noix en bois ou en fer, le fil en écheveau est posé sur une tournette et son extrémité attachée sur le bobineau, une corde se développe sur le volant du rouet et la noix de la broche, l'ouvrier chargé du bobinage tourne le volant au moyen d'une manivelle et de l'autre main guide l'enroulement du fil sur le bobineau.

I. BOBINE. *T. de fil.* Agglomération de filé produit par l'envidage du fil confectionné, sur la broche du métier à filer, la bobine s'appelle aussi, dans ce cas, *fusée.* || Boudin confectionné par la boudineuse et enroulé sur un rouleau en bois garni à ses extrémités de deux rondelles en tôle. || Ce rouleau lui-même. || Petit rouleau, vide, ou chargé de cordon employé dans le travail des cardes à rubans. || Les bobines à boudin et à cordons se nomment indifféremment, *bobine, rouleau* ou *cannelle.* || Petit cylindre de bois rond et garni d'un rebord à ses deux extrémités, dont les femmes se servent pour dévider la soie, le fil, etc.

II. BOBINE. 1° *T. d'exploit. de min.* Cylindre ou tambour sur lequel s'enroule un câble plat ou rond qui produit l'enlevage.

Les tambours à diamètre constant peuvent être employés pour des charges légères et des profondeurs de 200 mètres au plus, car alors le câble lui-même a peu de poids. Mais l'enroulement d'une longueur considérable de câble fait varier le rayon de la bobine (V. TAMBOUR et CABLE); ordinairement les deux bobines d'extraction sont calées sur un même arbre, l'une est fixe, l'autre *folle* ou fixée par des clavettes ou des boulons sur un manchon calé sur l'arbre; elles ont de 3^m,50 à 6 mètres de diamètre.

III. BOBINE ÉLECTRIQUE ou **MAGNÉTIQUE.** *T. de phys.* On a donné le nom de *bobine électrique* ou *magnétique* à des bobines de cuivre ou de bois dont la partie centrale est creuse et sur lesquelles est enroulée une certaine quantité de fil de cuivre recouvert de soie ou de coton. Ces bobines sont généralement adaptées sur une ou plusieurs tiges de fer reliées ensemble qui en font des *électro-aimants,* c'est-à-dire des aimants temporaires qui s'aimantent sous l'influence d'un courant électrique passant à travers le fil de la bobine et qui se désaimantent quand on vient à interrompre ce courant. — V. ÉLECTRO-AIMANT. Quelquefois ces bobines jouent un autre rôle, et en attirant à leur intérieur un cylindre de fer qui s'y trouve quelque peu engagé, elles peuvent déterminer de la part de ce cylindre un mouvement analogue à celui du piston d'une machine à vapeur. D'autres fois on enroule ces bobines avec deux fils distincts, et l'on peut en faisant passer, sous certaines conditions, un courant à travers l'un de ces fils, déterminer dans l'autre fil des courants dits d'*induction*, qui ont beaucoup plus de tension que le courant qui leur a donné naissance, et qui peuvent même produire des étincelles. Les bobines enroulées de plusieurs fils distincts sont indépendamment des effets d'induction qu'elles peuvent produire, fréquemment employées dans les applications électriques, soit pour faire réagir l'électro-aimant auquel elles appartiennent, avec des courants de *quantité* ou *de tensions*, soit pour fournir des effets différentiels, soit pour déterminer des effets nuls sous l'influence de courants égaux traversant les bobines en sens contraires, effets auxquels peut succéder une action mécanique au moment de l'interruption de l'un de ces courants. Les transmissions télégraphiques en sens contraire à travers un même fil et certaines combinaisons de chronographes, sont basées sur cette disposition de bobines.

Les bobines magnétiques sont quelquefois enroulées avec du fil de cuivre dépourvu de couverture isolante, et on les appelle alors *bobines à fil nu*. Ces bobines qui conservent aux *électro-aimants* à peu près la même force attractive que s'ils étaient recouverts avec d'autre fil, présentent l'avantage de ne pas fournir d'*extra-courant*, et par conséquent de supprimer l'étincelle à l'interrupteur qui est en rapport avec elle. — V. INTER-RUPTEUR.

Souvent les bobines électriques ne sont employées que comme des multiples de l'unité de résistance, et alors on les appelle *bobines de résistance*. Elles sont, dans ce cas, étalonnées avec soin et disposées dans des boîtes de manière à pouvoir fournir, comme une collection des principaux poids, tous les multiples ou sous-multiples de l'unité Ces boîtes prennent alors le nom de *jeux de bobines de résistance* ou *appareils de résistance*. Leur fil, dans les appareils soignés, est constitué avec de l'*argentan* ou mieux avec un alliage d'or et d'argent. Les extrémités du fil de chaque bobine aboutissent à l'extérieur de la boîte à un commutateur qui permet, à l'aide de simples bouchons, de développer sur l'appareil telle ou telle résistance que l'on désire.

Les appareils les plus perfectionnés de ce genre qui sont construits en Angleterre chez MM. Eliott, et en Allemagne chez M. Siemens, sont étalonnés, les premiers d'après l'unité de résistance de l'association britannique, c'est-à-dire l'*Ohm*, les seconds d'après l'unité de Siemens qui est bien voisine de l'ohm comme valeur réelle. L'une représente en effet 102 mètres de fil télégraphique, l'autre, 98 mètres du même fil.

Les bobines électriques réduites à leur plus simple expression, c'est-à-dire dépourvues de leur carcasse centrale, constituent ce que l'on a appelé les *hélices électro-magnétiques*; et quand le fil est un peu gros, elles peuvent se soutenir suffisamment par elles-mêmes pour une foule d'expériences intéressantes et notamment celles d'électro-dynamique. On sait que d'après la théorie d'Ampère elles représentent un barreau aimanté, et en effet, comme ces derniers, elles s'orientent vers le nord quand un courant élec-

trique les parcourt et qu'elles sont librement suspendues. Comme cette orientation dépend du sens de l'enroulement de l'hélice, on a donné aux hélices enroulées de droite à gauche le nom d'*hélices dextrorsum* et à celles enroulées de gauche à droite, celui d'*hélices sinistrorsum* : elles ont naturellement deux pôles comme les aimants droits; ce qui a fait supposer à Ampère que les aimants étaient constitués par un courant circulant en spirale autour de l'axe des aimants, et dont les spires se trouvent isolées les unes des autres en vertu de la force *coercitive*. — T. D. M.

* **BOBINEAU.** Petit rouleau en bois, creux, employé au travail de la bobineuse et sur lequel viennent s'enrouler les fils destinés à fournir les fils employés pour l'ourdissage. Ce rouleau est un petit cylindre uni, légèrement évidé dans le milieu et percé d'un trou dans sa partie longitudinale, dans lequel on met l'aiguille de la chappe de la bobineuse. ‖ Tube creux en fonte, alaisé et tourné, servant à donner au boudin confectionné par la carde une torsion suffisante pour

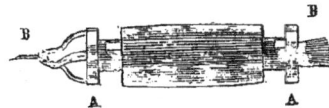

Fig. 455. — *Bobineau.*

le travail; l'alaisage est fraisé et adouci parfaitement aux deux extrémités du tube. Extérieurement le corps de ce tube est évidé, cylindrique à une petite distance de ses extrémités, ces creux sont disposés de façon à entrer dans les entailles ménagées dans le porte bobineaux, les extrémités servent d'istels pour maintenir le bobineau. L'ouverture par laquelle le boudin est introduit dans le tube est libre, l'autre est barrée par un fort fil de fer disposé en forme d'ogive, aplati au milieu et rivé par ses deux extrémités dans l'istel du bobineau, ce fil de fer se nomme *ailette* (fig. 455).

* **BOBINEUSE.** Nom de l'ouvrière chargée de conduire le travail du bobinoir, on donne presque toujours ce nom au *bobinoir* lui-même.

BOBINIÈRE. *T. techn.* Partie supérieure de l'ancien rouet à filer l'or, qui fonctionne comme une bobine.

* **BOBINOIR.** Il y a deux sortes de bobinoirs: le *bobinoir mécanique* fonctionnant par le moyen d'une force motrice mécanique quelconque, et le *bobinoir au pied* actionné par le pied de l'ouvrier chargé de le conduire.

Le bobinoir mécanique sert à transformer directement le fil de la fusée en bobine, sans passer par le dévidage; le bobinoir au pied est employé le plus ordinairement à bobiner le fil en écheveau.

Le bobinoir mécanique est simple ou double : simple quand il ne comporte qu'une rangée de bobines et une seule ensouple; double quand il y a deux rangées de bobines et deux ensouples, une de chaque face.

Il se compose de trois pièces de fonte reliées entre elles par quatre traverses en fer forme cornière ; sur deux de ces traverses, les moins élevées, sont placées sur charnière, les chappes destinées à recevoir les bobineaux. Le poids de la chappe fait presser le bobineau sur l'ensouple qui est portée sur les deux bâtis des extrémités et qui lui communique son mouvement de rotation. A l'une des extrémités et sur l'arbre de l'ensouple se trouve les poulies folle et fixe de commande principale ; quand la bobineuse est double il y a une troisième poulie sur laquelle se développe un cuir qui communique le mouvement circulaire à la seconde ensouple : à l'autre extrémité se trouve un pignon qui engrène avec un autre pignon droit accolé à l'excentrique donnant le mouvement de va-et-vient au guide-fils (fig. 456).

Sur les traverses supérieures des bâtis, est placée sur toute la longueur et toute la largeur une plate-forme en bois sur laquelle se dressent des petits montants en bois d'environ 0,80 centimètres de hauteur, dont les extrémités supérieures sont maintenues fixes par une traverse également en bois qui les réunit toutes. Il y a autant de ces montants que de bobines ; c'est sur eux que sont fixés des poulieaux tendeurs en porcelaine ou en fonte qui servent à raidir plus ou moins les fils suivant leur force et la dureté que l'on veut donner aux bobines. Entre chaque montant, un trou est percé dans la plate-forme, et destiné à recevoir le pied des brochettes en acier ou en bois sur lesquelles sont embrochées les fusées enlevées du métier. Au milieu de l'espace séparant les montants est placé un petit organe

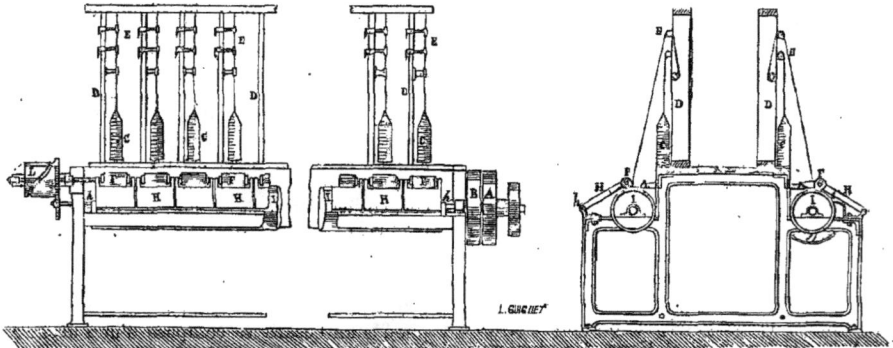

Fig. 456. — Bobinoir mécanique.

A B Poulies folle et fixe de commande. — C Bobines de métier à filer. — D Supports des poulieaux de tension. — E Petits poulieaux tendeurs en porcelaine ou en fonte. — F Arbre des guides-fils. — H Chappe dans lesquelles viennent s'enmancher les bobineaux. — h Charnières des chappes. — I Ensouples L excentriques de va-et-vient.

en fonte ou en bronze dans la forme d'une crapaudine, et en face de lui, à une distance convenable, sur la plate-forme, un ressort en forme de plaque étroite percée d'un trou, ces deux petits organes ont pour destination de recevoir la brochette couchée quand la fusée, diminuée par le travail, est transformée en quion.

L'extrémité du fil est enlevée de la fusée, passée dans une queue de cochon vissée dans le montant, puis enroulée autour de un, deux ou trois poulieaux, suivant la tension que l'on veut donner, ensuite passée dans un des anneaux du guide-fils et attachée au bobineau. A mesure que la bobine grossit, la chappe se soulève et quand elle est chargée d'une quantité suffisante de filé le bobineau est enlevé de l'aiguille, la bobine est finie.

Le bobinoir au pied ne se rencontre jamais chez le filateur, mais est employé chez le fabricant de draps, il sert le plus souvent à bobiner le fil en écheveau. La plate-forme et les brochettes sont remplacées par deux petites tournettes en fil

de fer dont l'une, la supérieure, est mobile sur un arbre fixe; l'autre, l'inférieure, est mobile sur un arbre mobile et, en glissant dans une rainure, se trouve réglée par la longueur de l'écheveau que son poids maintient tendu. L'ensouple est remplacée par un arbre sur lequel sont clavetées autant de poulies en bois très étroites qu'il y a de bobines, ces poulies sont nommées ensouplets, et au nombre le plus ordinairement de dix à douze. Les aiguilles, au lieu d'être fixées dans des chappes, s'enlèvent librement et placées dans des encoches ménagées sur des petits supports fixés à une traverse du bâti, lequel est presque toujours en bois. Sur ces aiguilles sont clavetés des petits poulieaux qui viennent se poser sur les ensouplets. Ce sont ces poulies qui en tournant impriment le mouvement de rotation aux aiguilles sur lesquelles s'enfilent à serrage dur, les bobineaux destinés à recevoir le filé.

L'impulsion est donnée à ce genre de bobinoir, par une marche sur laquelle se pose le pied de l'ouvrier, reliée aux ensouplets par une bielle en fer et dont le mouvement de va-et-vient est transformé en mouvement circulaire au moyen d'une manivelle.

* **BOBŒUF** (Pierre-Alexis-Francis), chimiste, naquit à Chauny (Aisne), le 6 septembre 1807. Il se destinait à l'administration. Après 1830, il entra comme surnuméraire dans les bureaux du ministère Guizot, et plus tard comme titulaire d'un emploi dans le cabinet Casimir Périer. Tout en occupant son poste avec beaucoup de zèle, Bobœuf consacra ses loisirs à l'étude de la chimie. C'est vers cette époque que, grâce à ses recherches, il trouva d'abord des procédés nouveaux pour l'application des couleurs, et qu'il donna, par son activité, un développement considérable à l'industrie des fleurs artificielles. En 1848, ses études portèrent sur les propriétés de l'acide phénique, dont la préparation présentait de très grandes difficultés. Après des efforts inouïs, il obtint un excellent résultat et il prit un brevet pour un procédé de fabrication qui donnait trente-six fois plus de produit, en traitant directement toutes les huiles de houille par une solution concentrée de soude.

Les illustrations du monde savant reconnaissent que si Runge et Laurent ont eu le mérite d'avoir, les premiers, décrit l'*acide phénique*, Bobœuf avait eu celui, non moins grand, d'en rendre les applications faciles et pratiques. En rendant cet acide soluble et en le combinant avec la soude, l'habile chimiste a trouvé un agent désinfectant de premier ordre, universellement connu aujourd'hui sous le nom de *Phénol-Bobœuf*. — V. Phénol.

Le succès de ce précieux produit s'affirme bientôt comme un hémostatique des plus puissants, comme un désinfectant des plus efficaces comme un antiseptique des plus sûrs, sans compter les résultats obtenus pour combattre les maladies contagieuses telles que : le choléra, le typhus, la fièvre typhoïde, la petite vérole, etc. Plus tard Bobœuf utilisa son phénol comme topique souverain contre les brûlures, coupures, morsures et piqûres dangereuses ; puis pour la médecine vétérinaire (typhus contagieux, morve et autres maladies infectieuses des bêtes à corne). C'est alors que le savant chimiste adressa un mémoire à l'Académie des sciences sur l'emploi des produits de la distillation de la houille. Le 25 mars 1861, l'*Institut de France* récompensa Bobœuf en lui décernant le *prix Montyon*. (Concours des arts insalubres).

L'opinion publique a depuis longtemps ratifié les décisions de la science : le *Phénol-Bobœuf* est devenu d'un usage général et l'expérience de chaque jour démontre combien sont justes et légitimes les récompenses qui lui ont été accordées par toutes les académies et par les jurys des différentes expositions. En outre, sur la proposition du conseil de santé des armées, son emploi a été reconnu indispensable dans les hôpitaux civils et militaires, dans tous les lieux insalubres où il est nécessaire de détruire les ferments de mauvaise nature ; les compagnies des chemins de fer et les établissements publics l'ont également adopté.

D'autres préparations dont l'emploi tend à se généraliser ont pour base le *Phénol-Bobœuf par fumé* : le très estimé docteur Brochard le recommande avec raison aux mères de famille pour les enfants en bas âge ; les praticiens les plus autorisés l'emploient avec succès dans l'hygiène spéciale des dames et dans celle non moins importante des soins de la bouche.

Bobœuf est mort à Saint-Denis en 1874, mais il a attaché son nom à l'une des plus importantes découvertes de la science moderne.

* **BOCAGE** ou **BOCCAGE**. *T. de métall.* Fonte que l'on retire en petits morceaux des laitiers soumis à un bocardage, et qu'on nomme *fonte de bocage.*

BOCAL. *T. techn.* 1° Globe de forme sphérique en cristal ou en verre transparent, qu'on remplit d'eau teintée avec du sulfate de cuivre, et dont se servent les graveurs, les bijoutiers pour concentrer sur un point déterminé la lumière adoucie d'une lampe ou du gaz. || 2° Sorte de bouteille ou de grès à large panse cylindrique, au col large et court, à l'usage des pharmaciens et des liquoristes. || 3° *T. de fact. d'instr.*. Le bocal désigne une sorte de godet, de forme conique ou hémisphérique en cuivre, en cristal ou en ivoire, qui sert d'embouchure aux instruments des familles cor, cornet, trompette, etc., et au serpent. Le diamètre en bocal s'appelle *grain*. — V. Embouchure.

BOCARD. *T. techn.* Appareil composé d'une ou plusieurs batteries de pilons (fig. 457). Chaque pilon d'un bocard se compose d'une flèche verticale, en bois ou en fer, terminée par une tête pesante ordinairement en fonte, et munie d'un mentonnet saillant. Les pilons sont disposés par série de trois ou quatre battants dans une même auge, et leurs flèches sont guidées verticalement entre deux paires de moises horizontales. Chacune de ces séries de pilons constitue ce que l'on appelle une batterie.

Le soulèvement des pilons est obtenu au moyen d'un arbre à cames placé en avant des batteries. Les cames sont régulièrement disposées sur cet arbre, au nombre de trois, quatre et jusqu'à six, dans le plan correspondant à chaque mentonnet ; elles sont rangées en hélice le long de l'arbre, de manière à venir frapper les mentonnets successivement et à des intervalles de temps égaux. On diminue ainsi la violence des chocs, et on régularise la marche de l'appareil, autant du moins que la nature du travail le permet.

Le nombre des cames que l'on peut disposer sur une même circonférence, et par suite le nombre de battements que peut fournir un pilon pour chaque tour de l'arbre, dépend d'ailleurs de la levée que doit avoir le pilon et de la vitesse de rotation de l'arbre. Il faut évidemment que le pilon, soulevé par la came à une certaine hauteur, ait le temps de retomber et d'exercer son action sur la matière qui lui est soumise, avant que la came suivante vienne le soulever de nouveau.

Cette disposition de mentonnet saillant, en reportant l'action de la came en dehors de l'axe de la flèche, donne lieu à un frottement assez considérable entre cette flèche et les moises qui lui servent de guides, et ce frottement est d'autant plus grand que la came agit plus loin de l'axe de la flèche et que les guides sont plus rapprochés ; on doit donc laisser entre les guides des pilons la plus grande distance verticale possible.

Les bocards sont généralement commandés par une roue hydraulique qui transmet son mouvement à l'arbre à came au moyen d'une roue dentée et d'un pignon.

BOCARDAGE. *T. de mécan. et de métall.* Opération qui consiste à concasser, à broyer, à *bocarder* certaines matières, en les soumettant aux chocs répétés d'une série de pilons soulevés alternativement d'une certaine hauteur, et retombant ensuite de tout leur poids sur la matière qui leur est soumise.

Cette opération est pratiquée dans un assez grand nombre d'industries : ainsi l'argile grillée, le quartz, qui entrent dans la composition des briques réfractaires, sont d'abord broyés et pulvérisés au bocard ; il en est de même de certaines écorces riches en tannin, et en particulier des écorces de chêne, qu'on réduit en poudre pour le tannage des peaux, celles-ci sont aussi foulées par le *bocard ;* c'est encore par un bocardage que l'on mélange et que l'on triture dans des mortiers en bois les différents ingrédients, préalablement additionnés d'une certaine quantité d'eau, dont le mélange intime constitue la poudre de guerre, etc.

Mais l'application la plus importante du bocar-

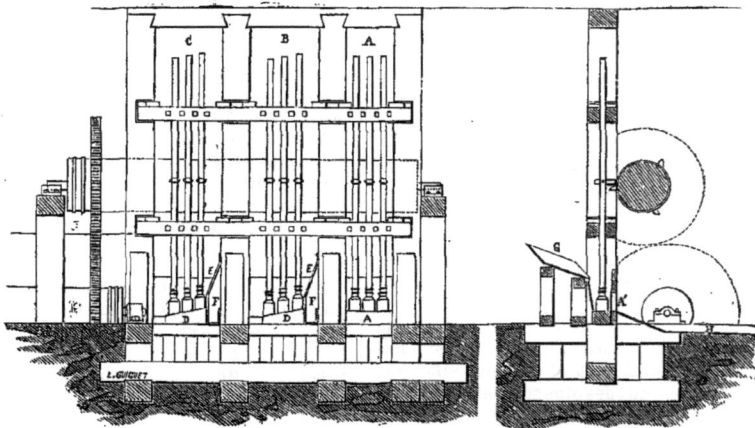

Fig. 457. — *Bocard.*

dage est celle que l'on en fait dans les établissements métallurgiques pour concasser certains minerais, et les réduire à l'état de grenaille ou de poudre plus ou moins fine suivant leur nature.

Le minerai, tel qu'il arrive sur le carreau de la mine, n'est pas encore en état de subir avec avantage les opérations métallurgiques proprement dites ; il doit être soumis préalablement à une série de triages, lavages, broyages, tamisages, qui constituent ce que l'on appelle la préparation mécanique, et qui ont pour résultat l'expulsion de la plus grande partie des gangues stériles, et la concentration des parties métallifères.

Plusieurs genres d'appareils sont en usage pour l'écrasement des minerais ; l'écrasement au bocard, le seul dont nous ayons à parler dans cet article, est généralement préféré pour les minerais à gangues très dures, tels que l'oxyde d'étain à gangue de quartz, certains minerais de fer en rognons caverneux, les galènes à gangue quartzeuse, le quartz aurifère, etc. Tous les minerais, d'ailleurs, n'ont pas besoin d'être réduits au même degré de finesse ; en général, plus un minerai est pauvre, plus le métal est disséminé dans la gangue, et plus on doit bocarder fin.

Le bocardage des minerais se fait généralement avec le concours de l'eau ; l'auge dans laquelle battent les pilons est alors traversée par un courant d'eau qui entraîne les matières broyées à travers une grille adaptée à l'une des faces de l'auge, et les conduit dans un labyrinthe ou dans des bassins successifs, où elles se déposent par ordre de densité. La présence de l'eau dans les auges présente, en outre, l'avantage d'empêcher les têtes de pilons de s'échauffer. Cependant, certains minerais très riches et qui n'ont pas besoin d'être lavés sont aussi bocardés à sec. Dans ce cas, l'auge n'est pas nécessaire ; les pilons battent sur une sole en fonte, et les minerais, après avoir subi leur action, glissent sur une tôle légèrement inclinée et percée de trous ; les grenailles, trop grosses pour traverser, sont ramenées à la pelle sous les pilons.

Le broyage des minerais ne s'effectue pas en une seule opération; les matières sont soumises trois, quatre ou un plus grand nombre de fois aux bocards, avant d'avoir atteint le degré de finesse qui leur convient. A chacune de ces opérations successives, on cherche à écraser le minerai jusqu'à une limite déterminée, et à soustraire les matières à l'action des pilons dès qu'elles ont atteint cette limite. En opérant autrement, on augmenterait considérablement la proportion des boues ou shlamms, qui, dans les lavages subséquents donnent lieu à des pertes très grandes.

Dans les ateliers de préparation des mines du Hartz, par exemple, où l'on traite des galènes argentifères à gangues quartzeuses, un bocard (fig. 457) se compose de trois batteries de trois pilons chacune. Ces trois batteries rangées sur une même ligne, et commandées par un même arbre à cames, sont affectées chacune à un broyage spécial.

La première batterie fait le bocardage gros;

La deuxième fait le bocardage moyen;

La troisième le bocardage fin.

Les pilons de la première batterie A pèsent chacun 150 kilogrammes; ils battent quatorze à dix-huit coups par minute, et ont une levée de 16 à 20 centimètres.

L'auge de cette batterie est à sole horizontale; une grille en fonte A', dont les barreaux verticaux laissent entre eux un espace libre de 2 millimètres environ, est encastrée dans l'une de ses grandes faces, et règne sur toute la longueur de l'auge.

Les deux autres batteries B et C diffèrent de la première en ce que les pilons sont moins lourds et donnent un plus grand nombre de battements par minute. Les soles D des auges de ces batteries sont légèrement inclinées dans le sens de la longueur, et la grille, au lieu d'occuper l'un des grands côtés, est remplacée par un grillage métallique E, disposé transversalement dans l'auge, au point le plus élevé de la sole. Les mailles de ce grillage ont un écartement de 4 millim. 1,2 pour la deuxième batterie, et de 2 millimètres seulement pour la troisième.

Un canal en bois F est établi le long des auges et déverse sur le minerai l'eau qui doit l'entraîner dès qu'il est broyé assez fin pour traverser les grilles.

Le minerai est fourni à la première batterie par une trémie à secousses G; il doit arriver sous les pilons en couche mince. La grenaille, après avoir traversé la grille, est entraînée par le courant d'eau dans des réservoirs de classification, où elle se dépose par ordre de grosseur et de densité.

On extrait de ces réservoirs le minerai qui n'est pas broyé suffisamment fin et on le porte à la deuxième batterie, où s'effectue le bocardage moyen. Le minerai est jeté à la pelle dans la partie basse de l'auge; il est entraîné par l'eau, remonte la pente de la sole, passe sous les trois pilons, et après avoir traversé la grille il s'engage dans un canal légèrement incliné H, qui le con-

duit dans d'autres réservoirs où il se dépose comme précédemment.

Enfin, la troisième batterie est alimentée par les grenailles provenant des opérations précédentes, et trop grosses encore pour traverser les mailles de 2 millimètres de côté. Ce troisième bocardage s'effectue exactement comme le précédent. — H. I.

BOCARDER. *T. techn.* Broyer avec le bocard; débarrasser les minerais de la gangue qu'ils contiennent.

* **BOCQUET.** *Art hérald.* Fer de pique.

* **BODÉE.** *T. de mét.* Petit banc de bois qui sert d'appui au verrier pour y mettre ses outils.

* **BODEN.** *T. de métall.* Fonte de seconde fusion qui a été décarburée.

* **BOESSE.** *T. techn.* Outil qui sert à ébarber les métaux, à nettoyer les ouvrages de sculpture et de ciselure. || On donnait aussi ce nom à une sorte de brosse composée de fils de laiton qui servait dans les hôtels des monnaies à ébarber les lames d'or, d'argent et de cuivre, au sortir des lingotières, avant de les faire passer aux laminoirs; puis on l'a appliqué à l'instrument destiné, chez les doreurs et les argenteurs, à faire disparaître le mat qui recouvre les objets ou à nettoyer leur surface par des frictions prolongées; on appelait cet instrument *gratte-boësse* : on dit aujourd'hui *gratte-bosse*. — V. Argenture (Article *gratte-bossage*).

* **BŒUF.** 1° *T. de mét.* Ouvrier qui, dans les salines, fait de gros ouvrages. || 2° *T. d'arch.* Œil de bœuf. Petite baie ronde ou ovale que l'on pratique dans certaines parties d'un bâtiment. || 3° On donne aussi le nom d'œil-de-bœuf à une sorte d'horloge contenue dans une boîte en bois sculpté ou non, de forme ronde ou ovale, que l'on applique au mur d'une salle à manger ou de toute autre pièce d'un appartement.

* **BOGHEAD.** Sorte de schiste bitumineux employé dans la fabrication du gaz et des huiles ou essences d'éclairage. La variété que l'on trouve en Écosse, d'un brun noirâtre, est la plus estimée; le south-boghead, du sud de l'Angleterre est d'une qualité inférieure. Le schiste est formé de matières bitumineuses, 77 0/0, silicate d'alumine, 20 0/0; chaux, magnésie, traces de fer, 1,67 0/0; eau, 0,83 0/0. Nos schistes bitumineux des environs d'Autun, de Vagnas (Ardèche), sont analogues au boghead écossais; d'ailleurs, on les utilise pour la préparation des gaz et des huiles minérales. — V. Schiste, Huile de schiste.

Le boghead d'Écosse, comme celui d'Autun, renferme des empreintes de fougères, ce qui indique une origine végétale.

BOGHEI ou **BOGUET.** Sorte de voiture légère, espèce de cabriolet découvert peu en usage aujourd'hui.

* **BOGIE.** *T. de chem. de fer.* Les véhicules des chemins de fer américains diffèrent des véhicules généralement adoptés en Europe par le système de train qui les supporte. Ce qui caractérise les seconds, c'est le parallélisme de tous les essieux; disposition qui rend difficile le parcours de ces véhicules sur les lignes à courbes de petit rayon. Dans le matériel américain, les véhicules sont supportés par deux *trucks*, nommés *bogies*, montés sur deux ou trois essieux très rapprochés l'un de l'autre, qui, sous chaque truck, restent parallèles entre eux, mais non pas avec les essieux de l'autre truck. Ces trucks étant reliés au véhicule par une seule cheville-ouvrière autour de laquelle ils pivotent, chacun d'eux peut, sans occasionner de déraillement ou de résistance trop grande à la circulation, prendre la direction qui est commandée par l'inflexion de la ligne, les deux groupes d'essieux ayant la faculté de placer leurs axes dans deux directions convergente ou divergente selon la courbure de la voie.

Sous les locomotives, ce système de support ne peut s'appliquer qu'aux essieux-porteurs indépendants des essieux-moteurs, ou à deux groupes d'essieux-moteurs indépendants l'un de l'autre. Il n'a pas, comme dans les voitures ou vagons, l'avantage de maintenir constamment le centre du truck, la cheville-ouvrière, dans la courbe moyenne de la voie et alors les axes des essieux du truck ne se dirigent pas toujours normalemen' à la courbe du parcours, chose importante pour une circulation à grande vitesse dans des courbes à petit rayon, mais insignifiante pour une vitesse modérée ou pour une ligne à grands rayons. — V. Bissel.

Les nouvelles machines à grande vitesse, du Nord, exposées en 1878 au Champ-de-Mars, ont leur avant-train établi sur bogie.

* BOGUE. *T. techn.* Gros anneau à tourillon qui ceint le manche des marteaux à soulèvement. ‖ Sorte de pelle.

* BOICHOT (Guillaume), sculpteur, mort en 1814, a exécuté les bas-reliefs des *Fleuves* de l'arc du Carrousel, la statue de *Saint-Roch*, à l'église de ce nom, et plusieurs œuvres d'une réelle valeur.

I. BOIS. On donne ce nom à la partie ligneuse des arbres; le même terme s'applique quelquefois à des plantations d'arbres ou à des forêts. Le bois,

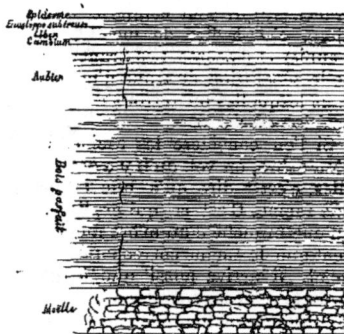

Fig. 458, — *Section d'un chêne.*

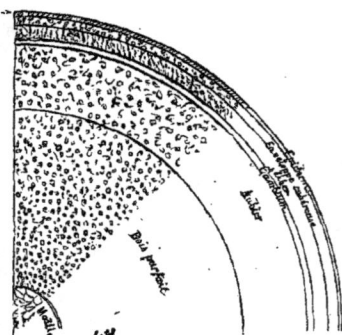

pris dans la première acception du mot, contient, outre la partie ligneuse, différentes substances mélangées ou en dissolution dans la sève. Ces substances sont les unes incrustantes, les autres gommeuses, résineuses et colorantes. La composition de ces matières est mal connue; plusieurs d'entre elles jouent un rôle important dans la formation du bois chaque année. Sans entrer dans l'étude géologique des différents bois, il est important de se rendre compte sommairement de leur composition, surtout de ceux qui sont employés industriellement.

Supposons que l'on fasse la section d'un chêne dans un plan horizontal, puis dans un plan vertical, pour en examiner la constitution. On remarquera que le bois est composé de parties annulaires concentriques ayant généralement des épaisseurs de plus en plus grandes en allant vers la circonférence. Ces anneaux correspondent chacun à la croissance de l'arbre pendant une année; en comptant le nombre des anneaux, on peut donc arriver à connaître très approximative-

ment l'âge d'un arbre; nous y reviendrons dans la suite de cet article.

Si on examine la constitution de ces couches annulaires, on trouve qu'elles sont formées par des séries de fibres, ou cellules plus ou moins allongées réunies ensemble, dans lesquelles circule plus ou moins facilement la sève.

Dans la section d'un chêne, qui est dessinée (fig. 458), on remarque trois parties bien distinctes, qui sont, en partant du centre de l'arbre, la moelle, le ligneux ou bois qui se subdivise lui-même en *bois parfait* et en aubier qui forme une couche annulaire autour du bois parfait, et enfin, autour de l'aubier, l'écorce, qui en est séparée par une couche mince dans laquelle circule la sève ou cambium nécessaire à la végétation.

La moelle, qui se trouve au centre de l'arbre, est formée de cellules généralement allongées; elle est en rapport avec la couche de cambium située entre l'aubier et l'écorce, au moyen de rayons horizontaux appelés rayons médullaires, qui traversent le ligneux. Dans les arbres jeunes, on voit distinctement la moelle, mais dans les arbres plus âgés la moelle durcit et se confond avec le bois parfait qui l'entoure; la vie paraît y être définitivement suspendue. Il y a pourtant des arbres, le sureau par exemple, pour lesquels la moelle reste toujours molle; ces bois ne sont pas propres aux constructions industrielles.

La portion du ligneux qu'on appelle *bois parfait* est celle qui a acquis une grande solidité et une grande dureté. La sève, qui circule dans l'arbre, semble ne plus y pénétrer, ou du moins y pénètre peu. Cette portion est la seule utilisable pour les constructions; elle est attaquée difficilement par les vers. Pour le chêne, ainsi que pour beaucoup d'autres bois employés dans les constructions, on se sert non seulement du bois parfait, mais encore de la moelle, qui est devenue aussi dure que le bois parfait.

Quant à l'aubier, formant la seconde portion du ligneux, il se présente autour du bois parfait sous l'aspect d'une couronne plus ou moins épaisse: il est composé de cellules allongées dans lesquelles circule la sève, et il se transforme progressivement en bois parfait. La constitution de ses fibres est donc la même que celle du bois parfait; la seule différence entre ces deux parties du ligneux, c'est que l'aubier est tendre, mou, et qu'il contient de la sève; il est de plus facilement attaqué par les vers. Ces propriétés de l'aubier le rendent d'un très mauvais emploi pour les constructions.

L'écorce, située à l'extérieur du ligneux, se subdivise en trois parties: à l'intérieur, en contact avec la couche contenant le cambium, se trouve le liber, dont l'épaisseur, bien que très-faible, est cependant composée d'une quantité considérable de couches annulaires très minces, disposées comme les feuillets d'un livre, ce qui lui a valu son nom.

Autour du liber, on remarque une couche plus épaisse de fibres, formées de cellules allongées, qui porte le nom d'enveloppe subéreuse ou liège. Dans certaines essences, comme le chêne-liège, cette enveloppe acquiert une épaisseur suffisante pour fournir les plaques de liège en usage dans l'industrie.

Enfin, autour de l'enveloppe subéreuse, se trouve l'épiderme, qui est en contact avec l'atmosphère. Dans certains arbres, cet épiderme tombe tous les ans, ou éclate sous l'influence de l'accroissement de l'arbre; il est alors remplacé par une couche de l'enveloppe subéreuse qui vient reformer l'épiderme.

Ces indications données, voici comment se fait la croissance des arbres: tous les ans, au printemps, la sève monte dans l'arbre, entre le liber et l'aubier. Les matières incrustantes de la sève forment alors une couche circulaire d'aubier, et en même temps, du côté du liber, une couche de liber infiniment plus mince que la couche d'aubier. Pendant que cette formation s'effectue, la couche d'aubier la plus voisine du bois parfait, se transforme en bois parfait, de sorte que le nombre des couches de l'aubier ne varie pas, tandis que le bois parfait, c'est-à-dire le bois industriel, s'augmente d'une couche.

Ce mode de croissance est commun à la plus grande partie des arbres cultivés en France. La croissance du ligneux a lieu par sa circonférence extérieure, tandis que l'écorce s'augmente d'une couche à son intérieur. Quant au changement de l'aubier en bois parfait, il s'opère successivement du centre de l'arbre à la circonférence.

Tout ce qui a été indiqué pour le tronc d'un arbre s'applique également à la croissance des branches, qui sont composées de la même manière, c'est-à-dire de moelle, de bois parfait, d'aubier et d'écorce. Les branches sont le résultat de la séparation du tronc d'un faisceau de fibres dans lesquelles on retrouve exactement la composition du tronc.

Si l'on considère les racines et les branches d'un arbre, on voit qu'il y a correspondance entre elles, c'est-à-dire qu'à une branche correspond une racine. C'est ce qui explique pourquoi lorsqu'une branche d'un arbre meurt, on trouve souvent que la racine correspondante dépérit également. Il arrive aussi que les fibres du tronc, correspondantes à la branche morte, ont souffert et produisent un défaut dans la longueur du tronc. Ce résultat indique que la sève n'a pu arriver à la branche par les canaux longitudinaux qui la réunissent au tronc.

Pour étudier les différents bois au point de vue de leur emploi dans les arts, il est nécessaire de les diviser en catégories. Plusieurs classements ont été proposés; le plus rationnel, celui qui répond le mieux aux besoins de l'industrie, est le suivant, qui comprend cinq classes:

Les *bois durs*; les *bois blancs*; les *bois résineux*; les *bois fins*; les *bois exotiques*.

NOMENCLATURE DES BOIS.

PREMIÈRE CLASSE Bois durs	DEUXIÈME CLASSE Bois blancs	TROISIÈME CLASSE Bois fins	QUATRIÈME CLASSE Bois résineux	CINQUIÈME CLASSE Bois exotiques
Chêne.	Peuplier.	Sorbier ou cormier.	Pin.	Gayac.
Frêne.	Tremble.	Poirier.	Sapin.	Ébène.
Orme.	Aulne ou aune.	Pommier.	Mélèze.	Acajou.
Châtaignier.	Bouleau.	Alisier.	If.	Palissandre.
Noyer.	Tilleul.	Merisier ou cerisier.		Thuya.
Hêtre.	Platane.	Cornouiller.		Bois de rose.
	Acacia.	Buis.		Amaranthe.
	Charme.			Teck.
	Érable.			Pitchpin.
	Houx.			

Cette classification n'est pas complètement rigoureuse, parce que certains bois peuvent être rangés dans une catégorie aussi bien que dans une autre; cependant, c'est la classification qui s'applique le mieux aux bois industriels. Les quatre premières divisions ne contiennent que des bois indigènes, tandis que la cinquième classe comprend les bois exotiques beaucoup moins employés pour les constructions que les premiers à cause de leur prix élevé.

En adoptant cette division, nous avons établi une nomenclature des bois répartis en cinq classes, d'après le tableau dressé page 764.

Tels sont les principaux bois industriels, rangés dans chaque classe de manière à ce que les bois les plus importants au point de vue industriel se trouvent en tête.

1ʳᵉ CLASSE. — BOIS DURS.

Chêne. Parmi les bois durs, figure en première ligne le chêne, qui est le plus employé et le plus répandu. Il est remarquable par sa raideur, sa dureté et sa durée. C'est un bois très recherché pour les charpentes, parce qu'il est très solide et qu'il se conserve bien, soit à l'humidité, soit à la sécheresse. L'alternative de sécheresse et d'humidité est une cause, lente il est vrai, de destruction de ce bois. Il est peu attaqué par les vers; quand accidentellement ce défaut se produit, il vient de ce qu'on a laissé dans les pièces en œuvre une portion d'aubier.

Pour que le chêne soit de bonne qualité, il faut que ce bois ne soit ni trop jeune, car dans ce cas l'aubier est trop important comparativement au cœur, ni trop vieux, parce qu'il perd alors une partie de ses qualités, il devient cassant et sujet à la vermoulure. C'est le bois européen le plus répandu, et qui pousse dans la généralité des contrées.

Le sol qui convient le mieux à la croissance du chêne de bonne qualité, est une glaise compacte et non marécageuse. Le chêne, dans les terrains bas et humides pousse vite, mais le grain en est grossier et ouvert.

C'est un bois qui travaille beaucoup, et d'autant plus qu'il est plus dur et plus nerveux. Nous avons dit qu'il ne faut pas employer un arbre trop âgé, car le bois serait inférieur; c'est à 100 ans environ qu'on doit abattre les chênes, pour obtenir la meilleure qualité de bois. Dans le chêne trop âgé, le cœur est de qualité inférieure, et ce sont les couches avoisinant l'aubier qui sont les meilleures. Quelquefois on écorce les chênes avant de les abattre, ce qui amène le durcissement de l'aubier, et parfois même du bois parfait. Quant à la saison la plus favorable pour l'abattage, il est préférable de choisir le moment où la sève est en repos, c'est-à-dire l'hiver.

Le grain du chêne est grossier; il se polit mal par suite des veines qu'il possède. Dans certaines espèces, les rayons médullaires s'accusent sur la surface polie par une espèce de moiré très recherché dans l'ébénisterie. Cette moire se présente surtout dans les bois débités sur maille, c'est-à-dire coupés par des plans passant par la longueur de l'arbre.

La préparation de ce bois pour la menuiserie consiste le plus souvent à le débarrasser de sa sève par le flottage, c'est-à-dire à enlever la sève par l'introduction de l'eau dans les cellules du bois. Il est très important d'enlever une grande partie de la sève du bois, pour éviter qu'elle ne pourrisse, et viennent favoriser l'attaque du bois par les vers. Le moyen le plus simple de flotter le chêne, c'est de le laisser longtemps sous l'eau, ce qui permet à la sève d'être déplacée par endosmose au bout d'un certain temps. Le séchage du bois se fait ensuite très facilement, et l'on obtient alors un bois qui est peut-être moins solide, mais qui a le grand avantage de ne plus travailler et de ne ne plus se tourmenter. C'est une condition essentielle pour la menuiserie et l'ébénisterie. Quant à l'emploi du chêne comme poutres, poutrelles, etc., il est préférable de ne pas saigner le bois qui alors conserve toute sa raideur et sa solidité.

Pour connaître les différents moyens employés pour flotter les bois, V. BOIS (Dessiccation des).

Il y a une grande quantité d'espèces de chêne, qu'il est impossible d'étudier le présent article; nous n'indiquerons que quatre de ces espèces, qui sont les plus employées :

1° Le *chêne blanc* ou *chêne pédonculé*, qui est le plus recherché parce que c'est le meilleur parmi les nombreuses espèces de chêne. Il se reconnaît à ses feuilles profondément découpées, d'un vert clair comparativement aux feuilles des autres espèces. Les glands sont isolés à l'extrémité d'un long pédoncule, ce qui lui a fait donner son second nom. L'écorce est fine, lisse et d'une couleur gris blanchâtre. Il pousse très droit, et atteint de grandes proportions; ses branches ne commencent qu'à une grande hauteur sur le tronc. Les fibres du bois sont très droites, parallèles, élastiques et résistantes, ce qui le rend très propre aux constructions. La couleur du bois est blanche tirant sur le jaune clair; quand il vieillit, sa couleur fonce. L'aubier a une couleur un peu plus claire que le bois parfait. Lorsqu'on dresse la surface d'une pièce de chêne sec de bonne qualité avec un outil tranchant, un rabot, par exemple, la surface mise à nu doit être brillante et satinée;

2° Le *chêne rouvre* ou *chêne commun de Bourgogne*, a des feuilles moins découpées que celles de l'espèce précédente, mais par contre, leur couleur est plus foncée. L'écorce est moins lisse et par suite plus grossière; les glands se présentent par bouquets de cinq ou six; les branches commencent plus près du sol que dans l'espèce précédente; la couleur du bois et de l'écorce est plus foncée que celle du chêne blanc; enfin les fibres du bois sont moins élastiques et moins droites, elles sont souvent entrelacées, ce que l'on indique par le nom de *rebours*.

Ces deux espèces sont de beaucoup les plus employées dans l'industrie, dans les charpentes, dans les constructions navales, etc. — La qualité du bois de ces deux espèces varie beaucoup avec les terrains qui les produisent; ainsi, par exemple, le chêne des Vosges a moins de dureté et d'élasticité que d'autres espèces, mais en revanche il travaille moins sous l'action des changements atmosphériques. Il est donc employé pour les travaux de menuiserie. Il en est de même du chêne de Hollande, qui est très recherché en ébénisterie;

3° Le *chêne noir* ou *chêne Tanzin*, qui pousse principalement dans l'Ouest et dans le Midi, a le bois plus foncé et plus dur que les deux espèces de chêne qui précèdent; c'est ce qui lui a valu son nom. Il croît lentement, et n'atteint pas d'aussi grandes proportions. Ses fibres sont encore moins droites que celles du chêne commun, il travaille davantage et présente en général des défauts plus prononcés que ce dernier;

4° Le *chêne vert* ou *yeuse* pousse principalement dans le Midi. Il pousse lentement, et n'atteint pas de grandes proportions. Il a une dureté plus grande que celle du chêne noir; son bois est brun clair et l'aubier presque blanc; il se conserve bien à l'air et à l'eau, seulement, à l'air, il se tourmente beaucoup. Il est recherché pour confectionner les petites pièces qui demandent une grande dureté et une grande résistance. Comme il donne lieu à peu de frottements, on l'emploie pour les dents d'engrenage, les fuseaux de lanternes, les cames, les poulies, etc. On le recherche aussi pour faire des leviers à cause de sa raideur et de sa solidité.

Pour reconnaître la qualité du chêne, on a recours :

1° A la couleur du bois, qui doit être jaune paille s'il n'est pas très sec, et légèrement rosée s'il est vieux. D'une manière générale, la couleur du bois doit être aussi pâle que le comporte l'espèce que l'on considère;

2° Au grain du bois, qui doit être fin et serré; quant aux fibres, elles doivent être droites, parallèles, et non rebours ;

3° A la tranche faite avec un instrument tranchant, un rabot par exemple, qui doit présenter une surface lisse, brillante et satinée, s'il est à peu près sec;

4° A la puissance de la végétation, qui prouve que l'arbre n'a pas souffert, et que sa qualité est supérieure. On a en effet reconnu qu'un bois est meilleur quand sa capacité de végétation est plus grande, c'est-à-dire quand les couches annuelles sont plus épaisses. C'est cette capacité de végétation qui rend les chênes pédonculés de Normandie et de Bourgogne si estimés dans les arsenaux de la marine;

5° A la régularité des couches annuelles, qui montre que la croissance de l'arbre s'est faite également sur toute sa circonférence.

On trouve dans le commerce ce que l'on désigne sous le nom de *loupes de chêne;* ce sont des pièces qui refendues donnent des surfaces ayant des dessins bien veinés. La loupe de chêne de Russie est recherchée à cause de ses dimensions, mais les dessins qu'elle présente sont petits ; sa couleur est pâle, mais sous l'influence des acides elle devient très belle.

Frêne. C'est le second bois du tableau des bois durs : il est dur, pesant, d'une couleur blanche veinée de jaune. Il est composé de zônes dures et très serrées, et de zônes tendres et poreuses,

avec des trous et des canaux interrompus. Les fibres sont très droites, très flexibles, et font très bien ressort. A ce point de vue le frêne est supérieur au chêne; mais comme il a moins de dureté, et qu'il a plus de tendance à pourrir et à se piquer des vers, il lui est inférieur.

Le frêne est très employé dans la carrosserie et dans le charronnage, pour faire des brancards et des timons, parce qu'il se fend moins que le chêne. Lorsqu'on le refend à la hache, on peut en faire de très bons manches de marteaux et d'outils qui agissent par percussion. Le parallélisme des fibres de ce bois, fait qu'il est préférable de le débiter à la hache plutôt qu'à la scie, car dans ce cas on ne tranche pas les fibres du bois.

Orme. On distingue dans l'industrie deux espèces principales d'orme, l'*orme ordinaire* et l'*orme tortillard.* La première espèce a beaucoup d'analogie comme bois avec le frêne; sa couleur est un peu plus rougeâtre, il pousse droit et vite dans les terrains de bonne qualité, et atteint une grande hauteur. Ses fibres sont analogues à celles du chêne et du frêne, mais cependant, il est inférieur au chêne. Il est très recherché pour le charronnage.

L'orme se rabote mal parce que son grain n'est pas assez serré; il se polit difficilement parce qu'il est chanvreux; il se vernit mal parce qu'il est poreux et que l'huile du vernis ressort toujours au bout d'un certain temps. Il a l'avantage sur le chêne de ne pas s'éclater; il se coupe bien dans tous les sens comme le hêtre. Il est recherché pour les pièces courbes, parce qu'il est solide même quand ses fibres sont tranchées. La couleur de l'orme est blanc-jaune quand il est jeune; sa couleur fonce et tire sur le rouge brun en vieillissant. Son aubier est inférieur au bois parfait, mais cependant il est dur et résistant. On peut employer l'orme toutes les fois qu'on a besoin d'une grande force de cohésion ; aussi sert-il pour faire les vis de pression.

L'*orme tortillard* a l'écorce raboteuse, le tronc est recouvert de petites bosses, les fibres sont entrelacées, c'est-à-dire rebours. Il est très dur, très lourd et très difficile à fendre. On l'emploie dans le charronnage pour les moyeux et les jantes de roues, il convient très bien pour les pièces percées d'un grand nombre de trous. C'est un arbre qui vit une centaine d'années ; le maximum de son développement a lieu à 70 ans environ, c'est à cet âge qu'il est préférable de l'abattre pour en obtenir le meilleur rendement. Comme particularité par rapport aux autres bois, son aubier est plus dur que le bois parfait.

Châtaignier. Le bois de châtaignier a de l'analogie avec celui du chêne, mais il n'est pas maillé comme ce dernier. Il sert pour les grandes pièces de charpente. Il est peu employé de nos jours. Cet arbre atteint de grandes dimensions, et il n'est pas sujet à la vermoulure; il est difficile dans les constructions anciennes de le distinguer du chêne. Sa couleur est blanc-jaunâtre; il est un peu moins dur que le chêne, mais il est plus souple. Il se rabote mal et ne se vernit pas bien.

C'est de tous les bois celui qui se tourmente le moins, il sert pour la fabrication des cerceaux.

Noyer. Le noyer prend de grandes proportions; son bois est gris brun lorsqu'il est sec, mouillé il est plus noir. Il est très souple, doux et liant. Il se coupe bien parce que son grain est serré. C'est ce que l'on appelle un *bois plein.* La finesse de son grain le fait rechercher par les sculpteurs, les modeleurs, les ébénistes. Il convient très bien pour les pièces très contournées et. très tourmentées. Il sert aussi en carrosserie pour les panneaux des voitures. On l'emploie quelquefois comme placage, car il offre un veinage et des raies qui le font rechercher en ébénisterie. Le noyer noir d'Auvergne est préférable au noyer blanc qui est plus mou. On s'en sert pour faire des meules à émeri. On doit abattre le noyer par un temps sec et froid; quelquefois on l'écorce avant de l'abattre.

Hêtre. Le hêtre devient aussi très fort; il pousse rapidement, ses fibres sont droites. C'est vers 100 ans qu'il acquiert son maximum de développement. Le bois est brun clair, veiné de parties brillantes plus claires que le bois lui-même; il se coupe bien et n'est pas très dur. On l'emploie pour le tour. Il est sujet à se fendre, et se laisse facilement attaquer par les vers; c'est ce qui fait qu'on l'emploie peu pour les travaux qui doivent durer longtemps. Il se conserve assez bien sous l'eau. Lorsqu'il est fendu encore vert, il peut se contourner facilement et servir à la fabrication des cercles et des mesures de capacité. Exposé à un feu alimenté par ses propres copeaux, il durcit beaucoup.

Le hêtre se rabote bien, mais il ne prend pas un très beau poli. Le grain du hêtre est assez serré; c'est un bois plein et homogène qui est peu sujet à se gercer quand il est sec. Il est très employé par les menuisiers pour les tables et les chaises communes, etc.

Tels sont les principaux bois durs employés dans l'industrie; la seconde classe est celle des bois blancs, dont le plus répandu et aussi le plus employé est le peuplier.

2ᵉ CLASSE. — BOIS BLANCS.

Peuplier. C'est un bois blanc, tendre et très léger, dont les couches annuelles sont très peu visibles. Il n'y a pas non plus dans ce bois une différence sensible entre le bois parfait et l'aubier. Le grain est fin et filandreux, c'est-à-dire que les fibres se détachent difficilement les unes des autres. C'est pour cette raison qu'il est employé pour les tombereaux et les brouettes, qui doivent supporter le frottement de corps durs. En planches, on l'emploie pour la carrosserie et la menuiserie; il sert aussi, sous forme de planches ou de voliges, pour les caisses d'emballage et pour les toitures, car dans ces deux cas on cherche à réduire le poids autant que possible.

On emploie trois espèces principales de peuplier : le peuplier noir, le peuplier blanc et le peuplier d'Italie.

Le *peuplier noir* a ses feuilles lisses d'une couleur noire foncée; c'est l'espèce qui donne le bois le plus ferme et le plus résistant. On le recherche pour les pièces de grandes dimensions, qui demandent une grande solidité.

Le *peuplier blanc* ou *grisard* a le dessus de ses feuilles recouvert d'un duvet blanc; son grain est fin et serré. C'est un bois qui se coupe bien; l'aspect de la tranche est satiné, il est susceptible d'un beau poli. Il sert en menuiserie pour les ouvrages délicats; on emploie les grosses branches pour la fabrication des sabots et pour certains ustensiles de ménage.

Enfin le *peuplier d'Italie* est remarquable par la disposition des branches qui sont serrées autour du tronc, tout en commençant très près du sol. Le bois en est très léger, aussi est-il employé par les layetiers pour les caisses d'emballage. Il est aussi recherché pour la couverture des maisons.

Le peuplier croît très vite, et atteint de grandes dimensions.

Tremble. C'est un bois analogue au peuplier, mais plus mou et d'une qualité inférieure. Il s'emploie seulement pour les ouvrages grossiers.

Aulne ou *aune.* C'est un bois-blanc roussâtre qui pousse vite dans les terrains humides. Il est plus dur que le peuplier; c'est un bois qui se travaille bien et que l'on tourne facilement. Il est adopté pour la fabrication des sabots, car il est presque indestructible à l'humidité; mais il se détériore assez vite à l'air sec. Il est employé pour les montants d'échelles, les chaises communes, les corps de pompe, les pilotis et les grillages pour fondations.

Ce bois fournit des loupes ou excroissances qui sont recherchées en ébénisterie, car elles fournissent un beau placage pour les meubles. La loupe d'aulne est d'une couleur fauve avec des parties brunes. On peut rehausser cette couleur au moyen des acides.

Bouleau. Ce bois présente cette particularité que son écorce se déroule autour du tronc, et tombe à peu près tous les ans. Les anciens se servaient de son écorce blanche comme papier. C'est un bois jaunâtre qui se recourbe facilement; il est doux et peut remplacer le peuplier. Les branches de bouleau servent à faire les balais. Employé dans le tannage des peaux, il donne au cuir l'odeur propre au cuir de Russie. Il est très recherché par les boulangers, parce qu'il donne une longue flamme presque sans fumée, ce qui est très utile pour le chauffage des fours à cuire le pain.

Tilleul. Le tilleul est un bois blanc rougeâtre léger, dont le grain est serré quoique assez tendre. Il se coupe facilement dans tous les sens sans se fendre; il est recherché pour la sculpture un peu grossière. Comme il se tourmente très peu à l'humidité, on l'emploie avec avantage pour la confection des modèles. C'est un arbre qui atteint de grandes proportions, mais il a l'inconvénient de se creuser à l'intérieur. Le liber du tilleul sert à la fabrication des cordes à puits.

Platane. Cette essence d'arbre a été importée en France vers le milieu du xviiiᵉ siècle. Il arrive à de grandes dimensions. Son écorce tombe tous les ans par petites plaques. Le bois est blanc et a très peu d'aubier ; il ressemble assez au hêtre, se coupe bien, se tourne bien, et se conserve sous l'eau, mais il a l'inconvénient de se piquer des vers. Ce bois est peu employé, et cependant il pourrait fournir de bonnes matières premières à l'industrie, car il est assez dur, assez compact et liant, pour recevoir des formes de moulures délicates. Une fois sec, il ne travaille plus ; en le coupant obliquement par rapport aux fibres, il donne un assez beau veinage. On rencontre dans le platane des loupes qui pourraient certainement être employées comme placage.

Acacia. L'acacia est un bois très répandu dans nos climats, où il n'atteint pas de fortes proportions parce qu'il est cassant. La couleur de ce bois est jaune avec des veines brunes et verdâtres. Il est très dur et susceptible de prendre un beau poli ; il s'éclate et se fend facilement. Les branches, sous l'action du vent, se cassent assez souvent. Ce bois se conserve bien sous l'eau, il est dur, nerveux et résistant. On l'emploie pour pilotis ; il sert aussi à faire des rayons de roues pour les voitures légères. Ses qualités le font rechercher pour les dents d'engrenage qui sont sujettes à être mouillées. Il sèche facilement, et n'est pas sujet à se gercer.

Charme. C'est un bois très blanc et très dur, dont le grain est fin et serré. Il se fend par le séchage. Il est employé par le charronnage ; on en fait aussi des vis de pression, des poulies et des cames, qui demandent de la dureté. Le charme sert pour faire les maillets, les coins, etc. Il est très recherché pour le chauffage parce qu'il brûle bien. Il remplace quelquefois le cormier et l'alisier pour fûts d'outils tels que rabots et varlopes.

Erable. L'érable, classé parmi les bois blancs, a des qualités très recherchées. Il est d'un prix élevé, aussi n'est-il guère employé que par les ébénistes et pour la construction des meubles, en raison de sa couleur grise très bien veinée. Il se coupe bien et se tourne bien. La loupe d'érable présente de petits nœuds, aussi est-elle employée pour le placage. L'érable se polit bien et prend différentes teintes par les acides.

Il y a plusieurs espèces d'érable : l'*érable commun,* l'*érable sycomore,* l'*érable plane* et l'*érable à feuilles de frêne,* ou *érable d'Amérique.*

Houx. C'est un bois dur, cassant, noueux, d'un grain fin. Lorsqu'il est raboté et poli, il ressemble à l'ivoire. Il est employé par les tablettiers. Il contient beaucoup d'eau, et il la perd difficilement car son grain est fin et serré. Il a beaucoup de retrait, cependant, quand il est sec, il ne travaille plus.

Nous allons passer maintenant à l'étude des bois fins.

3e CLASSE. — BOIS FINS.

Cormier. Le cormier, appelé aussi *scrbier,* est le plus recherché parmi les bois de cette classe ; son bois est entremêlé de veines noirâtres et rouges, son grain est fin, dur et compact, il se coupe bien et peut recevoir un beau poli. Il donne de très bons frottements, aussi l'emploie-t-on pour dents d'engrenage, cames, glis-

sières, et généralement pour les pièces qui demandent une grande dureté. Sa densité est très grande, car elle atteint quelquefois celle de l'eau. C'est un bois qu'il faut débiter aussitôt abattu, car autrement il travaille et se gerce. Il est quelquefois attaqué par un gros ver, qu'on trouve aussi dans le poirier sauvage et dans l'alisier.

Ce bois est très recherché pour les fûts d'outils tels que rabots, riflards, varlopes et pour les vis de pressoir.

On distingue deux espèces de cormier, celui de plaine et celui de montagne. Ce dernier est moins gros, mais il est plus dur et plus veiné de noir.

Poirier. Le poirier ressemble beaucoup au bois précédent pour les qualités, sa couleur est rouge. Son grain est très fin et très serré, il fend très peu. Il ne faut pas l'employer vert, car il se resserre beaucoup en séchant.

On l'emploie aux mêmes usages que le cormier ; il est aussi recherché par l'ébénisterie parce qu'il se teint très bien. Il remplace souvent l'ébène qui est plus cher. On l'utilise aussi dans la fabrication des modèles parce qu'il se coupe bien dans tous les sens.

Il y a deux sortes de poirier : le *poirier cultivé* et le *poirier sauvage.* Ce dernier vient plus gros, son bois est plus dur, sa couleur plus foncée, et il est veiné de filets noirs comme l'ébène. C'est un bois de première qualité.

Pommier. Le pommier est un bois moins dur et moins bon que les précédents ; cependant, on l'emploie à peu près pour les mêmes usages. Il faut, comme pour le poirier, attendre qu'il soit très sec pour l'employer, car sans cela il travaille beaucoup. On distingue aussi le *pommier cultivé* et le *pommier sauvage.* Ce dernier est plus dur et supérieur à l'autre ; il se rapproche du poirier sauvage sans pourtant l'égaler. Il remplace quelquefois le cormier.

Alisier. L'alisier est un bois très dur, de couleur blanc-rougeâtre. Après le buis et le cormier c'est le bois le plus lourd et le plus dur. Sa couleur varie avec son âge. Le cœur est quelquefois noirâtre ; mais comme il est sujet à fendre, on ne peut guère l'utiliser. Il se tourne mieux que le poirier ; comme son grain est serré, il se prête aux moulures délicates. On le polit et on peut le vernir avec facilité. Il est employé en mécanique pour faire des alluchons, des dents d'engrenage, etc. C'est un bois qui est pour ainsi dire sans aubier.

Cerisier. Ce bois, qu'on appelle aussi *merisier,* se travaille bien ; il est moins dur que les bois précédents, et peut recevoir un beau poli. Trempé dans de l'eau de chaux ou dans les acides pendant 24 heures, il prend une teinte rouge très foncée. Peu employé comme bois de charpente parce que il est très cher, il est très recherché en ébénisterie pour la confection des chaises. Il est poreux et prend bien la couleur. Très peu sujet à fendre, son écorce brûle en faisant explosion, comme l'étoupille ; elle donne alors une grande clarté.

Cornouiller. C'est un bois blanc roussâtre, dont

le cœur en vieillissant devient plus rouge. Il est encore plus dur que le cormier et ne s'emploie que pour les dents d'engrenage. Comme il est très raide et difficile à rompre, il sert à fabriquer des manches d'outils pour le travail des métaux, et pour la fabrication des bâtons d'échelle. C'est un bois noueux, qui reste petit.

Buis. Le buis est jaune, très dur, très compact et très fin comme grain. C'est le plus lourd et le plus dur de nos bois indigènes. Le buis pousse lentement et ne devient pas gros ; quand il a atteint un certain développement, il se pourrit dans le cœur.

On distingue deux sortes de buis, le vert et le jaune.

Le buis vert est plus tendre et plus facile à travailler que l'autre ; il est employé dans les arts pour la gravure sur bois parce qu'il se coupe très bien dans tous les sens. Il se polit bien et prend bien les teintes qu'on veut lui donner. Ce bois est sujet à s'*échauffer,* on appelle ainsi un commencement de décomposition qu'on peut retarder en ayant soin de le sécher à l'air, et de le conserver ensuite à l'abri de l'humidité.

Le buis a une tendance à pousser droit ; mais comme on coupe annuellement ses branches, il se contourne. Le *buis d'Espagne,* qui pousse droit, est recherché par les luthiers. La loupe de buis, improprement appelée *racine de buis,* est recherchée pour les tabatières et les petits ouvrages.

Pour obtenir les loupes veinées de buis, on opère de la manière suivante ; on passe sur la branche qu'on veut transformer en loupe des anneaux en fer ; chaque année on coupe les petites branches qui ont poussé entre les anneaux, et pour que la branche principale ne souffre pas, on conserve les pousses des extrémités. A mesure que la branche se développe, les douilles deviennent trop étroites, la sève, s'extravasant sur les branches coupées, vient former des loupes rondes et à peu près régulières. C'est dans le Jura et la Haute-Marne qu'on trouve les plus belles loupes de buis.

Les acides colorent assez mal le buis parce que le grain est trop serré, mais on peut le teindre avec les teintures des bois de l'Inde.

Le buis est employé dans la mécanique pour petits coussinets de transmission, parce qu'il donne avec les métaux un frottement très doux.

4ᵐᵉ CLASSE. — BOIS RÉSINEUX.

Les bois résineux sont aussi appelés conifères ou bois verts. Ils conservent leur feuillage l'hiver. Lorsqu'ils croissent dans des conditions normales, ils poussent droit en conservant une section circulaire qui diminue de la base au sommet. Ces arbres atteignent une grande hauteur.

Parmi ces bois, on remarque surtout le *pin,* le *sapin,* le *mélèze* et l'*if.*

Pin. Les pins employés en France poussent dans les pays du Nord et dans les pays montagneux. On distingue neuf espèces de pins ; les plus recherchés viennent de Russie, de Suède et de Norwège. En France, on en trouve dans les

Landes et dans la Gironde. Ils s'emploient pour les pièces de charpente de très grande portée.

C'est un bois léger ; sa couleur est blanche, elle brunit en vieillissant. En le distillant, on obtient l'essence de térébenthine, la résine et la colophane. On peut obtenir la résine sans distiller le bois, en le saignant, c'est-à-dire en pratiquant des entailles sur l'arbre quand il est sur pied, ce qui permet à la sève de s'écouler à l'extérieur.

Comme cette essence d'arbre pousse sur les montagnes, son exploitation est difficile, surtout au point de vue des transports. Le pin se conserve bien à l'air, et presque indéfiniment dans l'eau. Les couches annuelles sont composées d'une partie dure, et d'une autre tendre et résineuse.

Sapin. Le sapin, analogue au pin, est beaucoup plus employé, et par suite, beaucoup plus cultivé. Il a le même aspect que le pin et pousse sur les montagnes. Il atteint de grandes proportions, ce qui le fait adopter pour les grandes constructions maritimes.

Le sapin se trouve en France dans les Vosges, la Moselle, le Puy-de-Dôme et le Cantal. Le sapin à grain serré, qu'on appelle *sapin du Nord,* vient de Suède et de Norwège. Généralement les sapins de France sont saignés, tandis que ceux qui nous viennent du Nord ne le sont pas ; c'est une des raisons de la supériorité de ces derniers.

Le sapin se rabote bien, mais il est trop mou pour prendre un beau poli. C'est un bois sonore qui est recherché par les constructeurs d'instruments de musique pour les tables d'harmonie. — V. Bois D'INSTRUMENTS DE MUSIQUE.

Mélèze. C'est un bois analogue au sapin, cependant son grain est plus fin, plus serré et plus rouge. Il se conserve bien à l'air et presque indéfiniment sous l'eau. Il pousse sur les hautes montagnes ; son exploitation est donc difficile. Il est plus résineux que le pin et le sapin, aussi est-il préféré pour la fabrication de l'essence de térébenthine. En raison de ses grandes proportions, il est employé comme le sapin dans les constructions maritimes.

If. Le bois de cet arbre est vert et résineux, son grain est fin. Il possède des nœuds qui tranchent sur sa couleur de fond et lui donnent un très bel aspect. C'est un bois presque incorruptible. Son peu de retrait, sa prompte dessiccation, sa fermeté et le poli qu'il est susceptible de prendre le mettent au premier rang des bois industriels. Il s'égrène lorsqu'on veut le tourner.

Il y a plusieurs espèces d'ifs ; l'if uni et l'if noueux sont les plus remarquables. Le premier ressemble au sapin ; il est sans nœuds mais offre des rayures qui proviennent des couches annuelles. L'if noueux est celui qui pousse dans les terrains rocheux et accidentés. Les nœuds proviennent de petites branches qui poussent du pied au sommet, ce qu'il y a de particulier, c'est que les pousses annuelles partent souvent du centre, en coupant toutes les couches du bois, ce qui produit les nœuds qui décorent ce bois.

5ᵐᵉ CLASSE. — BOIS EXOTIQUES.

Parmi les nombreux bois exotiques, nous indiquérons seulement : le *gayac*, l'*ébène*, l'*angik* ou *angika*, l'*acajou*, le *palissandre*, le *thuya*, le *bois de rose*, l'*amaranthe*, le *teck* et le *pitchpin*.

Gayac. C'est un bois rouge brun très foncé, d'une structure très compacte, très lourd et très serré. Sa densité est très supérieure à celle de l'eau, car le mètre cube pèse 1,300 kilogrammes ; le mètre cube d'eau ne pesant que 1,000 kilogrammes. Sa dureté le fait rechercher pour les petites pièces qui supportent un frottement, comme coussinets de transmission, petites poulies, galets, roulettes, etc.

Ebène. L'ebène a une couleur noire; il est dur, compact et pesant; il est susceptible d'un beau poli, et il est très répandu dans l'ébénisterie. Quelquefois il a des veines grisâtres, ce qui diminue sa valeur. L'aubier est presque blanc.

Acajou. L'acajou est un bois d'un beau rouge, présentant des veines ou ronces qui le font rechercher. Il s'emploie comme placage pour les meubles. L'acajou le plus rare et le plus recherché est l'acajou moucheté.

Palissandre. C'est un bois noirâtre avec reflets bruns violacés, qui sert dans l'ébénisterie pour le placage. Il est poreux et quand il vieillit, le vernis ressort par ses pores.

Thuya. Bois rouge présentant de belles nuances ce qui le fait rechercher comme placage dans la marqueterie et la tabletterie.

Bois de rose. Il nous vient du Brésil ; son grain est fin et compact, plus ou moins veiné de rose mêlé de jaune. Il est employé pour les meubles de luxe.

Amaranthe. L'amaranthe vient de Cayenne; c'est un bois compact et fibreux, d'un aspect gris foncé, qui au contact de l'air prend une belle couleur rouge violacée. Il est trop uniforme dans sa teinte pour les ameublements, il est employé surtout pour faire des filets destinés à trancher sur des bois plus clairs.

Teck. Ce bois a un grain fin et serré; sa dureté est beaucoup supérieure à celle des autres bois connus. On l'emploie quelquefois dans les constructions navales. Son prix est trop élevé pour que ses applications s'étendent beaucoup.

Pitchpin. Ce bois, analogue au pin, vient d'Amérique. Sa couleur est jaune-rouge. Sa résistance est très grande et comparable à celle du chêne. Il remplace très avantageusement le pin, car il est beaucoup plus dur et plus résistant. On l'emploie beaucoup pour la confection des meubles. Il fournit la résine, le goudron, la poix et la térébenthine. En présence du déboisement des forêts en Europe, le commerce et l'importation du pitchpin augmente considérablement parce que son prix n'est pas très élevé.

II. **Bois** (Commerce du). Les bois se rencontrent dans le commerce sous quatre états, savoir :

1° *Bois en grume*; 2° *Bois de charpente*; 3° *Bois de fente*; 4° *Bois de sciage*.

1° Les bois en grume sont ceux qui ont encore l'écorce et l'aubier, ils se rencontrent rarement dans le commerce. La vente du bois en forêt se fait toujours en grume, mais comme on ne paie

le bois que sur la base du bois parfait qu'il contient, il faut déduire du volume total qui comprend l'écorce et l'aubier, une partie de ce volume équivalent à l'écorce et à l'aubier qui tomberont lors de l'équarrissage du bois.

Trois méthodes sont employées pour estimer empiriquement le volume de bois parfait contenu dans un arbre sur pied : 1° la méthode au quart de circonférence ; 2° la méthode au cinquième déduit ; 3° enfin celle au sixième déduit. Ces trois manières de calculer le bois parfait donnent des résultats bien différents, aussi dans un marché fixe-t-on d'abord la méthode d'achat ayant d'indiquer le prix de base du mètre cube.

La première méthode consiste à prendre avec une ficelle la circonférence moyenne de l'arbre par dessus l'écorce, de prendre le quart de la longueur obtenue et de considérer ce quart comme le côté d'un carré dont la surface serait équivalente à la section moyenne du bois parfait de la pièce considérée.

La seconde méthode consiste à prendre la circonférence moyenne de l'arbre comme précédemment, d'en retrancher un cinquième, puis de prendre le quart du restant. La dimension ainsi obtenue est considérée comme le côté du carré dont la surface est équivalente à la section moyenne du bois parfait de la pièce considérée.

Enfin la troisième méthode est la même que la précédente, seulement au lieu de retrancher un cinquième de la circonférence moyenne on ne retranche qu'un sixième.

En appliquant ces trois méthodes à un arbre qui aurait un tronc de 10 mètres de hauteur et de 3 mètres de circonférence moyenne, on arrive aux résultats suivants :

Méthode au quart.

$$\frac{2,40}{4} = 0,60 ; 0,60 \times 0,60 \times 10 = 3,600$$

Méthode au cinquième déduit.

$$\frac{2,40 - \dfrac{2,40}{5}}{4} = 0,48 ; 0,48 \times 0,48 \times 10 = 2,304$$

Méthode au sixième déduit.

$$\frac{2,40 - \dfrac{2.40}{6}}{4} = 0,50 ; 0,50 \times 0,50 \times 10 = 2,500$$

On voit que, suivant la méthode employée, le volume du bois parfait contenu dans le tronc mesuré varie de 2^m,304 à 3^m,600, il en résulte que le prix de limite doit varier beaucoup suivant le système de mesurage adopté.

Le calcul qui se rapproche le plus de la vérité est celui obtenu par la méthode au sixième déduit. C'est celle que les marchands de bois adoptent le plus généralement.

2° Les bois de *charpente* ou *bois équarris* sont ceux qu'on obtient quand on équarrit les pièces en enlevant l'écorce et l'aubier, on obtient alors une section ayant la forme d'un carré dont les angles sont légèrement abattus. L'usage du commerce des bois, à Paris, consiste à ne compter l'équarrissage que de 3 en 3 centimètres, on tient compte ainsi des angles abattus de la section. Ainsi un bois qui aurait 0ᵐ,415 de côté ne serait compté comme n'ayant que 0ᵐ,39 qui est le plus grand multiple de 3 contenu dans la dimension mesurée. Quant à la longueur elle se mesure par 0,25 c'est-à-dire qu'une pièce de bois qui aurait 10ᵐ,90 de longueur est comptée comme n'ayant que 10ᵐ,75 qui est le plus grand multiple de 0,25 contenu dans la longueur mesurée. Ces diminutions ou pertes sont une compensation des défauts ou flaches qui se trouvent dans les pièces de bois.

3° Les bois de *fente* sont obtenus en débitant le bois à la hache. Il faut pour cela que les fibres soient bien parallèles. Les bois de fente sont généralement de bonnes qualités. On trouve dans le commerce comme bois de fente, des lattes, des merrains, des échalas et le bardeau qui sert pour exécuter des planchers.

4° Les bois de *sciage* sont obtenus en divisant par la scie les bois équarris.

On adopte certaines dimensions dans le commerce pour les bois de sciage.

Voici les dimensions les plus courantes :

DÉSIGNATIONS	ÉPAISSEUR	LARGEUR	LONGUEUR
Battants de porte cochère . .	0.108	0.33	3ᵐ et au-dessus
Membrures. . .	0.081	0.16	2 à 4ᵐ
Chevrons. . . .	0.081	0.81	2 à 3ᵐ
Doublette. . . .	0.055	0.93	2 à 4ᵐ
Echantillon. . .	0.035	0.24	2 à 4ᵐ
Entrevous . . .	0.027	0.24	2 à 4ᵐ
Feuillet.	0.022	0.24	2 à 4ᵐ
Feuillet.	0.013	0.24	2 à 4ᵐ
Planches. . . .	0.027	0.31 à 0.32	3.63 à 3.96
Planches. . . .	0.030	0.31 à 0.32	3.63 à 3.96
Madriers. . . .	0.054	0.31 à 0.32	3.63 à 3.96

Enfin, on trouve aussi couramment :

Des poutres. . . .   de 0,30 sur 0,40 ⎫ dont la longueur
Des poutres. . . .   de 0,24 sur 0,30 ⎪   varie de
Des poutrelles. . .   de 0,14 sur 0,20 ⎬   33 centimètres
Des madriers. . .   de 0,08 sur 0,22 ⎭ en 33 centimètres

III. Bois (Conservation du). La conservation des bois comprend les différents moyens employés pour empêcher les bois de pourrir et d'être attaqués par les insectes. C'est là une industrie spéciale que nous étudierons ailleurs.
— V. Conservation des bois.

IV. Bois (Débitage du). Les bois en grume ne se dessèchent qu'avec une extrême lenteur. Cette dessiccation lente produit toujours des gerces sur la surface du bois ce qui en diminue la valeur. Il y a donc tout intérêt aussitôt qu'on connaît l'emploi qu'on veut faire du bois, de le débiter. Dans le mode de débitage adopté, il y a lieu de tenir compte de la propriété du bois de se voiler dans le sens du cœur de l'arbre, c'est ce que l'on indique en disant que le bois *tiré à cœur*. En effet, si on coupe un arbre par un plan passant par son axe et qu'on laisse cet arbre se dessécher, on remarque que le plan de coupe A B devient bombé suivant

A'B' et A"B" pour les deux moitiés de l'arbre (fig. 459). Il n'est donc pas bon de débiter l'arbre par des plans parallèles à A B car toutes les planches auront une tendance à se voiler.

On emploie alors la disposition (fig. 460) pour débiter un arbre en planches. On commence par prélever dans le cœur deux grandes planches A B. Ces planches ne seront pas très sujettes à se voiler car elles comprennent le cœur. Puis on partage le reste du bois par des plans perpendiculaires aux planches prélevées. On obtient

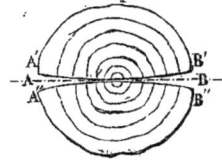

Fig. 459.

ainsi des planches qui ne tendent à se voiler que sur le petit côté de la planche puisque c'est ce côté qui se tourne vers le cœur de l'arbre; or si le petit côté se voile seul, cela ne présente pas d'inconvénient. On peut aussi prendre le système de débitage par planches verticales et planches horizontales successives, comme cela est indiqué pour la portion inférieure de l'arbre ci-dessous.

Le débitage le plus rationnel, au point de vue de la conservation des formes des pièces, serait le débitage par les rayons médullaires. Dans ce cas le bois ne se tourmente pas et reste parfai-

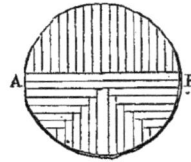

Fig. 460.

tement droit. Mais ce débitage n'est pas pratique parce qu'il entraîne la perte d'une grande partie du bois.

V. Bois (Défauts des). Les bois présentent souvent des défauts ou tares locales qui en diminuent la valeur. Ces défauts sont : l'aubier, le double aubier, les nœuds, la roulure, les gélivures, les gerces, la cadranure, le bois tor, la vermoulure, les ulcères et la carie.

L'*aubier* qui est nécessaire à la croissance des arbres devient un défaut dans les pièces en œuvre. Il est d'abord sans résistance, il est sujet à se pourrir et à s'attaquer par les vers, même à la sécheresse. Lorsque malheureusement une pièce en œuvre possède de l'aubier, non seulement les vers attaquent d'abord l'aubier, mais ensuite ils attaquent le bois parfait. Il faut donc enlever soigneusement tout l'aubier et n'employer que le bois parfait pour les pièces en œuvre.

Le *double aubier* est une portion annulaire d'aubier qui se trouve au milieu du bois parfait. Or comme il faut enlever ce double aubier, qui est sujet à se pourrir comme l'aubier, on comprend que l'arbre perd beaucoup de sa valeur puisqu'il faut le débiter en pièces de petites dimensions pour éviter le défaut signalé.

Les *nœuds.* Ils proviennent des branches qui ont poussé sur le tronc et qui ont été coupées. Ils produisent un défaut de régularité dans le bois, car pendant que les fibres constituant la

Fig. 461.

branche s'écartent du tronc, les fibres du tronc contournent ces dernières et forment le nœud. Il est impossible d'avoir des pièces de bois un peu grandes sans nœud, aussi quand celui-ci est sain et qu'il provient d'une branche coupée pendant qu'elle a toute sa vigueur, le nœud n'est pas un défaut.

Au contraire le nœud est vicieux quand il provient d'une branche morte ou d'une branche qui a simplement souffert, dans ce cas c'est un défaut grave. Il est le siège d'une pourriture sèche ou humide qui deviendra en peu de temps le centre de la destruction de la pièce.

Fig. 462.

La *roulure* (fig. 461) consiste dans les fentes circulaires que l'on remarque dans les troncs des arbres et qui indiquent que deux couches annuelles ne se sont pas soudées au moment de leur formation. Cet accident provient de la gelée dans les hivers très froids ou bien du vent et du givre qui détachent l'écorce ce qui empêche la couche annuelle suivante de se souder complètement.

La roulure peut être partielle comme dans la figure 461 ou complète ; dans ce cas, l'arbre perd plus de sa valeur parce qu'il se compose de deux parties placées l'une dans l'autre ce qui force à le débiter en pièces d'un équarrissage réduit.

Les *gélivures* (fig. 462) consistent en fentes qui partent du centre de l'arbre et vont vers sa circonférence. Elles proviennent de la gelée, qui dans les hivers très froids congèle la sève et fait éclater l'arbre en produisant des fentes plus ou moins grandes. Quand les gélivures sont faibles elles ne dimi-

nuent pas la valeur de l'arbre. Dans le cas contraire elles forcent au débitage du bois en pièce d'un petit équarrissage.

Les *gerces* (fig. 463) sont des fentes qui partent de la circonférence et vont vers le centre. Elles proviennent d'une dessiccation trop prompte de la pièce. En effet lorsqu'on laisse à l'air une pièce

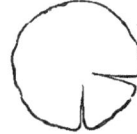

Fig. 463.

de bois il est bien certain que la partie en contact avec l'air va se dessécher bien plus vite que le cœur de l'arbre qui ne subit pas ce contact. Et comme la dessiccation de l'extérieur est accompagnée d'un retrait, l'arbre se fend à l'extérieur en produisant des gerces. Quand elles sont nombreuses et peu profondes elles ne constituent pas un défaut grave. Dans le cas contraire elles

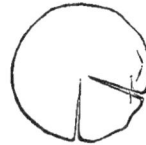

Fig. 464.

forcent au débitage du bois en pièces de faible équarrissage.

La *cadranure* (fig. 464) est formée par la rencontre d'une gerce et d'une gélivure. Elles nécessitent le débitage des bois mais ce n'est pas un défaut qui diminue leur qualité.

Le *bois tor* provient de l'action du vent sur les arbres qui sont jeunes. Il arrive souvent que

Fig. 465.

lorsqu'un arbre a été tordu, les fibres des couches annuelles postérieurement formées se disposent en hélice (fig. 465), comme celles tordues par le vent. Quand on débite un bois tordu pour l'employer, on tranche les fibres qui sont en hélice ce qui diminue beaucoup leur solidité. Si on emploie le bois sans le débiter, sa solidité n'est pas diminuée par suite de fibres disposées en hélice.

La *vermoulure* est particulière au bois échauffé dont la sève a fermenté ou qui a subi un commencement de fermentation. Dans ces conditions les vers attaquent le bois et sont la cause de sa destruction prompte.

Les *ulcères* sont des maladies des arbres sur pied. L'ulcère est indiqué par un suintement de la sève fermentée à travers l'écorce de l'arbre. Ce défaut se rencontre dans les bois durs. C'est un vice très grave parce qu'il indique que l'arbre a souffert dans toute sa longueur et qu'il sera très facilement attaqué par les vers.

La *carie* est aussi une maladie des arbres sur pied. Elle se manifeste par des excroissances végétales sur l'écorce telles que des agarics et des champignons. La carie se présente aussi sur les bois en œuvre, dans ce cas elle fait souvent de grands ravages.

VI. **Bois** (Dessiccation des). On remarque que les bois travaillent d'autant plus qu'ils sont de meilleure qualité et que la dessiccation se fait plus vite.

D'après des expériences de Buffon le bois perd en eau jusqu'à un tiers de son poids. Mais la

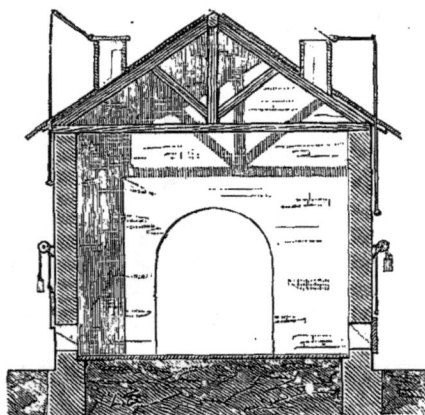

Fig. 466.

dessiccation est loin de suivre une progression régulière. Aussi Buffon a reconnu qu'un morceau de cœur de chêne de 0^m,35 de longueur, sur une section de 0^m,11 sur 0^m,13 placé à l'ombre et à l'abri a mis sept années pour arriver à une dessiccation complète. Pendant les 11 premiers jours, ce morceau a perdu un quart de son eau. Il a fallu 2 mois pour enlever le deuxième quart de l'eau ; 10 mois pour le troisième quart ; tandis que le dernier quart a mis six ans environ pour disparaître.

Le temps de la dessiccation de deux pièces de bois ayant le même volume, varie en sens inverse des surfaces de ces pièces. Ainsi en prenant deux morceaux de bois de même volume, si l'un des morceaux a une surface double, la dessiccation de ce dernier se fera sensiblement deux fois plus vite que l'autre.

On a reconnu aussi que la dessiccation était

sensiblement en raison inverse de la densité du bois.

La dessiccation spontanée du bois s'obtient au moyen des hangars et des empilages en forêt.

Les hangars doivent satisfaire à certaines conditions particulières : le sol du hangar doit être au-dessus des terrains environnants et très imperméable, pour cela on commence par bien comprimer le sol, puis on place par dessus un petit béton recouvert d'une couche de bitume, ce qui empêchera l'humidité d'entrer dans le hangar par le sol.

Le hangar est fermé par quatre murs recouvert par une toiture (fig. 466). Sur les deux petites faces du hangar on pratique une ouverture pour permettre d'entrer et de sortir les pièces de bois à sécher. Sur les deux autres murs du hangar qui sont les plus longs, on pratique vers la partie inférieure des petites ouvertures qui peuvent se fermer avec des registres. Dans la toiture, et correspondant à ces ouvertures, on place des petites cheminées qui se ferment au moyen de registres.

Pour faire sécher des pièces de bois, en commence par les empiler dans le hangar en les

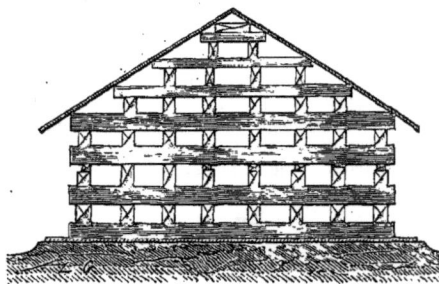

Fig. 467.

faisant entrer par les deux portes disposées sur les petits côtés du hangar. Puis on ouvre les ouvertures inférieures à l'un des grands côtés, on ouvre aussi les cheminées placées en diagonal par rapport aux ouvertures, ouvertes à la partie inférieure. On établit ainsi un courant d'air en diagonal dans le séchoir. Au bout d'un certain temps on change ce courant en fermant toutes les ouvertures précédemment ouvertes et en ouvrant celles jusqu'alors fermées.

On arrive ainsi à sécher convenablement les bois contenu dans le hangar. Pour rendre la dessiccation plus active, on a le soin d'orienter le hangar de manière que les vents qui règnent le plus souvent dans la localité, frappent sur les grands côtés du hangar qui portent les orifices d'entrée de l'air.

Lorsqu'on veut faire sécher les bois en forêt, là où ils viennent d'être abattus, on dispose, non plus des hangars qui coûteraient trop cher à construire en forêt, mais des empilages qui se disposent de la manière suivante :

On commence par préparer une sole bien damée un peu au-dessus du terrain. Sur cette sole on place des chantiers en bois qui servent pour les empilages successifs qu'on pourra faire (fig. 467). Ce sont ces chantiers qui isolent du sol les bois de l'empilage et qui les préservent de l'humidité. Sur ces chantiers on place en travers des pièces de bois qu'on veut faire sécher en ayant soin de ne pas les mettre en contact pour que l'air puisse circuler entre elles.

Quand la rangée est terminée on en place une autre perpendiculaire à la première, puis une troisième parallèle à la première et ainsi de suite. Il faut avoir soin pour que les bois ne se voilent pas, qu'ils soient bien placés, les uns au dessus des autres, de plus comme ils ne sont pas très réguliers on doit les caler, quand leur hauteur dans une même assise n'est pas uniforme. On termine l'empilage en diminuant successivement sa largeur, puis on le couvre par des planches ou voliges qui forment une sorte de large toiture destinée à le bien préserver de la pluie. On oriente un empilage comme un hangar afin que les vents les plus fréquents de la localité frappent ses grandes faces.

On emploie aussi le système d'empilage pour conserver et faire sécher les planches. Quand on veut activer la dessiccation de pièces de bois on emploie le flottage, c'est-à-dire qu'on commence par plonger les pièces de bois dans l'eau qui en chasse la sève en prenant sa place. Dès lors la dessiccation est beaucoup plus facile parce que l'évaporation de l'eau se fait infiniment plus vite que l'évaporation de la sève.

Le flottage se fait dans l'eau courante qui enlève plus vite la sève que l'eau dormante, cependant il dure, en eau, de 5 à 6 semaines. On active le flottage en chauffant l'eau, car avec de l'eau à 30° il s'effectue en 10 ou 12 jours. Enfin quand on veut activer le plus possible la dessiccation du bois on peut employer l'air chaud. Mais il faut d'abord flotter les bois.

VII. **Bois** (Poids du mètre cube des). Comme la résistance des bois augmente en même temps que leurs densités, ces dernières sont intéressantes à connaître. La densité du bois est presque toujours inférieure à celle de l'eau; elle varie d'ailleurs beaucoup suivant l'état de dessiccation du bois et sa provenance. Les chiffres suivants, qui concernent le chêne, font bien ressortir ces différences :

Chêne de Provence. . . .	vert. . . . 1.220
	sec. . . . 1.015
Chêne de Champagne. . .	vert. . . . 988
	sec. . . . 643
Chêne de Lorraine. . .	vert. . . . 930
	sec. . . . 643
Chêne ordinaire.	vert. . . . 1.000 à 1.157
	sec. . . . 785 à 914

Pour les autres bois, en les supposant secs, leurs densités sont consignées dans le tableau ci-dessous :

POIDS DE 1 MÈTRE CUBE DE BOIS:

Frêne. . . .	785	Charme. . . .	757
Orme	743 à 942	Érable. . . .	557 à 843
Châtaignier. .	685	Cormier. . . .	900 à 914
Noyer. . . .	600 à 743	Poirier. . . .	657 à 714
Hêtre. . . .	714 à 885	Pommier. . . .	757 à 800
Peuplier. . .	371 à 614	Alisier. . . .	871 à 885
Tremble. . .	538	Merisier. . . .	714 à 857
Aulne. . . .	543 à 800	Cornouiller. .	761
Bouleau. . .	700	Buis.	900 à 1328
Tilleul. . . .	557 à 600	Pin du Nord. .	814 à 828
Platane. . .	628 à 714	Sapin. . . .	528 à 671
Marronnier d'Inde	657	Mélèze. . . .	657
Acacia. . . .	785 à 800	Gayac. . . .	1328 à 1342

VIII. **Bois** (Puissance calorifique des). — V. CHALEUR, COMBUSTIBLE.

IX. **Bois** (Résistance des). Nous n'indiquerons pas ici les calculs relatifs à la résistance des bois; le lecteur pourra les trouver au mot RÉSISTANCE, qui comprendra non seulement les calculs de résistance des bois, mais encore ceux qui s'appliquent à la résistance des métaux et de tous les autres corps. Nous donnerons seulement quelques expériences faites sur les bois par Buffon et par Duhamel, au point de vue spécial de leur emploi dans les constructions.

Buffon a trouvé que, d'une manière générale, la résistance des bois à la flexion, à la compres-

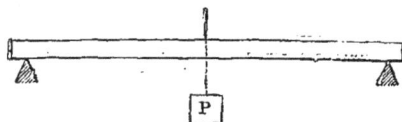

Fig. 468.

sion et à la traction croissait avec la densité du bois.

Duhamel, de son côté, a fait des expériences sur la disposition à donner aux entailles des bois pour les assemblages, de manière à diminuer le moins possible leur résistance. Voici ces expériences :

Duhamel a pris un certain nombre de pièces de bois débitées dans le même arbre; ces pièces avaient un équarrissage de $0^m,04$ de côté, sur une longueur de 1 mètre, et comme elles étaient bien semblables sous tous les rapports, il admit que les expériences faites sur ces différents échantillons seraient comparables.

Il essaya d'abord à la rupture un certain nombre de pièces en les posant sur deux appuis, comme cela est indiqué sur la figure 468, et en les chargeant au milieu d'un poids P, qui était augmenté jusqu'à la rupture. Duhamel trouva ainsi que ces pièces rompaient en moyenne sous une charge de 262 kilogrammes.

Il prit ensuite d'autres pièces, sur lesquelles il pratiqua des entailles à la partie supérieure. Ces entailles de plus en plus profondes, étaient bouchées par des cales en bois très dur. Puis il soumit ces pièces à la rupture. Les expériences donnèrent les résultats suivants :

Pour une entaille dans la partie supérieure du tiers de la hauteur de la pièce, la rupture s'est produite sous un effort de 275 kilogrammes.

Pour une entaille à moitié, le bois s'est rompu à 271 kilogrammes.

Pour une entaille aux trois quarts, le bois s'est rompu à 265 kilogrammes.

On conclut de ces expériences que la charge de rupture augmente pour les pièces entaillées; mais il faut pour cela que l'entaille tende à se fermer sur une cale d'un bois plus dur, qui remplisse

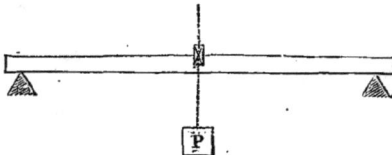

Fig. 469.

bien l'entaille. Au contraire, si l'effort que sup-porte la pièce tend à ouvrir l'entaille, la rupture se fait très facilement (fig. 469).

Ces expériences de Duhamel sont très importantes pour déterminer la disposition à donner aux entailles dans les assemblages de charpente. — F. E.

Dans les articles qui précèdent, nous venons d'étudier la constitution et les propriétés des bois, il nous reste à exposer quelques généralités sur leurs applications dans les arts. On conçoit que par les immenses services que le bois rend à l'industrie, par le rôle important qu'il joue dans les constructions, nous aurions encore à le considérer sous une foule d'aspects, ce qui nous entraînerait à faire un traité sur la matière; nous devons, au contraire, serrer la question et en exprimer les points principaux.

Si nous n'envisageons que les emplois les plus importants du bois dans les arts et l'industrie, nous établirons six classes auxquelles se rattachent des subdivisions d'un ordre inférieur qu'il n'est point nécessaire d'indiquer. Ce sont les *bois de construction*, les *bois d'ébénisterie*, les *bois de chauffage*, les *bois de teinture*, les *bois d'instruments de musique*, les *bois médicinaux*.

X. Bois de construction, bois ouvrés, bois tournés, bois courbés.

Les bois qui servent aux constructions navales, à la charpente, à la menuiserie sont indiqués au paragraphe premier, nous les voyons fréquemment employés pour les combles et les planchers des édifices, les revêtements, les huisseries, les ponts, les jetées, etc.; ils servent aussi comme moyen d'exécution dans la construction des bâtiments. Nous ferons cependant remarquer que la rareté des grands bois s'accroissant sans cesse, on a dû songer à éliminer le bois de la construction pour le remplacer par le fer.

Les bois sont travaillés et façonnés de mille manières différentes; on leur donne toutes sortes

de formes et de dispositions : tantôt on les ouvre en objets de charpenterie, de menuiserie, d'ébénisterie; tantôt on les tourne, ou bien on les courbe en meubles divers.

Le bois est indispensable à la carrosserie, sa qualité principale et essentielle est d'être toujours bien sec avant d'être employé. Les principales sortes de bois dont on fait usage sont : l'acacia, l'acajou, le frêne, le hêtre, le hickory, le merisier, le noyer, l'orme, le poirier et le peuplier. L'acajou et l'hickory nous viennent d'Amérique, les autres sont indigènes. Chacun d'eux a une destination spéciale.

Les bois ouvrés comprennent une nombreuse variété d'applications; les bois tournés employés sous des formes variées, les bois courbés si intelligemment appropriés à l'ameublement, sont rangés dans la catégorie des bois ouvrés. Les bois courbés diffèrent des bois ouvrés ordinaires par la forme que leur donne l'ouvrier; en général, les bois de chêne, de hêtre et autres bois durs sont débités par les fabricants de meubles en bois tournés, ou courbés; il importe, pour la solidité des pièces, que les bois soient sciés en long dans la direction longitudinale des fibres. Le montage se fait sans colle et au moyen de vis. Les bois courbés et les bois découpés ont pris, de nos jours, une place importante dans l'ameublement et la décoration des habitations.

— L'emploi du bois dans la construction remonte à la plus haute antiquité; mais il a subi avec le temps des transformations profondes. Au début de la civilisation, l'arbre fournissait presque tous les matériaux essentiels de la maison. La charpente, rudimentaire et massive, exigeait des troncs entiers qui, simplement dégrossis, posés à plat ou debout, et grossièrement liés les uns aux autres, portaient tout le faix de l'édifice. — V. ARCHITECTURE. Mais, à mesure que les forêts primitives reculèrent devant les progrès de l'agriculture, les bois de grande portée cessèrent d'être des matériaux communs; Philibert Delorme a décrit dans un ouvrage précieux les procédés qu'il inventa pour suppléer à la pénurie de gros bois de charpente. (ROSSIGNEUX.)

— Aujourd'hui, le commerce des bois ouvrés a pris une grande extension, principalement dans les pays du Nord. En Suède surtout, où l'on exporte des panneaux, des châssis, des portes, des fenêtres, des moulures, etc., cette exportation peut être estimée à 2,256,000 francs par an, ainsi répartis : pour l'Angleterre, 1,161,840 francs; pour le Danemark, 366,000 francs; pour l'Allemagne, 269,900 francs; le surplus s'écoule en Belgique, en France, en Égypte et en Amérique.

XI. Bois pour l'ébénisterie, la marqueterie, etc.

L'ébéniste, le tabletier, etc., font usage de quelques-uns de nos bois indigènes et de bois exotiques; ceux-ci doivent à la chaude atmosphère de leurs pays une vivacité de couleurs et une richesse de veines qui n'existent pas, il est vrai, dans les essences de nos contrées, mais on a vu par les dernières expositions quel excellent parti on peut tirer de nos bois; plusieurs d'entre eux, par leur belle texture peuvent rivaliser avec les bois exotiques et ils offrent à l'artiste de précieuses ressources pour la décoration des meubles.

Pour imiter les bois des pays chauds, on colore le bois indigène par des procédés de pénétration qui lui communiquent des couleurs et des odeurs variées. Nous étudierons ailleurs cette coloration artificielle ainsi que les bois de placage. — V. Coloration, Ébénisterie, Placage.

XII. Bois tinctoriaux. On désigne sous ce nom les diverses essences de bois employées, soit directement dans la teinture en général, soit à l'état d'extraits, de décoctions ou de laques. Certains bois sont employés en teinture, non pour teindre, mais à cause de leur tannin et fournissent alors plutôt un mordant qu'une matière colorante. Nous ne pouvons donner ici les propriétés, les qualités de ces bois et les applications particulières à chacun d'eux ; des articles spéciaux leur sont consacrés à leur place alphabétique. Nous ne donnons donc ici qu'une simple nomenclature des bois les plus usités. Ce sont les bois de Bar-Wood, Brésil, Brésillet, Calliatcur ou Carictour, Californie. Campêche, Cam-Wood, Carthagène Cuba, Fernambouc, Fustet, de Hongrie, d'Inde, de Jamaïque, de Lima, de Madagascar, de Maracaïbo de Nicaraque, de Sainte-Marthe, de Santal, de Saint-Domingue, de Sapan, de Siam, de Tampico, de Tuspan, de Zapote, de Terre-Ferme, de Sumac, du Japon. — V. Matières colorantes (Extraction des), Tannin.

XIII. Bois de chauffage. On les distingue en bois neufs et en bois flottés et on les réduit en stères pour l'usage du chauffage domestique et des usines ; les bois durs et pesants sont les meilleurs, les bois blancs sont préférés pour le chauffage des fours. — V. Combustible.

XIV. Bois d'instruments de musique. Pour la construction des instruments à vent et à cordes c'est le bois qui est la matière la plus employée. Son usage est de trois sortes : 1° il est simplement une espèce de récipient ou de canal chargé de donner à la colonne d'air la forme nécessaire pour produire le son ou le timbre, comme dans la flûte, le haut-bois, la clarinette, etc. ; 2° il contribue lui-même à la formation du son ou du timbre par les vibrations des fibres du bois, comme dans le violon et ses dérivés, la guitare, la table d'harmonie du piano, etc. ; 3° il est simplement un des principaux matériaux de construction des instruments, servant à la solidité ou à l'ornement comme dans les harmoniums, les pianos ou les orgues.

Il a été démontré, et nous prouverons le fait au mot Timbre, si étrange qu'il paraisse, que dans les instruments à vent, le bois n'est pour rien dans la couleur du son et de son timbre, ces qualités dépendent absolument de la perce conique ou cylindrique de l'instrument, du mode de formation ou d'émission du son, au moyen de l'anche ou de l'embouchure. Des trompettes en bois ont été fabriquées à Bruxelles, d'après les proportions exactes des trompettes en cuivre, elles ont été essayées et leur timbre est absolument le même que celui des trompettes métalliques.

Nous aurons donc peu de chose à dire sur les bois dont on fabrique les flûtes, les clarinettes, les bassons, les hautbois, etc., ces instruments sont généralement en palissandre, en buis, en érable, en ébène, en grenadille pour les petits instruments comme la petite-flûte ; le basson, dont la longueur est considérable, se compose quelquefois de deux bois comme l'érable qui sert à former la grande branche et le palissandre employé pour la petite. Pour les accessoires indispensables de ces instruments, bec, anche, etc., la matière est plus importante. Nous avons vu au mot Anche de quelles précautions il fallait entourer le choix du roseau employé ; pour les becs de clarinettes l'ébène est généralement en usage, cependant, l'ébène étant soumis, comme tous les autres bois, aux influences atmosphériques et ces variations pouvant nuire gravement aux bonnes qualités de l'anche, on préfère souvent à l'ébène les becs en cristal.

Dans les instruments à cordes, le rôle du bois est moins passif, il vibre avec la colonne d'air et cette vibration prend une part considérable à la nature du timbre. Trois sortes de bois entrent généralement dans la composition des différentes parties du violon, le sapin pour la table, l'âme, et la barre ; l'érable, le noyer, le hêtre ou même le peuplier pour le fond et le manche ; l'ébène pour la touche, le cordier, les chevilles ; pour l'archet on emploie le plus généralement le bois de Pernambuco ou Fernambouc.

Le sapin est préférable à tous les autres bois pour la table, à cause de sa faible densité, de son élasticité, de sa grande résistance de flexion égale à celle de l'acier ; dans ces tables minces, résistantes et élastiques, le son se propage avec une extrême rapidité. Il est nécessaire que le bois soit bien sec. Il est à point lorsqu'il a cinq à six ans de coupe, qu'il a été abattu vers le mois de janvier et conservé dans un lieu sec et aéré. De la disposition des ondes dépend la beauté extérieure du violon, mais il faut que les fibres du bois courent en ligne droite dans toute la longueur et sans décrire de courbe. C'était dans le Tyrol que les célèbres maîtres luthiers se procuraient leurs bois qu'ils gardaient longtemps en magasin. Le meilleur sapin provient de la partie de la Suisse qui avoisine l'Italie, celui du Tyrol est trop spongieux, celui des Vosges trop résineux.

L'érable propage le son avec moins de vitesse que le sapin. Dans ce dernier bois, la vitesse de propagation du son est de quinze fois et demie plus rapide que dans l'air, dans l'érable elle est de dix à douze fois seulement. Ces différences mêmes contribuent à la bonne formation du son dans le violon, c'est pourquoi les bons facteurs n'ont jamais manqué d'accoupler ainsi deux bois de sonorité et de vibration différentes. Deux tables en sapin rendraient un son faible et sourd, deux tables d'érable sonneraient sec et dur. Les deux bois apposés remplissent les conditions voulues ; le meilleur érable pour le violon vient de la Croatie, de la Dalmatie et de la Turquie d'Europe.

On emploie aussi le hêtre pour les fonds ; le peuplier ne sert que pour les instruments de pacotille.

La liste des bois employés pour le piano est

plus considérable. Les uns contribuent à la sonorité comme ceux qui sont employés au fond et à la table d'harmonie, des autres dépendent la solidité et la légèreté de l'instrument dans tous ses détails, d'autres enfin ne servent que pour le luxe et l'ornement. Voici la liste de ces bois empruntée à un bon travail inséré dans les *Études sur l'Exposition de 1867* :

INDIGÈNES.	EXOTIQUES.
Chêne.	Acajou.
Hêtre.	Palissandre.
Sapin rouge et blanc.	Courbaril.
Tilleul.	Cèdre.
Érable.	Cedrat.
Poirier.	Ébène.
Cormier.	Amaranthe.
Noyer.	Bois de fer.
Houx.	Citron.
Grisard.	Ambaine.
Peuplier.	Violet.
Orme.	

Il faut ajouter encore le bois de rose employé en plaqué et marqueterie, et le thuya dont quelques facteurs veulent introduire la mode pour les caisses d'instruments. Excepté le cèdre et l'ébène, les bois exotiques aux brillantes couleurs sont généralement employés à ce dernier usage.

Il existe des tables d'harmonie en acajou, mais il est préférable de les faire en sapin. Le *barrage* (V. ce mot) est en chêne lorsqu'il n'est pas en fer ainsi que la grosse charpente. Pour les chevilles, le hêtre a l'avantage de se resserrer, et par conséquent de fixer les chevilles toujours disposées à se relâcher, le cèdre léger et élastique est précieux pour les manches de marteaux, le cormier résiste à la force de traction des sillets, le poirier est un bois peu sonore et par conséquent fort propre à faire les échappements dont le mécanisme ne doit pas être entendu, enfin, le tilleul, peu sensible aux variations atmosphériques, est excellent pour les claviers. On sait que l'ébène sert à fabriquer les touches diésées et bémolisées.

Dans l'orgue, le bois est arrivé à former une véritable architecture, c'est lui qui, au premier coup d'œil, domine dans la construction de ce magnifique instrument. Les motifs en bois du buffet se marient merveilleusement aux brillantes colonnades des trente-deux pieds d'étain. A l'intérieur, l'importance du bois est plus grande encore, bien que le métal, et particulièrement l'étain, soit plus employé que le bois pour les tuyaux. Décrire tous les usages du bois dans l'orgue serait nous engager à décrire l'orgue presque entier, contentons-nous donc de dire que le bois, généralement chêne, hêtre ou sapin, sert pour un certain nombre de jeux, les claviers de pédales et une partie des claviers à main, les registres, les sommiers, les soufflets, les tringles. La liste des tuyaux de bois est assez difficile à établir, en effet, tel facteur préfère le métal pour la composition d'un jeu, tel autre le bois, cependant désignons quelques-uns des jeux qui sont généralement en bois. Parmi les jeux à bouche où le bois est souvent employé, signalons le trente-deux pieds, le bourdon de trente-deux pieds, les plus

grands tuyaux du seize pieds, et le bourdon de seize pieds. — H. L.

XV. Bois médicinaux ou **sudorifiques.** On range dans cette catégorie le *sassafras*, le *gaiac*, la *salsepareille*, etc.

XVI. Bois. Nous devons donner aussi un certain nombre de dénominations usitées dans l'industrie. Voici les principales : en *T. d'impr.*, on comprend sous ce nom : 1º les *biseaux*, les *réglettes*, les *feuillets*, les *coins* qui servent à serrer les *formes*; 2º les *clichés* (gravures et vignettes) intercalés dans le texte. Anciennement on se servait de morceaux de bois que l'on nommait *bois de tête*, *bois de fonds*, *bois de corps*, pour former les blancs entre les pages et pour serrer les formes, aujourd'hui on emploie des garnitures en fonte.

|| En *T. techn. Bois affaibli*, celui dont la force est diminuée par les entailles, délardements, etc. || *Bois blanc*, celui qui est poreux et léger, quelle que soit sa couleur; l'expression de *bois blanc* est impropre, si on la prend dans le sens opposé à *bois dur*, car un bois peut être blanc et très dur ou coloré et mou : *bois tendre* désignerait mieux le *bois blanc*. || *Bois bouge*, celui auquel le retrait a occasionné une ou plusieurs bombures. || *Bois chandelle*, nom commun à diverses espèces de pins dont les rameaux fournissent des moyens d'éclairage aux habitants des contrées où ils croissent. || *Bois corroyé*, celui qui est raboté. || *Bois de grille*, partie du métier à bas sur laquelle les ressorts sont posés perpendiculairement. || *Bois de lit*, ensemble des pièces de bois qui forment la menuiserie d'un lit. || *Bois de refend*, celui qui a été fendu pour faire des lattes, des échalas et même du merrain. || *Bois de senteur*, bois odorant, comme le *bois de rose*, le *bois de Santal*, le *bois de Rhodes*, le *bois violette*, le *bois citron*, etc. || *Bois d'éventail*, les flèches et maîtres brins avec lesquels on monte les *éventails*.—V. ce mot. || *Bois d'ouvrage*, celui qu'on travaille dans les forêts pour faire des sabots, des instruments de ménage, etc. || *Bois durci.* — V. plus loin l'article spécial. || *Bois flache*, celui qui a des endroits creux que le corroyage ne peut faire disparaître sans trop de perte : c'est l'opposé de *bois bouge*. || *Bois gauche*, celui qui n'est pas droit par rapport à ses angles et à ses côtés. || *Bois lavé*, celui dont on a enlevé les traces de la scie avec la bisaigüe ou le rabot. || *Bois méplat*, celui qui est équarri beaucoup plus large qu'épais. || *Bois merrain*, celui qui est fendu en planches propres à divers ouvrages. || *Bois d'anis* — V. ANIS.

|| *Bois en éclisses.* Ce sont des bois de chêne, de frêne, de peuplier ou de hêtre, débités en petites planches pour faire des seaux, ou roulés en couronnes pour fabriquer des tamis, cribles, tambours et autres objets de boissellerie. On considère aussi comme bois en éclisses les feuilles de sapin destinées à faire des boîtes.

|| *Bois feuillard.* On comprend ainsi les bois de *fente* pour cercles ou lattes et les bois *sciés* pour lattes, lorsque ceux-ci ont au plus 4 à 5 centimètres de largeur, sur 16 millimètres d'épaisseur

ou bien, s'ils sont carrés, 34 millimètres sur chaque face.

On assimile au bois feuillard : 1° les *essandoles*, qui sont des bois de fente planés ou des planchettes de sapin de 21 à 25 centimètres de longueur, dont on se sert, dans plusieurs contrées pour couvrir les maisons; 2° les planchettes de sapin, dites *chandelles de la Forêt-Noire*, qui, par leur longueur, leur largeur et leur épaisseur, sont susceptibles d'être employées comme lattes, et 3° les planches de sapin pour abat-jour ou persiennes.

Bois durci. Le bois durci est l'objet d'une industrie spéciale fort intéressante à laquelle nous devons consacrer une étude particulière. Le bois durci est du bois réduit en poudre impalpable et qui, à sec, se trouve presque métallisé sous l'action combinée de la pression et de la chaleur.

Certains bois contiennent environ 35 0/0 de matières résineuses. Ces matières fusibles s'interposent dans les interstices, et, se trouvant divisées en contact avec toutes les particules ligneuses comprimées, les maintiennent adhérentes lorsqu'elles se solidifient par le refroidissement.

Au contact de la chaleur, ces matières deviennent fusibles, et, sous la pression, s'amalgament avec les particules ligneuses et forment un tout homogène qui se solidifie par le refroidissement.

Voici le principe théorique du bois durci :

L'addition de l'albumine ou de tout autre matière analogue est le complément presque indispensable pour obtenir une bonne fabrication.

L'albumine offre de très grands avantages; elle unifie la couleur du bois et lui donne une nuance noire plus intense, l'agglomération est ensuite plus parfaite et les produits résistent à l'action de l'eau bouillante.

M. Latry est le premier qui soit parvenu à créer industriellement cette nouvelle fabrication; nous allons faire connaître les procédés qu'il emploie.

La poudre de bois est mise à sec dans des bagues en fer contenant le motif ciselé en creux que l'on veut obtenir. Puis elle est soumise sous une presse hydraulique d'une très grande puissance (600,000 kilogrammes de pression environ), à l'action combinée de la presse et de la chaleur. Lorsque le calorique est arrivé à 175° environ, on retire la bague, on la fait refroidir et l'on démoule. Après cette première opération, les objets moulés passent à l'atelier du polissage où l'on enlève les bavures, où l'on donne de la dépouille aux parties qui en ont besoin, où l'on met les objets d'épaisseur et de calibre, et enfin, où elles subissent un polissage complet. Ils vont ensuite à l'atelier de vernissage où l'on relève au vernis certaines parties réservées à cet usage, puis ensuite à l'atelier de montage où ils sont terminés pour passer enfin au magasin.

On obtient avec le bois durci un nombre considérable de menus articles empreints de ce goût particulier à la fabrication parisienne : encriers presse-papiers, plumiers, flambeaux, cadres,

couvertures de livres de messe et d'albums, boîtes en tous genres, croix, bénitiers, bijouterie de deuil, etc., etc.

BOISAGE. 1° *T. d'exploit. de min.* Le boisage d'une galerie consiste habituellement en une série de cadres formés de deux montants appliqués contre les parois latérales et d'un chapeau reposant sur les extrémités supérieures des deux montants et appuyé contre le faîte. Les pieds de ces montants reposent dans des entailles pratiquées dans le sol de la galerie.

Quand la poussée du terrain est considérable, les cadres sont contigus ou on soutient la roche par des bois de garnissage. Si le sol au contraire est résistant, les cadres sont espacés. Lorsque le sol de la galerie manque de consistance, on fait porter les pieds des montants des cadres sur une semelle en bois. Dans certaines mines, le faîte seul est ébouleux et a besoin d'être soutenu; dans d'autres cas, il faut soutenir le faîte de la galerie et le toit du gîte que l'on exploite. Dans ces cas, on boise les galeries avec des cadres incomplets ou portions de cadres. Enfin, quand le terrain est coulant, il faut protéger le fond de la galerie par une sorte de bouclier à plusieurs compartiments que l'on fait avancer au fur et à mesure de l'avancement.

La durée des bois dans les galeries des mines est très variable : dans un air chaud et vicié, ils sont rapidement détruits; le robinier ou faux-acacia (*Robinia pseudo-acacia*) paraît être l'essence qui résiste le mieux dans ces circonstances. On prolonge la durée des bois en les tenant constamment humectés; enfin la conservation des bois par les procédés chimiques peut être appliquée avantageusement dans les mines. || 2° Construire la carcasse d'un navire en montant les couples. || 3° Action de revêtir avec des bois de menuiserie.

* **BOISEMENT**. *T. de chem. de fer.* Sur un sol très friable, les gazonnements ne suffisent pas toujours pour consolider les talus, exposés qu'ils sont à périr par suite de la sécheresse.

Le boisement donne de meilleurs résultats. Les racines peuvent s'enfoncer assez profondément pour résister à la sécheresse et fixer convenablement le sol en y formant un réseau continu. Pour cela, il faut que les plantes ligneuses soient très rapprochées les unes des autres et que le boisement soit disposé en taillis exploités tous les dix ou douze ans. L'état du sol ne permet pas toujours d'effectuer immédiatement des plantations en raison de l'absence de terre végétale ; on procède alors à la restauration du sol à l'aide de plantations ou de semis de plantes gazonnantes ou buissonnantes.

Les agents forestiers emploient à cette restauration les plantes que l'on rencontre croissant spontanément dans les montagnes. Les principales de ces plantes sont le genévrier, l'épine-vinette, l'argousier, l'amélanchier, qui se trouvent généralement dans les parties les plus rocailleuses, la fétuque blanche, dont les touffes volumineuses apparaissent sur les points les plus escarpés des ravins. La luzerne et le sainfoin donnent des racines qui pénètrent profondément dans le sol et qui, par leur enchevêtrement, sont très propres à la retenue des terres sur les pentes.

Les espèces ligneuses les plus convenables doivent être appropriées à la localité, se prêter à la culture sous forme de taillis, porter des racines nombreuses et traçantes et être d'un développement rapide et vigoureux. Dans tous les cas, l'observation des essences qui croissent le mieux dans le pays sera le meilleur guide à consulter dans le choix des espèces dont on pourra faire usage. Nous conseillerons aux ingénieurs de donner la préférence à certains arbres verts, aux acacias, saules-marsault, bouleaux, érables, parce que leurs feuilles tombent au pied de l'arbre et sont rarement chassées au loin.

Les arbres dont le voisinage présente de réels inconvénients pour le chemin de fer sont le peuplier et les conifères (pin, sapin, etc.).

Les feuilles du peuplier tombent à demi desséchées, sont transportées par le vent sur la voie, s'attachent aux rails et déterminent le *patinage* des roues. Quant aux conifères, leur racine pivotante offre peu de résistance à l'action du vent sur la cime. Ces arbres sont facilement renversés et peuvent encombrer la voie ou tomber sur un train en marche, lorsqu'ils dépassent un certain degré d'élévation.

Il est donc nécessaire, quand un chemin traverse une forêt, de calculer la largeur de l'*essartement* d'après la hauteur que les arbres pourront atteindre, et de laisser, de chaque côté de la ligne, une zône débarrassée des produits forestiers qui, indépendamment des inconvénients que nous venons de signaler, peuvent être incendiés par des fragments de combustible échappés du foyer de la locomotive. — CH. G.

BOISERIE. Ouvrage de menuiserie en bois plat, recouvert de peinture ou de sculpture, dont on revêt les murs des appartements.

BOISEUR. Dans les mines, ouvrier qui travaille au boisage.

BOISSEAU. Outre une mesure de capacité que tout le monde connaît, on désigne ainsi, dans quelques métiers : 1° des tuyaux de fonte ou de terre cuite vernissée ou non vernissée, qui s'emboîtent les uns dans les autres, et que l'on place, soit dans les murailles, soit en dehors, pour former les chausses des lieux d'aisances ou les tuyaux de cheminée; || 2° Un trou conique dans lequel on introduit la clef d'une canelle; || 3° Un cylindre creux qui fait partie du moulin à tan; || 4° Un instrument en usage chez les passementiers, pour faire les tresses rondes; || 5° Les pots de terre sans fond que les fabricants de pipes emploient pour la cuisson des pipes et autres petits objets; || 6° La partie d'une presse hydraulique qui a la forme d'une pyramide tronquée.

BOISSELIER. Fabricant ou marchand de *boissellerie*.

BOISSELLERIE. Genre de fabrication et de commerce qui tient à la vannerie et à la tonnellerie; la boissellerie comprend les mesures de capacité en bois, les seaux, les soufflets, les tamis, les cribles; les ustensiles de ménage, pareillement en bois.

BOISSON. Le rôle des boissons dans l'organisme a une importance considérable. Il en est qui sont de véritables aliments et nourrissent l'individu, la plupart agissent comme dissolvants et interviennent d'une façon nécessaire pour faciliter la digestion. Les boissons qui jouent un rôle important dans l'alimentation publique peuvent, tant au point de vue de leur composition que de leurs effets, être rangées en quatre catégories différentes :

1° Les boissons aqueuses;
2° Les boissons fermentées;
3° Les boissons alcooliques;
4° Les boissons aromatiques.

Boissons aqueuses. Nous n'avons pas à nous étendre sur les boissons aqueuses. L'*eau* (V. ce mot), dont nous étudierons longuement la composition et les propriétés, est, sous un ciel tempéré, la plus saine des boissons. Son action sur l'organisme varie naturellement suivant sa composition chimique, sa température et la quantité qu'on en absorbe. Une bonne eau potable doit satisfaire aux trois conditions suivantes : dissoudre le savon, renfermer de l'air et cuire les légumes. Les eaux de pluie et de rivière sont généralement plus salubres que les eaux de sources et que celles des puits. L'eau de mer, même distillée, l'eau stagnante, comme toutes les eaux viciées par la présence de matières organiques en décomposition, sont des aliments insalubres. L'*eau de seltz* (V. BOISSONS GAZEUSES ARTIFICIELLES), prise à doses modérées, est un excitant et facilite la digestion, mais son abus, en surexcitant l'estomac, déterminerait rapidement des accidents qu'il est sage d'éviter.

L'eau mêlée au vin, ou bien à l'alcool à petites doses, constitue un aliment tonique et réconfortant et un breuvage des plus bienfaisants.

Boissons fermentées. Toute boisson fermentée contient de l'eau à l'état de mélange et de l'alcool. L'abus des boissons fermentées conduit donc toujours à l'ivresse, et a pour conséquence des affections graves du foie, du cœur, du cerveau et surtout de l'estomac; les plus alcooliques sont naturellement les plus dangereuses. Leur usage modéré, au contraire, en introduisant dans l'organisme un élément fortifiant, qui en stimule les fonctions sans les surexciter, constitue un aliment tonique qui raffermit les tissus, porte l'esprit à la gaieté, et entretient les forces du corps.

Les boissons fermentées, dont l'usage est le plus répandu dans notre pays, sont le *vin*, la *bière*, le *cidre* et dans quelques contrées le *poiré*. Chacune d'elles sera étudiée à son ordre alphabétique.

Boissons alcooliques. L'*alcool*, l'*eau-de-vie*, le *kirsch*, le *tafia*, le *rhum*, le *gin*, l'*absinthe*

et toutes les *liqueurs* (V. ces mots) sont des boissons alcooliques. Leur usage est généralement
funeste, surtout leur abus. La paralysie ou les
tremblements, les attaques d'apoplexie, une sorte
d'ivresse chronique qui dégénère à la longue en
imbécillité irrémédiable, le *delirium tremens*,
peuvent en être la conséquence. La gastrite, les
squirrhes du pylore, etc., en sont les moindres
effets. Cependant, pris à faible dose et avec mesure, les alcooliques peuvent avoir parfois d'excellents résultats. Un mélange de deux tiers d'eau
et d'un tiers d'eau-de-vie de Cognac constitue un
excellent breuvage ; il produit une sorte de révul-
sion que l'estomac supporte parfaitement, qui
répare les forces épuisées par de grands exercices,
des fatigues excessives ou un épuisement pas-
sager. Pour les voyageurs, pour les troupes en
campagne, l'usage mesuré des alcooliques peut
être non seulement salutaire mais presque indispensable. — Les liqueurs sont de l'eau-de-vie à
laquelle sont ajoutés des aromates, des fruits et
du sucre, qui en tempèrent les qualités stimu-
lantes. Comme digestif, les eaux-de-vie pures,
prises modérément, sont préférables aux liqueurs ;
à jeun les liqueurs sont moins nuisibles que
l'eau-de-vie.

Boissons aromatiques. Les boissons aromatiques les plus usitées en France sont le *café*
et le *thé* (V. ces mots). Le café est une boisson
tonique, réconfortante, et dont l'usage modéré
produit un sentiment de bien-être, une liberté
dans les mouvements, une lucidité dans les idées
qui expliquent le développement considérable
qu'a pris sa consommation dans toutes les classes
de la société, surtout depuis un demi-siècle. Le
thé est la providence des grands mangeurs et des
estomacs débiles.

Chacune des boissons dont nous venons de
parcourir rapidement la nomenclature devant
être étudiée à son ordre alphabétique, au point
de vue de sa composition, de son origine, de ses
effets et de sa fabrication, nous n'avons point à
nous étendre ici plus longuement sur ce sujet.
Nous ne pouvons toutefois terminer cet examen
rapide des diverses boissons qui concourent à
l'alimentation publique, sans consacrer un chapitre à part aux boissons gazeuses, moins en
raison de la place qu'elles occupent dans cette
alimentation, comparativement à toutes celles
dont nous venons de parler, qu'à cause du rôle
important que joue l'intervention des moyens
purement industriels dans la fabrication des
boissons gazeuses artificielles.

Boissons gazeuses.

On désigne sous la qualification générale de
boissons gazeuses toutes celles, quelles que soient
leur origine et leur nature, qui jouissent d'une
saveur particulière, de propriétés pétillantes et
mousseuses et de qualités hygiéniques dues à la
présence de l'acide carbonique. Insipide, incolore et inodore quand il est isolé, ce gaz communique, en effet, aux liquides dans lesquels il est

en dissolution cette saveur aigrelette et piquante
dont l'eau de seltz peut donner la sensation.

Dans les eaux minérales naturelles, c'est par
l'action de forces souterraines qu'il est introduit;
dans les vins, les bières, les cidres, c'est sous
l'influence de la fermentation, dans des conditions
déterminées ; dans l'eau de seltz c'est à l'aide
d'une compression mécanique et de procédés
chimiques dont l'application constitue l'industrie
des boissons gazeuses artificielles ou factices.

Eaux minérales naturelles. A l'état
gazeux l'acide carbonique est très répandu dans
la nature. La respiration des animaux, la combustion des matières organiques, la germination
des graines, la décomposition des matières animales et végétales en produisent des quantités
énormes. Les volcans en vomissent sans cesse.

Sous l'action de causes qu'il est encore difficile
de définir, des amas de ce gaz se forment dans les
profondeurs de la terre, qui, en cherchant une
issue, suivent parfois le parcours des eaux souterraines. Aristote, 350 ans avant J.-C., dans un traité
sur la matière, parle des eaux minérales acidules
de la Sicile et des vapeurs de différentes natures
qui font leur principale vertu. Pline, Gallien et
d'autres auteurs signalent, sans la définir, une
substance élastique dans un grand nombre de
sources qui fournissent des eaux dont l'usage est
salutaire. L'emploi des eaux minérales était donc
largement pratiqué par les anciens. Les Romains,
dans leurs festins, faisaient succéder aux vins
généreux de la Sicile les eaux gazeuses naturelles
apportées à grands frais des sources les plus
lointaines. De nos jours, cet emploi a pris des
proportions telles que l'on peut dire, sans exagération, qu'il constitue un des moyens curatifs les
plus préconisés par la médecine, en même temps
qu'un des aliments hygiéniques les plus répandus.
Nous consacrerons un chapitre important à l'étude
des EAUX MINÉRALES NATURELLES, de leur composition et de leurs propriétés; nous y renvoyons le
lecteur.

Boissons gazeuses naturelles. Ce n'est
point ici la place d'étudier les phénomènes de la
fermentation (V. ce mot), ni leur action sur les
vins nouveaux, les bières, le cidre, le poiré. Le
lecteur en trouvera l'explication dans l'étude relative à chacun de ces produits.

**Boissons gazeuses artificielles ou
factices.** En dehors de la combustion, des
sources naturelles et de la fermentation, l'homme
a à sa disposition d'autres moyens de produire
abondamment le gaz acide carbonique.

Absorbé complètement par les alcalins terreux,
la chaux, la soude, la magnésie, la potasse, les
oxydes ferreux, etc., cet acide forme avec eux des
carbonates qui entrent en quantités considérables
dans la formation de la croûte terrestre; mais il
est chassé de ces combinaisons avec la même
facilité qu'il s'y est introduit, soit par l'action de
la chaleur, soit par l'action d'un autre acide. Cette
facilité de réaction d'un acide sur un carbonate
pour en opérer la décomposition, constitue le
le moyen employé presque exclusivement aujour-

d'hui pour la production de l'acide carbonique nécessaire à la préparation des boissons gazeuses artificielles.

Les anciens pratiquaient l'imitation des eaux minérales naturelles. Ils mêlaient souvent à l'eau ordinaire des sels et des parfums pour lui donner le goût des sources célèbres. Au moyen âge, la médecine alchimique employait également ces mélanges. Mais c'est seulement vers le milieu du xvie siècle que van Helmont posa en principe que « le gaz produit par la combustion du charbon est identique à celui qui se dégage pendant la fermentation et qui, *comprimé avec force dans les tonneaux, rend les vins pétillants et mousseux,* identique à celui qui se dégage des matières organiques en putréfaction, identique enfin à celui que l'on obtient par l'*action d'un acide sur la pierre calcaire.* » Le principe trouvé il semblait qu'il n'y eût qu'un pas à faire pour en tirer les conséquences pratiques. Près d'un siècle devait s'écouler avant que cette importante découverte ne fut utilisée pour la préparation des eaux minérales factices.

La première patente pour la fabrication des eaux ferrugineuses date de 1685. Elle fut délivrée par Charles III à James et Howard, deux apothicaires anglais. A la même époque, d'ailleurs, les pharmaciens de Paris exploitaient déjà cette fructueuse industrie. Lemery, en 1695, donne dans son *Cours de chimie,* une composition du soda water ou eau de seltz, préparé avec des poudres effervescentes, comme on le fait aujourd'hui encore.

Au commencement du siècle suivant Hoffmann, poursuivant les expériences de Van Helmont, reconnaissait, dans les eaux d'Egra et de Selters, la présence du *gaz sylvestre* de ce dernier. Il donnait un moyen d'imiter les eaux minérales naturelles « en mettant dans un vase à col étroit plein d'eau très pure un alcali et ensuite de l'acide vitriolique, en bouchant promptement la bouteille pour retenir l'*esprit minéral* qui se forme par l'effervescence et en agitant le vase pour opérer le mélange. »

Vers la même époque, Hales et Black, prouvaient par de nouvelles expériences que le gaz des eaux minérales naturelles, le gaz sylvestre de Van Helmont, l'esprit minéral d'Hoffmann étaient les mêmes que celui qu'on obtient par la décomposition des carbonates. Venel, pharmacien à Montpellier, imaginait de séparer les matières dans la bouteille et de ne les réunir qu'après le bouchage, et le docteur Bewley faisait faire, en 1767, un pas considérable à la question, en ayant le premier l'idée de produire le gaz dans un vase à part. Il utilisait la réaction de l'acide sulfurique sur le carbonate de potasse.

Lane et Priestley, en 1768 imitaient les eaux de Selters en saturant l'eau pure de gaz qu'ils empruntaient à la fermentation de la bière. Ils déposaient dans l'eau un morceau d'acier dont l'oxydation la rendait ferrugineuse, et construisaient un appareil jusqu'à un certain point susceptible d'applications industrielles.

En 1780, Bergmann ajouta au vase contenant l'eau à saturer, un agitateur à palettes, mû extérieurement par une poignée, et le docteur Nooth inventa vers la même époque les premiers appareils portatifs qui ont servi de type à tous les appareils de ménage actuellement usités.

Les découvertes de Lavoisier, qui, le premier, détermina d'une manière précise la composition du *gaz acide carbonique* et lui donna son véritable nom, permirent aux savants et aux praticiens qui l'ont suivi de marcher sur des données plus sûres, et à l'industrie qui nous occupe de prendre successivement les développements, qui l'ont amenée à son état actuel de prospérité. James Watt, le célèbre constructeur, ajouta à son tour un organe très important aux appareils employés avant lui : le gazomètre destiné à emmagasiner les gaz. Il est à remarquer, en effet, que, bien que les divers essais dont nous venons de faire rapidement l'historique ne soient point, pour ainsi dire, sortis du domaine du laboratoire, on y retrouve le principe de tous les organes qui entrent dans la construction des appareils actuellement en usage. Le premier appareil réellement industriel que nous ayons à signaler est dû à deux français, Gosse et Paul, qui vers le commencement de notre siècle, exploitaient à Genève, sur une assez large échelle, la fabrication des boissons gazeuses.

Cette fabrication qui jusqu'alors avait pour but l'imitation des eaux minérales naturelles, s'est d'ailleurs peu à peu modifiée. Les facilités d'extraction et de transport de ces eaux, le développement qu'a pris leur consommation, et par suite le bon marché relatif auquel on a pu les faire entrer dans le commerce, ont rendu cette imitation sans portée. L'*eau de Seltz*, ainsi nommée de ce qu'elle était une imitation des eaux de Selters, et qu'il serait plus logique aujourd'hui d'appeler simplement *eau gazeuse*, n'est autre chose qu'une dissolution de gaz acide carbonique dans l'eau pure, faite par la pression.

L'industrie a recherché d'autre part à appliquer la gazéification artificielle à tous les produits susceptibles de la recevoir.

Cette seconde partie de notre étude qui comprendra la description des appareils inventés depuis l'appareil de Genève jusqu'à nos jours, et l'ensemble des procédés dont se sert l'industrie moderne des *boissons gazeuses artificielles* trouvera tout naturellement sa place aux diverses applications qu'elle comporte. — V. Eaux minérales artificielles, Eaux gazeuses, Limonades, Sirops, Vins mousseux factices, etc.

— Les boissons sont frappées de droits qui constituent le revenu le plus important des contributions indirectes. C'est là, du reste, un impôt dont on retrouve les traces aux époques les plus éloignées. Chilpéric, d'après Mézeray, prélevait une amphore par chaque arpent de vigne. Jusqu'en 1360, on ne voit rien qui se rapporte à cette prestation en nature, dont on ne connaît même pas les formes et la durée. A cette date, les Etats généraux établirent un droit d'*aides* (nos impôts actuels), dont les impôts sur les boissons formaient l'objet principal, et que Charles VI fixa au vingtième pour les ventes en gros et au quart pour les ventes au détail. Ces droits, que l'Assemblée constituante avait maintenus, ont été supprimés par décret du 16 février 1791. On comprit cependant que l'État se trouvait privé d'une de ses plus grandes sources de revenus et la loi du 5 ventôse an XII institua les *droits réunis* qui, en 1814, ont fait place aux contributions indirectes. La loi du 28 avril 1816 a réorganisé tout le système, et depuis il est intervenu un grand nombre de documents législatifs qui ont réglé cet impôt et spéciaux, pour la plupart, à chaque genre de boissons.

En général, tous les liquides ayant le caractère de boissons vineuses ou alcooliques sont soumis à l'impôt.

Nous allons indiquer sommairement les diverses formalités auxquelles les boissons sont soumises.

Quiconque veut déplacer des boissons doit se munir d'une *expédition*, expression générale qui prend le nom de *congé* quand les droits sont acquittés ; de *passavant*, quand par suite d'absence de crainte de fraude, il y a dispense de droit, de *laissez-passer*, quand à défaut de bureau au lieu de l'enlèvement, l'expéditeur donne un certificat destiné à accompagner les boissons jusqu'à l'obtention du passavant ; d'*acquit-à-caution*, lorsque les boissons sont exemptes des droits à cause de la destination qu'elles reçoivent.

Les boissons destinées à la consommation sont soumises à un *droit d'entrée* dans les villes. Il ne faut pas confondre ce droit avec l'*octroi*, qui est au profit de la commune, tandis que celui qui nous occupe est au profit du trésor. La déclaration et le paiement du droit doivent être faits, au bureau à ce destiné, au moment de l'introduction des boissons dans la ville.

Afin de permettre l'exécution stricte des lois, les employés de la régie, font des *visites* pour s'assurer que dans les magasins où sont déposées les boissons, il n'y a pas de différences entre les boissons entrées dans les magasins et celles existant au moment de leurs visites, sans justification de l'acquit des droits ; on appelle ces différences des *manquants*. A côté de cela se place l'*exercice* qui comporte une série d'opérations destinées à suivre les boissons depuis leur introduction dans les magasins jusqu'à leur consommation, telles que la prise en charge des fûts, leur sondage périodique, leur marque, la prohibition de ne déplacer, transvaser ou dénaturer, qu'en présence des employés. L'établissement des magasins comme toutes les opérations auxquelles donnent lieu les boissons, fait l'objet de dispositions spéciales ; ils ne doivent communiquer avec aucune autre propriété.

Il est inutile d'ajouter que des peines sévères, outre la confiscation des boissons dans grand nombre de cas, sont la sanction de l'inobservation des lois.

Il est trois règles dont la matière dont les industriels doivent bien se pénétrer : 1° l'administration a seule le droit d'apprécier la bonne foi de ceux qui auront commis des délits ou des contraventions, et les tribunaux ne peuvent admettre d'autres excuses que celles établies par la loi ; 2° les débitants sont responsables de *tout* fait pouvant être qualifié délit ou contravention commis à leur domicile par leurs représentants ou même par des étrangers ; 3° les procès-verbaux des employés font foi jusqu'à inscription de faux.

— La fabrication des boissons gazeuses est libre. Il est seulement défendu aux fabricants qui ne seraient pas munis d'un diplôme de pharmacien de préparer des boissons, soit gazeuses, soit alcooliques dans lesquelles il entrerait des substances purement médicamenteuses. La gazéification par l'acide carbonique de l'eau pure, de limonades, de vins ou d'alcoolides dans lesquels entrent des arômes ou des sirops de fantaisie, de quelque nature qu'ils soient, est donc permise à tout le monde, sous la seule réserve de se conformer aux lois et règlements qui régissent la matière.

Ces règlements établissent la nécessité d'une demande d'autorisation, dont la conséquence est la nécessité pour le fabricant de se soumettre à l'inspection des conseils d'hygiène et de salubrité, et des délégués de l'administration qui ont pour mission de constater s'il n'entre dans la composition de ses boissons aucune substance, où s'il ne se produit dans leur fabrication aucune négligence qui soient une cause d'insalubrité.

La fabrication des boissons gazeuses n'est soumise à aucun droit ; la fabrication des vins mousseux et des boissons alcoolisées rentre dans la catégorie des débits de vins ou boissons alcooliques.

* **BOITARD.** T. *de meun.* Pièce de fonte fixée au centre de la meule gisante et servant de collet au fer de meule. On donne également ce nom à la pierre qui forme le centre des meules et autour de laquelle sont appliqués les carreaux. C'est dans le boitard, et au centre, que se trouve l'œillard de chaque meule.

BOÎTE. Coffre affectant des formes et des dimensions diverses, ordinairement fermé au moyen d'un couvercle, et pour lequel on emploie une grande variété de *matières* : métaux, bois, ivoire, écaille, carton. La confection des boîtes concerne un certain nombre de métiers parmi lesquels nous citerons les bijoutiers, les joailliers, les ciseleurs, les tabletiers, les cartonniers, les ébénistes, etc. Ce mot s'étend à tout assemblage de fer, de fonte, de cuivre, etc., destiné à revêtir ou à consolider d'autres pièces ou organes ; aussi est-il généralement suivi du mot qui désigne l'objet que la boîte doit contenir.

1° T. *de chem. de fer et de mach.* Boîte à feu (angl. *Firebox-Shell*, allem. *Feuerkasten*). La boîte à feu est la partie des chaudières tubulaires qui enveloppe le foyer.

Dans les chaudières locomotives, dont le foyer a la forme d'un parallélipipède, les parois latérales de la boîte à feu sont réunies à celles du foyer par des rangées d'*entretoises* vissées ; la paroi d'avant se raccorde avec le *corps cylindrique*, qui renferme les tubes à feu ; le haut ou le *ciel* de la boîte est, soit en *bureau*, c'est-à-dire en forme de voûte pouvant soutenir presque sans armatures la pression de la vapeur ; soit à plat, et dans ce cas, il doit être relié au ciel du foyer par des entretoises ou des tirants analogues à ceux des parois latérales, mais plus longs. — V. FOYER et LOCOMOTIVE.

La boîte à feu est percée de regards fermés par des autoclaves pour permettre d'inspecter et de nettoyer le foyer, et de trous de lavage, fermés par des bouchons à vis. Elle porte, sur sa face arrière, les *niveau d'eau*, les *manomètres*, les *robinets de jauge*, et quelquefois les *prises de vapeur des injecteurs* ; sur son ciel, les *soupapes*, le *sifflet* et quelquefois le *dôme*. Les boîtes à feu se font toujours en tôle de fer ou d'acier. Les principales avaries, auxquelles elles sont spécialement sujettes, sont les fuites aux entretoises et les déchirures lorsque leurs parois latérales sont reliées d'une façon trop rigide aux longerons de la locomotive. Au point de vue de la résistance des matériaux, la boîte à feu est, après le foyer, la partie la plus difficile à consolider dans une chaudière.

‖ 2° *Boîte à fumée* (angl. *Smoke-box*, allem. *Rauchkammer*). On appelle ainsi, dans les chaudières tubulaires, notamment dans celles des locomotives, des locomobiles et de la marine, la cavité qui fait suite au faisceau tubulaire et le relie à la cheminée. Cette boîte est fermée à l'avant par une large porte de nettoyage à fermeture assez étanche pour que l'air ne puisse pas y pénétrer et y contrarier l'action du tirage. Dans les locomotives qui brûlent du bois ou du combustible à flammèches, la boîte à fumée est souvent munie d'un *pare-étincelles*, formé d'une grille ou d'une toile métallique fixée en haut de la boîte, et dont les ouvertures sont assez petites pour arrêter les étincelles.

Les boîtes à fumée sont sujettes à s'oxyder sous l'action de l'eau s'écoulant par les fuites qui se produisent quelquefois aux joints de la plaque tubulaire, et sous l'action des gaz acides de la combustion, surtout si l'on brûle des houilles sulfureuses. Pour préserver la boîte de cette oxydation on la double souvent d'une mince feuille de tôle facile à remplacer. On place quelquefois, dans la boîte à fumée, des appareils *réchauffeurs* destinés à réchauffer, au moyen de la chaleur des gaz de la combustion, l'eau d'alimentation de la chaudière ; mais ces appareils doivent être fréquemment nettoyés pour les débarrasser de la suie qui est mauvaise conductrice de la chaleur et afin de ne pas gêner le tirage. ‖ 3° *Boîte à graisse*, vase ou seau dans lequel on verse l'huile et la graisse dont on se sert pour adoucir les frottements de certaines parties d'une machine. ‖ 4° *Boîte à vapeur*, endroit où se rend la vapeur avant son introduction dans les cylindres d'une machine. ‖ 5° *Boîte à sable*, petit coffre placé sur le châssis d'une locomotive et contenant du sable que l'on jette sur les rails quand, pour une cause quelconque, ils n'offrent pas assez d'adhérence. ‖ 6° *Boîte de secours*, caisse à pansements dont les trains et les stations principales doivent être pourvus ; ces stations doivent également tenir en réserve des brancards pour le transport des blessés.

Chaque caisse renferme tous les instruments et matières nécessaires aux pansements et amputations, mais elles ne sont employées que pour les cas d'accidents arrivés sur la ligne, et par le médecin de l'administration.

Dès que, pour une cause quelconque, on a été obligé de recourir à la boîte de secours, le chef de gare doit en aviser le médecin chargé de pourvoir au remplacement des objets employés. Ces boîtes, mises sous la garde des chefs de station et des chefs de train, doivent toujours être fermées et placées, dans les stations, à l'abri de la trop grande chaleur et de l'humidité. ‖ 7° *T. d'artif., d'artil. et de min. milit.* Petit mortier de fer haut de sept ou huit pouces, qu'on tire dans les fêtes publiques. ‖ 8° *Boîte à balle ou à mitraille. T. d'artil.* Boîte cylindrique en tôle ou en zinc, renfermant un certain nombre de balles, que l'on tire dans les bouches à feu. Pendant longtemps, on les a désignées sous le nom de *cartouches à balles*, ce n'est qu'après 1830 qu'on a donné la préférence au mot *boîtes à balles*. En 1860, pour éviter toute confusion entre les boîtes à balles et les obus à balles on a appelé les premières *boîtes à mitraille*. — V. MITRAILLE.

‖ 9° *Boîte aux poudres. T. de min. mil.* On nomme ainsi une caisse en bois de forme cubique composée de planchettes assemblées à queue d'hironde, dans laquelle on place la charge de poudre constituant un fourneau de mines. Pour les charges ordinaires, la boîte aux poudres a $0^m,50$ à $0^m,60$ de côté, les parois ont $0^m,027$ d'épaisseur, elle se pose toute assemblée ; le couvercle porte au bord, du côté du rameau, une ouverture carrée de $0^m,10$ de côté qui permet d'y verser au moment voulu, la charge de poudre qui ne dépasse guère 100 kilos. ‖ 10° *Boîte de boule.* Boîte aux poudres de grande dimension, composée de plusieurs cadres, dits *cadre de puits à la boule* (V. PUITS DE MINE) qui s'assemblent sur place. Cette boîte dont le côté peut dépasser 1 mètre de longueur, s'emploie pour les grandes explosions qui exigent 1,000 à 1,500 kilogrammes de poudre de mine.

‖ 11° *T. de carros. et de charr. Boîte d'essieu.* Pièce de métal (cuivre, bronze, acier, fer ou fonte) de forme conique, qui, fixée dans le moyeu d'une roue, tourne avec lui sur la *fusée* de l'essieu. Cette pièce porte extérieurement et à son gros bout, c'est-à-dire à sa partie postérieure, deux parties saillantes nommées *oreilles*, destinées à empêcher la boîte, lorsqu'elle est *coincée*, de tourner elle-même dans le bois, la rendant ainsi solidaire du moyeu. Il y a la *boîte patent* et la *boîte à graisse*. Cette dernière, de beaucoup la plus simple, est seulement percée d'un trou, soit cylindrique, soit conique ; elle est maintenue sur la fusée par un *écrou*. La boîte patent est plus compliquée. Elle est munie dans son gros bout : 1° d'une cavité appelée *réservoir*, destinée à recevoir le trop plein de l'huile dont on se sert pour graisser ; 2° d'une encastrure dans laquelle vient se loger une *rondelle* en cuir, qui évite le frottement direct de la boîte contre la rondelle en fer de l'essieu. En outre, elle est maintenue sur la fusée par un système de *bague et d'écrous* (V. ces mots) assez compliqué, et fermée hermétiquement, pour empêcher la perte de l'huile, au moyen d'un *chapeau*, sorte de calotte de cuivre fondu qui se visse sur le devant de la boîte.

‖ 12° *T. techn. Boîte à noyau.* En termes de fondeur, un noyau est une petite masse de sable argileux qu'on tasse dans un moule ou *boîte à noyau*, et qu'on rapporte ensuite dans le sable d'un châssis après en avoir retiré le modèle. Ce dernier est muni, à cet effet, d'une partie saillante ou *portée*, qui laisse en creux dans le sable la place où doit être rapporté le noyau. On peut faire venir de fonte, au moyen de cet artifice, des pièces d'une forme plus ou moins compliquée et qu'il serait difficile, souvent même impossible d'obtenir autrement, par suite de la difficulté du démontage.

C'est à l'aide de noyaux rapportés qu'on obtient des plaques percées de trous, et qu'on fait venir dans les pièces de fonte les trous destinés aux axes, boulons, etc. La *boîte à noyau* est généralement en bois, et pour pouvoir en retirer facilement le noyau, on la fait en deux pièces réunies par des chevilles.

|| 13° *T. techn. Boîte de montre.* Petite caisse ronde en métal, composée de la cuvette et de la lunette, et qui sert à renfermer le mouvement de la montre et à la rendre portative ; ce n'est pas toujours le choix de la matière qui fait la valeur d'une boîte de montre, mais plutôt le travail artistique que cette matière reçoit : ciselure, gravure, damasquinure, etc. || 14° *Boîte à moulure.* Châssis de fer dans lequel l'orfèvre enferme les *billes à moulures.* || 15° *Boîte à soudure.* Petit coffret à compartiments dans lequel l'orfèvre renferme les paillons de soudure. || 16° *Boîte à lisser.* *T. de cart.* Instrument de bois à deux manches, et qui par le milieu, entre dans l'entaille pratiquée au bout de la perche à lisser ; une pierre noire, fort dure et très polie qui se trouve à l'extrémité inférieure de l'instrument sert à lisser les cartes. || 17° *Boîte de meule.* Cylindre en bois d'orme percé au centre, remplissant dans les anciennes meules la fonction du boitard des meules actuellement en usage. || 18° Tuyaux qui, dans l'orgue, transmettent au jeu d'anches le vent du sommier. || 19° Coffre de fer percé de trous, placé à la superficie d'une pièce d'eau pour empêcher les ordures d'y pénétrer dans la conduite. || 20° Petit coffre couvert par du fil de fer pour y contenir des épingles et les empêcher de remuer sous la pression des cisailles. || 21° Sorte de douille scellée dans un billot et qui recevant l'extrémité d'une barre, la tient ferme. || 22° *Boîte du crochet.* Morceau de bois qui entre dans une mortaise pratiquée au bout de l'établi et dans laquelle est placée le crochet de fer qui arrête les pièces à raboter. || 23° Partie creuse de la navette où est la bobine du tisserand. || 24° Morceau de bois que l'on visse à l'arbre du tour quand on veut tourner quelque chose en l'air. || 25° *T. d'impr.* Pièce de bois ou de métal qui accompagne la vis d'une presse à bras, et qui sert à maintenir la platine. || 26° Morceau de bois en forme d'arc, servant à faire tourner le rouleau, chez les imprimeurs en taille-douce. || 27° Appareil de jonction de deux pièces d'une soupape. || 28° *Boîte à foret.* On donne ce nom à un outil formé d'une tige d'acier dont une des extrémités est arrondie et s'applique contre la *conscience* (V. ce mot), tandis que l'autre extrémité est terminée par un renflement formant la boîte proprement dite, et percé d'une ouverture dans laquelle s'engage le foret. Une bobine en bois, munie de deux rebords, est calée sur la tige vers son milieu ; c'est sur cette bobine que s'enroule l'*archet* (V. ce mot), quand on veut imprimer au foret le mouvement de rotation nécessaire au perçage des trous. || 29° *T. de mar. Boîte du gouvernail.* Pièce de bois au travers de laquelle passe le timon de la barre. || 30° *Boîte de compas.* Caisse en bois qui contient la boussole.

Boîtes métalliques. 31° La fabrication des boîtes métalliques est l'objet d'une industrie qui a acquis un développement considérable à mesure que ses moyens de production se sont améliorés. Elle nous offre aujourd'hui un exemple intéressant du progrès qu'on peut réaliser pour la production à bon marché, par la division du travail et la perfection de l'outillage.

Les boîtes métalliques sont faites généralement avec du ferblanc mince. Au moyen de découpoirs et de presses à balancier, on découpe, on emboutit, on prépare les parties destinées à composer une boîte de forme quelconque ; puis on rassemble ces parties et on les soude au fer. Quand on veut appliquer à l'extérieur de ces boîtes certaines décorations on a recours à un procédé d'impression qui permet d'appliquer sur le ferblanc des dessins et des inscriptions de toute nature, qu'on tire avec des couleurs délayées au moyen de vernis spéciaux et d'huile de lin. Les boîtes ainsi imprimées sont séchées dans des étuves à la sortie desquelles elles sont prêtes à livrer au commerce.

— Les boîtes métalliques servent pour les fabriques de conserves alimentaires, les fabricants de cirage, la droguerie, la pharmacie, l'épicerie, etc.

BOITER. *T. de carross.* Enfoncer et régler convenablement une boîte d'essieu dans le moyeu d'une roue.

* **BOITEMENT.** Se dit d'une irrégularité dans le mouvement d'une machine.

BOITEUX, EUSE. Se dit d'un travail qui n'est pas d'aplomb, qui manque de proportion.

BOITIER. Boîte qui renferme le mouvement d'une montre. || Ouvrier qui fait des boîtes.

* **BOITILLON.** *T. techn.* Morceau de bois d'orme emboîté dans l'œillet d'une meule de moulin.

* **BOIT-TOUT.** Puits perdu. — V. Puits.

* **BOMBAGE.** *T. de verr.* Opération par laquelle l'ouvrier bombe le verre au four.

I. **BOMBARDE.** 1° *Art milit. anc.* Ce mot désignait, au moyen âge, les machines diverses dont on se servait pour lancer des projectiles, quel que fût le système employé pour les faire agir. — V. Artillerie. || 2° *Mar. anc.* Bâtiment à fond plat doublé en forts bordages, armé d'un ou de plusieurs mortiers et qui était destiné à lancer des bombes ; on lui donnait aussi le nom de *galiote à bombes* ou de *bateau-bombe.* La bombarde fut inventée sous Louis XV, par Bernard Renau d'Eliçagarray, et Duquesne en prépara le premier essai aux bombardements d'Alger (1682-1683). Les bombardes ont été remplacées par les *batteries flottantes.* — V. Batterie.

II. **BOMBARDE.** 3° *T. de luth.* Ce mot s'appliquait autrefois à toute une série d'instruments graves, en bois, de la famille des hautbois et plus tard des bassons (*bombard-bass-pommer,* etc.) ; depuis le XVIIe siècle, il a cessé de désigner un instrument de musique. Les facteurs d'orgue donnent aussi le nom de *bombarde* au plus grand des jeux d'anches de l'orgue. Les bombardes de trente-deux pieds prennent le nom de *contre-bombardes* et sonnent l'octave grave du bourdon.

* **BOMBARDON.** *T. de luth.* Autrefois ce nom désignait, comme celui de bombarde, les instruments graves, en bois, de la famille des hautbois et des bassons. Les bombardons descendaient au contre-*fa.* Dans la facture d'orgue, ce mot est à peu près synonyme de. *bombarde*, c'est un jeu de seize ou de trente-deux pieds servant à l'accompagnement du plain-chant.

— Vers 1824, un facteur de Varsovie, M. Wenzel Riedl, voulant remplacer l'ophicléide aux sons lourds, mous et faux, inventa le *bombardon*, sorte de trombone, basse à trois pistons et à trois tubes. Cet instrument, dont la valeur sonore égalait celle de trois trombones, servait de basse aux orchestres militaires, il avait douze clefs et était accordé en *si bémol*. En 1849, le bombardon était à peu de chose près dans l'état où l'avait laissé Riedl. Sa perce était conique.

Dans la facture moderne le *bombardon* est, en résumé, le plus grave des saxhorns. Il est ordinairement en *mi bémol*, dans le service des musiques militaires, mais on en emploie aussi en *si bémol*. On donne au *bombardon* deux formes; l'une est droite, l'autre se recourbe pour passer sous le bras de l'instrumentiste et projeter son pavillon en avant comme dans l'*hélicon*. Le bombardon a une sonorité pleine et riche, il est souvent appelé contre-basse en *mi bémol* ou en *si bémol*, il a trois et quatre pistons.

* **BOMBARDEIRA** (Laine de). Nom d'une fibre textile qui est utilisée à Santiago (une des îles du cap Vert).

* **BOMBASINE.** Étoffe croisée d'une extrême finesse, en laine et soie.

* **BOMBAX.** On retire des graines noirâtres de différentes bombacées des poils très éclatants, que l'on ne file pas à cause de leur faible longueur, mais qui servent à garnir les coussins et les meubles et entrent dans la fabrication des chapeaux de castor anglais.

Les bombax croissent dans l'Amérique du Sud, aux Indes occidentales, à Java, à Sumatra, au Brésil et dans les Indes orientales. Ce sont des arbres d'une hauteur de 20 à 25 mètres, chevelus au sommet, à feuilles alternes longuement pétiolées, portant des fleurs blanches très grandes et pubescentes.

Sur le *bombax Ceiba* (bombax de Carthagène), qui est le type du genre et renferme dix espèces, le duvet est grisâtre, quelquefois brun; par contre, sur le *bombax heptaphyllum* (bombax à cinq étamines), il est toujours d'un blanc éclatant. Linné considérait comme le type du genre le *bombax pentandrum*, mais ce bombax appartient aujourd'hui au genre *eriodendron*, et est devenu l'*eriodendron anfractuosum*, ses graines portent aussi des poils comme les autres. Un autre bombax, le *bombax malabaricum*, a été aussi érigé par Schott et Endlicher en un genre *salmalia*. Schlesinger prétend que les poils des graines de cet arbre diffèrent au microscope de ceux des autres, en ce sens que la plupart des duvets de bombax sont droits et que ceux-là sont contournés autour de leur axe comme des tire-bouchons. D'après Wiesner, un autre genre de bombacée, l'*ochroma lagopus*, aurait des poils qui, au microscope, présenteraient une forme complètement irrégulière, se renflant jusqu'au milieu ou dans une plus grande étendue de leur longueur pour se rétrécir de nouveau vers la base, tandis

qu'en général les cellules du duvet de bombax seraient complètement coniques.

On retire encore des poils des graines des *chorisia speciosa* et *crispifolia*, aussi de la tribu des bombacées.

Dans quelques-uns des pays de production, les feuilles de certains bombax fournissent de l'huile et les graines de ces arbres se mangent torréfiées.

* **BOMBAZETTE.** Tissu lisse, fait de laine anglaise pure.

BOMBE. *T. d'artill.* Projectile creux sphérique en fonte, de très gros calibre, dont le vide intérieur est rempli d'une forte charge de poudre, à laquelle on met le feu au moyen d'une fusée en bois fixée dans l'œil du projectile et qu'on lance à l'aide des mortiers. Les bombes se distinguent des obus sphériques, en ce que leur poids en rendant le maniement difficile, on les a munies de deux *mentonnets* venus de fonte dans lesquels sont passés des *anneaux* qui permettent de les saisir plus aisément; de plus, la cavité intérieure est une sphère concentrique à la surface extérieure dont on a enlevé une calotte, de façon à renforcer le *culot*.

— Les bombes sont les premiers projectiles creux qui aient été lancés à l'aide des bouches à feu. Les Allemands, les Espagnols et les Hollandais en firent un fréquent usage dès le XVIe siècle; leur emploi régulier en France ne remonte qu'à 1627. Les seuls calibres employés étaient ceux de 8 pouces (21c,6) et 12 pouces (32c,5). Cependant, sous Louis XIV, on se servit de bombes appelées *Com minges*, du calibre du 18 pouces (49c,7), du poids de 490 livres (240 kilogrammes) et renfermant 48 livres de poudre (23 kilogr. 5). Mais on dut bientôt renoncer à ces énormes bombes dont le tir était toujours incertain et le service difficile et lent.

Vallière (1732) fit entrer dans son système d'artillerie les bombes de 8 et 12 pouces, Gribeauval (1769) y ajouta les bombes de 10 pouces (27c,1). En même temps, comme on avait constaté qu'un grand nombre de ces bombes malgré la forte épaisseur donnée à leurs parois, se brisaient sous le choc des gaz de la charge, c'est lui qui les fit renforcer au culot, partie opposée à la lumière qui supporte seul l'effort des gaz de la charge. On attribua, en outre, à ce renforcement du culot l'avantage de faire tomber toujours la bombe la lumière en haut, de manière que la fusée ne fut point étouffée en s'enfonçant en terre.

En 1839, au moment de la transformation des mesures anciennes en mesures nouvelles, on a conservé les bombes de 8, 10 et 12 pouces, mais on les a désignées sous le nom de bombes de 32, 27 et 22 centimètres. Depuis lors, la bombe de 22 centimètres a été mise de côté, en 1844, comme faisant double emploi avec l'obus sphérique de même calibre; son poids qui n'était que de 23 kilogrammes n'était pas suffisant pour justifier l'emploi des mentonnets et de leurs anneaux.

Les mortiers lisses n'ayant pas cessé jusqu'ici d'être en service, les bombes de 27c et 32c sont encore réglementaires. Il y a deux modèles de bombes de 32c, l'une pour le mortier en bronze, l'autre pour le mortier de côte qui est en fonte; cette dernière, plus lourde que la première, s'en distingue en ce que ses parois sont plus épaisses, mais elle n'est pas renforcée au culot. Voici les principales données relatives aux bombes :

POIDS	BOMBE DE		
	27°	32°	32° de côte
	kilogr.	kilogr.	kilogr.
Poids de la bombe vide. .	49	72	90
Poids de la charge de poudre contenue dans la bombe.	1.5 à 2	3	3.615
Poids total de la bombe chargée.	51.550	75.550	91

On désigne aussi quelquefois par analogie, sous le nom de bombes, les obus oblongs de gros calibre que l'on emploie avec les nouveaux mortiers rayés qui viennent d'être adoptés. — V. PROJECTILE.

Bombe. *T. d'artif.* Sphère creuse en carton ou en bois formée de deux parties qui se ferment et s'emboîtent par le milieu comme une tabatière. On la remplit en partie de composition, sur laquelle on place des étoiles ou pluie de feu. Le calibre des bombes d'artifice varie de 1 à 3 décimètres; on les lance à l'aide de mortiers, soit en bronze, soit en carton.

BOMBEMENT. Convexité, formation d'un arc de cercle. || Convexité d'une chaussée, ménagée pour rejeter aux ruisseaux les boues et les eaux pluviales.

* **BOMBERIE.** Fonderie où l'on fond les bombes.

BOMBEUR. Ouvrier qui fait des verres bombés.

* **BOMBISTE.** Ouvrier qui fait des bombes.

***BOMBYCIEN.** Espèce de papier soyeux fabriqué avec du coton.

***BONARD.** *T. techn.* Ouverture des arches dans les verreries.

***BONBANC.** Pierre tendre qu'on tire des environs de Paris.

BONBON. On comprend sous cette dénomination, les diverses sucreries fabriquées par les confiseurs ; ce sont, en général, de petites masses de formes différentes et plus généralement rondes, composées surtout de sucre cuit, avec ou sans gommes et fécules, aromatisées et colorées de diverses manières. Pris en trop grande quantité, les bonbons sont d'une digestion difficile lorsqu'ils contiennent des amandes ou du cacao ; ceux qui renferment des fruits acides ou leurs extraits sont laxatifs.

Les *dragées* diffèrent des bonbons ordinaires en ce qu'elles sont formées d'une amande douce, d'une graine d'anis ou tout autre menu fruit, recouvert d'un sucre dur et très blanc; elles sont diversement colorées.

Les bonbons doivent être colorés au moyen de substances qui ne puissent exercer aucune action toxique ou même médicamenteuse sur l'économie. D'après l'ordonnance de police du 15 juin 1852, les seules substances minérales dont l'usage soit autorisé pour la coloration des bonbons, dragées, pastilles et liqueurs, sont : le bleu de Prusse,

l'outremer, la craie et les ocres; les sels de cuivre, de plomb, de mercure, qui les rendent dangereux, sont rigoureusement prohibés. Toutes les couleurs végétales, au contraire, sont autorisées, excepté celles qui peuvent être nuisibles à la santé, telle que la gomme-gutte, l'aconit, l'aniline et ses dérivés. En résumé, les couleurs permises pour colorer les bonbons sont : pour le *jaune:* safran, curcuma, quercitron fustet, ocre, laques alumineuses ; pour le *rouge:* cochenille, bois de Brésil, garance, orseille, sanguine, laques alumineuses; pour le *brun :* terre d'ombre, brun de Van-Dyck; pour le *bleu :* indigo, tournesol, outremer, bleu de Prusse ; pour le *vert:* rhamnus catharticus (lo-kao); pour le *blanc :* la craie. Presque tous les composés métalliques sont prohibés : on doit donc proscrire de la bonbonnerie la céruse et tous les sels de plomb, le blanc de zinc, la barytine, tous les sels de cuivre qui donnent des verts et des bleus, les composés mercuriels et arsénicaux.

Les *bonbons* et les *dragées* qui ont aujourd'hui une extension considérable, sont depuis longtemps une des branches importantes de l'industrie parisienne; c'est en évitant avec un soin scrupuleux l'emploi des matières nuisibles et condamnées par la science, et en donnant aux bonbons un goût fin et délicat, que nos fabricants se sont acquis une réputation universelle. — V. CONFISERIE.

* **BOMBONAXA.** — V. PAILLE.

BONBONNE. Sorte de grande bouteille ronde en verre ou en grès, destinée à recevoir et à transporter certains liquides, particulièrement des acides. Les *bonbonnes* ou *dame-jeannes* ont une contenance de dix-huit à vingt litres; elles sont clissées ou assujetties avec de la paille dans des paniers en osier. Le travail des bonbonnes est le même que celui des *bouteilles* (V. ce mot), à l'exception qu'elles ne sont pas empointillées. Pour les dame-jeannes de dimensions exceptionnelles, de cinquante litres et plus de capacité, le *souffleur* projette de sa bouche, au moyen de la *canne*, dans la partie déjà gonflée, un peu d'eau ou d'esprit-de-vin qui, en se vaporisant, fait augmenter considérablement le volume de la pièce. — V. VERRERIE.

* **BONBONNERIE.** Fabrication de bonbons. — V. CONFISERIE.

BONBONNIÈRE. Petite boîte à mettre des bonbons.

BONDE. *T. techn.* 1° Ouverture circulaire pratiquée dans un tonneau pour y introduire le liquide. || 2° Morceau de bois qui sert à boucher cette ouverture, mais en ce sens on dit plutôt *bondon.* || 3° Pièce de bois qu, baissée ou haussée sur une ouverture de fond, sert à retenir ou à lâcher l'eau d'un étang. || 4° Pièce soudée sur la faïence d'une cuvette de garde-robe.

* **BON-DIEU.** *T. de mét.* 1° Système composé de deux tiges croisées à angle droit qui, sur les métiers à filer le lin au mouillé, servent à relier ensemble

les étireurs et fournisseurs, et à communiquer à ces cylindres une pression uniforme pour chacun d'eux. || 2° Gros coin des scieurs de long pour élever les pièces de bois qu'ils scient.

BONDON. *T. techn.* Morceau de bois court et cylindrique ayant la forme d'un cône tronqué avec lequel on bouche la bonde d'un tonneau ; on donne aussi ce nom au trou dans lequel on met ce morceau de bois, mais dans cette acception on dit plutôt *bonde*. Les bondons se font en bois de chêne que l'on plonge dans l'eau pour l'amollir ; on le coupe de façon que ses fibres soient parallèles au diamètre du cône. Après les avoir débités en petits carrés et ébauchés, on les termine sur le tour. || 2° Sorte de fromage affiné que l'on fait en Normandie, dans le pays de Bray. — V. Fromage.

BONDONNER. *T. techn.* Boucher un tonneau avec un bondon.

* **BONDONNIÈRE.** *T. de tonnell.* Sorte de tarière pour percer les tonneaux.

* **BONHEUR-DU-JOUR.** Petit meuble muni de tiroirs dans lesquels on renferme des papiers ou de menus objets précieux.

* **BONHOMME.** *T. de filat.* Nom vulgaire d'un petit organe du métier à filer. C'est une sorte de prisme triangulaire en fonte, très étroit, dont le support est maintenu au bâti par un boulon, et la pointe mobile maintenue par un ressort à boudin. C'est le bonhomme qui sert à faire engrener l'appareil de torsion, l'ensemble de cet organe est mobile et, suivant les nécessités du travail, il peut être rapproché ou éloigné de la tête du métier. Son nom chez le constructeur est *culbuteur* (V. Filage). || 2° *T. de mét.* Outil du verrier ; outil du vitrier.

* **BONICHON.** *T. techn.* Trou d'un four de verrier.

* **BONJEAU.** Nom usuel dont on se sert pour désigner deux bottes de lin retournées et liées ensemble, de manière à pouvoir être placées dans les *ballons* à rouir. Dans la pensée des cultivateurs, une *botte* n'est jamais liée qu'avec un ou deux liens de paille, tandis que le *bonjeau* est toujours retenu avec trois liens. — V. Rouissage.

* **BONNARD** (Auguste-Henri de), ingénieur en chef des mines, né en 1781, était, à l'époque de sa mort (1857), membre libre de l'Académie des sciences, membre du Conseil général des mines, président de la Société géologique, etc. Il a publié dans divers recueils scientifiques un grand nombre de Mémoires parmi lesquels nous citerons l'*Exploitation de l'étain de Cornouailles* (1804), *Aperçu des terrains houillers du nord de la France* (1810), etc.

BONNET. Ce mot qui désigne une coiffure ordinairement d'étoffe, de fourrure, de tricot ou de mousseline dont la forme varie, s'applique aussi à la partie supérieure et sphérique d'une machine, d'un instrument.

— L'usage du bonnet paraît remonter à une haute antiquité ; sans avoir de données précises sur la coiffure des anciens peuples asiatiques, nous savons que les Phry-

giens portaient un bonnet de laine, haut et retombant sur le côté de la tête, qui fut plus tard adopté pour les esclaves affranchis ; les Grecs et les Romains allaient ordinairement tête nue, cependant les Athéniens avaient le *pilion* qui est devenu le *pileus* des Latins, et les Romains, en voyage, se couvraient la tête du *pétase*, sorte de bonnet à petits bords rabattus ; les femmes ne paraissaient alors en public que voilées ou la tête couverte d'une sorte de mantille. En France, le bonnet succéda au capuchon qui semble avoir été la coiffure des premiers temps de la monarchie ; au IXe siècle, dit le P. Hélyot, le clergé portait un petit bonnet sur le capuchon de la chape ; le XIVe siècle vit les bonnets ou mortiers, ceux-ci en velours ornés de broderies et de galons pour les seigneurs, ceux-là en laine pour le peuple, le clergé, les docteurs, etc. Au XVe siècle, la coiffure à la mode des femmes, était le *hennin* ou bonnet monté sur carton qui s'élevait à une hauteur de 0,60 à 0,70 centimètres ; « on y ajoutait de chaque côté, dit Juvénal des Ursins, deux grandes oreilles, si larges, que quand les femmes voulaient passer l'huis d'une chambre, il fallait qu'elles se tournassent ou baissassent, ou elles n'eussent pu passer » et M. Léandre ajoute « qu'elles étaient obligées de s'agenouiller à demi pour passer sous les portes. » Les hauts bonnets des villageoises de la vallée d'Auge rappellent ce genre de coiffure qui fut portée par les plus grandes dames du moyen âge. Le bonnet d'homme, d'abord rond, devint carré et fut, dans l'ancienne université, la coiffure et l'insigne des docteurs, des avocats, des procureurs et même des écoliers qui étudiaient en philosophie. Devons-nous oublier le bonnet de coton qui, de nos jours, est resté l'attribut par excellence du bon bourgeois dont il complète si bien le caractère de la physionomie. Ce placide bonnet de coton n'a-t-il pas été illustré par Béranger qui en couronna la tête de son débonnaire roi d'Yvetot? S'il n'est plus aujourd'hui que le *casque* à *mèche* qui couvre de ridicule celui qui s'en affuble, il eut, sous la monarchie de Juillet une faveur marquée, et de nos jours encore, il maintient sa vieille réputation de coiffure chaude et souple dans une partie de la Normandie où il enlaidit, hélas ! les plus jolies paysannes. L'usage du bonnet de coton s'étant en quelque sorte localisé, la fabrication en est aujourd'hui assez restreinte, cependant Falaise et les environs occupent à cette fabrication un certain nombre d'ouvrières.

* **Bonnet-à-prêtre.** *T. de fortif.* Dehors, ou pièce détachée en forme de tenaille à trois pointes, plus étroite à la gorge qu'au front (fig. 470). Cet

Fig. 470. — *Bonnet-à-prêtre.*

ouvrage, peu employé de nos jours, se plaçait jadis sur les glacis pour battre les parties de la campagne qui n'étaient point vues du corps de place.

* **BONNET** (Claude-Joseph), fabricant de soieries, naquit en 1786, à Jujurieux (Ain) et mourut le 12 octobre 1867 à Lyon, laissant à ses successeurs l'une des plus belles manufactures de la France. En fondant le vaste établissement de Jujurieux, Bonnet, qui joignait les vertus d'un philanthrope

aux qualités d'un grand industriel, voulut concilier les exigences du travail avec les conditions réelles de bien-être et de moralité pour ses nombreux ouvriers ; il atteignit son but par une organisation spéciale de ses ateliers et une administration toute paternelle. Nous voulions consacrer une longue notice à cet homme de bien qui, par son caractère personnel et les progrès industriels qu'il réalisa fut un des manufacturiers dont la France s'honore, mais il ne nous a pas été possible d'obtenir, auprès de ceux qui pouvaient les nous donner exacts, les renseignements qui nous étaient nécessaires.

BONNETERIE. On désigne sous le nom général de *bonneterie* toute espèce de tissus formés d'un seul fil, replié en boucles qui s'agrafent les unes dans les autres en formant une succession de *mailles*. Pour chacune de ces mailles, chaque fil représente ce qu'on nomme quelquefois un *point de chainette*.

— *Ce sont les Anglais et les Espagnols, paraît-il, qui ont été les premiers à connaître la bonneterie. Dans presque toutes les histoires d'Angleterre, on rapporte qu'Henri VIII, fils d'Henri VII, premier roi de la maison de Tudor, portait des *bas* de soie de fabrique espagnole, et nous savons aussi par les chroniqueurs contemporains qu'Elisabeth, à Greenwich, Richmond ou Hamptoncourt, portait aussi des *bas* de même matière, mais de fabrication anglaise.

Il est plus que probable cependant que ces bas se fabriquaient à la main, car quand, quelques années plus tard, aussi sous le règne d'Elisabeth, un clergyman, le Rév. William Lee, annonça qu'il avait construit un métier à faire de la bonneterie, cette nouvelle fit sensation dans la contrée. Sur l'invitation de son favori, lord Hunsdon, la reine alla faire une visite au domicile du Rév. Lee, à Banhill-Row, pour examiner son invention : grand fut son désappointement quand elle vit qu'elle n'avait affaire qu'à une machine qui confectionnait de gros tricots de laine. Malgré les instances de lord Hunsdon, elle ne voulut pas accorder à William Lee le monopole de la fabrication des bas au métier, par la raison, disait-elle, « que le privilège exclusif de faire des bas ne peut être accordé à une seule personne sans préjudice pour le public. » Hunsdon n'en mit pas moins son fils en apprentissage chez Lee, et celui-ci, en travaillant avec l'inventeur, réussit à faire ce que la reine comptait trouver tout d'abord, des bas de soie au métier. La patente-monopole ne lui fut pas plus accordée pour cela. Lee se rendit alors à Rouen, en France, s'y fixa avec huit ouvriers et autant de métiers et y mourut inconnu quelques années après.

Les Anglais tiennent beaucoup à avoir la priorité sur la France pour tout ce qui concerne la bonneterie, ils ont même confié la peinture le soin de perpétuer cette opinion, car chez eux un tableau classique bien connu représente William Lee en méditation près de sa fiancée confectionnant un tricot. Il n'y a pourtant que la tradition qui ait pu les renseigner à ce sujet, aucun écrit ancien ne mentionne cette invention et il n'est nullement certain que les Anglais aient été les premiers à porter du tricot. Les chroniques françaises nous apprennent, au contraire, que des vêtements tricotés furent portés par Henri II, au mariage de sa sœur, et l'on trouve très bien les expressions de *mailles* et d'*aiguilles à tricoter*, dans les ordonnances de 1574 sur la pêche. Ils ajoutent même que nous serions redevables du métier à tricot à un ouvrier serrurier de Nîmes, nommé Gavellier, lequel n'ayant pu obtenir de faire protéger son invention en France, l'aurait portée en Angleterre ; dans cette contrée, non seulement il aurait été encouragé, mais les Anglais auraient acca

paré la construction de ses machines et défendu leur sortie sous peine de mort.

Quoiqu'il en soit, on sait avec certitude que, dès la première année du XVIIᵉ siècle, une compagnie de tisseurs au métier s'était formée en Angleterre dans le but de régulariser les salaires et de s'opposer à ce qu'on employât d'autres *ouvriers* que ceux qui avaient fait leur apprentissage. En 1640, il y avait à Nottingham deux maîtres bonnetiers qui achetaient les articles faits dans le pays. Cette fabrication se répandit bientôt dans les comtés de Derby et de Leicester. Le premier métier fut introduit à Leicester, en 1671, et, malgré les préjugés qui avaient cours contre la bonneterie faite au métier, en 1700, cette industrie y avait déjà pris de grands développements, et, en 1750, on y comptait 1,800 métiers.

Nous n'avons pas, pour la France, de renseignements aussi précis sur ce qu'était chez nous la bonneterie à cette époque. Roland de la Platière, le seul qui, avant 1789, ait écrit sur les tissus, évaluait la production de la bonneterie, en 1785, à 60 millions de livres, dont moitié pour la bonneterie de soie, qui aujourd'hui atteint un chiffre bien inférieur à celui-là. Nous savons aussi, d'après l'*Encyclopédie*, qu'il y avait à cette époque un grand nombre de variétés de tricots, le tricot *double*, le tricot *sans envers*, le tricot à *mailles nouées*, le tricot *dentelle*, *guilloché*, *broché*, à *côtes de melon*, *peluché*, *chiné*, à *mailles coulées*, etc., ce qui suppose une industrie assez étendue et une fabrication passablement avancée.

La première manufacture de bas au métier date, en France, de 1656, elle fut établie dans le château de Madrid, au bois de Boulogne, par un nommé Jean Hindret. Au XVIᵉ siècle, il y avait une corporation de bonnetiers, appelés *chaussetiers* ou *aulmuciers* (faiseurs d'aumuces), qui avait ses armoiries composées de cinq navires d'argent, trois en chef et deux en pointe, et une confrérie établie à l'église Saint-Jacques-la-Boucherie, sous la protection de saint Fiacre. Ces armoiries ont encore été ainsi blasonnées : de France, au bas d'or, en cœur ; au chef de gueules, chargé de deux vers à soie et d'une toison d'or.

De nos jours, les fabriques de bonneterie sont disséminées en France sur tous les points du territoire ; les départements dans lesquels l'industrie est le plus développée sont l'Aube, la Marne, l'Oise, la Somme, le Gard, l'Hérault, la Seine, le Calvados et la Haute-Garonne.

Les matières premières employées à cette fabrication sont principalement le coton, la laine, la soie et la bourre de soie et le fil de lin.

Le tissage de la bonneterie s'effectue au moyen de métiers à la main ou à la vapeur. Les premiers, beaucoup plus nombreux que les seconds, sont presque en totalité au domicile même des ouvriers ; les autres sont réunis dans des manufactures plus ou moins importantes ; quelques articles de fantaisie sont encore tricotés à la main. Le nombre des ouvriers employés dans cette industrie est assez considérable : 70 0/0 travaillent à domicile et 30 0/0 seulement dans les manufactures ; le salaire des seconds est d'environ 30 0/0 plus élevé que celui des premiers. Les femmes entrent pour 45 0/0 environ dans le nombre total.

Les fabricants des diverses régions de la France ont, pour la plupart, un dépôt à Paris, qui est devenu depuis quelque temps le marché le plus important de leurs articles ; le commerce intérieur se fait directement pour les deux tiers du fabricant au détaillant, et pour l'autre tiers par l'intermédiaire de marchands en gros. L'importation est généralement faite par l'entremise de commissionnaires.

Le tableau suivant indique, pour l'année 1876, la valeur de la production française, des exportations et des importations :

MARCHANDISES	VALEUR DES MARCHANDISES		
	fabriquées en France	importées	exportées
Bonneterie en coton...	75.000.000	1.760.715	8.609.981
— en laine....	55.000.000	2.400.000	14.206.850
— en soie et bourre	9.500.000	244.025	2.073.556
— en lin.....	500.000	»	34.046
Total.....	140.000.000	4.404.740	24.924.433

Vingt ans plus tôt, en 1858, notre exportation totale ne s'élevait qu'à 10,876,081 francs, répartis de la manière suivante :

Bonneterie en coton.   2,480,690
—   en laine.   3,657,875
—   en soie.   4,670,580
—   en lin..   66,956

De grands progrès ont été réalisés depuis quelque temps dans l'industrie de la bonneterie; les produits ont été sensiblement améliorés et les moyens de production notablement développés. L'Economiste français a publié à ce sujet, en 1876, un article de l'un de ses collaborateurs les plus éminents sur les progrès techniques et économiques apportés dans la fabrication des tissus réticulaires, qui résume parfaitement l'état actuel et que nous ne pouvons mieux faire que de reproduire :

« On peut actuellement fabriquer, y est-il dit, certaines catégories de bonneterie très commune à 1 fr. 25 la douzaine de paires de chaussettes et à 2 francs la même quantité de bas. Seulement, il est convenable de faire remarquer que ces vêtements n'étaient naguère que des fourreaux cylindriques dont les formes passagères, plus apparentes que réelles, au lieu d'être obtenues par l'exécution de surfaces à mailles proportionnées, étaient le résultat d'un apprêt que la tension et les lessivages faisaient bientôt disparaître. On ne supposait pas qu'il fut possible d'arriver à former à la fois au métier plusieurs bas présentant les formes et les qualités recherchées. Cependant, depuis quelques années, grâce à des recherches persévérantes faites en Angleterre et en France, on est parvenu à perfectionner tous les systèmes fondamentaux, depuis le métier classique, connu sous le nom de métier français et que l'on voit encore fonctionner dans certains ateliers de Paris, jusqu'aux systèmes circulaires qui paraissent s'en éloigner le plus. Une nomenclature succincte des divers genres de métiers à tricots et l'indication de leurs résultats feront comprendre l'activité du mouvement dans cette direction industrielle.

En outre de l'ancien système que nous venons de désigner, mû par la main et les pieds, et qui peut faire tout espèce de tricots droits, de finesse quelconque, mais qui a contre lui sa faible pro-

duction et la fatigue qu'il fait éprouver à l'homme qui le manœuvre, on distingue :

1° Trois sortes de métiers circulaires, modifiés en raison de leur destination, et suivant qu'ils doivent fournir avec des fils plus ou moins fins et d'une élasticité variable, des cylindres ou fourreaux ultérieurement fendus pour servir comme pièces droites; de là des métiers circulaires à faire des tricots en laine fine, en soie ou en coton ordinaire. Les organes fondamentaux restent les mêmes, on ne change que leurs dimensions et leurs dispositions générales, ordonnées en raison de la nature et du genre des produits;

2° Des progrès plus considérables encore dans les métiers droits, que l'on en est parvenu à rendre automatiques et à faire tricoter simultanément sur un nombre plus ou moins considérable de pièces, par une impulsion unique. Les perfectionnements apportés à ce système ont permis, non seulement de faire simultanément un certain nombre de bas, mais de les exécuter à formes, c'est-à-dire avec les retrécis et les élargis, tels que la main peut les produire. La coopération de l'homme se borne à une simple surveillance, qui lui est payée un prix bien plus élevé que ne l'était le salaire du plus habile bonnetier à la main. Il suffit de comparer la production des deux systèmes pour se rendre compte de l'importance des services rendus par l'homme dans les deux cas. Un métier automatique à pièces multiples, surveillé par un ouvrier, produit, en effet, en 12 heures de travail, 4 à 5 douzaines de paires de bas, soit de 96 à 120 bas ; ce même ouvrier, tricotant sur les métiers classiques anciens, ferait à peine trois paires dans le même temps. Cette comparaison dispense de tout commentaire sur les avantages du travail automatique, surtout si l'on ajoute qu'il est au moins aussi parfait que la bonneterie à la main la plus perfectionnée;

3° Le métier circulaire, simplifié à aiguilles et crochets articulés, afin de pouvoir augmenter la rapidité des organes et le nombre des mailles dans l'unité de temps;

4° L'appropriation au métier circulaire qui ne pouvait naguère réaliser qu'un cylindre ou fourreau du tissu, d'un mécanisme qui permet de produire aussi bien un cône que toute autre forme d'un diamètre plus ou moins grand, en profitant de la rapidité des métiers circulaires ordinaires;

5° Enfin, un métier d'une forme toute particulière, destiné surtout au service domestique; ce métier est tel, qu'une femme, après avoir placé une bobine de fil convenable et tourné la manivelle pendant le temps voulu, fait un bas de toutes pièces sans avoir rien à coudre, et cela, avec la possibilité d'y mettre si peu d'attention, qu'elle peut vaquer en même temps à tout autre soin du ménage, plus facilement qu'en maniant les aiguilles à tricoter.

Cette invention qui se propage de jour en jour, est l'une des preuves les plus pratiques et les plus remarquables des services que le travail des machines est appelé à rendre jusque dans les intérieurs les plus modestes.

Nous résumons, à l'aide de chiffres, les données

principales correspondant à chacun des systèmes que nous venons d'énumérer, et nous indiquons ci-dessous le nombre de mailles que peut fournir chacun d'eux dans l'unité de temps, soit par minute :

L'ouvrière la plus habile fait à la main au maximum, de	150 à 200 mailles.
Le métier droit, dit *métier français*, où l'ouvrier travaille ordinairement avec les pieds et les mains. .	5.400 —
Le métier droit automatique à divisions multiples pour façonnés et pour bas, formés avec la perfection de la plus habile tricoteuse	45.360 —
Le métier circulaire à mailleuses. .	56.750 —
Le métier à chaînes et à aiguilles articulées.	240.000 —
Le nouveau métier à aiguilles articulées et à chûtes multiples pouvant faire les façonnés au même prix que les unis.	360.000 —
Le métier circulaire à aiguilles articulées à double fonture	480.000 —

Quoique l'invention du métier classique à tricot remonte à deux siècles et demi, il est resté dans sa constitution primitive et sans modifications jusque vers 1820. Les améliorations considérables, dont nous venons de citer les résultats, se sont donc réalisées dans l'espace d'un demi-siècle à peine. »

En somme, comme on le voit, il y a encore actuellement trois manières de faire le tricot :

1° Avec la primitive *aiguille à tricoter* en bois ou en fer, dont l'origine se perd dans la nuit des temps, et qui n'est plus aujourd'hui employée dans les pays avancés de l'industrie, que pour les articles de mode ou de fantaisie, tels que coiffures, capelines, fichus, vêtements d'enfants, etc.;

2°. Avec le *métier rectiligne*, dont tous les mouvements sont donnés, les uns avec les mains, les autres avec les pieds au moyen de pédales, et dont il existe plusieurs types, suivant les perfectionnements et additions qui y ont été apportés;

3° Avec le *métier circulaire*, dont le nombre d'espèces varie aussi considérablement, et qui est surtout d'un emploi général pour les marchandises à bas prix.

Nous allons examiner successivement chacune de ces diverses manières de faire de la bonneterie.

AIGUILLE A TRICOTER. Le tricot à la main se fait de deux façons, en bande plate ou en forme de poche; dans le premier cas, il ne faut que deux aiguilles pour le faire; dans le second, il en faut cinq, dont quatre à mailles et une à tricoter.

Dans le cas du tricot plat, on commence par former une rangée de mailles en faisant d'abord un nœud coulant ayant une boucle avec le fil pris à un ou deux mètres du bout; le bout de fil attenant à la boucle et à la pelote est passé sur l'index et le petit doigt de la main droite, l'autre bout de fil est tenu de la main gauche. On passe ensuite l'aiguille à tricoter dans cette boucle et on tient cette aiguille de la main droite, puis avec la bride de fil de la main gauche, on forme une boucle sur le pouce gauche. Alors, on passe le bout de

l'aiguille dans cette boucle, parallèlement au pouce, en allant vers l'extrémité de l'ongle; avec l'index de la main droite, on passe le fil de cette main sur l'aiguille, entre le bout de celle-ci et le pouce. Puis on retire l'extrémité de l'aiguille, en entraînant avec celle-ci la bride de fil accroché avec la main droite, et, en serrant la boucle formée par la main gauche, on a une nouvelle maille. On continue ainsi jusqu'à ce qu'on ait obtenu le nombre de mailles nécessaire à la grandeur du tricot.

Lorsqu'on fait un tricot en forme de sac, comme un bas, un doigt de gant, etc., on divise le nombre des mailles sur les quatre aiguilles à mailles, puis comme position, on tient la première aiguille à mailles de la main gauche, et l'aiguille à tricoter de la main droite, et le fil sur l'index de cette dernière. On passe alors l'aiguille à tricoter dans la première maille de l'aiguille à maille, en entrant le bout de l'aiguille par l'endroit du tissu, le sortant par l'envers, et formant ainsi la croix-sautoir avec les deux bouts des aiguilles. On accroche ensuite le fil sur le bout de l'aiguille à tricoter, on retire cette dernière en entraînant le fil, ce qui produit une maille sur l'aiguille à tricoter, mais comme cette maille est accrochée sur celle de l'aiguille à maille, il faut retirer cette aiguille de la maille que l'on vient d'accrocher, et la laisser tomber, puisqu'elle est fixée par celle de l'aiguille à tricoter. On recommence de nouveau pour continuer ainsi, et de cette manière on forme toutes les mailles, l'endroit étant du côté de l'ouvrière.

Quand on veut que les mailles soient à l'envers des premières, il faut passer le fil de l'arrière à l'avant en l'insérant entre deux mailles. Pour former la maille d'envers, au lieu de passer l'aiguille à tricoter de l'avant à l'arrière, il faut la passer de l'arrière à l'avant et accrocher le fil sur l'aiguille comme d'ordinaire, puis retirer l'aiguille en entraînant le fil et laisser tomber la maille accrochée. Les mailles d'endroits et les mailles d'envers servent de base à la confection de tous les tricots.

MÉTIER RECTILIGNE. Lorsqu'une ouvrière tricote à la main, chacun de ses mouvement produit une *maille*. Lorsque au contraire, on fait du tricot à la mécanique, on produit d'un seul coup autant de mailles qu'il y a d'aiguilles réparties sur une même ligne droite. On peut juger, dès lors, quelle grande différence il y a entre l'une et l'autre méthode au point de vue de la promptitude d'exécution.

Les pièces fondamentales du métier à tricot rectiligne sont les *platines* C V et les *aiguilles* A B.

Les *platines* qui donnent quelquefois leur nom au métier (métier à platines) sont des lames de forme spéciale qui comprennent un bec D, un avant-bec C, une gorge E, un ventre V, une tête P et une queue X, qui en sont les organes tricoteurs. Elles sont représentées figure 471. Il y en a de deux sortes, les *platines fixes* et les *platines abaisseuses*; les secondes, intercalées entre les premières, de manière qu'il y ait toujours une platine fixe suivie d'une platine abaisseuse. Chacune d'elles reçoit son mouvement de longues pièces horizontales, appelées *ondes*, avec lesquelles elles sont assemblées à charnière, et que nous n'avons pas représentées dans la figure.

Les *aiguilles*, munies d'une cavité ou « chas » sur leur tige, sont agencées horizontalement à côté des platines. Elles sont retenues du côté A par une pièce de plomb rigide dans laquelle elles sont encastrées ; de l'autre côté B elles sont libres, et terminées par une partie flexible et recourbée dont l'extrémité, qui forme pointe, peut entrer par la pression dans le chas. L'ensemble des aiguilles sur un même rang forme ce qu'on appelle la *fonture* du métier.

Or, le fil F, étant placé sans tension sur la rangée des aiguilles, subit successivement, à l'aide des organes du métier, diverses transformations qui prennent le nom de *cueillement* ou *cueillage*,

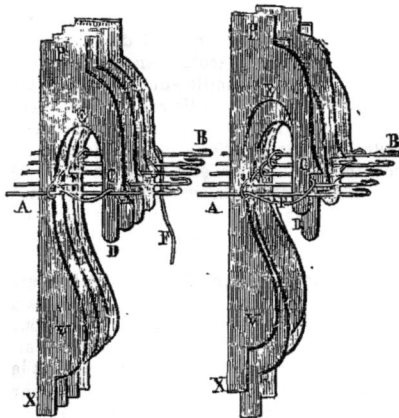

Fig. 471. — *Cueillage.*   Fig. 472 — *Formage.*

formage, *assemblage* ou *aménage*, *pressage*, *abattage* et *crochetage*.

Le *cueillage* se fait à l'aide d'un mouvement de translation verticale qu'on imprime aux platines. Dans ce mouvement, leur avant-bec C appuie sur le fil F, et fait entrer celui-ci dans les espaces vides qui séparent les aiguilles, ce qui lui donne en quelque sorte la forme d'un feston. On produit en pratique deux courses successives de fil *cueilli* (fig. 472).

Mais pour que le fil ne soit pas tiraillé, et afin de ne pas lui faire subir un frottement et une traction brusque, ce qui produirait des ruptures ou des allongements intempestifs ; on n'abat ces platines que les unes après les autres ; les platines impaires descendent d'une quantité double, de manière à produire sur le fil des ondulations deux fois plus fortes, les platines paires qui descendent ensuite peuvent alors facilement prendre aux autres la longueur qui leur est nécessaire pour former l'autre feston de cueillage. L'abaissement simultané de chacune des platines constitue l'opération du *formage*, c'est-à-dire de la forma-

tion de festons égaux, les platines impaires remontant aussitôt que les platines paires descendent d'une quantité moitié moindre (fig. 472).

On donne ensuite aux platines un mouvement de translation horizontale, c'est là l'*aménage*.

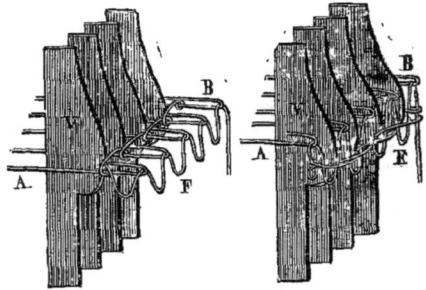

Fig. 473.   Fig. 474.
Aménage et pressage.   *Abattage.*

Dans ce mouvement, l'avant-bec C, qui maintient la boucle formée, l'entraîne avec lui et l'amène jusqu'à la tête des aiguilles, en faisant glisser sous leur pointe les parties de fil que suspendent cette boucle. Une règle ou *presse*, qui n'est pas représentée ici, vient alors fermer la tête des ai-

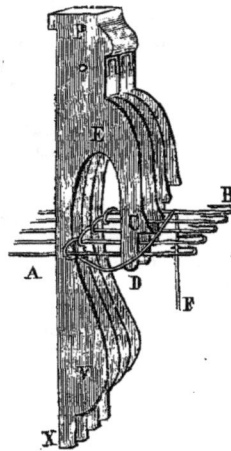

Fig. 475. — *Crochetage.*

guilles et la faire pénétrer dans le chas : c'est là le *pressage* (fig. 473).

Les aiguilles, une fois fermées, les mailles déjà formées et placées sur les aiguilles sont poussées au-dessus des becs par un mouvement horizontal de la platine vers la gauche ; elles glissent ainsi au-dessus des boucles qui sont renfermées dans les têtes des aiguilles, et c'est alors que ces boucles deviennent des mailles complètes. Le feston formé par le fil est donc dégagé. C'est là l'*abattage* (fig. 474).

Ainsi qu'on le voit, ces mouvements sont ceux de la tricoteuse à la main, car un même fil a été alternativement bouclé autour de chacune des aiguilles fixes. On a ainsi une première rangée de mailles formée, et on fait alors reprendre aux platines leur première position pour en commencer une seconde rangée. Ce dernier mouvement des platines s'appelle *crochetage*, en raison du nombre considérable de crochets qu'il exigeait autrefois, il s'exécute aujourd'hui d'une façon très simple. La platine descend alors jusqu'à une limite déterminée et couvre le tricot de sa gorge, opère ensuite un mouvement de recul horizontal, son bec entraîne le tissu vers le pied des aiguilles et le replace, avec deux mailles en plus, dans la position qu'il avait au point de départ des opérations (fig. 475).

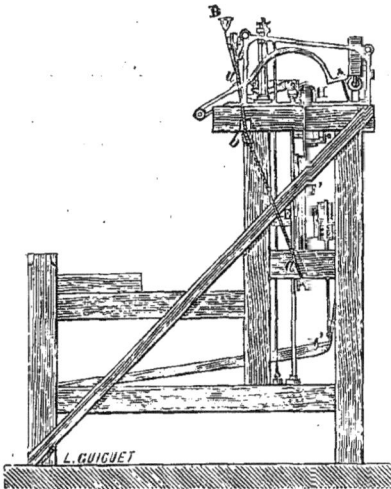

Fig. 476. — *Projection latérale d'un métier à tricoter rectiligne.*

L'étoffe à mailles, qui résulte de ces diverses transformations du fil, constitue ce qu'on pourrait appeler le tricot *type*, c'est-à-dire le tissu le plus simple en ce genre. Ce tissu présente deux faces bien distinctes, sur l'une desquelles le fil est recouvert tandis qu'il est apparent sur l'autre; mais cette différence n'est que la conséquence de la révolution du fil dans ses rebouclements. Il est plan, de sorte que pour en faire un tube ou une pièce quelconque s'adaptant à une partie du corps qu'il doit renfermer, on est obligé d'en rejoindre les bords et les lisières par une sorte d'entrelacement, dit *remaillage*. Dans ce cas, on a eu soin auparavant, pour la détermination exacte des formes du corps, d'ajouter ou de supprimer une boucle de chaque côté du tricot, au point où il devait être élargi ou diminué.

Les organes que nous venons de décrire se rencontrent dans les métiers de construction moderne, mais comme principe, ils appartiennent aussi, moins finis et moins perfectionnés, au premier métier avec lequel on fabriquait le tricot uni. On fit subir à ce métier, quelques années après son invention, une importante modification au moyen de laquelle on parvint à lui faire fabriquer le *tricot à côte*. Dans ce genre de tissu, chacune des mailles paires est formée par le passage alternatif au-dessus et au-dessous du fil de sa voisine, et les mailles impaires sont identiques à celles du tricot-type dont nous venons de parler, de sorte que, lorsqu'on tend ce tricot, on s'aperçoit que les mailles paires cèdent dans toutes les directions, et que les mailles impaires s'étendent très bien dans le sens longitudinal, mais à peine dans le sens transversal. On emploie surtout ces côtes pour terminer le bas des caleçons, l'extrémité des manches, l'entrée des bas, etc. Pour les fabriquer, il faut *deux fontures*,

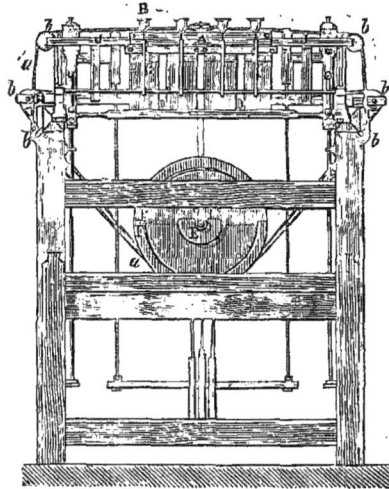

Fig. 477. — *Métier à tricoter rectiligne (Élévation).*

c'est-à-dire deux rangées d'aiguilles, l'une horizontale, qui peut prendre un mouvement de va-et-vient parallèlement à elle-même, l'autre verticale et dont chacune des aiguilles correspond à l'intervalle de deux aiguilles horizontales. Il y a une presse spéciale pour chaque fonture, mais une seule rangée de platines verticales. Cette dernière rangée fournit alors une course de cueillage double de celle ordinaire, de façon à fournir des festons suffisants pour chacune des fontures horizontale et verticale. Les aiguilles qui constituent la fonture horizontale s'avancent les premières après le cueillage, prennent la moitié de la hauteur des boucles cueillies, puis, lorsqu'elles se sont emparées de leurs mailles, reviennent sur elles-mêmes et reçoivent l'action de la presse qui ferme ses becs. Le jeu de la fonture verticale est le même, ses becs sont aussi fermés par une autre presse. Enfin, l'une et l'autre fonture viennent se réunir dans les opérations suivantes du formage et de l'abattage, et il résulte de cette combinaison une rangée formée de mailles alternativement saillantes et creuses.

Pour donner une idée de ce qu'est un métier.à tricoter, nous en avons représenté un type spécial figure 476 (élévation) et figure 477 (projection latérale). Les platines sont en H. Il y a autant de chevalets que l'on veut obtenir de pièces à la fois; sur le métier que l'on voit ici, on peut fabriquer quatre pièces, comme les quatre doigts d'un gant par exemple. Sur le devant, du côté de l'ouvrier, se trouve une longue boîte A, portant quatre têtes, correspondant par conséquent à quatre bobines B et à quatre passe-soies C. Les ondes, les platines et les aiguilles sont disposées par séries, en laissant entre chacune de ces dernières un espace suffisant D correspondant au mouvement de va-et-vient que doivent avoir les chevalets et les bobines. Pour imprimer à la boîte à plusieurs têtes un mouvement rectiligne alternatif, on a placé sur l'axe moteur E, près de la première poulie à gorge F, une seconde poulie F' fixe exactement semblable, et que l'ouvrier peut aisément faire mouvoir avec l'autre. Sur cette seconde poulie, on enveloppe la cordelette a qui, passant sur des petites poulies de renvoi b, afin de prendre la direction convenable, va s'attacher au-dessus du métier aux extrémités d'un ressort double. Ce ressort traverse un anneau fixé au milieu de la boîte A. Il en résulte que, dans le mouvement circulaire alternatif imprimé à la poulie motrice par les marches MM' sur lesquelles l'ouvrier appuie successivement les pieds, la boîte A est tirée tantôt à droite, tantôt à gauche, dans une petite étendue correspondant à la largeur de chaque pièce à tricoter, et glisse sur la traverse J qui la supporte et lui sert de chemin.

C'est surtout le problème de la rapidité des augmentations et des diminutions, pour donner aux pièces tricotées la forme nécessaire, qui a attiré l'attention des chercheurs.

Dès le principe, lorsque l'ouvrier voulait diminuer la largeur de son tricot, il se servait d'un poinçon qu'il tenait à la main, qui lui servait à faire tomber successivement un certain nombre de mailles. Cette opération qui devait être répétée sur chaque partie et à chaque révolution du métier, lorsque celui-ci était disposé pour faire plusieurs pièces à la fois, était extrêmement longue.

En 1846, MM. Tailbouis et Verdier inventèrent un mécanisme additionnel servant à augmenter ou diminuer le nombre des mailles. Ce mécanisme était portatif, et pouvait être retiré à volonté ou rapporté sur le métier. Au lieu d'opérer séparément sur chaque pièce, il opérait à la fois d'un seul coup sur toutes les pièces placées sur le métier, et faisait ainsi gagner beaucoup de temps à l'ouvrier. Cependant, il n'en exigeait pas moins le concours de cet ouvrier. Il avait encore un avantage spécial au point de vue de l'industrie de la ganterie de soie au tricot. Jusque-là, pour fabriquer des gants avec la réduction des doigts, l'ouvrier montait sur son tricot sur la largeur voulue et continuait jusqu'à la naissance du pouce seulement. Là, il était obligé de laisser l'ouverture,

dont la longueur était déterminée, ce qui entraînait la conduite de deux fils, puisqu'il y avait dès lors deux tricots. La main terminée, il remontait le pouce à l'ouverture laissée et le confectionnait en augmentant de chaque côté des lisières jusqu'à la largeur voulue. Ce pouce, séparé du gant, était réuni nécessairement audit gant par une couture à la main. Avec l'appareil de MM. Tailbouis et Verdier, l'ouvrier pouvait, arrivé au pouce, continuer son tricot sans ouverture, et, pour obtenir alors la largeur du pouce, il augmentait le nombre de mailles à l'aide de son appareil.

Dix ans plus tard, MM. Hine et Mundella, innovaient un autre système plus perfectionné, destiné spécialement à la fabrication des bas, mais qui exigeait encore d'être dirigé par la main de l'ouvrier. En outre, il permettait bien de faire la jambe et les talons, mais pour faire les pieds et les pointes, il fallait remonter les jambes sur un autre métier. La diminution s'effectuait alors au moyen d'un double mouvement inverse communiqué aux barres des poinçons d'une part, aux arrêts-buttoirs et barres de guides d'autre part, au moyen d'un système de leviers et de cames assez compliqué. Lorsqu'on arrivait au travail des talons sur le métier à bas, il y avait de plus une barre de guides supplémentaires égalant en même nombre les guides ordinaires. Ce doublement de guides était alors rendu nécessaire, parce que chaque corps de bas donne naissance à deux pièces destinées par leur réunion à former le talon, chacune des pièces est tricotée avec une lisière droite sur le bord intérieur et avec une lisière diminuée sur le bord extérieur. Il en résulte que chaque couple de poinçons d'une part, et chaque couple de guides d'autre part doivent simultanément opérer la diminution. Or, le système fonctionnant par le long du bas s'applique également bien au couple de poinçons et à l'un des guides, ou pour mieux dire à l'un des systèmes de guides, celui de droite par exemple, mais aucunement au système de guides supplémentaires. En conséquence, aussitôt que la diminution automatique était effectuée par cet ensemble de pièces, il était encore nécessaire de faire glisser à la main, dans le sens convenable et pendant l'arrêt forcé de la machine, la deuxième barre des guides de la même quantité que la première. L'ouvrier appuyait à cet effet sur un levier à secteur engrenant avec une crémaillère fixée sur la barre. De cette action résultait un mouvement de la barre en question.

En 1860, M. Tailbouis, pour remédier à cette intervention de la main de l'ouvrier dans une série de mouvements automatiques, substitua à ce mécanisme un système nouveau, représenté figure 478 (élévation d'une partie des barres du mécanisme qui opère la diminution) et figure 479 (section transversale).

Un taquet T est ajusté sur une barre transversale N située en avant de la barre K, et maintenue à ses extrémités sur le bâti du métier. Elle est commandée par le système de cames et de leviers dont nous venons de parler pour la diminution du long du bas dans le système de

MM. Hine et Mundella. Le taquet est mobile dans une coulisse et peut être réglé à volonté au moyen d'un écrou situé derrière la barre N, servant à le fixer dans la position convenable. Un levier à rochet L, semblable à ceux existant déjà sur les barres de diminution, et une tringle divisée b, rapportée sur la deuxième barre d des guides accessoires, complètent le mécanisme.

Le levier et le rochet ayant leur point d'appui sur la barre fixe M, il en résulte que si le taquet rencontre, dans le mouvement de la barre, alors qu'elle agit sur le régulateur de la première barre des guides, le levier en question, il le fait dévier de sa position première; son rochet entraîne dans son mouvement la règle divisée et avec elle la barre des guides tout entière.

La barre c sert de première barre des guides pour la diminution du long du bas, et la barre d constitue la deuxième barre des guides, accessoire spécial pour la diminution des talons. La barre c glisse sur celle fixe M au moyen d'une sorte de guide c', et la barre d repose également

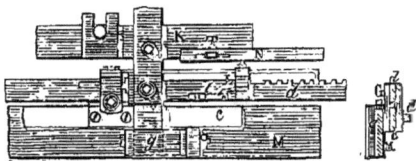

Fig. 478 et 479. — *Partie des barres du mécanisme qui opère la diminution (Elévation et section transversale).*

sur la barre M (fig. 478) par l'intermédiaire du support d'; puis elle peut glisser à l'aide du galet g.

Cette disposition présentait déjà de grands avantages. Elle évitait la perte de temps auquel entraînait le système de MM. Hine et Mundella; ensuite, la barre une fois réglée, le mouvement s'effectuait de lui-même et par les mêmes organes qui déterminent les diminutions simultanées; de plus, leur accord était parfait, ce qui n'arrivait pas quand l'ouvrier l'effectuait à la main.

Mais il offrait cependant une lacune pour rendre l'automatisme complet. En effet, tous les mouvements essentiels à la production du tissu à largeur uniforme étaient effectués à l'aide d'un mouvement rotatoire continu et sans nécessiter jamais aucune interruption, mais quand le moment des diminutions était venu, il fallait arrêter le métier, surtout s'il était commandé par un moteur mécanique, et lui faire effectuer à la main un mouvement rotatoire inverse d'un quart de tour environ.

De là résultait le double inconvénient d'une perte de temps souvent répétée, et de l'obligation pour l'ouvrier de compter le nombre de rangées, afin que toutes ces rangées étaient effectuées, il arrêtât, suivant le cas, le métier, pour opérer la diminution. Ce second inconvénient en amenait un troisième : c'était d'occasionner des erreurs, et conséquemment des irrégularités dans le tissu.

Cet inconvénient était si grave que l'on chercha alors en Angleterre à y porter remède. Il n'y avait qu'un moyen d'y parvenir, c'était de rendre les mouvements de la diminution continus, comme ceux des autres opérations, d'éviter en un mot le mouvement rétrograde dont nous venons de parler. — A cet effet, on divisa les cames de telle façon que, sur leur circonférence, les mouvements ordinaires, aussi bien que ceux de la diminution, y trouvassent place, et l'on ajouta un mécanisme spécial, qui consistait essentiellement en une came particulière qui, par un système de leviers et de deux roues à rochet, faisait avancer ladite roue de deux dents à chaque tour du métier. L'axe de cette roue portait en même temps une came perpendiculairement à son plan, munie d'une surface gauche. Le mouvement de la roue à rochet, et, par suite, de cette came, était calculé, de manière qu'après quatre, six ou huit tours, la surface gauche déplaçait, dans le sens de la largeur du métier, une tige maintenue dans des coulisses. Elle venait, par suite de ces mouvements, se placer derrière les leviers articulés correspondant au système des diminutions, de telle sorte que, la tige n'étant pas en position, les cames des diminutions n'avaient pas d'action sur ces leviers articulés et, qu'au contraire, cette tige étant amenée par la surface gauche, comme il a été dit, derrière les leviers articulés, ceux-ci ne pouvaient plus céder à l'action de leurs cames correspondantes, mais étaient soumis à leur pression et produisaient en conséquence le mouvement complet des diminutions.

Cette disposition semblait bien annuler les inconvénients signalés ci-dessus, mais il n'en était rien cependant. En effet, la série des mouvements correspondant au développement des cames était plus considérable avec ce dernier système, et conséquemment, la place occupée par chacun d'eux, ou mieux par les courbes nécessaires à la déterminer, était moindre, d'où la nécessité, pour ne pas accélérer outre mesure les mouvements déjà trop brusques, de diminuer la vitesse de rotation du métier dans toute la durée du travail; si bien que trois tours de roues déterminaient dans le système primitif un tour entier du métier, tandis que le nouveau système en nécessitait quatre et demi. Malgré cela, pour rendre la diminution régulière, l'ouvrier était encore obligé d'arrêter la transmission du mouvement par le moteur pendant qu'elle s'effectuait, pour l'opérer à la main. On conçoit, par ce double motif, qu'il devait en résulter une perte de temps considérable ; et en effet, le métier à diminution à rotation continue, produisait dans le rapport de trois à quatre, comparé au métier à diminution à rotation inverse.

Ce fut alors que M. Tailbouis inventa cet ingénieux mécanisme qui permet non seulement de faire sur métier les bas en entier, depuis le haut de la jambe jusqu'à l'extrémité de la pointe du pied, mais qui permet encore de dessiner les formes automatiquement avec la même perfection que le meilleur ouvrier pourrait le faire. Un compteur ou roue à rochet, représenté figure 482 se charge, au lieu et place de l'ouvrier, du soin de compter les rangées pour produire les diminution à des intervalles égaux, et rend par conséquent impossible toute irrégularité ayant l'inattention de l'ouvrier pour cause. En outre, en transportant sur deux systèmes d'excentriques distincts, et agissant isolément l'un de l'autre, les mouvements ordinaires et ceux des diminutions, l'inventeur a laissé plus d'étendue pour chacun d'eux et les a rendus en conséquence plus doux et plus réguliers.

Nous terminerons par quelques mots sur cette invention, ce que nous avons à dire sur les métiers rectilignes. Nous avons voulu simplement donner une idée de quelques-unes des difficultés qui peuvent se rencontrer dans le travail de la bonneterie, mais il nous serait impossible, sans

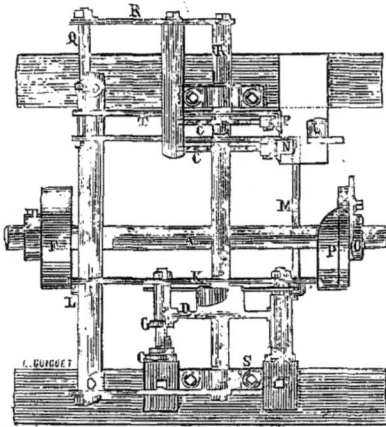

Fig. 480. — *Plan d'ensemble des deux systèmes de pièces produisant le mouvement de translation de l'arbre de couche.*

sortir du cadre de cette étude rapide, de mentionner toutes les inventions ingénieuses appliquées dans ces derniers temps à cette fabrication.

La figure 480 représente le plan d'ensemble des deux systèmes de pièces produisant le mouvement de translation de l'arbre de couche, la figure 481 est l'élévation de la came à double action qui transporte le système de leviers destiné à préparer ce mouvement.

L'arbre de couche A porte, fixées sur lui, toutes les cames du métier. L'arbre B est celui sur lequel sont assujetties les roues à rochet C et la came à double effet D. Des leviers G et H sont articulés sur des pièces à douille fixées sur le bâti en fonte et maintenues solidairement avec une tige rigide. Ces deux leviers portent des galets sur lesquels agit la came D; ils maintiennent de plus une tige horizontale K (fig. 480) munie, à ses deux extrémités, de galets L. Un levier horizontal M est commandé en son milieu par la came E (représentée fig. 481) qui agit sur son galet; il commu-

nique son mouvement oscillatoire à une tige verticale N (fig. 480) maintenue dans une coulisse P. Un arbre accessoire Q est relié à l'arbre B par deux tringles R qui font de ce système un rectangle rigide pouvant se mouvoir transversalement, en glissant dans les deux paliers S, en même temps qu'il peut osciller en tournant dans ses paliers. Il soutient les leviers T correspondant aux roues dentées C et les fait tourner par l'intermédiaire des rochets qu'ils portent.

Les mouvements s'effectuent de la manière suivante :

L'arbre principal A est animé d'un mouvement continu qui lui est communiqué par une roue de transmission convenablement disposée. A chaque tour de cet arbre correspond la double action de la came E qui, en agissant sur la tige verticale N, abaisse l'un ou l'autre des leviers T et de leurs rochets et imprime finalement un mouvement circulaire interrompu à l'arbre B.

Il résulte de là que, si la roue dentée porte quatorze divisions, l'arbre B aura fait un tour entier après sept tours de l'arbre A; mais l'arbre B, en

Fig. 481. — *Elévation de la came à double action qui transporte le système de leviers.*

tournant, entraîne dans son mouvement la came à double effet D qui agit constamment sur les galets des leviers G et H; conséquemment, la partie saillante de cette came, venant à rencontrer l'un des deux galets, déplace tout le système de leviers; l'un des galets L vient se présenter devant le plan incliné de la came correspondante F, par exemple, le mouvement des leviers ayant eu lieu de droite à gauche, auquel cas la came, en venant rencontrer le galet L de gauche, qui est pour le moment maintenu fixe dans sa position, éprouve une résistance telle qu'elle déplace l'arbre A avec tout son système de cames.

A ce moment, toutes les cames des mouvements ordinaires, étant déplacées transversalement, cessent d'agir sur leurs leviers respectifs, tandis que les cames spéciales destinées aux diminutions se mettent, au contraire, en prise sur les leviers qui leur correspondent.

La roue à rochet est divisée de telle manière qu'elle porte toujours un nombre de dents double du nombre de rangées qui doivent se faire entre deux diminutions successives, plus deux dents. Ces deux dents supplémentaires servent pour continuer à faire tourner l'arbre B pendant que la diminution s'effectue.

On conçoit maintenant comment on peut, avec ce système, obtenir une diminution avec un mouvement continu et éviter l'inconvénient d'une trop grande vitesse, ou, pour mieux dire, d'un mouvement trop brusque imprimé aux opérations de la diminution avec le premier système rétrograde ou le deuxième continu, puisqu'ici on a tout le développement d'une came pour y placer ces courbes nécessaires à ces mouvements, lesquels n'occupaient dans ces systèmes qu'un quart dans ce même développement. Pour la même raison, on adoucit également les mouvements ordinaires, puisque les cames correspondantes sont affranchies de la diminution.

Le système de ces leviers à rochet, des roues dentées et de la came maintenue sur l'arbre B est mobile dans les coussinets S qui les portent. Il suffit donc (fig. 482) de le déplacer d'une quantité suffisante pour que la tige verticale N ne rencontre plus, en descendant sous l'action du levier M, les leviers à rochet T, pour qu'aucun mouvement ne soit produit. On le déplace donc de cette quantité suffisante, quand les diminutions sont terminées, pour les ramener au moment où elles sont de nouveau nécessaires.

De même, il est utile de pouvoir faire à volonté des diminutions après quatre, six, huit ou dix

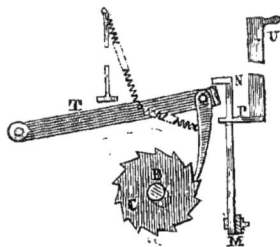

Fig. 482. — *Système de la roue à rochet.*

rangées; pour y parvenir, il suffit d'avoir sur l'arbre B des roues à rochet, portant dix, quatorze, dix-huit ou vingt-deux dents, et sur l'arbre Q autant de leviers T correspondants; puis, d'amener sous la tige N de ces leviers, une roue dentée pour obtenir, sans avoir à s'en occuper davantage, l'une des diminutions voulues. On peut arriver au même résultat en ayant une roue dentée unique divisée convenablement et un seul levier T portant trois ou quatre rochets; de cette façon, il suffit de faire varier la course de la tige N, pour obtenir également à volonté la diminution requise.

Tels sont, étudiés rapidement, quelques-uns des principaux perfectionnements apportés dans la fabrication des métiers à tricot. En les passant en revue, nous avons mentionné le nom de leur principal constructeur et presque toujours de leur inventeur, M. Tailbouis, de Saint-Just-en-Chaussée. Chercheur infatigable et intelligent, cet industriel est certainement celui qui a le plus contribué à la perfection des métiers à bonneterie, et nous sommes heureux de pouvoir rappeler ici que cette industrie lui doit en grande partie le plus clair de ses progrès.

MÉTIER CIRCULAIRE. Le principe du travail est le même sur le métier circulaire que sur le métier

droit, on y rencontre les mêmes organes fondamentaux, mais les mouvements y sont produits par des agents différents.

Il y a un grand nombre d'espèces de métiers circulaires, le métier à chutes multiples, dont l'aiguille, au lieu d'avoir un bec flexible, a une palette à charnière à mouvement alternatif d'ouverture et de fermeture, le métier à double fonture produisant le tricot à côtes, etc. Nous nous contenterons de décrire, comme type de disposition, un métier circulaire, pris entre tous, dont l'aiguille présente une disposition spéciale.

On voit qu'un arbre de fer A (fig. 483) soutient tout l'ensemble des pièces qui sont : un plateau en fonte C, muni d'une douille exactement alésée sur l'arbre A autour duquel il tourne; une roue d'angle I ajustée au plateau C, et un pignon de commande J qui est mis en mouvement lui-même par la main de l'homme au moyen de la manivelle M ou d'un moteur quelconque.

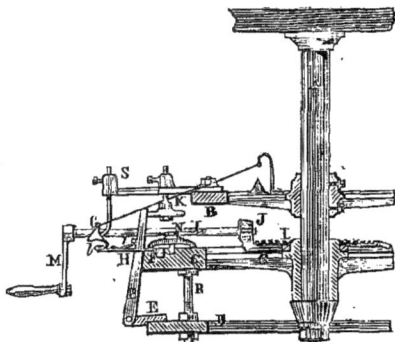

Fig. 483. — *Métier à tricoter circulaire.*

Sur ce plateau C est ajusté un cercle de cuivre F divisé d'une manière convenable pour recevoir les aiguilles à crochet H de plaque de pression N servant à maintenir lesdites aiguilles H sur le cercle F et sur le plateau C.

Un deuxième cercle en fonte D est réuni au premier C par des entretoises R et est mobile avec lui; il porte un anneau en cuivre E, divisé de la même façon que le cercle F et destiné à maintenir les platines P placées exactement dans les intervalles qui séparent les aiguilles à crochet H.

Enfin, une roue K, ou un plan incliné fixe, est maintenu par l'intermédiaire d'une pièce à douille S sur le plateau B, fixé à vis sur l'arbre A, de telle façon que les platines P viennent la rencontrer et soient ainsi amenées en avant.

De cette disposition de pièces résultent les effets suivants :

Supposons qu'un tricot ait déjà été remonté sur les crochets. L'arbre L est mis en mouvement, entraînant le pignon J, la couronne I et le cercle C avec lui, ainsi que toutes les pièces qui en dépendent, c'est-à-dire le cercle F, les aiguilles à crochet H, le cercle D et toutes les platines P. Les platines **P**, en tournant, rencontrent la roue abatteuse **K** ou le plan incliné, qui les forcent à tourner sur un axe **O** maintenu dans les rainures du cercle **E**; elles entraînent dans leur mouvement le tissu parallèlement remonté, lequel fait basculer les leviers ou crochets *i* des aiguilles **H**; au même moment, un tube **G** présente du fil devant le bec de l'aiguille et le maintient à l'intérieur de l'espace clos; la platine, continuant à agir, fait passer la maille au-dessus du levier *i*, et une nouvelle boucle de tissu est ainsi formée; cette opération est répétée autant de fois qu'il y a d'aiguilles à crochet placées sur la circonférence du métier.

La platine, par sa forme et sa position particulière, en même temps qu'elle entraîne le tissu, fait qu'elle l'entraîne par dessus, puis en dessous du bec *b* du crochet *i*. Des roues rentreuses qui sont placées au-dessous des aiguilles à crochet et supportées par le cercle **B** ramènent le tissu à leur base, remettent ainsi ce tissu et les platines à la position qu'ils occupaient précédemment et préparent les becs *b* pour une opération suivante.

Il nous reste à donner un aperçu de l'importance de la fabrication de la bonneterie en France et des centres de production.

Bonneterie de coton. En France, la *bonneterie de coton* est faite en grande partie en Champagne, principalement à Romilly. On fait également des articles de coton à Falaise, Guibray, Moreuil, Saint-Just, le Vigan, Saint-Jean-du-Gard, Arras et Rouen.

Comme nous l'avons dit plus haut, c'est celle des quatre spécialités qui représente le chiffre d'affaires le plus considérable. Ceci tient, d'abord à ce qu'elle a pu rapidement suffire aux demandes les plus exigeantes en fabriquant des produits de finesse moyenne d'un bon marché fabuleux, puis de ce que par le fini et la variété des tissus qu'elle livre à la consommation elle peut soutenir la lutte contre les produits similaires étrangers.

Il n'y a que les produits lourds dont le prix laisse un peu à désirer comparativement à certains articles étrangers. C'est ainsi que certains tricots de ce genre, fournis par la Saxe, sont un peu meilleur marché. Mais la France rachète ce défaut par la solidité et le bon goût des tissus qu'elle offre à la consommation.

Les tricots fins en coton ne sont guère fabriqués en France. Ils sont remplacés par les produits improprement appelés *en fil d'Ecosse*, qui ne sont autre chose que du coton retors travaillé en blanc. Dans ce genre de tissu, la France l'emporte sur toutes les autres nations; c'est avec ces fils d'Ecosse qu'on fait ces bas élégants à jour ou brodés, dont la maille transparente et glacée les fait parfois préférer aux bas de soie, et ces gants dits « de fil d'Ecosse, » les uns d'une seul pièce, les autres coupés et cousus à la manière des gants de peau et imitant ceux-ci d'une façon remarquable.

Bonneterie de laine. La *bonneterie de laine* se fabrique surtout en Picardie, dans le Santerre,

surtout à Villers-Bretonneux, Roye, Hangest et Harbonnières, principalement la bonneterie classique de qualité forte en laine longue et les articles riches de fantaisie; dans ces derniers temps, ce pays a surtout fabriqué ces vestes pour hommes, en tricots circulaire, foulé, gratté, et peluché, qui ont eu une vogue si grande à titre de vêtement d'hiver à bon marché et que nous exportons même en quantité notable. Les gros articles pour les marins et la classe ouvrière se font dans la Haute-Garonne, l'Eure et les Basses-Pyrénées, les articles de fantaisie se font surtout dans l'Oise et l'Aube, principalement à Aix-en-Othe. On fait encore à Reims et dans quelques communes d'Eure-et-Loir ce qu'on appelle la « la bonneterie drapée, » et dans les environs d'Orléans la bonneterie orientale.

On fabrique aussi beaucoup en France la ganterie de tricot de laine foulée, dite « de castor. » Le succès de cet article vient surtout de ce qu'on a su rapidement donner une coupe satisfaisante à ces articles et les orner de jolies garnitures qui ont fait rechercher tant en France qu'à l'étranger.

Les articles en bonneterie laine et coton ne se font guère qu'en Angleterre; ils s'y fabriquent très couramment, surtout parce que les filateurs anglais sont bien montés pour produire le genre de filés mélangés qui entrent dans leur confection. Il serait à désirer cependant qu'en France on entreprît la fabrication de ces produits qui sont assez demandés, et qui ont surtout l'avantage de rentrer moins au lavage que les tissus de laine pure.

Bonneterie de lin. La *bonneterie de lin* ou pour mieux dire la *bonneterie de fil*, qui décline de jour en jour à cause de la difficulté qu'il y a à fabriquer de beaux articles en ce genre, et aussi parce que ces tissus ont l'inconvénient de se durcir à l'usage, se fabrique surtout à Hesdin et dans quelques autres communes du Pas-de-Calais.

L'Angleterre, qui en fait un certain commerce et ne les fabrique guère, se les fait expédier de la Saxe et en reçoit aussi un peu de la France. Il n'est pas rare que ces produits saxons et français fassent concurrence à nos produits nationaux proprement dits sous le nom de « bonneterie anglaise. »

Bonneterie de soie. La *bonneterie de soie* se fabrique un peu à Troyes, Paris et Saint-Just, mais les centres les plus importants se trouvent dans le Midi, à Nîmes, Lyon, Ganges, Le Vigan, Saint-Hippolyte et Saint-Jean-du-Gard.

La bonneterie de soie, qui dominait sous l'ancien régime, n'est plus représentée que par 10 0/0 environ de la consommation totale. Aujourd'hui elle s'adresse surtout à l'exportation pour les articles légers et ne réserve à la consommation locale que les produits de grand luxe. La raison de cet abandon réside surtout dans le prix de plus en plus élevé de la matière première et dans la grande concurrence que font à ces produits les tricots en fil d'Ecosse, tant pour la ganterie proprement dite que pour les bas et chaussettes.

Nous devons aussi constater la même décadence pour les articles en bourre de soie. Seuls les produits noirs (articles de deuil, bas pour ecclésiastiques, etc.) donnent encore lieu aujourd'hui à un commerce suivi. — A. R.

Bibliographie. Nos lecteurs trouveront dans les ouvrages suivants, soit des renseignements plus 'étendus sur les machines ci-dessus décrites, soit une description détaillée d'un grand nombre d'autres dont il n'a pu être parlé : Michel ALCAN : *Les arts textiles à l'Exposition de 1867*, *Les métiers à mailles*, p. 206-280, Paris, 1868, librairie Baudry; Même auteur : *Rapport à la Société d'encouragement sur le tricoteur mécanique circulaire avec appareils électriques de M. C.-A. Radiguet (Bulletin de la Société d'encouragement*, 1870) ; TAILBOUIS : *Rapport officiel sur la bonneterie à l'Exposition de 1867* (*Rapports du Jury international*, publiés sous la direction de M. Michel Chevalier), Paris, Imp. nat., 1869; TOUSTAIN: *Fabrication des tissus*, t. II, *Bonneterie*, p. 150 à 159, 1859; REGNARD : *Note sur la machine à tricoter de famille de la Compagnie américaine Bickford (Société des ingénieurs civils)*, 1876, p. 830; Gustave WILKOMM : *Die Technologie der Wirkerei*, Leipzig, 1877 ; Edouard GAND : *Cours de tissage*, t. II, p. 394-414 et t. III, p. 443-457, Paris, lib. Baudry, 1876 et 1878; Alfred RENOUARD : *Les tissus réticulaires à l'Exposition de 1878*, Paris, lib. Lacroix, 1878

BONNETIERS. Les bonnetiers occupèrent d'abord un rang secondaire dans la hiérarchie des métiers de Paris; ils ne faisaient point originairement partie des six corps et ne sont pas mentionnés dans les statuts homologués par Etienne Boileau, sous le règne de saint Louis. Leur industrie était ainsi exercée par les « chauciers » et les « braliers; » les premiers fabriquaient « chauces de soie et de toile, souz chaux et chauçons ; » les seconds faisaient des vêtements de dessous, braies et caleçons, « assavoir de bon fil blanc et bué avec, de fil escru, avec face toute pure de soie et face raie de fil taint. » Ces deux métiers sont représentés aujourd'hui par les bonnetiers et les culottiers. L'industrie de ces derniers tend à se confondre avec celle des tailleurs; quant aux bonnetiers, ils ont gardé leur autonomie jusqu'à nos jours et sont en possession de la fabrication et de la vente des vêtements intimes, la chemise exceptée; encore cette dernière spécialité ne s'est-elle que depuis peu détachée de la bonneterie.

Au commencement du XVIe siècle, les bonnetiers eurent une bonne fortune inattendue : ils furent admis à faire partie des six corps de marchands; voici à quelle occasion. Louis XII avait épousé la princesse Marie d'Angleterre après le décès d'Anne de Bretagne, et une entrée solennelle se préparait par les soins de l'échevinage parisien. Le dais devait être porté sur la jeune souveraine par les six corps qui se relayaient à des intervalles réglés, selon la coutume; « mais, dit Félibien, les changeurs représentèrent que leur nombre estoit si diminué, qu'à peine restoit-il parmi eux cinq ou six chefs de famille ; ce qui estoit cause que, ne pouvant supporter les frais des habillemens de soye dont ils devoient estre parez, ils prioient la ville de chercher quelque autre corps qui voulust prendre cette charge. La ville en parla aux maistres bonnetiers, qui acceptèrent volontiers la place que leurs quittoient les changeurs, et promirent de paroistre avec leurs habits convenables; en effet, ils portèrent le dais sur la reine avant les orfèvres, et, par ce moïen, de simples artisans qu'ils avoient toujours esté, ils devinrent marchans et le cinquième des six corps de la ville, qui sont les drapiers, les espiciers, les merciers, les pelletiers, les bonnetiers et les orfèvres. »

Depuis lors, les bonnetiers figurèrent dans toutes les cérémonies et prétendirent toujours au second rang, comme substitués aux changeurs, bien qu'ils n'occupas-

sent, en réalité, que le cinquième. On voit leurs quatre maîtres-jurés, vêtus successivement de robes de velours gris, ou tanné, et coiffés de toques noires, avec cordons d'or. Leur persistance à vouloir marcher immédiatement après les drapiers constitue un chapitre de l'histoire des préséances sous l'ancien régime.

En 1722, le corps de la bonneterie parisienne publia un recueil officiel de ses anciens et de ses nouveaux règlements. Parmi les trente-trois pièces dont se compose cette collection, on distingue : 1o les lettres-patentes de 1672, érigeant en maîtrise la manufacture de bas du château de Madrid ; 2o plusieurs arrêts du parlement et ordonnances de police sur la fabrication, la visite des produits fabriqués, la marque, le poids, la teinture, etc.; 3o les édits de création de charges d'inspecteurs, visiteurs et marqueurs ; 4o les lettres-patentes établissant un bureau à la douane « pour les marchandises de bonneterie venant du dehors, » avec droit de confiscation par les gardes du métier. Les principaux articles du ressort de la bonneterie sont énumérés ainsi dans les pièces que nous venons de citer : « bas, canons, camisoles, caleçons, chausses et chaussons en laine, fil coton, castor, filoselle, fleuret et soye. » Le bureau des bonnetiers était situé rue des Marmousets.

Quoique les diverses professions fussent rigoureusement délimitées sous le régime corporatif les bonnetiers avaient, à côté d'eux, une communauté dont l'industrie se rapprochait beaucoup de la leur : c'était celle des « boursiers-brayers-gibeciers-culottiers, faiseurs de bonnets, de la ville et faubourgs de Paris, » dont le bureau était situé sur la place de Grève. Plus ancienne que la bonneterie, cette corporation est mentionnée dans le *Livre des métiers*; mais son travail, alors beaucoup plus simple, se compliqua singulièrement par la suite. Dans le recueil de statuts qu'ils publièrent, à l'imitation des bonnetiers, ils se qualifient ainsi : « Communauté des maîtres boursiers, colletiers, calottiers, culottiers, caleçonniers, seuls faiseurs de brayes, parasols, parapluies de toutes façons, cartouches et gibernes pour les gens de guerre, bonnets, calottes de cuirs, bustes, guêtres, bas de chamois, gibecières, mascarines, escarcelles de drap d'or, d'argent, soie, maroquin, cuir noir et blanc, tanné en huile, et autres étoffes généralement quelconques de la ville, faubourgs, banlieue, prévôté et vicomté de Paris. »

Une telle variété de fabrication mettait cette communauté en conflit perpétuel avec les autres; aussi, de nombreux arrêts du parlement la défendirent-ils : 1o contre les bonnetiers qui voulaient lui faire interdire le travail et la vente des « bonnets de coupe et de couture; » 2o contre les maîtres tailleurs et les fripiers qui lui reprochaient son intrusion dans le domaine du vêtement; 3o contre les tourneurs et coffretiers qui se croyaient également en droit de faire des parapluies, parasols, cartouches, gibernes, gibecières, etc. ; 4o contre les passementiers-boutonniers, les boisseliers, peaussiers et chapeliers, sur l'industrie desquels elle semblait empiéter; 5o contre les chirurgiens, enfin, sans doute à raison de certains appareils orthopédiques, tels que bas et bandages, dont les boursiers faisaient l'application.

Ces querelles sans cesse renouvelées et l'émoi qui en résultait dans le monde des métiers avaient depuis longtemps préparé la révolution économique dont le ministre Turgot se fit l'exécuteur en 1776. Depuis lors, les bonnetiers ne se défendirent plus contre les boursiers, et ceux-ci, de leur côté, n'eurent plus maille à partir avec leurs anciens adversaires. La liberté du travail remédia aux inconvénients de son extrême division, et la bonneterie, en particulier, s'arrondit de toutes les spécialités qui font essentiellement partie de son domaine. Il n'y a plus aujourd'hui de chauciers, de braaliers ou brayers, de boursiers, de colletiers, de calottiers, de culottiers, de caleçonniers, etc. ; il y a des bonnetiers-chemisiers, unis ou séparés, qui confectionnent et vendent le vêtement de dessous; puis des tailleurs, des chapeliers et des cordonniers qui se chargent de l'habillement extérieur, de la coiffure et de la chaussure. Nous voilà bien loin des petits métiers qui se partageaient, au moyen âge, les diverses parties du costume et en faisaient trente ou quarante spécialités. L'excès contraire est le groupement, dans un même local, de la fabrication et de la vente de produits essentiellement distincts. Là, tous les métiers perdent leur autonomie et n'occupent plus qu'un rayon dans un bazar. Toutefois, et en dépit de cette tendance économique à l'agglomération, la bonneterie résiste et résistera longtemps, parce qu'elle représente un travail *sui generis* et qu'elle ne se confond avec aucune autre industrie similaire. — L. M. T.

BONNETTE. *T. de fort.* Petit corps-de-garde avancé, en maçonnerie ou en charpente, à deux faces et sans fossé, destiné à la surveillance et à la défense du chemin couvert. Ce petit réduit qui ne renfermait que des fusiliers était fort employé dans le système de fortification de Cœhorn; on le plaçait généralement aux places d'armes rentrantes et à la place d'armes saillante du chemin couvert, en arrière des crêtes des glacis.

* **BON-OUVRIER.** Sorte de fil qui se fabrique à Lille.

* **BONSDORFITE.** *T. de minér.* Sorte de minéral qui se trouve près d'Abo, en Finlande, dans un granit, et qui contient de la silice, de l'alumine avec un peu de magnésie et d'oxydule de fer.

* **BONTEMPS**, verrier, né en 1801, fils d'un officier supérieur du premier Empire, se distingua de bonne heure dans l'art qui le rendit célèbre; en 1826, il dirigeait les verreries de Choisy-le-Roi, près Paris, en société avec Thibaudeau, fils du Conventionnel; en 1840, Bontemps partageait avec Guinand (V. ce nom) le prix Lalande, décerné par la *Société d'encouragement* pour la meilleure fabrication du *flint-glass*. Plus tard, il se rendit en Angleterre où il mit en pratique chez MM. Chance, de Birmingham, des procédés nouveaux pour la fabrication des vitraux colorés et des verres d'optique; l'Observatoire de Paris acheta plusieurs disques fabriqués dans les ateliers de Birmingham, entre autres, le verre destiné à la construction du grand objectif de 0,73 qui, malgré son prix élevé, ne remplit pas les conditions exigées par la commission de l'Observatoire.

Bontemps fut un habile verrier auquel on doit de grands progrès dans la fabrication des verres à vitre, des vitraux colorés, des verres filigranés genre Venise, etc. Il a publié, en 1868, un savant et intéressant traité sur son art, intitulé *Le guide du verrier.*

* **BOORT.** *T. de minér. Diamant noué, diamant noir.* Espèce particulière de diamant qui se trouve au Brésil, en rognons irréguliers, à angles grossièrement arrondis avec des parties anguleuses; sa densité qui varie entre 3 et 4 lui permet de couper le verre, de rayer la topaze et le corindon; sa cassure est d'un gris foncé qui passe au noir; dans certains échantillons le centre est cristallin. On l'utilise pour faire des burins et des bijoux.

* **BOQUET.** *T. de mét.* Sorte de pelle de bois à long manche en usage des salines.

* **BOQUETTE.** *T. de mét.* Pince à l'usage du coffretier.

* **BORACITE.** *Borate de magnésie* (dans le rapport en poids : 1 magnésie, 4 acide borique) *T. de minér.* Substance vitreuse, limpide, incolore, quelquefois d'un blanc verdâtre ou grisâtre translucide ou opaque, cristallise dans le système cubique, sous-système tétraédrique; ces cristaux pyro-électriques ont une densité de 2,97 et une dureté de 6,5, c'est-à-dire qu'ils rayent le verre. — V. BORAX.

* **BORASSEAU** ou **BORAXOIR.** *T. de mét.* Boîte qui contient du borax en poudre, à l'usage des soudeurs.

* **BORATE.** *T. de chim.* Les borates se préparent avec l'acide borique et les oxydes, ou bien en décomposant les carbonates, les sulfates, les chlorures et les autres sels à acides volatils par l'acide ou l'anhydride borique à une haute température.

Dans le but d'obtenir des borates utilisables en peinture, M. Paupier chauffe de 80° à 100° les chlorures ou les azotates des métaux respectifs avec du borax ou de la boronatrocalcite. Avec le chlorure de *chrome*, on obtient un vert foncé intense.

Le borate de cuivre est bleu; ces borates sont employés dans la peinture et dans la céramique.

Le borate double de zinc et de cuivre sert aux mêmes usages. Le borate de fer donne, en peinture, un ton brun.

L'indiennerie a abandonné le borate de cuivre pour la préparation des teintes olives.

Les borates de manganèse, de zinc, de cadmium, de cobalt, de plomb, de bismuth et d'étain s'obtiennent de la même façon.

En faisant agir de 80° à 100° du chlorure d'aluminium sur le borate calcique, on obtient une solution sirupeuse, pouvant servir à produire une glaçure plus ou moins fusible, suivant qu'on y incorpore plus ou moins de borate de calcium ou d'oxyde de zinc, de plomb ou d'étain.

Certains borates ont été préconisés comme antifermentescibles.

BORAX. *T. de chim.* Le *borax* ou *borate de soude* se présente, lorsqu'il est cristallisé, sous deux formes distinctes. Il est, soit en gros prismes hexagonaux contenant 47 0/0 d'eau, soit en octaèdres réguliers contenant 30 0/0 d'eau. Le borax prismatique, qui contient 10 éq. d'eau, cristallise à la température ordinaire; le borax octaédrique, qui contient 5 éq. d'eau, cristallise à 60°. Le premier se conserve intact dans l'air humide, exposé à l'air sec, il s'effleurit rapidement et perd sa transparence. Il a pour densité 1,7; il est soluble dans douze fois son poids d'eau froide et dans 2 parties d'eau bouillante, il est insoluble dans l'alcool. Le borax octaédrique a pour densité 1,8; il ne s'altère pas dans l'air sec, mais il attire l'humidité et devient opaque dans l'air.

Le borax, sous ses deux formes, possède une réaction alcaline; sous l'influence de la chaleur, il abandonne son eau, se transforme en une masse poreuse et fond au rouge en un liquide limpide donnant une matière vitreuse, transparente par le refroidissement.

Le borax fondu a la propriété de dissoudre facilement les oxydes métalliques en prenant des couleurs variables, suivant leur nature, ainsi :

L'oxyde de chrôme le colore en vert émeraude foncé ;

L'oxyde de nickel, en vert émeraude clair ;

L'oxyde de cuivre, en vert pâle ;

L'oxyde de fer, en vert de bouteille ou en jaune ;

L'oxyde de manganèse, en violet ;

L'oxyde de cobalt, en bleu intense ;

Les oxydes blancs ne le colorent pas.

Cette propriété remarquable est utilisée dans les essais au chalumeau (V. CHALUMEAU), pour reconnaître la composition des minéraux, elle est la base de l'emploi du borax dans l'orfèvrerie, la bijouterie, et lorsqu'il s'agit de faciliter la soudure des métaux. Pour souder des surfaces de cuivre et d'argent, on les décape, puis on les saupoudre avec de la soudure et du borax pulvérisé ; on chauffe ensuite, la soudure fond, et s'alliant aux surfaces métalliques les soude l'une à l'autre. On utilise également le borax pour braser ou souder le fer et la tôle.

Pour ces usages on préfère le borax octaédrique au borax prismatique, parce qu'il se réduit plus facilement en poudre et se boursoufle moins quand on le chauffe.

Ebelmen a utilisé la propriété du borax de dissoudre les oxydes, et sa volatilité à haute température pour obtenir des corindons artificiels et divers aluminates. Il maintenait à la température des fours à porcelaine un mélange de 1 partie d'alumine et de 3 à 4 parties de borax. Ce sel, après avoir dissous l'alumine, se volatilise peu à peu et abandonne des lamelles hexagonales d'alumine cristallisé.

Le borax entre dans la composition du vert de chrôme, du strass, des émaux, des grès. Il est employé dans la peinture sur porcelaine et sur verre. La glaçure des faïences fines (porcelaine opaque) en consomme de grandes quantités. On remplace quelquefois dans le verre, une certaine quantité d'acide silicique par de l'acide borique : on l'ajoute à la composition sous forme de borax ou de boronatrocalcite ; l'acide borique augmente la fusibilité de la masse, il communique au verre un grand éclat et empêche la divitrification. On prépare à la cristallerie de Clichy des borosilicates de potasse et de zinc, qui constituent un cristal remarquable par sa blancheur et sa pureté.

Ses propriétés antiseptiques l'ont fait employer pour la conservation des viandes envoyées d'Amérique (V. BORATE). Il est très usité en médecine, son emploi en chirurgie a été préconisé dans ces derniers temps par M. Pasteur.

M. Bolley a trouvé que le borax enlève les grèges à la soie, sans l'altérer. — V. DÉCREUSAGE.

Kletzinski conseille d'employer le borax dans la teinture, comme dissolvant pour les matières colorantes insolubles dans l'eau (garance, bois de sandal, sang-dragon, etc.), et aussi pour fixer les mordants insolubles. Dans ce dernier cas, le borax

transforme les oxydes en borates neutres, dont le pouvoir attractif pour les couleurs est aussi grand que celui de ces oxydes.

En raison de la propriété de saponifier les acides gras et d'émulsionner les graisses, le borax peut aussi être employé pour les bains de mégisserie. (Charle.)

PRÉPARATION. Le borax employé en Europe a été pendant longtemps obtenu par le raffinage du *tinkal* ou borate de soude naturel de l'Inde. Ce n'est qu'au commencement de ce siècle qu'on a découvert, dans les parties volcaniques de la Toscane, l'acide borique. Dans ces derniers temps, on a commencé l'exploitation industrielle des composés boraciques de l'Amérique et de l'Afrique.

Par suite de contrats passés entre des compagnies anglaises et les possesseurs des suffioni toscans, il s'était établi en Angleterre un monopole des produits boraciques, très funeste au développement des industries françaises de la faïencerie, de la fabrication des émaux, etc., parce qu'il maintenait la valeur du borax à un taux exagéré. Des prix avaient été créés à la Société d'encouragement et dans diverses sociétés en faveur de l'industriel qui affranchirait notre pays de ce tribut onéreux.

M. Desmazures, chargé pendant la guerre de Crimée de construire en Turquie les phares destinés à éclairer les flottes alliées, découvrit en Asie une espèce minérale, employée autrefois à la fabrication des émaux arabes et persans, et qui n'était autre que du borate de chaux. Après de longues démarches il parvint à obtenir une concession de cette mine, et il établit à Maisons-Laffite une usine qui est dans une situation prospère, où l'on a fabriqué, en 1877, un million de kilogrammes de borax, et, grâce à cette concurrence, le prix du borax est descendu de 2,000 francs à 800 francs la tonne.

Tinkal. C'est surtout dans le bassin du Sing-a-Shab, affluent de l'Indus, que le borax naturel ou *tinkal* se rencontre à l'état de gisements inépuisables. On le trouve en dissolution dans des petits lacs salés ; ces lacs présentent une assez grande étendue ; mais leur surface se trouve divisée, en un grand nombre de petits lacs, analogues aux lagoni de Toscane, ils n'ont qu'une faible profondeur ; du fond de chacun d'eux débouchent des soufflards, semblables aux soffioni de la Toscane, ces soufflards amènent au contact de l'eau un composé boracique, qui agit sur elle, la sature ou la décompose et finit par donner du borate de soude, qui se dépose pendant les grandes chaleurs lorsque l'eau s'évapore. Les naturels recueillent ces cristaux pour les expédier à Calcutta. Cette production de borax a perdu une grande partie de son importance depuis la découverte des sources d'acide borique en Italie.

Le tinkal brut doit subir un raffinage, car il est mélangé d'une certaine quantité de matières étrangères. Les procédés ont été tenus longtemps secrets par les Vénitiens, d'où est venu le nom de *borax vénitien* ; concentrée ensuite en Hollande, cette industrie passa en France vers 1805.

Deux méthodes sont employées pour le raffinage :

Dans l'une, on délaye le borax dans une petite quantité d'eau froide et l'on ajoute lentement, 1 0/0 d'un lait de chaux, en agitant continuellement. L'eau de chaux s'empare d'une partie des impuretés, on la fait écouler, puis on l'abandonne au repos jusqu'à clarification ; on la reverse sur le borax, on la fait écouler de nouveau et ainsi de suite. On dissout ensuite les cristaux dans l'eau bouillante et l'on ajoute 2 0/0 de chlorure de calcium. Il se forme du chlorure de sodium et un savon de chaux que l'on sépare par filtration.

Dans l'autre procédé, on pulvérise le *tinkal* et on le lave avec une lessive de soude de 1,034 de densité, jusqu'à ce que le liquide ne sorte plus coloré. Après égouttage, on dissout la matière dans l'eau, on ajoute 12 0/0 de soude et l'on filtre pour séparer le dépôt.

Dans les deux procédés, la liqueur tenant le borax en dissolution est évaporée jusqu'à 20-21° Baumé et l'on fait cristalliser.

Clouet indique de mélanger le tinkal broyé avec 10 0/0 de salpêtre du Chili et de calciner à une température modérée dans une chaudière en fonte ; le résidu est traité par l'eau, le liquide est évaporé et soumis à cristallisation.

La présence du tinkal ou du borax naturel a été signalée dans d'autres pays que les Indes (en Transylvanie, en Perse, à Ceylan, en Amérique). Seuls les gisements de Californie paraissent être assez considérables pour pouvoir être exploités avantageusement.

Le borax, le borate de chaux et tous les principaux composés de l'acide borique ont été découverts en Californie et dans le Névada. Antérieurement le borate de soude avait été rencontré dans un lac de la même contrée (*Borax lake*), dont le fond est une vase profonde remplie de cristaux de borax. On en retirait ce sel en enfonçant des caisses en fer dans la vase, puis en enlevant l'eau avec des pompes.

Les cristaux étaient séparés et le reste de la vase épuisé par l'eau bouillante. L'exploitation est abandonnée.

L'extraction s'est surtout localisée dans de vastes dunes aux environs de Teal-Marsh et de Colombus ; une seule Société exploite les marais de Colombus et de Fish-Lake où elle possède une surface de 12,000 hectares. Ce sont d'immenses plaines qui reçoivent les eaux des montagnes environnantes, et forment des bassins situés à 1,100 mètres d'altitude, où l'eau n'est pas apparente, mais à une profondeur de 30 centimètres environ. La poudre recueillie à la pelle est jetée dans des cuves en bois d'une capacité de 14 mètres cubes, qui sont pleines d'eau chauffée à l'ébullition par la vapeur. Lorsque la solution qui est un mélange de borax, de chlorure de sodium et de sulfate de soude, marque 28° Baumé, on laisse reposer, on enlève avec une écumoire les herbes flottantes, et on écoule le liquide dans de vastes cristallisoirs. Lorsque le liquide est arrivé, après huit à dix jours, à la température de 28°, on surveille la cristallisation pour enlever les eaux-mères avant qu'il

ne se dépose du sulfate de soude, et on les écoule. Le borax forme une couche de 15 centimètres qu'il faut enlever à la pioche. Les premiers cristaux sont du borax octaédrique que recouvre du sel prismatique.

Le prix actuel du borax, les méthodes défectueuses, les difficultés des transports ont amené la fermeture de plusieurs fabriques. On n'exploite que les matières contenant plus de 50 0/0 de borax, et on n'extrait que 30 0/0 du borax amené dans l'usine ; néanmoins, la Californie et le Névada fournissent en moyenne 200 tonnes de borax par mois. (E. Durand.)

Tiza. L'exploitation industrielle des composés boraciques, constituant le *tiza* du commerce ne remonte qu'à quelques années seulement. Ces composés sont un minéral, désigné sous le nom d'*hayessine* et dont la composition correspond à celle du borate de chaux, mais surtout une subtance beaucoup plus abondante se rapprochant de la première par sa nature et désignée par les minéralogistes sous le nom de *boronatrocalcite*.

Le tiza se rencontre au sud du Pérou, dans la pampa del Tomarugal (Tarapacca). Ces gisements constituent les *calichales*. Il y forme des espèces de tubercules, de grosseur variable, disséminés dans une terre blanchâtre. Après avoir désagrégé, avec la houe, la partie du terrain qui est voisine du sol, on se borne à enlever les nodules simplement à la bêche.

Le *boronatrocalcite* forme des gisements considérables en Californie et dans le Névada où il se trouve en boules pesant jusqu'à 2 kilogrammes. Souvent ces masses ont perdu la majeure partie du borate de soude, et sont constituées presque exclusivement de borate de chaux (hayessine ou ulexite, cryptomorphite, datolite). Elles sont plus ou moins enfouies dans une matière neigeuse, très fine, qui forme des couches ayant jusqu'à 30 centimètres d'épaisseur et qui est surtout du borax.

Un minéral identique, ou qui, du moins, présente avec lui de grandes ressemblances, a été rencontré sur la côte ouest de l'Afrique et dans la Nouvelle-Écosse.

Les nodules de boronatrocalcite sont formées principalement d'acide borique, de chaux, de soude et d'eau, on y rencontre aussi, indépendamment des impuretés extérieures, du nitrate de soude, du gypse, du sel gemme, de la glaubérite et du sable. C'est donc une sorte de borate double de soude et de chaux.

Le boronatrocalcite soumis à l'action de la chaleur abandonne son eau de combinaison. A une température élevée il entre en fusion, en donnant un verre incolore et constitue ainsi un flux qui, dans un grand nombre de cas, peut être substitué au borax.

Il y a plusieurs méthodes pour transformer le tiza en acide borique et en borax.

Le traitement par voie humide présente beaucoup d'analogie avec le procédé de fabrication du borax artificiel. Dans une cuve en bois, doublée de plomb, on projette le minerai pulvérisé, on le recouvre d'eau, qu'on porte à l'ébullition, puis on

ajoute du carbonate de soude proportionnellement à la richesse du minerai en borate de chaux.
Sous l'action de la chaleur, le borate de chaux se
trouve décomposé, il se forme du borate de soude
et un dépôt de carbonate de chaux insoluble. La
liqueur, éclaircie par le repos, est décantée, concentrée, puis abandonnée à la cristallisation.

Dans la méthode de Lunge, le tiza est décomposé par l'acide chlorhydrique. Il se forme du
chlorure de calcium, du chlorure de sodium, et
de l'acide borique est mis en liberté. L'attaque se
fait dans un vase en plomb ou en bois goudronné,
le mélange de minerai et d'acide est porté à l'ébullition, on remplace constamment l'eau qui s'évapore jusqu'à dissolution complète. Le liquide
décanté abandonne l'acide borique par refroidissement, tandis que les chlorures de sodium et de
calcium restent dans l'eau-mère avec l'acide
chlorhydrique en excès. Les cristaux égouttés
sont essorés, on les lave à l'eau pure, puis on les
essore à nouveau.

Par son procédé, Lunge est parvenu à retirer,
de 100 parties de minerai brut, 47 0/0 d'acide
borique cristallisé, soit 30 0/0 d'acide borique
anhydre.

M. O. Lœw emploie le procédé suivant :

Dans deux cuves, placées de manière à ce que
leur contenu puisse être écoulé dans une chaudière, on met 2,000 litres d'eau chaude et 350 livres
de carbonate de soude, après quoi on introduit
1,000 livres de boronatrocalcite brute, et on remue
vigoureusement le tout pendant un quart d'heure
à une température de 60°.

Après un repos d'une journée, le liquide est
suffisamment clarifié ; on le soutire dans la chaudière, et, après avoir ajouté :

Eau chaude.	2,000 litres.
Carbonate de soude.	700 livres.
Boronatrocalcite.	2,000 —

et élevé la température à 60°, on agite, de nouveau, pendant un quart d'heure.

On laisse bien déposer et on verse la solution
claire dans les vases de cristallisation, dans lesquels le borax commence à cristalliser à 30
ou 32°.

Au bout de trois ou quatre jours environ, toute
la masse de ce sel, qui peut cristalliser à la température ambiante, s'est séparée en totalité.

Les eaux-mères qu'on isole des cristaux peuvent être employées, dans les opérations suivantes, à la place de l'eau pure. Mais il est bon,
dans ce cas, de modifier un peu les proportions
ci-dessus. Les meilleures sont celles-ci :

Eaux-mères, chauffées à 60°. . .	4,000 litres.
Carbonate de soude.	850 livres.
Matières brutes.	2,560 —

pour le reste, on opère exactement comme ci-
dessus.

Les eaux-mères ne devraient pas resservir plus
de quatre fois, parce qu'elles se saturent rapidement de sels étrangers, notamment de sulfate de
soude, ce qui diminue considérablement leur
pouvoir dissolvant pour le borax. Lorsque la

liqueur a atteint cette saturation par les sels
étrangers, si des cristaux de borax s'y sont formés,
on les sépare dès que la température descend à
33°, et on laisse refroidir davantage pour précipiter le sel de Glauber. On peut alors employer la
lessive, soit pour les opérations suivantes, soit
pour en retirer de nouvelles quantités de cristaux
de borax.

Pour le raffinage on dissout dans la plus petite
quantité d'eau possible, on ajoute 5 0/0 de carbonate de soude. La cristallisation doit se faire
sans chocs.

M. Outzkow a décrit le procédé suivant :

On évapore le minerai avec de l'acide sulfurique dans des capsules en plomb, jusqu'à consistance de bouillie épaisse qu'on sort de l'appareil et qui durcit par le refroidissement. On
introduit alors la masse dans des cylindres en
fonte qu'on porte au rouge et que l'on fait traverser par un courant de vapeur d'eau. Celle-ci
entraîne l'acide borique qui vient se condenser
dans des caisses doublées de plomb. Pour enlever
l'acide sulfurique, les vapeurs traversent d'abord
une couche de coke disposée dans le haut du
cylindre, et qui convertit l'acide sulfurique en
acide sulfureux.

En Angleterre, le tiza est traité par voie sèche,
pour obtenir des *frittes* boraciques, employées
directement à la glaçure des faïences fines. A cet
effet, le minerai, réduit en poudre et mélangé
avec une proportion convenable de sel de soude,
est additionné de sable, de kaolin, de feldspath.
Le mélange est chauffé dans un four à réverbère
jusqu'à demi-fusion, puis la réaction accomplie,
abandonné au refroidissement, et ensuite pulvérisé.

Boracite et stassfurtite. La boracite
est une combinaison de borate de magnésie et de
chlorure de magnésium (V. BORACITE), que l'on
rencontre en cristaux bien définis à Lünebourg
(Hanovre) et à Sageberg (Holstein). On trouve
dans les mines de sel de Stassfurt des nodules
d'une substance blanche ; elle diffère de la boracite parce qu'elle contient de l'eau combinée.

M. Krause traite la stassfurtite de la façon suivante pour la fabrication de l'acide borique et du
borax :

Le minerai broyé est introduit dans des auges
en plomb et réduit en bouillie avec de l'eau ; on
chauffe, puis on enlève la solution de sels étrangers en la faisant sortir par une ouverture
munie de toiles métalliques. On lave encore un
peu à l'eau, puis on chauffe ce minerai restant
avec 300 kilogrammes d'eau et 150 kilogrammes
d'acide chlorhydrique de 1,16 de densité, pour
une charge de 105 kilogrammes de minerai. La
solution acide décantée laisse déposer par le refroidissement l'acide borique cristallisé, qu'on
exprime dans des toiles, qu'on lave à l'eau et
qu'on sèche. Si l'on veut obtenir du borax, on
remplace l'acide chlorhydrique par de la soude.

FABRICATION DU BORAX PAR L'ACIDE BORIQUE. La
plus grande partie du borax du commerce se prépare en traitant l'acide borique de Toscane par

du carbonate de soude cristallisé, à la température de l'ébullition; le carbonate de soude est décomposé, il se forme du borate de soude, il y a dégagement d'acide carbonique, et le borax cristallise par le refroidissement de la liqueur. On utilise, dans ce cas, la propriété que présente le borax, d'être plus soluble à chaud qu'à froid.

Les quantités dissoutes dans 100 parties d'eau sont les suivantes (*borax prismatique*) :

A 0°.....	2,8	A 80°. ...	76,2
A 20°.....	7,9	A 90°. ...	119,7
A 40°.....	17,9	Ebullition..	201,4
A 60°.....	40,4		

1° *Saturation de l'acide borique.* La saturation de l'acide s'opère dans de grandes cuves en bois, doublées de plomb et chauffées par la vapeur. Elles sont fermées par un couvercle, traversé par plusieurs tuyaux; un premier tuyau V, qui est en communication avec un générateur de vapeur, pénètre verticalement dans la cuve pour venir se recourber

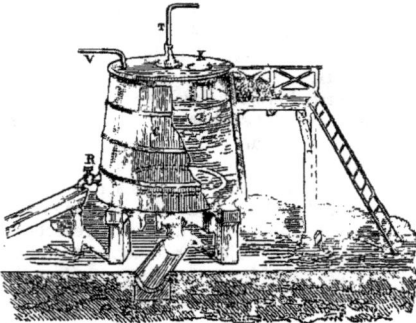

Fig. 484. — *Fabrication du borax.*

en cercle près du fond; un second tuyau K, d'un grand diamètre, qui plonge au-dessous du niveau du liquide, est destiné à l'introduction de l'acide borique, du carbonate de soude, etc.; enfin, un autre tuyau T sert au dégagement des gaz pendant l'opération. La cuve est munie de robinets R destinés à faire écouler la dissolution de borax, ou à en vider entièrement le contenu (fig. 484).

Pour obtenir une dissolution neutre et saturée à la température de l'ébullition, il faut employer parties égales d'eau, d'acide borique et de carbonate de soude. La cuve peut contenir environ 4,000 kilogrammes de matière.

On commence par introduire l'eau et l'on fait circuler la vapeur dans le serpentin pour l'amener à l'ébullition; on ajoute alors les cristaux de soude, lorsque la dissolution est terminée on introduit l'acide borique. Cette introduction se fait par petites portions de 4 à 5 kilogrammes seulement à la fois et en se réglant sur le dégagement d'acide carbonique; le carbonate de soude est immédiatement décomposé, l'acide carbonique se dégage avec grande effervescence et il reste du borate de soude en dissolution; si l'on mettait trop d'acide borique à la fois, le dégagement

d'acide carbonique pourrait être assez violent pour faire franchir au liquide le bord de la cuve. Lorsqu'une nouvelle portion d'acide borique, projetée dans la solution bouillante, ne produit plus de dégagements gazeux, la saturation est terminée. On arrête alors la vapeur, et on laisse déposer le liquide pendant dix à douze heures. Il se forme au fond de la cuve un dépôt abondant, dû à l'action d'une partie du carbonate de soude sur les matières étrangères mélangées à l'acide borique. L'acide sulfurique libre passe à l'état de sulfate de soude qui reste en solution. Les sulfates de chaux, de magnésie, d'alumine et de fer sont décomposés, il se forme du sulfate de soude et des carbonates qui se précipitent. Les matières argileuses et sablonneuses restent aussi dans ce dépôt. Le sulfate d'ammoniaque est décomposé, il se forme du sulfate de soude et du carbonate d'ammoniaque qui se volatilise, il est condensé en faisant aboutir le troisième tube dont nous avons parlé dans de l'acide sulfurique étendu; il se forme ainsi du sulfate d'ammoniaque qui a une grande valeur.

2° *Cristallisation.* Au bout de dix à douze heures, la solution de borax se trouve séparée du dépôt, on la soutire au moyen d'un robinet R placé à 2 ou 3 centimètres du fond, et on la fait rendre au moyen d'un conduit en plomb dans des cuves en bois, longues et plates, doublées de plomb et d'une contenance de 3 mètres cubes. Le liquide ne tarde pas à refroidir et à cristalliser; on retire la bonde du fond du cristallisoir, pour faire écouler l'eau-mère qui est recueillie dans un réservoir spécial, les cristaux sont détachés et mis à l'égouttage sur un plan incliné.

Les dépôts qui se sont formés dans la cuve à décomposition sont lavés; les eaux de lavages, mélangées aux eaux-mères des cristallisoirs et à celle qui s'égoutte des cristaux, sont utilisées pour dissoudre le carbonate de soude dans les cuves à saturation.

Les liqueurs qui retournent ainsi constamment à la cuve se chargent, de plus en plus, de sulfate de soude, et deviennent de plus en plus impures; il arrive un moment où il devient très difficile d'obtenir des cristaux de borax d'une pureté suffisante, il faut alors éliminer le sulfate de soude. Pour y parvenir, on se base sur ce fait, que ce sel possède un maximum de solubilité à 33°; pendant le refroidissement dans les cristallisoirs, au moment où la solution atteint cette température on décante l'eau-mère, les cristaux sont formés de borax pur. Les cristaux que la liqueur abandonne par refroidissement sont du sulfate de soude. L'eau-mère qui surnage celui-ci, donne les mêmes résultats. Au bout de quelques opérations, on parvient à séparer la plus grande partie du sulfate de soude.

3° *Raffinage.* Dans une cuve semblable à la précédente, mais d'une plus grande dimension, 60 hectolitres au moins, on fait dissoudre le borax brut en plaques ou en cristaux; cette dissolution s'opère à chaud, on l'active en plaçant le borax dans un panier en tôle P élevé par une grue, et que l'on suspend au sein du liquide contenu dans la cuve (fig. 485). A cette dissolution on ajoute 1 0/0 environ de carbonate de soude. Au fur et à mesure que les cristaux se dissolvent, on en ajoute de nouveaux et l'on continue jusqu'à ce que la dissolution marque 21° Baumé; on arrête alors la vapeur du serpentin S et on laisse reposer deux ou trois heures; après ce repos, on soutire la liqueur dans un grand cristallisoir doublé de plomb et placé dans un lieu isolé. Ce cristallisoir est muni d'un couvercle bien jointif; il est placé dans une seconde caisse, avec laquelle il n'a point de contact; l'intervalle compris entre les parois est rempli de poussier de charbon, et le couvercle est garni d'une triple épaisseur d'étoffe de laine. Toutes ces précautions ont pour but de rendre le refroidissement aussi lent que possible. Les divers cristallisoirs ne doivent pas être voisins les uns des autres, afin de ne pas se trouver soumis à l'influence des secousses qui se produisent lorsqu'on vide l'un d'eux. Suivant la température

extérieure, la cristallisation doit durer de vingt-cinq à trente jours; elle est terminée lorsque la liqueur ne marque plus que 28 à 30° de température; à ce moment, on retire l'eau-mère au moyen de larges siphons, aussi rapidement que possible, puis on enlève au moyen d'une éponge la plus grande partie de l'eau-mère qui restait encore, afin d'éviter le dépôt, sur les gros cristaux, d'autres cristaux plus petits contenant plus ou moins d'impuretés, puis on referme le cristallisoir et on laisse reposer de nouveau pendant quelques heures, afin que les cristaux surpris par le froid ne deviennent pas friables. Au bout de ce temps, on ouvre le cristallisoir et les cristaux fortement adhérents aux parois sont détachés au moyen d'un ciseau et d'un maillet, on les sépare les uns des autres avec une petite hachette, on en élimine les menus cristaux, puis on les emballe.

Par le procédé que nous venons d'indiquer, on obtient toujours du borax ordinaire à 47 0/0

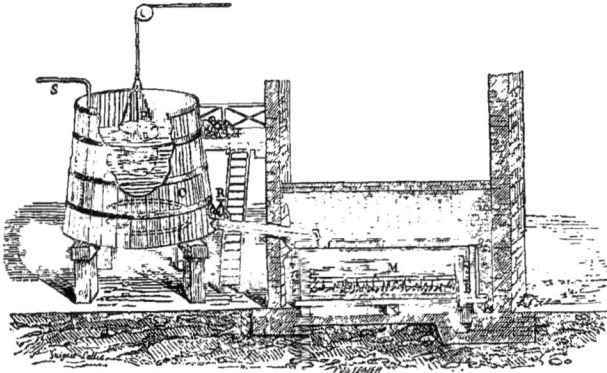

Fig. 485. — Raffinage du borax.

d'eau. Si l'on veut préparer du borax octaédrique, il faut concentrer la dissolution bouillante jusqu'à 30° Baumé, avant de l'envoyer au cristallisoir. La formation des cristaux octaédriques commence à 79° pour finir à 56°. Si on laisse la température s'abaisser jusqu'à ce dernier point, il faut évacuer l'eau-mère aussi rapidement que possible, afin d'éviter le dépôt de borax prismatique sur les cristaux octaédriques.

M. Jean remplace, dans la fabrication du borax artificiel, le carbonate par le sulfure de sodium. Le sulfure de sodium, préparé par une méthode quelconque, est réduit en petits fragments et on l'introduit dans un sac de toile, qu'on suspend à côté de vases pareils chargés d'acide borique, dans un vase clos plein d'eau froide. La réaction ne tarde pas à se manifester; il se produit du borax et de l'hydrogène sulfuré qu'on peut recueillir au moyen d'une tubulure et utiliser.

On facilite la réaction en chauffant l'eau du réservoir (An. du génie civil).

En Angleterre, la transformation de l'acide borique de Toscane en borax, se fait surtout par

voie sèche. On fait fondre de l'acide borique brut avec la moitié de son poids de sel de soude sur la sole d'un four à reverbère; la masse fondue est bien brassée, et, quand on juge l'opération terminée, on retire le produit du four et on le lessive à chaud, dans des chaudières en fer; les solutions décantées sont abandonnées à elles-mêmes jusqu'à cristallisation. Pendant la calcination on recueille de notables quantités de carbonate d'ammoniaque provenant de l'action du sel de soude sur le sulfate d'ammoniaque qui, on le sait, se trouve en abondance dans l'acide borique brut. Généralement, les solutions de borax, préparées comme il vient d'être dit, tiennent en suspension de l'oxyde ferrique dont on les débarrasse difficilement; il est avantageux de leur ajouter une petite quantité de marc de soude (dans la proportion de 500 grammes pour 2,000 grammes de borax). Le sulfure de calcium forme avec l'oxyde ferrique du sulfure de fer et de la chaux, laquelle décompose une partie du borax pour former un borate de calcium insoluble, très dense et qui, au moment de sa formation, emprisonne le sulfure de fer et l'entraîne avec lui au fond des chaudières; la solution de borax est ainsi très promptement éclaircie, et sans frais notables, car la quantité de borax perdue est minime (1/2 0/0); du reste, on peut facilement retirer l'acide borique du borate de chaux. (Lunge.)

ESSAI DU BORAX. Il doit être d'un beau blanc et avoir une saveur faiblement alcaline.

Pour reconnaître les impuretés on a recours aux réactions suivantes :

1° On ajoute de l'acide sulfurique et un peu de solution d'indigo : celle-ci est décolorée, *azotate de soude;*

2° Mélangé avec du carbonate de soude, il donne un précipité blanc; *terres alcalines;*

3° Mélangé avec de l'acide azotique et de l'azotate d'argent, il fournit un précipité blanc, devenant violet par la lumière et soluble dans l'ammoniaque; *chlorure de sodium;*

4° Traité par l'acide azotique et le chlorure de baryum, il donne un précipité blanc; *sulfate de soude;*

5° Mélangé avec du molybdate d'ammoniaque et de l'acide azotique, il donne un précipité jaune; *phosphate de soude.*

Pour doser l'acide borique dans les borates de chaux naturels, M. Thiercelin indique un procédé basé sur ce fait, que l'acide chlorhydrique étendu agit sur le borate et laisse intacte la glaubérite.

On fait tomber, à l'aide d'une burette, de l'acide chlorhydrique, au 50°, dans un vase où l'on a placé une quantité déterminée de borate bien pulvérisé et délayé dans un peu d'eau bleuie avec de la teinture de tournesol, au moment ou l'acide employé aura décomposé tout le borate, il restera libre et rougira le tournesol. La quantité d'acide chlorhydrique employé indiquera celle d'acide borique déplacé, et l'on en concluera la proportion pour 100.

Cette méthode facile est très exacte et permet de faire une analyse de borate en moins d'une heure. — A. Y.

BORD. *T. techn.* 1° Endroit où une cloche a le plus d'épaisseur et sur lequel frappe le battant. || 2° Tresses que les perruquiers plaçaient sur le bord d'une perruque, et qu'ils nommaient *bord de front.* || 3° Chez les vanniers, cordon d'osier qui termine une pièce et la rend solide.

* **BORDA** (JEAN-CHARLES), savant français, naquit à Dax, en 1733. Après avoir terminé ses études, il embrassa la carrière de la magistrature qu'il abandonna bientôt à cause de son goût prononcé pour les sciences. Associé à l'Académie, en 1756, après un *Mémoire sur le mouvement des projectiles,* il fit la campagne de 1757 en qualité d'officier du génie et d'aide-de-camp du lieutenant-général, comte de Maillebois. Quelques années plus tard, nommé chef de d'*vision au ministère de la ma-rine, il obtint le grade de capitaine dans l'armée de mer et s'embarqua pour la première fois, en 1768, avec Pingré, sur la frégate *La Flore.* Il fut chargé, durant ce voyage, de l'examen des montres marines, et détermina la position des îles Canaries par une méthode qui servit de modèle pour la

construction des meilleures cartes. Nommé à l'époque de la guerre d'Amérique, major-général, sous les ordres du vice-amiral d'Estaing, et commandant du vaisseau *le Solitaire,* il fut contraint d'amener, après une défense héroïque, contre des forces supérieures.

En 1783, et conjointement avec l'ingénieur Périer, l'Académie des sciences le nomma commissaire en vue de décider si M. de Jouffroy avait droit au privilège qu'il réclamait : celui de pouvoir construire des bateaux renfermant deux machines à vapeur distinctes.

Vers 1785, Borda eut l'heureuse idée de substituer aux chandelles qui éclairaient les phares, les lampes qu'Argand venait d'inventer. A cette même époque, il imagina de placer ces mêmes lampes au foyer de réflecteurs sphériques, et de remplacer ainsi, par une lumière fixe et brillante, les feux ternes, vacillants et dispendieux jusqu'alors obtenus, soit par du charbon de bois, soit par du charbon de terre ou des chandelles. Bien que très importante, cette innovation trouva, comme toujours, des détracteurs. On reprocha, et avec raison, à ce nouveau mode d'éclairage son faible pouvoir éclairant (1), et l'on trouva que les réflecteurs sphériques ne réfléchissaient la lumière déjà faible des lampes, que dans la direction de leur axe, ce qui offrait, à vrai dire, un grave inconvénient. Pour vaincre ces difficultés, qu'on n'avait pu résoudre d'une manière satisfaisante même en remplaçant les réflecteurs sphériques par des réflecteurs et des miroirs paraboliques, Borda eut l'idée, non seulement d'accroître le nombre des lampes, mais encore d'imprimer aux réflecteurs, au moyen d'un mécanisme d'horlogerie, un mouvement de rotation qui dirigeait le cône lumineux tour à tour vers chaque point de l'horizon. De plus, il individualisa chaque phare en adoptant pour chacun d'eux, et selon les besoins, des mouvements d'inégale durée.

Borda qui, comme ses collègues, avait adhéré à la célèbre pétition, dite des *dix mille,* et qui se trouvait, par ce fait même, sous le coup de la destitution dont un décret venait de frapper tous les fonctionnaires du ministère de la marine, crut devoir donner sa démission d'officier de la flotte, malgré les instances de Monge, alors ministre de la marine, qui le considérait comme l'une des gloires de l'armée et l'une des lumières de l'Académie.

De marin, Borda se fit astronome. A peine rentré dans la vie civile, il reprit les remarquables travaux de Tobie Mayer, directeur de l'Observatoire de Gœttingue, qui avait imaginé d'atténuer les erreurs de mesure en répétant les angles, et inventa, en 1787, le *cercle répétiteur* qui porte son nom, et qu'ont adopté, pour leurs opérations, les astronomes et les marins. Peu de temps après, il perfectionna les pompes des vaisseaux, il apprit aux navigateurs à se servir des instruments à réflexion pour le relèvement astronomique des côtes. Vers 1790, l'Assemblée constituante l'ayant chargé, avec Delambre et Méchain, de mesurer la

(1) Les lampes d'Argand n'avaient alors qu'une seule mèche plate et ne donnaient, par suite, qu'une lumière relativement faible.

méridienne de France pour l'établissement du système métrique, il employa de nouveaux procédés pour la mesure des bases géodésiques et la réduction des observations du pendule, et mesura, à l'aide de son cercle à réflexion, l'arc du méridien compris entre Dunkerque et les îles Baléares.

Aussi grand géomètre et physicien que célèbre astronome, Borda s'illustra par ses remarquables mémoires sur la *résistance des fluides* et les *moteurs hydrauliques ;* on lui doit encore la méthode des doubles pesées, une boussole d'inclinaison, le moyen d'apprécier l'intensité de la force magnétique, une description détaillée du pendule, et *l'application de cet instrument à la constatation du changement d'intensité de la pesanteur à la surface de la terre.* Il fit, en outre, quelques recherches sur la réfraction des gaz, et étudia les affinités des gaz pour la lumière au moyen d'un appareil qui se composait d'un prisme formé par un tube de verre très fort, dont les extrémités taillées en biseau, très obliquement sur son axe, étaient bouchées par deux plans de glaces à faces parallèles. C'est ce même appareil qui servit plus tard à Biot et à Arago lorsqu'ils reprirent les expériences de ce savant illustre.

Borda, qui avait entrevu le parti qu'on devait tirer un jour de l'étude des mouvements de l'atmosphère et des phénomènes qu'il engendre, fit quelques observations sur la possibilité de prédire le temps. Frappé de l'importance de ses travaux, Lavoisier s'entendit avec lui pour ouvrir des conférences auxquelles prirent part de Laplace, d'Arcy, de Vandermonde, de Montigny et plusieurs autres savants qui avaient compris les véritables conditions de la science qu'ils voulaient fonder et qui est aujourd'hui si prospère.

Lefèvre-Gineau et Rœderer ont fait l'éloge de Borda, de cet esprit fin et méthodique dont la vie toute entière fut consacrée aux sciences et au service de son pays.

Borda fut surpris par la mort, en 1799, au moment où il se livrait à de nouvelles recherches sur les *variations d'intensité de la réfraction,* et qu'il reprenait, dans ce but, les minutieuses expériences de Hauksbée.

Ses ouvrages imprimés sont : *Voyage fait par ordre du roi en 1771 et 1772 en Europe, en Amérique,* etc. (1778, 2 vol. in-4°); *Description et usage du cercle à réflexion* (1787); *Tables trigonométriques décimales* (1804, in-4°).

BORDAGE. *T. de mar.* Planches épaisses qui recouvrent extérieurement les côtes du la membrure intérieure d'un navire. On nomme *franc bordage,* le bordage extérieur, et *serrage* ou *vaigre,* le bordage intérieur. || *T. techn.* Action de border, de poser une bordure.

* BORDAILLE. *T. de mar.* Planche propre à former des bordages.

BORDÉ, ÉE. *Art hérald.* Se dit des pièces qui ont un filet ou une bordure d'un émail particulier.

* BORDEMENT. *T. d'émail.* Se dit de la manière d'employer les émaux clairs en les couchant à

plat. || Saillie d'une plaque de métal qui sert à retenir l'émail.

* BORDENAU. Porte à coulisse de l'écluse d'une saline; on écrit aussi *bordeneau.*

BORDER. *T. de grav.* Garnir de cire les bords d'une planche de cuivre après que les traits de gravure y ont été tracés, afin que cette cire retienne l'eau forte qui doit mordre la planche. || *T. techn.* Garnir les extrémités d'un objet, d'une chose quelconque qui orne, conserve ou fortifie l'objet bordé.

BORDEREAU. *T. d'impr.* Note que le metteur en pages, le compositeur et généralement tous ceux qui travaillent dans une imprimerie, fournissent au *prote* et qui donne le détail de la composition et des corrections faites dans l'intervalle d'une *banque* à l'autre. — V. BANQUE.

* BORDOYER. *T. d'émail.* Mauvais effet des émaux clairs qui, mis sur un bas or, deviennent louches, c'est-à-dire qu'une espèce de fumée obscurcit la couleur de l'émail et la bordoie. || Coucher l'émail à plat sur une plaque bordée.

BORDURE. *T. techn.* 1° Outre la garniture qui orne ou renforce le bord d'un chapeau, d'un habit, d'une robe, etc.; on donne aussi ce nom au cadre dans lequel on met un tableau, une estampe (V. ENCADREMENT). Les tapisseries de haute-lisse ont aussi des bordures exécutées en tapisserie. || 2° *T. de rel.* Ornement au haut et au bas du dos d'un livre. || 3° *Art hérald.* Pièce honorable qui entoure intérieurement l'écu et qui est toujours différente de l'émail de l'écu. || 4° *T. d'arch.* Moulure qui entoure un bas-relief ou un panneau de compartiment. || 5° *T. d'ébén.* Petit ornement saillant, en bois ou en cuivre, qui règne autour de certains petits meubles. || 6° *T. de vann.* Cordons d'osier qui servent à garnir les extrémités d'un ouvrage. || 7° *Bordure de pavés.* Rang de gros pavés de chaque côté d'une chaussée pour la soutenir. || 8° Rang de pierres dures qui forme l'extrémité du trottoir du côté de la chaussée.

BORE. *T. de chim.* Corps simple ou indécomposable de la famille du carbone, découvert en 1808, par Gay-Lussac et Thénard, et peu de temps après par H. Davy. M. Dumas, dès 1840, a pressenti les analogies du bore avec le carbone et le silicium qu'ont établies MM. Sainte-Claire Deville et Wœhler.

Le bore est un corps solide, insipide, inodore, polymorphe; on connaît : le *bore adamantin* ou *cristallisé* et le *bore amorphe* ou en poudre brune.

Ce que l'on a désigné sous le nom de *bore graphitoïde* est un alliage à équivalents égaux de bore et d'aluminium.

Le bore est infusible à la chaleur rouge fixe; chauffé à l'air, il prend feu et se transforme en acide borique; mais l'acide formé à la surface constitue une espèce de vernis qui empêche l'oxydation de la masse. Les corps oxydants transforment le bore en acide borique.

Le bore ne se trouve qu'en combinaison dans la nature ; on obtient le bore amorphe en décomposant l'acide borique par le potassium ou le sodium ; le bore cristallisé se prépare en fondant ensemble dans un creuset de charbon de l'acide borique et de l'aluminium.

* BORÉE. *Myth.* L'un des quatre vents principaux. S'étant métamorphosé en cheval, il procura à Dardanus douze poulains qui couraient sur les épis sans les rompre et sur les flots de la mer sans enfoncer. On l'a représenté avec les cheveux et la barbe pleins de flocons de neige et vêtu d'une robe flottante ; on lui donnait des ailes pour exprimer sa légèreté.

* BOFIN. Nom que l'on donne aux mineurs dans les houillères du Nord.

* BORINAGE. Extraction de la houille dans le Nord et en Belgique. ‖ Se dit aussi de l'ensemble des ouvriers qui travaillent dans les houillères.

BORIQUE (Acide). — V. ACIDES.

BORNAGE. *T. de chem. de fer.* Ensemble des opérations qui ont pour but de fixer les limites des terrains appartenant au chemin de fer.

En principe, ces opérations devaient se faire contradictoirement et en présence des intéressés. Malgré les mesures spéciales prises par les compagnies, le bornage contradictoire était d'une application impossible ; on pouvait difficilement obtenir des propriétaires riverains la signature du procès-verbal. Le conseil général des ponts et chaussées, par un avis en date du 30 juin 1864, a proposé de renoncer à cette prescription.

Il faut dresser, par commune, un procès-verbal de bornage annexé au plan cadastral indiquant : les limites de toute nature, les bornes, haies, clôtures, bâtiments, ouvrages d'art, poteaux indicateurs, chemins, etc., les cantons et *lieux dits*, le nom des propriétaires riverains.

La délimitation étant parfaitement arrêtée et formée par une série d'alignements droits, on place des bornes en pierre sur la limite séparative des terrains du chemin de fer, à chaque division parcellaire. On fait suivre souvent cette ligne de démarcation par le développement des clôtures sèches qui se trouvent ainsi à 0ᵐ,50 au moins de l'axe des haies vives ordinairement parallèle à cette ligne. Mais cette disposition présente des inconvénients. A l'époque des labours, les clôtures sèches sont détruites par les attelages des charrues. Il vaudrait mieux poser les clôtures sèches à l'intérieur de la ligne des bornes.

Les bornes doivent être débitées dans une pierre de très bonne qualité, dure, non gelive surtout, pouvant résister aux influences atmosphériques et aux chocs des instruments aratoires ; on leur donne une forme prismatique ou pyramidale ayant une section de 0ᵐ,20 de côté, une longueur de 0ᵐ,50 à 0ᵐ,60 dont 0ᵐ,30 à 0ᵐ,40 d'enfoncement dans le sol. La tête apparente porte un signe distinctif et uniforme.

Afin de prévenir les empiètements des voisins, les agents du service de la voie doivent porter une attention soutenue sur l'état et la position des bornes. Les plans cadastraux seront constamment

tenus au courant de tous les changements qui surviendraient dans les limites du domaine. On pourra vérifier, à l'occasion du dressement de ces plans, si les mutations à la matrice cadastrale et aux bureaux de perception ont été effectuées ; enfin, on prendra toutes les mesures nécessaires pour assurer à l'administration du chemin de fer la libre et complète jouissance des terrains qui sont devenus sa propriété.

* BORNE. Outre sa signification bien connue, ce mot s'applique aussi au verre coupé en forme de losange que l'on met autour d'une pièce carrée dans un panneau de vitre.

* BORNE-FONTAINE. Appareil de puisage en forme de borne, ordinairement en fonte, à écoulement intermittent ou continu, établi sur certains points d'un réseau de conduites servant à la distribution de l'eau dans les villes. Les bornes-fontaines sont destinées à fournir l'eau nécessaire aux usages domestiques ; parfois aussi elles sont disposées de manière à servir au lavage des ruisseaux pour entretenir la propreté des rues. — V. DISTRIBUTION D'EAU.

BORNOYER. *T. techn.* Regarder d'un œil en fermant l'autre, afin de voir si une planche est bien dressée, si une règle est bien droite, si une surface est bien plane.

* BOSIO (Baron JEAN-FRANÇOIS-JOSEPH), sculpteur qui reçut le surnom de *Canova français*, est né à Monaco, en 1769. Jeune encore, Bosio vint étudier à Paris sous la direction de Pajou, sculpteur d'un mérite contestable, aujourd'hui oublié ; à dix-neuf ans il partit pour l'Italie où il se perfectionna par une étude assidue de l'antique, et il parcourut successivement les principales villes laissant çà et là des preuves de son double talent de peintre et de sculpteur. Il revint à Paris en 1808 où il resta jusqu'à sa mort (1845). Malgré les critiques qui accueillirent quelques-unes de ses œuvres auxquelles on a reproché le défaut d'ingéniosité dans l'invention et une certaine pauvreté de style, Bosio fut l'objet des faveurs constantes des gouvernements. : Napoléon Iᵉʳ, Louis XVIII, Charles X et Louis-Philippe le comblèrent d'honneurs ; décoré par l'empereur, en 1815 et nommé membre de l'Institut, la Restauration le fit officier de la Légion d'honneur, chevalier de Saint-Michel et premier sculpteur du roi, Charles X le créa baron. Parmi ses ouvrages destinés à la décoration des places et édifices publics, on doit citer : vingt bas-reliefs de la colonne Vendôme ; la *Statue équestre de Louis XIV*, érigée sur la place de Victoires (1824) ; le *Quadrige* en bronze qui a remplacé les chevaux de Saint-Marc sur l'arc de triomphe du Carrousel ; la *France* et la *Fidélité*, figures qui accompagnent le monument de Malesherbes au Palais de Justice, la *Mort de Louis XVI*, à la chapelle expiatoire du boulevard Haussmann, etc.

BOSSAGE. *T. d'arch.* Saillie brute ou façonnée pratiquée sur la surface plane des murs ou des appareils formant ces murs. L'usage des bossages remonte sans contredit à une haute antiquité, un des plus anciens exemples qui soit parvenu jusqu'à nous se trouve sur le mur d'enceinte du temple de Jupiter Olympien; or, la fondation de ce temple date des Pisistrates. Les bossages diffèrent des refends, en ce que ceux-ci ne sont que des *canaux* taillés dans la masse; ils figurent de larges joints. Les bossages, au contraire, font relief sur le nu de la construction. Les pilastres, les colonnes, les arcades, les archivoltes peuvent être décorés de bossages.

La forme qu'on donne aux bossages est extrêmement variée, aussi, suivant leur forme ou leur décoration, on leur donne diverses dénominations; on distingue : les *bossages à chanfrein*, quand séparés par un canal, leurs arêtes sont abattues en chanfrein; les *bossages ravalés*, quand ils ont une table fouillée et bordée d'un listel; les *bossages en pointe de diamant*, quand leur parement est formé par quatre glacis se terminant en pointe; les *bossages vermiculés*, les *bossages à stalactites*, quand leurs faces sont décorées de vermiculures ou de stalactites. Enfin les bossages peuvent être décorés de toutes sortes d'ornements, *d'entrelacs*, *d'arabesques*, *d'imbrications*, de *contre-imbrications*, etc., etc.

BOSSE. 1° *T. d'art.* Tout travail en relief; en *sculpture*, les ouvrages de *ronde-bosse* sont ceux de plein relief; les ouvrages de *demi-bosse* sont les bas-reliefs dont quelques parties sont saillantes et détachées du fond. *Dessiner, peindre d'après la bosse*, c'est dessiner ou peindre d'après un buste, une statue. Dans l'*orfèvrerie*, la vaisselle *relevée en bosse* est celle qui a des ornements en relief. || 2° *T. techn.* Partie de l'aplatissoire dans une forge. || 3° Forme sphérique que l'on donne au verre dans les verreries. | 4° Paquets de chardons à l'usage du foulon. || 5° Dans les salines; sol artificiel produit par un exhaussement des terres transportées. || 6° Petit bossage laissé dans un parement pour indiquer qu'il n'est pas métré.

BOSSELAGE. Travail en bosse exécuté sur un objet d'orfèvrerie.

BOSSELER. Travailler en bosse.

* **BOSSETIER.** *T. de mét.* Ouvrier verrier qui souffle la bosse; on le nomme aussi *bossier.* || Celui qui travaille en bosse.

BOSSETTE. Ornement de bosse attaché aux deux côtés du mors d'un cheval. || Pièce de cuir que l'on met de chaque côté de la tête des chevaux et des mulets, à la hauteur des yeux.

* **BOSSIER.** *T. de mét* Ouvrier qui, dans les salines, met le sel en tonneaux. || *T. de verr.* — V. Bosselier.

BOSSOIR. *T. de mar.* Chacune des deux grosses pièces de charpente qui servent à suspendre et à hisser les ancres.

* **BOTRES.** *T. techn.* Forces en usage chez les tondeurs de draps; on dit aussi *bottes.*

* **BOTRYOGÈNE.** *T. de minér.* Sulfate de fer rouge que l'on rencontre dans l'intérieur de quelques mines en Suède, et qui provient de la décomposition des pyrites de fer.

BOTTE. 1° Chaussure de cuir qui renferme le pied et la jambe, et quelquefois même une partie de la cuisse. Les bottes étaient inconnues des anciens, et l'usage ne s'en est répandu que dans les temps modernes; aujourd'hui, dans les villes surtout, la bottine a remplacé la botte. Dans l'origine, on ne s'en servait que pour monter à cheval. Relativement à leur forme, on en distingue cinq espèces principales : 1° les *bottes à l'écuyère* ou *à la française*, dites aussi *bottes molles*, dont la tige est molle, aussi large du haut que du bas, et qui est terminée par une genouillère dans laquelle le genou se trouve engagé; 2° les *bottes demifortes*, faites d'un cuir dur et de même forme que les précédentes; 3° les *bottes fortes*, comme celles des postillons; 4° les *bottes à la hussarde*, dont la tige présente autant de largeur partout, et porte des plis jusque sur le cou-de-pied; 5° les *bottes à l'anglaise* ou *à revers*, qui sont recouvertes sur le mollet d'une pièce de cuir surajoutée et ordinairement jaune. On peut aussi ajouter à cette nomenclature les *bottes d'égouttiers* qui enveloppent même toute la cuisse et les *bottes à la Souwarof*, bottes plissées s'arrêtant en forme de cœur au-dessous du genou. — V. Chaussure. || 2° *T. d'art. milit.* Douille fermée par le fond et destinée à recevoir l'extrémité inférieure d'un drapeau, d'un étendard, d'une lance lorsqu'on les tient en main. || 3° En *T. techn.* On donne ce nom à la réunion d'un certain nombre de choses : feuilles de parchemin, écheveaux de soie, planches de hêtre pour boissellerie, fil de fer, etc. || 4° Forces du tondeur de drap qu'on nomme aussi *botres.*

BOTTELAGE. Action de botteler du foin, de la paille, etc. — V. Lieuse.

* **BOTTERIE.** Atelier, magasin du bottier.

BOTTIER. Ouvrier qui fait des bottes. Les bottiers sont aux cordonniers ce que ceux-ci sont aux savetiers, aussi les cordonniers prennent-ils souvent le titre de bottiers pour marquer qu'ils appartiennent à la partie la plus noble de leur profession.

* **BOTTILLON.** *T. de mét.* Pièce de cuir que les boyaudiers s'attachent au-dessus du cou-de-pied pour empêcher, pendant leur travail, l'eau et les ordures d'entrer dans leurs chaussures. On dit aussi *bottine.*

BOTTINE. 1° Petite botte de cuir mince ou d'étoffe qui monte jusqu'au-dessus des chevilles; c'est aujourd'hui la chaussure la plus répandue : celles des femmes sont plus hautes et se terminent à la naissance du mollet.

— La bottine était déjà en usage chez les anciens; les Romains portaient à la guerre des bottines revêtues de plaques de métal qui protégeaient le devant de la jambe et s'attachaient par derrière. Les Grecs les appelaient des *cnémides*; au moyen âge, on leur a donné le nom de *jambarts*, et on les faisait en cuir, et même en cuivre, en fer, etc. — V. Armure.

|| 2° *App. chirurg.* Chaussures munies de courroies, de ressorts et de boucles, et destinées à remédier aux vices de conformation du pied ou du bas de la jambe. || 3° *T. de boyaud.* — V. BOTILLON.

* **BOTTIN** (SÉBASTIEN), né à Grimouville (Meurthe), en 1764, reçut la prêtrise en 1789, devint curé constitutionnel de Favières, en 1791, et fut relevé de ses vœux par une décision pontificale le 14 février 1804. En 1793, après la suppression du culte, il prit du service dans l'armée et partit pour la frontière; l'année suivante, il était attaché à l'administration centrale du Bas-Rhin. Il fut destitué par le Directoire, puis nommé secrétaire général de la préfecture du Nord, et enfin membre de la Chambre des représentants pendant les Cent jours. Nous n'aurions pas à ouvrir nos colonnes à cette biographie, si le nom de ce statisticien n'était universellement connu pour désigner l'almanach des *Cinq cent mille adresses*, édité aujourd'hui par Didot (V. ce nom). Bottin avait déjà publié l'*Annuaire artistique du département du Nord*, lorsqu'en 1819, il reprit l'*Almanach du commerce de Paris, des départements et des principales villes du monde*, que de La Tynna faisait paraître depuis 1801. Il dirigea cette publication annuelle de 1819 à 1853, et sa veuve la continua jusqu'en 1857. A cette époque, cet almanach fut réuni à l'*Annuaire* de MM. Didot, sous le titre : *Annuaire-Almanach du commerce Didot-Bottin*. Bottin est mort en 1853; il a laissé, outre son almanach qui l'a rendu populaire, quelques écrits, parmi lesquels : *Sur la distillation des pommes de terre dans les anciens départements de la rive gauche du Rhin* (1818); *Le livre d'honneur de l'industrie* (1820); *Mélanges d'archéologie* (1831); *Tableau statistique de toutes les foires de France* (1844); etc.

BOUC. *T. techn.* Poulie garnie de cornes de fer pour faire monter et descendre une chaîne.

* **Bouc.** *Myth.* Le peuple juif et les différentes sectes chrétiennes l'ont maudit; on sait que les Juifs l'avait choisi pour victime expiatoire des fautes nationales et qu'à certaines fêtes on le chassait dans le désert en le chargeant de toutes les iniquités d'Israël; on l'appelait *bouc émissaire* — cette expression est même devenue proverbiale pour parler d'une personne qu'on accuse de tous les malheurs qui arrivent. — Jésus-Christ emploie ce mot pour désigner les réprouvés (Matth., XXV, 32-33); mais cette proscription ne fut pas universelle, les Egyptiens représentaient le dieu Pan avec la face et les jambes du bouc et croyaient adorer, sous ce symbole, le principe de la fécondité de la nature, exprimée par le dieu Pan. Dans les peintures et les bas-reliefs de l'antiquité, on le voit souvent représenté dans les bacchanales.

* **BOUCANAGE.** Opération qui a pour but de faire sécher des viandes ou du poisson en les exposant à la fumée, à la manière des sauvages de l'Amérique et de l'Océanie. Les procédés varient selon les localités; celui dont on fait usage en Allemagne pour fumer le bœuf, consiste à suspendre la viande dans des chambres basses de plafond où l'on fait pénétrer une fumée très épaisse produite avec des copeaux de bois très

secs. Cette opération dure de cinq à six semaines selon la quantité des viandes à fumer. — V. CONSERVATION DES VIANDES.

— L'opération du boucanage fut imitée par les premiers colons français qui, vers la fin du XVI° siècle et au commencement du XVII°, allèrent s'établir à Saint-Domingue et se rendirent célèbres sous le nom de *Boucaniers*.

* **BOUCARO.** Terre odorante et rougeâtre qui se trouve en Espagne, et dont on fait des vases à rafraîchir.

* **BOUCASSINE.** Espèce de toile de lin.

* **BOUCHAGE.** *T. techn.* Action de boucher les bouteilles ou une ouverture quelconque. || Terre détrempée et pétrie dont on se sert dans certaines forges pour la coulée.

* **BOUCHARDE.** *T. techn.* Outil de fer garni d'acier trempé formant des aspérités appelées pointes de diamants, et dont on se sert pour travailler le marbre lorsque le ciseau est insuffisant; c'est aussi un gros marteau dont les deux têtes sont façonnées en pointes de diamants régulières en acier et à l'aide duquel, dans quelques contrées arriérées, on rhabille encore les meules tendres; les tailleurs de pierre emploient la boucharde pour achever la taille des pierres dures dégrossies.

* **BOUCHARDER.** *T. de constr.* Se servir de la boucharde.

BOUCHE. Ouverture. || *Bouche d'arrosage.* Appareil de prise d'eau destiné à l'arrosage des rues, dans les villes, et à l'arrosage des allées et pelouses, dans les jardins. On pratique généralement cet arrosage en branchant sur un raccord à vis, placé à l'intérieur de la *boite* ou *bouche d'arrosage*, un tuyau souple en cuir, en toile, ou en caoutchouc, terminé par une lance ou par tout autre genre d'ajutage. — V. DISTRIBUTION D'EAU. || *Bouche de chaleur.* *T. techn.* Ouverture pratiquée sur les côtés d'une cheminée ou d'un poêle et qui sert à faire passer dans l'appartement la chaleur d'une cheminée, d'un calorifère. — V. CHAUFFAGE. || *Bouche d'égout.* *T. techn.* Orifice d'un égout pratiqué sous les trottoirs des chaussées, et ménagé de façon à recevoir les eaux des ruisseaux. || *Bouche d'incendie.* *T. techn.* Conduite d'eau recouverte d'une plaque de fonte et que l'on établit sous les trottoirs des voies publiques pour servir à l'alimentation des pompes en cas d'incendie. || *Bouche de lavage.* Orifice par lequel s'écoule l'eau destinée à l'alimentation publique, soit aux particuliers pour leurs besoins domestiques, soit au service des ponts et chaussées pour l'arrosage des rues. || Dans la facture d'orgue, on appelle *tuyaux à bouche*, ceux qui, non munis d'anches, vibrent par la seule insufflation de l'air venant des sommiers dans les tuyaux et se brisant sur les biseaux formés à la base des tuyaux par la bouche.

* **BOUCHE-NEZ.** *T. de mét.* Masque de cuir percé de trous et quelquefois recouvert de filasse que, dans certaines fabrications ou manipulations, les

ouvriers se mettent sur le visage pour se garantir contre les émanations dangereuses.

BOUCHER. Celui qui fait le métier d'abattre les animaux destinés à la consommation ou qui en vend la chair crue au détail. Le boucher des grandes villes exerce sa profession dans les *abattoirs* (V. ce mot) et son habileté consiste à abattre l'animal d'un seul coup. Par un motif d'humanité facile à comprendre, on a cherché les moyens de rendre la mort instantanée; ce résultat semble devoir être obtenu par l'emploi d'un appareil composé d'un masque qui correspond avec le plus grand diamètre des lobes cérébraux sur le milieu duquel est adaptée une plaque solide en fer poli, présentant la forme d'un cône tronqué et percé à son centre de part en part d'une ouverture que forme une espèce de douille; une tige métallique, de 12 centimètres environ de longueur, s'engage librement dans cette douille, elle est terminée à l'une de ses extrémités par une tête épaisse et aplatie sur laquelle doit porter le coup de massue, l'autre extrémité, qui se trouve immédiatement en contact avec le crâne de l'animal, est creusée à l'intérieur et présente des bords tranchants comme un emporte-pièce. Un simple coup de massue asséné sur la tête de la tige foudroie l'animal et la mort est instantanée.

* **BOUCHER** (François), peintre, dessinateur et graveur, né à Paris en 1703, mort au Louvre en 1770. Boucher n'est pas seulement le peintre amoureux dont les tableaux firent la joie des amateurs français au XVIIIᵉ siècle; son idéal — chacun a le sien — a été mêlé de la façon la plus étroite aux développements et aux aventures des arts décoratifs sous Louis XV. Si Boucher a quelquefois suivi la mode, on peut dire aussi qu'il l'a souvent provoquée. Comme peintre décorateur, son rôle est connu. Élève de Lemoyne et grandi dans l'étude des fantaisies de Watteau, Boucher avait naturellement cette habileté de la main, cette ingéniosité de l'esprit qui consistent à combiner les figures, à concentrer ou à égrener les groupes, à assortir les couleurs de manière à compléter par la peinture l'ornementation architecturale d'un salon ou d'un boudoir. Il a été par excellence le maître du dessus de porte et il a toujours su approprier ses motifs à la forme des cadres chantournés. Peintre aux colorations souriantes, il ne se lassait pas d'inventer des mythologies, des pastorales, des paysages spirituellement chimériques. Parfois, il mettait sa palette au régime plus sévère du camaïeu, et il a fait, avec des bleus intenses, des bleus cendrés et des gris roux, des chinoiseries absolument arbitraires, mais que les amateurs du temps trouvaient spirituelles et amusantes.

Le théâtre du XVIIIᵉ siècle aurait manqué à tous ses devoirs s'il n'avait pas utilisé le talent de Boucher. Dès 1737, l'artiste travaillait pour l'Opéra. C'est lui qui, lorsqu'on représenta les *Indes galantes*, en 1743, avait, comme l'écrit un contemporain : « dirigé les décorations et les habits. » En 1746, il donna les modèles des décors que l'administration fit peindre à l'occasion

de la reprise de *Persée*. Quand l'*Atys* de Lulli fut remis à la scène, en 1748, Boucher rendit à l'Opéra le même service. Mais bientôt, et par des raisons qui sont restées inconnues, il se brouilla avec le « tripot lyrique. » Il travailla alors pour son ami Monnet qui avait établi un théâtre à la foire Saint-Laurent. C'est Boucher qui organisa les décorations des *Fêtes chinoises*, de Noverre (1754). Plus tard, il se raccommoda avec l'Opéra, et son nom fut prononcé de nouveau lors des représentations de *Castor et Pollux* (1764) et de *Silvie* (1766). Il demeure entendu que Boucher n'exécutait pas lui-même les toiles de fond ou les *fermes ;* il se bornait à donner de petites esquisses; plusieurs artistes, qui d'ailleurs n'étaient pas sans talent, agrandissaient les modèles et brossaient le décor; ils avaient su s'approprier la manière du maître, et ils reproduisaient, de façon à le satisfaire, les colorations de ses paysages aux verdures bleuissantes.

Dans la tapisserie, l'influence de Boucher ne fut pas moins considérable. Il semble qu'il s'en occupa toute sa vie. Lorsque, en 1734, Louis XV accorda à Oudry et à son associé Besnier, le bail de la manufacture de Beauvais, le peintre d'animaux, curieux de rajeunir par des modèles à la mode le succès un peu compromis de la maison que le roi lui avait confiée, s'adressa à Boucher, qui était à la fois son collègue à l'Académie royale et son ami. Boucher créa un certain nombre de patrons pour les tapissiers de Beauvais; il fit des chinoiseries, des scènes mythologiques comme *Psyché conduite par Zéphyr* et des bergeries d'une rusticité fort modérée, telles que la *Cueillette des cerises*, la *Balançoire*, et plusieurs autres galanteries du même genre. Quelques années après, Boucher travaillait pour les Gobelins. En 1753, il exposait au Louvre le *Lever* et le *Coucher du soleil*, somptueuses compositions qui furent exécutées par Cozette et par Audran. La mort d'Oudry, survenue en 1755, ayant laissée vacante la place d'inspecteur aux Gobelins, cette fonction fut confiée à Boucher. On peut lui reprocher de ne s'être pas préoccupé suffisamment des exigences spéciales de l'art du tapissier et d'avoir souvent donné des modèles qui n'étaient que des tableaux. Il a cependant cherché quelquefois de véritables arrangements décoratifs. Le garde-meuble possède une suite de tentures, dont Boucher a fourni les dessins et que les inventaires désignent sous le titre : *Sujets de la Fable*. Au centre, un médaillon ovale dans lequel s'inscrit le motif pittoresque; autour un encadrement simulé dont le style est plein de sagesse et de fantaisie à la fois. On voit aussi aux Gobelins trois maquettes où, sur des fonds d'un bleu pâle ou d'un rose rompu, s'enlèvent des médaillons occupés par des mythologies ou des scènes rustiques. Les compositions s'encadrent dans des bordures échancrées aux angles, et sur ces bordures, qui imitent des bois sculptés, sont posés des vases, des oiseaux, des guirlandes fleuries. Impossible de montrer plus de goût dans l'assortiment des couleurs et dans la disposition des éléments décoratifs.

Lorsque Grimm prétend que Boucher est un

peintre d'éventails, son assertion ne doit point être prise à la lettre. L'artiste avait une très grande facilité de pinceau, il peignait en petit comme en grand, il savait la manœuvre de la gouache aussi bien que celle de l'huile; il a pu, pour complaire à quelques femmes de la cour ou du théâtre, faire exceptionnellement deux ou trois éventails; mais la plupart de ceux qu'on lui attribue ne sont pas de lui. Il a eu toutefois la plus grande influence sur l'art de l'éventailliste: il a inventé des sujets, il a surtout donné la note de certaines colorations claires qui sont restées à la mode pendant un demi-siècle. Il a été le maître du genre, et c'est là ce que Grimm a voulu dire.

Il ne paraît pas que Boucher ait travaillé pour les orfèvres, nous n'en avons du moins aucune preuve; mais nous savons qu'il a fourni des modèles aux bronziers et aux ciseleurs qui faisaient pour les vases de la Chine et du Japon des montures en cuivre doré. Le catalogue de la collection personnelle de Boucher mentionne diverses pièces de céramique qui avaient été montées sur ses dessins. On a d'ailleurs de lui des mascarons au crayon noir ou à la sanguine qui, visiblement, ont été faits en vue de décorer des porcelaines. Et à ce propos, il est inutile de rappeler que plusieurs des groupes ou des figurines de Sèvres reproduisent des fantaisies de Boucher. Le maître n'a pas été moins brillant dans un autre art, l'illustration des livres. Nul ne fut plus expert à la composition du frontispice, du fleuron et du cul-de-lampe, et, là encore, il a fait école.

Le goût ornemental de Boucher se ressentit d'abord de l'influence qu'exerça sur lui son ami Juste-Aurèle Meissonnier. A ce moment, la ligne droite n'a pour lui aucun prestige; il cherche les formes contournées; il est — comme on le voit dans son recueil, les *Diverses Fontaines* — très préoccupé des coquillages, des coraux, des rocailles. Plus tard, quand il travailla pour Mᵐᵉ de Pompadour, il calma un peu cette belle humeur à la mode de 1730 et il devint plus sage. Mais il ne put supporter jamais le contour maigre et la ligne indigente, et soit qu'il manie le crayon ou le pinceau, il fait toujours dire à son décor des choses légères et spirituelles.

La vie de Boucher a été racontée bien des fois. Au sortir de l'école, il fit un voyage en Italie et il n'en revint pas plus austère; reçu à l'Académie royale en 1734, il passa triomphalement par tous les grades, et, après la mort de Carle Vanloo, en 1765, il fut nommé premier peintre du roi. Il eut, comme on doit le penser, le cordon noir et un logement aux galeries du Louvre. Ces choses sont dans tous les livres et nous n'avions pas à les redire. Il fallait montrer seulement que, dans l'histoire des arts décoratifs, le frivole Boucher ne fait pas une trop médiocre figure. — P. M.

V. *Le Nécrologe des hommes célèbres* (1771); BACHAUMONT: *Mémoires secrets*; Ed. et J. de GONCOURT: *L'Art du XVIIIᵉ siècle* (1873); Paül MANTZ: *François Boucher* (1880).

BOUCHERIE. Endroit où l'on tue les animaux destinés à l'alimentation publique; dans ce cas on dit plutôt *abattoir* (V. ce mot). || Etablissement où les bouchers vendent au détail la chair crue et préparée des bestiaux tués dans les abattoirs.

— Dans les premiers siècles, c'était le chef de famille qui tuait et dépeçait en morceaux l'animal destiné à la nourriture commune. A Rome, il y avait deux corps de bouchers; l'un s'occupait de l'achat des porcs, l'autre de l'achat et la vente des bœufs. Ils jouissaient de certains privilèges et c'était le *forum* qui jugeait leurs procès; ils élisaient un chef qui tranchait leurs différends entre eux. Les boucheries furent réunies au quartiers de *cœlimontium* dans un seul édifice qui fut réédifié sous le règne de Néron avec une magnificence comparable à celle des plus beaux établissements romains; plus tard on en construisit deux en raison de l'accroissement de la population.

En France, ces privilèges existaient aussi; les bouchers étaient érigés en communauté dans la plupart des villes; leurs statuts étaient confirmés par des lettres patentes. Par une analogie frappante avec l'organisation romaine, il y avait dans les villes de quelque importance un établissement public dans lequel les bouchers débitaient leur viande.

Le commerce de la boucherie comprenait tout ce qui se rattache à cette industrie; aujourd'hui, il est divisé en quatre branches. La boucherie, proprement dite, qui comporte principalement le débit de viande crue de bœuf, de mouton, de veau, de porc; la charcuterie, le commerce de la viande de porc, crue ou préparée; la triperie, la vente de certaines issues de bestiaux préparées par la cuisson; enfin, la fonte ou le commerce du suif.

Les bouchers ont toujours été soumis à la surveillance de la police et des officiers municipaux. Les lois des 16 août 1790 et 19 juillet 1791 ont aboli leurs privilèges en proclamant la liberté de l'industrie, et donné la surveillance de leur profession à l'autorité municipale. Dès lors, elle fut l'objet de règlements émanant de l'autorité supérieure administrative ou de l'autorité municipale.

La boucherie de Paris a eu son histoire particulière. Les bouchers, dès l'époque la plus reculée, s'étaient érigés en communauté; ils élisaient un chef, nommé à vie, qui prenait le titre de maître des maîtres bouchers et qui n'était révocable qu'en cas de prévarication. Il jugeait, assisté d'un greffier et d'un procureur d'office, tous les différends relatifs à la profession. Ce droit, conféré par lettres patentes de Henri II, du mois de juin 1550, n'a cessé qu'au mois de février 1673, à la suite de l'édit de la réunion générale de toutes les justices au Châtelet de Paris.

La première boucherie des maîtres bouchers, située au parvis Notre-Dame, fut exploitée par eux jusqu'en 1222, époque à laquelle elle fut, de leur consentement, donnée par Philippe-Auguste au chapitre de Notre-Dame. A cette date, ils allèrent s'installer à la boucherie de l'Apport de Paris, établie par les ordres de Louis-le-Gros, en 1133, aux environs du Grand-Châtelet; ils achetèrent tous les étaux qui se trouvaient aux environs et voulurent s'attribuer le privilège exclusif de cette profession. En 1282, lorsque Philippe-le-Hardi autorisa, par lettres patentes, les chevaliers du Temple à ouvrir une boucherie, ils firent une telle résistance qu'on ne pût éviter de graves difficultés qu'en leur conférant, en compensation, la vente exclusive du poisson de mer et d'eau douce. De même, sous Charles VI, alors que l'on voulût diminuer l'étendue de leur établissement, il fallut leur permettre de bâtir une chapelle et d'y établir une confrérie.

La puissance de la corporation grandissait de jour en jour; elle prit une part active dans les troubles de Paris, sous la minorité de Charles VI et soutint le duc de Bourgogne. En vertu de lettres patentes du roi, du 13 mai 1416, la boucherie du Parvis fut fermée et celle du Grand-Châtelet rasée; tous les privilèges des bouchers furent révoqués et leur communauté abolie. En 1418, ils obtinrent la réintégration dans leur privilège et l'autorisation de rebâtir la grande boucherie à la condition de la diminuer de dix toises carrées.

La communauté défendait avec énergie son privilège. Lorsque des édits enregistrés au Parlement permirent, en raison de l'accroissement de la ville, d'ouvrir de nouvelles boucheries comme celles de Saint-Germain-ces-Prés, de la Montagne-Sainte-Geneviève, de Saint-Paul, de Saint-Jacques, de la Croix-Rouge; ils exigèrent qu'une redevance leur fut payée par elles.

Les maîtres bouchers prirent l'habitude de louer leurs étaux; il se forma alors une corporation, dite des étaliers, autorisée par un édit de François Ier du mois de novembre 1543 et érigée en maîtrise par lettres patentes du mois de février 1587. Un arrêt du 22 décembre 1589 les assimila même tout à fait aux bouchers de la grande boucherie

Fig. 486. — Boucher et son valet, au XVIe siècle, d'après une ancienne gravure.

La communauté des bouchers de Paris, confirmée par les édits de 1416, 1543, 1550 et 1587, fut supprimée par celui de février 1776, rétablie au mois d'août de la même année et définitivement supprimée par la loi du 17 mars 1791. La liberté donnée à cette industrie produisit un effet désastreux; le nombre des bouchers qui était de 230 s'éleva bientôt à plus de mille. Des quantités considérables de viandes se perdaient, on en vint même à craindre une disette de bétail. Un arrêté du gouvernement du 8 vendémiaire an XI, qui décréta le réorganisation de la boucherie de Paris, eut pour effet de réduire le nombre des bouchers à 500; ce nombre fut réduit encore à 300, puis arrêté à 370, chiffre que la réduction n'avait pu dépasser. Un décret de 1825 proclama à nouveau la liberté de la boucherie, mais comme les mêmes inconvénients subsistaient encore et une ordonnance de 1829 fit retour à l'ancien système. Un décret, du 24 février 1858, a déclaré libre le commerce de la boucherie de Paris et abrogé les arrêtés et ordonnances, organisant et règlementant le syndicat de la boucherie. Les bouchers n'ont plus d'autres obligations que de faire une déclaration à la préfecture de police et

de se conformer aux lois et ordonnances, notamment sur l'hygiène et la salubrité publique.

Le même décret a supprimé la caisse de Poissy. Cette caisse avait été instituée par édit du 10 novembre 1733, en vue d'assurer l'approvisionnement de Paris et pour faciliter le commerce des bestiaux; elle servait à payer les bestiaux aux propriétaires pour le compte des bouchers qui remboursaient dans un délai déterminé. Son fonds de roulement se composait des cautionnements des bouchers et d'avances faites par la municipalité. Supprimée par un édit de février 1776, elle fut rétablie par lettres patentes du 18 mai 1779. Supprimée à nouveau, par décret du 13 mai 1791, elle avait été rétablie sous une autre forme par arrêté du 8 vendémiaire an XI et reconstituée dans sa forme primitive par décret du 6 février 1811.

— V. DELAMARRE : Traité de la police; DESESSARTS : Dictionnaire de la police; Ch. LIVET : Histoire de la boucherie jusqu'en 1789; BIZET : Histoire de la boucherie en France (Paris, 1847).

* **BOUCHERIE** (AUGUSTE), chimiste, est né à Bordeaux au mois de septembre 1801. Après avoir étudié la médecine dans sa ville natale, il vint à Paris pour se perfectionner. De retour à Bordeaux il exerça la médecine et se livra, en même temps, à l'étude d'une question alors à l'ordre du jour : la recherche d'un procédé de conservation des bois qu'on cherchait à réaliser, en Angleterre, à l'aide du sublimé corrosif.

Après une multitude d'essais qui ne le satisfaisaient pas suffisamment, il réussit à résoudre cette question au moyen du sulfate de cuivre et du pyrolignite de fer. Son procédé, devenu classique, consiste à chasser la sève de l'arbre fraîchement abattu par la solution saline injectée sans pression. Par la dessiccation, le sel se dépose dans les vaisseaux du bois et le préserve de la décomposition, au point que des traverses de chemin de fer préparées comme il vient d'être dit et enfouies dans le sol ont été trouvées intactes au bout de plusieurs années.

Cette découverte pouvait être, pour son auteur, la source d'une fortune considérable; il n'en fut rien. Boucherie se contenta d'une rémunération fort insuffisante lorsqu'on la compare aux économies considérables que son procédé fit faire aux Compagnies de chemins de fer. Il n'eut plus qu'un seul objectif : le perfectionnement continuel de son procédé. Il se trouva suffisamment récompensé par plusieurs médailles d'or qu'on lui décerna aux Expositions de Londres, en 1851, et de Paris, en 1855, et par sa promotion dans l'ordre de la Légion d'honneur.

On a de lui un Mémoire sur la conservation des bois, inséré dans les Annales de chimie et de physique, tome LXXIV, imprimé à part en 1867 (in-8°).

Le Dr Boucherie mourut à Bordeaux, en avril 1871.

BOUCHES A FEU. T. d'artil. Nom générique que l'on emploie pour désigner toutes les armes à feu non portatives, c'est-à-dire toutes celles dont le poids est trop considérable pour qu'elles puissent être transportées et servies par un seul homme. Suivant leur forme extérieure ou intérieure, l'espèce de projectile, le genre de tir, on leur a donné, et on leur donne encore des noms différents :

canon, caronade, obusier, mortier, pierrier, etc. (V. ces mots). Suivant le service auquel elles sont destinées, on les distingue encore en bouches à feu de *montagne*, de *campagne*, de *siége*, de *place*, de *côte* ou de *marine*. Pour l'étude des principales phases successives par lesquelles sont passées les différentes sortes de bouches à feu depuis leur origine jusqu'à nos jours, on se reportera à l'article ARTILLERIE. Il ne sera question ici que des bouches à feu en général, au point de vue tout spécial de leur construction qui, dans ces dernières années, a pris une importance considérable dans l'industrie métallurgique de tous les pays.

A l'exposition universelle de 1867 figuraient un grand nombre de bouches à feu de tous les systèmes, il en a été de même à Vienne en 1873. Mais en revanche en 1878, à Paris, elles n'étaient plus qu'en très petit nombre, malgré cela notre dernière exposition n'en a pas moins présenté un grand intérêt pour les artilleurs.

Dans le rapport de la Commission militaire, le chapitre concernant l'artillerie commence ainsi : « Les années qui viennent de s'écouler ont vu « s'accomplir dans la plupart des systèmes d'ar- « tillerie une transformation profonde, nettement « caractérisée par l'augmentation des charges et « l'accroissement des vitesses initiales. Indépen- « damment des modifications apportées à la fabri- « cation et aux propriétés des poudres de guerre, « un changement de cette nature n'a pu être « réalisé que par un tracé judicieux et un système « de construction perfectionnée des bouches à feu, « en même temps que par une amélioration du « métal à canons lui-même. C'est surtout à ce « dernier point de vue que l'on trouve au Champ- « de-Mars la trace des progrès accomplis; car si

Fig. 487. — *Canon Krupp de 40° (72 tonnes) figurant à l'Exposition de Dusseldorf (1880).*

« les types de bouches à feu exposées sont en « très petit nombre, les produits des usines mé- « tallurgiques forment, au contraire, une collec- « tion des plus variées. »

Ce qui caractérise encore notre époque, c'est la création de canons monstres, dont le poids varie de 72 à 100 tonnes (fig. 487), qui laissent bien loin derrière eux le fameux canon Krupp dont il fut tant question à l'exposition de 1867. La fabrication de ces bouches à feu gigantesques a exigé la création, dans les usines, d'un outillage à la fois puissant et perfectionné, et de moyens de transport spéciaux. Tels sont les marteaux-pilons de 80 tonnes du Creusot et de Saint-Chamond, le wagon-truck construit par l'usine du Creusot pour le transport du canon italien de 100 tonnes. Le Creusot avait exposé dans le voisinage de son pavillon le spécimen en bois de son marteau-pilon et le wagontruck sur lequel on avait placé un modèle en bois de la bouche à feu.

Les conditions desquelles dépend l'établissement d'une bouche à feu sont de trois sortes :

1° *Des conditions balistiques.* En effet, la bouche à feu est construite en vue de produire un certain résultat balistique, et il faut que ce résultat soit obtenu le plus surement et le plus efficacement possible. Étant déterminés le calibre ainsi que le tracé et les dimensions du projectile, l'espèce et la charge de poudre, on en déduit le tracé du vide intérieur de la bouche à feu que l'on appelle l'*âme*. — V. CALIBRE, PROJECTILE, POUDRE.

2° *Des conditions mécaniques.* Il faut, pour qu'elle offre toute sécurité, que la bouche à feu puisse résister aux forces énormes qui se développent dans l'âme au moment de l'explosion. On y arrive par un choix convenable du métal et du mode de construction et une détermination rationnelle de toutes les dimensions extérieures.

3° *Des conditions de service.* Enfin la bouche à feu doit s'adapter suffisamment bien aux circonstances dans lesquelles elle doit être employée. Il en résulte des exigences qui seront souvent en conflit avec les conditions précédentes, et alors on sera obligé de sacrifier, plus ou moins, les unes aux autres. Ce sont ces conditions de service qui déterminent le poids admissible pour les bouches à feu de montagne, campagne, siège, etc. qui, pour les canons se chargeant par la culasse, doivent être invoquées dans le choix à faire entre les mécanismes de fermeture, qui, en un mot, président à tous les détails des formes extérieures.

L'utilisation des *rayures* pour déterminer le mouvement de *rotation* du projectile, l'adoption du *chargement par la culasse* qui a permis d'assurer d'une façon tout à fait pratique le forcement du projectile, et enfin l'emploi de *charges de plus en plus fortes* de façon à obtenir des vitesses initiales qui, fixées d'abord à 400 mètres, ont atteint bientôt 500 mètres et peuvent même aujourd'hui dépasser 600 mètres, ont dans l'espace d'une vingtaine d'années à peine, obligé à transformer complètement le mode de construction des bouches à feu, alors que pendant plus de deux siècles il était, à part quelques perfectionnements de détail, resté toujours le même.

TRACÉ INTÉRIEUR. Dans toute bouche à feu, qu'elle soit lisse ou rayée, le vide intérieur se divise en deux parties principales : l'*âme* proprement dite qui sert à guider le projectile et assurer la régularité de son mouvement, et en arrière la *chambre*, destinée à recevoir la charge.

On appelle généralement *longueur d'âme* la distance qui sépare le fond de la chambre de la tranche de la bouche, mais la dimension principale, celle qu'il importe le plus de connaître, c'est la longueur de l'âme proprement dite, et par conséquent, dans les bouches à feu actuelles, de la partie rayée. Cette longueur doit être telle que les gaz aient produit tout leur effet avant que le projectile quitte la bouche à feu ; elle dépend du *calibre* de la bouche à feu, de la nature de la *poudre* employée. Dans tous les cas, il y aurait avantage à la prendre aussi grande que possible. Fixée autrefois de 18 à 20 calibres, elle a toujours été en augmentant dans ces dernières années, par suite de l'emploi des poudres lentes, et atteint pour certaines bouches à feu des derniers modèles jusqu'à 25 et 30 calibres. Mais le plus souvent les conditions de service s'opposent à ce que l'on puisse allonger ainsi la bouche à feu et par conséquent augmenter son poids. Pour tout ce qui concerne le tracé de l'âme et l'organisation des rayures voir RAYURE.

Le poids de la charge, la densité de chargement, déterminent le volume de la chambre (V. POUDRE). Dans les anciennes bouches à feu lisses, tirant à forte charge, la chambre ne se distinguait en rien de l'âme, elle n'en était que le prolongement ; celles qui ne tiraient qu'à faible charge avaient une chambre d'un diamètre inférieur à celui de l'âme et se raccordaient avec elle, soit par un ressaut, soit par un tronc de cône contre lequel venait buter le projectile. Dans les premiers canons rayés se chargeant par la bouche les rayures s'arrêtaient à l'entrée de la chambre qui avait le même diamètre que l'âme sur les cloisons. Le chargement par la culasse a permis de donner à la chambre à poudre un diamètre supérieur à celui de l'âme et, par suite,

d'augmenter son volume pour le tir aux fortes charges sans cependant lui donner une trop grande longueur.

La différence entre le diamètre de la chambre et celui de l'âme ne doit pas dépasser certaines limites, car alors l'épaisseur des parois de la chambre devient trop faible, ou bien il faut, comme on l'a fait dans certains systèmes de bouches à feu, augmenter le diamètre de la bouche à feu au tonnerre ce qui, comme on le verra, peut être un inconvénient au point de vue de la fabrication. On a été ainsi conduit dans certains systèmes de bouches à feu à réduire au minimum le diamètre de la chambre et augmenter sa longueur Il est bon cependant de ne pas dépasser aussi, dans cet autre sens, certaines limites, car le plus souvent l'allongement de la chambre oblige à réduire d'autant l'âme proprement dite, et de plus avec une chambre trop longue l'inflammation de la charge peut devenir irrégulière.

Dans ces dernières années, M. Noble, ingénieur de la maison Armstrong, a essayé de rendre possible avec les bouches à feu se chargeant par la bouche, aussi bien qu'avec les pièces se chargeant par la culasse, l'emploi des fortes charges, en donnant à la chambre un diamètre de beaucoup supérieur à celui de l'âme (fig. 492). Un certain nombre de bouches à feu *chambrées* sont actuellement en service en Angleterre ; mais ce mode de chambrage offre, pour les bouches à feu se chargeant par la bouche, plusieurs inconvénients au point de vue de la fabrication, du service et surtout du nettoyage de la bouche à feu. Pour les bouches à feu chambrées se chargeant par la culasse, le diamètre de la chambre est alors supérieur, non seulement à celui de l'âme, mais encore à celui de l'ouverture ménagée à la culasse pour l'introduction du projectile et de la charge. L'usage de ces bouches à feu chambrées exige l'emploi de gargousses spéciales, d'un diamètre inférieur à celui de la chambre, mais plus longues et pouvant s'ouvrir suivant une de leur génératrice lorsqu'elles sont en place, de façon que, en les refoulant, la poudre puisse remplir complètement la chambre.

Dans les bouches à feu se chargeant par la culasse, la chambre se raccorde avec l'âme par un ou plusieurs troncs de cône, suivant le mode de montage du projectile. Lorsque l'obus n'est muni que d'un seul cordon de forcement à l'arrière, un tronc de cône très court et fortement penté suffit, et la partie antérieure du projectile s'engage alors directement dans la partie rayée de l'âme. Lorsqu'au contraire, le projectile est pourvu de cordons conducteurs à l'avant aussi bien qu'à l'arrière on ménage entre la chambre à poudre et la partie rayée un tronc de cône faiblement incliné, quelquefois même une seconde partie cylindrique, qui sert de chambre au projectile et dans lequel les rayures viennent se terminer en mourant. Cette seconde disposition a quelquefois l'inconvénient de ne pas assurer d'une façon aussi exacte et aussi régulière la position de l'obus dans le chargement.

Lorsque la pièce se charge par la culasse, le

vide intérieur se continue encore vers l'arrière de la chambre à poudre par le logement de l'obturateur, puis par celui du mécanisme de fermeture (V. CULASSE).

Pour terminer, disons que dans le tracé du vide intérieur et le raccordement des différentes parties entre elles, on doit, autant que possible, éviter les angles rentrants à arête trop aigüe qui seraient autant de points faibles pouvant favoriser la rupture.

MODE DE CONSTRUCTION. La résistance d'une bouche à feu résulte à la fois du métal ou des métaux employés à sa construction, et des dimensions données à ses diverses parties.

Une bouche à feu est soumise pendant le tir à deux causes principales de destruction: 1° une pression intérieure sur les parois latérales qui tend à l'ouvrir suivant un plan diamétral; 2° un effort longitudinal qui, s'exerçant en sens contraire sur le fond de l'âme et sur le culot du projectile, tend à séparer la pièce en deux parties suivant un plan perpendiculaire à l'axe. Moins fréquente que la rupture longitudinale, la rupture transversale est cependant beaucoup plus à craindre depuis que l'on emploie avec les canons rayés des projectiles forcés; avec les bouches à feu se chargeant par la culasse elle se produit le plus généralement sous forme de déculassement.

— Pendant longtemps les artilleurs se sont contentés, pour la détermination des épaisseurs à donner aux parois des bouches à feu aux divers points de l'âme, d'avoir recours aux données empiriques résultats de l'expérience; de même, que les autres dimensions, les épaisseurs étaient exprimées en fonctions du calibre. C'est ainsi que Vallière (1732), Gribeauval (1765) les fixèrent dans les tables de construction des bouches à feu rédigées par leur ordre.

Le capitaine Piobert est le premier qui ait cherché, vers 1831, à déterminer mathématiquement les épaisseurs des parois en tenant compte du mouvement du projectile dans l'âme et des pressions exercées aux différents points; les résultats qu'il obtint par le calcul concordèrent avec ceux qui avaient été fournis par la pratique. Les hypothèses que le capitaine Piobert avait pris pour point de départ de ses calculs étaient purement théoriques; après lui le capitaine de l'artillerie russe Mayewsky reprit l'étude de la pression des gaz de la poudre contre les parois des bouches à feu, et fit l'application des résultats des nombreuses expériences faites à ce sujet en Prusse, de 1851 à 1854, à la détermination des épaisseurs du métal.

Depuis lors, la théorie de la résistance des tubes creux élastiques, réduite au cas d'un tube simple, a occupé plusieurs de nos illustres géomètres contemporains. M. Lamé, professeur à l'École polytechnique, a établi, dans ses Leçons sur la théorie mathématique de l'élasticité des corps solides, publiées en 1852, des formules dont on s'est servi quelquefois, mais qui ne sont pas assez répandues, peut-être pour ce seul motif qu'elles faisaient partie d'un ouvrage qui semblait s'adresser spécialement au monde savant. Des auteurs étrangers ont traité la question plus particulièrement en vue d'applications pratiques; mais les résultats auxquels ils sont parvenus ne sont pas toujours d'une exactitude rigoureuse. Ainsi les constructeurs anglais et américains se servent, sous le nom de loi de Barlow, d'une formule, purement empirique, qui peut s'énoncer ainsi :

Dans un tube cylindrique homogène soumis à une pression intérieure, l'effort de distension supporté par chaque couche concentrique élémentaire du métal, qui constitue l'épaisseur des parois, varie, dans une même section normale à l'axe, en raison inverse du carré de sa distance à l'axe, c'est-à-dire du carré de son rayon.

Un travail fort complet, fait en vue des applications pratiques et pour satisfaire aux exigences de l'artillerie moderne, a été publié en 1851 par le colonel Gadolin, de l'artillerie russe (Revue de technologie militaire, 1863). Ce savant officier, après avoir pris la théorie de Lamé, en a fait l'application à divers cas du frettage des bouches à feu. Le premier, il est arrivé à cette remarquable proposition :

Si un tube est composé de deux autres tubes du même métal, superposés concentriquement, le maximum de résistance, sous une même épaisseur totale, s'obtient lorsque les sections droites des deux tubes partielles sont des surfaces semblables.

Dès 1864-65, le colonel Virgile, de l'artillerie de la marine, a repris l'étude des tubes à enveloppes superposées appliqués à la construction des bouches à feu, et en a déduit des formules pratiques pouvant servir à l'étude d'un projet de bouche à feu simple ou composée, dont les éléments sont assemblés avec ou sans serrage. Cette étude a été publiée en 1873, dans le Mémorial de l'artillerie de la marine.

Profitant depuis des fréquentes applications qui avaient été faites de la théorie des tubes métalliques, le général Virgile a été conduit à revenir sur son premier travail, en 1879, de façon à introduire plus de rigueur dans ses formules. En même temps, il a fait une étude plus complète du frettage et du tubage, notamment du tubage à tube court, dans laquelle il a tenu compte cette fois du serrage longitudinal dont les effets sur la construction du tube ne sont pas négligeables.

La première conclusion que l'on ait tiré de l'étude théorique de la résistance des bouches à feu, c'est que dans une bouche à feu simple, l'augmentation de l'épaisseur des parois, au-delà d'une certaine limite, ne contribue que fort peu à la résistance de la pièce, par la raison que les couches extérieures n'ont qu'une faible part dans la résistance totale. C'est par le choix du métal, par l'emploi rationnel, au lieu d'un seul bloc, d'enveloppes superposées, soit du même métal, soit de métaux différents, qu'il est devenu possible d'accroître dans de notables proportions, la résistance des bouches à feu.

Bouches à feu simples. Considérons d'abord une bouche à feu simple, c'est-à-dire formée d'un bloc homogène de métal et supposons que l'on emploie des charges considérables, donnant des pressions voisines de celles qui correspondent à la limite d'élasticité du métal.

Pour que cette construction puisse offrir quelques garanties de sécurité, il faut que le métal soit très malléable, comme le bronze ou le fer forgé; dans ce cas, si la limite d'élasticité est dépassée, les couches intérieures sont étirées, pour ainsi dire, par choc et compression, entre les couches intermédiaires et les gaz de la poudre. Il en résulte un agrandissement permanent de l'âme qui empêche les couches intermédiaires de reprendre leur équilibre statique, et les oblige, tant que leur limite d'élasticité n'est pas atteinte, à exercer une pression ou réaction initiale sur les couches intérieures qui ont subi un agrandissement permanent. Si les couches intermédiaires sont soumises, par la suite, à des efforts capables de produire un nouvel agrandissement permanent, la limite d'élasticité des couches intermédiaires finit par être dépassée également, et cet effet d'agrandissement permanent se transmet peu à peu, de proche en proche, jusqu'aux couches extérieures qui, n'étant pas soutenues, se déchirent les premières. La rupture se fait ainsi de *l'extérieur à l'intérieur*, et s'opère par un déchirement progressif. On est donc averti à *temps* de la fatigue de la pièce par l'apparition de petites fentes ou craquelures sur la surface externe. Malheureusement, les métaux malléables, employés seuls, donnent lieu à des déformations de l'âme provenant des battements et du frottement du projectile, ainsi que des chocs locaux des ondes gazeuses, qui enlèvent à la pièce toute justesse et la mettent, par conséquent, rapidement hors de service. Ces inconvénients peu graves avec les anciennes bouches à feu lisses, ont pris une importance capitale depuis l'adoption des canons rayés et surtout depuis l'emploi des projectiles forcés et des fortes charges.

On a été alors conduit à avoir recours à un métal *dur* et *tenace;* malheureusement ces deux qualités sont presque incompatibles avec une élasticité et une malléabilité convenables, et dans ces conditions la limite d'élasticité est trop voisine de la limite de rupture. Considérons le cas où dans un canon formé ainsi d'un bloc homogène de métal *non malléable* la tension des gaz devient assez grande pour que, la limite d'élasticité des couches intérieures étant dépassée, l'effort qui amène leur rupture soit atteint. Les couches intérieures se fissurent alors, les gaz agissant ensuite dans ces fissures à la manière d'un coin, désagrègent les parois et augmentent à chaque coup l'étendue de ces fentes. La rupture se fait donc de *l'intérieur à l'extérieur*, aucun signe extérieur ne vient indiquer le danger auquel la pièce est exposée. En même temps, les couches internes, ne formant plus un cylindre complet dans la partie fissurée, mais constituant une série de segments irréguliers et simplement juxtaposés, n'offrent plus de résistance propre et transmettent directement aux couches intermédiaires la totalité de l'effort reçu ; la limite d'élasticité de ces parties et la charge de rupture dont elles sont susceptibles, sont dépassées d'autant plus vite que les gaz agissent par choc dans les fissures au moment de l'explosion. Ces effets se propageant de proche en proche de l'intérieur à l'extérieur, il arrivera bientôt un moment où la limite d'élasticité et de rupture des couches extérieures sera dépassée, et la pièce volera en éclats, sans qu'on ait pu prévoir le danger autrement que par une inspection minutieuse de l'âme à l'aide de l'étoile mobile ou d'empreintes. C'est là le mode de rupture des canons en métal très dur, c'est pourquoi pendant longtemps l'artillerie de terre française s'est refusée à recourir à l'emploi de ces deux métaux.

Entre ces deux modes extrêmes de destruction, on rencontre dans la pratique, lorsqu'on se sert de métaux jouissant de propriétés intermédiaires, tels que les fers aciéreux et les aciers doux, des genres de rupture mixtes et variant suivant les qualités du métal. Mais l'on voit néanmoins qu'il est à peu près impossible d'obtenir un métal à

canons convenable, lorsqu'on veut prendre la pièce dans un bloc homogène. Il faudrait en effet que ce métal fût à la fois *dur, tenace* et *élastique*, pour éviter les déformations de l'âme et les dégradations telles que l'usure et l'étirage provenant des frottements et battements du projectile, les affouillements que tendent à produire les courants gazeux s'échappant entre les parois de l'âme et le projectile ; *malléable* et *ductile* pour ne pas éclater violemment au cas où la limite d'élasticité serait dépassée. Il faut en outre, que sa ténacité et son élasticité soient peu altérées par les variations de température étendues auxquelles une bouche à feu est exposée, que sa texture reste invariable sous l'action des ébranlements et des chocs auxquels un canon est soumis, et qu'il ne puisse atteindre sa limite d'élasticité sous l'effort maximum que les parois internes pourront être appelées à supporter. Enfin, autre condition qui n'est pas sans avoir une importance capitale, il est nécessaire que sa production et son travail industriels donnent des résultats réguliers et sur lesquels on puisse baser une fabrication courante, et que son prix de revient ne soit pas trop considérable.

A l'énumération de toutes ces conditions si difficiles à réunir dans un seul bloc, il faut encore ajouter l'impossibilité de vérifier le métal dans toute son épaisseur, de forger un bloc de fortes dimensions de manière à éviter tout défaut d'homogénéité, enfin toutes les autres difficultés provenant de la trempe, du recuit, etc. On a été ainsi conduit à renoncer à fabriquer des bouches à feu formées d'une masse unique, homogène, et à donner la préférence aux bouches à feu composées, formées par la réunion de plusieurs tubes simples superposés concentriquement.

Bouches à feu composées. Le but vers lequel on doit tendre dans ce cas, c'est de répartir de la façon la plus favorable l'effort dans toute l'épaisseur des parois ; pour obtenir ce résultat, il faut qu'aucune couche ne puisse prendre son extension limite, sans que la couche supérieure ne soit obligée d'atteindre, en même temps, sa propre limite d'élasticité. De la sorte, il ne pourra y avoir *déformation par extension ou rupture de l'âme* sans que la bouche à feu subisse une augmentation permanente de diamètre dans toute son épaisseur. On peut satisfaire à cette condition de deux façons différentes :

1° Former le canon d'un certain nombre de cylindres concentriques superposés les uns aux autres, et exerçant l'un sur l'autre, par suite d'un serrage initial, une réaction telle que la somme de l'effort dû à la tension initiale de chaque manchon et de l'effort qu'il supportera au moment du tir, soit, par unité de surface, précisément égal à l'effort correspondant à la limite d'élasticité du métal dont ce manchon est formé. Ce principe est connu sous le nom de *principe des tensions initiales*. Il permet d'employer pour les manchons successifs et pour l'âme du canon le même métal ou des métaux de qualité différente. Tous les manchons devant atteindre au même instant leur limite d'élasticité, la combinaison sera d'autant plus résistante qu'il y aura un nombre plus considérable de ces manchons. On peut appliquer ce principe en prenant pour règle, non la limite d'élasticité de chaque manchon, mais la résistance limite à la rupture ; seulement dans ce cas, on est exposé aux déformations permanentes.

2° On peut aussi former la bouche à feu d'une série de couches concentriques à l'état d'équilibre moléculaire, c'est-à-dire n'exerçant aucun serrage les unes sur les autres, mais composées de métaux d'élasticité décroissante de l'intérieur à l'extérieur. Si ces cylindres sont rangés suivant une loi et dans un ordre tels que toutes ces couches cylindriques atteignent leur limite d'élasticité au même instant sous l'influence des efforts qui leur sont transmis au moment du tir, cette combinaison, comme la précédente, offrira encore un maximum de résistance aux pressions intérieures, tant que la limite d'élasticité des cylindres concentriques ne sera pas dépassée. Au-delà de ce point, les avantages du *principe des élasticités variables* disparaissent et sont remplacés, dans une certaine mesure, par ceux de la tension initiale des couches extérieures ; mais il y a alors déformation permanente.

Comme on le voit, d'après ces principes, on serait conduit dans la construction d'une bouche à feu, pour accroître sa résistance, à augmenter indéfiniment le nombre des cylindres concentriques en diminuant leur épaisseur. L'expérience confirme la théorie en tant qu'il s'agit de pressions statiques ; mais un canon ainsi construit, soumis aux vibrations et aux chocs résultant des contre-coups locaux des ondes gazeuses, ne posséderait plus l'unité nécessaire pour résister à ces influences. Il existe donc dans la pratique des limites qu'il ne faut pas dépasser.

De même, il semblerait qu'il fût possible d'augmenter indéfiniment la résistance d'une bouche à feu composée, et qu'il suffise pour cela d'ajouter à son épaisseur de nouvelles couches extérieures assujetties à travailler à des tensions déterminées. Il n'en est pourtant rien ; les couches ajoutées augmenteraient la compression à laquelle la surface de l'âme est soumise lorsqu'elle cesse d'être distendue par les gaz de la poudre, et cette compression, suivant la nature du métal, ne peut aller au-delà d'une certaine limite, sans que la conservation de la bouche à feu soit compromise par le passage répété du métal de l'état de compression permanente à celui d'extension. En un mot, quel que soit le mode de construction et l'épaisseur d'une bouche à feu, il y a une limite de résistance qu'on ne peut dépasser.

Pour compléter ce rapide aperçu de la théorie de la construction des bouches à feu, nous allons passer successivement en revue les principaux modes de constructions qui ont été employés, soit en France, soit à l'étranger.

Bouches à feu en bronze. Le bronze a été pendant plusieurs siècles le métal à canon par excellence, depuis le xve siècle sa composition n'a pas changé sensiblement ; c'est un alliage de 100 de cuivre et de 10 à 11 d'étain. Seuls les procédés pour la fonte des canons en bronze ont été peu à peu améliorés et sont arrivés à leur apogée vers le règne de Louis XIV. Depuis lors on n'a plus guère perfectionné que le mode de fabrication. Gribeauval fit couler pleines toutes les bouches à feu, à l'exception des mortiers que l'on continua à couler à noyau ; le vide intérieur s'obtint alors par l'opération du forage.

Il y a une vingtaine d'années on avait fini par substituer au moulage en terre, le moulage en sable avec châssis qui avait été essayé pour la première fois pendant la révolution, et permet d'opérer avec plus de rapidité et de régularité. Enfin pour les bouches à feu en bronze se chargeant par la culasse, au lieu de les couler la culasse en bas, comme on l'avait toujours fait pour les anciennes bouches à feu se chargeant par la bouche, on les a coulées la volée en bas ; des expériences exécutées en Suède ont, en effet, montré que c'était vers le milieu de la colonne, c'est-à-dire au-dessous de la masselotte que le métal coulé possédait les meilleures qualités.

Mais malgré tout le soin qu'on apportait à la coulée, on reprochait au bronze de manquer d'homogénéité et de s'altérer trop aisément, par suite de la présence de taches d'étain ; pour remédier à cet inconvénient, on a diminué quelquefois la proportion d'étain.

MM. Laveissière, fabricants à Paris, paraissent avoir été les premiers à réaliser un progrès marqué dans la fabrication des bouches à feu en bronze en accélérant le refroidissement par l'adoption de la coulée en lingotière épaisse ; ils ont réussi à obtenir ainsi un métal doué d'une grande homogénéité. Mais le bronze manquait quand même de dureté, et était trop sujet à se déformer sous les fortes pressions. On a cherché à atténuer ces derniers défauts, d'abord en modifiant la composition de l'alliage, et enfin en soumettant le métal à certaines opérations mécaniques.

Le *bronze d'aluminium*, dans lequel l'étain est complètement remplacé par l'aluminium, a été essayé vers 1867-1868 ; il a plus de dureté et de ténacité que le bronze ordinaire, mais encore moins d'homogénéité, et en outre, coûte plus cher.

Le *métal Sterro*, essayé en Autriche en 1872, puis ensuite en Angleterre, présentait à peu près la composition suivante : cuivre, 56,0 ; zinc, 41,4 ; fer, 1,8 ; étain, 6,8 ; il était plus dur et plus élastique que le bronze, mais avait moins de ténacité.

Le *bronze phosphoreux*, dans lequel quelques centièmes de phosphore sont ajoutés à du bronze ordinaire, avait été proposé et essayé dès 1854 par MM. Ruolz et de Fontaine. Il a été repris en 1870 par deux industriels belges, MM. Montéfiore-Lévy et Kunzel et expérimenté depuis en Belgique, Suisse, Russie, Autriche, Allemagne et France. Sa supériorité aux points de vue de l'homogénéité, de la dureté et de la résistance, paraît être réelle, mais peu accusée et ne compense pas l'inconvénient d'introduire dans l'alliage un nouvel élément en quantités très petites et à dosage très précis. Aussi tandis qu'on l'emploie de plus en plus pour la fabrication de certaines pièces de machines, on y a complètement renoncé pour la fabrication des bouches à feu.

Le *bronze au manganèse*, proposé par M. Parsons, a été expérimenté en 1876 à l'arsenal de Woolwich. L'addition du manganèse a pour objet de faire disparaître, grâce à la grande affinité de ce métal pour l'oxygène, les traces d'oxyde qu'altèrent le bronze ordinaire. La cassure, au lieu d'être granuleuse, présente un grain très fin; cet alliage jouit de la propriété remarquable de se laisser forger à la température du rouge. Sa résistance est alors comparable à celle du fer forgé de bonne qualité.

Bronze Uchatius, *bronze-acier* ou *bronze mandriné*. A la suite d'essais entrepris en 1873 à l'arsenal de Vienne, le général autrichien Uchatius a réussi à fabriquer avec le bronze des bouches à feu possédant une ténacité et une dureté comparables à celles des bouches à feu en acier. Le bronze Uchatius ne contient que 8 0/0 d'étain, il est coulé en coquille, à l'intérieur du moule est un noyau en cuivre; grâce à la grande conductibilité de l'enveloppe, les couches extérieures se refroidissant plus rapidement que les couches intérieures, se contractent et s'exercent sur elle une sorte de serrage initial. Le refroidissement brusque du métal a, en outre, l'avantage de s'opposer aux liquations, sauf dans la partie centrale du lingot, les taches d'étain sont ainsi réunies au centre sur un diamètre d'autant plus petit que le refroidissement est plus rapide; on les enlève par le forage. La pièce une fois forée est soumise à un travail mécanique, sorte de laminage, qui s'exécute en faisant passer dans l'âme, sous l'action d'une forte pression, des mandrins dont les dimensions vont en croissant. Pour cette opération, le général italien Rosset place la pièce dans une matrice qui l'empêche de se dilater et de se courber par l'effet de la pression. Le métal ainsi refoulé acquiert une très grande dureté et les couches intérieures sont mises dans un état de compression tandis que celles de l'extérieur sont mises dans un état de tension. Dans ces conditions, les agrandissements et déformations, subis par l'âme à la suite de tirs plus ou moins répétés, sont insignifiants.

En Allemagne à la fonderie de Spandau, en Italie à la fonderie de Turin, en Espagne à la fonderie de Séville, on applique maintenant à peu près les mêmes procédés à la fabrication des bouches à feu en bronze-acier ou bronze mandriné. En France, la fonderie de Bourges s'est également mise en mesure de pouvoir fabriquer des bouches à feu en bronze d'après ces mêmes principes.

En Russie, le colonel Lawrof, dans les essais qu'il a entrepris à partir de 1871 pour améliorer les qualités du bronze, a eu recours, lui aussi, au coulage en coquille et au mandrinage de l'âme, mais en outre, il a imaginé de comprimer fortement le métal dans le moule avant qu'il soit solidifié.

Comme on le voit, la question du bronze-acier a été mise à l'étude dans presque tous les pays, elle a permis à plusieurs d'entre eux, chez qui

l'industrie métallurgique de l'acier n'est pas encore assez avancée, de s'affranchir de la dépendance de l'étranger. Enfin, au point de vue économique, elle a le grand avantage de permettre d'utiliser les grands approvisionnements en bronze que possèdent les artilleries de presque toutes les nations et de construire, avec économie, un certain nombre de bouches à feu de siège et en particulier les canons courts et les mortiers rayés qui tirent à des charges plus faibles que les autres canons.

Le général Uchatius se sert du bronze mandriné non seulement pour la fabrication de bouches à feu simples de petit calibre, mais encore de bouches à feu composées, même des plus gros calibres, il emploie alors une ou plusieurs rangées de frettes qui sont également fabriquées en bronze mandriné.

On peut obtenir un résultat analogue à celui obtenu par le mandrinage, mais à un degré beaucoup moindre, en *matant* par quelques coups tirés à forte charge, la chambre d'une bouche à feu en bronze ordinaire.

Bouches à feu en bronze tubées. On a aussi cherché à donner aux parois intérieures des bouches à feu en bronze une dureté qui augmente leur résistance aux dégradations produites par la poudre et par les chocs et frottements du projectile en les protégeant par un tube en fer plus ou moins régulier, plus ou moins épais. Des tentatives de ce genre ont été faites en France en 1821, puis reprises en 1864 après l'adoption des canons rayés, seulement on substitua l'acier au fer; au moment de la déclaration de guerre de 1870, ce procédé venait d'être rendu réglementaire pour la réparation des canons de 4 rayés de campagne, hors de service par suite de l'usure de l'âme, mais on y a presque aussitôt renoncé.

On a aussi essayé, dans le canon le *Prince impérial* construit en 1865, d'appliquer au bronze non plus une simple garniture intérieure mince, mais le principe même du tubage régulier en acier. Mais cette application est contraire aux lois mécaniques et tout autant à celles de la dilatation relative, par la chaleur même du tir, des deux métaux superposés. L'expansion du tube en acier refoule le manchon en bronze au-delà de sa limite d'élasticité et alors, le tube intérieur, n'étant plus soutenu, doit résister seul aux pressions intérieures, ou bien alors il faudrait que le tube fut assez malléable, pour conserver d'une manière permanente l'extension qu'il prend sous la pression des gaz. La prompte destruction de la bouche à feu vint confirmer, du reste, les indications de la théorie.

Bouches à feu en fonte. Bien que les bouches à feu en fonte offrent bien moins de garantie, au point de vue de la sécurité, que celles en bronze, on s'en est beaucoup servi à partir du XVIIᵉ siècle, surtout dans la marine, de préférence à celles en bronze, parce qu'elles coûtaient moins cher et que leur âme se détériorait moins rapidement. Elles avaient en outre l'avantage d'avoir une sonorité moins grande, condition importante pour le service à bord des navires à batteries couvertes. La fonte ayant moins de ténacité que le bronze, on admettait qu'une pièce en fonte ne pouvait supporter que l'effort d'une charge égale aux 2/3 de la charge de poudre employée avec une pièce en bronze de même dimension. On était donc forcé pour renforcer la pièce de donner aux parois des épaisseurs plus fortes, ce qui en augmentait le poids relativement aux bouches à feu en bronze du même calibre. Mais cet inconvénient avait peu d'importance pour les pièces de marine destinées uniquement à être employées à bord des navires ou dans les batteries de côte. En 1847, l'artillerie de terre française a cherché, elle aussi, à utiliser la fonte pour la fabrication des pièces de gros calibre spécialement destinées à la défense des places. Un certain nombre de bouches à feu en fonte furent alors mises en service, mais on n'en a plus fabriqué depuis.

Seule, la Suède, qui possède des fontes de première qualité, les a employées jusqu'ici, même pour la construction de ses bouches à feu de campagne, à peu près dans les mêmes conditions que si elle avait affaire à du bronze.

Les bouches à feu en fonte coûtant très bon marché et chaque pays en possédant un grand nombre, on a cherché également à en perfectionner la fabrication, ou à augmenter leur résistance par divers procédés.

Système Rodman. Le lieutenant Rodman, de l'artillerie américaine, a proposé, dès l'année 1849, pour la fabrication des bouches à feu en fonte de gros calibre, un procédé particulier de coulage. Il consiste à couler le canon sur un noyau creux et envelopper le moule d'un fourneau. Après la coulée, un courant d'eau froide circule dans le noyau, tandis que le moule est chauffé à l'extérieur. Il résulte de cette disposition que l'écoulement du calorique a lieu de préférence par les couches centrales qui se solidifient les premières. Après la solidification de la masse entière, les couches extérieures sont plus dilatées que celles qui avoisinent l'âme et après le refroidissement, elles restent distendues, en exerçant sur les couches intérieures une compression qui vient en aide à ces dernières pour résister à la pression des gaz de la poudre. On peut donc admettre, en partie du moins, que, de même que dans une bouche à feu composée, le métal travaille également dans toute son épaisseur. Le procédé Rodman procure en effet, comme l'ont montré les épreuves comparatives faites en Amérique, avant son adoption définitive, de 1849 à 1859, un certain bénéfice de résistance, mais il est évident que son efficacité ne saurait être que partielle, la solidification ne pouvant se propager d'une façon tout à fait régulière de l'intérieur à l'extérieur.

Système Parrot. Ce mode de construction a été appliqué par le capitaine américain Parrot, dans sa fonderie privée de West-Point, à partir de 1860, pour la fabrication des canons rayés. Le corps du canon, en fonte de très bonne qualité, est renforcé par un bandage ou manchon de fer forgé, placé à chaud sur le tonnerre. Le diamètre primitif du manchon est un peu plus faible que celui

de la portion de la pièce sur laquelle il est placé; il se trouve amené par refroidissement à un état de tension initiale convenable.

Premier système de la marine française, modèles

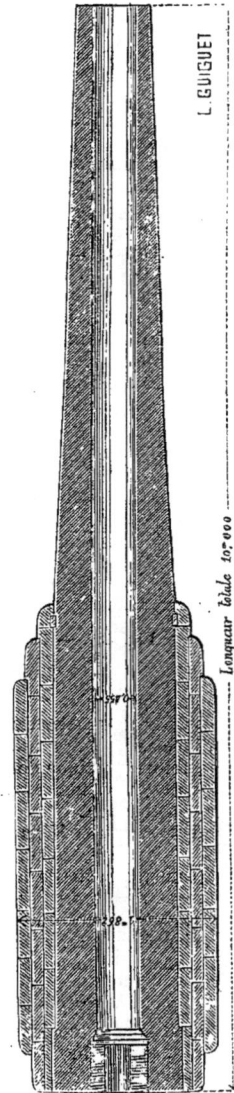

Fig. 488. — *Canon de côte de 100 tonnes (45e) expérimenté en Italie en 1880.*

1858 et 1864. Le premier essai de frettage exécuté par la marine remonte à l'année 1833. Il est dû à l'initiative du capitaine d'artillerie de terre Thiéry. L'enveloppe en fer forgé comprenait une armature longitudinale composée de barres s'étendant depuis la plate-bande de culasse jusqu'un peu au-delà des tourillons et des cercles transversaux juxtaposés depuis les tourillons jusqu'à la culasse. La première armature avait pour but de s'opposer aux ruptures transversales et au déculassement; la deuxième, de résister aux ruptures longitudinales et d'empêcher la projection des éclats. Il ne fut pas donné suite à cette première tentative qui avait surtout pour but d'empêcher la dispersion si dangereuse des éclats de la fonte quand le canon vient à éclater.

En 1858, le colonel Treuille de Beaulieu, de l'artillerie de terre, posa le principe du frettage élastique; il substitua aux frettes en fer forgé, des frettes en acier puddlé, métal plus résistant et plus élastique, obtenues sans soudure, c'est-à-dire par un roulage en spirale, puis corroyées, étirées et trempées d'après le procédé imaginé alors par MM. Pétin et Gaudet, à Saint-Chamond. Des canons frettés, conformément à ses projets, furent essayés à Toulon et à Vincennes en 1859. Une décision, en date du 3 novembre 1859, ordonna l'application immédiate de ce mode de frettage aux canons rayés de 16 c. adoptés par la marine

en 1858; on l'a appliqué depuis également aux bouches à feu du modèle 1864; pour les calibres supérieurs à 19 c., on porta à deux le nombre des rangs de frettes.

Le frettage extérieur d'un canon en fonte ne peut contribuer efficacement à l'augmentation de la résistance de la pièce qu'autant que le corps du canon ait d'une épaisseur assez faible pour qu'une grande partie de l'effort soit transmis aux frettes. Ces frettes doivent exercer un serrage d'autant plus énergique qu'elles s'éloignent davantage de l'axe. Malgré son peu d'efficacité au point de vue de l'accroissement de la résistance de la pièce, surtout s'il s'agit de la transformation des anciennes bouches à feu qui ont une épaisseur considérable, le frettage extérieur d'un corps de canon en fonte offre une sécurité relative, en ce sens que la rupture se fait sans projection d'éclats dangereux. De plus l'expérience semble prouver qu'une pièce n'éclate jamais, sous la charge normale, sans que les joints des frettes ne soient devenus largement apparents. Dans les bouches à feu neuves, il convient de donner un

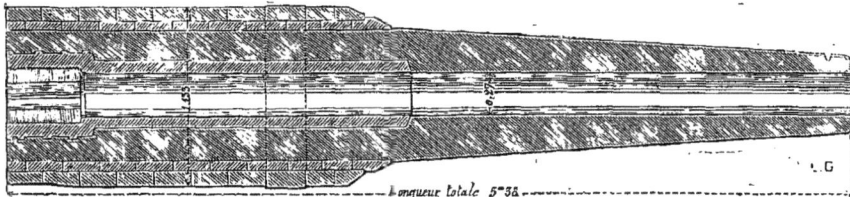

Fig. 489. — Canon de 27c de la marine française, modèle 1870.

calibre d'épaisseur à la fonte et un demi-calibre au frettage; ces proportions permettent d'utiliser toute l'extensibilité élastique des deux métaux et toute la compressibilité élastique de la fonte, en satisfaisant en outre parfaitement aux autres conditions de la construction.

La fonderie de Turin a entrepris, en 1878, d'après les indications fournies par le général Rosset, la fabrication d'un canon de côte de 100 tonnes en fonte frettée. Le corps du canon est en fonte coulée d'après le procédé Rodman, il est renforcé par des frettes en acier fondu. Ce canon (fig. 483) vient d'être expérimenté cette année et a parfaitement résisté.

Système Parsons. En 1865, M. Parsons a proposé en Angleterre d'utiliser les anciens canons en fonte en les tubant, c'est-à-dire en introduisant dans l'âme un tube d'acier doux. Le corps en fonte se trouve placé dans un état de légère tension initiale; en même temps, la différence d'élasticité des métaux concourt à la résistance de la pièce. Ce système était donc fondé à la fois sur les principes des tensions initiales et des élasticités variables.

Système Palliser. Des études poursuivies depuis 1863 par le major Palliser, en vue de transformer d'anciens canons lisses, en fonte, en canons rayés se chargeant par la bouche, ont conduit à une

fabrication qui fut officiellement adoptée en 1868 en Angleterre. Ce système est analogue au précédent, mais le tube est en fer forgé à rubans, et une fois qu'il est en place, on soumet le canon à un tir de quelques coups à forte charge, ce qui étire le tube et agrandit son diamètre. La fonte qui forme l'enveloppe se trouve par là mise à l'état de tension initiale, et comme l'élasticité du fer forgé, même après l'agrandissement permanent subi par le tube, est supérieure à celle de la fonte, la différence d'élasticité des métaux contribue, en vertu du principe des élasticités variables, à la résistance de la pièce.

Bouches à feu tubées en bronze. Le système de construction qui consiste à renforcer des canons en fonte par un tubage en bronze a été réalisé en Hollande et a donné lieu à de bons résultats. En 1867, on a vu, à l'exposition de Paris, d'anciens canons hollandais, en fonte de fer, dont l'âme était garnie en bronze. L'interposition d'un corps malléable et compressible présente les mêmes avantages que dans le système précédent, mais l'âme est trop sujette à l'usure pour qu'un pareil système puisse être appliqué aux canons rayés actuels, on pourrait peut-être cependant avoir recours au bronze mandriné.

Système de la marine française, modèle 1870. Plusieurs essais de tubage avaient été faits par la marine en 1858 et 1864; le système Parsons fut essayé en 1865. En 1870 seulement, la marine se décida à profiter de l'accroissement de résistance qu'elle pouvait procurer à ses canons en fonte frettée, sans autre modification de construction que l'addition d'un tube court intérieur en acier, placé à chaud avec forcement énergique. De plus l'âme ainsi formée avec un métal plus dur et plus résistant, résiste mieux à l'usure. Cette combinaison est, en outre, fondée sur les principes des élasticités variables et de la tension initiale, en ce qui concerne l'action réciproque du tube en acier et du corps en fonte, et sur le principe des tensions initiales, en ce qui concerne les frettes extérieures. Enfin, le tube étant vissé à l'arrière dans le métal de la bouche à feu augmente jusqu'à une sécurité presque absolue, la résistance au déculassement (fig. 489).

Dans les bouches à feu en fonte tubées, il convient de donner à la fonte un calibre d'épaisseur et au tube un demi-calibre. Ces proportions permettent d'utiliser toute l'extensibilité élastique des deux métaux et toute la compressibilité élastique de l'acier et satisfont aux autres conditions pratiques de construction.

Bouches à feu en fer forgé. On a cherché pendant longtemps à substituer au bronze et à la fonte le fer forgé qui présente une plus grande résistance élastique et une plus grande résistance à la rupture que ces deux premiers métaux. Comme on ne peut pas pratiquement fondre le fer, on ne pouvait pas obtenir par la coulée le lingot destiné à la pièce; on essaya de former ce dernier en soudant ensemble de grandes masses de fer, le lingot plein ainsi obtenu, devait ensuite être foré. Mais il est impossible, surtout avec les procédés primitifs dont on disposait alors, d'arriver à éviter, dans un semblable travail de forge, les défauts de soudure à l'intérieur du lingot. Aussi ne peut-on réussir par ce procédé, que pour de très petits calibres et encore avec beaucoup de difficultés.

Système Armstrong. Le constructeur anglais Armstrong, propriétaire à Elswick près Newcastle-sur-Tyne, d'une usine qui a pris aujourd'hui une importance considérable, parvint, à la suite d'essais entrepris en 1854, à tourner la difficulté, en appliquant à la construction des bouches à feu de tout calibre, un procédé analogue à celui qu'on employait déjà depuis longtemps pour les canons de fusil dits à rubans. En mettant ainsi en œuvre le fer forgé sous forme de barres plus ou moins épaisses, enroulées à chaud, suivant une hélice dont les spires sont ensuite soudées ensemble au marteau-pilon, on utilise le principal avantage de ce métal caractérisé par la structure fibreuse que lui donnent l'étirage ou le martelage.

Les canons rayés anglais ont été construits, de 1859 à 1867, d'après les idées de sir William Armstrong. Le tube, formant l'âme, également en fer forgé à rubans, est recouvert suivant le calibre de un ou plusieurs manchons introduits à chaud avec serrage initial. Comme on ne peut obtenir

le tube ou chaque manchon d'un seul coup par suite de l'impossibilité de faire les soudures convenablement sur une grande longueur et d'enlever le mandrin autour duquel est enroulé la barre de fer, on opère sur une série d'anneaux, de hauteur relativement faible, et on réunit ensuite ces anneaux bout à bout en les soudant, de façon à constituer un tube ou manchon unique. C'est le système de construction que les Anglais appellent *coil principle*, c'est-à-dire anneau ou manchon élémentaire.

A l'extérieur, le manchon qui porte les tourillons est en fer forgé ordinaire. Le manchon qui

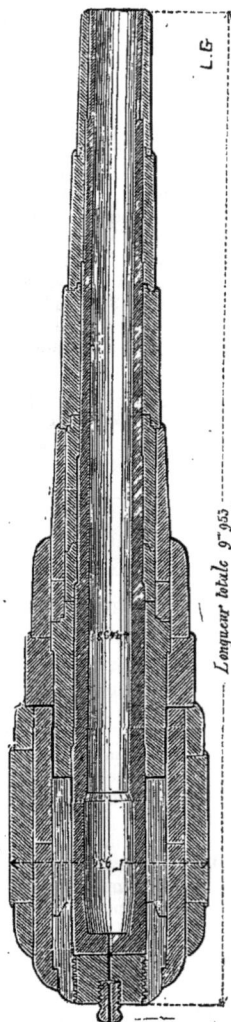

Fig. 490. — *Canon de 100 tonnes Armstrong (45ᶜ), qui a éclaté à bord du vaisseau italien le « Duilio »* (*mars 1880*).

recouvre immédiatement le tube intérieur du côté de la culasse est aussi en fer forgé à fibres parallèles à l'axe afin de présenter une plus grande résistance à la rupture dans le sens longitudinal Dans le même but, les divers manchons d'une même couche sont agrafés les uns aux autres par leurs extrémités. Cette dernière disposition a été imaginée par M. Anderson, directeur de l'arsenal de Woolwich. C'est aussi lui qui a fait substituer l'acier trempé à l'huile au fer forgé à rubans pour la construction du tube. Dans les pièces se chargeant par la culasse, le tube est ouvert aux deux bouts, pour celles se chargeant par la bouche, le fond de l'âme prend appui sur une vis de culasse en fer forgé vissée à demeure dans le manchon de culasse (fig. 490).

La pièce, ayant ses fibres dirigées parallèlement à l'axe, transmet directement, dans le sens le plus favorable, l'effort longitudinal aux tourillons, tandis que les manchons superposés, ayant leurs

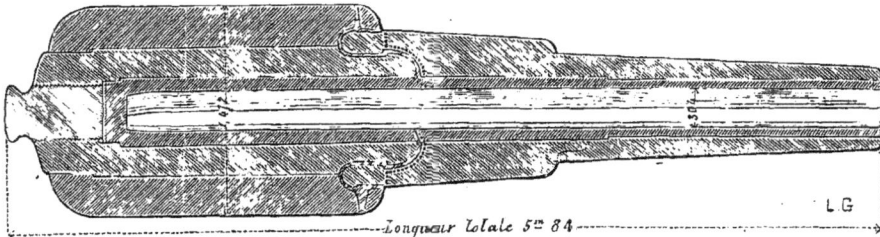

Fig. 491. — *Canons de Woolwich de 38 tonnes (30c,4), du « Thunderer »*

La ligne hachée indique la rupture du premier canon à bord du *Thunderer* en janvier 1879. — La ligne ponctuée indique la rupture du second canon dans les expériences faites à Woolwich en février 1880.

fibres dirigées suivant des hélices à pas très courts sont dans d'excellentes conditions pour résister à l'effort transversal. Malheureusement, la pièce de culasse en fer forgé ordinaire n'offre qu'une faible élasticité normalement à l'axe. Le tube d'acier, qui est relativement mince et fort élastique agit à chaque coup sur cette partie malléable, et finit par lui faire subir peu à peu un agrandissement permanent. Le tube, n'étant plus alors soutenu suffisamment, se déforme et peut même se briser, comme cela est arrivé pour un des canons de 100 tonnes vendus par la maison Armstrong au Gouvernement italien, qui vient d'éclater en mars 1880 à bord du *Duilio* (fig, 490). Le tube s'est rompu transversalement et par suite de l'insuffisance du serrage longitudinal il y a eu séparation de la culasse et de la volée, comme l'indiquent les traits renforcés sur la figure.

Système Fraser. Jusqu'en 1868, les canons se chargeant par la bouche aussi bien que ceux se chargeant par la culasse furent construits en Angleterre, d'après les mêmes principes. c'est-à-dire

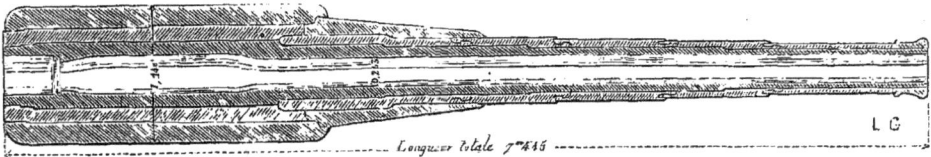

Fig. 492. — *Nouveau projet de canon de 10 pouces et 25 tonnes 1/2, établi à l'arsenal de Woolwich.*

d'après le système Armstrong. Mais à partir de cette époque, un nouveau mode de construction, simplification du système précédent, proposé par M. Fraser, ingénieur métallurgiste à l'arsenal de Woolwich, a été employé exclusivement par l'artillerie anglaise qui venait de renoncer au chargement par la culasse. Le procédé Fraser diffère du procédé Armstrong en ce que au lieu d'un certain nombre de manchons minces et courts on n'en fait qu'un seul beaucoup plus épais ou jaquette qui enveloppe la partie arrière du tube. Ce manchon est lui-même formé par la juxtaposition de plusieurs manchons (coil), formés chacun par l'enroulement d'une forte barre sur laquelle on en enroule, au besoin, une seconde et même une troisième, en changeant de sens à chaque fois, de manière à contrarier les joints; on les appelle manchons à simple, double ou triple enroulement (*coil, double coil, triple coil*).

Les tourillons sont soudés à la pièce de culasse et la partie du tube correspondante à la volée est soutenue par un ou plusieurs manchons à rubans, coniques extérieurement et juxtaposés. Le tube intérieur est en acier, comme dans les derniers canons du système Armstrong.

Système de Woolwich ou *système Fraser modifié.* La construction précédente était plus simple et plus économique que celle d'Armstrong, parce que le nombre des pièces à usiner et à mettre en place était moins considérable, mais les avantages de la tension initiale étaient sacrifiés en grande partie, puisque la bouche à feu ne comportait qu'un seul manchon autour du tube d'acier. On a modifié depuis, à Woolwich, la méthode de construction Fraser en employant une pièce de culasse plus mince, mais fabriquée toujours par le même procédé, et en la renforçant par un manchon extérieur allant jusqu'au tiers environ de la volée et enveloppant à la fois la pièce de culasse et une partie du manchon de volée. Les tourillons sont fixés à ce manchon extérieur (fig. 491). Un canon de 80 tonnes a été construit à Woolwich en 1875 d'après ce procédé.

En résumé, c'est en Angleterre seulement que l'on emploie le fer forgé à la construction des bouches à feu. Il est à remarquer que ce mode de superposition des deux métaux, acier à l'intérieur, fer à l'extérieur, n'est pas celui que la théorie indique et que l'expérience démontre comme donnant à l'ensemble le maximum de résistance. L'éclatement du canon de 100 tonnes Armstrong, joint à celui des deux canons de 38 tonnes du *Thunderer* qui tous les deux se sont brisés de la même façon (fig. 491), l'un à bord du bâtiment en janvier 1879 et l'autre à la suite des expériences entreprises à Woolwich en février 1880, pour rechercher les causes de l'éclatement du premier canon, semblerait indiquer que ces deux modes de construction ne présentent pas toutes les garanties de sécurité désirables.

A la suite de ces accidents répétés il semble se produire actuellement, en Angleterre, un revirement très caractéristique, non seulement en faveur du chargement par la culasse, mais aussi en faveur de l'acier. Les nouveaux projets de canons se chargeant par la culasse (fig. 492), établis actuellement à l'arsenal de Woolwich, se distinguent, au point de vue de la construction, des anciens canons se chargeant par la bouche, par l'emploi d'un tube en acier renforcé et un frettage plus énergique s'opposant mieux aux tensions longitudinales; il est même question de faire la jaquette en acier.

Bouches à feu en acier. L'idée pratique d'employer certaines catégories d'acier fondu à

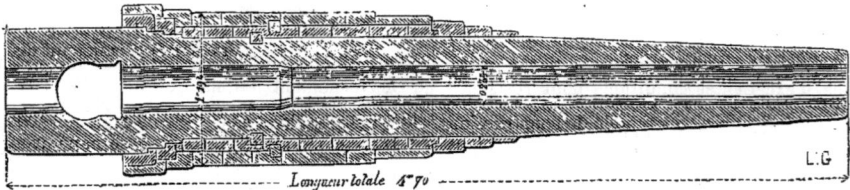

Fig. 493. — *Canon Krupp de 24c fretté*

la construction des bouches à feu, est aussi originaire d'Angleterre. Les premiers tubes, en acier de cémentation fondu au creuset provenant de fer supérieur de Suède, furent livrés par la maison Firth, de Scheffield. Le capitaine Blakeley, l'industriel Whitworth ont été des premiers à utiliser ce métal dans la fabrication des bouches à feu.

Dès 1844 une des usines de Bochum, en Westphalie, présenta à la Commission d'expériences de l'artillerie prussienne un canon lisse en acier fondu; en 1845 Frédéric Krupp, propriétaire de l'usine d'Essen, dans la Prusse rhénane, fit aussi essayer un canon en acier fondu, forgé; un canon semblable fut aussi essayé en France en 1855. A partir de 1856, Krupp livra à la Prusse des canons de campagne en acier, cependant à la suite d'un grand nombre d'éclatements, l'artillerie prussienne fut sur le point de revenir en 1864 à l'emploi du bronze, qu'elle avait du reste conservé pour ses canons de siège.

Le célèbre constructeur Krupp qui, surtout depuis l'exposition de Londres en 1862 et celle de Paris en 1867, a acquis une réputation européenne, emploie pour la fabrication des canons l'acier puddlé, fondu au creuset. Il a gardé longtemps le monopole de la fabrication des bouches à feu en acier et tous ses procédés sont encore tenus rigoureusement secrets. C'est la première usine qui ait réussi à produire l'acier fondu en grande quantité et à en former de gros blocs, qui sont forgés à l'aide de puissants marteaux-pilons. Mais aujourd'hui un grand nombre d'usines en Russie, en Angleterre et en France obtiennent d'aussi bons résultats.

Système Krupp. Jusque vers 1867, l'usine Krupp a formé tous ses canons, aussi bien ceux de campagne que les canons de côte et marine de 15 c. et 24 c., d'un seul bloc d'acier massif, foré ensuite et tourné aux dimensions voulues; mais la difficulté de remuer, de réchauffer et de marteler à cœur les masses qu'exige la fabrication d'un canon de très gros calibre, la perte considérable de matière qui résultait de ce mode de fabrication conduisirent Krupp à adopter, pour les canons de gros calibre, un modèle de fabrication par frettage analogue à celui des bouches à feu en fonte de la marine française; seulement les frettes, au lieu d'être formées par l'enroulement de barres d'acier puddlé sont tirées de blocs massifs d'acier fondu qu'on perce d'un trou central et qu'on étire ensuite par le passage de mandrins de diamètres progressivement croissants. Dans les bouches à feu construites d'après ce premier système, le tube intérieur ou corps du canon dépasse en arrière les anneaux de frettage de la longueur nécessaire au logement du mécanisme de culasse. Ses dimensions sont calculées de manière qu'il résiste à l'effort exercé sur le mécanisme, et les anneaux de frettage ne renforcent la paroi du canon qu'à l'emplacement de la charge et jusqu'à une certaine distance en avant des tourillons, qui sont portés par une frette spéciale. Les frettes sur un ou deux rangs sont introduites par la bouche et viennent buter contre le ressaut du renfort de culasse. Un ou plusieurs anneaux brisés qui s'engagent mi-partie dans le tube ou la frette du rang inférieur, mi-partie dans une des frettes du rang supérieur les empêchent de glisser en avant. Une

Fig. 494. — *Canon de campagne russe pour l'artillerie à cheval, modèle 1877. Construit à l'usine Krupp.*

frette de culasse recouvre le joint qui existe entre la dernière rangée de frettes et le renfort (fig. 493). L'un des premiers canons de ce genre, du calibre de 1000, c'est-à-dire lançant un projectile de 500 kilogr. environ (diamètre de l'âme 356^{mm}) et du poids de 50.000 kilogr. figurait à l'exposition de 1867 ; c'était la plus grosse bouche à feu qui ait été construite jusqu'alors.

A la suite d'essais entrepris avant la guerre de 1870, Krupp fit adopter en 1873 par le gouvernement allemand un nouveau mode de construction pour les canons de campagne, qui jusque là avaient

été forgés d'un seul bloc d'acier. Les canons de campagne allemands, modèle 1873, se composent d'un tube ou corps de canon un peu aminci, et d'un manchon ou frette longue qui est posé à chaud avec un serrage initial ; cette pièce porte à l'arrière le logement du mécanisme de fermeture et à l'avant les tourillons. De cette façon, le tube n'est soumis qu'aux efforts de distension, le manchon seul doit résister aux efforts d'extension, le tube se trouve ainsi dans de bien meilleures conditions pour résister à la pression exercée par les gaz. Pour empêcher le tube de glisser dans le manchon, on doit ou bien le visser ou bien encore avoir recours à une agrafe analogue à celle que l'on voit sur la figure 494 qui représente le canon de campagne russe modèle 1877 ; les bouches à feu de ce modèle ayant été construites également par l'usine Krupp, leur mode de construction paraît devoir être à peu près le même que celui des canons allemands. Dès 1875, l'usine Krupp a appliqué à la fabrication des bouches à feu de gros et moyen calibre un mode de construction analogue ; sur le tube est également enfilé avec un certain serrage le manchon qui porte le logement du coin, comme pour les canons de campagne ; puis sur l'ensemble on place les frettes comme précédemment. L'usine Krupp a construit d'après ce procédé un canon du calibre de 40 c., du poids de 72 tonnes (fig. 487) qui a été expérimenté pour la première fois en 1879 à son polygone de Meppen.

D'après les renseignements que nous avons pu

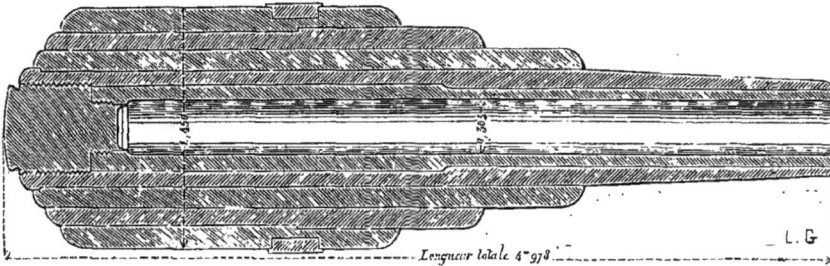

Fig. 495. — *Canon Whitworth de 12 pouces.*

nous procurer, il paraît à peu près certain que les lingots d'acier fondu que l'usine Krupp emploie pour la fabrication des bouches à feu (tubes, manchons et frettes) ne sont pas trempés.

Système Whitworth. En 1858, lorsque le gouvernement anglais voulut doter la marine et l'armée de canons rayés, il fit essayer comparativement différents systèmes et en particulier ceux proposés par Whitworth et Armstrong. C'est à la suite de ces essais que les canons Armstrong furent adoptés ; Whitworth revendiqua énergiquement pour son système la supériorité attribuée, à tort suivant lui, à celui d'Armstrong, il continua la lutte et soulevant l'opinion publique, il obligea à plusieurs reprises le gouvernement anglais à faire exécuter des expériences comparatives.

Laissant de côté la question des rayures et la forme des projectiles particuliers à ce système, nous ne parlerons ici que du mode de construction de la bouche à feu.

Les canons Whitworth, de petit calibre, sont formés d'un cylindre plein en acier, qui est ensuite foré ; les canons de gros calibre sont formés de manchons en acier superposés, d'assez faible épaisseur, dont le nombre va en croissant avec le calibre, et qui sont appliqués les uns sur les autres avec un serrage déterminé (fig. 495). Les différents manchons sont en métal de qualité distincte, le bloc d'acier, destiné à fournir chaque partie est étudié séparément au point de vue de la trempe, du recuit et du serrage qu'il convient de lui donner pour arriver à la plus grande perfection. Lorsque les manchons atteignent des dimensions trop considérables, ils sont formés de plusieurs anneaux réunis bout à bout au moyen d'un pas de vis. L'assemblage des manchons ne se fait pas à chaud, comme dans tous les autres systèmes, mais à froid ; les manchons, au lieu d'être tournés cylindriquement, sont intérieurement et extérieurement légèrement coniques, on les met en place au moyen d'une forte presse hydraulique ; on arrive ainsi à obtenir un serrage beaucoup plus exact et régulier que par l'application à chaud.

Ce mode de construction est fondé, comme on le voit, sur l'application simultanée des deux principes des tensions initiales et des élasticités variables ; il donné des bouches à feu d'une résistance extraordinaire, quand aucun défaut ne vient se révéler dans le métal. Mais il semble trop compliqué, trop délicat et d'un prix de revient trop élevé pour pouvoir servir de base à une production régulière et étendue. Il n'est applicable que lorsque l'on a à sa disposition des aciers de première qualité et lorsque les lingots, jugés impropres à l'établissement d'une partie quelconque d'une bouche à feu, peuvent trouver leur emploi naturel dans une autre fabrication, comme cela peut se faire dans les vastes ateliers de construction de machines que possède Whitworth, à Manchester.

Convaincu que la valeur de son système réside dans les soins mécaniques et dans la valeur rigoureusement contrôlée du métal, Whitworth ne met en œuvre, dans ses ateliers, l'acier qu'il fabrique ou qui lui est livré par les différentes aciéries anglaises, qu'après lui avoir fait subir des épreuves sévères, et une préparation spéciale qui en modifiant complètement, à ce qu'il assure, ses propriétés, lui permet de ne pas trop se préoccuper de la nature primitive du métal.

Les premiers canons Whitworth essayés en 1862-63, comparativement avec les canons Armstong, étaient en acier doux, parfaitement homogène (*homogeneous metal*), trempé à l'huile par un procédé spécial qui devait en augmenter beaucoup la résistance. En 1872, Whitworth fit essayer de nouveaux canons fabriqués avec le même acier qui avait été *comprimé* ; en soumettant au moyen d'une presse hydraulique l'acier encore liquide à une pression qui varie suivant les pièces de 5 tonnes à 20 tonnes par pouce carré (776 kilogr. à 4,104 kilogr. par centimètre carré), on expulse toutes les bulles d'air et prévient la formation des soufflures. On obtient ainsi un métal parfaitement homogène dans toute la masse. Tous les lingots sont coulés en lingotières métalliques et avec un noyau qui facilite l'échappement des gaz à l'intérieur du lingot pendant la compression. Une disposition particulière permet de même l'échappement des gaz entre les parois de la lingotière et la surface extérieure du lingot. La compression réduit la hauteur du lingot de 1/8 environ. Le forgeage des lingots qui ont, au sortir de la lingotière, la forme de cylindres creux, se fait exclusivement au moyen de la presse hydraulique sur un mandrin en fer passé à l'intérieur. Ces lingots, coulés très courts, sont ainsi allongés de façon à obtenir les diffé-

rents manchons. Comme précédemment, ils sont trempés à l'huile.

Système d'Oboukhoff. La Russie est, avec la Prusse, une des premières puissances qui ait adopté l'acier comme métal à canon ; elle a été tout d'abord l'un des clients les plus importants de la maison Krupp. Mais le désir, bien naturel, de cesser d'être tributaire de l'Allemagne, et d'autre part, les nombreux éclatements de canons fournis par Krupp ont poussé la Russie à développer les ressources de son industrie nationale. L'usine d'Oboukhoff, située à Alexandrovskoié-Sélo, près de Saint-Pétersbourg, est arrivée rapidement à fournir d'excellents produits. Les premières bouches à feu furent fabriquées d'après le système Krupp, mais en même temps les offi-

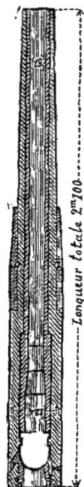

Fig. 496.— *Canon léger de campagne, russe, modèle 1877, construit à l'usine d'Oboukhoff.*

ciers et ingénieurs russes s'appliquèrent à améliorer les procédés de fabrication et à rechercher les perfectionnements dont est susceptible la construction des canons en acier. C'est ainsi qu'ils furent conduits à prolonger le frettage sur toute la longueur de la volée pour les canons de gros calibres afin d'augmenter la sécurité du tir. Ne pouvant éviter, comme dans tous les autres systèmes, la formation au bout d'un certain nombre de coups d'érosions sur les parois de l'âme et spécialement de la chambre à poudre, ils ont cherché à remédier à cet inconvénient en fabriquant des canons à *âme amovible*. Dans ce système, l'âme est formée par un tube en acier indépendant du corps du canon et régnant sur toute la longueur, depuis la tranche de la bouche jusqu'à la tranche de la culasse ; il permet, par conséquent, de remplacer facilement les tubes endommagés et d'opérer au besoin les transformations qui pourraient survenir dans le tracé des dispositions intérieures, sans mettre au rebut des canons encore en bon état.

Les premiers essais de ce système datent de 1876, ils ont conduit l'artillerie russe à l'adoption, en 1879, d'un nouveau mode de construction qui actuellement est appliqué aussi bien aux pièces de campagne qu'aux bouches à feu du plus gros calibre. Voici le détail de la fabrication pour les canons de campagne (fig. 496) : le tube est en acier, obtenu par le procédé Martin-Siemens, il est soumis dans son moule à l'aide d'une presse hydraulique, d'après le système Whitworth, à une compression d'environ 90 atmosphères par centimètre carré. Le manchon en acier puddlé, fondu au creuset porte, comme dans les canons de campagne construits par l'usine Krupp (fig. 494), le logement du mécanisme de culasse, mais au lieu de s'arrêter un peu au delà des tourillons, il enveloppe le tube complètement. Les tourillons sont portés par une frette-tourillon, en acier comprimé, que l'on chauffe au rouge sombre et que l'on ajuste sur le manchon avant d'y introduire l'âme. Un appareil spécial que l'on met en action au moyen d'une presse hydraulique sert à introduire à froid et sous une pression d'environ 30 atmosphères le tube complètement terminé.

Cette opération s'exécute très facilement pourvu que l'âme et le manchon soient convenablement préparés et ajustés; les surfaces en contact sont cylindriques et non coniques, comme dans le système Whitworth. La même machine permet également d'extraire à froid d'une pièce pour la réparer ou la remplacer par une âme neuve. Un mode de construction analogue est employé pour les bouches à feu de gros calibre, mais le manchon est renforcé par des frettes comme dans le système Krupp.

On a aussi construit, en 1877, à l'usine d'Oboukhoff des bouches à feu de gros calibre, composées de plusieurs parties pouvant se séparer de façon à rendre plus facile le transport. Les deux parties principales sont le tube et le manchon : le tube est d'un seul morceau, mais le manchon peut se diviser en deux morceaux, la volée et la culasse que l'on assemble, comme les tuyaux de conduite, au moyen d'un écrou annulaire qui forme en même temps frette (fig. 497). Les tourillons sont placés sur la partie du manchon formant culasse. Lorsqu'on veut monter le canon, on commence par assembler la culasse et la volée formant le man-

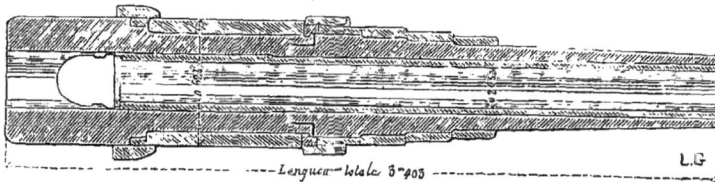

Fig. 497. — Canon de siège russe de 8 pouces, démontable.

chon, puis on introduit le tube à bras et on achève de l'amener à sa position définitive à l'aide d'une longue vis que l'on introduit dans l'âme. Une de ces bouches à feu ayant bien résisté aux épreuves qu'elle a eu à subir pendant la guerre russo-turque, le Comité d'artillerie russe a décidé l'introduction d'un certain nombre de bouches à feu de gros calibre (canons de 8 pouces et mortiers de 9 pouces), construites d'après ce système, dans les parcs de siège. La fabrication de ces bouches à feu n'a point encore été autorisée par l'adjoint au grand maître de l'artillerie russe.

Système de la marine française, modèle 1875. La marine française s'est décidée, en 1875, à entreprendre la construction de bouches à feu complètement en acier. Le mode de construction ne diffère de celui du modèle 1870 que par la substitution au corps de canon en fonte d'un corps de canon en acier. Par suite de la difficulté que l'on rencontrerait, pour les gros calibres, à fabriquer d'une seule pièce le corps du canon à cause de son poids et de sa longueur, on le compose généralement de deux morceaux, formant l'un la volée et l'autre le renfort, qui sont assemblés à emboîture avec agrafement. La marine a entrepris, d'après ce système, la construction de bouches à feu en acier du calibre de 34 et 42 centimètres.

Système de l'artillerie de terre française, modèle 1877. Avant la guerre de 1870-71, l'artillerie de terre française n'avait pas fait d'études suivies sur l'emploi des aciers, comme métal à canon; on n'établissait pas alors, en France, de distinction suffisamment nette entre les nombreuses catégories d'aciers que l'on peut obtenir, et l'on reprochait à ce métal, en général, d'être trop sujet aux éclatements brusques; du reste, l'industrie nationale, qui n'avait été ni poussée ni encouragée dans cette voie, n'était pas encore en état de fournir la qualité d'acier qui convient pour cet emploi. Pendant la guerre, quand il fallut remplacer rapidement le matériel enlevé par l'ennemi, on accepta l'offre des métallurgistes du bassin de la Loire, de fabriquer des bouches à feu de 7, du système de Reffye, en acier; elles ne furent pas terminées assez tôt pour être employées sur les champs de bataille. Aux épreuves qu'on leur fit subir plus tard, ces bouches à feu qui n'étaient ni trempées ni frettées, ne donnèrent que des résultats assez médiocres, ce dont il n'y avait pas lieu de s'étonner parce qu'elles avaient été fabriquées dans des conditions très défavorables. Malgré cela, en leur faisant subir l'opération du frettage, on a pu les utiliser pour compléter, en 1874, notre armement provisoire.

Cependant déjà avant la guerre, l'industrie métallurgique française, voulant rivaliser avec

·l'étranger, avait réalisé des progrès incessants dans la fabrication et la mise en œuvre de l'acier. En 1868, plusieurs maîtres de forges : MM. Petin et Gaudet, à Rive-de-Gier; Holtzer, à Unieux, près Firminy; Emile Martin, à Sireuil; Revollier et Biétrix, à La Chabassière, près Saint-Etienne, avaient témoigné le désir de faire concourir aux essais que l'on faisait alors sur des canons en acier de provenance étrangère, les produits de leurs usines et proposé de fournir gratuitement des canons en acier fondu. Le tracé des pièces à construire fut établi par le colonel Olry qui ap-

pliqua le principe du irettage élastique tel que le colonel Treuille de Beaulieu l'avait employé pour les bouches à feu en fonte, et préconisé pour celles en acier. Bien que trois de ces pièces fussent prêtes à essayer peu de temps avant la déclaration de guerre, ce n'est qu'en 1871 et 1872 qu'elles furent tirées pour la première fois. Les épreuves subies par ces bouches à feu montrèrent l'excellence de leur mode de construction, au point de vue du frettage, tout en accusant le peu de résistance des aciers de provenance française employés pour leur fabrication.

Fig. 498. — *Canon de campagne français de 90ᵐ, modèle 1877.*

Comme on le voit, les études entreprises par les établissements métallurgiques français pour la production de l'acier comme métal à canons, n'avaient point encore abouti à une solution complètement satisfaisante de la question. C'est pourquoi, en 1872, dans le but de ne point interrompre les études sur les canons en acier frettés, l'artillerie française fit à la maison Vavasseur, de Londres (*London ordnance Company*), une commande d'un certain nombre de canons en acier frettés dont les blocs d'acier devaient être fournis par la maison Firth, de Sheffield, renommée par la qualité de ses aciers fondus au creuset.

En 1873, furent entreprises par l'usine du Creusot, avec le concours de l'artillerie, des expé-

riences méthodiques ayant pour but de fixer les idées sur les qualités qu'il paraissait convenable d'exiger de l'acier comme métal à canon. En l'absence d'expériences directement faites par elle, l'artillerie de terre, avait indiqué comme point de départ les bases admises par les praticiens qui, depuis longtemps, étudiaient cette fabrication; les conclusions auxquelles étaient arrivés à ce sujet l'artillerie de marine en France et les officiers anglais ne différaient pas d'une manière sensible; mais, M. Schneider, se prononça dès le début pour l'acier doux. Redoutant par dessus tout les éclatements brusques auxquels l'acier est d'autant plus exposé que son degré de dureté est plus élevé, le directeur du Creusot

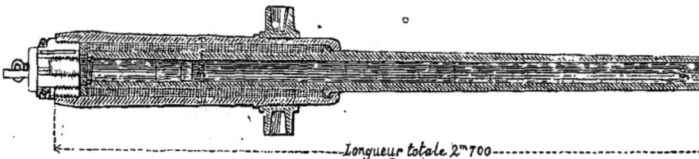

Fig. 499. — *Canon de 90ᵐ, système Schultz*

chercha à produire un métal, qui, tout en ayant une résistance de beaucoup supérieure à celle du bronze, fut néanmoins susceptible de prendre, sous l'action de la poudre, des déformations considérables, et d'indiquer sa fatigue par des signes extérieurs bien caractérisés. Les expériences faites en partant de la catégorie des aciers extra doux, montrèrent que ces aciers étaient trop sujets à se déformer et se dégrader sous l'action des gaz, et qu'on devait leur préférer des aciers un peu plus durs, malheureusement elles ne furent pas poussées assez loin pour qu'on pût déterminer la limite supérieure de dureté à laquelle il convenait de s'arrêter. Néanmoins, elles parurent assez concluantes, pour que le Comité d'artillerie décidât en 1874 l'adoption en principe de l'acier pour la construction des nouvelles bouches à feu.

Les expériences faites à Calais avec des bouches à feu frettées, et en même temps avec des bouches à feu tubées, d'après le système de la marine, conduisirent à donner la préférence au frettage comme offrant une plus grande sécurité, et en même temps une plus grande facilité au point de vue de la fabrication.

Les bouches à feu de l'artillerie de terre, dont les principaux modèles ont été adoptés en 1877 (fig. 498), se composent d'un tube de corps de canon en acier doux fondu et forgé, foré, trempé à l'huile et recuit. Il se compose d'une partie cylindrique correspondant au tonnerre et d'une partie tronconique correspondant à la volée; on a cherché à supprimer ainsi tout ressaut de façon à rendre le travail de forge plus facile.

Le logement du mécanisme de culasse est ménagé dans le corps du canon lui-même qui est renforcé par des frettes cylindriques. Les frettes qui ont pour objet principal d'assurer la résistance à l'expansion sont en acier puddlé, non seulement parce que la ténacité propre de cet acier est supérieure à celle de l'acier fondu, mais aussi parce que la faculté de soudage qu'il possède permet de composer les frettes d'un ruban enroulé qui a subi le laminage et gagné par suite plus de solidité dans le sens même de l'effort auquel on se propose de résister.

Les frettes sont placées à chaud ; on les introduit par l'arrière ; la frette d'avant ou frette de calage vient buter contre un léger ressaut ménagé sur la surface extérieure du tube ; la frette qui vient après porte les tourillons. Dans les bouches à feu de fort calibre, la frette de culasse qui ne recouvre qu'une partie du logement du mécanisme de culasse, et n'empiète pas sur la chambre à poudre, peut sans inconvénient être fabriquée avec le même acier fondu que le corps du canon. Dans quelques pièces, en particulier celles du plus gros calibre, le premier rang de frettes peut se prolonger jusqu'à la volée.

Système Schultz. Alors que la question des bouches à feu composées étaient déjà à l'étude en Angleterre, un ingénieur anglais, Longridge, partant de ce principe qu'un canon composé approcherait d'autant plus de la perfection, qu'il serait constitué d'un plus grand nombre d'enveloppes concentriques, et que, au point de vue théorique au moins, il y a tout avantage à multiplier les rangs de frettes des bouches à feu, fut conduit en 1860 à proposer un nouveau mode de construction de bouches à feu. Le tube central en fer ou en acier aurait été recouvert d'un grand nombre de couches obtenues par l'enroulement de fils en fer ou en acier, d'excellente qualité, leur tension allant en croissant de l'intérieur à l'extérieur dans un rapport déterminé avec l'effort à supporter. Ce système ne fut pas réalisé, on fut arrêté par la difficulté de fixer convenablement les extrémités des fils, les empêcher de perdre leur tension ou se dérouler si le canon venait à être dégradé.

L'étude du travail du colonel Virgile, sur la résistance des tubes métalliques, conduisit, en 1873, le capitaine d'artillerie Schultz, sans qu'il eut connaissance des propositions de Longridge, à peu près au même résultat, et réussissant à vaincre les difficultés pratiques, il put faire expérimenter à Calais, en 1875-76, un canon de campagne de son système (fig. 499) qui au point de vue de la résistance donna d'excellents résultats. Des canons de gros calibre, construits de la même façon, sont actuellement à l'étude.

En imaginant son système de construction, le capitaine Schultz s'est proposé de résoudre deux problèmes différents :

1° Améliorer le frettage du tube ou corps du canon en employant un fil d'acier enroulé sous une tension connue et suivant plusieurs couches superposées indépendantes les unes des autres ;

2° Faire absorber les efforts longitudinaux par des organes indépendants de la masse même du corps du canon, de façon que celui-ci n'ait plus

à résister qu'aux efforts d'expansion. Le manchon en fer forgé, qui porte la culasse et les tourillons, sert en même temps d'enveloppe protectrice.

Bouches à feu démontables. On a déjà vu comment on a réussi à l'usine russe d'Oboukhoff à fabriquer des pièces de siège démontables. On a aussi cherché en Angleterre à construire un canon de campagne pouvant se séparer en deux morceaux de façon à être transportable

Fig. 500. — *Canon de montagne démontable essayé par les Anglais dans l'Afghanistan.*

à dos de mulet et utilisable pour la guerre en pays de montagne. Le principe sur lequel repose la construction de cette bouche à feu est dû au colonel Le Mesurier, de l'artillerie anglaise. Les premières pièces de ce genre ont été construites à l'arsenal de Woolwich à la fin de l'année de 1877. La volée et la culasse forment deux pièces séparées, que l'on emboîte l'une dans l'autre au moment du tir ; une frette porte-tourillons est vissée sur le joint de manière à le recouvrir (fig. 500). Un guide fixé à la volée s'engage dans une mortaise ménagée sur la culasse, de façon à assurer aussi exactement que possible le raccordement des rayures ; un anneau obturateur en acier ferme le joint et empêche toute fuite de gaz (fig. 501). Une

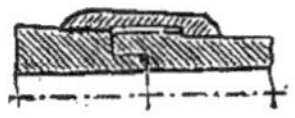

Fig. 501.

batterie composée de ces canons a fait la campagne de l'Afghanistan. En 1878, l'usine Armstrong a construit également d'après le même principe, un canon démontable qui a été essayé en Espagne. L'usine Krupp vient également de construire un canon de montagne démontable analogue aux précédents comme mode de construction. Il a été essayé à l'usine pour la première fois en mars et avril 1880. Jusqu'ici cette question n'a pas été étudiée dans les autres pays.

CONDITIONS DE SERVICE. Des conditions de service de la bouche à feu dépendent son *calibre* qui est imposé par l'effet que l'on veut produire avec le projectile, son *poids* qui sera différent suivant qu'il s'agira d'une pièce de montagne, campagne, siège, place, côte ou marine (V. CALIBRE) ; sa *longueur* qui variera suivant que la pièce est destinée au tir de plein fouet, c'est-à-dire à forte charge, ou au tir sous les grands angles, c'est-à-dire à faible charge (V. CANON, MORTIER, OBUSIER), et enfin, dans certain cas, le mode de chargement lui-même et de mise de feu (V. CULASSE).

Les anciennes bouches à feu en bronze avaient deux anses destinées à faciliter les manœuvres de force, seuls les mortiers n'en avaient qu'une perpendiculaire au plan de tir. Les bouches à feu en fonte n'ont jamais eu d'anses, le métal étant trop cassant; les bouches à feu en acier n'en ont généralement pas. Cependant, les nouvelles pièces de gros calibre de l'artillerie de terre française, sont pourvues d'une anse située dans le plan de tir. Cette anse est formée par la réunion des deux boucles d'une sorte d'élingue en fer qui embrasse le canon en avant et en arrière des tourillons et pénètre dans deux gorges pratiquées dans le frettage. Cette anse peut être remplacée sans nécessiter le défrettage de la pièce.

Fabrication des bouches a feu. Les bouches à feu en bronze ou en fonte ont toujours été et sont encore coulées et usinées dans les fonderies de l'Etat; les matières premières : cuivre, étain, fontes de première fusion, sont achetées dans l'industrie, leur qualité est vérifiée par des épreuves de réception très sévères. Pour les bouches à feu en acier les tubes forés et les frettes sont fournis par l'industrie privée, le frettage et l'usinage sont exécutés dans les établissements de l'Etat à la fonderie de Bourges et aux ateliers de construction de Tarbes et de Puteaux pour l'artillerie de terre, à la fonderie de Ruelle pour l'artillerie de la marine. Cependant, afin de hâter la reconstitution de notre matériel de guerre, on a, à plusieurs reprises, confié à de grandes usines, telles que celles du Creusot, de Saint-Chamond, de Fives-Lille, du Havre, Cail, etc., l'usinage complet de certaines bouches à feu. Pour tous les détails de la fabrication, nous renverrons aux articles relatifs aux fonderies de Bourges et de Ruelle, qui sont en même temps chargées de faire les commandes et d'exécuter les essais concernant la réception des tubes et frettes livrés par l'industrie.

* **BOUCHET** (Jules), architecte et graveur, né en 1799, mort en 1860, fut élève de Percier et remporta le deuxième grand prix de Rome en 1822. Il visita la Grèce et l'Italie et rapporta de ses voyages d'admirables études sur les plus belles œuvres de l'antiquité. Il fut nommé, en 1842, inspecteur des travaux du tombeau de Napoléon Ier. Parmi ses œuvres d'art les plus remarquables, on doit citer les *Thermes de Pompéi*, le *Forum et la basilique de Fano*, l'*Intérieur de Saint-Marc*, le *Vieux palais de Florence;* parmi ses écrits, la *Villa Pia*, avec vues et plans; le *Laurentin* ou *Maison de Pline; Exercices de dessins*, pour les candidats de l'Ecole centrale (1854), etc.

* **BOUCHETON.** *T. de mét.* Manière de placer dans le four certaines pièces de poterie, les soupières et les tasses, par exemple, en les posant sur l'ouverture supérieure au lieu de les mettre debout.

* **BOUCHEUR.** *T. de mét.* Dans les verreries, nom de l'ouvrier qui fait le bouchon de carafe ou de flacon.

BOUCHOIR. *T. techn.* Plaque de fer qui sert à fermer la bouche d'un four.

I. **BOUCHON.** Morceau d'écorce de liège arrondi pour boucher les flacons et les bouteilles. On fait aussi des bouchons en bois, en verre et en cristal pour boucher les flacons de ces matières.

Les bouchons de liège sont fabriqués avec l'écorce du *chêne-liège* qui croit en Espagne, en Italie, en Algérie et dans le midi de la France. Cette écorce est enlevée tous les dix ans. La qualité du bouchon dépend de la nature du liège, et sa forme est légèrement conique ou cylindrique; il doit être élastique, uni, sec et sans défauts. Les bouchons de qualité ordinaire ou médiocre suffisent pour les boissons ordinaires; mais pour les vins fins de garde et surtout pour les vins mousseux, on ne doit employer que des bouchons de premier choix, imperméables aux fluides spiritueux qui se dégagent au-dessus de ces liquides.

Certains bouchonniers soumettent le liège à quatre opérations, dont voici l'indication sommaire : 1° on le soumet à l'ébullition; 2° il est mis à dimension par diverses machines actionnées par un moteur à vapeur; 3° il subit un traitement par l'acide sulfureux; et 4° pour certains usages, on fait la jonction du liège au moyen d'une colle particulière.

Le liège arrive chez le fabricant en planches irrégulières réunies en balles; on l'expose à l'air libre pendant plusieurs mois, puis après le triage par qualités, on enlève les parties défectueuses pour ne garder que des planches bien saines que l'on soumet, en vase clos, à l'action de la vapeur. Cette première opération a pour but de faciliter l'aplanissement des planches. Après cinq ou six mois de séchage dans un hangar où l'air circule librement, on le soumet encore quelquefois à l'action de la vapeur afin de lui donner une souplesse qui rende plus faciles les opérations mécaniques dont il doit être l'objet.

La première consiste à diviser les planches en grands fragments, lesquels sont ensuite subdivisés en plus petits ayant pour largeur la longueur du bouchon. On les obtient, soit par une machine spéciale, soit à la main à l'aide de lames très minces et très affilées. Ces tablettes de liège sont débitées en petits parallélipipèdes et façonnés en bouchons par une machine ou par la main de l'ouvrier qui lui donne sa forme conique ou cylindrique.

La nécessité de produire un travail rapide et régulier a conduit les bouchonniers à recourir à l'emploi de machines, mais les déchets sont plus considérables que dans la fabrication à la main; parmi les plus ingénieuses de ces machines, nous citerons un emporte-pièce rotatif, dont le vide intérieur a le diamètre du bouchon à obtenir; cet emporte-pièce a sur son axe un mouvement longitudinal commandé par un levier à fourche; il pénètre dans la tablette de liège qui lui est présentée par la tranche, s'y enfonce et y découpe un bouchon. Une autre machine d'origine américaine est composée de deux parties principales : l'une n'est autre chose qu'une scie circulaire non dentée; le disque très mince, très affûté à la périphérie s'épaissit en se rapprochant de l'arbre horizontal qui lui communique un mouvement de rotation fort rapide; l'autre est un petit tour à pointe monté sur un chariot. L'ouvrier glisse entre les pointes un parallélipipède de liège, qui immédiatement se met à tourner sur lui-même. Alors cet ouvrier pousse le chariot devant lui. Comme l'axe du tour est parallèle au plan du couteau circulaire, ce dernier attaque le parallélipipède, le transforme en cylindre, et le bouchon est fait.

Pour l'obtenir conique, il suffit que l'arbre du tour soit un peu biais sur le plan du couteau circulaire.

Le mécanisme est agencé de façon que l'ouvrier place le liège et fasse tomber le bouchon, sans que ses doigts courent aucun danger. Il lui faut un certain coup-d'œil joint à une assez grande finesse de tact pour centrer le parallélipipède, et commander le chariot de façon à tirer du petit morceau de liège le plus gros bouchon possible, sans défauts.

Cette machine a cet avantage que sa lame est extrêmement facile à aiguiser. Il suffit, en effet, de la laisser tourner et d'appuyer successivement sur les deux côtés du tranchant, une pierre pas trop vive. En un clin-d'œil l'opération est terminée.

Le traitement par l'acide sulfureux consiste à placer les produits confectionnés dans des tiroirs à fonds clayonnés, lutés à l'extérieur et sous lesquels on brûle du soufre; cette opération a pour but de détruire les sporules organisés, préexistants dans les cavités et cellules du liège, sporules dont le développement produit, sous l'action de certaines influences, des moisissures fort nuisibles à la qualité et à la conservation du vin, et permet également de donner plus d'éclat au bouchon. Peu de temps après le traitement, les bouchons n'ont plus d'odeur sulfureuse appréciable.

Le liège des Landes contient une résine spéciale, nommée *subérine*, que M. Salleron est parvenu à isoler et à dissoudre dans l'éther; cette solution constitue une colle énergique qui permet d'obtenir des pièces de liège assez fortes pour y découper les fermetures de flacons à cols très larges comme les exigent certaines natures de conserves; les pièces étant rapprochées, il suffit d'une petite presse à vis manœuvrée par un enfant pour qu'il soit ensuite impossible de les disjoindre, quelque effort que l'on fasse pour y arriver. Telle est la quatrième opération dont nous avons parlé plus haut.

II. **BOUCHON.** 1° *T. d'horlog*. Pièce de laiton, rivée dans les platines des montres et des pendules : le *bouchon de contre-potence* entre à frottement dans le trou de la contre-potence d'une montre. || 2° *T. techn*. Plaque métallique adaptée à une bouche de chaleur, pour la fermer à volonté. || 3° *T. de filat*. On nomme ainsi les morceaux de bois destinés à masquer les trous dans lesquels sont passées les têtes des boulons qui retiennent les douves de bois dans les cylindres des cardes. || 4° Petites irrégularités qui se forment sur les fils de soie pendant le filage. || 5° *T. de fond*. Tronc de cône en fer que l'on chausse au moyen de la perrière, lorsqu'on veut

couler et que l'on garantit du métal en fusion par une brique réfractaire mise en avant du petit bout. || 6° *T. d'arm*. C'est au moyen d'un bouchon de bois garni de drap pour le maintenir que l'on bouche l'extrémité du fusil afin d'empêcher la poussière d'y pénétrer.

BOUCHONNIER. Celui qui fabrique ou qui vend des bouchons et tous produits obtenus avec du liège : semelles, appareils natatoires, roues pour les tailleurs de cristaux, chapelets pour filets de pêcheurs, etc.

BOUCHOT. *T. d'agric*. Les bouchots sont exclusivement destinés à l'élève de la *moule*. Ce mollusque, grâce à son bas prix, figure sur les tables les plus modestes. C'est l'huître du pauvre. On croit généralement que les moules, dont on apprécie le bon goût et la belle taille, sont pêchées sur des bancs où elles vivent à l'état sauvage; il n'en est rien. Détachées des rochers de l'Océan, où elle naît et se développe spontanément, la moule est généralement maigre, petite, âcre et quelquefois malsaine; mais l'industrie humaine intervient ici, comme en tant d'autres cas, pour améliorer cette fille de la nature. Il existe une *myticulture*, comme il existe une *ostréiculture*.

L'origine de cette industrie remonte à plusieurs siècles. En 1035, une barque irlandaise, chargée de bêtes à laine, vint, à la suite d'une tempête, se briser sur les rochers aux environs d'Esnandes (arrondissement de La Rochelle), et les marins de ce port, accourus au secours des naufragés, ne purent sauver que le patron. Celui-ci, nommé Walton, ne tarda pas à payer largement ce service. Il croisa quelques moutons échappés au naufrage avec des bêtes du pays, et créa ainsi une belle race très estimée encore aujourd'hui sous le nom de moutons du marais. Puis il imagina les filets d'*allouret* qui, tendus un peu au-dessus du niveau de la pleine mer, arrêtent au passage des vols entiers de ces oiseaux de rivage qui rasent l'eau au crépuscule ou dans l'obscurité. Mais, pour que la chasse fut fructueuse, il fallait aller au centre de l'immense vasière où ces oiseaux trouvent leur nourriture, et y planter des piquets propres à maintenir des rets de 300 à 400 mètres de long. Walton inventa le *poussepied* ou *acon* qui sert encore aujourd'hui. L'acon est une espèce de nacelle assez semblable, par sa forme, à la *toue* qui figure sur les rébus. Une planche de bois dur, appelée la sole, en constitue le fond. Cette planche se recourbe en avant de manière à former une sorte de proue plate; trois planches légères, clouées sur les côtés et à l'arrière, complètent cette espèce d'embarcation qui n'a que deux à trois mètres de long sur cinquante à soixante centimètres de large. Une courte perche et une pelle en bois complètent tout l'équipement. Pour se servir de l'acon, on s'agenouille sur une jambe en laissant au dehors l'autre qui est recouverte d'une longue botte. Celle-ci sert à la fois de rame et de gouvernail. Le pêcheur, en équilibre sur la sole, serrant fortement les deux bordages, enfonce son pied libre dans la vase, atteint une couche un peu plus ferme et pousse en avant. L'acon glissé sur la vase fluide. Ce mode de locomotion exige un sol mou et uni. Or, tous les ans, à la suite des gros temps d'hiver, la baie dans toute son étendue présente une singulière transformation. La vase semble s'être moulée sur les vagues et en avoir conservé la forme. Du Nord au Midi s'étendent, parallèlement au rivage, de longs sillons presque régulièrement espacés et hauts parfois de plus d'un mètre. Pendant la haute mer, la crête de ces sillons assèche et se durcit aux rayons du soleil. Les acons sont alors arrêtés par ces espèces de collines, et, pour leur rendre la liberté de manœuvre, il faut que la vasière, c'est-à-dire environ 70 millions de mètres carrés, soit en entier renivelée. Ce travail, s'il devait être fait de main d'homme, serait évidemment impossible lors même que la population riveraine se mettrait à l'ouvrage pendant tout l'été. Eh bien, cette œuvre gigantesque s'accomplit en moins d'un mois, grâce à un petit crustacé (la *corophie longicorne*) dont le corps, à peine gros comme un fil à coudre, n'a pas plus de douze à quinze millimètres de long, en y comprenant les antennes.

Vers la fin d'avril, les corophies longicornes, vulgairement appelées *pernys*, arrivent de la haute mer par millions de myriades. Guidées par leur instinct elles viennent faire une guerre d'extermination aux annélides qui, pendant tout l'hiver et le premier printemps, se sont multipliés en paix. A la mer montante, on voit ces chasseurs affamés s'agiter en tous sens, fouiller la vase de leurs longues antennes, la délayer et dévorer ainsi, au fond de leurs retraites les plus profondes, néréides et arénicoles. Le carnage ne cesse que lorsque les annélides ont presque entièrement disparu ; mais alors toute la baie a été fouillée et aplanie, et les acons peuvent circuler librement.

En visitant les piquets de ses allourets, Walton ne tarda pas à découvrir que le frai des moules de la côte venait s'y attacher et y prenait un accroissement rapide ; que les moules qui s'étaient développées en pleine eau et à l'abri du contact immédiat de la vase gagnaient à la fois en taille et en qualité. Alors il multiplia ses piquets et, après quelques tâtonnements, construisit le premier *bouchot*. Au niveau des basses marées, il enfonça dans la vase, à la distance d'un mètre environ les uns des autres, des pieux assez forts pour résister aux coups de mer. Ces pieux, disposés en deux lignes, formaient un angle dont la base partait du rivage, et dont le sommet regardait la pleine eau. Cette double palissade fut ensuite clayonnée grossièrement avec de longues branches, et une étroite ouverture, laissée à l'extrémité de l'angle, fut destinée à recevoir les engins d'osier où s'arrêterait le poisson entraîné par le reflux. Walton avait fait, du même coup, un *parc à moules* et une *pêcherie*.

Les mérites de cette invention étaient faciles à comprendre ; aussi devint-elle bientôt populaire. Les bouchots se multiplièrent et s'étendirent sur plusieurs rangs. On n'attendit plus que le hasard des courants et des vagues vînt apporter les jeunes moules jusqu'aux pieux et aux clayonnages ; on

alla les ramasser parfois à des distances considérables.

Les bouchots tendent, de jour en jour, à prendre une plus grande extension :

ANNÉES	NOMBRE	SUPERFICIE	
1874	3.943	946ʰ	32ᵃ
1875	4.046	972	96
1876	4.145	1.014	42
1877	4.573	1.116	58
1878	5.011	1.203	80

Cet énorme développement a entraîné quelques inconvénients. Naguère encore, un navire poussé par la tempête trouvait un refuge sur le lit de vase molle où l'échouage par les plus gros temps était presque sans danger. Tant que les bouchots étaient construits avec de simples piquets, un bâtiment de commerce, une simple barque de pêche les renversait aisément, et tout au plus faisait quelque avarie en traversant les palissades ; mais à mesure qu'ils ont gagné la haute mer et se sont rapprochés des parties profondes, il a fallu augmenter leur solidité, sous peine de les voir arrachés ou brisés par la vague, et les modestes pieux de Walton se sont changés en véritables pilotis.

Pour concilier tous les intérêts de manière à ce que les bouchots n'entravent pas la navigation, ne déterminent pas l'envasement des passes et ne puissent être irrégulièrement transformés en pêcheries à poissons, notamment dans le 4ᵉ arrondissement maritime où ils couvrent de vastes espaces, un décret en date du 26 janvier 1859 a modifié en ce qui concerne cet arrondissement, quelques-unes des dispositions contenues dans le règlement du 4 juillet 1853. Voici le résumé des modifications introduites :

« Les bouchots sont de plusieurs sortes par rapport à leur genre de construction et à leurs formes.

« Ils peuvent être formés de *deux ailes* ou pannes qui viennent se réunir vers la mer en traçant un angle au sommet duquel est pratiquée une ouverture de 1ᵐ,20 de largeur au moins, prise dans toute la hauteur de l'établissement. Cette ouverture doit être laissée constamment libre. Les bouchots peuvent être *clayonnés* ou *non clayonnés*. Les premiers sont construits de bois ou de fascines entrelacées comme claies autour de pieux enfoncés dans le sol et qui ont entre eux une distance de 0ᵐ,70 au moins, le clayonnage ne commence qu'à 0ᵐ,25 du sol, et il est placé dans le sens transversal seulement. Les bouchots non clayonnés se composent de pieux isolés à la distance de 0ᵐ,35 au moins l'un de l'autre.

« Les bouchots peuvent être formés d'une *seule aile* ou panne placée perpendiculairement ou obliquement à la côte, mais jamais parallèlement. Ils peuvent être construits de trois manières : 1° en tamarisques sans pieux, c'est-à-dire avec de simples branches de tamarisques enfoncées dans la vase et réunies au clayonnage ou une palissade de même espèce ; 2° avec des pieux en bois plantés à 0ᵐ,70 l'un de l'autre et réunis par un clayonnage ou des fascines commençant à 0ᵐ,25 du sol ; 3° avec des pieux isolés et distants entre eux de 0ᵐ,35 au moins.

« Quels que soient leur forme et leur mode de construction, les bouchots ne doivent pas excéder 1ᵐ,60 de hauteur hors de terre. Ceux qui seront édifiés à l'avenir n'auront pas plus de 160 mètres de longueur et l'ouverture vers le rivage des bouchots à deux ailes ne pourra dépasser la même dimension. »

Ce mode de culture sur des clayonnages est surtout propre aux rivages de l'Océan où les mouvements alternatifs de la marée permettent d'opérer à sec pour l'installation, l'aménagement et l'exploitation des bouchots. Les produits obtenus dans la Charente-Inférieure sont très considérables ; il y aurait certainement opportunité et profit à développer cette culture sur un grand nombre de points de notre littoral, et notamment dans le bassin d'Arcachon qui présente des terrains émergeants situés dans les conditions les plus convenables. Les immenses forêts de pin qui bordent la partie occidentale de ce bassin fourniraient, au plus bas prix possible, les bois nécessaires à l'établissement et à l'entretien des bouchots.

Sur le littoral de la Méditerranée, des essais ont été faits. Tout d'abord l'idée de la culture sur claie, telle qu'elle est pratiquée dans la baie de l'Aiguillon, a été réalisée mais avec une modification nécessitée par l'absence de marées. Les claies étaient *mobiles*, de manière à pouvoir être retirées hors de l'eau en coulissant entre des pieux qui leur servaient de support Cette tentative, faite à Port-de-Bouc, par M. Léon Vidal, n'a pas donné de résultats satisfaisants. Les bois, rapidement dévorés par les tarets, n'ont pu supporter le poids des grappes de moules qui s'y étaient attachées et qui s'y développaient en grande quantité. M. Vidal, homme fort intelligent et très bon observateur, a cherché le succès dans une autre voie, en cultivant la moule sur des surfaces horizontales recouvertes d'une faible épaisseur d'eau. — V. MOULIÈRE, MYTICULTURE — c. m.

* BOUCICAUT (ARISTIDE), naquit en 1810, à Bellême (Orne) d'une famille peu aisée. Il vint à Paris pour chercher une place, et il la trouva dans les magasins du Petit-Saint-Thomas, où il occupa un emploi modeste.

En 1852, il quitta cet emploi pour entrer dans une maison peu importante alors, le « Bon Marché. » Quelque temps après, il devenait seul propriétaire de ce petit magasin, auquel il a su donner une rapide extension par son travail assidu, son esprit entreprenant et son infatigable activité.

En 1858, il commença à réaliser les projets d'agrandissement qu'il compléta depuis, en ajoutant successivement de nouvelles constructions édifiées selon un plan conçu dès l'origine, et dont l'ensemble constitue aujourd'hui l'établissement considérable auquel son nom est désormais attaché.

Dès ses premiers succès, il voulut étendre sa sollicitude sur tous ceux qui participaient à ses travaux, et son œuvre philanthropique et moralisatrice suivit la même progression rapide que son œuvre commerciale.

Il fonda, au profit de ses employés, une caisse de prévoyance largement dotée ; des cours du soir pour l'enseignement des langues étrangères, de

musique vocale et instrumentale, et d'escrime ; il ouvrit des salles de réunion et de récréation pour le soir, avec billards, jeux de toutes sortes, piano, etc. Il réunit une bibliothèque qu'il mit à la disposition de son personnel ; enfin, il établit un dispensaire et une infirmerie pour les malades de son établissement.

Cet homme de bien est mort le 25 décembre 1877, et sur sa tombe, M. Bouguereau a prononcé ces paroles émues : « Tous ceux qu'il occupait, ses collaborateurs devenus ses amis, vous diront mieux que je ne puis le faire avec quelle sollicitude il veillait à leur bien-être et s'appliquait à leur être utile. Familier avec toutes les délicatesses d'un noble cœur, il avait les deux mains ouvertes à toutes les infortunes et ajoutait un nouveau prix à sa charité, par la manière dont il savait l'exercer. »

M. BOUCICAUT fils, depuis longtemps associé à son père, a continué jusqu'à sa mort (1879) les grandes traditions de la maison du Bon Marché qui reste toujours l'un des plus grands établissements du monde.

BOUCLE. 1° Sorte d'anneau de diverses formes qui sert à attacher certains objets, et à les maintenir au moyen d'un ou de plusieurs ardillons. — V. plus bas BOUCLE DE CEINTURE. || 2° Se dit des

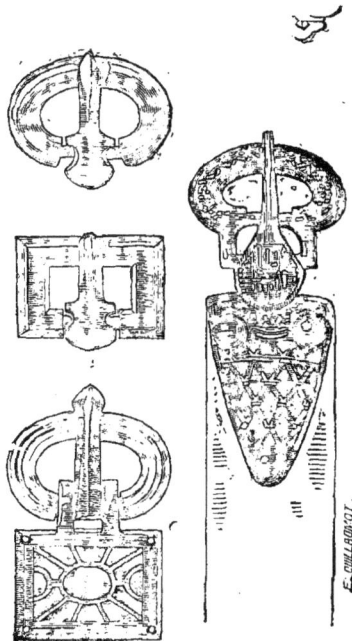

Fig. 502 à 505. — *Boucles de l'époque mérovingienne*

cheveux frisés naturellement ou roulés sur un bâton pour obtenir un effet de frisure. || 3 Petit anneau qui sert d'ornement à une moulure ronde. || 4° Anneau rond de bronze ou de fer qui sert de heurtoir pour certaines portes cochères. || 5° Anneau attaché à un tiroir, à un carton, et qui sert à tirer pour ouvrir. || 6° *Boucle de tirage*. Extrémité repliée et tordue du fil de cuivre ou *rugueux* qui dans les étoupilles fulminantes est scellé dans la poudre ; celle-ci est contenue dans un petit tube placé lui-même dans un autre plus grand rempli de poudre de chasse. Au moment du tir, on engage le crochet du tire-feu dans la boucle de tirage, la friction énergique du fil de cuivre détermine l'inflammation. || 7° *Boucle d'oreille.*— V. plus loin l'article spécial.

Boucle de ceinture. De nos jours, la boucle n'est plus qu'un accessoire du vêtement et son usage n'exige plus, comme autrefois, le choix de la matière et l'intervention de l'art ; le costume de l'antiquité lui donnait un rôle important, car elle servait chez les Grecs et les Romains, non seulement à attacher sur l'épaule les tuniques et les chlamydes, à serrer à la taille les baudriers et les ceinturons, mais elle était encore une parure extérieure pour laquelle on employait l'or, l'argent et les pierres précieuses ; les tombes franques et mérovingiennes, découvertes en ces dernières années, contenaient aussi des boucles de ceintures en bronze, en argent, en fer damasquiné d'or et d'argent, munies d'une patte fixée au ceinturon et garnies d'un ardillon ; celles que nous représentons figures 502-505 attestent le mérite des artisans de cette époque reculée. Le xv° siècle a produit des boucles travaillées avec un art infini ; celle que nous reproduisons

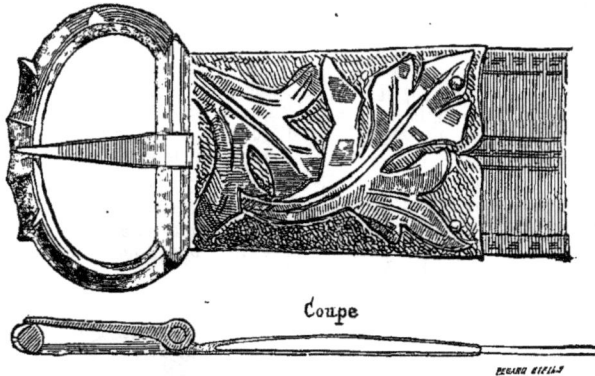

Fig. 506. — *Boucle du XV° siècle (Grandeur d'exécution).*

figure 506 est en bronze doré, ornée sur la plaque de deux feuilles largement gravées au burin. Au xviii° siècle les souliers étaient ornés de boucles en brillants, et nous voyons aujourd'hui les ecclésiastiques porter des boucles de souliers en argent, en cuivre, etc.

Boucle d'oreille. Les boucles ou pendants d'oreilles sont, dans l'arsenal de la coquetterie, les armes les plus ingénieuses qu'ait inventées la femme. On serait vraiment tenté de croire, en songeant au goût très prononcé que le beau sexe professe pour les joyaux dont il se pare, qu'Eve dut suspendre d'abord à son oreille quelque fruit, et que, les fruits se flétrissant, on en vint par la suite à des ornements plus durables et plus précieux.

C'est alors que l'on commença à se faire des blessures pour se parer.

Aujourd'hui, l'usage des boucles d'oreilles est connu des peuples les moins civilisés. Dans le Soudan, par exemple, presque toutes les femmes attachent à leurs oreilles des petits objets de verroterie, de faux ambre, etc., qu'elles considèrent comme des bijoux. Les Betjouanas, autre peuplade de la même contrée, sont renommés parmi les sauvages de ce pays, pour la fabrication des bijoux, au nombre desquels le voyageur Campbell a remarqué des pendants d'oreilles de fer et de cuivre.

Chez les anciens Péruviens, le luxe des boucles d'oreilles était le même. Il devait son origine à la loi de Manco-Capac, l'Adam des Quichas, lequel ordonna que, à son exemple, tous les hommes de sa famille eussent la tête rasée et les oreilles percées, afin que les princes du sang impérial se distinguassent des autres personnages de la cour et fussent par là désignés au respect de la foule.

Cet ornement était tellement massif aux oreilles du souverain, qu'il allongeait presque le cartilage jusqu'à l'épaule, ce qui produisait une difformité monstrueuse aux yeux des Européens, mais qui, grâce à l'influence magique de la mode, passait pour une beauté chez les indigènes. La figure 507, dessinée d'après un portrait

Fig. 507. — *Oreille de l'Inca Manco-Capac.*

de l'*Arbre généalogique* ou *Descendance impériale*, document inédit, publié par M. Paul Marcoy, représente l'oreille de Manco-Capac, premier Inca.

Par la suite, l'usage des boucles d'oreilles s'introduisit parmi les grands, et bientôt les Péruviens de toutes classes, hommes et femmes, finirent par l'adopter.

Si maintenant nous passons aux civilisations primitives de l'Orient, on verra que l'Egypte, cette aïeule des autres nations, connut de très bonne heure les boucles d'oreilles. Il en est qustion dans la *Genèse*, lorsque la famille de Jacob apporte à ce dernier « tous les dieux étrangers qu'ils possédaient, et leurs pendants d'oreilles »

Avec la domination romaine, les boucles d'oreilles prirent en Egypte une nouvelle forme. Les perles faisaient fureur alors, et l'emploi du métal ne fut plus que secondaire. On en a des exemples dans les portraits peints qui remplacèrent à cette époque les masques de momie et qui donnaient la ressemblance du défunt. Telles sont les boucles d'oreilles portées par les femmes de la famille de *Soter*, archonte de Thèbes, sous l'empereur Hadrien, portraits conservés au Musée du Louvre, *Salle funéraire*.

Les monuments assyriens et chaldéens du *British Museum* montrent que les habitants de Ninive et de Babylone portaient, pour la plupart, des boucles d'oreilles massives, imitées par les bijoutiers modernes, maintenant qu'on recherche la nouveauté dans l'antique. D'autres, comme celle trouvée en Assyrie, par M. Oppert, représentaient une tête de femme. La plupart de ces bijoux étaient d'or et travaillés au repoussé, ce qui, selon M. de Longpérier, impliquerait une fabrication étrangère. Dans une salle du palais de Khorsabad, dite *Salle des Jarres*, à cause de l'immense quantité de poteries qu'elle renfermait, M. Victor Place découvrit, entre autres choses, quelques petits objets usuels tels qu'aiguilles, crochets et pendants d'oreilles semblables à ceux que l'on voit figurer dans les bas-reliefs. Le même explorateur trouva également à Tell-Guirgor, près de Ninive, plusieurs fragments d'or provenant de pendants d'oreilles.

On a des témoignages de l'emploi du bijou qui nous occupe dans les moulages du *Musée assyrien*, au Louvre. Deux sculptures de Khorsabad, représentant le roi et son ministre, montrent ces deux personnages avec l'oreille ornée d'un pendant cruciforme. Une brique émaillée de

Fig. 508 à 511. — *Boucles d'oreilles grecques.*

la même collection représente aussi un fragment de tête avec une boucle d'oreille cruciforme ornée cette fois d'une pierre précieuse.

Le même Musée possède encore un anneau d'ivoire très allongé, orné d'une tête de lion et d'une tête de serpent, que l'on croit avoir pu servir d'ornement d'oreille.

A l'époque antéhomérique, les femmes grecques faisaient déjà usage de boucles d'oreilles, puisque les fouilles de M. Schliemann, sur l'emplacement présumé de l'ancienne Troie, ont amené la découverte de cinquante-six pendants en or, longs de 9 centimetres et de style purement hellénique. De la partie supérieure de ces bijoux, qui est en forme de corbeille avec deux rangs d'ornements figurant des perles, pendent six petites chaînes d'or, munies de trois petits cylindres chacune, aux extrémités desquelles sont de petites idoles finement travaillées au repoussé.

Les explorations entreprises depuis quelques années à Mycènes ont également mis à jour des boucles d'oreilles de métal précieux, sans trace d'influence orientale, tandis que d'autres spécimens, provenant du trésor de Curium, dans l'île de Chypre, rappellent fortement le style phénicien ; ces derniers, travaillés au granulé, prouvent que les ouvriers chypriotes étaient, sous le rapport de la netteté, de la régularité et de la pureté des formes, aussi habiles que le devinrent plus tard les bijoutiers étrusques.

Quoi qu'il en soit, les femmes grecques du temps d'Homère avaient déjà coutume de porter aux oreilles des ornements d'or ouvragé.

Suivant Gaspard Bartholini, les Grecs n'avaient que trois formes de pendants ; mais il est reconnu aujourd'hui que ce peuple en connaissait davantage. Voici les principaux : 1° les *dryopes*, ou pendants à jour, imités par les bijoutiers modernes ; 2° les *hellobes*, anneaux qui avaient la forme du lobe de l'oreille ; 3° les *hélices*, parce qu'ils imitaient la volute ; 4° les *bothrydes*, semblables à une grappe de raisin ; 5° les *cariatides*, auxquels l'art donnait diverses figures.

Comme on le voit, la boucle d'oreille était, dans la civilisation hellénique, le bijou favori, celui que les orfèvres ciselaient le plus amoureusement, celui à l'élégance duquel les femmes attachaient le plus d'importance. Un grand nombre d'échantillons, conservés dans les collections publiques ou particulières, donnent une idée de la fertilité d'invention des Grecs dans cette partie de la parure féminine (fig. 508 à 511).

L'ancienne *Collection Pourtalès*, si riche en bijoux antiques de toutes sortes, possédait, entre autres, une paire de boucles d'oreilles, terminées par des têtes de panthères ; deux autres pendants étaient formés par des génies tenant des couronnes et des amphores. Ces charmants spécimens de l'art grec avaient été trouvés à Milo et provenaient de la collection de l'amiral Halgan. Nous citerons encore un pendant d'oreille formé par une corne d'abondance d'où sort la tête d'un lion, trouvé à Cyzique, et divers ornements du même genre représentant de petites figurines en or d'un travail extrêmement délicat.

Les Étrusques paraissent avoir emprunté le style de leurs pendants d'oreilles aux Hellènes, car, comme on l'a dit avec raison, l'art étrusque n'est qu'un dialecte de l'art grec. Mais les ouvriers tyrrhéniens ou toscans surpassèrent bientôt leurs maîtres, surtout dans le travail du granulé, pour lequel ils sont restés sans rivaux. « Il y a peu d'objets naturels ou artificiels, animés ou inanimés, disent les auteurs du *Catalogue du Musée de Napoléon III* (collection Campana), qu'ils n'aient mis à contribution pour orner ces gracieux bijoux. Des fleurs, des fruits, des animaux réels ou fantastiques, des amphores et autres vases de toutes formes, des disques, des cornes d'abondance, s'entremêlent à des rosaces, à des houppes, à des croissants, à des chaînettes de tout travail et de toute grosseur, et se groupent de mille manières au gré de la capricieuse imagination de l'artiste. D'autres fois, ce sont des têtes d'hommes ou d'animaux, des amours, des génies,

Fig. 512. — *Boucle d'oreille romaine.*

dans les poses les plus variées, assis ou debout, ou couchés, tantôt sur un cygne, tantôt sur un dauphin ou sur une colombe. Des grenats, des émeraudes, des boules de pâte de verre, des émaux dont les couleurs sont d'une délicatesse exquise, relèvent encore la beauté de ces bijoux. »

L'empressement des dames romaines à se faire percer les oreilles était si grand du temps de saint Ambroise (340-397), que le célèbre père de l'Église s'écriait : « Elles aiment même les blessures pourvu que l'or s'enchâsse dans leurs oreilles et que les perles y pendent. »

Les pendants d'oreilles romains furent d'abord semblables à ceux des grecs, c'est-à-dire en or gravé, ciselé ou repoussé, car on sait que les bijoutiers établis à Rome étaient, pour la plupart, grecs d'origine (fig. 512). Les peintures et les médailles de cette époque en offrent de formes variées, les unes à trois pendeloques, d'autres en triangle, la pointe en bas ; il y en a aussi de très gros faits d'une feuille d'or très mince.

Mais bientôt les pierreries succédèrent aux perles dans l'ornementation des bijoux, et les pendants furent enrichis de rubis, de saphirs, d'émeraudes, de béryls et de topazes. Quant aux noms que les Romains donnaient aux boucles d'oreilles, c'étaient les mêmes que ceux adoptés en Grèce, car la mode exigeait que l'on parlât à tout propos la langue d'Homère. Seulement on désignait ces bijoux sous la dénomination générale d'*inaures*. La plupart des auteurs latins emploient toujours ce terme quand

ils parlent de pendants. Ainsi Plaute ne s'explique presque jamais autrement, comme on le voit au troisième acte des *Menechmes*, et Isidore, au XIX° livre des *Origines*, agit de même.

A partir du siècle d'Auguste, la mode des pendants d'oreilles changea de nouveau ; les plus estimés furent ceux qui étaient enrichis de perles. Ceux formés par une seule perle, la plus grosse et la plus belle qu'on pût trouver, eurent longtemps une très grande vogue. Au rapport d'Elius Stilon, on donnait à ces perles la dénomination d'*uniques* (*uniones*). Mais la mode en devint bientôt si répandue, que chaque affranchie, chaque courtisane en portait une. Les femmes qui ne pouvaient se procurer ces unions de perles en portaient en or qui avaient la même forme, et cette parure moins coûteuse se nommait *stalagma*, d'après le mot grec qui signifie « goutte d'eau. » Le *Musée britannique* possède un original antique de cette espèce assez bien conservé (fig. 513).

Les courtisanes, comme on l'a vu, s'étant emparées des boucles d'oreilles à une seule perle, les dames de la haute société romaine imaginèrent un joyau beaucoup plus compliqué, et par conséquent d'un prix très élevé, composé de deux ou trois grosses perles placées à côté les unes des autres. Ce nouveau bijou portait le nom de

Fig. 513. — *Stalagma.*

elenchi. « On appelle ainsi, dit Pline, les perles qui, prolongées en poire, se terminent en élargissant leur contour, comme nos vases à essences. La gloire des femmes est de les suspendre à leurs doigts, d'en attacher deux et même trois à chaque oreille. »

Dans la suite, on fit des boucles d'oreilles de ce genre, dont les perles étaient remplacées par des pierres ou des boules d'or. Caylus, dans son *Recueil d'antiquités*, en a décrit quelques-unes. Quant aux femmes du peuple, elles se contentaient de boucles d'oreilles de bronze. Pignorius (*De Servis*, p. 411) en décrit une semblable garnie de verres colorés ou de pierres fausses.

En général, les pendants d'oreilles de travail romain sont bien moins variés de forme, d'une exécution moins soignée et moins délicate que ceux qui sont sortis des mains des fabricants grecs ou gréco-étrusques. « Ce sont déjà, dit à ce sujet M. François Lenormant, des œuvres de pleine décadence. En vain, par la profusion des gemmes, des perles fines et des pâtes de verre, a-t-on essayé d'y masquer la pauvreté du travail et le manque d'élégance de la disposition générale : ce luxe d'origine barbare, imité de l'Asie, ne sert qu'à rendre plus sensible l'abaissement du goût et la perte du style. »

Les Gaulois, qui empruntèrent de bonne heure leurs modes aux Romains, portaient des boucles d'oreilles en bronze garnies de perles en verre irisé, dans le genre du pendant trouvé à Lisieux, et qui fait partie des objets gallo-romains du *Musée de Caen*. Il en était de même des Mérovingiens. Dans le récit de sa sixième exploration du cimetière franc d'Envermeu, l'abbé Cochet parle du tombeau d'une jeune fille, où se trouvaient encore deux boucles d'oreilles, « dont le cercle était de bronze et le pendant en or. » Ces boules ou pendants, semblables à des œufs d'oiseau, avaient été formés au moyen de deux petites coques jointes par le milieu et remplies de mastic Les boucles d'oreilles franques trouvées dans les cimetières mérovingiens de Noray et publiées dans les *Mémoires de la Société des antiquaires de Picardie*, permettent d'apprécier de quelle manière les Francs employaient les verres colorés ; ces dernières ont été confectionnées par des mains si habiles, que nos joailliers ne pourraient guère faire mieux aujourd'hui. Tels sont les spécimens curieux, recueillis au nombre de vingt, dans les sépultures de la commune de Brochon.

Eustache Deschamps, dans un poème écrit vers 1360 donne à entendre que toutes les personnes nobles de son temps portaient de riches ornements aux oreilles Mais c'est surtout au XVIᵉ siècle que ces bijoux eurent le plus de vogue. Les *Comptes royaux* de l'année 1549 les mentionnent souvent. « A Charles Roullet, orfèvre, pour deux pendants de pierre violette pour mettre à l'oreille, vj livres xv s. — Pour six feuz esmaillez de rouge, à pendre à l'oreille, xiij livres. » Ajoutons que les pendants d'oreilles de fantaisie étaient très recherchés, quoi qu'ils ne fussent généralement que de verre. Brantôme nous l'apprend en ces termes : « J'ai connu une fort belle et honneste dame, laquelle estant aux bains, il lui advint qu'ayant un pendant d'oreille d'une corne d'abondance qui n'étoit que de verre noir, comme on les portait alors, il vint à se rompre. »

Tel était le luxe des boucles d'oreilles à l'époque de François Iᵉʳ. Sous l'influence d'un prince, de jour en jour plus amoureux des prodigalités somptueuses, dit notre excellent collaborateur, M. Paul Mantz, le bijou devint plus élégant et plus riche. Les folies de l'entrevue du Camp du Drap d'or sont connues, et il n'est pas nécessaire d'y revenir. Les principaux personnages de la cour de France se parèrent à l'envi, et beaucoup, — qui firent cependant parler d'eux à la Bicoque et à Pavie, — empruntèrent à la toilette des femmes quelques-uns des ornements qui leur vont si bien. Mellin de Saint-Gelais en fait en souriant la remarque :

> Ne tenez point, estrangers, la merveille.
> Qu'en ceste cour chacun maintenant porte
> Bague ou anneau en l'une ou l'autre oreille.

Un médaillon en émaux de couleurs, de Léonard Limosin, conservé au *Musée du Louvre*, représente François II ayant à l'oreille un anneau décoré d'une perle. Il en est de même du délicieux portrait de Henri II, peint par François Clouet, en 1553.

Comme on le voit, depuis le commencement du XVIᵉ siècle, les élégants avaient coutume de porter un pendant à l'oreille. Mais Henri III renchérit encore sur cette mode, ainsi que le rapporte l'*Isle des Hermaphrodites*, où il est dit, en parlant de ce roi efféminé : « Il se fit apporter un petit estuy, dans lequel il y avait quelques bagues (bijoux), d'où en prist deux pendans, qu'on luy pendit aux oreilles. »

C'est alors que parut l'ouvrage de Johannis Collaert, intitulé : *Monilium, bullarium, inauriumque artificisissima icones* (1581) ; on y trouve le dessin de neuf pendants d'une grande richesse et du meilleur style. Une seconde suite, gravée par le fils de Collaert, *Bullarium, inaurium*, etc., porte la date de 1582. Elle donne les modèles de onze pendants richement travaillés et de bon goût.

Si l'on en croit l'*Inventaire de Gabrielle d'Estrées* (1599), *Henri IV donnait souvent des boucles d'oreilles à* ses maîtresses ; on y voit mentionné, entre autres bijoux, « un pendant d'oreille à clefs, à deux boutons de perles.»

Quelques années après, la mode des boucles d'oreilles masculines passa jusqu'en Angleterre, où les hommes disputèrent follement aux femmes l'honneur de se parer

de bijoux qui ne sont véritablement bien portés que par elles. On en a une preuve dans le portrait de Buckingham, peint par Van Dyck : ce duc efféminé, dont Charles II disait : « C'est le plus mauvais sujet de mon royaume, » y est représenté avec un pendant de prix à l'oreille.

A cette époque, la perle était devenue, comme on sait, l'élément principal du bijou de luxe. Lors de la procession qui précéda l'ouverture des Etats-généraux, en 1614, la reine avait, en effet, pour pendant à chaque oreille, selon le *Cérémonial français*, « deux perles en poire d'une grosseur extraordinaire. » Mais bientôt Gilles Légaré, par la publication de son *Livre des ouvrages d'orfèvrerie*, mit en faveur des pendeloques se composant de perles en poire symétriquement appendues à des nœuds d'or où s'enchâssaient des rubis et des émeraudes. Enfin, on sait par une des lettres écrites au *Mercure galant* et datée d'avril 1673, que « la mode des pendants rouges, luisans et taillés à facettes, » devint général durant tout l'été de cette année-là.

Le même luxe se renouvela sous Louis XV ; seulement les perles furent remplacées par les diamants. Cette rénovation artistique a été attribuée à Mᵐᵉ de Pompadour ; mais peut-être serait-il plus juste d'en faire revenir l'honneur à Denis Lempereur, le plus fameux joaillier de cette époque. Wille écrit dans son *Journal*, le 7 janvier 1765 : « J'ai acheté chez M. Lempereur une paire de boucles d'oreilles de diamants brillants, pour en faire présent à ma femme. Elles sont magnifiques et m'ont coûté 2,700 livres. »

Au plus fort de la Révolution, les petites maîtresses, incapables de supporter la privation des parures, avaient adopté des bijoux en cuivre ; mais bien peu ont survécu à ce temps et ceux qui ont échappé au re cour du vrai luxe ont un certain attrait de curiosité. Tes seraient les boucles d'oreilles dites *à la guillotine*. V. BIJOUTERIE (fig. 403). On voit, dans l'*Autographe* du 15 décembre 1864, un spécimen de ce bijou. La note suivante, de M. Chéron de Villiers, n'en désigne pas la matière : « Boucles d'oreilles à la guillotine, portées aux bals de Carrier, à Nantes. Un exemplaire de ce curieux bijou appartient à M. D. C., de Nantes ; il le tient de sa mère, à qui il avait été imposé par Carrier lui-même. » Un autre exemplaire, saisi sur le *chauffeur* Jacques Giraud, prétend l'abbé Valentin Dufour, doit exister aux archives du dépôt judiciaire de Chartres. En effet, les boucles d'oreilles en forme de guillotine, avec une pendeloque *représentant* une tête couronnée et coupée, se trouvent dessinées dans l'ouvrage de M. Chéron de Villiers, intitulé : *Charlotte Corday*. L'auteur les a en sa possession ; elles sont en cuivre rouge. Enfin, une note de M. Vignères, publiée dans le tome IV de l'*Intermédiaire*, donne le renseignement suivant : « J'ai vu, il y a longtemps, chez un amateur dont j'ai oublié le nom, diverses boucles d'oreilles en cuivre (dont plusieurs si longues qu'elles devaient toucher les épaules), des *Equerres*, des *Niveaux rayonnants*, de *Petites guillotines*, des *Potences*, etc., des *Liberté, Egalité* ou *la Mort*; *Liberté, Egalité, Fraternité; République une et indivisible.* » D'autre part, un collaborateur de l'*Intermédiaire* (t. III), assure avoir vu dans la collection d'objets d'art relatifs à la Révolution, organisée par M. Maurin, « des boucles d'oreilles en forme de guillotine, et autres gentillesses de l'époque. Comme il y a plus de vingt-cinq ans de cela, je ne puis me rappeler si elles étaient en or, dorées ou seulement en cuivre, mais autant que ma mémoire me sert, il y avait de l'émail dessus. »

Le premier Empire ramena le luxe des pierreries. Foncier était alors le joaillier à la mode, et c'est lui qui fut chargé de monter les diamants offerts par Junot, lors de son mariage avec Mˡˡᵉ de Peruson. Parmi les joyaux déposés dans l'écrin de la jeune fille qui devait être la duchesse d'Abrantès, nous citerons une paire de boucles d'oreilles en chatons, montée en forme de rose, comme c'était la mode alors. Quelques années après, ainsi que nous l'apprend de Jouy, l'orfèvre Nitot obtint la vogue « pour le dessin et la monture des boucles d'oreilles. »

La Restauration, qui amena la résurrection de l'art, remit en honneur l'émail, si longtemps proscrit dans les joyaux à l'usage de la coquetterie féminine. « On commence, dit en 1834, la *Revue des modes de Paris*, à revoir les bijoux qui offrent presque toujours une heureuse combinaison de l'or et de l'émail, qui enchâssent des turquoises, des émeraudes ou des camées. L'émail et les camées composent également les boucles d'oreilles le plus à la mode ; elles sont généralement de forme longue, mais ce qui en rehausse le prix, c'est le travail de l'artiste uni au dessin du camée. »

Depuis cette époque, le domaine de la bijouterie et de la joaillerie s'est encore agrandi, et la plupart des femmes se font percer les oreilles pour les orner d'anneaux ou de brillants. Aujourd'hui, les hommes n'en portent plus, si ce n'est dans certaines villes de province et dans les campagnes. Mais le beau sexe a conservé et conservera toujours cet usage, en le soumettant, bien entendu, à tous les caprices de la mode toujours mobile et souvent bizarre. « Tantôt, comme l'a dit un contemporain, on les verra ne porter que de simples cercles d'or, ou des boutons d'oreilles sans pendants ; tantôt elles y ajouteront des pendants plus ou moins longs, des formes les plus diverses, avec ou sans pierreries. On peut dire quelle est la mode du jour ; on ne peut prévoir quelle sera celle du lendemain. » — s. b.

Bibliographie : S. Blondel : *Les bijoux des peuples primitifs ;* G. Bartholini : *De Inauribus ;* François Lenormant : *Musée Napoléon, Collection Campana, Les bijoux,* dans la *Gazette des Beaux-Arts* (1863) ; Clément et Saglio : *Catalogue du musée Napoléon III,* ch. Pendants d'oreilles.

BOUCLÉ, ÉE. *Art hérald.* Se dit d'un lévrier ou d'un autre chien dont le collier a une boucle d'un émail particulier, d'un bufle à la gueule duquel pend un anneau d'un émail différent du reste du corps.

BOUCLERIE. Fabrication de boucles ; atelier où l'on fabrique des boucles.

BOUCLIER. 1° Arme défensive que les gens de guerre portaient au bras gauche, et qui servait à préserver le corps des coups de l'ennemi.

— Les premiers boucliers furent d'abord tressés avec de l'osier ou faits de bois légers, puis de cuirs de bœuf garni de lames de métal. Au temps des croisades, le bouclier se couvrit d'armoiries et prit le nom d'*écu ;* plus tard, on lui donna le nom de *rondache* ou *rondelle,* à cause de sa forme arrondie. Il a été abandonné depuis l'invention des armes à feu. — V. Armure.

‖ 2° *T. techn.* Appareil composé de châssis en fonte ou en bois, qui sert à soutenir les terrains ébouleux dans les travaux souterrains.

* **BOUDET** (Félix), pharmacien-chimiste, né à Paris, le 22 mai 1806 et mort le 8 avril 1878. Docteur ès-sciences, secrétaire de la *Société de secours des amis des sciences,* membre de l'Académie de médecine, etc. Boudet fut un travailleur infatigable. Il a publié un grand nombre de travaux et de mémoires. C'est à lui qu'est due la découverte de l'*élaïdine* et de l'*acide élaïdique,* d'un principe du sang appelé la *sérotine ;* en collaboration avec M. Boutron, il inventa une méthode d'analyse des eaux potables, connue sous le nom d'*hydrotimétrie.* Rappelons encore ses

recherches sur l'altération des eaux de la Seine par les égouts, et un grand nombre de Rapports de pharmacie pratique, présentés, soit au Conseil d'hygiène, soit à l'Académie.

BOUDIN. *T. de filat.* Nom donné à la préparation confectionnée par la carde boudineuse ; on applique souvent au boudin le nom des défauts qu'il renferme, ainsi on dit du *boudin plaqué,* quand il contient des plaques ; du *boudin matté,* quand son travail présente des mattes, etc. — V. Cardage. On donne aussi le nom de *boudin* à la préparation du métier à filer, destinée à faire du *surfil.* — V. Surfilage. ‖ 2° *T. techn.* On donne ce nom à des spirales de fil de fer ou de laiton dont on utilise l'élasticité pour faire des ressorts, dits *ressorts à boudin ;* ils ont une grande force. ‖ 3° *T. d'arch.* Moulure ronde qui décore les archivoltes, les arcs doubleaux, les bandeaux, etc. ; gros cordon de la base d'une colonne qu'on nomme aussi *tore.* ‖ 4° *T. de mét.* Bouvet d'ébéniste qui sert à pousser des moulures rondes qui portent aussi le nom de *boudins.* ‖ 5° *T. de chem. de fer.* Saillie qui entoure en dedans la jante d'une roue de vagon. — V. Bandage.

* **BOUDINAGE.** *T. de filat.* Action de boudiner le fil de lin ou de soie ; c'est le terme employé dans le travail de laine cardée pour désigner la bonne ou mauvaise façon du boudin confectionné par la carde : *beau boudinage, vilain boudinage.*

BOUDINE. *T. de verr.* Bosse de verre de forme circulaire que présentent les feuilles de verre au milieu d'un plateau.

* **BOUDINER.** *T. de filat.* C'est faire subir une légère torsion le fil de lin ou de soie avant de le mettre sur la bobine.

* **BOUDINEUSE.** *T. de filat.* Troisième machine de l'assortiment, c'est la finisseuse du travail concernant le cardage. La boudineuse, ainsi que l'indique son nom, produit le boudin destiné à confectionner le fil ; on dit aussi *bobinoir.* — V. Assortiment, Cardage, Carde.

BOUÉE. Les bouées partagent avec les *balises* le soin de signaler les dangers dont certaines côtes sont semées ; elles servent encore, comme celles-ci à jalonner le chemin que doit suivre un navire pour atteindre son atterrissement ou son ancrage, soit en pleine rade, soit dans un port, soit dans les rivières navigables. Ce sont des appareils flottants qui ont généralement l'apparence d'une gigantesque toupie, quoique les formes des bouées soient assez variées ; car l'expérience ne paraît pas avoir prononcé encore sur celle qui est la plus convenable. Autrefois, toutes les bouées étaient en bois, et il y en a même encore un grand nombre sur plusieurs points de notre littoral. Quelques-unes portent des *voyants* et constituent ce que les Anglais appellent des *beacon-buoys.*

Leur charpente intérieure est exécutée en chêne, à l'exception de l'axe qui est en orme ; la mâture et les douves sont en sapin du Nord. Elles sont entourées d'une ceinture en chêne, à peu près à hauteur de la ligne de flottaison, et elles sont doublées en cuivre au-dessous. Elles sont maintenues par des corps morts en fonte, du poids moyen de 1,000 kilogrammes et par des chaînes de 0^m,030 de diamètre (fig. 514).

Des bouées d'un autre genre sont aujourd'hui plus communément employées. Celles-ci ont 1^m,50 de diamètre au sommet, sur 2^m,80 à 3 mètres de longueur. Elles sont disposées de manière à servir à la fois au balisage et à l'amarrage. Leur axe en bois est traversé, à cet effet, par une tige en fer rond, de 0^m,03 de diamètre, qui porte à son extrémité inférieure l'œil qui doit saisir la chaîne.

Ces bouées s'inclinent d'une manière très prononcée, et ne sont pas aussi visibles que la bouée-balise; mais elles suffisent très bien dans les

Fig. 514. — Bouée en bois de l'entrée de la Gironde.

passes intérieures, et elles ont l'avantage d'être fort économiques.

D'autres bouées sont encore employées pour l'amarrage des petits bâtiments par faible profondeur d'eau. Elles sont de forme carrée, de 1 mètre de côté sur 0^m,80 de hauteur. Tous ses angles sont arrondis. Des boîtes en zinc sont placées dans les compartiments vides de ces bouées, afin de s'opposer à l'introduction de l'eau.

Les bouées métalliques qui ont été adoptées pour notre littoral sont de différents modèles. Mais c'est toujours la forme hémisphérique par le bas, conique dans la partie qui émerge, qui est la plus employée. On la préfère, parce que c'est celle qui, à surface égale, enveloppe le plus grand volume, et réduit, par conséquent, à un minimum la surface inutile à la visibilité. En outre, le flotteur est stable, pourvu que son centre de gravité soit un peu au-dessous de celui de la sphère. Enfin, la forme sphérique pour la partie flottante offre moins de résistance à l'action des vagues que la plupart de celles auxquelles on pourra t

être tenté de s'arrêter et de plus elle est très facile à exécuter. Le sommet du cône tronqué est surmonté par un voyant dont les dispositions varient. L'objet de cet appendice est d'augmenter la portée, et surtout de donner à la bouée un caractère distinctif, qui vient s'ajouter à ceux que déterminent les couleurs et les inscriptions.

Les formes les plus habituelles des voyants sont celles de la sphère, de cônes simples ou doubles à génératrices droites ou courbes et de rectangles ou de triangles pleins ou diversement évidés se croisant à angle droit.

Les bouées sont classées, suivant leurs dimensions, en bouées n° 1, bouées n° 2 et bouées n° 3.

La bouée n° 1 a 2^m,40 de diamètre sur 3^m,20 de hauteur de coffre; le sommet de son voyant domine de 4 mètres environ la ligne de flottaison. Le poids moyen d'une bouée n° 1 est de 2,000 kilogrammes environ, le lest non compris, mais avec la manille.

La bouée ordinaire n° 2 présente les mêmes dispositions générales et les mêmes formes que la précédente; seulement elle est de moindre dimension. Elle a 1^m,80 de diamètre sur 2^m,50 de hauteur de coffre. Le sommet de son voyant est à 3^m,30 de la ligne de flottaison moyenne. La tôle a 0^m,007 d'épaisseur dans la partie sphérique et 0^m,004 au-dessus.

Le poids moyen de ces bouées est de 1,000 kilogrammes avec la manille, sans le lest.

La bouée n° 3 est employée partout où il n'est pas nécessaire d'avoir une forme très apparente et où la profondeur d'eau n'est pas grande. Elle a 1^m,50 de diamètre sur 2 mètres de longueur, ne porte pas de voyant, est construite en tôle de 0^m,006 par le bas et de 0^m,004 par le haut. Elle n'a pas de lest. Une de ces bouées pèse 540 kilogrammes.

La bouée à cloche qui est la plus répandue sur notre littoral est une variété. Elle sert à signaler les écueils en temps de brume et elle consiste en un coffre que surmonte une armature en fer sur laquelle sont fixées des lattes en bois de 0^m,01 d'épaisseur, qu'enveloppe une feuille de tôle à leur partie supérieure. Dans l'intérieur de l'armature est une cloche en bronze avec marteaux mobiles, et le sommet est couronné par un voyant au-dessus duquel s'élève un prisme triangulaire garni de miroirs. L'enveloppe ne descend pas jusqu'au pied des montants, afin de laisser libre passage aux lames qui viennent déferler sur le coffre. Les miroirs ont pour objet de renvoyer par réflexion les rayons émanés du soleil ou des phares voisins. Ils sont encadrés en bronze. Le coffre de la bouée a généralement 2^m,40 de diamètre sur 1^m,70 de hauteur. Le sommet du prisme domine de 4 mètres la ligne de flottaison (fig. 515).

Le poids moyen des bouées de cette espèce peut être évalué à 2,200 kilogrammes avec manille, le lest non compris.

Les bouées en forme de bateau ont l'avantage d'offrir moins de prise aux courants, et de pouvoir facilement être remorquées pour être mises en place ou pour être ramenées au port. Seulement elles coûtent assez sensiblement plus cher. Le coffre de la bouée reçoit alors des formes fines et stables, et il est muni d'un gouvernail, près du milieu de la longueur du bateau.

Les bouées étrangères diffèrent peu des nôtres, néanmoins celles qu'ont imaginées M. Courtenay, de New-York et MM. Pintsch et Pischon, de Londres, la bouée qui siffle et la bouée qui éclaire, méritent une mention particulière.

L'invention de M. Courtenay est basée sur l'application des lois de la pesanteur à celles qui régissent le mouvement des vagues. Sans entrer dans la théorie, rappelons que la profondeur à laquelle l'eau est encore agitée est à peu près égale à la hauteur de la vague mesurée du creux à la crête ; par conséquent, une vague ayant 3 mètres de hauteur et 9 à 10 mètres de long,

agitera l'eau seulement jusqu'à 3 mètres environ de la surface ; à une profondeur égale à la longueur de la vague, il reste pourtant encore une légère agitation, qu'on peut évaluer à 1/54 de celle de la surface. Ce principe admis, on comprendra facilement qu'un cylindre creux étant immergé jusqu'à une profondeur plus grande que la hauteur des vagues dans une eau agitée, l'eau qui y pénétrera n'atteindra pas le niveau des vagues, mais seulement le niveau moyen qui est à mi-hauteur. Par suite, alors que les plus lourdes lames déferleront autour du cylindre, la surface du liquide, à l'intérieur, ne changera pas, malgré l'élévation ou la dépression des eaux environnantes, le cylindre creux s'enfonçant dans l'eau à une profondeur excédant la hauteur de la lame.

Considérant ce cylindre comme immobile, le

Fig. 515. — *Bouée à cloche.*

niveau du liquide se maintiendra constant en B, et la partie inférieure restera en pleine eau ; les vagues ne produiront aucun effet sur la colonne d'eau enfermée. Si, maintenant, on suppose le cylindre fixé à la partie inférieure d'un flotteur C, lequel reste à la surface s'élevant et s'abaissant à chaque ondulation, on aura une colonne immobile entourée d'une enveloppe mobile, en d'autres termes, un cylindre mobile et un piston fixe, au moyen duquel l'air sera comprimé en raison de la force des vagues. On remarquera que le tube A monte jusqu'au sommet de la bouée où un puissant sifflet se trouve placé. Entre le diaphragme D et la plaque fermant le cylindre au sommet de la bouée, s'étendent deux tubes EE, ouverts dans le haut et portant, en bas, des soupapes évasées. Un tube central F, part du diaphragme et se termine au sifflet.

Supposons que l'appareil soit porté de la position où le diaphragme D est juste au-dessus du niveau moyen, comme dans la figure 516, au som-

met de la vague, l'espace compris entre le niveau constant B et le diaphragme augmentera considérablement, et l'air sera chassé dans les tubes E, de manière à les remplir. Maintenant, que l'instrument descende dans le creux de la vague, le diaphragme pressera naturellement le piston d'eau, et l'air comprimé, ne pouvant s'échapper des tubes E, sera chassé à travers le tube central F, et mettra ainsi le sifflet en jeu.

Il est évident que toute modification dans la surface de l'eau produira un pareil effet, une boule allongée aussi bien qu'une lame courte ; mais on comprend que, plus creuse sera la lame, plus long sera le son. Ainsi, par exemple, avec des lames de 2m,50 de profondeur déferlant au nombre de huit par minute ; on aura des sons en quantité égale. Avec des vagues de 6 mètres au nombre de quatre par minute, on obtiendra quatre sons. S'il se produit quelques différences dans les intervalles, la force du coup de sifflet sera la même, dans tous les cas, car elle dépend uniquement du poids de la bouée et de la longueur du tube.

On a ainsi, en résumé, les moyens de déterminer mathématiquement les dimensions et les proportions de l'instrument destiné à produire un effet déterminé. D'un autre côté, la résistance présentée par le piston d'eau, égale la pression d'une colonne d'eau de profondeur semblable. Connaissant la pression nécessaire par centimètre carré pour mettre en jeu le sifflet, on mettra en rapport la longueur du tube. Pour comprimer l'air, on a le poids total de l'appareil appliqué à la surface du diaphragme. La présence de l'eau dans le tube est la preuve de la pression exercée. car si la force expansive de l'air excédait la résistance de la colonne, l'eau serait naturellement chassée par le fond. Ayant donc fixé cette pression désirée, un simple calcul fondé, comme nous le disions tout à l'heure, sur les lois de la pesan-

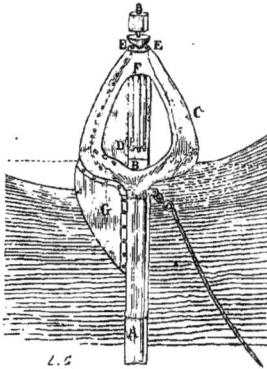

Fig. 516. — *Bouée à sifflet.*

teur spécifique, suffira pour établir le poids et les proportions de l'appareil.

Ajoutons que cette bouée est fixée au moyen d'une chaîne à une ancre convenable, et que le gouvernail empêche la bouée de tourbillonner et sa chaîne de s'enrouler. Lors des expériences son sifflement a été entendu à 9 milles sous le vent, à 3 milles au vent, et à 6 milles vent de travers, soit dans un rayon de 3 milles 3/4 environ. Les Américains se montrent très satisfaits de celles qu'ils ont posées sur leurs côtes.

La bouée éclairante de MM. Pintsch et Pischon n'est pas moins originale. Elle consiste simplement en un récipient rempli de gaz, dont ils sont les inventeurs et qui comprimé sert, depuis quelques années, à l'éclairage des vagons de plusieurs lignes de chemins de fer anglaises et allemandes. Celles que le gouvernement anglais a fait construire pour le service des côtes sont en tôle de fer capable de supporter une très haute pression. A la partie supérieure de la bouée est un fort tuyau droit d'une certaine longueur qui sert en même temps de conduite de gaz et de support pour l'appareil éclairant. Ce tuyau est en communi-

cation avec le brûleur au moyen d'un petit tuyau; un régulateur est interposé dans l'enveloppe afin de réduire la pression du gaz, de son passage du corps de la bouée à sa sortie du brûleur, d'où il doit arriver à la lampe avec sa pression ordinaire. La bouée est percée à sa partie supérieure d'une ouverture circulaire fermée par une soupape d'arrêt à laquelle on peut attacher provisoirement un emmanchement flexible qui conduit au réservoir de gaz sous pression placé dans une embarcation; on peut ainsi charger la bouée quand il le faut.

Du régulateur, le gaz passe au brûleur en traversant un robinet commandé du dehors de l'enveloppe. La partie supérieure de la lanterne est fermée par un couvercle à charnières qui repose sur l'armature supérieure de l'enveloppe et qui laisse des passages suffisants pour l'évacuation des produits de la combustion; en outre, l'air extérieur entrant par l'espace annulaire compris entre les glaces et les lentilles arrive à la lampe au-dessous du brûleur. Celui-ci est surmonté d'une cheminée qui conduit à la cheminée principale du couvercle de la lanterne, garanti au sommet par un écran et un rebord horizontal qui le met à l'abri du vent et des embruns. La valve du régulateur est indépendante de la position de la bouée; elle est réglée par un ressort de telle façon que quand la lampe s'incline, le ressort la maintient ouverte.

On a cherché à munir les bouées lumineuses d'appareils électriques pour n'allumer les lampes que du coucher au lever du soleil, mais on a constaté que l'économie qui en résulterait ne compenserait pas les dépenses d'établissement du matériel nécessaire. On laisse donc les bouées allumées nuit et jour, car les plus fortes lames n'ont pu les éteindre. Les bouées actuellement en construction devront brûler pendant quatre mois environ, et l'on se propose d'en faire de dimensions supérieures pour les points d'un abord difficile.

L'usage de ces bouées va donc permettre d'éclairer et de baliser à bas prix certains passages et certains ports qui ont été négligés jusqu'à ce jour. Une autre application et non la moins importante, c'est l'emploi de ces appareils dans la pose des câbles télégraphiques; quand, par la force du temps, on sera obligé de couper le câble, on y attachera une bouée lumineuse qui servira pendant la nuit de point de repère au bâtiment.

Une lampe du système Pintsch et Pischon ne brûle, d'après les estimations faites, que de 30 à 60 centimes de gaz par vingt-quatre heures. Quant à ce gaz, sa fabrication est des plus simples; on l'obtient avec des résidus d'huile de schiste ou toutes autres matières grasses que l'on peut se procurer à bon compte.

Des pompes le refoulent dans des caisses *ad hoc* jusqu'à dix atmosphères. Cette haute pression ne le rend pas moins stable; il ne se condense pas dans les tuyaux et ne laisse aucun dépôt. La pompe de compression est à deux cylindres : dans le premier, le gaz est comprimé à $4^k,2$ par centimètre carré, et il n'acquiert sa densité finale que dans le deuxième où la pression s'élève à 10^k,56.

Disons, en terminant, quelques mots sur la façon dont on amarre les bouées et sur leur coloration. Cet amarrage dépend des circonstances locales, et, par suite, varie en quelque sorte à l'infini. En ce qui concerne les chaînes, elles doivent être naturellement d'autant plus fortes que les bouées offrent plus de prise et sont mouillées par de plus grosses mers. D'ailleurs les chaînes adoptées sont toujours beaucoup plus solides qu'il ne serait nécessaire, parce qu'on ne veut pas être obligé de les remplacer à des intervalles trop rapprochés; leur diamètre est tel qu'il peut être réduit de près de 0^m,008 avant qu'il soit urgent de les remplacer. Les chaînes sont formées de tronçons qui se réunissent au moyen de manilles ou menottes. Il est admis que la chaîne de retenue d'une bouée doit avoir environ trois fois la profondeur d'eau à haute mer. Il faudrait cependant plus de touée dans un endroit où les lames s'élèveraient à une grande hauteur comparativement à la profondeur, et moins s'il fallait apporter beaucoup de précision dans l'indication de l'écueil et s'il s'agissait de baliser un chenal de faible largeur.

Les corps morts auxquels sont fixées les bouées varient beaucoup, sous le rapport de la forme et sous celui du poids. Sur les fonds de sable, on a recours habituellement à des corps morts en fonte. Tantôt l'œil que saisit la chaîne est venu à la fonte; tantôt, il est en fer forgé et noyé en partie dans la matière en fusion. Dans ce cas, le poids du corps mort varie de 400 à 1,200 kilogrammes. Le même système a été employé avec succès sur des fonds de roche balayés par de forts courants, mais à la condition d'une augmentation notable dans les poids. On a dû aller jusqu'à 3,000 kilogrammes pour les bouées de la grande rade du Havre. L'ancre à champignon des Anglais (*ancre mushroom*), convient mieux que le simple culot, et permet de réduire le cube de la matière employée. On utilise aussi de vieilles ancres de rebut dont on rabat une patte sur la verge. Le poids de ces ancres varie, suivant les circonstances, de 300 à 1,000 kilogrammes. L'affourchement sur deux ancres est recommandé sur les fonds de roche et par de forts courants. Il a été adopté sur plusieurs points de notre littoral. Les ancres sont alors du poids de 500 à 600 kilogrammes et la chaîne d'affourche a de 90 à 100 mètres de longueur. Presque toutes les bouées d'amarrage sont affourchées sur deux ancres; mais on a parfois recours encore à d'autres systèmes.

La vis Mitchell est avantageusement employée sur les fonds de sable ou d'argile compacte. Dans le bassin de Saint-Nazaire on a adopté des corps morts en fonte très plats, creux en dessous et tellement adhérents sur le fond, bien qu'ils ne soient pas recouverts habituellement de plus de 0^m,20 de vase, que, pour les changer de place, on est obligé de les soulever en les saisissant par l'une des boucles latérales. Leur poids est évalué à 5,350 kilogrammes.

La coloration des bouées ou balises est régie par une loi très nette.

Tous ceux de ces ouvrages que les navigateurs doivent laisser à tribord en venant du large, sont rouges avec couronne blanche au-dessous du sommet; ceux qui doivent être laissés à bâbord sont noirs; ceux que l'on peut laisser indifféremment de l'un ou de l'autre côté sont peints en bandes horizontales, alternativement rouges et noires. Cette coloration n'est appliquée sur les balises qu'à partir du niveau des plus hautes mers; au-dessous de ce niveau, elles sont peintes en blanc.

Les couleurs peuvent être uniformes ou distribuées suivant divers dessins se détachant sur fond blanc, tels que damiers, losanges, bandes verticales ou horizontales, de manière à prévenir les méprises.

Les bouées d'appareillage sont blanches.

Sur chaque bouée ou balise est écrit le nom du banc ou de l'écueil qu'elle signale, et l'on donne, en outre, une suite de numéros à ceux de ces ouvrages qui appartiennent à une même passe. Ces numéros commencent du côté du large et les numéros pairs sont affectés aux bouées et balises que le navigateur venant du large doit laisser à tribord, les numéros impairs aux bouées et balises qu'il faut laisser à bâbord. Enfin, les petites têtes de roche, situées sur des passages fréquentés, peuvent être peintes de la même manière que les balises; toutefois, l'on se borne alors à en peindre la partie la plus apparente, lorsqu'elles présentent une surface plus considérable qu'il n'est nécessaire pour être nettement aperçues. — V. BALISAGE. — R.

* BOUELLE ou **BOUELLILLON**. *T. de filat.* On nomme ainsi certaines défectuosités qui se rencontrent quelquefois dans les filés. Ce sont des grosseurs occasionnées par des petites pelotes de laine enfermées dans le fil et produites par un cardage défectueux.

* BOUEMENT. *T. de menuis.* Assemblage dont les parties unies sont assemblées carrément à tenon et à mortaise, et dont les moulures sont à onglets. Ce terme est peu usité.

BOUEUX, EUSE. En *T. de mét.*, on dit des ouvrages mal faits, mal finis qu'ils sont boueux, ainsi on qualifie de *boueuse*, une sculpture mal réparée, une maçonnerie mal ragréée, une menuiserie mal profilée; une *estampe boueuse* est celle qui a été tirée sur une planche mal épongée, et où il est resté du noir entre les hachures; une *impression boueuse* est celle dont l'encre s'étend et tache le papier; on dit aussi *bavochée*. || Dans la marine, on appelle *ancre boueuse* ou *de toue*, la plus petite des ancres.

* BOUGE. 1° *T. de cisel.* Sorte de ciselet. || 2° *T. de tonnel.* La partie la plus renflée et la plus grosse d'un tonneau. || 3° *T. de charon.* La partie la plus élevée du moyeu d'une roue.

BOUGEOIR. Espèce de chandelier bas de corps, avec un pied en forme de coupe qu'on porte au moyen d'un manche ou d'un anneau.

BOUGIE. La bougie est avec la chandelle la seule matière solide employée à l'éclairage. Une bougie se compose d'une matière plus ou moins grasse, fusible à basse température, moulée en forme de cylindre, dans l'axe duquel se trouve une mèche poreuse, généralement en coton.

La lumière y est produite par la combustion de la matière grasse liquéfiée, puis transformée en gaz par la chaleur même de la flamme.

Dès que la mèche d'une bougie est enflammée, la chaleur fait fondre progressivement la matière dont est composée la bougie. Comme dans une lampe, cette matière monte dans la mèche, par l'effet de la capillarité et se transforme en gaz qui s'enflamme pour produire la lumière.

Pour obtenir une bougie de bonne qualité, le fabricant a donc deux points à envisager : la nature de la matière à brûler, la nature de la mèche les deux réunies doivent procurer la lumière désirée. — V. FLAMME.

Il existe plusieurs sortes de bougies : la *bougie de cire*, d'une grande ancienneté, mais dont l'emploi va chaque jour en diminuant, la *bougie de blanc de baleine*, qui se trouve dans les mêmes conditions ; et la *bougie stéarique*, formée d'acide stéarique extrait des suifs, des graisses diverses et des huiles de palme, est celle dont on fait généralement usage.

On emploie aussi en Allemagne et en Angleterre des bougies formées de paraffine.

HISTORIQUE. L'industrie stéarique est d'origine toute française, c'est à nos savants, à nos constructeurs et à nos industriels que sont dus les perfectionnements successifs à l'aide desquels la stéarinerie est devenue une industrie de premier ordre. — V. STÉARINE.

Cette industrie ne date que de 1830 ; elle s'est ensuite répandue dans le monde entier et y a pris un développement considérable.

C'est aux travaux de Chevreul, Braconnot, Gay-Lussac, Cambacérès. Dubrunfaut, Frémy, Melsens, Tilghman que nous sommes redevables des procédés employés. Mais les données des savants ne suffisent pas toujours pour créer une industrie, il faut y joindre l'application manufacturière, qui souvent présente autant de difficultés que la découverte scientifique. A ces noms illustres, ajoutons ceux de MM. de Milly, Motard, etc., etc.

C'est en 1813, que M. Chevreul publia son premier travail sur les corps gras d'origine animale. On y trouve le germe fécond qui devait donner plus tard naissance à l'industrie stéarique.

En 1825, Chevreul et Gay-Lussac prennent divers brevets pour l'application industrielle des données scientifiques décrites par eux.

L'examen de ces brevets témoigne des prévisions justes des inventeurs.

Si la plupart des procédés qu'ils indiquent sont restés sans application industrielle, un grand nombre, au contraire, modifiés par expérience, sont encore la base fondamentale des opérations qu'on exécute aujourd'hui pour extraire l'acide stéarique des matières grasses animales ou végétales.

Avant Chevreul, Braconnot avait déjà indiqué que les matières grasses pouvaient se séparer en deux parties, l'une solide, l'autre fluide ou liquide suivant la température, c'est-à-dire en *stéarine* (de *stear*, dur, en grec), en *margarine* et *oléine*.

Chevreul démontra que la *stéarine*, la *margarine*, l'*oléine* et tous les produits analogues devaient être considérés comme des sels organiques renfermant une base

identique pour tous : la *glycérine*, et que le suif des animaux n'était qu'un composé de stéarate, de margarate et d'oléate de glycérine, c'est lui qui découvrit que leur décomposition ou dédoublement en acides stéariques, margariques, oléiques et en glycérine pouvait s'accomplir sous l'influence d'une saponification alcaline. Nous verrons plus loin que ce dédoublement peut se produire également sous l'influence des acides et même de l'eau à haute température.

Cambacérès, aidé des conseils de Chevreul et de Gay-Lussac, tenta le premier la fondation d'une fabrique de bougie stéarique, qu'il abandonna après quelques mois d'essais infructueux. C'est à lui que revient l'idée de la mèche tressée actuellement en usage ; malheureusement, sa mèche préparée à l'acide sulfurique était cassante, et se détruisait d'elle-même dans la bougie qui devenait alors presque incombustible.

C'est seulement après un délai de six ans, que nous voyons MM. A. de Milly et Motard, tous deux jeunes docteurs en médecine, fonder à Paris, à la barrière de l'Etoile, une petite fabrique d'acide stéarique et donner à leur bougie le nom de *bougie de l'Etoile*, marque encore si appréciée aujourd'hui. Peu après, vers 1840, cette industrie avait déjà pris une extension considérable et l'on peut citer après de Milly et Motard, les noms de Petit et Lemoult et de Benoît Droux qui, les premiers, fondèrent à Paris de grandes usines pour la fabrication des bougies stéariques. Cambacérès employait la potasse et la soude pour opérer la saponification, puis l'alcool pour obtenir la séparation de l'acide stéarique, ce qui en rendait le prix de revient trop élevé ; de Milly et Motard, au contraire, parvinrent à saponifier au moyen de la chaux, alcali à bas prix, facile à éliminer par un acide puissant et de peu de valeur : c'est de ce fait que date donc la véritable création industrielle de la bougie stéarique.

Plus tard, MM. Frémy, Dubrunfaut et d'autres chimistes prouvèrent que le dédoublement des matières grasses en acides gras et en glycérine pouvait se faire aussi bien par une réaction acide que sous l'influence d'une réaction alcaline, c'est de là que sont dérivés les procédés de saponification sulfurique, mais en même temps que le dédoublement, avait lieu la production de matières noires goudronneuses et charbonneuses. Ces inventeurs ont dû faire suivre la saponification sulfurique, d'une distillation des acides gras pour les obtenir à l'état pur.

Enfin, vers 1854, Melsens, Berthelot et Tilghman reconnurent que l'eau seule, à haute température, et par conséquent sous pression considérable, opérait également la séparation des matières grasses neutres, en acides gras et en glycérine.

On obtient donc aujourd'hui l'acide stéarique dont est formée la bougie, à l'aide de trois procédés distincts.

La *saponification calcaire*, avec plus ou moins de chaux en vase libre ou en vase clos.

La *saponification sulfurique* suivie de distillation.

La *décomposition aqueuse*, dont l'emploi va de jour en jour en diminuant. M. de Milly a combiné ensemble les deux procédés de saponification calcaire et de décomposition aqueuse, de telle sorte, qu'il n'existe plus aujourd'hui que deux qualités d'acide stéarique :

Celui dit de *saponification* et celui dit de *distillation*.

STATISTIQUE. D'après la statistique dressée par le gouvernement, en 1873, il existe en France 156 fabriques de bougies stéariques, réparties dans 43 départements et ayant produit, en 1873, 30,257,900 kilogrammes d'acide stéarique, représentant à cette époque une valeur d'environ 50 millions de francs.

Il faut remarquer que sur les 156 fabriques énumérées dans le travail qui a servi de base à la fixation de l'impôt, qui frappe aujourd'hui si malheureusement cette industrie nationale, environ cinquante seulement traitent les matières grasses pour les transformer en acides stéarique, oléique et en glycérine, et que les autres ne sont que des établissements de peu d'importance dans lesquels on n'exécute que le moulage en bougies de l'acide stéarique produit dans les autres usines.

En 1873, ces 156 fabriques employaient environ 3,000 ouvriers et d'après la statistique seulement 1,200 chevaux-vapeur. Il y a là une erreur évidente, car ces usines emploient au moins 8,000 chevaux-vapeur.

Le département de la Seine entre à lui seul pour 1/5 dans la production totale. Viennent ensuite, par ordre d'importance, ceux du Rhône, de l'Hérault et des Bouches-du-Rhône. En 1873, l'exportation des produits stéariques s'est élevée à une valeur de plus de 7 millions de francs.

Depuis cette époque, la stéarinerie a eu à subir une crise, qui non seulement en a arrêté le développement en France, tandis qu'elle a pris une extension considérable à l'étranger, mais a atteint considérablement son existence.

L'acide stéarique en nature, comme les bougies stéariques, est aujourd'hui frappé d'un impôt fiscal de 30 francs par 100 kilogrammes. Si l'on ajoute à cet impôt énorme, les droits d'octroi des villes, il se trouve qu'un paquet de bougies de 500 grammes, ayant une valeur réelle de 70 à 75 centimes, est augmenté d'un impôt de 15 centimes au profit du trésor, d'un impôt souvent égal perçu à titre de droit d'octroi par les villes, cet impôt est de 15 centimes au paquet pour Paris ; c'est donc, en total, une industrie qui supporte un impôt de 30 0/0, tandis que les autres modes d'éclairage sont affranchis de toutes charges.

A l'étranger, la stéarinerie a pris une grande extension et comme elle peut se développer sous le régime de liberté commerciale, il est à craindre que l'importance des usines étrangères ne dépasse bientôt celle de nos usines nationales, les quantités que nous exportons vont d'ailleurs sans cesse en diminuant.

A ces conditions défavorables pour la stéarinerie française, il faut ajouter que certaines contrées, telles que la Belgique, la Hollande et l'Angleterre se trouvant en présence de la houille, de la main-d'œuvre, des transports à bas prix, peuvent arriver à fabriquer à des prix de revient inférieurs aux nôtres, et amènent sur les marchés d'exportation d'énormes quantités de produits fabriqués, souvent de qualité secondaire, mais qui font néanmoins à nos usines une concurrence redoutable, aussi la stéarinerie française ne pourra-t-elle se soutenir que par la supériorité de ses produits.

Matières premières. On extrait l'acide stéarique des suifs des animaux et des huiles de palme.

L'Europe ne produit pas assez de suifs pour sa consommation, nos marchés sont alimentés par les suifs de la Plata, qui sont de première qualité, par ceux d'Australie et ceux des Etats-Unis. — V. SUIFS.

La Russie fournissait jadis de grandes quantités de suifs à la France, à l'Angleterre et à l'Europe centrale ; depuis que l'industrie stéarique s'y est développée, les exportations de suifs russes sont aujourd'hui presque nulles.

Une nouvelle industrie, celle de l'oléo-margarine, a pris dans ces dernières années, aussi bien en Europe qu'aux Etats-Unis, une telle importance, que la production du suif destiné aux usages industriels va chaque jour en diminuant. Les suifs frais sont traités à basse température, soumis à une pression lente qui chasse l'oléo-margarine destinée à la fabrication du beurre (V. BEURRE) et laissent comme résidus une matière dite *suif pressé*, riche en acide stéarique, mais dont la

quantité est assez faible, ce qui diminue considérablement la matière première jadis livrée à la fabrication des bougies.

Les suifs seuls peuvent être traités par les procédés de fabrication dits de *saponification*, et donnent les meilleures bougies.

On extrait encore l'acide stéarique des graisses inférieures de toutes natures, et surtout de l'huile de palme provenant de la côte d'Afrique, et dont la production est pour ainsi dire illimitée.

Ces matières grasses sont traitées toujours par les procédés de réactions acides, suivies de la distillation des acides gras.

Les bougies obtenues sont inférieures à celles produites par les suifs traités par la saponification.

D'autres matières grasses végétales, telles que les huiles d'Illipé, le suif végétal, la cire végétale, l'huile de ricin, l'huile de coco, l'huile de palmiste, sont quelquefois employées à l'état de mélanges, mais on peut considérer qu'il n'existe que deux matières grasses employées pour la fabrication des bougies stéariques : les suifs des graisses d'animaux et les huiles de palme.

On reconnaît la qualité des suifs et des huiles de palme au degré de solidification des acides gras qu'ils fournissent.

L'acide gras d'un suif pur ordinaire doit se solidifier à 44° ou 45°. — V. SUIF.

FABRICATION. Les matières grasses neutres, animales ou végétales contiennent toutes les divers acides gras, acides stéariques, palmitiques, margariques, oléiques, etc., à l'état de combinaisons avec la glycérine.

La première opération a donc toujours pour but, quel que soit le procédé employé, la transformation des matières neutres en acides gras et la séparation de la glycérine.

Parmi ces acides gras, ceux plus ou moins solides doivent ensuite être séparés de ceux liquides. Les premiers sont ensuite transformés en bougies, ceux liquides sont employés à divers usages et notamment à la fabrication des savons. — V. SAVON.

Divers procédés sont aujourd'hui en usage, de nombreux appareils sont employés ; nous allons les examiner successivement, en laissant de côté tous ceux qui n'ont pas trouvé d'emploi utile.

Nous aurons donc à étudier :

1° La transformation des matières grasses neutres en acides gras ;

2° L'extraction de la glycérine ;

3° La séparation des acides gras en acides concrets et en acides gras liquides, au moyen de puissantes presses hydrauliques ;

4° La transformation de l'acide stéarique et des acides gras solides en bougies ;

5° Les diverses opérations accessoires pour l'utilisation des résidus.

Généralement, le fabricant de bougies stéariques n'a pas à se préoccuper de la fonte des suifs en branches, ceux-ci arrivent à son usine en pains ou en fûts, débarrassés des membranes animales, c'est ce qu'on nomme dans le commerce suif fondu. — V. SUIF, § *Fonte des suifs.*

Quant aux huiles de palme, elles ne parviennent jamais en Europe qu'à l'état d'huile solide, plus ou moins mélangée de matières terreuses et d'eau. — V. HUILE DE PALME.

Les suifs sont aujourd'hui exempts de droits de douane à l'importation en France.

Les huiles de palme sont tarifiées à raison de 1 fr. 04 par 100 kilogrammes, de droit fixe, quand il s'agit d'importation directe.

Celles en provenance des entrepôts paient 4 fr. 20 par 100 kilogrammes, le tout calculé sur le poids brut.

Nos exportations donnent en moyenne pour les trois années 1878, 1879, 1880, d'après le tableau du commerce général publié par l'administration des douanes :

48,000,000 de kilogrammes pour les suifs.
28,000,000 de kilogrammes pour les huiles de palme.

Transformation des matières grasses neutres en acides gras. Trois modes de fabrication sont aujourd'hui industriellement en usage :

1° La saponification par la chaux, en vase clos;
2° La décomposition sous l'influence de l'eau à haute température;
3° La saponification ou acidification sulfurique suivie de la distillation.

La saponification par la chaux est le procédé le plus universellement employé, c'est le plus ancien et c'est celui qui fournit les produits de meilleure qualité.

Trois procédés sont encore en usage, la saponification en cuve ouverte avec 14 0/0 de chaux; la saponification en vase clos, sous moyenne pression avec 10 0/0 de chaux. Tous deux tendent cependant à disparaître en raison de leur coût élevé et sont presque généralement remplacés par la saponification, dans les autoclaves en cuivre, avec ou sans agitation, à l'aide de 3 0/0 de chaux et de la vapeur sous une pression de 8 à 10 kilogrammes par centimètre carré.

La saponification est la base de toutes les opérations ayant pour but la fabrication des acides gras. C'est l'opération la plus importante de toutes, et celle dont dépendra le succès des suivantes.

1er *Procédé.* SAPONIFICATION EN VASE OUVERT. Pour saponifier 2,000 kilogrammes de suif on commence par introduire dans une cuve en bois ou dans un bassin de maçonnerie de la capacité d'environ 8,000 litres avec une hauteur de 1m,30 à 1m40, le suif en pains ou provenant des tonneaux.

On ajoute environ 1,000 litres d'eau, puis on porte la masse à l'ébullition au moyen d'une injection de vapeur sous pression de 3 à 4 kilogrammes. Dans le fond de la cuve se trouve un serpentin en fer percé de petites ouvertures pour lancer la vapeur dans la masse.

Dès que le suif est fondu, on projette sur le suif, et par petites parties à la fois, un lait de chaux, préparé dans un bassin voisin de la cuve à saponifier, et composée de 280 kilogrammes de chaux vive, éteinte et délayée dans deux mille litres d'eau.

La combinaison se forme assez rapidement, surtout si le suif a déjà subi un commencement de rancidité, et la masse forme un savon d'un aspect uniforme gris-blanchâtre. Après quelques heures d'ébullition, les parties se séparent, le savon nage dans l'eau et au bout de 4 à 6 heures de cuisson, tout le savon calcaire forme des stéarates, des margarates et des oléates de chaux insolubles qui se trouvent concretés en masse, ayant l'aspect de cailloux roulés et qui tombent au fond de la cuve.

L'eau qui surnage contient la glycérine en dissolution. Jadis ces eaux étaient jetées, et toute la glycérine était ainsi perdue. Elle était d'ailleurs sans emploi, et la faible quantité que l'on aurait pu extraire de ces eaux aurait à peine couvert les frais d'opération et de traitement, car l'eau nécessaire à la combinaison du savon calcaire entrainait une grande partie de la glycérine.

Ces morceaux de savon calcaire insoluble acquièrent une grande résistance par le refroidissement. Ils sont extraits de la cuve à saponifier, puis concassés à la main ou à l'aide d'un moulin à noix, pour être soumis ensuite à la décomposition, opération qui se fait au moyen de l'acide sulfurique, étendu d'eau dans une cuve de bois doublée de plomb épais.

La réaction est favorisée par la chaleur produite au moyen d'une injection de vapeur dans le bassin d'eau acidulée.

Dès que l'ébullition se produit la décomposition du savon calcaire commence. L'opération totale dure environ deux heures.

L'acide sulfurique, ayant plus d'affinité que la chaux, pour les acides gras, s'empare de la chaux pour former du sulfate de chaux, et ceux-ci sont mis en liberté.

Les acides gras (acides stéarique, margarique et oléique) surnagent, tandis que le sulfate de chaux se précipite au fond de la cuve

Les opérations ci-dessus, dans lesquelles on a substitué une base minérale, la chaux, à une base organique, la glycérine, puis en second lieu, un acide minéral puissant (acide sulfurique) à un acide organique faible (acide gras) peuvent se représenter ainsi :

1° *Saponification.*

| Stéarate, margarate, oléate de glycérine, | transformés en | stéarate, margarate, oléate de chaux. glycérine en dissolution dans l'eau. |

2° *Décomposition.*

| Stéarate, margarate, oléate de chaux, Acide sulfurique étendu d'eau, | transformés en | Acides stéarique, margarique, oléique, Sulfate de chaux. |

La quantité d'acide sulfurique nécessaire à la saturation de la chaux pour opérer la décomposition du savon calcaire, est en proportion de la quantité de chaux employée à la saponification. Si l'acide sulfurique employé était à un seul équivalent d'eau, soit au titre commercial de 66°, en supposant un emploi de 14 centièmes de chaux, il en faudrait 24 kilogr. 5; car en effet si nous prenons 350 pour équivalent de la chaux et 612 kilogr. 5, équivalent de l'acide, nous aurons la proportion

$$350 : 612,5 :: 14 : 44,5$$

Mais l'expérience a démontré que l'on devait employer un excès d'acide et porter la dose à environ le double du poids de la chaux, soit à 28 et même 30 kilogrammes, pour 14 kilogrammes de chaux.

Les stéariniers n'emploient que rarement l'acide sulfurique concentré à 66°, dont le prix est augmenté des frais de concentration. A Lyon et dans l'Est on emploie généralement de l'acide à 53°; à Paris et dans le Midi, c'est l'acide à 53°, qui est livré tel qu'il sort des chambres en plomb.

Le tableau suivant indique les diverses quantités d'acides à divers degrés nécessaires à la saturation de 100 de chaux :

DEGRÉ aréométrique de l'acide	ACIDE PUR contenu dans 100 d'acide à divers degrés	QUANTITÉ d'acide à employer pour saturer 100 de chaux
66°	100.00	175k0
65	97.04	180.3
64	94.10	186.0
63	91.16	196.5
62	88.22	198.4
61	85.28	205.2
60	82.24	212.0
59	80.75	216.8
58	79.12	221.2
57	77.52	226.0
56	75.92	230.5
55	74.82	235.4
54	72.70	240.7
53	71.17	245.9
52	69.30	252.5
51	68.05	257.2
50	66.49	263.3
45	58.02	302.0

Quand l'opération de la décomposition du savon calcaire est terminée, on fait écouler les acides gras liquides qui surnagent et qui doivent, quand ils sont bien préparés, donner par le refroidissement une contexture cristalline, et on les soumet dans une cuve voisine, également doublée en plomb, à un lavage à l'eau chaude acidulée à environ 15° de densité. Ce lavage dont l'ébullition à la vapeur doit durer deux heures, a pour but d'enlever les dernières traces de chaux qui auraient pu être entraînées du bassin de décomposition, et de compléter l'acidification de l'acide gras, sans laquelle la cristallisation ne s'opère jamais bien.

Le sulfate de chaux, précipité en masse compacte au fond du bassin de décomposition, est enlevé, puis lavé et battu à froid, dans d'autres petites cuves, afin d'en extraire les dernières parties grasses entraînées. Malgré toutes les précautions, ce sulfate de chaux retient toujours une proportion d'acide gras.

Le sulfate de chaux est sans emploi. Après le lavage acide, ces matières sont soumises dans une autre cuve en bois, non doublée de plomb et à l'aide d'un courant de vapeur, à un lavage à l'eau pure et bouillante qui a pour but d'enlever les traces d'acide sulfurique.

Après un repos assez long dans le lavage à l'eau, les acides gras s'écoulent dans des moulots en tôle étamée, dans lesquels ils se refroidissent avant d'être soumis à l'action des presses qui sépareront l'acide stéarique et margarique de l'acide oléique.

2ᵉ Procédé. SAPONIFICATION EN VASE CLOS. Théoriquement, la quantité de chaux nécessaire à la saponification de 100 de suif est de 9 kilogr 5. Pour opérer la saponification en vase ouvert, il faut employer 14 à 15 kilogrammes de chaux, et par conséquent une quantité correspondante d'acide sulfurique pour opérer la décomposition du savon calcaire.

En outre la glycérine diluée dans une masse d'eau est difficile à recueillir, et, comme nous l'avons dit, le savon calcaire en absorbe une grande partie. Enfin, la quantité de vapeur nécessaire à l'ébullition d'une cuve ouverte pendant huit à dix heures est considérable.

Un grand perfectionnement a donc été apporté par L. Droux quand il a inventé et introduit dans l'industrie l'appareil à saponifier sous pression moyenne, qui a été installé dans la plupart des usines françaises et étrangères, mais qui a été remplacé depuis par l'appareil à haute pression.

Dans cet appareil construit tout en fer, la saponification s'opère en vase clos sous une pression de 4 à 5 atmosphères, c'est-à-dire sous une pression qui n'excède jamais celle des chaudières à vapeur de l'usine, et avec une proportion de 9 à 10 0/0 de chaux au lieu de 14 tout en donnant des produits de la plus belle qualité, « aussi bien en acide stéarique qu'en acide oléique et avec le maximum de rendement que donne la saponification par la chaux » (*Rapport de l'Exposition universelle de Paris 1867*).

Il se compose d'un grand cylindre en tôle A muni de soupapes, et d'appareils de sûreté. Il est construit pour résister à une pression intérieure de 6 atmosphères et est muni de deux trous d'homme, l'un sur le haut à fermeture intérieure, l'autre latéral à fermeture extérieure, pour pouvoir pénétrer facilement dans l'appareil en cas de besoin (fig. 517).

Il est assemblé sur quatre pieds en fonte qui le maintiennent à environ 1 mètre du sol et permettent l'accès facile des injecteurs de vapeur et des appareils de sortie du savon calcaire BH.

La préparation du lait de chaux, ainsi que la fusion du suif, s'opèrent dans un double bassin B jaugé et placé près de l'appareil. Le chargement a lieu par l'écoulement de deux liquides dans un monte-jus E (appareil à pression directe de vapeur) qui au moyen du tube D remonte les matières jusqu'au haut de l'appareil à saponifier. Dans ce parcours les matières se mélangent déjà et leur arrivée en un jet brusque dans l'appareil est favorable à leur combinaison.

Des injecteurs lancent de la vapeur libre au fond de l'appareil d'où elle se répand dans la masse du savon qu'elle entretient dans un état de mouvement tout en opérant la cuisson.

Ces injecteurs sont construits de façon à ce qu'ils ne puissent s'engorger. Une disposition spéciale de tringles retenues dans l'injecteur même permet de les vérifier à chaque instant et de déboucher le robinet d'entrée, sans interrompre en aucune façon la circulation de la vapeur ni la marche de l'appareil.

La séparation de l'eau glycérineuse du savon calcaire s'opère facilement et la pression intérieure, en augmentant la température de la masse, permet d'opérer la cuisson à + 140° ou

+ 150° (4 atmosphères = + 144°) (5 atmosphères = + 152°) condition éminemment favorable à la saponification complète des acides gras.

Lorsque le savon est bien séparé de son eau, c'est-à-dire après environ 2 heures d'ébullition, la vapeur qui a servi à sa cuisson n'est pas perdue comme dans les autres appareils, ou dans la cuve ouverte. Elle est reprise en R par un robinet placé au sommet du cylindre et peut être employée au chauffage des opérations suivantes, où à celui des plaques des presses hydrauliques à chaud, ou à l'évaporation des glycérines.

La vapeur ne fait plus que traverser la masse

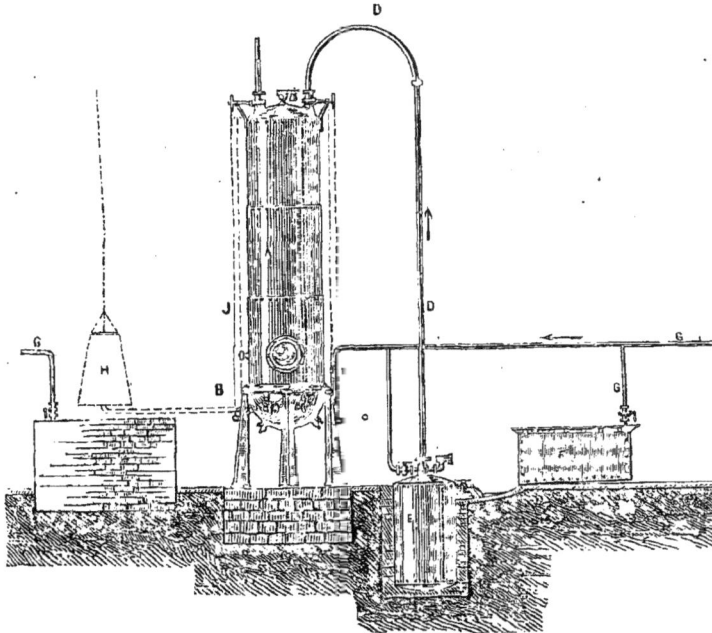

Fig. 517. — *Appareil L. Droux, pour la saponification à 10 0/0 de chaux.*

du savon calcaire, en ne lui cédant que la proportion de chaleur nécessaire à l'entretien de la température et à la cuisson.

On comprend facilement l'économie que ce système apporte dans la consommation du combustible en supprimant l'énorme quantité de vapeur échappée dans l'atmosphère, pendant sept à huit heures, durée d'une saponification complète.

L'élévation de la température, la pression intérieure à laquelle est soumis le savon et le brassage produit par la vapeur et dont le but est de multiplier à l'infini les points de contact, permettent de réduire la proportion de chaux à 9 ou 10 0/0 du poids du suif, économie de peu d'importance sur la chaux elle-même, mais qui permet de réduire dans la même proportion la quantité d'acide sulfurique nécessaire à la décomposition du savon de chaux.

Saponifié et maintenu sous pression, le savon calcaire conserve dans l'intérieur de l'appareil un état malléable qui lui permet d'en être chassé par la pression à travers une ouverture d'un diamètre relativement très petit.

La saponification terminée, ce dont on s'assure facilement au moyen de robinets d'essai placés le long de l'appareil, on procède au soutirage de l'eau glycérineuse par les robinets placés sous l'appareil, puis à l'évacuation du savon calcaire.

L'appareil de sortie se compose d'un robinet à manette B, auquel se raccorde un tuyau mobile qui amène le savon calcaire pâteux et bouillant sous un cône H suspendu au-dessus du bassin ou de la cuve de décomposition.

Refoulé par la pression dans le tuyau B et projeté dans le cône H, le savon se divise à l'infini et tombe dans le bain acide de la décomposition, sous forme d'éponge, état physique très favorable pour son absorption par l'eau acidulée et sa décomposition immédiate.

Arrivé à l'air libre, il se passe dans le savon calcaire un effet analogue à celui que les gelées exercent sur les terres; les rubans de savon possédant intérieurement une pression de quatre atmosphères, se dilatent à l'air libre, éclatent et tombent en une véritable poussière si la cuve est très éloignée, ou en masses spongieuses divisées à l'infini, si le bain acide est proche de l'orifice de sortie comme l'indique la figure ci-dessus. Pour éviter la déperdition de la chaleur, l'ensemble de l'appareil est revêtu d'une chemise ou maçonnerie non figurée au dessin.

La décomposition du savon calcaire étant opérée pour ainsi dire instantanément, les acides gras restent moins longtemps en contact avec l'acide sulfurique à un degré élevé, et comme conséquence l'acide oléique moins attaqué conserve un aspect et des qualités supérieures.

En outre, la réduction dans la proportion de chaux employée diminue proportionnellement la production des sulfates de chaux, leur lavage si encombrant et surtout les chances inévitables de pertes de matières dans ces lavages.

Avec la méthode primitive de la saponification à l'air libre, la glycérine est à peu près perdue, elle reste combinée avec l'eau de composition nécessaire à la formation du savon de chaux, tandis que dans le procédé qui vient d'être décrit, la séparation de l'eau glycérineuse est complète. Comme le disent avec raison les auteurs Wagner et notre collaborateur Gautier, l'introduction de l'appareil L. Droux dans l'industrie doit donc être considérée comme un fait considérable, car c'est de cette introduction que date la fabrication industrielle de la glycérine.

3° Procédé. Saponification calcaire en autoclave, avec 2 ou 3 0/0 de chaux.

Vers 1854, plusieurs chimistes, et notamment M. Tilghman, Berthelot et Melsens, démontrèrent que l'eau seule à haute température, et par conséquent sous pression considérable pouvait dédoubler les matières grasses neutres en acides gras et en glycérine, c'est un procédé que nous examinerons plus loin. Les premiers appareils Tilghman fonctionnèrent à l'usine de la Villette, ceux de Melsens furent installés et fonctionnèrent industriellement à l'usine de L. Droux, à Clichy.

Peu après M. de Milly trouva que l'adjonction de quelques centièmes d'alcali, tel que la chaux, favorisait l'opération, la rendait plus industrielle, sans augmenter sensiblement la dépense, et fournissait des acides gras complets, exempts de matières neutres.

La saponification en autoclave avec 2 ou 3 0/0 de chaux n'est donc qu'une heureuse modification de la saponification aqueuse; c'est une combinaison des deux méthodes de saponification par la chaux et de décomposition par l'eau et la chaleur.

Payen, se basant sur les travaux de MM. Bouïs et Berthelot, explique ce mode de saponification comme suit :

La chaux, en agissant sur les acides gras du suif, attaque leur constitution molléculaire et entraîne une décomposition partielle, qui est achevée par l'eau et la haute température.

Pelouze avait déjà observé que du savon calcaire en contact avec de l'eau et un corps gras neutre, saponifiait celui-ci en mettant la glycérine en liberté. Il crut devoir conclure que dans la saponification à faible dose de chaux, la réaction a lieu en diverses périodes : il se formerait d'abord un savon basique ou neutre, qui ensuite céderait une partie de son alcali pour se transformer en savon acide ou en acides gras.

Quand on considère que pour saponifier avec 2 ou 3 0/0 de chaux, il faut une pression correspondant à une température de 160 à 180°, que Melsens, Tilgmann et autres ont décomposé les matières grasses avec l'eau seule à haute température, il semble qu'on peut admettre que l'eau seule et la chaleur suffisent à la décomposition de la matière grasse neutre, et que la présence

Fig. 518. — *Autoclave de Milly à 30/0 de chaux.*

de quelques centièmes de chaux favorise et simplifie la décomposition ou saponification en détruisant l'affinité de la glycérine pour les acides gras.

M. Bouïs, avec toute l'autorité qu'il possède en cette matière, dit qu'en considérant la tristéarine soumise à l'action d'une proportion de chaux insuffisante pour saturer l'acide stéarique, on pourrait supposer la formation d'un stéarate de chaux, de la mono-stéarine ou de la distéarine, sans séparation de glycérine, mais qu'il n'en est pas ainsi, car, dans ses nombreuses expériences, il a trouvé constamment de la glycérine à toute phase de l'opération.

Il suppose donc que lorsque la tristéarine se saponifie à la fois par une base comme la chaux et par l'eau, la base fixe, réagissant d'abord, il se forme le stéarate correspondant et de la glycérine; qu'ensuite l'eau en excès, réagissant sur le stéarate fixe, met en liberté l'acide stéarique et régénère l'hydrate de la base, qui peut alors attaquer une nouvelle quantité de tristéarine, ce cercle de réactions continuant jusqu'à saponification complète.

En résumé, la saponification en vase clos, sous pression considérable et à dose faible de chaux, se relie intimement à la saponification par l'eau seule.

M. de Milly, (bougie de l'Etoile) a, le premier, fait usage d'une façon industrielle de ce mode de fabrication. L'autoclave de M. de Milly consiste en un cylindre vertical en cuivre, construit pour résister à une pression intérieure de 12 kilogrammes par centimètre carré. Ses dimensions varient suivant la quantité de matière à traiter (fig. 518).

Pour saponifier 2,000 kilogrammes, le diamètre est de 1 mètre, la longueur cylindrique de 6 mètres et l'épaisseur du cuivre de 15 millimètres.

Les conditions nécessaires à la bonne marche de l'opération sont les mêmes pour la décomposition par l'eau pure : une température et une pression élevée, un chauffage régulier et facile à régler, une agitation continuelle des matières en traitement, un appareil résistant et inattaquable à un savon possédant la réaction acide d'un acide gras.

Le premier appareil de M. de Milly était loin de réunir toutes ces conditions. Son premier brevet porte la date du 15 mai 1855, mais M. de Milly a heureusement modifié son appareil par des additions successives. Son appareil se composait d'abord d'un cylindre vertical en fer, muni de trous d'homme, soupape, tubulures d'entrée et de sortie de matières, et était chauffé à feu nu.

Le mélange de suif, de chaux et d'eau introduit dans l'appareil, était soumis pendant 6 heures à une pression constante de 7 à 8 atmosphères, la sortie des produits saponifiés s'opérait au moyen d'un tuyau plongeur, la pression intérieure refoulant la matière dans ce tuyau pour la porter au dehors. M. de Milly ne tarda pas à s'apercevoir, comme il était facile de s'y attendre, que son cylindre en fer était rapidement attaqué et le remplaça par un cylindre en cuivre.

Mais le chauffage à feu nu attaquait souvent la matière grasse et ne pouvait produire une circulation de vapeur indispensable à l'opération, aussi substitua-t-il bientôt le chauffage à feu nu par celui à l'aide de la vapeur fournie par un générateur spécial.

Son appareil actuel consiste en un cylindre en cuivre, placé verticalement dans une fosse, muni d'un trou d'homme, d'un robinet d'entrée des matières et d'un tuyau plongeur servant à la fois pour amener la vapeur au fond de l'appareil et à la vidange des matières quand l'opération est achevée. A cet effet, l'extrémité de ce tuyau plongeur est muni en haut et au dehors du cylindre d'un robinet double communiquant d'un côté avec la chaudière à vapeur et de l'autre avec les bassins de décharge.

Après avoir introduit dans l'appareil 2,000 kilogrammes de matières grasses fondues et les avoir mises en ébullition, on y a fait arriver lentement et sans interrompre l'ébullition, 60 kilogrammes de chaux grasse délayée dans 800 litres d'eau. On ferme toutes les issues, sauf un petit robinet de 4 à 5 millimètres de passage, et on fait arriver de la vapeur jusqu'à ce que le manomètre indique une pression de 8 à 9 kilogrammes.

Pendant toute la durée de l'opération qui est d'environ huit heures, on laisse échapper constamment, par le petit robinet ci-dessus, un léger courant de vapeur, afin de maintenir l'activité d'un barbotage indispensable à l'agitation de la masse renfermée dans l'appareil.

L'opération terminée, on cesse l'introduction de la vapeur et lorsque la pression est descendue à environ 5 kilogrammes, on évacue le contenu de l'appareil. A cet effet, on ouvre le robinet de vidange placé au sommet du tuyau plongeur. Sous l'influence de la pression qui existe dans l'appareil, l'eau glycérineuse et le savon calcaire sont successivement expulsés et reçus dans des réservoirs séparés, le dernier étant une cuve doublée de plomb où s'effectuera la décomposition du savon de chaux par l'acide sulfurique.

On comprend toute l'importance d'un procédé qui supprime une notable proportion de la chaux et par suite de l'acide sulfurique nécessaire à la fabrication, qui diminue dans la même proportion les sulfates de chaux, cause de pertes d'acides gras entraînés, ce qui permet l'extraction de la glycérine.

Mais dans l'appareil vertical ci-dessus, la saponification est quelquefois incomplète, le mélange de la chaux avec le suif est difficile à effectuer, et il est facile de le comprendre quand on réfléchit à l'énorme différence de densité de ces deux matières, qui ont ainsi de la peine à se mélanger et à se combiner.

En outre l'agitation doit être constante pendant toute la durée de l'opération, et celle produite par la vapeur seule est insuffisante pour arriver à une saponification complète.

Des fabricants marseillais ont imaginé de faire arriver la vapeur au fond du cylindre dans une espèce d'injecteur à courant de vapeur et d'amener ainsi dans la masse en traitement un courant continu, c'est une amélioration incontestable, surtout pour arriver à la combinaison du lait de chaux avec le suif, mais c'est insuffisant pendant la durée totale de la saponification à moins d'employer un courant de vapeur considérable et d'autant plus coûteux.

L'appareil vertical sans agitation peut donner des résultats satisfaisants quand l'acide gras est soumis ensuite, comme il sera expliqué plus loin, à une seconde saponification sulfurique, mais dans beaucoup d'usines où l'on produit directement l'acide stéarique dit de saponification sans passer par l'acidification et la distillation, c'est l'appareil à saponifier de L. Droux qui est généralement en usage.

Selon cet ingénieur, une agitation énergique est indispensable pour obtenir un mélange intime entre les matières grasses, l'alcali et l'eau. En effet, si dans les appareils de très petites dimensions le courant de vapeur amené au fond de l'appareil, suffit à la rigueur, il n'en est plus de même en grand; les matières restent en repos dans une partie du cylindre, et l'on n'obtient que des saponifications inégales, souvent incomplètes. Il s'ensuit un mauvais rendement en acide stéarique, de l'acide oléïque entraînant en dissolution toute la matière incomplètement saponifiée, en un mot, une fabrication ruineuse. Souvent même, on a dû élever considérablement la pression de la vapeur pour essayer d'obtenir des saponifications meilleures, et il s'est produit des explosions terribles dues à des déchirures d'appareils sous des pressions de 12 à 15 kilogrammes.

L'appareil à agitation mécanique, de M. L. Droux (fig. 519), remplit toutes les conditions pour opérer une saponification complète ; il consiste en un cylindre horizontal en cuivre rouge, à doubles rivures.

La construction d'un tel cylindre, simple en apparence, présente cependant assez de difficulté, car la matière grasse qu'il doit contenir se transforme bientôt en acide gras, qui décape le cuivre, et la moindre fuite dans les rivures devient bientôt excessivement difficile, sinon impossible à réparer.

L'intérieur de l'appareil est muni d'un arbre en cuivre armé de palettes, dont le rôle est de produire, à l'aide d'un mouvement de rotation extérieur, une agitation et un mélange parfait entre la matière grasse, l'eau et la chaux. On arrive ainsi à une émulsion, ou combinaison intime, qui mettant constamment en contact les molécules de ces trois substances, facilite tellement la décomposition chimique, que la transformation de la matière grasse neutre en acide gras et en glycérine se fait pour ainsi dire seule et d'une façon si simple, qu'à part le mouvement de rotation imprimé à l'arbre, on ne s'aperçoit pas de la marche de l'appareil.

Fig. 519. — *Appareil autoclave L. Droux, à agitation.*

Le presse-étoupe de l'arbre en cuivre a son entrée dans l'appareil, est double et se trouve construit d'une façon toute particulière, car malgré la pression de 9 à 10 kilogrammes à l'intérieur de l'appareil, il ne présente aucune trace de fuite.

La force employée par l'agitateur atteint à peine un quart de cheval pour un appareil traitant 3,000 kilogrammes de suifs.

Une chaudière à vapeur, figurée à la droite du dessin, fournit de la vapeur à la pression de 8 à 9 kilogrammes. Elle peut être de n'importe quelle forme, mais elle se compose généralement de deux corps cylindriques superposés.

L'appareil en cuivre est placé horizontalement, et se trouve monté sur plusieurs supports en fonte ou en pierre.

L'entrée de la vapeur a lieu au moyen d'injecteurs placés en dessous. Ces injecteurs sont munis de distributeurs intérieurs et ont pour but d'amener la vapeur en la divisant également dans la masse liquide renfermée dans l'appareil.

La bonne disposition de ces injecteurs a une grande importance sur la marche de l'opération.

L'appareil est muni de soupapes, de manomètres, robinets de jauge, il est du reste construit pour résister à des pressions de 12 kilogrammes par centimètre carré, quoique la marche normale n'excède jamais les pressions de 8 à 9 kilogrammes. Le chargement s'opère au moyen d'un monte-jus qui refoule les matières, ou par la superposition de bassins de charges.

L'opération dure en moyenne sept à huit heures, temps de chargement compris. La pression est soutenue dans l'appareil pendant six heures environ, mais il arrive souvent que la saponification est complète après trois ou quatre heures de marche. L'opération n'exige aucune surveillance; une fois l'appareil chargé, le chauffeur n'a qu'à maintenir le feu sous la chaudière à vapeur pendant le nombre d'heures indiquées. Un manomètre enregistreur sert de contrôleur et indique la marche de l'opération.

Une saponification de trois mille kilogrammes de suif n'exige que l'emploi d'environ quatre cents kilogrammes de houille. Une fois l'opération terminée, un robinet, placé en dessous de l'appareil, permet de faire refouler la matière saponifiée dans un bassin de dépôt, ou d'envoyer directement l'eau glycérineuse dans l'appareil de concentration, et la matière grasse saponifiée dans les bassins de décomposition.

L'eau glycérineuse qui sort à la densité de

5° environ est toujours parfaitement séparée de la matière grasse, et la décomposition de ce savon par l'acide sulfurique est rendue d'autant plus facile, qu'il sort à l'état liquide, il n'y a donc plus de pertes de matières dans les sulfates de chaux, car il ne peut plus y avoir, comme dans la décomposition calcaire, des parties qu échappent à l'action de l'acide et ne sont pas décomposées.

Les appareils de cette forme ont tous donné d'excellents résultats : des saponifications complètes et régulières, des acides gras faciles à soumettre à la pression, de l'acide oléique se dégageant sans entraînement des matières concrètes, de l'acide stéarique obtenu avec une pression modérée, blanc, sec, dur, transparent, et enfin un maximum de rendement en glycérine.

Dans le but d'arriver à obtenir des appareils plus résistants, et en même temps pour parvenir

Fig. 520. — *Appareil sphérique L. Droux.*

à une agitation plus parfaite tout en diminuant la longueur de l'arbre, le nombre des supports, et la surface de refroidissement, le constructeur donne actuellement à ses appareils la forme d'une sphère (fig. 520).

L'appareil dont nous donnons ci-dessus une vue est donc un vase indéformable, possédant la maximum de résistance, construit en cuivre rouge, à doubles rivures, chanfreiné et mâté à l'intérieur comme à l'extérieur, et présentant toutes les garanties possibles de solidité et de durée.

La sphère étant de tous les vases, celui qui donne le maximum de capacité avec le minimum de surface, la condensation due au refroidissement y est moindre que dans un cylindre, et quant au mélange de produits, il y est plus facile à opérer que dans n'importe quelle forme de vase. Le métal est soumis à des efforts égaux dans toutes les parties de l'appareil, et l'on évite ainsi ces nombreux dangers de fuites qui viennent corroder le cuivre et y tracer des rainures compromettant rapidement la solidité et la durée de l'autoclave.

La construction d'un appareil destiné au trai-

tement de matières grasses qui se transforment en acides gras, est toujours difficile. En effet, il n'y a plus là, comme dans les chaudières à vapeur, ces matières solides qui viennent, avec le temps, se déposer entre les feuilles du métal; l'acide gras a, au contraire, la funeste qualité de décaper le cuivre, et toute fuite ne tarde pas à augmenter dès qu'un appareil est en pression. L'oxydation en présence de l'air et de la chaleur provoque bientôt une véritable destruction du cuivre.

Le fer ne peut être employé dans la construction des appareils à saponifier; les acides gras l'attaquent rapidement. Voici, d'après les expériences faites par M. L. Droux, ce que perdent divers métaux placés sur les palettes d'un appareil en fonction pendant un mois.

Cuivre rouge.	0,2 pour 100
Fonte blanche.	0,0 —
Cuivre jaune.	0,1 —
Bronze.	0,3 —
Fonte douce.	3,4 —
Etain.	4,8 —
Acier trempé.	6,0 —
Plomb.	6,0 —
Fer.	84,0 —
Zinc.	100,0 —

Le cuivre est donc le seul métal à employer.

Cette sphère est munie, à la partie supérieure, d'un trou d'homme en bronze sur lequel sont venus de fonte :

1° Un robinet muni d'un plateau de protection pour l'introduction des matières à traiter ;

2° Un petit robinet d'évacuation d'air ;

3° Un robinet relié à un manomètre.

A la partie inférieure se trouve un raccord à T pénétrant dans l'appareil et recevant un distributeur de vapeur formé d'une demi-sphère perforée de nombreux orifices pour lancer la vapeur dans la masse. A l'extérieur, ce raccord à T reçoit :

1° Un robinet avec un clapet d'arrêt pour l'arrivée de la vapeur produite dans un générateur spécial ;

2° Un autre robinet pour l'extraction de la matière saponifiée ;

3° Un robinet de prise d'échantillon; un autre robinet de prise d'échantillon existe en outre sur le côté de la sphère.

L'agitateur mécanique se compose d'un arbre en cuivre à dilatation libre, supporté à un bout par un palier rivé dans l'intérieur de la sphère, et à l'autre bout par le presse-étoupe, qui est double et à garniture spéciale.

Cet arbre se prolonge en dehors où il est supporté par un troisième palier extérieur, et se trouve muni d'une poulie fixe et d'une poulie folle pour transmettre le mouvement de rotation, qui doit être de 12 à 15 tours à la minute.

A l'intérieur se trouvent fixées des lames de cuivre contournées en forme d'hélices. On obtient ainsi un batteur qui passe successivement par tous les points de la sphère.

Le chargement de cet appareil s'opère comme le précédent, au moyen d'un monte-jus, ou *par* la superposition de bassins de charge.

On emploie de 2 à 3 kilogr. de chaux délayés dans l'eau à l'état de lait de chaux par chaque 100 kilogr. de suif à saponifier.

Avec un suif de qualité moyenne, on obtient environ 93 kilogr. d'acides gras, 9 kilogr. de glycérine à 28° par chaque 100 kilogr. de suif, ce qui forme un total de 104, en raison de l'eau fixée sur la glycérine Ces 94 kilogr. d'acides gras soumis à la pression, fournissent à leur tour 45 à 50 kilogrammes d'acide stéarique, et 43 à 45 d'acide oléique.

4° *Procédé.* SAPONIFICATION PAR L'EAU ET LA CHALEUR OU DÉCOMPOSITION AQUEUSE. Nous avons dit plus haut, que vers 1854, Melsens en Belgique, et Tilghman aux Etats-Unis, avaient prouvé que le dédoublement des matières grasses en acides gras et en glycérine avait lieu à l'aide de l'eau seule à haute température.

Tilghman émulsionne la matière grasse avec de l'eau, puis à l'aide d'une pompe, refoule cette émulsion dans un serpentin métallique placé dans un foyer. L'opération est continue et rapide, mais la température à laquelle il agit, 320° environ, attaque les matières grasses ainsi que la glycérine, ce qui a empêché son procédé de devenir industriel.

Melsens a composé son appareil de deux cylindres en fer, doublés de plomb, et placés horizontalement à deux niveaux différents. Le premier placé sur un foyer recevait la matière grasse et l'eau. Par une combinaison de robinets et de tuyaux, quand le cylindre inférieur était en pression, on envoyait une partie de l'eau dans le cylindre supérieur, d'où elle retombait en pluie dans le cylindre inférieur; son appareil fonctionnait sous une pression de 15 à 18 kilogrammes, la durée de l'opération étant de quinze heures.

Un grand industriel de Bruxelles, M. de Roubaix, a installé dans son usine des appareils à peu près analogues, composés de cylindres verticaux placés sur un foyer. L'eau et la matière grasse se classent par densité, l'eau occupant la moitié de la partie inférieure du cylindre. La vapeur d'eau traverse la matière grasse, sort du cylindre par un tuyau communiquant avec un serpentin réfrigérant, où elle se condense pour revenir dans le fond du cylindre. Il y a donc là une circulation continue et automatique.

MM. Wright et Fouché ont construit des appareils composés de deux cylindres verticaux. Le cylindre inférieur monté sur un foyer ne contient que de l'eau; le cylindre supérieur, complètement à nu, renferme la matière grasse. Il se produit là un effet analogue à celui de l'appareil De Roubaix; la vapeur engendrée dans le cylindre inférieur traverse la matière grasse du cylindre supérieur, s'y condense partiellement pour venir retomber dans le cylindre inférieur et s'y vaporiser à nouveau.

Enfin, M. Renner a formé son appareil d'un seul cylindre horizontal placé sur un foyer. On y chauffe ensemble la matière grasse et l'eau, sans circulation, aussi ce mode de travail a-t-il été abandonné. Tous ces appareils sont soumis à des pressions de 15 à 18 kilogrammes et les opérations durent 15 à 20 heures.

Comme on le voit, ces inventeurs se sont tous préoccupés d'obtenir une circulation, ou une agitation des masses en traitement, conditions indispensables à l'accomplissement des réactions devant séparer la glycérine des matières neutres.

Si nous indiquons encore d'autres systèmes d'appareils pour la décomposition aqueuse, c'est que nous voulons élucider la question et démontrer l'importance que l'industrie attache aux procédés qui peuvent lui permettre de produire à bon marché.

En effet, le jour où la saponification à l'eau sera devenue réellement industrielle, les frais de transformation des matières grasses en acides gras seront réduits à une dépense insignifiante. Dans la fabrication des bougies stéariques, il n'y a plus d'économies à réaliser dans le travail mécanique des presses, du moulage, dont le coût n'est rien auprès du coût de la production des acides gras.

Tous les appareils qui viennent d'être décrits sont chauffés à feu nu. La matière grasse, au contact de parois métalliques exposées directement à l'action d'un foyer, atteint toujours un degré de température qui amène la formation de matières goudronneuses et charbonneuses; aussi les produits de la saponification aqueuse ont-ils toujours conservé un aspect grisâtre et terreux.

Afin d'éviter cet inconvénient, M. L. Droux, entoure d'un manchon contenant de l'eau et de la vapeur le cylindre où s'opère la décomposition des graisses, il évite ainsi l'action directe du feu.

Cet appareil se compose d'un cylindre en cuivre enfermé dans les 2/3 de sa hauteur dans un cylindre en tôle. Le cylindre en cuivre renferme l'eau et la matière grasse à décomposer.

Un second cylindre alimentaire en tôle est placé près du grand cylindre, son but est d'augmenter le volume de l'eau devant fournir la vapeur engendrée dans les deux cylindres en tôle et de recevoir les appareils de sûreté.

L'ensemble est placé dans un foyer. La vapeur, engendrée dans l'enveloppe, pénètre par un tuyau extérieur et par un plongeur dans le fond du cylindre en cuivre, traverse la matière grasse, s'y refroidit et vient se régénérer en acquérant un nouveau calorique dans le cylindre enveloppe.

C'est donc encore un appareil de circulation automatique, permettant en outre d'employer un cylindre de cuivre d'une épaisseur relativement faible dans les 3/4 de sa hauteur, et d'éviter tous dangers de fuite, le cuivre étant soumis à des pressions intérieures et extérieures à peu près égales. Dans cet appareil, la circulation était encore insuffisante pour produire le brassage énergique indispensable à la bonne saponification.

Voici un autre et dernier appareil, actuellement en usage surtout dans les contrées éloignées où l'acide sulfurique est difficile à se procurer, et où les industriels cherchent à éviter l'emploi de la chaux et la consommation d'acide sulfurique.

Le constructeur a eu surtout en vue d'obtenir

un chauffage régulier et facile à régler, une agitation énergique pour mettre constamment en contact les molécules de graisse et d'eau sous pression, enfin un appareil résistant et facile à conduire (fig. 521).

La décomposition s'y opère au moyen de l'eau seule, à une température de 188° (12 kilogrammes de pression) soutenue pendant douze à quinze heures, dans un cylindre en cuivre placé horizontalement, construit à doubles rivures et muni d'un agitateur mécanique à palettes hélicoïdales.

La vapeur, produite à la pression de 12 kilogrammes dans un générateur spécial voisin de l'appareil, pénètre à volonté, soit par des injecteurs directs, dans la masse en traitement, soit

dans des tuyaux, contournés en serpentin dans l'intérieur de l'appareil; le chauffage ayant lieu par transmission à travers les parois du serpentin, l'eau condensée retourne à la chaudière.

Cet appareil se trouve maintenant appliqué dans les savonneries à l'extraction de la glycérine. Voici comment s'opère la décomposition : les matières grasses fondues et lavées dans un bassin, placé sur le sol, sont remontées dans l'appareil par un monte-jus et un tuyau M. L'appareil étant chargé, on y envoie la vapeur directe par le tuyau V; celle-ci, chauffant la masse, s'y condense et fournit l'eau nécessaire à l'opération. On supprime alors l'arrivée de vapeur V et l'on continue à chauffer au moyen de

Fig. 521. — *Appareil pour la décomposition aqueuse.*

la vapeur circulant dans le serpentin en S. L'agitation mécanique dure pendant toute l'opération, c'est elle qui a permis de réduire la durée de l'opération et d'abaisser la température; à gauche se trouvent figurés, le manomètre et la prise d'échantillons; l'opération terminée, l'eau glycérineuse et la matière grasse décomposée sont évacuées par le conduit D.

Quand il s'agit de produire de l'acide stéarique les suifs traités seuls ne peuvent fournir de bons produits par la décomposition aqueuse, leurs acides gras cristallisent mal et rendent la pression difficile. Pour opérer dans de bonnes conditions, il faut employer un mélange de 75 à 80 de suif et de 20 à 25 d'huile de palme.

On peut extraire en moyenne 10 à 11 0/0 de glycérine à 28°, d'autant plus pure qu'elle ne renferme pas de sels de chaux. Les proportions d'acide stéarique obtenu varient avec la richesse des matières grasses employées.

DÉCOMPOSITION PAR LA VAPEUR SURCHAUFFÉE Aux procédés ci-dessus décrits se rattache celui de la décomposition à l'aide de la vapeur surchauffée. C'est à Gay-Lussac et Dubrunfaut que nous devons ces recherches. Ils ont néanmoins cherché à saponifier par la vapeur surchauffée sans obtenir de résultat pratique. Wilson et Gwyne, au moyen des appareils distillatoires ordinaires, obtinrent avec la vapeur d'eau surchauffée le dédoublement complet des graisses neutres en acides gras et glycérine.

En maintenant rigoureusement la matière à la température de 310°, ils parvinrent, non seulement à décomposer complètement les graisses, mais encore à distiller sans altération les produits de cette décomposition, les acides gras et la glycérine. Les cornues dans lesquelles la distillation est effectuée contiennent 60 hectolitres. On porte la température de ces cornues entre 290° et 315°. Un tube en fer amène dans la masse à distiller de la vapeur surchauffée à 315°. L'opération dure de vingt-quatre à trente-six heures, suivant les graisses employées.

La décomposition est complète, les acides gras et la glycérine complètement libres sont recueillis au bas d'un réfrigérant. Ce mode de traitement n'a été mis en usage qu'à Londres.

DÉCOMPOSITION DES MATIÈRES SAPONIFIÉES. Quelque soit le système de saponification employé, l'eau glycérineuse est séparée de la matière grasse et traitée comme nous le verrons plus loin.

Quant aux savons calcaires, ils sont amenés dans une cuve doublée en plomb, pour être décomposés par l'acide sulfurique, comme nous l'avons dit plus haut.

Les produits de la décomposition aqueuse n'ont pas à subir l'opération de la décomposition puisqu'il n'y a pas de chaux à séparer, mais ils doivent toujours être soumis à un lavage acide prolongé, pour faciliter la cristallisation de l'acide gras.

SAPONIFICATION SULFURIQUE OU ACIDIFICATION SUIVIE DE LA DISTILLATION

Les travaux de Fremy, Chevreuil, Dubrunfaut, Tribouillet, en France, et de Gwynne et Wilson,

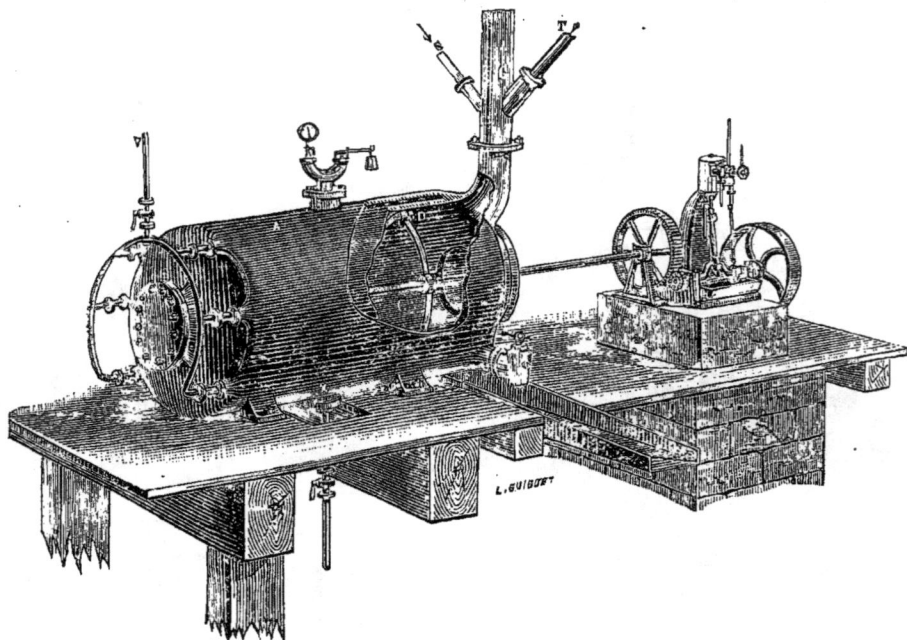

Fig. 522. — *Acidificateur de L. Droux.*

en Angleterre, ont servi de base à d'autres procédés de fabrication dits *par distillation.*

Les matières grasses sont saponifiées par l'acide sulfurique, puis soumises à une distillation qui sépare les acides gras des matières goudronneuses produites pendant la saponification sulfurique.

Etabli concurremment en Angleterre et en France, ce procédé fut bientôt abandonné chez nous. Mais de vastes établissements travaillant exclusivement par la distillation furent fondés en Angleterre, en Hollande et en Belgique, y ont pris une extension considérable et sont venus faire une concurrence sérieuse aux produits français sur tous les marchés.

Depuis sept ou huit ans, nos industriels français ont repris le traitement par la distillation, y ont apporté de notables perfectionnements, et actuellement les deux procédés de saponification et de distillation sont employés souvent dans la même usine. Ce mode de travail s'est propagé dans tous les pays, on peut dire qu'il existe sur le marché autant de produits fabriqués par la distillation que par la saponification, mais ces derniers sont de qualité supérieure.

La distillation permet d'employer des matières grasses qui, à cause de leur nature et des impuretés qu'elles renferment, ne pourraient être soumises au traitement par saponification, telles sont : l'huile de palme, les graisses d'os, les déchets d'abattoirs et de cuisines, etc.

L'acidification sulfurique qui précède la distillation modifie en outre la nature de l'acide gras, cause il est vrai une perte de matière, mais fournit des acides gras plus riches en matières solides. La fabrication des acides gras par ce procédé se divise en plusieurs phases :

1° Acidification ou saponification par l'acide sulfurique ;

2° Décomposition des produits de l'acidification.

3° Distillation des acides gras.

1° ACIDIFICATION. Si dans le traitement par saponification on peut dire que toute matière bien saponifiée fournira de bons produits, il en est de même de l'acidification dans la fabrication par distillation. C'est la base de toutes les opérations ultérieures; une acidification bien faite donnera toujours des matières faciles à distiller et des acides gras faciles à travailler.

On commence par débarrasser les matières grasses de toutes les impuretés qu'elles renferment, on les fait fondre, puis on les lave à l'eau acidulée dans un bassin doublé en plomb.

La matière grasse est soutirée pour être envoyée dans les bassines de desséchage où, maintenue pendant quelques heures à une température supérieure à 120°, elle se dessèche en abandonnant toute l'eau qu'elle renfermait. Ce desséchage complet est indispensable, car l'eau qui pourrait rester aurait l'inconvénient de diluer l'acide sulfurique employé à l'acidification.

Les bassins de desséchage sont munis de serpentins en

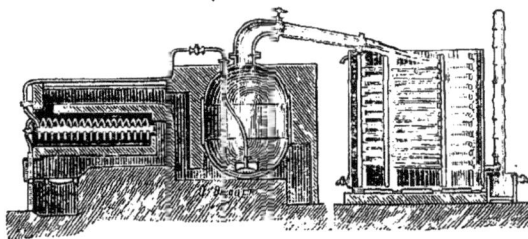

Fig. 523. — *Appareil à distiller de Petit frères.*

cuivre dans lesquels circule un courant de vapeur à 4 ou 5 kilogrammes de pression.

La matière grasse complètement privée d'humidité passe à l'acidification.

Suivant les usines, on emploie pour cette opération plusieurs sortes d'appareils. L'un consiste en une cuve en fonte ou en bois doublée de plomb, garnie d'un serpentin dans lequel on fait passer un courant de vapeur. Cette cuve est munie d'un agitateur vertical formé d'un grand disque métallique percé de trous, fixé à une tige verticale qui lui transmet un mouvement alternatif de bas en haut, afin de mélanger la graisse chaude avec l'acide sulfurique.

Dans d'autres usines, c'est également une cuve, munie de deux serpentins, l'un de chauffage par circulation de vapeur, l'autre percé de trous. On envoie dans ce dernier, à l'aide d'une pompe foulante, de l'air comprimé, qui en se dégageant dans la masse liquide, la maintient en agitation pour favoriser la réaction de l'acide sulfurique.

A l'origine, on ajoutait aux graisses 35 0/0 d'acide sulfurique à 66°, et on laissait les réactions durer vingt-quatre heures à la température de 95°.

En appropriant mieux les appareils d'acidification, en changeant les conditions de température et de durée, on réduisit la proportion d'acide à 20, puis à 10; on arrive enfin aujourd'hui à produire l'acidification avec 4 à 5 0/0 d'acide à 66°.

Les conditions à remplir sont : un appareil pouvant fournir un brassage complet de la graisse et de l'acide sulfurique, capable de donner un chauffage régulier et variable à la volonté de l'opérateur. L'appareil doit, en outre, être facile à vider pour soustraire rapidement la matière grasse à l'action de l'acide sulfurique.

On comprend que la quantité de matière grasse détruite et transformée en goudron sera en raison des conditions plus ou moins bonnes de l'acidification.

Nous donnons, figure 522, un acidificateur à agitateur hélicoïdal et à enveloppe de vapeur, qui fournit d'excellents résultats.

Cet appareil se compose d'un cylindre C venu de fonte dans un autre cylindre A formant enveloppe de vapeur, le tout d'une seule pièce et fondu d'un seul jet. L'intérieur est muni d'un agitateur hélicoïdal à lames de cuivre D, mis en mouvement, soit par une petite machine à vapeur, soit à l'aide d'une transmission par courroie.

L'avant de l'appareil possède à la partie supérieure, une cheminée G, pour enlever les gaz qui se dégagent pendant l'acidification.

Les graisses desséchées et l'acide sulfurique arrivent dans le cylindre central, par deux tuyaux S et T aboutissant à cette cheminée.

En bas se trouve un gros robinet, en bronze spécial, à ouverture rapide.

Le cylindre formant enveloppe de vapeur possède une soupape, un manomètre gradué avec températures, six tubulures pour entrée de vapeur V et une tubulure d'extraction d'eau condensée X.

Voici comment s'opère l'acidification :

Les matières grasses desséchées descendent dans l'appareil C, puis l'on envoie de la vapeur dans l'enveloppe A.

Dès que la masse a atteint une température de 110 à 120°, variable avec la nature des matières grasses à acidifier; on met en mouvement l'agitateur D, puis l'on fait arriver peu à peu par G de l'acide sulfurique à 66°, dans la proportion de 4 à 5 0/0 du poids de la matière grasse traitée. Au contact de l'acide sulfurique, il se produit un fort dégagement d'acide sulfureux dû à la réaction de l'acide sulfurique sur la matière grasse, qu'il transforme en acides sulfo-gras. L'agitation et la température doivent être maintenues constantes pendant toute la durée de l'opération qui est de 15 à 20 minutes. La matière prend d'abord une teinte violette, puis elle devient marron et enfin de plus en plus noire. L'on suit, avec attention, la marche de l'opération, en observant à la loupe la formation de cristaux dans de petits échantillons pris sur une plaque de verre. Dès que les cristaux sont bien formés, on doit arrêter immédiatement l'opération, pour éviter la production du goudron en trop grande quantité.

En ouvrant le robinet d'évacuation S, l'on fait écouler, en quelques minutes, l'acide sulfo-gras dans la cuve de décomposition.

2° DÉCOMPOSITION DES PRODUITS DE L'ACIDIFICATION. La décomposition de l'acide sulfo-gras se fait au moyen de l'eau bouillante dans une grande cuve doublée en plomb et munie d'injecteurs de vapeur. Par suite d'une ébullition prolongée pendant cinq ou six heures, l'acide sulfo-gras est décomposé en acides gras qui surnagent, le bain d'eau s'étant emparé de l'acide.

C'est dans ce bain que se retrouve toute la glycérine quand on a acidifié directement des matières grasses neutres non préalablement saponifiées. Pour en extraire la glycérine, il faut neutraliser ce bain au moyen de la chaux, filtrer les eaux à plusieurs reprises et les évaporer ensuite.

Il y a toujours perte d'une certaine quantité de glycérine et celle obtenue après cette saturation est toujours impure; c'est pourquoi, dans beaucoup d'usines, on opère d'abord la saponification des graisses avec 3 0/0 de chaux, et c'est l'acide gras seul ainsi obtenu, qui est soumis à l'acidification et ensuite à la distillation.

Après cette décomposition, l'acide gras est de nouveau soumis à un lavage à l'eau, puis il est envoyé à l'atelier de distillation.

3° DISTILLATION. La distillation ne peut s'effectuer à feu nu, ni au contact de l'air.

Les acides seraient décomposés en majeure partie en gaz combustible et en résidus charbonneux; mais si l'on règle la température d'une façon régulière, si l'on préserve la matière grasse de l'action directe du feu et si surtout on élimine complètement l'air atmosphérique de la cornue, les acides gras distillent sans altération sensible.

On remplit ces conditions en distillant à l'aide d'un courant de vapeur surchauffée; les gaz venant du foyer de surchauffe ne circulant sous l'appareil à distiller que pour y maintenir la chaleur. La forme, la contenance des appareils à distiller, des surchauffeurs et des condenseurs, varient suivant les usines. Les premiers appareils étaient construits en fonte et avaient la forme d'une bouteille. On les a construit ensuite de forme sphérique et même elliptique de manière à offrir une grande surface de distillation.

Plusieurs constructeurs ont substitué les cornues en cuivre à celles de fonte, avantage difficile à apprécier, mais que nous devons signaler.

Nous ne décrirons que les appareils les plus employés.

A l'usine de l'Étoile, les appareils sont en fonte et chauffés par les chaleurs perdues du foyer des surchauffeurs. Ils ont la forme d'une sphère aplatie

ou d'un cylindre vertical de peu de hauteur et à fond plat, la vidange des goudrons se faisant par la partie inférieure. Le surchauffeur est formé d'une série de tuyaux en fonte placés dans des carneaux en briques réfractaires où circulent les gaz du foyer. Les tubes condensateurs sont en cuivre, accouplés deux à deux, et présentent un développement plus ou moins considérable qui peut être diminué en plongeant les premiers tubes dans de grands réservoirs remplis d'eau ou en les enveloppant de tubes concentriques dans lesquels on fait circuler de l'eau froide en sens inverse du mouvement des gaz. Il faut faire en sorte que l'eau qui doit refroidir ne s'échappe pas à une température inférieure à 50°, autrement les acides gras pourraient se solidifier dans les tuyaux et les obstruer.

Un appareil, très apprécié en France, est celui du type de Petit frères, construit par Paul Morane (fig. 523).

Le surchauffeur est formé d'un serpentin en fonte disposé de façon à ce que la cendre ne puisse

Fig. 524. — *Appareil à distiller de Chibert et Chancy.*

séjourner sur les spires. L'appareil a la forme d'une sphère allongée, construit en cuivre et le goudron s'en extrait par pression de vapeur comme dans un monte-jus. La vapeur pénètre dans le fond de l'appareil et s'y distribue par une pomme d'arrosoir. Le condensateur est un serpentin en cuivre d'une grande surface plongé dans un réservoir d'eau.

M. F. Morane construit un appareil à distiller également en cuivre, la forme en est rectangulaire et se rapproche de celle du type hollandais que nous décrirons plus loin. Les produits distillés sortent par deux tubulures pour venir se condenser dans un grand serpentin en cuivre; la vidange du goudron s'y fait par pression. Le surchauffeur est formé d'une série de tubes en fer creux enveloppés d'une garniture protectrice en fonte. La vapeur pénètre par le fond de l'appareil par plusieurs conduites, se distribue sous une grande plaque perforée de trous, d'où elle pénètre dans la masse à distiller (fig. 524).

En Angleterre, les appareils sont construits en fonte avec des condensateurs analogues à ceux de Milly.

L'un des appareils les plus employés est celui du type hollandais. La figure 525 donne l'ensemble d'un atelier de distillation tel qu'il existe à .a Société anonyme de stéarinerie lyonnaise.

L'appareil est en fonte et a la forme d'une cuvette plate A à angles arrondis. La vapeur surchauffée en B y arrive par deux tubulures et se distribue dans le fond dans deux cônes en bronze perforés de trous. L'acide gras volatilisé s'élève dans un dôme en fonte surmonté d'un pyromètre, s'engage dans une allonge D en cuivre, sur laquelle est projetée de l'eau froide pour hâter la condensation qui s'achève dans un serpentin en cuivre E noyé dans un bassin rempli d'eau.

Les produits de la distillation, acides gras et eau condensée, tombent dans un bassin G, d'où l'acide gras est enlevé dans des seaux jaugés. L'eau s'en échappe par un robinet à siphon.

A l'extrémité du serpentin, le tuyau de sortie est surmonté d'une cheminée emmenant hors de l'atelier les gaz non condensables, et sur cette cheminée est interposé un petit condensateur recueillant les dernières parties de matière grasse.

Le goudron est soutiré de l'alambic par simple écoulement, il est reçu derrière le fourneau, dans la caisse à goudron G, munie d'un couvercle mobile.

La surchauffe de la vapeur se fait dans un tube en fer B, contourné en une série d'arceaux paral-

Fig. 525. — *Appareil à distiller, type hollandais.*

lèles, courbés suivant la forme de la voûte du four où il est placé.

Un foyer établi en avant chauffe cette espèce de four à réverbère, d'où les gaz s'échappent pour aller sous l'appareil distillatoire.

Un pyromètre interposé entre le surchauffeur et l'appareil indique la température de la vapeur.

Avant d'introduire la vapeur de la chaudière dans le surchauffeur, il est utile de lui faire traverser une boîte de purge C, placée à l'avant du four, dans laquelle se dépose l'eau condensée, la vapeur seule pénétrant dans le surchauffeur.

Les carneaux de fumée doivent être disposés sous l'appareil distillatoire de façon à ce que, en cas de rupture de la fonte, la matière grasse ne puisse revenir vers le surchauffeur, mais s'écouler vers la cheminée où elle brûle sans incendier l'atelier. On aperçoit dans le fond du dessin les bassins de desséchage et de charge F F, dans les-

quels l'acide gras est remonté par un monte-jus et versé par un canal de diffusion.

Quel que soit l'appareil employé la distillation s'effectue à peu près de la même façon.

Le travail, dans un atelier de distillation, est continu; dès que l'appareil est vidé, il est immédiatement rechargé, pour éviter la perte de la chaleur concentrée dans le fourneau et le surchauffeur. La cornue reçoit une charge de 1,500 à 2,000 kilogrammes d'acides gras descendant des cuves de charge à une température de 120°. La distillation ne s'effectuant que vers 290°, il faut alors y faire passer le courant de vapeur surchauffée. Au bout d'une heure environ et quand la masse atteint 250 à 260°, la distillation commence; on règle alors le courant de vapeur dont on surveille avec soin la température et l'opération continue ainsi pendant environ douze heures. Vers la fin, quand on veut soutirer les goudrons on pousse la température jusqu'à 320°.

Comme dans toute distillation, les produits du commencement et de la fin de l'opération sont impurs et doivent être soumis à une nouvelle distillation.

Au moment de la vidange des goudrons il y a quelques précautions à prendre; l'appareil renferme des gaz très inflammables, les goudrons à la haute température qu'ils possèdent s'enflamment facilement; on doit donc écarter toute lumière et faire pénétrer le tuyau d'écoulement des goudrons dans une caisse que l'on peut fermer à volonté.

En entrant dans un atelier de distillation on reconnaît aussitôt si les matières que l'on travaille ont été bien acidifiées, et si la distillation a été bien conduite. S'il existe encore de la matière neutre dans les acides gras, si la vapeur a été trop surchauffée, ou si la cornue a été trop chauffée, il y a un dégagement d'*acroléine* qui se

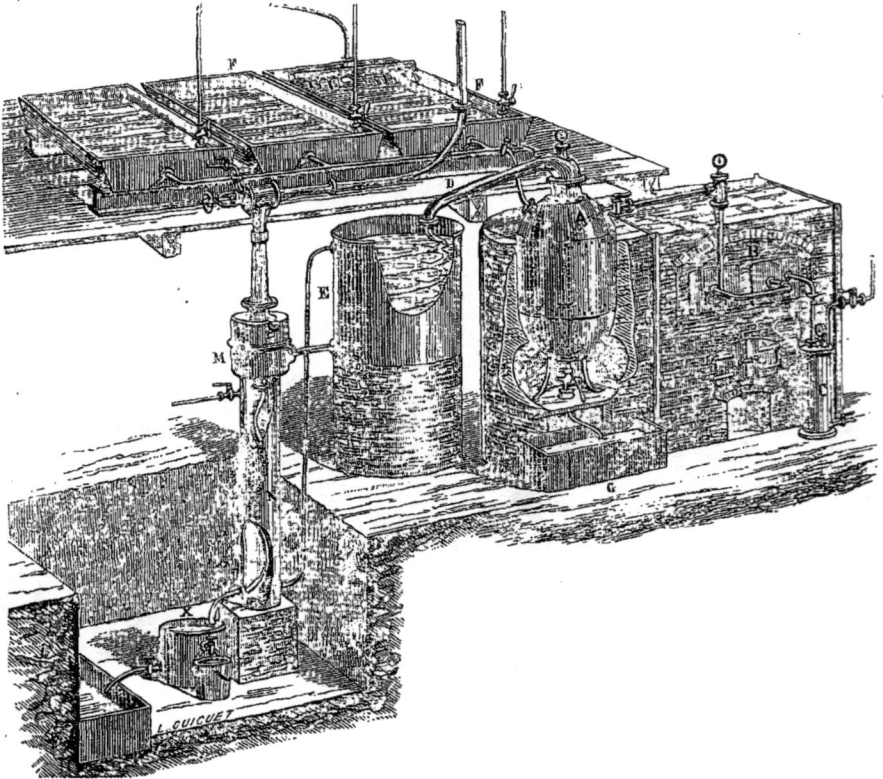

Fig. 526. — *Appareil à distiller dans le vide.*

répand dans l'atelier, irrite les yeux et en rend le séjour insupportable.

Dans ce cas on retrouve, à la sortie des condensateurs, des hydrocarbures liquides à reflets bleuâtres qui empoisonnent l'acide gras et sont les indices certains d'une opération mal conduite.

Un mélange de 60 parties d'huile de palme et de 40 parties de suif donne, après acidification, environ 92 parties d'acides gras. Ceux-ci perdent encore 2 à 3 0/0 à la distillation, ce qui fait en total que 100 parties des matières traitées par saponification sulfurique et ensuite distillation, fournissent en moyenne :

7 à 8 kilogrammes de glycérine à 28°;

3 à 4 kilogrammes de goudron;

89 à 91 kilogrammes d'acides gras lesquels fournissent après la pression :

60 à 61 parties d'acides gras concrets (stéariques et palmitiques);

29 à 30 parties d'acides gras liquides (acide oléique).

D'après ce qui précède, on comprend toute l'importance qu'il y a à distiller à basse température à l'abri du contact de l'air et le plus rapidement possible. La figure 526 représente l'appareil à distiller de M. L. Droux.

La cornue A est en cuivre, de forme variable, selon les cas elle est en fonte. Les surchauffeurs de vapeur B se composent d'une série de tubes en fer noyés dans une masse de fonte. Suivant les dimensions de l'appareil le four à réverbère dans lequel ils sont placés en renferme un ou plusieurs. Ces surchauffeurs, par leur masse, ont l'avantage de régulariser la température et présentent bien moins de chances de réparations que ceux formés de serpentins. La charge de l'appareil, la condensation, la vidange, la disposition générale des fourneaux, des accessoires et de l'ensemble, sont analogues aux appareils décrits ci-dessus. Ce qui le distingue des autres, c'est que l'écoulement de l'acide gras condensé dans le serpentin E, au lieu de se faire à l'air libre, s'effectue dans un vase clos M dans lequel un vide partiel est établi au moyen d'un aspirateur V à jet de vapeur. L'ensemble de l'appareil distillatoire est soumis à un vide égal à 30 ou 40 centimètres de mercure, la température de distillation se trouve alors abaissée considérablement; les vapeurs grasses lourdes, au lieu de séjourner à la surface du liquide, sont aspirées et entraînées dans le condenseur D D, ce qui diminue la durée de l'opération et surtout la température à laquelle elle doit s'effectuer.

En cas de fissures dans l'appareil ou dans le condenseur, les fuites ont lieu de dehors en dedans, ce qui évite toute déperdition de matière et tout danger d'incendie. Une difficulté sérieuse à surmonter était l'extraction automatique de l'acide gras condensé dans le vase clos M, en communication avec la sortie du serpentin condenseur E. Un vide partiel existant en M, il ne

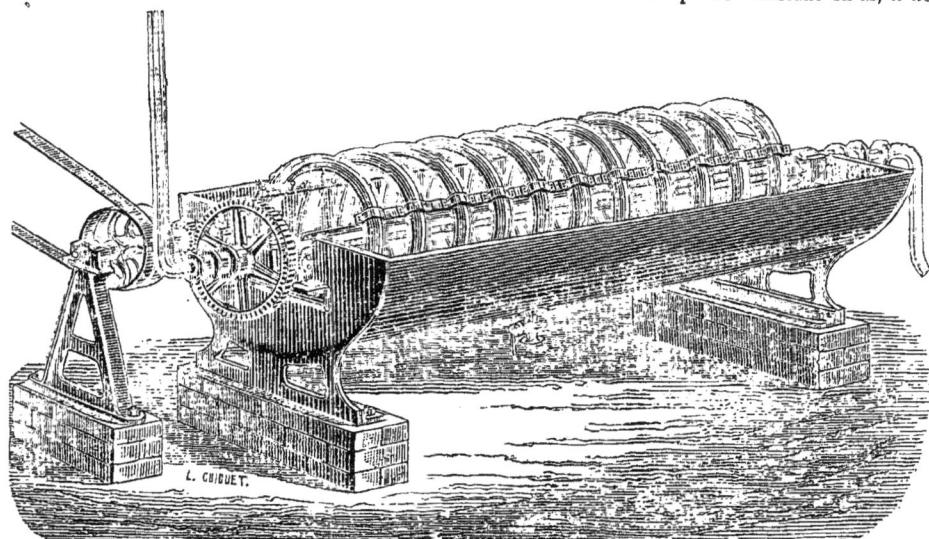

Fig. 527. — *Serpentin rotatif.*

fallait pas songer à un échappement direct, car si une ouverture avait été pratiquée en M, l'air y aurait été aspiré, sans laisser sortir d'acide gras. M. Droux a utilisé la pesanteur même du liquide sortant du condenseur pour équilibrer l'aspiration produite par le vide. En dessous du vase clos M, il dispose un deuxième serpentin vertical N, enfermé dans une enveloppe d'eau chaude pour empêcher que l'acide gras ne s'y solidifie.

La hauteur verticale du serpentin N doit être calculée en raison du vide à produire dans le vase clos M. Par l'effet du poids seul du liquide renfermé en N, l'acide gras peut donc sortir naturellement en X, où il est séparé de l'eau de condensation comme il a été expliqué ci-dessus.

Dans cet appareil, la température de la distillation a pu être abaissée de 15 à 20 degrés, la durée de l'opération est abrégée d'environ deux heures, le dessèchement du goudron rendu plus facile, enfin le danger de fuites et d'incendie est en partie évité.

Les bougies obtenues par la distillation sont très blanches, mais possèdent un point de fusion assez bas et sont par conséquent molles.

MM. Petit frères sont parvenus à donner aux bougies de distillation l'aspect et la consistance des produits de saponification, tout en conservant le point de fusion faible.

Leur procédé, trop long à détailler ici, consiste à mélanger les acides gras très cristallisés provenant du suif, avec ceux extraits de l'huile de palme et qui sont sans cristallisation, à mouler le tout en plaques minces et à le soumettre directement à la presse à chaud; on obtient une matière beaucoup plus dure.

LAVAGE DES ACIDES GRAS. Les acides gras obtenus par l'une des méthodes décrites ci-dessus sont toujours soumis à un lavage acide et à un lavage à l'eau, avant d'être envoyés aux cristallisoirs. Quand il s'agit d'acides gras provenant de saponification calcaire, ce lavage doit être fait à l'aide de la vapeur dans une cuve doublée en plomb sur un bain d'eau acidulée 12 ou 15°

Baumé. Quand l'acide gras a été obtenu par saponification aqueuse le bain doit avoir 20° B. et si c'est de l'acide gras distillé, il suffit d'un bain à 6 ou 8° B. Ce lavage acide a pour but dans le premier cas de compléter la décomposition et d'enlever les dernières traces de sels de chaux; dans le cas de saponification aqueuse, il agit comme une acidification et facilite beaucoup la cristallisation ultérieure; dans tous les cas, il produit une épuration et une séparation des matières étrangères qui, lorsque la masse est au repos, laissent déposer entre les acides gras et le bain acide, une couche plus ou moins épaisse de matière noirâtre.

EXTRACTION DE LA GLYCÉRINE.

La glycérine est extraite des eaux de saponification. Pendant longtemps ces eaux restèrent sans valeur et furent perdues jusqu'à ce que l'on ait trouvé le moyen d'en extraire à bas prix la glycérine brute à 28°. Tant que l'on a saponifié en vase ouvert, l'eau glycérineuse contenait peu de glycérine et renfermait beaucoup de sels calcaires, difficiles à éliminer. C'est de l'introduction dans l'industrie stéarique des appareils à saponifier sous pression que date la fabrication en grand de la glycérine. La méthode de saponification et les perfectionnements apportés dans la construction de ses appareils ont créé la fabrication industrielle de la glycérine.

Les premières usines où l'on a fait l'extraction de la glycérine sont celles de de Milly, à Paris, de Price, à Londres, et de Viallon, à Lyon.

L'eau glycérineuse obtenue dans la saponification avec 11 0/0 de chaux offre une densité de 2 ou 3°, celle qui résulte du traitement des graisses avec 3 0/0 de chaux dans l'appareil de de Milly ou dans ceux de Droux marque de 3 à 5°; dans le traitement par l'eau surchauffée, elle a une densité de 4 à 6° B, enfin celle obtenue après décomposition de l'acide sulfo-gras dans le procédé d'acidification titre 2 ou 3°.

Quelle que soit l'origine des eaux glycérineuses, il faut d'abord les filtrer, puis les évaporer à la vapeur à l'aide de serpentins ou dans des bassines à feu nu jusqu'à la densité de 7 ou 8° Baumé. Par le refroidissement, la séparation des matières grasses entraînées s'opère facilement. On filtre à nouveau ces eaux glycérineuses, puis on les évapore, soit dans des bassines à feu nu, soit à l'aide de serpentins, avec de la vapeur directe. Certaines usines se servent d'appareils à évaporer dans le vide, analogues à ceux des sucreries; le serpentin rotatif de M. L. Droux, représenté figure 527, fonctionne uniquement avec les chaleurs perdues de l'usine.

Les liquides y sont évaporés en couches minces, constamment renouvelées et à basse température, ce qui empêche leur coloration et leur altération.

Ce serpentin fonctionne avec les chaleurs perdues, telles qu'un échappement de machine. Il peut être facilement débarrassé des sels calcaires qui se déposent sur tous les appareils d'évaporation en le faisant tourner pendant quelques mi-

nutes dans un bain d'acide chlorhydrique à 10° Baumé.

La glycérine brute à 28°, ainsi obtenue, n'est donc que le produit de la filtration et de l'évaporation des eaux glycérineuses. Cette glycérine retient toujours des sels de chaux. Pour avoir un produit plus pur, on opère de la manière suivante : on évapore l'eau glycérineuse à la vapeur jusqu'à 10° B, on filtre, on précipite les sels calcaires au moyen de l'acide carbonique ou de l'acide oxalique, on filtre de nouveau et l'on évapore dans le serpentin rotatif jusqu'à 30 ou 31° B.

Le liquide ainsi concentré est ensuite soumis à la distillation à l'abri de l'air, dans un appareil en cuivre rouge, où l'on fait arriver pendant toute la durée de l'opération de la vapeur d'eau surchauffée à 250°. On conduit la distillation lentement en fractionnant les produits.

Crookes, de Londres, Sarg, de Vienne, et Wohles ont observé plusieurs cas de solidification et de cristallisation de la glycérine à une basse tempé-

Fig. 528. — Moulots à acides gras.

rature et pendant le transport de cette substance. C'est sur ces observations que repose le procédé de Krant, de Hanovre.

La glycérine ne cristallise pas quand on la refroidit rapidement; même à 40°, elle se prend en une masse solide ayant l'aspect d'une gomme, sans trace de cristallisation. Si, au contraire, on l'abandonne longtemps à environ 0°, quand elle est suffisamment exempte d'eau, il se forme des cristaux au bout de plusieurs jours ou de plusieurs semaines; trop lentement d'ailleurs pour que l'on puisse utiliser cette propriété comme moyen industriel de purification.

Mais si dans cette glycérine à 0° ou à + 5°, on introduit une trace de ces cristaux, il se produit une cristallisation qui se propage rapidement et qui, selon la concentration et la pureté de la glycérine, la fait prendre en totalité ou en partie. Pour opérer la cristallisation, comme il vient d'être dit, on se sert de récipients en tôle, qui permettent facilement de détacher, au moyen d'un chauffage bien conduit, les masses cristallisées, offrant une grande dureté. On concasse ensuite la masse, on égoutte les cristaux par turbinage et on les fait fondre; pour les glycérines brutes, une deuxième cristallisation est nécessaire.

CRISTALLISATION ET MOULAGE DES ACIDES GRAS.

Après le lavage à l'eau acidulée, les acides gras sont lavés à l'eau bouillante dans de grandes cuves, au moyen d'une injection de vapeur directe. Dans cet état, ils ont une teinte jaune dorée et sont composés d'un mélange d'acides gras solides et d'acides gras liquides. Pour permettre l'extraction facile de l'acide oléique liquide, il faut les amener à l'état de cristallisation qui rendra leur séparation d'autant plus facile, à la presse hydraulique, que la matière sera mieux cristallisée. Leur point de solidification est d'environ 44°. Après le lavage à l'eau bouillante, il convient de laisser l'acide gras reposer le plus longtemps dans la cuve, afin d'en préparer la cristallisation, l'écoulement dans les moulots ne doit pas se faire à une température supérieure à 70°, car si les acides gras sont coulés chauds, la cristallisation est confuse. Autrefois la cristallisation s'opérait dans de grands vases cubiques d'environ 50 kilogrammes; la masse solidifiée était découpée mécaniquement en lamelles que l'on renfermait dans des sacs pour les sou-

Fig. 529. — *Etagère à moulots*

mettre à la presse. Ce mode de cristallisation était excellent, mais nécessitait une grande main-d'œuvre, il était en outre difficile de répartir également la matière dans les sacs, ce qui contrariait le montage des presses.

Les grands cristallisoirs ont été remplacés par des moules plats ou *moulots* en tôle étamée (fig. 528), dont les dimensions sont en rapport avec celles des presses à chaud.

La meilleure épaisseur à donner aux pains est de 38 à 40 millimètres.

Les premiers moulots étamés étaient formés d'une feuille de tôle dont les angles étaient relevés et soudés.

M. Paul Morane est le premier qui ait construit des moulots d'une seule pièce, en tôle, emboutie au balancier, et par conséquent à angles ronds. L'acide gras attaque rapidement la couche d'étain qui recouvre les moulots qu'on est obligé d'étamer à nouveau tous les ans. Pendant ce nouvel étamage, la tôle du moulot se gondole, c'est pourquoi l'on avait disposé sous le moulot à bord relevé, représenté à droite de la figure 528 des cannelures embouties qui en maintenaient la rigidité. On devait en outre, après chaque éta-

mage, souder à nouveau les quatre angles du moulot, on comprend par suite tous les avantages du moulot d'une seule pièce représentée à gauche de la figure 528.

Ces moulots possèdent sur le côté une bavette d'écoulement qui règle l'épaisseur du pain; ils sont tous disposés sur une série d'étagères (fig. 529) qui les maintiennent horizontaux. Leur remplissage se fait automatiquement de la façon suivante : les

Fig. 530. — *Presse à froid verticale.*

rangées de moulots sont alternées de façon à ce que la première rangée horizontale, ayant toutes les bavettes à gauche du casier, la deuxième rangée les aura toutes à droite ; la troisième rangée aura ses bavettes à gauche et ainsi de suite jusqu'en bas. Ces moulots font saillie hors du casier du côté opposé aux bavettes, et constituent ainsi une espèce de cascade verticale dans laquelle les moulots se remplissent par écoulement en déversoir les uns dans les autres.

Les ouvertures du tuyau d'arrivée de la cuve de lavage étant convenablement réglées sur le casier

Fig. 531. — *Pompes d'injection à balanciers.*

à moulots, il n'y a plus qu'à ouvrir un robinet pour remplir à la fois tous les cristallisoirs.

Les acides gras restent généralement de douze à vingt-quatre heures dans les moulots, suivant la saison, et il n'y a plus qu'à retourner le moulot pour obtenir un pain solide qu'on enveloppe dans une étoffe pour le soumettre à la presse.

DÉTERMINATION DE LA VALEUR DES MATIÈRES GRASSES.

Pour déterminer la valeur des matières grasses, on en saponifie 200 grammes dans une capsule avec de la potasse ou de la soude caustique en excès, on décompose le savon ainsi obtenu par l'acide sulfurique, on lave à l'eau l'acide gras obtenu, et après l'avoir versé dans un vase conique, on prend son point de solidification avec un thermomètre plongé dans la masse. Quand les cristaux d'acide gras se forment à la surface et qu'ils se touchent, on note les degrés du thermomètre qui, à cet instant, doit être stationnaire. Le tableau suivant, dû à M. L. Droux, indique la richesse des différents mélanges d'acides gras en acides gras solides et liquides, correspondant aux diverses températures de solidification :

TEMPÉRATURE de solidification	MÉLANGE D'ACIDES GRAS	
	Acide solide	Acide liquide
degrés	pour 100	pour 100
45.5	55	45
45.2	54	46
44.8	53	47
44.5	52	48
44.2	51	49
44.0	50	50
43.8	49	51
43.6	48	52
43.4	47	53
43.2	46	54
43.0	45	55
42.4	44	56
41.8	43	57
41.2	42	58
40.6	41	59
40.0	40	60
39.7	39	61
39.3	38	62
39.0	37	63
38.7	36	64
38.4	35	65
35.6	30	70
32.5	25	75
29.0	20	80
25.0	15	85
20.0	10	90
12.0	5	95
5.0	0	100

Un bon suif doit titrer 44 à 45°; de l'acide stéarique, bonne qualité, titre 54°.

PRESSION ET CONVERSION DES ACIDES GRAS EN ACIDES STÉARIQUES ET OLÉIQUES.

Cette opération a lieu au moyen de puissantes presses hydrauliques. C'est la partie mécanique de la stéarinerie.

Les acides gras, sortis des moulots ou cristallisoirs reçoivent deux pressions, l'une à froid, l'autre à chaud.

PRESSION A FROID. Les gâteaux d'acides gras sont d'abord placés dans une serviette d'environ 1 mètre de long sur 0m,85 de large, que l'on replie sur elle-même de façon à envelopper entièrement le pain.

On employait jadis et l'on emploie encore dans quelques usines un fort tissu de laine nommé malfil, ces serviettes sont aujourd'hui remplacées par une étoffe noire nommée capuline et composée de laine, de poil de chèvre, de cheveux et de crin. Chaque serviette pèse environ 1 kilogramme.

Ces pains, ainsi enveloppés, sont placés trois par trois sur le plateau d'une presse hydraulique

verticale. On place ensuite une plaque de tôle mince, puis une rangée de pains, et ainsi de suite, en interposant une plaque métallique entre chaque rangée de trois pains.

La charge d'une presse est généralement de 135 pains avec 44 plaques interposées.

Deux ou trois plaques plus épaisses, régularisent la charge et guident la pression, ce sont les maîtresses plaques indiquées par notre fig. 530.

Il est inutile de décrire ici la presse hydraulique, composée d'un cylindre dans lequel se

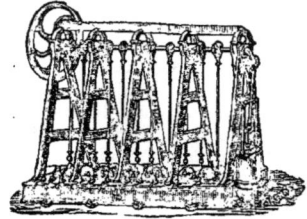

Fig. 532. — *Buffet de pompes.*

meut un piston. L'eau comprimée par une pompe d'injection force le piston à sortir du cylindre et produit ainsi la pression.

Généralement les pistons ont 30 centimètres de diamètre avec un mètre de course.

La pompe d'injection ordinaire a généralement un gros piston d'environ 35 millimètres de diamètre sur 45 millimètres de course pour commencer la pression, et un piston de 20 à 22 millimètres de diamètre avec la même course pour la terminer.

On sait que toute la puissance de la presse

Fig. 533. — *Buffet de pompes horizontal*

hydraulique est basée sur l'incompressibilité de l'eau et sur la différence des diamètres des pistons de la pompe et de la presse.

La presse, ses colonnes et son chapiteau doivent être calculés pour résister à 600,000 kilogrammes. La pression à froid ne dépasse guère 3 à 400,000 kilogrammes.

Les premières pompes d'injection à deux pistons étaient à balanciers, et il en existe encore un grand nombre (fig. 531); l'un des pistons étant au sommet de sa course, tandis que l'autre est en bas, on pouvait faire varier la course au moyen du balancier régulateur. A cet effet, la tringle recevant l'action de la transmission était montée sur une pièce mobile sur le balancier, on pouvait la faire avancer ou reculer au moyen d'une vis, pour donner plus ou moins d'amplitude à l'oscillation du balancier, et à la course des pistons.

Chaque presse avait sa pompe séparée et chaque pompe avait sa tringle reliée à une transmission. Les balanciers, les chapes, les tringles étaient une cause d'usure et de réparations fréquentes.

Depuis, on a réuni en un seul ensemble, toutes les pompes d'injection d'une usine ; c'est le *buffet de pompes*, appareil composé d'une caisse en fonte renfermant toutes les pompes. Sur cette

Fig. 535. — *Accumulateur de pression.*

caisse sont fixés des bâtis verticaux triangulaires supportant l'arbre de commande, mis en mouvement, soit par une courroie, soit comme dans la figure 532, par une machine à vapeur spéciale formant corps avec l'ensemble de l'appareil.

Les pompes sont à articulations directes. Le tout forme un ensemble rigide, solide et peu sujet à réparations.

M. Florentin Morane construit, depuis quelques années, des buffets de pompes horizontaux dont l'ensemble offre une heureuse disposition. La surveillance en est d'autant plus facile que toutes

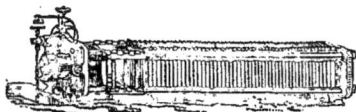

Fig. 536. — *Presse à froid horizontale.*

les pièces ne sont plus, comme dans les autres systèmes, renfermées dans la caisse à eau, mais que le tout est sous les yeux et sous la main de l'ouvrier.

Ainsi que le précédent, ce buffet de pompes est mis en mouvement par une courroie, comme dans la figure 534, ou par un moteur fixé au bâti.

C'est une grande caisse en fonte renfermant l'eau nécessaire aux pressions. Au centre, un arbre à manivelles articule les pistons dans des corps de pompes horizontaux fixés sur les bords du bâti. En dehors, d'un côté pour les gros pistons, de l'autre pour les petits, se trouvent placées les boîtes à clapets d'aspiration et de refoulement ainsi que les débrayages automatiques destinés à suspendre l'action d'une pompe quand la pression voulue est atteinte dans le cylindre de la presse qui y correspond.

Dans les grandes usines, au lieu d'avoir une pompe spéciale pour le service de chaque presse, on fait usage d'*accumulateurs* compensateurs ou réservoirs de pression dans lesquels l'eau se trouve comprimée à la pression voulue, pour aller ensuite se distribuer sur chaque presse.

Nous donnons comme type la disposition adoptée par M. F. Morane dans la figure 535.

C'est un cylindre plein ou piston vertical formant corps avec la pièce d'assise de l'appareil. Sur le piston fixe est emmanché un cylindre enveloppe ouvert dans le bas, glissant, à frottement sur le piston, fermé en haut et entouré d'une

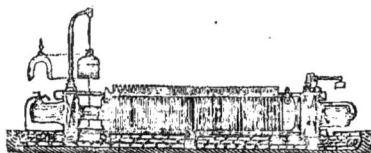

Fig. 537. — *Presse à froid à deux cylindres.*

caisse en tôle chargée de ferraille pour augmenter le poids. L'ensemble constitue un élément de presse hydraulique retourné, le cylindre étant mobile et en l'air alors que le piston est en bas et fixe.

L'eau refoulée par une ou plusieurs pompes pénètre dans le cylindre par une ouverture pratiquée dans le bas du piston fixe, le traverse verticalement de haut en bas pour venir y déboucher en haut, dans l'espace resté libre entre le piston et le cylindre mobile, et soulève ainsi le cylindre enveloppe avec sa charge de ferraille.

Arrivé au maximum de la course, si les presses

Fig. 538. — *Cylindre en fer.*

n'absorbent pas toute l'eau refoulée par les pompes, une tringle indiquée à gauche de notre figure 535, et attachée à la caisse de charge, ouvre un clapet pour donner passage à l'eau en excès et empêche aussi le cylindre d'échapper du piston qui forme guide en même temps. Dès que la caisse s'abaisse, le clapet n'étant plus soulevé ne laisse plus échapper d'eau.

On se trouve aussi avoir à sa disposition une réserve d'eau comprimée que l'on distribue ensuite à volonté dans chaque presse.

La charge à donner à l'accumulateur ou réservoir d'eau comprimée est en raison du diamètre de son piston.

Cet appareil rend les plus grands services, convenablement réglé, il ne permet plus à l'ouvrier presseur de dépasser la pression à laquelle la presse hydraulique doit fonctionner.

En outre, il présente l'avantage de maintenir la pression constante, réunissant le rôle de compensateur, en fournissant constamment à la presse la quantité d'eau perdue par les cuirs emboutis, ou complétant la pression si la matière à comprimer a diminué de volume, tandis qu'avec une pompe ordinaire, la pression diminue dès que son action cesse. Le même constructeur a donné une nouvelle disposition aux presses à froid (fig. 536).

Il a remplacé la presse verticale par une presse horizontale, ce qui simplifie et facilite le chargement des pains et leur extraction de la presse.

Les pains y sont toujours interposés entre des plaques métalliques, et se trouvent soutenus dans la presse par des étoffes légères, ou par un plancher sur lequel ils glissent.

La figure 536 représente une presse horizontale du modèle simple, à un seul cylindre presseur et à quarante plaques.

Dans certaines usines, il a installé des presses doubles, avec deux cylindres presseurs. L'un muni d'un piston de diamètre moindre commence la pression et donne une foulée rapide pour rapprocher les pains et permettre la surcharge.

Dès que cette pression légère est effectuée on abaisse la lunette indiquée à gauche de la figure 537, laquelle vient envelopper partiellement le piston et former pièce rigide, sur laquelle la pression finale a lieu par l'action du cylindre de droite, ayant généralement 30 centimètres de diamètre.

Un grand perfectionnement apporté dans la presse hydraulique est la construction d'un cylindre en fer forgé au lieu de l'ancien cylindre en fonte dont les ruptures étaient fréquentes.

Ce cylindre est formé d'une masselotte de fer, dans laquelle on a foré le vide central nécessaire à loger le piston. Il est monté dans une lunette en fonte recevant les colonnes de la presse comme l'indique la figure 538.

Que la presse soit horizontale ou verticale, le mode d'opérer est le même. La pression doit se faire lentement, pour donner le temps à l'acide oléique de se dégager des cristaux de l'acide gras. L'action du gros piston doit cesser dès que les premières gouttes d'huile commencent à couler.

Une pression dure environ deux heures et doit être poussée jusqu'à 350,000 kilogrammes.

Les pains doivent être laissés en pression le plus longtemps possible pour leur permettre de s'égoutter. Ils avaient, avant la pression, environ 40 millimètres d'épaisseur et se réduisent à environ 28 à 30 millimètres, ayant perdu environ 25 à 30 0/0 d'acide oléique.

L'acide oléique entraîne toujours avec lui une certaine portion d'acide gras, soit mécaniquement, surtout quand la pression est poussée rapidement; soit en dissolution, par suite de saponifications incomplètes.

Au sortir des presses à froid, il est envoyé dans des bassins de chauffage pour faire cristalliser à nouveau les acides gras entraînés, il passe ensuite dans des bassins plats réfrigérants et est enfin envoyé dans des caves, où par suite d'un repos prolongé dans de grands réservoirs, il laisse déposer les matières entraînées. L'acide oléique, convenablement refroidi, passe au filtre-presse qui en sépare les acides gras; ceux-ci sont renvoyés dans le travail général pour être de nouveau soumis à la pression avec les acides gras directs.

Le filtre-presse employé est analogue à celui des sucreries et se compose de compartiments formés par les vides laissés entre dix-huit plaques métalliques creuses, maintenues serrées les unes contre les autres.

Des toiles filtrantes sont placées entre ces plaques creuses et forment des vides ou poches filtrantes dans lesquelles l'acide

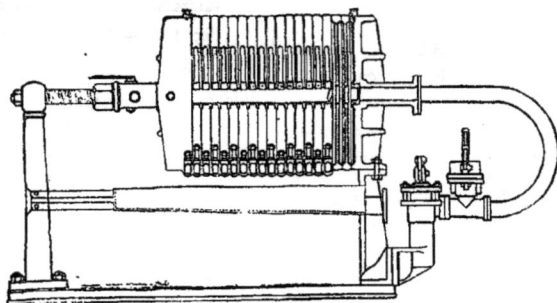

Fig. 539. — Filtre presse.

oléique est refoulé par la pompe indiquée à droite de la figure 539. L'huile filtrée à travers les toiles pénètre dans les cannelures des plaques creuses, d'où elle tombe dans le canal indiqué en avant de la même figure.

Ces filtres fonctionnent à bras, ou au moyen d'une pompe refoulant l'air comprimé dans un récipient contenant l'huile, et en communication avec les filtres-presses. — V. FILTRE-PRESSE, OLÉINE.

PRESSION A CHAUD. Après la pression à froid les pains d'acide gras, toujours enveloppés dans leurs *malfils*, sont soumis à la presse à chaud. Les presses à chaud sont horizontales, l'ensemble de la presse étant analogue aux presses à froid horizontales, seulement les plaques entre lesquelles sont interposés les pains d'acide gras, sont creuses, et à l'intérieur circule un courant de vapeur. Autrefois, ces plaques étaient formées d'une feuille de tôle de 25 millimètres d'épaisseur. Le coffre de la presse était fermé de trois côtés; pour chauffer les plaques, on recouvrait la presse d'une espèce de couverture de laine, et l'on y injectait un courant de vapeur directe. On comprend que ce mode de chauffage était difficile à régler, néanmoins quelques industriels y sont revenus à nouveau. Généralement on fait usage de plaques creuses dont il existe un grand nombre de modèles. Une des plaques la plus usitée est celle de Faulquier cadet, de Montpellier, formée d'une feuille de tôle de 20 millimètres d'épaisseur dans dans laquelle on a pratiqué, à la raboteuse, des rainures d'environ 40 millimètres sur 8 millimètres; une plaque de tôle de 10 millimètres recouvre la première, forme joint, et constitue une série de canaux dans lesquels circule la vapeur. D'autres usines emploient des plaques analogues dans lesquelles les rainures ont été faites

Fig. 540. — *Plaque creuse perforée de F. Morane.*

logues dans lesquelles les rainures ont été faites au laminoir (fig. 540); enfin, M. F. Morane jeune, construit une plaque pleine à travers laquelle il a pu percer avec beaucoup d'habileté une série de canaux verticaux et longitudinaux constituant une espèce de serpentin, dans lequel la vapeur circule. Les plaques, quel que soit le système, sont toujours mobiles dans la presse, munies de poignées pour leur manœuvre et de tuyaux à fourreau, rentrant les uns dans les autres comme des étuis de télescope; ils sont articulés d'une part sur la plaque creuse mobile, de l'autre sur un tuyau longitudi-

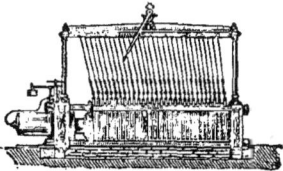

Fig. 541. — *Presse à chaud ordinaire.*

nal, placé en haut de la presse, distribuant la vapeur dans chaque plaque.

Dans certaines usines on a remplacé ces tuyaux à articulations par des tubes en caoutchouc, mais ils sont bientôt hors d'usage par l'action des matières grasses dissolvant le caoutchouc Une plaque bien construite doit remplir les conditions suivantes : chauffage régulier et rapide, épaisseur suffisante pour conserver et régulariser la chaleur et disposition permettant un nettoyage facile, car les canaux s'obstruent assez rapidement par la combinaison des matières grasses avec les sels calcaires entraînés de la chaudière à vapeur.

La presse ordinaire renferme généralement 28 à 30 plaques creuses (fig. 541).

La pression moyenne est de 4 à 500,000 kilogr. La chaleur de la vapeur serait trop forte pour que les pains y soient exposés directement; l'acide gras qu'ils renferment pourrait fondre pendant la pression. On interpose donc entre le pain à presser et la plaque une matière isolante, l'*étreindelle*, formée d'un épais tissu en crin, dont le but est de régulariser la chaleur (fig. 542). Les étreindelles en crin sont d'un prix coûteux, M. B. Dervieux a imaginé de les remplacer par *des claies-étreindelles* formées de petites baguettes de bois de hêtre, assemblées au moyen de trin-

Fig. 542. — *Etreindelle.*

gles de fer, et formant une espèce de portefeuille suspendu dans la presse pour y placer le pain à presser.

Dans quelques usines de simples planches de bois remplacent les étreindelles.

Plusieurs stéarineries font usage de la presse double de F. Morane, contenant quarante plaques possédant deux cylindres et analogue à la presse à froid décrite plus haut, mais munie de plaques creuses à distribution de vapeur. La figure 543 en indique les dispositions.

Quel que soit le système employé voici comment se fait la pression : Les pains étant chargés

Fig. 543. — *Presse double à chaud de F. Morane.*

dans la presse dont les plaques et les étreindelles possèdent encore la chaleur d'une opération précédente, les pompes d'injection sont mises en mouvement avec les deux pistons. L'ouvrier presseur envoie de la vapeur dans les plaques pendant environ dix minutes, jusqu'à ce qu'elles atteignent la température de 75 à 30°; dès que les acides gras liquides commencent à s'écouler, on supprime l'action du gros piston pour ne laisser agir que le petit. La pression à chaud est assez difficile à conduire, elle exige une grande surveillance et un ouvrier expérimenté, car malgré les soupapes ou manomètres, le presseur n'a aucun instrument pour le guider, il juge du degré de la température par la nature de l'écoulement de l'acide gras et par la marche générale de la presse. La pression à chaud n'ayant pour but que de chasser du tourteau les dernières traces d'acide oléique et les acides gras, mous et colorés, il faut arriver à obtenir dans la presse un état tel, que l'acide stéarique à conserver, y reste à l'état solide, tandis que tous les acides gras à chasser s'y trouvent à l'état pâteux et liquide. C'est pour cette raison qu'on a été amené à presser à chaud. On comprend donc que, si la presse n'est pas assez chaude, ou que la pression n'a pas été suffisante, les pains d'acides gras restent jaunes et impurs; si au contraire, la presse a été trop chauffée, l'ensemble de la matière est fondu et l'acide stéarique est plus ou moins entraîné. La durée d'une pression est de quarante-

cinq à cinquante minutes; le chauffage des plaques a généralement lieu pendant dix à quinze minutes au commencement du travail et pendant cinq minutes vers la fin, il n'existe du reste aucune règle fixe, le chauffage devant avoir lieu suivant la marche de l'opération.

Dans la presse à chaud ordinaire l'opération n'est pas continue.

M. F. Morane a introduit récemment, dans la stéarinerie, une nouvelle presse rotative continue (brevet Droux et Morane), dont les avantages sont considérables (fig. 544).

Un grand plateau en fonte, mobile sur un axe central, supporte quatre séries de plaques creuses disposées horizontalement et maintenues par des

Fig. 544. — *Presse rotative continue.*

supports en gradins pour permettre un chargement et un déchargement rapide des pains à presser.

Les plaques perforées du système de F. Morane n'y sont plus chauffées à la vapeur, mais à l'aide d'une circulation de liquide maintenu à une température constante. Ce liquide emmagasiné dans un réservoir central pénètre dans chaque plaque, et s'en échappe par des tuyaux qui le ramènent dans un réservoir inférieur où il est réchauffé et remonté par une pompe dans le réservoir central.

Chaque série de huit plaques constitue pour ainsi dire une presse spéciale. Un mouvement de rotation imprimé mécaniquement, amène successivement chaque série de plaques sous le plateau d'une très puissante presse hydraulique mise en action par un accumulateur-compensateur. Voici comment la pression s'y opère d'une façon continue :

L'ouvrier, après avoir placé les pains d'acides gras dans la première série de plaques, fait

faire un quart de tour au plateau, au moyen d'un petit appareil hydraulique disposé sous la presse.

Par le fait de cette rotation, une came placée sous le plateau produit un mouvement d'exhaussement de bas en haut et force les plaques à venir toucher les pains d'acides gras afin de commencer à les chauffer par contact.

L'ouvrier charge la seconde série de plaques, et fait ensuite faire un nouveau quart de tour au plateau pour charger ensuite la 3e série de plaques.

Un nouveau mouvement de rotation amène alors la première série de plaques sous le plateau de la presse hydraulique dont le piston est mis en mouvement pour produire la pression voulue.

Pendant que la pression s'exerce, l'ouvrier enlève les pains pressés dans la quatrième série de plaques qu'il charge à nouveau de pains venant de la presse à froid, et ainsi de suite.

Cet appareil est donc continu; il fournit une série de huit pains par chaque 5 à 6 minutes.

Le chauffage y est tellement régulier que, dans la plupart des cas, l'on a pu supprimer l'étreindelle et mettre directement les pains d'acides gras en contact avec les plaques.

La production de cette presse, déjà plus que double comme nombre de pains, est encore augmentée par la régularité du chauffage et par la puissance considérable de la pression; on chauffe moins, et l'on obtient des tourteaux d'acide stéarique plus épais, on produit enfin une moins grande quantité de ces résidus qui doivent de nouveau être ramenés dans le travail général et soumis à une nouvelle pression.

Les matières qui s'écoulent des presses à chaud se nomment *résidus*; c'est un mélange d'acides stéariques et oléiques. A la sortie des presses, ils s'écoulent avec l'eau de condensation des plaques, dans un monte-jus qui les remonte dans un bassin de dépôt d'où l'eau est séparée de l'acide gras. Celui-ci est lavé à l'eau acidulée, dans un bassin chauffé par injection de vapeur, lavage ayant pour but de le débarrasser des sels de fer empruntés aux plaques des presses, il est enfin lavé à l'eau et mélangé avec de nouveaux acides gras ou pressé directement à part pour en extraire l'acide stéarique qu'il renferme.

Il y a donc là un roulement d'acides gras constamment remis en travail, que le fabricant a intérêt à diminuer, ce qu'il obtient par l'emploi de la puissante presse continue.

PURIFICATION DE L'ACIDE STÉARIQUE. A la sortie de la presse à chaud, les serviettes renfermant l'acide stéarique sont développées et les tourteaux qu'elles renferment sont triés. Les parties les plus blanches constituent l'acide stéarique de qualité supérieure, la plus grande partie forme la qualité courante et les bords ou *razures* renfermant encore un peu d'acide oléique, sont de nouveau refondues, moulées en plaques minces et pressées à chaud. Ces pains de razures produisent la plus belle matière. L'acide stéarique, toujours un peu mélangé d'oxyde de fer ou de chaux, est porté dans une cuve doublée en plomb, contenant de l'eau acidulée à 5°, il est lavé à chaud pendant une heure au moyen d'une injection de vapeur; après quelques heures de repos, il est soutiré dans une cuve en bois où il est de nouveau lavé à l'eau bouillante pendant une heure. C'est dans cette cuve que l'on ajoute des blancs d'œufs ou de l'albumine dans la proportion de six blancs d'œufs par 1,000 kilogrammes de matière. La coagulation de l'albumine entraîne les matières étrangères qui se déposent. Pour débarrasser l'acide stéarique des dernières traces de chaux, même de celles que peut renfermer l'eau de lavage, il est bon d'ajouter dans cette cuve ou dans une suivante une légère proportion d'acide oxalique.

Après quatre ou cinq heures de repos, l'acide stéarique ainsi purifié peut être coulé (après avoir été refroidi) dans des moules plats, pour être livré au commerce, s'il ne doit pas être transformé en bougies. Lorsque le fabricant veut produire des bougies de qualité secondaire, c'est à ce moment qu'il mélange les diverses matières, telles que : la palmitine, l'huile de coco, le suif pressé, etc.

L'acide stéarique pur ou mélangé ne peut être moulé directement en bougie. A l'état liquide et à une température supérieure à 55° ou 60°, il cristalliserait dans les moules et ne donnerait que des bougies friables, cassantes et d'un vilain aspect. Il est indispensable d'en briser les cristaux par une agitation continue. Dans la plupart des usines, cette opération, nommée *barbottage*, se fait à la main; des ouvrières agitent la matière à l'aide d'un bâton dans des bassins métalliques jusqu'à ce qu'elle acquiert une consistance visqueuse et un aspect laiteux.

M. Paul Morane aîné construit des barbotteuses mécaniques composées d'un cylindre muni d'agitateurs.

On pourrait aussi envoyer dans la masse un courant d'air froid.

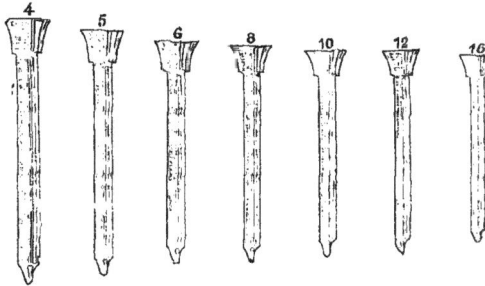

Fig. 545. — *Moules à godets.*

MOULAGE DES ACIDES STÉARIQUES EN BOUGIES. A l'origine de l'industrie stéarique, l'outillage des couleries de bougies se composait d'une série de moules en étain, surmontés d'un godet (fig. 545).

La mèche introduite dans le moule au moyen d'une aiguille à main était fixée à la partie inférieure par une petite cheville en bois ou *fausset*, et se trouvait centrée et retenue à la naissance du godet au moyen d'une rondelle en fer étamée sur laquelle on la fixait par un nœud. Il fallait pour chaque bougie enfiler la mèche dans le moule et aller la chercher dans le bas, au moyen d'une aiguille ou *enfiloir*.

Le travail avec un semblable outillage était long et pénible. C'est vers 1842 que Cahouet, prédécesseur de Paul Morane, introduisit dans nos usines le *porte-moule à robinet* (fig. 546). Pour rendre le moulage et le démoulage plus rapides, Cahouet s'était attaché d'une part à grouper plusieurs moules dans un même ensemble, d'autre part à supprimer l'emploi du fausset. Il avait composé sa forme ou porte-moule, d'une trentaine de moules fixés à une cuvette destinée, comme le godet du moule primitif, à contenir une masselotte ou réserve de matière ayant pour but d'empêcher les bougies d'être creuses par le refroidissement.

A la partie inférieure de chaque moule il avait soudé un robinet de bronze, que la mèche traversait et qu'il suffisait de tourner d'un quart de tour pour,d'un même coup,assujettir et couper la mèche.

Les moules à bougies doivent être chauffés à une température voisine du point de fusion de l'acide stéarique avant d'y verser la matière. Si le moule était froid il se produirait des raies et des

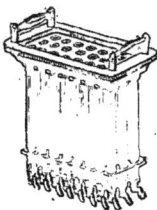

Fig. 546. — Porte-moules à robinets

taches dues à la prompte solidification de l'acide stéarique; il faut donc, pour obtenir une bougie lisse et unie à contexture compacte, que d'une part le moule soit chauffé et que d'autre part la matière soit refroidie. Si l'acide stéarique est pur et possède un point de fusion élevé, le moule doit être relativement très chaud et la matière froide; s'il s'agit au contraire de mouler des bougies mélangées de matières grasses, le moule doit être relativement froid et la matière chaude. D'après ce qui précède, on comprend que les moules devaient être transportés dans une étuve, rapportés sur une table pour y couler l'acide stéarique et enfin portés au dehors de l'atelier pour être refroidis. Avec un tel outillage le travail était long et pénible. C'est vers 1846 que l'on parvint, par une série de perfectionnements successifs, à construire une machine dans laquelle la mèche pénétrait d'elle-même dans le moule par l'enlèvement de la bougie solidifiée.

La première machine à enfilage continu a été construite en Angleterre par Newton et intro-

duite en France par Benoit Droux, chez lequel elle fonctionnait à Paris dès 1847 ; peu après Cahouet, puis Cahouet et Morane, Binet, Fournier, Morgan et Kyndal, s'efforcèrent de réaliser mécaniquement le moulage et le démoulage des bougies, mais la machine actuelle dérive toujours de l'invention primitive.

Il est à remarquer que dans les brevets de ces divers inventeurs, on voit immédiatement apparaître les deux principes sur lesquels reposent encore aujourd'hui les deux systèmes de machines à mouler.

C'est d'abord le pince-mèche qui saisit la mèche au pied de la bougie, la fixe et la centre, et permet, après le refroidissement, d'enlever d'un seul ensemble, la masselotte, la bougie fabriquée et la mèche devant servir à une nouvelle bougie. C'est ensuite le repoussoir, portant à son extrémité mobile la tête du moule, permettant au contraire de repousser la bougie de bas en haut et de la faire sortir du moule, entraînant en même temps

Fig. 548. — Machine à mouler, dite à centreurs.

la mèche nécessaire à une nouvelle bougie. Paul Morane perfectionna considérablement la machine à mouler les bougies par enfilage continu, et s'il n'en est pas entièrement l'inventeur, il en fut incontestablement le propagateur. Sa première machine, dite à ventilateur, encore en usage presque partout, se compose d'un grand coffre métallique monté sur deux bâtis verticaux. Dans ce coffre sont logés 200 moules en étain, de dimensions appropriées à la bougie à produire, et traversant le fond du coffre sur lequel ils sont fixés par un joint à rondelle de caoutchouc serrée par un écrou. Ces moules sont légèrement coniques pour faciliter la sortie de la bougie. A la partie supérieure, ils sont vissés par série de vingt dans dix cuvettes en tôle étamée. Sous ce coffre et en bas de la machine se trouvent disposées deux cents bobines, contenant chacune environ 100 mètres de mèche. Sur le coffre à moules sont assemblées quatre colonnes reliées par un cadre en fer sur lequel circule le chariot ou treuil de démoulage.

Le coffre renfermant les deux cents moules reçoit à l'une de ses extrémités, un ventilateur mû par courroie, à l'autre extrémité existent deux tuyaux d'injection de vapeur et une trappe à cou-

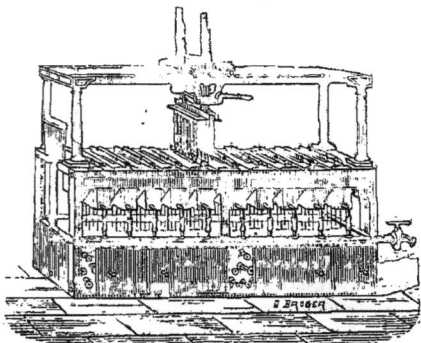

Fig. 547. — Machine à mouler à 200 moules.

lisse pour laisser évacuer l'air et la vapeur du coffre. Sur chaque cuvette ou porte-moule existent, à l'état mobile, les équerres et les pinces-mèches ; ce sont les principaux organes de la machine. L'équerre est une bande de tôle étamée repliée à angles droits et munie de dix encoches ; elle vient s'appliquer exactement au-dessus de chaque moule pour y centrer la mèche ; le pince-mèche est formé d'un tube aplati rectangulaire dans lequel glisse une tringle de même forme. Dix rainures correspondantes aux dix moules transversaux de la machine, ont été pratiquées dans cette pièce ; ces rainures découpent entièrement l'un des côtés du tube rectangulaire et pénètrent de quelques mil-

limètres dans la pièce rectangulaire mobile, laquelle est articulée par un petit levier. On peut donc à volonté présenter les encoches en face les unes des autres de façon à y laisser passer la mèche, ou serrer et maintenir cette mèche dans le pince-mèche en faisant jouer la tringle mobile. Voici comment s'opère le moulage : pour la première fois les mèches doivent être passées à la main et à l'enfiloir. On chauffe les moules à la température voulue au moyen d'une injection de vapeur, et l'acide stéarique versé dans chacune des dix cuvettes, pénètre dans les moules. Dès qu'ils sont remplis, on met en mouvement le ventilateur, on ouvre la vanne de sortie d'air et après

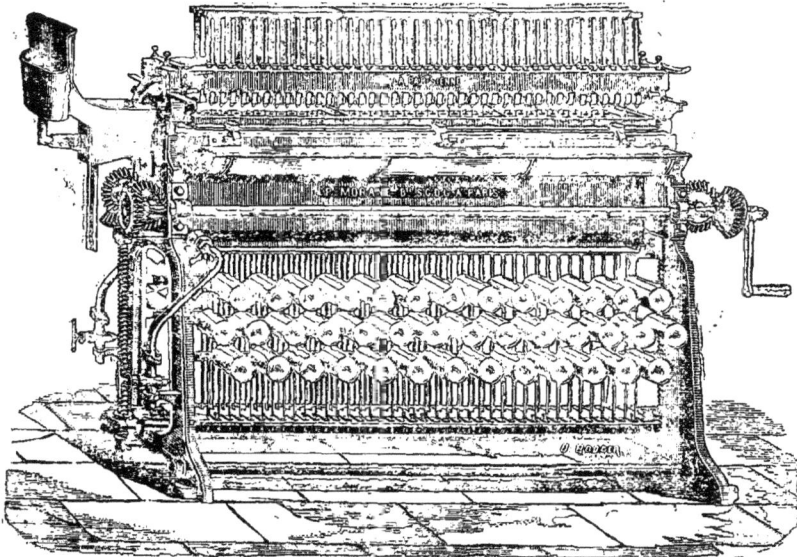

Fig. 549. — Machine parisienne de P. Morane.

vingt-cinq ou trente minutes, l'acide stéarique est solidifié dans les moules.

On amène alors sur la première forme le chariot de démoulage, on descend le treuil que l'on attache, à l'aide de deux clavettes aux équerres et aux pinces-mèches ; en remontant le treuil du chariot, les pinces-mèches, les équerres, les masselottes et les bougies solidifiées sont arrachés hors des moules, pour s'élever à environ un centimètre au-dessus de la cuvette, moment où l'action du treuil cesse.

Les bougies formées entraînent avec elles et font pénétrer dans les moules, les mèches enroulées sur les bobines disposées en dessous, on se trouve ainsi avoir les mèches passées dans les moules pour recevoir une nouvelle coulée.

On introduit sous les bougies suspendues encore au chariot de démoulage, d'abord une équerre qui vient centrer la mèche, puis un pince-mèche qui vient la retenir, et l'on n'a plus qu'à passer sur les pinces-mèches un couteau qui sépare la

mèche de l'extrémité de la bougie coulée, ce qui permet de l'enlever (fig. 547).

Les machines à chauffage par la vapeur et à refroidissement par ventilateur, excellentes pour mouler de l'acide stéarique à point de fusion élevé tel que celui obtenu par la saponification, laissent à désirer quand il s'agit de l'acide stéarique de distillation. Le chauffage et le refroidissement à l'eau sont préférables pour ces matières, moins dures et à point de fusion bas. Le coffre central renfermant les moules exigerait une trop grande quantité d'eau ; chaque série de vingt moules est alors renfermée dans un coffre spécial recevant alternativement de l'eau chaude et de l'eau froide. La température de l'eau chaude doit varier de 45 à 55° suivant la matière à mouler. Quant à l'eau de refoidissement elle ne doit pas être inférieure à 15° pour éviter un refroidissement brusque qui briserait les bougies.

Ces deux genres de machines causent une perte de mèche assez sensible et exigent une forme de moules appropriée à chaque sorte de bougies.

La masselotte doit être forte et entraîne la refonte d'une assez grande quantité de matières, qui s'altère toujours par cette nouvelle fusion.

Le moulage des bougies de composition tendre ne peut en outre s'effectuer par le tirage de la mèche, car souvent cette mèche glisse dans la bougie en la laissant dans le moule.

Dès 1860, Paul Morane, reprenant les idées de Morgan et de Kyndal, s'était préoccupé de construire une machine basée sur le principe de la poussée par dessous, opérant le démoulage au moyen d'un repoussoir mobile. Il construit actuellement la machine à *centreurs* et la machine *parisienne* qui est un perfectionnement de cette dernière. Dans la machine à centreurs la cuvette ou porte-moules est remplacée par une cuvette longitudinale recevant trente moules de chaque côté. Les soixante moules sont assemblés sur une même plaque et logés dans un coffre recevant alternativement de l'eau chaude et de l'eau froide,

Fig. 550. — *Essoreuse.*

les bobines de mèches étant toujours disposées au-dessous du coffre. Le moule ne se compose plus que d'un tube ouvert aux deux extrémités légèrement coniques, et dans lequel s'engage par dessous une pièce mobile formant la tête de la bougie (fig. 548).

Ces têtes mobiles sont fixées à l'extrémité d'un tube vertical formant repoussoir. Ces repoussoirs sont établis sur une plaque inférieure qu'un mouvement fait monter ou descendre à volonté pour régler la longueur des bougies que l'on veut obtenir. Pour faire sortir les bougies des moules, il n'y a qu'à faire monter cette plaque au moyen d'une manivelle actionnant une crémaillère ou une vis sans fin. La mèche passe au milieu du repoussoir qui est creux et pénètre à l'intérieur des moules comme dans les anciennes machines. Sur la plaque supérieure, formant cuvette et sur laquelle sont fixés les moules, existent une barre et des augets dans lesquels on verse la matière ; ces augets découvrent seulement la moitié des orifices des moules, des entailles faites sur un des bords permettent de centrer les mèches et de les y maintenir. Après le refroidissement on retire la barre placée longitudinalement entre les ran-

gées de moules et dans le vide laissé par elle, on passe une lame qui coupe toutes les bougies ainsi que la mèche au ras des moules.

Les bougies repoussées hors des moules s'engagent entre deux guides en bois garnis d'étoffe où on les maintient fixes par un mouvement de serrage. La machine se trouve alors disposée pour recevoir une nouvelle coulée.

La machine à centreurs, telle que nous venons de la décrire, ne s'applique pas au moulage de toutes les matières.

Les produits tendres n'éprouvent qu'un faible retrait en se solidifiant, tandis que les matières dures de saponification possèdent un retrait considérable et exigent alors une masselotte ou réserve de matière assez forte pour ne pas donner de bougies creuses. En outre le contenu destiné à séparer la masselotte de l'extrémité des bougies, pénètre difficilement dans les matières dures. Enfin, tandis que le refroidissement des matières tendres est prompt, celui des matières dures est long.

Ces difficultés ont amené M. Paul Morane à modifier la machine à centreurs pour construire sa nouvelle *Machine Parisienne* (fig. 549).

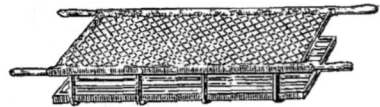

Fig. 551. — *Étendage mobile.*

L'ensemble de la machine est toujours le même, les modifications portent sur les détails importants.

La pièce creuse placée au sommet des repoussoirs et formant la tête de la bougie est munie d'une petite pièce en bronze qui ne forme que l'extrémité de la tête et qui produit un point d'appui suffisant, étant donné la dureté de la matière, pour permettre la poussée et le démoulage de la bougie à demi-solidifiée.

Aux barres de serrage qui, dans la machine à centreurs, ont pour fonction de maintenir la bougie en place au moment du centrage, il a substitué des demi-godets mobiles encochés, suivant l'une de leurs génératrices et, renversés latéralement lors de la remontée de la bougie, pour lui laisser un libre passage, mais qui rabattus ensuite, la reçoivent comme sur un siège où elle repose jusqu'au moment où le coupage de la mèche pourra avoir lieu.

Des tendeurs convenablement disposés donnent à la mèche dans le moule une rigidité indispensable à la bonne combustion, enfin le volume de la masselotte a été réduit aux limites du possible.

Cette machine peut être moulée jusqu'à trois fois par heure, car quinze à vingt minutes suffisent pour donner à la matière une solidité suffisante pour qu'elle puisse sortir du moule, quoiqu'encore liquide à l'intérieur de la bougie et de la masselotte : c'est un progrès réel.

PRÉPARATION DE LA MÈCHE. Une mèche de bonne qualité est une des parties essentielles de la bougie stéarique, elle doit être constituée avec des substances poreuses, combustibles et volatilisables. Elle est formée avec un fil de coton d'un diamètre uniforme, filé avec soin, et il ne doit se détacher aucun filament. On prend de préférence un fil de coton faiblement tordu, n° 30 à 35, filé d'un coton fin et pur, et formant une tresse à trois brins de chacun vingt-cinq à trente fils.

Plus la mèche est uniforme dans toute sa longueur, moins elle présente de filaments et plus est régulière l'ascension de la matière grasse par suite de l'uniformité de l'action capillaire et mieux la combustion s'opère. On a employé d'abord la mèche tordue dans laquelle les fils de coton étaient placés à côté les uns des autres,

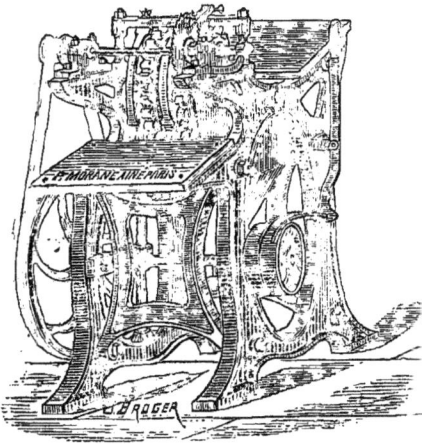

Fig. 552. — Rogneuse.

décrivant une hélice à spire très allongée. Combacérès, pour éviter de moucher les mèches, substitua la mèche tressée qui, sous l'influence de la tension des fils se recourbe à son extrémité et l'amène à se consumer au contact de l'air, là où la température de la flamme est très élevée. Avant d'employer la mèche à la fabrication des bougies, il faut lui faire subir un apprêt, autrement elle se charbonnerait et la combustion serait incomplète.

Dès 1830, de Milly trouva que l'acide borique et l'acide phosphorique étaient des substances capables de former, avec la cendre du coton, une perle fusible sous l'influence de laquelle la mèche se recourbait et amenait l'extrémité au bord de la flamme, là où la température est la plus grande.

La mèche est ainsi préparée : on dénoue les écheveaux et on les plonge pendant une heure dans un bain porté à la température de 50° et contenant 300 grammes d'acide sulfurique pour 100 litres d'eau. Ce premier bain est le dégorgeage qui a pour but d'enlever toutes matières gommeuses et poussiéreuses du coton.

Les mèches passent à l'essoreuse (fig. 550), puis sont séchées dans une étuve à chaleur douce et à courant d'air.

Le second bain est formé avec 1 kilogramme et demi d'acide borique, 15 grammes d'acide sulfurique et 50 litres d'eau distillée, et maintenu pendant trois heures, durée du trempage de la mèche, à une température voisine de 100°.

Les mèches sont enfin essorées dans une essoreuse à force centrifuge, puis séchées à une chaleur douce.

De Milly indique une préparation à l'aide d'un seul bain formé d'eau pure tenant en dissolution 1 1/2 0/0 d'acide borique et 1/2 0/0 de sulfate d'ammoniaque

En Allemagne, on emploie pour 100 litres d'eau distillée 450 grammes d'acide borique et 1 kilogramme 800 grammes de sulfate d'ammoniaque.

En suspendant les écheveaux de mèches dans une étuve, il arrive que les parties inférieures contiennent plus de matières fusibles par suite du liquide qui s'y accumule, de là inégalité dans

Fig. 553. — Rogneuse-laveuse.

la nature de la mèche. Pour obvier à cet inconvénient, M. Viallon, à Lyon, place les écheveaux sur une batterie de tambours mobiles à claires-voies, munies d'un mouvement lent de rotation ; la dissecation est plus rapide, plus uniforme et la répartition égale de l'apprêt est assurée dans toutes les parties de la mèche.

Après le séchage, les écheveaux de mèches sont ouverts et examinés avec soin. La mèche est débarrassée des nœuds, des débris de coton, puis soumise à un grillage rapide sur une flamme d'alcool, afin de détruire les filaments de coton qui dépassent.

Elle est enfin enroulée sur les bobines, puis emmagasinée dans un endroit sec et à l'abri de la poussière.

BLANCHIMENT DES BOUGIES. L'acide stéarique se blanchit de deux façons. Quelle que soit sa pureté il possède toujours une légère teinte jaunâtre. C'est Tresca qui eut l'idée d'ajouter dans l'acide stéarique liquide une très légère proportion de bleu de Prusse qui fait virer la masse au blanc. Les produits de distillation à teintes grises sont quelquefois ramenés au blanc par une couleur rouge, telle que l'orcanète ou l'aniline : c'est la coloration en masse. Le second mode de blanchiment et le plus énergique est l'étendage des bougies à l'air. A la sortie des machines à mouler, les bougies séparées de leurs masselottes sont placées sur des *claies* ou étendage mobile (fig. 551) formé d'un châssis à claire-voie, surmonté d'un grillage en fer dans les mailles duquel on place les bougies verticalement. Dans certaines usines on remplace cet étendage par des chariots. On a pensé pendant longtemps que l'exposition à l'air libre, aux rayons solaires directs et à l'action de la rosée, étaient, comme pour la toile, le meilleur mode de blanchiment. Il est prouvé maintenant que la lumière diffuse suffit, aussi les industriels se mettent-ils peu à peu à *étendre* leurs bougies dans de grandes halles vitrées qui ont l'avantage de les soustraire à la poussière et d'éviter les opérations accessoires du lavage et du polissage.

POLISSAGE, ROGNAGE ET MISE EN PAQUETS. Si les bougies ont été mises à l'air dans des étendages fermés, il n'y a plus qu'à les soumettre au rognage, opération qui a pour but de mettre la bougie au poids régulier et de longueur égale.

La *rogneuse* se compose d'un rouleau cannelé dans lequel les bougies s'engagent et sont amenées vers une petite scie circulaire maintenue et légèrement chauffée par le frottement de 2 bouchons de liège serrés contre elle (fig. 552).

Fig. 554. — *Essuyeuse P. Morane.*

Dans cette machine, la bougie est plutôt fondue que sciée la mèche seule est coupée.

Dans les usines où les bougies ont été salies à l'étendage, il faut leur faire subir un lavage, et alors l'appareil de rognage est disposé en avant de la *laveuse*, c'est la machine *rogneuse-laveuse* (fig. 553).

Les bougies déposées sur une planchette s'engagent dans le rouleau cannelé qui les amène sous la scie rogneuse, elles sortent du rouleau pour venir s'engager dans une chaîne à la Vaucanson, formée de longues tringles de fer, espacées suffisamment pour loger une bougie entre chacunes d'elles. Cette chaîne sans fin entraîne les bougies sous une brosse, animée d'un mouvement horizontal de va-et-vient. La bougie tournant sur elle-même par le fait de l'entraînement est ainsi lavée sur toute sa surface, au moyen d'un léger filet d'eau projeté sur la machine. Quand elles s'échappent de la chaîne, elle tombent dans un baquet d'eau où on les rince. Avant de passer à la machine à polir, machine analogue à

la précédente, mais travaillant à sec, les bougies doivent être essuyées et séchées. Autrefois on faisait cette opération à la main ; M. Paul Morane a imaginé une machine fort ingénieuse et très simple pour faire cette opération mécaniquement (fig. 554).

C'est un cylindre à claires-voies constituant des cannelures où se logent les bougies, ce cylindre les amène sous une brosse circulaire animée à la fois d'un mouvement de rotation très rapide et d'un mouvement de translation qui permet d'essuyer la bougie sur toute sa longueur ; elles sortent de cette machine dans un état assez sec pour être portées immédiatement à la machine à polir.

La *polisseuse* est une machine analogue à la laveuse dans laquelle la scie-rogneuse n'existe pas. La brosse y est remplacée par un tampon de flanelle. A l'extrémité de la polisseuse se trouve souvent une machine *marqueuse*, gravant en creux le nom ou la marque du fabricant. Quelquefois la marqueuse se sert une machine séparée. Elle se compose d'une marque en argent fixée sur une pièce mobile au-dessous de la table et chauffée, soit au moyen d'une petite lampe ou d'un courant de vapeur. Un mouvement de bas en haut amène cette marque sous la bougie, où elle laisse son empreinte, par la fusion de la matière.

La marqueuse, placée à l'extrémité de la frotteuse, est du même système, mais la bougie se trouve appuyée automatiquement sur la marque, tandis que dans la figure 555 elle y est amenée à la main.

Après la machine à polir se trouve une table sur laquelle arrivent par une pente douce, les bougies rognées, polies et marquées. Après en avoir constaté le poids, les ouvrières prennent ces bougies, les réunissent en paquets de 5, 6, 8 ou 10 et les placent dans des étuis en carton sur lesquels on colle l'étiquette du fabricant. On applique enfin et de façon à clore l'étui, la vignette de la régie des contributions indirectes, qui représente le paiement du lourd impôt de *quinze centimes* par paquet de 500 grammes.

M. Paul Morane a construit une machine confectionnant automatiquement les étuis à bougies. Du papier carton, découpé de la dimension nécessaire, est placé bout à bout sur une table formant couloir dans lequel il est entraîné. Un moule en bois de dimension du carton à former, descend sur cette feuille, dont les bords se trouvent successivement relevés et rapprochés par une série de plans inclinés. Le carton ainsi formé

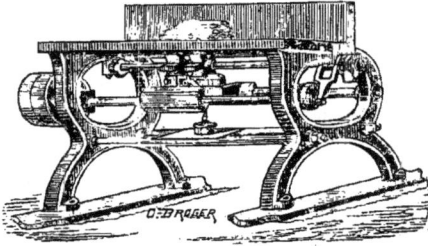

Fig. 555. — *Marqueuse*.

passe sous une brosse circulaire enduite de colle et tombe achevé au bout de la machine (fig. 556).

UTILISATION DES RÉSIDUS. Dans le cours des opérations ci-dessus décrites, il s'est formé une série de résidus de toute nature, dont il faut extraire les matières grasses.

Sulfates de chaux. Ceux-ci, à la sortie de la décomposition, entraînent toujours des acides gras. On commence par les soumettre à chaud, dans un bassin spécial en plomb, à un lavage avec de vieilles eaux acidulées, l'acide gras qui se dégage

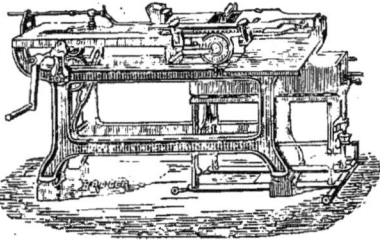

Fig. 556. — *Machine pour faire les étuis*.

remonte à la surface. Il est bon souvent de laisser ces sulfates de chaux en tas, où ils se cristallisent au bout de quelques mois; un nouveau lavage à froid et à l'eau acidulée permet d'en extraire encore les matières grasses. Le sulfate de chaux soumis à un lavage à eau, peut, par une cuisson convenable, être transformé en plâtre; il peut aussi servir d'engrais.

Matières noires des différents lavages. Elles sont rassemblées et fondues sur un bain d'eau acidulée à 20 ou 25° Baumé. Abandonnées à elles-mêmes et refroidies lentement, il remonte à la surface une couche épaisse d'acides gras. On recommence ce traitement jusqu'à ce que le refroidissement ne donne plus de matière grasse jaune. La partie noire restante est refondue sans

eau puis mélangée avec son volume de sciure de bois sèche pour former un mélange épais qui, étant soumis tout bouillant dans un seau métallique perforé, à l'action d'une presse hydraulique, laisse échapper une notable proportion d'acide gras, toutes les matières étrangères restant avec la sciure de bois.

Bouts de mèche. Ceux-ci sont soumis à l'action d'un bain acide qui détruit le coton de la mèche et laisse l'acide stéarique en liberté.

Eaux de lavage. L'eau chaude dissout toujours des matières grasses. Il existe donc dans chaque usine de grands bassins à écoulement par siphons, dans lesquels les eaux se refroidissent en abandonnant à la surface les matières grasses qui surnagent.

En résumé, la fabrication des bougies stéariques est une industrie toute chimique. Si les opérations de la pression des acides gras et du moulage des bougies peuvent se rattacher à une industrie manufacturière, ces dernières n'ont qu'une importance tout à fait secondaire.

Quel que soit le système de presses, ou le mode de machines à mouler en fonctions dans une usine, la différence dans le prix de revient d'un paquet de bougies ne pourra jamais se chiffrer que par quelques fractions de centimes.

Mais il n'en est plus de même dans le choix des appareils à saponifier, à acidifier, ou à distiller, la différence est énorme sur ce point capital, et peut faire varier de cinq à quinze centimes le coût du paquet de bougies, c'est donc sur les appareils, produisant les acides gras, que l'industriel doit porter toute son attention.

BOUGIE ÉLECTRIQUE. On a donné le nom de *bougie électrique* à une disposition imaginée en mars 1876, par M. Jablochkoff, pour permettre d'employer à l'éclairage la lumière de l'*arc voltaïque*, tout en supprimant les appareils régulateurs. Cette disposition consiste à placer les charbons polaires, l'un à côté de l'autre et parallèles, en les séparant par une substance isolante fusible à très haute température, de sorte que l'arc reste fixé entre les pointes des charbons, et se maintient à une longueur invariable, déterminée par la grosseur des charbons employés et l'épaisseur de matière isolante qui les sépare.

Au début, les charbons étaient enfermés dans un tube en carton d'amiante, que l'on remplissait d'une matière non conductrice en poudre qui les maintenait isolés l'un de l'autre; l'arc voltaïque produit par le passage du courant faisait fondre et volatiliser lentement cette matière; les charbons se trouvaient mis à découvert au fur et à mesure de la combustion, absolument comme la mèche d'une bougie se dégage de la cire qui l'enveloppe, d'où le nom donné à ce système (fig. 557).

Les bougies actuelles sont plus simples (fig. 558); l'isolement est obtenu par une lame mince fabriquée avec un mélange de plâtre et de sulfate de baryte. Cette lame a 2 millimètres d'épaisseur sur 3 millimètres de largeur entre les côtés concaves destinés à emboîter les charbons. Ces derniers sont garnis chacun à leur partie inférieure d'un bout de tube en laiton qui permet d'obtenir facilement la communication nécessaire pour l'entrée et la sortie du courant. Le tout est relié par une ligature faite avec une pâte solidifiée qui enveloppe les deux charbons vers la partie supérieure des deux tubes en laiton. L'extrémité de chaque bougie est coiffée avec une couche de pâte conductrice qui brûle et disparaît aussitôt que le passage du courant est établi.

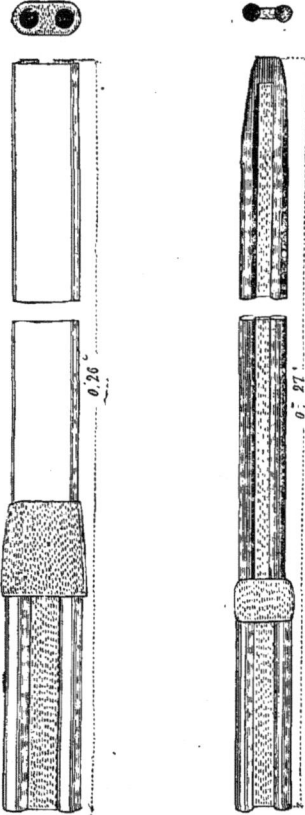

Fig. 557.   Fig. 558.

Corps de la bougie électrique.

Pour porter les bougies, on emploie une pince métallique formée de deux pièces isolées ou mâchoires, dont l'une est à charnière et comprimée par un ressort assez fort pour assurer la perfection du contact. Chacune de ces mâchoires est munie d'une rainure cylindrique dans laquelle s'emboîte l'un des tubes en laiton; on fixe sur un même support, ordinairement en onyx, de quatre à douze de ces pinces, ce qui constitue un chandelier; des bornes placées à la partie inférieure servent à attacher les fils d'entrée et de sortie du courant.

La figure 559 représente un chandelier établi pour quatre bougies; les pièces mobiles AAAA

servent à l'entrée du courant; les quatre pièces fixes R R R R sont adaptées sur un plateau unique auquel est attaché le fil de sortie.

Avec les courants continus, le charbon positif brûlant environ deux fois plus vite que l'autre, l'usure restait toujours inégale, malgré l'emploi à ce pôle d'un charbon de plus grande section. On a donc été contraint d'adopter pour les bougies les courants alternatifs avec lesquels les deux charbons, changeant de pôle à chaque instant, s'usent d'une façon uniforme. La fabrication et l'emploi des bougies sont du reste plus faciles avec des charbons de même grosseur.

Le diamètre des charbons ne dépasse guère 3 à 4 millimètres; il est, en effet, limité parce que la longueur de l'arc voltaïque augmente avec la grosseur des charbons, ce qui entraîne une augmentation considérable de la résistance et oblige à donner au courant beaucoup plus de tension; il en résulte que pour une même dépense de force motrice la quantité d'électricité diminue en proportion, en raison de la corrélation qui existe entre ces deux propriétés des courants (V. COURANTS ÉLECTRIQUES). Mais comme c'est la quantité qui contribue le plus aux effets calorifiques, l'effet utile dû à la transformation du travail mécanique se trouve diminué et l'on n'obtient plus que 25 à 30 becs Carcels d'intensité par force de cheval au lieu de 100 à 150 becs qu'il est facile d'obtenir avec des tensions moins fortes.

La fragilité de charbons aussi petits et, en outre, le déplacement du point lumineux obligent à limiter à 20 ou 25 centimètres la longueur de la bougie, ce qui ne donne qu'une durée de une heure et demie à deux heures. Pour les éclairages de longue durée on y obvie en établissant des chandeliers avec un nombre suffisant de porte-bougies et l'on fait passer le courant de l'une à l'autre au fur et à mesure de leur usure à l'aide d'un commutateur manœuvré à la main.

C'est un disque en bois sur lequel sont fixées circulairement autant de plaques métalliques qu'il y a de bougies dans le chandelier; le courant arrive par une manette également métallique, fixée au centre du disque et que l'on fait pivoter à l'aide d'une clef pour l'amener successivement au contact de chacune des plaques. Dans la figure 559, le commutateur est placé au-dessous du chandelier, pour montrer à l'aide des chiffres 1,2,3,4 et des flèches, la relation entre ces deux organes et la marche du courant. On comprend qu'ils peuvent être aussi éloignés qu'il est nécessaire pour que le commutateur soit facilement accessible.

On a figuré à côté du commutateur une clef spéciale que l'on introduit au besoin entre la plaque d'entrée et celle de retour, pour faire passer le courant directement de l'une à l'autre et mettre l'appareil en dehors du circuit, quand toutes les bougies sont consumées.

Les bougies électriques n'exigeant aucun autre travail du courant que l'entretien de l'arc voltaïque, ont fourni l'une des solutions du problème tant cherché de la division de la lumière électrique. On a pu en placer un certain nombre à la suite l'une de l'autre dans le même courant, à condition de le produire avec une tension suffi-

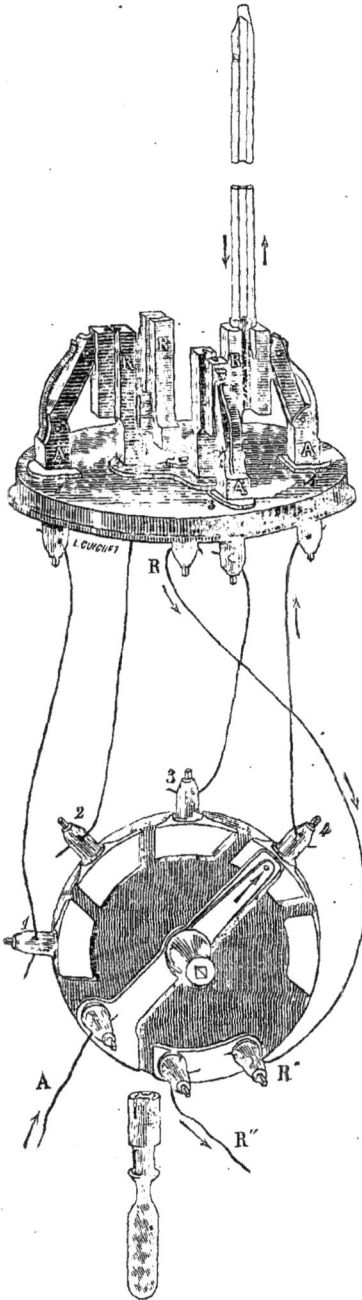

Fig. 559. — *Chandelier à quatre bougies.*

sante pour vaincre la somme des résistance représentée par ces arcs multipliés et de lui fournir

la quantité d'électricité nécessaire. Toutefois, comme les tensions exagérées sont dangereuses et augmentent rapidement la dépense, on s'est arrêté dans la pratique à quatre ou cinq bougies sur chaque courant sans rallumage possible des bougies entamées.

Malheureusement, cette invariabilité de l'arc rend les foyers solidaires les uns des autres et l'extinction de l'un d'eux entraîne celle de tous les foyers alimentés par le même courant.

On reproche également à ce système les colorations fréquentes de la lumière; elles sont dues au déplacement de l'arc, qui abandonne les pointes lorsque l'usure des charbons polaires et de la matière isolante ne marche pas régulièrement, ou que ceux-ci se disjoignent. Il y a là, sans doute, une question de fabrication qui pourra être améliorée avec l'expérience.

Bougie Wilde. A la suite des succès obtenus par les bougies Jablochkoff et afin de remédier à leurs inconvénients, on a imaginé un certain nombre de systèmes nouveaux qui peuvent se résumer en deux types principaux : la bougie de M. Wilde et celle de M. Jamin.

La première est formée par deux charbons polaires placés verticalement à côté l'un de l'autre dans deux supports métalliques (fig. 560), dont l'un est articulé et ramène par son poids les charbons au contact; ce même support est muni d'une palette en fer qui forme l'armature d'un électro-aimant *a* dont l'hélice magnétisante à gros fil est parcourue par le courant.

Au début, le charbon mobile s'appuie sur le charbon fixe et le passage du courant s'établit facilement; mais en même temps l'électro-aimant devient actif et attire son armature, laquelle ramène en arrière le support mobile; les charbons s'écartent; l'arc jaillit entre leurs pointes et s'y maintient d'une façon assez constante, même lorsque l'on renverse les bougies les pointes en bas. Il arrive cependant qu'il se déplace quelquefois et s'éloigne un peu des pointes, donnant lieu dans ce cas à la *coloration rouge* que l'on observe fréquemment dans les bougies Jablochkoff.

La figure 560 représente un chandelier garni de quatre bougies que l'on allume successivement à l'aide d'un commutateur.

On voit que ce système supprime la matière isolante qui sépare les charbons et par suite la main-d'œuvre des bougies. Il permet de rallumer et d'éteindre à volonté, aussi souvent qu'il est nécessaire, et assure le rallumage automatique.

Bougie Jamin. La bougie de M. Jamin a été disposée surtout pour maintenir l'arc voltaïque absolument fixe entre les pointes des charbons, de façon à lui permettre de brûler renversée, et d'obtenir ainsi un meilleur emploi de la lumière. Ce résultat a été obtenu en utilisant la propriété de l'arc voltaïque d'être influencé par les courants, conformément aux lois découvertes par Ampère, et c'est le courant de lumière lui-même qui est chargé de remplir cette fonction directrice.

La bougie Jamin a conservé, du reste, la suppression de la lame isolante des bougies Jablochkoff et le rallumage automatique à l'aide de dispositions analogues à celles de la bougie Wilde.

Les figures 561 et 562 représentent l'élévation et la coupe transversale d'un appareil disposé pour recevoir trois bougies :

A Plaque en ardoise servant de support aux porte-charbons et au cadre directeur.

B Cadre directeur dans lequel se replie le fil de cuivre parcouru par le courant avant d'arriver

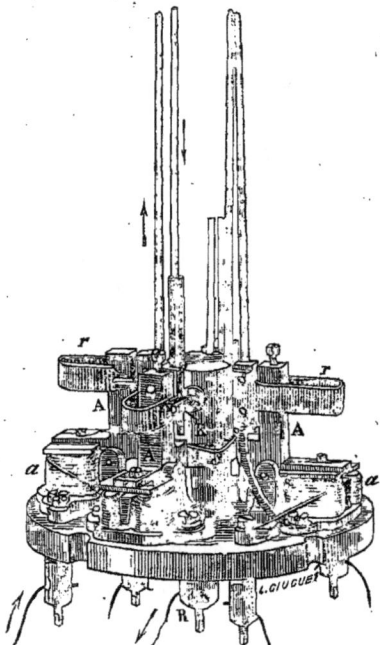

Fig. 560. — *Bougie Wilde.*

aux bougies. Ce cadre qui a la forme d'une gouttière très aplatie, est en cuivre, à l'exception de la partie supérieure C qui est en fer doux et destinée à s'aimanter sous le passage du courant. Cette portion du cadre constitue ainsi l'électro-aimant qui est chargé de faire mouvoir les charbons mobiles.

D Palette en fer articulée avec les trois branches mobiles des porte-charbons auxquelles elle imprime un mouvement commun. Pendant le passage du courant, la portion du cadre en fer qui est aimantée attire cette palette et les charbons s'écartent sans que le courant cesse de passer, elle retombe, et par son poids repousse les charbons jusqu'à ce qu'ils s'appuient l'un sur l'autre. Comme ils sont d'inégale longueur, les plus longs s'appuieront seuls, et il n'y aura qu'une bougie qui s'allumera.

Porte-charbons composés chacun de deux supports tubulaires *a* et *b*, dans lesquels les charbons sont introduits et maintenus serrés par un ressort. Chacun de ces supports est articulé et mobile, mais dans une direction différente. Les support *aaa* se meuvent dans le plan du cadre directeur sous l'action déjà décrite de la palette D. Les trois autres supports *bbb* sont mobiles dans la direction perpendiculaire au cadre, et

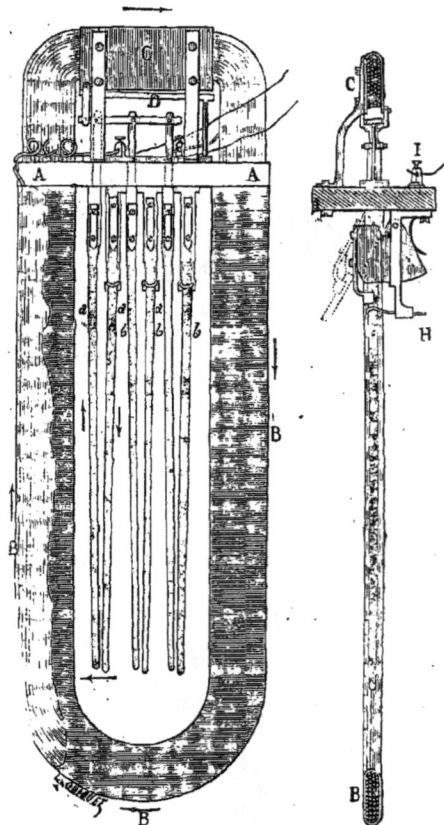

Fig. 561   Fig. 562

Bougie Jamin. Elévation et coupe.

leur déplacement ne se produit que lorsqu'une bougie étant consumée, il faut la mettre en dehors du circuit.

H Palettes pressées chacune par un ressort et s'appuyant sur les supports *bbb* qu'elles tendent à déplacer. Leur action est contre-balancée par un fil de laiton, dont un des bouts est maintenu serré dans une filière et dont l'autre bout, recourbé en forme de crochet, maintient le support *b*. Lorsque les charbons sont usés, la chaleur de l'arc voltaïque fond le fil; le support cède à l'action du ressort et se trouve rejeté latéralement, de sorte qu'il n'y a plus de courant possible entre les bouts de charbon restants.

II Bornes d'entrée et de sortie du courant.

Les flèches indiquent la marche du courant qui traverse d'abord le circuit directeur, arrive à la fois aux trois charbons mobiles, et revient, indifféremment, par les trois autres. Comme il n'y en a que deux à la fois qui sont en contact, il passe naturellement entre eux et les allume. On voit, par la direction qu'il suit dans les deux branches du cadre directeur et dans les deux charbons de la bougie, que chaque portion du circuit tend à faire descendre l'arc et le maintenir fixé entre les pointes. Ce brûleur présente encore l'avantage de n'exiger qu'un seul conducteur pour toutes les bougies placées dans le même circuit et de supprimer le commutateur. Toutefois, le circuit du cadre directeur introduit une résistance importante qui doit obliger à donner au courant une tension plus considérable et les dimensions que l'on est obligé de lui donner pour que son action soit efficace, ne permettent pas de placer plus de trois bougies à la fois, ce qui restreint la durée de l'éclairage. — V. ECLAIRAGE. — J. B.

BOUGRAN. (Ce mot dérive de l'angl., *buckram*, dérivé lui-même de *Bockhara*, ville du Turkestan, où se fabriquait primitivement cette étoffe.) Tissu très grossier, fortement encollé et même quelquefois ciré ; il sert à donner de la fermeté aux vêtements, dans les parties qui doivent avoir une certaine résistance, tels que le col, le plastron, les parements, etc. Dans l'origine, c'était un tissu de laine très dur, qui se fait généralement aujourd'hui en coton, en chanvre ou en lin.

***BOUGRANER.** Apprêter une toile pour la rendre semblable au bougran.

* **BOUILLAGE.** *T. de mét.* Opération qui consiste à faire bouillir.

***BOUILLERIE.** Distillerie d'eau-de-vie.

***BOUILLEUR.** *T. techn.* 1° Long cylindre en tôle disposé au dessous de la chaudière à vapeur à laquelle il est réuni par deux ou trois tubulures et destiné à recevoir plus directement le coup de feu du foyer. Le bouilleur doit être maintenu constamment plein d'eau, afin de préserver le métal ; toutefois, comme il s'use plus rapidement que la chaudière, il doit être disposé de manière à pouvoir se remplacer facilement. — V. CHAUDIÈRE A VAPEUR. || 2° Cuve en tôle qui, dans le blanchiment des tissus, reçoit la lessive bouillante.

* **BOUILLEUR DE CRÛ.** On donne ce nom à des distillateurs régionaux qui fabriquent de l'alcool en distillant le vin, le marc de raisin et toutes autres matières sucrées.

Les bouilleurs de crû sont des industriels dont la fabrication varie avec les régions et les produits qu'ils manipulent ; dans le Midi, ils distillent les vins inférieurs, le marc de raisin ; dans le Nord, les matières amylacées, grains, fécules, mélasses, etc. A l'article DISTILLATION nous traiterons complètement de la production des alcools de toute nature.

— Le droit de licence est fixé à 20 francs en tous lieux, pour les bouilleurs et les distillateurs de profession.

Tout détenteur d'appareils propres à la distillation d'eau-de-vie ou d'esprit est tenu de faire au bureau de la régie une déclaration énonçant le nombre et la capacité de ses appareils. Les propriétaires qui distillent des vins, marcs, cidres, poirés, prunes et cerises provenant exclusivement de leur récolte, en sont seuls dispensés ; ils sont affranchis de l'*exercice*.

Les bouilleurs et distillateurs qui opèrent exclusivement avec le produit de leur récolte sont exempts de la licence Ils sont affranchis de l'impôt général pour un certain nombre de litres et ils cessent d'être soumis aux visites et vérifications des employés de la régie, dès qu'ils n'ont plus en compte que de l'alcool exempt ou libéré de l'impôt. Cet affranchissement de l'impôt qui était de 40 litres d'alcool par année a été réduit à 20 litres par la loi du 21 mars 1874.

Les alcools dénaturés de manière à ne pouvoir être consommés comme boisson, sont soumis en tous lieux à une taxe, dite de *dénaturation*, dont le taux est fixé en principal à 30 francs par hectolitre d'alcool pur. Le droit d'octroi sur ces alcools ne peut excéder le quart du droit du Trésor. Le comité des arts et manufactures détermine, pour chaque branche d'industrie, les conditions dans lesquelles la dénaturation des alcools devra être opérée en présence des employés de la régie.

Les quantités d'alcool reconnues *manquantes*, chez les bouilleurs de profession et les distillateurs, en dehors de la déduction légale allouée pour les déchets de toute nature, sont frappées du droit général de consommation (175 francs en principal par hectolitre d'alcool pur) ; dans les entrepôts de Paris, cette taxe est de 199 francs. Ce, indépendamment des droits d'entrée dans les villes placées sous le régime ordinaire et du montant de la taxe unique dans les villes rédimées. — V. BOISSONS.

* **BOUILLISSAGE.** — V. BLANCHIMENT, GARANÇAGE.

* **BOUILLITOIRE.** 1° *T. de mét.* Procédé d'argenture au moyen duquel on blanchit certains articles, tels que agrafes, boutons, boucles, etc. — V. ARGENTURE. || 2° *T. de monn.* Opération qui consiste à faire bouillir et blanchir le métal pour le décrasser ; on se sert, à cet effet, d'un vaisseau de cuivre appelé *bouilloir*.

BOUILLOIRE. 1° Vase de cuivre, ou d'autre métal, ordinairement en forme de cafetière avec couvercle, et destiné à faire bouillir de l'eau. On dit aussi *bouillotte*. || 2° *T. de bijout.* Capsule en platine ou en cuivre pour faire dérocher les pièces.

BOUILLON. En *T. de mét.*, ce mot a plusieurs significations : dans la céramique, on désigne ainsi une boursouflure qui se trouve sur une poterie que produit un peu de gaz pris entre la pâte et la glaçure. || On donne aussi le nom de *bouillon* ou *bulle* à certaines imperfections du verre ou du métal provenant d'une mauvaise fabrication. || Chez les teinturiers, nom des bains que l'on amène à l'ébullition, pour faciliter, soit la dissolution de la matière colorante, soit l'absorption du colorant par le mordant. On dit : *donner un bouillon de dix ou de quinze minutes, faire bouillir pendant dix, quinze minutes*. || Dans la passementerie, c'est un petit fil d'or ou d'argent qu'on tourne en rond avec une aiguille spéciale. || On désigne encore par ce mot les gros plis que l'on fait à quelques étoffes, soit dans les vêtements, soit dans les meubles. || Dans les salines, c'est la durée de l'opération par laquelle on obtient la cristallisation du sel. || *Bouillon noir.* — V. Acétate de fer.

* **BOUILLON** (Pierre), peintre, mort en 1831, fut un graveur distingué ; outre ses tableaux, il a gravé les planches du recueil intitulé *Musée des Antiques* (3 v. gr. in-fol.), et d'après les bas-reliefs, les statues et les bustes des plus belles œuvres de l'antiquité.

BOUILLOTTE. — V. Bouilloire. || *T. de fleur.* Nom des pétales repliées qui se placent au centre et parmi les étamines de la rose. Elles sont ordinairement teintes en carthame. || *T. de chem. de fer.* — V. Chauffage des voitures.

* **BOUIN.** *T. de teint.* Poignée d'écheveaux de soie.

*: **BOUISSE.** *T. de cordon.* — V. Buisse.

* **BOULAGE.** 1° *T. de fleur.* Nom donné au gaufrage à la boule. On le met en usage pour toutes les parties des fleurs qui présentent une surface concave ou convexe. On étale sur la pelote ou la plaque de liège, les pétales à bouler ; on choisit une boule qui soit assortie à la dimension des pétales et aux creux qu'on veut obtenir ; on chauffe quelques instants cette boule, on l'essuie et on appuie fortement sur le point à creuser. La pression est d'autant plus forte que le creux doit être plus profond, s'il doit être large, on penche la boule, en la tournant, autour du creux que l'on a fait d'abord. || 2° *T. de blanch.* Quantité de linge que l'on met à bouillir dans une chaudière. || 3° *T. de sucr.* Formation du sirop lorsque les betteraves sont placées dans la cuve et foulées.

* **BOULANGE.** *T. techn.* Produit direct de la mouture du blé par les meules. La boulange n'est donc autre chose que le blé transformé par la mouture en son, en gruau et en farine.

BOULANGER, ÈRE. Celui, celle qui fabrique ou qui vend du pain. — V. l'article suivant.

— La profession de boulanger était inconnue des plus anciens peuples : chaque famille faisait son pain. A Rome, il n'y eut pas de boulangers avant 580 (174 ans avant J.-C.).

Les empereurs encouragèrent ouvertement cette profession, qui fut regardée comme un service public. Les boulangers (*pistores*) furent formés en corporation, et de grands privilèges leur furent accordés.

Déjà, à cette époque, le pilon avait été remplacé par la meule et la triture ; le pétrissage et la cuisson du pain s'exécutaient rapidement, et la fabrication pouvait suffire aux besoins de la population.

Entre autres découvertes faites à Pompéi, il y a soixante ans environ, on a déterré une maison portant le nom de *four public*, voisine d'une autre appelée la *boulangerie*. Dans toutes deux, on a trouvé des amphores pleines de blé et de farine, des vases pour l'eau et des moulins de diverses grandeurs. Dans une pièce de la maison du four public de Pompéi, on a également trouvé le squelette d'un âne ; sur la muraille on avait dessiné un âne tournant la meule, avec cette inscription, gravée probablement par un esclave devenu libre : *Labora, aselle, quomodo labo-*

ravi, et proderit tibi ; c'est-à-dire : « Travaille, pauvre petit âne, comme j'ai travaillé ; cela te servira. »

C'étaient ordinairement des esclaves qui étaient condamnés à tourner la meule, et c'était le châtiment qu'ils redoutaient le plus.

Les Romains, une fois en possession des boulangeries, devinrent raffinés dans la fabrication du pain. Il y avait différentes sortes de pains affectés à tel et tel comestible ; des pains faits de fleur de farine, des pains au lait, au beurre, aux œufs.

Ces usages des Romains passèrent aux Gaulois et aux Francs. Les boulangers sont mentionnés dans une ordonnance de Dagobert (630). Lorsque Philippe-Auguste (1180-1223) élargit l'enceinte de Paris en y comprenant les bourgs voisins, l'importance de la ville nécessita de nouvelles manutentions, et les boulangers formèrent une corporation.

Cependant, longtemps encore, moyennant un léger

Fig. 563. — *Boulanger au XVIe siècle, d'après une ancienne gravure.*

droit, les habitants de Paris pouvaient fabriquer eux-mêmes le pain qu'ils consommaient. A partir du XIVe siècle, la boulangerie devint un monopole, et la corporation fut soumise à une police extrêmement minutieuse.

Le commerce des grains se développa rapidement. On fit des règlements ; le prévôt des marchands gardait, au nom du roi, les étalons et les mesures ; et des mesureurs jurés, nommés par le corps des marchands, étaient institués pour la garantie des ventes.

Pour être reçu maître boulanger, il fallait avoir été successivement vanneur, bluteur, pétrisseur, geindre ou maître-valet, puis l'aspirant à la maîtrise était reçu selon le cérémonial suivant, que nous trouvons dans Monteil : « au jour fixé, il part de sa maison, suivi de tous les boulangers de la ville, et se rend chez le maître des boulangers (*tameliers*) auquel il présente un pot neuf rempli de noix, en lui disant : « Maistre, j'ay faict et « accomply mes quatre années ; vesez-cy mon pot remply « de noix. » Alors le maître des boulangers demande au maître écrivain si le métier si cela est vrai. Sur sa réponse affirmative, le maître des boulangers rend le pot à l'aspirant, qui le brise contre le mur et le voilà maître. La loi a supposé avec raison que l'obtention des divers grades par lesquels il était passé, devait lui tenir lieu de l'épreuve de son habileté et de son chef-d'œuvre (fig. 564).

Les moulins destinés à moudre les grains étaient amarrés sous le Pont-au-Change; mais jusqu'au XIII° siècle, il n'y eut aucune prescription sur la qualité et le poids du pain. Les plaintes du peuple se multipliaient, le pain était cher, de mauvaise qualité, et l'autorité régla le poids et le prix des diverses qualités du pain.

Les boulangers ne pouvaient, sous les peines les plus sévères, être meuniers, marchands ou mesureurs de grains; ils étaient soumis à la juridiction du grand panetier. Cette obligation fut abolie sous Louis XIV. Leur fête patronale était, et est encore, la saint Honoré (16 mai).

Leur corporation fut abolie en 1776, rétablie au mois d'août de la même année et définitivement supprimée le 2 mars 1791.

Longtemps le nombre des boulangers de Paris a été limité, mais le décret de 1863 en supprimant le privilège (la limitation), a cependant laissé subsister la loi de 1791, qui autorise les municipalités à taxer le pain, etc. On a invité ces autorités à suspendre l'application de cette loi, mais on ne l'a pas abrogée. Cela est si vrai, que certains maires ont rétabli la taxe.

BOULANGERIE. La *boulangerie*, c'est l'établissement dans lequel on fabrique et on débite le pain. On dit aussi *boulangerie*, pour désigner la corporation des boulangers d'une localité : la *boulangerie parisienne, lyonnaise, anglaise, française*, etc.

— La *panification* est une de ces industries qui démontrent les avantages de la spécialisation. Dès que l'homme fut parvenu à produire le froment, on a dû, d'abord, manger le grain cuit dans l'eau comme le riz. On l'écrasa ensuite au moyen de pilons et de masses, après l'avoir séché sur des surfaces métalliques chauffées et on en fit une pâte qu'on cuisait sur la cendre ou sur des grils. Ce n'était pas encore du pain, mais une sorte de biscuit grossier. C'est seulement lorsque le hasard indiqua les effets de la fermentation et lorsque le four fut inventé qu'on fit du véritable pain.

A qui et à quelles époques appartiennent ces découvertes? On ne le sait pas exactement. Le levain était déjà en usage du temps de Moïse qui ordonna aux Hébreux, au moment de sortir d'Egypte, de faire la pâque avec du pain azyme (pain sans levain). Ce qui prouve incontestablement que le pain fermenté était déjà dans les habitudes. Quant au four, Suidas, lexicographe grec, qu'on croit avoir vécu au IX° ou au X° siècle, l'attribue à un nommé Aunus, égyptien, sans nous dire à quelle date.

En 580 (174 ans avant l'ère chrétienne), ainsi que nous l'avons dit à l'article BOULANGER, des boulangeries publiques s'établirent à Rome. Plus tard, elles formèrent une corporation puissante ayant des greniers spéciaux. Les Romains transmirent leurs usages aux Gaulois et aux Francs; mais, pendant plusieurs siècles, la panification resta stationnaire. On fabriquait des pains de toutes formes et de toutes qualités. Chaque contrée travaillait différemment suivant les goûts et les besoins de ses habitants, et surtout suivant l'état plus ou moins primitif de la meunerie qui ne donnait que des farines malpropres et mélangées de son.

Dans les villes, les boulangeries publiques se multiplièrent progressivement, mais, les habitants de la campagne ont continué, jusqu'à présent, à fabriquer leur pain eux-mêmes. C'est seulement depuis peu d'années qu'ils commencent à comprendre que leur pain est inférieur de beaucoup et plus coûteux que celui qu'ils peuvent se procurer à la boulangerie publique. Dans les localités

qui avoisinent les grands centres, l'instruction et les bons principes d'économie domestique se répandent, on s'habitue à vivre du pain de boulanger; progressivement, cette bonne coutume se généralisera, et alors, l'industrie gagnera beaucoup en importance. Le pain, en effet, a besoin, comme nous le disions au commencement de cet article, d'être confectionné par des praticiens. Il n'est bon et facilement assimilable que si les trois opérations principales :. le *pétrissage*, la *fermentation* et la *cuisson* sont effectuées dans de bonnes conditions.

Les farines pures de froment et de seigle sont seules panifiables, parce que seules, elles contiennent du gluten. Les farines des autres céréales et des légumineuses ne peuvent faire du pain, que mélangées avec de la farine de froment. Généralement, dans les pays civilisés, on ne consomme que du pain de froment. Cependant, certaines populations de l'Allemagne et de la Russie font encore usage du pain de seigle.

Pour bien apprécier les avantages des boulangeries publiques, il faut suivre les différentes phases de la fabrication, et savoir à quelles conditions on arrive à la perfection, c'est-à-dire à l'obtention d'un pain sain et assimilable.

PÉTRISSAGE ET FERMENTATION. On commence par délayer le levain dans la quantité d'eau nécessaire à toute la pâte, on y ajoute la farine et on pétrit le tout. On laisse ensuite reposer la pâte plus ou moins longtemps, suivant la température du fournil et la qualité de la farine employée. Quand elle est levée, on la divise en pâtons de la quantité voulue pour le poids que doivent avoir les pains; on met les pâtons dans des corbeilles garnies de toiles saupoudrées de farine, ou dans des couches de même étoffe. On attend, pour enfourner, que cette fermentation complémentaire soit à point; c'est ce qu'on nomme *apprêt*, c'est-à-dire la limite au delà de laquelle la fermentation se dénature. Si la fermentation est exagérée, elle produit de l'acide acétique qui liquéfie le gluten et laisse échapper l'acide carbonique, alors le travail est mauvais; voici au contraire comment les choses doivent se passer : la farine de froment contient, on le sait, de l'eau, des matières grasses, du *gluten*, de l'amidon, du *glucose*, de la dextrine, des matières azotées, de l'albumine, des sels, etc. Le glucose, par l'action du ferment, forme de l'alcool et de l'acide carbonique; ce dernier gaz, faisant effort pour s'échapper de l'enveloppe où il se trouve enfermé, distend le gluten, pénètre dans la pâte et y forme une multitude de petites cellules. La chaleur du four, en combinant une partie de l'eau avec l'amidon, et en vaporisant l'eau, arrête la fermentation, solidifie la pâte qui, alors, reste parsemée d'une infinité d'alvéoles qui la font ressembler à une éponge : c'est la *mie*. Pour être maître de régler la fermentation à son point, le boulanger, qui cuit plusieurs fournées, la divise en trois degrés, qui sont : les levains de *première*, de *seconde* et de *tous points*. Ils ont pour germe le levain chef, qui a été préparé avec de la pâte de la dernière fournée de la veille; pétri avec une quantité d'eau et de farine à peu près égale à son volume, il devient le levain de *première*. Six heures après, on y introduit encore autant de farine, on fait une pâte plus molle, on a le levain de *seconde*. Le levain de *touts points* varie suivant la température, il est égal à la moitié de la fournée pendant l'hiver et entier en été.

Cuisson. Pendant que la fermentation suit son cours, on chauffe le four et on fait en sorte qu'il soit au degré de chaleur convenable au moment que l'apprêt atteint son point; alors, on enfourne. Le chauffage du four exige beaucoup de soins, aussi ce travail est réservé exclusivement au principal ouvrier, le *brigadier*. Si le four est trop chaud, le pain sera brûlé; et, si la température est insuffisante, il séjournera trop longtemps dans le four, aura la croûte molle et épaisse et restera doux-levé et plat.

Le brigadier apprécie le degré de chaleur à la teinte de la paroi intérieure de son four. Si, cependant, après l'enfournement, il s'apercevait que le pain prenne trop vivement de la couleur, il peut, à l'aide des ouras, et de la porte de la bouche du four, tempérer l'excès de chaleur. L'habileté du brigadier consiste également à placer le plus grand nombre de pains possible sur la sole, sans cependant établir trop de points de contact entre les pains, ce qui formerait des *baisures* qui nuiraient à la vente. Il met dans le fond les pains qui doivent rester plus longtemps dans le four, et à l'entrée, ceux qui seront cuits les premiers; cela lui permet de retirer ces derniers sans déranger les gros pains.

On comprend maintenant que la connaissance de la fermentation, dont les effets sont si variables, si délicats, que la conduite des différents levains, et enfin, que la cuisson ne peuvent donner une panification parfaite qu'à l'aide d'un personnel connaissant le métier. On comprend également qu'il est impossible d'obtenir ce résultat, si les fournées sont éloignées. Une fabrication qui n'est pas presque incessante, ne permettra pas de conduire la fermentation et la cuisson comme nous venons de l'indiquer. Si on laisse refroidir le four, on consommera beaucoup plus de combustible et on ne parviendra pas à tenir l'ensemble dans les conditions convenables.

C'est ce qui fait que le pain fabriqué dans le ménage, à des intervalles de plusieurs jours, quelquefois de plusieurs semaines, est indigeste et malsain. Il se moisit parce qu'il provient de pâtes acidulées par des levains pourris; alors, il s'y développe des cryptogames très nuisibles à la santé.

Nous avions donc raison de dire en commençant, et nous ne saurions trop le répéter pour le bien de l'humanité, car le pain sera un jour le principal aliment des populations civilisées, la *boulangerie* est une industrie, disons même un art, qui ne peut donner santé et économie, que pratiquée par des hommes du métier, dans des établissements dont le travail est continu ou au moins très rapproché.

On fabrique des pains de formes diverses pour satisfaire les goûts et les caprices de la consommation; c'est à ce point, qu'il serait difficile de fixer une limite, à Paris, entre la boulangerie et la pâtisserie. Mais, ces nombreuses sortes provenant en grande partie, de la même masse de pâte et ayant conséquemment la même valeur nutritive, nous ne les décrirons pas ici; ce sont des friandises qui intéressent très peu l'économie alimentaire. On trouvera la description de ces pains de luxe au mot Pain. — ch. t.

* BOULARD (Michel), tapissier de Paris, a laissé son nom à la fondation d'un hospice construit à Saint-Mandé, sous le nom d'hospice Saint-Michel, et destiné à recevoir et à entretenir à perpétuité sept pauvres septuagénaires choisis dans Paris. Il avait été attaché au service de Marie-Antoinette et il fut, sous l'Empire, le tapissier de la cour et des plus grands personnages de l'époque. Il fit de sa fortune, acquise dans l'industrie, le plus généreux emploi, sa caisse était toujours ouverte pour secourir les pauvres et les orphelins, et par son testament, il légua des sommes importantes à diverses œuvres de bienfaisance.

BOULE. Outre sa désignation d'un corps rond, en tous sens, ce mot est fréquemment employé en technologie : 1° *T. d'orfévr.* Masse de fer, dont une extrémité entre dans un billot d'enclume, et l'autre se termine par une tête ronde, ou quelquefois plate, selon l'ouvrage que l'orfèvre veut planer. || 2° *T. d'arch. Boule d'amortissement*, corps sphérique qui termine certaines décorations. || 3° *T. d'opt.* Instrument dont on se sert pour façonner les verres concaves. || 4° *Boule* ou *enclume noire*, enclume d'acier à l'usage des chaudronniers pour faire les enfonçures. || 5° *T. de grav.* Tête de la bouterolle, que l'on enduit de poudre de diamant, et qui sert à frotter les pierres fines. || 6° *T. de fourb.* Instrument nommé aussi *chasse-pommeau* qui sert à placer le pommeau d'épée. || 7° *Boule-de-chien*, outil de l'armurier pour limer le chien d'un fusil. || 8° *T. de verr.* On dit que la *boule se forme*, lorsque le verre commence à gonfler par l'action du soufflage. || 9° *T. de fleur.* Sorte de mandrin terminé par une boule de fer poli, dont on se sert pour *bouler;* les fleuristes disposent d'un *jeu de boules* dont la plus petite se nomme *boule d'épingle*, parce qu'elle a la grosseur d'une tête d'épingle. || 10° *Boule pyrométrique*, chez les potiers, boule de terre réfractaire additionnée d'un oxyde métallique colorant, que l'on emploie pour connaître le degré de température du four; au moment où la coloration se développe on enfourne les pièces à cuire. || 11° *Boule de gomme*, sucre cuit coloré qui, après avoir été aromatisé est coulé dans une sorte de moule à balle.

Boule. 12° *T. de métall.* Dans l'affinage de la fonte, le fer, prenant peu à peu *nature*, se soude et prend facilement la forme d'une boule ou *loupe*. Cette masse spongieuse, que l'ouvrier roule dans le four et qui s'accroît comme une boule de neige, est naturellement imprégnée de scorie. On l'épure par une compression, qui se fait, tantôt sous des marteaux mus mécaniquement; tantôt, le plus souvent, sous des marteaux à vapeur, dits *marteaux-pilons*.

* **BOULÉ**. *T. de mét.* Degré de cuisson du sirop, dans les sucreries.

BOULEAU. Cet arbre, répandu dans les forêts de l'Europe, de l'Asie et de l'Amérique du Nord, est d'une grande utilité dans l'économie domestique; son bois, d'un blanc rougeâtre, s'emploie chez les menuisiers, les charrons et les ébénistes ; dans quelques contrées on en fait des sabots; excellent pour le chauffage, il donne une belle flamme claire et très égale. Les habitants du nord de l'Europe savent tirer de son tronc une liqueur fermentée et un sirop qui remplace le sucre; son écorce est utilisée pour le tannage et la fabrication du papier, et on retire, par la distillation, une espèce d'huile qui donne aux cuirs de Russie leur qualité et leur odeur caractéristique. — V. Bois.

* **BOULÉE**. *T. de métier.* Ratissure des cuves de bois ayant contenu le suif fondu. || Nom que l'on donne au tas de béton prêt à être employé.

* **BOULER**. *T. de fleur.* Gaufrer à la *boule* sur une pelotte.

I. **BOULET**. *T. d'artill.* Projectile sphérique plein que lançaient les anciens canons lisses. Les premiers boulets ont été faits en pierre; à partir de l'année 1400 environ, la fonte de fer a été généralement employée. On les désignait d'après leur poids en livres. Ceux de l'artillerie de terre étaient des calibres de 4, 8, 12, 16, 24; ceux de la marine, de 6, 12, 18, 24, 30 et 36. On appelle encore boulets les projectiles oblongs pleins en acier ou fonte dure que la marine emploie quelquefois dans le tir contre les cuirassés.

Boulet creux. — V. Obus.

Boulet incendiaire. C'était une boule de composition incendiaire enveloppée dans une toile enduite de poix, et amorcée comme les balles à feu. On employait peu les boulets incendiaires et on leur préférait les boulets rouges.

Boulet rouge. C'était un boulet ordinaire qu'on faisait rougir, dans un fourneau à reverbère ou sur un gril, jusqu'au rouge cerise. On chargeait la pièce, en mettant par dessus la poudre, un bouchon sec en foin, puis une couche de terre argileuse refoulée. On pointait la pièce, après quoi deux canonniers apportaient le boulet rouge dans une cuillère à deux manches, l'introduisaient dans l'âme du canon et mettaient par dessus un bouchon formé de gazon ou de foin mouillé. Arrivé au but, le boulet rouge avait encore assez de chaleur pour produire des incendies dans les constructions de bois. Employés pour la première fois, en 1577, au siège de Dantzig par les Polonais, ils n'étaient guère, depuis longtemps, employés que par la marine. L'emploi de plus en plus fréquent des

projectiles creux les a fait abandonner complètement. — V. Artillerie.

Boulet ramé ou **enchaîné** ou **barré**. C'étaient deux boulets ou deux moitiés de boulets réunis par une tringle ou une chaîne; ils s'éloignaient l'un de l'autre au sortir du canon et étaient destinés surtout à briser la mâture des vaisseaux et à déchirer les voiles.

II. **BOULET**. *T. de mét.* Appareil sur lequel le ciseleur pose les pièces qu'il doit travailler. Il lui donne la facilité d'incliner son ouvrage de tous côtés. L'ouvrage y est fixé au moyen d'un ciment formé de résine, de cire et de brique broyée.

* **BOULETTE**. *T. de fleur.* Moule en coton cardé qui fait la base des boutons de fleurs, des fruits, etc.

* **BOULIER**. Instrument dont on se sert dans les écoles primaires pour enseigner les premiers éléments de l'arithmétique; il est composé d'un tableau portant des tringles de fer, auxquelles sont enfilées des boules; on le nomme *boulier-compteur*. — V. Abaque.

* **BOULIN**. *T. de constr.* Perche horizontale qui relie les pièces verticales d'un échafaudage, et qui sont scellées au mur dans une entaille nommée *trou de bousin*.

* **BOULLE** (1) (André-Charles), « ébéniste, ciseleur et marqueteur ordinaire du Roy, » ainsi qu'il se qualifie lui-même dans un acte de 1700, naquit à Paris, vers 1642, suivant son acte de décès, en 1647, si l'on s'en rapporte à son acte de mariage. Il mourut dans la même ville le 28 février 1732.

Issu d'artisans livrés au travail du bois, il n'eut qu'à suivre, sans doute, des traditions de famille; mais en les transformant complètement dans les meubles qui sortirent de ses ateliers, il créa un genre nouveau qu'il transmit à son tour à ses fils.

La marqueterie était depuis longtemps pratiquée en Italie où ses produits sont nombreux et magnifiques. Au XVIe siècle, elle s'introduisit en France, mais avec une certaine discrétion, d'après les produits qui nous en sont restés. Les inventaires du temps citent souvent des meubles « incrustés à l'impériale » qui doivent être décorés d'une fine marqueterie de bois blanc, et parfois de mastic.

Sous Louis XIII, la marqueterie se développa, grâce à l'introduction en Europe des « bois des îles, » comme on appelle encore les essences nouvelles que le commerce apporta des régions récemment découvertes.

Afin d'en faire étalage, on les découpa et on les assembla en vases, en bouquets de fleurs, et en rinceaux qui se détachant en brun roux de plusieurs tons sur le fond noir de l'ébène. Les marqueteurs produisirent ainsi avec le bois l'équiva-

(1) Les dictionnaires et les encyclopédies écrivent *Boule* et non *Boulle*. Nous sommes de l'avis de notre cher collaborateur, M. A. Darcel, c'est une erreur. La *Correspondance administrative sous Louis XIV*, entre autres pièces, ne laisse aucun doute sur l'orthographe de ce nom ; on y trouve une lettre, datée de 1704, et adressée à Mansart, par le ministre Pontchartrain, dans laquelle il est dit : *Les créanciers du nommé Boulle*, ébéniste, qui ont des contraintes par corps contre lui, demandent la permission de les exécuter dans le Louvre, etc. — N. de la D.

lent de ce que faisaient, avec les pierres dures, les mosaïstes de Florence.

C'est à ce genre, probablement, que se livrait, s'il était fabricant de meubles, le Pierre Boulle, « tourneur et menuisier du roi, » que l'on trouve logeant au Louvre, en 1620.

André Boulle transforma ce genre de deux façons. D'abord en substituant au bois, sauf l'ébène, les métaux et l'écaille, qui étaient abondamment employés en placage dans les Flandres à la décoration des cabinets; puis en substituant des rinceaux, des enlacements de lignes, des guirlandes de feuilles enfilées, un décor délié où les vides balancent les pleins, aux lourds bouquets de fleurs et aux puissants ornements feuillagés de l'époque antérieure.

Puis, pour ajouter le brillant de l'or avivé par la ciselure, à celui que donnaient déjà à ses meubles les bandes de cuivre ou d'étain, accentuées par un trait gravé au burin, opposées au noir de l'ébène ou aux fauves reflets de l'écaille employés comme fonds, il leur ajouta des applications de bronze doré.

Il les mit ainsi en accord, plus que n'étaient les marqueteries de jadis, avec la somptuosité des appartements que Charles Le Brun décorait pour Louis XIV.

Mais il ne dédaigna pas cependant ce qu'avaient fait ses devanciers, car il existe au garde-meuble une armoire en marqueterie de l'ancien genre, qu'il a montée pour faire pendant avec une autre du genre qu'il avait créé. Preuve, peut-être, qu'il avait lui-même pratiqué l'ancien, avant que d'en imaginer un autre, dans le style auquel Jean Bérain a donné son nom. — V. BÉRAIN.

Bien qu'entraîné dans l'orbite de Ch. Le Brun qui gouvernait, en les inspirant, les artistes et les artisans employés pour le roi, André Boulle qui était logé au Louvre, ne fit point partie de la colonie de ceux qu'on avait réunis aux Gobelins. Ni les documents officiels, ni les récits contemporains ne parlent de lui, et la croyance où l'on a été qu'il avait travaillé aux Gobelins résulte d'une similitude de nom avec le peintre d'animaux Boëls, que l'on prononçait et écrivait Boulle.

Dans la tapisserie qui représente Louis XIV visitant les Gobelins, en 1667, il y a cependant un ouvrier qui présente au roi une table en marqueterie d'un travail qui semble tout à fait semblable à celui auquel Boulle a dû sa réputation; de plus, la *Gazette de France*, en racontant cette visite, dit qu'on faisait aux Gobelins, des ouvrages de « bois de rapport. » Mais les documents ne citent parmi les artisans occupés dans la manufacture que des mosaïstes florentins, des sculpteurs en bois qui sont romains, et un menuisier du roi, français qui n'est pas l'artiste qui nous occupe.

De plus, l'ouvrier qui présenta la table dans la tapisserie, semble plus âgé que ne l'aurait été A. Boulle, qui avait de 20 à 25 ans à cette époque.

Les documents disent peu de chose sur la vie et sur les travaux d'André Boulle.

Un brevet de logement au Louvre lui ayant été accordé en 1672, il semble probable qu'il s'y était établi par survivance de l'ancien tourneur et menuisier du roi, et qu'il en était un descendant direct.

Un demi-logement fut ajouté, en 1679, à celui qu'il occupait déjà.

En 1674, il fabriquait une « estrade de bois de rapport » pour la petite chambre de la reine, à Versailles, pour laquelle il reçut un acompte, et l'on trouve qu'en 1682 son titre d'ébéniste ordinaire du roi lui rapportait la somme de 30 livres par an, qui lui étaient d'ailleurs fort mal payées, car il ne donna qu'en 1682 la quittance des gages de 1677.

A. Boulle, du reste, eut pendant une grande partie de sa vie à se débattre contre des embarras d'argent. Il était lent à fournir ce dont il avait accepté la commande.

Ainsi, le grand Dauphin, pour qui il faisait un cabinet de glaces et de marqueterie, lance Louvois contre lui, et Louvois, en 1685, constate une première fois qu'il ne bouge pas de son atelier où il occupe beaucoup d'ouvriers, et, une seconde fois, que le travail ne sera point achevé à la date promise.

Ce cabinet était, non un meuble, mais un vrai appartement dont les lambris et le plafond étaient faits de glaces dans des bordures dorées sur un fond de marqueterie d'ébène, et le parquet de bois de rapport. Boulle, après l'avoir livré, ne se hâtait pas d'en fournir les sièges; aussi Louvois, l'année suivante, se fâche tout à fait et le menace de le faire sortir du Louvre et de l'enfermer au Fort-l'Évêque.

Il eut encore des démêlés avec le financier Crozat auquel il ne livrait point les meubles pour lesquels il avait reçu des avances.

Il était encore logé aux galeries du Louvre, en 1700, lorsque, conformément à l'édit du roi, il fit la déclaration des vaisselles d'or et d'argent qu'il possédait. Or, cette vaisselle n'existant pas chez lui, il énuméra les armoires de marqueterie et leurs contre-parties, les bas d'armoire, les bureaux, les boîtes de pendule, les « escabelons, » les piédestaux et les coffres de même travail avec ornements ou figures de cuivre doré, qui se trouvaient dans son magasin.

Il y indique également un cabinet en pierre de Florence avec ornements de cuivre doré et « deux bois de lit avec un soubassement de pieds de coffre de bois doré en partie; » qui prouvent qu'il ne se cantonnait pas dans le genre auquel il s'est livré avec le plus de succès.

Des embarras d'argent sont constatés par diverses pièces des commencements du XVIII° siècle, relatives à des sursis que le roi lui accorde lorsqu'il est poursuivi de trop près par ses créanciers.

La cause de cette situation semble avoir été la réunion d'une collection de dessins et d'estampes qui fut en grande partie brûlée en 1720, pendant un incendie allumé par un ouvrier qui avait à se venger du menuisier d'un atelier voisin.

Ce qui en resta fut vendu après sa mort, survenue le 29 février 1732, et quelques collections modernes croient en posséder des épaves reconnaissables à des brûlures sur les bords des dessins.

André Boulle laissa quatre fils qui continuèrent sa profession, mais qui ne soutinrent pas la réputation de son atelier.

Ses œuvres qui étaient déjà si enviées de son vivant, furent disputées par les amateurs après sa mort, et ce qu'on en possède aujourd'hui justifie entièrement sa réputation et lui en donne même une que bien peu d'hommes ont possédée, puisque le nom de « meubles de Boulle » désigne le genre particulier auquel il imprima le cachet de son génie. — V. EBÉNISTERIE. — A. D.

Bibliographie: André Boulle, par Charles ASSELINEAU. *Archives de l'art français; Nouvelles archives de l'art français; Dictionnaire critique de biographie et d'histoire* par A. JAL ; *Histoire de Louvois*, par ROUSSET ; *Correspondance administrative de Louis XIV.*

BOULOIR. *T. de maçon.* Instrument avec lequel on remue la chaux quand on l'éteint, et qui sert à pétrir le mortier. || *T. de tann.* Instrument à manche pour remuer les peaux. || *T. d'orfév.* Vase en cuivre qui sert au dérochage des pièces.

BOULON. *T. techn.* 1° Cheville de fer terminée à l'un de ses bouts par une tête ronde, carrée ou à pans, et à l'autre bout par une goupille, une clavette ou un écrou. — V. ECROU.

Le boulon sert à maintenir ensemble deux ou un plus grand nombre de pièces.

On distingue deux sortes de boulons : les boulons à un ou deux ergots, et les boulons à collet carré. Les premiers sont destinés à être serrés contre du fer; le ou les ergots faisant écrou pour les empêcher de tourner. Les seconds sont employés pour être rivés la tête contre du bois; le carré entrant à force dans le trou rond remplit ici le même office que l'ergot dans le fer.

|| 2° *T. d'impr.* Chevilles de fer qui traversent le sommier et le chapiteau de la presse et qui servent à faire monter et descendre le sommier || 3° *Boulons d'escalier.* Grandes verges de fer qui maintiennent les limons d'un escalier et empêchent leur écartement. || 4° Cylindre de fer ou de cuivre qui sert de noyau pour fabriquer des tuyaux de plomb sans soudure. || 5° *T. de cordon.* Outil avec lequel on aplatit les chevilles intérieures. || 6° Axe sur lequel tourne une poulie. || 7° *T. de rel.* On donnait ce nom aux clous saillants fixés sur le plat des belles reliures pour les préserver des détériorations dues au frottement. || 8° *T. de chem. de fer.* Boulons d'attelage, ceux des barres d'attelage; *boulons de suspension*, ceux qui maintiennent les ressorts des voitures; *boulons de rails, boulons d'éclisse*, qui fixent les rails, les éclisses. On distingue encore deux sortes de boulon, le *boulon de serrage* et le *boulon d'articulation.* Le *boulon de serrage* est une tige cylindrique en fer portant une tête hexagonale, sphérique, conique ou fraisée, et taraudée à l'autre extrémité pour recevoir un écrou. Ce boulon sert, comme le rivet, à assembler deux pièces quelconques, mais avec l'avantage de permettre facilement le démontage de pièces ainsi fixées. On donne habituellement à la tête une forme hexagonale, à moins que le manque d'espace n'oblige à adopter les têtes sphériques, coniques ou fraisées. Dans ce dernier cas, on ajoute à la tête un ergot qui empêche le boulon de tourner pendant le serrage de l'écrou, tandis qu'avec une tête hexagonale, on le maintient alors immobile au moyen d'une clef. || 9° *T. d'artill.* Pièce de fer qui réunit et maintient les flasques d'un affût, et qu'on nomme *boulon d'affût.*

BOULONNER. *T. techn.* Réunir et maintenir à l'aide d'un boulon.

*BOULONNIER. Ouvrier qui, dans la partie de serrurerie, nommée *boulonnerie*, fabrique des boulons.

*BOULONNIÈRE. *T. de mét.* Sorte de tarière avec laquelle les charpentiers font, dans les poutres, la place des boulons.

BOUQUET. *En techn.* On donne ce nom à divers objets : 1° Chez les *rel.*, c'est le fer qui incruste des ornements appelés aussi *bouquets.* || 2° Dans l'*impr.*, on appelle feuille *tirée par bouquets*, celle où l'encre paraît inégalement. || 3° *T. d'artif.* Gerbe qui couronne et termine un feu d'artifice et qu'on obtient en faisant partir ensemble un très grand nombre de fusées. || 4° Dans la *parfum.*, c'est une odeur obtenue par la combinaison de diverses essences ou de différents parfums; on nomme *bouquet-sachet*, un bouquet artificiel dont chaque fleur porte le parfum qui lui est propre. || 5° On donne aussi le nom de *bouquet* au parfum qui s'exhale du vin lorsqu'on vient de le verser dans un verre; ce parfum se développe plus ou moins, suivant la qualité du vin et les soins qui lui ont été donnés pendant sa conservation et lors de sa mise en bouteilles. — V. AROME.

BOURACAN. Gros camelot qui eut une certaine vogue au siècle dernier. C'est une étoffe de laine non croisée qui se travaille sur le métier à deux marches, comme la toile. Au lieu de le fouler, on le fait bouillir à l'eau claire à plusieurs reprises, puis on le calandre avec soin.

*BOURBON. Nom que l'on donne, dans les salines de Lorraine, à de fortes pièces de bois qui servent à soutenir les poêles au moyen des happes et des crocs.

*BOURBOULE (La). — V. EAUX THERMALES.

BOURDAINE. Arbuste d'Europe dont le bois léger est très estimé pour la fabrication de la poudre à canon.

BOURDALOU ou **BOURDALOUE.** *T. de passem.* Galon ou tresse dont on garnit les chapeaux ou les vêtements.

— Plusieurs auteurs prétendent que ce mot vient du célèbre prédicateur de ce nom qui portait à son chapeau une sorte de tresse attachée avec une boucle.

*BOURDE. Sorte de barille, connue sous le nom de *soude salée;* elle est moins pure, moins alcaline et par conséquent moins estimée que la *barille.*

BOURDILLON. Bois de chêne refendu et propre à faire des douves de tonneaux ; on dit plutôt *merrain.*

BOURDON. *T. techn.* 1° Grosse *cloche.*—V. ce mot.

— Le bourdon de Notre-Dame à Paris, qui ne se fait entendre que dans les grandes solennités, est placé dans la tour du Sud et pèse 18,000 kilogrammes, non compris le *battant* qui pèse lui-même 1,500 kilogrammes. Il eut pour parrain Louis XIV et Mme de Maintenon, qui lui donnèrent le nom d'Emmanuel-Louise-Thérèse. Depuis quelques années le système à pédales a été adopté pour ébranler cette énorme cloche qui ne sonne les premiers sons qu'au bout de deux minutes de mise en mouvement.

|| 2° *T. d'impr.* Passage, qu'il se compose d'un ou plusieurs mots, d'une ligne, d'une phrase, voire d'un alinéa, omis par le compositeur en suivant la copie qui lui est donnée à reproduire en typographie. || 3° *T. d'éping.* Fil tourné sur un autre. || 4° *T. de fact. instr. Bourdon d'orgue,* celui des jeux de l'orgue qui fait la basse, et qui a les tuyaux les plus gros et les plus longs.

* **BOURDON** (FRANÇOIS), né à Seurre (Côte-d'Or), en 1797. Il se fit remarquer dans sa jeunesse par d'ingénieuses inventions et devint chef d'atelier dans les fonderies du Creuzot. Ses travaux lui valurent la croix de chevalier de la Légion d'honneur.

* **BOURDONNÉE.** *Art héral d.* Croix garnie aux extrémités de bâtons semblables à ceux des pèlerins et qu'on nomme *bourdons.*

* **BOURGERON.** Petite casaque de toile qui ne descend que jusqu'aux hanches et que portent certains ouvriers, notamment ceux des ports et des halles. On dit aussi *bergeron.*

* **BOURGES** (Fonderie de canons de). Il y a une quinzaine d'années à peine que la ville de Bourges a commencé à devenir, au point de vue de l'artillerie, un centre important de fabrication. Jusqu'à cette époque, les principaux établissements de l'artillerie étaient restés disséminés dans les places frontières, exposés, en cas d'invasion, à être pris ou au moins bloqués par l'ennemi. C'est surtout en 1814 et 1815 que cet inconvénient se fit sentir, aussi fut-il dès lors résolu en principe que les principaux de ces établissements seraient reportés dans le centre de la France, en arrière de la Loire, de façon à les mettre à l'abri de toute insulte, et autant que possible concentrés sur un même point de façon à pouvoir y accumuler toutes les ressources. On hésita longtemps entre Bourges et Nevers, un moment même il fut question de Tours, mais le gouvernement finit par donner la préférence à la ville de Bourges. Par décision impériale du 30 juin 1860 furent définitivement arrêtés les projets relatifs à la création, dans cette ville, des nouveaux établissements de l'artillerie ; un décret du 1er octobre 1861 déclara d'utilité publique l'acquisition des terrains nécessaires. Sur cet emplacement, on a installé successivement une fonderie (1866), un grand arsenal de construction avec un dépôt de matériel (1871), ainsi que les bâtiments de l'école d'artillerie. De même l'école

de pyrotechnie avait été transportée au mois de juillet 1870 de Metz à Bourges. — V. ECOLE. § *Ecole de pyrotechnie.*

— Dans un grand nombre de villes, il existe encore une rue portant le nom de la rue de la Fonderie, ce qui prouve que les établissements de ce genre étaient à l'origine fort nombreux ; ils appartenaient alors, soit aux villes, soit à des particuliers. A partir de la création, sous François Ier, d'un grand arsenal dans chacun des dix départements de l'artillerie, entre lesquels il avait réparti les différentes provinces du royaume, les bouches à feu ne durent plus être coulées et usinées que sous la surveillance des commissaires de l'artillerie. Vers la fin du règne de Louis XIV, la fabrication des canons en bronze était concentrée dans les cinq fonderies de Paris, Douai, Strasbourg, Lyon et Perpignan. Le roi traitait avec les maîtres fondeurs auxquels il accordait un certain prix pour la façon de chaque pièce ; il mettait, en outre, à leur disposition les bâtiments de la fonderie avec tous les outils et ustensiles, et leur fournissait le métal, le fondeur n'avait qu'à payer les ouvriers ; comme récompense de leurs services, on leur accordait le titre de commissaire des fontes ; le travail était surveillé par des officiers d'artillerie. En 1777, le nombre des fonderies se trouvait réduit à deux, celles de Douai et Strasbourg ; il en fut ainsi jusqu'à la Révolution. Les besoins des nombreuses armées qui furent alors créées pour repousser l'étranger qui envahissait la France de tous côtés, entraînèrent la création de nouvelles fonderies pour la fonte des canons et de nombreux ateliers pour la fabrication des bouches à feu ; les commissaires des fontes ayant disparu furent remplacés par des entrepreneurs.

Après la période révolutionnaire on ne conserva que six de ces fonderies : Douai, Strasbourg, Toulouse, Metz, Paris et Avignon ; bientôt même il ne resta plus que les quatre premières. Sous l'Empire, les fonderies de Turin et de La Haye passèrent également sous la direction de l'artillerie française.

A la Restauration, les trois fonderies de Douai, Strasbourg et Toulouse, furent seules conservées ; après bien des discussions sur les avantages et les inconvénients du régime de l'entreprise et de celui de la régie, on donna la préférence à ce dernier, et le règlement du 19 octobre 1838, sur le service des fonderies confia définitivement, non seulement la surveillance, mais encore la direction et l'administration de ces établissements aux officiers de l'artillerie.

En 1857, il fut admis en principe que les trois fonderies existantes seraient supprimées et remplacées par un seul et unique établissement installé sur un grand pied, suivant les besoins de l'époque, et pourvu, au point de vue mécanique, de toutes les ressources en rapport avec les progrès des sciences et de l'industrie. La construction de la nouvelle fonderie commencée à Bourges, le 25 octobre 1862, ne fut terminée que vers la fin de l'année 1866. Tant que la fonderie de Bourges ne fut pas complètement installée et en mesure de suffire à elle seule à la fabrication des bouches à feu, on conserva encore les anciennes. La fonderie de Strasbourg fut la première à cesser sa fabrication, le 31 décembre 1864 ; une partie de son matériel et de son personnel furent transportés à Bourges ; il en fut de même un an plus tard pour celle de Toulouse ; la fonderie de Douai ne fut fermée que le 31 décembre 1867.

Lors de sa construction, la fonderie de Bourges, destinée uniquement à la fonte et à l'usinage des pièces en bronze, fut organisée de façon à pouvoir suffire à une fabrication courante annuelle de 500 à 600 bouches à feu, dont un cinquième au plus de gros calibres ; cette fabrication devait pouvoir, au besoin, être portée à 800 bouches à feu.

Pendant la guerre de 1870-71 on eut, malheureusement,

l'occasion de constater tous les avantages qu'il y avait eu à reporter un pareil établissement loin de la frontière. Malgré cela, la fonderie de Bourges ne pouvant suffire à tous les besoins et la fièvre des canons se chargeant par la culasse s'étant emparée, non seulement de la capitale, mais encore de la province, on transforma, dans Paris bloqué d'une part et dans les départements d'autre part, bon nombre d'établissements métallurgiques ou ateliers d'ajustage en fonderie de canons ou ateliers pour l'usinage des nouvelles bouches à feu se chargeant par la culasse, du système de Reffye.

Après la guerre, la reconstitution d'un nouveau matériel de guerre, puis la substitution de l'acier au bronze comme métal à canon, ont nécessité de nombreuses augmentations successives dans la fonderie.

Jusque-là, l'artillerie de terre n'avait jamais fabriqué que des canons en bronze, et avait emprunté à la marine, pour la défense des côtes, ses canons en fonte ou en fonte frettées. Il lui était impossible d'entreprendre elle-même la fabrication de l'acier, aussi fit-elle, dès 1873, en prévision de l'adoption probable de ce métal, un appel à l'industrie privée et lui prêta son concours pour se mettre à hauteur des besoins du moment. Elle demanda aux établissements métallurgiques français de lui fournir les tubes ou corps de canons, et les frettes en acier, se réservant de faire exécuter par la fonderie de Bourges, l'usinage des pièces, ce qui nécessita une transformation à peu près complète des ateliers et de l'outillage. Afin d'accélérer le travail, la fonderie dut être aidée dans ce travail par les ateliers de construction établis à Tarbes et à Puteaux, près Paris ; mais l'artillerie resta seule chargée de passer les marchés avec les industriels, d'en surveiller l'exécution et de procéder aux épreuves de réception. Quelques usines ont, cependant, été chargées à différentes reprises de l'usinage de certaines bouches à feu, soit en cas de presse, soit lorsqu'il s'agissait de pièces de côte des plus gros calibres pour lesquels l'outillage de la fonderie eut été insuffisant. Les principales de ces usines sont celles de Cail, à Paris, du Creusot, de Fives-Lille, des forges et chantiers de la Méditerranée au Havre, de Saint-Chamond.

Bien que depuis l'année 1877, la fonderie de Bourges ait été forcée de concentrer tous ses moyens de fabrication pour la fabrication des bouches à feu en acier, elle n'a cependant pas laissé de côté la question des bouches à feu en bronze. Elle aussi s'est préoccupée de l'amélioration des procédés de fabrication de façon à permettre, le cas échéant, l'utilisation des nombreux approvisionnements en bronze qui existent encore en France, et elle s'est mise en mesure de pouvoir entreprendre la fabrication de bouches à feu en bronze mandriné, d'après une méthode analogue à celle qui a été mise en œuvre avec tant de succès par le général Uchatius à l'arsenal de Vienne.

DESCRIPTION DE LA FONDERIE. La fonderie a été élevée sur une partie des terrains qui furent achetés en 1861, à l'est de la ville de Bourges, pour y installer les établissements de l'artillerie. Ces terrains forment un trapèze compris entre l'ancienne et la nouvelle route de Nevers, dont la fonderie occupe l'extrémité la plus rapprochée de la ville ; elle s'étend sur une superficie de 200 mètres de largeur sur une longueur moyenne de 340 mètres. De l'autre côté de la rue de la Fonderie, derrière l'École d'artillerie, se trouvent encore quelques annexes, tels que magasins au charbon, réfectoire pour les ouvriers, local pour le service médical. Un boulevard, dit boulevard de l'Artillerie, parallèle à la grande route de Nevers, règne sur toute la longueur des établissements de l'artillerie ; c'est sur ce boulevard que

se trouvent la façade principale, les entrées des logements et des bureaux : l'entrée des ouvriers donne sur la rue de la Fonderie.

En laissant de côté les bâtiments qui ne sont que de simples magasins ou dépendances, les ateliers de la fonderie peuvent se partager en trois groupes principaux correspondant chacun à un outillage bien distinct : fabrication des bouches à feu, fabrication des menus objets, confection des modèles.

Le premier groupe, de beaucoup le plus important, ne comprenait primitivement que : la halle aux fontes, destinée au moulage, au séchage, et à la fonte des bouches à feu et des moyeux en bronze. Il y a quatre corps de fourneaux, répartis extérieurement sur la portion demi-circulaire du bâtiment et abrités par un hangar ; quatre grues en fer dont deux grandes de 15,000 kilogr. et deux petites desservent toute l'étendue de la halle. Un atelier mécanique ou forerie où se trouvent réunies toutes les machines nécessaires pour pouvoir opérer mécaniquement l'usinage complet des bouches à feu. Le service de tout l'atelier est fait par un pont roulant d'une portée de 18 mètres 50 environ, élevé de 6 mètres au-dessus du sol de l'atelier, pouvant transporter un poids de 8 tonnes sur un point quelconque de l'atelier. Cet atelier mécanique est mis en mouvement par deux machines à vapeur horizontales à haute pression, à condensation et à détente variable, pouvant au besoin travailler à échappement libre, attelées et marchant, suivant les circonstances, ensemble ou séparément.

En 1874, en prévision de la fabrication des bouches à feu en acier, on a non seulement augmenté l'outillage de la forerie mais encore construit, sur l'emplacement de la cour des ateliers, un second atelier mécanique, dit grande forerie, occupant une surface à peu près double de celle du précédent ; ce second atelier est mis en mouvement par quatre machines de 50 chevaux.

Entre les deux foreries sont placés six bassins de refroidissement pour les machines à vapeur.

On a aussi organisé un atelier pour le frettage des bouches à feu en acier.

Le second groupe, dont l'importance a été beaucoup augmentée depuis 1874 par la transformation d'anciens magasins en ateliers, comprend : un atelier de moulage et de fonte pour les menus objets, un atelier pour la fabrication des obturateurs plastiques, des ateliers pour le travail mécanique des culasses et leur ajustage, un atelier de précision et de fabrication des hausses, une ciselerie pour la gravure des hausses et des canons, un atelier de fabrication des fusées.

Le troisième groupe comprend les ateliers nécessaires pour la fabrication et la réparation de tous les objets en fer et en bois qui sont nécessaires dans le service général de la fonderie, ateliers d'ajustage, menuiserie, serrurerie, forges ; dans un des bâtiments, sont installés deux cubilots pour la fonte du fer et un four pour cuire les briques réfractaires destinées à la construction des fourneaux.

Deux grands hangars qui viennent d'être terminés pourront recevoir, l'un de nouvelles machines-outils et un moteur, l'autre l'outillage de
rechange, le matériel roulant servant aux
épreuves et aux transports, ainsi que les bouches
à feu terminées.

Il convient encore de mentionner le laboratoire
de chimie où se font les analyses de bronze et
d'acier et les salles de visite et de réception.

Des lignes ferrées desservent tous les ateliers ;
elles se relient à une voie ferrée, mettant en
communication la fonderie avec la ligne
d'Orléans ; de nombreux quais couverts servent à
l'embarquement et au débarquement. Tous les
ateliers sont éclairés au gaz de façon qu'on puisse
travailler au besoin, jour et nuit ; on a également
fait des essais pour l'éclairage à la lumière électrique des principaux ateliers.

A la tête de la fonderie est un colonel ou lieutenant-colonel directeur, chargé de la direction
et de l'administration de l'établissement, il est
aidé par un chef d'escadron, sous-directeur. Il a
sous ses ordres, pour assurer le service, le contrôle et la surveillance, un certain nombre de
capitaines d'artillerie adjoints et d'employés de
l'artillerie, gardes, contrôleurs, ouvriers d'état.
Depuis la guerre, le nombre des ouvriers a été
compris entre 1,200 et 1,400, dont les trois quarts
au moins sont des ouvriers civils et un quart
environ des ouvriers militaires.

FABRICATION DES BOUCHES A FEU. L'étude du
moulage et de la coulée des anciens canons en
bronze n'offre plus aujourd'hui qu'un intérêt
tout à fait secondaire, les anciens dictionnaires
donnent sur ces différentes opérations des renseignements fort complets. Nous nous contenterons de rappeler que le moulage en châssis ne
fut substitué définitivement à l'ancienne méthode
du moulage en terre que par décision du 19 septembre 1861.

La fabrication des bouches à feu en bronze
mandriné diffère de celle des pièces en bronze
ordinaire par le coulage en coquille, c'est-à-
dire dans des lingotières métalliques, et l'opération du mandrinage qui se fait à l'aide de mandrins légèrement coniques que l'on pousse à l'aide
de presses hydrauliques.

Quant à l'usinage, il est à peu près le même
pour les pièces en bronze que pour les pièces en
acier, il ne sera donc question ici que de l'usinage
de ces dernières. Nous commencerons par dire
quelques mots de la fourniture des tubes et
frettes par l'industrie et de leur mode de réception à la fonderie (1).

Fourniture des tubes et frettes par l'industrie.
D'après le cahier des charges actuellement en
vigueur pour les fournitures à faire à *l'artillerie*

(1) Citons, en passant, les principaux établissements métallurgiques auxquels l'artillerie de terre s'est adressée jusqu'ici (1880) :

Schneider et Cⁱᵉ, houillères, forges, aciéries et ateliers de construction du
Creusot.

Montgolfier (Petin-Gaudet), compagnie des hauts-fourneaux, forges et
aciéries de la marine et des chemins de fer, à Saint-Chamond

Jacob Holtzer et Cⁱᵉ, aciéries d'Unieux.

Poyeton-Verdié, Société anonyme des aciéries et forges de Firminy.

Compagnie anonyme des forges de Châtillon et Commentry.

Marrel frères, forges de la Loire et du Midi, à Rive-de-Gier.

Barrouin, Compagnie des fonderies, forges et aciéries de Saint-Etienne.

de terre, les *tubes* doivent être en acier doux fondu
et forgé, foré, trempé à l'huile et recuit. A part
ces conditions, l'acier employé peut provenir d'un
mode quelconque de fabrication, aciers fondus
au creuset, acier Bessemer, acier Martin ; les premiers, d'un prix de revient trop élevé, sont peu
employés ; l'acier Martin est celui auquel on
semble donner la préférence dans les principales
usines, il paraît préférable au Bessemer. L'usine
de Terre-Noire a également proposé pour la fabrication des tubes son acier coulé sans soufflures

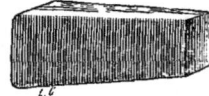

Fig. 564. — *Lingot de coulée pour une pièce de 90ᵐ/ₘ
(poids 3,360 kilogrammes, longueur 1ᵐ,250).*

(V. ACIER) qui présente sans avoir subi de martelage une assez grande ténacité, mais les essais
ont jusqu'ici donné de moins bons résultats que
les aciers fondus par les procédés ordinaires et
soumis ensuite à un martelage énergique. Dans ce
but le lingot de coulée (fig. 564) doit avoir une section moyenne de quatre à cinq fois supérieure à
celle du canon brut de forge ; son poids doit être de
deux fois à deux fois et demie celui de ce même
canon brut, le poids de ce dernier ne comprenant
pas le métal en excès que l'on doit conserver à
l'avant et à l'arrière pour les barreaux d'épreuves.
De l'avis des praticiens, il est avantageux de
couler, pour les pièces de dimensions moyennes,

Fig. 565. — *Lingot pour canon de 90ᵐ/ₘ après le premier forgeage. Longueur de la partie utilisée 1ᵐ,770,
diamètre de la partie utilisée 0ᵐ,300.*

de gros lingots qui fourniront plusieurs pièces,
d'abord parce que les gaz se dégageant surtout
près de la surface, cette disposition permet, pour
un volume donné, de réduire la surface extérieure, en second lieu, parce que le lingot pourra
recevoir un martelage plus prolongé, avant
d'arriver aux formes voulues.

Par un premier forgeage ou corroyage, on
transforme le lingot de coulée en un prisme à
huit pans (fig. 565) ; suivant le calibre et les dimensions du tube à obtenir, cette opération exige
plus ou moins de chaudes ; elle se fait au marteau-
pilon. On enlève ensuite un très grand excédent
de métal à la partie du lingot qui correspond au
haut de la lingotière de coulée, et qui fait office
de masselotte. On enlève aussi une certaine quantité de métal au pied du lingot, de manière à ne
conserver pour la pièce que la partie du métal la
plus saine et la mieux martelée.

Par un deuxième forgeage ou étampage, on

donne au tube, à l'aide d'étampes à section demi-circulaire, la forme cylindrique et tronconique (fig. 566); on enlève le métal en excès en en conservant assez à l'avant et à l'arrière pour pouvoir fournir les rondelles dans lesquelles on découpera les barreaux destinés aux épreuves.

Une fois le tube forgé et paré, les constructeurs sont tenus d'en détacher un certain nombre de rondelles. D'abord à l'arrière, une rondelle n° 1, dans laquelle on découpe des barreaux d'épreuve.

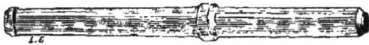

Fig. 566. — *Lingot pour canon de 90m/m étampé.*
Longueur totale, 2m,365.

L'un de ces barreaux est essayé non trempé à la traction par les soins de l'usine, en présence de l'officier, détaché, de la fonderie pour surveiller la fabrication; les résultats de ce premier essai servent à donner un premier renseignement sur la nature du métal; les autres barreaux essayés après des trempes différentes servent à indiquer le degré de trempe qu'on devra donner au tube. Un jeu de rondelles n° 2, de 22 millim. d'épaisseur, détachées à la culasse et à la volée, fournissent des barreaux cylindriques pour les essais à la traction qui doivent être exécutés à la fonderie de Bourges. Pour que le métal soit recevable, il faut qu'il satisfasse aux conditions suivantes :

	BARREAUX DE	
	culasse	volée
Limite d'élasticité par millimètre carré de section, avec une tolérance en plus ou en moins 5 kilogrammes. .	23k	30k
Charge de rupture par millimètre carré de section, avec une tolérance en plus ou en moins 8 kilogrammes	48	58
Allongement minimum après la rupture.	13 0/0	18 0/0

Comme on le voit, les limites sont plus élevées pour les barreaux de volée parce que la rondelle dans laquelle ils sont découpés, ayant des dimensions moindres, on ne peut leur donner qu'une longueur de 50 mill. entre les repères, tandis que ceux de la rondelle de culasse ont 100 mill. Les usines sont autorisées à fournir trois séries de rondelles, et, pourvu que la moitié des barreaux essayés satisfassent aux conditions, le métal est reçu.

Après acceptation, le tube, brut de forge, est dégrossi sur le tour, foré, trempé à l'huile et recuit (fig. 567), ces deux dernières opérations sont les plus délicates, les procédés sont un peu différents suivant les usines. La cuve à l'huile, dans laquelle on plonge le tube une fois qu'il a été porté à la température voulue, doit contenir un poids d'huile beaucoup plus considérable que celui de la pièce à tremper (20 fois environ), pour que la

trempe soit efficace; elle est entourée d'une bâche où circule un courant d'eau froide.

Une fois le tube trempé et recuit, on y détache deux nouveaux jeux de rondelles de culasse et de volée de 30 mill. d'épaisseur. Chaque rondelle de culasse sert à former deux barreaux ronds pour les essais à la traction (100 mill. entre les repères) et un barreau carré pour l'essai au choc; celles de volée ne fournissent que deux barreaux plus petits (50 mill. entre les repères) pour la

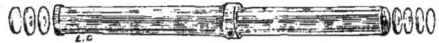

Fig. 567. — *Tube pour canon de 90m/m, ébauché, foré, trempé et recuit (rondelles détachées).*

essais à la traction. L'un des jeux est essayé à l'usine, l'autre est envoyé à la fonderie; ils doivent satisfaire aux conditions suivantes :

	BARREAUX DE	
	culasse	volée
Limite d'élasticité. . .	32k tolérance 5k	35k tolérance 7k
Charge de rupture. . .	62 — 8	65 — 10
Allongement minimum.	14 0/0	14 0/0

Pour que les résultats obtenus à l'usine et à la fonderie soient comparables, les machines à essayer ont été au préalable tarées l'une sur l'autre; en cas de divergence, ce sont les résultats obtenus à la fonderie qui sont décisifs. Dans tous les cas la limite d'élasticité obtenue dans cette seconde épreuve devra être supérieure de 5 kilogrammes au moins à celle qui a été donnée par l'essai des barreaux pris avant la trempe. — V. ESSAI, RÉSISTANCE.

Pour l'épreuve au choc, le barreau carré de culasse repose sur deux couteaux distants de 160 millimètres, on laisse tomber sur son milieu un mouton de 18 kilogrammes. Le barreau ne doit pas se rompre sous le choc du mouton, tombant une première fois de la hauteur de 2 mètres, puis successivement de hauteurs augmentant de 10 centimètres en 10 centimètres, depuis 1 mètre jusqu'à 2m,50.

L'admission du tube, qui a satisfait aux épreuves, est d'ailleurs conditionnelle, et l'on se réserve de le rebuter si la suite du travail de l'usinage fait reconnaître des soufflures, criques, pailles, crasses, ou défauts de fabrication quelconques, pouvant compromettre sa solidité.

Le premier cahier des charges, approuvé en 1877, ne contenait que les clauses relatives aux essais après la trempe, l'expérience montra que ces conditions devaient être complétées par de nouvelles clauses restrictives dont le principe pouvait être fourni soit par l'analyse chimique, soit par l'essai à la traction avant la trempe; ces dernières ont été introduites dans le nouveau cahier des charges, approuvé par le Ministre en 1879.

Quant à l'application d'une clause relative à l'analyse chimique, elle aurait présenté de trop grandes difficultés dans l'application. En effet, l'analyse chimique donne des résultats pouvant conduire, il est vrai, à l'élimination de la fourniture d'une usine dont la moyenne des produits no serait pas satisfaisante à ce point de vue, mais ne comporte pas une précision suffisante pour l'acceptation individuelle d'un lingot; les propriétés du métal sont profondément modifiées par le travail mécanique, par la trempe et par le recuit. La fonderie de Bourges continue néanmoins à la pratiquer, mais uniquement à titre de renseignements. Les aciers à canons contiennent 2, 5 à 6 millièmes de carbone (aciers doux); un acier fortement carburé résisterait mal aux efforts de percussion.

Les *frettes*, en acier puddlé, doivent être fabriquées par enroulement, d'après les procédés actuellement en usage dans l'industrie pour les bandages dits sans soudures, puis trempées à l'eau. Elles sont livrées finies, c'est-à-dire tournées et rabotées sur les faces, rodées à l'intérieur s'il y a lieu. Avant leur réception, dans chaque lot, un certain nombre de frettes sont soumises, les unes à des épreuves d'élasticité, les autres à des épreuves de résistance; ces dernières, bien que payées par l'Etat, ne doivent pas servir pour le frettage d'une bouche à feu. Les conditions de réception sont un peu moins dures pour les frettes-tourillons que pour les frettes cylindriques ordinaires.

Les frettes à essayer sont placées à chaud (température du peuplier bien sec, brûlant) sur un tronçon de fonte grise, foré au calibre du corps de canon et d'une longueur suffisante pour déborder de quelques millimètres de chaque côté de la frette une fois en place.

Pour l'épreuve d'élasticité, les frettes cylindriques doivent pouvoir supporter un serrage de

Fig. 568. — *Tournage du canon.*

1$^{m/m}$,75 par mètre, compté sur le diamètre à fretter, sans perdre leur élasticité. Le cylindre de fonte n'est détruit que quarante-huit heures après le frettage et ce n'est que quarante-huit heures après le défrettage qu'on procède à la mesure du diamètre moyen qui ne doit pas être supérieur de plus de 0$^{m/m}$,03 à celui avant l'essai. Pour les frettes-tourillons, le serrage est réduit à 1$^{m/m}$,50.

Pour l'épreuve de résistance, on donne un serrage de 3$^{m/m}$,5 par mètre pour les frettes cylindriques et de 3 millimètres pour les frettes-tourillons. Les frettes ne doivent pas taper au frettage et si elles ont des défauts, ceux-ci ne doivent pas augmenter sensiblement.

Les essais portent sur un petit nombre de frettes pour chaque lot de 40 séries; lorsque leur résultat n'est pas satisfaisant, le lot tout entier est rebuté et mis dans l'impossibilité de servir.

Usinage. L'usinage comprend plusieurs séries d'opérations dont la majeure partie sont identiques à celles que l'on exécute dans tous les ateliers de construction de machines, quelques-unes seulement exigent des machines spéciales ou des procédés particuliers.

Le tube ou corps de canon, simplement foré et dégrossi extérieurement à l'usine, est alésé; l'alésage a pour but de creuser dans l'intérieur du canon une surface parfaitement cylindrique, dont le diamètre se rapproche du calibre de la pièce finie. Pour cette opération et les suivantes, le canon est placé horizontalement sur un tour (fig. 568). Le renfort est ensuite tourné à la demande des frettes de façon à avoir le serrage fixé; les frettes sont alors mises en place (V. FRETTAGE). Dans certains canons en fonte, avant de procéder au frettage, on exécute le tubage (V. TUBAGE).

Une fois le canon fretté, et tubé s'il y a lieu, on procède au tournage définitif de sa surface extérieure, au réalésage de l'âme de façon à lui donner son diamètre définitif, au dressage de la tranche de la bouche, à l'alésage des chambres, au dressage de la tranche de culasse, au filetage du logement de culasse, puis au sectionnage des filets de façon à obtenir les secteurs lisses.

Pendant que la bouche à feu subit les opérations successives qui viennent d'être décrites, on prépare les diverses parties du système de fermeture de culasse. On assemble et ajuste ensuite ces divers éléments sur la bouche à feu, ce qui constitue le montage de la culasse.

Le rayage est une des dernières opérations que l'on exécute, et une de celles qui demandent le plus de soins, elle exige l'emploi de machines spéciales. (V. RAYAGE); la même machine sert également à raboter les cloisons de façon à faire disparaître les traces de l'alésage.

Il faut environ 450 heures de travail pour usiner un canon de 80 millimètres, de campagne, complet.

Visites et réception. Lorsqu'une bouche à feu est complètement finie, elle est l'objet d'une première visite par l'établissement usineur, visite dont le but est la constatation géométrique à l'aide d'instruments vérificateurs de l'exactitude de toutes les dimensions essentielles. Il est dressé procès-verbal de cette première visite.

Un premier tir, dit de fabrication, est exécuté par l'établissement; il a pour but de produire le matage du mécanisme de culasse et de permettre de juger des retouches à faire, afin d'assurer le bons appuis et un fonctionnement régulier du mécanisme.

La pièce est ensuite présentée à une commission locale de réception qui contrôle les résultats de la première visite et dresse un second procès-verbal; la pièce est alors soumise au tir d'épreuve composé de cinq coups tirés avec le projectile réglementaire et des charges successivement croissantes. Le premier coup est tiré avec une charge inférieure à la charge normale, le second avec la charge normale, le troisième et le quatrième, avec une surcharge du dixième, enfin le cinquième avec la charge normale. Après le tir d'épreuve, la commission procède à une nouvelle visite qui a pour objet de s'assurer que les effets du tir n'ont pas fait apparaître de défauts, dissimulés jusque là, et provenant soit du métal, soit de la fabrication. Un procès-verbal relatif au tir d'épreuve et à la deuxième visite est encore établi par la commission. Les trois procès-verbaux mentionnés constituent un dossier qui sert à l'établissement du livret, qui doit accompagner toujours la bouche à feu.

Lorsque les résultats de toutes les visites et épreuves sont satisfaisants, la commission de réception déclare la pièce reçue et fait apposer le poinçon de réception; sinon elle ajourne la réception et en réfère à une commission supérieure de contrôle instituée au Dépôt central de l'artillerie. Toutes les pièces relatives aux bouches à feu, reçues, ajournées ou rebutées, sont examinées par la commission de contrôle, puis présentées au Ministre qui juge en dernier ressort. — V. BOUCHES A FEU.

— Pour terminer, nous dirons quelques mots de la façon dont les différentes puissances étrangères assurent la fabrication de leurs bouches à feu. Tandis qu'en France il y a, en outre de la fonderie de Bourges appartenant à l'artillerie de terre, une fonderie appartenant au département de la marine (V. RUELLE), dans laquelle on coule les bouches à feu en fonte et en bronze, et où les bouches à feu dont les frettes, tubes ou corps de canon en acier sont demandés à l'industrie privée, dans toutes les autres pays il n'y a pas d'établissement spécial à la marine.

La Prusse possède une fonderie à Spandau et la Ba-

vière une autre à Augsbourg pour les canons en bronze; actuellement, tous les canons en acier de l'artillerie allemande, sortent complètement terminés de l'usine Krupp. à Essen (Westphalie).

L'Angleterre, bien qu'elle puisse trouver dans son industrie nationale toutes les ressources nécessaires pour faire fabriquer ses bouches à feu, regarde cependant comme plus économique et plus sûr de faire exécuter ce travail dans l'arsenal de Woolwich qui possède une fonderie. Elle a cependant quelquefois recours à quelques-unes de ses grandes usines, telles que celles d'Armstrong, à Elswick; de Whitworth, à Manchester, et de Vavasseur et C° (London ordnance Company), à Londres, qui sont connues dans le monde entier et fournissent, concurremment avec l'usine Krupp, à un grand nombre de puissances une partie de leur matériel de guerre.

L'Autriche-Hongrie ne possède qu'une seule fonderie de canons, à l'arsenal de Vienne, où l'on ne coule que des canons en bronze et en fonte; grâce à l'emploi du bronze mandriné, elle peut s'affranchir de l'étranger auquel elle était forcée de demander ses bouches à feu en acier.

La Russie possède deux fonderies pour les canons en bronze qui font partie des arsenaux de Saint-Pétersbourg et de Briansk (gouvernement de l'Orel). Les bouches à feu en fonte sont coulées, soit dans l'établissement métallurgique d'Alexandrow-Olonetz (gouvernement d'Olonetz), soit à la fonderie de Perm; celles en acier sont coulées et usinées, soit à Perm, soit à l'usine d'Oboukhow (à Colpino, près Saint-Pétersbourg). Ces derniers établissements appartiennent à l'État, mais ne dépendent pas de l'artillerie. Une partie des bouches à feu fournies par eux sont usinées dans un atelier de construction installé à Saint-Pétersbourg et dirigé par l'artillerie. Grâce à l'installation toute récente de l'usine d'Oboukhow, la Russie a pu enfin s'affranchir de l'usine Krupp à laquelle elle avait eu recours jusque-là pour la fourniture de ses bouches à feu en acier.

L'Italie n'a qu'une seule fonderie à Turin pour les bouches à feu en bronze ou en fonte; l'artillerie de terre demande ses bouches à feu en acier à l'usine Krupp; la marine s'est adressée à la maison Armstrong pour la fourniture de ses canons de gros calibre.

L'Espagne a deux fonderies, l'une à Séville pour le bronze, l'autre à la Trubia où l'on fabrique aussi des canons en fonte, on y a installé une aciérie; mais l'Espagne n'en est pas moins tributaire de l'étranger au point de vue de la fabrication des bouches à feu en acier.

La Belgique a conservé sa fonderie de Liège où l'on coule le bronze et la fonte; la Hollande a également une fonderie établie à La Haye; le Danemark, une à Frédérikswœrk; la Suisse coule ses canons en bronze à la fonderie fédérale d'Aarau; mais ces différentes puissances sont tributaires de l'étranger pour la fabrication des bouches à feu en acier. Seul, des anciennes puissances européennes, le royaume de Suède et Norwège n'a jamais eu de fonderie appartenant à l'État; possedant les meilleurs minerais de fer du monde entier, elle tire ses bouches à feu des fonderies de Finspong, Aker et Stafsjœ appartenant à des particuliers.

Les États-Unis d'Amérique ont toujours eu recours à l'industrie nationale; les principales fonderies de canons qui ont travaillé ou travaillent pour le gouvernement sont celles de M. Parrot, à Coldspring (New-York); de Fort-Pitt, près de Pittsburg; de Reading (Pensylvanie), South-Boston (Massachussets) et Providence (Rhode-Island).

En résumé, on voit que les différents États n'ont recours, en général, à l'industrie nationale ou étrangère, que quand ils sont impuissants à produire eux-mêmes dans les ateliers, à eux appartenant, le métal nécessaire à la fabrication des bouches à feu. C'est ce qui est arrivé lors de l'adoption de l'acier comme métal à canon; le travail de l'acier est, en effet, trop délicat et entraîne trop de rebuts, que l'industrie seule est susceptible de pouvoir utiliser, pour que les fonderies militaires puissent s'en charger. C'est pourquoi, dans presque tous les pays, la question du bronze mandriné a été mise à l'étude.

*BOURGUIGNOTTE. *Art milit. anc.* Casque léger à petite visière de la fin du xvᵉ siècle, qui fut d'abord en usage dans les armées des ducs de Bourgogne — V. Armure.

*BOURLETTE ou BOURLOTTE. *Art milit. anc.* Sorte de massue armée de pointes de fer, en usage au moyen âge.

*BOURNONITE. *T. de minér.* Antimoine sulfuré cupro-plombifère d'une couleur gris noirâtre éclatant, d'une densité de 5,8, fusible au chalumeau avec dégagement de vapeurs blanches d'antimoine, et laissant un résidu jaune d'oxyde de plomb.

*BOURNOUS. — V. Burnous.

I. *BOURRAGE (des traverses). *T. de chem. de fer.* Opération qui consiste à tasser, à *bourrer* sous les traverses une certaine quantité de ballast pour répartir la pression sur une plus grande surface. — V. Ballast.

Pour effectuer le bourrage, deux ouvriers munis de battes en bois ou en fer, se placent de chaque côté de la traverse et frappent le ballast pour le forcer à se placer sous la traverse, en commençant par le milieu de la traverse et en s'éloignant vers les extrémités. Quand le ballast a pris une certaine consistance, on emploie la pioche à bourrer ou *bourroir* (V. ce mot), dont les coups doivent avoir d'abord une direction très inclinée, de manière à tasser le ballast aussi verticalement que possible. Cette direction se rapproche successivement de l'horizontale à mesure que le ballast se serre sous la traverse, mais en ayant soin que la pioche ne rencontre pas les arêtes de la traverse.

Pour que les traverses portent bien sous l'aplomb des rails, on évite de bourrer le ballast sur un espace de 0ᵐ,40 à 0ᵐ,50, au milieu des traverses, que l'on se contente de garnir de sable sans serrage; on bourre énergiquement le ballast aux extrémités de la traverse.

Lorsque le bourrage a dépassé la limite convenable et qu'il en résulte une surélévation anormale du rail, il faut, si cette différence de hauteur est trop forte, enlever le ballast sous la traverse; si elle est faible, on pourra la faire disparaître par quelques coups de dame donnés, non pas sur la traverse, ce qui doit être absolument interdit, mais seulement sur le rail.

II. *BOURRAGE. *T. du min. mil.* Dispositif qui a pour objet d'empêcher les effets de l'explosion d'une mine de se produire dans le vide formé en arrière par les rameaux et les galeries, en opposant à l'action des gaz de la poudre, du côté de ce vide, une masse résistante supérieure à celle qu'ils trouvent dans la direction où l'on veut produire tout l'effet. On forme le massif du bourrage avec de la terre, des gazons, des sacs à terre, des briques crues, des morceaux de bois, etc.

Il suffit, en général, de deux mineurs pour exécuter le bourrage d'un fourneau ordinaire; mais,

selon la distance à laquelle se trouve la tête du travail, on leur adjoint un nombre suffisant d'auxiliaires pour leur faire passer, en faisant la chaîne, les matériaux nécessaires.

Le meilleur bourrage se fait en terre et briques crues; il présente l'avantage de ne pas retenir les gaz délétères et permet au mineur de rentrer facilement dans le rameau après l'explosion. — V. Mine militaire.

BOURRE. 1° Amas de poils de certains animaux, tels que chevaux, bœufs et vaches; on s'en sert pour garnir les selles, les tabourets, etc. || 2° *Bourre de laine*, bourre *lanice*, la partie la plus grossière de la laine; *bourre de soie*, la partie du cocon qui ne se dévide pas. || 3° Matière colorante faite avec du poil de chèvre très court qui a bouilli dans la garance. || 4° *T. d'arm.* Petits tampons de papier ou rondelles de feutre que l'on mettait par dessus la charge de poudre, puis par dessus le projectile dans les anciennes armes à feu portatives de chasse ou de guerre se chargeant par la bouche. De même on appelle aussi *bourre*, la rondelle de feutre qui, dans certaines cartouches métalliques, sépare la charge de poudre de la balle ou du plomb. || 5° *Bat-à-bourre.* Instrument avec lequel le bourrelier frappe la bourre.

BOURRELLERIE. Métier, commerce du *bourrelier*.

BOURRELET. 1° Coussin cylindrique en cuir et rempli de bourre, qui sert à porter un fardeau sur la tête. || 2° Sorte de coiffure élastique qui protège les enfants contre les effets d'une chute. || 3° Gaîne en toile ou en percaline remplie de bourre ou de crin servant à préserver d'un choc ou à boucher une ouverture. || 4° Saillie du bandage d'une roue.— V. Bandage. *T. de chem. de fer.* || 5° Bord d'un rouleau de plomb. || 6° *Art hérald.* Tour de livrée que les anciens chevaliers portaient sur le casque, dans les tournois, et que l'on a conservé dans les ornements de l'écu.

BOURRELIER. Artisan qui fait ou répare les harnais des bêtes de somme, tels que bâts, colliers, brides, attelages de charrette ou de charrue; il emploie le bois et le fer pour faire les carcasses de bâts et de colliers; le cuir, la toile et la bourre pour les garnitures; enfin, il demande au fondeur les sonnettes et les grelots, au serrurier les boucles, au passementier les houppes, et c'est au peintre qu'il s'adresse pour décorer les faces extérieures de ses colliers. L'état du bourrelier a beaucoup de rapports avec celui du *sellier*, mais ce qui les distingue, c'est que le premier ne travaille que pour les chevaux de travail, tandis que le harnachement de luxe est le monopole du second; cependant, en province, les bourreliers joignent quelquefois à leur industrie celle du sellier.

— Sous l'ancienne juridiction, les bourreliers formaient une communauté distincte des selliers et des lormiers; ils devaient faire cinq années d'apprentissage et deux années de compagnonnage avant de présenter leur chef-d'œuvre pour obtenir la *maîtrise.*

* **BOURRIQUET. 1° T.** *de fortif.* Machine employée dans les travaux de fortification pour élever verticalement les déblais du fossé destinés à former le massif du parapet.

Cette machine se compose de deux *écoperches* (V. ce mot) parallèles portant à leur partie supérieure un plancher sur poutrelles reliées par des jambes de force. A la partie inférieure est établi un treuil horizontal sur lequel s'enroule une corde qui sert à monter un plateau supportant le fardeau, et qui va passer sur une poulie fixée à une traverse à 2^m,50 environ au-dessus du plancher supérieur. On met le treuil en action, soit avec des hommes tournant les manivelles, soit à l'aide d'un cheval ou d'un âne tirant en ligne horizontale sur une deuxième corde enroulée au cylindre du treuil, soit enfin à l'aide d'un petit manège. Un *bourriquet* simple peut élever, en dix heures de travail, 10 mètres cubes de déblai, à 14 mètres de hauteur avec des paniers d'osier chargés et déchargés par deux hommes.

‖ 2° **T.** *de constr.* On se sert du même mot pour désigner une civière employée par les maçons pour enlever des matériaux, au moyen d'une grue. ‖ 3° **T.** *de min.* Tourniquet à l'aide duquel on hisse à l'orifice des puits les fardeaux d'une mine. ‖ 4° Chevalet qui reçoit l'ardoise, quand le couvreur travaille sur un toit; on dit aussi *bourrique.* ‖ 5° Outil du brodeur. ‖ 6° Banc qui supporte les branches des cisailles du ferblantier.

* **BOURROIR. 1° T.** *de chem. de fer.* Outil employé pour le *bourrage des traverses*, que l'on nomme aussi *pioche à bourrer* (V. BOURRAGE, TRAVERSE). Il est généralement formé d'un arc en bois garni à ses deux extrémités de deux ferrements aciérés, fixés sur le bois au moyen de petits rivets à tête fraisée. L'arc est quelquefois en fer avec ses extrémités aciérées; beaucoup plus lourd et plus coûteux que l'arc en bois, il ne doit être employé que dans les parties de lignes où le ballast, difficile à bourrer, exige des chocs suffisamment énergiques pour prendre corps. ‖ 2° **T.** *d'expl.* *de min.* Outil destiné à charger ou à bourrer un trou de mine, il ressemble à un fleuret ou burin dont l'extrémité est plate et porte une sorte d'échancrure ou gouttière destinée à embrasser l'épinglette. Le bourroir et l'épinglette sont fabriqués avec du cuivre.

* **BOURSAGE. T.** *de pellet.* Première opération que le pelletier-fourreur fait subir à la peau, elle consiste à coudre cette peau, le poil en dedans; on dit *bourser* une peau.

* **BOURSAULT** ou **BOURSEAU. T.** *d'arch.* Grosse moulure ronde qui règne au sommet d'un toit d'ardoise. ‖ **T.** *de mét.* Outil de plombier et de charpentier, pour arrondir les tables de plomb.

BOURSE. Petit sac de cuir, d'étoffe ou d'un tissu quelconque, dans lequel on met son argent de poche. Pour le même usage, le *porte-monnaie* est généralement préféré. ‖ Petit sac de taffetas noir où les hommes renfermaient leurs cheveux réunis en forme de queue. — V. AILES DE COIFFURE.

* **BOURSETTE. T.** *de fact. de mus.* Partie du sommier de l'orgue, qui laisse passer un fil de fer sans que le vent y trouve une issue.

* **BOUSAGE.** *T. de teint.* Opération que l'on donne dans les fabriques de toiles peintes, aux tissus mordancés, après qu'ils ont été suffisamment oxydés et aérés. Le bousage précède, la teinture se fait avec de la bouse et a pour but de :

1° Déterminer l'entière combinaison des sous-sels d'alumine avec l'étoffe, en séparant presque tout l'acide acétique qui ne s'était point volatilisé pendant la dessiccation du mordant;

2° Dissoudre et enlever à l'étoffe une partie des substances qui ont servi d'épaississant;

3° Séparer de l'étoffe la partie du mordant non combinée et qui se trouve interposée mécaniquement dans l'épaississant;

4° Empêcher par la nature des substances qui composent la bouse, que le mordant non combiné ainsi que l'acide acétique, dont le bain finit par être chargé, ne se portent sur les parties non imprimées de la toile et ne soient préjudiciables au mordant fixé. (D. Kœchlin.)

Malgré de nombreux travaux relatifs à l'action de la bouse, on n'est pas absolument fixé sur le rôle qu'elle joue dans cette opération. D'après les travaux de MM. Morin, Penot, Camille Kœchlin, on peut concevoir l'influence de la bouse dans le dégommage, de la façon suivante :

Les premières parties d'acétates de fer et d'alumine qui se séparent, restent en solution, tout en étant inoffensives pour les blancs de la pièce, jusqu'à ce que le pouvoir masquant des composés organiques (*albuminoïdes*) de la bouse soit saturé. A partir de ce moment, il se produit un précipité dû à l'intervention des phosphates alcalins. Enfin, lorsque ce dernier effet utile est lui-même épuisé, toutes les parties du mordant qui se détachent ultérieurement peuvent se reporter sur les surfaces blanches du tissu.

La bouse n'est donc active que parce qu'elle renferme des corps capables de masquer ou de précipiter par voie de double décomposition, les mordants qui tendent à se détacher. Le pouvoir saturant qu'elle doit à ses phosphates alcalins, permet aussi de supposer, qu'elle fixe sur le tissu une plus forte proportion d'oxyde que celle qui resterait après un simple dégommage à l'eau. Enfin, il ne faut pas négliger dans la théorie du bousage, l'effet utile des parties insolubles de la bouse, dont le rôle peut être à la fois chimique et saturant par les phosphates et carbonates alcalino-terreux et mécanique.

Ces parties insolubles, en se mélangeant aux dépôts et en englobant les précipités aluminico-ferriques qui tendent à se former, en préservent naturellement les parties blanches du tissu.

Comme l'on est arrivé, en pratique, à remplacer, dans la plupart des cas, la bouse par des substances salines, telles que : phosphate de soude et de chaux, silicate de soude, arséniates, etc., substances dont le rôle, comme saturants des parties de mordants non encore décomposés et comme précipitants des portions qui peuvent se détacher, n'est pas à nier, on doit, par analogie, attribuer un rôle actif aux phosphates de la bouse. (V. Schützenberger, *Traité des matières colorantes*, vol. 2, p. 234 et suiv.)

Il est difficile, sinon impossible, de déterminer la quantité de pièces que l'on peut passer dans le même bain. Ce nombre dépend des genres, des dessins, des largeurs de tissus, des qualités, de la capacité des cuves, etc., etc. La durée du bousage varie également d'après la nature des mordants et des épaississants.

Le bain de bouse, toujours additionné d'une certaine quantité de craie, se donne au large dans une cuve formée de deux ou trois compartiments. Dans notre figure 569, l'appareil comprend quatre compartiments : le premier se monte toujours beaucoup plus fortement que le deuxième et le troisième; on bouse à température plus basse dans le premier et à température plus élevée dans les deuxième et troisième; les températures varient de 30 à 40° Réaumur dans le premier et de 60 à 70° dans les deuxième et troisième; le quatrième est généralement plein d'eau destinée à donner un premier rinçage à l'étoffe.

Suivant la nature des articles, on donne un ou deux bousages. Le premier, au large dans l'appareil ci-dessus; le second, dans une cuve analogue aux cuves à garancer.

La *bouse de vache* est très employée dans le dégommage et fixage, autrement dit *bousage* des indiennes. Toutes les bouses ne sont pas à employer; il faut avoir soin de corriger celles provenant d'animaux nourris avec des herbes vertes et surtout des betteraves. On se sert aussi dans certains cas de fiente de mouton. On a cherché à remplacer la bouse par le sel à bouser ou silicate

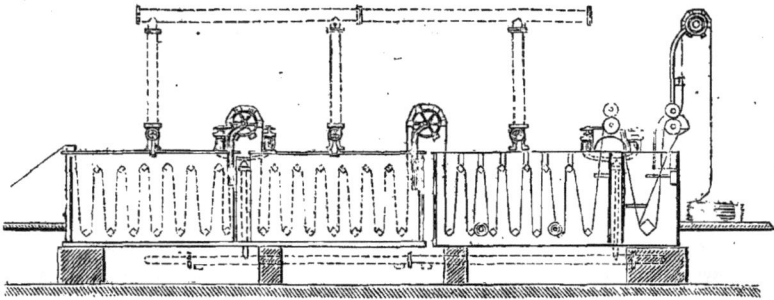

Fig. 569. — *Appareil de bain de bouse.*

de soude, les phosphates, les arséniates, le son, le sel ammoniac, les bicarbonates alcalins, etc.; mais les praticiens sont toujours revenus à l'emploi de cette substance dont le rôle n'est pas encore parfaitement défini. — J. D.

BOUSILLAGE. Mortier, mélange de chaume et de terre détrempée, dont on fait des murs de clôture.

BOUSIN ou **BOUZIN.** Tourbe de mauvaise qualité qu'on nomme aussi *tourbe fibreuse*. || Partie tendre du lit de la pierre que l'on doit purger.

BOUSSOLE. Instrument ayant pour pièce essentielle une aiguille aimantée mobile autour de son centre. Il varie dans ses formes générales suivant l'usage auquel il est destiné. Tantôt la boussole est employée à la mesure de l'intensité des courants électriques; elle est alors fondée sur la propriété qu'ont ces courants de dévier l'aiguille aimantée de sa direction normale. — V. GALVANOMÈTRE, ÉLECTRICITÉ VOLTAÏQUE. Tantôt elle sert à déterminer la direction ou l'intensité de la force magnétique terrestre en chaque lieu du globe, et à mesurer les variations successives de ces éléments. Les boussoles affectées à ces usages prennent les noms de *boussole d'inclinaison*, *boussole de déclinaison*, *boussole d'intensité* ou *magnétomètre*, *boussoles des variations*. Le plus souvent, enfin, la direction de l'aiguille aimantée étant considérée comme constante, dans la limite de précision de l'instrument, la boussole sert à fixer les directions relatives de diverses lignes dans le levé des plans sur la surface du sol ou dans l'intérieur des mines; à s'orienter sur terre et sur mer; ou, quelquefois, à prendre l'heure au soleil dans un lieu quelconque.

Boussole de démonstration. La boussole de démonstration de M. Stroumbo, construite par M. Ducretet, dont nous donnons ci-joint un dessin figure 570, et qui est un perfectionnement d'une boussole analogue qu'on rencontre dans quelques anciens cabinets de physique, peut donner une idée approchée des procédés de mesure de la *déclinaison* et de l'*inclinaison* de l'aiguille aimantée, et servir en même temps aux divers usages des boussoles ci-dessous indiquées. On y trouve réunis deux appareils distincts et qui ne doivent jamais fonctionner en même temps : une aiguille aimantée D mobile autour d'un pivot placé au centre d'un cercle horizontal H; une seconde aiguille mobile dans un plan vertical autour d'un axe cylindrique très fin, par lequel elle appuie sur deux plans d'agate au centre d'un cercle vertical V.

Nous ferons d'abord abstraction de cette seconde

aiguille que nous supposerons éloignée de l'instrument et nous ne nous occuperons que de la première.

Au centre du cercle gradué horizontal est fixée une pointe fine d'acier poli formant *pivot*. Sur le cercle lui-même est fixée une alidale à pinules O P dont la direction est parallèle au diamètre 0°-180°, du cercle gradué.

L'aiguille est formée d'une mince lame d'acier taillée en losange très allongé, que l'on trempe d'abord au rouge semi-clair, puis que l'on recuit jusqu'à ce que l'acier prenne une belle teinte bleue. Cette teinte est conservée sur une des moitiés de l'aiguille tandis que l'autre est reblanchie, puis l'aiguille est aimantée de manière que son pôle bleu se dirige vers le nord. Elle est alors munie en son centre d'une pierre d'agate appelée *chappe* creusée d'une cavité conique bien polie par laquelle elle repose sur la pointe du pivot.

Pour faire usage de cet instrument dans la détermination approchée de la déclinaison de l'aiguille aimantée, on pose la boussole sur un support et on dirige l'alidale vers un point, dont la direction est connue par rapport au méridien terrestre; on note à quelles divisions du cadran correspondent les deux extrémités de l'aiguille, on en fait la demi-somme dont on retranche, ou à laquelle on ajoute 90°, de manière à retomber très près de la division marquée par le poli bleu. Ce petit calcul a pour effet de corriger l'excentricité accidentelle de l'aiguille. En comparant ensuite cet angle à l'angle que fait l'alidale avec le méridien terrestre, on en déduit l'angle dont l'aiguille aimantée s'écarte du méridien terrestre ou ce qu'on nomme *déclinaison apparente* de l'aiguille. Cette détermination préliminaire est toujours nécessaire, quand on veut orienter sur le méridien un plan levé à la boussole, parce que chaque instrument présente une excentricité permanente ou un défaut de coïncidence entre l'axe polaire de l'aiguille et la ligne qui joint ses deux extrémités, en sorte que chaque boussole employée au levé des plans présente une déclinaison apparente qui lui est propre. D'ailleurs, l'alidale O P étant dirigée successivement vers deux points de l'horizon, la différence des moyennes positions des deux extrémités de l'aiguille sur son cercle gradué donne l'angle des deux directions en

dehors de toute question de déclinaison apparente, pourvu que cette déclinaison n'ait pas changé dans l'intervalle. Or, l'observation démontre qu'en temps ordinaire, la déclinaison ne varie pas, d'une heure à l'autre, d'un même jour ou d'une même année, d'une quantité appréciable à ce genre d'instruments, à moins qu'on ne se trouve accidentellement très rapproché de roches ferrugineuses.

Si on dirige l'alidale de manière que l'aiguille aimantée D prenne la direction du diamètre 0°-180°; qu'on enlève cette aiguille D, puis qu'on mette en place l'aiguille I, on voit cette dernière prendre une direction inclinée sur l'horizon. L'angle dont elle s'incline ainsi est l'*inclinaison apparente* de l'aiguille, qui peut être très éloigné de l'inclinaison vraie de la force magnétique. — V. AIGUILLE AIMANTÉE.

Boussole de géomètre ou d'ingénieur. Elle se compose d'une boîte en bois ou en cuivre dont la cavité cylindrique renferme l'aiguille aimantée. Cette boîte que l'on peut monter sur un pied portatif est, en outre, munie soit d'une alidale à pinules, soit d'une lunette, mobile autour d'un axe horizontal faisant corps avec la boîte. Au centre de la cavité cylindrique de l'appareil est fixé

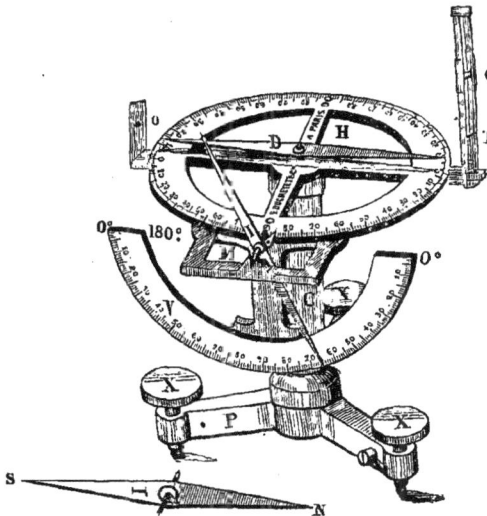

Fig. 570. — Boussole de Strombo.

le *pivot*; sur son pourtour se trouve un cercle divisé en degrés, dont le centre coïncide avec le pivot. La longueur totale de l'aiguille doit être telle que ses extrémités se tiennent très près du cercle gradué afin qu'on puisse apprécier exactement la fraction du degré vers lequel elle se dirige. Un disque de verre fermant la boîte permet de suivre les mouvements de l'aiguille tout en la mettant à l'abri des courants d'air.

Dans ces boussoles, on considère la direction de l'aiguille aimantée comme invariable, ce qui est suffisamment approché. Ainsi qu'on l'a dit plus haut, lorsqu'on tourne horizontalement la boîte sur elle-même, avec sa lunette ou son alidade, le cercle gradué qu'elle renferme intérieurement parcourt au-dessous de l'extrémité nord de l'aiguille un angle égal à celui dont la boîte a été tournée et sert à mesurer cet angle. Si donc on pose la boussole en un point, puis qu'on dirige sa lunette ou son alidade successivement vers deux autres points, on fixe dans l'espace les deux lignes passant par ces deux points et le centre de la boussole, et on mesure en même temps l'angle qu'elles font entre elles.

Les plans ainsi levés à la boussole sont orientés directement sur le *méridien magnétique* et non sur le *méridien terrestre*. Lorsqu'on connaît la déclinaison de l'aiguille au moment où ils sont effectués, il est facile de les redresser en les rapportant au méridien terrestre qui, seul, est absolument fixe. Mais on ne doit pas oublier que la déclinaison change lentement avec les années. Si, par exemple, après avoir relevé une première fois à la boussole, le 3 octobre 1829, la direction d'une ligne sur le terrain ou dans l'intérieur d'une mine, on avait voulu la relever de nouveau le 11 mai 1880, on aurait trouvé entre les deux relèvements successifs de la même ligne un écart de 5 degrés 2 dixièmes de degrés. Si on n'était pas prévenu, on pourrait croire à une erreur de l'une des deux opérations. Si, dans les mines, on ne tenait pas compte de ces variations lentes de la boussole, il pourrait en résulter un désaccord dans l'orientation des diverses galeries successives. Il est vrai que les déviations accidentelles et locales peuvent se produire sur l'aiguille par l'action de la mine elle-même et qu'il faut rectifier, ou du moins contrôler, les indications de la boussole souterraine au moyen des repères que les orifices des puits d'extraction ou d'aérage offrent à la boussole opérant sur la surface du sol.

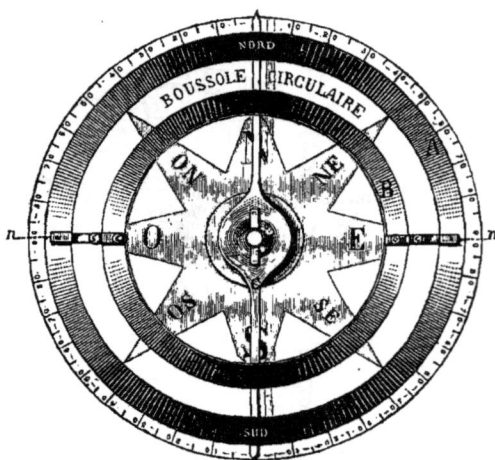

Fig. 571. — *Boussole marine.*

Boussole marine ou **compas marin.** La boussole marine répond à d'autres besoins. Placée sur un bâtiment auquel la mer imprime des oscillations continuelles, elle doit s'y maintenir toujours horizontale. On y emploie la suspension à la Cardan. La caisse de la boussole, lestée en son fond, est portée par un premier cercle horizontal au moyen de deux axes formant les deux extrémités du diamètre du cercle; elle peut tourner dans un plan vertical autour de ces axes que nous supposerons orientés nord-sud. Ce premier cercle est, lui-même, muni de deux axes orientés est-ouest, par lesquels il repose sur l'habitacle du bâtiment et autour desquels il peut tourner. La caisse de la boussole ainsi mobile autour de deux axes croisés et indépendants, garde toujours sa verticalité malgré les inclinaisons variables du navire, et sa face supérieure reste horizontale.

Une autre condition est à remplir : le timonnier qui doit avoir toujours l'œil sur son compas tandis qu'il tient la barre du gouvernail pour maintenir le navire dans la direction commandée, ne pourrait pas suivre les déplacements de l'aiguille sur son cercle gradué. Ce cercle est alors porté par l'aiguille elle-même; il reste lié à elle, et ce sont ses divisions qui se déplacent en avant d'un repère fixé dans la caisse de la boussole dans la direction de l'axe du bâtiment. Le cercle gradué est alors imprimé sur une feuille de papier que l'on colle sur une mince lame de mica, sous laquelle l'aiguille elle-même est collée.

Enfin, comme le compas marin doit être consulté nuit et jour, la caisse de la boussole est percée en son fond d'une ouverture fermée par une glace; une lampe placée dans l'intérieur de l'habitacle et munie d'un système convenable de réflecteurs, éclaire par dessous le mica et sa feuille de papier portant la division. Le tout est recouvert d'une cloche qui l'abrite de la pluie et de la lame et qui est percée d'une ouverture vitrée pour permettre de suivre la marche de l'aiguille.

Là encore la boussole donne seulement l'angle que fait l'axe du navire avec la direction de l'aiguille. Pour en déduire l'angle que cet axe fait avec le méridien terrestre du lieu, il faut connaître l'angle dont l'aiguille s'écarte du méridien en ce lieu. Cet angle que les physiciens appellent *déclinaison* est appelé par les marins *variation du compas.* La variation du compas change beaucoup d'un point à un autre des mers. Elle est tracée sur les cartes marines; mais ces cartes, vraies pour l'époque où elles ont été faites, cessent de l'être progressivement avec le temps. Il est donc nécessaire de les contrôler et de les rectifier de temps à autre. D'un autre côté, la variation du compas en un lieu s'y trouve modifiée sur le navire par les masses de fer que ce navire contient : il faut en tenir compte. Aussi, chaque jour de soleil, les marins de l'État font-ils leur point, pour déterminer leur position vraie sur la carte des océans, pour redresser leur *estime* de la marche du navire et pour vérifier la variation de leur compas. La comparaison du passage du soleil au méridien avec l'heure de Paris, donnée par leurs chronomètres, leur fournit d'abord la longitude du lieu où ils se trouvent.

La hauteur du soleil au-dessus de l'horizon lorsqu'il passe au méridien leur donne la latitude de ce lieu et leur permet en outre de fixer la direction du méridien. La longitude et la latitude déterminent le point du globe occupé par le navire ; la trace du méridien terrestre marquée sur la boussole à pinnules, et donnant la variation de ce compas, permet, par comparaison avec les compas ordinaires du navire, de mesurer leur variation actuelle. Les grands navires ont, en effet, toujours plusieurs boussoles à bord ; une pour le timonnier, une pour le commandant et souvent une ou deux à l'usage des officiers du quart.

Dans les boussoles marines, l'aiguille au lieu d'être taillée en losange est d'ordinaire de forme rectangulaire pour accroître sa force directrice. Elle y est, en effet, chargée d'une masse relativement considérable, qui fait que sa chappe est rapidement altérée par le pivot d'acier sur lequel elle repose et ajoute ainsi, à la masse à mouvoir, une nouvelle cause de lenteur dans ses mouvements. M. Duchemin a imaginé de remplacer l'aiguille prismatique par une double couronne, taillée dans une lame mince d'acier. La figure 571 représente ce nouvel organe magnétique avec ses deux pôles teintés en noir, son cercle divisé et sa rose des vents. Le poids de cette pièce mobile n'en est pas diminué, loin de là ; mais sa force magnétique ou directrice est accrue dans une proportion beaucoup plus grande, en sorte que le système est en somme sensiblement plus stable.

Bien que les cercles gradués des boussoles marines soient souvent divisés en degrés, on ne se sert pas en mer de ces divisions trop étroites ; on n'y retient que trente-deux divisions équidistantes appelées *points*. L'ensemble de ces points correspond aux trente-deux directions de vent classées dans la marine, ou à ce que l'on nomme *rose des vents*.

Boussole de poche. C'est une boussole portative, sans alidade ni lunette, ressemblant extérieurement à un boîtier de montre ou de médaillon, et qui permet au voyageur ou au touriste de s'orienter sous le couvert des bois ou sous un ciel brumeux ou chargé de nuages. Elle se compose simplement d'une boîte métallique circulaire avec son verre, son cercle rudimentaire et son aiguille à pivot. En la tenant horizontalement à la main, l'aiguille marque la direction du nord à la déclinaison près. Quelquefois on y joint un bras mobile qui permet de la transformer en un cadran solaire horizontal que l'aiguille sert à orienter. On y peut lire l'heure approchée.

HISTORIQUE. On ignore où, quand et par qui la boussole a été inventée. Suivant quelques auteurs, elle aurait été connue de temps immémorial en Chine. Les Arabes l'auraient prise des Chinois et l'auraient importée en Europe vers le XIIᵉ siècle. Cette opinion est très contestable (V. le volume XLVI des *Mémoires de l'Académie des inscriptions*). Il paraît certain seulement que ni les Romains, ni les Grecs, ni les Egyptiens ne connurent la boussole, malgré leurs fréquents rapports avec les navi-

gateurs des mers de l'Inde. Les auteurs arabes n'en font mention dans aucun de leurs ouvrages antérieurs à l'époque où la boussole était connue en Occident. Le cardinal de Vitry, dans son *Historia Orientalis*, publiée vers 1215, parle en termes non équivoques de cet instrument comme étant indispensable aux marins et d'un usage déjà répandu en 1204. Dans les premiers temps, on se servait d'une aiguille aimantée qu'on plaçait sur l'eau où on la maintenait par des brins de paille ou par des fragments de liège, disposition que les mouvements de la mer rendaient fort incommode. C'est Flavio Gioia d'Amalfi, né vers la fin du XIIIᵉ siècle, qui paraît avoir eu le premier l'idée de la suspendre sur un pivot, ce qui lui avait fait attribuer l'invention de la boussole.

BOUT. T. *de charr. et de carross.* 1° On entend par bout l'extrémité sculptée des sellettes, lisoirs, fourchettes et traverses de trains, qu'elles soient en bois ou en fer. || *Bout-d'essieu*, chacune des deux parties qui, soudées ensemble, forment un essieu. || 2° T. *techn.* Outil de graveur, en pierre dure. || 3° Partie fine des brins intérieurs d'un éventail. || 4° T. *de filat. Bouts veules, bouts tords*, déchets de laine cardée faits durant le boudinage et le filage. Les bouts veules sont les déchets du boudin et les bouts tords les déchets du fil confectionné. || 5° T. *de plum. Bouts de queue*, plumes de la queue de l'autruche mâle. C'est la dernière qualité, on la divise elle-même en trois catégories. || 6° T. *de tapiss. Bouts ras*, extrémités des fils arrêtés à l'envers du tissu.

* **BOUTAGE** (des rubans de carde). T. *de filat.* Principale opération de la confection des rubans dentés employés dans le travail des cardes. Aujourd'hui le boutage s'opère sur deux matières distinctes, sur cuir ou sur tissu.

Les cuirs, destinés à confectionner les rubans de cardes, doivent recevoir une préparation spéciale, afférente au genre de travail auquel ils doivent concourir.

Ce cuir, qui est presque toujours celui connu sous la dénomination de *vache-légère*, doit réunir toutes les qualités supérieures et au degré le plus élevé. C'est-à-dire joindre la force à la souplesse, la douceur à la finesse du grain et doit surtout être bien tanné et parfaitement sec. Le cuir doit être coupé en bandes, bien égalisées dans leur épaisseur, bien purgées, et qu'ensuite on jonctionne entre elles avec de la colle de poisson.

Le jonctionnage des bandes de cuir est une opération qui doit être soignée méticuleusement, une bonne jonction ne peut avoir moins de 35 à 40 millimètres de longueur.

Aujourd'hui, comme nous l'avons dit plus haut, on remplace le cuir, dans la confection des rubans de cardes, par une étoffe composée de toiles de lin, superposées et soudées ensemble par une couche de caoutchouc ; cette étoffe est appelée *tissu*.

Le tissu est plus ou moins épais, suivant la quantité de toiles collées qui est désignée sous le nom de *plis*, ainsi on dit d'un tissu qu'il est de quatre, cinq, six ou sept plis, suivant l'épaisseur qui est de quatre, cinq, six ou sept toiles collées, les plus employés sont ceux de cinq, six ou sept plis.

· Un autre genre dè tissu est encore en usage, il est fabriqué avec une toile dont la chaîne est en fil de lin et là trame en fil de laine; ce tissu est appelé *styboline*.

On a essayé aussi l'application dés fils de coton à ces tissus, il a pu convenir aux rubans destinés au cardage du coton et au peignage de la laine; mais pour le cardé, la toile de coton tombait en décomposition sous l'action des huiles d'ensimage et on a dû renoncer à son emploi. Lorsque le ruban, cuir où tissu est choisi, il est porté à la machine à bouter.

Cette machine a pour but d'armer le ruban des dentures en fil de fer ou d'acier, qui doivent servir au travail de la laine. Il y en a de différents systèmes et de différents genres, mais nous ne décrirons que la bouteuse ordinairement employée aujourd'hui à cause de sa belle production. Elle se compose d'un plateau carré en fonte d'environ cinquante centimètres de côté supporté par quatre pieds également en fonte. C'est sur ce plateau que reposent les appareils composant la bouteuse, qui ressemble plutôt à un travail d'horlogerie qu'à une machine industrielle, tant sont grandes la précision, le fini et la délicatesse de toutes les pièces (fig 572).

L'arbre principal de la commande est un arbre transversal qui repose dans des pièces de fonte

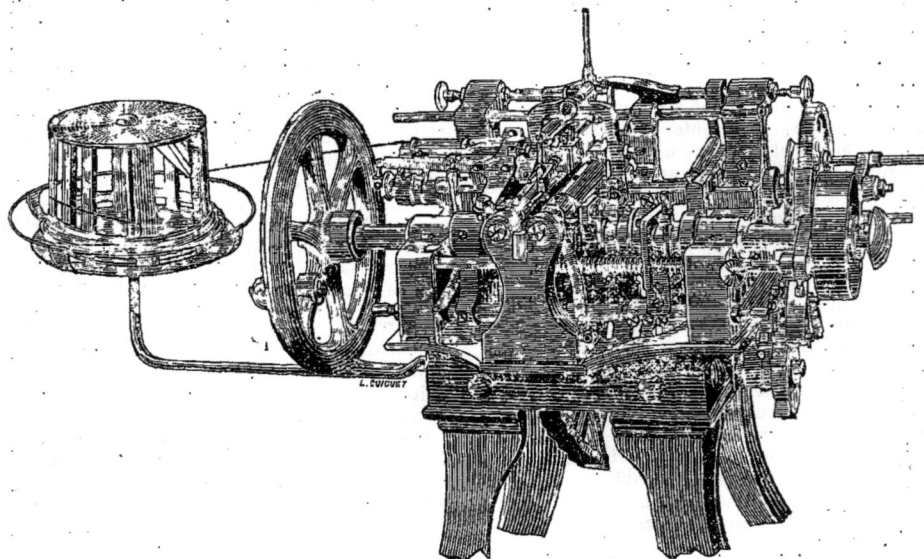

Fig. 572. — *Bouteuse.*

placées sur le plateau et destinées à lui servir de coussinets Cet arbre est garni de tous les excentriques et des ressorts destinés à faire mouvoir toutes les pièces mobiles.

· Il est à remarquer que dans ce genre de machines, à part les excentriques animés d'un mouvement circulaire, tous les mouvements sont à va-et-vient et obtenus par des combinaisons d'excentriques et de ressorts à boudins.

L'arbre transversal commande donc les cinq appareils détachés formant l'ensemble de la machine, et qui sont le *piqueur*, le *couteau*, le *doubloir*, le *piston* et le *crocheur*.

Le piqueur est une pièce armée de deux pointes d'acier, destinées à percer le cuir, et réglées sur la largeur exacte que doit avoir la tête de la dent.

Le couteau est une espèce de cisaille qui, en se fermant, coupe le fil de fer à la longueur fixée pour longueur de dent.

Le doubloir est une matrice dans laquelle passé le fil de fer destiné à faire la dent, et dont en se ployant il prend l'empreinte et la forme.

Le piston a pour but d'enfoncer la dent formée par le doubloir, dans les trous percés au cuir par le piqueur.

Enfin le crocheur est un petit appareil placé à l'arrière de la machine et qui donne à la dent passée dans le cuir, le croche demandé.

Le mouvement de va-et-vient d'ensemble de l'appareil général, destiné à percer le ruban et bouter la denture dans toute la largeur, est produit, dans les machines dites *françaises*, par une vis sans fin remplacée, dans les machines dites *anglaises*, par un excentrique, tournant et à rochet, à l'un des côtés de la bouteuse est adapté un support sur lequel est placée une tournette à cuvette en ferblanc destinée à recevoir le rouleau de fil de fer.

· Voici comment s'opère le travail de cette machine :

Le ruban à bouter est maintenu entre deux

cannelés et raidi sur lui-même par un contrepoids. L'extrémité du fil de fer, prise de la tournette, est passée dans un double guide qui l'amène entre les mâchoires d'une petite griffe à rochet.

Cette griffe, par le moyen d'un mouvement de va-et-vient produit par un excentrique, amène au couteau une longueur de fil de fer égale à celle nécessaire à la formation d'une dent; l'extrémité du fil est saisie par la pince du doubloir de manière que, lorsque le couteau tranche, le fil pénètre à l'intérieur du doubloir et prend l'empreinte de la matrice qui, elle, s'ouvre ensuite en présentant la dent toute formée au piston, chargé à son tour de la pousser dans les deux trous percés préalablement par le piqueur.

Aussitôt la dent enfoncée dans le ruban, le crocheur fixé à l'arrière de la bouteuse, remonte jusqu'à la dent qui est droite, et d'un seul coup lui imprime le croche demandé par le travail.

Ainsi qu'on vient de le voir, tout le travail se pratique automatiquement dans cette machine, et il laisse bien loin en arrière le procédé de boutage à la main que l'on pratiquait anciennement, où les trous dans les rubans étaient percés un à un avec une alène, où les dents étaient placées dans ces trous, également une à une, et le crochet fait à la main aussi, avec des petites pinces.

BOUTANT. T. d'arch. Terme du mot composé *arc-boutant.* — V. ARC.

* **BOUTARD** (JEAN-BAPTISTE), architecte, mort en 1838, a rédigé un grand nombre d'articles sur les beaux-arts. On a de lui un *Dictionnaire des arts du dessin*, la *Peinture*, la *Sculpture*, la *Gravure* et l'*Architecture* (Paris, 1826, in-8°).

* **BOUTAREL** (AIMÉ), né en 1823, économiste et industriel, succéda à son père en 1850, dans l'importante teinturerie de Clichy-la-Garenne, près Paris. Il avait d'abord fait partie de la Cour des comptes et publié plusieurs brochures sur l'économie politique : le *Taux de l'escompte*, la *Banque de France*, la *Centralisation politique et administrative*, l'*Agriculture en France*, le *Tarif général des douanes*, le *Canton fiscal*, etc. A sa mort 1879), il était officier de la Légion d'honneur, commandeur de l'ordre François-Joseph et membre de la Commission supérieure des Expositions internationales.

* **BOUTÉE.** Ouvrage qui soutient la poussée d'une voûte ou d'une terrasse.

BOUTE-FEU. T. d'artill. Bâton ferré, garni à son extrémité d'une mèche ou d'une lance à feu pour mettre le feu aux pièces d'artillerie. Il est à peu près abandonné depuis l'adoption de l'étoupille fulminante.

* **BOUTE-HACHE. T. techn.** Instrument de fer à deux ou trois fourchons; on le nomme aussi *fouine.*

BOUTEILLE. Vase en verre ou en cristal, quelquefois en grès, destiné à contenir des liquides, principalement les boissons. Leur forme ordinaire est un cylindre terminé par un cône au sommet duquel se trouve le goulot.

. Pour fabriquer le verre à bouteilles, on emploie des matières premières de peu de valeur, généralement on utilise les sables du pays. La soude et la potasse sont, en grande partie, remplacées par la chaux, la magnésie, l'alumine, etc.

A Rive-de-Gier, à Givors, on emploie : sable du Rhône, 100 parties; chaux éteinte, 24 parties; sulfate de soude, 8 parties. Le sable du Rhône, un peu ferrugineux, contient 20 0/0 de calcaire. — A Soissons et dans l'Aisne on emploie les sables calcaires du pays, les cendres, les *charrées*, la craie de Champagne, les soudes de varech, le sulfate de soude, etc.

La fusion de ces matières premières se fait dans des fours ordinairement rectangulaires contenant des creusets ronds , ovales ou rectangulaires, mais actuellement les fours à pots disparaissent pour être remplacés par des fours à bassin chauffés au gaz. Les verreries de Blanzy, Rive-de-Gier, Givors, Vauxrot, Reims, Epernay, Fourmies, Valenciennes, etc. ont installé ces fours qui fonctionnent parfaitement et donnent, non seulement des avantages résultant de la suppression des creusets, mais encore une importante économie de combustible. — Les fours reçoivent de 600 à 1,000 kilogrammes de matière pilée dont le rendement utile est de 80 0/0 de verre fondu. La fonte dure de 12 à 13 heures : le travail 14 heures, en y comprenant 2 heures de repos. On fait par heure 75 à 80 bouteilles ordinaires ou 55 à 60 bouteilles de champagne. Le travail, la fonte et le recuit de 100 bouteilles champenoises consomment 200 kilogrammes de houille. On compte 2 kilogrammes de houille pour 1 kilogramme de verre. On fait une fonte par vingt-quatre heures et par four contenant 8 creusets. — Ainsi 1,000 kilogrammes de composition donnant 800 kilogrammes de verre fondu fournissent 600 bouteilles fortes de 1 kilogramme ou 750 à 800 grammes. On produit donc 4,800 bouteilles fortes par jour et, pour un four à 8 pots à 8 places, 144,000, au maximum, par mois.

Le travail des bouteilles se fait avec une grande rapidité, avec le concours de quatre ouvriers : le *gamin* cueille le verre dans le pot ; il passe sa canne au *grand garçon* qui la charge d'une nouvelle quantité de verre, et lui imprime le mouvement qui donne à la masse vitreuse la forme allongée.

Le *souffleur* souffle la bouteille, la met au moule, en fait le fond et le collet. — La bouteille terminée est détachée de la canne, reçue par le *porteur* sur une fourche en fer et introduite dans le four à recuire.

Dans toutes les verreries on remplace aujourd'hui l'empontillage avec le verre qui reste par un sabot en fer dans lequel on encastre la bouteille. Le diamètre du sabot est réglé sur celui du moule ; en outre, on forme actuellement le col et la bague avec un fer spécial qui permet d'obtenir un goulot parfaitement dressé et régulier. La bouteille finie est remise au porteur qui la dépose dans un four spécial chauffé au rouge

cerise où elle est abandonnée à un refroidissement gradué qui permet au verre de prendre
lentement son retrait, et à ses molécules l'arrangement qui leur est propre; sans cette opération
de recuit, le verre n'aurait que peu de solidité, il
pourrait se briser sans cause apparente.

Pour avoir des bouteilles d'une capacité uniforme on se sert de moules métalliques à charnières. — C'est ainsi que l'on fabrique des bouteilles bordelaises à fond plat ou creux, d'une
capacité de 70 centilitres et du poids de 750
grammes.

Les *bonbonnes* ou *dames-jeannes* sont des bouteilles d'une contenance de 18 à 20 litres, servant
principalement au transport des acides et des
spiritueux. Elles sont clissées ou assujetties avec
de la paille dans des paniers en osier. — Le travail des bonbonnes est le même que celui des
bouteilles, à l'exception qu'elles ne sont pas
empontillées. — Pour les dames-jeannes de
dimensions exceptionnelles, de 50 litres et plus
de capacité, le souffleur projette de sa bouche,
au moyen de sa canne, dans la partie déjà gonflée, un peu d'eau ou d'esprit de vin qui, en se
vaporisant, fait augmenter considérablement le
volume de la pièce. Les verreries consommant
beaucoup de combustible sont généralement
placées dans les régions qui produisent du
charbon.

— La bouteille était peu connue des anciens qui conservaient leurs vins dans des outres en peau; ce n'est
guère qu'à partir du xvᵉ siècle que son usage est devenu
général. La verrerie de la Vieille-Loye (Jura), qui traite
le verre à bouteilles exclusivement au bois, date de 1505;
c'est là que furent créés, en 1630, les premiers gentilshommes verriers.

La fabrication des bouteilles a acquis dans notre France
vinicole une importance considérable; la production annuelle est de 100 à 120 millions de bouteilles représentant une valeur de 18 à 22 millions de francs. La Champagne consomme en moyenne 16 à 20 millions de bouteilles
par an; en 1868, notre exportation de bouteilles vides
s'est élevée à 27 millions de kilogrammes.

La couleur de nos bouteilles est d'un vert plus ou moins
foncé, mais cette coloration est produite par le silicate de protoxyde de fer. Celles que l'on fabrique en Angleterre
pour les bières fortes sont presque noires, les bouteilles
allemandes pour les vins du Rhin sont d'un jaune brun, dû
à l'action de l'oxyde de manganèse sur le protoxyde de fer.

*BOUTEILLE DE LEYDE. La bouteille de Leyde
est une sorte de condensateur électrique constitué
par une simple bouteille de verre remplie de
clinquant et dont la surface extérieure est recouverte d'une feuille mince d'étain.

Une tige métallique généralement recourbée en
col de cygne et terminée par une boule, traverse
le bouchon de cette bouteille, et se trouve mis en
contact avec le clinquant; la partie supérieure de
la bouteille, y compris le bouchon, est recouverte
d'un vernis à la gomme laque et à la cire d'Espagne qui isole convenablement de la feuille
d'étain, le clinquant et la tige qui s'y trouve
adhérente.

Ces deux parties métalliques de la bouteille en
constituent ce que l'on a appelé les *armures* ou
les *armatures*, et pour la charger, il suffit de

mettre en communication la tige métallique avec
la source électrique, établissant d'un autre côté
une communication métallique entre le sol et
l'armure extérieure.

L'électricité de la source vient alors s'accumuler sur les armures et les surfaces de la bouteille qui leur correspondent, et l'on obtient alors
une charge condensée qui peut se maintenir plus
ou moins longtemps, par suite de la réaction
réciproque des fluides contraires ainsi mis en
présence, et qui, pour fournir une décharge, ne
demandent que l'établissement d'une communication plus ou moins complète entre les deux
armures; si cette communication est effectuée
par un bon conducteur, la décharge s'écoule sans
déflagration; si elle est faite de manière qu'il
existe une petite solution de continuité, elle détermine une forte étincelle qui réagit d'autant
plus fortement, que les armures de la bouteille
sont plus développées et que la charge est plus
complète. En réunissant plusieurs bouteilles de
Leyde par les armures semblables, on augmente
la quantité d'électricité de la décharge. En les
réunissant par les armures dissemblables, on
augmente la tension de la charge et par suite la
longueur de l'étincelle. La décharge prend alors
le nom de *décharge en cascade*; mais il faut, pour
qu'elle donne de brillants effets, que les bouteilles
de Leyde soient isolées sur des pieds en verre et
que la charge soit faite sur les deux armures avec
des machines fournissant à la fois de l'électricité
positive et de l'électricité négative, comme cela
a lieu avec les machines de Rumhskorff, de
Holtz, de Nairne, etc.

Les bouteilles de Leyde, ainsi réunies, s'appellent alors des *batteries de Leyde*. — V. Batterie,
§ VI, Condensateur.

*BOUTEILLER. *T. de verr.* Se dit des verres,
des glaces, qui se remplissent de bulles d'air.

*BOUTEILLERIE. Fabrique de bouteilles. —
V. Bouteille, Verrerie.

BOUTER. *T. techn.* Ranger les épingles sur les
paquets. || Pose des dents de cardes dans les trous
préparés pour les recevoir. || Chez les corroyeurs,
nettoyer les peaux.

*BOUTEREAU. *T. techn.* Outil du cloutier. || Outil
de l'épinglier, on écrit aussi *bouterot*.

BOUTEROLLE. *T. techn.* 1° Outil en acier employé en chaudronnerie pour le rivetage des tôles;
il porte en creux à l'une de ses extrémités la
forme d'une tête de rivet. Quand on veut assembler
deux tôles, on pose chaque rivet, préalablement
chauffé au rouge cerise dans les trous amenés en
face, puis on rabat au marteau le corps du rivet
de manière à serrer les tôles et à ébaucher la tête
qu'on achève ensuite à l'aide de la bouterolle. || 2°
Garniture métallique que l'on met à l'extrémité
d'un fourreau d'épée, pour empêcher que la lame
ne le perce. || 3° Tige de fer ou de bois, arrondie par
un bout, servant à donner l'embout aux pièces à
l'aide du marteau. || 4° Dans une arme à feu, partie
saillante d'un corps de platine dans laquelle est for-

mé l'écrou de la vis du milieu de la platine. || 5° Chacune des fentes de la clef qui reçoivent les gardes de la serrure. || Cloison circulaire posée sur le palastre à l'endroit où porte l'extrémité de la clef qui la reçoit et sur laquelle elle tourne. || 6° Outil pour faire les chatons des pierres fines. || 7° Poinçon acéré, en cuivre, monté sur un touret, à l'usage des graveurs en pierres fines. || 8° *Art hérald.*, pièce d'armoirie qui représente le bout d'un fourreau d'épée.

* **BOUTEROUE.** Bande de fer dont on garnit la voie d'un pont pour recevoir les roues des voitures. || Borne placée devant ou à l'angle des maisons ou des édifices pour les préserver du choc des roues des voitures. On dit plutôt *chasse-roue.*

* **BOUTEUSE.** 1° *T. de filat.* Machine servant à confectionner les rubans dentés employés à couvrir les cylindres des cardes, pour la filature du coton et de la laine. — V. BOUTAGE. || 2° *T. d'épingl.* Ouvrière qui boute les épingles, qui les range sur le papier.

BOUTIQUE. Outre le lieu où le marchand vend sa marchandise, ce mot désigne aussi l'atelier de certains artisans : armuriers, tapissiers, gantiers, etc., puis encore l'ensemble des outils d'un ouvrier, de toute espèce d'instruments ou d'ustensiles.

BOUTISSE. *T. de constr.* Pierre ou brique placée dans un mur selon sa longueur et de manière à ne laisser voir qu'un de ses bouts, cette disposition donne aux murs une plus grande solidité.

* **BOUTOI.** *Art hérald.* Bout du groin du sanglier, lorsqu'il est d'émail différent de la hure, ou lorsqu'il est tourné vers le haut de l'écu.

BOUTOIR. *T. techn.* 1° Outil de corroyeur qui sert à bouter les cuirs, à les écharner. || 2° Instrument tranchant en acier dont le maréchal-ferrant se sert pour parer le pied du cheval, et pour couper la corne superflue lorsqu'on veut le ferrer.

BOUTON. 1° Le bouton est une pièce de métal ou d'étoffe, qui sert à attacher au moyen de la boutonnière les différentes parties d'un vêtement. Le bouton joue un double rôle; non seulement il sert d'attache et fixe deux effets ou deux parties d'effet, mais il garnit et embellit le costume de l'homme ou de la femme.

— A une époque déjà reculée dans l'histoire du costume, le bouton ne se contente pas d'être un objet utile, il devient un ornement. Ainsi, dès le XIIe siècle, quand, au faste proverbial des habits, s'ajoute celui des bijoux, on voit se substituer aux agrafes, des boutons d'argent, d'or et de pierres précieuses. Ainsi, encore du temps de saint Louis, les manches du surcot sont, presque sans aucune utilité, garnies de nombreux et riches boutons.

Aussi, dès cette époque, le métier de boutonnier est assez important pour former l'objet d'un titre spécial dans les *Registres des métiers* et marchandises de la ville de Paris dus au prévôt Etienne Boileau. La fabrication des boutons se confond alors avec celle des dés et le Titre LXXII des Registres de Boileau s'applique aux « boutonniers et deyciers d'archal, de quoivre (cuivre) et de laiton. » Citons les dispositions principales de ce document historique qui, on le croit, n'a trait qu'à la fabrication des boutons de métal :

Quiconque veut être boutonnier d'archal et de laiton et de cuivre neuf ou vieux doit être « prud'homme et loyal. »

Nul boutonnier ne peut avoir qu'un apprenti, en plus de son enfant légitime; en cas de contravention, condamnation à dix sols à payer au Roi et suppression de l'apprenti. L'apprenti doit rester huit ans et payer onze sols d'argent ou dix ans sans argent. L'apprenti engagé « à argent ou sans argent » doit cinq sols à la confrérie des boutonniers ou à ses maîtres; s'il ne remplit pas son engagement, il doit payer dix sols d'amende au Roi.

Nul boutonnier ne peut faire de boutons dont une moitié soit plus grande que l'autre; s'il fait des boutons qu'on appelle « Ersioz. » il est condamné à cinq sols d'amende au profit du Roi et à la perte des boutons.

Sous les règnes des trois premiers Valois, les pourpoints des seigneurs (notamment celui de Charles de Blois) sont ouverts sur le devant et garnis de trente-huit boutons, destinés à les fermer; les boutonnières sont cousues avec de la soie de couleur.

Au commencement du XVIe siècle, les boutons ne servent plus seulement à attacher les pourpoints, mais constituent le principal ornement des bonnets. (Portrait de Claude de Guise, 1526.)

Une ordonnance somptuaire de 1549 ne dédaigne pas de s'occuper des boutons. Elle contient la disposition suivante :

« Les garnitures d'or et d'argent, n'étaient permises que pour les boutons et les fers de lacets; la soie seule pouvait servir à faire les passements et broderie, et tout cela, boutons, ferrements, passements, broderies, avait sa place assignée le long des ouvertures du vêtement, sans en pouvoir envahir les pans ni les faces. »

Durant le règne d'Henri IV, les boutons prennent dans le costume une place dont l'importance n'avait jamais été atteinte; non seulement les corsages, les manches, les épaulettes sont ornés de boutons, mais aussi les robes elles-mêmes.

A l'avènement de Louis XIII, les pourpoints sont indifféremment garnis ou dépourvus de boutons, et les passementeries tendent à les remplacer; les boutons, bannis du costume, se réfugient dans les chausses, où des passements joints à une garniture bordent de chaque côté la fente ménagée au-dessus des jarretières.

Sous Richelieu, nouveau changement; les garnitures de boutons remplacent les flots de rubans. Le pourpoint ressemble à une veste ajustée sur le haut du buste et boutonnée depuis le haut du cou jusqu'aux hanches; les manches du pourpoint, quoique fendues, restent en partie boutonnées.

En 1677, le *Mercure galant* signale la simplicité introduite dans la mode des hommes et, décrivant le costume adopté, indique que les vestes n'ont conservé qu'une grosse touffe de rubans sur l'épaule droite et quelques agréments autour des boutonnières; que les garnitures de boutons sont de soie jaune, aurore ou blanche pour imiter l'or et l'argent, enfin que les boutonnières sont ornées de même.

Les boutons ne sont pas uniformes, ils sont en toutes espèces de métal, et les femmes qui n'ont pas de diamants ou de pierreries se parent de *boutons de jais.*

Quand, vers 1740, le justaucorps ou, autrement dit, l'habit devient l'objet le plus important du costume de l'homme, des boutons sont placés du haut en bas et ne sont boutonnés qu'au niveau de la ceinture. Il en est de même dans les habits de ville et les redingotes.

En 1760, l'habit ayant été singulièrement rétréci, les boutons ne figurent plus que pour l'ornement et on se dispense de faire des boutonnières.

En revanche, les vestes et vestons ou gilets, héritent des boutons des habits et, vers 1768, les tailleurs, à l'instâr de la mode allemande, confectionnent des vestes croisées à double rang de boutons et de boutonnières.

En 1780, les habits et les fracs sont encore plus étriqués, mais l'économie faite sur l'emploi du drap est dépassée de beaucoup par le prix des garnitures employées. Les boutons sont des plus coûteux; ils ne sont plus en étoffe, mais en toute espèce de métal et artistement travaillés : tantôt ciselés, tantôt sculptés, tantôt émaillés, tantôt recouverts de portraits ou de miniatures, ils deviennent, sinon de véritables œuvres d'art, du moins des pièces de curiosité. Aussi ne fut-il pas nécessaire en France de procéder comme en Angleterre, où une loi protectrice des boutons de métal condamnait à l'amende quiconque se servirait de boutons d'étoffe. A la fin du xviiie siècle, les boutons de métal furent adoptés dans le costume féminin et, depuis cette époque, pour les hommes comme pour les femmes, le bouton n'a *cessé d'être un complément de la toilette.*

C'est seulement dans ces derniers temps que l'industrie boutonnière a pris une importance capitale. On produit aujourd'hui des boutons de toutes sortes de matières : en diamants, en pierres précieuses, en or, en argent, en cuivre, en doublé d'or et d'argent, en nacre, en porcelaine, en ivoire, en os, en fer, en écaille, en buffle, en corne, en caoutchouc, en papier mâché, en bois et en composition de toute espèce. On en fabrique aussi en soie et en étoffe de différents genres. On peut diviser cette industrie en deux classes tout à fait distinctes : les boutons de passementerie ou d'étoffe et les boutons de tous autres genres.

Les **boutons de passementerie**, dite *à l'aiguille*, sont ceux qui se confectionnent à la main, et que les modes, suivant leurs caprices, ornent tantôt de jais ou de perles, tantôt de nacre ou d'acier, tantôt de broderies faites à la main ou au crochet. La France est sans rivale dans la fabrication de cette spécialité. Le bouton d'étoffe est monté sur de petits moules en bois ou sur des coquilles de métal. Le bouton monté sur moule de bois est encore très usité dans la confection pour femmes, où l'on veut rechercher des boutons en étoffes identiques à celles des costumes : c'est ce qu'on appelait autrefois les *boutons en pareil*. Afin d'obtenir ces boutons, on recouvre les moules de bois de l'étoffe du costume. Ces boutons sont très économiques, car ces moules de bois ne se vendent pas plus de 15 à 20 centimes la grosse, c'est-à-dire les douze douzaines.

Le **bouton d'étoffe**, dit *bouton cousu*, servant aux vêtements d'hommes et de femmes est composé d'une étoffe faite au métier à tisser et d'un moule en bois; ce système est peu employé de nos jours, parce qu'il est remplacé avantageusement par le bouton à queue solide, queue de fil inventée, en 1844, par un fabricant français nommé Parent.

La fabrication en est très simple et a l'avantage de réaliser un produit très solide, facile à coudre, et d'assortir le dessous du bouton à l'étoffe. Elle se compose d'une coquille en fer noir recouverte d'étoffe, d'un carton estampé, verni, garni à l'aide de machines ou de rouets, de fils de lin, de soie, de laine ou de coton.

Cette queue permet à l'aiguille de fixer solidement et facilement le bouton au vêtement; ce système de fabrication est adopté universellement et est venu développer considérablement la production du bouton de fantaisie servant de garniture aux robes.

La coquille se découpe généralement au moyen d'un emporte-pièce, muni de plusieurs poinçons, et après découpage est emboutie à la presse, la coquille est recuite dans un four à réverbère afin d'empêcher le métal de couper le tissu; enfin le carton est recouvert de fil au moyen d'un rouet. Les trois pièces composant le bouton sont réunies dans une plaque à rentrer, munie d'une bobèche et d'un poinçon. Ces opérations faites, il ne reste plus qu'à fermer le bouton, c'est-à-dire à rabattre le bord de la coquille sur le carton estampé enveloppé de fil pour constituer le bouton. Il se fabrique aussi un bouton à queue de toile, sans métal apparent, connu sous le nom de *bouton vestale;* il est employé dans la lingerie et dans la confection pour dame.

Les **boutons pour tailleurs** se font à peu près de la même manière; toutefois, le culot ou queue se compose d'une étoffe de toile et d'une seconde plaque de fer noir plus petite que la première plaque supérieure, percée au milieu et laissant passer la queue en toile (le culot est en général estampé au mouton, portant le nom du fabricant ou ses initiales). On réunit les trois pièces du culot, c'est-à-dire le culot tôle, le carton et la doublure au moyen d'une plaque, appelée *plaque à queuter*, composée d'une matrice avec galets destinée à recevoir la toile, d'une bobèche qui reçoit le carton et d'un poinçon qui s'appuie sur la bobèche et relie du même coup les trois pièces ensemble.

La dernière main à donner consiste dans l'opération connue sous le nom de *fermage* du bouton.

Les étoffes pour boutons sont de toutes espèces de tissus en drap, en mérinos, cachemire, toile, calicot, soie, velours, sergé; elles sont tissées *ad hoc*, quand il s'agit de tissus spéciaux brochés ou de fantaisie, ou puisées dans l'assortiment des étoffes unies et de fantaisie, vendues par les fabricants de Lyon, de Roubaix, de Crefeld, etc. Quand l'étoffe de fantaisie est faite exprès pour la boutonnerie, elle présente l'aspect d'un damier dont chaque case est destiné à recouvrir un bouton. Jusqu'à présent Lyon a fourni les trois quarts des tissus employés par la boutonnerie. A Paris, la plus grande partie des déchets de la confection et de la robe sert à la fabrication des boutons. C'est par l'utilisation de ces rognures que les fabricants peuvent arriver à produire de très jolis boutons en très belles étoffes à des prix très bas.

Le **bouton de nacre** est de tous, peut-être, le plus élégant, et certainement celui qui résiste le mieux aux fluctuations de la mode. Il constitue une spécialité telle que beaucoup de fabricants s'y consacrent exclusivement; il s'applique principalement à la lingerie.

On emploie pour la fabrication de boutons de nacre des coquillages fournis par l'Australie, l'Egypte, le Japon, Panama, etc.

Les procédés anciens que l'on mettait en œuvre pour la fabrication du bouton de nacre s'opposèrent longtemps au développement de son emploi. Pour l'extraire de la coquille, il fallait le tracer par carré, puis le débiter à la scie et l'arrondir à la meule; ce travail était fort long et s'opposait à la confection des boutons de petite grandeur.

Il y a environ cinquante ans, un ouvrier anglais, travaillant à Paris, inventa la machine à découper, grâce à laquelle les trois premières façons, autrefois nécessaires, purent être supprimées.

Cette invention fut suivie de deux autres qui n'eurent pas moins d'importance et qui mirent au jour : la machine à percer et la machine à graver.

Aujourd'hui voici comment se fabrique le bouton de nacre :

Le bouton se découpe dans les coquillages, au moyen du tour au pied et de la fraise, et les pièces découpées affectent la forme de macarons. La roue motrice du tour a environ 1 mètre de diamètre : la fraise se compose d'un mandrin en acier creux dans l'intérieur; elle est filetée à sa partie inférieure pour pouvoir se fixer au tour et dentelée à sa partie supérieure : le diamètre de la fraise varie suivant la grandeur des macarons. Après l'opération du découpage, le bouton est tourné et poli : la roue extérieure du tour est d'environ 0,90 centimètres, et le mandrin employé est en bois de cornouiller. Le bouton est ensuite percé ou encoché à la mollette : le bâti de la broche à percer est placé vis-à-vis du mandrin et de façon à opérer ces perçages ou droits ou obliques : enfin le bouton est classé, puis encarté.

Les boutons de nacre, dits *boutons fantaisie*, sont façonnés au tour à guillocher ou à la main. Le tour à guillocher se compose d'un volant du même diamètre que le tour à percer : d'un mandrin, d'une roue à division et de tous les accessoires nécessaires à la fabrication des différents modèles.

L'Exposition de 1878 a démontré que, pour la spécialité des boutons de nacre, il n'était pas possible de faire mieux qu'en France ni de présenter des collections plus complètes et plus distinguées, tant au point de vue du goût qu'au point de vue de la fabrication.

Les **boutons d'ivoire, de burgos, de godefiche, de corrozo** se fabriquent de la même manière et avec les mêmes outils que les boutons de nacre.

Dans les différents genres qu'embrasse le bouton de nacre, le bouton double, dit *bouton champignon*, mérite d'être spécialement mentionné. C'est lui que M. S. Hayem aîné, il y a une dizaine d'années, a eu le mérite d'appliquer à toutes les chemises en supprimant le bouton cousu et en adoptant d'une manière générale la double boutonnière; l'économie combinée avec l'élégance, tel est le résultat du bouton double. Le bouton affecte toutes les formes et toutes les dimensions; ou rond, ou ovale, ou carré, ou guilloché, il mesure habituellement de trois à six lignes.

La corne employée pour les **boutons de corne** provient en général des ergots de bœufs et de vaches, des sabots de chevaux et quelquefois de la corne du buffle, qui nous est expédiée de l'Amérique du Sud. Le bouton est découpé en macaron au tour français, en un seul coup, ou à la machine anglaise; la forme est donnée au moyen de la presse, et la presse consiste dans une vis sans fin. La plaque destinée à supporter le macaron est en acier et forme deux godets : le premier est arrondi pour former le derrière du bouton, et au deuxième est fixé le guilloché qui donne la forme à la partie supérieure du bouton; les deux godets sont superposés et rapprochés au moyen de la presse. Les godets sont maintenus dans une chaleur égale, pas trop forte, parce que la corne risquerait de s'enflammer; suffisante pour que le guilloché puisse s'imprimer sur le macaron et donner la forme au bouton. Le bouton ainsi obtenu est placé sur le tour à arrondir qui unifie la matière et enlève toutes les bavures, puis percé, puis encarté. Le bouton de corne, à l'aide de la teinture, peut se présenter avec les couleurs les plus variées : dans ces derniers temps, les fabricants ont su assortir les boutons aux couleurs des étoffes employées pour les robes.

Le **bouton d'os,** grâce au bas prix de revient, est d'un usage très répandu. Il se découpe à la machine anglaise et au tour français. La machine anglaise se compose de deux bras de levier réunis par une poignée, qui les fait mouvoir, soit en sens inverse, soit dans le même sens, suivant les besoins. Le mouvement est imprimé par une roue du diamètre de 80 centimètres qui le transmet à une roue de 20 centimètres de diamètre, laquelle, de son côté, donne le mouvement à deux roues de 40 centimètres de diamètre, fixées sur la même tige dans l'intérieur du bâti et qui meuvent elles-mêmes deux autres roues en bois de 10 centimètres de diamètre, placées chacune sur chacun des bras du levier; l'extrémité de ces bras de levier est creuse et filetée à l'effet de recevoir les fraises.

Le tour, appelé *tour français*, se compose d'une broche et d'une poupée, dite *de rencontre*, qui a environ 10 centimètres de diamètre. Sur la broche se meuvent deux roues, dont l'une est mobile et que l'on nomme poulie folle; son extrémité est filetée comme celle de la machine anglaise, pour qu'on puisse y assujettir l'outil à découper. La poupée se compose de la poupée proprement dite et d'un bras à vis sans fin, mû par une poignée.

Le travail de façonnage se fait en une seule fois à la machine anglaise, tandis qu'au tour français il s'exécute en deux fois. Ces deux opérations s'appellent le *traçage* et le *détachage*, parce que le bouton est d'abord formé à la face, puis formé au col et détaché en même temps. Les outils employés pour ces deux mains-d'œuvre, prennent les noms d'outil-plat et d'outil à ailes; c'est en agissant diamétralement que ces deux outils donnent la forme aux boutons. Après le détachage, ce bouton est percé au moyen du tour à percer. Cet outil se compose de quatre broches ou de deux broches, suivant le- nombre de trous que l'on veut obtenir. Ces broches sont munies, d'un côté, d'une vis, pour les maintenir sur le bâti, et de l'autre côté percées de trous dans l'intérieur desquels sont maintenus les crochets des forets. Les forets sont de petites tiges d'acier trempé et amincies à l'extrémité qui perce le bouton ; le tour à percer se compose, en outre, d'un nez et d'un guide qui servent à limiter la course des forets et à les faire tourner droits sans qu'ils puissent s'écarter. Le mouvement est donné par une poulie du diamètre de 10 centimètres qui le transmet à deux poulies de 25 centimètres ; on emploie une ou deux poulies suivant le nombre de trous à faire.

Après avoir été percé, le bouton est bouilli, blanchi et poli, soit au sac, soit au tour. C'est seulement après toutes ces opérations que les boutons sont triés et encartés.

On se sert aussi, dans la fabrication des boutons, d'un fruit d'Amérique, appelé corrozo, qui ressemble à une petite noix de coco et dont la matière est susceptible de recevoir les teintes les plus différentes ; le corrozo tire de ces propriétés le nom, qu'il a reçu, d'ivoire végétal. Il se fabrique, soit à la machine, soit à la main ; dans le premier cas, on se sert des mêmes outils que pour les boutons d'os ; dans le second, des mêmes procédés que pour le bouton de nacre. Tous ces développements s'appliquent aux boutons d'ivoire et d'écaille.

Les bois le plus généralement employés dans la fabrication des **boutons de bois** sont : le cornouiller, la violette, le buis, l'ébène, le bois de rose, le bois durci, etc. (V. BOIS DURCI). Le bouton de bois est découpé à la machine anglaise, percé comme le bouton d'os, frotté avec du papier de verre, afin d'effacer les traces d'outil, puis verni à la patience ou au tour.

Jusqu'en 1830, les **boutons en métal** employés pour les habits, furent de forme plate ; cette forme était celle des boutons employés dans l'armée, la marine, les administrations, etc. Ces boutons étaient presque toujours ornés de gravures, en général, assez médiocres.

Leur fabrication était des plus simples ; ils étaient montés en mastic composé de résine et de sable qu'on faisait fondre au moyen du feu, pour placer dans la fusion le culot servant à former le derrière du bouton et à retenir la queue ; le tout était ensuite serti à l'outil. Quand ce dernier travail n'était pas parfait, le bouton défectueux et inégal avait l'inconvénient de déchirer les boutonnières.

Depuis 1832, l'intérieur du bouton est rempli de contre-flan. Il y a plusieurs espèces de serti : d'abord, le serti au drageoire, dans l'épaisseur du métal, que l'on nomme serti perfectionné ; puis le serti-perdu, ainsi appelé parce qu'on arrive à en supprimer la trace ; enfin, le serti au découpoir. Tous ces procédés offrent l'avantage de produire des boutons très bons, très bien finis et qui ne déchirent pas les boutonnières.

Tous les jours, la fabrication des boutons métalliques fait de nouveaux et sérieux progrès.

Ainsi, grâce à l'application de la force motrice, certaines mains-d'œuvre ont pu être simplifiées et exécutées à prix réduits. Le découpoir qui, à la main, produit environ de 3 à 4,000 flancs à l'heure peut, au moyen de la vapeur, débiter plus de 10,000 à 12,000 flancs dans le même espace de temps ; un seul ouvrier peut surveiller et conduire plusieurs découpoirs.

Dans plusieurs fabriques, on a appliqué la force motrice aux tours à brunir et à sertir. Les balanciers qui exigeaient autrefois le concours de deux à douze hommes peuvent être aujourd'hui mus par un seul ouvrier, grâce à l'emploi des roues à friction.

Le mouvement d'une simple pédale suffit pour mettre en branle le balancier le plus considérable.

Le bouton de métal se divise en plusieurs systèmes de fabrication :

1° Le *bouton, cuivre massif* ;

2° Le *bouton, cuivre coquille.*

Le bouton cuivre massif se compose d'un flan découpé dans une planche de cuivre laminé, d'une queue soudée ; ce bouton est décoré de gravures, ciselures, lettres, armoiries, etc.

Le bouton cuivre coquille se compose de plusieurs pièces, savoir :

De la coquille emboutie ; d'un flan de carton ou de métal bon marché, servant d'intérieur ; d'un culot en cuivre avec queue soudée ou rivée (plus souvent rivée). Comme le bouton massif, il est décoré de gravures, ciselures, lettres, armoiries, etc.

Le bouton coquille se fait aussi avec une queue adhérente au culot, sans être ni rivée ni soudée, ce système présente de grands avantages de fabrication plus économique et plus rapide ; il est connu sous le nom de boutons à queue solidaire. Comme le bouton massif, il est décoré de gravures, de ciselures, lettres et armoiries.

Le bouton cuivre massif s'emploie beaucoup pour la troupe.

Le bouton cuivre coquille est à l'usage des officiers de grades supérieurs.

Depuis 1850, le bouton plat a presque toujours été délaissé pour le bouton bombé. Cette préférence s'est exercée au profit de l'art ; les dessinateurs et graveurs ont dû surmonter de sérieuses difficultés. Ainsi, pour obtenir des dessins en relief ayant une convexité de cinq à dix millimètres, il a été nécessaire de créer des matrices gravées dans une concavité de six à douze millimètres.

C'est après avoir triomphé de tous les obstacles et après avoir réalisé tous les perfectionnements que nous avons signalés rapidement, que les boutonniers sont arrivés à fonder des établissements considérables où sont réunis des fondeurs, des lamineurs, des estampeurs, des graveurs, des reperceuses, des brunisseuses, des doreurs, des argenteurs, des oxydeurs, des bronzeurs, des vernisseurs et des soudeurs. Quand tous ces différents corps d'état ne sont pas groupés dans une seule fabrique, les boutonniers s'adressent au dehors à des spécialistes, tels que mécaniciens pour outillage, graveurs sur acier, guillocheurs, ciseleurs, reperceuses d'appliques, brunisseuses à la main, ouvriers pour dorure mate au mercure; dorure à la pile, au bain; argenteur, ruolz, émaux, galvanoplastie, bronze, etc.

A côté des boutons en métal classiques, il convient de mentionner les boutons de fantaisie. On ne peut se faire une idée de l'importance de cette fabrication. Certaines maisons s'occupent exclusivement des boutons de fantaisie en métal, et déjà, en 1867, on signalait des fabricants produisant journellement de 4 à 500 grosses de boutons de fantaisie à bas prix et on évaluait à plus de 1,500 personnes le nombre des ouvriers et ouvrières attachés à cette branche d'industrie. Tout ce que ce personnel produit d'élégant et d'ingénieux est inimaginable; les inventions fourmillent et chaque jour en voit éclore de nouvelles. Aussi a-t-on pu dire, non sans quelque raison, que, dans cette industrie, l'on a résolu le problème de la concurrence par l'invention.

Les **boutons de porcelaine** constituent un genre tout à fait à part, où l'on fait usage de matériaux et de procédés spéciaux. Ils sont presque exclusivement fabriqués aux usines de Creil, Montereau et Briare, et répandus par elles dans le monde entier.

M. Poiré a fait dans la *France industrielle* une description intéressante et minutieuse des procédés employés dans la fabrication de ces boutons en *pâte céramique* qui entrent maintenant pour une très large part dans la consommation générale.

« La matière première employée à leur fabrication est composée de feldspath, d'oxydes métalliques, de phosphates, de borates, qui entrent dans la fabrication des émaux pour porcelaine ; ces matières, après pulvérisation, sont lavées successivement dans l'eau, les acides et le lait, puis tamisées et mises dans des sacs de toile où on les comprime pour en extraire l'eau; elles sont ensuite séchées. La substance pulvérulente est répartie sur une plaque de fonte fixe présentant des cavités qui sont autant de moules où se moulera la pâte; au-dessus de cette plaque est une autre plaque mobile qui présente autant de saillies ou poinçons que l'autre a de cavités ; elle peut descendre sur la première, de manière que les poinçons entrent dans les matrices et y soient appliqués par une presse à vis. La pâte, comprimée entre le poinçon et la matrice, en prend la forme et acquiert assez de consistance pour pouvoir être transportée, sans s'émietter, sur des feuilles de papier. Cette machine permet de faire cinq cents boutons à la fois. Les trous des boutons sont percés par des forets mus mécaniquement pendant que la pâte est pressée dans les matrices.

Il faut maintenant donner à cette pâte une consistance définitive; c'est par la cuisson qu'on y arrive. On place des feuilles de papier sur des plaques de tôle que l'on met dans des fours : le papier brûle, la pâte se fond sous l'action de la chaleur et prend par le refroidissement la consistance voulue.

Les queues de boutons sont faites de la manière suivante : on enroule un fil métallique autour de deux tiges en laiton séparées par une lame plate de cuivre; on passe le tout entre les cannelures de deux cylindres qui dépriment le fil contre la lame et la forcent à contourner la tige en laiton; on retire ensuite la règle plate et on coupe le tout par le milieu; on a ainsi autour de chaque tige de laiton autant d'anneaux à queues qu'il y avait de spires dans la spirale métallique, c'est-à-dire cinq à six cents. Les queues de ces anneaux sont enfilées à la main dans les trous d'une rondelle de cuivre, ou plastron, découpée à l'emporte-pièce.

Il faut maintenant placer ces queues dans le trou des boutons : ce trou, au lieu d'être lisse et d'avoir été percé sur la presse par un foret ordinaire, l'a été par la vrille qui a fait des pas de vis à son intérieur. On comprend que, s'il fallait poser à la main chacune des queues, le prix de revient serait trop élevé. M. Bapterosse a divisé le travail, dont chaque partie s'exécute pour ainsi dire mécaniquement.

Dans un vaste atelier, des femmes ou des petites filles sont assises devant une table à casier dans chacun desquels se trouve une masse de boutons ou de queues. Une ouvrière plonge dans le tas de boutons une plaque de cuivre percée de trous; elle l'en retire chargée de boutons et, par le mouvement qu'elle lui imprime, chacun d'eux se loge dans un trou de la plaque qu'elle incline ensuite légèrement pour faire tomber ceux qui n'ont point trouvé de trou où se loger; avec une très grande dextérité, elle passe la main sur les boutons, de manière à retourner ceux dont les trous ne sont pas en regard de ceux de la plaque.

Quand tous les boutons sont bien placés, elle pose sur eux une autre plaque, qu'elle serre avec des vis et retourne le système pour le passer à sa voisine. Celle-ci se trouve donc en présence d'une série de boutons serrés entre deux plaques et présentant chacun leur trou en face du trou correspondant de la plaque trouée. Elle distribue rapidement dans chaque trou une perle d'alliage fusible qui servira tout à l'heure à souder les queues.

Un moyen aussi ingénieux que le précédent est employé pour saisir toutes ces queues et les disposer dans les trous d'une plaque semblable à celle dont nous venons de parler.

M. Bapterosse a poussé encore la perfection de ces procédés mécaniques. Pour vérifier la solidité des boutons, on porte les plaques, débarrassées de leur pince, sur une machine spéciale qui présente autant de petites griffes qu'il y a de boutons; par le mouvement de la machine, ces griffes entrent chacune dans l'anneau de la queue d'un bouton; puis à l'aide d'un levier on exerce sur elles une traction de haut en bas équivalente à un poids de 7 à 8 kilogrammes; cette traction se transmet à toutes les queues, et celles qui n'étaient pas solidement fixées à leurs boutons se détachent. »

La fabrication des *boutons de verre* est le monopole de l'Autriche. C'est à Gablonz (Bohême) que sont établies les importantes usines où sont produits des boutons de verre de toutes formes, de toutes les grandeurs et de toutes qualités. Ces boutons rappellent souvent la couleur des pierres précieuses; ce sont surtout les boutons champignons en verre qui imitent avec succès les doubles boutons en perle fine.

Les **boutons en papier**, dont l'invention est toute récente, sont surtout employés pour l'ornement des chaussures, mais ils servent aussi pour les vêtements de toile.

La fabrication en est des plus simples. Les plaques de carton sont découpées, comme les coquilles des boutons d'étoffe ou de métal, au moyen d'un emporte-pièce mû à la main ou à la vapeur et comportant un nombre impair de poinçons, cinq ou sept, quelquefois neuf. Les petites rondelles sont ensuite munies mécaniquement d'une queue métallique, formée d'une tige de fer ou de cuivre recourbée en deux et dont les deux extrémités introduites parallèlement dans l'épaisseur du carton, s'y écartent par un mouvement de torsion imprimé à la partie saillante, et s'y fixent solidement; le bouton brut ainsi formé est estampé à l'aide d'un poinçon et d'une matrice pour lui donner sa forme définitive, ronde, ovale ou autre, puis sauté dans de l'huile de lin à une température et pendant un temps variables selon la dureté que l'on veut donner à l'objet. Après vernissage, il est encarté, puis livré au commerce.

— Quelle a été et quelle est aujourd'hui la situation au point de vue économique de l'industrie des boutons? Sous l'Empire et sous la Restauration, une prohibition absolue ferma aux boutons étrangers les portes de la France; l'industrie languit.

Elle prit un sérieux essor quand, en 1836, une loi remplaça la prohibition par le droit de 25 0/0 *ad valorem*. Les chiffres suivants l'attestent d'une façon péremptoire :

En 1837. — Exportation 1.104 kilogrammes.
En 1845. —   —   234.392   —
En 1856. —   —   567.528   —

Depuis le traité de 1862, conclu avec l'Angleterre, la prospérité de la boutonnerie s'accuse d'une façon constante et progressive.

C'est ce que démontrent les tableaux publiés par l'administration des douanes pour le commerce extérieur.

Tableau du commerce général d'importation et d'exportation des boutons.

ANNÉES	IMPORTATION	EXPORTATION
	francs	francs
1867	775.000	7.000.000
1868	1.030.000	8.500.000
1869	1.200.000	10.000.000
1870	Pas de relevé officiel.	Pas de relevé officiel.
1871	620.000	12.500.000
1872	1.500.000	15.300.000
1873	2.100.000	16.200.000
1874	3.800.000	21.300.000
1875	2.700.000	24.100.000
1876	2.500.000	29.600.000
1877	2.600.000	26.300.000

Tableau du commerce des boutons avec l'Angleterre.

ANNÉES	IMPORTATION	EXPORTATION
	kilogrammes	kilogrammes
1862	1.472	140.970
1863	1.046	104.040
1864	28.917	200.602
1865	39.596	288.608
1866	26.785	392.571

— Le siège principal de la boutonnerie pour les boutons de soie et de métal est à Paris; Lyon produit aussi ces articles en commun et plus spécialement le bouton militaire; les boutons d'os, de corne, de nacre, de godefiche se fabriquent surtout à Méru et Andeville et dans d'autres localités du département de l'Oise. Paris possède aussi quelques ateliers, l'on y fait surtout les articles riches, tels que les boutons gravés, sculptés, émaillés, en nacre ou en ivoire.

Bien que les salaires à Paris, dit M. Hartog, dans son excellent *Rapport sur l'Exposition de 1878*, soient d'un tiers plus élevés que dans les départements, les grands industriels trouvent encore un sérieux avantage à employer les ouvriers de la capitale qui possèdent, avec une habileté manuelle plus grande, une intelligence plus vive et un goût plus délicat.

Quel peut être le nombre des ouvriers attachés à l'industrie boutonnière dans notre pays? Quels sont les salaires des ouvriers boutonniers? A cette double question, le rapporteur de l'Exposition de 1878 répond en ces termes : « L'industrie du bouton s'étant répandue maintenant sur une grande partie du territoire de la France, il devient difficile de fixer exactement le nombre des ouvriers actuellement occupés à la fabrication des boutons. On peut néanmoins évaluer ce chiffre à 30,000 personnes, dont 10,000 hommes, 15,000 femmes, 5,000 enfants. — Les salaires ont partout suivi, depuis 1867, une progression ascendante. Ils atteignent actuellement, à Paris, les chiffres suivants : hommes, de 4 fr. 50 à 8 francs; femmes, de 2 fr. 50 à 3 fr. 75; enfants, de 1 à 2 francs. L'écart énorme qu'on remarquera entre le maximum et le minimum des salaires marque l'importance variable des services rendus. Du reste, on abandonne de plus en plus dans cette industrie, le travail à la journée, pour lui substituer le travail à l'heure et plus encore le travail à la tâche, qui sont l'un et l'autre, préférés par les bons ouvriers. » Ajoutons que la main-d'œuvre joue un très grand rôle dans l'industrie boutonnière; car elle représente à peu près de 35 à 40 0/0 du prix de revient.

Nous ne croyons pas faire erreur en estimant à 35 ou 40 millions le chiffre d'affaires de l'industrie boutonnière en France sur lesquels un quart environ est produit par quelques établissements de Paris, Beauvais et Briare.

A l'étranger, il n'est presque pas de pays qui ne s'occupe de la fabrication des boutons. L'Allemagne du Nord traite tous les genres; l'Autriche excelle, non seulement dans la production des boutons de verre qui lui appartient en propre, mais aussi dans la fabrication des boutons de nacre, d'ivoire et de corrozo; la Belgique et l'Espagne se distinguent surtout dans la boutonnerie métallique; enfin, le Portugal, la Suède, la Russie et l'Amérique du Nord voient s'établir, chaque année, un ou plusieurs fabricants qui s'attachent à tel ou tel genre de production; en résumé, l'industrie des boutons tend à s'implanter, non seulement dans presque toutes les contrées de l'Europe, mais sur le territoire si fécond et si industrieux des Etats-Unis. — J. H.

Bouton. Par extension, on donne ce nom aux objets qui ont, en quelque sorte, la forme d'un bouton ou qui tiennent à quelque chose par une tige plus étroite que les objets, ‖ 2° *T. de serrur.* Partie saillante et arrondie qui sert de main pour pousser ou tirer un verrou ou le pêne d'une serrure. ‖ 3° *T. de coutel.* Pointe arrondie des lames des ciseaux. ‖ 4° *T. de luth.* Petites chevilles fixant les cordes de la harpe et de la guitare. ‖ 5° Petit corps rond qui termine un fleuret. ‖ 6° *T. de mar.* Gros nœud au bout d'un cordage. ‖ 7° *T. d'arch.* Ornement de sculpture qui figure un bouton de fleur. ‖ 8° *Instr. de chirurg.* Ferrement terminé en forme de bouton que l'on chauffe et avec lequel on pratique une cautérisation limitée. ‖ 9° *Boutons de Barton.* — V. ANTHÉLIES. ‖ 10° *T. de fleur.* Les fleuristes divisent les boutons des grosses fleurs en *boutons naissants* ou sans pétales, et en *boutons fleuris* ou à pétales. Les boutons des petites fleurs ne sont que d'une seule espèce. On désigne encore les boutons : *boutons tout verts* (dahlia, coquelicot, rose d'outremer), *boutons roulés* (belle de jour, liserons), *boutons arrondis* (fleur d'oranger, myrte), *boutons pointus* (rose, jasmin, géranium), *boutons à côtes* (chrysanthème). Le coton cardé fait la base des boutons; on établit tout d'abord une boulette de coton blanc cardé, cette boulette dont la forme varie suivant la nature de la fleur se recouvre de papier blanc serpenté battu ou de canepin, ou de pétales semblables à ceux de la fleur. ‖ 11° *T. de filat.* Aspérités qui se trouvent sur le fil cardé et provenant de l'insuffisance du cardage relativement au conditionnement de la matière première; dans les nuances unies ce défaut s'appelle *boutons*; il prend le nom de *mattes* dans les mélanges de couleurs. ‖ 12° *T. de pap.* Sorte de petits pâtons qui se forment dans la pâte pendant la fabrication du papier. ‖ 14° *T. de caross.* Bouton de galerie, petit crochet de métal en forme de boule, rivé sur la galerie d'un siège et qui sert à attacher le tablier au moyen d'un anneau ou d'une patte de cuir.

Bouton de manivelle. 12° Axe en fer fixé sur la manivelle des roues motrices ou accouplées des locomotives, et formant le tourillon sur lequel frottent les coussinets des têtes de bielles motrices ou d'accouplement.

Chacune des roues accouplées porte un pareil bouton simplement rivé sur le corps de la roue, à une distance du centre égale au rayon de la manivelle. Dans les machines à mouvement extérieur, le bouton de la bielle motrice porte, en outre, sur le même axe, celui de la bielle d'accouplement; il porte aussi, par l'intermédiaire d'un coude, les poulies d'excentriques qui sont ramenées au centre de la roue. Dans certaines machines, comme dans les *fortes rampes* du Nord, on remplace ces poulies par des boutons d'excentriques forgés sur le bouton de manivelle et excentrés d'un angle convenable par rapport au centre de l'essieu.

* BOUTONNÉ, ÉE, *Art hérald.* Rose ou fleur dont les feuilles sont d'un émail et le bouton d'un autre.

* BOUTONNEUX. Se dit d'un tissu dont la trame est inégale.

BOUTONNIER, ÈRE. Celui, celle qui, dans les *boutonneries*, fabrique des boutons.

* BOUTRIOT. *T. de mét.* Syn. de *boutereau*.

* BOUVEMENT. *T. techn.* Rabot dont le fer a un taillant sinueux et qui sert à faire des moulures. ‖ Moulure en portion de cercle faite à l'aide du bouvement.

BOUVET. *T. de menuis. et de charp.* Rabot qui sert à faire des rainures et des languettes, et qui se compose d'un fût de 2 à 3 décimètres de long, et d'un fer. Il y en a plusieurs sortes : le *bouvet mâle*, le *bouvet femelle* qui servent à faire, celui-ci les rainures, celui-là les languettes ; *bouvet à fourchement* qui fait les deux à la fois ; *bouvet à rainure et à languette* qui sert à faire l'assemblage des planches ; *bouvet à embrasure* avec lequel on fait les embrèvements des cadres ; *bouvet à plancher* qui sert à rainer les planches des planchers ; *bouvet à panneaux* pour rainer les bois des panneaux ; *bouvet à noix* qui sert à faire les noix des battants des croisées.

* BOYART. Espèce de civière à bras.

BOYAU. 1° *T. techn.* Conduit en cuir adapté à une machine hydraulique. ‖ 2° *Corde à boyau* ou simplement *boyau*, corde faite des boyaux de certains animaux pour les instruments de musique à cordes. — V. BOYAUDERIE. ‖ 3° *T. de filat.* Défaut de conditionnement du fil cardé, qui se produit au métier à filer au moins sur toute la longueur d'une aiguillée. C'est un fil formé d'une réunion de petites agglomérations de laine, séparées entre elles par une partie très ténue et qui ne possède aucune consistance, le fil confectionné dans de semblables conditions ne prend aucune torsion et est en quelque sorte inemployable.

BOYAUDERIE. L'industrie du boyaudier consiste à débarrasser la membrane musculaire des autres membranes qui constituent l'intestin. Les opérations nécessaires pour arriver à ce but sont incommodes et même malsaines. Indépendamment de tout procédé spécial, les inconvénients sont beaucoup diminués par la propreté générale de l'usine et par l'emploi d'une grande quantité d'eau. Mais ces moyens, quelque précieux qu'ils soient, sont loin de suffire dans les établissements où l'on prépare les boyaux par les anciens procédés, c'est-à-dire dans ceux où le nettoyage a lieu à la suite d'une fermentation putride et où le soufflage s'exécute à la bouche. Quelques industriels ont adopté le procédé Labarraque, consistant à traiter les intestins par une solution de chlorure de soude; on évite ainsi toute fermentation putride. Certaines usines, grâce aux perfectionnements et aux soins apportés dans la fabrication, travaillent sans employer ni la fermentation, ni les chlorures alcalins.

Hygiène. L'infection qui règne dans certaines usines n'exerce pas sur la santé l'influence funeste qu'on pourrait en attendre. Ni les ouvriers qui vivent dans cette atmosphère empestée, ni les personnes qui s'y exposent passagèrement, n'en éprouveraient, suivant Parent-Duchâtelet et Guersant, aucune influence fâcheuse. L'insufflation des boyaux à la bouche offre cependant des conditions particulières d'insalubrité. L'air infect qui ressort de l'intestin pénètre dans la poitrine et occasionne à l'ouvrier une fatigue extrême; de plus, l'action des gaz putrides altère très vite la peau des mains; aussi ne peut-il continuer que quelques jours de suite ce pénible exercice. Le Comité d'hygiène et de salubrité conseille aux ouvriers de se graisser les mains avant le travail avec une pommade au sulfate de zinc, et de ne pas quitter l'atelier sans se les être lavées avec de l'eau chlorurée.

Administration. Les boyauderies sont rangées dans la première catégorie des ateliers dangereux, insalubres ou incommodes. Voici les conditions insérées dans les arrêtés d'autorisation de ces établissements :

1º Tenir l'atelier dans un grand état de propreté, au moyen de fréquents lavages, soit à l'eau pure, soit à l'eau chlorurée;

2º Ne recevoir que des menus convenablement préparés ou nettoyés;

3º Ne conserver aucun des résidus susceptibles de fermenter ou de se putréfier;

4º Donner un écoulement rapide aux eaux de lavage.

Travail des boyaux. Les intestins des bœufs, des vaches, des chevaux, des moutons et des porcs sont employés à la fabrication de divers produits d'une grande utilité dans les arts : avec les premiers on fait les boyaux soufflés pour la charcuterie et autres usages semblables, pour la conservation de divers produits alimentaires, pour l'emballage en tout net; ceux de chevaux servent aussi pour la préparation des grosses cordes filées; les intestins de moutons sont utilisés pour les cordes diverses et surtout pour les cordes d'instruments.

Boyaux soufflés. Dégraissage. Les abattoirs fournissent au boyaudier les intestins grêles de bœufs, de vaches et de chevaux. Ces boyaux sont placés dans des tonneaux défoncés ou dans des cuves pour les dégraisser le plus tôt possible; car cette opération devient d'autant plus difficile que les boyaux sont plus anciens. L'ouvrier met une certaine quantité de boyaux dans un baquet avec de l'eau; il prend un des bouts, qu'il passe sur un crochet fixé dans un morceau de bois, à 2 mètres environ de hauteur; il tire de la main droite une longueur de boyau d'environ 3 pieds, et de la main gauche il passe une portion de l'intestin sur l'agrafe; de manière à former une sorte de nœud; il prend la portion d'intestin qui pend et la maintient entre le pouce et l'index de la main gauche. De la main droite, il tient un couteau très effilé, et le fait glisser sur l'intestin humide jusqu'auprès des doigts de la main gauche, de manière à séparer toute la graisse et une partie de la membrane péritonéale; ensuite, la main gauche baisse en tenant toujours l'intestin de la même manière, il dégraisse ainsi toute la portion pendante. Cela fait, de la main gauche l'ouvrier défait le nœud, tire de la main droite une seconde portion d'intestin, et arrive successi-

vement au dégraissage complet du boyau. Lorsqu'il rencontre une déchirure, il coupe cette partie et la met avec les boyaux dégraissés. La graisse détachée est retirée à mesure afin d'éviter qu'elle ne se mêle avec les matières fécales qui s'écoulent de l'intestin. Cette graisse fondue donne un suif commun (*suif de boyasses*).

Retournage ou invagination. Les boyaux jetés, après le dégraissage, dans un cuvier rempli d'eau doivent être retournés; l'ouvrier prend un des bouts dans sa main droite et y introduit son pouce à une profondeur d'environ 5 centimètres, il presse le pouce entre l'index et le médius avec la main opposée, il fait recouvrir ces deux doigts par le boyau qu'il retourne, les plonge dans l'eau, de l'autre main il tient le boyau perpendiculaire. L'eau, qui est entrée dans l'intestin par l'écartement des doigts, fait, par son poids, glisser la partie supérieure, par de la nouvelle eau que l'on introduit, et par un léger mouvement de main, il est promptement retourné. Les boyaux sont réunis en paquets au moyen d'une ficelle. Le plus souvent un paquet représente le produit de deux ventres d'animaux.

C'est à ce moment qu'autrefois on abandonnait les intestins à la fermentation putride afin de détacher plus facilement les membranes. Dans certaines usines on immerge les intestins dans une solution de chlorure de soude, ce qui dispense de toute fermentation putride. La fabrique de MM. Monnier et Dutrypon, à Eysines (Gironde), travaille dans ces conditions depuis plusieurs années. Aujourd'hui, quelques heures suffisent pour accomplir le ratissage. Les doses sont deux à trois seaux d'eau contenant 1,500 grammes de chlorure à 12 ou 13º pour un tonneau renfermant les intestins grêles de cinquante bœufs. M. Fabre, à Aubervilliers, plonge les boyaux de bœufs dans de l'eau tiède à la température de 35º environ. Au bout d'une heure et demie ou deux heures, les femmes les retournent et détachent les membranes. M. Fabre opère ainsi, d'une manière très satisfaisante, sans fermentation ni emploi de chlorures alcalins. Selon cet industriel, la fermentation putride n'a d'autre but que d'économiser un peu de main-d'œuvre en rendant le grattage plus expéditif. C'est une erreur, selon lui, de croire que le boyau fermenté est plus fin; loin de là, il est quelquefois altéré et conserve presque toujours une mauvaise odeur. Ce qu'on peut alléguer en sa faveur, c'est qu'il est moins épais, mais la différence est insignifiante et n'a d'ailleurs aucun intérêt.

Ratissage. Les boyaux sont jetés dans des cuves en partie remplies d'eau, et des ouvrières les ratissent dans toute leur étendue en les pressant avec l'ongle; on trempe ensuite dans l'eau; celle-ci enlève la membrane muqueuse ratissée restant à la surface et lubréfie l'intestin.

Lavage. Les boyaux ratissés sont jetés dans l'eau pour les laver; on change plusieurs fois l'eau; c'est à ce point que les boyaux peuvent être soufflés.

Insufflation. Le soufflage, qui se pratiquait autrefois à la bouche à l'aide d'un morceau de roseau a été l'objet de grands perfectionnements. Chez MM. Monnier et Dutrypon, il a lieu au moyen de gros soufflets, mus avec le pied à l'instar des meules de remouleurs. Un mode semblable a été mis en usage par M. Boyer, à Saint-Etienne-du-Rouvray (Seine-Inférieure) ; chez M. Savaresse, à Grenelle ; chez M. Brimbœuf, à Issy ; chez M. Fabre, le soufflage s'exécute à la mécanique au moyen de chalumeaux desservis par un ventilateur.

Les boyaux étant placés dans un large baquet, l'ouvrier introduit le bout du tube en communication avec la soufflerie, à l'orifice de l'intestir ; il souffle en étendant le boyau avec la main ; si le boyau n'est pas déchiré dans toute sa longueur, il est adapté au bout avec une autre longueur de boyau, on fait la ligature des deux bouts ; l'ouvrier souffle la première portion, il enroule le boyau avec un fil, le noue et coupe au moyen d'une lame fixée sur le rebord du baquet, le fil et le bout de boyau noué et non insufflé, il l'enlève en en laissant environ un demi-pouce de long, pour que le nœud ne glisse point ; il reprend l'autre bout, le souffle à son tour, et lorsque cela est fait, l'attache avec un autre bout de boyau qui est ensuite soufflé. Si le boyau offre un trou peu considérable, il pince la partie de l'intestin, la double et l'entoure d'un fil qu'il noue.

Les boyaux soufflés sont mis dans un grand panier en osier et portés au séchoir.

Dessiccation. Si le temps est beau, on étend les boyaux en plein air sur de longues perches en bois, clouées horizontalement sur des piquets. On les laisse jusqu'à leur dessiccation en ayant soin qu'ils ne se touchent point. Si le temps est pluvieux on les porte sous des hangars ou dans les greniers, pour éviter qu'ils ne pourrissent. Un soleil trop ardent, en dilatant l'air qu'ils contiennent, peut les faire déchirer. Le vent peut, en les froissant les uns contre les autres, les trouer. Il faut éviter aussi la gelée qui leur est nuisible.

Désinsufflation. Les boyaux sont portés dans une pièce humide ; des ouvrières les percent avec la pointe d'une paire de ciseaux et pressant successivement dans toute la longueur chassent l'air, puis elles coupent le plus près possible de la ligature, la portion de boyau qui n'a pas été soufflée.

Aunage. Les boyaux désoufflés sont réunis par paquets de 15 à 20 mètres et attachés, de façon à pouvoir être enfilés dans une broche en bois. On les laisse un certain temps dans une pièce humide pour qu'ils s'imprègnent bien d'humidité.

Soufrage. Les boyaux sont introduits dans le soufroir ; s'ils sont encore trop secs, on les asperge d'eau. Ils sont alors soumis à l'action de l'acide sulfureux produit par la combustion du soufre.

Au bout de quelques heures on ouvre la porte, et, lorsque les vapeurs d'acide sulfureux se sont dissipées, on retire les boyaux. Cette opération a pour but de leur enlever leur odeur ; elle les blanchit et les rend moins aptes à être attaqués par les insectes.

Ployage. Les boyaux soufrés et imprégnés d'humidité, par le séjour dans une pièce humide,

sont enroulés sur eux-mêmes, le paquet présente la forme d'un fuseau effilé aux deux bouts. Pour les livrer au commerce on les emballe dans des sacs après avoir ajouté du poivre et du camphre.

Boyaux de porcs. Les boyaux de porcs (intestin grêle, *menu*, et gros intestin, *fuseau*) sont employés principalement pour la charcuterie ; le fuseau est surtout destiné au saucisson de Lyon.

Les boyaux venant de l'abattoir sont placés dans un baquet d'eau bien fraîche, et on change le liquide dans la journée. Après cette macération, ils sont raclés un à un sur une planche inclinée, dont la partie inférieure porte sur un baquet, à l'aide d'une canne faite avec le roseau, mais le plus souvent avec le dos d'un couteau. On nomme cette opération *curer* le boyau. S'il se présente une déchirure, l'ouvrière coupe la portion du boyau. Les intestins de porcs sont quelquefois soufflés, mais le plus souvent ils sont salés.

Vessies. Les vessies de porcs, de veaux, de bœufs servent surtout aux emballages. Après les avoir débarrassées par des lavages et des râclages de la graisse et des diverses membranes, on les souffle ; elles ne sont jamais retournées.

L'estomac du jeune veau subit les mêmes opérations, il est employé pour faire la présure.

Boyaux pour cordes. Les cordes à boyaux sont obtenues par la préparation des intestins grêles de moutons ; on emploie quelquefois, surtout pour les grosses cordes, les boyaux de bœufs ou de chevaux. Nous exposerons ici les diverses opérations qu'on fait subir à ceux des moutons, et nous ferons connaître à l'article CORDES DE BOYAUX les manipulations qu'on emploie pour chacune d'elles.

Les opérations préliminaires que l'on fait subir aux boyaux de moutons pour la confection des cordes d'instruments n'étant pas différentes de celles employées pour les cordes ordinaires, mais seulement faites avec plus de soin, nous ne séparerons pas le travail.

De même que dans l'industrie des boyaux soufflés, grâce aux perfectionnements apportés dans cette fabrication, les macérations prolongées qui altéraient la membrane musculaire de l'intestin, et qui paraissaient indispensables sont actuellement supprimées.

Cette modification heureuse pour la bonne confection des cordes est surtout avantageuse pour la salubrité publique, puisque l'industrie, dont nous allons parler, n'a plus besoin d'employer les procédés de Labarraque.

Les boyaux de moutons retirés du ventre de l'animal encore chaud, on en fait sortir les matières fécales. Certains industriels ont, dans les abattoirs, des ouvriers spéciaux qui détachent les intestins grêles, les développent sur une table et les purgent par un râclage rapide, du sang, de la bile, des matières fécales qu'ils peuvent renfermer, de la graisse qui y est adhérente : ils les mettent ensuite en paquets ou écheveaux, les jettent dans des vases qui sont enlevés chaque jour et apportés à la fabrique. Si les intestins n'ont pas été vidés immédiatement, ils ne peuvent être utilisés que pour la corde à raquettes, car les matières séjournant dans les intestins, les font fermenter, prendre une couleur qui persiste lorsque la corde est fabriquée et les corrodent sensiblement.

Ces intestins sont composés de trois membranes :

L'externe ou péritonéale, en terme de métier, la *filandre*.

L'interne ou muqueuse qu'on appelle vulgairement *râclure* ou *chair*; toutes les deux doivent disparaître.

Enfin, la moyenne ou musculaire, composée de fibres tenaces et doit être seule conservée.

On ne peut obtenir dans le mouton l'élimination voulue que par des moyens doux et ménagés, car il faut conserver intacte cette membrane délicate que la plus légère altération met hors d'usage.

Trempage. Immédiatement après leur arrivée à la fabrique, les intestins sont mis en trempe à l'eau froide. Ils sont par paquets de dix. Pour qu'ils ne remontent pas sur l'eau, on passe les écheveaux dans des barres en bois qui sont posées sur le bord d'un baquet. Si l'on est à proximité d'une rivière on lave les boyaux à l'eau courante. On peut aussi les mettre tremper dans des cuviers à l'eau de puits, mais alors on ajoute un peu de carbonate de soude pour adoucir l'eau ; la proportion est d'environ 2 grammes par litre. La macération ne doit pas être très longue, car elle diminue la force de l'intestin.

Chez M. Savaresse, à Grenelle, les intestins sont placés dans un bassin en pierre dure de 1 mètre de long sur 5 mètres de large. En tête se trouve une roue à augets qui reçoit, par deux robinets séparés, de l'eau froide et de l'eau chaude qui doivent par leur mélange donner environ 25°. Après douze à quinze heures d'une immersion dans l'eau froide, et dès le lendemain matin, on ouvre les deux robinets qui portent leur eau tiède dans les augets, et font ainsi tourner la roue qui se met en mouvement, produit de l'agitation et lave abondamment les intestins. L'eau s'écoule par l'autre extrémité.

Râclage. Après ce lavage, on prend successivement les paquets d'intestins, et on les apporte à des ouvrières qui sont assises autour d'un baquet qui doit recevoir la râclure ou chair. A la gauche se trouve un banc en bois légèrement incliné. De la main gauche, elles maintiennent le paquet d'intestins dont elles étalent un des bouts, et de la main droite, armée d'un couteau, elles râclent avec le dos de la lame l'intestin d'un bout jusqu'à l'autre, et détachant ainsi la membrane interne ou muqueuse, qui tombe dans le baquet. Le râclage s'opère avec plus de soin pour les cordes harmoniques que pour les autres espèces de cordes.

Les râclures sont enlevées et vendues à des agriculteurs qui en font des composts.

D'autres ouvrières reprennent alors ces intestins et arrachent la membrane externe ou séreuse sous forme d'un cordon qu'on appelle *filandre*. Ces filandres s'emploient pour coudre les boyaux, elles remplacent le fil. Mises quelquefois en paquets, elles sont portées au soufroir où elles blanchissent et se dessèchent en partie, puis on les file et on les polit simplement à la main au moyen de deux brosses de chiendent. C'est ainsi qu'elles sont livrées aux fabricants de fouets, de cravaches et de raquettes. Il faut environ cinq filandres filées ensemble pour donner une corde de la grosseur d'un boyau de mouton.

Lorsque les boyaux de moutons sont destinés à l'emballage, c'est à ce moment du travail que l'on s'arrête, dans ce cas ils sont rarement soufflés, si ce n'est pour les calibrer; ils sont salés par paquet de 15 à 20 mètres de long.

Deuxième trempage. Il ne reste plus que la membrane musculaire ou fibreuse; le boyau est alors réduit à 1/20 de son volume. L'intestin est transporté dans un autre atelier et mis à tremper dans des terrines en grès ou vernissées, ou bien dans de petits baquets, avec des eaux alcalines très faibles pour commencer, 2 0/0 de l'alcalimètre (1), puis dans des eaux alcalines plus fortes, en augmentant de 2° jusqu'à ce qu'on soit arrivé à 20°. Ces eaux alcalines se préparent avec un mélange de potasse et de cendres gravelées. Les boyaux blanchissent de plus en plus et se gonflent. M. Thibouville remplace la solution de potasse par une solution d'ammoniaque. Selon lui, ce liquide n'attaque pas aussi profondément les membranes; son action peut être accélérée ou ralentie, grâce à la volatilité du gaz ammoniac; de plus, les lavages débarrassent plus facilement les intestins de l'ammoniaque que de la potasse. Il emploie également les solutions de sels ammoniacaux additionnés d'alcali fixe ou de terres alcalines. Les lavages sont répétés une vingtaine de fois par des ouvriers différents, qui font passer le boyau entre l'index garni d'un anneau en caoutchouc et le pouce armé d'un dé en cuivre, ce qui produit des râclages très doux au moyen desquels on arrive à enlever les portions de membranes externes ou internes qui échappent aux premières opérations. Anciennement on se servait d'un dé en ferblanc, mais par ce moyen on déchirait souvent le boyau.

M. Thibouville a substitué aux divers râclages à la main le râclage mécanique.

Le système repose sur les points principaux suivants :

1° Le râclage est opéré par pression mécanique et continue des boyaux entre deux surfaces de nature différente formées, l'une d'une matière dure métallique, l'autre d'une substance flexible élastique telle que le caoutchouc;

2° Le tirage et le développement des boyaux introduits entre ces deux surfaces sont effectués mécaniquement au moyen d'un cylindre ou rouleau qui est mû par manivelle ou autrement et sur lequel viennent s'enrouler lesdits boyaux après qu'ils ont été râclés;

3° Le travail se fait à la fois et simultanément sur plusieurs boyaux, et après qu'ils ont été râclés et enroulés d'une manière continue, suivant toute leur longueur qui est de 20 à 24 mètres, le

(1) Cet alcalimètre est un aréomètre Beaumé dont chaque degré est divisé en 10

cylindre qui les porte est contracté ou retréci pour faciliter le dégagement des boudins en spirale formés par les boyaux enroulés.

M. Babolat pratique toutes les opérations sur les boyaux : vidage, râclage, lavage, mécaniquement.

L'appareil se compose :

1° Pour le *vidage* d'un nombre indéterminé de cylindres lamineurs plus ou moins rapprochés en matière quelconque, recouverts ou non de caoutchouc, de drap, etc.;

2° Pour le *râclage* ou *ratissage* d'un nombre indéterminé de cylindres lamineurs comme ci-dessus marchant à vitesse égale ou différente

3° D'un nombre indéterminé de guides placés entre chaque jeu de cylindres lamineurs;

4° D'un chariot mécanique destiné à passer les boyaux sous le cylindre chaque fois que l'on commence l'opération.

Le lavage, lessivage, passage de plats ou terrinage des boyaux s'opère sur un chariot qui se compose :

1° D'un nombre indéterminé de presseurs ayant pour but de presser les boyaux sortant des eaux de lessivage ;

2° D'une toile sans fin de caoutchouc, mise en mouvement par deux cylindres sur lesquels elle repose; cette toile a pour but de tirer les boyaux pris sous les presseurs;

3° D'un nombre indéterminé de réglettes fixées sur des chaînes-galles et venant presser les boyaux sur la toile sans fin;

4° D'un appareil servant à arrêter la marche lorsque les boyaux se mêlent;

5° D'un chariot remplissant le même but que plus haut.

Les boyaux restent ordinairement en travail dans les eaux alcalines pendant six à sept jours, pour être ensuite soumis au *triage* et au *filage* Dans les fabriques bien installées, une machine à vapeur fournit une eau abondante qui permet de vider les terrines plusieurs fois par jour et de laver continuellement les tables de travail. Les parquets bitumés et en pente assurent le prompt écoulement de tous les résidus.

M. Thibouville a constaté la fréquente inefficacité des lavages, même après passage à la potasse, pour les cordes d'instruments; il rend le nettoyage plus énergique et en même temps évite toute cause de putréfaction, en se servant d'une solution de permanganate de potasse ou d'un permanganate alcalin. On juge par expérience du degré de concentration qu'il faut donner à la solution. Les doses sont de 3 à 10 grammes pour un litre d'eau.

Après le traitement par les lessives il traite les boyaux par l'acide sulfureux en solution, soit pour compléter l'action des lessives, soit pour dissoudre et enlever le peroxyde de manganèse lorsque les boyaux ont été plongés dans un bain de permanganate. Cette opération avait lieu autrefois à l'air libre, au moyen de bassines renfermant la dissolution d'acide sulfureux dans laquelle étaient plongés les boyaux; actuellement, les intestins sont introduits avec la solution d'acide

sulfureux dans un tonneau pouvant tourner autour d'un axe et muni d'une ouverture se fermant hermétiquement. Les boyaux renfermés dans le tonneau sont, par l'effet de ce mouvement, sans cesse soulevés pour retomber immédiatement à la partie inférieure de l'appareil.

Cette agitation continuelle renouvelle constamment les surfaces des matières en présence, et aide en même temps qu'elle régularise l'action de l'acide sulfureux, de plus les ouvriers sont préservés des vapeurs délétères.

Suivant MM. Louvet et Köhn, les boyaux traités par le permanganate manquent de résistance; pour y remédier on décolore les intestins au moyen de l'eau oxygénée. Lorsque les boyaux ont été suffisamment préparés pour pouvoir être tordus ou filés, on les immerge dans un bain d'eau oxygénée faible, pendant un temps suffisamment long, dont la durée varie avec la saison. La chaleur active cette action. Au sortir de ce bain, les boyaux sont tordus ou filés à la manière ordinaire et le métier qui les porte est mis à sécher dans une chambre où se dégage de l'acide sulfureux.

Triage. C'est après avoir subi ces nombreux lavages et râclages que des ouvriers font le triage des différentes qualités de boyaux, que l'on sépare d'après leur blancheur, leur tenacité, leur longueur, pour que chacun d'eux soit appliqué au genre de cordes auquel il convient le mieux. — V. CORDES DE BOYAUX.

Ce triage se fait également pour les cordes d'instruments.

Refendage. Avant d'être filés, opération que nous étudierons à l'article CORDES, les boyaux destinés aux cordes à instruments sont refendus sur toute leur longueur, soit au moyen d'un instrument particulier nommé *couteau à soutil*, soit à l'aide de machines. Ce refendage est nécessaire car l'intestin grêle du mouton n'est pas d'un calibre égal dans toute sa longueur; il est du double plus épais et plus large dans sa partie inférieure que dans sa partie supérieure, ce qui empêche la corde d'être juste. M. Thibouville pratique cette opération avant le passage en lessives, le nettoyage se fait de cette manière d'une façon bien plus parfaite sur les deux faces du boyau. Cet industriel fend les boyaux de bœufs et de moutons à l'aide d'une machine très ingénieuse. L'appareil à fendre est combiné avec un injecteur qui projette à l'intérieur du boyau, et avant l'action de l'outil tranchant, de l'eau ou une solution alcaline; cette injection facilite le glissement du boyau sur le couteau et permet d'effectuer une coupe bien plus régulière. Pour activer et régulariser le travail, il installe près de l'appareil de coupage une bobine animée d'un mouvement de rotation et faisant appel de traction sur le boyau, qui s'enroule à plat autour de ladite bobine avec une tension toujours égale et suivant un mouvement continu et uniforme. Cet envidage sur bobine a, en outre, l'avantage de prédisposer plus facilement le boyau fendu et aplati pour les opérations ultérieures.

Telles sont les opérations que l'on fait subir

aux intestins de moutons ; en parlant des Cordes, nous étudierons la façon de préparer et de finir chacune d'elles et en particulier celles pour instruments. Nous terminerons cet article en donnant quelques renseignements sur divers produits obtenus au moyen de boyaux.

Fleurs artificielles. Pour amener le boyau à l'état soyeux, indispensable pour cette fabrication, on lui fait subir quelques préparations particulières. Les boyaux bien nettoyés dans les lessives alcalines, sont mis au soufroir pendant cinq à six jours et au moment de les employer on les trempe pendant cinq à six minutes dans une solution d'acide citrique ou d'acide tartrique qui leur donne un aspect brillant. Si on veut leur donner une couleur blanche plus mate on les met en contact, pendant le même temps, avec une légère dissolution d'alun. Ces préparations diminuent la longueur du boyau, mais elles permettent une plus grande extension au soufflage. Ces boyaux sont teints : en jaune avec de l'acide picrique, de la gomme-gutte, gaude, graine d'Avignon ; en bleu avec l'indigo ; en vert avec l'indigo et l'acide picrique ; en rouge avec le carmin ; en rose avec le carmin et une légère dissolution de crème de tartre. Lorsque le boyau est jugé assez imbibé des préparations chimiques et tinctoriales on procède au soufflage. Dans une étuve chauffée à 60° et bien éclairée, on dispose, sur des bâtons placés de distance en distance dans les murs, un boyau qui peut avoir 25 à 30 mètres. Le gros bout est placé sur le tube en fer d'un fort soufflet qui traverse la cloison de l'étuve et dont le corps est placé dans une autre pièce, afin que l'ouvrier puisse le faire manœuvrer lentement, sans rester exposé, pendant de longues heures, à une forte chaleur. Un tube recourbé communique d'un bout dans l'étuve et de l'autre au corps du soufflet, de manière à n'envoyer que de l'air chaud dans le boyau et arriver à une dessiccation plus rapide. Un châssis vitré et dormant, placé dans la cloison au-dessus du soufflet, permet à l'ouvrier de voir comment s'opère l'insufflation et si le boyau est assez desséché et arrivé à un point de gonflement convenable. En général, dix à douze minutes sont suffisantes pour dessécher et distendre un boyau humide et l'amener à un grand état de ténuité.

Certains fabricants insufflent dans ces boyaux de l'air chargé de vapeurs d'essence de mirbane. C'est avec cette pellicule que l'on peut préparer des feuilles, des fleurs, des fruits (V. Fleurs artificielles) ; on l'emploie aussi dans la parfumerie pour envelopper les savons.

Enveloppes médicamenteuses. Lorsque le boyau est blanchi et prêt à être gonflé, on le fait tremper dans une solution de 19 parties de gomme et 1 partie de glycérine. On insuffle et on conserve pour l'usage. Pour l'utiliser, on en fait un petit sac, on mouille les trois côtés avec un pinceau imbibé d'eau après avoir mis la poudre, et l'on ferme par un simple repli. Cette membrane est aussi employée pour boucher les flacons des pharmaciens et des parfumeurs.

Baudruche. Pour préparer la baudruche, on détache la partie de la membrane péritonéale qui recouvre le cæcum du bœuf, et on la laisse sécher. On la fait ensuite tremper dans une solution faible de potasse, et on la ratisse soigneusement ; on l'étend alors sur un châssis en plaçant au-dessous la partie qui adhérait après la membrane musculeuse, et on applique dessus une autre membrane tournée en sens inverse, qui adhère si fortement avec la première, qu'elle semble n'en faire qu'une seule, et on les détache.

Pour terminer la baudruche on la recouvre de ce qu'on appelle le *fond ;* on étend de nouveau la baudruche, et on l'enduit avec une légère dissolution d'alun, et ensuite avec une autre de colle de poisson dans le vin blanc, à laquelle on ajoute divers aromates ; on recouvre enfin d'une couche de blancs d'œufs. — V. Baudruche.

Préservatifs contre la syphilis. Le gros boyau de mouton étant lavé et ratissé, comme nous l'avons dit plus haut, on le souffle.

Les boyaux désoufflés et blanchis par l'action du soufre sont humectés et placés sur des moules en bois ; la dessiccation opérée on les détache avec soin ; on fixe le plus souvent à la partie inférieure un petit cordon en repliant la membrane sur elle-même. — A. Y.

BOYAUDIER, ÈRE. Celui, celle qui travaille à la préparation des boyaux. — V. l'article précédent.

*BRABANT. Sorte de *charrue.* — V. ce mot.

*BRACÈLE. *Art milit. anc.* Pièce d'armure qui couvrait le bras.

BRACELET. Ornement que les femmes portent autour du bras, le plus souvent au poignet.

— Si, comme l'a fait supposer un ornement trouvé en 1867 à Dijon, par le docteur Marchand, les hommes primitifs de l'âge de la pierre entouraient déjà leurs bras d'anneaux taillés dans de grands coquillages, on peut du moins avancer avec certitude que les peuplades de l'âge du bronze ont employé les bracelets de métal. M. Costa de Beauregard, bien connu par ses fouilles du lac du Bourget (Savoie), en donne pour preuve l'immense variété d'anneaux de formes très variées, dont les habitants des cités lacustres couvraient leurs bras et même leurs jambes. Ils sont plats ou bombés, creux ou massifs et presque toujours ornés de dessins.

La mode des bracelets remonte donc à l'antiquité la plus reculée, et ces ornements paraissent avoir été communs en Orient, particulièrement chez les Égyptiens.

Les Indous faisaient également usage de ce genre de bijoux : « J'ai cent mille servantes, jeunes, ravissantes comme l'or, bien parées, portant des bracelets au coude et à la naissance du poignet, » dit le roi Youddhistira, dans le *Mahabharata.* Les femmes de l'Inde avaient plusieurs espèces de bracelets, ceux des bras, ceux des poignets et ceux des jambes. Ces derniers, appelés *noupa-ras,* étaient généralement d'argent et garnis d'un rang de petites sonnettes.

Les bracelets de jade, portés autrefois indifféremment par les deux sexes, ont été très anciennement usités en Chine, ainsi que ceux de métal précieux. Une chanson du premier siècle de notre ère dit, en parlant d'une adolescente : « Sa manche un peu relevée laisse apercevoir une main blanche ; un bracelet d'or s'enroule autour de son poignet délicat. » Les bracelets d'or sont aussi mentionnés dans le *Yu-Kiao-li,* le *Gil Blas* des Chinois.

Les Assyriens faisaient un grand usage de bracelets, composés pour la plupart de grains de pierres dures taillées en forme d'olive ou de baril, et enfilées ensemble. Cependant les fouilles faites aux environs de Khorsabad, près de Ninive, ont mis à découvert des jarres brisées renfermant des bracelets de bronze et un bracelet d'or, ornés de têtes de taureau.

Aujourd'hui, les bracelets sont d'un usage général en Perse. « Les dames persanes, dit à ce sujet Chardin, portent des bracelets de pierreries, larges de deux à jusqu'à trois doigts, et qui sont fort lâches autour du bras. Les personnes de qualité en portent de *tours de perles.* Les jeunes filles n'ont communément que des *menottes d'or,* avec une pierre précieuse à l'endroit de la fermeture. »

De l'Asie, les bracelets passèrent en Grèce, pendant la période héroïque, époque où Vulcain, tout à la fois forgeron et orfèvre, fabriquait pour les déesses des bijoux aussi rares que merveilleux. Mais les bracelets ne devinrent communs que beaucoup plus tard. Alors les femmes les portèrent aux bras, aux poignets et aux jambes indistinctement, et chacun de ces bijoux avait, dans leur langue, un terme propre qui servait à les désigner.

À l'époque de la fondation de Rome, les Sabins ornaient leur bras gauche de lourds bracelets d'or. Les Romains, au contraire, portaient ces ornements au bras droit. Ces deux peuples les tenaient des Étrusques, qui furent longtemps la seule nation industrieuse de la péninsule italique. Plus tard, lorsque la mode eût multiplié les bracelets dans la parure des femmes, on leur donna différents noms. Le *péricarpe* des Grecs se portait aux deux poignets indistinctement, comme on le voit par la *Vénus Callypige* de la galerie Farnèse, dont les poignets sont ornés de bracelets formant une simple bande. Lorsqu'on mettait cet ornement au poignet du bras droit il s'appelait *dextrocherium.* Le *spatalium* était une seconde variété de cette espèce de bracelet, que les femmes coquettes portaient également au poignet. Il était composé de fils d'or enlacés et ne faisait qu'un tour. Outre son fermoir en forme de rosace, il était orné en dessous de deux petites clochettes attachées comme des pendants, et devait son nom à la ressemblance qu'il avait avec une branche de palmier laissant pendre la *spatha,* qui contient la fleur et le fruit. Le *dextrale* était ordinairement formé d'une bande ou d'un fil de métal faisant un seul tour. Il se mettait au bras entre le poignet et le coude. Le *spinther* entourait le bras gauche entre le coude et l'épaule. Ce bijou était généralement composé de plusieurs fils d'or et n'avait pas de fermoir. Un fragment des *Menechmes* de Plaute montre qu'il restait en place sur le bras par sa propre élasticité et la pression qu'il exerça t

sur les chairs. Ce fut de cette particularité que lui vint son nom, par allusion au muscle constricteur appelé *sphincter.* Enfin les *périscélides,* appelés aussi *compedes,* étaient des anneaux massifs d'or ou d'argent empruntés à l'Orient, dont les peintures de Pompéi offrent de nombreux exemples. Ces ornements, qui s'attachaient audessus de la cheville du pied, étaient principalement réservés aux femmes des classes plébéiennes de Rome, aux courtisanes et aux danseuses, qui sortaient les pieds nus et montraient leurs jambes en partie, tandis que les dames et les matrones romaines les cachaient entièrement sous leurs robes longues et traînantes.

Dans la nomenclature que Strabon fait des bijoux recherchés par les Gaulois, on remarque des anneaux ou plutôt des cercles d'or en torsade qu'ils portaient aux bras et aux poignets. Le *Musée national bavarois,* à Munich, possède deux curieux bracelets de bronze de la période celto-germanique ; mais ces ornements sont loin d'égaler, comme délicatesse de travail, le bracelet gaulois en or du cabinet des antiques de la Bibliothèque nationale, lequel est entièrement découpé à jour et a à peu près la forme de nos ronds de serviettes (V. BIJOUTERIE, fig. 396). D'un autre côté, dans les *Lois des Angles,* des *Wérins* et des *Thuringiens,* il est dit : « Que la mère, en mourant, abandonne à son fils la terre, les esclaves et l'argent, mais qu'elle laisse à sa fille toutes les parures, telles qu'agrafes, colliers, bracelets, etc. »

Les Mérovingiens ont également brillé dans l'art difficile de la bijouterie. Nous citerons, comme exemple, le magnifique bracelet de la période franque, appartenant au *Musée national bavarois,* à Munich. Quoi qu'il en soit, le plus ancien bracelet de l'époque mérovingienne, et le plus important au point de vue historique, est celui qui a été trouvé, en 1643, dans le tombeau du roi Chilpéric. Ce superbe joyau, composé d'un cercle d'or, était orné d'un grand camée sur le fermoir.

Sous les rois Carlovingiens, le luxe des bijoux de toute sorte s'accrut encore. On lit, en effet, dans la *Chronique du moine de Saint-Gall,* que les vêtements des leudes ou seigneurs étaient de pourpre bordés de franges et que leurs bras pliaient sous le poids des bracelets d'or. Il en fût de même sous le règne de Louis Ier, successeur de Charlemagne.

Les auteurs du moyen âge désignent ordinairement les bracelets sous le nom de *manicles,* du latin *manicula.* On voit des bracelets semblables à la statue couchée du tombeau de la femme de saint Louis et, dans le roman de *Parthenopex de Blois,* l'héroïne a des bracelets d'or et d'onicles :

Li bras sont fort par les manicles
Qui faites sont d'or et d'onicles.

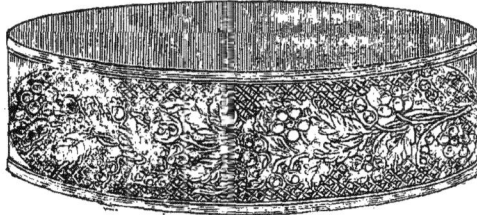

Fig. 573. — *Bracelet moderne.*

Fig. 574. — *Bracelet moderne.*

c'est-à-dire d'agates. ou *onyx*. Cependant, les *Chroniques d'Aimoin* et les *Chroniques de Saint-Denis*, nomment ce bijou *armille*, du latin *armilla*.

Le xv° siècle mit en faveur les bracelets ornés de devises. Mais au siècle suivant, on commença à les décorer de portraits en miniature. Brantôme en fournit une preuve au discours septième des *Dames galantes*. « Un grand seigneur estant devenu amoureux d'une très belle et honneste dame, et luy ayant donné un très beau et riche bracelet, où luy et elle estoient très bien pourtraits, elle fut mal advisée de le porter ordinairement sur son bras nud pardessus le coude. Son mari le découvrit et la tua. »

Bientôt, grâce à l'influence des mœurs et des coutumes italiennes importées en France, l'émail ne tarda pas à recouvrir tous les bijoux, et le luxe des bracelets, entre autres, alla si loin, que Charles IX fit une Ordonnance, datée de Fontainebleau (22 avril 1561), pour en arrêter l'effervescence. « Ne pourront lesdites femmes porter dorures à leurs têtes, de quelque condition qu'elles soient, sinon les premières années qu'elles seront mariées : et seront les chaînes, les carcans et bracelets qu'elles porteront, sans aucun émail, et ce, sous peine de 200 livres parisis d'amende... » Les *Comptes* du temps nous apprennent qu'on ornait également les bracelets de pierreries et de camées.

Au goût des ciselures fines et délicates, des figures artistement modelées, mises en vogue par la Renaissance, succéda l'amour des diamants, dont le règne commençait.

Durant le xvii° et le xviii° siècles, les bijoux subirent le goût de l'époque. Sous Louis XIV, ils prirent ce cachet de grandeur et de majesté et même de lourdeur qui caractérise alors tous les arts. Seuls les bracelets conservèrent quelque élégance, lorsque les perles eurent remplacé les diamants. Le *Testament et Inventaire* des biens de Claudine Beauzonnet Stella, femme artiste de la fin du xvii° siècle (1693-1697) donne quelques renseignements sur les bracelets en usage à cette époque : « Une paire de bracelets de corail avec leur clavié d'or ; — une paire de bracelets à perles, à quatre rangs ; — autre paire de bracelets de petites perles, à quatre rangs, et de part en part un grain de corail ; — autre paire de bracelets de grains d'or, à cinq rangs ; — autre paire de bracelets faits en chaîne, nommée *jazerant*, avec leur fermeture à table, le tout d'or. »

Sous le règne de Louis XVI, les bracelets changent de style. Le *Cabinet des modes* (décembre 1785) en mentionne plusieurs « en feuillage, avec simple entourage de diamants ; d'autres (15 février 1786) sont à plaquettes d'or, à jour, avec cadenas. Mais à mesure qu'on approche de la prise de la Bastille, la noblesse renonce, avec l'abus de l'étoffe dans le costume, à l'étalage des bijoux, et, en 1790, les petites bourgeoises se contentent de simples bracelets d'acier du sieur Granchez, « en forme de manchettes qui lient la robe sur le poignet, au moyen d'un petit ruban bleu de ciel. »

Les femmes de la Révolution paraissent avoir peu songé aux bracelets. Ce n'est guère que sous le Directoire que ces ornements redevinrent à la mode, même parmi les hommes. L'auteur des *Semaines critiques ou gestes de l'an V*, raconte qu'arrêté dans la rue devant un placard, il avait devant lui un citoyen d'une quarantaine d'années, chargé d'ambre, de parfums, et portant « la petite chaîne d'or en filigrane au poignet droit. »

Le premier Empire ayant ramené le luxe des bijoux, les bracelets d'or se couvrirent de perles et de diamants. L'archiduchesse Marie-Louise, qui joignait à des goûts plus simples une certaine sentimentalité, avait, dit-on, fait monter en bracelets des fragments de la pierre rougeâtre dont est formé le prétendu *tombeau de Juliette*, poétique sarcophage situé dans un jardin de Vérone.

Aujourd'hui le bracelet est une des branches les plus importantes de la bijouterie moderne, en France, comme à l'étranger, l'amour de la parure et le désir de

plaire sont plus puissants que jamais chez nos contemporaines. Nos fig. 573 et 574 offrent des spécimens de bracelets modernes sur lesquels il a été fait avec infiniment de goût l'emploi des ors différents, de la ciselure et de l'émail. Mais il n'est pas donné à toutes les femmes d'avoir des bracelets garnis de diamants, tandis que la plus humble bourgeoise peut orner son bras de grains d'ambre, de corail, d'une tresse de cheveux ou de l'élégant *porte-bonheur*. — s. b.

* **Bracelet**. *Art milit. anc.* Dans l'ancienne armure des hommes d'armes on donnait ce nom à la garde du gantelet. Il était fait en peau avec plaque d'acier, ou en acier à charnières et à loqueteau.

* **BRACONNIÈRE ou BRAGONNIÈRE**. *Art milit. anc.* Dans l'armure du moyen âge, c'était une ceinture de fer attachée à la pansière, destinée à recevoir le ceinturon et à laquelle, suivant Viollet-le-Duc, étaient attachées par des courroies sous-jacentes une, deux, trois, quatre ou cinq lames mobiles qui couvraient les hanches

Fig. 575. — *Corselet de fer et sa braconnière (XV° siècle)*.

Les tassettes suspendues à cette partie de l'armure de plates couvraient également une partie des cuisses. Notre figure 575 représente un corselet de fer du xv° siècle ayant, d'après le même auteur, la pansière et dossière, avec lesquelles la ceinture de la braconnière ne fait qu'une même pièce de forge.

* **BRACONNOT** (HENRI), chimiste, né en 1780, à Commercy, mort à Nancy, en 1855 ; fut d'abord pharmacien dans l'armée du Rhin ; puis après un brillant examen au concours, au collège de pharmacie, il fut nommé directeur du Jardin botanique de Nancy. L'académie de médecine l'accueillit dans son sein en 1823. On doit à Braconnot de nombreuses découvertes relatives à la chimie organique telles que la salicine, la populine, la xyloïdine, la liquinine, la leucine, la glycocolle, beaucoup d'acides végétaux, la composition chimique de divers corps gras, etc. Il a laissé de nombreux Mémoires insérés dans les *Annales de chimie, de physique*, le *Journal de chimie médicale* et autres recueils scientifiques.

BRACTÉES. *T. de mét.* Rognures de feuilles d'or que l'on broie intimement à la molette pour faire la poudre d'or.

* **BRACTÉOLE.** *T. Techn.* On donne ce nom aux feuilles défectueuses qui, chez les batteurs d'or, servent avec les *bractées* à faire la poudre d'or. Les ouvriers disent aussi *bactréole*.

* **BRADEL.** *T. de rel.* Nom d'une reliure dans laquelle la tranche du livre n'est pas rognée, et dont le dos et les cartons sont couverts de papier colorié.

* **BRAGUE.** *T. de luth.* Morceau de bois placé au bout du corps du luth pour en cacher les éclisses.

BRAI. *T. tech.* Produit combustible, fortement carburé, provenant ordinairement du résidu d'une distillation ; on distingue : 1° *brai gras naturel*, sorte de bitume retiré de l'asphalte ; 2° *brai gras artificiel*, mélange de goudron, de brai sec et de poix grasse ; 3° *brai sec*, produit liquéfié dans des chaudières, filtré et coulé dans des moules ensable, employé dans la préparation des onguents et emplâtres ; 4° *brai liquide* ou goudron provenant de la distillation de la houille.

Le brai sec résidu de la distillation de la térébenthine ou du galipot porte aussi le nom d'*arcanson*, de *colophane*; celle-ci, brassée fortement avec de l'eau, porte le nom de *résine-jaune* ou *poix-résine*.

Les produits de la distillation de la houille se distinguent en essences et en huiles lourdes; et les brais, en brais liquides et en brais secs.

Le brai liquide trouve un grand débouché dans la fabrication du noir de fumée et surtout dans la fabrication des charbons agglomérés, etc. — V. Agglomérés.

Pour l'obtenir, on retire seulement du goudron l'eau et environ 120 kilogrammes d'essence marquant 14 degrés à l'aréomètre sur une charge de 2,000 kilogrammes de goudron.

Au contraire, pour obtenir le brai gras on pousse la distillation plus loin ; ainsi sur 2,000 kilogrammes de goudron, on retire également l'eau et 120 kilogrammes d'essence, à 14 degrés ; ensuite 60 kilogrammes d'essence plus lourde, 450 kilogrammes d'huile lourde, et comme résidu dans la chaudière, le brai gras. Ce dernier produit est employé à la fabrication des mastics destinés à faire les asphaltes artificiels.

BRAIE. 1° *T. de mar.* Toile ou cuir enduit de goudron que l'on cloue en certains endroits, pour empêcher l'eau de pénétrer dans le navire. || 2° *T. d'imp.* Feuille de papier ou de parchemin qui a la forme d'une *frisquette* et qui sert au tirage des épreuves. || 3° Instrument de cirier sur lequel on écache la cire. || 4° *T. de meun.* Ensemble de deux traverses de charpentes placées dans le bas des piliers du beffroi parallèlement au grand arbre, et qui soutiennent le pilier. || 5° *T. de mét.* Braie à sauter, levier en bois dur qui servait autrefois au vermicellier pour élaborer sa pâte.

* **BRAISINE.** *T. techn.* Mélange d'argile et de crottin de cheval pour tremper l'acier.

* **BRALLE** (François-Jean), ingénieur, né en 1750, mort en 1832, s'est distingué par d'importants travaux hydrauliques. Il fut aussi l'inventeur du *couvoir artificiel* pour l'éclosion des œufs.

BRANCARD. *T. techn.* Pièces de bois longitudinales, ferrées ou non, sur lesquelles sont montés les bâtis d'une charrette ou de certaines voitures; elles se prolongent en avant et c'est entre ce prolongement qu'est placé le cheval. Ce mot vient de *branche*, parce que dans les voitures primitives et encore aujourd'hui dans les charrettes, les brancards ne sont que deux fortes branches d'arbres travaillées. On donne encore le nom de brancard aux pièces de bois qui sont les pièces principales d'une caisse de voiture moderne, quoique à proprement parler ce ne soit plus deux branches, mais bien l'assemblage de plusieurs pièces de menuiserie. Par extension, on nomme ainsi les deux pièces de bois, ferrées ou non, qui s'adaptent à l'avant-train d'une voiture et entre lesquelles est placé le cheval. On dit aussi dans ce cas *limonières*.

2° Dans le matériel de chemin de fer, on donne ce nom aux maîtresses poutres qui forment les deux longs côtés du cadre rectangulaire du châssis des wagons, et sont maintenues assemblés par des poutres transversales. On prenait toujours autrefois, pour les brancards, des poutres en bois de chêne ayant une section de 0^m, 28 sur 0^m, 12 environ ; mais l'élévation du prix du bois, et surtout la difficulté de se procurer des pièces de 6 à 8 mètres de longueur avec un aussi fort équarrissage, ont amené la plupart des Compagnies de chemins de fer à remplacer dans la fabrication des brancards, le bois par des poutres en fer à ⊥ ou à ⊔. Cette substitution s'opère même actuellement pour le châssis tout entier. — V. Châssis.

|| 3° Espèce de civière à bras et à pieds sur laquelle on transporte un malade ou des objets fragiles. || 4° Assemblage de pièces de charpente, sur lequel on place des fardeaux très pesants, pour les transporter sans les endommager.

BRANCHE. *T. techn.* 1° Dans les fabriques de tissus, chacune des portions dans lesquelles une chaîne est divisée. || 2° La partie d'une poignée d'épée faite en demi-cercle, qui passe d'un bout dans l'œil au-dessous de la poignée, et de l'autre bout dans le pommeau. || 3° En *archit.*, nervures des voûtes gothiques qui font saillie sur le nu, et qu'on nomme *branche d'ogive*. || On donne aussi le nom de *branche de voussoir* à l'enfourchement du voussoir de deux voûtes contiguës. || 4° Corps d'une épingle. || 5° Chacune des portions formant la natte chez les vanniers. || 6° Planche pointue par un bout à l'usage du verrier. || 7° Dans la balance romaine, c'est la tige où sont marqués les caractères qui indiquent le poids des corps que l'on pèse. || 8° Tige d'une clef. || 9° Partie du flambeau ou du chandelier comprise entre le pied et la couronne qui reçoit la bougie ou la chandelle. || 10° Chacune des pièces dont l'ensemble constitue un instrument, un outil. || 11° Dans une presse typographique, pièces de fer qui pèsent sur la platine pour donner du foulage.

* **BRANCHEMENT. 1°** *T. de chem. de fer.* Dédoublement de voie, bifurcation résultant de la naissance d'une voie nouvelle entée sur la voie primitive. Le branchement peut être simple ou double selon que la voie, en se dédoublant, projette une seule branche vers sa gauche ou vers sa droite, ou deux branches à droite et à gauche de sa direction principale. Tout branchement comporte un changement de voie et un croisement comme une bifurcation simple. — V: BIFURCATION. || 2° *T. de trav. publ.* Terme employé dans les canalisations d'eau et de gaz, pour désigner le tuyau de raccordement qui relie la conduite principale d'une rue avec les maisons riveraines, ainsi qu'avec les lanternes, s'il s'agit du gaz, avec les bornes-fontaines et les bouches de lavage, quand il s'agit d'une distribution d'eau.

BRANCHER. *T. techn.* 1° Mouvoir la branche dans l'ouverture de la bosse, chez le verrier. || 2° Embrancher une sous-division de tuyaux pour la conduite de l'eau, du gaz.

* **BRANDILLE.** *T. de charp.* Nom des trous faits dans les chevrons pour y mettre des chevilles.

* **BRANLE.** *T. de meun.* Pièce de bois formant levier, placée au-dessus du beffroi d'un moulin, parallèlement à la braie de trempure.

* **BRANLOIRE. 1°** *T. de forg.* Levier muni d'une chaîne de fer qui sert à faire mouvoir le soufflet de la forge. || 2° *T. de teint.* Grand châssis qui supporte les écheveaux de soie teinte que l'on veut sécher et auquel on imprime un mouvement de va-et-vient pour activer l'opération.

* **BRAQUE.** Ce mot vient du russe *brake*, qui signifie *triage* et désigne en français le classement des lins de Russie en marques connues, désignées par des lettres. Ce classement était autrefois officiel, et les chambres de commerce des marchés liniers de la Russie avaient à leur solde des *braqueurs* chargés de diviser en catégories les lins qui s'y trouvaient centralisés et qui, la plupart, étaient destinés à l'exportation. Aujourd'hui, après une expérience de plusieurs années, on a reconnu l'inutilité de la *braque publique*, et la *braque privée* seule subsiste. Les marques employées varient avec les divers marchés et nous croyons nécessaire d'en indiquer quelques-unes. Les lins de Riga, par exemple, sont désignés de la façon suivante :

Lins couronne...	WZK	GZK	HZK	ZK
— ...	WSPK	GSPK	HSPK	SPK
— ...	WPK	GPK	HPK	PK
— ...	WK	GK	HK	K
Lins wrack et Drei-band......	PW₂	W₂	PD₃	D₃
Lins Slanetz-drei-band......	PSD	SD	SDW	

Lins Hoff de Livonie.	WSFPHD	SFPHD	WFPHD	FPHD
— —	WPHD	PHD	WHD	HD
Dreibands de Livonie et wrack dreibands......	PLD₃	LD₃	DW₄	

Chacune de ces lettres a sa signification : S, *slanetz*, roui sur terre; H, *hanf*, de propriétaire; P, *puik*, choix; W, *weiss*, blanc; G, *grau*, gris; H, *hell*, clair; D, *drei-band*, trois liens, etc.

Les chanvres sont soumis aussi à la braque; dans la même ville, ils sont classés de la manière suivante :

KSPH	Kurzer schwarzer pass hanf.
LSPH	Langer schwarzer pass hanf.
PPH	Poln pass hanf.
PAH	— auschuss hanf.
PRH	— rein-hanf.
FPPH	Fein poln pass hanf.
FPAH	— — ausschuss hanf.
FPRH	— — rein hanf.
SFPPH	Sup fein poln pass hanf.
SFPAH	— — — ausschuss hanf.
SFPRH	— — — rein hanf.
MRH	Marine rein hanf.

La signification de ces lettres varie aussi avec les diverses marques. Ainsi, *Poln pass hanf*, veut dire : *chanvre de Pologne pass*; *sup fein ausschuss hanf*, signifie : *chanvre de Pologne fin outshott supérieur*; *marine rein hanf*, chanvre *net de marine*, etc. Il faut dire qu'ici, en dehors de toute marque, les chanvres se divisent en *pass*, *outshott* et *net*.

Si nous passons de la braque de Riga, à celle de Pernau, les marques changent. Aujourd'hui, dans cette autre ville, les lettres adoptées sont au nombre de cinq :

G	Extra fin.	D	Bon ordinaire.
R	Supérieur.	OD	Commun.
HD	Choix.		

Dans les villes de Pskoff et de Narva, on a adopté la classification suivante :

M	12 têtes, extra fin choisi.	PW	9 têtes, supérieur.
G	— fin choisi.	VV	— ordinaire.
R	— choisi.	OW	6 têtes, ordinaire.
HD	— supérieur.	O	— rebut.
D	— fin ordinaire.	OO	— arrachures.
OD	— ordinaire.	OOO	— mauvais.

Ce sont là les principales marques adoptées par la braque privée sur les marchés russes les plus importants. — A. R.

* **BRAQUEUR.** — V. l'article précédent.

* **BRARD** (CYPRIEN-PROSPER), minéralogiste distingué, né à Laigle, en 1786, a écrit plusieurs ouvrages estimés, notamment un *Traité des pierres précieuses, des porphyres, des granits* (2 vol. 1808), et un *Mémoire sur un nouveau procédé tendant à faire reconnaître la pierre gelive ou gelivée* (1821). Il mourut en 1838, directeur des mines du Lardin (Dordogne).

BRAS. En *techn.*, ce mot s'applique à une foule d'objets; en *mécan.*, on nomme *bras de levier*, la partie du levier comprise entre le point d'appui et le point où est appliquée la force ou la résistance. || Tige principale d'une machine servant à transmettre le mouvement d'une pièce à une autre. || Tige articulée qui, dans une machine à vapeur, unit la tige du piston et du condenseur avec le balancier. || Certains chandeliers ou parties d'appareils d'éclairage fixés à un mur, à une boiserie. || Support latéral d'un fauteuil, d'un siège quelconque destiné à appuyer le bras de la personne assise. || Longs bâtons parallèles qui se prolongent aux extrémités d'un brancard, d'une civière, ou au-devant d'une charrette. || *Bras de scie*, les deux pièces de bois parallèles, auxquelles tient la feuille de scie. || *Bras de chèvre*, chacune des deux longues pièces de bois qui portent le treuil, et où le câble s'enroule quand on monte un fardeau.

* **BRASAGE** ou **BRASEMENT**. Opération qui sert à réunir deux métaux différents ou deux morceaux d'un même métal par l'interposition d'un métal plus fusible que les métaux à souder. Le métal interposé peut être : un alliage de cuivre rouge et de zinc, un alliage de cuivre jaune et d'argent ou un alliage de cuivre rouge, d'argent et d'or. On nettoie les surfaces à souder, on les rapproche et on les maintient avec du fil de fer ; sur le joint on étend une pâte formée de borax, d'eau et d'une certaine quantité d'alliage, réduit en grains. On chauffe le tout au chalumeau ou dans un four, le borax fond avec l'alliage en dissolvant les acides qui auraient pu se former. Au lieu de borax on peut employer l'acide borique, le chlorure de zinc liquide, etc. — V. BRASURE.

BRASQUE. *T. de métall.* On appelle *brasque* le charbon dont on garnit les parois de certains appareils métallurgiques. On dit qu'un *creuset est brasqué*, quand après l'avoir rempli de charbon de bois en poudre fortement tassé, on y pratique une cavité centrale devant renfermer la matière à fondre. Cette opération a pour but d'éviter l'action des parois plus ou moins siliceuses et d'opérer dans un milieu essentiellement réducteur. Au lieu de creuset brasqué, on se sert aussi de creuset de graphite. Quand on opère en petit, on obtient un très bon garnissage, équivalent à la meilleure brasque, en enduisant l'intérieur d'un creuset de terre ou de porcelaine, d'un sirop très épais, mélangé ou non de poussier de charbon de bois ; le sucre en brûlant forme un charbon très compacte et très adhérent.

BRASQUER. *T. de métall.* Opération qui a pour but de garnir les creusets pour les rendre propres à recevoir les substances oxydantes qui agissent chimiquement, ou les métaux et leurs composés qui souvent les traversent par capillarité.

* **BRASSAGE**. 1° *T. de métall.* Dans la transformation de la fonte en fer ou en acier, on agit par *oxydation* : le carbone, le silicium, se transforment en produits oxydés ; oxyde de carbone, silice, sous l'action plus ou moins directe de l'air. Il est donc nécessaire de brasser, pour changer les surfaces en contact avec l'air ou la scorie et hâter ainsi l'affinage. Ce brassage se fait, au four à puddler, au moyen d'un outil en fer, dit

crochet ou *ringard*. C'est une opération pénible, que l'on a cherché à faire mécaniquement, mais sans beaucoup de succès. Le développement de l'affinage Bessemer par introduction mécanique d'un courant d'air dans la fonte liquide, sera la vraie solution de la suppression du *puddlage* ou brassage de la fonte par la main de l'homme.

|| 2° Opération qui a pour but de remuer, d'agiter différentes matières pour en opérer le mélange ; c'est par le brassage qu'on agite le *malt* dans l'eau pour la fabrication de la bière. — V. BRASSERIE. || 3° Dans les fabriques de savons, action de rendre la pâte égale et homogène en l'agitant jusqu'au moment où elle devient très épaisse et presque froide. || 4° Travail des ouvriers qui remuent les métaux dans les fabriques de monnaies.

BRASSARD. Ancienne armure qui couvrait le bras d'un homme de guerre depuis l'épaulière jusqu'au gantelet ; le brassard se composait de deux pièces solides, en forme de tuyau, de fer ou d'acier seuls, réunies soit par une *cubitière*, pièce dont le double objet était de réunir les parties supérieure et inférieure et de servir de défense au moyen d'une pointe aiguë, soit par de petites lames appelées *goussets*, articulées comme l'enveloppe des crustacés. On en fit usage, en France, depuis le milieu du XIVᵉ siècle jusqu'au règne de Henri III. — V. ARMURE.

BRASSERIE. L'industrie de la *brasserie* a pour but la fabrication de la *bière* (V. ce mot).

Les opérations de la brasserie forment deux groupes parfaitement distincts : le *maltage*, ou la préparation du malt (V. MALTERIE), et le *brassage*, que nous allons décrire dans cet article.

En France, ces deux groupes d'opérations sont habituellement effectués dans le même établissement, dans la brasserie elle-même, où le malt est préparé au fur et à mesure des besoins, tandis que en Angleterre, en Belgique et en Allemagne, la malterie et la brasserie forment le plus souvent deux industries particulières, exercées dans des établissements spéciaux.

Le brassage, c'est-à-dire la transformation du malt en bière, comprend les opérations suivantes :

1° La mouture ou concassage du malt ;

2° La préparation du moût (brassage proprement dit), qui se subdivise elle-même en trois opérations :

(a) La saccharification du malt (démêlage, brassage) ;

(b) La cuisson et le houblonnage du moût ;

(c) Le refroidissement du moût.

3° La fermentation du moût.

I. MOUTURE DU MALT.

Quelle que soit l'origine du malt, qu'il ait été préparé par le brasseur lui-même ou qu'il ait été fourni à ce dernier par le malteur, la première opération qu'on lui fait subir est la *mouture* ou le *concassage*. La mouture du malt a pour but de favoriser et de rendre plus complète la transformation de sa matière amylacée au contact de l'eau et de la diastase ; mais la division du malt ne doit pas être poussée trop loin, il ne faut pas la réduire en une farine trop fine, parce qu'il formerait, lors du traitement ultérieur par l'eau, une masse épaisse difficile à travailler et tout à fait impropre à donner un moût clair.

Avant de soumettre le malt à l'action des appareils concasseurs, il est convenable de le laisser exposé, pendant quelque temps, au contact de l'air, afin qu'il absorbe un peu d'humidité et que les enveloppes du grain ne se divisent pas trop; on peut aussi, dans le même but, l'humecter avec 5 à 6 0/0 d'eau.

Autrefois effectuée dans des moulins à farine ordinaires à l'aide de meules horizontales en pierre, la mouture du malt se fait maintenant presque partout au moyen de machines, consistant généralement en deux cylindres horizontaux en fonte, d'inégal diamètre et tournant en sens inverse. Les figures 576 et 577 représentent un appareil de ce genre. Le malt arrive par le canal *l*, dont le fond perforé permet aux poussières de tomber dans le conduit inférieur *l'*; un cylindre distributeur en bois *c*, garni sur toute sa périphérie, dans le sens de son axe, de lames d'acier *dd*, sert à régler l'arrivée du malt entre les deux cylindres broyeurs en fonte *a* et *d* qui, au moyen des vis *oo*, peuvent être écartés ou rapprochés l'un de l'autre; les couteaux en acier *tt* viennent s'appliquer sur la surface des cylindres broyeurs et en détachent le malt qui y est resté adhérent.

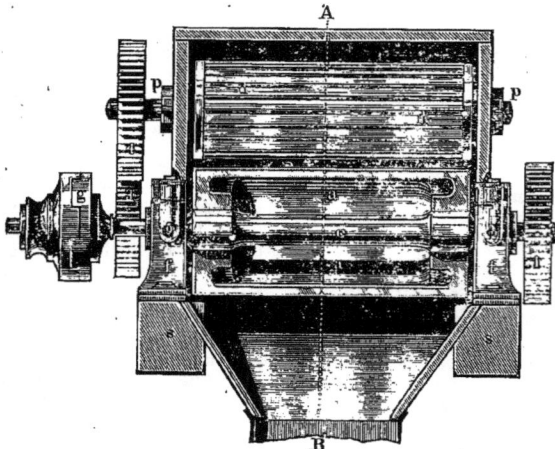

Fig. 576. — *Moulin à malt.*

Le malt, une fois moulu, il est convenable de le laisser séjourner à l'air pendant quelques jours, afin qu'il absorbe un peu d'humidité et se laisse, par suite, mélanger plus facilement avec l'eau; mais il ne faut pas attendre trop longtemps, parce que, en été surtout, il perd de son arome et prend une odeur désagréable.

II. PRÉPARATION DU MOUT, BRASSAGE PROPREMENT DIT.

A. SACCHARIFICATION DU MALT. La première opération de la préparation du moût est la *saccharification du malt* (*démélage, brassage*), qui a pour but de transformer l'amidon du malt en dextrine et en sucre (glucose), avec le concours de l'eau chaude et de la diastase développée par la germination du grain.

La *température* à laquelle le mélange du malt avec l'eau, ou le brassage, est effectué, ne doit pas dépasser 75°, et suivant Balling, c'est cette température qui produit la saccharification la plus

rapide, mais généralement on ne va pas au delà de 65 à 67°. — V. BIÈRE.

La saccharification du malt est faite dans de grandes cuves en bois ou en tôle revêtue extérieurement d'une enveloppe en bois et désignées sous le nom de *cuves-matières*. Ces cuves (fig. 578), ordinairement circulaires, quelquefois quadrangulaires, légèrement coniques et de dimensions en rapport avec l'importance de la fabrication, sont munies d'un double fond filtrant DD, formé d'une plaque de métal (cuivre, laiton ou fer) percée de trous, et établie à 4 ou 5 centimètres au-dessus du fond véritable; afin d'éviter l'engorgement, on donne aux trous du double fond la forme tronconique, le grand diamètre étant tourné vers le bas; c'est sur ce double fond qu'est placé le malt qu'il s'agit de saccharifier. CC est un couvercle consistant en un châssis en bois recouvert d'une toile, que l'on peut enlever ou replacer à volonté; il est destiné à fermer la cuve aussi hermétiquement que possible, afin d'empêcher les déperditions de chaleur. R est un tuyau à robinet, par lequel on fait arriver entre les deux fonds, au-dessous du malt, l'eau nécessaire pour le brassage, laquelle a été préalablement chauffée dans une chaudière communiquant avec le tuyau R et placée à un étage supérieur; cette chaudière, dont il sera question plus loin, sert également pour la cuisson et le houblonnage du moût; sous l'influence de la pression résultant de cette différence de niveau, l'eau traverse les trous du double fond et vient se mélanger avec le malt; enfin, par le tuyau R', on évacue le liquide clair rassemblé entre les deux fonds.

Dans la cuve qui vient d'être décrite, le double fond offre la même grandeur que le fond véritable et permet, par suite, une filtration très rapide; mais l'expérience a appris qu'une surface filtrante seulement égale au quart ou au sixième de la surface du fond de la cuve est tout à fait suffisante; c'est pour cela que l'on a généralement remplacé le double fond par des plateaux métalliques perforés *aa* (fig. 579), placés sur des rigoles creusées dans l'épaisseur du fond de la cuve à une profondeur de 25 à 30 millimètres et en communication avec le tuyau de vidange *b* et le tuyau *c* amenant l'eau de la chaudière; ces plateaux, larges de 2 décimètres environ, sont disposés de différentes manières; dans la cuve-matière, dont la figure 579 représente une section horizontale, quatre plateaux sont établis autour du milieu de son fond.

Dans les grandes brasseries, qui exigent un travail rapide, les cuves-matières n'ont qu'un seul fond uni, et la filtration du moût se fait dans un vase spécial, le *bac à filtration*, qui consiste ordinairement en une cuve en tôle doublée de bois, dont le fond est muni de plateaux métalliques perforés, semblables à ceux qui viennent d'être décrits ; le bac à filtration est établi au-dessous de la cuve-matière, dont tout le contenu y est vidé au moyen d'une large bonde de vidange, une fois la saccharification opérée.

Le mélange du malt avec de l'eau, le brassage, se faisait autrefois exclusivement à bras d'hommes, à l'aide d'instruments désignés sous le nom de *fourquets* (fig. 580) et qui offrent différentes formes, mais dans les grandes brasseries modernes, ces instruments ont été remplacés par des agitateurs mécaniques, qui effectuent le brassage beaucoup plus rapidement et avec une perfection plus grande.

La figure 581 représente une cuve-matière munie d'un pareil agitateur. L'axe vertical *a* repose inférieurement au centre de la cuve sur la crapaudine *b* et est soutenu supérieurement par la pièce transversale *c* ; sur la pièce de fonte *d*, dont il est muni vers sa partie inférieure, sont fixés

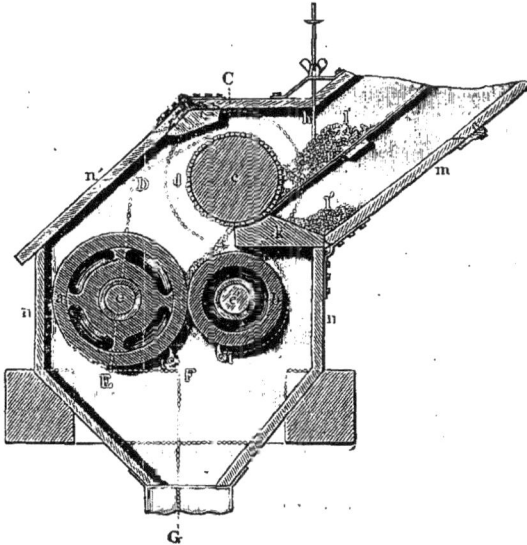

Fig. 577. — *Moulin à malt.*

les deux bras en bois *e* et *e'* ; il reçoit son mouvement par l'intermédiaire des roues coniques *f* et de l'arbre horizontal *g*, mis lui-même en mouvement au moyen d'une courroie sans fin passant sur la poulie *h* (*i* poulie folle sur laquelle on pousse la courroie lorsqu'on veut arrêter l'agitateur). Lorsque l'axe *a* est mis en rotation, les bras *c* et *c'* impriment à la masse contenue dans la cuve-matière un mouvement circulaire rapide, sous l'influence duquel le malt est intimement mélangé avec l'eau, et ce mélange est rendu encore plus parfait par les rateaux *l*, que la masse rencontre sur son passage et qui la brisent et la divisent en tous sens.

Pour effectuer le chargement de la cuve-matière avec le malt, on a imaginé dans ces derniers temps, des *appareils préparateurs* ou *mélangeurs*, au moyen desquels le malt est versé dans la cuve

intimement mélangé avec de l'eau, ce qui rend le brassage plus facile et empêche le malt de tomber en poussière ; et le fonctionnement de quelques-uns de ces appareils est si parfait, que dans beaucoup de brasseries qui suivent le procédé par infusion on a supprimé les agitateurs mécaniques. Des mélangeurs ont été construits par Noback et Fritze, par Neubecker et par Steel. La figure 582 représente en° section verticale le dispositif de Noback ; le malt moulu, amené par le tuyau *d*, tombe sur une plaque mobile qui, au moyen de la vis *b*, peut être relevée ou abaissée, suivant que l'on veut un écoulement lent ou rapide ; en quittant cette plaque le malt tombe sur un plan incliné et il est arrosé dans ce trajet par de l'eau froide ou chaude jaillissant par les petits orifices dont est muni le tuyau *c* ; l'arrivée de l'eau sur ce dernier est réglée par un robinet. Le malt ainsi imprégné d'eau tombe enfin par le tuyau *a* dans la cuve, sous forme d'une masse pâteuse plus ou moins homogène.

En sortant de la cuve-matière ou du bac à filtration, le moût clair est reçu dans une cuve particulière, ordinairement en bois doublé de cuivre, appelée *cuve-reverdoire*, d'où il est monté à l'aide d'une pompe dans un réservoir supérieur disposé de façon à pouvoir alimenter la chaudière à cuire. Depuis quelque temps, dans beaucoup de brasseries on a supprimé la cuve-reverdoire et l'on envoie le moût directement dans la chaudière.

La manière dont le brassage est effectué dans les différents pays est assez variable ; mais si l'on considère la manière dont le mélange de malt et d'eau (la *trempe*) est porté à la température convenable pour la saccharification, les différentes méthodes de brassage peuvent être ramenées à deux types principaux (V. BIÈRE) :

1° Les *méthodes par infusion*, dans lesquelles on atteint la température de la saccharification sans porter aucune portion de la trempe à l'ébullition ;

2° Les *méthodes par décoction*, dans lesquelles on fait au contraire bouillir la trempe par portions.

I. *Brassage par infusion*. Le brassage par infusion est surtout en usage en Angleterre, en France et en Belgique. Voici comment on opère généralement dans les brasseries françaises.

La quantité d'eau que l'on emploie à diverses reprises pour l'épuisement complet du malt, varie évidemment avec la richesse alcoolique que l'on veut donner à la bière; on peut dire qu'en général le volume de l'eau employée est à peu près égal à trois fois celui du malt, et nous supposerons, dans la description qui va suivre, que les dimensions de la cuve-matière sont telles que l'on puisse traiter, par exemple, 38 hectol. de malt.

Le malt moulu étant chargé dans la cuve, on fait arriver dans celle-ci, par le tuyau qui débouche au-dessous du fond perforé, vingt-sept hectolitres d'eau que l'on a préalablement chauffée dans la chaudière à 60° en été et à 70° en hiver, puis on brasse le mélange à l'aide de fourquets ou d'un agitateur mécanique; l'on abandonne la masse à elle-même pendant une demi-heure environ, afin que le malt se pénètre d'eau uniformément et se ramollisse ; ce premier traitement (trempe préparatoire, empâtage) est indispensable, car, si l'on arrosait le malt immédiatement avec de l'eau très chaude, il se formerait des grumeaux difficiles à désagréger. Pendant ce temps, l'eau restée dans la chaudière s'est échauffée à 90° environ ; on en fait écouler dans la cuve à peu près vingt hectolitres, de façon à porter la température du mélange à 70°, on renouvelle le brassage jusqu'à ce que la masse soit devenue fluide et homogène, on couvre la cuve et on laisse reposer pendant deux heures et demie à trois heures (première trempe). Au bout de ce temps, la majeure partie de l'amidon du malt a été transformée en sucre et en glucose sous l'influence de la diastase. On ouvre alors le robinet de vidange de la cuve-matière, afin de soutirer le liquide sucré ainsi obtenu, en recueillant à part les premières portions troubles, que l'on reverse sur le malt, et recevant le liquide clair dans la cuve-reverdoire, d'où

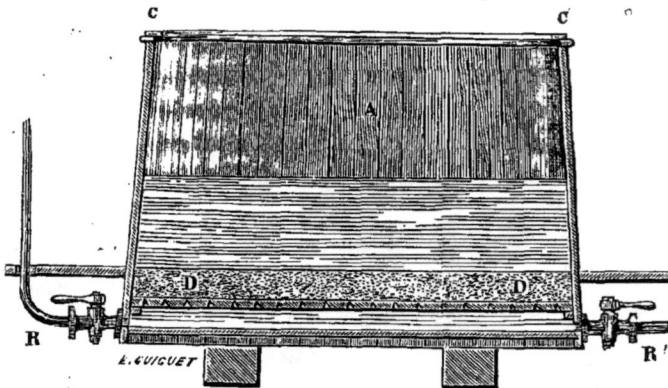

Fig. 578. — Cuve-matière.

on le monte au fur et à mesure dans le réservoir supérieur servant à alimenter la chaudière à cuire. Cette première trempe (premier brassin) fournit environ trente hectolitres de moût ou tisane, et l'on a ainsi enlevé au malt à peu près les six dixièmes de la matière sucrée qu'il peut fournir.

Cela fait, on procède à la deuxième trempe (deuxième brassin) et, à cet effet, on introduit dans la cuve-matière trente-quatre hectolitres d'eau à 90°, de façon à échauffer le mélange à 70 ou 75°; on brasse de nouveau, on couvre la cuve, on laisse reposer pendant une heure à une heure et demie, puis on soutire le moût clair dans la cuve-reverdoire, et on le monte dans le réservoir supérieur où il se réunit au moût du premier brassin, et le mélange de ces deux liquides est ensuite soumis à la cuisson et au houblonnage dans la chaudière à cuire, aussitôt que l'eau restant dans celle-ci a été vidée dans la cuve matière pour la troisième et dernière trempe.

Pour effectuer cette troisième trempe (troisième brassin), qui a pour but d'achever l'épuisement du malt, on brasse avec à peu près vingt-sept hectolitres d'eau bouillante, on laisse reposer pendant une heure, puis on soutire ce dernier moût (moût secondaire) en le recevant dans un réservoir particulier, et on l'emploie pour préparer une petite bière très faible ou bien on s'en sert au lieu d'eau pour faire une nouvelle opération.

L'épuisement complet du malt (ablution ou lavage des drèches) n'est pas sans offrir certaines difficultés, à cause de la grande viscosité de la masse, due à la présence du gluten. Aussi est-il préférable de ne pas introduire l'eau de la troisième trempe en une seule fois, mais par portions successives, et l'on obtient un résultat encore plus favorable, si au lieu de faire arriver l'eau sous le malt, on la verse sous forme d'une pluie fine à la surface de celui-ci. Dans un grand nombre de brasseries, on se sert pour cela de l'appareil représenté par la figure 583. Cet appareil se compose d'un bassin a, au fond duquel est adapté un tuyau horizontal fermé à ses deux extrémités, mais percé latéralement d'un grand nombre de petits trous ; ce bassin est suspendu au-dessus de la cuve-matière au moyen d'une corde passant sur les poulies c c, et à l'aide de laquelle on peut l'élever ou l'abaisser suivant les besoins en tournant la manivelle D; l'eau nécessaire pour le lavage est amené par le tuyau à robinet b dans le bassin a, et en s'écoulant par les trous du tuyau horizontal elle communique à tout le système un mouvement de rotation, par lequel l'eau est distribuée uniformément à la surface du malt. La *croix écossaise*, employée depuis longtemps déjà, est un appareil analogue.

Pour se rendre compte des progrès de la transformation de l'amidon en moût et en dextrine pendant le brassage, on peut se servir d'une *solution d'iode*, préparée en dissolvant dans un décilitre d'eau dix centigrammes d'iode et dix centigrammes d'iodure de potassium. Quelques gouttes du réactif, ajoutées à une petite quantité de moût, colorent celui-ci en bleu au début de l'opération, alors que la saccha-

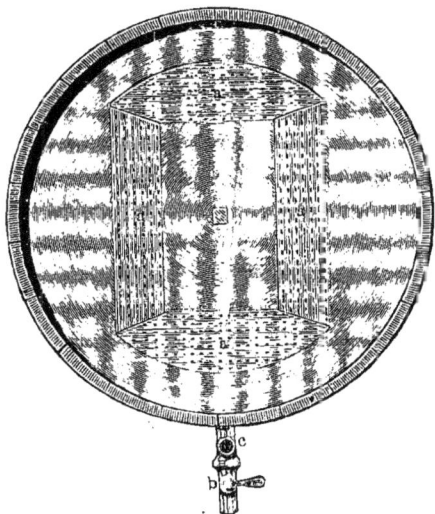

Fig. 579. — *Cuve-matière ; section horizontale montrant la disposition des plateaux perforés.*

rification est à peine commencée; plus tard on obtient une coloration rouge vin, enfin, lorsque la métamorphose de l'amidon est complète, il ne se produit aucun changement de coloration.

Après les trois trempes, il ne reste plus dans la cuve-matière que la pellicule qui enveloppait le grain, un peu d'albumine coagulée et quelques sels insolubles ; ce résidu ou la *drêche*, qui contient en outre une assez grande proportion (50 à 60 0/0) du liquide sucré provenant du dernier brassage, est employé avec avantage pour la nourriture des vaches laitières, après avoir été mélangé avec des matières sèches (son, paille, foin) et un peu de sel marin. Une drêche bien épuisée est légère, peu cohérente, d'une couleur foncée et non blanchâtre ; un demi-litre de la matière non tassée, desséchée à 100°, ne doit pas donner plus de 120 à 122 grammes de résidu.

Afin d'employer moins de malt, on substitue fréquemment, à une partie de ce dernier, une certaine quantité de sirop de fécule, de mélasse de

canne ou de sucre brut (V. BIÈRE), et alors on emploie généralement les différentes matières dans les proportions suivantes.:

Malt. . .	2,000 kilogr.	Eau à 60 ou 70°, 35 hect.
Sirop à 33°,	200 —	Eau à 90°, 25 —
Houblon,	60 —	Eau à 100°, 12 —

Ces dosages donnent soixante hectolitres de bière double, et en épuisant la drêche avec quarante hectolitres d'eau à 100°, on obtient en outre quarante hectolitres de petite bière.

II. *Brassage par décoction.* Dans les méthodes par décoction, qui sont principalement en usage en Allemagne et en Autriche, le brassage est généralement effectué dans des cuves-matières

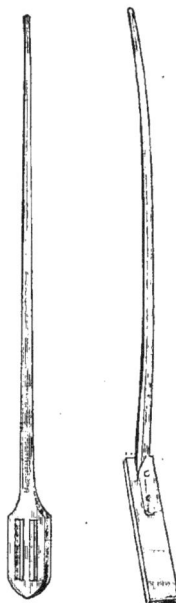

Fig. 580. — *Fourquets.*

munies d'agitateurs mécaniques, avec ou sans double fond, et dans ce dernier cas la séparation du moût clair d'avec le malt a lieu dans les bacs à filtration mentionnés précédemment.

Le brassage comprend ordinairement quatre trempes successives, séparées l'une de l'autre par le retour à la chaudière d'une portion variable de moût non achevé, qui, après avoir été porté à l'ébullition est ramené à la cuve-matière, où il réchauffe la masse pâteuse que le brasseur y a laissée.

Le brassage par décoction peut être pratiqué par différents procédés, dont les principaux sont: le *procédé bavarois* ou *de Munich*, le *procédé viennois* et le *procédé bohémien*.

Dans le *procédé bavarois (Dickmaischverfahren, procédé à trempe épaisse)*, le volume de l'eau nécessaire pour le brassage proprement dit et le lavage des drêches est partagé en deux portions:

deux tiers environ sont employés au brassage et le reste au lavage. Ce volume varie avec l'espèce de bière que l'on veut préparer, mais en général on peut dire qu'en moyenne il doit être à peu près égal au double de la quantité de bière qui doit être obtenue, parce que pendant la coction, il s'en évapore une quantité notable et qu'il reste une certaine quantité de moût dans la drèche et dans le houblon. On prépare en moyenne avec un hectolitre de malt un hectolitre quatre-vingt-cinq à deux hectolitres treize de bière.

Le malt étant chargé dans la cuve-matière, on procède à l'*empâtage* à froid en employant une portion (environ deux tiers) de l'eau destinée au brassage proprement dit, dont l'autre portion est portée à l'ébullition dans la chaudière à cuire. Dans les brasseries qui possèdent un mélangeur (V. plus haut), le malt est versé avec de l'eau, à l'aide de cet appareil, dans la cuve, où l'on a fait arriver préalablement une partie de l'eau d'empâtage, au fur et à mesure que le mélange tombe dans la cuve et est brassé énergiquement. par l'agitateur mécanique.

L'empâtage effectué, on abandonne la masse à elle-même pendant environ deux heures en été et trois ou quatre heures en hiver, et en brassant vivement on fait arriver le reste de l'eau, qui pendant ce temps a été chauffée à l'ébullition (*première trempe*). Dans les grandes brasseries, on a maintenant l'habitude, aussitôt l'empâtage achevé, de porter le mélange, sans le laisser reposer, à la température de 34 ou 35°, en y ajoutant l'eau de la chaudière.

Cette opération terminée, on procède à la pre-

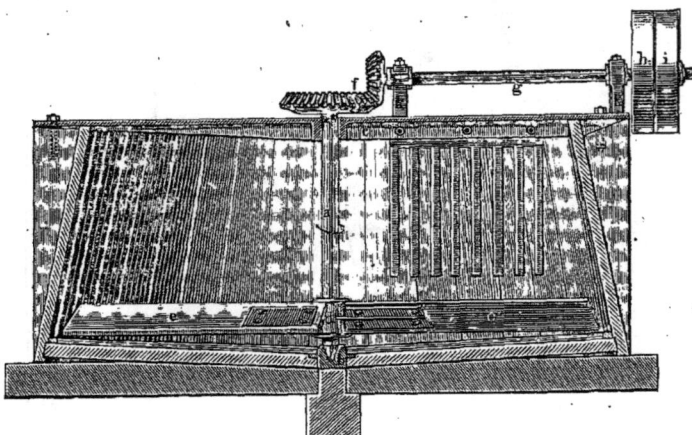

Fig. 581. — *Cuve-matière avec agitateur mécanique.*

mière coction de la trempe épaisse (erste *Dickmaischkochen*); pour cela, on aspire au moyen d'une pompe un tiers de toute la masse vivement agitée et on le refoule dans la chaudière ; on chauffe alors celle-ci avec précaution, de façon que la matière pâteuse, qu'elle renferme n'entre en ébullition qu'au bout d'une demi-heure, ébullition que l'on maintient pendant trente à quarante-cinq minutes, suivant que l'on doit préparer de la *bière au détail (Schenkbier)* ou de la *bière de garde (Lagerbier)*, et l'on a soin de bien agiter la masse, afin de l'empêcher de brûler. Maintenant on retourne la masse bouillante dans la cuve-matière, on brasse vivement et la température est ainsi portée à 50 ou 54° (*deuxième trempe*).

Cela fait, on transporte dans la chaudière un volume de la masse pâteuse égal à celui que l'on a pris pour la première coction de la trempe épaisse et l'on opère comme précédemment (*deuxième coction de la trempe épaisse, zweite Dickmaischkochen*), après quoi on renvoie la masse pâteuse en ébullition dans la cuve-matière, dont la température est ainsi élevée, après un brassage énergique, à 63 ou 65° (*troisième trempe*).

On laisse un peu reposer, et l'on envoie la portion claire de la trempe (un tiers environ de la masse totale) dans la chaudière, où on la chauffe à l'ébullition pendant vingt à trente minutes (*coction de la trempe claire, Lautermaischkochen*), pour la retourner ensuite dans la cuve-matière et porter de cette façon le contenu de celle-ci à la température convenable pour la saccharification, c'est-à-dire à 72 ou 75° (*quatrième trempe*).

La quatrième trempe achevée, on couvre la cuve et l'on abandonne la masse à elle-même pendant une demi-heure à une heure, afin de donner à l'amidon du malt le temps de se transformer en sucre et en dextrine. On dit alors que le moût *est au repos*, et lorsqu'il est devenu clair, on le soutire dans la cuve reverdoiré, d'où une pompe le remonte dans la chaudière à cuire, ou bien il est envoyé directement dans celle-ci.

Dans les brasseries qui possèdent une cuve à filtration particulière, il est plus avantageux d'y faire écouler le moût bien brassé aussitôt qu'il a atteint la température de la saccharification, de l'y abandonner pendant une demi-heure à une heure et d'opérer ensuite le lavage des drèches;

de cette façon on peut immédiatement charger à nouveau la cuve-matière.

Lorsque le moût clair s'est écoulé, il reste à la surface de la drèche une masse muqueuse grisâtre (*la boue superficielle*, *Oberteig*), qui est en majeure partie composée d'albumine coagulée et de gluten, et que fréquemment on enlève pour l'utiliser à la nourriture des bestiaux. Mais comme elle renferme encore une grande quantité de moût, au lieu de l'enlever, il arrive très souvent qu'on la mélange avec la drèche sous-jacente, avant d'opérer le lavage de celle-ci. Pour laver la drèche, c'est-à-dire pour épuiser complètement le malt, on l'arrose avec de l'eau bouillante, que l'on verse à l'aide d'un seau ou que l'on fait tomber comme une pluie fine au moyen de l'appareil décrit précédemment (fig. 583); ainsi qu'il a été dit plus haut, la quantité de l'eau que l'on emploie pour le lavage représente le tiers du volume servant à l'opération tout entière, et elle est employée en deux fois, de sorte que l'on obtient deux moûts (moûts secondaires) que l'on recueille séparément; le premier est ordinairement réuni au moût principal, et le second sert pour la petite bière. Enfin, le résidu complètement épuisé et égoutté constitue la drèche, dont il a déjà été question à propos du brassage par infusion.

Le procédé bavarois, tel que nous venons de le décrire, en nous basant sur les indications de C. Lintner (*Lerhbuch der Bierbrauerei*), exige comme on le voit des manipulations compliquées et coûteuses; aussi a-t-on cherché à simplifier la méthode en n'opérant tantôt que la coction des seules trempes épaisses, sans s'occuper de la trempe claire, tantôt la cuisson d'une seule trempe épaisse et de la trempe claire. Ce procédé, quelle que soit d'ailleurs la modification adoptée, fournit des bières riches en dextrine et en matières albumineuses, substances qui contribuent puissamment à donner aux produits du mœlleux et de la bouche.

Les *procédés viennois* et *bohémien*, bien que donnant des bières offrant des caractères tout particuliers et qui se distinguent surtout par leur finesse (V. BIÈRE), présentent beaucoup d'analogie avec la méthode bavaroise, comme il est facile de s'en rendre compte par l'examen du tableau suivant :

Quantité d'eau employée par 100 kilogrammes de malt :	PROCÉDÉ bavarois	PROCÉDÉ viennois	PROCÉDÉ bohémien
	litres	litres	litres
Pour le brassage	374	247	264
Pour le lavage.	236	280	264
Température de la :			
1re trempe.	34°	35°	35°
2e trempe, 1re trempe épaisse.	53°	47°	52°
3e trempe, 2e trempe épaisse.	65°	60°	65°
4e trempe, trempe claire . . .	75°	72-74°	74-75°
Durée de la coction de la :			
1re trempe épaisse.	3/4 d'h.	1/4 d'h.	1/4 d'h.
2e trempe épaisse	3/4	1/4	1/4
Trempe claire.	1/2 h.	1/2 h.	25 min.
Durée du repos après la dernière trempe.	3/4 d'h.	minutes 15 à 20	3/4 d'h.

En France, la méthode par décoction est également employée depuis quelques temps dans plusieurs grandes brasseries. A Tantonville (près Nancy), par exemple, on opère de la manière suivante : on prend 30 quintaux de malt, que l'on empâte avec 60 hectolitres d'eau à la température ordinaire, puis on ajoute 60 hectolitres d'eau à 75° pour obtenir la première trempe à 32°; on cuit pendant un quart d'heure 60 hectolitres de la masse pâteuse, puis on fait la seconde trempe à 51°; on fait une deuxième coction de la masse pâteuse pendant une demi heure et une troisième trempe à 65°, et on termine par une

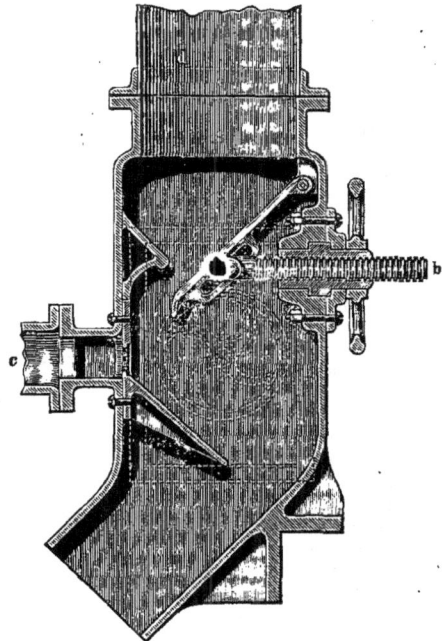

Fig. 582. — *Mélangeur de Noback.*

coction de 65 hectolitres de moût clair, avec lesquels on obtient une quatrième trempe à 75°.

B. CUISSON ET HOUBLONNAGE DU MOUT. Le moût brut (*tisane*), tel qu'il sort de la cuve-matière doit, pour être transformé en moût véritable, être cuit et houblonné, double opération qui a non seulement pour but d'amener le liquide à un certain degré de concentration et de coaguler l'albumine dissoute, qui en se précipitant facilite la clarification, mais encore de convertir en sucre une portion de la dextrine que le moût tient en dissolution et de lui communiquer la saveur amère et l'odeur aromatique qui caractérisent la bière.

La cuisson et le houblonnage se font ordinairement dans la chaudière qui sert pour le chauffage de l'eau nécessaire au brassage et dans laquelle, lorsqu'on opère par décoction, est effectuée la coction des trempes; c'est pour cela que dans la plupart des brasseries, les chaudières à cuire sont établies à un niveau supérieur à celui des cuves-matières, de façon que leur contenu puisse couler dans celles-ci.

Les chaudières à cuire sont généralement en cuivre, rarement en fer. Leur forme et leurs dimensions varient suivant les localités : elles sont rectangulaires ou à peu près sphériques, ouvertes ou fermées, et elles jaugent parfois, comme en Angleterre, jusqu'à 1,000 hectolitres. Les chaudières closes tendent maintenant presque partout à remplacer les appareils ouverts.

Les figures 584 et 585 représentent, en coupe verticale et en plan, une chaudière ouverte, ainsi que le fourneau au moyen duquel elle est chauffée. Le fond, bombé en dedans, afin de mieux résister à la pression du liquide, est soutenu par l'avance en maçonnerie a, qui en même temps divise les flammes et les gaz de la combustion, de façon à les faire passer dans les carneaux bb entourant la chaudière. Le robinet d amène l'eau ou le moût, et par e on fait écouler l'eau chaude ou le moût cuit ; enfin c est une galerie permettant de circuler autour de la chaudière, on y arrive par un escalier.

Les chaudières ouvertes présentent l'inconvénient de répandre dans les ateliers de grandes quantités de vapeurs, qui entraînent avec elles une

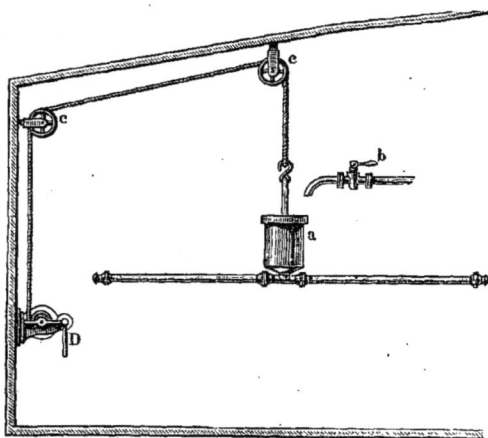

Fig. 583. — *Appareil pour le lavage des drèches.*

partie de l'arome du houblon; avec les appareils fermés, comme celui qui est représenté par la figure 586, on évite cet inconvénient. Au-dessus de la chaudière B se trouve un dôme hémisphérique muni d'un large tuyau A, par lequel les vapeurs se rendent dans la cheminée D ; N est le tuyau qui amène l'eau ou le moût et R le tuyau de vidange. Les chaudières fermées, qui servent plus spécialement pour le brassage par décoction, sont ordinairement munies d'un agitateur mécanique, qui peut être disposé comme celui de la figure 586, ou consister en un arbre vertical portant à sa partie inférieure des bras horizontaux, auxquels sont attachés des chaînes qui râclent le fond de la chaudière.

Le tuyau qui surmonte le dôme des chaudières closes, au lieu de déboucher dans la cheminée, est dans certaines brasseries mis en communication avec un condensateur, dans lequel les vapeurs ramenées à l'état liquide, fournissent de l'eau chaude ; enfin, sur le dôme de ces mêmes chaudières on dispose quelquefois, en Angleterre notamment, une bassine ouverte (*chauffe-moût*) dans laquelle on fait d'abord arriver le moût,

avant de le faire passer dans la chaudière, de sorte que le liquide est déjà à une température assez élevée lorsqu'il pénètre dans la chaudière, ce qui procure une économie notable de combustible.

Quel que soit le dispositif employé, on commence, une fois la chaudière chargée, par chauffer le moût de façon à le porter doucement à l'ébullition. Lorsque le liquide a bouilli pendant quelques instants on y ajoute le houblon; cette addition peut être faite en une seule fois, ou bien on partage la dose en deux portions égales et l'on ne met la seconde portion qu'une heure avant la fin de la cuisson.

La durée de la cuisson varie avec le degré de concentration que l'on veut donner au moût et l'espèce de bière qu'il s'agit de préparer. Une ébullition de deux à quatre heures est généralement suffisante, et il est toujours convenable de ne pas la prolonger trop longtemps, si l'on ne veut pas perdre une partie de l'arome du houblon. On reconnaît d'ailleurs qu'il est temps d'arrêter l'opération, lorsqu'un échantillon du moût versé dans un verre laisse déposer rapidement les flocons d'albumine qu'il tient en suspension et que le liquide paraît clair et limpide. Lorsque la clarification spontanée tarde à se produire, ce qui tient le plus souvent à ce que l'albumine a été coagulée lors du brassage fait à une température trop élevée, on peut ajouter dans la chaudière à cuire un peu de colle de poisson ou des pieds de veau ou mieux encore une infusion de malt préparée à froid (deux parties d'eau et une de malt).

La *quantité de houblon* que l'on emploie dans les différents pays est assez variable. En France, elle est à peu près de 450 à 500 grammes par hectolitre de malt et on ajoute encore 75 à 80 grammes de houblon de qualité inférieure dans le moût destiné à la préparation de la petite bière. En Bavière, pour la bière d'hiver ou bière de débit, on n'emploie ordinairement que du houblon vieux (de l'année précédente), dans la proportion de 450 à 675 grammes, suivant la qualité, par hectolitre de malt; pour la bière d'été ou de garde, on se sert de houblon nouveau et l'on en prend. pour la bière destinée à être bue en mai et juin, 900 à 1,125 grammes, et pour la bière qui doit se conserver plus longtemps, jusqu'en septembre ou octobre, on compte 1,530 à 1,575 grammes de houblon nouveau par hecto-

litre de malt. A Vienne, la dose est de
220 grammes (bière de débit), 225 grammes
(bière de garde) et 425 grammes (Bockbier), par
hectolitre de bière, tandis qu'à Pilsen, elle s'élève
à 500 et 550 grammes. Enfin, en Angleterre, pour
la bière forte, très aromatique, on prend à peu
près 700 grammes de houblon par hectolitre de
malt, et pour les très fortes espèces d'ale et de
porter, on emploie 1 kilogramme à 1 kilogramme
300 grammes de bon houblon.

C. REFROIDISSEMENT DU MOÛT. La cuisson et le
houblonnage terminés, on procède au refroidissement du moût, afin que sa température descende au degré convenable pour la fermentation;
lorsqu'il doit être soumis à la fermentation haute,
il suffit de le refroidir à 12 ou 20°, mais si c'est
la fermentation basse que le moût doit subir, le
refroidissement doit être poussé jusqu'à 5 à 6° et
même plus bas. Dans tous les cas, il est de la
plus haute importance de ne pas abandonner le

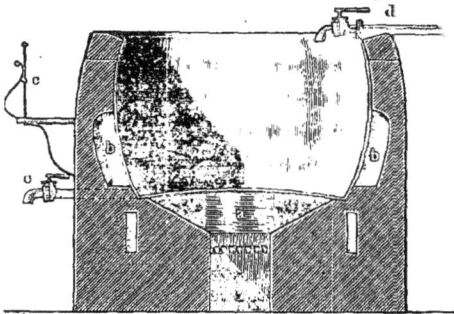

Fig. 584. — *Chaudière à cuire ouverte;*
coupe verticale.

moût chaud pendant trop longtemps à lui-même,
car il s'altère et devient promptement acide; le
refroidissement doit donc suivre de très près
l'évacuation du moût de la chaudière à cuire.

Mais avant d'être conduit, au sortir de celle-ci,
dans les appareils refroidisseurs, le moût doit
être débarrassé du houblon qu'il renferme, et, à
cet effet, on le fait écouler dans un panier en
osier (*panier* ou *filtre à houblon*), ou mieux, et
comme cela a lieu maintenant le plus généralement, dans un vase en bois, en tôle ou en cuivre,
dont les parois sont percées de petits trous, ou
bien encore dans un bac, dont le fond est formé
d'une plaque de tôle perforée ou d'une toile
métallique.

Le houblon qui reste dans le filtre retient une
grande quantité de moût (environ cinq à six fois
son poids) et possède encore une saveur très
amère. Afin de l'utiliser, on le fait bouillir
avec la petite bière, ou si on ne fabrique pas
de celle-ci, on le comprime à l'aide d'une presse
(*presse à houblon*) et l'on réunit au moût principal
le liquide ainsi extrait.

On refroidit le moût soit en l'exposant simplement à l'air libre dans de grands bacs à bords

peu élevés ou *bacs refroidissoirs*, comme cela se
faisait exclusivement autrefois, soit en le faisant
circuler dans des réfrigérants, soit enfin en combinant ces deux méthodes.

Les *bacs refroidissoirs* sont des bacs en bois ou
mieux en métal (en tôle), généralement de forme
rectangulaire et d'une profondeur de 15 à 20 centimètres; ces bacs sont établis aux étages supérieurs de la brasserie dans une grande pièce
entourée de persiennes, au moyen desquelles on
peut régler l'arrivée de l'air suivant la direction
du vent et son intensité, et dont le toit est souvent
percé de façon à favoriser aussi la circulation de
l'air et l'entraînement des vapeurs, tout en empêchant la pluie de pénétrer. Dans certaines brasseries, on active encore le refroidissement en
agitant le moût au moyen d'appareils à palettes
ou bien en activant le renouvellement de l'air à
l'aide de ventilateurs.

Suivant la saison, le moût reste exposé dans

Fig. 585. — *Chaudière à cuire ouverte; plan.*

les bacs pendant un temps plus ou moins long
en hiver, lorsque la température est très basse,
il peut être amené en cinq ou six heures au degré
convenable pour la fermentation, tandis que, en
été, il faut beaucoup plus de temps et encore le
refroidissement ainsi obtenu est souvent bien
insuffisant; c'est alors que l'on a recours aux
appareils réfrigérants, à l'aide desquels le moût
est promptement ramené à la température voulue,
et même il arrive fréquemment que le liquide est,
immédiatement après sa filtration, envoyé à ces
derniers appareils.

Pendant son séjour dans les bacs refroidissoirs,
le moût perd par évaporation une certaine quantité d'eau variant en moyenne de 6 à 7 0/0 de
son poids, et en même temps il se dépose au fond
des bacs une substance floconneuse (la *lie des
bacs*), grise, jaune ou brune, qui se compose essentiellement d'une combinaison du tannin de
houblon avec du gluten et de l'amidon, d'albumine
coagulée et de moût; la quantité de cette substance s'élève à 3 ou 7 0/0 de celle du moût. La lie
des bacs peut être utilisée de différentes manières : on peut la donner au bétail, l'ajouter dans
la cuve-matière avec la trempe suivante, en

retirer par pression le moût qu'elle renferme ou enfin la soumettre à la distillation, après fermentation, pour en extraire l'alcool.

On soutire avec soin la portion claire du moût, en laissant la lie dans les bacs, ou on l'envoie directement aux cuves à fermentation ou dans les réfrigérants, si le refroidissement est insuffisant; mais lorsque le liquide commence à couler trouble on le reçoit, afin de le filtrer, dans des sacs en toile ou en feutre, ou mieux, on le soumet à l'action de *filtres-presses*. — V. ce mot.

Les *réfrigérants* offrent des formes extrêmement variées. La figure 587 représente un dispositif extrêmement simple et en même temps très efficace. *aa* est une caisse en cuivre ayant environ 2 mètres de longueur, $1^m,20$ de largeur et $1^m,80$ à $2^m,40$ de profondeur; elle contient un système de tubes communiquants *bb*, dont la disposition est facile à comprendre par le seul examen de la figure et elle est munie entre les branches des tubes de cloisons *ccc*, fixées alternativement sur deux côtés opposés. Par D on fait arriver de l'eau froide dans les tubes et par A le moût à refroidir; celui-ci, par suite de la disposition des cloisons, parcourt successivement tous les compartiments de la caisse, dans chacun desquels il vient se

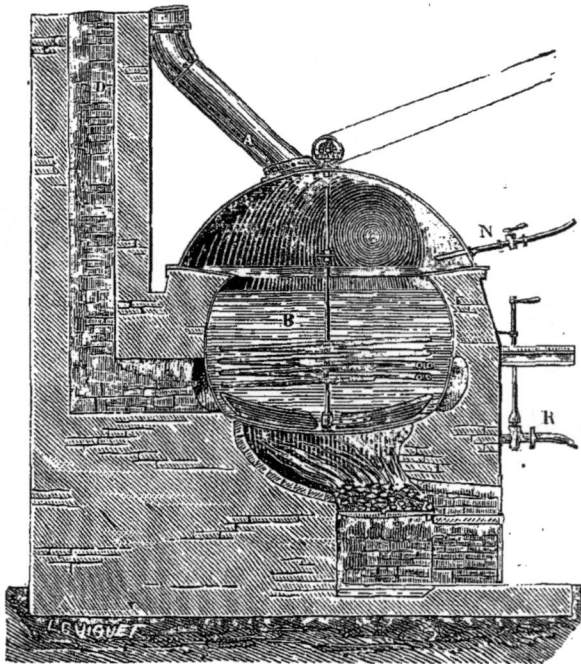

Fig. 586. — *Chaudière à cuire fermée.*

mettre en contact avec une des branches du système tubulaire, et il sort finalement par B après avoir perdu sa chaleur; C donne issue à l'eau qui s'est échauffée au contact du moût. Les deux extrémités du système tubulaire sont mobiles dans des boîtes à étoupes en C et en D, et les tubes étant reliés ensemble sur des tringles on peut les relever parallèlement à l'une des parois, de façon à faciliter le nettoyage de l'appareil.

L'appareil de Neubecker (fig. 588 et 589), très employé dans les brasseries allemandes, se compose de tuyaux en fonte établis verticalement les uns à côté des autres en deux séries parallèles et communiquant de deux en deux par des tubulures horizontales, fixées alternativement à leur partie supérieure et inférieure. A l'intérieur de chacun de ces tuyaux se trouvent seize petits tubes en cuivre à section rectangulaire (fig. A), qui sont emboîtés à leurs extrémités dans des plaques évidées, et chaque série communique avec la suivante au moyen de coudes en cuivre, disposés alternativement en haut et en bas. Tout l'appareil repose sur deux supports en fonte, où il est maintenu sur un axe entre deux pièces de fer *m*.

L'eau froide circule dans les tuyaux en fonte, et le moût à refroidir dans les tubes en cuivre. Ce dernier est amené par le tuyau *d*, il parcourt successivement tantôt du haut en bas, tantôt de bas en haut les différentes séries des tubes en cuivre et vient sortir par *e*. L'eau entre par *g*, et circulant en sens inverse du moût, elle ressort par *c*, après avoir refroidi ce dernier. Pour nettoyer les tubes en cuivre, on y fait arriver par *a* un courant d'eau et de vapeur, qui s'échappent ensuite par *b*.

Dans le réfrigérant de Baudelot, un courant

d'eau glacée ascendant traverse un système de tuyaux sur lesquels on fait arriver le moût sous forme d'une pluie, de sorte que dans ce cas le refroidissement a lieu, tant par le contact avec le métal froid que par évaporation. Les figures 590 et 591 représentent cet appareil. Le moût est amené par le tuyau F, qui le déverse dans une première gouttière, dont le fond consiste en une toile métallique à mailles fines, destinée à retenir les particules solides qu'il pouvait tenir en suspension ; il tombe ensuite dans une seconde gouttière percée d'un grand nombre de petits trous, de laquelle il s'écoule en pluie sur un premier tuyau, puis sur un second et ainsi de suite, en contournant la surface extérieure de chacun d'eux, et il arrive enfin dans un bassin, duquel il s'écoule par l'ajutage J. L'eau froide arrive par le

tuyau H dans le tuyau inférieur, circule en sens inverse du moût et vient sortir par I, après avoir parcouru tous les tuyaux et refroidi le moût.

La température de l'eau destinée à alimenter les réfrigérants varie suivant que le moût doit être soumis à la fermentation haute ou à la fermentation basse. Dans le premier cas, on fait passer dans les appareils de l'eau de puits à 11 ou 12° ; mais, dans le second, il faut remplacer celle-ci par de l'eau préalablement refroidie à 2 ou 3°, ou même à zéro au moyen de glace.

Pour amener l'eau à cette basse température, on peut, comme cela se fait en Autriche, la faire passer à travers des blocs de glace contenus dans de grands bacs en bois ; ces bacs sont, au moyen de cloisons disposées en chicane, séparés en plusieurs compartiments, que le liquide est obligé

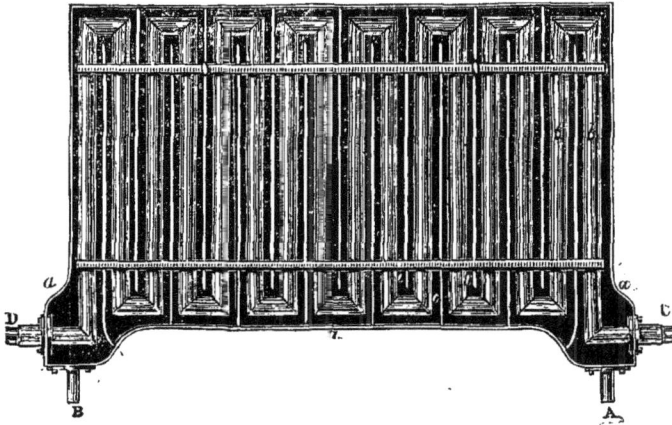

Fig. 587. — *Réfrigérant.*

de traverser alternativement de haut en bas et de bas en haut, avant d'arriver à l'extrémité du bac, d'où il sort refroidi à une température voisine de zéro.

DÉTERMINATION DU DEGRÉ DE CONCENTRATION DU MOUT. On se sert ordinairement pour cet usage du *saccharomètre* de Balling (V. SACCHARIMÉTRIE), qui n'est autre chose qu'un *aréomètre* V. ce mot, gradué, de façon à indiquer la richesse centésimale des solutions sucrées en sucre pur, qui fait aussi connaître la *concentration* ou la *teneur des moûts en extrait* (V. BIÈRE), puisque d'après Balling, les dissolutions d'extrait de malt possèdent le même poids spécifique que les dissolutions de sucre de canne, ayant la même richesse centésimale. L'échelle du saccharomètre usitée dans l'industrie de la brasserie, n'a pas besoin de s'étendre au delà de 20 ou 25° ; chaque degré indique 1 0/0 d'extrait. Lorsqu'on n'a pas à sa disposition l'instrument de Balling, on peut se servir de l'aréomètre de Baumé, et on arrive facilement à connaître la richesse en extrait du moût examiné, sachant que, d'après Lacambre :

1° Baumé à la temp. de 15° corresp.	à	1,40 0/0 d'extrait
2° — —	—	à 2,88 — —
3° — —	—	à 4,28 — —
4° — —	—	à 6,25 — —
5° — —	—	à 7,96 — —
6° — —	—	à 9,78 — —
7° — —	—	à 11,49 — —
8° — —	—	à 13,18 — —
9° — —	—	à 14,96 — —
10° — —	—	à 16,55 — —
11° — —	—	à 18,36 — —
12° — —	—	à 20,16 — —

La richesse en extrait que doit posséder un moût dépend naturellement de l'espèce de bière que l'on veut préparer, c'est-à-dire de la teneur en alcool et en extrait que la boisson doit avoir. 1 0/0 de sucre dans un moût donne par la fermentation environ 0,5 0/0 d'alcool. Il est évident que plus la bière devra être alcoolique, plus il faudra que le moût soit concentré. Si, par exemple, on veut préparer une bière avec 5 0/0 d'alcool et 7 0/0 d'extrait, le moût devra marquer avant la fermentation 17° au saccharomètre ; une bière avec 3,5 0/0 d'alcool et 5,5 0/0 d'extrait exige un moût marquant 12° 1/2 saccharométriques. En France, les moûts sont ordinairement préparés de façon à marquer 7°,5 à 9° Baumé pour les bières de table et 3° à 3°,5 ou 4° pour la petite bière.

COMPOSITION DU MOUT. Excepté l'alcool et l'acide carbonique, produits de la fermentation, le moût renferme à peu près les mêmes substances qui se trouvent dans la *bière* (V. ce mot), c'est-à-dire du glucose, de la dextrine, des matières azotées et des principes minéraux; mais au point de vue quantitatif, ces deux liquides offrent de notables différences, comme il est facile de s'en rendre compte d'après les chiffres suivants, qui indiquent, d'après Payen, la composition d'un moût fabriqué à Tantonville et celle de la bière fournie par ce même moût :

	Moût.	Bière.
Degrés Balling. . . .	17,70	6,40 (après expulsion de l'acide carbonique).
Glucose par litre.. . .	81,13	17,48
Dextrine.	91,88	57,38
Matières azotées, sels.	25,57	»
Extrait par litre.. . .	198,00	87,10

Brassage à la vapeur. Le brassage à la vapeur, c'est-à-dire le chauffage des trempes et la cuisson du moût, au moyen de la vapeur introduite directement (cuves-matières) ou dans des doubles fonds et des serpentins (chaudière à cuire) est employé depuis quelque temps avec succès, notamment à

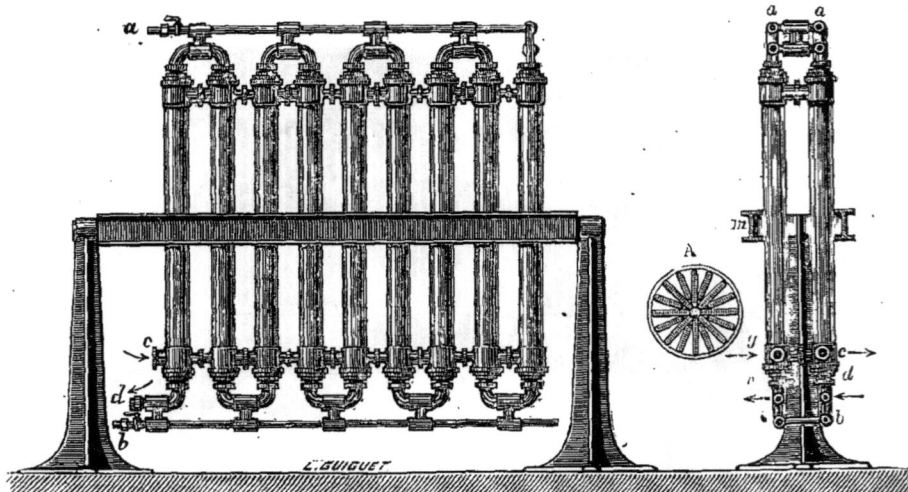

Fig. 588 et 589. — *Réfrigérant de Neubecker.*

Kalsberg, près Copenhague, par Jacobsen, ainsi qu'à Tantonville. Cette méthode présente les avantages suivants : les trempes ne peuvent pas brûler, les chaudières ont une durée plus grandes, le chauffage peut commencer aussitôt que le moût arrive dans celles-ci, la cuisson peut être facilement réglée, on réalise une notable économie de combustible et enfin les opérations se font plus proprement. Les bières préparées par Jacobsen, d'après cette méthode, sont d'excellente qualité et se conservent parfaitement.

III. FERMENTATION DU MOUT.

Le moût cuit, houblonné et convenablement refroidi, est soumis à la *fermentation*, par laquelle le sucre qu'il renferme est converti en alcool et en acide carbonique, et le moût transformé en bière.

La fermentation peut s'accomplir dans deux conditions différentes; on la laisse se déclarer d'elle-même (fermentation spontanée), comme cela a lieu ordinairement en Belgique pour la préparation de certaines bières (faro, lambick, bière de mars), ou bien on la provoque artificiellement en ajoutant de la levûre au moût (*mise en levain*), et dans ce dernier cas, on opère par fermentation basse et à basse température ou par fermentation haute et à haute température, suivant que l'on emploie de la levûre de dépôt ou de la levûre superficielle. — V. BIÈRE.

Les moûts préparés par décoction sont traités par fermentation basse, et ceux obtenus par infusion sont soumis à la fermentation haute.

La fermentation provoquée artificiellement par addition de levûre, quelle que soit d'ailleurs l'espèce de celle-ci, se divise en trois phases : 1° La *fermentation principale*, qui apparaît aussitôt la mise en levain et qui est surtout caractérisée par la décomposition du sucre, la formation de levûre nouvelle et une certaine élévation de température; 2° la *fermentation secondaire* ou *complémentaire;* dans cette phase la décomposition du sucre continue, il se produit encore de nouvelles cellules de levûre, mais en quantité beaucoup moins grande que dans la première phase, et les particules de ferment en suspension dans le liquide se déposent et la bière se clarifie; 3° la *fermentation tranquille* ou *insensible* (tertiaire), qui se produit dans les vases où l'on conserve la bière entièrement faite; elle donne lieu à un dégagement lent d'acide carbonique, qui communique à la bière la propriété de mousser; mais dans cette phase la formation de la levûre est à peine sensible.

La mise en levain s'effectue avec de la levûre provenant d'une opération précédente. La *levûre fraîche*, telle qu'on l'extrait des cuves à fermentation, se présente sous forme d'une bouillie demi-fluide, écumeuse et composée essentiellement des cellules microscopiques du *saccharomices cerevisœ* (V. Bière); on y trouve, en outre,

presque toujours quelques autres ferments (champignons, bactéries), de la bière et de l'acide carbonique, ainsi que des cristaux d'oxalate de chaux, de la résine de houblon, etc. Une *bonne levûre* doit avoir une odeur légèrement alcoolique aromatique et acidule, une saveur fraîche et amère et une couleur blanc-jaunâtre; elle doit, en outre, former une masse consistante et n'offrir ni mouvement ni dégagement de gaz, ce qui indiquerait un commencement de décomposition. Lorsqu'on laisse tomber quelques gouttes de levûre de bonne qualité dans de l'eau bouillante, elles surnagent en formant des yeux comme un corps gras, tandis que la levûre altérée, traitée de la même manière, se précipite au fond du

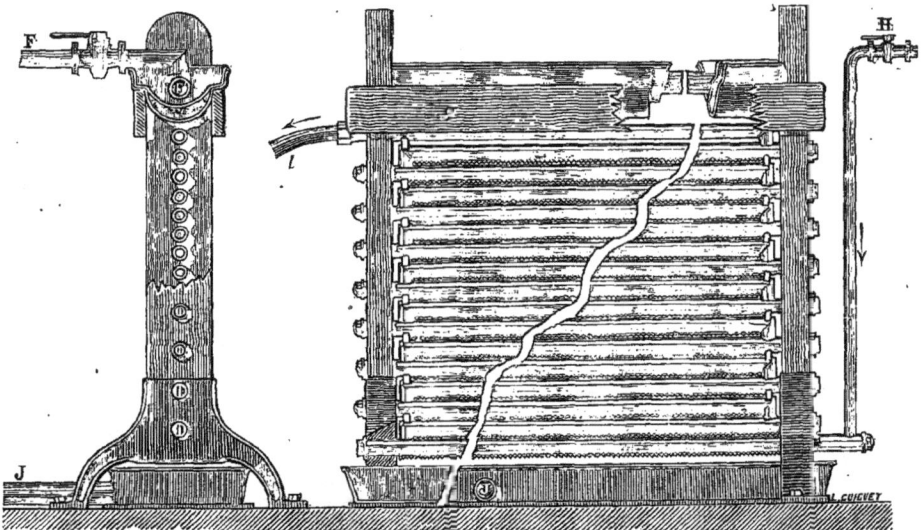

Fig. 590 et 591. — *Réfrigérant Baudelot.*

vase. On peut aussi, à l'aide du microscope, s'assurer si la levûre contient des ferments étrangers : c'est ainsi qu'on reconnaîtra les ferments lactique et butyrique à de petites baguettes allongées (bactéries), le ferment acétique à des cellules elliptiques groupées en chapelets, le ferment visqueux à de longs filaments formés de petites sphères soudées les unes aux autres, etc.

Fermentation basse. (*a*) *Fermentation principale.* Le moût refroidi à 2 ou 3° est envoyé dans les cuves à fermentation ou *cuves-guilloires* (fig. 592); celles-ci sont en bois de chêne, rondes ou rectangulaires, d'une capacité de 20 à 40 hectolitres et enduites d'un vernis résineux, afin d'empêcher le liquide de pénétrer dans les pores du bois et les interstices des douves. Les cuves-guilloires sont munies d'un thermomètre A, de deux orifices, dont l'un B se trouve à environ 15 centimètres au-dessus du fond et l'autre C dans le fond lui-même; ils sont fermés au moyen de tampons que l'on enlève une fois la fermentation achevée; le

premier sert pour soutirer la bière et l'autre pour faire écouler la levûre. Ces cuves sont établies dans une cave dont le sol est dallé ou bitumé et tenu dans le plus grand état de propreté.

Pour *mettre le moût en levain*, on procède ordinairement de la manière suivante : avec le moût refroidi, on remplit à moitié un vase contenant 16 à 18 litres, on ajoute 5 à 6 litres de levûre, on brasse et pour que le mélange soit bien intime on verse le tout dans un vase semblable, que l'on déverse ensuite dans le premier, et ainsi de suite, jusqu'à ce que la masse écumeuse remplisse les deux vases. On verse ensuite le contenu de ceux-ci dans la cuve-guilloire et on mélange aussi intimement que possible, jusqu'à ce que la fermentation commence. D'après une autre méthode, qui est moins souvent employée, on mélange avec soin 3 ou 4 litres de levûre avec 2 hectolitres à 2 hectolitres 1/2 de moût à 15 ou 18°, suivant la température extérieure, et lorsque ce liquide est entré en fermentation, on le distribue uniformément dans la cuve-guilloire, où on le mélange intimement avec le moût froid.

La *quantité de levûre* à employer varie avec la qualité, la concentration et la température du moût, la grandeur de la cuve-guilloire, la qualité de la levûre et la température de la cave. Les moûts préparés avec du malt pâle et peu cuits, exigent moins de levûre que ceux qui ont été obtenus avec du malt fortement torréfié et cuits pendant longtemps, et plus est basse la température de la cave et du moût, plus il faut ajouter de levûre. On peut admettre, d'après Heiss, que 5 à 6 litres sont généralement suffisants pour 1,000 litres de moût; mais dans tous les cas, il faut éviter d'ajouter un excès de levûre, qui communiquerait à la bière une saveur désagréable.

Une fois le moût mis en levain, la fermentation se déclare et l'on observe les phénomènes suivants :

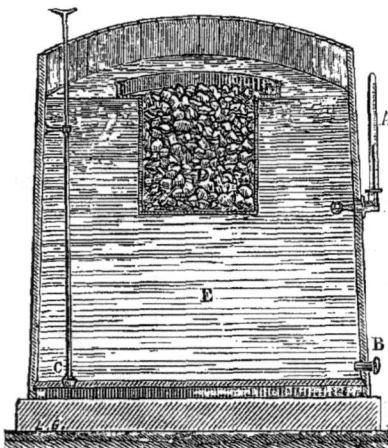

Fig. 592. — *Cuve-guilloire*.

vants : au bout de dix à douze heures, alors que la décomposition du sucre a commencé, on voit apparaître des bulles d'acide carbonique, qui forment sur les bords de la cuve une couronne d'écume blanche. Après dix autres heures, on aperçoit de grandes masses d'écume plus consistante, qui s'élèvent comme des rochers au-dessus du liquide et donnent à la surface de celui-ci un aspect moutonnant et anfractueux, en même temps on peut reconnaître à l'odeur que le dégagement de l'acide carbonique est plus abondant ; On dit alors que la *bière moutonne*. Lorsque la fermentation marche vivement, ce moutonnement persiste deux à quatre jours, et les élévations disparaissent graduellement; leur sommet commence à brunir, elles s'affaissent, jusqu'à ce qu'enfin elles se prennent en masse et ne forment plus qu'une pellicule mince et brunâtre, essentiellement constituée par les éléments résineux et huileux du houblon. La levûre produite ne se trouve qu'en petite quantité dans cette pellicule, parce que l'acide carbonique, se dégageant lente-

ment et en petites bulles ne peut soulever à la surface les cellules de levûre qui flottent isolées.

La température du liquide monte de quelques degrés, jusqu'à ce que la fermentation ait atteint son maximum d'intensité, elle s'abaisse ensuite et devient égale à celle de la cave. Cette élévation de température va jusqu'à environ 9 à 10°, mais il faut faire en sorte qu'elle n'aille pas au delà. On ne peut arriver à ce résultat que lorsque la température de la cave ne dépasse pas 5 ou 6°, et c'est pour cela qu'il est nécessaire de mettre la cave en communication avec une grande chambre contenant de la glace, ou de placer dans la cuve à fermentation un *nageur* rempli de glace. Ce petit appareil, très usité en Allemagne et en Autriche et également employé dans quelques brasseries françaises, consiste en un vase en tôle étamée de forme conique ou cylindrique (D, fig. 592) et terminée par une collerette évasée.

Pendant le cours de la fermentation, la saveur sucrée du moût diminue graduellement, par suite de la décomposition du sucre, et en même temps, une partie des substances albumineuses dissoutes se précipite sous forme de levûre, de sorte qu'une fois la fermentation achevée, le saccharomètre plongé dans le liquide, maintenant éclairci, indique une concentration moindre que dans le moût non fermenté, et la différence des degrés saccharométriques, avant et après la fermentation, est en proportion directe de la quantité de sucre décomposée, et elle fournit une indication positive pour se rendre compte des progrès de la fermentation. Cette différence, divisée par les degrés saccharométriques avant la fermentation, donne une fraction, qui est d'autant plus grande que la fermentation est plus complète ; cette fraction, désignée sous le nom de *degré de fermentation apparent*, est tout à fait suffisante pour apprécier le degré de la fermentation, lorsqu'il s'agit de comparer des bières brassées par le même procédé. Si, par exemple, un moût marquait au saccharomètre 11°,5 avant la fermentation et 5° après, la différence 6,5, divisée par 11,5, donne le nombre 0,565, qui indique que sur 100 parties d'extrait de malt, 56,5 ont été en apparence décomposées.

Les moûts étant le plus souvent préparés avec une teneur en extrait de 12 0/0 environ, le saccharomètre, plongé dans le liquide, ne doit plus, une fois la fermentation achevée, marquer que 4 à 5° ou 5 à 6°, suivant que l'on a employé pour le brassage du malt pâle ou du malt fortement torréfié, et lorsqu'en déterminant à plusieurs reprises le degré saccharométrique du liquide, on n'observe plus que des différences peu sensibles, on est certain que la fermentation est terminée.

On peut, du reste, à l'aspect de la bière, reconnaître la fin de la fermentation ; un échantillon du liquide versé dans un petit verre doit, si l'on est arrivé à ce point, paraître brillant par l'effet de particules de levûre qui s'y trouvent encore en suspension, et toutes les parcelles de levûre doivent se déposer rapidement, lorsqu'on laisse le verre en repos.

BRAS

. La fermentation principale est ordinairement conduite de façon qu'elle soit achevée pour les bières de débit en neuf à dix jours, et pour les bières de garde en quatorze à quinze jours, ou même seulement en vingt-deux à vingt-quatre jours, comme cela a lieu en Bohême.

Lorsqu'on a reconnu que la fermentation principale est terminée, on commence par enlever la couche mince d'écume brune surnageant la bière, parce qu'elle communiquerait à celle-ci une saveur amère désagréable, puis on ouvre l'orifice supérieur de la cuve afin de soutirer la bière que l'on envoie dans les tonneaux où elle doit subir la fermentation secondaire. Le liquide soutiré, il reste au fond de la cuve guilloire, un dépôt formé de trois couches distinctes : une couche supérieure, mince, de couleur brune, que l'on fait sortir en la poussant avec précaution vers la bonde de fond préalablement soulevée, une couche moyenne, qui est la levûre la plus pure et la meilleure et que l'on évacue comme la précédente, enfin une couche inférieure formée principalement de lie des bacs et de levûre décomposée ; on réunit ce dernier dépôt au premier pour le vendre, si c'est possible, aux distillateurs. Il ne reste plus maintenant qu'à bien nettoyer la cuve pour recommencer une autre opération.

La couche moyenne ou la levûre véritable, qui servira pour les fermentations ultérieures est recueillie avec soin dans un vase particulier, puis lavée plusieurs fois avec de l'eau, et conservée sous une couche d'eau pure jusqu'au moment où on doit l'employer. La levûre peut ainsi être conservée assez longtemps (un mois en hiver, une semaine en été), si l'on a soin de la placer dans une cave dont la température ne dépasse pas 8 à 10° et de renouveler chaque jour l'eau qui la couvre. Mais lorsqu'on veut la garder plus longtemps, il faut la soumettre à une pression graduée dans des sacs en toile, de façon à éliminer la majeure partie du liquide interposé ; on obtient alors une masse compacte, homogène, d'une teinte grisâtre et désignée sous le nom de *levûre sèche* ou *pressée* ; pour rendre cette levûre moins altérable, on a proposé de la mélanger avec du sucre en poudre, du houblon, du charbon de bois ou du noir animal; dans tous les cas elle doit toujours être conservée dans un endroit frais et à l'abri de l'air.

(b.) *Entonnage et fermentation secondaire.* La *bière de débit* (bière d'hiver), qui doit être bue au bout de trois à six semaines après le brassage, est mise dans des tonneaux dont la capacité varie de un à vingt hectolitres, suivant l'importance de la fabrication ; ces tonneaux, enduits intérieurement avec de la poix, sont ordinairement établis dans une cave voisine de celle où s'effectue la fermentation principale. Dans les petits fûts, la bière se fait beaucoup plus rapidement; au bout de quinze jours elle peut être bue; tandis que dans les tonneaux de douze à vingt hectolitres elle n'est pas faite avant un mois.

Une fois entonnée, la bière entre promptement en fermentation secondaire : Au bout de douze à quarante huit heures, suivant le degré de la fer-

mentation principale, on voit apparaître à la bonde une fine écume blanche, qui, dans les dix-huit ou vingt-quatre heures suivantes, forme une sorte de chapeau ; on voit alors l'écume brunir peu à peu, puis s'affaisser et finir par ne plus former qu'une couche mince à grosses bulles.

Pendant le cours de cette fermentation, il faut avoir soin de remplir les tonneaux avec de la bière pure ou de l'eau, surtout au moment où l'écume brunit. Lorsque le chapeau s'est affaissé, le liquide est devenu clair, la fermentation secondaire est à peu près achevée et bientôt remplacée par la fermentation insensible, et la bière peut être bue. Mais avant de la livrer à la consommation, il faut bonder les tonneaux afin que la force expansive de l'acide carbonique se développe et que la bière mousse, et on laisse en place le bondon (bouchon en bois mou entouré d'étoupe) pendant trois à quatre jours, six à huit jours ou dix à quinze jours, suivant que l'on a bondé une, deux ou trois à quatre semaines après l'entonnage. La bière est alors soutirée dans les tonneaux de détail et expédiée aux débitants.

Le bondage doit être effectué avant que la fermentation secondaire soit entièrement terminée, parce que autrement il ne s'accumule pas dans la bière une quantité d'acide carbonique suffisante, et la boisson ne mousse que très peu. De même, lorsque la bière ne peut pas être livrée au détail aussitôt que s'est écoulé le temps pendant lequel elle doit rester bondée, il faut avoir soin de soulever de temps en temps le bondon, afin de laisser dégager un peu d'acide carbonique, parce que sans cela le gaz acquerrerait une tension trop grande. Si la bière a été entonnée trop tard, la fermentation secondaire ne se déclare pas facilement; dans ce cas, on soutire une certaine quantité de liquide, que l'on remplace par de la bière verte (bière dans la période de moutonnement).

Pour faciliter la fermentation secondaire et la clarification de la bière, on emploie quelquefois des copeaux de hêtre ou de noisetier, que l'on introduit dans les tonneaux après les avoir lessivés à l'eau chaude ou à la vapeur.

La *bière de garde* (bière d'été) est toujours mise dans des tonneaux plus grands que ceux employés pour la bière au détail (vingt à quarante hectolitres) ; elle est en général soumise au même traitement que cette dernière, elle n'exige qu'une plus longue attente. Il faut surtout maintenir la cave à une très basse température et retarder autant que possible la fermentation secondaire ; c'est à quoi l'on arrive en remplissant très lentement les tonneaux et en distribuant la jeune bière, par portions égales, dans dix ou quarante tonneaux, suivant l'importance de la fabrication. On opère cette répartition à des intervalles plus considérables lorsque la bière jeune est faite. Au début on la distribue plus rapidement jusqu'à ce que les tonneaux soient remplis à moitié, mais en ayant toujours soin à partir de ce moment que la bière reste trouble. L'emplissage dure ordinairement de trois à quatre mois ; la dernière addition de jeune bière a lieu un mois avant l'époque où elle doit être expédiée, et on applique ou on n'applique pas la bonde suivant la température de la cave et le goût du consommateur.

La température de la cave dans laquelle sont placés les tonneaux où s'effectue la fermentation complémentaire exerce une influence décisive sur les qualités de la bière de garde ; elle ne doit jamais s'élever au-dessus de 2 ou 3°. C'est pour

cela que dans les brasseries modernes, où l'on prépare des bières basses, les caves sont pourvues de chambres à glace, que l'on établit, soit sur le devant de la cave, soit au milieu de celle-ci, ou bien on fait alterner les compartiments de la cave avec les compartiments à glace, ou bien enfin on place le réservoir à glace au-dessus de la cave.

La dernière disposition est la plus rationnelle, car

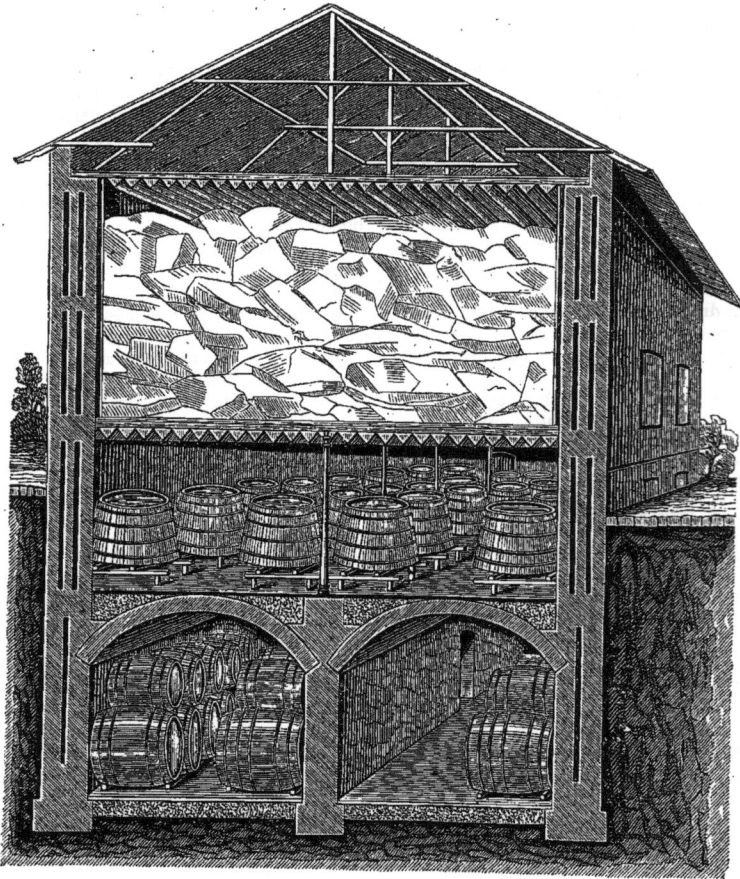

Fig. 593. — *Cave avec glacière, système Brainard.*

c'est celle qui correspond le mieux aux lois du refroidissement. La figure 593 représente une cave de ce genre, établie d'après le système Brainard. Comme on le voit, la glacière est placée au-dessus d'un premier étage où se trouvent rangées les cuves-guilloires, et, dans l'étage inférieur, la cave proprement dite, sont aménagés les tonneaux de garde. Au moyen de conduits qu'on peut ouvrir ou fermer à volonté, on met en communication la cave inférieure et la glacière. Les conduits étant fermés la température se maintient à 3 ou 4°, et

lorsqu'on les ouvre, l'air froid de la glacière, plus lourd que celui de la cave, descend dans celle-ci. Un effet inverse se produit sur l'air de la cave, qui, étant déplacé par l'air froid de la glacière, est chassé dans la cave supérieure par des canaux pratiqués dans l'épaisseur des murs. On peut de cette façon maintenir l'atmosphère de la cave à une température variant de 0 à 4° et fabriquer par suite de la bière de garde en toute saison, sans une grande dépense de glace.

FERMENTATION HAUTE. Comme la fermentation

haute se produit à une température plus élevée que la fermentation basse, les phénomènes auxquels elle donne lieu se manifestent avec une énergie beaucoup plus grande et se succèdent bien plus rapidement. On se sert pour la fermentation principale de grandes cuves (trois cents à quatre cents hectolitres), qui ont quelquefois, comme en Angleterre, des dimensions colossales (deux mille à deux mille cinq cents hectolitres), et sont établies dans un local dont la température est maintenue à environ 20°.

Pour mettre en levain le moût, refroidi seulement à 10 ou 15°, on procède généralement comme il a été dit pour la fermentation basse ; on mélange un peu de moût avec de la levûre superficielle, on ajoute le mélange dans la cuve et l'on brasse avec soin, ou bien à une petite quantité de moût encore tiède, on ajoute de la levûre et lorsque la fermentation s'est déclarée on mélange la masse avec le reste du moût ; deux à quatre litres de levûre pâteuse pour dix hectolitres de moût sont ordinairement suffisants, et on en emploie d'autant moins que la température du moût est plus élevée.

La fermentation commence environ six à dix heures après la mise en levain. Le moût se recouvre peu à peu d'une écume fine et blanche dont les bulles grossissent graduellement ; la chapeau ainsi formé devient plus épais ; les particules qui flottent encore dans le moût se rassemblent à la surface, puis l'écume devient plus consistante, il se forme des élévations, qui s'affaissent peu à peu et sont remplacées par une mousse à grosses bulles, visqueuse, jaunâtre et remplie par la levûre nouvellement formée ; cette mousse augmente graduellement d'épaisseur, puis elle s'affaisse à son tour et il reste finalement une couche jaunâtre et visqueuse superficielle. La fermentation principale est alors terminée.

Comme l'écume qui se produit dans la fermentation haute acquiert une très grande épaisseur, il ne faut pas remplir autant les cuves que dans la fermentation basse, et il est convenable qu'il reste un espace vide au-dessus de l'écume. L'acide carbonique qui, grâce à son poids spécifique élevé, reste au-dessus de celle-ci, la préserve du contact de l'air et l'empêche d'aigrir, ce qui, sans cela, se produirait très-facilement.

La durée de la fermentation principale est ordinairement de quarante-huit heures.

Dès que la fermentation principale est terminée, on enlève avec une écumoire la levûre superficielle, puis on entonne la bière pour qu'elle subisse la fermentation secondaire. On laisse dans la cuve, la levûre qui s'est précipitée au fond, ou bien on la mélange avec la bière avant de procéder à l'entonnage. Les tonneaux, appelés quarts, dans lesquels s'effectue la fermentation secondaire ont ordinairement une capacité de deux à quatre hectolitres, mais en Angleterre ils sont beaucoup plus grands (quarante à cinquante hectolitres) et on les désigne sous le nom de stillions ; ils sont établis dans une cave fraîche, la bonde étant placée de côté afin de faciliter la sortie de la levûre, qui s'écoule dans un caniveau placé

au-dessous des tonneaux, et de là dans un réservoir où s'effectue la séparation de la levûre d'avec la bière entraînée.

La sortie de la levûre par la bonde, qui commence presque aussitôt après l'entonnage dure plusieurs jours, et pendant ce temps il faut avoir soin de tenir les quarts toujours pleins, en ajoutant de temps en temps de la bière. Lorsque l'écume qui sort par la bonde est devenue blanche, on met les tonneaux tout à fait droits, on les remplit, puis on les bonde, d'abord incomplètement, puis plus tard complètement, et on les envoie aux détaillants, qui après un repos suffisant pour la clarification peuvent livrer la bière aux consommateurs.

FABRICATION DE LA BIÈRE DANS LES DIFFÉRENTS PAYS.

Pour compléter ce qui est relatif à la fabrication de la bière, nous allons donner quelques indications générales sur la manière dont sont employées dans les différents pays les méthodes que nous venons de décrire ; c'est à l'aide de ces méthodes, plus ou moins modifiées, que l'on obtient cette grande variété de boissons, désignées sous le nom collectif de bière et qui, ainsi qu'on l'a déjà vu à l'article BIÈRE, diffèrent entre elles au moins autant que les vins.

Bières anglaises. Les bières anglaises peuvent être partagées en deux catégories : les bières pâles ou ales et les bières colorées ou porters, qui doivent leur couleur à l'addition d'une certaine quantité de malt fortement torréfié. Toutes ces bières sont préparées par infusion et fermentation haute.

Parmi les premières, on distingue l'ale ordinaire ou pale ale, l'ale d'exportation (indian pale ale) et l'ale d'Ecosse, et parmi les secondes, le porter ordinaire, le porter de garde et le brown-stout ; il y a en outre le table-beer ou bière de table, l'amber-beer ou bière ambrée et le ginger-beer ou bière de gingembre.

Pour préparer le porter ordinaire, on prend dix-sept hectolitres quarante-six de malt ambré, cinquante-deux hectolitres trente-huit de malt brun et dix-sept hectolitres quarante-six de malt pâle, quatre-vingt-douze kilogrammes cinq de houblon et une quantité d'eau suffisante pour obtenir environ cent-soixante hectolitres de moût. On fait quatre trempes successives, en employant des quantités d'eau de plus en plus faibles ; la première est faite à 45°, la seconde à 50°, la troisième et la quatrième à 80°. Après chaque trempe on soutire le moût produit. On fait d'abord cuire avec le houblon, pendant une heure et demie, le premier moût et une partie du second, on envoie aux bacs refroidissoirs, puis on fait cuire pendant deux heures le troisième moût et le reste du second, et après avoir envoyé le contenu de la chaudière aux bacs, on cuit le quatrième moût pendant une heure.

Une fois les moûts ramenés à la température de 15°, on les met en levain avec dix-huit litres de levûre, on laisse fermenter. Au bout de deux jours et demi à trois jours la fermentation est terminée, on laisse reposer, puis on soutire dans de grosses tonnes bondées, munies d'une soupape de sûreté, qui s'ouvre lorsque la pression de l'acide carbonique devient trop forte, et se referme ensuite; on abandonne ainsi la bière à elle-même jusqu'à ce qu'elle soit clarifiée, puis on la livre à la consommation.

En faisant fermenter à part les deux dernières trempes de porter, on obtient la *bière ambrée* (*amber beer*).

Pour obtenir le *brown-stout* (bière brune forte) on emploie treize hectolitres quatre-vingt-seize de malt pâle, treize hectolitres quatre-vingt-seize de malt ambré, quarante et un hectolitres quatre-vingt-huit de malt brun, quatre-vingt-seize kilogrammes de houblon et environ cent-soixante hectolitres d'eau. On fait trois trempes deux à 80° et une à 90°. Le premier moût est cuit pendant une heure avec le houblon, puis refroidi ; on cuit le second moût avec le même houblon pendant trois quarts d'heure, puis le troisième pendant deux heures et demie. Les trois moûts étant refroidis à 16°, on les envoie dans la cuve à fermenter, puis on ajoute d'abord six litres et demi de levûre, et ensuite treize litres, quand la température s'est abaissée à 15°. La fermentation est terminée en trois jours ou trois jours et demi ; on procède alors comme pour le porter ordinaire.

Le *porter de garde*, plus fort que le porter ordinaire, est préparé à peu près comme ce dernier, au moyen de quatre trempes ; sa fermentation est plus longue, elle dure trois ou quatre jours.

On prépare le *pale ale* avec 58 hectolitres 20 de malt pâle, 65 kilogrammes de houblon et environ 135 hectol. d'eau ; on fait quatre trempes, la première à 75°, la seconde à 85° et les deux autres à 75°. On cuit le premier moût et la moitié du second, pendant une heure et demie, avec le houblon, on envoie aux bacs refroidissoirs; on recuit le houblon avec le troisième et le quatrième moût et le reste du second, on refroidit. Lorsque la température du premier moût est descendue à 11°, on l'envoie dans la cuve à fermentation et on le met en levain avec 9 litres de levûre, et quand les autres moûts se sont abaissés à la même température on les fait aussi écouler dans la cuve à fermentation, où l'on ajoute une nouvelle quantité de levûre (4 litres par 32 hectolitres de moût). La fermentation dure sept à huit jours.

Pour préparer de l'ale forte destinée à l'exportation, on emploie le premier moût, à 10 ou 11° Baumé, que l'on cuit avec tout le houblon, et après soutirage du liquide. Les trempes suivantes, versées sur le houblon et portées à 100°, servent à fabriquer la *bière de table*. D'après Lacambre, les matières premières sont alors employées dans les proportions suivantes :

Malt pâle	8940,00 kilogr.
Houblon de Kent	217,50 —
Graines de paradis	2,72 —
Graines de coriandre	1,81 —
Sel marin	1,81 —

Les graines de paradis et de coriandre sont ajoutées en poudre dans la cuve-guilloire pour l'ale d'exportation, et l'on obtient comme produits 163 hectolitres d'ale d'exportation et 130 hectolitres de bière de table.

L'ale d'Ecosse, la plus forte et la meilleure des bières de la Grande-Bretagne, est obtenue au moyen d'une seule trempe, et l'on épuise ensuite le malt par l'eau chaude pour préparer une bière plus légère. On ne la fabrique que pendant l'hiver et avec des orges de choix et le meilleur houblon de Farnham.

Les brasseries les plus importantes de la Grande-Bretagne sont celles de MM. Withebread, Brown et Cie, Barcley, Perkins et Cie, Meax et Cie, Tetley et fils, à Londres; J. et R. Tennant, à Glasgow ; Bass et Cie et S. Allsopp et fils, à Burton-on-Trent.

Bières allemandes et autrichiennes.

Ces bières sont généralement préparées par décoction, d'après les procédés bavarois, viennois ou bohémien, décrits précédemment et sur lesquels nous n'avons pas à revenir; le moût est soumis à la fermentation basse. La méthode par infusion et la fermentation haute sont cependant en usage dans une grande partie de l'Allemagne du Nord pour la préparation des bières en bouteilles, ainsi que dans quelques localités de la Bavière et de la Bohême. A Dantzig, on prépare par *infusion* et *fermentation spontanée*, une bière très forte, désignée sous le nom de *Jappenbier*, qui est surtout employée pour couper d'autres bières.

Il y a des variétés infinies de bières allemandes et autrichiennes; les *bières brunes de Munich, de débit et de garde*, le *bockbier* et le *salvator-bier*, les *bières brunes de Nuremberg*, de *Culmbach*, d'*Augsbourg*, de *Mersebourg*, les *bières de Hambourg*, de *Francfort*, de *Strasbourg*, de *Vienne*, de *Pilsen*, de *Prague*, de *Liesing*, sont les plus importantes.

Bières françaises.

En France, on se servait autrefois exclusivement de la méthode par infusion et fermentation haute, et c'est ainsi que l'on procède encore à Paris, à Lille et à Lyon, tandis que c'est la méthode bavaroise ou viennoise que l'on suit depuis plusieurs années, déjà, par exemple, dans les grandes brasseries de MM. Tourtel frères, à Tantonville, près Nancy, de M. Riester, à Puteaux, de M. Fanta, à Sèvres, etc.

La méthode suivie par la brasserie parisienne est surtout caractérisée par ce fait, qu'une portion du malt est remplacée par du sirop de glucose (V. plus haut BRASSAGE PAR INFUSION), et l'on prépare de cette façon de la *bière double* et de la *petite bière*, en employant pour cette dernière moitié moins de malt et de houblon.

La *bière de Lyon*, autrefois très renommée, est préparée avec de fortes proportions de malt et de houblon de premier choix (37 kilogrammes de malt ambré et 500 grammes de houblon par hectolitre), et le moût est mis en levain à la température de 25°.

A Lille, on fabrique trois sortes de bières : la *bière de garde*, la *bière brune* et la *petite bière*, pour lesquelles on emploie le plus souvent une variété d'orge désignée sous le nom d'*escourgeon*. On

suit ordinairement la méthode dite *à moût trouble;*
la première trempe achevée, on l'envoie dans la
chaudière, où on la porte lentement à l'ébullition,
puis on la repasse sur le malt, pendant que dans
cet intervalle on a fait une seconde trempe à
l'eau bouillante. On fait habituellement trois
trempes, et quand on prépare de la petite bière,
c'est la dernière que l'on emploie pour cela. On
cuit pendant huit à dix heures avec 400 ou 500
grammes de bon houblon du Nord ou de Belgique
(de Poperinghe), en ajoutant le plus souvent des
pieds de veaux. La fermentation a lieu dans les
tonneaux mêmes d'expédition et en deux ou trois
jours elle est terminée, le moût étant entonné à
24 ou 25°. La bière de garde, fabriquée avec
25 kilogrammes d'escourgeon par hectolitre, est
livrée à la consommation après six ou huit mois,
et la bière jeune, obtenue avec 20 kilogrammes
des mêmes grains, après cinq à six semaines.

Bières belges. Les bières belges diffèrent
surtout des autres bières en ce qu'elles n'éprouvent
que la fermentation spontanée, sans addition de
levûre ; en outre, indépendamment de l'orge
maltée, on emploie presque toujours pour leur
préparation du froment cru, c'est-à-dire non
germé et parfois aussi de l'avoine. Dans certains
cas, l'orge et le froment sont employés à parties
égales, comme pour le lambick, le faro et la bière
de mars, dans d'autres, pour la bière blanche de
Louvain, par exemple, la proportion du froment
dépasse celle du malt d'orge. Enfin, on ajoute
souvent au fond de la cuve-matière une couche
de balles de froment, qui non seulement jouent
le rôle d'un filtre, mais encore communiquent au
produit une couleur jaune et une odeur particulière.

Les espèces de bières fabriquées en Belgique
sont extrêmement nombreuses. Suivant que le
froment entre ou n'entre pas dans leur préparation, on peut les diviser en deux catégories : les
bières fromentacées et les *bières d'orge* ; le *lambick*,
le *faro*, la *bière de mars*, la *bière blanche de Louvain*, le *peeterman*, les *bières de Diest* (brune, Diest,
double bière), les *bières de Malines*, de *Hougaerde*,
de *Lierre*, de *Liége* et du *Limbourg* sont des bières
fromentacées, tandis que les *bières d'orge de
Louvain* (bière de mars, bière d'orge et double
bière d'orge), l'*uytzet*, les *bières brunes des
Flandres*, les *bières du Hainaut*, etc., appartiennent à la seconde catégorie.

Ne pouvant décrire ici les méthodes de préparation de toutes ces bières, nous nous bornerons
à indiquer la marche suivie pour le *lambick*, le
faro et la *bière de mars*, qui se brassent de la
même manière et souvent en même temps.

On prend parties égales d'orge germée, légèrement touraillée et de froment cru, qu'on mélange
ensemble et qu'on soumet à une mouture grossière. On introduit dans la cuve-matière de l'eau
à 45°, jusqu'à quelques centimètres au-dessus du
faux-fond, puis on y verse deux ou trois sacs de
balles de froment et par dessus une quantité du
mélange d'orge maltée et de froment cru suffisante
pour remplir la cuve, puis on fait arriver au-

dessus du faux-fond d'abord de l'eau à 45° et
ensuite de l'eau presque bouillante, jusqu'à ce
que la cuve soit entièrement pleine.

On brasse vivement de façon à obtenir un
mélange bien homogène, on recouvre la surface
d'une légère couche de balles de froment, puis on
enfonce dans la masse de grands paniers coniques en osier et avec des bassins en cuivre, on
puise le liquide qui pénètre dans ces paniers,
pour le verser dans une chaudière, qu'on chauffe,
après y avoir ajouté le liquide clair qui passe par
le faux-fond. On fait alors une seconde trempe à
l'eau bouillante, que l'on chauffe avec la première
pendant vingt minutes. Pendant ce temps, on
relève la drèche sur le milieu de la cuve-matière,
on garnit de balles de froment le pourtour du
double fond, sur le milieu duquel on dépose
cinq centimètres de cette même balle, après avoir
rejeté la drèche sur les parois de la cuve, puis on
égalise les matières et l'on verse par dessus le
moût bouilli de la chaudière. Lorsque la cuve
est presque pleine, on brasse légèrement la masse
sans remuer le fond, on laisse reposer pendant
une heure et enfin on soutire le liquide clair.

Quand le moût est écoulé, on fait encore deux
ou trois petites trempes à l'eau bouillante,
qu'on traite comme les premières, mais qui
servent pour préparer le faro et la bière de mars,
tandis que les deux premières sont employées
pour le lambick.

On fait ordinairement bouillir le moût pendant
cinq à six heures pour le *lambick* et l'on
emploie par hectolitre 780 à 860 grammes
de bon houblon d'Alost et de Poperinghe, que
l'on ajoute au moût, lorsque étant devenu
clair, on l'envoie de nouveau dans la chaudière ;
on ne le transvase ensuite, au sortir du filtre
à houblon, que quand sa température n'est
plus que de 14 à 16° par les temps très
froids et de 10 à 12° par les températures ordinaires de l'automne et du printemps. Dès que le
moût est réuni dans la cuve-guilloire, on le met
dans des tonneaux de 2 à 3 hectolitres, sans addition de ferment. Les fûts sont ensuite transportés
dans un cellier tempéré, où on les place les uns
sur les autres en deux étages et en deux ou trois
rangs disposés de façon que l'on puisse visiter
facilement l'un des fonds de toutes les pièces,
ainsi que la bonde qu'on laisse entr'ouverte pendant toute la saison chaude de la première année,
en ayant soin de remplir de temps en temps les
tonneaux.

Quant au moût destiné à la préparation de la
bière de mars, on le fait ordinairement bouillir
pendant douze à quinze heures avec le houblon
qui a servi à la préparation du lambick et 400 à
500 grammes de houblon nouveau par hectolitre,
puis après séparation du houblon et refroidissement au même degré que le lambick, on l'entonne comme ce dernier.

La fermentation ne se déclare qu'au bout de trois
ou quatre mois, elle dure ordinairement huit à
dix mois et se prolonge quelquefois pendant dix-
huit à vingt mois. La bière n'est ordinairement
bien faite qu'au bout de vingt mois à deux ans,

époque à laquelle elle est soutirée, coupée, c'est-à-dire mélangée et apprêtée.

Si la bière est bien réussie, elle a acquis beaucoup de force et un bouquet agréable : l'odeur du houblon a entièrement disparu, elle est remplacée par une odeur vineuse fine, mais qui ne répond pas à sa saveur ; la bière est encore amère, âpre et réclame un correctif qu'on lui donne par l'apprêt.

Pour préparer le *faro*, on réunit les deux qualités de moût dans la cuve-guilloire, l'on entonne et l'on fait fermenter comme le lambick et la bière de mars, ou bien l'on mélange à parties à peu près égales du lambick et de la bière de mars entonnés et fermentés séparément.

L'apprêt de ces bières est un travail délicat et important, qui le plus souvent est fait par le débitant lui-même; il consiste, pour le faro, à mélanger celui-ci avec d'autres bières, les unes plus vieilles les autres plus jeunes, ou, comme pour la bière de mars et le lambick, à ajouter de la cassonnade et du sirop.

Les bières belges contiennent une grande quantité d'acide lactique, qui leur donne leur caractère particulier; elles se conservent très bien : à l'Exposition de Haguenau, en 1874, des faros et des lambicks, mis en bouteilles en 1816, 1839, 1868 et 1869 ont été trouvés encore excellents.

Bière russe. En Russie, on ne prépare qu'une seule espèce de bière désignée sous le nom de *kwas*; cette boisson, autrefois obtenue en laissant fermenter spontanément l'infusion d'un mélange d'orge, de froment et d'avoine, ou de seigle et d'avoine maltés, sans addition de houblon, est maintenant fabriquée d'après des procédés analogues à ceux en usage dans les autres pays, avec du houblon, que l'on remplace quelquefois par des bourgeons de sapin ou des baies de genièvre, et le moût obtenu est, après refroidissement, abandonné à lui-même dans un endroit frais, sans addition de levûre, ou bien au contraire mis au levain. Dans le premier cas, la fermentation dure deux mois environ, tandis que dans le second elle est terminée en huit ou dix jours.

COLLAGE, CONSERVATION, DÉBIT ET TRANSPORT DE LA BIÈRE.

COLLAGE DE LA BIÈRE. Les bières obtenues par une fermentation lente à basse température et qu'après leur préparation on abandonne à elles-mêmes dans des caves fraîches pendant un temps plus ou moins long, comme cela se pratique en Allemagne, en Autriche, en Angleterre et aussi en France dans quelques brasseries, se clarifient d'elles-mêmes et n'ont besoin, une fois rendues chez le détaillant, que d'un repos de quelques jours, avant d'être livrées au consommateur. Mais il n'en est pas de même pour la plupart des bières fabriquées en France, à Paris notamment, lesquelles ont été soumises à une fermentation très rapide et tiennent en suspension des matières étrangères, qui les rendent troubles et qu'il est indispensable d'éliminer par une clarification instantanée, parce que ces bières faibles, très altérables, ne peuvent pas se conserver pendant un temps assez long pour que les matières en suspension se précipitent spontanément.

La clarification, ou le *collage de la bière*, est effectuée par le brasseur ou, comme c'est le cas le plus fréquent, par le débitant lui-même, et elle consiste à mélanger la bière avec une certaine quantité de solution de colle de poisson ; l'action de cette matière est toute mécanique : elle forme au milieu du liquide une sorte de réseau membraneux, qui en se contractant par l'action de l'alcool se resserre et entraine en se précipitant toutes les substances non dissoutes.

Pour préparer la solution de colle de poisson (ichthyocolle), on écrase d'abord celle-ci avec un marteau et on en met tremper 10 grammes dans l'eau fraîche pendant vingt-quatre heures, en renouvelant l'eau quatre ou cinq fois. On décante l'eau puis on malaxe la masse ramollie avec un litre de vin ou de bière aigre et l'on passe à travers un tamis. Au lieu de vin ou de bière, on peut employer une dissolution de 5 grammes d'acide tartrique étendue à un litre avec de l'eau, dont on remplace 1 décilitre à 1 décilitre 1/2 par une même quantité d'alcool rectifié, si la liqueur doit être conservée.

Pour opérer le collage, on mélange bien intimement, un volume de la solution précédente avec trois ou quatre volumes de bière, on verse ce mélange dans le tonneau, on agite vivement, on bonde et on laisse reposer pendant trois ou quatre jours, au bout desquels la bière peut être débitée ou mise en bouteilles. Le collage en brasserie a lieu au moment de l'expédition chez le débitant. La dose de solution de colle à employer varie entre 1/1000 à 3/1000 du volume de la bière, suivant que celle-ci est plus ou moins trouble; dans tous les cas, il ne faut jamais en ajouter de fortes proportions, parce que l'excès qui reste en dissolution enlève de la finesse à la bière et la rend plus altérable.

La clarification est aussi obtenue quelquefois au moyen de copeaux de hêtre ou de noisetier,

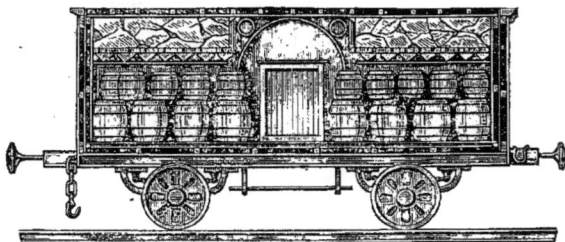

Fig. 594. — *Vagon à glace pour le transport de la bière.*

comme on l'a déjà dit précédemment ; ces procédés, employés notamment dans la brasserie Riester, à Puteaux, donnent des bières parfaitement claires, mais qui présentent l'inconvénient de de s'aigrir plus rapidement que celles traitées par la colle de poisson.

CONSERVATION DE LA BIÈRE. Pour empêcher la bière de s'altérer, de devenir malade (V. BIÈRE), on peut se servir du bisulfite de chaux ou de soude ou de l'acide salicylique, ou bien la soumettre au chauffage d'après le procédé Pasteur.

L'emploi du bisulfite de chaux pour la conservation de la bière, proposé par Alment et Johnson de Londres, est très répandu en Angleterre. C'est un liquide très acide, dégageant une forte odeur d'acide sulfureux. Le tonneau étant à moitié rempli de bière, on ajoute le liquide conservateur dans la proportion de 1 décilitre par hectolitre et l'on finit de remplir le tonneau. Pour la bière en bouteilles, on ajoute quelques gouttes de bisulfite dans chaque bouteille, ou bien on se contente de les laver avec ce liquide. Lorsque la bière doit être collée, on procède au collage avant d'ajouter le bisulfite de chaux. En Angleterre,

Fig. 595. — *Pompe à bière.*

cette préparation est aussi employée pour le nettoyage des tonneaux : on lave d'abord ceux-ci comme à l'ordinaire, on les laisse sécher, puis on y verse par hectolitre 1/8 de litre de bisulfite que l'on répartit uniformément sur la paroi interne.

L'acide salicylique recommandé plus récemment pour conserver la bière, donne d'excellents résultats, et il doit être préféré à tous les autres moyens proposés dans le même but. Ajouté dans la cuve-guilloire, pendant la fermentation basse, à la dose de 2 grammes 1/2 à 3 grammes par hectolitre, il s'oppose au développement des ferments de maladie. Pour la bière faite, la quantité à employer est assez variable : 5 grammes par hectolitre de bière haute et 5 à 10 grammes pour le même volume de bière basse, ajoutés au moment de l'entonnage, sont les proportions les plus convenables

lorsque la bière doit séjourner longtemps sur chantier dans des conditions défavorables. Mais si l'on a de bonnes caves, il convient de faire l'addition de l'acide salicylique deux ou trois semaines avant le soutirage, dans le tonneau même qui doit servir au transport, et alors on emploie par hectolitre 5 à 10 grammes, si le transport doit être rapide, 10 à 15 grammes, s'il doit être plus long, et 15 à 20 grammes s'il doit s'effectuer par mer. Ces quantités doivent être réduites, si la bière a déjà reçu une addition d'acide salicylique pendant la première période de magasinage.

L'acide salicylique est ajouté à l'état solide dans le tonneau ; mais il vaut mieux le délayer avec de la bière dans un vase en grès ou en bois, puis passer la bouillie claire, ainsi obtenue, à travers un tamis de crin, pour la verser ensuite dans le tonneau et bien l'agiter avec une spatule en bois.

Pour la bière en bouteilles, destinée à l'exportation, il faut employer 15 grammes par hectolitre, et après avoir bien rincé les bouteilles, passer de l'une dans l'autre, comme dernier rinçage, une solution d'acide salicylique à 3 grammes par litre d'eau chaude. Il convient aussi de tremper les bouchons pendant cinq minutes dans une solution salicylée.

Lorsqu'il s'agit de conserver la bière en bouteilles, notamment celle qui est destinée à l'exportation, le *chauffage* d'après la méthode de Pasteur donne aussi de bons résultats, mais modifie sensiblement le goût de la bière, ce qui n'a pas lieu avec l'acide salicylique. Cette méthode a été mise en usage pour la première fois par E. Velten, de Marseille. On remplit les bouteilles jusqu'à 5 centimètres au-dessous de la cordeline, on les bouche avec soin, on les plonge dans un bain-marie chauffé à 45 ou 55°; on les retire au bout d'une demi-heure à une heure et on les laisse refroidir graduellement.

La pratique qui consiste à enduire intérieurement les tonneaux de garde avec de la poix ou avec un vernis particulier, appelé *vernis de bois*, doit aussi être mis au nombre des moyens usités pour la conservation de la bière.

TRANSPORT DE LA BIÈRE. La bière est transportée chez le détaillant le plus souvent en tonneaux, quelquefois en bouteilles. En Autriche, où la bière est conservée dans des caves extrêmement froides, c'est toujours pendant la nuit qu'on la livre au débitant, afin d'éviter autant que possible toute altération par une élévation de température, et c'est aussi pendant la nuit que sont transportées en été les bières expédiées de Strasbourg à Paris. Lorsque le transport doit être long, par terre ou par mer, la bière en bouteilles est chauffée avant son expédition, et les tonneaux sont entourés de glace et de paille. Brainard a imaginé, pour l'expédition de la bière en tonneaux par voies de fer, un dispositif de wagon à glace, tout à fait analogue à la cave de garde dont nous avons parlé précédemment. Ce dispositif est représenté par la figure 594. Comme on le voit, le réservoir à glace est placé au-dessus des tonneaux et l'air refroidi au contact de la glace descend dans le compartiment contenant la bière, absolument comme cela a lieu dans la cave de garde.

DÉBIT DE LA BIÈRE. Dans les établissements publics, la bière est livrée au consommateur en bouteilles ou dans des vases ouverts (cannettes, chopes), que l'on remplit directement au tonneau ou en refoulant la bière vers le comptoir de débit, au moyen d'une pompe (*pompe à bière*). C'est à cette dernière méthode que l'on a recours dans les établissements importants, où le service doit être fait avec rapidité. La figure 595 représente le dispositif de pompe à bière le plus fréquemment employé. Au moyen d'une pompe à compression B, que l'on manœuvre à l'aide du levier P, on refoule par le tuyau M de l'air dans le réservoir A, jusqu'à ce que la pression intérieure, indiquée par le manomètre C, s'élève à 4 ou 5 atmosphères. Sur le tuyau H, partant du réservoir à air, sont

adaptés plusieurs tubes qui viennent se fixer sur les tonneaux de débit DD et sont pourvus de robinets E, que l'on tient ouverts, afin de mettre l'intérieur des tonneaux en communication avec le réservoir A et exercer de cette façon une pression sur la bière qu'ils renferment. Sous l'influence de cette pression, le liquide est refoulé dans les tubes FFF, qui partent du bas des tonneaux et viennent aboutir à l'intérieur du café dans une sorte de fontaine munie d'un ou de plusieurs robinets, et il suffit d'ouvrir ces derniers pour remplir les vases placés au-dessous. J est une soupape de sûreté, qui laisse échapper une

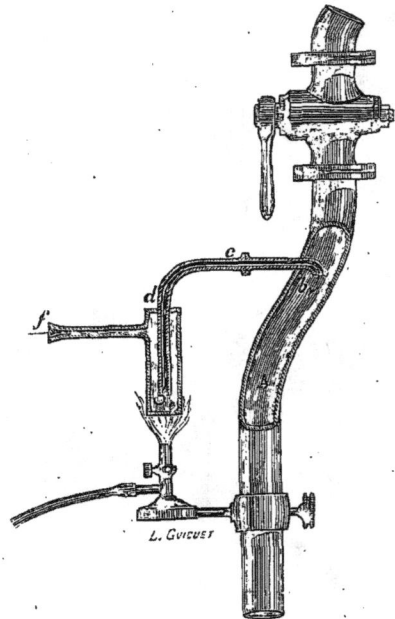

Fig. 596. — *Détails de la trompe de l'appareil Pasteur.*

certaine quantité d'air lorsque la pression est portée trop loin dans le réservoir A; *i* est le tube au moyen duquel celui-ci est mis en communication avec le manomètre C, et G un trou pratiqué dans la voûte de la cave pour le passage des tuyaux conduisant la bière à la fontaine de débit. Lorsque, à mesure que les tonneaux se vident, la pression intérieure vient à diminuer et que par suite le jet perd de sa force, il suffit, pour augmenter la tension dans le réservoir à air, de faire manœuvrer la pompe B.

Au fur et à mesure que la bière est enlevée du tonneau, soit qu'on la tire directement à l'aide d'un robinet, soit qu'on la refoule au moyen de la pompe à compression qui vient d'être décrite, elle est remplacée par de l'air, et si le débit n'est pas très rapide, le contact prolongé de cet air ne manque pas de faire sentir son influence fâcheuse sur le liquide, qui devient acide. L'emploi des agents conservateurs mentionnés précédemment (et des bondes hydrauliques, dans les cas où la bière est tirée directement au tonneau) est tout à fait impuissant pour empêcher cette altération. C'est pour cela que l'on a cherché à remplacer l'air des pompes à bière par de l'acide carbonique, qui jouit de la propriété de conserver à la bière toute sa fraîcheur et ses qualités les plus recherchées. En Allemagne, presque toutes les pompes à bières fonctionnent par l'acide carbonique; le gaz que l'on emploie dans ce but est celui qui se dégage des cuves à fermentation; on le comprime dans des réservoirs suffisamment résistants, qui sont ensuite transportés dans les caves des cafés et des estaminets et mis en communication avec les tonneaux de débit. En France cette méthode n'est encore que peu répandue; nous devons toutefois mentionner que Hermann-Lachapelle, de Paris, a proposé, il y a plus de 20 ans déjà, d'installer dans les caves à bière un appareil à acide carbonique analogue à ceux qu'il construit pour la préparation des eaux gazeuses et d'envoyer le gaz sortant de l'épurateur, qui accompagne l'appareil, directement dans les tonneaux ou de l'accumuler dans un réservoir semblable à celui de la pompe à air. Enfin, on peut aussi, afin d'atténuer l'action pernicieuse de l'air, mélanger avec celui-ci une certaine propor-

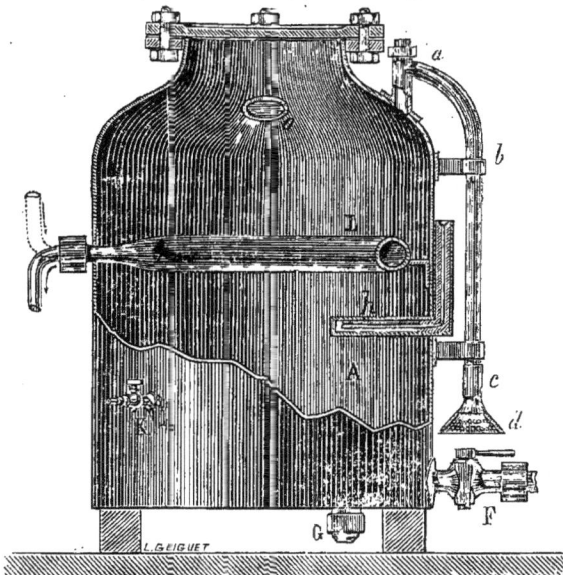

Fig. 597. — *Appareil Pasteur pour la fabrication de la bière inaltérable.*

tion d'acide carbonique. Une légère modification apportée à la pompe ordinaire suffit pour arriver à ce résultat : sur le tuyau M (fig. 595), conduisant de la pompe B au réservoir A, on adapte un tube à robinet L, communiquant avec un récipient O contenant de l'acide carbonique comprimé, et lorsqu'on fait mouvoir la pompe B, le robinet L étant ouvert, une certaine quantité d'acide carbonique est entraînée et vient se mélanger avec l'air du réservoir A.

FABRICATION DE LA BIÈRE INALTÉRABLE
D'après Pasteur.

Pasteur a fait connaître, il y a quelques années un procédé de refroidissement et de fermentation du moût de bière ayant pour but d'empêcher les altérations auxquelles la bière est si souvent exposée (V. Bière). Ce procédé est basé sur les observations suivantes : 1° toutes les altérations de la bière ou du moût, sont corrélatives du développement et de la multiplication d'organismes microscopiques, désignés par Pasteur sous le nom de *ferments de maladie;* 2° les germes de ces ferments sont apportés par l'air, par les matières premières, par les ustensiles en usage, etc.; 3° toutes les fois qu'une bière ne renferme pas les germes vivants qui sont la cause immédiate de ses maladies, cette bière est inaltérable à toutes les températures; 4° avec les anciens procédés de brassage, tous les moûts, tous les levains et toutes les bières renferment les germes de maladies propres à ces substances; il est bien vrai que pendant la coction du moût houblonné les germes de maladie sont détruits par l'ébullition, mais pendant le refroidissement et la mise en levain, l'air en apporte de nouveaux, qui exerceront plus tard une action funeste. C'est donc en s'opposant à l'introduction de ces nouveaux germes que l'on pourra obtenir de la bière inaltérable. Dans ce but, Pasteur procède de la manière suivante :

Le moût cuit et houblonné est amené à la température de 75 à 80° dans un réfrigérant Baudelot, analogue à celui qui a été décrit précédemment, mais fonctionnant en sens inverse, c'est-à-dire dans lequel le moût circule à l'intérieur des tubes et l'eau froide à l'extérieur. Ce réfrigérant, préalablement purifié au commencement de l'opération, par une injection de vapeur à travers toutes ses spires, est rempli d'air pur que l'on introduit par un petit tube chauffé au moyen d'un bec de gaz.

Pour donner au moût ainsi refroidi la quantité d'air nécessaire pour la fermentation, on fait arriver dans le tuyau qui le conduit du réfrigérant à la cuve à fermentation de l'air purifié par calcination. La figure 596 représente la *trompe* employée dans ce but. A est le tuyau par lequel le moût sort du réfrigérant ; un peu au-dessous du robinet qu'il porte supérieurement, pénètre un petit tube coudé *b c d*, légèrement recourbé en *b* et emboîté à son autre extrémité dans un deuxième tube plus gros *ef* ; l'extrémité *f* de ce dernier communique avec l'air extérieur et la partie *e* est chauffée par un bec de gaz. En tombant dans le tube A, le liquide détermine l'aspiration de l'air extérieur, qui vient se mélanger au moût après avoir été calciné et ainsi dépouillé des germes qu'il pouvait tenir en suspension.

Au moyen d'un tuyau en caoutchouc, préalablement passé à la vapeur, le moût, refroidi et aéré comme il vient d'être dit, est amené dans la cuve à fermentation A (fig. 597), où il pénètre par le tube à robinet F. Cette cuve, en tôle ou en cuivre étamé, est fermée supérieurement par une plaque de fer appliquée sur une rondelle en caoutchouc et maintenue par des boulons ; sur son dôme sont soudés deux ajutages *a* (dont un seul est visible dans la figure 597), et mis en communication avec l'extérieur au moyen du tube descendant *bc* ; l'un de ces tubes, qui sert à la rentrée de l'air, est muni en *d*, d'un tampon d'ouate destiné à retenir les poussières atmosphériques ; l'autre, que l'on ouvre dès que la fermentation commence, donne issue à l'acide carbonique ; le tuyau F sert pour le chargement, ainsi que pour la vidange de la cuve, lorsque la fermentation est terminée, et par le tampon G on évacue la levure qui s'est déposée au fond de la cuve ; K est un robinet de prise d'essai, *h* un thermomètre pour observer la température du liquide, L un tuyau annulaire en cuivre étamé, dans lequel circule de l'eau glacée afin de maintenir le moût à une basse température ; enfin, *o* est une lunette par laquelle on peut suivre la marche de la fermentation.

Avant d'introduire le moût refroidi dans la cuve, on la remplit d'abord de vapeur, et au fur et à mesure que celle-ci se condense par le refroidissement, l'air y rentre, après avoir abandonné dans le tampon d'ouate *d*, les germes qu'il pouvait contenir. Une fois la cuve entièrement refroidie, on y verse de la levure pure, puis on y fait arriver le moût. Au bout de trente-six heures, la fermentation se déclare et est terminée en douze jours. On soutire alors la bière en adaptant sur la tubulure F un tuyau en caoutchouc lavé à l'eau chaude, qui l'amène dans les tonneaux où doit s'effectuer la fermentation secondaire ; ces ton-

neaux sont disposés dans des caves dont la température est à environ 10°.

La *mise en levain*, qui est l'opération la plus délicate du procédé Pasteur, est faite avec de la levure pure prise dans une cuve en pleine fermentation, ou, si l'on est au début d'une fabrication, avec de la levure préparée de la manière suivante :

On prend un ballon d'une capacité de 500 centimètres cubes environ et muni de deux cols, dont l'un est droit et fermé au moyen d'un bout de tube en caoutchouc et d'un bouchon de verre, et l'autre étiré en une longue pointe, dont la majeure partie est recourbée par en bas et l'extrémité par en haut. Par la tubulure droite on verse dans ce vase 200 à 250 centimètres cubes de moût de bière, on ferme la tubulure, puis on fait bouillir le liquide de façon à détruire les germes qu'il renferme et à expulser l'air contenu dans le ballon ; on laisse refroidir. L'air, qui pendant le refroidissement, rentre par le col effilé, laisse déposer dans la partie inférieure de celui-ci les poussières qu'il tenait en suspension et il arrive parfaitement pur dans le ballon. Cela fait, on ouvre la tubulure droite, puis on fait tomber dans le liquide un peu de levure ordinaire, et on ajoute ensuite une faible quantité d'acide phénique ou d'acide tartrique et d'alcool, puis on referme rapidement la tubulure. L'addition de ces corps a pour but d'empêcher le développement des ferments de maladie que peut contenir la levure employée, de sorte que la fermentation produite dans ces circonstances ne peut donner naissance qu'à de la levure alcoolique, et c'est cette *levure pure* qui va servir pour la mise en levain.

On procède alors comme il suit : dans un bidon en cuivre étamé, de 15 à 18 litres de capacité, on introduit 12 à 15 litres de moût pur, pris dans la cuve à fermentation, ou de moût ordinaire. Ce bidon est muni d'un bouchon en caoutchouc traversé par deux tubes, dont l'un en verre fermé exactement comme la tubulure droite du ballon précédent, sert pour l'introduction du moût, et dont l'autre en cuivre, recourbé par en bas et contourné en hélice à son extrémité libre, sert à établir la communication avec l'extérieur ; ce bidon est, en outre, pourvu à sa partie inférieure d'un robinet de prise d'essai et de vidange, et supérieurement de deux lunettes permettant d'observer l'intérieur du vase. Une fois le moût introduit dans le bidon, on chauffe celui-ci au bain-marie, de façon à faire bouillir son contenu, puis on le laisse refroidir ; pendant ce temps, l'air extérieur rentre dans l'appareil en abandonnant les poussières dans les spires du tube en cuivre par lequel il pénètre. Le vase étant suffisamment froid, on y ajoute une certaine quantité de la levure préparée, comme il a été dit plus haut, on laisse la fermentation se déclarer et lorsque celle-ci est en pleine activité, on verse tout le contenu du bidon dans la cuve à fermentation.

Le procédé Pasteur, qui donne des bières d'excellente qualité et absolument inaltérables, est employé notamment à Tantonville, par MM. Tourtel frères, et à Marseille, par M. E. Velten. — Dr L. G.

Bibliographie. — V. Bière.

BRASSEUR, EUSE. Celui, celle qui fabrique de la bière et qui en fait le commerce en gros. — V. Bière.

— Les brasseurs de Paris, qu'on appelait au XVIᵉ siècle *cervoisiers*, formaient une communauté dont les statuts avaient été dressés par le prévôt Etienne Boileau. Un règlement donné à Vincennes, en septembre 1569 fixa leur nombre; et des lettres-patentes de 1514, renouvelées en 1630, 1686 et 1714 réglèrent les conditions dans lesquelles cette industrie devait s'exercer. Pour parvenir à la maîtrise, il fallait cinq années d'apprentissage et trois années de compagnonnage. Des contrôleurs et visiteurs de bières, créés en 1625, étaient chargés de veiller à l'observation des règlements de police pris pour assurer la saine confection d'une boisson fort répandue jadis, puisqu'il n'y avait pas moins de soixante-dix-huit maîtres brasseurs à Paris à la fin du XVIIIᵉ siècle.

Fig. 598. — *Brasseur du XVIᵉ siècle, d'après une ancienne gravure.*

La préparation de la bière exigeant une grande consommation de grains, les brasseurs étaient tenus de chômer en temps de disette, à peine de confiscation et d'amende qui, en 1693, n'allait pas à moins de 3,000 livres. Il est vrai qu'à cette époque il n'y eut pas seulement disette, mais famine; famine qui sévit à ce point, de 1691 à 1694, que dans une ville — Thiers en Auvergne — la moyenne des décès pour quatre années étant de neuf cent quarante-cinq, nous avons relevé pour cette période le chiffre effrayant de trois mille quatre cent vingt-deux morts.

Alexis Monteil cite le privilège qu'avaient les brasseurs de Rouen de dîner le jour de la fête de leur confrérie au réfectoire de l'abbaye de Saint-Amand, *au milieu de plusieurs rangées de jolies vierges normandes.*

BRASSIN. *T. techn.* Cuve où l'on fait la bière. ‖ Quantité de bière que le brasseur tire de cette cuve. — V. Brasserie. ‖ Quantité de savon que l'on cuit à la fois.

*BRASSOIR. *T. techn.* Canne de terre cuite avec laquelle on brasse le métal fondu.

BRASURE. *T. de métall.* Soudure faite à haute température sur deux pièces métalliques assem-

blées par l'intermédiaire d'un fondant spécial appelé également *soudure* dans les ateliers.

On a recours à la brasure lorsqu'on désire un assemblage très résistant, et lorsque l'un des deux métaux à souder, comme le cuivre par exemple, est difficile à fondre, autrement on fait une simple soudure.

Le fondant employé pour braser est formé de cuivre en petites parcelles mêlé de zinc et quelquefois d'un peu d'étain; on évite le plomb qui rendrait l'assemblage cassant. On ajoute, en outre, du borax pour faciliter la fusion.

La composition de la soudure varie avec le point de fusion du métal à souder et la résistance de l'assemblage qu'on veut obtenir; celle qui est la plus forte et la plus difficile à fondre contient la plus forte proportion de cuivre.

Composition des différentes soudures employées pour braser.

MÉTAUX	SOUDURE tendre ou jaune pour braser le cuivre sur le laiton	SOUDURE demi-forte	SOUDURE demi-grise
Cuivre.	45	55	48
Zinc.	55	45	49
Etain	»	»	3

MÉTAUX	SOUDURE forte ou grise pour braser le fer sur le cuivre	MÉTAUX	SOUDURE de fer pour braser fer sur fer
Cuivre. . .	56	Cuivre. . .	90 0/0 au moins
Zinc . . .	30	Zinc. . . .	4 à 10 0/0
Etain. . .	14		

La brasure s'opère de la manière suivante :

On nettoie d'abord à la lime ou en les décapant, les surfaces de contact des pièces à assembler, on les ajuste même, s'il est nécessaire, et on les maintient, en les fixant au besoin par des ligatures en fil de fer, aussi rapprochées que possible pendant toute la durée de l'opération.

On pose ensuite la soudure, et on chauffe les deux pièces sur un feu de coke ou de charbon de bois qu'on a soin d'entretenir très vif en commençant, en même temps qu'on rabat la flamme sur la soudure. Quand la fusion est complète, on arrête le vent sur le feu, on ajoute un peu de borax en poudre, qu'on répartit régulièrement en tournant les pièces en tous sens; puis on les retire du feu et on laisse refroidir lentement.

On peut braser le fer sur le cuivre rouge et le laiton, et de même sur la fonte de l'acier, ou le cuivre rouge sur le cuivre rouge. — V. Soudure.

BRAYER. 1° Bandage. — V. Bandages herniaires dans l'article Bandage, § Iᵉʳ. ‖ 2° Cordage qui, dans la maçonnerie sert à élever le mortier et le moellon. ‖ 3° Bandage de cuir qui sert à soutenir le battant d'une cloche. ‖ 4° Morceau de cuir au bout duquel est un sachet où l'on place le bâton du drapeau ou de la bannière pour le porter.

* BRAYEUR. T. de mét. Manœuvre qui fait aller le brayer, qui y lie, qui y suspend les matériaux.

* BREAK. T. de carross. Voiture à quatre roues, ouverte et dont le siège du cocher est appliqué sur un coffre très élevé. Le *break* qui, en anglais, signifie *dresser*, est ordinairement employé pour le dressage des chevaux et pour la chasse, les courses (fig. 599). Il y a plusieurs sortes de

Fig. 599. — *Break de chasse.*

breaks parmi lesquelles on distingue les *breaks phaetons* et les *breaks omnibus*.

* BRÉANT (Jean-Robert), chimiste, mort en 1852. Il fut vérificateur puis essayeur à la direction des monnaies. On lui doit un procédé de conservation des bois par injection en refoulant, à l'aide d'une haute pression, divers liquides dans les canaux de la sève.

BRÈCHE. T. de minér. Nom générique sous lequel on désigne toutes les roches à structure fragmentaire, quand les grains qui les constituent sont des fragments anguleux à bords aigus de diverses couleurs, réunis par une pâte calcaire d'une teinte différente. — V. Marbre. ǁ *Fausse brèche*, marbre veiné qui a l'apparence de la brèche.

BREDINDIN. T. de mar. Palan moyen qui sert à hisser de la cale ou à y amener de médiocres fardeaux.

* BRÉDIR. T. de bourrel. Assembler deux pièces de cuir avec des lanières au lieu de fil.

* BRÉDISSAGE. T. de bourrel. Genre de couture qui se fait avec des lanières de cuir.

* BRÉE. T. techn. Garniture en fer du manche d'un marteau de forge. On dit aussi *abras*.

* BRÉGUET. Le nom que nous venons d'écrire est l'un des plus glorieux de la science moderne; ses lettres de noblesse industrielle remontent au xviiie siècle. Le fondateur de cette dynastie de savants, *Louis-Abraham* Bréguet, naquit à Neufchâtel (Suisse), le 10 janvier 1747. Il vint à Paris en 1762, où il suivit avec une ardeur passionnée les leçons de mathématiques de l'abbé Marie. L'établissement qu'il fonda quai de l'Horloge acquit bientôt une grande réputation; à cette

époque, la cour et la ville étaient émerveillées par les inventions du jeune horloger mécanicien ; il perfectionna les montres perpétuelles en leur donnant une régularité à laquelle aucun de ses devanciers n'avait pu parvenir. La reine Marie-Antoinette, le duc d'Orléans, lui commandèrent plusieurs de ces montres qui étaient à quantièmes, à secondes, à équation et à répétition, sonnant les minutes.

« Les inventions d'Abraham Bréguet, dit M. Turgan dans ses *Grandes usines*, ont été aussi utiles aux arts que profitables au commerce. Cet habile mécanicien ne s'est pas borné à exercer son génie sur des ouvrages uniquement destinés à l'usage civil, il a aussi enrichi la science de la mesure du temps appliquée à la navigation, à l'astronomie et à la physique, d'un grand nombre d'instruments précieux, entre autres de plusieurs échappements libres, tels que l'échappement à force constante et à remontoir indépendant, l'échappement à hélice, l'échappement dit naturel, et celui à tourbillon qui annule les effets des différentes fonctions, etc.

« Bréguet construisit un nombre considérable de pendules astronomiques, de montres ou horloges marines et de chronomètres de poche.

« De l'aveu des savants, plusieurs de ces instruments ont surpassé en précision et en solidité tout ce qui avait paru de plus parfait en ce genre. C'est au génie de Bréguet que nos astronomes explorant l'immensité des cieux, et que nos navigateurs franchissant les mers les plus lointaines, doivent la connaissance du point précis du temps et de l'espace. »

L'exposition de 1819, installée au Louvre, fut un éclatant triomphe pour Bréguet; il y exposa une horloge astronomique qui fut achetée par

Louis XVIII ; des horloges marines d'une exactitude inconnue jusqu'alors : une de ces horloges fut acquise par le bureau des longitudes de Londres, une autre par le Dauphin ; une horloge marine servant de pendule de cheminée et merveilleuse sous tous les rapports. Elle devint la propriété de M. le comte de Sommariva.

Abraham Bréguet mourut en 1823. Il était horloger de la marine, membre du bureau des longitudes, de l'Institut, de la Société d'encouragement, du conseil royal des arts et manufactures, et chevalier de la Légion d'honneur.

* BRÉGUET (Louis-Antoine), son fils, né en 1776 sut maintenir la prospérité de la maison d'horlogerie que lui avait laissée son père. Il mourut en 1858.

M. Louis-François Bréguet continue brillamment la tradition de son aïeul; son nom est associé aux merveilleux progrès de la science moderne.

BRELOQUE. Nom que l'on donne aux objets de curiosité de peu de valeur, aux petits bijoux attachés à une chaîne de montre.

* BRÉMONTIER (Nicolas), ingénieur célèbre, naquit en 1738. Il se fit remarquer de bonne heure par son assiduité au travail et un goût très vif pour les mathématiques. Il consacrait ses loisirs à l'étude de la minéralogie. Un travail très remarquable sur cette dernière matière, publié dans le *Magasin Encyclopédique*, attira l'attention du gouvernement et contribua beaucoup à la nomination de Brémontier au titre d'ingénieur des ponts et chaussées du bassin de la Gironde.

C'est là qu'il se trouva face à face avec un fléau terrible, les sables mouvants du golfe de Gascogne, qui, chassés par les vents de mer, formaient une série de collines ou *dunes* entre les bouches de l'Adour et celles de la Gironde. Les vents de terre étant impuissants à chasser ces sables, il en résultait un avancement progressif des dunes vers l'intérieur des Landes. Cet envahissement, qui avait déjà été fatal à plusieurs villages, permettait bien de croire qu'un jour ou l'autre Bordeaux lui-même serait menacé. La lutte contre cet élément destructeur était digne d'un homme tel que Brémontier. Il n'hésita pas.

Après de nombreux essais faits sur de petits espaces, il adopta le procédé suivant : après avoir semé à une certaine profondeur des graines de pin maritime et d'ajonc, on recouvrait le sable de branches couchées pour s'opposer à son déplacement; la protection des jeunes plantes était assurée au moyen d'une vaste palissade orientée de façon à les mettre à l'abri des vents de mer.

La réussite fut complète et quatorze ans après, Brémontier eut la satisfaction de voir ses forêts exploitées pour l'extraction de la résine du pin.

Brémontier fut honoré, comme récompense des services qu'il rendit aux pays menacés, du titre d'Inspecteur Général des Ponts et Chaussées et du grade de chevalier de l'Empire. Il mourut en 1809.

* BRENET (Nicolas-Guy-Antoine), graveur en

médailles, mourut en 1848. Il a laissé un grand nombre de gravures, et notamment une réduction en bronze, au vingt-quatrième, de la colonne Vendôme, qui se trouvent au musée monétaire de la Monnaie de Paris.

* BREQUIN. *T. techn.* Partie du vilebrequin qu'on nomme aujourd'hui *mèche*.

BRÉSIL. Espèce de bois employé pour la teinture en rouge; on dit ordinairement *bois de Brésil*. — V. Bois.

* BRÉSILÉINE. *T. de chim.* Résultat de la combinaison de la brésiline avec l'air. — V. l'article suivant.

* BRÉSILINE. *T. de chim.* Matière colorante des bois de Brésil, Lima, Ste-Marthe, etc. Elle a été isolée par M. Chevreul. La formule de ce corps peut se représenter par $C^{22} H^{10} O^7$.

La brésiline se présente sous forme de petites aiguilles orangées, d'une saveur sucrée et amère, et solubles dans l'eau. Au contact de l'air, elle se modifie en se colorant en rouge vif; on obtient alors le corps colorant qu'on nomme *brésiléine*. L'acide chromique et les corps oxydants effectuent instantanément cette transformation.

BRÉSILLER. *T. de teint.* C'est teindre avec du bois de Brésil.

BRÉSILLET. Variété commune du bois de Brésil.

* BRETÈCHE. *Art hérald.* Se dit d'une rangée de créneaux sur une fasce, une bande ou un pal, ou sur les côtés de l'écu ; on dit aussi *bretesse*.

BRETELLE. 1° Bande de cuir plate, plus ou moins large, que l'on passe sur les épaules, et qui sert à porter certaines choses. || 2° Bande élastique qui se croise sur le dos pour soutenir le pantalon, la culotte. || Sangle attachée au métier, et sur laquelle l'ouvrier passementier s'appuie par l'extrémité des épaules.

* BRETELLÉE. Nom donné dans les chantiers de construction, à une équipe d'hommes qui, à l'aide de courroies ou *bretelles*, manœuvrent le bard chargé de matériaux.

* BRETELLERIE. Fabrique ou commerce de bretelles, jarretières ou autres articles analogues.

* BRETESSE. *Art hérald.* Syn. de *bretèche*.

* BRETESSÉ. *Art hérald.* Crénelé.

BRETTE. Epée de duel, longue et à garde en corbeille, que l'on fabriqua d'abord en Bretagne, et qui fut en usage surtout au XVIe et au XVIIe siècles.

BRETTER ou BRETTELER. *T. techn.* Graver de légères hachures sur une pièce d'orfèvrerie; pratiquer des dents ou des rayures avec un outil spécial.

* BRETTELURE. *T. techn.* Légère hachure que l'on grave sur une pièce quelconque; on dit aussi *bretture*.

* BRETTURE. *T. techn.* Dent de l'instrument spécial qui sert à faire des brettelures.

* BREVET. *T. techn.* En teinture, addition que l'on fait à un bain des matières qui lui donnent des

propriétés spéciales; on dit *manier le brevet* lorsqu'on examine avec la main l'état de température de la cuve, et *ouvrir le brevet* lorsqu'on essaie la couleur du bain.

* BREVETAGE. Précipitation de l'alun par l'addition des sels alcalins. — V. Alun.

BREVET D'APPRENTISSAGE. Sous l'ancien régime, on désignait ainsi l'acte par lequel le maître et l'apprenti s'engageaient réciproquement; aujourd'hui on dit plutôt *contrat d'apprentissage.* — V. Apprentissage.

BREVET D'INVENTION. — Le *brevet d'invention* est un titre délivré par le gouvernement pour conférer à un inventeur le droit exclusif et temporaire d'exploiter l'objet de sa découverte, sous certaines conditions.

L'accord d'un privilège exclusif temporaire a cet avantage de satisfaire à l'intérêt social sans laisser dans une indivision regrettable les droits de l'inventeur et ceux de la société; l'inventeur commence par jouir exclusivement; mais, au bout d'un temps déterminé, son œuvre revient au domaine public, de manière à laisser aux inventeurs de l'avenir la possibilité de faire progresser l'industrie à leur tour, en leur permettant des appropriations successives, dont chacune n'est exclusive que momentanément, et qui retournent, après chaque période, au fonds commun, pour se trouver soumises à de nouvelles combinaisons et à de nouvelles appropriations.

Pour décider avec autorité sur les droits de l'inventeur, il est essentiel d'être bien fixé sur la signification précise de ce mot *inventeur*. En effet, nous sommes certains que beaucoup des difficultés existantes viennent de ce que l'on désigne sous ce même nom des individualités très différentes. Un phénomène se produit à mes yeux, je l'observe, j'en provoque le renouvellement, je remarque qu'il est possible d'en faire une application industrielle et je me propose de doter la société de cette application; ou bien, réfléchissant sur les lois de la science et sur les faits connus, je conçois une hypothèse scientifique que j'étudie et dont je reconnais la vérité, l'utilité et l'application possible à l'industrie.

Dans les deux cas, suis-je inventeur?

Non, je suis un observateur intelligent, un savant remarquable, un appréciateur habile ou peut-être un rêveur, mais je ne suis pas un inventeur au sens légal du mot; en effet, si je consignais mes idées dans une demande de brevet, il faudrait encore bien du temps, du travail et de l'argent avant que mes idées fussent matérialisées par la pratique; de nombreuses difficultés resteraient à vaincre, auxquelles j'aurais à consacrer des travaux, peut-être faciles et heureux, peut-être longs et inutiles. C'est seulement au jour où j'ai vaincu la matière, au jour où j'ai réalisé et matérialisé la machine, le produit ou l'application nouvelle, que je puis réellement m'écrier : Et moi aussi, je suis un inventeur! L'invention légale apparaît seulement lorsque l'idée est fécondée par le travail et matérialisée par la réussite industrielle.

Il faut donc distinguer entre le *breveté*, qui

peut n'avoir qu'un titre sans valeur, ne protégeant aucune invention réelle; l'*inventeur*, qui, pour jouir de sa chose, doit nécessairement être breveté, et le *savant* ou l'*observateur*, dont les travaux ne peuvent être consignés dans un brevet valable malgré l'importance scientifique de leur œuvre.

Il est regrettable que le savant ou l'observateur, dont les travaux scientifiques servent de point de départ aux inventions, ne puissent recevoir une rémunération d'autant plus fructueuse que leurs découvertes sont plus importantes; mais il faut s'incliner devant les nécessités sociales et dire avec tous les législateurs que, si l'*invention* industrielle peut-être l'objet d'un brevet ou d'une patente, la *découverte* scientifique doit rester libre pour tous et ne peut être que l'objet de récompenses qui doivent être glorieuses, nombreuses et aussi considérables que possible, dans l'intérêt même de la société. La science et l'observation fécondent l'industrie, mais c'est l'industrie seule qui engendre les produits matériels résultant de la gestation pénible et coûteuse de l'inventeur.

Chaque pays a sa loi spéciale pour déterminer les dispositions qui règlent la concession des titres auxquels on donne le nom : de *patentes d'invention* en Angleterre et aux États-Unis, ainsi que dans les colonies anglaises; celui de *certificat de privative* en Italie; et celui de *brevet d'invention* en France et partout ailleurs. Dans tous les pays où l'on accorde des brevets, ces titres sont considérés comme le signe d'un contrat entre la société et l'inventeur. La société s'engage à protéger l'inventeur pendant un temps ou moins long et l'inventeur fait jouir la société du progrès industriel qu'il a imaginé, en le lui abandonnant après une réalisation effective et une exploitation exclusive qui ne dure que quelques années.

Le brevet n'est jamais accordé pour une idée ou pour une pensée, mais pour la réalisation sincère et complète des moyens ou procédés qui permettent de réaliser un progrès industriel dont la société n'est pas encore en possession. Le brevet est donc la constatation claire et précise d'une appropriation déterminée, personnelle à l'inventeur, et qu'aucun autre que lui ne peut revendiquer, car, en supposant, ce qui est possible, qu'une même idée vienne à plusieurs personnes, soit au même moment, soit à des temps différents; de toutes ces personnes il en est beaucoup qui n'auront pas les connaissances nécessaires pour arriver jusqu'à la réalisation de cette idée, réalisation qui est, comme on le sait, entourée de difficultés pratiques quelquefois insurmontables; d'autres manqueront d'argent, de temps, d'énergie, d'intelligence ou de la volonté nécessaire.

L'inventeur doit consacrer son temps à l'étude de l'idée qu'il a entrevue et qu'il veut réaliser; pour faire ses études, ses recherches et ses expériences il doit dépenser des sommes souvent assez considérables, et lorsqu'il a réussi, il a évidemment acquis par son travail et ses dépenses des droits sérieux sur le produit industriel nouveau qu'il a découvert, ou sur les produits ou résultats industriels connus, qu'il a réalisés par des moyens nouveaux ou nouvellement combinés. D'autre part, il est évident que l'inventeur a profité des connaissances acquises, résultats des travaux antérieurs qui constituent le fonds commun de la société ; en outre, il a besoin d'être protégé contre les contrefacteurs.

Deux droits sont donc en présence, ceux de l'inventeur et ceux de la société, et, pour les concilier, toutes les législations ont consacré, sous une forme ou sous une autre, ce principe qu'il faut garantir aux inventeurs, à titre de dédommagement de leurs labeurs, et comme rémunération du service rendu, une jouissance exclusive, mais temporaire, de la machine, du procédé ou du produit nouveau qu'ils ont découvert, jouissance à l'expiration de laquelle le domaine public s'en empare à son tour. Il résulte de ce contrat une concession, constituant une propriété d'un genre spécial, assimilable à la propriété littéraire, à celle des dessins et modèles de fabriques et aux concessions accordées pour les mines.

Mais les inventions, surtout celles qui sont importantes, n'arrivent pas du premier coup à leur perfection ; dans ce cas, chacun de ceux qui améliorent ce qui est déjà connu, est un véritable inventeur, quoiqu'il arrive souvent qu'on l'appelle aussi perfectionneur. En réalité, tout inventeur n'est qu'un perfectionneur de ce qui existe ; il ne faut donc pas établir une confusion sur la double dénomination d'inventeur ou de perfectionneur, que peut recevoir tout breveté, quel qu'il soit. Pour prendre un exemple célèbre, celui de la machine à vapeur, Watt n'a fait que perfectionner la machine de Newcomen et de Savery ; mais, comme c'est à partir de ces perfectionnements que cette machine a joui de tous ses avantages et s'est propagée dans l'industrie, tout le monde dit aujourd'hui que Watt en est l'inventeur, mais pendant la durée de sa patente on en contestait la valeur légale, aussi bien que l'importance de son invention ; il eut de nombreux procès à soutenir, et ce n'est pas sans difficulté qu'il eut le bonheur de triompher.

Dans ces étapes successives de l'invention, chaque breveté n'est possesseur que de ce qu'il a fait de nouveau ; ainsi du temps de Watt, tout le monde pouvait faire des machines telles que celles de Newcomen, de Savery, etc.; mais personne autre que Watt n'avait le droit de faire des machines avec condensation de la vapeur hors du cylindre, parce qu'il était alors breveté pour cela ; après la fin de son privilège, chacun a pu faire ce qu'il avait fait seul pendant la durée de son brevet, mais il a fallu respecter alors les nouveaux privilèges obtenus, soit pour l'emploi d'un double cylindre par Woolf, soit pour un nouveau système de tiroir par Farcot, soit pour d'autres dispositions nouvelles, telles que celles de Corliss pour la détente, etc.; il est facile de constater qu'en aucun cas les nouveaux inventeurs n'ont eu le droit d'accaparer à leur profit ce qui résultait du labeur des autres, si toutefois même ils en ont eu l'intention.

Le privilège temporaire que la loi concède à l'inventeur est donc justifié par le service que celui-ci rend à la société, en la mettant à même de profiter d'une découverte, dont, sans lui, la jouissance aurait pu être retardée, soit indéfiniment, soit au moins pendant un certain temps. Un autre point essentiel à constater, c'est le jeu de cette importante loi économique qui fait qu'en même temps que le brevet temporaire respecte les droits de la société et ceux de l'inventeur, sa concession, favorable aux intérêts de l'inventeur, est également favorable aux intérêts les plus sérieux de la société. Il est évident que nul ne fait un travail s'il n'espère en obtenir quelque rémunération suffisante; or, sans brevet, quelle rémunération un inventeur pourrait-il espérer, s'il ne lui était pas possible de conserver le secret de ses opérations dans ses ateliers, ainsi que l'ont fait avec succès M. Krupp, de Prusse, pour la fabrication de l'acier, ou M. Guimet pour la fabrication de l'outremer ? Il est évident que ce genre de progrès ne peut jamais être entravé, avec ou sans brevet.

Mais si certains procédés peuvent rester secrets, il n'en est pas de même des machines, des moyens mécaniques et des perfectionnements industriels en général ; or, quel est celui qui consentirait à risquer son temps et son argent pour expérimenter et mettre en œuvre une chose nouvelle, lorsque dès son apparition, tous les concurrents pourraient, sans dépenses, sans frais et sans efforts, faire identiquement la même chose. Le combat serait bientôt terminé dans cette concurrence où l'inventeur aurait à lutter, lui nouveau venu, contre les maisons anciennes établies et connues, contre les grands manufacturiers et les compagnies ; il serait bien vite écrasé sous le poids que donne la richesse, la bonne organisation, un puissant outillage et une clientèle nombreuse et choisie. Tant que l'invention n'est pas vulgarisée et connue, l'industrie, quelque libre qu'elle soit, ne saurait et ne voudrait même pas s'en emparer, car elle n'en connaît ni les détails ni l'importance.

Pour être désirée par l'industrie, une invention doit être déjà complètement étudiée, matérialisée, démontrée, vulgarisée et appréciée, ce qui nécessite, de la part de l'inventeur, cette dépense de temps, de travail et de capital, qui crée son droit positif et mérite salaire. Il faut aussi une propagande active et intelligente, pour vaincre les préjugés de la routine et de la tradition, et faire apprécier le service rendu, c'est encore là un travail utile, et qui mérite une récompense d'autant plus considérable, que l'invention apporte de plus grands avantages. Aujourd'hui, certains manufacturiers empruntent à l'inventeur ses moyens et ses procédés, lorsque tout le travail que nous venons d'indiquer est accompli, la loi française de 1844 a défini que cet emprunt était illicite, et devait s'appeler *contrefaçon* (en Portugal, cela s'appelle *vol industriel*).

Demander la liberté de l'industrie par la suppression des brevets, c'est proposer la liberté de la contrefaçon et l'oppression de l'industrie par le monopole de la richesse et des positions acquises.

L'influence favorable des brevets peut encore se prouver à l'aide du tableau comparatif que nous donnons ici pour constater le nombre des brevets pris dans les divers pays; on remarquera que l'état de l'industrie dans un pays se trouve toujours en rapport avec le nombre des brevets qui y sont pris, si l'on tient compte de la date des lois, des dispositions plus ou moins protectrices adoptées en faveur des inventeurs, de la population et d'autres circonstances variables

Tableau comparatif des prises de brevets dans les divers pays.

ANNÉE de la première loi faite dans le pays sur les brevets d'invention	PAYS	POPULATION en 1879	DATE de la nouvelle loi en vigueur actuellement	NOMBRE de brevets accordés en 1878	1879	OBSERVATIONS GÉNÉRALES
1623	Angleterre. . .	31.884.827	1er octobre 1852	3.509	3.521	La taxe est très élevée mais se paie par périodes.
1790	Etats-Unis. . .	40.000.000	8 juillet 1870	12.935	12.725	Taxe modérée avec examen préalable qui a déterminé le refus de 7,325 demandes en 1878 et de 7,334 demandes en 1879.
1791	France.	36.905.788	5 juillet 1844	7.981	7.821	Taxe modérée payable par année.
1812	Russie.	73.240.000	23 octobre 1840 et 23 novembre 1863	129	»	Taxe très élevée payable de suite avec examen préalable.
1815	Prusse. . .					
1825	Bavière. . .					
1836	Wurtemberg. .	*Empire allemand* 42.726.920	1er juillet 1877	4.342	4.420	Taxe annuelle très fortement progressive avec examen préalable très sévère.
1842	Hanovre. .					
1842	Baden . . .					
1843	Saxe. . . .					
1817	Belgique. . .	5.412.731	24 mai 1854	3.151	3.112	Taxe progressive très modérée.
1820	Autriche. . .	38.500.000	15 août 1852	1.694	1.782	Taxe progressive, sévères exigences administratives p' l'exploitation.
1820	Espagne. . .	18.000.000	30 juillet 1878	111	425	Taxe autrefois payable de suite et assez forte, actuellement très modérée, sévères exigences administratives pour l'exploitation.
1826	Piémont. .					
1833	Etats-Rom.	*Italie* 27.900.000	30 octobre 1859 et 31 janvier 1864	748	792	Taxe modérée et progressive.
1820	Lombardo -Vénétie					
1834	Suède.	4.500.000	19 août 1856	381	450	Durée du privilège fixée par le gouvernement entre 3 et 15 ans avec examen préalable.
1839	Norvège. . . .	1.900.000	30 novembre 1871	115	»	Durée fixée par une commission d'examen entre 5 et 10 ans.
1837	Portugal. . .	7.879.375	31 décembre 1852 et 22 mars 1868	33	»	Taxe payable de suite.
1842	Danemark. . .	1.700.000	»	25	»	La législation résulte d'une sorte de droit coutumier.

trop longues à énumérer ici, mais que chacun pourra facilement apprécier d'après les renseignements contenus dans le présent travail.

La Grèce et la Turquie n'ont pas de loi sur les brevets. La Hollande avait une loi datant de 1817; qui fut supprimée en 1869, non par négation du droit des inventeurs, mais par suite du manque d'intérêt au point de vue, spécialement, de ce pays essentiellement commerçant et peu industriel, où les Hollandais ne demandaient que cinq ou six brevets par année. La Suisse qui n'a pas de loi sur les brevets en prépare une en ce moment par suite de la convention internationale du 4 novembre 1880 à laquelle elle a adhéré.

Les brevets développent l'industrie nationale en lui apportant constamment de nouveaux aliments et une nouvelle sève ; ils sont un contre-poids essentiel, sans lequel l'argent et les positions acquises constitueraient des monopoles permanents, auxquels tout serait bientôt soumis ; ils favorisent l'exportation à l'étranger, en permettant, par des prix rémunérateurs, de maintenir aux produits une qualité supérieure, qui les fait toujours distinguer et rechercher. Si le brevet est quelquefois pour l'industrie une cause de vexation, par suite des procès qui en résultent, jamais ces procès n'arrêtent une industrie antérieure au brevet, et l'on peut, par de légères modifications de la loi, parer à tous les inconvénients que la pratique a révélé ou révèlerait encore.

Sans le brevet d'invention « nos abeilles porteraient leur miel hors de leur ruche », comme le dit si justement M. de Boufflers, dans son

rapport de 1789 ; il faudrait constamment chercher et trouver après coup, le secret de la réussite de nos concurrents étrangers, à la remorque
desquels nous marcherions, tandis que ces concurrents verraient arriver auprès d'eux nos propres concitoyens qui les solliciteraient, feraient
des expériences devant eux, leur donneraient des
explications détaillées et leur vendraient à un
faible prix le résultat de leurs veilles, de leurs
travaux, de leur génie, c'est-à-dire le moyen de
faire mieux que nous et de nous écraser par le
bas prix ou la perfection de leurs machines et
de leurs produits. C'est alors que l'on reconnaîtrait comme en 1789, mais un peu tard, à notre
avis, le grave danger qui existe en n'accordant
pas à l'inventeur ce droit modeste, ne coûtant
rien à personne, qui consiste en un prélèvement
d'une part des bénéfices, lorsqu'il y a bénéfice, et
qui laisse à l'industrie, au bout de quelques années, le secret de l'inventeur complètement vul-
garisé.

HISTORIQUE GÉNÉRAL DES LOIS SUR LES BREVETS
D'INVENTION.

La protection de la propriété industrielle est toute récente ; elle fait partie du droit moderne, comme la propriété littéraire ; elle n'existait pas et n'avait même aucune
raison d'être, lorsque l'industrie elle-même n'existait pas
encore.

Chez les Romains, nos maîtres dans la science du
droit, le travail manuel était avilissant, et n'était réservé
qu'aux vaincus et aux esclaves qui ne devaient et ne pouvaient rien posséder. Plus tard, et lorsque le christianisme
eut relevé les individualités et transformé l'état des sociétés, la féodalité domina longtemps dans tous les pays,
et avec elle les privilèges de toutes sortes, les maîtrises,
les jurandes, les corporations.

Sous ce régime, imbu du respect de la tradition, ré-
pulsif à tout progrès, il y eut quelques tentatives isolées,
dont le but était de reconnaître les droits et les services
des inventeurs ; mais il fallut un grand changement dans
les idées et dans les mœurs pour que l'on érigeât en principe et en loi : le droit des inventeurs sur les produits de
leur travail intellectuel, quoique ce droit soit le plus sacré
de tous, puisque c'est le fruit d'une laborieuse conquête
personnelle.

C'est en Angleterre que l'on trouve les premières traces
d'une législation sur les brevets d'invention. En 1623,
lorsque Jacques Ier abolit tous les monopoles qui entravaient alors la liberté industrielle, ce monarque comprit
la nécessité d'admettre une exception en faveur des auteurs
de procédés et de produits nouveaux, auxquels il accorda
le droit d'obtenir des privilèges de 14 ans, pouvant s'étendre à 21 ans dans certains cas, et portant le nom de
patente d'invention. Malgré le prix élevé des patentes qui
coûtaient plus de 7,900 francs pour l'ensemble des trois
royaumes d'Angleterre, d'Ecosse et d'Irlande, cet encouragement eut les plus heureux résultats, et l'Angleterre
vit affluer chez elle les inventeurs de tous pays. La
France, pour son compte, lui envoya les inventions du
balancier pour frapper les médailles, du moulin à papier
et à cylindre, du métier à bas, de la teinture du coton en
rouge, puis aussi un nouveau métier à gaze, une nouvelle
matrice pour la monnaie et d'autres inventions qui, avec
les grandes découvertes de leurs inventeurs nationaux,
enrichirent les Anglais et leur donnèrent dans l'industrie
une supériorité marquée, qu'ils ont conservée jusqu'à ce
jour, malgré nos efforts ultérieurs. Il est difficile, en effet,
de regagner l'avance en industrie, lorsqu'une fois elle est
perdue.

Avec le temps, le succès des Anglais frappa toutes les
nations industrielles, et le droit des inventeurs fut enfin
reconnu dans le Nouveau Monde par les Etats-Unis, dans
l'acte même de leur constitution, à la date du 17 septembre 1787.

L'article 1er de cette constitution établit « qu'il est nécessaire d'accorder aux auteurs et aux inventeurs un droit
exclusif sur leurs écrits et sur leurs découvertes pendant un
temps limité, afin d'exciter les progrès des sciences et des
arts utiles. »

Tous les actes ultérieurs concernant les brevets ou
patentes d'invention ont été promulgués depuis cette
époque sous le titre : d'actes destinés à favoriser les progrès
des arts utiles. Le premier acte législatif qui ait consacré
le principe posé en 1787 et organisé la propriété industrielle date du 10 avril 1790, c'est-à-dire de quelques mois
avant la première loi française ; mais cet acte fut abrogé
le 21 février 1793, par un nouveau statut, qui, avec
l'amendement du 17 avril 1800, et celui de 1832, constitua
la législation américaine jusqu'en 1836.

Le 4 juillet 1836, fut votée par le congrès une nouvelle
loi sur les patentes d'invention, qui fut suivie de nombreuses lois additionnelles fort importantes.

Enfin, le 8 juillet 1870, fut promulguée la loi fort libérale qui, avec les modifications apportées en 1874, régit
aujourd'hui les droits des inventeurs aux Etats-Unis et
leur accorde un privilège de dix-sept années moyennant
une taxe très modérée, mais après examen préalable. Dès
le début et jusqu'à ce jour, la législation des Etats-Unis
repoussa, comme contraire à la liberté du commerce et de
l'industrie, l'idée de privilège qui dominait dans la loi anglaise, à laquelle ils avaient emprunté, en commençant,
la plupart de ses dispositions et réglementations ; elle fit
reposer le droit des inventeurs sur une sorte de contrat
ayant pour objet de favoriser les arts utiles. La loi américaine introduisit la première cette idée d'un examen
préalable, qui se trouvait naturellement liée à la nécessité
d'écarter autant que possible les demandes portant sur
des objets déjà connus, puisqu'une fois accordées les patentes devaient exister jusqu'à expiration des quatorze
années de leur durée légale, lors même que leurs possesseurs reconnaissaient l'inanité ou l'insuffisance de leurs
demandes.

La loi française suivit de près ; l'étude des lois anglaises, l'exemple récent des Etats-Unis, hâtèrent la solution, et lorsque la nuit du 4 août 1789 eut fait table
rase de tous les privilèges, en abolissant la féodalité et
supprimant les maîtrises et les jurandes, on pensa de
suite à protéger les inventeurs jusqu'alors sacrifiés.

Le 31 décembre 1790, l'Assemblée nationale décréta la
loi sur les brevets, promulguée le 7 janvier 1791, et dans
laquelle le préambule développe cette idée de Mirabeau :
que les découvertes industrielles étaient une propriété,
avant même que l'Assemblée l'eût déclaré.

Le rapporteur de la loi était M. de Boufflers, dont les
consciencieux travaux ne peuvent être assez loués et dont
l'Assemblée adopta toutes les conclusions. M. de Boufflers s'est élevé avec force contre l'idée de considérer les
brevets comme un de ces privilèges odieux à toute époque,
et spécialement à ce moment de révolution sociale et de
liberté fiévreuse. Il fit comprendre qu'il fallait garantir à
tout inventeur, pendant un temps donné, la jouissance
pleine et entière de sa découverte, à la condition que cet
inventeur livrerait cette découverte à la société après
l'expiration de son privilège.

La loi admettait aussi les brevets d'importation, en se
fondant sur la nécessité d'établir une concurrence à l'industrie étrangère. Elle exigeait, pour tous les genres de
brevets, le paiement presque immédiat de la totalité des
taxes, qui variaient suivant la durée, de cinq, dix ou
quinze ans, réclamée par le demandeur. Par une disposition spéciale fort injuste et facile à éluder, le législateur
avait admis que le brevet français serait déchu, si l'in-

venteur prenait postérieurement un brevet à l'étranger pour le même objet. Des modifications diverses et des dispositions administratives pour l'obtention des brevets et leur prolongation furent édictées par deux lois supplémentaires promulguées aux dates du 25 mai 1791 et du 20 septembre 1792.

La loi de 1791, ainsi modifiée, régit la matière jusqu'en 1844, sauf quelques modifications qui furent l'objet de divers arrêtés et décrets, savoir : le 17 vendémiaire an VII, pour ordonner la publication des brevets expirés; le 5 vendémiaire an IX, pour déclarer que les brevets sont accordés sans garantie du gouvernement, et ordonner la délivrance des titres tous les trois mois; le 25 novembre 1806, pour permettre d'exploiter les brevets par actions, le 25 janvier 1807, pour établir que la jouissance part de la date des certificats délivrés par le ministre, et enfin le 13 août 1810, pour accorder aux brevets d'importation la même durée qu'aux brevets d'invention. En outre, une loi du 25 mai 1838 attribuait aux tribunaux civils la connaissance des actions en nullité ou déchéance, et celle des actions en contrefaçon aux tribunaux correctionnels.

Il nous paraît inutile de détailler les diverses études qui précédèrent l'adoption en France de la loi de 1844; il suffira d'indiquer ici que la loi de 1844 est basée sur l'idée d'un contrat entre l'inventeur et la société; qu'elle supprima les brevets d'importation, dont on avait reconnu l'immoralité et le danger; établit la taxe annuelle; reconnut le droit des étrangers; abolit la clause de déchéance résultant pour l'inventeur de la prise à l'étranger d'un brevet pour le même objet qu'il avait déjà fait privilégier en France; et fixa la juridiction qui doit connaître des actions en nullité et en déchéance, etc.

Ce qu'il faut remarquer, c'est que la loi française constituait alors le premier type législatif caractérisé par la liberté absolue qu'on laissait à l'inventeur de juger lui-même s'il avait intérêt à poursuivre son privilège ou bien à l'abandonner; par l'innovation importante des certificats d'addition, et par l'article spécial qui permet à l'inventeur de perfectionner seul sa chose pendant une année.

La marche incessante de l'esprit humain amènera nécessairement de nouveaux remaniements de la loi de 1844, mais, l'expérience faite depuis trente-six ans, a démontré à tous les esprits dépourvus de préjugés, la vérité et l'importance des principes essentiels sur lesquels repose cette loi.

La guerre qui désola toute l'Europe fit qu'un long espace de temps s'écoula avant que la reconnaissance du droit des inventeurs pût y continuer ses conquêtes pacifiques. Cependant la Russie, en 1812, promulgua une loi accordant aux inventeurs une protection dont ils avaient besoin; mais, peu au courant de l'état des choses de l'industrie, elle fixa une taxe élevée, payée en une seule fois, n'accorda qu'une durée qui ne pouvait passer dix ans et décida qu'il y aurait un examen préalable antérieur à la délivrance des brevets qui pouvaient être accordés, même à un importateur. Lorsqu'en 1815 la paix fut rétablie, le mouvement de propagation reprit son cours, et la Prusse reçut une loi à la date du 14 octobre 1815; seulement l'hostilité existante contre les idées dites françaises, fit que cette loi fut aussi restrictive que possible, donnant au gouvernement des droits excessifs et n'accordant aux inventeurs qu'un privilège la plupart du temps illusoire.

Les Pays-Bas, qui comprenaient alors la Belgique et la Hollande, avaient pu apprécier, au contraire, les bienfaits de la loi française sur les brevets d'invention, puisqu'elle y avait été en vigueur pendant le temps où ces pays furent possédés par la France; aussi, dès 1816, les États généraux furent saisis d'une loi relative à la concession de droits exclusifs pour l'invention ou l'amélioration d'objets d'arts et d'industrie, Cette loi promulguée le 25 janvier 1817, fut complétée par un règlement en date du 26 mars. Lorsque la Belgique se sépara de la Hollande,

elle conserva la loi de 1817, mais en la modifiant à la date du 25 septembre 1840, pour y introduire différentes améliorations. Enfin, la Belgique, dont le développement industriel fut rapide, sentit le besoin de modifier résolument sa législation, à la date du 24 mai 1854, par une loi très libérale, qui régit encore la matière.

Cette loi, conçue d'après le type français de 1844, lui empruntait toutes ses améliorations, mais elle y ajoutait encore d'heureuses dispositions adoptées depuis cette époque dans les nouvelles législations étrangères. Ainsi, les frais de taxe furent de 10 francs pour la première année, avec augmentation annuelle de 10 francs, constituant une taxe progressive avantageuse. La durée du privilège, portée à vingt ans, et les facilités accordées aux inventeurs pour le paiement de leurs annuités constituaient encore des avantages très importants et dont le mérite revient à l'esprit libéral de la Belgique.

Par une évolution qui n'est singulière qu'en apparence, la Hollande a supprimé, en 1869, pour les Pays-Bas seulement, sa loi sur les brevets d'invention qui datait du 25 janvier 1817; pour comprendre cette différence, il suffit de constater que la Belgique est un pays industriel, tandis que la Hollande est presque exclusivement un pays commercial. Le système établi était mauvais pour la Hollande; en effet, on ne délivrait par an que cinq ou six brevets à des indigènes, mais par contre, des centaines à des exploitateurs étrangers. Les Chambres hollandaises n'ont pas cependant condamné théoriquement le principe de la protection des inventeurs; elles ont pensé seulement qu'il leur était impossible de faire une bonne loi pour leur pays sur cette matière. La Hollande a même déclaré qu'elle ne refuserait nullement de prendre part à la préparation d'une loi internationale sur les brevets (1). Il a même été présenté aux Chambres le 26 février 1879 un projet de loi sur les brevets pour le Grand Duché de Luxembourg qui se trouve encore sous le régime de la loi du 25 janvier 1817, non abolie pour ce Grand Duché qui est distinct des Pays-Bas.

De 1820 à 1843, l'Autriche, l'Espagne, la Bavière, le Piémont, qui préparait les lois de l'Italie, la Suède, le Wurtemberg, le Portugal, la Saxe, le duché de Baden, et les pays faisant partie du Zolverein adoptèrent des lois plus ou moins protectrices de l'invention et des inventeurs; nous croyons inutile de détailler ces législations, dont les principes étaient en général les mêmes que ceux de la loi française de 1791. D'ailleurs toutes ces lois sont remplacées actuellement depuis l'année 1844, qui marque le début de la nouvelle phase plus libérale, heureusement inaugurée par la France, ainsi qu'il a été expliqué plus haut.

C'est en 1852 que l'Angleterre a profondément transformé sa loi ancienne, en diminuant les taxes dans une notable proportion ; en étendant aux trois royaumes d'Angleterre, d'Ecosse et d'Irlande, avec les îles de Man et de Wight, la protection accordée par une seule patente délivrée par la Grande-Bretagne. En outre, la nouvelle loi remplaçait l'ancien *caveat* par une protection provisoire de six mois, et inaugurait une large publicité pour les patentes prises depuis l'origine de la loi et un système de publication préalable, dans un journal spécial, des titres des patentes nouvellement demandées, afin d'appeler pendant vingt-et-un jours les oppositions qui pourraient avoir à se formuler à la délivrance de ces privilèges industriels.

C'est à partir de 1852 que l'Autriche, le Portugal, la Belgique, la Suède, l'Italie, les États-Unis et

(1) *Procès-verbal officiel du Congrès de Vienne*, par Carl Pieper, à Dresde 1873, p. 90 et 91.

l'Allemagne modifièrent leurs législations dans un sens libéral favorable aux inventeurs ; un mouvement de réaction détermina en France la proposition d'une loi nouvelle au Corps législatif à la date du 28 août 1858 ; cette loi avait été préparée par le Conseil d'Etat sous l'influence des craintes émises à cette époque, par suite du développement des contestations judiciaires résultant d'une plus grande activité industrielle. Dans le but de parer à cet inconvénient, le projet de loi présentait un ensemble de dispositions ayant pour but la *confirmation des brevets*, innovation législative dont le but était de mettre un brevet à l'abri de toute attaque en nullité après qu'il avait été soumis à certaines épreuves par la pratique, et à l'examen d'un comité spécial éclairé par les oppositions que les tiers pouvaient faire pendant un délai fixe.

La plus grande publicité était donnée aux demandes ou confirmations de brevets pour faire appel à toutes les oppositions possibles.

La suppression de l'exigence du paiement de la totalité des annuités au moment de la cession, des modifications apportées à la jurisprudence et la facilité pour le gouvernement de racheter les brevets moyennant une indemnité préalable pour cause d'utilité publique, constituaient également des dispositions nouvelles de ce projet.

Une commission de députés, après étude, chargea M. Busson de présenter un rapport qui fut déposé à la date du 3 juin 1862, et dans lequel toutes les autres dispositions nouvelles étant adoptées, le système de confirmation des brevets fut repoussé comme contraire aux principes presque séculaires de la législation française, c'est-à-dire de la liberté des inventeurs, de la délivrance des brevets sans examen préalable, et de la non garantie du gouvernement. Le dissentiment qui existait entre la Chambre et le Conseil d'Etat fit que le projet fut retiré et n'eut aucune suite.

Depuis 1850 il existait en France et en Angleterre, comme en Suisse et en Hollande, un parti puissant, hostile aux brevets d'invention, dans lesquels les hommes de ce parti croyaient voir un obstacle à leurs idées de libre-échange, de libre concurrence et de libre industrie.

Nous n'avons pas à indiquer ici les péripéties de la lutte qui s'est poursuivie et se poursuit encore aujourd'hui entre le commerce et l'industrie, lutte qui tient à leur essence même ; il nous suffit de signaler que tous les pays dans lesquels les intérêts commerciaux prédominent, ont toujours été hostiles aux brevets d'invention, jusqu'au moment où il a été prouvé, par des faits, trop graves pour qu'il soit possible de les nier, que loin de nuire à l'industrie et au commerce, la protection accordée aux brevets d'invention, comme aux marques et aux dessins et modèles, constitue une digue à la mal façon, à l'altération incessante des produits, à l'avilissement des prix et en fin de compte à la diminution du commerce d'exportation.

De 1850 à 1872 il y eut de nombreuses enquêtes faites en France, Angleterre, Allemagne, Autriche et Suisse ; nous croyons utile de donner ici les résultats généraux des enquêtes anglaises. L'Angleterre a publié les enquêtes parlementaires de 1864 et de 1872, dans lesquelles on entendit et l'on recueillit textuellement les dépositions d'un grand nombre d'industriels, de fonctionnaires du bureau des patentes, d'ingénieurs, d'inventeurs célèbres, de solliciteurs de brevets d'invention, d'écrivains économistes, de juristes et de membres du Parlement. Le comité de l'enquête de 1872 a rédigé ses conclusions comme suit :

« La protection des inventions favorise le progrès de l'industrie, en permettant aux auteurs de découvertes importantes d'arriver plus vite à les appliquer et à les développer que s'il n'y avait pas de brevets.

« Les récompenses nationales en argent ne remplaceraient pas avantageusement le privilège garanti par le brevet d'invention. »

Des propositions relatives aux modifications à apporter à la loi de 1852 furent indiquées, à la suite de cette enquête, et serviront de base à un projet de loi qui fut présenté par le gouvernement anglais à la Chambre haute en 1875, subit trois lectures, puis fut retiré pour faire place à d'autres objets plus pressants.

En Allemagne, une loi nouvelle s'étendant à tout l'empire a été mise en vigueur le 1er juillet 1877 ; elle fut précédée d'une enquête ministérielle. Une commission de trente-deux membres représentant les diverses industries, la science économique, la jurisprudence et l'administration, a siégé en août et septembre 1876, et voici les conclusions générales auxquelles elle s'est arrêtée et qui ont servi de base à la loi de l'Empire allemand.

I. La protection des inventions est une chose nécessaire.

II. Ne sont pas susceptibles d'être brevetés, les objets ou procédés contraires aux lois ou aux bonnes mœurs, les poisons, les substances explosibles, les remèdes secrets, les simples modifications de forme.

III. Le breveté doit avoir le droit exclusif de l'exploitation et du commerce des objets patentés ; toutefois il doit être tenu, moyennant indemnité, de laisser exploiter son invention par d'autres industriels sérieux.

Cette dernière disposition, connue aujourd'hui sous le nom de *licence obligatoire*, est l'une des innovations de la loi allemande, et l'enquête anglaise de 1872, comme l'enquête suisse de 1877, tendaient à la faire passer dans les nouvelles lois proposées.

C'est en 1873 qu'eut lieu la réunion à Vienne du premier Congrès international qui se soit occupé des brevets d'invention, et c'est après étude, examen et discussion entre les hommes les plus compétents, délégués par tous les pays du monde industriel d'Europe et d'Amérique, que furent votées par 74 voix contre 6, les résolutions suivantes qui, à notre avis, constituent un événement d'une importance considérable pour l'industrie, en ce sens qu'elles mettent les droits des inventeurs hors de toute contestation sérieuse.

Voici la traduction fidèle de ces résolutions caractéristiques.

« La protection des inventeurs doit être garantie par la législation de tous les peuples civilisés, en vertu des motifs suivants :

« (a) Parce que le sentiment du droit, chez les nations civilisées, reclame la protection légale du travail intellectuel ;

« (b) Parce que cette protection fournit le seul moyen pratique de porter les idées nouvelles à la connaissance du public sans perte de temps d'une manière authentique, à la condition que la description des inventions soit publiée d'une manière complète ;

« (c) Parce que la protection, résultant des brevets, fournit aux inventeurs une rémunération de leur travail et les détermine en conséquence à employer leur temps et leurs moyens à la réalisation et à la vulgarisation de leurs nouveaux procédés techniques, ou bien encore permet aux inventeurs de se procurer des capitaux, qui, sans l'existence des brevets, cherchent des placements plus sûrs sans les trouver ;

« (d) Parce que, grâce à l'obligation d'une publication complète de l'invention qui forme l'objet du brevet, on diminue dans une notable proportion les sacrifices considérables en temps et en argent que la réalisation pratique coûterait sans cela à l'industrie de tous les pays ;

« (e) Parce que l'on tend à supprimer par cette publication le plus grand ennemi du progrès, à savoir : le secret de fabrique ;

« (f) Parce que l'absence d'un système rationnel de brevets cause de grands dommages à certains pays dont les hommes de talent se rendent dans les Etats où le travail de l'inventeur trouve une protection légale ;

« (g) Parce qu'il résulte de l'expérience acquise que le propriétaire d'un brevet s'occupe avec plus de soin que qui que ce soit de la prompte exploitation de son invention. »

L'Espagne, voulant développer son industrie, a promulgué, à la date du 30 juillet 1878, une législation qui reproduit la plupart des dispositions françaises et belges de 1844 et 1854, en adoptant pour les brevets d'invention une durée de vingt années, une durée de cinq ans pour les brevets d'importation et fixant à dix ans la durée des brevets accordés à des inventeurs déjà brevetés à l'étranger depuis moins de deux ans, cette durée de dix ans étant alors indépendante de celle des autres brevets déjà pris. La taxe est de dix francs pour la première année, s'augmentant chaque année de dix francs, comme en Belgique, jusqu'au chiffre de 200 francs pour la vingtième année. La nouvelle loi est valable, non seulement pour les colonies d'Europe, mais pour celles d'outre-mer, couvrant ainsi toutes les possessions espagnoles.

Une enquête faite en Suisse dans les mois de mars, avril, mai, juin et juillet 1877, conclut qu'il faut adopter une loi protectrice des inventeurs si l'on veut donner un nouvel élan aux forces productives de la nation.

Nous croyons inutile de donner place dans cet historique aux législations variées des colonies anglaises si nombreuses, et des pays du Nouveau-Monde, tels que Brésil, Chili, Mexique, etc., etc.

En 1878 un deuxième congrès international se réunit à Paris et prit les décisions suivantes :

« 1° Le droit des inventeurs et des auteurs industriels sur leurs œuvres, ou des fabricants et négociants sur leurs marques est un droit de propriété ; la loi civile ne le crée pas : elle ne fait que le réglémenter ;

« 2° Les étrangers doivent être assimilés aux nationaux ;

« 3° Toutes inventions, tous procédés ou produits sont brevetables, en dehors des combinaisons ou plans de finances et de crédit ou d'inventions contraires à l'ordre public ou aux bonnes mœurs.

« Des brevets doivent être accordés aux inventeurs de produits chimiques alimentaires et pharmaceutiques ;

« 4° Le brevet d'invention doit être délivré à tout demandeur à ses risques et périls ; cependant, il est utile que le demandeur reçoive un avis préalable et secret, notamment en ce qui concerne la nouveauté de son invention afin qu'il puisse à son gré, maintenir, modifier ou abandonner sa demande ;

« 5° Les brevets doivent assurer, pendant toute leur durée, aux inventeurs ou à leurs ayants-cause, le droit exclusif d'exploiter l'invention brevetée et non pas un simple titre à une redevance qui leur serait payée par les tiers exploitants ;

« 6° Mais il y a lieu d'admettre le principe de l'expropriation pour cause d'utilité publique. Toutefois, l'expropriation ne pourra se faire qu'en vertu d'une loi spéciale au brevet dont il s'agira ;

« 7° Les brevets sont soumis à une taxe annuelle qui doit être progressive en partant d'un chiffre modéré au début ;

« 8° La déchéance pour défaut de paiement de la taxe ne sera prononcée qu'après l'expiration d'un certain délai à dater de l'échéance. Même après l'expiration de ce délai le breveté pourra justifier les causes légitimes qui l'ont empêché de payer ;

« 9° L'introduction par le breveté d'objets fabriqués à l'étranger, conformément au brevet qu'il possède, ne doit pas être une cause de déchéance ;

« 10° Les droits résultant des brevets demandés dans les différents pays pour un même objet sont indépendants les uns des autres et ne peuvent être solidaires en quelque mesure que ce soit. »

Enfin, après avoir comparé le mérite des législations des divers pays et préparé, quant au fond, une entente internationale sur les points de ces législations qu'il convient de rendre uniforme, le Congrès institua une Commission permanente chargée d'assurer, dans la limite du possible, la réalisation des résolutions adoptées par le Congrès de la Propriété Industrielle de Paris en 1878. — V. Propriété Industrielle.

Cette commission permanente fut composée des membres du bureau du Congrès, des rapporteurs, des présidents, vice-présidents et secrétaires des sections et des délégués officiels des Gouvernements.

Après un an de travaux suivis, M. Bozérian, sénateur, président du comité exécutif du congrès, présenta au ministre de l'agriculture et du commerce le projet d'une union internationale pour la protection de la propriété industrielle ; ce projet résumait, avec exposé des motifs, les principales dispositions à soumettre à une conférence diplomatique internationale. C'est ce travail qui servit de base au projet de convention sur la propriété industrielle adopté par les vingt et une puissances qui ont pris part au congrès de Paris du 4 novembre 1880.

Les dispositions adoptées, dont l'importance est à signaler, sont :

1° L'assimilation des sujets ou citoyens de chacun des Etats contractants pour leur donner les mêmes droits et la même protection qu'aux nationaux;

2° Un droit de priorité pendant six mois (sept mois pour les pays d'outremer), dans tous les Etats contractants, pour le déposant d'une demande de brevet d'invention dans un de ces pays;

3° La possibilité d'introduire, sans encourir de déchéance, des produits ou machines brevetés, fabriqués dans un des pays concordataires;

4° L'organisation, à Berne, en Suisse, d'un bureau international de l'union pour la protection de la propriété industrielle.

La ratification de cette première convention doit avoir lieu au plus tard dans le délai d'un an, soit avant le 4 novembre 1881.

Tel est l'état actuel des choses à ce jour, et nous devons espérer pour les inventeurs, et surtout pour la Société, que tous ces efforts intelligents et généreux mettront hors de toutes contestations les droits de la propriété industrielle.

L'ordre social a procédé également par une série d'assises qui partent de l'état rudimentaire, où l'homme isolé et traqué par les fauves monstrueux des temps primitifs, ne luttait qu'en fuyant.

Il y a déjà longtemps que la propriété foncière et mobilière a jeté ses profondes racines dans notre monde civilisé, et nous avons pu constater ses bienfaits, tout en regrettant que le champ, susceptible d'appropriation particulière, ne fut pas assez vaste pour tous les travailleurs.

La propriété intellectuelle, dont la propriété industrielle n'est qu'une branche, constitue justement un nouveau champ pour l'exploitation des travailleurs, et son fonctionnement est de telle nature que, sans toucher en rien aux propriétés actuellement existantes et dont le nombre est limité, chacun peut y trouver, sans nuire à personne, le moyen de se créer, par son travail et son intelligence, une propriété d'autant plus fructueuse qu'elle est plus utile à la société.

E. B.

Bibliographie : Tableau synoptique et comparatif des législations françaises et étrangères, nouvelle édition de 1878; *Législation des Etats-Unis* (lois de 1870 à 1876); *Les inventeurs et les lois de patentes d'invention en Angleterre depuis 1623* (novembre 1879), par M. Emile Barrault, ingénieur conseil; *Traité des brevets d'invention*, par M. Pouillet, avocat (édition de 1879); *Guide manuel de l'inventeur*, par M. Armengaud jeune (édition 1879); *Congrès de Vienne, tableau synoptique et comparatif de 1878 et tablettes des inventeurs*, par M. Thirion; *Répertoire de législation*, par M. Huard, avocat; *Brevets d'invention*, par M. Nouguier, avocat; *Traité des brevets*, par M. Renouard, avocat; *Traité des brevets*, par M. Schmoll, avocat; *Congrès de la propriété industrielle*, rapport officiel 1879; *Codes de la propriété industrielle*, par M. Rendu, avocat; *Commentaire des lois sur les brevets d'invention*, par MM. Malapert et Forni; *Annales de la propriété industrielle*, 25 volumes de M. J. Pataille, avocat.

LÉGISLATION FRANÇAISE SUR LES BREVETS D'INVENTION.

Il nous a paru utile de joindre à ce travail les textes officiels de la loi française, tels qu'ils existent à ce jour, en janvier 1881 :

1° Loi du 5 juillet 1844;

2° Arrêté du 21 octobre 1848, pour les colonies;

3° Décret du 5 juin 1850, pour l'Algérie;

4° Loi du 20 mai 1856, modifiant l'article 32 de la loi de 1844;

5° Loi du 23 mai 1868, pour les expositions publiques autorisées;

6° Décret du 10 septembre 1870, pour suspension de la déchéance pour défaut de paiement des annuités;

7° Décret du 14 octobre 1870, pour les annuités à payer;

8° Décret du 25 janvier 1871, pour l'exploitation des brevets;

9° Décret du 5 juillet 1871, fixant l'époque de paiement des annuités en retard;

10° Convention additionnelle au traité de paix du 10 mai 1871 entre la France et l'Allemagne;

11° Loi du 8 avril 1878, pour dérogation à l'article 32 de la loi pendant la durée de l'Exposition.

LOI DU 5 JUILLET 1844, POUR LES BREVETS D'INVENTION.

Louis-Philippe, roi des Français, à tous présents et à venir, salut;

Nous avons proposé, les Chambres ont adopté, nous avons ordonné et ordonnons ce qui suit :

TITRE Ier. *Dispositions générales.*

Art. 1er. Toute nouvelle découverte ou invention, dans tous les genres d'industrie, confère à son auteur, sous les conditions et pour le temps ci-après déterminés, le droit exclusif d'exploiter à son profit ladite découverte ou invention. Ce droit est constaté par des titres délivrés par le gouvernement, sous le nom de *brevets d'invention*.

Art. 2. Seront considérées comme inventions ou découvertes nouvelles : l'invention de nouveaux produits industriels; l'invention de nouveaux moyens ou l'application nouvelle de moyens connus, pour l'obtention d'un résultat ou d'un produit industriel.

Art. 3. Ne sont pas susceptibles d'être brevetés : 1° les compositions pharmaceutiques ou remèdes de toute espèce, lesdits objets demeurent soumis aux lois et règlements spéciaux sur la matière, et notamment au décret du 18 août 1810, relatif aux remèdes secrets; 2° les plans et combinaisons de crédit ou de finances.

Art. 4. La durée des brevets sera de cinq, dix ou quinze années. Chaque brevet donnera lieu au paiement d'une taxe, qui est fixée ainsi qu'il suit, savoir : cinq cents francs pour un brevet de cinq ans; mille francs pour un brevet de dix ans; quinze cents francs pour un brevet quinze ans. Cette taxe sera payée par annuités de cent francs, sous peine de déchéance, si le breveté laisse écouler un terme sans l'acquitter.

TITRE II. *Des formalités relatives à la délivrance des brevets.*

SECTION 1re. *Des demandes de brevets.*

Art. 5. Quiconque voudra prendre un brevet d'invention devra déposer sous cachet, au secrétariat de la préfecture, dans le département où il est domicilié, ou dans tout autre département en y élisant domicile, 1° sa demande au ministre de l'agriculture et du commerce; 2° une description de la découverte, invention ou application faisant l'objet du brevet demandé; 3° les dessins ou échantillons qui seraient nécessaires pour l'intelligence de la description, et, 4°, un bordereau des pièces déposées;

Art. 6. La demande sera limitée à un seul objet principal, avec les objets de détail qui le constituent, et les applications qui auront été indiquées. Elle mentionnera la durée que les demandeurs entendent assigner à leur brevet, dans les limites fixées par l'article 4, et ne contiendra ni restrictions, ni conditions, ni réserves. Elle inquera un titre renfermant la désignation sommaire et précise de l'objet de l'invention. La description ne pourra être écrite en langue étrangère; elle devra être sans altérations ni surcharges. Les mots rayés comme nuls seront comptés et constatés; les pages et les renvois paraphés. Elle ne devra contenir aucune dénomination de poids ou de mesures autres que celles qui sont portées au tableau annexé à la loi du 4 juillet 1837. Les dessins seront tracés à l'encre, et d'après une échelle métrique. Un duplicata de la description et des dessins sera joint à la demande. Toutes les pièces seront signées par le demandeur, ou par un mandataire dont le pouvoir restera attaché à la demande.

Art. 7. Aucun dépôt ne sera reçu que sur la présentation d'un récépissé constatant le versement d'une somme de cent francs, à valoir sur le montant de la taxe du brevet. Un procès-verbal, dressé sans frais par le secrétaire général de la préfecture, sur un registre à ce destiné, et signé par le demandeur, constatera chaque dépôt, en énonçant le jour et l'heure de la remise des pièces. Une expédition dudit procès-verbal sera remise au déposant moyennant le remboursement des frais de timbre.

Art. 8. La durée du brevet courra à partir du jour du dépôt prescrit par l'article 5.

SECTION II. — De la délivrance des brevets.

Art. 9. Aussitôt après l'enregistrement des demandes, et dans les cinq jours de la date du dépôt, les préfets transmettront les pièces, sous le cachet de l'inventeur, au ministre de l'agriculture et du commerce, en y joignant une copie certifiée du procès-verbal de dépôt, le récépissé constatant le versement de la taxe, et, s'il y a lieu, le pouvoir mentionné par l'article 6.

Art. 10. A l'arrivée des pièces au ministère de l'agriculture et du commerce, il sera procédé à l'ouverture, à l'enregistrement des demandes et à l'expédition des brevets, dans l'ordre de la réception desdites demandes.

Art. 11. Les brevets dont la demande aura été régulièrement formée seront délivrés, sans examen préalable, aux risques et périls des demandeurs, et sans garantie, soit de la réalité, de la nouveauté ou du mérite de l'invention, soit de la fidélité ou de l'exactitude de la description.

Un arrêté du ministre, constatant la régularité de la demande, sera délivré au demandeur, et constituera le brevet d'invention. A cet arrêté sera joint le duplicata certifié de la description et des dessins, mentionnés dans l'article 6, après que la conformité avec l'expédition originale en aura été reconnue et établie au besoin.

La première expédition des brevets sera délivrée sans frais. Toute expédition ultérieure demandée par le breveté ou ses ayants-cause donnera lieu au paiement d'une taxe de 25 francs.

Les frais de dessins, s'il y a lieu, demeureront à la charge de l'impétrant.

Art. 12. Toute demande dans laquelle n'auraient pas été observées les formalités prescrites par les nos 2o et 3o de l'article 5, et par l'article 6, sera rejetée. La moitié de la somme versée restera acquise au Trésor, mais il sera tenu compte de la totalité de cette somme au demandeur s'il reproduit sa demande dans un délai de trois mois à compter de la date de la notification du rejet de sa requête.

Art. 13. Lorsque, par application de l'article 3, il n'y aura pas lieu à délivrer un brevet, la taxe sera restituée.

Art. 14. Une ordonnance royale, insérée au Bulletin des lois, proclamera, tous les trois mois, les brevets délivrés.

Art. 15. La durée des brevets ne pourra être prolongée que par une loi.

SECTION III. — Des certificats d'addition.

Art. 16. Le breveté ou les ayants-droit au brevet auront, pendant toute la durée de ce brevet, le droit d'apporter à l'invention des changements, perfectionnements ou additions en remplissant, pour le dépôt de la demande, les formalités déterminées par les articles 5, 6 et 7.

Ces changements, perfectionnements ou additions seront constatés par des certificats délivrés dans la même forme que le brevet principal, et qui produiront, à partir des dates respectives des demandes et de leur expédition, les mêmes effets que ledit brevet principal avec lequel ils prendront fin.

Chaque demande de certificat d'addition donnera lieu au paiement d'une taxe 20 francs. Les certificats d'addition pris par un des ayants-droit profiteront à tous les autres.

Art. 17. Tout breveté qui, pour un changement, perfectionnement ou addition, voudra prendre un brevet principal de cinq, dix ou quinze années, au lieu d'un certificat d'addition expirant avec le brevet primitif, devra remplir les formalités prescrites par les articles 5, 6 et 7, et acquitter la taxe mentionnée dans l'article 4.

Art. 18. Nul autre que le breveté ou ses ayants-droit, agissant comme il est dit ci-dessus, ne pourra, pendant une année, prendre valablement un brevet pour un changement, perfectionnement ou addition à l'invention qui fait l'objet du brevet primitif.

Néanmoins, toute personne qui voudra prendre un brevet pour changement, addition ou perfectionnement à une découverte déjà brevetée, pourra, dans le cours de ladite année, former une demande qui sera transmise et restera déposée sous cachet au ministère de l'agriculture et du commerce. L'année expirée, le cachet sera brisé et le brevet délivré.

Toutefois, le breveté principal aura la préférence pour les changements, perfectionnements ou additions pour lesquels il aurait lui-même, pendant l'année, demandé un certificat d'addition ou un brevet.

Art. 19. Quiconque aura pris un brevet pour une découverte, invention ou perfectionnement se rattachant à l'objet d'un autre brevet, n'aura aucun droit d'exploiter l'invention déjà brevetée, et, réciproquement, le titulaire du brevet primitif ne pourra exploiter l'invention objet du nouveau brevet.

SECTION IV. — De la transmission et de la cession des brevets.

Art. 20. Tout breveté pourra céder la totalité ou partie de la propriété de son brevet. La cession totale ou partielle d'un brevet, soit à titre gratuit, soit à titre onéreux, ne pourra être faite que par acte notarié, et après le paiement de la totalité de la taxe déterminée par l'art. 4. Aucune cession ne sera valable, à l'égard des tiers, qu'après avoir été enregistrée au secrétariat de la préfecture du département dans lequel l'acte aura été passé.

L'enregistrement des cessions et de tous autres actes emportant mutation sera fait sur la production ou le dépôt d'un extrait authentique de l'acte de cession ou de mutation.

Une expédition de chaque procès-verbal d'enregistrement, accompagnée de l'extrait de l'acte ci-dessus mentionné, sera transmise par les préfets au ministre de l'agriculture et du commerce, dans les cinq jours de la date du procès-verbal.

Art. 21. Il sera tenu, au ministère de l'agriculture et du commerce, un registre sur lequel seront inscrites les mutations intervenues sur chaque brevet, et, tous les trois mois, une ordonnance royale proclamera, dans la forme déterminée par l'article 14, les mutations enregistrées pendant le trimestre expiré.

Art. 22. Les cessionnaires d'un brevet et ceux qui

auront acquis d'un breveté ou de ses ayants-droit la faculté d'exploiter la découverte ou l'invention profiteront de plein droit des certificats d'addition qu. seront ultérieurement délivrés au breveté ou à ses ayants-droit. Réciproquement, le breveté ou ses ayants-droit profiteront des certificats d'addition qui seront ultérieurement délivrés aux cessionnaires.

Tous ceux qui auront droit de profiter des certificats d'addition pourront en lever une expédition au ministère de l'agriculture et du commerce, moyennant un droit de 20 francs.

SECTION V. — *De la communication et de la publication des descriptions et dessins de brevets.*

Art. 23. Les descriptions, dessins, échantillons et modèles des brevets délivrés resteront, jusqu'à l'expiration des brevets, déposés au ministère de l'agriculture et du commerce, où ils seront communiqués sans frais à toute réquisition. Toute personne pourra obtenir à ses frais, copie desdites descriptions et dessins, suivant les formes qui seront déterminées dans le règlement rendu en exécution de l'article 50.

Art. 24. Après le paiement de la deuxième annuité, les descriptions et dessins seront publiés, soit textuellement, soit par extrait. Il sera, en outre, publié, au commencement de chaque année, un catalogue contenant les titres des brevets délivrés dans le courant de l'année précédente.

Art. 25. Le recueil des descriptions et dessins et le catalogue publiés en exécution de l'article précédent seront déposés au ministère de l'agriculture et du commerce et au secrétariat de la préfecture de chaque département, où ils pourront être consultés sans frais.

Art. 26. A l'expiration des brevets, les originaux des descriptions et dessins seront déposés au Conservatoire royal des arts et métiers.

TITRE III. — *Des droits des étrangers.*

Art. 27. Les étrangers pourront obtenir en France des brevets d'invention.

Art. 28. Les formalités et conditions déterminées par la présente loi seront applicables aux brevets demandés ou délivrés en exécution de l'article précédent.

Art. 29. L'auteur d'une invention ou découverte déjà brevetée à l'étranger pourra obtenir un brevet en France; mais la durée de ce brevet ne pourra excéder celle des brevets antérieurement pris à l'étranger.

TITRE IV. — *Des nullités et déchéances, et des actions y relatives.*

SECTION Iʳᵉ. — *Des nullités et déchéances.*

Art. 30. Seront nuls, et de nul effet, les brevets délivrés dans les cas suivants, savoir :

1º Si la découverte, invention ou application n'est pas nouvelle;

2º Si la découverte, invention ou application n'est pas, aux termes de l'article 3, susceptible d'être brevetée;

3º Si les brevets portent sur des principes, méthodes, systèmes, découvertes et conceptions théoriques ou purement scientifiques, dont on n'a pas indiqué les applications industrielles;

4º Si la découverte, invention ou application est reconnue contraire à l'ordre ou à la sûreté publique, aux bonnes mœurs ou aux lois du royaume, sans préjudice dans ce cas et dans celui du paragraphe précédent, des peines qui pourraient être encourues pour la fabrication ou le débit des objets prohibés;

5º Si le titre sous lequel le brevet a été demandé indique frauduleusement un objet autre que le véritable objet de l'invention;

6º Si la description jointe au brevet n'est pas suffisante pour l'exécution de l'invention, ou si elle n'indique pas

d'une manière complète et loyale les véritables moyens de l'inventeur;

7º Si le brevet a été obtenu contrairement aux dispositions de l'article 18.

Seront également nuls, et de nul effet, les certificats comprenant les changements, perfectionnements ou additions qui ne se rattacheraient pas au brevet principal.

Art. 31. Ne sera pas réputée nouvelle toute découverte, invention ou application qui, en France ou à l'étranger, et antérieurement à la date du dépôt de la demande, aura reçu une publicité suffisante pour pouvoir être exécutée.

Art. 32. Sera déchu de tous ses droits :

1º Le breveté qui n'aura pas acquitté son annuité avant le commencement de chacune des années de la durée de son brevet;

2º Le breveté qui n'aura pas mis en exploitation sa découverte ou invention, en France, dans le délai de deux ans, à dater du jour de la signature du brevet, ou qui aura cessé de l'exploiter pendant deux années consécutives, à moins que, dans l'un ou l'autre cas, il ne justifie des causes de son inaction;

3º Le breveté qui aura introduit en France des objets fabriqués en pays étranger et semblables à ceux qui seront garantis par son brevet.

Sont exceptés des dispositions du précédent paragraphe les modèles de machines dont le ministre de l'agriculture et du commerce pourra autoriser l'introduction dans le cas prévu par l'article 29 (1).

Art. 33. Quiconque, dans des enseignes, annonces, prospectus, affiches, marques ou estampilles, prendra la qualité de breveté sans posséder un brevet délivré conformément aux lois, ou après l'expiration d'un brevet antérieur, ou qui, étant breveté, mentionnera sa qualité de breveté ou son brevet sans y ajouter ces mots : *sans garantie du gouvernement*, sera puni d'une amende de 50 francs à 1,000 francs. En cas de récidive, l'amende pourra être double.

SECTION II. — *Des actions en nullité et en déchéance.*

Art. 34. L'action en nullité et l'action en déchéance pourront être exercées par toute personne y ayant intérêt. Ces actions, ainsi que toutes contestations relatives à la propriété des brevets, seront portées devant les tribunaux civils de première instance.

Art. 35. Si la demande est dirigée en même temps contre le titulaire du brevet et contre un ou plusieurs cessionnaires partiels, elle sera portée devant le tribunal du domicile du titulaire du brevet.

Art. 36. L'affaire sera instruite et jugée dans la forme prescrite pour les matières sommaires, par les articles 406 et suivants du Code de procédure civile. Elle sera communiquée au procureur du roi.

Art. 37. Dans toute instance tendant à faire prononcer la déchéance d'un brevet, le ministère public pourra se rendre partie intervenante, et prendre des réquisitions pour faire prononcer la nullité ou la déchéance absolue du brevet. Il pourra même se pourvoir directement par action principale pour faire prononcer la nullité, dans les cas prévus aux nos 2, 4 et 5 de l'article 30.

Art. 38. Dans les cas prévus par l'article 37, tous les ayants-droit au brevet, dont les titres auront été enregistrés au ministère de l'agriculture et du commerce conformément à l'article 21, devront être mis en cause.

Art. 39. Lorsque la nullité ou la déchéance absolue d'un brevet aura été prononcée par jugement ou arrêt ayant acquis force de chose jugée, il en sera donné avis au ministère de l'agriculture et du commerce, et la nullité ou la déchéance sera publiée dans la forme déterminée par l'article 14 pour la proclamation des brevets.

(1) Cet article a été modifié par une loi du 30 mai 1856, en ce qui concerne le dernier paragraphe.

Titre V. — *De la contrefaçon, des poursuites, des peines.*

Art. 40. Toute atteinte portée aux droits du breveté, soit par la fabrication de produits, soit par l'emploi de moyens faisant l'objet de son brevet, constitue le délit de contrefaçon. Ce délit sera puni d'une amende de 100 à 2,000 francs.

Art. 41. Ceux qui auront sciemment recélé, vendu ou exposé en vente, ou introduit sur le territoire français, un ou plusieurs objets contrefaits, seront punis des mêmes peines que les contrefacteurs.

Art. 42. Les peines établies par la présente loi ne pourront être cumulées. La peine la plus forte sera seule prononcée pour tous les faits antérieurs au premier acte de poursuite.

Art. 43. Dans le cas de récidive, il sera prononcé, outre l'amende portée aux articles 40 et 41, un emprisonnement d'un mois à six mois. Il y a récidive lorsqu'il a été rendu contre le prévenu, dans les cinq années antérieures, une première condamnation pour un des délits prévus par la présente loi.

Un emprisonnement d'un mois à six mois pourra être aussi prononcé, si le contrefacteur est un ouvrier ou un employé ayant travaillé dans les ateliers ou dans l'établissement du breveté, ou si le contrefacteur, s'étant associé avec un ouvrier ou un employé du breveté, a eu connaissance, par ce dernier, des procédés décrits au brevet. Dans ce dernier cas, l'ouvrier ou l'employé pourra être poursuivi comme complice.

Art. 44. L'article 463 du Code pénal pourra être appliqué aux délits prévus par les dispositions qui précèdent.

Art. 45. L'action correctionnelle pour l'application des peines ci-dessus ne pourra être exercée par le ministère que sur la plainte de la partie lésée.

Art. 46. Le tribunal correctionnel saisi d'une action pour délit de contrefaçon, statuera sur les exceptions qui seraient tirées par le prévenu, soit de la nullité ou de la déchéance du brevet, soit de questions relatives à la propriété dudit brevet.

Art. 47. Les propriétaires de brevets pourront, en vertu d'une ordonnance du président du tribunal de première instance, faire procéder par tous huissiers à la désignation et description détaillées, avec ou sans saisie, des objets prétendus contrefaits.

L'ordonnance sera rendue sur simple requête et sur la représentation du brevet; elle contiendra, s'il y a lieu, la nomination d'un expert pour aider l'huissier dans sa description. Lorsqu'il y aura lieu à la saisie, ladite ordonnance pourra imposer au requérant un cautionnement qu'il sera tenu de consigner avant d'y faire procéder.

Le cautionnement sera toujours imposé à l'étranger breveté qui requerra la saisie. Il sera laissé copie au détenteur des objets décrits ou saisis, tant de l'ordonnance que de l'acte constatant le dépôt du cautionnement, le cas échéant; le tout à peine de nullité et de dommages-intérêts contre l'huissier.

Art. 48. A défaut par le requérant de s'être pourvu, soit par la voie civile, soit par la voie correctionnelle, dans le délai de huitaine, outre un jour par trois myriamètres de distance entre le lieu où se trouvent les objets saisis et décrits, et le domicile du contrefacteur, recéleur, introducteur ou débitant, la saisie ou description sera nulle de plein droit, sans préjudice des dommages-intérêts qui pourront être réclamés, s'il y a lieu, dans la forme prescrite par l'article 36.

Art. 49. La confiscation des objets reconnus contrefaits, et, le cas échéant, celle des instruments ou ustensiles destinés spécialement à leur fabrication, seront, même en cas d'acquittement, prononcées contre le contrefacteur, le recéleur, l'introducteur ou le débitant. Les objets confisqués seront remis au propriétaire du brevet,

sans préjudice de plus amples dommages-intérêts et de l'affiche du jugement, s'il y a lieu.

Titre VI. — *Dispositions particulières et transitoires.*

Art. 50. Des ordonnances royales, portant règlement d'administration publique, arrêteront les dispositions nécessaires pour l'exécution de la présente loi, qui n'aura effet que trois mois après sa promulgation.

Art. 51. Des ordonnances rendues dans la même forme pourront régler l'application de la présente loi dans les colonies, avec les modifications qui seront jugées nécessaires.

Art. 52. Seront abrogées, à partir du jour où la présente loi sera devenue exécutoire, les lois des 7 janvier et 25 mai 1791, celle du 20 septembre 1792, l'arrêté du 17 vendémiaire an IX, les décrets des 25 novembre 1802 et 27 janvier 1807, et toutes les dispositions antérieures à la présente loi, relatives aux brevets d'invention, d'importation et de perfectionnement.

Art. 53. Les brevets d'invention, d'importation et de perfectionnement actuellement en exercice, délivrés conformément aux lois antérieures à la présente, ou prorogés par ordonnance royale, conserveront leur effet pendant tout le temps qui aura été assigné à leur durée.

Art. 54. Les procédures commencées avant la promulgation de la présente loi seront mises à fin conformément aux lois antérieures. Toute action, soit en contrefaçon, soit en nullité ou déchéance de brevet, non encore intentée, sera suivie conformément aux dispositions de la présente loi, alors même qu'il s'agirait de brevets délivrés antérieurement.

Arrêté du 21 octobre 1848, *qui règle l'application dans les colonies, de la loi du 5 juillet 1844, sur les brevets d'invention* (1).

Le président du Conseil des ministres, chargé du pouvoir exécutif, sur le rapport du ministre de l'agriculture et du commerce; vu l'article 51 de la loi du 5 juillet 1844; vu l'avis du ministre de la marine et des colonies; le conseil d'Etat entendu,

Arrête:

Art. 1er. La loi du 5 juillet 1844 sur les brevets d'invention recevra son application dans les colonies, à partir de la publication du présent arrêté.

Art. 2. Quiconque voudra prendre dans les colonies un brevet d'invention devra déposer, en triple expédition, les pièces exigées par l'article 5 de la loi précitée, dans les bureaux du directeur de l'intérieur. Le procès-verbal constatant ce dépôt sera dressé sur un registre à ce destiné, et signé par ce fonctionnaire et par le demandeur, conformément à l'article 7 de ladite loi.

Art. 3. Avant de procéder à la rédaction de ce procès-verbal de dépôt, le directeur de l'intérieur se fera représenter : 1° le récépissé délivré par le trésorier de la colonie, constatant le versement de la somme de 100 francs pour la première annuité de la taxe; 2° chacune des pièces, en triple expédition, énoncées aux paragraphes 1er, 2, 3 et 4 de la loi de 1844. Une expédition de chacune de ces pièces restera déposée sous cachet dans les bureaux de la direction, pour y recourir au besoin. Les deux autres expéditions seront enfermées dans une seule enveloppe, scellée et cachetée par le déposant.

Art. 4. Le gouverneur de chaque colonie devra, dans le plus bref délai après l'enregistrement des demandes, transmettre au ministre de l'agriculture et du commerce, par l'entremise du ministre de la marine et des colonies, l'enveloppe cachetée contenant les deux expéditions dont il s'agit, en y joignant une copie certifiée du procès-

(1) Un décret du 5 juin 1850, conçu presque dans les mêmes termes réglemente, pour l'Algérie, l'application de la loi du 1844; le dépôt des demandes de brevet doit être effectué au secrétariat d'une des préfectures à Alger, Oran ou Constantine

verbal, le récépissé du versement de la première annué é de la taxe, et, le cas échéant, le pouvoir du mandataire.

Art. 5. Les brevets délivrés seront transmis, dans le plus bref délai, aux titulaires, par l'entremise du ministre de la marine et des colonies.

Art. 6. L'enregistrement des cessions de brevets, dont il est parlé en l'article 20 de la loi du 5 juillet 1844, devra s'effectuer dans les bureaux du directeur de l'intérieur. Les expéditions des procès-verbaux d'enregistremen : accompagnées des extraits authentiques d'actes de ces sion et des récépissés de la totalité de la taxe, seront transmises au ministre de l'agriculture et du commerce, conformément à l'article 4 du présent arrêté.

Art. 7. Les taxes prescrites par les articles 4, 7, 21 et 22 de la loi du 5 juillet seront versées entre les mains du trésorier de chaque colonie, qui devra faire opérer le versement au Trésor public, et transmettre au ministre de l'agriculture et du commerce, par la même voie, l'état du recouvrement des taxes.

Art. 8. Les actions pour délits de contrefaçon seront jugées par les cours d'appel dans les colonies. Le délai des distances fixé par l'article 48 de ladite loi sera modifié conformément aux ordonnances qui, dans les colonies régissent la procédure en matière civile.

Décret du 5 juin 1850, qui déclare la loi du 5 juillet 1844, sur les brevets d'invention, applicable à l'Algérie.

Art. 1er. (Conforme à l'article 1er de l'arrêté du 21 octobre 1848. — V. ci-dessus.)

Art. 2. Les pièces exigées par l'article 5 de la loi du 5 juillet 1844 seront déposées en triple expédition par l'impétrant, au secrétariat de la préfecture à Alger, Oran ou Constantine; une expédition de ces pièces restera déposée sous cachet au secrétariat général de la préfecture où le dépôt aura été fait, pour y recourir au besoin. Les deux autres expéditions seront enfermées dans une seule enveloppe, scellée et cachetée par le déposant, pour être adressées au ministre de la guerre.

Art. 3. Le préfet devra, dans le plus bref délai, après l'enregistrement des demandes, adresser au ministre de la guerre, qui la transmettra au ministre du commerce, l'enveloppe cachetée contenant les deux expéditions dont il s'agit, en y joignant les autres pièces exigées par l'article 7 de la loi du 5 juillet 1844. Les brevets délivrés seront envoyés par le ministre du commerce au ministre de la guerre, qui les transmettra aux préfets, pour être remis aux demandeurs.

Art. 4. (Conforme à l'article 7 de l'arrêté du 21 octobre 1848.)

Art. 5. Les actions pour délits et contrefaçons seront jugées par les tribunaux compétents en Algérie. Le délai des distances fixé par l'article 48 de la loi du 5 juillet, sera modifié conformément aux lois et décrets qui, dans l'Algérie, régissent la procédure en matière civile.

Loi du 20 mai 1856, modifiant l'article 32 de la loi du 5 juillet 1844, sur les brevets d'invention.

Article unique. L'article 32 de la loi du 5 juillet 1844, sur les brevets d'invention, est modifié comme suit : sera déchu de tous ses droits : 1° (comme à l'ancien article 32 jusqu'au troisième numéro); 3° le breveté qui aura introduit en France des objets fabriqués en pays étranger et semblables à ceux qui sont garantis par son brevet. Néanmoins, le ministre de l'agriculture, du commerce et des travaux publics pourra autoriser l'introduction : 1° des modèles de machines; 2° des objets fabriqués à l'étranger destinés à des expositions publiques ou à des essais faits avec l'assentiment du gouvernement.

Loi du 23 mai 1868, relative à la garantie des inventions susceptibles d'être brevetées et des dessins de fabrique, qui seront admis aux expositions publiques, autorisées par l'administration dans toute l'étendue de l'Empire (1).

Art. 1er. Tout Français ou étranger, auteur, soit d'une découverte ou invention susceptible d'être brevetée aux termes de la loi du 5 juillet 1844, soit d'un dessin de fabrique qui doive être déposé conformément à la loi du 18 mars 1806, ou ses ayants-droit, peuvent, s'ils sont admis dans une exposition publique, autorisée par l'administration, se faire délivrer par le préfet ou le sous-préfet, dans le département ou l'arrondissement duquel cette exposition est ouverte, un certificat descriptif de l'objet déposé.

Art. 2. Ce certificat assure à celui qui l'obtient les mêmes droits que lui conférerait un brevet d'invention ou un dépôt légal de dessin de fabrique, à dater du jour de l'admission jusqu'à la fin du troisième mois qui suivra la clôture de l'exposition, sans préjudice du brevet que l'exposant peut prendre ou du dépôt qu'il peut opérer avant l'expiration de ce terme.

Art. 3. La demande de ce certificat doit être faite dans le premier mois, au plus tard, de l'ouverture de l'exposition. Elle est adressée à la préfecture ou à la sous-préfecture et accompagnée d'une description exacte de l'objet à garantir, et, s'il y a lieu, d'un plan ou d'un dessin dudit objet. Les demandes, ainsi que les décisions prises par le préfet ou par le sous-préfet, sont inscrites sur un registre spécial, qui est ultérieurement transmis au ministère de l'agriculture et du commerce, et communiqué sans frais à toute réquisition. La délivrance du certificat est gratuite.

Décret du 10 septembre 1870, concernant les inventeurs brevetés qui, depuis le 25 août 1870, n'auront pu acquitter les annuités de leurs brevets dans le délai légal.

Le gouvernement de la défense nationale,

Attendu les circonstances de force majeure qui, depuis le 25 août 1870, ont empêché les inventeurs · brevetés d'acquitter les annuités de leurs brevets, arrivées à échéance; sur le rapport du ministre du commerce,

Décrète :

Les inventeurs brevetés qui, depuis le 25 août 1870, n'auront pu acquitter les annuités de leurs brevets dans le délai légal, seront relevés de la déchéance encourue, en justifiant de l'acquittement de ces annuités avant une époque qui sera fixée ultérieurement.

Décret du 14 octobre 1870, dispensant les inventeurs qui prendront un brevet d'invention de verser immédiatement la première annuité de la taxe.

Le gouvernement de la défense nationale,

Vu le décret du 10 septembre 1870, portant que les inventeurs brevetés qui, depuis le 25 août, n'auront pu acquitter les annuités de leurs brevets dans le délai légal, seront relevés de la déchéance encourue, en justifiant de l'acquittement de ces annuités avant une époque qui sera fixée ultérieurement; sur le rapport du ministre de l'agriculture et du commerce,

Décrète :

Les inventeurs qui voudront prendre un brevet d'invention seront dispensés de verser immédiatement la première annuité de la taxe. Ce versement devra être fait ultérieurement, et dans les conditions qui ont été réglées, pour les annuités, par le décret du 25 août 1870.

(1) Cette loi a pour objet d'étendre à toute exposition publique la loi spéciale de 1855 que nous n'avons pas donnée ici parce qu'elle n'était que transitoire; elle était d'ailleurs rédigée dans les mêmes termes.

DÉCRET DU 25 JANVIER 1871, *qui proroge de six mois le délai de deux ans, accordé aux brevetés pour mettre leurs inventions en exploitation en France.*

La délégation du gouvernement de la défense nationale,

Vu l'article 32 de la loi du 5 juillet 1844, sur les brevets d'invention ; — vu le décret du 10 septembre 1870, qui proroge les délais fixés pour l'acquittement des annuités des brevets d'invention ; — sur le rapport du ministre de l'agriculture et du commerce,

Décrète,

Le délai de deux ans, dans lequel les brevets doivent, à peine de déchéance, mettre leurs inventions en exploitation en France, est prorogé de six mois à dater du 1er janvier 1871, pour les brevets pris moins de deux ans avant cette date.

ARRÊTÉ DU 5 JUILLET 1871, *fixant l'époque où devront être acquittées les annuités arriérées des brevets d'invention qui n'ont pu être versées depuis le 25 août 1870.*

Le chef du pouvoir exécutif de la République française.

Président du conseil des ministres ; — sur le rapport du ministre de l'agriculture et du commerce ; — vu la loi du 31 mai 1856 concernant les brevets d'invention ; — vu les décrets du gouvernement de la défense nationale, en date du 10 septembre et du 14 octobre 1870, concernant le paiement des annuités des brevets d'invention,

Arrête :

Article unique. Les décrets du gouvernement de la défense nationale, en date du 10 septembre 1870 et du 14 octobre 1870, concernant les annuités de brevets d'invention, cesseront d'avoir leur effet à partir du 1er octobre 1871.

Les annuités échues et non payées depuis le 25 août 1870, ainsi que les premières annuités non payées depuis le 14 octobre 1870, devront être acquittées à l'époque fixée ci-dessus.

A dater du présent arrêté, les brevetés dont les annuités viendraient à échéance, et les nouveaux brevetés qui ne pourraient payer immédiatement la première annuité, auront aussi jusqu'au 1er octobre 1871 pour en faire le versement.

CONVENTION ADDITIONNELLE AU TRAITÉ DE PAIX DU 10 MAI 1871, *entre la France et l'Allemagne.*

Art. 10. Les individus originaires des territoires cédés, ayant opté pour la nationalité allemande, qui ont obtenu du gouvernement français, avant le 2 mars 1871, la concession d'un brevet d'invention ou d'un certificat d'addition, continueront à jouir de leur brevet dans toute l'étendue du territoire français en se conformant aux lois et règlements qui régissent la matière. Réciproquement, tout concessionnaire d'un brevet d'invention ou d'un certificat d'addition, accordé par le gouvernement français avant la même date, continuera, jusqu'à l'expiration de la durée de la concession, à jouir pleinement des droits qu'il lui donne dans toute l'étendue des territoires cédés.

PROTOCOLE DE CLÔTURE.

V. Des doutes s'étant élevés en Allemagne sur la portée des paragraphes 2 et 3 de l'article 32 de la loi du 5 juillet 1844, les plénipotentiaires français ont déclaré qu'il est expressément entendu : 1° que les brevetés mentionnés dans l'article 10 de la convention additionnelle de ce jour, et qui ont commencé à exploiter leur invention en Alsace-Lorraine, dans les délais légaux, seront considérés comme ayant mis en œuvre leur découverte sur le territoire français, et 2° que les mêmes brevets ne sont passibles, en France, pour les brevets qui leur sont garantis ni de la défense d'importation, ni de la déchéance édictée par les paragraphes 2 et 3 de l'article 32 de la loi précitée. Ils ont annoncé, en outre, que les titulaires des brevets français, résidant en Alsace-Lorraine, seront libres de choisir les caisses publiques des villes frontières dans lesquelles il leur conviendrait de verser le montant des annuités dues au Trésor.

LOI DU 8 AVRIL 1878, *portant dérogation, pendant la durée de l'Exposition universelle de 1878, à l'article 32, paragraphes 2 et 3 de la loi du 5 juillet 1844, sur les brevets d'invention.*

Art. 1er. Tout breveté français ou étranger qui aura exposé à l'Exposition universelle de 1878 un objet semblable à celui qui est garanti par son brevet sera considéré comme ayant exploité sa découverte ou son invention en France, depuis l'ouverture officielle de l'Exposition.

La déchéance prévue par l'article 32, § 2 de la loi du 5 juillet 1844, et non encore encourue, sera interrompue, le délai de la déchéance courra à nouveau à partir seulement du jour de la clôture officielle de l'Exposition universelle.

Art. 2. L'autorisation du ministre de l'agriculture et du commerce, exigée par la loi des 20 et 31 mai 1856, ne sera pas nécessaire pour l'introduction en France d'un spécimen unique, fabriqué en pays étranger, d'une invention brevetée en France, et qui sera admis à l'Exposition universelle de 1878.

La déchéance prévue par l'article 32, § 3 de la loi du 5 juillet 1844 sera encourue si ce spécimen n'est pas réexporté dans le mois de la clôture officielle de l'Exposition.

L'autorisation ministérielle restera nécessaire pour l'introduction de plusieurs spécimens, conformément à la loi susvisée des 20 et 31 mai 1856.

Art. 3. Les dispositions qui précèdent seront applicables à tout breveté français ou étranger ayant pris part à l'Exposition ouvrière de Paris, s'il a d'ailleurs rempli les conditions qui seront ultérieurement indiquées dans un règlement d'administration publique.

BREVETAGE. Précipitation de l'alun par l'addition de sels alcalins. — V. ALUN.

*BREYAGE. Broyage du chanvre dans le centre de la France.

BRIC-A-BRAC. 1° Se dit, en général, de toute sorte d'objets vieux et très divers, comme bahuts, cuivres, tableaux, statuettes, etc. Le goût du public pour le bric-à-brac a donné lieu à une industrie nouvelle : la fabrication du vieux. Aujourd'hui on imite avec une telle perfection la manière des artistes et des artisans anciens, que la contrefaçon trompe souvent l'œil le plus exercé. ‖ 2° *T. de mét.* Petit instrument d'ivoire, d'or ou d'acier qui sert à diviser les brins qu'on emploie dans la fabrication des chapeaux de paille.

BRICK. *T. de mar.* Navire à deux mâts. — V. NAVIRE.

BRICOLE. *T. techn.* 1° Partie du harnais d'un cheval de trait qui s'applique sur le poitrail, lorsque l'animal va en avant. ‖ 2° Harnais en cuir qui remplace le collier pour les chevaux blessés à l'encolure, ou pour ceux que l'on veut ménager. ‖ 3° Sangle de cuir ou d'étoffe qui sert à lever et à baisser les glaces d'une voiture. ‖ 4° Lanière de cuir à l'usage de ceux qui portent ou traînent des fardeaux : c'est le synonyme de *bretelle.*

*BRICOTEAUX. T. techn. Pièces de bois à bascule, placées sur le milieu du métier du tisserand.

BRIDE. 1° Cadre en fer généralement de forme rectangulaire servant à retenir ou à serrer deux ou plusieurs pièces de même nature.

La bride s'emploie par exemple dans la construction des ressorts à lames; placée à chaud, elle fixe les lames d'une manière invariable. Elle prend le nom d'*étrier* lorsqu'elle est ouverte, et que les extrémités des deux faces parallèles sont taraudées pour recevoir des écrous; elle s'emploie principalement dans ce cas pour retenir deux pièces de charpente. Elle prend le nom de *frette*, lorsqu'elle est dressée, et ajustée intérieurement à la demande de la pièce à fretter, mais avec ces dimensions légèrement plus faibles cependant; emmanchée à chaud, elle donne, en se rétreignant, un lien énergique, et augmente la résistance de la pièce. || 2° Partie du harnais d'un cheval, composée de la têtière, des rênes et du mors, et qui sert à le conduire et à le diriger, selon la volonté du conducteur. || 3° Petits tissus de fil qui, dans certaines dentelles, servent à joindre les fleurs les unes aux autres. || 4° Points à chaînette que l'on fait aux extrémités d'une ouverture en long comme une boutonnière, par exemple, pour empêcher qu'elle ne se déchire ou ne s'agrandisse. || 5° Bande d'étoffe ou de passementerie qui, dans le costume militaire, maintient l'épaulette en place. || 6° Lien de fer avec lequel on ceint un objet quelconque dans le but de le consolider ou d'unir les pièces qui le composent. || 7° Outil de charron. || 8° Saillie ménagée à l'extrémité d'une pièce pour consolider son assemblage avec une pièce semblable.

BRIDEUSE. *T. de mét.* Ouvrière en dentelles.

****BRIDIER.** *T. de mét.* Ouvrier qui confectionne des brides.

BRIDOLE. *T. de mar.* Petit appareil qui sert à ployer les bordages courbés, pour qu'ils se joignent sur la membrure d'un bâtiment; on s'en sert aussi pour d'autres pièces de construction.

BRIDON. *T. de sell.* Bride légère à mors articulé qu'on emploie quelquefois indépendamment de la bride.

BRIE. 1° Sorte de *fromage*. — V. ce mot. || 2° Barre de bois avec laquelle le vermicellier, le pâtissier et le boulanger battent la pâte.

* **BRIÉE.** *T. techn.* Quantité de pâte battue avec la brie.

* **BRIET**, mécanicien français, est né à Velmeau (Haute-Saône) en 1800. Mis en apprentissage, de bonne heure, chez un maréchal-ferrant, il se fit remarquer par son zèle au travail et son esprit ingénieux. A seize ans, il résolut de venir à Paris; il entra chez un serrurier qui s'intéressa beaucoup à lui et lui facilita l'étude de la mécanique pour laquelle le jeune Briet avait une véritable vocation. En 1829, nous le voyons acheter un petit fonds d'horlogerie et se vouer à la recherche de mécanismes permettant d'adapter aux pendules ordinaires des réveils-matins; un appareil de ce genre était muni d'un briquet qui, à l'heure marquée, allumait une lumière et éclairait immédiatement la pièce où se trouvait la pendule.

Vers 1840, une personne lui démontra l'utilité qu'il y aurait à avoir un appareil commode et pratique pour la préparation des boissons gazeuses; à dater de cette époque, Briet ne songe plus qu'à cela; jour et, nuit, il poursuit la réalisation de l'idée qu'on vient de lui suggérer. Ce n'est que quatre ans après qu'il lança son premier appareil, encore imparfait c'est vrai, mais qui n'eût besoin que de peu de perfectionnements pour arriver à ce qu'est aujourd'hui le *gazogène* ou *seltzogène Briet* que tout le monde connaît. Ce fut en 1848 que son invention commença à porter ses fruits, mais Briet ne profita pas longtemps des avantages pécuniaires que lui offrait l'exploitation de ses brevets. Il céda son fonds deux ans après, tant il éprouvait le besoin de se reposer et de rentrer dans l'oubli d'où l'avait fait sortir, malgré lui, sa belle invention. Il se retira à Vernon, dans l'Eure, où il mourut le 23 août 1875, après avoir eu le bonheur de voir son appareil médaillé à plusieurs expositions.

* **BRIFAUDER.** *T. de mét.* Donner le premier peignage à la laine.

* **BRIFIER.** *T. techn.* Bande de plomb qui entre dans l'enfaîtement d'un bâtiment couvert d'ardoises.

BRIGANDINE. *Art milit. anc.* Armure que portaient certains fantassins du moyen âge; c'était une cuirasse de cuir ou de grosse toile, sur laquelle étaient fixées des lames de fer en forme d'écailles de poisson. Elle fut aussi l'armure des francs-archers et des archers à cheval; les gens d'armes riches l'endossaient également, mais avec des modifications importantes, les écailles étaient alors d'acier pur ou damasquiné, recouvertes parfois de velours ou de drap aux couleurs éclatantes.

BRILLANT. Diamant taillé de telle manière qu'on a abattu un peu plus de la moitié de la pointe octaédrique du cristal qui a été remplacée par une face carrée, désignée sous le nom de *table,* face supérieure du brillant. Les côtés de la table sont taillés en facettes très obliques; on diminue la pointe inférieure d'un quart de la hauteur de la pyramide, de manière à rendre celle-ci obtuse : c'est la *culasse.* On remplace ensuite cette pointe par une multitude de facettes symétriques allongées, qui tendent à se réunir en une arête commune. — V. DIAMANT, ROSE.

BRILLANTÉ. Les brillantés sont des tissus de coton blanchis, que l'on emploie généralement pour la lingerie, et qui présentent des dessins formés par des brides de trame flottant à la surface du tissu. L'armure du fond est celle de la toile, ou rarement un *satin* ou un *sergé* (V. ces mots). Les dessins sont obtenus simplement en interrompant l'armure et en laissant les fils de chaîne flotter à l'envers, et les duites de trame à l'endroit: ces dessins ne peuvent par conséquent avoir que de petites dimensions ou n'être formés que de parties peu étendues, ils représentent le plus souvent des pois, des carrés, des losanges, de petites fleurs, etc. Le tissage des brillantés se fait sur métiers mécaniques, comme celui des calicots, auxquels ils ressemblent par les matières employées, mais au moyen de mécaniques d'armure, ou quelquefois, lorsque les dessins sont un peu grands, à l'aide de mécaniques Jacquard.

*BRILLANTINE. 1° *T. de parf.*. Sorte d'huile pour donner du brillant à la barbe. ‖ 2° Poudre minérale qui sert à polir et à faire briller le cuivre.

BRIN. *T. tech.* 1° Chacune des baguettes plates qui forment la monture d'un éventail ; on nomme *maîtres brins*, les deux montants en écailles, bois, ivoire, etc., qui sont à l'extérieur et entre lesquels se trouvent les petits brins. — V. ÉVENTAIL. ‖ 2° Sorte de toile. ‖ 3° Courroie qui sert à transmettre le mouvement d'un axe de rotation à un autre. ‖ 4° Chacune des cordelettes qui entrent dans la confection d'une corde.

*BRINGÉ. *T. de teint.* Se dit d'étoffes inégalement teintes, soit par suite d'une précipitation trop rapide de la matière colorante sur les pantes ou sur les pièces, soit par une mauvaise fixation des mordants. Cette expression s'emploie surtout dans la teinture des écheveaux.

* BRIOT (FRANÇOIS), ciseleur du XVIᵉ siècle. Les renseignements sur la vie de cet artiste sont très incertains. Les rares ouvrages qu'il a laissés sont des aiguières d'étain, de forme à peu près constante, mais dont les décorations sont très variées. Le musée de Cluny possède de lui deux aiguières admirables par la richesse des arabesques qui les décorent. Notre excellent collaborateur, M. Paul Mantz, dit dans ses *Recherches sur l'orfèvrerie française*; que Briot « avait une imagination singulièrement bien douée, mais qui doit beaucoup aussi à l'étude du style de Polydore de Caravage, un goût délicat dans le dessin des figurines en demi-relief, un talent réel pour modeler d'abord avec de la cire et pour ciseler ensuite dans l'étain fondu les arabesques et les rinceaux roulés. »

*BRIOT (NICOLAS), graveur général des monnaies sous Louis XIII, était probablement de la famille du précédent. On lui attribue l'invention du balancier pour frapper les monnaies, bien que d'après Leblanc, auteur du *Traité historique des monnaies*, l'emploi du balancier semble être antérieur à Briot. Découragé par les luttes qu'il eût à soutenir pour ses découvertes, il se rendit en Angleterre (1628) où il fut accueilli avec bienveillance par Charles Iᵉʳ qui le nomma, en 1633, chef graveur de la Tour de Londres. Briot est mort vers 1650. On a de lui : *Raisons, moyens et propositions pour faire toutes monnaies du royaume, à l'avenir uniformes, et faire cesser toutes falsifications* (in-8°, 1615. Paris).

BRIQUE. Mot d'origine germanique, signifiant *morceau, fragment* (1), et que l'on emploie pour désigner une pierre artificielle, faite soit d'argile *crue*, c'est-à-dire simplement desséchée à l'air, soit d'argile *cuite*, c'est-à-dire durcie par l'action du feu. On donne, en général, aux briques, la forme parallélipipédique, propre à la construction des murs en assises régulières. On comprend, sous la même dénomination, certaines pierres factices, dans lesquelles entrent, comme éléments,

le quartz et la chaux, les scories, les laitiers de hauts-fourneaux, etc., et qui sont fabriquées sous la forme et les dimensions usuelles des briques ordinaires.

— L'usage des briques crues ou cuites est universel et remonte à la plus haute antiquité. C'est surtout dans les pays dépourvus de pierres propres à la construction que, dès l'origine, ces matériaux ont été employés ; telles sont les régions qui avoisinent les grands cours d'eau, comme le Nil, le Tigre et l'Euphrate, dont les bords recouverts d'alluvions, ont dû, par leur fertilité, fixer les premières agglomérations humaines. C'est ainsi que, de nos jours, les grandes cités que l'histoire considère comme les plus anciennes, Babylone et Ninive, ne se reconnaissent plus qu'à d'immenses amas de briques, parmi lesquels des masses énormes de décombres, distribuées çà et là, annoncent l'emplacement des principaux édifices. Parmi les vestiges de la première de ces deux villes, l'un des monticules que les voyageurs remarquent le plus sur la rive gauche de l'Euphrate est désigné par les Arabes sous le nom d'*El-Kasr* (le château, le palais) et par les modernes, sous celui de *Palais oriental*. C'est une construction en briques offrant des traces de bitume comme matière liaisonnante. Ces briques portaient des inscriptions en caractères cunéiformes et devaient être pourvues d'un revêtement coloré, ainsi que l'attestent les nombreux fragments de terre cuite vernissée qu'on trouve sur le sol de l'éminence.

On a même pu reconstituer des bas-reliefs peints qui avaient été exécutés sur les murs par des applications de briques émaillées. Un autre monticule, connu sous le nom de *Babil*, est une masse en briques crues, dont le revêtement était en briques cuites.

Sur la rive droite de l'Euphrate, on remarque deux éminences principales : l'une, appelée *Birs Nemrod*, est encore surmontée d'un pilier ou massif de briques reliées entre elles par un ciment blanchâtre ; dans l'autre, le voyageur Ker Porter a reconnu le *Palais occidental*, dont parle Diodore et qui possédait trois enceintes revêtues de briques diversement colorées. Enfin, d'après Hérodote, les fameuses murailles de Babylone étaient en briques cuites cimentées de bitume. Sur l'un des monticules, Kouyoundjik, qui marquent aujourd'hui l'emplacement de Ninive, on a découvert des briques cuites avec des inscriptions cunéiformes indiquant que ces ruines sont celles d'un palais construit par Sennachérib. A Khorsabad, village voisin de Mossoul, on voit un groupe d'éminences artificielles en briques crues, formant des assises parfaitement adhérentes entre elles, malgré l'absence de mortier. Dans l'un de ces monticules, appelé *le Palais*, on a trouvé des pavages en briques cuites et des revêtements en briques émaillées ; on a pu reconnaître que le mur d'enceinte était percé de portes ornées de bas-reliefs et d'archivoltes en briques émaillées, ou simplement surmontées d'arcs plein-cintre en briques cuites ordinaires. On a constaté de même l'emploi de ces derniers matériaux dans les conduits souterrains qui ont été découverts sur plusieurs points de ces ruines. — V. ARCHITECTURE, § *Architecture assyrienne.* NINIVITE (*Style*).

Signalons encore, dans l'ancienne Babylonie, près de Bagdad, la ruine dite *Aker-Kouf*, masse de briques crues, sans doute recouvertes de briques cuites à l'origine et les amas de décombres (*Al Madaïn*) qui marquent les emplacements de Séleucie et de Ctésiphon. Quelques vestiges d'une enceinte immense, pour la première de ces deux villes; une arche en briques cuites, appelée *Khosro* (trône de Khosroès), pour la seconde; partout, aux alentours, des briques et des fragments de terre cuite, voilà ce qui reste de ces antiques cités.

Les sept enceintes d'Ecbatane, ancienne capitale de la Médie, étaient, selon Hérodote, surmontées de créneaux

(1) V. Brachet, *Dictionnaire étymologique de la langue française*, art. Brique ; Littré, *Dictionnaire de la langue française*, art. Brique.

de couleurs, c'est-à-dire revêtues, sans doute, de briques émaillées.

Les ruines de Suse consistent en amas énormes de briques et de terres cuites vernissées. Dans les palais de Persépolis la pierre était employée concurremment avec les briques séchées au soleil. Enfin, sur l'emplacement présumé de Passagarde, on voit les vestiges d'un palais dont les gros murs étaient en briques.

Dans l'Inde, un monument de date plus récente, la célèbre pagode de Chalembron, sur la côte de Coromandel, présente une vaste enceinte quadrilatère, construite avec les mêmes matériaux et percée de portes pyramidales de 150 pieds de haut, dont 30 en pierres de taille et le reste en briques. L'île de Ceylan renferme aussi des témoignages de l'emploi des pierres artificielles dans les tumuli appelés dagobas. Jusque dans l'île de Java on trouve des vestiges de constructions en briques remontant à une époque très ancienne.

Quant aux Chinois, de temps immémorial, ils n'ont guère utilisé que la brique et le bois pour leurs édifices publics ou privés. Dans la partie la plus belle de sa construction, la Grande - Muraille, qui date du IIIᵉ siècle avant J.-C., est formée d'un blocage en terre et gravier, compris entre deux murs qui ont leur soubassement en granit et le reste en briques. Les enceintes des villes chinoises sont construites avec ces derniers matériaux sur la majeure partie de leur développement.

De même que l'Asie, l'Amérique offre des traces d'anciennes constructions en briques séchées au soleil, comme en témoignent, au Mexique, la fameuse pyramide de Cholula, bâtie en briques crues et cimentées avec de l'argile ; et au Pérou, les ruines de la vallée de Pachacamac et du temple de Cayambé, où l'on reconnaît l'emploi des adobes, briques crues faites de terre pétrie avec des joncs ou des roseaux.

En Afrique, c'est la vallée du Nil qui présente les documents les plus anciens pour l'histoire de la brique ; les fragments de terre cuite trouvés, par sondages, dans les alluvions du fleuve, démontrent que la cuisson de l'argile était connue des Égyptiens de temps immémorial. Toutefois, il n'y a que des édifices construits en briques crues, tels que les pyramides de Dahschour, d'Illaham et d'Howarah, qui soient parvenus jusqu'à nous, conservés, sans doute, par leurs revêtements de pierre.

Pour affirmer l'ancienneté de l'usage des briques en Grèce, nous n'avons que les témoignages des auteurs grecs et latins. D'après les récits de Vitruve et de Pausanias, les temples de Cérès, à Lépreus et à Stiris ; le portique Kotios, à Epidaure ; le temple d'Apollon, à Mégare, monuments antérieurs à la domination romaine, étaient construits en briques crues ou cuites. Des édifices de l'Asie mineure appartenant à l'art grec, tels que les

palais de Mausole, à Halicarnasse, et de Crésus, à Sardes, étaient bâtis avec ces matériaux. Vitruve, parlant des briques employées par les Romains, s'exprime ainsi : « On fait trois sortes de briques : l'une, appelée par les Grecs *didoron* et dont les Romains se servent, est longue d'un pied et large d'un demi-pied. Les Grecs font usage de deux autres pour la construction de leurs édifices : l'une est désignée sous le nom de *tetradoron* et l'autre sous celui de *pentadoron*..... Les pentadorons sont employés pour les ouvrages publics et les tetradorons pour les ouvrages particuliers. »

L'architecture romaine offre d'innombrables exemples de l'emploi des pierres artificielles. Les premiers matériaux de construction utilisés furent même les briques séchées au soleil, et cet usage existait encore du temps de Vitruve. Mais l'emploi des briques cuites, connu sous la République, ne fut réellement en vogue qu'à l'époque des empereurs.

Ces briques affectaient la forme carrée, les plus petites ayant 0ᵐ,212 de côté sur 0ᵐ,04 ; les moyennes, 0ᵐ,445 sur 0ᵐ,05 et les plus grandes, 0ᵐ,594 sur 0ᵐ,055 d'épaisseur. Une loi obligeait les fabricants à apposer sur leurs produits une marque distinctive, monogramme, figure quelconque de divinité, d'homme, d'animal, de plante ou de fleur, estompés au milieu d'un cercle, à la circonférence duquel était une inscription en lettres majuscules, indiquant le nom du potier ou du maître du four, le lieu de fabrication des produits, d'ex-

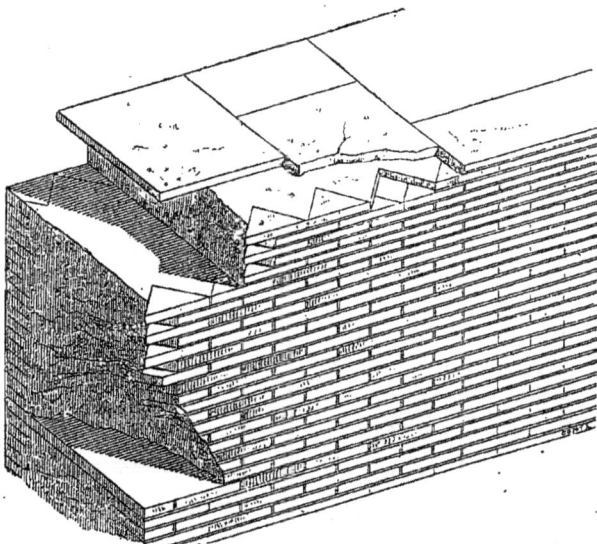
Fig. 600. — *Maçonnerie romaine. Disposition de la brique.*

traction de la terre et, fréquemment, la date du consulat. Il faut signaler, en outre, comme ayant été employées par les Romains, les briques dites *flottantes*, c'est-à-dire plus légères que l'eau et qui étaient fabriquées, selon Vitruve, avec une terre de la nature de la pierre ponce, dans les villes de Calente, en Espagne ; de Marseille, en Gaule, et de Pitane, en Asie.

La maçonnerie romaine est, d'une manière générale, formée d'un blocage compris entre deux parements de moellons ou de briques qui se présentent seuls ou par assises intercalées.

Pour assurer la liaison, les revêtements de briques étaient composés d'éléments triangulaires, obtenus par la section, suivant une diagonale, des briques carrées de petit échantillon, et placés dans les murs de telle façon que le grand côté se présentât en parement et la pointe à l'intérieur (fig. 600).

Cet appareil était consolidé par des assises, simples, doubles, triples, etc., de grandes briques occupant toute l'épaisseur de la muraille. Le Panthéon, les thermes de Dioclétien, à Rome, ont leurs murs ainsi construits.

L'usage des assises alternées des briques et de pierres devint très commun à partir du IIIᵉ siècle après J.-C. et se retrouve appliqué dans les constructions gallo-romaines, comme le montrent les ruines qui subsistent à Soissons, à Alleaume, à Trèves, à Sublains, au Mans, etc. Outre ces assises de briques employées dans la maçonnerie, des arcs formés des mêmes matériaux étaient souvent noyés dans l'épaisseur des murs, pour consolider l'ouvrage, en reportant les pressions sur des points d'appui déterminés. Les voûtes en berceau, qui jouent un rôle si important dans les édifices romains, étaient exécutées en briques et blocage, suivant deux systèmes différents : dans le premier, le blocage est soutenu par une ossature composée d'arcs en briques noyés dans la masse et reliés entre eux par des cours de grandes briques carrées (*Palais des Césars*, à Rome); dans le second, l'intrados de la voûte, exécutée en blocage, est simplement revêtu d'une sorte de carrelage courbe en briques posées à plat. (*Cirque de Maxime*, à Rome). Ordinairement un deuxième carrelage en briques plus petites et souvent discontinues recouvrait le premier.

Dans les voûtes d'arête, le massif, en maçonnerie brute, était aussi soutenu, soit par un carrelage en briques à plat, soit par un réseau d'arcs en briques.

Dans le premier cas, l'arête était protégée par une bordure de larges briques; dans le second cas, des arcs diagonaux marquaient la pénétration des demi-cylindres et se trouvaient reliés entre eux par des dalles en terre cuite (*Thermes de Dioclétien, Portique de Janus Quadrifons*). Quant aux coupoles, les unes étaient armées d'un réseau de briques; les autres n'offraient que des chaînes isolées partageant la voûte en une série de fuseaux. Dans les coupoles d'un très grand diamètre, comme au Panthéon, des arcs de décharge, reposant sur le tambour, recevaient la retombée des nervures principales.

Fig. 601. — *Décoration d'un temple romain au moyen de la brique.*

Dans les enceintes fortifiées des villes ou des campements militaires, les briques étaient encore fréquemment employées, soit pour former le massif entier des murailles, soit pour en constituer le parement. Ces matériaux étaient de même utilisés très souvent pour la construction des aqueducs, des citernes, des tombeaux, des piliers quadrangulaires ou cylindriques élevés le long des routes pour l'ornement de ces voies ou pour la délimitation des territoires.

Enfin, soumis à des arrangements particuliers, ces matériaux jouèrent encore un rôle important, comme éléments décoratifs, dans certains édifices de Rome, tels que le temple antique de la Cafarella et le temple du Dieu rédicule, dont la figure 601 représente une vue latérale.

La maçonnerie mixte, à assises alternées, se rencontre très fréquemment dans les monuments religieux élevés par les chrétiens du ivᵉ au xᵉ siècle (basilique de Saint-Laurent, hors les murs, à Rome; cathédrale de Trèves; églises de la Basse-Œuvre, à Beauvais; de Savenières, en Maine-et-Loire; de Saint-Martin, d'Angers, etc.). Cependant, un grand nombre d'édifices de cette époque, ont une structure homogène : l'église de Saint-Appolinaire, à Ravenne, est toute en briques. Enfin, le rôle de la terre cuite, employée par incrustation pour former des dessins variés, des combinaisons décoratives, se manifeste dans certains monuments du même style (églises de Saint-Pierre, à Vienne; de Sanson-sur-Risle, à Verton, près de Nantes).

L'un des principaux caractères de l'art byzantin est aussi l'emploi des matériaux artificiels. On retrouve dans les édifices de l'Orient, les grandes briques romaines pourvues d'inscriptions, de monogrammes, etc. (églises Saint-Georges et Saint-Hélice, à Thessalonique). Dans les constructions byzantines, les briques occupent toute l'épaisseur des murailles ou le parement seul, le noyau étant en béton. L'alternance des assises de briques et de pierres se remarque aussi très fréquemment (église des Saints-Apôtres. à Thessalonique). Dans les monuments religieux de la Grèce, appartenant à ce style, le rôle de la brique est surtout décoratif ; cette matière y forme, par la manière dont elle est posée, des dessins très variés.

L'agencement des corniches par assises superposées, où l'on voit, dans un ou deux rangs, les briques présenter leurs angles au dehors est encore un trait particulier de l'art byzantin.

Ce dernier mode d'ornementation se retrouve dans certains édifices de la Roumanie appartenant à ce style.

La prédominance des terres argileuses sur les gisements pierreux dans l'étendue de l'empire russe explique l'emploi des petits matériaux. A Moscou, l'église de Vassili-Blajennoï, du xvi° siècle, est en briques et pierres; le campanile de Saint-Jean-Chrysostome, à Jaroslaw, bâti en 1634, est tout en briques. C'est à la même époque que remonte l'usage des couronnements en briques ou en moellons, posés en encorbellement et destinés à abriter les maçonneries. Les porches ou portiques voûtés que l'on voit souvent adossés à la base des édifices reposent sur d'épaisses colonnes renflées, construites avec les mêmes matériaux. Enfin, l'entourage des fenêtres, chambranles, pilastres, linteaux, est fréquemment en briques apparentes formant des dessins variés.

Les monuments de l'islamisme témoignent aussi de l'usage de la terre cuite comme élément de construction et d'ornementation. La mosquée de Touloun, au Caire, édifice qui date de l'an 877, est entièrement en briques. Un grand nombre de monuments religieux arabes de l'Egypte ont leurs arcades en pierres et briques alternées.

L'un ou l'autre de ces deux matériaux est affecté à la construction des coupoles. Les minarets sont le plus souvent en briques revêtues de stuc. Dans les habitations, les établissements publics ou privés, bains, caravansérails, etc., c'est toujours la brique qui joue le principal rôle. En Espagne, les monuments d'architecture mauresque ne sont pas moins curieux à ce point de vue. La mosquée de Cordoue a ses murs construits en pierres et en larges briques. A Séville, la tour appelée Giralda, a sa partie inférieure en pierres d'appareil et le reste en briques. L'Alhambra, à Grenade, doit son nom à la couleur rouge des briques de son enceinte ; le palais même est bâti avec ces matériaux revêtus de faïences.

Le même genre de construction et de décoration se retrouve dans les édifices d'art arabe en Asie, notamment au minaret de la Mosquée verte, à Nicée ; aux mosquées élevées par les Turcomans Seldjonkides et, plus tard, par les Ottomans. A Ispahan, les mosquées de Baba-Souctah et de Matchit-Djuma ont leurs murs, leurs coupoles et leurs minarets recouverts de briques émaillées. Les maisons de la capitale de la Perse sont construites en briques desséchées au soleil ou cuites au four. La ville de Tauris possède une enceinte en briques crues et des tours en briques cuites. Enfin, l'on trouve jusque chez les habitants du Caucase, de très nombreuses constructions exécutées avec ces matériaux.

Dans l'Europe du moyen âge, le nord de l'Italie est une des régions les plus intéressantes, pour l'étude des monuments dans lesquels la terre cuite a été employée comme élément de structure et d'ornementation. On cite, à cet égard, les églises de Saint-Ambroise, de Saint-Laurent, de Saint-Gothard, à Milan ; dans le premier de ces édifices, le chevet, qui est la partie la plus ancienne, est tout en briques, à l'exception du soubassement; la construction alternée se retrouve dans certains arcs qui composent l'ossature de la nef principale. Signalons, en passant, comme un mode de décoration généralement adopté, l'usage des arcatures en briques. A Pavie, l'église Saint-Michel, qui paraît dater du xi° siècle, a ses murs en blocage avec parements de pierres ou de briques ; ces derniers matériaux sont également employés dans les

voûtes et dans les corniches de couronnement. On voit encore, dans la même ville, les briques utilisées pour la construction des églises de Sainte-Euphémie, de San-Pietro in ciel d'Oro, de Saint-Théodore, de Saint-Lafranc, de Saint-Lazare, etc. La Rotonde de Brescia (ix° siècle) présente, au sommet de son tambour, un couronnement en briques disposées en zigzags, en dents de scies ou en arcatures. Dans la même ville, l'ancien palais de la République, le Broletto, offre l'exemple de belles constructions en briques, où le marbre se trouve mélangé à la terre cuite. A l'église de St-Zénon, à Vérone, l'alternance des deux matériaux se remarque aussi dans les assises des façades latérales. Le chevet de l'église de Sainte-Sophie, à Padoue, est presque entièrement en briques. Tous ces monuments sont antérieurs au xiii° siècle ; parmi les édifices d'époque plus récente dans lesquels la construction en briques et la décoration en terre cuite ont été appliquées d'une manière très remarquable, il faut citer la célèbre Chartreuse de Pavie (1396); l'église Santa Maria del Carmine (1373), dans la même ville ; l'église de Crema, qui paraît dater de la même époque. Pise, Lucques, Pistoja, Ferrare, Bologne, Ravenne, Rome, etc... toutes ces cités renferment des monuments où la terre cuite, la pierre et le marbre se trouvent combinés de la manière la plus habile, au point de vue de l'effet et de l'économie. Les villes de la Toscane, excepté Florence, celles de la province de Sienne, fondées sur un sol qui se prêtait merveilleusement à la fabrication des pierres artificielles, ont toutes leurs vieux quartiers presque entièrement construits en briques et en terres cuites d'ornement.

On voit, par ces nombreux exemples, quel rôle important ont joué ces matériaux dans l'architecture du Nord de l'Italie, région si riche en ouvrages de cette nature, que Thomas Hope l'appelle la grande contrée de brique.

L'usage de cette matière est moins répandu dans les constructions contemporaines des pays voisins.

A partir du ix° siècle, l'emploi de la maçonnerie alternée avait fait place, dans le midi de la France, à la pierre ou à la brique employées seules ; on retrouve, cependant, des traces de ce mode de construction dans le triforium de l'église de Saint-Sernin, à Toulouse ; de plus, les remplissages, les voûtes, les parements unis sont en briques dans cet édifice, tandis que les piles, les angles, les tableaux de fenêtres sont en pierre. L'ancien monastère des Jacobins, l'église des Cordeliers, dans la même ville, sont construits en briques en totalité ; à l'ancien donjon du Capitole (fig. 602), il n'y a que les encadrements des fenêtres et le soubassement qui ne soient pas exécutés avec ces matériaux ; au collège de Saint-Raymond, édifice du xiv° siècle, toute la maçonnerie est en briques, à l'exception des linteaux, meneaux et appuis des fenêtres.

Albi possède, comme Toulouse, des monuments en briques très intéressants ; l'église de Saint-Salvi, qui date de la fin du xii° et du commencement du xiii° siècle, la cathédrale (1282-1512), dont le clocher, flanqué de tourelles et haut de 78ᵐ55, est une masse de briques de l'aspect le plus imposant. Enfin, de nombreuses habitations de Toulouse, d'Albi, de Caussade, etc., témoignent de l'emploi de la terre cuite. Dans les régions du centre et du Nord de la France, les briques n'étaient utilisées, à cette époque, que comme remplissages dans les pans de bois des façades. Ajustés de manières différentes, ces matériaux formaient des dessins variés contribuant à l'ornementation.

A Verneuil, à Lisieux, on voit encore des maisons très curieuses sous ce rapport. Les pays voisins de la France sont aussi très intéressants sous le rapport de la construction en briques. En Allemagne, le duché de Brandebourg possède des monuments remarquables construits du xii° au xiv° siècle et dans lesquels cette matière a été utilisée; on trouve aussi des édifices de ce genre à Mariembourg, à Lubeck, à Dantzig, à Schwérin.

La plus riche partie de l'église de Sainte-Catherine, à Brandebourg, la chapelle du Saint-Sépulcre est en bri-

Fig. 602. — *Donjon du Capitole à Toulouse.*

ques de diverses couleurs ornées de dessins variés. Dans les Pays-Bas on peut citer le beffroi de Bruges, tout en briques de 300 pieds d'élévation ; la halle à la viande

d'Anvers, dont la maçonnerie est faite de briques alternant avec des chaînes de pierre. En Angleterre, ce n'est qu'au xvᵉ siècle que l'emploi de la terre cuite dans l'architecture, abandonné depuis la conquête romaine, devint très commun. A partir de cette époque, des constructions en briques s'élevèrent particulièrement dans les comtés de l'Est et dans toutes les parties de l'Angleterre où la pierre fait défaut. La halle de Little Wenham, bâtie vers 1270 dans le comté de Suffolk, passe pour le plus ancien édifice anglais élevé en briques modernes. Le château de Caistor, près Lincoln, est encore un bel exemple de constructions en briques datant du moyen âge.

L'architecture de la Renaissance n'est pas restée en arrière sur les époques précédentes pour l'usage de la terre cuite. A Rome, dans le tambour, la coupole et la lanterne de l'église Saint-Pierre, on trouve la brique employée soit comme revêtement sur blocages, soit comme massif avec placage en pierre. Sainte-Marie des Fleurs, à Florence, a sa double coupole également construite en briques.

Dans d'autres monuments italiens de cette époque, ces matériaux sont utilisés pour l'effet extérieur (Eglise Santa-Maria della Broce, à Crema). Aux palais de la Chancellerie, ainsi qu'au palais Farnèse, à Rome, la brique apparente et la pierre sont employées concurremment.

Il en est de même, en France, pour les châteaux de Saint-Germain et de Fontainebleau. L'aile de Louis XII, au château de Blois, est encore une construction en brique et pierre des premières années de la Renaissance française. Le château d'Anet (xvie siècle) présente une très curieuse application de la brique au pavage, il semble ainsi qu'à cette époque la terre cuite ait été réservée pour les demeures princières. On peut citer, toutefois quelques constructions religieuses, entre autres l'église de Tilloloy, dans laquelle la construction en briques est appliquée.

Enfin, à partir de la seconde moitié du xvie siècle on renonça à bâtir autrement qu'en pierre ou en brique les maisons de la bourgeoisie et de la noblesse. Pendant le xviie siècle, on voit toujours la construction en brique adoptée sinon pour les grands monuments, du moins pour les demeures seigneuriales, les hôtels et habitations privées. Un des caractères de l'architecture du temps de Henri IV et de Louis XIII est même la recherche des effets pittoresques par le mélange de la brique, de l'ardoise et de la pierre. Les plus beaux exemples de cette

manière de bâtir se voient] dans les constructions qu'Henri IV fit ajouter au palais de Fontainebleau. La figure 603 représente des encadrements de fenêtres appartenant à la cour qui porte le nom de ce prince. La place Royale, la place Dauphine, à Paris, édifices en brique et pierre datent aussi du règne de ce prince. Enfin, Sauval s'exprime ainsi au sujet de l'hôtel de Rambouillet : « C'est une maison de briques rehaussée d'embrasures, d'amortissement, de chaines, de corniches, de frises, d'architraves, et de pilastres de pierre. Quand Arthémice (1) l'entreprit, la brique et la pierre étaient les seuls matériaux que l'on employât dans les grands bâtiments. Ils avaient paru avec tant d'applaudissements sur les murailles de la place Dauphine, de la place Royale, du château de Verneuil, de Monceaux, de Fontainebleau et de plusieurs autres édifices publics; la rougeur de la brique, la blancheur de la pierre et la noirceur de l'ardoise faisaient une nuance de couleur si agréable en ce temps-là, qu'on s'en servait dans tous les grands palais, et l'on ne s'est avisé que cette variété les rendait semblables à des châteaux de cartes (2) que depuis que les maisons bourgeoises ont été bâties de cette manière. »

L'Allemagne, les Pays-Bas et l'Angleterre ont continué, à l'époque de la Renaissance, à faire usage de la construction en briques. On voit, notamment à Halberstadt, ville de Prusse, une maison très ancienne du xvie siècle, en pan-de-bois avec remplissages en briques. Dans les Pays-Bas les villes de Bruges et d'Anvers se signalent par leurs habitations en briques.

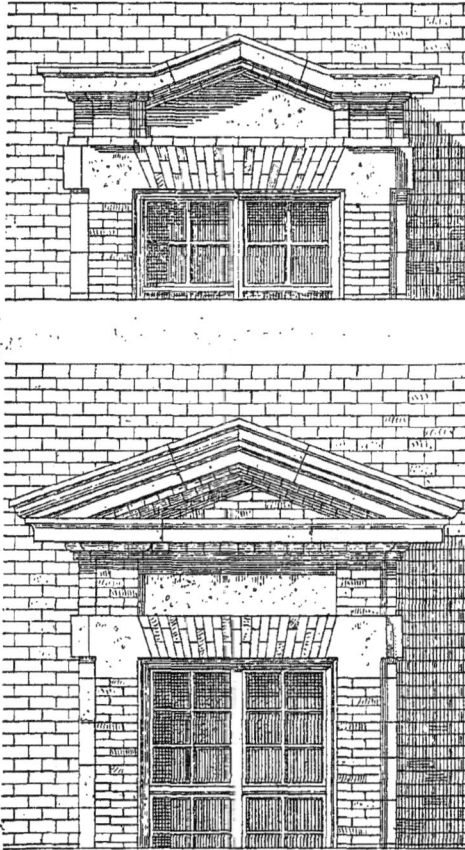

Fig. 603. — *Palais de Fontainebleau. Effets décoratifs obtenus avec la brique.*

De nos jours, l'usage de la terre cuite pour la construction et la décoration architecturale est excessivement répandue. A Rome, on façonne des briques d'une qualité supérieure, qu'on emploie concurremment avec le travertin et le pépérin. C'est en Italie que l'art de faire des briques flottantes a été retrouvé, vers l'an 1790, par Fabroni, professeur à Florence. L'Allemagne est toujours aussi un des pays où la brique est le plus fréquemment employée.

A Munich, on obtient, grâce à la nature des terres des

(1) Anagramme que Malherbe a composé du nom de Catherine, marquise de Rambouillet.

(1) Cette critique est de Saint-Simon, au sujet de l'ancien château de Versailles, bâti sous Louis XIV.

environs, des produits de marnes très diverses. A l'aide de calibres particuliers, les Allemands façonnent des briques dont les parements sont ornés de dessins en relief. Ce mode de décoration a été appliqué notamment à l'école d'architecture de Schinkel et à l'église de Werder, à Berlin.

La section autrichienne, à l'Exposition universelle de 1878, renfermait des quantités considérables de briques de diverses formes, exposées par la société anonyme de Wienerberg et la société minière et de briques à Pesth. L'Angleterre est encore une contrée où l'emploi des briques a pris une très grande extension depuis la Renaissance.

Il reste, dans plusieurs provinces, de très belles constructions du XVIIe et du XVIIIe siècle élevées avec ces matériaux. Aujourd'hui, à Londres, toutes les maisons sont en briques. Un grand nombre de fabriques établies à Stepney, Hackney, Tottenham, Hammersmith, Brentford, etc., fournissent des briques de couleurs et qualités diverses. On a pu remarquer, à l'Exposition de 1878, les briques à peintures émaillées de MM. Joseph Cliff et fils, les briques bleues de Wood et Ivery, fabriquées à West Bromwich et qui renferment une quantité considérable d'oxyde de fer les rendant très propres au pavage. En Hollande, toutes les maisons sont construites en briques, les canaux en sont revêtus, les trottoirs des villes et des routes en sont pavées. On y fait aussi des briques vernissées qui s'exportent dans les pays du Nord. De même qu'en Hollande, l'usage des briques est général en Belgique. On utilise même ces matériaux pour les constructions militaires (fortifications d'Anvers). L'Espagne enfin, est une des contrées de l'Europe où les produits céramiques, appliqués à l'industrie du bâtiment, sont les plus remarquables au point de vue de la matière et du bon marché.

On a remarqué au Champ-de-Mars, en 1878, des briques crues et des briques cuites, pleines ou creuses, provenant des fabriques espagnoles et qui étaient faites d'une argile très fine et sonore comme du cristal.

En France, l'usage des constructions en briques a été particulièrement en honneur après la Renaissance. C'est même par le mélange de ces deux matériaux, brique et pierre, que se reconnaissent certains châteaux de cette époque, tels que l'ancien château de Versailles.

Après Louis XIII, l'usage de la brique devint plus rare pour les constructions princières. Cependant, nous devons citer le palais Mazarin, aujourd'hui la Bibliothèque nationale, où cet élément se trouve mélangé à la pierre. Pendant la seconde moitié du XVIIe et le XVIIIe siècle tout entier, l'usage de la terre cuite pour la construction des édifices subit un temps d'arrêt. L'emploi de cette matière subsista, néanmoins, pour la maçonnerie des habitations, dans certaines régions, telles que le nord et le midi de la France. De nos jours aussi, dans les mêmes provinces, des villes entières sont construites en briques. A Paris même, où la pierre de taille abonde, une réaction s'opère en faveur de la terre cuite employée comme élément de construction et d'ornementation. Des édifices de fondation toute récente, la caserne de la Banque, les Halles centrales, le collège Chaptal nous montrent cet élément combiné tantôt avec la pierre, tantôt avec le fer. Dans de nombreux hôtels des quartiers neufs, la brique est laissée apparente, formant, soit des murs pleins, soit des chaînes verticales ou horizontales intercalées avec des assises de pierre. On peut juger, par cet aperçu historique, quel a été le rôle de la brique dans le passé et quel peut être celui que l'avenir réserve à cette matière, d'extraction si peu coûteuse et de manipulation si facile (1).

La forme adoptée pour la *brique* est celle d'un parallélipipède rectangle auquel on donne ordi-

(1) Pierre Chabat, *La brique et la terre cuite*, 1 vol. in-fol., Paris, 1881, Vve A. Morel et Cie.

nairement, en France, 0^m,22 de longueur, sur 0^m,11 de largeur et 0^m,055 d'épaisseur: les deux premières dimensions, étant des multiples de la dernière, facilitent l'emploi de ces matériaux.

Les qualités que l'on doit rechercher dans la brique sont :

1° *L'homogénéité*, c'est-à-dire l'absence de fissures et de défauts, une texture égale, un grain fin et une cassure brillante;

2° *La dureté*, c'est-à-dire la résistance à la fente et à l'écrasement;

3° *La régularité de formes*, qui comprend un extérieur uni, lisse, à vives arêtes, non déjeté, de telle sorte que les joints soient de même épaisseur et le tassement de la construction uniforme;

4° *La facilité de la taille*, pour que l'ouvrier puisse la couper selon les besoins du travail.

Ces qualités dépendent de la fabrication, qui se divise en quatre opérations distinctes : *la préparation de la terre, le moulage, le séchage et la cuisson*.

Tout d'abord, l'argile commune, choisie pour la composition des briques, ne doit être ni trop grasse, ni trop maigre : dans le premier cas, les produits se gauchissent, se déforment et se fendillent au séchage ou à la cuisson; dans le second cas, les briques façonnées, se vitrifieraient ou fondraient au feu et n'offriraient pas une résistance suffisante.

On *dégraisse* l'argile trop plastique avec du sable fin ou des matières calcaires; les pâtes trop maigres exigent l'addition d'une certaine quantité de chaux ou de marne, rarement d'argile plastique. Les cendres de houille, ajoutées à la masse, avec une certaine portion de calcaire, contribuent au dégraissement et régularisent la cuisson, comme agents conducteurs de la chaleur. Les briques ainsi obtenues ont éprouvé un commencement de vitrification : elles sont noirâtres, compactes, sonores et résistent parfaitement à l'air et à la pluie.

Dans le choix de l'argile, on doit, en outre, rejeter les terres contenant des corps étrangers, tels que morceaux de calcaire et de silex ou pyrites de fer en grande quantité.

L'extraction de l'argile se fait généralement en automne, et on la laisse exposée à l'action des agents atmosphériques, en la remuant, de temps à autre, pendant tout l'hiver; ensuite, on détrempe cette terre et on la pétrit. Cette opération se fait dans une fosse en maçonnerie, où l'on jette de l'eau pour faire une pâte assez ferme, tandis qu'un ouvrier, muni d'une bêche, piétine cette pâte et la recoupe, en ayant soin d'enlever les cailloux et les matières étrangères; c'est ce qu'on appelle *marcher la terre*. On ajoute alors, à l'argile corroyée, les quantités de sable ou de calcaire nécessaires pour la dégraisser ou pour la rendre moins maigre. Quelquefois, le pétrissage se fait à la mécanique, soit à l'aide de cylindres unis ou cannelés entre lesquels on fait passer la matière, soit avec des *tinnes* ou tonneaux corroyeurs, analogues à ceux que l'on emploie pour la fabrication du *mortier*. V. ce mot.

Quand le corroyage est achevé, on procède au

moulage. Les moules employés sont des cadres sans fond, en bois ou en métal, un peu plus grands que la dimension prévue pour la *brique*, parce que celle-ci éprouve un retrait a la cuisson. L'ouvrier mouleur pose ce cadre sur une table saupoudrée de sable, le remplit d'argile et enlève l'excédant avec la main et avec un couteau de bois nommé *plane*. Souvent le moule est doublé et l'on peut fabriquer deux briques à la fois.

Dans quelques grands centres de production on remplace le moulage à la main par le moulage mécanique, c'est-à-dire à l'aide de machines qui effectuent le mélange, le pétrissage et le moulage de la terre. — V. TUILERIE.

Les briques moulées doivent être soumises à une dessiccation lente. Pour cela on les pose sur une aire sablée, d'abord à plat, puis de champ; quand elles ont pris assez de consistance, on les *pare*, c'est-à-dire qu'on enlève les bavures du moule avec un couteau, et on les dresse en les battant sur toutes les faces avec une *latte*. Quelquefois on expulse l'eau par compression mécanique, en plaçant la brique dans un moule en fonte et en la frappant d'un coup de balancier; ce procédé est expéditif, mais coûteux. Enfin on opère le *mettage en haie*, c'est-à-dire qu'on place les produits moulés, parés et rebattus, les uns sur les autres, de manière à en former une espèce de muraille à claire-voie, pour qu'ils finissent de se sécher entièrement.

La cuisson de la brique se fait, soit en plein air, soit dans des fours. Le premier procédé est dit à *la volée* ou *en meules*; il consiste à placer les briques de champ, en tas rectangulaire, sur un sol dressé; on dispose les premières assises de façon à ménager, à la base, des canaux dans lesquels on met plus tard le combustible, puis au-dessus on alterne les assises de briques avec des couches de houille menue; les lits successifs communiquent entre eux par des conduits verticaux qui permettent à la fumée de s'échapper; enfin, on entoure la masse avec de l'argile détrempée pour éviter l'action de l'air, du vent ou de la pluie. Le feu dure plusieurs jours, ainsi que le refroidissement.

Comme combustible, la tourbe est préférable à la houille qui donne une chaleur trop violente.

La cuisson dans les fours se fait au bois, à la tourbe ou à la houille. Les fours sont carrés ou rectangulaires, formés de murs épais en briques, et pourvus à leur partie inférieure de petites voûtes à claire-voie qui se prolongent dans toute l'étendue du four et supportent les briques placées de champ.

Tantôt la masse est à découvert, tantôt le four est surmonté d'une voûte cylindrique percée d'ouvertures servant au tirage et donnant issue à la fumée. Dans les fours à houille, les foyers sont à grille et placés d'un même côté dans l'épaisseur des parois. Des voûtes à claire-voie distribuent la chaleur dans toute l'étendue du four. — V. FOURS, TUILERIE.

Dans les cas ordinaires, la cuisson demande dix à douze jours et le refroidissement cinq ou six. On arrête le feu au moment où la vitrification se manifeste, parce que la plupart des argiles se fondent à une température qui n'est pas trop élevée. Cependant, quelques-unes sont infusibles et sont dites *réfractaires*, on les emploie à la construction des fourneaux.

On peut fabriquer des *briques réfractaires* en ajoutant à certaines argiles dégraissées, un ou deux volumes de ciment de terre réfractaire, broyé finement. — V. plus loin l'article spécial.

En raison de l'inégalité de cuisson qui est inévitable dans les divers procédés employés et décrits ci-dessus, les briques présentent différentes qualités.

On reconnaît qu'elles sont bonnes quand elles sont d'un rouge brun foncé et présentent quelquefois, à la surface, des parties vitrifiées qui rendent un son clair, lorsqu'on les frappe, et font feu sous le briquet.

Les briques de mauvaise qualité donnent, au choc, un son sourd, ont une teinte jaune rougeâtre, s'émiettent sous les doigts et absorbent avidement l'eau; cette absorption ne doit pas dépasser un cinquième du poids. On doit s'assurer que ces pierres factices ne sont pas gélives. — V. GÉLIVITÉ.

Quand elles contiennent du carbonate de chaux, on peut les silicatiser, comme les calcaires. — V. SILICATISATION.

La résistance de ces matériaux à la rupture par compression varie, par centimètre carré de surface, entre 32 kilogrammes pour la brique crue, et 150 kilogrammes pour la brique dure très cuite.

Au point de vue de la forme, des dimensions et des provenances, on divise les briques en plusieurs catégories.

Briques ordinaires. Ces briques sont des parallélipipèdes rectangles de dimensions variées. Celles que l'on emploie à Paris sont : la *brique de Bourgogne*, dont on utilise trois qualités, différant entre elles par leur couleur rouge, grise ou brune et qui a pour dimensions $0^m,22, 0^m,11$ et $0^m,054$; la *brique façon Bourgogne*, qui comprend six classes : 1° la *brique de Vaugirard*, première qualité, de $0^m,22, 0^m,11, 0^m,06$; 2° la *brique de Vaugirard*, de deuxième qualité, de $0^m,22, 0^m,11$, $0^m,065$ et $0^m,07$; 3° les *briques de Pantin*, des *Buttes Chaumont* ou d'*Aubervilliers*, de mêmes dimensions, mais de moins bonne qualité que les précédentes; 4° la *brique de Passy*, de $0^m,22, 0^m,11$, $0^m,07$; 5° les *briques de Bicêtre*, de *Montrouge*, de *Châtillon* et de *Villejuif*; 6° les *briques* faites avec des terres non moulées, ces terres n'étant pas broyées et les briques étant simplement estampées, ayant pour dimensions, comme celles de la cinquième catégorie, $0^m,21, 0^m,10$ et un peu moins de $0^m,06$ d'épaisseur.

Briques dites anglaises. Leurs dimensions atteignent $0^m,24$ à $0^m,27$ de longueur, $0^m,10$ à $0^m,17$ de largeur et $0^m,06$ à $0^m,07$ d'épaisseur.

Demi-briques. Ce sont des briques qui ont $0^m,12$ sur $0^m,12$ et $0^m,06$ d'épaisseur et qui peuvent s'employer dans le cas où l'on aurait à casser des briques entières. On appelle aussi demi-briques, celles qui ont les dimensions ordinaires sur 0m,03 d'épaisseur.

Briques pour réservoirs, aqueducs, voûtes, etc. Ces briques sont moulées sur diverses formes, soit en voussoirs, en cintres de réservoirs ; soit en portions de gouttières ou de caniveaux.

Briques circulaires ou **briques Gourlier** (du nom de leur inventeur). On s'en sert pour la construction des tuyaux de cheminées, dans l'épaisseur des murs ; on les divise en *briques cintrées* et *briques arrondies ;* les premières présentent deux modèles pour tuyaux circulaires de 0m,25 et 0m,23 de diamètre.

Ces briques arrondies ont aussi un grand modèle pour tuyaux à angles arrondis, de 0m,14 à 0m,40 de diamètre sur 0m,25 de large et un petit modèle, dont la section de conduite est la même, mais qui sont moins épaisses.

Les briques Gourlier présentent sur les anciens coffres de cheminées l'avantage de se relier au mur en briques, d'en faire partie intégrante, de ne pas nuire, par conséquent, à la solidité et de pouvoir éprouver un tassement sans se briser.

Briques creuses ou tubulaires. Depuis quelque temps, on utilise ces briques, inventées par M. Paul Borie, pour les ouvrages légers, tels que planchers, voûtes, cloisons. Leur avantage sur les briques pleines est considérable, car elles sont mieux cuites, résistent mieux à la rupture et aux agents atmosphériques, et isolent plus complètement de l'humidité.

Les formes et les dimensions de ces briques varient ; elles sont, en général, prismatiques, et pourvues de petites cloisons longitudinales ; la fabrication exige des machines spéciales ; mais le prix de revient est moins élevé que celui des briques pleines, en raison de l'économie de matière première et de combustible ; en outre, le séchage est beaucoup plus rapide.

Briques carrées. Les briques de ce genre sont destinées à se raccorder dans les murs avec la brique cintrée ; leurs dimensions sont de 0m,22, 0m,075 et 0m,09.

Briques légères. On fait aussi des briques plus légères que l'eau et qui sont réfractaires, en mélangeant 1/20 d'argile avec une sorte de magnésie poreuse, composée de 55 parties de silice, 15 de magnésie, 14 d'eau, 12 d'alumine, 3 de chaux et 1 d'oxyde de fer ; une brique ainsi fabriquée pèse 450 grammes et offre plus de résistance, sous le même poids, que la brique commune.

On obtient le même résultat en mélangeant certains tufs siliceux avec 1/25 d'argile (1).

Briques réfractaires. On appelle *matériaux réfractaires,* ceux qui résistent aux températures élevées. Un corps réfractaire devrait, en outre, présenter d'autres qualités qui sont les suivantes : ne pas prendre de retrait sensible, ne pas s'exfo-

lier, pouvoir supporter une pression assez considérable, ne pas être perméable, résister à l'action corrosive des cendres et de certains fondants ; mais il n'existe pas de matériaux connus réalisant toutes ces conditions et l'on est forcé de choisir la qualité capitale qui est la résistance aux températures élevées, ce qui explique la définition habituelle des matériaux réfractaires, définition donnée plus haut. Dans la métallurgie ancienne, on employait à la construction des parois des fours, des matériaux se trouvant dans la nature, tels que certains grès, certaines pierres talqueuses. On y renonce de plus en plus, parce que ces pierres naturelles ont rarement une infusibilité suffisante ; de plus, elles éclatent et s'écaillent facilement au feu. On préfère composer des mélanges artificiels, répondant davantage aux besoins de l'industrie et que l'on moule sous forme de *briques.* Primitivement et jusque dans ces dernières années, les briques réfractaires s'obtenaient au moyen d'argiles naturelles, généralement peu ou point chargées d'oxyde de fer, et auxquelles on mélangeait de la silice ou quartz pulvérisé.

Les briques renommées de Stourbridge, en Angleterre, ont la composition suivante :

Silice	63 à 67
Alumine.	25 à 31
Peroxyde de fer.	3 à 6
Alcalis	0,7 à 2

Actuellement, le champ des matériaux réfractaires s'est beaucoup élargi et on peut diviser ceux-ci en plusieurs catégories répondant à des besoins différents.

Briques de silice. La silice ou quartz pur est infusible à la température des fours métallurgiques. Elle possède, de plus, une propriété remarquable : elle ne prend pas de retrait. Une voûte obtenue avec des briques de silice, devient même de plus en plus stable, à mesure que la température du four est plus élevée ; l'arc qui la compose, augmentant faiblement de longueur et s'appuyant sur les parties droites restées sensiblement fixes, prend une forme moins surbaissée et acquiert une solidité plus grande.

Les briques de silice ne sont connues en France que depuis une vingtaine d'années au plus ; elles y ont été introduites par les frères Martin, au cours de leurs recherches pour appliquer le chauffage Siemens à la fusion de l'acier sur sole. Les briques de silice sont originaires de Dinas, petite ville située auprès de Swansea, dans le Pays de Galles ; elles renferment 97 à 99 0/0 de silice et un peu de chaux. Elles s'obtiennent au moyen d'un sable quartzeux jaunâtre et que l'on trouve en couches assez considérables auprès de la formation houillère du pays. L'agglomération se fait en ajoutant à 10 ou 15 parties de ce sable, 1 partie d'argile. On ajoute à la matière agglomérante 1 0/0 de chaux légèrement hydraulique. Il se forme un silicate de chaux qui augmente encore la liaison. On a essayé aussi avec succès l'agglomération par le chlorure de calcium ; il se décompose à la chaleur en donnant du

chlore ou de l'acide chlorhydrique et laisse entre
les grains de quartz une pellicule de chaux qui
solidifie la masse. On a employé aussi une pression énergique antérieurement à la cuisson,
ainsi que des agglutinants organiques comme la
colle de pâte. Pour remédier au retrait que pren-
drait l'argile, on ajoute à la pâte une certaine
quantité d'argile grillée, appelée *ciment*. Plus
l'argile mélangée au sable est plastique, plus on
ajoute de ciment. Ces ciments se broient à différentes grosseurs. On les passe dans des tamis de
huit à neuf trous au centimètre carré pour les
grandes briques, et de cinquante à quatre-vingts
trous pour les petites. Nous devons dire que le
ciment joue encore un autre rôle : il forme une
sorte de carcasse et empêche l'argile de s'affaisser
si elle se ramollit. Le dosage étant fait, on jette
les matières dans un mélangeoir ou dans un
broyeur Carr. On confectionne ensuite la pâte
soit par le marchage, soit avec un malaxeur. On
laisse pourrir les pains de pâte obtenus, dans un
caveau, puis on procède au moulage et à la cuisson. La confection des briques de grande dimension exige l'emploi de moules spéciaux. Les
briques siliceuses sont très employées maintenant
dans la grande métallurgie, pour fondre l'acier
dans les fours Siemens, et dans les parties des
foyers les plus exposées aux coups de feu.

Briques de carbone ou de graphite.
Le carbone est peut-être la substance la plus infusible que l'on connaisse et, si ce corps ne joue
pas un plus grand rôle dans la constitution des
matériaux réfractaires, c'est qu'il est trop sujet
à s'user sous l'action oxydante de l'air chaud. Il
se produit alors de l'oxyde de carbone et la brique se brûle, mais sans se fondre. Aussi, choisit-
on le carbone le moins combustible pour le faire
entrer dans les mélanges réfractaires, c'est-à-dire
le *graphite*.

Il y a deux sortes de graphite : le *graphite naturel*, qui se trouve assez rarement dans les roches granitiques, et dont le gisement découvert
et exploité par M. Alibert, dans les monts Altaï,
en Sibérie, sert à faire les crayons Faber connus
de tout le monde ; on trouve aussi le graphite naturel à Passau, en Bavière, où l'on fait d'assez
bons creusets en graphite argileux naturel, et dans
l'île de Ceylan. Le graphite naturel pur est assez
rare. Le graphite naturel argileux est abondant,
mais ses propriétés réfractaires sont beaucoup
amoindries. Le *graphite des cornues à gaz*, est un
dépôt de carbone qui se fait lentement sur les
parois des cylindres de fonte où a lieu la distillation de la houille. Ce dépôt de carbone provient
de la décomposition des hydrogènes carbonés, qui
sont les moins stables et qui trouvent la température la plus élevée au contact des parois des
cylindres chauffés extérieurement. En général, ce
graphite contient des cendres fusibles, du fer, du
soufre et n'est guère employé que pour faire des
petits creusets.

Pour former des briques de carbone, il faut se
servir de graphite pulvérisé, que l'on mélange
avec un peu de goudron. Les briques, une fois

moulées, sont cuites séparément dans des moules
en fonte aussi fermés que possible ; l'excès de
goudron distille et laisse entre les particules de
graphite un ciment de coke, qui donne la consistance nécessaire.

A défaut de graphite, on fait d'assez bonnes
briques de carbone, pour les parties des fours
non exposées à la combustion, en employant un
mélange de goudron et de coke pulvérisé très-
pur.

Les creusets de graphite se comportent généralement très bien au feu, mais ils sont chers et
ne peuvent souvent servir qu'à une seule fusion.

Les parois en carbone sont excellentes pour les
chauffages réducteurs, mais elles facilitent la
carburation du métal fondu, quand le graphite
n'est pas d'une structure suffisamment dense ; il
y a incorporation de carbone ; ainsi, de l'acier
doux, chauffé dans certains creusets de graphite,
peut se transformer en fonte blanche. On remplace
souvent les creusets de graphite par les creusets
brasqués, qui sont plus économiques et suffisamment réducteurs. — V. BRASQUE.

Briques basiques. Les matériaux réfractaires basiques ont une propriété générale : *ils se
contractent considérablement par la chaleur*, et on
peut dire que leur contraction est indéfinie ; ils
se distinguent par là des matériaux siliceux, qui
se dilatent par la chaleur.

Les matériaux basiques sont de plusieurs
sortes, l'*alumine*, la *magnésie*, la *chaux*. L'alumine qui se trouve dans la nature sous forme de
corindon, est très dure et très infusible. Elle
peut être mélangée d'oxyde de fer et acquérir une
grande dureté comme l'émeri, ou une certaine
plasticité en présence de l'eau, comme la bauxite.
C'est sous cette dernière forme que l'alumine est
employée actuellement dans la composition des
briques réfractaires, soit seule, soit mélangée à
de l'argile. Si on pouvait obtenir économiquement l'alumine pure, on s'en servirait beaucoup
dans les constructions réfractaires ; mais jusqu'à
présent, l'impureté et l'élévation de prix des alu-
mines rencontrées dans la nature ont restreint
considérablement l'emploi de ces matières. La
magnésie se trouve à l'état de carbonate ; une fois
calcinée, elle constitue la magnésie anhydre des
pharmaciens et jouit du plus haut degré de la
propriété d'être infusible.

On a essayé souvent de faire des briques en
magnésie ; et, quand elles étaient pures, elles
donnaient d'excellents résultats. Malheureusement, le haut prix de la matière première (qui
provient des îles de la Grèce), le déchet de la
calcination, la perte au lavage et au triage, n'ont
pas permis jusqu'ici d'établir économiquement
les briques de magnésie.

On a cherché, dans ces derniers temps, à retirer
industriellement la magnésie de la dolomie, qui
est un carbonate naturel de chaux et de magnésie. On calcinait la dolomie et faisait agir un
chlorure sur le mélange de chaux et de magnésie
ainsi obtenu ; il se formait du chlorure de calcium et de la magnésie.

Le chlorure de magnésium, dont on est encombré, dans certaines salines, donne avec la dolomie calcinée, la réaction suivante :

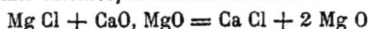

$$Mg\,Cl + CaO,\ MgO = Ca\,Cl + 2\,Mg\,O$$

Chaux et Magnésie. La chaux est une matière essentiellement réfractaire ; malheureusement, la facilité avec laquelle elle absorbe l'humidité et l'acide carbonique de l'air, la rend d'un emploi difficile ; elle tombe en poussière et passe à l'état de carbonate et d'hydrate de chaux. M. Ste-Claire Deville avait bien réalisé des fusions de platine dans des creusets de chaux, mais l'emploi de cette substance réfractaire n'était pas sorti du laboratoire et des essais en petit.

Les recherches récentes de déphosphoration dans la fabrication de l'acier, ont fait essayer l'emploi de la chaux, comme garnissage des appareils, soit sous forme de pisé, soit sous forme de briques.

De grandes difficultés se sont rencontrées dans cette préparation. L'action chimique, qui a lieu entre la chaux calcinée et l'eau, rend impossible le moulage d'une forme quelconque. Il fallut remplacer l'eau par des goudrons, des huiles minérales, etc. On essaya aussi de pulvériser le carbonate de chaux, de l'humecter d'eau, de mouler ainsi des briques, que l'on soumettrait ensuite à la cuisson. Mais l'énorme retrait que prenait une semblable brique, avant de se transformer complètement en chaux, produisait des difficultés de cuisson considérables. Il restait, d'ailleurs, toujours une facilité considérable de décomposition à l'air.

La magnésie satisfaisait bien à toutes les conditions d'infusibilité, de durée et de résistance à l'air, malheureusement elle était trop chère. On trouva une solution dans l'emploi de la dolomie, carbonate de chaux plus ou moins chargé de carbonate de magnésie, et que l'on rencontre assez abondamment dans certains étages géologiques. On obtient ainsi une résistance à l'air beaucoup plus grande qu'avec la chaux pure et avec un prix modéré.

On emploie actuellement deux procédés pour fabriquer les briques de dolomie. Ou bien, on pulvérise la dolomie, on l'humecte d'eau, on la moule et on la cuit ; il se produit alors un retrait de 50 0/0. Ou bien, on prend de la dolomie cuite aussi fortement que possible, et pulvérisée finement, on la pétrit avec une huile minérale quelconque, goudron, pétrole, etc., on cuit doucement les briques dans un moule à l'abri de l'air, pour laisser dans la masse un ciment de carbone et on obtient ainsi, beaucoup plus facilement, les formes que l'on désire.

Les garnissages en chaux et magnésie servent, dans la fabrication de l'acier avec des fontes phosphoreuses, à absorber sous forme de phosphate de chaux et de magnésie, l'acide phosphorique produit par des actions oxydantes.

BRIQUET. 1° Outre la petite pièce d'acier et une multitude d'instruments qui servent à tirer du feu et de la lumière, on applique, par extension, ce mot à diverses inventions au moyen desquel-les on obtient une inflammation instantanée ; ainsi, avant l'invention des allumettes phosphoriques, on a nommé *briquet phosphorique* un flacon contenant du phosphore sur lequel on appliquait vivement l'allumette qui s'enflammait au contact de l'air ; *briquet pneumatique*, un petit cylindre de métal contenant de l'amadou qui s'enflammait par la chaleur produite au moyen de la compression de l'air ; *briquet oxygéné*, un flacon rempli d'asbeste ou d'amiante imprégnée d'acide sulfurique, dans lequel on plongeait une allumette garnie de chlorate de potasse. 2° Sorte de charnière à pivot employée pour les portes de coupés, landaus, etc.

BRIQUETAGE. T. techn. Enduit sur lequel on trace, avec une couleur blanche, des lignes représentant les assises des briques, pour donner à une construction l'apparence de la brique.

BRIQUET ÉLECTRIQUE. Les briquets électriques, imaginés dans ces derniers temps par M. Planté et par MM. Voisin et Dronier, sont fondés sur la propriété que possède un courant électrique de faire rougir un fil de platine un peu fin, et sur le renforcement que peut donner à cette action calorifique une émanation du gaz hydrogène effectuée dans le voisinage de ce fil rougi. On sait que c'est en se fondant sur cette dernière propriété, à laquelle on a donné le nom d'*action catalytique*, qu'on a combiné les *briquets à gaz* qui se composent d'un morceau d'éponge de platine sur laquelle on dirige un jet de gaz hydrogène développé dans le récipient du briquet par un morceau de zinc immergé dans de l'eau acidulée.

Le briquet de M. Planté, auquel il a donné le nom de *briquet de Saturne*, se compose d'une petite *pile secondaire* (V. ce mot), dont les pôles sont réunis par un fil de platine au-dessous duquel se trouve une petite lampe à essence de pétrole ou à alcool qui, tout en déterminant l'action catalytique, s'allume sous l'influence de l'accroissement de chaleur du fil déterminé par les émanations gazeuses de la lampe.

Le briquet de MM. Voisin et Dronier est combiné à peu près de la même manière, seulement c'est une pile à bichromate de potasse qui détermine le premier échauffement du fil, et comme les éléments polaires de la pile sont en temps ordinaire soulevés au-dessus du liquide excitateur, il suffit de les abaisser au moyen d'un bouton à ressort pour allumer la lampe à essence de pétrole qui se trouve au-dessous du fil de platine.

Ce mode d'emploi de l'échauffement d'un fil parcouru par un courant électrique a d'ailleurs reçu une grande extension dans ces dernières années ; il a servi de point de départ aux systèmes d'allumage instantané, à distance, des éclairages au gaz, notamment en France, au Palais législatif de Versailles, et bien plus encore en Amérique où des villes entières emploient ce système. — V. Éclairage.

BRIQUETERIE. Atelier, usine où l'on façonne la brique ; le travail et les diverses opérations sont analogues à ceux de la *tuilerie.*—V. Four, Tuilerie.

* **BRIQUETEUR.** Ouvrier qui travaille à des ouvrages en brique. || Celui qui dirige le travail d'une briqueterie.

BRIQUETIER. Celui qui fait, qui vend de la brique.

* **BRIQUETTE.** La briquette proprement dite est un combustible économique composé généralement d'un mélange de poussière de charbon de terre, de menus broyés de coke, et même de résidus de boîtes à fumée, avec une partie de brai solide ou de goudron liquide de gaz.

L'emploi de cet aggloméré dans l'industrie présente des avantages considérables au point de vue du calorique et de l'économie. Depuis longtemps déjà les grandes compagnies chemins de fer et autres, utilisent ce produit avec succès, mais les besoins seuls de la grande industrie ne font pas de ce produit un combustible à elle spécial. Il est appelé, par suite du prix des charbons (qui tend à monter) et des fluctuations si variables de cette matière première, à occuper une place importante dans les besoins domestiques et le petit commerce.

A ce dernier point de vue on doit constater que presque tous les essais de mélanges et de combinaisons chimiques ont échoué, sauf ceux employés par la grande fabrication qui a adopté le mélange du brai aux poussiers de charbon et de coke. Cette fabrication se fait à chaud au moyen d'un broyeur, d'un malaxeur et d'une machine à pression considérable. — V. CHARBON MOULÉ.

Voici les proportions généralement usitées, selon la qualité des matières employées :

Charbon . . . . de 90 à 94 0/0
Brai . . . . de 10 à 6 0/0

L'emploi du goudron de gaz liquide peut aussi être adopté comme mélange, et l'on obtient, par son emploi, des résultats analogues ; mais les agglomérés doivent être livrés au séchage avant d'être transportables. — V. AGGLOMÉRÉS.

BRIS. *Art hérald.* Bande de fer longue, happe de fer à queue, dont on se sert dans les armoiries, pour soutenir les portes sur leurs gonds, on dit aussi *bris-d'huis.*

* **Bris de glaces.** L'industrie est exposée à de nombreux accidents, parmi lesquels on peut ranger le bris des glaces et carreaux de vitrage ; pour couvrir, dans ce cas, les fabricants et les négociants des pertes qu'ils auraient à subir, une société, la *Célérité,* s'est fondée dans le but de les assurer, moyennant une prime fixe contre le bris de leurs glaces ou carreaux, quelle que soit la cause de l'accident.

* **BRISANT.** *T. techn.* Se dit de la poudre dont la trop grande force d'explosion peut produire rapidement la rupture des armes à feu.

* **BRISE.** *T. techn.* On entend par ce mot, chez les charpentiers, une poutre posée en bascule sur la tête d'une pièce pour appuyer les aiguilles d'un pertuis. || Chez les menuisiers, éclats de bois.

BRISÉ, ÉE. 1° *Art hérald.* Chevron dont la tête est séparée. — V. BRISURE. || 2° *T. d'arch.* Vantail, volet, etc., qui peut se plier sur lui-même || *Comble*

brisé, comble dont la partie inférieure est presque verticale et construit de façon à pouvoir y pratiquer de petits logements. || 3° *T. de rel. Dos brisé,* dos de livre relié de façon qu'on puisse l'ouvrir facilement en entier. || 4° *T. de carr.* Partie d'une menotte simple ou double, qui se fixe au ressort d'essieu. Le ressort de travers vient se fixer dans la menotte proprement dite. On dit aussi *brisure.*

BRISE-GLACE. Saillie tranchante disposée à l'amont des piles de pont pour briser les glaces flottantes lors des débâcles.

* **BRISE-LAMES.** Construction élevée à l'entrée d'un port ou d'une rade, et au-dessus des eaux, pour amortir la violence des flots.

— Le brise-lames de Cherbourg est l un des ouvrages les plus remarquables qui ait été fait dans ce genre.

* **BRISE-MARIAGE.** *T. de filat.* Instrument qui sert à empêcher les mariages ou fils doubles. On dit aussi *casse-mariage.*

* **BRISEMENT.** *T. de menuis. en voit.* Nom donné aux panneaux, placés dans une caisse, de chaque côté de la porte. Les panneaux de brisement sont directement placés sous les panneaux de custode dont ils sont séparés par la ceinture.

* **BRISE-PIERRE.** *Instr. de chirurg.* Nom de plusieurs instruments de lithotritie qu'on emploie pour briser la pierre dans la vessie.

BRISER. *Art hérald.* C'est charger l'écu de *brisures,* comme lambel, bordure, pour distinguer la branche cadette de la branche aînée. || *T. de filat. Briser la laine,* c'est la rendre propre à être filée. || *T. d'appr.* Opération qui a pour but de rapprocher entre eux les fils de la trame.

* **BRISE-TOURTEAUX.** Machine servant à triturer les tourteaux.

* **BRISEUSE.** 1° Machine employée dans la filature d'étoupes pour ouvrir les déchets, les cordes détordues, les mèches de banc-à-broches, etc. afin de les passer à la carde. — V. ÉTOUPE. || 2° On donne aussi le nom de *briseuse, brisoir* à la première machine de l'assortiment de cardes ; elle est ainsi nommée parce qu'elle *brise* la laine et la prépare à recevoir le travail de la repasseuse. — V. ASSORTIMENT, CARDAGE, CARDE.

* **BRISKA.** Calèche de voyage dont le siège du cocher est couvert, soit par le prolongement de l'avance, soit par une thérèse ou capucine.

* **BRISSON** (BARNABÉ), ingénieur, mort en 1828, a dirigé les travaux du canal de Saint-Quentin et devint professeur de construction à l'École des ponts et chaussées. Il a laissé plusieurs ouvrages remarquables parmi lesquels un *Essai sur la navigation intérieure de la France,* qui lui valut un brillant éloge de l'Académie des sciences.

* **BRISTOL.** Sorte de carton fabriqué par la superposition de belles feuilles de papier que l'on fait adhérer. — V. CARTE.

BRISURE. *Art hérald.* Modification que les cadets et les bâtards apportent dans leurs armoiries pour les distinguer de la branche principale ou légitime de leur famille.

BROCAILLE. Petits pavés de rebut dont on garnit les chaussées et les chemins.

BROCART. (Suivant le *Dictionnaire étymologique*, de Ménage, le mot *brocart* viendrait de *brocare*, qui signifie *brocher*; les Espagnols disent *brocardo* et les Italiens *broccato*. M. Littré adopte l'étymologie *brocher*, en patois picard, *broquer*.)

Étoffe à fond d'or, d'argent ou de soie, ornée de larges fleurs, de feuillages et d'arabesques. On désigne de nos jours sous le nom de brocarts toutes les étoffes pour tentures, garnitures de meubles ou ornements d'église, à fond d'or, d'argent où de soie, ornées de grands dessins brochés, formant le plus souvent des fleurs ou des arabesques. Les chapes et les chasubles des prêtres catholiques, revêtus de leur costume d'officiants, sont ordinairement faites de brocart.

— Le brocart était en grande vogue pendant la période brillante du moyen âge. Les ouvriers en drap d'or qui aspiraient à la maîtrise devaient tisser, pour l'obtenir, une certaine longueur de l'un des quatre draps considérés alors comme offrant les plus grandes difficultés d'exécution; l'un de ces quatre draps était le brocart.

Le nom de brocart ne s'appliquait autrefois qu'aux étoffes où l'or et l'argent, quelquefois seuls, souvent mélangés, formaient à la fois la chaîne et la trame, et sur lesquelles venaient brocher de larges ornements, des fleurs, des feuillages, des arabesques, formés de fils d'or, d'argent et de soie. Le brocart était alors employé comme tentures ou pour les riches vêtements.

M. Jacquemart, dans son *Histoire du mobilier*, cite une espèce de brocart à fond d'or sur lequel venaient s'appliquer, suivant un dessin préalablement tracé, des ornements de velours, découpés en fleurs, en fleurons, en rinceaux, en arabesques, fixés sur le fond par un point mordant le contour, et lisérés au moyen d'un cordon ou d'une milanèse. On donnait du relief à ce genre de broderie par application en plaçant sous la pièce découpée un morceau de feutre un peu plus étroit que cette pièce elle-même. Cette opération se nommait *embouter*, par analogie au travail d'emboutissage opéré sur les métaux.

M. Ch. Louandre, dit qu'au XVIIᵉ siècle, Lyon employait chaque semaine 200,000 livres pour l'achat de métaux précieux destinés à la fabrication des brocarts, soit 10,400,000 livres par année. (*Histoire de l'industrie française*, Al. Monteil, P. Dupont, éd.)

BROCATELLE. 1° La brocatelle, ou *petit brocart*, est, comme son nom l'indique, une étoffe qui vient après le brocart par l'infériorité relative des matières employées à sa fabrication. L'or et l'argent en sont exclus, et la soie n'y entre que pour une faible part, pour une partie du broché seulement. Ordinairement la brocatelle est à chaîne de coton, tramée laine; les dessins imitent ceux du brocart, mais sont moins saillants, par suite de la différence de la fabrication et des matières employées. On se sert de la brocatelle comme étoffe de tenture, on en fait des rideaux et des couvertures; elle se fabrique principalement en Italie, à Gênes et à Milan.

|| 2° On donne encore le nom de *brocatelle* à une espèce de marbre originaire de l'Ariège, de l'Aude, des Basses-Pyrénées, d'Aix, d'Andalousie, de Tortose, en Espagne; il est de couleur rouge, jaspé de jaune, de gris et de blanc; on l'emploie à

l'ornement des édifices, ou pour la fabrication d'objets décoratifs. On connaît aussi en France, la brocatelle de Boulogne-sur-Mer et la brocatelle de Moulins.

I. BROCHAGE. T. de manuf. Dans la fabrication des étoffes, quelle qu'en soit la matière, mais principalement des étoffes de soie, le mot *brocher* exprime l'action de passer des fils, ordinairement à l'aide d'une navette spéciale, sur un fond uni de taffetas, de satin, de gros de Naples, pour former des dessins liés en réalité avec le fond, mais qui paraissent à première vue comme rapportés. Le brochage, que M. Littré appelle *brochure*, a remplacé les applications ou les broderies faites à la main sur les riches étoffes, avant les perfectionnements de l'art du tissage.

Le brocart, comme on l'a dit dans un article précédent, est une étoffe *brochée* d'or et d'argent sur fond de soie, brochée de soie, d'or et d'argent, brochée d'or sur fond d'argent, ou d'or sur or; les dessins obtenus à l'aide du brochage forment de larges fleurs, des feuillages ou des arabesques.

II. BROCHAGE. T. techn. Travail de librairie par lequel on assemble, plie, coud et recouvre d'un papier uni ou portant le titre de l'ouvrage, les feuilles qui doivent former un livre.

La première opération a pour but d'enlever au papier sortant des presses l'humidité qui lui a été donnée par le *trempage* avant le *tirage*; elle consiste dans l'*étendage* sur cordes des feuilles à brocher; on procède ensuite à l'*assemblage* de la manière suivante: les feuilles sont placées en *tas* sur une longue table. Chaque *tas* ou *forme* renferme un nombre déterminé d'une même feuille imprimée. Les formes sont rangées par ordre de *signature* (lettre ou chiffre placé en bas de la première page de chaque feuille). On prend successivement une feuille sur chacune des formes et l'on constitue ainsi un *cahier*, c'est-à-dire ce que doit contenir un volume.

On forme ensuite des *piles* en superposant plusieurs cahiers. Toutes les feuilles d'un cahier sont reprises et pliées suivant le format de l'ouvrage. On a ainsi de nouveaux tas appelés *parties*.

C'est alors que l'on procède au brochage proprement dit. Le brocheur prend la première feuille, la renverse sur la *garde* ou feuille sur laquelle la couverture doit être collée. Il replie le bord de la garde le long du petit cahier que forme la feuille, en évitant de couvrir totalement la marge. L'ouvrier enfile une aiguille courbe appelée *broche*, perce la feuille par dehors au tiers de sa longueur, tire le fil en dedans en laissant dépasser une longueur variable avec le format de l'ouvrage, mais d'environ 5 centimètres en moyenne. Il perce de nouveau vers le milieu de la longueur et tire le fil en dehors. La deuxième feuille est ensuite posée sur la première et percée du dehors au dedans à la hauteur où la broche est sortie de la première feuille. Le brocheur tend le fil et le noue avec le bout qu'on a laissé passer. On opère pour la troisième feuille comme pour les deux autres, et on a soin de ne coudre la quatrième feuille que lorsqu'on a passé l'aiguille entre le point reliant la première feuille et la deuxième. Cet entrelacement destiné à donner de la solidité à l'ouvrage prend le nom de *chaînette*. La dernière feuille est recouverte d'une garde placée en sens inverse de la première. On arrête le fil par un nœud. On étend une couche de colle sur le dos du volume et sur le milieu de la couverture assez largement pour que les gardes se trouvent collées. On fait sécher à l'air libre; s'il y a lieu, on ébarbe avec les ciseaux les bords qui dépassent. Si le livre doit être satiné, on doit d'abord procéder au *satinage* de chaque feuille.

I. BROCHE. *T. de filat.* Organe des métiers à filer dont la fonction est de donner la torsion au fil. Cet organe (fig. 604) est composé de plusieurs parties indispensables au travail; A, la broche,

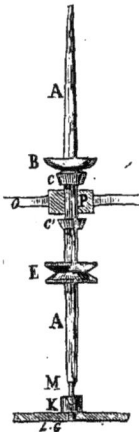

Fig. 604. — *Broche de métier à filer.*

A Broche. — *B* Esquive. — c c' Collets. — *E* Noix. — *M* Pied de broche. *K* Crapaudine. — *O* Plate-bande des collets. — *P* Petit coussinet en bronze.

proprement dite, a une forme conique, arrondie à la pointe; elle est en acier. La pointe de la broche doit toujours être parfaitement lisse et polie; au travail, il se forme par l'usure une rayure en spirale que l'on appelle *amaçon*, il faut effacer cette rayure, sans quoi le fil, à la rotation de la broche, s'enferme dedans et se coupe; B est une esquive plate, en bois, qui doit être libre sur la broche; elle a pour fonction de recevoir les fils destinés, par l'envidage, à former le pied de la bobine et d'empêcher ces fils de descendre au-dessous. Cette esquive est appuyée sur le collet c, en bronze, posé à serrage dur sur la broche; c' est un autre collet également en bronze, placé au-dessous de la plate-bande des collets dans laquelle sont incrustées des encoches en cuivre, servant de coussinet à la broche. La fonction du collet c' est d'empêcher qu'au travail la vitesse de rotation de la broche ne fasse sortir son pied de la crapaudine. E est une noix à gorge, en fonte passée à chaud sur la broche et destinée à communiquer à cet organe l'impulsion qui lui est transmise

par une corde à broches qui, à cet effet, se développe autour de la noix et du cylindre en fer blanc, du métier à filer (V. MULL JENNY), servant de moteur aux broches. Le pied M de la broche est supporté par une crapaudine en bronze vissée dans une plate-bande en fer fixée sur le *banc à broches* — V. ce mot.

C'est sur la broche que s'envide le fil confectionné qui, dirigé et conduit par l'envidoir et le faux envidoir, s'enroule autour d'elle une fois la torsion donnée pour en former une bobine ou fusée.

On évalue l'importance d'une filature d'après le nombre de broches qu'elle contient.

II. BROCHE. *T. de bijout. et de joail.* Bijou muni d'une longue épingle, dont la nature et la forme varient à l'infini et qui, dans la toilette des femmes, tient lieu *d'agrafe* pour attacher un châle, un fichu, etc. D'abord simple et sans art, l'agrafe ne fut employée que comme un accessoire obligé de la toilette; mais plus tard l'agrafe primitive se modifia et devint un objet de parure indispensable.

— Les anciens donnaient la dénomination de *fibule* (*fibula*) à toute espèce d'agrafe employée pour attacher les vêtements des deux sexes. Quoique de simples boucles destinées à fixer des ceintures, des ceinturons, des courroies, etc., ainsi que les fermoirs ouvragés en or et en argent donnés en récompense aux soldats ou accordés à des personnes de distinction, portassent également le même nom, comme on le voit dans Sidoine Apollinaire, Calpurnius et Virgile, les fibules désignaient le plus ordinairement des espèces de *broches* en métaux précieux et en pierre de prix enchassées dans l'or.

Ces dernières se composaient d'une épingle plus ou moins longue, fixée par une charnière à une pièce de forme et de grandeur variables, comme nos broches. Seulement, par une précaution délicate, l'épingle proprement dite (*acus*), une fois passée au vêtement, s'engageait dans une sorte d'étui, qui mettait à l'abri de toute piqûre. On s'en servait d'habitude, chez les hommes, pour attacher les draperies amples sous la gorge ou sur le haut de l'épaule. Dans la toilette féminine, les fibules, quoique généralement plus petites, n'en jouaient pas moins un rôle très important. Elles étaient employées pour fixer sur la poitrine les extrémités d'un long voile, surtout pour retenir sur chaque épaule le bord supérieur du *peplum* ou de la *palla* dont les plis, soigneusement arrangés, faisaient l'objet d'une étude particulière.

Le plus ancien des poètes grecs, Homère, fait souvent mention des agrafes ou broches. Ainsi, au dix-neuvième chant de l'*Odysée*, lorsque Pénélope demande à Ulysse, caché sous le costume d'un mendiant, quels vêtements formaient la parure de son époux sous les murs de Troie, « le divin Ulysse, répond-il, portait un double manteau de laine pourpre, *et une agrafe d'or, formée par deux tuyaux dont l'extérieur était merveilleusement orné.* »

Quoi qu'il en soit, les fibules grecques, dont la forme et la grandeur variaient beaucoup, comme on le voit par les vases peints et les sculptures, étaient le plus souvent des broches rondes ou ovales (V. BIJOUTERIE, fig. 395). Les Etrusques, et après eux les Romains, adoptèrent de préférence un autre type, usité aussi, mais plus rarement, chez les Hellènes, et dans lequel le bijou, recevant la forme d'un arc renflé vers le milieu, pouvait plus facilement enfermer les plis d'une étoffe ramassée. Quelquefois ces ornements étaient en forme de fleur à trois ou quatre pétales, et on les enrichissait de perles ou de pierreries.

Des Romains, les fibules passèrent aux peuples barbares. « Les nobles francs, appelés *clarissimes*, lit-on dans une lettre de saint Loup à Sidoine Apollinaire, portent un manteau blanc rayé de pourpre, qui s'attache sur l'épaule droite avec une fibule, comme la chlamyde athénienne. » Si l'on en croit Grégoire de Tours, Frédégonde donna en dot à sa fille Rigonde, cinquante chariots d'or, d'argent et d'ajustements somptueux, au nombre desquels figuraient des fibules et toutes sortes de bijoux. Enfin, on lit dans la *Vie de sainte Radegonde*, par Venance Fortunat, que cette célèbre sainte, avant de quitter le monde, se parait de ceintures, d'agrafes et de vêtements étincelants d'or et de gemmes.

Sous les rois Carlovingiens, le luxe des fibules s'accrut de plus en plus. Le poète anonyme qui a rédigé la *Vie de Charlemagne et du pape Léon*, décrivant une partie de chasse à laquelle assistait la famille impériale, nous montre la princesse Rhodrude enveloppée d'un manteau

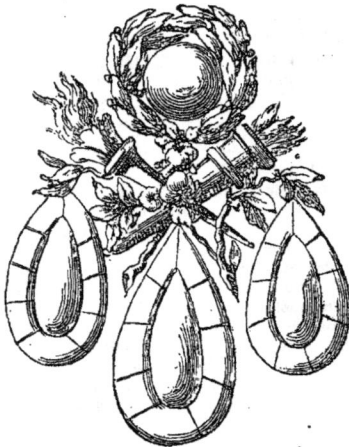

Fig. 605. — *Broche moderne.*

que retient une agrafe d'or enrichie de pierres précieuses. Rhodoïde vient ensuite, montée sur un cheval superbe. Une broche d'or, décorée de pierreries, ferme sa chlamyde de soie.

A partir du XIIIe siècle, les agrafes, destinées à réunir les deux parties du vêtement sur la poitrine des femmes, changèrent leur nom de *fibules* pour celui de *fermaux* : un *fermail d'or*, un *fermail d'argent*, lit-on dans les écrits contemporains. Le chroniqueur Froissart (1380) montre que de son temps, les agrafes étaient excessivement ornées. « Et si eust pour prix un fermail à pierres précieuses, que Mme de Bourgongne prit en sa poitrine.» Le Musée du Louvre possède un bijou semblable d'argent doré, de cette époque, en forme de losange. Une fleur dorée, enrichie d'améthystes, d'émeraudes et de grenats montés en relief, se découpe sur un fond d'émail bleu noir, semé de fleurs de lis de très petites proportions ; des ciselures forment sur les bords un encadrement enrichi d'une ligne de petits grenats auxquels sont mêlés deux saphirs.

La vogue des agrafes précieuses augmenta encore par la suite. Un passage du poète Martial de Paris (1470), en fait foi :

> *Dessus si avoient leurs manteaux*
> *Fermans à moult riches fermaux.*

C'est alors que l'agrafe, décorée d'emblêmes politiques ou religieux, prit la dénomination d'*affiche* :

> *Sur quoi l'on met un affichail*
> *Qui autrement est dit fermail,*

remarque Guillaume de Guigneville (1330).

Si maintenant nous passons aux joyaux que portaient les dames de la cour de François Ier, il ne sera pas hors de propos de citer le délicieux bijou que possède M. Manheim. C'est une agrafe, ou, comme nous dirions aujourd'hui, une broche représentant un lévrier couché sur un coussin. Le charmant animal est couvert d'un bel émail d'un blanc pur; le coussin est coloré en vert; divers accessoires, également émaillés, ajoutent à ces deux tons leurs colorations harmonieuses et vives.

Le XVIIe siècle couvrit les broches de ciselures, d'émaux et les chargea de perles et de diamants (V. BIJOUTERIE, fig. 399). Au siècle suivant, les broches devinrent encore plus massives, plus lourdes, et on les enrichit de portraits peints en miniature (V. BIJOUTERIE, fig. 401). Enfin, après avoir été abandonnées sous la Révolution, les broches reparurent avec le premier Empire, qui les orna de camées. Aujourd'hui, comme par le passé, les broches sont des bijoux quelquefois très riches dont les femmes se servent pour attacher les châles ou les cols et qu'elles mettent pour ornement au haut du corsage des robes (fig. 605). — S. B.

III. BROCHE. 1° *T. de mécan.* La broche est une tige cylindrique, plutôt en acier qu'en fer, servant à chasser une pièce ou un morceau de pièce engagée dans un trou. Passée dans les œils d'une chape, elle peut servir à soulever ou à entraîner une pièce lourde quelconque ‖ 2° Ustensile de cuisine connu de tout le monde, que l'on passe à travers les viandes pour les faire rôtir.

— A la fin du XVe siècle et au XVIe siècle, les broches et brochettes des rois et des grands étaient en argent.

‖ 3° Verges en fer ou en bois, plus ou moins longues et grosses, employées isolément ou adaptées à divers outils et à divers métiers et dont la fonction est de traverser ou de soutenir d'autres parties. ‖ 4° Sorte d'aiguille de fer dont on se sert pour former les mailles du tricot, pour faire le ruban, le brocart et autres étoffes. ‖ 5° Petit instrument qui sert de navette dans les métiers de hautelisse, pour la fabrication de certaines étoffes. On dit aussi *flûte*. ‖ 6° *T. d'impr.* Banc de fer auquel est attachée dans les presses à bras, la manivelle qui fait rouler le train de la presse. ‖ 7° Pivot de fer traversant la verge de la balance romaine. ‖ 8° *T. de cir.* Petits morceaux de bois polis et pointus avec lesquels on perce les gros bouts des cierges afin de les ajuster sur les fiches des chandeliers. ‖ 9° Outil de cordonnier pour mettre les clous au talon de la chaussure. ‖ 10° *T. de serrur.* Tige de fer fixée dans une serrure à clef forée. ‖ 11° Sorte d'aiguille en usage dans divers métiers. ‖ 12° *T. de charr.* Tenon du rai qui entre dans la mortaise de la jante. La broche ne se fait qu'après l'enraiement de la roue et une fois dans la jante, on la fend et on la coince pour l'empêcher de sortir facilement.

BROCHÉ. *T. de manuf.* Procédé de tissage au moyen duquel on obtient des effets façonnés, détachés les uns des autres ; on donne aussi ce nom à l'étoffe elle-même, tissée d'après ce procédé. ‖ *Broché crocheté*, genre de broché dans lequel la trame de chaque espolin se croise avec celle de l'espolin qui l'avoisine, c'est-à-dire dans lequel toutes les boucles de trame qui terminent un effet sont, à droite et à gauche, crochetées avec les boucles des trames qui forme.xt l'effet contigu ; *broché simple*, celui dans lequel le croisement des trames n'a pas lieu ; *petit broché*, broché qui a spécialement pour objet de former des effets de petites dimensions, tels que les pois, les grains d'orge, etc.; *broché lancé*, combinaison du broché et du lancé; *broché damassé*, broché exécuté sur un fond damassé. (Larousse).

BROCHER. 1° *T. de manuf.* Passer de l'or, de l'argent, de la soie dans un tissu pour y figurer des dessins. || 2° *T. de couvr.* Mettre les tuiles sur des lattes entre les chevrons. || 3° *T. de rel. et de libr.* Action d'assembler, de plier et de coudre les feuilles d'un ouvrage pour en former un volume. — V. BROCHAGE. || 4° *T. de parch.* Action de tendre les peaux sur la herse au moyen de chevilles ou brochettes.

*BROCHETTE. 1° *T. de parch.* Nom des chevilles destinées à tendre les peaux sur la herse, afin de procéder à l'écharnage, au séchage, etc. du parchemin. || 2° *T. de filat.* Petite broche en bois ayant la forme de deux cônes réunis par leurs bases, et qui sert à enfiler la fusée pour pratiquer les opérations du bobinage et du dévidage. || 3° *T. d'impr.* Petite fiche qui tient la frisquette accolée au tympan de la presse. || 4° *Colle de brochette* Colle employée par les papetiers, sculpteurs, doreurs, etc. Elle se fait au moyen des déchets ou résidus du parchemin : 1° les *bordures*, c'est-à-dire les parties de la peau qui restent sur la herse quand on a coupé le parchemin ; 2° les *ratures* ou *cosses* qu'on enlève de dessus le parchemin avec le fer à raturer. Pour la colle de première qualité on ôte la queue, les oreilles, les pattes et les parties charnues.

BROCHEUR, EUSE. Celui, celle qui broche les livres. || Ouvrier, ouvrière qui broche des étoffes.

BROCHURE. 1° Figures ou ornements qu'on ajoute au fond d'une étoffe. || 2° Ouvrage ne contenant qu'un petit nombre de feuilles. || 3° *T. de libr.* Ensemble des opérations du brochage, elles comprennent l'*étendage*, le *satinage*, le *pliage*, l'*assemblage*, l'*encartage*, la *couture* ou la *piqûre*, l'*encollage*, l'*ébarbure* et la *rognure*. — V. BROCHAGE.

BRODEQUIN. Sorte de chaussure lacée sur le cou-de-pied. — V. CHAUSSURE.

— Cette chaussure, qui nous vient des anciens, différait du *cothurne* en ce que celui-ci était chaussé par les acteurs tragiques, tandis que le brodequin était réservé aux acteurs comiques.

BRODERIE. L'art de la broderie, presque aussi ancien que l'industrie du tissage des étoffes, avec laquelle il est souvent confondu dans les descriptions et les récits des historiens et des poètes, est, sans doute, le premier, par la date de sa mise en œuvre, de tous les arts plastiques.

— Les fables et les traditions des Grecs, des Lydiens, des Hébreux exaltent l'habileté des brodeuses célèbres des âges héroïques, et l'incroyable perfection de leurs œuvres.

Les Hébreux attribuaient l'invention de la broderie à Noëma, fille de Noé; mais qu'elle qu'en fût l'origine, cette industrie se perfectionna rapidement et ne cessa pas d'être pratiquée chez les Israélites, si l'on en juge par les passages de l'*Exode* où Moïse, parlant des voiles du Tabernacle, ordonne à son peuple de les faire de fin lin retors, d'hyacinthe, d'écarlate et de cramoisi, parsemés d'ouvrages de broderies, ornés de fils d'or et de pierreries.

D'après Aristote et Pline, Pamphile, fille d'Apollon, personnage assez obscur de la mythologie gréco-romaine, aurait, la première, enseigné aux femmes grecques l'art de la broderie.

Pline attribua aux Phrygiens l'invention de la broderie, les Latins, en effet, désignaient sous le nom de *phrygiœ* les étoffes brodées.

La muette Philomèle, de la Tour où Térée l'a renfermée après lui avoir fait violence, envoie à sa sœur un voile, ouvrage de ses mains, sur lequel est brodé le récit de ses malheurs.

Hélène, pendant le siège de Troie, s'il faut en croire Homère, brodait sur un voile de pourpre l'image des combats que les Grecs soutenaient pour elle. Non loin de la trop belle épouse de Ménélas, Andromaque, retirée dans son palais, couvrait d'ornements semblables, c'est-à-dire de broderies, un ample vêtement de même couleur.

La persévérance, la constance et l'ingénieuse tromperie de Pénélope, brodant pendant le jour et défilant pendant la nuit le travail de la veille, sont restées célèbres.

La lutte de Minerve et d'Arachné, rajeunie par Ovide, était une des plus anciennes traditions de la Grèce. Elle avait probablement son origine dans la rivalité industrielle des deux peuples, les Lydiens et les Grecs.

Les tissus formaient dès l'origine une des branches les plus importantes de l'industrie des Athéniens; mais les tissus brodés de l'Orient, de l'Asie-Mineure en particulier, étaient supérieurs à ceux de l'Attique; on les recherchait sur tous les marchés grecs, et ils passaient pour inimitables.

Aussi, quoique la fable, qui met en présence l'Athénienne Minerve et la Lydienne Arachné, ait une origine grecque incontestable, la fille mythique du teinturier colophonien est-elle facilement victorieuse de la déesse protectrice de la cité de Cécrops, de celle que les Athéniens, chez lesquels le travail était particulièrement honoré, appelaient quelquefois « Athéné l'ouvrière. »

Un passage du *Traité des récits merveilleux*, attribué à Aristote, cité par M. A. Castel, dans son *livre sur les Tapisseries*, donne une description détaillée, des plus curieuses et qui paraît écrite par un témoin oculaire, d'une pièce de tapisserie tissée et brodée pour un riche habitant de Sybaris :

« On fit pour Alcysthène, dit le narrateur, une pièce d'étoffe d'une telle magnificence qu'on la jugea digne d'être exposée dans le temple de Junon Lucinienne, où se rend toute l'Italie, et qu'elle y fut admirée plus que tous les autres objets. Cette pièce d'étoffe passa, dans la suite, aux mains de Denis l'Ancien, qui la vendit aux Carthaginois pour 120 talents (660,000 francs de notre monnaie). Elle était de couleur pourpre, formait un carré de 15 coudées de côté (environ 3 mètres), et était ornée, en haut et en bas, de figures œuvrées dans le tissu. Le haut représentait les animaux sacrés des Susiens, le bas ceux des Perses ; au milieu étaient Jupiter, Junon, Thémis, Minerve, Apollon et Vénus ; aux deux extrémités, Alcysthène, de Sybaris, était deux fois reproduit. »

On voit que la broderie occupe dans les fables et les récits légendaires de l'antiquité une place importante. Elle reste non moins importante pendant les âges historiques; mais s'il est difficile de distinguer entre eux, dans les récits anciens, le tissage de l'étoffe et la broderie, de même, la broderie et la tapisserie ont été de tout temps confondues, et cette confusion s'est continuée jusqu'à nos jours.

Il semble cependant qu'une distinction pourrait être faite :

Le tissage de l'étoffe remonte à la plus haute antiquité. Les procédés étaient d'abord, sans doute, des plus simples. Quelques fils de chaîne furent rattachés verticalement et grossièrement à deux pièces de bois placées l'une au-dessus de l'autre, et, pour relier les fils entre eux, l'ouvrier passait horizontalement un fuseau ou une navette entre les fils. De cet agencement primitif, est né le métier à haute-lisse, tel à peu près qu'il existe de nos jours à la fabrique des Gobelins ; tel aussi qu'on le retrouve gravé sur les hypogées de Beni-Hassan, dans l'Heptanomide ou Moyenne Egypte ; le même dont se servent encore les ouvriers de Cachemire et de Bagdad.

Mais ce métier ne donna d'abord qu'une étoffe unie, une sorte de canevas ; et comme l'a dit avec raison, M. Achille Jubinal, dans ses *Recherches sur l'origine et l'usage des tapisseries*, c'est sur le canevas que furent tracées, à la main et à l'aiguille, les premières broderies à l'aide de la laine, de la soie, des fils d'or, et plus rarement de l'argent.

Ainsi donc, suivant l'époque à laquelle il se rapporte, le mot *broderie* a une signification très variable ; il semble, par exemple, que l'on pourrait définir la tapisserie, au moins pour les temps anciens, en disant que le dessin est ouvré en même temps que le fond, ne formant avec lui qu'un seul tissu ; tandis que la broderie est une application faite à l'aiguille, sur une étoffe déjà tissée, de fils de coton, de laine, de soie, d'or et d'argent, et même de pierreries, destinés à orner le fond uni de l'étoffe.

La célèbre tapisserie de Bayeux n'est elle-même qu'une immense broderie. — V. BAYEUX.

— En France, il est presque certain que ce fut la ville de Lyon qui, la première, eut le monopole de la fabrica-

Fig. 606. —. *Parement d'autel brodé en argent sur étoffe noire, représentant le convoi d'un religieux de l'abbaye de Saint-Victor (XVᵉ siècle).*

tion de la broderie. Cette industrie devait même avoir chez nous une certaine importance, puisqu'il existait alors, à ce que rapporte Duhamel du Monceau, une confrérie de « brodeurs, découpeurs, égratigneurs, chasubliers, » sous l'invocation de saint Clair.

Longtemps la broderie blanche n'exista pas en France, on ne la faisait qu'avec des fils d'or, d'argent, de soie, de laine ou de lin, et on ne l'employait que pour les ornements d'église, les étendards, les uniformes, les meubles, etc. Le moyen âge, dans sa foi ardente, décorait ses églises et ses cathédrales de toutes les magnificences ; il y employa l'or, les pierreries, les somptueuses étoffes, les riches broderies d'or et d'argent que ses artisans excellaient à exécuter ; la broderie que nous représentons figure 606, révèle un sentiment artistique et une délicatesse d'exécution qui attestent la perfection qu'ils obtenaient à cette époque. A un certain moment, le goût des parures en broderie devint tel, qu'il fallut des édits spéciaux pour en interdire le port ou en réglementer l'usage, particulièrement sous Louis X, qui édicta à ce sujet une loi spéciale les classant comme des produits uniquement destinés aux princes de sang royal, il en fut de même sous Louis XIII et sous Louis XIV qui firent plusieurs édits de même nature.

Ce fut sous Louis XV que cette industrie prit le plus

d'essor. On citait alors, comme les plus remarquables, les broderies de Marseille sur batiste et mousseline, les broderies en chaînette de Vendôme, les broderies de soie, d'or ou d'argent de Lyon. Ce ne fut qu'en 1785 que la ville de Saint-Quentin commença à broder en blanc sur mousseline et tarlatane, et importa ainsi en France la broderie blanche dont, jusque-là, la Saxe avait seule le monopole.

Longtemps le centre de fabrication le plus considérable se maintint à Nancy, mais la broderie en disparut complètement vers 1801. On cite encore, parmi les principales villes qui à cette époque s'occupaient de cette industrie, Saint-Nicolas (Meurthe), pour ses filets brodés, destinés à garnir les ornements d'église, et Ligny (Meuse), pour ses manchettes brodées sur étoffes de fil et de coton. Ce fut seulement quelques années plus tard que Nancy reprit son ancienne prépondérance dans cette fabrication. En 1830, elle était encore regardée comme la principale productrice de cet article.

A cette époque, la broderie se faisait sur une sorte de métier qui ressemblait beaucoup à celui dont les dames se servent pour faire de la tapisserie. Ce mode d'agir n'était pas très expéditif. Aussi, en 1831, époque où il faut constater une demande excessive par la consommation courante, le métier fut abandonné et on adopta la méthode *plus rapide de la broderie à la main.* Cette industrie s'était répandue à Lyon qui brode encore actuellement sur soie et sur tulle; à Paris, où elle constitue une branche fort importante de l'article dit de Paris pour porte-cigares, bourses, sacs, bretelles, etc.; à Tarare, pour la broderie au crochet, et dans les Vosges, pour les broderies au crochet et au plumetis.

La fabrication française ne pouvait alors suffire à la consommation, et cette insuffisance de production donna l'idée à la Suisse, qui jusque-là ne s'était guère occupée que de la production d'articles d'ameublement brodés au crochet et au passé, de fabriquer de la broderie fine au plumetis. Cette industrie s'établit principalement dans le canton d'Appenzell, où l'on adopta immédiatement le métier délaissé en France. Une main-d'œuvre meilleur marché leur facilita la production d'articles à des prix très avantageux. La Suisse vendit ses broderies jusqu'à Paris. On peut ajouter que c'est grâce à cette dernière ville, qu'elle put maintenir la renommée qu'elle s'était acquise, car un grand nombre de fabricants parisiens envoyèrent à l'étranger les dessins des broderies qu'ils vendaient ensuite sur le marché français.

Cependant, comme la broderie étrangère était prohibée chez nous, les fabricants français, qui s'aperçurent de la fraude du commerce parisien, firent entendre leurs réclamations. On redoubla de surveillance, les commerçants de Paris s'en plaignirent, mais il se créa à Saint-Gall une ligue contre la douane, dite *ligue des passeurs,* qui, moyennant une prime de 5 à 10 0/0, se chargeaient d'introduire en France les broderies suisses. La situation n'était donc pas changée.

Ce fut alors qu'un certain nombre de personnes tentèrent de réintégrer en France le métier à broder. On peut citer entre autres, Mᵐᵉ Chancerel, qui établit à Chamberg, dans les Vosges, une manufacture spéciale dans laquelle elle donnait à de jeunes paysannes l'instruction et l'éducation nécessaires, les logeait et les nourrissait, sous condition expresse qu'elles apprissent à broder au métier. *Les broderies de Chamberg* firent en peu de temps une concurrence sérieuse aux broderies suisses et furent bientôt plus recherchées que ces dernières.

Dès ce moment, les Vosges acquirent une importance exceptionnelle dans la fabrication de la broderie, et cette importance fut encore augmentée par l'initiative d'un grand nombre de maisons de Paris et de Nancy se mirent en rapport avec des entrepreneurs pour propager la broderie au métier, dans les villages des Vosges, limitrophes de la Franche Comté. Paris, de son côté, grâce au commerce de la confection, attira chez lui toute la broderie fine; une enquête faite, en 1848, sur les industries de Paris par la chambre de commerce de cette ville, constatait qu'il y avait à cette époque 93 dessinateurs-patrons occupant 258 ouvriers et produisant 588,246 francs de dessins à broder.

Broderies françaises.

On fabrique généralement en France trois sortes de broderies :

1º La broderie de toilette ou broderie blanche, comprenant l'ameublement et les rideaux;

2º La broderie or et argent pour costumes religieux, civils ou militaires, emblèmes, étoffes d'ameublement;

3º La broderie en laine et soie sur canevas ou tapisserie à l'aiguille.

Le premier genre peut se faire sur tulle de coton ou sur tulle au passé, au plumetis, au crochet, etc. C'est la seule partie de la broderie qui ait été jusqu'ici exécutée par les machines.

Dans la broderie or et argent, la valeur de la main-d'œuvre et l'emploi des matières précieuses représente 65 0/0 du prix de revient et peut s'élever jusqu'à 80 0/0 et au delà.

Actuellement, en France, c'est la broderie blanche qui a le plus d'importance. On estime qu'elle emploie plus de 200,000 ouvrières, dont le salaire varie de 60 centimes à 3 francs par jour. A ce nombre d'ouvrières, il faut encore ajouter celui des dessinateurs chargés de la composition et de la préparation des dessins.

Les principaux centres de production sont Tarare et Saint-Quentin. Les autres genres de broderies se fabriquent surtout à Paris et à Lyon.

Broderies suisses.

Longtemps la Suisse n'a fabriqué que des broderies au crochet et à longs points pour grands morceaux, tels que rideaux, robes et objets d'ameublement. Ce n'est qu'en 1830, qu'elle s'est occupée de la broderie fine au métier. A l'Exposition de 1867, elle était la seule nation qui eût exposé des broderies mécaniques sur le métier inventé par Heilmann, de Mulhouse. La France, qui se sert actuellement de ce métier, ne l'a adopté que bien tard après elle, et après lui avoir laissé le temps de l'étudier, de le perfectionner et d'en obtenir une production triple de celle qui lui avait été assignée tout d'abord par son inventeur.

Aujourd'hui, on peut estimer qu'il y a en Suisse près de 25,000 ouvriers et brodeuses, qui s'occupent de la fabrication du rideau, et 4,500 ouvrières pour la broderie fine à la main. Si l'on ajoute à tout cela les ouvriers mécaniciens, les menuisiers pour caisses d'emballage, les agents du commerce intérieur et extérieur, on arrive rapidement au chiffre de 50,000 travailleurs vivant aisément de cette industrie. Les rideaux d'Appenzell et les broderies de Saint-Gall et de Thurgovie sont aujourd'hui connus partout et s'exportent principalement en Amérique.

D'après un récent rapport de M. J. Kindt, inspecteur général de l'industrie belge, la broderie de Saint-Gall peut se diviser aujourd'hui en trois branches distinctes :

1º La fabrication du rideau, qui se fait encore généralement à la main ou au métier Jacquard. Le centre de cette industrie est à Appenzell. Les ouvrières sont disséminées sur presque tout le littoral du lac de Constance, c'est-à-dire qu'il y en a dans le Tyrol, en Bavière, dans le Wurtemberg, dans le grand duché de Bade, dans les cantons de Saint-Gall et de Thurgovie. Elles travaillent à domicile et rapportent à Appenzell et à Saint-Gall les rideaux en écru qui sont blanchis et apprêtés dans les établissements spéciaux de ces deux cantons. La machine à coudre joue un rôle très important dans la fabrication du rideau et du store.

2º La broderie fine sur linon ou batiste, qui continue à se fabriquer par la méthode ordinaire, au tambour où le tissu est tendu par une courroie. L'ouvrière, munie de son aiguille à deux pointes, brode en suivant le dessin imprimé sur l'étoffe. C'est encore la France, et surtout Nancy, qui fait concurrence à la Suisse pour les articles de luxe.

3º Vient enfin la broderie à la mécanique sur jaconas et mousseline. Cette broderie mécanique qui imite très exactement la broderie à la main, a pris un immense développement. Nous voyons partout ces bandes de broderie de 1 franc et même de 50 centimes le mètre jusqu'à 15 et 20 francs. La netteté du point, la diversité des à-jours, le dessin gracieux des contours sont tels qu'il est difficile d'imaginer que le travail mécanique puisse réaliser tant de grâce et de finesse.

Broderies anglaises.

Bien que ce soit principalement Glascow et Belfast, c'est-à-dire l'Ecosse et l'Irlande qui, dans la Grande-Bretagne, fabriquent la broderie, celle-ci n'en est pas moins toujours désignée sous le nom de broderie anglaise, parce que le commerce s'en fait principalement à Londres. C'est vers 1770 que cette fabrication a commencé en Ecosse et dix ans plus tard en Irlande. Maubry affirme, qu'en 1801, il y avait déjà dix à douze maisons de commerce s'occupant de broderies à Glascow et cinq ou six à Belfast. En 1852, ce commerce s'était surtout étendu dans le sud et dans l'ouest de l'Ecosse et dans plus de la moitié des comtés de l'Irlande; il donnait de l'occupation à 250,000 femmes.

Broderies orientales. Les broderies orientales ont un cachet tout particulier qui ne permet pas de les confondre avec les broderies d'Europe. Généralement, elles sont très riches, mais rarement elles sont belles. On connaît, par exemple, les crêpes brodés de la Chine, représentant toujours les éternelles rivières, oiseaux et pagodes, que nous retrouvons dans tout ce qui touche à ce pays, le tout arrangé sans goût ni sans la moindre idée de ce que peut être la perspective; tout cela est original et peut figurer avec succès dans le cabinet d'un amateur de curiosités, mais on n'y retrouve guère la distinction véritable et le cachet des pays d'Europe. Parfois, dans certains velours brodés d'or, employés dans l'Inde, pour dais de parade et parasols, housses d'éléphants et de chevaux, on retrouve quelque goût, mais tout cela est encore d'origine européenne. Autrefois, les Portugais avaient pour habitude d'envoyer broder leurs satins aux Indes, par des indigènes, d'après des dessins européens, et il en est resté quelque chose : quelques-uns de ces somptueux ornements en forme d'arabesques, que l'on voit quelquefois en Europe, dénoncent clairement leur origine du XVIᵉ siècle.

De nos jours, les broderies trouvent leur emploi dans les étoffes pour ameublement, les rideaux, les tentures, les revêtements des meubles, et dans certaines parties des vêtements des femmes.

Les uniformes militaires, les drapeaux, les bannières des sociétés musicales ou autres, celles des confréries religieuses, les ornements sacerdotaux et ceux des églises catholiques, les décors et les décorations franc-maçonniques, sont également brodés d'or, d'argent, de soie ou de laine.

Les broderies prennent les noms des matières employées à leur confection; ainsi, l'on dit : *broderie de laine, de soie, de chenille, d'or, d'argent, de coton.*

Les noms de *broderie au crochet, au tambour, au métier, à l'aiguille,* sont empruntés aux outils ou ustensiles qui servent à cette fabrication. La broderie à l'aiguille est la plus chère et la plus recherchée. De tous les genres de broderies, le plus répandu est la broderie blanche, qui comprend : la *broderie de feston,* la *broderie en reprise,* la *broderie au plumetis* et la *broderie de dentelle.*

Les divers genres de broderies en couleurs, en or et en argent, sont distingués entre eux par les dénominations de *broderie appliquée,* de *broderie en couchure* ou au *lancé,* de *broderie d'application,* de *broderie au passé,* de *broderie au passé épargné* et de *broderie en guipure.*

Les points de broderie sont au nombre de deux : le *point de passé* et le *point de chaînette.*

« Dès le XIᵉ siècle, dit M. Jacquemart, dans son *Histoire du mobilier,* la comtesse Ghisla employait le point de marque, concurremment à la chaînette et aux points de broderie, pour les pièces de style arabe exécutées pour l'abbaye Saint-Martin du Canigou. »

On place encore au nombre des broderies les ouvrages de tapisserie sur canevas, dont l'usage est si répandu en France, en Allemagne, en Angleterre, qui sont les premières œuvres des jeunes

filles, servent de délassement et d'occupation à la mère de famille, et auxquels les officiers ne dédaignaient pas, autrefois, de consacrer une partie des loisirs de leurs garnisons. Ce genre d'ouvrages rentre mieux dans le travail de la *tapisserie à la main,* aussi y renvoyons-nous le lecteur pour ne nous occuper ici que de la *broderie pour ameublement* et de la *broderie mécanique.* — V. Tapisserie.

Broderie mécanique. Nous n'avons pas ici l'intention d'indiquer comment l'on brode *à la main,* tout le monde l'a vu faire plus ou moins et c'est un travail qu'il n'est pas besoin d'expliquer. La *brodeuse* sur linon ou batiste perce le tissu d'une main, tandis que l'autre, placée sous l'étoffe tendue, reçoit l'aiguille et la repasse à travers le tissu en suivant le tracé du dessin imprimé sur l'étoffe.

Mais il n'en est pas de même de la broderie *mécanique.* Bien des personnes qui ont pu voir broder mécaniquement, peuvent difficilement comprendre, sans explications, le travail du *métier à broder.* Comme il serait trop long d'entrer dans le détail de cette machine complexe, nous nous contenterons d'exposer brièvement les principes sur lesquels repose son fonctionnement.

Dans le métier mécanique, l'étoffe (jaconas ou mousseline) est tendue très régulièrement et maintenue dans une sorte de cadre vertical; les doigts de la brodeuse sont remplacés par des mâchoires ou pinces qui se ferment et s'ouvrent pour tenir l'aiguille à deux pointes, la pousser à travers le tissu et la lâcher au moment précis où les pinces, derrière l'étoffe, saisissent l'aiguille, la tirent hors du tissu et s'éloignent jusqu'à la distance voulue pour que le fil tendu donne au point un relief convenable. Toutes ces pinces ou doigts d'acier, au nombre de 210 à 240, sur deux rangs, sont portées sur un chariot qui avance ou recule pour percer l'étoffe, céder l'aiguille au chariot, tout à fait semblable, qui fait derrière le cadre vertical les mouvements symétriquement opposés. Donc, au même instant, 200 aiguilles percent l'étoffe; les mouvements alternatifs des deux chariots tirent les aiguilles, les ramènent, les cèdent aux doigts d'acier, qui se sont rapprochés de l'autre face du tissu pour les recevoir à leur tour, tirer et tendre le fil et effectuer ainsi la broderie.

Les deux chariots, comme dans les *mull-jenny,* n'ont qu'un mouvement de va-et-vient horizontal, de même que les aiguilles que les pinces saisissent et poussent alternativement à travers l'étoffe. Si donc cette étoffe, bien également et uniformément tendue, était complètement immobile, les aiguilles perceraient toujours les mêmes points du tissu et il n'y aurait pas de résultat.

Or, le tissu n'a reçu aucun dessin; mais, par le travail du brodeur, comme nous allons l'expliquer, le cadre porte-tissu fait, pour chaque point, un mouvement composé qui change la place du tissu devant les aiguilles.

L'organe mécanique principal qui permet de broder tous les tissus imaginables, sans changer quoi que ce soit au métier, sans y ajouter ou en

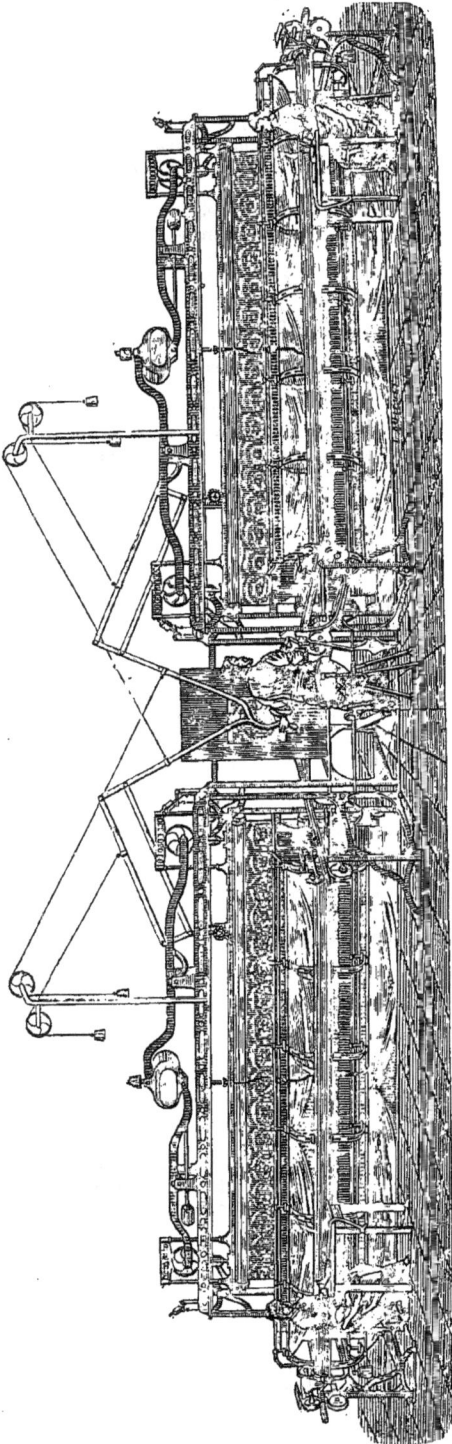

Fig. 607. — Métier à broder mécaniquement.

enlever une cheville, est un *pantographe* suspendu verticalement.

Le cadre qui tient l'étoffe bien tendue au moyen de semples spéciaux est lui-même fixé dans une solide armature en fer, guidée et maintenue dans un plan vertical constant. Cette armature et son cadre peuvent prendre latéralement et de haut en bas tous les mouvements, en se maintenant invariablement dans le même plan; ce sont ces conditions de stabilité et de mouvements d'une parfaite précision qui rendent seules la broderie possible et qui donnent tant de mérite à l'organisation mécanique du métier.

Le cadre, maintenu dans les conditions de mobilité que nous venons de dire, est suspendu au côté résultant du parallélogramme du pantographe.

L'ouvrier brodeur promène sur le dessin qu'il a devant lui la pointe, origine du mouvement semblable du pantographe, de manière que chaque point du tissu à broder fait un mouvement géométriquement semblable à celui de la pointe guidée par les doigts du brodeur. Or, celui-ci ayant devant lui le dessin tracé à une échelle sextuple (c'est la proportion adoptée généralement) sur une feuille de carton, pointe ce dessin comme la brodeuse piquerait le dessin imprimé sur l'étoffe. Il passe d'un point à un autre, et il résulte de la transmission du mouvement du pantographe que le tissu se présente devant les aiguilles, invariablement, de manière que celles-ci le percent et passent le fil aux points successifs qui déterminent la broderie.

L'ouvrier est assis devant son dessin; de la main gauche, il tient la pointe du pantographe dont il pique le dessin; de la main droite, il imprime au chariot porte-aiguilles les mouvements de va-et-vient successifs et, par la pression des pieds posés sur deux pédales, il renverse le mouvement réciproque des deux chariots (fig. 607).

A mesure que le travail avance, que la broderie s'effectue, les fils s'épuisent et, chacune des aiguilles faisant le même point, les fils, tout en diminuant de longueur, restent parfaitement égaux entre eux.

Enfin, arrive le moment où le fil est épuisé; alors l'ouvrier arrête le métier. L'ouvrière enfileuse, qui est son aide indispensable et que l'on voit sur le côté du métier dans la figure 607, a préparé 200 nouvelles aiguilles, qu'elle a garnies toutes d'un même bout de fil. Elle enlève rapidement les aiguilles épuisées et les remplace, dans chaque pince, par une aiguille garnie; cette opération accessoire se fait en quelques minutes.

Lorsqu'il y a une série de points à jours

à broder, l'ouvrier, comme pour la broderie à la main, commence par broder tous les contours; puis, par un mouvement de la machine, il abaisse et amène, en avant des aiguilles, autant de pointes à arêtes aiguës.

Le brodeur pique sur son dessin le centre d'un à-jour; les 200 ronds ou cercles du tissu se présentent devant les pointes; le chariot est mis en mouvement et chaque outil pointu perce et traverse le rond qu'il a devant lui.

Ce perçage se répète à plusieurs reprises, suivant la grandeur des à-jours; les arêtes de la pointe coupent, en même temps, l'étoffe en tous sens, et les lambeaux qui pourraient encore adhérer sont enlevés dans les opérations du blanchiment et de l'apprêt.

Fig. 608. — *Dessin de broderie mécanique.*

Pour nouer les points de la bordure du feston, le chariot de devant porte deux tringles ayant chacune une série de petites platines inclinées en sens inverse; en imprimant à ces tringles un mouvement latéral de va-et-vient, les platines tirent et écartent les fils en sens inverse, de manière que, les aiguilles passant dans l'angle ainsi formé, le fil se trouve noué et le point de bordure est opéré sur la face antérieure de la broderie.

Le temps nécessaire pour terminer les deux bandes varie naturellement selon la grandeur, la complication et la finesse du dessin.

« La broderie sur mousseline exige plus de précautions que la broderie sur jaconas. Plus la broderie est fine, plus il faut de points pour l'exécuter; il faut, en moyenne, de six à dix heures de travail continu pour achever les deux bandes, c'est-à-dire 7 à 8 mètres de broderie. » (J. KINDT. *La broderie mécanique en Suisse.*)

Si le dessin est toujours fait à six fois sa grandeur d'exécution, ainsi que nous l'avons dit plus haut, c'est afin de rendre plus visible à l'ouvrier les formes du dessin et les points à faire, ainsi

que pour rendre sensible et juste le mouvement du pantographe et par suite celui du cadre qu'il meut.

Nous venons de voir là le travail de l'ouvrier, nous n'avons encore rien dit de celui du dessinateur.

Le *dessinateur*, en effet, n'a pas seulement à songer à faire un dessin de bon goût, son inspiration se heurte à chaque instant à la question du prix de revient. Nous allons expliquer notre pensée.

Chaque aiguille doit effectuer le dessin complet d'une bande ou d'un entre-deux, un *raccord*, comme on dit, c'est-à-dire une succession non interrompue de motifs semblables se raccordant l'un dans l'autre pour former un ensemble dans le sens de la longueur. Dès lors, le nombre de raccords est en raison inverse de la largeur du dessin générateur de la bande ou de l'entre-deux, et il faut d'autant moins d'aiguilles que ce dessin est plus large. Et comme moins il faut d'aiguilles, plus naturellement il y a de main-d'œuvre, il en résulte que plus un dessin dans une broderie est large, plus cette broderie a de prix (fig. 608 et 609). Par conséquent, le dessinateur doit faire en sorte de tourner toutes les difficultés, de façon à rapprocher autant que possible ces deux éléments de la fabrication, et ce n'est pas là une des moindres difficultés du travail qu'il a à faire.

On pourrait se demander, en présence des magnifiques travaux que nous devons à la broderie *mécanique*, si la broderie *à la main* a toujours chance d'exister. Car, bien que le métier soit beaucoup plus lent que la brodeuse à la main, il fait encore beaucoup plus de travail que celle-ci, par la multiplicité des aiguilles qu'il comporte. On compte qu'un métier de 220 à 240 aiguilles équivaut à 20 ou 25 brodeuses.

Nous pouvons l'affirmer, le règne de la broderie à la main n'est pas encore fini. Chacune de ces deux industries produit des articles bien différents l'un de l'autre. La machine conservera la fabrication des rideaux, des étoffes d'ameublement et des objets de grande consommation, tels que bonnets, cols, peignoirs, etc. On fera toujours, au contraire, à la main, tous les produits de grand luxe, les mouchoirs armoriés, les chiffres ornementés, les robes à grands coins, tout ce qui s'applique, en un mot, aux pièces de trousseau. On ne peut même les considérer comme des industries rivales, elles ne se nuisent pas et les progrès de l'une sont un gage certain des progrès de l'autre.

Broderie pour ameublement. La broderie ayant été de tout temps l'une des plus charmantes manifestations du sentiment artistique chez la femme, il était naturel qu'elle l'appliquât à la décoration de l'appartement. Aussi, à toutes les époques, la voyons-nous dans l'ameublement; mais c'est surtout la Renaissance qui en a fait le plus judicieux emploi. Longtemps négligé, cet art a reconquis aujourd'hui la faveur que justifie le gracieux concours qu'il apporte dans la décoration de nos intérieurs. La broderie n'est pas seulement d'un heureux effet pour les tentures murales, les rideaux, les sièges, etc.; elle permet, par son mélange avec les applications d'étoffes, d'obtenir d'agréables combinaisons décoratives. On fait quelquefois, dans les tapisseries genre Gobelins, des parties réservées sur lesquelles la broderie vient ajouter un harmonieux éclat; on n'a pas ainsi l'inconvénient des épaisseurs que produirait la broderie si elle était superposée à la tapisserie.

La broderie pour ameublement prend chaque jour une importance plus grande. Paris et Lyon en font l'objet d'une industrie où le sentiment de l'art se développe au gré de l'imagination des artistes qui y consacrent leur talent. A un point de vue purement social, cet art industriel est digne de tous les encouragements, car il offre à la femme seule ou aux familles qui peuvent s'y consacrer en commun, une occupation morale et rémunératrice ; si, dans les ateliers spéciaux, une ouvrière gagne journellement 5 francs et quelquefois davantage, ce genre de travail apporte l'aisance et le bien être au sein d'une famille qui peut monter des métiers et faire pour le compte des maisons de Paris ou de Lyon, les applications et les broderies sur les étoffes et avec les soies qui leur sont fournies.

Fig. 609. — Dessin de broderie mécanique.

La broderie pour ameublement a fait naître une autre industrie : celle de l'imitation ; ce sont des tissus brochés exécutés de manière à représenter de véritables broderies; cette imitation ne saurait avoir le caractère artistique produit par une main intelligente, mais elle offre néanmoins des effets de décoration agréable et à des prix qui la rendent plus accessible aux intérieurs modestes.

La broderie en tapisserie, employée aussi dans l'ameublement a un autre caractère, elle appartient essentiellement aux travaux du foyer, mais elle exige beaucoup de temps et de patience ; on en fait de larges bandes servant de bordure aux rideaux et aux tentures; on en fait même de grands rideaux en alternant une bande de tapis-

serie et une bande de velours; on rencontre quelquefois des mobiliers complets, chaises, fauteuils, canapés, paravents, rideaux, tapis de pied et tapis de table, garnis et confectionnés en tapisserie de ce genre.

Nous ne parlons que pour mémoire des pantoufles brodées par les petites filles pour les fêtes des grands-parents, pour lesquelles on dépense cependant une quantité relativement considérable de laine.

A Paris et à Lyon, se trouvent le plus grand nombre des brodeuses d'or et d'argent et les ouvrières les plus habiles. La petite ville de Tarare, dans le département du Rhône, est le siège principal de la broderie en blanc.

Cette industrie a été portée à son plus haut point de perfection par nos fabricants français, ainsi que l'attestent les rapports des différentes expositions universelles.

— L'Exposition universelle de 1878 nous a fourni les moyens de constater les progrès réalisés par les industriels français dans la broderie mécanique. Jusqu'à ces dernières années, la Suisse conservait le monopole de cette fabrication, et sa production annuelle s'élevait à 50 millions de francs; il y avait donc pour notre commerce un intérêt capital à lui ravir une grande partie de cette production. Si l'on considère que le sol montagneux de la Suisse oblige les fabricants de ce pays à avoir leurs ateliers disséminés et souvent très éloignés les uns des autres, on comprendra que par la centralisation facile de tous les ateliers d'une même manufacture, nous avons des avantages qui devaient tenter l'esprit et l'intelligence de nos industriels français; quelques-uns et notamment M. Daltroff, à Harly, près de Saint-Quentin ont, depuis 1870, fait de grands efforts pour faire revivre chez nous cette belle industrie; il a fallu, en quelque sorte, tout créer, monter des métiers, former des ouvriers, des dessinateurs et des metteurs en cartes, des blanchisseurs et des apprêteurs, donner enfin à cet article le goût caractéristique de la fabrication française; par les résultats acquis, on peut croire que la broderie mécanique est définitivement installée en France et il faut s'en réjouir, non seulement au point de vue de notre industrie nationale, mais dans l'intérêt des populations des centres de production: c'est un travail qui a l'heureux privilège de pouvoir associer à la même occupation rémunératrice tous les membres d'une même famille.

Bibliographie : Jacquemart : *Histoire du mobilier*; A. Castel : *Les tapisseries*; A. Jubinal : *Recherches sur l'origine et l'usage des tapisseries*; Francisque Michel : *Histoire des tissus de soie au moyen âge*; René Ménard : *La Mythologie*; Alfred Renouard fils : *Les tissus réticulaires à l'Exposition de 1878*; J. Kindt : *Rapport sur la broderie mécanique.*

BRODEUR, EUSE. Celui, celle qui brode. || *Brodeuse mécanique* ou simplement *brodeuse*, machine destinée à produire de la broderie. — V. l'article précédent.

*BRODOIR. *T. techn.* Petite bobine autour de laquelle on enroule la soie à broder. || Métier pour faire le petit galon.

BROIE. *T. techn.* Instrument employé en Normandie pour broyer le lin avant de le teiller.

*BROME. *T. de chim.* Br = 80. Corps simple découvert en 1826, par Balard, dans les eaux mères des marais salants de Montpellier, et d'abord nommé par lui *muride*. C'est Gay-Lussac qui lui assigna le nom qu'il porte actuellement. C'est le seul métalloïde qui soit liquide : il est de couleur rouge-brun, s'il est en certaine quantité, et de teinte hyacinthe s'il se présente en couches minces; son odeur est désagréable (βρωμος, fétide) et irritante; sa saveur est caustique; pour la percevoir il faut opérer une solution très-diluée, car ce corps est dangereux; déposé sur la peau, il en produit l'inflammation et l'ulcère en la colorant en jaune; introduit dans l'économie, il provoque la toux, puis amène des troubles dans la respiration et enfin la mort. A la température ordinaire, il émet des vapeurs rouges irritantes et irrespirables. C'est un poison énergique, même à la dose de quelques gouttes.

La densité du brome est de 2,96 (Balard); soumis à un froid de — 22°, il se solidifie et se prend en masses cristallines à aspect métallique et d'un gris de plomb, il bout à +63° et se volatilise complètement, en répandant des vapeurs dont la densité est de 5,393. Ce point d'ébullition est une anomalie curieuse, car on sait que les liquides bouillent à une température d'autant plus élevée que leur densité est plus grande.

Le brome se dissout dans l'eau (3,22 0/0), à laquelle il communique une couleur jaune rougeâtre, et avec laquelle il forme un hydrate cristallisé à 0°; mais le liquide s'altère à la lumière en donnant lieu à la formation d'acide bromhydrique; il se dissout bien dans l'alcool, l'éther, le sulfure de carbone, le chloroforme, l'hydrogène sulfuré. Il brunit les substances organiques et décolore les matières colorantes, sans les détruire

parfois : ainsi le papier de tournesol, imbibé d'une solution alcoolique de brome, reprend sa couleur primitive lorsqu'on le traite par l'ammoniaque; mais c'est là une exception.

Les propriétés chimiques de ce corps le font placer entre le chlore et l'iode; il s'unit à l'oxygène pour former des composés très instables, et se combine à l'hydrogène pour faire un corps acide; avec les métaux, il donne des bromures. Le chlore le déplace de ses combinaisons; par son affinité pour l'hydrogène, il agit parfois comme corps oxydant; c'est ainsi qu'il transforme l'acide sulfureux, l'acide arsénieux en acides sulfurique et arsénique, en présence de l'eau; tandis que dans d'autres circonstances, il met le corps simple en liberté : ainsi, avec l'hydrogène phosphoré, arsénié, etc., il forme de l'acide bromhydrique en isolant le phosphore ou l'arsenic.

Le brome détruit un grand nombre de composés organiques, comme le sucre, la mannite, la glycérine, etc., qu'il transforme en acides. Il ne bleuit pas l'amidon lorsqu'il est en solution, mais le rend insoluble et le précipite.

État naturel. Le brome n'a encore été trouvé à l'état naturel qu'une seule fois, dans le sol, sous forme de *bromure d'argent* ou *bromargyre.* Ce corps est en petits cristaux cubiques ou en amas cristallins d'une teinte variant du jaune au vert olive; sa densité est de 5,8 à 6; sa dureté de 1 à 2. Il contient 42,5 0/0 de brome et a été découvert au Mexique, à St-Onofre, dans le district de Plateros; M. Berthier y a rencontré du chlore dans quelques échantillons; il a été reconnu aussi en Bretagne, à Huelgoat.

La source la plus abondante de brome est le *bromure de magnésium* que l'on trouve dans l'eau de la mer (0 gr. 061 par litre d'eau de l'Atlantique; 7 gr. 093 par litre d'eau de la Mer Morte), (d'après Lartet); dans celles d'un grand nombre de salines : celles de Schönebeck, près Magdebourg; d'Onondaga, dans l'état de New-York; puis dans les états de Pensylvanie, de l'Ohio, de la Virginie occidentale; dans les eaux mères des soudes de varechs (une tonne de soude fournit 400 grammes de brome, d'après MM. Cournerie); enfin, et surtout dans les eaux mères provenant du traitement de la carnallite, de la tachydrite et de la kaïnite, chlorures doubles de magnésium, de potassium et de calcium, que l'on trouve en amas considérables à Stassfurt et à Léopoldshall (Prusse).

Extraction. Il existe divers procédés pour isoler le brome, mais ils ont toujours pour but de décomposer un bromure en présence du bioxyde de manganèse par de l'acide sulfurique; la réaction s'exprime ainsi :

$$MgBr + MnO^2 + 2(SO^3, H^2O^2) = MgO, SO^3 + MnO, SO^3 + 2(H^2O^2) + Br$$

Bromure de magnésium	Bioxyde de manganèse	Acide sulfurique	Sulfate de magnésie	Sulfate de manganèse	Eau	Brome

Le procédé le plus ancien est celui qui a été suivi par Balard lorsqu'il découvrit le brome. Il consiste à faire passer dans les eaux mères des

salines, un courant de chlore. Lorsqu'il s'est formé dans la liqueur une couche rougeâtre, on agite avec de l'éther; ce corps dissout tout le brome et l'on ajoute au liquide décanté une solution de potasse :

$$6 \, Br + 6(K\,O) = Br\,O^5, K\,O + 5(K\,Br)$$

On évapore à siccité; il s'est produit du bromure et du bromate de potassium qu'une calcination convenable réduit à l'état de bromure. C'est alors que l'on introduit le sel dans un appareil distillatoire avec du bioxyde de manganèse et de l'acide sulfurique étendu d'une demi-partie d'eau, et que l'on chauffe, en ayant eu soin de faire plonger dans l'eau le col de la cornue. Par la distillation, le brome passe dans le récipient et se sépare en gouttelettes; s'il y avait des chlorures dans le résidu, le chlore qu'ils fournissent formerait avec le brome un chlorure de brome qui, étant soluble dans l'eau, ne souillerait pas le produit obtenu.

Cette méthode, applicable dans les laboratoires, n'est pas suivie dans l'industrie.

(a) Le procédé employé à Cherbourg, dans l'usine de MM. Cournerie, consiste à débarrasser de l'iode les eaux mères des soudes de varechs (V. IODE), puis à les concentrer et à les introduire dans des bonbonnes en grès, avec le bioxyde de manganèse et l'acide sulfurique. En chauffant au bain de sable, il se dégage des vapeurs de brome que l'on dirige dans des récipients contenant de l'acide sulfurique étendu d'eau; on perd, par ce procédé, environ le cinquième du brome que contiennent les soudes.

(b) M. Leisler a fait breveter, en Angleterre (1866), un procédé qui sert surtout pour le traitement, soit des eaux salées de la Mer Morte, soit des eaux mères provenant de la dissolution des chlorures doubles. On introduit le liquide salin débarrassé des sels, et de l'iode, dans un alambic formé d'une cucurbite en fer et d'un chapiteau en plomb on en grès, avec du bichromate de potasse et de l'acide chlorhydrique étendu. Par l'action de la chaleur, les vapeurs de brome se dégagent, et on les dirige dans un récipient contenant du fer en tournure, où elles forment du bromure de fer, lequel se dissout dans l'eau qui a distillé avec le métalloïde. Ce bromure, transformé en bromure de potassium, permet alors d'obtenir le brome à l'état de pureté. Cette méthode, assez coûteuse, est remplacée à Stassfürt par la suivante.

(c) Dans l'usine de Stassfürt, où l'on obtient environ 30 kilogrammes de brome en vingt-quatre heures, on emploie, pour la distillation, de grands appareils en grès ou en pierre, dont les pièces ajustées se lutent au moyen d'argile plastique, de façon à éviter l'emploi de toute partie métallique. Ces cuves ont environ trois mètres cubes de capacité; elles présentent vers le fond une plaque en grès percée de trous, sur laquelle on dépose des morceaux de bioxyde de manganèse, puis on dispose l'appareil pour la distillation. On fait alors écouler dans la cuve les solutions salines qui ont été d'abord débarrassées du chlorure de potassium par une concentration à 35° Baumé, puis ensuite du chlorure de magnésium par une concentration à 40°; elles ont une température de 125°; en même temps on dirige dans l'appa-

reil un courant de vapeur d'eau. Par suite de la décomposition qui se produit, des vapeurs de brôme se dégagent : elles se rendent, par un serpentin en grès, dans un vase à tubulures, où elles se condensent en presque totalité, mais d'où elles peuvent aussi se rendre dans un autre vase contenant de la tournure de fer. Par suite de cette disposition, tout le produit utile, resté à l'état gazeux, se trouve transformé en bromure, dans le second vase.

Comme pendant l'opération il se forme toujours, surtout à la fin, un peu de chlorure de brome, pour purifier le produit, on laisse échauffer les flacons de Woolf, afin de faire passer le chlorure qui est volatil, sur le fer, où il se transforme à nouveau en bromure.

Ce procédé donne de très bons résultats, mais les appareils coûtent fort cher; jusqu'à présent les alambics les meilleurs sont ceux faits avec une pierre trouvée à la Porta Wesphalica; la cucurbite doit être d'un seul morceau. Les essais tentés avec des instruments en ardoise n'ont pas réussi et M. Frank, qui a créé ces établissements (1865), a reconnu que lorsqu'on emploie le goudron pour boucher les fuites qui peuvent se produire avec les appareils en grès, on a des pertes considérables dues à la formation de produits bromés avec les carbures d'hydrogène que renferme le goudron.

(d) Dans le midi de la France on extrait le brome par des procédés analogues à ceux que nous venons de décrire, avec cette différence que l'on enlève d'abord des eaux mères les sels de potasse, de soude et de magnésie, avant de faire arriver celles-ci dans la cuve en [pierre siliceuse où se fera la réaction de l'acide sur le bromure. Ces eaux mères donnent de 5 à 6 kilogrammes de brome par mètre cube.

PRODUCTION. Les quantités de brome fabriquées ont été bien en augmentant depuis quelques années, grâce aux besoins de l'industrie; ainsi, tandis qu'en 1867, les usines de Stassfürt ne fournissaient que 10,000 kilogrammes de ce corps, ce chiffre se trouvait doublé en 1872; il était cinq fois plus grand en 1875 comme on peut le voir par les tableaux suivants :

Production du brome :	1872	1875
A Stassfürt.	20.000	50.000k
En France.. . . . . , .	5.000	5.000
En Ecosse.	15.000	15.000
Dans l'Amérique du Nord.. .	17.500	52.500
	57.500	122.500k

Ces chiffres sont actuellement beaucoup plus élevés par suite d'une fabrication toujours croissante en Prusse et dans l'Amérique Septentrionale.

En France, l'industrie des sels de varechs se fait dans les usines du Conquet, de Granville, Cherbourg, Montsarac, Pont-l'Abbé, Portsall et Quatrevents; mais on ne s'occupe de l'extraction du brome qu'au Conquet, à Granville et à Pont-l'Abbé.

ALTÉRATIONS. Le brome du commerce est souvent impur, il peut contenir de l'iode, du chlore, de l'acide hypoazotique, du bromoforme, de l'acide sulfurique. Ce dernier est d'ordinaire ajouté volontairement dans les vases qui renferment le brome, pour préserver le métalloïde du contact de l'air.

On décèlera l'iode au moyen du procédé indiqué par M. Personne: on met dans un tube à essais le brome avec du sulfure de carbone et de la limaille d'étain; le métal se trouve attaqué et transformé en bromure, l'iode libre donne alors au sulfure de carbone une teinte améthyste caractéristique. Pour reconnaître le chlore, on saturera le brome par l'eau de baryte, puis calcinera pour transformer la masse en bromure de barium; si l'on reprend le sel par l'alcool et qu'il reste un résidu, c'est qu'il y aura eu formation de chlorure. L'acide hypoazotique est rendu évident en saturant le brome par une dissolution de potasse, il y aura en même temps formation d'azotate, et le sel traité par l'acide sulfurique en présence du cuivre, dégagera des vapeurs rutilantes s'il contient l'acide indiqué. Quant au bromoforme, pour le retrouver on évapore le brome, et l'on traite la partie non volatile à 63° par une solution de potasse; si par la chaleur il se dégage de l'oxyde de carbone et de l'eau, c'est qu'il existait du bromoforme.

Caractères spécifiques. On reconnaît le brome aux caractères suivants:

1° A sa couleur rouge, et à l'odeur irritante de ses vapeurs;

2° A la belle couleur rouge qu'il communique au chloroforme, à l'éther, au sulfure de carbone;

3° A son action sur le papier de tournesol qu'il décolore, et sur le papier amidonné qu'il jaunit.

Usages. L'industrie commence à employer d'assez grandes quantités de brome. M. Fiseau avait utilisé l'eau bromée pour fixer les images daguerriennes; il sert aussi dans la photographie, sous forme de bromures de calcium, de potassium, d'ammonium, de cadmium, pour rendre la pose plus rapide; on a remarqué que dans ce cas, uni à l'iode, il sert à donner une valeur relative aux diverses couleurs, pour former une épreuve monochrome plus harmonieuse. A l'état de bromure d'éthyle, d'amyle, de méthyle, il est employé pour faire quelques couleurs dérivées du goudron, comme le bleu de Hoffmann et l'alizarine préparée avec l'anthracène. M. Duflos a proposé l'emploi de l'eau bromée dans la gravure sur cuivre, parce que ce liquide mord aussi bien que l'acide nitrique, sans dégager de bulles. Il sert dans l'analyse organique.

En thérapeutique il a été employé à l'état libre, en solution dans l'eau, comme contre-poison du curare (Alvaro Reynoso); comme désinfectant, dans les cas de plaies gangréneuses, de pourritures d'hôpital, notamment pendant la guerre civile des États-Unis d'Amérique. A l'état de combinaison, sous forme de bromures de potassium, de sodium, de zinc, de lithine, etc., c'est un sé-

datif puissant, qui agit surtout sur les organes des sens et sur l'appareil génital; on l'emploie encore comme caustique, et comme dissolvant des fausses membranes, dans les angines couenneuses, le croup, etc.

Toxicologie et recherches. Les expériences faites par le Dr Huette sur lui-même, ont montré combien le brome est un corps doué d'une grande énergie; cependant, l'organisme humain renferme presque toujours, d'après Rabuteau, des traces de bromure introduites par l'usage du sel marin, et que les urines éliminent.

On ne connaît, jusqu'à ce jour, qu'un seul cas d'empoisonnement (suicide) par le brome, mais dans les ateliers où l'on fabrique ce produit, dans les laboratoires, les vapeurs de ce métalloïde ont amené souvent des accidents, parfois suivis de mort.

Lorsque l'empoisonnement est signalé pendant la vie, on devra se hâter de gorger le malade d'hydrate amylacé, puis faire prendre un peu de magnésie, pour saturer l'acide bromhydrique qui aurait pu se former dans l'estomac par suite de l'affinité du brome pour l'hydrogène, et enfin faciliter le vomissement, soit par la titillation de la luette, soit par l'emploi de médicaments appropriés.

Si la mort est survenue, et que l'accident soit récent, on trouvera sur les muqueuses une teinte jaune caractéristique, parce que le brome est encore à l'état de liberté. On divisera alors les organes en petits fragments, on agitera avec du chloroforme ou du sulfure de carbone, puis on saturera la couche éthérée, que l'on aura isolée avec soin, par une solution de potasse. On évapore à siccité, on calcine et recherche les caractères du bromure de potassium.— V. plus loin BROMURE.

Si l'empoisonnement remonte déjà à quelque temps, le bromure se sera modifié; on traitera alors les liquides ou les organes, par de la potasse et on calcinera, comme précédemment. On reprend le résidu par l'eau distillée, on ajoute du sulfure de carbone dans le vase, et on sature la base par de l'acide nitrique contenant de l'acide hypoazotique. Le bromure décomposé cède son corps constituant au sulfure qui se colore en rouge. On pourrait en plus, le faire passer à nouveau à l'état de bromure, comme dans le cas précédent.

Le brome forme avec l'oxygène, plusieurs corps, instables l'*acide hypobromeux*, l'*acide bromique* et l'*acide hyperbromique* qui n'ont pas d'applications industrielles, il en est de même de sa combinaison avec l'hydrogène, l'*acide bromhydrique*, lequel se forme souvent en notable quantité dans la préparation du brome.

Avec les carbures d'hydrogène, le brome peut également se combiner, c'est ainsi qu'avec le formène, il produit par suite de substitution de 3 équivalents de brome à 3 d'hydrogène, le *bromoforme* $C^2 H Br^3$ que l'on utilise en médecine, et obtient en distillant de l'alcool avec un bromure.

*BROMURE. Les composés du brome les plus employés sont les *bromures*, ils résultent de l'union du métalloïde avec un métal.

Caractères des bromures. Les bromures sont des sels généralement solubles dans l'eau (ceux d'argent, de plomb, de mercure et de cuivre exceptés), assez fusibles, mais moins volatils que les chlorures correspondants. Quelques-uns sont décomposés par l'eau (b. de magnésium, d'aluminium); le chlore déplace le brome de leur combinaison, ainsi que l'acide azotique.

Ils se forment par l'union directe du brome avec les métaux; par l'action de l'acide bromhydrique sur les métaux, leurs oxydes ou leurs carbonates; par voie de double décomposition, ou encore par l'action du brome sur les alcalis caustiques.

On reconnaît les bromures aux caractères suivants :

1° Traités par l'acide sulfurique concentré, ils dégagent par la chaleur des fumées blanches d'acide bromhydrique, mêlées de vapeurs rouges de brome;

2° En solution, ils laissent séparer le brome par l'addition du chlore, et le sulfure de carbone ou le *chloroforme* dissolvent le métalloïde, en se colorant en rouge ;

3° En solution, ils donnent avec l'azotate d'argent un précipité blanc, insoluble dans l'acide azotique et soluble par l'agitation dans l'ammoniaque ;

4° Traités par le bioxyde de manganèse et l'acide sulfurique, ils fournissent le brome.

Parmi les bromures métalliques nous citerons ceux que l'on a utilisés :

Le **bromure d'ammonium**, AzH^4Br, corps cristallisant en petits grains cubiques, que l'on obtient en versant par portions, de l'ammoniaque sur du brome mélangé d'eau, le tout en proportions convenables, puis en faisant cristalliser.

Le **bromure de calcium**, $CaBr$, qui, comme le précédent, sert dans la photographie. On le prépare dans le commerce en introduisant dans un flacon à l'émeri de large ouverture, 1 kilogramme de chaux nouvellement éteinte et finement pulvérisée, puis imprégnant avec 175 grammes de brome, que l'on ajoute en plusieurs fois. On obtient ainsi un mélange de bromure et d'hyperbromite qui sert sous le nom de bromure.

Le **bromure de fer**, $FeBr$, se prépare industriellement pour isoler le métalloïde ; c'est un sel verdâtre, cristallisé; il est anhydre lorsqu'on l'obtient par sublimation. Pour l'avoir pur on traite le fer directement par le brome, en présence de l'eau.

Les **bromure de lithium**, de **sodium**, de **zinc**, n'ont d'emploi qu'en médecine. Nous avons parlé du *bromure de magnésium.*—V. Brome, § *Etat naturel.*

Le **bromure de potassium**, KBr, est de tous les bromures le plus employé : il cristallise en cubes, est blanc, de saveur salée et piquante, est très soluble dans l'eau et peu dans l'alcool. Il s'obtient industriellement; dans les laboratoires on le prépare de la façon suivante : on fait une solution de 1 partie de potasse dans 15 parties d'eau et on sature par une quantité suffisante de brome, pour donner à la liqueur une teinte jaune persistante. On a soin de faire arriver le brome au fond du vase, par un tube effilé et d'agiter continuellement. La liqueur évaporée à siccité est ensuite calcinée dans un creuset de platine, et le résidu, repris par l'eau distillée, donne le bromure par cristallisation.

Quelques bromures organiques sont également employés :

Le **bromure de camphre**, $C^{20}H^{15}BrO^2$, est solide, en aiguilles prismatiques, amères; il se prépare en traitant dans un grand ballon, 1 partie de camphre pulvérisé par 2 parties de brome. On dirige les vapeurs qui se dégagent dans une solution de potasse, on chauffe au bain-marie, et quand la coloration de brune qu'elle était. est devenue jaune, on abandonne au refroidissement. On purifie par des cristallisations successives dans de l'alcool à 90°. C'est un anesthésique puissant.

Le **bromure de safranine**, $C^{42}H^{20}Az^4Br$, sert dans la teinture ou l'impression, pour donner une nuance rouge-brun, etc. — J. C.

* **BRONGNIART** (Alexandre). Né en 1770. Au moment où la Manufacture de Sèvres et le Musée céramique viennent de prendre possession de leur nouvelle demeure, il n'est pas hors de propos de rappeler à la reconnaissance du pays, dans cet ouvrage que nous consacrons à nos illustrations, les titres du fondateur du Musée céramique, et du savant qui a dirigé l'établissement de Sèvres que l'Europe nous envie.

Destiné par son père, Théodore Brongniart, architecte, auquel on doit l'édification de la Bourse et la disposition du cimetière du Père-Lachaise, à lui succéder dans ses travaux artistiques, il préféra la culture des sciences. Lavoisier venait de fonder la chimie moderne; à l'âge de seize ans, Brongniart, s'improvisant professeur, s'exerçait à la faire connaître, en s'en faisant le propagateur passionné ; il entrait à l'École des mines en 1788. Ses visites en Angleterre, dans les montagnes de la Provence, dans les Alpes du Dauphiné, de la Savoie et de la Suisse, le firent désigner pour la place de professeur d'histoire naturelle à l'École des Quatre-Nations, lors de la création des Écoles centrales.

Brongniart et Cuvier s'associèrent pour une longue et très étroite collaboration ; ils étudièrent ensemble la *géographie minéralogique* des environs de Paris, et publièrent alors leur célèbre mémoire qui prit date dans l'esprit humain ; mais la part de chacun des auteurs est nettement indiquée : comme l'a fait remarquer l'illustre secrétaire perpétuel de l'Académie des sciences dans son *Éloge de Brongniart*, « Cuvier reconstitua les races perdues des animaux supérieurs en appliquant à leurs restes les règles de l'anatomie comparée, qu'il venait de formuler; Brongniart démontrait que les moindres débris de la vie organique et surtout les coquilles fossiles caractérisent les couches qui les renferment et marquent leur place dans la chronologie géologique, dont l'étude l'avait si longtemps occupé; ensemble, ils écrivaient l'histoire du bassin de Paris, devenu dans leurs mains le type légendaire des terrains de sédiment. » Dans ce magnifique travail sont reconstituées les annales du passé, « Cuvier, anatomiste incomparable, en recomposant les animaux supérieurs dont la terre avait été peuplée, Brongniart, géologue profond, en donnant aux fossiles la valeur de titres authentiques déposés dans les couches de l'écorce terrestre pour en constituer l'état civil.

« Le *Traité de minéralogie* d'Alexandre Brongniart, ses mémoires, sa collaboration savante au grand Dictionnaire des sciences naturelles, son tableau des terrains sont des œuvres où se résume une expérience consommée et qui sont faites pour servir longtemps de modèle. » Un autre aspect de son existence nous conduit à conserver sa mémoire et mérite un souvenir particulier :

Sa présence à la tête de la manufacture de Sèvres se rattache à la science par son origine tout autant que par ses résultats. Une direction dont la durée fut de quarante-sept ans, pendant laquelle, sans interruption, la méthode scientifique, sauvegardant les améliorations acquises, préparant les découvertes à venir, fut maintenue à la hauteur d'un principe indiscutable, était bien faite pour assurer à l'établissement de Sèvres, dans le monde savant, artistique, industriel, une suprématie incontestable et même aujourd'hui définitivement incontestée.

« C'est en appliquant les principes de la méthode scientifique, qu'Alexandre Brongniart conçut la pensée et poursuivit la création du Musée céramique, devenu bientôt populaire. Le travail du potier emprunte les théories de la science, les ressources de la technologie, les finesses de l'art; il s'élève des briques, des tuiles, des objets de ménage les plus grossiers, aux vases élégants par leur forme pure, leur décoration délicate et leurs brillantes couleurs désignent pour l'ornement des plus riches demeures. Ces terres cuites étant inaltérables, le moindre de leurs débris, façonné dans les temps anciens et laissant sur le sol l'empreinte de l'homme, a suffi pour signaler le premier indice d'un commencement de civilisation et pour rendre, au profit des siècles reculés, les services que l'imprimerie promet aux siècles futurs. Que d'informations seraient perdues pour nous, si les bibliothèques assyriennes n'avaient été formées d'argile cuite et si le respect n'avait associé plus tard aux restes des morts les vases en terre que nous retrouvons intacts dans ces tombeaux où les ossements de leurs possesseurs se sont réduits en poussière !

« Réunir les poteries de toute sorte, les argiles qui leur donnent naissance, les modèles des appareils et des fours employés à leur manipulation ou à leur cuisson, emprunter à tous les pays et à tous les âges les types de cette industrie si profondément liée au mouvement et au progrès de la civilisation, telle a été la conception première de la fondation du Musée céramique, image sensible

de l'union étroite de la science, de l'industrie, de l'art et de l'histoire. » (J. DUMAS, *Éloge historique*, 1878.)

Le nom de Brongniart est légendaire à Sèvres : il se rattache par des liens indissolubles aux grands progrès qui marquèrent dans l'art de faire et de décorer la porcelaine depuis le commencement du siècle jusqu'en 1847, époque de sa mort, et qui préparèrent les derniers succès de notre établissement national. Il suffit pour se convaincre de cette vérité de comparer les qualités des pièces faites en 1800 avec la perfection des porcelaines que Sèvres produisait en 1848. Rectitude de formes, légèreté, brillant de la glaçure, absence de tache, de trous, de grains; introduction de l'oxyde de chrome, comme couleurs de grand feu; régularité dans l'emploi de l'oxyde de cobalt, etc. « Alexandre Brongniart n'a jamais hésité dans le choix des moyens qui devaient maintenir et même accroître la réputation de l'établissement qu'il dirigeait. » Au nombre des premiers, il plaçait la nécessité de lui conserver son rôle tout à la fois initiateur et propagateur. Il le considérait comme une grande école, ouverte à tous et devant répandre par son enseignement, par ses conseils, par ses publications, par son musée, le goût des arts céramiques; il présentait un enseignement supérieur, une école des hautes études céramiques. Puisse ce désir être bientôt réalisé sous une forme plus réelle et plus palpable. « C'est sous l'influence de ces mêmes idées, dit M. Salvetat, qu'il résolut de publier son *Traité des arts céramiques*, œuvre très considérable, ouvrage classique, résultat de quarante années d'un labeur continu, qu'il fit suivre bientôt après de la *Description du catalogue* du Musée céramique. C'est avec l'arrière-pensée de conserver la manufacture de Sèvres, tout en satisfaisant sa préférence pour les méthodes naturelles, et préparer des études céramiques indéfiniment comparatives, qu'il avait fondé le Musée, réunissant le plus grand nombre de spécimens se rapportant à l'*Art de terre*.

« Le Musée céramique de Sèvres doit avoir une destination tout autre que celle des autres musées. Faisant partie de la Manufacture nationale, il en est devenu le complément indispensable. Son succès ne devait pas être douteux; si les ressources sur lesquelles Brongniart pouvait compter pour enrichir sa création favorite étaient nulles ou à peu près, avec quel art et quelle éloquence entraînante ne plaidait-il pas sa cause en s'adressant à tous, voyageurs, artistes, savants, fabricants, pour obtenir de leur générosité, en faveur de son œuvre de prédilection, l'abandon de tout objet de terre, de verre, d'émail, offrant un intérêt quelconque au point de vue archéologique, artistique, scientifique, ou simplement économique ! Chacun répondait immédiatement à ses demandes, et le Musée s'enrichissait chaque jour. Brongniart n'a pas laissé de collection céramique personnelle ; tous les dons qu'il recevait prenaient place immédiatement dans les collections. »

La Manufacture de Sèvres a passé par de rudes

épreuves pendant la direction de Brongniart. En 1814 et 1815, pendant les deux invasions ennemies, en 1830, pendant les derniers jours de la révolution de juillet. Dans toutes ces circonstances, sa prudence, son énergie, l'autorité qui s'attachait à son nom et à sa personne, éloignèrent toute catastrophe, et l'établissement menacé put reprendre ses travaux et conquérir de nouveaux trophées.

Les qualités du cœur ne manquaient pas à Brongniart : ceux qui l'ont connu pendant sa longue carrière, les enfants d'alors, les hommes d'aujourd'hui, font des vœux sincères pour que sa mémoire soit attachée désormais à la création du *Musée céramique*, son œuvre.

Brongniart est mort en 1847, après s'être assuré que sa succession passerait aux dignes mains de l'homme qu'il avait choisi pour conserver ses traditions et poursuivre avec ardeur l'œuvre à laquelle il avait voué sa vie ; il fut, en effet, remplacé par Ebelmen, ingénieur des mines, qui ne devait lui survivre que de quatre années.

° **BRONZAGE.** *T. tech.* Opération qui a pour but de donner aux objets en métal, plâtre, bois, carton, etc., l'aspect d'un objet ancien en imitant par des réactions chimiques ou de simples applications mécaniques, l'apparence que le temps et les influences atmosphériques impriment aux métaux ou alliages métalliques, et principalement au cuivre et à ses composés. Par extension, on a donné aussi le nom de *bronzage* au procédé qui sert à recouvrir certaines choses d'une couche de bronze véritable *par galvanoplastie.* Nous allons d'abord examiner le bronzage des métaux.

Bronzage du cuivre. Pour donner au cuivre la teinte noir fumée, on enduit de sulfhydrate d'ammoniaque, l'objet que l'on a primitivement décapé. On le laisse sécher, puis après une friction faite avec une brosse recouverte de sanguine et de plombagine, on le frotte avec de la cire.

Si, sur le cuivre rouge légèrement chauffé, or applique la solution de sulfhydrate d'ammoniaque, on obtient le *bronzage noir* ou *bronze fumée* qui tire son nom de ce fait qu'autrefois on recuisait les objets de cuivre rouge dans un tampon de paille ou de foin mouillé, auquel on mettait le feu. On brunissait ensuite l'objet pour faire pénétrer en quelque sorte l'oxyde dans le métal. Par le procédé indiqué plus haut, on obtient un bronze noir très solide, et qui donne aux objets d'art un heureux effet au moyen d'éclaircies ménagées dans certaines parties de la pièce. On l'applique aussi sur les petites bouillottes de luxe et sur les grandes bouilloires à thé.

BRONZE NOIR-NOIR. On obtient un beau bronze noir avec l'*oxydé* et le *noir-noir* à l'ammoniaque et à la cendre bleue, mais on peut obtenir avec plus de facilité, un bronze-acier en mouillant le cuivre avec une solution étendue de chlorure de platine, et en le chauffant légèrement; ce bronzage résiste peu au frottement. L'oxydé est une dissolution de 4 à 5 grammes par litre de sul-

fhydrate d'ammoniaque ou de foie de soufre dans de l'eau à 70-80°. Le *noir-noir* est une dissolution de 100 à 150 grammes de cendres bleue (hydrocarbonate de cuivre) dans de l'ammoniaque (un litre). On peut encore décaper le cuivre et le plonger dans une solution chaude de chlorhydrate de chlorure d'antimoine (beurre d'antimoine dissous dans l'acide chlorhydrique), mais quelquefois on obtient une coloration violette au lieu d'une coloration noire.

On obtient un laiton d'une couleur noire très foncée en mouillant le métal avec une solution étendue d'azotate de protoxyde de mercure, et sulfurant la couche de mercure, ainsi formée à la surface de l'objet, par des lavages avec une solution de sulfure de potassium. En employant une solution de sulfure d'antimoine ou d'arsenic, on obtient un bronze de laiton, dont la couleur varie du brun foncé au brun jaune. On obtient un enduit brillant gris-bleuâtre en plongeant les pièces suspendues à un fil dans une solution de 1 partie de sulfite antimonique, de sulfure de sodium dans 12 parties d'eau ; lorsque l'objet immergé a pris partout le ton et la couleur que l'on désire, on lave soigneusement à l'eau et l'on essuie. On obtient aussi un bronzage noir du laiton en frottant la pièce avec une solution d'azotate d'argent, d'azotate de bismuth, d'azotate d'argent et de cuivre, séchant et exposant à l'action de l'hydrogène sulfuré; la dissolution de bismuth donne un bronze d'un brun foncé intense; celle d'argent et de cuivre un bronze bien plus noir. On forme un enduit très adhérent d'antimoine à la surface du cuivre en dissolvant 15 grammes de chlorure d'antimoine dans 125 grammes d'alcool et ajoutant assez d'acide chlorhydrique pour que la solution soit claire, et, plongeant l'objet décapé dans cette solution, on lave immédiatement après et l'on sèche.

Pour tous ces procédés, les détails de manipulations ont une grande importance et sont variables suivant les divers ateliers.

BRONZE VERT OU ANTIQUE. Dans cent grammes d'acide acétique à 8° ou dans deux cents grammes de vinaigre ordinaire, on fait dissoudre trente grammes de carbonate ou de chlorhydrate d'ammoniaque, 10 grammes de sel marin, et autant de crème de tartre et d'acétate de cuivre ; on ajoute un peu d'eau. Quand le mélange est intime, on en enduit l'objet de cuivre. On laisse sécher pendant vingt-quatre ou quarante-huit heures. Après ce temps, l'objet a pris une teinte verte inégale; c'est ce que l'on nomme la teinte *vert de grisé;* on brosse l'objet et principalement les reliefs avec la brosse enduite de cire; on peut rechampir les saillies soit à la sanguine, soit au jaune de chrôme; on touche légèrement à l'ammoniaque les parties que l'on veut fleurir, et au carbonate d'ammoniaque celles que l'on veut foncer de nuance. Si l'on enduit à plusieurs reprises du laiton décapé et poli, avec une solution très étendue de chloride de cuivre, il devient mat et se bronze en gris verdâtre. On obtient une belle couleur violette en chauffant le laiton et l'enduisant à ce moment d'une solution de chlorure de cuivre. Le commerce fournit d'ailleurs des bronzes en liqueur, connus sous les noms de *bronzes acides* ou de *bronzes à l'eau* que l'on applique au pinceau. Parmi les produits connus, il en est un qu'on obtient en faisant dissoudre dix parties d'aniline rouge et cinq parties d'aniline pourpre dans cent parties d'alcool à 95°; on ajoute à cette solution cinq parties d'acide benzoïque, et l'on fait bouillir le tout pendant cinq à dix minutes, jusqu'à ce que la couleur verte soit changée en un brun de bronze léger. — Ce liquide, lorsqu'on en a enduit le métal, le cuir, le bois, etc., imite admirablement le bronze.

BRONZE MÉDAILLE. Au moyen d'une bouillie claire composée d'eau et d'un mélange par parties égales de sanguine et de plombagine qu'on applique avec un pinceau, on obtient un beau bronze médaille en opérant de la manière suivante : la pièce ayant été fortement chauffée, on la laisse refroidir puis on la soumet à une friction prolongée avec une brosse demi-douce que l'on passe alternativement sur un pain de cire jaune, et ensuite sur la sanguine et la plombagine ou sur le mélange de ces substances suivant la nuance que l'on veut obtenir. On peut encore obtenir le même bronze en plongeant la pièce dans un bain composé de perchlorure et de sesquiazotate ou pernitrate de fer par parties égales, chauffant jusqu'à ce que les sels se soient complètement desséchés et frottant ensuite avec la brosse cirée.

On bronze très bien les monnaies et médailles de la manière qui suit : on dissout 2 parties de vert de gris et 1 partie de sel ammoniac dans du vinaigre, la dissolution est soumise à l'ébullition, écumée et étendue d'eau jusqu'à ce qu'il ne se forme plus de précipité blanchâtre en ajoutant de l'eau. On fait bouillir de nouveau puis on verse le liquide dans un autre vase où l'on a mis les médailles bien décapées et que l'on met sur le feu. Aussitôt que les médailles ont atteint la teinte désirée, on les retire et on lave immédiatement avec soin à l'eau pure.

La nature de la surface originale exerce une grande influence sur la teinte obtenue suivant qu'elle a été décapée, dérochée, brossée à la ponce ou au tripoli.

Bronzage de la fonte et du fer. On décape soigneusement la fonte; on y étend très uniformément un mélange pulvérulent de limaille ou de petites granules de bronze, de laiton, de cuivre, avec du borax calciné ou desséché. On chauffe au rouge pour faire fondre à la fois le cuivre ou son alliage et le borax. A la sortie du four et pendant que l'enduit est encore fondu à la surface du fer, on l'égalise uniformément au moyen de brosses métalliques.

Dans le procédé Fleck, la surface décarburée de la fonte est décapée dans une solution nitrique d'étain. L'enduit métallisant est obtenu au moyen des doubles chlorures ammoniacaux des métaux qui, seuls ou alliés, doivent recouvrir le fer et la fonte. Ces chlorures sont évaporés à siccité, desséchés et broyés avec du goudron de

houille visqueux, de l'huile de lin ou de la térébenthine. On ajoute de la chaux. C'est avec ce mélange qu'on enduit la fonte ou le fer; les objets préparés sont portés dans une moufle et chauffés au rouge vif pendant une demi-heure. Les oxydes métalliques sont réduits, leur adhérence au fer est facilitée par la fusion du chlorure de calcium. Après refroidissement, on lave à l'eau tiède, on frotte et l'on brunit. Un mélange de sels de cuivre et de zinc donne un enduit de laiton; de sels de cuivre et d'étain, du bronze; de sels de zinc et de nickel, de l'argentan; de sels d'étain, d'antimoine, de bismuth, du métal anglais.

M. Dumas bronze ou plutôt laitonise le fer et la fonte de la façon suivante : après décapage la pièce est plongée dans une dissolution de sulfate de cuivre, le fer cuivré est enfoui dans un cément d'oxyde de zinc et de charbon. Sous l'influence de la chaleur, le charbon réduit le zinc, et la vapeur métallique rencontrant le cuivre entre en alliage avec lui.

Weill pratique le bronzage en ajoutant à une dissolution alcaline de sulfate de cuivre, du stannate de soude ou une dissolution de bichlorure d'étain traitée préalablement par une quantité suffisante de soude.

Weiskopf frotte l'objet bien nettoyé avec un mélange de 10 parties d'azotate de cuivre, 10 parties de chlorure de cuivre, 80 parties d'acide chlorhydrique à 15°. On lave au bout de quelques secondes et on recommence jusqu'à ce que la couche ait l'épaisseur voulue; ce cuivrage prend l'aspect du bronze en le passant jusqu'à la nuance désirée dans une solution de : 4 parties de chlorhydrate d'ammoniaque, 1 partie d'acide oxalique, 1 partie d'acide acétique, 40 parties d'eau.

On a conseillé de recouvrir l'objet de fer ou de fonte bien nettoyé d'une légère couche d'huile végétale et de chauffer à une haute température. Dans ces conditions, le fer s'oxyde en même temps que l'huile se décompose et il en résulte, à la surface de la fonte, une mince couche d'oxyde brun qui adhère au métal d'une façon persistante, le préserve de toute altération ultérieure et lui communique l'éclat et l'apparence du bronze.

On peut aussi plonger la pièce dans du soufre fondu mêlé de noir de fumée; la surface égouttée résiste aux acides dilués et peut prendre un beau poli.

D'après Storch, on obtient une liqueur à bronzer le fer très convenable en dissolvant dans huit parties d'eau distillée, 2 parties de sulfate de cuivre cristallisé, et 1 partie d'éther sulfurique dans lequel on a dissous du chlorure de fer.

Le bronzage des canons de fusil se fait par un grand nombre de procédés; on soumet quelquefois l'objet soit à l'action de l'acide hydrochlorique en vapeurs, soit à l'action de l'eau régale très étendue. Le plus souvent on frotte vivement le canon échauffé avec un mélange d'huile d'olives et de chlorure d'antimoine (beurre d'antimoine). On frotte ensuite avec un linge imbibé d'eau seconde, on lave avec soin, on essuie et l'on sèche. On peut alors polir avec un brunissoir d'acier, ou bien recouvrir d'un vernis à la gomme laque, ou frotter avec de la cire blanche.

Bronzage du zinc. Le zinc à bronzer doit être primitivement laitonisé. On le trempe dans une solution légère de sulfate de cuivre, si l'on veut des teintes rougeâtres ; on laisse sécher. On le mouille ensuite avec un linge trempé dans .e sulfhydrate d'ammoniaque, le foie de soufre ou le protochlorure de cuivre dissous dans l'acide chlorhydrique. On laisse de nouveau sécher, pu s on brosse, soit avec un mélange de sanguine et ce plombagine, soit avec un mélange de carbonate de fer et de plombagine, suivant les teintes à obtenir. Quelques gouttes d'essence de térében- thine, répandues sur la brosse facilitent l'adhé- rence des poudres. Enfin, on recharpit les sa - lies pour découvrir le cuivre jaune imitant les parties frottées. On peut, si on le désire, plaquer sur le tour un léger vernis incolore.

On obtient une coloration noire sur zinc en plongeant l'objet bien décapé dans une solution composée de 4 parties d'azotate de nickel ammo- niacal, et 40 parties d'eau acidulée par l'acide sulfurique. On lave à l'eau et l'on sèche; en gratte-bossant ces objets on obtient une couleur bronze très agréable. '

On a recommandé, pour produire un enduit noir durable sur le zinc, une solution alcoolique de chlorure d'antimoine acidulée par l'acide chlorhydrique. On a proposé, pour obtenir une patine sur le zinc, l'azotate de manganèse ; ce sel en dissolution est appliqué, soit à la brosse, soit par immersion ; on sèche ensuite lentement au feu jusqu'à ce que la surface enduite du sel de manganèse prenne une couleur noire intense. On répète l'opération plusieurs fois. On obtient des enduits colorés très brillants à la surface du zinc en plongeant les pièces dans une solution de 3 parties de tartrate de cuivre et 4 parties de soude caustique dans 48 parties d'eau distillée. Une immersion rapide donne une coloration *violette* en prolongeant l'action, d'abord le *bleu d'acier* puis le *vert*, le *jaune d'or* et enfin le *rouge pourpre*. On lave ensuite soigneusement et l'on sèche.

Bronzage par galvanoplastie. On peut aussi obtenir le bronzage par la galvanoplastie, en déposant sur les objets une couche très mince de véritable bronze. Ce procédé n'est, en général, appliqué que pour les grandes pièces. Nous cite- rons, comme exemple, les fontaines monumen- tales de la place de la Concorde, ainsi que les candélabres à gaz de la ville de Paris. Les petits objets, qui présentent des détails très minutieux, seraient altérés dans leurs contours si on em- ployait pour les bronzes, le procédé galvanique. — V. GALVANOPLASTIE.

Bronzage des papiers peints. Le bron- zage des papiers peints se fait par les mêmes procédés que ceux décrits pour l'argenture. — V. ARGENTURE, DORURE.

Les substances employées comme mordants sont celles que nous signalons dans le bronzage des tissus : résine, albumine, caséine, amidon et

matières féculentes, gomme arabique, gommes diverses, vernis, colles, huiles siccatives, etc. On a proposé l'emploi de dissolutions de caoutchouc ou de gommes résines dans le sulfure de carbone et divers alcools et éthers. On emploie souvent un mélange de bronze en poudre et d'amidon cuit ou une matière féculente quelconque. On a proposé également les silicates alcalins.

Le papier est enduit, soit également, soit d'une façon partielle du mordant, aussitôt .cet enduit posé, et avant qu'il ne soit sec, on applique une feuille bronzée ou du bronze en poudre ; on tam- ponne avec de la ouate, l'on brosse et l'on lisse. La plupart de ces opérations se fait aujourd'hui mécaniquement ; parmi les machines employées nous devons signaler celle de M. Sengel.

Le papier ou la peau à bronzer, recouvert de la substance qui doit servir à fixer la poudre. métallique, arrive par une planchette sur un tambour qui la fait passer successivement, d'abord au contact d'un cylindre frotteur qui y fixe la poudre de bronze sur les parties préparées, et ensuite au contact de rouleaux dont les uns, couverts de brosses, enlèvent l'excès, et les autres, couverts de feutre ou de velours, polissent la matière qui est restée adhérente. La poudre de bronze est contenue dans une trémie et est dis- tribuée, en plus ou moins grande abondance, par des dispositions particulières.

Cette machine peut servir aussi pour le bron- zage des tissus.

Bronzage du bois, de la porcelaine, etc. Pour fixer le bronze sur le bois, la faïence, la porcelaine, on emploie le plus souvent les subs- tances désignées dans le bronzage des tissus et des papiers peints. On obtient un bon résultat en se servant d'une solution pas trop étendue de silicate alcalin (verre soluble). Le bronze adhère si fortement qu'on peut le polir facilement.

Bronzage des tissus. Le fixage du bronze en feuilles ou en poudre à la surface des tissus se fait par un grand nombre de procédés dont nous signalerons les plus importants. On étend la feuille bronzée ou le bronze en poudre sur le tissu saupoudré de résine ; en appuyant un moule métallique en relief chauffé au gaz, on détermine la fusion locale de la résine et l'adhé- rence du bronze.

On a proposé de faire un mélange de la poudre de bronze et de gomme arabique en poudre : on fait arriver, sur la partie du tissu que l'on veut recouvrir du dépôt métallique, un jet de vapeur, la gomme se dissout et retient la poudre de bronze. On passe ensuite sous un cylindre chaud qui détermine le collage et le séchage.

On obtient aussi l'adhérence. du métal au moyen d'un grand nombre de matières collantes et agglutinantes ; nous citerons parmi ces subs- tantes : la dextrine, l'amidon et autres matières féculentes, la caséine, l'albumine, les mixtions employées pour la dorure, toutes les composi- tions de vernis, toutes les colles, toutes les huiles siccatives, toutes les compositions qui ont le sucre pour base. On applique le mordant sur le tissu et en se servant d'un moule si l'application du bronzage ne doit être que partielle; on pose alors le bronze, soit en poudre, soit en feuilles. Lorsque le mordant est sec, on débarrasse le tissu du bronze inutile au moyen de brosses; on peut alors polir ou brunir la surface métallique obtenue. Si ce sont des fils qui doivent être traités, on applique d'abord le mordant, puis le bronze en poudre ou en feuilles, et, par un mouvement de va-et-vient, on enroule le métal autour du fil.

Wohlfarth mêle la poudre à bronzer à 2 parties de silicate de potasse ou de soude; il obtient ainsi une couleur d'imprimerie qui peut être transportée sur la toile cirée, les tissus. Ces impressions sèchent rapidement et ne sont pas altérées par l'eau, le soleil, la chaleur et la lumière. Si l'on veut retarder le durcissement on ajoute de la glycérine ou du sirop de sucre.

Pour bronzer les plumes, la fourrure, la dentelle, la guipure, le tulle, la gaze, les fleurs artificielles, on projette le mordant (composé le plus souvent d'huile grasse et siccative), au moyen d'un vaporisateur; on peut employer aussi un peigne ou un pinceau. On saupoudre, immédiatement après, de bronze.

MM. Poirier et Rosentiehl donnent l'éclat métallique à toutes les matières filamenteuses ou textiles, en recouvrant la fibre d'un sel fixe possédant lui-même l'éclat métallique. On mouille la fibre avec une liqueur contenant, en dissolution, un ou plusieurs sels métalliques, en opérant, soit par immersion ou par impression, on expose ensuite dans une atmosphère contenant de l'hydrogène sulfuré produit soit par un sulfure décomposable à l'air ou par un courant d'hydrogène sulfuré. Suivant l'effet que l'on veut obtenir, on sèche préalablement ou laisse un certain degré d'humidité. Le sel métallique qui recouvre la fibre se sulfure et prend l'éclat métallique qui lui est propre. Les tissus, poils d'animaux, plumes d'oiseaux, etc., sont parfaitement propres à être traités de cette façon.

MM. Agnelet frères obtiennent des effets très beaux en déposant sur les étoffes, à l'état liquide, sous forme de gouttelettes, des substances colorées ou non qui contiennent en suspension des lamelles métalliques bronzées, très brillantes; les lamelles, interposées, projettent, à travers la matière limpide, un vif éclat métallique. Les substances employées sont : de la gélatine, des gommes ou des vernis transparents ou translucides.

BRONZE. Le bronze est un alliage de cuivre et d'étain auquel on ajoute souvent du zinc et quelquefois du plomb. Les anciens connaissaient le bronze, qu'ils désignaient sous le nom d'*airain* ; ils s'en servaient pour la fabrication des armes, des instruments d'économie domestique et surtout des statues.

Les deux métaux (Cu et Sn) s'unissent avec dégagement de chaleur en même temps qu'il se produit une contraction. La densité du bronze est supérieure à la densité moyenne des métaux qui le composent. Il est plus dur et plus fusible

que le cuivre. Il n'est pas aussi oxydable que le fer, la fonte et l'acier. M. Riche, notre collaborateur, à qui l'on doit un travail étendu sur les alliages de cuivre, est arrivé aux résultats suivants :

Les alliages de cuivre et d'étain, préparés en proportions atomiques, éprouvent une liquation sensible, sauf ceux qui correspondent aux formules $Sn Cu^3$, $Sn Cu^4$. Cette liquation faible à partir de l'alliage $Sn Cu^3$, augmente dans les alliages qui s'en éloignent par leur composition, mais elle est forte surtout chez les alliages très riches en étain. A partir de l'alliage $Sn Cu^3$ la densité décroît d'abord, puis reprend une marche ascendante à peu près régulière, mais la densité des alliages les plus riches en cuivre, comme l'alliage des canons, est inférieure à celle de l'alliage $Sn Cu^3$, qui ne renferme cependant que 61,79 0/0 de cuivre (1).

L'alliage $Sn Cu^3$ est caractérisé par des propriétés spéciales; il a une couleur différente des autres, il est pulvérisable ; il n'éprouve pas de liquation sensible, et c'est, des divers alliages de cuivre et d'étain, celui dans lequel la contraction est à son maximum. Il est donc l'alliage homogène de cuivre et d'étain. L'existence de ce maximum de contraction avait été antérieurement annoncée par MM. Calvert et Johnston.

La dureté croît depuis l'étain jusqu'à l'alliage renfermant le cuivre et l'étain le rapport des équivalents. A partir de cet alliage jusqu'à celui qui correspond à la formule $Sn Cu^3$, le métal est trop cassant pour être essayé. La dureté du bronze des instruments sonores est telle que le poinçon ne s'enfonce pas sensiblement après 100 chocs successifs ou qu'il se brise. La dureté décroît à partir de cet alliage jusqu'au cuivre (2).

Suivant Crace-Calvert et Johnson, les alliages Cu Sn et $Sn Cu^3$ Sn sont difficilement attaqués par l'acide nitrique de 1,25 de densité; ils le sont beaucoup plus si l'un ou l'autre métal prédomine. Les alliages renfermant un excès de cuivre sont protégés contre l'action de l'acide chlorhydrique ; par contre, les alliages riches en zinc se dissolvent plus vite que chacun des éléments constituants. Tous les alliages de cuivre et d'étain, sont, jusqu'à une certaine limite, inaltérables dans l'acide sulfurique concentré.

Essais des bronzes et des laitons. M. Riche a fait connaître récemment un procédé général de dosage des alliages de cuivre, de plomb, de zinc que nous allons résumer.

Il est basé sur la décomposition des sels et la précipitation des métaux par le courant électrique. L'appareil où se passe l'action décomposante sur la solution saline se compose d'un creuset de platine, de la dimension usuellement employée dans les laboratoires, et d'une lame de platine. Cette lame est taillée en tronc de cône

(1) L'appareil employé pour mesurer la fusibilité des alliages était le *pyromètre thermo-électrique* formé par la jonction d'un fil de platine et d'un fil de palladium. — V. PYROMÈTRE.

(2) La dureté était déterminée par le moyen suivant : un poids glisse sans frottement dans un tube en fer où l'on peut le faire tomber d'une hauteur variable et déterminée. Ce poids vient frapper sur un poinçon en acier trempé, qui appuie sur l'échantillon que l'on veut essayer. Cet échantillon est solidement fixé sur un bloc d'acier lié au tube et reposant sur un billot en bois.

ouvert aux deux extrémités reproduisant sensiblement la forme du creuset dans lequel elle doit être suspendue sans le toucher; elle constitue le pôle négatif, et le creuset est le pôle positif.

Ce cône porte deux ou trois ouvertures longitudinales de petites dimensions; par ce moyen, le liquide reste homogène et le courant passe régulièrement. L'écartement entre le cône et le creuset, est de 2 à 4 millimètres.

Le cône est suspendu sans le toucher dans le creuset, au moyen d'un support.

Pour empêcher les projections de liquide, on recouvre le creuset de deux demi-disques provenant d'un verre de montre coupé en deux parties. Quand on opère à chaud, le creuset est placé dans une capsule pleine d'eau, disposée sur un fourneau ou sur un bec à gaz.

L'étain étant séparé sous la forme d'acide métastannique, le liquide filtré est placé dans le creuset, on chauffe au bain-marie; dès que le courant passe, le cuivre se dépose au pôle négatif, sous la forme d'un enduit d'un beau rouge adhérent et brillant; au pôle positif, le plomb, le manganèse se déposent à l'état de bioxydes: le zinc et le nickel restent dans la liqueur.

Lorsque le liquide est totalement décoloré on l'enlève par siphonnement on le remplace par de l'eau que l'on siphonne également.

Le creuset lavé à l'alcool est séché. Le plomb est dosé à l'état de PbO^2 qu'on ramène, par le calcul, à l'état de plomb; s'il y a du manganèse il est précipité avec PbO^2 à l'état de MnO^2; on dissout alors le dépôt dans l'acide azotique étendu contenant un peu de sucre, on ajoute 1 à 2 grammes de sucre et 4 à 5 grammes d'azotate d'ammoniaque. On fait passer dans la liqueur chaude le courant d'un élément Bunsen, le plomb seul se dépose au pôle négatif.

Le cône recouvert de cuivre est lavé à l'alcool, séché et pesé. Si le bronze contient du fer, on ajoute dans la liqueur un excès d'ammoniaque, on filtre, et dans la liqueur froide additionnée de potasse, on fait passer le courant de deux éléments Bunsen; le zinc se dépose au pôle négatif, l'opération terminée, le cône est lavé, séché, pesé. Le nickel et le zinc ne peuvent se séparer par la pile, si donc, l'alliage contient du nickel, on sépare ces deux métaux par la potasse. Dans la liqueur potassique on dose le zinc avec deux éléments; le dépôt d'oxyde de nickel est dissous dans l'acide chlorhydrique étendu; on ajoute à la liqueur un excès d'ammoniaque, un peu de chlorhydrate d'ammoniaque et l'on dose le nickel avec deux éléments.

Si l'alliage contenait de l'argent, ce métal se déposerait avec le cuivre. Pour l'obtenir, on dissout le cuivre dans l'acide azotique, on évapore à sec pour chasser l'excès d'acide, on reprend par l'eau; dans la liqueur, on fait passer le courant d'un élément Leclanché : l'argent se dépose seul au pôle négatif, on lave, on sèche, on pèse.

Si la présence de l'argent avait été connue, on aurait pu l'isoler le premier en soumettant la liqueur débarrassée d'étain à l'action d'un élément Leclanché : l'argent serait seul séparé, et

les autres métaux seraient ensuite enlevés comme il vient d'être indiqué.

Bronze statuaire. Le bronze destiné à l'art statuaire doit être très fluide, afin de s'infiltrer dans les cavités les plus délicates du moule; une fois solidifié, il doit pouvoir se travailler facilement à la lime et au ciseau et prendre à l'air ou par l'application d'un mordant une belle patine. — V. BRONZE D'ART.

L'alliage de cuivre et d'étain purs, est dur et tenace, sa fluidité est faible. La substitution du zinc à l'étain donne un alliage très fluide, mais son oxydation pendant le travail et à l'air est trop facile et sa tenacité n'est pas suffisante.

Une certaine quantité de zinc est utile, son affinité pour le cuivre est très grande, introduit dans le bain, il en resserre les molécules et en fait sortir une grande quantité de scories. De plus, il sert au fondeur pour reconnaître la température du métal fondu et la régularisation de cette température est d'une grande importance. Il semble agir comme le fer et le phosphore, c'est-à-dire comme réducteur. Enfin, ce métal a pour effet utile d'agiter le bain, car étant volatil, il se dégage sans cesse sous forme de bulles.

Actuellement on emploie des alliages intermédiaires contenant du cuivre, de l'étain et du zinc.

L'alliage des anciens était formé de 99 Cu, 6 de Sn et 6 de Pb.

Celui des frères Keller, les plus habiles fondeurs des temps modernes, était composé en moyenne de 91,40 de cuivre, 5,53 de zinc, 1,70 d'étain et 1,37 de plomb. (Statue équestre de Louis XIV, année 1699; statues de Versailles.)

M. Thiébaut, qui est aujourd'hui un des plus brillants représentants de cette industrie, emploie pour les bronzes d'art qui sont destinés à l'intérieur des appartements, un alliage d'une composition voisine de celui des frères Keller ; pour les bronzes des places publiques, il remplace 2 parties de zinc par 2 parties d'étain. La patine est plus belle et se forme plus rapidement.

L'expérience a démontré que les statues de bronze élevées sur les places publiques, au lieu de se recouvrir d'une belle patine verte, prennent une apparence foncée et sale. Ce fait est dû probablement à l'influence des vapeurs d'acide sulfhydrique et de soufre provenant de la combustion de la houille.

Dans une patine formée sur un vieux bronze, Privoznik a remarqué 3 couches : une extérieure d'un bleu d'indigo, était constituée par du monosulfure de cuivre; une seconde d'un gris-noir, était du sous-sulfure de cuivre, une troisième noire, renfermait 23 0/0 d'étain et les éléments accidentels du bronze.

D'après Magnus et Weber, la composition du bronze ne paraît avoir aucune influence sur la formation de la patine. Des bronzes qui avaient pris une patine également belle ont montré une composition très différente : le cuivre y a varié entre 77 et 94 0/0, l'étain entre 1 et 9 0/0; le zinc a atteint jusqu'à 19 0/0; le fer, le plomb et le nickel s'y trouvaient également en quantités très diverses.

Ou peut empêcher, dans une certaine mesure la formation sur les statues de cette espèce de croûte foncée si désagréable d'aspect. Il suffit de les frotter souvent avec de l'huile, dont une mince couche reste adhérente au bronze et le protège. L'action de l'huile consiste, sans doute, à empêcher le contact de l'humidité; la poussière peut aussi plus difficilement se fixer sur le métal et produire des incrustations par l'absorption de gaz et de vapeurs. En lavant les statues noircies, avec une lessive étendue de potasse, Elster a pu faire réapparaître la patine verte: les matières organiques se sont dissoutes dans le liquide alcalin, et le sulfate de cuivre, etc., qu'elles masquaient, a été mis à nu.

Bronze des instruments sonores. Cu 78-82. Sn 22-18. Le bronze des instruments sonores (cloches, tam-tams, cymbales) est le plus riche de tous en étain. Il est blanc jaunâtre, à grains fins, très dur, très fragile à la température ordinaire, se brisant lorsqu'on le soumet à l'action du marteau pour le travailler.

D'Arcet constata vers 1814 que ce bronze présente, sous l'influence de la trempe et du recuit, des phénomènes inverses de ceux de l'acier: la trempe adoucit le bronze, et le recuit le durcit. En s'appuyant sur cette observation, il avait espéré qu'on pourrait travailler le bronze à froid en le soumettant à des trempes fréquentes, et il avait conclu que la fabrication des instruments sonores dans l'extrême Orient repose sur cette propriété. Les essais industriels entrepris dans cette voie ne réussirent pas.

Les recherches de notre excellent collaborateur, M. Riche, ont montré qu'il ne pouvait en être autrement. Les résultats inverses que la trempe et le recuit fournissent avec l'acier et le bronze correspondent à des variations inverses dans les densités.

Ces deux substances présentent des différences plus saillantes encore lorsque pour les travailler, on les soumet alternativement à un effort mécanique et à l'action de la chaleur. La densité de l'acier s'abaisse sous le choc du balancier ou du marteau, et le recuit par lequel on fait suivre ce travail ramène le métal à sa densité première, (*Colonel Caron*). Au contraire, l'action mécanique et celle de la chaleur (trempe ou recuit) sur le bronze concourent toutes deux dans le même sens pour en accroître la densité, et amènent bientôt ses molécules [dans un état instable qui est suivi de la rupture.

Les effets changent si on travaille le bronze à à une température inférieure ou voisine du rouge. Vers le rouge sombre le bronze se forge facilement, il s'aplatit sans se rompre sous de forts marteaux, il se lamine facilement et on peut l'amener en quelques passes de l'épaisseur de 14^{mm} à celle de 1 à 2^{mm}, il peut alors se recourber sur lui-même et s'emboutir.

Ces recherches, dues à M. Riche, ont amené ce savant à réaliser de concert avec un autre de

nos collaborateurs, M. Champion, la fabrication des tam-tams et autres instruments sonores par la méthode suivie en Orient qui consiste à opérer vers le rouge et non à la température ordinaire.

Ils ont réussi à fabriquer dans l'usine de MM. Cailar et Goin, des tam-tams possédant les dimensions, l'aspect et la sonorité des instruments chinois. Pour abréger le travail, on mit à profit l'observation de M. Riche, en amenant l'alliage à l'épaisseur convenable par un laminage à chaud. Les Chinois ne semblent pas connaître le laminoir.

Le métal des cloches est très variable, parce qu'on le fabrique rarement avec des métaux neufs; on y rencontre souvent un peu de zinc et de plomb. La composition se rapproche de celle des cymbales: 78 à 82 de cuivre, 22 à 18 d'étain. Le zinc et le plomb y sont quelquefois introduits par mesure d'économie; ces deux métaux, le dernier surtout, nuisent à la sonorité. L'argent, dit-on, en donnerait davantage. Les sonnettes, les timbres, ont une composition voisine de celle des cloches. — V. CLOCHE.

On a obtenu de bons résultats de l'introduction du cuivre phosphoreux dans la fabrication des cloches, au point de vue de la sonorité. — V. plus loin BRONZE PHOSPHURÉ.

Bronze des télescopes. C'est un alliage blanc d'acier, très dur, très cassant, susceptible d'un beau poli, formé de 66 de cuivre et de 33 d'étain. On a proposé de l'addition de platine; le métal de miroir de Cooper présente la composition suivante: Cu, 57,80; Sn, 27,30; Zn, 3,00; As, 1,20; Pt, 10,80. Le métal de miroir de Sollit contient 4 de nickel, 64,60 de cuivre et 31,30 d'étain. Une analyse de miroir chinois, due à Elsner, a donné 80,80 de Cu, 9,40 de plomb et 8,40 d'antimoine.

Bronze des canons. Le bronze des canons est à peu près le seul qui ne renferme que du cuivre et de l'étain, ainsi que les impuretés de ces métaux. La proportion des deux métaux est d'environ 90 de cuivre et 10 d'étain. Toutes les tentatives faites pour modifier ces proportions, dans le but de remédier à la destruction rapide des pièces, ont été à peu près sans succès, car il faut que l'alliage ait à la fois de la dureté et de la tenacité. Or, la dureté croît avec la proportion d'étain, mais en même temps la tenacité diminue. Il y a donc des limites très restreintes entre lesquelles il faut se tenir pour ne pas sacrifier la dureté à la tenacité, ou réciproquement. On a fait également beaucoup d'expériences pour déterminer si de petites quantités de fer, de zinc, de plomb, n'amélioreraient pas ce bronze, mais elles n'ont amené aucun bon résultat. — V. BOUCHES A FEU.

Une série d'essais a été exécutée par le colonel Caron pour ajouter du tungstène au bronze à canons, dans le but d'en augmenter la dureté sans en altérer la tenacité; on a constaté que le tungstène ne peut donner un mélange homogène ni avec l'étain ni avec le métal à canon.

Dans la fonte des canons, on laisse au-dessus du

point où doit se trouver la bouche, un prolongement connu sous le nom de *masselotte*, dont le but est d'exercer une compression et de compenser le retrait que subit le métal par le refroidissement. D'après M. Riche, la masselotte n'a pas pour effet d'augmenter la densité du métal dans la pièce, car il a établi que la liquation est beaucoup moins forte qu'on ne l'admet en général et la densité ne croît pas depuis la bouche jusqu'à la culasse. Les expériences ont été faites pendant le siège de Paris, sur les canons de 7 coulés chez M. Thiébaut et chez MM. Cailar et Goin. — V. Bouches à feu.

Il n'a pas observé de différence sensible entre la teneur en étain, à la culasse, à la bouche et dans la masselotte. On trouve dans l'axe d'une pièce, et surtout vers la culasse, des parties très riches en étain et en zinc. Néanmoins l'axe est moins riche en étain que la périphérie. Cette portion du canon disparaît par le forage.

Bronze monétaire. Les alliages de cuivre et d'étain possèdent au plus haut degré les qualités qu'exige cette fabrication, c'est-à-dire la finesse du grain, la dureté et la résistance à l'oxydation dans l'air; cependant, le cuivre a été longtemps préféré au bronze dans notre pays, malgré son peu de dureté, parce qu'il est plus ductile et qu'il prend l'empreinte des coins plus facilement que le bronze. Les bronzes, employés à la fabrication des monnaies de billon, sont très riches en cuivre et le travail en est facile à froid. On les amène à l'état de feuilles minces par de nombreux laminages entremêlés par des recuits au rouge sombre; sans cette précaution le métal se gercerait. Les lames recuites sont refroidies brusquement par immersion dans l'eau. La trempe ne produit qu'un adoucissement insensible de ce bronze et, en général, avec des bronzes peu riches en étain (12 à 6 0/0), on obtient un métal tout aussi doux lorsque, au lieu de tremper des lames dans l'eau, on les abandonne à un refroidissement lent. Néanmoins, il est préférable de refroidir rapidement le bronze pour atténuer son oxydation, et surtout pour détacher les écailles d'oxyde qui se forment pendant le réchauffement et qui ont le double inconvénient de salir le laminoir et d'altérer la lame où elles s'incrustent.

La composition du bronze monétaire a varié un peu suivant les époques, mais toujours dans des limites assez restreintes. Actuellement, la monnaie de billon française, est formée de 95 de cuivre, de 4 d'étain et de 1 de zinc.

Les médailles antiques étaient obtenues soit avec du cuivre, soit au moyen de bronzes dans lesquels la proportion d'étain varie dans de grandes limites (de 1 à 25 0/0); le relief était très faible.

Bronze industriel. Les bronzes employés dans l'industrie sont très riches en cuivre. Leur composition varie beaucoup suivant l'usage auquel on les destine : ceux qui sont soumis à des frottements énergiques (coussinets, têtes de bielles, tiroirs, glissières), se rapprochent du bronze des instruments sonores. La composition est la suivante : 81 parties de cuivre, 17 parties d'étain, 2 parties de zinc. Pour les excentriques, on diminue de 2 0/0 la quantité d'étain afin d'éviter les cassures. L'alliage pour la robineterie des machines à vapeur est composé de : 88 parties de cuivre, 8 parties d'étain, 4 parties de zinc.

On a raison de s'opposer à l'introduction dans les bronzes d'une trop grande quantité de zinc qui diminue la tenacité, mais c'est à tort que l'on s'oppose à l'addition d'une petite quantité de ce métal; nous avons vu au Bronze statuaire les avantages qu'on en retire. Le plomb présente, au contraire, de grands inconvénients : il accélère l'oxydation, de plus il tend à détruire l'homogénéité des alliages, parce que, en raison de sa densité, il se porte toujours à la partie inférieure des pièces. Les alliages fabriqués dans l'industrie varient à l'infini. Certains fondeurs arrivent même à faire des alliages possédant les apparences du bronze, dans lesquels il n'entre pas d'étain.

Ces alliages s'obtiennent en forçant la dose de zinc que renferme le laiton, et en y ajoutant une petite proportion de plomb et d'antimoine (*plomb régulé*). Ainsi, un alliage de 58 parties de cuivre, de 40 parties de zinc et de 2 parties de plomb régulé a parfaitement la couleur du bronze.

On a cherché à améliorer les bronzes par l'introduction de substances étrangères, et l'on a remarqué que de petites quantités de fer et de phosphore augmentaient leur résistance et leur solidité. Suivant M. Riche, du cuivre qui n'offre à la rupture qu'une résistance de 28 kilogrammes par millimètre carré, en atteint une de 40 kilogrammes lorsqu'il a été brassé avec de petites quantités de fer. La dureté s'accroît également. Ce fait est dû non pas à la proportion très faible de fer qui reste dans l'alliage, mais au pouvoir réducteur de ce corps. — V. Bronze phosphuré.

Bronze pour dorure. Ce bronze doit fondre facilement, prendre parfaitement la forme du moule, se laisser tourner et ciseler et exiger peu de dorure. Les meilleures compositions sont les suivantes :

Cuivre	63,70	64,45
Zinc	33,55	32,44
Etain	2,50	0,25
Plomb	0,25	2,86

Pour débarrasser de toute matière grasse la surface des ornements en bronze destinés à être dorés, on les porte au rouge sombre et on les expose alors pendant quelque temps à l'air.

La teinte noire que le feu communique quelquefois aux pièces s'enlève au moyen d'un lavage fait avec un acide affaibli. On lave ensuite à l'eau pure, on sèche avec de la sciure de bois ou un linge propre.

Bronze fondu. Mauvais alliage auquel on donne aussi le nom de *potin.*

Bronze d'aluminium. Le bronze d'aluminium est un alliage de cuivre et d'aluminium. D'après Tissier, 1 0/0 d'aluminium ajouté au cuivre en augmente considérablement la tenacité, et le rend plus fusible ; la dureté s'accroît, la malléabilité restant la même. M. Christofle emploie pour certains objets d'art un bronze à 2 0/0 d'aluminium. Les bronzes d'aluminium contiennent de 90 à 95 0/0 de cuivre et de 5 à 10 d'aluminium. Ces alliages se préparent avec du cuivre galvanique ou obtenu par l'affinage. On ajoute au cuivre en fusion la quantité voulue d'aluminium. M. Evrard prépare ce bronze en faisant réagir le cuivre sur de la fonte alumineuse en fusion. Le cuivre ayant plus d'affinité pour l'aluminium que pour le fer, se combine au premier.

Lorsque la proportion d'aluminium est de 5 à 10 0/0, le bronze a une couleur qui se rapproche de l'or ; à 10 0/0 il a la couleur verte de l'or allié à l'argent. Les poids spécifiques sont de 8,69, 8.62, 8.36 et 7.68, pour des bronzes à 2, 3, 4, 5 et 10 0/0. Ce bronze se forge et se cisèle très bien ; il se laisse étirer au marteau, depuis le rouge obscur jusqu'à son point de fusion ; il se prête parfaitement au moulage, il n'encrasse pas les limes, il donne une surface nette et brillante sous l'influence des machines à planer et à tourner.

Son coefficient de résistance à la déchirure est de 5.329 kilogrammes par c. c. ; celui du bronze à canon est de 5,552 kilogrammes.

Relativement à la compression, un poids de 1484 kilogrammes par c. c. a laissé une empreinte de 0 ᵐ/ᵐ. 127 ; sous une charge de 9,642 kilogrammes, l'échantillon fut fortement déformé. Sa rigidité est trois fois plus grande que celle du bronze à canons et quarante-quatre fois supérieure à celle du laiton. Quant à la dilatabilité, il est beaucoup moins affecté par les changements de température que le bronze et surtout que le laiton.

En raison de ses excellentes propriétés, le bronze d'aluminium se prête à une foule d'applications ; se ternissant très peu à l'air et la graduation, s'y appliquant très bien, on l'emploie pour les instruments de physique, de géodésie, d'astronomie ; il est assez recherché pour les objets d'art, la bijouterie, etc. On en fait divers objets de ménage, des robinets, des cendrières, des casseroles pour la préparation des confitures et des gelées de fruits acides. Son élasticité dépassant celle de l'acier, on en fait des ressorts de montres et de pendules. On fabrique avec ce bronze des navettes de tisserand. M. Cambrieu le recommande pour les caractères d'imprimerie et il entre comme pièce principale dans les machines employées à trouer les timbres-poste.

On l'a proposé pour la fabrication des lettres de métal, découpées, estampées ou fondues, destinées à être collées ou rapportées de toute autre manière sur les vitres des magasins, devantures, etc.

On le soude, soit au moyen de soudure ordinaire alliée de 50, 25 ou 12 0/0 d'amalgame de zinc, soit avec de la soudure d'argent ou de laiton. La soudure employée par MM. Christofle, pour les placages de bronze d'aluminium, sur le fer, l'acier, le cuivre, etc., a la composition suivante : soudure forte du commerce, 7 kilogr. 200 ; soudure d'argent au quart, 1,800 ; cuivre jaune, 0,360.

M. Cholet fait un placage avec 10 de bronze d'aluminium et 1 de cuivre ; on comprime à chaud et on lamine, le cuivre formant le revers des feuilles est destiné à recevoir la soudure d'étain. Au lieu de placage, on peut déposer sur le bronze une couche de cuivre galvanique.

Bronze blanc. On donnait, à Corinthe, le nom de *bronze blanc* à un alliage composé de cuivre et d'étain, additionné d'arsenic qui, après avoir reçu le polissage, servait à fabriquer des miroirs. De nos jours, on obtient également, par un alliage semblable, un bronze susceptible de recevoir un poli brillant, mais il est d'un prix trop élevé pour être d'un grand emploi.

Bronze phosphuré. L'influence du phosphore dans les bronzes a été signalée en 1853, par MM. de Ruoltz et de Fontenay. Abel et Wils ont aussi montré ce fait que le phosphore, ajouté au bronze, en petites quantités, en augmente la dureté et la tenacité. Plus tard, Montefiore-Levy et Kunzul ont pris un brevet pour la préparation du bronze phosphuré.

Ce bronze offre une couleur semblable à celle de l'or rouge ; il est cassant, offre une cassure à grains fins analogue à celle de l'acier à outils ; plus dur que le bronze ordinaire, son élasticité est plus grande de 80 et sa tenacité de 70 0/0 ; il est très fluide à l'état fondu, se coule parfaitement en sable d'étuve, sans soufflure, de telle sorte que pour la fonte des canons, le procédé à tête perdue n'est plus nécessaire. — V. BOUCHES A FEU.

Le phosphore est introduit le plus généralement (sans règle absolue) dans les alliages à l'état de *phosphure de cuivre*. Il ne paraît pas agir par sa présence dans le bronze, mais plutôt parce qu'il réduit les oxydes qui se forment dans le bronze pendant la fusion (sous-oxyde de cuivre, oxyde de cuivre) ; ce qui a pour conséquence d'augmenter l'homogénéité de l'alliage. L'action du phosphore doit être rapprochée de celle du fer. V. plus haut BRONZES INDUSTRIELS.

La quantité de phosphore restant dans le bronze est faible. Tant qu'il ne s'agit pas d'alliages dont la destination spéciale exige une dureté et une fusibilité exceptionnelles, on ne dépasse jamais la proportion de 1 à 3 millièmes.

Selon la quantité de phosphure de cuivre que l'on veut préparer on opère : soit avec des creusets isolés dans des fourneaux à air, soit par groupe de 10 à 12 creusets placés dans des fours à cémenter ordinaires. Les creusets sont en plombagine et ils peuvent servir pour 8 ou 10 phosphurations successives. On opère sur des tournures de cuivre rouge provenant des foyers de locomotives ou sur des tournures de lingots des meilleurs cuivres du commerce. Comme agent de phosphuration, on emploie la *pâte à phosphore*, qui est du phosphate acide sirupeux mélangé avec un cinquième de son poids de charbon, et chauffé jusqu'au rouge sombre. Le phosphure obtenu est au titre de 9 0/0 de phosphore.

La charge ordinaire d'un creuset est la sui-vante :

Tournure de cuivre rouge.	9,750
Pâte à phosphore	6,000
Charbon de bois.	0,750
Pâte à phosphore épuisée	1,500

On pousse le feu lentement et graduellement jusqu'à la température de la fusion pâteuse du cuivre. On maintient le feu à cette température pendant 16 heures, puis on le laisse tomber et s'éteindre.

La masse charbonneuse mélangée de phos-phure de cuivre est tamisée, lavée, et le phos-phure est séché puis fondu en lingots. Les qualités du bronze dans lequel entre le cuivre phospho-reux ne sont pas modifiées par la refonte : La fusibilité, la solidité et le grain fin, l'inaltérabilité à l'air, joints à la beauté de l'aspect extérieur, permettent de fabriquer en bronze phosphuré une foule d'objets qu'on avait l'habitude de fabriquer en acier ou en fer et le recommandent pour la confection des objets d'art et de décora-tion. La perfection de la fonte diminue considé-rablement les frais de polissage et autres. Le laminage et l'étirage du bronze phosphuré sont plus faciles que ceux du cuivre. Une plaque de bronze, par un seul passage au laminoir à froid, peut perdre un cinquième de son épaisseur, et cela sans que les arêtes et les coins soient altérés et sans qu'il se produise de déchirures.

M. Uchatius a déterminé la résistance absolue du bronze phosphuré (qualité spéciale pour armes à feu).

Résistance absolue par c. c., 3.600 à 3.340 limite d'élasticité par c. c., 600 à 400 kil.; allon-gement 0/0, 20.66 à 14.66.

Sous l'influence de l'eau de la mer, les plaques en bronze phosphuré perdent 1,153 0/0 de leur poids en six mois, alors qu'une plaque en bronze ordinaire perd 3,058 de son poids.

Aujourd'hui, le bronze phosphuré est employé exclusivement sur le réseau du chemin de fer d'Orléans. Les compositions adoptées pour les différentes compositions du matériel varient légèrement, suivant le travail de frottement auquel elles sont soumises. L'expérience a cependant démontré qu'on ne pouvait s'écarter des types ci-après que dans de très faibles limites :

	Cu phosphuré à 90/0 de Ph	Cu	Sn	Zn
Tiroirs de distribution de locomotives	35 00	77k850	11k000	7k650
Coussinets d'essieux de bielles de locomotives.	3.500	74.500	11.000	11.000
Coussinets d'essieux de vagons.	2.500	72.500	8.000	17.000
Tiges de piston de presses hydrauliques (grande tenacité.	3.500	85.500	8.000	3.000

Les essieux en bronze phosphuré se déforment moins que ceux en fer et sont beaucoup moins fragiles que ceux en fonte.

On peut remarquer, d'après le tableau précédent, que le zinc est, pour une forte proportion, subs-titué à l'étain. C'est à cette modification essen-tielle, jointe à l'introduction du phosphore, que MM. de Ruoltz et de Fontenay attribuent les pro-priétés caractéristiques de ces alliages.

Indépendamment des applications précédentes, on en a tenté quelques autres : c'est ainsi qu'on obtient un bronze pour métal de cloches, timbres, présentant une sonorité supérieure à celle du bronze de cloches ordinaires, de la composition suivante : phosphure de cuivre à 9 0/0, 2,200; cuivre, 75,500; étain, 22. On obtient un métal pour miroirs de télescopes, d'un très beau poli et d'une grande blancheur, avec : phosphure de cuivre à 9 0/0, 2,200; cuivre, 64,800; étain, 33. Les planches en cuivre pour graveurs faites avec : phosphure de cuivre, 2,200; cuivre, 97,800; s'at-taquent plus régulièrement par l'acide nitrique, et les arêtes sont bien plus nettes dans la gravure au burin.

Les bronzes phosphurés avec une faible propor-tion d'étain jusqu'à 4 0/0, sont étirés en fils et employés pour la télégraphie et pour les câbles des mines; on fait des feuilles pour le revê-tement des navires, les enveloppes de cartouches et les monnaies. Avec 5 0/0 d'étain, en raison de l'élasticité, de la ténacité, de la résistance absolue supérieure à celle de l'acier de canon, il est em-ployé pour la fabrication des bouches à feu, des canons de fusils. — V. Bouches à feu.

Pour les statues, on compose les bronzes phos-phurés, de telle sorte que le rapport du phosphore à l'étain dépasse 1,10; la quantité d'étain est réglée d'après la nuance que l'on veut obtenir. La patine se forme plus sûrement que sur les autres bronzes.

MM. Lehmann frères ont adopté la classifica-tion suivante pour les divers bronzes phosphurés :

Bronze phospho A, dit: Dur:	Coussinets de wagons et tram-ways, paliers de machines petites et moyennes, machines-outils de toutes sortes et de tous usages.
Bronze phospho A, dit: Très dur:	Coussinets de vagons, cames, butoirs, lentilles d'arbres verticaux, tiroirs de grandes machines, puissantes ma-chines de la marine, des mines, etc.
Bronze phospho B, dit: Résistant.	Tiroirs de machines à vapeur, paliers ou organes mécani-ques soumis à des chocs.
Bronze phospho C, dit: Tenace.	Écrous soumis à des chocs, coulisses, valves de pompes, tiges, pignons, boulons, ri-vets et petits organes de mouvement.
Bronze phospho D, dit: Au feu.	Tuyères, plaques et organes soumis à de hautes tempé-ratures.
Bronze phospho E, dit: Anti-frottement.	Doublure des coussinets en fonte, ou en bronze, ou en laiton, ou composition ordi-naire.

Ces bronzes sont désignés, suivant leur qualité et leurs usages, par la classification :

A¹, A², A³, dur, très dur, archi-dur ;

B¹, B², B³, résistant, très résistant, archi-résistant;

C¹, C², C³, tenace, très tenace, archi-tenace ;

D¹, D², D³, réfractaire, très réfractaire, archi-réfractaire ;

E¹, E², E³, pour doublures et objets de l'art industriel.

Nous renvoyons à l'article Cuivre pour divers renseignements qui n'ont pu trouver place ici.

Bronze de manganèse. Le manganèse est introduit dans le bronze à l'état de *cupro-manganèse*, c'est-à-dire d'alliage de cuivre et de manganèse; l'addition du cupro-manganèse peut se faire à n'importe quel moment de la fonte, mais il est préférable de choisir pour cela le moment ou la fusion est parfaite, celui qui précède immédiatement la coulée.

Dès 1849, Gersdorf et Schrœtter ont obtenu cet alliage en réduisant, par le charbon, un mélange de battitures de cuivre et de manganèse. Prieger le prépare en chauffant au rouge blanc, dans des creusets de graphite, des minerais de manganèse, du cuivre très divisé et du poussier de charbon. Allen fond, dans un fourneau à réverbère à chauffage régénérateur de Siémens, un mélange d'oxyde de cuivre, de charbon et d'oxyde de manganèse. Le produit obtenu est très fusible, dur et résistant; combiné à des alliages de zinc et d'étain, il fournit des compositions utiles dans l'industrie.

Le manganèse, ajouté au bronze, joue évidemment le même rôle que dans d'autres opérations métallurgiques ; il l'affine, en déterminant la réduction de tous les oxydes qu'il peut renfermer. Il communique au bronze un grain plus compacte et plus homogène, ainsi qu'une ténacité et une dureté plus grandes. Le bronze de manganèse est plus brillant que le bronze ordinaire. Il se laisse forger et laminer au rouge : métal fondu : ténacité, 35 à 38 kilogrammes par m. m. c.; limite d'élasticité, 22 kilogrammes; allongement variant de 3,8 à 8,75 0/0; métal forgé : ténacité, 45 à 47 kilogrammes; limite d'élasticité, 18,9 à 20,8; allongement, 31,8, 38, 35 et 20,75.

On voit par là que le bronze au manganèse offre à peu près la tenacité du fer forgé et une élasticité plus étendue. Les propriétés se rapprochent plutôt de celle d'un acier tendre.

M. Schroetter a obtenu différents alliages de cuivre et de manganèse rappelant par leur qualités le *pakfong*. On a substitué aussi le manganèse au nickel dans l'*argentan* sans en altérer les qualités. L'alliage désigné sous le nom de *bronze-acier* s'obtient, en fondant ensemble, soit en creusets, soit au réverbère, du cuivre rouge avec un alliage de fer et de manganèse. Il a une couleur argentine fort belle. — V. Cuivre (*Alliages du*).

Bronze de nickel. — V. Nickel.

Bronze de platine. En alliant une petite quantité de platine au nickel impur, on le rendrait inoxydable et inattaquable aux acides faibles employés ordinairement dans l'industrie. On ajoute au mélange des métaux une certaine quan-

tité d'étain pour obtenir la combinaison. Les métaux sont fondus au creuset brasqué sans addition de fondants.

	Ni	Pt	Sn	Ag
Couverts.	100	1	10	»
Cloches	100	1	20	2
Objets de luxe.	100	1/2	15	»
Télescopes.	100	20	20	»

En augmentant la quantité de platine on peut rendre inoxydable un poids de cuivre égal aux 2/3 du poids de l'alliage.

Laiton 120

Platine. . . . . 5 à 10

Nickel.'. 60

Bronze de couleur (*bronzine, bronze en poudre, poudre de bronze*). La fabrication des bronzes sous forme pulvérulente employés pour bronzer les objets de plâtre et de bois, ainsi que les objets métalliques coulés, et qui servent, en outre, dans l'imprimerie, la lithographie, la peinture, la fabrication des toiles cirées et des tapisseries, s'opère, soit par voie mécanique, en travaillant le bronze à la lime ou en broyant' au moyen du moulin les feuilles qui résultent de leur battage, soit par voie chimique dans laquelle les métaux sont précipités de leurs solutions salines par réduction au moyen de substances réductrices appropriées : Dans la fabrication des bronzes en poudre, on est arrivé à la production d'une grande variété de couleurs très brillantes. La majeure partie des bronzes colorés est faite avec un alliage de cuivre et de zinc, dont la composition se rapproche de celle du laiton. Quelques alliages renferment de l'étain et quelquefois de l'argent, suivant la nuance qu'on veut obtenir. La composition de l'alliage de ces couleurs de bronze, est :

		Cuivre	Zinc	Étain	Fer
Pour les nuances	Jaune pâle. . . .	82.33	16.59	»	»
	— foncé. . . .	84.50	15.39	»	0.16
	— rouge.. . .	90.00	9.60	»	0.07
	— orange. .	98.93	0.73	»	0.20
	Cuivre.	99.90	»	»	0.08
	Violette.	98.22	0.50	trac.	trac.
	Verte	84.32	15.02	»	0.30
	Blanche. . . . ⸮	»	2.30	96.46	0.03

L'analyse des différents échantillons de couleurs de bronze a donné les résultats suivants pour la richesse en cuivre :

Bronzes français. { Rouge-cuivre. . . . 97,32 0/0

Orange 94,44 0/0

Jaune pâle. 81,29 0/0

Bronzes anglais. { Orange 90,82 0/0

Jaune vif. 82,37 0/0

Jaune pâle.. . . . . 80,41 0/0

La coloration est produite en chauffant la poudre de bronze avec un peu d'huile, de paraffine, de suif ou de cire, dans un vase en remuant constamment au-dessus d'un feu de charbon; les belles couleurs qui prennent alors naissance (violet, rouge-cuivre, orange, jaune d'or, vert), sont des couleurs de recuit.

Pour obtenir une nuance bleue très belle, on emploie un alliage de 100 parties d'étain pur, 3 parties d'antimoine, un sixième de cuivre. Après battage et broyage du bronze, on traite la poudre par une solution saturée d'hydrogène sulfuré. Au bout de dix à douze heures, la poudre de bronze s'est colorée en jaune d'or; on la lave, on la sèche et on la chauffe vers 200° à 230°. De jaune qu'elle était, elle acquiert successivement des teintes jaune foncé, orange, violet clair, violet bleuâtre, enfin bleu pur.

L'on précipite le cuivre métallique en plongeant une lame de zinc dans une solution saturée de sulfate de cuivre additionnée de son volume d'acide chlorhydrique; le précipité est lavé d'abord à l'alcool faible, puis à l'alcool absolu.

On peut ajouter à une solution d'azotate de cuivre, de la limaille de fer; le fer donne la couleur de bronze au précipité qui se dépose au fond du vase. Ce précipité est lavé plusieurs fois à l'eau.

On obtient encore le cuivre en poudre en chauffant l'oxyde de cuivre dans un petit matras, au moyen d'un triple bec de Bunsen alimenté par le gaz d'éclairage. Wagner préfère comme moyen de réduction les vapeurs de pétrole. On peut encore l'obtenir en grillant un mélange de chlorure de cuivre, de carbonate de soude et de sel ammoniac, en précipitant une solution d'acétate de cuivre par l'acide sulfureux, en décomposant du sous-oxyde de cuivre par l'acide sulfurique, par l'électrolyse d'une solution de sulfate de cuivre; précipitation d'une solution de sulfate de cuivre par des tiges de fer forgé enveloppées de papier buvard ou d'une étoffe de coton, chauffage d'une solution cupro-ammoniacale avec du sucre de raisin et de la potasse, etc.

On cémente ensuite cette poudre de cuivre par la vapeur de zinc ou de cadmium.

On prépare aussi les bronzes en poudre en se servant de la combinaison des divers métaux avec le mercure. On mélange avec soin les amalgames respectifs dans des proportions convenables, et l'on distille dans un courant d'hydrogène; le mercure se sépare et l'on obtient l'alliage sous forme d'une masse légère, spongieuse, facile à écraser, et qui, broyée, se transforme en une poudre extrêmement fine, d'un éclat métallique pur.

On emploie quelquefois pour bronzer, le mica pailleté ferrugineux. Après nettoyage, on le concasse sans le pulvériser, ce qui ôterait tout éclat; on fait macérer la poudre dans de l'acide chlorhydrique, on lave à l'eau et l'on sèche.

Ajoutons enfin que l'on emploie les feuilles d'or broyées à la molette, l'or mussif, etc.

Bronze d'or. Bronze violet. — V. BRONZE DE COULEUR.

Bronze de vanadium. La préparation connue sous le nom de *bronze de vanadium* est un véritable vanadate d'ammoniaque; c'est une substance remarquable par son insolubilité et son inaltérabilité, et aussi par sa jolie couleur d'or qui l'a fait employer dans les enluminures et les encres d'or au lieu de l'or en coquilles. — V. DORURE.

Bronze chinois et japonais. Les bronzes d'art chinois et japonais sont remarquables par une patine foncée qui les recouvre et qui n'est due ni à l'application d'un vernis ni à l'action du soufre. M. Morin a indiqué que sa production résulte de la présence d'une quantité de plomb allant jusqu'à 20 0/0. Voici le résultat de quelques analyses faites sur des bronzes authentiques.

	1			2	
	1	2	3	4	5
Étain	4.36	2.64	5.52	7.27	6.02
Cuivre.	82.72	82.90	72.09	72.32	71.46
Plomb.	9.90	10.46	20.31	14.59	16.34
Fer	0.55	0.64	1.73	0.28	0.25
Zinc.	1.86	2.74	0.67	6.00	5.94
Arsenic	Tr.	0.25	Tr.	Tr.	Tr.

Les alliages du second groupe se distinguent par une plus forte proportion d'étain et surtout de zinc, qui semble contrebalancer la présence du plomb.

L'auteur a essayé de reconstituer ces alliages en fondant :

	Sn	Cu	Pb	Fe	Zn
1 alliage.	5.5	72.5	20.0	1.5	0.5
2 —	5.0	83.0	10.0	»	2.0

Le premier alliage offre peu d'intérêt et est d'une grande fragilité. Certains bronzes chinois et japonais présentent cette fragilité à un haut degré et l'on a vu souvent des vases d'un grand prix se briser au moindre choc. Le second au contraire fournit un bronze tout semblable au bronze chinois. Sa cassure, à grains fins et serrés, est identique, son poli est le même. Chauffé au feu de moufle il se recouvre d'une patine d'un noir mat qu'on ne peut obtenir avec les bronzes modernes qui s'écaillent dans les mêmes conditions. Ce bronze se travaille avec facilité. Mais il ne doit être employé que pour couler des objets très minces comme le font les Chinois, sinon il se produit une sorte de liquation dans le moule. M. Morin a pu produire les filigranes de la façon suivante. On grave le métal, on le place dans un bain galvanique au cyanure d'argent, le sel d'argent se dépose sur les creux. On passe au feu de moufle. L'argent est réduit et apparaît en traits fins et déliés sur la patine d'un beau noir.

Bronze incrusté. Les nombreux spécimens de bronzes incrustés de métaux précieux qui nous sont venus du Japon dans ces dernières années, ont amené dans l'industrie française la création de bronzes analogues. Les effets obtenus par les procédés employés ont été très remarqués dans les différentes expositions depuis 1867.

Ces procédés sont différents de ceux employés par les orfèvres et bronziers japonais et sont dus à un ensemble de moyens galvanoplastiques qui sont décrits aux articles Incrustation et Damasquinure. — V. ces mots. — Y.

Bronze d'art. La belle couleur du bronze, sa malléabilité, la facilité qu'il offre pour être moulé avec une extrême délicatesse, la possibilité de pouvoir le ciseler, en font une matière précieuse pour la reproduction des œuvres de la statuaire et de la sculpture d'ornement; c'est à ce seul point de vue que nous avons à nous en occuper dans cette étude, sans faire de distinction entre la figure et l'ornement, c'est-à-dire entre les statues ou les objets d'ameublement : pendules, candélabres, lustres, appareils servant à l'éclairage des villes, etc.; l'art et l'industrie ont ici des rapports tellement intimes que si le procédé ne vient pas détruire la pensée de l'artiste, l'œuvre reproduite par l'industriel servira utilement l'art par la prompte propagation de ses créations.

— La découverte du bronze remonte aux âges préhistoriques, et ce précieux alliage fut certainement l'une des premières matières employées par l'industrie de l'homme. Les armes et les ustensiles de bronze succèdent, sans transition bien appréciable, aux armes et aux ustensiles de pierre. Le cuivre était connu déjà, mais ce métal n'avait pas la dureté nécessaire pour résister à un travail ou à un combat prolongé. Le hasard amena, sans doute, la découverte du bronze, par le mélange imprévu d'une certaine quantité de cuivre avec quelques parties d'étain; quoique cet alliage fût moins dur que la pierre qu'il venait remplacer, sa malléabilité plus grande permettait de le travailler plus facilement. On en fit des haches, des épées, des couteaux, des vases, des monnaies, des instruments de labour; toutes les armes, tous les outils, tous les ustensiles utiles à l'homme furent en bronze, et on continua d'employer usuellement cet alliage, jusqu'au moment où les préparations et le façonnage du fer furent partout pratiqués.

Parmi les peuples occidentaux, les Égyptiens et les Grecs paraissent avoir les premiers connu le bronze, presque dans le même temps; les uns et les autres l'employaient aux mêmes usages.

L'éminent égyptologue, que la science vient de perdre, M. Mariette Bey, a découvert, en Égypte, des statuettes de bronze dont quelques-unes avaient été dorées; la matière dont elles ont été faites est d'une qualité si exceptionnelle, que les parties qui n'ont point été altérées par le temps sont remarquables par leur composition.

S'il faut en croire quelques historiens, l'art de fondre les statues en bronze remonterait à la plus haute antiquité, et serait presque contemporain de la découverte du bronze lui-même. Pline raconte que Théodoros et Rœcus, de Samos, qui vivaient 700 ans environ avant l'ère moderne, enseignèrent aux Grecs l'art de modeler, et perfectionnèrent les procédés employés jusqu'alors pour fondre les statues.

Mais ces procédés restèrent pendant longtemps encore bien imparfaits.

Soit que l'étain fût mis en trop petite quantité, soit que le cuivre s'affinât, c'est-à-dire se débarrassât de tout élément étranger pendant la fusion, ce dernier métal restait souvent le seul élément des statues.

Lysippe, qui vivait sous Alexandre-le-Grand, et qui se rendit célèbre par ses statues du conquérant macédonien, perfectionna les méthodes de moulage et de fusion employées jusqu'à lui. D'abord simple ouvrier en bronze (faber œrarius), il put joindre au talent de l'artiste les qualités du praticien. Ses ouvrages, qui s'élevèrent, à ce que l'on croit, au nombre énorme de quinze cents, étaient tous en bronze, ce qui explique comment aucun d'eux n'est parvenu jusqu'à nous. Parmi ses œuvres, figurait une statue colossale de Zeus, de quarante coudées ou 18m,462 de haut. Grâce à Lysippe, l'art du fondeur est alors assez perfectionné pour pouvoir produire des statues d'incroyables dimensions. Aussi les colosses se multiplient. Ceux de Rhodes, sont restés célèbres; on comptait dans l'île plus de trois mille statues de bronze, la plupart de proportions colossales; il y en avait également au moment de la conquête de la Grèce par les Romains, trois mille à Athènes, autant à Delphes et à Olympie, et Corinthe notamment en fournit aux vainqueurs une quantité considérable. Les villes furent alors dépeuplées des statues qui les décoraient.

Chez les Romains, c'est sur le bronze que l'on gravait les lois, les traités de paix et d'alliance; sous Vespasius, trois mille de ces tables furent détruites par un incendie. Tous les instruments du culte ou des sacrifices étaient en bronze: les patères, les couteaux, les haches, les spatules. Non seulement on employait le bronze pour les monnaies, les médailles, les bas-reliefs, les statues, les lampes, les candélabres, les tables, les miroirs, les objets mobiliers de toute espèce, mais on en revêtait des monuments entiers de la base au faîte.

Les œuvres que l'antiquité nous a léguées attestent à quelle perfection avaient atteint les sculpteurs anciens; le Musée de Naples conserve une grande partie de ces merveilles de la statuaire antique, entre autres, le *Faune endormi*, le *Faune ivre*, les *Danseurs* du théâtre d'Herculanum. Nous ne connaissons pas les procédés de fabrication des anciens, mais il est certain que leur fonte était habilement conduite, car, on a constaté, dans une savante étude, publiée par la *Revue des Deux-Mondes*, que la statue de Marc-Aurèle, par exemple, n'a pas eu besoin de retouches de la main de l'artiste.

Les Gaulois, peu de temps après la fondation de Marseille, vers le ve ou le vie siècle avant l'ère moderne, empruntèrent aux Phéniciens et aux Grecs l'art de mélanger le cuivre et l'étain.

A leurs ornements et à leurs bijoux anciens, jusque-là grossièrement façonnés en or pur et malléable, ils ajoutèrent les ornements et les bijoux en bronze et leur donnèrent des formes plus variées et plus gracieuses, en conservant à l'alliage dont ils étaient formés, le brillant et la couleur de l'or.

En même temps, ils se fabriquèrent des armes de bronze; des épées et des dagues modelées sur celles des Grecs; des boucliers ornés de feuilles de métal estampées, des brassards, des plastrons d'estomac, des cercles de bronze pour contenir leur longue chevelure; des casques dont on a retrouvé des fragments, formés d'un bronze léger, ajustés sur des calottes de cuir. L'épée des Gaulois, qu'ils portaient à droite, était suspendue à leur flanc par une chaîne de bronze, placée obliquement, ordinairement en bandoulière.

Les ornements, les harnachements et les défenses du cheval étaient de la même façon que les armes et les bijoux du maître.

Les bracelets, les épingles, les bagues, les anneaux d'oreille, les agrafes, les torques ou colliers, tous les bijoux des femmes, plus variés et plus nombreux que ceux des hommes, lorsqu'ils n'étaient pas d'or pur, furent fabriqués de ce même bronze jaune et brillant, finement ciselé, orné de morceaux de corail ou d'ambre.

Dans les sépultures des anciens Germains, on a retrouvé également quelques ornements de bronze, mais en moins grande quantité que dans les tombeaux gaulois.

L'art de fondre le bronze semble se perdre au moment où disparaît la civilisation romaine.

« On a pu voir cependant, dit M. Jacquemart dans l'*Histoire du mobilier*, une statuette équestre de Charlemagne, provenant de l'ancien trésor de la cathédrale de Metz, statuette qui, dans sa naïveté barbare, manifeste du moins, chez les contemporains du monarque, l'intention de perpétuer sa mémoire; on a vu, en même temps, des chandeliers plus barbares encore, formés par un homme chevauchant un lion, ou par des dragons à queue feuillagée, œuvres du xiie siècle; enfin, le xve siècle consacrait à Jeanne d'Arc une statue très rudimentaire encore, mais qu'on aime à retrouver comme une preuve de la reconnaissance conservée à la *pucelle d'Orléans*, ainsi que la qualifie une inscription gravée sur le bronze, par le peuple qu'elle avait délivré de l'étranger. »

Au moyen âge, ainsi que chez les Romains, on eût des meubles en bronze auxquels le ciseau de l'artiste donnait une haute valeur; les sièges, par exemple, étaient hauts, à dossier découpé et fouillé comme une porte de cathé-

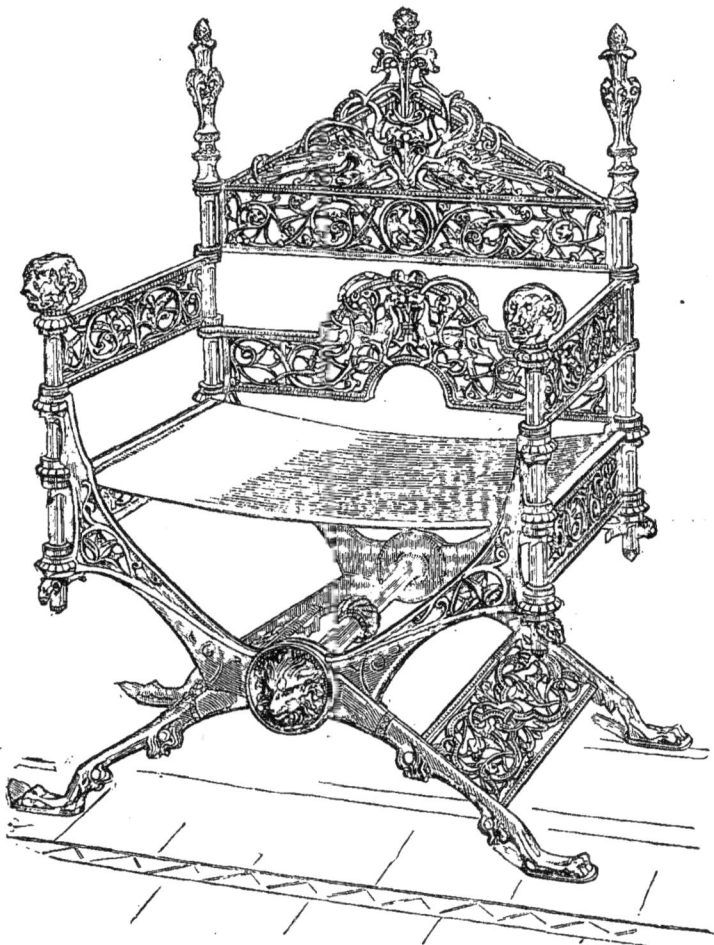

Fig. 610. — *Faudesteuil en bronze, XIIe siècle.*

drale et servaient en même temps de coffre à contenir des objets précieux, ce qui permettait de s'asseoir sur son trésor, puis on employa aussi le même métal pour le *faudesteuil, fauldesteuil*, sorte de pliant qui se démontait afin de pouvoir être transporté avec les bagages du seigneur. Notre figure 610 représente une de ces sièges. Après avoir retiré les clavettes à ressort D, on enlève les quatre montants A B, qui passent à travers les œils réservés aux extrémités supérieures du pliant, dans les accoudoirs et le dossier; les quatre pieds croisés, à tête de compas, se plient; les plaques d'appui et celle du dossier ne sont alors que des panneaux légers que l'on met dans un coffre. Les deux têtes tenant aux montants du devant sont de cristal de roche, ce qui est fort sain, parce que cette matière, étant toujours froide, entretient la fraîcheur des mains (1).

Notre regretté collaborateur Viollet-le-Duc, qui a puisé aux meilleures sources les éléments de son beau *Dictionnaire du mobilier*, dit : « que l'habileté des fondeurs du

(1) *Histoire du mobilier*, Viollet-le-Duc (Ve Morel, édit.).

xɪɪᵉ siècle surpassait tout ce qui a été fait dans l'antiquité et depuis lors. Le beau fragment du grand candélabre de Saint-Rémi de Reims, le chandelier du Mans, quelques encensoirs et candélabres de cette même époque, témoignent de l'adresse avec laquelle les artisans du xɪɪᵉ siècle savaient fondre à cire perdue. » Le même auteur rappelle dans le même ouvrage que, dans son *Essai sur divers arts*, le moine Théophile indique que les procédés de fonte « sont ceux employés lorsqu'on veut fondre à cire perdue, mais avec un détail de précautions qui montre assez combien cette industrie était poussée loin. Le fait est que les objets de bronze coulé de cette époque sont remarquablement légers et purs. Le métal est beau, plein, sans soufflures, et il est difficile de comprendre comment certaines pièces ont pu être obtenues d'un seul

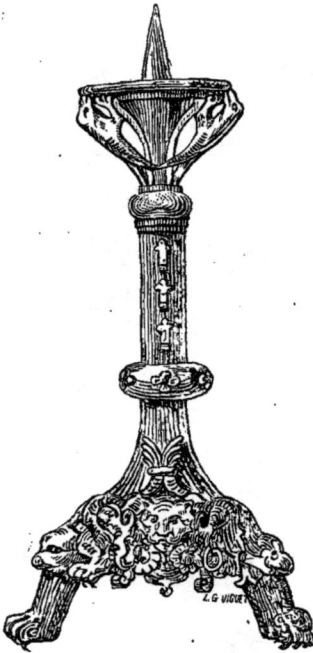

Fig. 611. — *Chandelier d'église (XIIᵉ siècle)*

jet sans brisures, puisque des parties pleines et épaisses se détachent des tigelles, des ornements d'une extrême ténuité... Le chandelier du Mans, que notre insouciance pour les objets qui ont une importance sérieuse et pratique, a laissé passer en Angleterre, lors de la vente du prince Soltikoff est, sous le rapport des procédés matériels, indépendamment de sa valeur comme art, une œuvre prodigieuse. »

Au xɪɪᵉ siècle encore, Bonnano, de Pise avait fondu les portes du dôme de cette ville et celles de St-Martin-de-Lucques; les portes de la chapelle orientale de St-Jean-de-Latran, exécutées par Uberto et Pietro, de Plaisance, datent du même temps; l'une des portes du baptistère de Florence, œuvre d'André, de Pise, avait été terminée vers 1339; la seconde, placée en 1428, et que Michel-Ange estimait assez belle pour être la porte du Paradis, était l'œuvre éternellement admirable de l'un des plus grands artistes de cette époque, le florentin Lorenzo Ghiberti, qui lui avait consacré vingt années de travail. Au même moment, Donatello, le Riccio, André Verro-

chio, Sigismond Alberghetti, de Venise, « étonnent le xvᵉ siècle par la vigueur et l'expression qu'ils communiquent à leurs merveilleux bronzes. »

Mais les nombreuses statues d'une incomparable beauté, qui existent encore dans les grandes villes d'Italie, et dont Florence possède la plus belle et la plus grande partie, datent, pour la plupart, du xvɪᵉ siècle.

Dès le xvᵉ, Louis XI avait employé Laurent Wrine à fondre les bronzes du mausolée qu'il se faisait ériger d'avance à Notre-Dame-de-Cléry; on cite encore, comme ayant travaillé le bronze vers la même époque ou un peu plus tard, Conrad Meyt, imagier du duc de Bourgogne; Francisque Rybon, « qui jetait en moule les anticailles rapportées de Rome pour le roi François Iᵉʳ; » il existe également un certain nombre d'aiguières et de bassins du plus pur style. Henri II, et qui ne se distinguent des ouvrages du même genre créés au même moment par les Vénitiens que par une certaine inexpérience dans le travail du métal; cependant, malgré ces précédents assez nombreux, l'industrie du bronze n'apparaît en France, d'une manière permanente, qu'en 1684, par la création des fonderies de l'Arsenal, établies par Louvois, et placées sous la direction des frères Keller. C'est de cette usine que sortit, en 1692, l'ancienne statue de Louis XIV, remplacée depuis, et qui s'élevait au milieu de la place des Victoires. Ce fut la belle époque du bronze, car Louis XIV, considérant la statuaire comme l'expression la plus élevée de l'art monumental, voulut que les sculpteurs de son temps fussent encouragés et honorés. On leur confia une partie de la décoration de Versailles, de Marly et des autres résidences royales et princières, et cette décoration pompeuse, mais élégante, excite toujours l'admiration. « C'est principalement dans la sculpture que nous avons excellé, dit l'auteur du *Siècle de Louis XIV*, et dans l'art de jeter en fonte d'un seul jet des figures équestres colossales »; le xvɪɪᵉ et le xvɪɪɪᵉ siècles ont, en effet, produit des œuvres que les grands sculpteurs de l'antiquité n'eussent pas désavouées.

Sous Louis XV, Gouthière inventa la *dorure au mat*, et le bronze prit alors une grande place dans la décoration de l'ameublement; le bronze nu fut trouvé trop sévère et les meubles furent rehaussés de bronzes dorés et ciselés, dans la composition desquels, dit Lacroix, on admirait le gracieux assemblage des arts réunis du sculpteur, du ciseleur et du doreur. La figure 614 représente une console du xvɪɪɪᵉ siècle avec bronzes dorés et ciselés supportant des porcelaines.

Les ouvrages de bronze les plus considérables qui aient été faits depuis l'époque de l'établissement des fonderies de l'Arsenal, dans cette usine ou ailleurs, sont la statue équestre de Pierre-le-Grand, par Falconet, inaugurée à Saint-Pétersbourg, en 1766, et qui aurait coûté à l'artiste douze années de travail; la colonne de la place Vendôme, dressée en 1806, et rééditée sur le même modèle, après les désastres de la Commune, de 1873 à 1875, par MM. Thiébaut; la colonne de Juillet, érigée sur la place de la Bastille, en 1839; les portes de la Madeleine, placées en 1840, et enfin la statue colossale de la Bavière, *Bavaria*, comme l'appellent les Allemands, inaugurée à Munich en 1850.

Dans le courant du xvɪɪᵉ siècle et au commencement du xvɪɪɪᵉ, les frères Keller avaient reproduit en bronze le groupe antique de *Laocoon*, les *Renommées* et les admirables *Chevaux de Marly*, de Guillaume Coustou, qui décorent l'entrée des Champs-Elysées, à Paris; plus tard, Louis XV se fit élever un grand nombre de statues en bronze ou en marbre, et la plupart des grandes villes avaient leur Louis XV pédestre ou équestre; la statue que nous représentons figure 615 avait été exécutée par J.-B. Lemoyne et destinée à la ville de Bordeaux.

Un grand nombre de médaillons, de plaquettes, de bas-reliefs et de médailles, des bustes et des statuettes de guerriers et d'hommes célèbres, furent également exécutés à la même époque et sont, aujourd'hui, très recherchés des amateurs et des curieux.

Nous passerons rapidement sur la fin du xviiie siècle et le commencement du xixe pour arriver au bronze moderne. Le Consulat et l'Empire créèrent un style qui tenait la fois de Sparte, d'Athènes, de Rome, l'art eut alors l'amour de l'antique, la passion de la tragédie et tout ce qu'il inspira était bien emprunté à l'antiquité, mais exécuté si maladroitement, que le style empire est resté comme le type du genre anguleux et désagréable en sa pompe ennuyeuse et froide.

L'Inde, le Japon et la Chine semblent avoir connu le bronze de toute antiquité, aussi anciennement que les peuples de l'Europe, et l'art de la fonte eut bien vite acquis, dans l'extrême Orient, un haut degré de perfection.

La cire perdue est le procédé habituellement employé pour la fonte des pièces, grandes ou petites, et le Japon a en ce genre une évidente supériorité sur la Chine et sur l'Inde ; mais la ciselure est arrivée, dans ce dernier pays, a un degré de finesse, d'habileté et de beauté que n'ont pu atteindre les ouvrages du même genre exécutés par les Japonais et les Chinois.

« Au point de vue technique, dit encore M. Jacquemart, rien n'est plus curieux que les ouvrages orientaux ; tel colosse, fondu en plusieurs pièces, est monté par des procédés ingénieux qui en assurent la solidité ; telles cires perdues ont une perfection qui n'a été surpassée

Fig. 612. — *Chandeliers en bronze au XIVe siècle.*

nulle part ; telles ciselures ont un fini digne de l'orfèvrerie, et n'ont pu être exécutées qu'au moyen d'instruments spéciaux allant fouiller le bronze pour le polir et le tailler dans ses replis les plus cachés. »

Dans la statuaire, contrairement à l'opinion commune, la forme est quelquefois belle, surtout dans les productions anciennes, et se rapproche des conceptions artistiques des Italiens du xve siècle, ou des figurines, gracieuses et svelte, encadrées dans les murailles ou les portails de nos églises. La tournure est presque toujours élégante, les draperies surtout ont une hardiesse et une souplesse qui étonnent.

Les objets d'ornement ou d'utilité domestique, fabriqués par les artistes orientaux au moyen du bronze, affectent les formes les plus variées et les plus surprenantes. Il suffit de citer ces pagodes à plusieurs étages, aux toits ornés de clochettes, ces gigantesques oiseaux symboliques, ces grues mouvementées, formées en brûle-parfum ou en torchères, les chiens de Fô, les éléphants porte-flambeaux ; les brûle-parfums gigantesques ou minuscules, à trois pieds formés de figurines ou de têtes d'éléphants,

reposant sur leur trompe tournée vers la terre, à la panse évasée ; ornés des dessins les plus capricieux, recouverts de cette belle patine particulière aux bronzes de l'extrême Orient ou richement dorés.

STATISTIQUE. On estime que l'industrie du bronze, prise dans son ensemble, produit annuellement une valeur approximative de 80 millions de francs, dont un quart environ est affecté à l'exportation. La France occupe, dans cette branche d'art, environ 7,000 ouvriers, lesquels gagnent un salaire moyen de 7 francs et sont répartis entre 600 fabriques et fonderies.

FABRICATION. Le bronze artistique, après une longue période d'affaissement, a repris un nouvel essor, grâce à l'alliance de l'art et de l'industrie ; quelques-uns de nos bronziers parisiens, véritables artistes, ont conquis une supériorité que les différentes expositions universelles ont nettement établie.

Les statues, les groupes, les ornements qui

sortent des ateliers de Barbedienne, de Denière, de Graux-Marly, de Thiébaut, égalent, par le fini de l'exécution et le soin avec lequel est composée et mise en œuvre la combinaison chimique de l'alliage duquel le bronze est formé, les beaux spécimens qui nous viennent de la Renaissance. Les reproductions des figures des tombeaux des Médicis, les *Parques* du Parthénon, restaurées par Clésinger; le *Saint-Jean-Baptiste*, des statuettes sans nombre, le *Chanteur florentin*, de Dubois; en dernier lieu, la *Charité* et le *Courage militaire* du même grand artiste, d'après deux des groupes qui ornent le tombeau du général Lamoricière; toutes ces œuvres exécutées dans les ateliers de Barbedienne ont fait et font encore l'admiration du public.

Les reproductions des terres cuites de Clodion, de chez Denière, la *Vénus Victrix*, de M. Eugène Robert; le *Faune* de Lequesne, exécuté chez Sandoz; les groupes de Grégoire, qui sortent des ateliers de MM. Boyer frères, et d'autres encore dont la liste serait trop longue ont des qualités de fabrication qui doivent satisfaire l'artiste le plus exigeant.

Mais si les travaux des bronziers modernes, dans leurs rapports avec la statuaire, peuvent

Fig. 613. — *Candélabre applique (XVIII⁰ siècle).*

encore donner lieu à quelques critiques, par suite des nécessités industrielles auxquelles sont soumis les fabricants, qui savent cependant, dans maintes occasions, faire bon marché de leurs intérêts, tous ceux de leurs produits exécutés dans un but décoratif, les torchères, les lampes, les garnitures de cheminées, flambeaux et pendules, les lustres, les jardinières, les candélabres, les chenets, révèlent ces deux qualités maîtresses : intelligence parfaite des propriétés du métal et sentiment exact de la destination des objets.

Les promoteurs de cette Renaissance du bronze d'art, Barye, Schvennerck, Fremiet, Carrier-Belleuse, Mathurin Moreau dans la statuaire; Constant Sevin, Feuchères, Klagmann, Levillain, Piat, Robert frères dans l'ornement; Attarge, Fannières frères, Cauchois dans la ciselure, et d'autres encore ont amené ces productions artistiques à un point de perfection qui les rend égales aux plus belles œuvres des maîtres du xvi⁰ siècle, Ghiberti, Benvenuto Cellini, Donatello, Jean Goujon, Germain Pilon, etc. ; embrassant toutes les époques de l'art, ils ont fait revivre encore Puget, Clodion, Pigalle, Houdon, Falconnet et les grands artistes du xvii⁰ siècle, en même temps qu'ils provoquaient l'admiration du public avec leurs œuvres et celles des maîtres du xix⁰ siècle, Pradier, Carpeaux, Clésinger, Dubois, Mercier, etc.

Moulage et fonte. Les procédés mis en œuvre par les fabricants de bronzes sont des plus délicats, et la complète réussite de l'opération de la fonte est très difficile à mener à bien, surtout pour les grandes pièces, dans lesquelles la répartition égale, dans toutes les parties du cuivre et de l'étain, répartition nécessaire pour que l'opération soit bonne, ne s'obtient que bien rarement.

La matière employée pour la fabrication est un alliage de cuivre, d'étain, de zinc et de plomb, qui constituent, par leur mélange, un tout d'une densité supérieure à la densité moyenne de chacun de ces quatre métaux. Lorsque le mélange est parfait, le métal acquiert une dureté remarquable; son grain, d'une grande finesse, résiste victorieusement à l'action oxydante de l'air humide; sa fusibilité et sa fluidité le rendent capable de prendre l'empreinte des moules les plus délicats.

Nous allons exposer rapidement les diverses opérations qu'exigent le moulage du modèle et la fonte.

Le sculpteur ayant terminé son modèle d'argile, on en tire, au moyen du plâtre, une épreuve que l'on divise en plusieurs parties; lorsqu'il s'agit d'une statue, on sépare les membres du tronc pour faciliter le moulage en plusieurs morceaux. Cette division de la pièce a encore un but économique, car on peut aussi fondre d'un seul jet. Cette épreuve en plâtre va servir à préparer le moule de sable où l'on fera couler le métal. Le fondeur prépare son sable, tiré de Fontenay-aux-Roses, près Paris, en mélangeant deux parties de sable neuf et une de sable ayant servi aux moulages précédents; la qualité de ce mélange est très importante, car un sable qui ne se peloterait pas facilement dans la main, serait trop maigre, ne conserverait pas exactement les contours du modèle et le moule pourrait céder sous le poids de la fonte; un sable trop gras empêcherait l'échappement des gaz, ce qui occasionnerait des soufflures. Pour que le mélange acquiert toutes les qualités voulues, on le *frotte*, c'est-à-dire qu'on le soumet à une sorte d'apprêt entre deux cylindres où il doit passer au moins 7 ou 8 fois. Ces opérations préliminaires exigent des soins minutieux desquels dépendent, dans une certaine mesure, la bonne exécution du travail qui va suivre. La préparation du moule doit être également l'objet d'une grande attention puisqu'il doit reproduire exactement l'œuvre de l'artiste; la pièce,

Fig. 614. — *Console du XVIIIᵉ siècle avec bronzes dorés et ciselés. Provenant du* buen retiro *de l'Escurial.*

quelle qu'elle soit, figure ou ornement, est placée au milieu d'un châssis sur un lit de sable et enterrée à moitié pour une grosse pièce et au tiers environ pour une petite (fig. 617 et 618), autour d'elle ce sable est foulé au doigt, puis au *fouloir*, ensuite avec un petit maillet en bois, au poing et enfin à la batte; après avoir façonné un deuxième châssis identiquement semblable au premier et qui a pris les contours de l'autre moitié du modèle on achève de remplir avec du sablé le vide qui existe encore entre les parois des châssis supérieurs et le moule; ce remplissage constitue la *chape* (fig. 619). On fait ensuite le *noyau*, c'est-à-dire la partie pleine qui occupera l'intérieur du moule, et, après la fonte, l'intérieur de l'objet fondu (fig. 620); c'est une des opérations délicates de la fonderie; il faut, en effet, établir le noyau de telle façon qu'il aura en relief les mêmes détails reproduits en creux par le modèle dont on a fait le moule; au moyen de broches de fer, dont la force est naturellement en rapport avec le poids que devra avoir la pièce totale, le noyau est en quelque sorte isolé, suspendu dans le moule, et le talent du fondeur consiste à *tirer d'épaisseur*, en terme de métier, c'est-à-dire à laisser entre le moule et le noyau une épaisseur égale et pas trop forte à toutes les parties de l'objet à fondre

(2 ou 3 millimètres). La surface fondue aura toujours plus de grain et d'épiderme en raison de son épaisseur moindre.

Cette condition est essentielle pour obtenir la légèreté et la régularité du métal fondu et un grain plus fin, plus serré; le métal subissant, par le refroidissement, un retrait de 1 à 2 0/0, le retrait sera en proportion de la quantité de métal employé, et presque insignifiant dans une fonte légère.

La composition de l'alliage est encore une des conditions principales, car faute de notions précises, le fondeur s'expose à de graves mécomptes; l'exécution des grandes pièces surtout exige un métal énergique, homogène dans toutes ses parties, et si les proportions de l'alliage n'ont pas été exactement calculées pour la fonte entière, on se trouve en présence de défauts irrémédiables. C'est ce qui est arrivé lors de l'exécution de la colonne Vendôme, ordonnée par Napoléon Ier,

Fig. 615. — *Statue en bronze de Louis XV, exécutée par J.-B. Lemoyne.*

renversée par la Commune, en 1871, et réédifiée avec succès par MM. Thiébaut. Le premier fondeur chargé de l'exécution du monument, composa son métal de telle sorte que sa fonte était épuisée aux deux tiers de la colonne et qu'il dut jeter aux fourneaux les scories et de la mitraille de cuivre pour obtenir la matière qui manquait; il en résulta que la partie inférieure du monument avait un titre trop élevé et que le faîte ne conténait qu'un potin de mauvaise qualité. Longtemps, d'ailleurs, le secret des belles fontes des XIIe, XVIe et XVIIe siècles semble avoir été perdu, et ce n'est pas sans étonnement qu'il nous faut constater à ce sujet l'infériorité d'une partie de la

fonderie moderne, les fondeurs des époques dont nous venons de parler n'avaient d'autres notions que l'observation, la pratique et la recherche de la perfection; la science n'était pas encore entrée dans le domaine de l'industrie, les arts chimiques n'avaient pas encore réalisé leur merveilleux progrès, et cependant, lorsque nous comparons les bronzes remarquables de la Renaissance et des Keller, à ceux de la plupart des bronziers modernes, nous sommes obligés de reconnaître que si nos praticiens modernes n'ont pas le talent d'observation de leurs devanciers, ils ne semblent pas non plus recourir aux lumières de la science.

Lorsque le moule en sable est obtenu, on le soumet, pendant une nuit, à la haute température d'une étuve où il acquiert une solidité suffisante pour que les séparations, préalablement indiquées, puissent se fractionner sans altération. Avant la coulée, le moule est soigneusement examiné et réparé, s'il y a lieu; on répand sur le tout un nuage de fécule, laquelle a pour but d'empêcher l'adhérence du sable avec le noyau. M. Barbedienne recommande l'emploi du poussier de charbon et déplore l'introduction de la fécule. « Si le charbon reste exclu, dit-il dans son *Rapport à l'Exposition de 1867*, la fonte ne retrouvera sa qualité ancienne qu'autant qu'une nouvelle substance d'une valeur égale aura fait renoncer à l'usage de la fécule. Il est à désirer que la science vienne en aide sur ce point à l'industrie. Si la pratique actuelle suffit aux travaux courants, elle est impuissante pour donner des surfaces d'une granulation fine et égale comme les obtenaient les Richard,

Fig. 616. — *Lampe empire en bronze doré, d'après Percier et Fontaine, architectes de Napoléon Ier.*

les Eck et Durand, etc. » Cette question de l'emploi de la fécule ou du charbon a été, à une époque, grosse d'orage et sans vouloir rechercher pourquoi jusqu'ici, le charbon qui n'avait point fait mal parler de lui, — constater n'est pas juger, — est aujourd'hui condamné, nous devons reconnaître que la fécule l'a emporté dans la faveur des ouvriers bronziers. Quand le moule est terminé, on enlève soigneusement, d'abord avec un pinceau en blaireau, ensuite avec un soufflet, toute trace de fécule; celle-ci, en effet, au contact du métal en fusion se boursouflerait et donnerait à la pièce une apparence *galeuse*, comme disent les ouvriers. Le talc ne produit pas cet effet, cependant l'usage de la fécule est aujourd'hui consacré. Cette fécule est répandue au moyen d'un sac, que l'ouvrier agite légèrement, puis on chasse l'excédant de fécule et on saupoudre la pièce d'un nuage de talc. Sur le sable et autour du moule on trace avec un anneau ou tout autre objet ayant la forme circulaire, les *jets* ou canaux, qui permettront au métal de remplir l'épaisseur ménagée entre le noyau et le

moule; on repère les châssis sur plusieurs points pour l'introduction du liquide en fusion et on pratique des évents pour la fuite de l'air et l'échappement du gaz.

Pour les objets monumentaux, on établit une fosse, au fond de laquelle se trouve une grille formée de cadres en fonte dans lesquels, à la distance de 30 à 32 centimètres, on fixe des montants

Fig. 617. — *Confection du moule.*

en fer assujettis par de solides crochets; cette grille est mobile et permet de disposer convenablement le plancher pour la confection du moule autour duquel on forme une étuve chauffée au moyen d'un fourneau placé en dessous. Les pièces du moule sont réunies au moyen de boulons serrés avec de forts écrous; quand il est serré et boulonné, ce moule est rempli de sable fortement foulé et séché par la chaleur de l'étuve; un ancien fondeur, qui eut une certaine notoriété, M. Soyer, plaçait dans les évents des tampons de

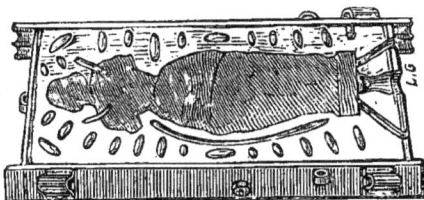

Fig. 618. — *Le derrière du moule.*

ouate imbibée d'alcool communiquant entre eux et qui, lorsque le métal en fusion se précipitait dans le moule, s'allumaient instantanément et facilitaient le dégagement des gaz qui s'échappaient par tous les évents ; des statues de plusieurs mètres de hauteur étaient ainsi coulées en quelques instants.

Parmi les œuvres monumentales qui font honneur à la fonderie moderne, nous devons mentionner ici la magistrale statue équestre de Charlemagne, du statuaire Rochet, fondue par MM. Thiébaut; la hauteur totale de ce monument qu'on a pu admirer à l'Exposition de 1878, est de 7m,60. Si on le mesure de la plinthe à la petite statue de Dagobert qui termine le sceptre, les figures sont le double de grandeur nature, c'est-à-dire que Charlemagne, qui passe pour avoir eu six pieds comme taillé, en a douze dans ce monument. Le cheval et les deux écuyers sont dans les mêmes rapports, ce qui donne à cette statue équestre des dimensions exceptionnelles et inconnues jusqu'ici. Elle est aussi d'un poids respectable, 16,000 kilogrammes.

L'opération de la fonte doit toujours être faite avec la plus grande rapidité ; car, souvent, pendant la fusion, les proportions de l'alliage sont

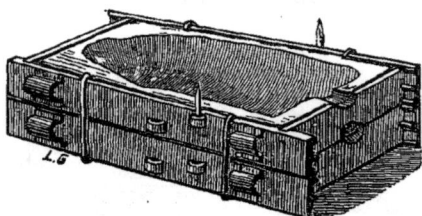

Fig. 619. — Châssis et chape.

détruites. Ainsi, le bronze, privé de son étain, n'est parfois plus assez fluide pour s'échapper du fourneau ; le cuivre s'y trouve dans de trop grandes proportions ; il est *incantato*, comme disaient les Florentins.

Pour les pièces de dimensions ordinaires, les deux châssis sont réunis, rivés et boulonnés et le moule est placé dans une position verticale pour recevoir la coulée de la fonte. Lorsqu'il s'agit de

Fig. 620. — Noyau.

pièces d'un poids souvent considérable, une grue enlève le moule et le descend dans une fosse creusée à quelque distance des fourneaux ; sur la partie supérieure, on place un bassin en fonte, percé au fond d'un trou qui correspond directement et verticalement avec l'orifice de l'introduction du liquide dans le moule (fig. 622) ; le trou est bouché par une *quenouille*, sorte de massue à long manche, et lorsque tout le métal nécessaire à la fonte entière du moule est arrivé dans le bassin, on enlève la quenouille et le bronze se précipite par tous les jets dans l'intérieur du moule, chassant devant lui l'air et les gaz par les évents extérieurs. C'est ainsi que nous avons vu, dans la fonderie de

I. — Dict. encycl.

Barbedienne, couler l'admirable *Arlequin* de Saint-Marceau.

Une opération que nous ne devons point négliger est celle, qu'en terme de métier, on appelle *trancher la pièce*, c'est-à-dire l'attaquer, la mettre en contact avec le *jet* ; en effet, il ne suffit pas que la fonte liquide pénètre par tous les canaux de conduite dans toutes les cavités du moule ; il faut encore pouvoir détacher la pièce sans l'exposer à des cassures ; pour éviter ce danger, quelques fondeurs pratiquent dans le moule un petit biseau destiné à éprouver lui-même la cassure si elle doit se produire, ce qui permet de conserver la pièce intacte et de laisser à la lime le soin de faire disparaître la bavure laissée sur le biseau.

Les statues de la Renaissance sont, au contraire, toutes fondues d'un seul jet, dans des moules à cire perdue. Cette opération très compliquée et très difficile, d'un résultat final des

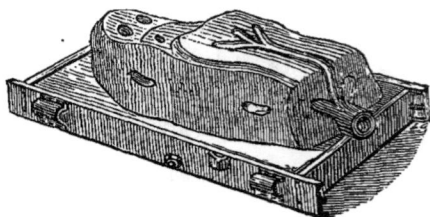

Fig. 621. — Chape enlevée.

plus incertains, fut en usage jusqu'à la fin du XVIII⁰ siècle. Elle dépense beaucoup plus de matière et elle exige l'intervention directe de l'artiste pour réparer les cires avant la fonte, et pour ciseler le bronze à la sortie du moule, qui le rendait généralement informe. Mais ce double travail, exécuté par l'artiste lui-même, donnait aux statues ainsi fondues et achevées une haute valeur artistique, qui distingue encore les bronzes florentins et tous les bronzes de la Renaissance, des produits industriellement plus perfectionnés de l'art moderne.

De plus, chaque bronze de la Renaissance est nécessairement unique, à raison du procédé employé pour la fonte, ce qui augmente encore son prix dans une inappréciable proportion.

Depuis quelques années, on a appliqué avec succès la galvanoplastie à la reproduction des objets en ronde-bosse et par conséquent à la fabrication du bronze d'art.

MM. Christofle et Bouilhet, les principaux promoteurs de ce procédé encore récent, et qui font chaque jour eux-mêmes, dans leur merveilleuse industrie, de nombreuses applications de la galvanoplastie pour la dorure, l'argenture et les incrustations, ont exécuté, à l'aide de cette méthode, des groupes de grande dimension, que les appareils galvaniques paraissaient d'abord ne pouvoir donner.

Les premiers moulages de pièces de ronde-bosse et hors dépouille se firent avec la gélatine qui, par son élasticité, permettait de mouler et de sortir du moule les pièces les plus fouillées et les plus délicates sans les déformer; une mince couche de plombagine, appliquée à la surface du moule, le rend conducteur de l'électricité et détermine le dépôt de cuivre sur les surfaces. Mais cette matière ne permettait pas de faire des pièces de grande dimension.

Le moulage galvanoplastique n'a vraiment été pratiqué que du jour où la gutta-percha a été connue et introduite en Europe.

Ramollie à la chaleur et appliquée à la surface du modèle à reproduire, cette matière prend par le refroidissement les empreintes les plus fines et les plus délicates, et conserve une élasticité suffisante pour le démoulage; c'est dans des moules faits en cette matière, que MM. Christofle ont moulé la grande statue de Notre-Dame-de-la-Garde, à Marseille, qui a neuf mètres de hauteur, et les groupes colossaux de la façade de l'Opéra, qui ont cinq mètres de haut.

On peut obtenir ainsi des produits à peu près irréprochables, comme exécution, dès leur sortie du moule, et il n'est pas douteux que les procédés de moulage des objets artistiques à l'aide de la

Fig. 622. — La coulée du métal.

galvanoplastie ne tendent de jour en jour à se généraliser.

Nous expliquons à l'article RÉDUCTEUR COLLAS, comment s'obtiennent les épreuves des objets d'art reproduites, mathématiquement, dans un format plus petit que le modèle.

Ciselure. Le bronze, en sortant du moule, est obscur, la ciselure va l'éclairer. La pièce, figure ou ornement, arrive de la fonte chez le ciseleur en plusieurs morceaux qui sont soumis à un travail où l'art doit intervenir avec tous ses exigences et ses délicatesses; si le moulage a été irréprochable, si la fonte a été bien réussie, sans doute le rôle du ciseleur aura une moindre importance, quoi qu'il ne suffise pas de rabattre les coutures produites par la jonction des différentes parties de moulage pour avoir une pièce achevée, il doit faire disparaître avec l'*outil tranchant*, le *riffloir* et la *matte*, les grains de bronze; accuser tous les détails et adoucir les contours; mais, qu'il y ait un défaut ou que la pièce doive être dorée ou argentée, alors le ciseleur doit se substituer à l'artiste et donner la vie et le mouvement à l'objet qui lui est soumis. La fabrique produit, hélas! beaucoup de sujets confiés à des manœuvres sans conscience et sans goût qui grattent le cuivre comme une carotte, le récurent et le fourbissent impitoyablement pour le recouvrir ensuite d'une espèce de sauce chocolat, verte ou jaune, dans le but audacieux d'imiter une patine quelconque; mais nous détournerons nos yeux de ces produits auxquels on peut bien effrontément donner le nom de bronzes d'art, puisqu'il y a des amateurs pour les acheter, pour ne nous occuper que des objets créés et exécutés par de véritables artistes. Le sable le mieux moulé ne rend qu'une statue ou un ornement, mis au point, la forme y est, mais le sentiment n'existe pas; pour le lui donner, il faut non pas un ouvrier, mais un artiste dont la main obéisse à l'intelligence. Les artistes de l'antiquité, de la Renaissance et du XVIIᵉ siècle, étaient assez dévoués à leur œuvre pour ne la livrer au public qu'entièrement achevée, aussi s'imposent-elles à notre admiration par leur patine resplendissante et chaude sur laquelle circule la pensée créatrice; aujourd'hui les conditions du travail sont changées, et les exigences de la commande ne permettent pas à l'artiste de réparer et de ciseler les nombreuses reproductions de son œuvre; alors si ce sculpteur n'est plus ciseleur, il faut nécessairement que celui-ci sache comme celui-là, dessiner et modeler. « En se plaçant au point de vue de la simple raison, dit M. Guillaume, de l'Ins-

Fig. 623. — *La pièce après la coulée.*

titut, dans une conférence qu'il fit à l'*Union centrale,* on comprend difficilement comment un artiste, après avoir conçu une œuvre et l'avoir vue dans son imagination, revêtue d'une certaine perfection, peut s'en remettre du soin de réaliser ce qu'il y a de plus délicat, de plus insaisissable dans cette perfection, à un homme qui lui est étranger et qui peut n'être pas sous sa dépendance. » C'est ce qui arrive, en effet, pour les bronzes d'art, et il ajoute, « cela ne pourrait se concevoir qu'à la condition que celui qui mettrait la dernière main à l'œuvre aurait, par ses études, acquis des connaissances et une habileté sinon supérieures, du moins égales. » Suivant l'opinion du maître que nous venons de citer, un ciseleur doit être plus qu'un ouvrier, sa mission est plus haute, puisque son art est intimement lié à celui du sculpteur; il est à celui-ci ce que le comédien est au poète; interprète fidèle, il doit s'inspirer de la pensée de l'auteur et savoir que le plus petit coup de ciselet peut détruire ou créer, selon qu'il sera inconscient ou qu'il saura accentuer, adoucir ou arrondir et qu'avec le savoir et l'esprit, l'intelligence et la main, il possé-

dera la science du dessin unie à l'expression du sentiment. L'œuvre terminée ne doit laisser aucune trace du passage de l'outil, et le modelage doit conserver aux formes le charme et la souplesse. On voit combien l'intervention du ciseleur est ici délicate, car si son travail n'est pas de nature à augmenter la valeur de l'œuvre qui lui est confiée, il est presque certain qu'il en diminuera le mérite. Voilà pourquoi Barye (V. ce nom), Mène, Cain et quelques autres ont été ou sont encore les éditeurs de leurs œuvres, afin de suivre pas à pas la transformation de leur pensée et son interprétation par le métal. Il n'est pas jusqu'aux nombreux outils du ciseleur — deux ou trois cents — qui n'exigent des soins particuliers; certains ciseleurs poussent le soin et l'amour de leur outillage jusqu'à les forger eux-mêmes. — V. CISELURE.

Montage. Lorsque toutes les parties de la pièce ont été ciselées, elles sont confiées aux soins du *monteur* qui doit les réunir avec une telle précision, que l'assemblage ne puisse altérer le mouvement des formes et le caractère de l'ensemble. Ces pièces sont unies au moyen d'écrous fixés à l'intérieur, ou de clavettes lorsqu'il n'est pas possible de faire autrement; celles-ci sont alors rivées et serties par le ciseleur qui les dissimule complètement; c'est ainsi que par le sertissage on obtient la jonction imperceptible des membres au corps d'une figure quelconque. Lorsqu'il s'agit d'une pièce à dorer ou argenter, le montage n'est pas le même que pour celles qui doivent être bronzées; c'est par le soudage qu'on obtient l'assemblage, car, par le *décapage,* dont nous allons parler, l'acide qui ronge le cuivre découvrirait la sertissure et laisserait paraître une fente au milieu d'un bras ou d'une cuisse.

Le bronze qui doit recevoir de l'or ou de l'argent est *décapé,* c'est-à-dire trempé dans un bain de potasse chaude et ensuite, pendant quelques secondes seulement, dans un autre bain d'acide nitrique; cette opération exige un tact particulier, car une trop longue immersion rongerait le cuivre et défigurerait la pièce. Après le décapage, le métal a perdu tous les corps étrangers qui ont pu se mêler au cuivre pendant la fonte, mais il garde des traces de piqûres et même de gerces profondes, qu'un artisan, nommé *ragréeur* au *ragreyeur,* fait disparaître au moyen de petits rivets, ou de soudures si les défauts sont trop grands; dans ce dernier cas, le ciseleur est obligé de recommencer un travail aussi minutieux que celui qu'il a fait avant le montage. Certains objets doivent être décapés et ragréés plusieurs fois, mais ces décapages répétés, les rivets et les soudures qui en sont la conséquence, peuvent altérer la forme que l'artiste a rêvée et conservent toujours les traces de leur péché originel : mauvaise fonte ou décapage trop violent.

Patine. Arrivés à leur point de perfection, débarrassés des traces laissées par les jets et les évents, toutes les fractions des modèles réunies entre elles, raccordées et soudées, après les derniers travaux du ciseleur, les bronzes d'art, quels qu'aient été les procédés employés pour la fonte ou la reproduction du modèle, sont soumis encore à une dernière opération. Les uns sont dorés et argentés, ordinairement par les procédés galvanoplastiques; les autres reçoivent une couleur particulière, d'un brun cuivré, comme les *bronzes courants* du commerce; verte, comme les *bronzes de Barye;* d'un noir orangé, comme les *bronzes florentins.* Cette coloration est désignée sous le nom de *patine,* mot dont le sens primitif exprime la couche d'oxyde qui se forme naturellement, sous l'action du temps et de l'atmosphère, à la surface des vieux bronzes. Les patines, autres que l'or et l'argent, s'appliquent, à l'aide d'un pinceau et de mordants qui varient suivant la nuance que l'on veut obtenir, sur le bronze préalablement chauffé; la patine du bronze florentin paraît la plus difficile à obtenir.

On remarque sur les bronzes de l'antiquité cette couverte verdâtre ou bleuâtre d'un aspect agréable et qui permet de distinguer les détails les plus fins, les contours les plus délicats. On a cherché à obtenir cette patine par des moyens artificiels, mais quelque perfection qu'on apporte dans ce bronzage, un œil exercé distinguera facilement la teinte artificielle d'une patine due à l'action du temps. Parmi les compositions employées pour donner la *patine antique,* nous avons noté l'emploi de l'acide nitrique dans deux ou trois parties d'eau; le bronze devient gris et passe ensuite au bleu verdâtre, puis on étend sur la surface, au moyen d'une brosse, une liqueur composée de 1 partie de sel ammoniac, 3 de carbonate de potasse et 6 de sel marin dissous dans environ 12 parties d'eau bouillante additionnée de 8 parties de nitrate de cuivre; la teinte est d'abord crue, mais à la longue elle s'adoucit et devient égale; une autre composition est celle-ci : sur la surface bien décapée, on étend, à l'aide de la brosse ou du pinceau, un vernis composé de 3 parties de crème de tartre, 6 de sel marin, 1 de sel ammoniac, 12 d'eau et 8 d'une dissolution d'azotate de cuivre. En résumé, la base de la plupart des compositions qui servent au bronzage, est le vinaigre et le sel ammoniac; on passe à plusieurs reprises la brosse douce humectée sur la pièce bien décapée jusqu'à ce qu'elle ait pris la teinte du bronze, et à l'aide d'une seconde brosse sèche et douce également pour enlever jusqu'à la moindre trace d'humidité.

MM. Christofle et Bouilhet ont réussi à reproduire la patine des bronzes chinois et japonais, non pas en employant un bronze riche en plomb, mais en recouvrant les bronzes ordinaires de dépôts galvaniques d'or, d'argent et d'alliages, et en produisant sur ces dépôts certaines réactions. C'est ainsi qu'on obtient avec l'argent une patine d'un beau noir-violet par chloruration superficielle, une patine d'un noir-brun par sulfuration. L'or aussi est employé avec sa couleur naturelle ou éteinte, dans certains cas, par une légère sulfuration. Enfin, les patines noire, rouge, brune et verte des bronzes sont dues à des oxydations et sulfurations superficielles. — V. BRONZAGE.

* **BRONZINE.** On nomme ainsi des poudres de bronzes constituées par du laiton en poudre auquel on fait prendre des teintes variables avec l'oxydation que l'on obtient en le chauffant plus ou moins à l'air. Ces poudres s'appliquent aussi sur les métaux imitant le bronze, sur les plâtres, les céramiques, etc.

Voici comment on opère pour les appliquer.

On décape l'objet, on l'enduit de vernis gras, puis, lorsque ce vernis est à peu près sec on tamponne l'objet de bronzine que l'on applique au blaireau. On laisse sécher et on recouvre le tout de vernis transparent et incolore. Ce procédé empâte les détails et ne convient que pour les objets de grande dimension et d'un fini très imparfait, tels que chenêts en fonte, étalages de magasin, corps de lampes, statuettes, etc.

On emploie aussi pour bronzer, certains liquides. Nous donnerons la composition de l'un d'eux. Il se compose de 10 parties d'aniline rouge et 5 parties d'aniline pourpré que l'on dissout dans 100 parties d'alcool à 95 degrés. Le tout est placé dans un bain d'eau. On y ajoute 5 parties d'acide benzoïque. On fait bouillir le mélange pendant 5 à 10 minutes, jusqu'à ce que la teinte vire du vert au brun de bronze. On enduit ensuite l'objet qui prend une belle teinte de bronze.

* **BRONZERIE.** Art du bronzier; se dit des ouvrages de bronze.

* **BRONZEUR.** Ouvrier qui fait le *bronzage.*

BRONZIER. Fondeur en bronze, fabricant de bronze d'art.

* **BROQUETTE.** *T. techn.* Petit clou à tête plate employé plus particulièrement par les tapissiers; les broquettes *à l'anglaise* sont des clous à tête arrondie en forme de calotte.

BROSSE. Ustensile formé de crins, de poils ou de toute autre matière, taillés et ajustés sur une même plaque, pour être employé à divers usages domestiques et industriels (V. l'article suivant). || On donne le même nom à un pinceau qui sert à étendre les couleurs. || Sorte de herse, à action peu énergique, employée pour la destruction des plantes ou des insectes parasites.

BROSSERIE. Se dit de la fabrication et du commerce des brosses et aussi de toutes sortes de vergettes, de pinceaux, de plumeaux et de balais.

Cette fabrication se divise en deux branches distinctes: *la brosserie fine, la grosse brosserie.*

— La communauté des *vergetiers,* qui comprenait aussi les *raquetiers* et les *brossiers,* remonte à une époque antérieure à Charles VIII, car les statuts de 1485 semblent avoir été rédigés d'après des règlements plus anciens. Les articles de ces vieilles ordonnances étant tombés en désuétude au XVIIe siècle, les vergetiers-brossiers dressèrent de nouveaux statuts qui furent autorisés, en 1659, par lettres-patentes de Louis XIV. On lit dans le préambule de ces statuts que, « par le secours favorable d'une brosse artistement composée, elle les garantit (les hommes) des malheureuses attaques des maux de tête qu'ils ne pourraient pas autrement éviter. » Les règlements indiquaient en quelle matière devait être fait chaque ouvrage; dans quelles conditions la matière première devait être employée, etc. Les trous dans lesquels on passe le chiendent ou la soie avaient des diamètres déterminés, et les jurés les mesuraient avec un poinçon dont la matrice restait à leur garde. L'apprentissage était de cinq années, après lesquelles l'aspirant à la maîtrise était obligé de faire le chef-d'œuvre. La réforme de 1776 supprima la corporation des vergetiers-brossiers. Leurs patrons étaient sainte Barbe et saint Martin et leurs armoiries : d'argent au chevron de gueules accompagné en chef d'un balai de même, d'une brosse de sable, et en pointe d'une raquette de gueules emmanchée et treillissée de sable.

Brosserie fine. Les matières premières employées sont les bois, les os et cornes, les soies, poils, crins, etc. Nous allons étudier d'une manière succincte le travail que subissent ces matières avant de constituer par leur assemblage (bois et soies) (os et soies) la brosse proprement dite. Nous étudierons ensuite cet assemblage.

Bois. Les bois employés pour la brosserie ordinaire sont les bois communs, bouleau, peuplier, hêtre, etc. Pour la brosserie de choix on travaille les bois des îles, le palissandre, le citronnier, le bois de rose, le buis, etc.

TRAVAIL DU BOIS. Les bois sont reçus à l'usine débités en planches. Ces planches sont disposées les unes sur les autres de manière que l'air puisse y circuler et les sécher. Elles sont ensuite reprises et passent dans les mains de plusieurs ouvriers. Les premiers débitent la planche primitive en planchettes rectangulaires ayant les dimensions extérieures du *bois de brosse*; d'autres ébauchent à la machine la forme que doit avoir le bois, enfin les derniers arrondissent les angles et donnent le bombement.

Les bois de brosse ainsi préparés sont ensuite soumis au *perçage*. Le perçage s'exécutant d'une façon à peu près identique pour les bois et les os, nous le décrirons une fois pour toutes et nous indiquerons les petites différences de détail en parlant du perçage des montures en os.

Les trous peuvent être ou perpendiculaires à la surface de la brosse sur laquelle on appliquera les fibres, ou obliques à cette surface de façon que les fibres s'épanouiront en éventail. Les trous peuvent aussi ou traverser entièrement le bois de brosse, alors celui-ci sera recouvert d'un *placage*; ou bien n'être percés que sur une certaine profondeur et réunis entre eux par des canaux pratiqués sur l'un des côtés de la brosse.

Le perçage s'exécute à la machine. Le foret tourne à la vitesse de 8,000 tours par minute. Les trous ainsi formés ont un diamètre d'environ 1 ᵐ/ᵐ 4.

Os, cornes. Les matières premières employées sont les os de bœuf (tibia, os à moelle) et les cornes de bœuf et de buffle. La France et l'Angleterre fournissent les os de bœuf, Buenos-Ayres nous envoie les cornes de buffle.

TRAVAIL DES OS, CORNES. La première opération que subissent ces matières est le *dégraissage* qui s'opère dans des marmites en fonte contenant de l'eau pure à 100°. Après le dégraissage, les os, sont débités à la scie circulaire tournant à la vitesse de 2,800 tours par minute. Les cornes sont coupées à la scie à ruban, perpendiculairement à leur longueur. Après le sciage, les os et

les morceaux de corne subissent l'opération appelée *décorage*. Ces matières passent successivement à différents ouvriers qui, à l'aide d'une raboteuse circulaire de faible diamètre tournant avec une vitesse de 3,000 tours par minute, et montée sur un axe dont le mouvement de translation est réglé par une came, donnent aux morceaux la forme des montures qu'ils doivent avoir.

Ces montures ainsi façonnées sont soumises au *polissage*. Pour les os on emploie de grands tambours animés d'un mouvement de rotation assez lent. Dans ce tambour on introduit les os avec un mélange de blanc d'espagne et de graisse. L'opération dure environ 15 heures. Pour polir le buffle on emploie des petites meules tournant à une vitesse considérable, et sur la surface desquelles on projette un mélange de tripoli et d'huile. Là le polissage est rapidement effectué.

C'est après cette opération que l'on procède au *perçage* qui s'effectue à la machine avec un foret animé d'une vitesse de 2,500 tours, et portant une petite bague de façon que les trous aient toujours la même profondeur, car ici, on ne doit pas percer de part en part. Les trous sont réunis entre eux par des canaux latéraux ou par des traits de scie que l'on fait sur le dos de la monture et que l'on bouche ensuite à la cire rouge.

Fibres animales et végétales. Les fibres employées sont les soies de porc, de sanglier, les poils de blaireau, de chèvre, les crins de cheval; on se sert aussi de fibres végétales venant du Mexique. Ces fibres sont expédiées en balles et doivent être classées suivant leur couleur, leur force, leur hauteur. *Les couleurs* se divisent en noir, gris, jaune, blanc, beau blanc. *Les forces* dépendent de la grosseur et se représentent par des chiffres 0, 1, 2, 3, la force allant en diminuant à mesure que le chiffre est plus élevé. *Les hauteurs* se notent par centimètres.

Toutes ces opérations de classement sont exécutées par des ouvrières : les unes séparent les couleurs en ayant grand soin de rejeter la bourre qui se trouve mélangée aux fibres, les autres à l'aide d'outils très ingénieux classent suivant la grosseur.

D'autres enfin réunissent en paquets les fibres ayant subi ces deux classements, introduisent au milieu du paquet une petite tige en cuivre de hauteur donnée, et avec une habileté remarquable enlèvent du paquet toutes les fibres qui dépassent cette tige. Il y a pour les hauteurs une tolérance de 5 millimètres.

On doit ensuite procéder au *lessivage* de ces matières. A cet effet on emploie de l'eau chaude dans laquelle on a mis du carbonate de soude et du savon. Les paquets de poils au milieu desquels on a planté un petit bâton sont jetés dans cette lessive.

En sortant des cuves à lessive, les soies que l'on veut blanchir sont placées pendant 12 heures dans une étuve où l'on fait brûler du soufre en fleurs. L'acide sulfureux résultant de la combustion atteint le but que l'on s'est proposé. **Les** paquets qui ont été ou non soumis au blanchiment sont enveloppés dans un linge blanc et placés dans un séchoir à 40°. Au sortir de ce séchoir les soies sont absolument droites.

C'est alors qu'on peut procéder au montage proprement dit de la brosse.

MONTAGE DES BROSSES. *Brosses à monture en bois.* Comme nous l'avons vu plus haut, dans ces brosses les trous peuvent traverser de part

Fig. 624. — *Brosse avec placage.*

en part ou ne pénétrer qu'à une certaine profondeur. Dans le premier cas, (fig. 624), on prend une pincée de fibres appelée *loquet*, on la courbe en U, on la saisit avec un fil de laiton que l'on introduit double dans un trou par le dos de la monture, on tire avec force et on oblige aussi le loquet à rentrer dans les trous qu'il doit remplir exactement. On procède ainsi pour chaque trou. Le fil de laiton est aujourd'hui exclusivement employé pour les brosses en bois devant être plaquées. Le placage est d'ailleurs l'opération qui suit la pose des loquets.

Dans le second cas (fig. 625), quand les trous ne traversent pas, on emploie des cordonnets

Fig. 625. — *Brosse avec galeries latérales.*

de soie et par les trous pratiqués sur l'un des côtés de la brosse, on assujettit à sa place chaque loquet. On voit qu'ici le placage n'est plus nécessaire pour dissimuler les fils et les trous et qu'il ne reste seulement qu'à boucher avec des chevilles ou de la cire les ouvertures des galeries pratiquées sur le côté de la monture. Les fibres sont ensuite égalisées avec des grands ciseaux de brossier, les bois sont vernis, marqués, et enfin on peut procéder au classement, à l'empaquetage et aux expéditions.

Brosses en os, buffle, etc. Après ce que nous venons d'examiner plus haut, il ne nous reste qu'un mot à dire sur le montage de ce genre de brosse, qui est identique au montage employé pour les brosses en bois dans lesquelles les trous ne traversent pas de part en part. Néanmoins, ici on a employé un deuxième procédé pour réunir les trous autrement que par des galeries perpen-

diculaires. Ce procédé consiste à pratiquer sur le dos de la monture des traits de scie. C'est absolument comme si l'on perçait de part en part, mais on évite ainsi les éclats que produiraient le foret en débouchant. D'ailleurs, ces rainures comblées à la cire rouge, forment pour ainsi dire décoration.

Dans ces brosses, après l'assemblage, les soies sont coupées mécaniquement de hauteur et les résidus servent encore à fabriquer des brosses de qualité inférieure.

On procède ensuite au marquage, au classement et à la mise en boîte par trois douzaines. On sait ainsi que quatre boîtes forment la grosse.

Déchets. Les déchets des os et des cornes sont revendus. Les os servent à fabriquer des dominos, des jetons, des fiches, des biberons, etc. Les cornes débitées sont vendues pour faire des placages sur les manches de couteaux et tous autres objets pouvant utiliser cette matière.

Grosse brosserie. La grosse brosserie comprend les passe-partout, les brosses pour le frottage, les chevaux, les voitures, les harnais, les boutons d'uniformes, les armes, les brosses nécessaires à certaines industries : papiers peints, typographie, impression sur étoffes, etc., les balais de crin, de chiendent, de tempico, de piassava. Cette dernière matière est utilisée pour le balayage des cours, des chaussées (V. BALAYEUSE MÉCANIQUE); enfin les polissoirs et les décrottoirs.

La fabrication française l'emporte sur celle des autres nations ; elle se distingue par le choix des matières premières, l'élégance et la commodité de la forme et par une plus grande solidité.

On emploie pour la grosse brosserie le montage à la poix ; chaque loquet est attaché par un fil et trempé deux fois dans le goudron de Suède liquide, puis introduit en tournant légèrement de gauche à droite. Le goudron est dans une poêle chauffée au charbon ou au gaz, et l'ouvrier modère ou active la chaleur suivant les exigences de son travail ; les plumeaux montés avec des soies de porc ou de chiendent, les têtes de loup, etc., sont faits à la poix.

M. A. Rennes a imaginé, pour certains modèles, un système de rainures pratiquées sur le dos de la brosse qui leur donne des avantages incontestables : la ficelle ou le laiton engagé dans la rainure acquiert une solidité que ne peuvent entamer ni le placage qui adhère mieux au dos, ni le frottement de la main. On lui doit aussi la création de machines à monter les brosses ; par un ingénieux mécanisme à pédales, les pincées de soies sont formées par portions égales et amenées à portée de la main de l'ouvrier, qui saisit le loquet ainsi préparé et le passe sous la ficelle de l'aiguille, laquelle entre avec précision dans chacun des trous du dos posé à plat. Economie de temps et de main-d'œuvre, dans une proportion de 40 à 50 0/0.

Parmi les spécialités dont nous avons parlé plus haut, il faut mentionner les pinceaux pour peintres en bâtiments, en voitures et autres artisans; les brosses ou pinceaux des peintres se font, en serrant avec un fil de fer ou une cordelette, des bottes de crin, de poils de soies, au bout d'un manche de bois, et en enduisant d'un mélange de cire et de résine le haut de la botte après l'avoir égalisée. On fait ainsi les pinceaux pour vernir, dits *queues de morues*.

Une autre spécialité est celle des plumeaux. On les fait avec des plumes d'oie, de coq et d'une petite autruche, appelée *nandon*, que l'on désigne improprement sous le nom de plumes de vautour. Les plumes grises de l'autruche servent à faire les plumeaux ordinaires; avec les plumes blanches teintes en couleurs diverses, on confectionne des plumeaux destinés à l'exportation. Cette industrie s'est beaucoup développée depuis quelques années.

— La production actuelle de la brosserie, proprement dite, s'élève annuellement au chiffre de 28,250,000 francs, ainsi répartis : Paris, 15,830,000 francs; province, 12,420,000 francs. La brosserie fine se fait à Paris et dans le département de l'Oise; la grosse brosserie est fabriquée à Paris, Charleville, Nantes, Lyon, Rouen, Bordeaux, Niort, Lille et Toulouse. Le prix des salaires s'est élevé, depuis la guerre, d'une manière sensible : les hommes gagnent de 4 fr. 50 à 7 fr. 50; les femmes, de 1 fr. 90 à 3 fr. 75, et les enfants, filles ou garçons, de 1 fr. 25 à 1 fr. 75.

La valeur des articles exportés est d'environ 5,380,000 francs; l'importation des produits manufacturés en brosserie est nulle.

Brosserie métallique. Les brosses métalliques diffèrent des brosses ordinaires en ce que les soies, le crin ou le chiendent sont remplacés par des fils de fer, d'acier ou de laiton. Depuis longtemps déjà on se sert de brosses métalliques pour le décapage et le polissage des métaux, mais ce n'est que depuis quelques années que cette fabrication a acquis une importance qui tend chaque jour à se développer. L'industrie métallurgique, les manufactures de l'État, les fabriques de tissus et les filatures font aujourd'hui un grand usage de ces brosses. Elles servent également au polissage et au bronzage des métaux, au ponçage du bois et de la pierre, etc. Dans son rapport de 1877, la Société protectrice des animaux, mentionne les avantages de la brosse métallique pour le pansage des chevaux et autres animaux, et elle constate qu'elle est appelée à rendre de réels services à l'industrie et à l'agriculture.

*BROSSEUSE. *T. techn.* Appareil employé dans les fabriques d'indiennes et destiné à donner un nettoyage à fond aux tissus qui doivent subir l'impression. — La brosseuse se compose de huit brosses tournant très rapidement, quatre brosses agissent sur l'endroit et quatre sur l'envers de l'étoffe. C'est après le tondage que l'on brosse les tissus qui, ensuite enroulés sont prêts à être imprimés. Une bonne brosseuse peut produire de 180 à 200 pièces de 100 mètres dans une journée de dix heures de travail.

BROSSIER. Fabricant, marchand de brosses et autres objets analogues. — V. BROSSERIE.

*BROSSURE. *T. techn.* Couleur qu'on applique avec la brosse sur les peaux.

BROU. Enveloppe verte et demi-charnue qui recouvre le fruit du noyer; on en obtient une couleur brune, désignée sous le nom de *brou de noix* et qui sert aux ébénistes pour teindre certains bois. On l'utilise aussi dans la teinture des étoffes.

*BROUETTAGE. *T. d'exploit. des mines.* Travail que fait le *brouetteur*. Avec la petite brouette roulant sur le sol des galeries d'une mine et chargeant 60 kilogrammes, l'effet utile d'un brouetteur atteint de 500 à 600 kilogrammes, transportés à 1 kilomètre par un travail de huit à dix heures; d'ailleurs ce mode de transport n'est praticable qu'avec de très faibles inclinaisons.

BROUETTE. *T. techn. et de charron.* Machine formée d'un coffre de bois montée sur deux pieds et sur une roue placée à l'extrémité du brancard, dont les bras servent à imprimer le mouvement à la machine. On fait aussi des brouettes plates sans coffre, des brouettes sans pieds et à claire-voie. Dans certaines de ces machines la roue est placée dans le milieu de la caisse, de manière qu'elle porte seule tout le fardeau, qui se trouve ainsi partagé par égale portion sur son essieu. Le manœuvre n'a d'autre peine que celle de pousser la brouette, dont le poids est allégé par la partie du fardeau qui est en avant et qui fait équilibre.

On construit aussi des brouettes à trois roues avec lesquelles un seul homme peut traîner un fardeau triple de celui que contiennent les brouettes ordinaires, des brouettes spéciales pour transporter avec sécurité les touries de matières dangereuses, et des brouettes à bascule employées pour le transport des houilles, des cokes, sables, bétons, etc.

— On attribue à Pascal l'invention de la brouette, mais s'il faut en croire plusieurs auteurs, l'usage de ce véhicule remonterait à une époque antérieure au grand géomètre.

*BROUI. *T. de mét.* Chalumeau à l'usage des émailleurs pour souffler la flamme de la lampe sur l'émail.

BROUILLARD (Papier). Sorte de papier fait de chiffons colorés et qui sert à boire l'encre.

*BROUSSONETIA. On désigne sous le nom de *broussonetia papyrifera* ou *arbre à papier*, un arbre de la famille des Urticées dont l'écorce contient les fibres qui servent à faire en Chine et surtout au Japon le magnifique papier bien connu qui nous arrive annuellement en Europe, et qui est si recherché pour l'impression en taille-douce. Son nom lui vient du naturaliste Broussonet, qui en 1786 introduisit en Europe l'arbre femelle, alors que l'arbre mâle y existait depuis longtemps. Linné l'avait rangé parmi les mûriers, Lhéritier en fit un genre spécial. Lamarck le nomma *papyrus japonica*.

On le connaît en Angleterre sous le nom de *paper mulberry*. Dans les divers pays où il est cultivé, on lui a donné les différents noms de kadsinoki, kaminoki (Japon), glæglæ (Malaisie), tchou, aoakochu (Chine), dilœwang, saay (Iles de la Sonde), kendang (Java), malo (Iles Fidgi), woo, kaili (Célèbes), mahlaing (Birmanie). — L'écorce fortement battue, est employée par les Taïtiens, comme étoffe sous le nom de *tapa*; en Chine, on en fait encore une sorte de papier très fort qui sert à couvrir les parasols, au Japon une sorte de cuir gaufré imitant le cuir de Cordoue et qui est employé dans la tenture des appartements; dans tous ces pays, il remplace nos maroquins, nos toiles cirées, nos moleskines; en tordant des bandes de papier de *broussonetia*, on en fait même de la ficelle très résistante. En Europe, le broussonetia est resté un arbre d'ornement de nos jardins.

En Chine, on réduit la partie filamenteuse du broussonetia en une pâte épaisse, qu'on délaie ensuite dans une eau mucilagineuse préparée avec la riz ou la racine de l'hibicus manioc. Cette masse étendue ensuite sur des moules, devient un papier poreux que les habitants du pays emploient pour les ouvrages au pinceau.

Au Japon, la culture du broussonetia se fait sur un grand pied, on en voit d'immenses pépinières en exploitation continue. Chaque racine plantée en terre y donne, au bout de quatre années de croissance, des rejetons de 3 ou 4 pieds de long qui sont coupés régulièrement chaque année, au ras du tronc, et sont exclusivement employés à la fabrication du papier.

Dans ce but, une fois les rejetons coupés, on les plonge dans l'eau pendant vingt-quatre heures. Ils peuvent au bout de ce temps, être facilement dépouillés à la main de leurs écorces. Celles-ci sont alors mises en paquets, puis étendues sur des perches où on attend leur dessiccation. Généralement, au bout de trois jours, on les enlève, puis on les fait macérer dans l'eau courante pendant vingt-quatre heures, on en sépare alors l'enveloppe externe qui sert à la fabrication des papiers grossiers et les fibres de l'intérieur qui sont réservées pour le papier proprement dit, dont une grande partie est expédiée en Europe.

Pour faire ce papier, on forme de ces fibres des paquets de 10 kilogrammes qu'on lave à l'eau courante pour les débarrasser de toute impureté et qu'on abandonne ensuite dans des baquets pleins d'eau pour les attendrir. On soumet ensuite à une forte pression, puis on fait bouillir la masse en y ajoutant un peu de cendres d'écorce de blé et quelquefois de la chaux et en mélangeant continuellement. Ce sont ces matières minérales qui s'échappent en produisant un nuage de fine poussière lorsqu'on déchire rapidement du papier du Japon et qui fait penser à certaines personnes que ce papier « fume en se déchirant. »

La pulpe est alors placée dans un panier à jour, on la lave une troisième fois dans l'eau courante, on l'étend ensuite sur une planche de chêne et, pour l'amollir, on la bat avec un maillet carré pendant une demi-heure. Ce n'est qu'à partir de ce moment que la pâte est soumise aux données ordinaires de la fabrication du papier, elle est tamisée, additionnée d'eau et placée dans une cuve où on la puise avec une forme en bambou. Détachée avec une baguette et appliquée sur des planches verticales, chaque feuille ainsi obtenue y demeure jusqu'à ce qu'elle soit parfaitement sèche.

La plupart des espèces de *broussonetia* contiennent environ 50 0/0 de fibres et leur emploi, si ce n'étaient les difficultés du transport, serait fort à recommander aux papeteries du continent. On paie au Japon pour un piccul (environ 1 1/3 de quintal) de 4 à 6 dollars suivant la qualité. Si l'on n'envisage l'utilisation de cette fibre qu'au point de vue de la cohésion qu'elle donne à la pâte, on arrive à des résultats bien supérieurs à ceux offerts par les fibres de chiffons et de sparte, ou la cellulose de bois. La question du prix n'a pas, dans ce cas spécial, à être prise en considération, une addition de 5 0/0 de fibres de *broussonetia* étant suffisante pour consolider le papier mieux qu'il ne l'est par les moyens actuels. En admettant que les 100 kilogrammes reviennent à 125 francs, il n'y a pas, en présence de la supériorité de la matière, à comparer ce prix à celui de la quantité exagérée de sciure de bois mise en œuvre pour la production du papier des journaux illustrés, populaires et autres publications à bon marché, des papiers de livres d'étude, et de beaucoup de feuilles publiques qui se déchirent même pendant qu'on les lit. La fibre de *broussonetia* serait la substance la plus propre à atténuer les sophistications auxquelles se livrent au détriment des lecteurs et de la jeunesse studieuse, les fabricants de papier, les libraires et les éditeurs de journaux. — A. R.

* BROUTAGE. *T. techn.* Travail défectueux produit par un outil qui *broute*, c'est-à-dire qui mord par saccade. || Choc que les blocs éprouvent dans les moules de poterie.

* BROUTEMENT. *T. techn.* Mouvement inégal imprimé par certains outils.

* BROYAGE. *T. techn.* Le broyage est l'opération au moyen de laquelle on réduit en poudre plus ou moins fine les matières que certaines industries emploient : les minerais, par exemple, dans la métallurgie; les grains de blé, dans la minoterie; les roches diverses, dans l'art céramique; les couleurs, dans la peinture; les bois et produits chimiques variés dans l'art de la teinture et dans la droguerie, etc. etc.

Suivant les cas qui se présentent, les poudres doivent être grossières ou très ténues : de là, différentes phases dans le broyage.

Concassage. Opération qui a pour but de réduire les masses considérables de roches ou de matières vitrifiées, ou de parties ligneuses de bois dur, à l'état de particules grossières, mais bien atténuées déjà. — V. Concassage.

Broyage proprement dit. Opération qui a pour objet de réduire les substances concassées à l'état de poudres plus fines.

Porphyrisation. Etat final sous lequel se présente la poudre amenée par pilage ou écrasement sous la forme d'une matière aussi ténue que possible; c'est le broyage poussé à sa dernière limite. — V. Porphyrisation.

Les différents outils ou appareils, à l'aide desquels on effectue le broyage, peuvent agir de quatre manières différentes : par *choc*, par *compression*, par *frottement*, par une arête *tranchante* ou par une combinaison. de ces quatre modes d'action.

Ainsi : les marteaux, les pilons, les bocards agissent par *choc*; les cylindres broyeurs agissent par *compression*; le tordoir, la molette, le broyeur à trois cylindres agissent à la fois par *compression* et par *frottement*; le broyeur à boulet, de M. Hanctin, agit, en même temps, par choc, par pression et par frottement; les meules horizontales, dont les surfaces en contact sont taillées à arêtes vives, le moulin à noix, etc., coupent les grains et les écrasent par frottement. — V. Broyeur.

Le broyage des corps se fait à sec ou par la voie humide. On a recours à ce dernier mode de broyage pour les corps spontanément inflammables, comme la poudre de guerre, ou pour éviter la diffusion des poussières.

La chaleur exerce, sur l'état physique de certains corps, une action qu'il est possible d'utiliser afin d'en opérer le broyage dans les meilleures conditions possibles. On sait, par exemple, que les roches asphaltiques, les résines, la cire, etc., se ramollissent sous l'action de la chaleur, tandis que d'autres corps, comme le silex, le quartz, etc., deviennent, au contraire, plus friables lorsqu'ils ont été soumis à une température élevée. La *trempe* exerce sur ces derniers corps une action très marquée, et qui est souvent mise à profit dans l'industrie du broyage; si, après les avoir chauffés au rouge, on vient à les *étonner*, c'est-à-dire à les plonger brusquement dans l'eau froide, ils se fendillent, s'émiettent, et deviennent ainsi beaucoup plus faciles à broyer.

En céramique, cette calcination a encore pour effet de purifier les roches destinées à faire les glaçures des porcelaines en enlevant les parties ferrugineuses apparentes par suite d'une peroxydation des protoxydes de fer répandus dans la masse entre les plans de clivage. — V. Calcination.

Le broyage a, dans l'industrie, une très grande importance, et nous n'avons pu, dans ce qui précède, énumérer toutes les applications. L'étude que nous avons faite de cette opération et des machines qu'elle nécessite, trouvera plus utilement sa place à chacune des industries qui ont recours aux broyeurs.

BROYE. *T. techn.* Instrument qui sert à rompre le chanvre pour isoler la filasse; on dit aussi : *broie, broyeuse, broyoir* ou *sérançoir*.

I. BROYEUR. Nom des appareils destinés à broyer les substances qui leur sont soumises. — V. Broyage.

Les matières qu'on peut avoir à broyer dans l'industrie : minerais, roches dures ou tendres, graines sèches ou oléagineuses, matières pâteuses, fibreuses, etc., sont de dureté et de résis-

tance très inégales, et, de plus, suivant le but que l'on se propose, toutes ces matières ne doivent pas être broyées au même degré de finesse. Il doit donc exister, et il existe en effet, un très grand nombre d'appareils destinés au broyage, et qui diffèrent entre eux, soit par la nature du travail qu'ils sont aptes à produire, soit par le principe même de leur fonctionnement. On ne doit donc pas s'attendre à trouver dans cet article une énumération complète et une description détaillée de tous les appareils de broyage; beaucoup de ces appareils sont d'ailleurs spéciaux à telle ou telle industrie, et trouveront naturellement leur place dans les articles consacrés à ces industries. Nous devons nous borner ici à passer sommairement en revue les principaux types de broyeurs et à en expliquer le fonctionnement.

Pour le broyage des minerais, des pierres, etc., lorsqu'on se propose de. concasser simplement les roches sur lesquelles on opère, en produisant le moins de menu possible, on se sert avec avantage du broyeur Blake qui broie les matières en les mâchant, ou du broyeur à cylindres qui les écrase d'une manière continue. — V. Minerais.

Broyeur Blake. Il se compose essentiellement de deux mâchoires en fonte disposées comme les deux branches d'un V et munies de cannelures alternantes. L'une de ces mâchoires est fixe et solidement reliée au bâti de la machine; l'autre est mobile autour d'un axe passant par son arête supérieure, et reçoit mécaniquement un mouvement régulier et très puissant de va-et-vient autour de cet axe. Les pierres, accumulées entre les mâchoires, sont ainsi écrasées les unes contre les autres, et tombent broyées au pied de l'appareil. Le mouvement de va-et-vient est communiqué à la mâchoire mobile au moyen d'une barre d'excentrique articulée par son extrémité au sommet commun de deux arcs-boutants formant un angle très ouvert, et dont l'un prend son point d'appui sur le bâti de la machine, tandis que l'autre est articulé à la partie inférieure de la mâchoire mobile.

Broyeur à cylindres. Il convient surtout aux minerais à gangue tendre, argileuse ou calcaire. Il se compose d'une ou de plusieurs paires de cylindres en fonte, lisses ou cannelés, juxtaposés comme des cylindres de laminoirs, et tournant en sens inverse. L'un des cylindres de chaque paire tourne dans des coussinets fixes et reçoit directement le mouvement au moyen d'une paire de roues d'engrenage; l'autre cylindre tourne par entraînement, et son arbre repose dans des coussinets mobiles, guidés dans des coulisses horizontales. Des leviers en fer, chargés de poids variables, agissent par l'intermédiaire de coins et de plans inclinés sur les coussinets mobiles, et serrent les deux cylindres l'un contre l'autre. On peut ainsi, en chargeant plus ou moins les leviers, régler la pression à volonté, tout en permettant aux cylindres de s'écarter momentanément au passage d'un corps trop dur, de manière à éviter toute détérioration de l'appareil.

Les broyeurs à cylindres, généralement employés en Angleterre pour concasser les minerais de plomb, se composent de trois paires de cylindres disposées en forme de triangle. Les cylindres de la paire supérieure sont cannelés; ceux des deux autres paires sont lisses. Les minerais sont d'abord concassés entre les deux cylindres cannelés, puis ils sont amenés par des plans inclinés au-dessus des deux autres paires, où ils subissent un deuxième broyage. Dans cet appareil, l'un des cylindres de la paire supérieure est seul commandé directement; il communique son mouvement par engrenage à l'un des cylindres de chacune des deux autres paires.

Les *bocards* (V. ce mot), employés pour le même usage que les appareils précédents, peuvent aussi servir à broyer à tous les degrés de finesse les corps de duretés les plus diverses, tels que le quartz, le noir animal, les écorces, etc., car on peut toujours proportionner le poids des pilons et la durée de leur action à l'effet qu'on se propose de produire.

Pour broyer les corps de consistance moyenne, et les réduire en grains plus ou moins fins, les appareils les plus employés sont : les broyeurs à force centrifuge, le moulin à noix, les concasseurs à cylindres et le moulin à meules verticales. Ce dernier appareil, connu encore sous le nom de *tordoir*, sert aussi à écraser les graines oléagineuses pour permettre d'en extraire l'huile, à triturer certaines pâtes, etc.

Broyeur à force centrifuge. Dans cet appareil, la force centrifuge, développée par un mouvement rapide de rotation, est utilisée pour projeter les corps à broyer sur un obstacle résistant contre lequel ils se brisent et se pulvérisent. L'action de ces broyeurs est d'autant plus énergique que le mouvement de rotation est plus rapide. Nous citerons particulièrement dans cette classe le broyeur Carr et le broyeur Vapart.

Broyeur Carr. Il se compose de quatre tambours concentriques, garnis à leur circonférence de forts barreaux en fer, et tournant autour de leurs axes comme des cages d'écureuil; le premier et le troisième tambour tournent dans un sens, le deuxième et le quatrième tournent en sens inverse. La matière à pulvériser est projetée par une trémie dans la cage centrale ; les fragments en sont chassés d'une cage sur l'autre avec d'autant plus de violence que les mouvements sont croisés, et la matière, complètement pulvérisée après avoir traversé les barreaux de la dernière cage, est recueillie dans une enveloppe semblable à celle d'un ventilateur.

Broyeur Vapart. Ce broyeur, dont l'action repose sur le même principe, se compose essentiellement de trois plateaux horizontaux de même diamètre, montés sur un même arbre vertical, et enfermés dans une enveloppe cylindrique en fonte très résistante. L'arbre repose sur une crapaudine, et il est maintenu à sa partie supérieure par une douille faisant corps avec le couvercle de l'appareil. Une poulie montée sur cet arbre permet de communiquer aux plateaux enfermés dans l'enveloppe un mouvement de rotation rapide. Les matières à broyer sont déversées par une trémie sur la partie centrale du plateau supérieur; elles sont lancées par la force centrifuge contre la paroi du cylindre-enveloppe, tombent dans un entonnoir qui les amène au centre du deuxième plateau, sont projetées de nouveau et ramenées de la même manière au centre du troisième plateau, et arrivent enfin complètement pulvérisées, après trois broyages successifs dans le récipient destiné à les recevoir.

Les broyeurs à force centrifuge sont surtout employés pour les corps de dureté moyenne tels que les minerais à gangue tendre, les phosphates, les plâtres, les os, le charbon, le coke, etc. Des corps plus durs amèneraient trop rapidement la détérioration de l'appareil. — V. MINERAI, PLÂTRE.

Le **moulin à noix** se compose de deux parties essentielles, la noix et la boîte. La noix est une petite masse de forme tronconique en métal très résistant, munie de cannelures héliçoïdales; elle est montée sur un arbre vertical, et tourne dans une cavité ou boîte qui épouse la forme générale de la noix, et porte comme elle des cannelures héliçoïdales. Une trémie en entonnoir amène les matières à broyer en contact avec la partie supérieure de la noix, et si l'on imprime à l'arbre de la noix un mouvement de rotation dans un sens convenable, ces matières sont attirées et broyées entre les parties vives des cannelures de la noix et de la boîte. On construit des moulins à noix de toutes dimensions, depuis le moulin à poivre ou à café ordinaire, mû à la main ou par un volant manivelle, jusqu'aux grands moulins à broyer le plâtre ou l'asphalte, et qui empruntent leur mouvement à un manège ou à une machine à vapeur. — V. MOULIN.

Les **concasseurs à cylindres**, très employés pour écraser les graines dures, les tourteaux d'huilerie destinés à l'alimentation des bestiaux, l'orge, le blé, etc., forment une classe assez nombreuse.

Nous citerons en particulier : 1° le concasseur Bidell, à cylindre unique, destiné au broyage des gros grains, tels que le maïs, les fèves, etc. ; il est formé d'un cylindre en fonte, armé suivant ses génératrices de lames triangulaires en acier, et d'une lame en acier, parallèle au cylindre, et qu'on peut rapprocher plus ou moins de ce dernier au moyen d'une vis, de manière à régler à volonté la finesse de la mouture. Les graines à écraser sont déversées par une trémie au-dessus du cylindre. L'emploi de lames triangulaires présente l'avantage de pouvoir retourner trois fois la même lame avant d'avoir à l'affûter de nouveau; 2° la machine à écraser les blés de MM. Cartier et Armengaud aîné. Cette machine se compose de deux cylindres en fonte bien polis, commandés l'un par l'autre, et dont on règle à volonté l'écartement au moyen de paliers à coulisse et de vis de rappel actionnées par une vis sans fin. Une trémie, munie d'un pignon distributeur, déverse le grain entre les deux cylindres ; les graines écrasées vont ensuite alimenter les meules qui en achèvent la mouture. On arrive par l'emploi de cet appareil, à activer beaucoup la production des meules.

Un **moulin à meules verticales** ou **tordoir**, se compose en principe de deux meules verticales pesantes, généralement cylindriques, montées sur un même essieu, et décrivant une piste circulaire sur une aire plane ou meule dormante.

A cet effet, l'essieu horizontal qui porte les meules traverse un arbre vertical passant par le centre de la piste et qui reçoit ordinairement son mouvement de rotation au moyen d'une paire de roues d'angles. Afin de permettre aux meules de se soulever lorsque la matière à broyer leur offre une résistance trop considérable, l'arbre vertical est muni d'une coulisse qui laisse à l'essieu un jeu suffisant.

Les meules étant en mouvement, il est facile de voir que les points de leur circonférence, les plus rapprochés de l'axe vertical, décrivent sur la meule dormante un cercle beaucoup plus court que les points les plus éloignés ; et comme tous ces points tournent autour de l'essieu avec la même vitesse, il en résulte forcément que les points les plus éloignés de l'axe glissent en avant sur la piste tout en roulant, tandis que les points les plus rapprochés glissent en arrière. Les meules verticales agissent donc à la fois par compression et par torsion sur les matières qui leur sont soumises, d'où le nom de *tordoir* qu'on donne aussi à cet appareil.

Les moulins à meules verticales, avec les modifications nécessaires dans la nature des meules et dans les organes accessoires, râcleurs, ramasseurs, etc., sont employés pour le broyage des corps les plus différents, tels que minerais, ciments, plâtre, graines oléagineuses, pâte à chocolat, etc.

Pour broyer les matières alimentaires, les meules sont généralement en granit. Pour le broyage des substances minérales, les meules en fonte, beaucoup plus lourdes que les meules en pierre sont les plus employées. — V. TUILERIE, MINERAIS.

Enfin, lorsque les matières à broyer doivent être réduites en poudre impalpable, on a recours le plus souvent au *bocard* (V. ce mot), aux meules horizontales, au mortier à pilon, ou au broyage à la molette. — V. COULEUR.

Les *moulins à meules horizontales* sont surtout employés pour la mouture du blé et des autres graines alimentaires — V. MOULIN.

Les *mortiers à pilon* servent principalement à broyer et porphyriser les produits chimiques ou pharmaceutiques. On construit des appareils dans lesquels le pilon reçoit mécaniquement un mouvement analogue à celui qui lui est ordinairement communiqué par la main. Lorsque les substances à broyer sont vénéneuses, il importe d'éviter la diffusion de poussières nuisibles. On fait alors usage d'un mortier recouvert d'une

cloche en verre. Dans cet appareil, le mouvement est transmis au pilon par un mécanisme placé en dessous du mortier.

Le *broyage à la molette* consiste à écraser la substance à broyer sur une table de marbre bien poli, à l'aide d'une sorte de pilon en verre ou en marbre à surface convexe, que l'on promène à la main sur le marbre. Le broyage des couleurs se fait souvent ainsi.

Pour broyer les substances offrant peu de résistance à l'écrasement, on se sert avec succès d'appareils dans lesquels l'écrasement est obtenu par le roulement et le frottement de boulets sphériques pesant sur la matière à broyer. — V. POUDRE.

Ainsi, dans la fabrication des poudres de chasse, pour pulvériser le salpêtre, le soufre et le charbon, on introduit ces matières séparément dans des cylindres dits *tonneaux-broyeurs*, tapissés intérieurement de cuir, avec un poids à peu près égal de billes en bronze de 5 à 8 millimètres de diamètre, et on imprime à ces cylindres un mouvement lent de rotation autour de leurs axes. Des tasseaux arrondis en bois, fixés longitudinalement à l'intérieur des tonneaux soulèvent légèrement les billes de bronze et les laissent retomber sur la substance à broyer. Quand une opération est terminée, les cylindres doivent être vidés et chargés à nouveau.

Le broyeur à boulets de M. Hanctin, très convenable pour le broyage des charbons, des couleurs, enduits, cirages, etc., présente sur le tonneau broyeur que nous venons de décrire, l'avantage d'un fonctionnement méthodique et continu. Il se compose de deux cylindres concentriques, dont l'un, le cylindre extérieur, est fixe et repose sur un bâti en fonte, tandis que l'autre tourne à l'intérieur du premier. De nombreuses ouvertures, de forme sphérique, sont pratiquées sur toute la surface de ce dernier cylindre, et sont disposées suivant les spires d'une hélice. Dans chacune de ces ouvertures vient se loger un boulet. Les deux cylindres sont d'ailleurs suffisamment rapprochés pour que les boulets, tout en conservant un jeu suffisant pour leur action, ne puissent pas sortir complètement de leurs alvéoles. La matière à broyer est introduite entre les deux cylindres par une trémie placée à l'une des extrémités de l'appareil. Le broyeur étant en marche, tous les boulets viennent successivement frapper le cylindre fixe, à l'intérieur duquel ils roulent et frottent, en écrasant les substances qui leur sont soumises, et les entraînant vers l'autre extrémité de l'appareil, comme le feraient les filets d'une vis sans fin. La matière, bien uniformément broyée, puisque aucun point du cylindre fixe ne peut échapper à l'action des boulets disposés en hélice, traverse ainsi tout l'appareil, et s'écoule d'une manière régulière et continue, dans le récipient destiné à la recevoir.

Broyeur à trois cylindres. Lorsqu'il s'agit de broyer des corps à l'état pâteux, tels que les encres d'imprimerie, les couleurs, la pâte à chocolat, les cirages, etc., et d'en opérer le mélange intime, on se sert avec avantage du broyeur à trois cylindres. — V. Chocolat, Couleur.

Cet appareil se compose de trois cylindres en granit de même diamètre, montés sur des arbres en fer, et juxtaposés dans un même plan horizontal. L'arbre du cylindre central repose sur deux coussinets fixes, tandis que les paliers qui supportent les arbres des deux cylindres latéraux, peuvent glisser dans deux coulisses horizontales, ce qui permet de les rapprocher plus ou moins du cylindre central au moyen de vis de rappel. Le cylindre central reçoit directement le mouvement de rotation, et le transmet à l'un des cylindres latéraux par une roue d'engrenage, et à l'autre par un pignon. Il résulte de cette disposition que la vitesse de rotation du cylindre central est intermédiaire entre celles des deux cylindres latéraux. Les limites entre lesquelles on peut avoir à faire varier les écartements des cylindres sont d'ailleurs assez faibles pour que les roues et les pignons ne cessent pas d'engrener, quels que soient ces écartements.

Au-dessus du broyeur, entre le cylindre central et celui dont le mouvement de rotation est le plus lent, est disposée une trémie dans laquelle on verse la pâte que l'on se propose de broyer. Cette pâte est attirée entre les cylindres ; le cylindre central tournant plus vite que l'autre, il y a à la fois compression et frottement, et la matière est entraînée par le cylindre central ; elle subit un second broyage entre celui-ci et le troisième cylindre, puis elle est entraînée par ce dernier qui tourne plus vite que les deux autres. Une raclette, disposée parallèlement aux génératrices du dernier cylindre, recueille la matière broyée qui s'écoule dans un récipient disposé à cet effet au pied de l'appareil. Un seul broyage est généralement insuffisant pour obtenir une pâte bien mélangée, et d'une consistance parfaitement homogène ; on recommence alors la même opération autant de fois qu'il est nécessaire, en rapprochant progressivement les cylindres extrêmes du cylindre central au moyen de vis de rappel.

Certains constructeurs rendent solidaires les vis de rappel dont nous venons de parler et qui servent à régler l'écartement des cylindres ; ils se servent pour cela d'une vis sans fin, manœuvrée par un petit volant à main, et engrenant avec deux roues hélicoïdales montées aux extrémités des deux vis de rappel. On peut ainsi, à l'aide d'une seule manœuvre, faire avancer les deux parties du même arbre exactement de la même quantité. Cependant, lorsque le travail exige une grande perfection, comme le broyage des encres d'imprimerie, par exemple, on préfère généralement opérer le réglage des cylindres au moyen de deux vis de rappel indépendantes. L'ouvrier qui conduit l'appareil juge très facilement dans ce cas, à la manière dont la pâte se dispose sur les cylindres, du parallélisme de ces cylindres, et peut ainsi en régler l'écartement très rapidement et avec plus d'exactitude que si les deux vis étaient solidaires.

Il existe encore des broyeurs à cylindres en fonte cannelés, dont le travail ne consiste plus à réduire un corps solide en morceaux plus ou moins gros, mais bien, comme dans le *lin* et le *chanvre* (V. ces mots), par exemple, à briser la paille du textile pour en séparer plus facilement la filasse. — H. I.

II. **BROYEUR, EUSE.** *T. de mét.* Ouvrier, ouvrière qui broie, qui travaille au broyage du chanvre, du lin, des couleurs, etc.

* **BROYEUSE.** L'appareil de broyage est appelé *broyeur* ou *broyeuse* selon les métiers et les industriels ; il n'est point rare même de voir la même machine être broyeur chez les uns et devenir broyeuse chez les autres. Nous ne nous arrêterons donc pas à ce mot si ce n'est pour retenir *broyeuse-teilleuse*. Le travail de cette machine tenant également au *broyage* et au *teillage*, il nous semble plus logique de respecter l'ordre alphabétique.

* **Broyeuse-teilleuse.** Certains constructeurs ne se sont pas contentés de faire, pour le travail du lin et du chanvre en paille, des machines à broyer (V. Chanvre, Lin) et des machines à teiller, c'est-à-dire deux machines distinctes qui sont le complément l'une de l'autre,

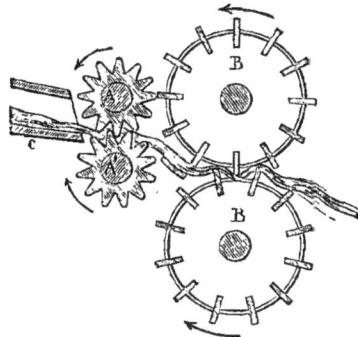

g. 626. — *Broyeuse-teilleuse.*

ils ont voulu quelquefois réunir sur un seul appareil les deux opérations du broyage et du teillage, et ils ont donné à leurs machines le nom de *broyeuses-teilleuses*. Nous en donnerons comme exemple le type ci-contre (fig. 625) construit par MM. Sitger et Cⁱᵉ.

Cette machine est fondée sur le principe du broyage par rouleaux et du teillage par frottement. Elle se compose : 1° d'une tablette en bois C sur laquelle on dépose la matière à travailler ; 2° de deux cylindres cannelés en fonte A A', dits *broyeurs*, tournant en deux sens au moyen d'un embrayage à griffes, faisant suite à la tablette ; 3° de deux cylindres à lames de fer B B', dits *teilleurs*, qui raclent les fibres retenues entre les rouleaux et les dépouillent petit à petit de leur chenevotte.

Lorsque la machine est en marche, l'ouvrier présente le lin ou le chanvre par la pointe. Les tiges, attirées par les cylindres teilleurs, entrent jusqu'à moitié entre les rouleaux. A ce moment, à l'aide d'un débrayage, on change le mouvement des cannelés broyeurs, et la poignée revient en avant, teillée sur une partie de son étendue. On recommence l'opération par le pied des tiges et la filasse est teillée de la même façon sur l'autre partie. En un mot, le broyage et le teillage se font simultanément, et le travail mécanique rappelle le travail qui se fait à la main avec la broie ordinaire. — V. Teillage.

La machine Sitger présente une manœuvre facile et sans danger, et une solidité à toute épreuve résultant de la simplicité de ses organes. Elle se manœuvre souvent par un manége à deux chevaux, exige un homme et deux aides pour apporter les tiges et ployer la filasse, et peut teiller à l'heure, suivant leur longueur, de 120 à 180 poignées. Elle est très employée dans la Sarthe pour le travail du chanvre.

Il ne nous serait guère possible de faire connaître toutes les broyeuses-teilleuses employées ou mises à l'essai en France : le nombre en est considérable, et beaucoup de ces machines, parfois uniquement en usage dans les usines où elles ont été créées, ne présentent qu'un intérêt trop restreint pour que nous essayions de les décrire. Le type Sitger peut donner idée du travail de ce genre de machines. Dans d'autres, par exemple (machine écossaise de Mac Pherson), le lin est étendu sur une table cannelée et soumis à l'action d'un cylindre à mouvement horizontal de va-et-vient. Lorsqu'on juge que la partie ligneuse de la plante a été suffisamment rompue, on soulève le cylindre au moyen d'une pédale destinée à cet effet. Les poignées de lin sont alors introduites par petites parties entre des pinces qui en laissent dépasser environ la moitié, et sont soumises à l'action de battes à teiller. Elles sont, au bout de quelque temps, retirées des pinces pour être retournées et travaillées sur la partie qui reste à nettoyer. Dans d'autres encore (machine Cusson), le lin est broyé par trois cylindres cannelés disposés dans des plans différents, afin d'être mieux assoupli par les infléchissements qu'on lui fait subir; il passe de là sur des grilles circulaires où un batteur en détache les parties corticales, etc. En règle générale, on emploie plutôt les broyeuses-teilleuses pour le travail du chanvre que pour celui du lin. — A. R.

* **BRUAY** (Mines de). Cette concession (Pas-de-Calais), d'une étendue de 3,809 hectares, a été accordée par un décret du 19 décembre 1855, à MM. Louis Lecomte, Mocenein, Julien Lalou, Vollage et Reversez Bequet.

Bruay a produit successivement, en 1855, 2,250 tonnes; en 1860, 44.044 tonnes; en 1865, 86,354 tonnes; en 1870, 150,154 tonnes; en 1874, 227,896 tonnes.

Ces mines possèdent trois fosses en exploitation et une en fonçage; le charbon extrait est une houille grasse, propre à la production de la vapeur et à la fabrication du gaz.

BRUCELLES. *T. techn.* Petites pinces à ressorts servant à tenir les pièces délicates qu'il est impossible de saisir à la main. || Dans la fabrication du papier, on donne ce nom à des pinces très fines avec lesquelles on enlève les défauts.

* **BRUCINE.** *T. de chim.* Alcali végétal que l'on extrait de la noix vomique : c'est un poison violent.

* **BRUÉ** (Etienne-Robert), géographe, mort en 1832, appliqua, le premier, au dessin de cartes géographiques, la gravure sur cuivre; il parvint, par ce moyen, à une perfection telle que Alexandre de Humboldt lui confia l'exécution des cartes du *Voyage en Amérique*. Brué a laissé un *Atlas universel* publié en 1816, encore aujourd'hui classique et parfaitement apprécié.

* **BRUIR.** *T. techn.* Imbiber de vapeur les tissus, les étoffes pour les amollir.

* **BRÛLÉ** (Fer). *T. de métal.* Il arrive quelquefois, qu'en chauffant le fer ou l'acier, on les brûle. Il semble se passer, dans cette opération, une absorption de l'oxygène de l'air avec production plus ou moins abondante d'oxyde de fer. Il est difficile de redonner au fer brûlé sa texture et sa résistance primitives : il reste généralement cassant à chaud et à froid. Cependant, par un chauffage prolongé de la pièce métallique au contact du charbon de bois, on arrive à détruire en partie cet état, du moins pour le fer; quant à l'acier en barres, c'est sans remède : une fois trop chauffé, il perd toutes ses qualités et devient fragile et sans résistance. On ne saurait donc prendre trop de soins dans le chauffage de l'acier, surtout quand il renferme une forte proportion de carbone, c'est-à-dire *quand il est dur*.

Dans l'opération Bessemer, le produit obtenu est d'abord du *fer brûlé*, qui a absorbé de l'oxygène et a dissous de l'oxyde de fer. On comprend, en effet, qu'en faisant passer un vif courant d'air dans une masse de fonte liquide, une partie de ce fer s'oxyde et se dissolve dans la masse. Il en est de même de l'opération Martin-Siemens qui permet de produire de l'acier en fondant un mélange de fonte et de minerai de fer ou de fonte et de ferrailles plus ou moins rouillées. Comme au Bessemer, il se forme de l'oxyde de fer, qui se dissout dans la masse métallique et constitue ainsi du *fer brûlé*.

Pour produire du véritable acier, dans l'une comme dans l'autre opération, il faut d'abord enlever cet oxyde de fer qui rend le métal cassant à chaud et à froid. On ajoute au bain un métal plus oxydable que le fer : le manganèse. Il décompose l'oxyde de fer, et forme de l'oxyde de manganèse qui se combine avec la scorie siliceuse en présence. Ce manganèse s'incorpore à l'acier sous forme de fonte manganésifère ou spiegel-eisen, ou sous forme d'alliage de fer et de manganèse, appelé *ferromanganèse*. — V. Fonte, Spiegel-eisen, Manganèse, Ferromanganèse.

* **BRÛLE-PARFUM.** Cassolette où l'on fait brûler des parfums, et qui est ordinairement un objet d'art décoratif.

* **BRÛLER SON OR.** *T. de dor.* Expression employée pour indiquer la décomposition, par une

chaleur trop prolongée, du perchlorure d'or qui passe alors à l'état de protochlorure insoluble ou même d'or métallique pulvérulent.

BRÛLERIE. Distillerie de vin où l'on brûle le vin pour en extraire l'eau-de-vie, || Atelier où l'on brûle les vieilles étoffes brodées d'or, les vieilles boiseries dorées pour en recueillir l'or.

*BRÛLEUR. *T. tech.* 1° Nom qu'on donne à l'appareil qui sert à produire la combustion du gaz destiné à l'éclairage et au chauffage. Quand il s'agit d'éclairage, le mot *brûleur* équivaut au mot *bec* et s'emploie souvent à la place de ce dernier (V. BEC A GAZ, ÉCLAIRAGE) |Dans les fourneaux de cuisine fonctionnant avec le gaz, le brûleur est l'appareil où s'opère la combustion ; il affecte la forme dite *champignon*, ou la forme annulaire dite *couronne* (V. CHAUFFAGE AU GAZ). Dans l'application des gazogènes au chauffage des fours, le brûleur est l'appareil à la sortie duquel les gaz débouchent et s'enflamment dans le foyer (V. GAZOGÈNE). || 2° Dénomination donnée dans l'industrie de la gravure, des dessins d'étoffes et de papiers peints, à l'ouvrier qui brûle en creux au moyen d'une machine spéciale, dans un bloc de bois de bout, les parties fines et les contours du modèle, pour obtenir un certain nombre de clichés métalliques. Généralement ce sont des entrepreneurs spéciaux qui se chargent de ce genre de travail, lequel demande une grande habitude pour être bien réussi.

*BRÛLOIR. Appareil qui sert à brûler le *café*. — V. ce mot.

BRUN, BRUNE. Les couleurs brunes sont fournies par le règne minéral et par les matières organiques; on en distingue : 1° de très solides, telles que la *terre de Sienne calcinée*, le *brun de manganèse*, le *brun Van-Dick*, le *bitume de Judée*, la *terre d'ombre*, la *terre de Cassel;* 2° de moins solides, comme le *brun de chicorée*, le *brun de Prusse*, la *sépia*, le *bistre*.

BISTRE. — V. ce mot.

BITUME DE JUDÉE. Substance minérale, noire ou brune, composée de carbone, d'hydrogène et d'oxygène comme les corps organiques. Se rencontre en immense quantité à la surface du lac asphaltique ou mer Morte.

BRUN DE PRUSSE. *Couleur de bistre, noir de Prusse.* S'obtient en calcinant à l'air libre du bon bleu de Prusse médiocrement obscur. Ce brun se marie et s'étend avec facilité. Il ne couvre pas plus que l'asphalte; il est d'une solidité et d'une fixité très grandes. Il sèche très promptement, rehausse ou brunit très bien les couleurs dans tous les genres de peinture, les papiers peints.

BRUN DE MANGANÈSE. *Bistre minéral.* Hydrate de bioxyde et de peroxyde de manganèse. Employé pour tissus; on le forme directement sur fibre.

OMBRE. *Ombre de Turquie, de Chypre, de Sicile.* Argile avec hydrate de péroxyde de fer et hydrate de peroxyde de manganèse. Rouge-brun par chauffage au rouge.

OMBRE DE COLOGNE. *Brun d'Espagne, de Van-Dyck, d'Eisenach.* C'est un lignite terreux.

TERRE DE SIENNE CALCINÉE. La terre de Sienne naturelle est une espèce d'ocre assez dure, d'une couleur jaune brun foncé qui, calcinée, prend une couleur rouge brun orangé. La terre de Sienne sert essentiellement à monter ou brunir les couleurs avec lesquelles elle est mélangée.

Citons pour terminer :

Le *brun de garance*, employé pour les tissus de coton, de lin et de chanvre ;

Le *brun de cachou*, obtenu avec le cachou et le chromate de potasse. On se sert, en outre, pour les nuances, de bois de campêche, de carmin, d'indigo, d'orseille, de curcuma;

Le *brun de bois* ou *faux brun*, obtenu avec le bois bleu et le bois rouge.

Aujourd'hui on obtient des matières colorantes brunes dérivées de la houille qui constituent une importante industrie, aussi leur devons-nous une mention toute spéciale. — V. l'article suivant.

|| *Passer au brun*, expression employée chez les batteurs d'or lorsqu'ils saupoudrent la baudruche d'un sulfate de chaux calciné réduit en poudre très fine.

BRUNS DÉRIVÉS DE LA HOUILLE.

Nous ne parlerons pas ici des bruns obtenus par l'action de divers mordants sur les couleurs dérivées de la houille, mais des *bruns* proprement dits. Ces matières colorantes sont produites quelquefois en même temps que des *jaunes*, *rouges*, etc.; nous renvoyons aux articles consacrés à ces couleurs pour certains détails de fabrication.

Bruns dérivés de l'aniline. On connaît plusieurs matières colorantes obtenues des résidus de fabrication de la fuschine et colorant les fibres en brun, en marron, en grenat. La première a été signalée par M. Perkin, en 1863; c'est un produit secondaire de la réaction qui donne naissance à la mauvéine.

Sopp traite les résidus solides de la fabrication de la fuschine, par l'acide chlorhydrique (100 parties de résidus, 70 à 80 parties d'acide), la solution mélangée à du carbonate de soude donne naissance à un précipité vert foncé; le précipité dissous dans l'acide chlorhydrique fournit une liqueur violette-bleue qui, appliquée sur fibres, donne des nuances solides se transformant en un beau *brun châtaigne* par le passage dans une solution de permanganate de potasse.

En traitant la couleur désignée sous le nom de *cerise* et provenant des résidus de fuschine (c'est probablement un mélange de fuschine et de matières colorantes jaunes), par le zinc et l'acide sulfurique, la rosaniline est transformée en leucaline. Les bases colorées sont précipitées par une lessive de soude; le précipité brun rassemblé est desséché, après saturation de la soude par l'acide chlorhydrique. On peut aussi, après l'action du zinc et de l'acide (on peut employer l'acide chlorhydrique), saturer par le sel marin et précipiter la matière colorante. Le produit obtenu donne des nuances jaunes, nankin, couleur cuir et brunes, qui deviennent plus foncées lorsque l'on passe la fibre teinte dans le chromate de potasse.

Siberg chauffe 1 partie de chlorhydrate d'aniline jusqu'à son point de fusion, puis il ajoute 1/2 partie de cerise et il continue à chauffer au bain de sable jusqu'à ce que la couleur brune apparaisse. Le produit est mélangé avec une solution de carbonate de soude (2 parties de sel dans 15 parties d'eau), on agite et on soutire la liqueur. Le produit est lavé plusieurs fois. Pour teindre on, dissout dans 9 parties d'alcool et l'on mélange avec 13 parties d'eau.

MM. Girard et de Laire ont obtenu une couleur brune (brun Bismark), en faisant réagir à 240°, 4 parties en poids de chlorhydrate d'aniline et 1 partie de chlorhydrate de rosaniline; on maintient le mélange à l'ébullition pendant une à deux heures. La masse passe brusquement du rouge au marron. L'opération est terminée lorsque l'on perçoit une vive odeur alliacée et lorsqu'il se produit des vapeurs se condensant dans les parties froides de l'appareil. La couleur est soluble dans l'eau d'où elle est précipitée par les alcalis et les sels alcalins. Elle est également soluble dans l'alcool, la benzine, l'éther, l'acide acétique. Elle donne de très belles nuances sur soie, et principalement sur les cuirs et peaux, qu'elle teint sans mordants. — V. plus loin PROCÉDÉS D'APPLICATION.

Wise chauffe vers 140° un mélange formé de 1 partie de rosaniline, 1 partie d'acide formique et 1/2 partie d'acétate de sodium ; on obtient une matière soluble dans l'alcool avec une belle couleur écarlate. On chauffe cette matière avec trois fois son poids d'aniline et on la transforme ainsi en un beau produit d'une riche couleur brune.

Al. Schutz prépare un beau grenat en faisant passer un courant de vapeurs nitreuses dans une solution de soude ou d'ammoniaque tenant de la rosaniline en suspension. La matière colorante donne sur laine, soie et coton, de belles nuances variant du puce au grenat.

Durand fait bouillir la solution aqueuse de fuschine avec du zinc en poudre, dans ces conditions la fuschine est réduite à l'état de leucaline. Pour préparer du brun pour l'impression, Horace Kœchlin, mélange cette leucaline avec du sulfure de cuivre, puis il traite les tissus comme pour la production du noir d'aniline (V. NOIR), il obtient de la sorte une belle couleur brune.

Jacobsen indique, pour la préparation d'une matière colorante brune, les procédés suivants : 1° on chauffe à 140° 1 partie d'acide picrique avec 2 parties d'aniline, tant qu'il se dégage des vapeurs ammoniacales ; on dissout dans l'acide chlorhydrique et l'on précipite par la soude caustique ; 2° on chauffe à 100° une solution concentrée de chromate d'ammonium en présence de formiate d'aniline.

Smith obtient un brun en faisant réagir l'acide salicylique sur les sels de rosaniline.

Brun de phénylène-diamine. Ce brun, très employé en teinture, résulte de l'action de l'acide azoteux sur la β-phénylène-diamine, mo-

dification isomérique de la phénylène-diamine, obtenue en réduisant la dinitrobenzine ou la nitraniline.

Pour préparer la dinitrobenzine, on emploie, soit la nitrobenzine, soit la benzine elle-même. On se sert des mêmes appareils employés pour la préparation de la nitrobenzine et qui sont disposés de manière à pouvoir être chauffés au moyen d'un double fond.

Dans le premier procédé, on fait couler la nitrobenzine dans un mélange d'acides sulfurique et nitrique, et on lave à l'eau le produit de la réaction. Dans le second procédé, on fait couler un mélange d'acides sulfurique et nitrique dans la benzine (100 kilogrammes d'acide nitrique à 40°, 156 kilogrammes d'acide sulfurique à 66°, pour 100 kilogrammes de benzine). L'attaque terminée, on soutire les acides faibles et l'on fait couler dans la nitrobenzine produite une nouvelle quantité du mélange des deux acides. La chaleur facilite la réaction. La dinitrobenzine soutirée est lavée à l'eau chaude, puis à l'eau froide.

La réduction de la dinitrobenzine en β-phénylène-diamine s'effectue à l'aide de l'étain et de l'acide chlorhydrique. On fait couler doucement de l'acide chlorhydrique sur un mélange de 1 partie de dinitrobenzine et de 12 parties d'étain. La masse s'échauffe ; par le refroidissement, il se sépare des cristaux qui sont une combinaison de chlorure stanneux et de chlorhydrate de phénylène-diamine. Actuellement on se sert de l'étain pour amorcer la solution, et l'on y ajoute immédiatement du zinc. L'étain, à mesure qu'il entre en dissolution, est précipité par le zinc que l'on y ajoute constamment, jusqu'à ce que la réduction soit complète. On précipite le chlorhydrate de β-phénylène-diamine de sa solution aqueuse par un excès d'acide chlorhydrique. On sépare la β-phénylène-diamine par un alcali.

Pour transformer la β-phénylène-diamine en matière colorante brune, on ajoute peu à peu, à une solution neutre d'azotite de potasse ou de soude, une solution froide, étendue et neutre de β-phénylène-diamine. Il faut éviter que la température s'élève. Il se précipite une bouillie cristalline rouge foncé, qu'on lave à l'eau, puis à l'acide chlorhydrique.

La combinaison d'acide chlorhydrique et de matière colorante est dissoute dans l'eau et l'on précipite la solution par l'ammoniaque. Le brun d'aniline est retiré du précipité par l'eau bouillante. Il reste dans la masse deux autres matières colorantes que l'on peut isoler par l'alcool.

La solution aqueuse du brun teint directement sans mordant la laine et la soie.

PROCÉDÉS D'APPLICATION DES BRUNS D'ANILINE. On délaie le brun dans l'eau bouillante; puis on étend d'eau bouillante jusqu'à complète dissolution. Une petite quantité d'acide chlorhydrique facilite la dissolution.

Laine. On dégraisse au carbonate de soude ou au savon et on rince à l'eau chaude. On teint en acidulant légèrement le bain avec de l'acide sulfurique. On peut teindre même sur bain neutre. La couleur se développe et s'unit en portant la température à l'ébullition. Le brun peut se combiner à toutes les teintures, aux bois et extraits de bois.

Coton. On mordance au sumac suivant la nuance désirée, on exprime et l'on passe dans une solution faible d'oxymuriate d'étain. On lave et l'on rince soigneusement. On teint vers 50° environ.

Soie. On teint sur bain de savon bouillant en ajoutant le colorant peu à peu jusqu'à ce que la soie ait la teinte voulue ; on lave ensuite dans l'eau tiède acidulée avec l'acide tartrique.

Cuirs. On teint à la brosse ou au trempé vers 30°.

Les bruns d'aniline sont très employés pour la teinture de la sparterie, osier, jonc, paille, nattes, vannerie et jouets.

BRUNS DÉRIVÉS DES PHÉNOLS.

Brun de phényle. *Phénicienne, rothine.* Ce corps prend naissance par l'action simultanée des acides azotique et sulfurique (de l'acide azoto-sulfurique obtenu avec 2 v. d'acide sulfurique anglais et 1 v. d'acide azotique de 1.35 de densité) sur le phénol. La matière colorante brune qui prend naissance, lorsqu'on fait agir l'acide azotique sur l'acide sulfophénique, offre, relativement à ses propriétés extérieures, de nombreuses analogies avec la *phénicienne*, mais il existe des différences entre ces deux produits, de sorte qu'on ne doit pas conclure à leur identité.

D'après Roth, pour obtenir le brun de phényle, on ajoute par portions à 1 partie en poids de phénol, 10 à 12 parties d'acide azoto-sulfurique. On doit empêcher le phénol de s'échauffer et n'ajouter l'acide que peu à peu. Lorsque la masse liquide est devenue brun-rouge, après addition de tout l'acide azoto-sulfurique, dont la dernière portion ne doit plus donner lieu à une réaction vive, on la verse dans 20 fois son poids d'eau, et il se forme à l'instant même un précipité brun qui constitue la phénicienne. On la rassemble sur un filtre et on le lave, pendant longtemps, jusqu'à ce que l'acide soit éliminé aussi complètement que possible.

Le brun de phényle est peu soluble dans l'eau froide, il se dissout dans l'éther, l'alcool, l'acide acétique ; le pouvoir dissolvant de ces derniers liquides est augmenté par une addition d'une petite quantité d'acide tartrique.

Les solutions de carbonate de soude, de potasse, de soude caustique, d'ammoniaque, etc., dissolvent aussi la phénicienne.

Le brun de phényle teint la laine et la soie sans mordants ; les nuances formées appartiennent au genre Havane, mais suivant la force des bains elle peut varier du brun grenat au brun chamois. La couleur résiste à la lumière et au savon. Le coton doit être mordancé au stannate de soude et au tannin.

Alfraise traite la solution d'acide sulfophénique par une dissolution de salpêtre, il l'évapore à 100° à consistance d'extrait. Il se forme un corps brun qui se dissout dans 10 fois son poids d'eau et qui teint sans mordants la laine, la peau, la soie, les plumes.

Dans ces dernières années on a indiqué quelques procédés pour l'obtention de matières colorantes brunes. M. Griess obtient des couleurs rouges, brunes, jaunes par la combinaison des diazo-phénols et des phénols. MM. Meister, Lucius, etc., ont fait breveter en 1878 l'obtention de produits rouges, bruns, jaunes par l'action des dérivés sulfoconjugués des *β*-phénols sur les dérivés azoïques. — V. ROUGE.

BRUNS DÉRIVÉS DE LA NAPHTALINE.

La *Badische Anilin et Sodafabrick* a indiqué en 1878 et 1880, la fabrication de matières rouges et brunes dérivées de la naphtaline (dérivés sulfoconjugués de l'oxyazonaphtaline) ; nous renvoyons aux articles *Naphtaline* et *Rouges dérivés de la houille* pour les détails de ce procédé.

Puce de naphtylamine. M. Lamy a remarqué que, si dans une solution chaude et concentrée d'un sel naphtylamine (on obtient la naphtylamine en réduisant la nitronaphtaline sous l'influence du sulfure ammoniaque), on ajoute du bichromate de potasse acidulé, de façon à libérer tout l'acide chromique, une effervescence assez vive se produit et l'on obtient une poudre brun noir, laquelle lavée et traitée par l'ammoniaque ou le chlorure de soude, donne une pâte d'un brun marron assez vif, mais qui par la dessiccation perd beaucoup de son éclat. Ce précipité fixé directement sur tissu donne un brun puce. M. Grosrenaud avait déjà, en 1856, obtenu une série de nuances variant du marron au gris foncé, en traitant les sels de naphtylamine déposés sur le tissu par des nitrates. Il put varier très sensiblement en passant les échantillons, après l'action des nitrites et un lavage convenable, soit dans des solutions faibles de sels de fer, cuivre, chrome, etc., soit dans des bains légèrement acides ou alcalins, ou encore dans des bains de savon plus ou moins chauds. Il avait obtenu des puces en 1863 et une maison de Rouen appliqua le procédé en grand. Actuellement l'emploi des bruns de naphtylamine est abandonné en raison de la répugnante et persistante odeur répandue dans les ateliers.

BRUNS DÉRIVÉS DE L'ANTHRACÈNE.

On a signalé une *alizarine brune* obtenue en chauffant la nitroalizarine (V. ALIZARINE ET BLEU), avec de la soude en présence d'un sel d'étain ou mieux d'hydrosulfite de soude. La solution laisse déposer un corps brun qui doit être purifié. Sous l'influence des agents réducteurs, elle se dissout formant une liqueur rouge qui se recouvre à l'air d'une pellicule bleue. Fixée au ferrocyanure ou à l'acétate de chrome, elle donne des nuances claires, variant du mode au gris. Les nuances foncées semblent difficiles à obtenir. — A. Y.

* **BRUNEL** (MARC-ISAMBERT), ingénieur, né à Hacqueville (Eure), en 1769. Il prit en 1786 du service dans la marine royale, puis chassé par la Révolution de 1793, il passa en Amérique où il construisit le canal d'Albany et le théâtre de New-York.

En 1799, il vint se fixer à Londres où son œuvre véritablement célèbre fut la construction du tunnel sous la Tamise, travail qui dura de 1825 à 1842. C'est encore dans sa patrie adoptive qu'il inventa, antérieurement au percement de ce tunnel, les poulies en bois pour la marine, la scie circulaire pour placage, une machine à fabriquer les souliers sans couture pour l'armée, etc.

Il essaya aussi, pour remplacer la vapeur dans les machines à basse pression, l'acide carbonique successivement liquéfié et gazéifié.

Brunel mourut à Londres, le 11 décembre 1849; il était vice-président de la Société royale de Londres depuis 1832 ; baronnet depuis 1841.

BRUNI. *T. techn.* Partie de l'ouvrage à laquelle on a donné le poli. Le *bruni* est opposé au *mat*, qui désigne la partie non encore polie. *Brunir* de l'or ou de l'argent, c'est le rendre brillant par le poli. — V. l'art. suivant.

BRUNISSAGE. *T. techn.* Opération qui consiste à frotter et à faire disparaître, au moyen du *brunissoir*, les aspérités d'un objet, de façon à ramener toutes les molécules de sa surface dans un même plan qui réfléchit alors toute la lumière. Cette opération s'applique à une foule d'objets fabriqués : pièces d'argenterie et d'orfèvrerie, d'horlogerie, bronzes, cuivres gravés, produits céramiques dans lesquels intervient la présence des métaux précieux, or, platine, argent ; elle donne plus d'éclat et quelquefois même, selon l'objet, plus de résistance ; ainsi dans une pièce argentée, on peut affirmer qu'à égale quantité d'argent, un objet bruni fera presque deux fois autant d'usage que celui qui ne l'aura pas été.— V. ARGENTURE, DORURE.

BRUNISSEUR, EUSE. *T. de mét.* Celui, celle qui brunit les ouvrages d'or et d'argent.

BRUNISSOIR. *T. techn.* Outil dont on se sert pour l'opération du *brunissage.* Il est ordinaire-

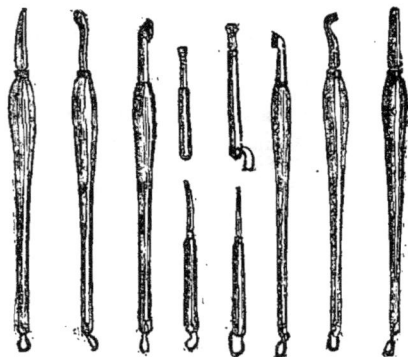

Fig. 627. — *Brunissoirs.*

ment composé d'une dent ou d'une pierre ; agate ou sanguine, mise au bout d'un manche de fer ou de bois; on en fait également en acier et on lui donne les formes et les noms les plus variés

suivant l'objet auquel on les emploie : notre figure 627 en montre quelques-uns taillés en olive, demi-sphère, langue de chien, patte de biche, couteau, etc. On distingue aussi deux sortes de brunissoirs, les *trancheurs* et les *lisseurs.*

BRUNISSURE. *T. techn.* 1° Façon que les teinturiers donnent aux étoffes, pour diminuer et brunir leurs teintes. || 2° Poli d'un ouvrage qui a été bruni.

BRUNITURE. *T. techn.* Nom qu'on donne dans les ateliers de teinture à toutes les compositions qui ont pour but de rabattre ou de rompre les teintes pures données par les substances tinctoriales. Dans la fabrication des noirs par les sels de fer et de cuivre, c'est le bain de mordant qui porte ce nom, principalement quand on donne au tissu de drap un bleu de cuve pour en augmenter la solidité.

On fait ordinairement les brunitures en passant, après teinture, dans un bain composé de campêche, galles, sumac et sulfate de fer. Mais eu égard au peu de solidité de ces couleurs il vaut mieux les *rabattre* c'est-à-dire employer la complémentaire en ayant soin d'ajouter d'autant plus de la complémentaire que l'on veut rabattre la couleur franche.

BRUXELLES (Point de). C'est là un genre de dentelle qu'on nomme encore *application de Bruxelles* et plus improprement *point* ou *application d'Angleterre*, en raison d'une erreur généralement accréditée et propagée à dessein par les Anglais, d'après laquelle on croit que les dentelles sur réseau les plus riches, qui se vendent à Bruxelles, viennent de l'Angleterre. — V. ANGLETERRE (Point d').

Pour fabriquer le point de Bruxelles, on formait autrefois de petites bandes de trois centimètres de largeur, qu'on réunissait ensemble au moyen du point de raccroc (V. BAYEUX) et sur lesquelles on appliquait des fleurs de dentelle. Aujourd'hui, on fait à Bruxelles deux genres bien distincts : 1° le point à l'aiguille gazé, dit *point de Venise*; 2° les fleurs appliquées sur tulle. — V. DENTELLE.

BUANDERIE. *T. techn.* Nom spécialement consacré aux ateliers de blanchisserie où s'exécutent les opérations du lessivage, lavage, savonnage et séchage du linge. Ce nom s'applique à l'appareil domestique qui sert au lessivage et, par extension, à l'ensemble d'une blanchisserie.

Les opérations qui s'exécutent dans les buanderies ont été décrites au mot BLANCHISSAGE (V. ce mot).

BUCENTAURE. *Myth.* Espèce de centaure auquel on donne le corps d'un bœuf ou d'un taureau. — V. CENTAURE.

BÛCHE. *T. de mét.* Jauge de cuivre nommée *bûche d'airain* à l'usage des savonniers pour régler l'épaisseur des pains de savon. || Outil d'épinglier et tréfileur. || Forte barre de fer dont se servent les verriers pour redresser les pots. || Billot qui porte des cisailles, des filières.

* **Bûche économique.** Produit combustible fabriqué en mélangeant l'anthracite et la houille pulvérisées, ou en faisant d'autres mélanges charbonneux; on en forme des briquettes qui sont employées pour le chauffage domestique.

BUFFET. 1° Meuble de salle à manger dans lequel on serre les ustensiles ou les mets destinés au repas.

— C'était au moyen âge une sorte d'échafaudage au milieu de la salle du festin, décoré de tapisseries et de vaisselle d'or et d'argent contenant des rafraîchissements. « Et autour du buffet marchoyent tous les parens de Monsieur, et tous les chevaliers, tant de l'ordre que de grand-maison, tous deux à deux, après les trompettes devant la viande. » (Mariage du duc Charles de Bourgogne avec Marguerite d'Yorck, *Mémoires d'Ol. de la Marche.*)

2° On donne le même nom à l'armoire destinée à renfermer l'argenterie et le linge de table. ¶ 3° *Buffet d'orgue.* Se dit du corps de menuiserie où sont renfermées les orgues, ou de la menuiserie de chaque jeu en particulier. || 4° *Buffet de pompes.* Appareil composé d'une caisse de fonte et renfermant toutes les pompes. || 5° *Buffet d'eau.* Table de marbre ou de pierre adossée contre un mur, ou placée dans le fond d'une niche, sur laquelle s'élève une pyramide d'eau, avec plusieurs bassins formant des nappes ou cascades. || 6° Sorte de panier à vivres fait en osier ou en carton recouvert de natte de Chine, et qui contient, avec des vivres, tous les ustensiles de table. On s'en sert pour les voyages et la villégiature.

BUFFLE. Espèce de bœuf sauvage dont la peau et les cornes sont utilisées dans les arts et l'industrie. On étend la même désignation à la peau du bœuf ou de la vache d'Amérique, et même indigène, travaillée avec l'huile de poisson. On l'emploie pour l'équipement militaire, la sellerie, la chaussure, la fabrication d'une sorte de parchemin, et la garniture de certaines parties des machines de filature.

BUFFLETERIE. Dénomination générique des diverses bandes en buffle, chamois ou autre cuir qui font partie de l'équipement militaire. || Produit obtenu avec les peaux de bœuf ou de forte vache. — V. CHAMOISAGE, § *Fabricat. du buffle.*

* **BUFFLETIER.** Fabricant de buffleteries.

* **BUGADIER.** *T. de parf.* Vase dans lequel on fait fondre les graisses pour la fabrication des pommades.

* **BUGADIÈRE.** *T. de savon.* Cuve en maçonnerie dont on se sert pour mettre les lessives.

* **I. BUGLE.** Trompette à clef. Le bugle est à perce conique, son tube plus ouvert et plus large que celui de la trompette diffère du *cornet* (V. ce mot) par son diapason et son timbre. C'est le petit bugle qui, dans les musiques de fanfares sert de dessus aux cornets; son timbre est rude, rauque et guttural, sans avoir la souplesse vulgaire, mais agile, de celui du cornet. Les bugles sopranos et altos ont trois pistons, les bugles contraltos, barytons et basses en possèdent quatre. Le bugle n'est jamais employé à l'orchestre,

à cause de sa voix désagréable, mais il en est beaucoup fait usage dans les musiques militaires et les fanfares, où il rend de grands services, cependant le *tuba* (V. ce mot) transformé, prend depuis quelques années une certaine importance à l'orchestre.

Nous avons nommé à bon escient des bugles barytons et basses, quoique ces noms ne soient pas employés; mais d'autres instruments similaires forment famille avec eux. Voici la famille des bugles à clefs :

Petit bugle en *mi b*; bugle en *si b* (à l'unisson de la trompette à clefs et du cornet); ophicléide alto en *mi b*; ophicléide basse en *ut*; ophicléide basse en *si b*.

Nous mettons en regard de la famille des bugles à pistons, la famille correspondante des saxhorns :

Petit bugle en *mi b*; petit saxhorn en *mi b*; bugle contralto en *si b*; saxhorn en *si b*; bugle alto en *mi b* (quatre pistons); saxhorn alto en *mi b*; tuba basse en *si b* (quatre pistons); saxhorn basse en *si b*; tuba contre-basse en *fa* (sans tons de rechange).

— Au commencement du siècle, un allemand, Weidinger, eut l'idée d'adapter des clefs au clairon d'ordonnance, qu'il avait percé de trous. Il transporta son invention en Angleterre où elle eut un grand succès de 1810 à 1812. A l'époque de l'entrée des alliés en France nous empruntâmes aux Anglais le clairon ainsi transformé, auquel ils avaient donné le nom de *bugle*, en même temps que nous empruntions aux bandes musicales allemandes l'ophicléide qui peut être considéré comme la basse de ces sortes de clairons à clefs. De 1830 à 1832, les facteurs allemands et belges appliquèrent les cylindres et les pistons au bugle, et c'est sur cette famille que Sax fit d'importants travaux qui donnèrent naissance aux différents *saxhorns.* — V. ce mot.

* **II BUGLE.** *T. de chem. de fer.* (de l'anglais *bugle*), sifflet à vapeur des locomotives américaines. Le son est produit, dans cet appareil, comme dans les sifflets de nos locomotives, par un courant de vapeur venant choquer les parois d'une cloche en bronze ou quelquefois même en acier; seulement la vapeur se répand à l'intérieur de la cloche du bugle, et le son résulte alors des vibrations qu'elle communique aux parois, tandis que chez nous, les bords de la cloche se terminent généralement par un biseau sur lequel vient se briser le courant de vapeur débouchant directement dans l'atmosphère. Le bugle donne habituellement une note très grave et un son excessivement intense qui n'est pas sans analogie avec le beuglement du taureau; il s'entend plus loin, en rase campagne, que les sifflets ordinaires à note aiguë; toutefois, il est moins facilement perçu à l'extrémité d'un train un peu long, car les notes graves se confondent alors avec le bruit du train en marche, de sorte qu'il ne présente aucun avantage au point de vue de la transmission des signaux.

En Amérique, où la voie ferrée n'est pas close, le bugle sert principalement à effrayer les animaux qui pourraient gêner le passage des trains. — V. SIFFLET.

* BUIGNET (HENRI), né à Chelles, en 1815, mort à Paris, en 1876. Il fut nommé successivement professeur agrégé à l'École supérieure de pharmacie de Paris, en 1842, professeur adjoint en 1861, professeur de physique et chevalier de la Légion d'honneur en 1866, membre de l'Académie de Médecine en 1868, et du Conseil d'hygiène publique et de salubrité de la Seine en 1871. Il fut associé en 1850 à la rédaction du *Journal de pharmacie et de chimie*, et il dirigea cette publication pendant 12 années avec la plus grande distinction. Il fut nommé secrétaire général de la société de pharmacie de Paris, en 1855.

Buignet a laissé un grand nombre de travaux importants ; l'on doit surtout signaler : ceux ayant trait aux applications de la physique, à la détermination des propriétés des substances médicamenteuses, sa thèse de doctorat sur la matière sucrée contenue dans les fruits acides et principalement son traité de *Manipulations de physique* qui est la reproduction des manipulations qu'il institua à l'École de pharmacie. Ce livre comprend toutes les questions de physique qui intéressent la médecine et la pharmacie, comme la densité des solides, des liquides et des vapeurs, les baromètres et les thermomètres, les températures de fusion et d'ébullition, les mélanges réfrigérants, les ébullioscopes, la saccharimétrie.

BUIS. Genre d'arbrisseau, de la famille des euphorbiacées, dont le bois est très employé dans l'industrie ; il sert à faire des ouvrages de tour et de tabletterie, mais il est surtout recherché par les graveurs. — V. BOIS.

* BUISSE. *T. de mét.* Outil de cordonnier pour donner de la cambrure aux semelles. || Instrument de tailleur pour soutenir les coutures, afin de les rabattre avec le fer chaud.

BULLE. *T. d'arch.* On donne ce nom à une tête de clou ornée qui sert à décorer une porte monumentale. || *T. de céram.* Petits points blancs que présente la surface de la porcelaine, et qui sont formés par l'air interposé dans la pâte pendant le travail. || *T. de verr.* Syn. de *bouillon.* || *Papier bulle.* Papier légèrement bis ou jaunâtre employé particulièrement pour paquetage et pour impressions ou écritures communes. Le nom de ce papier vient de celui du chiffon *bulle* ou écru avec lequel il était exclusivement fabriqué autrefois et qui lui donnait une grande solidité. Aujourd'hui la plupart des papiers bulles sont fabriqués avec des chiffons quelconques et colorés artificiellement. La teinte *bulle* n'est donc plus une garantie de la qualité.

* BULLY (JEAN-VINCENT), inventeur du vinaigre de toilette qui porte son nom. A la suite de la Révolution de 1830, Bully, déjà dans une situation de fortune très modeste, fut complètement ruiné. Il vendit son invention pour une somme insignifiante et il entra comme garçon de bureau à la rédaction d'un journal, aux appointements de 90 francs par mois. Il se nourrissait de pain et de lait, dormait sur une chaise, et donnait le reste de ses appointements à ses créanciers. Puis,

lorsque l'âge et les infirmités l'empêchèrent de continuer son travail, il alla mourir à l'hôpital de la Charité. Cet homme de bien eut le triste sort de beaucoup d'inventeurs, il mourut misérable et son invention fit plusieurs fois la fortune de ceux qui l'exploitèrent.

* BULLY-GRENAY-BÉTHUNE (Mines de). Concession d'une étendue de 5,761 hectares (Pas-de-Calais), accordée, le 15 Janvier 1853, à M. Constant Quentin. Cette compagnie possède 6 ou 7 puits ; elle a produit en 1870, 231,711 tonnes ; 1871, 220,519 tonnes ; 1872, 200,817 ; en 1873, 253,124 tonnes ; 1874, 279,526 tonnes.

BURAT. Étoffe de laine légère, plus forte cependant que l'étamine.

BURE. 1° Étoffe de laine grossière et tirée à poil. Son nom vient de ce que l'on faisait autrefois entrer dans sa fabrication de la *bourre* de laine que les tondeurs de drap retiraient des étoffes qui leur étaient soumises. || 2° Puits de mine, vertical ou plus ou moins incliné, et qui sert, selon les cas, à l'extraction, à l'établissement des pompes à épuisement, à l'aérage, à la descente et à la montée des personnes. || 3° Partie supérieure du fourneau de forge.

BUREAU. Table à écrire, portant ou non des tablettes ou tiroirs dont le nom vient évidemment de *bure, bureau*, étoffe de grosse laine, parce que les premières tables de ce genre étaient, dans l'origine, couvertes avec des tapis de *bure* ou de *bureau.*

* BURELÉ, ÉE. *Art hérald.* Se dit de l'écu et des pièces honorables composés de diverses burèles ou fasces diminuées, d'émail différent, en nombre égal.

* BURÈLES. *Art hérald.* Fasces diminuées au nombre de six, huit ou en plus grand nombre, mais toujours en nombre pair. On écrit aussi *burelles.*

BURETTE. Outre le petit vase à goulot, propre à contenir certains liquides destinés aux usages de la table, on donne ce nom, *en techn.*, à un vase qui a la forme d'un arrosoir, et dont les chandeliers se servent pour puiser le suif fondu et le verser dans les moules ; à un vase en tôle en forme de tronc de cône, muni à la base d'un bec en col de cygne, et dont on se sert pour verser l'huile dans les réservoirs des graisseurs des machines. L'orifice de ce tuyau est maintenu constamment ouvert dans la plupart des types de burettes ; mais sur certaines compagnies de chemins de fer, ayant des locomotives à mécanisme intérieur dans lesquelles l'accès des graisseurs est parfois difficile, on emploie la disposition suivante : l'orifice du tuyau est maintenu fermé par une soupape à ressort dont la tige sort de la burette ; le mécanicien peut amener ce vase en l'inclinant dans la position nécessaire au-dessus du graisseur à remplir, sans craindre de renverser l'huile ; il lui suffit alors d'appuyer sur la tige de la soupape pour assurer l'écoulement du liquide ; à un appareil de *chim.*, employé pour les analyses quantitatives.

BURGAU *T. de céram.* Enduit transparent qui se met sur les poteries, pourvu qu'elles soient couvertes ou vernies. On dit aussi *burgos*.

BURGAUDINE Belle espèce de nacre fournie par la coquille du *burgau*, limaçon commun aux Antilles.

BURGOS. *T. de céram.* Nom donné par les céramistes aux produits irisés obtenus par les composés aurifères, déposés sous forme de pellicule très-mince. Désignation dérivée du nom d'un coquillage présentant naturellement les reflets de l'arc-en-ciel. On écrit aussi *burgau*.

BURIN. *T. techn.* Outil en acier, tranchant à l'une de ses extrémités, et d'un emploi très varié dans les travaux mécaniques.

Quand on ne peut pas avoir recours aux machines-outils, on se sert du burin pour enlever à la main les surfaces de métal en frappant avec un marteau sur la tête de l'outil. Dans ce travail, on a eu soin de tracer au préalable, sur la surface métallique, au moyen du bec-d'âne, de distance en distance, des sillons parallèles ayant la profondeur prévue, et on emploie ensuite le burin pour détacher les parties restantes entre les sillons. Le même nom est appliqué à une foule d'outils ou d'instruments de formes variées : ainsi on se sert d'un burin pour graver sur les métaux et les autres corps durs; le burin de graveur consiste en un mince barreau d'acier affûté, quadrangulaire, d'environ 12 centimètres de longueur et emmanché dans un manche de bois court et arrondi; il y en a de plusieurs sortes, selon le travail à exécuter : *burin grain-d'orge*, *langue de chat*, etc. C'est encore un outil dont les dentistes se servent pour nettoyer les dents; une grosse barre de fer avec laquelle les mineurs perforent les roches qu'ils veulent attaquer par la mine; un ciseau à l'usage du calfat pour faire entrer de force l'étoupe entre les planches du bordage.

Enfin, on se sert d'un burin spécial pour confectionner les molettes destinées à reproduire les dessins que l'on veut imprimer sur les étoffes au moyen du rouleau; ce genre de burin diffère selon le genre de dessin à reproduire.

BURINER. *T. techn.* Tailler le fer au burin. Enlever avec un burin le fer laissé en trop par la forge. || Graver au burin.

BURNOUS. Grand manteau de laine, et à capuchon, que portent les Arabes, et que l'on a adopté en France, avec quelques modifications pour la toilette des femmes.

BUSC. Lame ordinairement en baleine ou en acier, plate, étroite et arrondie par ses extrémités, qui sert à maintenir un corsage et plus spécialement un corset.

BUSE. Tuyau qui sert de communication entre les puits et fournit l'air aux mineurs. || Canal qui amène l'eau sur la roue d'un moulin.

BUSTE. 1° *T. d'art.* En peinture, reproduction de la partie supérieure du corps; en sculpture, représentation en ronde-bosse de la même partie, ordinairement les bras non compris. || 2° *Art hérald.* Figure héraldique, représentant le haut du corps humain, sans les avant-bras.

BUTE. *T. de mét.* Outil de maréchal-ferrant pour couper la corne du pied des chevaux.

BUTÉE. *T. de p. et chauss.* Massif de maçonnerie qui, aux deux extrémités d'un pont, soutient la chaussée. On dit aussi *culée*.

BUTE-PIED. *T. de carross.* Rebord que l'on met sur les côtés ou sur le derrière d'une palette de marche-pied, et qui sert à empêcher de glisser en montant dans une voiture.

BUTOIR. *T. techn.* Couteau à deux manches à l'usage du corroyeur. || Pierre sur laquelle vient buter par le bas le vantail dormant d'une porte cochère. || *T. de chem de fer.* — V. HEURTOIR. || *T. de carross.* — V. ARRÊTOIR.

BUTTOIR. *T. techn.* 1° Saillie contre laquelle s'appuie une partie mobile d'une machine. || 2° Sorte de charrue à double versoir. || 3° Nom de divers outils qui servent à sculpter le bois et qu'on appelle aussi des *pousse-avant*; ils sont composés d'une partie en acier et d'un manche arrondi destiné à être placé dans la paume de la main.

BUTYRIQUE (Acide). Les deux modifications isomères de l'acide butyrique : l'acide butyrique *normal*, et l'acide isobutyrique sont entrés, depuis quelque temps, dans l'industrie chimique, parce que leurs éthers, caractérisés par un goût et une odeur spéciaux, sont très employés dans la parfumerie, pour la fabrication des essences de rhum et de cognac et pour beaucoup d'essences de fruits.

L'acide butyrique peut-être produit par des actions oxydantes sur un grand nombre de substances azotées ou non azotées.

L'alcool butyrique fourni par oxydation ou sous l'influence de la chaux iodée de l'acide butyrique ou isobutyrique.

Le procédé le plus généralement suivi pour la préparation de l'acide butyrique normal est celui de MM. Pelouze et Gélis, modifié par Bensch. Le sucre, le lactose (sucre de lait) ou la dextrine sont abandonnés à la fermentation à une température de 25° à 30°, en présence de matières provoquant la fermentation lactique : caséine, vieux fromage, lait aigre, gluten pourri, etc. La solution de sucre est additionnée d'un peu d'acide tartrique, on ajoute à la masse de la craie, pour saturer l'acide butyrique au fur à mesure de sa production. La fermentation lactique s'établit d'abord, et à celle-ci succède ensuite la fermentation butyrique. On transforme le butyrate de chaux formé en butyrate de soude par l'addition de carbonate de soude. On met l'acide butyrique en liberté au moyen de l'acide sulfurique. Une nouvelle combinaison à la soude permet de le purifier. Après plusieurs purifications, cet acide est propre à la préparation de l'éther au moyen de l'alcool et de l'acide sulfurique. Suivant M. Schubert, et suivant M. Nicklès, l'opération serait plus prompte et réussirait à toutes les températures en substituant l'empois d'amidon au sucre et la viande au fromage.

M. Redtenbacher a découvert que les caroubes contenaient 2 à 3 0/0 en poids d'acide isobutyrique et 42 à 43 0/0 de sucre de raïsin ; ce dernier entre en fermentation sous l'influence d'un ferment qui l'accompagne et fournit de l'acide butyrique. Suivant M. Stinde, on soumet à la fermentation à la température de 28° à 30°, 50 kilogrammes de gousses de caroubier concassées et une quantité d'eau capable de les réduire en bouillie. Au bout de quelques jours, on ajoute 12 kilogrammes de craie en poudre ; la fermentation est terminée, en été, au bout de six semaines. La masse à consistance de bouillie épaisse, est éthérifiée directement dans un alambic au moyen d'un mélange de 12 kilogrammes d'acide sulfurique et de 30 kilogrammes d'alcool à 95°.

Le charbon animal, sur lequel on filtre la glycérine provenant de la préparation industrielle de l'acide stéarique dans la saponification des corps gras, se charge peu à peu d'une grande quantité de butyrate de chaux qu'on peut extraire par l'alcool. On transforme directement en éther butyrique, en distillant la solution avec de l'acide sulfurique.

* BUTYROMÈTRE. Instrument destiné à déterminer la richesse du lait en beurre.— V. BEURRE.

* BUVARD (Papier). Papier sans colle servant particulièrement à éponger l'encre. Les meilleurs buvards sont ceux qui ne sont pas colorés artificiellement, mais dont la teinte, le plus habituellement rouge ou violette, est due à la couleur naturelle des chiffons de coton employés dans leur fabrication.

Par extension, l'on donne le nom de *buvards* à des cahiers reliés plus ou moins richement et qui contiennent, outre quelques feuilles de papier buvard, tous les objets nécessaires à l'écriture.

BYSSUS. On désigne sous ce nom, ou encore sous celui de *soie de mer*, une matière textile que l'on extrait de la coquille de moules récoltées sur les côtes de la Méditerranée. Ces moules atteignent en longueur jusqu'à 30 centimètres sur une largeur de 12 centimètres. Le byssus renfermé dans chaque coquille pèse 2 grammes, mais ne présente rien de particulier à l'œil, souillé qu'il est tout d'abord par les débris de plantes marines, le sable et la vase. Mais, lavées et peignées, ces fibres deviennent brillantes et accusent une coloration variant du jaune d'or au brun olive, luisantes au soleil et très douces au toucher. On peut les filer et les tisser pour en faire des bas, des gants, des fichus et autres petits objets, mais on conçoit qu'en raison de la petite quantité qu'on en obtient à la fois, il ne soit guère possible d'en faire une grande consommation. On estime la production totale annuelle de byssus à environ 200 kilogrammes. Les moules, les filaments et les produits de leur mise en œuvre ont été exposés en 1878.

* BYZANTIN (Art et style). Art du bas empire qu prit naissance à Byzance, lorsque Constantin-le-Grand y transporta la capitale de l'empire, et qui s'est répandu dans tout l'Orient et dans une partie de l'Occident.

Lorsqu'en 328 Constantin transféra à Bysance le siège de l'empire, le centre intellectuel et artistique du monde civilisé, qui depuis cinq siècles était établi à Rome, se trouva déplacé. De là une impulsion nouvelle rendue aux productions artistiques par les empereurs d'Orient, jaloux de donner à leur nouvelle capitale l'éclat de l'ancienne. Constantin, Julien, Théodore, Justinien n'ont épargné pour cela ni l'or ni le marbre, ni le bronze. Il ne leur manquait que de véritables artistes, capables de transformer en chefs-d'œuvre toutes ces richesses, et de peupler leurs écoles d'élèves capables de perfectionner leurs procédés. Aussi l'art byzantin est-il plus riche que beau, plus recherché qu'élégant. Il n'en est pas moins remarquable par son originalité, par son unité, et par l'influence qu'il a exercée en Occident pendant les premiers siècles du moyen âge.

Ce n'est pas seulement au changement de la capitale de l'empire qu'est due l'importance et l'indépendance absolue de l'art byzantin, c'est aussi et surtout aux modifications profondes qui signalent, dans la société civilisée, le règne de Constantin. Le christianisme est devenu religion d'État ; la mythologie fait place à l'Écriture, et les empereurs d'Orient rappellent plutôt par leur pouvoir autoritaire et par leur faste, des satrapes d'Orient que des premiers magistrats de la République. C'est pourquoi, dans les tableaux, dans les statues, dans les bas-reliefs, dans toute l'ornementation figurée des Byzantins, nous trouverons uniquement Jésus-Christ, la Vierge, les Apôtres et les saints, ou bien les portraits des empereurs d'Orient et des membres de leur famille. Il y a là une voie toute nouvelle, qui établit une distinction absolue entre l'art byzantin et l'art romain.

C'est surtout dans l'architecture qu'il faut chercher les exemples les plus caractéristiques de ce type particulier de l'art auquel les Grecs de Byzance ont donné leur nom. Ils en prirent les éléments à des sources diverses dans lesquelles on retrouve aisément des traces des monuments si distincts de l'Assyrie et de la Perse, et plus tard de la Grèce et de Rome. C'est quand le siège de la domination romaine fut transporté à Byzance, que se modifia d'une manière profonde l'architecture uniforme des Grecs. En effet, la puissance de Rome, en s'étendant sur presque tout le monde connu alors, fit des emprunts à toutes les civilisations qu'elle absorbait. Ce phénomène se produisit aussi dans la conception de ses monuments dans l'exécution desquels, au moment où nous sommes, ils faisaient entrer, par exemple, l'arc en plein-cintre, comme les Étrusques, la coupole des Sassanides, et même la voûte en arc aigu des Égyptiens, mais dans des conditions d'appareil différentes.

Ainsi les Romains firent des temples circulaires couverts par des coupoles et des thermes fermés par des voûtes en berceaux demi-cylindriques. C'est dans leurs thermes qu'ils apportèrent le dernier mot de la construction en pierre ou en briques, c'est-à-dire la voûte en pendentif. Les Byzantins furent les premiers à l'appliquer dans leurs édifices religieux, elle finit même par devenir le type de l'église chrétienne dans l'Orient.

De même les Romains firent ce qu'on ne vit pas chez les Grecs : ils commencèrent à surmonter des colonnes par des arcs plein-cintre, comme au temple de Marcellus et dans les amphithéâtres ; plus tard ils firent des portiques à arcades portées par des colonnes. Les Byzantins adoptèrent de bonne heure et répandirent beaucoup ce genre d'architecture.

Il serait facile de donner d'autres preuves que l'architecture byzantine est une combinaison des styles grec et romain, d'où dérivent aussi les piédestaux des colonnes pour obtenir des ouvertures plus élancées. C'est dans ce but que le Grec de Byzance surmonta son chapiteau d'une pierre cubique ou abaque supplémentaire, qui représente le sommet de la retombée d'une voûte. Les grandes lignes horizontales des Grecs se brisent, s'élèvent pour faire place aux formes verticales élancées. Pour la même raison encore l'arc plein-cintre est remplacé par l'arc en fer à cheval et l'arc aigu par les arcades et les voûtes. A ce moment commence le règne de la coupole.

Pour le parti décoratif des surfaces on retrouve des changements successifs qui ne sont pas moins intéressants. A l'époque des Antonins, l'architecture romaine avait perdu son caractère de simplicité sévère pour se revêtir d'ornements parasites et souvent superflus. Ce goût des ornements prodigués à l'excès se perpétua jusqu'à la chute de l'empire; il peut servir à fixer assez exactement la date d'un édifice. Ainsi les rapports entre les moulures simples et ornées, remarquent Texier et Popplewel Pullan, furent dérangés : le larmier qui, dans les monuments grecs et romains des premiers temps forme toujours une saillie qui couronne noblement la corniche, disparaît dans les temps de décadence sous des ornements surabondants, de sorte que le profil de l'entablement devient une simple ligne oblique; les modillons de l'ordre corinthien sont presque annulés; la brique qui, dans les monuments de la belle époque offre toujours une surface verticale et plane, prend des contours inusités; elle s'arrondit en demi-cylindre ou se profile en console. Ces tendances s'exagèrent et deviennent la règle dans l'architecture byzantine.

Les premières églises chrétiennes élevées en Orient furent, comme dans tout l'empire, de forme rectangulaire, parce qu'elles rappelaient les basiliques païennes, mais, dès le règne de Constantin, on voit apparaître les églises circulaires ou polygonales couvertes en dôme. C'est l'aspect caractéristique des édifices religieux byzantins. Plus tard, on établit le dôme sur la croisée d'une croix latine, afin de donner au sanctuaire plus d'étendue, et enfin au vᵉ siècle, la croix latine est abandonnée pour la croix grecque, aux quatre branches égales. Dès lors rien dans le plan des églises d'Orient ne rappelle ni l'art antique, ni l'art romain, ni l'art latin qui naissait en occident. C'est une architecture nouvelle qui se fonde de toutes pièces, sans lien, pour ainsi dire, et sans traditions, et qui couvre la Grèce et l'Asie Mineure de superbes monuments.

Celle-ci conserve d'abord la porte avec baie carrée, couronnée d'une architrave profilée sur les jambages de la porte, et la corniche portée à droite et à gauche par deux consoles. Plus tard, ces consoles disparaissent.

Elle conserve également les architraves formées par une seule pièce de marbre, soulagées par la voûte par un arc de décharge. A l'origine, les fenêtres sont à plein-cintre, comme dans les amphithéâtres, ou de forme rectangulaire. Les fenêtres divisées en deux par un pilastre ou par une colonne n'apparaissent qu'assez tard. Elles restaient d'abord ouvertes ou ne recevaient que des plaques percées de trous circulaires qui, tout en conservant la circulation de l'air, donnaient une lumière suffisante et empêchaient cependant l'introduction de la pluie.

Il faut maintenant parler de l'influence de la nature des matériaux. C'étaient surtout la brique et le marbre. Celui-ci était le plus souvent arraché à des édifices anciens que des motifs d'ordre politique et religieux portaient les Byzantins à faire disparaître. Le marbre joua un rôle de plus en plus considérable ; on le réserva pour la décoration, pour cacher la brique quand on ne recouvrait pas celle-ci de peintures ou de mosaïques.

Chez les Byzantins, la forme des briques et la nature de leur cuisson variaient beaucoup; elles étaient faites avec des terres lavées et foulées dans des moules par le pied de l'ouvrier. On retrouve fréquemment sur les briques des empreintes qui étaient des sujets religieux. On

voit rarement, comme sur les briques romaines, le nom du fabricant. — V. Brique.

L'art byzantin, comme tous les arts, comprend deux parties distinctes, surtout s'il s'agit d'architecture : 1º la pratique, la structure, le moyen matériel; 2º le choix de la forme, le style, l'apparence. Il y aurait donc à étudier cet art sous chacun de ces aspects. Pour le moment, signalons seulement le système des voûtes dont la construction se fait encore journellement en Orient, sous nos yeux, avec la même simplicité de moyens. Les architectes byzantins ne se servaient pas de *cintres*, ils employaient un mode de structure qui leur permettait de s'en passer (V. l'article Ninivite [Style]). Ils utilisaient la brique disposée de manière que chaque rang constituât lui-même un cintre. Avec ce système ils surent élever des voûtes en berceau, en coupoles et demi-coupoles, sur pendentifs ou sur tambour. Mais la difficulté de fermer, à l'aide de ce procédé, la dernière rangée annulaire de leurs coupoles les conduisit à la modifier, allonger la forme qui finit même par se terminer par une partie conique. C'est ce que l'on retrouve dans les coupoles russes.

La manière dont les coupoles étaient posées contribuait à la décoration des édifices; les assises horizontales étaient variées par des ajustements de toutes sortes, soit par des méandres se croisant en tous sens, soit par des assises s'ajustant en épi ou en arêtes de poisson.

La forme qu'on donnait aux briques par le moulage était aussi une source de combinaisons décoratives, car des moules étaient disposés pour fabriquer des pièces formant moulures et corniches. Les fûts de colonnes étaient faits avec des briques rondes; quand elles dépassaient un pied de diamètre on les formait de deux demi-cercles, et au-delà les briques avaient la forme de segments. La brique byzantine, comme la brique romaine, avait plus d'un pouce d'épaisseur; on l'appliquait toujours sur un bain de mortier d'un demi-pouce d'épaisseur.

L'emploi de la brique exigeait la consommation d'une grande quantité de mortier; aussi cet élément si important du bâtiment était toujours composé avec le plus grand soin : il était resté aussi excellent que du temps de l'ancienne Rome, ainsi, d'ailleurs, que le béton. Certains murs étaient construits presque uniquement en béton et recouverts seulement d'un revêtement en briques. Par ce procédé on faisait des murailles d'une grande épaisseur : elles ont toujours plus d'un mètre; cette épaisseur était nécessaire pour assurer leur solidité.

Comme une des particularités les plus originales de l'art architectural, chez les Byzantins, est la coupole que l'on surchargeait à l'intérieur d'ornements plaqués en mosaïque ou en panneaux de marbre, nous devons dire que ces coupoles qui arrivèrent à atteindre des proportions tout-à-fait colossales étaient exclusivement construites en briques ou en béton revêtu de briques. Il en était de même pour les voûtes auxquelles on donnait une grande légèreté par l'emploi de pierres poreuses, comme la pierre ponce notamment, dont on remplissait les reins des voûtes, ou des urnes et des amphores qui ont servi, placées les unes à côté des autres et noyées dans du mortier, à faire la voûte de Saint-Vital de Ravenne. Avec ce système, qui mérite d'être employé de nouveau de nos jours, on obtient des voûtes à la fois légères et solides.

Enfin la brique recevait parfois, mais rarement, des enduits vitrifiés qui donnaient toutes les intensités de coloration des émaux. Quoique la terre cuite émaillée ait été retrouvée dans un état parfait de conservation dans les anciens monuments de Ninive, ce genre de décoration semble avoir presque complètement disparu à l'époque de l'art où nous sommes en ce moment et où l'on préférait la peinture ou la mosaïque.

On pourrait encore préciser davantage ces transformations successives de l'art romain pour devenir l'art byzantin. Ces transformations accompagnent ou suivent toujours les progrès de la religion nouvelle. Le christianisme avait besoin, pour son culte, d'édifices imposants par leurs vastes dimensions et par leur majestueuse élégance. Il devait trouver tout simple, au commencement, d'accommoder à ses convenances les édifices consacrés auparavant à un culte désormais proscrit ou délaissé, et de se faire, dans le domaine matériel, comme il l'avait fait dans le champ des idées, l'héritier de toutes les richesses de la religion d'hier. Le christianisme ne dédaigna même pas d'approprier pour ses pompes les édifices que le paganisme avait élevés pour ses plaisirs les moins raffinés. C'est ainsi que les thermes de Dioclétien furent convertis en église, et dans ces édifices on puisa pendant longtemps les règles de la nouvelle architecture religieuse. Dès lors les traditions de l'art antique sont abandonnées; on a laissé de côté la forme régulière des entablements composés de trois membres : l'architrave, la frise, la corniche. Dans les provinces, étaient élevées des colonnes hors de proportion avec tous les ordres connus et chez tous les artistes de l'Orient, il se manifesta une forte tendance à quitter les chemins d'autrefois pour se précipiter dans des voies nouvelles. Ce changement se montre avec netteté à la fin du règne de Constantin, qui passa ses dernières années à fonder

Fig. 628. — *Chapiteau de l'église Saint-Sauveur de Nevers, représentant une église d'Orient.*

Byzance et à le couvrir d'édifices. Il les éleva avec une telle hâte qu'après moins de deux cents ans il n'en restait plus un debout. Ce n'était pas le moyen de laisser à ses architectes la possibilité d'étudier d'une manière approfondie les plans des monuments dont il voulait décorer la nouvelle capitale du monde.

Comme les nouvelles églises étaient le plus souvent d'anciens temples détournés de leur destination première, elles devaient en conserver le plan général. On consacrait aussi au nouveau culte les bâtiments qui servaient naguère au peuple pour se réunir, et à la justice pour rendre ses décisions. Dans toutes les grandes villes de l'antiquité, se trouvait, pour remplir ce double but, une basilique ou bâtiment de forme rectangulaire allon-

gée, terminée à l'une de ses extrémités par un hémicycle. C'est une disposition dont il n'est pas malaisé de retrouver les dispositions principales dans les églises les plus modernes. Ici il faut un peu insister, car on a longtemps dit que le plan du temple chrétien était absolument nouveau ; il n'en est rien. Les premières églises furent en réalité d'anciennes basiliques. Ainsi l'église nouvelle, que la foi récente de Constantin fit élever à Jérusalem, près du tombeau du Christ, était formée, d'après un témoin du temps, d'une nef, à deux étages de colonnes, accompagnée de deux bas-côtés de la même longueur que l'église. On entrait dans l'église par trois portes. Cet usage s'est conservé pendant toute la période byzantine. La porte du milieu était appelée *porte basilique* ou *porte royale*. La toiture était un plafond décoré de caissons qui étaient revêtus de lames d'or. La nef se terminait par un hémicycle décoré de douze colonnes surmontées chacune d'un cratère ou coupe d'argent. Elle était orientée de l'est à l'ouest. Ce fut un principe généralement suivi dans les autres églises.

A Bethléem, l'impératrice fit, à son tour, bâtir l'église de la Nativité, magnifique basilique dans laquelle on retrouve encore aujourd'hui les principales dispositions qui lui furent données par la fondatrice. Toutefois l'abside y est maintenant séparée de la nef par une cloison moderne; c'est sur cette ligne que s'élevait l'iconostase ou barrière qui séparait l'officiant du public. Elle s'ouvrait sur la nef par trois portes qui étaient fermées par des rideaux.

L'iconostase devint dans les églises byzantines un des ornements les plus fastueux. Il représente ordinairement une galerie, ornée de colonnes en jaspe, en argent ou toute autre matière précieuse; les colonnes sont séparées par des arcades dans lesquelles sont de riches peintures qui représentent saint Jean le Précurseur, la Vierge, le Christ, et le saint auquel l'église est dédiée.

Comme dans toutes les églises primitives, les portes de l'iconostase, à Bethléem, étaient closes par des draperies qu'on laissait tomber au moment de la consécration, C'est vraisemblablement un emprunt fait par les chrétiens aux temples païens. Ces voiles de portiques, rappellent les draperies du palais de Théodoric, roi des Goths, exécutées en mosaïque, qu'on voit encore dans l'église Saint-Apollinaire de Ravenne. Ces voiles étaient gardés par des silentiaires, ainsi nommés du silence qu'ils faisaient garder dans le voisinage des princes. Ne les retrouve-t-on pas dans le bedeau et le sacristain de la plus humble église de village ? Le christianisme n'a jamais fait preuve de beaucoup d'invention.

Les auteurs contemporains sont d'accord pour constater que les grandes églises construites par Constantin furent de forme allongée. L'église des Saints-Apôtres présentait toutefois une particularité : elle était aussi en forme de nef allongée, mais cette nef était coupée par un transsept surmonté d'un dôme. C'est le premier exemple connu d'une église en forme de croix.

Constantin fit aussi élever des édifices religieux de moindre importance auxquels on donna d'ordinaire la forme circulaire. La forme en rotonde des édifices se retrouve encore dans un grand nombre de monuments du paganisme.

Du temps de Grégoire de Nazyanze (an 374) les arts emploient ce qu'ils ont de plus recherché pour décorer les temples, la peinture avec la mosaïque et la sculpture

d'ornements, à l'exclusion des statues et de la sculpture en ronde bosse. La peinture à fresque ou en mosaïque est la seule admise par les chrétiens pour représenter des sujets de l'Ancien et du Nouveau-Testament, ou des personnages vivants.

Sous le règne si court de Julien le caractère de l'art byzantin, c'est-à-dire grœco-romain, qui venait de naître, se précisa. On en voit une preuve excellente dans l'arc de triomphe de Reims, remarquable surtout par les détails de son ornementation sculpturale, où l'on reconnaît encore nettement le mélange des styles grec et romain qui constituait l'architecture au temps de Constantin. Les ornements de cet arc de triomphe, le caractère des feuilles, la forme des moulures, la décoration des entre-colonnements, la manière dont les niches sont décorées, et enfin le choix des scènes sculptées, tout est païen.

Il faut arriver à Justinien pour trouver enfin le commencement de la belle époque pour l'architecture byzantine et voir s'élever Sainte-Sophie. L'architecte de ce monument, dont nous nous occuperons plus loin, Anthénius de Tralles, fut le premier qui lança une coupole à une si grande hauteur, tout en la perçant de quarante-quatre fenêtres qui en faisaient disparaître la masse.

Fig. 620. — *Elévation de l'église Sainte-Sophie à Constantinople*

Pour le fidèle de Byzance la coupole représentait la voûte céleste du haut de laquelle le Tout-Puissant veille sur la terre.

Sous Justinien les édifices religieux quittent leur aspect si simple à l'extérieur pour se présenter triomphalement au milieu des villes converties, sous forme de basiliques fastueuses dont la partie centrale est toujours couronnée par un dôme. La peinture et la mosaïque arrivèrent à un rare degré de perfection ; l'art de fabriquer les émaux fut poussé très loin. Toutes les mosaïques qui ont subsisté jusqu'à nos jours sont en émail coloré, c'est-à-dire en verre rendu opaque par l'oxyde d'étain. L'invention, à peu près perdue maintenant, des verres dorés pour faire le fond d'or des mosaïques était antérieure au règne de Justinien. De nos jours, l'émail cloisonné et l'émail d'épargne servent, entre les mains d'artistes turcs et persans, à la décoration des vases à parfums et des cassolettes.

Jusqu'à la fin de l'empire on voit appliquer les mêmes principes pour la construction et pour la décoration. On a perdu vite le sens des règles qui se fixent et se stérilisent ; même là, où la pierre est abondante, on continuera à construire en briques avec revêtements de pierre ou de marbre dont on fait un usage prodigieux. On pousse jusqu'à l'abus l'emploi des mosaïques, ces émaux vitrifiés de toutes couleurs, des peintures à fresque et à l'encaustique ; les pavements en marqueterie de marbres précieux sont prodigués. Toute idée de mesure est abandonnée. La période de la décadence est arrivée. Elle avait été précipitée par les excès auxquels se livrèrent les Iconoclastes. On ne fit plus que les images des empereurs, mais alors avec une telle profusion que l'art dégénéra en un véritable mécanisme et l'hiératisme régna presque seul à Constantinople. L'art byzantin devait heureusement acquérir une fécondité nouvelle lorsque les croisades le firent connaître aux Occidentaux, et il eut, à partir du xive siècle, une grande influence sur les édifices de notre moyen âge, car les artistes grecs qui avaient déjà communiqué leurs principes aux Arabes, après la prise de Constantinople par les Turcs, se répandirent aussi en Italie, en Allemagne, en France. On retrouve les traces de cette action surtout dans les églises de Saint-Vital, à Ravenne, de Saint-Marc, à Venise, de Saint-Front, à Périgueux, de la chapelle palatine à Palerme. Désormais, l'art byzantin perd son autonomie, et en même temps change de nom. Il s'est fondu dans les styles modernes en les enrichissant. Voilà son histoire dans l'architecture. Le cadre étroit dans lequel nous avons dû nous renfermer ne nous a pas permis de montrer les applications de ce style dans l'architecture militaire et civile, nous dirons seulement quelques mots du mobilier byzantin.

Les Grecs du Bas-Empire qui aimèrent toujours à l'excès les belles cérémonies, les habillements magnifiques, les mobiliers somptueux, mirent une richesse inouïe dans la décoration intérieure de leurs églises et de leurs palais. De toutes parts on voyait des voiles d'un tissu merveilleux de finesse et d'éclat, de brillantes draperies, de riches joyaux, des murs recouverts de plaques d'airain ou de lames d'or. On retrouve cette richesse dans les meubles, les vêtements, les bijoux.

Toutes les ornementations dérivent de deux principes : l'ornementation géométrique et celle qui dérive d'une imitation des produits de la nature, faune et flore. Selon les époques, les artistes byzantins appliquèrent de préférence l'un ou l'autre et parfois même les deux en même temps, parce que l'art byzantin n'était autre chose que l'art impérial romain décrépit qui ne cessa, jusqu'à un certain moment, de se renouveler et de se rajeunir par les apports vivaces des nations qui lui faisaient à leur tour d'incessants emprunts. C'est ainsi que, particulièrement pour les décorations intérieures et les décorations mobiles, comme les meubles, les vêtements, les Perses, les Grecs, les Asiatiques, les Latins pouvaient revendiquer une part de l'art byzantin qui restait seul à se figer dans des types consacrés par la tradition ou fixés par la religion : c'est le caractère dominant de l'ornementation byzantine, ce devait être aussi la cause d'un déclin inévitable.

Arrivons maintenant en France où les relations fréquentes du littoral avec l'Orient apportèrent de bonne heure, et aussi dans les données générales de l'architecture religieuse, de nombreux éléments byzantins. Les absides à pans coupés, les coupoles polygonales supportées par une suite d'arcs en encorbellements, comme on en voit déjà à Khorsabad (V. fig. 107), les arcatures plates décorant les murs, les moulures peu saillantes et divisées en membres nombreux, les ornements déliés présentant souvent des combinaisons étrangères à la flore, des feuillages aigus dentelés décélaient leur origine orientale. Ils devaient constituer presque à eux seuls tous les éléments de l'ornementation arabe.

Une étude attentive d'un certain nombre d'édifices du midi et du centre de la France a permis, dans ces dernières années, de reconnaître que l'influence byzantine s'est fait sentir longtemps, mais à l'insu des artistes, comme l'a fait remarquer avec justesse un de nos plus éminents collaborateurs dont nous déplorons la perte, M. Viollet-le-Duc. C'est par une infusion plus ou moins prononcée due en grande partie à l'introduction d'objets d'arts, d'étoffes, de manuscrits orientaux dans les différentes provinces de la Gaule, ou par des imitations de seconde main, exécutées par des architectes locaux. Cet apport de l'art d'origine asiatique se continua longtemps, car aux xiᵉ et xiiᵉ siècles les relations de l'Occident avec l'Orient étaient comparativement [plus

suivies qu'elles ne le sont aujourd'hui. Ici, il faut citer textuellement le passage où Viollet-le-Duc montre la hauteur de vue et l'abondance d'indications qui étaient habituelles chez lui.

« Sans compter les croisades qui précipitaient en Orient des milliers de Bretons, d'Allemands, de Français, d'Italiens, de Provençaux, il faut se rappeler l'importance des établissements religieux orientaux qui entretenaient des rapports directs et constants avec les monastères de l'Occident, le commerce, l'ancienne prépondérance des arts et des sciences avec l'art byzantin, l'extrême civilisation des peuples arabes, la beauté et la richesse des produits de leur industrie, puis enfin pour ce qui touche particulièrement à l'architecture religieuse, la vénération que tous les chrétiens occidentaux portaient aux édifices élevés en Terre-Sainte.

Il ne faut pas moins que des causes aussi diverses et aussi variées pour expliquer les infiltrations du style byzantin dont voici une preuve entre bien d'autres. Dans l'ancienne église de Saint-Sauveur, à Nevers, écroulée en 1839, il existait un curieux chapiteau du commencement du xiiᵉ siècle sur lequel était sculptée une église d'Orient, église (figure 628) complètement byzantine par les caractères suivants que nous avons déjà indiqués plus haut :

Coupole portée au centre sur pendentifs que le sculpteur a eu le soin de figurer naïvement par les arcs doubleaux apparaissant à l'extérieur, à la hauteur des combles ; transept terminé par des absides semi-circulaires, construction de maçonnerie qui rappelle les appareils ornés des églises grecques ; absence de contreforts, si apparents

Fig. 630. — *Intérieur de l'église Sainte-Sophie,*

à cette époque, dans les églises françaises ; couvertures qui n'ont rien d'occidental ; clocher cylindrique planté à côté de la nef, sans liaison avec elle, contrairement aux usages adoptés dans nos contrées et conformes à ceux de l'Orient ; porte carrée non surmontée d'une archivolte, petites fenêtres cintrées. »

L'existence de ce chapiteau, au milieu de contrées où les monuments religieux n'ont presque rien qui rappelle l'architecture byzantine, ni comme plan, ni comme détail d'ornementation, prouve cependant qu'on savait ce qu'était une église byzantine, que les arts de l'Orient n'y étaient pas ignorés et devaient par conséquent y apporter leur influence.

Chaque contrée se servit, selon ses besoins, de ces arts orientaux, et lui fit des emprunts, soit pour construire, soit pour décorer ses édifices Notre midi est rempli de réminiscences de ce genre. En Auvergne, c'est la coupole sur trompes formées d'arcs concentriques (V. Russe [Style]), les appareils façonnés et multicolores. Plus au nord, sur les bords du Rhin, ce sont les grandes dispositions des plans, l'ornementation de l'architecture qui reflètent les dispositions de l'ornementation byzantine; en Provence, la finesse des moulures, les absides a pans coupés; en Normandie et en Poitou, on retrouve comme un souvenir des imbrications, des zigzags, des combinaisons et des entrelacs si fréquents dans la sculpture religieuse d'Orient. Mais les principales églises en France où se reconnaît l'influence byzantine se trouvent en Poitou, dans le Périgord, la Saintonge et l'Angoumois : la cathédrale d'Angoulême, Notre-Dame-de-la-Grande à Poitiers, les églisesFontevrault, de Cognac, de Saintes, se rattachent incontestablement aux traditions byzantines. Enfin l'église de Saint-Front à Périgueux nous offre l'exemple unique d'un monument à coupoles, élevé sur une croix grec, c'est-à-dire un monument byzantin d'un style complet. A vrai dire Saint-Front n'est pas inspiré directement des églises d'Orient; c'est une copie de Saint-Marc à Venise. Mais celle-ci est elle-même une imitation de Sainte-Sophie. Il est probable que c'est à des architectes religieux envoyés à Venise qu'est due l'introduction en France de l'architecture à coupoles. L'exécution seule a été inférieure aux modèles qu'ils avaient eu sous les yeux; à peine achevé, l'édifice vit sa solidité compromise par la faiblesse des piliers,

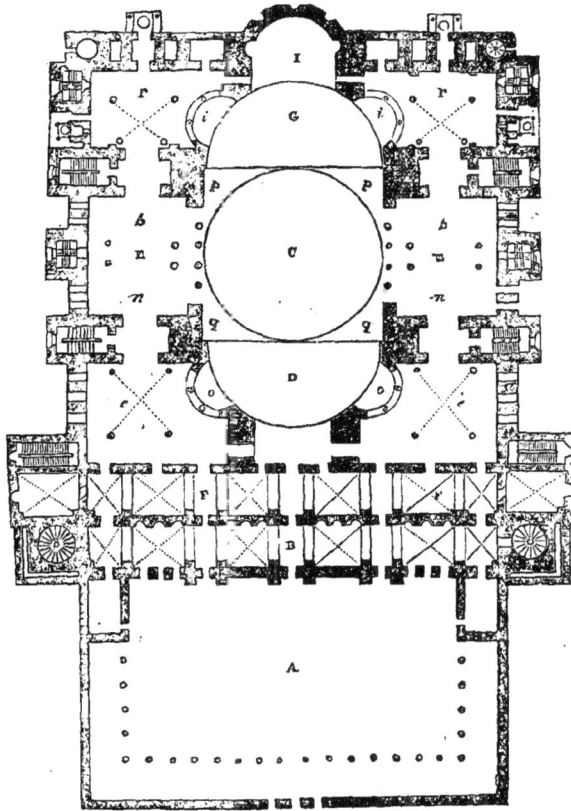

Fig. 631. — Plan de Sainte-Sophie.

A Atrium. — *B* Exonartex, galerie à cinq portes sur le seuil de laquelle les fidèles déposaient leurs chaussures, l'ancien *propylée* des basiliques latines; elle a 60 mètres de longueur sur 10 mètres de largeur. — *C* Dôme. — *D* Nef intérieure. — *E E* Portiques menant aux galeries supérieures (Gynécées). — *F F* Exonartex, seconde galerie à voûtes cylindriques; c'est le *férula* des basiliques latines. — *G* Nef supérieure. — *I* Abside, où se trouvait le *presbyterium*, servant alors de lieu de réunion au haut clergé, le *chorus sacerdotum*, etc. L'abside était flanquée du *scevophulacium* ou sacristie à gauche, et du *secretarium* ou *diaconicum* à droite. — *n r* Bas-côtés ou nefs latérales, chacune d'elles est divisée en trois chapelles. — *p p q q* Pendentifs de de la coupole. — *i i* Protesis et Laconicum. — *b* En Transept.

qu'il fallut renforcer par une épaisse maçonnerie, et la pierre de mauvaise qualité qui entra dans la construction des coupoles a nécessité des réparations qui ont fait perdre à Saint-Front sa physionomie byzantine. Telle était la fécondité d'un art qui devait vivre jusqu'à nos jours, à condition que les occidentaux l'arracheraient à un hiératisme étroit qui avait causé sa caducité et qui devait amener rapidement sa mort.

Aux mots Hindou, Oriental, Persan, on verra comment des arts très différents peuvent avoir des origines puisées dans des systèmes presque semblables et comment les mêmes causes, suivant les climats et les habitants, engendrent les formes décoratives les plus riches et les plus variées. Il y aurait même un curieux chapitre à écrire, celui de l'art dans ses rapports avec l'anthropologie. En ce moment même, de toutes parts, se réunissent les matériaux pour cette œuvre aussi curieuse que nouvelle.

Les figures 629 et 630 représentent une vue extérieure et une vue intérieure de la plus grande et de la principale église élevée dans le style byzantin, Sainte-Sophie, à Constantinople. En effet les principes posés par les architectes de ce vaste vaisseau devinrent dès l'origine, les règles suivies par leurs successeurs. On voit l'édifice surmonté d'une coupole sur pendentifs, ajourée par de nombreuses fenêtres; cette coupole est placée au centre de l'église et très richement décorée. Sur les côtés sont superposées une rangée de colonnes, une rangée d'arcatures et deux rangées de fenêtres ayant reçu une décoration multicolore. Le plan de notre figure 631 est celui du même édifice. Notre figure 632 représente le beau chapiteau corinthien de l'antiquité, son élégante corbeille a pris une forme presque cubique, mince par le bas, élargie par le haut, légèrement renflée et ornée de feuillages aigus par le contour, mais presque sans saillie. Les moulures sont lisses et chargées de mosaïques. La sculpture est effacée et n'offre pas beaucoup plus de relief que la gravure, et la couleur est devenue l'élément prépondérant de l'art décoratif.

La construction de cette église coïncida avec le commencement du concile de Nicée; on considéra cette église comme un temple élevé à la sagesse divine, ou Sainte-Sophie. Elle est due à Justinien qui ordonna aux gouverneurs de province, en Europe et en Asie, de rechercher partout les marbres et les colonnes qu'on pourrait retrouver dans les anciens édifices païens, au temple de Diane, à Éphèse, comme au grand temple du Soleil, à Balbeck,

Authémius de Tralles s'adjoignit un autre architecte grec, Isidore de Milet, pour diriger la construction dont les plans, dit la légende, avaient été apportés par un ange. La coupole, quoique énorme, fut posée seulement sur quatre piliers. Pour en diminuer le poids, on la fit en briques douze fois plus légères, dit-on, que celles que l'on employait d'ordinaire. Pour assurer la stabilité de la voûte, sur chaque brique on mit cette inscription : « C'est Dieu qui l'a fondée, elle ne sera pas ébranlée; Dieu lui prêtera secours. » De plus, de douze en douze assises on plaça des reliques, et le clergé récita des prières. Ce qui n'empêcha pas un tremblement de terre de faire, au bout de très peu d'années, tomber une partie de la voûte qui écrasa l'autel par sa chute. On attribua cet accident à la

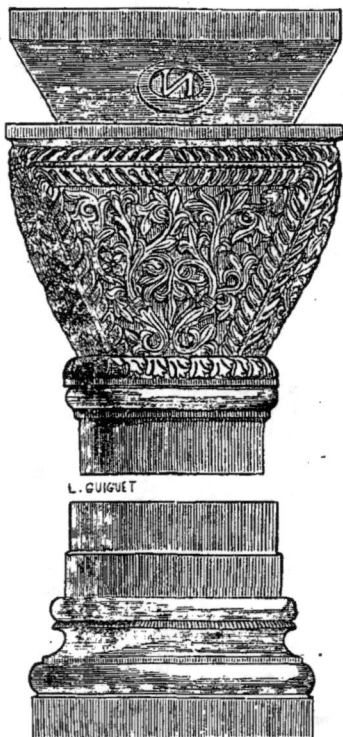

L. GUIGUET

Fig. 632. — *Chapelle de l'église Saint-Vital à Ravenne.*

précipitation avec laquelle on avait retiré les échafaudages après avoir élevé les arcs.

Le plan de l'église est un rectangle de 81 mètres de long sur 60 de large. Au centre s'élève la coupole dont le diamètre de 35 mètres détermine la largeur de la nef. Elle est portée par quatre grands arcs formant pendentifs. Sur deux des arcs s'appuient deux voûtes hémisphériques qui donnent à la nef une forme ovoïde. Chacun de ces quarts de sphères est à son tour pénétré par deux hémisphères plus petits et soutenus par des colonnes. Cette superposition de coupoles produit, dit un voyageur, un aspect de légèreté inimaginable.

La hardiesse de l'édifice était encore dépassée par la richesse des matériaux. Le pavement était en marbre vert de Proconèse, les panneaux des murs, rehaussés de mosaïques; l'or, l'argent, les pierres précieuses étincelaient de toutes parts, et des lampes innombrables

illuminaient de leurs flammes les métaux éblouissants. Depuis longtemps, ainsi que l'indiquent les minarets figurés sur la vue extérieure, les Turcs ont pris possession de ce splendide monument et en ont fait une mosquée.

En ce qui concerne l'ornementation proprement dite, l'art byzantin se distingue de l'art romain et de l'art grec, par l'introduction des éléments du règne végétal, et par l'importance excessive que leur donne l'hérésie des *iconoclastes*, qui proscrivait les représentations de sujets religieux à figures. Aussi la sculpture byzantine est-elle restreinte, et le peu qui est parvenu jusqu'à nous ne nous montre qu'une raideur, une maigreur de formes, une sécheresse de contours, une monotonie d'expression indignes d'artistes qui avaient ou sous les yeux les chefs-d'œuvre des siècles précédents. Les mêmes reproches peuvent s'adresser à la sculpture ornementale et décorative, qui est toujours lourde, touffue, recherchée, maniérée, et qui produit bien plutôt des curiosités que des œuvres d'art. Et cependant, telle était en Europe l'ignorance et la pénurie de maîtres et d'élèves, que les byzantins sont, jusqu'à la fin du moyen âge, les véritables représentants de l'art décoratif, et que celui-ci mettra plusieurs *siècles à se* dégager de l'impulsion funeste qu'ils lui avaient donnée.

La peinture byzantine se caractérisait par une certaine grandeur dans l'allure *et* une absence complète de vie, parce que c'était la chose signifiée et non le signe qui préoccupait, et la peinture était un objet d'enseignement

Fig. 633. — *Sainte Agnès.*

Fig. 634. — *Bijou byzantin.*

religieux et non un motif d'art offert à l'admiration des fidèles. De là, la facilité à se contenter de modèles invariables que l'on exécute encore fidèlement de nos jours dans les monastères du mont Athos et que rappellent beaucoup les peintures exécutées de nos jours par les artistes russes. La figure 633 donne une image de Sainte Agnès traitée de cette manière.

De la peinture murale byzantine, il ne nous est rien parvenu, et nous ne pouvons en parler que d'après les écrivains du temps qui nous en ont fait connaître quelques exemples. Mais il ne paraît pas qu'elle ait jamais eu grande importance, et elle n'était sans doute employée que par économie. C'est dans les mosaïques que les artistes déployaient tous leurs talents; et ce procédé leur convenait beaucoup mieux parce que l'exécution l'emporte sur l'art. Évitant les compositions animées où les figures se mêlent les unes aux autres, ils se sont attachés à ceux où l'action est presque nulle, où tous les personnages peuvent se détacher isolément et garder respectivement une disposition symétrique. Les Byzantins ont tout sacrifié à cette symétrie, et c'est pourquoi leur art convient si bien à la décoration.

Ils avaient compris d'ailleurs l'importance des couleurs tranchées pour ces mosaïques destinées à être vues de loin; aussi ne tiennent-ils aucun compte des nuances intermédiaires. Les figures se détachent sur un fond gros bleu ou or intense, les vêtements sont de couleurs voyantes, et comme si le dessin ne s'enlevait pas suffisamment du mur uni, une ligne noire, nette, accentuée, dessine les contours et donne le relief. Il en résulte que de loin le heurté de ces oppositions de couleurs se fond et s'harmonise, sans qu'aucun détail n'attire l'œil, ou n'égare l'attention.

Les manuscrits ne sont pas moins intéressants. Ici les procédés sont tout autres, parce que les œuvres sont destinées à être vues de près. Les compositions sont souvent

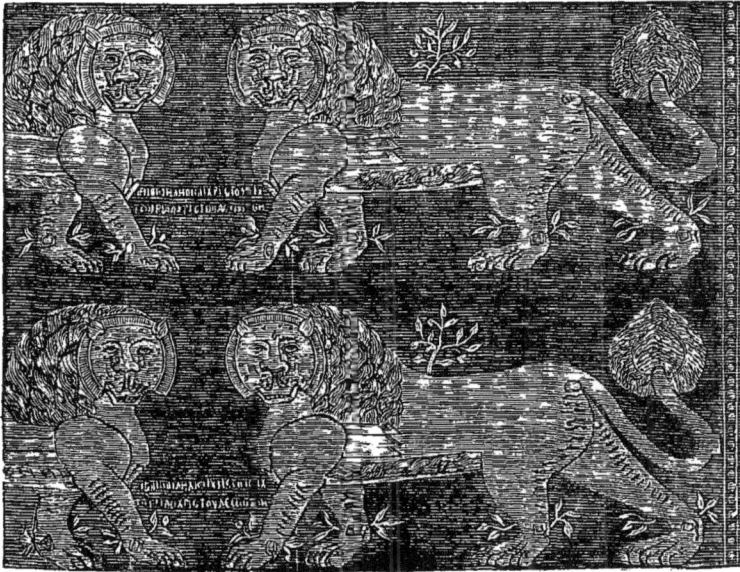

Fig. 635.

complexes, les sujets variés, les figures animées et expressives. Le dessin des encadrements est poussé jusqu'à la limite de la richesse et de la fantaisie. C'est dans l'ornementation qu'il faut chercher l'habileté et l'invention : le dessin des figures trahit trop souvent l'inexpérience de l'artiste.

L'importance excessive de la décoration dans les édifices religieux et les palais des souverains était encore augmentée par le nombre et la richesse des tentures qui fermaient les portes, des joyaux que l'on plaçait en grand nombre sur tous les objets du culte, et du mobilier dans lequel on voyait des dyptiques.

Ces meubles étaient des tableaux repliés qui, en s'ouvrant, se dédoublaient ainsi qu'un livre et présentaient sur chacune de leurs faces une inscription ou une image peinte ou sculptée sur bois, sur ivoire, sur métaux entourés d'émaux, comme les plaques servant de plats aux évangéliaires. Ils étaient fabriqués dans les couvents par des moines artistes qui les expédiaient en grand nombre aux fidèles occidentaux.

L'ivoirerie byzantine se distingue par des qualités d'exécution et d'élégance. Pendant tout le moyen âge, l'Orient eut des ateliers célèbres où l'on sculptait surtout des dyptiques, des couvertures d'évangéliaires et des cassettes. On trouve même parfois des œuvres de grandes dimensions, tel le siège épiscopal de Maximien à Ravenne, dont la décoration est d'une richesse et d'une délicatesse exquises. La céramique, la verrerie étaient également très florissantes et les artistes byzantins excellaient dans le travail des pierres fines et des camées.

Mais l'orfèvrerie et l'émaillerie étaient la première industrie de Byzance. Leur supériorité est là incontestable. Des trônes, des portes d'église ou de palais, des services entiers en métaux précieux rehaussés d'émaux, dont nous avons la description, attestent l'importance de cet art qui répondait si bien aux besoins des luxes orientaux. Le médaillon que nous représentons (fig. 634), indique que les artistes de cette époque faisaient un harmonieux emploi de l'émail, des ors et des pierreries.

Ce même goût du luxe se montre dans le développement que prend la fabrication des tissus historiés, surtout après l'introduction, sous Justinien, de la culture de la soie. Au point de vue de l'ornementation ces tissus se classent en deux catégories : l'une qui comprend les imitations de tissus asiatiques, avec animaux fantastiques ou sauvages, mêlés de fleurs et de palmes ; l'autre, d'un intérêt plus grand pour nous, qui embrasse tous les sujets chrétiens ou historiques. Ces tissus historiés, à sujets religieux, étaient destinés non seulement aux usages du culte et à la décoration des églises, mais encore à l'habillement des riches, ce qui a souvent attiré les critiques de l'Église.

Un auteur du IVᵉ siècle, Asterius, évêque d'Amassée, a fort spirituellement raillé ces exagérations : « Lorsque les hommes ainsi vêtus, dit-il, paraissent dans la rue, les passants les regardent comme des murailles peintes. Leurs habits sont des tableaux que les petits enfants se montrent avec le doigt ; il y a des lions (fig. 635), des panthères et des ours ; il y a des rochers, des bois et des chasseurs. Les plus dévots portent le Christ, ses disciples et ses miracles ; ici on voit les noces de Galilée et les cruches de vin, là c'est le paralytique chargé de son lit, ou la pécheresse au pied de Jésus, ou Lazare ressuscité. » Ces observations semblent encore modérées, quand on songe que la richesse de la broderie était telle souvent, qu'à peine on pouvait deviner les lignes générales sous la surcharge des ornements. La toge de tel sénateur chrétien contenait jusqu'à six cents figures. Ces lourds vêtements de soie, ces costumes d'apparat, nous reportent loin des toges romaines blanches, unies, ornées seulement d'une bande pourpre et dorée, et qui avaient fourni à la statuaire antique de si beaux modèles.

Les tapisseries brodées à l'aiguille avaient repris dans les basiliques et dans les palais le rôle important qu'elles avaient eu dans la décoration des temples anciens. A Sainte-Sophie les rideaux qui voilaient le ciborium se distinguaient par leur richesse. On y voyait le Christ debout entre saint Pierre et saint Paul, tenant d'une main le volume des Evangiles, et bénissant de l'autre.

Enfin nous dirons quelques mots des monnaies byzantines, parce que nous en possédons un grand nombre de fort curieuses, et parce qu'elles se distinguent absolument des monnaies de l'antiquité et du moyen âge. Elles présentent l'effigie impériale, accompagnée parfois de celle de la Vierge ou du Christ. Dès Justinien, elles portent la date de l'émission, et, à partir du règne d'Alexis, les lettres grecques ont remplacé définitivement les lettres latines dans les légendes. A la même époque environ (1056), on voit apparaître les figures et les noms des saints spéciaux au pays : Saint-Constantin, Saint-Théodore ou Saint-Démétrius. Plus tard les effigies offrent moins de régularité. On y voit figurer les ancêtres de l'empereur régnant, la *main bénissante*, la tête de séraphin, dont on retrouve la représentation dans les peintures de Sainte-Sophie.

Les monnaies byzantines ont été souvent imitées en Europe, surtout en Allemagne et en Italie. Les croisades avaient tellement répandu l'usage de ces monnaies en Occident, que les chevaliers rachetés en Orient les introduisirent dans leurs armes sous le nom de *besant*.

Bibliographie : BAYET : *L'Art byzantin*, 1882 ; CHOISY : *L'Art de bâtir chez les Byzantins*, 1882 ; TEXIER : *Architecture byzantine ;* CERFBER DE MEDELSHEIM : *L'Architecture en France*, 1883 ; BAYET : *Histoire de la peinture et de la sculpture chrétiennes en Orient*, 1879 ; DE VERNEILH : *L'Architecture byzantine en France*, 1852 ; GERSPACH : *La mosaïque*, 1882 ; MUNTZ : *La tapisserie*, 1882 ; COHEN : *Description générale des monnaies byzantines*, 1862.